U0930644

建筑设备施工技术系列手册

建筑电气设备施工技术手册

柳　涌　主编

中国建筑工业出版社

图书在版编目（CIP）数据

建筑电气设备施工技术手册/柳涌主编．—北京：中国建筑工业出版社，2010.9
（建筑设备施工技术系列手册）
ISBN 978-7-112-12261-5

Ⅰ．①建…　Ⅱ．①柳…　Ⅲ．①房屋建筑设备：电气设备-建筑安装工程-工程施工-技术手册　Ⅳ．①TU85-62

中国版本图书馆 CIP 数据核字（2010）第 143350 号

为了配合国家新颁布的《民用建筑电气设计规范》JGJ 16—2008 及《建筑电气工程施工质量验收规范》GB 50303—2002 等规范的实施。作者结合多年来建筑电气工程施工经验，参考了最新的国家现行标准、施工工艺以及国内外大量的资料，组织编写了本书。

全书共 20 章，内容包括：电气工程基础知识、建筑物供电方法、电力变压器安装、柴油发电机组安装、配电柜安装、常用低压电器、金属管敷设、PVC 管及线槽敷设、地面金属线槽敷设、电缆桥架安装、电缆线路敷设、电缆头制作安装、封闭式母线安装、用电设备安装、电动机、开关插座安装、照明灯具安装、防雷及接地工程、安全用电、电工工具及仪表等。该书全面总结了近几年国内外在建筑电气工程施工技术中的最新成果、最先进的施工方法。该书具有如下特点：信息量大、图文并茂、时效性强、推陈出新、查阅方便。

本书适用于从事建筑电气工程施工、监理、设计、维护及保养等人员使用。也可供相关专业人员了解电气专业知识以及大专院校师生使用。

* * *

责任编辑：胡明安
责任设计：张　虹
责任校对：王金珠　关　健

建筑设备施工技术系列手册
建筑电气设备施工技术手册
柳　涌　主编
*
中国建筑工业出版社出版、发行（北京西郊百万庄）
各地新华书店、建筑书店经销
北京千辰公司制版
北京蓝海印刷有限公司印刷
*
开本：787×1092 毫米　1/16　印张：67½　字数：1684 千字
2010 年 12 月第一版　2010 年 12 月第一次印刷
定价：**160.00** 元
ISBN 978-7-112-12261-5
（19518）

前　言

为了配合国家新颁布的《民用建筑电气设计规范》JGJ 16—2008 及《建筑电气工程施工质量验收规范》GB 50303—2002 等规范的实施。作者结合多年来建筑电气工程施工经验，参考了最新的国家标准、行业标准、施工工艺技术以及国内外大量的资料文献，组织编写了本书。

一、内容介绍

全书共20章，内容包括七个部分：

1. 电气工程基础知识

介绍了电工基础知识；电子元器件；电气工程常用材料；电气工程常用图形符号；电气工程常用标准规范等。

2. 变配电部分

介绍了建筑物供电方法；电力变压器安装；预装式变电站安装；柴油发电机组安装；配电柜（盘）安装；硬母线安装；动力、照明配电箱安装；配电柜（盘）的二次配线；常用低压电器等。

3. 电力传输部分

（1）电力传输保护设施：包括金属管敷设；PVC 管及线槽敷设；地面金属线槽敷设；电缆桥架安装等。

（2）电力传输导体：包括电缆线路敷设；电缆头制作安装；封闭式母线安装等。

4. 用电设备部分

介绍了民用及动力用电设备安装；家用电器；电动机等。

5. 电气照明部分

介绍了开关插座安装；各种照明灯具安装等。

6. 防雷及接地部分

介绍了接地装置安装；设备及线路接地；建筑物等电位联结；防雷装置安装；提前放电避雷针安装等。

7. 安全用电、电工工具及仪表

安全用电部分介绍了大厦及家庭安全用电；施工现场安全用电；触电事故的急救措施等。电工工具及仪表部分介绍了常用电工工具及仪表的使用方法等。

附录中介绍了电气工程常用数据；《建筑工程施工质量验收统一标准》、《建筑工程设计文件编制深度规定》有关电气部分摘要等。

二、建筑电气工程施工时应注意的事项

1. 施工过程控制

在工程进行过程中，应做好图纸会审、施工组织设计、安全技术措施、材料及设备进场验收、隐蔽工程验收记录、工程变更记录、设备安装调试记录等；并应注意做好成品保护。

2. 与各专业配合

建筑电气工程施工是整个建筑工程的一部分，更是设备安装工程的一个分项。在建筑电气工程施工时除了要做好本专业工程施工外，更要做好与其他专业的配合及协调工作。

（1）与建筑专业配合

与建筑专业配合应确定好电气预埋管线、预留孔洞位置及大小等。

（2）与设备专业配合

与设备专业配合应清楚知道每台设备的安装位置，确保每台设备的供电、信号线缆、接地线敷设到位。

3. 在建筑各部位施工时，电气工程施工应注意配合事项

（1）基础及地下层施工时应注意的事项

在基础施工时，若采用基础结构钢筋接地，应做好接地网及接地引上线的焊接工作，同时可用 $35mm^2$ 的电缆从基础钢筋焊接弱电接地引上线。

在地下层施工时，应做好高低压电缆引入线、外围设备及照明引出线、通信及其他弱电电缆引入线等建筑物外墙的电缆穿墙保护管的预埋工作；并做好电缆桥架、母线穿结构墙等的预留孔洞等工作；同时做好暗配管的预埋工作；若地下层安装有变压器、发电机组、配电柜等大型设备，应考虑设备运输路线或预留吊装口等工作，并做好变压器房、发电机房、配电柜房等电气设备房的接地端子预埋工作。

（2）地面层及裙楼施工应注意的事项

做好电缆桥架、母线穿结构墙等的预留孔洞工作，接地室外测试点的预埋，裙楼室外投光灯的配管预埋工作等。

（3）标准层施工应注意的事项

确定好电气及弱电竖井的电缆桥架及母线等的孔洞位置及尺寸，做好预埋，作好接地引上线的安装工作。

（4）屋顶施工应注意的事项

确认屋顶设备的安装位置，如避雷针、卫星电视天线等，做好设备基础的预埋工作，包括安装好屋顶设备供电及信号线预埋管线的工作。做好接地引下线的连接工作，屋顶金属物体做好接地连接。

三、建筑电气工程施工常用规范

本书在编写工程中，尽可能将国家标准规范贯穿在内。由于作者水平及篇幅有限，不可能将所有国家标准规范列入本书中，所以读者在具体施工时，首先要满足工程设计要求；第二要满足国家标准规范、行业标准规范要求；同时还应满足所在地区的标准、供电部门的要求等。由于国家标准规范不断更新，请注意按照最新的国家标准规范执行。建筑电气工程施工常用规范如下：

1.《建筑电气工程施工质量验收规范》GB 50303—2002；

2.《电气装置安装工程高压电器施工及验收规范》GB J147—90；

3.《电气装置安装工程电力变压器、油浸电抗器、互感器施工及验收规范》GBJ 148—90；

4.《电气装置安装工程母线装置施工及验收规范》GBJ 149—90；

5.《电气装置安装工程电气设备交接试验标准》GB 50150—2006；

6.《电气装置安装工程电缆线路施工及验收规范》GB 50168—2006；

7.《电气装置安装工程接地装置施工及验收规范》GB 50169—2006；

8.《电气装置安装工程旋转电机施工及验收规范》GB 50170—2006；

9.《电气装置安装工程盘、柜及二次回路结线施工及验收规范》GB 50171—92；

10.《电气装置安装工程蓄电池施工及验收规范》GB 50172—92；

11.《电气装置安装35KV及以下架空电力线路施工及验收规范》GB 50173—92；

12.《电气装置安装工程低电器施工及验收规范》GB 50254—96；

13.《电气装置安装工程电力变流设备施工及验收规范》GB 50255—96；

14.《电气装置安装工程起重机电气装置施工及验收规范》GB 50256—96；

15.《电气装置安装工程爆炸和火灾危险环境电气装置施工及验收规范》GB 50257—96；

16.《施工现场临时用电安全技术规范》JGJ 46—2005；

17.《民用建筑电气设计规范》JGJ 16—2008；

18.《建筑物防雷设计规范》GB 50057—94（2000年版）；

19.《建筑照明设计标准》GB 50034—2004。

本书由柳涌主编，参加编写工作的还有罗锐、沈希凡、邢迪、刘文静、王馨、罗建忠、陈伟强、饶俊峰、曹林、刘萧、皮立新、焦德培、唐小平、罗建萍等。其中，唐小平编写第20章。本书具有如下特点：编排系统、技术先进、信息量大、图文并茂、时效性强、推陈出新、查阅方便。作者在编写过程中，参考了大量的书籍、文献、公司产品样本、说明等，在此对有关单位及作者表示衷心的感谢。特别要感谢中国建筑国际集团有限公司的领导在编写过程中给予的支持及帮助。由于作者水平有限，不当之处，请广大读者指正。

本书适用于从事建筑电气工程施工、监理、设计、维护及保养等人员阅读。

柳 涌

2010年6月

目　录

1 电气工程基础知识

电力技术的发明、电力工业的建立至今已有100余年的历史。今天，电与人们的生产、生活、科学技术研究息息相关，对现代社会的各个方面已产生直接或间接的巨大作用和影响，已成为现代文明社会的重要物质基础。

电力工业主要包括五个生产环节：

（1）发电，包括火力发电、水力发电、核能发电和其他能源发电；

（2）输电，包括交流输电和直流输电；

（3）变电；

（4）配电；

（5）用电。

五个环节包括用电设备的安装、使用和用电负荷的控制，以及将这五个环节所存在的设备连接起来的电力系统。此外，还包括规划、勘测设计和施工等电力基本建设，电力科学技术研究和电力机械设备的制造。

本章主要介绍了电气工程常用的基础知识，包括基本原理、计算公式、常用材料、电气常用图形符号、施工及验收规范等。

1.1 电工基础知识

1.1.1 电学基本原理

1. 电子论

所有物质都由数量多而体积小的原子组成（图1.1-1），在原子中又有正电荷和负电荷之分。带有正电荷位于原子中心，原子核内的被称为质子。带有负电荷且分布在原子外层的轨道上的被称为电子。质子是静止不动的，它会留在原子核之内，相反，电子是移动的，它会沿着某个轨道以很快的速度移动，最奇妙的是，无论有多少电子在移动，它们都永不会相撞。原子其质子数目与电子数目相等的话，我们称之为中性原子，即不带电的原子。

2. 流动的电子

电子离原子核越远，它与原子核中的正电荷之间的吸引力越小，电子就越容易从原子中摆脱开。在导电体（如金属）中，原子的排列很紧密，最外层电子壳上的每一个电子除了受到自己原子核的微弱吸引力外，还受到邻近原子核微弱的吸引力，以致这些电子由于有热运动的作用而能在导体中作自由运动，它们已不再束缚于某一个导体中的原子了。这种电子被称为自由电子。导体之所以容易导电，正是因为导体内部具有数量众多的自由电子。只要外界对自由电子施加微弱的影响，就能

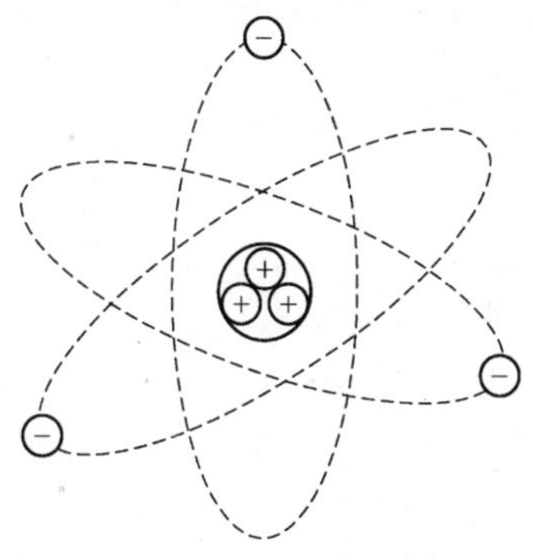

图1.1-1 原子组成图
1个中性原子；3个质子和3个电子

使自由电子沿着我们所希望的方向作定向运动。

上述所指的外界影响，就是电动势。在图1.1-2中，我们把带有电池的闭合回路中的一段金属导体加以放大画出。带有加号圆圈表示正离子，亦即失去了最外层电子的原子，这些正离子在金属导体中是固定不动的。小黑点代表自由电子，箭头表示这些自由电子从左边向右边移动，自由电子这种移动过程沿着整个闭合回路同时发生，即每秒钟从电池B负端出来的电子数目，等于每秒钟进入其正端的电子数目。这表明导体中的电子是从低电位向高电位流动，这个流动方向与电流的传统方向相反。因为人们在电子被发现以前，早就规定了电流是从高电位流向低电位，并以这种方向作为电流的正方向，而且一直普遍沿用下来，所以我们说电流是从高电位流向低电位。

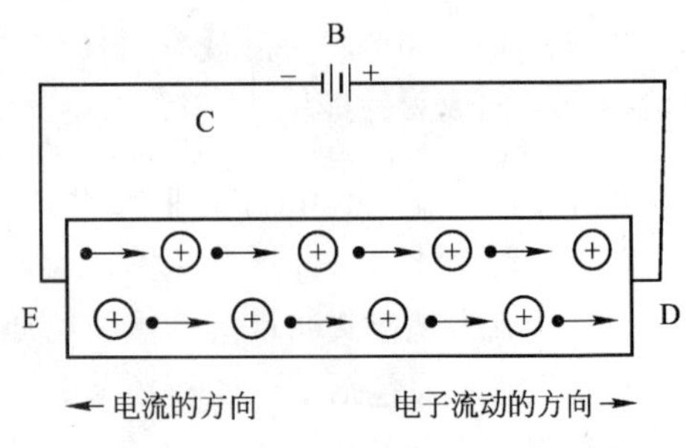

图1.1-2　电子的流动过程

3. 静电

除了以上的电子流，物体也可以储存不滞动的电荷，这种电荷称为静电荷。其中，静电荷也可以分为正和负，而且拥有同性（正和正、负和负）相排斥和异性（正和负）相吸引的特性。

静电的存在和特性，可用以下的实验来证明。用干的毛织物摩擦一根聚乙烯棒（A）（一种不透明的塑料）使它带电，并把棒用一个纸环悬挂起来。再用同样方法摩擦另一根聚乙烯棒（B）和一根醋酸纤维素棒（C）。把这两根棒分别移近被悬挂的棒，所得的结果将会是A棒和B棒相排斥［图1.1-3（*a*）］，而A棒和C棒相吸引［图1.1-3（*b*）］。这是由于A棒和B棒都带有负的静电荷，而C棒是带有正的静电荷。从这个实验中，我们看出静电是存在着的。

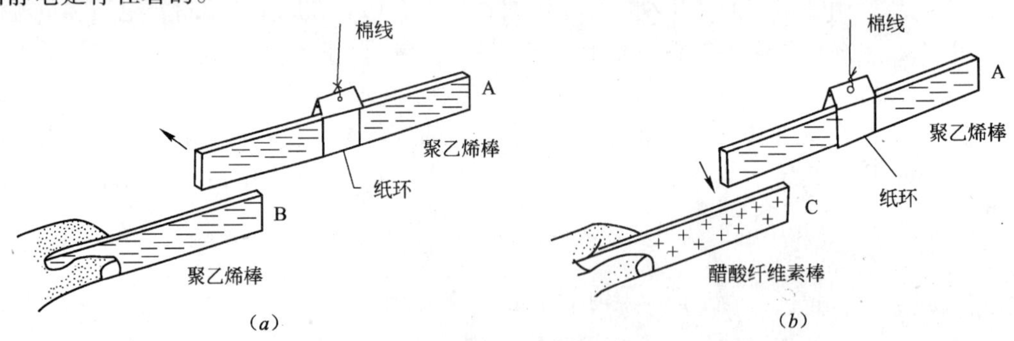

图1.1-3　静电的存在和特性
（*a*）两棒相排斥；（*b*）两棒相吸引

4. 导体

导体是指那些部分电子只受到松散的束缚而能够自由地在物质内部运动的物质（即导电性能良好的物质）。所有金属和石墨都是良导电体，例如：银、铜、铁、锡等。

5. 绝缘体

绝缘体是指那些自由电子很少的物质（即不允许电子通过的物质）。大多数的非金属固体都是绝缘体，例如：塑料、玻璃、云母等。

6. 半导体

半导体是指那些导电性能介乎于导体和绝缘体之间的物质。它们经过加工后，能视乎电流的方向而成为导体或绝缘体。

半导体一般是由锗或硅做成的，而硒、氧化铜及其他材料也可作为原料。它的主要用途是用来制造晶体三极管、二极管及其他固态组件。

1.1.2 电工常用术语

1. 电流

电荷的定向移动叫做电流，电流常用 I 表示。电流分为直流和交流两种。电流的大小和方向不随时间变化的叫做直流；电流的大小和方向随时间变化的叫做交流。电流的单位是安培（A），也常用毫安（mA）或者微安（μA）做单位。1A = 1000mA，1mA = 1000μA。

电流可以用电流表测量。测量的时候，把电流表串联在电路中，要选择电流表指针接近满偏转的量程。这样可以防止电流过大而损坏电流表。

2. 电压

河水之所以能够流动，是因为有水位差。电荷之所以能够流动，是因为有电位差，电位差也就是电压。电压是形成电流的原因。在电路中，电压常用 U 表示。电压的单位是伏特（V），也常用毫伏（mV）或者微伏（μV）做单位。1V = 1000mV，1mV = 1000μV。

电压可以用电压表测量。测量的时候，把电压表并联在电路上，要选择电压表指针接近满偏转的量程。如果电路上的电压大小估计不出来，要先用大的量程，粗略测量后再用合适的量程。这样可以防止由于电压过大而损坏电压表。

3. 电阻

电路中对电流通过有阻碍作用并且造成能量消耗的部分叫做电阻。电阻常用 R 表示。电阻的单位是欧姆（Ω），也常用千欧（kΩ）或者兆欧（MΩ）做单位。1kΩ = 1000Ω，1MΩ = 1000000Ω。导体的电阻由导体的材料、横截面积和长度决定。

电阻可以用万用表欧姆档测量。测量的时候，要选择万用表指针接近偏转一半的欧姆档。如果电阻在电路中，要把电阻的一头断开后再测量。

4. 欧姆定律

欧姆定律：导体中的电流 I 和导体两端的电压 U 成正比，和导体的电阻 R 成反比，即 $I = U/R$，这个规律叫做欧姆定律。如果知道电压、电流、电阻三个量中的两个，就可以根据欧姆定律求出第三个量，即：

$$I = U/R$$

$$R = U/I$$

$$U = I \times R$$

式中 I——电流（A）；

U——电压（V）；

R——电阻（Ω）。

在交流电路中，欧姆定律同样成立，但电阻 R 应该改成阻抗 Z，即 $I = U/Z$。

5. 电源

把其他形式的能转换成电能的装置叫做电源。发电机能把机械能转换成电能，干电池能把化学能转换成电能。发电机、干电池等叫做电源。通过变压器和整流器把交流电变成直流电的装置叫做整流电源。

6. 负载

把电能转换成其他形式能的装置叫做负载。电动机能把电能转换成机械能，电阻能把电能转换成热能，电灯泡能把电能转换成光能，扬声器能把电能转换成声能。电动机、电阻、电灯泡、扬声器等都叫做负载。晶体三极管对于前面的信号源来说，也可以看作是负载。

7. 电路

电流流过的路叫做电路。最简单的电路由电源、负载和导线、开关等组件组成（图 1.1-4）。电路处处连通叫做通路，只有通路，电路中才有电流通过。电路某一处断开叫做断路或者开路。电路某一部分的两端直接接通，使这部分的电压变成零，叫做短路。

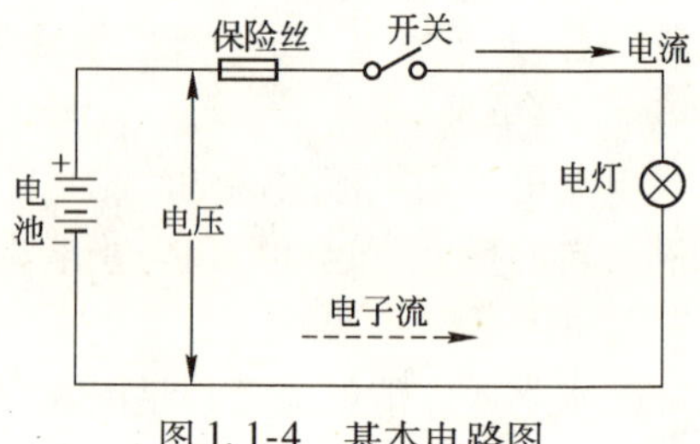

图 1.1-4　基本电路图

8. 电动势

电动势是反映电源把其他形式的能转换成电能的本领的物理量。电动势使电源两端产生电压。在电路中，电动势常用 E 表示。电动势的单位和电压的单位相同，也是伏特（V）。

电源的电动势可以用电压表测量。测量的时候电源不要接到电路中去，用电压表测量电源两端的电压，所得的电压值就可以看作等于电源的电动势。如果电源接在电路中，用电压表测得的电源两端的电压就会小于电源的电动势。这是因为电源有内电阻。在闭合的电路中，电流通过内电阻 r 有内电压降，通过外电阻 R 有外电压降。电源的电动势 E 等于内电压 U_r 和外电压 U_R 之和，即 $E=U_r+U_R$。严格来说，即使电源不接入电路，用电压表测量电源两端电压，电压表成了外电路，测得的电压也小于电动势。但是，由于电压表的内电阻很大，电源的内电阻很小，内电压可以忽略。因此，电压表测得的电源两端的电压是可以看作等于电源电动势。

干电池用旧了，用电压表测量电池两端的电压，有时候依然比较高，但是接入电路后却不能使负载（收音机、录音机等）正常工作。这种情况是因为电池的内电阻变大了，甚至比负载的电阻还大，但是依然比电压表的内电阻小。用电压表测量电池两端电压的时候，电池内电阻分得的内电压还不大，所以电压表测得的电压依然比较高。但是电池接入电路后，电池内电阻分得的内电压增大，负载电阻分得的电压就减小，因此不能使负载正常工作。为了判断旧电池能不能用，应该在有负载的时候测量电池两端的电压。有些性能较差的稳压电源，有负载和没有负载两种情况下测得的电源两端的电压相差较大，也是因为电源的内电阻较大造成的。

9. 周期

交流电完成一次完整的变化所需要的时间叫做周期，常用 T 表示。周期的单位是秒（s），也常用毫秒（ms）或微秒（μs）做单位。1s = 1000ms，1s = 1000000μs。

10. 频率

交流电在1s内完成周期性变化的次数叫做频率，常用f表示。频率的单位是赫兹（Hz），也常用千赫（kHz）或兆赫（MHz）做单位。1kHz = 1000Hz，1MHz = 1000000Hz。交流电频率f是周期T的倒数，即：

$$f=1/T$$

式中　f——频率（Hz）；

　　　T——周期（s）。

1.1.3 电工常用计算公式

1. 电工常用计算公式（表1.1-1）

电工常用计算公式　　表1.1-1

项目	公式	
电流的计算	$I=\frac{Q}{t}$	Q——电量（C）； t——时间（s）； I——电流（A）
电压的计算	$U=\frac{W}{Q}$	W——电能（J）； U——电压（V）
欧姆定律	$I=\frac{U}{R}$	R——电阻（Ω）
直流电路功率	$P=UI=I^2R=\frac{U^2}{R}$	P——电功率（W）
电阻的计算	$R=\rho\frac{l}{S}$	l——长度（m）；S——截面（mm^2）； ρ——电阻系数（$\Omega\cdot mm^2/m$）
电阻与温度的关系	$R_t=R_{20}[1+\alpha(t-20)]$	R_t、R_{20}——t（℃）和20℃时的电阻（Ω）； α——电阻温度系数（1/℃）
全电路欧姆定律	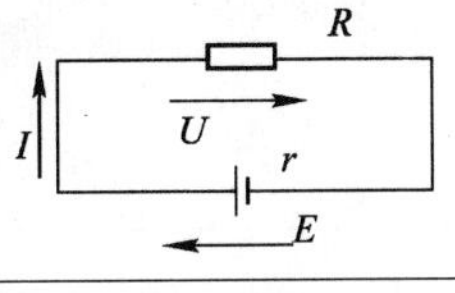 $I=\frac{E}{R+r}$	E——电源电动势（V）； R——负载电阻（Ω）； r——电源内阻（Ω）
电池组串联	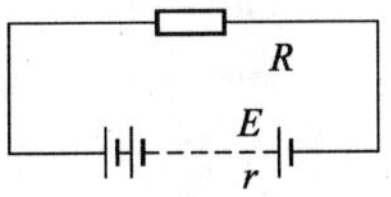 $I=\frac{nE}{R+nr}$	n——电池数量
电池组并联	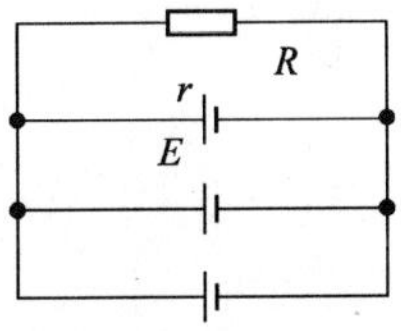 $I=\frac{E}{R+\frac{r}{n}}$	

续表

项目	公式	
电功及电功率的计算	$W=QU=UIt=I^2Rt=\frac{U^2}{R}t$ $P=\frac{W}{t}=UI=I^2R=\frac{U^2}{R}$	R——电阻（Ω）； t——时间（s）
焦耳-楞次定律	$Q=I^2Rt$	Q——热量（J）
电容的计算	$C=\frac{Q}{U}$	Q——电量（C）； C——电容（F）
线圈电感计算	$L=\frac{\varphi}{I}=\frac{W\Phi}{I}$	φ——磁链（Wb）； W——线圈匝数； Φ——磁通（Wb）
交流电路T、ω、f的关系	$T=\frac{1}{f}$　　$\omega=2\pi f$	f——频率（Hz） T——周期（s） ω——角频率（rad/s）
交流电有效值和最大值的关系	$U_E=\frac{U_{max}}{\sqrt{2}}$　　$I_E=\frac{I_{max}}{\sqrt{2}}$	
交流电平均值和最大值的关系	$U_A=\frac{2}{\pi}U_{max}$　　$I_A=\frac{2}{\pi}I_{max}$	

2. 电阻、电容、电感串并联阻抗计算（表1.1-2）

电阻、电容、电感串并联阻抗计算　　表1.1-2

类型 元件	连接方式	图形	等效图形	基本计算公式	特性、用途及要求
电阻	并联	R_1, R_2, R_n	R_Σ	$\frac{1}{R_\Sigma}=\frac{1}{R_1}+\frac{1}{R_2}+\cdots+\frac{1}{R_n}$ $R_1=R_2=R_n$ 时 $R_\Sigma=\frac{1}{n}R_1$	电阻越并越小，并且小于其中最小的阻值（因越并截面积越大） 并联电阻电路的电压相等 $U_{R_1}=U_{R_2}=\cdots=U_{R_n}$ 并联电阻电路有分流作用，总电流为各分路电流之和，即 $I_\Sigma=I_1+I_2+\cdots+I_n$ 一般的电器都是并联使用的，电器两端的电压与额定电压相等
	串联	R_1 R_2 ··· R_n	R_Σ	$R_\Sigma=R_1+R_2+\cdots+R_n$ $R_1=R_2=R_n$ 时 $R_\Sigma=nR_1$	电阻越串越大，且大于其中最大阻值（因越串越长） 串联电阻电路的电流相等 $I_{R_1}=I_{R_2}=\cdots=I_{R_n}$ 串联电阻电路有分压作用，总电压为各电阻上电压之和，即 $U_\Sigma=U_1+U_2+\cdots+U_R$ 常用于电子电路或分压电路

续表

元件＼类型	连接方式	图形	等效图形	基本计算公式	特性、用途及要求
电容	并联	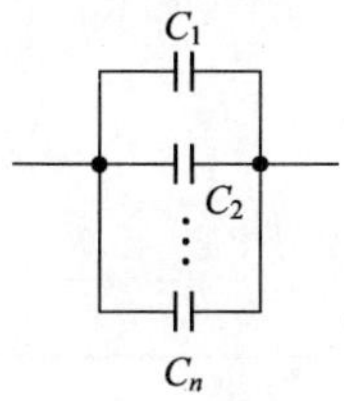 C_1 C_2 ⋮ C_n	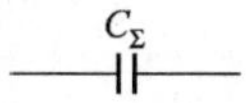 C_Σ	$C_\Sigma = C_1 + C_2 + \cdots + C_n$ $Z_\Sigma = Z_1 + Z_2 + \cdots + Z_n$ 当 $C_1 = C_2 = \cdots = C_n$ 时 $C_\Sigma = nC_1$、$Z_\Sigma = nZ_1$	电容越并越大，且大于其中最大电容值（因极板面积越并越大） 并联电容电路的电压相等 $U_1 = U_2 = \cdots = U_n$ $Z = X_C = \frac{1}{2\pi fC}$ 常用于功率因数补偿电路
	串联	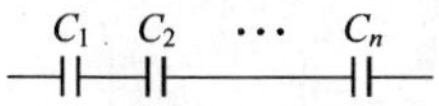 C_1 C_2 … C_n	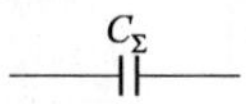 C_Σ	$\frac{1}{C_\Sigma} = \frac{1}{C_1} + \frac{1}{C_2} + \cdots + \frac{1}{C_n}$ $\frac{1}{Z_\Sigma} = \frac{1}{Z_1} + \frac{1}{Z_2} + \cdots + \frac{1}{Z_n}$ 当 $C_1 = C_2 = \cdots = C_n$ 时 $C_\Sigma = \frac{1}{n}C_1$、$Z_\Sigma = \frac{1}{n}Z_1$	电容越串越小，且小于最小电容值 串联电容电路的充电电流相等 $I_1 = I_2 = \cdots = I_n$ $Z = X_C = \frac{1}{2\pi fC}$ 常用于电子电路或分压电路中
电感	并联	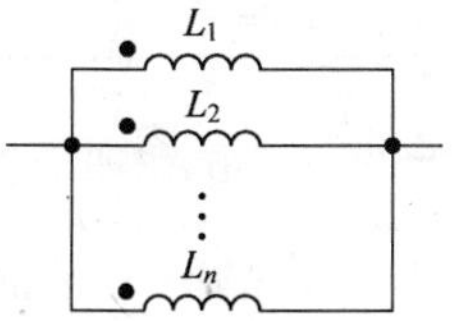 L_1 L_2 ⋮ L_n	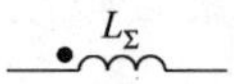 L_Σ 只讨论没有互感作用下的并联	$\frac{1}{L_\Sigma} = \frac{1}{L_1} + \frac{1}{L_2} + \cdots + \frac{1}{L_n}$ $\frac{1}{Z_\Sigma} = \frac{1}{Z_1} + \frac{1}{Z_2} + \cdots + \frac{1}{Z_n}$ 当 $L_1 = L_2 = \cdots = L_3$ 时 $L_\Sigma = \frac{1}{n}L_1$，$Z_\Sigma = \frac{1}{n}Z_1$	电感越并越小，总阻抗也越来越小，$Z = X_L = 2\pi fL$ 并联电感的电压相等 常用于电动机绕组的制作，连接时首尾必须正确
	串联	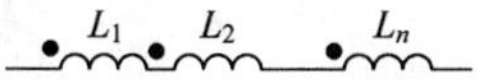 L_1 L_2 L_n	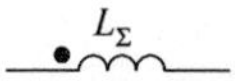 L_Σ 只讨论没有互感作用下的串联	$I_\Sigma = L_1 + L_2 + \cdots + L_n$ $Z_\Sigma = Z_1 + Z_2 + \cdots + Z_n$ 当 $L_1 = L_2 = \cdots = L_n$ 时 $L_\Sigma = nL_1$，$Z_\Sigma = nZ_1$	电感越串越大，总阻抗也越来越大，$Z = X_L = 2\pi fL$ 串联电感的电流相等 常用于电动机绕组的制作，连接时首尾必须正确

3. 交流电路中电阻、电容、电感混合连接阻抗计算（表 1.1-3）

交流电路中电阻、电容、电感混合连接阻抗计算　　表 1.1-3

方式	电路图	公式	
电阻电感串联	 R L	$Z = \sqrt{R^2 + X_L^2}$	X_L——感抗 $= 2\pi fL$（Ω）； L——电感（H）； Z——阻抗（Ω）
电阻电容串联	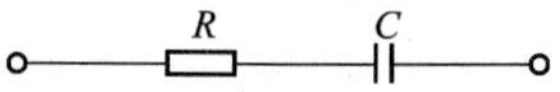 R C	$Z = \sqrt{R^2 + X_C^2}$	X_C——容抗 $= \frac{1}{2\pi fC}$（Ω）； C——电容（F）

续表

方式	电路图	公式	
电阻电容电感串联		$Z=\sqrt{R^2+(X_L-X_C)^2}$	
电阻电感电容并联	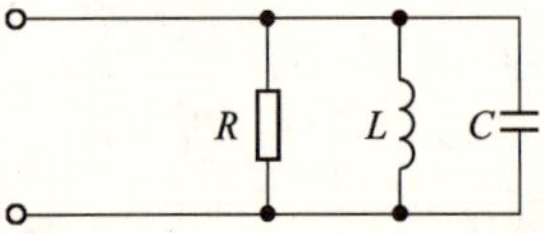	$Y=\sqrt{\left(\frac{1}{R}\right)^2+\left(\frac{1}{X_L}-\frac{1}{X_C}\right)^2}$	Y——导纳（S）

4. 电阻、电容、电感电路计算（表1.1-4）

电阻、电容、电感电路计算 **表1.1-4**

名称	电路	公式	相位	公式
电阻电路	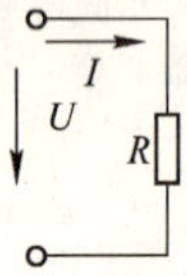	$I=\frac{U}{R}$		$\dot{I}$ 和 $\dot{U}$ 同相 $U=U_m\sin\omega t$ $i=\frac{U_m}{R}\sin\omega t$
电容电路	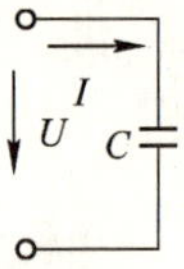	$I=\frac{U}{X_C}$	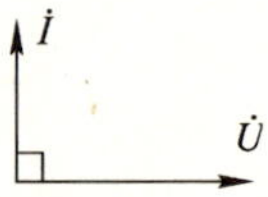	$\dot{I}$ 超前 $\dot{U}$90° $U=U_m\sin\omega t$ $i=\frac{U_m}{X_C}\sin\left(\omega t-\frac{\pi}{2}\right)$
电感电路	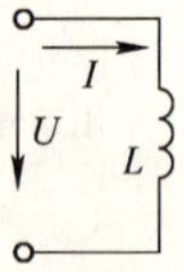	$I=\frac{U}{X_L}$	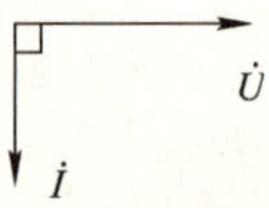	$\dot{I}$ 滞后 $\dot{U}$90° $U=U_m\sin\omega t$ $i=\frac{U_m}{X_C}\sin\left(\omega t-\frac{\pi}{2}\right)$
电阻、电容、电感串联电路	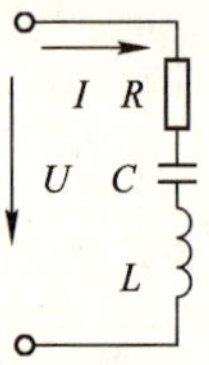	$I=\frac{U}{\sqrt{R^2+(X_L-X_C)^2}}$	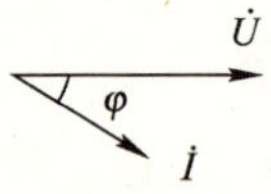	$U=U_m\sin\omega t$ $i=\frac{U_m}{Z}\sin(\omega t-\varphi)$ $X_L>X_C$，$\varphi>0$，$\dot{I}$ 滞后 $\dot{U}$ $X_L=X_C$，$\varphi=0$，$\dot{I}$、$\dot{U}$ 同相 $X_L<X_C$，$\varphi<0$，$\dot{I}$ 超前 $\dot{U}$

5. 三相交流电星三角连接的阻抗换算（表1.1-5）

三相交流电星三角连接的阻抗换算 **表1.1-5**

项目	交换图	换算公式
Y | △	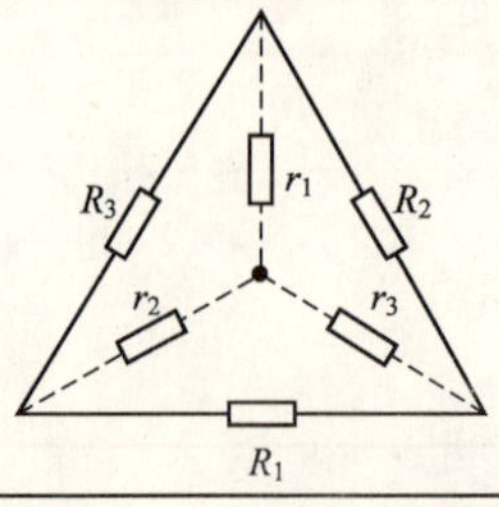	$R_1=\frac{r_1r_2+r_2+r_3+r_3r_1}{r_1}$ $R_2=\frac{r_1r_2+r_2r_3+r_3r_1}{r_2}$ $R_3=\frac{r_1r_2+r_2r_3+r_3r_1}{r_3}$

续表

项　目	交换图	换算公式
△ | Y	R3 r1 R2 r2 r3 R1	$r_1=\frac{R_2R_3}{R_1+R_2+R_3}$ $r_2=\frac{R_3R_1}{R_1+R_2+R_3}$ $r_3=\frac{R_1R_2}{R_1+R_2+R_3}$

6. 单相、三相交流电路中功率计算（表1.1-6）

单相、三相交流电路中功率计算　　表1.1-6

	项　目	公　式		单位	说　明
单相	有功功率	$P=UI\cos\varphi=S\cos\varphi$		W	
	视在功率	$S=UI$		V·A	
	无功功率	$Q_L=U_LI=I^2X_L$，$Q_C=U_CI=I^2X_C$		var	
	功率因数	$\cos\varphi=\frac{P}{S}=\frac{P}{UI}$			
对称三相	有功功率	$P=3U_xI_x\cos\varphi=\sqrt{3}U_LI_L\cos\varphi$		W	U_x——相电压（V）； I_x——相电流（A）； U_L——线电压（V）； I_L——线电流（A）； φ——相电压和相电流间的相角（°）
	无功功率	$Q=3U_xI_x\sin\varphi=\sqrt{3}U_LI_L\sin\varphi$		var	
	视在功率	$S=3U_xI_x=\sqrt{3}U_LI_L$		V·A	
	功率因数	$\cos\varphi=\frac{P}{S}$			
	相电压、相电流、线电压、线电流换算	Y	$U_L=\sqrt{3}U_X$　$I_L=I_X$		
		△	$U_L=U_X$　$I_L=\sqrt{3}I_X$		

7. 直流电磁铁吸力及电动机额定转矩计算（表1.1-7）

直流电磁铁吸力及电动机额定转矩计算　　表1.1-7

直流电磁铁吸力	$F=4B^2S\times10^3$　F——吸力（N）； B——磁感应强度（T）； S——磁路截面积（m^2）
电动机额定转矩	$M=9555\frac{P}{n}$　M——电动机转矩（N·m）； P——电动机功率（kW）； n——电动机转速（r/min）

1.1.4 电工基本定律及定则

1. 电路的基尔霍夫定律（表1.1-8）

电路的基尔霍夫定律 **表 1.1-8**

项目	基尔霍夫第一定律	基尔霍夫第二定律
定律内容	对于任何节点，流入、流出电流的代数和等于零 $\Sigma I=0$	对于任何封闭回路，电阻的电压降的代数和等于这回路内电动势的代数和 $\Sigma IR=\Sigma E$
图例		
表达式	$\Sigma I=-I_1+I_2+I_3+I_4+I_5=0$	$-I_1R_1-I_2R_2+I_3R_3=-E_1+E_2$

2. 磁路的基尔霍夫定律（表 1.1-9）

磁路的基尔霍夫定律 **表 1.1-9**

项目	第　一　定　律	第　二　定　律
定律内容	穿入、穿出某磁路节点的磁通代数和等于零	对任一闭合磁回路磁位降代数和等于磁动势代数和
表达式	$\Sigma\Phi=0$	$\Sigma HL=\Sigma WI$

3. 右手定则

当导体置于磁场内，并作垂直切割磁力线运动时，导体中就产生感应电动势，并在闭合回路中产生感应电流。磁力线方向、导体运动方向及感应电动势方向这三者之间的关系可用右手定则（也称发电机定则）来判别，见图 1.1-5。

4. 左手定则

载流导体在磁场中将受到电磁力作用。电磁力的方向与磁力线方向、电流方向这三者之间的关系可用左手定则（也称电动机定则）来判别，见图 1.1-6。

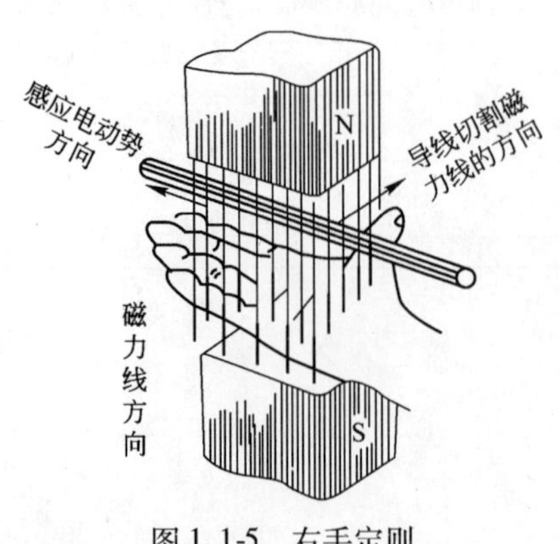

图 1.1-5　右手定则

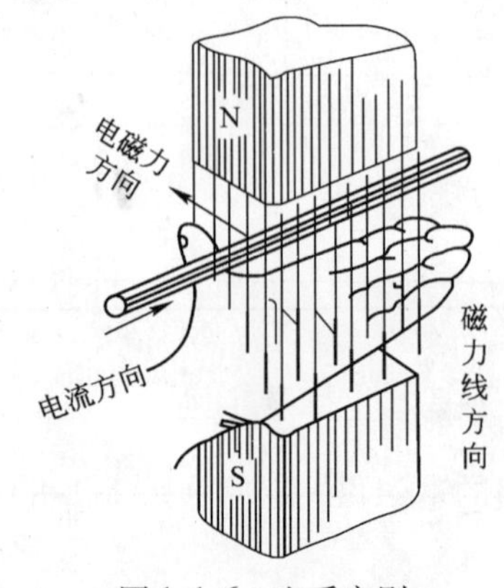

图 1.1-6　左手定则

1.1.5 电工常用单位换算

1. 长度单位换算（表 1.1-10）

长度单位换算表 **表 1.1-10**

公里 (km)	米 (m)	分米 (dm)	厘米 (cm)	毫米 (mm)	微米 (μm)	纳米 (nm)	埃* (Å)	密耳* (mil)	码* (yd)	英尺* (ft)	英寸* (in)	(市)尺*
1	10^3	10^4	10^5	10^6	10^9	10^{12}	10^{13}	3.94×10^7	1.0936×10^3	3.2808×10^3	3.9370×10^4	3×10^3
10^{-3}	1	10	10^2	10^3	10^6	10^9	10^{10}	3.94×10^4	1.0936	3.2808	39.3700	3
10^{-5}	10^{-2}	10^{-1}	1	10	10^4	10^7	10^8	3.94×10^2	10936×10^{-2}	3.2808×10^{-2}	03937	3×10^{-2}
10^{-6}	10^{-3}	10^{-2}	0.1	1	10^3	10^6	10^7	39.4	1.0936×10^{-3}	3.2808×10^{-3}	3.9370×10^{-2}	3×10^{-3}

注：加“*”号为非国际单位。

2. 面积单位换算（表 1.1-11）

面积单位换算表 **表 1.1-11**

毫米² (mm^2)	厘米² (cm^2)	分米² (dm^2)	米² (m^2)	码²* (yd^2)	英尺²* (ft^2)	英寸²* (in^2)	尺²*	亩*
1	10^{-2}	10^{-4}	10^{-6}	1.1959×10^{-6}	1.0763×10^{-5}	1.5500×10^{-3}	9×10^{-6}	$666.6m^2$

注：加“*”号为非国际单位。

3. 体积单位换算（表 1.1-12）

体积单位换算表 **表 1.1-12**

厘米³ (cm^3)	分米³ (dm^3)	米³ (m^3)	英尺³* (ft^3)	尺³*	加仑（英）* (Impogal)	加仑（美）³ (U. S. gal)
1	10^{-3}	10^{-6}	3.5314×10^{-5}	2.7×10^{-5}	2.1996×10^{-3}	2.6417×10^{-4}

注：加“*”号为非国际单位。

4. 压力单位换算（表 1.1-13）

压力单位换算表 **表 1.1-13**

托* (Torr)	毫米汞柱* (mmHg)	达因/厘米²* (dyn/cm^2)	帕斯卡 (Pa)	公斤力/米²* (kgf/m^2)	大气压* (atm)	磅力/英寸²* (lbf/in^2)
760	760	1.01325×10^6	101325	1.03323×10^4	1	14.695

注：加“*”号为非国际单位。

5. 弧度与角度单位换算（表1.1-14）

弧度与角度单位换算表　　表1.1-14

弧　　度	2π	π	1	0.01745
度（°）	360	180	57.3	1

6. 力单位换算（表1.1-15）

力单位换算表　　表1.1-15

单位名称	符　号	牛　顿	千克力*	磅　力*	达　因*
牛　顿	N	1	1.02×10^{-1}	2.20×10^{-1}	10^{5}
千克力*	kgf	9.81	1	2.21	9.81×10^{5}
磅　力*	lbf	4.45	0.454	1	4.45×10^{5}
达　因*	dyn	10^{-5}	1.02×10^{-6}	2.25×10^{-6}	1

注：加“*”号为非国际单位。

7. 功率单位换算（表1.1-16）

功率单位换算表　　表1.1-16

单位名称	符　号	公斤·米/秒*	公制马力*	英制马力*	千　瓦	尔格/秒*
公斤·米/秒*	kg·m/s	1	1.333×10^{-2}	1.315×10^{-2}	0.981×10^{-2}	9.81×10^{7}
公制马力*	PS	75	1	0.986	0.736	7.36×10^{9}
英制马力*	hp	76.4	1.014	1	0.746	7.46×10^{9}
千　瓦	kW	102.0	1.36	1.34	1	10^{10}
尔格/秒*	erg/s	1.02×10^{-8}	1.36×10^{-10}	1.34×10^{-10}	10^{-10}	1

注：加“*”号为非国际单位。

8. 功、能单位换算（表1.1-17）

功、能单位换算表　　表1.1-17

单位名称	符　号	公斤·米*	公制马力小时*	千瓦·小时	焦耳（瓦·秒）	尔　格*
公斤·米^{3}	kg·m	1	0.37×10^{-5}	2.72×10^{-6}	9.81	9.81×10^{7}
公制马力小时*	PS·h	27×10^{4}	1	0.736	2.62×10^{5}	2.65×10^{12}
千瓦·小时	kW·h	36.7×10^{4}	1.36	1	3.60×10^{6}	3.60×10^{13}
焦耳（瓦·秒）	J（W·s）	1.02×10^{-1}	0.38×10^{-6}	2.77×10^{-7}	1	10^{7}
尔　格*	erg	1.02×10^{-8}	0.38×10^{-13}	2.77×10^{-14}	10^{-7}	1

注：加“*”号为非国际单位。

1.2 电子元器件

电子元器件在各类电子产品中占有重要的地位，尤其是一些通用电子元器件，更是电子产品中必不可少的基本材料。熟悉和掌握各类元器件的性能、特点、使用范围等，对电子产品的分析、设计、制造、维修有着十分重要的作用。下面就常用电子元件，包括电阻、电容器、电感、二极管、三极管、集成电路、电池等的作用、性能、使用与测量方法等作简单介绍。

1.2.1 电阻

1.2.1.1 电阻基础知识

电阻是用来限制电流大小的零件，电阻的基本单位是欧姆，习惯上简称为欧，用符号“Ω”表示。如果在电阻器两端施加1V的电压，能使电阻器中流过的电流为1A，那么该电阻器的阻值就是1Ω。1Ω是电阻值的基本单位，在电子工程中，通常还使用由欧姆导出的其他电阻值单位，如千欧姆（kΩ）、兆欧姆（MΩ）等。常用单位1000Ω＝1kΩ（千欧姆）、1000kΩ＝1MΩ（兆欧姆）。电阻可分为固定型和可调整型。常用电阻有碳膜电阻、碳质电阻、金属膜电阻、线绕电阻和电位器等。

1. 电阻种类

电阻主要可能分为固定式电阻及可变式电阻，电阻的符号如图1.2-1所示。

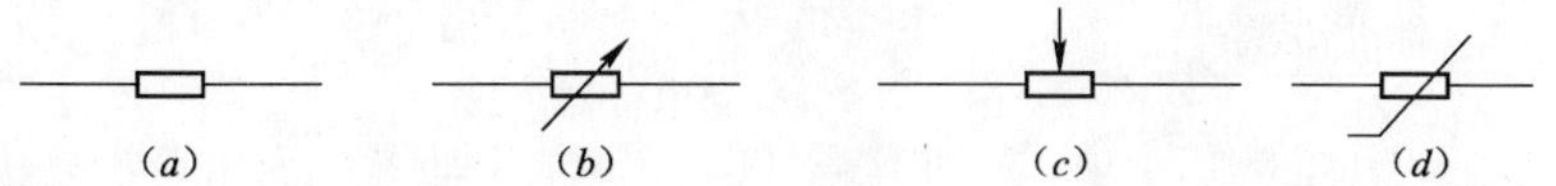

图1.2-1 电阻符号
（*a*）固定电阻；（*b*）可调电阻；（*c*）电位器；（*d*）热敏电阻

（1）固定电阻

阻值固定的电阻器称为固定电阻（图1.2-2）。依材料可分为炭质电阻（又称色码电阻）、线绕电阻（方型线绕电阻，俗称水泥电阻）及金属电阻。

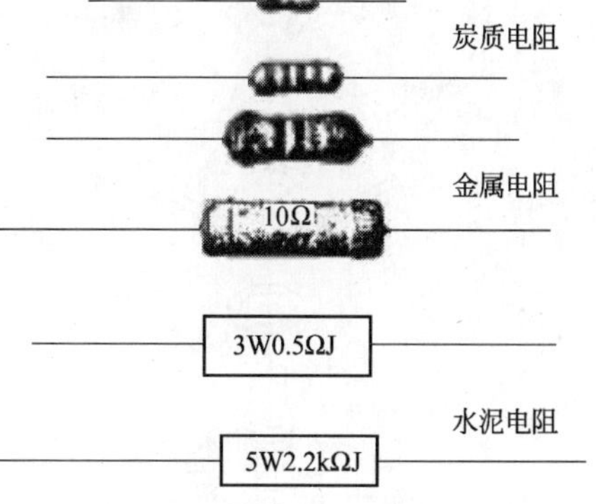

图1.2-2 固定电阻

（2）可调电阻

阻值连续可变的电阻称为可调电阻。可调电阻因调整方式又可分为半可调电阻与可变电阻（电位器）。

1）半可调电阻（图1.2-3）

半可调电阻需用一字旋具来转动滑动弹簧片调整电阻值。

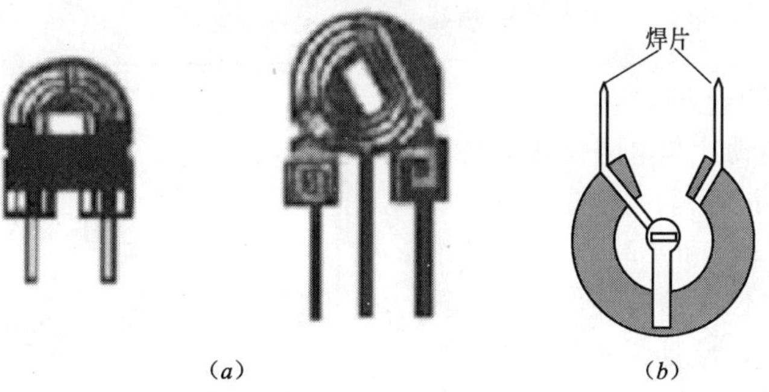

图1.2-3 半可调电阻
（*a*）外形；（*b*）结构

2）电位器

电位器（图1.2-4）是可变电阻器的一种，通常是由电阻体与转动或滑动系统组成，其主要作用是调节电压（包括直流电压与信号电压等）和电流。普通半导体收音机就是使用开关电位器（电位器和开关一起组成）调节音量大小。

电位器的电阻体有两个固定端，通过手动调节转轴或滑柄改变动触点在电阻体上的位置，改变动触点与任一个固定端之间的电阻值，从而改变电压与电流的大小。

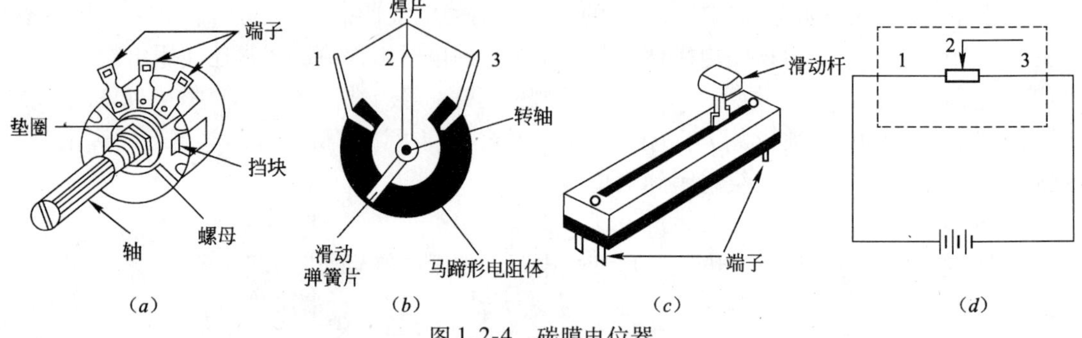

图 1.2-4 碳膜电位器

（a）电位器外形；（b）旋转电位器结构；（c）直滑式电位器；（d）电路图

3）电位器安装方法（图 1.2-5）

安装时一要选用合适的防松垫圈，二要注意保护面板，防止紧固螺母划伤面板。

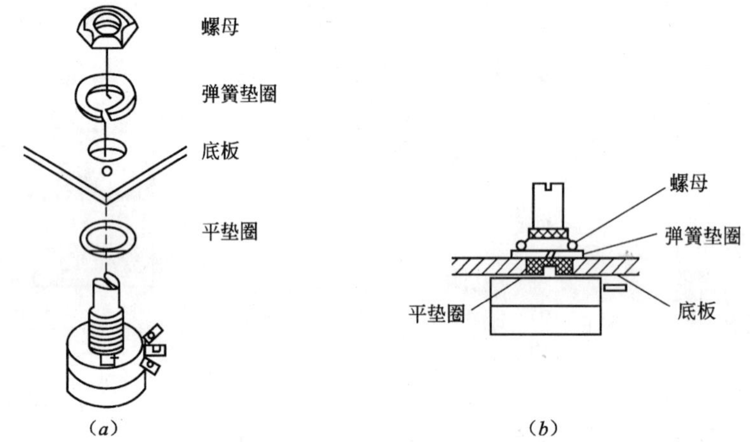

图 1.2-5 电位器安装方法

（a）零件组成；（b）安装方法

4）电位器的测量方法

测量电位器滑动片与电阻体接触是否良好：用万用表电阻档，按图 1.2-6 所示，测量“1”、“2”和“2”、“3”两端的电阻值，旋转电位器的旋轴，从一个极端转至另一个极端，反复调两次，万用表测出的阻值与在“0”和标称值之间均匀地变化。如在电位器旋轴转动过程中，万用表表针有跳动现象，说明可变触点接触不良，这样的电位器不宜使用。

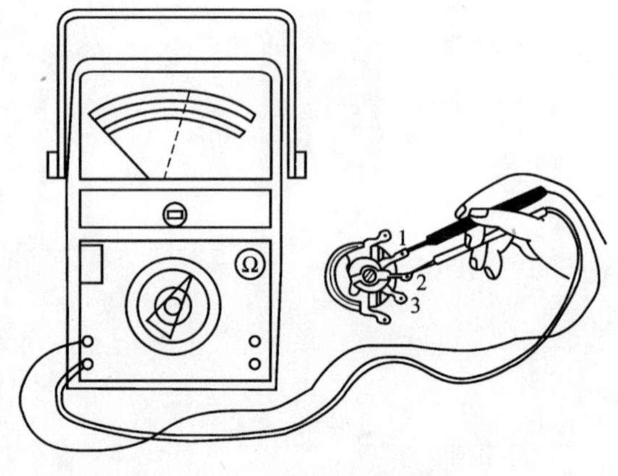

图 1.2-6 电位器的测量方法

2. 常用电阻的结构和特点（表 1.2-1）

常用电阻的结构和特点 **表 1.2-1**

序号	电阻种类	电阻结构和特点
1	碳膜电阻	气态碳氢化合物在高温和真空中分解，碳沉积在瓷棒或者瓷管上，形成一层结晶碳膜。改变碳膜厚度和用刻槽的方法变更碳膜的长度，可以得到不同的阻值。碳膜电阻成本较低，性能一般
2	金属膜电阻	在真空中加热合金，合金蒸发，使瓷棒表面形成一层导电金属膜。刻槽和改变金属膜厚度可以控制阻值。这种电阻和碳膜电阻相比，体积小、噪声低、稳定性好，但成本较高
3	碳质电阻	把炭黑、树脂、黏土等混合物压制后经过热处理制成。在电阻上用色环表示它的阻值。这种电阻成本低，阻值范围宽，但性能差
4	线绕电阻	用康铜或者镍铬合金制成电阻丝，在陶瓷骨架上绕制成。这种电阻分固定和可变两种。它的特点是工作稳定，耐热性能好，误差范围小，适用于大功率的场合，额定功率一般在 1W 以上
5	碳膜电位器	它的电阻体是在马蹄形的纸胶板上涂上一层碳膜制成。它的阻值变化和中间触头位置的关系有直线式、对数式和指数式三种。碳膜电位器有大型、小型、微型等几种，有的和开关一起组成带开关电位器；还有一种直滑式碳膜电位器，它是靠滑动杆在碳膜上滑动来改变阻值的。这种电位器调节方便
6	线绕电位器	用电阻丝在环状骨架上绕制成。它的特点是阻值范围小，功率较大

3. 常用电阻的技术特性（表 1.2-2）

常用电阻的技术特性 **表 1.2-2**

电阻类别	额定功率（W）	标称阻值范围（Ω）	温度系数（1/℃）	噪声电势（μV/V）	运用频率
RT 型 碳膜电阻	0.05 0.125 0.25 0.5 1.2	$10 \sim 100 \times 10^3$ $5.1 \sim 510 \times 10^3$ $5.1 \sim 910 \times 10^3$ $5.1 \sim 2 \times 10^6$ $5.1 \sim 5.1 \times 10^6$	$\pm(6 \sim 20) \times 10^{-4}$	1 ~ 5	10MHz 以下
RU 型 硅碳膜电阻	0.125、0.25 0.5 1.2	$5.1 \sim 510 \times 10^3$ $10 \sim 1 \times 10^6$ $10 \sim 10 \times 10^6$	$\pm(7 \sim 12) \times 10^{-4}$	1 ~ 5	10MHz 以下
RJ 型 金属膜电阻	0.125 0.25 0.5 1.2	$30 \sim 510 \times 10^3$ $30 \sim 1 \times 10^6$ $30 \sim 5.1 \times 10^6$ $30 \sim 10 \times 10^6$	$\pm(6 \sim 10) \times 10^{-4}$	1 ~ 4	10MHz 以下
RXYC 型 线绕电阻	2.5 ~ 100	$5.1 \sim 56 \times 10^6$			低频
WTH 型 碳膜电位器	0.5 ~ 2	$470 \sim 4.7 \times 10^6$	5 ~ 10	5 ~ 10	几百千赫以下
WX 型 线绕电位器	1 ~ 3	$10 \sim 20 \times 10^3$			低频

4. 常用电阻允许误差

大多数电阻上都标有电阻的数值，这就是电阻的标称阻值。电阻的标称阻值往往和它的实际阻值不完全相符。有的阻值大一些，有的阻值小一些。电阻的实际阻值和标称阻值的偏差，除以标称阻值所得的百分数，叫做电阻的误差。表 1.2-3 列出常用电阻允许误差等级。

常用电阻允许误差等级 **表 1.2-3**

允许误差	±0.5%	±1%	±2%	±5%	±10%	±20%
级别	005	01	02	Ⅰ	Ⅱ	Ⅲ

5. 普通电阻的标称阻值

不同误差等级的电阻有不同数目的标称值。误差越小的电阻，标称值越多。表 1.2-4 是普通电阻的标称阻值系列，表中的标称值可以乘以 10、100、1000、10k；100k；比如 1.0 这个标称值，就有 1.0Ω、10.0Ω、100.0Ω、1.0kΩ、10.0kΩ、100.0kΩ、1.0MΩ；10.0MΩ。

普通固定电阻标称阻值系列 **表 1.2-4**

允许误差	标称阻值系列
±5%	1.0 1.1 1.2 1.3 1.5 1.6 1.8 2.0 2.2 2.4 2.7 3.0 3.3 3.6 3.9 4.3 4.7 5.1 5.6 6.2 6.8 7.5 8.2 9.1
±10%	1.0 1.2 1.5 1.8 2.2 2.7 3.3 3.9 4.7 5.6 6.8 8.2
±20%	1.0 1.5 2.2 3.3 4.7 6.8

不同的电路对电阻的误差有不同的要求。一般电子电路采用Ⅰ级或者Ⅱ级就可以了。在电路中电阻的阻值一般都标注标称值。如果不是标称值，可以根据电路要求选择和它相近的标称电阻。

6. 电阻消耗的功率

当电流通过电阻的时候，电阻由于消耗功率而发热。如果电阻发热的功率大于它能承受的功率，电阻就会烧坏。电阻长时间工作时允许消耗的最大功率叫做额定功率。电阻消耗的功率可以由电功率公式计算出来，计算公式如下：

$$P = I \times U$$

$$P = I^2 \times R$$

$$P = U^2/R$$

式中 P——表示电阻消耗的功率（W）；

U——是电阻两端的电压（V）；

I——是通过电阻的电流（A）；

R——是电阻的阻值（Ω）。

所谓电阻的额定功率值，指的是电阻所承受的最高电压和最大电流的乘积。每个电阻都有其额定功率值，常见电阻的额定功率一般分为 1/8W、1/4W、1/2W、1W、2W、3W、4W、5W、10W 等。其中 1/8W 和 1/4W 的电阻较为常用，不过，在大电流场合，大功率的电阻也用得很普遍。图 1.2-7 为各额定功率值功率的电阻在电路图上的符号。不难看出，额定功率值在 1W 以上用罗马数字表示。

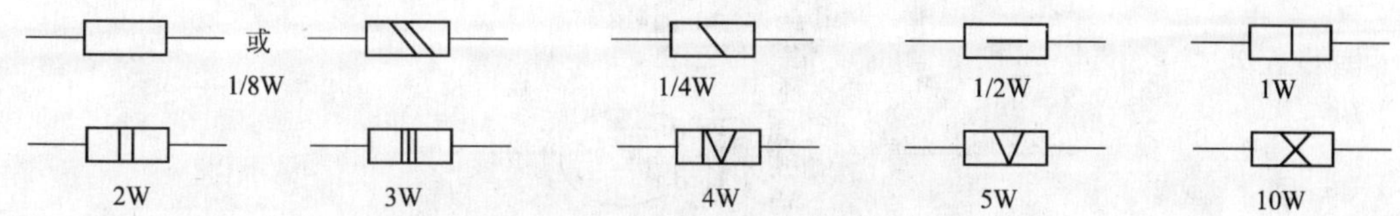

图 1.2-7 电阻额定功率值表示方法

1.2.1.2 电阻的表示方法

为了区别不同种类的电阻，常用几个字母表示电阻类别，如图 1.2-8 所示。第一个字母 R 表示电阻，第二个字母表示导体材料，第三个字母表示形状性能。

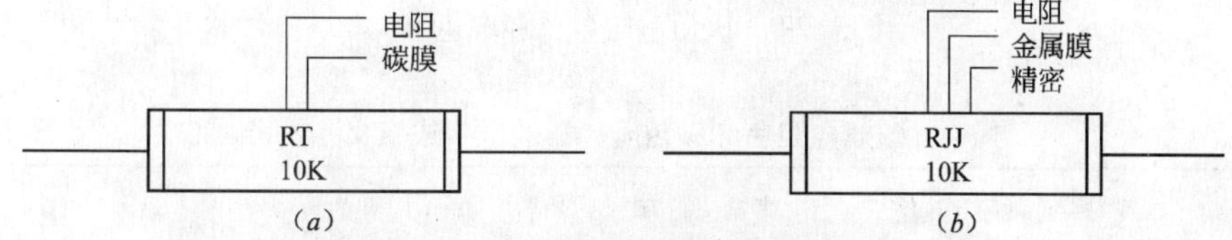

图 1.2-8 电阻的类型标识
(*a*) 碳膜电阻；(*b*) 精密金属膜电阻

1. 电阻的类别和符号（表 1.2-5）

电阻的类别和符号 **表 1.2-5**

顺 序	类 别	名 称	简 称	符 号
第一个字母	主称	电阻器 电位器	阻 位	R W
第二个字母	导体材料	碳膜 金属膜 金属氧化膜 线绕	碳 金 氧 线	T J Y X
第三个字母	形状性能等	大小 精密 测量 高功率	小 精 量 高	X J L G

2. 碳质电阻色环颜色含义

电视机、收录机广泛采用色环电阻，其优点是在装配、调试和修理过程中，不用拨动组件，即可在任意角度看清色环，读出阻值，使用很方便。

碳质电阻和一些 1/8W 碳膜电阻的阻值和误差用色环表示。在电阻上有三道或者四道色环（图 1.2-9）。靠近电阻端的是第一道色环，其余顺次是二、三、四道色环。第一道色环表示阻值的最大一位数字，第二道色环表示第二位数字，第三道色环表示阻值末应该有几个零。第四道色环表示阻值的误差。碳膜电阻色环颜色所代表的数字或者意义见表 1.2-6。

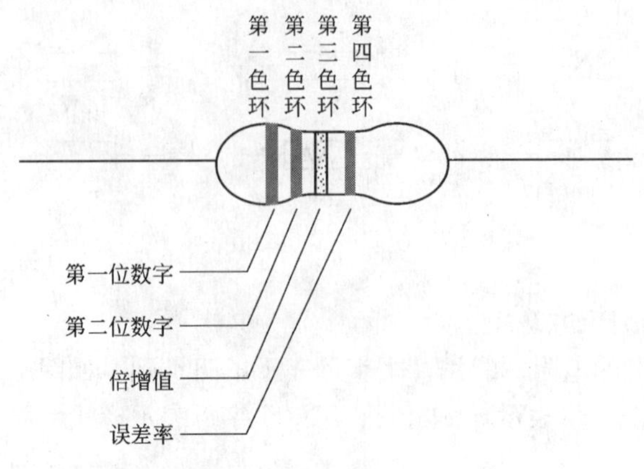

图 1. 2-9　碳质电阻各色环颜色意义

碳质电阻色环颜色所代表的数字或意义　　**表 1. 2-6**

色　别	最大一位数字（第一色环）	第二位数字（第二色环）	应乘的数（第三色环）	误　差（第四色环）
棕	1	1	10	±1%
红	2	2	100	±2%
橙	3	3	1000	
黄	4	4	10000	
绿	5	5	100000	
蓝	6	6	1000000	
紫	7	7	10000000	
灰	8	8	100000000	
白	9	9	1000000000	
黑	0	0	1	
金	—	—	0. 1	±5%
银	—	—	0. 01	±10%
无色	—	—	—	±20%

从数量级来看，可把它们划分为三个大的等级，即：金、黑、棕色是欧姆级的；红、橙、黄色是千欧级的；绿、蓝色则是兆欧级的。这样划分是为了便于记忆。

当第二环是黑色时，第三环颜色所代表的则是整数，即几、几十、几百、千欧姆等，这是读数时的特殊情况，要注意。例如第三环是红色，则其阻值即是整几千欧姆的。

记住第四环颜色所代表的误差，即：金色为 5%；银色为 10%；无色为 20%。

下面举例说明：

例 1：当四个色环依次是黄、橙、红、金色时，因第三环为红色、阻值范围是几点几千欧姆的，按照黄、橙两色分别代表的数“4”和“3”代入，则其读数为 4. 3kΩ。第四环是金色表示误差为 5%。

例 2：当四个色环依次是棕、黑、橙、金色时，因第三环为橙色，第二环又是黑色，阻值应是整几十千欧姆的，按棕色代表的数“1”代入，读数为 10kΩ。第四环是金色，其误差为5%。

例3：比如有一个碳质电阻，它有四道色环，顺序是红、紫、黄、银。这个电阻的阻值就是270kΩ，误差是±10%。

例4：比如有一个碳质电阻，它有棕、绿、黑三道色环，它的阻值就是15Ω，误差是±20%。

1.2.1.3 排电阻

排电阻也叫集成电阻，其外形及内部结构见图1.2-10。

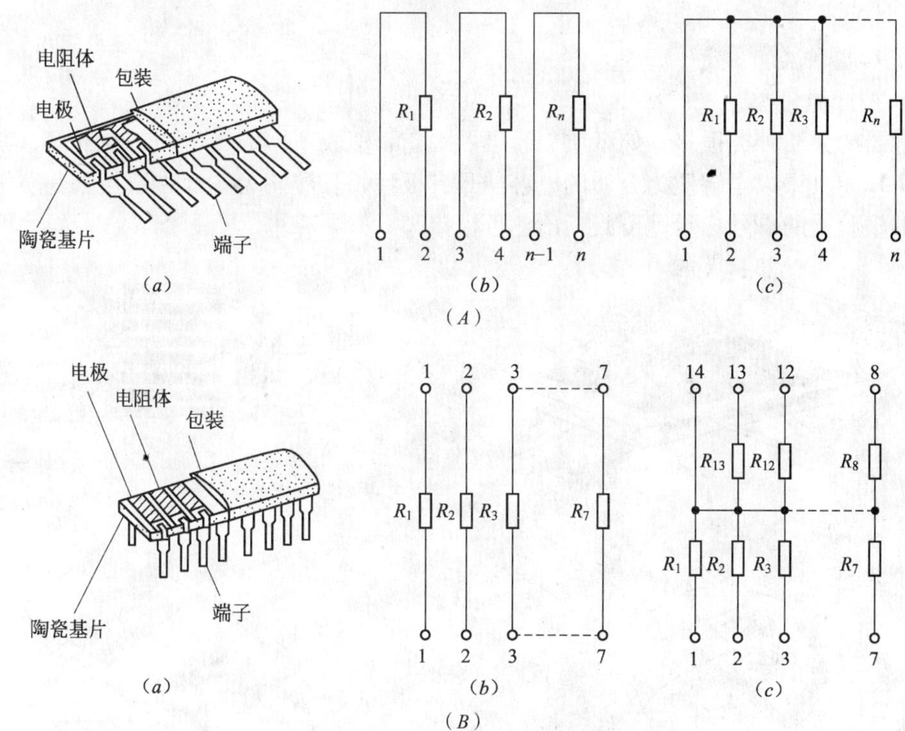

图1.2-10 排电阻外形及内部结构图

(*A*) 样式一；(*B*) 样式二

(*a*) 外形；(*b*) 独立型；(*c*) 并列型

排电阻适合多个电阻阻值，而且其中的一个引脚都连在电路的同一位置的场合，排电阻比分立电阻体积小，安装方便，但价格也稍贵。

1.2.2 电容器

电容器是衡量导体储存电荷能力的物理量。在两个相互绝缘的导体上，加上一定的电压，它们就会储存一定的电量。其中一个导体储存着正电荷，另一个导体储存着大小相等的负电荷。加上的电压越大，储存的电量就越多。电容器简称电容，用字母“C”表示。

电容器的构造一般为两块平行金属板相对而不接触，中间放有绝缘介质，这就构成了电容器（图1.2-11）。

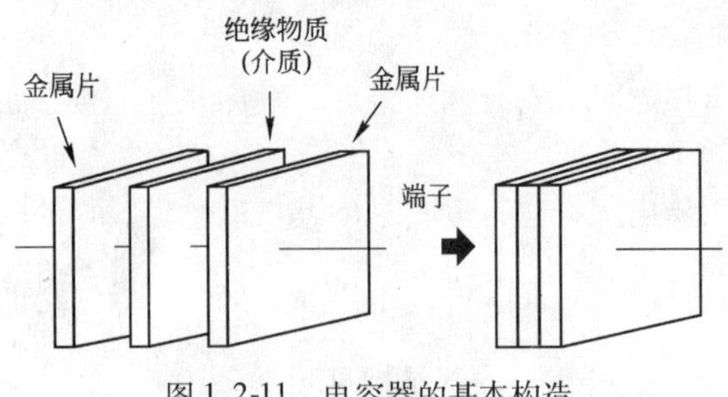

图 1.2-11 电容器的基本构造

1. 电容器种类

(1) 按介质分类

电容器的介质种类很多，如纸质、云母、陶瓷、塑胶薄膜、电解质、空气等，其结构见图 1.2-12。其中以电解质为介质的电容器具有极性，长接脚为正极，短接脚为负极，或由包覆的塑胶上的符号标示，可判断出正负极接脚。

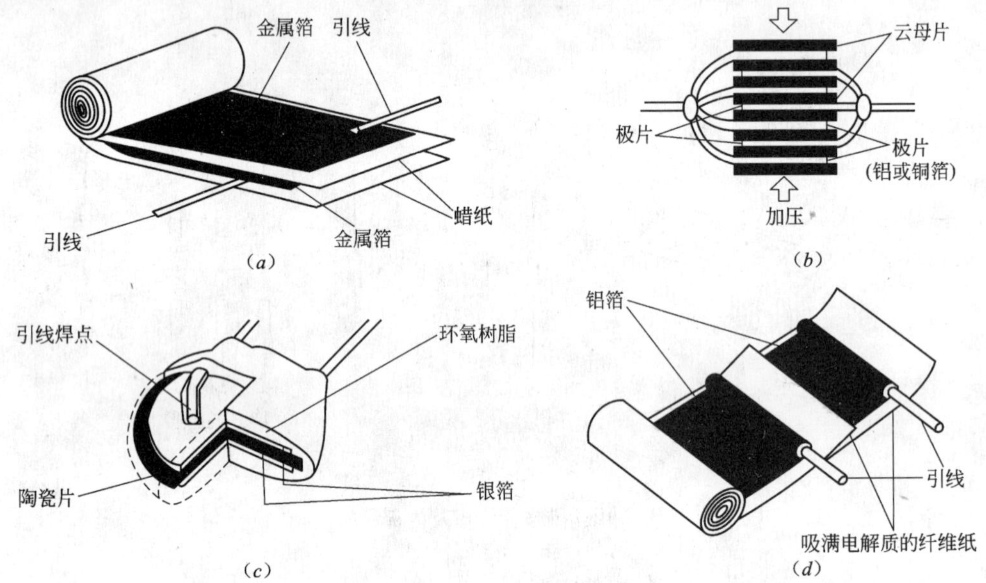

图 1.2-12 常用电容器结构

(*a*) 纸质电容器；(*b*) 云母电容器；(*c*) 陶瓷电容器；(*d*) 电解质电容器

(2) 按功能分类

电容器主要可能分为固定电容器、微调电容器及可变电容器（表 1.2-7）。

2. 电容器的规格标示

(1) 耐压值

电容器在正常工作下，所能承受的最大电压称为耐压，通常直接以数字标示在电容器上，或以规定的标志来表示，单位为伏特（V）。

(2) 电容量

电容量的基本单位为法拉（F），而电容器一般容量不大，常用单位 μF（微法）、pF（皮法）表示，($1\mu F=10^{-6}F$，$1pF=10^{-12}F$)，有的直接标示电容量大小，有的则以记号标示，未标示单位者即为（pF）(表 1.2-8)。

常用电容器的种类 **表 1.2-7**

名称	固定电容器		微调电容器	可变电容器
图形	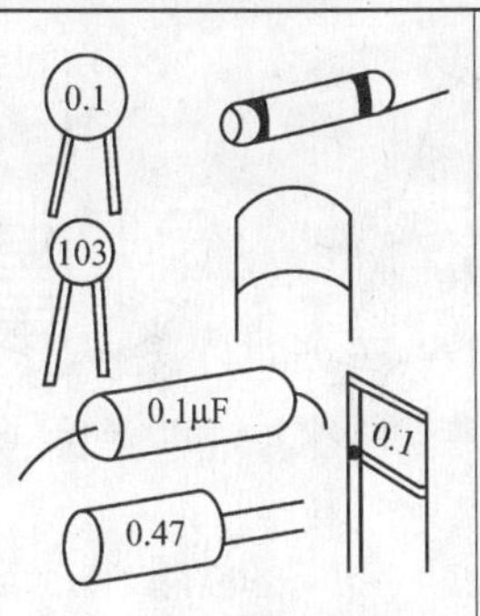 0.1 103 0.1μF 0.47 0.1	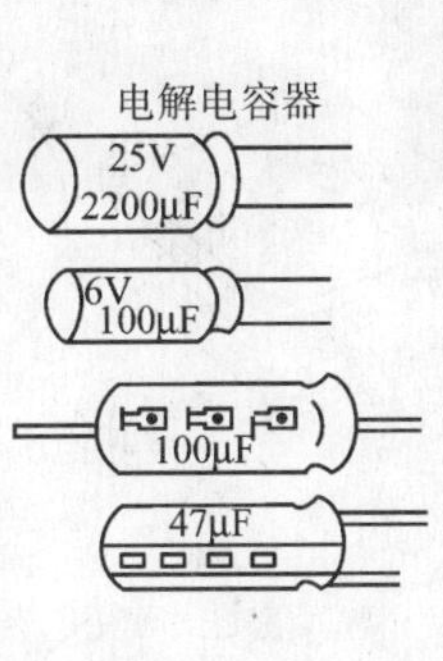 电解电容器 25V 2200μF 6V 100μF 100μF 47μF	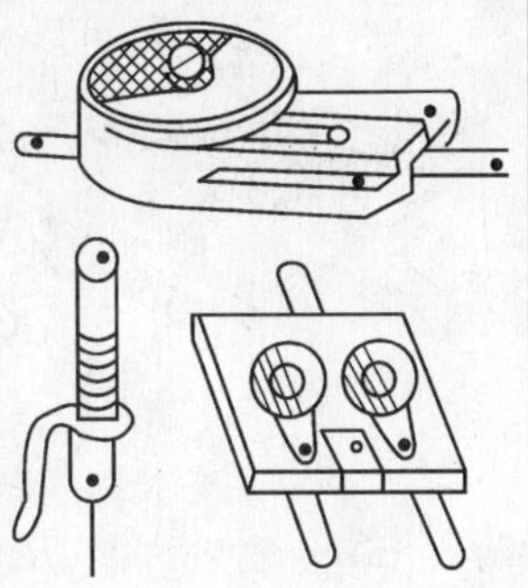	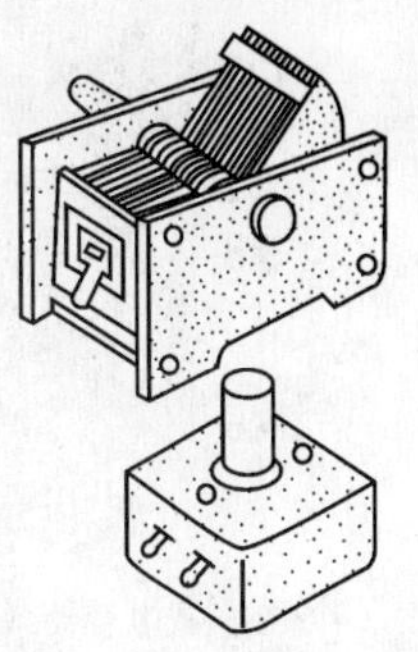
符号		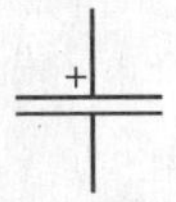 +	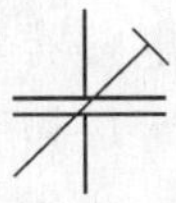	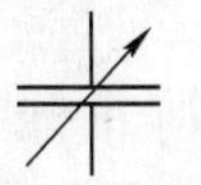

电容量标记方法 **表 1.2-8**

序号	图形	说明
1	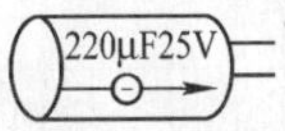 220μF25V	耐压 25V 电容量 220μF
2	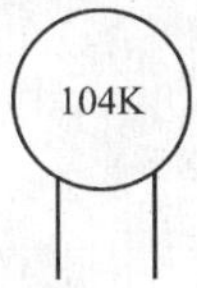 104K	电容量 104pF *K* 表示误差 ±10%
3	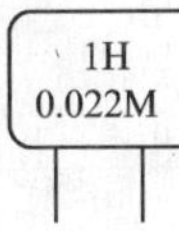 1H 0.022M	耐压 1H 表示 50V 电容量 0.022 即 0.022pF *M* 表示误差 ±20%

3. 微调电容器（图 1.2-13）

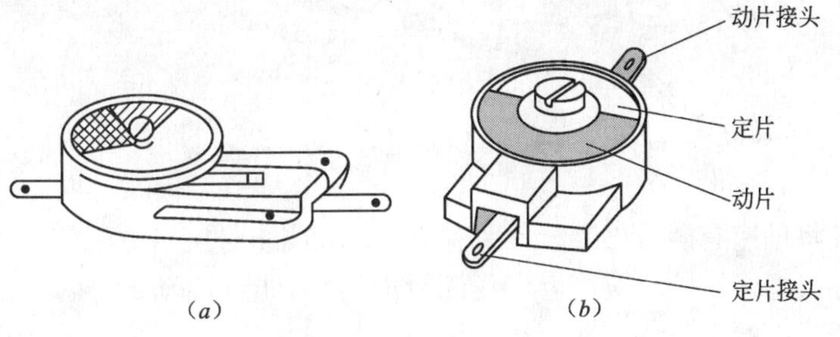

图 1.2-13 微调电容器

(*a*) 外形；(*b*) 结构

它是由两片或两组金属片组成，而金属片之间用介质分隔，利用十字旋具调节金属片之间的距离或金属片相关的面积，就可以轻微地改变它的电容量。就电容量来说，微调电容器的电容量变化范围比可变电容器的小。

4. 可变电容器（图1.2-14）

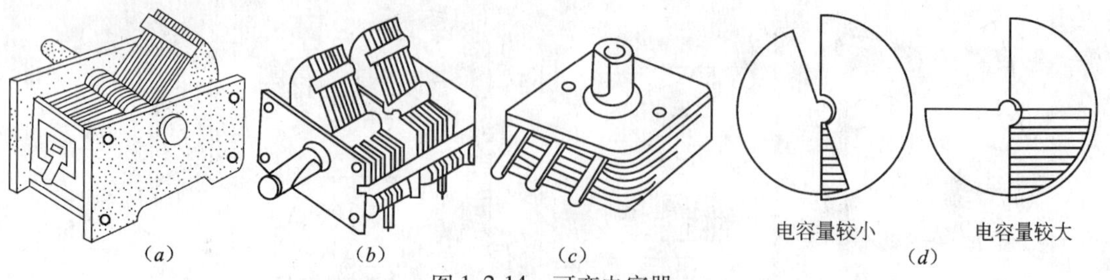

图1.2-14 可变电容器

(*a*) 空气式电容器（单联）；(*b*) 空气式电容器（双联）；(*c*) 密封式可变电容器；(*d*) 可变电容器的容量变化

在收音机中，调整可变电容器配合天线线圈，就可选择不同频率的电台。可变电容器内有两组金属片，分别为固定片和可动片，中间以空气或塑胶片为介质，调整可动片可改变两金属片重叠部分的面积，即可改变电容量的大小。可变电容器的误差等级表示见表1.2-9。

可变电容器的误差等级 表1.2-9

等级	B	C	D	F	G	H	J	K	L	M
误差	±0.1%	±0.25%	±0.5%	±1%	±2%	±3%	±5%	±10%	±15%	±20%

5. 万用表测试电容器

(1) 测量容量较大的电容器（5000pF以上）（图1.2-15）

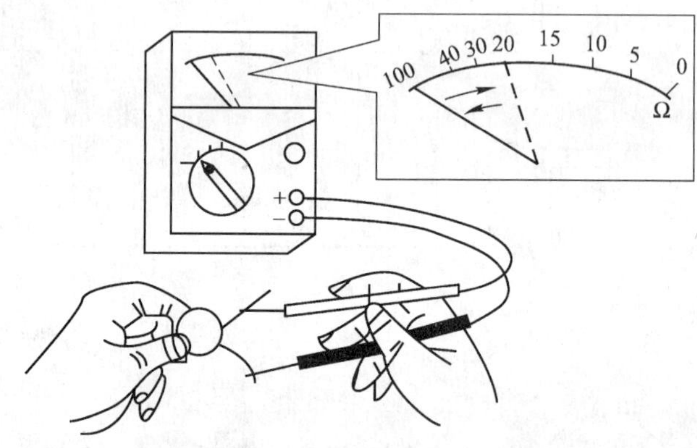

图1.2-15 测量容量较大的电容器

万用表指针将迅速右摆后再逐渐返回左端，指针停止时所指电阻值为此电容器绝缘电阻。绝缘电阻越大越好，一般应接近∞（无穷大）。若指针不动，电容器已断路；摆动后不返回，电容器漏电严重，均不能使用。较小容量（5000pF以下）电容器测试时表针基本不动。

（2）万用表测试电解电容器（图1.2-16）

电解电容器是有极性电容，测试时应用红笔接电解电容器负极，黑笔接正极，电容量越大，表针摆动越大，每次测量后应将电容器两端短接将电容器上所充电荷放掉。

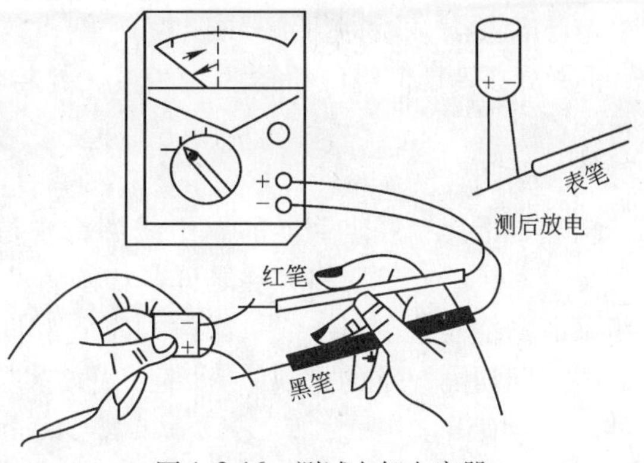

图1.2-16　测试电解电容器

6. 电容器的充放电现象试验

图1.2-17（*a*）的接线完成时，开关的状态并没有电流产生。当开关下移成为图1.2-17（*b*）时，电流由电池正极流经灯泡*A*及电容器流回电池负极，此时电容为充电期，但观察灯泡*A*闪了一下便熄灭，表示电容已充满电荷，电流就不再流动了。若将开关再度下移成图1.2-17（*c*），则形成较小的回路，其中没有电池供电，此时刚已充满电的电容器便担任供应者开始放电，供给灯泡*A*与*B*使用，但电容器储存的电荷有限，一下子就放光了，所以灯泡*A*和*B*又是一闪即灭。

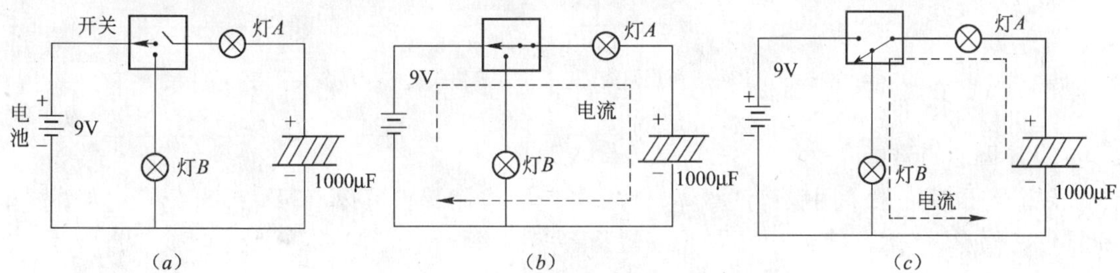

图1.2-17　电容器的充放电现象试验图

（*a*）未形成通路；（*b*）电容充电；（*c*）电容放电

1.2.3　电感器

电感器是衡量线圈产生电磁感应能力的物理量。给一个线圈通入电流，线圈周围就会产生磁场，线圈就有磁通量通过。通入线圈的电源越大，磁场就越强，通过线圈的磁通量就越大。电感器上标注的电感量的大小，表示线圈本身固有特性，反映电感线圈存储磁场能的能力，也反映电感器通过变化电流时产生感应电动势的能力，单位为亨（H）。它的大小与线圈的圈数、绕制方式及磁芯材料等因素有关，与电流大小无关。圈数越多，绕制的线圈越集中，电感量越大；线圈内有磁芯的比无磁芯的电感量大；磁芯导磁率大的电感量大。

1. 电感器的结构

电感器一般由骨架、绕组、屏蔽罩、封装材料、磁芯或铁芯等组成。

（1）骨架

骨架泛指绕制线圈的支架。一些体积较大的固定式电感器或可调式电感器（如振荡线圈、阻流圈等），大多数是将漆包线（或纱包线）环绕在骨架上，再将磁芯、铁芯等装入骨架的内腔，以提高其电感量。骨架通常是采用塑料、胶木、陶瓷制成，根据实际需要可以制成不同的形状。

小型电感器（例如色码电感器）一般不使用骨架，而是直接将漆包线绕在磁芯上。

空心电感器（也称脱胎线圈或空心线圈，多用于高频电路中）不用磁芯、骨架和屏蔽罩等，而是先在模具上绕好后再脱去模具，并将线圈各圈之间拉开一定距离，如图 1. 2-18 所示。

图 1. 2-18 空心电感器

（2）绕组

绕组是指具有规定功能的一组线圈，它是电感器的基本组成部分。绕组有单层和多层之分，如图 1. 2-19 所示。单层绕组又有密绕（绕制时导线一圈挨一圈）和间绕（绕制时每圈导线之间均隔一定的距离）两种形式；多层绕组有分层平绕、乱绕、蜂房式绕法等多种。

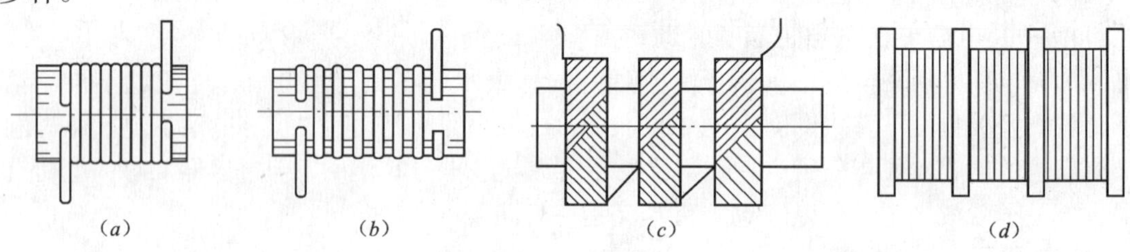

图 1. 2-19 绕组形式

(a) 单层密绕；(b) 单层间绕；(c) 多层蜂房式绕；(d) 多层平绕

（3）磁芯与磁棒

磁芯与磁棒一般采用镍锌铁氧体（NX 系列）或锰锌铁氧体（MX 系列）等材料，它有柱形、帽形、“工”字形、“E”形、罐形等多种形状，如图 1. 2-20 所示。

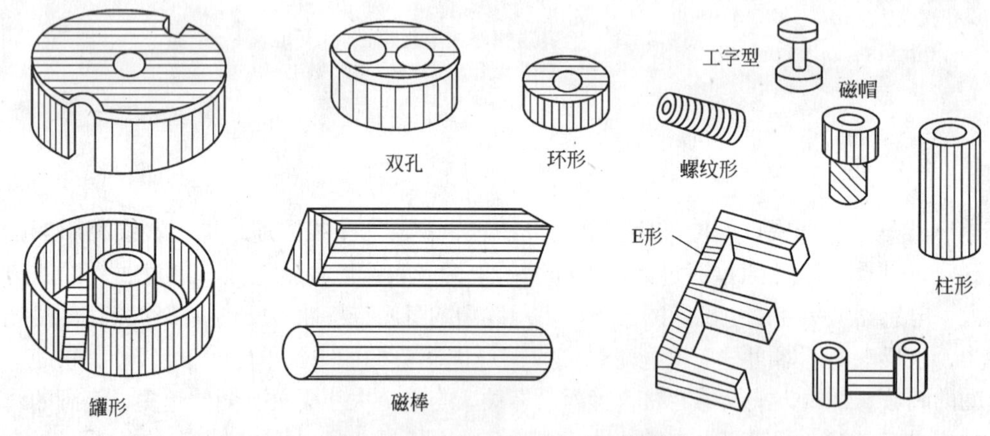

图 1. 2-20 常用磁芯与磁棒外形

（4）铁芯

铁芯材料主要有硅钢片、坡莫合金等，其外形多为“E”型。

（5）屏蔽罩

为避免有些电感器在工作时产生的磁场影响其他电路及元器件正常工作，就为其增加了金属屏幕罩（例如半导体收音机的振荡线圈等）。采用屏蔽罩的电感器，会增加线圈的损耗，使 Q 值降低。Q 值是衡量电感器件的主要参数。是指电感器在某一频率的交流电压下工作时，所呈现的感抗与其等效损耗电阻之比。电感器的 Q 值越高，其损耗越小，效率越高。

（6）封装材料

有些电感器（如色码电感器、色环电感器等）绕制好后，用封装材料将线圈和磁芯等密封起来。封装材料采用塑料或环氧树脂等。

2. 小型固定电感器

小型固定电感器通常是用漆包线在磁芯上直接绕制而成，主要用在滤波、振荡、陷波、延迟等电路中，它有密封式和非密封式两种封装形式，两种形式又都有立式和卧式两种外形，如图 1.2-21 所示。

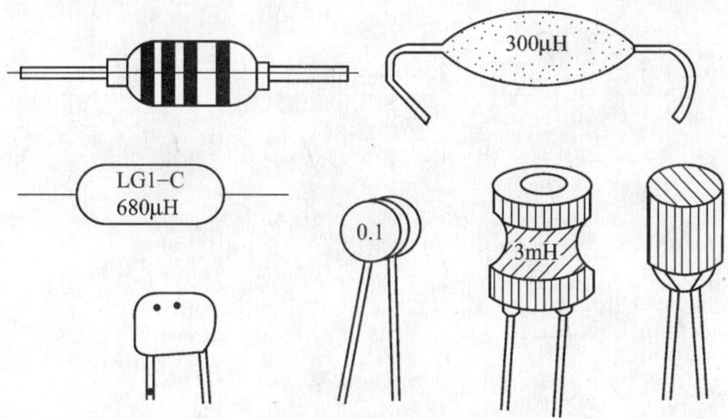

图 1.2-21 小型固定电感器外形图

3. 可调电感器

常用的可调电感器有半导体收音机用振荡线圈、电视机用行振荡线圈、行线性线圈、中频陷波线圈、音响用频率补偿线圈、阻波线圈等，如图 1.2-22 所示。

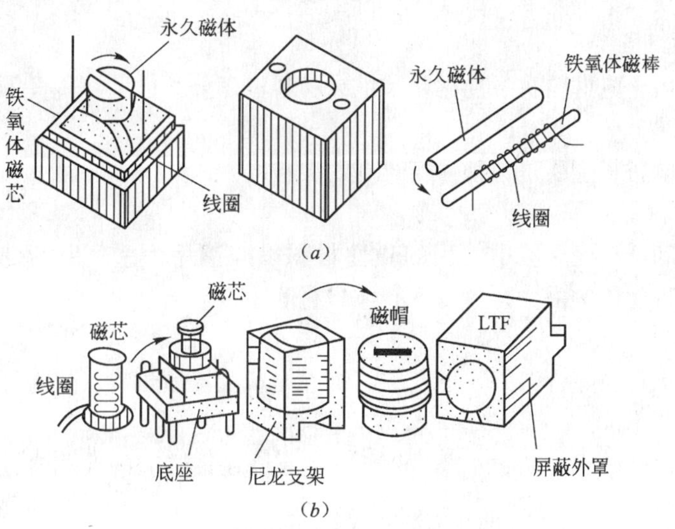

图 1.2-22 可调电感器外形图（一）

（a）行线性线圈；（b）收音机振荡线圈

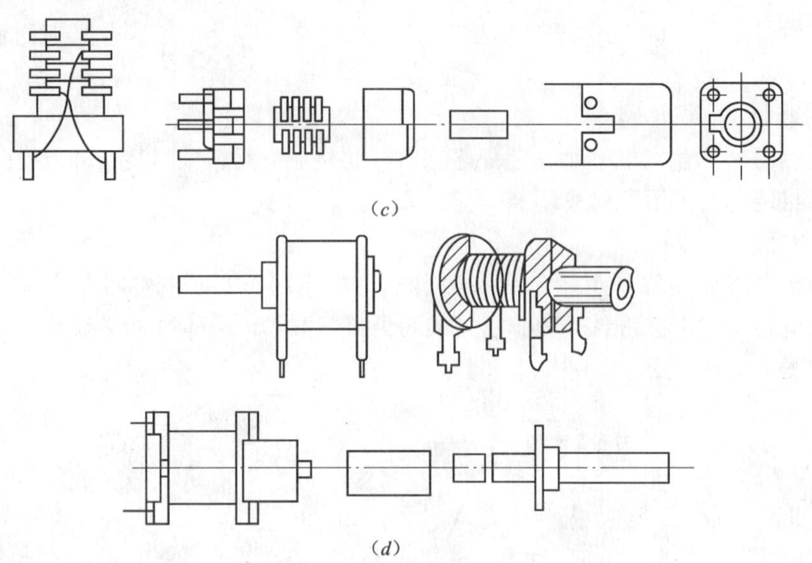
(c)

(d)

图 1.2-22 可调电感器外形图（二）
(c) 中频陷波线圈；(d) 行振荡线圈

1.2.4 电子变压器

电子变压器是在电子电路和电子设备中使用的变压器。如果把范围扩大一些，包括所有电子电路和电子设备中使用的变压器、电感器、互感器等电磁元件。变压器是一种不使用任何移动部件，而利用磁耦合把电能从一个电路转移至另一个电路的电力装置。

变压器有如下三种基本应用：增加或降低电压或电流、作为阻抗匹配设备、用来把电路中的一个部分从整个电路中隔离（无实际的连接）。

1. 变压器的组成

变压器一般由导电材料、磁性材料和绝缘材料三部分组成（图 1.2-23）。

(1) 导电材料

变压器的导电材料主要是各种强度较高的漆包线。

(2) 磁性材料

电源变压器和低频变压器中使用的磁性材料以硅钢片为主。中频变压器、脉冲变压器、振荡变压器等使用的磁性材料以铁氧体磁材为主。

(3) 绝缘材料

变压器的绝缘材料除骨架外，还有层间绝缘材料及浸渍材料（绝缘漆）等。

2. 变压器的工作原理（图 1.2-24）

变压器一般由两个不同圈数（N_1 和 N_2）且环绕在铁芯上的线圈制成，连接交流电源的线圈称为初级线圈 A，连接负载的线圈则称为次级线圈 B。当两个线圈放在一起时，在线圈 A 输入一个交变的电流，会使线圈 A 产生一个交变的磁场。如果线圈 B 和线圈 A 之间的距离很接近，线圈 B 会感应到此交变磁场，用彼此间感应电压、电流来达到升压或降压的功能。

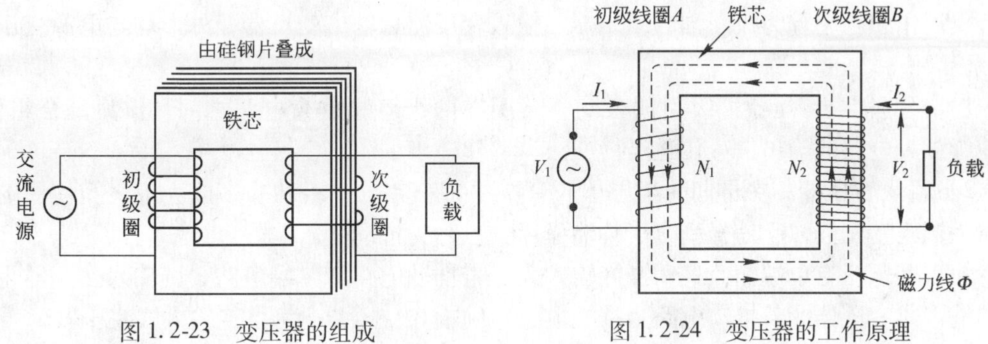

图 1.2-23 变压器的组成

图 1.2-24 变压器的工作原理

（1）当两个线圈距离较远时，由初级线圈所产生的磁力线不能到达次级线圈，因而没有感应电动势产生。

（2）当两个线圈放在一起时，由初级线圈所产生的磁力线到达次级线圈，因而有感应电动势产生。

（3）两个线圈的电压比值相等于它们的圈数比值。

$$V_1/V_2 = N_1/N_2$$

功率 P 是电压 V 和电流 I 的乘积。一台理想的变压器的两级功率应该相等。变压器中 P、V、I 和 N 之间的关系如下所示：

$$P = V_1 \times I_1 = V_2 \times I_2$$

$$I_1/I_2 = V_2/V_1 = N_2/N_1$$

然而，在实际应用的变压器中会出现能量损耗，使输出功率减小。

3. 电子变压器

（1）电源变压器

电源变压器的主要作用是升压（提升交流电压）或降压（降低交流电压），升压变压器的一次（初级）绕组较二次（次级）绕组的圈数（匝数）少，而降压变压器的一次绕组较二次绕组的圈数多。稳压电源和各种家电产品中使用的变压器均属于降压电源变压器。图 1.2-25 是电源变压器的外形。

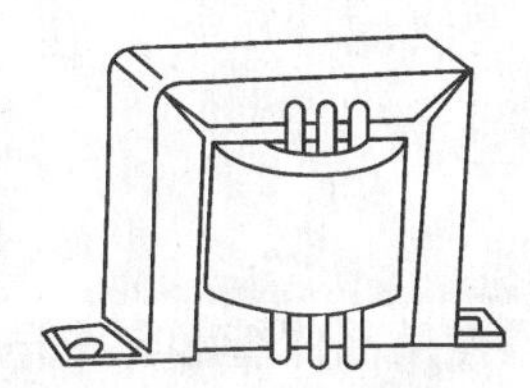

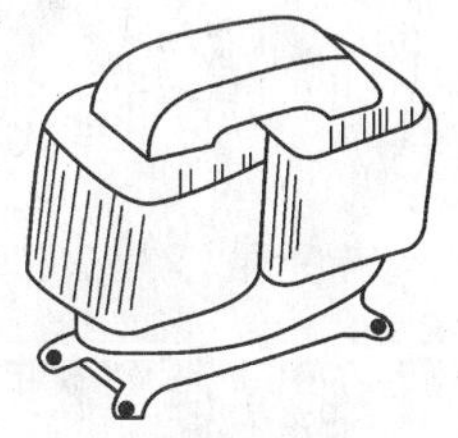

图 1.2-25 电源变压器外形

电源变压器有“E”型电源变压器、“C”型电源变压器和环型电源变压器之分。

1）“E”型电源变压器：“E”型电源变压器的铁芯是用硅钢片交叠而成。其缺点是磁路中的气隙较大，效率较低，工作时电噪声较大，优点是成体低廉。

2）“C”型电源变压器：“C”型电源变压器的铁芯是由两块形状相同的“C”型铁芯（由冷轧硅钢片制成）对接而成，与“E”型电源变压器相比，其磁路中气隙较小，性能有所提高。

3）环型电源变压器：环型电源变压器的铁芯是由冷轧硅钢片卷绕而成，磁路中无气隙，漏磁极小，工作时电噪声较小。

（2）低频变压器

低频变压器用来传输信号电压和信号功率，还可实现电路之间的阻抗匹配，对直流电具有隔离作用。它分为级间耦合变压器、输入变压器和输出变压器，外形均与电源变压器相似。

1）极间耦合变压器：级间耦合变压器用在两级声频放大电路之间，作为耦合组件，将前级放大电路的输出信号传送至后一级，并作适当的阻抗变换。

2）输入变压器：在早期的半导体收音机中，声频推动级和功率放大级之间使用的变压器为输入变压器，起信号耦合、传输作用，也称为推动变压器。

输入变压器有单端输入式和推挽输入式。若推动电路为单端电路，则输入变压器也为单端输入式变压器；若推动电路为推挽电路，则输入变压器也为推挽输入式变压器。

3）输出变压器：输出变压器接在功率放大器的输出电路与扬声器之间，主要起信号传输和阻抗匹配的作用。输出变压器也分为单端输出变压器和推挽输出变压器两种。

（3）高频变压器

常用的高频变压器有黑白电视机中的天线阻抗变换器和半导体收音机中的天线线圈等。

阻抗变换器：黑白电视机上使用的天线阻抗变换器是用双根塑料绝缘导线，并绕在具有高导磁率的双孔磁芯上构成的，其外形、电路图形符号及等效电路见图 1. 2-26。

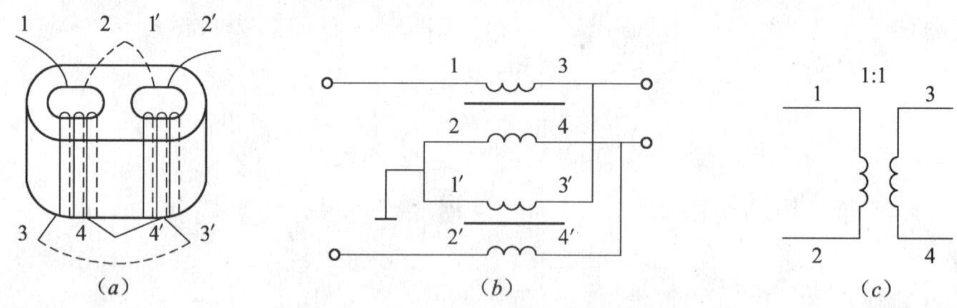

图 1. 2-26 阻抗变换器
(*a*) 外形；(*b*) 电路图形符号；(*c*) 等效电路

1. 2. 5 晶体管

在电子制作中要经常使用晶体管和集成电路。晶体管分为晶体二极管和晶体三极管，它们是用半导体材料制成的，所以也叫半导体管。

1. 晶体二极管

晶体二极管的文字符号是 VD，他的外形和图形符号见表 1. 2-10。

常用晶体二极管 **表 1. 2-10**

名称	检波二极管	整流二极管	发光二极管	光电二极管
图形	2 AP9	2CP10 1N4001	+	+
符号	+ −			

（1）晶体二极管在电路中的作用

我们将晶体二极管接在电路中的开关位置上，如图 1.2-27（*a*）。小灯泡发光，说明这时二极管导通，二极管的电阻（称为正向电阻）很小；若将二极管两极引脚对调，如图 1.2-27（*b*），这时小灯泡就不亮了。这时二极管的电阻（称为反向电阻）很大，电路中几乎没有电流。这个现象说明二极管有单向导电特性。利用二极管的这个特性，可使用二极管进行检波和整流。

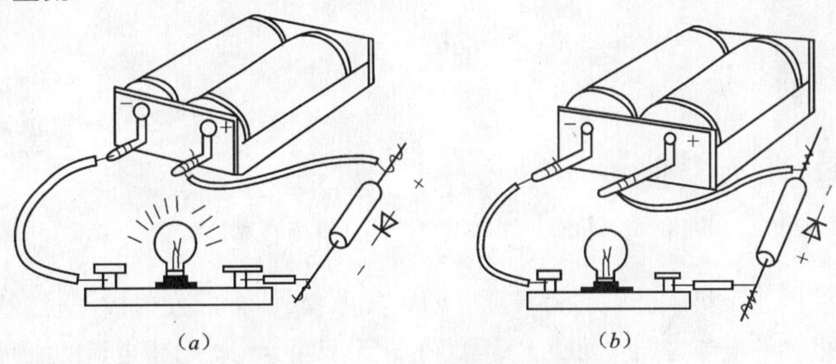

图 1.2-27 晶体二极管的单向导电性
（*a*）灯泡发光；（*b*）灯泡不亮

（2）晶体二极管的参数

1）最大正向电流：二极管导通时允许通过的最大电流。

2）最高反向电压：二极管截止时加在二极管上的最高电压。

以上两项参数在使用中都不能超过，否则二极管将损坏。

还有一些特殊用途的二极管，如光电二极管、发光二极管等，也在电子制作中经常用到。

（3）万用表测试晶体二极管

1）测量二极管正向电阻

阻值越小越好（图 1.2-28）。

2）测量二极管反向电阻

阻值越大越好（图 1.2-29）。

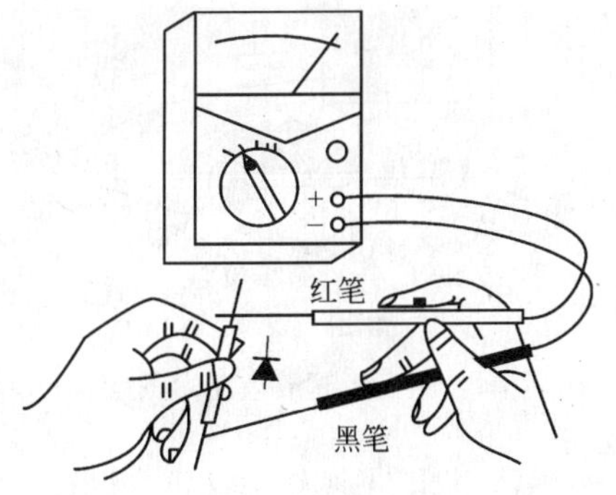

图 1.2-28 测量二极管正向电阻

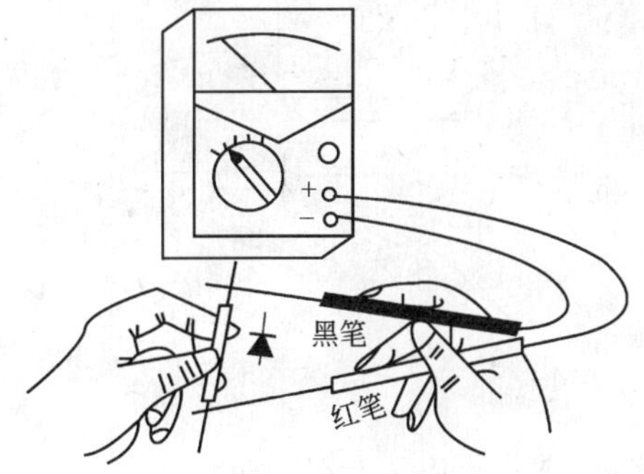

图 1.2-29 测量二极管反向电阻

2. 晶体三极管

晶体三极管也是用半导体材料制成的，由于结构不同分为 PNP 型和 NPN 型两大类。三极管的文字符号是 V。常用的三极管的外形和图形符号见图 1.2-30。

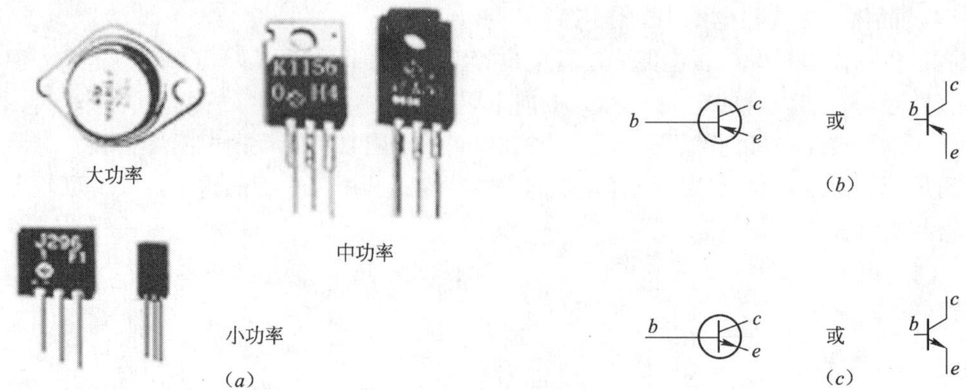

图 1.2-30 晶体三极管

(a) 外形；(b) PNP 型符号；(c) NPN 型符号

晶体三极管的三个极，分别称为基极（b）、集电极（c）和发射极（e）。发射极上的箭头表示流过三极管的电流方向。可见 PNP 型和 NPN 型两类三极管中电流的流向是相反的。

晶体三极管在电路中具有放大作用和开关作用。我们使用晶体三极管在电路中放大微弱的信号电流或制成自动开关，控制用电器的通断。

晶体三极管工作原理较复杂，在这里不作介绍。三极管的主要参数是穿透电流和放大倍数。穿透电流 I_{ceo} 越小，三极管稳定性越好。放大倍数 β 一般从几十到几百，应根据电路需要选择。

（1）万用表测试晶体三极管

1）测三极管穿透电流（图 1.2-31）

NPN 型管（PNP 型表笔对调）ce 极间电阻应很大，此电阻值越大，三极管穿透电流越小，工作稳定性越好。若手握此管时，电阻值逐渐减小，则三极管稳定性很差。

2）测三极管放大能力（图 1.2-32）

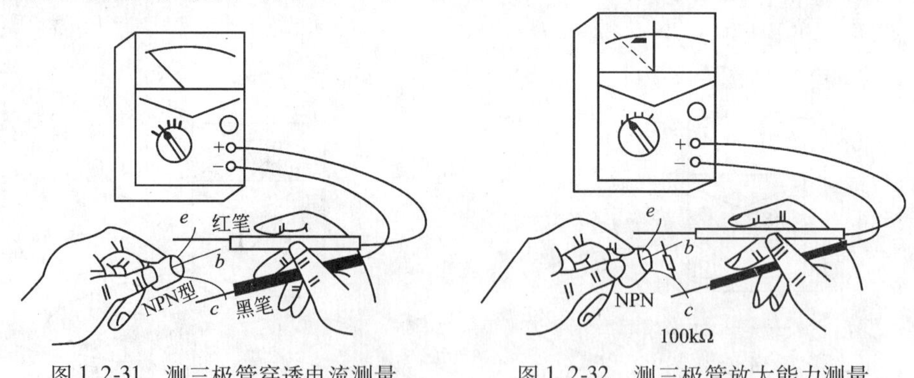

图 1.2-31 测三极管穿透电流测量　　图 1.2-32 测三极管放大能力测量

在前项测量基础上在三极管 bc 两极间加一个 100KΩ 电阻，则表针应向右摆动角度越大，三极管放大倍数越大（若无电阻，也可用左手同时捏住 bc 两极以人体电阻代替）。

（2）大功率三极管安装方法

功率器件工作时要发热，依靠散热器将热量散发出去，散热器安装质量对传热效率关系重大，安装时注意以下要点（图 1.2-33）：

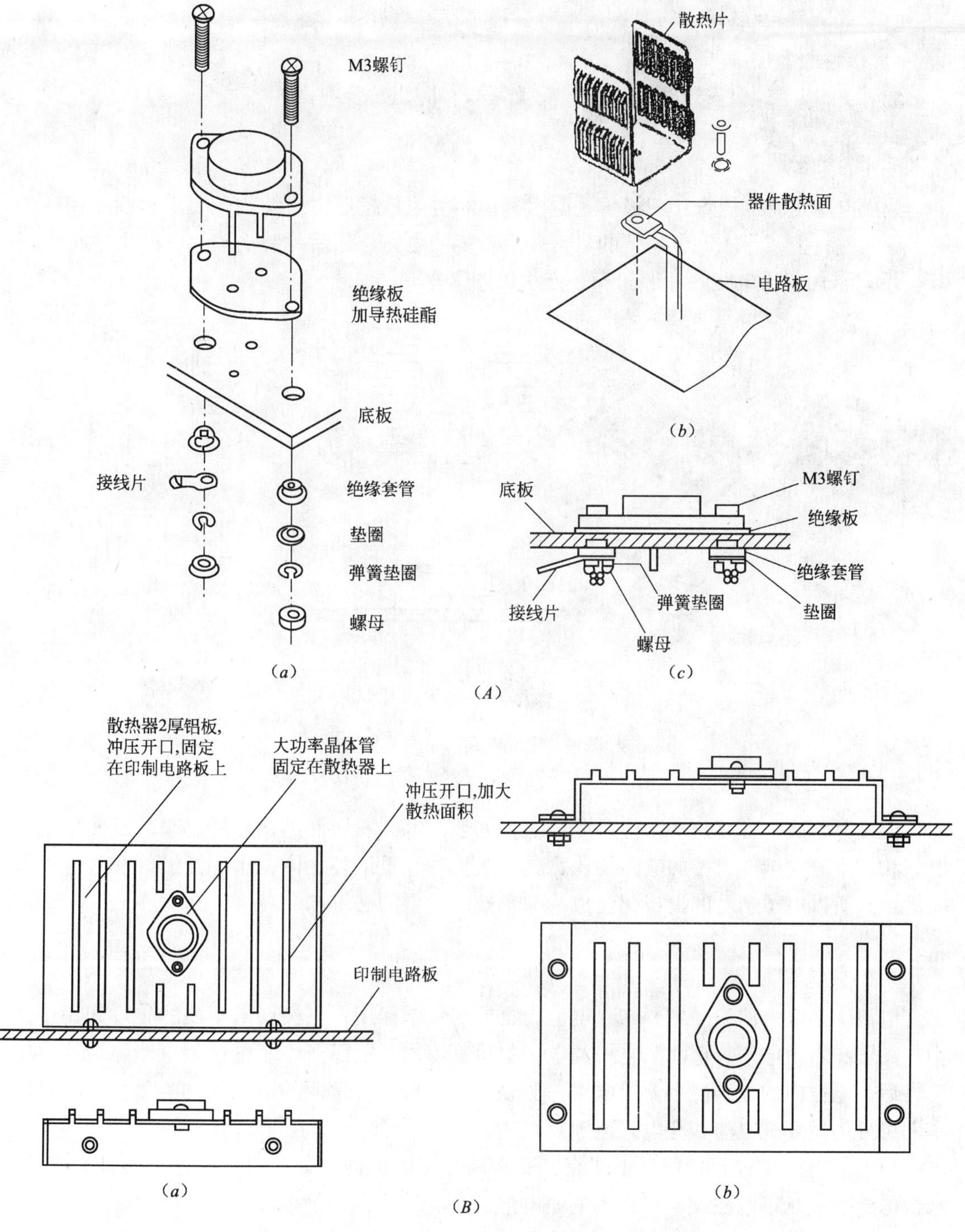

图 1.2-33　大功率三极管安装方法

(A) 大功率管安装方法一

(a) 大功率三极管安装各部分元件；(b) 散热片安装；(c) 大功率三极管安装

(B) 大功率管安装方法二

(a) 垂直安装；(b) 水平安装

1）器件和散热器接触面要清洁平整，保证接触良好；

2）接触面上加硅酯；

3）两个以上螺钉安装时要对角线轮流紧固，防止贴合不良。

1.2.6 集成电路

集成电路是将二极管、三极管、电阻和电容等组件按照电路结构的要求，制作在一小块半导体材料上，形成一个完整的具有一定功能的电路，然后封装而成。它的文字符号用IC表示，常用集成电路的外形和安装方法见图1.2-34。

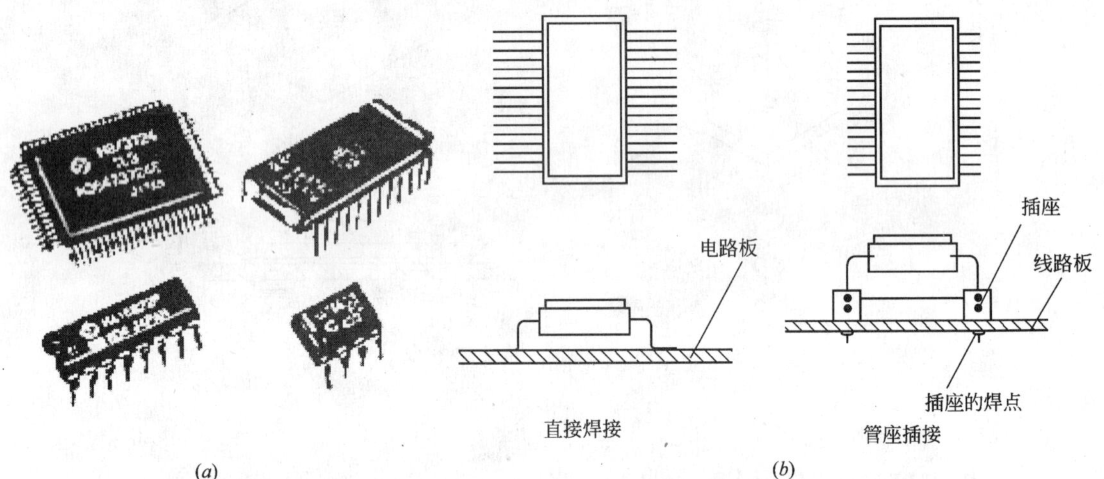

图1.2-34 集成电路外形及安装方法
（a）外形；（b）在板上的焊接方法

集成电路是20世纪60年代后期，随着电子技术的发展而迅速发展起来的。使用集成电路和使用分立组件组装的电路相比，具有组件少、重量轻、体积小、性能好和省电等多项优点。所以电子产品的集成化已成为电子技术发展的必然趋向。

1.2.7 电池

电池产生电力的途径主要来自电池内物质的化学作用，电极和电解质的化学作用中产生了离子和自由电子，令两个电极的电子数量都不同，因而产生了电位差。当电池连接电路之后，电池内的电子便会流过电路，驱动各种组件。日常用的电池的种类繁多，不过基本上可分为抛弃式电池和充电式电池。

（1）抛弃式电池是使用后不能充电而必须丢弃的电池，如一般干电池、碱性干电池、水银电池、氧化银电池及不可充电的锂电池。

（2）充电式电池是使用后可经充电器充电再使用的电池，使用前须先进行充电，充电后可放电使用，放电完毕后还可以充电再用。充电式电池充电时，电能转换成化学能；放电时，化学能转换成电能。如铅蓄电池、镍镉电池等。

1. 一般干电池

一般干电池也称一次性电池，即电池中的反应物质在进行一次电化学反应放电之后就不能再次使用了。

常用的一种是碳—锌干电池（图1.2-35）。负极是锌做的圆筒，内有氯化铵作为电解质，少量氯化锌、惰性填料及水调成的糊状电解质，正极是四周围以掺有二氧化锰的糊状电解质的一根碳棒。电极反应是负极处锌原子成为锌离子（Zn^{++}），释出电子；正极处铵离子（NH^{4+}）得到电子而成为氨气与氢气。用二氧化锰驱除氢气以消除极化。电动势约为1.5V。

2. 蓄电池

蓄电池种类很多，共同特点是可以经历多次充电、放电循环，反复使用。

铅酸蓄电池最为常用，其极板是用铅合金制成的格栅，电解液为稀硫酸（图1.2-36）。两极板均覆盖有硫酸铅。但充电后，正极处极板上硫酸铅转变成二氧化铅，负极处硫酸铅转变成金属铅。放电时，则发生反方向的化学反应。

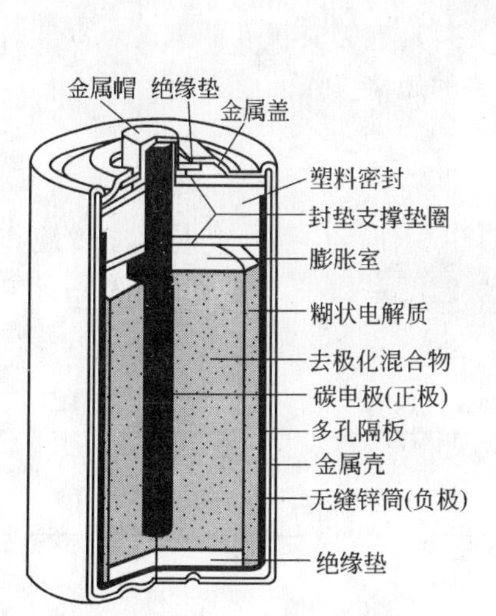

图1.2-35　碳—锌干电池结构

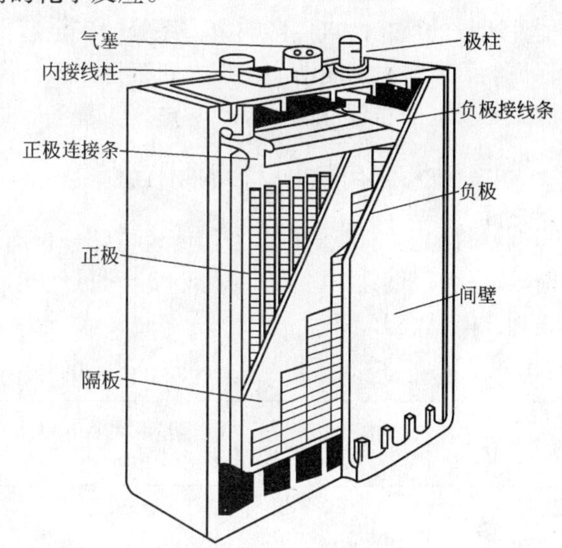

图1.2-36　铅酸蓄电池结构

铅酸蓄电池的电动势约为2V，常用串联方式组成6V或12V的蓄电池组。电池放电时硫酸浓度减小，可用测电解液相对密度的方法来判断蓄电池是否需要充电或者充电过程是否可以结束。

铅酸蓄电池的优点是放电时电动势较稳定，缺点是比能量（单位重量所蓄电能）小，对环境腐蚀性强。

3. 纽扣式电池

实用新型纽扣式电池包括盖体、绝缘圈、电芯及壳体（图1.2-37）。绝缘圈与盖体连接，该盖体与绝缘圈的内圈围设成收容腔，电芯置于该收容腔中，其具有正极极耳和负极极耳，该负极极耳与盖体导接，该正极极耳与壳体导接，该正极极耳向壳体方向延伸出绝缘圈的底表面，壳体与该绝缘圈的外圈紧密配合，并将正极极耳压贴在绝缘圈的底表面。通过壳体挤压绝缘圈，使正极极耳杯

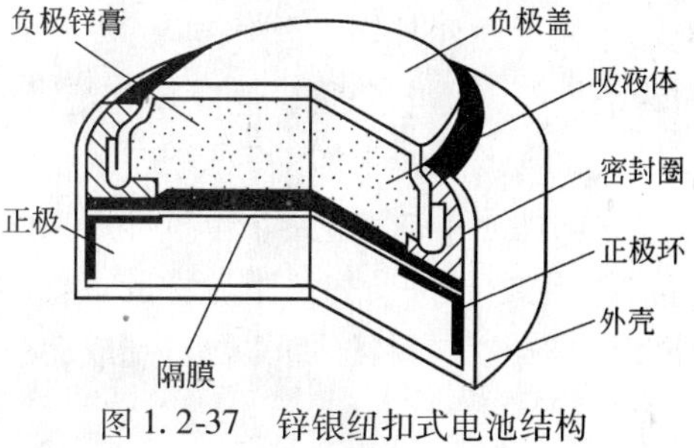

图1.2-37　锌银纽扣式电池结构

紧紧的挤压在绝缘圈与壳体之间，使正极极耳在压力条件下紧密接触，降低了接触电阻，达到壳体与极耳可靠、良好和稳定的连接效果。

锂二氧化锰纽扣式电池是近年来迅速发展的一种全新的高性能化学电池，采用高纯度金属锂片为负极，特定配方的电解二氧化锰为正极，具有电压高（3V以上）、容量大、体积小、重量轻、放电电压平稳、安全无污染等优良品质。广泛用于电子表、电子台历、计算器、电脑主板机、电子玩具、小型电子礼品等低功耗电子器具。

1.3 电气工程常用材料

常用电工原材料有导电材料、绝缘材料和磁性材料等。电工原材料的优劣，关系到电气设备和电工器件的质量，关系到这些设备和器件运行的可靠性和使用寿命。电气设备和电工器件运行的可靠性直接影响电力系统的安全运行，影响发、供、用电的安全可靠。因此，保证电工原材料的制造质量以及正确选用电工原材料具有极其重要的意义。本节对常用的电工原材料的物理性能及特点、电气工程安装材料的规格等作简要介绍。

1.3.1 电气工程常用导电材料的物理性能

导电材料的主要用途是输送和传递电流，但有时也用作产生热、光及化学效应。因此，对导电材料要求是电阻低、熔点高、机械性能好、温度系数小。电气工程常用导电材料的物理性能见表1.3-1。

电气工程常用导电材料的物理性能 表1.3-1

材料名称	密度（g/cm^3）	20℃时电阻率ρ（$\Omega \cdot mm^2/m$）	平均电阻温度系数α（由0~100℃）（1/℃）	熔点（℃）
铝	2.7	0.0283	0.0040	657
铜	8.89	0.0172	0.00393	1083
钢	7.8	0.10	0.00625	1400
钨	19.32	0.055	0.005	3300
锡	7.31	0.114	0.00438	232
铅	11.34	0.222	0.00387	327.4
锌	7.14	0.061	0.00419	439

1.3.2 电气工程常用绝缘材料

绝缘材料是一种几乎不导电的物质（导电电流极其微小），他的主要作用是在电气设备中把电位不同的带电部分隔离开来，把带电部分与不带电部分隔离开来，如交流电的相间绝缘，相对地（外壳）绝缘等。

绝缘材料又称电介质，他应具有绝缘电阻大、耐压强度高、耐热性能和导热性能，并较高的机械强度、便于加工等特点。

按化学性质不同，绝缘材料分为无机绝缘材料（如云母、石棉、大理石、瓷器、玻璃等）、有机绝缘材料（如树脂、橡胶、棉纱、纸、麻、丝、漆、塑料等）和混合绝缘材料（由以上两种绝缘材料经加工处理制成的成型绝缘材料）。

1. 绝缘材料分类（表1.3-2）

绝缘材料分类　　表1.3-2

分类代号	分类名称
1	漆、树脂和胶类
2	浸渍纤维制品类
3	层压制品类
4	压塑料类
5	云母制品类
6	薄膜、粘带和复合制品类

2. 常用绝缘材料的主要性能（表1.3-3）

常用绝缘材料的主要性能表　　表1.3-3

材料名称	绝缘强度（kV/mm）	抗拉强度（MPa）	密度（kg/cm^3）	膨胀系数（10^{-6}/℃）
瓷	8~25	18~24	2.3~2.5	3.4~6.5
玻璃	5~10	14	3.2~3.6	7
云母	15~78	—	2.7~3.0	3
石棉	5~53	52（经）	2.5~3.2	—
棉纱	3~5	—	—	—
纸板	8~13	35~70（经），27~55（纬）	0.4~1.4	—
电木	10~30	35~77	1.26~1.27	20~100
纸	5~7	52（经），245（纬）	0.7~1.1	—
软橡胶	10~24	7~14	0.95	—
硬橡胶	20~38	25~68	1.15~1.5	—
绝缘布	10~54	13.5~29	—	—
纤维板	5~10	56~105	1.1~1.48	25~52
干木材	0.8	48.5~75	0.36~0.80	—
矿物油	25~57	—	0.83~0.95	700~800

3. 绝缘材料的耐热等级

绝缘材料按其在正常运行条件下允许的最高工作强度分级，称为耐热等级。现在通行的标准见表1.3-4。

绝缘材料的耐热等级　　表1.3-4

耐热等级	最高允许工作温度（℃）	相当于该耐热等级的绝缘材料简述
Y	90	用未浸渍过的棉纱、丝及纸等材料或其组合物所组成的绝缘结构
A	105	用浸渍过的或浸在液体电介质（如变压器油中的棉纱、丝及纸等材料或其组合物所组成的绝缘结构）
E	120	用合成有机薄膜、合成有机瓷漆等材料其组合物所组成的绝缘结构
B	130	用合适的树脂粘合或浸渍、涂覆后的云母、玻璃纤维、石棉等，以及其他无机材料、合适的有机材料或其组合物所组成的绝缘结构
F	155	用合适的树脂粘合或浸渍、涂覆后的云母、玻璃纤维、石棉等，以及其他无机材料、合适的有机材料或其组合物所组成的绝缘结构
H	180	用合适的树脂（如有机硅树脂）粘合或浸渍、涂覆后的云母、玻璃纤维、石棉等材料或其组合物所组成的绝缘结构
C	180以上	用合适的树脂粘合或浸渍、涂覆后的云母、玻璃纤维以及未经浸渍处理的云母、陶瓷、石英等材料或其组合物所组成的绝缘结构

4. 电气工程常用绝缘材料

(1) 绝缘胶带（表1.3-5）

绝缘胶带规格表 表1.3-5

宽 度（mm）	布绝缘胶带		聚乙烯绝缘胶带		
	长 度（m）	厚 度（mm）	长 度（m）	厚 度（mm）	
				薄 膜	胶 浆
10	5、10、20	0.23～0.35	—	—	—
15	5、10、20	0.23～0.35	5、10	0.10～0.12	0.04
20	5、10、20	0.23～0.35	5、10	0.10～0.12	0.04
25	5、10、20	0.23～0.35	5、10	0.10～0.12	0.04
50	5、10、20	0.23～0.35	—	—	—

(2) 常用绑线（表1.3-6）

常用绑线规格表 表1.3-6

纱包或塑包绑线铁芯直径（mm）	适用导线截面（mm^2）
ϕ0.8	6及以下
ϕ1.0	10～35
ϕ1.2	50～95

(3) 普通工业用橡胶板

普通工业用橡胶板在电气工程施工中，通常敷设在总配电房配电柜前后面的地面上，用于绝缘，其规格见表1.3-7，说明如下：

1）根据橡胶板用途不同，一般含胶量由10%～80%不等，以20%和30%者最常用。

2）根据需要，各类橡胶板可以制成光面、布纹、花纹及带颜色或夹织物的橡胶板。

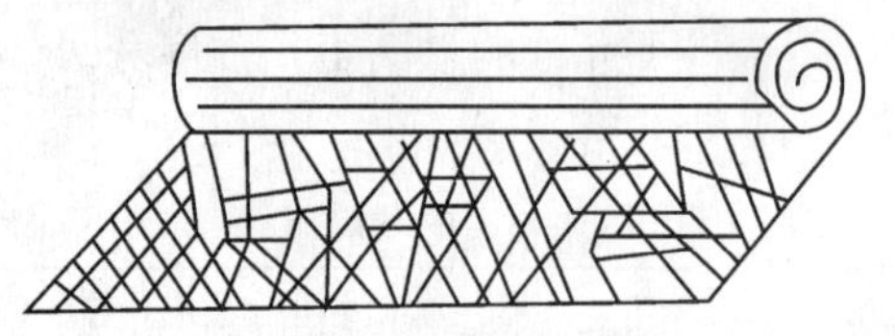

普通工业用橡胶板规格表 表1.3-7

厚度（mm）	理论重量（kg/m^2）	厚度（mm）	理论重量（kg/m^2）	厚度（mm）	理论重量（kg/m^2）
0.5	0.6	5	6.0	18	21.6
1	1.2	6	7.2	20	24.0
1.5	1.8	8	9.6	22	26.4
2	2.4	10	12.0	25	30.0
2.5	3.0	12	14.4	30	36.0
3	3.6	14	16.8	40	48.0
4	4.8	16	19.2	50	60.0

(4) 塑料板(表1.3-8)

塑料板材重量表(kg/m^2) **表1.3-8**

厚度(mm) \ 种类	聚苯乙烯(密度1.06)	聚乙烯(密度0.94)	ABS塑料(密度1.05)	聚氯乙烯(密度1.48)	聚四氟乙烯(密度2.1)	尼龙1010(密度1.05)
1	—	—	—	—	2.10	—
1.5	—	—	—	—	3.15	—
2	2.12	1.88	2.10	2.96	4.20	—
2.5	—	—	—	3.70	—	—
3	3.18	2.82	3.15	4.44	6.30	3.15
3.5	—	—	—	5.18	—	—
4	4.24	3.76	4.20	5.92	8.40	—
4.5	—	—	—	6.66	—	—
5	5.30	4.70	5.25	7.40	10.50	5.25
5.5	—	—	—	8.14	—	—
6	6.36	5.64	6.30	8.88	12.60	6.30
6.5	—	—	—	9.62	—	—
7	—	—	—	10.04	14.70	7.35
7.5	—	—	—	11.10	—	—
8	8.48	7.52	8.40	11.84	16.80	8.40
8.5	—	—	—	12.60	—	—
9	—	—	—	13.30	18.90	—
9.5	—	—	—	14.10	—	—
10	10.60	9.40	10.50	14.80	21.00	10.50
11	—	—	—	16.30	—	—
12	—	—	—	17.80	25.20	12.60
13	—	—	—	19.20	—	—
14	—	—	—	20.70	29.40	—
15	15.90	14.10	15.75	22.20	—	15.75

1.3.3 电气工程常用安装材料

1. 塑料胀管

在电气工程施工中,塑料胀管得到了广泛的应用,如照明灯具和电线保护管的安装固定等。

(1) 塑料胀管规格(表1.3-9)

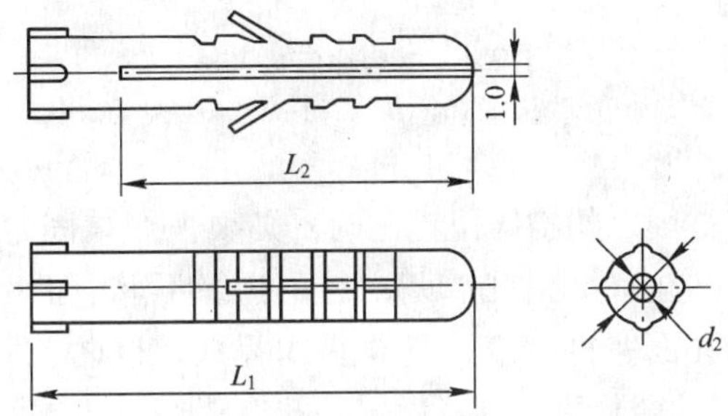

塑料胀管规格表（mm） **表 1.3-9**

公称外径	d_1	d_2	L_1	L_2	螺钉直径	允许拉力（N）	允许剪力（N）
ϕ6	6	3.6	30	24	4	110	70
ϕ8	8	5	42	33	5	150	100
ϕ9	9	6	48	39	6	180	120
ϕ10	10	6	58	49	6	200	140
ϕ12	12	8	70	54	8		

（2）塑料胀管安装方法（图 1.3-1）

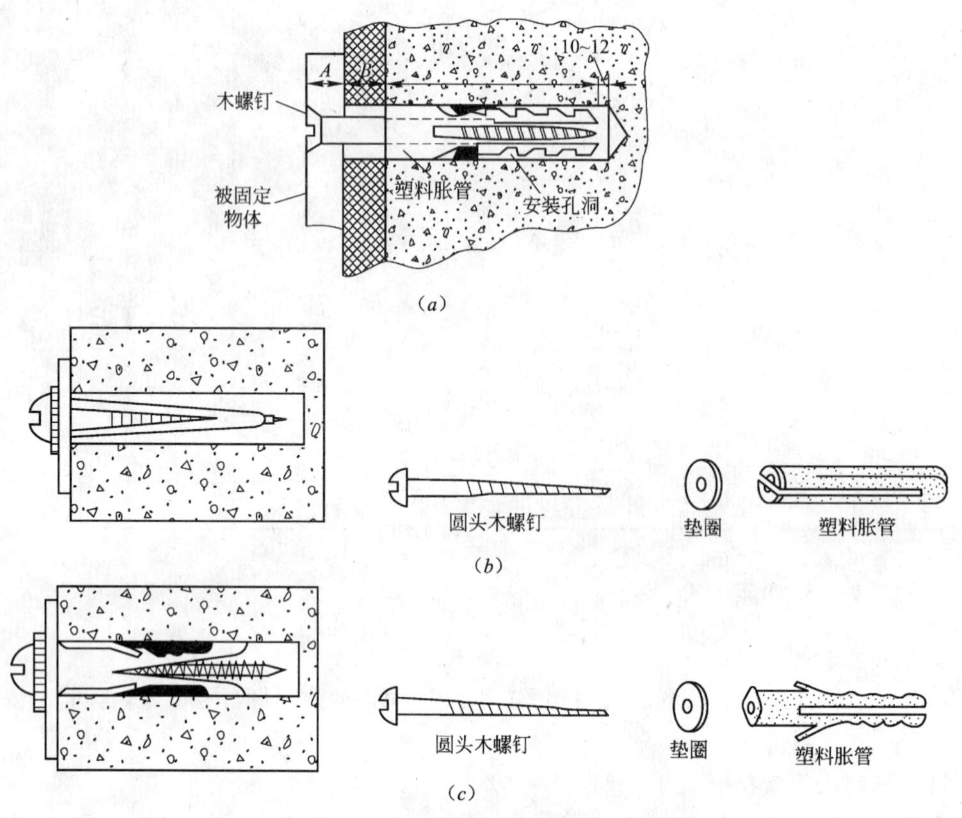

图 1.3-1 塑料胀管安装方法
（a）塑料胀管安装示意图；（b）安装方式一；（c）安装方式二

1）划线定位为了使被固定的物体位置正确，必须根据被固定物体固定孔的位置划线定位，要做到横平竖直，应注意孔中心离墙、柱的边缘不宜小于 40mm。

2）钻孔钻头应和钻孔面保持垂直，且要一次完成，以防孔径被扩大。选用钻头时，应根据墙、柱材料和使用的塑料胀管规格决定钻孔直径。

3）保持钻孔深度正确，排除钻孔内灰渣、敲入胀管。

4）旋入木螺钉，木螺钉的规格和长度必须选用正确，木螺钉过细、过短时，固定就不牢靠，木螺钉过粗、过长时，木螺钉就难以旋入。

2. 膨胀螺栓

在电气工程中，膨胀螺栓多用于设备及支吊架等在混凝土上的安装，适用于C15及以上混凝土及相当于C15号混凝土的砖墙上使用，不宜在空心砖等建筑物上使用。

(1) 沉头式膨胀螺栓

沉头式膨胀螺栓规格见图1.3-2及表1.3-10。

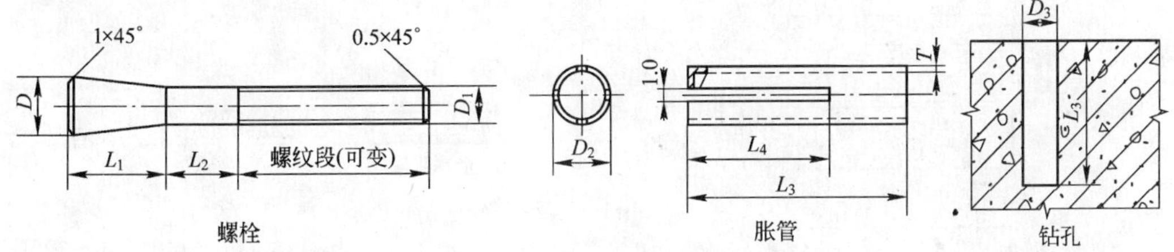

图1.3-2 沉头式膨胀螺栓

沉头式膨胀螺栓规格表（mm） 表1.3-10

螺栓规格	螺栓				胀管				钻孔		允许拉力（×9.8N）	允许剪力（×9.8N）
	D_1	D	L_1	L_2	D_2	T	L_3	L_4	深度	直径D_3		
M6	6	10	15	10	10	1.2	35	20	40	10.5	240	180
M8	8	12	20	15	12	1.4	45	30	50	12.5	440	330
M10	10	14	25	20	14	1.6	55	35	60	14.5	700	520
M12	12	18	30	25	18	2.0	65	40	70	19	1030	740
M16	16	22	40	40	22	2.0	90	55	100	23	1940	1440

(2) 膨胀螺栓安装方法（图1.3-3）

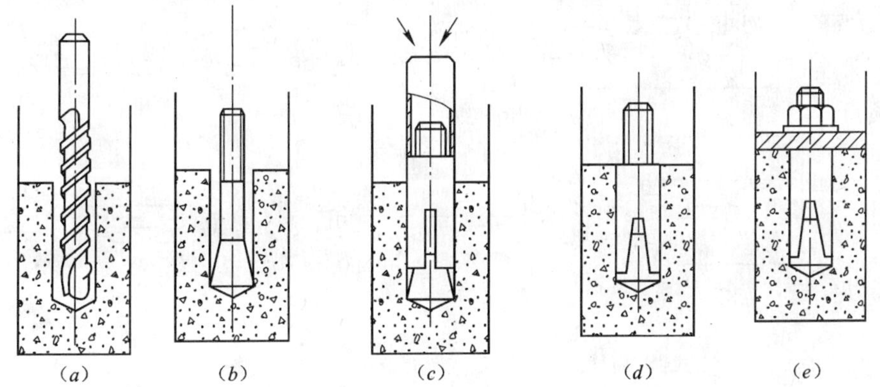

图1.3-3 膨胀螺栓安装方法

(a) 钻孔；(b) 清除灰渣，放入螺栓；(c) 锤入套管；
(d) 套管胀开，上端与建筑物表面平齐；(e) 设备就位后，紧固螺母

1) 首先沿着墙壁或顶板根据设计图进行弹线定位，标出固定点的位置。

2) 根据支吊架承受的荷重，选择相应的金属膨胀螺栓及钻头，所选钻头长度应大于套管长度。

3) 在混凝土或砖墙上画线，然后用电锤或冲击电钻钻孔，钻孔使用的钻头外径应与胀管外径相同，钻成的孔径与胀管外径的值不大于1mm，深度误差不得超过+3mm；

4）应先清除干净打好的孔洞内的碎屑，然后再用木槌或垫上木块后用铁锤将膨胀螺栓敲进洞内，再用手锤打击胀管，使套管里端胀开。应保证套管与建筑物表面平齐，螺栓端都外露，敲击时不得损伤螺栓的丝扣。

5）埋好螺栓后，可用螺母配上相应的垫圈将支架或吊架直接固定在膨胀螺栓上。

（3）膨胀螺栓安装类型（图 1.3-4）

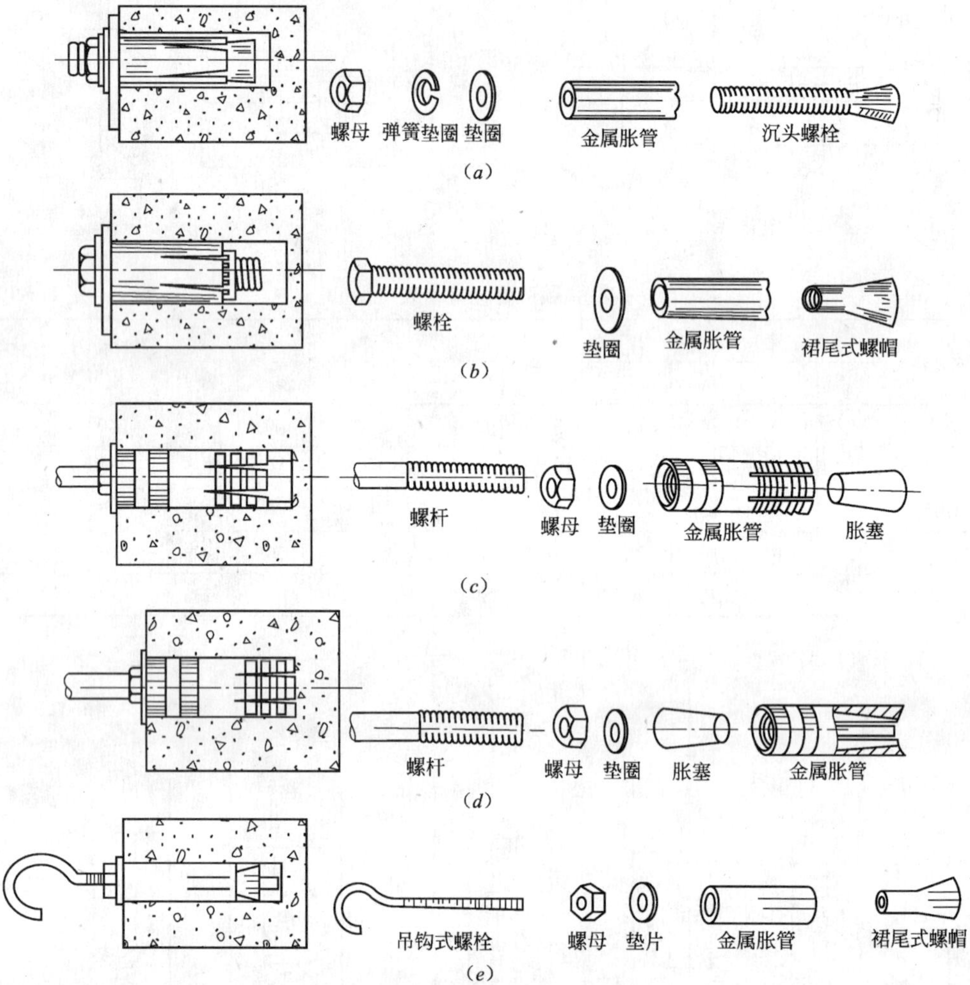

图 1.3-4　膨胀螺栓安装类型

（*a*）沉头式膨胀螺栓；（*b*）裙尾式膨胀螺栓；（*c*）铆击式膨胀螺栓（一）；（*d*）铆击式膨胀螺栓（二）；（*e*）吊钩式膨胀螺栓

3. 公制圆钉

公制圆钉见图 1.3-5，规格见表 1.3-11。

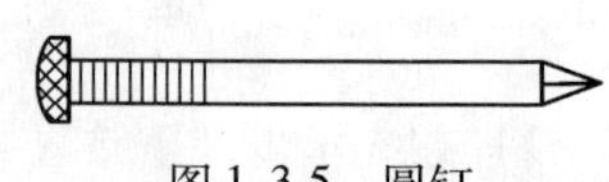

图 1.3-5　圆钉

4. 木螺钉

公制木螺钉见图 1.3-6，规格见表 1.3-12。

公制圆钉规格表 表 1.3-11

钉长（mm）	钉杆直径（mm）			千只约重（kg）		
	重型	标准型	轻型	重型	标准型	轻型
10	1.00	1.00	0.90	0.079	0.082	0.045
13	1.20	1.10	1.00	0.120	0.097	0.080
16	1.40	1.20	1.10	0.207	0.142	0.119
20	1.60	1.40	1.20	0.324	0.242	0.177
25	1.80	1.60	1.40	0.511	0.359	0.302
30	2.00	1.80	1.60	0.758	0.60	0.473
35	2.20	2.00	1.80	1.069	0.86	0.70
40	2.50	2.20	2.00	1.56	1.19	0.99
45	2.80	2.50	2.20	2.22	1.73	1.34
50	3.10	2.80	2.50	3.02	2.42	1.92
60	3.40	3.10	2.80	4.35	3.56	2.90
70	3.70	3.40	3.10	5.94	5.00	4.15
80	4.10	3.70	3.40	8.30	6.75	5.71
90	4.50	4.10	3.70	11.3	9.35	7.63
100	5.00	4.50	4.10	15.5	12.50	10.40
110	5.50	5.00	4.50	20.9	17.00	13.70
130	6.00	5.50	5.00	29.1	24.30	20.00
150	6.50	6.00	5.50	39.4	33.30	28.00
175	—	6.50	6.00	—	45.70	38.90
200	—	—	6.50	—	—	52.10

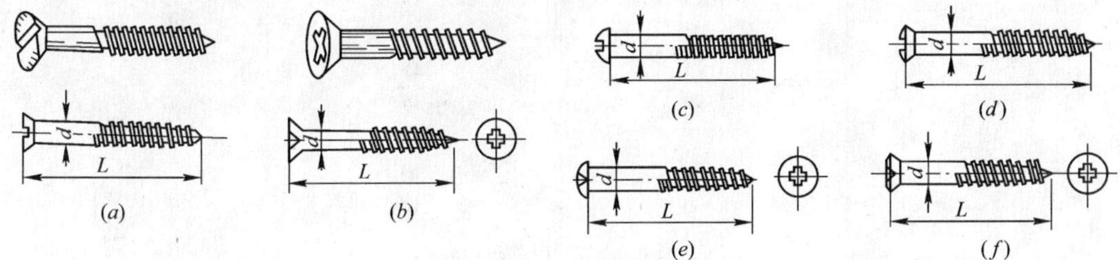

图 1.3-6 木螺钉

(*a*) 一字沉头木螺钉；(*b*) 十字槽沉头木螺钉；(*c*) 一字圆头螺钉；
(*d*) 一字半沉头木螺钉；(*e*) 十字槽圆头木螺钉；(*f*) 十字槽半沉头木螺钉

公制木螺钉规格表（mm） 表 1.3-12

直径 d	一字木螺钉长 L			十字槽木螺钉	
	沉头	圆头	半沉头	十字槽号	钉长 L
1.6	6~12	6~12	6~12	—	—
2	6~16	6~14	6~16	1	6~16
2.5	6~25	6~22	6~25	1	6~25
3	8~30	8~25	8~30	2	8~40
3.5	8~40	8~38	8~40	2	8~40
4	12~70	12~65	12~70	2	12~70
(4.5)	16~85	14~80	12~85	2	16~85
5	18~100	16~90	18~100	2	18~100
(5.5)	25~100	22~90	30~100	3	25~100
6	25~120	22~120	30~120	3	25~120
(7)	40~120	38~120	40~120	3	40~120
8	40~120	38~120	40~120	4	40~120
10	75~120	65~120	70~120	4	70~125

注：1. 钉长系列（mm）：6，8，10，12，14，16，18，20，（22），25，30，（32），35，（38），40，45，50，（55），60，（65），70，（75），80，（85），90，100，120；
2. 括号内的直径和长度，尽可能不采用。

5. 热轧圆钢

热轧圆钢见图 1. 3-7，规格见表 1. 3-13。

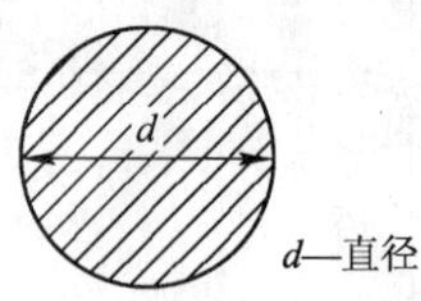

图 1. 3-7 热轧圆钢

热轧圆钢规格表 **表 1. 3-13**

直 径 d（mm）	理论重量（kg/m）	直 径 d（mm）	理论重量（kg/m）
5. 5	0. 186	25	3. 85
6	0. 222	26	4. 17
6. 5	0. 260	27	4. 49
7	0. 302	28	4. 83
8	0. 395	29	5. 18
9	0. 499	30	5. 55
10	0. 617	31	5. 92
11	0. 746	32	6. 31
12	0. 888	33	6. 71
13	1. 04	34	7. 13
14	1. 21	35	7. 55
15	1. 39	36	7. 99
16	1. 58	38	8. 90
17	1. 78	40	9. 87
18	2. 00	42	10. 87
19	2. 23	45	12. 48
20	2. 47	48	14. 21
21	2. 72	50	15. 42
22	2. 98	53	17. 30
23	3. 26	55	18. 60
24	3. 55		

6. 热轧扁钢

在电气工程中，热轧扁钢通常用于接地装置，常用的扁钢见图 1. 3-8，规格见表 1. 3-14，供选用时参考。

7. 热轧等边角钢

热轧等边角钢见图 1. 3-9，规格见表 1. 3-15。

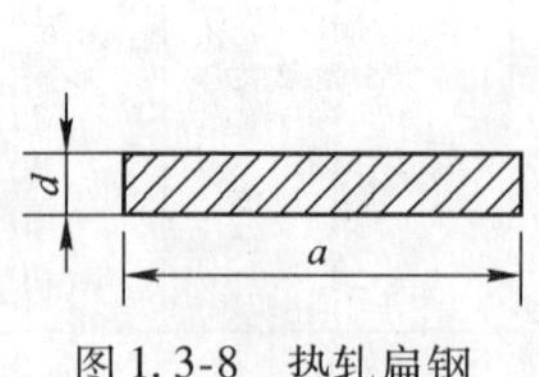

图 1. 3-8 热轧扁钢

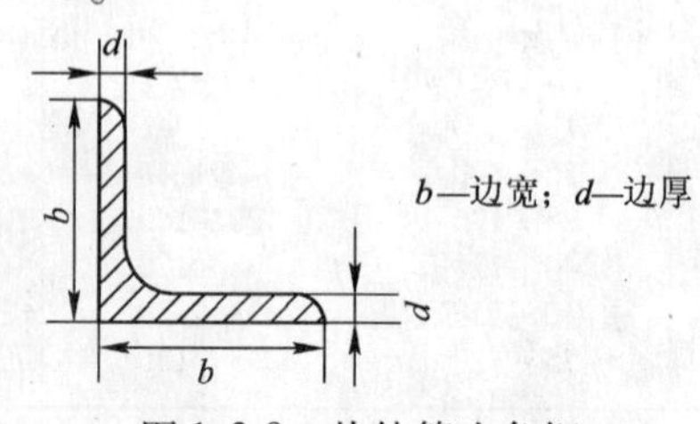

图 1. 3-9 热轧等边角钢

常用扁钢规格表 **表 1.3-14**

宽度 *a*（mm）		12	16	20	25	30	32	40	50	63	70	75	80	100
		理论重量（kg/m）												
厚度 *d*（mm）	4	0.38	0.50	0.63	0.79	0.94	1.01	1.26	1.57	1.98	2.20	2.36	2.51	3.14
	5	0.47	0.63	0.79	0.98	1.18	1.25	1.57	1.96	2.47	2.75	2.94	3.14	3.93
	6	0.57	0.75	0.94	1.18	1.41	1.50	1.88	2.36	2.97	3.30	3.53	3.77	4.71
	7	0.66	0.88	1.40	1.37	1.65	1.76	2.20	2.75	3.46	3.35	4.12	4.40	5.50
	8	0.75	1.00	1.26	1.57	1.88	2.01	2.51	3.14	3.95	4.40	4.71	5.02	6.28
	9	—	1.15	1.41	1.77	2.12	2.26	2.83	3.53	4.45	4.95	5.30	5.65	7.07
	10	—	1.26	1.57	1.96	2.36	2.54	3.14	3.93	4.94	5.50	5.89	6.28	7.85
	11	—	—	1.73	2.16	2.59	2.76	3.45	4.32	5.44	6.04	6.48	6.91	8.64
	12	—	—	1.88	2.36	2.83	3.01	3.77	4.71	5.93	6.59	7.07	7.54	9.42
	14	—	—	—	2.75	3.36	3.51	4.40	5.50	6.90	7.69	8.24	8.79	10.99
	16	—	—	—	3.14	3.77	4.02	5.02	6.28	7.91	8.79	9.42	10.05	12.50

热轧等边角钢规格表 **表 1.3-15**

型　号	尺寸（mm）		理论重量（kg/m）
	b	*d*	
2	20	3	0.889
		4	1.145
2.5	25	3	1.124
		4	1.459
3	30	3	1.373
		4	1.786
3.6	36	3	1.656
		4	2.163
		5	2.654
4	40	3	1.852
		4	2.422
		5	2.976
4.5	45	3	2.088
		4	2.736
		5	3.369
		6	3.985
5	50	3	2.332
		4	3.059
		5	3.770
		6	4.465
5.6	56	3	2.624
		4	3.446
		5	4.251
		8	6.568
6.3	63	4	3.907
		5	4.822
		6	5.721
		8	7.469
		10	9.151
7	70	4	4.372
		5	5.397
		6	6.406
		7	7.398
		8	8.373
7.5	75	5	5.818
		6	6.905
		7	7.976
		8	9.030
		10	11.089
8	80	5	6.211
		6	7.376
		7	8.525
		8	9.658
		10	11.874
9	90	6	8.350
		7	9.656
		8	10.946
		10	13.476
		12	15.940

8. 热轧不等边角钢

热轧不等边角钢见图 1.3-10，规格见表 1.3-16。

9. 热轧槽钢

电气安装工程中，热轧槽钢通常用于变压器、配电柜、母线的支吊架等大型设备安装，常用的热轧槽钢见图 1.3-11，规格见表 1.3-17，供选用时参考。

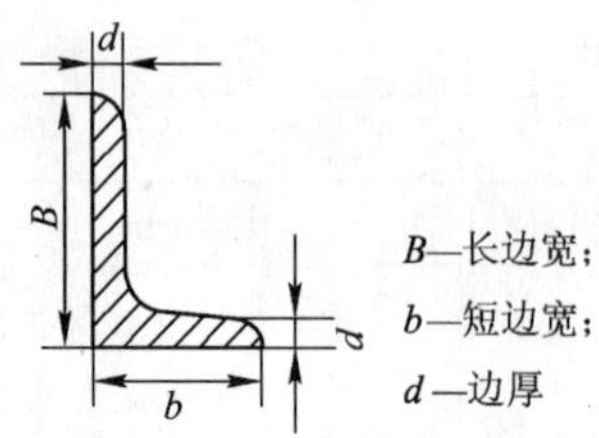

图 1.3-10 热轧不等边角钢

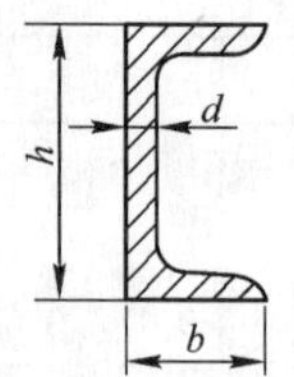

图 1.3-11 热轧槽钢

热轧不等边角钢规格表 **表 1.3-16**

型号	尺寸(mm) B	b	d	理论重量(kg/m)	型号	尺寸(mm) B	b	d	理论重量(kg/m)
2.5/1.6	25	16	3 4	0.912 1.176	7.5/5	75	50	5 6 8 10	4.808 5.699 7.431 9.098
3.2/2	32	20	3 4	1.171 1.522					
4/2.5	40	25	3 4	1.484 1.936	8/5	80	50	5 6 7 8	5.005 5.935 6.848 7.745
4.5/2.8	45	28	3 4	1.687 2.203					
5/3.2	50	32	3 4	1.908 2.494	9/5.6	90	56	5 6 7 8	5.661 6.717 7.756 8.779
5.6/3.6	56	36	3 4 5	2.153 2.818 3.466					
6.3/4	63	40	4 5 6 7	3.185 3.920 4.638 5.339	10/6.3	100	63	6 7 8 10	7.550 8.722 9.878 12.142
7/4.5	70	45	4 5 6 7	3.570 4.403 5.218 6.011	10/8	100	80	6 7 8 10	8.350 9.656 10.946 13.476

常用热轧槽钢规格表 **表 1.3-17**

型号	尺寸(mm) h	b	d	重量(kg/m)	型号	尺寸(mm) h	b	d	重量(kg/m)
5	50	37	4.5	5.44	20	200	75	9.0	25.77
6.3	63	40	4.8	6.63	22a	220	77	7.0	24.99
8	80	43	5.0	8.04	22	220	79	9.0	28.45
10	100	48	5.3	10.00	25a	250	78	7.0	27.47
12.6	126	53	5.5	12.37	25b	250	80	9.0	31.39
14a	140	58	6.0	14.53	25c	250	82	11.0	35.32
14b	140	60	8.0	16.73	28a	280	82	7.5	31.42
16a	160	63	6.5	17.23	28b	280	84	9.5	35.81
16	160	65	8.6	19.74	28c	280	86	11.5	40.21
18a	180	68	7.0	20.17	32a	320	88	8.0	38.22
18	180	70	9.0	22.99	32b	320	90	10.0	43.25
20a	200	73	7.0	22.63	32c	320	92	12.0	48.28

10. 热轧工字钢

热轧工字钢见图 1.3-12，规格见表 1.3-18。

11. 紫铜及黄铜板

紫铜及黄铜板规格见表 1.3-19。

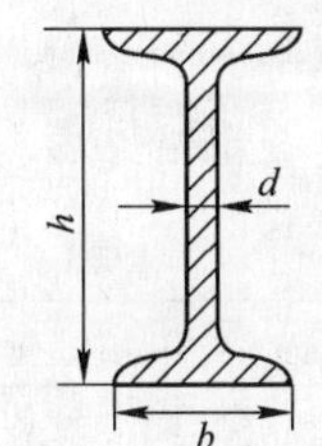

h—高度；b—腿宽；d—腰厚

图 1.3-12 热轧工字钢

热轧工字钢规格表 **表 1.3-18**

型号	尺寸（mm）			理论重量（kg/m）	型号	尺寸（mm）			理论重量（kg/m）
	h	*b*	*d*			*h*	*b*	*d*	
10	100	68	4.5	11.261	30*c**	300	130	13.0	57.504
12*	120	74	5.0	13.987	32*a*	320	130	9.5	52.717
12.6	126	74	5.0	14.223	32*b*	320	132	11.5	57.741
14	140	80	5.5	16.890	32*c*	320	134	13.5	62.765
16	160	88	6.0	20.513	36*a*	360	136	10.0	60.037
18	180	94	6.5	24.143	36*b*	360	138	12.0	65.689
20*a*	200	100	7.0	27.929	36*c*	360	140	14.0	71.341
20*b*	200	102	9.0	31.069	40*a*	400	142	10.5	67.598
22*a*	220	110	7.5	33.070	40*b*	400	144	12.5	73.878
22*b*	220	112	9.5	36.524	40*c*	400	146	14.5	80.158
24*a**	240	116	8.0	37.477	45*a*	450	150	11.5	80.420
24*b**	240	118	10.0	41.245	45*b*	450	152	13.5	87.485
25*a*	250	116	8.0	38.105	45*c*	450	154	15.5	94.550
25*b*	250	118	10.0	42.030	50*a*	500	158	12.0	93.654
27*a**	270	122	8.5	42.825	50*b*	500	160	14.0	101.504
27*b**	270	124	10.5	47.084	50*c*	500	162	16.0	109.354
28*a*	288	122	8.5	43.492	55*a**	550	166	12.5	105.355
28*b*	280	124	10.5	47.888	55*b**	550	168	14.5	113.970
30*a**	300	126	9.0	48.084	55*c**	550	170	16.5	122.605
30*b**	300	128	11.0	52.794					

注：有 * 记号的型号，是须经供需双方协议供应的品种。

紫铜及黄铜板规格表 **表 1.3-19**

厚度（mm）	理论重量（kg/m²）		厚度（mm）	理论重量（kg/m²）		厚度（mm）	理论重量（kg/m²）	
	紫铜板	黄铜板		紫铜板	黄铜板		紫铜板	黄铜板
0.05	0.45	0.43	0.80	7.12	6.80	8	71.20	68.00
0.10	0.89	0.85	1.00	8.90	8.50	10	89.00	85.00
0.15	1.34	1.28	1.50	13.35	12.75	12	106.8	102.0
0.20	1.78	1.70	2.00	17.80	17.00	14	124.6	119.0
0.25	2.23	2.13	3.00	26.70	25.50	16	142.4	136.0
0.30	2.67	2.55	3.50	31.15	29.75	18	160.2	153.0
0.35	3.12	2.98	4.00	35.60	34.00	20	178.0	170.0
0.40	3.56	3.40	4.5	40.05	38.25	22	195.8	187.0
0.50	4.45	4.25	5	44.50	42.50	25	222.5	212.5
0.60	5.34	5.10	6	53.40	51.00			
0.70	6.23	5.95	7	62.30	59.50			

注：计算公式：1m² 重紫铜板 = 8.9 × δ；1m² 重黄铜板 = 8.5 × δ；δ 为厚度。

12. 铝母带

铝母带规格见表 1. 3-20。

铝母带规格表　　表 1. 3-20

规格（mm）	理论重量（kg/m）	规格（mm）	理论重量（kg/m）	规格（mm）	理论重量（kg/m）
20×3	0. 16	40×5	0. 54	80×8	1. 72
20×4	0. 21	50×4	0. 54	80×10	2. 14
25×3	0. 20	50×5	0. 67	100×6	1. 61
25×4	0. 27	50×6	0. 80	100×8	2. 14
30×3	0. 24	60×5	0. 80	100×10	2. 68
30×4	0. 32	60×6	0. 97	100×12	3. 22
30×5	0. 40	60×8	1. 29	120×8	2. 57
40×3	0. 32	60×10	1. 61	120×10	3. 22
40×4	0. 43	80×6	1. 29	120×12	3. 86

注：计算公式：1m 重 $W=2.71\times a\delta\times 1/1000a$ 为宽度；δ 为厚度

13. 常用薄钢板

常用薄钢板规格见表 1. 3-21。

常用薄钢板规格表　　表 1. 3-21

厚　度（mm）	宽　度（mm）												
	500	600	710	750	800	850	900	950	1000	1100	1250	1400	1500
	长　度（mm）												
0. 35，0. 4， 0. 45，0. 5， 0. 55，0. 6， 0. 7，0. 75	1000 1500 2000	1200 1500 1800 2000	1000 1000 1420 2000	1500 1800 2000	1500 2000	1700 2000	1500 1800 2000	1500 1900 2000	1500 2000				
0. 8，0. 9	1000 1500	1200 1420	1420 2000	1500 1800 2000	1500 2000	1500 1700 2000	1500 1800 2000	1500 1900 2000	1500 2000				
1. 0，1. 1， 1. 2，1. 25， 1. 4，1. 5， 1. 6，1. 8	1000 1500 2000	1200 1420 2000	1000 1420 2000	1500 1800 2000	1000 1500 2000	1500 1700 2000	1500 1800 2000	1000 1500 1900 2000	1500 2000				
2. 0，2. 2， 2. 5，2. 8	500 1000 1500	600 1200 1500	1000 1420 2000	1500 1800 2000	1500 2000	1500 1700 2000	1000 1500 1800 2000	1500 1900 2000	1500 2000 3000	2200 3000 4000	2500 3000 4000	2800 3000 4000	3000 4000
3. 0，3. 2， 3. 5，3. 8， 4. 0	500 1000	600 1200	1420 2000	1000 1500 1800 2000	1500 2000	1500 1700 2000	1000 1500 1800 2000	1500 1900 2000	2000 3000 4000	2200 3000 4000	2500 3000 4000	2800 3000 3500 4000	3000 3500 4000

注：常用薄钢板有镀锌和不镀锌两种。

14. 镀锌钢丝

镀锌钢丝规格见表 1. 3-22。

镀锌钢丝规格表 表1.3-22

公制		相当英制		公制		相当英制	
直径（mm）	理论重量（kg/m）	线规号（BWG）	直径（mm）	直径（mm）	理论重量（kg/m）	线规号（BWG）	直径（mm）
0.70	3.02	22	0.71	2.0	24.7	—	—
0.90	4.99	20	0.89	2.2	29.8	14	2.11
1.00	6.17	—	—	2.5	38.5	13	2.41
—	—	19	1.07	2.8	48.3	12	2.77
1.2	8.88	18	1.25	3.0	55.5	11	3.05
1.4	12.1	17	1.47	3.5	75.5	10	3.40
1.6	15.8	16	1.65	—	—	9	3.76
1.8	20.2	15	1.83	4.0	98.7	8	4.19

15. 常用镀锌铁线

常用镀锌铁线规格见表1.3-23，说明如下：

常用镀锌铁线规格表 表1.3-23

直径（mm）	直径公差（mm）	截面积（mm^2）	质量（kg/km）	20℃时最大电阻（Ω/km）	抗张力（N）	伸长率（%）
1.6	0.05	2.011	15.69	65.95	703.9	7
1.8	0.06	2.545	19.85	52.11	890.3	7
2.0	0.06	3.142	24.51	42.21	110.0	7
2.3	0.06	4.155	32.41	31.92	145.4	7
2.6	0.06	5.309	41.41	24.98	185.8	7
2.9	0.08	6.605	51.52	20.08	231.2	10
3.2	0.08	8.042	62.73	16.49	281.5	10
3.5	0.10	9.621	75.04	13.78	336.7	10
4.0	0.10	12.57	98.05	10.55	440.0	10
4.5	0.10	15.90	124.0	8.341	556.5	10
5.0	0.13	19.64	153.2	6.753	687.4	12
5.5	0.13	23.76	185.3	5.581	831.6	12
6.0	0.13	28.27	220.5	4.691	989.5	12

（1）小截面铁线还有如下规格：直径0.2mm、0.25mm、0.3mm、0.35mm、0.4mm、0.45mm、0.5mm、0.6mm、0.7mm、0.8mm、1.0mm、1.2mm、1.4mm。

（2）抗拉力一般为300～500N/mm^2。

（3）铁线每捆重量：ϕ0.2～ϕ0.5mm，5kg；ϕ0.6～ϕ1.2mm，25kg；ϕ1.4mm以上，50kg。

16. 常用钢绞线

常用钢绞线规格见表1.3-24。

常用钢绞线规格表 表 1.3-24

钢丝 1×7=7					钢丝 1×19=19				
钢绞线直径（mm）	钢丝直径（mm）	截面积（mm^2）	质量（kg/100m）	钢丝破断拉力不小于（N）	钢绞线直径（mm）	钢丝直径（mm）	截面积（mm^2）	质量（kg/100m）	钢丝破断拉力不小于（N）
4.2	1.4	10.77	9.23	1830	5.0	1.0	14.92	12.70	25300
5.1	1.7	15.88	13.60	26900	6.0	1.2	21.48	18.29	36500
6.0	2.0	21.98	18.82	37300	6.5	1.3	25.21	21.47	42800
6.6	2.2	26.60	22.77	45200	7.0	1.4	29.23	24.92	49600
7.2	2.4	31.65	27.09	53800	9.0	1.8	48.32	41.11	82100
7.8	2.6	37.15	31.82	63100	10.0	2.0	59.66	50.82	101000
9.0	3.0	49.46	42.37	76600	11.0	2.2	72.19	61.50	1225000
9.6	3.2	56.27	48.18	78700	12.0	2.4	35.91	73.15	146000
10.5	3.6	67.31	57.65	84100	13.0	2.6	100.83	85.94	171000
12.0	4.0	87.92	75.33	109900	14.0	2.8	116.93	99.50	181000
					15.0	3.0	134.24	114.40	208000

注：钢丝破断拉力指钢丝破断拉力的总和，表内数据为最大值。

1.3.4 电气工程材料损耗率

电气工程材料损耗率见表 1.3-25，说明如下：

电气工程材料损耗率 表 1.3-25

序号	材料名称	损耗率（%）	序号	材料名称	损耗率（%）
1	裸软导线	1.3	16	一般灯具及附件	1.0
2	绝缘导线	1.8	17	荧光灯、水银灯灯泡	1.5
3	电力电缆	1.0	18	灯泡（白炽）	3.0
4	控制电缆	1.5	19	玻璃灯罩	5.0
5	硬母线	2.3	20	灯头、开关、插座	3.0
6	钢绞线、镀锌铁线	1.5	21	刀开关、铁壳开关、熔断器	1.0
7	金属管材、管件	3.0	22	塑料制品（槽、板、管）	5.0
8	金属板材	5.0	23	木槽板、圆木台	5.0
9	型钢	5.0	24	木杆类	1.0
10	金具	1.0	25	混凝土电杆及制品类	0.5
11	压接线夹、螺栓/钉类	2.0	26	石棉水泥板及制品	8.0
12	木螺钉、圆钉	4.0	27	砖、水泥	4.0
13	绝缘子类	2.0	28	砂、石	8.0
14	低压瓷横担	3.0	29	油类	1.8
15	瓷夹等小瓷件	3.0			

（1）绝缘导线、电缆、硬母线和用于母线的裸软导线，其损耗率中不包括为连接电气设备、器具而预留的长度，也不包括因各种弯曲（包括弧度）而增加的长度，这些长度均应计算在工程量的基本长度中；

（2）用于 10kV 以下架空线路中的裸软导线的损耗率中，已包括因弧垂及因杆位高低差而增加的长度；

（3）拉线用的镀锌铁线损耗率中不包括为制作上、中、下把所需的预留长度。计算用线量的基本长度时，应以全根拉线的展开长度为准。

1.4 电气工程常用图形符号

电气图形符号一般包括图用图形符号、设备用图形符号、标志用图形符号和标注用图形符号等。他们的表达形式和应用范围是大不相同的。应用最多的是电气图用图形符号。

1.4.1 图形符号的种类和组成

(1) 图表符号一般分为限定符号、一般符号、方框符号以及标记或字符。

(2) 限定符号不能单独使用，必须同其他符号组合使用构成完整的图形符号。如交流电动机的图表符号由文字符号、交流的限定符号以及轮廓要素组成。

(3) 方框符号一般用在使用单线表示法的图中，如系统图和框图中由方框符号内带有限定符号，以表示对象的功能和系统的组成，如整流器图表符号由方框符号、内带有交流和直流的限定符号以及可变性限定符号组成。

1.4.2 电气工程常用图形符号

常用电气图形符号按照工程设计中涉及的电气元器件分类编制，包括导体、连接件、半导体器件、变电站、变压器、开关、触点、互感器、测量仪表、继电器、整流器、蓄电池、发生器、线路、启动器、电动机、小型电气器件、接线盒、插座、照明开关、按钮、灯具等。

图形符号按应用类别分为功能性文件用图形符号和位置文件用图形符号，功能性一般图形符号一般用于电路图、接线图、概略图、系统图、框图和功能图等。位置文件用图形符号一般用于安装图、平面图、布置图和路由图等。

1. 导体、连接件、半导体器件图形符号（表1.4-1）

导体、连接件、半导体器件图形符号　　表1.4-1

序号	符　　号	说　　明	应用类别
1	= 形式一，DC 形式二	直流，示例：=220/110V 或 DC 220/110V 表示直流 220/110V	用于功能性文件和位置文件
2	~ 形式一，AC 形式二	交流，示例：3AC 400V 或 3~400V 表示三相三线交流 400V	
3	3/N~400/230V 50Hz 或 3/N AC400/230V 50Hz	交流，三相带中性线，400V（相线和中性线的电压为 230V），50Hz	
4	3/N/PE~50Hz/TN-S 或 3/N/PE AC 50Hz/TN-S	交流，三相，50Hz；具有一个直接接地点且中性线与保护导体全部分开的系统	
5	+	正极性	
6	–	负极性	
7	N	中性（中性线）	
8	M	中间线	
9	⏚	接地，地，一般符号 功能性接地	
10	形式一，⊥ 形式二	功能等电位联结	

续表

序号	符　号	说　明	应用类别
11		保护等电位联结（保护接地导体、保护接地端子）	
12		连线，一般符号（导线；电缆；电线；传输通路；电信线路）	
13	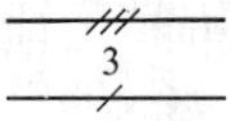 形式一 3 形式二	导线组（示出导线数）（示出三根连线）	
14		软连接	
15	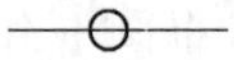	屏蔽导体	
16		绞合连接，示出两根导线	用于功能性文件和位置文件
17	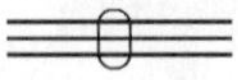	电缆中的导线，示出三根导线	
18	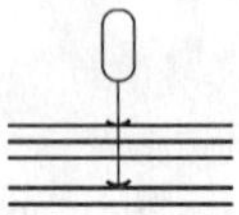	电缆中的导线；示例：五根导线，其中箭头所指的两根在同一电缆内	
19	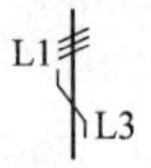 L1 L3	相序变更（换位）	
20		端子	
21	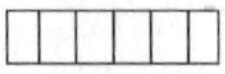	端子板	用于功能性文件
22	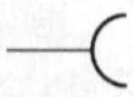	阴接触件（连接器的）、插座	
23		阳接触件（连接器的）、插头	
24	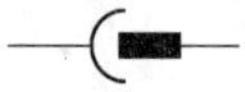	插头和插座	
25		接通的连接片	
26		断开的连接片	用于功能性文件和位置文件
27	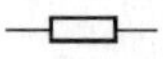	电阻器，一般符号	
28	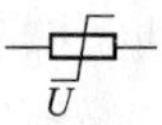 U	压敏电阻器	
29	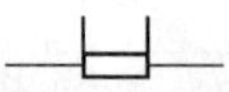	带分流和分压端子的电阻器	
30	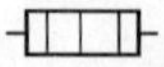	加热元件	
31	形式一 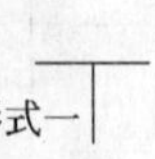 ，形式二 	T 型连接	用于功能性文件（形式一可用于位置文件）

续表

序号	符　　号	说　　明	应用类别
32	形式一 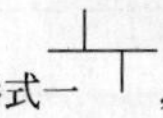　，形式二 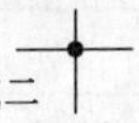	导线的双T连接	用于功能性文件
33	形式一 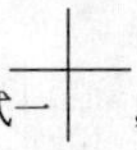　，形式二 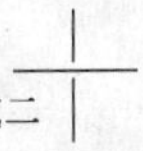	跨接连接（跨越连接）	用于功能性文件和位置文件
34		屏蔽（符号可画成任何方便的形状）	
35		边界线（用于外壳、外形）	
36		传送（单向），（能量流、信号流、信息流）表示方向、流动	
37	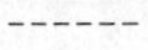  形式一　形式二	连接，（机械连接、气动连接、液压连接、光学连接、功能连接、无线电连接）符号的长度取决于图画的布局	
38	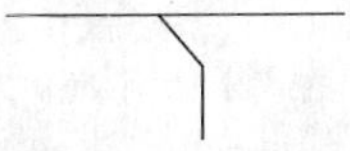	定向连接（斜线应指向连接点的方向，所示符号是从右到左的一根导线，通过一个位于左边的连接点连接到末端）	
39	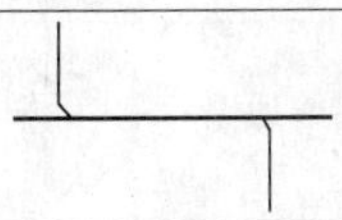	进入线束的点，（本符号不适用于表示电气连接，在平面图中，表示进入导线束的点，也就是2根或更多的连线在图中占用了同一空间）	
40		电容量，一般符号	
41		极性电容器，例如：电解电容	
42		半导体二极管，一般符号	用于功能性文件
43		发光二极管（LED），一般符号	
44		单向击穿二极管 齐纳二极管，电压调整二极管	
45		双向击穿二极管	
46		双向三极闸流晶体管 半导体，闸流晶体管，三端双向可控硅开关元件	
47		PNP晶体管 PNP，半导体，晶体管	
48		集电极接管壳的NPN晶体管　NPN，半导体，晶体管	
49		线圈、绕组，一般符号 电感器，扼流圈 若表示带磁芯的电感器可以在该符号上加一条平行线；若磁芯有间隙，这条线可断开画，可改变半圆的数目以适合实际应用	用于功能性文件和位置文件

2. 变电站、变压器图形符号（表1.4-2）

变电站、变压器图形符号 **表1.4-2**

序号	符号	说明	应用类别
1		发电站，规划的	用于位置文件
2		发电站，运行的或未特别提到的	
3		热电联产发电站，规划的	
4		热电联产发电站，运行的或未特别提到的	
5	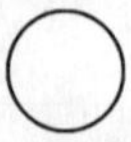	变电站、配电所，规划的 （可在符号内加上任何有关变电站详细类型的说明）	
6	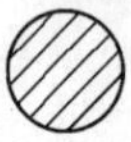	变电站、配电所，运行的或未特别提到的	
7		连线，一般符号 （导线；电线；电缆；传输通路；电信线路）	用于功能性文件和位置文件
8	形式一 形式二	双绕组变压器，一般符号	用于功能性文件（形式一可用于位置文件）
9	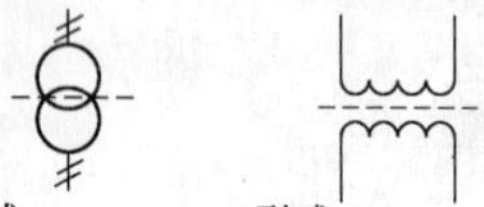 形式一 形式二	绕组间有屏蔽的双绕组变压器	
10	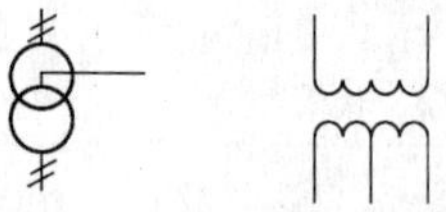 形式一 形式二	一个绕组上有中间抽头的变压器	
11	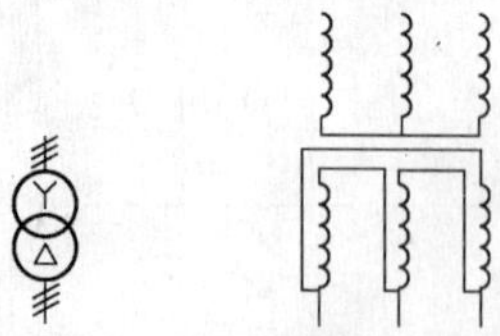 形式一 形式二	星形—三角形连接的三相变压器	
12	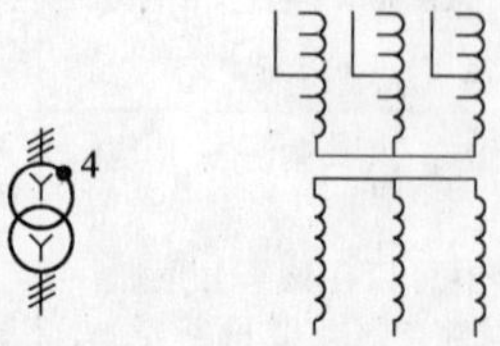 4 形式一 形式二	具有4个抽头的星形—星形连接的三相变压器	

续表

序号	符号	说明	应用类别
13	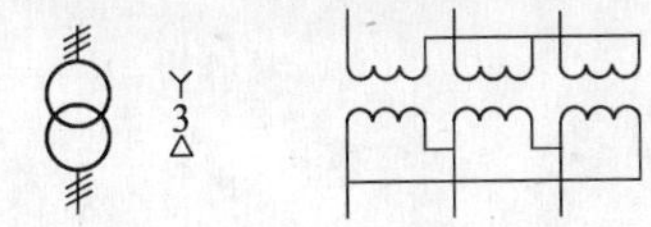 形式一 形式二	单相变压器组成的三相变压器，星形—三角形连接	用于功能性文件（形式一可用于位置文件）
14	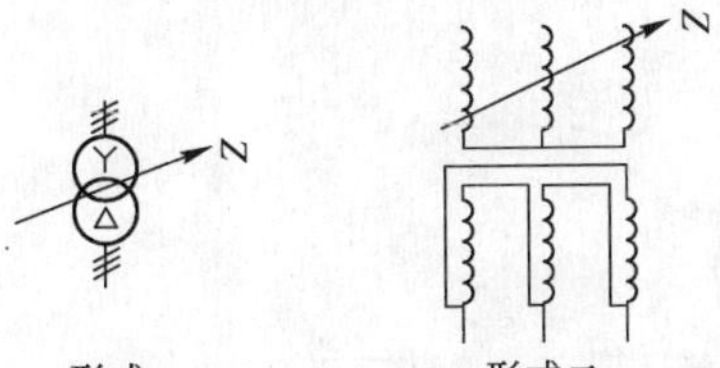 形式一 形式二	具有有载分接开关的三相变压器，星形—三角形连接	
15	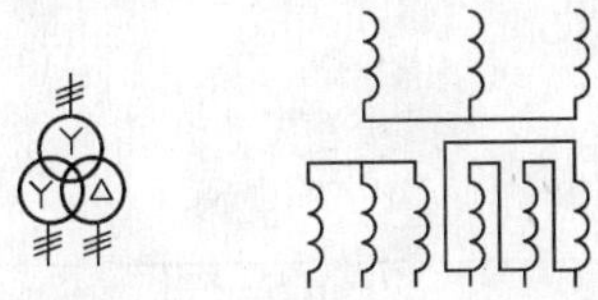 形式一 形式二	三相变压器，星形—星形—三角形连接	用于功能性文件
16	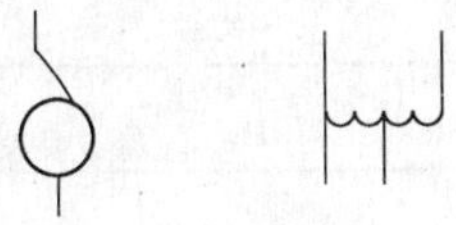 形式一 形式二	自耦变压器，一般符号	
17	 形式一 形式二	单相自耦变压器	
18	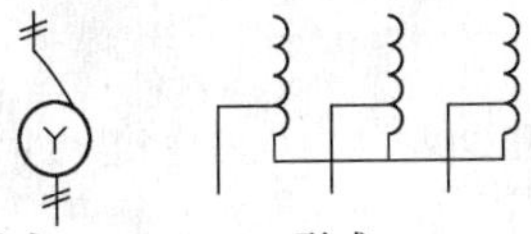 形式一 形式二	三相自耦变压器，星形连接	
19	 形式一 形式二	可调压的单相自耦变压器	
20	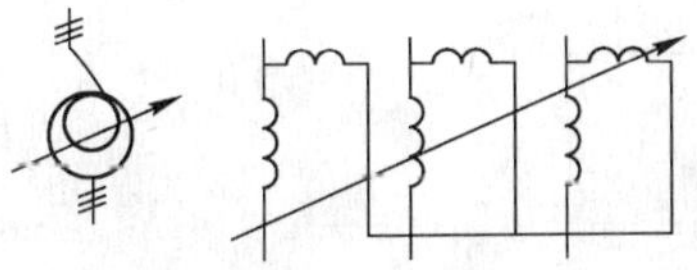 形式一 形式二	三相感应调压器	

续表

序号	符号	说明	应用类别
21	形式一 形式二	电抗器，一般符号 扼流圈	用于功能性文件
22	形式一 形式二	电压互感器	
23	形式一 形式二	三绕组变压器，一般符号	

3. 开关、触点图形符号（表 1.4-3）

开关、触点图形符号 **表 1.4-3**

序号	符号	说明	应用类别
1		隔离器	用于功能性文件
2		双向隔离器（具有中间断开位置）	
3		隔离开关	
4		带自动释放功能的隔离开关 （具有由内装的测量继电器或脱扣器触发的自动释放功能）	
5		断路器	
6		带隔离功能断路器	
7	I_{Δ}	剩余电流保护开关	
8		剩余电流保护开关	
9	*	报警式剩余电流保护器	

续表

序号	符号	说明	应用类别
10		熔断器式开关	用于功能性文件
11		熔断器式隔离器	
12		熔断器式隔离开关	
13	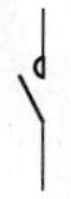	接触器；接触器的主动合触点 （在非操作位置上触点断开）	
14	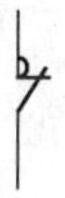	接触器，接触器的主动断触点 （在非操作位置上触点闭合）	
15		静态（半导体）接触器	
16		熔断器，一般符号	
17		熔断器 （熔断器烧断后仍带电的一端线表示）	
18	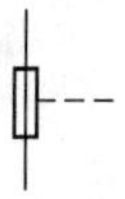	熔断器；撞击熔断器（带机械连杆）	
19		火花间隙	
20		避雷器	
21		动合（常开）触点，一般符号 开关，一般符号	

续表

序号	符　　号	说　　明	应用类别
22		动断（常闭）触点	用于功能性文件
23		先断后合的转换触点	
24		中间断开的转换触点	
25	形式一 　形式二 	先合后断的双向转换触点	
26		提前闭合的动合触点，（多触点组中此动合触点比其他动合触点提前闭合）	
27		滞后闭合的动合触点，（多触点组中此动合触点比其他动合触点滞后闭合）	
28		滞后断开的动断触点，（多触点组中此动断触点比其他动断触点滞后断开）	
29		提前断开的动断触点，（多触点组中此动断触点比其他动断触点提前断开）	
30		延时闭合的动合触点，（当带该触点的器件被吸合时，此触点延时闭合）	
31	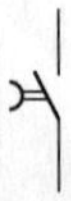	延时断开的动合触点，（当带该触点的器件被释放时，此触点延时断开）	
32		延时断开的动断触点，（当带该触点的器件被吸合时，此触点延时断开）	

续表

序号	符号	说明	应用类别
33		延时闭合的动断触点，（当带该触点的器件被释放时，此触点延时闭合）	
34	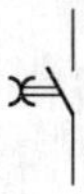	延时动合触点，（无论带该触点的器件被吸合还是释放，此触点均延时）	
35	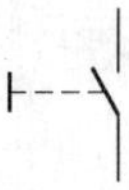	手动操作开关，一般符号	
36	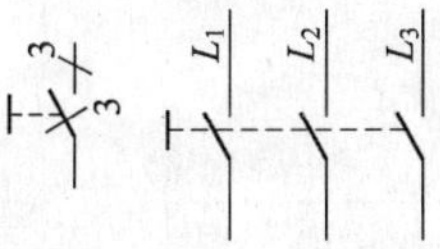 形式一 形式二	一个手动三极开关	
37	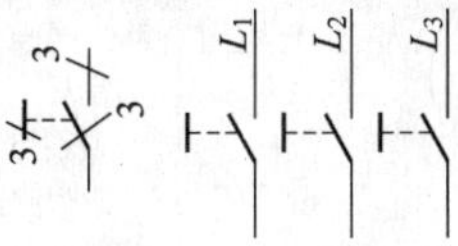 形式一 形式二	三个手动单极开关	
38		多功能开关器件 控制和保护开关器件（CPS）；可逆 CPS （该多功能开关器件包括：可逆功能、断路器功能、隔离功能、接触器功能和自动脱扣功能，可通过使用相关功能符号来表示，为了相位转换，该符号示出了可逆功能，当使用该符号时，应省略不适用的功能符号要素）	用于功能性文件
39		自动复位的手动按钮开关	
40	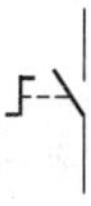	无自动复位的手动旋转开关	
41	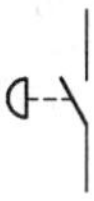	具有动合触点且自动复位的蘑菇头式的应急按钮开关	
42		静态开关，一般符号	

续表

序号	符　　号	说　　明	应用类别
43		具有动合触点钥匙操作的按钮开关	用于功能性文件
44		带有防止无意操作的手动控制的具有动合触点的按钮开关	
45		带动合触点的位置开关	
46	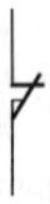	带动断触点的位置开关	
47	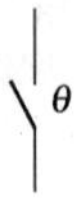 θ	带动合触点的热敏开关	
48	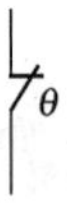 θ	带动断触点的热敏开关	
49		带动断触点的热敏自动开关 双金属片动断熔点	
50	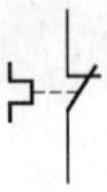	热继电器，动断触点	
51		液位控制开关，动合触点	
52	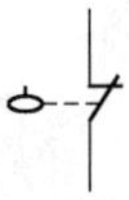	液位控制开关，动断触点	
53	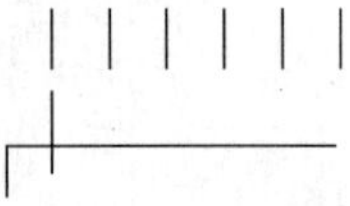	多位开关（示出6个位置）	
54	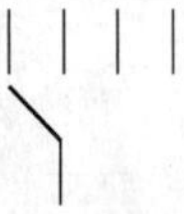	多位开关，最多四位	
55	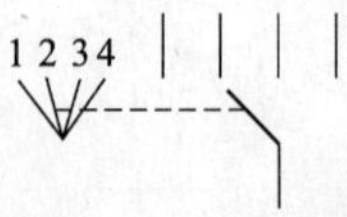 1 2 3 4	带位置图示的多位开关，最多四位	

续表

序号	符号	说明	应用类别
56	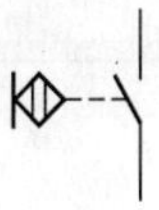	接触敏感开关，（具有动合触点）	用于功能性文件
57	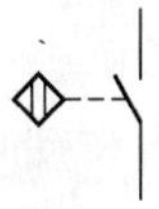	接近开关，（示出动合触点）	

4. 互感器图形符号（表 1.4-4）

互感器图形符号 **表 1.4-4**

序号	符号		说明	应用类别
	形式一	形式二		
1		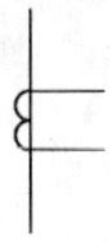	电流互感器，一般符号	用于功能性文件
2	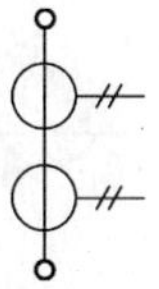	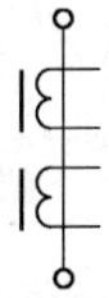	具有两个铁芯，每个铁芯有一个次级绕组的电流互感器 在一次回路中每端示出端子符号表明只是一个单独器件，如果使用了端子代号，则端子（○）符号可以省略。形式二中铁芯符号可以略去	
3	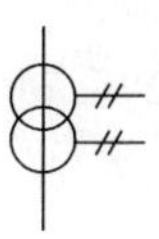	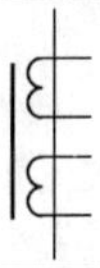	在一个铁芯上具有两个次级绕组的电流互感器 形式二中的铁芯符号必须画出	
4	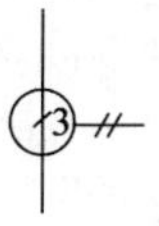	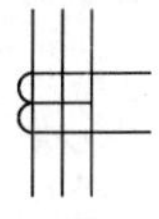	具有三条穿线一次导体的脉冲变压器或电流互感器	
5	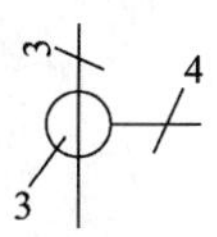	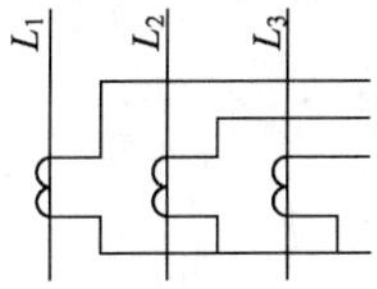	三个电流互感器，（四个次级引线引出）	
6	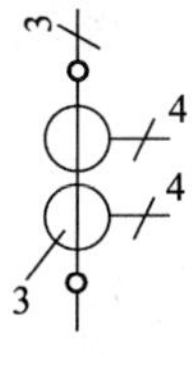	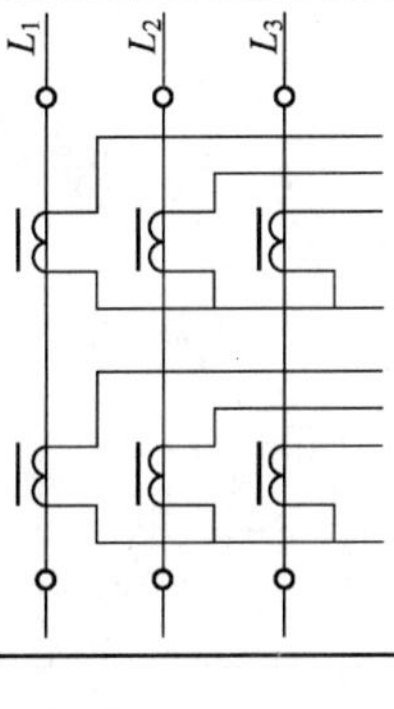	具有两个铁芯，每个铁芯有一个次级绕组的三个电流互感器	

续表

序号	符号		说明	应用类别
	形式一	形式二		
7	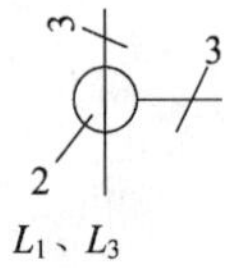 3 3 2 L_1、L_3	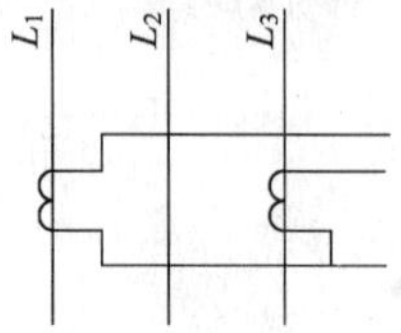 L_1 L_2 L_3	两个电流互感器，导线 L_1 和导线 L_3；三个次级引线引出	用于功能性文件
8	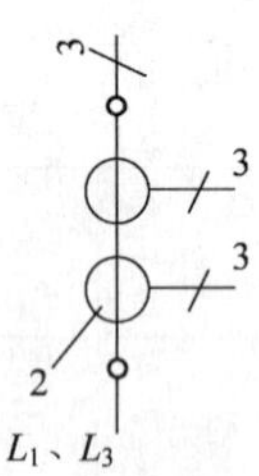 3 3 3 2 L_1、L_3	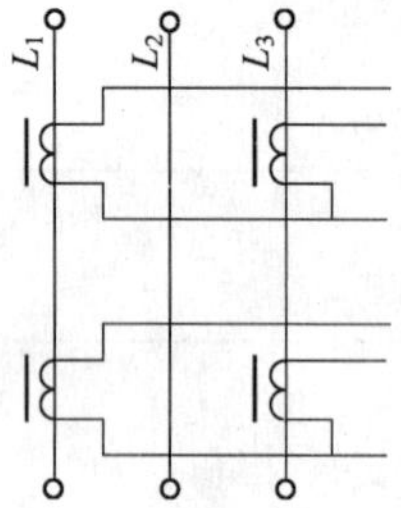 L_1 L_2 L_3	具有两个铁芯，每个铁芯有一个次级绕组的两个电流互感器	

5. 测量仪表图形符号（表 1.4-5）

测量仪表图形符号 **表 1.4-5**

序号	符号	说明		应用类别
1	★	指示仪表，一般符号	符号内的“★”应由下列之一代替： —被测量的单位的文字符号或倍数、约数， —被测量的文字符号， —化学分子式， —图形符号	用于功能性文件
2	★	记录仪表，一般符号		
3	V	电压表		
4	A $I\sin\varphi$	无功电流表		
5	W $P\max$	最大需量指示器，（被积算仪表激励）		
6	var	无功功率表		
7	$\cos\varphi$	功率因数表		
8	φ	相位计		
9	Hz	频率计		

续表

序号	符号	说明	应用类别
10		同步指示器	用于功能性文件
11		检流计	
12	NaCl	盐度计	
13	θ	温度计；高温计	
14	n	转速表	
15	W	记录式功率表	
16	W var	组合式记录功率表和无功功率表	
17	★ ★	组合式记录表	
18	Wh	电度表（瓦时计）	
19	Wh	复费率电度表（示出二费率）	
20		录波器	
21	Wh P>	超量电度表	
22	Wh	带发送器电度表	

续表

序号	符号	说明	应用类别
23	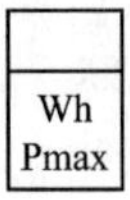 Wh Pmax	带最大需量指示器电度表	用于功能性文件
24	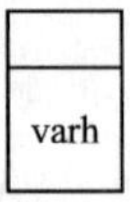 varh	无功电度表	
25	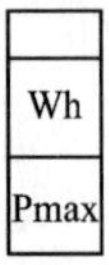 Wh Pmax	带最大需量记录器电度表	
26	⊗	信号灯，一般符号 如果需要指示颜色，则要在符号旁标出下列代码： RD—红　YE—黄　GN—绿 BU—蓝　WH—白 如果需要指示灯的类型，则要在符号旁标出下列代码： Ne—氖　Xe—氙　Na—钠气 Hg—汞　I—碘　IN—白炽灯 EL—电致发光的　ARC—弧光 FL—荧光的　IR—红外线的 UV—紫外线的　LED—发光二极管	用于功能性文件和位置文件
27	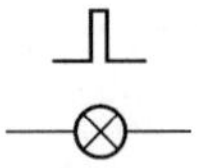	闪光型信号灯	用于功能性文件
28		音响信号装置，一般符号（电喇叭、电铃、单击电铃，电动汽笛）	用于功能性文件和位置文件
29		报警器	用于功能性文件
30		蜂鸣器	

6. 继电器图形符号（表 1.4-6）

继电器图形符号　　表 1.4-6

序号	符号	说明	应用类型
1	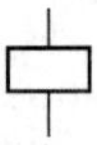	继电器线圈，一般符号；驱动器件，一般符号 （选择器的操作线圈）	用于功能性文件
2	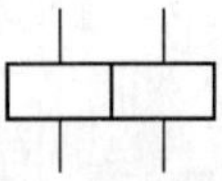	驱动器件；继电器线圈（组合表示法） （具有两个独立绕组的驱动器件的组合表示法）	
3	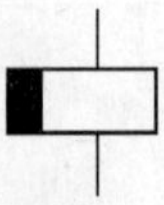	缓慢释放继电器线圈	

续表

序号	符号	说明	应用类型
4		缓慢吸合继电器线圈	
5		延时继电器线圈	
6		机械保持继电器的线圈	
7		热继电器的驱动器件	
8		电子继电器的驱动器件	
9		静态继电器，一般符号 （示出为半导体动合触点）	
10	★	测量继电器；测量继电器有关的操作 “★”应由表示器件参数的一个或多个字母或限定符号按照以下顺序代替： —特性量和其变化方式； —能量流动方向； —整定范围； —重整定比（复位比）； —延时作用； —延时值。	用于功能性文件
11	U< 50~80V 130%	欠压继电器 （整定范围从 50V 到 80V，重整定比 130%）	
12	I >5A <3A	电流继电器 （有最大和最小整定值，示出限定值 3A 和 5A）	
13		瓦斯保护器件；气体继电器	
14		自动重闭合器件；自动重合闸继电器	

7. 整流器、蓄电池、发生器图形符号（表 1.4-7）

整流器、蓄电池、发生器图形符号 **表 1.4-7**

序号	符 号	说 明	应 用 类 型
1		有稳定输出电压的变换器（稳压器）	用于功能性文件
2		直流/直流变换器 换流器	
3		整流器	
4		逆变器	
5		整流器/逆变器	
6	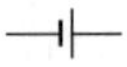	原电池或电池组 长线代表阳板，短线代表阴板	
7	 G	静止电能发生器，一般符号	用于功能性文件和位置文件
8	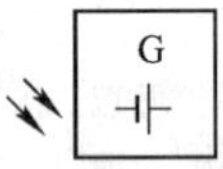 G	光电发生器	用于功能性文件
9	 I_{Δ}	剩余电流监视器	

8. 线路图形符号（表 1.4-8）

线路图形符号 **表 1.4-8**

序号	符 号	说 明	应 用 类 别
1		连线，一般符号 （导线；电线；电缆；传输通路；电信线路）	用于功能性文件和位置文件
2	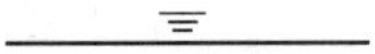	地下线路	用于位置文件
3		带接头的地下线路	
4	 E	接地极	
5	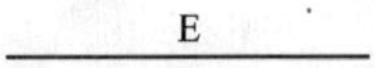 E	接地线	用于功能性文件和位置文件
6	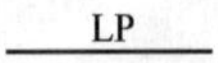 LP	避雷线 避雷带 避雷网	

续表

序号	符　　号	说　　明	应用类别
7		避雷针	用于位置文件
8		水下线路	
9		架空线路	
10	6	套管线路 （附加信息可标注在管道线路的上方） 六孔管道的线路	
11		电缆梯架、托盘、线槽线路 注：本符号用电缆桥架轮廓和连线组组合而成	用于功能性文件和位置文件
12		电缆沟线路 注：本符号用电缆沟轮廓和连线组组合而成	
13		中性线	
14		保护线	
15	PE	保护接地线	
16		保护线和中性线共用线	
17		带中性线和保护线的三相线路	
18		向上配线；向上布线	用于位置文件
19		向下配线；向下布线	
20		垂直通过配线；垂直通过布线	
21		人孔，用于地井	
22		手孔的一般符号	
23		多个平行的连接线可用一条线（线束）表示： 中断平行连接线，留一定间隔，其间隔之间画一根横线表示线束，横线两端各划一短垂线	

续表

序号	符号	说明	应用类别
24	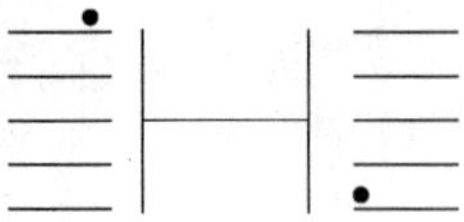	线束内顺序的表示，使用一个点表示第一个连接	用于位置文件
25	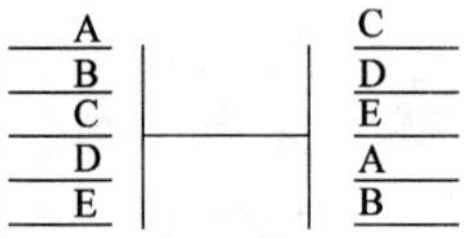 A B C D E / C D E A B	线束内顺序的表示，表示对应连接	
26	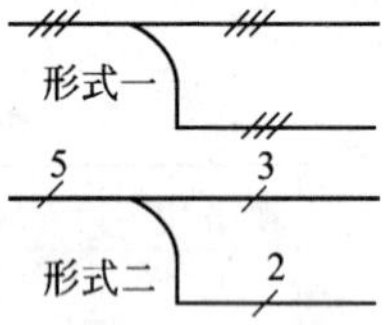 形式一 / 形式二 5 3 2	线束内导线数目的表示	

9. 配电设备图形符号（表 1.4-9）

配电设备图形符号 **表 1.4-9**

序号	符号	说明				应用类别
1	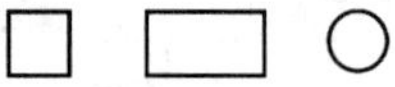 形式一 形式二 形式三	物件 （设备、器件、功能单元、元件、功能） 符号轮廓内填入或加上适当的代号或符号以表示物件的类别				用于功能性文件 位置文件
2	MEB	等电位端子箱				用于位置文件
3	LEB	局部等电位端子箱				
4	EPS	EPS 电源箱				
5	UPS	UPS（不间断）电源箱				
6	★	轮廓内或外就近标注字母代码“★”，表示电气柜（屏）、箱、台				
		35kV 开关柜、MCC 柜	AH	电源自动切换箱（柜）	AT	
		20kV 开关柜、MCC 柜	AJ	电力配电箱	AP	
		10kV 开关柜、MCC 柜	AK	应急电力配电箱	APE	
		6kV 开关柜、MCC 柜	AL	控制箱、操作箱	AC	
		低压配电柜、MCC 柜	AN	励磁屏（柜）	AE	
		并联电容器屏（箱）	ACC	照明配电箱	AL	
		直流配电柜（屏）	AD	应急照明配电箱	ALE	
		保护屏	AR	电度表箱	AW	
		电能计量柜	AM	过路接线盒、接线箱	XD	
		信号箱	AS	插座箱	XD	

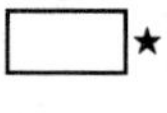

续表

序号	符号	说明	应用类别
7	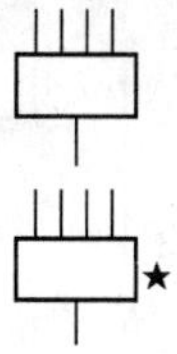	配电中心 （符号表示带五路配线） 符号就近标注字母代码“★”，表示不同配电柜（屏）、箱、台	用于位置文件

10. 启动器图形符号（表 1.4-10）

启动器图形符号 **表 1.4-10**

序号	符号	说明	应用类别
1		电动机启动器，一般符号 （特殊类型的启动器可以在一般符号内加上限定符号来表示）	用于功能性文件
2		调节-启动器	
3		可逆直接在线启动器	
4		星—三角启动器	
5		带自耦变压器的启动器	
6		带可控硅整流器的调节-启动器	

11. 电动机、小型电气器件图形符号（表 1.4-11）

电动机、小型电气器件图形符号 **表 1.4-11**

序号	符号	说明	应用类别
1	 ★	电机一般符号 “★”用下述字母之一代替：G—发电机；GP—永磁发电机；GS—同步发电机；M—电动机；MS—同步电动机；MG—能作为发电机或电动机使用的电机；MGS—同步发电机—电动机	用于功能性文件和位置文件
2	 M 3~	三相鼠笼式感应电动机	用于功能性文件
3	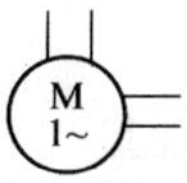 M 1~	单相鼠笼式感应电动机	

续表

序号	符　　号	说　　明	应用类别
4	M 3~	三相绕线式转子感应电动机	用于功能性文件
5	f1 f2	变频器，频率由 f1 变到 f2 f1 和 f2 可用输入和输出频率数值代替	
6		变换器，一般符号（能量转换器；信号转换器；测量用传感器；转发器）	用于功能性文件和位置文件
7		时钟；时间记录器	用于位置文件
8	− +	热电偶（示出极性符号）；温度传感器	用于功能性文件
9		时钟（子钟），一般符号	
10		母钟	用于功能性文件和位置文件
11		带有触点的时钟	
12		电锁	用于位置文件
13		安全隔离变压器	
14		热水器 （符号表示带配线）	
15	M	电动阀	用于功能性文件
16	M	电磁阀	
17		弹簧操纵装置	
18		风扇；通风机	用于位置文件

续表

序号	符号	说明	应用类别
19		水泵	用于功能性文件和位置文件
20		窗式空调器	
21	室内机 室外机	分体空调器	
22		设备盒（箱） “★”用下列字母表示设备盒（箱）的种类： QB—熔断器式隔离器、熔断器式隔离开关； QA—断路器箱、母线槽插接箱； XD—接线箱	
23	★ Q	带设备盒（箱）固定分支的直通段 “★”应由合适的设备符号代替或省略	
24		带保护极插座固定分支的直通段	

12. 接线盒、插座、照明开关、按钮图形符号（表 1.4-12）

接线盒、插座、照明开关、按钮图形符号 **表 1.4-12**

序号	符号	说明	应用类别
1		盒，一般符号	用于位置文件
2		连接盒；接线盒	
3		用户端，供电引入设备 （符号表示带配线）	用于功能性文件和位置文件
4		（电源）插座、插孔，一般符号（用于不带保护极的电源插座）	用于位置文件
5	3 形式一 形式二	多个（电源）插座，符号表示三个插座	
6		带保护极的（电源）插座	

续表

序号	符号	说明	应用类别
7		单相二、三极电源插座	用于位置文件
8	(不带保护极) (带保护极)	根据需要可在"★"处用下述文字区别不同插座: (1) 1P—单相(电源)插座; (2) 3P—三相(电源)插座; (3) 1C—单相暗敷(电源)插座; (4) 3C—三相暗敷(电源)插座; (5) 1EX—单相防爆(电源)插座; (6) 3EX—三相防爆(电源)插座; (7) 1EN—单相密闭(电源)插座; (8) 3EN—三相密闭(电源)插座	
9		带滑动保护板的(电源)插座	
10		带单极开关的(电源)插座	
11		带保护极的单极开关的(电源)插座	
12		带连锁开关的(电源)插座	
13		带隔离变压器的(电源)插座 (剃须插座)	
14		开关,一般符号 单联单控开关	
15	★	根据需要"★"用下述文字标注在图形符号旁边区别不同类型开关: EX—防爆开关;EN—密闭开关;C—暗装开关	
16		双联单控开关	
17		三联单控开关	
18	n	n 联单控开关,n>3	
19		带指示灯的开关 带指示灯的单联单控开关	
20		带指示灯的双联单控开关	
21		带指示灯的三联单控开关	
22	n	带指示灯的 n 联单控开关,n>3	

续表

序号	符号	说明	应用类别
23		单极限时开关	用于位置文件
24		双极开关	
25		多位单极开关 （例如用不同照度）	
26		双控单极开关	
27		中间开关 等效电路图	
28		调光器	
29		单极拉线开关	
30		风机盘管三带开关	
31		按钮	
32	★	根据需要“★”用下述文字标注在图形符号旁边区别不同类型按钮： 2—两个按钮单元组成的按钮盒 3—三个按钮单元组成的按钮盒 EX—防爆型按钮 EN—密闭型按钮	
33		带有指示灯的按钮	
34		防止无意操作的按钮 （例如借助于打碎玻璃罩进行保护）	
35	t	定时器 （限时设备）	
36		定时开关	
37		钥匙开关 （看守人系统装置）	

13. 灯具图形符号（表1.4-13）

灯具图形符号 **表1.4-13**

序号	符　号	说　明	应用类型
1	⊗★	灯，一般符号； 如需要指出灯光源类型。 如需要指出灯具种类，则在“★”位置标出数字或下列字母： W—壁灯；　C—吸顶灯；　ST—备用照明； R—筒灯；　EN—密闭灯；　SA—安全照明； EX—防爆灯；　G—圆球灯；　E—应急灯； P—吊灯；　L—花灯；　LL—局部照明灯；	用于位置文件
2	E	应急疏散指示标志灯	
3		应急疏散指示标志灯（向右）	
4		应急疏散指示标志灯（向左）	
5		应急疏散指示标志灯（向左、向右）	
6		专用电路上的应急照明灯	
7		自带电源的应急照明灯	
8		光源，一般符号 荧光灯，一般符号	
9		二管荧光灯	
10		多管荧光灯，表示三管荧光灯	
11	n	多管荧光灯，$n>3$	
12	★	如需要指出灯具种类，则在“★”位置标出下列字母： EN—密闭灯；EX—防爆灯	
13	★		
14		投光灯，一般符号	
15		聚光灯	
16		泛光灯	

续表

<table>
<tr><th>序号</th><th>符　号</th><th>说　　明</th><th>应用类型</th></tr>
<tr><td>17</td><td></td><td>障碍灯、危险灯，红色闪光全向光束</td><td rowspan="7">用于位置文件</td></tr>
<tr><td>18</td><td></td><td>航空地面灯，立式，一般符号</td></tr>
<tr><td>19</td><td></td><td>航空地面灯，嵌入式，一般符号</td></tr>
<tr><td>20</td><td></td><td>风向标灯（停机坪）</td></tr>
<tr><td>21</td><td></td><td>着陆方向灯（停机坪）</td></tr>
<tr><td>22</td><td></td><td>围界灯（停机坪），绿色全向光束，立式安装</td></tr>
<tr><td>23</td><td></td><td>航空地面灯，白色全向光束，嵌入式（停机坪瞄准点灯）</td></tr>
</table>

14. 常用图形符号新旧对比（表 1.4-14）

常用图形符号新旧对比　　**表 1.4-14**

<table>
<tr><th>序号</th><th>名　称</th><th>作废符号</th><th>新　符　号</th><th colspan="3">备　　注</th></tr>
<tr><td>1</td><td>应急照明线</td><td>-----------</td><td>WLE</td><td colspan="3" rowspan="3">----------- 虚线表示连接（机械连接；气动连接；液压连接；光学连接；功能连接；无线电连接）或屏蔽，
—·—·—·— 单点划线表示为物件外壳的边界线，导线、电缆、电线、传输通路、电信线路均采用实线表示，区别不同类型时，在实线上加标注，例如：
WD(WP) 低压电力线路　TP 电话线路
WD(WL) 低压照明线路　TV 射频线路</td></tr>
<tr><td>2</td><td>控制线、测量线</td><td>—·—·—·—</td><td>WG</td></tr>
<tr><td>3</td><td>接地线</td><td></td><td>E</td></tr>
<tr><td rowspan="2">4</td><td rowspan="2">动力配电箱</td><td rowspan="2"></td><td rowspan="2">AP</td><td>AH　35kV 开关柜、MCC 柜</td><td>AP　电力配电箱</td><td>XD　接线盒、接线箱</td></tr>
<tr><td>AK　10kV 开关柜、MCC 柜</td><td>APE 应急电力配电箱</td><td>XP　插座箱</td></tr>
<tr><td rowspan="2">5</td><td rowspan="2">照明配电箱</td><td rowspan="2"></td><td rowspan="2">AL</td><td>AN　低压配电柜、MCC 柜</td><td>AC　控制箱、操作箱</td><td>QA　断路器箱</td></tr>
<tr><td>ACC　并联电容器屏（箱）</td><td>AL　照明配电箱</td><td>AS　信号箱</td></tr>
</table>

续表

序号	名　称	作废符号	新　符　号	备　注
6	事故照明配电箱		ALE	AD 直流配电柜（屏）；ALE 应急照明配电箱；AM 电能计量柜；AR 保护屏；AT 电源自动切换箱（柜）；AE 励磁屏（柜）
7	单相密闭带保护极的防水插座		1EN	（不带保护极的）（带保护极的）1P—单相（电源）插座；1EX—单相防爆（电源）插座；3P—三相（电源）插座；3EX—三相防爆（电源）插座；1C—单相暗敷（电源）插座；1EN—单相密闭（电源）插座；3C—三相暗敷（电源）插座；3EN—三相密闭（电源）插座
8	暗装单相带保护极的电源插座		1C	
9	防爆单联单控开关		EX	为双极开关
10	双联单控开关			

1.4.3 电气工程常用文字符号

电气设备常用文字符号分两种：基本文字符号和辅助文字符号。

1. 供电条件用文字符号（表 1.4-15）

供电条件用文字符号　　表 1.4-15

序号	标注文字符号	名　称	单位	英文名称
1	U_n	系统标称电压，线电压（有效值）	V	Nominal system voltage
2	U_r	设备的额定电压，线电压（有效值）	V	Rated voltage of equipment
3	I_r	额定电流	A	Rated current
4	f	频率	Hz	Frequency
5	P_N	设备安装功率	kW	Installed capacity
6	P_c	计算有功功率	kW	Calculate active power
7	Q_c	计算无功功率	kvar	Calculate reactive power
8	S_c	计算视在功率	kVA	Calculate apparent power
9	S_r	额定视在功率	kVA	Rated apparent power
10	I_c	计算电流	A	Calculate current
11	I_{st}	启动电流	A	Starting current
12	I_p	尖峰电流	A	Peak current
13	I_s	整定电流	A	Setting value of a current
14	I_k	稳态短路电流	kA	Steady-state short-circuit current

续表

序号	标注文字符号	名称	单位	英文名称
15	$\cos\varphi$	功率因数	—	Power factor
16	u_{kr}	阻抗电压	%	Impedance voltage
17	i_p	短路电流峰值	kA	Peak short-circuit current
18	S''_{kQ}	短路容量	MVA	Short-circuit power

2. 电气设备常用项目种类的字母代码（表 1.4-16）

电气设备常用项目种类的字母代码 **表 1.4-16**

项目种类	设备、装置和元件名称	参照代号的字母代码 主类代码	参照代号的字母代码 含子类代码	项目种类	设备、装置和元件名称	参照代号的字母代码 主类代码	参照代号的字母代码 含子类代码
两种或两种以上的用途或任务	35kV 开关柜，MCC 柜	A	AH	把某一输入变量（物理性质、条件或事件）转换为供进一步处理的信号	气表、水表	B	BF
	20kV 开关柜，MCC 柜		AJ		差压传感器		BF
	10kV 开关柜，MCC 柜		AK		流量传感器		BF
	6kV 开关柜，MCC 柜		AL		接近开关、位置开关		BG
	低压配电柜，MCC 柜		AN		接近传感器		BG
	并联电容器屏（箱）		ACC		时钟、计时器		BK
	直流配电柜（屏）		AD		温度计、温度测量传感器		BM
	保护屏		AR		压力传感器		BP
	电能计量柜		AM		烟雾（感烟）探测器		BR
	信号箱		AS		感光（火焰）探测器		BR
	电源自动切换箱（柜）		AT		光电池		BR
	电力配电箱		AP		速度计、转速计		BS
	应急电力配电箱		APE		速度变换器		BS
	控制箱、操作箱		AC		温度传感器、温度计		BT
	励磁屏（柜）		AE		麦克风		BX
	照明配电箱		AL		视频摄像机		BX
	应急照明配电箱		ALE		火灾探测器		—
	电度表箱		AW		气体探测器		
	建筑设备监控主机		—		测量变换器		
	电信（弱电）主机				位置测量传感器		BQ
把某一输入变量（物理性质、条件或事件）转换为供进一步处理的信号	热过载继电器	B	BB		液位测量传感器		BL
	保护继电器		BB	材料、能量或信号的存储	电容器	C	CA
	电流互感器		BE		线圈		CB
	电压互感器		BE		硬盘		CF
	测量继电器		BE		存储器		CF
	测量电阻（分流）		BE		磁带记录仪、磁带机		CF
	测量变送器		BE		录像机		CF

续表

项目种类	设备、装置和元件名称	参照代号的字母代码		项目种类	设备、装置和元件名称	参照代号的字母代码	
		主类代码	含子类代码			主类代码	含子类代码
提供辐射能或热能	白炽灯、荧光灯	E	EA	处理（接收、加工和提供）信号或信息（用于保护目的的项目除外，见F类）	瞬时接触继电器	K	KA
	紫外灯		EA		电流继电器		KC
	电炉、电暖炉		EB		电压继电器		KV
	电热、电热丝		EB		信号继电器		KS
	灯、灯泡		—		瓦斯保护继电器		KB
	激光器				压力继电器		KPR
	发光设备			提供用于驱动的机械能量（旋转或线性机械运动）	电动机	M	MA
	辐射器				直线电动机		MA
直接防止（自动）能量流、信息流、人身或设备发生危险的或意外的情况，包括用于防护的系统和设备	热过载释放器	F	FD		电磁驱动		MB
	熔断器		FA		励磁线圈		MB
	微型断路器		FB		执行器		ML
	安全栅		FC		弹簧储能装置		ML
	电涌保护器		FC	信息表述	打印机	P	PF
	避雷器		FE		录音机		PF
	避雷针		FE		电压表		PG
	保护阳极（阴极）		FR		电压表		PV
启动能量流或材料流产生用作信息载体或参考源的信号。生产一种新能量、材料或产品	发电机	G	GA		警灯、信号灯		PG
	直流发电机		GA		监视器、显示器		PG
	电动发电机组		GA		LED（发光二极管）		PG
	柴油发电机组		GA		铃、钟		PG
	蓄电池、干电池		GB		铃、钟		PB
	燃料电池		GB		计量表		PG
	太阳能电池		GC		电流表		PA
	信号发生器		GF		电度表		PJ
	不间断电源		GU		时钟、操作时间表		PT
处理（接收、加工和提供）信号或信息（用于保护目的的项目除外，见F类）	断电器	K	KF		无功电度表		PJR
	时间断电器		KF		最大需用量表		PM
	控制器（电、电子）		KF		有功功率表		PW
	输入、输出模块		KF		功率因数表		PPF
	接收机		KF		无功电流表		PAR
	发射机		KF		（脉冲）计数器		PC
	光耦器		KF		记录仪器		PS
	控制器（光、声学）		KG		频率表		PF
	阀门控制器		KH		相位表		PPA

续表

项目种类	设备、装置和元件名称	参照代号的字母代码 主类代码	含子类代码
信息表述	转速表	P	PT
	同位指示器		PS
	无色信号灯		PG
	白色信号灯		PGW
	红色信号灯		PGR
	绿色信号灯		PGG
	黄色信号灯		PGY
	显示器		PC
	温度计、液位计		PG
受控切换或改变能量流、信号流或材料流（对于控制电路中的开/关信号，见K类或S类）	断路器、接触器	Q	QA
	接触器		QAC
	晶闸管、电动机启动器		QA
	隔离器、隔离开关		QB
	熔断器式隔离器		QB
	熔断器式隔离开关		QB
	接地开关		QC
	旁路断路器		QD
	电源转换开关		QCS
	剩余电流保护断路器		QR
	软启动器		QAS
	综合启动器		QCS
	星—三角启动器		QSD
	自耦降压启动器		QTS
	转子变阻式启动器		QRS
限制或稳定能量、信息或材料的运动和流动	电阻器、二极管	R	RA
	电抗线圈		RA
	滤波器、均衡器		RF
	电磁锁		RL
	限流器		RN
	电感器		—
把手动操作转变为进一步处理的特定信号	控制开关	S	SF
	按钮开关		SF
	多位开关（选择开关）		SAC
	启动按钮		SF
把手动操作转变为进一步处理的特定信号	停止按钮	S	SS
	复位按钮		SR
	试验按钮		ST
	电压表切换开关		SV
	电流表切换开关		SA
保持能量性质不变的能量变换，已建立的信号保持信息内容不变的变换，材料形态或形状的变换	变频器、频率转换器	T	TA
	电力变压器		TA
	DC/DC 转换器		TA
	整流器、AC/DC 变换器		TB
	天线、放大器		TF
	调制器、解调器		TF
	隔离变压器		TF
	控制变压器		TC
	电流互感器		TA
	电压互感器		TV
	整流变压器		TR
	照明变压器		TL
	有载调压变压器		TLC
	自耦变压器		TT
保护物体在指定位置	支柱绝缘子	U	UB
	电缆桥架、托盘、梯架		UB
	线槽、瓷瓶		UB
	电信桥架、托盘		UG
	绝缘子		—
从一地到另一地导引或输送能量、信号、材料或产品	高压母线、母线槽	W	WA
	高压配电线缆		WB
	低压母线、母线槽		WC
	低压配电线缆		WD
	数据总线		WF
	控制电缆、测量电缆		WG
	光缆、光纤		WH
	信号线路		WS
	电力线路		WP
	照明线路		WL

续表

项目种类	设备、装置和元件名称	参照代号的字母代码	
		主类代码	含子类代码
从一地到另一地导引或输送能量、信号、材料或产品	应急电力线路	W	WPE
	应急照明线路		WLE
	滑触线		WT
连接物	高压端子、接线盒	X	XB
	高压电缆头		XB
	低压端子、端子板		XD
	过路接线盒、接线端子箱		XD
	低压电缆头		XD

项目种类	设备、装置和元件名称	参照代号的字母代码	
		主类代码	含子类代码
连接物	插座、插座箱	X	XD
	接地端子、屏蔽接地端子		XE
	信号分配器		XG
	信号插头连接器		XG
	（光学）信号连接		XH
	连接器		—
	插头		

3. 电气设备辅助文字符号（表1.4-17）

电气设备辅助文字符号 **表1.4-17**

文字符号	中文名称	英文名称	文字符号	中文名称	英文名称
A	电流	Current	D	延时、延迟	Delay
A	模拟	Analog	D	差动	Differential
AC	交流	Alternating current	D	数字	Digital
A、AUT	自动	Automatic	D	降	Down，Lower
ACC	加速	Accelerating	DC	直流	Direct current
ADD	附加	Add	DCD	解调	Democulation
ADJ	可调	Adjustability	DEC	减	Decrease
AUX	辅助	Auxiliary	DP	调度	Dispatch
ASY	异步	Asynchronizing	DR	方向	Direction
B、BRK	制动	Braking	DS	失步	Desynchronize
BC	广播	Broadcast	E	接地	Earthing
BK	黑	Black	EC	编码	Encode
BU	蓝	Blue	EM	紧急	Emergency
BW	向后	Backward	EMS	发射	Emission
C	控制	Control	EX	防爆	Explosion proof
CCW	逆时针	Counter clockwise	F	快速	Fast
CD	操作台（独立）	Control desk (independent)	FA	事故	Failure
CO	切换	Change over	FB	反馈	Feedback
CW	顺时针	Clockwise	FM	调频	Frequency modulation

续表

文字符号	中文名称	英文名称	文字符号	中文名称	英文名称
FW	正、向前	Forward	PE	保护接地	Protective earthing
FX	固定	Fix	PEN	保护接地与中性线共用	Protective earthing neutral
G	气体	Gas	PU	不接地保护	Protective unearthing
GN	绿	Green	PL	脉冲	Pulse
H	高	High	PM	调相	Phase modulation
HH	最高（较高）	Highest（higher）	PO	并机	Parallel operation
HH	手孔	Handhole	PR	参量	Parameter
HV	高压	High voltage	R	记录	Recording
IB	仪表箱	Instrument box	R	右	Right
IN	输入	Input	R	反	Reverse
INC	增	Increase	RD	红	Red
IND	感应	Induction	RES	备用	Reservation
L	左	Left	R、RST	复位	Reset
L	限制	Limiting	RTD	热电阻	Resistance temperature detector
L	低	Low	RUN	运转	RUN
LL	最低（较低）	Lowest（lower）	S	信号	Signal
LA	闭锁	Latching	ST	启动	Start
M	主	Main	S、SET	置位、定位	Setting
M	中	Medium	SAT	饱和	Saturate
M	中间线	Mid-wire	SB	供电箱	Power supply box
M、MAN	手动	Manual	STE	步进	Stepping
MAX	最大	Maximum	STP	停止	Stop
MIN	最小	Minimum	SYN	同步	Synchronizing
MC	微波	Microwave	SY	整步	Synchronize
MD	调制	Modulation	S·P	设定点	Set-pcint
MH	人孔（人井）	Manhole	T	温度	Temperature
MN	监听	Monitoring	T	时间	Time
MO	瞬间（时）	Moment	T	力矩	Torque
MUX	多路复用的限定符号	Multiplex	TE	无噪声（防干扰）接地	Noiseless earthing
N	中性线	Neutral	TM	发送	Transmit
NR	正常	Normal	U	升	Up
OFF	断开	Open，off	UPS	不间断电源	Uninterruptable power supplies
ON	闭合	Close，On	V	真空	Vacuum
OUT	输出	Output	V	速度	Velocity
O/E	光电转换器	Optics/Electric transducer	V	电压	Voltage
P	压力	Pressure	VR	可变	Variable
P	保护	Protection	WH	白	White
PB	保护箱	Protect box	YE	黄	Yellow

1.4.4 电气工程设备和线路标注方法

1. 电气设备和线路一般标注方法（表1.4-18）

电气设备和线路一般标注方法　　表1.4-18

序号	标注类别	标注方式	说　明	示　例
1	用电设备	$\frac{a}{b}$	*a*—设备编号或设备位号； *b*—额定功率（kW或kVA）	$\frac{\text{M01}}{\text{37kW}}$ M01为电动机的设备编号 37kW为电动机的容量
2	系统图电气箱（柜、屏）	$-a+b/c$	*a*—设备种类代号； *b*—设备安装位置的位置代号； *c*—设备型号	-AP01+B1/XL21-15 表示动力配电箱种类代号为-AP01，位于地下一层 -AL11+F1/LB101 表示照明配电箱的种类代号为-AL11，位于地上一层
3	平面图电气箱（柜、屏）	$-a$	*a*—设备种类代号	-AP1表示动力配电箱种类代号，在不会引起混淆时，可取消前缀"-"即用AP1表示
4	照明、安全、控制变压器	$a\quad b/c\quad d$	*a*—设备种类代号； *b/c*—一次电压/二交电压； *d*—额定容量	TA1　220/36V　500VA 照明变压器TA1变比220/36V容量500VA
5	照明灯具	$a-b\frac{c\times d\times L}{e}f$	*a*—灯数； *b*—型号或编号（无则省略）； *c*—每盏照明灯具的灯泡数； *d*—灯泡安装容量； *e*—灯泡安装高度（m），表示吸顶安装； *f*—安装方式； *L*—光源种类	管型荧光灯的标注方式 $5-\text{FAC41286P}\frac{2\times 36}{3.5}\text{CS}$ 5盏FAC41286P型灯具，灯管为双管36W荧光灯，灯具链吊安装，安装高度距地3.5m。 （管型荧光灯标注中光源种类*L*可以省略） 紧凑型荧光灯（节能灯）的标注方式 $6-\text{YAC70542}\frac{14\times fL}{-}$ 6盏YAC70542型灯具，灯具为单管14W紧凑型荧光灯，灯具吸顶安装。 （灯具吸顶安装时，安装方式*f*可以省略）
6	电缆桥架	$\frac{a\times b}{c}$	*a*—电缆桥架宽度（mm）； *b*—电缆桥架高度（mm）； *c*—电缆桥架安装高度（m）	$\frac{600\times 150}{3.5}$ 电缆桥架宽度600mm 电缆桥架高度150mm 电缆桥架安装高度距地3.5m

续表

序号	标注类别	标注方式	说明	示例
7	线路	$a\quad \dfrac{b-c(d\times e+f\times g)}{i-jh}$	a—线缆编号； b—型号（不需要可省略）； c—线缆根数； d—电缆线芯数； e—线芯截面（mm^2）； f—PE、N线芯数； g—线芯截面（mm^2）； i—线路敷设方式； j—线路敷设部位； h—线路敷设安装高度（m）； 上述字母无内容则省略该部分	WP201 YJV-0.6/1kV-2（3×150+2×70）SC80-WS3.5 WP201为电缆的编号 YJV-0.6/1kv-2（3×150+2×70）为电缆的型号、规格，2根电缆并联连接 SC80表示电缆穿DN80的焊接钢管 WS3.5表示沿墙面明敷，高度距地3.5m
8	电缆与其他设施交叉点	$\dfrac{a-b-c-d}{e-f}$	a—保护管根数； b—保护管直径（mm）； c—保护管长度（m）； d—地面标高（m）； e—保护管埋设深度（m）； f—交叉点坐标	$\dfrac{6-DN100-2.0m-(0.3m)}{-1.0m-(x=174.235, y=243.621)}$ 电缆与设施交叉，交叉点坐标为（x=174.235，y=243.621），埋设6根长2.0m，DN100焊接钢管，钢管埋设深度为-1.0m（地面标高为-0.3m）上述字母根据需要可省略
9	电话线路	a-b(c×2×d)e-f	a—电话线缆编号； b—型号（不需要可省略）； c—导线对数； d—导体直径（mm）； e—敷设方式和管径（mm）； f—敷设部位	W1-HYV（5×2×0.5）SC15-WS W1为电话电缆回路编号 HYV（10×2×0.5）为电话电缆的型号、规格敷设方式为穿DN15焊接钢管沿墙明敷上述字母根据需要可省略

2. 电气工程线路和设备安装方式标注方法（表1.4-19）

电气工程线路和设备安装方式标注方法 **表1.4-19**

序号	名称	标注文字符号	序号	名称	标注文字符号
1. 线路敷设方式的标注			(7)	塑料线槽敷设	PR
(1)	穿低压流体输送用焊接钢管敷设	SC	(8)	钢索敷设	M
(2)	穿电线管敷设	MT	(9)	穿塑料波纹电线管敷设	KPC
(3)	穿硬塑料导管敷设	PC	(10)	穿可挠金属电线保护套管敷设	CP
(4)	穿阻燃半硬塑料导管敷设	FPC	(11)	直埋敷设	DB
(5)	电缆桥架敷设	CT	(12)	电缆沟敷设	TC
(6)	金属线槽敷设	MR	(13)	混凝土排管敷设	CE

续表

序号	名　　称	标注文字符号	序号	名　　称	标注文字符号
2. 导线敷设部位的标注			3. 灯具安装方式的标注		
(1)	沿或跨梁（屋架）敷设	AB	(1)	线吊式	SW
(2)	暗敷在梁内	BC	(2)	链吊式	CS
(3)	沿或跨柱敷设	AC	(3)	管吊式	DS
(4)	暗敷设在柱内	CLC	(4)	壁装式	W
(5)	沿墙面敷设	WS	(5)	吸顶式	C
(6)	暗敷设在墙内	WC	(6)	嵌入式	R
(7)	沿顶棚或顶板面敷设	CE	(7)	顶棚内安装	CR
(8)	暗敷设在屋面或顶板内	CC	(8)	墙壁内安装	WR
(9)	顶棚内敷设	SCE	(9)	支架上安装	S
(10)	地板或地面下敷设	FC	(10)	柱上安装	CL
			(11)	座装	HM

3. 电气工程设备端子和导体终端的标识（表 1.4-20）

电气工程设备端子和导体终端的标识　　表 1.4-20

序号	特定导体		字母数字符号	
			设备端子标志	导体和导体终端标识
1	交流导体	第 1 相	U	L1
2		第 2 相	V	L2
3		第 3 相	W	L3
4		中性导体	N	N
5	直流导体	正极	+ 或 C	L +
6		负极	− 或 D	L −
7		中间导体	M	M
8	接地导体		E	E
9	保护导体		PE	PE
10	保护接地中性导体		PEN	PEN
11	保护接地中间导体		PEM	PEM
12	保护接地线导体		PEL	PEL
13	功能接地线		FE	FE
14	功能等电位联接线		FB	FB

1.4.5 指示灯、按钮及导线的颜色标记

1. 指示灯的颜色及其含义（表 1.4-21）

指示灯的颜色及其含义 表 1.4-21

序号	颜色	含义	说明
1	红	危险指示	事故跳闸；重要的服务系统停机；起重机停止位置超行程；辅助系统的压力/温度超出安全极限
2	黄	警告指示、异常指示	过负荷、高温报警
3	绿	正常指示 正常分闸（停机）指示 弹簧储能完毕指示	核准继续运行 设备在安全状态 设备在安全状态
4	蓝	电动机降压启动过程指示	设备在安全状态
5	白	开关的合（分）或运行指示	单灯指示开关运行状态；双灯指示开关合时运行状态

2. 按钮开关颜色及其含义（表 1.4-22）

按钮开关颜色及其含义 表 1.4-22

序号	颜色标识	含义
1	红色	紧停按钮； 危险状态或紧急指令； 正常停和紧停合用按钮
2	绿色	安全状态
3	蓝色	弹簧储能按钮
4	黄色	异常、故障状态
5	白色	电动机降压启动结束按钮
6	红色、黑色	分闸（停机）按钮
7	绿色、白色	合闸（开机）（启动）按钮

注：当使用白色和黑色来区分启动/合闸和停机/分闸操作器时，白色应用于启动/合闸操作器时，黑色必须用于停机/分闸操作器。

3. 导线的颜色及其含义（表 1.4-23）

导线的颜色及其含义 表 1.4-23

序号	名称	颜色标识	备注
1	交流系统 L1 相	黄色（YE）	
2	交流系统 L2 相	绿色（GN）	
3	交流系统 L3 相	红色（RD）	
4	中性导体 N	淡蓝色（BU）	
5	保护导体 PE	绿/黄双色（GNYE）	
6	交流系统 PEN 导体	全长绿/黄双色，终端另用淡蓝色标志全长淡蓝色，终端另用绿/黄双色标志	两种标识仅选一种
7	直流系统的正极	棕色（BN）	
8	直流系统的负极	蓝色（BU）	
9	直流系统的接地中线	淡蓝色（BU）	

注：导体（电缆或芯线、母线、电气设备或装置中的导体）。

1.4.6 电气工程常用中英文词汇对照（表1.4-24）

电气工程常用中英文词汇对照表　　表1.4-24

序号	英文名	中文名	序号	英文名	中文名
一、强电部分			33	Epoxy casting transformer	环氧树脂浇注变压器
1	Accessory	附件	34	Forced air cooling	强制风冷
2	Air circuit breaker	空气断路器	35	Fuse	熔断器
3	Alarm contact	报警触头	36	General load	一般负荷
4	Arc-over distance	飞弧距离	37	Ground	接地
5	ATS（Automatic Transfer Switch）	自动转换开关	38	GFCI（Ground Fault Circuit Interrupter）	接地故障遮断器
6	Auxiliary contact	辅助触头	39	Ground fault protection	接地故障保护
7	Box-type substation	箱式变电站	40	Harmonic voltage	谐波电压
8	Breaking capacity	分断能力	41	Harmonic wave	谐波
9	Bus plugs	插接箱	42	High-voltage distribution station	高压开闭所
10	Bus way	母线槽	43	High-voltage switch gear	高压开关柜
11	Capacity-reducing factor	降容系数	44	Horizontal busbar	水平母线
12	Centralized power supply	集中供电	45	Instantaneous action	瞬动
13	Circuit breaker	断路器	46	Isolating swich	隔离开关
14	Compensating capacity	补偿容量	47	Invert power supply	逆变电源
15	Cross-section area of wire	导线截面	48	Limiting short-circuit breaking current	极限短路分断电流
16	CT（Current Transformer）	电流互感器			
17	DC power supply panel	直流电源屏			
18	Decentralized power supply	分散供电	49	Load characteristic	负荷特性
19	Diesel generator	柴油发电机	50	Load class	负荷等级
20	Distribution line	配电线路	51	Load density	负荷密度
21	Distribution main	配电干线	52	Load switch	负荷开关
22	Distribution system	配电系统	53	Long（short）-delay current setting	长（短）延时电流整定
23	Double-circuit line	两回线			
24	Draw-out	抽出式	54	LV（Low voltage）appliances	低压电器
25	Earth switch	接地开关	55	Low-voltage switch board	低压开关柜
26	Electrical design	电气设计	56	Main electrical connection	电气主接线
27	Electrical power supply	供电	57	Main busbar	主母线
28	Electrical power system	电力系统	58	Maintenance	维护
29	Electromagnetic hazard	电磁公害	59	MCB（Moulded Case Breaker）	塑壳断路器
30	Electromagnetic operating mechanism	电磁操作机构	60	MCC（Motor Control Center）	马达控制中心
			61	Metering	计量
31	Electromagnetic release action current	电磁脱扣器动作电流	62	Mini relay	微型继电器
32	Emergency generator	应急发电机	63	Motor-drive charging device	电动贮能机构

续表

序号	英文名	中文名	序号	英文名	中文名
64	Motor starting	电机启动	99	Short-circuit current	短路电流
65	National electrical code	国家电气规范	100	Short-circuit protection	短路保护
66	Neutral busbar	中性母线	101	Shunt release	分励脱扣器
67	Neutral line	中性线	102	Single-phase	单相
68	On-load voltage regulation	有载调压	103	Spring operating mechanism	弹簧操作机构
69	Overload protection	过载保护	104	Standard	标准
70	Over current long time delay trip	过载长延时脱扣器	105	Standby power source	备用电源
			106	Starter	记动器
71	Over current protection	过流保护	107	Storage battery	蓄电池
72	Overload capacity	过载能力	108	Short-time withstand current for main busbar	主母线热稳定电流
73	Over voltage protection	过压保护			
74	Peak-value withstand current for main busbar	主母线动稳定电流	109	Switching surge	操作过电压
			110	Temperature	温度
75	Phase line	相线	111	Thermal overload relay	热继电器
76	Phase-voltage	相电压	112	Three-phase	三相
77	PT (Potential Transformer)	电压互感器	113	Time/current characteristic curve	时间/电流特性曲线
78	Power capacitor	电力电容器			
79	Power factor	功率因数	114	Transformer	变压器
80	Power distribution apparatus	配电装置	115	Transient over-voltage	瞬时过电压
81	Power-driven machanism	电动操作机构	116	Transmission line protection	线路保护
82	Power supply system	供电系统	117	Unbalance	不平衡
83	Power system	电力系统	118	Under-voltage release	欠电压脱扣器
84	Power source	电源	119	UPS (Uninterrupted Power Source)	不间断电源
85	Primary	初级	120	Vacuum casting equipment	真空浇注设备
86	Protection class	防护等级	121	Vacuum circuit breaker	真空断路器
87	Protection line	保护线	122	Vertical busbar	垂直母线
88	Protective relaying setting	保护整定	123	Voltage class	电压等级
89	Rated current	额定电流	124	Voltage dip	电压骤降
90	Rated insulation voltage	额定绝缘电压	125	Voltage drop	电压降
91	Rated working voltage	额定工作电压	126	Voltage fluctuation	电压波动
92	Reactive compensation	无功补偿	127	Voltage grade	电压等级
93	Receptacle	插座	128	Voltage rating	电压额定值
94	Relay	继电器	129	Voltage regulation	电压调整
95	Ring-main power supply	环网供电	130	Voltage stability	电压稳定
96	Secondary circuit	二次回路	131	Watt-hour meter	电度表
97	Sensitivity	灵敏度	132	Wiring terminal	接线端子
98	Sensor	传感器	133	Zero sequence current protection	零序电流保护

续表

序号	英　文　名	中文名	序号	英　文　名	中文名
二、照明部分			36	Illumination (illuminance) meter	照度计
1	Absorption factor	吸收系统	37	Incandescent lamp	白炽灯
2	Accent lighting	重点照明	38	Infrared radiation	红外辐射，红外线
3	Air-handing luminaire	空调式灯具	39	Interior lighting	室内照明
4	Artificial lighting	人工照明	40	Isolux curve	等照度曲线
5	Bactericidal lamp	杀菌灯	41	Lamp-holder	灯座
6	Ballast	镇流器	42	Laser	激光
7	Bowl	碗形罩	43	Light	光
8	Candela	坎德拉	44	Lighting	照明
9	Ceiling luminaire	顶棚灯	45	Lighting fixtures	照明灯具
10	Coefficient of utilization	利用系统	46	Light beam	光束
11	Color	颜色，色彩	47	Light source	光源
12	Color rendering index	显色指数	48	Liquid crystal	液晶
13	Color temperature	色温	49	Local lighting	局部照明
14	Contrast	对比	50	Louver	格栅，格片
15	Daylighting	天然采光	51	Low pressure sodium lamp	低压钠灯
16	Diffraction	衍射，绕射	52	Lumen	流明
17	Diffusion	漫射，散射	53	Lumen method	流明法
18	Dimmer	调光器	54	Luminaire efficiency	灯具效率
19	Direct lighting	直接照明	55	Luminous flux	光通量
20	Discharge lamp	气体放电灯	56	Luminous ceiling	发光顶棚
21	Downlight	下射灯	57	Luminous intensity distribution curve	配光曲线
22	Emergency lighting	事故照明	58	Lux	勒克斯
23	Exterior lighting	室外照明	59	Maintenance factor	维护系数
24	Filter	滤光器	60	Mercury lamp	汞灯
25	Flash	闪光	61	Metal halide lamp	金属卤化物灯
26	Flicker	闪烁	62	Monochromatic light	单色光
27	Flood lighting	泛光照明	63	Neon tubing	霓虹灯
28	Floor lamp	落地灯	64	Photoelectric effect	光电效应
29	Fluorescence lamp	荧光灯	65	Phototube	光电管
30	General lighting	一般照明	66	Photovoltaic cell	光电池
31	Glare	眩光	67	Pilot lamp	指示灯
32	Glow lamp	辉光放电灯	68	Point-by-point method	逐点法
33	High-intensity discharge lamp	高强放电灯	69	Point source of lighting	点光源
34	High pressure mercury lamp	高压汞灯	70	Pole	灯杆
35	Horizontal illuminance	水平照度	71	Projector	投光器

续表

序号	英 文 名	中文名	序号	英 文 名	中文名
72	Radiation	辐射	4	Bonding conductor	等电位连接导体
73	Reflection	反射	5	Bonding inside structure	建筑物内部等电位连接
74	Refraction	折射			
75	Recessed luminaire	嵌入式灯具	6	Bonding network	等电位连接网络
76	Road lighting	道路照明	7	Common earthing system	共用接地系统
77	Room index	室形指数	8	Direct lightning flash	直击雷
78	Scattering	散热	9	Down-conductor system	引下线
79	Shade	灯罩	10	Downward flash	向下闪击
80	Semi-direct lighting	半直接照明	11	Earth conductor	接地线
81	Spectrum	光谱	12	Earth electrode	接地体
82	Stage lighting	舞台照明	13	Earth-termination systen	接地装置
83	Standard light source	标准光源	14	Earthing	接地
84	Starter	启辉器，启动器	15	Earthing collected line	接地汇集线
85	Surface mounted luminaire	吸顶式灯具	16	Earthing resistance	接地电阻
86	Suspended luminaire	吊装式灯具	17	Electrical installation	电气装置
87	Table lamp	台灯	18	Electromagnetic impulse	电磁脉冲
88	Thermal radiation	热辐射	19	Electromagnetic induction	电磁感应
89	Tungsten-halogen lamp	卤钨灯	20	Electromagnetic shielding	电磁屏蔽
90	Ultraviolet radiation	紫外辐射，紫外线	21	Electrostatic induction	静电感应
91	Underwater lighting	水下照明	22	Equipotential bonding，bonding	等电位连接
92	Uniformity ratio	均匀度	23	ERP（Earthing Reference Point）	接地基准点
93	Utilization factor	利用系数	24	Extemal lightning protection system	外部防雷装置
94	Vertical illuminance	垂直照度	25	Impulse current	脉冲电流
95	Visibility	可见度	26	Information system	信息系统
96	Visible radiation	可见辐射射，可见光线	27	Internal equipotent bonding	内部等电位连接
97	Vision	视觉	28	Internal lightning protection system	内部防雷装置
98	Vision field	视野	29	LEMP（Lightning Electromagnetic Impulse）	雷击电磁脉冲
99	Wall luminaire	壁灯			
100	Water-proof luminaire	防水灯具	30	Lightning arrester	避雷器
101	Wavelength	波长	31	Lightning induction	雷电感应
三、防雷接地部分					
1	Air-termination system	接闪器	32	Lightning protection	防雷
2	Ball lightning flash	球型雷	33	Lightning protection system	防雷装置
3	Bonding bar	等电位连接带	34	Lightning stroke	雷击

续表

序号	英文名	中文名	序号	英文名	中文名
35	Lightning surge on incoming services	雷电波侵入	43	Nominal discharge current	标称放电电流
			44	Overvoltage	过电压
36	Local bonding bar	局部等电位连接带	45	Protective conductor	保护线（PE线）
			46	Point of strike	雷击点
37	Long stroke	长时间雷击	47	Ring earthing system	环形接地装置
38	LPS（Lightning Protection System）	防雷装置	48	Shielding of structure	建筑物屏蔽
39	LPZ（Lightning Protection System）	防雷区	49	Short stroke	短时间雷击
			50	SPD（Surge Protective Device）	电涌保护器
40	Main earthing terminal board	总接地端子板	51	Specific energy	单位能量
41	Maximum continuous operating voltage	最大持续运行电压	52	Surge	电涌
			53	United earthing system	联合接地系统
42	Natural earthing electrode	自然接地极	54	Upward flash	向上闪击

1.5 电气工程常用标准规范

在电气工程施工中，除应满足设计要求外，还应满足国家标准规范的有关规定，其中《建筑电气工程施工质量验收规范》GB 50303—2002是建筑电气工程施工中最主要的施工质量验收规范，特别是规范内有关强制性条文要求一定要执行，同时还应满足各省市、自治区及地方政府、行业的标准要求。本节主要介绍了有关电气工程国家标准规范等信息。

1.5.1 电气工程标准介绍

1. 常用国标及国外标准

（1）国际标准

目前，有两个主要的关于电气方面的国际性标准化组织：包括国际标准化委员会（ISO）和国际电工委员会（IEC）。

（2）常用国际及国外标准代号（表1.5-1）

常用国际及国外标准代号 **表1.5-1**

标准代号	名称	标准代号	名称
IEC	国际电工委员会	ISA	国际标准化协会标准
ISO	国际标准化组织标准	IEEE	国际电气及电子工程师学会
BIPM	国际计量局	IIU	国际电讯组织
CEC	欧洲共同体委员会	CIE	国际照明委员会
CEE	国际电气设备合格认证委员会	CCIR	国际无线电咨询委员会
CENEL	欧洲电气标准协调委员会	EISI	欧洲电信标准学会
CISPR	国际无线电干扰特别委员会	ANSI	美国国家标准
EN	欧洲标准化委员会标准	ASTM	美国试验与材料协会标准
NATO	北大西洋公约组织	BS	英国国家标准
CTC3B	经互会标准	BSI	英国标准学会

续表

标准代号	名　　称	标准代号	名　　称
IEE	原国际电气工程师学会	ГОСТ	前苏联国家标准
IET	国际工程技术学会	MSZ	匈牙利国家标准
LR	英国劳埃德船级社规范	STAS	罗马尼亚国家标准
JIS	日本工业标准	CSN	捷克斯洛伐克国家标准
JEAC	日本电气协会标准	JHS	南斯拉夫国家标准
JEC	日本电气学会标准	ВДС	保加利亚国家标准
JEM	日本电机工业会	PN	波兰国家标准
JEUS	日本电气事业联合会标准	UNI	意大利国家标准
CES	日本通讯机械工业会标准	IS	印度国家标准
DIN	德国国家标准	NEN	荷兰国家标准
NF	法国国家标准	SIS	瑞典国家标准
UTE	法国电工联合会标准	NP	葡萄牙国家标准
SNV	瑞士国家标准	UNE	西班牙国家标准
SEV	瑞士电工协会标准	NS	挪威国家标准
CSA	加拿大国家标准	KS	韩国国家标准
AS	澳大利亚国家标准	SS	新加坡国家标准
AIQS	澳大利亚预算师学会	TIS	泰国国家标准
CSK	朝鲜国家标准		

注：2006 年 3 月，国际电气工程师学会（IEE，The Institution of Electrical Engineers）和国际企业工程师学会（IIE）合并，更名为国际工程技术学会（IET，The Institution of Engineering and Technology）。

2. 常用国内标准

（1）国家标准介绍

国家规定一个产品或一类产品应符合的要求，以保证其适用性的标准。分为强制性（GB）和推荐性（GB/T）两种。

（2）常用国内标准代号（表 1.5-2）

常用国内标准代号 **表 1.5-2**

标准代号	含　义	标准代号	含　义
GB	国家标准	SC	农牧渔业部标准（水产方面）
GBJ	国家标准（工程建设方面）	LY	原林业部标准
GB/T	国家标准（推荐性）	WS	卫生部标准
JB	原机械工业部标准	SB	原商业部标准
JBJ	原机械工业部标准（工程建设方面）	SBJ	原商业部标准（工程建设方面）
JB/T	原机械工业部标准（推荐性）	GN	公安部标准
SJ	原电子工业部标准	JC	国家建材局标准
YB	原冶金工业部标准	JJ	原城乡建设环境保护部标准
SY	原石油工业部标准	JGJ	原城乡建设环境保护部标准（工程建设方面）
SYJ	原石油工业部标准（工程建设方面）	DZ	原地质矿产部标准
HG	原化学工业部标准	FJ	原纺织工业部标准
MT	原煤炭工业部标准	JJG	国家计量检定标准
JT	交通部标准	GYJ	原广播电影电视部标准
TB	铁道部标准	TJ	全国通用建筑设计标准
SD	水利电力部标准	NDGJ	原能源部标准
SDJ	水利电力部标准（工程建设方面）	CECS	中国工程建设标准化委员会推荐性标准
YD	原邮电部标准	ZB	专业标准
QB	原轻工业部标准	HKQAA	香港品质保证局

3. “3C”认证标准

电工产品必须进行安全认证，即“3C”。“3C”是中国电工委员会对生产电器设备的厂家颁发的认证证书，获得证书的企业应符合国家标准，“3C”也是我国对在国内市场销售的国内外产品的有效监控手段。

1.5.2 电气工程常用规范

1. 电气工程常用施工及验收规范（表1.5-3）

电气工程常用施工及验收规范 **表1.5-3**

序号	新规范标准号	名称	被替代编号
1	GB 50093—2002	自动化仪表安装工程施工及验收规范	GBJ 93—86
2	GBJ 147—90	电气装置安装工程高压电器施工及验收规范	GBJ 232—82
3	GBJ 148—90	电气装置安装工程电力变压器油浸电抗器互感器施工及验收规范	GBJ 232—82
4	GBJ 149—90	电气装置安装工程母线装置施工及验收规范	GBJ 232—82
5	GB 50150—2006	电气装置安装工程电气设备交接试验标准	GB 50150—91 GBJ 232—82
6	GB 50166—2007	火灾自动报警系统施工及验收规范	GB 50166—92
7	GB 50168—2006	电气装置安装工程电缆线路施工及验收规范	GB 50168—92
8	GB 50169—2006	电气装置安装工程接地装置施工及验收规范	GB 50169—92
9	GB 50170—2006	电气装置安装工程旋转电机施工及验收规范	GB 50170—92
10	GB 50171—92	电气装置安装工程盘、柜及二次回路接线施工及验收规范	GBJ 232—82
11	GB 50172—92	电气装置安装工程蓄电池施工及验收规范	GBJ 232—82
12	GB 50173—92	电气装置安装工程35kV及以下架空电力线路施工及验收规范	GBJ 232—82
13	GB 50182—93	电气装置安装工程电梯电气装置施工及验收规范	
14	GB 50194—93	建设工程施工现场供用电安全规范	
15	GB 50254—96	电气装置安装工程低压电器施工及验收规范	GBJ 232—82
16	GB 50255—96	电气装置安装工程电流变流设备施工及验收规范	GBJ 232—82
17	GB 50256—96	电气装置安装工程起重机电气装置施工及验收规范	GBJ 232—82
18	GB 50257—96	电气装置安装工程爆炸和火灾危险环境电气装置施工及验收规范	GBJ 232—82

续表

序号	新规范标准号	名　　称	被替代编号
19	GB 50300—2001	建筑工程施工质量验收统一标准	GBJ 300—88
20	GB 50303—2002	建筑电气安装工程施工质量验收规范	GBJ 303—88 GB 50258—96 GB 50259—96
21	GB 50310—2002	电梯安装工程质量检验评定标准	GBJ 310—88 GB 50182—93
22	GB 50319—2000	建筑工程监理规范	
23	JGJ 46—2005	施工现场临时用电安全技术规范	JGJ 46—88
24	CECS 120—2000	套接紧定式钢导管电线管路施工及验收规范	
25	CECS 87—96	可挠金属电线保护管配线工程技术规范	

2. 电气工程常用设计规范（表 1.5-4）

电气工程常用设计规范　　表 1.5-4

序号	新规范标准号	名　　称	被替代编号
1	GB 50033—2001	建筑采光设计标准	GB 50033—91
2	GB 50034—2004	建筑照明设计标准	GB 50034—92 GBJ 133—90
3	GB 50045—95	高层民用建筑设计防火规范（2005 年版）	GBJ 45—82
4	GB 50052—2009	供配电系统设计规范	GB 50052—95
5	GB 50053—94	10kV 及以下变电所设计规范	GBJ 53—83
6	GB 50054—95	低压配电设计规范	GBJ 54—83
7	GB 50055—93	通用用电设备配电设计规范	GBJ 55—83
8	GB 50056—93	电热设备电力装置设计规范	GBJ 56—83
9	GB 50057—94	建筑物防雷设计规范（2000 年版）	GBJ 57—83
10	GB 50058—92	爆炸和火灾危险环境电力装置设计规范	GBJ 58—83
11	GB 50059—92	35 ~ 110kV 变电所设计规范	GBJ 59—83
12	GB 50060—92	3 ~ 110kV 高压配电装置设计规范	GBJ 60—83
13	GB 50061—97	66kV 及以下架空电力线路设计规范	GBJ 61—83
14	GB 50062—92	电力装置的继电保护和自动装置设计规范	GBJ 62—83
15	GBJ 63—90	电力装置的电气测量仪表装置设计规范	GBJ 63—83
16	GB 50067—97	汽车库、停车库、停车场设计防火规范	GBJ 67—84

续表

序号	新规范标准号	名　　称	被替代编号
17	GB 50070—94	矿山电力设计规范	GBJ 70—84
18	GB 50096—1999	住宅设计规范（2003 年版）	
19	GB 50116—98	火灾自动报警系统设计规范	GBJ 116—88
20	GB 50217—2007	电力工程电缆设计规范	
21	GB 50310—2002	电梯安装工程质量检验评定标准	GBJ 310—88 GB 50182—93
22	GB 50386—2005	住宅建筑规范	
23	GB 50386—2005	住宅建筑规范	
24	JGJ 16—2008	民用建筑电气设计规范	JG/T 16—1992
25	CECS 174：2004	建筑物低压电源电涌保护器选用、安装、验收及维护规程	

3.《建筑电气工程施工质量验收规范》GB 50303—2002 强制性条文选编

《建筑电气工程施工质量验收规范》GB 50303—2002 是含有强制性条文的强制性标准。是以保证工程安全、使用功能、人体健康、环境效益和公众利益为重点，对建筑电气工程施工质量作出控制和验收的规定。同时也适当地规定了少许外观质量要求的条款。现介绍有关强制性条文如下：

3.1.7　接地（PE）或接零（PEN）支线必须单独与接地（PE）或接零（PEN）干线相连接，不得串联连接。

3.1.8　高压的电气设备和布线系统继电保护系统的交接试验，必须符合现行国家标准《电气装置安装工程电气设备交接试验标准》GB 50150 的规定。

4.1.3　变压器中性点应与接地装置引出干线直接连接，接地装置的接地电值必须符合设计要求。

7.1.1　电动机、电加热器及电动执行机构的可接近裸露导体必须接地（PE）或接零（PEN）。

8.1.3　柴油发电机馈电线路连接后，两端的相序必须与原供电系统的相序一致。

9.1.4　不间断电源输出端的中性线（N 极），必须与由接地装置直接引来的接地干线相连接，做重复接地。

11.1.1　绝缘子的底座、套管的法兰、保护网（罩）及母线支架等可接近裸露导体应接地（PE）或接零（PEN）可靠。不应作为接地（PE）或接零（PEN）的接续导体。

12.1.1　金属电缆桥架和引入或引出的金属电缆导管必须接地（PE）或接零（PEN）可靠，且必须符合下列规定：

1. 金属电缆桥架及其支架全长应不少于 2 处与接地（PE）或接零（PEN）干线相连接；

2. 非镀锌电缆桥架间连接板的两端跨接铜芯地线，接地线最小允许截面积不小

于 $4mm^2$；

3. 镀锌电缆桥架间连接板的两端不跨接接地线，但连接板两端不少于2个有防松螺母或防松垫圈的连接固定螺栓。

13.1.1 金属电缆支架、电缆导管必须接地（PE）或接零（PEN）可靠。

14.1.2 金属导管严禁对口熔焊连接；镀锌和壁厚小于2mm的钢导管不得套管熔焊连接。

19.1.2 花灯吊钩圆钢直径不应小于灯具挂销直径，且不应小于6mm。大型花灯的固定及悬吊装置，应按灯具重量的2倍做超载试验。

19.1.6 当灯具距地面高度小于2.4m时，灯具的可靠性裸露导体必须接地（PE）或接零（PEN）可靠，并应有专用接地螺栓，且有标识。

21.1.3 建筑物景观照明灯具安装应符合下列规定：

1. 每套灯具的导电部分对地绝缘电阻值大于2MΩ；

2. 在人行道等人员来往密集场所安装的落地式灯具，无围栏防护，安装高度距地面2.5m以上；

3. 金属构架和灯具的可接近裸露导体及金属软管的接地（PE）或接零（PEN）可靠，且有标识。

22.1.2 插座接线应符合下列规定：

1. 单相两孔插座，面对插座的右孔或上孔与相线连接，左孔或下孔与零线连接；单相三孔插座，面对插座的右孔与相线接连，左孔与零线连接；

2. 单相三孔、三相四孔及三相五孔插座接地（PE）或接零（PEN）线接在上孔。插座的接地端子不与零线端子连接。同一场所的三相插座，接线的相序一致。

3. （PE）或接零（PEN）线在插座间不串联连接。

24.1.2 测试接地装置的接地电阻值必须符合设计要求。

1.5.3 电气产品认证说明

1. CCC认证说明

CCC认证即是“中国强制认证”，其英文名称为“China Compulsory Certification”，缩写为CCC。CCC认证的标志是国家认证认可监督管理委员会根据《强制性产品认证管理规定》（中华人民共和国国家品质监督检验检疫总局令第5号）制定的。

CCC认证对涉及的产品执行国家强制的安全认证。主要内容概括起来有以下几个方面：

（1）按照世贸有关协议和国际通行规则，国家依法对涉及人类健康安全、动植物生命安全和健康，以及环境保护和公共安全的产品实行统一的强制性产品认证制度。国家认证认可监督管理委员会统一负责国家强制性产品认证制度的管理和组织实施工作。

（2）国家强制性产品认证制度的主要特点是，国家公布统一的目录，确定统一适用的国家标准、技术规则和实施程序，制定统一的标志标识，规定统一的收费标准。凡列入强制性产品认证目录内的产品，必须经国家指定的认证机构认证合格，取得相关证书并加施认证标志后，方能出厂、进口、销售和在经营服务场所使用。

（3）根据我国入世承诺和体现国民待遇的原则，首次公布的《第一批实施强制性产品认证的产品目录》覆盖的产品是以原来的进口安全品质许可制度和强制性安全认证及电磁兼容认证产品为基础，做了适量增减。原来两种制度覆盖的产品有138种，此次公布的《目录》删去了原来列入强制性认证管理的医用超声诊断和治疗设备等16种产品，增加了建筑用安全玻璃等10种产品，实际列入《目录》的强制性认证产品共有132种。

（4）国家对强制性产品认证使用统一的“CCC”标志。中国强制认证标志实施以后，将逐步取代原来实行的“长城”标志和“CCIB”标志。

（5）国家统一确定强制性产品认证收费项目及标准。新的收费项目和收费标准的制定，将根据不以营利为目的和体现国民待遇的原则，综合考虑现行收费情况，并参照境外同类认证收费项目和收费标准。

（6）新的强制性产品认证制度于2002年5月1日起实施，有关认证机构正式开始受理申请。为保证新、旧制度顺利过渡，原有的产品安全认证制度和进口安全品质许可制度自2003年8月1日起废止。

目前的“CCC”认证标志分为四类，分别为：

1）CCC+S安全认证标志；

2）CCC+EMC电磁兼容类认证标志；

3）CCC+S&E安全与电磁兼容认证标志；

4）CCC+F消防认证标志。

上述四类标志每类都有大小5种规格。

CCC标志一般贴在产品上面，或通过模压压在产品上。目前设计的CCC标志不仅有激光防伪，而且每个型号都有一个独特的序号，序号不重复。消费者区别真假CCC标志的方法很简单，细看CCC标志，会发现多个小菱形的“CCC”暗记。另外，CCC标志最不容易仿冒的地方，就是每只标志后面都有一个随机码，他注明每个随机码所对应的厂家及产品，根据随机码，即可识别产品来源是否正宗。

2. CB体系部分成员国认证机构及标志（表1.5-5）

CB体系部分成员国认证机构及标志表 **表1.5-5**

国家名称及其代号		认证机构	标志	国家名称及其代号		认证机构	标志
国家名称	代号			国家名称	代号		
西班牙	ES	AEE	UNE	日本	JP	IECEE Coundl of Japan C/O JMI Institute	(甲) (乙)
芬兰	FI	Electrical Inspcclorate	FI				
法国	FR	UTE		韩国	KR	Korea Institute of Machinery and Metals	K
英国	GB	British Electrotechnical Committee British Standards Institution		荷兰	NL	N. V. KEMA	K EVA EUR

续表

国家名称及其代号		认证机构	标志	国家名称及其代号		认证机构	标志
国家名称	代号			国家名称	代号		
奥地利	AT	OVE	ÖVE	挪威	NO	NEMKO	N
澳大利亚	AU	Standards Australia Standards House		波兰	PL	CBJW Central office for Quality of Products	B
比利时	BE	CEBC	CEBEC	瑞典	SE	SEMKO	S
瑞士	BE	SEC	+~	原苏联	SU	GOSSTANDART	CCCP
希腊	GR	ELOT		中国	CN	CCEE	CCC
匈牙利	HU	MEEI	M EIE	捷克	CS	Eleetrotechnicky Zkusebni ustav	EZU
爱尔兰	IE	NSAI		德国	DE	VDE	V D E
以色列	IL	S. I. I		丹麦	DK	DEMKO	D
意大利	IT	IMQ					

CB 体系是国际电工委员会（IEC）建立的一套全球性互认制度，全球有 34 个国家的 45 个认证机构参加这一互认制度，这一组织的成员国及成员机构正在不断扩大。企业从其中一个认证机构取得 CB 证书后，可以较方便地转换成其他机构的认证证书，由此取得进入相关国家市场的准入证。CB 体系的成员国包括中国、美国、加拿大、日本、西欧、北欧、俄罗斯、东盟、南非、澳大利亚和新西兰等。

2　建筑物供电方法

本章相关标准规范：

(1)《建筑电气工程施工质量验收规范》GB 50303—2002。

(2)《民用建筑电气设计规范》JGJ/T 16—2008。

(3)《供配电系统设计规范》GB 50052—2009

(4)《10kV 及以下变电所设计规范》GB 50053—94。

2.1　电力系统概述

2.1.1　电力系统介绍

目前，电力主要来自水电、火电和核电。由于用电的分散性和受地理条件的限制，负荷中心和动力资源往往相隔很远，必须将电能经变压器升高电压后，由输电线路输送到用户处，因此有必要在发电厂和用户之间建立升压和降压变电所。为了提高供电的可靠性和经济性，还须将各发电厂连接起来并列运行。

由发电厂的发电机及配电装置、升压及降压变电所、电力线路及电能用户的电气设备所组成的统一整体，称为电力系统。在电力系统中，变电所和电力线路所组成的部分称为电力网。电力系统加上水电厂的水力部分以及火电厂的热力部分和热能用户称为动力系统。动力系统、电力系统、电力网三者的相互关系如图 2.1-1 所示。

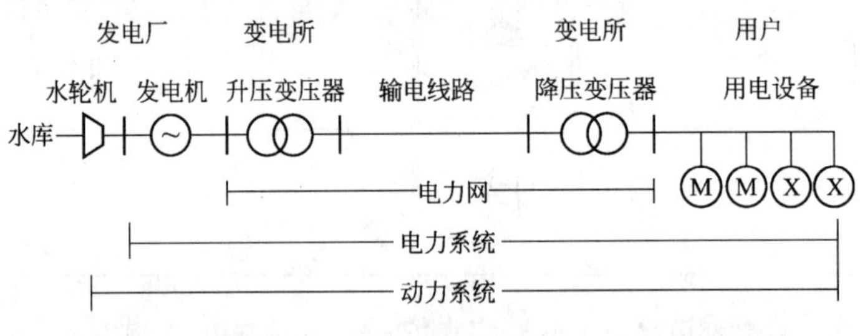

图 2.1-1　动力系统、电力系统、电力网三者关系示意图

1. 发电厂

发电厂是将一次能源（如水力、火力、风力、核能等）转换成二次能源（电能）的场所。我国目前主要是以火力和水力发电为主，近年来在核能发电能力上也有很大提高，相继建成了广东大亚湾、浙江秦山等核电站。

2. 电力网

电力网是电力系统的有机组成部分，他包括变电所及各种电压等级的电力线路。为了实现电能的经济输送和满足用电设备对供电质量的要求，需要对发电机的端电压进行多次变换。变电所是接受电能、变换电压和分配电能的场所，可分为升压变电所和降压变电所两大类。

电力线路是输送电能的通道。由于发电厂与电能用户相距较远，所以要用各种不同电压等级的电力线路将发电厂、变电所与电能用户之间联系起来，使电能输送到用户。一般将发电厂生产的电能直接分配给用户或由降压变电所分配给用户的10kV及以下的电力线路称为配电线路，而把电压在35kV及以上的高压电力线路称为送电线路。

3. 电力用户

电力用户也称电力负荷。在电力系统中，一切消费电能的用电设备均称为电力用户。电力用户按其用途可分为：动力用电设备、电热用电设备、照明用电设备等，他们分别将电能转换为机械能、热能和光能等不同形式，适应生产和生活的需要。

2.1.2 电力传输方法

1. 电网电压等级

电力网的电压等级比较多，从输电的角度来讲，电压越高则输送的距离就越远，传输的容量越大，但电压越高，要求绝缘水平也相应提高，因而造价也越高。目前，我国根据国民经济发展的需要，技术经济上的合理性及电机电器制造工业的水平等因素，由国家颁布制定了我国电力网的电压等级主要有220V、380V、3kV、6kV、10kV、35kV、110kV、220kV、330kV、550kV等10级。其中电网电压在1kV及以上的称为高压，1kV以下的电压称为低压。

2. 电力传输

为了节省输电用的导线材料及电能损耗，发电厂一般都采用升压变压器将电压升高后进行高压电力传输。常用的高压配电电压为35kV、110kV、220kV等多种。电力传输到城市后，再经过区域变电所将电压降至10kV传输至小区的变压器房。电力传输流程及过程见图2.1-2及图2.1-3所示。10kV高压电力经过高压开关柜内的高压开关接到变压器，由变压器把10kV的高压电降至为380V电压，通过每个变压器引出四条母线接入小区的低压总配电柜，供小区使用。

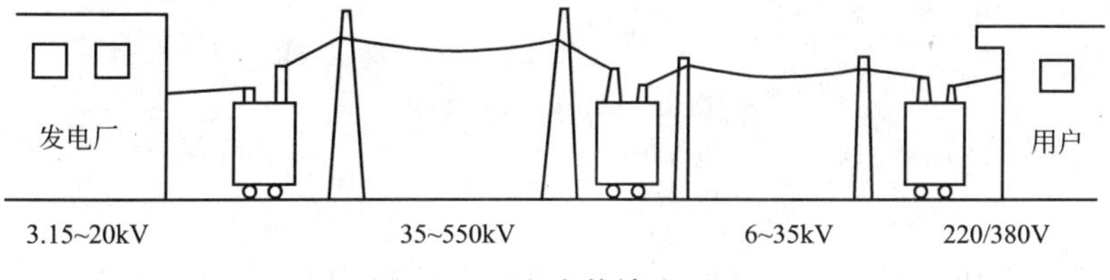

图2.1-2 电力传输流程图

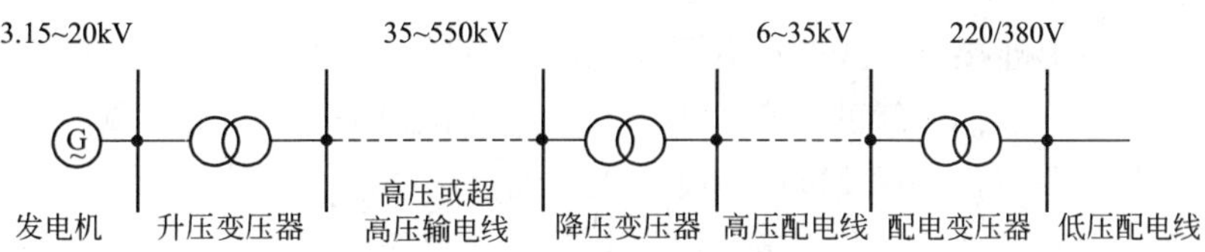

图2.1-3 电力传输过程图

2.1.3 三相四线供电方法

一般的照明及家用电器、工业电力设备所用的电能多来自三相交流电。工业上用的三相交流电，有的直接来自三相交流发电机，但大多数还是来自三相电力变压器，对于负载来说，他们都是三相交流电源，在低电压供电时，多采用三相四线制。

在三相四线制供电时，变压器输出端的三个线圈采用星形（Y 形）接法，即把三个线圈的末端 X、Y、Z 连接在一起，成为三个线圈的公用点，通常称它为中点或零点，并用字母“O”表示。供电时引出四根线：从中点零引出的导线称为中性线或零线；从三个线圈的首端引出的三根导线分别称为 A（L1）相、B（L2）相、C（L3）相，统称为相线或火线。我们常见的三相四线制供电设备中引出的四根线，就是三根相（火）线和一根中性（零）线，三相四线制供电方法见图 2.1-4。

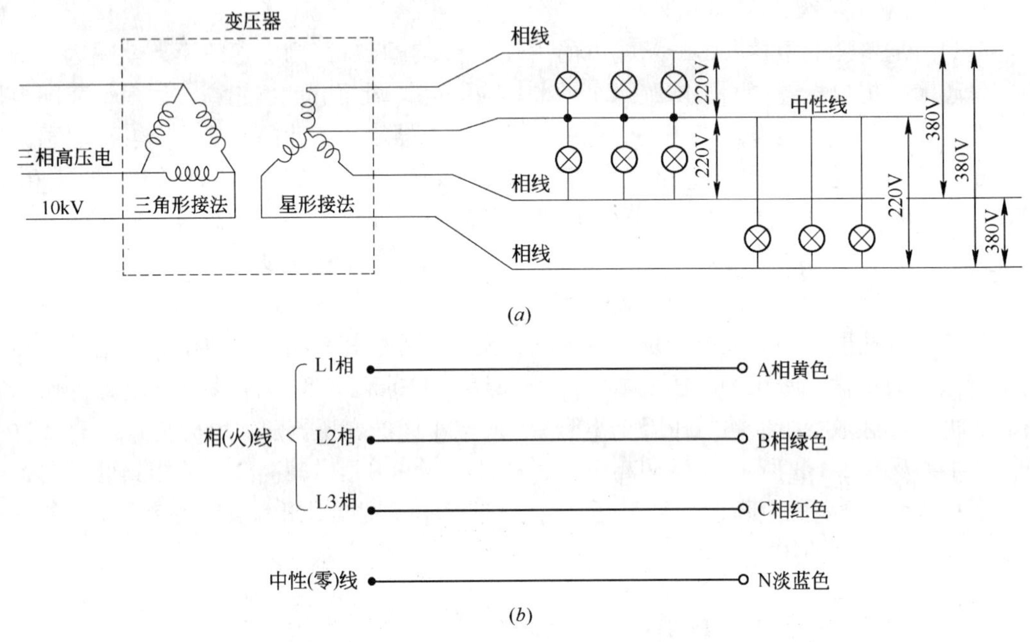

图 2.1-4　三相四线制供电方法

(*a*) 三相四线制供电方法；(*b*) 三相四线制供电导线颜色的选择

用三相四线制供电时，每根相线与零线间的电压叫相电压，电压为 220V；相线之间的电压叫线电压，电压为 380V。因为三相交流电源的三个线圈产生的交流电压相位相差 120°，三个线圈星形连接时，线电压等于相电压的$\sqrt{3}$倍。

在日常生活中，我们接触的负载，如电灯、电视机、电冰箱、电风扇等家用电器及单相电动机，他们工作时都是用 220V 两根导线接到电路中，都属于单相负载。在三相四线制供电时，多个单相负载应尽量均衡地分别接到三相电路中，而不应把它们集中在三根电路中的一相电路里，如果三相电路中的每一相所接的负载的阻抗和性质都相同，就说三根电路中负载是对称的。在负载对称的条件下，因为各相电流间的相位彼此相差 120°，所以，在此时刻流过中性线的电流之和为零，把中性线去掉，用三相三线制供电是可以的。

但实际上多个单相负载接到三相电路中构成的三相负载不可能完全对称。在这种情况下中性线显得特别重要，而不是可有可无。有了中性线，每一相负载两端的电压总等于电源的相电压，不会因负载的不对称和负载的变化而变化，就如同电源的每一相单独对每一相的负载供电一样，各负载都能正常工作。在三相四线制供电的线路中，中性线起到保证负载相电压对称不变的作用，对于不对称的三相负载，中性线不能去掉，也不能在中性线安装保险丝或开关。

2.1.4 电力负荷分级

1. 电力负何应根据对供电可靠性的要求及中断供电在对人身安全、经济损失上所造成的影响程度进行分级，并应符合下列规定：

(1) 符合下列情况之一时，应视为一级负荷。

1) 中断供电将造成人身伤害时。

2) 中断供电将在经济上造成重大损失时。

3) 中断供电将影响重要用电单位的正常工作。

(2) 在一级负荷中，当中断供电将造成人员伤亡或重大设备损坏或发生中毒、爆炸和火灾等情况的负荷，以及特别重要场所的不允许中断供电的负荷，应视为一级负荷中特别重要的负荷。

(3) 符合下列情况之一时，应视为二级负荷。

1) 中断供电将在经济上造成较大损失时。

2) 中断供电将影响较重要用电单位的正常工作。

(4) 不属于一级和二级负荷者应为三级负荷。

2. 一级负荷应由双重电源供电，当一电源发生故障时，另一电源不应同时受到损坏。

3. 一级负荷中特别重要的负荷供电，应符合下列要求：

(1) 除应由双重电源供电外，尚应增设应急电源，并严禁将其他负荷接入供电系统。

(2) 设备的供电电源的切换时间，应满足设备允许中断供电的要求。

2.2 发电装置介绍

利用发电动力装置将水能、石化燃料（煤、油、天然气）的热能、核能以及太阳能、风能、地热能、海洋能等转换为电能，以供应国民经济各部门与人民生活所需。发电动力装置按能源的种类分为火电动力装量、水电动力装置、核电动力装置及其他能源发电动力装置。

电能在生产、传送、使用中比其他能源更易于调控，因此，他是最理想的二次能源。发电在电力工业中处于中心地位，决定着电力工业的规模，也影响到电力系统中输电、变电、配电等各个环节的发展。

2.2.1 火力发电

火力发电是利用煤、石油、天然气做燃料。燃煤发电是火力发电的方法之一，发电过程是在锅炉中将水变成高温高压的水蒸气，推动汽轮机并带动发电机产生电力。火力发电厂由三大主要设备，包括锅炉、汽轮机、发电机（惯称三大主机）及相应辅助设备组成，它们通过管道或线路相连构成生产主系统，即燃烧系统、汽水系统和电气系统。图 2. 2-1 是火力发电的生产过程图。

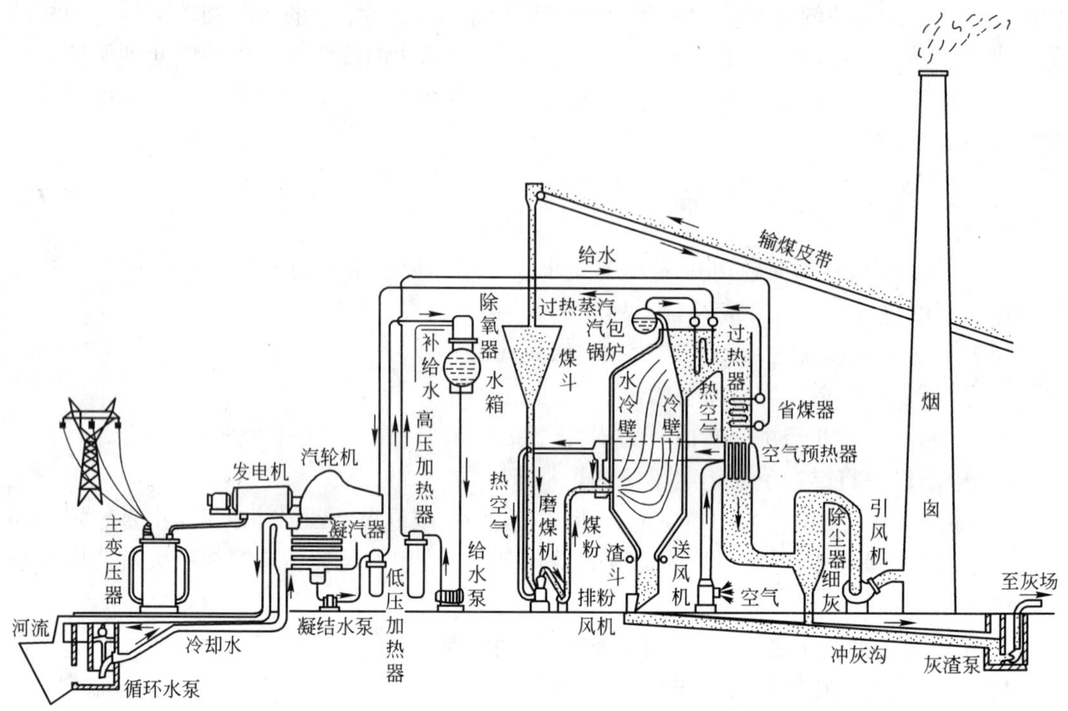

图 2. 2-1 火力发电生产过程

1. 火力发电的优点

（1）发电厂选址限制较小，不像水力发电厂须在有高水位落差的地区兴建；

（2）兴建大型发电厂比较容易，因不需同时建大型水库作蓄水能之用；

（3）不能预计的影响较小。

2. 火力发电的缺点

（1）空气污染，若采用煤做燃料时，会有较大程度的污染及有煤灰的处理问题；

（2）能量转换不高，根据资料所得，现今较好的发电厂只有 40% 左右能量转换；

（3）燃料运输问题较难解决，所以很多火力发电厂都设在燃料产地附近。

2. 2. 2 水力发电

水力发电是利用江河水流从高处流到低处存在的水位落差能量进行发电。当江河的水由上游高水位，经过水轮机流向下游低水位时，以所具有的流量和落差做功，推动水轮机旋转，带动发电机发出电力。水电动力装置由水轮发电机组、调速器、油压装置及其他辅助装置组成。图 2. 2-2 是水力发电方法的生产过程图。

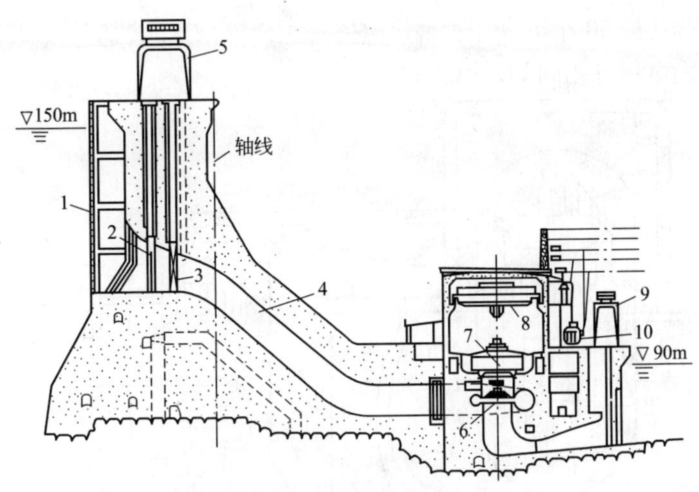

图 2.2-2 水力发电站剖面图

1—拦污栅；2—检修闸门；3—工作闸门；4—压力钢管；
5—坝顶门式起重机；6—水轮机；7—发电机；
8—厂房桥式起重机；9—尾水板门式起重机；10—升压变压器

1. 水力发电的优点

（1）河流的水源与其他能源比较可算是取之不尽的能源；

（2）发电成本低，即可提供廉价电源；

（3）小型水电站设备简单，容易兴建及保养，适合农村及小型社区之用。

2. 水力发电的缺点

（1）水源不稳定的地区不能采用；

（2）受地形影响，水位落差不足的地区不能采用；

（3）大型水电站投资大，并因建水库而需要大量移民，淹没大块土地，甚至古迹，影响上下游环境生态；

（4）不能预计的影响较多，主要是对环境生态的影响。

2.2.3 核能发电

核能指原子核能，又称原子能，是原子结构发生变化时放出的能量。目前，从实用来讲，核能指的是一些重金属元素铀、钚的原子核发生分裂反应（又称裂变）或者轻元素氘、氚的原子核发生聚合反应（又称聚变）时，所放出的巨大能量，前者称为裂变能，后者称为聚变能。通常所说的核能是指受控核裂变链式反应产生的能量。发电厂便是利用这些能量制造出蒸汽，蒸汽膨胀便会造成压力推动发电机的涡轮转动。

某些元素的原子核经裂变或聚变后放出大量能量，利用核反应堆及蒸汽涡轮产生高温高压蒸汽，从而推动发电机产生电力，与火力发电区别之处只是利用燃料产生蒸汽的过程及装置不相同。

核电动力装置由核反应堆、蒸汽发生器、汽轮发电机组及其他附属设备组成。目前发电用核子反应炉可分为沸水式（图 2.2-3）与压水式（图 2.2- 4）两种。沸水式核子反应是利用核子分裂产生的能量所造成的热蒸汽，通过发电机运转发电。压水式的核子连锁反应产生的热量，被加压到约 160 个大气压力（一次冷却水），经炉心连接到蒸汽产生器，再经由热交换后变成约50个大气压力的水蒸气（二次冷却水），通过汽涡轮室带动发电机发电，这与火力发电厂是相同的发电方式。

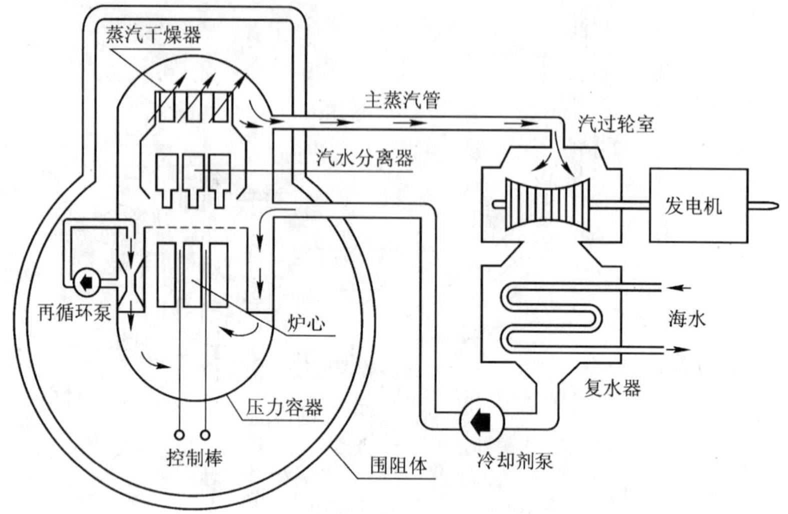

图2.2-3 沸水式核子反应炉示意图

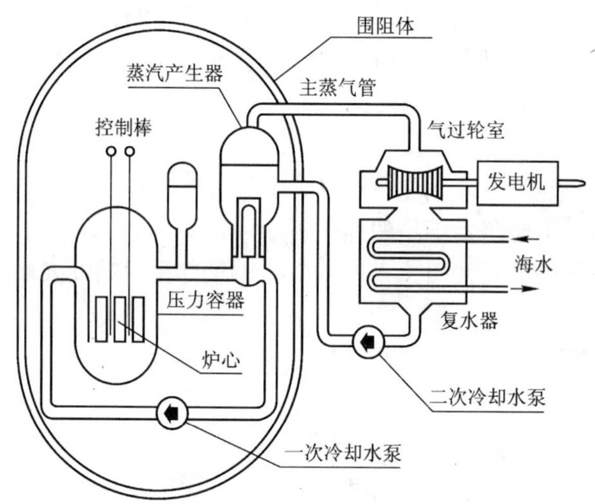

图2.2-4 压水式核子反应炉示意图

1. 核能发电的优点

（1）发电运行成本低廉；

（2）对环境污染小；

（3）运输燃料成本低。

2. 核能发电的缺点

（1）建造成本高；

（2）若出现核泄漏，对环境生态及人命严重威胁；

（3）保养监督人员素质的要求极高，以避免出现操作错误而引起核泄漏；

（4）有可能出现核废水而影响生态；

（5）处理核废料比较昂贵，且很复杂。

2.2.4 太阳能发电

太阳能就是太阳辐射能。在太阳里每时每刻都进行着激烈的核裂变和核聚变反应，从而产生大量的热。太阳表面的温度达6000℃左右，内部温度高达数百万度。由于太阳的温度很高，它不断地向宇宙空间辐射能量，包括可见光，不可见光和各种微粒，总称为太阳辐射。

地球上除核能以外的一切能源，无论是煤炭、石油、天然气、水力或风力都来自太阳。全球人类目前每年能源消费的总和只相当于太阳在40min内照射到地球表面的能量。太阳能随处可得，不必远距离输送，而且是洁净的能源。由于这些独特的优点，太阳能发电作为新兴的产业正在迅速崛起。

太阳能发电系统可分为太阳能热发电和太阳能光发电两类。

(1) 太阳能热发电就是利用太阳能将水加热，使产生的蒸汽去驱动汽轮发电机组。

(2) 太阳能光发电是利用太阳能电池组将太阳能直接转换为电能。太阳能电池由单晶硅或非晶硅薄膜制成，转换效率最多为10%～17%。将太阳能电池排成方阵，其总面积决定所需的功率。太阳能电池发出直流电，而且要随阳光的强弱变化，所以还得配备逆变器（将直流电变为交流电）、蓄电池和相应的调控设备，太阳能发电原理见图2.2-5。太阳能光发电已广泛用于人造地球卫星和宇航设备上，也可作为孤立地区的独立电源。然而将来其造价进一步降低之后，太阳能发电将进入千家万户。

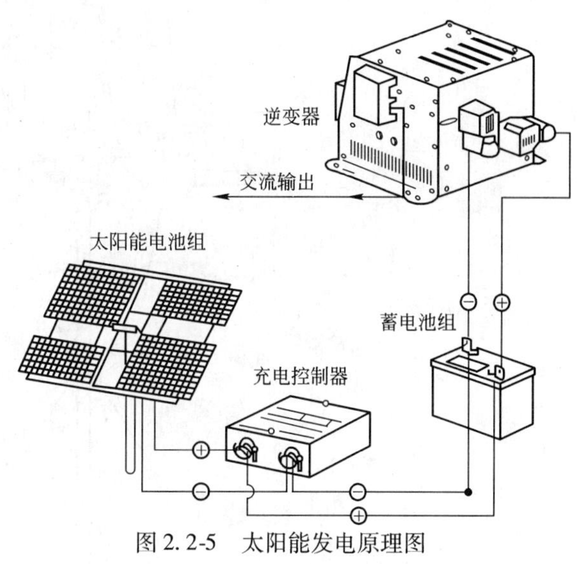

图2.2-5 太阳能发电原理图

2.2.5 风能发电

通常所说的风能是空气流动所具有的动能。风能发电就是将空气流动的动能转变为电能。大风包含着很大的能量。风速为9～10m/s的五级风吹到物体表面上的力，每平方米面积上约100N，风速为20m/s的九级风吹到每平方米面积上的力约为500N，风速为50～60m/s的台风这个力可达2kN。风中含有的能量比人类迄今所能控制的能量高得多，风力是地球上重要的能源之一。

1. 风能发电机组介绍

风能发电机组主要包括转子（回转叶片等）、升速装置、发电机、控制装置、调速系统以及支撑铁塔等（图2.2-6）。当风力发电装置作为稳定电源经常供电时，还必须装设蓄能装置（如蓄电池）。转子上的回转叶片受风力冲动，将风力转变为回转的机械力，通过升速装置驱动发电机发电。

转子一般为立式，叶片数一般为2～3片，叶片的方向与风向垂直，转速只有40～50r/min，而发电机的转速较高（例如1500r/min、50Hz的发电机），必须装设升速装置（齿轮、链条和皮带等）。控制装置包括定向装置（将转子调整对准风向）、启动和停机装置、调整风力装置（调整叶片角度以调整接受的风力）和保护装置（在过高风速时停机以及发电机保护等）。调速装置用来维持发电机定速回转。支撑铁塔用来支撑和提高转子位置，使回转叶片能接受较大风速（因风速随高度而升高）。

因风能具有随机性，而电力负荷则有其本身的规律，为使供电可靠，大规模风电是建设多台大型风电机组形成的风力发电厂与电网并联运行；在电网达不到的边远地区则采用风电机组与柴油发电机组联合运行的方式，既可节油又可保证连续供电。

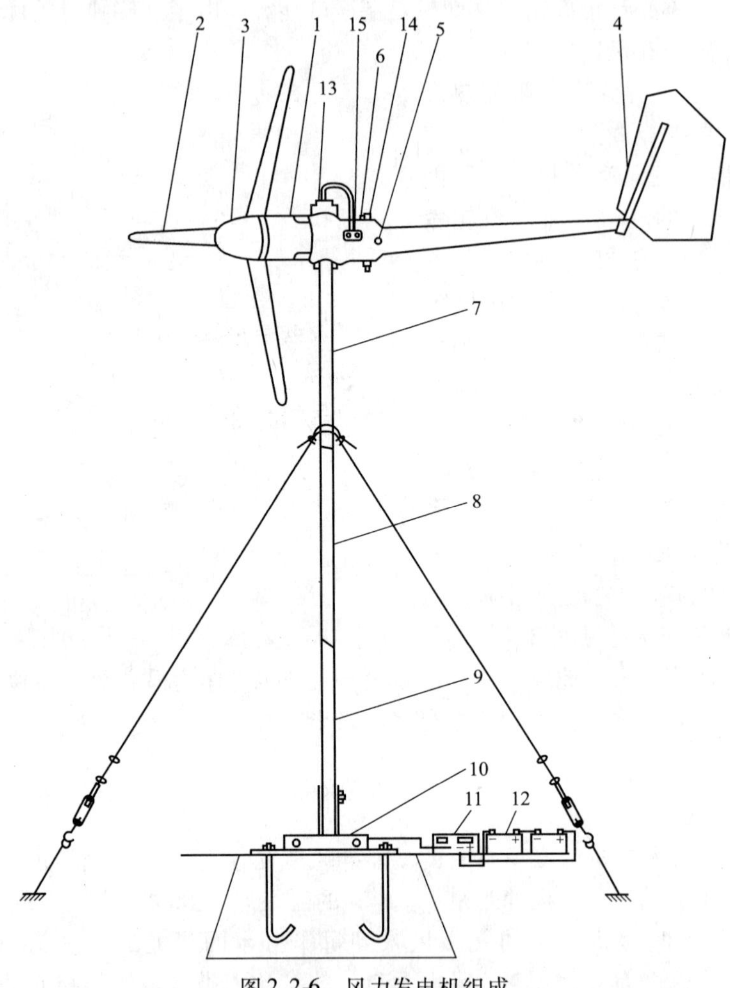

图 2.2-6　风力发电机组成

1—发电机；2—叶片；3—导流罩；4—尾翼；5—尾翼缓冲碰头调整螺栓；6—回转体；7—上立杆；8—中立杆；9—下立杆；10—底座；11—配电箱；12—蓄电池；13—立轴帽；14—尾杆销轴；15—接线盒

2. 小型风力发电机接线方式

在安装风力发电机的过程中，电气接线是很重要的一步，常见的两种电气接线见图 2.2-7。图 2.2-7（*b*）没有显示控制器，因为它已经集成在机头里了，这会减少安装工作量并提高系统的稳定性。

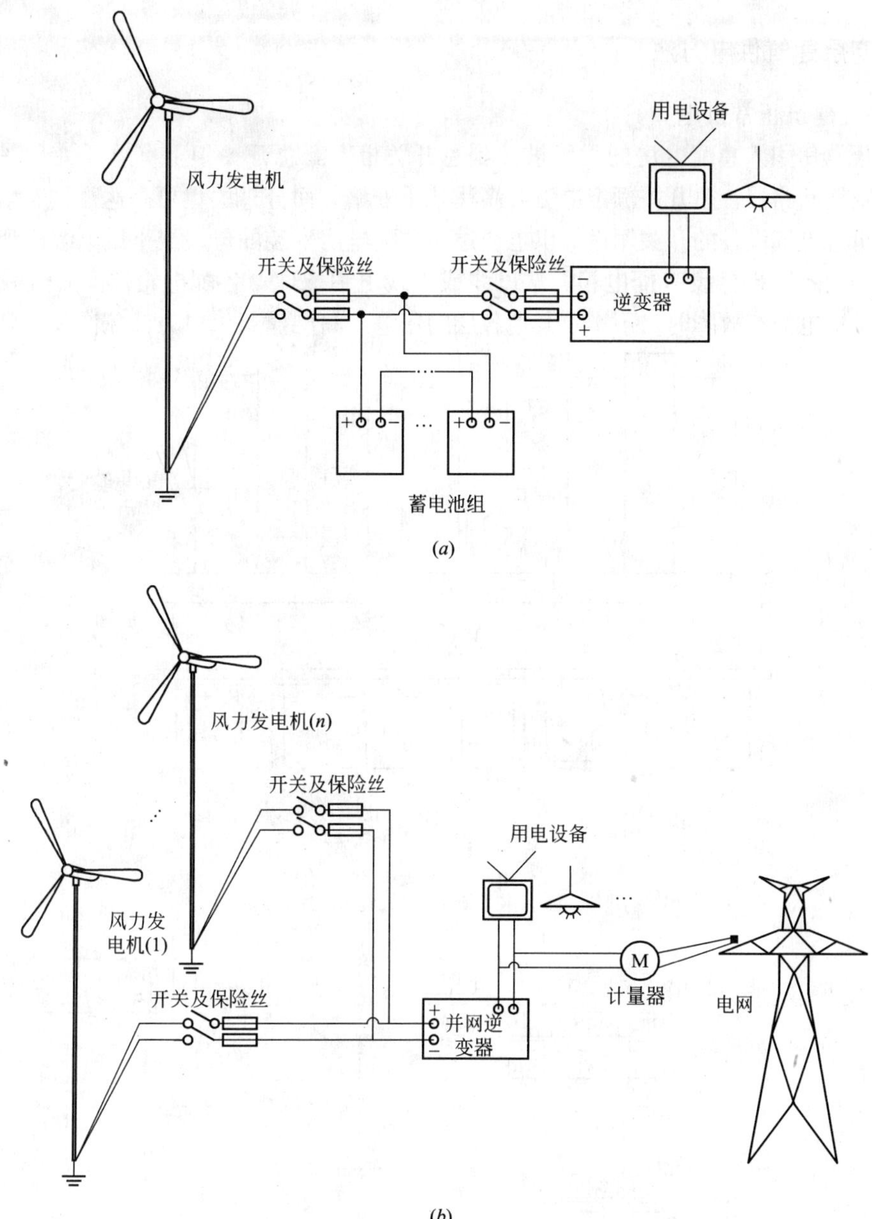

图 2. 2-7 小型风力发电机接线方式
（a）离网电气接线图；（b）并网电气接线图

2.3 高层建筑供电方法

高层建筑供电分为两部分：（1）正常供电；（2）应急供电。正常供电由市电电网直接供电给高层建筑使用。当市电电网停电时，高层建筑应急发电机组启动供电给高层建筑消防等重要设备。

2.3.1 高层建筑供电方法

1. 高层建筑正常供电

由变压器房引入总配电房的母线被接到总开关柜上。总开关柜上有总开关及许多分开关，多属空气断路器。总开关额定电流可高达几千安培，而分开关也可高达几百安培，供高层建筑中所有电气设备的开关用途。供电通过在总配电房安装的母线或干线电缆接到高层建筑各层楼，而各层楼分设有配电箱，从母线或干线电缆取电。各配电箱都配有过载保护装置，以便某层电力有故障时，不影响其他各层的用电。高层建筑供电方法见图2.3-1所示 。

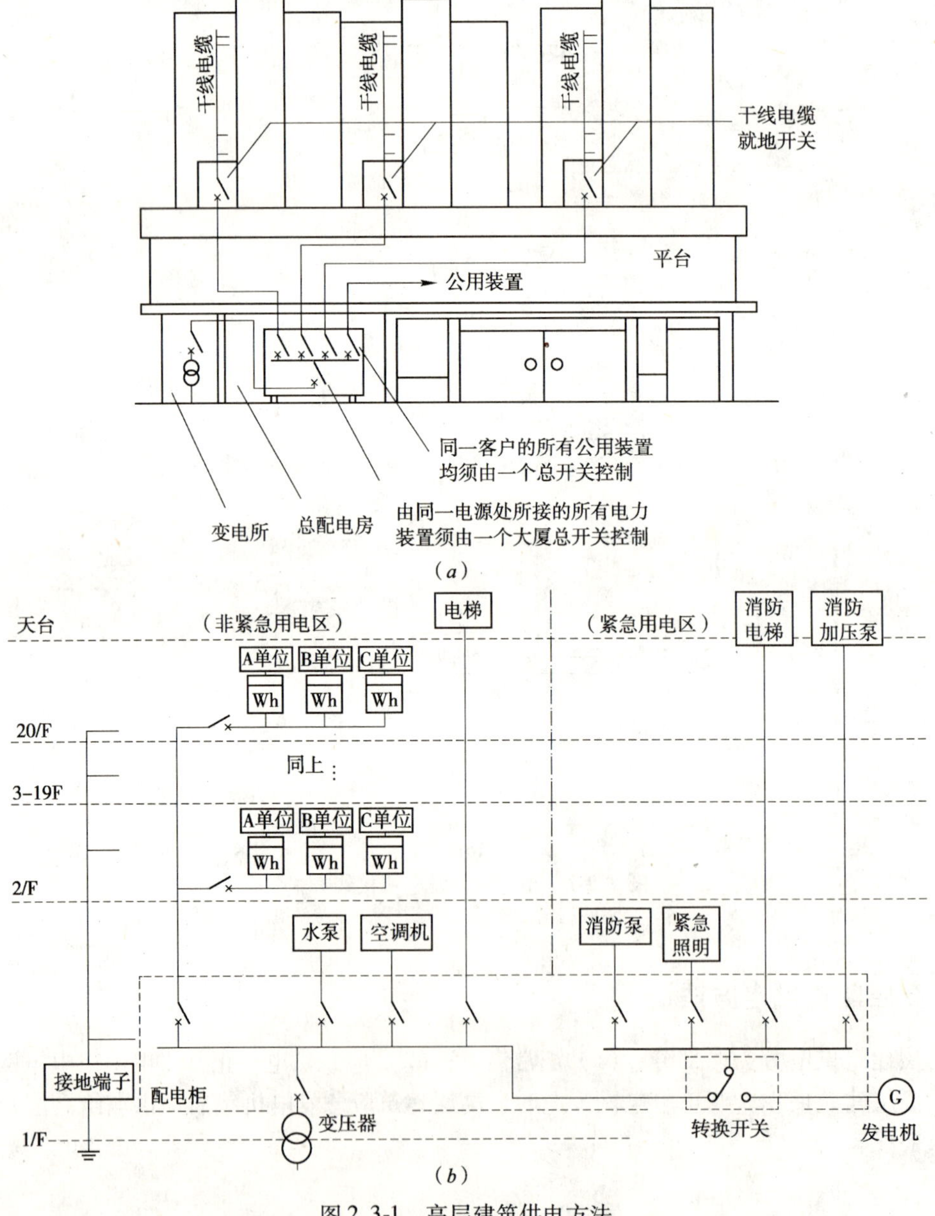

图2.3-1 高层建筑供电方法

(*a*) 高层建筑供电示意图；(*b*) 高层建筑正常（市电电网）供电系统图

2. 高层建筑应急供电

应急柴油发电机组是指发电量足够为各项必要服务供电的发电机，并设置自动切换开关。按照消防规范规定，公用高层建筑都有自己的应急发电机作为应急电源，以便高层建筑万一发生火警时电力中断，有应急电源供应用来开动消防电梯、消防水泵及供电给高层建筑楼梯与走廊的疏散照明设备等，以便消防人员扑灭火灾及高层建筑住户逃离火灾现场。一般高层建筑接入发电机应急供电负载设备有：消防设备（包括火灾自动报警系统、消防电梯、消防泵、喷淋泵、泡沫泵、紧急排烟系统）及其他需要应急供电的设备，高层建筑应急供电系统见图 2. 3-2。

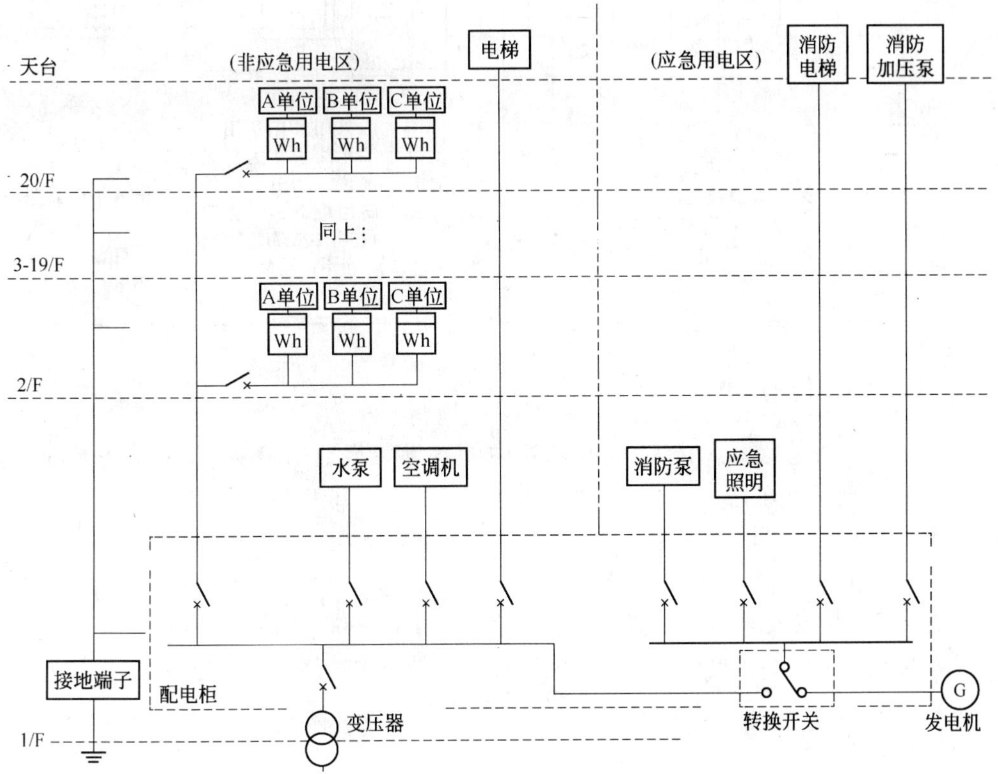

图 2. 3-2　高层建筑应急（发电机）供电系统图

3. 高层建筑常用低压配电系统

（1）供配电系统应简单可靠，配电级数不宜过多，同一电压等级的配电级数低压一般不宜多于三级，三级负荷不宜多于四级。

（2）高层建筑常用低压配电干线接线方案（表 2. 3-1）

高层建筑常用低压配电干线接线方案 表 2.3-1

序号	方案1	方案2	方案3	方案4
配电方式	单式干线	双式干线	公共备用式干线	双母线式干线
低压配电干线配线方式示意图	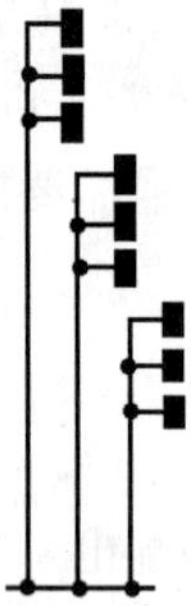	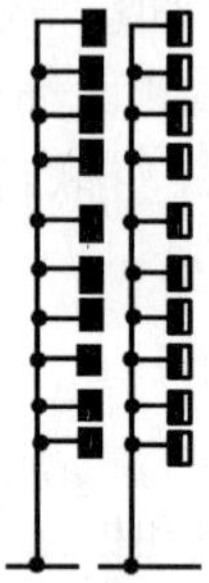	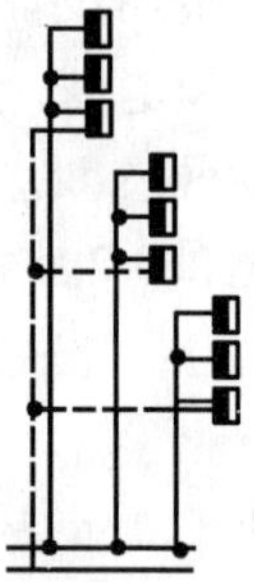	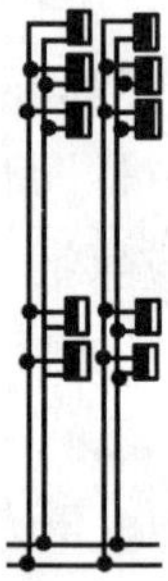
方案说明	适用于用电负荷较小的高层建筑；干线采用电缆或导线穿管敷设；工程造价低，供电可靠性差	适用于用电负荷较大的建筑，配电干线采用母线方式配线	采用公用备用电源干线可作为重要部位的用电负荷的备用电源，与方案1、方案2相比提高了供电的可靠性	第一干线按全负荷设计，平均第一干线负担1/2的负荷，任一电源干线故障时可互为备用；投资较大，可靠性高；干线采用电缆或母线

2.3.2 10kV变（配）电所

变（配）电所是联系发电厂与用户的中间环节，他起着变换与分配电能的作用。10kV变电所主要由变压器、高压开关柜（断路器等）、低压开关柜（空气断路器、电流互感器、计量仪表等）、母线等组成。

1. 变（配）电所位置的选择原则

一般来讲，变（配）电所位置选择应考虑下列条件来综合确定：

（1）接近负荷中心，这样可降低电能损耗，节约输电线用量；

（2）进出线方便；

（3）接近电源侧；

（4）设备吊装、运输方便；

（5）不应设在有剧烈振动的场所；

（6）不宜设在多尘、水雾（如大型冷却塔）或有腐蚀性气体的场所，如无法远离时，不应设在污染源的下风侧；

（7）不应设在厕所、浴室或其他经常积水场所的正下方或贴邻；

（8）变配电所为独立建筑物时，不宜设在地势低洼和可能积水的场所；

（9）雨水、燃气、给水排水管道等非电气管道，不应穿越变配电间、弱电设备用房。

（10）高层建筑地下层变（配）电所的位置，宜选择在通风、散热条件较好的场所或采用机械通风；

(11) 变配电所位于高层（或其他地下建筑）的地下室时，不宜设在最底层。当地下仅有一层时，应采取适当抬高该所地面等防水措施。并应避免水浸或积水从其他渠道流入变（配）电所。

2. 变（配）电所的形式和布置

(1) 变（配）电所的形式

变（配）电所的形式有独立式、附设式、杆上式或高台式、成套式变电所。

(2) 变（配）电所的布置

10kV 变（配）电所一般由高压配电室、变压器室和低压配电室三部分组成。

1) 高压配电室

高压配电室内设置高压开关柜，柜内设置断路器、隔离开关、电压互感器、母线等。高压配电室的面积取决于高压开关的数量和柜的尺寸。高压配电一般设有高压进线柜、计量柜、电容补偿柜、馈线柜等。高压柜前留有巡检操作通道，应大于 1.8m。柜后及两端应留有检修通道，应大于 1m。高压配电室的高度应大于 2.5m。高压配电室的门应大于设备的宽度，应向外开。

2) 变压器室

当采用油浸变压器时，为使变压器与高、低压开关柜等设备隔离应单独设置变压器室。变压器室要求通风良好，进出风口面积应达到 $0.5 \sim 0.6m^2$。变压器室的面积取决于变压器台数、体积，还要考虑周围的维护通道。10kV 以下的高压裸导线距地高度大于 2.5m。而低压裸导线要求距地高度大于 2.2m。

当采用干式变压器时，不要求设置单独房间，特别适合安装于空间有限、须靠近负荷中心和具有特殊防火要求的场合。

3) 低压配电室

低压配电室应靠近变压器室，低压裸导线（铜母线）架空穿墙引入。低压配电室有进线柜、仪表柜、配出柜、低压补偿柜（采用高压电容补偿的可不设）等。低压配出回路多，低压开关数量也多。低压配电室的面积取决于低压开关柜数量，柜前应留有巡检通道（大于 1.8m），柜后维修通道（大于 0.8m）。低压开关柜有单列布置和双列布置（柜数量较多时采用）等。

4) 变（配）电所的建设应满足以下条件

(a) 变（配）电所应保持室内干燥、严防雨水进入；

(b) 变（配）电所应考虑通风良好，使电气设备正常工作；

(c) 变（配）电所的高度应满足设计要求，应设置便于大型设备进出的大门和人员出入的门，且所有的门应向外开；

(d) 变电所的容量较大时，应单设值班室、设备维修室、设备库房等。

5) 变（配）电所防水浸措施

在变（配）电所门口加设防水板（图 2.3-3），可以在水浸时，起到临时防护作用。

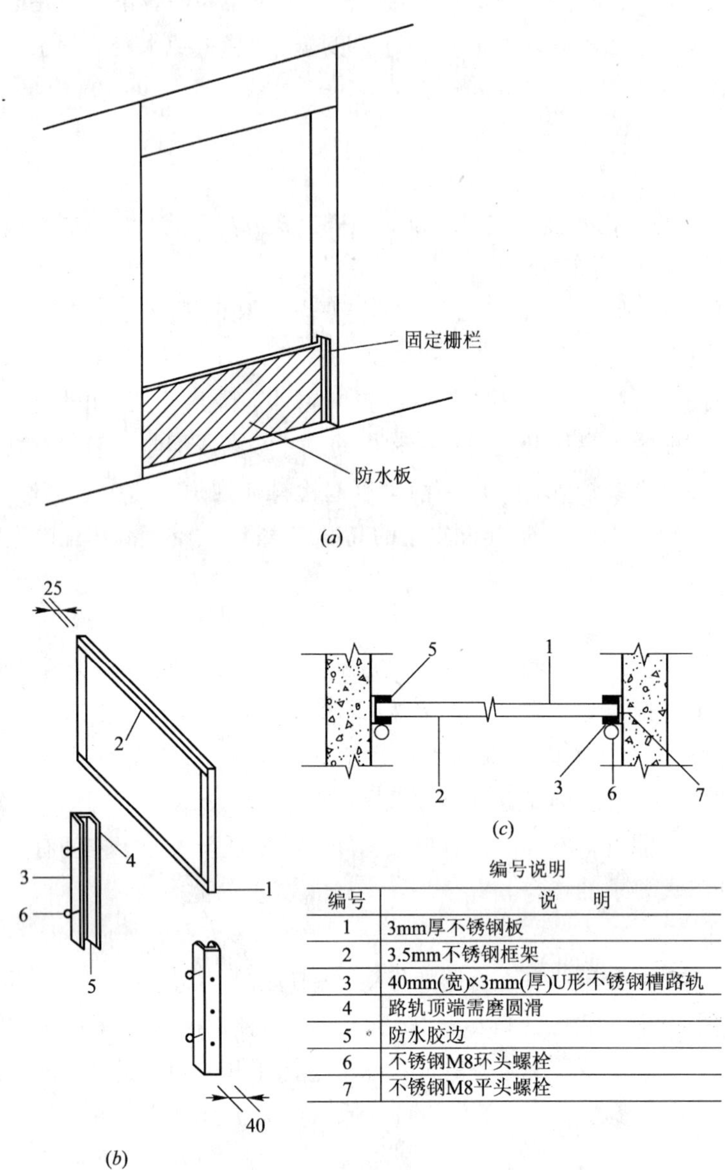

编号说明

编号	说　明
1	3mm厚不锈钢板
2	3.5mm不锈钢框架
3	40mm(宽)×3mm(厚)U形不锈钢槽路轨
4	路轨顶端需磨圆滑
5	防水胶边
6	不锈钢M8环头螺栓
7	不锈钢M8平头螺栓

图 2.3-3　防水板的制作及安装方法

（a）临时抵御水浸措施；（b）防水板安装图；（c）防水板安装主视图

3. 电气设备的分类

为保证电能不间断地生产和输送，在电力系统中要装设各种各样的电气设备，它们可以分为两大类：

（1）一次设备

在电力系统中，担任发电，变电、配电任务的设备，称为一次设备。一次设备包括发电机、变压器、断路器、隔离开关、负荷开关、自动空气开关、闸刀开关、熔断器、接触器、电力电容器、电压互感器、电流互感器、母线、电力电缆、避雷器等。表示一次设备连接的电气接线图，称为一次接线图或主接线图。

(2) 二次设备

对一次设备进行监视、测量、控制、保护、调节的辅助设备，称为二次设备。二次设备包括继电器、仪表、控制开关、信号设备、自动装置、控制电缆等。表示二次设备连接的电气接线图，称为二次接线图。

2.3.3 供电质量与功率因数补偿

1. 用电单位受电端供电电压偏差允许值

用电单位受电端供电电压的偏差允许值，应符合下列要求：

(1) 110kV 及以下三相供电电压允许偏差应为标称系统电压的 ±7%；

(2) 220V 单相供电电压允许偏差应为标称系统电压的 +7%、-10%；

(3) 对供电电压允许偏差有特殊要求的用电单位，应与供电企业协议确定。

2. 用电设备端子处的电压偏差允许值

正常运行情况下，用电设备端子处的电压偏差允许值（以标称系统电压的百分数表示），宜符合下列要求：

(1) 对于照明，室内场所宜为 ±5%；对于远离变电所的小面积一般工作场所，难以满足上述要求时，可为 +5%、-10%；应急照明、道路照明和警卫照明宜为 +5%、-10%；

(2) 一般用途电动机宜为 ±5%；

(3) 电梯电动机宜为 ±7%；

(4) 其他用电设备，当无特殊规定时宜为 ±5%。

3. 无功补偿

功率因数要求值应满足当地供电部门的要求，当无明确要求时，应满足如下值：

(1) 高压用户的功率因数应为 0.9 以上；

(2) 低压用户的功率因数应为 0.85 以上。

3　电力变压器安装

电力变压器是为供电线路服务的变压器，有输变电变压器和用户变压器，通常功率都很大，至少几十千瓦以上，电压也很高。电力网中所用到的所有变压器统称为电力变压器，即为配电前用的各级变压器。

电力变压器是电力网的核心设备之一，因其稳定、可靠运行将对电力系统安全起到非常重要的作用。本章主要介绍了变压器基础知识、油浸式电力变压器、干式电力变压器、预装式变电站的安装方法等。

本章相关标准规范：

(1)《电气装置安装工程电力变压器、油浸电抗器、互感器施工及验收规范》GB 148—90。

(2)《建筑电气工程施工质量验收规范》GB 50303—2002。

(3)《电气装置安装工程电气设备交接试验标准》GB 50150—2006。

(4)《民用建筑电气设计规范》JGJ/T 16—2008。

(5)《三相油浸式电力变压器技术参数和要求》GB/T 6451—1999。

(6)《干式电力变压器技术参数和要求》GB/T 10228—1997。

3.1　变压器基础知识

变换电能以及把电能从一个电路传递到另一个电路的静止电磁装置称为变压器。在交流电路中，借助变压器能够变换交流电压、电流和波形。每次变换通常是能量通过电磁方式传递到另一个电路，而与该电路无直接联系。

3.1.1　变压器的组成及工作原理

变压器是一种静止的电气设备。他利用电磁感应原理，把输入的交流电压升高或降低为同频率的交流输出电压，以满足高压输电、低压供电、配电及其他用途的需要。变压器除能改变电压外，还能改变电流大小和阻抗大小，但不能改变频率。

1. 变压器组成

变压器主要构件是初级线圈、次级线圈和铁芯（图 3.1-1）。

(1) 一个铁芯：提供磁通的闭合路径；

(2) 两个绕组：1 次侧绕组线圈（原边）N_1，2 次侧绕组线圈（副边）N_2。

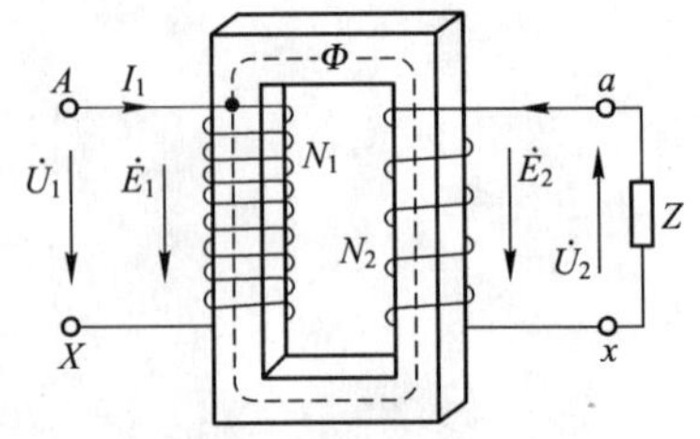

图 3.1-1　变压器组成图

2. 变压器的工作原理

现以单相双绕组变压器为例说明变压器基本工作原理，变压器由铁芯（或磁芯）和线圈组成，线圈有两个或两个以上的绕组，其中接电源的绕组叫初级线圈，其余的绕组叫次级线圈。当初级线圈中通有交流电流时，铁芯（或磁芯）中便产生交流磁通，使次级线圈中感应出电压（或电流）。

3.1.2 变压器的分类

一般常用变压器的分类可归纳如下：

1. 按相数分类

（1）单相变压器：用于单相负荷和三相变压器组。

（2）三相变压器：用于三相系统的升、降电压。

2. 按冷却方式分类

（1）干式变压器：是用环氧树脂浇注的变压器，其主要部件线圈是用环氧树脂浇注封闭为绝缘，依靠空气对流进行冷却，具有良好的阻燃性，使用安全，可安装在负荷中心。

（2）油浸式变压器：依靠油作冷却介质、如油浸自冷、油浸风冷、油浸水冷、强迫油循环等。

3. 按用途分类

（1）电力变压器：用于输配电系统的升、降电压。

（2）仪用变压器：如电压互感器、电流互感器、用于测量仪表和继电保护装置。

（3）试验变压器：能产生高压，对电气设备进行高压试验。

（4）特种变压器：如电炉变压器、整流变压器、调整变压器等。

4. 按绕组形式分类

（1）双绕组变压器：用于连接电力系统中的两个电压等级。

（2）三绕组变压器：一般用于电力系统区域变电站中。

（3）自耦变电器：用于连接不同电压的电力系统。也可作为普通的升压或降低变压器用。

5. 按铁芯形式分类

（1）心式变压器（图3.1-2）：用于高压的电力变压器。

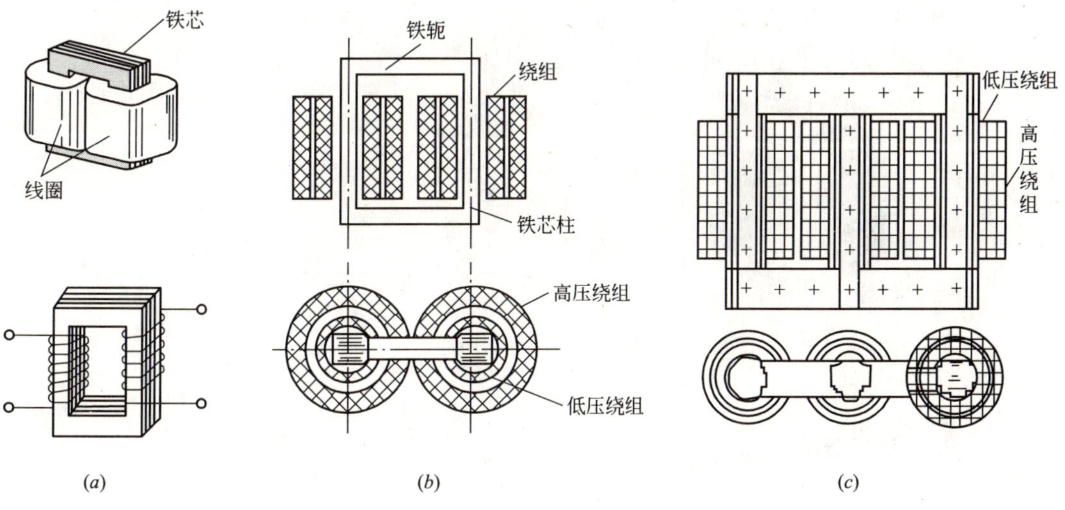

图3.1-2　心式变压器

（a）单相心式变压器图形；（b）单相心式变压器结构；（c）三相心式变压器结构

（2）壳式变压器（图3.1-3）：用于大电流的特殊变压器，如电炉变压器、电焊变压器，或用于电子仪器及电视、收音机等的电源变压器。

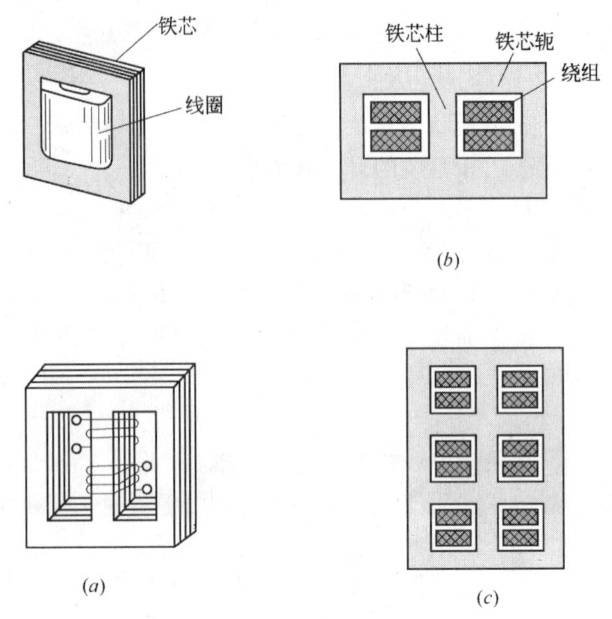

图 3.1-3 壳式变压器
(a) 单相壳式变压器图形；(b) 单相壳式变压器结构；
(c) 三相壳式变压器结构

3.1.3 自耦变压器

自耦变压器只有一组线圈（图 3.1-4），次级线圈是从初级线圈抽头出来的，他的电能传递，除了有电磁感应传递外，还有电的传送，这种变压器硅钢片和铜线数量比变压器要少，常用作调节电压。

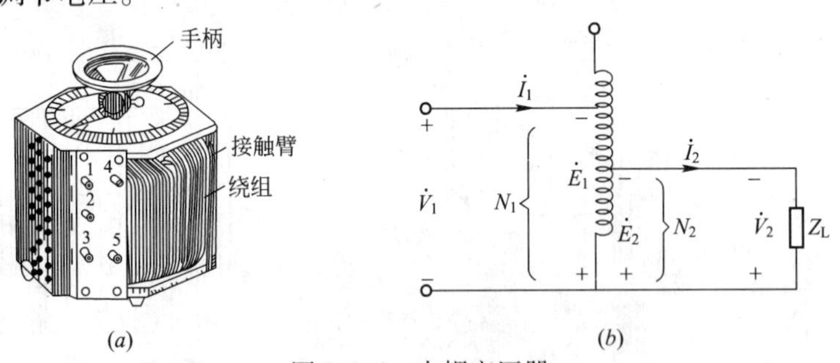

图 3.1-4 自耦变压器
(a) 自耦变压器；(b) 自耦变压器工作原理图

3.1.4 电力变压器安装基本要求

1. 电力变压器简介

电力变压器是具有两个或多个绕组的静止设备。为了传输电能，在同一频率下，通过电磁感应将一个系统的交流电压和电流转换为另一系统的电压和电流，通常这些电压和电流的值是不同的。

电力变压器用来改变电压和传输电能，他是电力系统中最重要设备之一，电力变压器按其用途可分为升压变压器和降压变压器，而按其结构可分为双绕组变压器和三绕组变压器。相对双绕组变压器而言，三绕组变压器不但提高了供电的可靠性、灵活性，而且制造上节省了材料，运行中降低了电能损耗。

2. 变压器安装一般要求

（1）设置在民用建筑中的变压器，应选择干式、气体绝缘或非可燃性液体绝缘的变压器。当单台变压器油量为100kg及以上时，应设置单独的变压器室。

（2）变压器中性点应与接地装置引出干线直接连接，接地装置的接地电阻值必须符合设计要求。

（3）配电变压器的长期工作负载率不宜大于85%。

3.2 油浸式电力变压器安装

油浸式电力变压器是铁芯和绕组都浸入油中的变压器。任何绝缘液体（矿物油或其他制品）都看作为油。油浸式电力变压器的显著性能和低成本是其他变压器难以取代的。通常安装在户外及防火要求一般的场所，但对防火要求高的场所则采用干式或采用难燃液、不燃液的变压器。

3.2.1 油浸式电力变压器结构

油浸式电力变压器主要部件是绕组和铁芯（器身）。绕组是变压器的电路，铁芯是变压器的磁路。二者构成变压器的核心即电磁部分。除了电磁部分，还有油箱、冷却装置、绝缘套管、调压和保护装置等部件，三相油浸式电力变压器结构见图3.2-1。

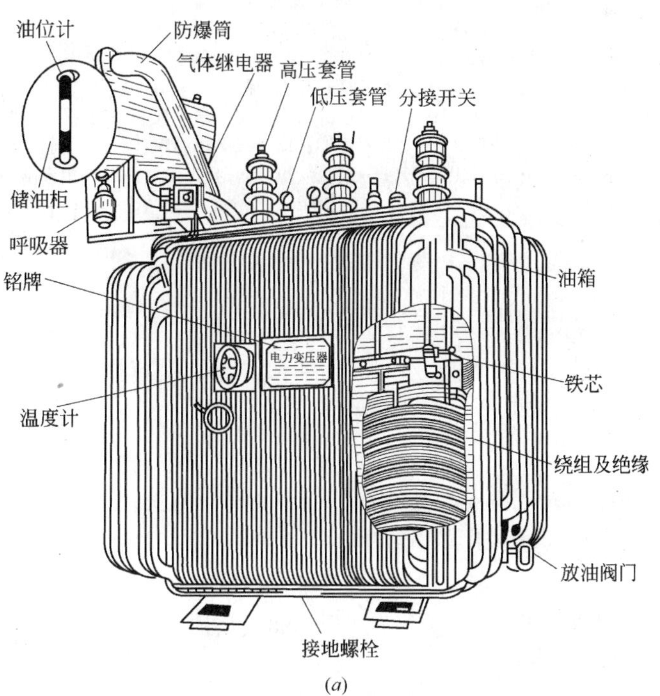

(*a*)

图3.2-1 三相油浸式电力变压器结构（一）
（*a*）样式一

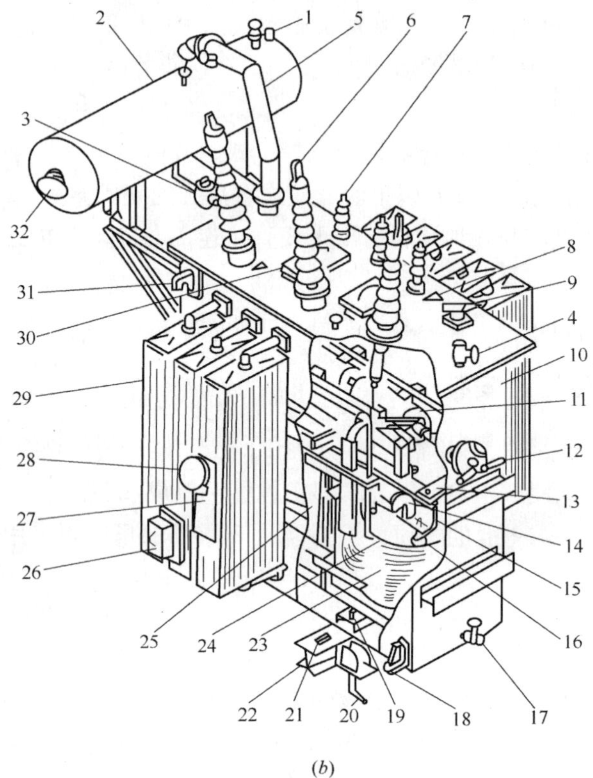

(b)

图 3.2-1 三相油浸式电力变压器结构（二）

(b) 样式二

1—滤油阀门；2—储油箱；3—继电器；4—滤油阀门；5—减压孔；
6—高压绝缘管；7—低压绝缘管；8—悬浮；9—电流互感器端子；
10—箱体；11—滤油阀门；12—分接头切换开关；13—铁芯和线圈固定件；
14—铁芯和线圈吊环；15—端部固定架；16—线圈压力螺栓；17—泄油阀；
18—支撑体；19—固定装置；20—底座螺栓；21—接地端子；22—滑动底板；
23—线圈；24—线圈压板；25—铁芯；26—保护装置端子盒；27—铭牌；
28—温度表；29—散热器；30—检查孔；
31—吊开环；32—油位显示表

1. 铁芯

铁芯是变压器磁路的主体，铁芯分为铁芯柱和铁轭，铁芯柱上套装绕组，铁轭的作用是使磁路闭合。

(1) 铁芯结构

铁芯分为心式结构和壳式结构。芯式变压器的原、副绕组套装在铁芯的两个铁芯柱上，结构简单，电力变压器均采用心式结构。

(2) 铁芯交叠

相邻层按不同方式交错叠放，将接缝错开。偶数层刚好压着奇数层的接缝，从而减少了磁阻，便于磁通流通。

(3) 铁芯柱截面形状

小型变压器做成方形或者矩形；大型变压器做成阶梯形。容量大则级数多。叠片间留有间隙作为油道（纵向/横向）。

2. 绕组

绕组是变压器的电路部分，一般用绝缘扁铜线或圆铜线在绕线模上绕制而成。绕组套装在变压器铁芯柱上，低压绕组在内层，高压绕组套装在低压绕组外层，以便于绝缘。绕组的作用是电流的载体，产生磁通和感应电动势。

（1）高低压绕组

1）高压绕组：工作电压高的绕组；

2）低压绕组：工作电压低的绕组。

（2）绕组有同心式和交叠式

1）同心式绕组（图3.2-2）：高低压绕组在同一心柱上同心排列，低压绕组在里，高压绕组在外，便于与铁芯绝缘，结构较简单，常采用。

2）交叠式绕组：高低压绕组分成若干部分形似饼状的线圈，沿心柱高低交错套装在心柱上。

3. 附件

油浸式电力变压器的附件有油箱、油枕、分接开关、安全气道、绝缘套管等。其作用是保证变压器的安全和可靠运行。

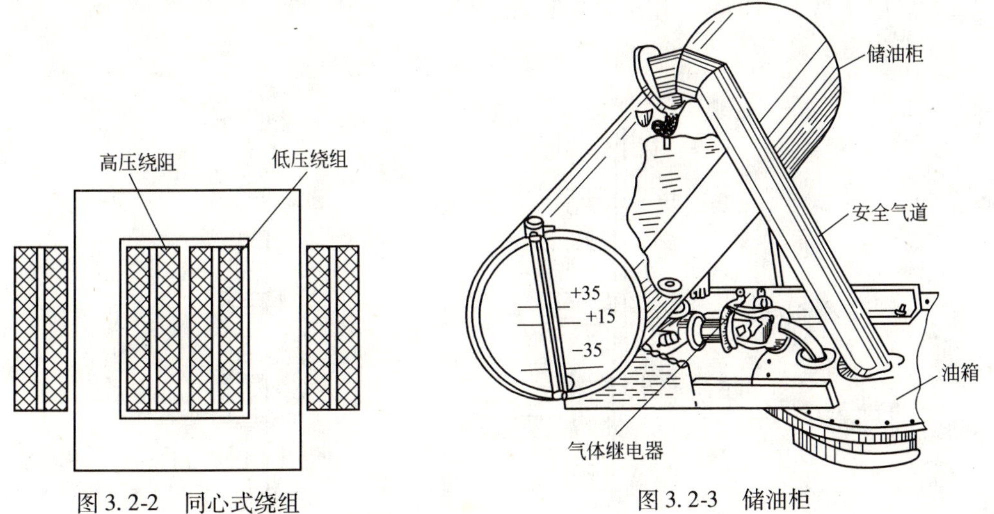

图3.2-2　同心式绕组

图3.2-3　储油柜

（1）油箱

即油浸式电力变压器的外壳，用于散热，保护器身（变压器的器身放在油箱内），箱中有用来绝缘的变压器油。

（2）储油柜（油枕）

储油柜（油枕）装在油箱上，使油箱内部与外界隔绝。储油柜组成包括油箱、储油柜、气体继电器、安全气道（图3.2-3）。器身装在油箱内，油箱内充满变压器油。变压器运行时产生热量，使变压器油膨胀，并流进储油柜中。储油柜使变压器油与空气接触面变小，减缓了变压器油的氧化和吸收空气水分的速度。从而减缓了油的变质。

（3）变压器的冷却装置

油箱有许多散热油管，以增大散热面积。为了加快散热，有的大型变压器采用内部油泵强迫油循环，外部用变压器风扇吹风或用自来水冲淋变压器油箱，这些都是变压器的冷却装置。

(4) 安全气道（防爆管）

安全气道（防爆管）装在油箱顶盖上，保护设备，防止出现故障时损坏油箱。当变压器发生故障时，热量会使变压器油汽化，触动气体继电器发出报警信号或切断电源。如果是严重事故，变压器油大量汽化，油汽冲破安全汽道管口的密封玻璃，冲出变压器油箱，可避免油箱爆裂。

(5) 气体继电器（瓦斯继电器）

气体继电器（瓦斯继电器）装在变压器的油箱和储油柜间的管道中，为变压器主要保护装置。他内部有一个带有水银开关的浮筒和一块能带动水银开关的挡板。当变压器发生故障时，产生的气体聚集在气体继电器上部，油面下降，浮筒下沉，接通水银开关而发出信号；当变压器发生严重故障，油流冲破挡板，挡板偏转时带动一套机构使另一水银开关接通，发出信号并跳闸。

(6) 绝缘套管

绝缘套管（图 3.2-4）装在变压器的油箱盖上，作用是把线圈引线端头从油箱中引出，并使引线与油箱绝缘。电压低于 1kV 采用瓷质绝缘套管，电压在 10～35kV 采用充气或充油套管，电压高于 110kV 采用电容式套管。

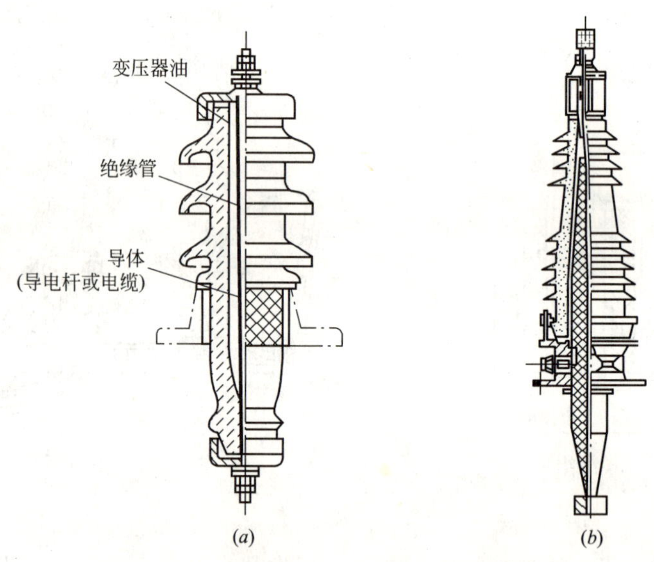

图 3.2-4 绝缘套管
(a) 35kV 充油式套管；(b) 110kV 胶纸电容器式套管

(7) 测温装置（图 3.2-5）

测温装置用于监测变压器的油面温度。小型的油浸式电力变压器用水银温度计测温，较大的变压器用压力式温度计。

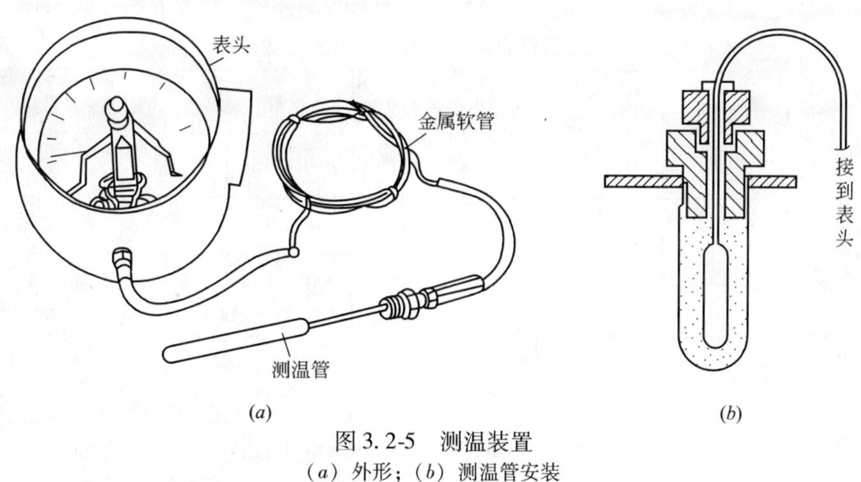

图 3.2-5 测温装置
（a）外形；（b）测温管安装

（8）变压器油

变压器油是一种矿物油，具有很好的绝缘性能。变压器油起两个作用：

1）加强绝缘：在变压器绕组与绕组、绕组与铁芯及油箱之间起绝缘作用；

2）散热：变压器油受热后产生对流，对变压器铁芯和绕组起散热作用。

变压器油要求有高的介质强度和低的黏度，高的发火点和低的凝固点，不含酸、碱、灰尘和水分等杂质。

3.2.2 三相油浸式电力变压器

1. S9 系列三相油浸式电力变压器

S9 系列 10kVA 级三相油浸式电力变压器是一代系列低损耗产品，在交流 50Hz 输配电系统中作分配电能，变换电压之用。

（1）S9 系列三相油浸式电力变压器外形（图 3.2-6）

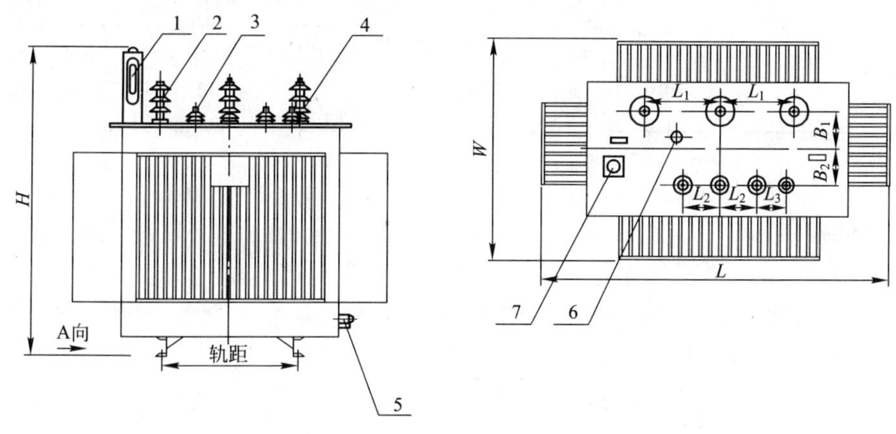

图 3.2-6 S9 系列三相油浸式电力变压器外形图
1—油位计；2—高压套管；3—低压套管；4—零相套管；
5—放油阀；6—分接开关；7—压力释放阀

（2）S9 系列三相油浸式电力变压器技术数据（表 3.2-1）

S9 系列三相油浸式电力变压器技术数据 **表 3.2-1**

型号	额定容量（kVA）	额定电压		连接组标号	空载损耗（W）	负载损耗（W）	空载电流（%）	短路阻抗（%）	重量（kg）			轨距（mm）	外形尺寸（mm）
		高压（kV）	低压（kV）						器身	油重	总重		长×宽×高（$L \times W \times H$）
S9—30/10	30				130	600	2.1		201	90	340	400	990×650×1140
S9—50/10	50				170	870	2.0		300	100	455	400	1070×600×1190
S9—63/10	63				200	1040	1.9		320	115	505	550	1090×710×1210
S9—80/10	80				240	1250	1.8		390	130	590	550	1210×700×1370
S9—100/10	100				290	1500	1.6		430	140	650	550	1220×800×1400
S9—125/10	125				340	1800	1.5	4	430	175	790	550	1310×850×1430
S9—160/10	160				400	2200	1.4		580	196	930	550	1340×870×1460
S9—200/10	200				480	2600	1.3		620	214	1000	550	1390×888×1420
S9—250/10	250	6;6.3;10 ±5%	0.4	Y,yn0	560	3050	1.2		730	255	1245	660	1490×996×1450
S9—315/10	315				670	2650	1.1		910	280	1440	660	1540×1010×1510
S9—400/10	400				800	4300	1.0		1015	325	1635	660	1400×1230×1630
S9—500/10	300				960	5100	1.0		1160	360	1880	660	1570×1250×1610
S9—630/10	630				1200	6200	0.9		1820	505	2820	820	1590×1530×1956
S9—800/10	800				1400	7500	0.8	4.5	1965	680	2115	820	2200×1550×2320
S9—1000/10	1000				1700	10300	0.7		2345	870	8960	820	2280×1560×2468
S9—1250/10	1250				1950	12000	0.6		2795	980	4645	820	2395×1400×2547
S9—1600/10	1600				2400	14500	0.6		3170	1115	5210	1070	2370×1498×2720

2. 新 S9 系列三相油浸式电力变压器

新 S9 系列三相油浸式变压器采用了新型绝缘结构和提高抗短路能力结构等多项科研成果。其性能达到国际先进水平。新 S9 系列低损耗节能电力变压器是国家推广使用的更新换代产品，是全国城乡电网建设与改造所需主要设备产品。与 S7 系列相比较，空载损耗平均降低 10.25%，空载电流降低 37.9%，负载损耗平均降低 22.4%，是节能型产品的更新换代产品。新 S9 系列三相油浸式电力变压器技术数据见表 3.2-2。

新 **S9** 系列三相油浸式电力变压器技术数据表　　表 3.2-2

型号	额定容量（kVA）	额定电压		连接组标号	空载损耗（W）	负载损耗（W）	空载电流（%）	短路阻抗（%）	重量（kg）			轨距（mm）	外形尺寸（mm）
		高压（kV）	低压（kV）						器身	油重	总重	纵向×横向	长×宽×高（$L \times W \times H$）
S9—10/6—11	10				70	330	2.3		110	60	195	400×400	915×450×990
S9—20/6—11	20				100	465	2.2		150	60	240	400×400	915×585×1040
S9—30/6—11	30				130	600	2.1		185	70	295	400×400	1060×730×1130
S9—50/6—11	50				170	870	2.0		250	85	390	400×450	1105×740×1180
S9—63/6—11	63				200	1040	1.9		285	95	450	400×450	1120×745×1220
S9—80/6—11	80				250	1250	1.8		335	100	510	400×450	1125×755×1320
S9—100/6—11	100				290	1500	1.7	4	360	110	550	400×450	1130×815×1320
S9—125/6—11	125				340	1800	1.6		440	125	660	400×550	1200×825×1380
S9—160/6—11	160				400	2200	1.5		505	140	760	550×550	1230×840×1420
S9—200/6—11	200	6 6.3 10 10.5 11 ±5%	0.4	Y,yn0	480	2600	1.4		585	160	900	550×550	1355×855×1450
S9—250/6—11	250				560	3050	1.2		705	195	1090	550×650	1410×915×1510
S9—315/6—11	315				670	3650	1.1		820	215	1235	550×650	1425×1050×1530
S9—400/6—11	400				800	4300	1.0		980	280	1510	550×750	1540×1115×1610
S9—500/6—11	500				960	5100	1.0		1155	305	1740	660×750	1595×1280×1670
S9—630/6—11	630				1200	6200	0.9		1390	460	2215	820×820	1905×1390×1830
S9—800/6—11	800				1400	7500	0.8		1670	525	2645	820×820	1975×1395×1900
S9—1000/6—11	1000				1700	10300	0.7	4.5	1815	595	2980	820×820	2000×1410×1930
S9—1250/6—11	1250				1950	12000	0.6		2195	685	3550	820×820	2065×1420×2000
S9—1600/6—11	1600				2400	14500	0.6		2650	820	4275	820×820	2140×1470×2050

3. 全密封电力变压器

全密封电力变压器由于油箱与外界完全密封隔绝，有效地防止空气和水分等侵入，减缓油纸绝缘的老化速度，大大延长变压器的使用寿命，这是一种节能省电、完全可靠、结构轻巧、免维护的新型产品。630kVA 以上的全密封电力变压器设有 QYW-2 油浸式电力变压器保护装置，他是一种把气体释放、压力保护和温度控制集为一体的多功能保护系统。630kVA 及以下的，如用户要求亦可装设。

（1）S9—M 全密封油浸式电力变压器

全密封油浸式电力变压器与普通油浸式电力变压器相比，取消了储油柜，由波纹油箱的波翅代替油管作为冷却散热元件，波纹油箱由优质冷轧薄钢板在专用生产线上制造，波翅可以随变压器油体积的胀缩而胀缩，变压器油、器身与大气隔绝，从而减缓油的老化，防止器身绝缘受潮，增强可靠性，正常运行下可免维护。

1）S9-M 全密封油浸式电力变压器外形（图 3.2-7）

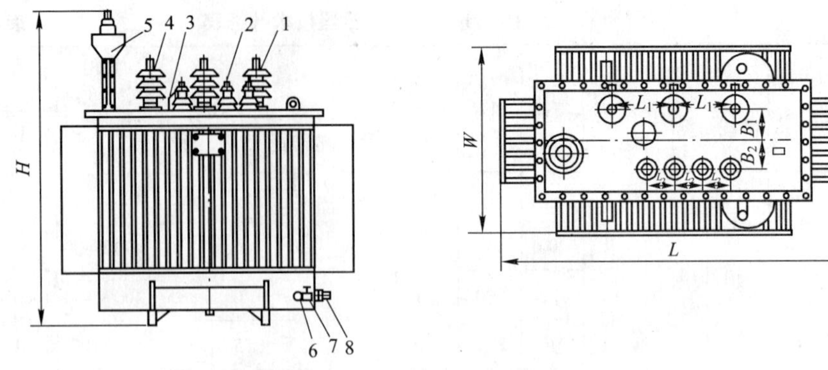

图 3.2-7 S9-M 全密封油浸式电力变压器外形图
1—低压零线套管；2—低压相线套管；3—无励磁分接开关；
4—高压套管；5—压力油位计（≤630kVA），多功能保护装置（≥800kVA）；
6—接地螺栓；7—接地字牌；8—（M24）两用活门

2）S9-M 全密封油浸式电力变压器技术数据（表 3.2-3）

S9-M 系列全密封油浸式电力变压器技术数据 表 3.2-3

产品型号	额定电压		连接组标号	空载损耗（W）	负载损耗（W）	空载电流（%）	短路阻抗（%）	重量（kg）			轨距（mm）	外形尺寸（mm）
	高压（kW）	低压（kW）						器身	油重	总重	纵向×横向	长×宽×高（$L \times W \times H$）
S9—M—30/10	6 6.3 10 10.5 11 ±5%	0.4	Y，yn0 Dyn11	130	600	2.1	4	165	65	270	400×450	1080×550×980
S9—M—50/10				170	870	2.0		225	75	360	400×450	1100×650×992
S9—M—63/10				200	1040	1.9		245	83	423	400×450	1110×650×992
S9—M—80/10				240	1250	1.8		285	85	470	550×450	1140×960×1020
S9—M—100/10				290	1500	1.6		300	90	500	550×450	1145×780×1050
S9—M—125/10				340	1800	1.5		360	110	590	550×550	1180×800×1080
S9—M—160/10				400	2200	1.4		455	130	705	550×550	1210×830×1120
S9—M—200/10				480	2600	1.3		540	145	820	550×550	1320×920×1150
S9—M—250/10				560	3050	1.2		635	175	990	550×650	1400×970×1200
S9—M—315/10				670	3650	1.1		750	200	1160	550×650	1460×1020×1240
S9—M—400/10				800	4300	1.0		875	225	1370	550×750	1490×1015×1290
S9—M—500/10				960	5100	1.0		1030	245	1565	660×750	1520×1050×1300
S9—M—630/10				1200	6200	0.9	4.5	1260	340	1950	750×820	1720×1070×1400
S9—M—800/10				1400	7500	0.8		1505	385	2305	820×820	1840×1100×1520
S9—M—1000/10				1700	10300	0.7		1680	460	2695	820×820	1810×1070×1570
S9—M—1250/10				1960	12800	0.6		2035	540	3260	820×820	1850×1060×1670
S9—M—1600/10				2400	14500	0.6		2410	615	3845	820×820	1930×1130×1700

（2）S11-M 系列全密封油浸式电力变压器

S11-M 系列全密封油浸式电力变压器是在新型 S9 系列产品结构设计的基础上进行开发的科技新产品。设计的主导思想是满足产品的可靠性，提高产品的性能，根据新 S9 产品的实际情况，重新调整了一些损耗系数和结构，使损耗设计值更符合实测值，同时进行了优化设计，合理确定铜铁比例，使材料成本最低，结构合理。

1）S11-M 系列全密封油浸式电力变压器外形（图 3.2-8）

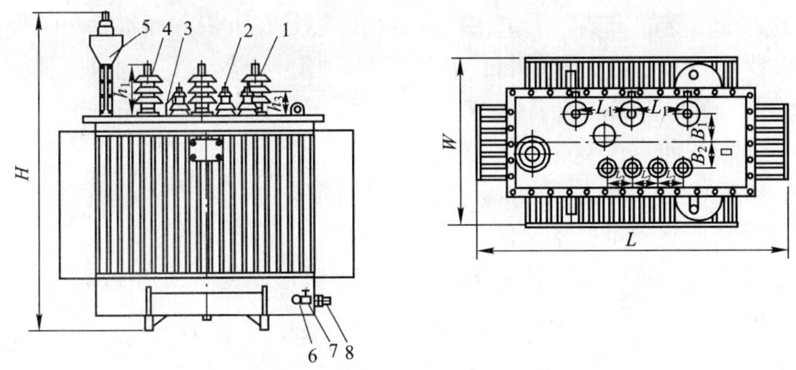

图 3.2-8 S11-M 系列全密封油浸式电力变压器外形图
1—低压零线套管；2—低压相线套管；3—无励磁分接开关；
4—高压套管；5—压力油位计（≤630kVA），多功能保护装置（≥800kVA）；
6—接地螺栓；7—接地字牌；8—（M24）两用活门

2）S11-M 系列全密封油浸式电力变压器技术数据（表 3.2-4）

S11-M 系列全密封油浸式电力变压器技术数据 表 3.2-4

产品型号	额定电压		连接组标号	空载损耗（W）	负载损耗（W）	空载电流（%）	短路阻抗（%）	重量（kg）			轨距（mm）	外形尺寸（mm）
	高压（kW）	低压（kW）						器身	油重	总重	纵向×横向	长×宽×高（L×W×H）
S11—M—30/10	6 6.3 10 ±5%	0.4	Y，yn0	100	600	2.1	4	167	64	270	400×450	1080×550×980
S11—M—50/10				130	870	2.0		189	67	357	400×450	1110×650×992
S11—M—80/10				180	1250	1.8		262	90	480	550×450	1140×760×1020
S11—M—100/10				200	1500	1.6		302	100	545	550×450	1145×780×1050
S11—M—125/10				240	1800	1.5		365	105	615	550×550	1180×800×1080
S11—M—160/10				280	2200	1.4		420	120	715	550×550	1210×830×1120
S11—M—200/10				330	2600	1.3		495	140	825	550×550	1320×920×1150
S11—M—250/10				400	3050	1.2		599	153	968	550×650	1400×970×1200
S11—M—315/10				480	3650	1.1		705	200	1145	550×650	1460×1020×1240
S11—M—400/10				570	4300	1		845	220	1355	550×750	1490×1015×1290
S11—M—500/10				680	5100	1		987	243	1577	660×750	1520×1050×1300
S11—M—630/10				810	6200	0.9		1218	325	1980	750×820	1720×1070×1400
S11—M—800/10				980	7500	0.8	4.5	1458	365	2325	820×820	1840×1100×1520
S11—M—1000/10				1160	10300	0.75		1630	435	2685	820×820	1810×1070×1570
S11—M—1250/10				1370	12000	0.6		1970	510	3250	820×820	1850×1060×1670
S11—M—1600/10				1650	14500	0.6		2390	580	3910	820×820	1930×1130×1700

3.2.3 油浸式电力变压器安装

油浸式电力变压器的安装，无论在技术方面，还是在组织方面都是一项十分复杂而繁重的工作，需要消耗大量劳力和材料，而且需要采用复杂的设备、器具、仪表和工具等，所以在安装前要充分做好各项准备工作。

1. 变压器进场验收

变压器、预装式变电站进场验收应符合下列规定：

（1）查验合格证和随带技术文件，变压器有出厂试验记录；

（2）外观检查：有铭牌，附件齐全，绝缘件无缺损、裂纹，充油部分不渗漏，充气高压设备气压指示正常，涂层完整。

2. 设备二次搬运

（1）油浸式电力变压器二次搬运应由起重工作业，电工配合，搬运时最好采用汽车吊和汽车，如距离较短时，且道路较平坦时可采用倒链吊装、卷扬机拖运、滚杠运输等。油浸式电力变压器参考重量参见表3.2-5。

油浸式电力变压器参考重量 **表3.2-5**

序号	容量（kVA）	参考重量（t）	序号	容量（kVA）	参考重量（t）
1	100~180	0.6~1.0	4	750~800	3.0~3.8
2	200~420	1.0~1.8	5	1000~1250	3.5~4.6
3	500~630	2.0~2.8	6	1600~1800	5.2~6.1

（2）变压器吊装时，索具必须检查合格，钢丝绳必须挂在油箱的吊钩上，变压器顶盖上盘的吊环仅作吊心检查用，严禁用此吊环吊装整台变压器（图3.2-9）。

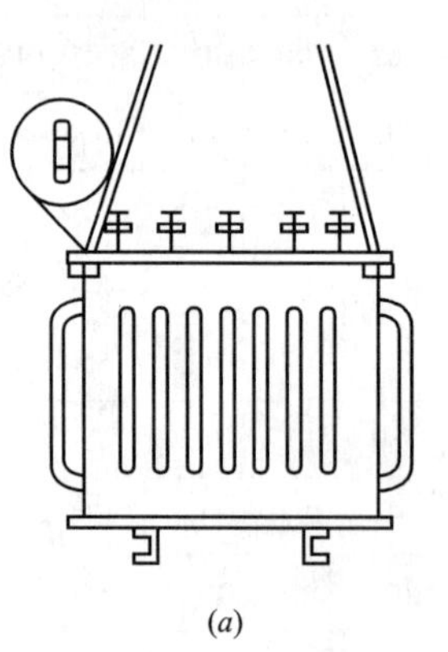
(a)

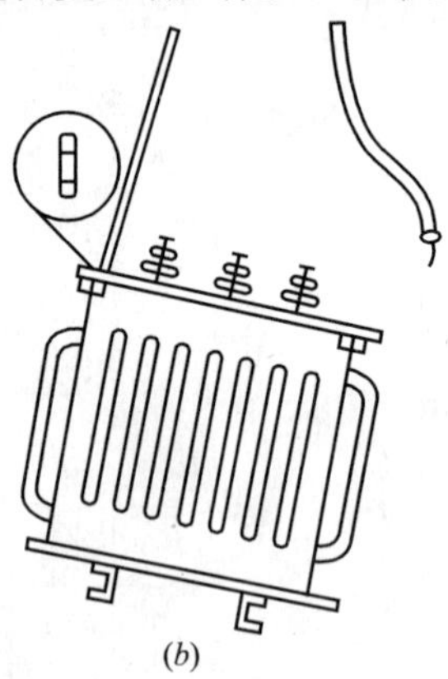
(b)

图3.2-9 变压器吊装
（a）正确；（b）不正确

（3）变压器搬运时，用木箱或纸箱将高低压绝缘套管罩住进行保护，使其不受损伤。

（4）变压器搬运过程中，不应有严重冲击或振动情况，利用机械牵引时，牵引的着力点应在变压器重心以下，以防倾斜，运输倾斜角不得超过15°，以防止内部结构变形。

（5）用千斤顶顶升大型变压器时，应将千斤顶放置在油箱千斤顶支架部位，升降操作应协调，各点受力均匀，并及时垫好垫块。

（6）大型变压器在搬运或装卸前，应核对高低压侧方向，以免安装时调换方向发生困难。

3. 油浸式电力变压器安装前准备工作

（1）编制变压器安装施工方案，确定组织措施、技术措施、安全措施和工期。

（2）对参加安装变压器的人员进行技术交底和安全交底，布置任务和提出施工质量要求。

（3）选择安装前变压器及其组件的存放方式和地点。

（4）确定变压器运输和移到安装位置上的方法。

（5）选择所需变压器油的准备方法。

（6）对变压器基础检查复测。

（7）按施工设计要求，现场布置安全措施和防火措施。

（8）准备用于拆除变压器密封和安装成套组件的场地，以及确定在此期间保证绝缘完好的方法。

（9）确定变压器及其成套组件安装、试验和调试的内容和顺序。

（10）准备安装用工具、仪器、仪表、起重工具和材料。

（11）确定工期及工作量、安装工程队的成员、电功率和电能的需要量、机器和机构的负荷能力，并进行工程预算。

（12）准备进行变压器安装和验收工作所必需的技术文件。

4. 油浸式电力变压器安装前检查

变压器及其组件运到使用地点后，按制造厂的装箱单进行验收。验收时，检查装箱单中所列的全部物件是否齐全，以及他们在运输后的状态。验收应特别注意检查以下几点：

（1）变压器在拖车或运输车上的支撑、横向定位、拉紧和其他固定件的状态，变压器油箱上和运输车平台上的相应位置记号。当位置记号不符和固定件被破坏时，说明变压器在运输期间受到了不允许的机械作用。

（2）变压器本体外壳检查。是否有外力碰撞损伤，密封件是否完整无缺。对充氮运输的变压器应检查充氮装置完好和充气压力是否正常。对真空运输的变压器检查其真空度是否合格。

（3）检查充油式套管是否有油迹，其包装是否有机械损伤，易损瓷件、压力箱连管和工厂铅封的状态，以及密封式套管中的油是否有剩余压力。

（4）单独包装运输的零部件的状态，验收时，按其包装的机械完整性来衡量它的状态。单独运输的电流互感器装置和装酚醛纸筒的金属容器是否有损伤和渗油痕迹。单独运输或装在变压器里运输的调压装置的状态。

（5）检查冷却器、储油柜、过滤器、安全气道、连管和其他组件的状态，详细检查零部件的数量，它们上面不应有运输损伤。所有连接用管的管端都应该用盖板密封起来，需检查其是否渗油。

5. 油浸式电力变压器安装

（1）变压器安装应位置正确，附件齐全，油浸式电力变压器油位正常，无渗油现象。

(2) 接地装置引出的接地干线与变压器的低压侧中性点直接连接；接地装置的接地电阻值必须符合设计要求。变压器箱体、支架或外壳应接地。所有连接应可靠，紧固件及防松零件齐全（图 3.2-10）。

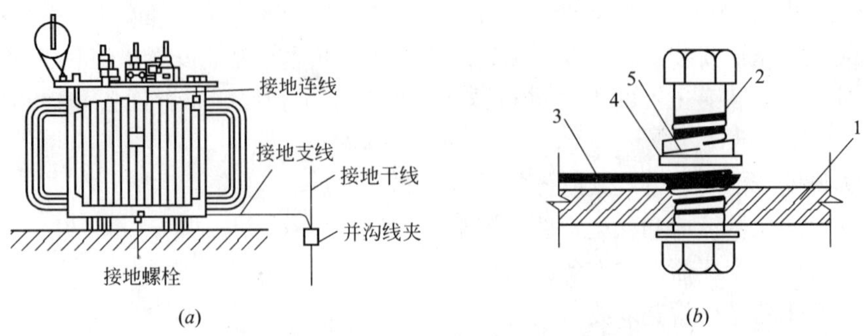

图 3.2-10 变压器中性点和外壳接地连接

(a) 变压器中性点和外壳接地连接；(b) 金属外壳接地大样

1—金属外壳或金属构架；2—连接螺栓；3—接地支线；4—镀锌垫圈；5—弹簧垫圈

(3) 变压器安装好后，必须经交接试验合格，并出具体报告后，才具备通电条件。交接试验的内容和要求依据现行国家标准《电气装置安装工程电气设备交接试验标准》GB 50150—2006。

(4) 绝缘件应无裂纹、缺损和瓷件瓷釉损坏等缺陷，外表清洁，测温仪表表示准确。

(5) 变压器四周应安装防护网，防护网（罩）可接近裸露导体应接地（PE）或接零（PEN）可靠。不应作为接地（PE）或接零（PEN）的接续导体。防护网及门上安装危险告示牌，高压危险告示牌为白底黑边红字（图 3.2-11）。

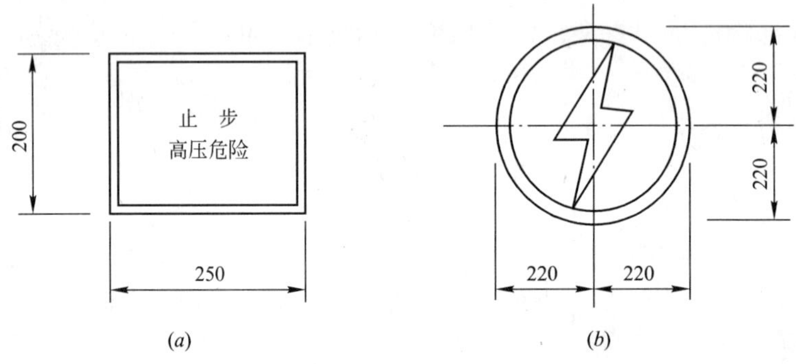

图 3.2-11 变压器告示牌

(a) 高压危险告示牌大样；(b) 电气设备告示牌大样

3.2.4 油浸式电力变压器的运行及维护

为了使变压器能够长期安全运行，尽早发现变压器主体及组件的早期事故苗头，对变压器进行检查维护是非常必要的。检查维护周期取决于变压器在供电系统中所处的重要性及安装现场的环境和气候。下面所提出的维护和检查项目是变压器在正常工作条件下，须进行的必要的检查和维护，运行单位可根据具体情况结合多年的运行经验，制定出检查、维护方案和计划。

1. 变压器的巡视检查维护

变压器在运行中，值班人员应定期进行检查，以便了解和掌握变压器的运行情况，如发现问题应及时解决，力争把故障消除在萌芽状态。在巡视检查过程中，一般可以通过仪表、保护装置及各种指示信号等设备了解变压器的运行情况。同时还要依靠运行值班人员的各种感官去观察、监听，及时发现仪表所不能反映的问题，如运行环境的变化、变压器声响的异常等等。即使是仪表装置反映的情况也需要通过检查、分析才能做出结论。因此运行值班人员对变压器的巡视检查是十分必要的。根据运行规程规定，对变压器巡视检查和维护的项目如下：

（1）变压器的外部检查

1）检查油枕内和充油套管内油面的高度，封闭处有无渗漏油现象。如油面过高，一般是由于冷却装置运行不正常或变压器内部故障等所造成的油温过高引起的；如油面过低，应检查变压器各密封处是否有严重漏油现象，油截门是否关紧。油标管内的油色应是透明微带颜色，如呈红棕色，可能是油位计脏污所造成，也可能是变压器油运行时间过长，油温高使油质变坏引起。

2）检查变压器上层油温。变压器上层油温一般应在85℃以下，对强迫油循环水冷却的变压器应为75℃。如油温突然升高，则可能是冷却装置有故障，也可能是变压器内部故障：对油浸自冷变压器，如散热装置各部分温度有明显不同，则可能是管路有堵塞现象。

3）检查变压器的响声是否正常。变压器正常运行时，一般有均匀的嗡嗡声，这是由于交变磁通引起铁芯振动而发出的声音。如果运行中有其他声音，则属于声音异常。

4）检查绝缘套管是否清洁，有无破损裂纹及放电烧伤痕迹。

5）检查冷却装置运行情况是否正常。对于强迫油循环水冷或风冷的变压器，应检查油水、温度、压力等是否符合规定。冷却器中，油压应比水压高1～1.5大气压。冷却器出水中不应有油，水冷却器部分应无漏水。

6）检查一、二次母线不应过松过紧，接头接触良好，不过热。

7）呼吸器应畅通，硅胶吸潮不应达到饱和（通过观察硅胶是否变色来鉴别）。

8）防爆管上的防爆膜应完整，无裂纹，无存油。

9）瓦斯继电器无动作。

10）外壳接地应良好。

（2）变压器负荷检查测量

1）室外安装的变压器，如没有固定安装的电流表时，应测量最大负荷及代表性负荷。

2）室内安装的变压器装有电流表、电压表的，应记录小时负荷，并应画出日负荷曲线。

3）测量三相电流的平衡情况，中性线上的电流不应超过低压绕组额定电流的25%。

4）变压器的运行电压不应超过额定电压的±5%。如果电源电压长期过高或过低，应调整变压器分接头使电压趋于正常。

(3) 运行环境检查

变压器室通风是否良好，门窗是否完整，房间是否有浸水。

(4) 停电清扫检查

变压器除巡视检查外，应有计划的进行停电清扫，一般清扫内容如下：

1) 清扫瓷套管及有关附属设备；

2) 检查母线及接线端子等连接点接触情况；

3) 摇测绕组的绝缘电阻以及接地电阻。

2. 变压器的巡视检查周期

(1) 变压器容量在630kVA及以上而且无人值班的，应每周巡视检查一次；变压器容量在630kVA以下的可适当延长巡视检查周期，但变压器在每次合闸前及拉闸后应检查一次。

(2) 有人值班的，每班应检查变压器的运行情况。

(3) 强迫油循环水冷或风冷的变压器，不论有无值班人员，均应每小时巡视一次。

(4) 负荷急剧变化或变压器受到短路故障后，应增加特殊巡视。

3. 异常运行和常见故障分析

(1) 变压器声音异常

1) 当有大容量的动力设备起启时，负荷变化较大，使变压器声音增大。如变压器带有可控硅整流器等负荷时，由于有谐波分量，所以变压器声音也会变大。

2) 过负荷使变压器发出很高而且沉重的“嗡嗡”声。

3) 如铁芯的穿心螺丝夹得不紧，使铁芯松动，变压器发出强烈而不均匀的“噪声”。

4) 内部接触不良，或绝缘有击穿，变压器发出放电的“噼啪”声。

5) 系统短路或接地，通过很大的短路电流，使变压器有很大的噪声。

6) 系统发生铁磁谐振时，变压器发出粗细不匀的噪声。

(2) 正常负荷和正常冷却方式下，变压器油温不断升高

由于涡流或夹紧铁芯用的穿心螺丝绝缘损坏均会使变压器的油温升高。涡流使铁芯长期过热而引起硅钢片间的绝缘破坏，这时铁损增大，油温升高。而穿心螺丝绝缘破坏后，使穿心螺丝与硅钢片短接，这时有很大的电流通过穿心螺丝，使螺丝发热，也会使变压器的油温升高。

此外绕组局部层间或匝间的短路，内部接点有故障，接触电阻加大，二次线路上有大电阻短路等等，也会使油温升高。

(3) 油色显著变化

取油样时发现油内含有碳粒和水分，油的酸值增高，闪点降低，随之绝缘强度降低，易引起绕组与外壳的击穿。

(4) 油枕或防爆管喷油

当二次系统突然短路，而保护振动，或内部有短路故障，而出气孔和防爆管堵塞等等，内部的高温和高热会使变压器油突然喷出，喷油后使油面降低，有可能引起瓦斯保护动作。

(5) 三相电压不平衡

1) 三相负载不平衡，引起中性点位移，使三相电压不平衡。

2) 系统发生铁磁谐振，使三相电压不平衡。

3) 绕组局部发生匝间和层间短路，造成三相电压不平衡。

(6) 继电保护动作

继电保护动作，一般说明变压器内部有故障。瓦斯保护是变压器的主要保护，它能监视变压器内部发生的大部分故障，常常是先轻瓦斯动作发出信号，然后重瓦斯动作去掉闸。轻瓦斯动作的原因有以下几个方面：

1) 因滤油、加油和冷却系统不严密，致使空气进入变压器；

2) 温度下降和漏油致使油位缓慢降低；

3) 变压器内部故障，产生少量气体；

4) 变压器内部短路；

5) 保护装置二次回路故障。

(7) 绝缘瓷套管闪络和爆炸

套管密封不严，因进水使绝缘受潮而损坏；套管的电容芯制造不良，内部游离放电；或套管积垢严重，以及套管上有大的碎片和裂纹，均会造成套管闪络和爆炸事故。

(8) 分接开关故障

变压器油箱上有“吱吱”的放电声，电流表随响声发生摆动，瓦斯保护可能发出信号，油的闪点降低，这些都可能是因分接开关故障而出现的现象。

分接开关故障原因如下：

1) 分接开关触头弹簧压力不足，触头滚轮压力不匀，使有效接触面积减少，以及因镀银层的机械强度不够而严重磨损等会引起分接开关烧毁；

2) 分接开关接触不良，经受不起短路电流冲击而发生故障；

3) 倒分接开关时，由于分头位置切换错误，引起开关烧坏；

4) 相间绝缘距离不够，或绝缘材料性能降低，在过电压作用下短路。

如发现电流、电压、温度、油位、油色和声音发生变化，试验人员应立即取油样作气相色谱分析。当鉴定为开关故障时，应立即将分接开关切换到完好的档位运行。

在运行中，开关接触部分触头可能磨损，未用部分触头长期浸在油中可能因氧化而产生一层氧化膜，会使分接头接触不良。因此，为防止分接开关故障，在切换时必须测量各分头的直流电阻，如发现三相电阻不平衡，其相差值不应超过2%。

倒分接头时，应核对油箱外的分接开关指示器与内部接头的实际连接情况，以保证接线正确。此外，每次倒分接头时，应将分接开关手柄转动10次以上，以消除接触部分的氧化膜及油垢，再调整到新的位置。

(9) 变压器故障原因的分析

按变压器故障的原因，一般可分为电路故障和磁路故障。电路故障主要指线环和引线故障等，常见的有线圈的绝缘老化、受潮，切换器接触不良，材料质量及制造工艺不良，过电压冲击及二次系统短路引起的故障等。磁路故障一般指铁芯、轭铁及夹件间发生的故障，常见的有硅钢片短路、穿心螺丝及轭铁夹件与铁芯间的绝缘损坏以及铁芯接地不良引起的放电等。

3.3 干式变压器安装

干式变压器是用环氧树脂浇注的变压器，其主要部件线圈是用环氧树脂浇注封闭为绝缘。具有如下特点：

(1) 具有良好的阻燃性，使用安全，可安装在负荷中心；

(2) 综合运行成本低、损耗低；

(3) 体积小、重量轻，便于安装；

(4) 无污染，噪声低，不需要特别的维护；

(5) 防潮性能好，可在100%湿度下正常运行，停运后不经预干燥即可投入运行；

(6) 同时合理的设计和浇注工艺，使产品局部放电量更小；

(7) 机械强度高、无开裂；

(8) 散热能力强，强迫风冷条件下可150%额定负载运行；

(9) 配备有完善的温度保护控制系统，具有故障报警，超温报警，超温跳闸以及黑闸子功能，并通过RS485串行接口与计算机相连，可以集中监视和控制。为变压器安全运行提供可靠保障。

干式变压器可广泛应用于输变电系统，如宾馆酒店、高层建筑、商业中心、体育场馆、石化工厂、机场、车站、地铁、住宅小区等场所。电气规范、规程等均不要求干式变压器置于单独房间内，特别适合安装空间有限、须靠近负荷中心（图3.3-1）和具有特殊防火要求的场合，更能充分发挥其体积小、阻燃性好的优越性。

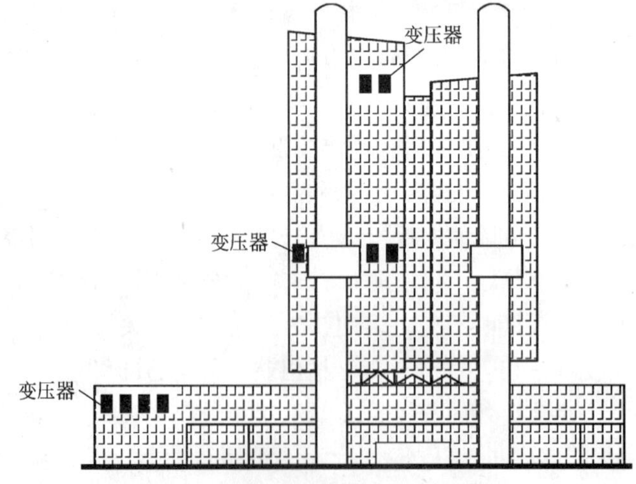

图3.3-1 干式变压器安装在负荷中心

3.3.1 干式变压器结构

干式变压器组成包括浇铸线圈、铁芯、温度控制系统、风冷系统、外壳等（图3.3-2）。

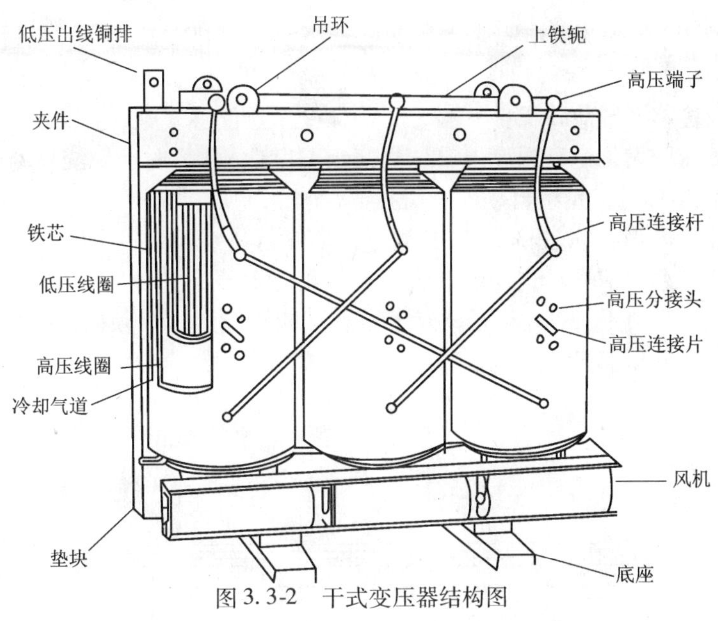

图 3.3-2　干式变压器结构图

1. 浇铸线圈

线圈在采用 F 级绝缘的铜导线导体，玻璃纤维与环氧树脂复合材料做绝缘，其膨胀系数与铜导体相近，具有良好的抗冲击、抗温度变化、抗裂性能。玻璃纤维和环氧树脂所有组成成分都具有自熄性，不会持续燃烧，也不会产生有毒气体和污染环境。环氧树脂具有良好的绝缘特性，特别适合制作高压等级的线圈。

2. 铁芯

铁芯采用优质冷轧硅钢片制造，45°全斜接缝结构，芯柱采用绝缘带绑扎，铁芯表面采用绝缘树脂密封以防潮防锈，夹件及紧固件经表面处理以防止锈蚀。

3. 干式变压器的温度控制系统

干式变压器的安全运行和使用寿命，很大程度上取决于变压器绕组绝缘的安全可靠。绕组温度超过绝缘耐受温度使绝缘破坏，是导致变压器不能正常工作的主要原因之一，因此对变压器的运行温度的监测及其报警控制是十分重要的，现对 TTC－300 系列温控系统作一简介（图 3.3-3）。

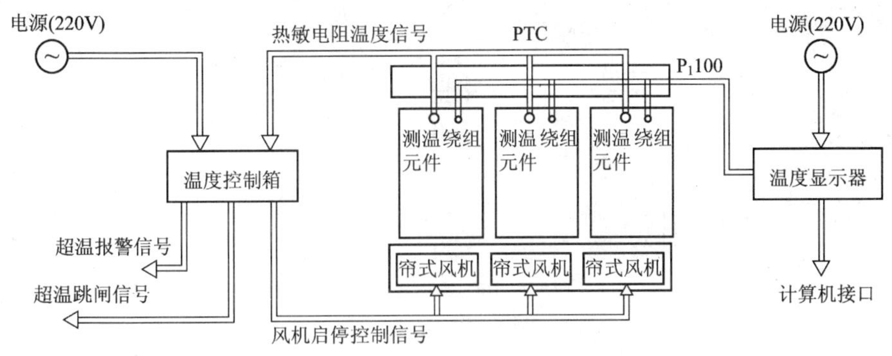

图 3.3-3　干式变压器的温度控制系统原理图

（1）风机自动控制：控制系统采用温度控制器，该温控器利用埋设在变压器三相低压绕组中的三支 Pt100 热敏测温电阻来测量变压器绕组中最热点温度，并通过数字显示，运行人员可随时了解变压器运行温度，还可以设定控制器温度转折点，起停风机，超温报警，超温跳闸及控制系统故障保护、报警，确保变压器能够安全、可靠运行。

当变压器负荷增大，运行温度上升，当绕组温度达 110℃时，系统自动启动风机冷却；当绕组温度低至 90℃时，系统自动停止风机。

（2）超温报警、跳闸（图 3.3-4）：通过预埋在低压绕组中的 PTC 非线性热敏测温电阻采集绕组或铁芯温度信号。当变压器绕组温度继续升高，达到 155℃时，系统输出超温报警信号；若温度继续上升达 170℃，变压器已不能继续运行，须向二次保护回路输送超温跳闸信号，应使变压器迅速跳闸。

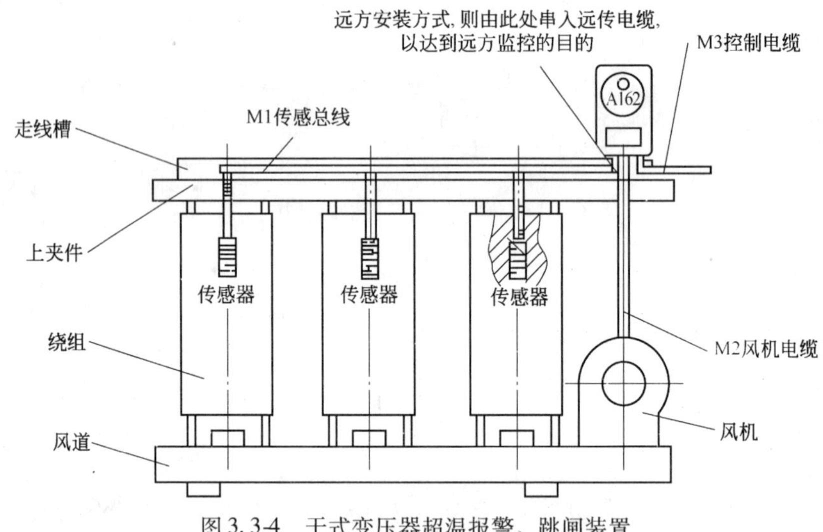

图 3.3-4　干式变压器超温报警、跳闸装置

（3）温度显示系统（图 3.3-5）：通过预埋在低压绕组中的 Pt100 热敏电阻测取温度变化值，直接显示各相绕组温度（三相巡检及最大值显示，并可记录历史最高温度），可将最高温度以 4～20mA 模拟量输出，若需传输至远方（距离可达 1200m）计算机，可加配计算机接口，1 只变送器，最多可同时监测 31 台变压器。系统的超温报警、跳闸也可由 Pt100 热敏传感电阻信号动作，进一步提高温控保护系统的可靠性。

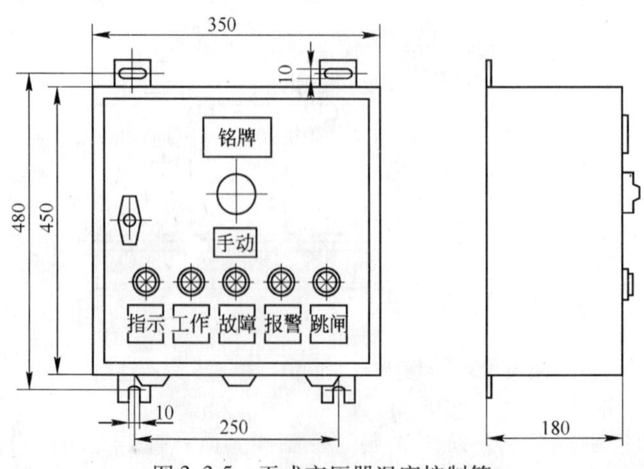

图 3.3-5　干式变压器温度控制箱

(4) 温度控制器的温度设定及调节范围

1) SG10 非包装型干式电力变压器温度控制器的温度设定及调节范围(表 3.3-1)

SG10 非包装型干式电力变压器温度控制器的温度设定及调节范围 **表 3.3-1**

项 目	风机启动	风机停止	高温报警	超温跳闸
出厂设定(℃)	120	100	150	170
调节范围(℃)	100~140	60~100	130~170	150~190

2) SCR9 包装型干式电力变压器温度控制器的温度设定及调节范围(表 3.3-2)

SCR9 包装型干式电力变压器温度控制器的温度设定及调节范围 **表 3.3-2**

项 目	风机启动	风机停止	高温报警	超温跳闸
出厂设定(℃)	130	100	170	190
调节范围(℃)	110~150	80~120	150~190	170~210

4. 干式变压器的冷却方式

干式变压器冷却方式分为自然空气冷却(AN)和强迫空气冷却(AF)两种。两种冷却方式均需保证变压器具有良好的通风能力。

(1) 自然空气冷却

自然空气冷却,变压器可在额定容量下长期连续运行。

(2) 强迫空气冷却

当变压器安装在地下室或其他通风能力较差的环境时,须增设散热通风装置,通风量按每 1kW 损耗 $4m^3/min$ 风量选取。强迫空气冷却时采用风机冷却,根据变压器容量的大小,配备不同规格的冷却风机,见表 3.3-3 ,风机安装位置见图 3.3-6。强迫风冷时变压器输出容量可提高 50%。适用于断续过负荷运行,或应急事故过负荷运行;由于过负荷时负载损耗和阻抗电压增幅较大,处于非经济运行状态,故不应使其处于长时间连续过负荷运行。

干式变压器通风设备配备表 **表 3.3-3**

变压器容量(kVA)	50~400	500~630	800~1600	2000~2500	3150~5000	6300~1600
风机数量×功率(W)	4×44	4×50	6×80	6×90	6×150	6×370
风机电源	~220V	~220V	~220V	~220V	~220V	~380V

注:温控箱的功率相对于风机功率来说很小,可以忽略不计。

5. 干式变压器的防护方式

干式变压器的防护等级有 IP00、IP20、IP23 等形式。根据使用环境特征及防护要求,干式变压器可选择不同的外壳。

（1）IP00 不带外壳

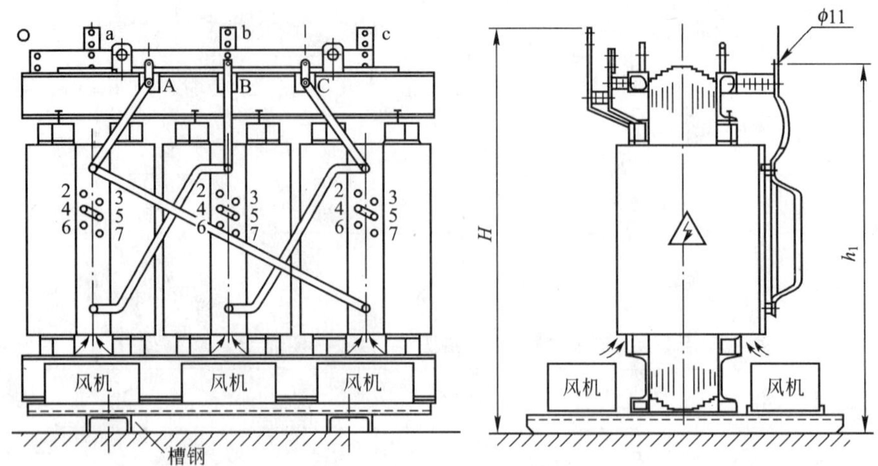

图 3.3-6 干式变压器风机安装位置图

非封闭式干式变压器，应装设高度不低于 1.7m 的固定式遮栏，遮栏网孔不应大于 40mm×40mm。变压器的外部与遮栏的净距不宜小于 0.6m，两台变压器之间的净距不应小于 1m。

（2）带 IP20 防护外壳

通常选用 IP20 防护外壳，可防止直径大于 12mm 的固体异物及鼠、蛇、猫、雀等小动物进入，避免造成短路停电等恶性故障，为带电部分提供安全屏障，当带 IP20 外壳时变压器容量应降低 2% 使用。

（3）带 IP23 防护外壳

若须将变压器安装在户外，则可选用 IP23 防护外壳，除上述 IP20 防护功能外，更可防止与垂直线成 60°角以内的水滴进入。但外壳会使变压器冷却能力下降，使变压器的输出能力降低 5% ~10%。选用时要注意其运行容量的降低。

6. 干式变压器的过载能力

干式变压器的过载能力与环境温度、过载前的负载情况（起始负载）、变压器的绝缘散热情况和发热时间常数等有关，读者可参看干式变压器的过负荷曲线。利用其过载能力应考虑因素包括：

（1）选择计算变压器容量时可适当减小：充分考虑某些轧钢、焊接等设备短时冲击过负荷的可能性，尽量利用干式变压器的较强过载能力而减小变压器容量；对某些不均匀负荷的场所，如供夜间照明等为主的居民区、文化娱乐设施以及空调和白天照明为主的商场等，可充分利用其过载能力，适当减小变压器容量，使其主运行时间处于满载或短时过载。

（2）可减少备用容量或台数：在某些场所，对变压器的备用系数要求较高，使得工程选配的变压器容量大、台数多。而利用干式变压器的过载能力，在考虑其备用容量时可予以压缩；在确定备用台数时亦可减少。变压器处于过载运行时，一定要注意监测其运行温度：若温度上升达 155℃（有报警发出）即应采取减载措施（减去某些次要负荷），以确保对主要负荷的安全供电。

7. 干式变压器进出线方式（图 3.3-7）

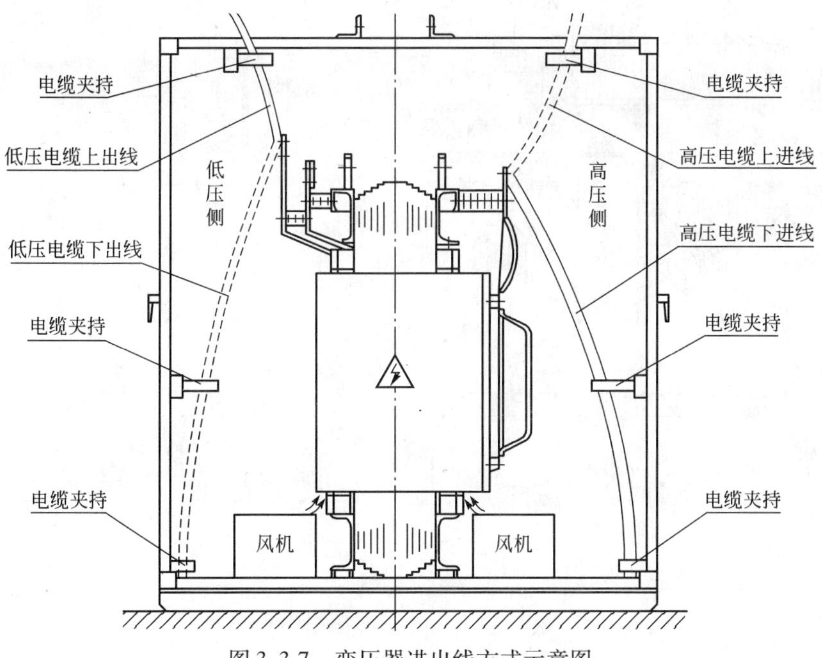

图 3.3-7 变压器进出线方式示意图

（1）变压器高低压两侧均可采用上部或下部进线方式，外壳顶部已预留进线口，对于下部进线，外壳上配有电缆卡，用于固定进线电缆。

（2）低压标准封闭母线：工程配线若选用封闭式母线，相应之变压器可提供标准封闭母线端子，方便与外部母线的连接。

带外壳（IP20）产品，在外壳顶盖上配套提供封闭式母线法兰；不带外壳（IP00）产品，只提供封闭母线接线端子。

（3）低压标准横排侧出线：当变压器与低压配电柜并排放置时，为方便其端子间的连接，变压器可提供低压横排侧出线，通常与 GGD、GCK、MNS 等低压柜相配，变压器厂与开关厂要签署接口配合纪要，确认配合接口详细尺寸，保证现场安装顺利。

（4）低压标准立排侧出线：与横排侧出线相似，当选用多米诺柜等母排为竖向布置的低压配电柜时，变压器可提供低压立排侧出线。

3.3.2 干式变压器技术数据

1. SCB 系列 10kV 级无外壳干式变压器技术参数

（1）干式变压器型号说明

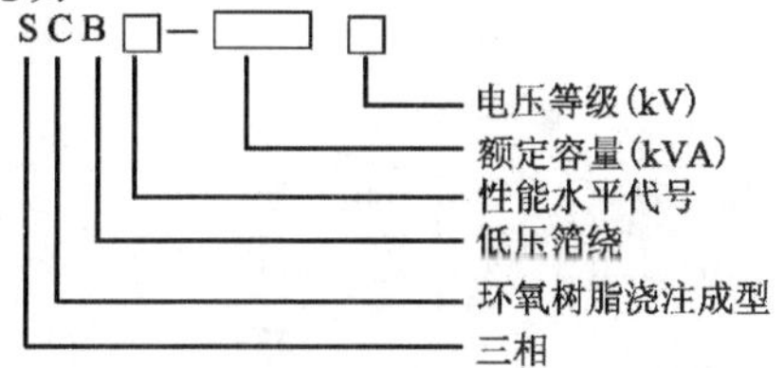

(2) 干式变压器外形（图3.3-8）

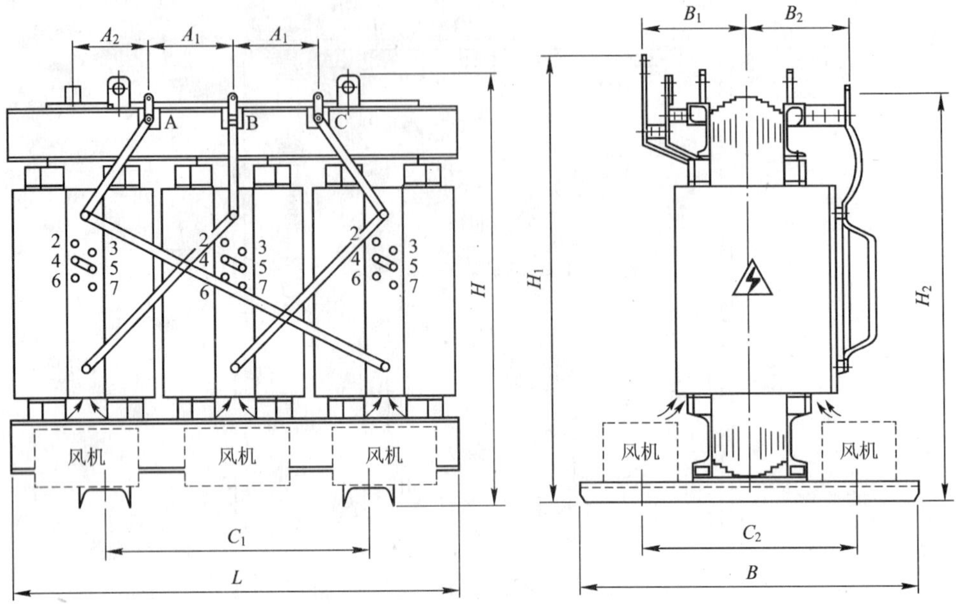

图3.3-8　干式变压器外形图

(3) 干式变压器规格（表3.3-4）

干式变压器规格表　　**表3.3-4**

容量 (kVA)	U_k (%)	声级 LPA (dB)	外形尺寸 (mm)											重量 (kg)	低压端子图号 图3.3-9
			L	B	H	A_1	A_2	B_1	B_2	C_1	C_2	H_1	H_2		
30	4.0	45	940	680	675	305	130	285	390	550	400	715	655	350	(*a*)
50		45	1000	680	745	330	130	295	300	550	400	780	720	500	(*a*)
80		45	1080	680	795	355	130	305	310	660	550	830	770	650	(*a*)
100		45	1080	800	865	360	130	305	315	660	550	905	840	700	(*a*)
125		45	1120	800	905	375	140	305	320	660	550	945	880	820	(*a*)
160		46	1150	800	935	380	140	305	320	660	550	975	910	960	(*b*)
200		46	1200	840	1020	400	160	325	325	660	550	1065	1000	1120	(*b*)
250		46	1200	840	1070	400	160	325	320	820	660	1105	1040	1250	(*b*)
315		47	1310	840	1160	435	180	305	295	820	660	1145	1100	1470	(*c*)
400		48	1340	840	1225	445	180	310	300	820	660	1220	1165	1630	(*c*)
500		48	1390	1050	1310	465	180	325	310	820	660	1360	1245	1960	(*d*)
630a		48	1430	1050	1420	475	190	330	310	820	660	1480	1355	2260	(*d*)
630a	6.0	50	1500	1050	1390	495	200	320	305	820	660	1450	1325	2260	(*d*)
800		50	1520	1050	1460	505	200	320	310	820	660	1500	1395	2590	(*e*)
1000		51	1580	1090	1545	525	200	335	320	1070	660	1620	1480	3030	(*f*)
1250		51	1630	1090	1640	545	200	390	330	1070	660	1730	1570	3610	(*g*)
1600		52	1750	1180	1745	590	210	400	340	1070	820	1835	1655	4380	(*g*)
2000		52	1820	1180	1865	610	220	415	350	1070	820	1980	1780	5200	(*h*)
2500		53	2030	1180	1930	680	250	430	370	1070	820	2025	1845	6470	(*h*)

（4）低压接线端子（图 3.3-9）

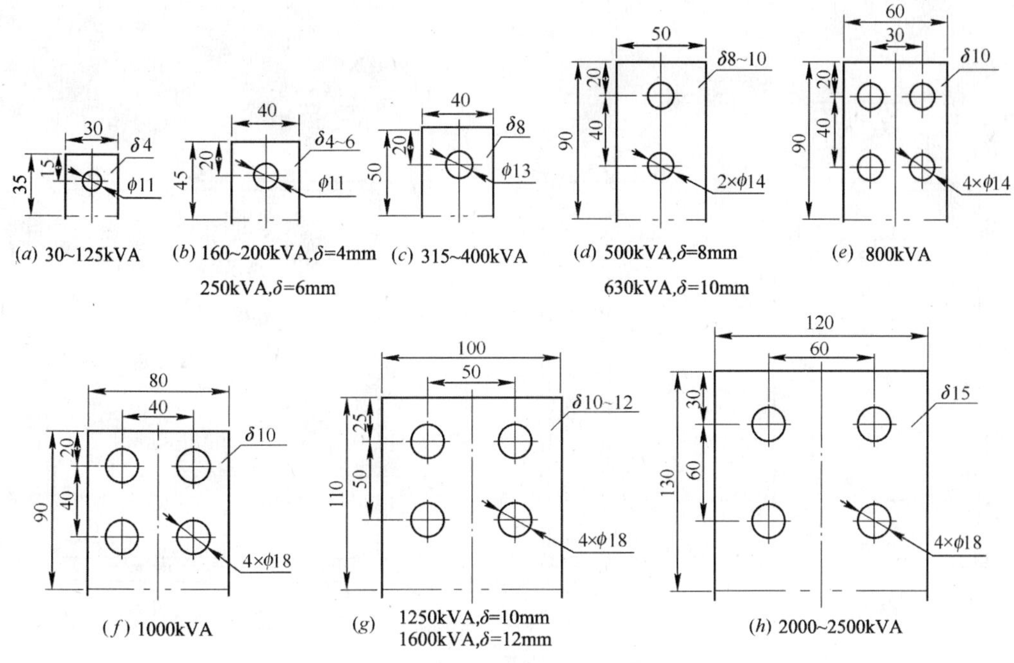

图 3.3-9　低压接线端子图

2. SCB 系列 10kV 级带保护外壳干式变压器技术参数

（1）干式变压器外形（图 3.3-10）

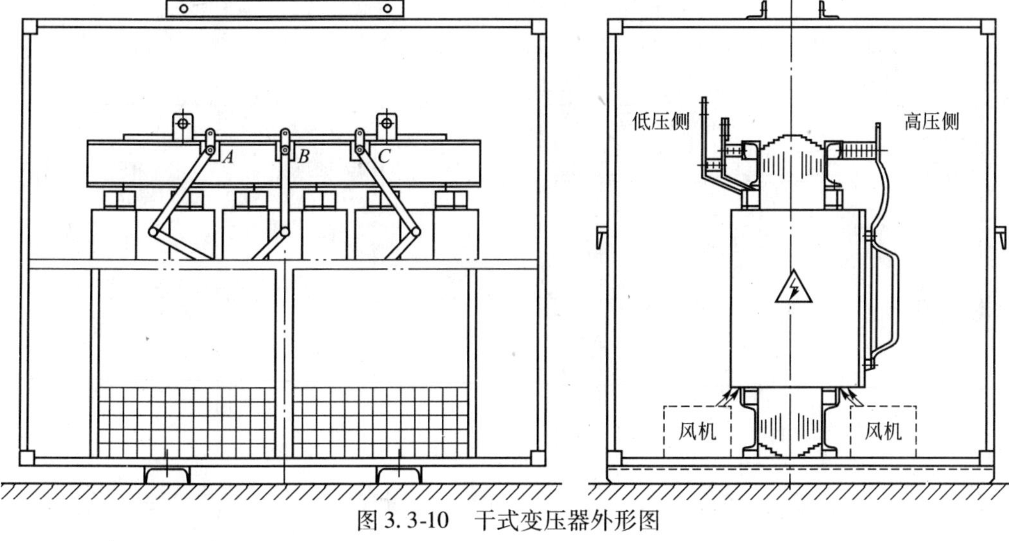

图 3.3-10　干式变压器外形图

（2）性能说明

1）选用保护外壳的目的

防止人体接近变压器带电部件、防止固体异物进入变压器、防止由于水进入变压器内对变压器造成有害影响。

2）选用材料：美观耐用的铝合金或其他材料。

3）高、低压侧均配备电缆进出线夹持，使接线更方便牢固。

（3）标准低压上出线

1）标准低压上出线一（图 3.3-11）

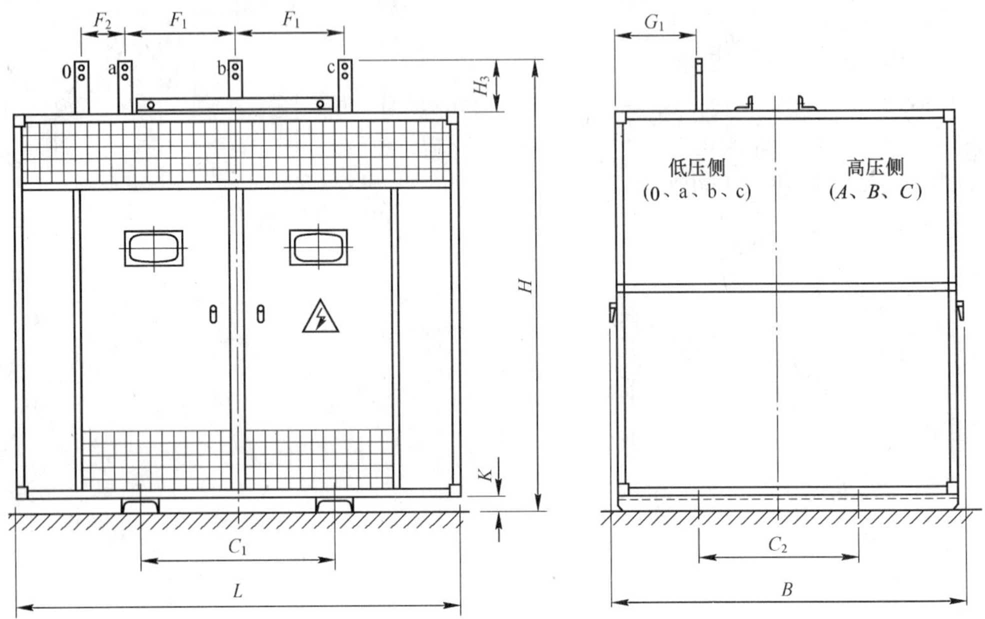

图 3.3-11 标准低压上出线一

2）标准低压上出线二（图 3.3-12）

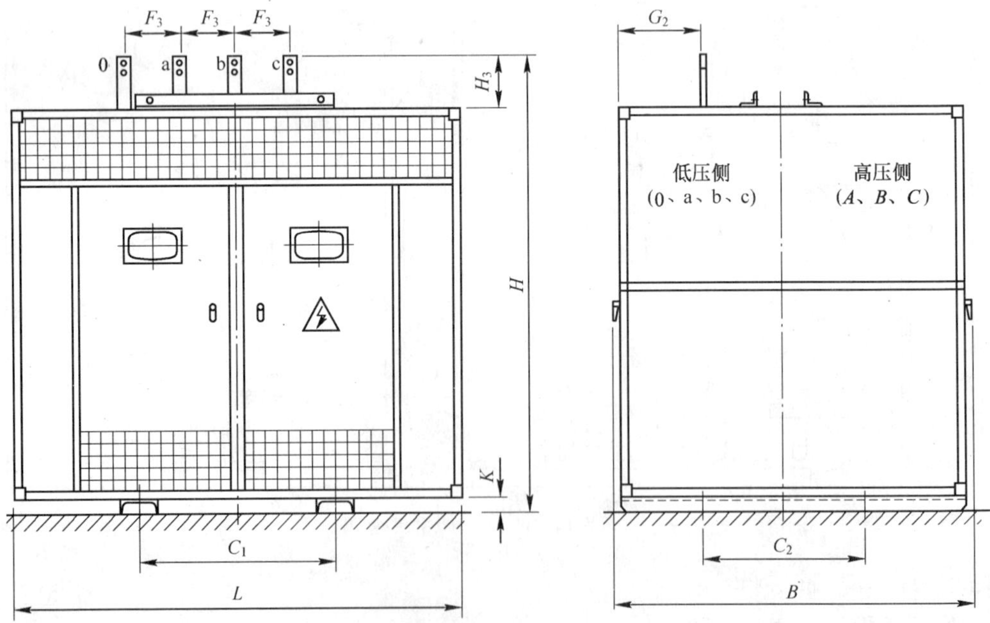

图 3.3-12 标准低压上出线二

（4）干式变压器规格（表 3.3-5）

干式变压器规格表（mm） 表 3.3-5

容量（kVA）	U_k（%）	L	B	H	C_1	C_2	K	H_3	上出线一			上出线二		重量（kg）	低压端子图号 图 3.3-13
									F_1	F_2	G_1	F_3	G_2		
50		1290	1250	1190	550	400	48	220	330	130	200	165	195	565	(*a*)
80		1370	1290	1250	660	550	48	220	355	130	210	178	205	720	(*a*)
100		1550	1310	1455	660	550	53	220	360	130	210	180	205	800	(*a*)
125		1590	1320	1505	660	550	53	220	375	140	210	188	205	925	(*a*)
160		1610	1330	1535	660	550	53	220	380	140	220	190	215	1070	(*b*)
200	4.0	1660	1340	1600	820	660	58	220	400	160	215	200	210	1230	(*b*)
250		1680	1360	1660	820	660	58	220	400	160	215	200	210	1370	(*b*)
315		1780	1370	1730	820	660	58	220	435	180	255	218	250	1600	(*c*)
400		1810	1390	1800	820	660	63	220	445	180	250	223	245	1780	(*c*)
500		1870	1500	1870	820	660	63	220	465	180	330	233	325	2150	(*d*)
630a		1950	1530	2000	820	660	63	220	475	190	340	238	335	2480	(*d*)
630a		1950	1530	2000	820	660	63	220	495	200	350	248	345	2480	(*d*)
800		2020	1560	2030	820	660	63	220	505	200	365	253	360	2840	(*e*)
1000		2060	1590	2100	1070	660	68	220	525	200	345	263	335	3300	(*f*)
1250	6.0	2130	1610	2190	1070	660	68	220	545	200	305	273	295	3920	(*g*)
1600		2270	1660	2290	1070	820	68	220	590	210	320	295	310	4730	(*g*)
2000		2330	1690	2420	1070	820	68	220	610	220	310	305	295	5600	(*h*)
2500		2530	1740	2510	1070	820	68	220	680	250	310	340	315	6900	(*h*)

（5）低压上出线接线端子图（图 3.3-13）

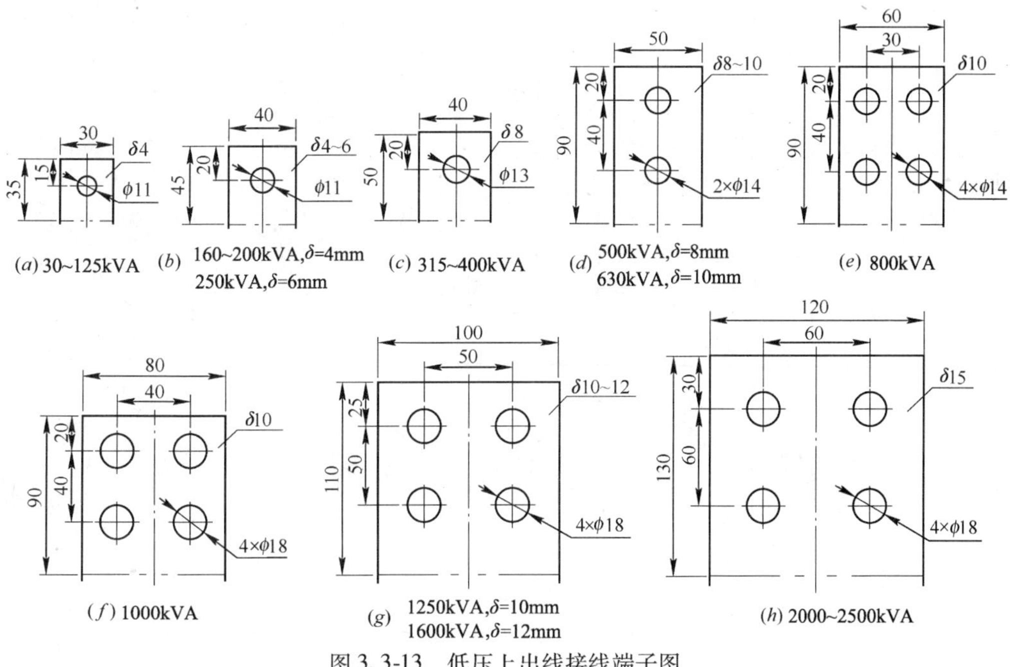

图 3.3-13 低压上出线接线端子图

3. 变压器低压侧出线选择（表 3.3-6）

变压器低压侧出线选择 表 3.3-6

变压器容量(kVA)	变压器低压侧出线选择				变压器低压侧中性点接地线选择				
	低压电缆(mm²)		低压铜母线(mm²)	母线槽(A)	BV电线(mm²)	VV电缆(mm²)	铜母线(mm²)	裸铜绞线(mm²)	镀锌扁钢(mm²)
	VV	YJV							
200	3×240+1×120	3×185×+1×95	4(40×4)		1×50	1×50	15×3	1×35	25×4
250	2(3×150+1×70)	3×300+1×150	4(40×4)	630	1×70	1×70	15×3	1×50	40×4
315	2(3×240+1×120)	2(3×150+1×70)	4(50×5)	630	1×70	1×70	20×3	1×50	40×4
400	3×2(1×185)+1(1×185)	2(3×185+1×95)	4(63×6.3)	800	1×95	1×95	20×3	1×70	40×4
500	3×2(1×240)+1(2×240)	3×2(1×240)+1(1×240)	3(80×6.3)+1(63×6.3)	1000	1×120	1×120	25×3	1×70	40×5
630	3×2(1×400)+1(1×400)	3×2(1×300)+1(1×300)	3(80×8)+1(63×6.3)	1250	1×150	1×150	25×3	1×95	50×5
800	3×4(1×185)+2(1×185)	3×4(1×150)+2(1×150)	3(100×8)+1(80×6.3)	1600	1×120	1×150	30×4	1×95	50×5
1000	3×4(1×240)+2(1×240)	3×4(1×240)+2(1×240)	3(125×10)+1(80×8)	2000	1×150	1×150	30×4	1×95	50×5
1250	3×4(1×400)+2(1×400)	3×4(1×300)+2(1×300)	3×[2(100×10)]+(100×8)	2500	1×185	1×185	30×4	1×120	63×5
1600			3×[2(125×10)]+1(125×10)	3150		1×240	40×4	1×150	80×5
2000			3×[2(125×10)]+1(125×10)	4000		1×240	40×4	1×185	100×5
2500			3×[3(125×10)]1+(125×16)	5000		1×300	40×5	1×240	80×8

注：1. 变压器低压侧出线按环境温度选择铜芯电缆、铜母线、母线槽，过载系数取 1.25。单芯电缆并列系数取 0.8；多芯缆并列系数取 0.9；VV 电缆温度系数取 0.94；YJV 电缆温度系数取 0.96 母线温度校正系数取 0.887；

2. 中性点接地线按变压器 D,yn11 接法、变压器负序及零序阻抗等于正序阻抗、变压器低压侧出线 5m、短路切除时间 0.6 s 计算。

4. 干式变压器使用条件

（1）干式变压器安装地点的海拔高度不超过1000m，环境温度不高于40℃。如果海拔高度超过1000m，或环境温度高于40℃时，应按《干式电力变压器》GB 6450—86 标准和有关规定作适当的定额调整。

（2）干式变压器一般安装在自然通风良好和清洁干燥的场所。如果安装在地下室或其他通风不良的地方，应考虑强制通风的问题。干式变压器每 1kW 的损耗（空载损耗 + 负载损耗）大约需要 $4m^3/min$ 的通风量。

3.3.3 干式变压器安装前的准备

安装前应认真阅读产品说明书，产品铭牌和产品外形尺寸图，了解产品重量、安装方法等内容，准备好相应的起吊设备和工具。

变压器带电导体与地的最小安全距离应符合《电力变压器绝缘水平和绝缘试验外绝缘的空气间隙》GB 1094.3—2003 的规定。

1. 前期准备

（1）变压器安装施工图手续齐全，并通过供电部门审批。

（2）应了解设计选用的变压器性能、结构特点及相关技术参数等。

2. 设备及材料要求

（1）变压器规格、型号、容量应符合设计要求，其附件、备件齐全，并应有设备的相关技术资料文件，以及产品出厂合格证。设备应装有铭牌，铭牌上应注明制造厂名、额定容量、一、二次侧额定电压、电流、阻抗及接线组别等技术资料。

（2）辅助材料：电焊条，防锈漆，调合漆等均应符合设计要求，并有产品合格证。

3. 作业条件

（1）变压器室内、墙面、屋顶、地面工程等应完毕，屋顶防水无渗漏，门窗及玻璃安装完好，地坪抹光工作结束，室外场地平整，设备基础按工艺配制图施工完毕。受电后无法进行再装饰的工程以及影响运行安全的项目施工完毕。

（2）预埋件、预留孔洞等均已清理，并调整至符合设计要求。

（3）保护性网门，栏杆等安全设施齐全，通风、消防设置安装完毕。

（4）与电力变压器安装有关的建筑物、构筑物的建筑工程质量应符合现行建筑工程施工及验收规范的规定。当设备及设计有特殊要求时，应符合其他要求。

4. 产品装卸

（1）装卸设备可采用起重机、汽车吊、叉车等起吊设备。

（2）变压器吊装时，索具必须检查合格，运输路径应道路平整良好。根据变压器自身重量及吊装高度，决定采用何种搬运工具进行装卸。

（3）主体包装箱四角下方（滑木倒角处附近）喷有“由此吊起”标志符号，起吊时，装卸产品时要用两根钢丝绳，应在包装箱的四下角垫木处挂钢丝绳，如图 3.3-14（*a*）；如没有包装箱或变压器从包装箱中吊出时，应同时使用器身上的所有吊板起吊，如图 3.3-14（*b*）。起吊钢丝绳之间的夹角不得大于 60°。若因吊高限制不能符合条件，请用横梁辅助提升。

（4）产品装卸过程中，应小心轻放。

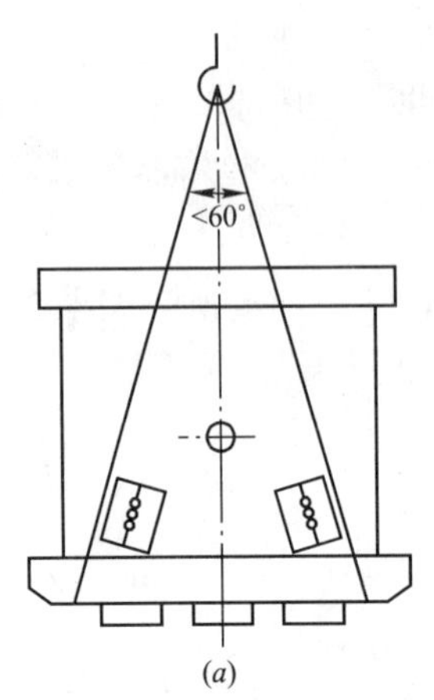

(*a*)

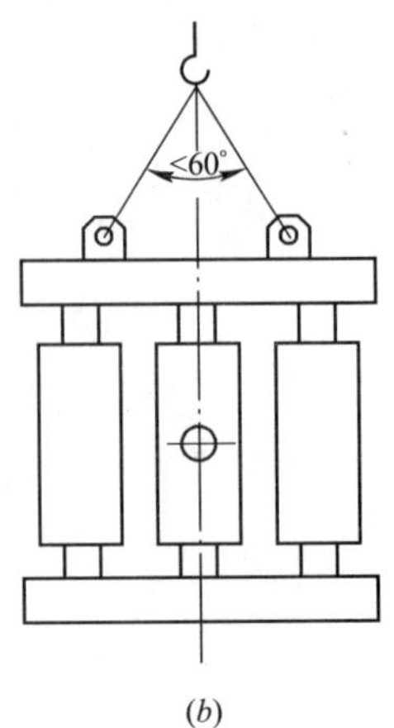

(*b*)

图 3.3-14 变压器吊装方法
（*a*）带包装箱吊装；（*b*）不带包装箱吊装

5. 设备二次搬运

（1）干式变压器二次搬运应由起重工作业，电工配合，搬运时最好采用汽车吊和汽车，如距离较短时，且道路较平坦时可采用捯链吊装、卷扬机拖运、滚杠运输等。变压器重量参见表 3.3-7。

干式变压器参考重量表 **表 3.3-7**

序号	容量（kVA）	参考重量（t）	序号	容量（kVA）	参考重量（t）
1	100～200	0.71～0.92	4	1250～1600	3.39～4.22
2	250～500	1.16～1.90	5	2000～2500	5.14～6.30
3	630～1000	2.08～2.73			

（2）产品在车站、码头中转或终点卸下后不要堆码，同时在包装箱下用木方垫好，垫高不小于 100mm。并用防雨布遮好。产品在运输过程中，应有防雨雪措施。

（3）产品在运输过程中，其变压器倾斜度不大于 30°。

（4）对于有小车变压器，为防止在运输过程中的位置移动，一般应卸掉小车轮。产品应紧固在一个牢固的底座上，在运输过程中产品不允许有晃动、碰撞和移动现象。

（5）用叉车装卸时，叉头同下夹件接触处应垫相应木方，防止破坏铁芯，并采取措施防止变压器倾倒。

（6）如果采用不带包装箱运输，变压器的附件及出厂文件，应另装箱，与变压器一起发运。此时，变压器应该用有一定抗撕裂强度的软性包装材料将其密封好，采用密闭车厢运输。

（7）最好将变压器带全密封的包装箱运输。如带外壳，也请把变压器装入外壳中一起运输。请注意，外壳不能替代包装箱。

（8）无包装的产品应通过小车、夹件、吊环等孔来固定变压器。要避免固定用的钢丝绳碰到变压器的器身上，更不能把钢丝绳固定在绝缘子、垫块、引线铜排或其他易损件上。

6. 仓储保管

（1）需要仓储保管的产品，不应拆除包装，如因验收需拆除包装，验收完毕后不论是否合格都应恢复包装。

（2）对需长期仓储的产品，必须在库房存放，库房应清洁、干燥，不要拆去出厂包装物，变压器不要磕碰，不应同时储存活性化学药品和腐蚀性物品。

（3）安装前短时在露天放置时，产品要用方木等垫好，垫高不小于100mm，并用防雨布遮好。

7. 开箱检查验收

用户收到变压器后，应立即进行检查。

（1）变压器开箱检查人员应由建设单位、监理单位、施工单位、供货单位代表组成，共同对设备开箱检查，并做好记录。

（2）检查出厂文件是否齐全。检查产品的铭牌数据与订货合同是否相符，如产品型号、额定容量、额定电压、联结组强度等级、阻抗电压等。按照随箱清单清点变压器的安装图纸、使用说明书、产品出厂试验报告、出厂合格证书、箱内设备及附件的数量等，与设备相关的技术资料文件均应齐全。同时设备上应设置铭牌，并登记造册。

（3）检查包装箱内零部件是否与装箱单相符。部件是否齐全，有无损坏丢失。

（4）检查变压器在运输过程中有无机械损伤，变压器的零部件是否损伤或移位，接线是否松动、断裂，绝缘是否有破损，油漆应完好无损。是否有脏物或异物等。变压器高压、低压绝缘瓷件应完整无损伤，无裂纹等。

（5）检查产品外观有无损伤，温控器有无损坏；引出线绝缘，铁芯的磁绝缘是否良好。

（6）变压器有无小车、轮距与轨道设计距离是否相等，如不相符应调整轨距。

（7）变压器应存放于室内，防止潮湿。

（8）产品开箱检查完毕后，如不立即投入运行，则必须重新包装并把他放在房内安全、干燥的地方，以防损、防盗。

3.3.4 干式变压器安装

1. 施工流程

干式变压器到施工现场→外观检查与保管措施→就位安装测试、变压器试验→投入前检查→送电调试→运行→检查验收。

2. 变压器型钢基础的安装

（1）型钢金属构架的几何尺寸应符合设计基础配制图的要求与规定，如设计对型钢构架高出地面无要求，施工时可将其顶部高出地面100mm。

（2）型钢基础构架与接地扁钢连接不宜少于两端点，在基础型钢构架的两端，用不小于40mm×4mm的扁钢相焊接，焊接扁钢时，焊缝长度应为扁钢宽度的两倍，焊接三个棱边，焊完后去除氧化皮，焊缝应均匀牢靠，焊接处作防腐处理后再刷两遍灰面漆。

（3）变压器的安装应采取防振措施，稳装在混凝土地坪上，变压器安装见图3.3-15。

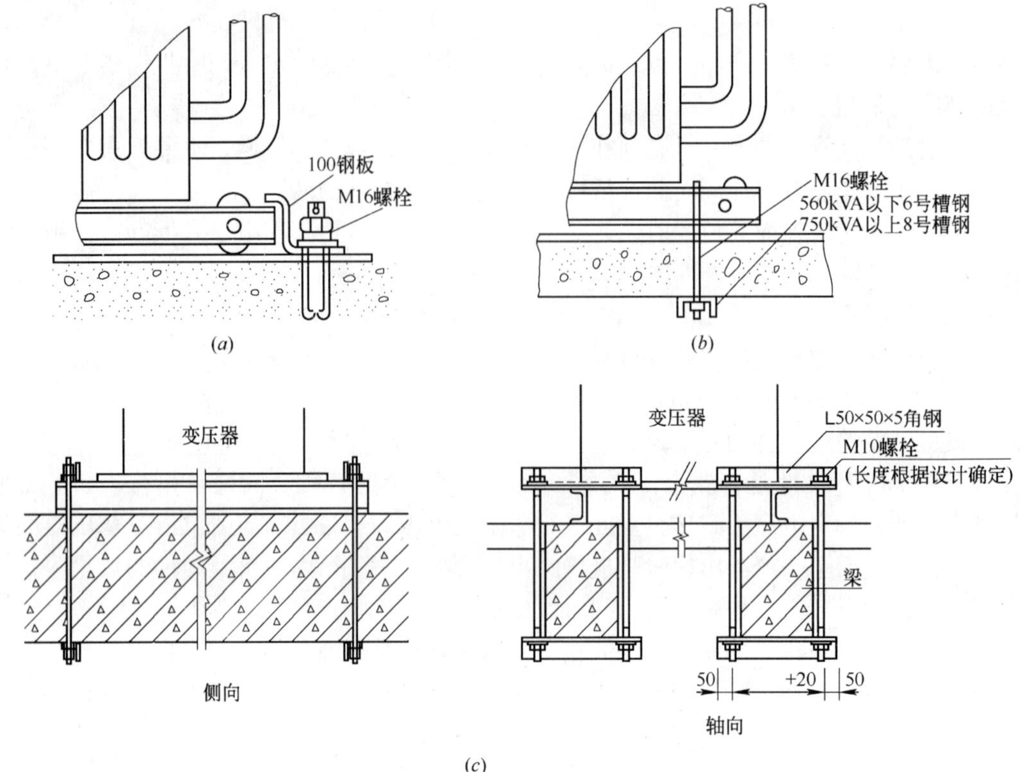

图 3.3-15 变压器安装方法
(a) 在混凝土地面上固定；(b) 混凝土梁上固定；(c) 变压器防振固定方法

(4) 装有滚轮的变压器，滚轮应转动灵活，一般情况下，卸下变压器小车轮即可直接放置在使用场地安装，检查完毕后即可投入运行，对于有防振和其他特殊要求的情况，安装变压器的地基应埋置预埋件，通过预埋件把变压器固定。

3. 干式变压器本体安装

(1) 变压器安装可根据现场实际情况进行，如变压器室在首层则可直接吊装进室内；如果在地下室，可采用预留孔吊装变压器或预留通道运至室内就位到基础上。

(2) 变压器外廓（防护外壳）与变压器室墙壁和门的净距不应小于表 3.3-8 的规定。

变压器外廓（防护外壳）与变压器室墙壁和门的最小净距（m）　　表 3.3-8

项目 \ 变压器容量（kVA）	100～1000	1250～2500
油浸变压器外廓与后壁、侧壁净距	0.6	0.8
油浸变压器外廓与门净距	0.8	1.0
干式变压器带有 IP2X 及以上防护等级金属外壳与后壁、侧壁净距	0.6	0.8
干式变压器带有 IP2X 及以上防护等级金属外壳与门净距	0.8	1.0

注：表中各值不适用于制造厂的成套产品。

（3）多台干式变压器布置在同一房间内时，变压器防护外壳间的净距不应小于表 3.3-9 及图 3.3-16 的规定。

变压器防护外壳间的最小净距（m）　　表 3.3-9

项　目 \ 变压容量（kVA）		100～1000	1250～2500
变压器侧面具有 IP2X 防护等级及以上的金属外壳	A	0.6	0.8
变压器侧面具有 IP3X 防护等级及以上的金属外壳	A	可贴邻布置	可贴邻布置
考虑变压器外壳之间有一台变压器拉出防护外壳	B①	变压器宽度 b+0.6	变压器宽度 b+0.6
不考虑变压器外壳之间有一台变压器拉出防护外壳	B	1.0	1.2

① 当变压器外壳的门为不可拆卸式时，其 B 值应是门扇的宽度 C 加变压器宽度 b 之和再加 0.3m。

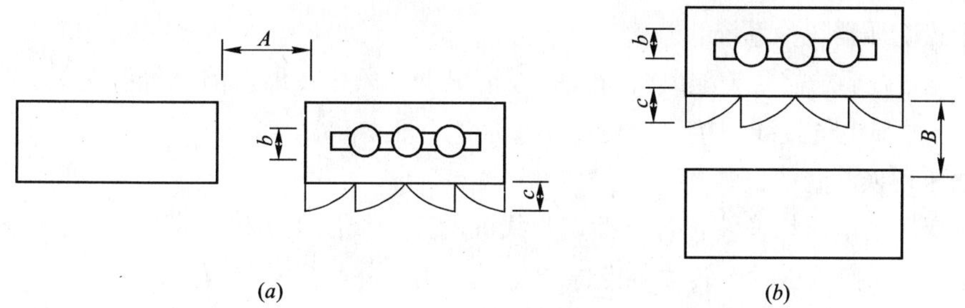

图 3.3-16　干式变压器安装维修最小距离
（a）多台干式变压器之间 A 值；（b）多台干式变压器之间 B 值

4. 干式变压器外壳安装（图 3.3-17）

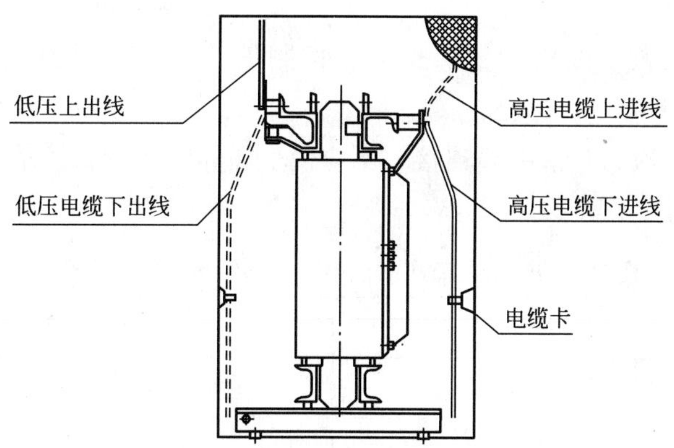

图 3.3-17　变压器外壳安装

（1）变压器外壳安装除满足变压器主机安装条件之外，外壳底部应与变压器底部（卸掉小车轮）在同一水平面上，对主机与外壳之间的相对位置也有一定的要求。

（2）整个外壳均为散件式结构，装配运输都非常方便。具体安装方法可参见随机附件《干式变压器外壳安装使用说明书》。

5. 干式变压器温控、温显系统安装

干式变压器一次组件应按产品说明书位置安装，二次仪表装在便于观测的变压器护网栏上。导线软管不得有压扁或死弯，富余部分应盘圈并固定在温度计附近。干式变压器的电阻温度计，一次组件应预装在变压器内，二次仪表也可以安装在值班室或操作台上。温度补偿导线应符合仪表要求，并加以适当的附加温度补偿电阻，校验调试合格后方可使用。

（1）对于无外壳且仅有温显的情况，其安装可采用温显自带安装支架，固定在变压器夹件上。

（2）对于无外壳，但有温控、温显的情况时，因为温控、温显是合二为一的结构，故可以安装在变压器夹件上或离变压器一定距离内的墙壁等固定建筑物上。

（3）对于带外壳且仅含温显的情况下，温显可直接嵌入到外壳预留开孔内。

（4）对于既有外壳又有温控、温显的情况下，温控箱直接挂在外壳上。

6. 干式变压器风冷系统

当变压器按要求需要装配风机时，一般情况下，风机在出厂前已经装配好，用户只要参照温控、温显电气接线图接线就可以了。

7. 电压切换装置的安装

（1）变压器电压切换装置各分接点与线圈的连接线压接正确，牢固可靠，其接触面接触紧密良好。切换电压时，转动触点停留位置正确，并与指示位置一致。

（2）有载调压切换装置转动到极限位置时，应装有机械连锁和带有限位开关的电气连锁。

（3）有载调压切换装置的控制箱，一般应安装在值班室或操纵台上，联线正确无误，并应调整好，手动、自动工作正常，档位指示正确。

8. 变压器联结

（1）变压器的一次、二次联线、地线、控制管线均应符合现行国家施工验收规范规定。

（2）变压器的一次、二次引线连接，不应使变压器的套管直接承受应力。安装时，电联结部位螺栓拧紧力矩见表 3.3-10 。

变压器的一次、二次引线电联结部位螺栓拧紧力矩表　　表 3.3-10

螺栓规格	螺栓力矩（N·m）	螺栓规格	螺栓力矩（N·m）
M8	8.8～10.8	M12	31.4～39.2
M10	17.7～22.6	M16	78.5～98.1

（3）变压器中性线在中性点处与保护接地线同接在一起，并应分别敷设，中性线宜用绝缘导线，保护地线宜采用黄/绿相间的双色绝缘导线（图 3.3-18）。

（4）变压器中性点的接地回路中，靠近变压器处，宜做一个可拆卸的连接点。

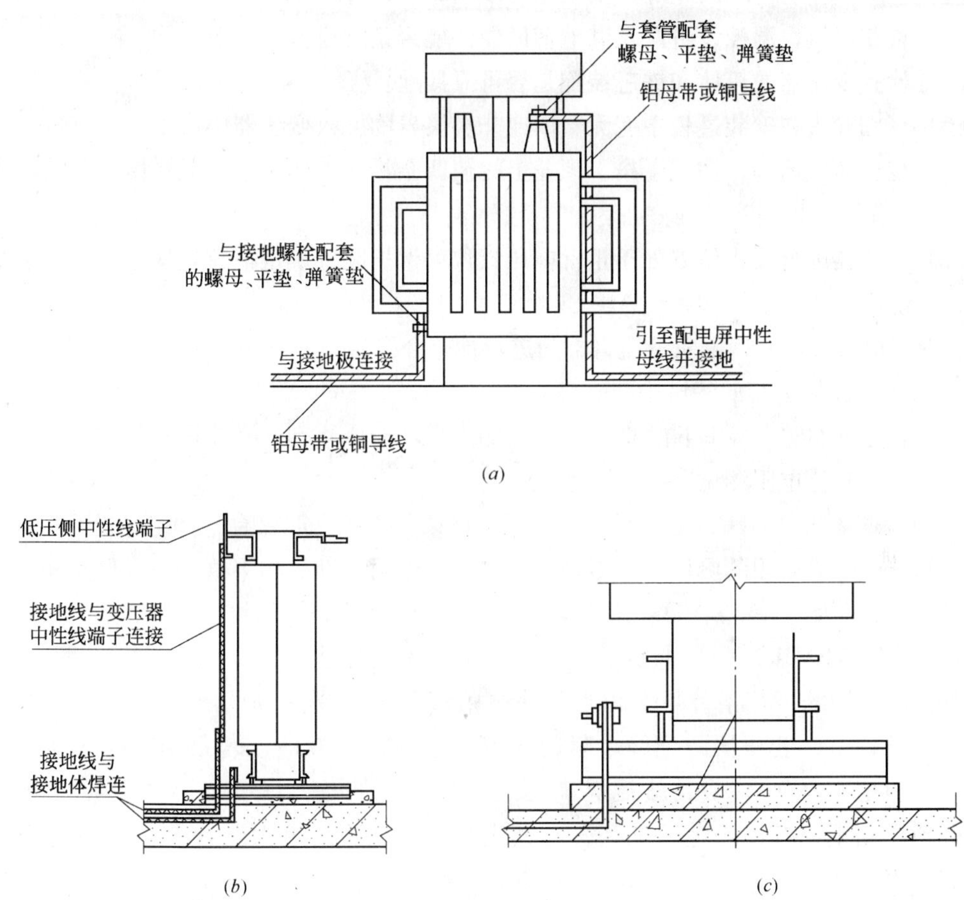

图 3.3-18 变压器接地方法
(*a*) 变压器中性点接地和外壳接地方式一；(*b*) 变压器中性点接地和外壳接地方式二；
(*c*) 变压器外壳保护接地

3.3.5 干式变压器试运行

变压器的交接试验应由当地供电部门认可的，有资质许可证件的试验室进行。试验标准应符合现行国家施工验收规范的规定，以及生产厂家产品技术文件的有关规定。

变压器交接试验内容。测量线圈连同套管一起的直流电阻，检查所有分接头的变压比，三相变压器的联结组强度等级，测量线圈同套管一起的绝缘电阻，线圈连同一起做交流耐压试验，试验全部合格后方可使用。

1. 干式变压器变压器运行前的检查

(1) 变压器试运行前应做全面检查，确认各种试验单据应齐全，数据真实可靠，变压器一次、二次引线相位，相色正确，接地线等压接接触截面符合设计和国家现行规范规定。

(2) 检查所有的紧固件、连接件、标准件是否松动。

(3) 检查运输时拆卸的零部件安装是否妥当，并检查变压器是否有异物存在。

(4) 检查风机、温控设备以及其他辅助器件能否正常运行。

(5) 检查变压器的箱体和铁芯装配是否可靠接地。

(6) 仔细检查在安装过程中有无金属或非金属异物掉入变压器中。

(7) 变压器应清理，擦拭干净。顶盖上无遗留杂物，本体及附件无缺损。通风设施安装完毕，工作正常。消防设施齐备。

(8) 变压器的分接头位置处于正常电压档位。保护装置整定值符合规定要求，操作及联动试验正常。

经上述检验合格后，由质量监督部门进行检查合格后，方可进行变压器试运行。

2. 干式变压器运行前的试验

变压器运行前应进行以下试验：

(1) 绕组直流电阻测试。

(2) 检查变压器和铁芯是否接地良好，检查穿心螺杆（如果有）的绝缘是否良好。

(3) 线圈绝缘电阻的测试。一般情况下，绝缘电阻可满足如下值：

高压～低压及地 ≥300MΩ　　2500V 兆欧表

低压～地≥100MΩ　　2500V 兆欧表

在比较干燥的环境条件下，以上绝缘电阻值是很容易达到的。但是如果在比较潮湿的环境条件下，变压器的绝缘电阻值会有所下降，一般地，若每1000V额定电压，其绝缘电阻值不小于2MΩ，就能够满足运行要求。但是，如变压器遭受异常潮湿发生凝露现象则不论其绝缘电阻如何，在其进行耐压试验或投入运行前，必须进行干燥处理。

(4) 铁芯绝缘电阻的测试，一般情况下满足如下值：

铁芯～夹件及地 ≥2MΩ　　2500V 兆欧表

穿心螺杆～铁芯及地 ≥2MΩ　　2500V 兆欧表

(5) 外施工频耐压试验，试验电压为出厂试验电压的85%，历时1min。

(6) 若为有载调压变压器，应根据有载调压开关的使用说明书作运行前的检查和试验。

3. 干式变压器空载调试运行

变压器空载投入冲击试验。即变压器不带负荷投入，所有负荷侧开关应全部拉开。试验程序如下：

(1) 全电压冲击合闸，高压侧投入，低压侧全部断开，受电持续时间应不少于10min，经检查应无异常。

(2) 变压器受电无异常，每隔5min进行冲击一次。连续进行3～5次全电压冲击合闸，励磁涌流不应引起保护装置误动作，最后一次进行空载运行。

(3) 变压器全电压冲击试验，是检验其绝缘和保护装置。但应注意，有中性点接地变压器在进行冲击合闸前，中性点必须接地。否则冲击合闸时，将造成变压器损坏事故发生。

(4) 变压器空载运行的检查方法

主要是听声音进行辨别变压器空载运行情况，正常时发出嗡嗡声；异常时有以下几种情况发生：声音比较大而均匀时，可能是外加电压偏高；声音比较大而嘈杂时，可能是心部有松动；有嗞嗞放电声音，可能套管有表面闪络，应严加注意，并应查出原因及时进行处理或是更换变压器。

(5) 做冲击试验中应注意观测冲击电流、空载电流、一次及二次侧电压、变压器温度等，做好详细记录。

4. 干式变压器半负荷调试运行

变压器投入运行后，所带负荷应由轻到重，且检查产品有无异响，切忌盲目一次大负载投入。变压器应在空载时合闸投运，合闸涌流峰值最高可达 8 ~ 10 倍额定电流，对变压器的电流速动保护设定值应大于涌流峰值。

(1) 经过空载冲击试验运行 24 ~ 28h，其时间长短视实际需要而定，确认无异常后，才可进行半负荷试运行试验。

(2) 将变压器负荷侧逐渐投入，直到半负载时停止，观察变压器温升、一次二次侧电压和负荷电流变化情况，应每隔 2h 记录一次。

(3) 经过变压器半负荷通电调试运行符合安全运行后，再进行满负荷调试运行。

5. 干式变压器满负荷运行

(1) 继续调试变压器负荷侧使其达到满负荷状态，再运行 10h 观测温升、一次、二次侧电压和负荷电流变化情况，每隔 2h 进行记录一次。

(2) 经过满负荷变压器试运行合格后，向建设单位办理移交手续。

6. 产品保护

(1) 变压器就位后，应采取有效保护措施，防止铁件及杂物掉入线圈框内。并应保持器身清洁干净。

(2) 操作人员不得蹬踩变压器作业，应避免工具、材料掉下砸伤变压器。

(3) 对安装的电气管线及其支架应注意保护，不得碰撞损伤。

(4) 应避免在变压器上方操作电气焊，如不可避免时，应做好遮挡防护，防止焊渣掉下，损伤设备。

7. 安全事项

(1) 温度控制器及风机的电源应通过控制箱获得，而不要直接接在变压器上。

(2) 变压器投入运行前，必须对变压器室的接地系统进行认真的检查，特别是变压器的铁芯和外壳。

(3) 变压器无外壳时，要安放隔离栏栅。如果隔离栏栅是金属网，也要可靠接地。

(4) 变压器外壳的门要关好，当有开门保护时，请把开启接点串入跳闸回路。

(5) 变压器室要有防小动物进入的措施，以免发生意外事故。

(6) 变压器投入运行以后，禁止触摸变压器主体，以防事故发生。工作人员进入变压器室一定要穿绝缘鞋。注意与带电部分的安全距离，不要触摸变压器。

（7）如发现变压器噪声突然增大，应立即注意变压器的负荷情况和电网电压情况，加强观察变压器的温度变化，要及时与有关人员联系获取咨询。

（8）变压器的安装、试验、操作和维护必须由有资格的专业人员承担。

8. 竣工文件

（1）厂家提供的产品说明书、合格证、试验记录、安装图。

（2）安装技术记录。

（3）试验报告。

（4）备品、备件清单。

3.3.6 干式变压器运行及维护

变压器退出运行后，一般不需要采取其他措施即可重新投入运行。但是如果是在高温下且变压器正发生凝露现象，则必须经干燥处理后，变压器才能重新投入运行。

1. 干式变压器运行前的准备工作

变压器投入运行前，要核对铭牌数据，铭牌电压和线路电压是否相符；要检查变压器接地装置是否良好；变压器绝缘是否合格等，经检查一切都符合要求后，变压器方能投入运行。

2. 干式变压器运行标准

（1）允许温升：变压器运行时，在正常条件下，不得超过绝缘材料所允许的温度（绝缘等级见《产品检验报告书》）。

（2）允许负荷：变压器有负荷时，因铜损和铁损而发热，负荷愈大，发热愈多，温升愈高，当变压器负荷足够大时，变压器可能超过允许温升，这样容易损坏绝缘，为此，变压器运行有允许的连续稳定的负荷，即变压器运行时，一般要求不得超过铭牌所规定的额定值。

（3）允许电压变动：运行中加于变压器的电压，可等于或小于变压器的额定电压，由于变压器铁芯磁化后过饱和的关系，即使向变压器加以较小的过电压，也会引起磁感应不均匀地大量增加。变压器中磁感应愈大，电压高次谐波愈多，空载电流也就愈大，空载电流增大，高次谐波使电压波形畸变愈尖锐，这对较高电压的变压器特别危险。根据所述，规定变压器外加电压一般不超过所在分接头额定值105%，并要求变压器二次侧电流不大于额定值。

（4）绝缘电阻允许值：一般使用1000～2500V兆欧表测量绝缘电阻值。衡量变压器绝缘状态的基本方法，是把运行过程中所测得的绝缘电阻值与运行前所确定的原始数据相比较。测量时，在环境湿度相同的条件下，如果绝缘电阻值剧烈下降至初值的50%或更低，即认为不合适。

3. 干式变压器的定期检查

为了保证变压器能正常运行，需对他进行定期检查和维护。

（1）日常检查

1）检查时间：经常有值班人员的变电所，对变压器每天至少检查一次。

2）外部检查：变压器音响的性质“嗡嗡”声是否大，有无新的音调发生；电缆和母线有无异常现象；变压器温升情况等。

3）应根据电流表、电压表等来监视变压器的负荷。安装在经常有值班人员的变电所内的变压器，应根据控制盘上的仪表监视变压器运行，并每小时抄表一次，仪表不在控制室时，每班至少记录二次。此外，还必须进行负荷调整。对于配电变压器，应在大负荷时测量其三相负荷，如发现不平衡，应重新分配。

4）除负荷监视外，还必须对温升进行监视。安装在配电盘上的温度计，每班也应至少记录二次。

（2）定期检查

一般干燥清洁的场所，每年或更长一点时间进行一次检查，在其他场合，例如：有灰尘或混浊的空气中运行，每3～6个月进行一次检查。定期检查的具体要求见表3.3-11。

变压器定期检查周期表 **表3.3-11**

检查内容	周期	保养检查要点
绕组	每年一次	（1）绕组表面树脂层之变色、剥离、龟裂、创伤及变形之检查； （2）有无附着金属粉或碳粉质灰尘①； （3）绝缘电阻之测定②； （4）灰尘较多时应清除，结露时需擦除
套管类及支持绝缘物	每年一次	（1）污损程度之检查； （2）龟裂或破损之检查； （3）污垢多时应清除，结露时需擦除
导线及接续导体	每年一次	（1）检查拧紧处松紧情况，并充分拧紧； （2）局部性变色； （3）腐蚀、变形检查
分接头端子处	每年一次	（1）检查接续处螺栓松紧情况，并充分拧紧； （2）有无追撞或炭化痕迹； （3）局部性变色之检查； （4）龟裂或破损之检查； （5）污垢多时之清除，结露之擦除
一般构造部分	每年一次	（1）检查拧紧处松紧情况，并充分拧紧； （2）螺栓、螺母类有无脱落； （3）生锈、变形、涂料剥离之检查
温度计（数位温控器）及感温器	每年一次	（1）动作是否正常； （2）接点检查、生锈及水分浸入之检查
冷却扇及其他	每年一次	（1）动作是否正常； （2）检查拧紧处松紧情况，并充分拧紧； （3）有无异常噪声及振动； （4）有无油脂泄漏及外伤

①经常堆积金属粉或碳质灰尘时，必须查出其原因并作预防处置；

②利用1kV绝缘电阻计测定绝缘电阻，其判定为：额定电压1kV时10MΩ以上（于25℃）。

检查时，如果发现灰尘聚集过多，则必须清除以保证空气流通和防止绝缘击穿，但不得使用挥发性的清洁剂，特别注意要清洁变压器的绝缘子、绕组装配的顶部和底部，并使用压缩空气吹净通风气道中的灰尘。压缩空气的流动方向与变压器运行时冷却空气的流动方向相反。

检查紧固件、连接件是否松动，导电零件以及其他零部件有无生锈、腐蚀的痕迹，还要观察绝缘表面有无碳化和爬电现象，必要时采取相应的措施进行处理。

4. 干式变压器的故障分析

(1) 绝缘能力降低：变压器在运行中，往往会出现绝缘能力降低的现象。绝缘能力降低最基本的特点是绝缘电阻下降，以致造成运行时泄漏电流增加，发热严重温升增高，从而进一步促进绝缘老化，如延续下去，后果非常严重。绝缘下降的原因之一就是绝缘受潮；原因之二是绝缘老化。

(2) 温升过高：温升过高最明显的特征是电流表指针超过了预定界限，变压器发热，严重时保护装置动作，切断电路。温升过高的原因是：

1) 电流过大，负荷过重，超过变压器允许限度：Y/Y 连接的变压器，当三相负荷不平衡时也会发生过热。变压器可能断线，如在△接线时对外一相断线，则对内绕组有环流通过，将发生局部过负荷。变压器夹紧螺栓松动（变压器受振动后易出现此毛病）。磁阻增大，无功负荷增大，在同样有功负荷时产生过流。

2) 通风不良：变压器表面积尘，风道阻塞，环境温度升高等。

3) 变压器内部损坏，如线圈损坏，短路等。

(3) 声响异常：变压器运行正常时是发出连续匀称的嗡嗡声，各型变压器声音大小不一，变压器大，声音也会大。有的变压器铁芯不是交错叠起，而是先叠齐成整块后用螺栓压紧的，所以运行时声音特别大，但是这种声音每次听起来都无变化，这对正常运行并没有影响，若发现声音异常，则应根据音响性质进行检查。运行时声音有增大时，一是检查是否外加电压过高，二是检查铁芯是否太松，如太松，必须夹紧。

变压器发出“吱吱”声时，说明有闪络，这时必须检查变压器金属件的尖锐部分是否倒钝。

变压器有“哔剥”声时，表示有击穿现象，可能发生在线圈或铁芯与夹件间。

(4) 变压器自动装置跳闸：此时应检查外部有无短路，过负荷和二次线路等故障，如故障原因不在外部，则需要检查绝缘电阻。

(5) 用试验方法检查故障：许多故障不能全靠外部直观检查就能正确判断，如匝间短路，内部线圈放电或击穿，内部线圈与外部线圈绝缘击穿等，必须结合外观检查进行试验测量，才能迅速而且准确地判断故障的性质和部位，对变压器故障检查及分析见表 3. 3-12 及表 3. 3-13。

干式变压器故障检查方法 **表 3.3-12**

试验项目	试验结果	故障原因	检查方法
绝缘电阻测量(用1000~2500V兆欧表)线圈-线圈;线圈-地	绝缘电阻为零	线圈对地或线圈与线圈间有穿击现象	解体检查线圈和绝缘
	线圈间以及每相间的绝缘电阻不相等	可能是套管损坏	检查各相引线对地的绝缘电阻
空载试验	空载损耗与电流值非常大	铁芯螺杆或铁轭螺杆与铁芯有短路处,接地片装得不正确,构成短路;匝间短路	检查接地情况及匝间短路处,用1000V兆欧表,测铁螺杆的绝缘电阻,检查夹件绝缘状况,当一相短路时,测量 PAC/PAB = PAC4PBC≤25%,若与此不符,则表明匝间有短路
	空载损耗非常大	铁芯片间绝缘不良	用直流电压,电流法,测片间漆膜绝缘电阻
	空载电流大	铁芯接缝装配不良,硅钢片不足量	观察铁芯接缝及测量铁芯截面
短路试验	阻抗电压很大	各部分接不良	分段测量直流电阻
	短路损耗过大	并联导线中有断裂,换位不正确;导线截面较少	将低压短路,当高压Y接线时,分别在AB,BC,CA线端施压,进行三次短路试验,对每次测得结果加以分析比较,当高压△接线时,应分别短接一相
线圈连接组测量	所得结果同任一连接组均不相符	某相线圈中一个线圈方向相反了	选用连接组测量法找出线圈接错部位

干式变压器故障分析 **表 3.3-13**

故障	现象	产生故障原因	检查方法
1. 铁芯部分			
铁芯片间绝缘损坏	空载损耗增大	铁芯片间绝缘老化有内部损坏	进行外观检查,可用直流电压、电流法测片间绝缘电阻
铁芯局部短路和铁芯局部熔毁	信号回路动作	铁芯式铁轭螺杆的绝缘损坏;故障处有金属件将铁芯片短路,片间损坏严重;接地方法不正确构成短路	进行外观检查,可用直流电压、电流法测片间绝缘电阻
接地片断裂	当电压升高时,内部可能发生轻微放电声		检查接地片

续表

故　障	现　　象	产生故障原因	检　查　方　法
不正常的响声式噪声		（1）铁芯迭片中缺片或多片； （2）铁芯气道内或夹件下面有未夹紧的自由端； （3）铁芯紧固件松动	（1）应补片或抽片确保铁芯夹紧； （2）将自由端用绝缘件塞紧压住； （3）检查紧固件并予以紧固
2. 线圈			
匝间短路	（1）一次电流略增高； （2）各相直流电阻不平衡； （3）故障严重时，差动保护动作，如在供电测装有过电流保护装置，也动作	（1）由于自然损坏，散热不良，或长期过负载，使匝间绝缘老化； （2）由于变压器短路或其他故障，使线圈振动与变形，损伤匝间绝缘； （3）线圈绕制时未发现的缺陷	（1）外观检查； （2）测直流电阻
线圈断线	断线处发生电弧	由于连接不良或短路应力使引线断裂；导线内部焊接不良，匝间短路，使线匝烧断	如线圈为三角形接法，可用电流表检查线圈的相电流或测直流电阻，如线圈为星形接法可用1000V兆欧表检查
对地击穿		（1）主绝缘因老化而有破裂，折断或缺陷； （2）线圈内部有杂物落入； （3）过电压作用； （4）短路时线圈变形，损坏	（1）用兆欧表测线圈对地绝缘电阻； （2）外观检查

5. 干式变压器运行中的监护

在干燥、清洁的环境中、在正常负荷情况下，变压器不用维护。平时应着重注意下列几个方面：

（1）经常观察负荷情况和变压器的温度情况。

（2）经常检查风机能否启动，是否有断相情况。

（3）如发现有过多的灰尘聚集，应在可断电的情况下用干燥、清洁的压缩空气来清除这些灰尘。

（4）产品停运后，经绝缘检测，无异常情况可直接带负荷投入运行。

（5）只要电网电压最大值不超过相应分接电压的5%，变压器可安全运行。

（6）无激磁调压的变压器，在完全脱离电网（高、低压侧均断开）的情况下，用户可根据当时电网电压的高低按分接位置牌所示，进行三相同时调节。

（7）有载调压变压器，当电网电压波动时，可在负载的情况下，通过自动控制器或电动、手动操作来改变线圈匝数，从而稳定输出电压。

（8）变压器的附件，如温度控制器、开关、冷却风机等的使用，请参阅有关说明书，在附件调试正常后，先将变压器投入运行，再将附件投入运行。

3.3.7 干式变压器订货须知

干式变压器订货时，需要提供下列技术参数：

变压器型号：__________

额定容量：__________ kVA

相数： □三相 □单相

额定频率： □50Hz □60Hz

额定电压比（高压/低压）：

________ kV/________ kV

高压分接范围：±______×______%

联结组强度等级：□Dyn11 □Yyn0

□其他：________

短路阻抗 Uk：__________%

使用条件：海拔__________ m

环境温度__________℃

冷即方式： □自冷 AN □风冷 AF

防护等级： □IP00 □IP20

□其他__________

低压出线方式： □标准上出线一

□标准上出线二 □标准封闭母线

□标准侧出线 □其他__________

对温度控制系统的要求：

（1）功能配置：□常规功能

□带 PS232C 计算机接口功能

□带 4～20mA 电流输出功能

（2）是否配置温控箱：（带外壳产品请填写此项）

□是 否

（3）在外壳的安装位置：（带外产品请填写此项）（面向变压器低压侧）

高压侧
左侧
右侧
低压侧
温控箱

□低压侧（常规） □高压侧

□左侧 □右侧

其他要求：__________________

3.4 预装式变电站安装

预装式变电站（简称箱变）是一种把高压开关设备、配电变压器、低压开关设备、电能计量设备和无功补偿装置等按一定的接线方案组合在一个或几个箱体内的紧凑型成套配电装置。它适用于额定电压 10/0.4kV 三相交流系统中，作为接受和分配电能之用。适用于工厂、矿山、油田、港口、机场、城市公共建筑、居民小区、高速公路、地下设施等场所。

预装式变电站在技术上具有：成套性强、体积小、造型美观、运行安全可靠、维护方便、可选择性大等优点。在经济上具有占地面积小，移动方便、深入负荷中心、建设周期短、减少浪费等优点。

3.4.1 预装式变电站主要技术指标

1. 预装式变电站使用条件

（1）海拔高度不超过 2000m。

（2）环境温度：-30～+40℃之间。

（3）空气相对湿度：日平均不大于 95%，月平均不大于 90%。

（4）风速：不大于35m/s。

（5）产品安装在没有火灾、爆炸危险、化学腐蚀及剧烈振动的场所。

2. 预装式变电站产品型号

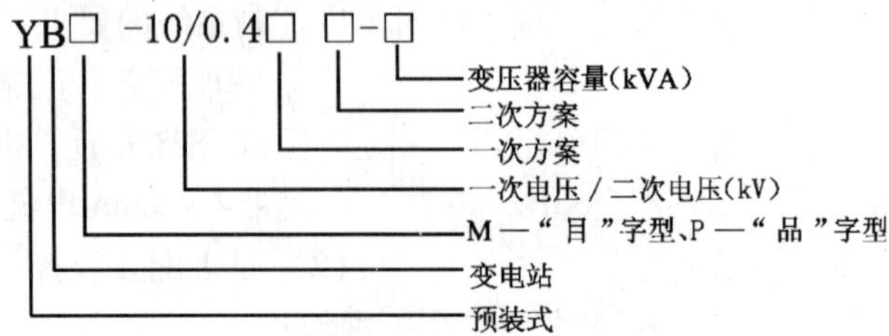

3. 预装式变电站主要技术性能（表3.4-1）

主要技术性能表　　表3.4-1

	项　目	单　位	参　数
高压单元	额定电压	kV	12
	额定频率	Hz	50
	1min工频耐受电压对地、相间/隔离断口	kV	42/48
	雷电冲击电压对地、相间/隔离断口	kV	75/85
	额定电流	A	630
	额定短时耐受电流（2s）	kA	20
	额定峰值耐受电流	kA	50
低压单元	额定电压	V	380，220
	主回路额定电流	A	100~3200
	额定短时耐受电流（1s）	kA	15，30，50
	额定峰值耐受电流	kA	30，63，110
	分支回路数	路	根据用户需要
	补偿容量（为变器容量的）	kvar	15%~20%
变压器单元	额定电压	kV	10
	额定容量	kVA	50~2000
	阻抗电压	%	4，6
	分接范围		±2×2.5%，±5%
	连接组强度等级		Yyn0　Dyn11

4. 预装式变电站主回路基本方案

（1）预装式变电站高压主回路方案（表3.4-2）

预装式变电站高压主回路方案 **表 3.4-2**

编号	1	2	3	4	5
主回路线路图	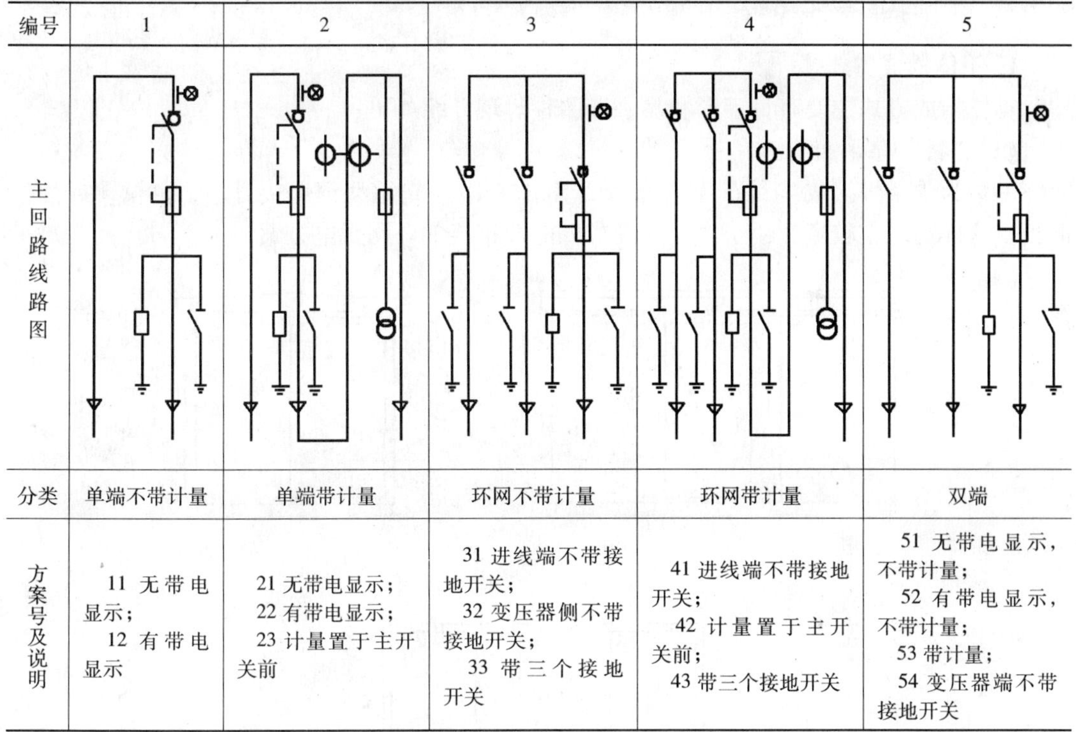				
分类	单端不带计量	单端带计量	环网不带计量	环网带计量	双端
方案号及说明	11 无带电显示； 12 有带电显示	21 无带电显示； 22 有带电显示； 23 计量置于主开关前	31 进线端不带接地开关； 32 变压器侧不带接地开关； 33 带三个接地开关	41 进线端不带接地开关； 42 计量置于主开关前； 43 带三个接地开关	51 无带电显示，不带计量； 52 有带电显示，不带计量； 53 带计量； 54 变压器端不带接地开关

（2）预装式变电站低压主回路方案（表 3.4-3）

预装式变电站低压主回路方案 **表 3.4-3**

编号	1	2	3	4
主回路线路图	1~8	1~8	1~6　1~6	1~9
分类	无补偿　单级系统	有补偿　单级系统	有补偿　多级系统	刀熔开关简化系统
方案号及说明	102 二回路出线； 103 三回路出线； 104 四回路出线； 105 五回路出线； 106 六回路出线； 107 七回路出线； 108 八回路出线	202 二回路出线； 203 三回路出线； 204 四回路出线； 205 五回路出线； 206 六回路出线； 207 七回路出线； 208 八回路出线	301 一加二回路出线； 302 二加二回路出线； 303 二加三回路出线； 304 二加四回路出线； 305 三加三回路出线； 306 三加四回路出线； 307 四加四回路出线； 308 五加五回路出线； 309 六加六回路出线	402 二回路出线； 403 三回路出线； 404 四回路出线； 405 五回路出线； 406 六回路出线； 407 七回路出线； 408 八回路出线； 409 九回路出线

3.4.2 预装式变电站结构

1. 箱体构成方式

箱体构成方式主要有目字形和品字形两种。现介绍如下：

(1)"目"字形布置

一种为骨架焊接成"目"字形布置（图3.4-1），先用型钢焊接骨架，再拉铆或焊接面板。这样高压室较宽，便于实现环网或双电源接线的环网供电方案。

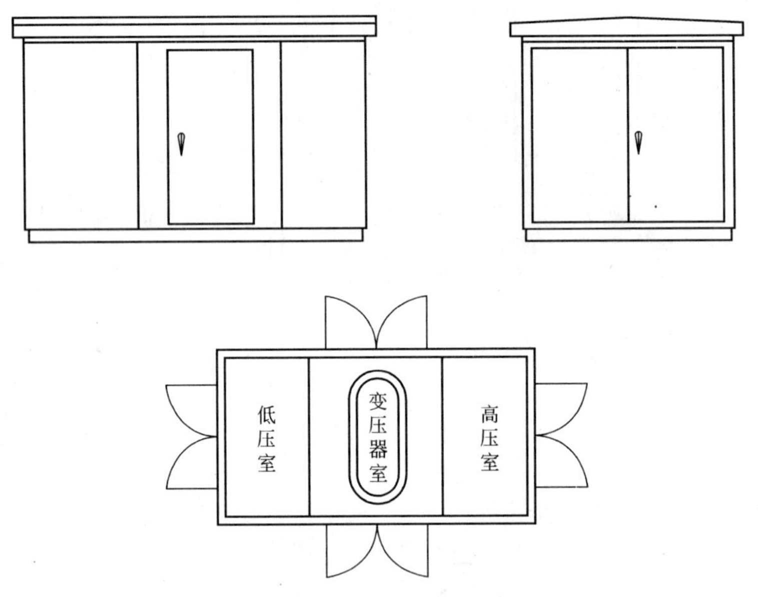

图3.4-1 箱体"目"字形布置

(2)"品"字形布置

另一种为无骨架装配成"品"字形布置（图3.4-2），钢板经折弯成形后进行表面处理，最后用螺栓连接装配而成。品字形布置的特点是扩大了低压出线单元，可放置6面低压柜，有8~12回路出线。根据用户的需要，相变也可设置操作走廊及值班室。

2. 隔热通风措施

箱体四周均为上下可通气的双层结构，箱顶层中还设有隔热材料，有效地降低了因日照引起的室内温度升高。变压器室底部、顶部均装有自动换气扇，侧面或门的上半部设百叶窗，可保证变压器在高温季节内能满载安全运行。

3. 运行安全可靠

相变高压侧选用环网开关装置或其他高压网柜，运行安全可靠。

4. 操作维修方便

各室均有自动照明装置，变压器室设有轨道及小车，便于变压器安装，维护、更换；高、低压室均为前面接线和前面维护。

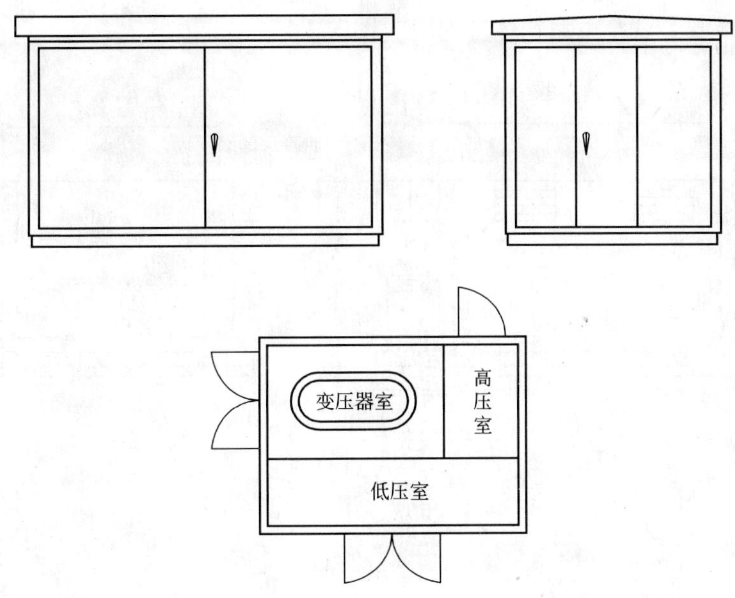

图 3.4-2 箱体"品"字形布置

3.4.3 预装式变电站规格

预装式变电站基础说明：

（1）电缆进出口应埋设 *DN*100 的钢管，埋设深度不应小于 0.5m，管口宜做成喇叭形，钢管向外倾斜 5%，防止雨水灌入。

（2）基础外需要预留人孔，以便进入检修，待变压器安装接线完成后，可用砖封堵。

（3）基础通风口有效面积应不小于 0.6m^2。

（4）基础上表面应保证水平，避免引起预装式变电站变形。

1. YBM（P）-10kV/0.4kV 型预装式变电站基础

YBM（P）-10kV/0.4kV 型预装式变电站基础见图 3.4-3。

2. 平置式预装式变电站规格

（1）平置式预装式变电站外形（图 3.4-4）和规格尺寸（表 3.4-4）

平置式预装式变电站规格尺寸表 **表 3.4-4**

变压器容量（kVA）	结构形式	*L*（mm）	*W*（mm）	*H*（mm）	重量（kg）
≤400	高低压室无走廊	3600	2200	2400	≤1000
≤500	高低压室无走廊	4000	2400	2500	≤1000
≤630	高压室无走廊，低压室有走廊	4600	2400	2600	≤1000
≤630	高低压室均有走廊	5200	2400	2600	≤1000
800～1000	高低压室均有走廊	6400	2600	2800	≤1000

（2）平置式预装式变电站箱体基础图（图3.4-5）

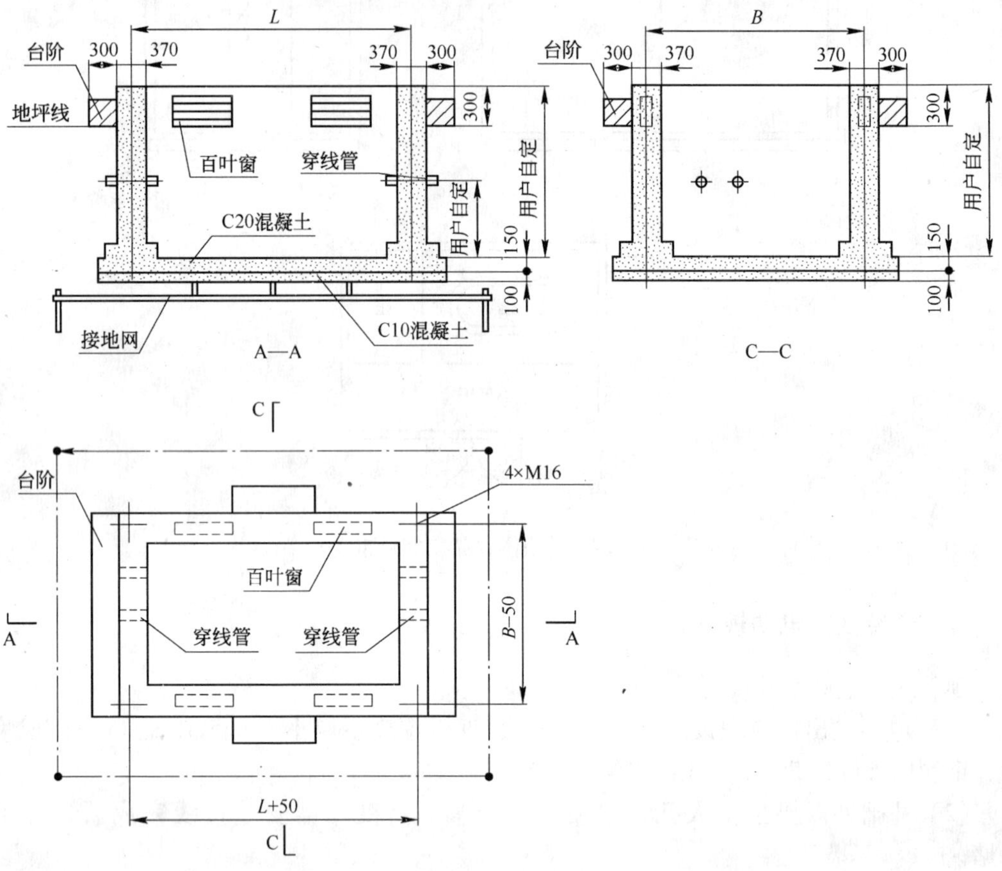

图3.4-3 YBM（P）-10kV/0.4kV预装式变电站基础图

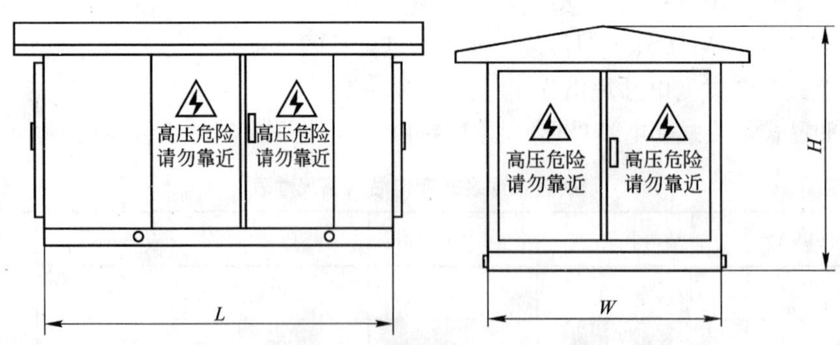

图3.4-4 平置式预装式变电站外形

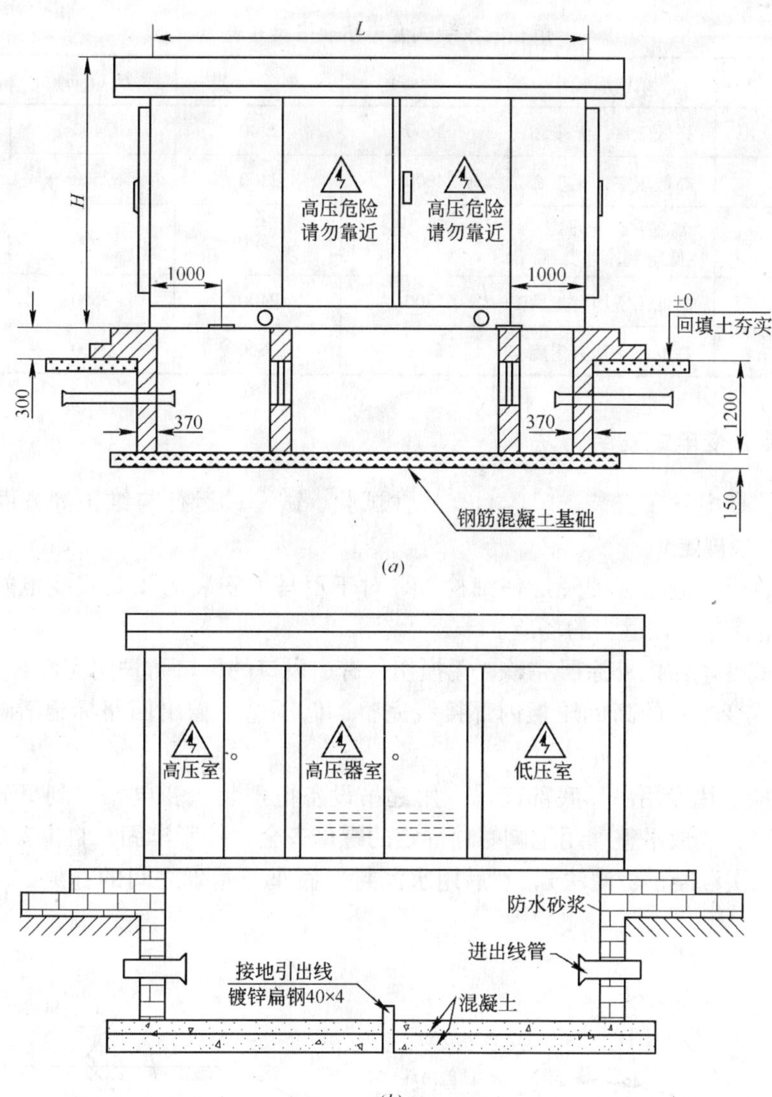

图 3.4-5 平置式预装式变电站箱体基础图
（a）方式一；（b）方式二

3. 沉箱式预装式变电站规格

沉箱式预装式变电站外形（图 3.4-6）和规格尺寸（表 3.4-5）。

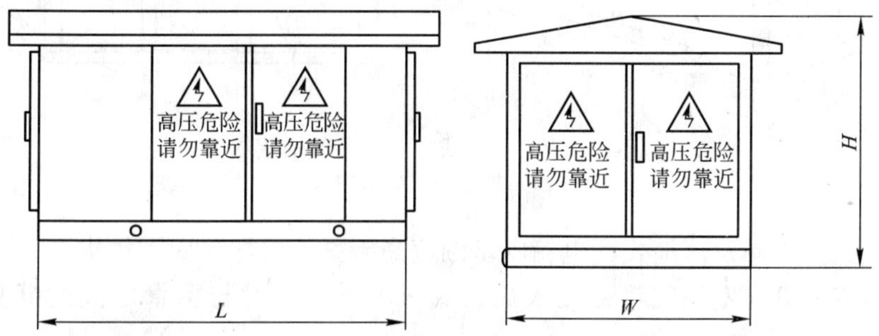

图 3.4-6 沉箱式预装式变电站外形

沉箱式预装式变电站规格尺寸表　　表3.4-5

变压器容量（kVA）	结构形式	L（mm）	W（mm）	H（mm）	重量（kg）
≤400	高低压室，无步廊	3600	2200	2400	≤1000
≤500	高低压室，无步廊	4000	2400	2500	≤1000
≤630	高压室，无步廊，低压室，有步廊	4600	2400	2600	≤1000
≤630	高低压室均有走廊	5200	2400	2600	≤1000
800～1000	高低压室均有走廊	6400	2600	2800	≤1000

3.4.4 预装式变电站安装方法

1. 预装式变电站在安装、验收、交接性试验、试车、运行与维护等方面应遵守电力部门要求的各项规定。

2. 用户收货时应按有关规定仔细检查，对于不马上安装的预装式变电站，应按正常使用条件规定，存放在适当的场所。

3. 预装式变电站内外涂层完整、无损伤，有通风口的风口防护网完好。

4. 预装式变电站的高低压柜内部接线完整、低压每个输出回路标记清晰，回路名称准确。

5. 产品应采用专用吊具底部起吊。用起吊设备把预装式变电站吊到事先做好的基础上（图3.4-7），摆放平整，用地脚螺栓固定的螺母齐全，拧紧牢固；自由安放的应垫平放正（可采用二次混凝土浇灌法），然后用水泥封住底座与基础之间的缝隙，以免雨水进入变电站。

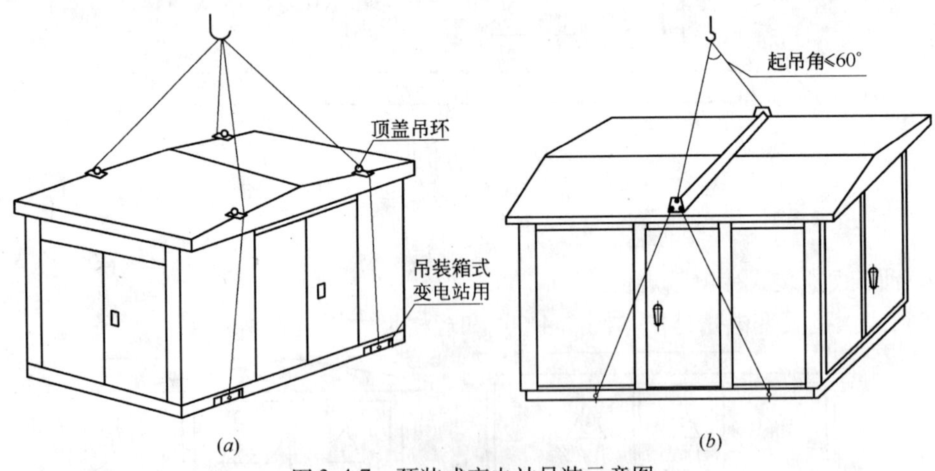

图3.4-7　预装式变电站吊装示意图
（a）方法一；（b）方法二

6. 预装式变电站及落地式配电箱的基础应高于室外地坪，周围排水通畅。

7. 通过高、低压室的底封板接入高、低压电缆。电缆与穿管之间的缝隙密封防水。按要求接好高、低压进出电缆。

8. 预装式变电站安装就位后应做好可靠接地（图 3.4-8）：将接地系统与预装式变电站接地端子牢固连接，且有标识。变电站底座槽钢上的两个主接地端子、变压器中性点及外壳、避雷器下桩头等均应分别由安装部门直接接地。所在接地应共用一组接地装置，从接地网引至预装式变电站的接地引线应不少于两条。安装说明如下：

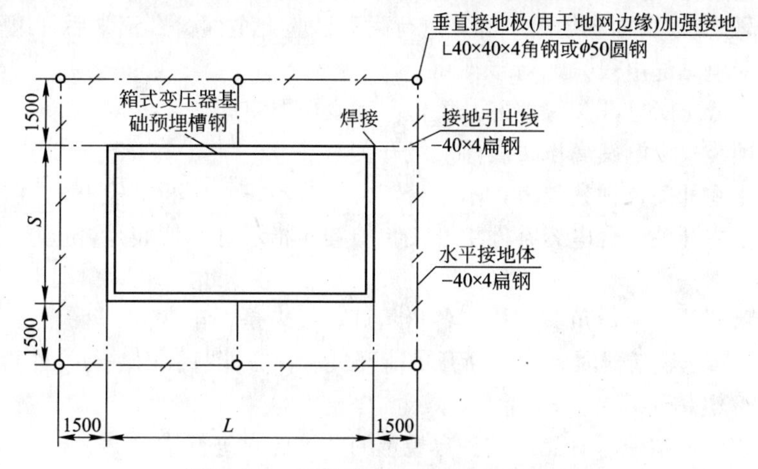

图 3.4-8　预装式变电站接地网施工图

（1）接地装置埋设深度≥0.7m；

（2）所有电气设备外壳、绝缘子底座均应与接地网可靠连接；

（3）箱式变压器底座应与接地网直接连接，连接接点不少于两处；

（4）所有接地装置均应做热镀锌处理；

（5）地网敷设完毕后应测接地电阻，其值不应大于4Ω，否则应补加垂直接地极；

（6）所有水平均压带“+”字交叉处或“T”形相交处要求按规定焊接接地线，连接处的搭接长度必须为扁钢宽度的 2 倍或圆钢直径的 6 倍；

（7）接地网边缘经常有人出入的通道处应铺设砾石混凝土路面。

9. 如果设计有要求，预装式变电站还应装有防雷设备，主要有避雷针和避雷器。避雷针是为了防止变电站遭受直接雷击，将雷电对其自身放电，把雷电流引入大地。

3.4.5　预装式变电站运行及保养

预装式变电站必须有经过考核合格的专业人员或维修人员，方可进行操作和维修，并应仔细阅读随机附带的所有技术文件和电气图纸。

1. 预装式变电站投入运行前检查

预装式变电站在安装完毕或维修后，投运前应进行如下检验和试验：

（1）预装式变电站内部及各组件表面是否清洁、干燥、无异物。

（2）操作机构、开关等可移动零件是否灵活、可靠。

（3）主要电器的通断是否灵活可靠。

（4）电器辅助触头的通断是否可靠准确。

（5）继电器动作是否准确无误。

（6）仪表及互感器的变比及接线极性是否正确。

（7）所有电器安装紧固件是否旋紧、电器安装是否牢固、可靠。

（8）所有母线连接是否良好，其支持绝缘子，夹持件是否安装可靠。

（9）电器的整定值是否符合要求，熔断器熔心规格是否正确。

（10）主电路及辅助电路的接点是否符合电气原理图要求。

（11）各部分应根据相应的电压等级进行耐压试验。全面检查正常后可送电。

2. 预装式变电站送电投入运行步骤

（1）打开高低压所有开关，关好开关柜门和变压器室门。

（2）合上预装式变电站高压进线前一级开关。

（3）合高压主开关，观察仪表指示是否正常，若不正常应断电检查。

（4）合低压主开关，合电容补偿主开关，检查各指示灯、仪表是否正常，若不正常应断电检查。

（5）合支路开关，接通负载，检查各指示灯、仪表是否正常。

（6）当更换高压熔断器时，应先断开负荷开关后，方能打开门进行操作检修。

3. 预装式变电站保养

（1）预装式变电站中所有元件按各自规定的技术要求进行维护。

（2）若选用的变压器为油浸式，每年应按规定至少进行一次油样分析检查。

（3）运行中的高压开关设备，经20次带负荷或2000次无负荷分合闸操作后，应检查触头情况和灭弧装置的损耗程度，发现异常应及时检修或更换。

（4）低压开关设备自动跳闸后，应检查分析跳闸原因，待排队故障后，方能重新投运。

（5）避雷器每年应在雷雨季节到来之前进行一次预防性试验。

（6）检修高压开关设备或整体维修时，必须先切断变电站进线电源。

4 柴油发电机组安装

柴油发电机组是一种小型发电设备，系指以柴油等为燃料，以柴油机为原动机带动发电机发电的动力机械。在建筑电气工程中，自备电源的柴油发电机组，均选用380V/220V的低压发电机，发电机在制造厂均作出厂试验，合格后柴油发动机组成套供货。

高层建筑依照建筑技术规范及设计要求，设置应急柴油发电机组，柴油发电机组容量根据设计而定；并应设置自动切换开关，以作为停电后自动启动柴油发电机组供电。通常接入柴油发电机组应急供电负载设备包括：消防设备（消防水泵、喷淋水泵等）、消防电梯、应急照明、紧急排烟系统等。

本章相关标准规范：

（1）《建筑电气工程施工质量验收规范》GB 50303—2002。

（2）《民用建筑电气设计规范》JGJ/T 16—2008。

（3）《电气装置安装工程电气设备交接试验标准》GB 50150—2006。

（4）《供配电系统设计规范》GB 50052—2009。

4.1 柴油发电机组介绍

4.1.1 柴油发电机组供电方法

1. 正常供电

为了节省输电用的导线材料及电能损耗，发电厂一般都采用高压输电至大厦的变压器房。高压电力经过高压开关柜内的高压开关接到变压器，由变压器把一般为10kV的高压电降低为380V的电压，通过每个变压器引出四条母线接入大厦的总配电柜供大厦使用，大厦正常供电示意图见图4.1-1。

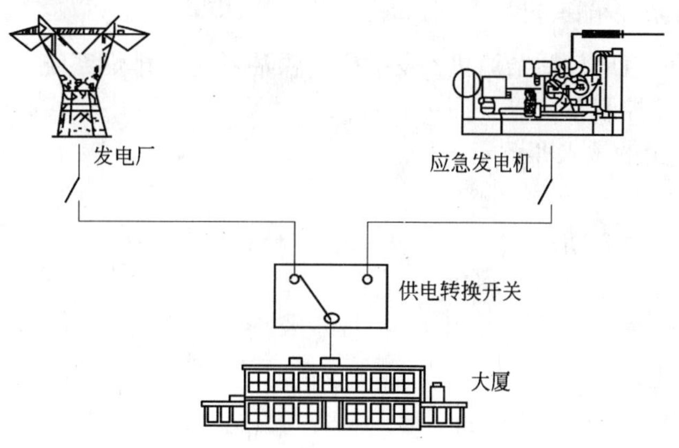

图4.1-1 大厦正常供电示意图

2. 应急供电

当市电的电力供应发生故障时，为了保障大厦的消防及紧急用电要求，一些公用建筑物都按设计要求安装有自己的应急柴油发电机组，以保障紧急用电的需要。

应急柴油发电机组是指发电量足够为各项设备必须应急供电的发电机组。由于消防规范要求，高层公用建筑物要安装有自己的发电机组作为应急电源供电，以便大厦万一发生火警时电力中断，必须有应急电源供应用来开动消防电梯、消防水泵及应急照明等设备，供大厦住户人员逃离火灾现场及消防人员扑灭火灾。大厦应急供电示意图见图4.1-2。

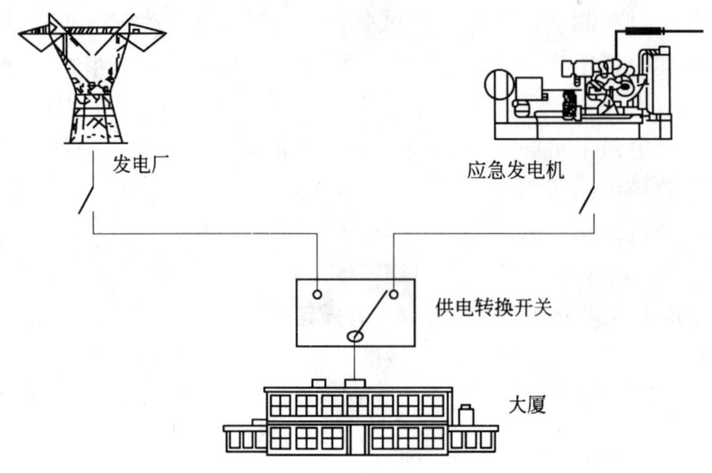

图4.1-2 大厦应急供电示意图

不论是何种原因引致大厦停电，应急柴油发电机组的自动开车装置便会启动发电机，接入大厦的供电系统，进行其有限的电力供应。

4.1.2 柴油发电机组组成

柴油发电机组是指发电量足够为各项必要服务供电的发电机，通常也称为后备发电机。

1. 柴油发电机组的组成

柴油发电机组的组成包括柴油机、发电机、供油系统、排烟系统、通风冷却系统、蓄电池组、启动电机、控制系统等（图4.1-3）。

2. 柴油发电机组的技术要求示例

（1）柴油机

启动方式：直流电启动；

自带风扇散热水箱闭式循环冷却。

（2）发电机

相数：三相四线；

额定电压：220V/380V；50Hz；$\cos\phi=0.8$；

励磁方式：无刷，相励式。

（3）需能在冷却的情况下启动，并能在启动后15s内提供达到最高设计负荷的必要电力。

（4）其最低连续总负荷定额不能低于连接发电机组的所有消防装置及消防电梯同时运

行的耗电量。

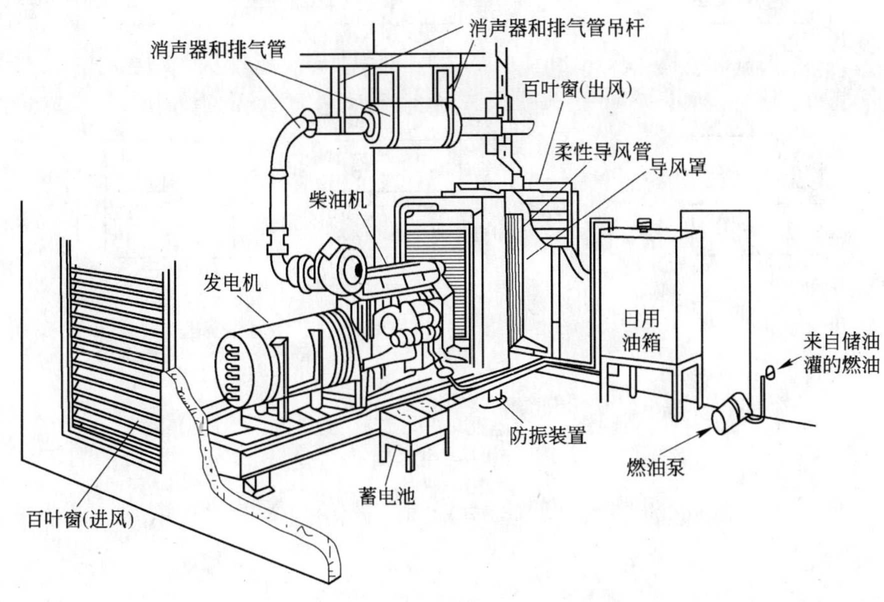

图 4. 1-3 柴油发电机组的组成

（5）在任何负荷状况下，需保持输出电压及频率稳定，使所有消防装置顺利操作。

（6）其燃料储存系统需足够，以维持所有电力供应不少于 6h。

（7）运行时所排出的废气不可对公众造成干扰，并需按照环境法规的要求排出废气。

（8）机组自带风扇散热水箱闭式循环冷却，在环境 52℃以下，机组冷却系统均能保持正常。

3. 柴油发电机组启动电池

柴油发电机组启动方式包括手动启动功能及全自动启动功能。机组能 24h 连续正常运行。机组设有铅酸高能蓄电池，容量能连续启动机组 6 次。

（1）蓄电池的作用

柴油机启动时，要求蓄电池能在短时间内向启动电机供给低压大电流（200 ~ 600A）。柴油机工作后，发电机可向用电设备供电，并同时使用充电机向蓄电池充电。柴油机在低速或停车时，发电机输出电压不足或停止工作，蓄电池又可向柴油机的电气设备供给所需电流。

柴油机常用的蓄电池电压有 6V、12V 和 24V。6V 蓄电池用于小型柴油机的启动设备。多缸车用汽油机多装用 12V 的蓄电池。多缸柴油机则有的装 24V 蓄电池，有时可用两只 12V 蓄电池串联起来，供启动时使用，启动后仍用 12V 电压供给电气设备用电。电池串并联连接方法见图 4. 1-4。

（2）铅酸蓄电池构造

蓄电池结构如图 4. 1-5 所示，它由正极板、负极板、隔板、外壳、接线柱及电解液组成。其极板是用铅合金制成的格栅，电解液为稀硫酸。两极板均覆盖有硫酸铅。但充电后，正极处极板上硫酸铅转变成二氧化铅，负极处硫酸铅转变成金属铅。放电时，则发生反方向的化学反应。

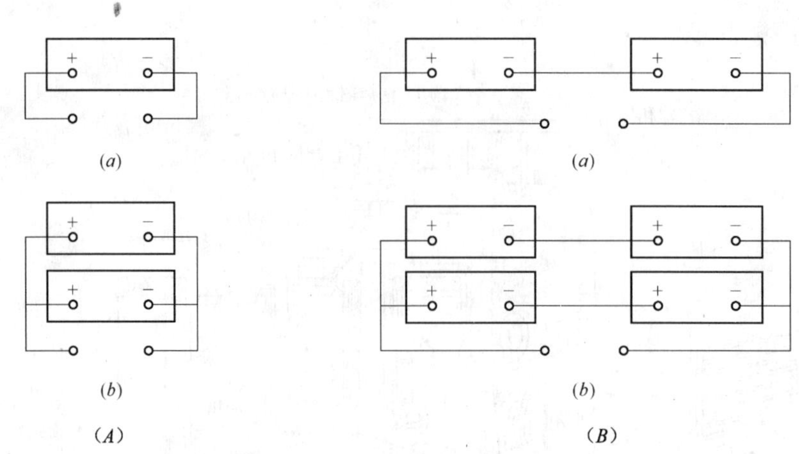

图 4.1-4 电池串并联连接方法
(A) 12V 电池
(a) 单个电池；(b) 并联
(B) 24V 电池
(a) 串联；(b) 串并联

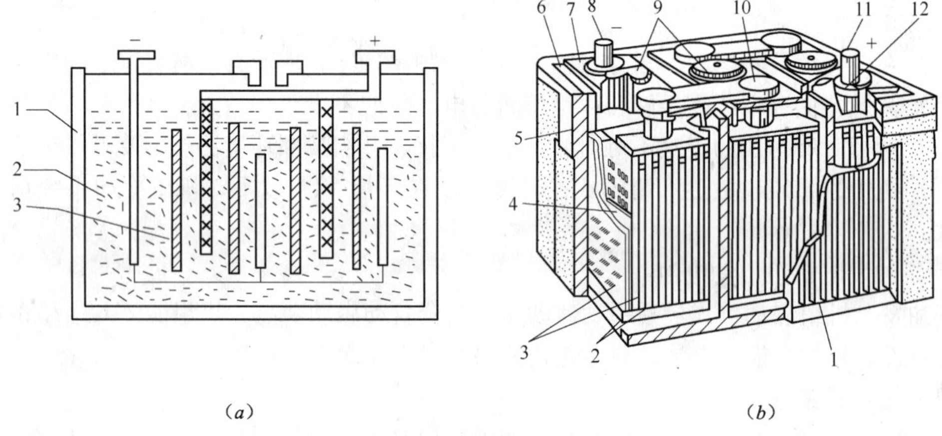

图 4.1-5 铅酸蓄电池构造
(a) 内部结构
1—电池箱；2—电解液；3—分隔板
(b) 蓄电池的构造
1—外壳；2—正极板；3—负极板；4—隔板；5—保护板；
6—封口料；7—蓄电池；8—负极接线柱；9—加液口塞；
10—连接片；11—正极接线柱；12—密封环

(3) 电解液的配合比例

比例是 1：200～1：300。浓硫酸的比例是 1：835，如要配成各种比例，可参照表 4.1-1。

(4) 蓄电池的保养及安全使用

1) 要及时清除蓄电池上的灰尘和泥土、清除接线柱上和电线接头的氧化物。

2) 平时应将蓄电池上的绝缘护板盖好，维护保养时，严禁把工具或其他金属导体放在蓄电池上面，以免造成短路。

酸性蓄电池电解液的配合比例 **表 4.1-1**

序 号	比 例	硫酸与水的体积比	比例（水=1）重量比	硫酸占电解液的重量（%）
1	1:18	5:2	2.9	25.6
2	1:20	4:3	2.4	29.4
3	1:22	3:7	2.1	32.2
4	1:24	3:4	1.9	34.5

3）要经常检查电解液面的高度，如果发现液面下降，应加注蒸馏水。

4）电启动时，启动时间不可超过 15s。

5）不同容量的蓄电池不要互换使用。

6）工作时要注意电流表的工作情况，发现问题应立即检查。

7）安装连接蓄电池时要注意极性，不要接错。

4. 应急柴油发电机组供油方法

日用油箱的大小宜按 3～8h 燃油量考虑，当油量大于 500L 时，应设有储油隔间，大于 1000L 时不应放置在主体建筑内。

（1）柴油发电机组本体内设置油箱

日用油箱的储油量应能保障柴油发电机组运行 6h，当储油量小于 500L 时，日用油箱直接向发电机组供油，并应放置在发电机房内。机房内油箱的设置有两种方法，一种为发电机组底座下自带日用油箱（图 4.1-6）；另一种为在发电机机房内设置独立的油箱（图 4.1-7）。

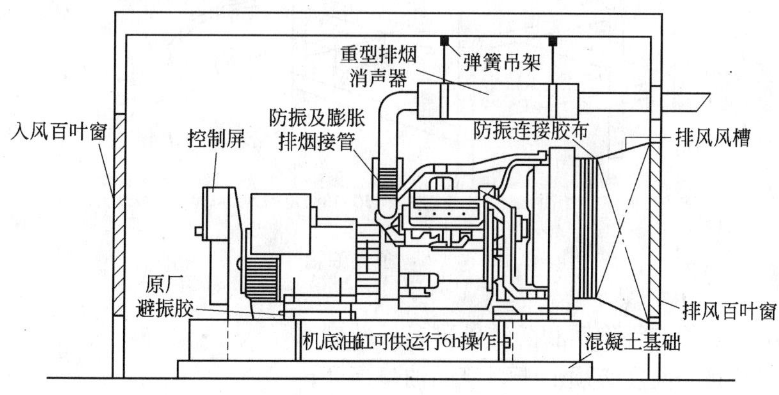

图 4.1-6 发电机组底部设置油箱

（2）设置独立的油箱房间

当日用油箱超过 500L 时，根据消防部门的规定，应设置独立的房间，使油箱与机房隔开。油箱制作要求如下（图 4.1-8）：

1）油箱材质是 3～10mm 厚优质碳钢板；

2）油箱的大小取决于发电机组备载的时间，根据备载、常载容量的每小时平均燃油消耗量（满）乘以备载小时即得出油箱的容量；

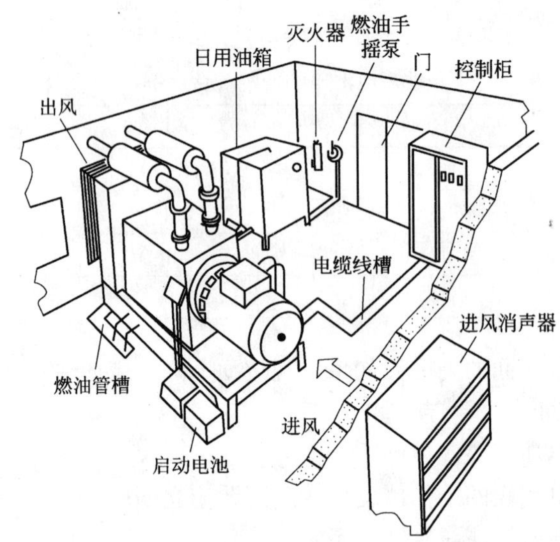

图 4.1-7 日用油箱设置于发电机房内

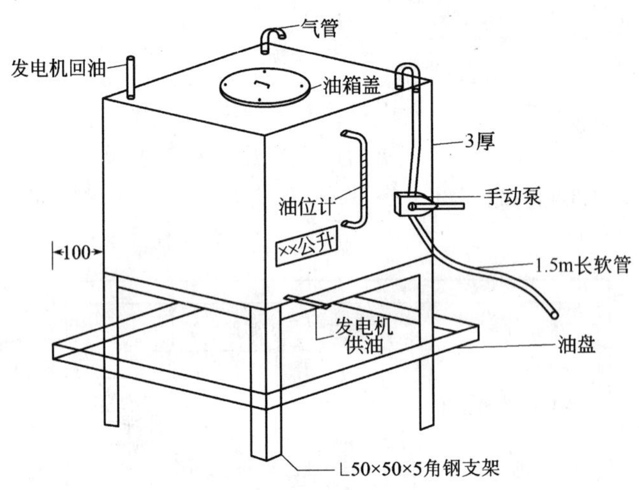

图 4.1-8 独立油箱

3）油箱内部必须进行除锈和防锈处理，外部刷漆；

4）油箱回油管的高度必须低于引擎回油口高度；

5）油箱进油管的高度必须距油箱底面 25mm 以上；

6）油箱容量较大时应在油箱内加隔板；

7）油箱泄水阀应装在油箱最低处（油箱底可做成斜面）。

（3）合建油箱（图 4.1-9）

为了要延长机组的使用时间，则要有一个大油箱，大油箱一般应安置在室外方便加油的地方。若发电机组与锅炉、厨房等设备用油相同，可以将多个油箱合一建在一起。

（4）紧急停机装置（断油阀门）

当发电机房发生火灾等危险时，人员不能进入室内，为了保障安全，需要切断发电机组的供油，为此发电机安装了燃油关闭装置（图 4. 1-10）。燃油拉线开关安装在发电机房外面的墙上，当有紧急情况发生时，打破玻璃，拉动拉线开关，钢丝绳就会拉动燃油管道上的阀门关闭，切断发电机供油，使发电机停止运行。

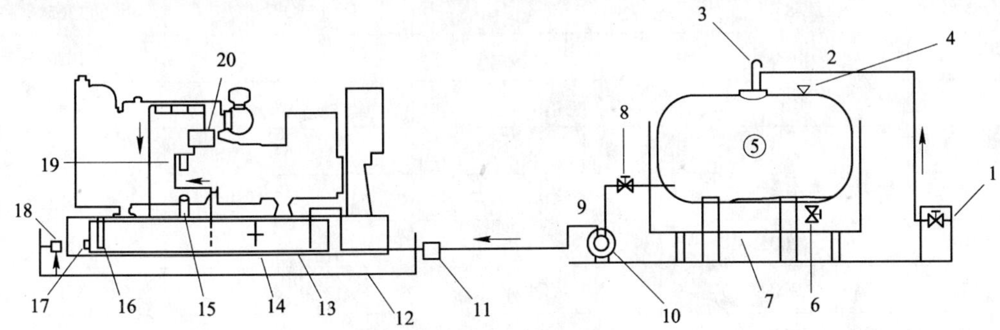

图 4. 1-9 燃油系统供油流程图

1—附有溢出报警及仪表的油箱；2—储油箱输油管；3—排气孔；4—容量表；5—大储油箱；6—排污阀；7—槽箱；8—输出阀；9—到日用油箱的输油管道；10—电力输油泵；11—电力关闭阀；12—附加外槽；13—底架上的日用量油箱；14—油位开关；15—人手入油管及疏气孔；16—水平表；17—排放孔；18—漏油报警装置；19—过滤器；20—高压柴油泵

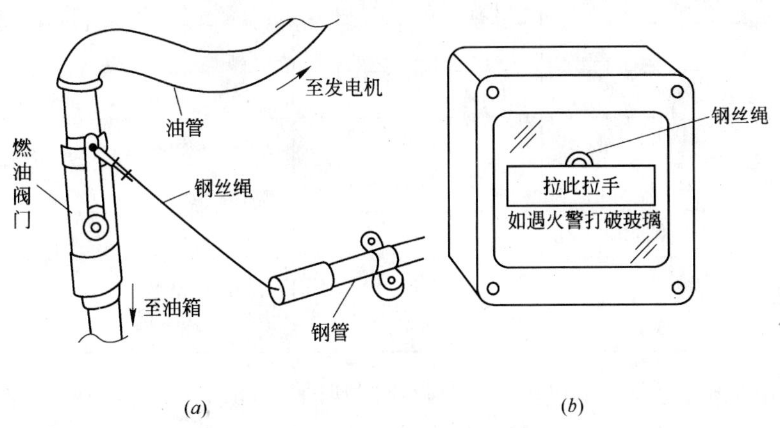

图 4. 1-10 燃油关闭装置

（a）燃油阀（安装在油管上）；（b）燃油拉线开关（安装在室外）

注：此项内容为非国家标准规范规定，仅供参考，是否选用由设计决定。

（5）应急发电机组满载运行时耗油量

现举例说明应急发电机满载运行时耗油量，见表 4. 1-2。计算方法为：

康明斯引擎发电机满载时耗油量 **表 4. 1-2**

序 号	发电机功率（kW）	满载时耗油量（L/h）	日用油箱容量（L）	油槽容量（L）
1	32	10	91	614
2	40	12	136	728
3	50	15	136	910

续表

序　号	发电机功率（kW）	满载时耗油量（L/h）	日用油箱容量（L）	油槽容量（L）
4	65	19	182	1137
5	85	23	227	1365
6	100	28	273	1820
7	135	37	364	2047
8	140	38	364	2502
9	175	45	455	2957
10	200	51	568	3185
11	220	54	568	3412
12	250	69	682	3412
13	275	75	682	4095
14	310	82	910	4550
15	330	87	910	5460
16	400	104	1137	5915
17	450	118	1137	7280
18	550	151	1592	9100
19	620	170	1820	9555
20	660	179	1820	10465
21	800	207	2275	11830
22	880	222	2275	13195
23	1120	227	2730	13650
24	1280	309	3094	15925

1）日用油箱容量＝发电机组满载时每小时耗油量×8h；

2）油槽容量＝发电机组满载时每小时的耗油量×至少36h。

5. 柴油发电机组控制屏

发电机组随机带的控制屏接线应正确，紧固件紧固状态良好，无遗漏脱落。开关、保护装置的型号、规格正确，验证出厂试验的锁定标记应无位移，有位移应重新按制造厂试验标定。控制屏见图4.1-11，盘面仪表内容如下：

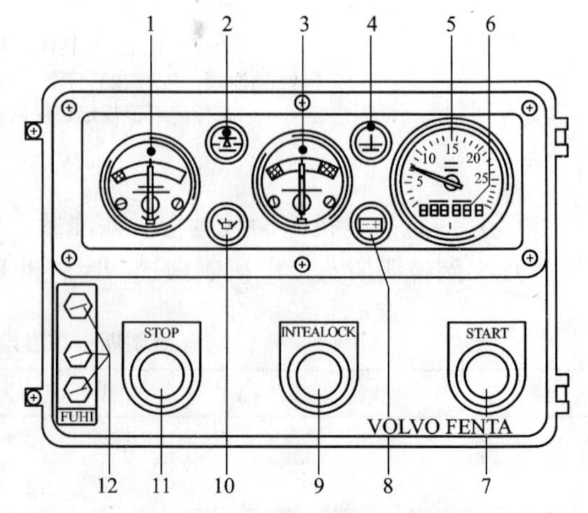

图4.1-11　发电机控制屏

（1）油压表：正常情况下应在绿色段（300～500kPa）；

（2）低水位报警灯；

（3）冷却液温度表：正常情况应在绿色段（70～95℃）；
（4）高水位报警灯；
（5）转速表：发电机转速；
（6）计时器：显示发电机运行时间；
（7）启动按钮（绿色）；
（8）报警灯：如果交流发电机停止输出充电电流，则该灯变亮；
（9）互锁按钮（黑色）；
（10）低油压报警灯；
（11）紧急停机按钮；
（12）熔断器。

4.1.3 柴油发电机组设计需要考虑的事项

固定式柴油发电机组一般安装在机房内使用，因此机房的设计的正确与否会对机组的运行，周围环境及工作人员产生较大影响，故应采取相应的环保设施设立降噪机房，从而减小其影响。

1. 柴油发电机组典型机房分布

柴油发电机组典型机房分布见图4.1-12。

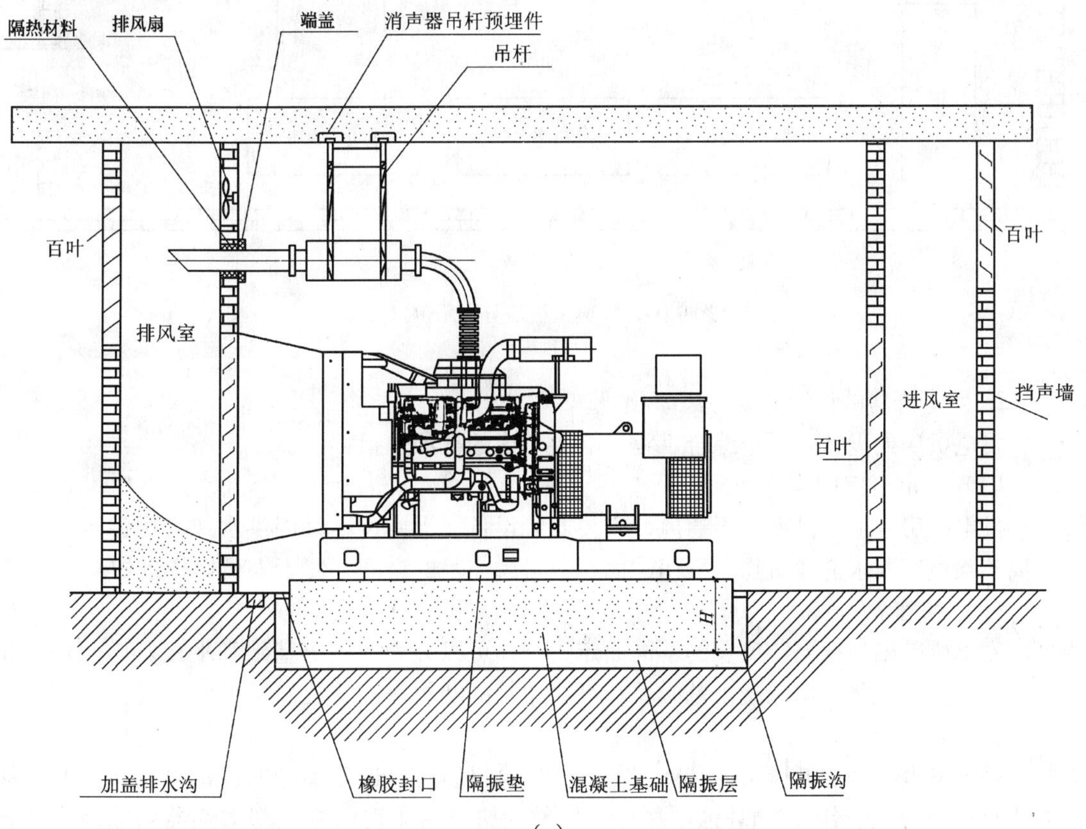

图4.1-12 典型机房分布示例（一）
（a）机组主视图

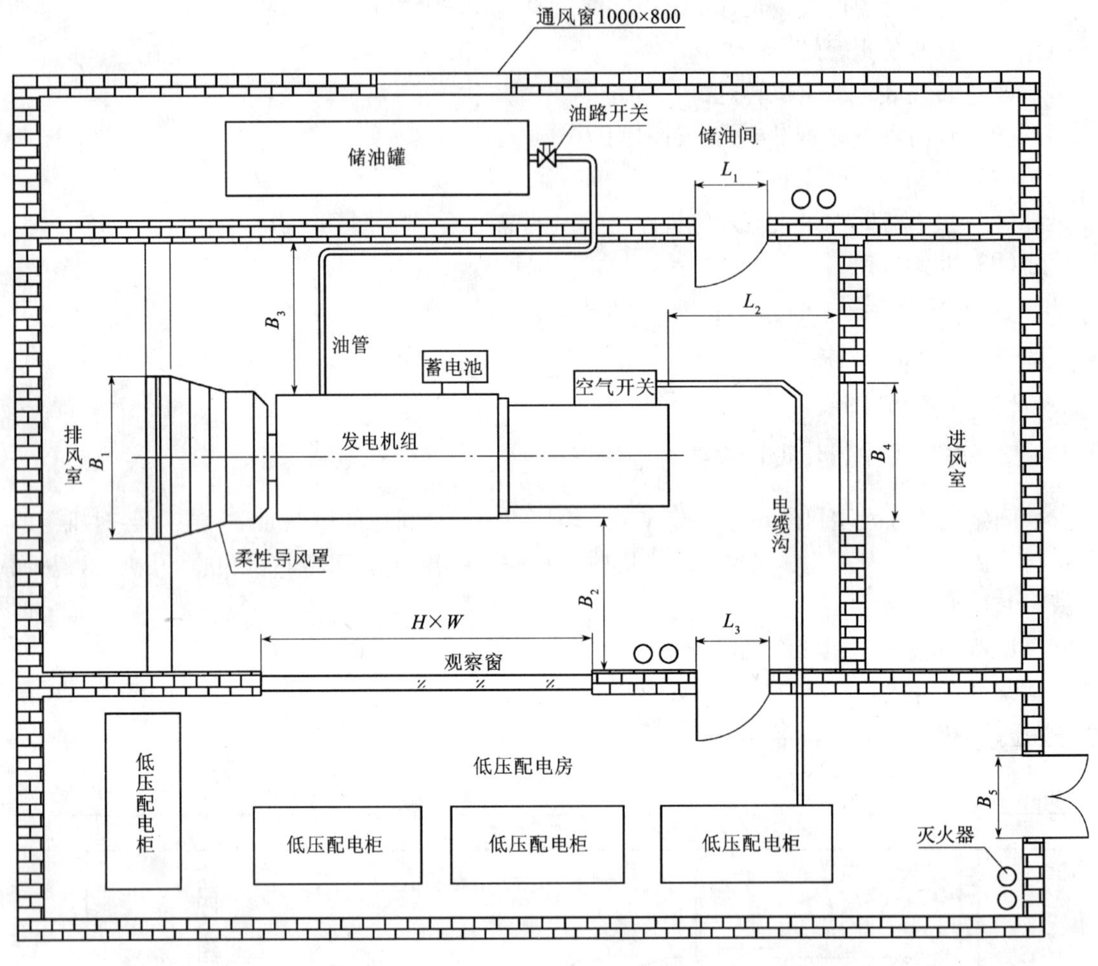

(*b*)

图 4.1-12　典型机房分布示例（二）

（*b*）机房平面图

2. 发电机房的设计需要考虑事项

发电机房的设计是一个综合工程，需要考虑的事项包括：

（1）发电机房的位置和面积

发电机房一般安排在易于通风，方便安装设备；干燥，不易因洪水或大雨渗水，而且远离对噪声有要求的建筑物。机房的面积应考虑充足的空间，便于人员操作维护。

（2）基础

发电机基础根据安装位置的不同而定，具体可以分为混凝土基础和平板基础两种。在厂房等平房建筑物采用混凝土基础，在高层建筑的楼板等的安装采用平板建筑。

（3）冷却通风系统

根据发电机房的通风条件和环保要求，发电机组可以选择不同的冷却方式，主要冷却方式有：1）散热器闭式循环强制冷却。用发动机直接驱动风扇冷却散热器的强制冷却方式是标准形式，这种方式与其他冷却方式比较，初期投资少，运行中冷却水消耗小，使用安装方便，适合水源短缺的地区。2）冷却水塔冷却，这种方式使用板式换热器和冷却水塔对机组进行冷却，机房内需要冷却风量，特别适合于机房通风困难的场合使用。

（4）燃料辅助系统

设计燃油补充设计系统主要考虑防火等安全要求。需要根据机组的运行时间来确定油箱的容积，油管的走向需要根据现场的电缆走向来选择，油管和电缆不能相交在同一通道。

（5）排气系统

发电机排放的废气中含有多种的有害成分、噪声和很高的温度，在设计时应考虑环保除尘，降噪及安全。

4.1.4 柴油发电机组监控方式

1. 本地计算机遥测遥控系统（图 4.1-13）

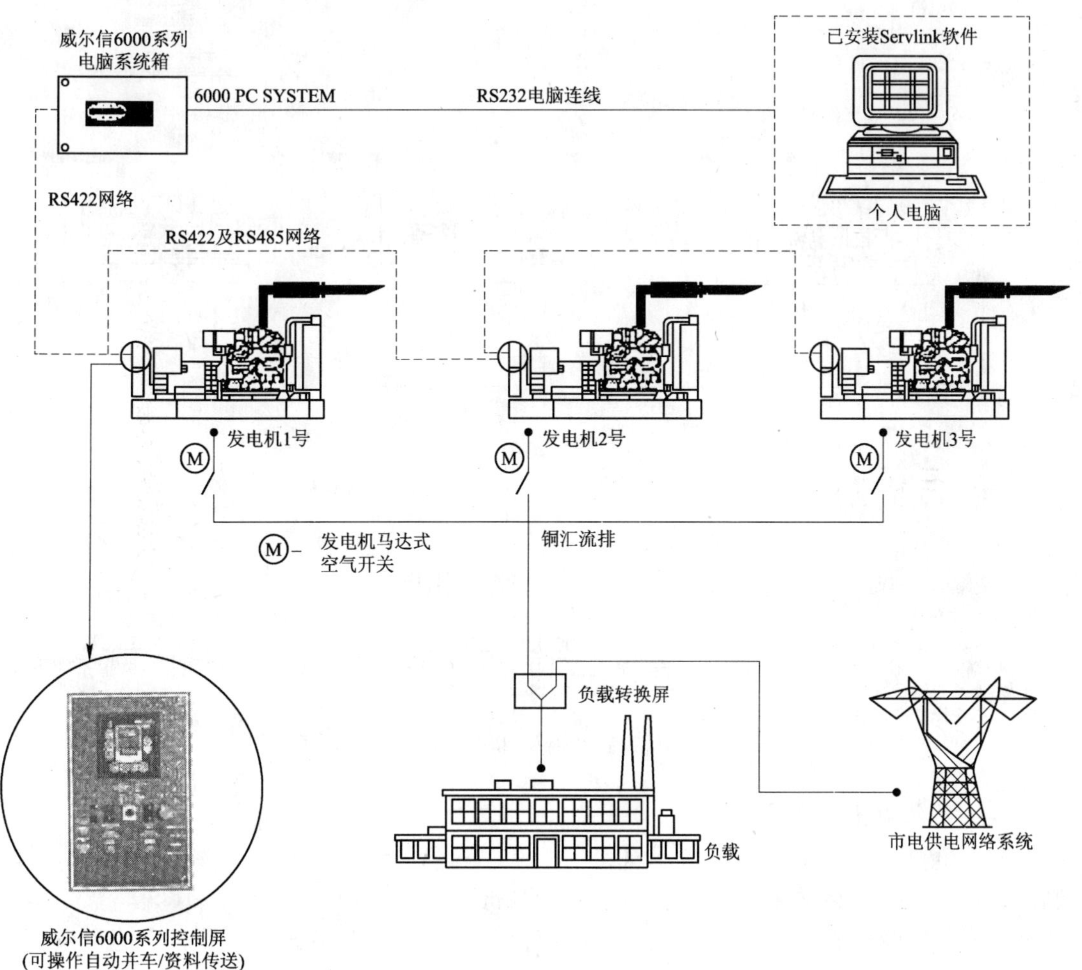

图 4.1-13 本地计算机遥测遥控系统图

威尔信 6000 系列计算机系统箱（已安装 SERVLINK 通信协议），经配合 6000 系列控制屏，通过 RS422 终端接口（RS422 屏蔽线的最长接线是 500m），再加上 RS422 转 RS232 的转换器，连接到计算机系统箱，传递信息直达个人计算机，配合 SERVLINK 软件使用，这便可监控多至8台机组。

威尔信6000系列控制屏亦可作多台机组并车及双备用使用。

2. 计算机控制系统专门连接邮电中央监控系统图（图4.1-14）

威尔信6000系列应用MODBUS通信协议系统，经配合6000系列控制屏的RS422终端接口（RS422屏蔽线的最长接线是500m），连接邮电监控数据收集箱，把信息经电话网络或光纤或LAN系统连接邮电中央监控软件，这便可监控在同一工作地区多至8台机组。

威尔信6000系列控制屏亦可作多台机组并车及双备用使用。

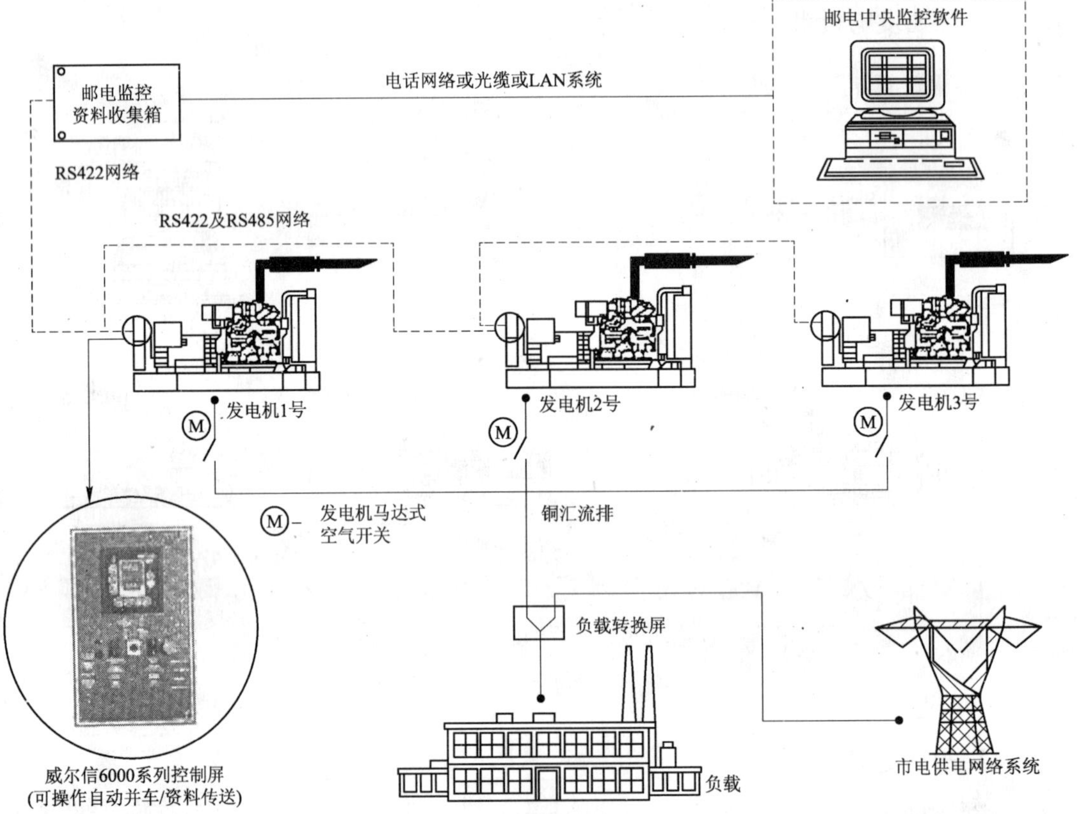

图4.1-14 计算机控制系统专门联接邮电中央监控系统图

3. 远程计算机遥测遥控系统（图4.1-15）

威尔信6000系列计算机系统箱（已安装SERVLINK通信协议），经配合6000系列控制屏，通过RS422终端接口（RS422屏蔽线的最长接线是500m），再加上RS422转RS232的转换器，接驳到电话系统箱，经标准电话网络，传递信号到调码译码器，直达个人计算机，配合SERVLINK软件使用，这便可监控在同一工作地区多至8台机组。

威尔信6000系列控制屏亦可作多台机组并车及双备用使用。

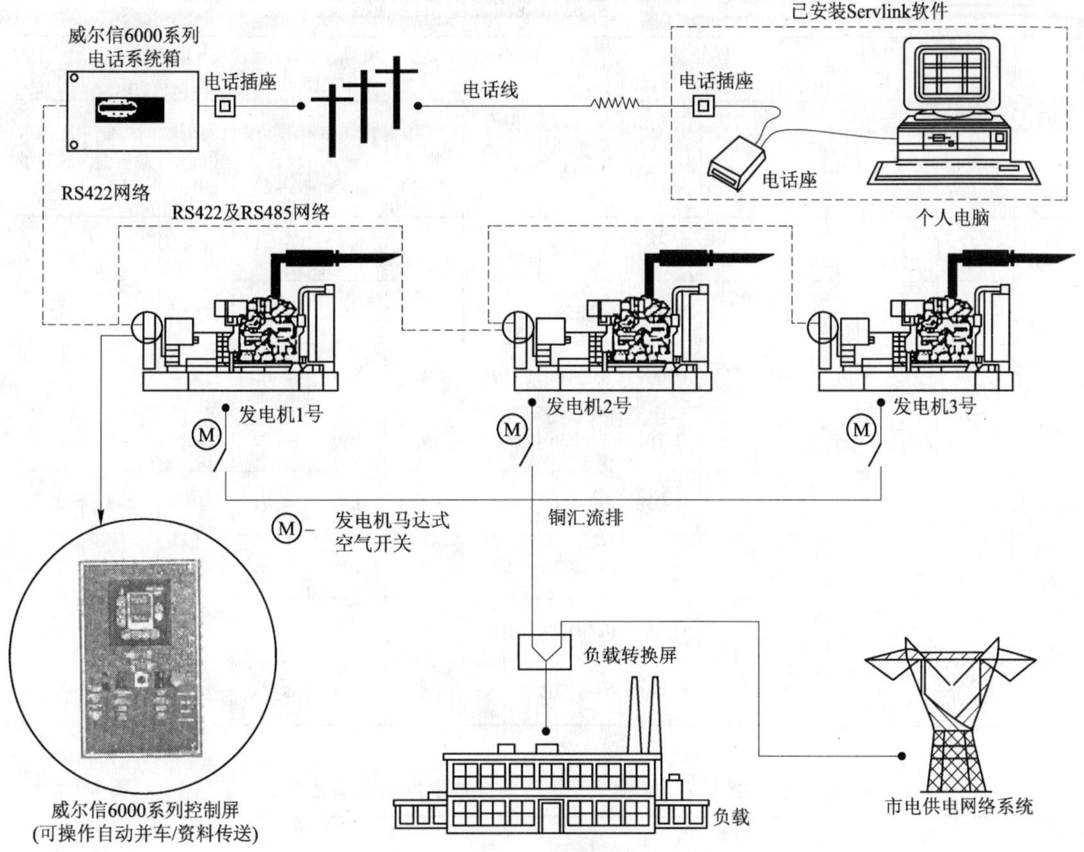

图 4.1-15 远程计算机遥测遥控系统图

4.1.5 柴油发电机技术数据

1. 国产上柴系列应急柴油发电机组规格（表 4.1-3）

国产上柴系列应急柴油发电机组规格表 **表 4.1-3**

序号	型号	功率（kW）	电压/频率	柴油机型号	柴油耗（L/h）	标准尺寸/重量（mm/kg）	低噪声尺寸/重量（mm/kg）
1	C50	50	三相 400V/50Hz	4135	13	2200×800×1385/1800	3000×1200×1800/2500
2	C120	120	三相 400V/50Hz	6135	28	2750×900×1500/2600	4000×1500×2000/3600
3	C150	150	三相 400V/50Hz	12V135	40	3500×1200×1778/4000	5400×1800×2200/5000
4	C200	200	三相 400V/50Hz	12V135	52	3550×1200×1850/4200	5400×1800×2200/5200
5	C250	250	三相 400V/50Hz	12V135	64	3600×1378×1925/4500	5400×1800×2200/5500

注：随机提供蓄电池，排烟管，油箱等附件。

2. 威尔信 1000 系列应急柴油发电机组规格（表 4.1-4）
3. 威尔信 1300 及 2000 系列应急柴油发电机组规格（表 4.1-5）

威尔信1000系列应急柴油发电机组规格表 表4.1-4

型号	380V、50Hz 3相4线、0.8功率因子 功率输出 千伏安(kVA)	千瓦(kW)	电流(A)	耗油量 以全负载计算 柴油(L/h)	机油(L/h)	英国伯琼斯.劳斯莱斯 PERKINS (ROLLS-ROYCE) 柴油机(1500r/min) 柴油机型号	最大输出功率(kW)	汽缸(数量/排列)	排风量(m^3/min)	燃气量(m^3/min)	排烟量(m^3/min)	机油总容量(L)	冷却水总容量(L)
P27 P30E	27 30	21.6 24	41 46	7.1 8.4	0.084	3.1524	27.7	3	85	1.61	4.8	6.2	11.9
P40 P44E	40 44	32 35.2	61 67	10.3 11.5	0.115	4.236	42.6	4	89	2.49	7.2	8.1	15.5
P45 P50E	45 50	36 40	68 76	11.3 13.9	0.069	1004G	49	4	150	2.60	8	8.1	21
P60 P65E	60 65	48 52	91 99	17.1 18.6	0.181	T4.236	60.7	4	168	4.02	11.2	8.1	19.1
P70 P77E	70 77	56 61.4	106 117	17.7 18.1	0.038	1004TG	75	4	150	4.71	14	8.5	22.2
P90 P100E	90 100	72 80	137 152	21.2 23.7	0.119	1006TG1A	96	6	195	5.69	17	16.1	27.7
P100 P110E	100 110	80 88	152 167	23.9 26.6	0.053	1006TG2A	104	6	191	6	17.7	16.1	27.7
P135 P150E	135 150	108 120	205 228	28.3 33.3	0.068	1006TAG	146	6	191	8.78	25.7	16.1	37.2

威尔信1300及2000系列应急柴油发电机组规格表 表4.1-5

型号	380V、50Hz 3相4线、0.8功率因子 功率输出 千伏安(kVA)	千瓦(kW)	电流(A)	耗油量 以全负载计算 柴油(L/h)	机油(L/h)	英国伯琼斯.劳斯莱斯 PERKINS (ROLLS-ROYCE) 柴油机(1500r/min) 柴油机型号	最大输出功率(kW)	汽缸(数量/排列)	排风量(m^3/min)	燃气量(m^3/min)	排烟量(m^3/min)	机油总容量(L)	冷却水总容量(L)
P160 P175E	160 175	128 140	243 266	37.4 41.1	0.041	1306.9 TG2	160	6	473	10	31.8	26.5	36.4
P200 P220E	200 220	160 176	304 334	45.1 49.8	0.05	1306.9 TAG	205	6	347	13.8	34.7	26.5	37.2
P230 P250E	230 250	184 200	349 380	51.6 56.6	0.056	1306.9 TAG1	224	6	347	14.6	42.6	26.5	37.2
P250 P275E	250 275	200 220	380 418	55.3 61	0.061	1306.9 TAG3	246	6	324	15.5	46.1	26.5	37.2
P300 P330E	300 330	240 264	456 501	61.6 67.8	0.339	2006 TWG2	293	6	490	19.2	53	29.5	47.2
P350 P380E	350 380	280 304	532 577	72.9 80.4	0.402	2006 TAG2	341	6	470	24.5	68.9	29.5	47.7
P380 P425E	380 425	304 340	577 646	87.1 99.7	0.499	2006 TTAG	376	6	480	31.9	85.5	29.5	48.9

4. 威尔信3000系列应急柴油发电机组规格(表4.1-6)
5. 威尔信4000系列应急柴油发电机组规格(表4.1-7)
6. VOLVO应急柴油发电机组规格(表4.1-8)

威尔信 3000 系列应急柴油发电机组规格表 表 4.1-6

型号	380V、50Hz 3相4线、0.8功率因子 功率输出			耗油量 以全负载计算		英国伯琼斯．劳斯莱斯 PERKINS（ROLLS-ROYCE）柴油机（1500r/min）							
	千伏安（kVA）	千瓦（kW）	电流（A）	柴油（L/h）	机油（L/h）	柴油机型号	最大输出功率（kW）	汽缸（数量/排列）	排风量（m^3/min）	燃气量（m^3/min）	排烟量（m^3/min）	机油总容量（L）	冷却水总容量（L）
P450 P500E	450 500	360 400	684 760	97.1 109.3	0.547	3008 TAG3A	442	8V	665	33.8	90.5	31.2	68.2
P500 P550E	500 550	400 440	760 836	109 122	0.61	3008 TAG4	481	8V	628	36.2	99.3	31.2	71.6
P550 P605E	550 605	440 484	836 919	119 132	0.66	3012TG	530	12V	735	35.6	97.7	73.8	122.7
P563 P625E	563 625	450 500	855 950	114 131	0.57 0.655	3012 TWG2	493	12V	765	40.8	102	63	151
P600 P660E	600 660	480 528	912 1003	131 146	0.726	3012 TAG2B	624	12V	914	46.5	115	73.8	122.7
P650 P715E	650 715	520 572	988 1086	140 154	0.755	3012 TAG2B	624	12V	914	46.5	115	73.8	122.7
P675 P750E	675 750	540 600	1026 1140	144 160	0.8	3012 TAG2A	633	12V	914	49.8	127	73.8	122.7
P725E P800E	725 800	580 640	1102 1215	155 171	0.775 0.855	3012 TAG2A	698 739	12V	914	50.7	129	73.8	122.7
P800 P850E P880E	800 850 880	640 680 704	1215 1291 1337	172 184 189	0.945	3012 TAG3A	756	12V	914	53.4	139	73.8	122.7

威尔信 4000 系列应急柴油发电机组规格表 表 4.1-7

型号	380V、50Hz 3相4线、0.8功率因子 功率输出			耗油量 以全负载计算		英国伯琼斯．劳斯莱斯 PERKINS（ROLLS-ROYCE）柴油机（1500r/min）							
	千伏安（kVA）	千瓦（kW）	电流（A）	柴油（L/h）	机油（L/h）	柴油机型号	最大输出功率（kW）	汽缸（数量/排列）	排风量（m^3/min）	燃气量（m^3/min）	排烟量（m^3/min）	机油总容量（L）	冷却水总容量（L）
P852 P936E	852 936	681.6 748.8	1294 1422	186 209	0.44	4008 TAG	816	8	1104	63.9	170	154	162
P910 P1000E	910 1000	728 800	1383 1519	204 227	0.47	4008 TAG1	877	8	1192	69.8	176	154	162
P1000 P1100E	1000 1100	800 880	1519 1671	226 255	0.55	4008 TAG2	985	8	1284	76	201	154	162
P1250 P1375E	1250 1375	1000 1100	1899 2089	277 307	0.66	4012 TWG2	1207	12V	1764	98.1	245	159	290
P1275 P1400E	1275 1400	1020 1120	1937 2127	279 310	0.67	4012 TAG	1209	12V	1530	112	283	159	250
P1350 P1500E	1350 1500	1080 1200	2051 2279	290 323	0.69	4012 TAG1	1300	12V	1830	96.4	238	159	250
P1500 P1650E	1500 1650	1200 1320	2279 2507	322 363	0.77	4012 TAG2	1422	12V	1740	109	274	159	250
P1700 P1875E	1700 1875	1360 1500	2583 2849	373 413	0.9	4016 TWG2	1612	16V	1698	127	336	215	290
P1750 P1925E	1750 1925	1400 1540	2659 2925	378 420	0.89	4016 TAG	1649	16V	1916	146	379	215	300
P1825 P2000E	1825 2000	1460 1600	2773 3039	405 448	0.93	4016 TAG1	1741	16V	2748	137	362	215	300
P2000 P2200E	2000 2200	1600 1760	3039 3343	445 501	1.09	4016 TAG2	1937	16V	2748	158	405	215	300

VOLVO 应急柴油发电机组规格表 表 4.1-8

机组型号	连续功率		VP85	VP100	VP130	VP151	VP184	VP209	VP250	VP301	VP325	VP375	VP411	VP463	VP505
	备用功率		VP94S	VP110S	VP143S	VP166S	VP204S	VP230S	VP275S	VP331S	VP357S	VP412S	VP451S	VP509S	VP556S
额定功率	连续(kW/kVA)		68/85	80/100	104/130	121/151	148/184	167/209	200/250	241/301	260/325	300/375	329/411	370/463	404/505
	备用(kW/kVA)		75/94	88/110	114/143	133/166	163/204	184/230	220/275	265/331	286/357	330/412	361/451	407/509	445/556
机组 100% 负荷连续运行时	燃油消耗率(g/kWh)		213	206	211	197	209	203	200	207	210	208	206	209	209
	机油消耗率(k/h)		0.065	0.08	0.1	0.1	0.17	0.03	0.04	0.38	0.42	0.18	0.13	0.11	0.12
噪声 dB(A)			86	86.5	86.5	87	88	89	89	90	90	90	91	95	95
VOLVO 柴油机	型号		TD520GE	TAD520GE	TD720GE	TAD720GE	TWD710G	TWD740GE	TAD740GE	TWD1210G	TWD1211G	TAD1232GE	TWD1630G	TAD1630GE	TAD1631GE
	缸数		4	4	6	6	6	6	6	6	6	6	6	6	6
	机油容量(L)		13	13	20	20	29	29	29	38	38	38	64	64	64
	冷却水容量(L)		10.3	12.5	12.5	14	34	42	37	52	59	48	59	52	56
机组	外形尺寸(mm)	长	1948	1950	2117	2530	2600	2617	2755	3060	2960	3050	3250	3525	3688
		宽	652	739	678	866	1000	880	945	1175	1175	1090	1175	1089	1260
		高	952	1001	1052	1140	1410	1395	1395	1615	1615	1670	1710	1765	1765
	净重(kg)		1030	1069	1250	1250	1350	1650	1900	2200	2300	2450	2850	3000	3200

注：以上规格机组均为 50Hz,1500r/min,380V/220V,三相四线制。

4.2 柴油发电机组安装

4.2.1 柴油发电机组安装一般要求

1. 柴油发电机组安装注意事项

（1）柴油发电机馈电线路连接后，两端的相序必须与原供电系统的相序一致。

（2）应急电源与正常电源之间，应采取防止并列运行的措施。当有特殊要求，应急电源向正常电源转换需短暂并列运行时，应采取安全运行的措施。

（3）备用电源的负荷严禁接入应急供电系统。

2. 柴油发电机房对建筑设计的要求

机房设计应全面考虑通风、隔声、隔振、消防、采光、采暖、散热、避雷和排污等安全环保设施。

3. 柴油发电机组安装地点的选择

燃料储藏的规定决定于当地地方条例，而不同地方将会有不同的对振动和噪声接受的标准，因此，必须了解环境保护法规对噪声的要求。下面介绍几种可行的选择及建议：

（1）地面上安装

最理想的机房地点，如可以选择的话，应设于地面，同时可远离于其他建筑物。这样的机房将可为发电机及其他附属设备提供永久固定，同时也给保养及维修人员提供好的工作环境，方便日常操作和管理。

（2）楼顶安装

因空间使用的原因，机房安装可以设置于楼房顶上。这种设计最基本的考虑是建筑物的承载能力和发电机的垂直运输问题。

（3）地下安装

如建筑物有地下室等空间，发电机组可以考虑置于地下。但必须注意：

1）空气进口及出口为机组提供燃烧空气及机组散热冷却的对流空气。

2）当选用空气导管或分离式散热器时，空气对流仍然是必须的要求，以助引擎和发电机散热。

3）考虑发电机组安装运输通道问题。

4. 柴油发电机组机房基本要求

（1）机房宽敞明亮、通风良好、湿度低、环境温度小于40℃。

（2）夜间工作应有良好的照明设备。

（3）环境应清洁，周围不准放置产生酸性、碱性等腐蚀性气体和易蒸发的物品，无导电尘埃。

（4）柴油机排气管应畅通，尽量避免管道过长或突然转弯。当排气管接至室外时，宜将外管向下倾斜少许，使管内凝结水分流出。

（5）机房位置应靠近建筑物的变配电室。

（6）机房不宜放在人员密集或大楼主出入口正下方，排热和排烟口不应冲向人员密集处、主干道或正对相互间间距不大于8m的住宅楼的开窗面，进排风口都不宜布置在会议室和其他希望安静的场所。

5. 柴油发电机组机房设置要求

（1）机房布置应符合机组运行工艺要求，力求紧凑、经济合理、运行安全和便于维护。

（2）发电机室与配电室或控制室毗邻时，宜将发电机的出线端及电缆沟布置在配电室或控制室侧。

（3）发电机外轮廓距墙和屋顶的距离应满足设备搬运、就地操作、维护检修的需要，具体尺寸不小表4.2-1所列数值，并见图4.2-1。

机组外轮廓距墙的距离（m） **表4.2-1**

项目 \ 容量（kW）		64以下	75~150	200~400	500~1500	1600~2000
机组操作面	a	1.5	1.5	1.5	1.5~2.0	2.0~2.5
机组背面	b	1.5	1.5	1.5	1.8	2.0
柴油机端	c	0.7	0.7	1.0	1.0~1.5	1.5
机组间距	d	1.5	1.5	1.5	1.5~2.0	2.5
发电机端	e	1.5	1.5	1.5	1.8	2.0~2.5
机房净高	h	2.5	3.0	3.0	4.0~5.0	5.0~7.0

注：当机组按水冷却方式设计时，柴油机端距离可适当缩小；当机组需要做消声工程时，尺寸应另外考虑。

（4）当控制屏和配电柜布置在发电机室时，应布置在发电机端或发电机侧，其操作通道不小于下列数值：

1）屏前距发电机端为2m；

2）屏前距发电机侧为1.5m。

（5）机房设置在地下室时应至少有一侧靠外墙。柴油发电机的排烟应满足环保要求，排热风和排烟管管道应伸出室外，并宜高于管道所在位置的屋面或设置竖井导出。

（6）排风管与柴油机散热器的连接应采用软连接，并出风口面积不宜小于散热器面积的1.25~1.5倍。

（7）进风口位置宜靠近发电机，进风口面积不小于柴油发电机散热器面积的1.5~1.8倍。

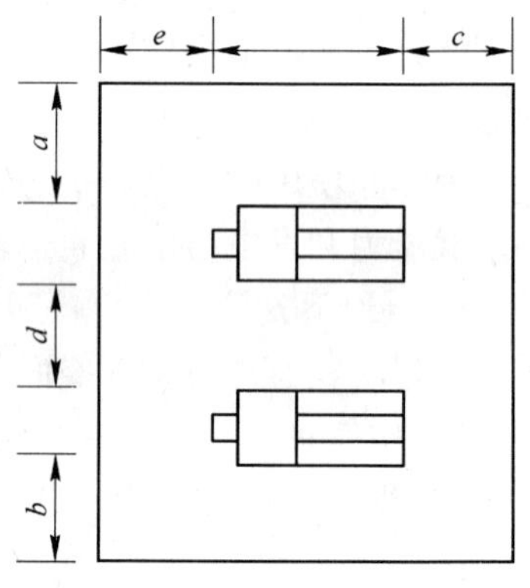

图4.2-1 机组布置

（8）根据环保要求，采取消烟措施。

（9）发电机室的房门，宜设有防火及隔声措施。

（10）储油间与发电机房相连布置时，应在隔墙上设有甲级防火门，并开向发电机房。

（11）发电机房的冬期最低温度应保证发电机启动要求。

4.2.2 柴油发电机组安装

1. 柴油发电机组安装程序

柴油发电机组安装应按以下程序进行：

（1）基础验收合格，才能安装机组；

（2）地脚螺栓固定的机组经初平、螺栓孔灌浆、精平、紧固地脚螺栓、二次灌浆等机械安装程序；安放式的机组将底部垫实；

（3）油、气、水冷、风冷、烟气排放等系统和隔振防噪声设施安装完成；按设计要求配置的消防器材齐全到位；发电机静态试验、随机控制屏、配电接线检查合格，才能空载试运行；

（4）发电机空载试运行和试验调整合格，才能负荷试运行；

（5）在规定时间内，连续无故障负荷试运行合格，才能投入备用状态。

2. 柴油发电机组机房布置

（1）发电机房布置（图 4. 2-2）

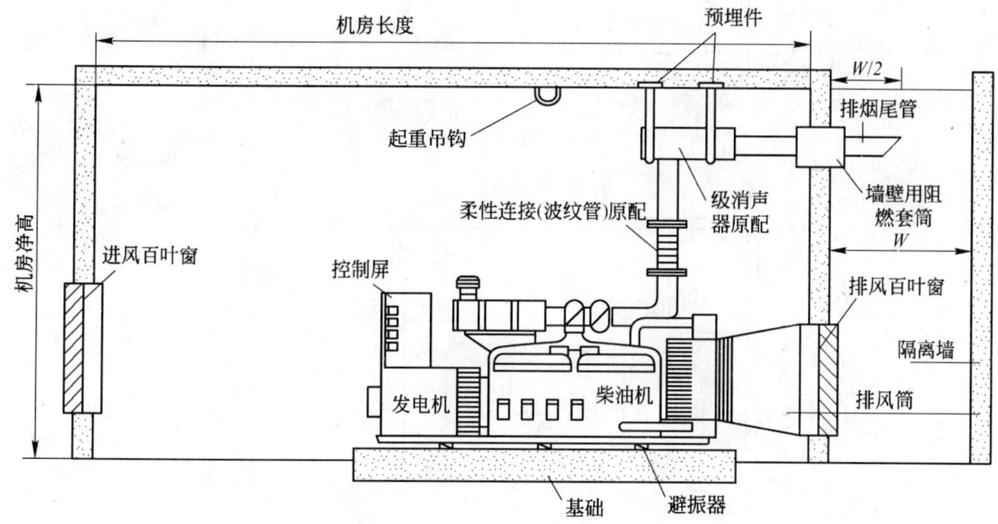

1—1

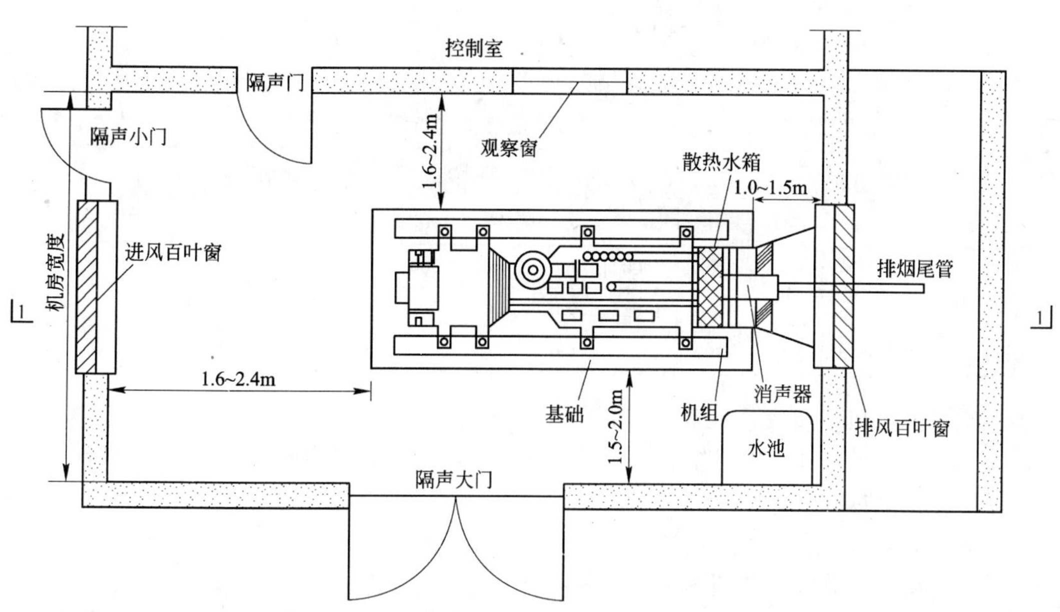

图 4. 2-2 发电机房布置图

（2）柴油发电机组布置示例

现举例说明SWT/VOLVO（赛瓦特/沃尔沃）柴油发电机机房布置见图4.2-3及各部位尺寸见表4.2-2。

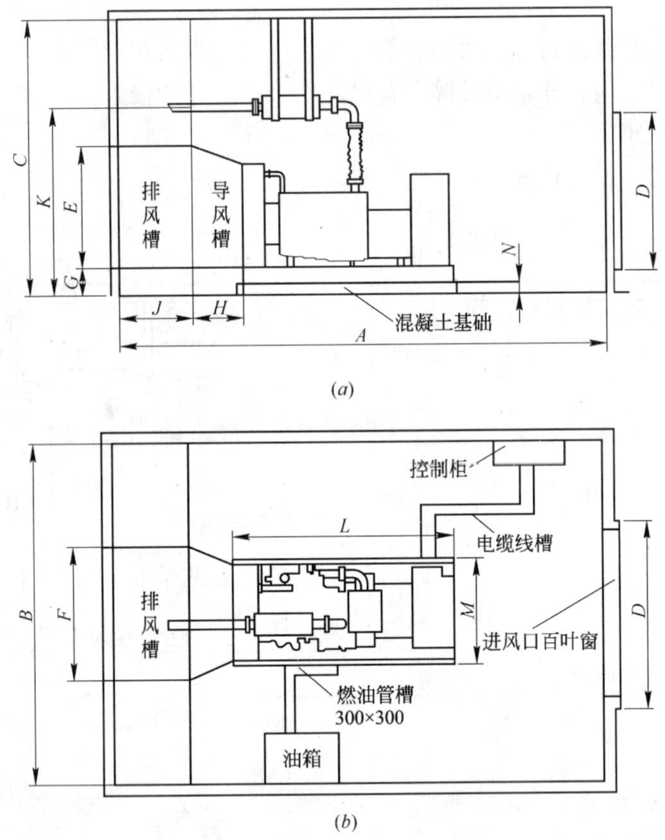

图4.2-3　SWT/VOLVO（赛瓦特/沃尔沃）柴油发电机机房布置图
（a）主视图；（b）俯视图

SWT/VOLVO（赛瓦特/沃尔沃）柴油发电机各部位尺寸表（mm）　　**表4.2-2**

机组型号	机房尺寸（最小）			进排风尺寸（最小）						排烟	基础尺寸（最小）		
	A	*B*	*C*	*D*	*E*	*F*	*G*	*H*	*J*	*K*	*L*	*M*	*N*
SV283S	6500	3500	3500	1450	1400	1300	500	500	1000	2900	3500	1300	150
SV323S	6500	3500	3500	1700	1700	1400	500	500	1000	2900	3500	1300	150
SV352S	6500	3500	3500	1700	1700	1400	500	500	1000	2900	3500	1300	150

3. 柴油发电机组安装

（1）机房内的柴油发电机组、控制屏、油箱等大件设备，自建筑物外运至机房的沿途应设计足够尺寸的出入口、通道和门孔，便于设备安装或运出修理。机房应有两个出入口，其中一个应满足搬运设备的要求。

（2）发电机吊装方法如图4.2-4所示。

（3）在机组纵向中心线上方应预留2～3个起重吊钩，并应写明起重重量，其高度应能吊出活塞和连杆组件，为组件的安装和检修提供方便。

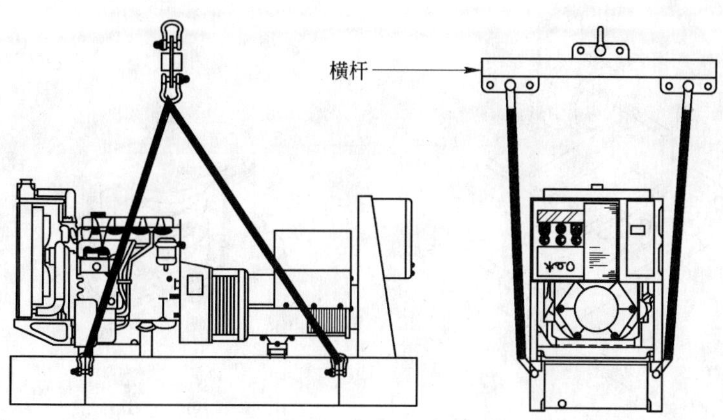

图 4.2-4 发电机吊装方法

(4) 发电机端部安装的控制屏中安装的部分电气组件，也可安装在机旁的配电柜中。

(5) 装有减振器时，所有连接件，如排烟管（图 4.2-5）、油管、水管等必须采用柔性连接。

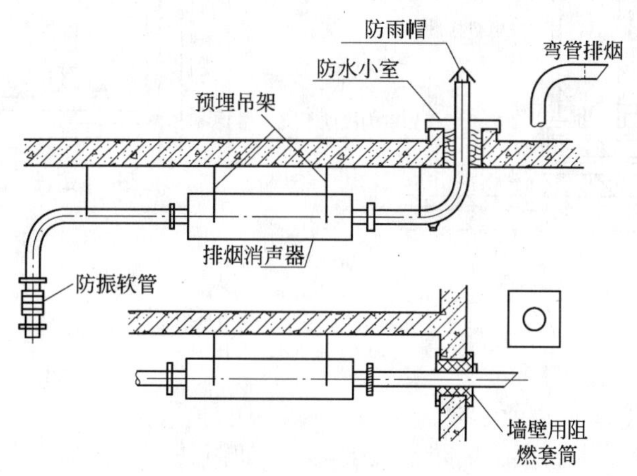

图 4.2-5 发电机排烟管安装大样图

(6) 设置控制室的机房，在控制室和机房之内的隔墙上应设观察窗。机房与控制室之间的门应为防火隔声门并开向机房。

(7) 与主体建筑设在一起的机房，墙和屋顶推荐采用高密度的建材（面密度为 $700kg/m^2$）。门窗加密封条和双层玻璃。

(8) 机房地面一般采用压光水泥地面，有条件可采用水磨石或瓷砖地面。柴油发电机组周围地面防止油渗入。

(9) 机组的基础（图 4.2-6）应有足够体积，以减少振动。基础表面应设置排污沟槽和地漏，以排除表面积存的油污。基础与机组间、基础与周围地面应采取一定的防振措施。

(10) 发电机馈电线路连接时，两端的相序必须与原供电系统的相序一致。

(11) 发电机外壳应有保护接地（图 4.2-7）。

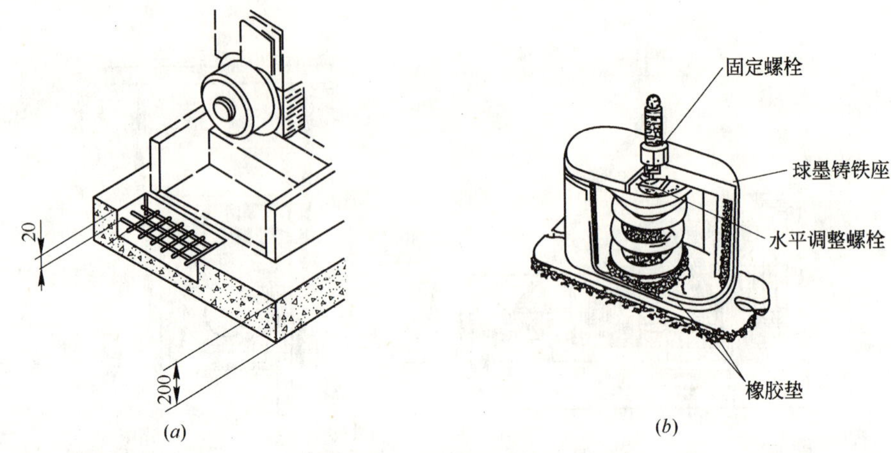

图 4.2-6 发电机基础安装
（a）发电机基础安装图；（b）避振弹簧安装大样图

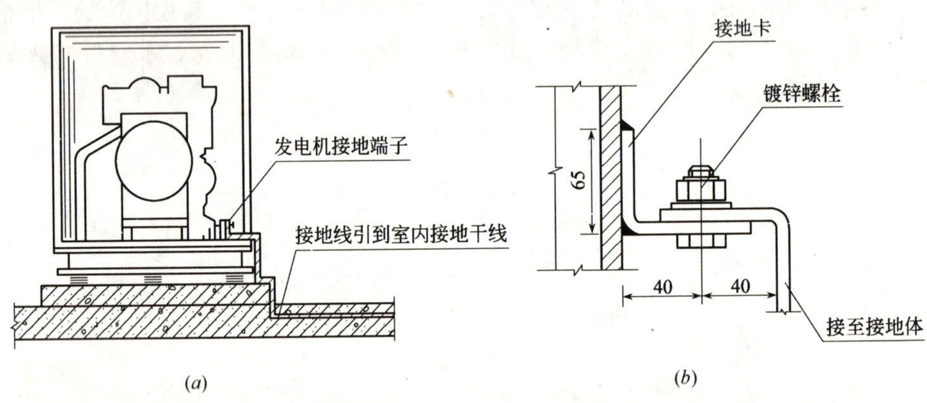

图 4.2-7 发电机外壳保护接地
（a）接地方法；（b）大样图

4. 热风管路及冷装系统的安装

热风管路安装要求平、直、偏差不大于 1%；如需转弯，其弯曲半径要大且内部应平滑；与散热器连接处要采用软接头。一般出风口的面积为散热器面积的 1.5 倍，出风口尽量靠近且正对散热器。出风口和进风口要尽量相距较远一些。热风排出口经常有自然顶风时，应设置挡风墙。

（1）机组整体式安装（图 4.2-8）

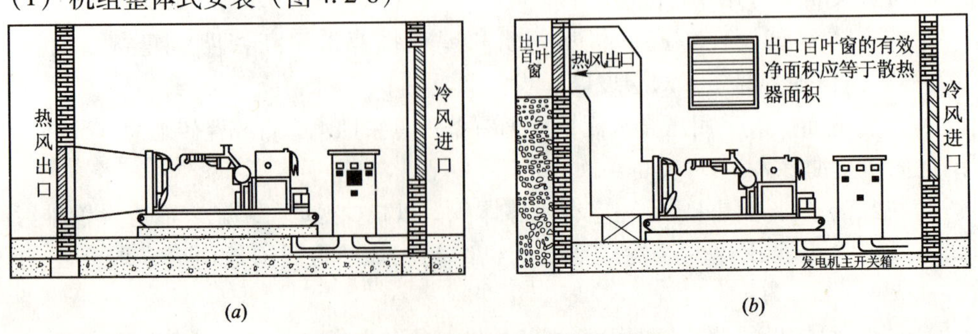

图 4.2-8 机组整体式安装示意图
（a）机组放在首层或楼层；（b）机组放在地下室

（2）机组分体式安装

当机房在地下室或被其地房间围住而无法设置排热风出口时，应采用分体式散热机组，见图 4.2-9。

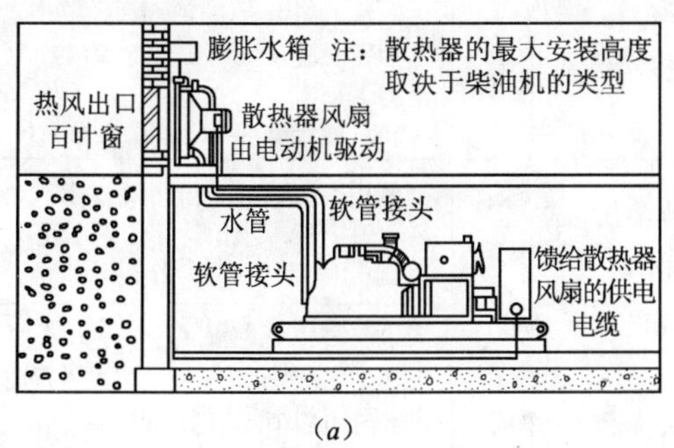

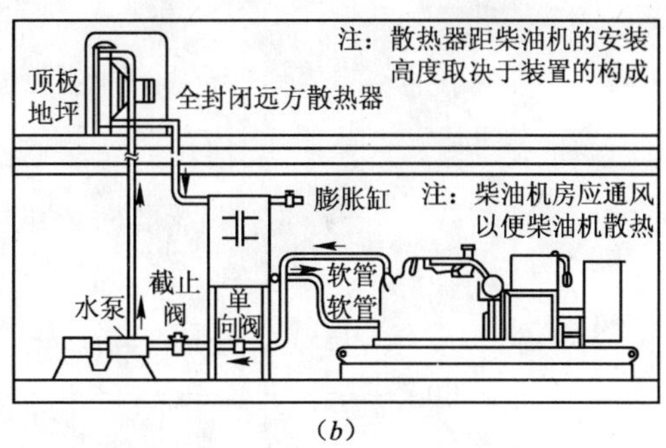

图 4.2-9 机组分体式安装示意图
（a）方式一；（b）方式二

（3）热交换器冷却方式安装

柴油机的冷却水由水泵送到分体式水箱冷却，水箱高度不超过 5m。由于机组所带水泵压力有限，当管道过长时，应加大管径或增加辅助泵。系统中应有膨胀缸，其容量为系统容量的 15%。为了保证室温及柴油机的燃料燃烧，应设置通风机并保证足够的通风口。如冷却水箱因环境限制要安装在较高的位置时，可采用热交换式冷却系统或带冷却塔的封闭式循环系统，见图 4.2-10。

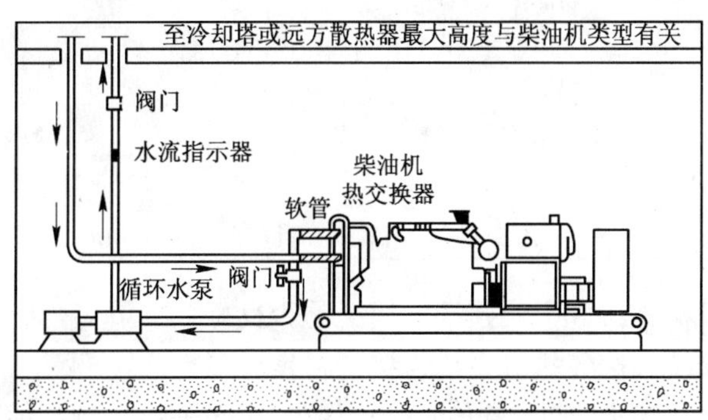

图 4.2-10 热交换器冷却方式安装示意图

4.2.3 柴油发电机组测试及试运行

受电侧低压配电柜的开关设备、自动或手动切换装置和保护装置等试验合格，应按设计的自备电源使用分配预案进行负荷试验。

1. 柴油发电机组测试

（1）柴油发电机的试验必须符合设计要求和相关技术标准的规定。

（2）发电机的试验必须符合表 4.2-3 的规定。

（3）发电机至配电柜的馈电线路其相间，相对地间的绝缘电阻值应大于 0.5MΩ。塑料绝缘电缆出线，其直流耐压试验为 2.4kV，时间 15min，泄漏电流稳定，无击穿现象。

发电机交接试验 **表 4.2-3**

序号	部位＼内容		试验内容	试验结果
1	静态试验	定子电路	测量定子绕组的绝缘电阻和吸收比	绝缘电阻值大于 0.5MΩ； 沥青浸胶及烘卷云母绝缘吸收比大于 1.3； 环氧粉云母绝缘吸收比大于 1.6
2			在常温下，绕组表面温度与空气温度差在 ±3℃ 范围内测量各相直流电阻	各相直流电阻值相互间差值不大于最小值 2%，与出厂值在同温度下比差值不大于 2%
3			交流工频耐压试验 1min	试验电压为 $1.5U_n+750V$，无闪络击穿现象，U_n 为发电机额定电压
4		转子电路	用 1000V 兆欧表测量转子绝缘电阻	绝缘电阻值大于 0.5MΩ
5			在常温下，绕组表面温度与空气温度差在 ±3℃ 范围内测量绕组直流电阻	数值与出厂值在同温度下比差值不大于 2%
6			交流工频耐压试验 1min	用 2500V 摇表测量绝缘电阻替代
7		励磁电路	退出励磁电路电子器件后，测量励磁电路的线路设备的绝缘电阻	绝缘电阻值大于 0.5MΩ
8			退出励磁电路电子器件后，进行交流工频耐压试验 1min	试验电压 1000V，无击穿闪络现象
9		其他	有绝缘轴承的用 1000V 兆欧表测量轴承绝缘电阻	绝缘电阻值大于 0.5MΩ
10			测量检温计（埋入式）绝缘电阻，校验检温计精度	用 250V 兆欧表检测不短路，精度符合出厂规定
11			测量灭磁电阻，自同步电阻器的直流电阻	与铭牌相比较，其差值为 ±10%
12	运转试验		发电机空载特性试验	按设备说明书比对，符合要求
13			测量相序	相序与出线标识相符
14			测量空载和负荷后轴电压	按设备说明书比对，符合要求

（4）检查所有机械连接和电气连接的情况是否良好。

（5）检查通风系统和废气排放系统连接是否良好。

（6）灌注润滑油，冷却剂（北方地区建议使用防冻液，南方地区建议使用防锈水）和燃料。

（7）检查润滑系统的渗漏情况。

（8）检查燃料系统的渗漏情况。

（9）检查启动电池充电情况。

（10）检查紧急停机按钮操作情况。

2. 柴油发电机组空载试运行

（1）断开柴油发电机组负载侧的断路器或自动切换开关（ATS）。

（2）将机组控制屏的控制开关设定到“手动”位置，按启动按钮。

（3）检查机组电压，电池电压，频率是否在误差范围内，否则进行适当调整。

（4）检查机油压力表。

（5）以上一切正常，可接着完成正常停车与紧急停车试验。

3. 发电机组带负载试验

(1) 发电机组空载运行合格以后，切断负载“市电”电源，按“机组加载”按钮，由机组向负载供电。

(2) 检查发电机运行是否稳定，频率，电压，电流，功率是否保持在正常允许范围。

(3) 一切正常，发电机停机，控制屏的控制开关打到“自动”状态。

(4) 机组和电气装置连续运行12h无故障，方可作交接验收。

4.2.4 柴油发电机组机房消声降噪工程

柴油发电机组机房消声降噪工程见图4.2-11。1台发电机组，当其运行转速在1500r/min时，在距离机组1m外将会产生105dB的噪声，为避免噪声传出机房，消声工程应包括以下几个环节：

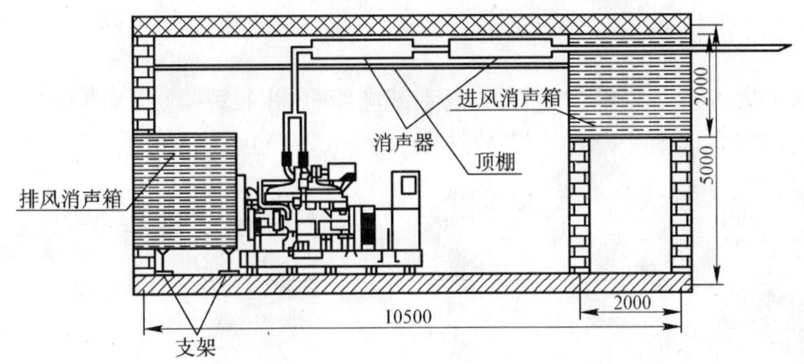

图4.2-11 柴油发电机组机房消声降噪工程

1. 消声门

结构采用金属框架，内部附设高强度隔声岩棉材料，外部为金属铁板，消声门与四周金属门框采用软性密封胶管密封。

2. 进风消声风槽

采用镀锌薄钢板及吸声岩棉制作而成，具有结构轻便，美观大方的特点。空气经进风消声风槽进入机房内，消声槽能有效阻隔噪声传出机房外。

3. 排风消声风槽

采用镀锌薄钢板及吸声岩棉制作而成。柴油机风扇对水箱进行强制冷却，热风经排风消声风槽排出机房，噪声从消声风槽的导流往外传播。

4. 机房外柴油机排风系统消声

根据机房的具体结构，此消声系统有两种结构。一种是机房设置消声墙，另一种是机房没有设置消声墙，根据机房的不同结构及机型而决定采用哪种消声风槽。

5. 柴油机废气系统消声

(1) 为防止排烟管及室内消声器排放热量在机房内，对于排烟管及室内消声器采用隔声防火岩棉材料予以包扎，减少机组热量散发到机房内。

(2) 废气经过室内消声器消声后，仍有较高噪声从排烟管末端排出，必须在每条排烟管末端装设一个消声器，此消声器内部结构为高强度吸声岩棉材料。

通过以上五个项目环节处理，机组噪声可降低为65dB，达到国家环保要求。

6. 治理后环境噪声标准

机房设计时应采取机组消声及机房隔声综合治理措施，治理后环境噪声不宜超过表4.2-4的规定。

城市区域环境噪声标准（dB） 表4.2-4

类 别	适 用 区 域	昼 间	夜 间
0	疗养、高级别墅、高级宾馆区	50	40
1	以居住、文教机关为主的区域	55	45
2	居住、商业、工业混杂区	60	50
3	工业区	65	55
4	城市中的道路交通干线两侧区域	70	55

4.2.5 柴油发电机机房其他设施

1. 在发电机房内墙上张贴发电机供电系统图纸（图4.2-12）。
2. 在发电机房内墙上张贴触电急救挂图（图4.2-13）

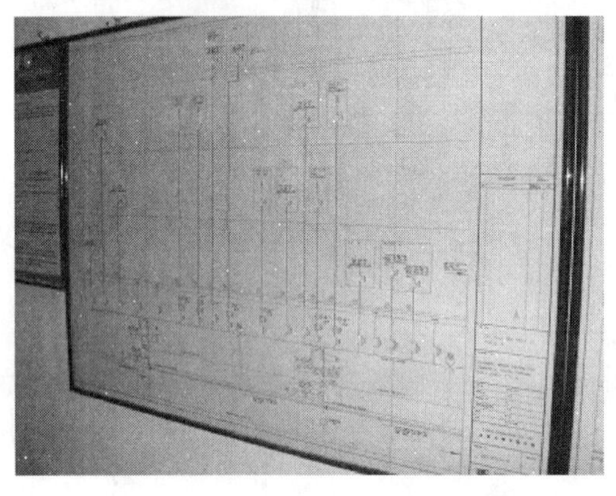

图4.2-12 发电机组供电系统图

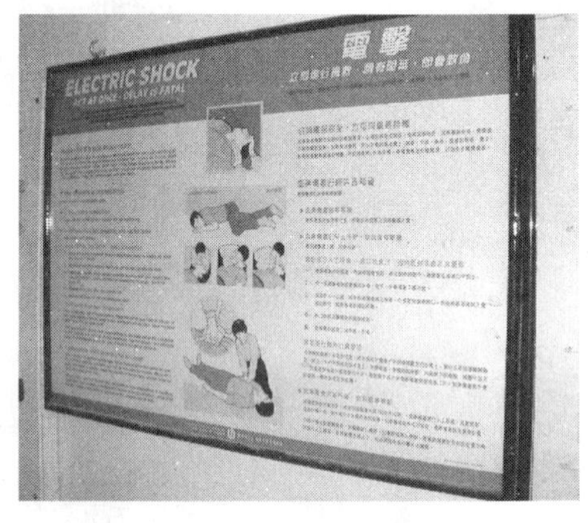

图4.2-13 触电急救挂图

3. 在发电机组机身上张贴警告标志牌，上写“切勿超负荷运行”（图4.2-14）。
4. 发电机房内用一块木板挂在墙上，上面挂上与发电机配电柜中使用同规格的保险管，每种规格3支，以便保险管烧坏时及时更换（图4.2-15）。

EMERGENCY GENERATOR

应急发电机

LOADING OF FIRE SERVICE INSTALLATIONS AND FIREMAN'S LIFT(S)

消防装置及消防电梯负荷

_____kVA/_____kV

WARING:DO NOT OVERLOAD THE GENERATOR

警告:切勿引致发电机过量负荷

图4.2-14 “切勿超负荷运行”告示牌

图4.2-15 保险管挂在墙上

5. 在发电机组机身上张贴警告标志牌，上写“发电机会随时自动启动，不可靠近”（图4.2-16）。

6. 在发电机房内门边放置可用于扑灭电火和油火的灭火器（图4.2-17）。

图4.2-16 “发电机会随时自动启动，不可靠近”告示牌

图4.2-17 灭火器

4.3 柴油发电机组运行及保养

4.3.1 柴油发电机组运行

1. 运转前检查

（1）外观检查：引擎外部是否有损、缺件，螺钉是否松动，发电机输出线或控制线是否损伤松动。

（2）燃料系统：燃油箱燃油存量是否足够，配线配管是否有漏油或管件松动等。

（3）润滑系统：引擎润滑油是否足够，新引擎或大修后重装的引擎在最初运转50h，必须实施下列各项保养：

1）引擎润滑油更换；

2）引擎润滑油滤清器更换；

3）气门阀间隙的检查调整；

4）引擎外部螺栓/钉的检查。

（4）冷却系统：冷却散热水箱的水量是否足够？添加防锈剂。

（5）蓄电池：蓄电池的电解液是否在正常液面？电压是否正常？接头有无松动？充电机是否正常运行？

（6）排气系统：消声器有无破损、排气管安装是否牢固。

（7）检查发电机组周围环境，机组四周不可存放易燃物及杂物。

（8）发电机室通风应良好。

（9）关闭发电机组输电开关。

检查以上事项处于正常状态，就可以启动发电机组。

2. 柴油发电机组启动/停机

（1）手动试机

1）发电机手动启动

先测试警报系统正常后，将控制开关切换到手动（MAN）位置后，按启动按钮，发电机即可启动。

2）发电机停车

按控制按钮停止（STOP），即可停止发电机运转。紧急状况时可直接压下紧急停车按钮也可强迫停机。若压下红色紧急停车按钮时必须复归原位，否则发电机将无法启动。

（2）自动切换控制

1）将控制开关切换到自动（AUTO）状态，并配合电源自动切换开关（ATS）置于自动位置，同时控制开关亦需置于自动位置，当市电停电时，ATS 会将启动信号给发电机控制系统，发电机就会自动启动。

2）当控制开关切换到停止（STOP），或仍保持在自动，但市电已恢复时 ATS 即送来停车信号，发电机仍会运转几分钟，待市电自动切断与发电机的联系，接到市电电源时，发电机就会自动停车，恢复原来的静止状态。注意：运转中的发电机，因故障（过速度、高水温、低油压等）而发生自动停机时，于排除故障后需将故障复原按钮压下才能准备重新启动。

3. 发电机组运行时注意事项

（1）交流电流表表针指示是否正常，测量各相的电流值，各相的电流最好不要超过额定电流的 10%。

（2）交流电压表表针指示的电压是否正常，超速保护系统如频率超过 56Hz 会自动停机。

（3）油压表指示的油压是否在正常范围，油压保护系统如油压低于 12（PSI）会自动停机。

（4）充电表指针是否在（+）的方向。

（5）水温表指示的水温是否在正常 65～93℃范围，发电机水温保护系统如超过 103℃会自动停机。

（6）观察转速表，看引擎的转数是否适当。

（7）发电机引擎有无异常的声音或振动。

（8）运行发电机时不要打开冷却水水箱入水盖。

（9）运行发电机时不要打开润滑机油入油盖及燃油箱入油盖。

4.3.2 柴油发电机组定期运行测试

1. 发电机组的定期运行测试

（1）要定时或最少每月一次安排合格人员检查保养发电机组；

（2）并应每月开动发电机组运行一次，每次开动时间不能少于 30min；

（3）运行通常在空载下进行；

（4）保养及运行时需做好记录；

（5）每次发电机组完成运行测试后再补充燃油。

2. 发电机组空载运行操作程序

(1) 将输电开关关闭;

(2) 将发电机控制屏的(OFF)停车按钮按下,然后再将(MAN)手动按钮按下;

(3) 检查紧急停车按钮是否按下,如有请将按钮转动拉出到恢复位置上;

(4) 按控制屏上的故障复位按钮(FAULTS RESET);

(5) 将控制屏的(TEST)启动按钮按下,待发电机启动后便放手,约3s时间。

3. 发电机组运行时检查及记录

(1) 检查及记录水温表的指示;

(2) 检查及记录油压表的指示;

(3) 检查及记录电池充电表的指示;

(4) 检查及记录输出电压值;

(5) 检查及记录输出电压的频率指示等。

以上检查均属正常时,如果需要即可合上输电开关供电。

4. 关闭发电机组程序

(1) 关闭发电机输电开关(如果在前已合上输电开关供电);

(2) 让发电机在无负荷情况下运行5min,用于柴油机的冷却;

(3) 关闭发电机柴油机;

(4) 关闭控制屏总开关。

5. 关闭发电机组后检查

(1) 补足发电机燃油存量;

(2) 将输电开关接合;

(3) 将发电机调整为自动启动状态。

6. 注意事项

由于发电机平时处于自动启动状态,会因为突然停电而随时自动启动,所有平时不要在发电机附近放置杂物及接近发电机,以免发生危险,维修时必须切断电源。

4.3.3 柴油发电机组的保养

柴油发电机组均由不同型号的柴油机、发电机及控制屏等主要机件组成。各主要机件都有各自的保养要求,为了使机组得到妥善保养,各机件均应按各自使用维护说明书定期进行维护保养。

1. 柴油发电机组的保养分级

机组定时保养示例如下:

(1) A级保养(月保养)

1) 检查发电机工作月报;

2) 检查发电机机油平面、水箱冷却水平面;

3) 检查发电机有无损坏、渗漏,皮带是否松弛或磨损;

4) 检查空气滤清器,清洁空气滤清器芯子,必要时更换;

5) 放出燃油箱及燃油滤清器中的水或沉积物;

6) 检查水过滤器;

7）检查启动蓄电池及电池液，必要时添加补充液；

8）启动发电机并检查有无异响；

9）用压缩空气清洁水箱、冷却器及散热网灰尘。

（2）B级保养

1）重复A级每月的检查；

2）每运行100～250h，更换柴油滤清器；所有柴油滤清器不可清洗，只可更换。100～250h只是一个弹性时间，必须要根据柴油实际的清洁程度而更换；

3）每运行200～250h，更换发电机机油及机油滤清器；使用机油必须要符合标准；

4）每运行300～400h，更换空气滤清器；要根据机房环境而决定更换空气滤清器的时间，此滤清器可以用压缩空气清洁。

（3）C级保养

机组运行2000～3000h，进行如下工作：

1）重复A、B级保养；

2）拆下气门室盖，清洗油污、油泥；

3）紧固各部螺栓/钉（包括运行部分、固定部分）；

4）清洗曲轴箱内油泥、铁屑及沉积物；

5）检查涡轮增压器的磨损程度并清洗积炭，必要时进行调校；

6）检查调整气门间隙；

7）检查PT泵、喷油器工作情况，调整喷油器行程，必要时进行调校；

8）检查、调整风扇皮带、充电机皮带的松紧，必要时进行调整或更换；

9）清洗水箱散热网，并检查节温器的使用性能。

（4）小修（即D级保养）

机组运行3000～4000h，进行如下工作：

1）检查气门，气门座等磨损程度，必要时进行修理或更换；

2）检查PT泵，喷油器的工作状况，必要时进行修理、调校；

3）检查、调整连杆及各紧固螺栓/钉的扭力矩；

4）检查、调整气门间隙；

5）调整喷油器行程；

6）检查调整风扇、充电机皮带的张紧度；

7）清洗进气支管的积炭；

8）清洗冷却器芯；

9）清洗整个机油润滑系统；

10）清洗摇臂室、油底壳的油泥及金属铁屑。

（5）中修

机组运行6000～8000h，进行如下工作：

1）含小修项目；

2）分解发动机（除曲轴外）；

3）检查缸套、活塞、活塞环、进排气门、曲柄连杆机构、配气机构、润滑系统、冷却系统的易损零件等，必要时更换；

4）检查燃料供给系统，调校油泵油嘴；

5）发电机电球修理检测，清净油污沉积物，润滑电球轴承。

（6）大修

机组运行9000～15000h，进行如下工作：

1）含中修项目；

2）解体全部发动机；

3）更换气缸体、活塞、活塞环、大小轴瓦、曲轴止推垫、进排气门、全套发动机大修包；

4）调校油泵、喷油器、更换泵芯、喷油头；

5）更换增压器大修包、水泵修理包；

6）校正连杆、曲轴、机体等部件，必要时修复或更换。

2. 柴油发电机组保养

（1）柴油发电机组的保养守则

表4.3-1列出一般发电机保养守则，用户可根据需要参照进行选择。

柴油发电机保养守则 **表4.3-1**

序号	项　目	时　间	保养内容	备　注
1	发电机房	随时	保持清洁	
2	柴油滤清器	每运行100～250h	更换	
3	机油油量和冷却水水量	定时检查	存量是否足够	
4	机油过滤器及机油	每运行250h	更换	
5	空气过滤器	每运行300h或有阻塞时	更换	如机组四周空气较好，过滤器可使用约1000h，根据情况而定
6	空气过滤器	每运行100h	清洁	需要使用压缩空气清理
7	水箱及散热网	每运行500h	清理	
8	电池水量	每星期	检查	如不满，则添加
9	皮带	每运行500h	检查各皮带及调整松紧度	

（2）柴油发电机组保养记录表（表4.3-2）

柴油发电机组保养记录表 **表4.3-2**

（一）柴油发电机组及保养商基本数据表

序　号	内　容
1. 发电机组资料	
(1)	品　牌：
(2)	机组型号：
(3)	输出功率：　kW　（　kVA）
(4)	输出电压：　V　（频率：　Hz）
(5)	电池电压：

续表

序号	内容
(6)	油箱容积:
(7)	投入使用日期:
(8)	机组编号:
2. 保养商资料	
(1)	公司名称:
(2)	公司地址:
(3)	联系电话:
(4)	联系人:

(二)柴油发电机组保养及运行记录表

大厦名称: 编号:

发电机开始运行时间:		发电机结束运行时间:	
发电机运行状态:	空载运行□	负载运行□	
序号	项目	记录结果	备注
1. 发电机运行前检查			
(1)	检查发电机周围环境		
(2)	检查水箱冷却水量(正常值小于103℃)		
(3)	检查润滑机油油量		
(4)	检查燃油箱燃油存量		
(5)	检查电池电压(包括补充电池水)	(V)	
(6)	检查空气滤清器		
(7)	检查燃油滤清器		
(8)	检查皮带		
(9)	关闭发电机输电开关		
2. 发电机运行时检查及记录			
(1)	蓄电池电压	(V)	
(2)	输出电压频率	(Hz)	
(3)	输出电压 A相	(V)	
	输出电压 B相	(V)	
	输出电压 C相	(V)	
(4)	输出电流 A相	(A)	
	输出电流 B相	(A)	
	输出电流 C相	(A)	
(5)	冷却水温度表指示		
(6)	油压表指示		
(7)	检查散热系统		
(8)	检查排气系统		

续表

发电机开始运行时间：		发电机结束运行时间：	
发电机运行状态：	空载运行□	负载运行□	
序号	项目	记录结果	备注
(9)	测试所有自动及人手操作的启动装置		
(10)	测试安全装置的性能		
3. 关闭发电机后检查			
(1)	补足发电机燃油存量		
(2)	将发电机调整为自动启动状态		
存在问题：			
处理结果：			

检查员签名：＿＿＿＿＿＿＿＿日　期：＿＿＿＿＿＿＿＿
工程主管签名：＿＿＿＿＿＿＿日　期：＿＿＿＿＿＿＿＿
管理处签名：＿＿＿＿＿＿＿＿日　期：＿＿＿＿＿＿＿＿

(3) 充电安全操作规程

1) 工作时要穿好防护用具，严防酸性液体飞溅伤人。

2) 电解液容器要用瓷缸或大玻璃瓶，禁止使用铁、铜、锌等金属容器，严禁把蒸馏水倒入硫酸内，以防引起爆炸。

3) 充电时要找准电池正负极，把接线柱夹紧，防止因混线短路引起火灾、爆炸和反充电等事故。

4) 充电中，要经常检查壳盖透气情况，防止由于气孔闭塞，电池内部压力上升，而导致电池外壳损坏。

5) 不准在充电间用短路的方法检查电池的电压，防止迸出火花造成事故。

6) 充电间要保持通风良好，不准将电解液泼洒、渗漏在地上，电池架上的电解液随时冲洗干净。

7) 维修交流电路时，必须切断电源，严禁带电作业。

(4) 柴油发电机组冬季使用应注意的问题

柴油发电机组为一种重要的紧急后备电源，占着举足轻重的作用。在北方冬期的维护，尤显得特别重要。

1) 冷却液

有的机房冬期温度低于0℃，有时可达到零下十几度，而引擎要求机房温度不能低于5℃，所以冬期要特别注意引擎水箱内添加防冻剂（乙烯乙二醇或丙烯乙二醇），调制防冻液浓度为40%～68%；不加防冻剂，在引擎停用时应放出冷却水（一般调制时用50%软化水，50%防冻液）。

2) 燃油

冬期温度较低，使用燃油也要更换；夏季一般都选择0号柴油；冬期应使用根据当地的温度选用相应的柴油：一般+15～0℃时，选择-10号；-15～0℃时，选-20号；低于-15℃时选用-35号的，这样可以确保温度低时燃油不结冰。

3) 机油

选用机油的型号也应根据季节选用相应的机油。一般我们使用多级机油，因为多级机油具有生成沉淀物少，能有效改善发动机低温启动性能，高温下保持良好润滑，延长发动机寿命等特点，对特定机型根据具体情况选用机油型号。为了一些不必要的麻烦，可选用SAE15W ~40W 型号机油，省去了因季节性变化更换机油的麻烦。

注意应对机油滤清器、柴油滤清器、空气滤清器和水滤清器进行周期性的更换，以防止因滤清器所造成引擎不能启动的情形发生。

3. 柴油发电机组保养示例

（1）VOLVO 柴油发电机组介绍

1）柴油发电机组

（a）机组采用一体式结构，发动机与发电机连接装配在高强度钢材底架上，控制屏装在发电机顶端。

（b）额定电压：400/230V（三相四线制）。

（c）额定频率：50Hz。

（d）额定转速：1500 转/min。

（e）功率因数：0.8（滞后）。

（f）绝缘等级：H 级。

2）机载式控制屏

（a）自动/手动启动与停机控制器。

（b）各项监测仪表与选择开关。

（c）远程控制接口与三遥监控（可选）。

（d）短路超载保护塑壳断路器（MCCB）。

（e）高水温、低油温、超速及其他报警保护。

（2）VOLVO 柴油发电机组保养周期表（表 4.3-3）

VOLVO 柴油发电机组保养周期表 **表 4.3-3**

系　统	保养工作	内　容	每天	每周	每月	每 6 个月	每年或每 250h
润滑系统	检查	是否漏油	★	★	★	★	★
		发动机机油油位	★	★	★	★	★
	更换	机油滤清器				★	★
		发动机机油				★	★
润滑系统	清洗	曲轴箱				★	
冷却系统	检查	是否漏水	★	★	★		

（3）VOLVO 柴油机组日常保养说明（表 4.3-4）

VOLVO 柴油机组日常保养说明 **表 4.3-4**

序号	工作时间	保　养　内　容
1	每天开机前检查	（1）发动机曲轴箱机油耗量； （2）冷却液面； （3）散热器和风冷式中冷器（TAD）的芯有无阻塞现象； （4）空气滤清器是否被阻塞

续表

序号	工作时间	保养内容
2	每运行50h检查	(1) 蓄电池及液面; (2) 排除漏水,漏燃油,漏机油现象
3	每运行250~300h	(1) 更换发动机机油; (2) 更换机油滤清器和旁路机油滤清器; (3) 更换燃油滤清器; (4) 需要时排放燃油箱油污; (5) 检查张紧三角胶带; (6) 检查散热器和风冷式中冷器(TAD)的芯是否堵塞,是否需要清洁; (7) 检查空气管道及其软管接头应没有坏损,并拧紧卡箍; (8) 检查增压器的机油进油处应无渗漏
4	每运行1200h	由专业人员检查和调整气门间隙,检查调整在发动机停车及冷却状态下进行
5	每运行2400h	(1) 由专业人员拆卸和检查调整喷油器; (2) 由专业人员检查增压器的工作状态,并对发动机及其附件进行常规检查
6	每6个月	更换冷却液过滤器
7	每年	清洗冷却器,更换冷却液

5　配电柜安装

配电柜、屏、台、箱、盘安装场所土建应具备内粉刷完成、门窗已装好的基本条件。预埋管道及预埋件均应清理好；场地具备运输条件，保持道路平整畅通。

1. 柜、屏、台、箱、盘安装一般要求

（1）柜、屏、台、箱、盘安装高度（图5-1）

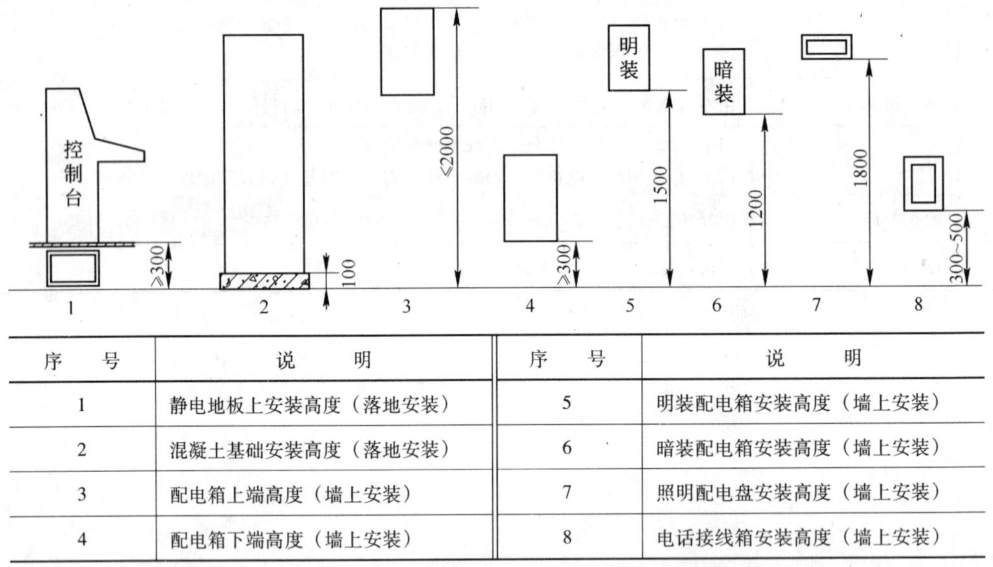

序　　号	说　　明	序　　号	说　　明
1	静电地板上安装高度（落地安装）	5	明装配电箱安装高度（墙上安装）
2	混凝土基础安装高度（落地安装）	6	暗装配电箱安装高度（墙上安装）
3	配电箱上端高度（墙上安装）	7	照明配电盘安装高度（墙上安装）
4	配电箱下端高度（墙上安装）	8	电话接线箱安装高度（墙上安装）

图5-1　柜、屏、台、箱、盘安装高度

（2）基础型钢安装应符合表5-1的规定。

基础型钢安装允许偏差　　**表5-1**

项　　目	允　许　偏　差	
	（mm/m）	（mm/全长）
不直度	1	5
水平度	1	5
不平行度	/	5

（3）柜、屏、台、箱、盘相互间或与基础型钢应用镀锌螺栓连接，且防松零件齐全。用螺栓连接固定既方便拆卸更换，又避免因焊接固定而造成柜箱壳涂层防腐损坏。

（4）柜、屏、台、箱、盘安装垂直度允许偏差为0.15%，相互间接缝不应大于2mm，成列盘面偏差不应大于5mm。

（5）柜、屏、台、箱、盘内检查试验应符合下列规定：

1）控制开关及保护装置的规格、型号符合设计要求；

2）闭锁装置动作准确、可靠；

3）主开关的辅助开关切换动作与主开关动作一致；

4）柜、屏、台、箱、盘上的标识器件标明被控设备编号及名称，或操作位置，接线端子有编号，且清晰、工整、不易脱色；

5）回路中的电子组件不应参加交流工频耐压试验；48V 及以下回路可不做交流工频耐压试验。

(6) 成套配电（控制）柜、台、箱、盘的运行电压、电流应正常，各种仪表指示正常。

2. 低压电器组合应符合下列规定

(1) 发热组件安装在散热良好的位置；

(2) 熔断器的熔体规格、自动开关的整定值符合设计要求；

(3) 切换压板接触良好，相邻压板间有安全距离，切换时不触及相邻的压板；

(4) 信号回路的信号灯、按钮、光字牌、电铃、电笛、事故电钟等动作和信号显示准确；

(5) 端子排安装牢固，端子有序号，强电、弱电端子隔离布置，端子规格与芯线截面积大小适配；

(6) 箱（盘）内开关动作灵活可靠，带有漏电保护的回路，漏电保护装置动作电流不大于 30mA，动作时间不大于 0.1s；

(7) 外壳接地（PE）或接零（PEN）连接可靠。

3. 本章相关标准规范

(1)《建筑电气工程施工质量验收规范》GB 50303—2002。

(2)《民用建筑电气设计规范》JGJ 16—2008。

(3)《电气装置安装工程盘、柜及二次回路接线施工及验收规范》GB 50171—92。

(4)《电气装置安装工程蓄电池施工及验收规范》GB 50172—92。

(5)《电气装置安装工程电气设备交接试验标准》GB 50150—2006。

(6)《电气装置安装工程低压电器施工及验收规范》GB 50254—96。

5.1 配电柜安装

5.1.1 配电柜安装一般要求

1. 配电室

(1) 配电室一般可采用砖、石结构，屋顶应采用混凝土预制板，并根据当地气候条件增加保温层或隔热层，屋顶承重构件的耐火等级不应低于二级，其他部分不应低于三级。

(2) 配电室进出引线可架空明敷或暗敷，明敷设宜采用电缆或母线，暗敷设宜采用电缆，敷设方式应满足下列要求：

1）架空明敷设电缆，其电线支架应采用电缆桥架，母线可根据需要使用裸母线或封闭式母线，电缆及母线穿过防火墙部位应进行防火封堵。

2）地下引入的电缆，穿墙应做保护套管。

(3) 配电室进出线的导体截面应按允许载流量选择。主进线回路按变压器低压侧额定电流的 1.3 倍计算，引出线按该回路的计算负荷选择。

2. 配电柜（盘）安装一般要求

（1）安装前应核对配电柜、盘编号是否与安装位置相符，按设计图纸检查其柜号、柜（盘）内回路号。

（2）柜（盘）外部检查：检查柜本体外观应无损伤及变形，油漆完整无损。固定电器的支架等应刷一度防锈漆和二度面漆，且无漏刷；安装同一室内成排安装的柜（盘），颜色应和谐一致；如漆层破坏或成列的柜（盘）面颜色不一致时，应重新喷漆，使成列配电柜（盘）整齐，漆面不能出现反光眩目现象。

（3）柜（盘）内部检查：电器装置及元件、绝缘瓷件齐全，无损伤、裂纹等缺陷。柜、盘内应设接地线或接地端子，或设接地螺栓，以供盘内使用。

（4）按图纸要求将柜（盘）、箱位置，测位找准，定位放线、预埋铁件或螺栓应配合土建进行。墙上安装的开关箱、盘等预埋件或预留洞口应配合土建进行。

（5）定位放线时应满足：配电装置的长度大于6m时，其柜（盘）后通道应设两个出口，低压配电装置两个出口间的距离超过15m时尚应增加出口。

（6）高压配电室内各种通道最小宽度应符合表5.1-1规定。

高压配电室内各种通道最小宽度（m）　　表5.1-1

开关柜布置方式	柜后维护通道	柜前操作通道	
		固定式	手车式
单排布置	0.8	1.5	单车长度+1.2
双排面对面布置	0.8	2.0	双车长度+0.9
双排背对背布置	1.0	1.5	单车长度+1.2

注：1. 开关柜为靠墙布置时，柜后与墙净距应大于50mm，侧面与墙净距应大于200mm；
2. 在建筑物的墙面遇有柱类局部凸出时，凸出部位的通道宽度可减少200mm。

（7）当电源从柜（盘）后进线且需在柜（盘）正背后墙上另设隔离开关及其手动机构时，柜（盘）后通道净宽不应小于1.5m，当柜（盘）背面的防护等级为IP2X时，可减为1.3m。

（8）低压配电室内成排布置的配电柜（盘），其柜（盘）前、柜（盘）后的通道最小宽度应符合表5.1-2的规定。

配电柜（盘）前、后通道最小宽度（m）　　表5.1-2

布置方式 / 装置种类	单排布置		双排对面布置		双排背对背布置	
	屏前	屏后	屏前	屏后	屏前	屏后
固定式	1.5	1.0	2.0	1.0	1.5	1.5
抽屉式	1.8	1.0	2.3	1.0	1.8	1.0
控制屏（柜）	1.5	0.8	2.0	0.8	—	—

注：1. 当建筑物墙面遇有柱类局部凸出时，凸出部位的通道宽度可减少0.2m；
2. 各种布置方式，屏端通道不应小于0.8m。

（9）接地（接零）

配电柜（盘）接地（接零）支线敷设连接紧密、牢固，接地（接零）线截面选用符合设计要求；线路走向合理，色标准确。

5.1.2 配电柜（盘）安装

在变配电室（间），基础型钢安装后，其顶部应高出地坪10mm，车间或与设备配套的基础型钢应高出地坪50～100mm，手车式配电柜应与地坪齐平，与设备配套的配电柜、盘、基础型钢也可直接在地坪上安装。

5.1.2.1 配电柜（盘）在预埋底座上安装

1. 配电柜（盘）定位

根据设计要求现场确定配电柜（盘）位置以及现场实际设备安装情况，按照柜的外形尺寸进行弹线定位。

2. 配电柜（盘）底座制作（图5.1-1）

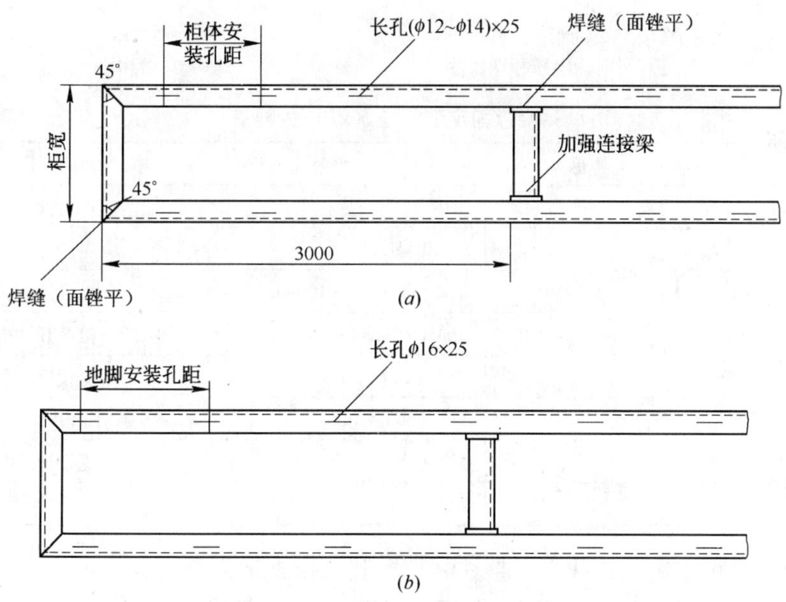

图5.1-1 配电柜（盘）底座制作
（a）顶面示意图；（b）底面示意图

（1）配电柜（盘）的底座一般采用型钢制作，如槽钢、角钢；型钢规格大、小根据柜（盘）的大小、重量、尺寸确定。常用的槽钢5～10号，角钢∟50×50×5～∟63×63×6等型号；

（2）安装前应矫平、调直。按图纸要求预制加工基础型钢架，并做好防腐处理；

（3）型钢根据柜（盘）数量，型钢的长短设置固定点，一般为800～1200mm应设置一个固定点，两端100mm～200mm处应设固定点。

3. 预埋铁件制作及安装

按照图5.1-2要求制作固定型钢的预埋铁件。在土建施工时，安装人员配合预埋铁件的预埋工作，也可在施工时预留洞孔。在工序交接时进行验收，检查是否符合设计要求或满足安装要求。

4. 配电柜（盘）底座安装

按施工图纸所示位置，将预制好的基础型钢架放在预留铁件上，找平、找正后将基础型钢架、预埋铁件、垫片用电焊焊牢。基础型钢顶部宜高出抹平地面10mm。见图5.1-3和材料表5.1-3，焊接时应注意型钢变型，宜先采用点焊，然后再满焊牢固。

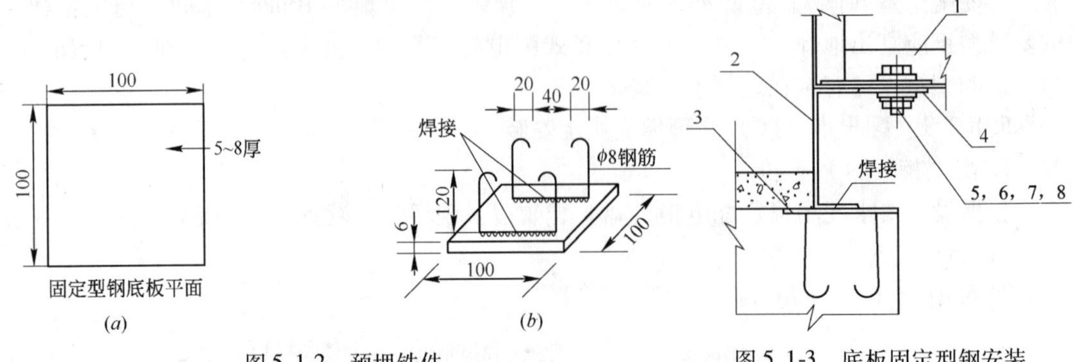

图5.1-2　预埋铁件
(a) 底板平面；(b) 预埋铁件

图5.1-3　底板固定型钢安装配电柜（盘）示意图

底板固定型钢柜（盘）材料表　**表5.1-3**

编　号	名　称	型号及规格	说　明
1	高低压开关柜		见设计
2	底座槽钢	5～10号	见设计
3	底板	钢板（100mm×100mm）厚度5mm	见设计
4	扁钢	50mm×5mm	接至开关柜固定螺孔
5	螺栓	M12（16）×35	见设计
6	垫圈	ϕ12（16）	见设计
7	弹簧垫圈	ϕ12（16）	见设计
8	螺母	M12（16）	见设计

如型钢不平可采用垫铁找平，垫铁制作安装可依据下列规定：

（1）垫铁规格可参照图5.1-4和表5.1-4。

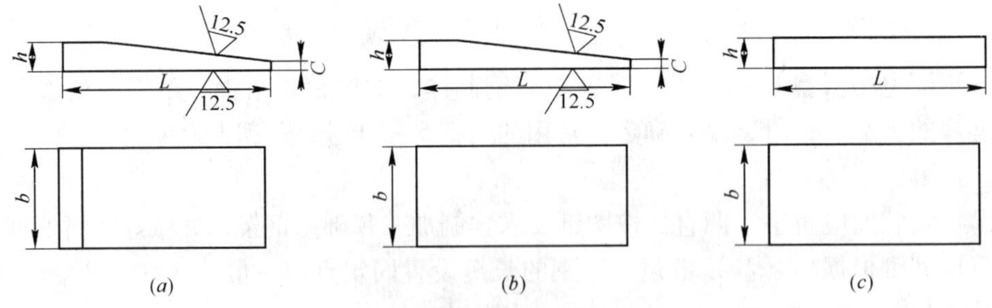

图5.1-4　垫铁制作
(a) 斜垫铁A型；(b) 斜垫铁B型；(c) 平垫铁C型

（2）承受负荷的垫铁组，应使用成对的斜垫铁，可加一块平垫铁。

（3）厚度h可根据实际需要和材料的材质和规格确定。斜垫铁的斜度宜为1/10～1/20；对振动较大或精密设备的垫铁斜度可为1/40。

（4）采用斜垫铁时，斜垫铁的代号宜与同代号的平垫铁配合使用。

（5）斜垫铁应成对使用，成对的斜垫铁应采用同一斜度。调平后灌浆前应进行定位焊牢。

垫铁规格表 表 5.1-4

A型［图5.1-4 (a)］					B型［图5.1-4 (b)］				C型［图5.1-4 (c)］		
代号	L (mm)	b (mm)	C (mm)		代号	L (mm)	b (mm)	C最小 (mm)	代号	L (mm)	b (mm)
			最小	最大							
斜1A	100	50	3	4	斜1B	90	50	3	平1	90	50
斜2A	140	70	4	8	斜2B	120	70	4	平2	120	70
斜3A	180	90	6	12	斜3B	160	90	6	平3	160	90

(6) 垫铁的材料可采用普通碳素钢。

5.1.2.2 采用膨胀螺栓安装配电柜（盘）

采用膨胀螺栓固定是目前较简便的固定方法，适应于混凝土上型钢和柜、盘的直接固定。

1. 膨胀螺栓

(1) 膨胀螺栓规格承装荷载及钻孔规格（表5.1-5）

膨胀螺栓规格承装荷载及钻孔规格表 表 5.1-5

螺栓规格	螺栓				套管				钻孔		≥C15 混凝土 容许承装荷载	
	D_1	D	L_1	L_2	D_2	t	L_3	L_4	深度	直径	拉力（10×N）	剪力（10×N）
M6	6	10	15	10	10	1.2	35	20	40	10.5	240	160
M8	8	12	20	15	12	1.4	45	30	50	12.5	440	300
M10	10	14	25	20	14	1.6	55	35	60	14.5	700	470
M12	12	18	30	25	18	2.0	65	40	70	19	1030	690
M16	16	22	40	40	22	2.0	90	50	100	23	1940	1300

(2) 膨胀螺栓固定方法（图5.1-5）

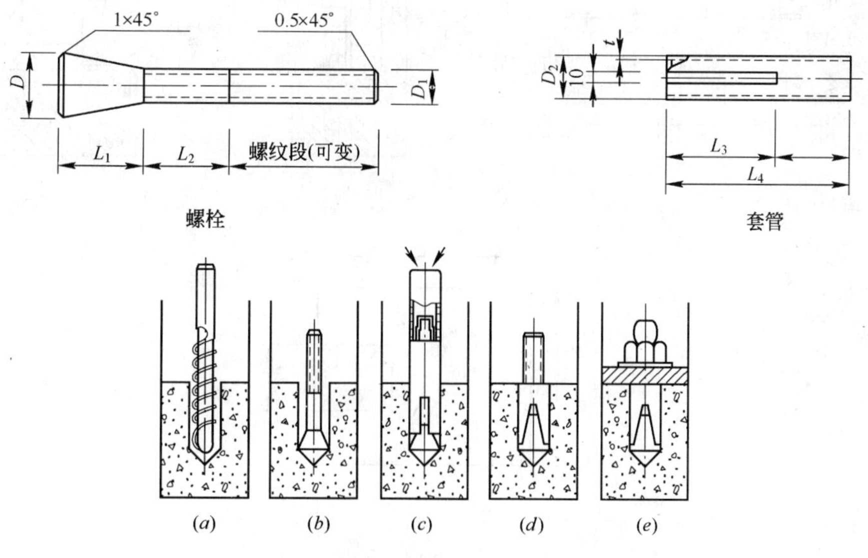

图 5.1-5 固定方法

(a) 钻孔；(b) 清除灰渣，放入螺栓；(c) 锤入套管；
(d) 套管胀开，上端与地坪墙面齐；(e) 设备就位后，紧固螺母

1）在混凝土或地面上划线，然后用电锤或冲击电钻钻孔。

2）清除孔内的灰渣，放入膨胀螺栓。

3）用手锤打击胀管，使套管里端胀开。

4）安装设备，紧固机件。

（3）安装注意事项

1）钻孔时采用钻头外径与套管外径相同、钻成的孔径与套管外径的差值不大于1mm。

2）螺栓距混凝土边缘的最小距离应为螺栓直径的12倍。

2. 高低压配电柜安装

将型钢按预留螺栓间距、测位、划线、定位，用电钻在型钢上开孔，进行安装，安装用水平尺找平，不平时应用开口钢垫板找平，钢垫板可采用40mm×40mm，厚度为0.5～1mm扁钢制作，开口应插入柜、盘的固定螺栓内，钢垫板每处不应超过3片。垫铁应设在固定点两侧，然后用螺栓固定。见图5.1-6。

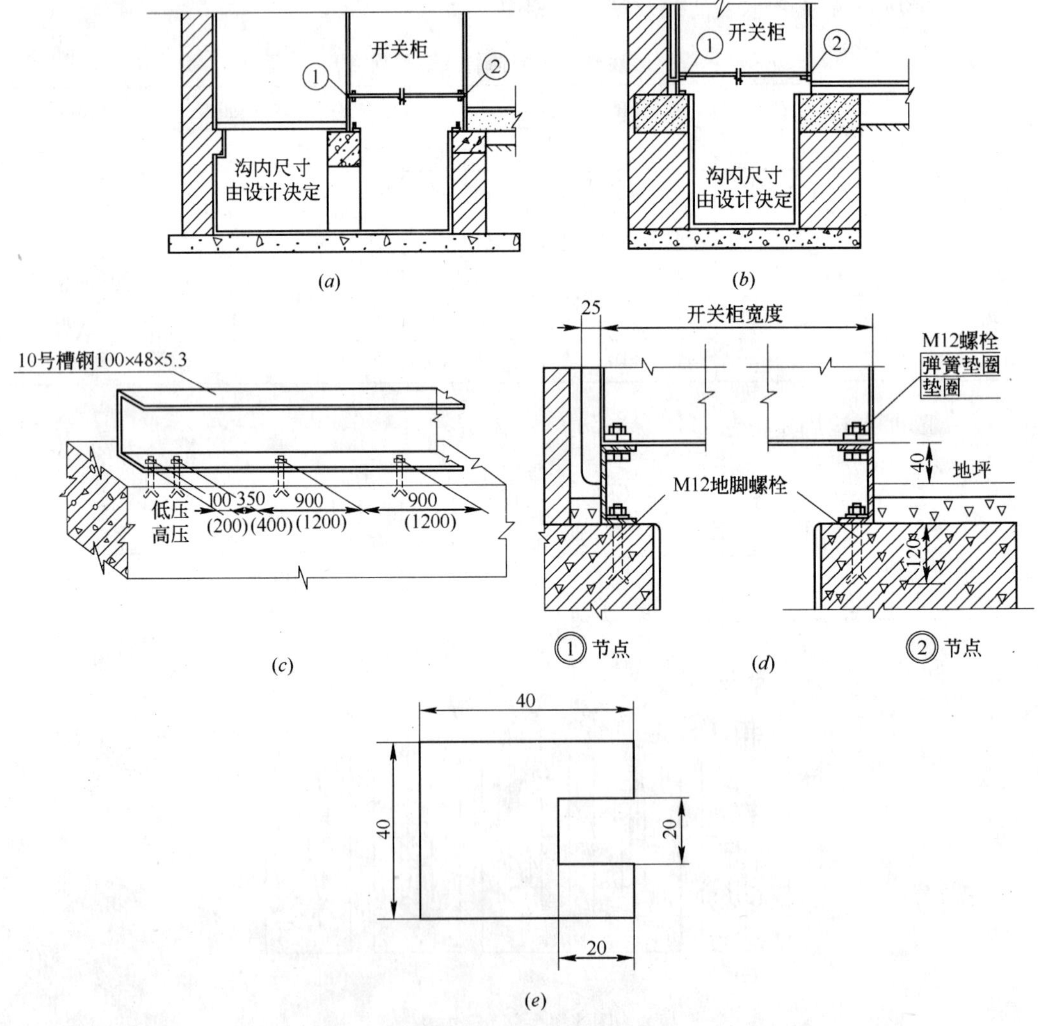

图5.1-6　配电柜安装示意图

（*a*）低压开关柜安装示意图；（*b*）高压开关柜安装示意图；（*c*）开关柜底座安装示意图；（*d*）节点大样图；（*e*）开口钢垫板

3. 低压配电盘安装（图 5.1-7）

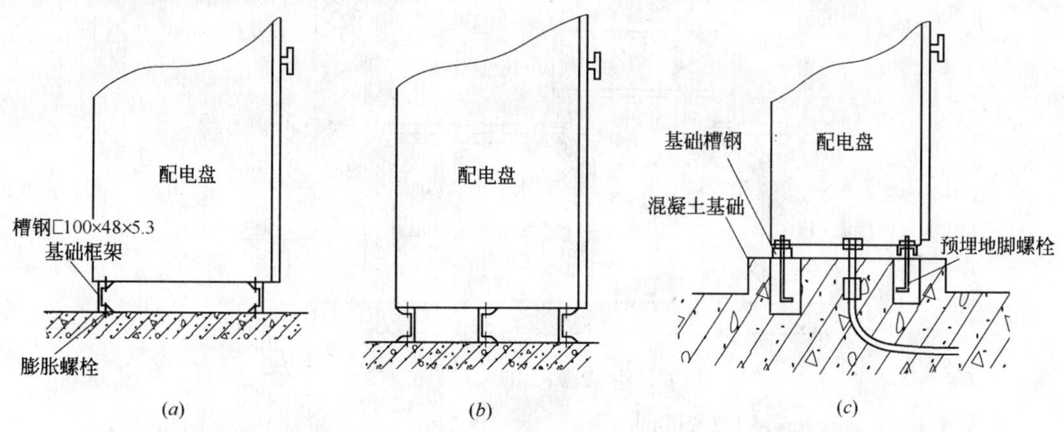

图 5.1-7 配电盘安装方法

（a）槽钢基础安装方法（一）；（b）槽钢基础安装方法（二）；（c）混凝土基础安装方法

5.1.2.3 成套配电柜（盘）体安装

（1）柜（盘）应按施工图的布置，将配电柜（盘）按照顺序逐一就位在基础型钢上，将柜（盘）按图纸排列顺序比照基准线逐个排列。可以从左向右，也可从右向左，还可从中间向两侧开始。单独柜（盘）进行柜（盘）面和侧面的垂直度的调整可用加垫板的方法解决，但不可超过三片。成排柜（盘）各台就位后，应对柜（盘）的水平度及盘面偏差进行调整，应调整到符合施工规范的规定。

（2）柜（盘）体与基础连接紧密，固定牢固，接地可靠，柜（盘）体间接缝平整；盘面标志牌、标志框齐全、准确并清晰。

（3）柜（盘）调整结束后，应用螺栓将柜体与基础型钢进行紧固。

（4）柜（盘）组装完成后，应进行复检是否达到规范和设计要求，如个别处达不到应进行调整，直至合格为准。

（5）柜（盘）顶与母线进行连接，注意应采用母线配套扳手按照要求进行紧固，接触面应涂中性凡士林。柜间母排连接时应注意母排是否距离其他器件或壳体太近，并注意相位正确。

（6）控制回路检查：应检查线路是否因运输等因素而松脱，并逐一进行紧固，电器元件是否损坏。原则上柜（盘）控制线路在出厂时就进行了校验，不应对柜内线路私自进行调整，发现问题应与供应商联系。

5.1.2.4 配电柜（盘）接地

1. 配电柜（盘）基础型钢接地

每台配电柜（盘）单独与基础型钢连接，可采用铜线将柜内 PE 排与接地螺栓可靠联结，并必须加弹簧垫圈进行防松处理。基础型钢应有明显可靠的接地，应从接地装置直接引至基础型钢，接地线宜选用不小于 120mm^2 的扁钢和圆钢，扁钢厚度不小于 4mm，变配电室基础型钢接地不得小于 2 处，宜设在两端可采用焊接，扁钢焊接应为扁钢宽度的两倍，应不小于三个棱边，圆钢焊接应为圆钢直径的 6 倍，应两侧满焊。并作好防腐处理，焊点及扁（圆）钢应刷防锈漆，涂刷后不污染设备和附属物，电缆沟内接地构件连接见图 5.1-8。

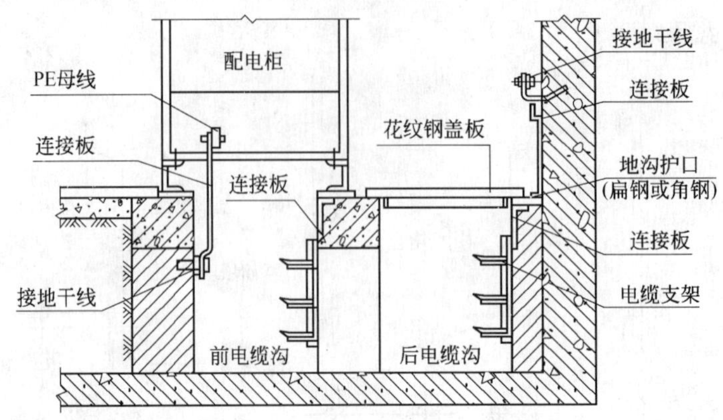

图 5.1-8　电缆沟内接地构件连接

2. 配电柜（盘）门接地（图 5.1-9）

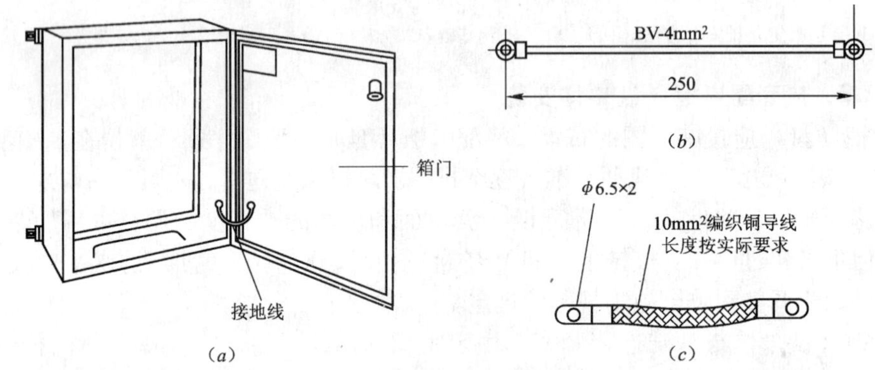

图 5.1-9　配电柜（盘）门接地方法
(a) 接地方法；(b) 用塑料多芯电线接地；(c) 用软铜编织线接地

配电柜（盘）的接地应牢固可靠，金属制品可开启的每扇柜（盘）门应与接地的金属构架采用塑料多芯电线或软铜编织线可靠的连接。

5.1.2.5　配电柜（盘）进出线方式

配电柜（盘）进出线方法包括封闭式母线上进出线、电缆桥架上进出线、电缆沟下进出线、地板下进出线等（图 5.1-10）。

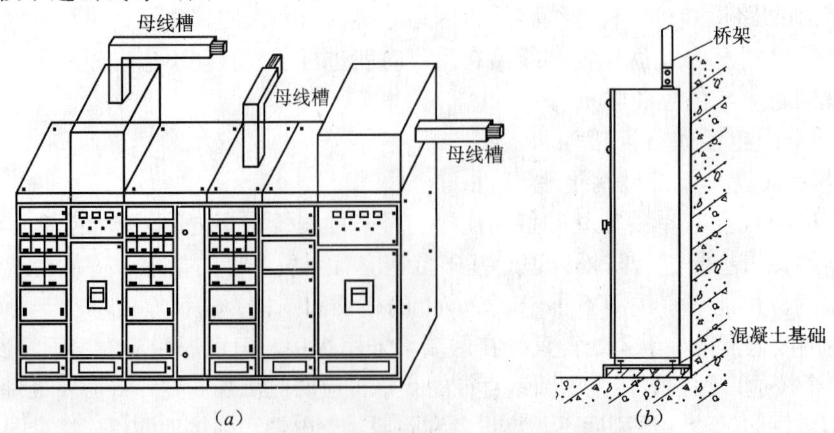

图 5.1-10　配电柜（盘）进出线方式（一）
(a) 母线上进出线；(b) 电缆桥架上进出线；

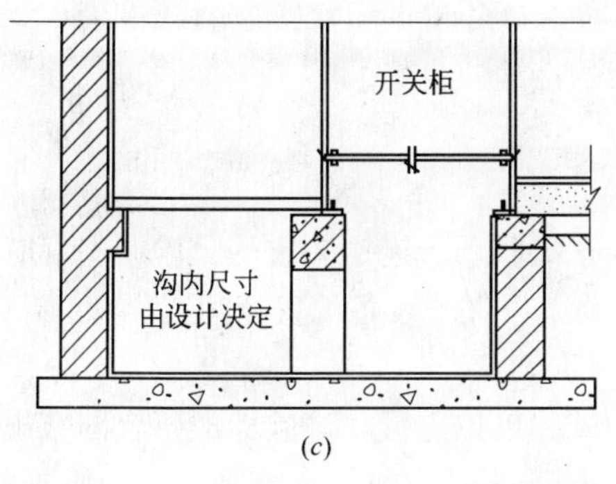

(c)

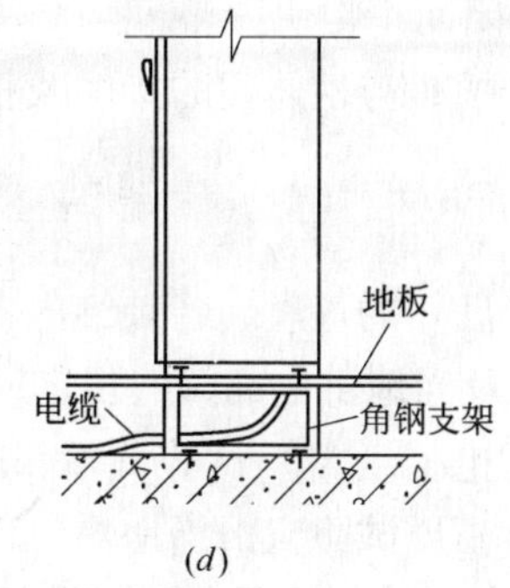

(d)

图 5.1-10 配电柜（盘）进出线方式（二）
（c）电缆沟下进出线；（d）地板下进出线

5.1.2.6 配电柜（盘）内设备安装

1. 配电柜（盘）内电器安装

（1）柜（盘）就位后，应按设计图进一步检查柜（盘）上元件的型号、规格及各种元件的端子编号及标志。

（2）元件的固定应稳固端正，仪表、继电器等元件的密封垫、漆封和附件应完整。

（3）仪表之间水平及垂直间距不应小于 20mm，固定仪表时，受力应均匀，以免影响仪表精度，较重的仪表安装，应另设支架支托。仪表及继电器应经过校验后方能安装，测量仪表应将额定值标明在刻度盘上。

（4）设备安装整齐、紧密，横平、竖直，固定牢靠。顶面平直度不超过 2mm，柜（盘）面平整度不超过 2mm。

（5）控制开关安装时，应先检查各不同位置的触点闭合情况与展开图相符，各触点应接触良好。

（6）信号灯、光字牌、电铃、电笛、事故电钟等应进行外观检查及试亮应显示准确，工作可靠，并检查灯罩颜色及附加电阻与设计相符。

（7）熔断器的熔件规格，自动开关的整定值应符合设计要求。

（8）切换压板应接触良好，相邻压板间应有足够安全距离，切换时不应碰及相邻的压板；对于一端带电的切换压板，应使在压板断开情况下，活动端不带电。

（9）接线整齐，排列有序，回路标志清楚、正确，色标准确。

（10）柜（盘）上装有装置性设备或其他有接地要求的电器，其外壳应可靠接地。

（11）柜（盘）的正面及背面各电器、端子牌等应标明编号、名称、用途及操作位置，其标明的字迹应清晰、工整，且不宜脱色。

2. 抽屉式配电柜内设备安装

抽屉式配电柜内的安装内设备应符合下列要求：

（1）抽屉推拉应灵活轻便，无卡阻、碰撞现象。

（2）抽屉的机械连锁或电气连锁装置应动作正确可靠，断路器分闸后，隔离触头才能分开。

（3）抽屉与柜体间二次回路连接插件应接触良好。

（4）柜门、网门及门锁应调整得开闭灵活；检修灯要完好，有门开关的检修灯应能随着门的开闭而正常明灭。

（5）抽屉与柜体间的接触及柜体、框架的接地应良好。

5.1.3 配电柜（盘）试验调整

柜（盘）的仪表，各种继电器，合闸装置、联动、连锁装置的试验调整，应按设计和设备出厂及当地供电部门的规定进行调整试验，以保证设备的安全运行。

1. 配电柜（盘）试验调整一般要求

（1）高压试验应由当地供电部门许可的试验单位进行。试验标准符合国家规范、当地供电部门的规定及产品技术资料要求。

（2）二次控制接线的所有接线端子螺钉应再紧一次。

（3）试验内容：高压柜框架、母线、避雷器、高压瓷瓶、电压互感器、电流互感器、各类开关等。

（4）调整内容：过流继电器调整，时间继电器、信号继电器调整以及机械连锁调整。

（5）绝缘测试：用500V绝缘电阻测试仪器在端子板处测试每条回路的电阻，电阻必须大于0.5MΩ。

（6）模拟试验：按图纸要求，分别模拟试验控制、连锁、操作、继电保护和信号动作，正确无误，灵敏可靠。

2. 配电柜（盘）试验调整前的检查

（1）检查铭牌和标志是否完整，与送验成套设备的样品是否相符。

（2）对机械操作组件、连锁、锁扣等部件进行检查。

（3）检查电器安装是否正确。

（4）检查导线和电缆的布线是否正确。

（5）检查连接，特别是螺栓连接是否接触良好。

（6）检查成套设备与制造厂提供的电气原理图、接线图和技术数据是否相符。

（7）通电操作试验，按设备的电气原理图要求进行模拟动作试验，试验结果应符合设计要求。

3. 配电柜（盘）试验调整

（1）高低压开关柜（盘）的试验调整，应由专业技术人员和技术工人进行，根据设计提供的技术数据，并应满足国家规范和当地供电部门提出的要求和技术参数进行试验调整。

（2）1kV及以上的电力线路及设备应进行绝缘电阻测试。一、二次回路应测试电气绝缘电阻，并作好测试记录。

（3）在进行与温度及湿度有关的各种试验时，应同时测量被试物温度和周围的温度及湿度。绝缘试验应在良好天气且被试物温度及仪器周围温度不宜低于5℃，空气相对湿度不宜高于80%的条件下进行。一般使用常温为10~40℃；运行温度不大于75℃。

（4）对柜（盘）的线路一、二次设备进行绝缘电阻测试，测量绝缘电阻时，采用兆欧表的电压等级，在设计未作特殊规定时，应按下列规定执行：

1）100V以下的电气设备或回路，采用250V兆欧表；

2）100V~500V的电气设备或回路，采用500V兆欧表；

3）500V~3000V的电气设备或回路，采用1000V兆欧表；

4）3000V～10000V 的电气设备或回路，采用 2500V 兆欧表；

5）10000V 及以上的电气设备或回路，采用 2500V 或 5000V 兆欧表。

（5）多绕组设备进行绝缘试验时，非被试绕组应预短路接地。

（6）进行绝缘试验时，除制造厂装配的成套设备外，宜将连接在一起的各种设备分离开来单独试验。同一试验标准的设备可以连在一起试验。为便于现场试验工作，已有出厂试验记录的同一电压等级不同试验标准的电气设备，在单独试验有困难时，也可以连在一起进行试验。试验标准应采用连接的各种设备中的最低标准。

（7）测试绝缘前应检查配电装置内不同电源的馈线间或馈线两侧的相位应一致；并应与电源侧一致，保证系统相序一致。

（8）二次回路测量绝缘电阻，应符合下列规定：

1）小母线在断开所有其他并联支路时，不应小于 10MΩ；

2）二次回路的每一支路和断路器隔离开关的操动机构的电源回路等，均不应小于 1MΩ。

（9）1kV 及以下配电装置及馈电线路的绝缘电阻值不应小于 0.5MΩ；测量馈电线路绝缘电阻时，应将断路器、用电设备、电器和仪表等断开。

4. 电气设备耐压试验

（1）交流耐压试验时加至试验标准电压后的持续时间，无特殊说明应为 1min。

（2）二次回路是指电气设备的操作、保护、测量、信号等回路及其回路中的操动机构的线圈、接触器、继电器、仪表、互感器二次绕组等。二次回路交流耐压试验，应符合下列规定：

1）试验电压为 1000V。当回路绝缘电阻值在 10MΩ 以上时，可采用 2500V 兆欧表试验，试验持续时间为 1min；

2）48V 及以下回路可不作交流耐压试验；

3）回路中有电子元器件设备的，试验时应将插件拔出或将其两端短接。

（3）1kV 及以下配电装置的交流耐压试验应符合下述规定：试验电压为 1000V。当回路绝缘电阻值在 10MΩ 以上时，可采用 2500V 兆欧表试验，试验持续时间为 1min。

（4）对柜（盘）的高压设备耐压试验应符合表 5.1-6。

高压电气设备绝缘的工频耐压试验电压标准 **表 5.1-6**

额定电压	最高工作电压	1min 工频耐受电压（kV）有效值																	
		油浸电力变压器		并联电抗器		电压互感器		断路器、电流互感器		干式电抗器		穿墙套管				支柱绝缘子、隔离开关		干式电力变压器	
												纯瓷和纯瓷充油绝缘		固体有机绝缘					
（kV）	（kV）	出厂	交接	出厂	交接	出厂	交接	出厂	交接	出厂	交接	出厂	交接	出厂	交接	出厂	交接	出厂	交接
3	3.5	18	15	18	15	18	16	18	16	18	18	18	18	18	16	25	25	10	8
6	6.9	25	21	25	21	23	21	23	21	23	23	23	23	23	21	32	32	20	17
10	11.5	35	30	35	30	30	27	30	27	30	30	30	30	30	27	42	42	28	24
15	17.5	45	38	45	38	40	36	40	36	40	40	40	40	40	36	57	57	38	32
20	23.0	55	47	55	47	50	45	50	45	50	50	50	50	50	45	68	68	50	43
35	40.5	85	72	85	72	80	72	80	72	80	80	80	80	80	72	100	100	70	60

5. 温升极限的验证

试品按正常使用情况布置，所有覆板等都应就位。成套设备中各部件的温升极限应满足表 5.1-7 要求。

成套设备中各部件的温升极限　　表 5.1-7

测　试　点	允许温升（K）
连接外部绝缘导线的端子	70
母线间连接处，母线上插接式触点	70
电器元件接线端	70
绝缘操作手柄	25
金属表面外壳	30

5.1.4 配电柜（盘）送电

1. 运行的条件

（1）安装作业应全部完毕，质量检查部门检查全部合格。试验项目全部合格，并有试验报告单。

（2）试验用的验电器、绝缘靴、绝缘手套、临时接地编织铜线、绝缘胶垫、粉末灭火器等应备齐。

（3）检查母线、设备上有无遗留下的杂物。

（4）做好试运行的组织工作，明确试运行指挥人，操作人和监护人。

（5）清扫设备及变配电室、控制室的灰尘。用吸尘器清扫电器、仪表元件。

（6）继电保护动作灵敏可靠，控制、连锁、信号等动作准确无误。

2. 送电

（1）由供电部门检查合格后，将电源送进建筑物内，经过验电、校相无误。

（2）由安装单位合进线柜开关，检查 PT 柜上电压表三相是否电压正常。

（3）合变压器柜开关，检查变压器是否有电。

（4）合低压柜进线开关，查看电压表三相是否电压正常。

3. 验收

送电空载运行 24h，无异常现象、办理验收手续，交建设单位使用。同时提交变更洽商记录、产品合格证、说明书、试验报告单等技术资料。

5.1.5 配电房其他设施

1. 在配电房内墙上张贴供电系统图。

2. 在配电房内墙上张贴触电急救挂图。

3. 绝缘垫

一般在高、低压配电柜的前后铺设绝缘垫，作为固定的辅助安全用具。绝缘垫（图 5.1-11）是用特种橡胶制成，表面有防滑槽纹，其厚度不应小于 5mm。

4. 备用保险管

配电房内用木板挂在墙上，上面挂上与配电柜（盘）中使用同规格的保险管，每种规格不少于三支，以便保险管烧坏时能及时更好（图 5.1-12）。

图 5.1-11 绝缘垫
（a）绝缘垫；（b）试验接线

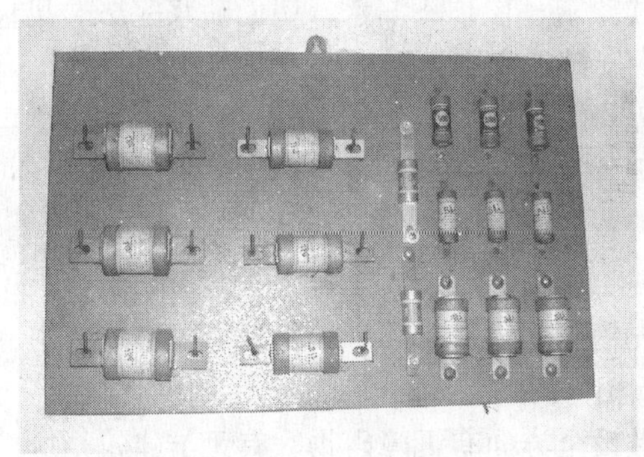

图 5.1-12 保险管挂在墙上

5. 灭火器

在配电房内门边放置可用于扑灭电火的灭火器。

5.2 硬母线安装

在民用建筑工程中，硬母线通常是用于变压器与配电柜之间、配电柜与配电柜之间的供电连接。硬母线宜采用矩形硬裸铜母线或铝母线，截面应满足允许载流量、热稳定和动稳定的要求。

5.2.1 施工准备

1. 材料要求

（1）铜、铝母线应有产品合格及材质证明，并符合表 5.2-1 的要求。

母线的机械性能和电阻率 表 5.2-1

母线名称	母线型号	最小抗拉强度（N/mm^2）	最小伸长率（%）	20℃时最大电阻率（$\Omega\cdot mm^2/m$）
铜母线	TMY	255	6	0.01777
铝母线	LMY	115	3	0.0290

（2）母线表面应光洁平整，不应有裂纹、折皱、夹杂物及变形和扭曲现象。

（3）绝缘子及穿墙套管的瓷件，应符合国家标准和有关电瓷产品技术条件的规定，并有产品合格证。

（4）绝缘材料的型号、规格、电压等级应符合设计要求。外观无损伤及裂纹，绝缘良好。

（5）金属紧固件及卡具，均应采用热镀锌件。

（6）其他辅料有调和漆，樟丹漆、焊条、焊粉等。

2. 主要机具

（1）机具包括母线摵弯器、电焊、气焊工具、钢锯、电锤、砂轮、台钻、手电钻、板锉、木槌、力矩扳手、钢丝刷、铜丝刷等。

（2）测试器具包括皮尺、钢卷尺、钢板尺、水平尺、线坠、细钢丝或小线、摇表、万用表等。

3. 施工条件

（1）母线安装对土建要求：屋顶不漏水，墙面喷浆完毕，场地清理干净，并有一定的加工场所。高空作业脚手架搭设完毕，安全技术部门验收合格。门窗齐全。

（2）电气设备安装完毕，检验合格。

（3）预留孔洞及预埋件尺寸、强度均符合设计要求。

（4）施工图及技术资料齐全。

4. 测量放线定位

（1）进入现场后首先依据图纸进行测量，根据母线沿墙、跨柱、沿梁及屋架敷设的不同情况，核对是否与图纸相符。

（2）核对检查母线敷设全方向有无障碍物，有无与建筑结构、设备、管道、通风等其他安装部件相互交叉矛盾的地方。

（3）配电柜内安装的母线，还要测量其与设备上其他部件安全距离是否符合要求。

（4）检查预留孔洞、预埋铁件的尺寸、标高方位是否符合要求。

（5）测量放线定出各段母线加工尺寸、支架尺寸，并划出支架安装距离及固定件安装位置。

5.2.2 支架制作安装

1. 母线安装方式（图 5.2-1）

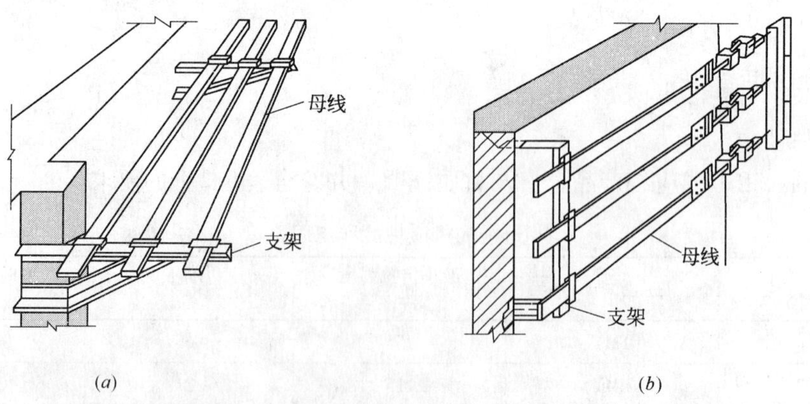

图 5.2-1 母线安装方式
（a）母线沿墙靠柱水平安装示意图；（b）母线沿墙垂直安装示意图

母线安装方式分为水平敷设及垂直敷设，当裸母线为水平敷设时，支架安装距离不超过3m，垂直敷设时不超过2m，支架距离要均匀一致，两支架间距离偏差不得大于50mm。

2. 母线支架固定方法

按图纸尺寸加工各种支架，支架采用L50×50×5角钢制作，具体尺寸由工程设计决定，支架开燕尾预埋在墙内，见图5.2-2；也可将支架采用M10~M12膨胀螺栓固定在墙上。

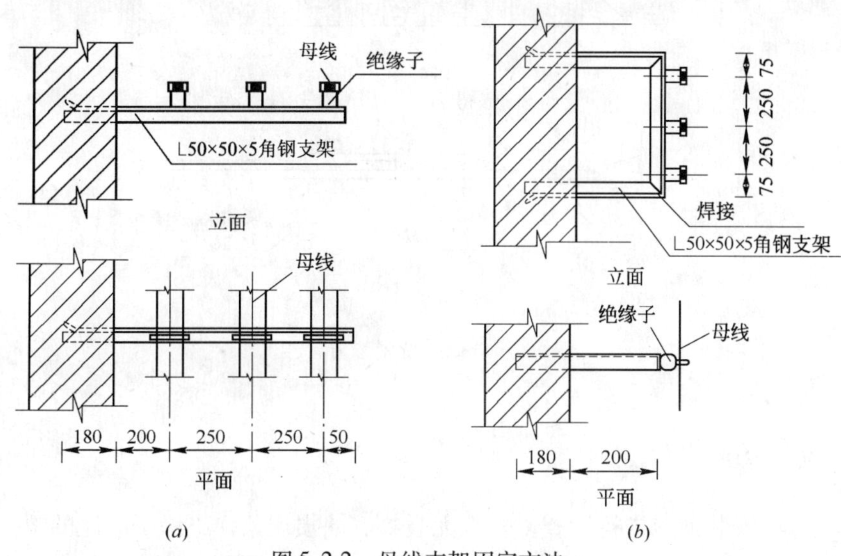

图5.2-2 母线支架固定方法
（a）水平敷设；（b）垂直敷设

3. 母线拉紧装置

母线配线拉紧装置如图5.2-3所示。母线规格按工程设计决定，连接板的宽度为母线加宽55mm。

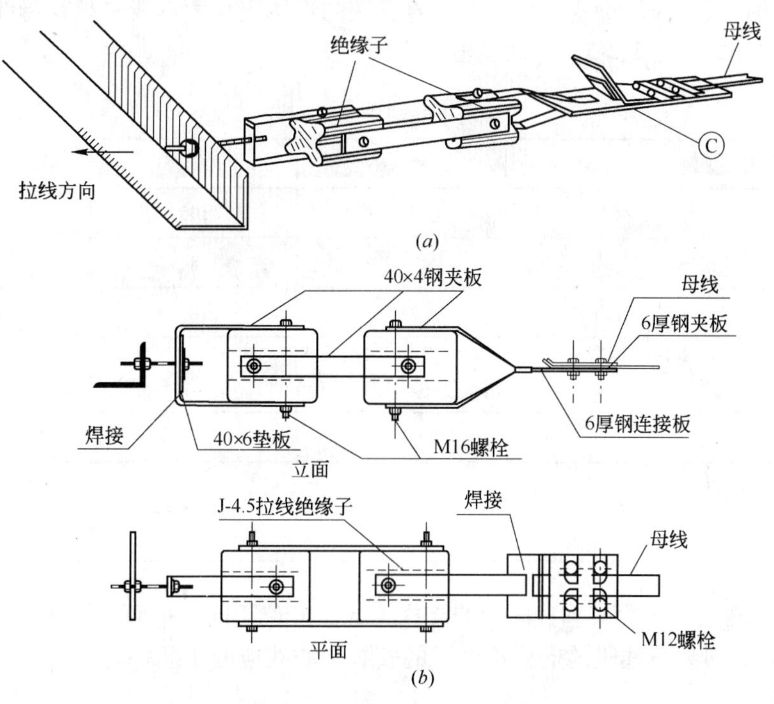

图5.2-3 母线拉紧装置（一）
（a）母线终端拉紧装置示意图；（b）拉紧装置

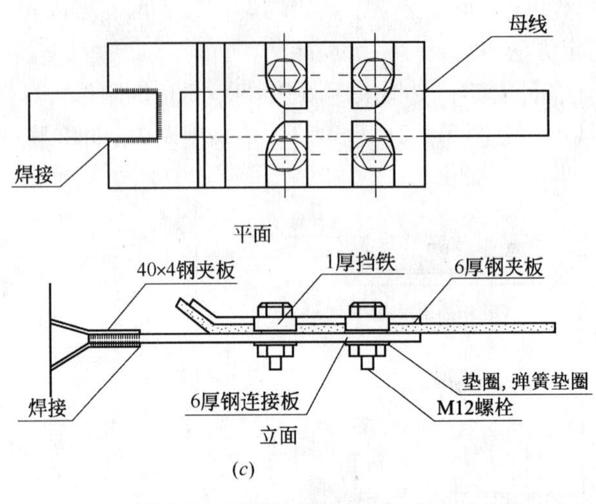

图 5.2-3 母线拉紧装置（二）

（c）大样图

5.2.3 绝缘子安装

（1）绝缘子安装前应进行检查，外观无裂纹、缺损现象，绝缘子灌注的螺栓、螺母结合牢固，安装前应测量绝缘电阻，大于 1MΩ 为合格，6～10kV 支柱绝缘子安装还应做交流耐压试验。

（2）绝缘子上下要各垫一个厚度不小于 1.5mm 的石棉垫。

（3）夹板、卡板的制作规格与母线的规格相适配，绝缘子夹板、卡板的安装要紧固。对水平安装的母线应采用母线卡板，对垂直安装的母线应采用母线夹板，母线卡板及夹板的规格见表 5.2-2 及表 5.2-3，作法见图 5.2-4。

母线卡板规格表（mm） **表 5.2-2**

母线截面	40×5	80×6	100×6	100×8
b	55	105	105	105
h	8	8	8	12
全长	130	180	180	190

母线夹板规格表（mm） **表 5.2-3**

母线宽度	40～80	100
b	120	140
b_1	100	120

（4）安装在同一平面或垂直面上的支柱绝缘子应位于同一平面上；其中心线的位置应符合设计要求，母线直线段的支柱绝缘子的安装中心线应处于同一直线上。

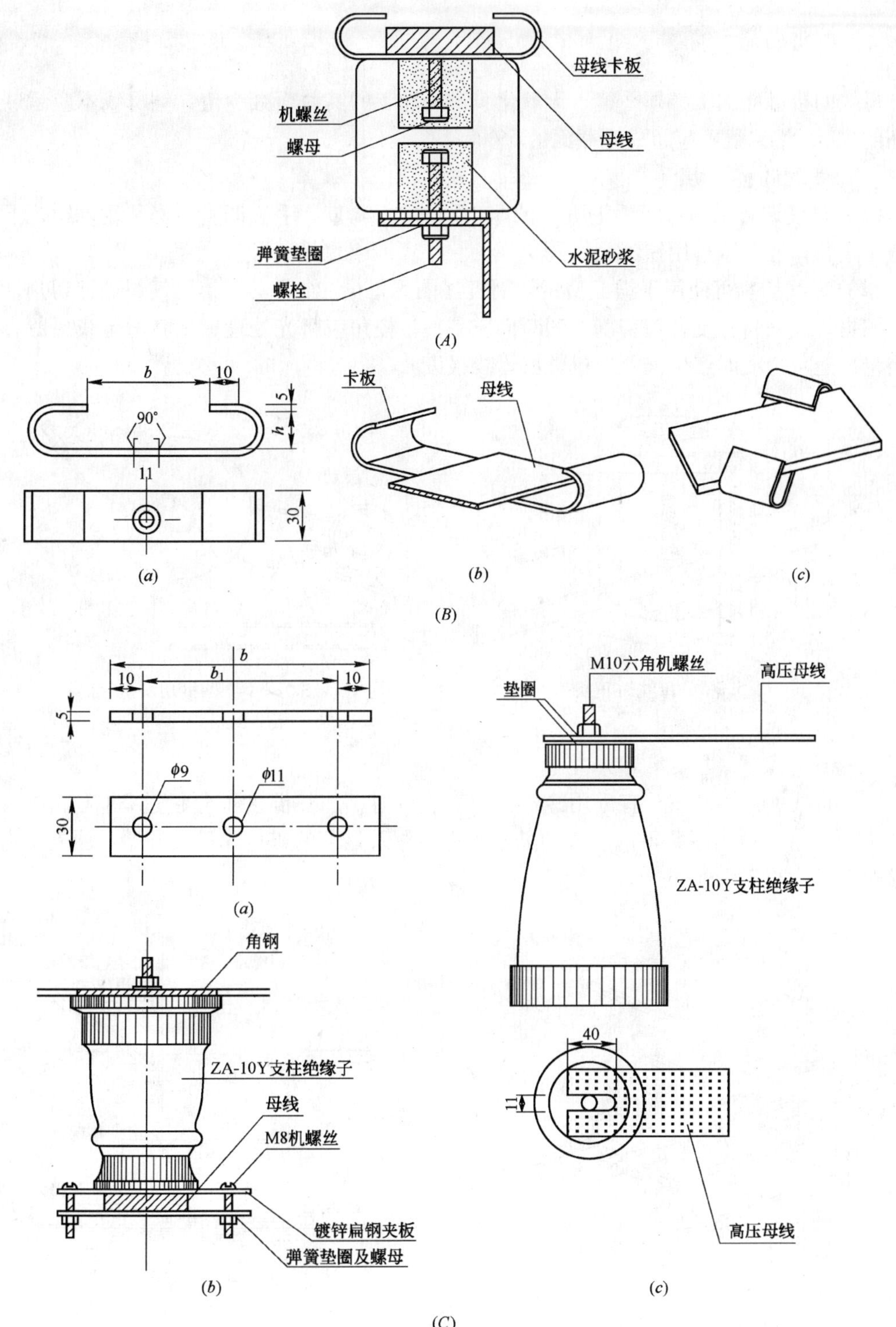

图 5.2-4 高、低压绝缘子安装方法

(A) 绝缘子安装示意图

(B) 母线卡板安装方法

(a) 母线卡板；(b) 安装方式一；(c) 安装方式二

(C) 母线夹板安装方法

(a) 母线夹板；(b) 母线夹板安装；(c) 绝缘子竖装（用于母线终端）安装图

5.2.4 母线的加工

母线的接触面加工必须平整、无氧化膜。经加工的其截面减少值：铜母线不应超过原截面的3%，铝母线不应超过原截面的5%。

1. 母线的调直与切断

（1）母线调直采用母线矫正机（图5.2-5）进行调直，手工调直时必须用木锤，下面垫道木进行作业，不得用铁锤。

（2）母线切割可使用手锯或型钢切割机（图5.2-6）作业，严禁用气焊进行切割，下料时根据母线来料长度合理切割，切断面应平整，棱角应磨光处理，下料时母线要留有适当裕量，避免弯曲时产生误差造成整根母线报废。

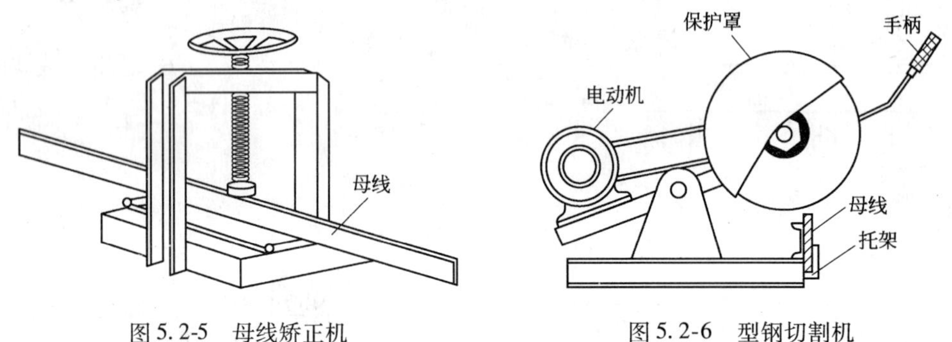

图5.2-5 母线矫正机　　图5.2-6 型钢切割机

2. 母线弯曲

矩形母线的弯曲、扭转宜采用冷弯，如需热弯时，加热温度不应超过250℃。母线的弯曲采用专用工具（图5.2-7），弯曲处不得有裂纹及显著的皱折，母线开始弯曲处距母线连接位置不应小于50mm。

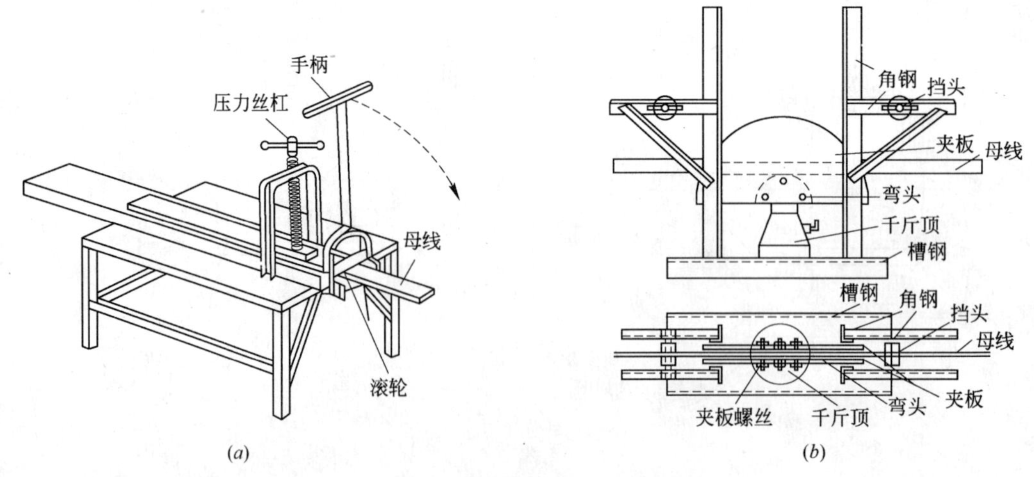

图5.2-7 母线撼弯器
（a）母线平弯机；（b）母线立弯机

（1）母线扭转

母线扭转90°时，扭转部分的长度不得小于母线宽度的2.5~5倍（图5.2-8）。

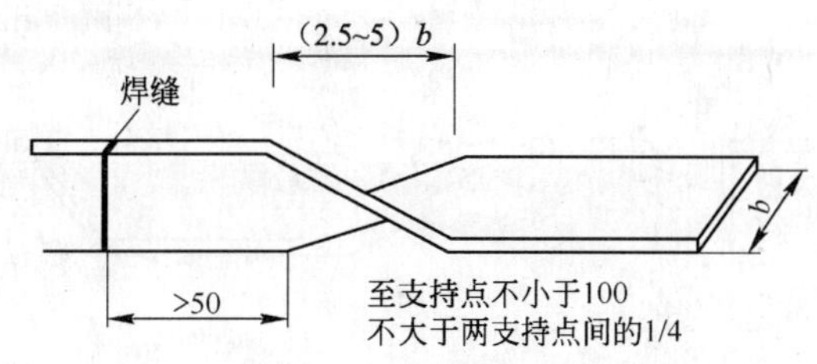

图 5.2-8 母线扭转 90°示意图

注：b—母线的宽度。

(2) 母线平弯及立弯

母线平弯及立弯见图 5.2-9，多片母线的弯曲度应一致，弯曲半径不得小于表 5.2-4 的规定。具体要求如下：

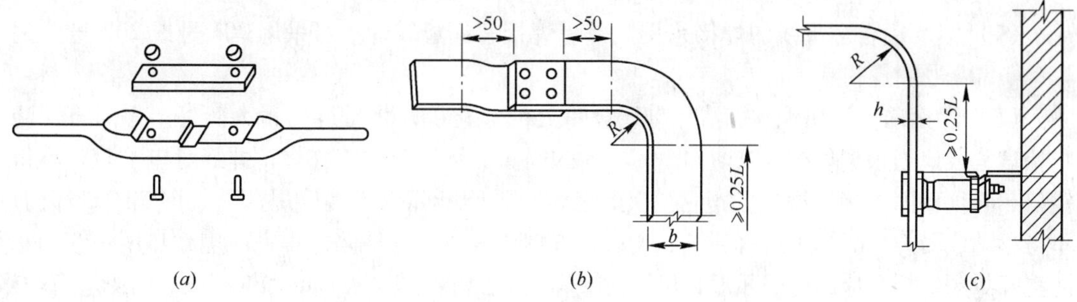

图 5.2-9 母线弯曲示意图

(a) 母线扭弯器；(b) 母线立弯示意图；(c) 母线平弯示意图

b—母线宽度；h—母线厚度。

矩形母线最小弯曲半径 (R) 值 **表 5.2-4**

弯曲方式	母线断面尺寸 (mm)	最小弯曲半径 (mm)		
		铜	铝	钢
平弯	50×5 及以下	2h	2h	2h
	125×10 及以下	2h	2.5h	2h
立弯	50×5 及以下	1b	1.5b	0.5b
	125×10 及以下	1.5b	2b	1b

1) 母线开始弯曲处距最近绝缘子的母线支持夹板边缘不应大于 0.25L，但不得小于 50mm；

2) 母线开始弯曲处距母线连接位置不应小于 50mm；

3) 矩形母线应减少直角弯曲，弯曲处不得有裂纹及显著的折皱。

5.2.5 母线的连接

母线的连接可采用焊接或搭接两种方式：

1. 母线的焊接 (图 5.2-10)

(1) 焊接位置：焊接距离弯曲点或支持绝缘子边缘不得小于 50mm，同一相如有多片母线，其焊接应相互错开 50mm 以上。

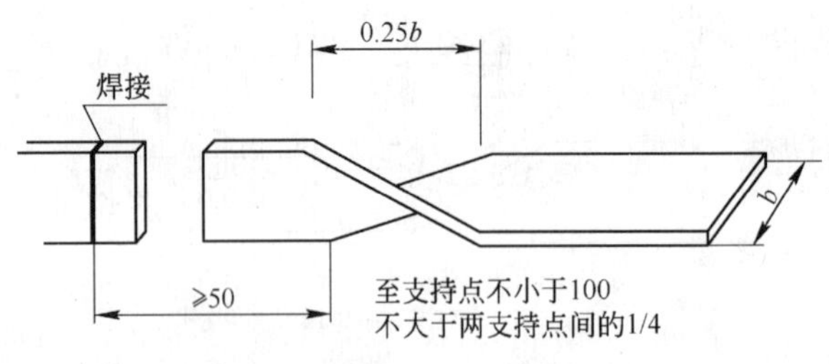

图 5. 2-10 母线焊接示意图

（2）焊接前应将母线坡口两侧表面各 50mm 范围内清刷干净，不得有氧化膜、水分和油污，坡口加工面应无毛刺和飞边。

（3）焊接前对口应平直，其弯折偏移不应大于 0. 2%，中心线偏移不应大于 0. 5mm，对口焊接的母线，宜有 35° ~40°的坡口，1. 5 ~2mm 的钝边。

（4）铝及铝合金母线的焊接采用氩弧焊焊接，铜母线焊接可采用 201 号或 202 号紫铜焊条、301 号铜焊粉或硼砂。

（5）焊接前应当用铜丝刷清除母线坡口处的氧化层，将母线用耐火砖等垫平对齐，防止错口，坡口处根据母线规格留出 1 ~5mm 的间隙，然后由焊工施焊，焊缝对口平直，不得错口、必须双面焊接。每个焊缝应一次焊完，除瞬间断弧外不得停焊，母线焊完未冷却前，不得移动或受力。焊缝不得有裂纹、夹渣、未焊透及咬肉等缺陷，焊完后应趁热用足够的水清洗掉焊药。焊缝应凸起呈弧形，母线对接焊缝的上部应有 2 ~4mm 加强高度，两侧应有2 ~4mm 加强宽度，引下线母线采用搭接焊时，焊缝的长度不应小于母线宽度的两倍。

2. 母线的螺栓连接

（1）母线应矫正平直，切断面应平整。相同布置的主母线、分支母线、引下线及设备连接线应一致，横平竖直，整齐美观。

（2）母线与母线、母线与电器端子连接时，应符合下列规定：

1）铜与铜连接时，室外高温且潮湿或对母线有腐蚀性气体的室内，必须搪锡，在干燥的室内可直接连接；

2）铝与铝连接时，可采用搭接，搭接时应清洁表面并涂以导电膏；

3）铜与铝连接时，在干燥的室内，铜导体应搪锡，室外或较潮湿的室内应使用铜铝过渡板，铜端应搪锡。

（3）母线接头螺孔的直径宜大于螺栓直径 1mm；钻孔前，先在连接部位，按规定划好孔位中心线并钻孔，钻孔应垂直，不歪斜，螺孔间中心距离的误差不超过 ±0. 5mm。

（4）矩形母线采用螺栓固定搭接时，连接处距支柱绝缘子的支持夹板边缘不应小于 50mm，上片母线端头与下片母线平弯起始处的距离不应小于 50mm，见图 5. 2-11。

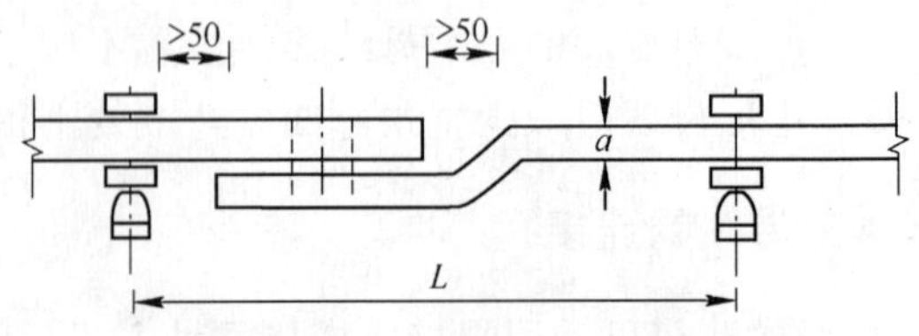

图 5. 2-11 矩形母线搭接

a—母线厚度；*L*—母线两点支持点之间的距离

（5）母线接触面保持清洁，涂电力复合脂，螺栓孔周边无毛刺。

（6）母线采用螺栓连接时，平垫圈应选用专用厚垫圈，螺栓、平垫圈及弹簧垫必须用镀锌件，连接螺栓两侧有平垫圈，螺母侧装有弹簧垫圈及锁紧螺母，螺栓受力均匀，螺栓紧固后丝扣能露出螺母外5～8mm。不使电器的接线端子受额外压力。

（7）母线的接触面应连接紧密，连接螺栓应用力矩扳手紧固，其紧固力矩值应符合表5.2-5规定。

母线搭接螺栓的拧紧力矩 **表5.2-5**

序号	螺栓规格	力矩值（N·m）
1	M8	8.8～10.8
2	M10	17.7～22.6
3	M12	31.4～39.2
4	M14	51.0～60.8
5	M16	78.5～98.1
6	M18	98.0～127.4
7	M20	156.9～196.2
8	M24	274.6～343.2

（8）矩形母线的螺栓连接尺寸（表5.2-6）

母线螺栓连接尺寸 **表5.2-6**

搭接类别	图形	序号	连接尺寸（mm）			钻孔要求		螺栓规格
			b_1	b_2	a	ϕ（mm）	个数	
直线连接	$b_1/4$，ϕ，b_1，b_2，a，$b_1/4$	1	125	125	b_1或b_2	21	4	M20
		2	100	100	b_1或b_2	17	4	M16
		3	80	80	b_1或b_2	13	4	M12
		4	63	63	b_1或b_2	11	4	M10
		5	50	50	b_1或b_2	9	4	M8
		6	45	45	b_1或b_2	9	4	M8
	$b_1/2$，ϕ，b_1，b_2，$b_1/2$，$a/2$，$a/2$	7	40	40	80	13	2	M12
		8	31.5	31.5	63	11	2	M10
		9	25	25	50	9	2	M8
垂直连接	$b_1/4$，ϕ，b_1，$b_1/4$，b_2	10	125	125	—	21	4	M20
		11	125	100～80	—	17	4	M16
		12	125	63	—	13	4	M12
		13	100	100～80	—	17	4	M16
		14	80	80～63	—	13	4	M12
		15	63	63～50	—	11	4	M10
		16	50	50	—	9	4	M8
		17	45	45	—	9	4	M8

续表

搭接类别	图形	序号	连接尺寸（mm）			钻孔要求		螺栓规格
			b_1	b_2	a	ϕ（mm）	个数	
垂直连接	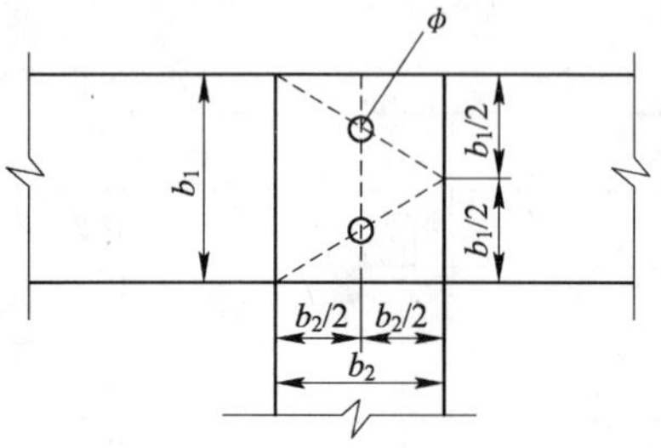	18	125	50～40	—	17	2	M16
		19	100	63～40	—	17	2	M16
		20	80	63～40	—	15	2	M14
		21	63	50～40	—	13	2	M12
		22	50	45～40	—	11	2	M10
		23	63	31.5～25	—	11	2	M10
		24	50	31.5～25	—	9	2	M8
	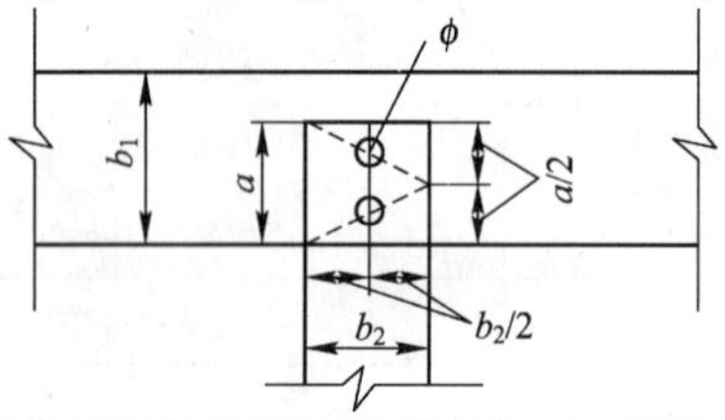	25	125	31.5～25	60	11	2	M10
		26	100	31.5～25	50	9	2	M8
		27	80	31.5～25	50	9	2	M8
	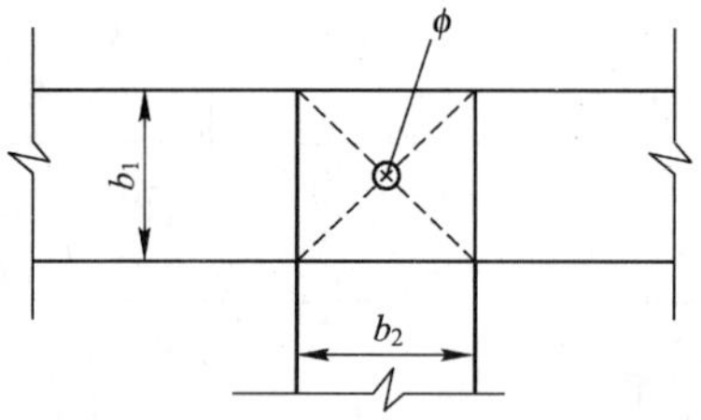	28	40	40～31.5	—	13	1	M12
		29	40	25	—	11	1	M10
		30	31.5	31.5～25	—	11	1	M10
		31	25	22	—	9	1	M8

5.2.6 母线的安装

1. 室内配电装置的母线安装

室内配电装置的母线安装应满足安全距离：

（1）带电体至接地安全距离为20mm；

（2）不同相的带电体之间安全距离为20mm；

（3）无遮拦裸母线至地面安全距离为：屏前通道为2.5m，低于2.5m时应加遮护，遮护后护网高度不应低于2.2m；屏后通道为2.3m，当低于2.3m时应加遮护，遮护后的护网高度不应低于1.9m。不同时停电检修的无遮拦裸母线之间水平距离为1875mm；与电器连接处不同相裸母线最小净距离为12mm；

（4）变压器、高低压成套配电柜、穿墙管及绝缘子等安装就位，经检查合格，才能安装变压器和高低压成套配电柜的母线。

2. 母线安装误差要求

母线安装应平整美观，且符合下列要求：

（1）水平线：两支持点高度误差不大于3mm，全长不大于10mm。

（2）垂直段：两支持点垂直误差不大于2mm，全长不大于5mm。

（3）间距：平行部分间距应均匀一致，误差不大于5mm。

3. 母线在绝缘子上安装

母线在绝缘子上安装应符合下列规定：

（1）母线与绝缘子间的固定应平整牢固，不使母线受额外应力。

（2）交流母线的固定金具或其他支持金具不形成闭合铁磁回路。

（3）除固定点外，当母线平置时，母线支持夹板的上部压板与母线间有1～1.5mm的间隙，当母线立置时，上部压板与母线间有1.5～2mm的间隙。

（4）母线的固定点，每段设置1个，设置于全长或两母线伸缩节的中点。

（5）母线采用螺栓搭接时，连接处距绝缘子的支持夹板边缘不小于50mm。

4. 室内裸母线的最小安全净距离

室内裸母线的最小安全净距离应符合图5.2-12和表5.2-7的要求。

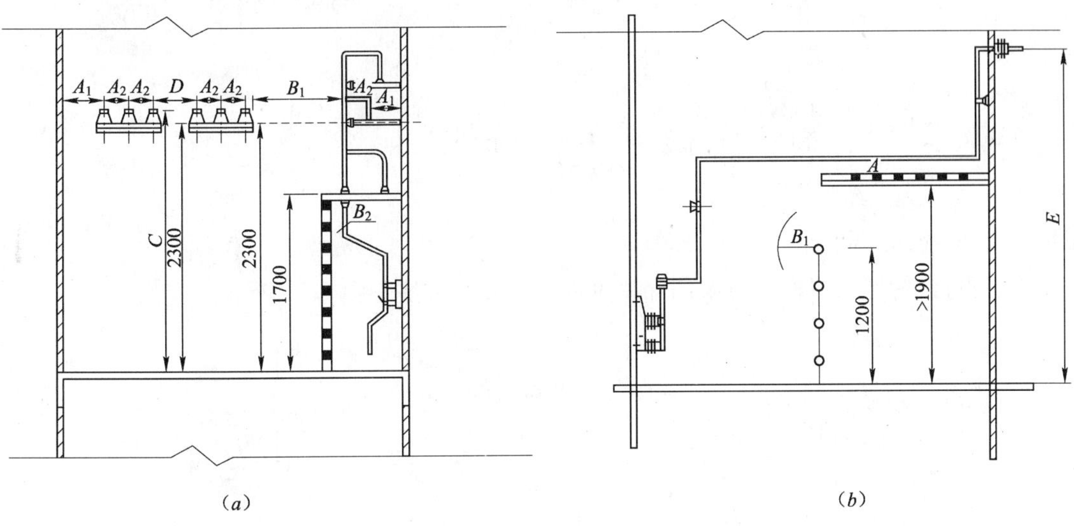

图5.2-12 室内裸母线最小安全净距离

（a）室内A_1、A_2、B_1、B_2、C、D值校验；（b）室内B_1、E值校验

室内裸母线最小安全净距离（mm） **表5.2-7**

符号	说明	图号	额定电压（kV）			
			0.4	1～3	6	10
A_1	（1）带电部分至接地部分之间； （2）网状和板状遮栏向上延伸线距地2.3m处与遮栏上方带电部分之间	图5.2-12（a）	20	75	100	125
A_2	（1）不同相的带电部分之间； （2）断路器和隔离开关的断口无遮栏带电部分之间	图5.2-12（a）	20	75	100	125
B_1	（1）栅状遮栏至带电部分之间； （2）交叉的不同时停电检修的无遮栏带电部分之间	图5.2-12（b）	800	825	850	875
B_2	网状遮栏至带电部分之间	图5.2-12（a）	100	175	200	225
C	无遮栏裸导体至地（楼）面之间	图5.2-12（a）	2300	2375	2400	2425
D	平行的不同时停电检修的无遮栏裸导体之间	图5.2-12（a）	1875	1875	1900	1925
E	通向室外的出线套管至室外通道的路面	图5.2-12（b）		4000	4000	4000

5. 母线支持点的间距

母线支持点的间距应满足设计要求。低压母线垂直安装且支持点间距无法满足要求时，应加装母线绝缘夹板（图5.2-13），母线在支持点的固定，水平安装的母线应采用卡板，垂直安装的母线应采用母线夹板。母线只允许在垂直部分的中部夹紧在一对夹板上，同一垂直部分其余的夹板和母线之间应留有1.5～2mm的间隙。

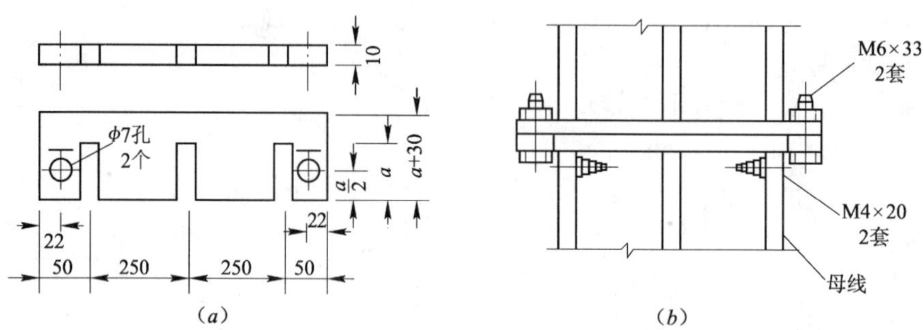

图5.2-13 低压母线垂直安装加装母线绝缘夹板方法
（a）绝缘夹；（b）安装方法

6. 穿墙隔板安装方法

低压母线过墙、过楼板应采用穿墙隔板，其安装方法见图5.2-14。

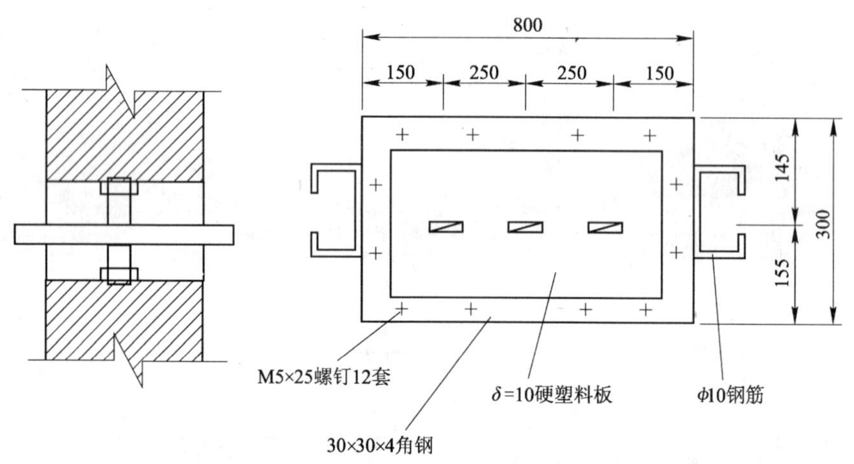

图5.2-14 低压母线穿墙隔板安装方法

7. 高压母线过墙过楼板安装方法

高压母线过墙过楼板时，采用穿墙套管，其安装方法见图5.2-15。

8. 母线穿墙套管垂直安装

母线穿墙套管垂直安装时法兰座向上；水平安装时法兰座在外，法兰及铁板应可靠接地（PE）或接零（PEN）。

9. 母线的涂色刷油

（1）母线的排列顺序及涂漆颜色见表5.2-8和表5.2-9。

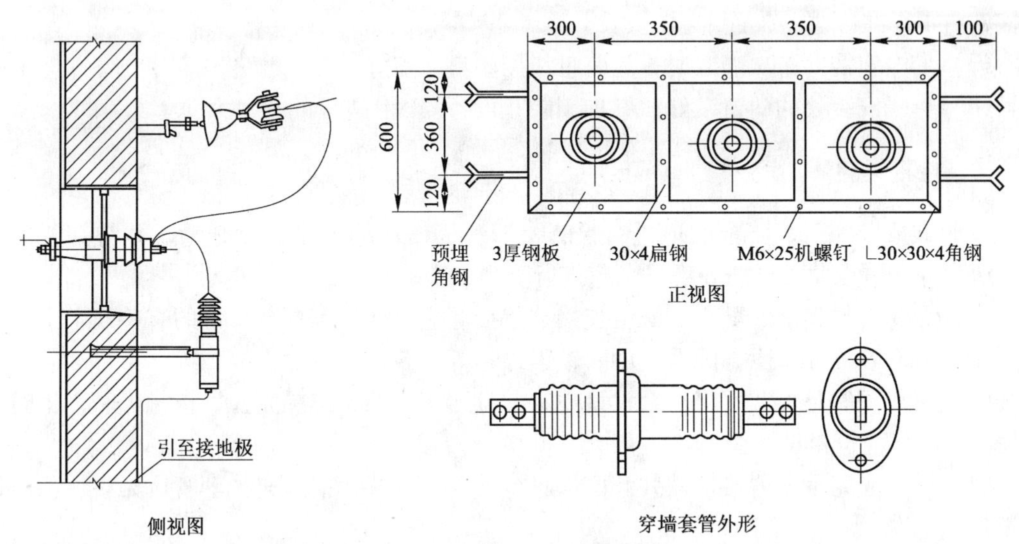

图 5.2-15 高压母线过墙过楼板安装方法

母线的相位排列 **表 5.2-8**

母线的相序排列	三 线 时	四 线 时
水平（由盘后向盘前）	A、B、C 相	A、B、C、N 相
垂直（由上向下）	A、B、C 相	A、B、C、N 相
引下线（由左至右）	A、B、C 相	A、B、C、N 相

母线的涂色 **表 5.2-9**

序 号	母线的相序	颜 色
1	A 相	黄色
2	B 相	绿色
3	C 相	红色
4	零线（N）	浅蓝色
5	保护接地线（PE）	绿/黄双色

（2）刷漆应均匀、整齐，不得流坠或沾污设备，在设备接线端，连接处或支持件边缘两侧 10mm 以内不涂色。

（3）设备接线端，母线搭接或卡子、夹板处，明设地线的接线螺钉处等两侧 10 ~ 15mm 处均不得刷漆。

10. 成品保护

（1）绝缘瓷件应妥善保管，防止碰伤，已安装好后的瓷件不应承受其他应力，以防损坏。

（2）已调平直的母线半成品应妥善保管，不得乱放。安装好的母线应注意保护，不得碰撞，更不得在母线上放置重物。

（3）变电室需要二次喷浆时，应将母线用塑料布盖好。

（4）母线安装处的门窗装好，并加锁防止设备损毁。

5.2.7 检查送电

1. 母线安装完后，要全面地进行检查，清理工作现场的工具、杂物，并与有关单位人员协商好，请无关人员离开现场。应进行下列检查：

（1）金属构件加工、配制、螺栓连接、焊接等应符合国家现行标准的有关规定。

（2）所有螺栓、垫圈、弹簧垫圈、锁紧螺母等应齐全，可靠。

（3）母线配制及安装架应符合设计规定，且连接正确，螺栓紧固，接触可靠；相间及对地电气距离应符合设计要求。

（4）瓷件应完整、清洁，铁件和瓷件胶合处均应完整无损，充油套管应无渗油，油位应正常。

（5）油漆应完好，相色正确，接地良好。

2. 母线送电前应进行耐压试验，500V 以下母线可用 500V 摇表摇测，绝缘电阻不小于 0.5MΩ。

3. 母线送电要有专人负责，送电程序应为先高压，后低压，先干线，后支线，先隔离开关后负荷开关，停电时与上述顺序相反。

4. 车间母线送电前应先挂好有电标志牌，并通知有关单位及人员，送电后应有指示灯。

5.3 动力、照明配电箱安装

5.3.1 动力、照明配电箱安装一般要求

1. 配电箱宜采用符合国家标准规定的产品，并应有生产许可证和产品合格证。

2. 配电箱出厂时应附有资料：

（1）一次系统图、仪表接线图、控制回路二次接线图及相对应的端子编号图；

（2）装设的电器元件表，表内应注明生产厂家、型号规格。

3. 配电箱的各电器、仪表、端子排等均应标明编号、名称、路别（或用途）及操作位置。

4. 配电箱内二次回路的配线应采用电压不低于 500V，电流回路截面不小于 $2.5mm^2$，其他回路不小于 $1.5mm^2$ 的铜芯绝缘导线。配线应整齐、美观、绝缘良好、中间无接头。

5. 配电箱内安装的低压电器应排列整齐。

6. 控制开关应垂直安装，上端接电源，下端接负荷。开关的操作手柄中心距地面一般为 1.2m～1.5m；侧面操作的手柄距建筑物或其他设备不宜小于 200mm。

7. 控制两个独立电源的开关连锁应装有可靠的机械和电气联锁装置。

8. 明装配电箱的安装高度（图 5.3-1）

配电箱的安装高度底面距地应不低于 1.5m，箱内衬板应为难燃或阻燃材料，如采用

木制作，应做防火处理，配电箱开孔应与配管吻合，并应在订货时就明确提出敲落孔的数量及规格，否则应用开孔器现场开孔；不得采用电、气焊切割开孔。

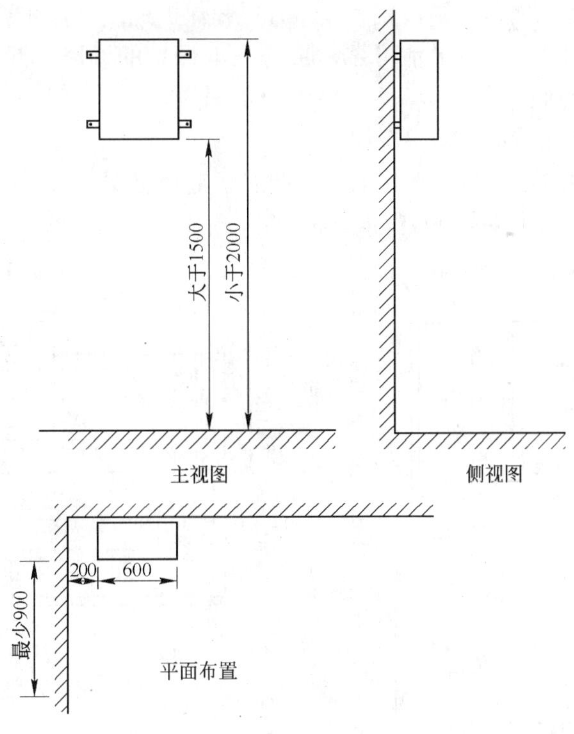

图 5.3-1　配电箱安装高度

5.3.2　照明配电箱

1. 照明配电箱介绍

照明配电箱（图 5.3-2）广泛用于各种住宅楼宇、广场、车站及工矿企业等场所，作为配电系统的终端电器设备。照明配电箱按安装方式分为封闭悬挂式（明装）和嵌入式（暗装）两种。主要结构分为箱壳、面板、安装支架、中性母线排、接地汇流排等部件。在面板上有操作主开关和分路开关的开启孔，若不需要安装全数分路开关时，可以使用封口板将开启孔部分封闭。进出线敲落孔置于箱壳上、下两面。背面还有长圆形敲落孔，可以根据用户需要任意敲孔后使用。照明配电箱按箱体材质又可分为钢箱，不锈钢箱，铁箱和塑料箱等。

2. 照明配电箱（盘）安装

照明配电箱（盘）安装应符合下列规定：

（1）箱（盘）不采用可燃材料制作；位置正确，部件齐全，箱体开孔与导管管径适配，暗装配电箱箱盖紧贴墙面，箱（盘）涂层完整。

（2）箱（盘）安装牢固，垂直度允许偏差为 1.5‰，底边距地面为 1.5m，照明配电板底边距地面不小于 1.8m。

（3）箱（盘）内接线整齐，导线连接紧密，不伤芯线，不断股。无绞接现象，同一端子上导线连接不多于 2 根，垫圈下螺钉两侧压的导线截面积相同，防松垫圈等零件齐全；回路编号齐全，标识正确。

（4）照明箱（盘）内，分别设置零线（N）和保护地线（PE 线）汇流排。

（5）箱（盘）内开关动作灵活可靠，带有漏电保护的回路，漏电保护装置动作电流不大于 30mA，动作时间不大于 0.1s。

3. 微型断路器在照明配电箱中应用

微型断路器（MCB）作为终端配电设备照明配电箱主要电器元件，其安全可靠性问题关系到千家万户安全，所以选用时应十分慎重。

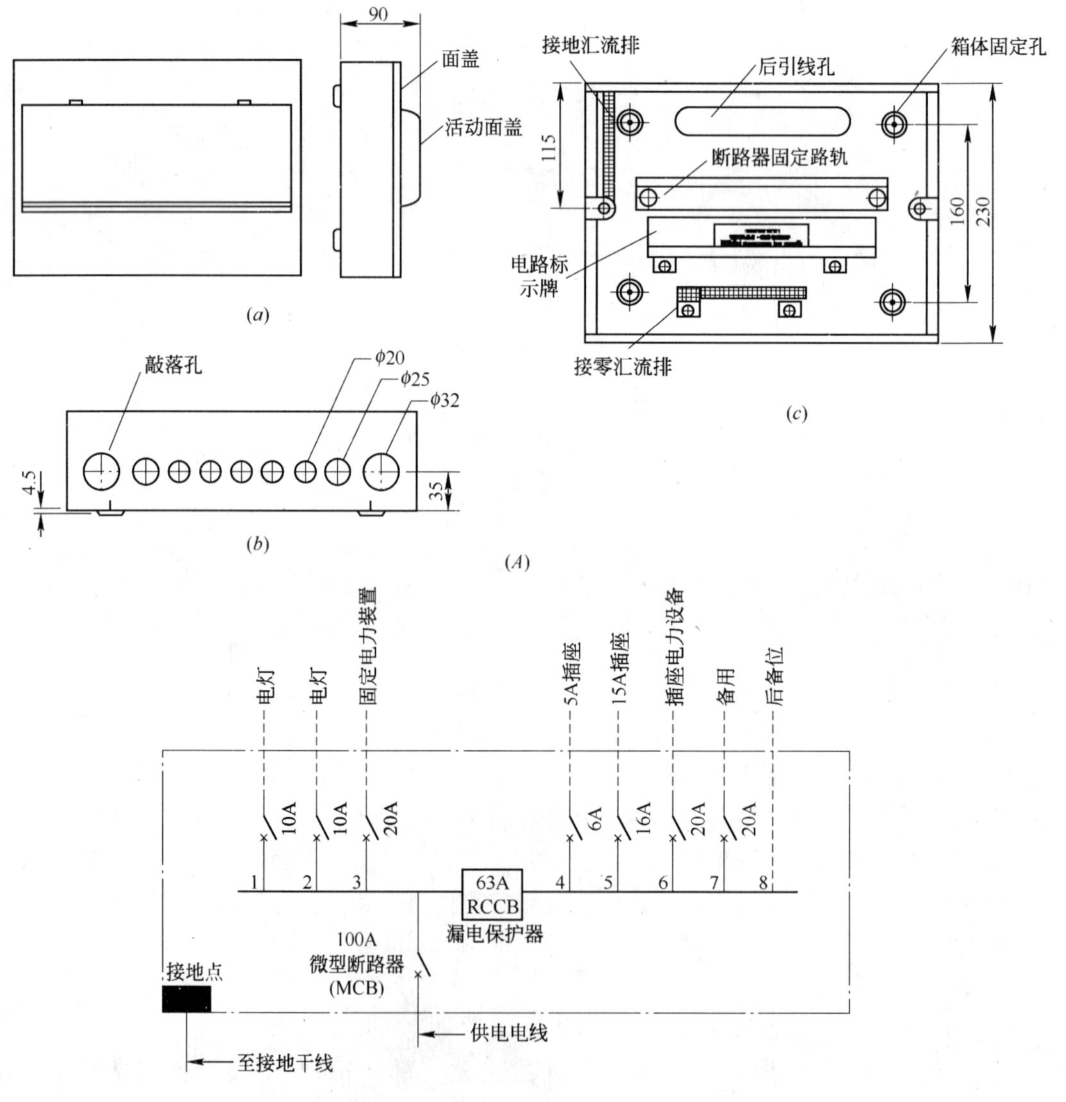

图 5.3-2 照明配电箱（一）

（A）外形图

（a）图形；（b）敲落孔；（c）内部结构

（B）供电示意图

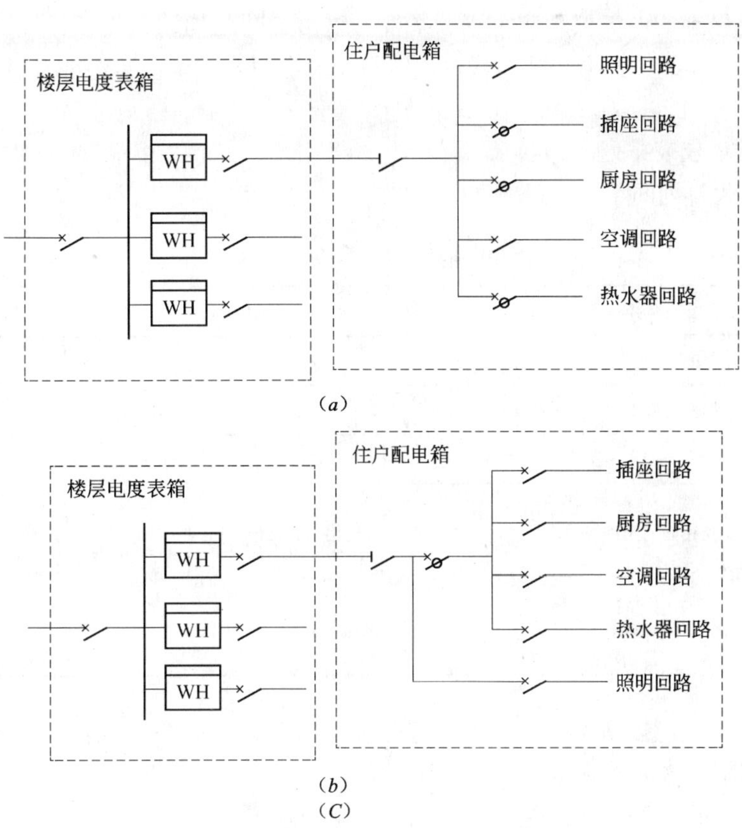

(C)

图 5.3-2 照明配电箱（二）

(C) 供电系统图

(b) 住宅楼层供电系统图示例一（主开关采用微型断路器，漏电保护器分别装设在每个插座和厨房回路上）;

(c) 住宅楼层供电系统图示例二（在主开关上装设漏电保护器，然后接插座回路，照明回路不经过漏电保护器）

(1) 微型断路器作用

1) 通常用作进线开关，作电源分、合隔离之用。用作进线主开关或出线分开关、对配电线路提供过载和短路保护。

2) 一般选用漏电动作电流为 30mA，对人身触电安全保护。

3) 用以限制从电源线路传导的雷电过电压。

(2) 微型断路的选用

1) 应选用符合国家标准的合格正品，箱内电器元件要与受控用电设备相适应，并具有完善的保护功能。

2) 国家标准《住宅设计规范》(GB 50096—1999)(2003 年版) 明确规定：“每套住宅应设置电源总断路器，并应采用可用时断开相线和中性线的开关电器”。又规定：“除空调电源插座外，其他电源插座电路应设置漏电保护装置” 和 “每幢住宅的总电源进线断路器，应具有漏电保护功能”。

5.3.3 动力配电箱

动力配电箱应符合下列要求：

（1）配电箱上的电气仪表应牢固、平整、整洁，间距均匀，端子排牢固，接线方便。开关启闭灵活，零部件齐全。从衬底由出线孔引至盘面配线，应装绝缘护口（瓷嘴、塑料或胶皮圈）。

（2）电器、仪表排列间距要求

电器、仪表排列间距应满足表5.3-1的要求。

电器、仪表排列间距要求（mm） **表5.3-1**

间距	最小尺寸		
仪表与盘边或仪表之间	60		
器具开关之间、器具开关距盘边	30		
器具出线孔之间	40		
插入式熔断器顶面或底面与出线孔	熔断器规格	30A及以下	40
		60A及以上	50
仪表、器具开关出线侧与出线孔	导线截面	$10mm^2$ 及以下	50
		$16mm^2$ 及以上	80

（3）箱内配线应排列整齐，美观并应有余量，导线较多时应绑扎成束，并按配线顺序理顺，逐个剥削套入标志管压线。

（4）一、二次线路应进行绝缘电阻测试，并做好记录。

（5）需要调试的仪表、开关应按有关规定进行试验，数据满足规范、设计或配电箱技术文件的要求。

（6）装有漏电保护器的配电箱，应做模拟动作测试，用漏电开关检测仪检测漏电开关动作电流值；通电后交验前应通过试验按钮或插座检验器检查动作可靠性及相序，并填表记录。

（7）垂直安装的各种开关，熔断器等上端应接电源侧，下端应接负荷侧，横装时（面向盘面）左侧应接电源，右侧应接负荷。

（8）配电箱的电源指示灯，其电源应接至总开关电源侧并应装单独熔断器。

5.3.4 动力、照明配电箱明装方法

明装配电箱可采用预埋铁件、膨胀螺栓和串心螺栓、支架等安装。

1. 配电箱在混凝土墙上明装方法

配电箱在混凝土墙上明装方法见图5.3-3，配电箱采用膨胀螺栓在墙上固定，管线敷设方法采用箱后墙体内暗敷设或管线明敷设。

在混凝土墙或砖墙上固定明装配电箱时，先将分线盒内杂物清理干净，然后将导线理顺，分清支路和相序，按支路绑扎成束。待箱体找准位置后，将箱调整平直后进行固定。将导线端头引至箱内，逐个压接在器具上，同时将保护地线压在接地端子排上，在电器、仪表接线安装完毕后，先用仪表校对有无差错，调整无误后送电，并将卡片框内的卡片填写好部位、回路编号，箱门内侧贴系统图。

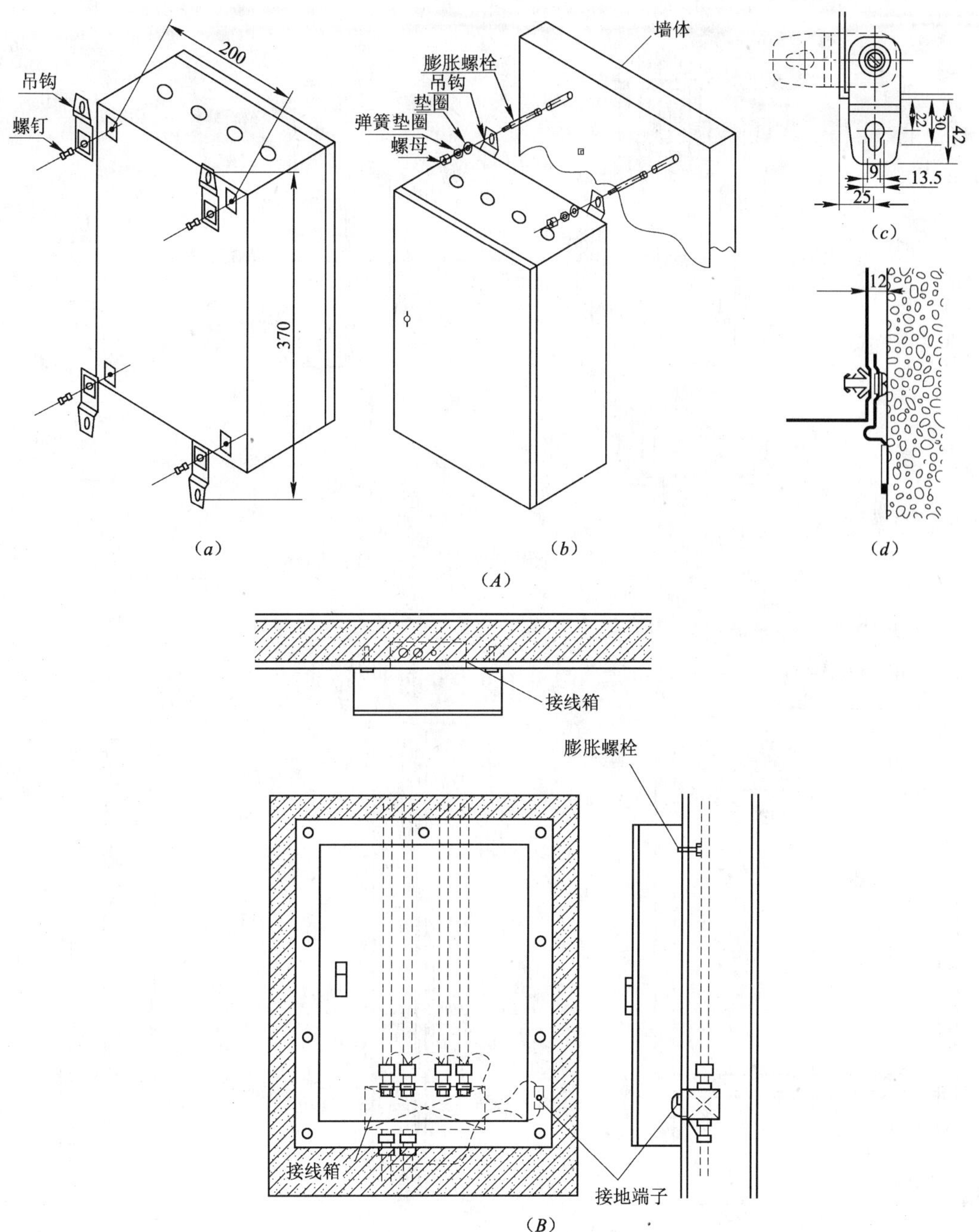

图 5.3-3 配电箱在混凝土墙上明装方法

(A) 安装方式一

(a) 结构；(b) 安装方法；(c) 吊钩大样；(d) 安装大样

(B) 安装方式二

2. 配电箱在空芯砖墙上明装方法

空心砖或砌块墙上安装配电箱，应采用对拉螺栓进行固定，管线采用明敷设方法（图 5.3-4）。

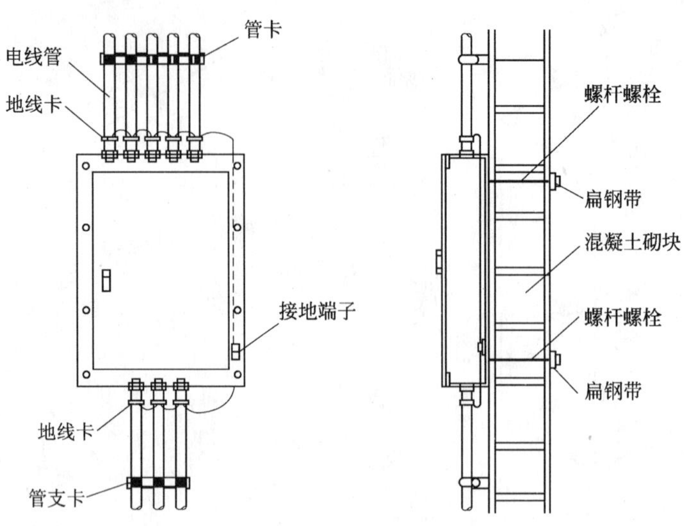

图 5. 3-4 配电箱在空芯砖墙上明装方法

3. 配电箱在轻质墙上明装方法

配电箱在轻质墙上明装时，应在轻钢龙骨内补装加强支架（图 5. 3-5）。

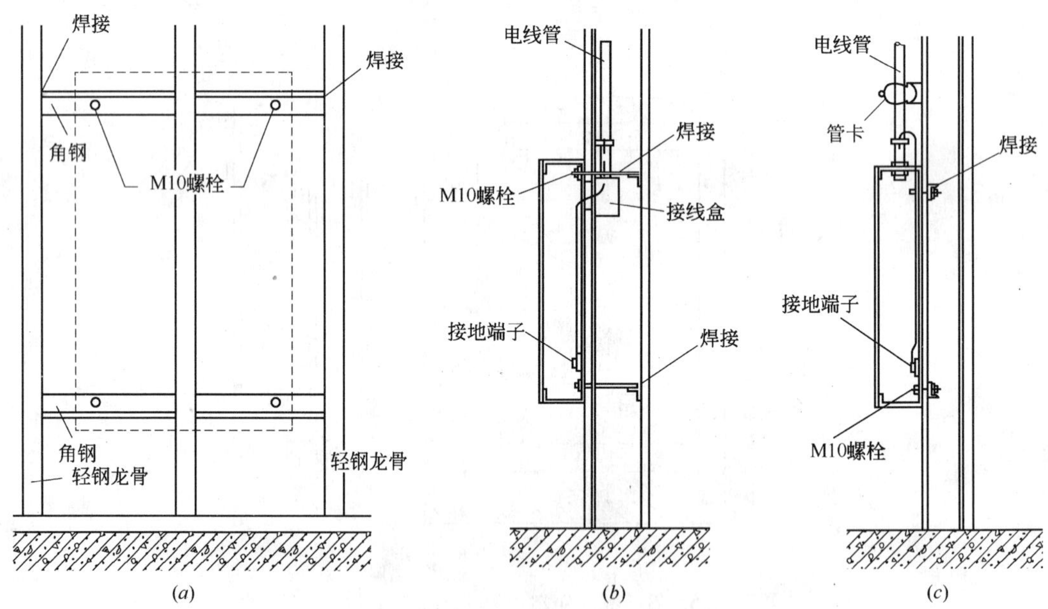

图 5. 3-5 配电箱在轻质墙上明装方法

（a）安装加强筋；（b）电线管暗敷设；（c）电线管明敷设

4. 配电箱用支架安装方法（图 5. 3-6）

5. 办公室开关箱安装方法（图 5. 3-7）

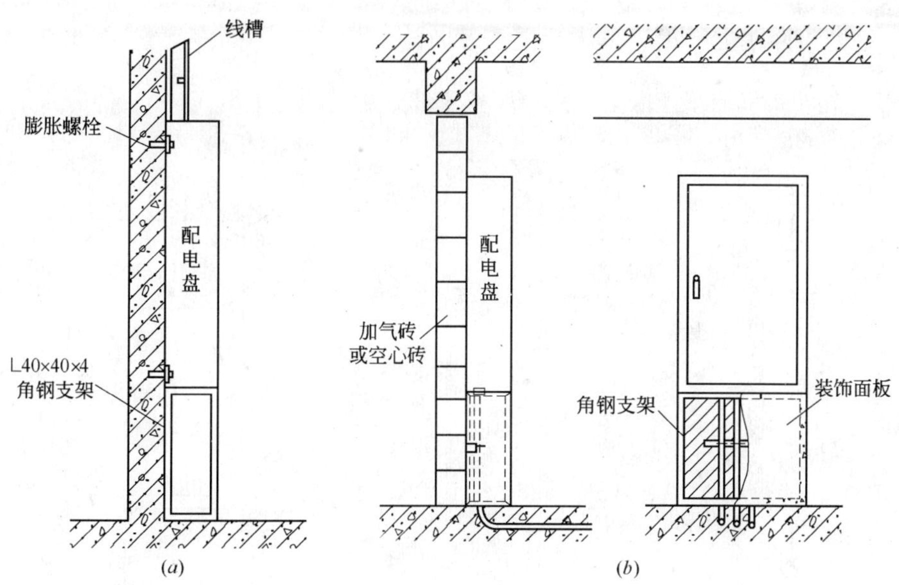

图 5.3-6 配电箱用支架安装方法
（a）方式一；（b）方式二

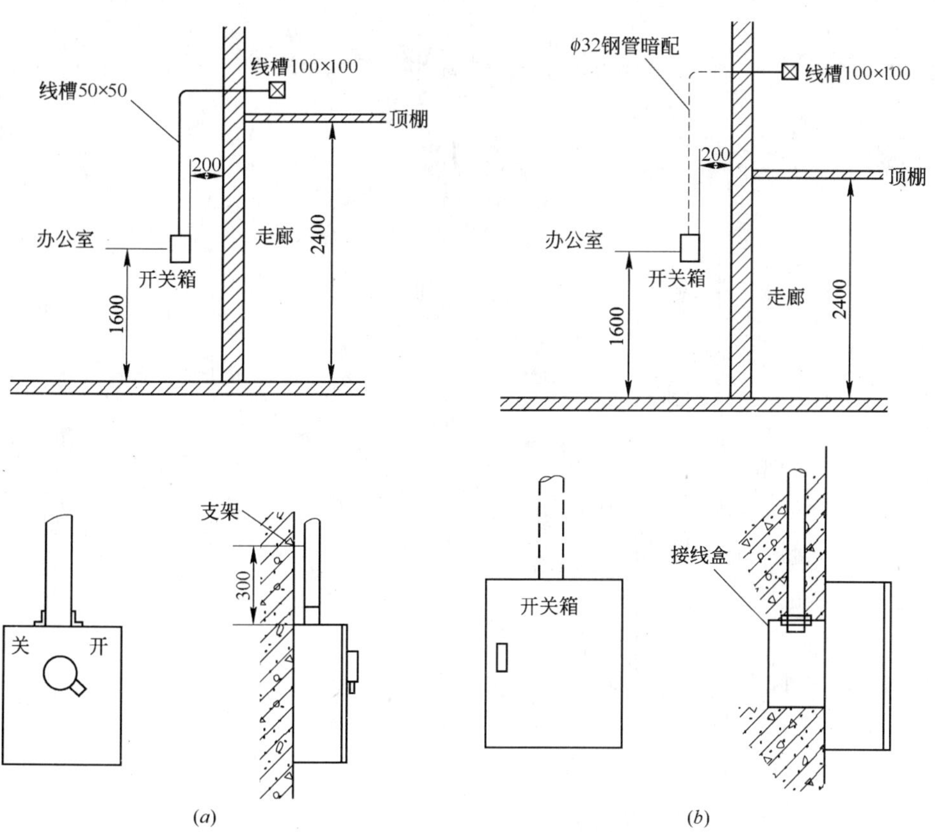

图 5.3-7 办公室开关箱安装方法
（a）方式一；（b）方式二

5.3.5 动力、照明配电箱半露出墙壁安装方法

1. 配电箱在钢筋混凝土墙上半露出墙壁安装方法（图 5.3-8）

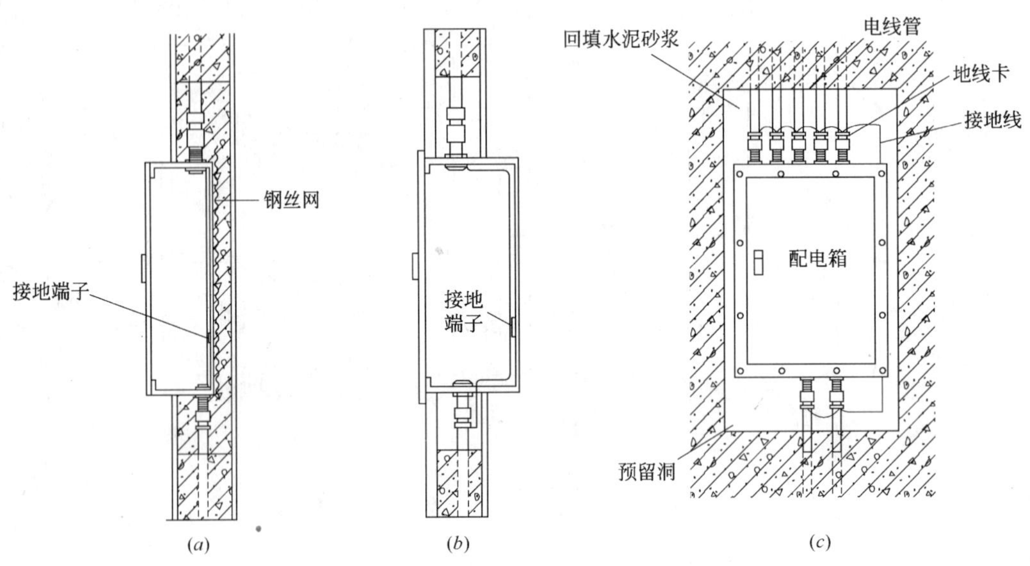

图 5.3-8 配电箱半露出墙壁安装方法
（a）方式一；（b）方式二；（c）主视图

2. 轻质墙上半露配电箱安装方法（图 5.3-9）

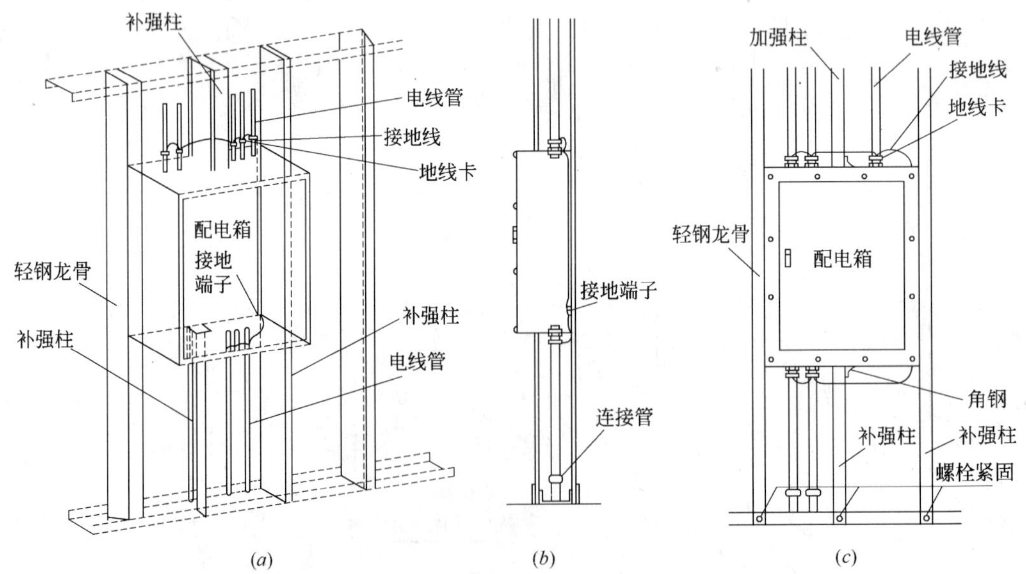

图 5.3-9 轻质墙半露配电箱安装方法
（a）配电箱加固图；（b）侧视图；（c）主视图

3. 木结构轻质墙半露配电箱安装方法（图 5.3-10）

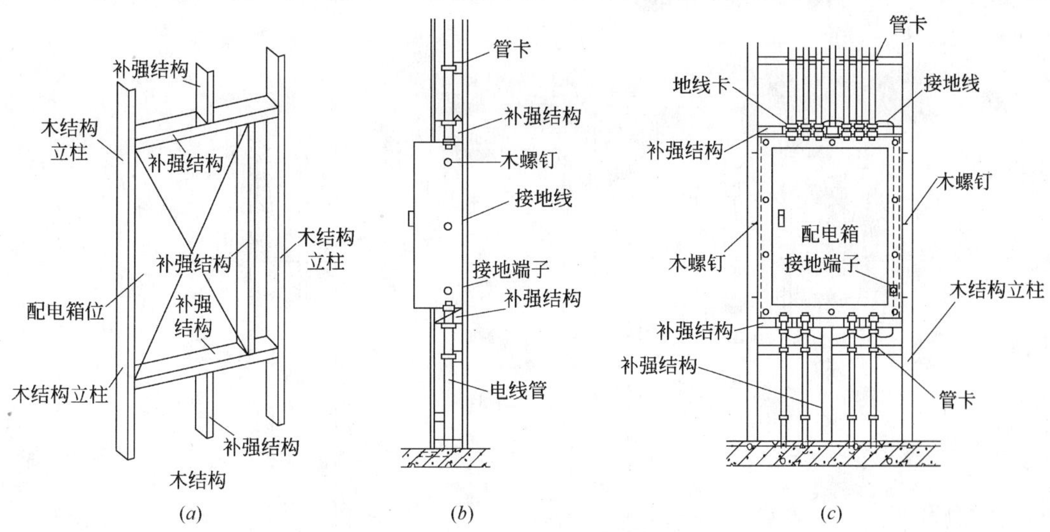

图 5.3-10 木结构轻质墙半露配电箱安装方法
（a）配电箱加固图；（b）侧视图；（c）主视图

5.3.6 动力、照明配电箱暗装方法

1. 配电箱暗装一般要求

（1）配电箱暗装在混凝土墙内或砖墙内施工方法是结构配合时期在墙体内预留比箱体稍大的预留洞，安装箱体时确定出墙高度，标高符合设计要求，箱门紧贴墙面、开启灵活。

（2）进箱一管一孔，当箱体上敲落孔不够时，用开孔器开孔；连接完毕做跨接地线，不能用箱体作为接地线的导体；箱体、管路连接固定好后，箱内清理干净，用盖板封闭，避免土建湿作业污染。

（3）PE 线安装应牢固明显。

2. 配电箱在钢筋混凝土墙上暗装方法（图 5.3-11）

暗装配电箱应配合土建施工将箱体同时按图纸要求安装于墙内，若预留洞口，应考虑需配管侧留置高度、宽度和应根据配管的直径、摵弯的倍数，预留孔比箱体应大 300 ~ 500mm，不配管侧不宜大于 80mm；配管必须到位，附件应齐全，在配管和接地线作好以后，并填写隐蔽工程记录经监理确认后，可将洞口周围用细石混凝土或水泥沙浆填实填牢。

3. 配电箱在大型砌块墙暗装方法（图 5.3-12）

4. 配电箱在轻质墙暗装方法（图 5.3-13）

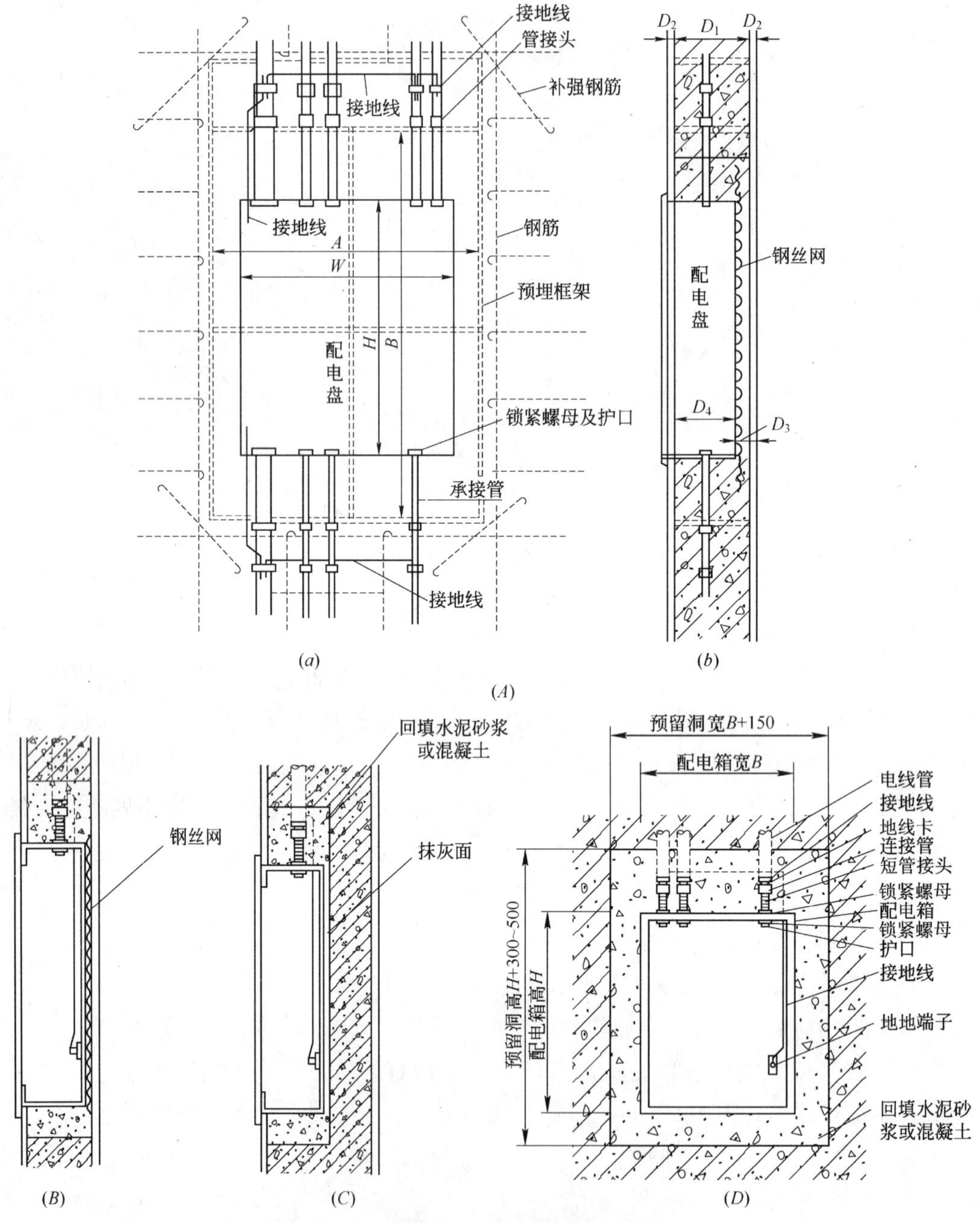

图 5.3-11　配电箱在钢筋混凝土墙暗装方法
（A）方式一
（a）主视图；（b）侧视图
（B）方式二（墙厚 160～250mm）；
（C）方式三（墙厚 280～700mm）；（D）各部分名称及尺寸

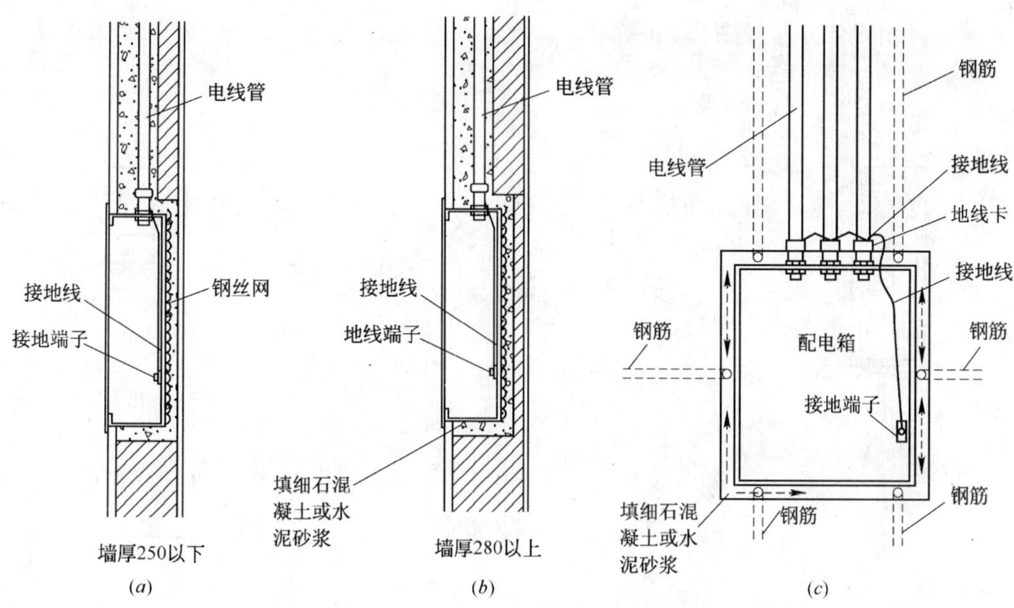

图 5.3-12　配电箱在大型砌块墙暗装方法

(*a*) 方式一；(*b*) 方式二；(*c*) 主视图

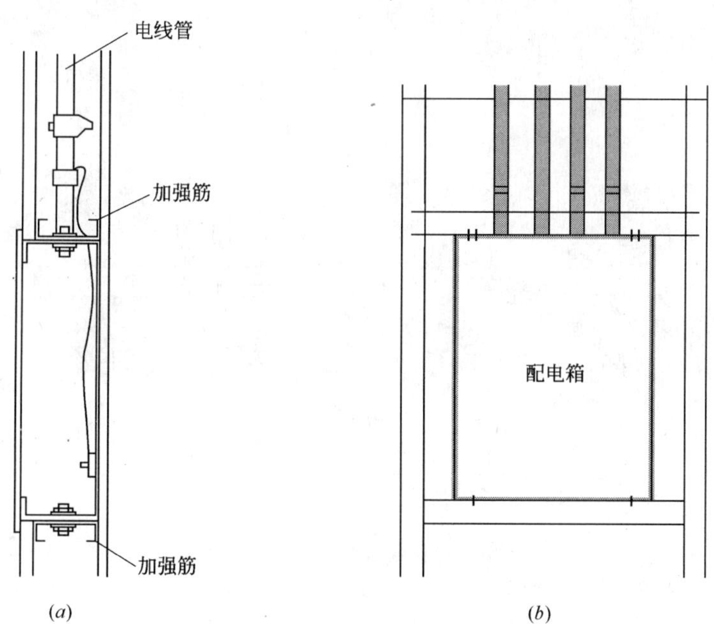

图 5.3-13　配电箱在轻质墙暗装方法

(*a*) 侧视图；(*b*) 主视图

5.3.7 操作箱及控制台安装方法

1. 操作箱安装方法（图 5.3-14）

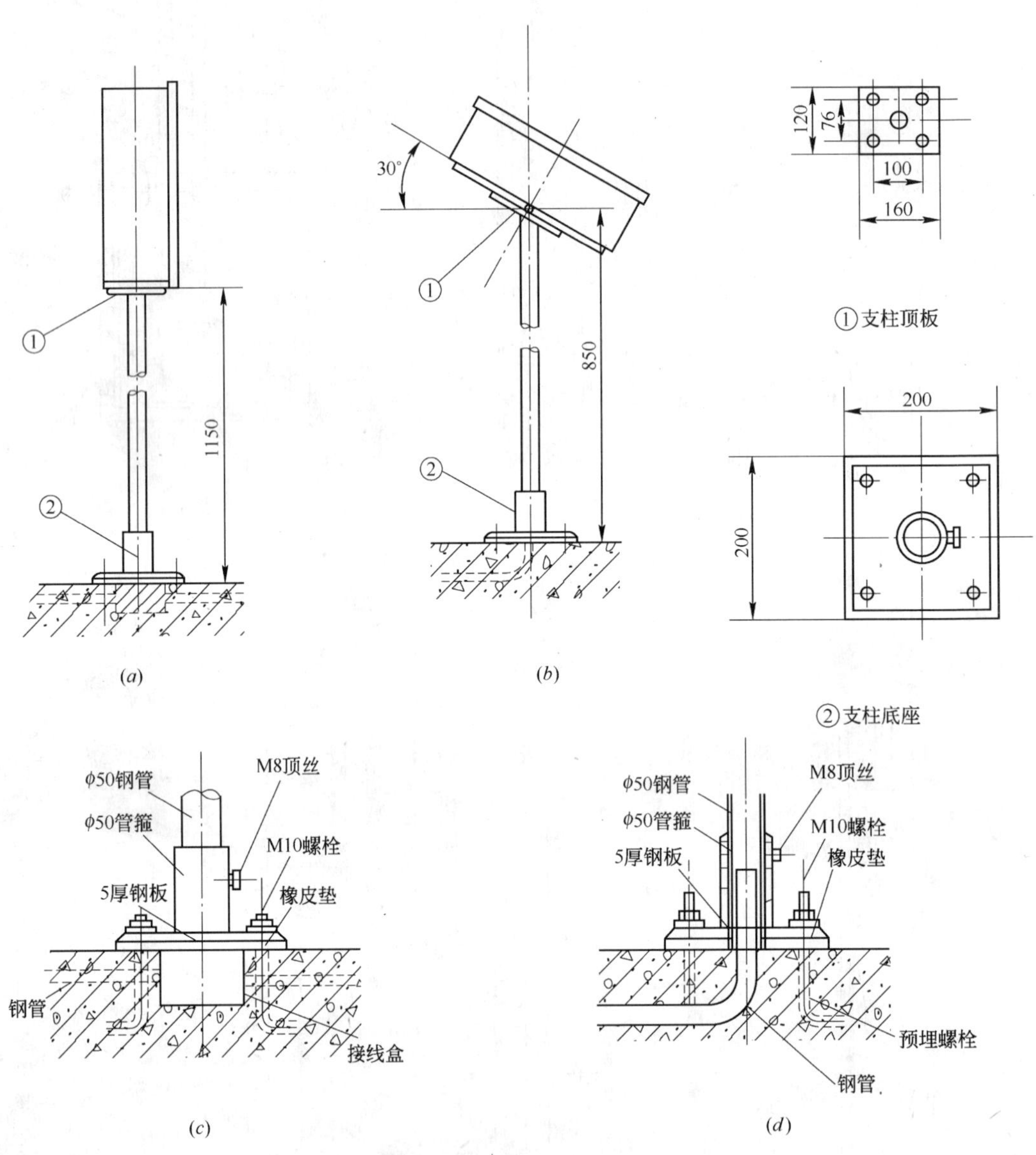

图 5.3-14 操作箱安装方法
(a) 立装式操作箱安装方法；(b) 斜装式操作箱安装方法；
(c) 支柱基础安装方法一；(d) 支柱基础安装方法二

2. 控制台安装方法（图 5.3-15）

设备及基础、静电地板支架需做接地连接。

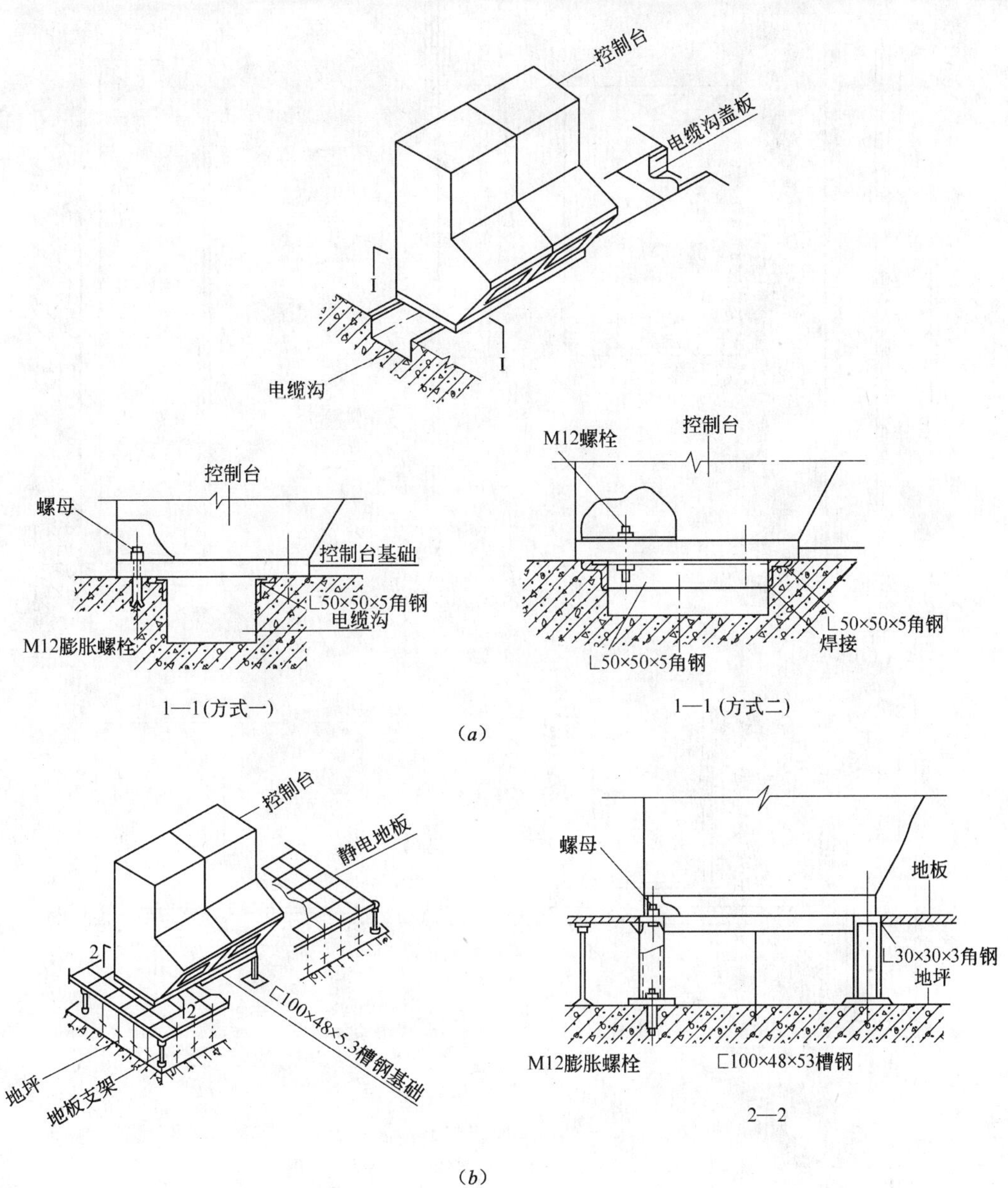

图 5.3-15　控制台安装方法

(*a*) 控制台沿电缆沟安装方法；(*b*) 控制台在静电地板上安装方法

5.3.8　动力、照明配电箱进出线方式

（1）动力、照明配电箱进出线方式包括配管明进线、配管暗进线、电缆桥架进线、电缆沟进线等（图 5.3-16）。

（2）落地式配电箱，箱底无封板的，配管管口应高出基础面 50～80mm。

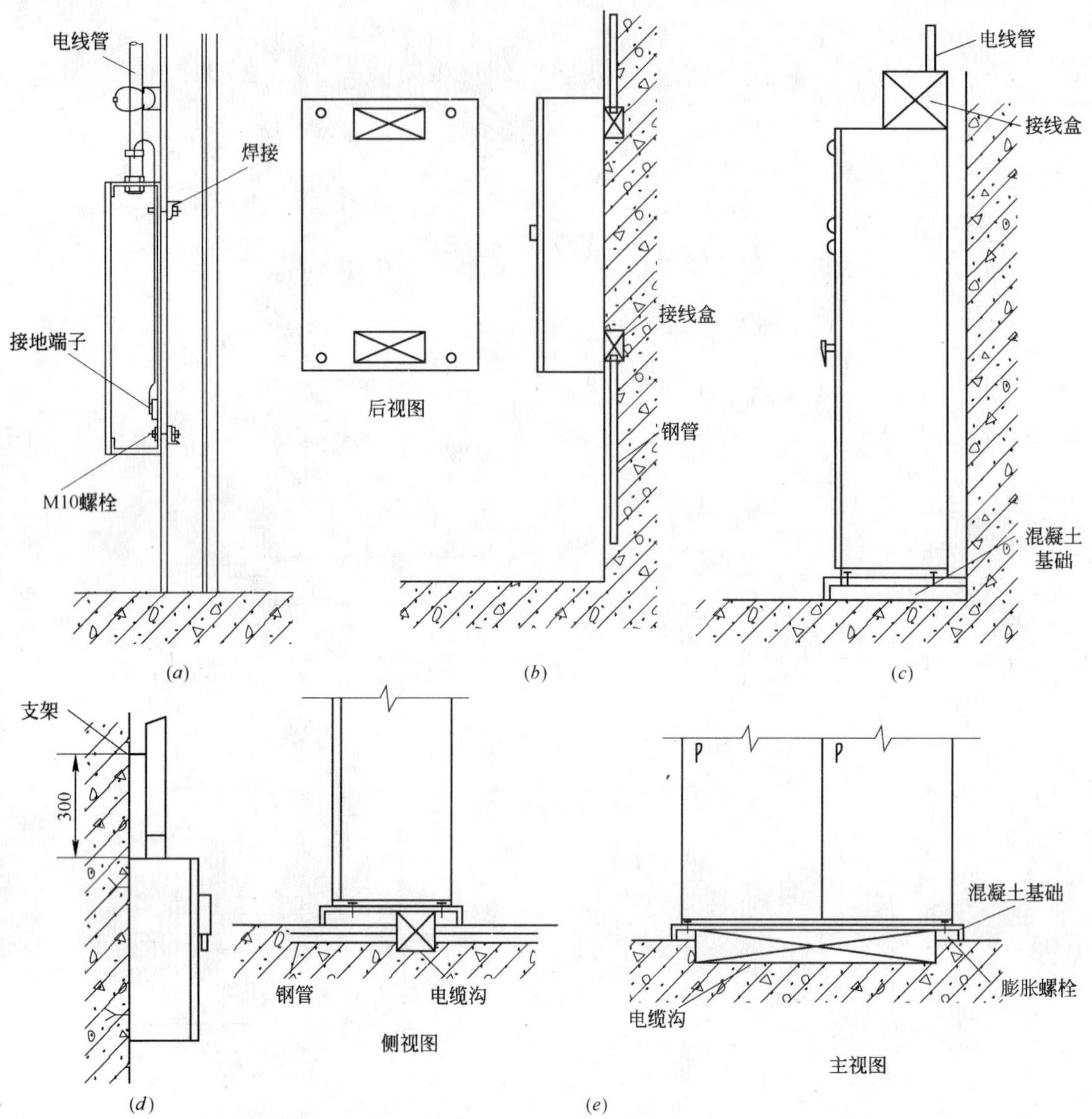

图 5.3-16 动力、照明配电箱进线方式

(a) 配管明进线（一）；(b) 配管暗进线；(c) 配管明进线（二）；(d) 电缆桥架进线；(e) 配电盘底部进线

5.3.9 动力、照明配电箱接地

1. TN-C、TN-C-S 系统 PEN 线应在进户线处作好重复接地，并应在总配电箱体上连接牢固，接触良好，TN-C-S 系统从电源进线箱二次引出的 PE 线和 N 线应严格区分开来不可混同。

2. 配电箱内应设 PE 线和 N 线端子排（汇流排），并应安装操作接线方便，引进 PE 和 N 线应先进端子排，然后在由端子排处引向各配线点。

3. 配电箱，金属盘面和金属门均应有可靠的，明显的裸软铜线接地（图 5.3-17）。

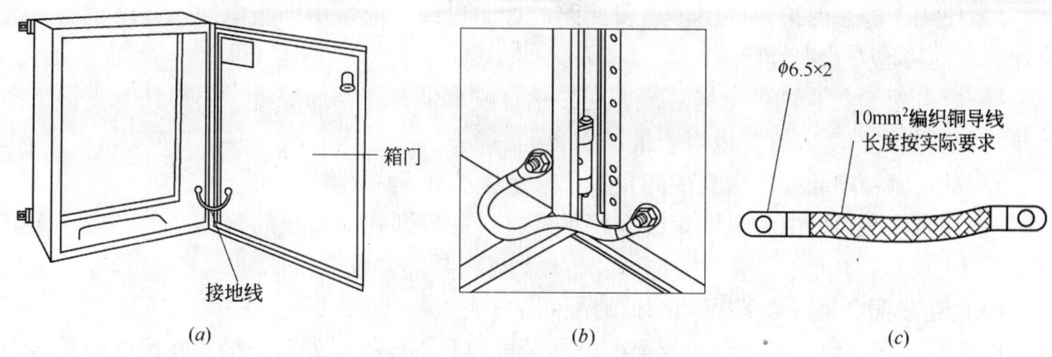

图 5.3-17 配电设备的接地方法
(a) 接地方法；(b) 软铜线连接；(c) 软铜编织线连接

5.3.10 电气照明、动力通电试验

电气照明、动力通电试验，住宅工程应连续通电 8h，公共建筑应连续通电 24h，并应按设计要求公共建筑按楼层、区段；住宅按单元加负荷进行试验、插座回路可采用大电流发生器、电阻箱或其他电气器具或设备作为负荷，但必须达到设计负荷的要求，试验时，应密切注意检查，每 2h 应检查一次，并做好记录。

5.4 配电柜（盘）的二次配线

5.4.1 配电柜（盘）配线基本说明

配电柜（盘）内配线应按施工图规定，接线正确、整齐美观，绝缘良好，连接牢固；且不得有中间接头；导线应有裕量，若无明确规定，可选用铜芯电线或电缆。二次回路的连接件应采用铜质制品，绝缘件应采用自熄性阻燃材料或难燃材料。

1. 配电柜（盘）配线一般要求

（1）导线回路截面应符合如下要求

1）电流回路应采用额定电压不低于 750V，计量单元的电流回路铜芯导线截面积不应小于 $4mm^2$。

2）电压、控制、保护、信号等回路应采用额定电压不低于 750V，电压回路铜芯导线截面不应小于 $2.5mm^2$；辅助单元的控制、信号等导线截面不应小于 $1.5mm^2$。

3）对电子元件回路、弱电回路采用锡焊连接时，在满足载流量和电压降及有足够的机械强度的情况下，可采用不小于 $0.5mm^2$ 截面的绝缘导线。

4）橡胶绝缘的芯线应用外套绝缘管保护；多油设备的二次接线不得采用橡皮线，应采用塑料绝缘线。

（2）引入配电柜（盘）内的导线应符合下列要求

1）引入配电柜（盘）内的导线应排列整齐，编号清晰，避免交叉，并应固定牢固，不得使所接端子排受到机械应力。

2）铠装电缆在进入配电柜（盘）后，应将钢带切断，切断处的端部应扎紧，并应将钢带接地。

3）使用于静态保护、控制等逻辑回路的控制电缆，应采用屏蔽电缆；其屏蔽层应按设计要求的接地方式进行接地。

4）配电柜（盘）内的电缆芯线，应按垂直或水平有规律地配置，不得任意歪斜交叉连接，备用芯线长度应留有适当余量。

5）在控制箱内导线不应有中间接头，其绝缘护套不应损伤。

6）在盘内敷设的电缆电线束应采用绝缘材料进行绑扎，电线的弯曲半径不应小于其外径的3倍。

(3）连接配电柜（盘）可动部位的配线

连接柜、屏、台、箱、盘面板上的电器及控制台、板等可动部位的二次配线应符合下列规定：

(1）采用多股铜芯软电线，敷设长度留有适当裕量。

(2）线束有外套塑料管等加强绝缘保护层。

(3）与电器连接用端部导线用不开口的终端端子或搪锡连接，不松散、不断股。

(4）可转动部位的两端用卡子固定。

5.4.2　配线材料介绍

1. 钢制导轨

可搭配所有符合标准元器件规格的自控器具，如微型断路器、端子排等。

(1）SDR-1100 型导轨（图 5.4-1）

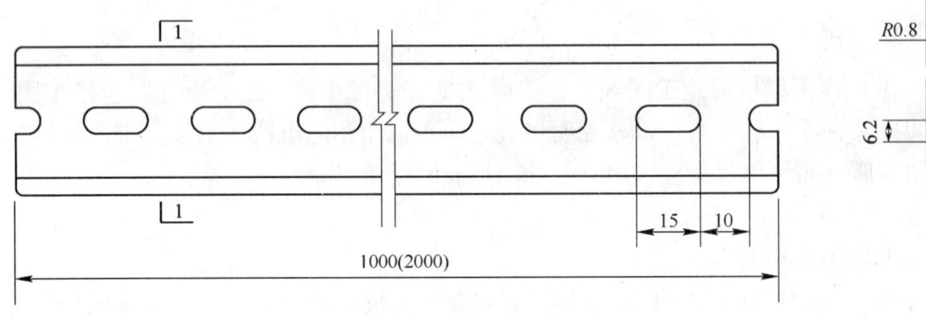

图 5.4-1　SDR-1100 型导轨

(2）SDR-5100 型导轨（图 5.4-2）

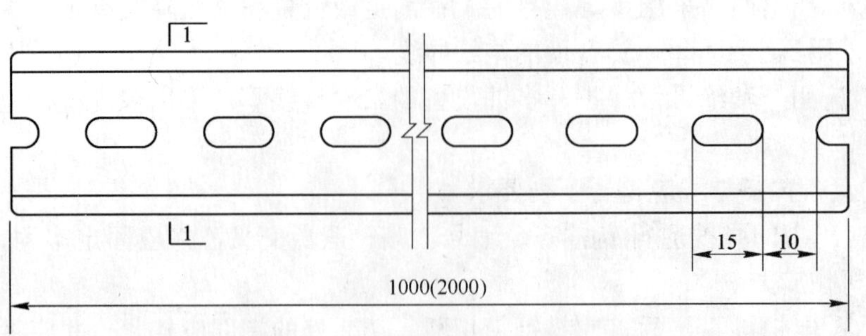

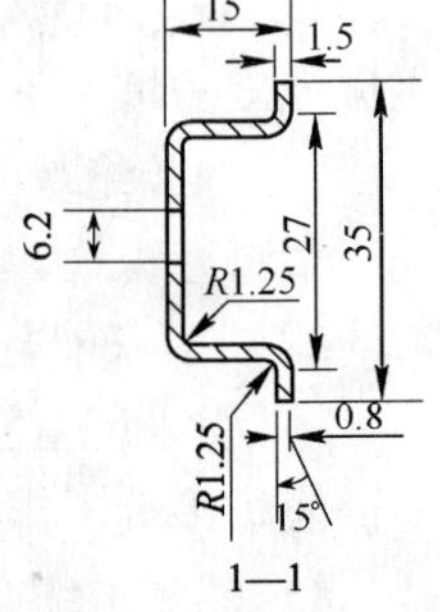

图 5.4-2　SDR-5100 型导轨

（3）SNS-3215 型导轨（图 5.4-3）

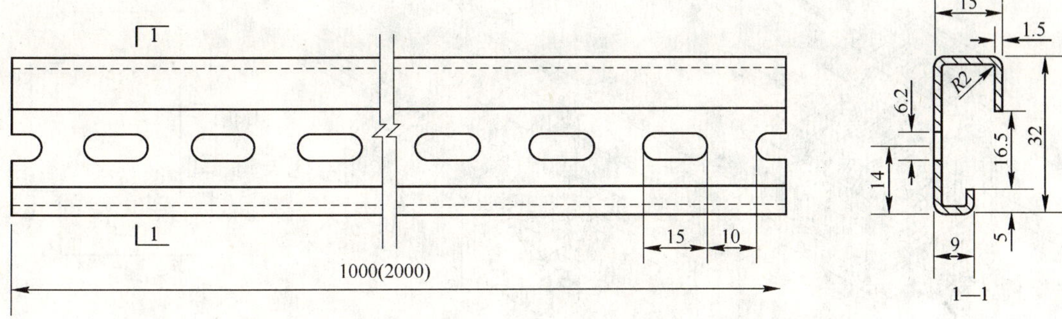

图 5.4-3　SNS-3215 型导轨

（4）SDR-7535 型导轨（图 5.4-4）

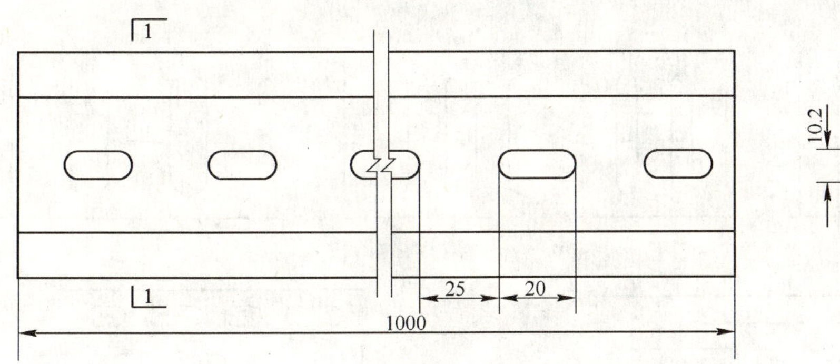

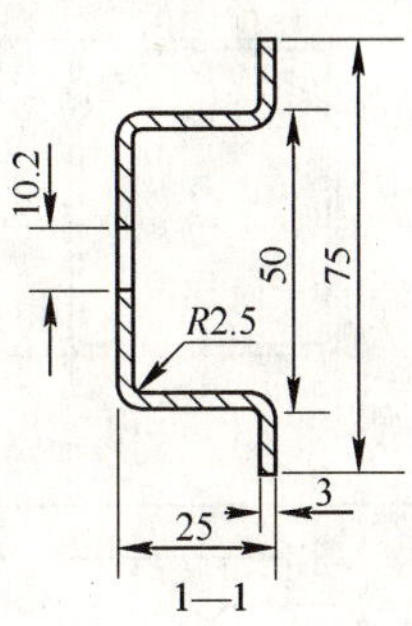

图 5.4-4　SDR-7535 型导轨

（5）SNS-1500 型导轨（图 5.4-5）

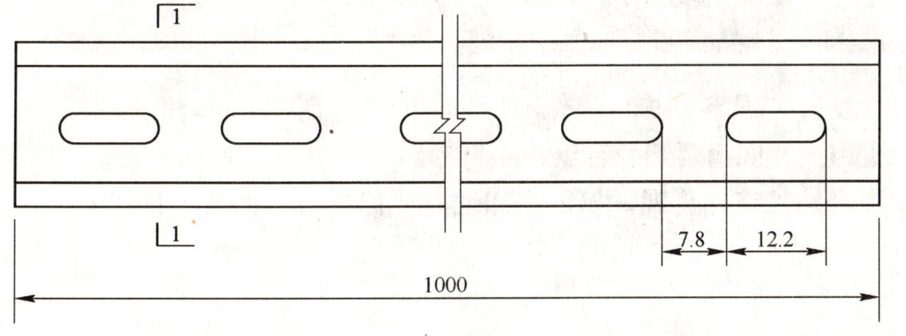

4.2
10.5
15
R0.5
1.0
5.5
1—1

图 5.4-5　SNS-1500 型导轨

（6）端子排及微型断路器在导轨上安装方法（图 5.4-6）

2. 行线槽

行线槽用于电气及仪表工程配电柜（盘）内配线。

（1）行线槽基本性能

齿型塑料行线槽如图 5.4-7 所示。

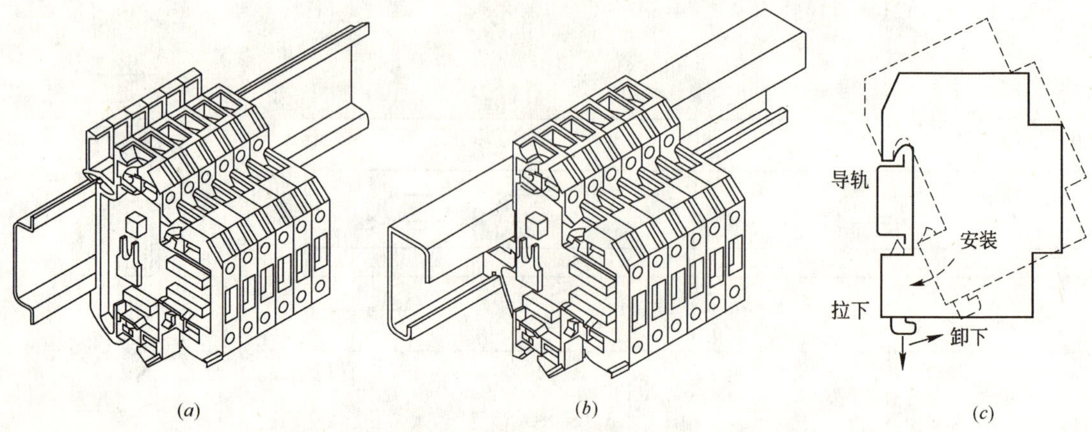

图 5.4-6 端子排及微型断路器在导轨上安装方法

（a）端子排安装方法一；（b）端子排安装方法二；（c）微型断路器安装

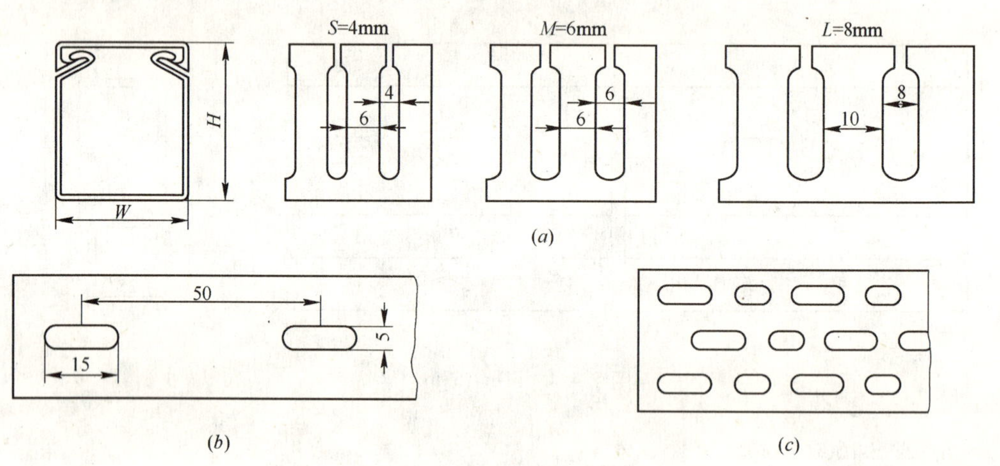

图 5.4-7 行线槽

（a）出线孔尺寸；（b）小线槽底部孔图；（c）大线槽底部孔图

1）材质：采用低卤素硬质 PVC 料制成，环保不污染，绝缘性良好，不自燃。

2）构造：由底槽及盖组成，底槽两侧设有出线孔。

3）用途：使配线变为容易且整齐美观，如欲增加线路或修护时，把盖子打开即可进行工作。

（2）行线槽规格（表 5.4-1）

行线槽规格表 **表 5.4-1**

型　号	宽×高（mm）	电线容量	型　号	宽×高（mm）	电线容量
GW-1616	16×16	3~10 PCS	GW-2540	25×40	20~25 PCS
GW-1525	15×25	5~12 PCS	GW-2545	25×45	20~25 PCS
GW-2020	20×20	5~12 PCS	GW-2565	25×65	40~45 PCS
GW-2516	25×16	5~12 PCS	GW-3333	33×33	25~54 PCS
GW-2525	25×25	10~25 PCS	GW-3345	33×45	40~55 PCS

(3) 行线槽容量

1) 行线槽容量计算公式：

$$线槽容量/导线数量=\frac{线槽宽\times线槽高}{1.75\times(导线外径)^2}\bigg/2$$

2) 常用行线槽容量表（表5.4-2）

常用行线槽容量表 表5.4-2

宽 W（mm）	25	25	25	25	30	40	40	40
高 H（mm）	30	40	60	80	30	40	60	80
电线容量（pcs）	15~25	20~25	40~45	100~120	15~25	60~70	100~115	120~135
宽 W（mm）	40	60	60	60	60	80	80	80
高 H（mm）	100	40	60	80	100	40	60	80
电线容量（pcs）	130~175	100~115	120~135	180~210	240~290	120~135	180~210	240~290
宽 W（mm）	80	100	100	100	100	120	120	150
高 H（mm）	100	40	60	80	100	80	100	100
电线容量（pcs）	260~350	130~175	240~290	260~350	300~400	300~400	330~500	450~600

(4) 行线槽使用方法

先将行线槽沿箱体底板或侧面固定，然后将所要配的导线装入槽内，导线可以从齿孔中引出，接至接线端子上。如果引出的导线较多时，齿孔中引出线排列不下，可以拆掉一两个齿。敷设完毕，应将行线槽盖盖好（图5.4-8）。

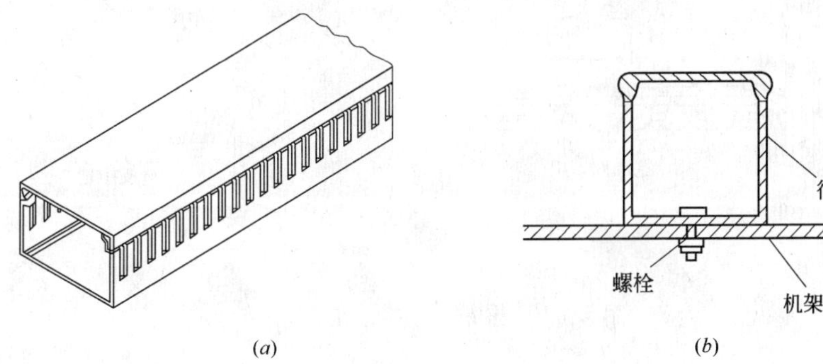

图5.4-8 行线槽安装

(a) 样式；(b) 安装

3. 塑料螺旋管

塑料螺旋管用于导线的绑扎。作为保护导线不受磨损用，并可改进导线弯曲的美观。

(1) 塑料螺旋管规格

塑料螺旋管采用PE料制成，规格见图5.4-9及表5.4-3。

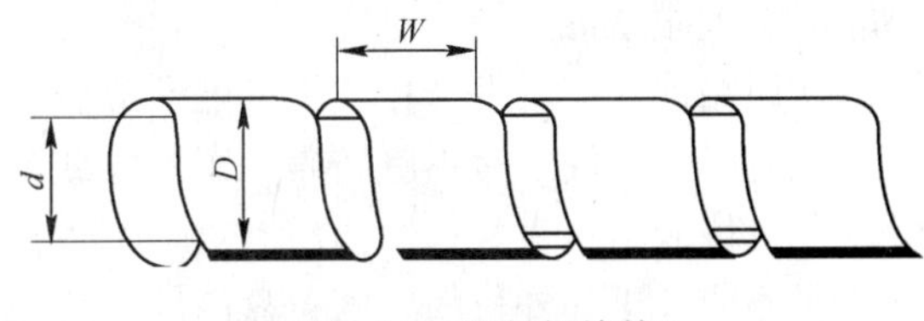

图5.4-9 塑料螺旋管

塑料螺旋管规格表（mm） 表 5.4-3

型　号	内径 d	外径 D	螺距 W	捆扎范围
SWB-06	4	6	7.0	4～50
SWB-08	6	8	10.8	6～60
SWB-10	7.5	10	11.4	7.5～60
SWB-12	9	12	13.9	9～65
SWB-15	12	15	15.0	12～75
SWB-19	15	19	18.2	15～100
SWB-24	20	24	19.6	20～130

（2）塑料螺旋管使用方法

先将导线整齐地排列在箱内，使导线水平或垂直方向敷设，待导线敷设好后，先用保护带固定起点一端，再将塑料螺旋管打开，按顺时针方向环绕在导线上束紧，靠塑料螺旋管的弹性，将导线绑扎成束（图 5.4-10）。

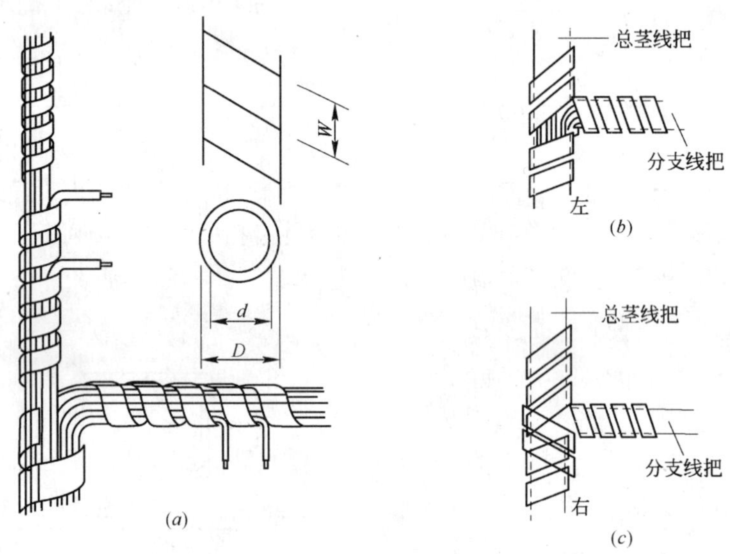

图 5.4-10 塑料螺旋管缠绕方法
（a）缠绕方法一；（b）缠绕方法二；（c）缠绕方法三

4. 贴式绑扎带固定座

将固定座贴在配电盘的底版上，然后用绑扎带固定导线（图 5.4-11）。

5. 绑线绑扎方法

二次回路连线应成束绑扎，不同电压等级、交流、直流线路及计算机控制线路应分别绑扎，且有标识；固定后不应妨碍手车开关或抽出式部件的拉出或推入。

常用绑线规格见表 5.4-4，在盘内敷设的导线束应扎牢，扎带间距宜为 30mm。导线的弯曲半径不应小于其外径的 3 倍，盘内导线绑扎方法见图 5.4-12。

T 型分线时，在分线前后各结一个双锁结，在没有分线的线束上，锁结间距一般在 20～30mm，但须均匀分布。在绑扎成线束后视觉检查应无褶线。

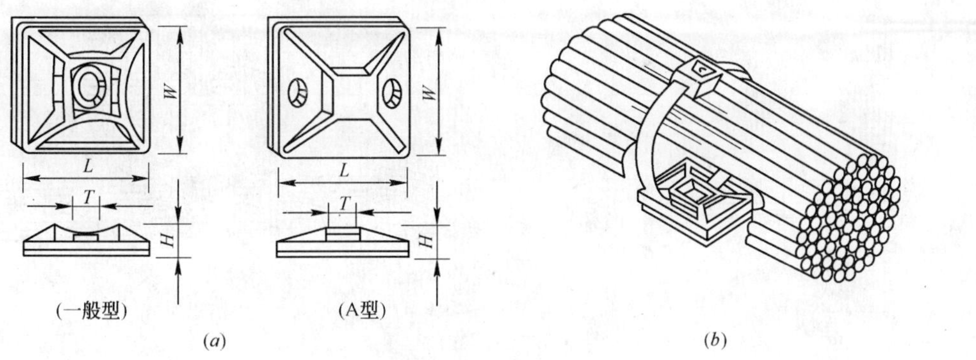

图 5.4-11 贴式绑扎带固定座
(a) 贴式绑扎带；(b) 固定方法

常用绑线规格表 **表 5.4-4**

纱包或塑包绑线铁芯直径（mm）	适用导线截面（mm^2）
ϕ0.8 ϕ1.0 ϕ1.2	6 及以下 10 ~ 35 50 ~ 95

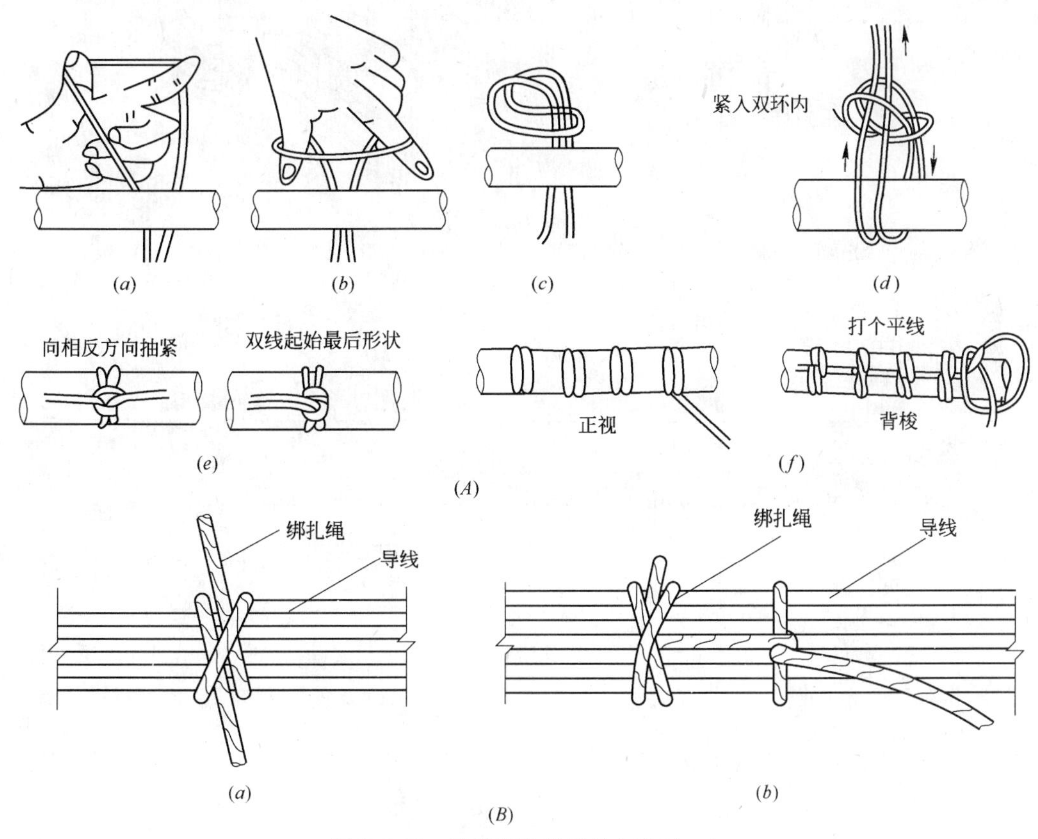

图 5.4-12 导线绑扎线绑扎方法（一）
(A) 方式一
(a) 步骤一；(b) 步骤二；(c) 步骤三；(d) 步骤四；(e) 步骤五；(f) 安装完成
(B) 绑扎方式二
(a) 第一步；(b) 第二步

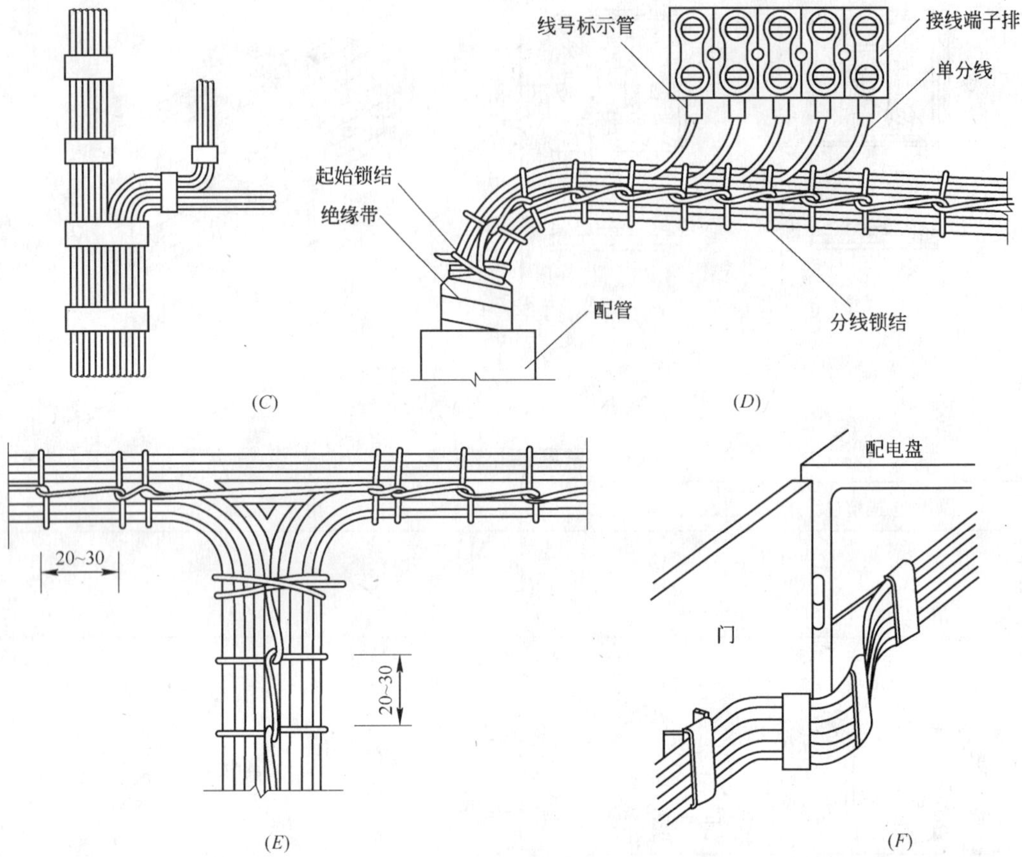

图 5. 4-12　导线绑扎线绑扎方法（二）

（*C*）导线束绑扎；（*D*）Y 型分线绑扎；（*E*）T 型分线绑扎；（*F*）可动部分布线

6. 绑扎带

绑扎带用于导线及电缆的绑扎，规格见图 5. 4-13 及表 5. 4-5。

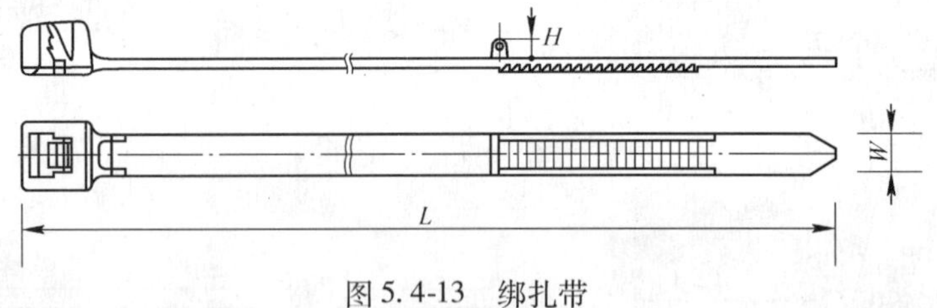

图 5. 4-13　绑扎带

绑扎带规格　　**表 5. 4-5**

型　号	长度 *L*		宽度 *W*		厚		最大束径		拉　力		包装
	(mm)	(in)	(mm)	(in)	(mm)	(in)	(mm)	(in)	(kg)	(磅)	(pcs/袋)
GT-100MA	102	4. 02	2. 5	0. 10	1. 1	0. 04	22	0. 87	8. 1	18	1000
GT-150IA	150	5. 91	3. 6	0. 14	1. 2	0. 05	35	1. 38	18. 2	40	1000
GT-180IA	180	7. 09	3. 6	0. 14	1. 2	0. 05	44	1. 73	18. 2	40	1000
GT-300IA	300	11. 81	3. 6	0. 14	1. 5	0. 06	3. 0	0. 12	40	88. 3	1000
GT-600IA	600	23. 62	2. 4	0. 09	1. 5	0. 06	6. 2	0. 24	50	110. 4	500
GT-800IA	800	31. 50	2. 2	0. 086	1. 5	0. 06	9. 0	0. 35	50	110. 4	500

5.4.3 配电柜（盘）配线方法

1. 配电柜（盘）配线一般要求

（1）导线连接紧密，不伤芯线，不断股。垫圈下螺栓/钉两侧压的导线截面积相同，同一端子上导线连接不多于2根，防松垫圈等零件齐全。

（2）插接式接线端子，不同截面的两根导线不得接在同一端子上；对于螺栓连接端子，当接两根导线时，中间应加平垫片；导线端部剥切长度为插接端子的长度，不应将导线绝缘层插入，以免造成接触不良，也不应插入过少，以致掉落。

（3）二次回路接地应设专用螺栓。

（4）应使用剥线钳剥线，绝缘导线的剥切长度见表5.4-6。

绝缘导线的剥切长度（mm） **表5.4-6**

端子螺栓/钉直径	3	4	5	6	8
剥线长度	15	18	21	24	28

2. 芯线与电器设备的连接应符合下列规定

（1）截面积在$10mm^2$及以下的单股铜芯线和单股铝芯线直接与设备、器具的端子连接。

（2）截面积在$2.5mm^2$及以下的多股铜芯线拧紧搪锡或接续接线端子后与设备、器具的端子连接。

（3）截面积大于$2.5mm^2$的多股铜芯线，与插接式端子连接前，端部拧紧搪锡。

（4）多股铝芯线接续接线端子后与设备、器具的端子连接。

（5）每个设备和器具的端子接线不多于2根电线。

3. 端子排安装

（1）端子排的安装应符合下列要求（图5.4-14）

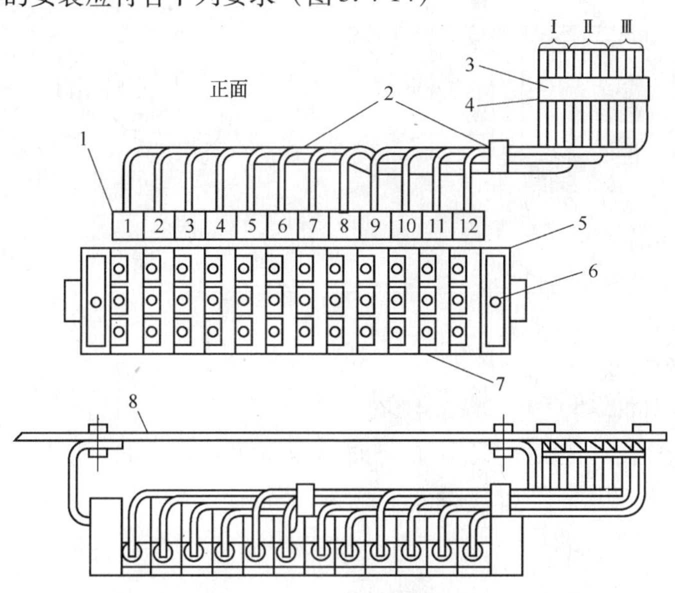

图5.4-14 导线分列成多层

1—编号牌；2—绑带；3—线夹或抱箍；4—绝缘层；5—空白端子；6—空白端子板条；7—组合端子板；8—配电盘（或屏）

1）端子排应无损坏，固定牢固，绝缘良好。

2）端子排应有序号，垂直布置的端子排最底下一个端子及水平布置的最下一排端子离地宜大于350mm，端子排并列时彼此间隔不应小于150mm。

（2）零线接线端子排安装（图5.4-15）

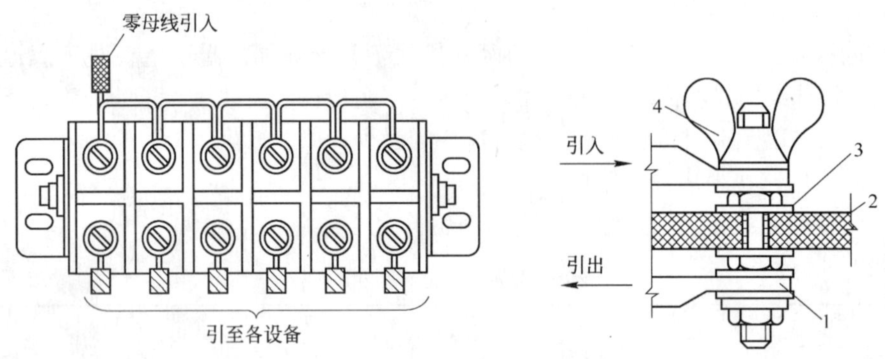

图5.4-15　零线接线端子排安装

1—接线端子；2—塑料板；3—镀锌垫圈；4—蝶形螺母

接零系统中的零母线，应由零线端子排分路引至各设备。零线端子排上分支路排列位置应与熔断器位置相对应。接地保护电路先通过接地端子排再用端子排分路。

4. 导线端部标志管安装

剥掉绝缘层导线端部套上标志管，见图5.4-16。控制线校线后，将每根芯线摵成圆圈，用镀锌螺栓/钉、垫片、弹簧垫连接在每个端子板上。端子板每侧一般一个端子压一根线，最多不能超过两根。

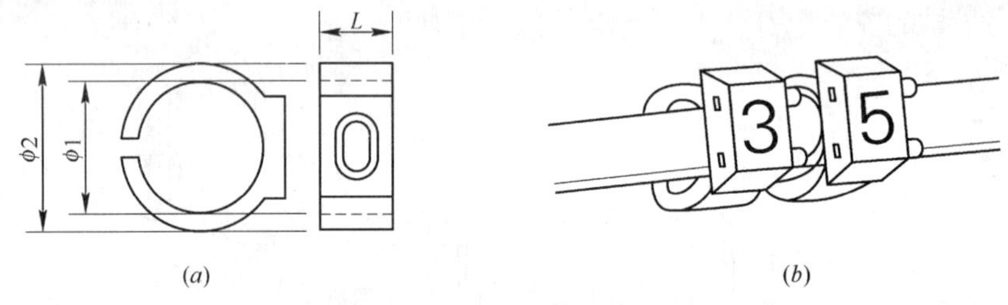

图5.4-16　线端部标志管安装

（*a*）标志管；（*b*）安装方法

5. 导线用螺钉连接

（1）导线用螺钉连接方法（图5.4-17）

将导线端头绝缘层剥去后，线头应套标志管，单股导线的线头应按顺时针方向弯成比连接螺钉直径略大的圆圈，然后套在螺钉上，将螺钉拧紧。多股铜芯软线与螺钉连接，应将软线芯做成圆圈状，挂锡后或采用压接线鼻子压接再与螺栓固定连接，确保经螺栓压后不散股，并接触良好。

（2）导线插入用螺钉连接方法（图5.4-18）

导线插入式连接采用导线端头插入端子插孔，螺钉压紧导线端子的连片。

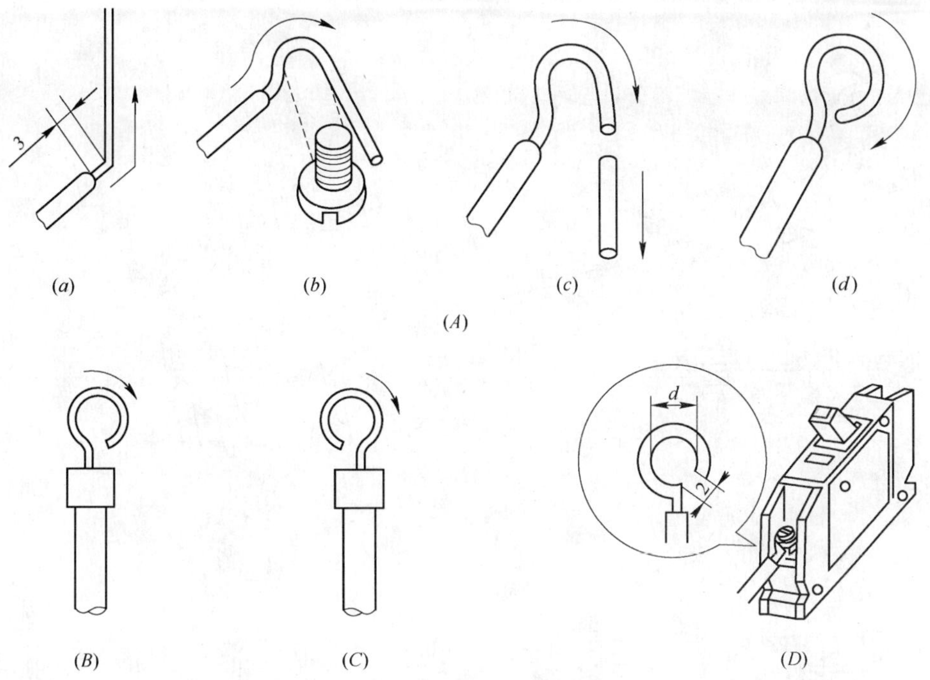

图 5.4-17 导线用螺钉连接方法

（A）导线搣圈方法

（a）离绝缘层根部约 3mm 处向外侧折角；（b）按略大于螺钉直径弯曲圆弧；

（c）剪去芯线余端；（d）修正圆圈成圆

（B）正确搣圈方向；（C）错误搣圈方向；

（D）螺钉平压式接线端子接法

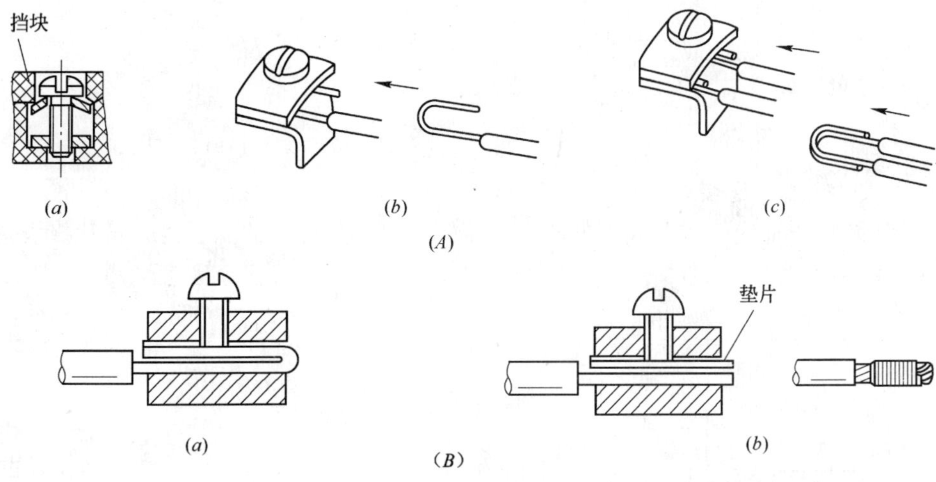

图 5.4-18 导线插入用螺钉连接方法（一）

（A）单股芯线与瓦形接线柱连接方法

（a）瓦形接线柱；（b）单根导线连接方法；（c）双根导线连接方法

（B）插接式接线端子

（a）用螺钉压紧的连接方法；（b）孔过人的连接方法

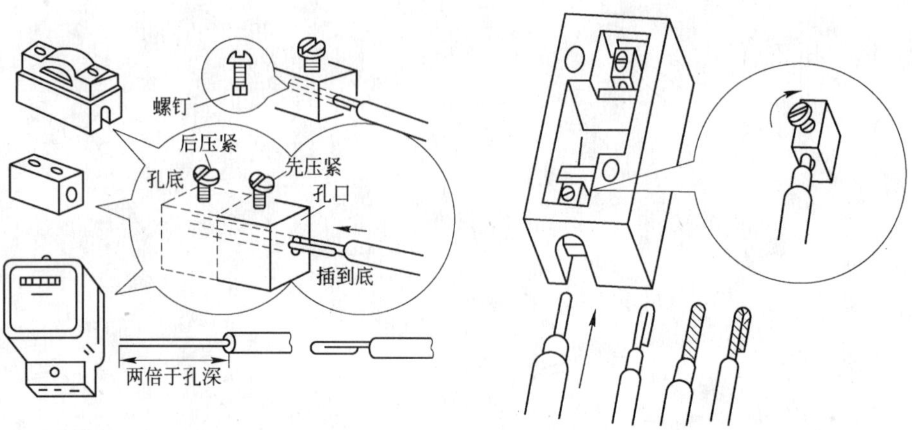

(c)

(B)

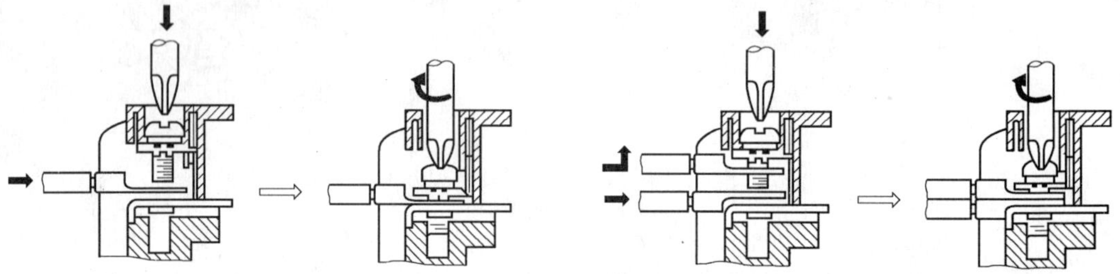

(a)　　(b)

(C)

图 5.4-18　导线插入用螺钉连接方法（二）
（B）插接式接线端子
（c）连接方法
（C）使用接线端子压接
（a）单根导线连接；（b）双根导线连接

6. 管状接线端子连接

管状接线端子适应于多芯铜线的压接，压接时要使用配套的压线钳。管状接线端子规格见图 5.4-19 及表 5.4-7。

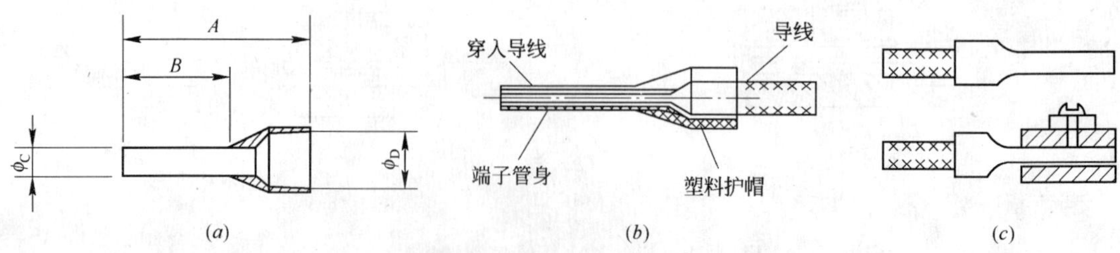

图 5.4-19　管状接线端子
（a）管状接线端子；（b）穿入导线压接；（c）连接方法

管状接线端子规格表 **表 5.4-7**

型　号	导线截面 (mm^2)	尺寸 (mm)			
		A	B	ϕ_C	ϕ_D
KAKU-00A	0.25	10	6	1.05	2.5
KAKU-00B		12	8		
KAKU-01A	0.34	10	6	1.10	2.5
KAKU-01B		12	8		
KAKU-02A	0.50	14	8	1.30	3.2
KAKU-02B		16	10		
KAKU-03A	0.75	14	8	1.50	3.4
KAKU-03B		16	10		
KAKU-03C		18	12		
KAKU-04A	1.0	14	8	1.70	3.6
KAKU-04B		16	10		
KAKU-04C		18	12		
KAKU-05A	1.50	14	8	2.00	4.1
KAKU-05B		16	10		
KAKU-05C		18	12		
KAKU-06A	2.50	14	8	2.50	4.8
KAKU-06B		16	10		
KAKU-06C		18	12		
KAKU-07A	4.00	17	10	3.20	5.5
KAKU-07B		20	12		
KAKU-08A	6.00	20	12	3.90	7.0
KAKU-08B		26	18		
KAKU-09A	10.00	22	12	4.90	8.4
KAKU-09B		28	18		
KAKU-10A	16.00	24	12	6.20	9.6
KAKU-10B		28	18		
KAKU-11A	25.00	28	16	7.70	12.0
KAKU-11B		30	18		
KAKU-12A	35.00	26	12	8.70	13.5
KAKU-12B		30	16		
KAKU-12C		32	18		
KAKU-13A	50.00	36	20	10.90	16.0
KAKU-13B		40	25		
KAKU-14A	70.00	37	21	14.30	17.2
KAKU-15A	95.00	44	25	15.50	19.2
KAKU-16A	120.00	48	27	17.60	21.4
KAKU-17A	150.00	58	32	20.50	25.0

7. 配电柜（盘）标示牌

电力测试情况标示牌安装在配电房内的墙上；危险标示牌张贴在配电柜（盘）的后面；其他标示牌安装在配电柜（盘）的面板上（图 5. 4-20）。

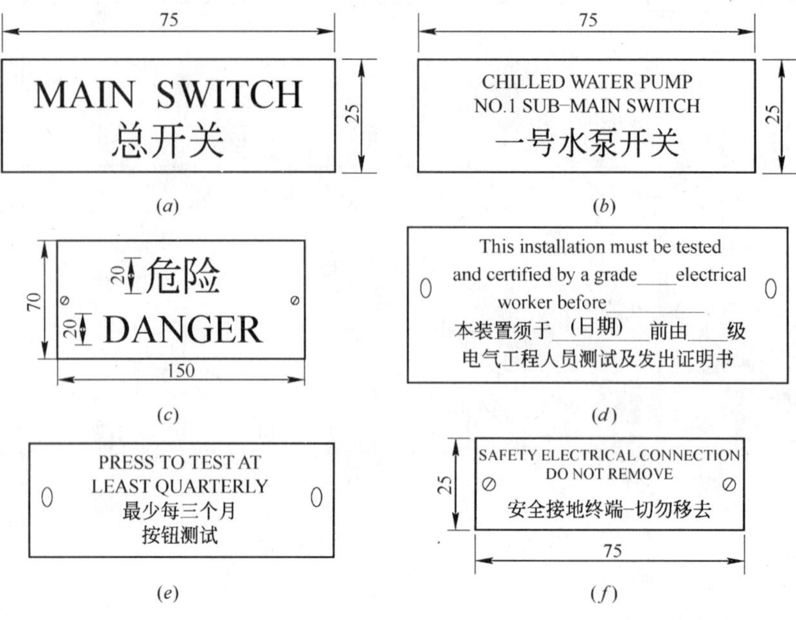

图 5. 4-20 配电柜（盘）标示牌

(*a*) 总断路器标示牌；(*b*) 水泵开关标示牌；(*c*) 危险标示牌；
(*d*) 电力测试情况标示牌；(*e*) 漏电保护器测试提示标示牌；(*f*) 接地标示牌

5. 5 密封电池安装

5. 5. 1 密封电池安装时注意事项

(1) 开箱后必须仔细检查密封电池有无损坏，按照装箱单检查附件是否齐全。安装前必须仔细阅读《使用手册》中的有关内容。

(2) 密封电池外表的清洗，只能用肥皂水，不准使用有机溶剂。

(3) 密封电池为荷电状态出厂，在搬运、安装过程中严禁短路、碰撞、翻滚、摔掷，以免损坏密封电池和伤人。吊装密封电池只能用绝缘吊带，不准用钢丝绳等。

(4) 不同规格、新旧程度不同的密封电池不能连接在一起使用。同一组密封电池中，不得中途抽头使用。

(5) 密封电池室应远离热源、振源。密封电池应避免阳光直射，不能置于大量红外线辐射、紫外线辐射，有机溶剂气体和腐蚀性气体的环境中。

5. 5. 2 密封电池的安装方法

1. 密封电池组地面安装

将单体密封电池整齐地摆放在水泥平台上，其间距不应小于 5mm，排与排之间距和与墙壁之间距不应小于 300mm。然后，用铜板连接条和紧固件串联连接起来。经检查无误后，将密封电池组的正、负极分别同充电器和负载的正、负极对应连接。连接时紧固件的扭矩值为 11.3N·m。

2. 组合架密封电池组安装

按照设计要求，先将密封电池架的底层安装在规定位置，并固定牢固。再将单体密封电池参照立式组合架安装示意图（图 5.5-1），按照规定的极性方向，安装在密封电池架内，然后用紧固件和铜板连接条将密封电池串联连接起来。底层安装完后，再用同样的方法安装上层。层与层之间用铜接线端子及软铜线连接。经检查无误后，用紧固件将密封电池组两端的正、负极分别与充电器和负载的正、负极对应连接。

3. 柜式密封电池组安装

按照设计要求，先将密封电池柜安装在规定位置，并固定牢固。再将单体密封电池参照柜式组合示意图安装（图 5.5-2），电池在柜内组合连接，密封电池之间用紧固件、铜板连接条连接，层与层之间用铜接线端子及软铜线连接。经检查无误后，密封电池组两端的正、负极分别同充电器和负载的正、负极对应连接。

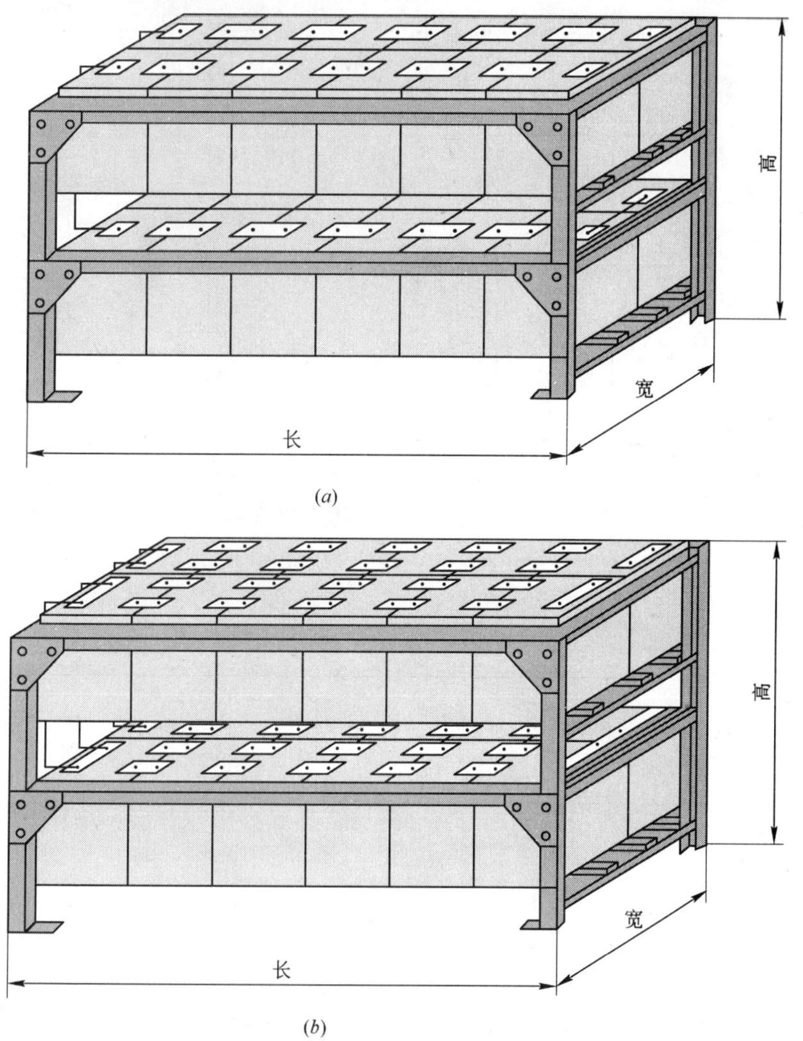

图 5.5-1 立式组合架密封电池组安装示意图（一）

（a）48V—200～300Ah 型立式组合架安装示意图；（b）48V—500～600Ah 型立式组合架安装示意图

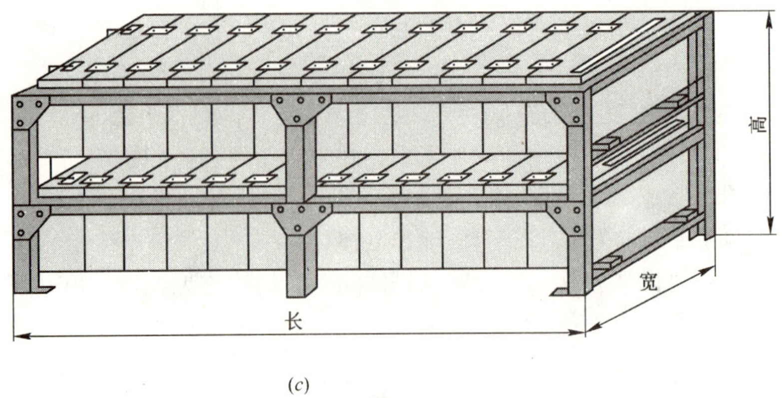

(c)

图 5.5-1 立式组合架密封电池组安装示意图（二）
（c）48V—800～1000Ah 型立式组合架安装示意图

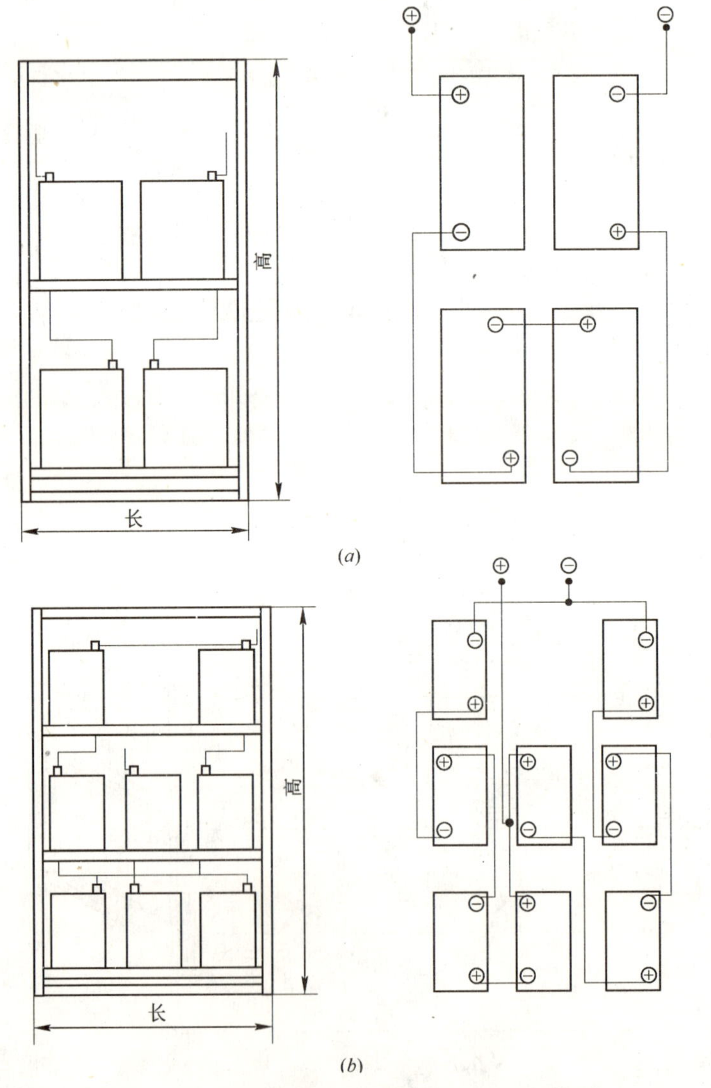

图 5.5-2 柜式密封电池组安装示意图（一）
（a）48V—65～100Ah 型安装示意图；（b）48V—200Ah 型安装示意图（由 6—GFM—100 密封电池串、并联组成）

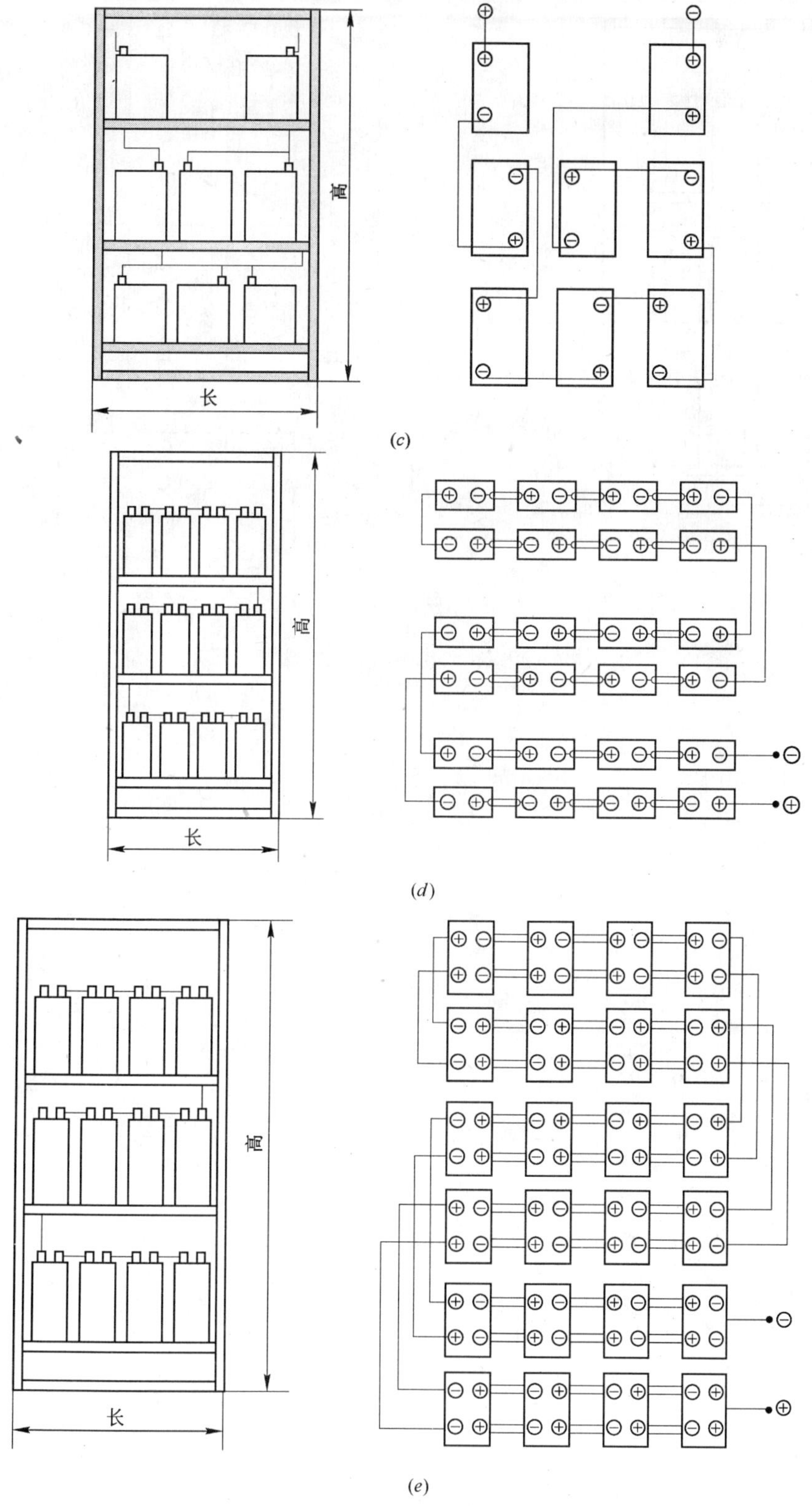

图 5.5-2 柜式密封电池组安装示意图（二）

（c）96V—65～100Ah 型安装示意图；（d）48V—200～300Ah 型安装示意图；
（e）48V—500～600Ah 型安装示意图；

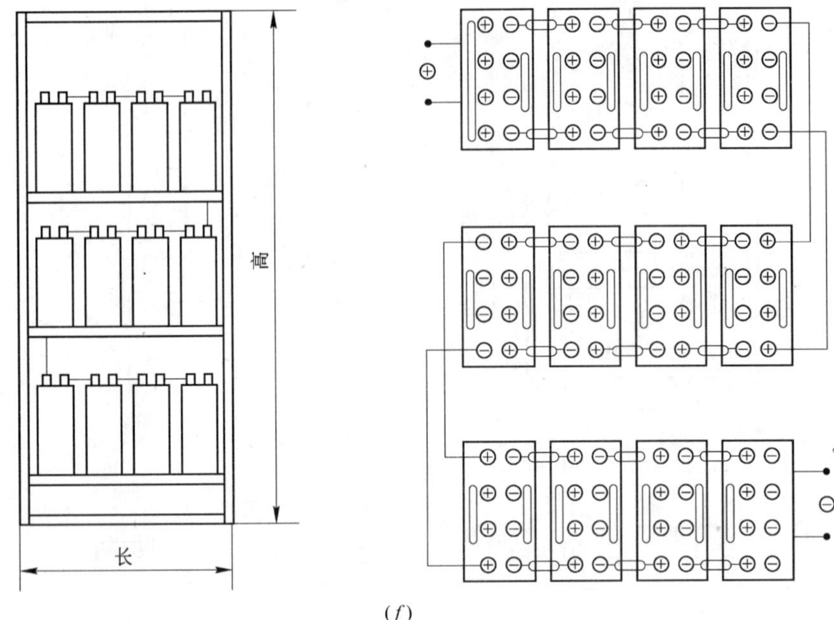

(f)

图 5.5-2 柜式密封电池组安装示意图（三）

(f) 24V—800～1000Ah 型安装示意图

6 常用低压电器

低压电器通常是指工作在交流电压小于1000V，直流电压小于1500V电路中的电气设备。通常是指在低压配电系统和控制系统中起通断、保护、控制或调节作用的电器。低压电器广泛应用于施工现场的发电、输电、配电与电气传动和自动控制设备中。

1. 低压电器的分类

低压电器种类繁多，用途很广。按用途和控制对象不同，可将低压电器按用途分为配电电器和控制电器两大类。低压电器的具体分类和用途见表6-1。

低压电器的分类和用途 **表6-1**

电器名称		主要品种	用途
配电电器	刀开关	大电流刀开关 熔断器式刀开关 开关板用刀开关 负荷开关	主要用于电路隔离，也能接通和分断额定电流
	转换开关	组合开关 换向开关	用于两种以上电源或负载的转换和通断电路
	断路器	框架式断路器 塑料外壳式断路器 限流式断路器 漏电保护断路器	用于线路过载，短路或欠压保护，也可用作不频繁接通和分断电路
	熔断器	有填料熔断器 无填料熔断器 快速熔断器 自复熔断器	用于线路或电气设备的短路和过载保护
控制电器	接触器	交流接触器 直流接触器	主要用于远距离频繁启动或控制电动机，以及接通和分断正常工作的电路
	控制继电器	电流继电器 电压继电器 时间继电器 中间继电器 热继电器	主要用于控制系统中，控制其他电器或作主电路的保护
	启动器	磁力启动器 减压启动器	主要用于电动机的启动和正反向控制
	控制器	凸轮控制器 平面控制器	主要用于电气控制设备中转换主回路或励磁回路的接法，以达到电动机启动、换向和调速的目的
	主令电器	按钮 限位开关 微动开关 万能转换开关	主要用于接通和分断控制电路
	电阻器	铁基合金电阻	用于改变电路的电压、电流等参数或变电能为热能
	变阻器	励磁变阻器 启动变阻器 频敏变阻器	主要用于发电机调压以及电动机的减压启动和调速
	电磁铁	起重电磁铁 牵引电磁铁 制动电磁铁	用于起重、操纵或牵引机械装置

2. 低压电器安装的一般要求

(1) 低压电器安装前的检查，应符合下列要求

1) 设备铭牌、型号、规格，应与图纸线路或设计相符；

2) 外壳、漆层、手柄，应无损伤或变形；

3) 内部仪表、灭弧罩、瓷件、胶木电器，应无裂纹或伤痕；

4) 螺栓/钉应拧紧；

5) 具有主触头的低压电器，触头的接触应紧密，采用0.05mm×10mm的塞尺检查，接触两侧的压力应均匀；

6) 附件应齐全、完好；

7) 室外安装的非防护型的低压电器，应有防雨、雪和风沙侵入的措施。

(2) 低压电器的安装高度

低压电器的安装高度应符合设计规定；当设计无规定时，应符合下列要求：

1) 落地安装的低压电器，其底部宜高出地面50～100mm；

2) 操作手柄转轴中心与地面的距离，宜为1.2～1.5m；侧面操作的手柄与建筑物或设备的距离，不宜小于0.2mm。

(3) 低压电器的固定，应符合下列要求

1) 低压电器根据其不同的结构，可采用支架、金属板、绝缘板固定在墙、柱、其他建筑构件及配电柜（盘）上。金属板、绝缘板应平整；当采用导轨支撑安装时，导轨应与低压电器匹配，并用固定夹或固定螺栓与壁板紧密固定，严禁使用变形或不合格的导轨；

2) 当采用膨胀螺栓固定时，应按产品技术要求选择螺栓规格，其钻孔直径和埋设深度应与螺栓规格相符；

3) 紧固件应采用镀锌制品，螺栓规格应选配适当，电器的固定应牢固、平稳；

4) 有防振要求的电器应增加减振装置；其紧固螺栓应采取防松措施；

5) 固定低压电器时，不得使电器内部受额外应力；

6) 成排或集中安装的低压电器应排列整齐；器件间的距离，应符合设计要求，并应便于操作及维护。

(4) 电器的外部接线，应符合下列要求

1) 接线应按接线端头标志进行；

2) 接线应排列整齐、清晰、美观，导线绝缘应良好、无损伤；

3) 电源侧进线应接在进线端，即固定触头接线端；负荷侧出线应接在出线端，即可动触头接线端；

4) 电器的接线应采用铜质或有电镀金属防锈层的螺栓和螺钉，连接时应拧紧，且应有防松装置；

5) 外部接线不得使电器内部受到额外应力。

(5) 电器的接地

电器的金属外壳、框架的接零或接地，应符合现行国家标准《电气装置安装工程接地装置施工及验收规范》GB 50169—2006的有关规定。

(6) 低压电器绝缘电阻的测量，应符合下列规定

1) 测量应在下列部位进行，对额定工作电压不同的电路，应分别进行测量。

（a）主触头在断开位置时，同极的进线端及出线端之间。

（b）主触头在闭合位置时，不同极的带电部件之间，触头与线圈之间以及主电路与同它不直接连接的控制和辅助电路（包括线圈）之间。

（c）主电路、控制电路、辅助电路等带电部件与金属支架之间。

2）测量绝缘电阻所用兆欧表的电压等级及所测量的绝缘电阻值，应符合现行国家标准《电气装置安装工程电气设备交接试验标准》GB 50150—2006 的有关规定。

（7）低压电器的试验

低压电器的交接试验，应符合现行国家标准《电气装置安装工程电气设备交接试验标准》GB 50150—2006 的有关规定，具体验收内容及标准见表 6-2。

低压电器交接试验 表 6-2

序号	试验内容	试验标准或条件
1	绝缘电阻	用500V 兆欧表插测，绝缘电阻值大于等于 1MΩ；潮湿场所，绝缘电阻值大于等于 0.5 MΩ
2	低压电器动作情况	除产品另有规定外，电压，液压或气压在额定值的 85% ~110% 范围内能可靠动作
3	脱扣器的整定值	整定值误差不得超过产品技术条件的规定
4	电阻器和交阻器的直流电阻差值	符合产品技术条件规定

3. 本章相关规范

（1）《电气装置安装工程低压电器施工及验收规范》GB 50254—96。

（2）《建筑电气工程施工质量验收规范》GB 50303—2002。

（3）《电气装置安装工程电气设备交接试验标准》GB 50150—2006。

（4）《民用建筑电气设计规范》JGJ 16—2008

6.1 显示及记录电器

6.1.1 指示灯

指示灯（图 6.1-1）通常安装在配电柜（盘）的面板上，用于某种工作状态的指示，特别注意。国家标准《人-机界面标志标识的基本和安全规则指示器和操作器的编码规则》GB/T 4025—2003 规定红、黄、绿、蓝和白 5 种颜色为指示灯选用的颜色。

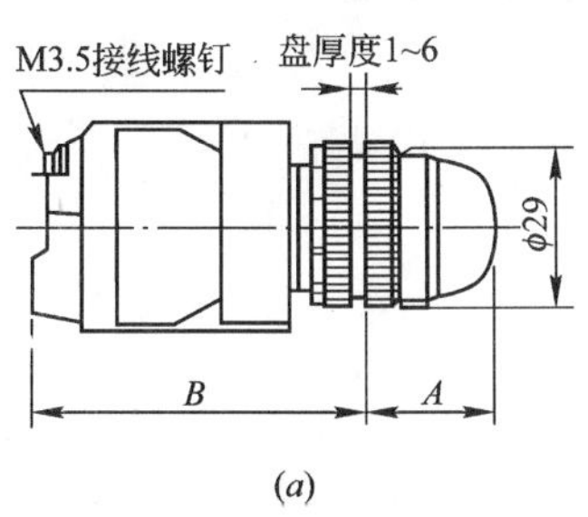

(a)

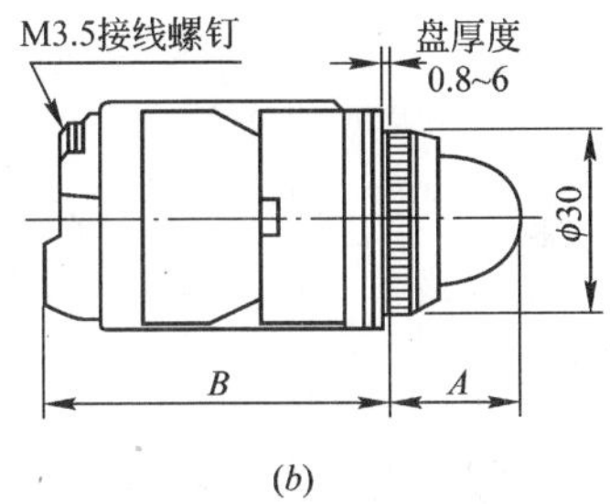

(b)

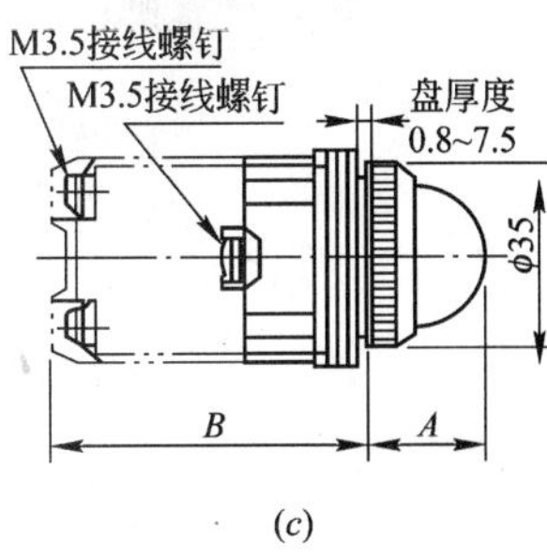

(c)

图 6.1-1 指示灯

（a）ϕ22 系列指示灯规格；（b）ϕ25 系列指示灯规格；（c）ϕ30 系列指示灯规格

1. 指示灯的作用

(1) 指示作用

借以引起操作者注意，或指示操作者应做的某种操作。

(2) 执行作用

借以反映某个指令、某种状态、某些条件或某类演变正在执行或已被执行。

2. 指示灯的颜色及其含义

在选用指示灯颜色时，如违反国家标准规定随便选用，就会造成严重安全事故。因此必须根据指示灯的作用，在5种颜色范围内选用。颜色的指令含义如下表6.1-1。

指示灯的颜色及其含义 **表6.1-1**

颜色	含义	说明
红	危险指示	事故跳闸；重要的服务系统停机；起重机停止位置超行程；辅助系统的压力/温度超出安全极限
黄	警告指示、异常指示	过负荷、高温报警
绿	正常指示 正常分闸（停机）指示 弹簧储能完毕指示	核准继续运行 设备在安全状态 设备在安全状态
蓝	电动机降压启动过程指示	设备在安全状态
白	开关的合（分）或运行指示	单灯指示开关运行状态；双灯指示开关合时运行状态

3. 指示灯的安装（图6.1-2）

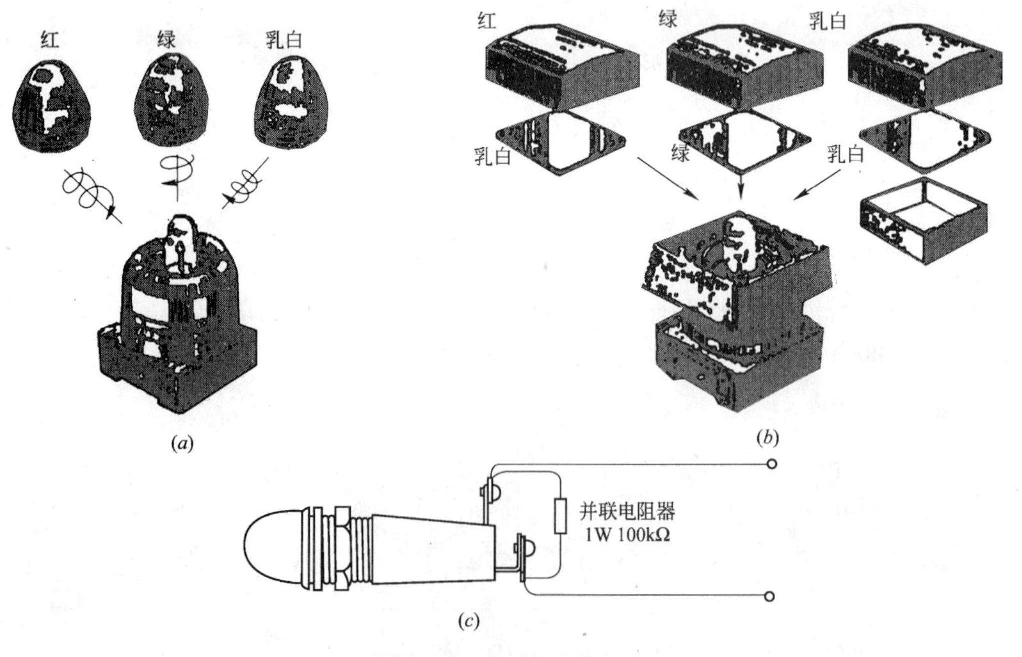

图6.1-2 指示灯安装方法

(*a*) 圆形；(*b*) 方形；(*c*) 指示灯并联电阻

指示灯主要有圆形及方形两种，安装时先在配电柜（盘）的面板上钻孔，然后进行安装，安装高度在 1.2～1.95m 的范围内，指示灯的颜色用灯罩进行区分，光源通常使用较多的为 6.3V 灯泡，配电室或维修部应储备有备用灯泡，以便损坏时及时更换。

6.1.2 互感器

互感器是电工测量和自动保护装置使用的特殊变压器。使用互感器的目的一是把测量回路和高压电网隔离，以利于确保工作人员的安全；二是扩大测量仪表的量程，可以使用小量程电流表测量大电流，用低量程电压表测量高电压，或者为高压电路的控制及保护装置提供所需的低电压或小电流。互感器按用途可分为电压互感器和电流互感器两类。

1. 电压互感器

电压互感器的结构特点是：一次绕组匝数多，而二次绕组匝数少，相当于降压变压器。他接入电路的方式是：将一次绕组并联在一次电路中，而将二次绕组并联仪表、继电器的电压线圈，电压互感器构造原理如图 6.1-3 所示。由于二次仪表、继电器等的电压线圈阻抗很大，所以电压互感器工作时二次回路接近于空载状态。二次绕组的额定电压一般为 100V。

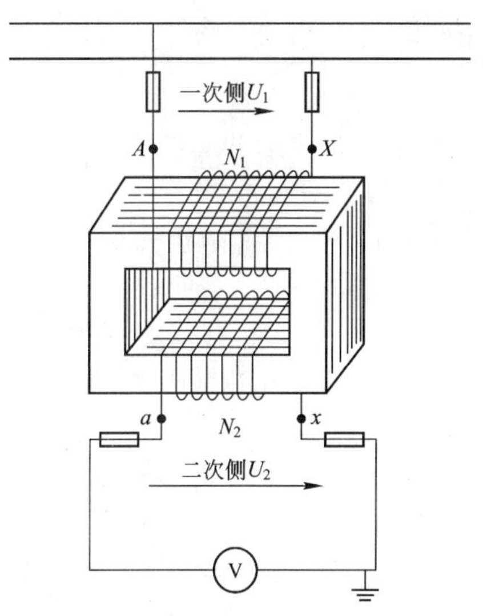

图 6.1-3 电压互感器构造原理图

电压互感器在使用中要注意以下几点：

（1）一次、二次侧必须加熔断器保护，二次侧不能短路，防止发生短路烧毁互感器或影响一次电路正常运行；

（2）电压互感器二次侧有一端必须接地，防止一次、二次绕组绝缘击穿时，一次侧的高电压窜入二次侧，危及人身和设备的安全；

（3）二次侧并接的电压线圈不能太多，避免超过电压互感器的额定容量，引起互感器绕组发热，并降低互感器的准确度。

2. 电流互感器

电流互感器的结构特点是：一次绕组匝数少（有的只有一匝，利用一次导体穿过其铁芯），导体相当粗；而二次绕组匝数很多，导体较细。他接入电路的方式是：将一次绕组串联接入一次电路；而将二次绕组与仪表、继电器等的电流线圈串联，形成一个闭合回路，电流互感器构造原理如图 6. 1-4 所示。由于二次仪表、继电器等的电流线圈阻抗很小，所以电流互感器工作时二次回路接近短路状态。二次绕组的额定电流一般为 5A。

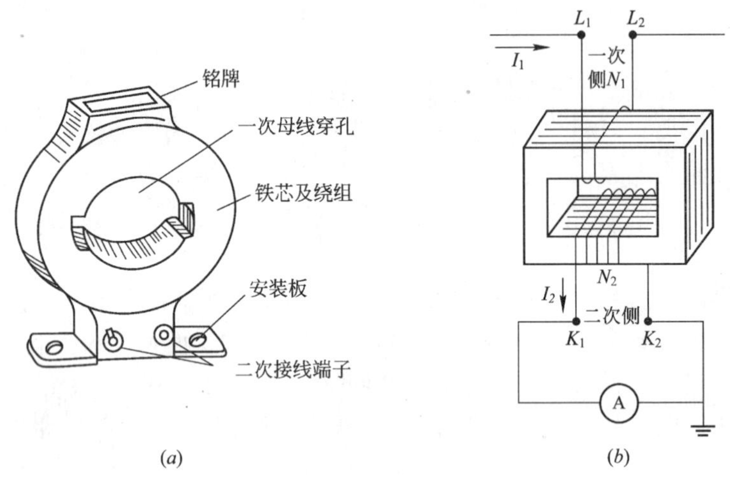

图 6. 1-4 电流互感器构造原理图

(a) 结构；(b) 构造原理图

(1) 电流互感器在使用中要注意以下几点：

1) 电流互感器在工作时其二次不得开路，二次侧不允许串接熔断器和开关；

2) 电流互感器二次侧有一端必须接地，防止一次、二次绕组绝缘击穿时，一次侧的高电压窜入二次侧，危及人身和设备的安全；

3) 为保证电流互感器的准确度，二次负载不能超过其额定负载，尤其是二次连接电缆不能太长，芯线截面不能太小（一般最小不能小于 2. 5mm^2）。

(2) 电流互感器安装方法

电流互感器通常安装在配电柜（盘）内，互感器穿过母线或电缆，电流互感器的安装方法见图 6. 1-5。

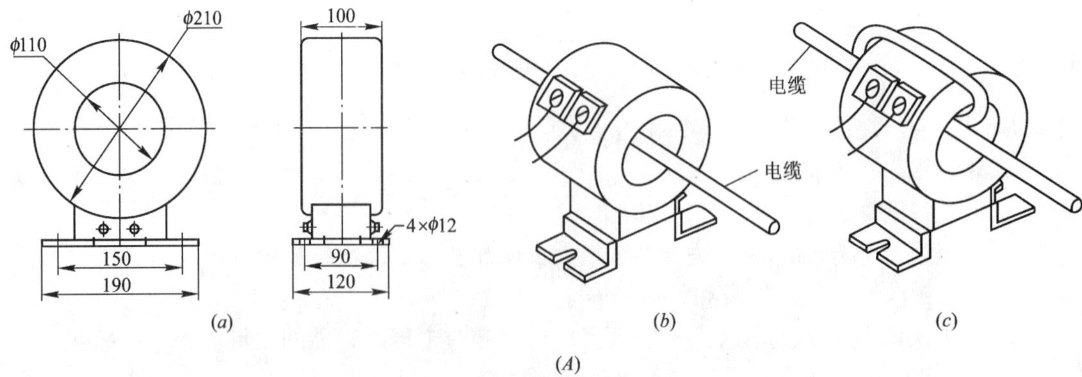

图 6. 1-5 电流互感器安装方法（一）

(A) 圆形互感器

(a) 外形图；(b) 方式一；(c) 方式二

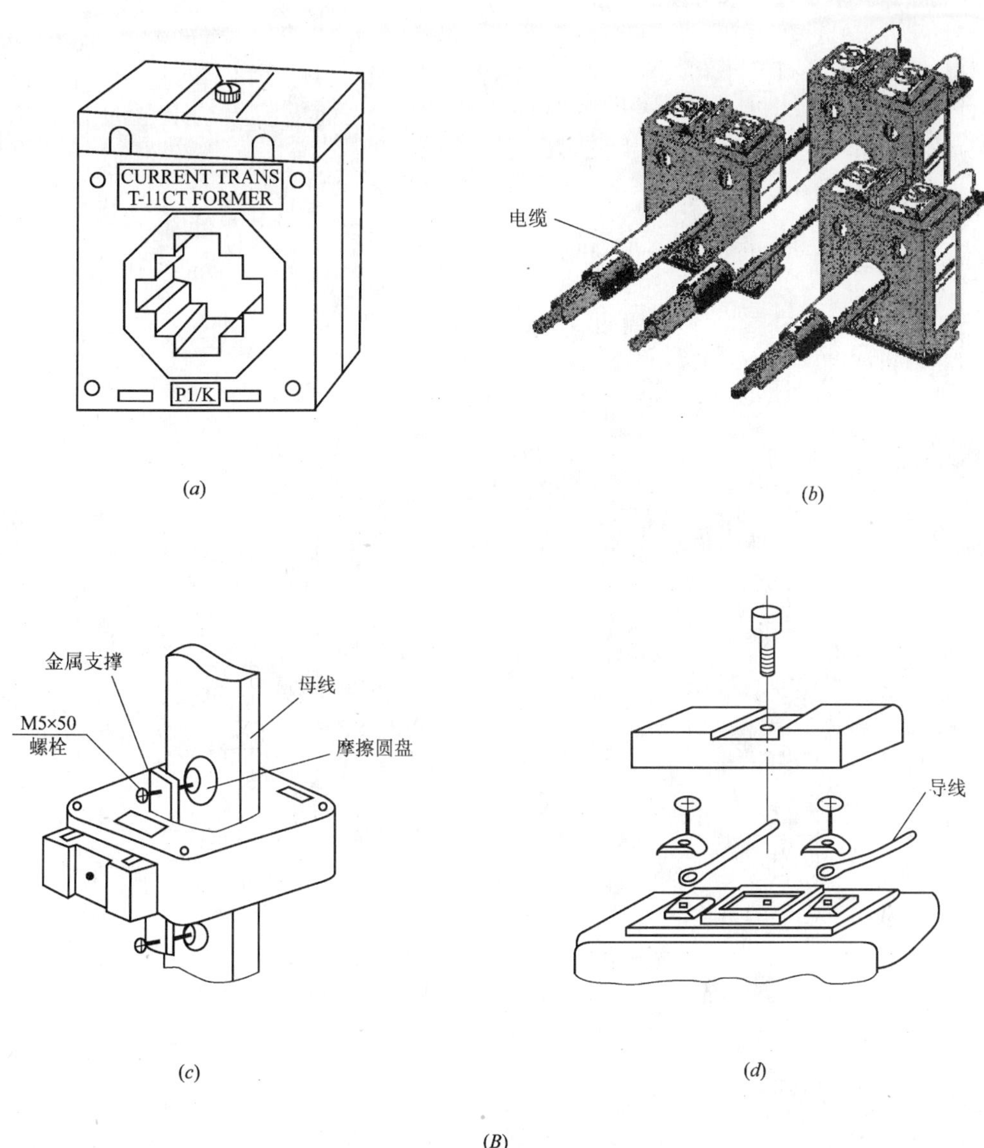

(a)　(b)

(c)　(d)

(B)

图 6.1-5 电流互感器安装方法（二）

(B) 方形互感器

(a) 外形图；(b) 在电缆上安装；(c) 在母线上安装；(d) 二次绕组接线方法

(3) 电流互感器的接线

安装要求同接触器，但可竖装或水平装设。一次绕组标注 L_1 的为进线端，标注 L_2 的为出线端，穿心式应从 L_1 侧穿入。二次侧 K_1 接电流表的进线侧，K_2 接出线侧，且 K_2 应可靠接地。二次侧用的导线必须是 $2.5mm^2$ 或 $1.5mm^2$ 的铜芯绝线导线。与电流互感器连接的导线必须可靠，其二次侧不得开路，以免产生高压而发生危险，同时不得在二次侧加装熔断器。多台互感器装设在一起时，接线必须按上述要求连接且必须一致。电流互感器的常用接线见图 6.1-6。

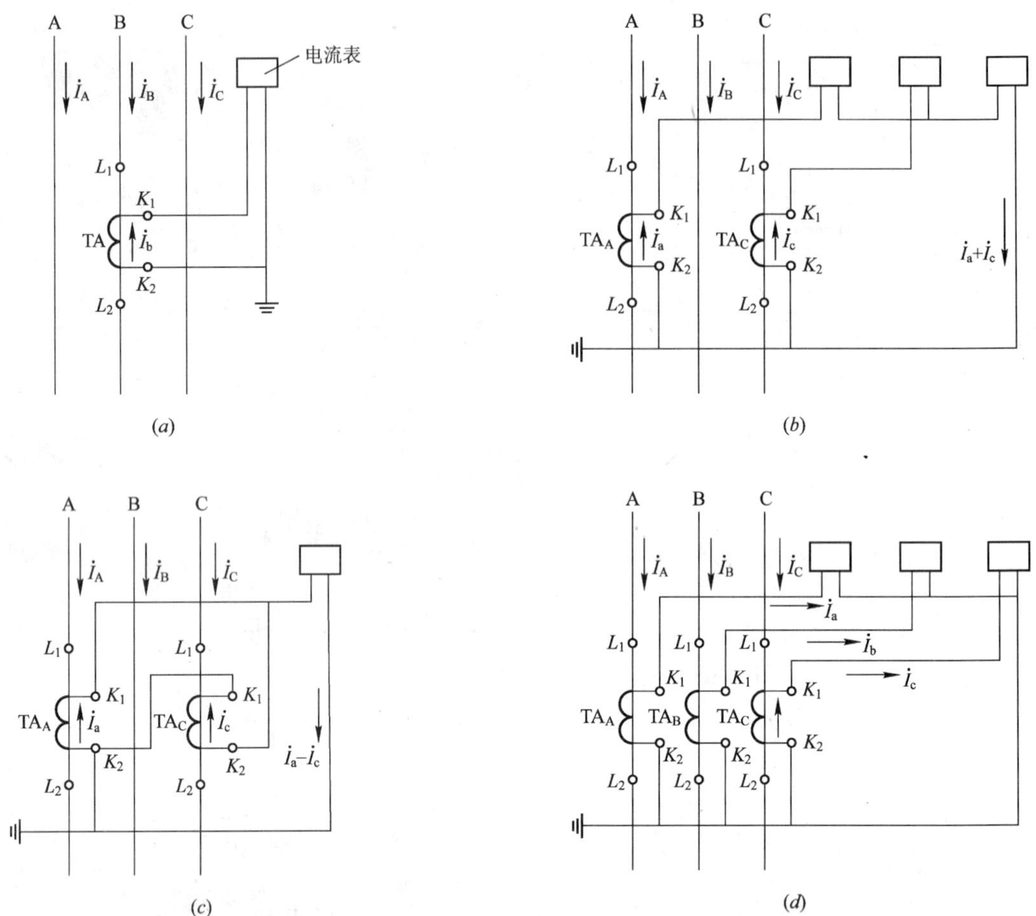

图 6.1-6 电流互感器的接线方法

(*a*) 一相式；(*b*) 两相 V 形；(*c*) 两相电流差；(*d*) 三相 Y 形

6.1.3 常用显示仪表

各种显示仪表安装在配电柜（盘）、水泵控制箱等面板上，用于电力系统工作时，各种数据的显示及观察。一些配电柜（盘）上只安装一只同一型号的显示仪表，通过按动转换开关，来观察不同相位的电压、电流等数据。

1. 常用机械式仪表工作原理

当今科技发展已逐渐趋向电子及数字化，而仪表当然不会例外，从前常用的动圈式、动铁式、电动式、铁磁电动式等结构的仪表已被电子及数测量器所取代，但在已建工程中看到有这些仪表存在，并继续使用。现介绍几种机械式仪表的结构及工作原理。

(1) 机械式仪表的结构（图 6.1-7）

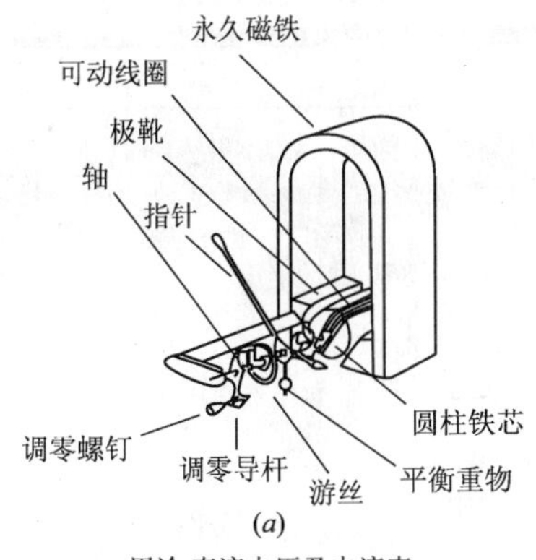

(*a*)
用途:直流电压及电流表

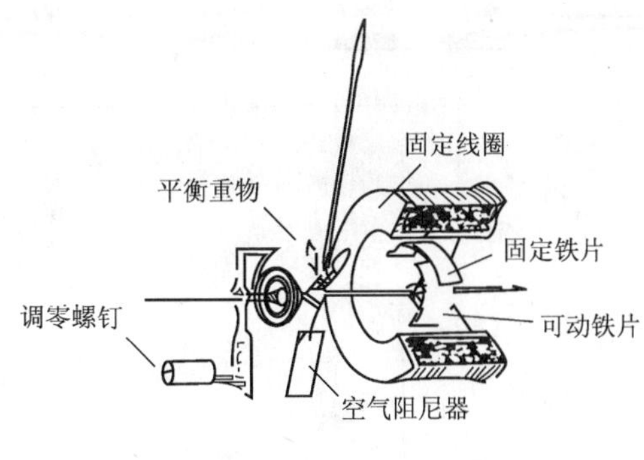

(*b*)
用途:交直流电压及电流表

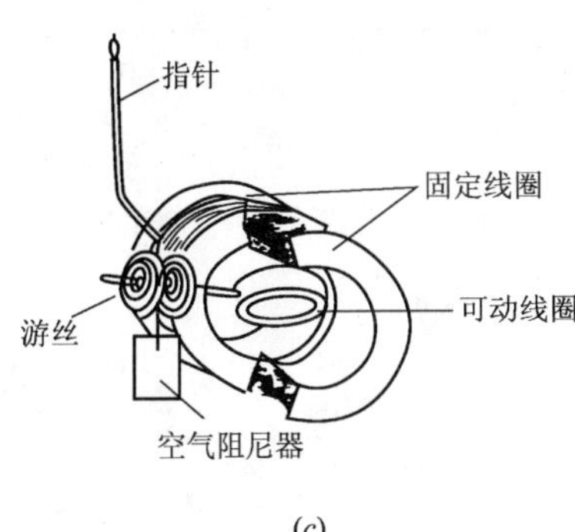

(*c*)
用途:交直流电压、电流及功率表

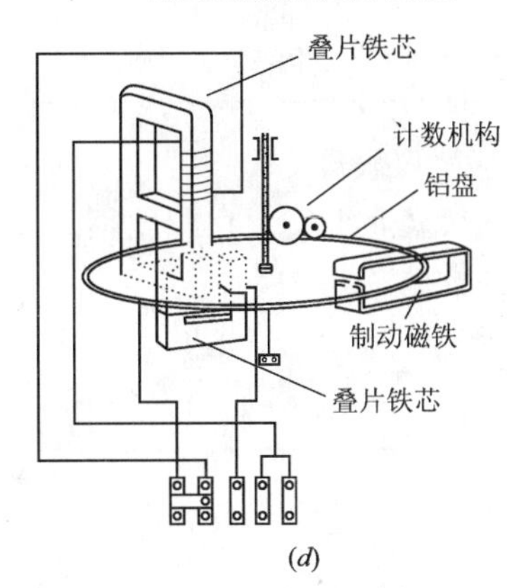

(*d*)
用途:电能表(即电度表)

图 6.1-7 常用机械式仪表结构

(*a*) 动圈式;(*b*) 动铁式;(*c*) 电动式;(*d*) 感应式

(2) 机械式仪表工作原理(表 6.1-2)

机械式仪表工作原理 **表 6.1-2**

序号	结构	工 作 原 理	优 点	缺 点
1	动圈式	将一个可动铁圈置于永久磁铁的气隙磁场中，当有电流流入线圈时，他便利用电磁效应而产生扭力，从而令其带动的指针偏转。当游丝弹簧的反作用力与它的带动力平衡时，指针便能取得读数	(1) 刻度均匀; (2) 较准确及灵敏; (3) 受外界磁场影响极小	(1) 只能量度直流，若要量度交流，须加装整流装置; (2) 过载能力差
2	动铁式	测量电流的线圈是固定的，在线圈内分别装有一块固定铁片及连动指针的铁片，当有电流流过线圈时，同样根据电磁效应，两块铁片使会同时磁化及因同性相斥，使可动铁片带动指针转动。它也是利用游丝弹簧来取得读数	(1) 交、直流两用; (2) 过载能力强; (3) 可直接量度大电流; (4) 可量度非正弦波的有效值	(1) 刻度不均匀; (2) 准确度较低; (3) 容易受磁场影响

续表

序号	结构	工 作 原 理	优 点	缺 点
3	电动式	仪表内有两个线圈，一个为固定，另一个是带动指针偏转的。当电流流过两个线圈时，他们使磁场感应并产生推斥力，使可动指针转动，从而取得读数	（1）交直流两用； （2）灵敏及准确度非常高； （3）可量度非正弦波的有效值	（1）刻度不均匀； （2）过载能力低； （3）容易受磁场影响
4	感应式	内有一或多个绕在U形铁芯的线圈及一个铝盘组成。当电流流过线圈时，铝盘电动机的转子受磁场感应而被推动旋转，当制动磁铁所产生的制动转矩与磁感应转矩达成平衡时，铝盘便缓慢向前旋转	（1）转矩大，过载力强； （2）受外界磁场影响小	（1）只适用于规定频率的交流电； （2）准确度低

2. 常用显示仪表规格

常用显示仪表通常安装在配电柜或动力控制盘（盘）的面板上，用于显示电压、电流、功率等的数据。

（1）交流电流表规格（表6.1-3）

交流电流表规格 **表6.1-3**

	电流范围（A）	接线方式	电表尺寸（mm）	偏转幅度（90°/240°）
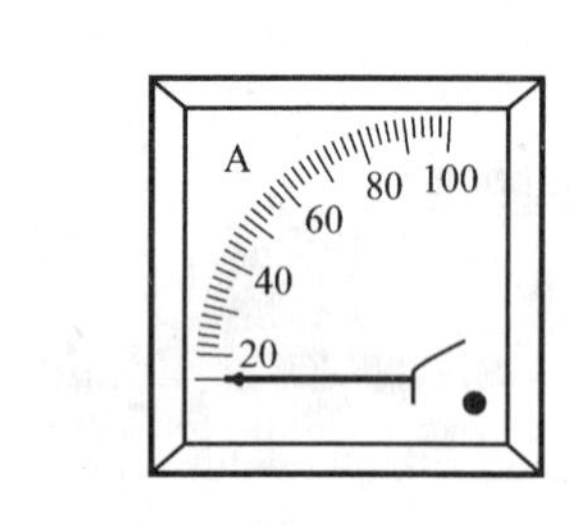	30～3000	5A电流互感器	96×96	90°
	5～60	直接式	96×96	240°
	30～3000	5A电流互感器	96×96	90°
	5～60	直接式	96×96	240°

（2）交流电压表规格（表6.1-4）

交流电压表规格 **表6.1-4**

	电压值（V）	接线方式	电表尺寸（mm）	偏转幅度（90°/240°）
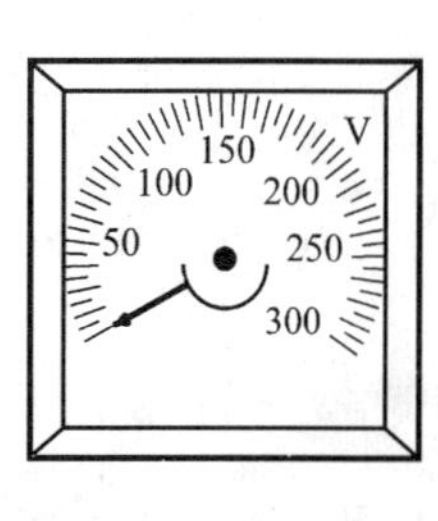	0～300	直接式	96×96	90°
	0～500	直接式	96×96	90°
	0～300	直接式	96×96	240°
	0～500	直接式	96×96	240°

（3）指针式频率表规格（表6.1-5）

指针式频率表规格　　　　**表6.1-5**

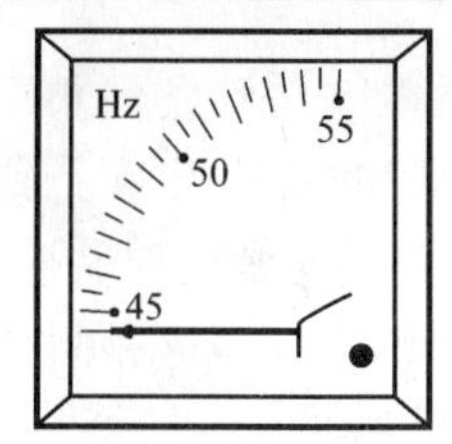

频率值（Hz）	电压（V）	电表尺寸（mm）	偏转幅度（90°/240°）
45～55	220	96×96	90°
45～55	380	96×96	90°
45～55	220	96×96	240°
45～55	380	96×96	240°

（4）功率表规格（表6.1-6）

功率表规格　　　　**表6.1-6**

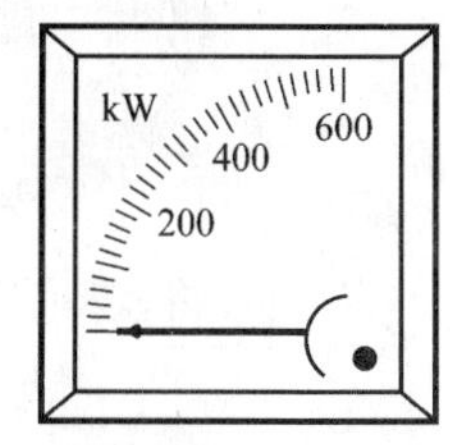

功率值（kW）	类　型
0～400	三相三线平衡负载

（5）功率因数表规格（表6.1-7）

功率因数表规格　　　　**表6.1-7**

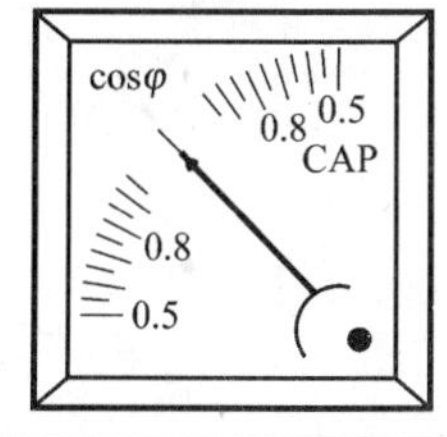

功率因数值	类　型
0.5～1.5	单相
0.5～1～0.5	平衡三相三线

（6）最大电流指示电流表规格（表6.1-8）

最大电流指示电流表规格　　　　**表6.1-8**

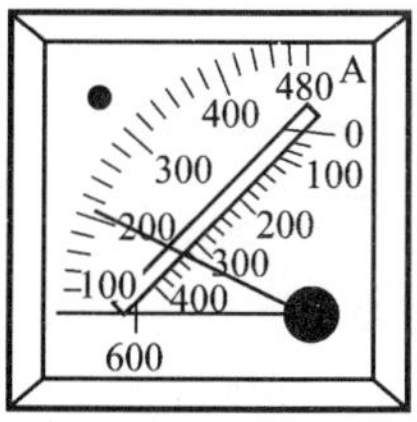

电流范围（A）	接线方式	电表尺寸（mm）	偏转幅度（90°/240°）	备　注
30～3000	5A电流互感器	96×96	90°	可以显示及观察当时的电流，还可以记录并观察到过去记录的电流最大值
5～60	直接式	96×96	240°	

3. 交流电流表

（1）电流表工作原理

电流表是测定电流强弱和方向的电学仪器，实验时经常使用的电流表是磁电式仪表，其构造如图6.1-8（*a*）所示，在一个很强的马蹄形磁铁的两极间有一个固定的圆柱形铁芯，铁芯外面套着一个可以绕轴转动的铝框，铝框上绕有线圈，铝框的转轴上装有两个螺旋弹簧和一个指针，线圈的两端分别接在这两个螺旋弹簧上，被测电流经过这两个弹簧流入线圈。

1）马蹄形磁铁和铁芯间的磁场是均匀地辐射分布的，不管通电线圈转到何角度，它的平面都与磁感线平行，当电流通过线圈时，线圈上与铁柱轴平行的两边都要受到电磁力，如图6.1-8（*b*），这两个力产生的力矩使线圈发生转动，线圈转动时螺旋弹簧被扭动，产生一个阻碍线圈转动的力矩，其大小随线圈转动的角度的增大而增大，当这种阻碍力矩和安培力产生的使线圈转动的力矩相平衡时，线圈停止转动。

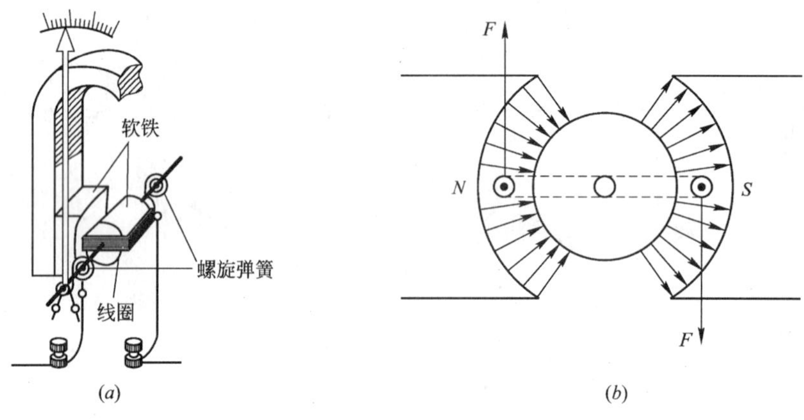

图6.1-8 电流表工作原理

（*a*）电流表构造；（*b*）电流表工作原理

2）磁场对电流的作用力与电流成正比，因而线圈中的电流越大，安培力产生的力矩也越大，线圈和指针偏转的角度也越大，因而根据指针的偏转角度的大小，可以知道被测电流的强弱。

3）当线圈中的电流方向发生变化时，安培力的方向也随之改变，指针的偏转方向也发生变化，所以根据指针的偏转方向，可以知道被测电流的方向。

（2）电流表安装方法

检测大电流时，采集数据需要配合安装互感器，当使用记录最大电流指示电流表时，不但可以显示及观察当时的电流，还可以记录并观察到过去记录的电流最大值，电磁式交流电流表安装方法见图6.1-9。

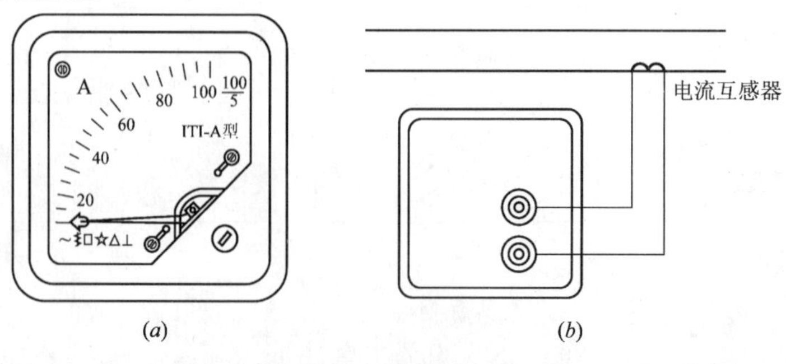

图6.1-9 电磁式交流电流表安装方法

（*a*）外形；（*b*）接线示意图

4. 交流电压表

常用交流电压表的选用一般应使显示值在表盘满刻度的2/3左右，如380V应选用满刻度为500V的电压表，220V应用选满刻度为300V或400V的电压表。高压电压表均与电压互感器配套使用，如6kV应选表盘上标有6000/100的电压表，l0kV应选用表盘上标有10000/100的电压表。我们把6000/100和10000/100叫做电压比，电压互感器的电压比与之是相同的。交流电压表的接线是不分极性的，但在一个系统中，所有的电压表接线应是一致的，特别是220V或使用互感器的电压表必须遵守这一规则。交流电压表的接线如图6.1-10所示。交流电压表及其电压互感器回路必须配置熔断器，以防短路。

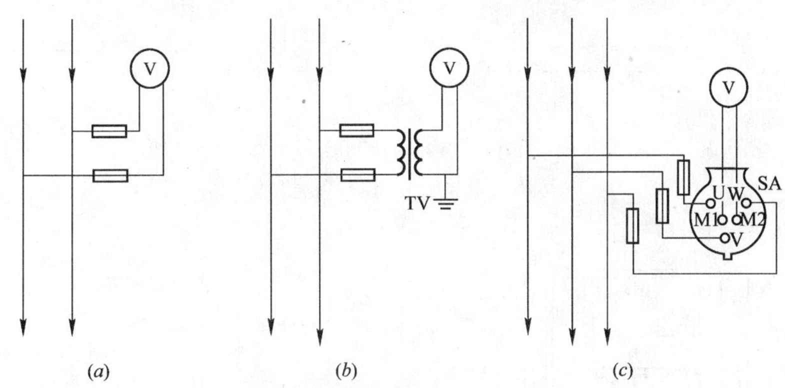

图6.1-10 交流电压表的接线图

6.1.4 电度表

电度表是用来测量某一段时间内电网供电电能或负载消耗电能的仪表。电度表与功率表不同的地方是，他不仅能反映出功率的大小，而且能够反映出电能随时间增长积累的总和。所以电度表需要有不同于其他仪表的特殊结构。即他的指示器不能像其他指示仪表一样停在某一位置，而是随着电能的不断增长而不断转动，随时反映出电能积累的总数值。他将活动部分的转动，通过齿轮传动机件折换成被测电能的数值（即转动多少圈相当于多少度电能），由一系列齿轮带动计数器，将电能的数值直接指示出来。

1. 电度表的工作原理

目前采用很多的是交流感应式电度表，其结构如图6.1-11所示。其结构的主要部分是由两个电磁铁、一个铝盘和一套计数机构组成。绕在一个电磁铁上的线圈同负载串联，称为电流线圈。绕在另一电磁铁上的线圈与负载并联，称为电压线圈。铝盘在这两个电磁铁的作用下转动，铝盘的转动带动计数机构，在电度表的表盘上表示出读数来。

三相有功电度表由两个或三个单相有功电度表元件装在同一根轴上，共同带动一套计数机构。两元件的适用于三相三线制，三元件的用于三相四线制。

2. 电度表的接线方法

（1）单相电度表

单相电度表共有四个接线柱，从左到右按1、2、3、4编号。一般单相电度表接线柱1、3接电源进线（1为相线进，3为中性线进），接线柱2、4接出线（2为相线出，4为中性线出）。接线方法如图6.1-12所示。但也有单相电度表接线为：按号码接线柱1、2

为电源进线，3、4 接出线。所以采用何种接法，应参照电度表接线盖子上的接线图。

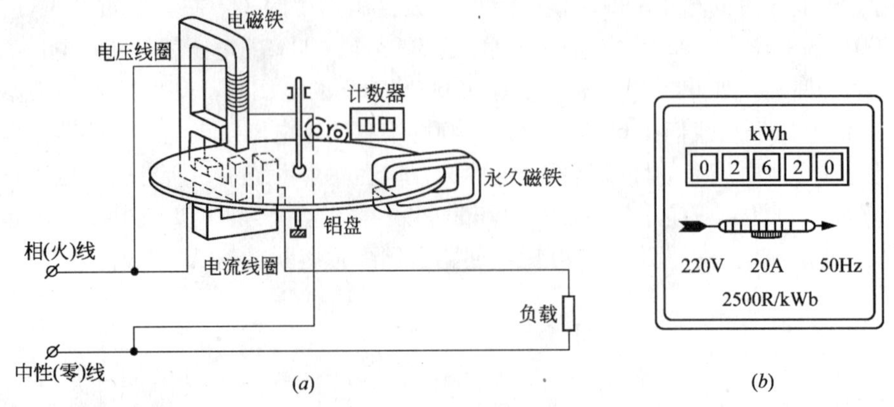

图 6. 1-11　单相电度表结构示意图
（a）结构示意图；（b）表盘结构

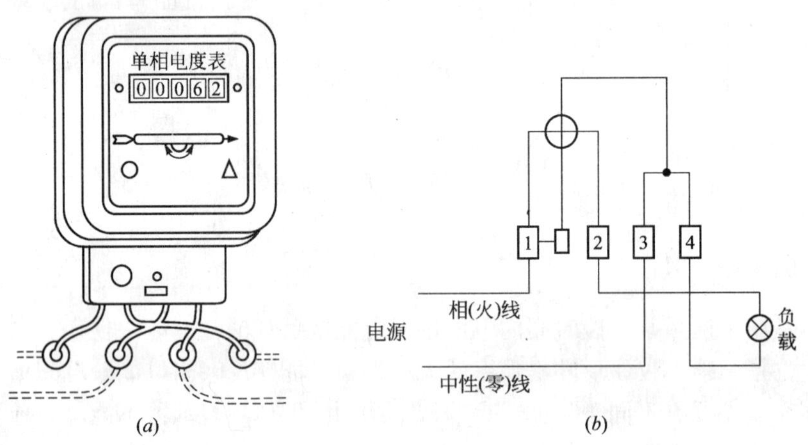

图 6. 1-12　单相电度表
（a）单相电度表外形；（b）接线图

（2）三相电度表

三相三线有功电度表、三相四线有功电度表的接线方法如图 6. 1-13 所示。

3. 电度表安装和使用时的注意事项

住宅建筑计量电度表应按当地供电部门的规定安装。电度表的选型应满足供电部门的计量要求。为维护检修及抄表方便，电度表宜相对集中安装。多层住宅可安装在单元首层、地下一层或分层安装，高层（超高层）住宅宜在层集中或分区安装。采用表具自动抄送数据远传系统的电度表，安装位置可不做规定，由各工程设计根据实际情况及当地供电部门要求确定。具体注意事项如下：

（1）电度表应安装在不受振动的墙上或电度表箱内，电度表箱安装在公共场所时，暗装底边距地 1. 5m；安装在电气竖井内的电度表箱宜明装，箱的上沿距地不宜超过 2. 1m，如图 6. 1-14 所示。

（2）安装处应干燥清洁，远离热源及烟和有害气体。表身必须与地面垂直。

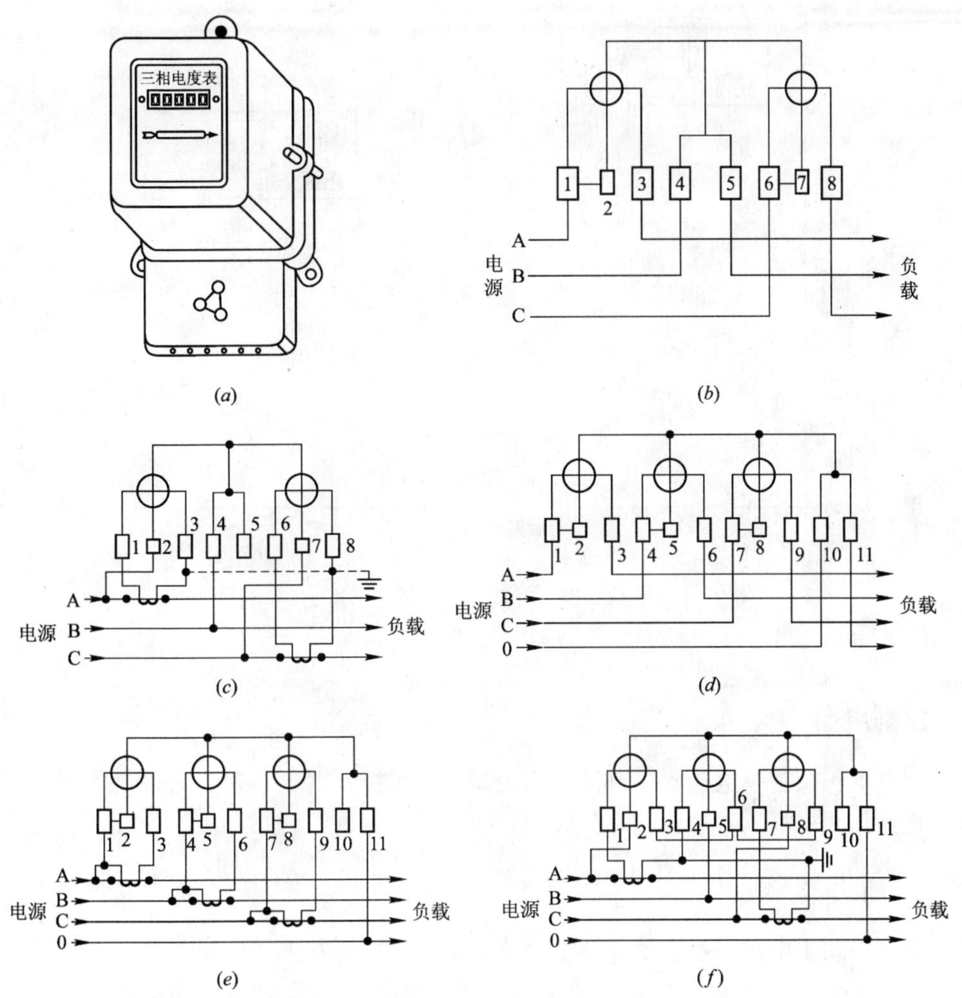

图 6.1-13 三相电度表接线方法
(*a*) 三相电度表外形；(*b*) 三相三线有功电度表接线图（直接接入）
(*c*) 三相三线有功电度表接线图（经电流互感器接入）；(*d*) 三相四线有功电度表接线图（直接接入）
(*e*) 三相四线有功电度表接线图（经电流互感器接入）；(*f*) 三相四线电度表接线图（利用两只电流互感器接入）

（3）电度表铭牌数据应与接入电路的电压、电流、频率相一致。应严格按照盒盖背面的接线图接线。接线完成后，接线盒必须盖好，并加铅封。

（4）直接接入的电度表，连接导线应采用单根硬铜芯绝缘线。其截面的允许载流量应大于电度表的额定电流。

（5）使用电流互感器和电压互感器时，实际消耗的电能应为电度表的读数乘以电流互感器和电压互感器的变比。

（6）在没有负载时，电度表的铝转盘应该静止不动，否则必须检查线路，找出原因，排除故障。

（7）电度表运行时，有轻微的嗡嗡声，属于正常现象，他不妨碍电度表的正常使用。

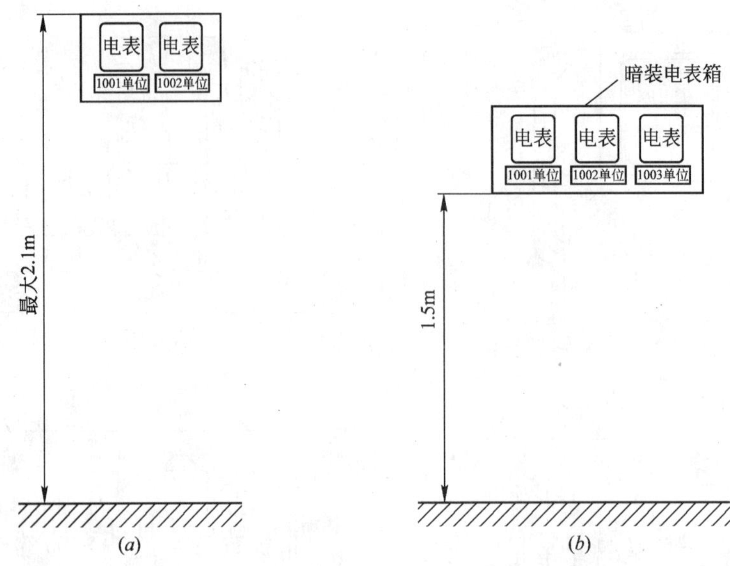

图 6.1-14 电度表安装高度示意图
(*a*) 公众地方安装；(*b*) 电气竖井及配电房安装

6.2 控制电器

控制电器包括主令电器、接触器、启动器和各种控制继电器等。对控制电器的主要技术要求是操作频率高、寿命长，有相应的转换能力。

6.2.1 主令电器

主令电器用于电路的控制及低容量电路的通断。按钮开关、钮子开关等通常安装在配电柜（盘）上；紧急按钮、组合开关、万能转换开关等通常安装在设备旁边；而行程开关、浮球开关通常安装在设备及水箱的现场等。

6.2.1.1 按钮开关

按钮开关通常用来接通或断开控制电路（其电流很小），它是一种结构简单、使用广泛的手动主令电器，也称控制按钮，它可以与接触器或继电器配合，对电动机实现远距离的自动控制，用于实现控制线路的电气连锁。

1. 按钮开关结构

按钮开关结构如图 6.2-1 所示，它由按钮帽、复位弹簧、桥式触点和外壳等组成，通常做成复合式，即具有常闭触点和常开触点。按下按钮时，先断开常闭触点，后接通常开触点；按钮释放后，在复位弹簧的作用下，按钮触点自动复位的先前状态。通常，在无特殊说明的情况下，有触点电器的触点动作顺序均为“先断后合”。

原来就接通的触点，称为常闭触点；原来就断开的触点，称为常开触点。在电器控制线路中，常开按钮常用来启动电动机，也称启动按钮，常闭按钮常用于控制电动机停车，也称停车按钮，复合按钮用于连锁控制电路中。按钮在电动机控制中应用见图 6.2-2。

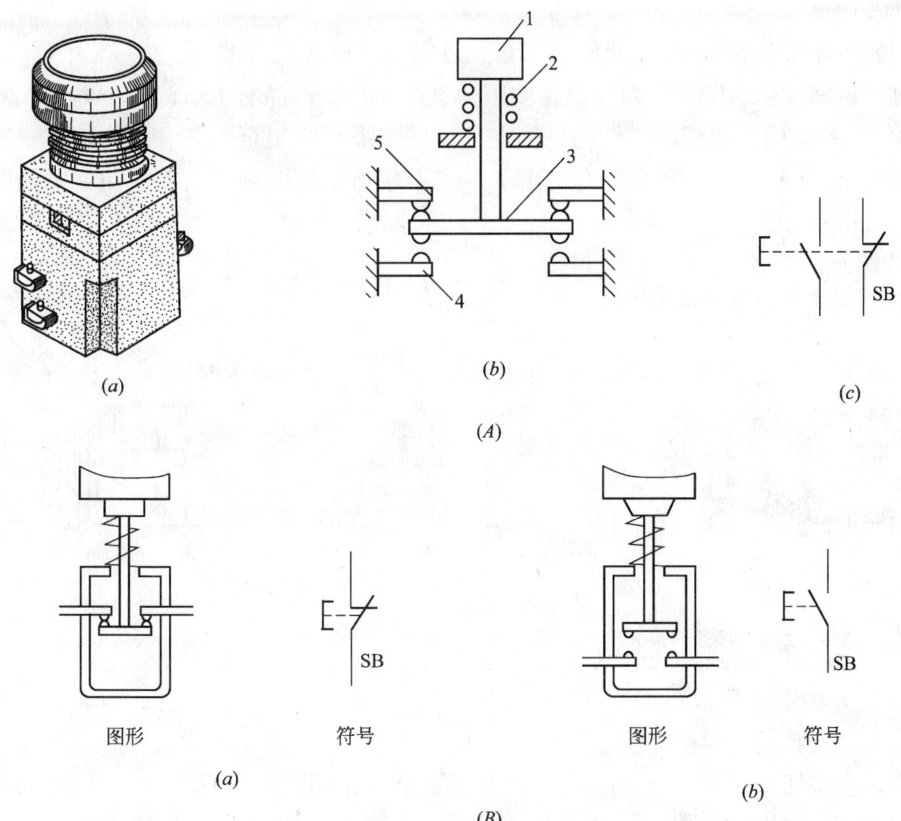

图 6.2-1　按钮开关结构
（A）按钮开关结构
（a）外形；（b）结构示意图；（c）复合按钮符号
1—按钮帽；2—复位弹簧；3—动触点；4—常开静触点；5—常闭静触点
（B）按钮开关类型
（a）常闭按钮（停止按钮）；（b）常开按钮（启动按钮）

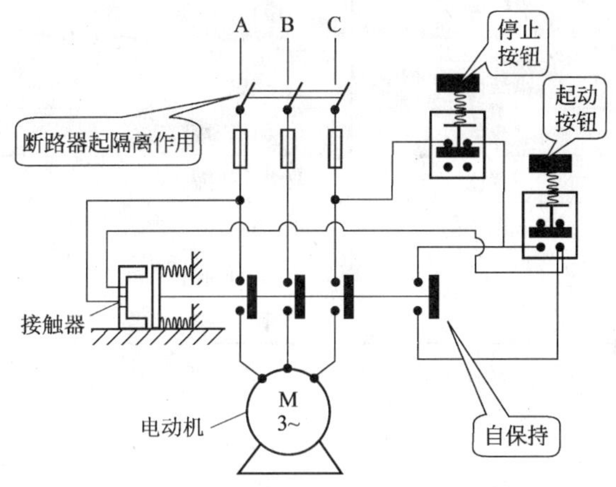

图 6.2-2　按钮在电动机控制中应用

2. 按钮开关的种类

按钮开关的种类很多，在结构上有揿钮式、紧急式、钥匙式、旋钮式、带指示灯式和打碎玻璃按钮等。

常用的按钮开关有LA2、LA18、LA20、LAY1和SFAN-1型系列按钮。其中SFAN-1型为消防打碎玻璃按钮。LA2系列为仍在使用的老产品，新产品有LA18、LA19、LA20等系列。其中LA18系列采用积木式结构，触点数目可按需要拼装至六常开六常闭，一般装成二常开二常闭。LA19、LA20系列有带指示灯和不带指示灯两种，前者按钮帽用透明塑料制成，兼作指示灯罩。

3. 按钮开关规格

常见按钮开关规格见图6.2-3。

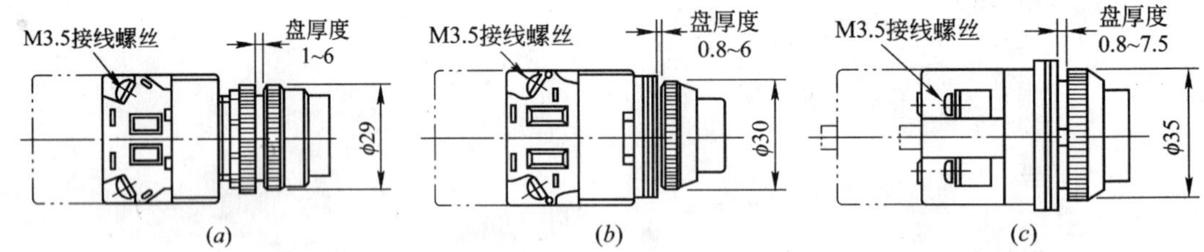

图6.2-3 按钮开关规格

(a) φ22系列按钮开关；(b) φ25系列按钮开关；(c) φ30系列按钮开关

4. 按钮开关颜色及含义

按钮开关选择的主要依据是使用场所、所需要的触点数量、种类及颜色。电工成套装置中常有许多按钮，用于停止、断电、启动、复位等作用。国家标准《人-机界面标志标识的基本和安全规则指示器和操作器的编码规则》(GB/T 4025—2003) 规定了按钮的颜色，按国家标准规定按钮开关颜色的含义如表6.2-1。

按钮开关颜色及其含义表 **表6.2-1**

序号	颜色标识	含义
1	红色	紧停按钮 危险状态或紧急指令 正常停和紧停合用按钮
2	绿色	安全状态
3	蓝色	弹簧储能按钮
4	黄色	异常、故障状态
5	白色	电动机降压启动结束按钮
6	红色、黑色	分闸（停机）按钮
7	绿色、白色	合闸（开机）（启动）按钮

注：当使用白色和黑色来区分启动/合闸和停机/分闸操作器时，白色应用于启动/合闸操作器时，黑色必须用于停机/分闸操作器。

5. 按钮开关安装方法

按钮开关通常安装在配电柜（盘）的面板上。

(1) 按钮安装要求

1) 按钮之间的距离应为50~80mm，按钮箱之间的距离应为50~100mm；当倾斜安装时，其与水平的倾角不应小于30°。

2）安装按钮后，按钮操作应灵活、可靠、无卡阻。

3）集中在一起安装的按钮应有编号或不同的识别标志，“紧急”按钮应有明显标志，并设保护罩。

（2）按钮开关安装方法（图6.2-4）

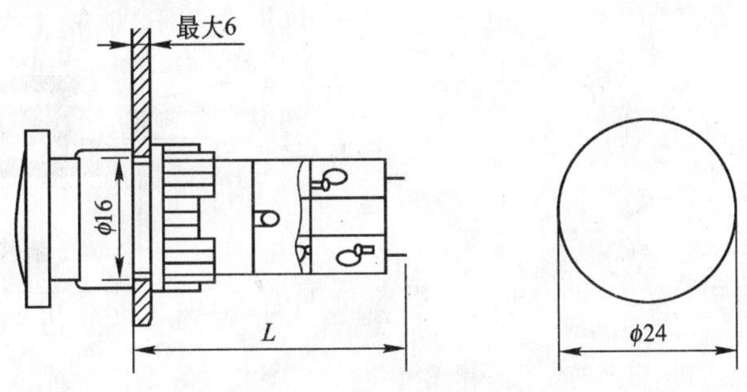

图6.2-4　按钮开关安装方法

1）将操作部件由面板前方插入安装孔内，于面板后旋上固定座，如面板为塑料或其他非金属材料，可在面板后套上一块定位片后再安装（定位片平面朝向面板）。然后均匀拧紧两端紧定螺钉，切不可用力过于猛。

2）将开关组件或灯座直接扣上即可，而不需要其他工具。

3）安装完毕后，如发现按钮有卡滞现象，是由于安装时紧定螺钉过紧或两边松紧不一致造成，调节后即可消除。

4）安装完毕后，应检验开关件及灯座搭扣是否完全扣入。

6.2.1.2　**钮子开关**

钮子开关用途广泛，可用于仪器、仪表、家用电器、玩具等，特点是：体积小、通用性强、抗干扰能力强、灵敏度高。钮子开关规格及安装方法见图6.2-5。

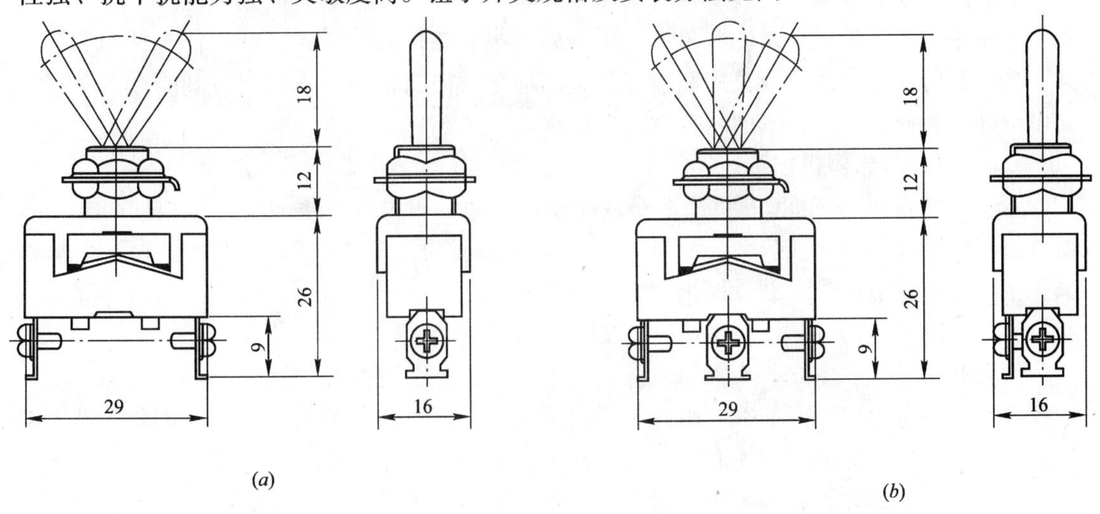

(A)

图6.2-5　钮子开关规格及安装方法（一）

（A）钮子开关规格

（a）AC250V、10A开—关型；（b）AC250V、10A开—关—开型

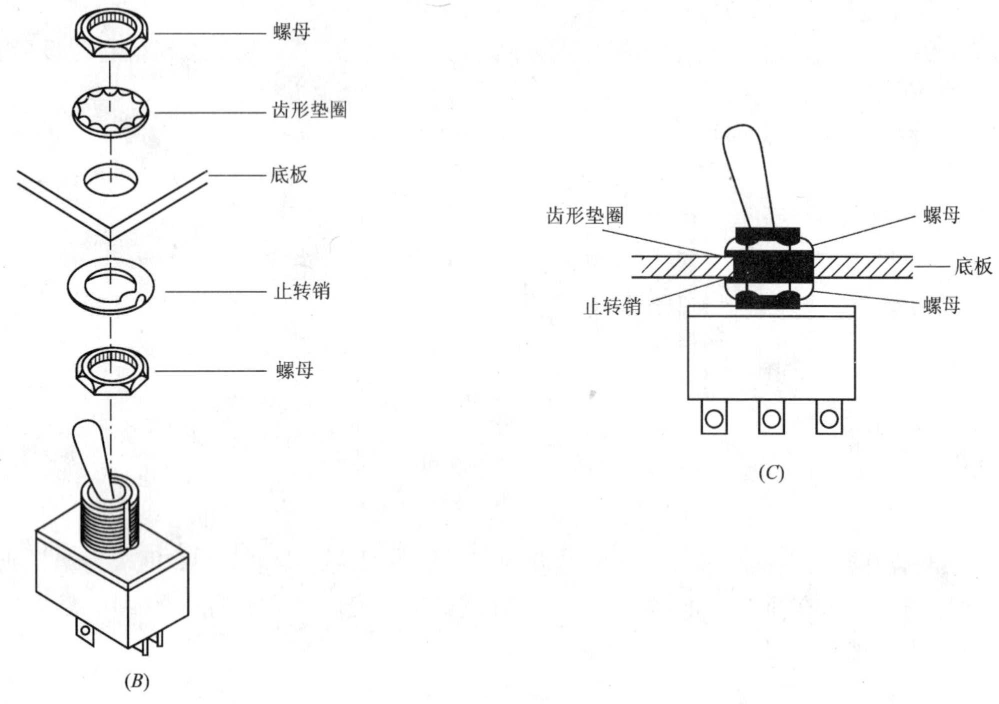

图 6.2-5 钮子开关规格及安装方法（二）
（B）钮子开关结构；（C）安装方法

6.2.1.3 微动开关

微动开关（图 6.2-6）具有体积小、触点启闭速度快的特点，既可用做控制开关又可用于通断低功率电路。微动开关应用很广，在机电一体化应用更多，如冲床自动化送料系统，脚踏开关、封口机械，液压机等工业生产设备。

在民用建筑工程中，微动开关可用于酒店客房大衣柜内的灯光控制，在衣柜内安装一只小功率照明灯，用微动开关控制，将开关的撞轮面向衣柜的门，当门打开时，开关撞轮和微动开关相碰，灯即亮，门闭合后，灯即灭。

6.2.1.4 紧急停机按钮

紧急停机按钮（图 6.2-7）通常安装在设备旁边，当设备发生故障或检修时，按下按钮停机，此时设备将不能启动。只有将按钮顺时针钮动让按钮弹出，设备才可重新启动。紧急按钮应有明显标志，并设保护罩。

6.2.1.5 组合开关

组合开关结构如图 6.2-8 所示，它实质上也是一种特殊刀开关，只不过一般刀开关的操作手柄是在垂直安装面的平面内向上或向下转动，而组合开关的操作手柄则是平行于安装面的平面内向左或向右转动而已。组合开关多用在机床电气控制线路中，作为电源的引入开关；也可以用作不频繁地接通和断开电路、换接电源和负载；在配电柜（盘）上安装组合开关时，用于电源不同相位的接通，可以实现测量不同相位的电压或电流值；也可以控制 5kW 以下的小容量电动机的正反转和星三角启动等。

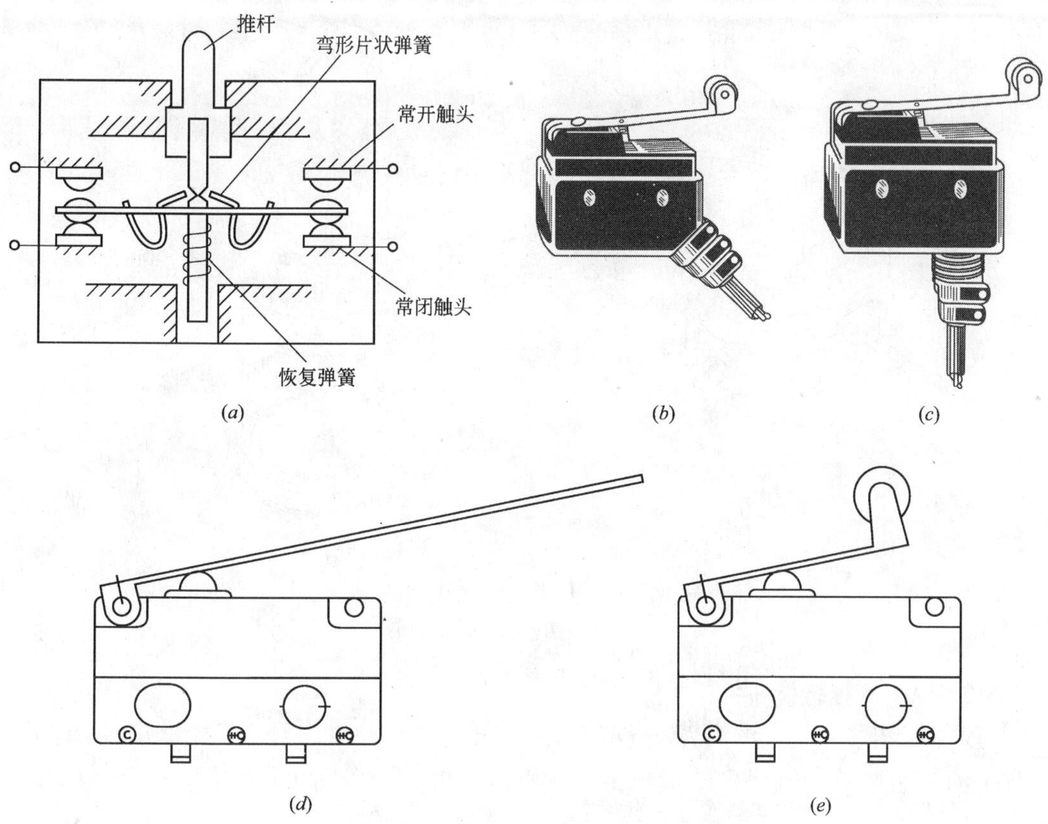

图 6.2-6　微动开关

（a）结构；（b）样式一；（c）样式二；（d）规格一；（e）规格二

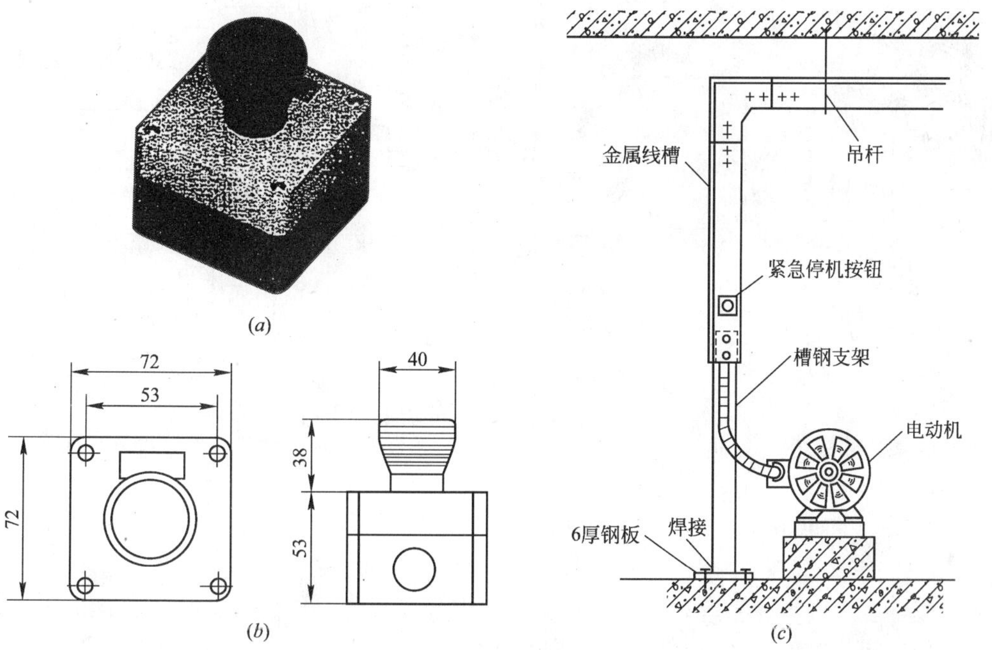

图 6.2-7　紧急停机按钮开关

（a）图形；（b）规格尺寸；（c）安装方法

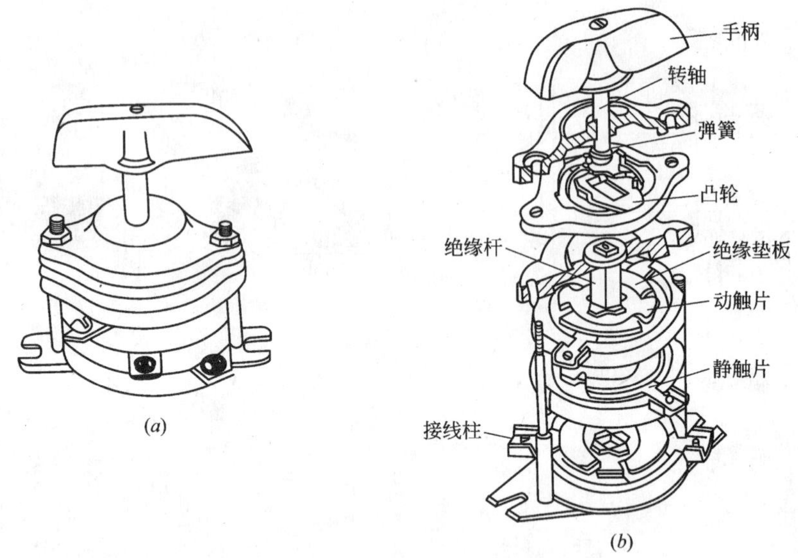

图 6.2-8 组合开关的结构图

（a）外形图；（b）内部结构

6.2.1.6 万能转换开关

万能转换开关结构如图 6.2-9 所示，它具有更多操作位置和触点，能够接多个电路的一种手动控制电器。由于它的档位多、触点多，可控制多个电路，能适应复杂线路的要求。

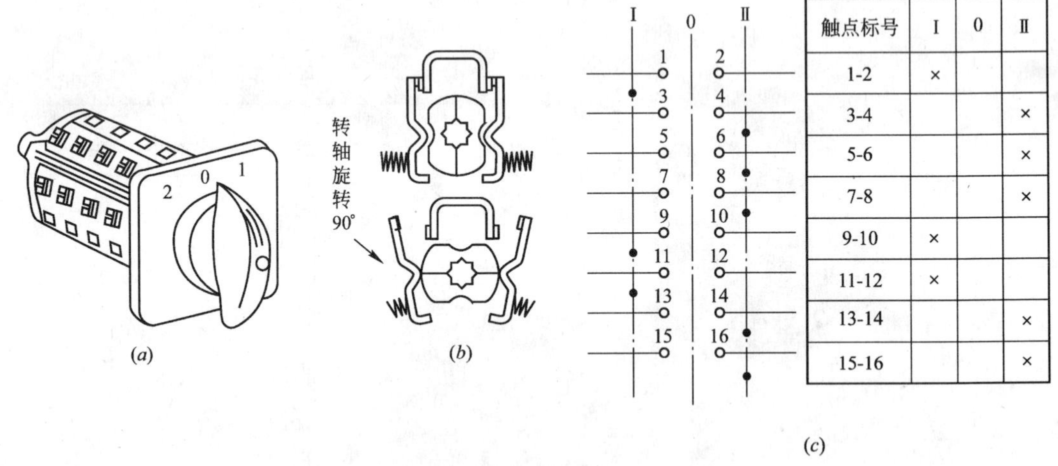

触点标号	Ⅰ	0	Ⅱ
1-2	×		
3-4			×
5-6			×
7-8			×
9-10	×		
11-12	×		
13-14			×
15-16			×

图 6.2-9 万能转换开关

（a）外形；（b）凸轮通断触点示意图；（c）符号及触点通断表

6.2.1.7 行程开关

生产中由于工艺和安全的要求，常常需要控制某些机械的行程和位置。例如，龙门刨床的工作台要求进行往复运动加工产品，在工作台达到极限位置时，必须自动停下来。像这一类的行程控制可以利用行程开关来实现。

行程开关又称限位开关，一般安装在预定的位置。当生产机械的运动部件上的撞块碰到行程开关的压头（推杆）时，行程开关动作，常闭触点断开，常开触点闭合，从而断开或接通控制电路，使电路的工作状态发生改变。

1. 行程开关结构

行程开关也有多种，一般结构如图6.2-10所示。

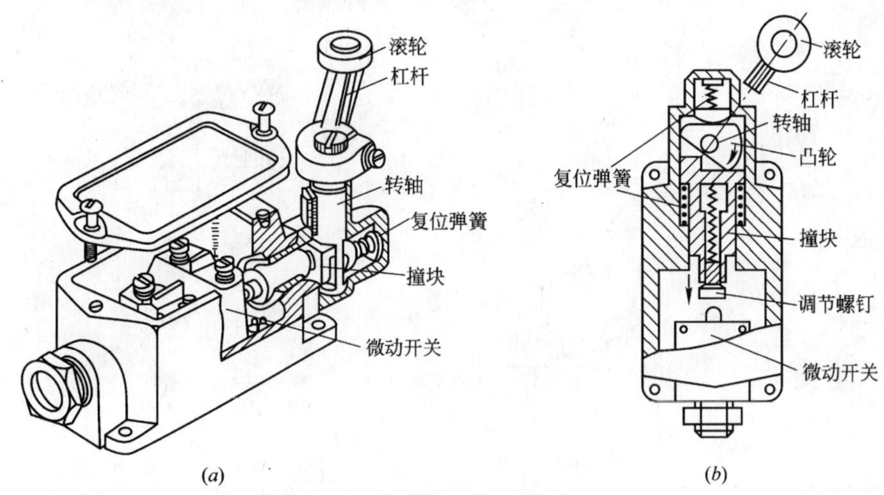

图6.2-10 行程开关结构

（a）图形；（b）结构

2. 行程开关分类

行程开关按其结构可分为按钮式、滚轮式和组合式等。

（1）按钮式行程开关

按钮式行程开关结构如图6.2-11所示，其动作原理与按钮开关相同，但其触点的分合速度取决于生产机械的运行速度，不宜用于速度低于0.4m/min的场所。

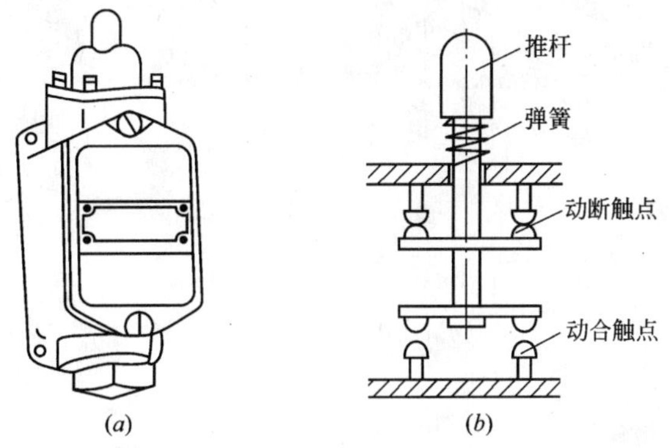

图6.2-11 按钮式行程开关

（a）按钮式；（b）结构

（2）滚轮式行程开关

滚轮式行程开关结构如图6.2-12所示，滚轮式行程开关分为单滚轮自动复位和双滚轮（羊角式）非自动复位式，双滚轮行移开关具有两个稳态位置，有“记忆”作用，在某些情况下可以简化线路。

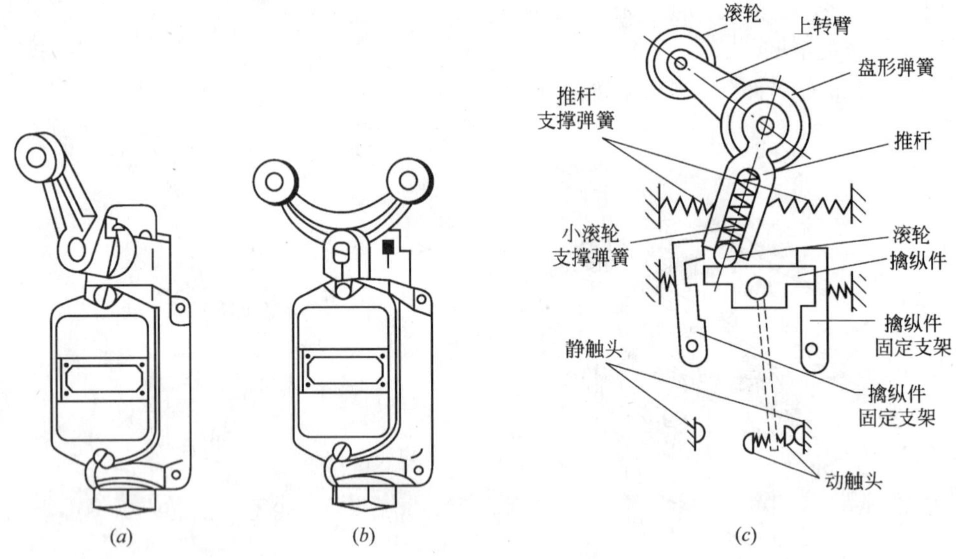

图 6.2-12 滚轮式行程开关

（a）单轮滚轮式；（b）双轮滚轮式；（c）结构

行程开关应用实例：当被控机械上的撞块撞击带有滚轮的推杆时，推杆转向右边，带动凸轮转动，顶下推杆，使行程开关中的触点迅速动作。当运动机械返回时，在复位弹簧的作用下，各部分动作部件复位（图 6.2-13）。

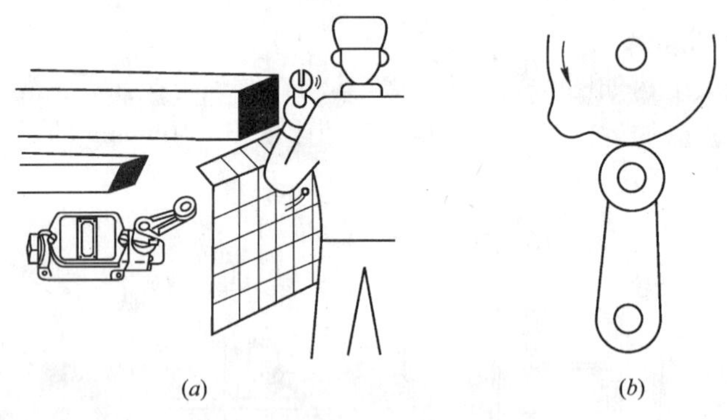

图 6.2-13 行程开关应用实例

（a）实例一；（b）实例二

6.2.1.8 电缆式浮球开关

电缆式浮球开关是利用微动开关或水银开关做接点零件，当电缆式浮球以重锤为原点上扬一定角度时（通常微动开关上扬角度为 28°±2°，水银开关上扬角度为 10°±2°），开关便会有 ON 或 OFF 信号输出。

1. 浮球开关结构（图 6.2-14）

CF-P 型浮球开关是外壳利用塑胶射出一体成型，所以结构坚固，性能稳定可靠，同时无毒、耐腐蚀，安装方便，价格低廉，通常用于控制给水泵、潜水泵等。

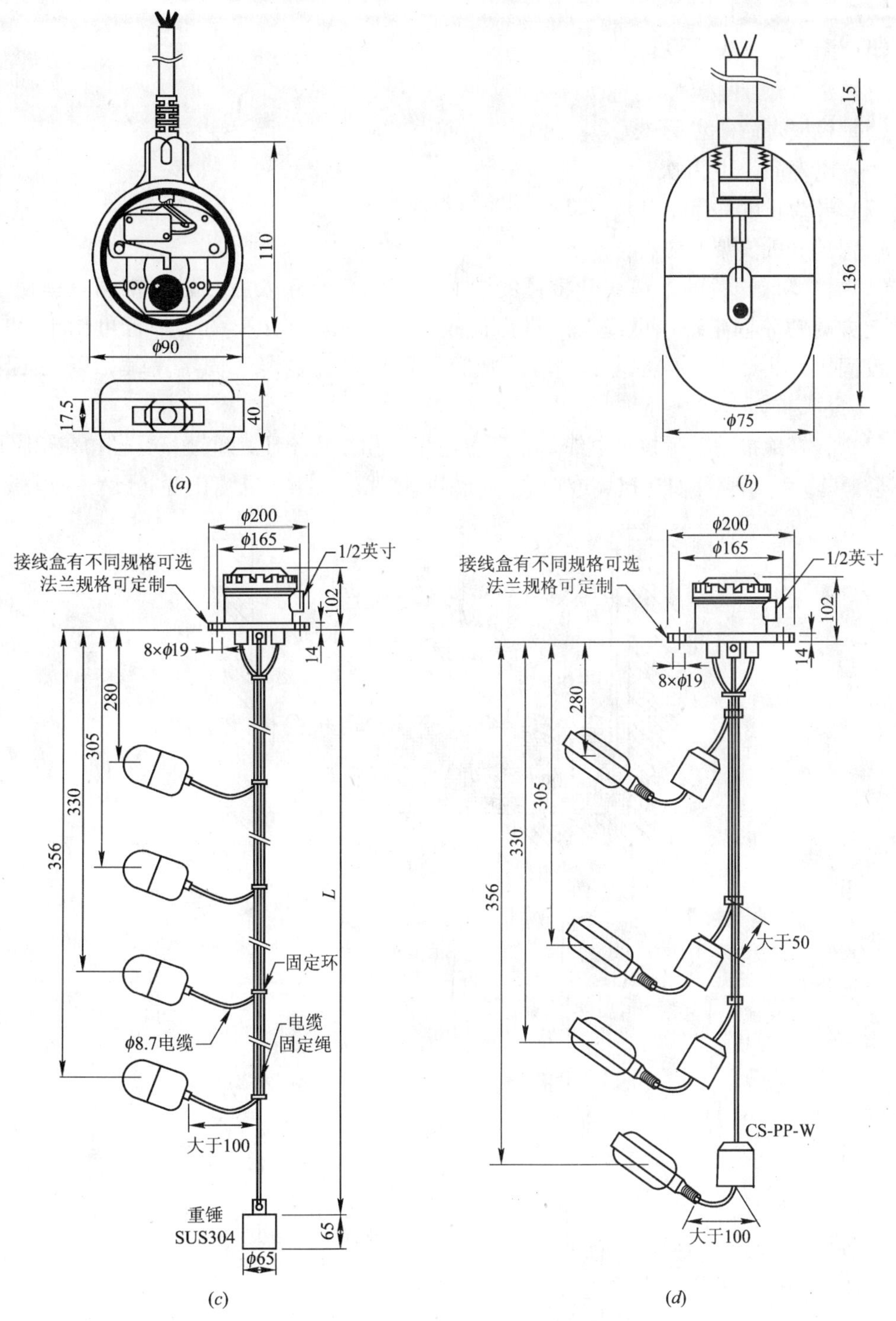

图 6.2-14 电缆式浮球液位开关结构

(a) CF-P 型电缆式塑胶浮球开关；(b) CF-S 型电缆式不锈钢浮球开关
(c) CF-S 型浮球开关组合图；(d) CF-P 型浮球开关组合图

2. 浮球开关电气参数

(1) 接点容量：SPDT 8A/250VAC；

（2）防护等级：IP68；

（3）温度：－10～80℃；

（4）密度：0.6g/cm^3；

（5）机械寿命：50万次；

（6）电寿命：10万次；

（7）导线长度：4m、10m、20m。

3. 浮球开关安装方法

（1）将浮球开关的电缆线从重锤的中心下凹圆孔处穿入后，轻轻推动重锤使嵌在圆孔上方的塑胶固定环因电缆头之推力而脱落。（如果有必要的话，也可用十字旋具把塑胶固定环拆下）。再将这个脱落的塑胶固定环套在电缆上固定重锤，以设定液位位置。

（2）轻轻地推动重锤拉出电缆，直到重锤中心扣住塑胶环，重锤只要轻扣在塑胶环上即不会滑落，此塑胶环如有损坏或遗失，可用同径裸铜线扣入电缆代替（图6.2-15）。

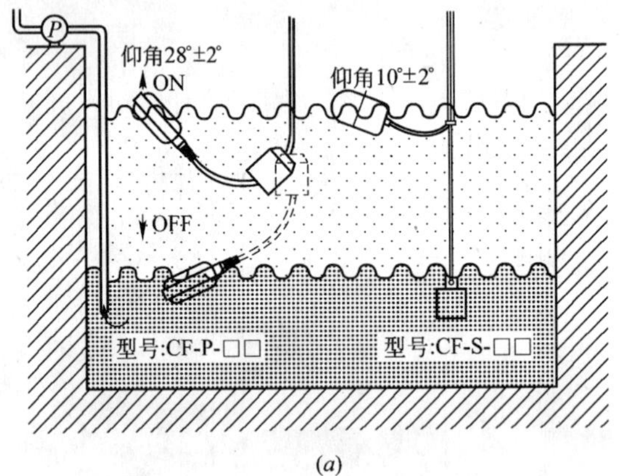

(a)

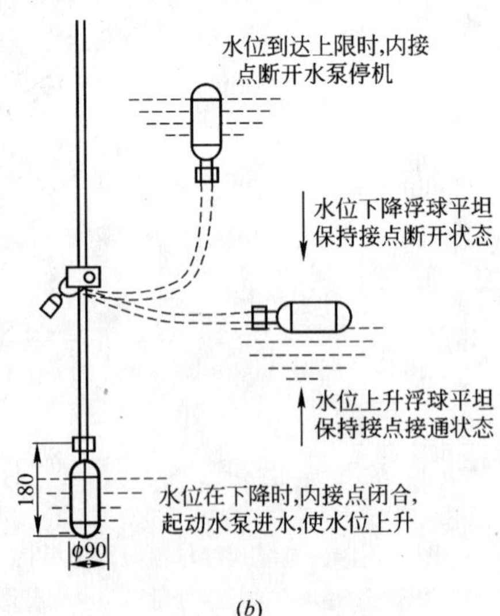

(b)

图6.2-15 水箱内浮球开关安装方法

（a）安装图；（b）控制状态图

4. 浮球开关安装注意事项

（1）使用黑色和蓝色的电线接线：浮球在上液位时，接点是不通的状态。浮球在下液位时，接点是接通的状态；使用黑色和棕色的电线接线：浮球在上液位时，接点是接通的状态。浮球在下液位时，接点是不通的状态。

（2）浮球动作长度 a 必须小于槽壁与电缆距离 A，浮球控制最低水位 d 必须大于水位 D（图 6.2-16）。

（3）安装位置与流入口应保持适当距离以免浮球开关被入水口吸入（图 6.2-17）。

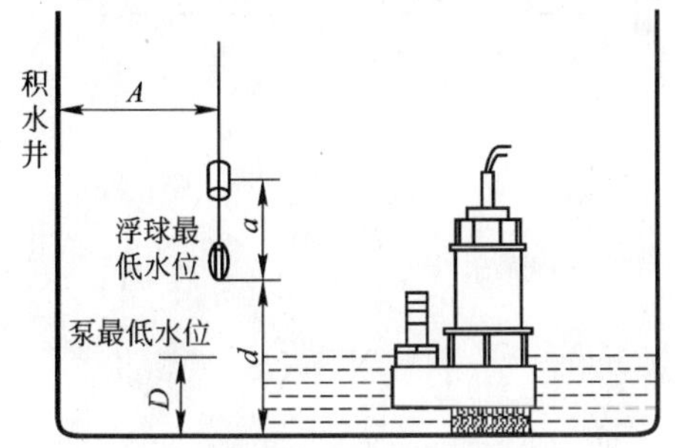

图 6.2-16　安装高度要求

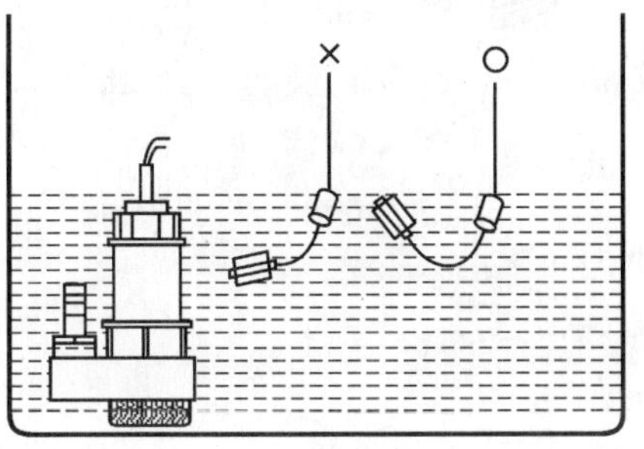

图 6.2-17　安装位置要求一

（4）安装位置与流入口应保持适当距离，以免被水冲击造成感应不正确，若无法避免时可加装防护板改善（图 6.2-18）。

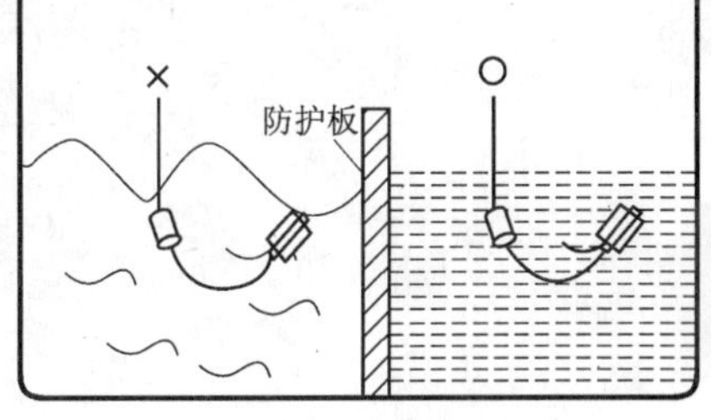

图 6.2-18　安装位置要求二

6.2.1.9　**箱式浮球开关**（图 6.2-19）

箱式浮球开关由浮球、尼龙绳、重物、水银开关等组成。浮球中间有一个洞，尼龙绳从中穿过，浮球浮在水面上，随水面在尼龙绳上下移动，尼龙绳上固定两个金属环，作为上限和下限。

(a)

(b)

(A)

图 6.2-19　箱式浮球开关（一）

（A）浮球开关安装在水箱顶部

（a）外形；（b）内部结构

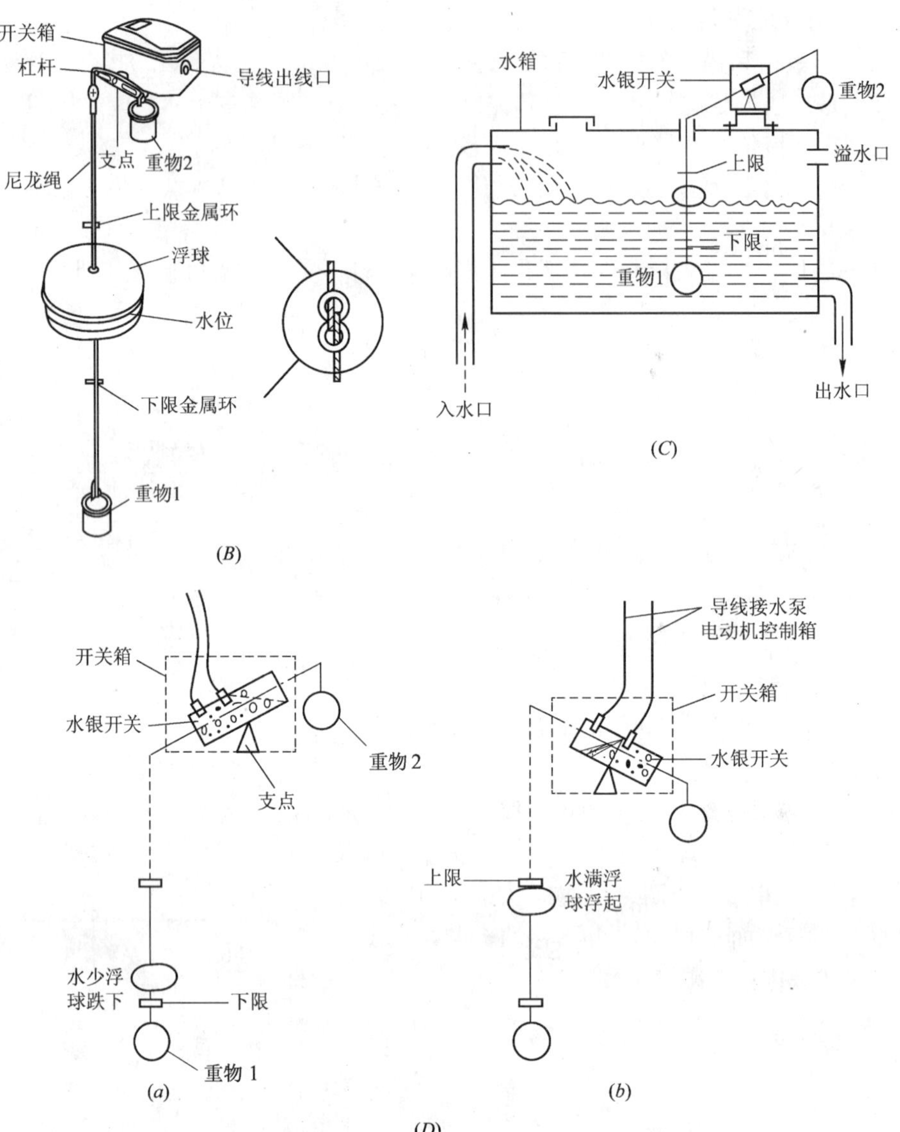

图 6.2-19　箱式浮球开关（二）

（B）浮球开关结构形式；（C）浮球开关安装示意图

（D）浮球开关工作原理

（a）开关接通；（b）开关断开

当水箱的水位低过下限时，重物 1 的重量压在下限点上，把尼龙绳向下拉，拉动水银开关的杠杆向着尼龙绳的一头倾斜，这时水银开关的水银把电力接通，水泵启动，送水入水箱内。当水箱的水位逐渐上升时，水面上的浮球也随着上升，当水位超过上限点时，浮球的浮力顶着尼龙绳向上推，水银开关的杠杆就会向重物 2 的那边下坠，水银开关的水银离开了接触点，使电路断开，水泵停止运行。

6.2.1.10　**电极式液位开关**（图 6.2-20）

电极式液位开关的工作原理是有不同长度的电极棒伸入水中，当水位达到一定高度时，会使两个电极棒同时浸入水中，水使两个电极棒导通，通过放大电路就可控制水泵运行。

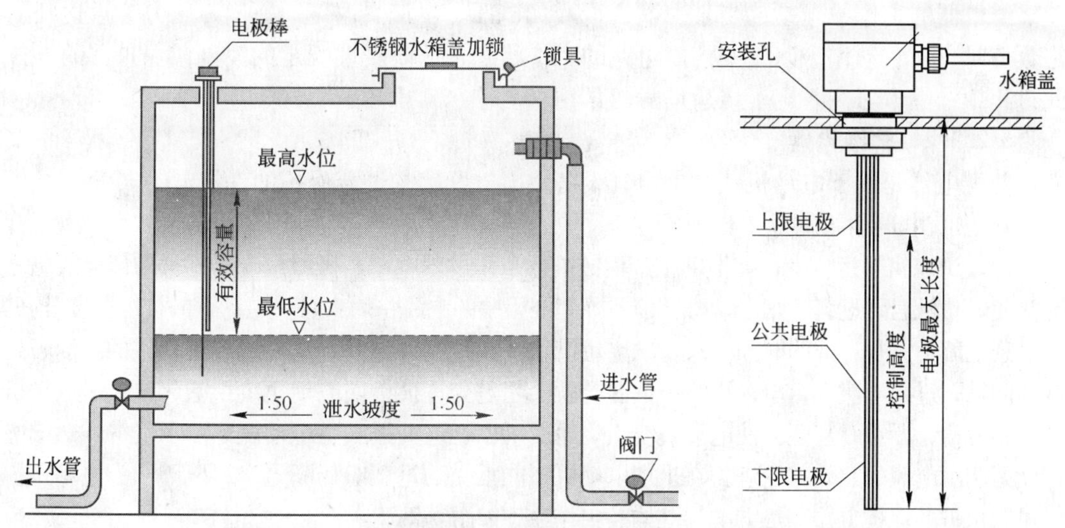

图 6.2-20 电极式液位开关安装方法

(*a*) 安装示意图；(*b*) 安装大样图

电极式液位开关优点是免除浮球开关的机械动作，从而排除了因机械动作引起的故障。缺点是其电子线路会产生故障。电极式液位开关可用于污水井的排水控制，当水满时潜水泵启动，直到污水井无水时潜水泵停车，同时还可以用于满水时报警。

6.2.2 继电器

6.2.2.1 继电器介绍

继电器是一种根据电量（电流、电压）或非电量（时间、速度、温度、压力等）的变化自动接通和断开控制电路，以完成控制或保护任务的电器。

1. 继电器与接触器的区别

（1）继电器可以对各种电量或非电量的变化作出反应，而接触器只有在一定的电压信号下动作。

（2）继电器用于切换小电流的控制电路，而接触器则用来控制大电流电路，因此，继电器触头容量较小（不大于5A），且无灭弧装置。

一般的电路常分成主电路和控制电路两部分，继电器主要用于控制电路，接触器主要用于主电路；通过继电器可实现用一路控制信号控制另一路或几路信号的功能，完成启动、停止、联动等控制，主要控制对象是接触器；接触器的触头比较大，承载能力强，通过它来实现弱电到强电的控制，控制对象是用电设备。

2. 继电器分类

（1）按反应的参数可分为：电压继电器、电流继电器、中间继电器、热继电器、时间继电器和速度继电器等。

（2）按动作原理可分为：电磁式、电动式、电子式和机械式等。

3. 继电器的工作原理

继电器就是一个可以控制的开关，通常是低压线圈的磁作用用来控制高压线圈的通断，低压小电流可控制高压大电流线路，或者远距离控制危险线路。

继电器的工作原理是：当某一输入量（如电压、电流、温度、速度、压力等）达到预定数值时，使它动作，以改变控制电路的工作状态，从而实现既定的控制或保护目的。在此过程中，继电器主要起了传递信号的作用。

6.2.2.2 **热继电器**

热继电器是用于电动机或其他电气设备、电气线路的过载保护的保护电器。

1. 热继电器的结构及工作原理

电动机在实际运行中，如拖动生产机械进行工作过程中，若机械出现不正常的情况或电路异常使电动机遇到过载，则电动机转速下降，绕组中的电流将增大，使电动机的绕组温度升高。若过载电流不大且过载的时间较短，电动机绕组不超过允许温升，这种过载是允许的。但若过载时间长，过载电流大，电动机绕组的温升就会超过允许值，使电动机绕组老化，缩短电动机的使用寿命，严重时甚至会使电动机绕组烧毁。所以，这种过载是电动机不能承受的。热继电器就是利用电流的热效应原理，在出现电动机不能承受的过载时切断电动机电路，为电动机提供过载保护的保护电器。热继电器结构及工作原理如图 6.2-21。

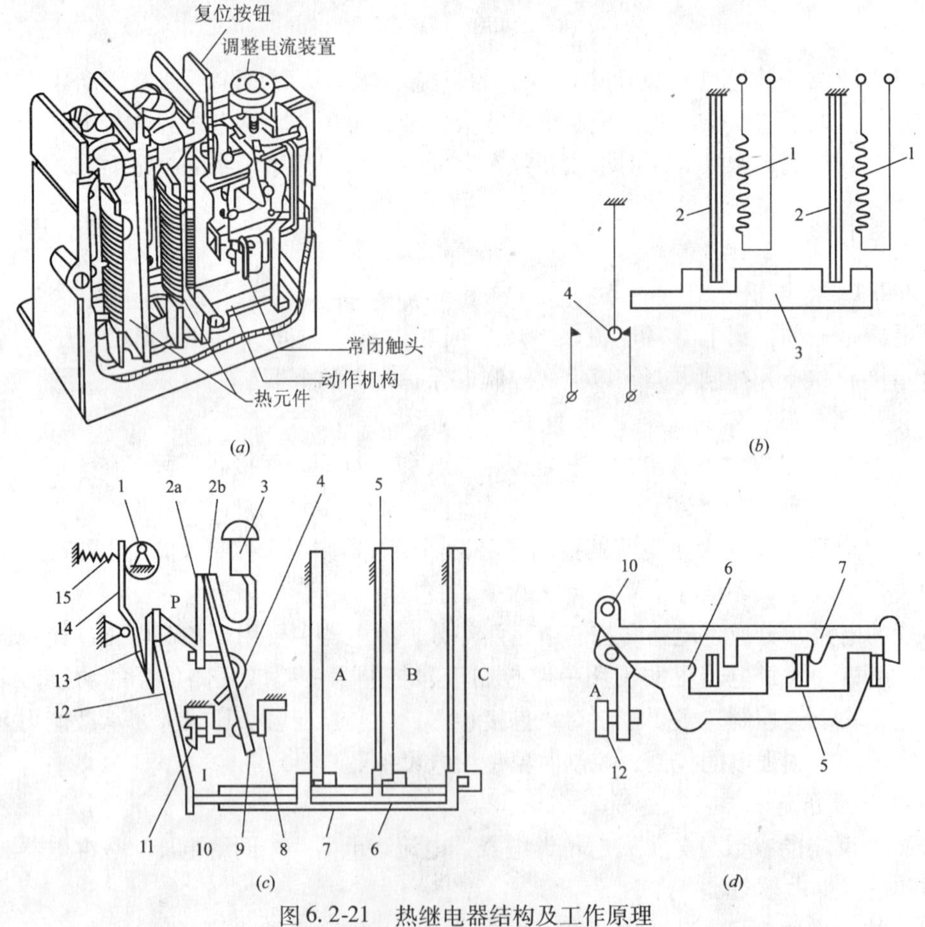

图 6.2-21 热继电器结构及工作原理

（a）热继电器外形；

（b）热继电器工作原理示意图；

1—热组件，2—双金属片，3—导板，4—触点

（c）结构示意图；（d）差动式断相保护示意图

1—电流调节凸轮；2—片簧（2a，2b）；3—手动复位按钮；4—弹簧片；5—主金属片；6—外导板；7—内导板；8—常闭静触点；9—动触点；10—杠杆；11—常开静触点（复位调节螺钉）；12—补偿双金属片；13—推杆；14—连杆；15—压簧

使用热继电器对电动机进行过载保护时，将热继电器的常闭触头串联在交流接触器的电磁线圈的控制电路中，并调节整定电流调节旋钮，使人字形拨杆与推杆相距一适当距离。当电动机正常工作时，通过热组件的电流即为电动机的额定电流，热组件发热，双金属片受热后弯曲，使推杆刚好与人字形拨杆接触，而又不能推动人字形拨杆。常闭触头处于闭合状态，交流接触器保持吸合，电动机正常运行。

若电动机出现过载情况，绕组中电流增大，通过热继电器组件中的电流增大使双金属片温度升得更高，弯曲程度加大，推动人字形拨杆，人字形拨杆推动常闭触头，使触头断开而断开交流接触器线圈电路，使接触器释放、切断电动机的电源，电动机停车而得到保护。

2. 热继电器的选型

(1) 类型选择

一般情况下，可选用两相结构的热继电器，但当三相电压的均衡性较差，工作环境恶劣或无人看管的电动机，宜选用三相结构的热继电器。对于三角形接线的电动机，应选用带断相保护装置的热继电器。

(2) 热继电器额定电流选择

热继电器的额定电流应大于电动机额定电流。根据该额定电流来选择热继电器的型号。

(3) 热组件额定电流的选择和整定

热组件的额定电流应略大于电动机额定电流。当电动机启动电流为其额定电流的6倍及启动时间不超过5s时，热组件的整定电流调节到等于电动机的额定电流；当电动机的启动时间较长、拖动冲击性负载或不允许停车时，热组件整定电流调节到电动机额定电流的1.1~1.15倍。

3. 热继电器的安装

热继器安装的方向、使用环境和所用连接线都会影响动作性能，安装时应引起注意。

(1) 热继电器的安装方向

热继电器的安装方向很容易被人忽视。热继电器是电流通过发热组件发热，推动双金属片动作。热量的传递有对流、辐射和传导三种方式。其中对流具有方向性，热量自下向上传输。在安放时，如果发热组件在双金属片的下方，双金属片就热得快，动作时间短；如果发热组件在双金属片的旁边，双金属片热得较慢，热继电器的动作时间长。当热继电器与其他电器装在一起时，应装在电器下方且远离其他电器50mm以上，以免受其他电器发热的影响。热继电器的安装方向应按产品说明书的规定进行，以确保热继电器在使用时的动作性能相一致。

(2) 使用环境

主要指环境温度，它对热继电器动作的快慢影响较大。热继电器周围介质的温度，应和电动机周围介质的温度相同，否则会破坏已调整好的配合情况。例如，当电动机安装在高温处、而热继电器安装在温度较低处时，热继电器的动作将会滞后（或动作电流大）；反之，其动作将会提前（或动作电流小）。

对没有温度补偿的热继电器，应在热继电器和电动机两者环境温度差异不大的地方使用。对有温度补偿的热继电器，可用于热继电器与电动机两者环境温度有一定差异的地方，但应尽可能减少因环境温度变化带来的影响。

(3) 连接线

热继电器的连接线除导电外，还起导热作用。如果连接线太细，则连接线产生的热量会传到双金属片，加上发热组件沿导线向外散热少，从而缩短了热继电器的脱扣动作时间；反之，如果采用的连接线过粗，则会延长热继电器的脱扣动作时间。所以连接导线截面不可太细或太粗，应尽量采用说明书规定的或相近的截面积。

4. 热继电器的调整

投入使用前，必须对热继电器的整定电流进行调整，以保证热继电器的整定电流与被保护电动机的额定电流匹配。

例如，对于一台10kW、380V的电动机，额定电流19.9A，可使用JR20-25型热继电器，发热组件整定电流为17~25A，先按一般情况整定在21A，若发现经常提前动作，而电动机温升不高，可将整定电流改至25A继续观察；若在21A时，电动机温升高，而热继电器滞后动作，则可改在17A观察，以得到最佳的配合。

5. 热继电器常见故障及处理

热继电器在运行中常见的故障及如何处理见表6.2-2。

热继电器在运行中常见的故障及如何处理 **表6.2-2**

序号	故障现象	产生原因	处理方法
1	热继电器接入后电路不通	热组件烧断	更换热组件
		进出线脱焊	重新焊好
		接线螺钉未拧紧	拧紧
2	热继电器控制电路不通	刻度调整旋钮或螺钉在不合适的位置上，将触头顶开	重新调整
		触头烧坏或动触杆弹性消失，触头接触不上	修理触头或动触头杆，必要时更换
3	热继电器拒绝动作	热继电器选配不当	重新选择
		整定值偏大	重新整定
		热组件烧断或脱焊	更换
		动作机构卡住	修理调整，但应防止动作特性变化
		导板脱出	重新放入并校验
		触头接触不良	清除表面尘垢或氧化物
4	热继电器误动作	整定值偏小	合理调整或更换规格
		电动机拖动时间过长	按电动机启动时间要求选择具有适合可返回时间的热继电器，或启动时将热继电器短接
		操作频率过高	按前述方法选用
		有强烈的冲击振动	采用防振或选用防冲击性热继电器
		连接导线太细	按说明书要求选用
		可逆运转，反接制动或密接通断	改用半导体温度热继电器保护
		热继电器与电动机安装处温差太大	按温差配置适当的热继电器

续表

序号	故障现象	产生原因	处理方法
5	热组件烧断	负荷侧短路	排除故障，更换产品
		操作频率过高	合理选用热继电器
		机构有故障，使热机电器不能动作	更换

6.2.2.3 **中间继电器**

中间继电器用于在控制电路中传递中间信号。中间继电器的结构和原理与交流接触器基本相同，与接触器的主要区别在于：接触器的主触头可以通过大电流，而中间继电器的触头只能通过小电流。所以，它只能用于控制电路中。

中间继电器作用是用来传递信号或同时控制多个电路，也可直接用它来控制小容量电动机或其他电气执行元件，它的结构和交流接触器基本相同，只是电磁系统小些，触点多些。

它的原理和交流接触器一样，都是由固定铁芯、动铁芯、弹簧、动触点、静触点、线圈、接线端子和外壳组成（图 6.2-22)。它上面是常闭触点，下面是常开触点。当线圈通电后，动铁芯在电磁力作用下动作吸合，带动动触点动作，使上面常闭触点分开，下面常开触点闭合；线圈断电，动铁心在弹簧的作用下带动动触点复位。

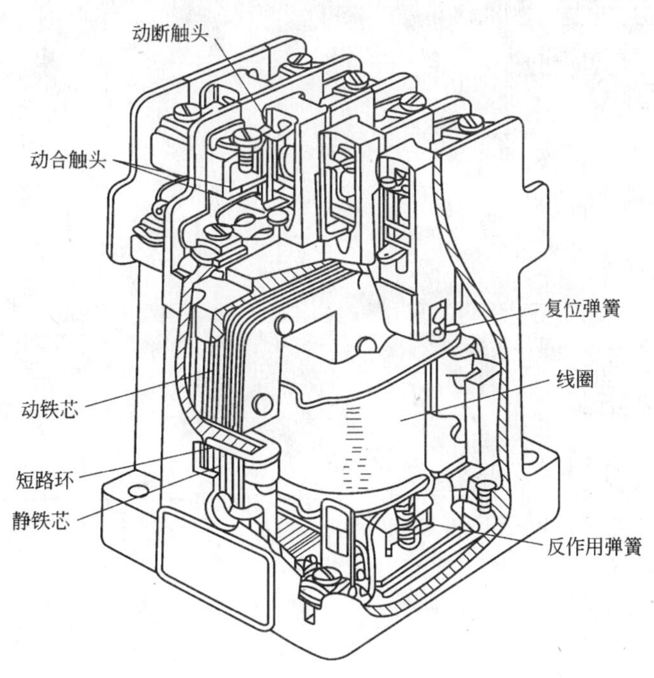

图 6.2-22 中间继电器

常见的中间继电器也有主触头和辅助触头，主触头一般有四组，辅助触头有两组。与接触器相比，它的主触头较小，承载能力低，主要用于传递控制信号。

常用的中间继电器主要有JZ系列。在选用中间继电器时，主要是考虑电压等级以及常开和常闭触点的数量。

6.2.2.4 时间控制开关

时间控制开关（图6.2-23）能根据用户设定的时间，自动打开和关闭各种用电设备电源。控制对象可以是路灯，霓虹灯，广告招牌灯，广播电视设备等一切需要循环定时开启和关闭的电源设备和家用电器等。尤其用于企业，事业单位，学校等作息时间的定时控制。设备的开关时间可通过时间固定销的插入位置来实现。时间开关可独立安装在墙上等处，也可安装在配电箱内。

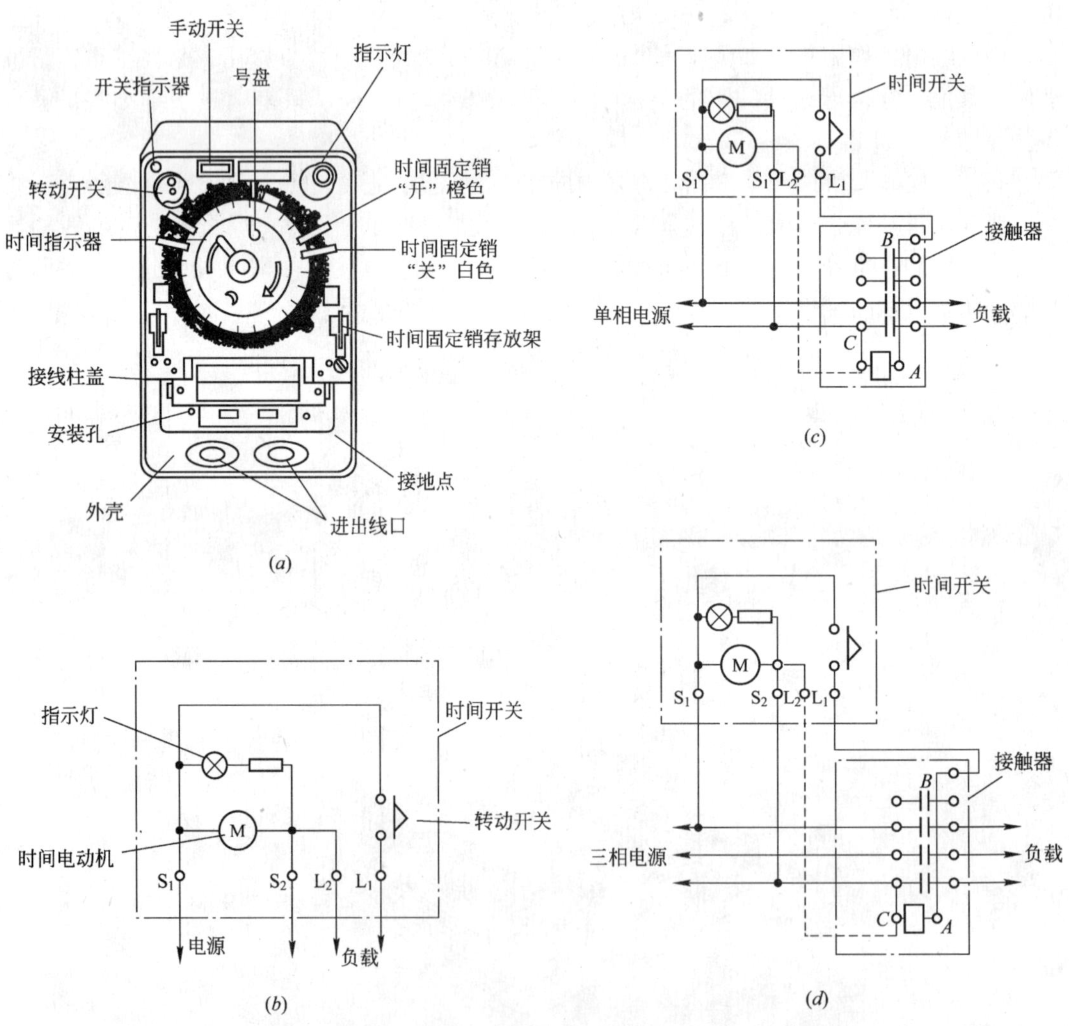

图6.2-23 时间控制开关结构及接线图

（a）时间控制开关结构图；（b）用于较小电流单相负载控制接线图；

（c）单相负载控制接线图；（d）用于三相负载控制接线图

6.2.2.5 小型控制继电器

小型控制继电器（Relay）是应用电磁铁的原理来工作的组件，它的线圈内有一定的电感量，因此当它接上电源时，通过线圈的电流需要一定的时间才能达到稳定值，也就是说，继电器不会在接上电源的一瞬间立即启动，而需要待电流完成增长过程后才开始工作。同样，当电源关掉后，继电器亦需要经过一定的时间才停止工作。因此在接上继电器的电源后，电磁铁不会马上触动开关。而是要等一会儿后，继电器才会启动内置的开关，切换电路。

继电器按输入激励量的性质分为：直流继电器和交流继电器；按安装方式分为插拔式继电器和非插拔式继电器。

1. 小型继电器构造和工作原理

小型继电器是一种电子控制器件，它具有控制系统（又称输入回路）和被控制系统（又称输出回路），通常应用于自动控制电路中，它实际上是用较小的电流去控制较大电流的一种“自动开关”，故在电路中起着自动调节、安全保护、转换电路等作用，其构造如图 6.2-24 所示。

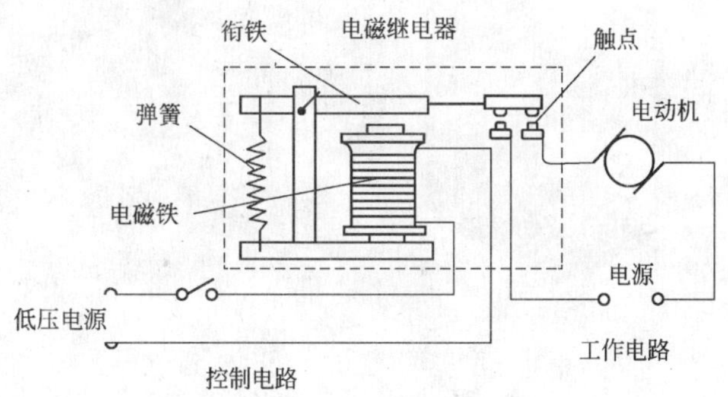

图 6.2-24　小型继电器构造示意图

由电磁铁、电源和电键组成控制电路。由强电电源和电磁继电器的触点部分组成工作电路。闭合控制电路电键，电磁铁线圈中有控制电流通过时，电磁铁就吸引衔铁，使工作电路触点闭合，电动机启动。断开控制电路的电键，电磁铁失去磁性，弹簧把衔铁拉起，在触点处切断工作电路，电动机停止工作。

电磁继电器是继电器中应用最早、最广泛的一种继电器。电磁继电器一般由铁芯、电磁线圈、衔铁、复位弹簧、触点、支座及引脚等组成，如图 6.2-25 所示。

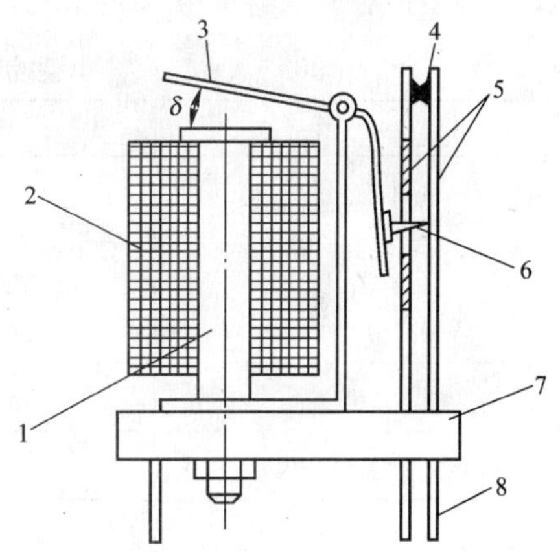

图 6.2-25　继电器工作原理图
1—铁芯；2—线圈；3—衔铁；4—触点；5—板簧；6—支杆；7—支座；8—引脚

电磁继电器的工作原理并不复杂，它主要是利用电磁感应原理而工作的。当线圈通以电流时，线圈便产生磁场，线圈中间的铁心被磁化产生磁力，从而使衔铁在电磁吸力的作用下吸向铁心，此时衔铁带动支杆将板簧推开，使两个常闭的触点断开。当断开继电器线圈的电流时，铁心便失去磁性，衔铁在板簧的作用下恢复初始状态，触点则又闭合。

触点的形式一般分为三种：一种是继电器线圈未通电时处于接通状态的静触点，称为常闭触点，用字母 *H* 表示；第二种是处于断开状态的静触点，称为常开触点，用字母 *D* 表示；还有一种是一个动触点与一个静触点常闭，而同时与一个静触点常开，形成一开一闭的转换触点形式，用字母 1 表示。常闭触点在线圈通电时由闭合状态断开，所以又称为动断触点，而把常开触点称为动合触点。转换触点有两种情况，即先合后断的转换触点和先断后合的转换触点。在一个继电器中，可以具有一个或数个（组）常开触点、常闭触点和相应的转换触点形式。

2. ZY2 系列小型控制继电器

（1）图形（图 6.2-26）

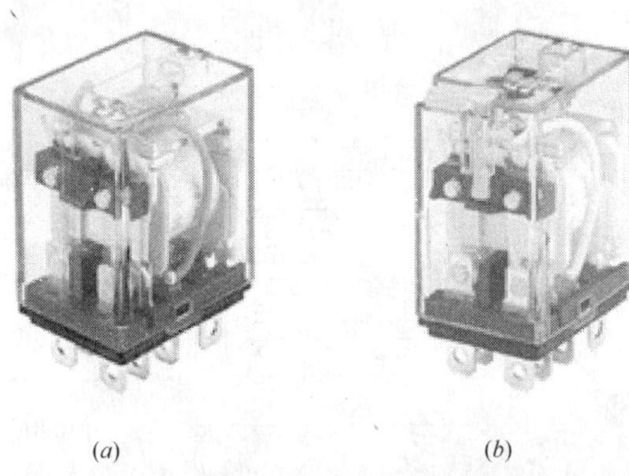

(*a*)　　(*b*)

图 6.2-26　小型控制继电器

（*a*）ZY2 型（标准型）；（*b*）ZYS2 型（手动按钮型）

（2）小型控制继电器规格（表 6.2-3）

小型控制继电器规格表　　**表 6.2-3**

分　类	型　号	线圈电压
标准型	ZY2	DC：6V、12V、24V、48V、110V AC：12V、24V、48V、110V、220V
手动按钮型	ZYS2	
焊接式端子型	ZY2-02	
指示灯型	ZY2N	
浪涌抑制回路型（DC 规格）	ZY2-D2	

举例：手动按钮，2 组转换，带指示灯，带浪涌抑制回路，线圈电压为 DC12V，焊接式，中功率继电器型号表示：ZYS2N-02D2DC12V。

（3）外形尺寸和内部接线图（图 6.2-27）

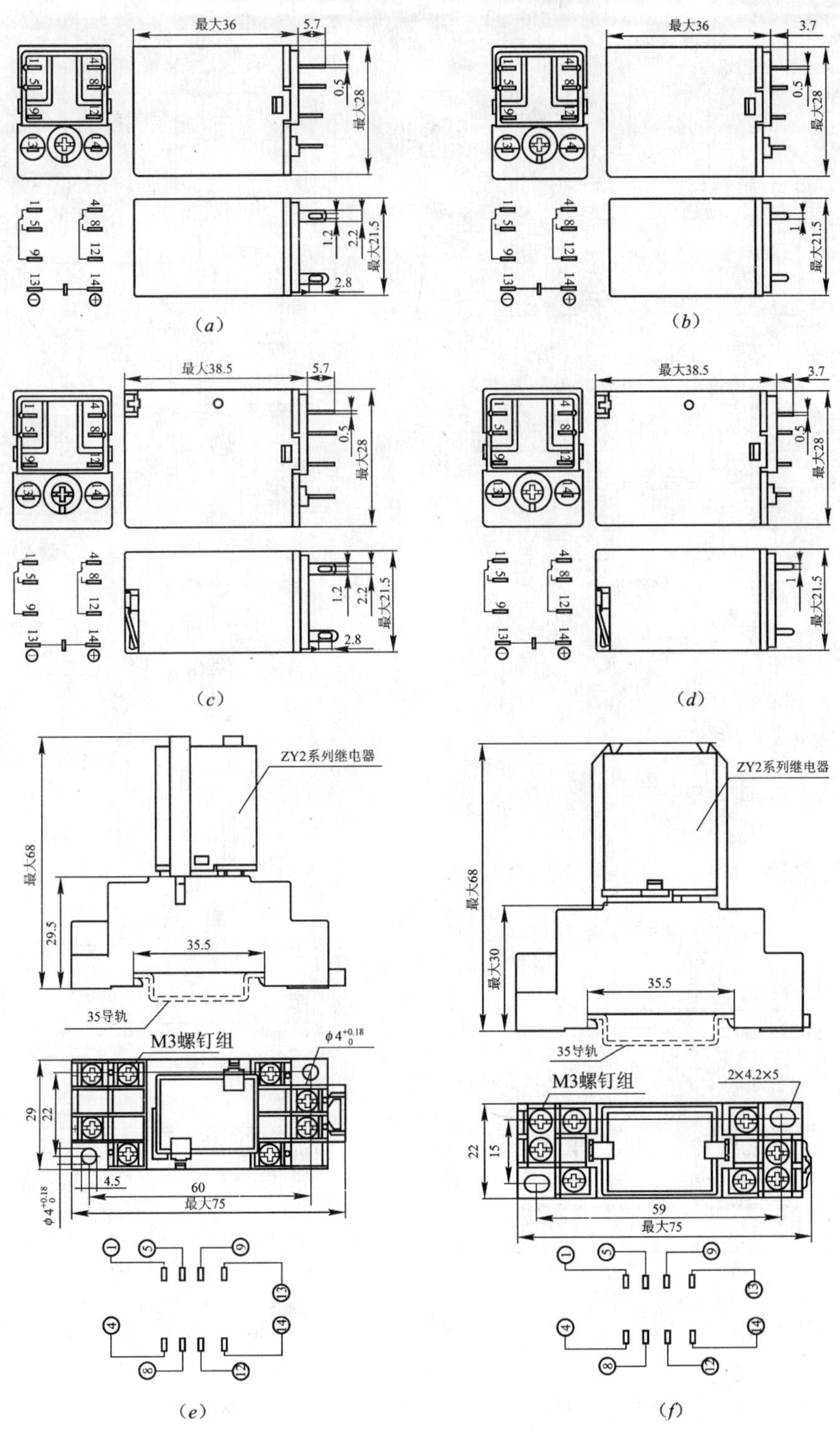

图 6.2-27 外形尺寸和内部接线图（一）

（a）ZY2 型外形尺寸和内部接线图；（b）ZY2-02 型外形尺寸和内部接线图
（c）ZYS2 型外形尺寸和内部接线图；（d）ZYS2-02 型外形尺寸和内部接线图
（e）SYF08A 型插座外形、安装尺寸和内部接线图；（f）SYF08A-E 型插座外形、安装尺寸和内部接线图

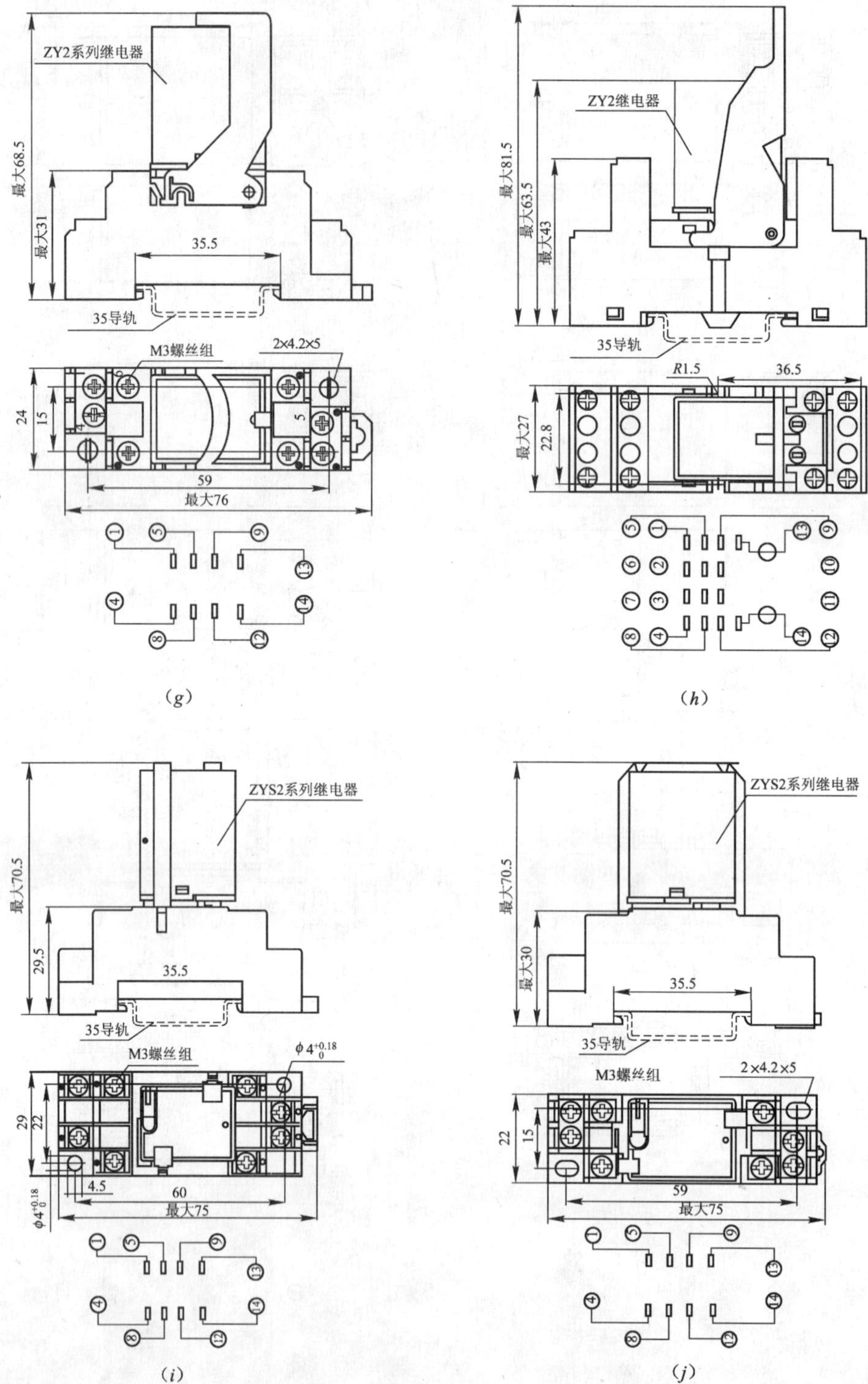

图 6.2-27 外形尺寸和内部接线图（二）

（*g*）SYF08A-F 型插座外形、安装尺寸和内部接线图；（*h*）SKB08-E 型插座外形、安装尺寸和内部接线图
（*i*）SYF08A1 型插座外形、安装尺寸和内部接线图；（*j*）SYF08A1-E 型插座外形、安装尺寸和内部接线图

（4）开孔尺寸（图 6.2-28）

3. DY2 系列小型控制继电器

（1）图形（图 6.2-29）

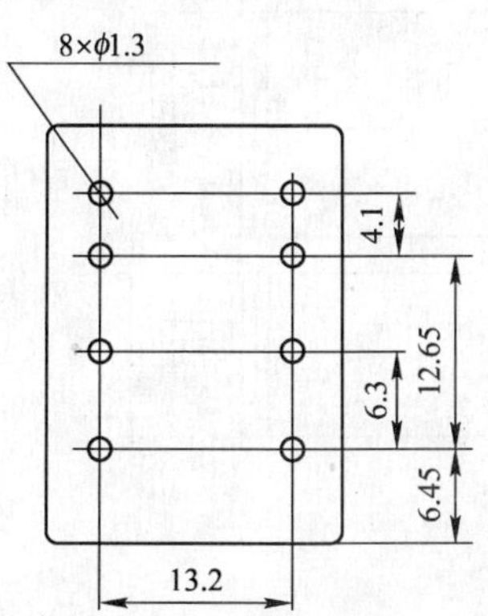

图 6.2-28 ZY2-02/ZYS2-0 型安装开孔尺寸

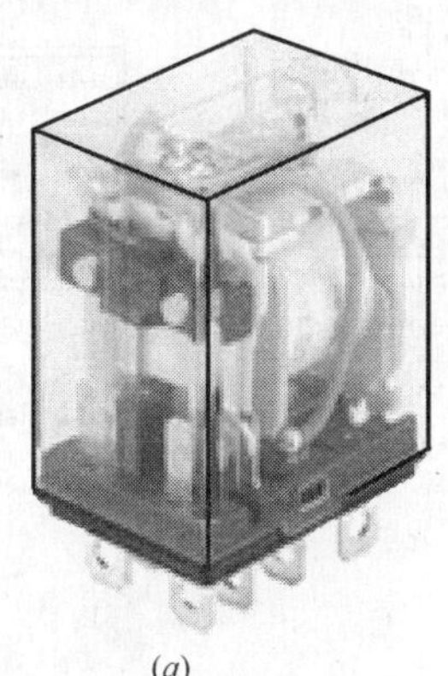

(*a*)

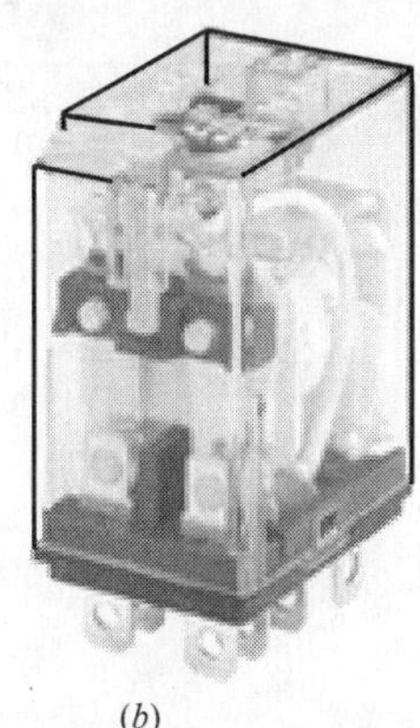

(*b*)

图 6.2-29 小型控制继电器

（*a*）DY2 型（标准型）；（*b*）DYS2 型（手动按钮型）

（2）小型控制继电器规格（表 6.2-4）

小型控制继电器规格 **表 6.2-4**

分　类	型　号	线圈电压
标准型	DY2	DC：6V、12V、24V、48V、110V AC：12V、24V、48V、110V、220V
手动按钮型	DYS2	
焊接式端子型	DY2-02	
指示灯型	DY2N	
浪涌抑制回路型（DC 规格）	DY2-D2	

举例：手动按钮，2 组转换，带指示灯，带浪涌抑制回路，线圈电压为 DC12V，焊接式，中功率继电器型号表示：DYS2N-02D2DC12V。

（3）外形尺寸和内部接线图（图 6.2-30）

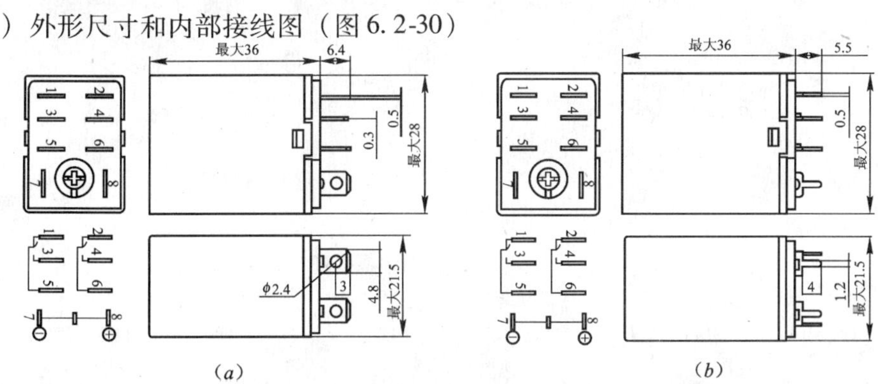

(*a*) (*b*)

图 6.2-30 外形尺寸和内部接线图（一）

（*a*）DY2 型外形尺寸和内部接线图；（*b*）DY2-0 型外形尺寸和内部接线图

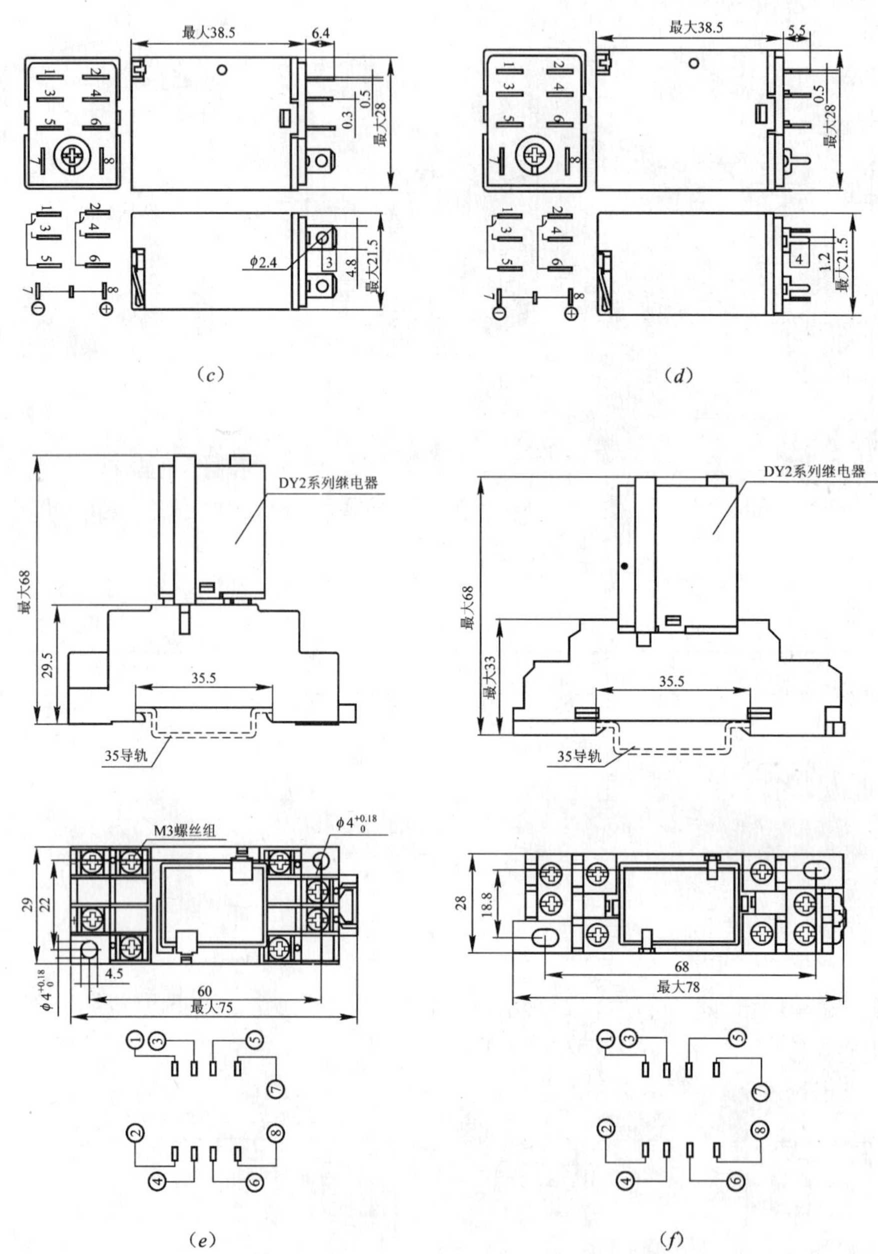

图 6.2-30 外形尺寸和内部接线图（二）

(*c*) DYS2 型外形尺寸和内部接线图；(*d*) DYS2-0 型外形尺寸和内部接线图

(*e*) STF08A 型插座外形、安装尺寸和内部接线图；(*f*) STF08A-E 型插座外形、安装尺寸和内部接线图

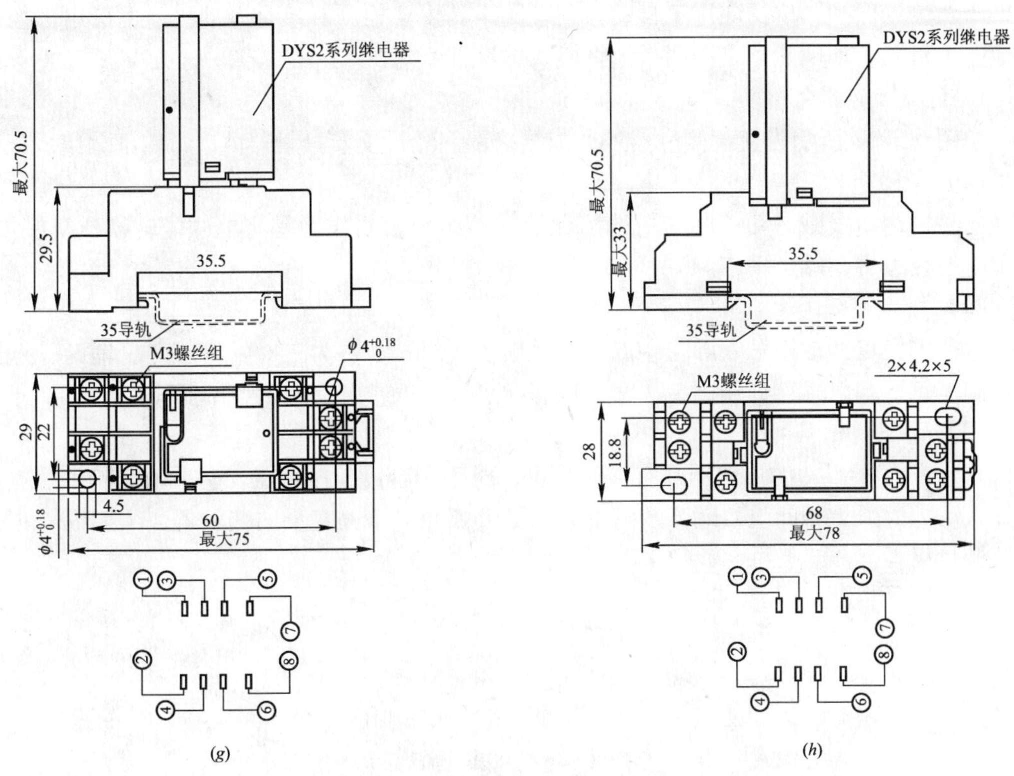

图 6.2-30 外形尺寸和内部接线图（三）

（*g*）STF08A1 型插座外形、安装尺寸和内部接线图；（*h*）STF08A1-E 型插座外形、安装尺寸和内部接线图

（4）开孔尺寸（图 6.2-31）

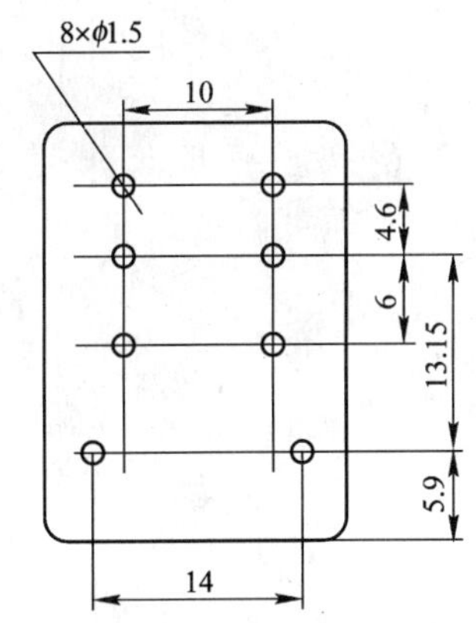

图 6.2-31 DY2-0/DYS2-0 型安装开孔尺寸

6.2.3 交流接触器

交流接触器是一种自动化的控制电器。接触器主要用于频繁接通或分断交流电路，具有控制容量大，可远距离操作，配合继电器可以实现定时操作，连锁控制，各种定量控制

和失压及欠压保护，广泛应用于自动控制电路，其主要控制对象是电动机，也可用于控制其他电力负载，如电热器、照明、电焊机、电容器组等。

1. 交流接触器介绍

如图6.2-32所示为交流接触器外形与结构示意图。交流接触器由以下四部分组成：

（1）电磁机构

电磁机构由线圈、动铁芯（衔铁）和静铁芯组成，其作用是将电磁能转换成机械能，产生电磁吸力带动触点动作。

（2）触点系统

包括主触点和辅助触点。主触点用于通断主电路，通常为三对常开触点。辅助触点用于控制电路，起电气连锁作用，故又称连锁触点，一般常开、常闭各两对。

（3）灭弧装置

容量在10A以上的接触器都有灭弧装置，对于小容量的接触器，常采用双断口触点灭弧、电动力灭弧、相间弧板隔弧及陶土灭弧罩灭弧。对于大容量的接触器，采用纵缝灭弧罩及栅片灭弧。

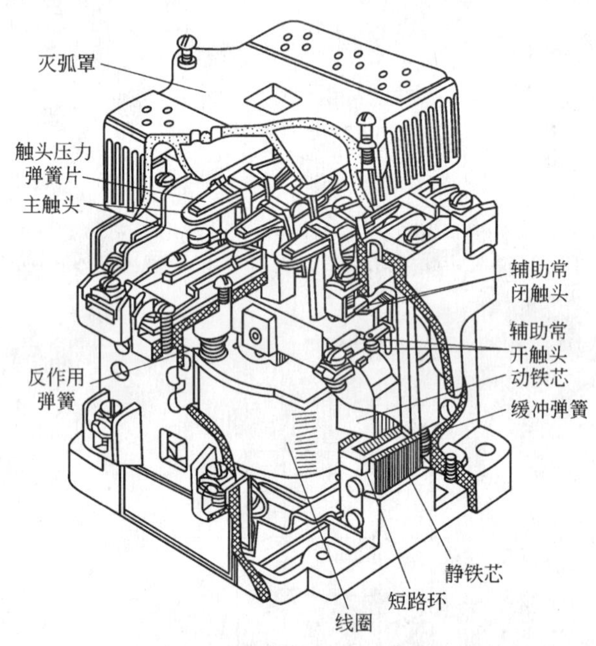

图6.2-32　交流接触器外形与结构示意图

（4）其他部件

包括反作用弹簧、缓冲弹簧、触点压力弹簧、传动机构及外壳等。

2. 交流接触器工作原理

电磁式接触器的工作原理如下（图6.2-33）：线圈加额定电压通电后，在铁芯中产生磁通及电磁吸力。此电磁吸力克服弹簧反力使得衔铁吸合，带动触点机构动作，常闭触点打开，常开触点闭合，带动电动机转动。

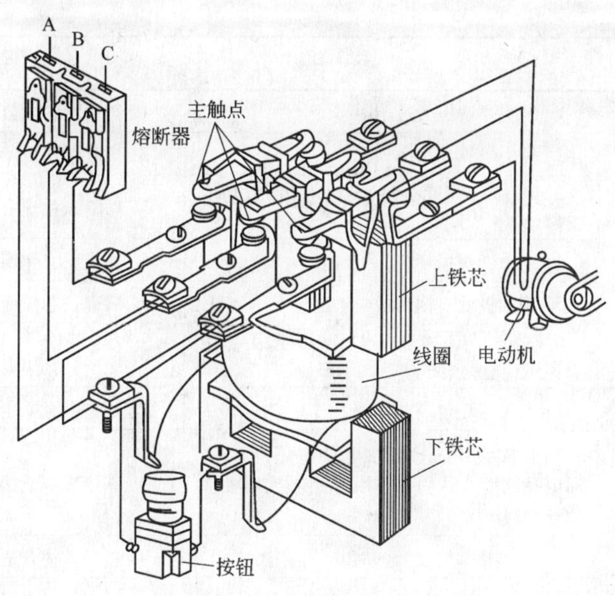

图 6.2-33 交流接触器工作原理图

线圈失电或线圈两端电压显著降低时，电磁吸力小于弹簧反力，使得衔铁释放，触点机构复位，电动机停止转动。

3. 交流接触器选用

（1）主回路触点的额定电流应大于或等于被控设备的额定电流，控制电动机的接触器还应考虑电动机的启动电流。为了防止频繁操作的接触器主触点烧坏，频繁动作的接触器额定电流可降低使用。

（2）接触器的电磁线圈额定电压有 36V、110V、220V、380V 等，电磁线圈允许在额定电压的 80% ~105% 范围内使用。

4. 交流接触器常见故障及排除方法（表 6.2-5）

交流接触器常见故障及排除方法 **表 6.2-5**

故障现象	可能原因	处理办法
吸不上或吸力不足（即触头已闭合而铁芯尚未完全吸合）	1. 电源电压过低或波动过大	1. 调高电源电压
	2. 操作回路电源容量不足或发生断线、配线错误及控制触头接触不良	2. 增加电源容量，更换线路，修理控制触头
	3. 线圈技术参数与使用条件不符	3. 更换线圈
	4. 产品本身受损（如线圈断线或烧毁，机械可动部分被卡住，转轴生锈或歪斜等）	4. 更换线圈，排除卡住故障，修理受损零件
	5. 触头弹簧压力与超程过大	5. 按要求调整触头参数

续表

故障现象	可能原因	处理办法
不释放或释放缓慢	1. 触头弹簧压力过小	1. 调整触头参数
	2. 触头熔焊	2. 排除熔焊故障，修理或更换触头
	3. 机械可动部分被卡住，转轴生锈或歪斜	3. 排除卡住现象，修理受损零件
	4. 反力弹簧损坏	4. 更换反力弹簧
	5. 铁芯极面有油污或尘埃黏着	5. 清理铁芯极面
	6. E形铁芯，当寿命终了时，因去磁隙消失，剩磁增大，使铁芯不释放	6. 更换铁芯
线圈过热或烧损	1. 电源电压过高或过低	1. 调整电源电压
	2. 线圈技术参数（如额定电压、频率、通电持续率及适用工作制等）与实际使用条件不符	2. 调换线圈或接触器
	3. 操作频率（交流）过高	3. 选择其他合适的接触器
	4. 线圈制造不良或由于机械损伤、绝缘损坏等	4. 更换线圈，排除引起线圈机械损伤的故障
	5. 使用环境条件特殊，如空气潮湿、含有腐蚀性气体或环境温度过高	5. 采用特殊设计的线圈
	6. 运动部分卡住	6. 排除卡住现象
	7. 交流铁芯极面不平或中间气隙过大	7. 清除极面或调换铁芯
	8. 交流接触器派生直流操作的双线圈，因常合连锁触头熔焊不释放，而使线圈过热	8. 调整连锁触头参数及更换烧坏线圈
电磁铁（交流）噪声大	1. 电源电压过低	1. 提高操作回路电压
	2. 触头弹簧压力过大	2. 调整触头弹簧压力
	3. 磁系统歪斜或机械上卡住，使铁芯不能吸平	3. 排除机械卡住故障
	4. 极面生锈或因异物（如油垢、尘埃）浸入铁芯极面	4. 清理铁芯极面
	5. 短路环断裂	5. 调换铁芯或短路环
	6. 铁芯极面磨损过度而不平	6. 更换铁芯
触头熔焊	1. 操作频率过高或产品过负载使用	1. 调换合适的接触器
	2. 负载侧短路	2. 排除短路故障，更换触头
	3. 触头弹簧压力过小	3. 调整触头弹簧压力
	4. 触头表面有金属颗粒突起或异物	4. 清理触头表面
	5. 操作回路电压过低或机械上卡住，致使吸合过程中有停滞现象，触头停顿在刚接触的位置上	5. 提高操作电源电压，排除机械卡住故障，使接触器吸合可靠
	6. 产品不合格，属于伪劣品	6. 进行调换

续表

故障现象	可能原因	处理办法
触头过热或灼伤	1. 触头弹簧压力过小	1. 调高触头弹簧压力
	2. 触头上有油污，或表面高低不平，有金属颗粒突起	2. 清理触头表面
	3. 环境温度过高或使用在密闭的控制箱中	3. 接触器降容使用
	4. 铜触头用于长期工作制	4. 接触器降容使用
	5. 操作频率过高，或工作电流过大，触头的断开容量不够	5. 调换容量较大的接触器
	6. 触头的超程太小	6. 调整触头超程或更换触头
触头过度磨损	1. 接触器选用欠妥，在以下场合时，容量不足： （1）反接制动 （2）有较多密接操作 （3）操作频率过高	1. 接触器降容使用或改用适于繁重任务的接触器
	2. 三相触头动作不同步	2. 调整至同步
	3. 负载侧短路	3. 排除短路故障，更换触头
相间短路	1. 可逆转换的接触器连锁不可靠，由于误动作，致使两台接触器同时投入运动而造成相间短路，或因接触器动作过快，转换时间短，在转换过程中发生电弧短路	1. 检查电气连锁与机械连锁；在控制线路上加中间环节或调换动作时间长的接触器，延长可逆转换时间
	2. 尘埃堆积或粘有水汽、油垢，使绝缘变坏	2. 经常清理，保持清洁
	3. 产品零部件损坏（如灭弧室碎裂）	3. 更换损坏零部件
	4. 产品不合格，属伪劣品	4. 进行调换

6.3 开关电器

开关电器包括刀开关、隔离开关、空气断路器和熔断器等，都是断开和合上电路的设备。对开关电器的主要技术要求是断流能力强、限流效果在系统发生故障时保护动作准确，工作可靠；有足够的热稳定性和动稳定性。

隔离开关（刀闸）的主要作用是在设备或线路检修时隔离电源，以保证安全。它不能断开负荷电流和短路电流，应与断路器配合使用。

断路器在电力系统正常运行情况下用来合上和断开电路，故障时，在继电保护装置控制下自动把故障设备和线路断开，还可以有自动重合闸功能。

6.3.1 开关电器介绍

1. 开关电器的作用

在电力系统中，开关电器是一次设备的重要组成部分，由于检修、改变运行方式或发生故障时，须将发电机、变压器，线路等元件接入或退出，因而要进行一些操作。例如：在正常情况下要能可靠地接通和开断电路；在改变运行方式时，要能灵活地进行切换操作；在电路发生故障情况下，须能迅速切断故障电流，保证未发生故障部分的继续运行；在检修设备时，隔离带电部分，保证工作人员的安全等等。为了完成上述这些操作，在电力系统中，必须装设各种类型的开关电器。

2. 开关电器的分类

根据开关电器在电路中担负的任务，可以分成下列几类：

（1）仅用来在正常工作情况下，断开或接通正常工作电流的开关电器，如高压负荷开关、低压闸刀开关等。

（2）仅用来断开故障情况下的过负荷电流或短路电流的开关电器，如高低压熔断器。

（3）既用来断开或接通正常工作电流，也用来断开或接通过负荷电流或短路电流的开关电器，如断路器、自动空气开关、跌落式熔断器等。

（4）主要用来检修时隔离电压的开关电器，如隔离开关等。

3. 低压断路器介绍

低压断路器俗称自动开关或空气开关，属开关电器。低压断路器在电力系统中有两方面的作用：在正常运行时，根据运行需要，接通或断开负荷电流，起控制作用，如用于低压配电电路、电动机或其他用电设备中不频繁的通断控制；在电路发生短路、过载或欠电压等故障时能自动切断故障电路，起保护作用，是一种控制兼保护作用的开关电器。目前一般进户配电盘的总开关与分路开关及工业机器上的电动机分路用开关均属于此类开关。

低压断路器主要品种有：微型断路器、漏电断路器、塑壳式断路器、空气断路器、双电源自动切换装置、智能型万能式断路器等。

现在的配电系统要求断路器除了能通断电流实现电路控制和简单的短路、过载保护外，还要能提供隔离和安全保护功能，特别是在针对人身、设备安全与配电系统的可靠性方面都提出了新的要求。因此，设计与选购产品要重点考虑以下3个方面：

（1）人身安全；

（2）电气线路与设备的保护；

（3）可靠的、不间断的电力供应。

4. 断路器和隔离开关操作的顺序

断路器及其两侧的隔离开关，其操作顺序有严格的规定。停电时，先跳开断路器，在检查确认断路器已断开的情况下，先拉负荷侧的隔离开关，后拉电源侧的隔离开关；送电时，先合电源侧的隔离开关，后合负荷侧的隔离开关，再合上断路器。有人以为，既然断路器已经断开，先操作哪一侧的隔离开关无关紧要，都不会造成带负荷拉合隔离开关的情况。问题在于，当断路器在合闸位置未被查出而造成带负荷拉合隔离开关的误操作事故时，其引起的后果是大不相同的。例如，在线路停电时，若断路器在合闸位置未被查出，先拉负荷侧的隔离开关造成短路，则故障发生在线路上，该线路的继电保护动作跳开线路断路器，隔离了故障点，只使该线路停电，不致影响其他回路的供电。若先拉电源侧隔离开关，虽同样是带负荷拉隔离开关造成短路，但故障相当于母线短路，继电保护将使母线上所有的电源切断，造成接在母线上的全部负荷都要停电，大大扩大了故障的范围，甚至引起全所停电、电网瓦解等严重后果。同理，在线路送电时，若断路器在合闸位置未查出，先合电源侧的隔离开关时，是不会有什么问题的，再合负荷侧的隔离开关就会造成带负荷合隔离开关，如产生弧光短路，线路继电保护动作跳闸，不影响其他设备的运行，如操作顺序相反，在合电源侧隔离开关时造成带负荷合隔离开关短路，就会扩大事故。

6.3.2 隔离开关

隔离开关的主要作用是在设备或线路检修时隔离电压，以保证安全。由于隔离开关没有专门的灭弧装置，所以它不能断开负荷电流和短路电流，应与断路器配合使用。在停电时，应先拉断路器，后拉隔离开关；送电时，应先合隔离开关，后合断路器。如果误操作，将会引起设备损坏和人身伤亡。隔离开关的应用包括：

（1）隔离电源：隔离开关造成可以看得见的空气绝缘间隙，即与带电部分造成明显的断开点，以便在检修设备和线路停电时，隔离电源，保证安全，这是隔离开关的主要用途。

（2）倒母线操作：在双母线制的电路中，利用隔离开关将电气设备或供电线路从一组母线切换到另一组母线上去，即进行倒闸操作。

（3）用以接通和切断小电流的电路。

6.3.2.1 **熔断器**

短路保护装置以熔断器最为普通，它也被称为保险丝（管）。熔断器是由易熔的铅锡合金丝做成，一般藏在隔热的绝缘材料内。它安装在电路中，是保护电路安全运行的电器组件。

1. 熔断器结构

熔断器主要由熔体（俗称保险丝）和安装熔体的熔管两部分组成（图6.3-1）。熔体由易熔金属材料铅、锡、锌、银、铜及其合金制成，通常做成丝状或片状串联装在两端封闭的绝缘管内，内部填满石英砂。石英砂因会将电弧强烈地冷却，引致电弧电压降低，从而令电源电流达至零位时，电源电压瞬时值下降，电弧便容易熄灭。绝缘管由陶瓷、绝缘纸或玻璃纤维制成，在熔体熔断时兼有灭弧作用。

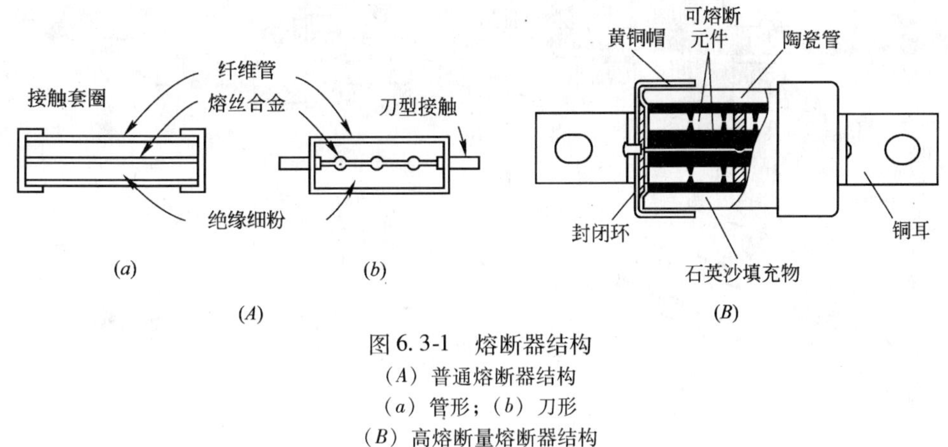

图6.3-1 熔断器结构

（A）普通熔断器结构

（a）管形；（b）刀形

（B）高熔断量熔断器结构

2. 熔断器工作原理

熔断器的熔体与被保护的电路串联，当电路正常工作时，熔体允许通过一定大小的电流而不熔断。当电路发生短路或严重过载时，熔体中流过很大的故障电流，当电流产生的热量达到熔体的熔点时，熔体熔断切断电路，从而保护了导线及电气设备安全。

3. 熔断器分类

熔断器分为有填料管式、无填料管式、插入式、螺旋式、自复式等。

（1）瓷插式熔断器（图6.3-2）

（2）螺旋式熔断器（图6.3-3）

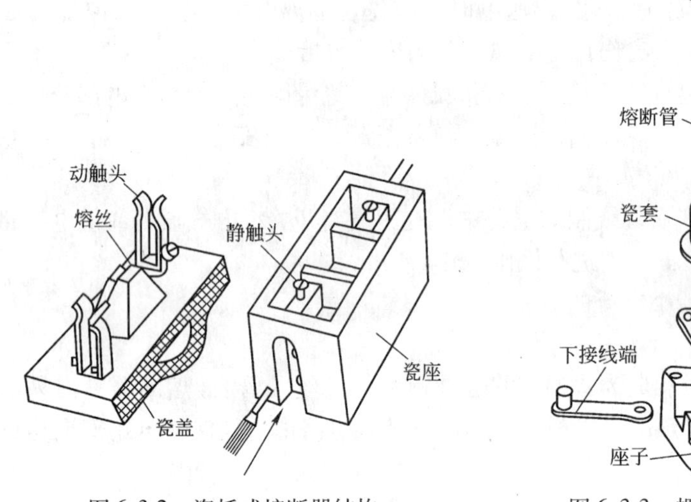

图6.3-2　瓷插式熔断器结构　　图6.3-3　螺旋式熔断器结构

（3）封闭管式熔断器（图6.3-4）

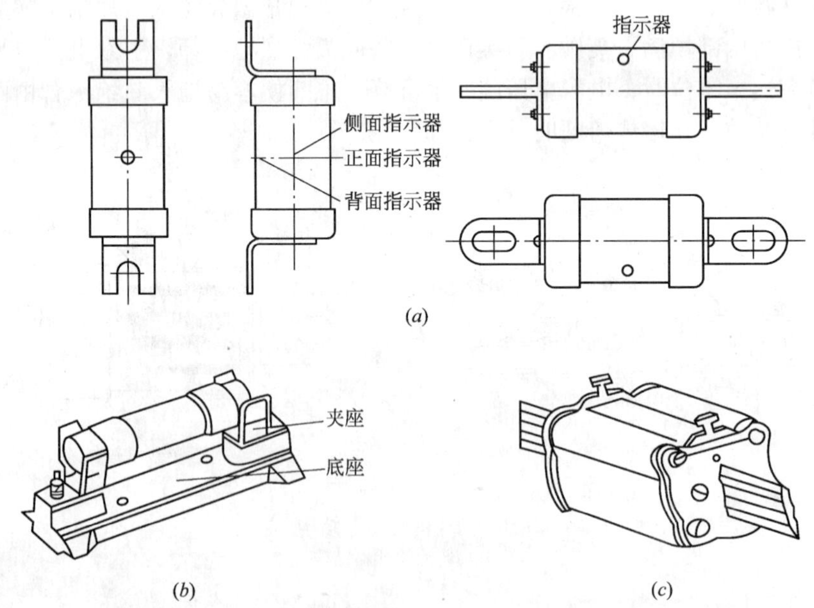

图6.3-4　封闭管式熔断器

（a）封闭管式熔断器外形；（b）无填料封闭管式熔断器；（c）有填料封闭管式熔断器

4. 熔断器更换

熔断器安装在熔断器式隔离开关中，更换熔断器必须在熔断器式隔离开关拉开的情况下进行。换上的熔断器应与原熔断器规格相同。

在安装有熔断器式隔离开关的配电室及发电机房内的墙上，应悬挂一块木板，木板上挂上熔断器式隔离开关用的同型号熔断器（图 6. 3-5），每个规格不少于 3 只，以便在熔断器烧坏时及时更换。

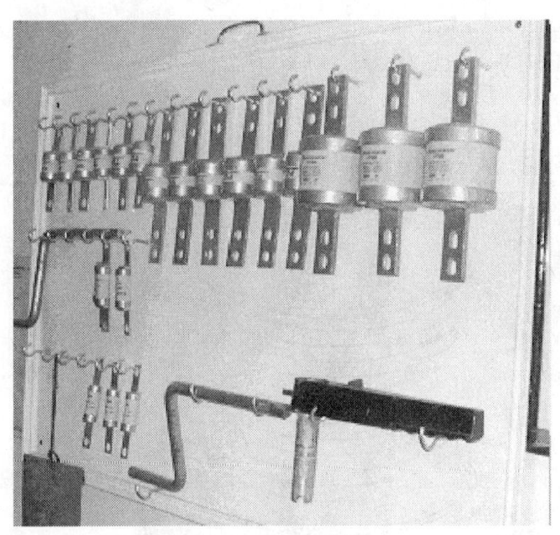

图 6. 3-5 熔断器悬挂在墙上

6. 3. 2. 2 **开启式负荷开关**

1. 开启式负荷开关介绍

开启式负荷开关又称胶盖瓷底闸刀开关、胶木闸刀开关。常见开启式负荷开关的外形和结构如图 6. 3-6 所示。

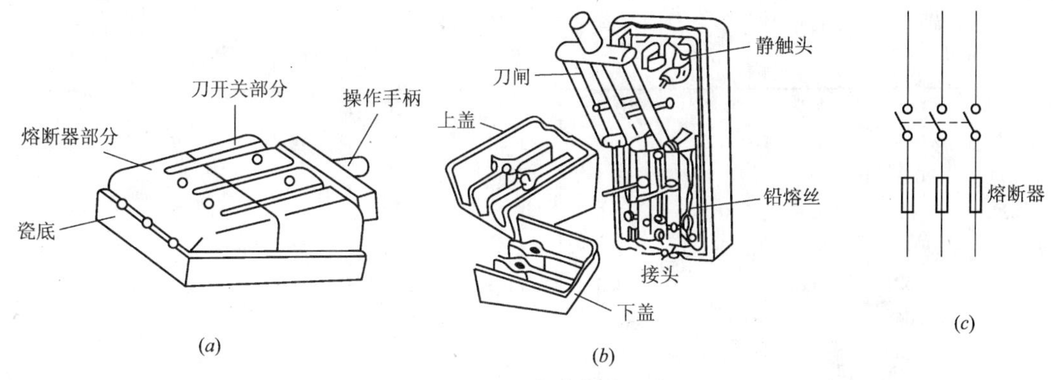

图 6. 3-6 开启式负荷开关

(*a*) 外形；(*b*) 结构；(*c*) 图形符号

开启式负荷开关适用于交流频率 50Hz、电压 380V、电流 60A 及以下的线路中，主要作为一般照明、电热器等回路的控制开关用，三极开关也可作为低容量小型交流电动机的手动不频繁操作的直接启动及分断用。开启式负荷开关还具有短路保护作用。

2. 开启式负荷开关安装时注意事项

开启式负荷开关安装时应注意下列事项：

（1）开启式负荷开关应垂直安装，手柄向上合闸，不能倒装或平装。因为刀闸在切断电流时，刀片和夹座间会产生电弧，将手柄向下分闸时，电弧在电磁力和上升热空气的作用下，向上拉弧，电弧易于熄灭。若倒装了，热空气使电弧上升会烧坏夹座，甚至伤人。另外，倒装时，当刀闸拉开后易因自重而掉落造成误合闸。

（2）接线时，应把电源进线接在开关的上方接线座上，电动机的引线接下方的出线座。这样当闸刀拉开后，更换熔丝时就不会发生触电事故。接线时应将螺钉拧紧，尽量减小接触电阻以免过热。

（3）安装时应使刀片和夹座成直线接触，并接触紧密，夹座有足够压力。刀片和夹座不应歪扭。

3. 常用铅熔丝（图6.3-7）

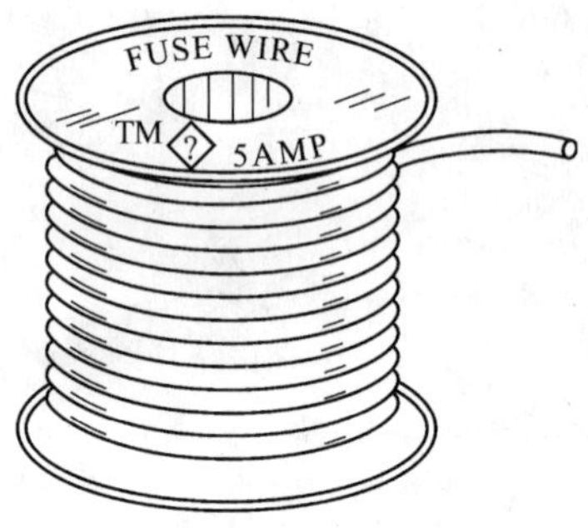

图6.3-7　常用铅熔丝

熔丝安装在开启式负荷开关中，更换熔丝必须在刀闸拉开的情况下进行。换上的熔丝应与原熔丝规格相同，常用铅熔丝技术性能见表6.3-1。

常用铅熔丝技术性能表　　　　**表6.3-1**

直径（mm）	截面积（mm^2）	近似英规线号	最大安全工作电流（A）	熔断电流（A）	直径（mm）	截面积（mm^2）	近似英规线号	最大安全工作电流（A）	熔断电流（A）
0.08	0.005	44	0.25	0.5	0.90	0.60	20	5	10
0.15	0.018	38	0.5	1.0	1.02	0.80	19	6	12
0.20	0.031	36	0.75	1.5	1.25	1.25	18	7.5	15
0.22	0.038	35	0.8	1.6	1.51	1.79	17	10	20
0.25	0.049	33	0.9	1.8	1.67	2.16	16	11	22
0.28	0.062	32	1.0	2.0	1.75	2.41	15	12	24
0.29	0.066	31	1.05	2.1	1.98	3.08	14	15	30
0.32	0.080	30	1.1	2.2	2.40	4.45	13	20	40
0.35	0.096	29	1.25	2.5	2.78	6.07	12	25	50
0.40	0.126	27	1.5	3.0	2.95	6.84	11	27.5	55
0.46	0.166	26	1.85	3.7	3.14	7.74	10	30	60
0.52	0.212	25	2	4.0	3.81	11.40	9	40	80
0.54	0.229	24	2.25	4.5	4.12	13.33	8	45	90
0.60	0.283	23	2.5	5.0	4.44	15.48	7	50	100
0.71	0.400	22	3	6.0	4.91	18.93	6	60	120
0.81	0.500	21	3.75	7.5	5.24	21.57	4	70	140

6.3.2.3 熔断器式隔离开关

熔断器式隔离开关主要用于有高短路中电流的开关电路和电动机电路中，安装在低压配电柜及控制屏中，用做不频繁接通与分断电路及电气隔离开关，并作电路保护之用。广泛应用于建筑、电力、石油化工及其他行业的配电系统和自动化系统中。熔断器式隔离开关结构见图6.3-8。

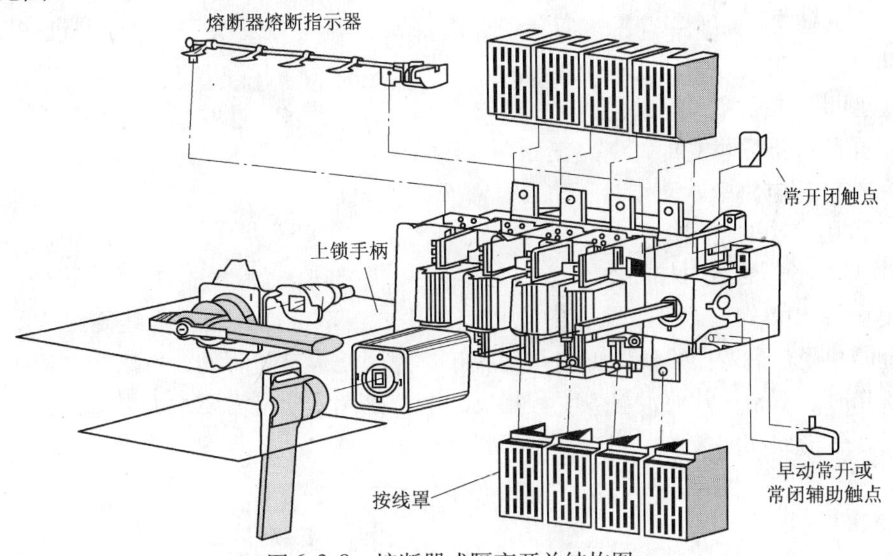

图6.3-8 熔断器式隔离开关结构图

6.3.3 微型断路器

微型断路器（简称MCB）（图6.3-9）是建筑电气现今使用最广泛的过流保护器件，因它是一种当切断电源后可不需特别措施而恢复供电的装置，多用在低压电力的最终保护电路上。其脱扣检测组件分为两类：热动电磁式及液压电磁式。目前用户多用微型断路器作为其小型配电箱的过载保护，保护用电设备的安全。微型断路器的优点是一目了然，一看配电箱就知道哪个是微型断路器跳闸。在故障解除后，只要把跳闸的微型断路器向上推，就可复位，非常方便。

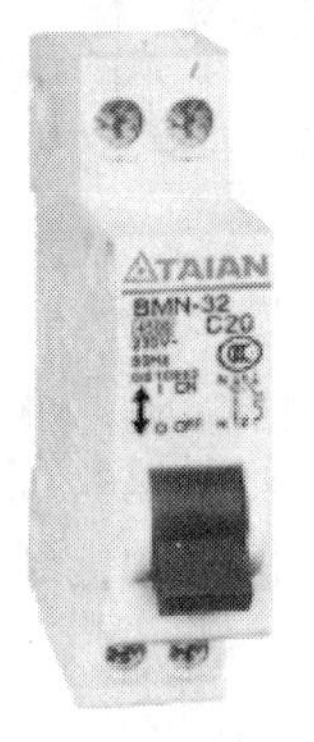

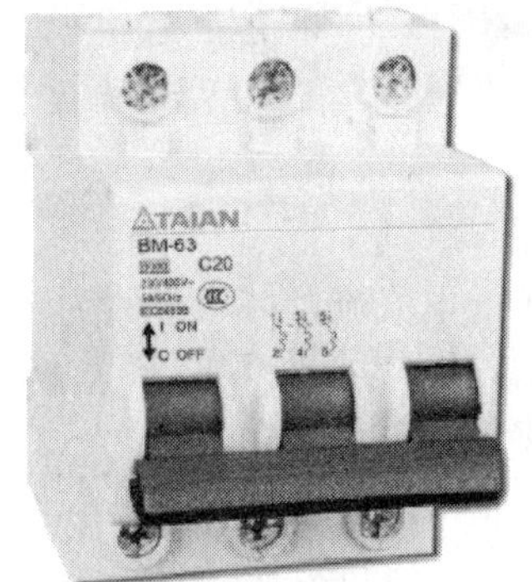

(*a*) (*b*)

图6.3-9 微型断路器

（*a*）单相；（*b*）三相

1. 微型断路器主要用途

微型断路器主要用于电路的终端电路，对终端电路和用电设备作过载和短路保护。一般选用漏电动作电流为30mA作对人身触电安全保护。

例如国标《住宅设计规范》GB 50096—1999（2003年版）明确规定："每套住宅应设置电源总断路器，并应采用可用时断开相线和中性线的开关电器。"又规定："除空调电源插座外，其他电源插座电路应设置漏电保护装置"和"每幢住宅的总电源进线断路器，应具有漏电保护功能"。

2. 微型断路器优点

（1）排除故障后可立即将电路复原，操作方便。

（2）在三相电路中，动作时三相同时断开或闭合。

（3）占用较小的空间。

3. 微型断路器的结构与工作原理

由图6.3-10得知，微型断路器的脱扣组件主要由双金属片及磁力线圈组成。当过载时，双金属片受热后弯曲可使微型断路器脱扣，但因发热是需时的，所以当电流很大而需要较快脱扣时，双金属片便没有效了。相反，要使磁芯索动是需要很大电流的，故在低故障电流时，磁力脱扣便失效了。

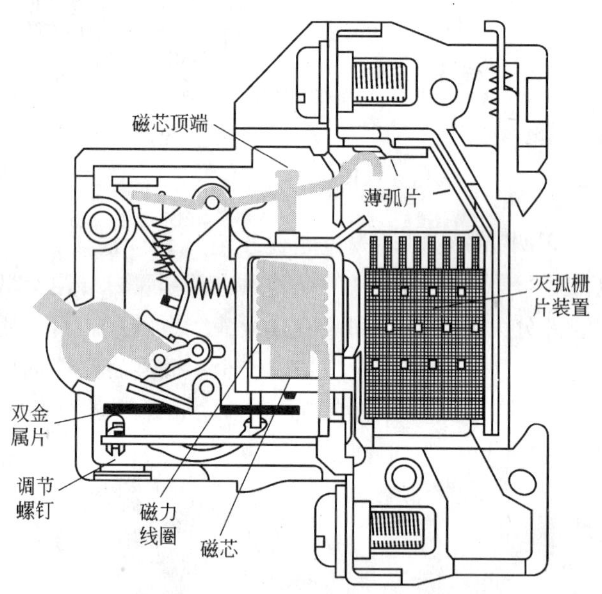

图6.3-10 微型断路器结构

留意，当有100A的电流流过一额定值为100A的MCB时，该微型断路器是不会脱扣的，只有当电流超过额定值的1.13～1.45倍时（在此即是113～145A），微型断路器才会脱口，我们称这个倍数为脱扣因子数。受这个微型断路器保护的电缆之过载能力需与该MCB的脱扣因数配合。

微型断路器的灭弧室内装有很多由钢板冲成的栅片，当接点断开时，导弧将被拉长，由于电弧电流产生的强大磁场与栅片产生作用力，把电弧从电弧片吸引到栅片内，将长弧分割成一串短弧，当电弧穿过电流的零位时，此增大了的电弧电阻将使电弧熄灭。加强灭弧装置，可使 MCB 的断流容量增大。

4. 微型断路器的容量

在选用微型断路器时，应考虑以下因素：

（1）额定电流

微型断路器适用于交流 50/60Hz，额定电压单极 220V，二、三、四极 380V，常用额定电流为 5A、6A、10A、15A、16A、20A、30A、32A、40A、50A、60A、63A、80A 及 100A 等。

（2）断流容量

微型断路器的断流容量是指它能抵受的最大故障电流，若故障电流超越此数时，微型断路器将受强大的热力及机械应力破坏，产生危险。

（3）通泄能量

微型断路器的脱扣时间与故障电流的关系是成反比的（图 6.3-11），即当故障电流愈大时，微型断路器将较快地脱扣。当故障电流很大而使脱扣时间少于 0.1s（即所谓严重故障）时，需要检查受保护的电缆能否承受将会产生的巨大能量（即故障电流的平方乘以脱扣时间），微型断路器的生产商均会定出各微型断路器的通泄能量值，此值是表示当故障电流等于断流容量时，在线路上将会产生的能量（发热及磁场的引力）。所以电缆导体的尺寸须满足微型断路器的通泄能量（否则电缆可能会烧毁或者严重扭曲）；在数学上，可表达成：

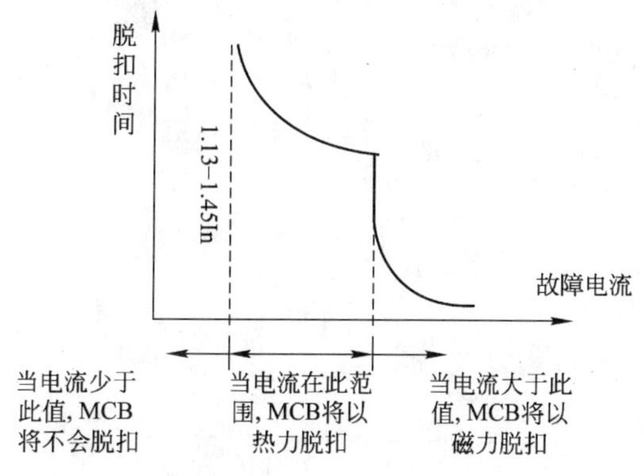

图 6.3-11 微型断路器时间/电流特性曲线

$$K^2S^2 > I^2t$$

式中 K——电缆的常数。若是 PVC 电缆，$K=115$；

S——电缆的截面积，单位为（mm^2）；

I^2t——微型断路器的通泄能量，可由产品说明书得出。

（4）脱扣特性曲线示例（图 6.3-12）

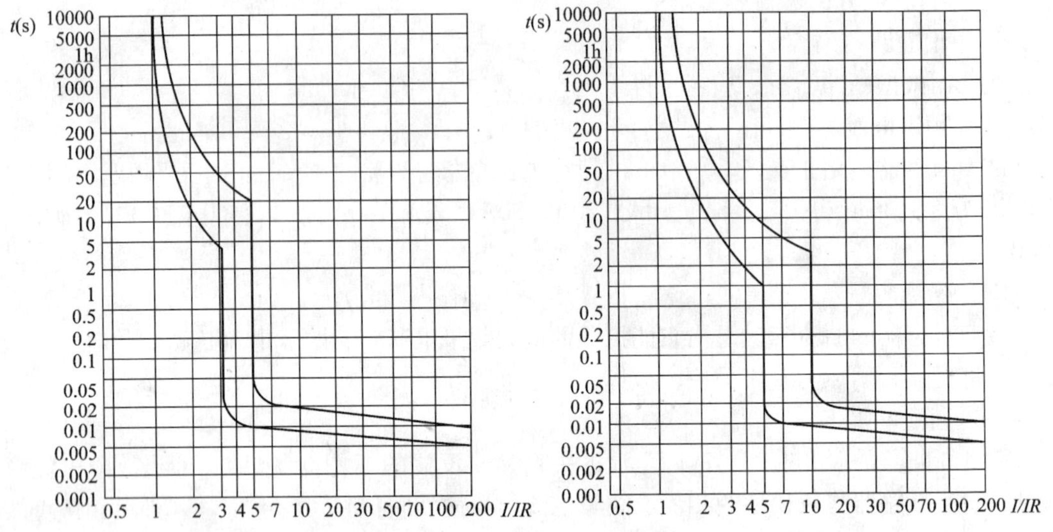

图 6.3-12 脱扣特性曲线

SZB45 系列微型断路器具有高限流能力，从而最大限度地限制了短路所造成的破坏性能量。

5. 微型断路器安装方法（图 6.3-13）

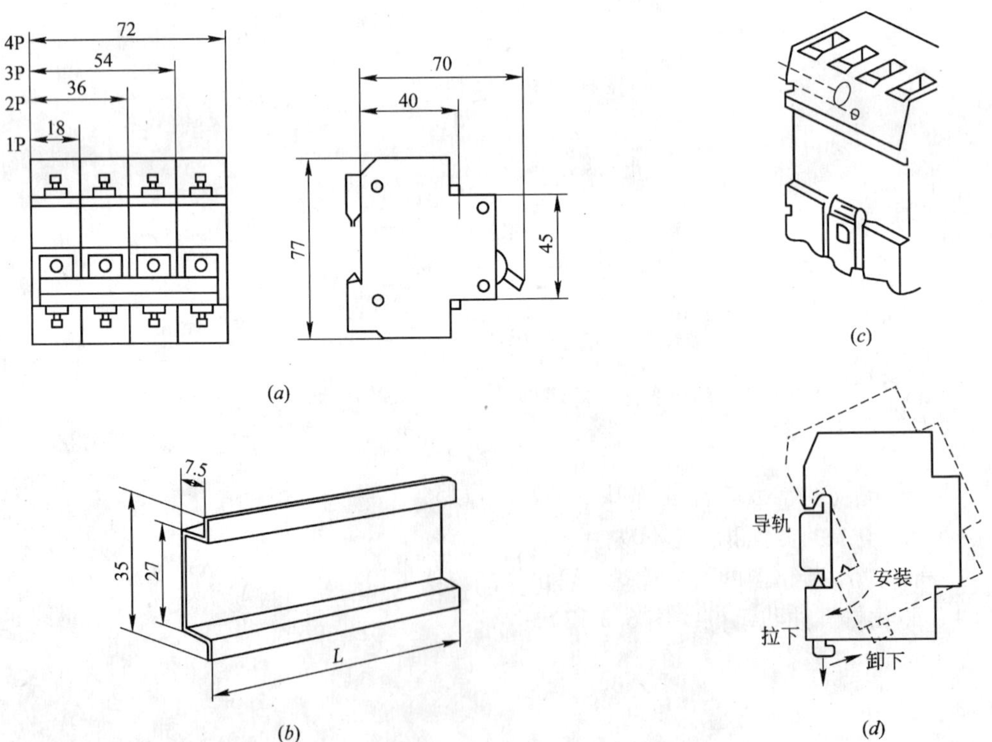

图 6.3-13 微型断路器安装方法（一）

(*a*) 规格尺寸；(*b*) 安装导轨；(*c*) 后面结构；(*d*) 安装方法

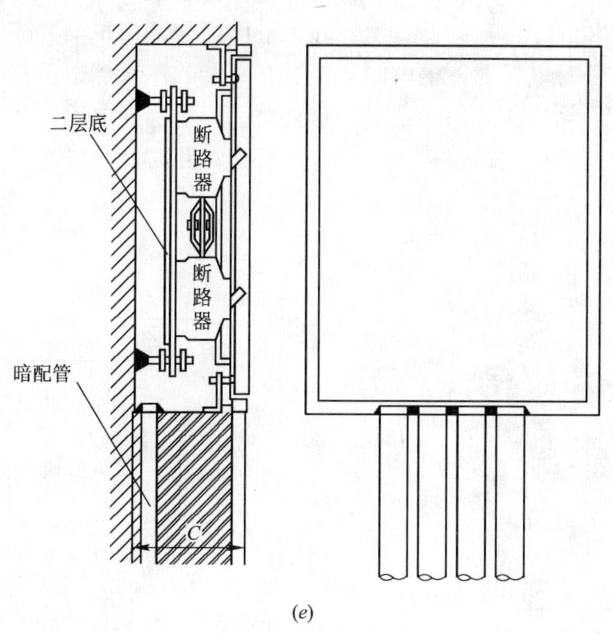

(e)

图 6.3-13 微型断路器安装方法（二）

（e）在配电盘内布置示意图

6.3.4 漏电保护器

漏电保护器用于电气线路过载、短路及漏电保护，插座等用电设备须经过电流式漏电保护器连接到用电设备进行保护。

1. 漏电保护器的作用

人体触及带电导体时，有一部分泄漏电流通过人体，这时系统中若配有漏电保护器，漏电保护器就能检测到泄漏电流，并在人受伤害之前，快速切断电源，从而达到保护目的。

2. 漏电保护器结构特点

（1）漏电保护器主要由触头系统、操作机构、过电流脱扣器、零序电流互感器、电子电路板、漏电脱扣器及试验装置组成。

（2）由于装有两组触头，保护器能完全断开单相电路两根电线，确保工作安全。

（3）零序互感器选用高导磁材料作为检测元件，电子电路采用表面安装微型元件和专用集成电路。

（4）过电流脱扣器采用直热式双金属片构成，产品结构紧凑、体积小、工作可靠。

（5）电子电路设有高脉冲吸收电路，保证了保护器抗干扰性能。对电压变化有很强适应性，即使电源电压降到 50V 也能正常工作。

3. 漏电保护器工作原理

漏电保护器外形及工作原理见图6.3-14。漏电保护器正常工作时，通过零序电流互感器一次侧电流的矢量和为零，互感器二次回路无输出信号，保护器处于正常闭合状态。当被保护电路中发生人身触电或对地漏电时，穿过互感器的一次侧电流矢量和不等于零，互感器二次回路就有信号输出，此信号达到规定值时，通过电子电路放大使剩余电流脱扣器动作，使保护器迅速断开。当被保护电路发生过载或短路时，保护器的过电流脱扣器动作使保护器断开。从而达到保护的目的。

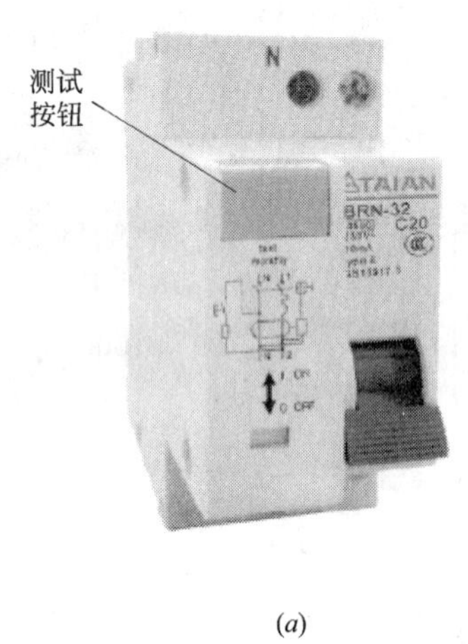

(a)

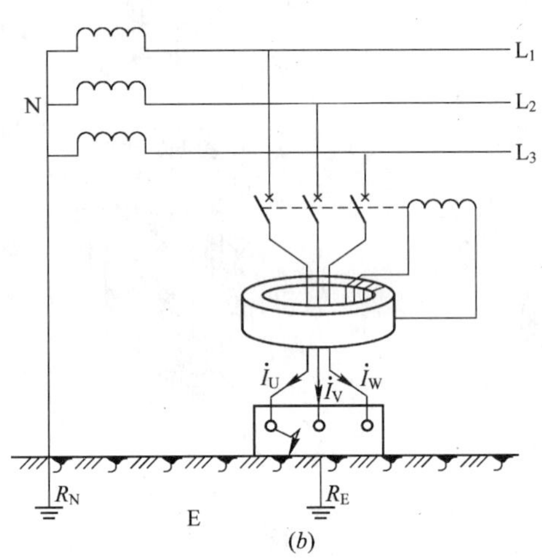

(b)

图6.3-14 漏电保护器外形及工作原理
（a）外形；（b）工作原理

4. 漏电保护器测试按钮

漏电保护器设有测试按钮，以检查是否操作正常。在配电箱的漏电保护器上方张贴有告示牌，样式如图6.3-15。

PRESS TO TEST AT LEAST QUARTERLY 最少每三个月按钮测试

图6.3-15 测试按钮告示牌

用户应每三个月测试一次漏电保护器，以确定保护器妥善运作。方法是按下内置测试按钮。按钮后，漏电保护器应转到“关”的位置。重新启动时，只要把漏电保护器转回“开”的位置，电力供应便恢复。若不能恢复电力供应，说明漏电保护器等有问题，应安排及时修理。

5. 跳了漏电保护器处理指引

这是最常见的情况，灯依然亮着，但全屋插座无电，通常发生在天气潮湿的日子，可能是屋里其中一件电器漏电，或是因太过潮湿，部分电路轻微漏电所致，有时只要等一段时间后再接通漏电保护器就会一切恢复正常运作，具体检测方法如下：

（1）将配电箱内所有插座的微型断路器（MCB）关闭（推向OFF），再将所有插在插座上的插头（包括万能插座及插座板）拔出，拆走所有接线座的保险管，不要遗漏。然后再接通漏电保护器，这时漏电保护器应该不会再跳，但全屋插座依然无电。

（2）将刚才关闭插座的微型断路器（MCB）分别一一再接通，漏电保护器应该会保持接通，所有插座恢复电力；

若当接通微型断路器（MCB）时漏电保护器马上又跳，可能是：

1）屋内插座未全部拔出，请由步骤一开始再检查一次；

2）可能插座底或供电线路本身漏电，若是这样，应该找电工师傅检查。

（3）逐一将刚才拔出的插头插回并试开该电器，直至有一件电器插头一插或是一开该电器开关就跳漏电保护器，则该电器必有毛病。找到有毛病的电器后不要再用，找电工师傅修理。

上列步骤只是就最常遇到跳闸的小问题找出原因，若你的问题非如上述所列，或有任何疑惑，为了安全至上，请找电工师傅检查。

6.3.5 塑壳式断路器

电流式漏电断路器（MCCB）也称塑壳式断路器，塑壳指的是用塑料绝缘体来作为装置的外壳，用来隔离导体之间以及接地金属部分。塑壳式断路器是利用漏电电流来操作的接地故障保护器件。其脱扣检测组件分为三类：热动电磁式；液压电磁式；电子式并内附过电压脱扣器、漏电保护器；另内置分路脱扣器（SHUNT TRIP）亦由外置保护继电器向其供给触点讯号，达致切断电源。

1. 塑壳式断路器主要用途

塑壳式断路器与微型断路器原理上没有区别，主要是断路器负荷能力上有区别。塑壳式断路器设计的负荷能力大一些，而微型断路器设计的负荷能力较小。塑壳式断路器主要用于分支干线电路的配电与保护。

2. 塑壳式断路器结构

（1）三菱牌 NF100-SP 型塑壳式断路器结构

塑壳式断路器主要组件有（图 6.3-16）：开关机构、自动跳闸装置（带手动跳闸按钮）、触点、消弧装置、接线端子及塑壳等。

（2）3VF 型塑壳式断路器结构

1）结构图（图 6.3-17）

2）分解图（图 6.3-18）

3. 塑壳式断路器工作原理

当被断路器保护的线路和设备过载或短路时，流过断路器的电流达到安装在断路器内部的双金属片或电磁脱扣器电流整定值，延时或瞬时推动动作机构动作，使触头分离，触头分离时产生的电弧在灭弧室内熄灭。断路器分断故障电流起到了保护线路和设备作用。

4. 塑壳式断路器安装方法

塑壳式断路器垂直正向安装或横向安装时，以断路器面板上铭牌的字或标识做参数，将断路器上方的接线端作为电源的进线端，又名电源端，将断路器下方的接线端作为负载的连接端，又名负载端，这种接线方式，称为上进线。

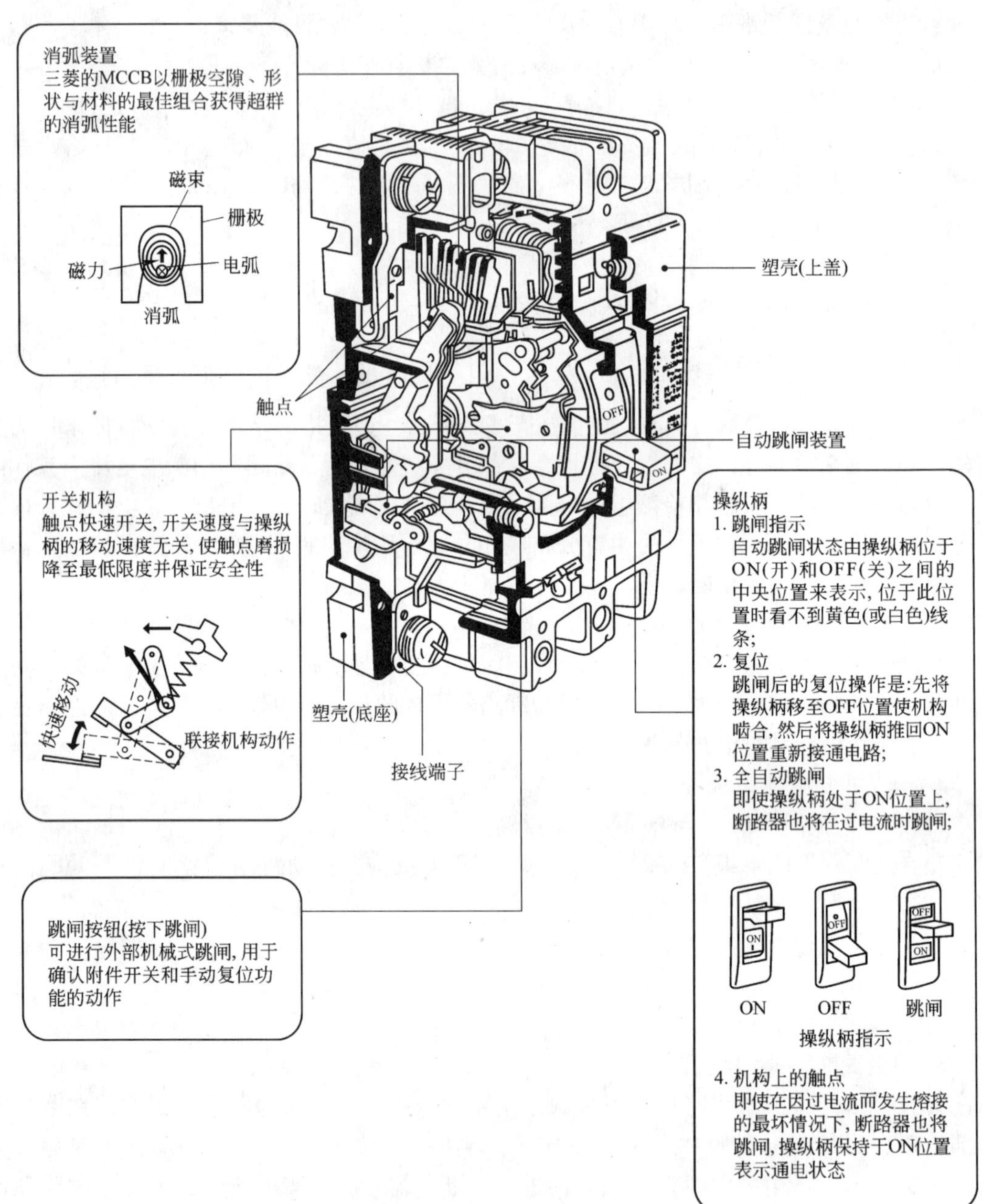

图 6. 3-16　三菱牌 NF100-SP 型塑壳式断路器结构图

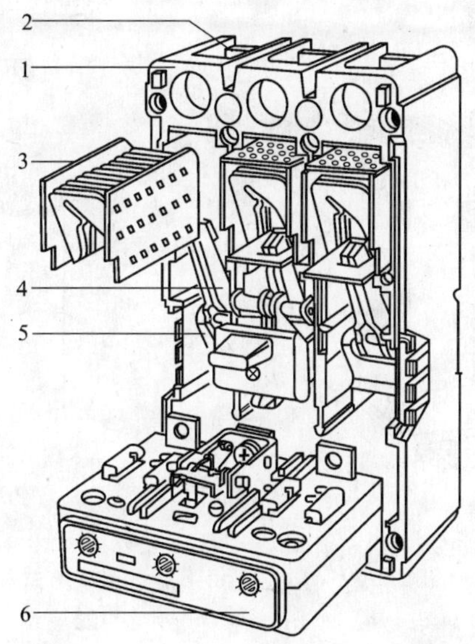

图 6.3-17 3VF 型断路器内部结构

1—外壳；2—主接线端子；3—灭弧室；4—动触头；5—断路器机构；6—过电流脱扣器模块

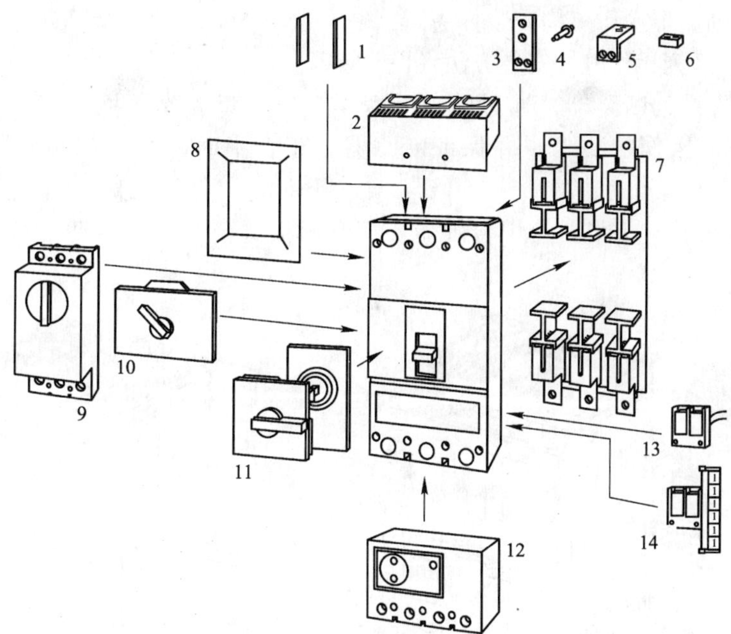

图 6.3-18 3VF 型塑壳式断路器和附件分解图

注：附件 - 连接件：

1—相间隔板；2—主回路端子罩盖；3—正面母排连接件；4—用于 3VF3 的背后连接件；

5—用于 3VF7 的背后连接件；6—多路进线端子；7—插入式安装底板

附件—防护门框：

8—断路器柜门开孔防护框

附件 - 操作机构：9—用于 3VF3 的电动机操作机构；

10—用于 3VF4、3VF5、3VF6 的旋转驱动机构；11—柜门耦合旋转驱动机构，整套；12—DI 模块

附件—辅助开关：

13—辅助开关和报警开关，带连接线；14—辅助开关和报警开关，带接线端子盒

(1) 进出线方式（图6.3-19）

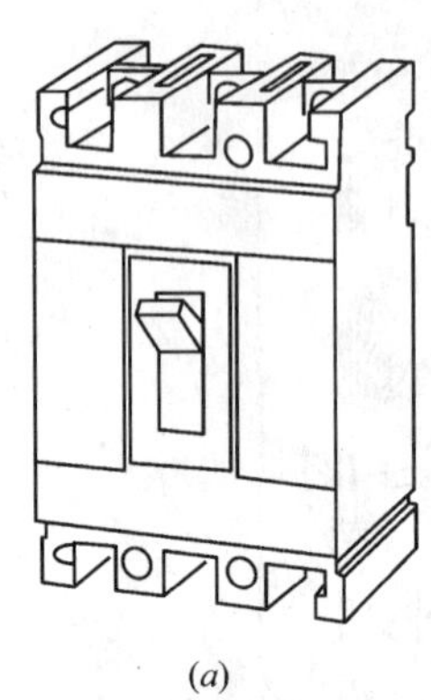

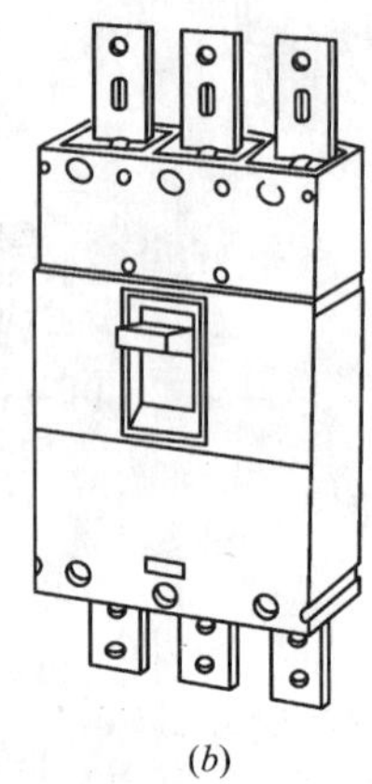

(a) (b)

图6.3-19 塑壳式断路器进出线方式

(a) 内进出线；(b) 外进出线

(2) 安装方法（图6.3-20）

(3) 端子连接方法（图6.3-21）

5. 塑壳式断路器操作机构安装方法

(1) ZTM3系列操作机构安装方法（图6.3-22）

用于ZTM3系列断路器，通过转动手柄，实现成套装置（抽屉柜、配电箱、动力箱等）在面板上操作的要求，并保证断路器处于合闸时，柜体门板不能开启（即与门连锁）；只有在操作手柄处于“OFF”或“Reset”（再扣）时，开关板的门才能打开。当紧急情况下，断路器处于合闸需要打开门板时，可按动转动手柄座边上的红色释放钮。

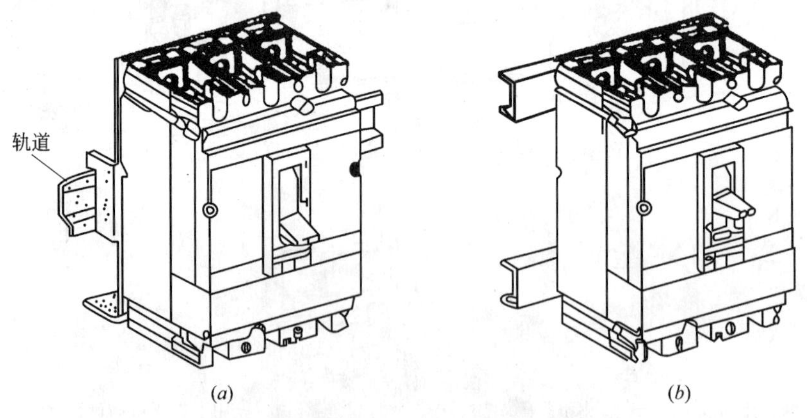

(a) (b)

图6.3-20 塑壳式断路器安装方法

(a) 单轨道安装；(b) 双轨道安装

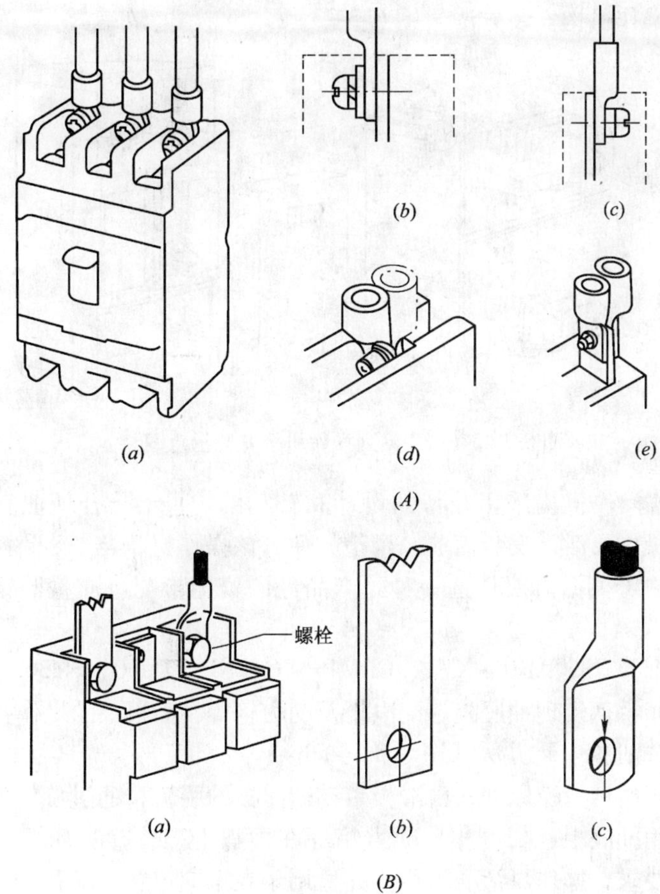

图 6.3-21 塑壳式断路器端子连接方法
(A) 圆头螺栓连接
(a) 连接效果图；(b) 方式一；(c) 方式二；(d) 方式三；(e) 方式四
(B) 六角螺栓连接
(a) 连接效果图；(b) 母排；(c) 电缆接线端子

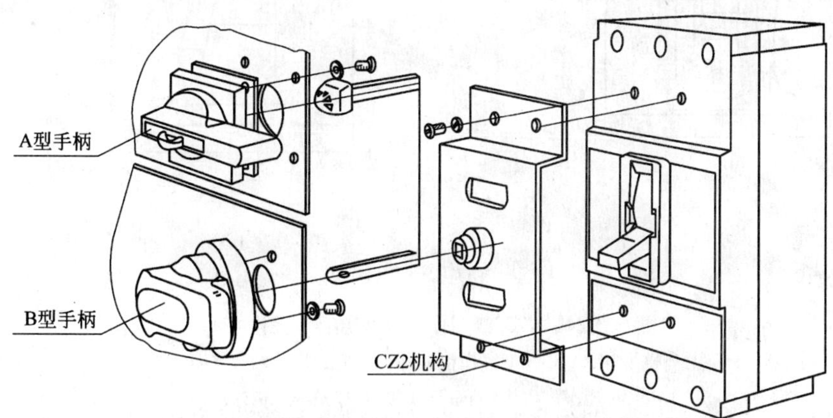

图 6.3-22 ZTM3 系列操作机构安装示意图

（2）CZ2 系列操作机构安装方法（图 6. 3-23）

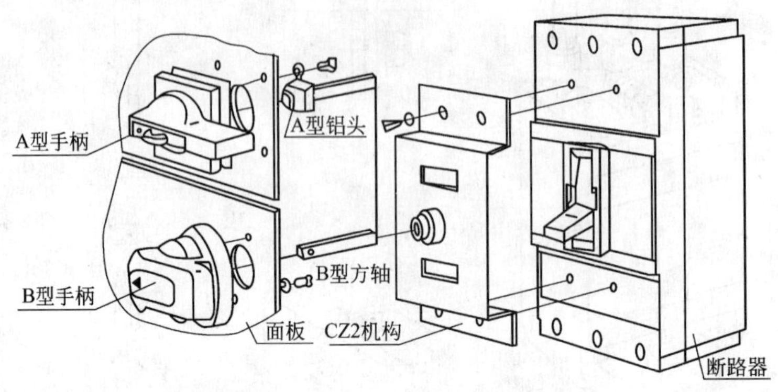

图 6. 3-23 CZ2 系列操作机构安装示意图

CZ2 系列旋转式操作机构采用独特的设计和转动结构，十分合理地实现断路器的断开、闭合和再扣。操作灵活，安装简单，调整方便。该操作机构与 A、B 两种手柄配合使用，外形美观，用户可根据需要任选一种。产品经国家电检配电质量监督检测中心试验合格。

本机构用于 CM1、NS、ABB、NM1、CDM1、LG、NF、TM30、SM30 等系列塑料外壳式断路器，通过旋转手柄实现抽屉柜、配电柜及动力箱等在面板上的操作要求。

（3）CZ3 型操作机构安装方法（图 6. 3-24）

该操作机构采用曲柄滑板原理，由滑板带动断路器的手柄，通过旋转手柄使曲柄滑板机构实现运动，适用抽屉柜、配电柜、动力箱等在面板上操作，实现塑壳式断路器的开断、闭合和再扣等要求，操作灵活、平稳，并适用于在不同位置的配置。

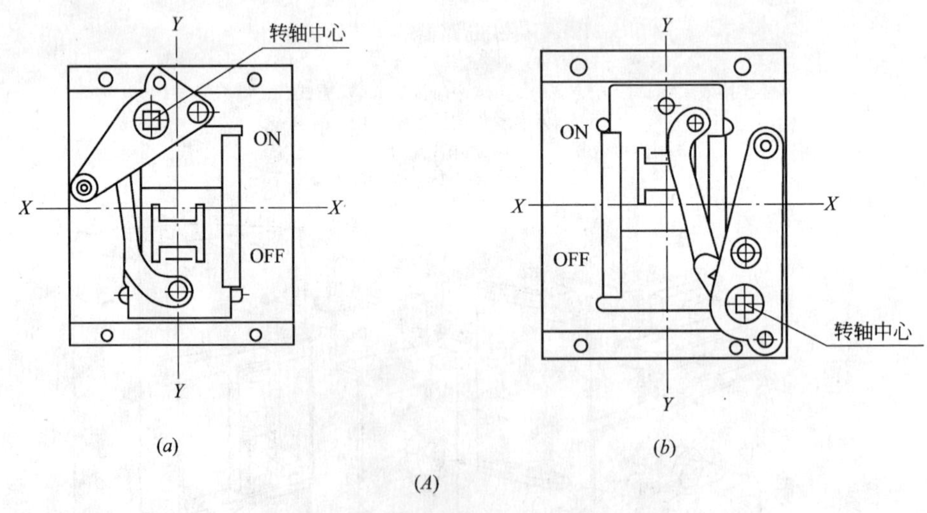

图 6. 3-24 CZ3 型操作机构安装示意图（一）

（A）CZ3 型操作机构外形及安装尺寸图

（a）A 型操作机构外形图；（b）B 型操作机构外形图

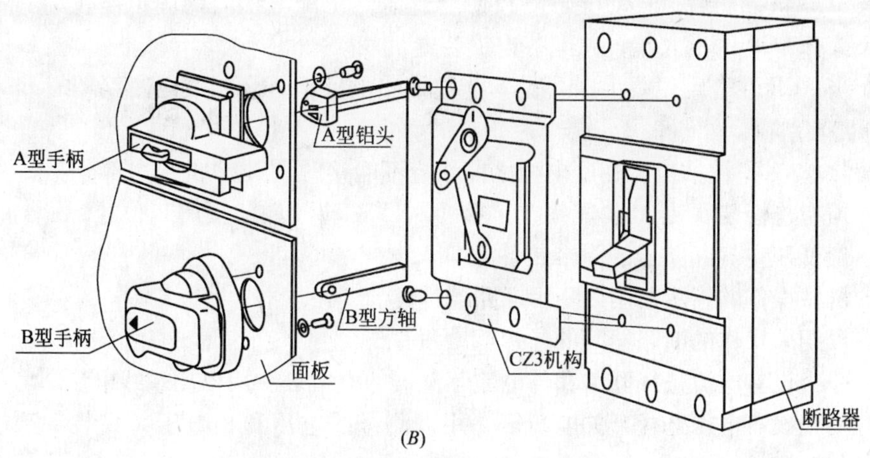

图 6.3-24 CZ3 型操作机构安装示意图（二）
（*B*）安装示意图

6.3.6 低压空气断路器

低压空气断路器（Air Bircuit Breaker）简称 ACB，是以空气为消弧媒介，有计划地执行低压线路的接送电、断电等操作，当电力系统发生故障时，能迅速、自动地切断电源的重要保护装置。主要用于线路主干线的配电与保护。

6.3.6.1 低压空气断路器介绍

1. 低压空气断路器结构图（图 6.3-25）

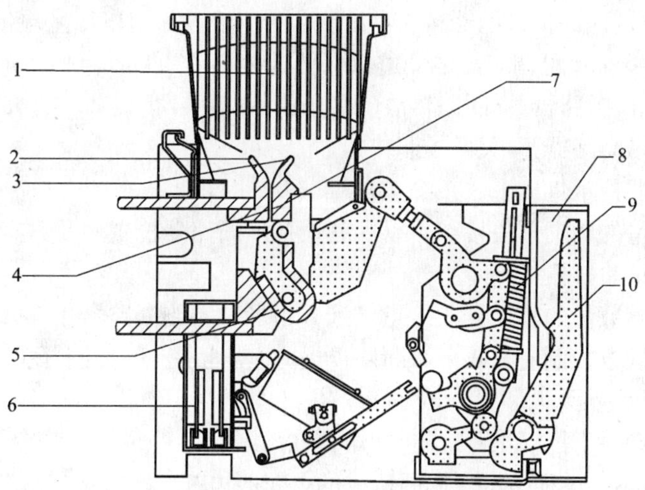

图 6.3-25 低压空气断路器内部结构图
1—灭弧栅片罩；2—固定电弧触点；3—活动电弧触点；4—固定主触点；
5—连接软电排；6—脱扣装置；7—活动主触点；
8—盾形外罩；9—储能弹簧；10—储能摇杆

2. 一般低压空气断路器的应有装备

（1）ACB 与低压配电柜主总母线系统间的电气连接须经触头和插孔，并带自动屏蔽隔板，当ACB被抽出后，自动屏蔽隔板便会遮盖低压配电柜内的固定插孔端。隔板应以标牌指示属于ACB的出入端，并配备连锁装置。

（2）当ACB在合闸位置上时，是不能被抽出的。但若企图取出断路器时，应会引起闭合的断路器跳闸。

（3）除非ACB被抽出，在配电柜之前面应不能接触到ACB的带电部分。

（4）须有连锁装置使ACB能锁在“接合”、“试验”和“隔离”位置。

3. 一般低压空气断路器的附带装备

（1）机械操作的指示器用以指示断路器位置。

（2）以钥匙操作的断路器间的连锁。

（3）一个设有电流选择开关和与电流互感器的电流表。用以测量线电流。

（4）一个设有电压选择开关电压表，用以测量线电压和相电压（只装备于进线断路器）。

（5）一个三相功率因数表（只装备于进线断路器）。

（6）一个电度表及配合的电流互感器。

（7）配备过流保护继电器。继电器须为三极无方向性的IDMT继电器，其设定电流及时间值均可调整。继电器的时间与电流特性之选定须保证与其前级配电变压器和高压开关柜许可的最大时间与电流特性完全匹配及有选择性，并获得供电局的批准。如为于过流时可直接启动的空气断路器，会内置油盅作为调节于过流时之切断时间。

（8）配备接地保护继电器。继电器须为单极无方向性的IDMT继电器，其设定电流及时间值均可调整。继电器之时间与电流特性之选择，须保证与其前级配电变压器和高压开关所许可的最大时间与电流特性完全匹配及有选择性，并获得供电局的批准。

（9）配备电压过低保护继电器（有些断路器会内置），用以当主电源故障后使回路能继续保持闭合，达0~5s可调。此电压过低保护继电器须为自动复位型。

（10）断路器开/断路器关/断路器故障跳闸指示灯。

（11）用以操纵断路器开/关的控制按钮。

（12）三相电源指示灯。

（13）足够数量的辅助开关接点，以供就地指示断路器位置用，并有足够的备用量。

（14）指示灯试验按钮。

（15）配备足够数量的辅助开关接点供远方指示和控制断路器用，并有足够的备用量。

（16）当需要远方控制时，需配备断路器远方/就地手动的控制开关。

4. 低压空气断路器灭弧装置

电弧：是指触头在闭合和断开（包括熔体在熔断时）的瞬间，都会在触头间隙中由电子流产生弧状的火花，这种由电气原因造成的火花叫电弧。

图6.3-26为空气断路器的灭弧装置操作图解，当主触点因故障而切断电源时会产生电弧，并流经张开的电弧触点。由于灭弧栅片（或称电弧割片）是由用铁磁性材料构造，电弧电流所产生的磁场与灭弧栅片的铁磁性物质间产生相互作用力，再加上热力上升，把电弧经由导弧片拉长并吸引到灭弧栅片内，使电弧角度增加，并由灭弧栅片将长电弧分割成一串短电弧。而当电弧电流在交变时处于零电位位置时，则每个短电弧的阴极附近立即出现150~250V的绝缘强度，因电弧触点间之电压最后会小于各灭弧栅片间隙的绝缘强度

总和，故此电弧会熄灭，亦有称此为利用电磁力吹断电弧。而因灭弧栅片的间隔会吸收电弧产生的热力，并经空气散发，从而产生降温的效果。如灭弧栅片的体积愈大，则其断路容量会愈高。

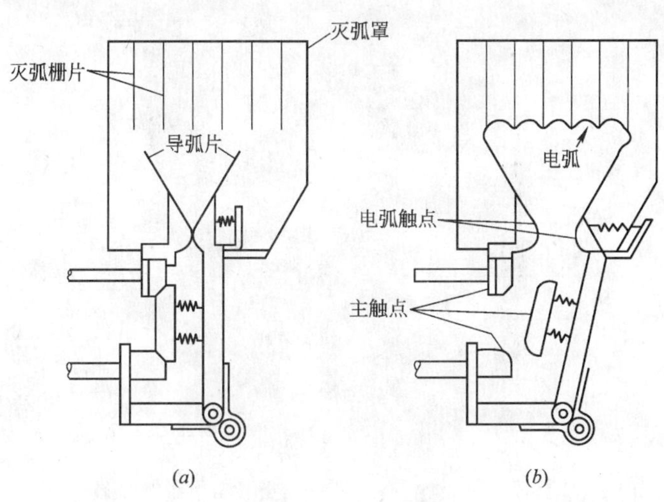

图 6.3-26 灭弧室

（a）断路器合闸时；（b）断路器开断时

5. 低压空气断路器操作简介

（1）由于空气断路器在合闸（开）或开断（关）时的机械能量需求非常之大，故此非一般人力可以操作，而需要将储能摇杆（操作手柄）向下压动多次，达致启动开关构件的储能弹簧储足能量，并能于开关空气断路器时释放出能量代替人力操作。另外有一些断路器会内置气动缸，而合闸（开）或跳闸（关）断路器时的机械能量则由手动或电动机操作的充气式弹簧代替人力操作。

（2）当电源部分有电压过低或缺相的情况出现时，电压过低保护继电器便会启动空气断路器之自动脱扣装置，从而切断电源，避免负载部分之仪器及电力器具损毁。

（3）当负载部分有过流、短路或接地故障的情况出现时，过流、短路或接地故障保护继电器便会启动空气断路器的自动脱扣装置，从而切断电源，避免负载部分发生火警或人畜有间接触电的危险，亦可避免供电局的电力系统受到干扰或损毁。

6. 低压空气断路器使用和维护

（1）断路器应按规定垂直安装，电源必须由断路器上部接线端子接入。断路器下部端子接负载，不可接错。

（2）断路器对同时接触被保护二线引起的触电危险不能进行保护。

（3）断路器内部有电子电路，因此不允许对断路器负载端进行工频耐压或绝缘电阻试验。

（4）断路器按钮在“合”位置表示断路器触头闭合，按钮在“分”位置表示断路器触头断开。断路器因线路故障自动跳闸后，应查明原因排除故障后再合闸。

（5）断路器新安装及运行一段时间后（一般每隔一个月），须在合闸状态下按试验按钮，以检查断路器漏电保护工作是否正常可靠。

6.3.6.2 西门子 S3WN6 系列低压空气断路器介绍

1. 外形图（图 6.3-27）

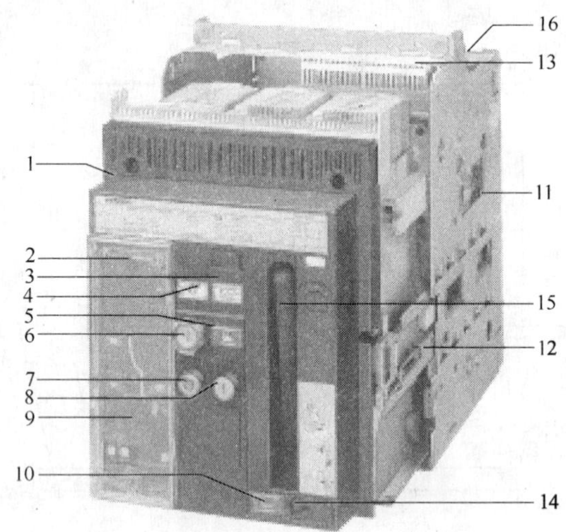

图 6.3-27 S3WN6 系列低压空气断路器外形图

1—抽屉式断路器；2—显示和复位按钮，用于：(1) 脱扣信号发送触头；(2) 机械重合闸锁定；3—储能状态显示器；4—通断状态显示器；5—合闸准备就绪状态显示器；6—机械合闸按钮，带密封盖；7—机械分闸按钮；8—电气合闸按钮；9—过电流脱扣器；10—位置显示器；11—导向框架；12—导轨；13—辅助接线端子；14—曲柄操作孔；15—操作手柄（储能摇杆）；16—位置信号发送开关

2. 结构图（图 6.3-28）

3. 符合标准

IEC947-2，DIN VDE0660 第 101 部分，耐气候等级符合 DIN IEC68 第 30-2 部分。

4. 工作条件

3WN6 系列低压空气断路器耐气候条件符合 DIN IEC68 第 30-2 部分。一般应用于非恶劣工作条件的密闭区域中。

5. 设计

分断能力：65/80kA

额定电流：630～3200A

额定工作电压：AC690V

3WN6 系列低压空气断路器配有过电流脱扣器，操作机构和辅助触头，如果需要，还可安装欠电压脱扣器和分励脱扣器。负荷隔离开关不带过电流脱扣器。

6. 安装方式

有固定式或抽屉式两种安装方式。

7. 操作机构

可提供下述三种操作机构：

(1) 手动储能，机械合闸式操作机构。

(2) 手动储能，机械和电气合闸式操作机构。

(3) 手动/电动机储能，机械和电气合闸式操作机构。

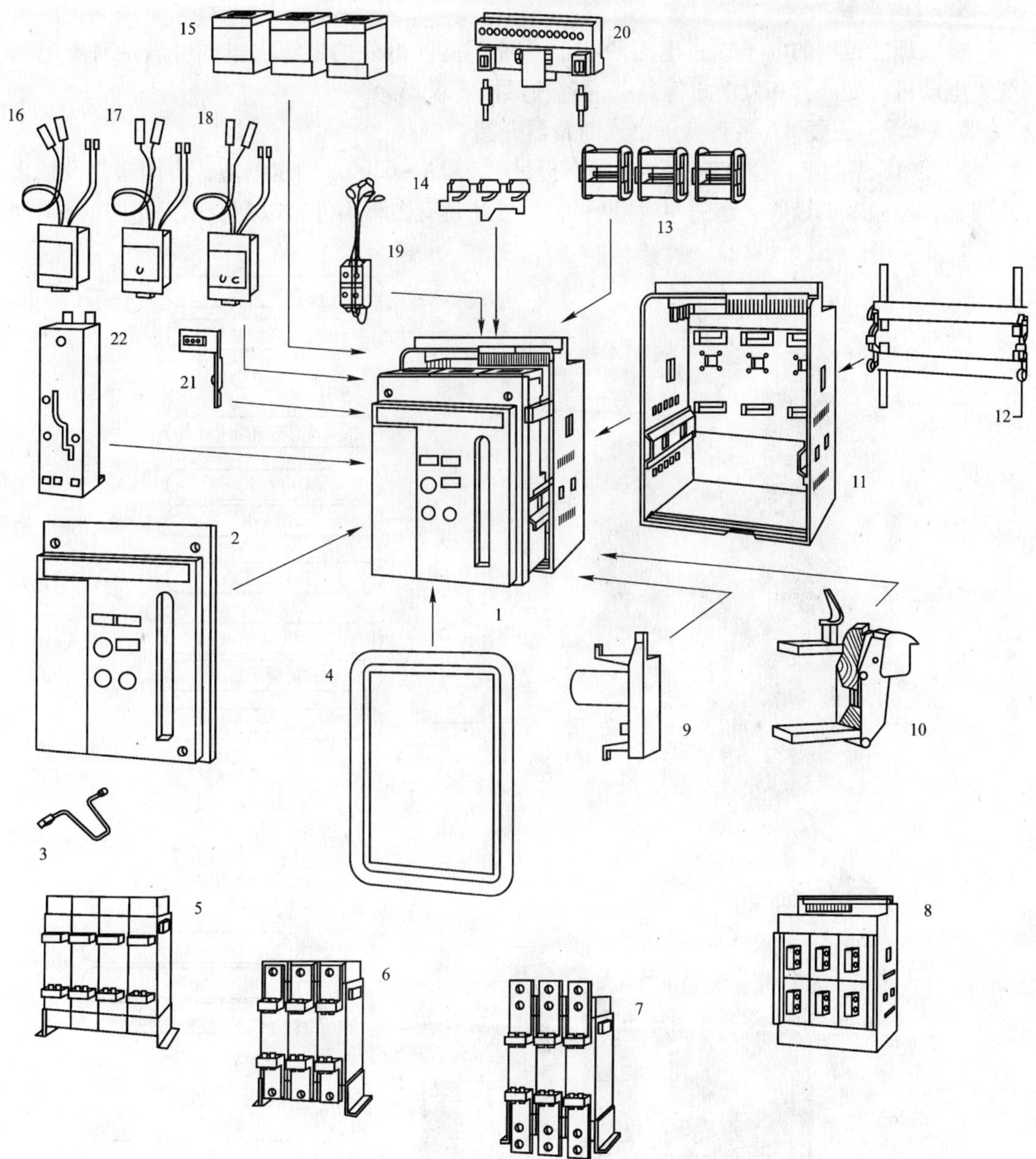

图 6.3-28 S3WN6 系列低压空气断路器结构

1—断路器本体；2—控制面板；3—曲柄；4—门密封框，防护等级 IP54；
5—主回路水平后置；6—主回路连接前置，单孔，顶部和底部；
7—主回路连接前置，双孔，顶部和底部；8—主回路垂直后置；9—储能用电动机；
10—主触头；11—导向框架；12—安全挡板；13—电流互感器；
14—位置信号发送开关；15—灭弧室；16—电气合闸线圈；17—分励线圈；18—欠电压线圈；
19—辅助触头；20—辅助接线端子块；21—操作计数器；
22—带微处理器的电子式过电流脱扣器

8. 过电流脱扣器

微处理器控制的电子式过电流脱扣器系统不需要另外的电源供电，可满足对配电系统、电动机、变压器和发电机等负载的各种保护要求。

6.3.6.3 三菱 AE 系列低压空气断路器介绍

三菱 AE 系列低压空气断路器为用户提供了 630A ~6300A 额定电流，有固定式及抽出式两种，三极及四极等。超过 40 种型号，另外还备有多种附件，以配合用户不同的要求。

1. 外形图（图 6.3-29）

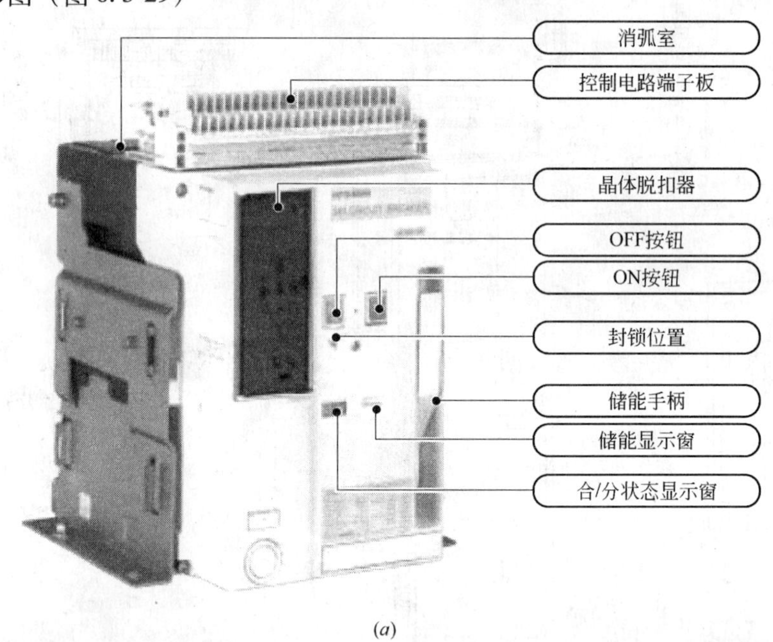

(*a*)

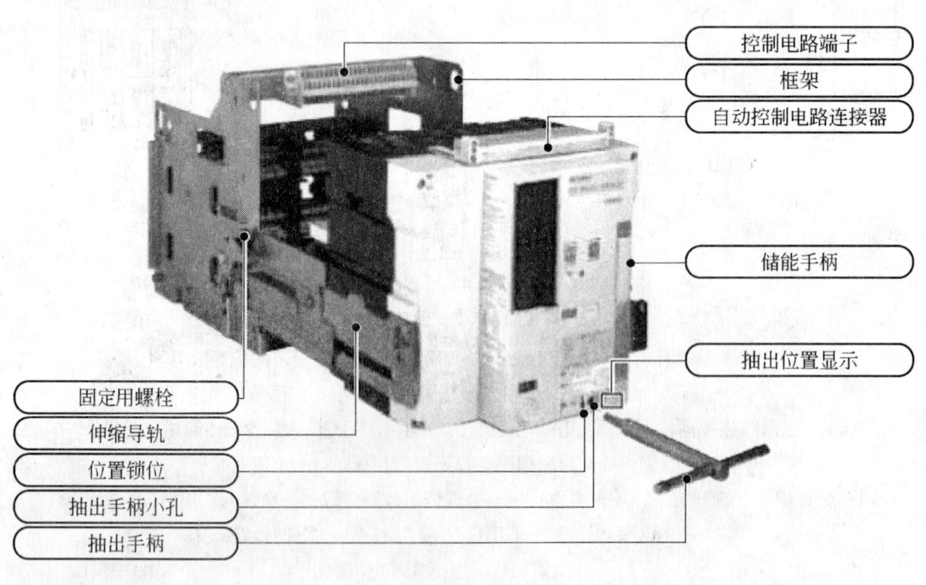

(*b*)

图 6.3-29 AE 系列低压空气断路器外形图（一）

（*a*）三菱固定型 AE-SS 系列低压空气断路器外形图；（*b*）三菱抽出型 AE-SH 系列低压空气断路器外形图；

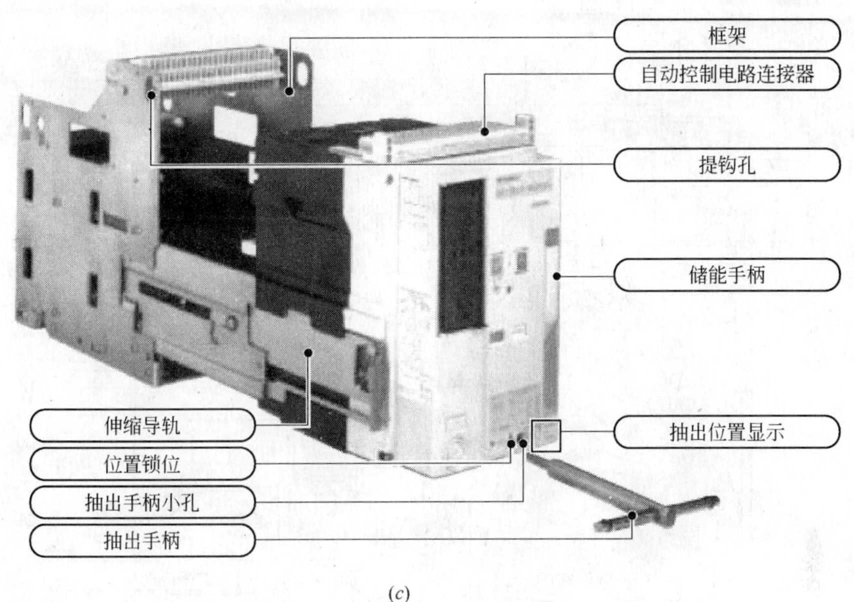

(*c*)

图 6.3-29 AE 系列低压空气断路器外形图（二）
（*c*）三菱抽出型 AE-SS 系列低压空气断路器外形图

2. 产品特点

（1）完备的机种；

（2）扩大的分断范围；

（3）实现全模块化；

（4）使用寿命长；

（5）实现电弧空间为零；

（6）可逆连接；

（7）更完善的新型 AE4000-SSA。

3. 内部构造（图 6.3-30）

4. 灭弧室结构（图 6.3-31）

6.3.6.4 $DW_{15}HH$—2000 系列多功能断路器介绍

万能框架式断路器一般有一个带绝缘衬垫的钢制框架，所有部件均安装在这个框架底座内。有一般式、多功能式、高性能式和智能式等几种结构形式。有固定式、抽屉式两种安装方式，手动和电动两种操作方式，具有多段式保护特性，主要用于配电网络的总开关和保护。万能式断路器容量较大，可装设较多的脱扣器，辅助触头的数量也较多。不同的脱扣器组合可产生不同的保护特性，有选择型或非选择型配电用断路器及有反时限动作特性的电动机保护用断路器。容量较小（如 600A 以下）的万能式断路器多用电磁机构传动，容量较大（如 1000A 以上）的万能式断路器则多用电动机机构传动（无论采用何种传动机构，都装有手柄，以备检修或传动机构故障时用）。极限通断能力较高的万能式断路器还采用储能操作机构以提高通断速度。

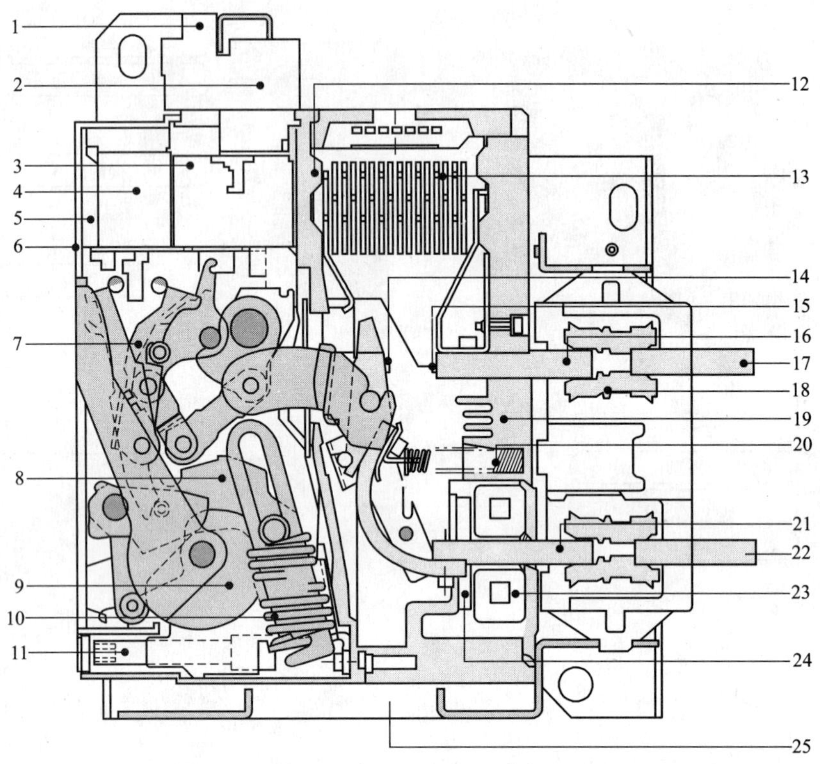

图 6.3-30 三菱 AE-SS 系列低压空气断路器内部构造图

1—控制电路端子板；2—自动控制电路连接器；3—辅助开关；
4—分励脱扣装置、合闸线圈；5—晶体脱扣器；6—面盖；7—脱扣机构；
8—合闸机构；9—储能机构；10—合闸弹簧；11—抽出机构；12—绝缘底；
13—灭弧室；14—动触头；15—静触头；16—断路器主电路导体；17—框架主电路导体；
18—主电路连接头；19—底板；20—触头弹簧；21—断路器主电路导体；
22—框架主电路导体；23—电源提供用 CT；24—电流检测用线圈；25—框架

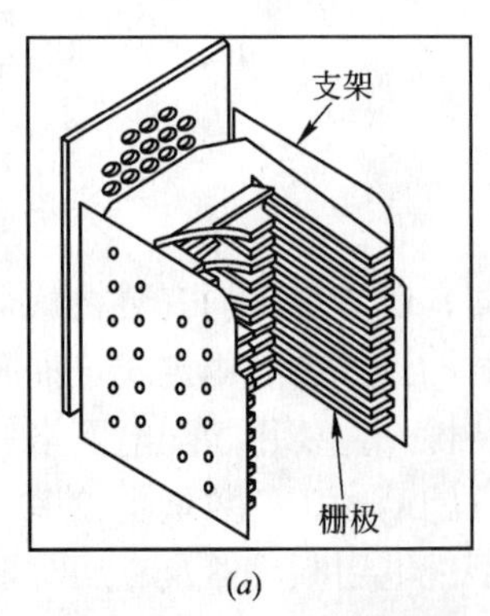

(*a*)

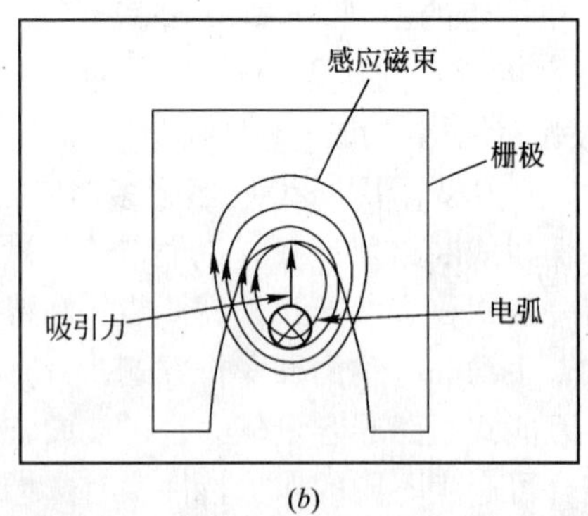

(*b*)

图 6.3-31 灭弧室结构

(*a*) 结构图；(*b*) 俯视图

万能框架式断路器常用型号有：DW_{16}（一般型）、DW_{15}、DW_{15}HH（多功能、高性能）、DW_{45}（智能型），另外还有 ME、AE（高性能型）和 M（智能型）等系列。

下面以多功能型 DW_{15}HH 断路器为例，说明其结构原理，DW_{15}HH-2000 系列多功能断路器内部结构见图 6.3-32。该类断路器有固定式及抽屉式之分。抽屉式断路器由本体及抽屉座两大部分组成，通过断路器本体和母线与抽屉座的桥式触头连接构成抽屉式断路器，采用正面面板凸块结构，实现开关屏板外操作，开关屏板内装有以单片机为核心的脱扣控制器。断路器本体是带附件的固定式断路器，其附件包括导轨、辅助电路隔离触头、安全隔板驱动轴等。抽屉座由带有导轨的左右侧板、底座和横梁等组成，下方装推进结构，上方装辅助电路静隔离触头，底座横梁上装位置指示，桥式触头前方装安全隔板。断路器采用储能弹簧释能的闭合方式，电动操作时，有配合电动机工作的储能操作用释能电磁铁，手动储能时，储能手柄带动断路器方轴转动进行储能操作。

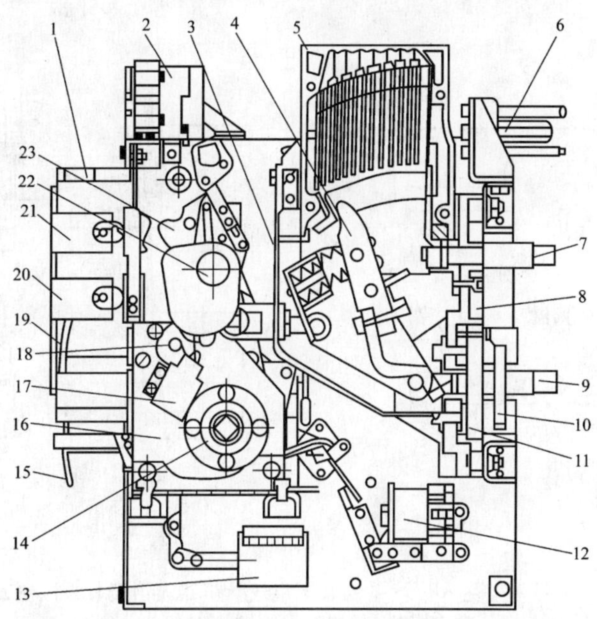

图 6.3-32 DW_{15}HH-2000 系列多功能断路器内部结构图

1—手柄；2—辅助触头；3—罩；4—动触头；5—灭弧室；6—辅助电动隔离触头；7—上母线；8—基座；9—下母线；10—速饱和互感器；11—空心互感器；12—分励脱相器；13—释能电磁铁；14—机构方轴；15—储能指标牌；16—机构；17—磁通变换器；18—脱扣半轴；19—分合闸指示牌；20—断开按钮；21—闭合按钮；22—主轴；23—反回弹簧机构

6.3.6.5 低压空气断路器连锁安装方法（图 6.3-33）

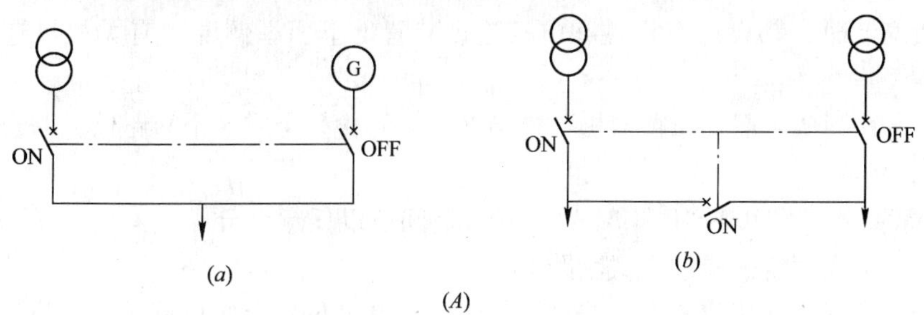

图 6.3-33 三菱 AE-SS 系列低压空气断路器连锁安装方法（一）

(A) 连锁电路图

(a) 2 个电源的转换；(b) 2 个电源系统的转换

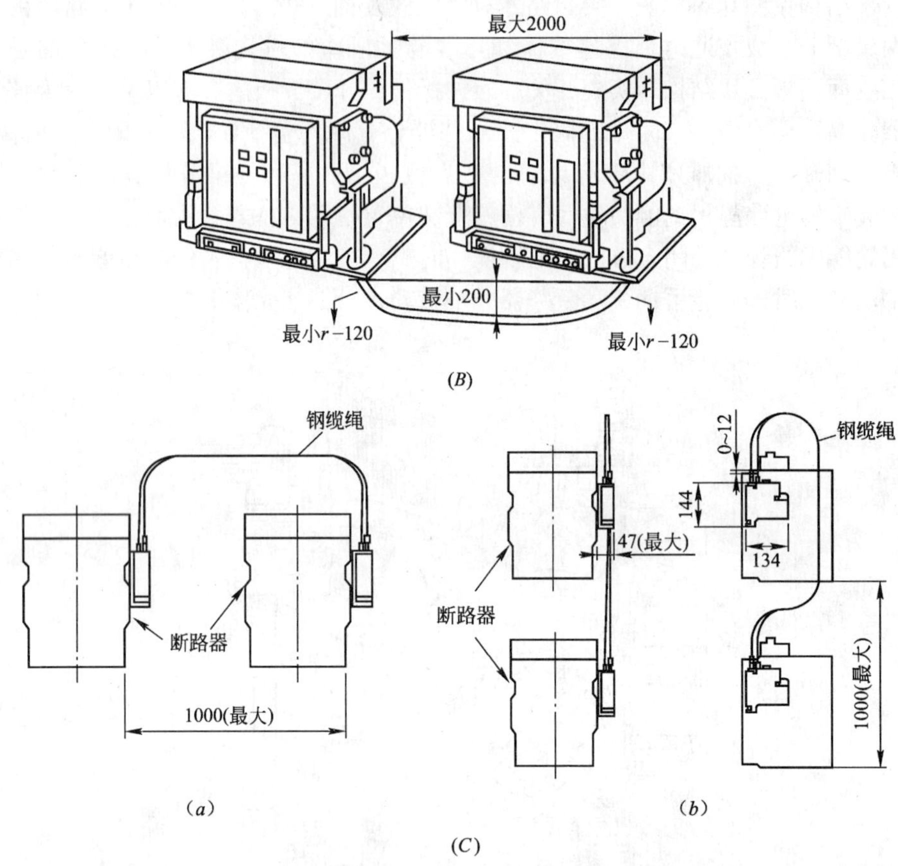

图 6.3-33 三菱 AE-SS 系列低压空气断路器连锁安装方法（二）
（B）用钢缆绳连锁的 2 个平放断路器安装示意图
（C）安装尺寸图
（a）水平安装；（b）垂直安装

在多回路电源供电时，当一路电源发生故障时，通过空气断路器的转换将负载接到另一路电源供电，为了避免发生两路电源并联供电时的事故发生，在两个及以上断路器进行供电切换安装时，都设计有机械和电控连锁装置，下面举例说明有关机械连锁装置的实现。

三菱 AE-SS 系列低压空气断路器机械连锁是一个防止 2 个或 3 个断路器并联合闸的机械连锁装置。

（1）AE630-SS ~ AE3200-SH 和 AE4000-SSC 之间可以任意组合。

（2）便于安装在固定式或抽出式断路器上。

（3）对于抽出式在连接位置上可连锁工作，而在其他位置上则可释放，可进行断路器的维修保养。

6.3.6.6 低压空气断路器常见故障及排除方法（表6.3-2）

低压空气断路器常见故障及排除方法 **表6.3-2**

故障现象	原因	处理办法
手动操作断路器，触头不能闭合 手动拉闸不能断开	1. 失压脱扣器无电压或线圈烧坏； 2. 储能弹簧变形，导致闭合力减小； 3. 反作用弹簧力过大； 4. 机构不能复位再扣； 5. 传动机构不灵活	1. 检查线路，施加电压或更换线圈； 2. 更换储能弹簧； 3. 重新调整； 4. 调整再扣接触面至规定值； 5. 传动点上加少许机油
电动操作断路器，触头不能闭合	1. 操作电源电压不符； 2. 电源容量不够； 3. 电磁铁拉杆行程不够或衔铁间隙过大； 4. 电动机操作定位开关失灵； 5. 控制器中整流管或电容器损坏	1. 更换电源； 2. 增大操作电源容量； 3. 重新调整或更换拉杆或垫高铁芯； 4. 重新调整； 5. 更换
有一相触头不能闭合	1. 一般断路器的一相连杆断裂； 2. 限流元件传动机构角度不合适	1. 更换连杆； 2. 调整至原技术条件规定要求
分励脱扣器不能使断路器分断	1. 线圈短路； 2. 电源电压太低； 3. 再扣接触面太大； 4. 螺钉松动	1. 更换线圈； 2. 更换电源电压或升高； 3. 重新调整； 4. 拧紧螺钉
失压脱扣器不能使断路器分断	1. 反力弹簧变小； 2. 如为储能释放，则储能弹簧变小； 3. 机构卡死	1. 调整弹簧； 2. 调整储能弹簧； 3. 消除卡死原因
启动电动机时断路器立即分断	1. 过电流脱扣器瞬动整定电流太小； 2. 断相保护或其他保护动作	1. 调整过电流脱扣器瞬时整定弹簧及其他保护； 2. 如为空气式脱扣器，则可能阀门失灵或橡皮膜破裂，查明后更换
断路器闭合后，一定时间（约1h）自行分断	1. 过电流脱扣器长延时整定值不对； 2. 热元件或半导体延时电路元件变质	1. 重新调整； 2. 更换
失压脱扣器噪声	1. 反力弹簧力太小； 2. 铁芯工作面有油污； 3. 短路环断裂	1. 重新调整； 2. 清除油污； 3. 更换衔铁或铁芯
断路器温升过高	1. 触头压力过分降低； 2. 触头表面过分磨损或接触不良； 3. 两个导电零件连接螺钉松动	1 调整触头压力或更换弹簧； 2. 更换触头或清理接触面，不能更换者只好更换整台断路器； 3. 拧紧螺钉

续表

故障现象	原因	处理办法
辅助开关发生故障	1. 辅助开关的动触桥卡死或脱落； 2. 辅助开关传动杆断裂或滚轮脱落	1. 拨正或重新装好触桥； 2. 更换传动杆和滚轮或更换整只辅助开关
半导体过电流脱扣器误动作使断路器断开	在仔细寻找故障，确认半导体脱扣器本身无损坏后，在大多数情况下可能是外界电磁干扰	仔细寻找出引起误动作的原因，例如邻近大型电磁铁的操作、接触器的分断、电焊等，予以隔离或更换线路

7 金属管敷设

金属管：凡以金属（如铁、钢、铜、合金）制成，用以包藏导线的管子，称为金属管。本章主要介绍了金属管的安装方法，包括焊接钢管、电线管、可挠金属电线保护管、套接扣压式薄壁钢导管电线管等。

本章相关标准规范：

(1)《建筑电气工程施工质量验收规范》GB 50303—2002 。

(2)《民用建筑电气设计规范》JGJ/T 16—2008。

(3)《可挠金属电线保护管配线工程技术规范》CECS 87—96。

(4)《套接扣压式薄壁钢导管电线管路施工及验收规范》CECS 100：98。

(5)《套接紧定式钢导管电线管路施工及验收规范》CECS 120—2000。

7.1 金属管介绍

7.1.1 金属管

1. 水煤气管

水煤气管又称焊接钢管，其管径以内径计算，管壁较厚（3mm 左右）。分镀锌和不镀锌两种。在电气安装工程中常用耐腐蚀的镀锌钢管，主要用于混凝土中配线时暗敷设。表 7.1-1 列出了水煤气管的技术规格，供选用时参考。

水煤气管的技术规格表　　表 7.1-1

公称直径		外径	普通管				加厚管			
(mm)	(in)	(mm)	壁厚 (mm)	内径 (mm)	内孔总截面 (mm^2)	理论重量 (kg/m)	壁厚 (mm)	内径 (mm)	内孔总截面 (mm^2)	理论重量 (kg/m)
15	1/2	21.25	2.75	15.25	195	1.25	3.25	15.75	195	1.44
20	3/4	26.75	2.75	21.25	355	1.63	3.5	19.75	306	2.01
25	1	33.5	3.25	27	573	2.42	4	25.5	511	2.91
32	1¼	42.25	3.25	35.76	1003	3.13	4	34.25	921	3.77
40	1⅔	48	3.50	41	1320	3.84	4.25	39.5	1225	4.58
50	2	60	3.50	53	2206	4.88	4.5	51	2043	6.16
70	2½	75.5	3.75	68	3631	6.64	4.5	66.5	3473	7.88
80	3	88.5	4.0	80.5	5089	8.34	4.75	79	4902	9.81
100	4	114	4.0	106	8824	10.85	5	104	8495	13.44

2. 薄壁钢管

薄壁钢管又称电线管，其管径以外径计算，管壁比水煤气管薄（一般为 1.5mm 左右），主要用途是室内配线时明敷设。表 7.1-2 列出了薄壁钢管的技术规格，供选用时参考。

薄壁钢管的技术规格表 表 7.1-2

公称直径		外径	壁厚	内径	内孔总截面	理论重量
mm	in	(mm)	(mm)	(mm)	(mm^2)	(kg/m)
15	1/2	15.87	1.5	12.87	130	0.536
20	3/4	19.05	1.5	16.05	202	0.647
25	1	25.40	1.5	22.40	394	0.869
32	1¼	31.75	1.5	28.75	649	1.13
40	1½	38.10	1.5	35.10	967	1.35
50	2	50.80	1.5	47.80	1794	1.83

3. 英国标准电线管

(1) 英国标准 BS4568-1970 四级(公制)热浸镀锌电线管规格(表 7.1-3)

英国标准 BS4568-1970 四级(公制)热浸镀锌电线管规格表 表 7.1-3

公称直径	外径				壁厚		4m 定尺寸重量与每吨条数				每扎(捆)条数	
	最大		最小									
mm	mm	in	mm	in	mm	in	kg/m	kg/条	m/t	条/t	每小扎	每扎
20	20	0.787	19.7	0.776	1.6	0.063	0.684	2.787	1462	365.5	10	100
25	25	0.984	24.6	0.969	1.6	0.063	0.869	3.477	1152	288	10	100
32	32	1.260	31.6	1.244	1.6	0.063	1.128	4.313	886.5	221.6	10	100

(2) 英国标准 BS4565-1970 三级(公制)镀锌电线管规格(表 7.1-4)

英国标准 BS4565-1970 三级(公制)镀锌电线管规格表 表 7.1-4

公称直径(mm)	尺寸(mm)			螺牙长度(mm)		重量(kg/m)
	外径		壁厚			
	最大	最小		最大	最小	三级
20	20	19.7	1.6	15	13	0.643
25	25	24.6	1.6	18	16	0.811
32	32	31.6	1.6	20	18	1.069

4. 金属软管

金属软管(俗称蛇皮管)是将镀锌钢带弯曲成矩形互锁进行制管,具有抗拉、抗压和良好的弯曲性能,并且耐酸、耐碱、耐油、耐氧化,产品安装方便。金属软管有外带包塑护套和不带外包塑护套两种。包塑金属软管选用105℃阻燃 PVC 作为其护套,具有良好的阻燃性能,并有良好的防水、防尘、防振等特点,是电线、电缆的安全保护管,适合于室外场所安装。

钢管与电气设备、器具间的电线保护管宜采用金属软管,其长度在动力工程中不大于0.8m,在照明工程中不大于1.2m,金属软管两端应使用专用接头连接。

（1）金属软管规格

金属软管规格见图 7.1-1 及表 7.1-5。

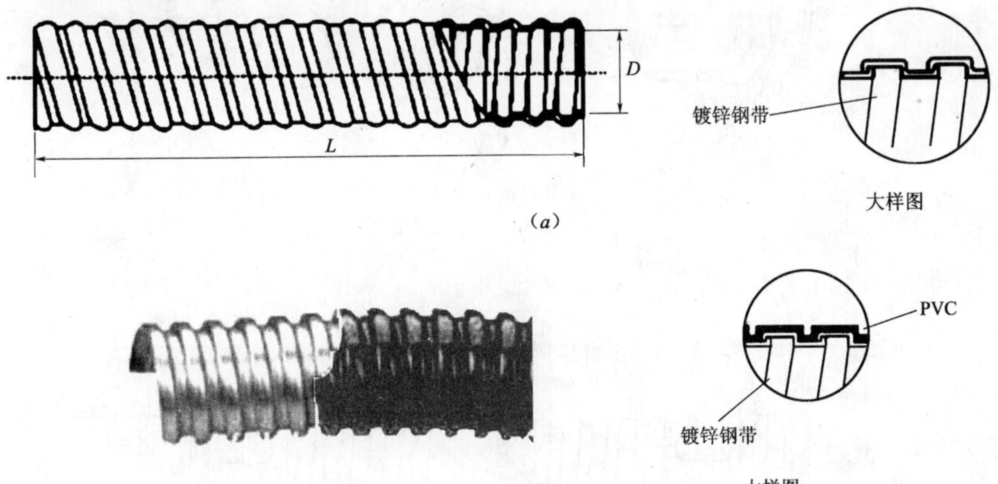

图 7.1-1　金属软管

（a）不带外包塑护套金属软管；（b）外带包塑护套金属软管

金属软管规格表　　**表 7.1-5**

公称直径（mm）	英寸	最小内径（mm）	外径（mm）	重量（kg/m）	弯曲半径（mm）	适配钢管	
						水煤气管	电线管
10	1/4	9.70	17.7	0.19	82	12 号	
12	3/8	11.65	19.7	0.22	90	15 号	10 号
15	1/2	14.65	22.5	0.33	128	20 号	15 号
20	3/4	19.60	27.9	0.45	150	25 号	20 号
25	1	24.50	34.3	0.57	173	32 号	25 号
32	1¼	31.50	42.0	0.80	210	40 号	32 号
38	1½	37.40	49.5	1.06	240	50 号	40 号
51	2	50.00	62.9	1.81	290	70 号	50 号
64	2½	62.50	75.5	3.48	420	80 号	70 号
75	3	73.00	87.5	3.88	480		80 号
100	4	97.00	114.0	4.09	500		100 号
125	5	122.00	138.0	4.63	570		125 号
150	6	164.00	164.0	5.46	660		150 号

（2）金属软管接头

1）软管接头类型（图 7.1-2）

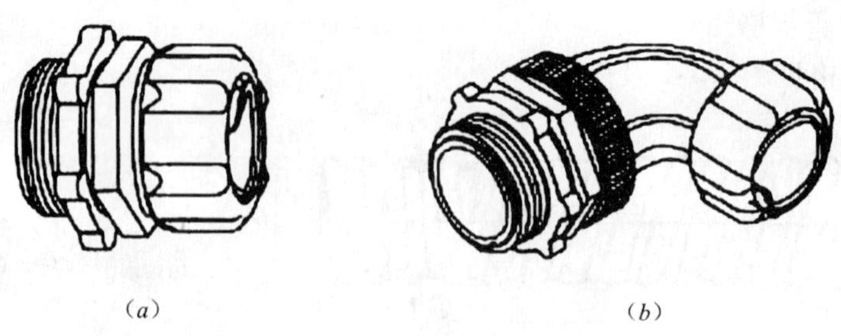

图7.1-2 软管接头类型
(a) 直式接头；(b) 弯式接头

2）螺纹接头（图7.1-3）

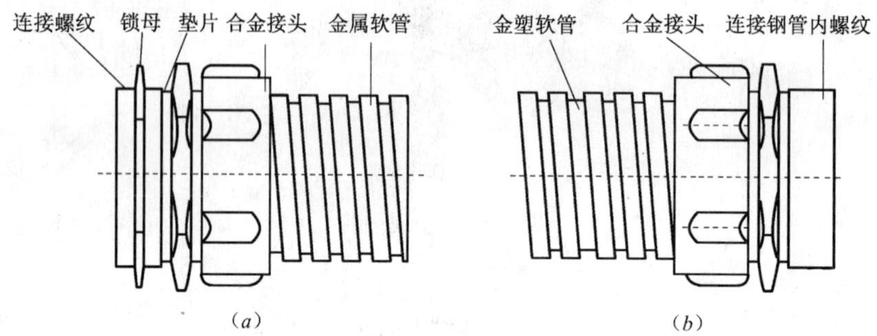

图7.1-3 螺纹接头
(a) 外螺纹接头；(b) 内螺纹接头

螺纹系列接头采用锌合金制造，外形光洁美观，设计新颖独特，密封性能好，具有防振、防水、防尘、防腐等特点。

螺纹接头系列产品与（包塑）金属软管配套使用，主要用于电动机及传动控制系统中的电器箱、接线盒、开关进线及电线管的连接。

3）卡套式接头（图7.1-4）

卡套式系列接头采用锌合金制造，外形光洁美观，设计新颖独特，密封性能好，具有防振、防水、防腐等优点。

卡套式系列接头主要用于（包塑）金属软管与钢管连接，卡套接头安装在钢管末端一卡即牢，不必在钢管上套丝，具有安装方便等优点。钢管内插式系列接头，插入钢管内径，安装方便，主要用于预埋钢管的连接。

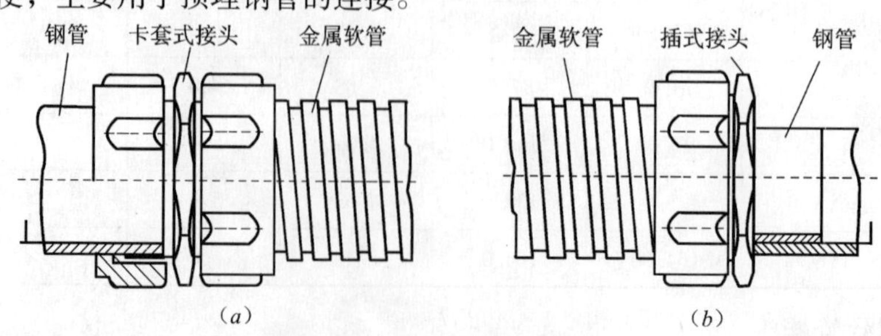

图7.1-4 卡套式接头（一）
(a) 卡套式接头；(b) 内插式接头

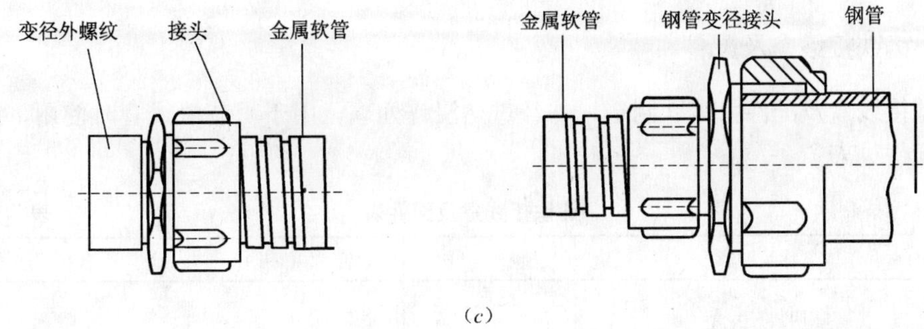

(c)

图 7.1-4 卡套式接头（二）
(c) 变径接头

7.1.2 薄钢板接线盒

薄钢板接线盒系列品种繁多齐全、形式多样。可明装或暗装，用于导线的过路盒、中间接线盒，配用86型或146型接线盒用于开关和插座面板的安装。薄钢板接线盒规格见图7.1-5及表7.1-6。

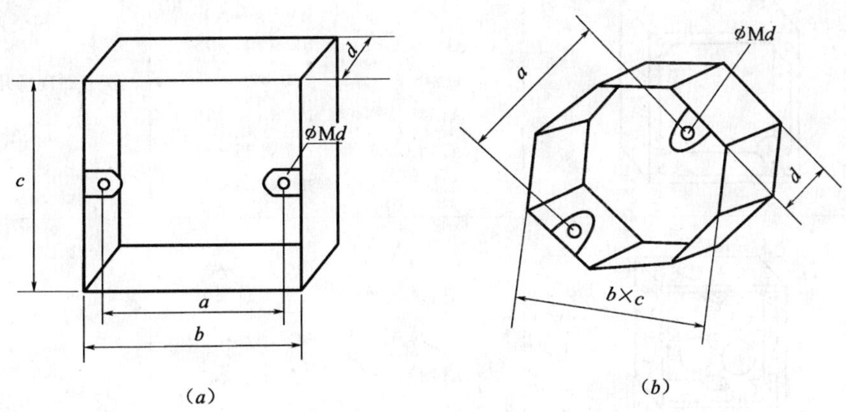

(a) (b)

图 7.1-5 薄钢板接线盒
(a) 方形；(b) 八角形

薄钢板接线盒规格表（mm） 表 7.1-6

形状	产品型号	a	b	c	d	Md
铁盒	86H40				40	M4
铁盒	86H50	60	75	75	50	
铁盒	86H60				60	
铁盒	146H50	121	135	75	50	M4
铁盒	146H60				60	
八角铁盒	DH75	65	长边外口间距 75		50	M4
八角铁盒	DH85	65	长边外口间距 85		50	M4

7.1.3 铸铁接线盒及配件

铸铁接线盒及配件由铸铁制造，并经过热浸锌处理，用于明装电线管时使用，铸铁接线盒及配件见表7.1-7。

铸铁接线盒及配件表 **表7.1-7**

序号	名称及图形	型　号	尺寸（mm）	备　注
1	明装开关盒 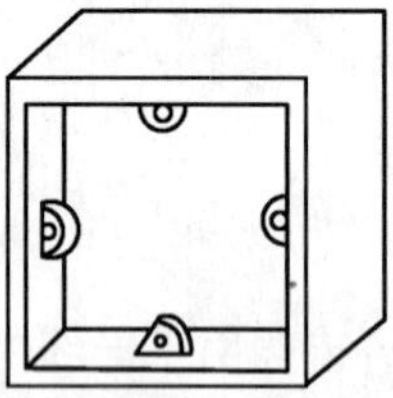	SK149 SK150 SK151	82×82×43 86×81×56 146×86×43	安装孔距60.3mm 安装孔距60.3mm 安装孔距120.6mm 配管时现场开孔
2	明装接线盒 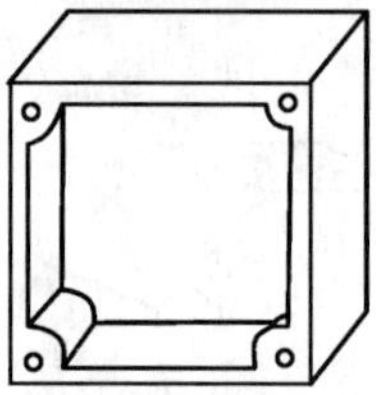	A152 A153 A153S A154S A154 A155 A156	75×75×50 100×100×50 100×100×75 150×75×50 150×150×75 225×225×75 300×300×75	配管时现场开孔
3	接线盒 	K125 K126 K127 K128	75×75×50 72×72×36 72×72×47 133×72×47	
4	低身接线盒 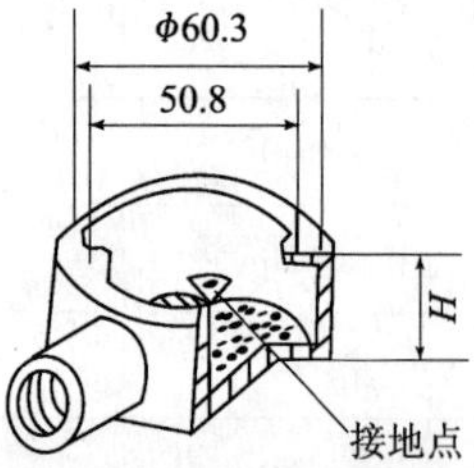  ϕ60.3 50.8 H 接地点	L101 L102 L103 L104 L105	ϕ20	$H=25$
		M101 M102 M103 M104 M105	ϕ20	$H=35$

续表

序号	名称及图形	型号	尺寸（mm）	备注
5	高身接线盒 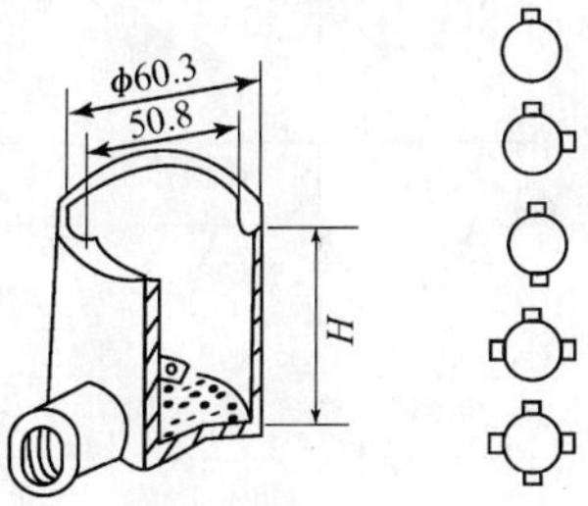 φ60.3 50.8 H	H116 H117 H118 H119 H120	ϕ20	$H=64$
6	异形接线盒 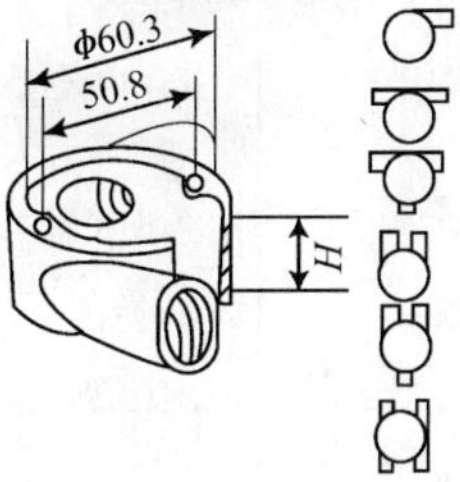 φ60.3 50.8 H	L201 L202 L203 L204 L205 L206	ϕ20	$H=25$
7	背通接线盒 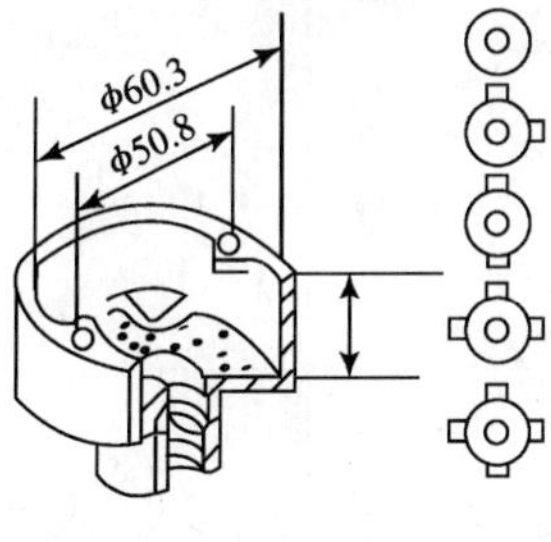 φ60.3 φ50.8	L207-1 L207-2 L207-3 L207-4 L207-5	ϕ20	$H=25$
8	无螺纹背通接线盒 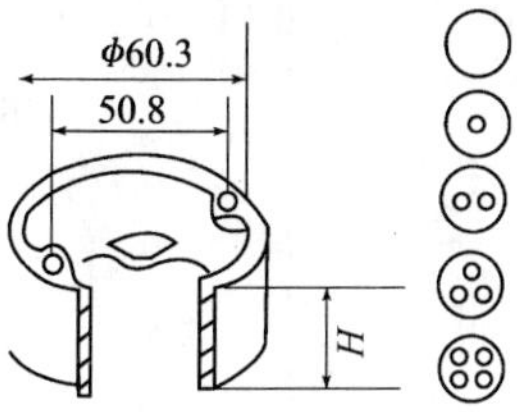 φ60.3 50.8 H	L131 L132 L133 L134 L135	ϕ20	$H=40$（全通孔） $H=32$ $H=32$ $H=32$ $H=32$
9	法兰 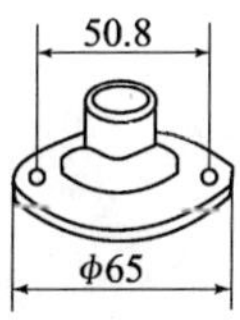 50.8 φ65	D146 D147	ϕ20 ϕ25	常用于灯具安装等

续表

序号	名称及图形	型　号	尺寸（mm）	备　注
10	明装三通 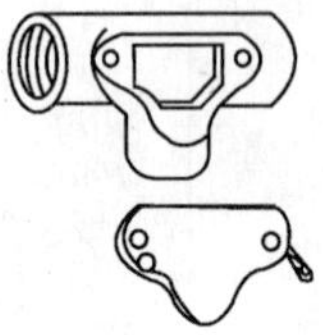	L210 M210	ϕ20 ϕ25	有检查孔
11	明装弯头 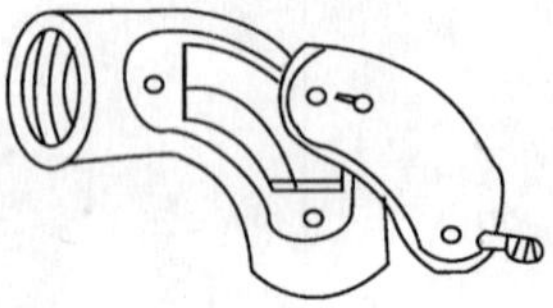	L208 M208 L209 M209	ϕ20 ϕ25 ϕ20 ϕ25	弯曲半径小于4倍外径 弯曲半径小于4倍外径 弯曲半径大于6倍外径 弯曲半径大于6倍外径
12	90°弯头 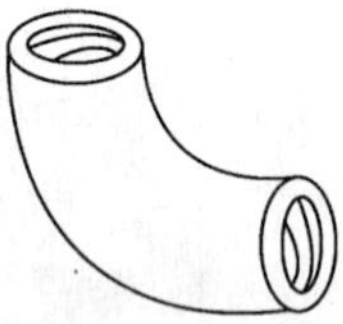	L308 M308	ϕ20 ϕ25	
13	管接头 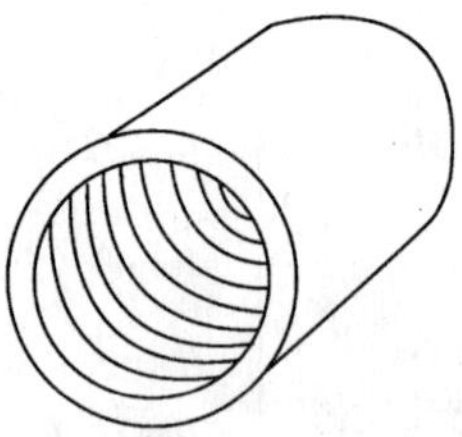	C140 C141 C142 C143 C144	ϕ20 ϕ25 ϕ32 ϕ40 ϕ50	
14	套管接头 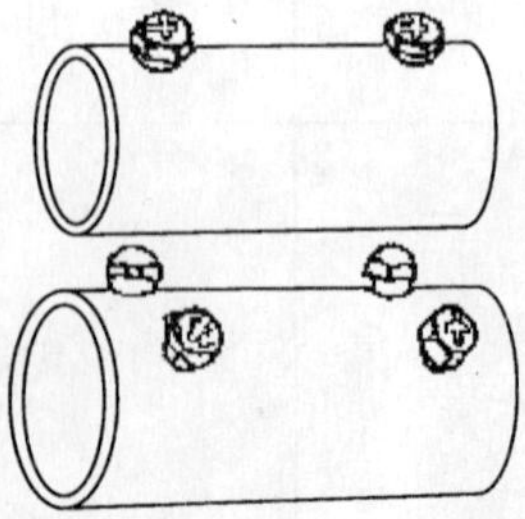	T140 T141 T142 T143 T144	ϕ20 ϕ25 ϕ32 ϕ40 ϕ50	

续表

序号	名称及图形	型　号	尺寸（mm）	备　注
15	短形铜锁扣 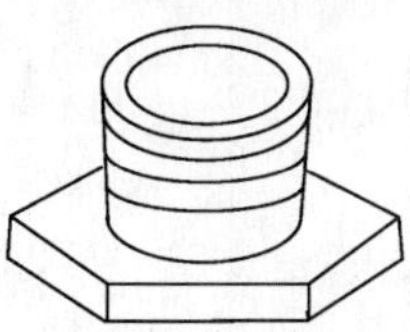	B166 B167 B168 B172 B173 B174	$\phi20$ $\phi25$ $\phi32$ $\phi38$ $\phi40$ $\phi50$	
16	长形铜锁扣 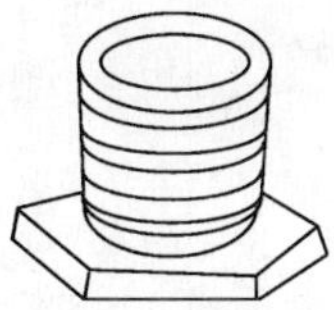	B169 B170 B171 B175 B176 B177	$\phi20$ $\phi25$ $\phi32$ $\phi38$ $\phi40$ $\phi50$	
17	内螺纹软管铜接头 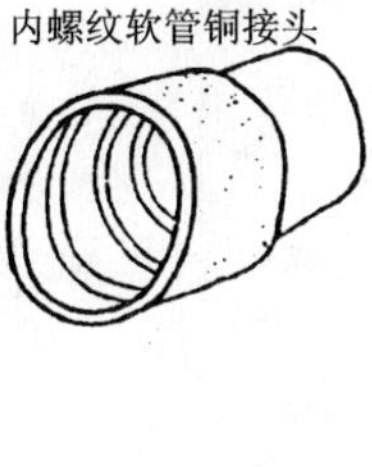	FBA184 FBA187 FBA188 FBA189 FBA193 FBA194	$\phi20\times\phi16$ $\phi20\times\phi20$ $\phi25\times\phi25$ $\phi32\times\phi32$ $\phi38\times\phi38$ $\phi50\times\phi50$	用于电线管与金属软管连接 一侧金属软管螺纹；另一侧电线管外螺纹
18	外螺纺软管铜接头 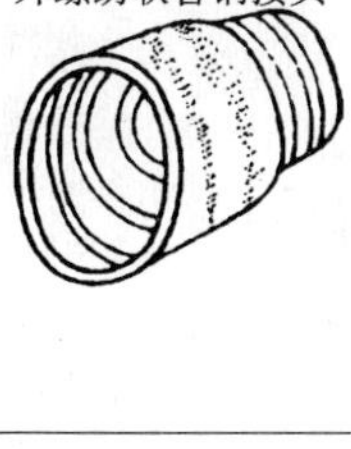	MBA185 MBA190 MBA191 MBA192 MBA195 MBA196	$\phi20\times\phi16$ $\phi20\times\phi20$ $\phi25\times\phi25$ $\phi32\times\phi32$ $\phi38\times\phi38$ $\phi50\times\phi50$	用于电线管与金属软管连接 一侧金属软管螺纹；另一侧电线管外螺纹
19	内螺纹内接软管铜接头 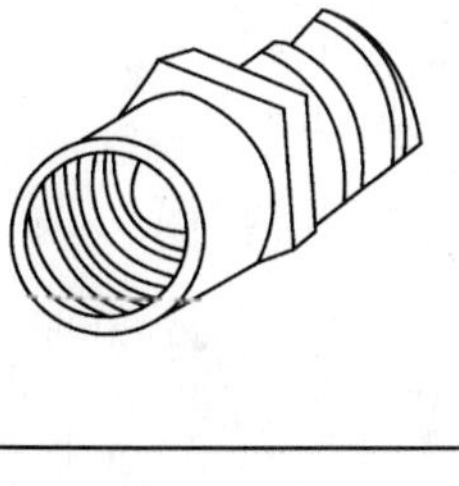	DNJ	$\phi20$ $\phi25$ $\phi32$	用于电线管与金属软管连接

续表

序号	名称及图形	型　号	尺寸（mm）	备　注
20	外螺纹内接软管铜接头 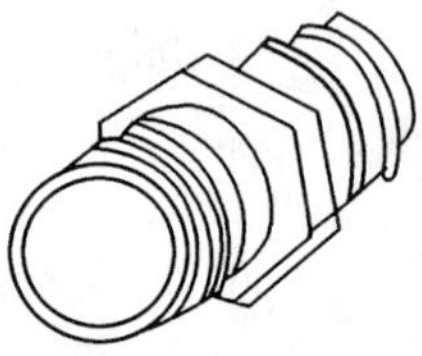	MBA197 MBA198 MBA199	ϕ20 ϕ25 ϕ32	用于电线管与金属软管连接
21	卡套式软管中间接头 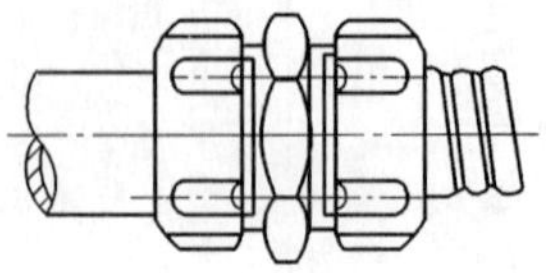	DKJ	ϕ13 ϕ16 ϕ20 ϕ25 ϕ32 ϕ38 ϕ50	用于软管与不需套丝的薄壁钢管连接
22	软管端接头 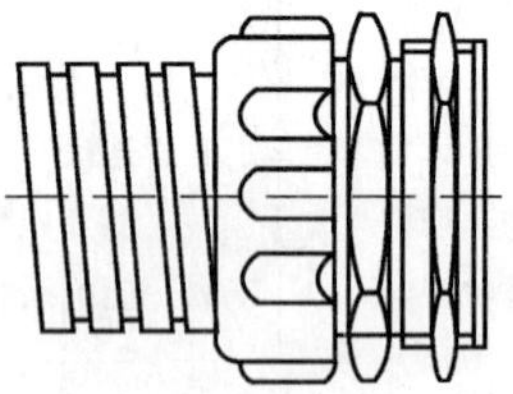	DPJ	ϕ16 ϕ20 ϕ25 ϕ32 ϕ38 ϕ50 ϕ64 ϕ75 ϕ100	用于软管与电动机接线盒等的连接
23	卡接式管端接头 	ZKJ	ϕ16 ϕ20 ϕ25 ϕ32 ϕ38	用于管与接线盒、线槽等的连接（铝合金制）
24	套管式管端接头 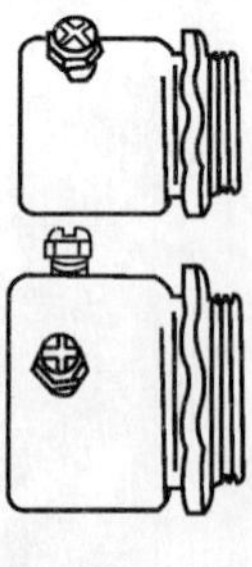	TGJ	ϕ16 ϕ20 ϕ25 ϕ32 ϕ38	用于管与接线盒、线槽等的连接

续表

序号	名称及图形	型　号	尺寸（mm）	备　注
25	夹板式管端接头 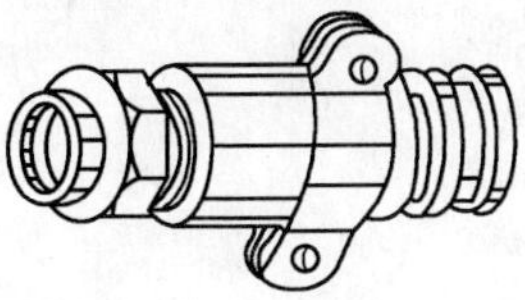	JBJ	$\phi16$ $\phi20$ $\phi25$ $\phi32$ $\phi38$	用于金属软管与接线盒、线槽等的连接
26	圆形锁紧螺母 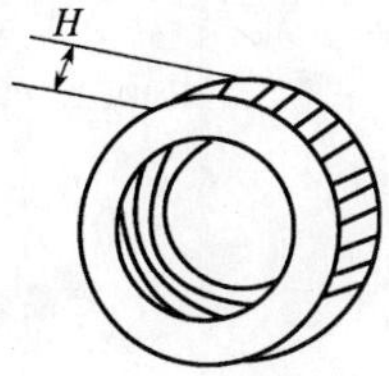 H	MHL190 MHL191 MHL192 MHL193	$\phi16$ $\phi20$ $\phi25$ $\phi32$	$H=3$
27	六角形锁紧螺母 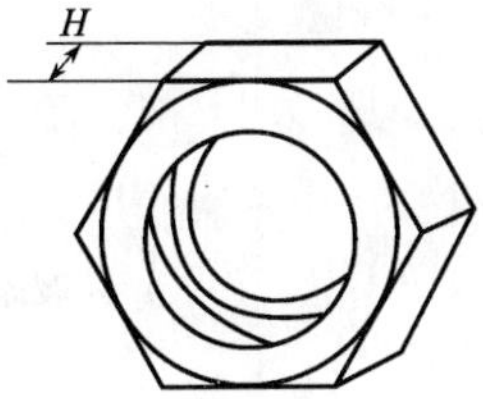 H	MHL180 MHL181 MHL182 MHL183	$\phi16$ $\phi20$ $\phi25$ $\phi32$	$H=3$
		MHL184 MHL185 MHL186	$\phi20$ $\phi25$ $\phi32$	$H=6$
28	护口 	T181R T182R T183R T184R	$\phi16$ $\phi20$ $\phi25$ $\phi32$	有铜制品和塑料制品
29	圆形盒盖 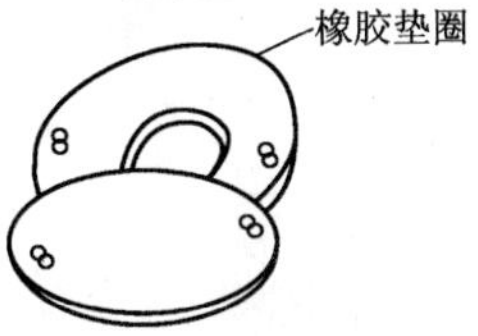 橡胶垫圈	D149	$\phi65$	室外安装时需要配橡胶垫圈
30	方形盒盖 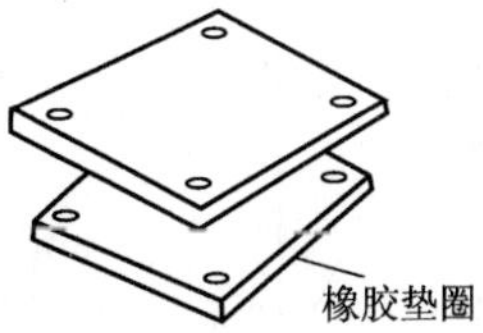 橡胶垫圈	V152 V153 V154 V155 V156	75×75 100×100 150×150 225×225 300×300	室外安装时需要配橡胶垫圈

续表

序号	名称及图形	型　号	尺寸（mm）	备　注
31	铸铁鞍形离墙管卡 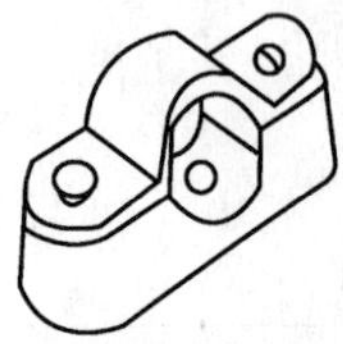	S131 S132 S133 S134 S135	ϕ20 ϕ25 ϕ32 ϕ40 ϕ50	热浸锌铸铁制造
32	薄钢板鞍形管卡 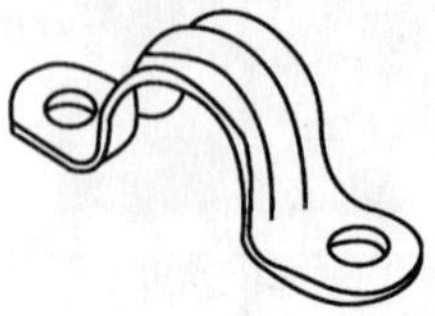	PK	20 25 32 40 50	产品镀锌
33	薄钢板鞍形离墙管卡 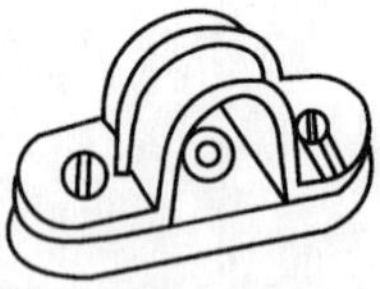	TPK	20 25 32 40 50	产品镀锌
34	抱式管卡 	GG	20 25 32	
35	抱式软管管卡 	RG	25 32 38 50 75 100	

续表

序号	名称及图形	型　号	尺寸（mm）	备　注
36	开孔盒盖 50.8	KG	$\phi 85$	
37	法兰吊钩 85 50.8	FG	$\phi 85$	用于灯具等的吊挂
38	管式吊钩	GG20 GG25	20 25	与法兰配合使用，用于灯具等的吊挂
39	吊钩支杆	ZG	$\phi 8 \times 400$ $\phi 8 \times 500$	

7.1.4 金属管的选择方法

金属管的选择主要从以下三个方面考虑：

（1）金属管类型的选择

根据使用场合、使用环境、建筑物类型和工程造价等因数选择合适的金属管类型。

（2）金属管管径的选择

为了便于穿线，配管前应选择线管规格。当绝缘导线穿于同一根管，管内径不应小于两根导线外径之和的1.35倍（立管可取1.25倍）。当3根及以上绝缘导线穿于同一根管时，导线截面积（包括外护层）的总和，不应超过管内径截面积的40%。

1）BX、BLX绝缘线穿焊接钢管管径选择（表7.1-8）

BX、BLX 绝缘线穿焊接钢管管径选择表（mm） **表 7.1-8**

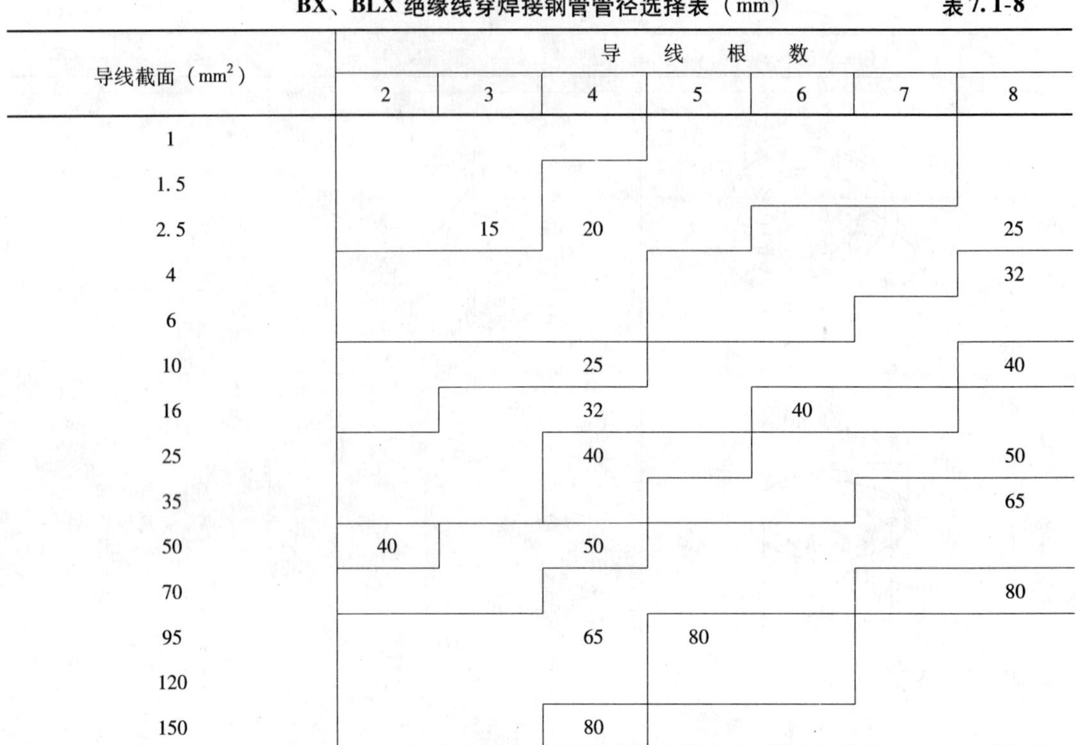

导线截面（mm^2）	导线根数						
	2	3	4	5	6	7	8
1							
1.5							
2.5		15	20				25
4							32
6							
10			25				40
16			32		40		
25			40				50
35							65
50	40		50				
70							80
95			65	80			
120							
150			80				

注：1. BX 表示铜芯橡皮绝缘电线；BLX 表示铝芯橡皮绝缘电线；
2. 焊接钢管的管径指内径。

2）BX、BLX 绝缘导线穿电线管管径选择（表 7.1-9）

BX、BLX 绝缘导线穿电线管管径选择表（mm） **表 7.1-9**

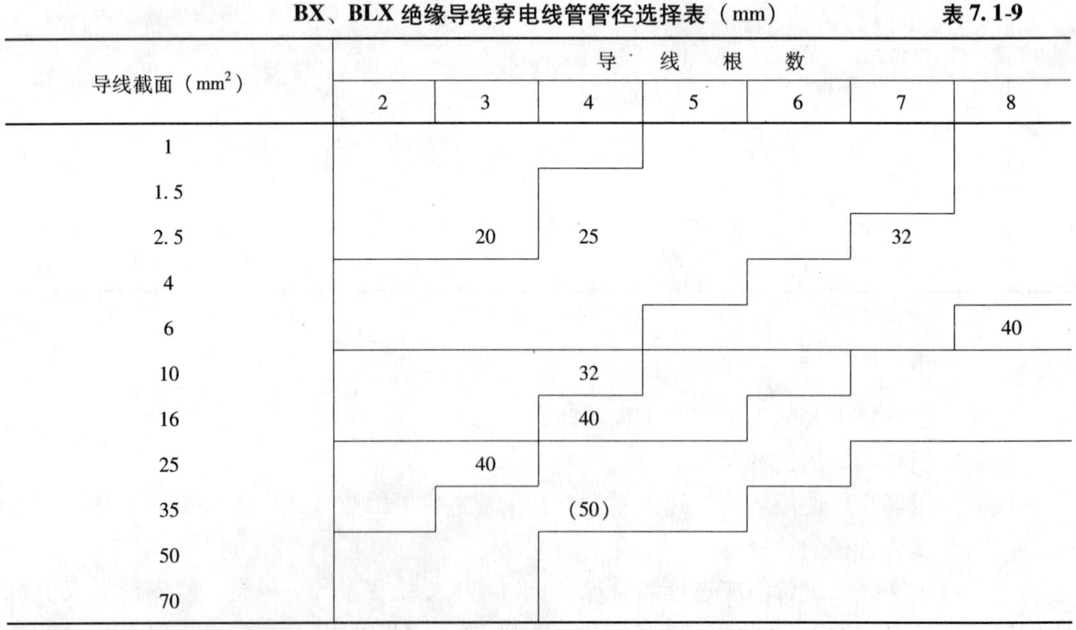

导线截面（mm^2）	导线根数						
	2	3	4	5	6	7	8
1							
1.5							
2.5		20	25			32	
4							
6							40
10			32				
16			40				
25		40					
35			(50)				
50							
70							

注：1. 电线管的管径指外径；
2. 管径为 50mm 的电线管一般不用，因管壁太薄，弯管时容易破裂。

3）BV、BLV 线穿焊接钢管管径选择（表 7.1-10）

BV、BLV 线穿焊接钢管管径选择表（mm） **表 7.1-10**

导线截面（mm²）	导线根数						
	2	3	4	5	6	7	8
1							
1.5							20
2.5							
4			15				
6							25
10		20					32
16			25				40
25					40		50
35			32	40			
50		40					65
70			50				80
95							
120			65				

注：1. BV 表示铜芯氯乙烯绝缘电线，通常称为塑料绝缘电线；BLV 表示铝芯氯乙烯绝缘电线；
2. 焊接钢管的管径指内径。

4）BV、BLV 线穿电线管管径选择表（表 7.1-11）

BV、BLV 线穿电线管管径选择表（mm） **表 7.1-11**

导线截面（mm²）	导线根数						
	2	3	4	5	6	7	8
1							
1.5							
2.5		15			20		25
4			20				
6		20					32
10			25	32			40
16		32					
25			40				
35		40					
50			(50)				
70							

5）电力电缆穿焊接钢管最小管径（表 7.1-12）

电力电缆穿焊接钢管最小管径表（mm） 表 7.1-12

<table>
<tr><th>电缆型号
0.6/1kV</th><th colspan="2">电缆截面（mm²）</th><th>2.5</th><th>4</th><th>6</th><th>10</th><th>16</th><th>25</th><th>35</th><th>50</th><th>70</th><th>95</th><th>120</th><th>150</th><th>185</th><th>240</th></tr>
<tr><td rowspan="3">YJV
YJLV</td><td rowspan="12">电缆穿管长度在 30m 及以下</td><td>直通</td><td>20</td><td colspan="2">25</td><td colspan="2">32</td><td>40</td><td colspan="2">50</td><td colspan="2">65</td><td>80</td><td colspan="3">100</td></tr>
<tr><td>1 个弯曲时</td><td>25</td><td colspan="2">32</td><td>40</td><td colspan="2">50</td><td colspan="2">65</td><td>80</td><td colspan="2">100</td><td colspan="2">125</td><td>150</td></tr>
<tr><td>2 个弯曲时</td><td>32</td><td colspan="2">40</td><td>50</td><td colspan="2">65</td><td>80</td><td colspan="2">100</td><td colspan="2">125</td><td colspan="2">150</td><td>—</td></tr>
<tr><td rowspan="3">VV
VLV</td><td>直通</td><td colspan="2">25</td><td colspan="2">32</td><td>40</td><td colspan="2">50</td><td colspan="2">65</td><td colspan="2">80</td><td colspan="3">100</td></tr>
<tr><td>1 个弯曲时</td><td>32</td><td colspan="2">40</td><td colspan="2">50</td><td colspan="2">65</td><td>80</td><td colspan="3">100</td><td colspan="2">125</td><td>150</td></tr>
<tr><td>2 个弯曲时</td><td>40</td><td colspan="2">50</td><td colspan="2">65</td><td>80</td><td colspan="3">100</td><td colspan="2">125</td><td colspan="2">150</td><td>—</td></tr>
<tr><td rowspan="3">YJV_{22}
$YJLV_{22}$</td><td>直通</td><td>25</td><td colspan="3">32</td><td>40</td><td colspan="2">50</td><td colspan="2">65</td><td>80</td><td colspan="3">100</td><td>125</td></tr>
<tr><td>1 个弯曲时</td><td>32</td><td colspan="2">40</td><td colspan="2">50</td><td>65</td><td colspan="2">80</td><td colspan="2">100</td><td colspan="2">125</td><td colspan="2">150</td></tr>
<tr><td>2 个弯曲时</td><td colspan="3">50</td><td colspan="2">65</td><td>80</td><td colspan="2">100</td><td colspan="2">125</td><td colspan="2">150</td><td colspan="2">—</td></tr>
<tr><td rowspan="3">VV_{22}
VLV_{22}</td><td>直通</td><td>—</td><td colspan="2">32</td><td>40</td><td colspan="2">50</td><td colspan="2">65</td><td colspan="2">80</td><td colspan="3">100</td><td>125</td></tr>
<tr><td>1 个弯曲时</td><td>—</td><td colspan="3">50</td><td>65</td><td colspan="2">80</td><td colspan="3">100</td><td colspan="2">125</td><td colspan="2">150</td></tr>
<tr><td>2 个弯曲时</td><td>—</td><td colspan="3">65</td><td>80</td><td colspan="3">100</td><td colspan="2">125</td><td colspan="2">150</td><td colspan="2">—</td></tr>
</table>

注：长度在 30m 及以下，直线段管内径不小于电缆外径的 1.5 倍；1 个弯曲时管内径不小于电缆外径的 2 倍；2 个弯曲时管内径不小于电缆外径的 2.5 倍。

（3）导线管外观选择

所选用的导线管不应有裂缝和严重锈蚀。弯扁程度不应大于管外径的 10%。导线管应无堵塞，管内应无铁屑及毛刺，切断口应锉平，管口应光滑。

7.1.5 金属管加工

金属管的加工主要包括线管的防腐、切割、套丝和弯曲等。不同的管材，其加工的方法和要求各有不同。

1. 钢管的防腐处理

对于非镀锌钢管，为防止生锈，在配管前应对管子的内壁、外壁除锈、刷防腐漆。管子内壁除锈，可用圆形钢丝刷，两头各绑一根钢丝，穿过管子，来回拉动钢丝刷，把管内铁锈清除干净。管子外壁除锈，可用钢丝刷打磨，也可用电动除锈机。除锈后，将管子的内外表面涂以防腐漆。钢管外壁刷漆要求与敷设方式有关：

（1）埋入混凝土内的钢管外壁可不刷防锈漆；

（2）直埋于土层内的钢管外壁应刷两道沥青或使用镀锌钢管；

（3）采用镀锌钢管时，锌层剥落处应刷防锈漆；

（4）埋入砖墙内的钢管应刷红丹漆等防锈漆；

（5）明敷钢管应刷一道防锈漆，一道面漆（若设计无规定颜色，一般用灰色漆）；

（6）设计有特殊要求时，应按设计规定进行防锈处理。

2. 金属管切割

在配管前，应根据所需实际长度对管子进行切割。钢管的切割方法很多，管子批量较大时，可以使用型钢切割机（无齿锯）。批量较小时可使用钢锯或割管器（管子割刀）。

严禁用电、气焊切割钢管。

切割时，将需要切断的管子长度量好尺寸，放在压力钳口内卡牢固进行切割。管子切断后，断口处应与管轴线垂直，管口应锉平、刮光、无毛刺，使管口整齐光滑，管内铁屑除净。

(1) 割管器

割管器是一种专门用来切割各种金属管的工具，如图 7.1-6 所示。使用时先旋开刀片与滚轮之间的距离，将待割的管子卡入其间，再旋动手柄上的螺杆，使刀片切入钢管，然后做圆周运动进行切割，而且边切割边调整螺杆，使刀片在管子上的切口不断加深，直至把管子切断。

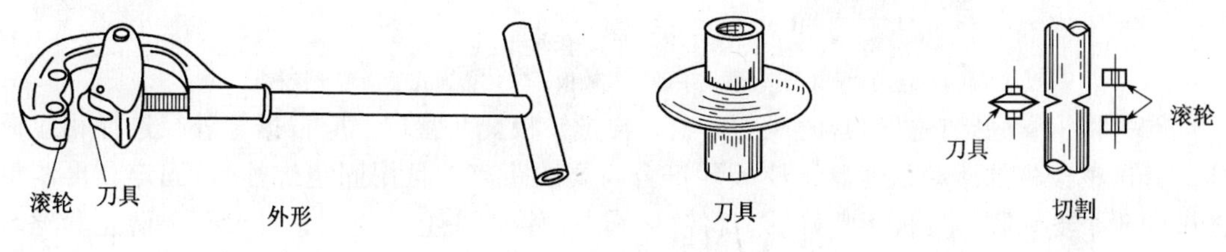

图 7.1-6 割管器

(2) 手锯

手锯由锯弓和锯条组成（图 7.1-7）。锯弓用来安装锯条，它分为可调式和固定式两种。固定式锯弓只能安装一种长度的锯条，可调式锯弓通过调整可安装几种长度的锯条。

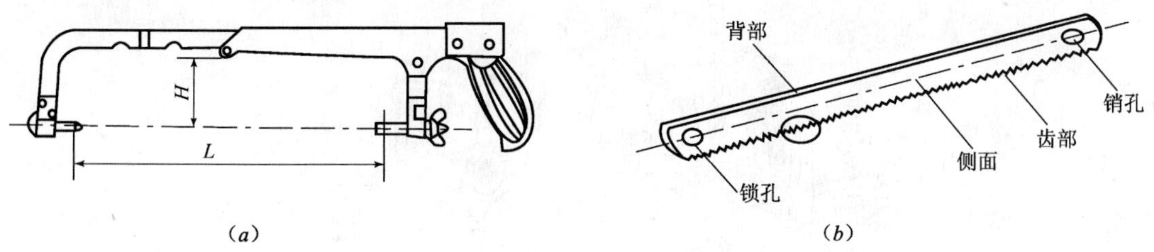

图 7.1-7 手锯

(a) 可调式锯弓；(b) 锯条

3. 金属管套丝

钢管（厚壁管）端头外螺纹加工（也称套丝）使用外螺纹铰制机械。有电动和手动两种。手动式称作管子铰板（也称套丝扳手），电动机械称作电动套丝机。

(1) 手动套丝

常用的手动套丝铰板有普通式和轻便式。普通式能加工的管材规格较多，一般从 $\phi15\sim\phi100$mm钢管都能加工；轻便式手动套丝铰板，体轻、体小，单扳手，扳手可往复运动，操作灵活，不拘于使用场合，可对建筑物内裸露管头做补偿性加工，最适于小管径外螺纹加工。

用管子铰板（图 7.1-8）加工钢管外螺纹是用手工操作的。套丝时人要站直，套丝工具要调整适度。

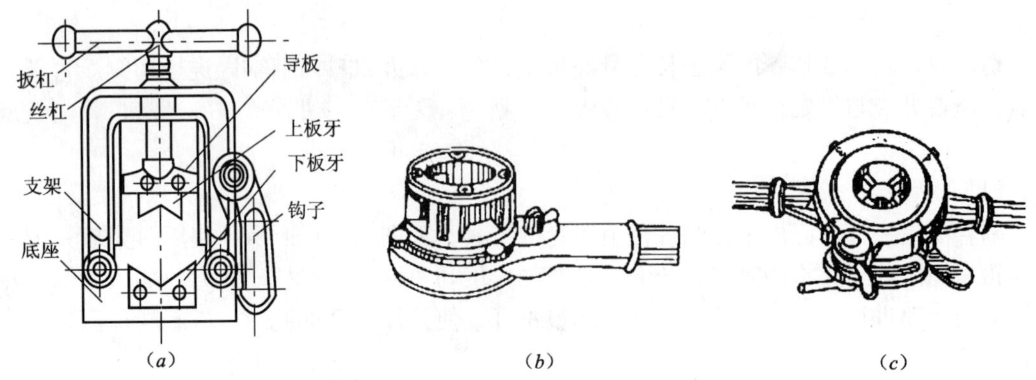

图 7.1-8 手动套丝工具

(*a*) 压力钳；(*b*) 轻便式手动套丝铰板；(*c*) 普通式手动套丝铰板

首先将钢管固定在操作台的压力钳上，再把铰板套在管端，应根据管外径选择相应板牙，并调整铰板的活动刻度盘，使板牙符合需要的距离，且用固定螺栓/钉固定，再调整铰板的3个支承脚，绞板调整好后，将铰板套在钢管端头上，使其紧贴管子，防止套丝时出现斜丝。待铰板与钢管咬合后，再搬动铰板手柄，平稳向里推进，并按顺时针方法转动，套丝过程中，要均匀用力。管子外螺纹也需按加工程序两遍成型，第一次浅加工，第二次精加工，否则将不易达到质量要求。套完丝扣后，应随即清理管口，将管子端面毛刺处理干净，使管口保持光滑，以免割破导线绝缘（图 7.1-9）。

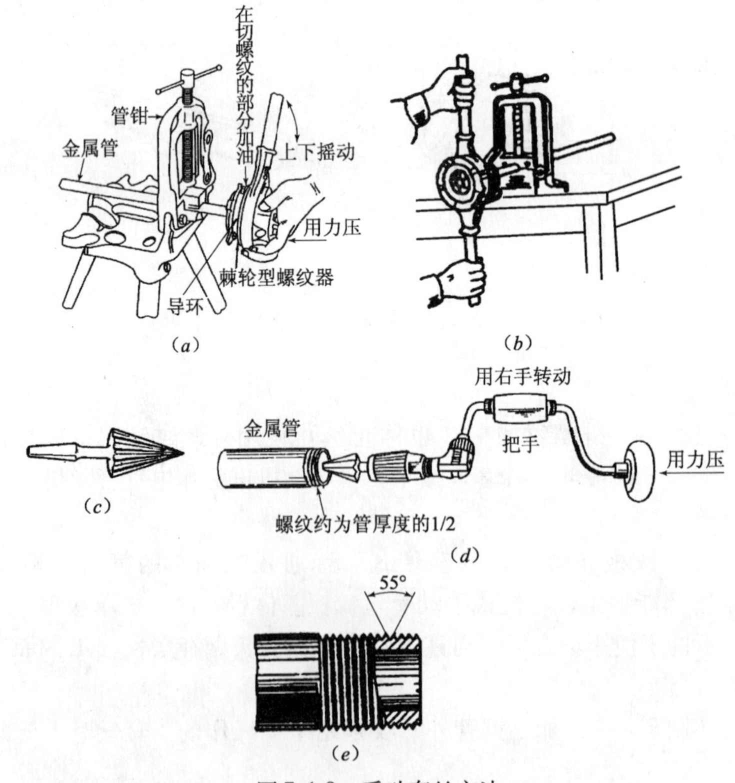

图 7.1-9 手动套丝方法

(*a*) 单手套丝；(*b*) 双手套丝；(*c*) 扩孔器；(*d*) 钢管除去管内金属屑方法；(*e*) 套丝完成

（2）电动套丝

电动套丝机是在机架上安装驱动电动机、管材固定卡盘和套丝铰板。操作时，将钢管插入卡盘，并加以固定。启动电动机，驱动卡盘转动，然后通过手摇齿轮和齿条的传动，将铰板慢慢推向钢管端头即可套丝。在运行中要向钢管加工部位滴注机油，以防高温，并起润滑作用。

4. 金属管弯管

钢管的弯曲有冷搣和热搣两种。冷搣一般采用手动弯管器或电动弯管器。弯曲处不应有折皱，凹穴和开裂，弯扁程度不应大于管外径的10%。手动弯管器一般适用于直径32mm以下钢管，且小批量。若弯制直径较大的管子或批量较大的管子时，可使用滑轮弯管器或电动（或液压）弯管机。用火加热搣弯方法，只限于管径较大的黑铁管。

为便于线管穿线，管子的弯曲角度一般不应大于90°。采用明管敷设时，管子的曲率半径应大于图7.1-10及表7.1-13的数值。

弯曲有缝管时，应将接缝处放在弯曲的侧边，作为中间层，这样，可使焊缝在弯曲变形时既不延长又不缩短，焊缝处就不易裂开（图7.1-11）。

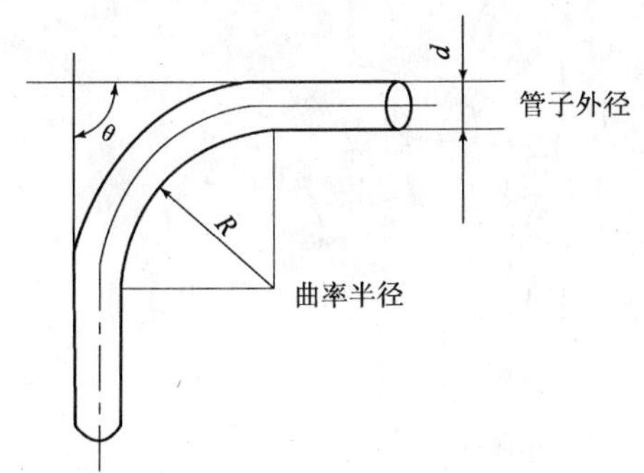

图7.1-10　弯曲半径

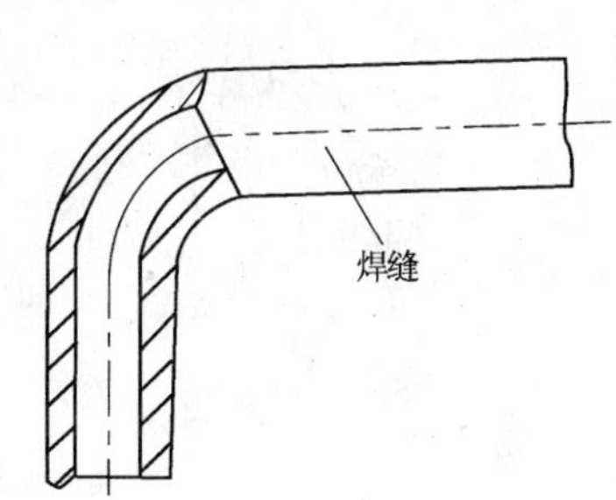

图7.1-11　有缝管的弯曲

管线的弯曲半径（mm） **表7.1-13**

序号	配管条件	弯曲半径 R 与管外径 D 之比
1	明配时	6
2	明配只有1个弯时	4
3	暗配时	6
4	埋设于地下或混凝土楼板内时	10

（1）手动弯管器

手动弯管器使用方法（图7.1-12）：

应根据管子的直径选用不同弯管器进行弯管，不得以大代小，更不能以小代大。手动弯管器弯管方法是把弯管器套在管子需要弯曲部位（即起弯点），用脚踩住管子，扳动弯管器手柄，稍加一定的力，使管子略有弯曲，然后逐点向后移动弯管器，重复前次动作，直至弯曲部分的后端，使管子弯成所需要的弯曲半径和弯曲角度。

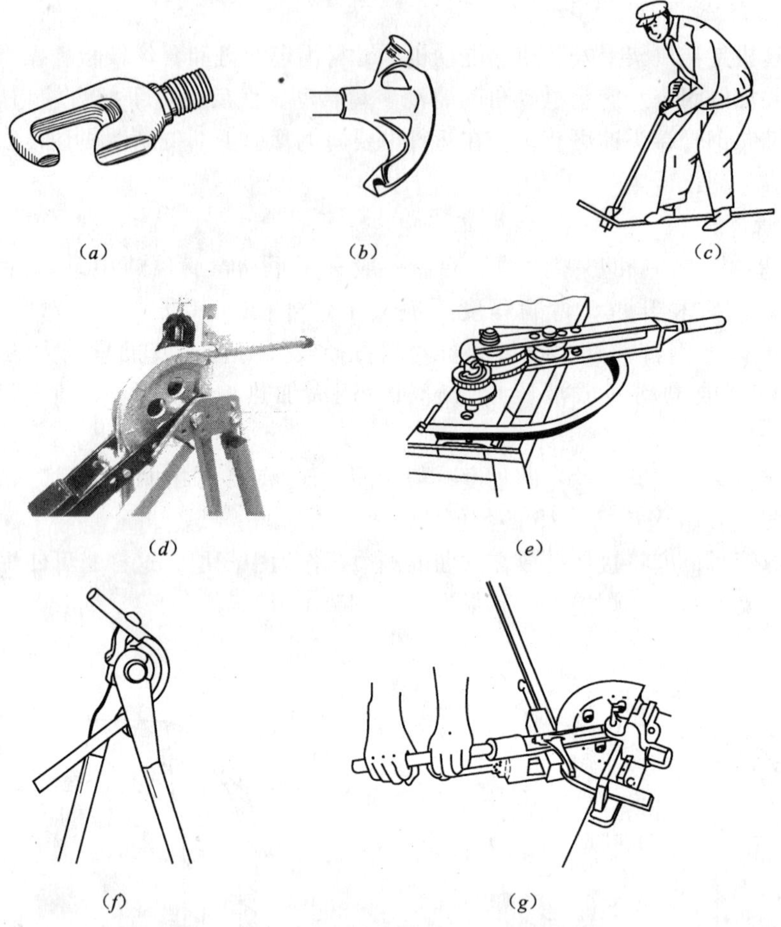

图 7.1-12 手动弯管器使用方法

(*a*) 手动弯管器样式一；(*b*) 手动弯管器样式二；(*c*) 手动弯管器弯管方法；(*d*) 台式弯管器样式一；(*e*) 台式弯管器样式二；(*f*) 台式弯管器摵弯方法一；(*g*) 台式弯管器摵弯方法二

(2) 滑轮弯管器

弯制直径较大（最大可至 100mm）的管子时，可用滑轮弯管器。对线管无损伤，特别是外观、形状要求比较高，用滑轮弯管器最适宜。弯管器可固定在工作台上，如图 7.1-13所示。弯管时把管子放在两滑轮中间，扳动滑轮应用力均匀，速度缓慢，即可弯出所需要的管子来。

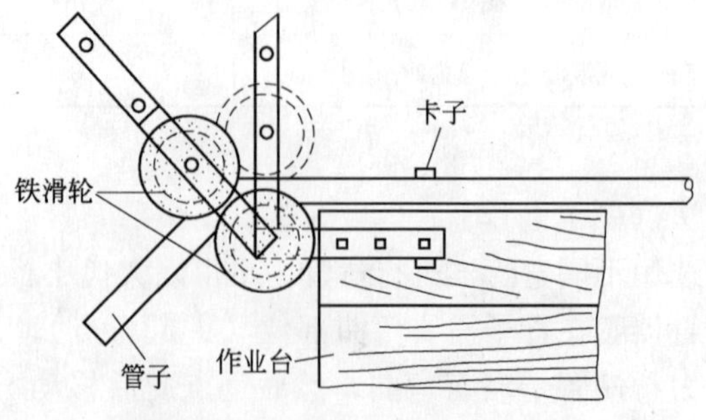

图 7.1-13 滑轮弯管器使用方法

(3) 电动弯管机（图 7.1-14）

电动弯管机适用于大批量较大管径的摵弯。先按管子弯曲半径选择模具，再将已画好线的管子放入弯管机模具内，使管子的起弯点对准弯管机的起弯点，然后拧紧夹具，开始弯管，当弯曲角度大于所需角度 1°～2°时停止，将弯管机退回起弯点，用样板测量弯曲半径和弯曲角度。使用弯管机时应注意所弯的管子外径一定要与弯管模具配合贴紧，否则管子会产生凹瘪现象。

(4) 钢管热摵弯方法（图 7.1-15）

用火加热摵弯时，应先把管子内装满干燥的沙子，并在管两端用木塞塞紧后，放在烘炉或焦炭火上加热，再放到模具上弯曲。也可以用气焊加热摵弯，先预热弯曲部分，然后从起弯点开始，边加热边弯曲，直到所需角度。为了保证弯曲质量，热摵法应确定管子的合适加热长度。

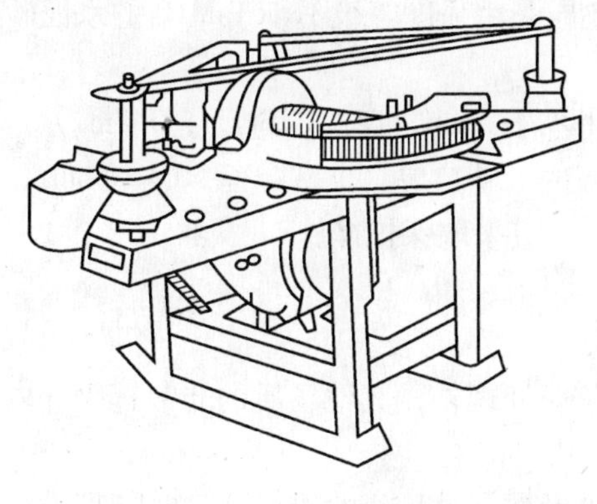

图 7.1-14 电动弯管机

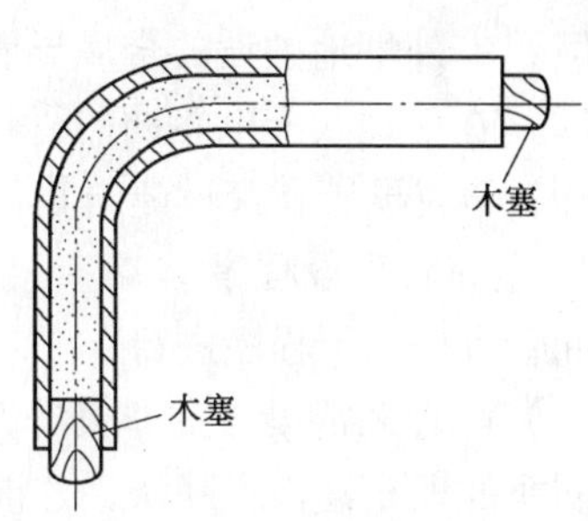

图 7.1-15 钢管热摵弯方法

7.2 金属管敷设

线管敷设，俗称配管。工作一般从配电箱开始，逐段配至各用电设备处，有时也可从用电设备端开始，逐段配至配电箱处。线管配线通常有明配和暗配两种。明配时，要求横平竖直、整齐美观、牢固可靠且固定点间距均匀。暗配时，要求管路短，弯曲少，不外露，以便穿线。

线管配线常使用的导线管有水煤气钢管、电线管、可挠金属电线保护管、套接扣压式薄壁钢导管、硬塑料管、半硬塑料管、塑料波纹管和金属软管等。线管配线的主要工作内容有配管（包括线管的选择、线管的加工和线管的敷设）和穿线两部分。

7.2.1 金属管敷设的一般要求

1. 金属管敷设的一般规定

(1) 金属导管不应有折扁和裂缝，管内应无毛刺、金属导管外径及壁厚应符合相关的国家标准，若金属导管绞丝时出现烂牙或金属导管出现脆断现象时，表明金属导管质量不符合要求。

(2) 线管连接紧密，管口光滑，护口齐全；金属导管的弯曲半径不应小于规范规定的电缆最小允许弯曲半径。

(3) 盒（箱）设置正确，固定可靠；管子进入盒（箱）处顺直，在盒（箱）内露出的长度小于5mm，用锁紧螺母固定的管口，管子露出锁紧螺母的螺纹为2~3扣。

(4) 金属管必须接地（PE）或接零（PEN）可靠。

(5) 为了穿、拉线方便，当金属导管遇下列情况之一时，中间应增设接线盒或拉线盒。

1) 管长度每超过30m，无弯曲；

2) 管长度每超过20m，有1个弯曲；

3) 管长度每超过15m，有2个弯曲；

4) 管长度每超过8m，有3个弯曲。

(6) 当金属导管埋入建筑物、构筑物暗配时，其与建筑物、构筑物表面的距离不应小于15mm，电线保护管不宜穿过设备或建筑物、构筑物的基础，当必须穿过时，应采取保护措施。若是绝缘导管在砖墙上剔槽埋设时，还应采用强度等级不小于M10的水泥砂浆抹面保护。

(7) 室外埋地敷设的金属导管，其壁厚不得小于2mm，埋深不应小于0.7m。

(8) 在落地式配电箱内的管口，箱底无封板的，管口应高出基础面50~80mm。

(9) 金属导管在穿过建筑物伸缩、沉降缝时，应采取保护措施。

2. 金属管敷设程序

配管应按以下程序进行：

(1) 除埋入混凝土的非镀锌钢管外壁不做防腐处理外，其他场所的非镀锌钢管内外壁均做防腐处理，经检查确认，才能配管。

(2) 室外直埋导管的路径、沟槽深度、宽度及垫层处理经检查确认，才能埋设电线保护管。

7.2.2 金属管连接

1. 管钳子

金属导管连接时，通常使用管钳子拧紧或松散金属导管上的管箍或管螺母，管钳子常用规格分有250mm、300mm和350mm等多种。管子钳使用方法见图7.2-1。

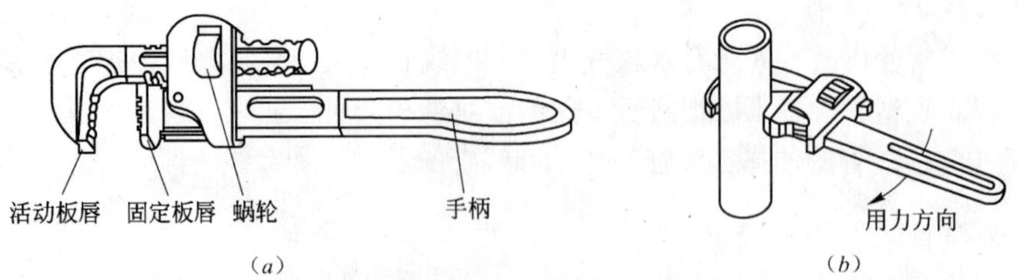

图7.2-1 管钳子使用方法
(a) 管钳子；(b) 使用方法

2. 管与管之间连接

金属导管与金属导管的连接方法有螺纹连接（管箍连接）、套管连接、紧定螺钉连接、焊接等。

（1）管与管螺纹连接（图7.2-2）

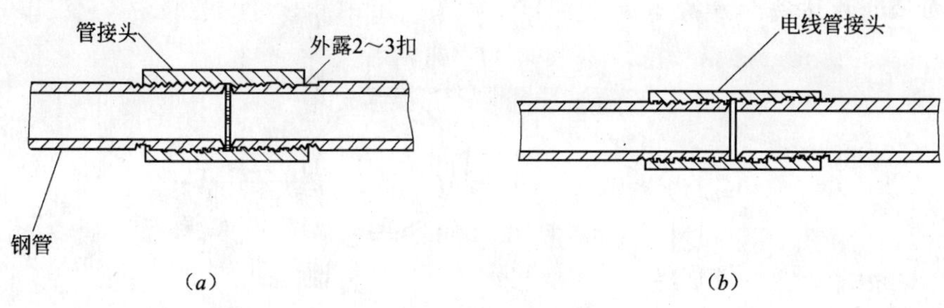

图7.2-2　管与管采用螺纹管接头连接方法
（a）钢管；（b）电线管

采用螺纹连接时，管端螺纹长度不应小于管接头长度的1/2；连接后，其螺纹宜外露2～3扣。螺纹表面应光滑、不乱扣、无缺损，管箍（管接头）必须采用通丝管箍。

（2）管与管套管连接（图7.2-3）

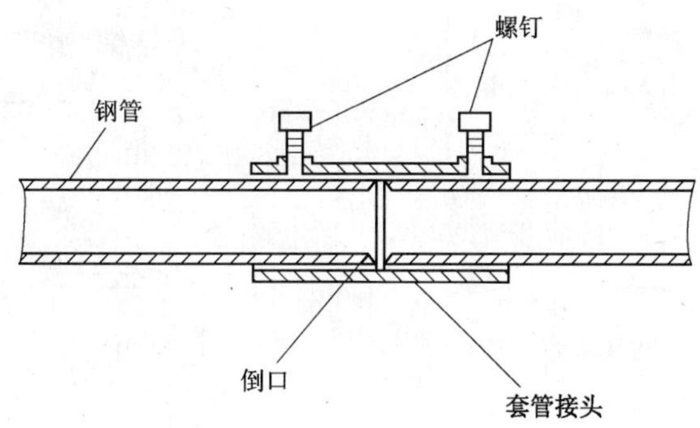

图7.2-3　管与管套管接头连接方法

采用套管连接时，螺钉应拧紧。在振动的场所，紧定螺钉应有防松措施。镀锌钢管和薄壁钢管应采用螺纹连接或套管紧定螺钉连接，不应采用熔焊连接。

（3）管与管焊接连接（图7.2-4）

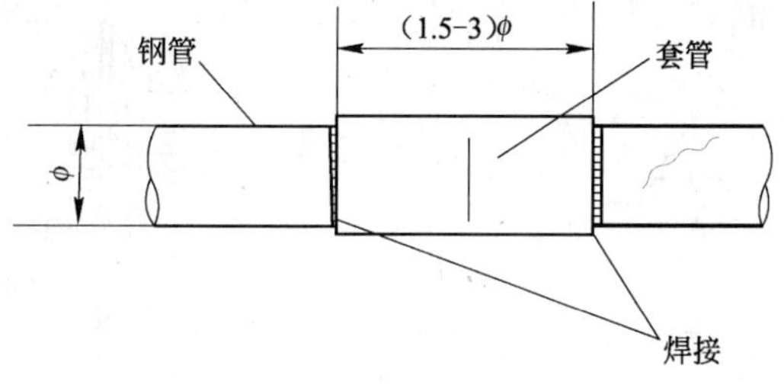

图7.2-4　套管焊接连接方法

金属导管严禁对口熔焊连接；镀锌和壁厚小于2mm的金属导管不得套管熔焊连接。采用套管焊接连接时，套管长度宜为管外径的1.5～3倍，管与管的对口处应位于套管的中心。套管采用焊接连接时，焊缝应牢固严密。

3. 管与接线盒之间连接

(1) 金属管连接各部分名称（图 7.2-5）

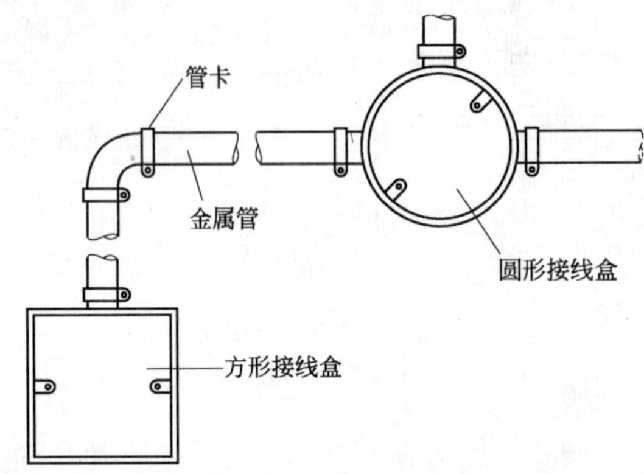

图 7.2-5 金属管连接各部分名称

(2) 钢管与接线盒连接（图 7.2-6）

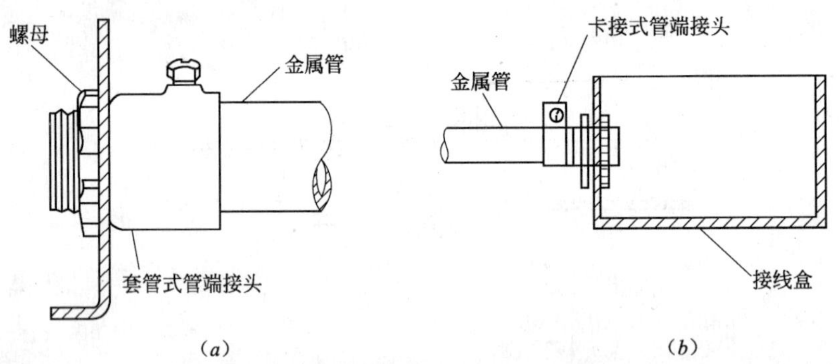

图 7.2-6 钢管与接线盒连接方法

(a) 套管式管端接头连接；(b) 卡接式管端接头连接

(3) 电线管与接线盒连接（图 7.2-7）

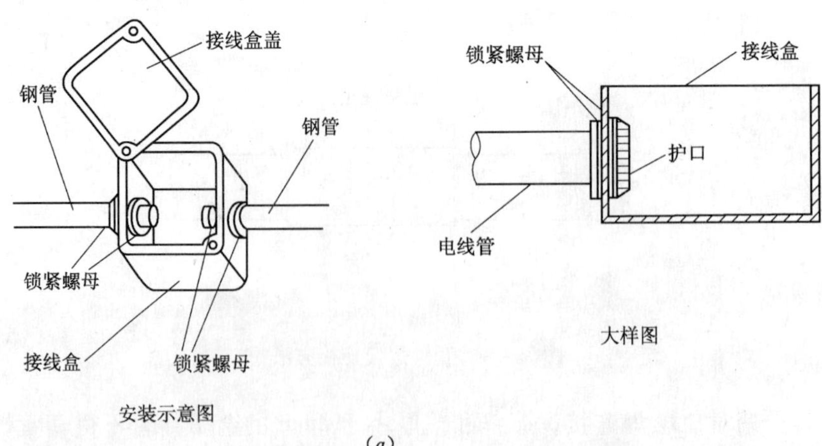

图 7.2-7 电线管与接线盒连接方法（一）

(a) 方式一

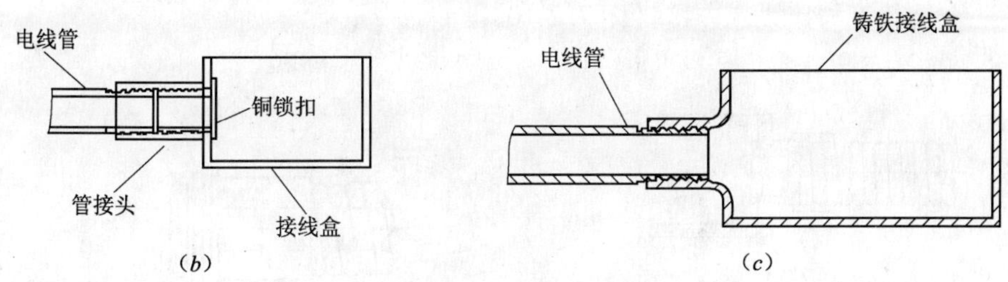

图 7.2-7 电线管与接线盒连接方法（二）
（b）方式二；（c）方式三

(4) 电线管与金属线槽连接（图 7.2-8）

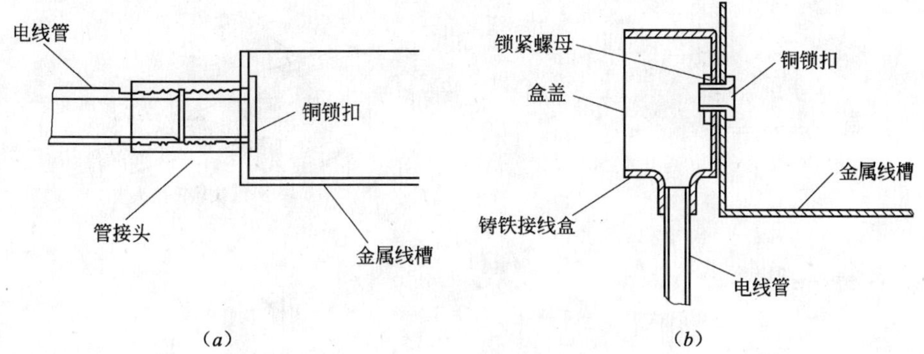

图 7.2-8 电线管与金属线槽连接方法
（a）方式一；（b）方式二

(5) 电线管与金属软管连接（图 7.2-9）

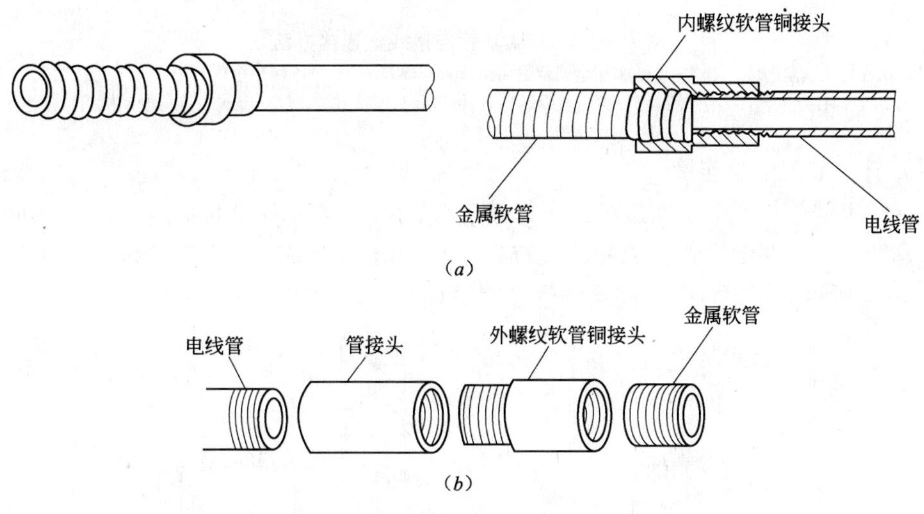

图 7.2-9 电线管与金属软管连接方法
（a）方式一；（b）方式二

(6) 金属软管与接线盒连接（图7.2-10）

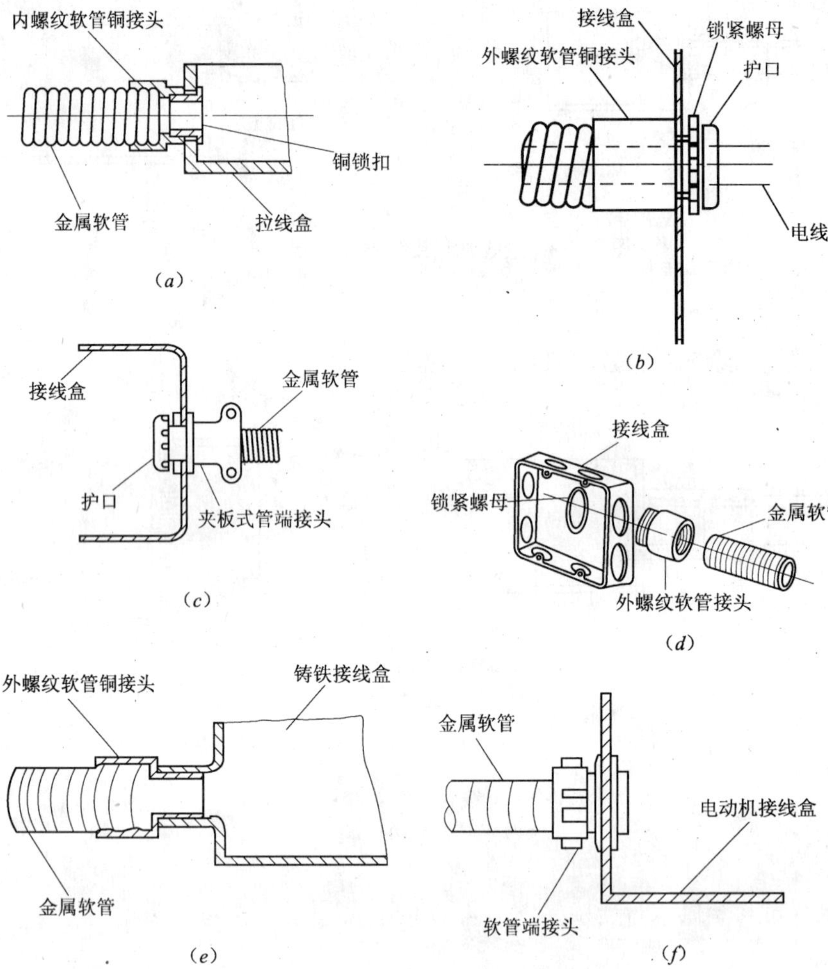

内螺纹软管铜接头
铜锁扣
金属软管
拉线盒
(a)
接线盒
锁紧螺母
外螺纹软管铜接头
护口
电线
(b)
接线盒
金属软管
护口
夹板式管端接头
(c)
接线盒
锁紧螺母
金属软管
外螺纹软管接头
(d)
外螺纹软管铜接头
铸铁接线盒
金属软管
(e)
金属软管
电动机接线盒
软管端接头
(f)

图7.2-10　金属软管与接线盒连接方法

(a) 金属软管与接线盒连接方法（一）；(b) 金属软管与接线盒连接方法（二）；(c) 金属软管与接线盒连接方法（三）；(d) 金属软管与接线盒连接方法（四）；(e) 金属软管与铸铁接线盒连接方法；(f) 金属软管与电动机接线盒连接方法

(7) 管子与配电箱连接

暗配的黑铁管与配电箱连接可采用焊接连接，管口宜高出配电箱内壁3～5mm，且焊后应补刷防腐漆；明配钢管或暗配的镀锌钢管与配电箱连接应采用锁紧螺母或护口固定，如图7.2-11所示。用锁紧螺母固定的管端螺纹宜外露锁紧螺母2～3扣。

护口
锁紧螺母
钢导管
(a)
护口
锁昆螺母
锁紧螺母
钢导管
(b)

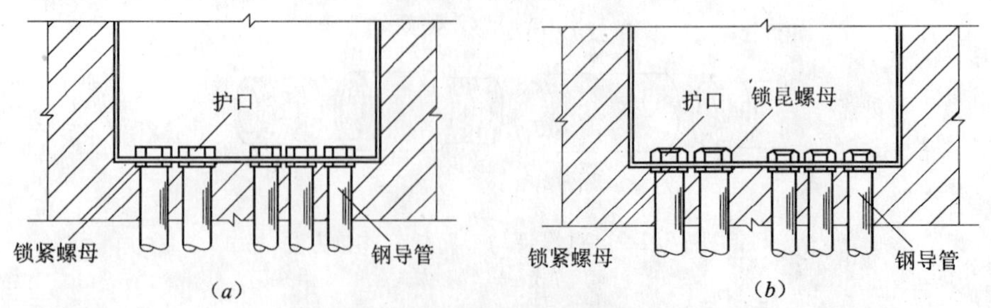

图7.2-11　钢管与配电箱体连接

(a) 钢导管与箱体用护口和锁紧螺母固定；(b) 钢导管与箱体用两个锁紧螺母和护口固定

7.2.3 金属管明敷设

配管材质及规格、品种型号必须符合设计及规范要求，各种材料必须有合格证件。

1. 金属管明敷设的施工程序

施工准备→预制加工管摵弯、支架、吊架→确定盒、箱及固定点位置→支架、吊架固定→盒箱固定→管线敷设与连接→变形缝处理→接地处理。

2. 管弯、支架、吊架预制加工

（1）明配管与支吊架排列整齐，固定平直牢固，明配管 2m 段内水平、垂直度误差不超过 3mm；管子弯曲处无皱折，管子最小弯曲半径大于管子外径的 6 倍，管子弯曲处的弯扁度小于管外径的 1/10。

（2）若设计图中对支吊架的规格无明确规定时，不得小于以下规格：扁钢支架 30mm × 3mm；角钢支架 25mm × 25mm × 3mm。

（3）在梁、板、柱等部位明配管的导管套管、埋件、支架等检查合格，才能配管。

3. 测定盒、箱及固定点位置

（1）顶棚上的灯位及电气器具位置先放样，且与土建及各专业施工单位商定，才能在顶棚内配管。

（2）根据施工图纸首先测出盒、箱与出线口的正确位置，然后按测出的位置，把管路的垂直、水平走向拉出直线，按照规定的固定点间距尺寸要求确定支架、吊架的具体位置。固定点的距离应均匀，管卡与终端、转弯中点、电气器具或接线盒边缘的距离为 150 ~ 300mm，并保持一致；管卡间最大距离如表 7.2-1。

金属管明敷设管卡间最大距离一览表 **表 7.2-1**

配管名称	管径（mm）				
	15 ~ 20	25 ~ 32	32 ~ 40	50 ~ 65	65 以上
	管卡间最大距离（m）				
壁厚 >2mm 金属管	1.5	2	2.5	2.5	3.5
壁厚 ≤2mm 金属管	1	1.5	2	—	—
硬塑料管	1	1.5	1.5	2	2

4. 支、吊架的固定方法

根据工程的结构特点，支吊架的固定主要采用胀管法（即在混凝土顶板打孔，用膨胀螺栓固定）和抱箍法（即在遇到钢结构梁柱时，用抱箍将支吊架固定）。

（1）齿形吊具安装方法（图 7.2-12）

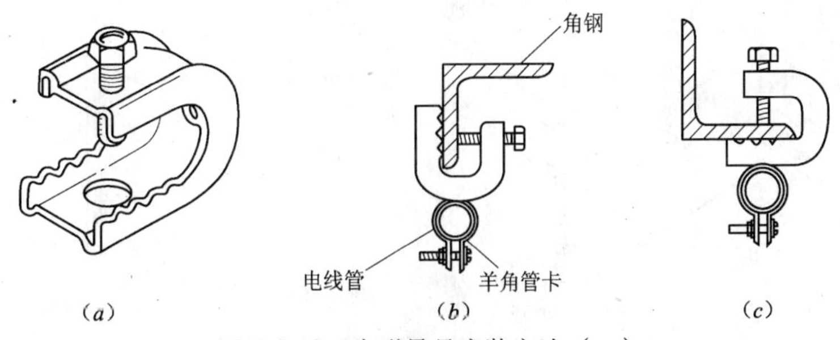

图 7.2-12 齿形吊具安装方法（一）
（a）齿形吊具；（b）齿形吊具安装方式一；（c）齿形吊具安装方式二

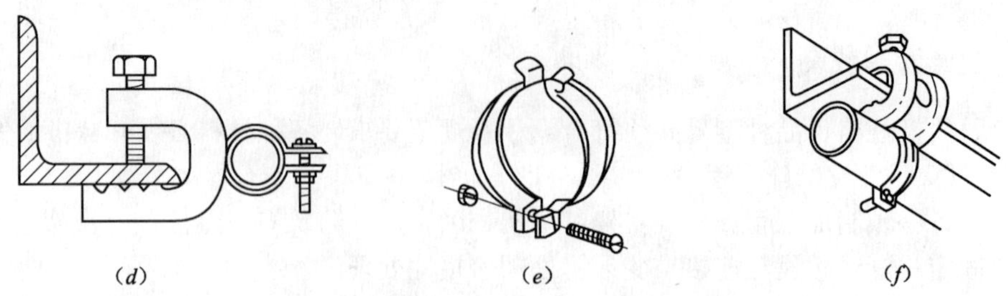

图 7.2-12 齿形吊具安装方法（二）
（*d*）齿形吊具安装方式三；（*e*）羊角管卡；（*f*）安装方法

（2）万能吊具安装方法（图 7.2-13）

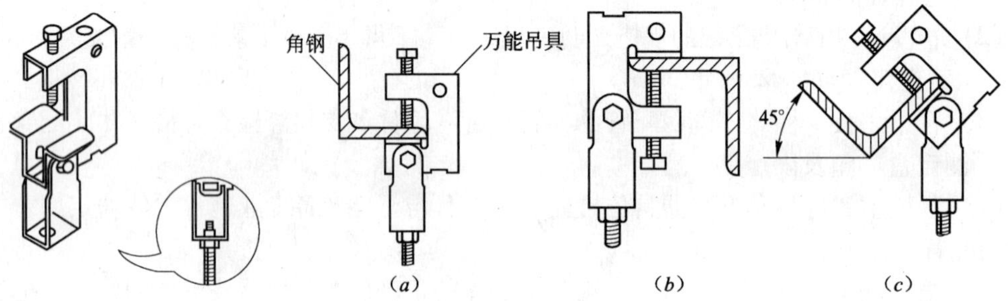

图 7.2-13 万能吊具安装方法
（*a*）方式一；（*b*）方式二；（*c*）方式三

（3）卡式吊具安装方法（图 7.2-14）

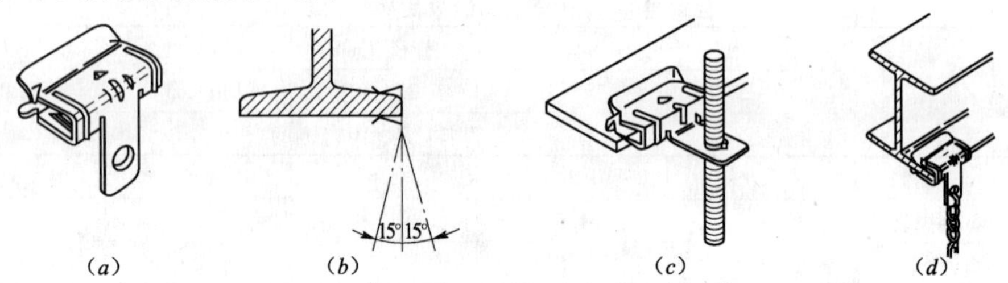

图 7.2-14 卡式吊具安装方法
（*a*）卡式吊具；（*b*）吊装角度；（*c*）用于吊杆；（*d*）用于吊链

（4）抱式管卡安装方法（图 7.2-15）

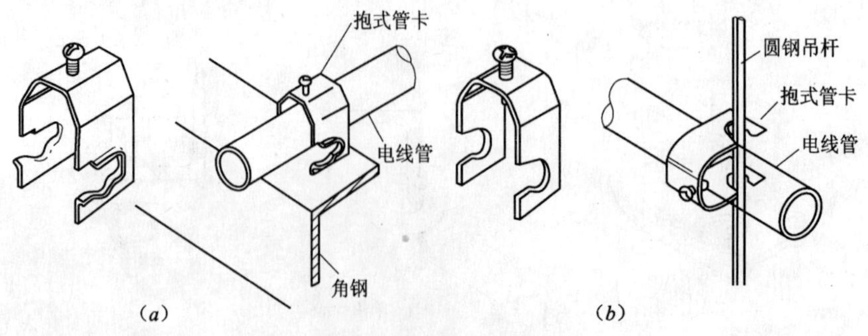

图 7.2-15 抱式管卡安装方法
（*a*）方式一；（*b*）方式二

（5）电线管在钢管上安装方法（图 7.2-16）

钢管卡具
羊角管卡
电线管
钢管
钢管卡具

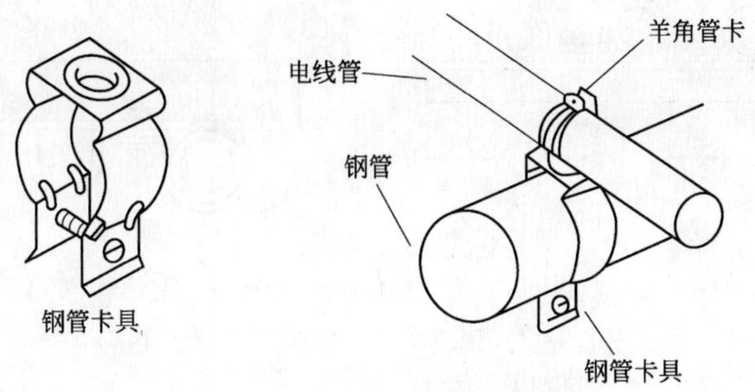

图 7.2-16 电线管在钢管上安装方法

（6）薄钢板管卡安装方法（图 7.2-17）

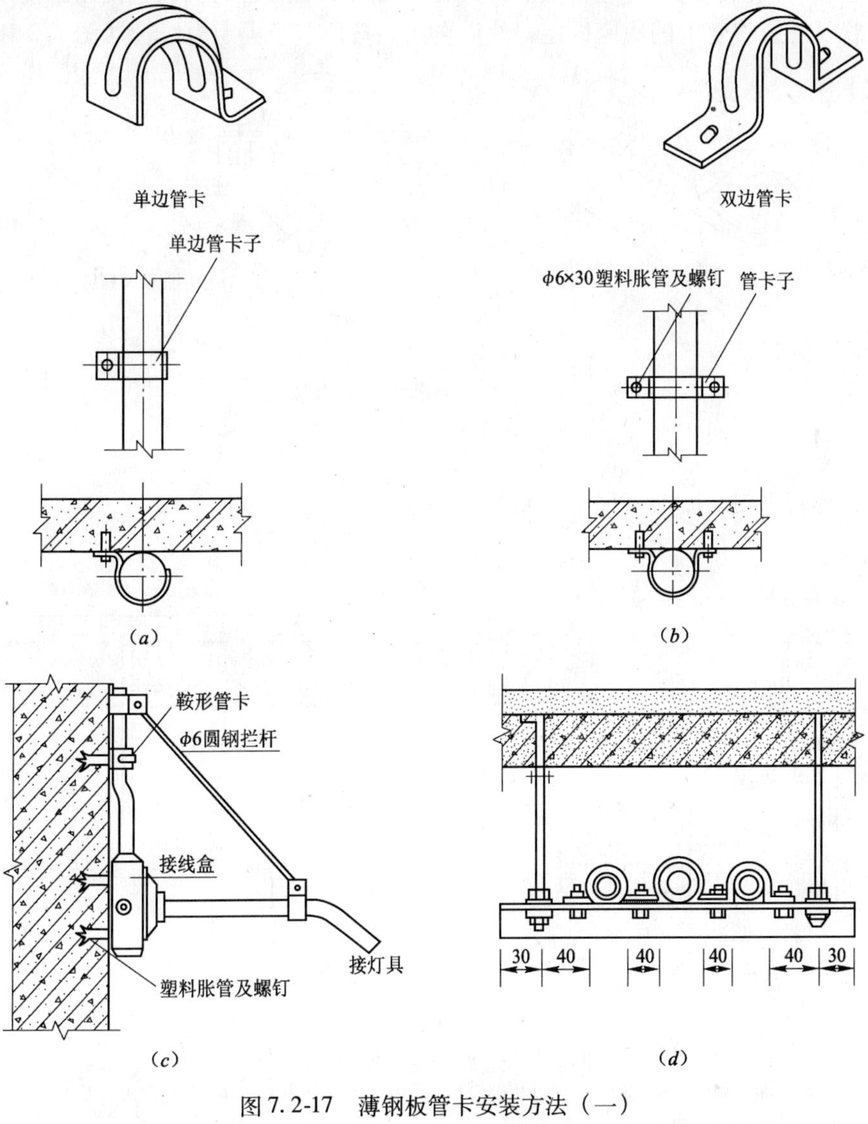

单边管卡
双边管卡
单边管卡子
φ6×30塑料胀管及螺钉
管卡子
(a)
(b)
鞍形管卡
φ6圆钢拦杆
接线盒
接灯具
塑料胀管及螺钉
30
40
40
40
40
30
(c)
(d)

图 7.2-17 薄钢板管卡安装方法（一）

（*a*）单边管卡安装；（*b*）双边管卡安装；（*c*）墙上壁装方法（一）；（*d*）吊装方法（一）

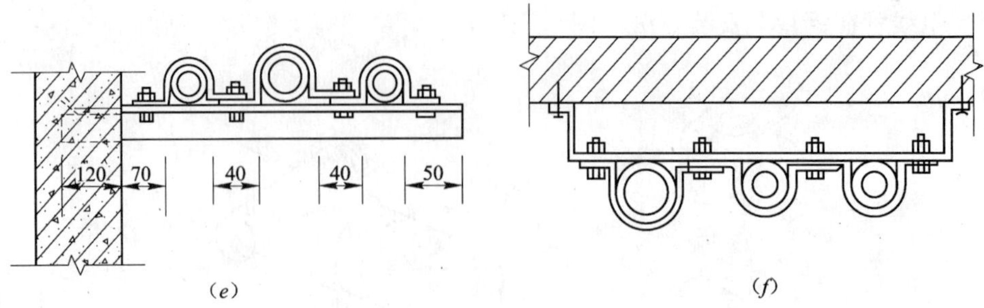

(e) (f)

图 7.2-17 薄钢板管卡安装方法（二）
(e) 墙上壁装方法（二）；(f) 吊装方法（二）

（7）铸铁管卡安装方法

铸铁管卡由铸铁制造，并进行热浸锌处理，适用于电线管的明敷设使用。使用时，先用塑料胀管及螺钉将管卡的底座固定，然后再用马鞍形卡子固定电线管（图 7.2-18）。

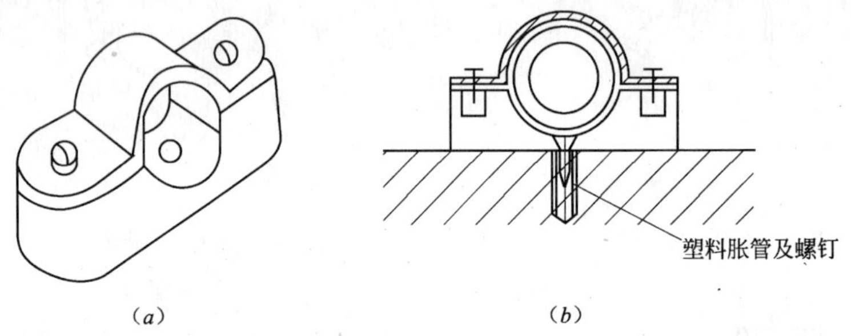

(a) (b)

图 7.2-18 铸铁管卡安装方法
(a) 铸铁管卡；(b) 安装方法

（8）螺栓管卡安装方法（图 7.2-19）

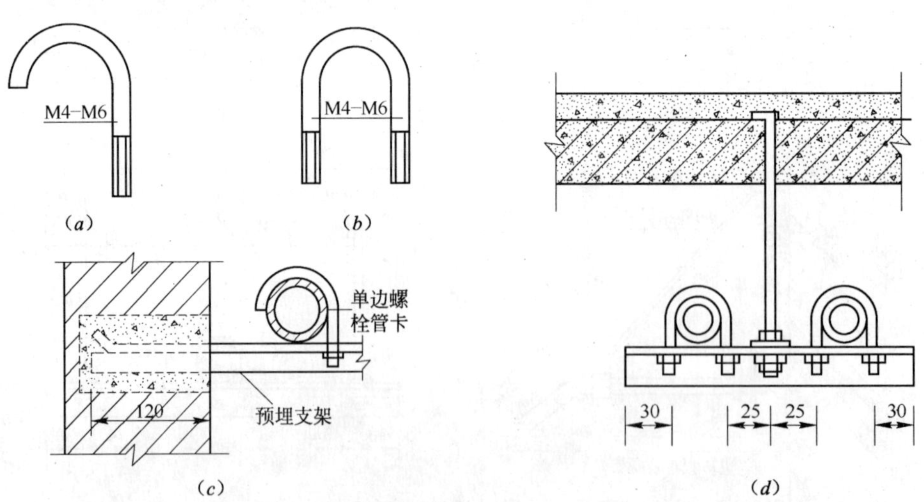

(a) (b) (c) (d)

图 7.2-19 螺栓管卡安装方法
(a) 单边螺栓管卡；(b) U 形螺栓管卡；(c) 安装方式（一）；(d) 安装方式（二）

(9) 环形管卡安装方法（图 7. 2-20）

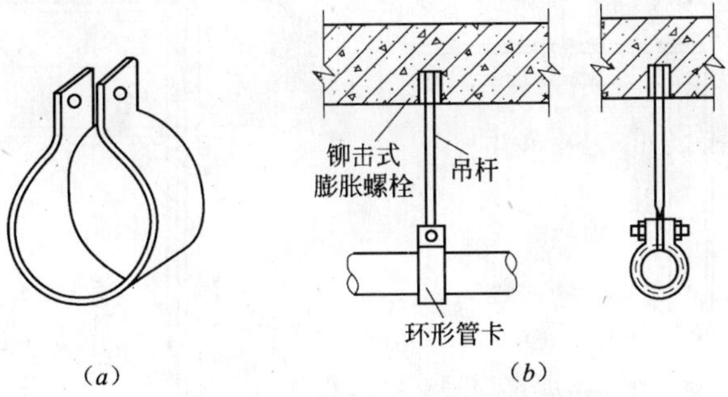

图 7. 2-20　环形管卡安装方法
(a) 环形管卡；(b) 安装方法

5. 电动机配管安装方法

安装说明（图 7. 2-21）：

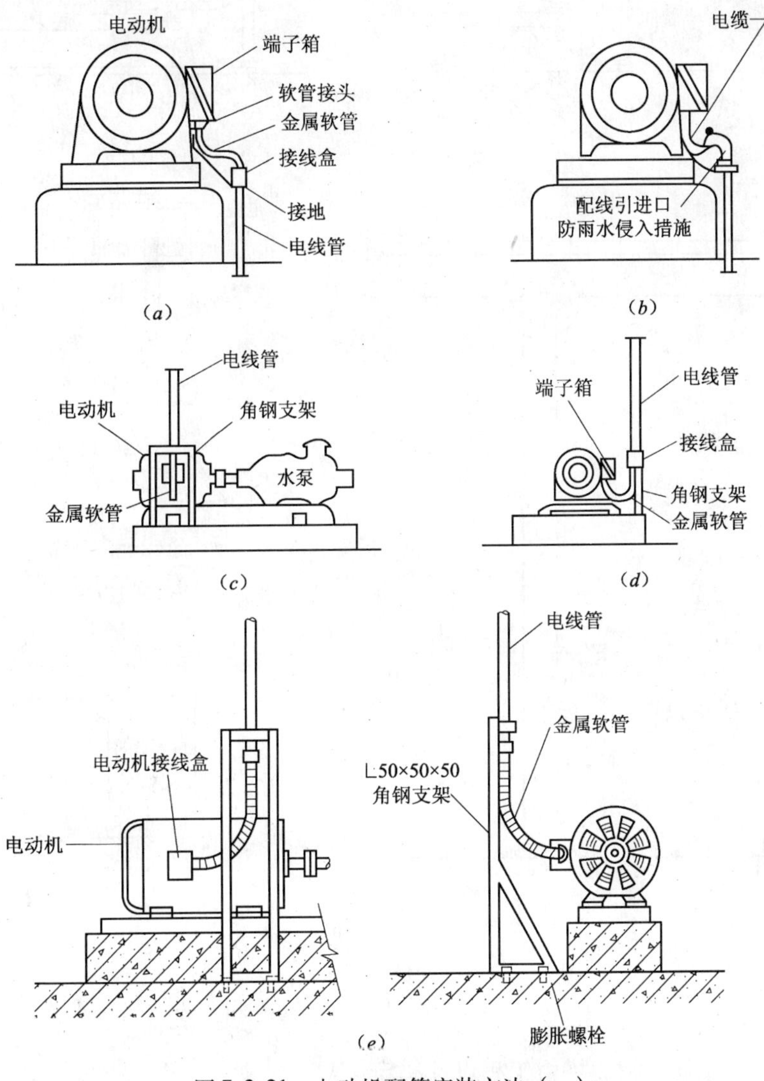

图 7. 2-21　电动机配管安装方法（一）
(a) 方式一；(b) 方式二；(c) 方式三；(d) 方式四；(e) 方式五

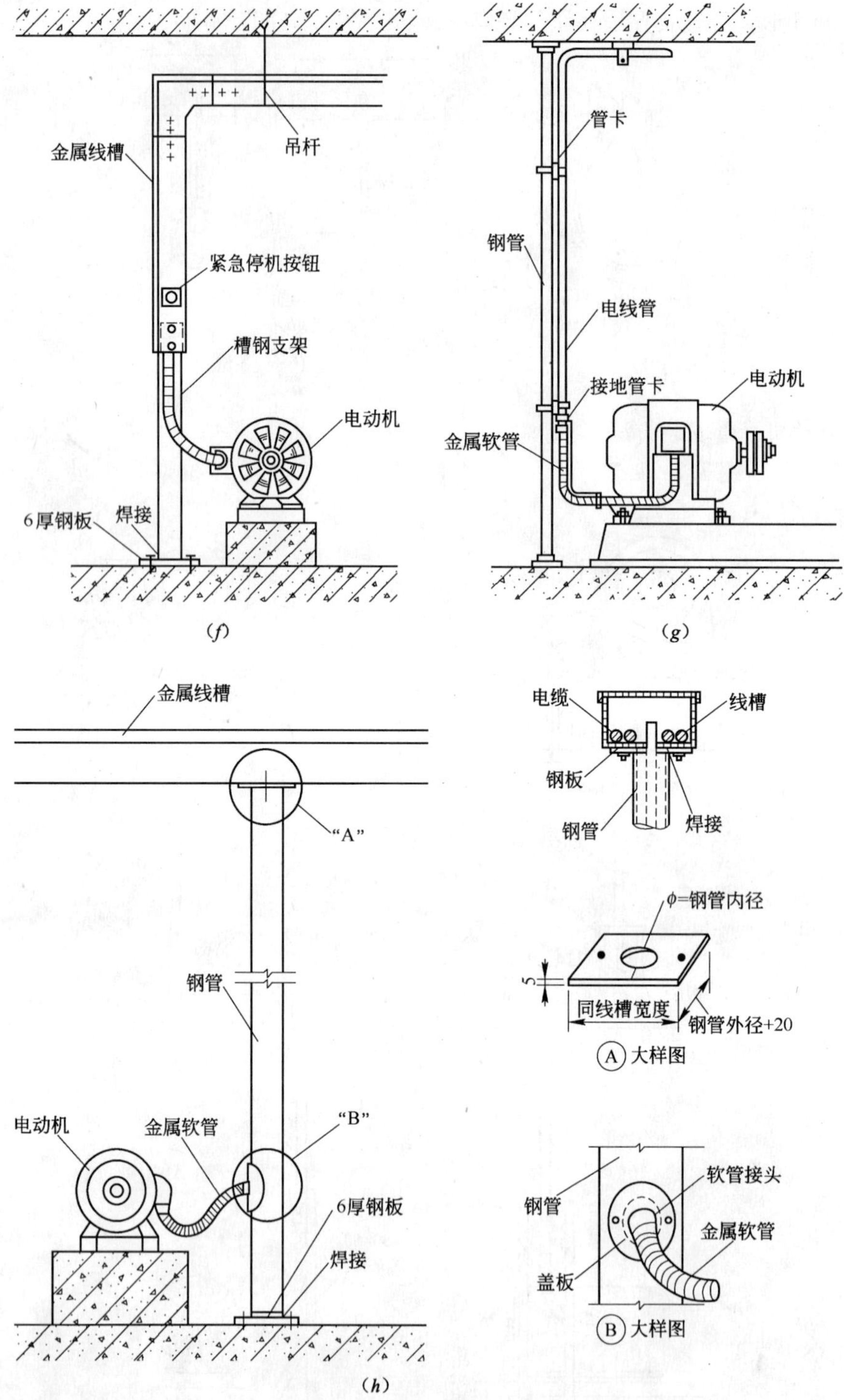

图 7.2-21　电动机配管安装方法（二）

(*f*) 方式六；(*g*) 方式七；(*h*) 方式八

（1）钢管、金属线槽规格由工程设计决定。

(2) 检查电动机的引出线接线端子焊接或压接是否良好。

(3) 电动机外壳需做接地连接。

6. 电气设备配管方法（图7.2-22）

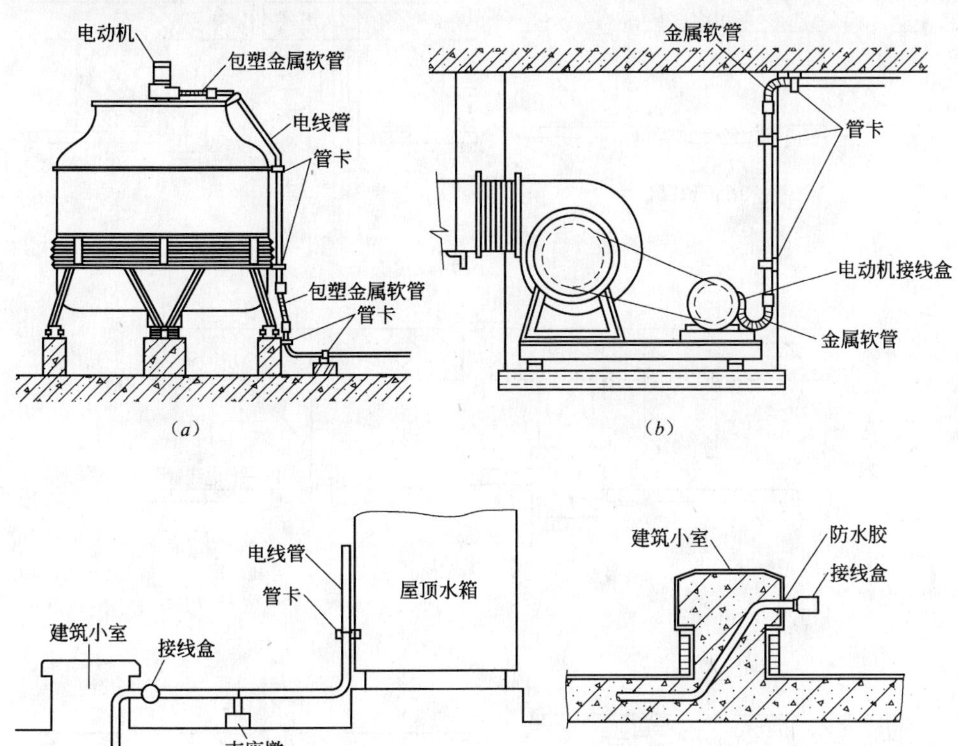

图7.2-22 电气设备配管方法
(a) 冷却塔配管安装方法；(b) 风机配管安装方法；
(c) 屋顶水箱配管安装方法；(d) 利用建筑小室安装方法

电线管与设备直接连接时，应将电线管敷设到设备的接线盒内。当电线管与设备间接连接时，对室内干燥场所，电线管端部宜增设金属软管或可挠金属电线保护管后引入设备的接线盒内，软管长度不宜大于0.8m。且电线管管口应使用软管接头；对室外或室内潮湿场所，电线管端部应增设防水弯头，导线应加套包塑金属软管，经弯成滴水弧状后再引入设备的接线盒。与设备连接的电线管管口与地面的距离宜大于200mm。振动设备的连接处应使用金属软管连接。

7. 落地式柜、台、箱、盘配管方法

(1) 室内进入落地式柜、台、箱、盘内的金属导管管口，应高出柜、台、箱、盘的基础面50~80mm。

(2) 室外金属导管的管口应设置在盒、箱内。在落地式配电箱内的管口，箱底无封板的，管口应高出基础面50~80mm。所有管口在穿入电线、电缆后应做密封处理。由预装式变电所或落地式配电箱引向建筑物的金属导管，建筑物一侧的金属导管管口应设在建筑物内。

8. 钢管过伸缩缝、沉降缝处理（图 7.2-23）

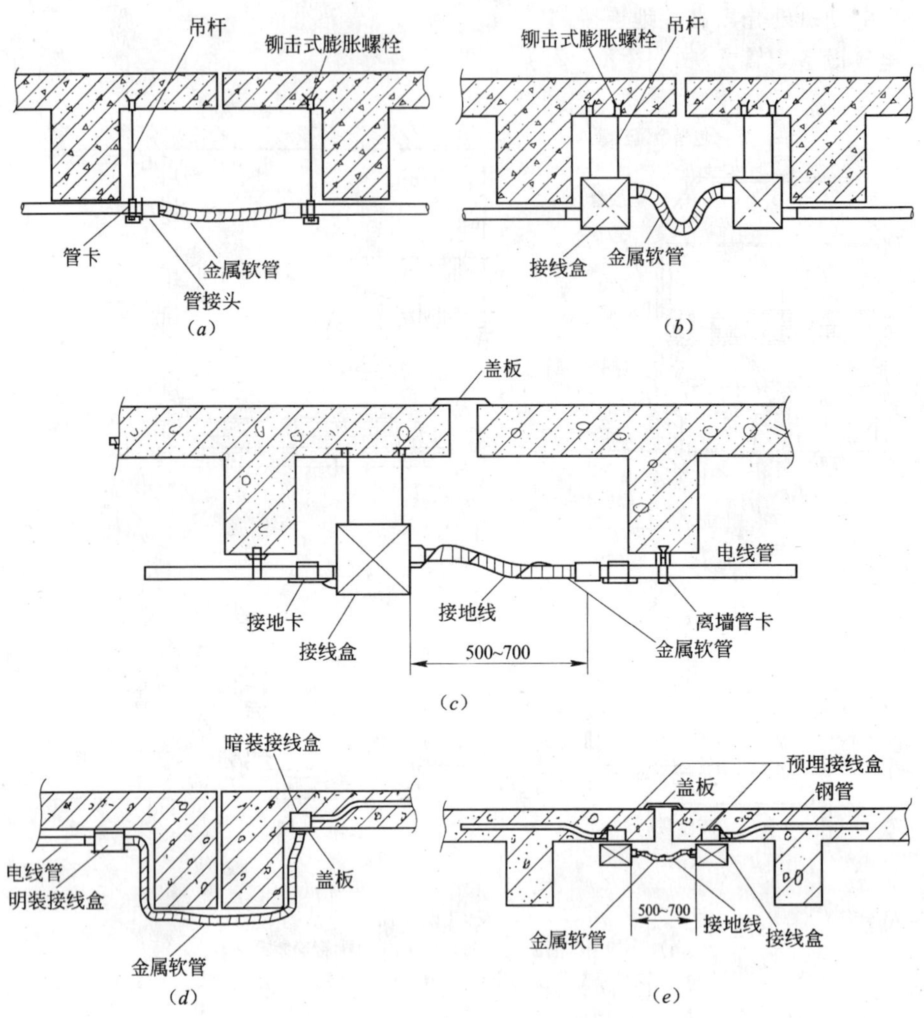

图 7.2-23　钢管过伸缩缝、沉降缝处理方法

(a) 方法一；(b) 方法二；(c) 方法三；(d) 方法四；(e) 方法五

（1）当将建筑物的结构体分成两部分时，建筑物沉降可使建筑物的两个结构体成为分离状况而互不干涉；地震时，使两栋建筑物互相作不同节奏的摇动。钢管穿过伸缩、沉降缝配管的补偿装置，可使在建筑物接合部位（伸缩缝、沉降缝）的配管、线不会发生折断状况。

（2）接线盒内导线应存储一定的余量，以便伸缩、沉降时拉伸。

（3）穿过建筑物伸缩缝、沉降缝时，接地线应有补偿装置，接头两端应用配套的接地卡，采用 $4mm^2$ 的黄绿双色铜芯绝缘线作跨接线。

9. 金属管接地连接（图 7.2-24）

镀锌的钢导管、可挠金属电线保护管和金属线槽不得熔焊跨接接地线，当镀锌电线管采用螺纹连接时，连接处的两端用专用接地卡固定跨接接地线，接地线为绿/黄双色铜芯绝缘导线，截面积不小于 $4mm^2$。

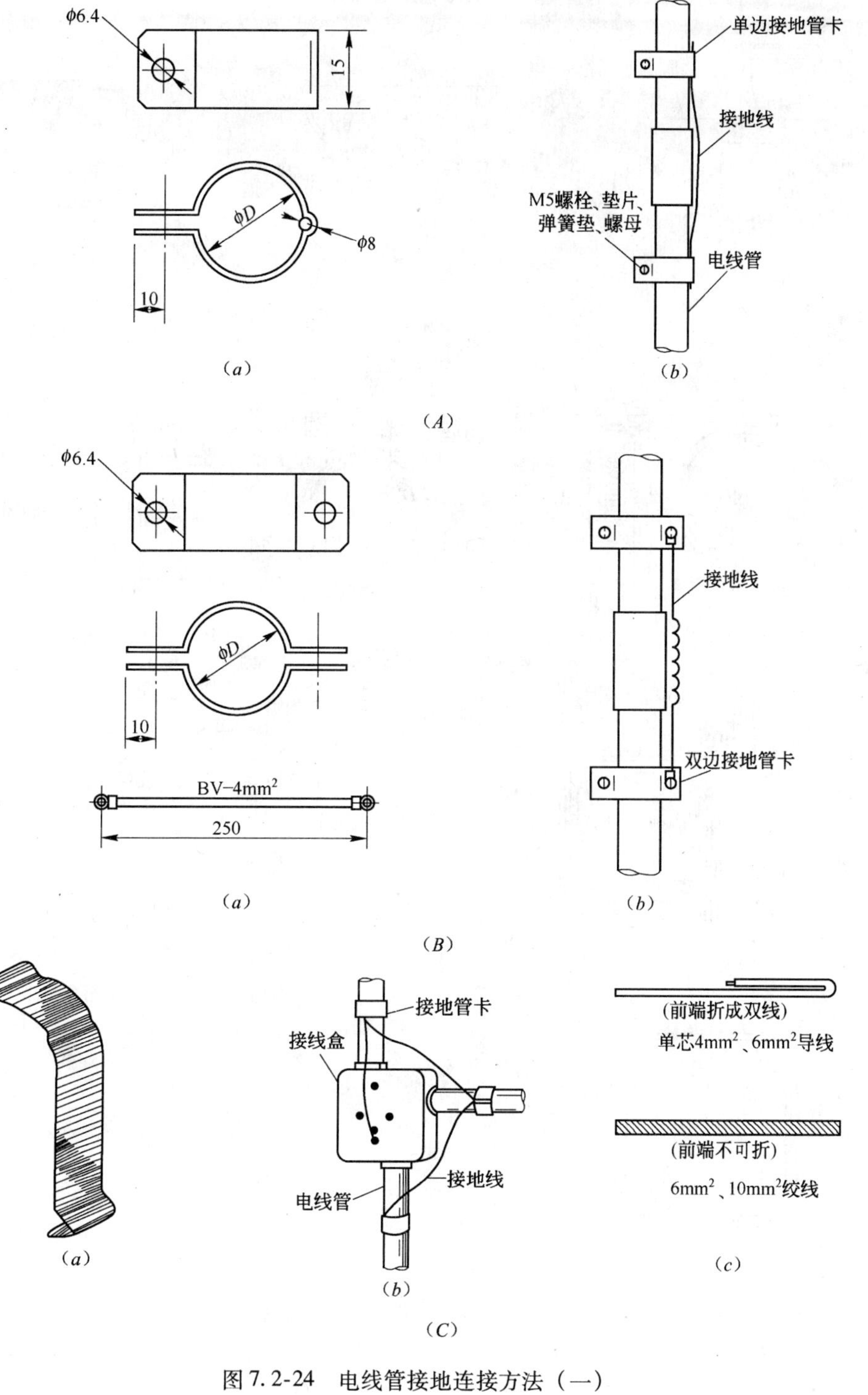

图 7.2-24　电线管接地连接方法（一）

（A）方法一

（a）单边管卡；（b）安装方法

（B）方法二

（a）双边管卡；（b）安装方法

（C）方法三

（a）接地管卡外形图；（b）安装示意图；（c）跨接地线

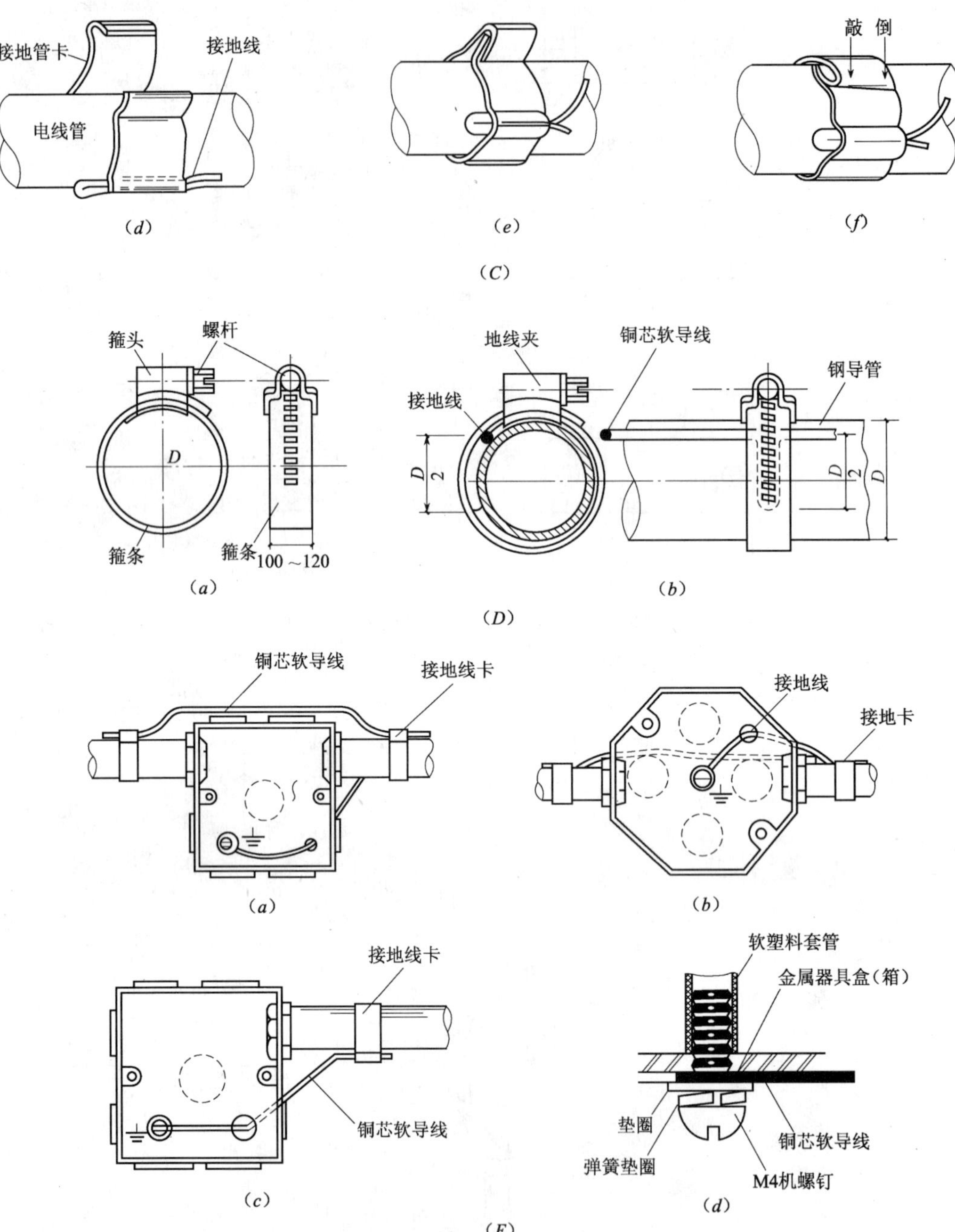

图 7.2-24 电线管接地连接方法（二）

(C) 方法三

(d) 在卡线槽内嵌入跨接线，然后将卡两前端相互咬合；(e) 用钢丝钳夹住咬合处用力压紧；(f) 将咬合部左右两前端敲倒，卡子牢牢收紧

(D) 方法四

(a) 接地线卡；(b) 接地线卡安装方法

(E) 接线盒跨接线安装方法

(a) 方式一；(b) 方式二；(c) 方式三；(d) 接地线压接大样

7.2.4 金属管暗敷设

金属暗管敷设有钢管、电线管和可挠金属电线保护管等。

1. 金属管暗敷设的一般要求

(1) 金属管暗敷设的施工程序为：施工准备→预制加工管摵弯→测定盒箱位置→固定盒、箱→管路连接→变形缝处理→接地处理。

(2) 在地坪内配管，必须在土建浇筑混凝土前埋设，固定方法可用木桩或圆钢等打入地中，再用铁丝将管子绑牢。为使管子全部埋设在地坪混凝土层内，应将管子垫高，离土层15~20mm，这样可增加管子保护。当有许多管子并排敷设在一起时，必须使其相互离开一定距离，以保证其间也浇筑上混凝土。

(3) 敷设于多尘和潮湿场所的电线管路、管口、管子连接处应作密封处理；埋入墙或混凝土内的管子，离建筑物、构筑物表面的净距必须不小于15mm。埋入地下的电线管路不宜穿过设备基础。

(4) 测定盒、箱位置：根据设计要求确定盒、箱轴线位置，以土建弹出的水平线为基准，挂线找正，标出盒、箱实际尺寸位置。

(5) 固定盒、箱：先稳定盒、箱，然后浇筑混凝土浆，要求砂浆饱满、平整牢固、位置正确。现浇混凝土板墙固定盒、箱加铁板支架固定；现浇混凝土楼板，将盒子堵好随底板钢筋固定牢，管路配好后，随土建浇灌混凝土施工同时完成。

(6) 暗配的电线管路应沿最近的路线敷设，并应减少弯曲；管路超过下列长度，应加装接线盒，其位置应便于穿线，无弯时不大于30m、有1个弯时不大于20m、有2个弯时不大于15m、有3个弯时不大于8m，无法加装接线盒时，可加大1号管径。

(7) 为避免管口堵塞影响穿线，管子配好后要将管口用木塞或塑料塞堵好。

(8) 在土建浇灌混凝土前，应配管工作完成，暗管敷设完毕后，在自检合格的基础上，应及时通知建设单位及监理代表进行隐蔽工程验收，并如实填写隐蔽工程验收记录。

2. 楼板暗管敷设（图7.2-25）

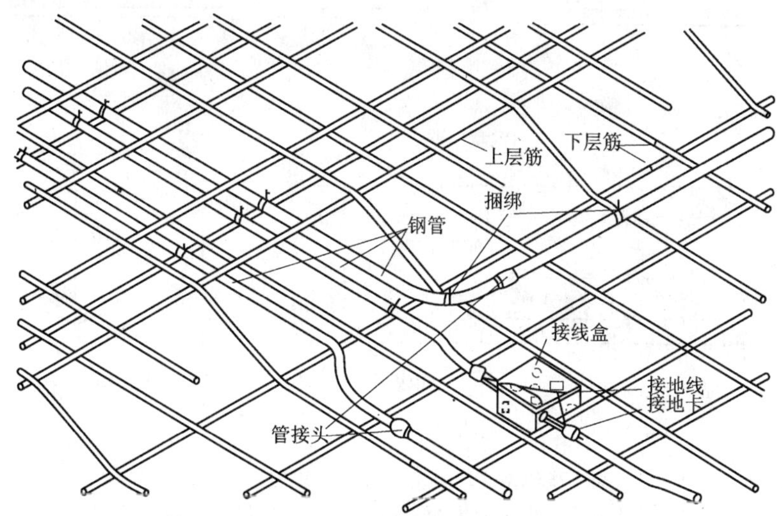

图7.2-25 楼板暗管敷设方法

现浇混凝土楼板配管：先确定箱盒位置，根据楼板的厚度，弹出十字线，将堵好的盒子固定牢然后敷设管子。有两个以上盒子时，要拉直线。管进入盒子的长度要适宜，管路每隔1m左右用铁丝绑扎牢。配合施工中，电气专业人员随工程进度密切配合土建作好预埋工作，加强检查，杜绝遗漏，浇筑混凝土时应派专人看护。

(1) 楼板暗管敷设一般要求

1) 线路暗配时，弯曲半径不应小于管外径的6倍，埋设于地下时，其弯曲半径不应小于管外径的10倍；同时，其埋深不得小于15mm，管子埋于两层钢筋之间，且应尽量避免重叠。

2) 电线管路不宜穿过设备基础。如果不可避免应在穿过建筑物和设备基础处加保护套管。套管管口光滑、护口牢固，与管子连接可靠，保护套管在隐蔽工程记录中标示正确。

3) 埋设于混凝土内的钢管内壁应防腐处理，外壁可不做防腐处理。现浇混凝土板内配管在底层钢筋绑扎完成，上层钢筋未绑扎前敷设，且检查确认才能绑扎上层钢筋和浇筑混凝土。

(2) 管子及接线盒安装方法（图7.2-26）

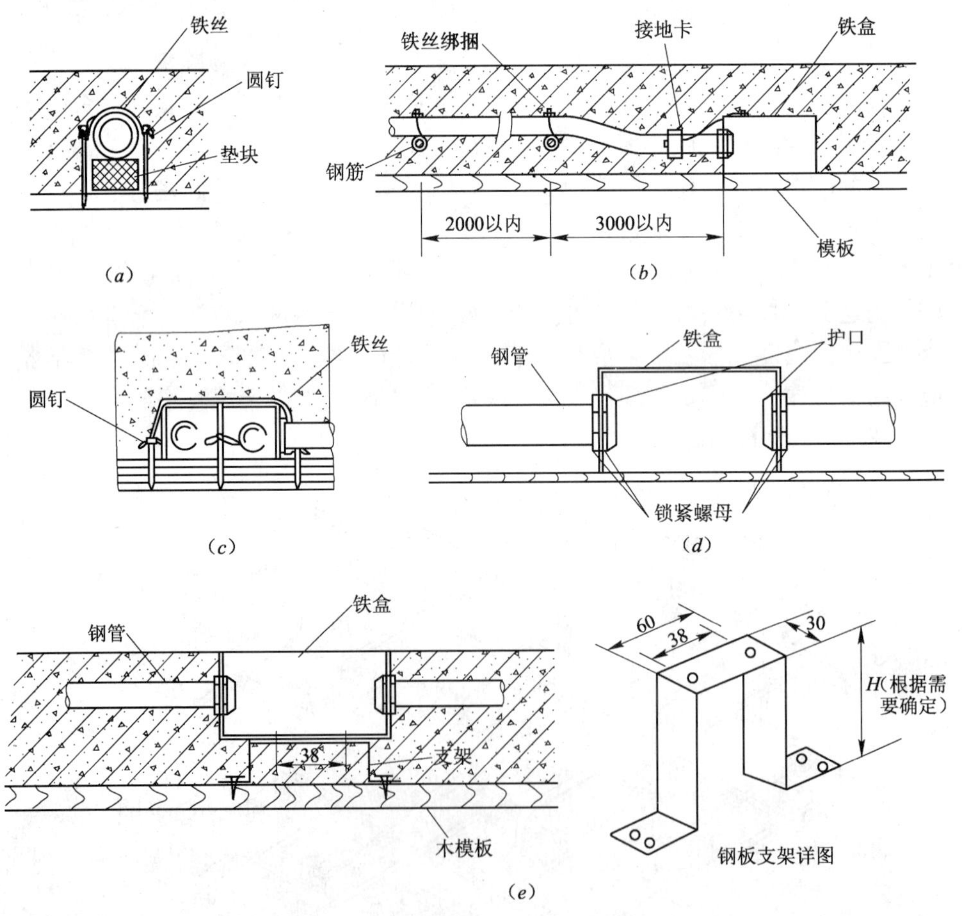

图7.2-26 管子及接线盒安装方法（一）

(a) 管子固定；(b) 接线盒安装方法一；(c) 接线盒固定；(d) 接线盒安装方法二；(e) 接线盒安装方法三

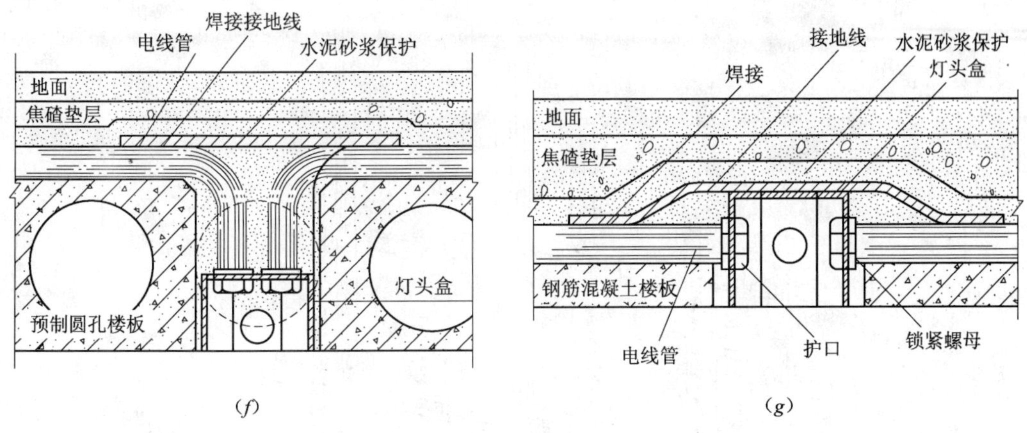

(*f*)　　(*g*)

图 7.2-26　管子及接线盒安装方法（二）

（*f*）钢管在空心楼板上敷设；（*g*）钢管在混凝土板上敷设

在现浇混凝土构件内敷设管子，可用铁丝将管子绑扎在钢筋上，也可以用圆钉钉在模板上，但应将管子用垫块垫起，用铁丝绑牢，垫块垫高 15mm 以上，此项工作应在浇筑混凝土前进行。

（3）钢管穿屋顶板方法（图 7.2-27）

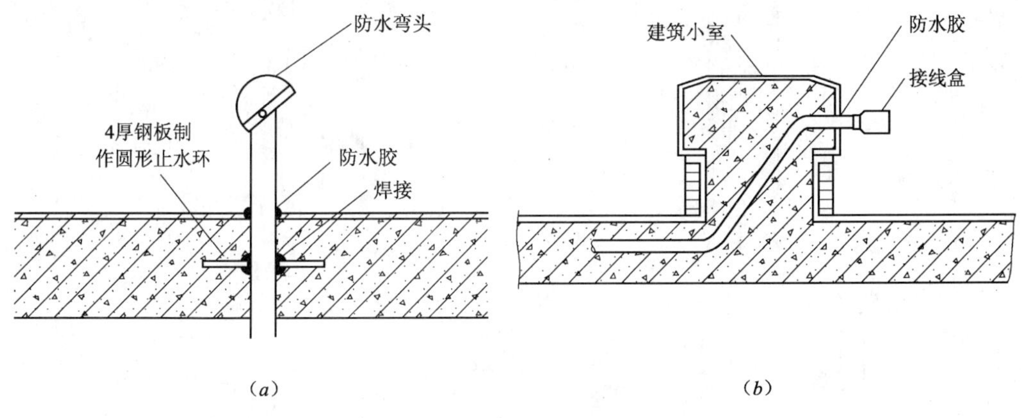

(*a*)　　(*b*)

图 7.2-27　钢管穿屋顶板方法

（*a*）方法一；（*b*）方法二

钢管穿屋顶板安装时，应做好防水处理。

3. 墙体、柱暗管敷设

（1）墙体、柱暗管敷设一般要求

1）现浇混凝土墙体内的钢筋绑扎完成，门、窗等位置已放线，经检查确认，才能在墙体内配管。

2）配合土建工程砌墙立管时，管子外保护层不小于 15mm，管口向上时应封好，以防水泥砂浆或其他杂物堵塞管子。

3）往上引管有顶棚时，管上端应摵成 90°弯进入顶棚内。

（2）管子埋在墙中配管方法示意图（图 7.2-28）

（3）墙上配管方法（图 7.2-29）

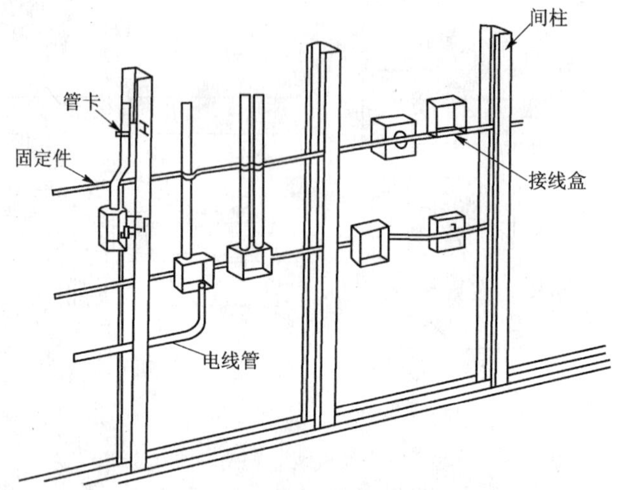

图 7.2-28 管子埋在墙中配管方法示意图

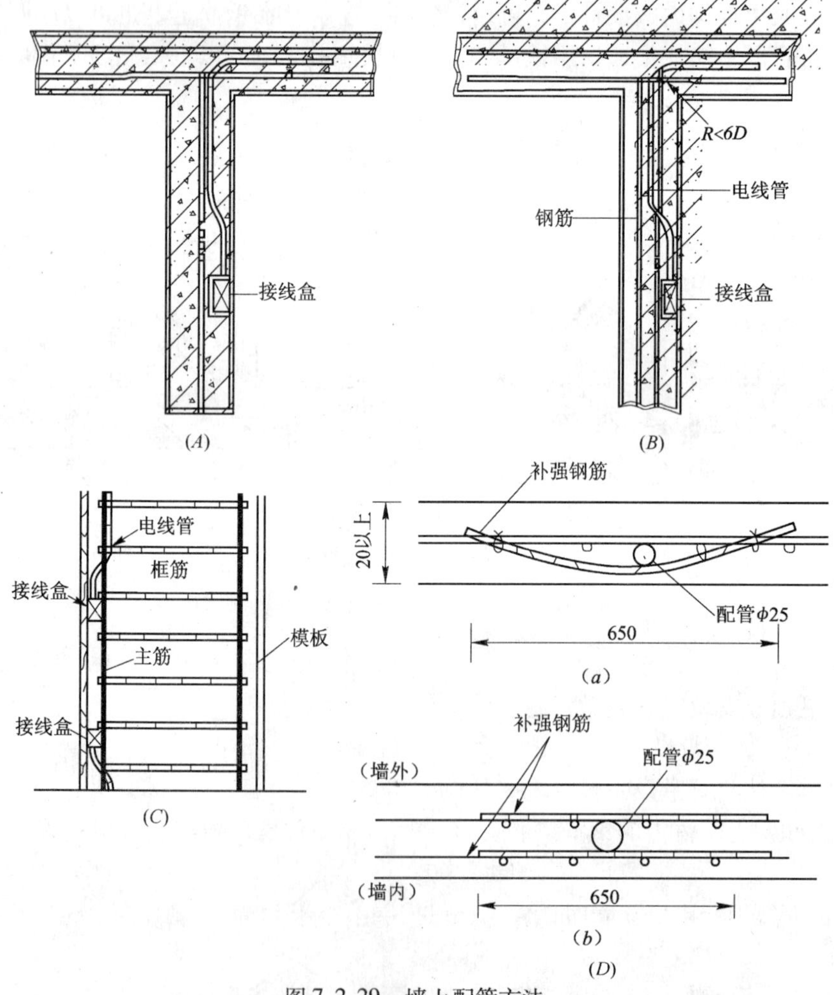

图 7.2-29 墙上配管方法

(A) 方式一；(B) 方式二；(C) 方式三；

(D) 补钢筋方法

(a) 墙面为单层钢筋时；(b) 墙面为双层钢筋时

（4）接线盒出线方法（图7.2-30）

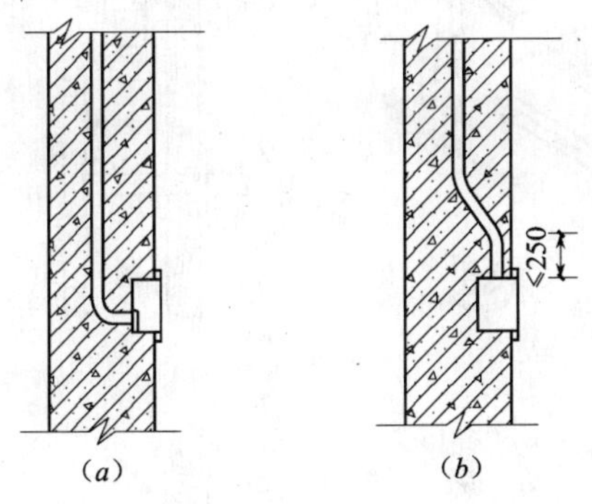

图7.2-30　接线盒出线方法
（a）方式一；（b）方式二

管子在进接线盒要有适度的弯曲，以求得管和接线盒的配合过渡，应加锁紧螺母；暗配的管子应有15mm以上的混凝土护层。

（5）支撑接线盒方法（图7.2-31）

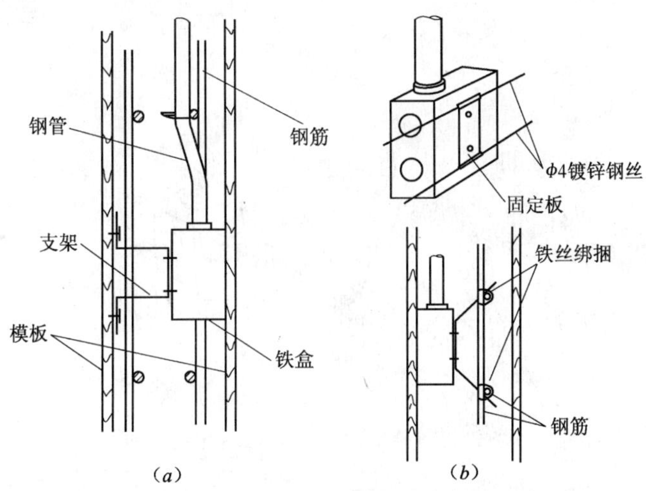

图7.2-31　支撑接线盒方法
（a）方式一；（b）方式二

（6）固定接线盒方法（图7.2-32）

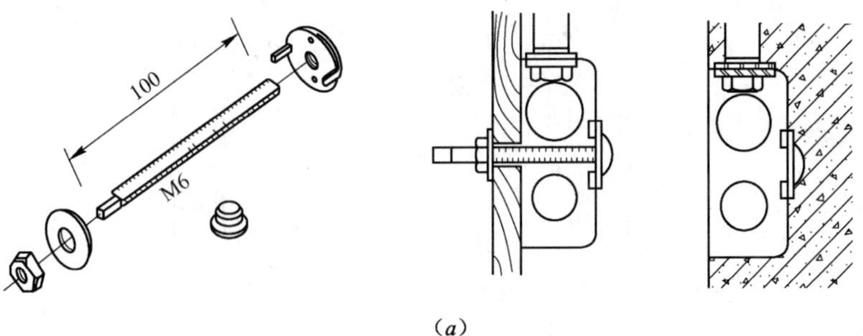

图7.2-32　固定接线盒方法（一）
（a）方式一

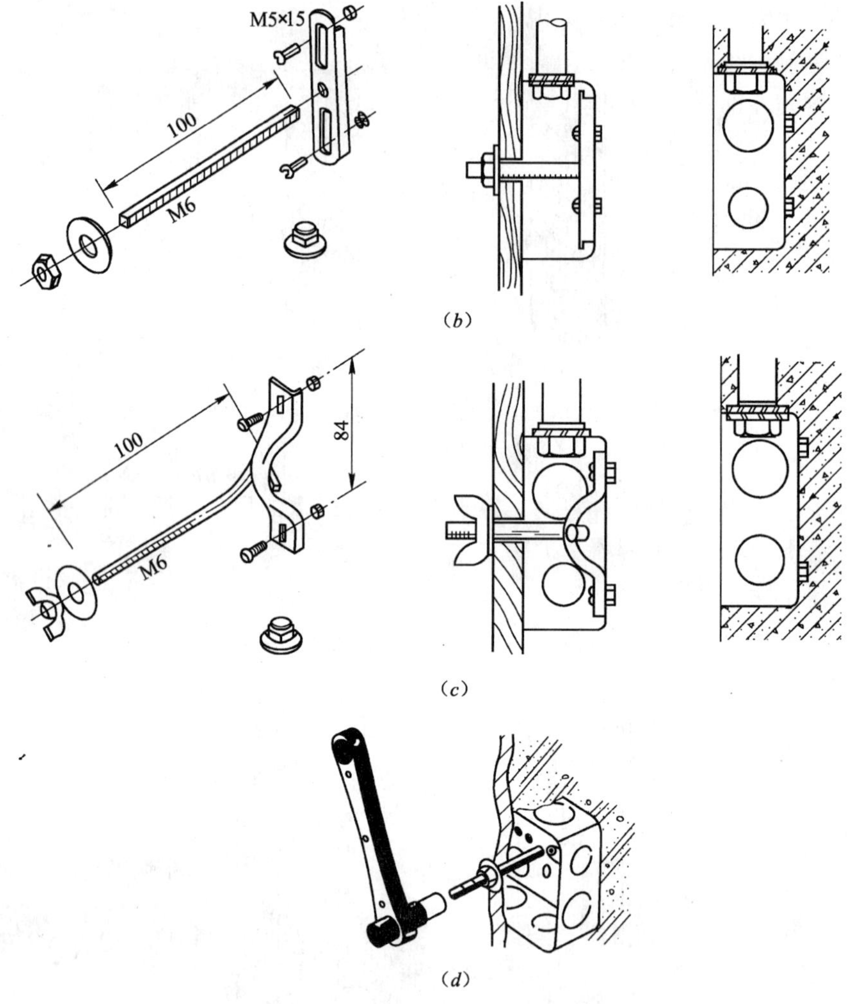

图 7.2-32 固定接线盒方法（二）
(*b*) 方式二；(*c*) 方式三；(*d*) 拆除接线盒方法

（7）接线盒位置预埋木盒方法（图 7.2-33）

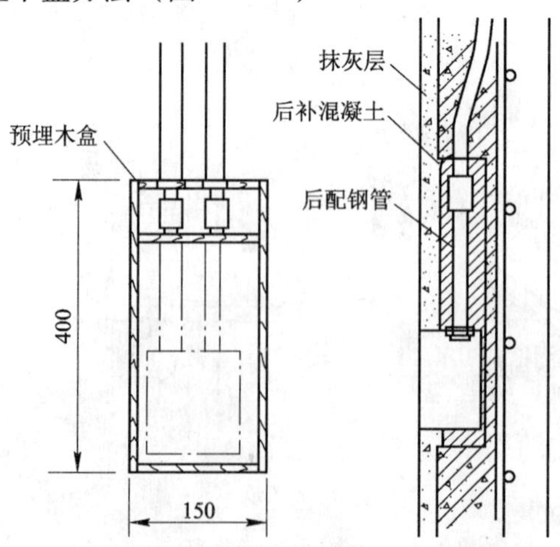

图 7.2-33 接线盒位置预埋木盒方法

在土建施工时，有些墙体及柱子由于钢筋等物体的阻挡等原因，在浇筑混凝土施工时，不方便埋设接线盒，此时可用预埋木盒或预埋聚苯烯板等材料。待混凝土浇筑完成，在配管时，再切断钢筋，埋设接线盒。

（8）接线盒位置预埋聚苯烯材料方法（图 7. 2-34）

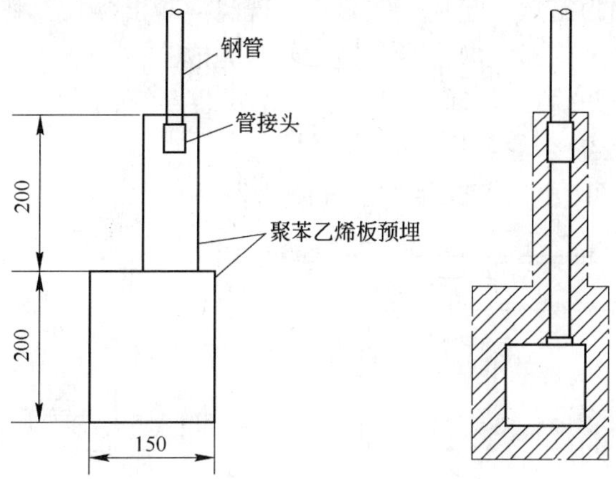

图 7. 2-34 接线盒位置预埋聚苯烯材料方法

（9）钢管引入配电箱暗配方法

安装步骤如下（图 7. 2-35）：

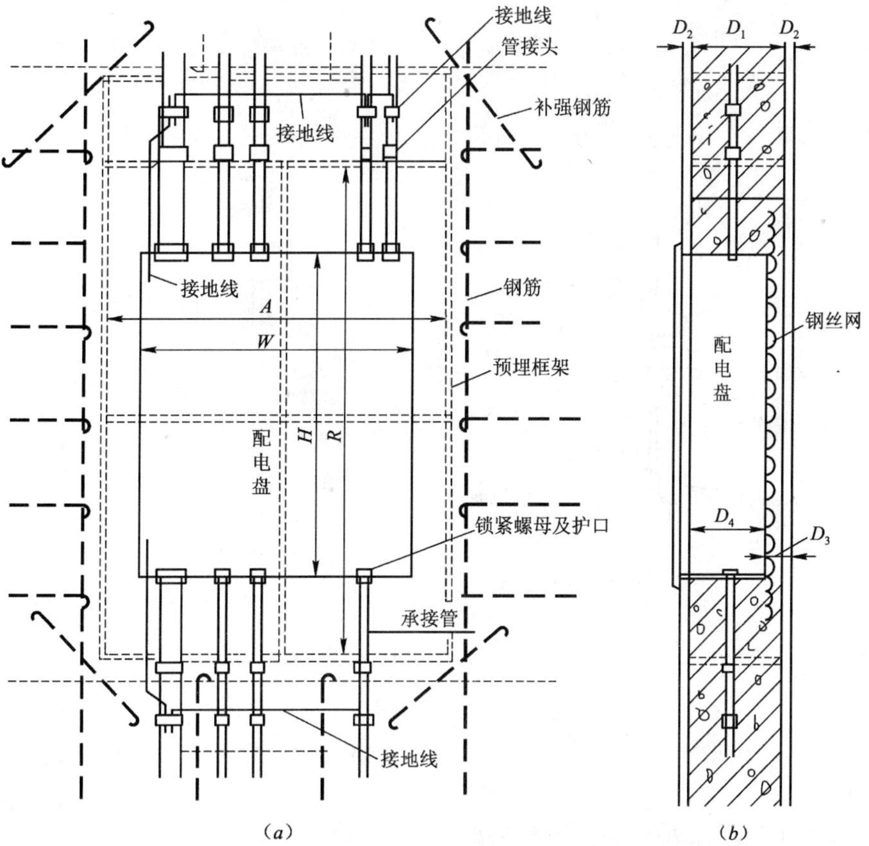

图 7. 2-35 钢管引入配电箱暗配方法

（*a*）主视图；（*b*）侧视图

1）测定盒、箱位置：根据设计要求确定盒、箱轴线位置，以土建弹出的水平线为基准，挂线找正，标出盒、箱实际尺寸位置；

2）固定盒、箱：先稳定盒、箱，然后浇筑混凝土，要求砂浆饱满、平整牢固、位置正确。现浇混凝土板墙固定盒、箱加支铁固定；现浇混凝土楼板，将盒子堵好随底板钢筋固定牢，管路配好后，随土建浇灌混凝土施工同时完成。

3）当现场不宜及时安装配电箱位置处，应先安装木箱，待混凝土浇筑完成后，再切断钢筋，安装配电箱及连接承接管。

（10）金属线槽和预埋电线管连接方法（图7.2-36）

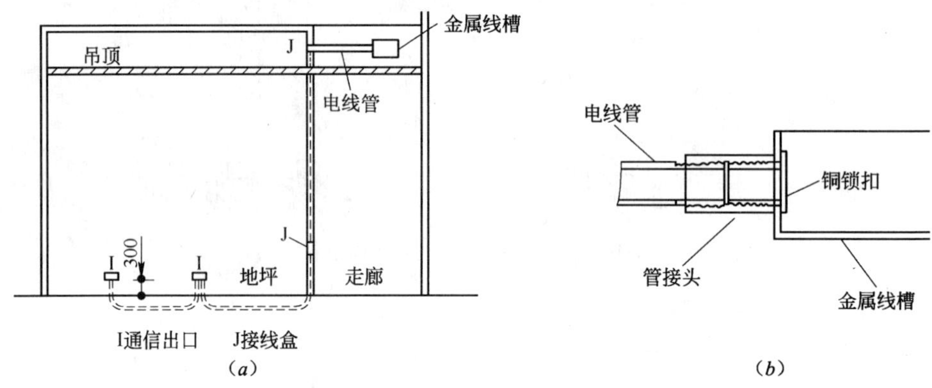

图7.2-36 金属线槽和预埋电线管连接方法
（a）连接方法；（b）大样图

（11）电线管穿外墙方法（图7.2-37）

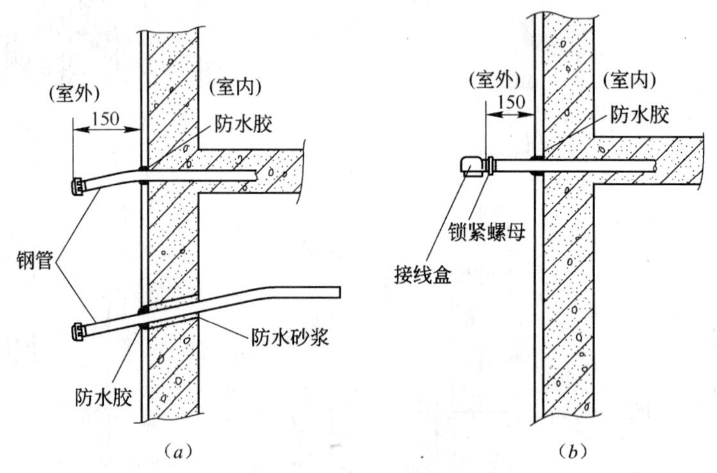

图7.2-37 电线管穿外墙方法
（a）方法一；（b）方法二

电线管穿外墙用于室外照明等电缆的保护，穿墙保护管应做好防腐处理，电线管施工时，应向下倾斜，保证不漏水。

（12）暗配钢管过伸缩缝、沉降缝处理方法当电线管路遇到建筑物伸缩缝、沉降缝时，必须相应作伸缩、沉降处理。一般是装设补偿盒。在补偿盒的侧面开一个长孔，将管端穿入长孔中，无须固定，而另一端则要用锁紧螺母与接线盒拧紧固定。暗配钢管过伸缩缝、沉降缝处理方法如图 7.2-38 所示。

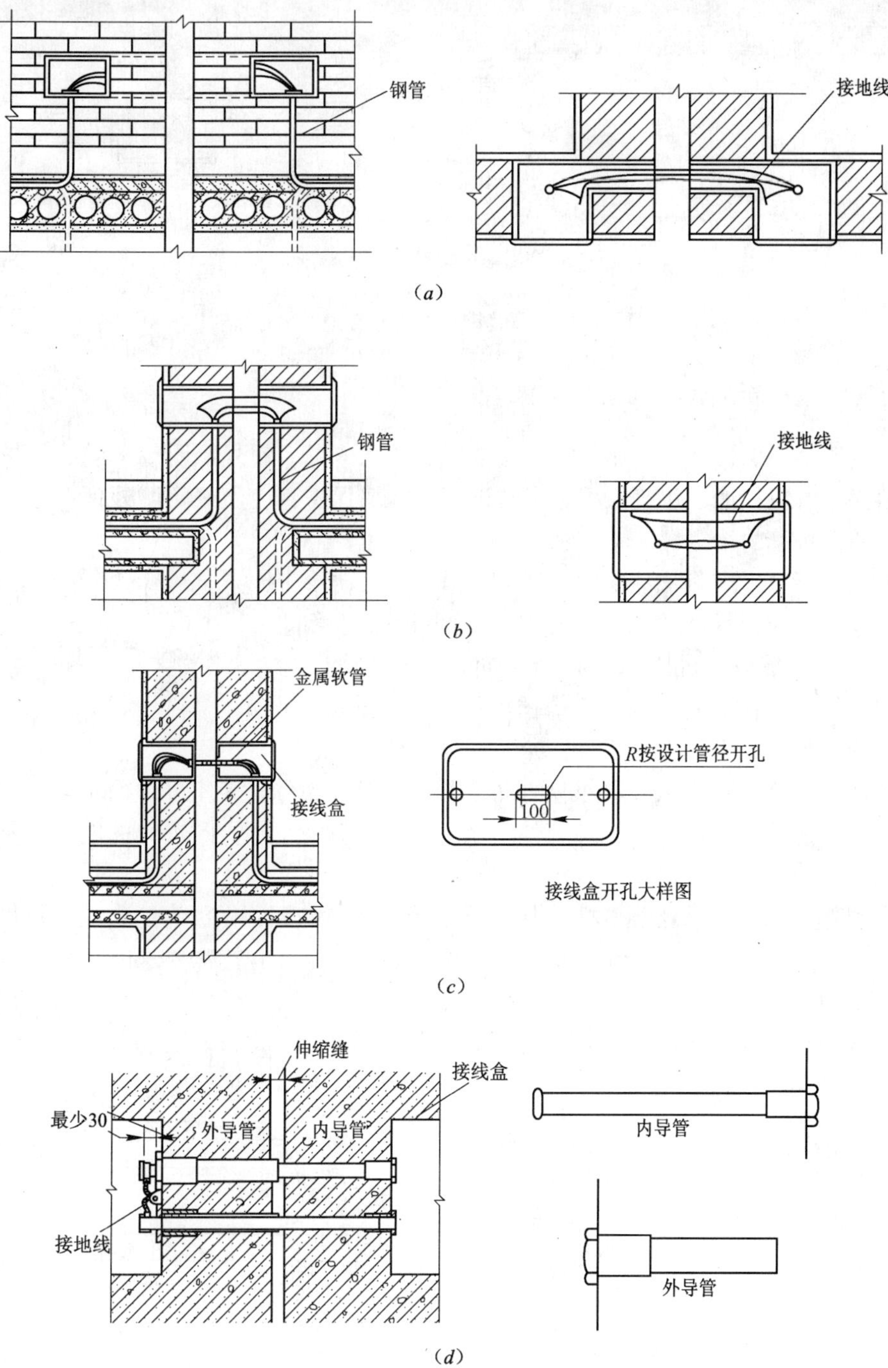

图 7.2-38　暗配钢管过伸缩缝、沉降缝处理方法
(*a*) 方式一；(*b*) 方式二；(*c*) 方式三；(*d*) 方式四

4. 钢管接地连接

当非镀锌钢管采用螺纹连接时，连接处的两端焊跨接接地线，如图 7.2-39 所示。

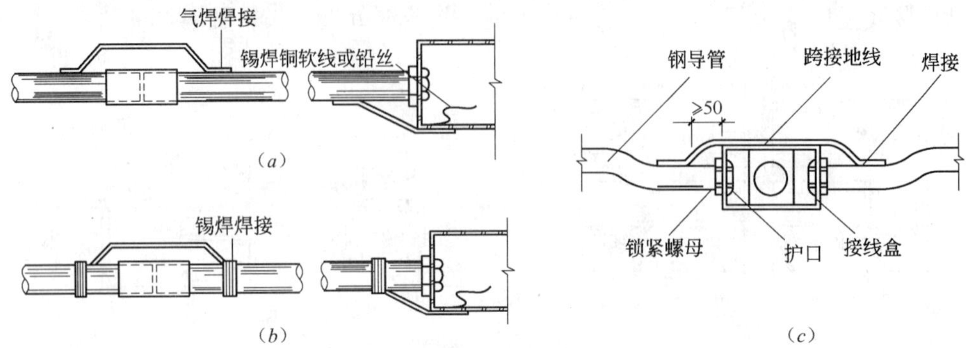

图 7.2-39 非镀锌钢管跨接接地线做法
(a) 方式一；(b) 方式二；(c) 方式三

7.2.5 直埋电缆穿墙保护管安装方法

直埋电缆穿墙保护管用于建筑物供电电缆、通讯电缆、室外照明等电缆的保护，预埋电缆穿墙保护管应在地下建筑工程施工时进行，穿墙保护管应做好防腐处理，施工完成后应保障穿墙保护管封堵完好，不漏水。一般要求如下：

(1) 管口应无毛刺和尖锐棱角，管口宜做成喇叭形。制作方法是用烘炉或气焊将管口加热烤红，用手锤敲打管口，使其直径增大，最后形成喇叭口，由内向外 360°内均匀扩大，见图 7.2-40。注意管子的焊缝部位不得撕裂，然后用挫将喇叭口修整光滑无毛刺。

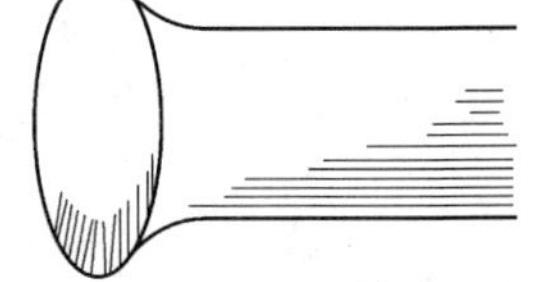

图 7.2-40 喇叭口示意图

(2) 直埋电缆过墙引入管必须做好防水处理，其埋设深度距室外地面不应小于 0.7m，并应有适当的防水坡度，电缆保护管伸出墙外 1m。壁厚小于等于 2mm 的电线管不应埋设于室外土壤内。

(3) 穿越外墙的钢管必须焊止水板，直埋于土层内的钢管做沥青防腐处理，外壁应涂两度沥青；采用镀锌钢管时，锌层剥落处应涂防腐漆。设计有特殊要求时，应按设计要求进行防腐处理。

(4) 直埋电缆穿墙保护管安装方法（图 7.2-41）

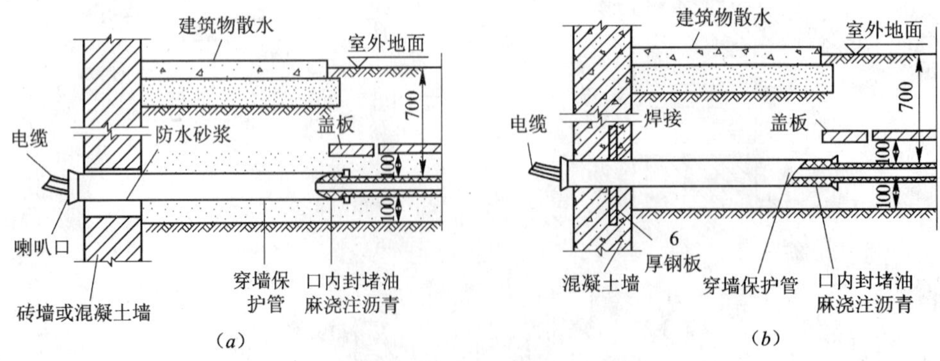

图 7.2-41 直埋电缆穿墙保护管安装方法（一）
(a) 方式一；(b) 方式二

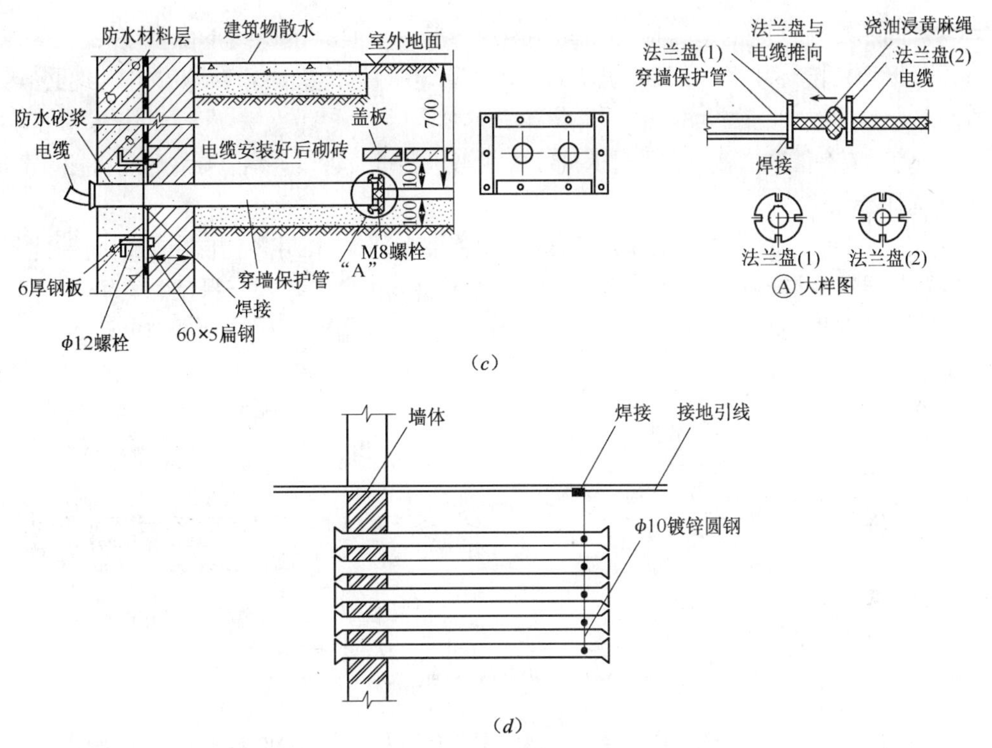

(*c*)

(*d*)

图 7.2-41　直埋电缆穿墙保护管安装方法（二）
（*c*）方式三；（*d*）多根保护管敷设平面图

7.2.6 管内穿线

把绝缘导线穿入保护管内敷设，称为导线管配线。这种配线方式比较安全可靠，可避免遭受机械损伤和避免腐蚀性气体的侵蚀，更换导线方便，在工业与民用建筑中使用最为广泛。

管内穿线工作一般应在管子全部敷设完毕及建筑物抹灰、粉刷及地面工程结束后进行。材质及品种、规格、型号必须符合设计及规范要求，材料必须有合格证，导线绝缘电阻必须大于0.5MΩ，穿线前应在盒、箱位置标高准确、无误的情况下进行，同时在穿线前必须将箱、盒清理干净，做到导线分色正确，余量适量。

1. 管内穿线施工程序

施工准备→选择导线→穿拉线→清扫管路→导线与带线的绑扎→放线及断线→带护口→导线连接→导线包扎→线路检查绝缘摇测。

2. 管内穿线基本要求

（1）穿线时应严格按照规范规定进行。同一交流回路的导线应穿于同一根钢管内。不同回路、不同电压等级和交流与直流的导线，不得穿在同一根管内。但下列几种情况或设计有特殊规定的除外：

1）电压为50V及以下的回路；

2）同一台设备的电机回路和无抗干扰要求的控制回路；

3）照明花灯的所有回路；

（2）同类照明的几个回路，可穿入同一根管内，但管内导线总数不应多于8根。

（3）三相或单相的交流单芯电缆，不得单独穿于金属管内。

(4) 同一交流回路的电线应穿于同一金属导管内，且管内电线不得有接头。

(5) 爆炸危险环境照明线路的电线和电缆额定电压不得低于750V，且电线必须穿于钢导管内。

(6) 管口应有保护措施，在不进入接线盒（箱）的垂直管口，穿入导线后应将管口密封。

3. 选择导线

各回路的导线应严格按照设计图纸选择规格型号，当采用多相供电时，同一建筑物、构筑物的导线绝缘层颜色选择应一致，相线用A相—黄色、B相—绿色、C相—红色，相线、中性线及保护地线应加以区分，中性线（N）用淡蓝色；保护地线（PE线）应是黄绿相间色。

4. 穿带线（图7.2-42）

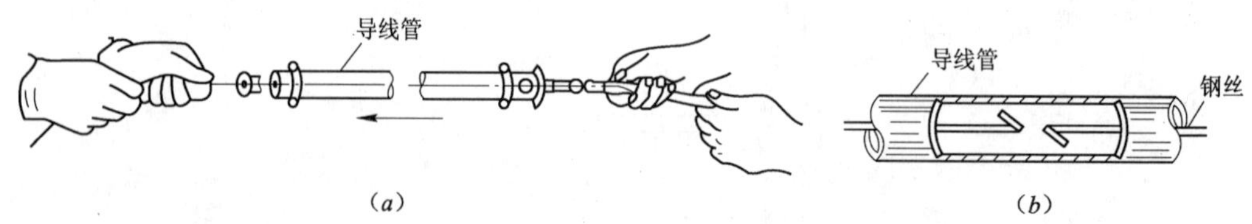

图7.2-42 穿带线方法

(a) 导线入管方法；(b) 管两端钢丝穿线方法

穿带线的目的是检查管路是否畅通，管路的走向及盒、箱质量是否符合设计及施工图要求。带线采用ϕ2mm的钢丝，先将钢丝的一端弯成不封口的圆圈，再利用穿线器将带线穿入管路内，在管路的两端应留有100~150mm的余量（在管路较长或转弯多时，可以在敷设管路的同时将带线一并穿好）。当穿带线受阻时，可用两根钢丝分别穿入管路的两端，同时搅动，使两根钢丝的端头互相钩绞在一起，然后将带线拉出。

5. 清扫管路

配管完毕后，在穿线之前，必须对所有的管路进行清扫。清扫管路的目的是清除管路中的灰尘、泥水等杂物。具体方法为：将布条的两端或钢丝刷牢固在带线上（图7.2-43），两人来回拉动带线，将管内杂物清净。

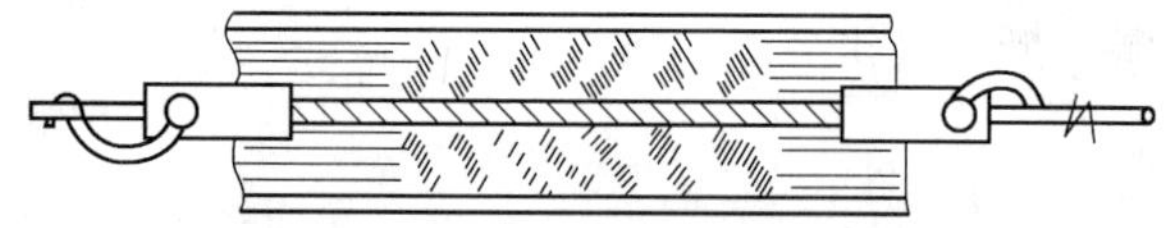

图7.2-43 用钢丝刷清扫管路方法

6. 导线与带线的绑扎（图7.2-44）

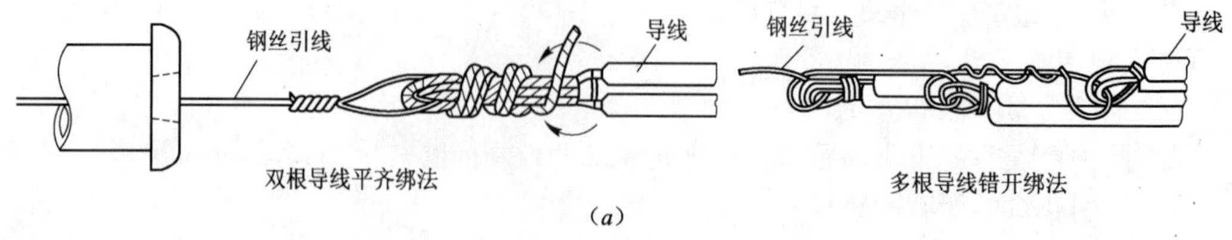

图7.2-44 导线与带线的绑扎（一）

(a) 拉线头的缠绕方法

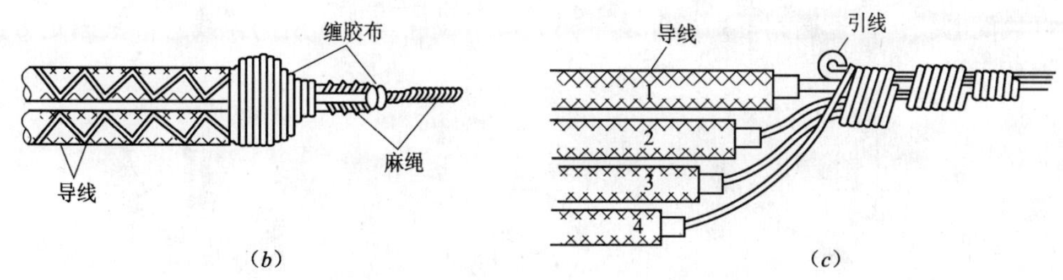

图7.2-44 导线与带线的绑扎（二）
（b）粗电线的绑方法；（c）多股电线的绑扎方法

当导线根数较少时，可将导线前端的绝缘层削去，然后将线芯直接插入带线的盘圈内并折回压实，绑扎牢固；当导线根数较多或导线截面较大时，可将导线前端的绝缘层削去，然后将线芯斜错排列在带线上，用绑线缠绕绑扎牢固。

7. 管内穿线

在穿线前，应检查钢管（电线管）各个管口的护口（图7.2-45）是否齐全，如有遗漏和破损，均应补齐和更换。

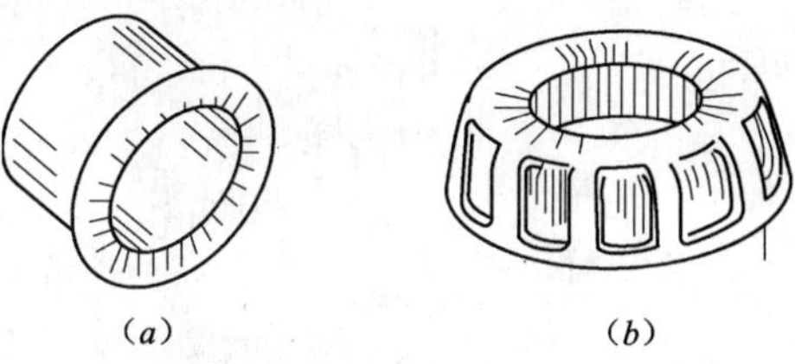

图7.2-45 金属管的护口
（a）内护口；（b）外护口

（1）放线（图7.2-46）：放线前应根据设计图对导线的规格、型号进行核对，所有导线应一起穿入。放线时导线应置于放线架或放线车上，拉线时应有两人操作，一人担任送线，另一人担任拉线，两人应互相配合，不能将导线在地上随意拖拉，更不能野蛮使力，以防损坏绝缘层或拉断线芯。穿线时应注意以下事项：

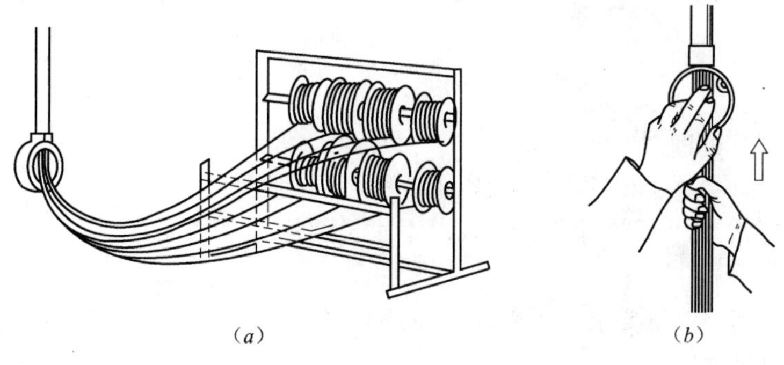

图7.2-46 导线放线方法
（a）放线方法；（b）穿线方法

1）电缆穿管前绝缘测试合格，才能穿入导管；

2）管内电线不得有接头，同一交流回路的导线必须穿在同一管内；

3）导线在变形缝处，补偿装置应活动自如，导线应留有一定的余量。

（2）断线：剪断导线时，导线的预留长度按以下情况予以考虑：接线盒、开关盒、插座盒及灯头盒内导线的预留长度为150mm；配电箱内导线的预留长度为配电箱箱体周长的1/2；干线在分支处，可不剪断导线而直接作分支接头。

8. 导线固定

在较长的垂直管路中，为防止由于导线的本身自重拉断导线或拉脱接线盒中的接头，当垂直敷设电线保护管遇到下列情况之一时，应增设固定导线用的拉线盒。其固定方法见图 7.2-47 所示。

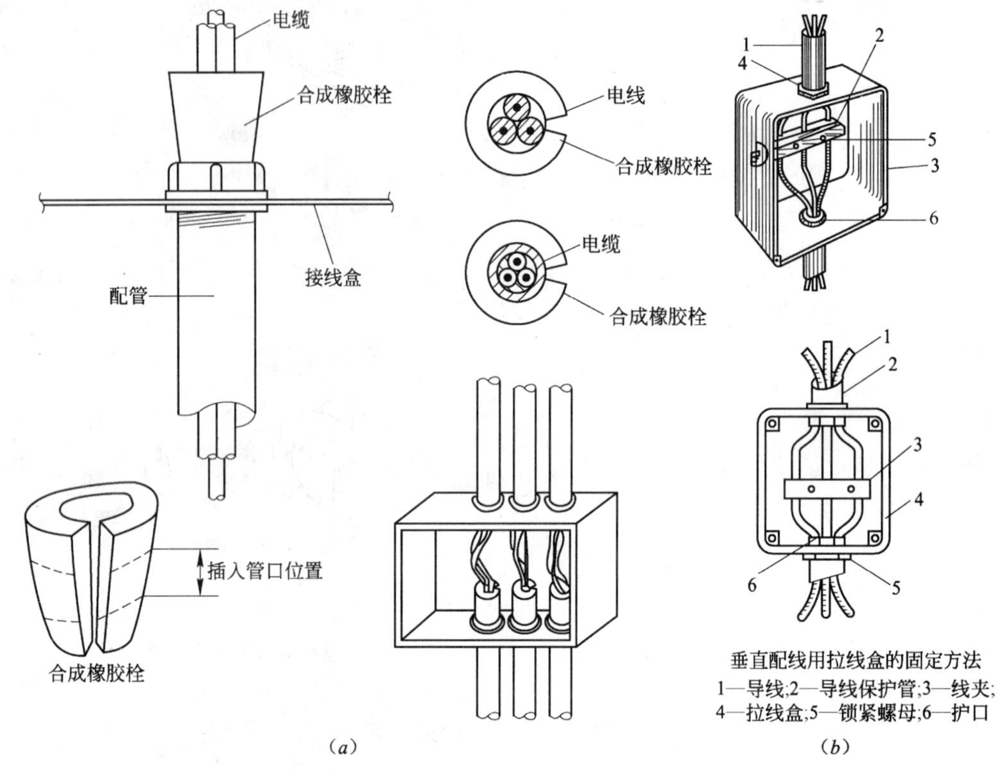

图 7.2-47　导线垂直固定方法
(a) 方式一；(b) 方式二

(1) 管内导线截面 $50mm^2$ 及以下，长度每超过 30m。

(2) 管内导线截面 70 ~ $95mm^2$ 及以下，长度每超过 20m。

(3) 管内导线截面 120 ~ $240mm^2$ 及以下，长度每超过 18m。

9. 导线连接

导线连接应满足以下要求：不能降低原绝缘强度，导线接头不能增加电阻值；受力导线不能降低原机械强度。

10. 导线包扎

首先用橡胶绝缘带从导线接头处始端的完好绝缘层开始，缠绕 1 ~ 2 个绝缘带宽度，再以半幅宽度重叠进行缠绕。在包扎过程中应尽可能地收紧绝缘带（一般将橡胶绝缘带拉长 2 倍后再进行缠绕）。而后在绝缘层上缠绕 1 ~ 2 圈后进行回缠，最后用胶布包扎，包扎时要搭接好，以半幅宽度边压边进行缠绕。

11. 线路检查及绝缘摇测

(1) 线路检查：接、焊、包全部完成后，应进行自检和互检；检查导线接、焊、包是否符合设计要求及有关施工验收规范及质量验收标准的规定，不符合规定的应立即纠正，检查无误后方可进行绝缘摇测。

(2) 绝缘摇测：导线线路的绝缘摇测一般选用 500V。填写“绝缘电阻测试记录”。摇动速度应保持在120r/min左右，读数应采用1min后的读数为宜。

（3）电线、电缆交接试验合格，且对接线去向和相位等检查确认，才能通电。

7.3 可挠金属电线保护管敷设

可挠金属电线保护管（普利卡金属套管）是一种新型电线、电缆防护管。它具有耐热、耐酸、耐腐蚀和抗压、抗晒、抗拉的特点；它重量轻、可自由弯曲、安装连接方便、省工省时、长度不受限制、强度与镀锌钢管相同等优点，是目前较为理想的电线、电缆保护管。

7.3.1 可挠金属电线保护管分类

按结构类型分类：

（1）LZ-3型为单层可挠金属电线保护管，管外层为镀锌钢带（FeZn），内层为电工纸（P）。

（2）LZ-4型为双层可挠金属电线保护管，属于基本型，套管外层为镀锌钢带（FeZn），中间层为冷轧钢带（Fe），内层为电工纸（P）。

（3）LV-5型可挠金属电线保护管构造是用特殊方法在LZ-4管表面被覆一层具有良好耐韧性软质聚氯乙烯（PVC）。此管除具有LZ-4型管的特点外，具有优异的耐水性、耐腐蚀性、耐化学稳定性。在室内潮湿及有水蒸气或有腐蚀性及化学性的场所使用，应选用LV-5型可挠金属电线保护管（即聚氯乙烯覆层套管）。

（4）此外还有LE-6型、LVH-7型、LAL-8型、LS-9型和LH-10型，它们各自具有不同的特点，适用于不同场所使用。在寒冷地区以及冷冻机等低温场所的配管工程，可选用LE-6耐寒型可挠金属电线保护管；在高温场所配管，应选用LVH-7耐热型可挠金属电线保护管；在食品加工及机械加工厂明配管的场所，应选用LAL-8型可挠金属电线保护管；使用在酸性、碱性气体等场所的电线、电缆保护管，可选用LS-9型可挠金属电线保护管；高温场所（250℃及以下）的配管，可选用LH-10耐热型可挠金属电线保护管。

管径的选择按规范规定进行，穿入可挠金属电线保护管内导线的总截面积（包括外护层）不应超过管内径截面积的40%。

7.3.2 可挠金属电线保护管规格

1. 可挠金属电线保护管对应其他管材规格（表7.3-1）

可挠金属电线保护管对应其他管材规格表 表7.3-1

规格	内径（mm）	外径（mm）	每卷长度（m）	对应钢管规格		对应电线管规格	
				mm	in	mm	in
12号	11.4	16.1	50	8	1/4	13	1/2
15号	14.1	19.0	50	10	3/8	16	5/8
17号	16.6	21.5	50	15	1/2	19	3/4
24号	23.8	28.8	25	20	3/4	25	1
30号	29.3	34.9	25	25	1	32	$1^1/_4$
38号	37.1	42.9	25	32	$1^1/_4$	38	$1^1/_2$
50号	49.1	54.9	25	40	$1^1/_2$	51	2
63号	62.6	69.1	10	50	2	64	$2^1/_2$
76号	76.0	82.9	10	70	$2^1/_2$	76	3

续表

规格	内径（mm）	外径（mm）	每卷长度（m）	对应钢管规格		对应电线管规格	
				mm	in	mm	in
83 号	81.0	88.1	10	80	3		
101 号	100.2	107.3	5	100	4		

注：可挠金属电线保护管与钢管依据内径尺寸对应。

2. LZ-4 型可挠金属电线保护管（基本型）

LZ-4 型可挠金属电线保护管由镀锌钢带（Fe，Zn），钢带（Fe）及电工纸（P）构成的双层金属制成的可挠性电线、电缆保护管。主要用于室内外低压电气配线方面，室内装修、混凝土埋设、电器设备等除特殊场合外可与钢制电线管同样施工。LZ-4 型可挠金属电线保护管见图 7.3-1，其规格见表 7.3-2。该产品还有铝带覆层管和不锈钢带覆层管。

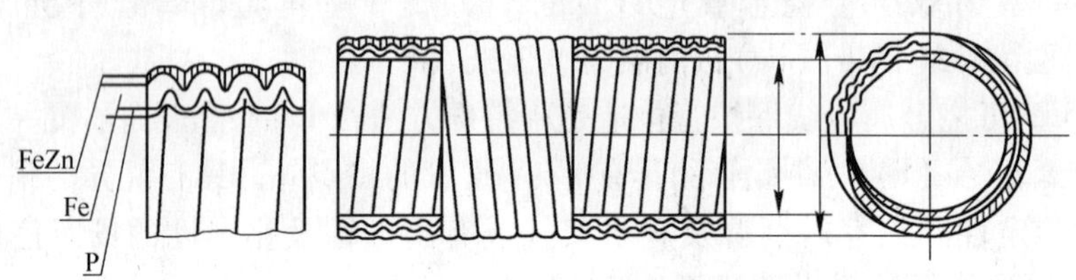

图 7.3-1　LZ-4 型可挠金属电缆保护管

LZ-4 型可挠金属电缆保护管规格　　**表 7.3-2**

规　格	内径（mm）	外径（mm）	外径公差(mm)	每卷长度（m）	螺距（mm）	每卷重量（kg）
10 号	9.2	13.3	±0.2	50	1.6±0.2	11.5
12 号	11.4	16.1	±0.2	50		15.5
15 号	14.1	19.0	±0.2	50		18.5
17 号	16.6	21.5	±0.2	50		22.0
24 号	23.8	28.8	±0.2	25	1.8±0.25	16.25
30 号	29.3	34.9	±0.2	25		21.28
38 号	37.1	42.9	±0.4	25		24.5
50 号	49.1	54.9	±0.4	25		35.25
63 号	62.6	69.1	±0.6	10	2.0±0.3	20.6
76 号	7.0	82.9	±0.6	10		25.4
83 号	81.0	88.1	±0.6	10		26.8
101 号	100.2	107.3	±0.6	5		15.6

注：1. 每卷重量供参考；
2. 管 10 号、12 号、15 号、17 号每卷允许有两个接头，短头部分最低限度不能少于 15m。24 号、30 号、38 号、50 号每卷允许有一个接头，短头部分最低限度不能少于 10m。

3. LV-5/5Z 型可挠金属电线保护管（聚氯乙烯覆层套管）

LV-5 型可挠金属电线保护管用特殊方法在 LZ-4 型管表面，被覆一层具有良好耐韧性软质聚氯乙烯（PVC）。该产品除具有 LZ-4 型特点外，具有优异的耐水性、耐腐蚀性、耐化学药品性，适用于室外电气施工裸露配管，船舶电气设备配管等。该产品还有耐热及耐寒型。LV-5 型可挠金属电线保护管见图 7.3-2，其规格见表 7.3-3。

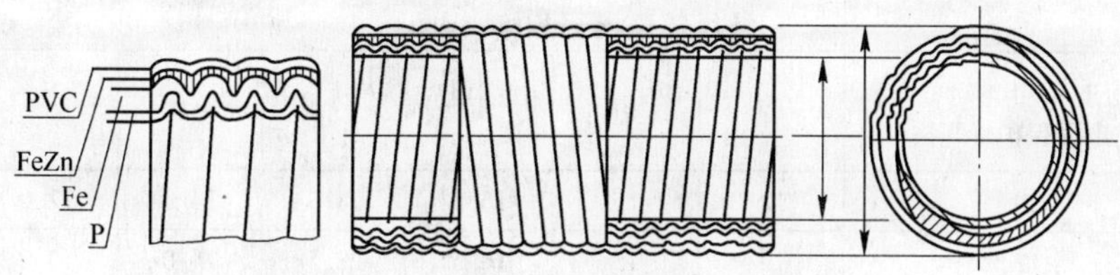

图 7. 3-2 LV-5/5Z 型可挠金属电缆保护管

LV-5/5Z 型可挠金属电缆保护管规格 **表 7. 3-3**

规 格	内径（mm）	外径（mm）	外径公差(mm)	每卷长度（m）	螺距（mm）	每卷重量（kg）
10 号	9. 2	13. 3	±0. 2	50	1. 6 ±0. 2	11. 5
12 号	11. 4	16. 1	±0. 2	50		15. 5
15 号	14. 1	19. 0	±0. 2	50		18. 5
17 号	16. 6	21. 5	±0. 2	50		22. 0
24 号	23. 8	28. 8	±0. 2	25	1. 8 ±0. 25	16. 25
30 号	29. 3	34. 9	±0. 2	25		21. 28
38 号	37. 1	42. 9	±0. 4	25		24. 5
50 号	49. 1	54. 9	±0. 4	25		35. 25
63 号	62. 6	69. 1	±0. 6	10	2. 0 ±0. 3	20. 6
76 号	7. 0	82. 9	±0. 6	10		25. 4
83 号	81. 0	88. 1	±0. 6	10		26. 8
101 号	100. 2	107. 3	±0. 6			15. 6

注：1. 每卷重量仅供参考；

2. 管 10 号、12 号、15 号、17 号每卷允许有两个接头，短头部分最低限度不能少于 15m。24 号、30 号、38 号、50 号每卷允许有一个接头，短头部分最低限度不能少于 10m。

LV-5Z 型可挠金属电线保护管，其结构规格与 LV-5 型相同，防火性能较高，适用于防火要求较高的场合。

7. 3. 3 可挠金属电线保护管附件

1. 接线箱连接器

接线箱连接器见图 7. 3-3，其规格见表 7. 3-4。

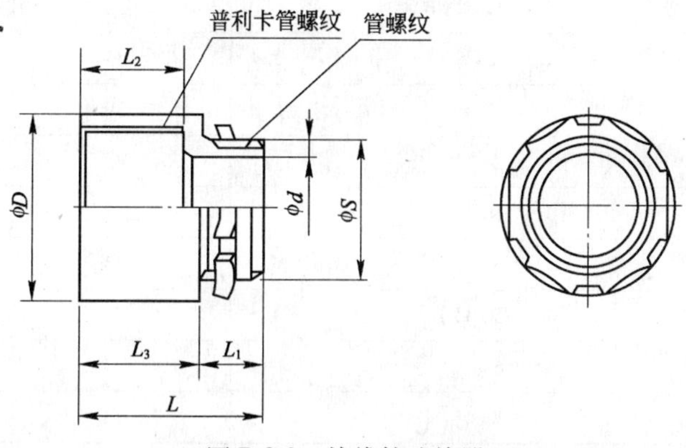

图 7. 3-3 接线箱连接器

接线箱连接器规格（mm） **表 7.3-4**

型号	适用于 LZ-4 型可挠金属电线保护管规格	L_1	L_2	L_3	L	ϕD	ϕd	ϕS
BG-10	10 号	12	15	16.5	28.5	24.0	12.0	20.9
BG-12	12 号	12	15	16.5	28.5	24.0	12.0	20.9
BG-15	15 号	12	15	16.5	28.5	24.0	15	20.9
BG-17	17 号	12	18	21.4	33.4	28.3	14.5	20.9
BG-24	24 号	12	20	23.4	35.4	35.5	19.7	26.4
BG-30	30 号	16	22	25.4	41.4	41.6	25.9	33.2
BG-38	38 号	16	25	28.9	44.9	50.5	34.4	41.9
BG-50	50 号	18	25	28.9	46.9	62.5	40.1	47.8
BG-63	63 号	18	35	39.0	57.0	76.6	51.5	59.6
BG-76	76 号	18	35	39.0	57.0	90.4	66.5	75.1
BG-83	83 号	20	35	39.0	59.0	95.6	79.0	87.8
BG-101	101 号	22	40	44.5	66.5	116.6	89.0	100.3

2. 直接头

直接头见图 7.3-4，其规格见表 7.3-5。

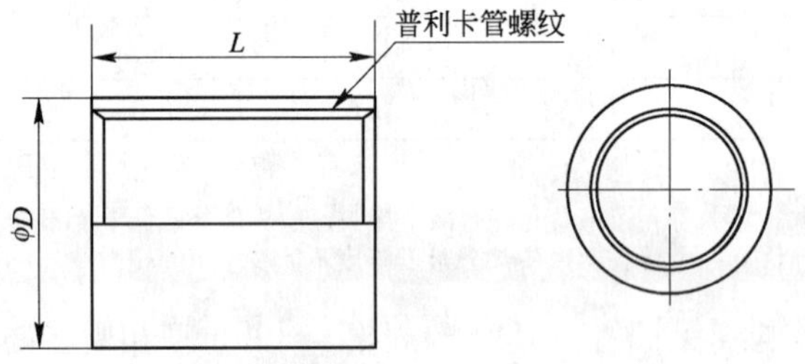

图 7.3-4 直接头

直接头规格（mm） **表 7.3-5**

型 号	适用于 LZ-4 型可挠金属电线保护管规格	L	ϕD
KS-10	10 号	33	17.3
KS-12	12 号	33	22.8
KS-15	15 号	33	22.8
KS-17	17 号	39	25.0
KS-24	24 号	43	32.8
KS-30	30 号	47	39.4
KS-38	38 号	53	47.8
KS-50	50 号	53	60.2
KS-63	63 号	73	76.3
KS-76	76 号	73	89.1

3. 无螺纹接头

无螺纹接头见图7.3-5，其规格见表7.3-6。

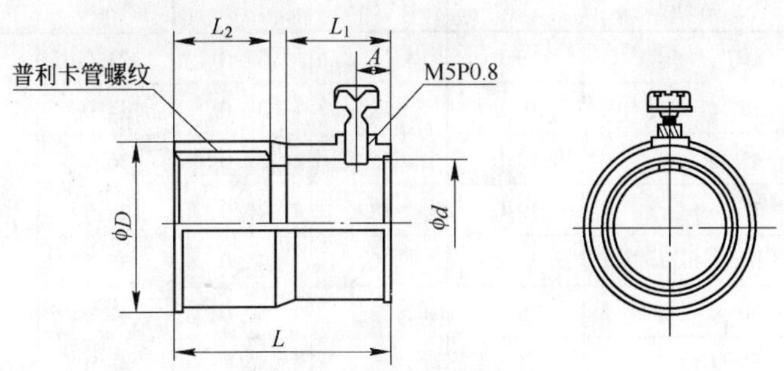

图7.3-5 无螺纹接头

无螺纹接头规格表（mm） 表7.3-6

系列	型号	适用于LZ-4型可挠金属电线保护管规格	L_1	L_2	L	A	ϕD	ϕd	连接电线管(in)	连接钢管(in)
J系列	VKC-17-J	17号	22	18	43	7	28.0	19.8	3/4	
	VKC-24-J	24号	22	20	45	7	35.2	26.0	1	
	VKC-30-J	30号	22	22	47	7	41.3	32.5	$1^1/_4$	
	VKC-38-J	38号	27	25	55	8	50.3	38.8	$1^1/_2$	
	VKC-50-J	50号	27	25	55	8	62.3	51.5	2	
	VKC-63-J	63号	35	35	73	9	76.8	64.4	$2^1/_2$	
	VKC-76-J	76号	35	35	73	9	90.8	77.1	3	
C系列	VKC-17-C	17号	22	18	43	7	28.0	22.5		1/2
	VKC-24-C	24号	22	20	45	7	35.2	28.0		3/4
	VKC-30-C	30号	22	22	47	7	41.3	35.0		1
	VKC-38-C	38号	27	25	55	8	50.3	44.0		$1^1/_4$
	VKC-50-C	50号	27	25	55	8	62.3	50.5		$1^1/_2$
	VKC-63-C	63号	35	35	73	9	76.8	61.0		2
	VKC-76-C	76号	35	35	73	9	90.8	81.0		$2^1/_2$

4. 混合接头

混合接头见图7.3-6，其规格见表7.3-7。

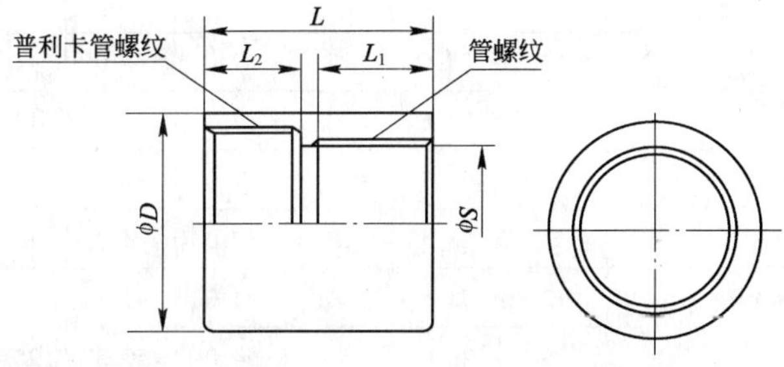

图7.3-6 混合接头

混合接头规格表（mm）　　表 7.3-7

型　号	适用于 LZ-4 型可挠金属电线保护管规格	L_1	L_2	L	ϕD	管螺纹 ϕS	
						mm	in
KG-10	10 号	19.0	15	37.0	24.0	19.0	1/2
KG-12	12 号	19.0	15	37.0	24.0	19.0	1/2
KG-15	15 号	19.0	15	37.0	26.0	19.0	1/2
KG-17	17 号	19.0	18	40.0	28.3	19.0	1/2
KG-24	24 号	22.0	20	45.0	35.5	24.5	3/4
KG-30	30 号	25.0	22	50.0	41.6	30.7	1
KG-38	38 号	28.0	25	56.0	50.50	39.4	$1^1/_4$
KG-50	50 号	28.0	25	56.0	62.5	45.3	$1^1/_2$
KG-63	63 号	32.0	35	70.0	76.8	57.1	2
KG-76	76 号	36.0	35	74.0	90.6	72.7	$2^1/_2$
KG-83	83 号	40.0	35	78.0	95.8	85.4	3
KG-101	101 号	42.5	40	85.5	116.6	97.8	$3^1/_2$

5. 防水型接线箱连接器

防水型接线箱连接器见图 7.3-7，其规格见表 7.3-8。

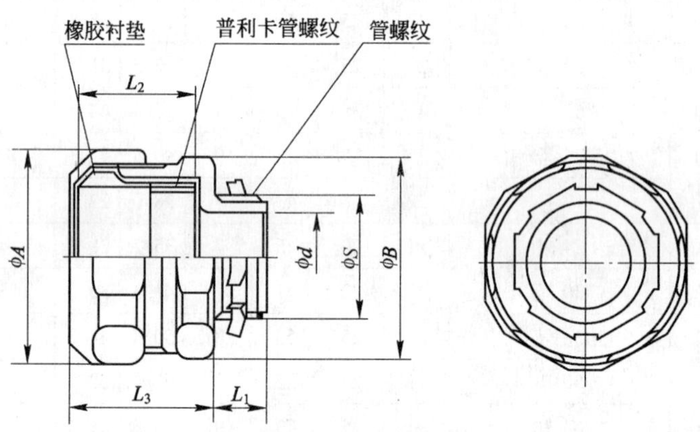

图 7.3-7　防水型接线箱连接器

防水型接线箱连接器规格（mm）　　表 7.3-8

型　号	适用于 LV-5 型可挠金属电线保护管规格	L_1	L_2	L_3	ϕA	ϕB	ϕd	管螺纹	
								ϕS	in
WBG-10	10 号	12	24.5	27	37.0	34.0	14.5	20.9	1/2
WBG-12	12 号	12	24.5	27	37.0	34.0	14.5	20.9	1/2
WBG-15	15 号	12	24.5	27	37.0	34.0	14.5	20.9	1/2
WBG-17	17 号	12	23.5	27	37.0	34.0	14.5	20.9	1/2
WBG-24	24 号	12	23.5	30	46.0	42.8	19.7	26.4	3/4
WBG-30	30 号	16	29.0	33	54.0	50.5	25.8	33.2	1

续表

型号	适用于 LV-5 型可挠金属电线保护管规格	L_1	L_2	L_3	ϕA	ϕB	ϕd	管螺纹	
								ϕS	in
WBG-38	38 号	16	33.0	37	64.0	60.0	34.3	41.9	$1^1/_4$
WBG-50	50 号	18	34.5	38	78.0	73.5	40.0	47.8	$1^1/_2$
WBG-63	63 号	18	37.0	44	92.0	90.0	52.0	59.6	2
WBG-76	76 号	18	42.0	48	108.0	104.0	67.5	75.1	$2^1/_2$
WBG-83	83 号	20	42.0	49	121.7	115.8	77.8	87.8	3
WBG-101	101 号	33	52.0	57	145.0	150.0	88.5	100.3	$3^1/_2$

6. 防水型混合接头

防水型混合接头见图 7.3-8，其规格见表 7.3-9。

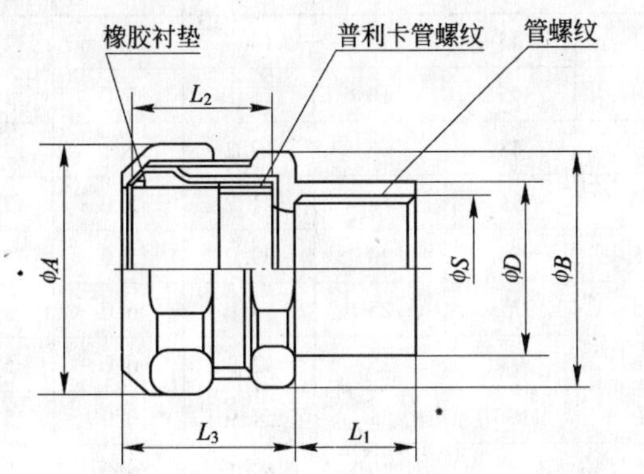

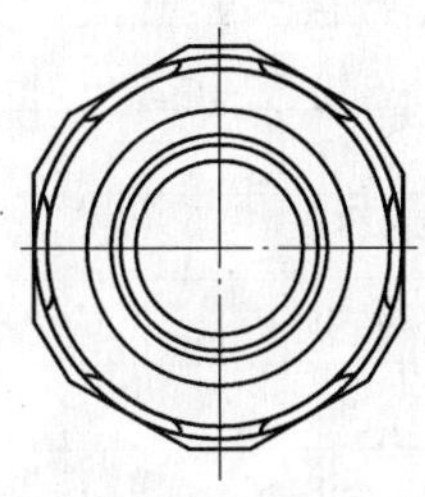

图 7.3-8 防水型混合接头

防水型混合接头规格（mm） 表 7.3-9

型号	适用于 LV-5 型可挠金属电线保护管规格	L_1	L_2	L_3	ϕA	ϕB	ϕD	管螺纹	
								ϕS	in
WUG-10	10 号	19.0	24.5	27	37.0	34.0	25.5	19.0	1/2
WUG-12	12 号	19.0	24.5	27	37.0	34.0	25.5	19.0	1/2
WUG-15	15 号	19.0	24.5	27	37.0	34.0	25.5	19.0	1/2
WUG-17	17 号	19.0	24.5	27	37.0	34.0	25.3	19.0	1/2
WUG-24	24 号	22.0	25.5	30	46.0	42.8	31.3	24.5	3/4
WUG-30	30 号	25.0	29.0	33	54.0	50.0	38.4	30.7	1
WUG-38	38 号	28.0	33.0	37	64.0	60.0	47.2	39.4	$1^1/_4$
WUG-50	50 号	28.0	34.5	38	78.0	73.5	53.5	45.3	$1^1/_2$
WUG-63	63 号	34.0	37.0	44	92.0	90.0	66.0	57.1	2
WUG-76	76 号	36.0	42.0	48	108.0	104.0	81.0	72.7	$2^1/_2$
WUG-83	83 号	40.0	42.0	49	121.7	115.8	95.8	85.4	3
WUG-101	101 号	32.0	52.0	57	145.0	150.0	110.4	97.8	$3^1/_2$

7. 固定卡子

固定卡子见图 7. 3-9，其规格见表 7. 3-10。

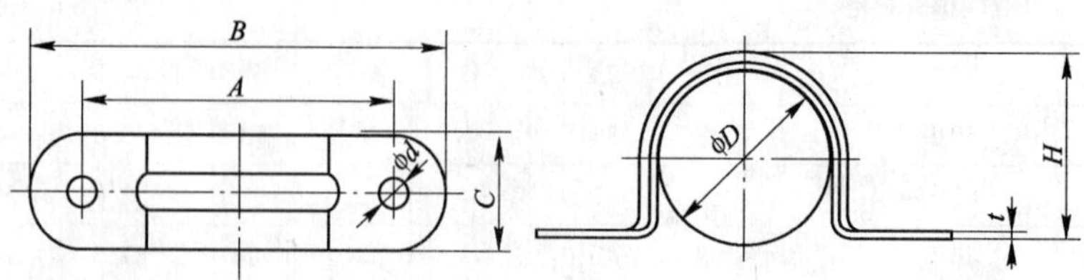

图 7. 3-9 固定卡子

固定卡子规格表（mm） 表 7. 3-10

型 号	适用于 LZ-4 型可挠金属电线保护管规格	A	B	C	φD	φd	H	t
SP-10	10 号	31	42	15	13. 3	4. 0	16. 3	1. 0
SP-12	12 号	34	45	16	16. 1	5. 0	18. 7	1. 0
SP-15	15 号	37	48	16	19. 2	5. 0	20. 5	1. 0
SP-17	17 号	40	51	18	21. 7	5. 0	23. 0	1. 0
SP-24	24 号	48	59	20	29. 0	5. 0	23. 0	1. 0
SP-30	30 号	55	75	25	34. 9	6. 0	38. 0	1. 2
SP-38	38 号	68	94	25	42. 9	6. 0	57. 6	1. 2
SP-50	50 号	80	100	25	54. 9	6. 0	57. 6	1. 2
SP-63	63 号	95	145	25	69. 1	6. 0	71. 8	1. 6
SP-76	76 号	110	155	30	82. 9	6. 5	85. 8	1. 6
SP-83	83 号	116	165	35	88. 1	6. 5	91. 0	1. 6
SP-101	101 号	136	211	35	107. 3	6. 5	111. 0	1. 6

8. 接地卡子

接地卡子见图 7. 3-10，其规格见表 7. 3-11。

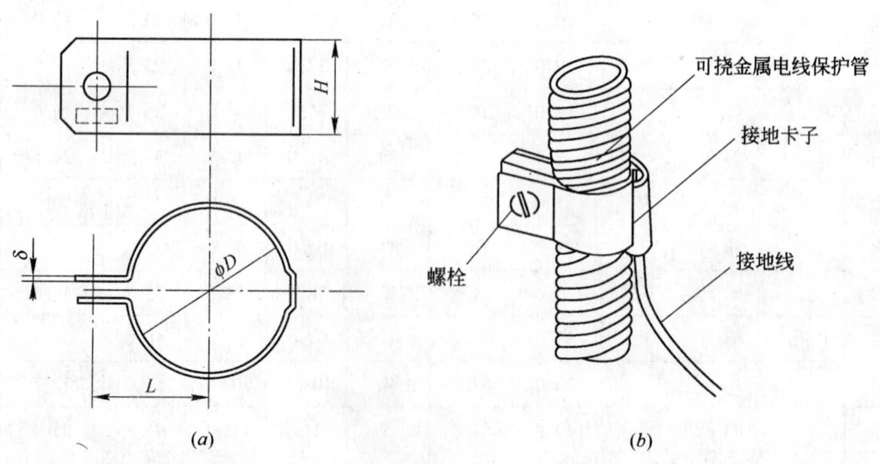

图 7. 3-10 接地卡子

（a）接地卡子；（b）安装方法

接地卡子规格表（mm） 表 7.3-11

型 号	适用于 LZ-4 型可挠金属电线保护管规格	ϕD	δ	H	L
DXA-15	15 号	19	1	25	18
DXA-17	17 号	22	1	25	20
DXA-24	24 号	29	1	25	23
DXA-30	30 号	35	1.2	25	26
DXA-38	38 号	43	1.2	30	30
DXA-50	50 号	55	1.2	30	36
DXA-63	63 号	69	1.5	35	44
DXA-76	76 号	83	1.5	35	51
DXA-83	83 号	88	1.8	35	54
DXA-101	101 号	107	1.8	35	63

7.3.4 可挠金属电线保护管敷设方法

1. 可挠金属电线保护管施工弯曲半径要求（表 7.3-12）

可挠金属电线保护管施工弯曲半径要求 表 7.3-12

施设场所		弯曲半径
可检查的隐蔽场所	管可拆卸场所	管内侧弯曲半径为该管内径 3 倍以上（$R \geqslant 3r$）
	管不可拆卸场所	管内侧弯曲半径为该管内径 6 倍以上（$R \geqslant 6r$）
不能检查的隐蔽场所		管内侧弯曲半径为该管内径 6 倍以上（$R \geqslant 6r$）
预埋场所		管内侧弯曲半径为该管内径 10 倍以上（$R \geqslant 10r$）

注：1. R 为弯曲半径；2. r 为管套内径。

2. 可挠金属电线保护管连接方法

可挠金属电线保护管的连接方法有：螺纹连接（混合接头），无螺纹连接和组合接头连接。

（1）可挠金属电线保护管与有螺纹钢管连接

使用混合接头连接时，应将混合接头先拧入钢管螺纹端，使钢管管口与混合接头的螺纹里口吻合，再将可挠金属电线管拧入混合接头的管螺纹端。

（2）可挠金属电线保护管与无螺纹钢管连接

应使用无螺纹接头。将可挠金属电线管拧入无螺纹接头的管螺纹一端，管端应与里口吻合后，再将管连同无螺纹接头与钢管管端插接，用扳手或旋具拧紧接头上的两个压紧螺栓。连接有防水型金属管时，使用防水型组合接头。

（3）可挠金属电线保护管与金属管或盒（箱）连接时，应采用卡接的方法做好接地跨接连接。

（4）可挠金属电线保护管与盒（箱）连接时，应使用专用的线箱连接器或组合线箱连接器。将连接管按管子螺纹方向旋入连接器的管螺纹一端，另一端插入盒（箱）敲落孔内拧紧连接器锁紧螺母。

3. 可挠金属电线保护管明敷设

(1) 明敷设方法

可挠金属电线保护管室内明敷与钢管的固定方法相同。弯曲半径不应小于软管外径的6倍。管卡与终端、转弯中点、电气器具或设备边缘的距离为150～300mm，管路中间的固定管卡最大距离应保持在0.5～1m，固定点间距应均匀，允许偏差不应大于30mm。

(2) 吊顶内敷设方法

用难燃材料作吊顶时，可用可挠金属电线保护管敷设。与嵌入式灯具或类似器具连接的金属软管，其末端的固定管卡宜安装在自灯具、器具边缘起沿软管长度的1m处。

1) 在楼（屋）面板内暗配钢管时安装方法

灯头盒与顶棚内灯具的配管应使用可挠金属电线保护管。楼（屋）面板盒应使用金属盖板将盒口密封，利用可挠金属电线保护管线箱连接器进行管与盒的连接，管下端引至顶棚灯位处，如图7.3-11所示。

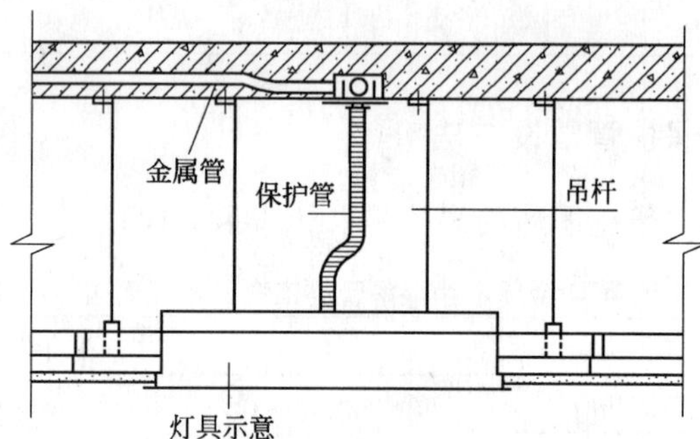

7.3-11 在楼（屋）面板内暗配钢管时安装方法

2) 楼（屋）面板内无盒体埋设时安装方法

线管只埋设至墙面上时，顶棚内灯位盒至配管应使用可挠金属电线保护管连接。连接应使用混合接头或无螺纹接头进行连接，使可挠金属电线保护管引至顶棚灯灯头盒，如图7.3-12所示。

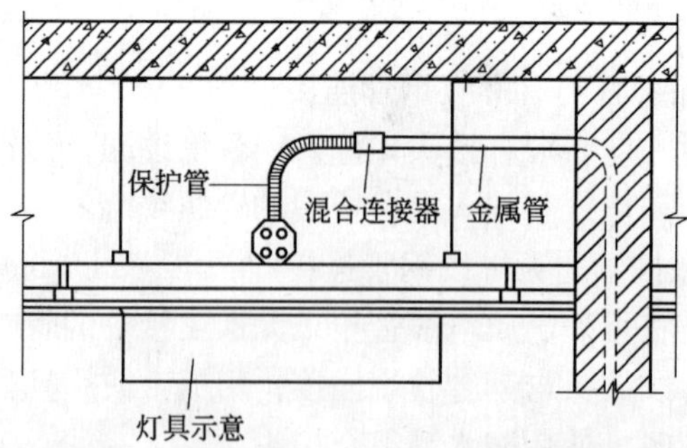

7.3-12 楼（屋）面板内无盒体埋设时安装方法

3) 顶棚内主干管为明配电线管时安装方法

管引至顶棚灯灯位盒的配管，应使用可挠金属电线保护管。电线管可在顶棚灯灯位处设置分线盒（箱），由盒（箱）内引出分支管，分支管至顶棚灯灯位（或盒位）一段使用可挠金属电线保护管，如图7.3-13所示。

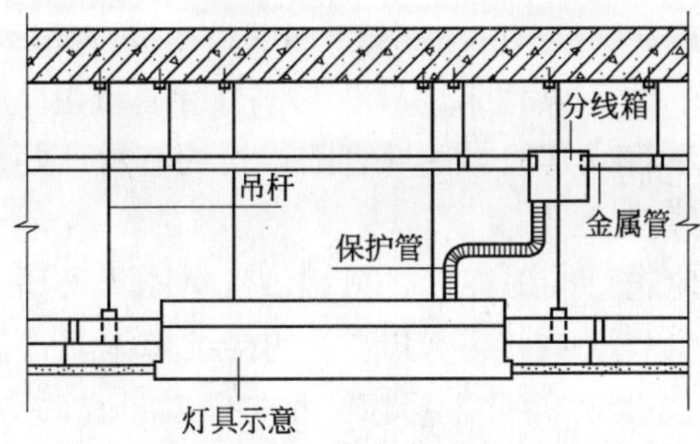

7.3-13 顶棚内主干管为明配电线管时安装方法

4. 可挠金属电线保护管暗敷设方法（图7.3-14）

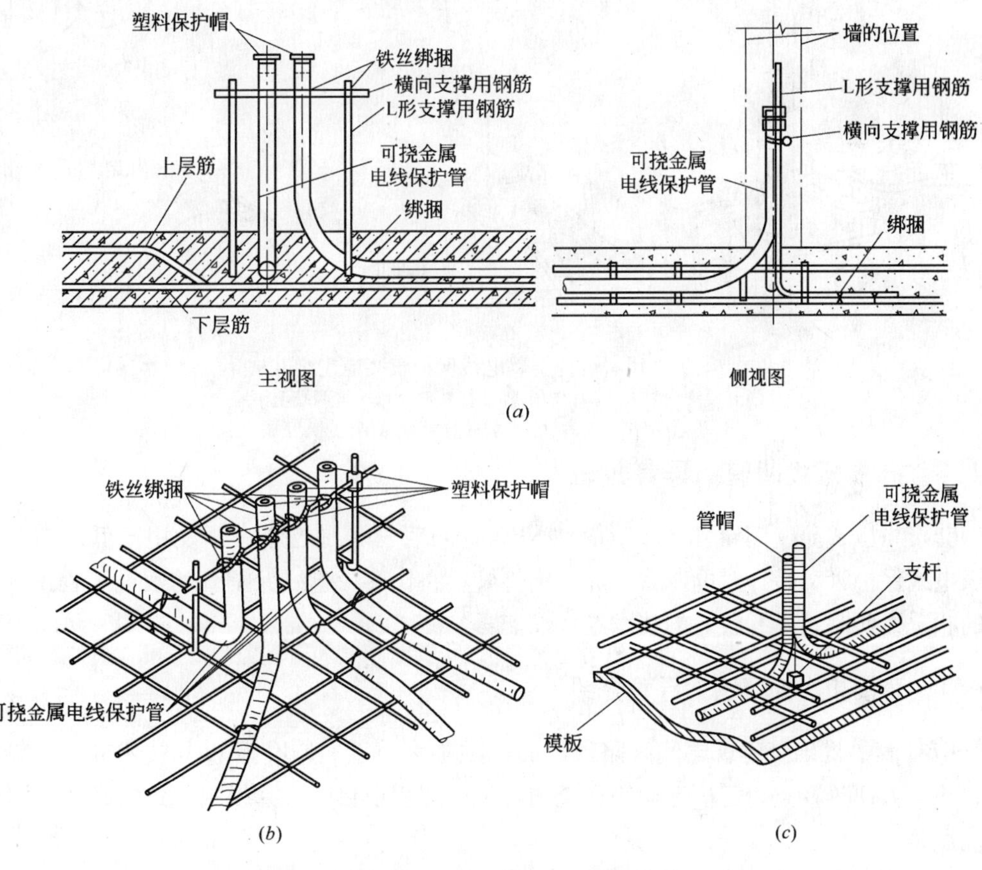

图7.3-14 可挠金属电线保护管暗敷设方法
（*a*）方法一；（*b*）方法二；（*c*）方法三

（1）可挠金属电线保护管在现浇混凝土的梁、柱和墙内垂直方向敷设时，宜放在钢筋的侧面；水平方向敷设时，管子宜放在钢筋的下侧。在现浇混凝土的平台板上管子应敷设在钢筋网中间，宜与钢筋网绑扎在一起。绑扎间隔不应大于0.5m，在管入盒（箱）处，绑扎点应适当缩短，距盒（箱）处不应大于0.3m。绑扎应牢固，防止金属管松弛。

（2）可挠金属电线保护管在普通砖砌体墙内敷设同PVC管施工方法相同，但管入盒处应在盒四周侧面与盒连接。

（3）可挠金属电线保护管或其他柔性导管与刚性导管或电气设备、器具间的连接采用专用接头；复合型可挠金属管或其他柔性导管的连接处密封良好，防液覆盖层完整无损。

5. 可挠金属电线保护管接地连接

可挠金属电线保护管应进行接地连接，接地做法见图7.3-15，可挠金属电线保护管和金属柔性导管不能做接地（PE）或接零（PEN）的接续导体。

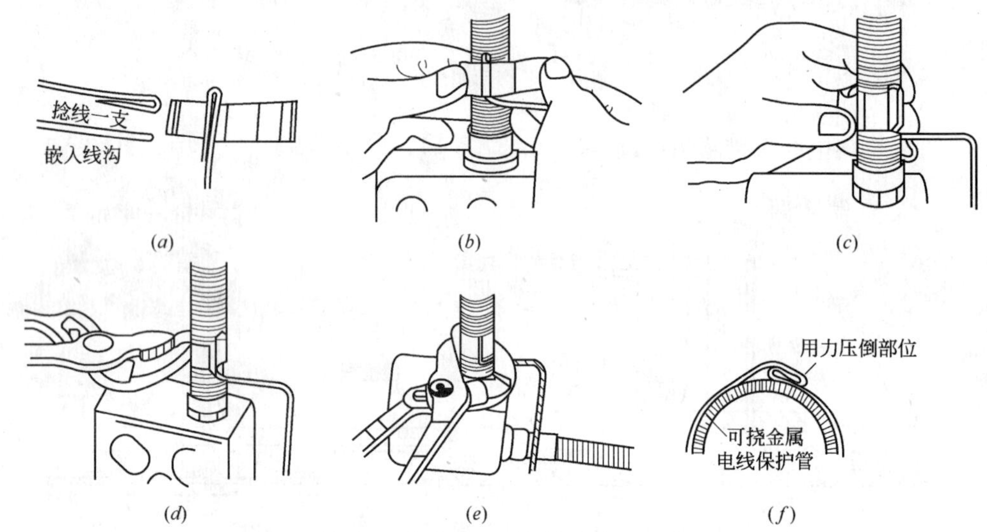

图7.3-15 可挠金属电线保护管接地连接方法
（*a*）接头线放入线沟；（*b*）加添接头线；（*c*）将两端上下咬合；
（*d*）用钳尖夹扁；（*e*）将咬合部分压倒；（*f*）完成

7.4 套接扣压式薄壁钢导管敷设

套接扣压式薄壁钢导管（以下简称KBG管）管材，是近年来开发用于低压布线工程绝缘电线保护管，是针对电线管、焊接钢管管材在作绝缘电线保护管的敷设工程中施工复杂的状况而研制，具有较好的技术经济性能。

7.4.1 套接扣压式薄壁钢导管介绍

KBG管的推出是建筑电气线路敷设的一项重大革新。KBG管以其技术先进、结构合理、施工方便等特点，已广泛运用在全国各地的工程项目中，并得到一致的好评。KBG管的优点是：

（1）重量轻：在保证管材的一定强度条件下，降低了管壁的厚度，使管材单位长度的重量大大减小。即电线管为它的1.1～1.8倍；焊接钢管为它的2.7～4.1倍，从而使施工安装、装卸搬运带来了很大的方便。

（2）价格便宜：管壁由薄壁代替厚壁，节省了钢材，使管材单位长度的价格大幅度下降，从而降低了工程造价。

（3）施工简便：管材的套接方式以新颖的扣压连接取代了传统的螺纹连接或焊接施工，而且无须再做跨接地，即可保证管壁有良好的导电性。省去了多种施工设备和施工环节，简化了施工，提高4～6倍工效。既加快了施工进度又节省了施工费用。

（4）安全施工：管材的施工无需焊接设备，使施工现场无明火，杜绝了火灾隐患，确保了施工现场的安全施工。

（5）产品配件齐全：除直管外有配套的直管套接接头，有与接线盒、配电箱壳固定的特殊螺纹管接头，还有四倍或六倍弯曲半径的90°弯管接头。另外有供施工用的专用工具扣压器和弯管器。

7.4.2　套接扣压式薄壁钢导管规格及附件

1. 套接扣压式薄壁钢导管见图7.4-1，其技术参数（表7.4-1）

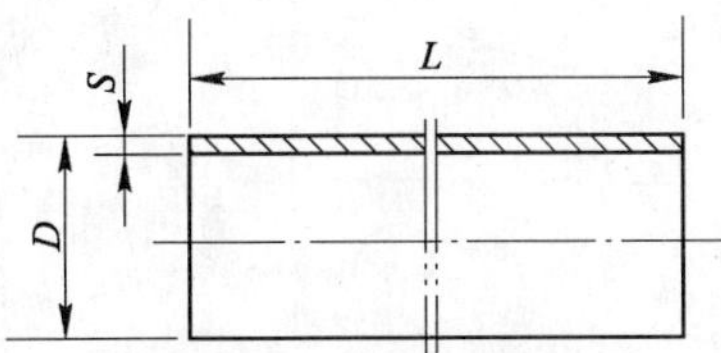

图7.4-1　套接扣压式薄壁钢导管

套接扣压式薄壁钢导管技术参数　表7.4-1

公称直径（mm）	外径 D（mm）	内径（mm）	壁厚 S（mm）	重量（kg/m）	内孔总截面积（mm^2）	内孔（%）时截面积（mm^2）		
						33%	27.5%	22.5%
16	16	14	1.0	0.370	153.9	50.8	42.3	34.6
20	20	18	1.0	0.469	254.5	84.0	70.0	57.3
25	25	23	1.0	0.590	415.5	137.1	114.3	93.5
32	32	29.6	1.2	0.911	745.1	245.9	204.9	167.6
40	40	37	1.5	1.424	1075.2	354.8	295.7	241.9

2. 套接扣压式薄壁钢导管配件（图7.4-2）

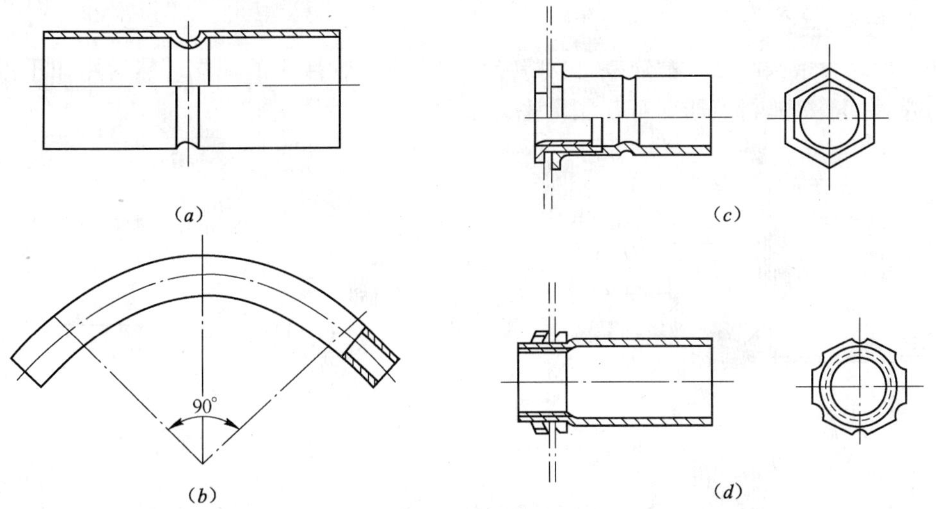

图7.4-2　套接扣压式薄壁钢导管配件

（a）直管接头；（b）弯管接头；（c）Ⅰ型螺纹管接头；（d）Ⅱ型螺纹管接头

7.4.3 套接扣压式薄壁钢导管连接方法

先根据管直径调整好专用扣压钳的顶丝（一般使用于直径 16～25mm），把导管与直管（螺纹）管接头插紧定位，再用扣压钳用力钳紧使其顶出两点固定点（直管与螺纹接头的壁厚不应超过 1.2mm，否则扣压不牢固）（图 7.4-3）。

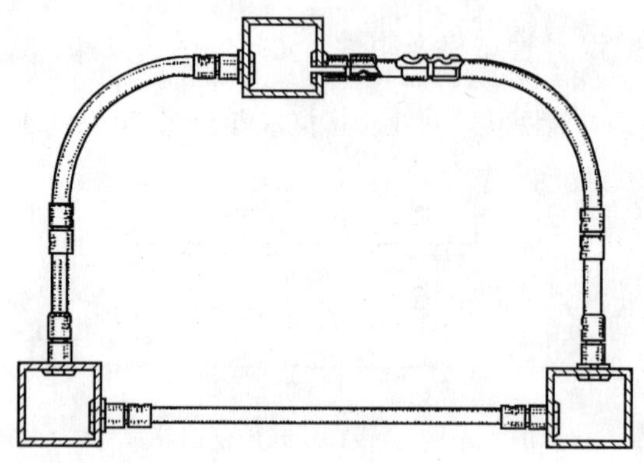

图 7.4-3　导管连接示意图

1. 管与管连接

直接将导管插入直管接头，用扣压器在连接处施行点压即可（图 7.4-4）。

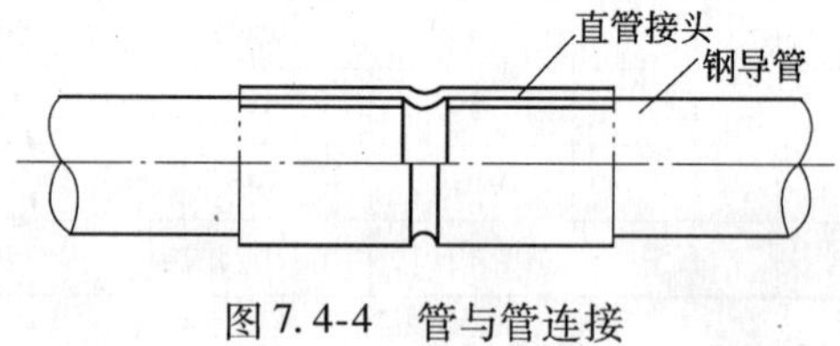

图 7.4-4　管与管连接

2. 管与盒连接

先将螺纹管接头与接线盒连接，再将导管插入螺纹管接头的一端，然后用扣压器在螺纹管与导管接头处施行点压即可（图 7.4-5）。

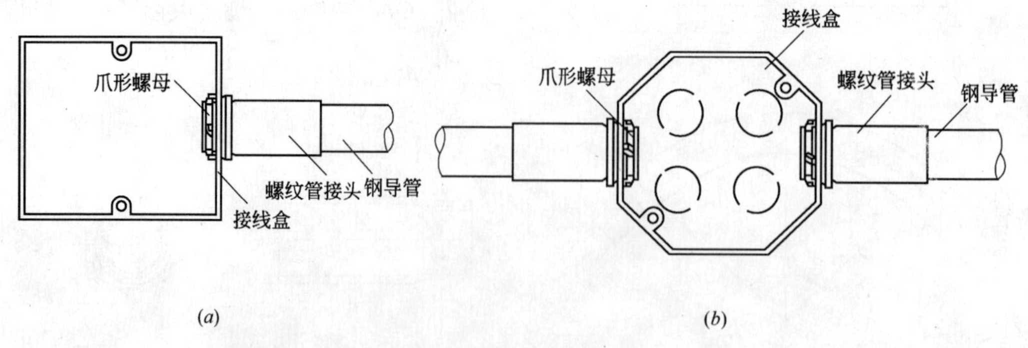

图 7.4-5　导管与盒连接

(*a*) 导管与盒的终端连接；(*b*) 导管与盒的中间连接

7.4.4 套接扣压式薄壁钢导管敷设

由于KBG管是一种新型管材，已有的施工及验收规范中未涉及到该管的有关施工及验收问题。为使KBG管的施工及验收规范化，中国工程建设标准化协会电气工程委员会配电网分委员会会同有关单位编制了《套接扣压式薄壁钢导管电线管路施工及验收规范》(CECS100：98)。现将有关部分摘录如下，以便在工程设计施工中，按此规范执行。

1. KBG管电线管路不宜穿过建筑物、构筑物或设备的基础。当必须穿过时，应另设保护管或采取其他措施。

2. KBG管电线管路经过建筑物的沉降缝或伸缩缝处，应装设补偿装置。

3. KBG管电线管路敷设及管内穿线的施工及验收，除应符合本规范的规定外，尚应符合国家现行的有关规范的规定。

4. KBG管电线管路弯曲处敷设，不应有折皱、凹陷、裂纹等缺陷，其管材弯扁程度不应大于管外径的10%。

5. KBG管电线管路明敷设时，支架、吊架的规格，当设计无要求时，不应小于下列规定：

(1) 圆钢：直径6mm；

(2) 扁钢：30mm×3mm；

(3) 角钢：25mm×25mm×3mm；

(4) 埋筑支架应有燕尾，埋入深度不应小于80mm。

6. KBG管电线管路水平或垂直明敷设时，其水平或垂直安装的允许偏差为1.5‰。全长偏差不应大于管内径的1/2。

7. KBG管电线管路明敷设时，排列应整齐，固定点牢固、间距均匀，其最大间距应符合表7.4-2的规定。

固定点间的最大距离 **表7.4-2**

敷设方式	管的直径（mm）		
	16~20	25~32	40
吊架、支架或沿墙敷设	固定点间的最大距离（m）		
	1.0	1.5	2.0

注：敷设在吊顶内的电线管路，当管径为$\phi 16 \sim \phi 20$时，固定点间距可增大到1.5m为宜。

8. KBG管电线管路明敷设时，其固定点所采用器材与终端、弯头中点、电气器具或盒（箱）边缘的距离，宜为150~300mm。

9. KBG管电线管路埋入墙体或混凝土内时，管路与墙体或混凝土表面净距不应小于15mm。

10. KBG管电线管路暗敷设时，管路固定点应牢固，且应符合下列规定：

(1) 敷设在钢筋混凝土墙及楼板内的管路与钢筋绑扎固定，固定点间距不应大于1m；

(2) 敷设在砖墙、砌体墙内的管路，剔槽宽度，不应大于管外径5mm。固定点间距，不应大于1m；

(3) 敷设在预制圆孔板上的管路平顺，紧贴板面，固定点间距不应大于1m。

11. KBG 管电线管路连接应采用专用工具进行，不应敲打形成压点。严禁熔焊连接。管路为水平敷设时，扣压点宜在管路上、下方分别扣压；管路为垂直敷设时，扣压点宜在管路左右侧分别扣压。

12. KBG 管电线管路，当管径为 ϕ25 及以下时，每端扣压点不应少于 2 处；当管径为 ϕ32 及以上时，每端扣压点不应少于 3 处。且扣压点宜对称，间距宜均匀。扣压点深度不应小于 1.0mm。且扣压牢固，表面光滑，管内畅通。管壁扣压形成的凹、凸点，不应有毛刺。

13. KBG 管进入盒（箱）时，应一孔一管，并采用螺纹接头连接，同时应锁紧，管与盒连接采用Ⅰ型螺纹接头，管与箱连接应采用Ⅱ型螺纹接头（又称爪型螺纹管接头）。

14. KBG 管及其金属附件组成的电线管路，当管与管、管与盒（箱）连接符合上述管路连接规定时，连接处可不设置跨接线。管路外壳应有可靠接地。但不得熔焊连接。也不得作为电气设备接地线。

7.4.5 导线穿套接扣压式薄壁钢导管最小管径选择标准

1. 电力电缆穿套接扣压式薄壁钢导管管径选择（表 7.4-3）

电力电缆穿套接扣压式薄壁钢导管管径选择（mm）　　表 7.4-3

<table>
<tr><td rowspan="2">电缆型号
0.6/1kV</td><td rowspan="2">电缆
芯数</td><td rowspan="2">管弯数</td><td colspan="11">电 缆 截 面（mm）</td></tr>
<tr><td>1.5</td><td>2.5</td><td>4.0</td><td>6.0</td><td>10</td><td>16</td><td>25</td><td>35</td><td>50</td><td>70</td><td>95</td></tr>
<tr><td rowspan="6">VV
VLV</td><td rowspan="3">3
3+1</td><td>无</td><td>16</td><td>20</td><td colspan="2">24</td><td colspan="2">32</td><td colspan="3">40</td><td>50</td><td>63</td></tr>
<tr><td>1</td><td>20</td><td>25</td><td colspan="2">32</td><td>40</td><td colspan="3">50</td><td colspan="2">63</td><td>—</td></tr>
<tr><td>2</td><td>25</td><td>32</td><td colspan="2">40</td><td>50</td><td colspan="3">63</td><td colspan="3">—</td></tr>
<tr><td rowspan="3">4
4+1</td><td>无</td><td>20</td><td colspan="2">25</td><td colspan="2">32</td><td>40</td><td colspan="2">50</td><td colspan="3">63</td></tr>
<tr><td>1</td><td>25</td><td colspan="2">32</td><td colspan="2">40</td><td>50</td><td colspan="2">63</td><td colspan="3"></td></tr>
<tr><td>2</td><td>32</td><td colspan="2">40</td><td colspan="2">50</td><td>63</td><td colspan="5">—</td></tr>
</table>

注：电缆穿管长度在 30m 及以下。

2. BVB 铜芯聚氯乙烯绝缘平型软线穿套接扣压式薄壁钢导管管径选择（表 7.4-4）

BVB 铜芯聚氯乙烯绝缘平型软线穿套接扣压式薄壁钢导管管径选择　　表 7.4-4

截面（mm^2）	导线根数										
	2	3	4	5	6	7	8	9	10	11	12
0.2											
0.3											
0.4		16		20			25				
0.5											
0.75											
1.0							32				
1.5	20									40	
2.0		25				40					
2.5	25										

3. RVS 铜芯聚氯乙烯绝缘绞型软线穿套接扣压式薄壁钢导管管径选择（表 7.4-5）

RVS 铜芯聚氯乙烯绝缘绞型软线穿套接扣压式薄壁钢导管管径选择　　表 7.4-5

截面（mm²）	导线根数										
	2	3	4	5	6	7	8	9	10	11	12
0.2											
0.25	16	20									
0.4											
0.5							32				
0.75										40	
1.0		25				40					
1.5	25										
2.0			40								
2.5		40									

4. RV、RV-105 铜芯聚氯乙烯绝缘软线穿套接扣压式薄壁钢导管管径选择（表 7.4-6）

RV、RV-105 铜芯聚氯乙烯绝缘软线穿套接扣压式薄壁钢导管管径选择　　表 7.4-6

截面（mm²）	导线根数										
	2	3	4	5	6	7	8	9	10	11	12
0.2											
0.25											
0.4											
0.5		16									
0.75											
1.0						20					
1.5									25		
2.0					25						
2.5							32				
4.0										40	
6.0		25	32			40					

5. HBV 型电话网用户铜芯室内线穿套接扣压式薄壁钢导管管径选择表（表 7.4-7）

HBV 型电话网用户铜芯室内线穿套接扣压式薄壁钢导管管径选择　　表 7.4-7

截面（mm²）	导线根数							
	1	2	3	4	5	6	7	8
2×0.5			16			20		
2×0.6								25
2×0.8			20			25		32

8　PVC管及线槽敷设

聚氯乙烯硬质电线管也称PVC管，适用于导线的保护管，敷设方法有明敷设及暗敷设两种，主要性能如下：

（1）绝缘：因为PVC不导电，套管没有带电的危险，能抵受25kV电压不会被击穿，可以防止意外触电。

（2）抗冲击：PVC套管特有辅助剂配合，能承受压力，所以可暗埋于混凝土，不怕受压、受冲击破坏。

（3）抗老化：先进的配方与工艺，令管无老化变色之忧。

（4）防火：离开火焰瞬间自动熄灭。

（5）防潮、耐酸碱：PVC管防潮，不会锈蚀，耐酸，耐碱，耐油，适应于潮湿及恶劣环境配管。

（6）防虫鼠：PVC管特有辅助剂，使产品不会发出虫鼠喜欢的气味，避免虫鼠啃咬的破坏，所以适宜顶棚及明敷设之用。

（7）施工方便：PVC管可用截管器轻便地进行截断，在导管内插入相应的专用弹簧，在常温下可以随意弯曲成所需角度，用PVC专用胶粘剂可以快速方便地进行连接施工。

8.1　PVC管敷设

8.1.1　PVC管及配件介绍

1. PVC管规格（表8.1-1）

PVC 管 规 格 表　　　　**表8.1-1**

公称直径（mm）	外径（mm）	壁厚（mm）	内径（mm）	内孔截面积（mm^2）	内孔截面积（mm^2）			
					40%	33%	27.5%	22%
16	16	1.9	12.2	117	47	39	32	26
20	20	2.1	15.8	196	78	65	54	43
25	25	2.2	20.6	333	133	110	92	73
32	32	2.7	26.6	556	222	183	153	122
40	40	2.8	34.4	929	371	307	256	204
50	50	3.2	43.6	1493	597	492	410	328
63	63	3.4	56.2	2481	992	819	682	546

2. PVC管配件（图8.1-1）

3. PVC方形接线盒

PVC方形接线盒适用于开关、插座及接线盒使用。分明装和暗装盒。

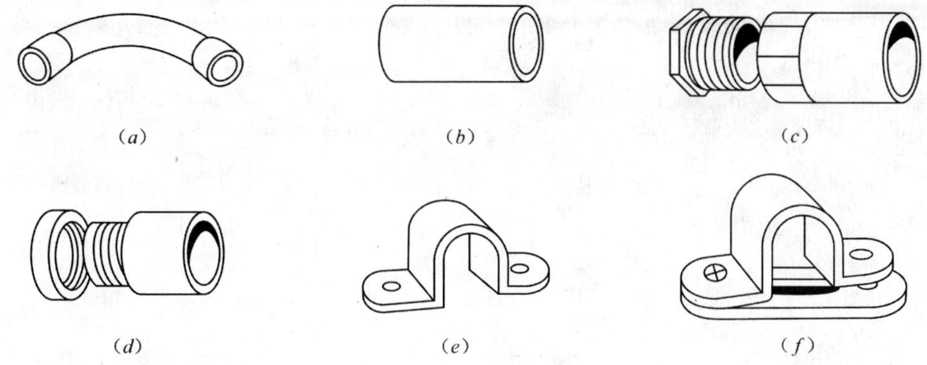

图 8. 1-1 PVC 管配件

(a) 明装弯头；(b) 管接头；(c) 入盒接头连内锁扣；(d) 入盒接头连外锁扣；(e) 管卡；(f) 明装管卡

(1) PVC 方形接线盒（图 8. 1-2）。

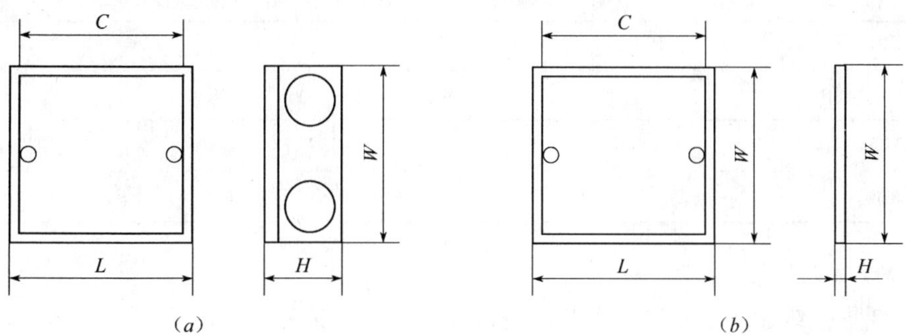

图 8. 1-2 PVC 方形接线盒

(a) PVC 方形接线盒；(b) 盒盖

(2) PVC 方形接线盒规格（表 8. 1-2 及表 8. 1-3）。

明装接线盒规格表 表 8. 1-2

配用管径	尺寸 (mm)			
	L	*W*	*H*	*C*
*DN*20	86	86	34	60. 5
*DN*20	86	86	35	80
*DN*16 *DN*20 *DN*25	75	75	40	50
	100	75	40	72
	86	86	46	60
	125	75	40	94

暗装接线盒规格表 表 8. 1-3

配用管径	尺寸 (mm)			
	L	*W*	*H*	*C*
	75	75	50	60. 5
	75	75	60	60. 5
	135	75	50	60. 5
*DN*16 *DN*20 *DN*25	77	77	54	60. 3
	77	77	38	60. 3
	164	77	38	60. 3
*DN*20	77	77	38	60. 3
*DN*20	75	75	38	60. 3

4. PVC 八角形接线盒

PVC 八角形接线盒适用于灯头盒及接线盒使用。

（1）PVC 八角形接线盒（图 8. 1-3）。

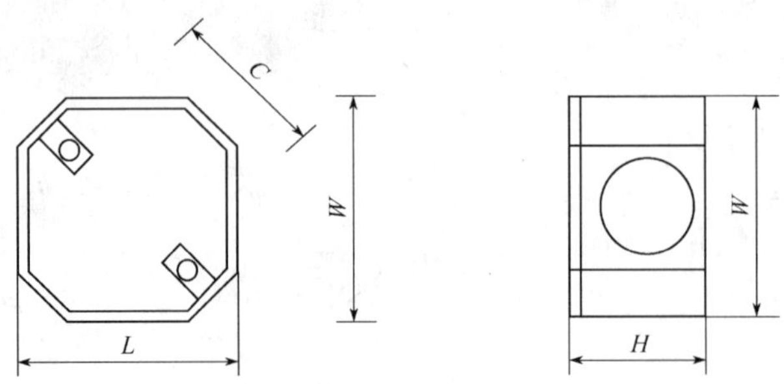

图 8. 1-3　PVC 八角形接线盒

（2）PVC 八角形接线盒规格（表 8. 1-4）。

八角形接线盒规格　　表 8. 1-4

配 用 管 径	尺寸（mm）			
	L	*W*	*H*	*C*
*DN*20	75	75	60	65
*DN*20	90	90	60	80

5. PVC 圆形接线盒

PVC 圆形接线盒适用于灯头盒及接线盒使用，分明装和暗装盒。

（1）PVC 圆形接线盒（图 8. 1-4）。

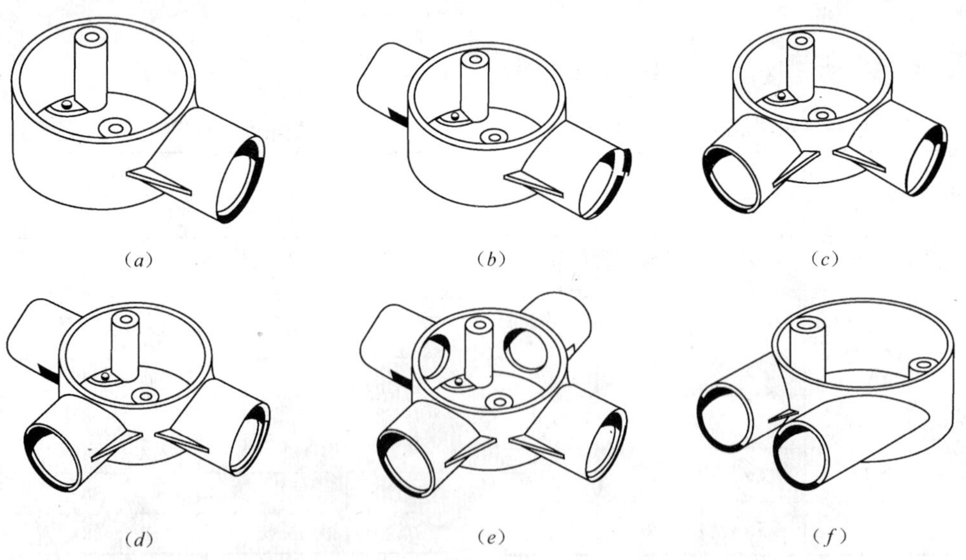

图 8. 1-4　PVC 圆形接线盒（一）

（*a*）明装灯头圆盒（单叉）；（*b*）明装灯头圆盒（直叉）；（*c*）明装灯头圆盒（曲叉）；（*d*）明装灯头圆盒（三叉）；（*e*）明装灯头圆盒（四叉）；（*f*）明装灯头圆盒（双叉平行）

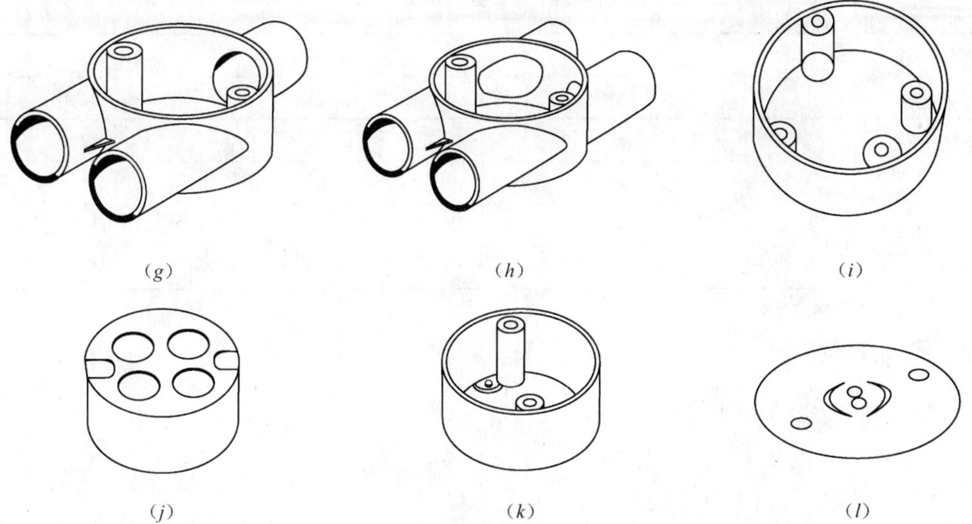

图 8. 1-4 PVC 圆形接线盒（二）

(g) 明装灯头圆盒（三叉平行）；(h) 明装灯头圆盒（四叉平行）；(i) 加高灯头圆圈；
(j) 后开孔接线圆盒样式（一）；(k) 后开孔接线圆盒样式（二）；(l) 圆盒盖

（2）PVC 圆形接线盒规格（表 8. 1-5 及表 8. 1-6）。

明装接线盒规格表 **表 8. 1-5**

配用管径	尺寸（mm）		
	D	*L*	*H*
*DN*16	66	51. 0	32
*DN*20	66	50. 8	32
*DN*25	64	50	35

暗装接线盒规格表 **表 8. 1-6**

配用管径	尺寸（mm）			
	D	*L*	*H*	出线孔径
*DN*16	66	51. 0	57	
*DN*20	66	50. 8	63. 9	20
*DN*25	64	50. 7	66	20. 6

（3）PVC 圆形接线盒用增高圈

PVC 圆形接线盒用增高圈图形见图 8. 1-5 及规格见表 8. 1-7。

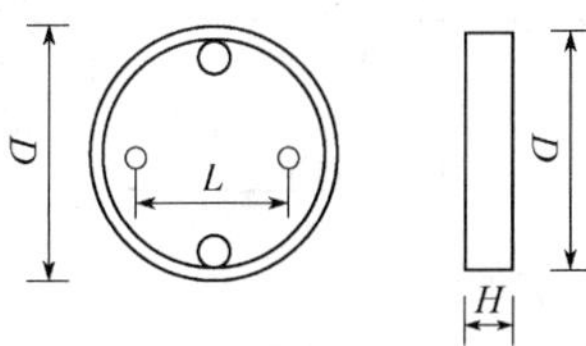

图 8. 1-5 增高圈

PVC 圆形接线盒用增高圈规格 **表 8.1-7**

配用管径	尺寸（mm）		
	D	*L*	*H*
*DN*16 *DN*20 *DN*25	66	50.8	12
	66	50.8	25
	64	50	16.5
	64	50	31.5

8.1.2 PVC 管加工

1. PVC 管配套施工工具

（1）截管器（图 8.1-6）

用于 ϕ32 及以下口径 PVC 管的截断。

（2）粘接胶水（图 8.1-7）

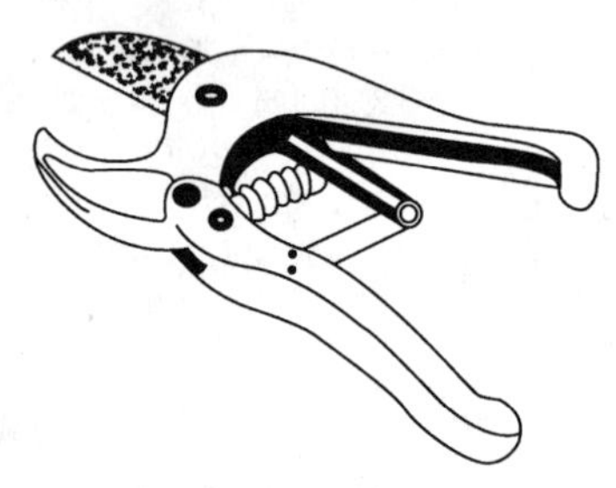

图 8.1-6 截管器

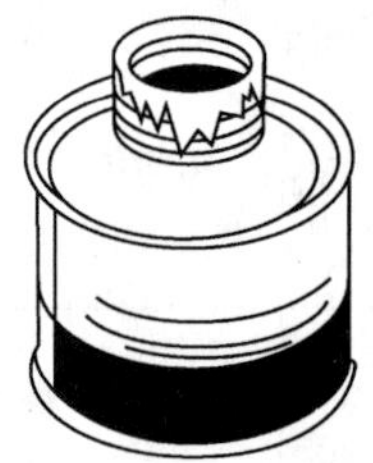

图 8.1-7 粘接胶水

（3）弯管弹簧

弹簧规格见图 8.1-8 及表 8.1-8，用于 ϕ32mm 及以下的 PVC 管冷弯曲。

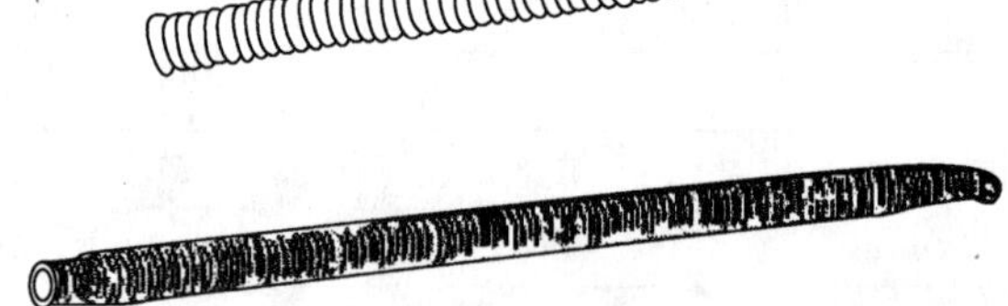

图 8.1-8 弯管弹簧

弯管弹簧规格表 **表 8.1-8**

型号	FW16H	FW20H	FW25H	FW32H
适用管径	16	20	25	32

2. PVC 管切割方法（图 8.1-9）

使用厂家配套专用截管器可方便地切割 PVC 管及线槽，适用于 ϕ16 ~ ϕ32mm 的小口径管材。截管器切割方法：首先把剪刀张开，把管放于刀口上，握紧手柄，后再反复握紧，直至管子被切断。这样切割切口完整，避免穿电线时破损电线绝缘体。也可用钢锯条切割PVC管。

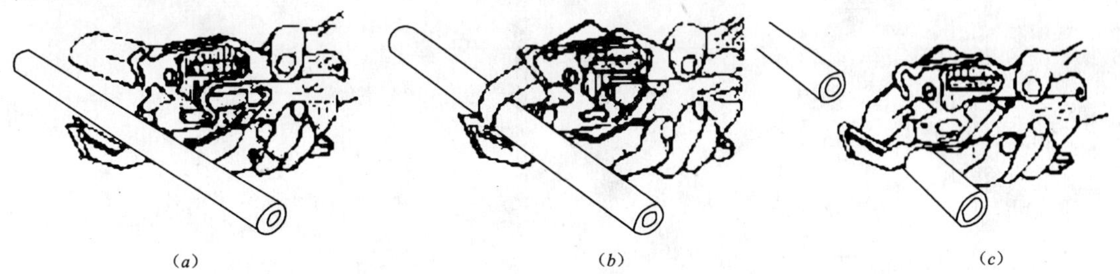

图8.1-9 PVC管切割方法
（*a*）打开PVC管剪刀手柄，把PVC管放入刀口内；（*b*）握紧手柄，让齿轮锁住刀口；（*c*）松开手柄后再握紧，直至管子被切断

3. PVC管弯管方法

硬质PVC管的弯曲方法有冷摵法和热摵法两种。

（1）管材的弯曲半径

管材明敷时弯曲半径应大于4倍管的外径。管材暗敷时弯曲半径应大于6～10倍管的外径。

（2）冷弯法（图8.1-10）

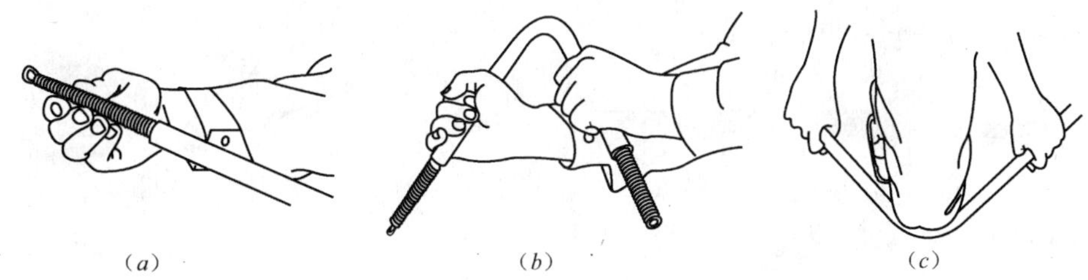

图8.1-10 PVC管冷弯曲方法
（*a*）插入弹簧；（*b*）冷弯方式一；（*c*）冷弯方式二

适用于ϕ16～ϕ32mm的小直径管材。弯管时使用专用弯管弹簧，将弹簧插入管材内需弯曲处，两手握紧管材的两头（距管子弯曲中心200～300mm）用膝盖顶住，两手用力慢慢弯曲管子，考虑到管材的回弹，在实际弯曲时，应比所需角弯度小15°左右，待管子回弹后，检查管子弯曲度是否符合实际要求，若符合要求，可抽出弹簧，若不符合，可再进行弯曲至符合实际要求弯度，再抽出弹簧。

当弯管弹簧不易取出时，可一边逆时针转动弹簧，一边外拉。当管材较长时，可在弹簧一端系上绳子或软电线。

（3）热弯法

热弯法适用于ϕ32以上直径的管材。采用热摵时，先将管子需要弯曲处（部分）进行加热，可采用热风机或浸入100～200℃的液体中。也可用喷灯、木炭，也可以用电炉子等，但均应注意不能将管烤伤、变色。若有弹簧可先将弹簧插入管内，当管子变软后，应立即将管子固定在木板上，逐步弯成所需的弯度，或用手扳弯管器，将管子弯成所需的弯度，待管子冷却定型后，再将弹簧抽出。

（4）使用成品弯头连接法（图 8.1-11）

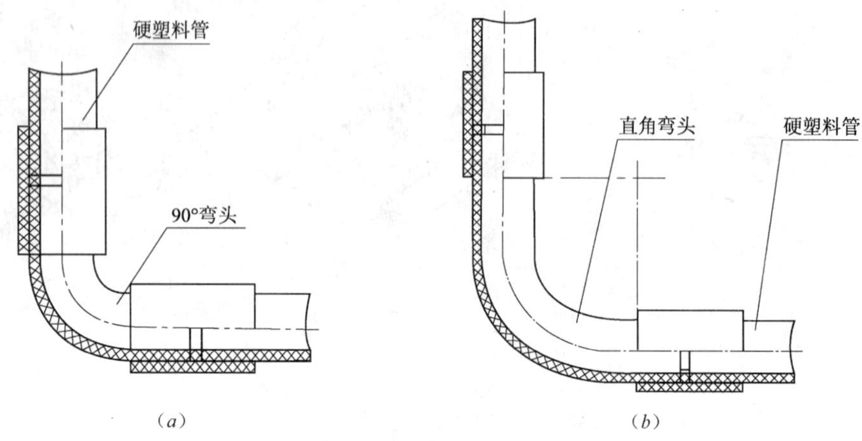

图 8.1-11　使用成品弯头连接法
（a）小弯头连接；（b）大弯头连接

8.1.3 PVC 管连接方法

1. PVC 管之间连接方法（图 8.1-12）

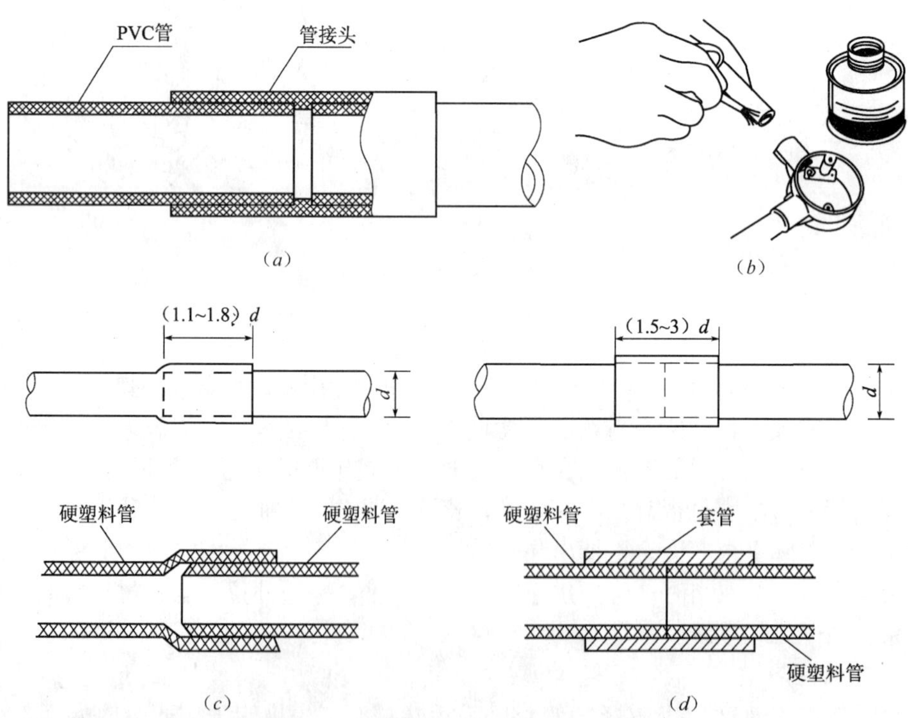

图 8.1-12　管子与管件的连接方法
（a）内部结构；（b）连接方法；（c）插入法连接；（d）套管接头连接

胶水是一种专用于连接 PVC 管的胶粘剂。粘接后在接口处将形成防水保护膜。要注意粘接面的清洁，可用干净布擦净粘接表面，均匀刷一层胶水后，用力将管插入管件粘接端内固定，不要随意扭转，保持 15s 不动，PVC 管及配件即牢固的粘合。

2. PVC 管与接线盒之间连接方法

PVC 管与接线盒连接方法如下（图 8. 1-13）：

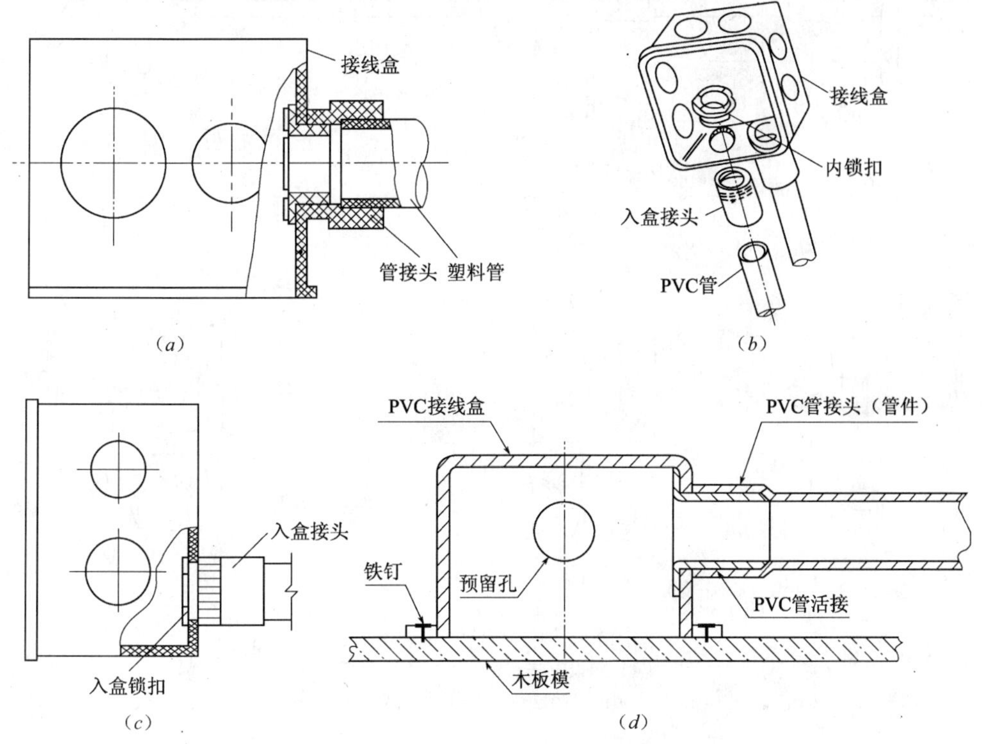

图 8. 1-13 PVC 接线盒连接方法
(a) 管与盒内锁扣连接；(b) 管路入盒示意图
(c) 管与盒外锁扣连接；(d) 接线盒在模板上固定方法

(1) 将接线盒的配管预留孔用一字旋具打穿。

(2) 用抹布擦净管和入盒接头，并分别涂敷 PVC 胶水。

(3) 将入盒接头插入 PVC 管，待部分溶剂挥发，黏度增强后（约 15s），将入盒接头自接线盒已打通之预留孔由外向内穿出，并与接线盒内锁扣拧紧接合。

(4) 按照接线盒规定之位置，用铁钉固定在木板模上。

8. 1. 4 PVC 管敷设

1. PVC 管施工时应注意事项

(1) 电气配管以直线配管为原则，如需要弯曲时，一个弯曲角度应在 90°以内。

(2) 一区间（两接线盒间）的管线弯曲角度，合计不得超过 270°。

(3) 一区间之配管长度，应设计在 30m 以内。如长度超长或弯曲角度超过时，应在适当的位置增设中间接线盒，以利拉线。

(4) 配管完成后应与施工图对照、检查，有变更的位置，应于施工图上修改订正。

(5) 墙壁内的横向配管应尽量避免，一般均为纵向往下配管。

2. PVC 管明敷设（图 8.1-14）

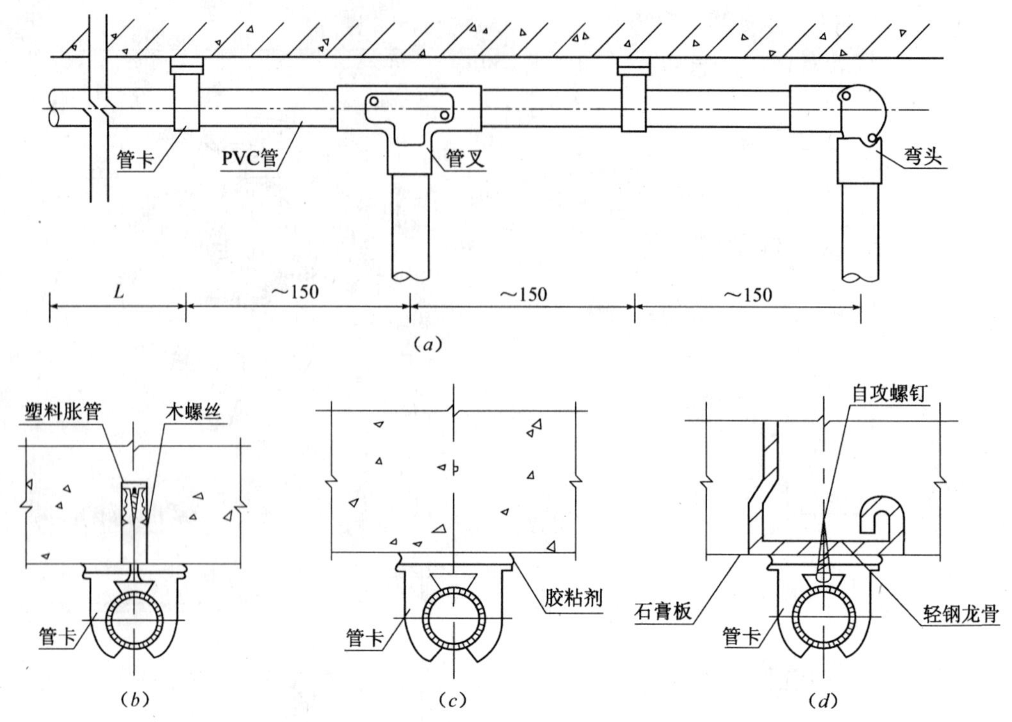

图 8.1-14　PVC 管明敷设方法
(a) 敷设方法；(b) 用塑料胀管安装；
(c) 用胶粘剂安装；(d) 用自攻螺钉安装

(1) PVC 管明敷设的施工程序

施工准备→确定盒、箱及固定点位置→支架、吊架制作安装→管线敷设与连接→盒箱固定→变形缝处理。

(2) 明配 PVC 管在穿过楼板时易受机械损伤的地方，应采用钢管保护。

(3) 明配 PVC 管应排列整齐，固定点间距均匀，管卡间最大距离应符合表 8.1-9 规定。管卡与终端、转弯中点、电气器具或盘（箱）边缘的距离为 150mm 以内。

PVC 管管卡固定点间最大距离（m）　　**表 8.1-9**

敷设方式	管内径		
	20mm 及以下	25 ~ 40mm	50mm 及以上
吊架、支架或沿墙敷设	1.0	1.5	2.0

3. PVC 管暗敷设

(1) PVC 管暗敷设的施工程序

施工准备→预制加工管弯制→测定盒箱位置→固定盒、箱→管路连接→变形缝处理。

(2) PVC 管直埋于现浇混凝土楼板内安装方法

1) 楼板内的埋设配管，一个交叉点的管子应为 2 支以下，不得同一位置有 3 支管子相交叉（图 8.1-15）。

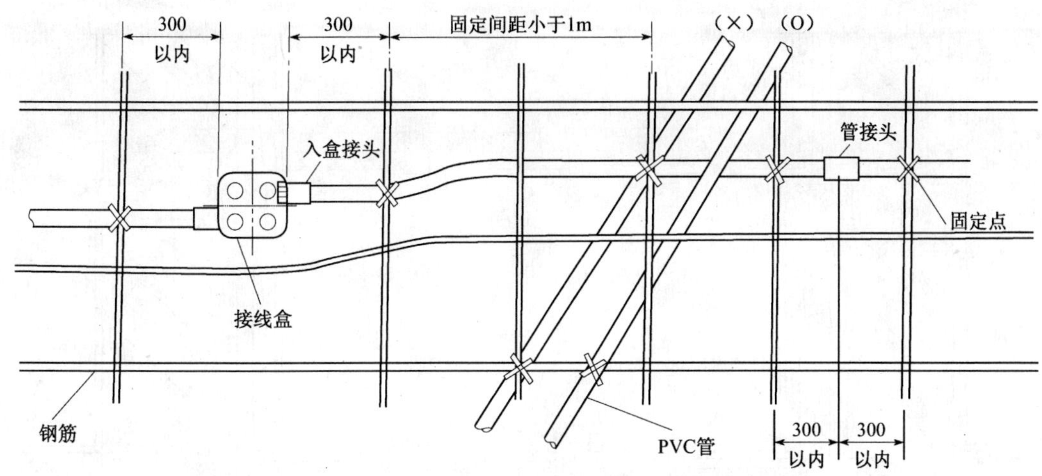

图 8.1-15 PVC 管直埋于现浇混凝土楼板内安装方法

注：（×）不正确；（○）正确

2）楼板钢筋为两层时，其 PVC 管应装配在两层钢筋的中间。

3）PVC 管过梁安装时，管与管之间距离不要太近，管应穿在两层钢筋中间（图 8.1-16）。

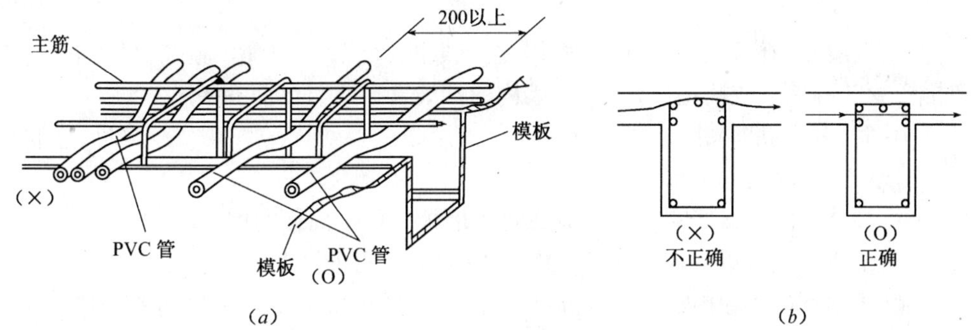

图 8.1-16 PVC 管过梁安装方法

（*a*）安装方法；（*b*）PVC 管穿梁方法

4）楼板浇筑混凝土过程中，不得践踏 PVC 管，施工中应特别留意，如有不留意而损坏时，应随时报告，处理后才可继续浇筑混凝土。

5）PVC 管直埋于现浇混凝土内，在浇筑混凝土时，应采取防止 PVC 管发生机械损伤的措施，在露出地面易受机械损伤的一段，也应采取保护措施。

6）楼板浇筑混凝土作业中，电工人员应常驻于工地，以便处理配管上的突发事件。

（3）PVC 管直埋于现浇混凝土墙内安装方法（图 8.1-17）

PVC 管直埋于现浇混凝土中时，PVC 管应与钢筋绑扎固定，可用聚苯乙烯板等材料填入盒内保护，管口处应用棉纱等材料临时封堵保护。

（4）PVC 接线盒的固定（图 8.1-18）

1）接线盒内，应防止混凝土的流入，盒内可用废纸或破布加以阻塞。

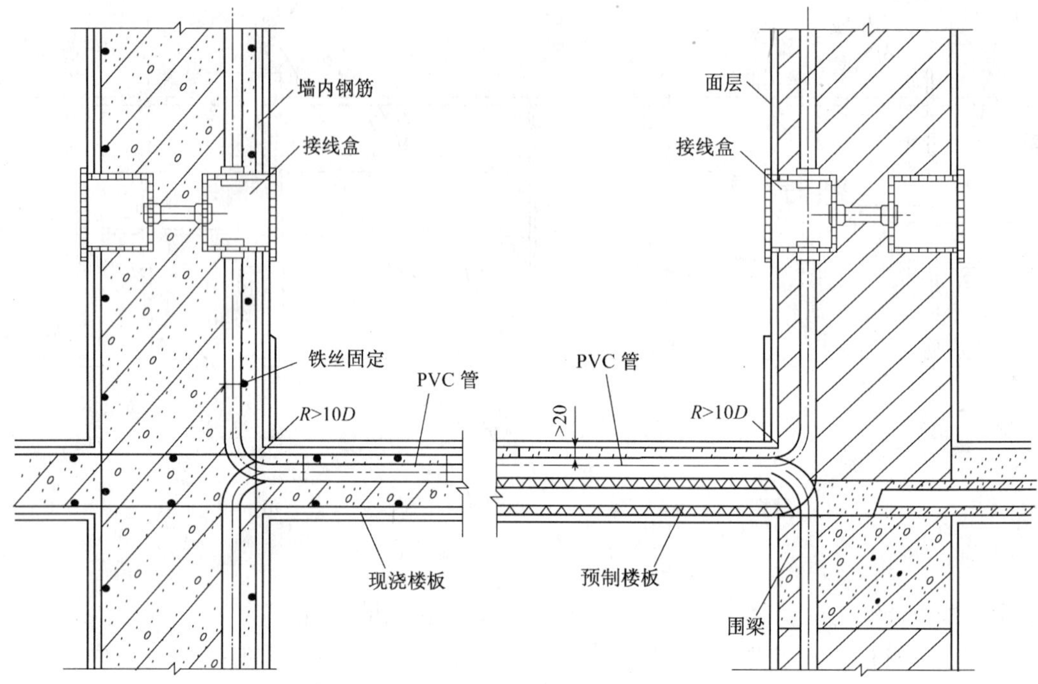

图 8.1-17 PVC 管暗敷设安装示意图

2）为使接线盒的位置正确，应该先固定接线盒，然后再配管。施工时根据设计图位置固定接线盒（开关盒或插座盒）。埋于墙内的接线盒口应与墙面齐平。

3）PVC 管在砖砌墙体上剔槽敷设时，应采用强度等级大于 M10 的水泥砂浆抹面保护，保护层厚度不应小于 15mm。

4）装在护墙板内的接线盒，盒口应靠近护墙板，便于面板的固定。

5）混凝土浇筑完成后，在 PVC 管内穿入钢丝等，用于导线的穿入。

6）直埋于地下或楼板内的 PVC 管，在穿出地面或楼板易受机械损伤的一段，应采取保护措施。

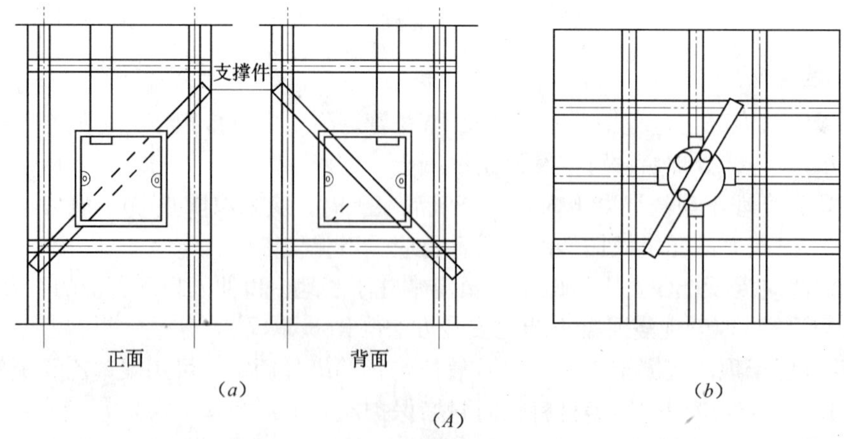

图 8.1-18 PVC 接线盒固定方法（一）
(A) 在墙上固定
(a) 接线盒固定方法一；(b) 接线盒固定方法二

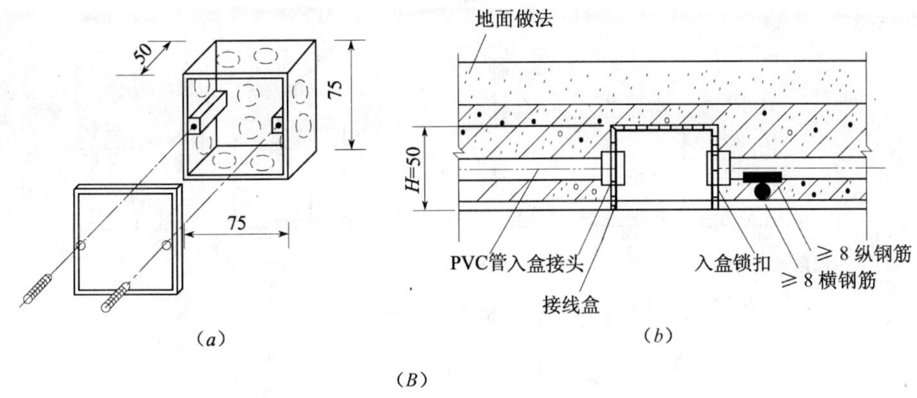

图 8.1-18 PVC 接线盒固定方法（二）
（B）在楼板上固定
（a）接线盒；（b）接线盒安装方法

（5）PVC 管出地面做法

地面内敷设的 PVC 管，其露出地面的管口高度一般不宜小于 200mm，且应与地面垂直。露出地面一段需要安装外套钢管保护，钢管埋地端应锯成 45°斜口、增加地下固定长度，或在管道侧面焊上圆钢加强固定，且应在钢保护管管口处可见到绝缘导管管口，而不应采用露出地面一段为钢管，而地面内为绝缘导管，造成钢、塑管混接的方法，如图 8.1-19所示。埋于地下受力较大处的刚性绝缘导管，宜使用厚壁的材质较硬、机械强度高的重型管，防止损坏。

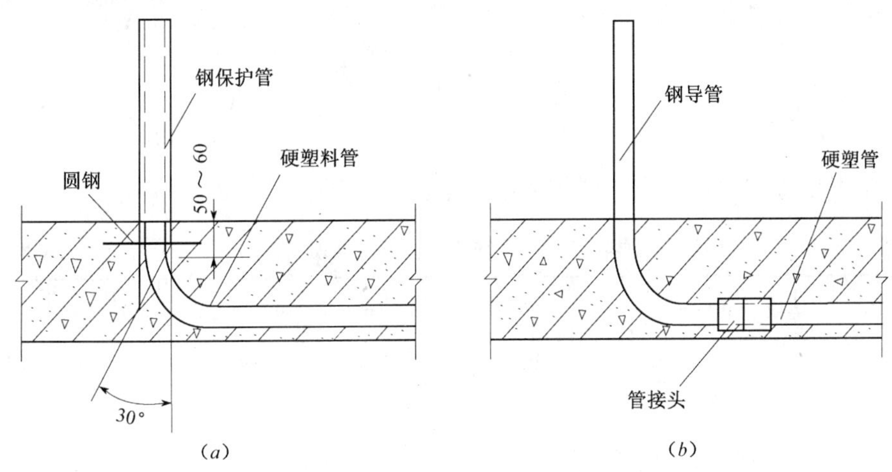

图 8.1-19 绝缘导管地面保护管做法
（a）正确做法；（b）不适宜做法

4. PVC 管过建筑物变形缝做法

在建筑楼板层内暗敷设的管路，在通过楼板层变形缝处，应将 PVC 管断开，在其两端各设置拉线盒，两盒中间应用可挠金属电线保护管或柔性导管（金属软管或塑料波纹管）相连接，如图 8.1-20 所示。

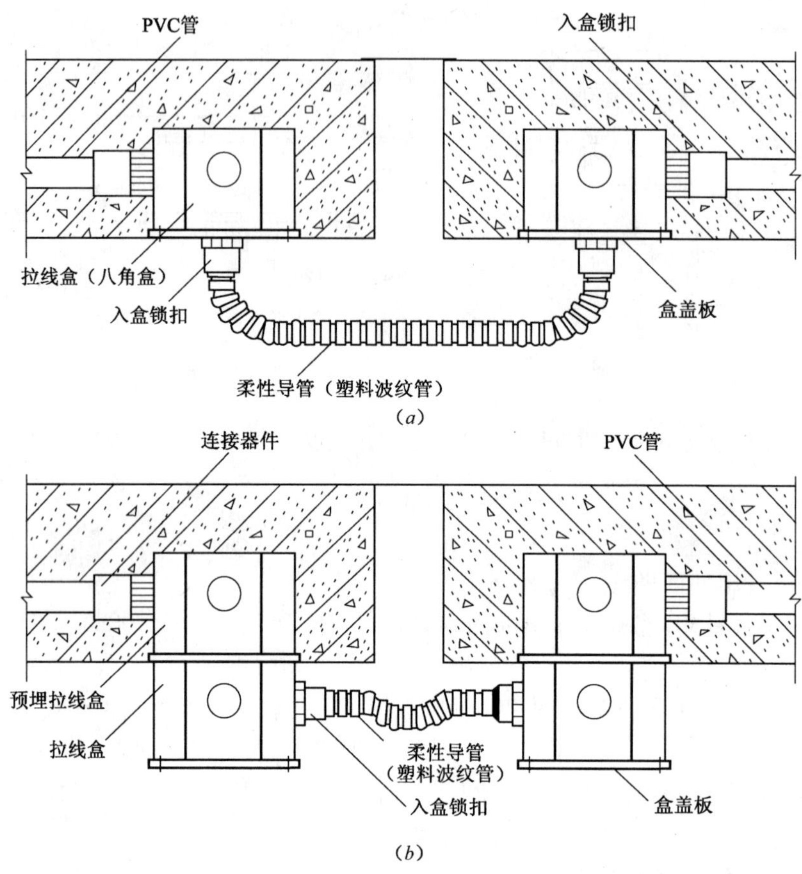

图 8.1-20 通过楼板层变形缝处做法
（*a*）方式一；（*b*）方式二

8.1.5 电力电缆穿 PVC 管最小管径选择（表 8.1-10）

电力电缆穿 PVC 管最小管径选择表（mm） **表 8.1-10**

电缆型号 0.6/1kV	电缆截面（mm²）		2.5	4	6	10	16	25	35	50
YJV YJLV	电缆穿管长度在 30m 及以下	直通	25	32		40		50		63
		1 个弯曲时		40		50	63		—	
		2 个弯曲时			50					
VV VLV		直通	32		40		50	63		
		1 个弯曲时	40	50		63			—	
		2 个弯曲时	50	63		—				

8.2 PVC 线槽敷设

PVC 线槽敷设与金属线槽敷设基本相同，而施工中的一些注意事项，又与硬 PVC 管敷设完全一致。

8.2.1 PVC线槽介绍

1. PVC线槽性能

（1）材质：采用硬质PVC料制成，绝缘性良好，不自燃。

（2）构造：由底槽及盖两部分组成。

（3）使用方法：先将底槽固定于墙面上，然后将所要配的线装入槽内，再将盖子盖上即可。

（4）用途：密封式无出线孔，能防尘、防鼠，适用于工程施工导线明配线用。

2. PVC线槽结构（图8.2-1）

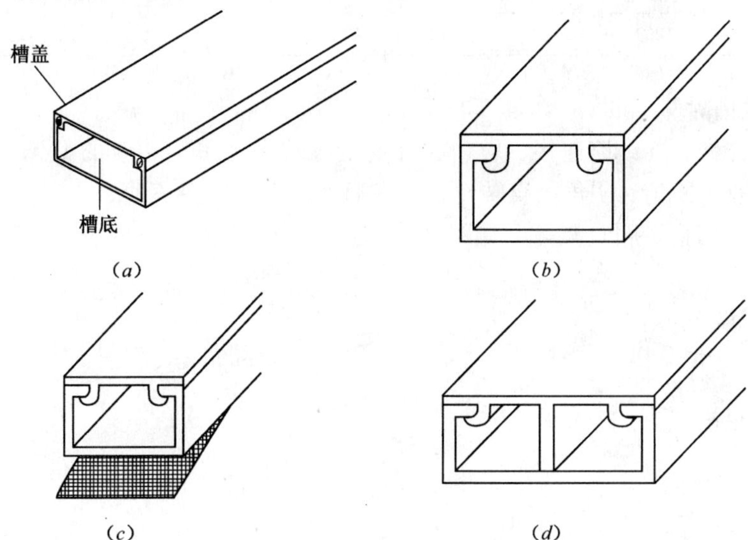

图8.2-1 PVC线槽结构

(a) 结构；(b) 单槽；(c) 单槽带胶贴；(d) 双槽

3. PVC线槽见图8.2-2，规格见表8.2-1。

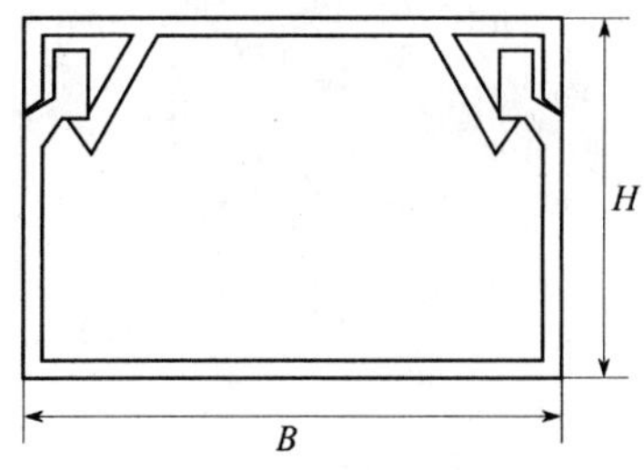

图8.2-2 PVC线槽

PVC线槽规格 **表8.2-1**

编　　号	规格（mm×mm）	尺寸（mm）		
		宽 B	高 H	壁　厚
GA15	15×10	15	10	1.0
GA24	24×14	24	14	1.2
GA39/01	39×18	39	18	1.4

续表

编　　号	规格（mm×mm）	尺寸（mm）		
		宽 *B*	高 *H*	壁　　厚
GA39/02	39×18（双坑）	39	18	1.4
GA39/03	39×18（三坑）	39	18	1.4
GA60/01	60×22	60	22	1.6
GA60/02	60×40	60	40	1.6
GA80	80×40	80	40	1.8
GA100/01	100×27	100	27	2.0
GA100/02	100×40	100	40	2.0

4. PVC 线槽附件

PVC 线槽布线，在线路连接、转角、分支及终端处应采用相应的 PVC 附件。与 PVC 槽配套的附件有：阳角、阴角、直转角、平三通、顶三通、左三通、右三通、连接头、终端头、接线盒（暗盒、明盒）等，如图 8.2-3 所示。

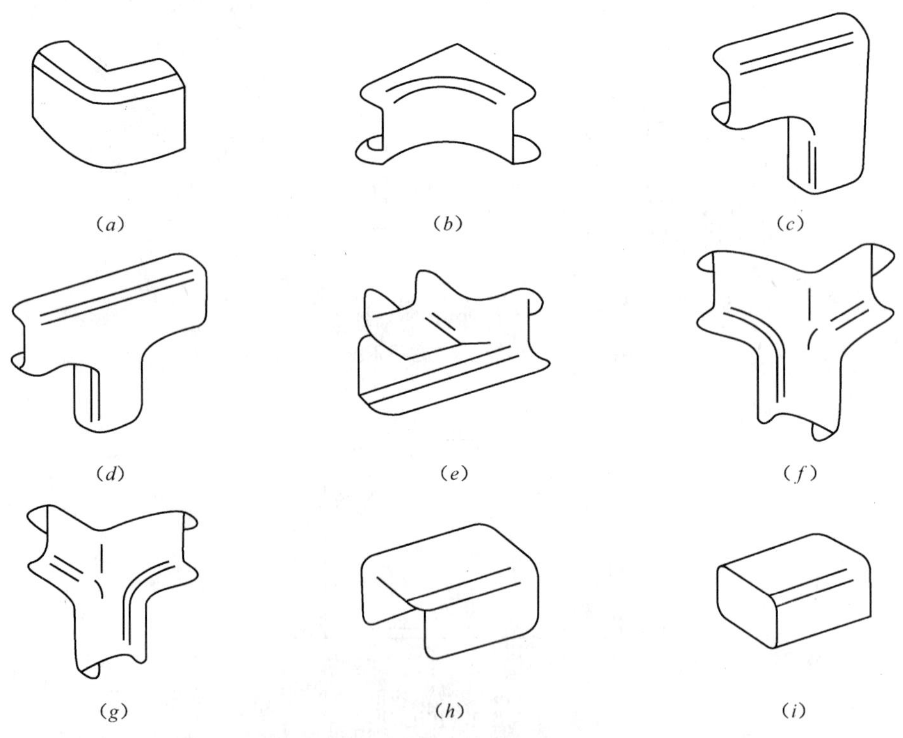

图 8.2-3　PVC 线槽附件
(*a*) 阳角；(*b*) 阴角；(*c*) 直转角；(*d*) 平三通；(*e*) 顶三通；(*f*) 左三通；(*g*) 右三通；(*h*) 连接头；(*i*) 终端头

8.2.2　PVC 线槽安装方法

PVC 线槽安装示意如图 8.2-4 所示。

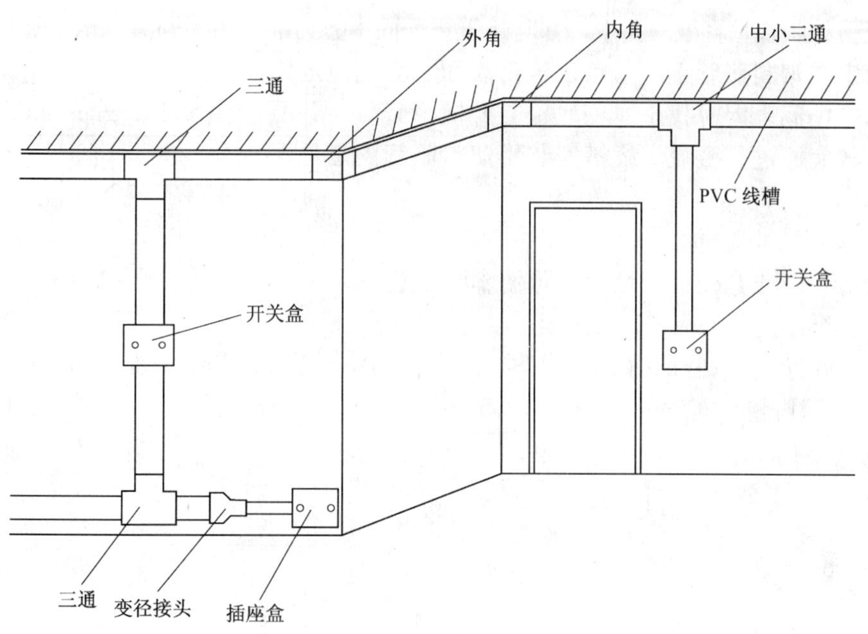

图 8.2-4 PVC 线槽安装方法

1. PVC 线槽固定方法

(1) PVC 线槽固定间距

PVC 线槽槽底板固定点的最大间距及附件要求如下（图 8.2-5）：

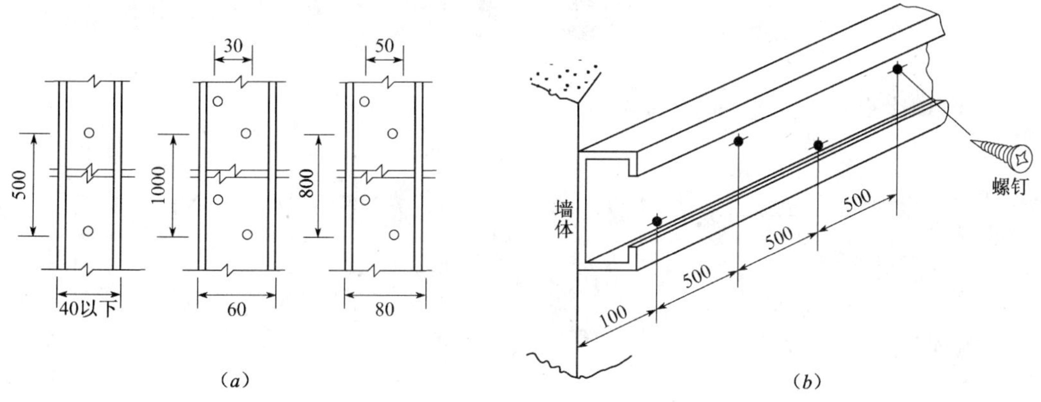

图 8.2-5 PVC 线槽固定间距
（a）平行固定点间距；（b）上下交错固定点间距

PVC 线槽敷设时，槽底固定点间距应根据线槽规格而定，当线槽宽度为 20～40mm，且单排螺钉固定时，固定点最大间距不大于 0.5m；当线槽宽度为 60mm，且双排螺钉固定时，固定点最大间距不大于 1m；当线槽宽度为 80～120mm，且双排螺钉固定时，固定点最大间距不大于 0.8m。

(2) 塑料胀管固定

混凝土墙、砖墙可采用塑料胀管固定 PVC 线槽。根据胀管直径和长度选择钻头，在标出的固定点位置上钻孔，不应歪斜、豁口，应垂直钻好孔后，将孔内残存的杂物清净，用木锤把塑料胀管垂直敲入孔中，并与建筑物表面平齐为准。用半圆头木螺钉加垫圈将线槽底板固定在塑料胀管上，紧贴建筑物表面。应先固定两端，再固定中间，同时找正线槽底板，要横平竖直，并沿建筑物形状表面进行敷设。线槽安装用塑料胀管固定见图 8.2-6 所示。

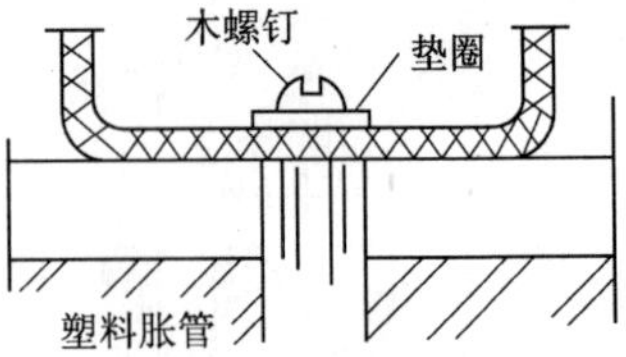

图 8.2-6 塑料胀管固定

(3) 伞形螺栓固定

在石膏板墙或其他护板墙上，可用伞形螺栓固定 PVC 线槽，根据弹线定位的标记，找出固定点位置，把线槽的底板横平竖直地紧贴建筑物的表面，钻好孔后将伞形螺栓的两伞叶掐紧合拢插入孔中，待合拢伞叶自行张开后，再用螺钉紧固即可。固定线槽时，应先固定两端再固定中间。伞形螺栓安装做法，见图 8.2-7 所示。

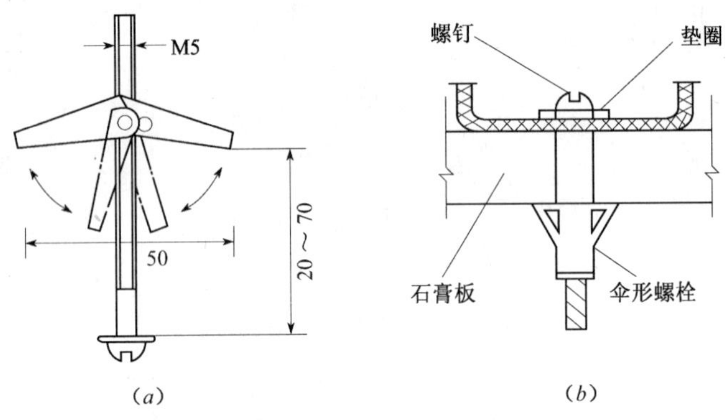

图 8.2-7 伞型螺栓固定
(a) 伞形螺栓构造；(b) 安装做法

2. PVC 线槽安装方法（图 8.2-8）

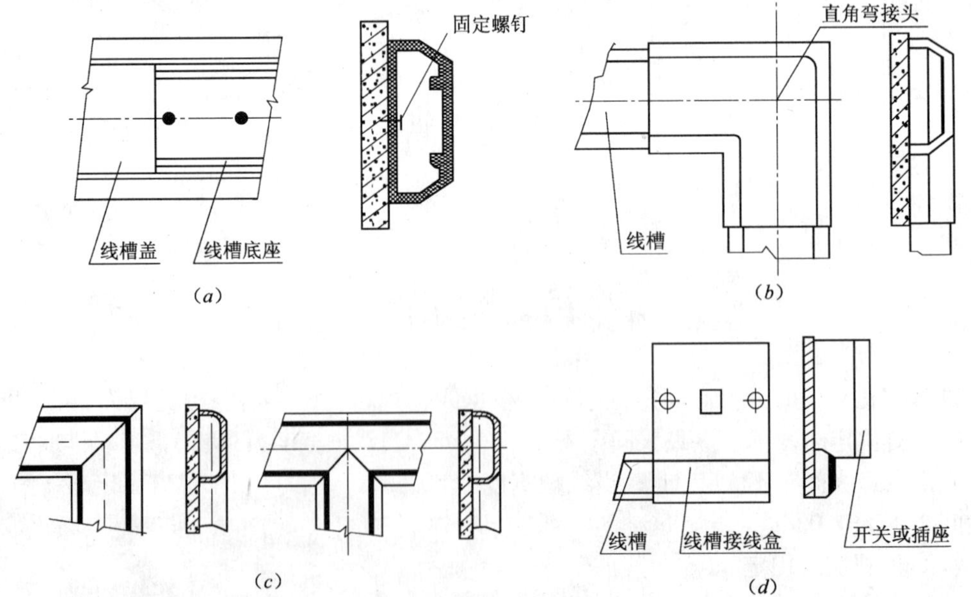

图 8.2-8 PVC 线槽安装方法
(a) 线槽的安装；(b) 线槽的连接；(c) 线槽的连接（不使用附件）；(d) 线槽与接线盒的连接

3. PVC线槽最大穿线数量（表8.2-2）

PVC线槽最大穿线数量 表8.2-2

线槽型号 \ 电线数量 \ 电线规格（mm^2）	1	1.5	2.5	4	6	10	16
TA32×12.5	10	9	6	5	4	2	
TA40×12.5	2×6	2×5	2×4	2×4	2×3	2×2	
TA60×12.5	3×6	3×5	3×4	3×3	3×3	3×2	
TB20×16	9	8	6	5	3	2	1
TB32×16	13	11	8	6	5	3	2
TB40×16	2×8	2×7	2×5	2×4	2×3	2×2	2×1
TC40×40	14	12	8	6	5	5	4

8.2.3 PVC电话配线槽

1. PVC普通线槽

（1）材质：采用低卤素硬质PVC料制成，环保不污染，绝缘性良好，不自燃。

（2）使用方法：将地板擦干净，再将底槽双面胶撕开，粘贴于地板上固定，然后再装入电线即可。

（3）用途：保护电线，增进美观。

（4）特长：

1）电话槽胶带：吸着力强，适于地板粘贴；

2）EVA胶带：保持力强，适用于机板或顶棚、墙壁粘贴。

（5）普通线槽规格见图8.2-9及表8.2-3。

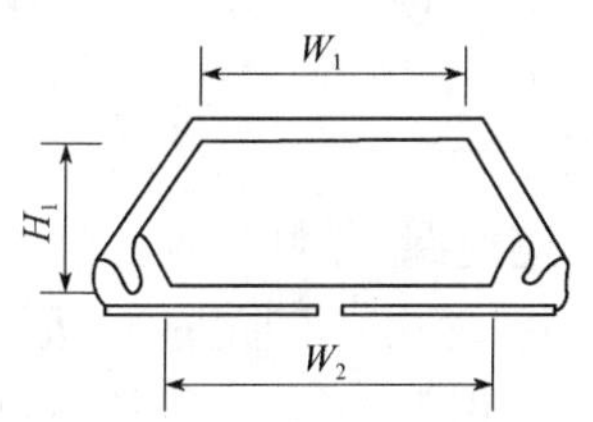

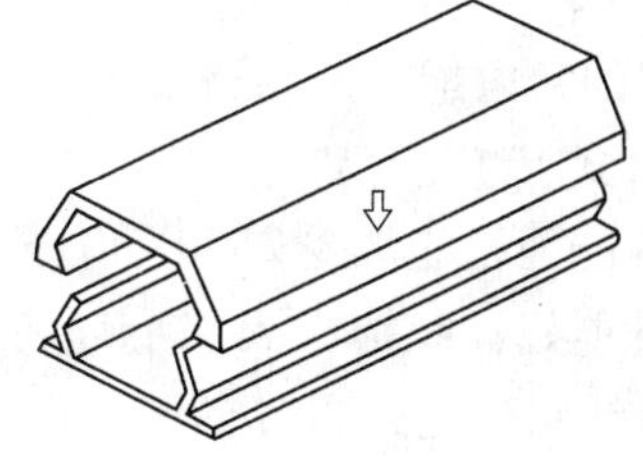

图8.2-9 普通线槽

普通电话线槽规格（mm） 表8.2-3

型　号	W_1	W_2	H_1	电源容量
GD-1	10	9	5	1pcs
GD-2	13	11	7	2~3pcs
GD-3	11	14	10	3~4pcs
GD-4	13	17	12	4~7pcs
GD-5	13	19	17	7~9pcs
GD-6	15	21	17	10~15pcs
GD-8	28	35	17	30~40pcs

2. PVC 圆弧形线槽（图 8.2-10）

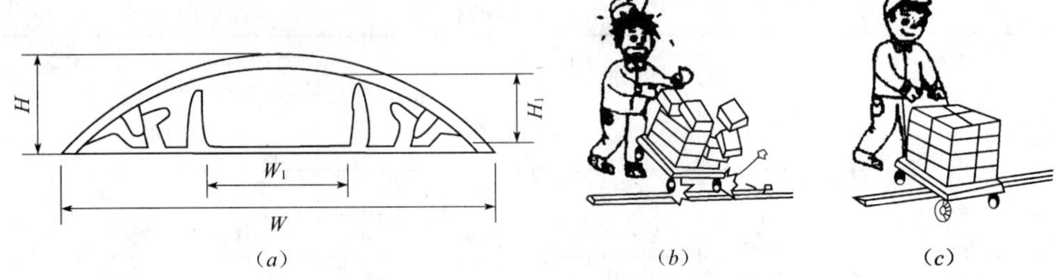

图 8.2-10 PVC 圆弧形线槽
(*a*) 圆弧形线槽；(*b*) 旧式圆弧形线槽；(*c*) 新式圆弧形线槽

产品特性：特殊之圆弧造型设计，具美观及抗重压之功能，使人或推车通过时较一般方形线槽轻松安全。PVC 圆弧形线槽规格见表 8.2-4。

PVC 圆弧形线槽规格（mm） **表 8.2-4**

品　名	W	W_1	H	H_1
GRD-30	30	11	8	6
GRD-40	39	16	10	8
GRD-50	49	24	12	9
GRD-60	58	30	12	9
GRD-70	68	39	14	11

8.2.4 明装组合式 PVC 线槽

明装组合式 PVC 线槽主要用于明装配线工程中，对电线、电话线、有线电视线路等起保护作用。

明装组合式 PVC 线槽外观整洁、美观、安装检修方便，特别适合于学校、医院、商场、宾馆、厂房的室内配线及线路改造工程。

1. 明装组合式 PVC 线槽特点

（1）绝缘性能强：能承受 2500V 电压，有效地避免漏、触电危险。

（2）阻燃性能好：线槽在火焰上烧烤离开后，自燃火焰能迅速熄灭，氧气指数大于 40，避免火势沿线路蔓延；同时它传热性能差，火灾情况下能在较长时间内有效保护线路，延长电器控制系统运行，便于人员疏散。

（3）安装使用方便：明装组合式 PVC 线槽的线槽盖可以反复开启便于布线及线路的改装，且自重很轻，便于搬运安装。可锯、可切割、可钉。拼接或使用配套附件可快速方便地把线槽联成各种所需形状。

（4）耐腐蚀、防虫害：线槽具有耐一般酸碱性能，无虫鼠危害。

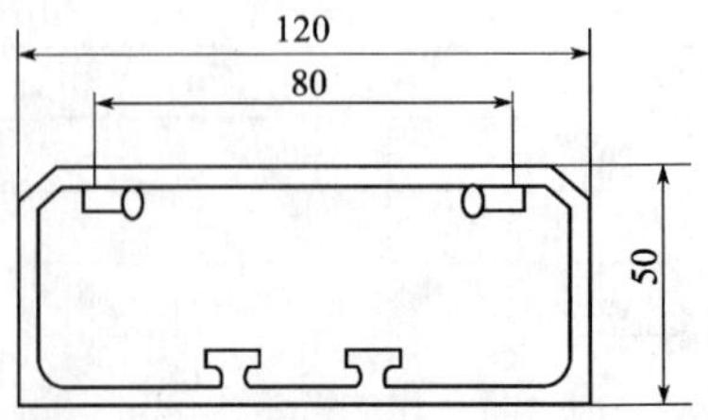

图 8.2-11 明装组合式 PVC 线槽本体

2. 明装组合式 PVC 线槽（图 8.2-11）

3. 明装组合式 PVC 线槽附件（图 8.2-12）

4. 明装组合式 PVC 线槽总体示意图（图 8.2-13）

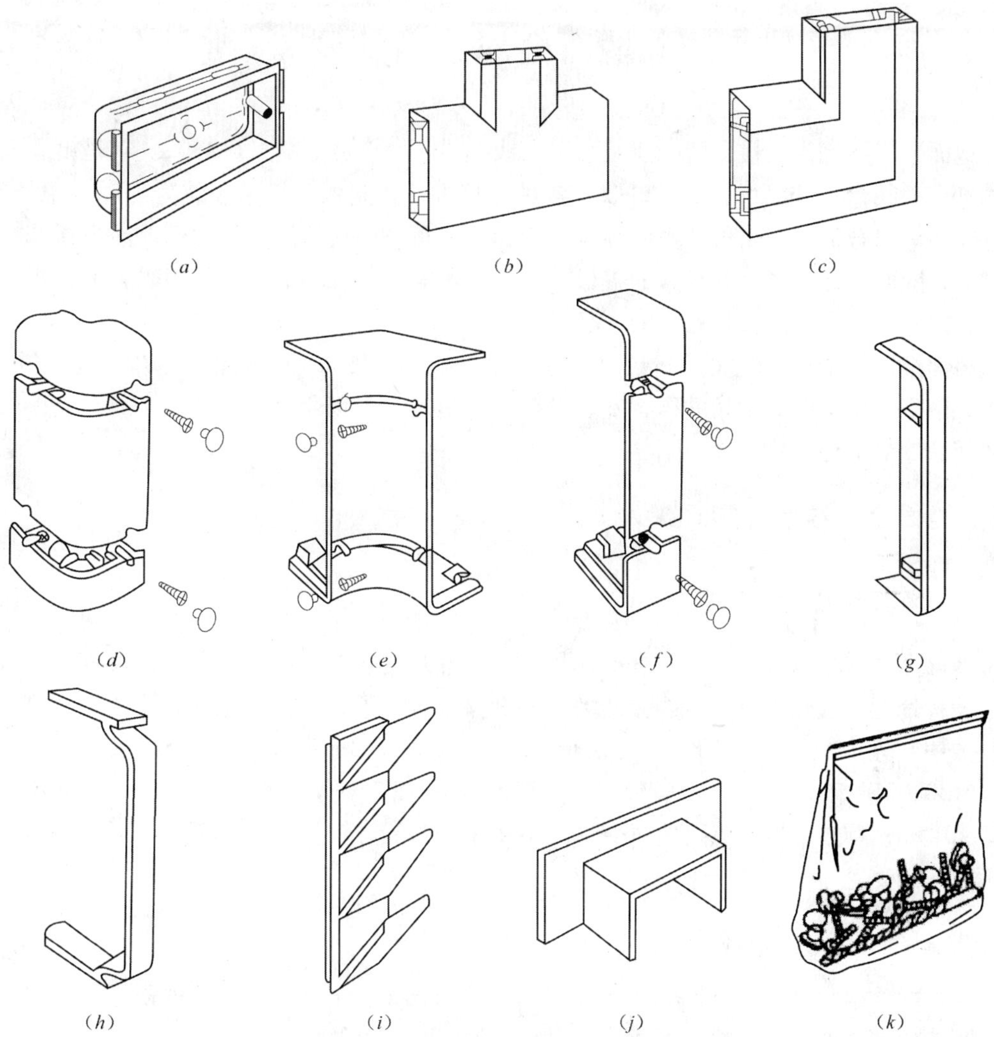

(*a*) (*b*) (*c*)

(*d*) (*e*) (*f*) (*g*)

(*h*) (*i*) (*j*) (*k*)

图 8.2-12 明装组合式 PVC 线槽附件

(*a*) 接线盒；(*b*) T 形接头；(*c*) 平面弯角；(*d*) 外弯角；(*e*) 内弯角；(*f*) 线槽连接盖；(*g*) 终端盖；(*h*) 线槽内支架；(*i*) 挂线架；(*j*) 支路接头；(*k*) 安装用螺钉等

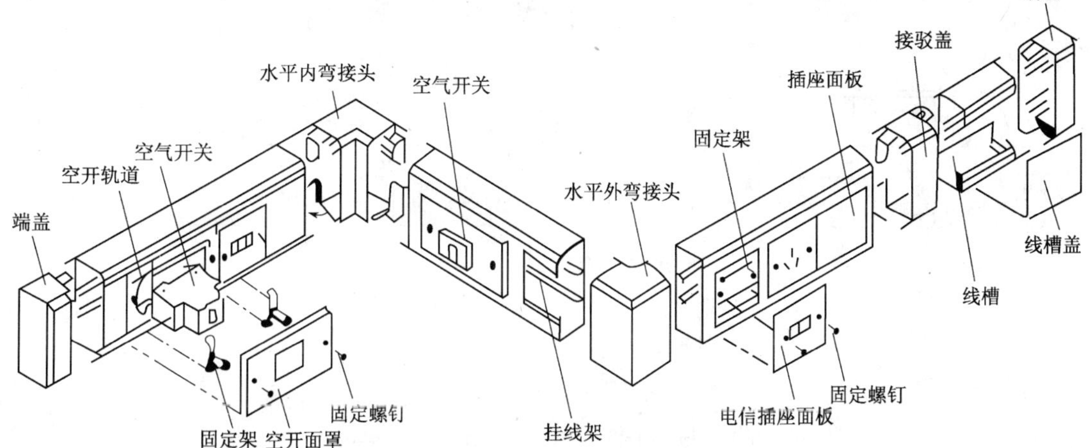

图 8.2-13 明装组合式 PVC 线槽总体示意图

9　地面金属线槽敷设

地面金属线槽为现代化智能建筑水平布线提供了一个良好的基础环境。它是由地面金属线槽、分线盒、分线箱、出线口以及各种连接件、密封件、线槽安装附件和电源插座、信息模块等组合而成，暗敷于现浇混凝土地面，楼板或楼板垫层内。使用灵活方便，在您的脚下，随时随地都能打开精致的盖板，接上您所需的电源和信息，不用时关上盖板与地面平齐，不影响室内的其他布置和人员的通道。

地面金属线槽适用于大开间自动化办公室、机场、展览厅、阅览室、实验室、商场、宾馆、网吧、生产线、学校的语音室、微机室、电教室等场所，尤其适用于移动墙，轻隔断墙随意布局的建筑物。

9.1　地面金属线槽介绍

9.1.1　地面金属线槽组成

地面金属线槽（图 9.1-1）是采用优质钢板加工成型的全封闭高强度矩形钢管，外表通过镀锌处理，大幅提高了抗腐蚀能力。根据穿线的根数，横截面积确定了线槽的规格和槽数。槽数分为单槽，双槽，三槽。标准长度为 2m、3m、4m 和 6m，分别为 50、70、100、150、250 和 300 系列。线槽适用于 380/220V 以下强电和弱电布线。线槽间距一般为 2～3.5m，零星分散的点可通过变形接头用钢管敷设。支路设备容量不超过 16A，原则上不同房间支路应分开。

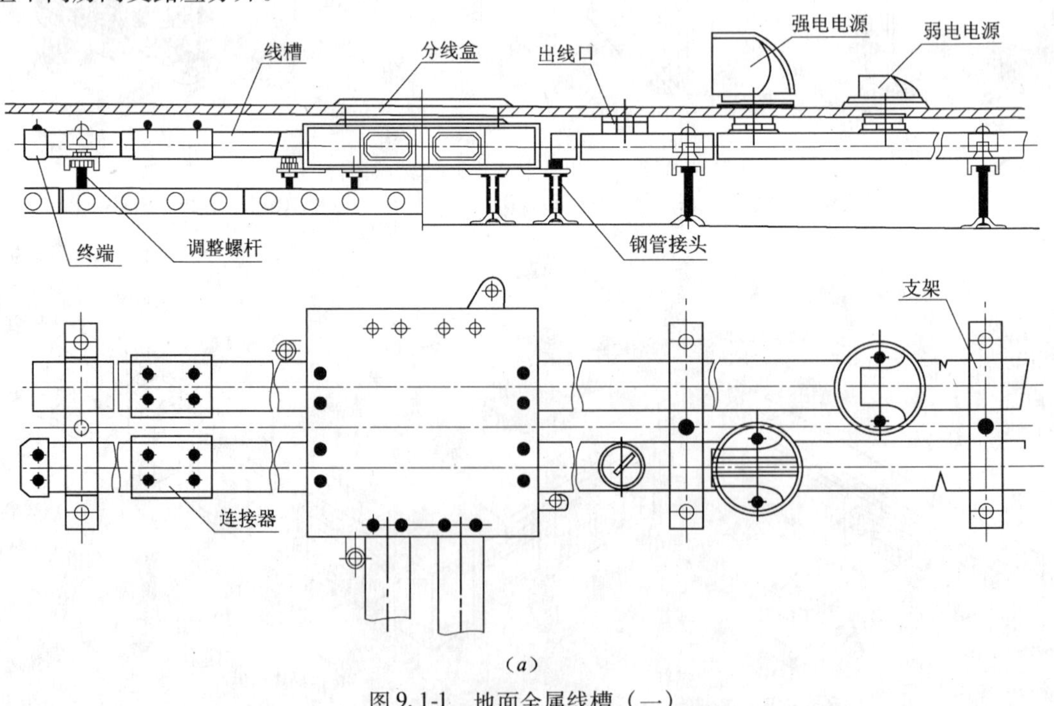

(*a*)

图 9.1-1　地面金属线槽（一）

(*a*) 样式一

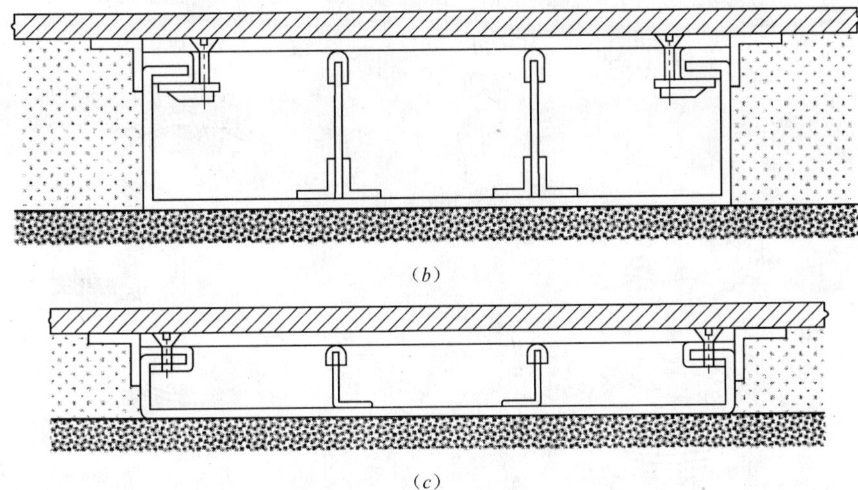

图 9.1-1 地面金属线槽（二）
（b）样式二；（c）样式三

1. 地面金属线槽规格

地面金属线槽规格见图 9.1-2 及表 9.1-1。

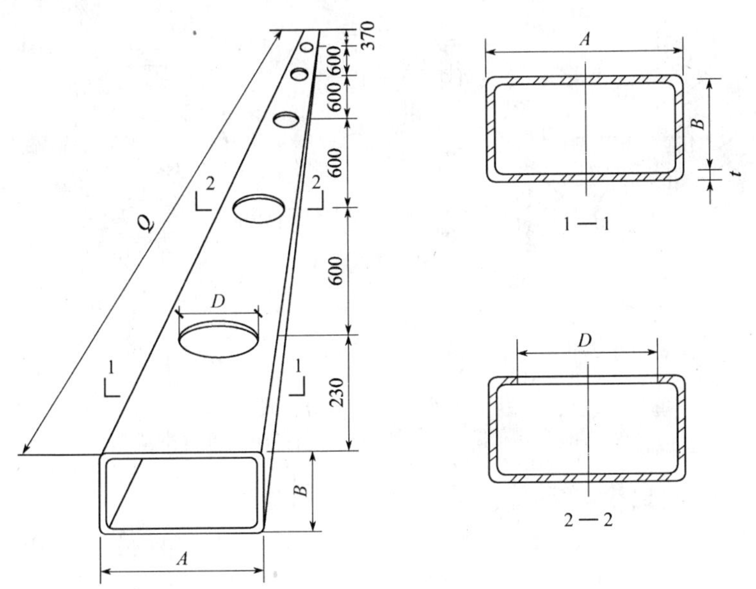

图 9.1-2 地面金属线槽

地面金属线槽规格尺寸（mm） **表 9.1-1**

部　　位	50 系列	70 系列
A	50	70
B	25	35
D	ϕ36	ϕ40
Q	3000	3000
t	2	3

2. 分线盒（图 9.1-3）

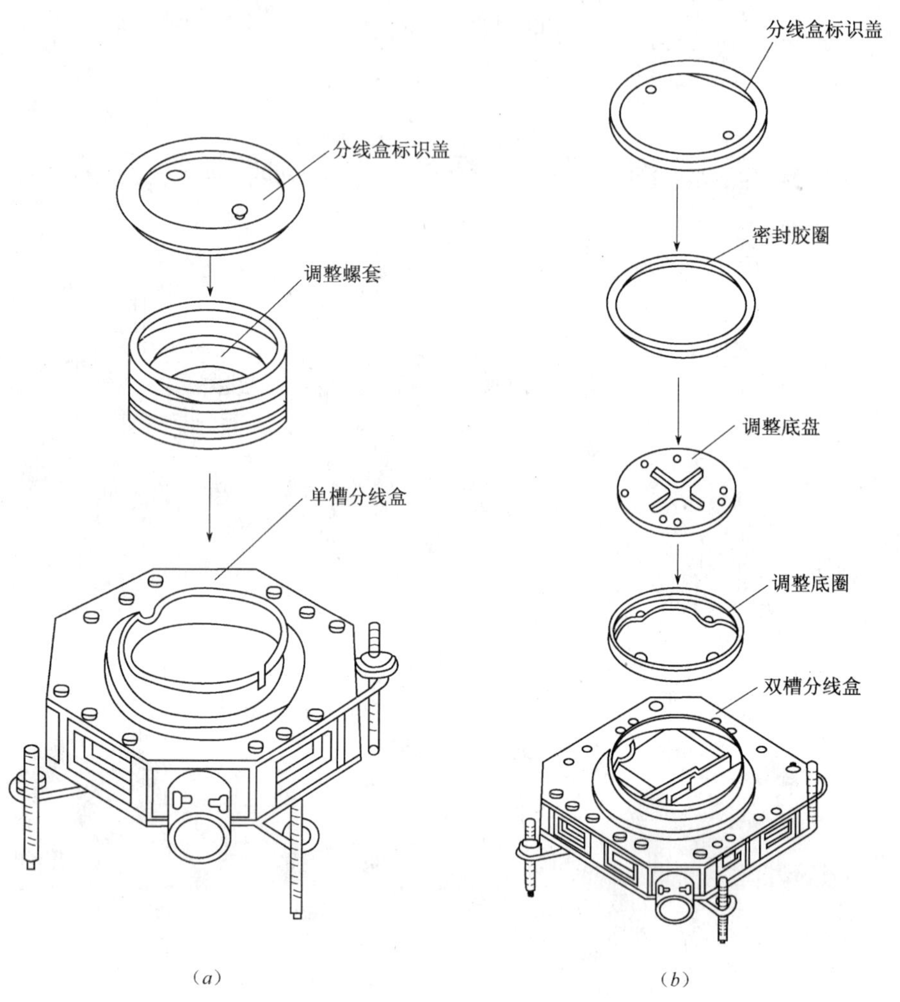

图 9.1-3 分线盒
(a) 单槽分线盒组合示意图；(b) 双槽分线盒组合示意图

分线盒用作导线的转弯、连接、交叉等敷设，可作不同管形的变换和一定范围的高度调整。线槽的直线长度超过 6m 时，宜加装分线盒。双线槽线路的分线盒内部设有隔离板，以保证强、弱电之间的隔离和屏蔽。敷线平面中出现强弱电交接十分复杂时，线槽在水平位置采用加深分线盒，将水平方向的线槽交叉进行，极大地方便了各种线路走向。在分支，转变角，电气箱连接附近应设置分线盒。地面金属线槽内的各种导线的连接仅允许在分线盒、出线口内进行。

分线盒是由锌合金，铝合金铸造而成，盖板有铜、铝、不锈钢 3 种，盒高一般为 40 ~ 80mm。贴面屏蔽分线盒在盖板上可以贴大理石、木地板、地毯，根据地面采用的装饰面来进行配置，使整体美观协调。

3. 出线口（图 9.1-4）

用于导线的引出，可根据需要用作电源、电话、视频插座或计算机终端出口。距分线盒230mm处设置第一个出线口，出线口之间标准间距为600mm。如果为双线槽，两线槽邻近出线口中心距为140mm。

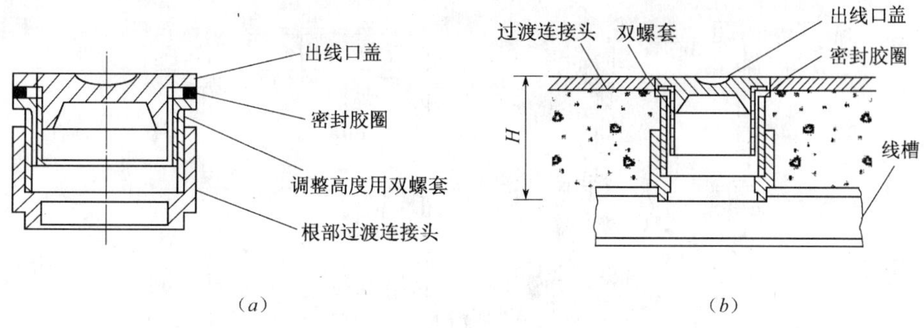

图9.1-4　专用出线口
(a) 出线口；(b) 出线口组合示意图

4. 连接附件（图9.1-5）

直通连接头用于直通连接；线槽与管过渡接头用于分线盒与圆管连接；终端头用于线槽终端封头；立式直角连接头用于线槽的上下连接。变径接头用于线槽与圆管的连接；水平直角接头用于线槽的转角处。

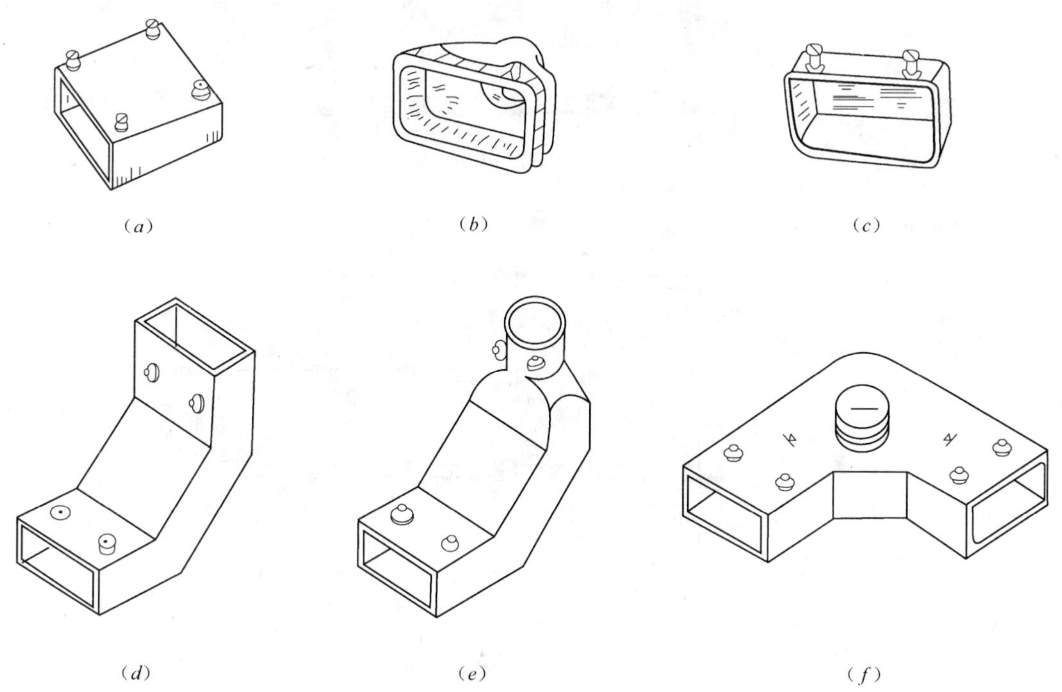

图9.1-5　连接附件
(a)；直通连接头；(b) 线槽与管过渡接头；(c) 终端头：(d) 立下直角连接头；
(e) 立下直角变形连接头；(f) 水平直角连接头

5. 支撑附件（图9.1-6）

支架与调整螺栓用于线槽支撑及高度调整，线槽每隔1.0~1.5m处应设支架固定，其调整螺栓长度视施工条件而定，高度调整一般为30～50mm。

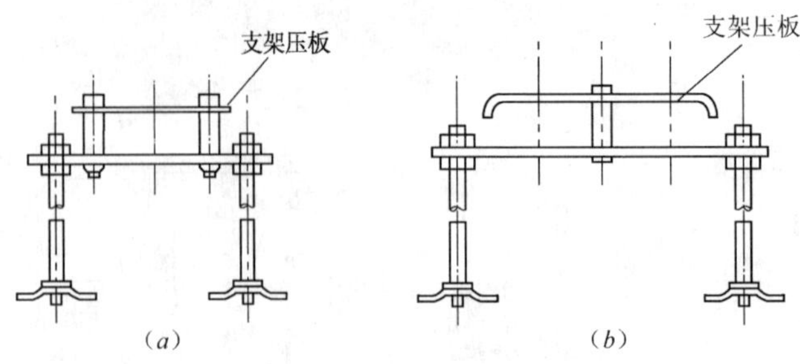

图9.1-6 支撑附件
(a) 单线槽支架；(b) 双线槽支架

9.1.2 地面金属线槽布置方式

1. L形布置方式（图9.1-7）

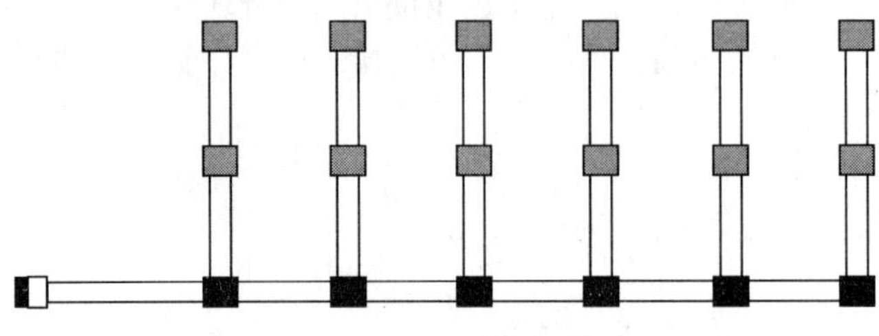

图9.1-7 L形布置方式

2. 梳子形布置方式（图9.1-8）

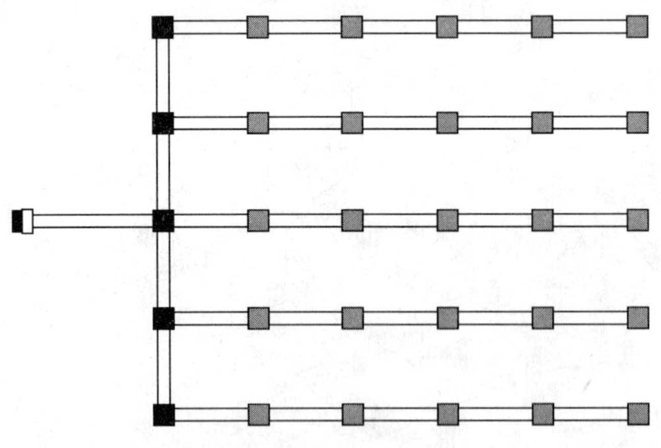

图9.1-8 梳子形布置方式

3. T形布置方式（图9.1-9）
4. 环形布置方式（图9.1-10）

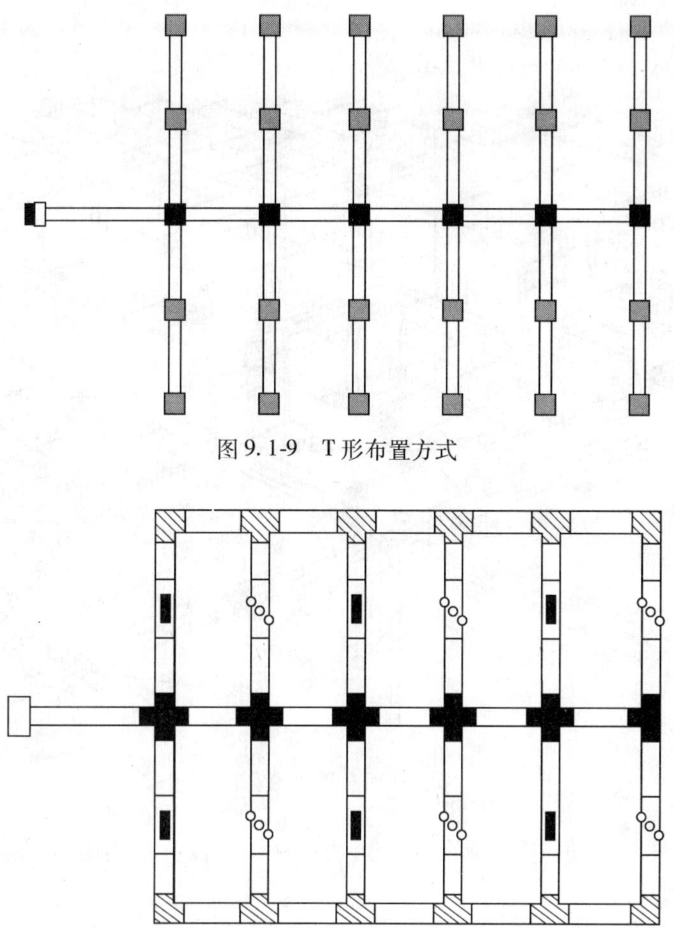

图 9.1-9　T 形布置方式

图 9.1-10　环形布置方式

9.2　地面金属线槽敷设

地面金属线槽敷设时，应及时配合土建地面工程施工。根据地面的形式不同，先找平，然后测定固定点位置，将上支撑附件和压板的线槽水平放置在垫层上，然后进行线槽连接，如线槽与线槽连接；线槽与管连接；线槽与分线盒连接；分线盒与管连接；线槽出线口连接；线槽末端处理等，都应安装到位，螺钉紧固牢靠。地面金属线槽及附件全部安装好后，再进行一次系统调整，主要根据地面厚度，仔细调整线槽干线，分支线，分线盒，转弯、转角、出口等处，水平高度要求与地面平齐，将各种盒盖盖好并封堵严实，以防止水泥砂浆进入，直至配合土建地面施工结束为止。

9.2.1　地面金属线槽敷设方法

地面内暗装金属线槽，将其暗敷于现浇混凝土地面、楼板或楼板垫层内，在施工中应根据不同的结构形式和建筑布局，合理确定线槽走向。当暗装线槽敷设在现浇混凝土楼板内，楼板厚度不应小于 200mm；当敷设在楼板垫层内时，垫层的厚度不应小于 70mm，并避免与其他管路相互交叉。

1. 地面金属线槽敷设一般要求

地面金属线槽安装示意见图9.2-1，说明如下：

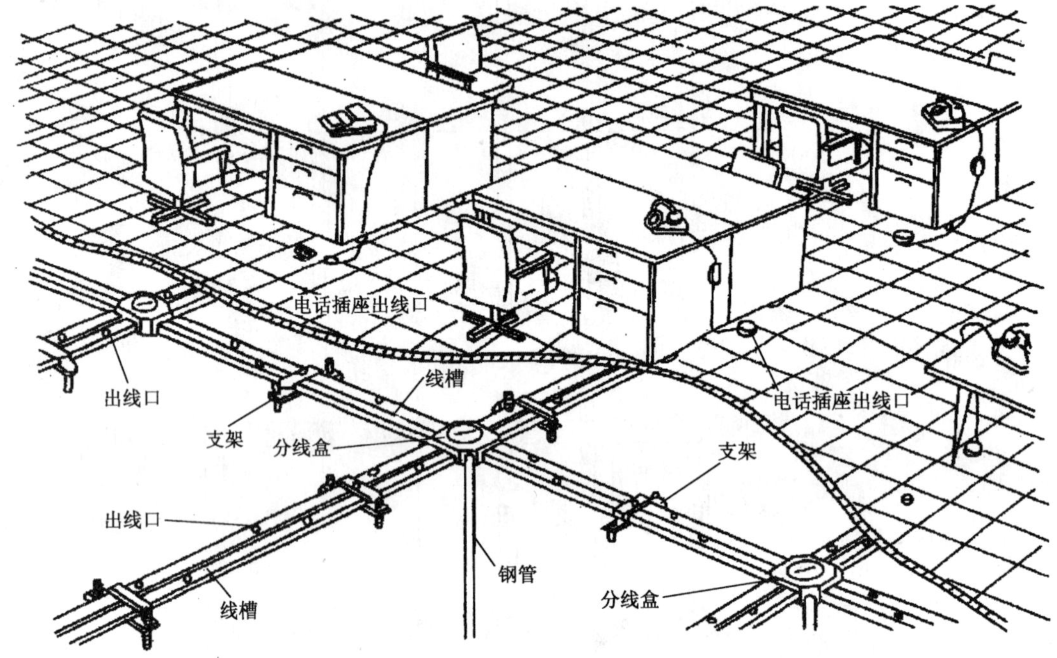

图9.2-1 地面金属线槽安装示意图

（1）线槽直埋长度超过6m或在线槽交叉、分支、转弯及与电气箱连接处宜设置分线盒，以便于布放缆线和维修。

（2）施工通常使用标准线槽长度，出线口开孔间距原则上为600mm，也可根据实际需要开孔。线槽间距一般为2～3.5m，零星分散的用电点可通过变形接头用钢管敷设引至用电点。

（3）线槽每隔1.0～1.5m处用支架固定，分线盒及线槽需用脚架固定，配合调整螺钉调整水平高低，线槽面至少需要覆盖20mm以上混凝土，多槽面建议沿线槽体铺设钢丝网保护，以防地面开裂。

（4）线槽、分线盒及其附件的各个连接部位，应具有一定的连接强度，对于有缝隙的连接处应作密封处理，以防砂浆渗入。

（5）地面金属线槽安装时，靠近分线盒的出线口及线槽末端的出线口应以出线口指示铜盖标示，铜盖的铜螺丝应与装饰面平。

（6）连接器、分线盒、线槽接口处应有专用密封胶涂抹密封，防止土建施工时泥浆渗入。预埋分线盒、出线口时应安上塑料防护盒。

（7）同一路径有不同回路绝缘导线时可设于同一槽内，但必须能同时切断电源。线槽内导线总截面不应超过线槽内截面的30%，强弱电线路应分槽敷设，不同电压线路交叉应由分线盒处采用金属隔板隔开，不同电压的导线不得在线槽内直接接触，以免造成干扰。

（8）地面金属线槽内的各种配线仅允许在分线盒、出线口处接头。

2. 地面金属线槽支架安装

应根据单线槽或双线槽结构形式不同，选择单压板或双压板与线槽组装并配装卧脚螺栓，如图 9.2-2 所示。一般情况下固定支架及调节支撑应设置于直线段线槽每隔 1.0 ~ 1.5m 处或在线槽接头处、线槽进入分线盒 200mm 处。

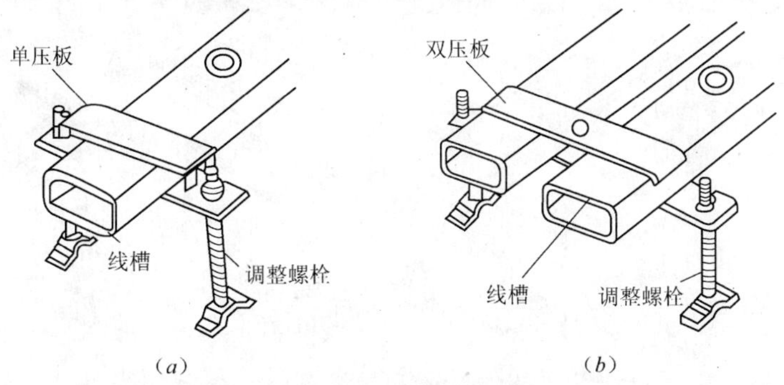

图 9.2-2 地面金属线槽支架安装示意图
(*a*) 单线槽；(*b*) 双线槽

3. 地面金属线槽端部与配管连接

线槽间连接时，应采用线槽连接头进行连接，如图 9.2-3（*a*）所示，线槽的对口处应在线槽连接头中间位置上；线槽端部与配管连接时，应使用管过渡接头，如图9.2-3（*b*）所示；当金属线槽的末端无连接时，就用封端堵头堵严，如图 9.2-3（*c*）所示。

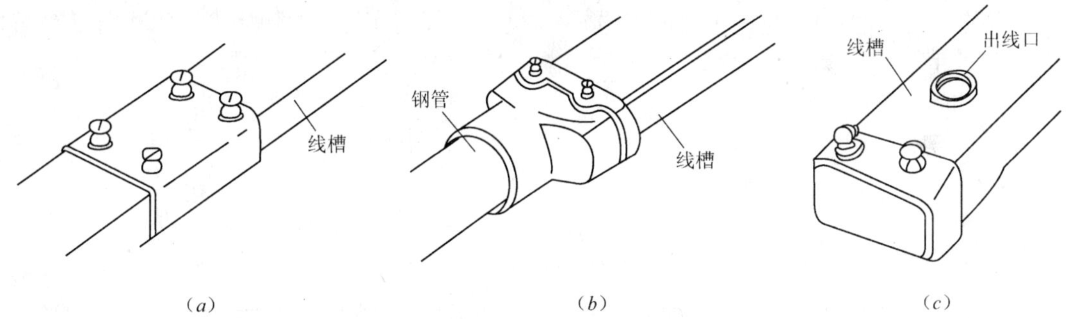

图 9.2-3 线槽连接安装示意图
(*a*) 线槽连接头安装；(*b*) 线槽与管过渡接头安装；(*c*) 封端堵头安装

4. 分线盒与线槽、管连接（图 9.2-4）

（1）地面内暗装金属线槽不能进行弯曲加工，当遇有线路交叉、分支或弯曲转向时，应安装分线盒。当线槽的直线长度超过 6m 时，为方便施工穿线与维护，也宜加装分线盒。双线槽分线盒安装时，应在盒内安装便于分开的交叉隔板。

（2）分线盒、插座盒、出线口均设有调节支撑，调节支撑的底板应跟结构层固定，防止土建施工时移动地面金属线槽的预定位置。线槽表面混凝土保护层应达到 20mm 以上，多槽敷设表面混凝土保护层应达 35mm，同时采用上敷钢丝网进行浇筑，否则地面易开裂。

（3）线槽及附件连接完成后，应对整体机构进行水平高度调整。通过高度调整螺钉，出线口升降套，使分线盒标识器的上表面处于同一水平面（即地面）内。线槽出线口和分线盒不得突出地面，且应做好防水密封处理。

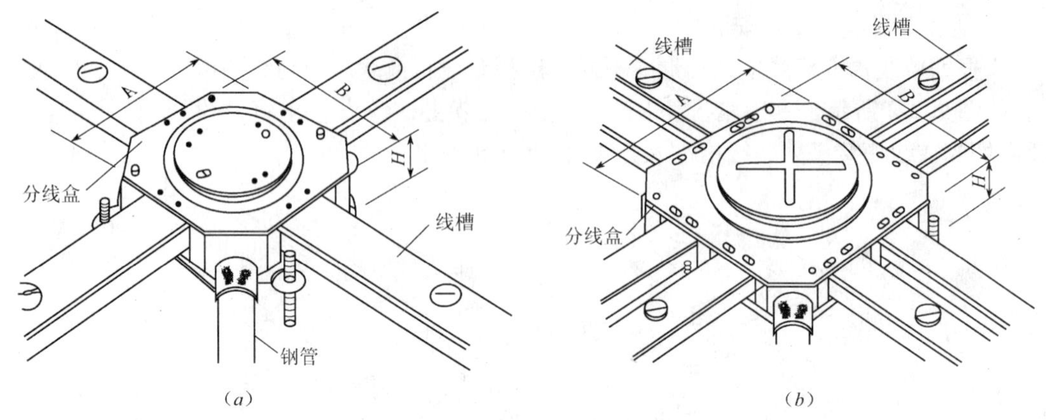

图 9.2-4 分线盒与线槽连接
(a) 单线槽分线盒；(b) 双线槽分线盒

(4) 由配电箱、电话分线箱及接线端子箱等设备引至线槽的线路，宜采用金属管暗敷设方式引入分线盒，或以终端连接器直接引入线槽。

(5) 分线盒、插座盒、出线口底座在安装时应低于完成地平面 3~10mm，以利于盖板的正常安装。

(6) 出线口、分线盒在安装过程中一定要纵横平直，确保室内整体效果美观。导线除分线盒、出线口可以有导线接头外其线槽内不得有任何接头。

5. 分线盒安装方法（图 9.2-5）

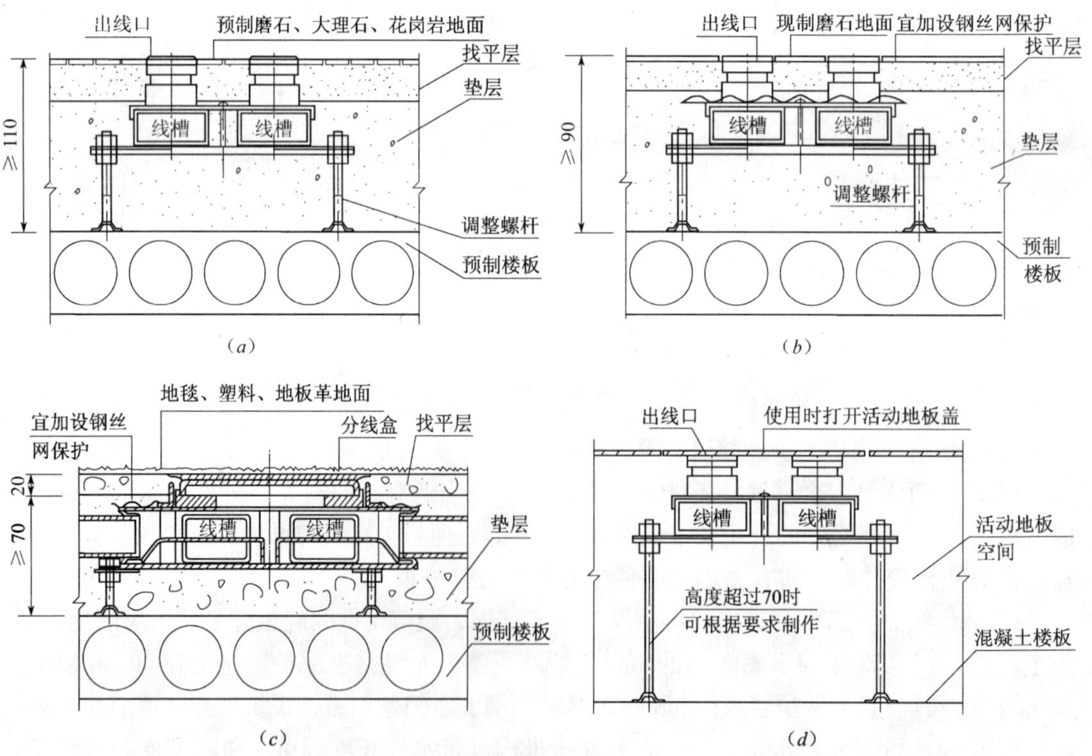

图 9.2-5 分线盒安装方法
(a) 分线盒在预制楼板上安装方式（一）；(b) 分线盒在预制楼板上安装方式（二）；
(c) 分线盒在预制楼板上安装方式（三）；(d) 分线盒在活动地板下安装

6. 地面金属线槽接地（图 9. 2-6）

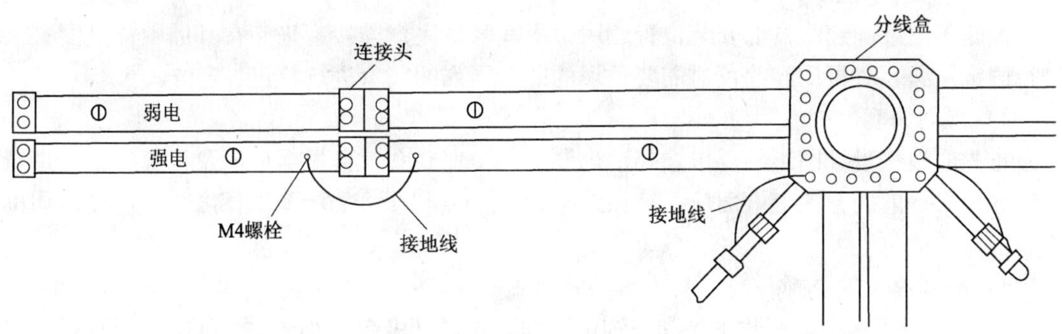

图 9. 2-6　地面金属线槽接地

（1）地面金属线槽要求有可靠的接地连接。

（2）强电回路必须配有防漏电保护措施。在施工中应确保地面金属线槽接地的连续性。

9. 2. 2　地面插座安装方法

地面插座用于电源、电话、视频插座，兼有分线盒作用，为综合布线提供方便。地面插座是由底盒和上盖两部分所组成（图 9. 2-7）。地面插座的安装工作应分两步进行。首先，为保证线管与地面插座的连接和线缆的穿线工作顺利进行，应先将地面插座的底盒固定，与金属线管进行可靠的连接，并按施工规范中的有关规定进行良好的接地处理。

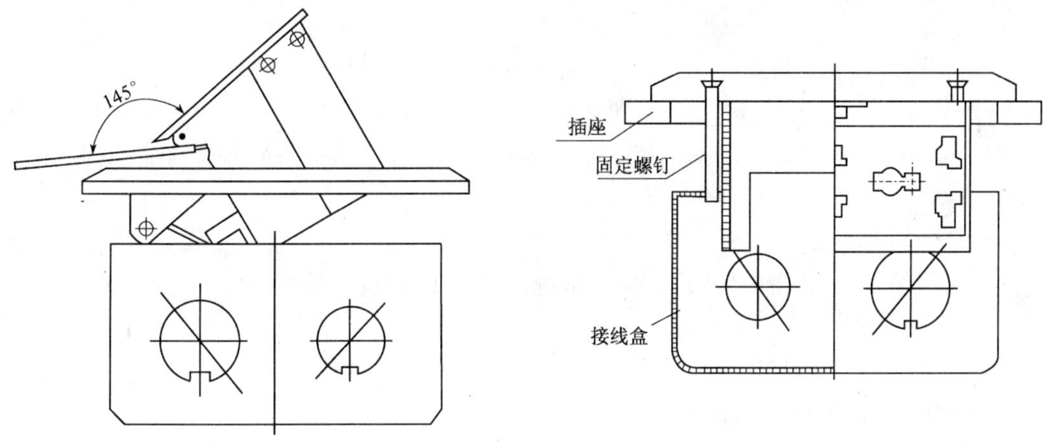

图 9. 2-7　插座盒

地面插座的上盖对地面的整体具有一定的装饰作用，为使其装饰性不被破坏，上盖的安装应在整个工程施工的后期进行。

1. 预埋型地面插座的安装

这种安装方法适用于翻盖型、弹出型和旋盖型地面插座在基础地面为混凝土浇筑的场合。

（1）地面插座底盒的安装

1）底盒的定位

按施工图纸确定底盒的安装位置，用金属线管将底盒连接起来，在其周围浇筑混凝土进行固定。必要时可用经纬仪对需要预埋的同行同列的底盒进行校正、定位。

2）预埋深度

首先应根据设计图纸的要求选择适当厚度的预埋底盒，再根据地面及楼板的结构进行预埋处理。一般底盒的上端面应保持在地平面 ±0.00 以下 3～5mm 的深度，然后在其周围浇筑混凝土固定。

3）底盒厚度的选择

（a）预埋深度在地面找平层和装饰层之间、预埋深度要求小于 55mm 时，可选择超薄型底盒。

（b）预埋深度在地板钢筋结构之上至装饰层之间的可选用厚度为 65～75mm 标准的预埋型底盒。

4）注意事项

底盒在浇筑混凝土固定之前，应确认底盒与金属线管接地良好，同时将底盒的保护上盖盖好，以防止施工期间混凝土砂浆和杂物落入。

（2）地面插座上盖的安装

上盖的安装工作应在地面装饰层完成并干燥后进行。

1）清理场地

首先去掉底盒上的保护盖，清理安装洞口周围的渣土和杂物。使上盖安装后能与地板表面良好的接触。

2）防腐处理

地面装饰层的装饰材料，如大理石、瓷地砖与混凝土材料在未完全干燥的情况下有可能产生泛碱反应，将对地面插座的上盖产生较强的腐蚀作用。因此，在地面插座洞口周围的混凝土尚未完全干燥的情况下，暂不能安装上盖。安装上盖前最好在洞口周围刷一、二层防腐涂料，以避免泛碱反应给上盖造成腐蚀。

3）接地

在安装含有强电插座的地面插座时，必须将上盖的连接地线与底盒进行可靠的连接。

4）上盖的固定

用螺钉将上盖与底盒拧紧固定。

2. 地板型地面插座的安装

这种安装方法适用于地板型地面插座在基础地面为架空式防静电地板的场合。

（1）地面插座底盒的安装

1）底盒的定位

按施工图纸在需要安装地面插座的防静电地板块上开出方洞，开洞尺寸应比底盒的实际外形尺寸大 5mm。

2）安装深度

为保证上盖能与地板保持良好的接触，底盒的上端面应低于地板表面 3～5mm。针对不同厚度的防静电地板块可通过在底盒上的安装弯角或增减垫片进行安装深度的调整。

3）底盒的固定

将需穿线的底盒上的敲落孔敲掉，并用蛇皮管接头连接好。再用自攻螺钉将底盒上的弯角固定在防静电地板上。

（2）地面插座上盖的安装

1）清理现场

先将地板洞口周围清理、擦拭干净。

2）接地

在安装含强电插座的地面插座时，必须将上盖的接地连线与底盒进行可靠的连接。

3）固定

用螺钉将上盖与底盒拧紧固定。

10 电缆桥架安装

电缆桥架系指电缆梯架、电缆托盘及金属线槽。电缆桥架是由直线段梯架、弯通、附件以及支、吊架等构成。用以支承电缆的连续性刚性结构系统的总称。它的优点是制作工厂化、系列化、质量容易控制、安装方便。根据桥架的结构类型可分为梯架、托盘（有孔托盘、无孔托盘、组装式托盘）和金属线槽等种类。

电缆桥架主要有钢制、铝合金制及玻璃钢制等。钢制桥架表面处理分为喷漆、喷塑、电镀锌，热镀锌、粉末静电喷涂等工艺。本章主要介绍了电缆桥架及其安装方法。

本章相关标准规范：

(1)《建筑电气工程施工质量验收规范》GB 50303—2002。

(2)《电气装置安装工程电缆线路施工及验收规范》GB 50168—2006。

(3)《民用建筑电气设计规范》JGJ 16—2008。

10.1 电缆桥架介绍

10.1.1 电缆桥架介绍

1. 适用范围

电缆桥架适用于电压在10kV以下的电力电缆、控制电缆以及照明配线等室内、室外架空、电缆沟、隧道的敷设。

2. 电缆桥架结构与安装

电缆桥架具有品种全、应用广、强度大、结构轻、造价低、施工简单、配线灵活、安装标准、外形美观等特点，给技术改进、扩充电缆、维护检修带来方便。

电缆桥架的安装可因地制宜，可水平、垂直敷设。可随工艺管道架空敷设；也可在楼板、梁下吊装、室内外墙壁、柱壁，隧道、电缆沟壁上的侧装，还可在露天立柱或支墩上安装。大型多层桥架吊装或立装时，应尽量采用工字钢立柱两侧对称敷设。电缆桥架组装示意见图10.1-1所示。

3. 电缆在电缆桥架上的层次安排

电缆桥架层次排列应是弱电流控制电缆在最上层，接着是一般的控制电缆，低压控制电缆，高压动力电缆依次往下排列。这种排列有利于屏蔽干扰、电力电缆冷却及方便施工。各式电缆桥架层间的距离见表10.1-1。

4. 电缆桥架的尺寸选择与计算

(1) 电缆桥架支撑距离 L 的选择：建议 L 采用2m，2.5m，3m。

(2) 电缆桥架载荷计算

$$G_{总} = a_1 \times n_1 + a_2 \times n_2 + a_3 \times n_3 + \cdots\cdots$$

式中 a_1、a_2、a_3——为各电缆每单位长的重量（kg/m）；

n_1、n_2、n_3——为相应电缆的根数；

G 应小于电缆桥架的允许载荷（参数见载荷曲线图10.1-2）。

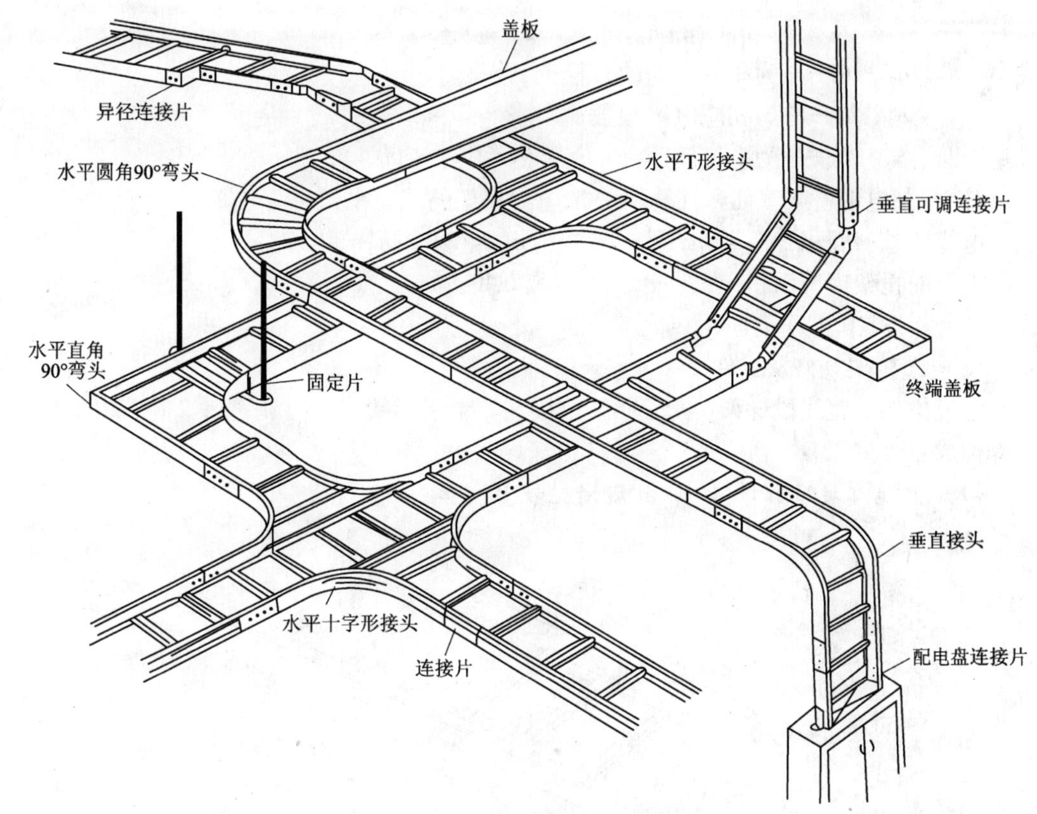

图 10.1-1 电缆桥架组装示意图

电缆桥架层间的距离表（mm） **表 10.1-1**

序 号	电 缆 名 称	层间的距离
1	控制电缆	200
2	动力电缆	300
3	机械化敷设电缆	400

1 2 3 4 6 8 12 f（mm）

Q（N/m） 4900 3920 2940 1960 980 0

1.0 1.5 2.0 2.5 3.0 3.5 4.0 L/(mm)

图 10.1-2 电缆桥架载荷曲线图

f—挠度；L—支撑距离；Q—允许均布载荷。

(3) 电缆桥架宽度计算

1) 电力电缆

$$W=n_1(d_1+k_1)+n_2(d_2+k_2)+n_3(d_3+k_3)+\cdots\cdots$$

式中 d_1、d_2、d_3——为相应电缆的直径；

n_1、n_2、n_3——为相应电缆根数；

k_1、k_2、k_3——为电缆间距（k 值最小不应小于 $d/4$）；

2）控制电缆桥架截面积计算（一般电缆桥架的填充率到40%左右）

电缆的总截面积：$S_0=n_1\pi(d_1/2)^2+n_2\pi(d_2/2)^2+n_3\pi(d_3/2)^2+\cdots\cdots$

需要的托架横截面积： $S=S_0d/40\%h$

式中 h 为电缆桥架净高。

5. 电缆桥架规格及配件

电缆桥架由直线段梯架、弯通、T形接头、十字形接头、可调宽片、调高片、变径接头等构成。

(1) 电缆桥架如图10.1-3，其规格见表10.1-2。

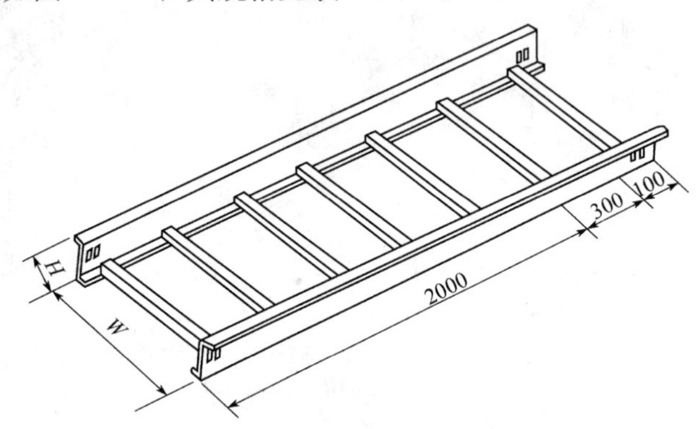

图10.1-3 电缆桥架

电缆桥架规格表（mm） **表10.1-2**

宽 W	高 H	宽 W	高 H
100	60	500	60
	100		100
	150		150
200	60	600	60
	100		100
	150		150
300	60	800	60
	100		100
	150		150
400	60		
	100		
	150		

(2) 电缆桥架配件

电缆桥架配件见图10.1-4。

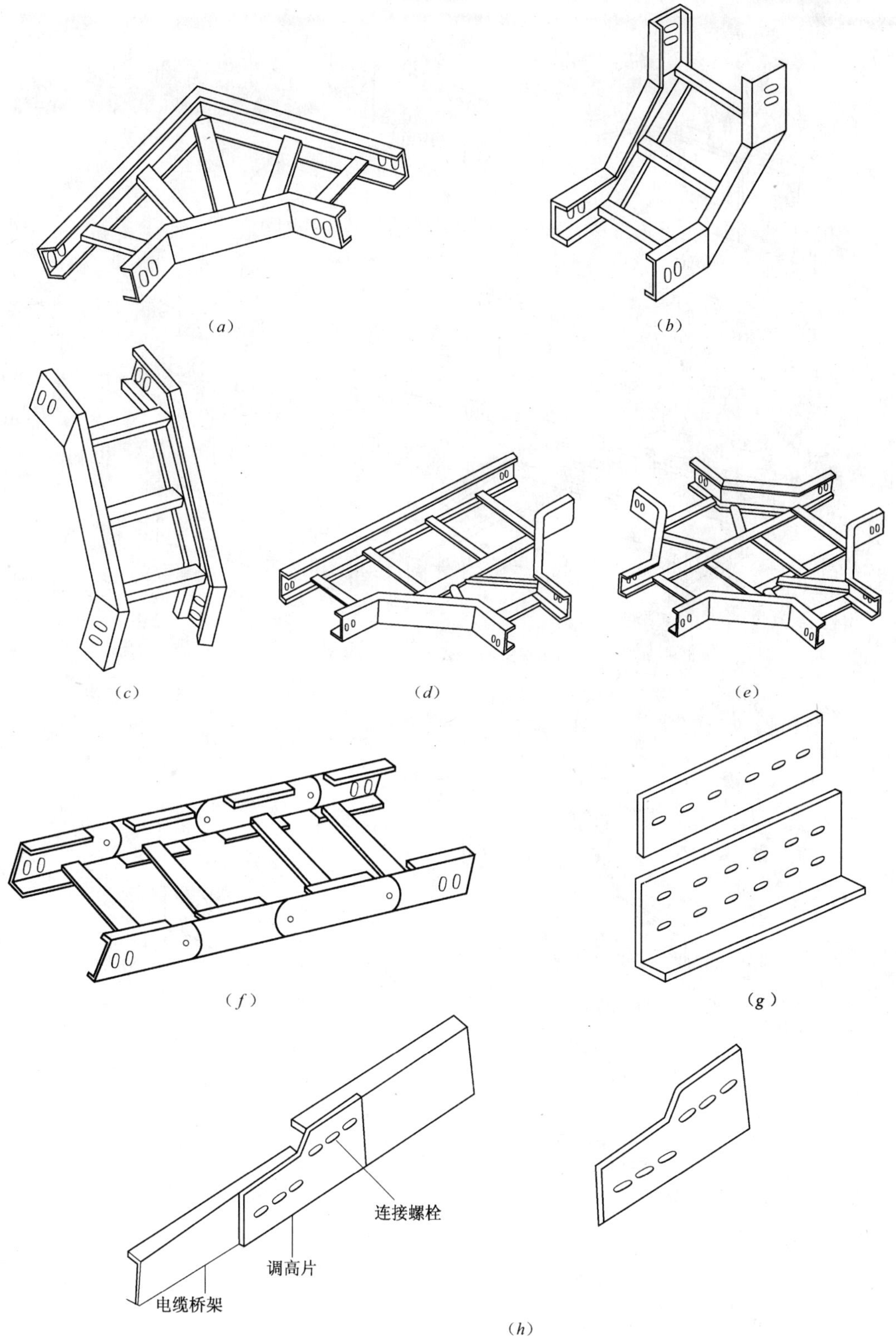

图 10.1-4 电缆桥架配件（一）
(a) 水平弯通；(b) 垂直凹弯通；(c) 垂直凸弯通；(d) 水平三通；(e) 水平四通；
(f) 垂直转动弯通；(g) 直接片；(h) 调高片

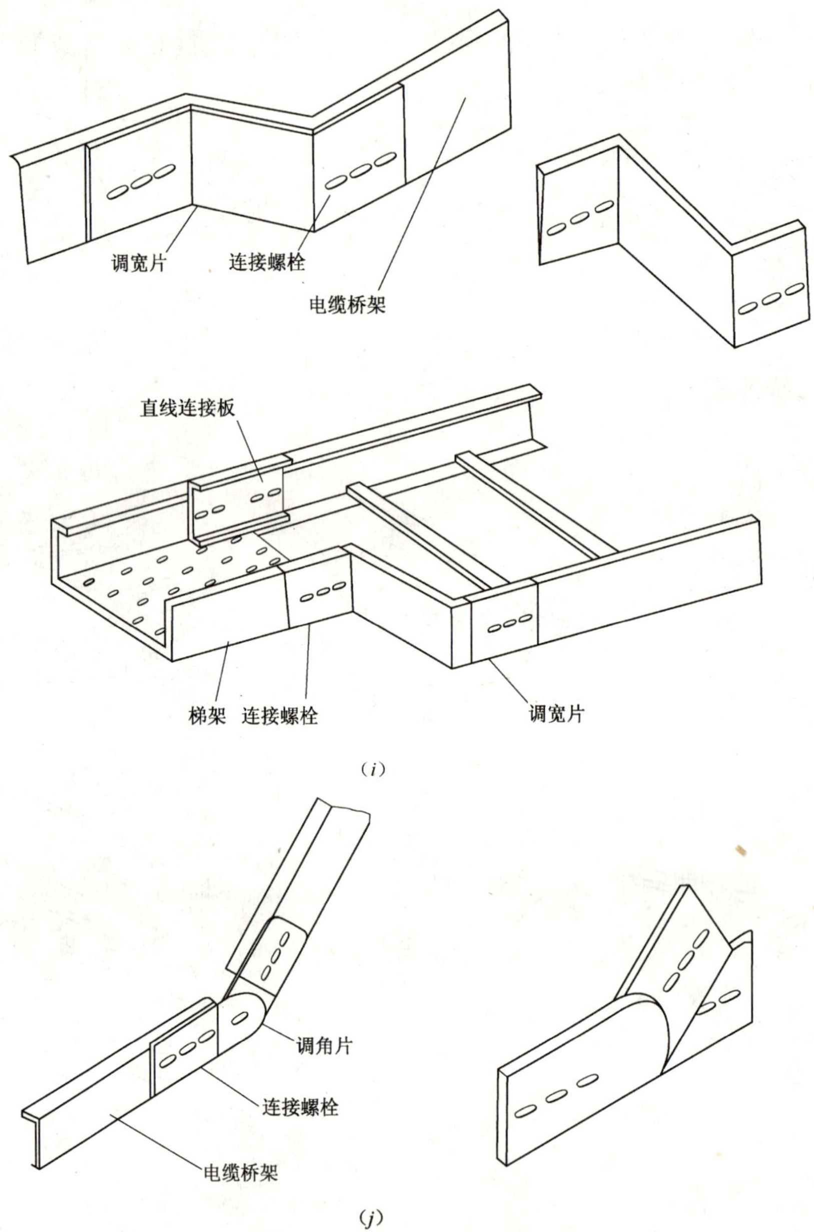

图 10.1-4 电缆桥架配件（二）

（i）调宽片；（j）调角片

（3）电缆桥架支撑配件（图 10.1-5）

6. 电缆桥架引线装置示意图（图 10.1-6）

7. 电缆桥架连接用螺栓

电缆桥架连接通常用半圆头或六角螺栓，安装时螺母在电缆桥架外侧。电缆桥架连接用螺栓规格见表 10.1-3。

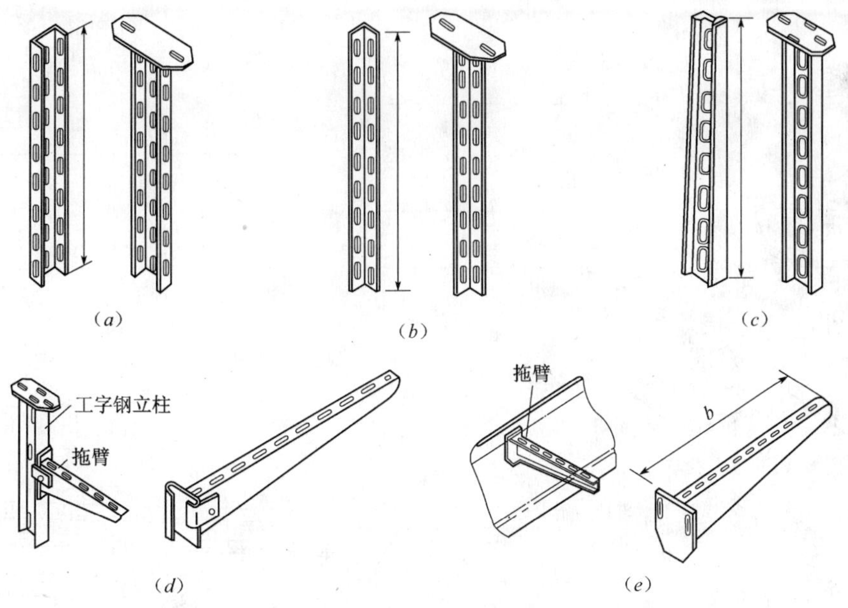

图 10.1-5 电缆桥架支撑配件
(a) 槽钢立柱；(b) 角钢立柱；(c) 工字钢立柱；
(d) 托臂样式一；(e) 托臂样式二

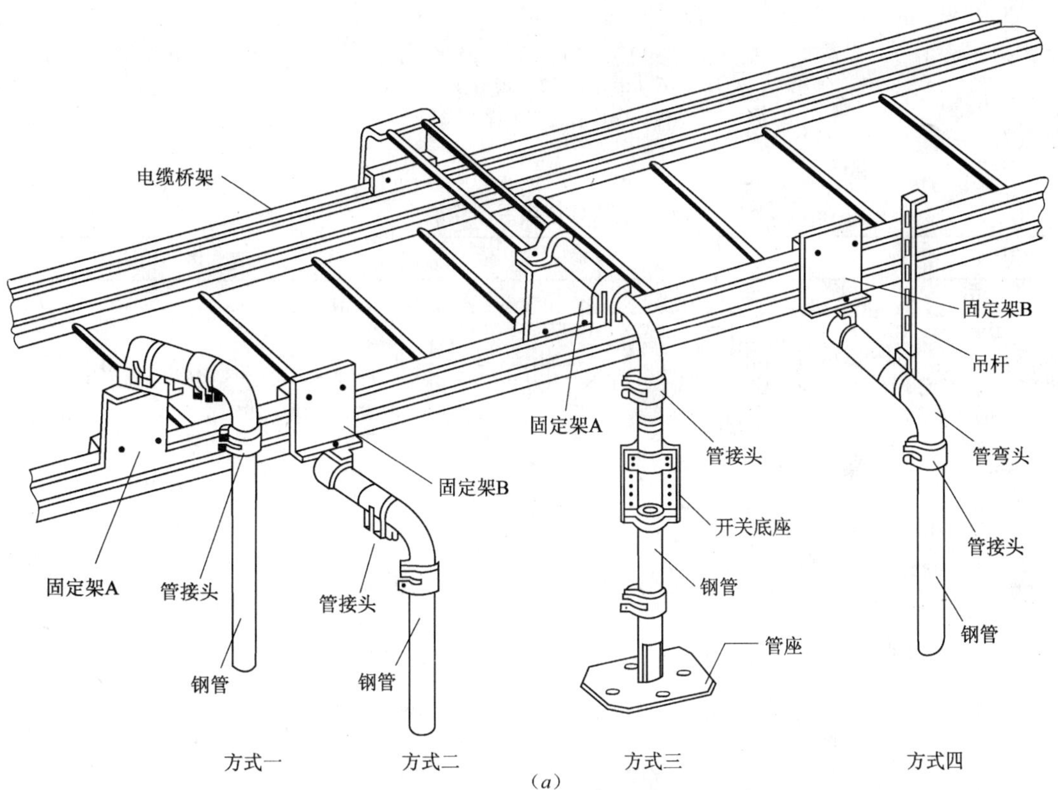

图 10.1-6 电缆桥架引线装置示意图（一）
(a) 电缆桥架引线装置示意图

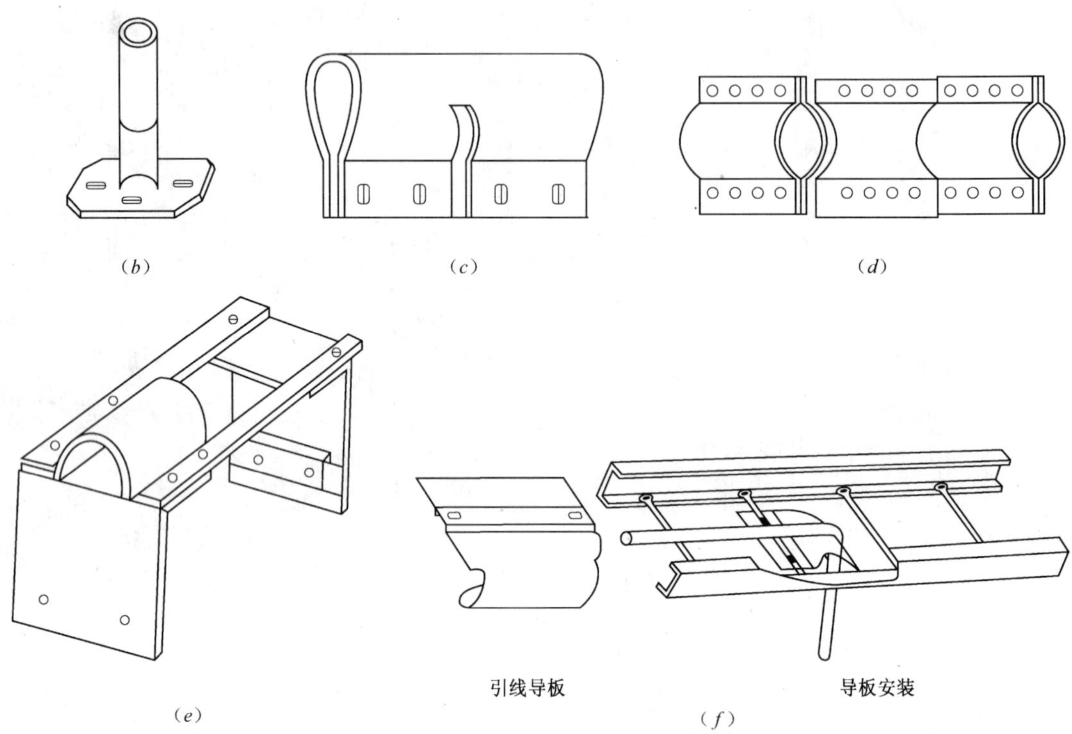

图 10.1-6　电缆桥架引线装置示意图（二）
(b) 管座配件；(c) 管接头配件；(d) 开关底座配件；
(e) 固定架配件；(f) 利用导板引线

电缆桥架连接用螺栓规格　　**表 10.1-3**

序号	名　称	图　　　形	型　号	规　格	备　　注
1	方颈螺栓	M　3　12	IS-01/6	M6×12	用于各种桥架连接固定
			IS-01/81	M8×16	
			IS-01/82	M8×25	
2	半圆螺栓	M　L	IS-02/5	M5×22	用于电缆卡子和其他连接
			IS-02/6	M6×22	
			IS-02/8	M8×22	
3	六角螺栓	M　L	IS-03/10	M10×25	用于立柱底座托臂及其他连接
			IS-03/12	M12×30	

续表

序号	名 称	图 形	型 号	规 格	备 注
4	T 型螺栓	M L	IS-04/8	M6×26	配线槽连接
			IS-04/10	M8×25	
5	T 型螺栓	30 25 B 35 M10	IS-05/10	M10×35	配异径线槽连接

10.1.2 电缆托盘介绍

电缆托盘适用于电压在 10kV 以下的电力电缆、控制电缆、照明配线等室内、室外架空、电缆沟、隧道的敷设。

1. 电缆托盘组装示意图（图 10.1-7）

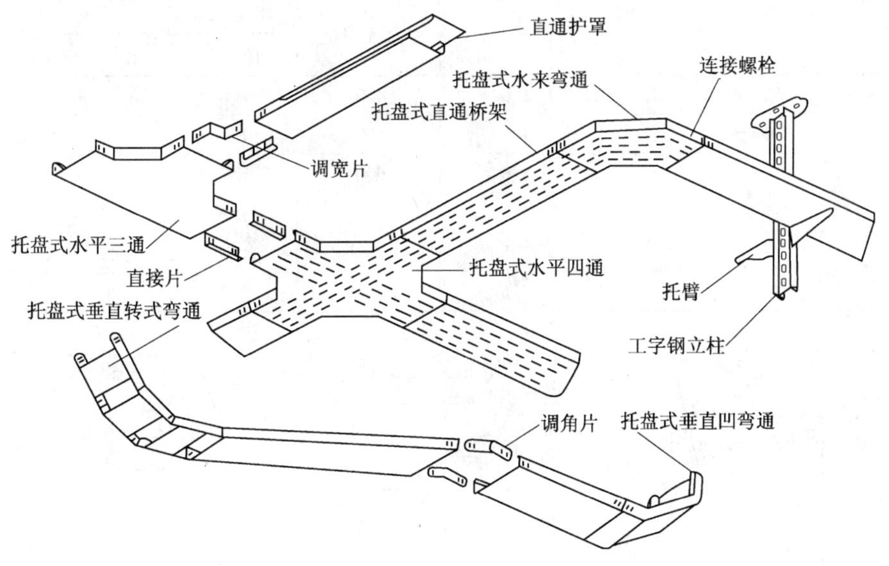

图 10.1-7 电缆托盘组装示意图

2. 电缆托盘规格及配件

（1）电缆托盘规格

电缆托盘长度为 2.44m，托盘开有孔洞，并采用热镀锌处理，分为有盖和无盖电缆托盘两种（图 10.1-8）。电缆托盘规格见表 10.1-4。

（2）无盖电缆托盘配件（图 10.1-9）

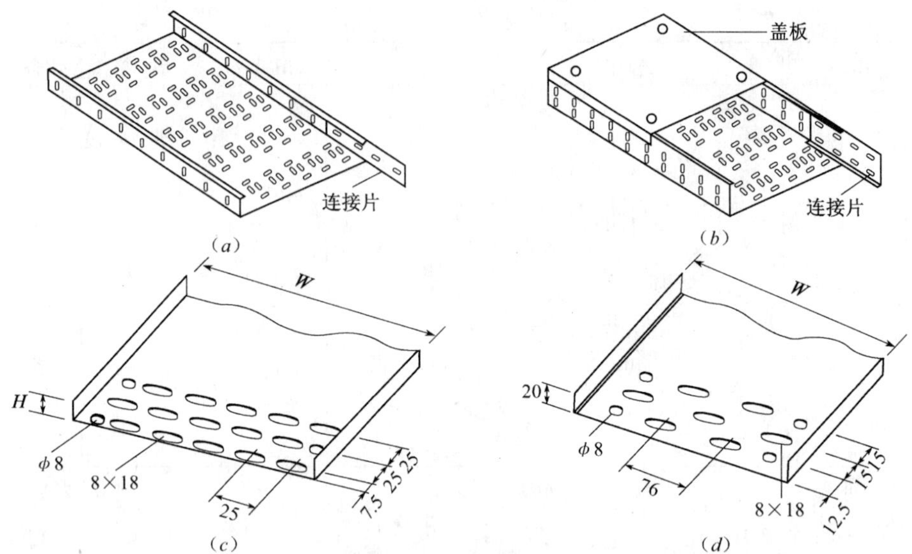

图 10.1-8 电缆托盘规格
(a) 有盖电缆托盘（槽宽 50～200mm）；(b) 有盖电缆托盘（槽宽 250～1000mm）；
(c) 无盖电缆托盘（槽宽 50～250mm）；(d) 无盖电缆托盘（槽宽 300～1000mm）

电缆托盘规格表（mm） **表 10.1-4**

宽度 W	高度 H		钢板厚度	宽度 W	高度 H		钢板厚度
	有 盖	无 盖			有 盖	无 盖	
50	50	12	1.0	400	100	20	1.5
100	50	12	1.0	500	150	20	1.5
150	75	12	1.0	600	150	20	2.0
200	75	12	1.0	700	150	20	2.0
250	100	12	1.5	800	150	20	2.0
300	100	20	1.5	1000	150	20	2.0

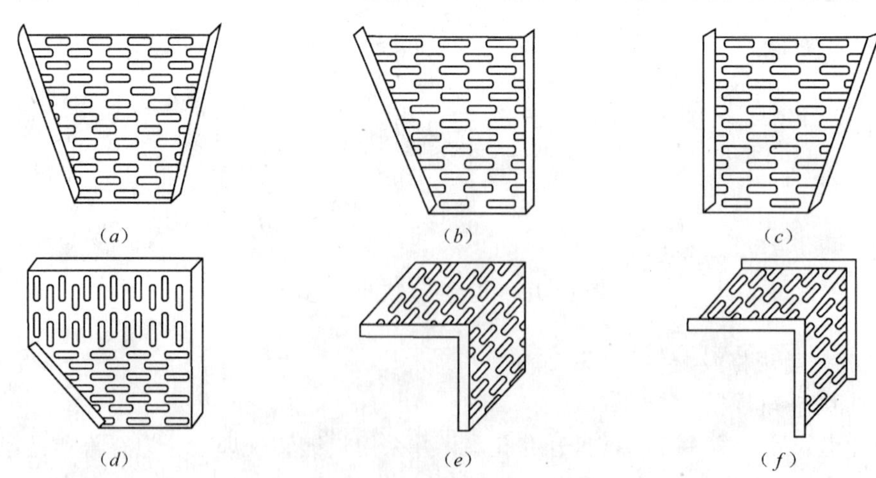

图 10.1-9 无盖电缆托盘配件（一）
(a) 双边变径接头；(b) 左边变径接头；(c) 右边变径接头；(d) 平面弯通；
(e) 向下弯通；(f) 向上弯通

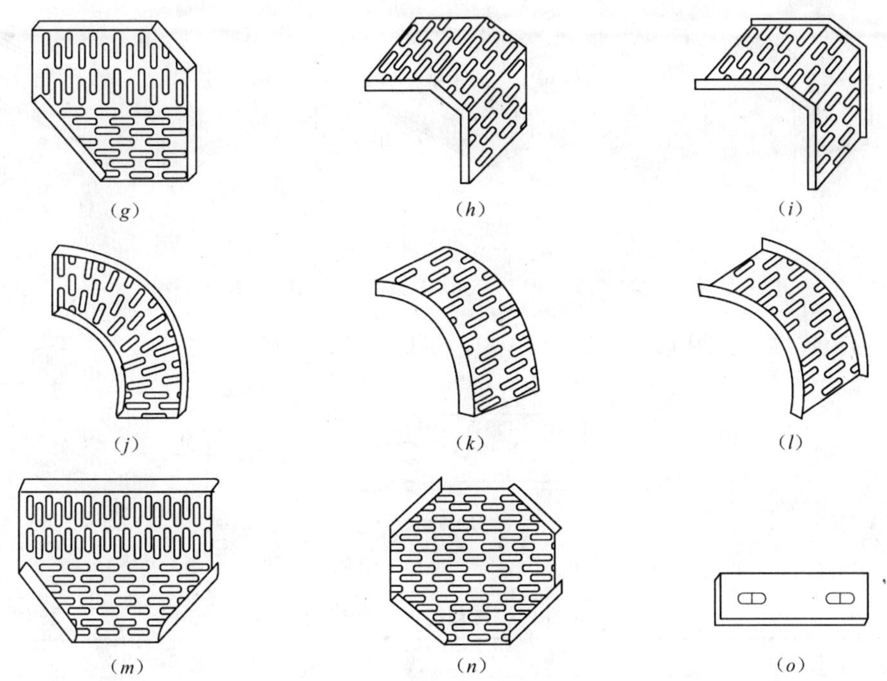

图 10.1-9 无盖电缆托盘配件（二）
（g）平面切角弯通；（h）向下切角弯通；（i）向上切角弯通；（j）平面圆弯通；（k）向下圆弯通；（l）向上圆弯通；（m）平面三通；（n）平面四通；（o）接地连接片

（3）有盖电缆托盘配件（图 10.1-10）

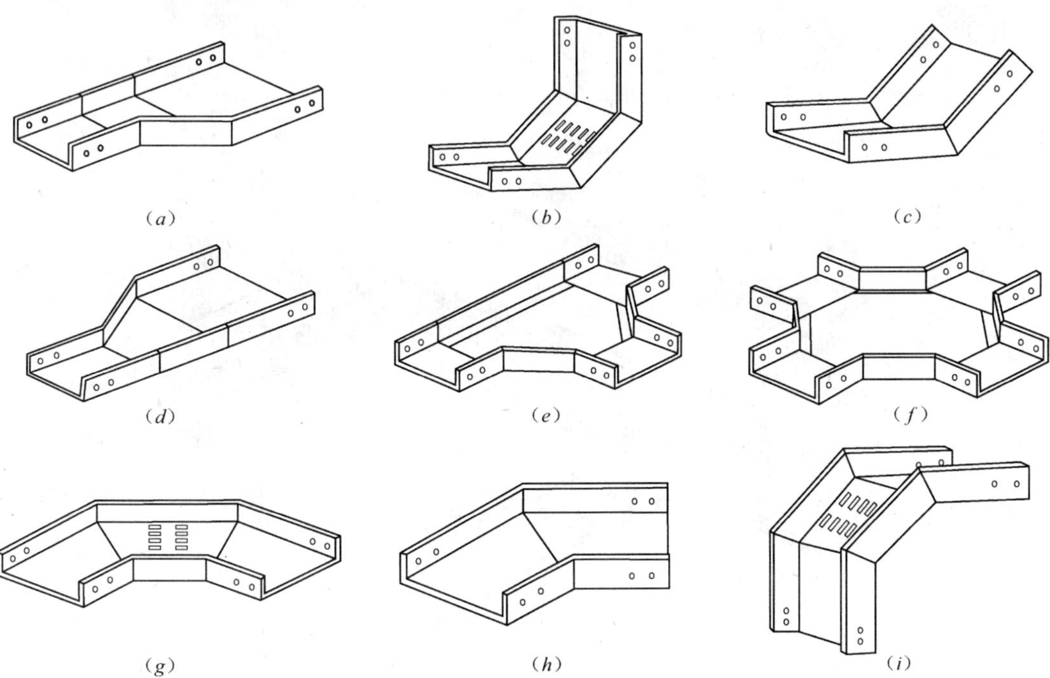

图 10.1-10 有盖电缆托盘配件（一）
（a）右边变径接头；（b）向上弯通；（c）120°向上弯通；（d）左边变径接头；（e）平面三通；（f）平面四通；（g）平面弯通；（h）120°平面弯通；（i）向下弯通

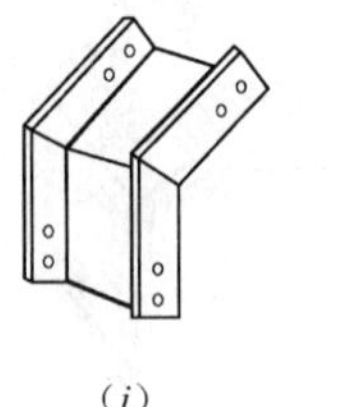
(j)

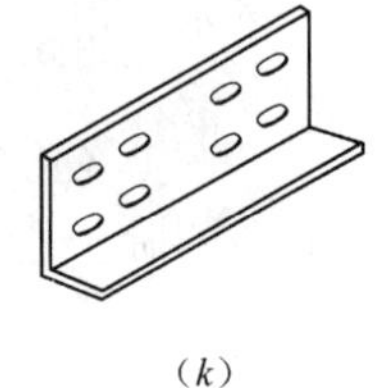
(k)

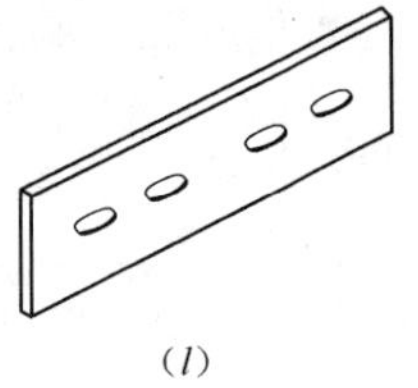
(l)

图 10.1-10 有盖电缆托盘配件（二）
(j) 120°向下弯通 (k) 角形连接片；(l) 直边接片

（4）接地连接片见图 10.1-11，其规格见表 10.1-5。

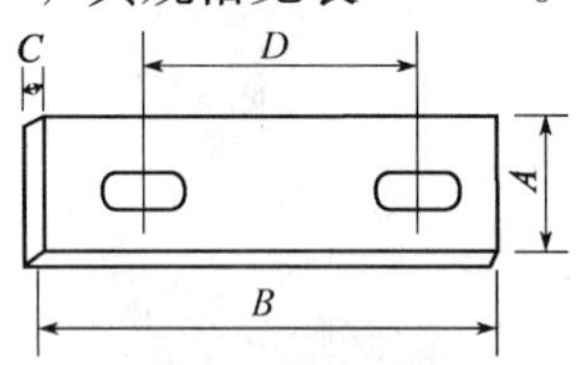

图 10.1-11 接地连接片

接地连接片规格表（mm） **表 10.1-5**

适用线槽尺寸	尺寸			
	A	B	C	D
50 或以下	15	57	0.6	35
100 或以下	15	57	1	35
150 或以下	25	58	3	35

10.1.3 组合式电缆托盘介绍

1. 组合式电缆托盘组装示意图（图 10.1-12）

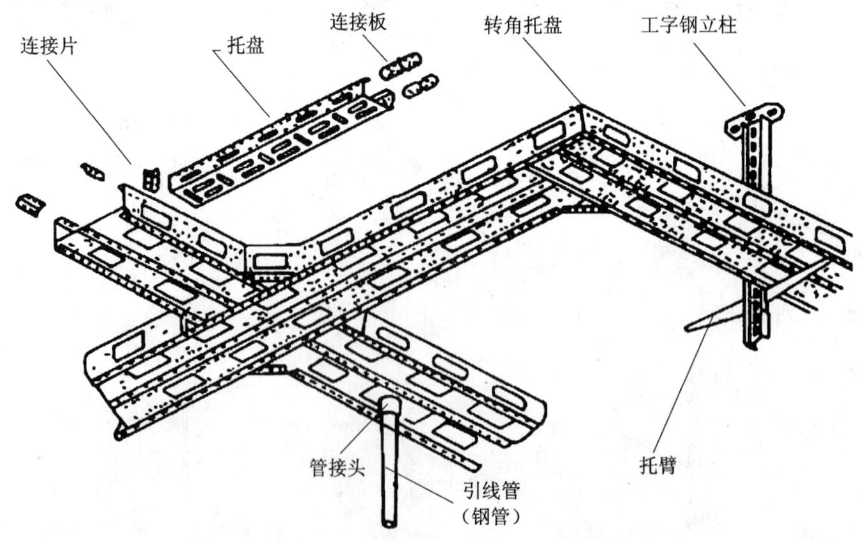

图 10.1-12 组合式电缆托盘组装示意图

2. 组合式电缆托盘规格（表 10.1-6）

组合式电缆托盘规格表 **表 10.1-6**

组合形式和配套件数量												允许载荷(kg/m)							
组装型号		组合形式	总宽(mm)	底板规格数量			侧板规格数量			螺栓套数	参考重量(kg/m)	侧板高100(mm)				侧板高150(mm)			
												支撑点间距(m)							
代号	类型			100	150	200	100	150	200			2	2.5	3	4	2	2.5	3	4
ZDT	1	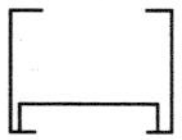	100	1			(2)	2	2	8	7.11								
	1.5		150		1		(2)	2	2	8	7.94	175	115	90	60	240	160	130	56
	2		200			1	2	(2)	2	8	10.42								
	3	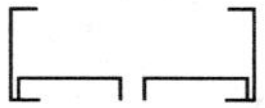	300		2		2	(2)	2	12	12.80	170	105	80	45	238	155	120	54
	4		400			2	2	(2)	2	12	14.40								
	5	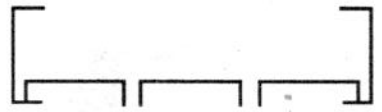	500		2	1	2	(2)	2	16	16.82	165	110	70	35	236	150	105	52
	6		600			3	2	(2)	2	16	18.46								
	20	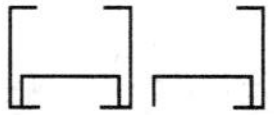	200	2			3	(3)	3	12	14.34								
	30		300		2		3	(3)	3	12	16.00	210	150	100	55	320	230	200	110
	40		400			2	3	(3)	3	12	17.64								
	50	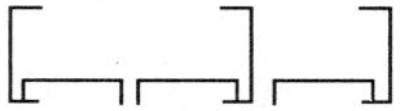	500		2	1	3	(3)	3	16	20.02								
	60		600			3	3	(3)	3	16	21.66	205	148	98	53	318	225	155	82
	80	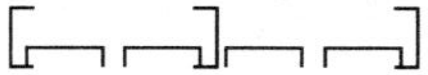	800			4	3	(3)	3	20	25.68								
	300	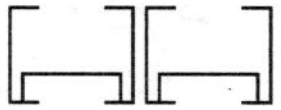	300		2		4	(4)	4	12	19.20								
	400		400			2	4	(4)	4	12	20.84								
	500	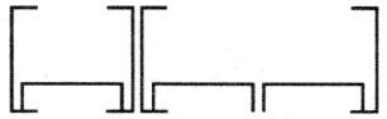	500		2	1	4	(4)	4	16	23.22	280	200	140	60	380	240	200	80
	600		600			3	4	(4)	4	16	24.86								
	800	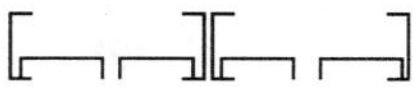	800			4	4	(4)	4	20	28.88								

注:括号内数字为推荐组合。

10.1.4 金属线槽介绍

金属线槽适用于电压在10kV以下的控制电缆、照明配线等室内架空线缆敷设。用于导线根数较多或导线截面较小，且在正常环境的室内场所敷设。

1. 金属线槽组装示意图（图10.1-13）

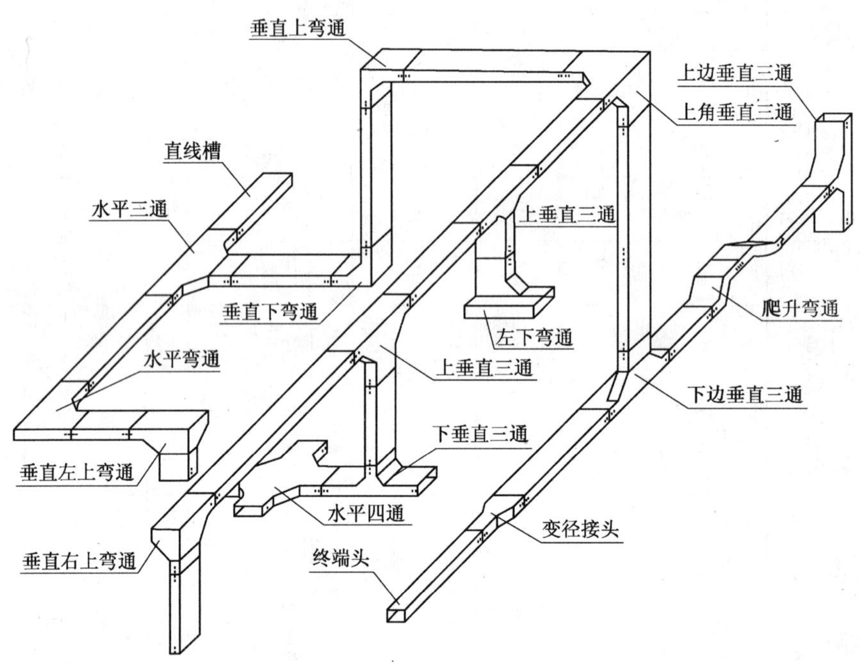

图10.1-13 金属线槽组装示意图

2. 金属线槽规格及配件

金属线槽订货时，需配有连接螺栓、盖板及扣锁等。

（1）金属线槽如图10.1-14，其规格见表10.1-7。

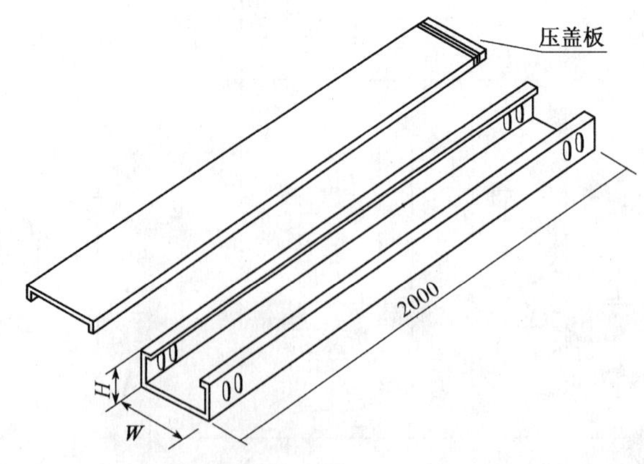

图10.1-14 金属线槽

金属线槽规格表（mm） 表 10.1-7

宽 W	高 H	钢 板 厚	宽 W	高 H	钢 板 厚
50	25	1.0	300	150	1.6
100	50	1.2	400	200	1.6
150	75	1.4	500	200	2.0
200	100	1.6	600	200	2.0
250	125	1.6	800	200	2.0

(2) 金属线槽配件（图 10.1-15）

金属线槽的配件包括：变径接头、弯通、三通、四通、终端头等。这些配件使线槽在安装时，很容易达到使槽路转角、分支、连接等目的。

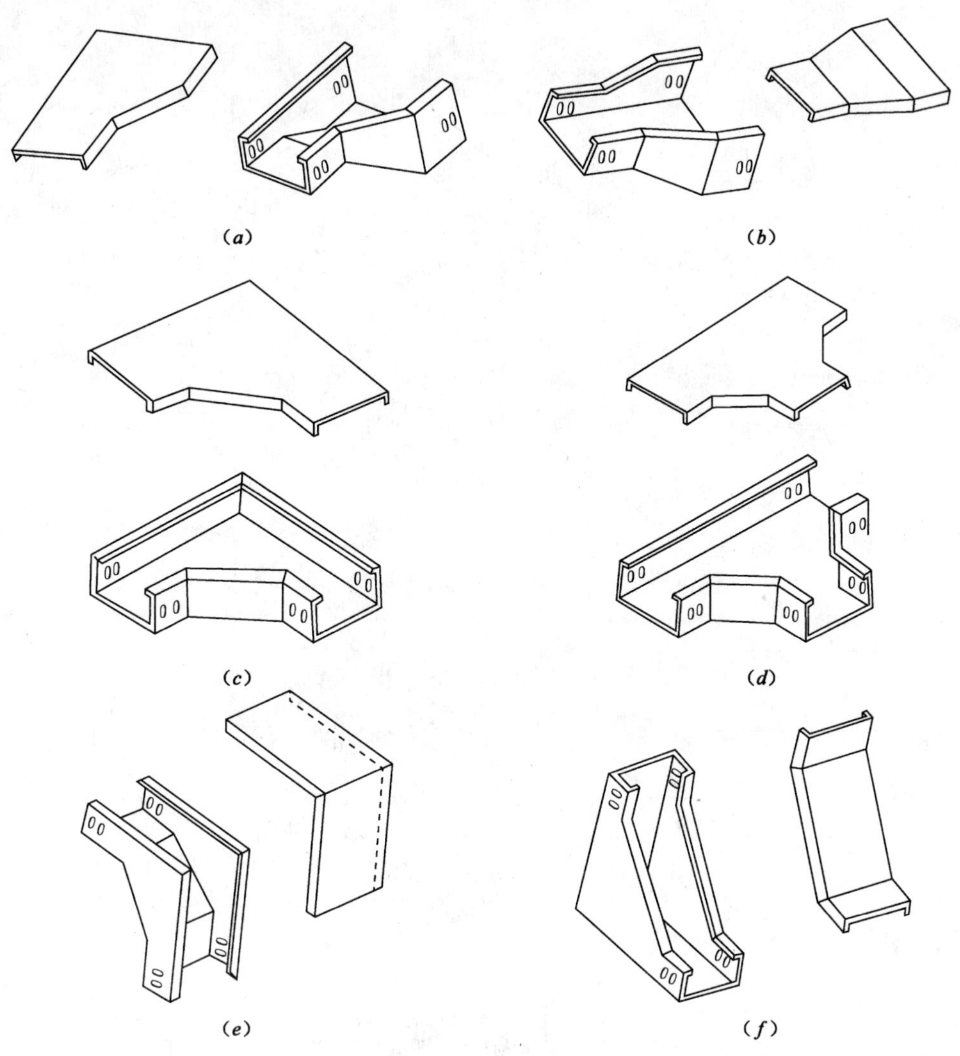

图 10.1-15 金属线槽配件（一）
(*a*) 单边变径接头；(*b*) 双边变径接头；(*c*) 水平弯通；(*d*) 水平二通；
(*e*) 垂直上弯通；(*f*) 垂直下弯通

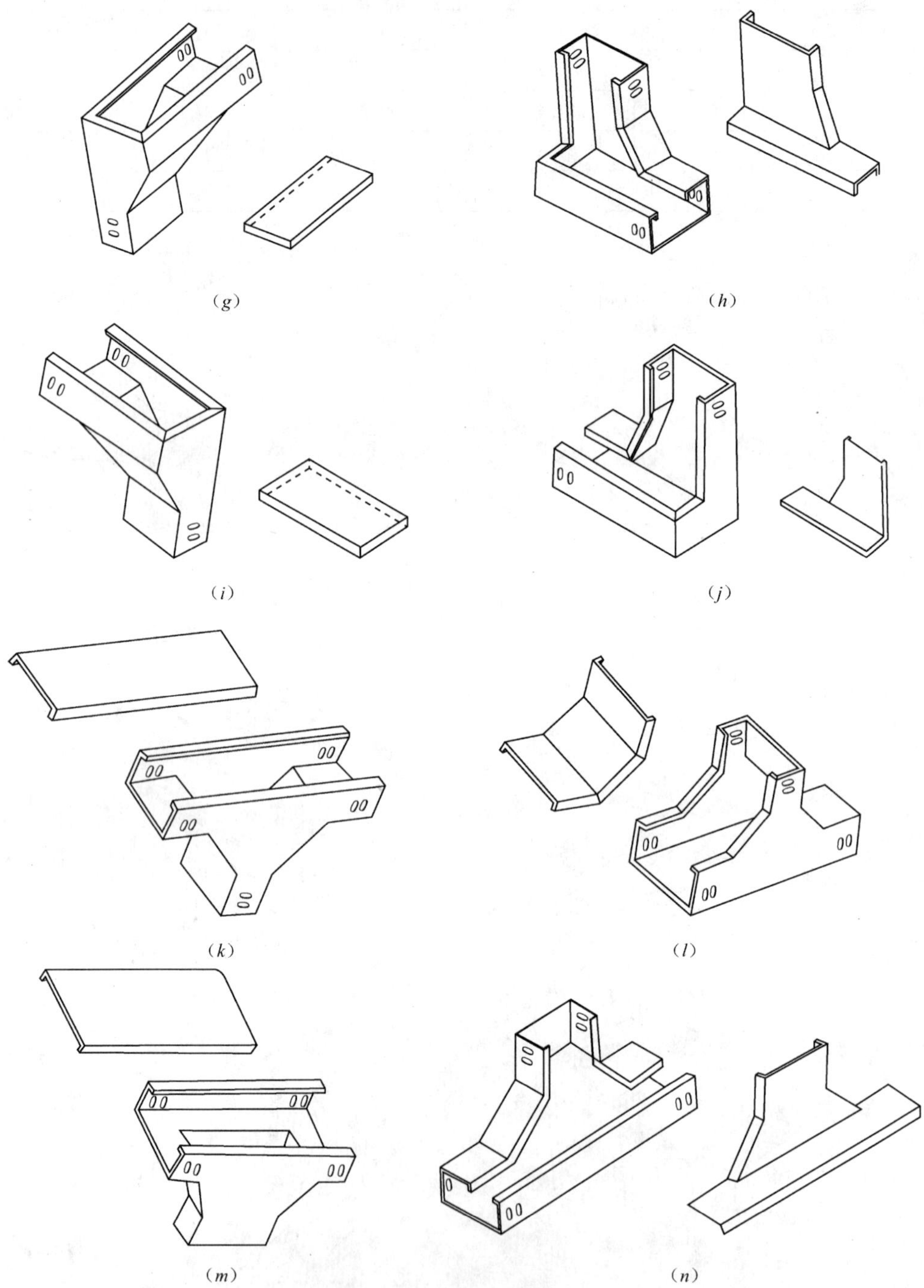

图 10.1-15 金属线槽配件（二）

(*g*) 垂直左上弯通；(*h*) 垂直左下弯通；(*i*) 垂直右上弯通；(*j*) 垂直右下弯通；
(*k*) 上垂直三通；(*l*) 下垂直三通；(*m*) 上边垂直三通；(*n*) 下边垂直三通

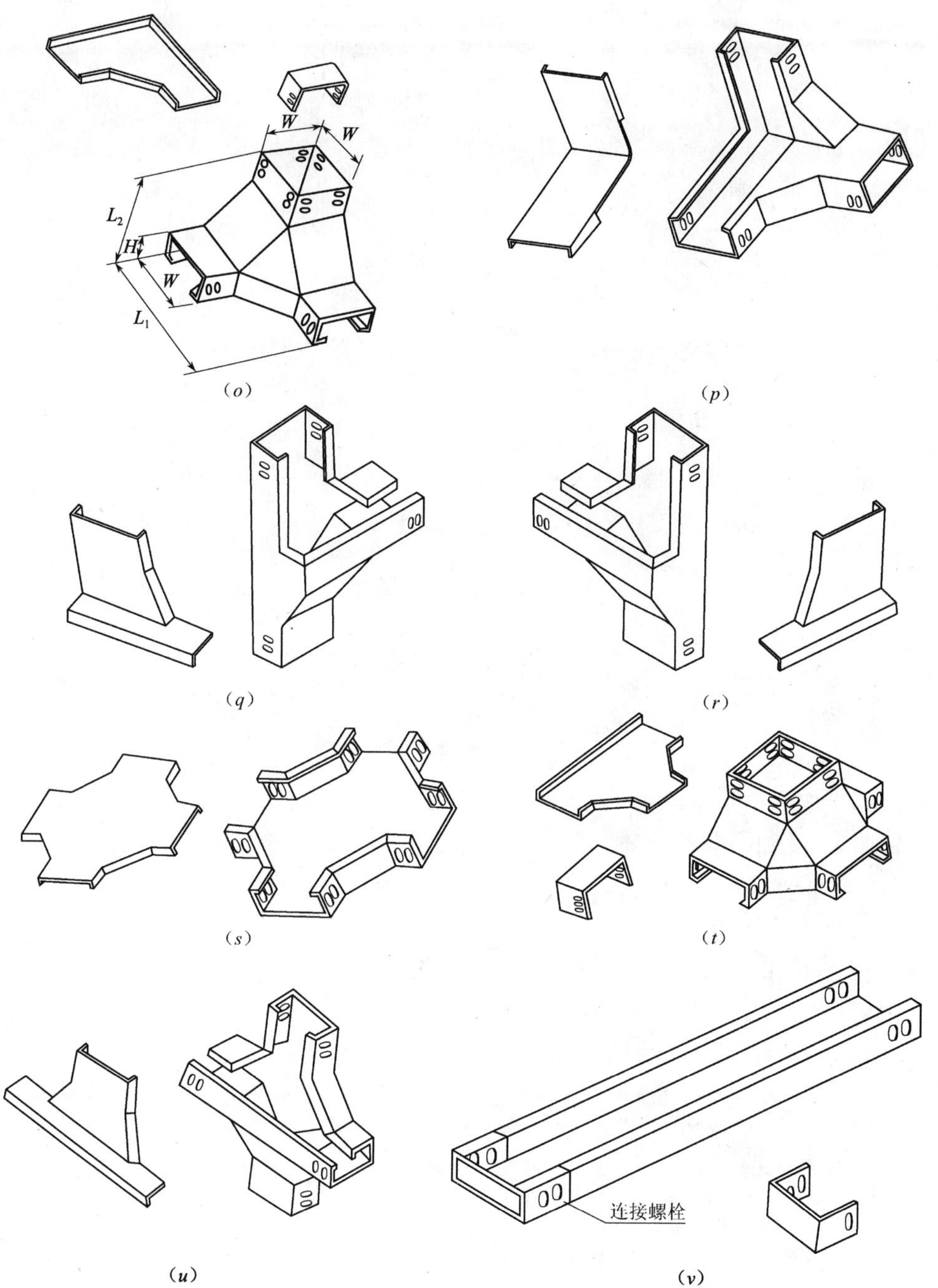

图 10.1-15 金属线槽配件（三）
（o）上角垂直三通；（p）下角垂直三通；（q）垂直左三通；（r）垂直右三通；（s）水平四通；（t）垂直四通（一）；（u）垂直四通（二）；（v）终端头

10.2 电缆桥架安装

电缆桥架的安装主要有沿顶板安装、沿墙水平及垂直安装、沿竖井安装、沿地面安装、沿电缆沟及管道支架安装等。安装所用支（吊）架可选用成品或自制，支（吊）架的固定方式主要有预埋铁件上焊接、膨胀螺栓固定等。施工时要按已批准的设计进行。

10.2.1 电缆桥架安装基本要求

1. 技术准备

审阅设计图纸，现场勘察电气设备的安装位置和电缆桥架安装的路径，建筑结构类型，预埋件和预留孔洞的位置、尺寸。

2. 现场条件

(1) 土建工程应全部结束且预留孔洞、预埋件符合设计要求，预埋件安装牢固，强度合格。

(2) 桥架架设沿线模板等设施拆除完毕，场地清理干净，道路畅通。

(3) 室内电缆桥架的安装宜在管道及空调工程施工基本完毕后进行。如需交叉作业，既要做好电气工程的成品保护，又要执行其他分项工程成品保护措施。

(4) 桥架安装前，必须与各专业协调，避免与大口径消防管、喷淋管、冷热水管、排水管及空调、排风设备发生矛盾。

3. 电缆桥架安装和桥架内电缆敷设应按以下程序进行

(1) 测量定位，安装桥架的支（吊）架，经检查确认，才能安装桥架。

(2) 桥架安装检查合格，才能敷设电缆。

(3) 电缆敷设前绝缘测试合格，才能敷设。

(4) 电缆电气交接试验合格，且对接线去向、相位和防火隔堵措施等检查确认，才能通电。

4. 电缆桥架安装一般要求

编制施工方案：根据阅图和勘察记录，选定电缆桥架在不同建筑结构路段的安装形式；根据合同工期和施工人员组成确定施工组织。确定施工方案时应遵循如下规定：

(1) 电缆桥架安装地点

1) 电缆桥架应尽可能在建筑物、构筑物（如墙、柱、梁、楼板等）上安装。

2) 电缆桥架的总平面布置应做到距离最短又满足施工安装、电缆敷设的要求。

3) 电缆桥架与各种管道平行或交叉时，其最小净距应符合表10.2-1的规定。

电缆桥架与各种管道的最小净距 **表10.2-1**

管道类别		平行净距（m）	交叉净距（m）
一般工艺管道		0.4	0.3
具有腐蚀性液体（或气体）管道		0.5	0.5
热力管道	有保温层	0.5	0.5
	无保温层	1.0	1.0

4) 电缆桥架不宜敷设在腐蚀性气体管道和热力管道的上方及腐蚀性液体管道下方，否则应采取防腐隔热措施。

5) 在有腐蚀或特别潮湿的场所采用电缆桥架布线时，应根据腐蚀介质的不同采取相应的防护措施，并宜选用塑料护套电缆。

(2) 电缆桥架安装间距（图10.2-1）

1) 梯架或有孔托盘水平敷设时距地高度不低于2.5m；线槽、无孔托盘距地高度不低于2.2m。垂直安装时距地1.8m以下部分应加金属盖板保护，但敷设在电气专用房间（如配电室，电气竖井、技术层等）内时除外。

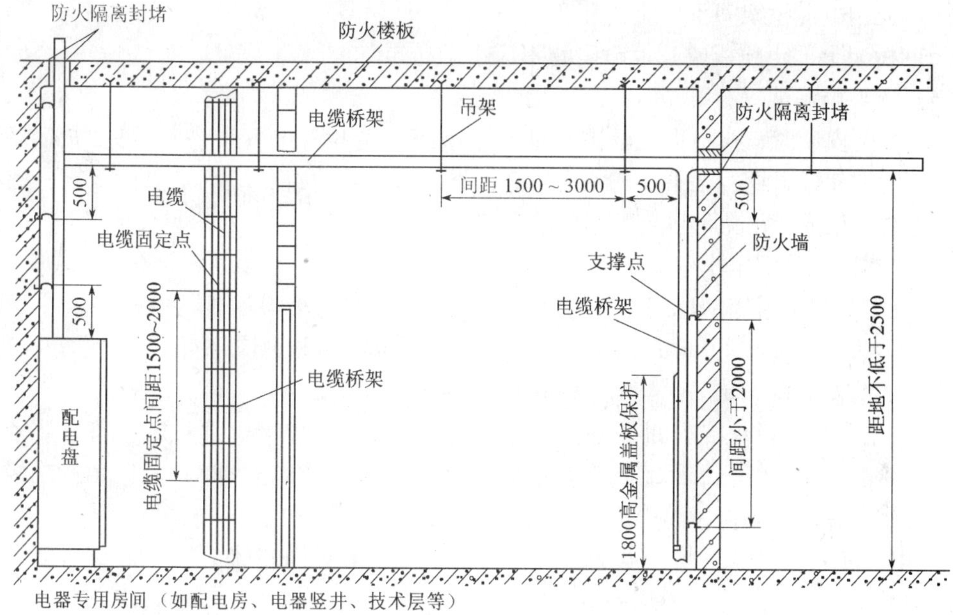

图 10.2-1 电缆桥架安装要求示意图

2）当设计无要求时，电缆桥架水平安装的支架间距为1.5～3m，垂直安装的支架间距不大于2m。桥架弯曲半径小于300mm时，应在距弯曲段与直线段接合处300～600mm的直线段侧设一个支撑，当弯曲半径大于300mm时，还应在弯曲段中部增设一个支吊架。在进出箱、柜和变形缝及丁字接头的端部500mm内设支撑。

3）多层电缆桥架敷设时其层间距离一般应满足下列要求（图10.2-2），几组电缆桥架在同一高度平行安装时，各相邻电缆桥架间应考虑维护、检修距离。

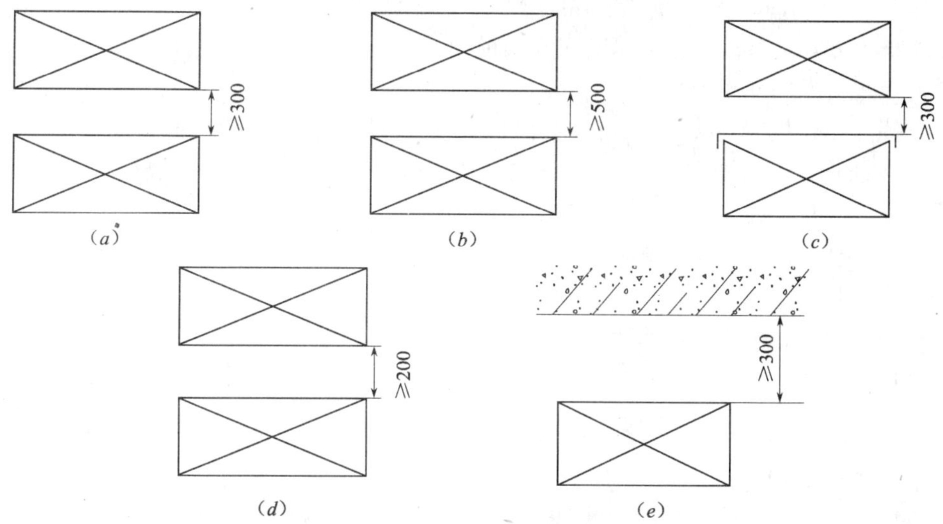

图 10.2-2 多层电缆桥架敷设时层间距一般要求

(*a*) 电力电缆之间；(*b*) 电力电缆与弱电电缆之间；(*c*) 电力电缆与弱电电缆之间（有屏蔽盖板）；(*d*) 控制电缆之间；(*e*) 桥架与顶棚之间

（a）电力电缆桥架间不应小于0.3m；

（b）弱电电缆桥架与电力电缆桥架间不应小于0.5m，如有屏蔽盖板可减至0.3m；

（c）控制电缆桥架间不应小于0.2m；

（d）桥架上部距顶板或其他障碍物不应小于0.3m。

（3）支架与吊架安装要求

电缆桥架安装时，应根据设计图确定电源及柜（箱）等电气设备、器具的安装位置。从始端至终端找好电缆桥架中心的水平或垂直线，并根据电缆桥架固定点的要求，标出均分档距电缆桥架支、吊架的固定位置。

1）严禁用木砖固定支架与吊架。

2）支架与吊架所用钢材规格应符合设计要求，支架与吊架的规格一般不应小于吊杆直径6mm；扁钢30mm×3mm；角钢25mm×25mm×3mm。材料应平直，无显著扭曲现象。下料后长短偏差应在5mm范围内，切口处应无卷边、毛刺。

3）支架与吊架应焊接牢固，无显著变形、焊缝均匀平整，焊缝长度应符合要求，不得出现裂纹、咬边、气孔、凹陷、漏焊、焊漏等缺陷；严禁用电气焊切割钢结构或轻钢龙骨任何部位，焊接后均应做防腐处理。

4）电缆桥架的吊点及支持点的距离，应根据工程具体条件确定，一般应按下列部位设置吊架或支架：固定支点间距一般不应大于1.5~2m。在进出箱、柜、转角、转弯和变形缝两端及丁字接头的三端0.5m以内应设置固定支持点。

5）吊架距离上层楼板不应小于150~200mm；距地面高度不应低于100~150mm。

6）支架与吊架应安装牢固，保证横平竖直，在有坡度的建筑物上安装支架与吊架应与建筑物有相同坡度。

7）轻钢龙骨上敷设线槽应各自有单独卡具吊装或支撑系统，支撑应固定在主龙骨上，不允许固定在辅助龙骨上。

（4）电缆桥架在通过墙体或楼板处，应配合土建预留孔洞。电缆桥架不得在穿过墙壁或楼板处进行连接，也不应将此处的电缆桥架与墙或楼板上的孔洞加以固定。电缆桥架在穿过防火墙及防火楼板时，应采取防火隔离措施。

（5）电缆桥架内电缆敷设

1）在室内采用电缆桥架布线时，其电缆不应有黄麻或其他易燃材料外护层。

2）下列不同电压不同用途的电缆，除因条件限制只能安装在同一层桥架上，并采用隔板隔开外，均不应敷设在同一层桥架上（图10.2-3）：

（a）1kV以上和1kV以下的电缆；

（b）强电、弱电、控制电缆；

（c）应急照明和其他照明电缆；

（d）向一级负荷供电的双路电源电缆。

3）电缆或导线在桥架内不应有接头，接头应设置在接线箱内。

5. 材质要求

（1）根据设计要求的规格型号、现场勘察记录和施工方案编制材料使用计划，包括各种规格电缆桥架的直线段、弯通、桥架附件及支、吊架等。

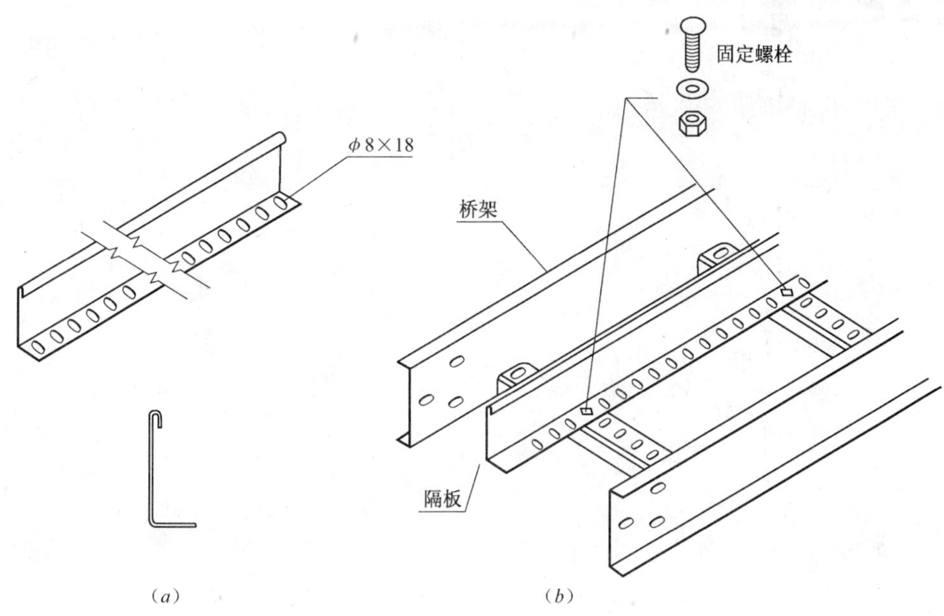

图 10.2-3　电缆桥架隔板示意图
(a) 隔板；(b) 安装示意图

(2) 电缆桥架的进货检验

1) 桥架产品包装箱内应有装箱清单、产品合格证和出厂检验报告，并按清单清点桥架或附件的规格和数量。

2) 桥架外观检查

(a) 测量外形尺寸与标称型号规格是否一致。

(b) 热浸镀锌桥架镀层表面应均匀、无毛刺、过烧、挂灰、伤痕、周部未镀锌(直径 2mm 以上) 等缺陷，螺纹镀层应光滑，螺栓能拧入。电镀锌的锌层表面应光滑均匀，无起皮、气泡、花斑、划伤等缺陷。喷涂应平整、光滑、均匀、不起皮、无气泡水泡。

(c) 桥架焊缝表面均匀，无漏焊、裂纹、夹渣、烧穿、弧坑等缺陷。

(d) 桥架螺栓孔径在螺杆直径不大于 $\phi16$ 时，可比螺杆直径大 2mm。同一组内相邻两孔间距允许偏差 ±0.7mm，任意两孔间距允许偏差 ±1mm。相邻两组的端孔间距允许偏差 ±1.2mm。

3) 检验工作完成后，将结果如实存档。将收集的产品合格证和出厂检验报告整理后一并存档。

6. 主要机具

(1) 电工工具、电锤、电钻、钢卷尺、粉线袋等。

(2) 流动配电箱、移动电缆盘、经纬仪、水准仪、绝缘电阻表、万用表、高凳、梯子、电焊机等。

10.2.2　电缆桥架安装

1. 电缆桥架落地安装方法 (图 10.2-4)

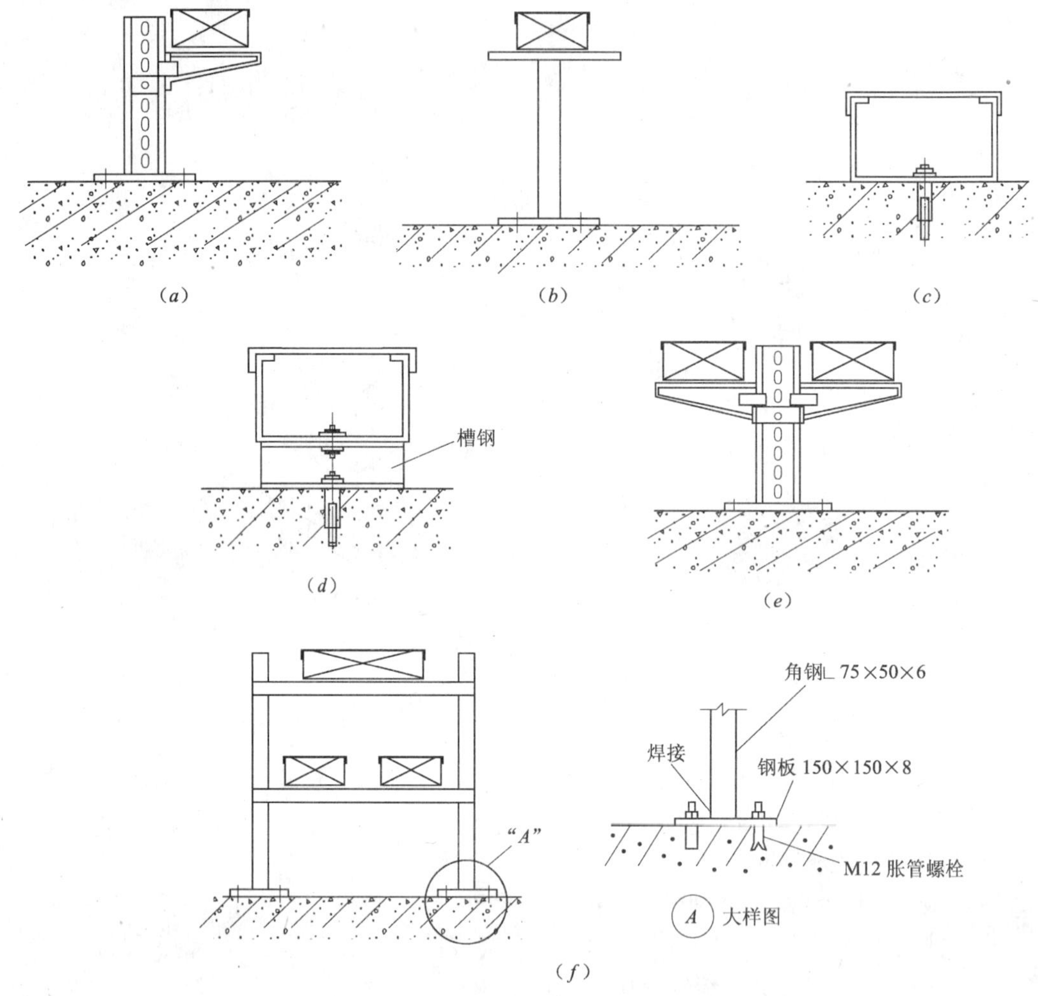

图 10.2-4 电缆桥架落地安装方法
(*a*) 方式一；(*b*) 方式二；(*c*) 方式三；(*d*) 方式四；(*e*) 方式五；(*f*) 方式六

(1) 钢材规格应符合设计要求，钢材切口无卷边、毛刺，支吊架焊接牢固，无明显变形，支吊架应进行防腐防锈处理。

(2) 支吊架与桥架、线管的固定应牢固，横平竖直；固定方式按设计要求进行，各支吊架的同层横档应在同一水平面上，其高低偏差不大于5mm，支吊架沿桥架走向左右的偏差不大于10mm。

2. 电缆桥架吊装方法

(1) 电缆桥架吊杆安装方法（图 10.2-5）

1）采用直径不小于8mm 的圆钢，经过切割、调直、摵弯及焊接等步骤制做成吊杆、吊架。

2）钢材切口无卷边、毛刺，支吊架焊接牢固，无明显变形，支吊架应进行防腐防锈处理。

3）固定方式按设计要求进行，各支吊架的同层横档应在同一水平面上，其高低偏差不大于5mm，支吊架沿桥架走向左右的偏差不大于10mm。

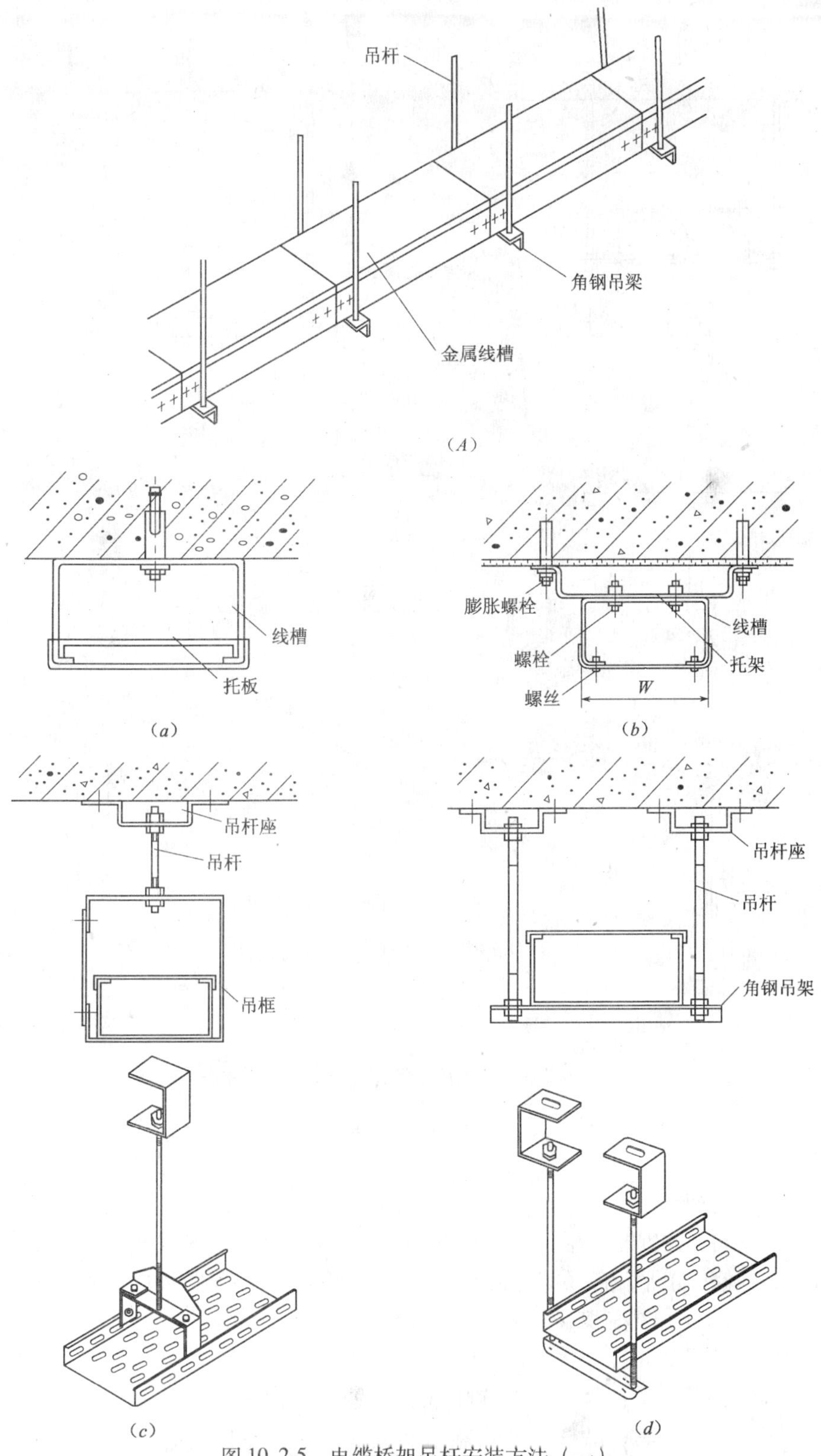

图 10.2-5 电缆桥架吊杆安装方法（一）
（A）电缆桥架吊装示意图
（B）圆钢吊杆安装方法
（a）方式一；（b）方式二；（c）方式三（单吊杆安装）；（d）方式四（双吊杆安装）

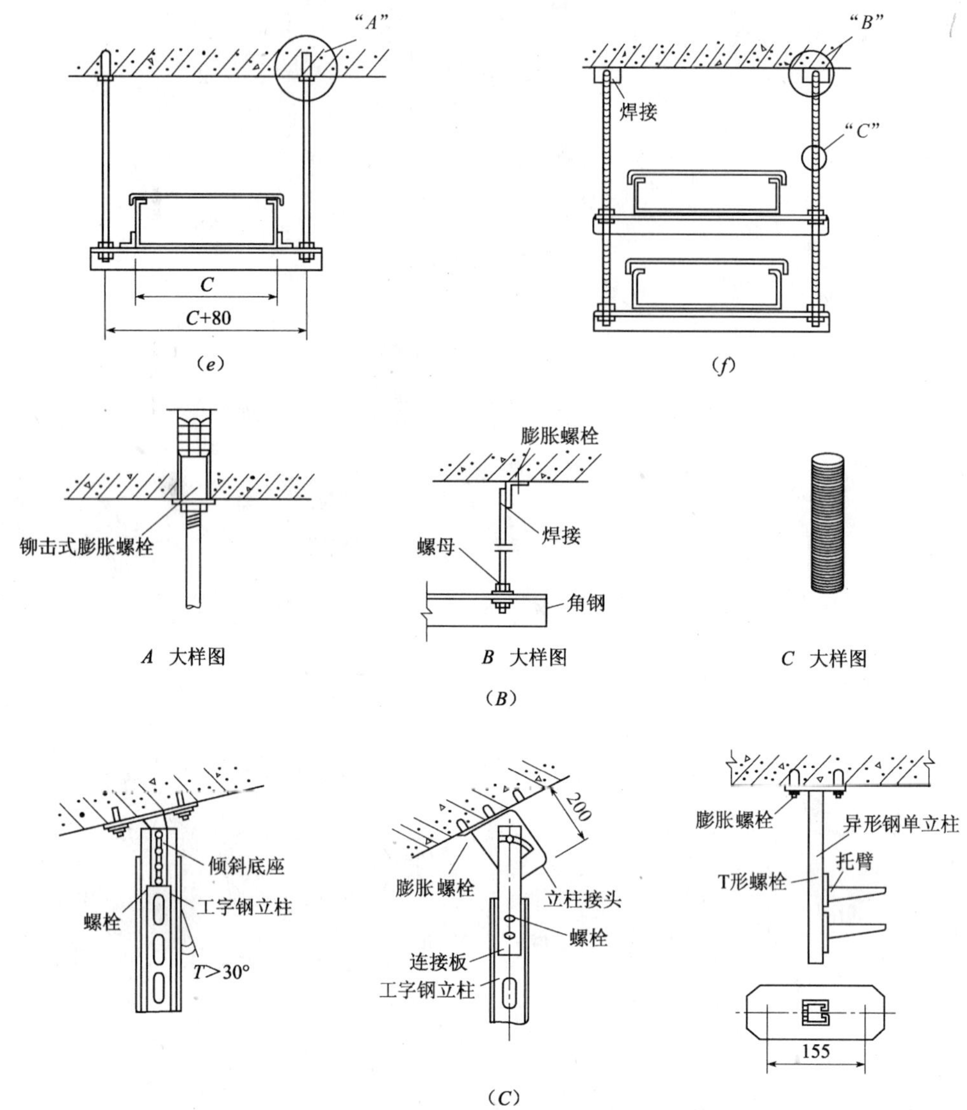

图 10.2-5　电缆桥架吊杆安装方法（二）

（B）圆钢吊杆安装方法；

（e）方式五；（f）方式六

（C）异形钢吊杆安装方法

4）多层桥架安装

分层桥架安装，先安装上层，后安装下层，上、下层之间距离要留有余量，有利于后期电缆敷设和检修。水平相邻桥架净距离不宜小于 50mm，层间距离应根据桥架宽度最小不小于 0.3m，与弱电电缆桥架距离不小于 0.5m。

（2）电缆桥架吊具安装方法（图 10.2-6）

万能吊具应采用定型产品，一般应用在钢结构中，如工字钢、角钢、轻钢龙骨等结构，可预先将吊具、卡具、吊杆、吊装器组装成一整体，在标出的固定点位置处进行吊装，逐件地将吊装卡具压接在钢结构上，将顶丝拧牢。

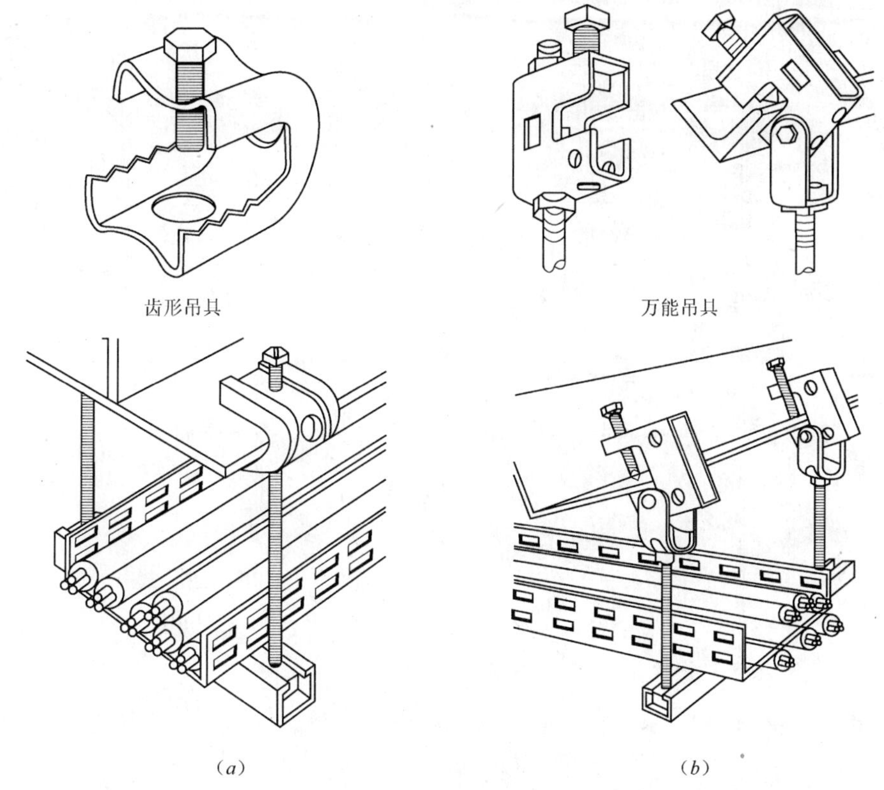

图 10.2-6 电缆桥架吊具安装方法
(a) 方式一；(b) 方式二

3. 电缆桥架壁装方法（图 10.2-7）

(1) 电缆桥架沿墙壁安装时，先将支架用膨胀螺栓固定在墙上，再用夹板或托架固定桥架。

(2) 电缆桥架固定点间距为 1.5～2m；金属线槽固定点间距，线槽宽 100mm 以下为 1.5m，线槽宽 150mm 以上时由工程设计确定。

(3) 线槽沿楼板或沿墙铺设，线槽宽 150mm 以上时，应采用双螺栓固定。

(4) 电缆应固定在桥架或托盘上，电缆侧装时固定点间距为 1～1.5m。

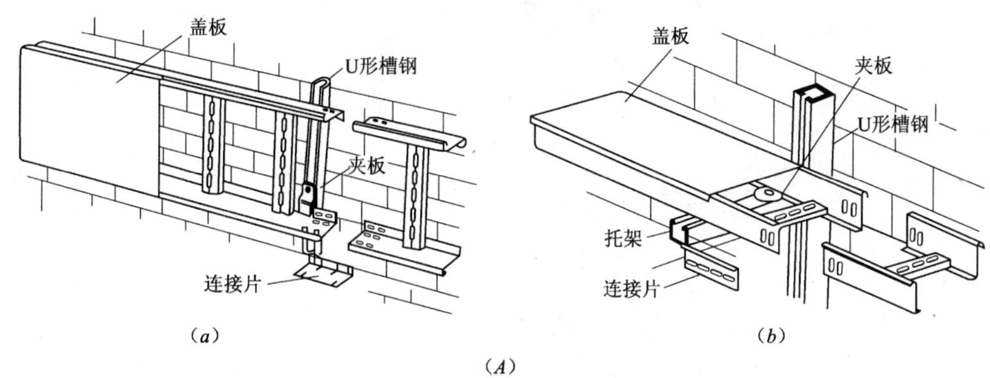

(A)

图 10.2-7 电缆桥架壁装方法（一）
(A) 安装示意图
(a) 电缆桥架沿壁安装方法；(b) 电缆桥架沿墙水平安装方法

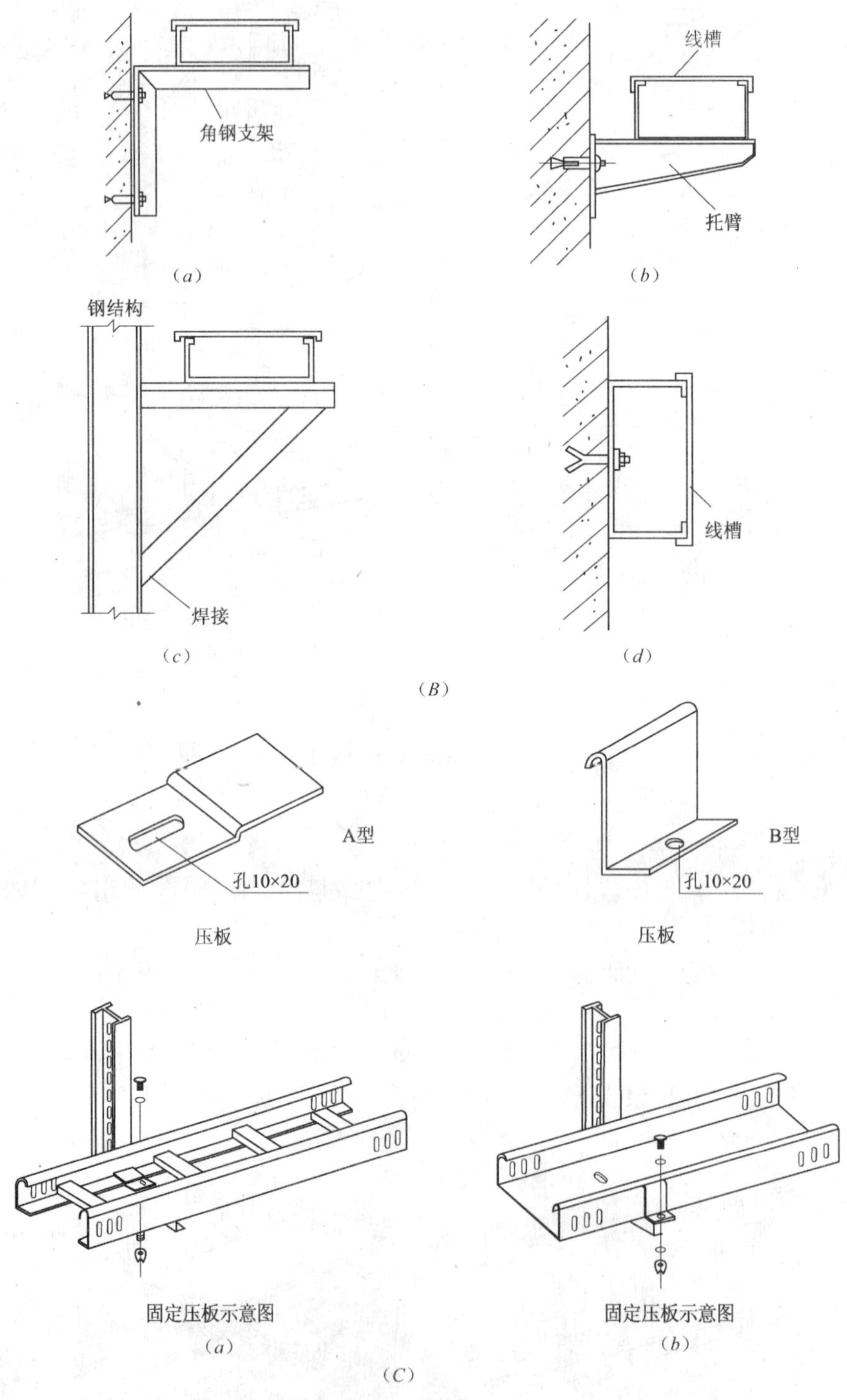

图 10.2-7　电缆桥架壁装方法（二）

(B) 安装方法

(a) 方式一；(b) 方式二；(c) 方式三；(d) 方式四

(C) 安装大样图

(a) 方式一；(b) 方式二

4. 电缆桥架垂直安装方法（图 10.2-8）

电缆垂直敷设时，电缆固定两点间距为 1 ~1.5m。

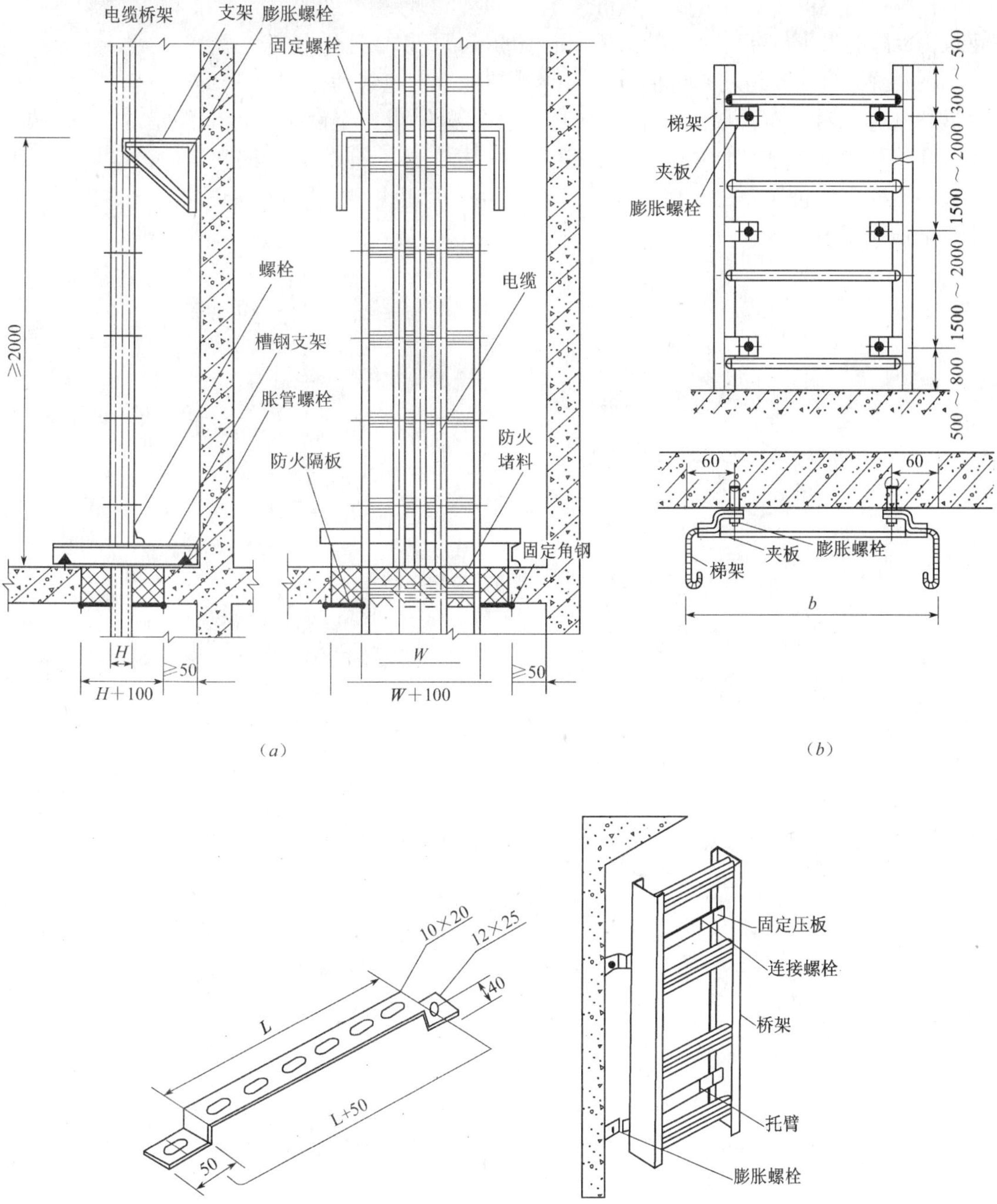

（a）

（b）

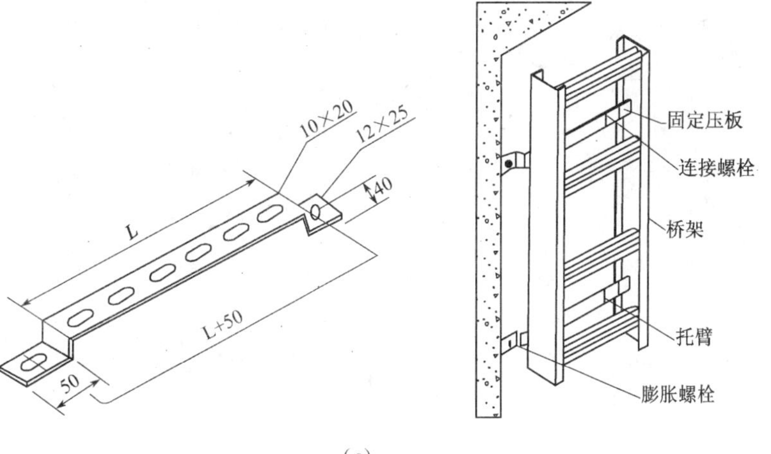

（c）

图 10.2-8 电缆桥架垂直安装方法

（a）方式一；（b）方式二；

（c）方式三

5. 电缆桥架经过建筑物变形缝安装方法

直线敷设的电缆桥架，要考虑因环境温度变化而引起膨胀或收缩，所以要装补偿的伸缩节，以免产生过大的张力而破坏桥架本体。建筑物伸缩缝处的桥架补偿装置是为了防止建筑物沉降等发生位移时，切断桥架和电缆的措施，以保证供电安全可靠。

钢制桥架直线段超过30m时，铝合金或玻璃钢制电缆桥架超过15m时，跨越建筑物变形缝（伸缩缝、沉降缝）的桥架应做好伸缩缝处理，应设热胀冷缩补偿装置。桥架经过建筑物的变形缝（伸缩缝、沉降缝）时，桥架本身应断开，槽内用内连接板搭接，一端不需固定。桥架两边在建筑变形缝处要做跨接地线，槽内导线和跨接地线均应留有补偿余量（图10.2-9）。

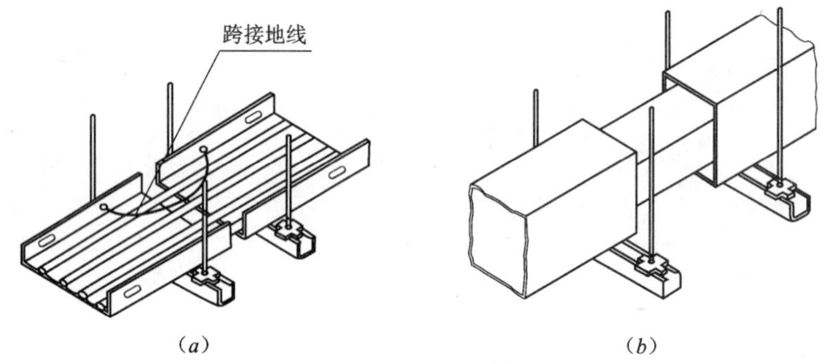

图10.2-9 电缆桥架经过建筑物变形缝安装方法
（a）电缆桥架；（b）金属线槽

6. 电缆桥架与配电盘连接方法（图10.2-10）

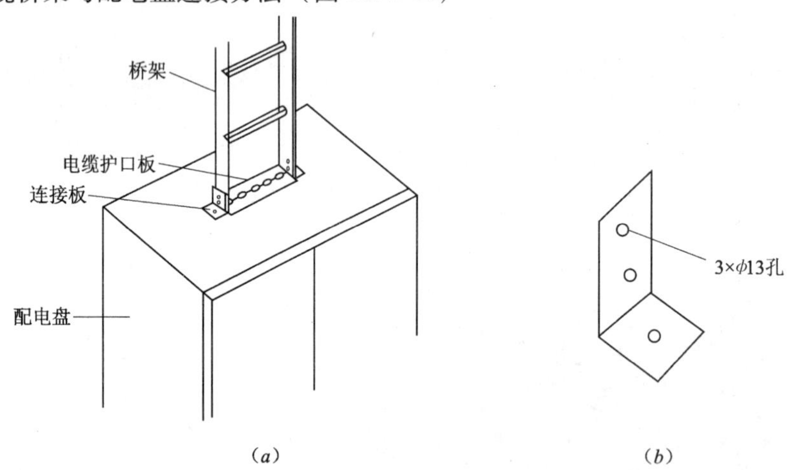

图10.2-10 电缆桥架与配电盘连接方法
（a）安装示意图；（b）连接片大样图

（1）电缆桥架与配电盘之间应用螺栓连接，并应用接地连接片进行接地。末端应加装封堵。

（2）配电盘应在适当位置进行开口（开孔），配电盘开口处要用橡胶条护口。

7. 电缆桥架跨接地安装方法

（1）电缆桥架全长均应有良好的接地。金属电缆桥架和引入或引出的金属电缆导管必须接地（PE）或接零（PEN）可靠，且必须符合下列规定：

1）金属电缆桥架及其支架全长应不少于两处与接地（PE）或接零（PEN）干线相连接；

2）镀锌电缆桥架间连接板的两端不跨接接地线，但连接板两端不少于两个有防松螺母或防松垫圈的连接固定螺栓；

3）非镀锌电缆桥架间连接板的两端跨接铜芯地线，接地线最小允许截面积不小于 $4mm^2$（图 10.2-11）。

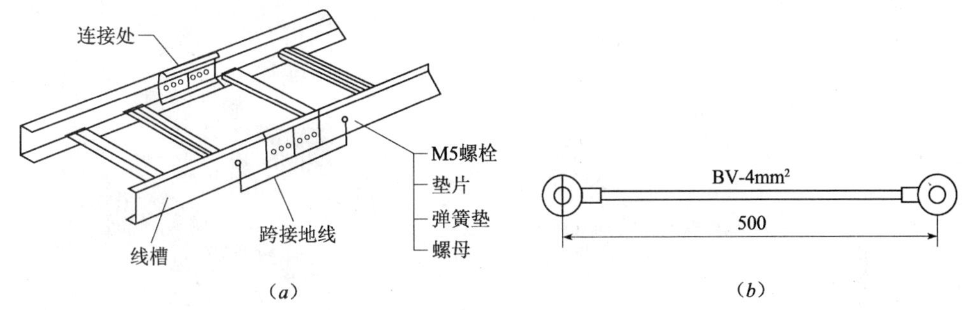

图 10.2-11　桥架跨接地安装方法
（a）桥架跨地安装方法；（b）接地线

（2）多层桥架当利用桥架的接地保护干线时，应将每层桥架的端部用 $16mm^2$ 的软铜线分别连接起来，并与总接地干线相通。长距离的电缆桥架每隔 30～50m 接地一次。安装在具有爆炸危险场所的电缆桥架，如无法与已有的接地干线连接时，必须单独敷设接地干线进行接地。沿桥架全长敷设接地保护干线时，每段（包括非直线段）托盘、梯架应至少有一点与接地保护干线可靠连接。对于振动场所，在接地部位的连接处应装置弹簧垫圈，防止因振动引起连接螺栓松动，而造成接地电气通路中断。

8. 电缆桥架穿楼板、穿墙防火封堵方法

对于电气竖井内供电缆贯穿的预留洞及电缆桥架穿越防火分区处，在设备安装完成后，均需用防火阻燃材料做封堵处理，以满足防火要求。

（1）防火枕封堵方法（图 10.2-12）

防火枕封堵施工方法如下：

1）施工前将要封堵部位清理干净；

2）钢丝网应刷防火涂料；

3）防火枕应按顺序依次摆放整齐，防火枕摆放厚度不小于 240mm；防火枕与电缆之间空隙不大于 $1cm^2$；

4）防火枕规格为 3 种：Ⅰ型—320mm × 120mm × 25mm；Ⅱ型—160mm × 120mm × 25mm；Ⅲ型—160mm × 75mm × 25mm。

（2）防火堵料封堵方法（图 10.2-13）

防火堵料应选用已经过国家鉴定的定型产品，使用中应首先检查产品是否过期，然后按照生产厂家的使用说明进行配制使用。

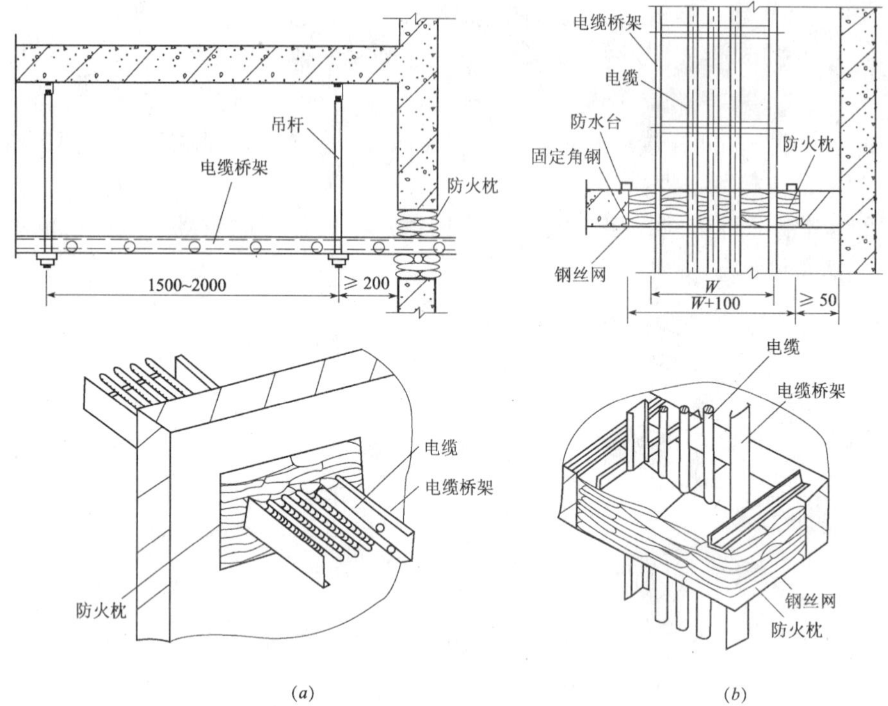

图 10.2-12 电缆桥架穿楼板、穿墙防火封堵方法
(a) 电缆桥架穿墙防火安装；(b) 电缆桥架穿楼板防火安装

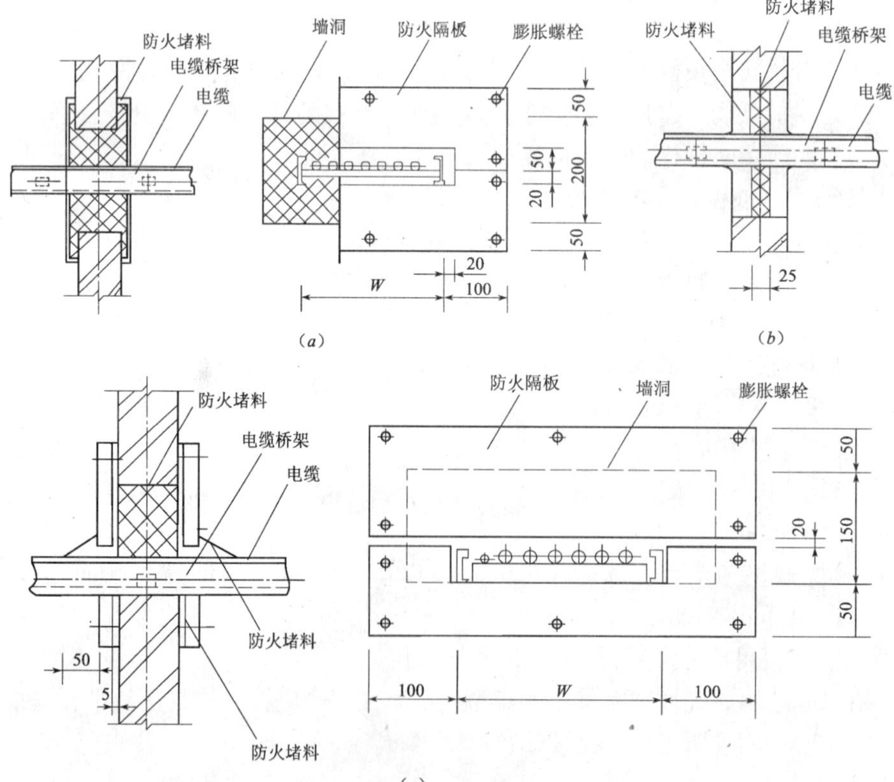

图 10.2-13 防火堵料封堵方法
(a) 用钢板及防火堵料封堵；(b) 用防火堵料封堵；(c) 用 Ef-85 型隔板及防火堵料封堵

10.2.3 金属线槽安装

1. 金属线槽安装基本要求

（1）金属线槽布线适用于正常环境的室内干燥和不易受机械损伤的场所明敷，但对金属线槽有严重腐蚀的场所不应采用。

（2）金属线槽及其附件：应采用经过镀锌或喷塑处理的定型产品。其型号、规格应符合设计要求。线槽内外应光滑平整，无棱刺，不应有扭曲，翘边等变形现象。

（3）导线在线槽内有一定余量，不得有接头。金属线槽垂直或倾斜安装时，应采取措施防止电线或电缆在线槽内移动。

（4）金属线槽应可靠接地或接零，但不应作为设备的接地导体。

2. 金属线槽安装方法

（1）金属线槽连接方法（图 10.2-14）

1）金属线槽组装的直线段连接应采用连接板，连接处间隙应严密平齐，用垫圈、弹垫、螺母紧固，螺母应位于金属线槽外侧。

2）线槽高度 125mm 及以下时连接片为 6 个螺栓孔；线槽高度 150mm 及以上时连接片为 12 个螺栓孔。

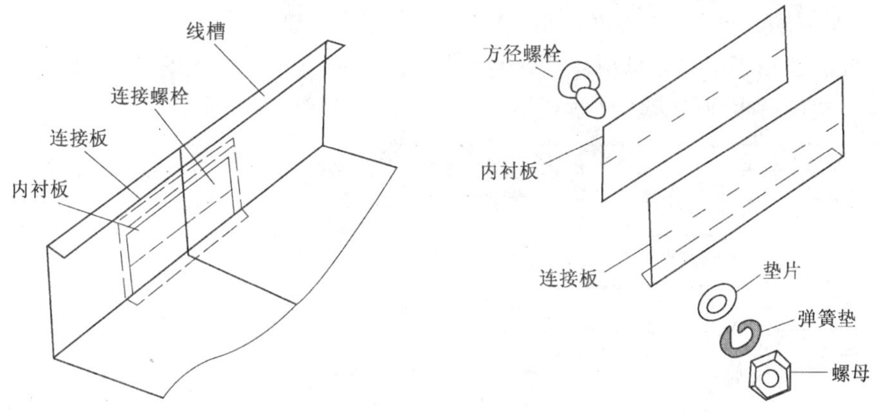

图 10.2-14 金属线槽连接方法

（2）金属线槽水平安装（图 10.2-15）

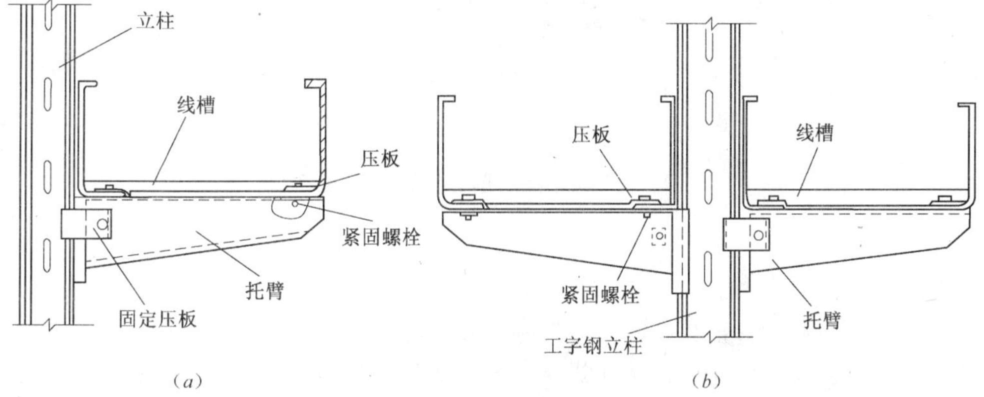

图 10.2-15 金属线槽水平安装

（*a*）在工字钢单臂支架安装；（*b*）在工字钢双臂支架安装

（3）金属线槽垂直安装（图 10. 2-16）

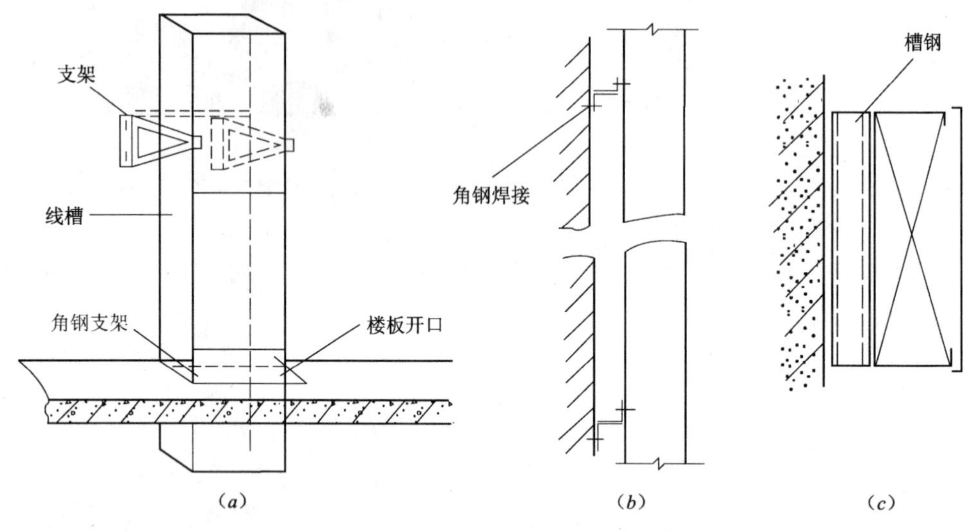

图 10. 2-16　金属线槽垂直安装
(a) 方式一；(b) 方式二；(c) 方式三

（4）金属线槽过梁安装方法（图 10. 2-17）

此安装方法适用于层高较低的场所。将线槽固定在顶棚及梁上，导线敷设时，应在线槽内适当位置使用衬板或防火木杆承托导线。

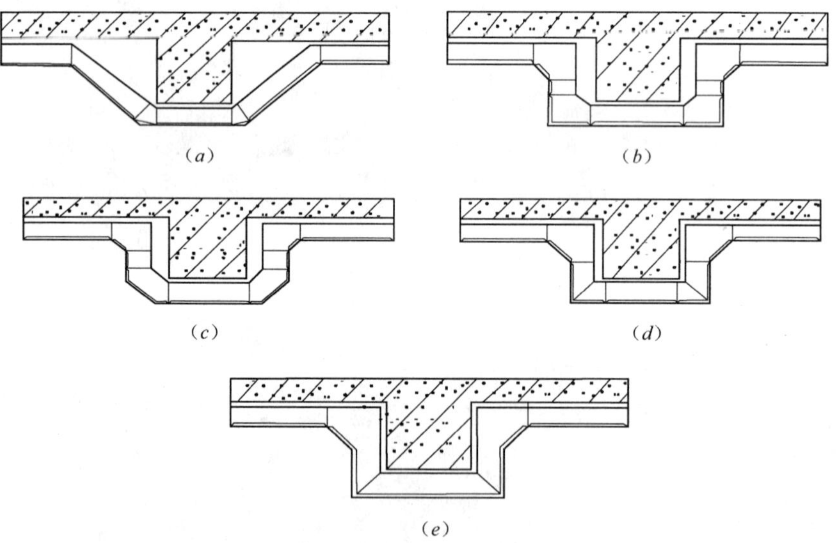

图 10. 2-17　金属线槽过梁安装方法
(a) 方式一；(b) 方式二；(c) 方式三；(d) 方式四；(e) 方式五

（5）强弱电共享线槽安装方法

强电、弱电线路应分槽敷设，消防线路（火灾和应急呼叫信号）应单独使用专用线槽敷设，其两种线路交叉处应设置有屏蔽分线板的分线盒。敷设于同一线槽内有抗干扰要求的线路用隔板隔离（图 10. 2-18），或采用屏蔽电线且屏蔽护套一端接地。

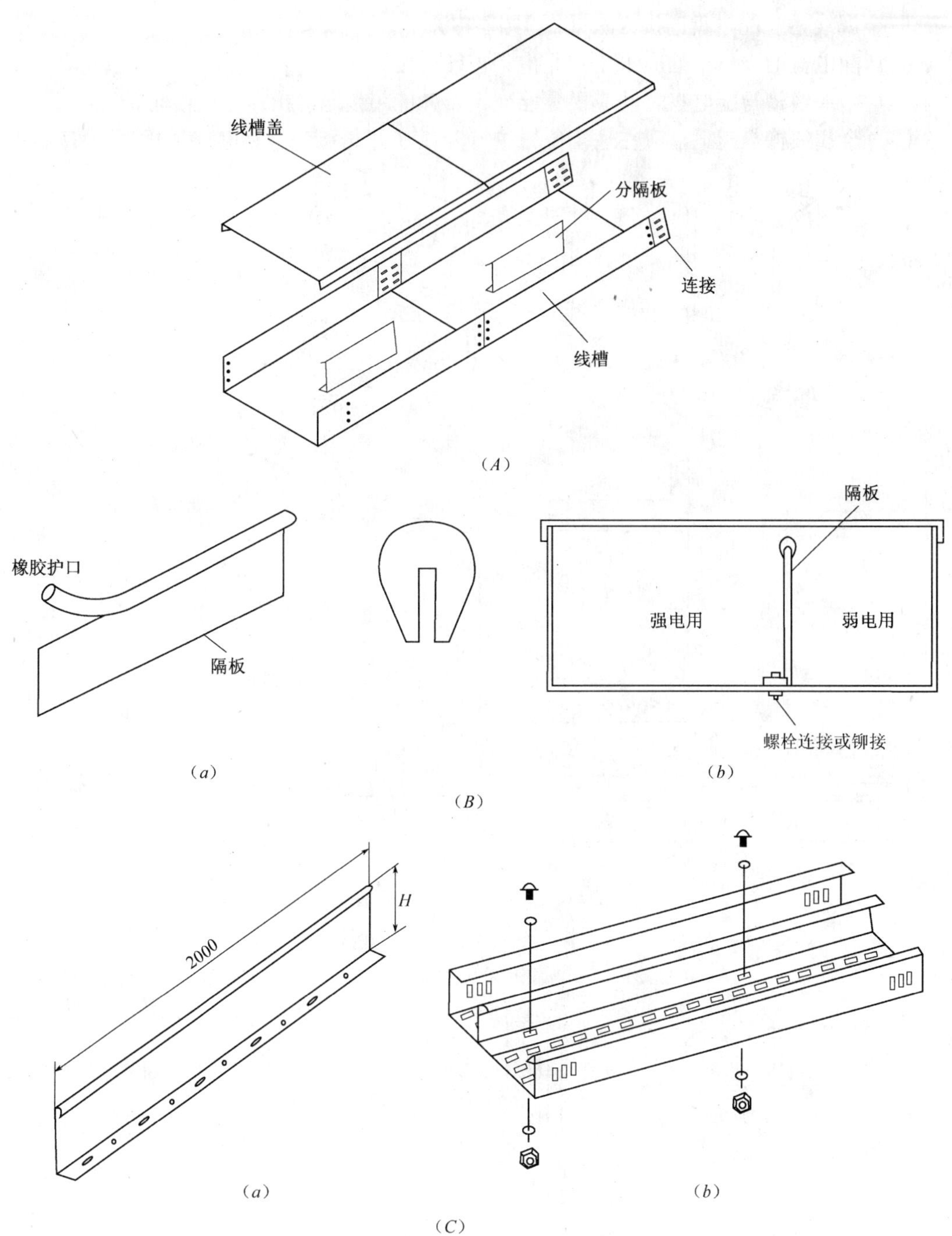

图 10.2-18　强弱电共享线槽安装方法
(A) 线槽隔板示意图
(B) 安装方法一
(a) 隔板及护口大样图；(b) 强弱电分槽安装方法
(C) 安装方法二
(a) 隔板大样图；(b) 安装方法

3. 金属线槽与配电盘连接方法（图 10.2-19）

（1）配电盘的进出线处应采用专业抱脚进行连接。

（2）金属线槽与配电盘之间应用螺栓连接，并应用接地连接片进行接地。

（3）金属线槽与配电盘应在适当位置进行开口（开孔），开口处应用橡胶条护口。

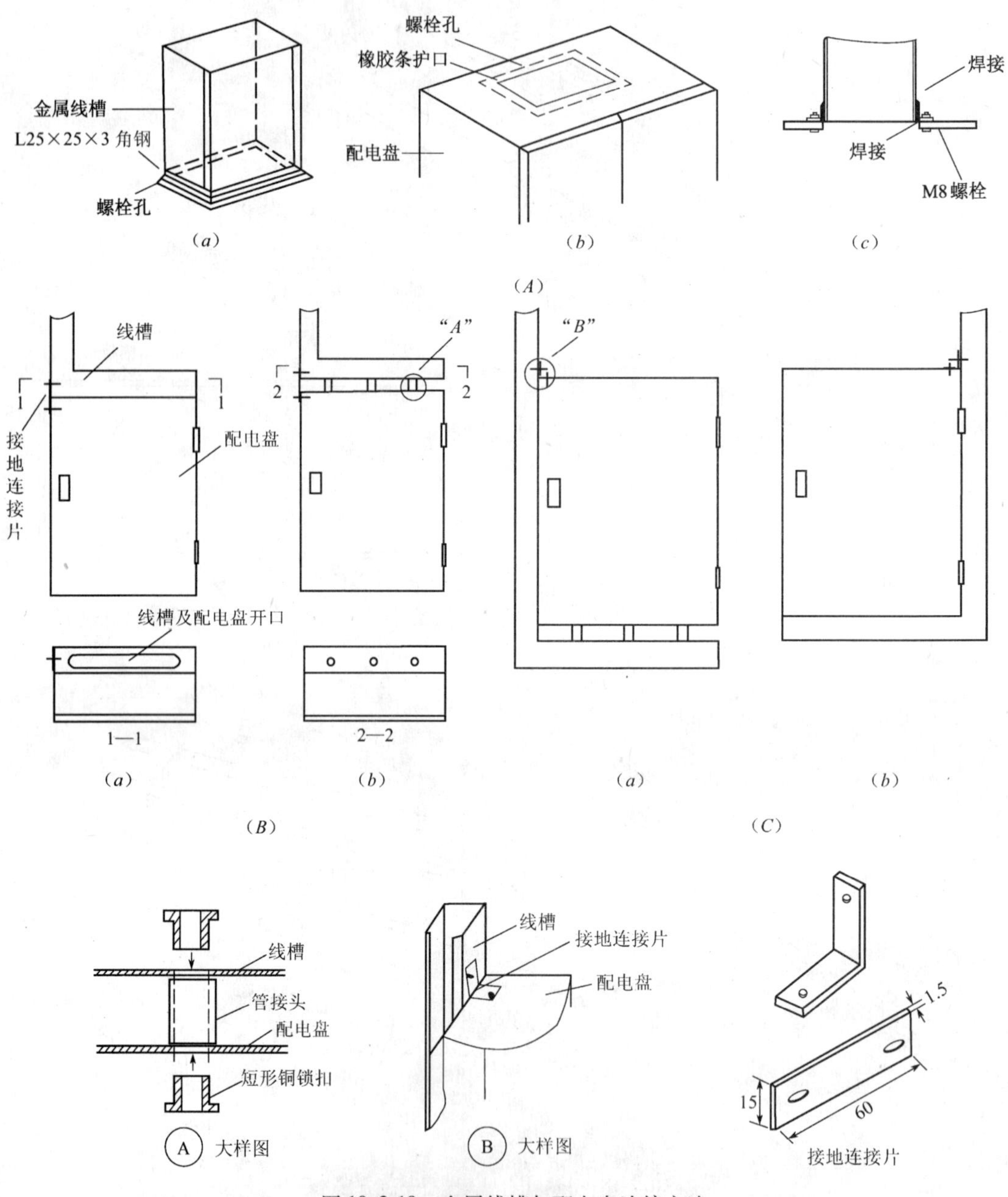

图 10.2-19　金属线槽与配电盘连接方法

(A) 方式一

(a) 金属线槽；(b) 配电盘；(c) 连接方法

(B) 方式二

(a) 方式一；(b) 方式二

(C) 方式三

(a) 方式一；(b) 方式二

4. 金属线槽配管引下方法（图 10.2-20）

由金属线槽引出的线路，可采用金属管、硬质塑料管、半硬塑料管、金属软管或电缆等布线方式。电线或电缆在引出部分不得遭受损伤。

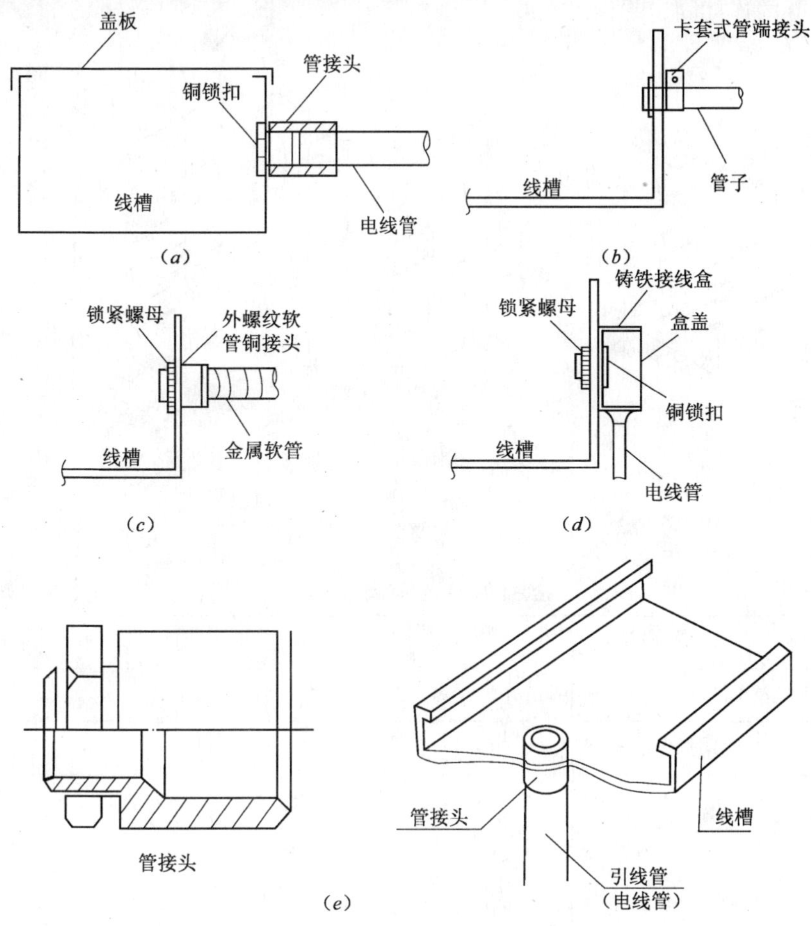

图 10.2-20 金属线槽配管引下方法

(*a*) 电线管引线安装方法；(*b*) 金属管引线安装方法（适用不同管子）；(*c*) 金属软管引线安装方法；(*d*) 利用铸铁盒引线安装方法；(*e*) 导管接头安装方法

5. 金属线槽垂直安装时电缆（线）固定方法

(1) 金属线槽挂片（柱）规格

金属线槽挂片（柱）规格尺寸见图 10.2-21 及表 10.2-2。

(2) 金属线槽垂直安装时电缆（线）固定支架安装

1) 金属线槽垂直安装时电缆（线）固定支架安装方法见图 10.2-22。

2) 电线按回路编号分段绑扎，绑扎点间距应不大于 2m。

6. 金属线槽跨接地安装方法

金属线槽和引入或引出的金属电缆导管必须接地（PE）或接零（PEN）可靠，且必须符合下列规定：

(1) 金属线槽及其支架全长应不少于 2 处与接地（PE）或接零（PEN）干线相连接；

（2）非镀锌金属线槽间可采用接地连接板连接（图 10.2-23），或使用接地铜芯线跨接地线，导线最小允许截面积不小于 $4mm^2$；

（3）镀锌电缆桥架间连接板的两端不跨接接地线，但连接板两端不少于两个有防松螺母或防松垫圈的连接固定螺栓。

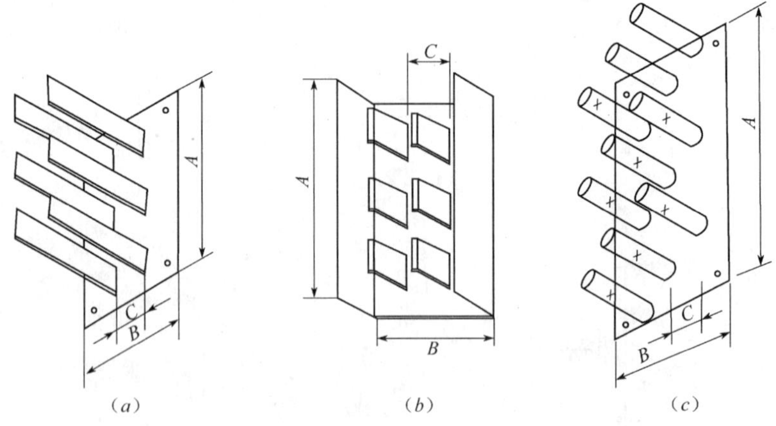

图 10.2-21 金属线槽挂片（柱）规格

（a）板形挂片；（b）槽形挂片；（c）板形挂柱

挂片（柱）规格尺寸（mm） 表 10.2-2

型号		适用线槽尺寸	尺寸		
挂片	挂柱		A	B	C
GP501	GZ501	50×50	250	45	12
GP751	GZ751	75×50	250	70	20
GP752	GZ752	75×75	250	70	20
GP1001	GZ1001	100×50	250	95	30
GP1002	GZ1002	100×75	250	95	30
GP1003	GZ1003	100×100	250	95	30
GP1501	GZ1501	150×50	250	145	40
GP1502	GZ1502	150×75	250	145	40
GP1503	GZ1503	150×100	250	145	40
GP1504	GZ1504	150×150	250	145	40

7. 金属线槽盖板安装方法

线槽长度通常为 2m，线槽盖有两组或以上固定点，槽盖装上后应平整，无翘角。

（1）螺钉固定方法（图 10.2-24）

使用螺钉固定线槽盖时，线槽盖上部应留有适当距离方便安装。

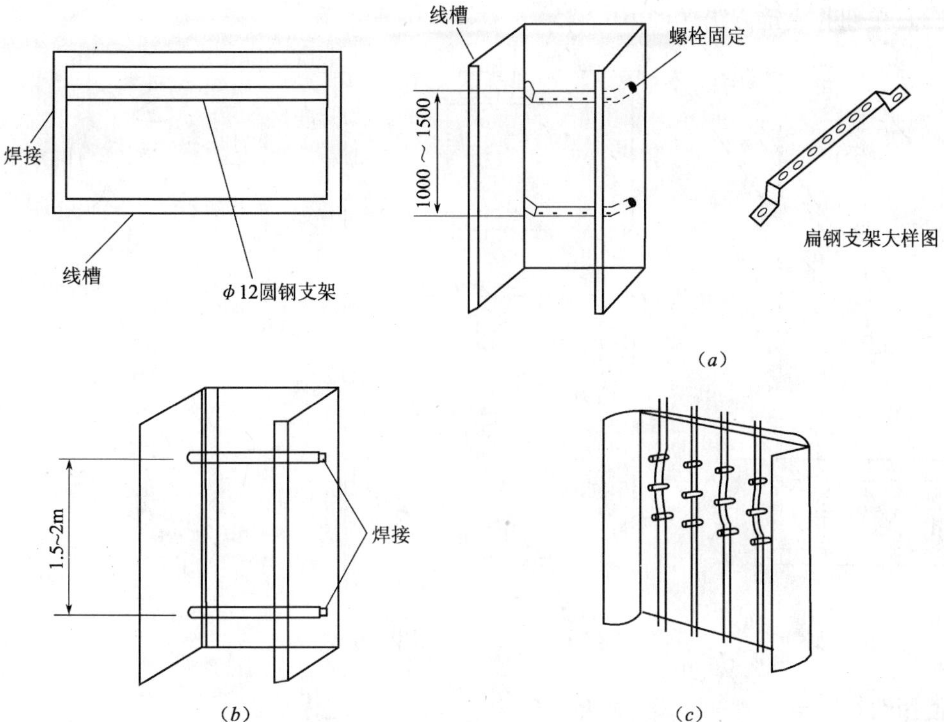

图 10.2-22 金属线槽垂直安装时电缆（线）固定支架安装方法
（a）圆钢固定支架安装方法；（b）扁钢固定支架安装方法；（c）挂片（柱）安装方法

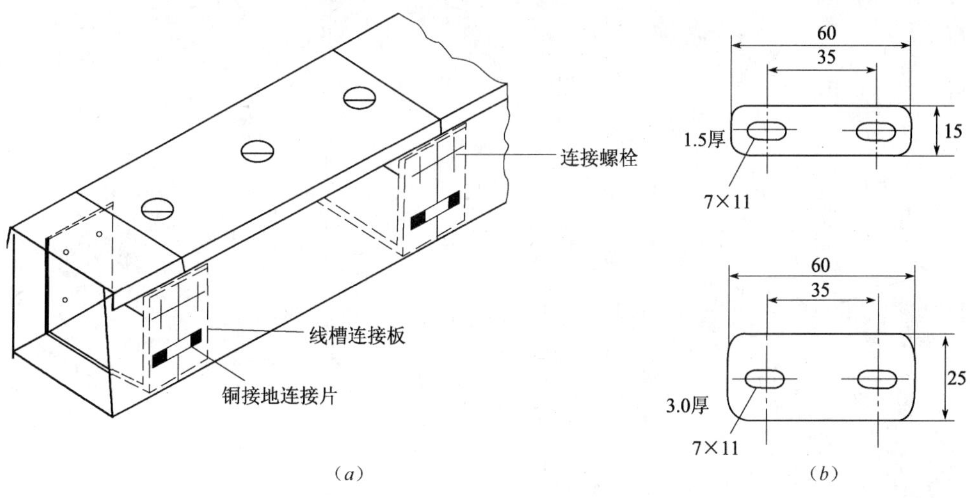

图 10.2-23 金属线槽跨接地安装方法
（a）安装示意图；（b）连接板

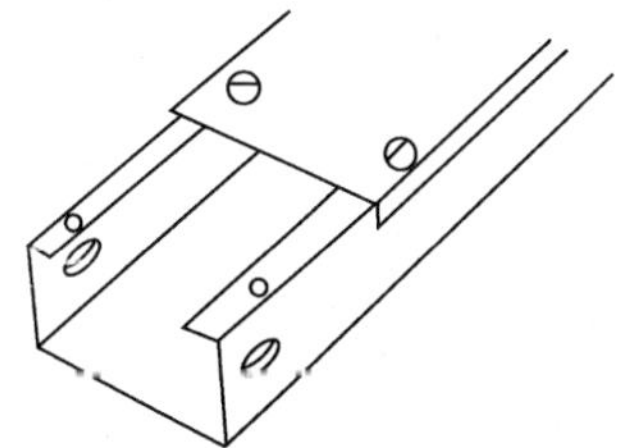
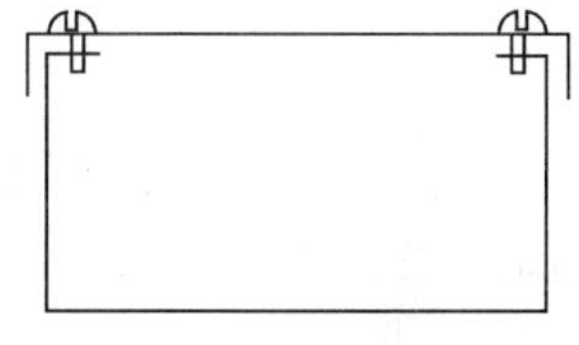
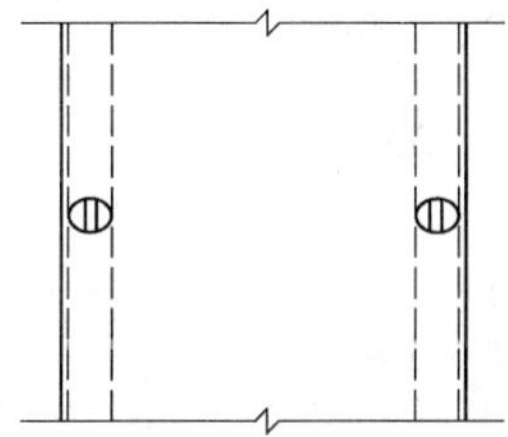

图 10.2-24 螺钉固定方法

（2）单纽扣固定方法（图 10.2-25）

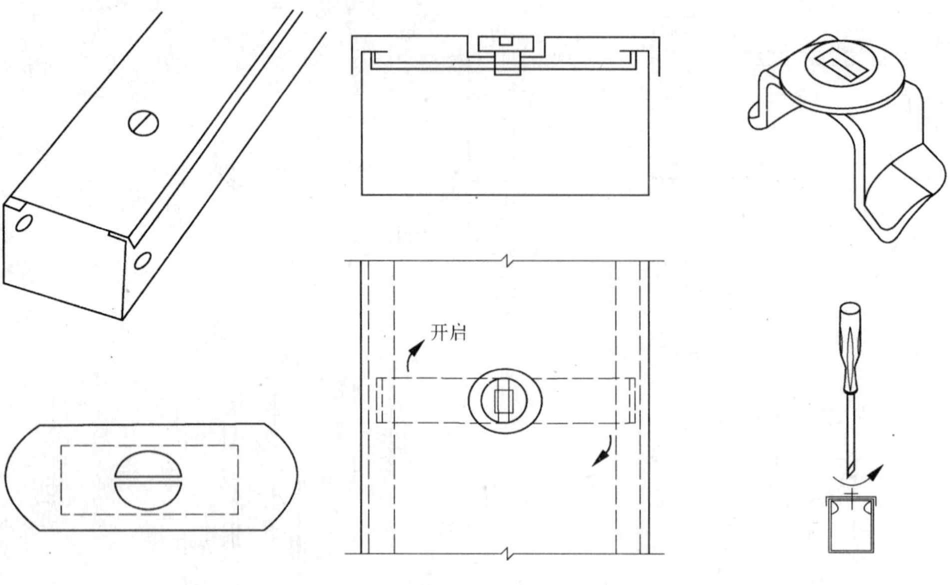

图 10.2-25 单钮扣固定方法

使用纽扣固定线槽盖时，线槽盖上部应留有适当距离方便安装。

（3）双纽扣固定方法（图 10.2-26）

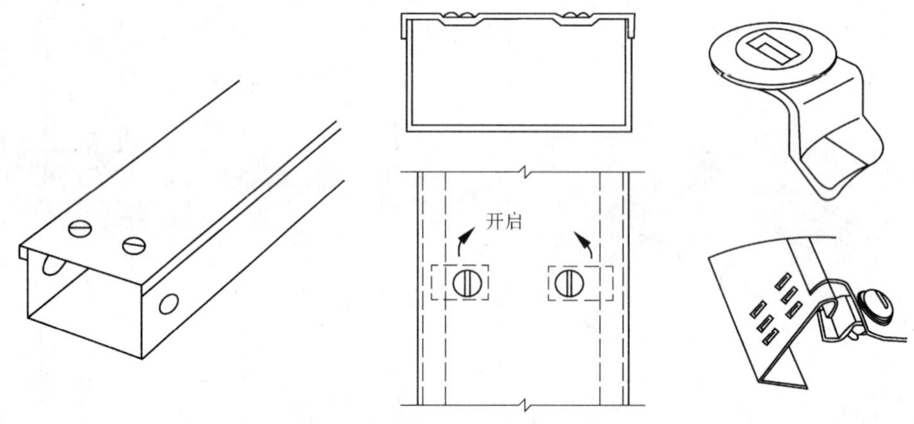

图 10.2-26 双边纽扣固定方法

（4）钢片卡子固定方法（图 10.2-27）

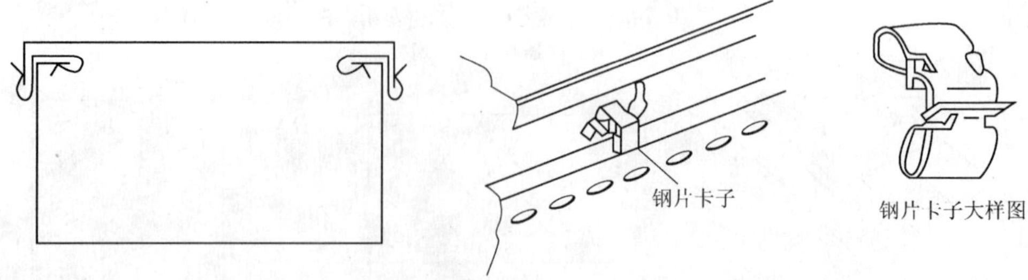

图 10.2-27 钢片卡子固定方法

使用钢片卡子，可根据需要在适当位置安装。

(5) 锁扣卡子固定方法（图 10.2-28）

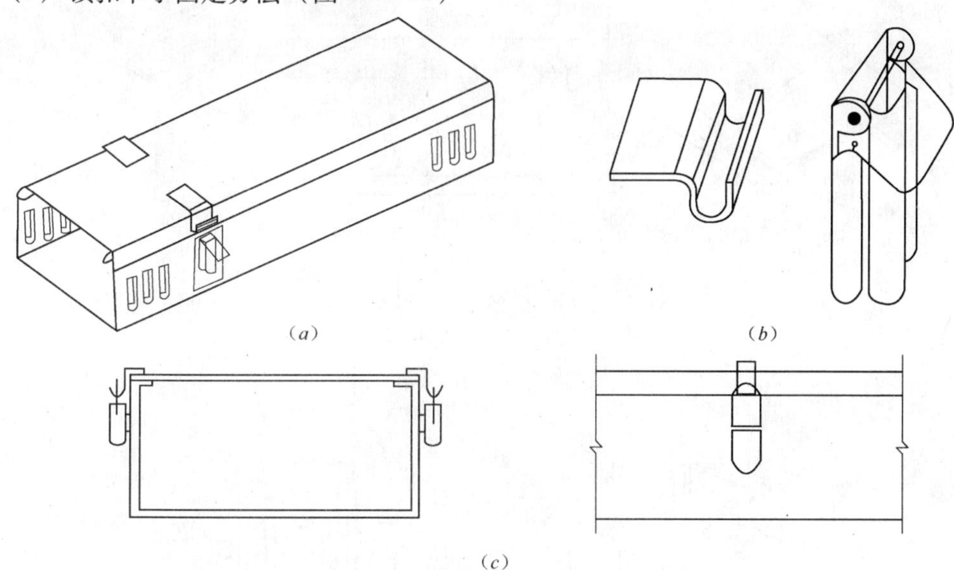

图 10.2-28　双边外扣固定方法

(*a*) 安装示意图；(*b*) 锁扣卡子；(*c*) 安装方法

使用锁扣卡子固定线槽盖时，线槽边应留有一定的距离用于卡子的开启。

(6) 挂钩卡固定方法（图 10.2-29）

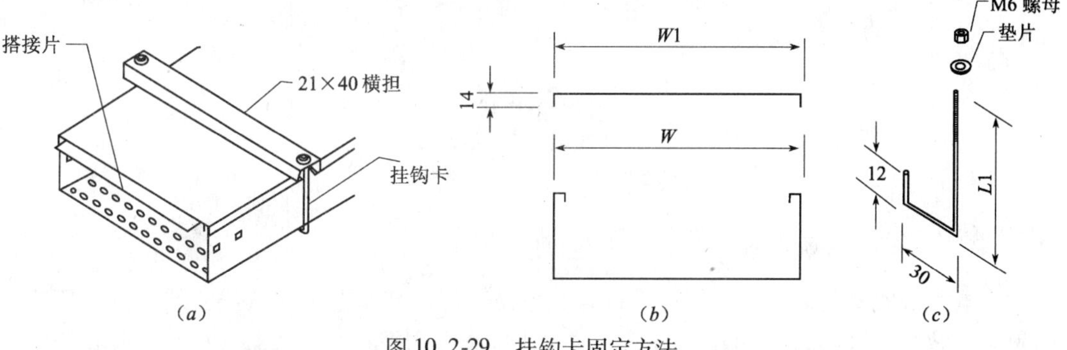

图 10.2-29　挂钩卡固定方法

(*a*) 安装示意图；(*b*) 线槽规格；(*c*) 挂钩卡

(7) 盖板卡固定方法（图 10.2-30）

8. 金属线槽穿防火墙封堵方法（图 10.2-31）

在电缆穿过竖井、防火墙或进入配电盘、柜的孔洞处，应按设计要求用防火堵料密实封堵。在封堵电缆孔洞时，封堵应严实可靠，不应有明显的裂缝和可见的空隙，孔洞较大者应加防火衬板后进行封堵。封堵施工方法如下：

(1) 施工前将要封堵部位清理干净。

(2) 防火枕应按顺序依次摆放整齐，防火枕与电缆之间空隙≤1cm²。

(3) 穿墙洞防火枕摆放厚度≥240mm。

(4) 防火枕规格为三种：Ⅰ型—320mm×120mm×25mm、Ⅱ型—160mm×120mm×25mm、Ⅲ型—160mm×75mm×25mm。

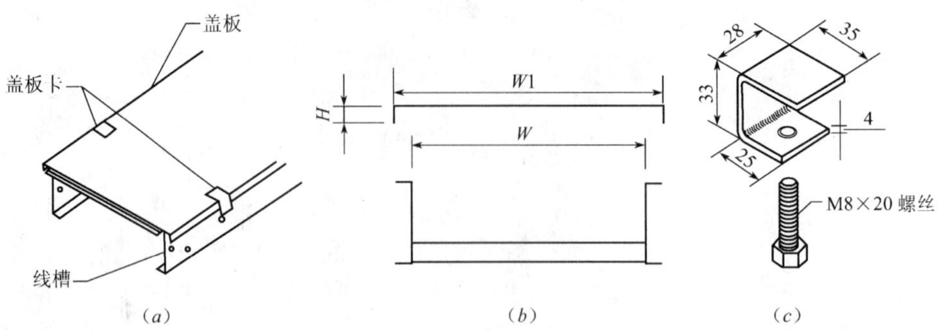

图 10.2-30 金属线槽盖板固定方法
(*a*) 安装示意图；(*b*) 线槽规格；(*c*) 盖板卡

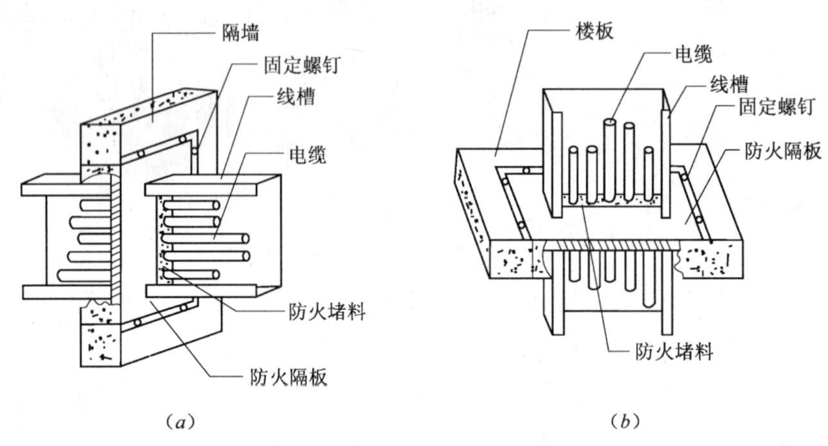

图 10.2-31 金属线槽穿防火墙封堵方法
(*a*) 穿墙；(*b*) 穿楼板

10.2.4 导线在电缆桥架内敷设方法

当电缆桥架安装完毕后，即可进行导线敷设工作，基本上也是从线路始端往线路末方向敷设。做好电（线）缆回路记号，并在线槽接线盒内把有关线头绑扎好后，经检查测试线路无误后方可盖上线槽盖。电缆桥架内导线敷设应符合下列要求：

（1）导线敷设前，检查桥架有无毛刺等可能划伤电缆的缺陷，并予以处理。应清扫线槽内残余的杂物，使线槽保持清洁。

（2）导线的规格和数量应符合设计规定。同一回路的所有相线和零线，应敷设在同一金属线槽内。同一路径无防干扰要求的线路，可敷设于同一金属线槽内，但同一线槽内的绝缘电线和电缆都应具有与最高标称电压回路绝缘相同的绝缘等级。

（3）金属线槽内电缆填充率

线槽内电线或电缆的总截面（包括外护层）不应超过线槽内截面的 20%，载流导线不宜超过 30 根。控制、信号或与其他相类似的线路，电线或电缆的总截不应超过线槽内截面的 50%；电线、分支电缆不应大于线槽内空截面积的 70%。电线电缆在金属线槽内截面积的填充率应不超过图 10.2-32 的要求（包括：电线、电缆外护层）。

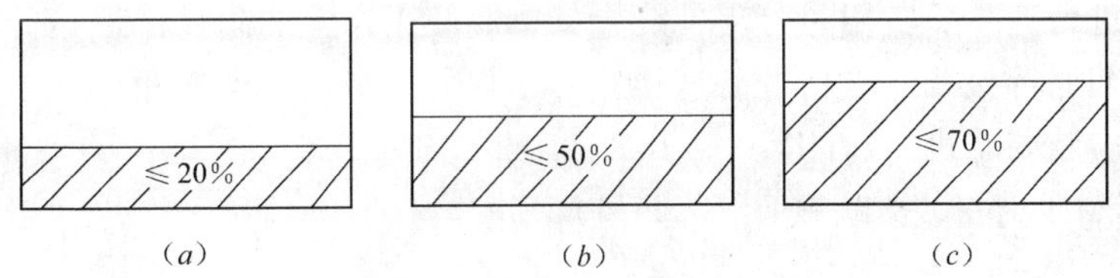

图 10.2-32 金属线槽内电缆填充率

(a) 电力电线及电缆；(b) 控制、信号电线及电缆；(c) 电线、电缆及分支接头

(4) 导线敷设前应检查导线的绝缘是否良好，导线按用途分色是否正确。导线在桥架上可以无间距敷设，应分层敷设且排列整齐，不应交叉。放线时应边放边整理，理顺平直，不得混乱，并将导线按回路（或系统）用尼龙绑扎带或线绳绑扎成捆，分层排放在线槽内并做好永久性编号标志。

(5) 在金属线槽垂直或倾斜敷设时，应采用防止电线或电缆在线槽内移动的措施，确保导线绝缘不受损坏，避免拉断导线或拉脱拉线盒（箱）内导线。

(6) 引出金属线槽的配管管口处应有护口，防止电线或电缆在引出部分遭受损伤。

10.2.5 吊装金属线槽安装

吊装金属线槽主要用于室内灯具安装时使用。

1. 吊装金属线槽及配件（图 10.2-33）

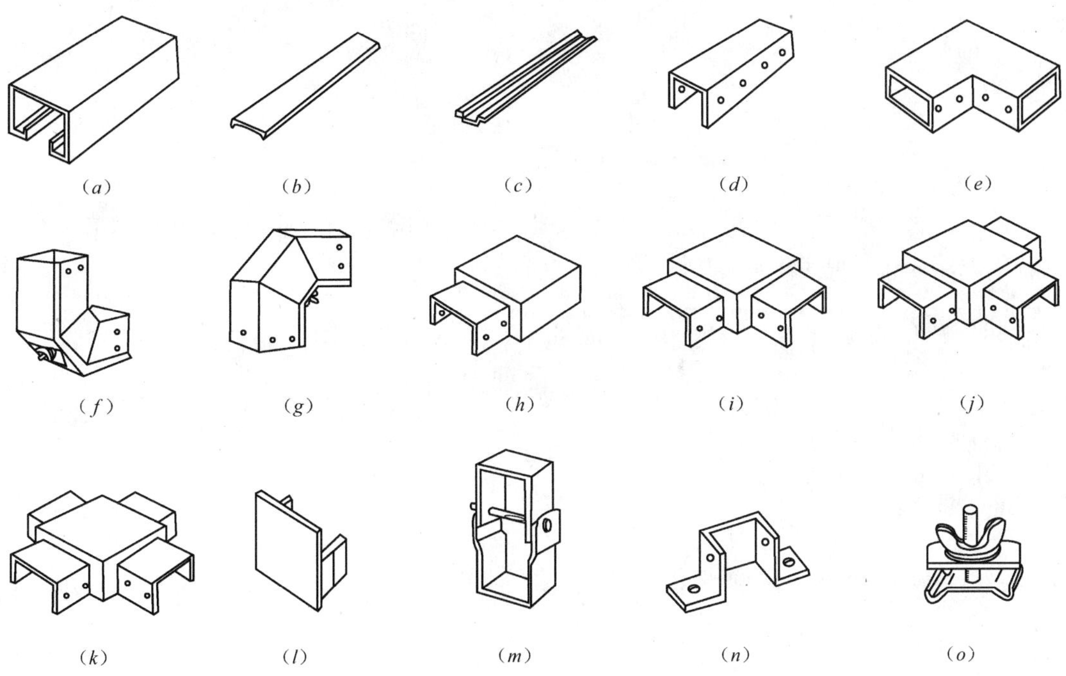

图 10.2-33 吊装金属线槽及配件

(a) 直线线槽；(b) 上槽盖；(c) 下槽盖；(d) 连接头；(e) 水平转角；
(f) 立上转角；(g) 立下转角；(h) 单通接线盒；(i) 转角接线盒；(j) 三通接线盒；
(k) 四通接线盒；(l) 封堵；(m) 吊装器；(n) 箱、柜抱角；(o) 蝶形夹具吊装线槽进行连接、转角、分支及终端处，应使用相应的附件。线槽分支连接应采用转角、三通、四通等接线盒进行变替连接，转角部分应采用立上转角、立下转角或水平转角，线槽末端应装封堵进行封闭。

2. 吊装金属线槽安装方法（图 10.2-34）

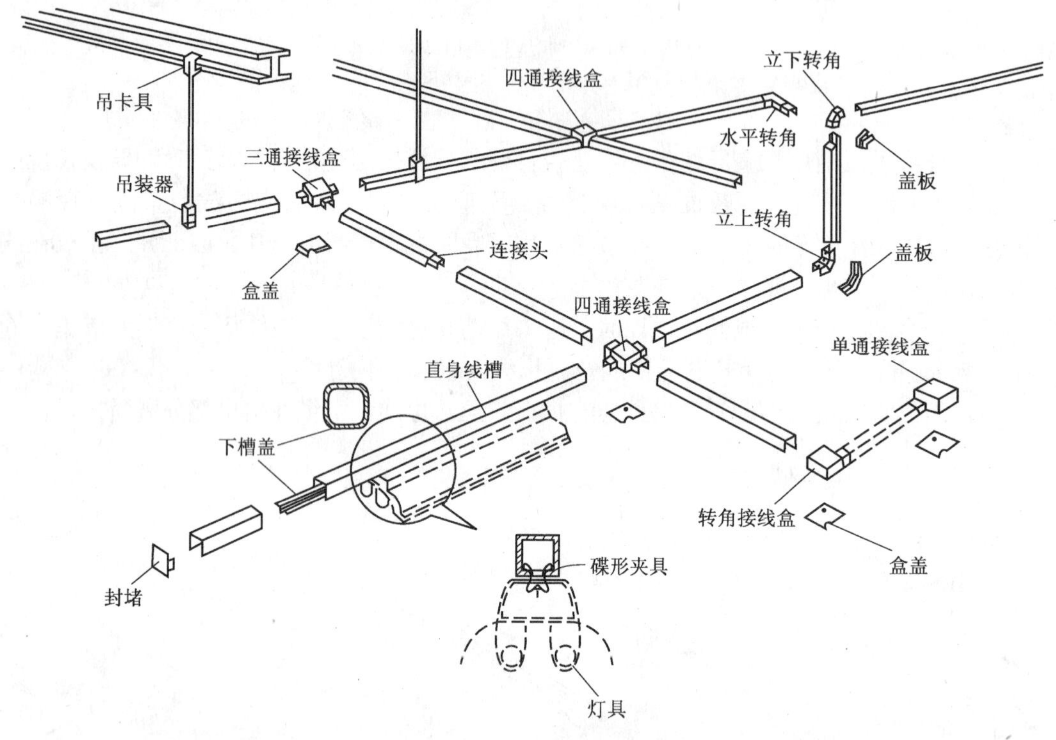

图 10.2-34 吊装金属线槽安装方法

吊装金属线槽可使用吊装器。先组装干线线槽，后组装支线线槽，将线槽用吊装器与吊杆固定在一起，把线槽组装成型。

11 电缆线路敷设

电线电缆广泛地被应用于各种传递电流的设备与机具，在工业与民用的领域中，凡是必须与带电导体连接者都不可或缺，如发电机、变压器、配电柜、电动机、电灯、计算机、通信器材等。本章主要介绍了电线电缆的性能及其敷设方法。

本章相关标准规范：

（1）《电气装置安装工程电缆线路施工及验收规范》GB 50168—2006。

（2）《建筑电气工程施工质量验收规范》GB 50303—2002。

（3）《民用建筑电气设计规范》JGJ 16—2008。

11.1 电线电缆介绍

11.1.1 解释名词

（1）导线：凡用以传导电流之金属（电）线（电）缆，称之导线。

（2）实芯线：由单股裸线所构成的导线，称之实芯线，又名单芯线。按规定屋内配线的导线线径在 2.5mm^2 以下才能用单芯线。

（3）绞线：由多股粗细相同的裸线扭绞而成的导线，称之绞线，又名捻线。扭绞时以1股单线（亦有以3股）为中心线，在中心线周围，按螺旋方向绞编一层或数层导线而成。

（4）安培容量：以安培表示导线载流容量，称之安培容量（Ampacity）。导线通有电流时，因电阻而变热，导线的温度将较其周围的温度高，当超过某一限度时，导线的电气及机械性能将因而衰减，另外，绝缘材料有最高容许温度，故导线或器具有载流安培容量限制。

11.1.2 电线电缆分类

1. 电线电缆按用途分类

（1）电力系统用电线电缆

电力系统采用的电线电缆产品主要有架空裸电线、封闭式母线、电力电缆（塑料线缆、橡套线缆、油纸电缆、架空绝缘电缆）、分支电缆、电磁线以及电力设备用电气装备电线电缆等。

（2）信息传输系统用电线电缆

用于信息传输系统的电线电缆主要有市话电缆、电视电缆、电子线缆、射频电缆、光纤电缆、数据电缆、电力通信或其他复合电缆等。

（3）机械设备、仪器仪表系统用电线电缆

此部分除架空裸电线外几乎其他所有产品均有应用，但主要是电力电缆、电磁线、数据电缆、仪器仪表线缆等。用于交流额定电压为450V/750V及以下配电装置中电器、仪表的连接线，起电能传送作用。

2. 电线电缆按形式种类、使用场所分类

目前市面上实用的电线电缆主要可分为四大类：裸线、绝缘电线、电力电缆、特殊电线等，其中又以绝缘电线与电力电缆的使用最为广泛。

(1) 裸线

本类产品的主要特征是由实芯线或多线金属导线体所构成，无绝缘及护套层，如软铜线、半硬铜线、硬铜线、钢芯铝绞线、铜铝汇流排、电力机车线等；加工工艺主要是压力加工，如熔炼、压延、拉制、绞合、紧压绞合等，为各式导线的基本构件，亦常用于城郊、农村的架空用线等。

较常用的裸线为铝绞线，铝绞线采用正规绞合结构，以相同直径的单线按“正规”方式，即 1 +6 +12 +18 +24 的排列多层绞合而成。钢芯铝绞线的中心为 1 根至 19 根钢单线或钢绞线作为承受拉力的构件，然后再分层绞合而成。结构排列实例见图 11. 1-1。

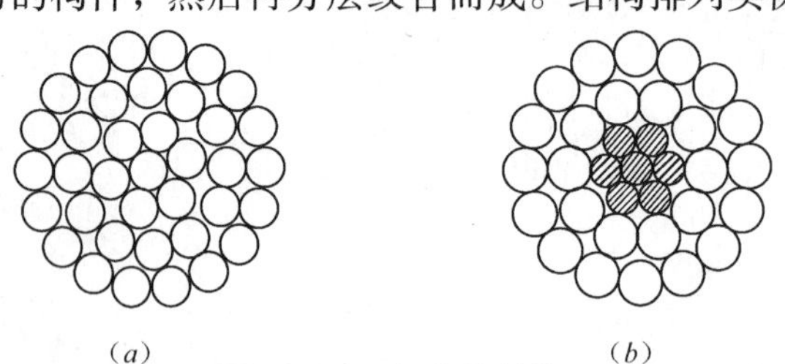

图 11. 1-1　铝绞线结构

(*a*) 37 芯 (1 +6 +12 +18) 铝绞线；(*b*) 26 芯铝/7 芯钢绞线

(2) 绝缘电线

绝缘电线为 450V/750V 以下的导线，常用的绝缘电线如下：

1) 聚氯乙烯绝缘电线

通常称为塑料绝缘电线，塑料的成分是聚氯乙烯 (Polyvinyl Chloride)，俗称 PVC。其绝缘性能良好，可以制成各种不同颜色的电线，便于使用时识别。适用于交流额定电压 450V/750V 及以下固定布线线路作动力装置、日用电器、照明电路使用。聚氯乙烯绝缘电线的结构见图 11. 1-2。常用的主要为铜芯聚氯乙烯绝缘电线 (BV) 及铝芯聚氯乙烯绝缘电线 (BLV)。

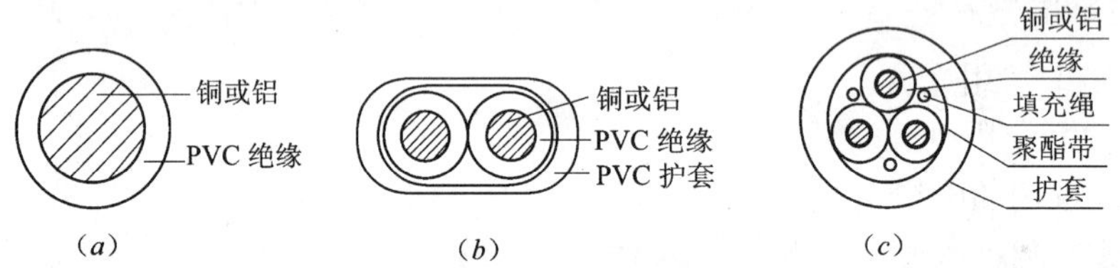

图 11. 1-2　聚氯乙烯绝缘电线结构图

(*a*) 单芯带绝缘；(*b*) 两芯带绝缘及护套；(*c*) 三芯带绝缘及护套

2) 橡皮绝缘电线

用橡皮绝缘的电线。按橡皮的成分可分为天然橡胶、人造橡胶和合成橡胶等。

3) 交联聚乙烯绝缘电线

用交联聚乙烯 (又称 XLPE) 绝缘的电线。交联聚乙烯为热固塑料 (Thermal Setting Plastics)，具有良好的绝缘、耐热、耐潮湿的特性。

(3) 电力电缆

电力电缆是传输和分配电能的一种电线，主要是由导体、绝缘层、保护层三部分组成 (图 11. 1-3)。电力电缆的主要特征是：在导体外挤 (绕) 包绝缘层，多芯电缆需要增加护套层，如塑料、橡套电缆。电力电缆的主要工艺技术有拉制、绞合、绝缘挤出 (绕包)、成缆、铠装、护层挤出等，各种产品的不同工序组合有一定区别。

电力电缆主要用在发电、输电、变电、配电、供电线路中的强电电能传输，通过的电流大（几十安至几千安）、电压高（220V～500kV及以上）。其优点是供电可靠性高，不受雷电、风害等外因的损害，可以铺设在地下（直埋）、电缆沟或隧道内，也可以铺设在水中或海底。

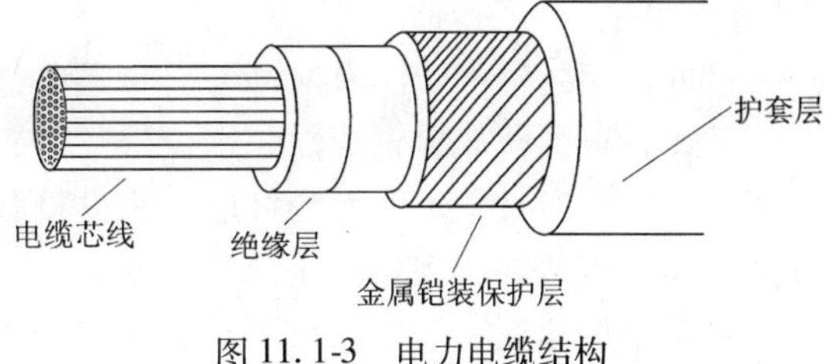

图11.1-3 电力电缆结构

（4）特殊电线

1）通信电缆及光纤

随着近二十多年来，通信行业的飞速发展，产品也有惊人的发展速度。从过去的简单的电话电报线缆发展到几千对的话缆、同轴缆、光缆、数据电缆，甚至组合通信电缆等。该类产品结构尺寸通常较小而均匀，制造精度要求高。

2）电磁线（绕组线）

主要用于各种电机、仪器仪表等。

11.1.3 常用电缆品种

（1）电线

450V/750V铜芯聚氯乙烯绝缘电线（BV）。用于一般照明、插座等固定装置布线。

（2）低压电缆

0.6kV聚氯乙烯绝缘（PVC）电力电缆与交联聚乙烯绝缘（XLPE）电力电缆。用于建筑物内动力、照明等低压配电。有普通型、阻燃型等。

（3）低压封闭式母线

用于大容量负荷或“树干型”线路低压配电，有普通型、阻燃型、防火型等。

（4）高压电缆

12kV或35kV高压交联聚乙烯绝缘（XLPE）电力电缆。主要用于高压电力传输及建筑物进线，接变压器初级线圈。

（5）高压裸母线

用于变压器至高压配电柜之间的电气连接。

（6）控制电缆

如750V聚氯乙烯绝缘及护套控制电缆（KVV），多用于交流额定电压750V及以下控制、监控及保护回路场合。

（7）同轴电缆

如物理发泡聚乙烯绝缘同轴电缆，使用于1GHz以下视频安防监控系统、卫星电视及有线电视系统等。

（8）智能化5类缆

常见的是100Ω UTP（4对24AWG热塑性绝缘双绞线），也有使用STP电缆。

（9）光纤光缆

有单模与多模光纤两种。单模光纤通常用于大型建筑群之间大容量、远距离的连接，多模光纤大多用于建筑物内部传输。

11.2 电力电缆

目前采用的送电线路有两种，一种是电力电缆，它是采用特殊工艺加工制造而成的电缆，敷设在电缆桥架、电缆沟、埋设地下等；另一种是常见的架空线路，它一般使用无绝缘的裸导线，通过立于地面的杆塔作为支持物，将导线用绝缘子悬架于杆塔上，目前大部分高压输电线路和全部超高压及特高压输电线路都采用架空线路。

对于小型建筑，用电负荷不是很大，主干线往往采用绝缘电线；对于高层建筑，用电负荷较大，用绝缘电线作为主干线已不能满足供电需要，这时主干线需要用电力电缆或封闭式母线。

电力电缆在电力系统线路网中的作用与架空裸导线相同，起着传输和分配电能的作用，电力电缆的基建费用要比架空线路高出很多倍，但却具有以下优点：

（1）一般敷设于室内、电缆竖井、电缆沟或埋于土壤中，因此不用杆塔，不占用道路空间，整齐美观，占地少，不会造成对市容、厂容的影响。

（2）受气候条件和周围环境影响小，传输性能稳定、可靠性高、人不易接触，即发生事故也不易造成对人身的伤害，供电安全性高。

（3）有很长的使用寿命（一般长达 30 ~ 40 年或更长），安装敷设位置隐蔽，又较少进行维护，线路安全性高。

11.2.1 电力电缆结构

电力电缆一般由导线、绝缘层和保护层组成，有单芯、双芯、三芯和四芯等（图 11.2-1）。

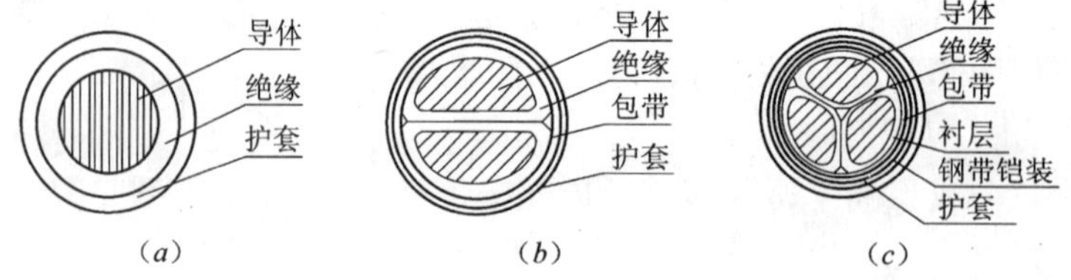

图 11.2-1 电力电缆组成
（*a*）单芯绝缘电缆；（*b*）双芯绝缘电缆；（*c*）三芯绝缘铠装电缆

1. 缆芯

缆芯是电力电缆的载流导体。导体材料采用高导电性能、有一定的抗拉强度和伸长率，由防腐蚀，易于焊接的铜、铝材料制成。单芯电力电缆的导体应为圆形或紧压圆形，多芯电力电缆 25mm² 以下者为圆形，25mm² 及以上者可为圆形、紧压圆形、扇形或瓦形，其目的是使电缆结构紧凑、结实、圆整，节约材料。

2. 绝缘层

绝缘层是将缆芯导体与缆芯导体之间和防护层相隔离绝缘。绝缘层的材料有塑料、橡皮、油浸纸、纤维等。

（1）塑料绝缘

电缆的塑料绝缘有：聚氯乙烯（PVC）、聚乙烯（PE）、交联聚乙烯（XLPE）等。

（2）橡皮绝缘

电缆的橡皮绝缘有：甲、乙、丙种绝缘橡皮；丁基绝缘橡皮；硅橡皮；氯磺化聚乙烯绝缘橡皮以及乙种耐热绝缘橡皮等材料。

(3) 油浸纸绝缘

绝缘层为油浸纸的电力电缆。用纸带绕包在导体上经过真空干燥后，浸渍矿物油作为绝缘层。

3. 保护层

电缆保护层简称护套层，由内保护层和外保护层构成，它起到保护电缆线芯，使绝缘物在运输、安装敷设中，避免机械损伤、受潮、腐蚀等作用。

电缆一般采用保护层有金属保护层、塑料或橡皮保护层和组合保护层三大类，有特殊需要时，采用特种保护层。

(1) 金属保护层

金属保护层由金属护层和外护套两部分组成。它的特点是密封性能完全不受水分影响，防止电缆受潮，在油浸纸绝缘电力电缆中广泛应用。

(2) 橡皮、塑料保护层

橡皮绝缘电缆采用橡皮护套，其特点是弹性、强度、柔韧性较高，价格低；塑料绝缘电缆采用塑料护套，其特点是透水性、防腐性，耐药性强、价格低。

(3) 外护层

外护层是由内衬层、铠装层、外护层三部分构成，其作用是对电缆的防腐蚀和对电缆的机械外力起保护作用。内衬层材料采用塑料带或塑料套将电缆芯缠绕覆盖保护；铠装层采用钢带或钢丝将电缆缠绕保护。内衬层在金属导体和铠装层中间，铠装层在内衬层和外护层中间，外护层在铠装的外面，外护层（也称防腐层）对铠装层起到防腐蚀作用。

4. 电缆颜色与数序

电缆绝缘的区分可以用颜色或数序进行识别，颜色与数序应对应如表 11. 2-1。

电缆颜色与数序表 **表 11. 2-1**

序号	电缆芯数	主线芯颜色	中性芯线颜色	主线芯数序	中性芯线数序
1	2	红	浅蓝	1	0
2	3	红、黄、绿	—	1、2、3	—
3	4	红、黄、绿	浅蓝	1、2、3	0

11. 2. 2 电力电缆分类

电力电缆的结构复杂，品种很多。按品种的分类以电缆的绝缘材料为主，如聚乙烯绝缘电力电缆、交联聚乙烯绝缘电力电缆、橡皮绝缘电力电缆、油浸纸绝缘电力电缆、分相铅包电力电缆、自容式充油电力电缆等。根据电压等级来分，可分为中低压电力电缆（35kV 及以下）和高压电力电缆（110kV 及以上）两大类。

1. 聚氯乙烯绝缘电力电缆

聚氯乙烯绝缘电力电缆是采用聚氯乙烯为绝缘材料，内填充是采用不吸潮的麻绳等材料，外面再包缠内衬层将线芯固定，最后再挤压上外护套层。此种电缆的外护套有三种形式：无铠装、内钢带或内钢丝铠装、裸钢丝铠装。聚氯乙烯电缆有如下特点：

(1) 具有良好的电气性能，耐油、耐燃，价格便宜。

(2) 化学性能稳定，安装维护方便。

(3) 介质损失大，且温度升高时其电气性能和机械性能明显下降，因此限制其使用电压在6kV及以下电压等级。

2. 交联聚乙烯绝缘电缆

交联聚乙烯绝缘电缆的结构与聚乙烯绝缘电缆基本相同，它是在电缆线芯上先挤包一层1mm厚的交联聚乙烯，在绝缘层外面也要包一层半导电丁基橡胶或挤包一层半导电层，半导电层外再包一层0.11mm厚的铜带。成缆时线间的空隙也用填料填充使其成圆形，再缠内衬层将三芯固定，最后再挤压外护套。交联聚乙烯电缆具有如下特点：

（1）耐热性能和绝缘性能好，载流量大。

（2）重量轻，结构简单，安装方便。

（3）线芯分相屏蔽，不容易发生相间短路事故。但其价格较贵，成本较高。

3. 橡皮绝缘电缆

橡皮绝缘电缆是在导线线芯外挤压一层橡皮作为绝缘层，用麻做填料，在线芯外部包缠橡胶布带或玻璃纤维带以防止线芯松散。橡皮电缆也可以采用聚氯乙烯或氯丁橡皮作为密封层。橡皮电缆的特点：

（1）橡皮电缆耐电晕，耐腐蚀性能较差，不能制成高电压电缆，主要用于制造400V低压电缆。

（2）橡皮电缆柔软易弯曲，且耐低温性能好，适应在较低温度下和变动频繁的场合使用。

（3）橡皮电缆电气性能和化学性能稳定，防水、防腐性能好。

4. 油浸纸绝缘电缆

油浸纸绝缘电缆是将电缆线芯先分相包缠上油浸绝缘纸，在线芯之间的空隙内填充油浸麻绳或纸带，然后再用油浸绝缘纸将几个线芯统包起来。统包纸不但满足了线芯与外防护层的绝缘要求，而且还起到缠紧各个线芯的作用。电缆线芯统包后，外部再包上防腐蚀和防外力损伤的护套层。

为避免电缆油流动引起损伤，电缆浸渍剂应选用电缆工作的正常温度下不会发生流动的浸渍剂，我们称此种类型的电缆为不滴流统包电缆。

5. 分相铅包电缆

分相铅包电缆又称为单芯电缆。在线芯的外部包缠有两层半导体纸，用以消除线芯表面平整而引起的电场畸变。半导体层外部包缠绝缘纸，绝缘纸外部缠一层半导体纸，然后包上铅包护套和防腐层。

分相式单芯电缆采用圆形线芯，分相屏蔽绝缘性能好，内部无油浸渍填充料存在，不会发生电缆油外漏现象。分相式电缆散热性能好，可以增加线芯的载流量。在安装修理时易于操作，弯曲时变形较小，因此它不但适应于10kV及以下的电缆制作，同时也适应于35kV电压等级的电缆制作。

6. 自容式充油电缆

自容式充油电缆在导线芯的中心留有一个油道，油道与外部的供油箱相连接。当电缆温度升高时，内部的浸渍剂受热膨胀，多余的浸渍剂通过油道流到供油箱内。当电缆温度下降时，浸渍剂收缩，供油箱内的油回流到电缆芯油道，保持电缆线芯内部始终无间隙，不会发生游离现象使绝缘层遭到破坏，同时也避免了电缆温度上升发生热膨胀时使内部压力增大，损伤绝缘层和外护套。自容式充油电缆制造工艺复杂，一般在高电压电缆制造时才采用。

7. 常用电力电缆的最高允许温度（表11.2-2）

常用电力电缆的最高允许温度 表 11.2-2

电缆类型	电压（kV）	最高允许温度（℃）	
		额定负荷时	短路时
聚氯乙烯绝缘	1 以下	70	160
交联聚乙烯绝缘	≤10	90	250
	>10	80	
油浸纸绝缘	1～6	80	250
	10	65	
	35	62	175
自容式充油	63～500	75	160

11.2.3 聚氯乙烯绝缘电力电缆

聚氯乙烯绝缘电力电缆绝缘介质来源充足，加工工艺简单，电缆有较好的化学稳定性和非磁性等特点，安装敷设工艺简单，不受敷设高差限制，适用于交流 50Hz、额定电压 0.6/1kV 的线路中，聚氯乙烯绝缘电力电缆通常使用最多的是 1kV 以下电压的电力传输。常见的型号有普通型电力电缆、钢带铠装电力电缆、钢丝铠装电力电缆等。

1. 聚氯乙烯绝缘电力电缆结构

聚氯乙烯绝缘电力电缆主要由导线、绝缘层和保护层组成，有单芯、两芯、三芯、四芯和五芯等电缆。聚氯乙烯绝缘电力电缆结构见图 11.2-2。

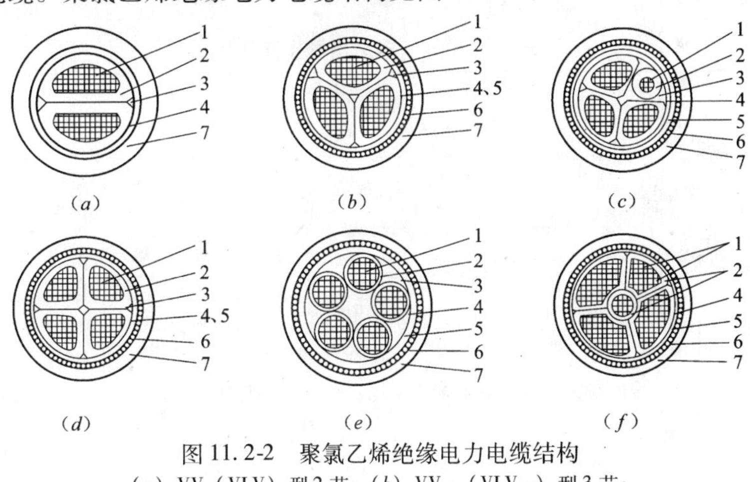

图 11.2-2 聚氯乙烯绝缘电力电缆结构

(a) VV (VLV) 型 2 芯；(b) VV_{22} (VLV_{22}) 型 3 芯；

(c) VV_{22} (VLV_{22}) 型 3+1 芯；(d) VV_{22} (VLV_{22}) 型 4 芯；

(e) VV_{22} (VLV_{22}) 型 5 芯；(f) VV_{22} (VLV_{22}) 型 5 芯

1—铜（铝）导体；2—聚氯乙烯绝缘；3—填充；4—包带；

5—聚氯乙烯内垫层；6—钢带铠装层；7—聚氯乙烯外护层

(1) 导电线芯：导电线芯采用高纯度铜或铝导体制成。单芯电缆线芯为圆形紧压线芯。3 芯以上多芯电缆主线芯 $25mm^2$ 以下为圆形线芯，$25mm^2$ 及以上为扇形紧压线芯。

(2) 绝缘：绝缘为聚氯乙烯（PVC）。绝缘层的平均厚度应不小于规定的标准值，绝缘层最薄厚度应不小于标准值的 90%。

（3）成缆填充：多芯电缆的绝缘线芯绞合成缆，圆形绝缘线芯绞合间隙采用非吸湿性填充或挤包填充。

（4）内垫层：多芯电缆芯外面挤包聚氯乙烯层或包聚氯乙烯带（或其他非吸湿性材料带）做内垫层。

（5）绝缘线芯由下列颜色识别

1）2 芯：红、淡蓝；

2）3 芯：红、黄、绿；

3）4 芯：红、黄、绿、淡蓝。

亦允许采用数字识别，多芯电缆绝缘线芯应采用不同的数字标志：

1）2 芯电缆：1、0；

2）3 芯电缆：1、2、3；

3）4 芯电缆：1、2、3、0；

4）5 芯电缆：1、2、3、4、0。

（6）铠装：铠装用的钢带或钢丝涂有防腐层。

（7）外护套：电缆外护层应挤包聚氯乙烯。

2. 聚氯乙烯绝缘电力电缆使用特性

（1）电缆导体的最高额定温度为 70℃。

（2）短路时（最长持续时间不超过 5s）电缆导体的最高温度不超过 160℃。

（3）敷设电缆时的环境温度不低于 0℃，最小弯曲半径应不小于电缆外径的 10 倍。

3. 聚氯乙烯绝缘电力电缆主要用途（表 11.2-3）

聚氯乙烯绝缘电力电缆主要用途 **表 11.2-3**

型号		名称	主要用途
铜芯	铝芯		
VV	VLV	聚氯乙烯绝缘聚氯乙烯护套电力电缆	可敷设在室内，隧道及管道中，电缆不能承受机械外力作用
VY	VLY	聚氯乙烯绝缘聚乙烯护套电力电缆	可敷设在室内，隧道、管道及严重污染地方，电缆不能承受机械外力作用
VV_{22}	VLV_{22}	聚氯乙烯绝缘钢带铠装聚氯乙烯护套电力电缆	可敷设在室内、地下、隧道、矿井，电缆不能承受拉力
VV_{23}	VLV_{23}	聚氯乙烯绝缘钢带铠装聚乙烯护套电力电缆	可敷设在室内、地下、隧道、矿井及严重污染地方，电缆不能承受拉力
VV_{32}	VLV_{32}	聚氯乙烯绝缘细钢丝铠装聚氯乙烯护套电力电缆	可敷设在室内、地下、矿井，电缆能承受拉力
VV_{33}	VLV_{33}	聚氯乙烯绝缘细钢丝铠装聚乙烯护套电力电缆	可敷设在室内、地下、矿井、严重污染地方，电缆能承受拉力
VV_{42}	VLV_{42}	聚氯乙烯绝缘粗钢丝铠装聚氯乙烯护套电力电缆	可敷设在室内、地下、矿井。电缆能承受拉力
VV_{43}	VLV_{43}	聚氯乙烯绝缘粗钢丝铠装聚乙烯护套电力电缆	可敷设在室内、地下、矿井、严重污染地方。电缆能承受拉力

注：字母及符号意义：1. L—铝芯、无 L 为铜芯；
2. V—第一个 V 字表示聚氯乙烯绝缘；
3. V—第二个 V 字表示聚氯乙烯绝缘护套。

4. 聚氯乙烯绝缘电力电缆规格

(1) 0.6/1.0kV 单芯 PVC 绝缘 PVC 护套电缆规格（表 11.2-4）

0.6/1.0kV 单芯 PVC 绝缘 PVC 护套电缆规格　　表 11.2-4

导体		绝缘层厚度（mm）	护层厚度（mm）	电缆近似外径（mm）	电缆近似重量（kg/km）	
标称截面（mm^2）	线芯直径（mm）				VV	VLV
1.5	1.38	0.8	1.8	7.3	73	—
2.5	1.76	0.8	1.8	7.7	87	72
4	2.23	1.0	1.8	8.6	115	91
6	2.73	1.0	1.8	9.1	139	106
10	3.54	1.0	1.8	9.9	186	124
16	4.45	1.0	1.8	10.8	250	154
25	6.0	1.2	1.8	12.8	369	214
35	7.0	1.2	1.8	13.8	474	257
50	8.3	1.4	1.8	15.5	642	332
70	10.0	1.4	1.8	17.2	847	414
95	11.6	1.6	1.8	19.3	1115	527
120	13.0	1.6	1.8	20.7	1362	619
150	14.6	1.8	1.8	22.7	1677	749
185	16.2	2.0	1.8	24.7	2041	896
240	18.4	2.2	1.8	27.4	2600	1114
300	20.6	2.4	1.9	30.2	3205	1348
400	23.8	2.6	2.0	34.0	4096	1720
500	26.6	2.8	2.1	37.5	5180	2085
630	30.0	2.8	2.2	41.1	6418	2518
800	34.0	2.8	2.3	44.5	8019	3067

(2) 0.6/1.0kV 3 芯 PVC 绝缘无铠装及钢带铠装 PVC 护套电缆规格（表 11.2-5）

0.6/1.0kV 3 芯 PVC 绝缘无铠装及钢带铠装 PVC 护套电缆规格　　表 11.2-5

导体		绝缘厚度（mm）	无铠装电缆				钢带铠装电缆					
标称截面（mm^2）	线芯直径或扇形高度（mm）		护层厚度（mm）	电缆近似外径（mm）	电缆近似重量（kg/km）		垫层厚度（mm）	钢带厚度（mm）	外护层厚度（mm）	电缆近似外径（mm）	电缆近似重量（kg/km）	
					VV	VLV					VV_{22}	VLV_{22}
3×1.5	1.38	0.8	1.8	11.5	173	—	—	—	—	—	—	—
3×2.5	1.76	0.8	1.8	12.3	213	167	—	—	—	—	—	—
3×4	2.23	1.0	1.8	14.3	297	224	1.2	2×0.3	1.8	16.9	512	439
3×6	2.73	1.0	1.8	15.4	373	271	1.2	2×0.3	1.8	18.2	605	506
3×10	3.55	1.0	1.8	17.1	517	326	1.2	2×0.3	1.8	19.7	775	582
3×16	4.45	1.0	1.8	19.1	715	417	1.2	2×0.3	1.8	21.5	975	676
3×25	4.7	1.2	1.8	20.6	1007	541	1.2	2×0.3	1.8	23.0	1497	824
3×35	5.60	1.2	1.8	22.5	1314	661	1.2	2×0.3	1.8	24.9	1622	970
3×50	6.80	1.4	1.8	26.0	1807	875	1.2	2×0.5	1.9	29.4	2378	1445
3×70	7.90	1.4	2.0	28.4	2434	1120	1.2	2×0.5	2.1	32.2	3070	1765
3×95	9.40	1.6	2.1	33.2	3255	1463	1.2	2×0.5	2.2	36.6	3986	2215
3×120	10.70	1.6	2.2	36.2	4008	1771	1.2	2×0.5	2.3	39.6	4804	2567
3×150	12.00	1.8	2.3	40.1	4975	2178	1.2	2×0.5	2.5	43.7	5877	3080
3×185	13.40	2.0	2.5	44.9	6164	2714	1.2	2×0.5	2.6	47.9	7092	3642
3×240	15.40	2.2	2.7	50.5	7910	3436	1.2	2×0.5	2.8	53.5	8951	4477
3×300	17.10	2.4	2.9	55.5	9799	4206	1.2	2×0.5	3.0	58.5	10931	5338

(3) 0.6/1.0kV 3 芯 PVC 绝缘钢丝铠装 PVC 护套电缆规格（表 11.2-6）

0.6/1.0kV 3 芯 PVC 绝缘钢丝铠装 PVC 护套电缆规格　　表 11.2-6

导体		绝缘厚度（mm）	垫层厚度（mm）	细钢丝铠装电缆					粗钢丝铠装电缆				
标称截面（mm^2）	线芯直径或扇形高度（mm）			钢丝直径（mm）	护层厚度（mm）	电缆近似外径（kg/km）	电缆近似重量（kg/km）		钢丝厚度（mm）	外护层厚度（mm）	电缆近似外径（mm）	电缆近似重量（kg/km）	
							VV_{32}	VLV_{32}				VV_{42}	VLV_{42}
3×25	4.7	1.2	2.0	2.5	2.3	43.3	3894	3423	4.0	2.4	46.5	5108	4642
3×35	5.60	1.2	2.0	2.5	2.4	45.5	4411	3758	4.0	2.5	48.9	5695	5042
3×50	6.80	1.4	2.0	3.15	2.5	48.7	5704	4772	4.0	2.6	50.6	6499	5567
3×70	7.90	1.4	2.0	3.15	2.6	50.0	6062	4785	4.0	2.7	51.9	6832	5807
3×95	9.40	1.6	2.0	3.15	2.8	52.4	7160	5389	4.0	2.8	54.1	7961	6190
3×120	10.70	1.6	2.0	3.15	2.9	55.4	8168	5931	4.0	2.9	57.1	9017	6780
3×150	12.00	1.8	2.0	3.15	3.0	58.4	9334	6537	4.0	3.0	60.1	10229	7432
3×185	13.40	2.0	2.0	3.15	3.1	61.6	10652	7202	4.0	3.1	63.1	11598	8148
3×240	15.40	2.2	2.0	3.15	3.2	66.1	12660	8186	4.0	3.3	68.0	13708	9234
3×300	17.10	2.4	2.0	3.15	3.15	70.2	14871	9188	4.0	3.5	72.1	15894	10301

(4) 0.6/1.0kV 3+1 芯 PVC 绝缘 PVC 护套电缆规格（表 11.2-7）

0.6/1.0kV 3+1 芯 PVC 绝缘 PVC 护套电缆规格　　表 11.2-7

导体		绝缘厚度（mm）		无铠装电缆				钢带铠装电缆					
标称截面（mm^2）	扇形高度线芯直径（mm）	主线芯	中性线	护层厚度（mm）	电缆近似外径（mm）	电缆近似重量（kg/km）		垫层厚度（mm）	钢带厚度（mm）	外护层厚度（mm）	电缆近似外径（mm）	电缆近似重量（kg/km）	
						VV	VLV					VV_{22}	VLV_{22}
3×4+1×2.5	2.23 及 1.76	1.0	0.8	1.8	15.2	334	253	1.2	2×0.3	1.8	17.8	567	482
3×6+1×4	2.73 及 2.23	1.0	1.0	1.8	16.8	439	314	1.2	2×0.3	1.8	19.4	687	567
3×10+1×6	3.54 及 2.73	1.0	1.0	1.8	18.5	609	383	1.2	2×0.3	1.8	21.1	889	661
3×16+1×10	4.45 及 3.54	1.0	1.0	1.8	20.7	850	489	1.2	2×0.3	1.8	23.1	1133	771
3×25+1×16	5.10 及 4.45	1.2	1.0	1.8	22.9	1199	634	1.2	2×0.3	1.8	25.3	1513	948
3×35+1×16	6.10 及 4.45	1.2	1.0	1.8	25.2	1514	763	1.2	2×0.3	1.9	27.6	1860	1109
3×50+1×25	7.45 及 5.90	1.4	1.2	1.9	29.7	2136	1048	1.2	2×0.3	2.0	33.1	2794	1707
3×70+1×35	8.60 及 7.00	1.4	1.2	2.0	32.5	2843	1321	1.2	2×0.3	2.1	35.9	3562	2040
3×95+1×50	10.40 及 8.20	1.6	1.4	2.2	38.2	3850	1769	1.2	2×0.5	2.3	41.6	4691	2609
3×120+1×70	11.50 及 9.80	1.6	1.4	2.3	41.0	4798	2126	1.2	2×0.5	2.4	44.4	5700	3027
3×150+1×70	12.90 及 9.80	1.8	1.4	2.4	45.4	5780	2548	1.2	2×0.5	2.5	48.8	6777	3545
3×185+1×95	14.40 及 11.5	2.0	1.6	2.6	50.8	7246	3206	1.2	2×0.5	2.7	53.8	8296	4255

5. 聚氯乙烯绝缘电力电缆载流量

(1) 0.6/1.0kV PVC 绝缘 PVC 护套电力电缆在空气中敷设时载流量（表 11.2-8）

0.6/1.0kV PVC 绝缘 PVC 护套电力电缆在空气中敷设时载流量 **表 11.2-8**

标称截面 (mm^2)	长期连续负荷允许载流量（A）							
	1 芯 3 根		2 芯		3 芯		4 芯（或 3+1）	
	铜芯	铝芯	铜芯	铝芯	铜芯	铝芯	铜芯	铝芯
1.5	24	—	20	—	17	—	—	—
2.5	32	25	28	21	23	18	—	—
4	45	34	36	29	31	24	28	22
6	56	43	47	36	39	31	38	28
10	80	61	66	51	56	43	51	40
16	106	83	89	69	76	59	68	53
25	143	111	117	91	102	78	92	71
35	175	133	143	111	122	94	115	89
50	223	170	180	138	154	122	144	111
70	265	207	217	170	191	148	178	136
95	329	254	—	—	233	180	218	168
120	382	297	—	—	270	207	253	195
150	445	339	—	—	313	244	297	228
185	519	392	—	—	360	281	344	263
240	609	472	—	—	429	334	—	—
300	705	546	—	—	477	376	—	—
400	832	641	—	—	—	—	—	—
500	965	753	—	—	—	—	—	—
630	1134	880	—	—	—	—	—	—
800	1357	1049	—	—	—	—	—	—

（2）0.6/1.0kV PVC 绝缘 PVC 护套电力电缆直埋敷设时载流量（表 11.2-9）

0.6/1.0kV PVC 绝缘 PVC 护套电力电缆直埋敷设时载流量 **表 11.2-9**

标称截面 (mm^2)	长期连续负荷允许载流量（A）							
	1 芯 3 根		2 芯		3 芯		4 芯（或 3+1）	
	铜芯	铝芯	铜芯	铝芯	铜芯	铝芯	铜芯	铝芯
1.5	34	—	27	—	22	—	—	—
2.5	46	35	35	28	30	23	—	—
4	61	47	47	36	39	31	37	28
6	75	58	58	46	49	38	46	36
10	105	91	80	62	68	52	61	47
16	138	106	105	82	89	69	80	61
25	180	138	133	104	107	83	106	82
35	218	169	164	127	131	101	130	101
50	265	196	201	159	159	123	161	124
70	310	239	244	186	195	150	194	148
95	369	283	—	—	231	178	231	177
120	416	323	—	—	262	201	263	204
150	474	364	—	—	300	231	303	233
185	530	408	—	—	337	262	340	263
240	617	474	—	—	390	301	—	—
300	700	530	—	—	451	355	—	—
400	820	629	—	—	—	—	—	—
500	929	710	—	—	—	—	—	—
630	1060	813	—	—	—	—	—	—
800	1223	938	—	—	—	—	—	—

（3）0.6/1.0kV PVC 绝缘 PVC 护套铠装电力电缆在空气中敷设时载流量（表 11.2-10）

0.6/1.0kV PVC 绝缘 PVC 护套铠装电力电缆在空气中敷设时载流量 表 11.2-10

标称截面 (mm^2)	长期连续负荷允许载流量（A）					
	2芯		3芯		4芯（或3+1）	
	铜芯	铝芯	铜芯	铝芯	铜芯	铝芯
4	37	29	32	24	29	23
6	48	37	40	32	39	29
10	67	52	57	45	52	40
16	91	70	77	60	70	54
25	122	92	102	80	94	73
35	143	111	122	95	119	92
50	180	138	154	122	149	115
70	217	170	191	148	184	141
95	—	—	233	180	226	174
120	—	—	270	207	260	201
150	—	—	313	244	301	231
185	—	—	360	281	245	266
240	—	—	424	334	—	—
300	—	—	477	371	—	—

（4）0.6/1.0kV PVC 绝缘 PVC 护套铠装电力电缆直埋敷设时载流量（表 11.2-11）

0.6/1.0kV PVC 绝缘 PVC 护套铠装电力电缆直埋敷设时载流量 表 11.2-11

标称截面 (mm^2)	长期连续负荷允许载流量（A）					
	2芯		3芯		4芯（或3+1）	
	铜芯	铝芯	铜芯	铝芯	铜芯	铝芯
4	45	—	38	29	36	27
6	56	—	47	37	46	36
10	77	35	65	50	61	47
16	102	43	87	66	81	62
25	125	59	109	84	106	82
35	148	79	130	100	134	103
50	181	97	160	123	163	125
70	220	115	195	150	196	151
95	—	140	229	176	234	181
120	—	170	262	201	267	206
150	—	—	299	229	301	231
185	—	—	334	257	338	261
240	—	—	386	298	—	—
300	—	—	445	350	—	—

11.2.4 交联聚乙烯绝缘电力电缆

供电工程中，10kV 交联聚乙烯（XLPE）绝缘电力电缆的应用范围广，且敷设量大，除电力系统和工矿企业的输配电网使用外，还涉及许多大型建筑物、高层建筑及工业、生活小区的供电工程。常见的型号有普通型电力电缆、钢带铠装电力电缆、钢丝铠装电力电缆等。

1. 交联聚乙烯绝缘电力电缆结构（图 11.2-3）

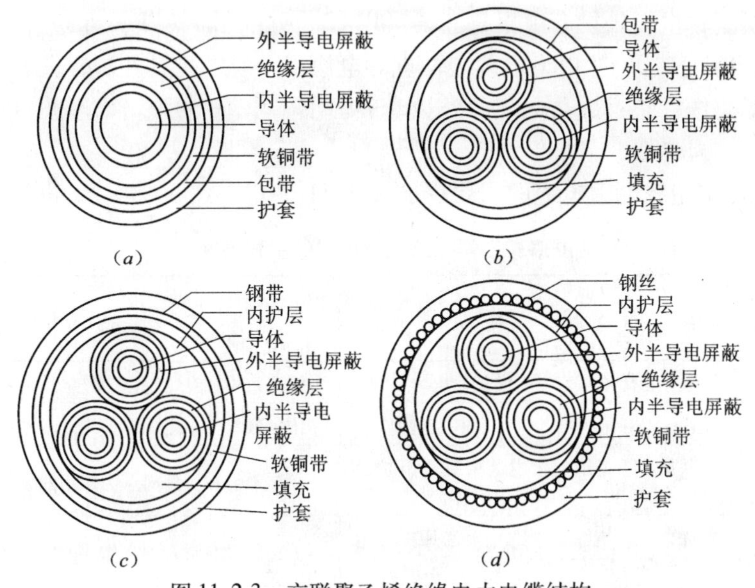

图 11.2-3 交联聚乙烯绝缘电力电缆结构

(*a*) YJV、YJLV 型单芯电缆；(*b*) YJV、YJLV 型 3 芯电缆；
(*c*) YJV_{22}、$YJLV_{22}$ 型 3 芯电缆；(*d*) YJV_{32}、$YJLV_{32}$ 型 3 芯电缆

(1) 导体：电缆导体材料由纯铜或纯铝构成。3.6/6kV 及以上的单芯和多芯电缆导体完全采用绞合图形紧压线芯，可以减少电缆外径。导体也可以制造成为具有纵向阻水功能的导电线芯。

(2) 导体屏蔽：3.6/6kV 及以上电缆具有导体屏蔽层，导体屏蔽由挤包的半导电材料组成，消除导体表面的电场集中，提高电缆工作场强。

(3) 绝缘：绝缘由挤包的交联聚乙烯（XLPE）组成。额定电压 35kV 以上电缆使用超净级 XLPE 材料，绝缘挤包在导体屏蔽外，绝缘标称厚度符合相应的标准规定。

(4) 绝缘屏蔽：绝缘屏蔽由挤包的半导电材料组成，挤包在每个缆芯的绝缘层上，起均匀电场的作用。

(5) 金属屏蔽：金属屏蔽由铜带或铜线组成。具有接地屏蔽、导通电容电流和短路电流的作用。35kV 以下的单芯和多芯电缆采用绕包铜带为金属屏蔽，特殊要求 35kV 及以下单芯电缆亦可以采用铜线屏蔽。

(6) 填充：多芯电缆采用适当的填充物与缆芯一起成缆，使电缆成为圆形。多芯电缆各缆芯上金属屏蔽彼此间有可靠接触，在各芯的金属屏蔽下有分相标志，整个成缆的缆芯有适当的包带包扎。

(7) 金属护套：35kV 以上电缆可以有铅、铝、铜或不锈钢等金属护套，既作为接地屏蔽层，又是防水密封层。

(8) 综合防水层：以纵包铝塑复合带及挤包的外护套起径向防水作用，形成综合防水护套代替金属护套。

(9) 金属铠装：多芯电缆的铠装由双层钢带或镀锌圆钢丝组成，交流使用的单芯电缆如有铠装要求时，采用非磁性材料或采取特殊措施的钢丝铠装，如果具有金属屏蔽或金属护套的电缆要求铠装时，铠装下应挤包聚氯乙烯（PVC）或聚乙烯（PE）的隔离护套为垫层。

（10）外护套：电缆外护套由聚氯乙烯（PVC）或聚乙烯（PE）组成。外护套除特殊要求外，一般为黑色。35kV以上电缆表面有导电涂层，使之能对外护套进行电压试验。

（11）成品电缆标志：成品电缆的外护套表面上有电缆型号、额定电压、制造厂等连续标志。

2. 交联聚乙烯绝缘电力电缆的主要用途（表11.2-12）

交联聚乙烯绝缘电力电缆的主要用途　　表11.2-12

型号		名称	主要用途
铜芯	铝芯		
YJV	YJLV	交联聚乙烯绝缘聚氯乙烯护套电力电缆	固定敷设在空中、室内、电缆沟、隧道或者地下
YJY	JYLY	交联聚乙烯绝缘聚乙烯护套电力电缆	固定敷设在室内、电缆沟、隧道或者地下
YJV_{22}	$YJLV_{22}$	交联聚乙烯绝缘钢带铠装聚氯乙烯护套电力电缆	固定敷设在有外界压力作用的场所
YJV_{23}	$YJLV_{23}$	交联聚乙烯绝缘钢带铠装聚乙烯护套电力电缆	固定敷设在常有外力作用的场所
YJV_{32}	$YJLV_{32}$	交联聚乙烯绝缘细钢丝铠装聚氯乙烯护套电力电缆	固定敷设在要求能承受拉力的场所
YJV_{33}	$YJLV_{33}$	交联聚乙烯绝缘细钢丝铠装聚乙烯护套电力电缆	固定敷设在要求能承受拉力的场所
YJV_{42}	$JYLV_{42}$	交联聚乙烯绝缘粗钢丝铠装聚氯乙烯护套电力电缆	固定敷设在水下、竖井或要求能承受拉力的场所
YJV_{43}	$YJLV_{43}$	交联聚乙烯绝缘粗钢丝铠装聚乙烯护套电力电缆	固定敷设在要求能承受较大拉力的场所

注：型号的字母及符号意义：1. L—铝芯、无L为铜芯；
2. YJ—交联聚乙烯绝缘；
3. V—聚氯乙烯护套。

3. 交联聚乙烯绝缘电力电缆规格

（1）6/6kV、6/10kV　YJV、YJLV单芯电力电缆规格（表11.2-13）

6/6kV、6/10kV　YJV、YJLV单芯电力电缆规格　　表11.2-13

导体标称截面（mm^2）	导体直径（mm）	绝缘标称厚度（mm）	护套厚度（mm）	电缆外径（mm）	电缆重量（kg/km）	
					铜芯	铝芯
50	8.3	3.4	1.8	23	940	630
70	10.0	3.4	1.8	25	1170	730
95	11.6	3.4	1.8	26	1440	850
120	13	3.4	1.8	28	1700	960
150	14.6	3.4	1.9	30	2030	1100
185	16.2	3.4	1.9	31	2390	1240
240	18.4	3.4	2.0	34	2960	1470
300	20.6	3.4	2.1	36	3570	1720
400	23.8	3.4	2.2	41	4670	2200
500	26.6	3.4	2.3	44	5730	2640
630	30.0	3.4	2.4	48	7030	3130
800	34.0	3.4	2.5	53	8710	3760

（2）6/6kV、6/10kV　YJV、YJLV3芯电力电缆规格（表11.2-14）

6/6kV、6/10kV YJV、YJLV3芯电力电缆规格 表11.2-14

标称截面 (mm^2)	导体直径 (mm)	绝缘标称厚度 (mm)	护套厚度 (mm)	电缆外径 (mm)	电缆重量（kg/km）	
					铜 芯	铝 芯
25	6.0	3.4	2.3	41	2120	1550
35	7.0	3.4	2.3	43	2390	1740
50	8.3	3.4	2.4	46	2960	2020
70	10.0	3.4	2.6	51	3730	2410
95	11.6	3.4	2.7	54	4600	2820
120	13.0	3.4	2.8	57	5460	3220
150	14.6	3.4	2.9	61	6490	3680
185	16.2	3.4	3.0	65	7650	4190
240	18.4	3.4	3.2	70	9470	4980
300	20.6	3.4	3.3	75	11400	5790
400	23.8	3.4	3.6	84	14880	7410

4. 交联聚乙烯绝缘电力电缆载流量

(1) 6/6 kV、6/10kV YJV、YJLV单芯电力电缆载流量（表11.2-15）

6/6kV、6/10kV YJV、YJLV单芯电力电缆载流量（A） 表11.2-15

标称截面 (mm^2)	土 壤		空 气	
	铜 芯	铝 芯	铜 芯	铝 芯
50	215	160	205	160
70	265	200	260	200
95	315	240	315	245
120	360	270	360	280
150	405	305	410	320
185	455	345	470	365
240	530	400	555	435
300	595	455	640	500
400	680	520	745	585
500	765	595	855	680
630	860	680	980	790
800	950	765	1100	910

(2) 6/6 kV、6/10kV YJV、YJLV3芯电力电缆载流量（表11.2-16）

6/6kV、6/10kV YJV、YJLV3芯电力电缆载流量（A） 表11.2-16

标称截面 (mm^2)	土 壤		空 气	
	铜 芯	铝 芯	铜 芯	铝 芯
25	150	115	140	110
35	180	140	170	130
50	210	165	200	155
70	260	200	255	195
95	305	240	305	240
120	350	270	350	275
150	390	305	400	310
185	445	345	445	355
240	510	400	535	420
300	570	450	610	480
400	655	515	705	560

(3) 6/6 kV、6/10kV　YJV_{22}、$YJLV_{22}$3 芯电力电缆载流量（表 11.2-17）

6/6kV、6/10kV　YJV_{22}、$YJLV_{22}$3 芯电力电缆载流量（A）　　表 11.2-17

标称截面（mm^2）	土壤		空气	
	铜芯	铝芯	铜芯	铝芯
25	150	115	140	105
35	175	140	165	130
50	210	165	205	160
70	255	200	250	195
95	300	240	305	235
120	345	270	350	270
150	385	300	395	310
185	440	345	450	350
240	610	390	530	410
300	665	445	600	470
400	645	510	700	550

(4) 6/6 kV、6/10kV　YJV_{32}、$YJLV_{32}$3 芯电力电缆载流量（表 11.2-18）

6/6kV、6/10kV　YJV_{32}、$YJLV_{32}$3 芯电力电缆载流量（A）　　表 11.2-18

标称截面（mm^2）	土壤		空气	
	铜芯	铝芯	铜芯	铝芯
25	150	115	140	110
35	180	140	170	130
50	210	165	205	160
70	260	200	255	200
95	305	240	310	240
120	350	270	355	275
150	390	305	400	315
185	445	345	460	360
240	510	400	535	420
300	570	450	610	480
400	655	515	705	560

(5) 8.7/10kV、8.7/15kV　YJV、YJLV 单芯电力电缆载流量（表 11.2-19）

8.7/10kV、8.7/15kV　YJV、YJLV 单芯电力电缆载流量（A）　　表 11.2-19

标称截面（mm^2）	土壤		空气	
	铜芯	铝芯	铜芯	铝芯
50	215	160	205	160
70	265	200	260	200
95	315	240	315	245
120	360	270	360	280
150	405	305	410	320
185	455	345	470	365
240	530	400	555	435
300	595	455	640	500
400	680	520	745	585
500	765	595	855	680
630	860	680	980	790
800	950	765	1100	910

(6) 8.7/10kV、8.7/15kV YJV、YJLV3芯电力电缆载流量(表11.2-20)

8.7/10kV、8.7/15kV YJV、YJLV3芯电力电缆载流量(A)　表11.2-20

标称截面(mm^2)	土壤		空气	
	铜芯	铝芯	铜芯	铝芯
25	150	115	140	110
35	180	140	170	130
50	210	165	205	160
70	260	200	255	200
95	305	240	310	240
120	350	275	360	285
150	390	305	405	315
185	445	350	465	365
240	520	405	550	430
300	585	455	625	490
400	665	525	730	580

(7) 8.7/10kV、8.7/15kV YJV_{22}、$YJLV_{22}$3芯电力电缆载流量(表11.2-21)

8.7/10kV、8.7/15kV YJV_{22}、$YJLV_{22}$3芯电力电缆载流量(A)　表11.2-21

标称截面(mm^2)	土壤		空气	
	铜芯	铝芯	铜芯	铝芯
25	150	115	140	110
35	175	140	170	130
50	210	165	205	160
70	255	200	250	195
95	305	240	310	240
120	350	270	350	270
150	390	300	400	310
185	440	340	450	350
240	510	400	530	415
300	565	445	605	470
400	645	515	700	555

(8) 8.7/10kV、8.7/15kV YJV_{32}、$YJLV_{32}$3芯电力电缆载流量(表11.2-22)

8.7/10kV、8.7/15kV YJV_{32}、$YJLV_{32}$3芯电力电缆载流量(A)　表11.2-22

标称截面(mm^2)	土壤		空气	
	铜芯	铝芯	铜芯	铝芯
25	150	115	145	110
35	180	140	170	135
50	210	165	205	160
70	260	200	255	200
95	305	245	310	240
120	350	275	360	280
150	390	300	405	315
185	445	345	460	360
240	510	400	535	420
300	570	450	610	480
400	645	515	705	560

11.2.5 聚氯乙烯绝缘阻燃电力电缆

聚氯乙烯绝缘阻燃电力电缆适用于额定电压3.6/6kV及以下具有阻燃特性的线路中，供输配电能之用。电缆导体的最高额定温度为70℃；短路时（最长持续时间不超过5s）电缆导体的最高温度不超过160℃。敷设电缆时的环境温度应不低于0℃，弯曲半径不小于电缆外径的10倍。

1. 聚氯乙烯绝缘阻燃电力电缆结构（图11.2-4）

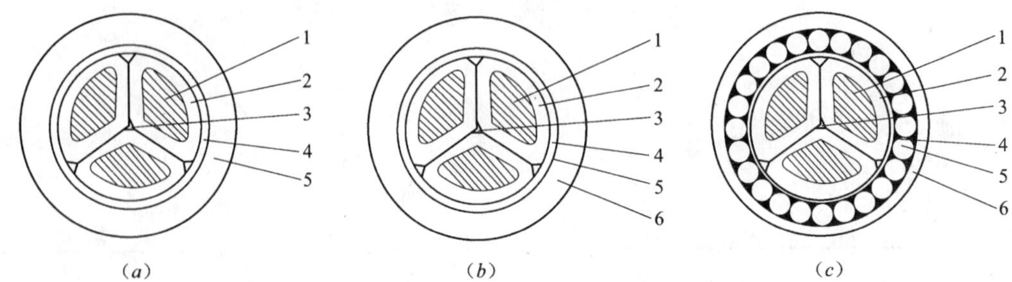

图11.2-4 聚氯乙烯绝缘阻燃电力电缆结构
(*a*) ZRC（A）—VV、ZRC（A）—VLV型3芯电缆；
1—导体（铜或铝）；2—PVC绝缘；3—填充；4—绕包带；5—阻燃PVC护套
(*b*) ZRC（A）—VV_{22}、ZRC（A）—VLV_{22}型3芯电缆
1—导体（铜或铝）；2—PVC绝缘；3—填充；4—垫层；5—钢带铠装；6—阻燃PVC护套
(*c*) ZRC（A）—VV_{32}、ZRC（A）—VLV_{32}、ZRC（A）—VV_{42}、ZRC（A）—VLV_{42}型3芯电缆
1—导体（铜或铝）；2—PVC绝缘；3—填充；4—垫层；5—钢丝铠装；6—阻燃PVC护套

2. 聚氯乙烯绝缘阻燃电力电缆用途（表11.2-23）

聚氯乙烯绝缘阻燃电力电缆用途 **表11.2-23**

型号		名称	使用条件
铜芯	铝芯		
ZRC—VV	ZRC—VLV	聚氯乙烯绝缘聚氯乙烯护套阻燃电力电缆	固定敷设在室内、隧道内、管道中或户外桥架敷设，电缆不能受机械外力作用
ZRA—VV	ZRA—VLV	聚氯乙烯绝缘聚氯乙烯护套高阻燃电力电缆	
ZRC—VV_{22}	ZRC—VLV_{22}	聚氯乙烯绝缘聚氯乙烯护套内钢带铠装阻燃电力电缆	固定敷设在室内、隧道内、电缆沟及地下，电缆能承受机械外力作用，但不能承受大的拉力
ZRA—VV_{22}	ZRA—VLV_{22}	聚氯乙烯绝缘聚氯乙烯护套内钢带铠装高阻燃电力电缆	
ZRC—VV_{32}	ZRC—VLV_{32}	聚氯乙烯绝缘聚氯乙烯护套细钢丝铠装阻燃电力电缆	固定敷设在地下、竖井、水中，电缆能承受一定的拉力
ZRA—VV_{32}	ZRA—VLV_{32}	聚氯乙烯绝缘聚氯乙烯护套细钢丝铠装高阻燃电力电缆	
ZRC—VV_{42}	ZRC—VLV_{42}	聚氯乙烯绝缘聚氯乙烯护套粗钢丝铠装阻燃电力电缆	固定敷设在竖井、水中，电缆能承受较大的拉力
ZRA—VV_{42}	ZRA—VLV_{42}	聚氯乙烯绝缘聚氯乙烯护套粗钢丝铠装高阻燃电力电缆	

3. 聚氯乙烯绝缘阻燃电力电缆载流量

(1) 0.6/1.0kV ZRC—VV、ZRA—VV、ZRC—VLV、ZRA—VLV 阻燃电力电缆载流量（表 11.2-24）

0.6/1.0kV ZRC—VV、ZRA—VV、ZRC—VLV、ZRA—VLV 阻燃电力电缆载流量

（环境温度：30℃、工作温度：70℃） **表 11.2-24**

标称截面 (mm²)	空气中单根敷设载流量 (A)							
	1 芯		2 芯		3 芯		4 芯	
	铜芯	铝芯	铜芯	铝芯	铜芯	铝芯	铜芯	铝芯
1.5	24	—	20	—	17	—	—	—
2.5	32	25	28	21	23	18	—	—
4	45	34	36	29	31	38	28	22
6	56	43	47	36	39	31	38	28
10	80	61	66	51	56	43	51	40
16	106	83	89	69	76	59	68	53
25	143	111	117	91	102	78	92	71
35	175	133	143	111	122	94	115	89
50	223	170	180	138	154	122	144	111
70	265	207	217	170	191	148	178	136
95	329	254	—	—	233	180	218	168
120	382	297	—	—	270	207	253	195
150	445	339	—	—	313	244	297	228
185	519	395	—	—	360	281	344	263
240	609	472	—	—	429	334	—	—
300	705	546	—	—	477	376	—	—
400	832	641	—	—	—	—	—	—
500	965	753	—	—	—	—	—	—
630	1134	880	—	—	—	—	—	—
800	1357	1049	—	—	—	—	—	—

(2) 0.6/1.0kV ZRC—VV_{22}、ZRA—VV_{22}、ZRC—VLV_{22}、ZRA—VLV_{22}阻燃电力电缆载流量（表 11.2-25）

0.6/1.0kV ZRC—VV_{22}、ZRA—VV_{22}、ZRC—VLV_{22}、ZRA—VLV_{22}阻燃电力电缆载流量

（环境温度：30℃、工作温度：70℃） **表 11.2-25**

标称截面 (mm²)	空气中单根敷设载流量 (A)					
	2 芯		3 芯		4 芯	
	铜芯	铝芯	铜芯	铝芯	铜芯	铝芯
4	37	29	32	24	29	23
6	48	37	40	32	39	29
10	67	52	57	45	52	40
16	91	70	77	60	70	54
25	122	92	102	80	94	73

续表

标称截面 (mm²)	空气中单根敷设载流量（A）					
	2芯		3芯		4芯	
	铜芯	铝芯	铜芯	铝芯	铜芯	铝芯
35	143	111	122	95	119	92
50	180	138	154	122	149	115
70	217	170	191	148	184	141
95	—	—	233	180	226	174
120	—	—	270	207	260	201
150	—	—	313	244	301	231
185	—	—	360	281	345	266
240	—	—	424	334	—	—
300	—	—	477	371	—	—

（3）3.6/6kV ZRC（A）—VV、ZRC（A）—VV_{32}、ZRC（A）—VLV、ZRC（A）—VLV_{32}、ZRC（A）—VV_{22}、ZRC（A）—VV_{42}、ZRC（A）—VLV_{22}、ZRC（A）—VLV_{42}阻燃电力电缆载流量（表11.2-26）

3.6/6kV ZRC（A）—VV、ZRC（A）—VV_{32}、ZRC（A）—VLV、ZRC（A）—VLV_{32}、ZRC（A）—VV_{22}、ZRC（A）—VV_{42}、ZRC（A）—VLV_{22}、ZRC（A）—VLV_{42}阻燃电力电缆载流量

（环境温度：30℃、工作温度：70℃） **表11.2-26**

标称截面 (mm²)	空气中单根敷设载流量（A）					
	1芯		3芯（非铠装电缆）		3芯（铠装电缆）	
	铜芯	铝芯	铜芯	铝芯	铜芯	铝芯
10	82	63	60	47	60	47
16	111	85	81	61	81	61
25	143	111	105	81	104	81
35	175	138	127	99	127	98
50	223	170	159	122	159	122
70	265	207	191	148	191	148
95	329	254	239	186	233	180
120	382	292	275	212	270	207
150	440	339	313	244	313	244
185	504	392	360	281	355	276
240	604	466	429	334	413	329
300	700	541	477	371	456	366
400	826	641	—	—	—	—
500	965	747	—	—	—	—
630	1124	875	—	—	—	—
800	1346	1039	—	—	—	—

11.2.6 交联聚乙烯绝缘阻燃电力电缆

交联聚乙烯绝缘阻燃电力电缆适用于阻燃场所，固定敷设输配电线路中，供输配电能之用。导体最高额定温度为90℃，短路时（最长持续时间不超过5s）电缆导体的最高温度不超过250℃。

1. 交联聚乙烯绝缘阻燃电力电缆结构（图 11.2-5）

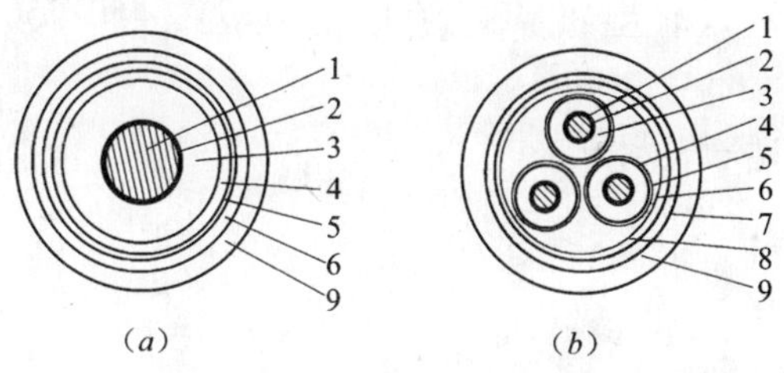

图 11.2-5 交联聚乙烯绝缘阻燃电力电缆结构

（*a*）ZRC-YJV 型单芯电缆；（*b*）ZRC-YJV_{32}型 3 芯电缆

1—导体：铜或铝圆形绞合紧压线芯；2—导体屏蔽：挤出的半导电层；
3—绝缘：交联聚乙烯；4—绝缘屏蔽：挤出的半导电层；
5—金属屏蔽：铜带或铜丝（35kV 500mm^2 以上规格采用铜丝结构）；
6—阻燃隔离层：阻燃玻璃布带；7—铠装：钢带或钢丝；
8—填充：阻燃聚氯乙烯条；9—阻燃护套：阻燃聚氯乙烯

2. 交联聚乙烯绝缘阻燃电力电缆用途（表 11.2-27）

交联聚乙烯绝缘阻燃电力电缆用途 **表 11.2-27**

型号		名称	使用条件
铜芯	铜芯		
ZRC—YJV ZRA—YJV	ZRC—YJLV ZRA—YJLV	交联聚乙烯绝缘聚氯乙烯护套阻燃电力电缆	阻燃场所，桥架、室内、隧道、管道、电缆沟及地下
ZRC—YJV_{22} ZRA—YJV_{22}	ZRC—$YJLV_{22}$ ZRA—$YJLV_{22}$	交联聚乙烯绝缘聚氯乙烯护套钢带铠装阻燃电力电缆	阻燃场所，室内、隧道、电缆沟及地下
ZRC—YJV_{32} ZRA—YJV_{32}	ZRC—$YJLV_{32}$ ZRA—$YJLV_{32}$	交联聚乙烯绝缘聚氯乙烯护套细钢丝铠装阻燃电力电缆	阻燃场所，高落差竖井及水下
ZRC—YJV_{42} ZRA—YJV_{42}	ZRC—$YJLV_{42}$ ZRA—$YJLV_{42}$	交联聚乙烯绝缘聚氯乙烯护套粗钢丝铠装阻燃电力电缆	阻燃场所，承受大拉力的竖井及海底

注：字母及符号意义：1. ZRC—电缆能通过 ICE332—3C 类试验，一般阻燃场合；
2. ZRA—电缆能通过 ICE332—3A 类试验，高阻燃场合；
3. L—铝芯、无 L 为铜芯；
4. YJ—交联聚乙烯绝缘；
5. V—聚氯乙烯护套；
6. 22—钢带铠装聚氯乙烯护套；
7. 32—细钢丝铠装聚氯乙烯护套；
8. 42—粗钢丝铠装聚氯乙烯护套。

11.2.7 通用橡套软电缆

移动式通用橡套软电缆适用于交流额定电压 450/750V 及以下家用电器、电动工具和各种移动式电气设备。电缆线芯采用多股软铜线绞制而成，线芯绝缘采用耐热无硫橡胶，在线芯绝缘包有橡套。按电缆能够承受机械力的能力分为轻型、中型和重型3种；按电缆额定电压可分为300/300V（轻型）、300/500V（中型）、450/750V（重型），电缆线芯允许的长期工作温度不超过65℃。

1. 通用橡套软电缆型号表示方法

电缆的型号表示为：

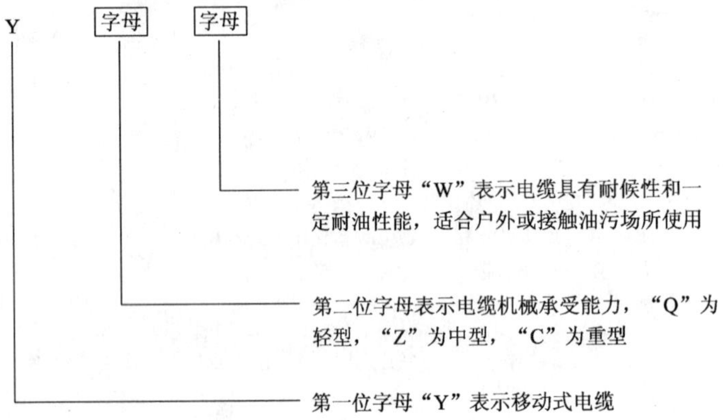

注：型号后字母“ZR”表示电缆具有阻燃性能。

2. 通用橡套软电缆规格（表11.2-28）

移动式通用橡套软电缆规格 **表11.2-28**

型号	额定电压（V）	芯数	标称截面（mm^2）
YQ、YQW	300/300	2，3	0.3~0.5
YZ、YZW	300/500	2，3，4，5	0.75~6
YC、YCW	450/750	1	1.5~400
		2	1.5~95
		3，4	1.5~150
		5	1.5~25

3. 通用橡套软电缆技术参数

（1）常用轻型（YQ、YQW）300/300V橡套软电缆技术参数（表11.2-29）

常用轻型（YQ、YQW）300/300V橡套软电缆技术参数 **表11.2-29**

标称截面（mm^2）	结构与标称直径（根/mm）	平均外径（mm）		20℃时导体电阻（Ω/km）	
		下限	上限	铜芯	镀锡铜芯
2×0.3	16/0.15	4.6	6.6	≤69.2	≤71.2
2×0.5	28/0.15	5.0	7.2	≤39.0	≤40.1

（2）常用中型（YZ、YZW）300/500V橡套软电缆技术参数（表11.2-30）

常用中型（YZ、YZW）300/500V 橡套软电缆技术参数　　表 11.2-30

标称截面（mm^2）	结构与标称直径（根/mm）	平均外径（mm）		20℃时导体电阻（Ω/km）	
		下限	上限	铜芯	镀锡铜芯
2×0.75	24/0.20	6.0	8.2	≤26.0	≤26.7
2×1	32/0.20	6.4	8.8	≤19.5	≤20.0
2×1.5	30/0.25	8.0	10.5	≤13.3	≤13.7
2×2.5	49/0.25	9.4	12.5	≤7.98	≤8.21
2×4	56/0.30	11.0	14.0	≤4.95	≤5.09
2×6	84/0.30	12.5	17.0	≤3.30	≤3.39
3×0.75	24/0.20	6.6	8.8	≤26.0	≤26.7
3×1	32/0.20	6.8	9.2	≤19.5	≤20.0
3×1.5	30/0.25	8.4	11.0	≤13.3	≤13.7
3×2.5	49/0.25	10.0	13.0	≤7.98	≤8.21
3×4	56/0.30	11.5	14.5	≤4.95	≤5.09
3×6	84/0.30	13.0	18.0	≤3.30	≤3.39
4×0.75	24/0.20	7.2	9.6	≤26.0	≤36.1
4×1	32/0.20	7.6	10.0	≤19.5	≤20.0
4×1.5	30/0.25	9.4	12.5	≤13.3	≤13.7
4×2.5	49/0.25	11.0	14.0	≤7.98	≤8.21
4×4	56/0.30	13.0	16.5	≤4.95	≤5.09
4×6	84/0.30	14.5	20.0	≤3.30	≤3.39
四芯三大一小结构		主线芯导体电阻			
3×1.5+1×1.0	30/0.25+32/0.20	9.4	12.0	13.3	13.7
3×2.5+1×1.5	49/0.25+30/0.25	11.0	14.0	7.98	8.21
3×4+1×2.5	56/0.30+49/0.25	13.0	16.0	4.95	5.09
3×6+1×4	84/0.30+56/0.30	14.5	19.5	3.30	3.39
5×0.75	24/0.20	8.0	11.0	26.0	26.7
5×1	32/0.20	8.4	11.5	19.5	20.0
5×1.5	30/0.25	10.0	13.5	13.3	13.7
5×2.5	49/0.25	12.5	15.5	7.98	8.21
5×4	56/0.30	14.5	18.0	4.95	5.09
5×6	84/0.30	16.5	22.5	3.30	3.39

（3）常用重型（YC、YCW）450/750V 橡套软电缆技术参数（表 11.2-31）

常用重型（YC、YCW）450/750V 橡套软电缆技术参数 **表 11.2-31**

标称截面（mm²）	结构与标称直径（根/mm）	平均外径（mm）		20℃时导体电阻（Ω/km）	
		下限	上限	铜芯	镀锡铜芯
2×1.5	30/0.25	9.0	11.5	≤13.3	≤13.7
2×2.5	49/0.25	10.5	13.5	≤7.98	≤8.21
2×4	56/0.30	12.0	15.0	≤4.95	≤5.09
2×6	84/0.30	13.5	18.5	≤3.30	≤3.39
2×10	84/0.40	18.5	24.0	≤1.31	≤1.95
2×16	126/0.40	21.0	27.5	≤1.21	≤1.24
2×25	196/0.40	24.5	31.5	≤0.78	≤0.795
2×35	276/0.40	27.5	35.5	≤0.554	≤0.565
2×50	396/0.40	32.0	41.0	≤0.386	≤0.393
2×70	360/0.50	36.0	46.0	≤0.272	≤0.277
2×95	475/0.50	40.5	50.5	≤0.206	≤0.21
四芯三大一小结构		主线芯导体电阻			
3×2.5+1×1.5	49/0.25+30/0.25	12.5	15.5	≤7.98	≤8.21
3×4+1×2.5	56/0.30+49/0.25	14.5	17.5	≤4.95	≤5.09
3×6+1×4	84/0.30+56/0.30	16.0	21.0	≤3.30	≤3.39
3×10+1×6	84/0.40+84/0.30	20.5	26.5	≤1.91	≤1.95
3×16+1×6	126/0.40+84/0.30	23.0	30.5	≤1.21	≤1.24
3×25+1×10	196/0.40+84/0.40	28.0	35.5	≤0.78	≤0.795
3×35+1×10	276/0.40+84/0.40	30.0	38.5	≤0.554	≤0.565
3×50+1×16	396/0.40+126/0.40	36.0	46.0	≤0.386	≤0.393
3×70+1×25	360/0.50+196/0.40	40.0	51.0	≤0.272	≤0.277
3×95+1×35	475/0.50+276/0.40	44.0	55.0	≤0.206	≤0.21
3×120+1×35	608/0.50+276/0.40	46.5	59.0	≤0.161	≤0.164
3×150+1×50	756/0.50+396/0.40	52.0	66.0	≤0.129	≤0.132
5×1.5	30/0.25	11.5	15.0	≤13.3	≤13.7
5×2.5	49/0.25	13.5	17.0	≤7.98	≤8.21
5×4	56/0.30	16.0	19.5	≤4.95	≤5.09
5×6	84/0.30	18.0	24.5	≤3.30	≤3.39
5×10	84/0.40	24.0	31.0	≤1.91	≤1.95
5×16	126/0.40	27.0	35.5	≤1.21	≤1.24
5×25	196/0.40	32.5	41.5	≤0.78	≤0.795

4. 通用橡套软电缆载流量

(1) 轻型、中型橡套软电缆持续载流量（表 11.2-32）

轻型、中型橡套软电缆持续载流量（A） **表 11.2-32**

型号		YQ、YQW		YZ、YZW							
额定电压（kV）		0.3/0.3		0.3/0.5							
导体工作温度（℃）		65									
环境温度（℃）		25	25	25	30	35	40	25	30	35	40
标称截面（mm²）		2 芯	3 芯	2 芯				3 芯、4 芯			
主线芯	中性线										
0.5	0.5	11	9	12	11	10	9	9	8	7	7
0.75	0.75	14	12	14	13	12	11	11	10	9	8
1.0	1.0	—	—	17	15	14	13	13	12	11	10
1.5	1.5	—	—	21	19	18	16	18	16	15	14
2.0	2.0	—	—	26	24	22	20	22	20	19	17
2.5	2.5	—	—	30	28	25	23	25	23	21	19
4	4	—	—	41	38	35	32	36	32	30	27
6	6	—	—	53	49	45	41	45	42	38	35

注：3 芯电缆中一根线芯不载流时，其载流量按 2 芯电缆数据。

(2) 重型橡套软电缆持续载流量（表 11.2-33）

重型橡套软电缆持续载流量（A） **表 11.2-33**

型号		YC、YCW							
额定电压（kV）		0.45/0.75							
导体工作温度（℃）		65							
环境温度（℃）		25	30	35	40	25	30	35	40
标称截面（mm²）		2 芯				3 芯、4 芯			
主线芯	中性线								
2.5	2.5	30	29	25	23	26	24	22	20
4	4	39	36	33	30	34	31	29	26
6	6	51	47	44	40	43	40	37	34
10	10	74	69	64	58	63	58	54	49
16	16	98	91	84	77	84	78	72	66
25	16	135	126	116	106	115	107	99	90
35	16	167	156	144	132	142	132	122	112
50	16	208	194	179	164	176	164	152	139
70	25	259	242	224	204	224	209	193	177
95	35	318	297	275	251	273	255	236	215
120	35	371	346	320	293	316	295	273	349

注：3 芯电缆中一根线芯不载流时，其载流量按 2 芯电缆数据。

11.2.8 乙丙橡皮绝缘无卤低烟阻燃电缆

乙丙橡皮绝缘无卤低烟阻燃电缆，适用于额定电压0.6/1kV及以下要求具有无卤低烟阻燃特性的线路，供输配电能之用。电缆导体的最高额定温度为90℃，短路时（最长持续时间不超过5s）电缆导体的最高温度不超过250℃。

1. 乙丙橡皮绝缘无卤低烟阻燃电缆结构（图11.2-6）

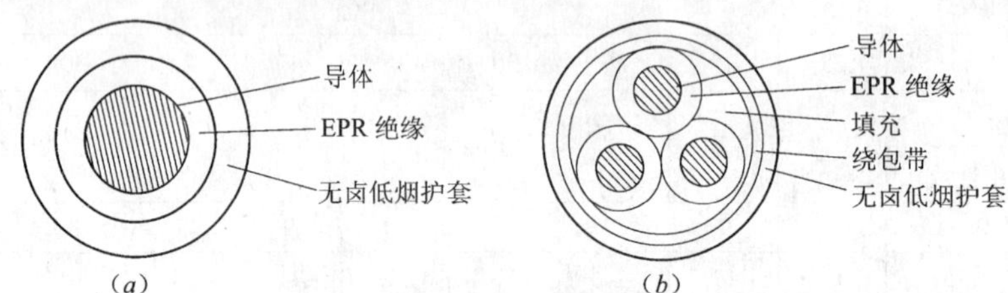

图11.2-6 乙丙橡皮绝缘无卤低烟阻燃电缆结构
(a) 单芯；(b) 三芯

2. 乙丙橡皮绝缘无卤低烟阻燃电缆用途（表11.2-34）

乙丙橡皮绝缘无卤低烟阻燃电缆用途 表11.2-34

型号	名称	使用条件
ZRC-XEG-C ZRC-XELG-C	乙丙橡皮绝缘热固性护套无卤低烟阻燃电力电缆	固定敷设于室内、电缆沟，托架管道中要求低烟阻燃的场所，电缆敷设时环境温度不低于-10℃，弯曲半径不小于电缆外径的10倍
ZRC-XES-C ZRC-XELS-C	乙丙橡皮绝缘热塑性护套无卤低烟阻燃电力电缆	固定敷设于室内、电缆沟，托架管道中要求低烟阻燃的场所，电缆敷设时环境温度不低于-10℃，弯曲半径不小于电缆外径的10倍。电缆敷设时环境温度不低于0℃

3. 乙丙橡皮绝缘无卤低烟阻燃电缆规格

(1) 单芯乙丙橡皮绝缘无卤低烟阻燃电缆规格（表11.2-35）

单芯乙丙橡皮绝缘无卤低烟阻燃电缆规格 表11.2-35

标称截面 (mm^2)	导体直径 (mm)	电缆外径 (mm)	电缆重量（kg/km）	
			ZRC-XEG-C ZRC-XES-C	ZRC-XELG-C ZRC-XELG-C
1×1.5	1.59	6.9	86	—
1×2.5	2.01	7.3	105	—
1×4	2.55	7.8	125	—
1×6	3.12	8.4	150	113
1×10	4.05	9.3	210	149
1×16	5.10	10.4	275	179
1×25	6.42	12.1	395	240
1×35	7.0	12.7	480	264
1×50	8.3	14.5	645	336
1×70	10.0	16.6	850	417
1×95	11.6	18.4	1130	542
1×120	13.0	19.8	1390	647
1×150	14.6	22.1	1710	802
1×185	16.2	24.3	2090	945
1×240	18.4	27.2	2665	1180
1×300	20.6	30.1	3305	1448
1×400	23.8	39.9	4350	1875

(2) 2芯乙丙橡皮绝缘无卤低烟阻燃电缆规格（表11.2-36）

2芯乙丙橡皮绝缘无卤低烟阻燃电缆规格 **表11.2-36**

标称截面 (mm^2)	导体直径 (mm)	电缆外径 (mm)	电缆重量（kg/km）	
			ZRC-XEG-C ZRC-XES-C	ZRC-XELG-C ZRC-XELG-C
2×1.5	1.59	11.7	205	—
2×2.5	2.01	12.5	245	—
2×4	2.55	13.6	295	245
2×6	3.12	14.7	360	262
2×10	4.05	16.6	540	418
2×16	5.10	18.7	715	523
2×25	6.42	22.2	1025	715
*2×35	7.0	23.4	1235	803
2×50	8.3	26.8	1655	1037
2×70	10.0	31.3	2225	1359

*35mm^2及以上采用圆形紧压导体。

(3) 3芯乙丙橡皮绝缘无卤低烟阻燃电缆规格（表11.2-37）

3芯乙丙橡皮绝缘无卤低烟阻燃电缆规格 **表11.2-37**

标称截面 (mm^2)	导体直径 (mm)	电缆外径 (mm)	电缆重量（kg/km）	
			ZRC-XEG-C ZRC-XES-C	ZRC-XELG-C ZRC-XELG-C
3×1.5	1.59	12.2	250	—
3×2.5	2.01	13.2	305	—
3×4	2.55	14.3	380	305
3×6	3.12	15.5	470	323
3×10	4.05	17.5	670	487
3×16	5.10	19.8	905	617
3×25	6.42	23.6	1130	665
*3×35	7.0	24.8	1625	977
3×50	8.3	28.8	2215	1288
3×70	10.0	33.6	2985	1686
3×95	11.6	37.3	3910	2146
3×120	13.0	40.5	4785	3021
*3×150	14.6	45.2	5970	3741
3×185	16.2	49.9	7295	4571
3×240	18.4	56.0	9330	5895

*35mm^2及以上采用圆形紧压导体。

(4) 3+1芯乙丙橡皮绝缘无卤低烟阻燃电缆规格（表11.2-38）

3+1芯乙丙橡皮绝缘无卤低烟阻燃电缆规格　　表11.2-38

标称截面（mm^2）	导体直径（mm）		电缆外径（mm）	电缆重量（kg/km）	
	主线芯	中性线		ZRC—XEG—C ZRC—XES—C	ZRC—XELG—C ZRC—XELG—C
3×4+1×2.5	2.55	2.01	15.2	405	315
3×6+1×4	3.12	2.55	16.6	505	333
3×10+1×6	4.05	3.12	18.7	770	538
3×16+1×10	5.10	4.05	21.2	1060	711
3×25+1×16	6.42	5.10	25.1	1340	779
*3×35+1×16	7.0	5.10	26.2	1830	1086
3×50+1×25	8.3	6.42	30.6	2535	1453
3×70+1×35	10.0	7.0	35.2	3380	1865
3×95+1×50	11.6	8.3	39.5	4445	2372
3×120+1×70	13.0	10.0	43.5	5595	2933
3×150+1×95	14.6	10.0	47.6	6719	3407
3×185+1×95	16.2	11.6	52.7	8320	4297
3×240+1×120	18.4	13.0	58.5	10610	5412

*35mm^2及以上采用圆形紧压导体。

（5）4芯乙丙橡皮绝缘无卤低烟阻燃电缆规格（表11.2-39）

4芯乙丙橡皮绝缘无卤低烟阻燃电缆规格　　表11.2-39

标称截面（mm^2）	导体直径（mm）	电缆外径（mm）	电缆重量（kg/km）	
			ZRC-XEG-C ZRC-XES-C	ZRC-XELG-C ZRC-XELG-C
4×1.5	1.59	13.2	295	259
4×2.5	2.01	14.2	360	300
4×4	2.55	15.6	450	350
4×6	3.12	16.9	570	374
4×10	4.05	19.2	825	581
4×16	5.10	21.7	1130	746
4×25	6.42	26.0	1400	780
*4×35	7.0	27.4	2050	1186
4×50	8.3	31.8	2825	1589
4×70	10.0	37.3	3815	2083
4×95	11.6	41.4	5015	2663
4×120	13.0	45.0	6175	3203

*35mm^2及以上采用圆形紧压导体。

11.2.9 耐火电缆

耐火电缆是指在火焰燃烧的情况下能够保持一定时间安全运行的电缆。耐火电缆应用于高层建筑、地下铁道、地下街、大型电站及重要的工矿企业等与防火安全和消防救生有关的场所，例如，消防设备及疏散指示标志灯等应急设施的供电线路和控制线路。

1. 耐火电缆主要性能指标

(1) 结构

玻璃丝云母带聚氯乙烯绝缘耐火电缆结构见图 11.2-7。

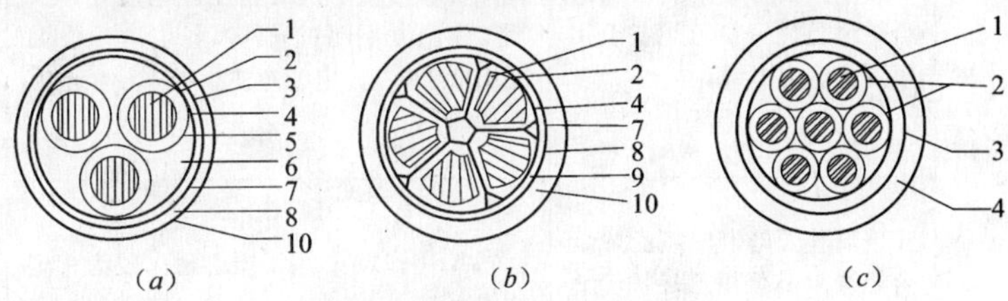

图 11.2-7 耐火电缆结构

(a) 3 芯电缆；(b) 5 芯电缆；(c) 7 芯电缆
1—导体；2—普通防火层或高防火层；3—导体屏蔽；4—绝缘层；
5—绝缘屏蔽；6—填充；7—普通防火层或高防火层；
8—包带或内垫层；9—铠装层；10—外护层

(2) 耐火特性

我国国家标准《电线电缆耐火特性试验方法》(GB 12666.6)(等同 IEC 331) 将耐火试验分为 A、B 两种级别：

1) A 级（火焰温度 950～1000℃，持续供火时间为 90min）；

2) B 级（火焰温度 750～800℃，持续供火时间为 90min）。

整个试验期间，试样应承受产品规定的额定电压值。

(3) 阻燃性能

电缆通过《成束电线电缆燃烧试验方法》(GB 12666.5)(等同 IEC 332—3) 进行阻燃性能试验。

2. 耐火电缆规格（表 11.2-40）

耐火电缆规格表 **表 11.2-40**

名称及产品型号		产品名称	芯数	标称截面 (mm^2)	额定电压
耐火电力电缆	NH-VV	聚氯乙烯绝缘护套耐火电力电缆	1、2、3、4、5 3+1、3+2、4+1	1.5～300	0.6/1kV
	$NH-VV_{22}$	聚氯乙烯绝缘护套钢带铠装耐火电力电缆		2.5～300	
耐火控制电缆	NH-KVV	聚氯乙烯绝缘护套耐火控制电缆	1～61	1～10	450/750V
	$NH-KVV_{22}$	聚氯乙烯绝缘护套钢带铠装耐火控制电缆	1～61	1～10	
耐火电线	NH-BV	聚氯乙烯绝缘耐火电线		1.5～240	450/750V
	NH-BVR	聚氯乙烯绝缘软耐火电线		2.5～70	450/750V
	NH-BVVB	聚氯乙烯绝缘和护套平型耐火电线		1.5～10	300/500V

3. 耐火电缆用途

(1) 耐火电力电缆用途（表 11.2-41）

耐火电力电缆用途 表 11.2-41

型号	电压	产品名称	适用范围	耐火等级
NHB—VV	0.6/1kV	玻璃丝云母带聚氯乙烯组合绝缘阻燃聚氯乙烯护套B级耐火电力电缆	固定敷设于室内、隧道内、桥架及管道中要求阻燃耐火的场所。电缆导体长期工作温度不超过+70℃，电缆敷设温度不低于0℃，电缆弯曲半径不小于电缆外径的20倍	B级 GB 12666.6 （等同IEC 331）
NHA—VV		玻璃丝云母带聚氯乙烯组合绝缘阻燃聚氯乙烯护套A级耐火电力电缆	同NHB—VV，用于要求耐火较为苛刻的场所	A级 GB 12666.6
NHB—VV_{22}		玻璃丝云母带聚氯乙烯组合绝缘阻燃聚氯乙烯护套钢带铠装B级耐火电力电缆	同NHB—VV，用于能承受机械外力的场所	B级 GB 12666.6 （等同IEC 331）
NHA—VV_{22}		玻璃丝云母带聚氯乙烯组合绝缘阻燃聚氯乙烯护套钢带铠装A级耐火电力电缆	同NHB—VV_{22}，用于要求耐火较为苛刻的场所	A级 GB 12666.6

（2）耐火控制电缆用途（表11.2-42）

耐火控制电缆用途 表 11.2-42

型号	电压	产品名称	适用范围	耐火等级
NHB—KVV	450/750V、0.6/1kV	玻璃丝云母带聚氯乙烯组合绝缘阻燃聚氯乙烯护套B级耐火控制电缆	固定敷设于室内、隧道内、桥架及管道中要求阻燃耐火的场所。电缆导体长期工作温度不超过+70℃，电缆敷设温度不低于0℃，电缆弯曲半径不小于电缆外径的10倍	B级 GB 12666.6 （等同IEC 331）
NHA—KVV		玻璃丝云母带聚氯乙烯组合绝缘阻燃聚氯乙烯护套A级耐火控制电缆	同NHB—KVV，用于要求耐火较为苛刻的场所	A级 GB 12666.6
NHB—KVV_{22}		玻璃丝云母带聚氯乙烯组合绝缘阻燃聚氯乙烯护套钢带铠装B级耐火控制电缆	同NHB—KVV，用于能承受机械外力的场所，电缆弯曲半径不小于电缆外径的15倍	B级 GB 12666.6 （等同IEC 331）
NHA—KVV_{22}		玻璃丝云母带聚氯乙烯组合绝缘阻燃聚氯乙烯护套钢带铠装A级耐火控制电缆	同NHB—KVV_{22}，用于要求耐火较为苛刻的场所	A级 GB 12666.6

11.2.10 铜芯铜护套氧化镁绝缘防火电缆

供电一级负荷中的特别重要的负荷中，如消防电梯、消防泵、应急发电机组、应急照明等电源线，应推扩铜护套铜芯氧化镁绝缘防火电缆（简称为 MI 电缆）。MI 电缆和耐火封闭式母线是预防和扑救高层、超高层民用建筑火灾的重要举措之一。MI 电缆价格比阻燃电缆价格更高，敷设方式均为明装敷设。

1. 铜芯铜护套氧化镁绝缘防火电缆介绍

铜芯铜护套氧化镁绝缘电缆，国外叫 MI 电缆，国内简称矿物绝缘电缆或防火电缆。它是采用高导电率的铜作导体，无机物氧化镁作绝缘，无缝铜管作护套，经特殊工艺制作而成的现代建筑用防火电缆（图 11.2-8）。由于其用材和结构的特殊性，决定了该产品具有有机电缆（塑料电缆）所无法比拟的电气性能、机械性能、耐环境性能和环保性能。

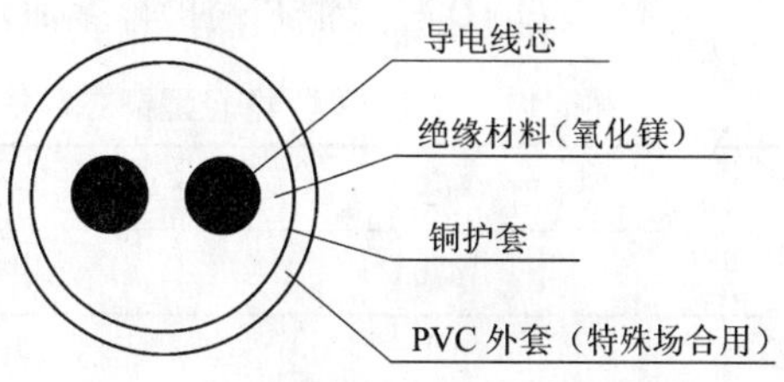

图 11.2-8 铜芯铜护套氧化镁绝缘电缆结构图

裸电缆长期使用温度为 250℃，在 950 ~ 1000℃ 时可持续供电 3h（国家标准规定 90min），短时间或非常时期可接近铜的熔点 1083℃ 工作（氧化镁绝缘熔点为 2800℃）。

2. 铜芯铜护套氧化镁绝缘防火电缆特点

（1）防火、耐火、耐高湿温。铜护套、铜芯线其熔点为 1083℃，无机物氧化镁粉绝缘材料在 250℃ 高温环境中长期安全工作。

（2）无烟、无毒，有利于人们撤离火灾现场，更有利于消防人员扑救。

（3）防火、防水、耐腐蚀性能高，氧化镁绝缘材料被紧密地挤压在铜护套与铜芯之间，MI 电缆的部件全部为丝扣连接，任何气体、火焰都无法进入设备和电缆内。

（4）无辐射、无涡流、过载能力强。铜护套有很高的防磁性能，能起到良好的屏蔽作用，还能防止辐射。单芯电缆无涡流效应。

（5）机械强度高，外径小，使用寿命长。MI 电缆的铜导体，绝缘粉、铜护套三位一体的结构，在多机械撞击和外力敲打下也不会损坏，确保电气和绝缘体性能指标不变。

（6）安全可靠性高，MI 电缆的铜护套本身就是很好的 PE 接地线，确保人身和设备安全运行，不必另增设一根 PE 地线。

（7）使用灵活方便，在民用建筑中的配电线路，只要满足敷设高度在 2.5m 以上，MI 电缆就不必要求机械保护。MI 电缆可直接敷设在顶棚内，无需金属封闭线槽保护。

3. 铜芯铜护套氧化镁绝缘防火电缆型号及名称（表 11.2-43）

MI 电缆型号及名称 **表 11.2-43**

等 级	型 号	名 称	额定电压
轻型	BTTQ	轻型铜芯铜护套氧化镁绝缘防火电缆	500/500V
	BTTVQ	轻型铜芯铜护套聚氯乙烯氧化镁绝缘防火电缆	
重型	BTTZ	重型铜芯铜护套氧化镁绝缘防火电缆	750/750V
	BTTVZ	重型铜芯铜护套聚氯乙烯氧化镁绝缘防火电缆	

4. 铜芯铜护套氧化镁绝缘防火电缆类别

(1) BTTQ 轻型铜芯铜护套矿物绝缘控制电缆（表 11.2-44）

BTTQ 轻型铜芯铜护套矿物绝缘控制电缆　　表 11.2-44

截面（mm^2）	芯　数	额定电压（V）
1.0～4.0	2～21	500（450/750）

(2) BTTVQ 轻型铜芯铜护套聚氯乙烯外护套矿物绝缘控制电缆（表 11.2-45）

BTTVQ 轻型铜芯铜护套聚氯乙烯外护套矿物绝缘控制电缆　　表 11.2-45

截面（mm^2）	芯　数	额定电压（V）
1.0～4.0	2～21	500（450/750）

(3) BTTZ 重型铜芯铜护套矿物绝缘电力电缆（表 11.2-46）

BTTZ 重型铜芯铜护套矿物绝缘电力电缆　　表 11.2-46

截面（mm^2）	芯　数	额定电压（V）
1.0～400	1～5	750（600/1000）

注：由于该电缆原材料及工艺的特殊性，截面为 25mm^2 以上的多芯电力电缆均由单芯电缆组成。

5. 铜芯铜护套氧化镁绝缘防火电缆规格

(1) 500/750V 铜芯铜护套氧化镁绝缘轻型防火电缆规格（表 11.2-47）

500/750V 铜芯铜护套氧化镁绝缘轻型防火电缆规格表　　表 11.2-47

标称截面（mm^2）	电缆外径（mm）		额定载流量（A）		铜护套横截面积（mm^2）	近似重量（kg/km）	
	裸电缆	防腐外套电缆	裸电缆	防腐外套电缆		裸电缆	防腐外套电缆
2×1.0	5.1	6.7	17	20	5.3	104	125
2×1.5	5.7	7.3	22	24	6.2	130	153
2×2.5	6.6	8.2	30	33	8.1	179	205
2×4.0	7.7	9.7	38	44	10.6	248	282
3×1.0	5.8	7.4	15	17	6.6	135	159
3×1.5	6.4	8	19	21	7.7	168	193
3×2.5	7.3	10.1	25	28	9.4	224	258
4×1.0	6.3	7.9	15	16	7.6	161	187
4×1.5	7.0	9.0	19	21	9.0	203	230
4×2.5	8.1	10.1	25	28	11.2	278	314
7×1.0	7.6	9.6	10	11	10.1	172	207
7×1.5	8.4	10.4	13	14	11.6	294	331
7×2.5	9.7	11.7	17	19	15.5	413	455

(2) 500/750V 铜芯铜护套氧化镁绝缘重型防火电缆规格（表 11.2-48）

500/750V 铜芯铜护套氧化镁绝缘重型防火电缆规格表 表 11.2-48

标称截面（mm^2）	电缆外径（mm）		额定载流量（A）		铜护套横截面积（mm^2）	近似重量（kg/km）	
	裸电缆	防腐外套电缆	裸电缆	防腐外套电缆		裸电缆	防腐外套电缆
1×1.5	4.9	6.5	30	33	5.0	88	108
1×2.5	5.3	6.9	39	43	5.6	114	135
1×4	5.9	7.5	51	56	6.7	140	162
1×6	6.4	8.0	63	69	7.7	172	198
1×10	7.3	9.3	81	90	9.4	235	258
1×16	8.3	10.3	107	119	11.5	319	356
1×25	9.6	11.6	139	154	14.9	451	439
1×35	10.7	12.7	168	187	17.6	573	619
1×50	12.1	14.1	207	230	21.7	764	816
1×70	13.7	15.7	251	279	26.9	1018	1076
1×95	15.4	17.8	300	333	32.1	1298	1386
1×120	16.8	19.2	344	382	34.6	1576	1674
1×150	18.4	20.8	388	431	43.2	1890	1997
1×185	20.4	23.2	434	482	53.2	2323	2468
1×240	23.3	26.1	483	537	69.2	3031	3197
1×300	26.2	—	795	883	87.5	3832	—
1×400	30.6	—	948	1053	117.3	5228	—
2×1.5	7.9	9.9	24	26	10.9	212	243
2×2.5	8.7	10.7	32	36	13.6	260	298
2×4	9.8	11.8	42	47	15.4	342	385
2×6	10.9	12.9	54	60	18.2	427	474
2×10	12.7	14.7	74	82	23.4	582	636
2×16	14.7	16.7	98	109	29.9	845	907
2×25	17.1	19.5	128	142	37.7	1138	1238
3×1.5	8.3	10.3	20	22	11.8	242	274
3×2.5	9.3	11.3	27	30	14.2	311	352
3×4	10.4	12.4	36	40	16.9	399	444
3×6	11.5	13.5	46	51	20.0	507	556
3×10	13.6	15.6	62	69	26.3	728	786
3×16	15.6	18.0	83	92	33.2	980	1069
3×25	18.2	20.6	108	120	41.5	1370	1476
4×1.5	9.1	11.1	21	23	13.7	298	333
4×2.5	10.1	12.1	27	30	16.1	367	411
4×4	11.4	13.4	36	40	19.8	472	521
4×6	12.7	14.7	46	51	23.4	623	677
4×10	14.8	16.8	61	68	30.1	861	923
4×16	17.3	19.7	80	89	39.0	1275	1376
4×25	20.1	22.9	104	116	48.8	1766	1909
7×1.5	10.8	12.8	14	16	18.0	409	455
7×2.5	12.1	14.1	19	21	21.7	562	614

6. 铜芯铜护套氧化镁绝缘防火电缆敷设方法

(1) 电缆敷设固定间距(表 11.2-49)

电缆敷设固定间距　　表 11.2-49

电缆外径 D (mm)	固定点之间最大间距 (m)	
	水平敷设	垂直敷设
9~15	0.6	0.8
15~20	0.9	1.2
大于 20	1.5	2.0

(2) 电缆敷设弯曲半径(表 11.2-50)

电缆敷设弯曲半径　　表 11.2-50

电缆外径 D (mm)	电缆内侧最小弯曲半径 R (mm)
4~7	2D
7~12	3D
12~15	4D
大于 15	5D

(3) 电缆敷设方法

1) 可以沿墙、支架、线槽、桥架等明敷设。

2) 可以与其他塑料电缆共同敷设在同一桥架、竖井、电缆沟、电缆隧道等场所。

3) 可以埋地敷设,但最好不要有中间接头,如无法避免,则接头处须做好防水处理。

4) 电缆连接用电器可能产生振动时,要在允许的场合设置膨胀环。

5) 为减小涡流损耗,单芯电缆铜护套应使电缆铜外护套保持接地。

11.3 预制分支电缆

预制分支电力电缆是新一代低压供电线路系统,由工厂化生产,其结构合理、制作工艺先进、测试手段严格。因此他具有优良的供电可靠性、价格低廉、安装环境要求低、施工方便、品种规格多、选用灵活,在高层建筑供电主干线系统中迅速得到推广应用。

其主干电缆导体无接头,支线电缆导体接头结构合理,产品适用于住宅小区、办公大楼、宾馆、医院、商场、工厂、矿井等配电系统,也可应用于公路、桥梁、隧道、机场跑道的照明系统。

11.3.1 预制分支电缆介绍

1. 预制分支电缆的优点

(1) 具有优良的供电可靠性

1) 主干电缆导体无接头,连续性好,减少了故障点。

2）预制分支电缆接头采用工厂全程机械化制作，大大降低了人为因素造成质量不稳定现象。

3）分支接头结构合理，并引进先进工艺制作，接触电阻极小，不受热胀冷缩影响。

4）在工厂内短时间完成分支接头成型，避免了接头处铜导体长时间暴露空气中产生氧化而导致接触电阻变化。

（2）可明显降低配电成本

与封闭式母线相比，可降低工程造价，并且技术经济指标高，综合经济效益显著。

（3）品种规格多，选用灵活，任意组合

1）主干电缆从 10 ~ 630mm^2，支线电缆从 6 ~ 400mm^2 任意组合。

2）电缆的品种较多，可根据需要选用。

3）分支接头可根据楼层需要任意设定分支位置。

（4）安装环境要求低、施工方便

1）占用建筑面积小，有利于建筑面积的有效使用，对土建的空间尺寸要求低。

2）使用环境要求低，安装精度要求低。

3）安装简单方便，安装技术要求不高，安装设备仅需一台卷扬机即可，且安装周期短，仅为封闭式母线安装工时的 5% ~ 10% ，安装劳动强度低。

4）由于电缆的弯曲半径小，大大降低了安装难度，缩小了空间尺寸。

（5）优良的抗振性、气密性、防水性

1）优良的抗振性，预制分支电缆则不会受到振动影响。特别是在通过建筑沉降缝时不需要任何措施。

2）良好的气密性和防水性，能在潮湿的环境中正常运行，也能在露天及埋地敷设。

（6）免维护

1）预制分支电缆按规定方法安装后，一次性开通率高。

2）正常运行的预制分支电缆系统平时不需要作维护保养。

2. 预制分支电缆结构

（1）预制分支电缆组成

预制分支电缆由主干电缆、分支接头、分支电缆三部分组成（图 11. 3-1）。一般主干电缆是单芯或拧绞型多芯（2 ~ 5 芯电缆），支线电缆采用单芯电缆。预制分支电缆的分支导体连接采用先进的液压技术，接触好、机械强度高。分支接头外壳绝缘采用优于电缆外护套的 PVC 合成材料注塑而成，绝缘和密封性能优良，外表美观。

（2）预制分支电缆接头的结构及尺寸

预制分支电缆接头的连接导体部分是采用专门的连接件液压完成，绝缘护套采用聚氯乙烯（PVC）合成材料注塑制成，其结构见图 11. 3-2，各部分尺寸见表 11. 3-1。

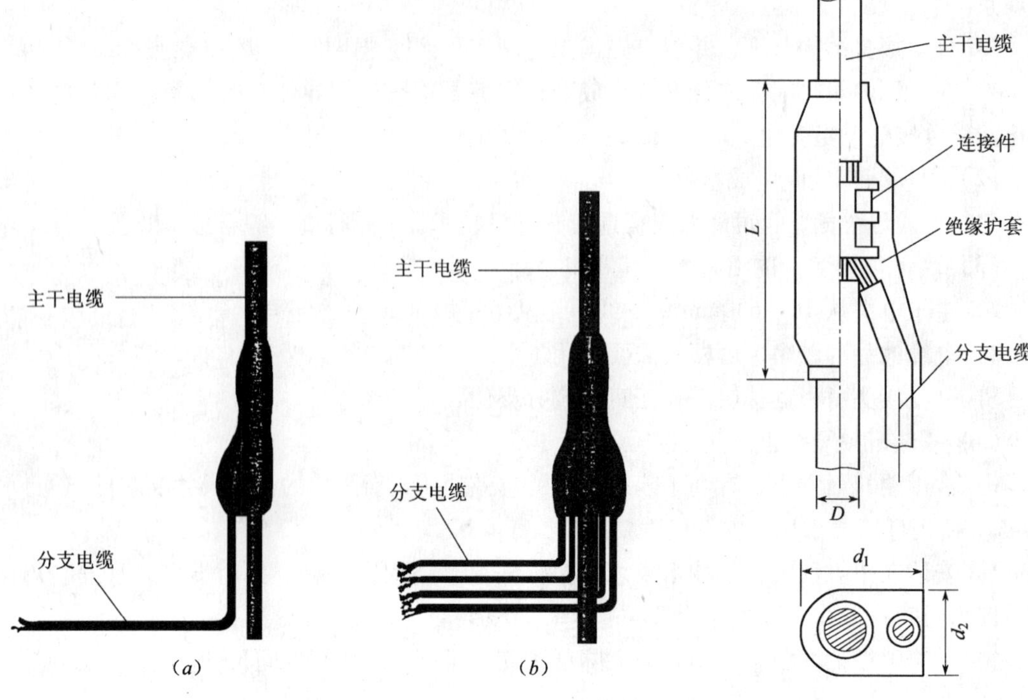

图 11.3-1 预制分支电缆组成
（a）单芯分支电缆；（b）多芯分支电缆

图 11.3-2 分支电缆接头结构图

分支电缆接头各部位尺寸表 表 11.3-1

主干电缆 (mm^2)	支线电缆 (mm^2)	参考尺寸（mm）		
		d_1	d_2	L
10	10	54	35	95
16	16			
25	25			
35	35			
50	50	57	38	95
70	70			
95	95			
120	120	78	52	145
150	150			
185	185			

续表

主干电缆 (mm²)	支线电缆 (mm²)	参考尺寸 (mm)		
		d_1	d_2	L
240	240	96	70	160
300	300			
400	400			
500	400	106	80	170
630	400			

3. 预制分支电缆的相序及接头间距（图 11.3-3）

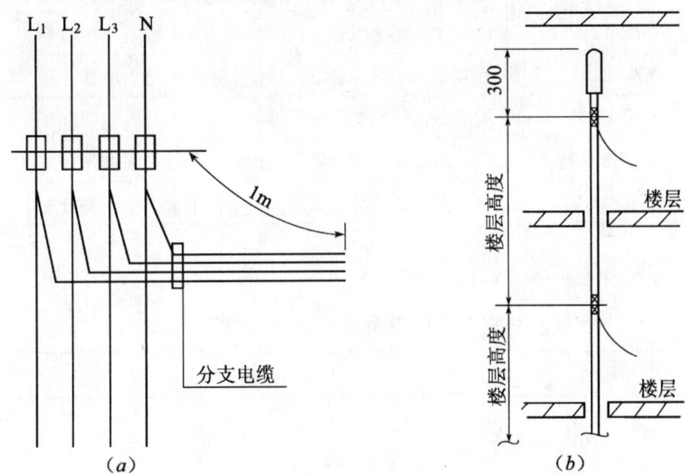

图 11.3-3 预制分支电缆的相序及接头间距

(a) 分支电力电缆相序排列方法；(b) 分支电缆接头间距布置

L_1—黄色；L_2—绿色；L_3—红色，N—中性线（浅蓝色）

11.3.2 预制分支电缆技术指标

1. 预制分支电缆产品执行标准及特性

（1）绝缘电阻≥200MΩ；工频耐压≥3.5kV/min。

（2）电缆导体允许长期工作温度为：聚氯乙烯绝缘分支电缆 70℃；交联聚乙烯绝缘分支电缆 90℃。

（3）电缆导体允许短路温度为：聚氯乙烯绝缘分支电缆 160℃，持续时间不超过 5 秒；交联聚乙烯绝缘分支电缆 250℃，持续时间不超过 5 秒。

（4）阻燃型电缆可有效阻止火焰蔓延；低烟无卤型电缆燃烧时不产生有毒气体，仅产生少量烟雾；耐火型电缆在 750～800℃（或 950～1000℃）火焰条件下，可维持正常运行 90min。

2. 预制分支电缆型号及名称（表 11.3-2）

预制分支电缆型号及名称　　表 11.3-2

序　号	型　号	名　　称
1	FZ-VV	聚氯乙烯绝缘聚氯乙烯护套分支电缆
2	FZ-ZRVV	聚氯乙烯绝缘聚氯乙烯护套阻燃型分支电缆
3	FZ-NHVV	聚氯乙烯绝缘聚氯乙烯护套耐火型分支电缆
4	FZ-DDZRVV	聚氯乙烯绝缘聚氯乙烯护套低烟低卤阻燃型分支电缆
5	FZ-YV	聚乙烯绝缘聚氯乙烯护套分支电缆
6	FZ-ZRYV	聚乙烯绝缘聚氯乙烯护套阻燃型分支电缆
7	FZ-NHYV	聚乙烯绝缘聚氯乙烯护套耐火型分支电缆
8	FZ-DDZRYV	聚乙烯绝缘聚氯乙烯护套低烟低卤阻燃型分支电缆
9	FZ-DWZRYS	聚乙烯绝缘聚氯乙烯护套低烟无卤阻燃型分支电缆
10	FZ-YJV	交联聚乙烯绝缘聚氯乙烯护套分支电缆
11	FZ-ZRYJV	交联聚乙烯绝缘聚氯乙烯护套阻燃型分支电缆
12	FZ-NHYJV	交联聚乙烯绝缘聚氯乙烯护套耐火型分支电缆
13	FZ-DDZRYJV	交联聚乙烯绝缘聚氯乙烯护套低烟低卤阻燃型分支电缆
14	FZ-DWZRYJS	交联聚乙烯绝缘聚氯乙烯护套低烟无卤阻燃型分支电缆

3. 预制分支电缆主干及支线规格选择表（表 11.3-3）

预制分支电缆主干及支线规格选择表（mm^2）　　表 11.3-3

主干电缆截面	支线电缆截面													
10	6	10												
16	6	10	16											
25	6	10	16	25										
35	6	10	16	25	35									
50	6	10	16	25	35	50								
70	6	10	16	25	35	50	70							
95	6	10	16	25	35	50	70	95						
120	6	10	16	25	35	50	70	95	120					
150	6	10	16	25	35	50	70	95	120	150				
185	6	10	16	25	35	50	70	95	120	150	185			
240	6	10	16	25	35	50	70	95	120	150	185	240		
300	6	10	16	25	35	50	70	95	120	150	185	240	300	
400	6	10	16	25	35	50	70	95	120	150	185	240	300	400
500	6	10	16	25	35	50	70	95	120	150	185	240	300	400
630	6	10	16	25	35	50	70	95	120	150	185	240	300	400

4. 预制分支电缆结构参数和电气性能

（1）0.6/1kV 单芯聚氯乙烯绝缘预制分支电缆结构参数和电气性能（表 11.3-4）

0.6/1kV 单芯聚氯乙烯绝缘预制分支电缆结构参数和电气性能 表11.3-4

导体			绝缘标称厚度(mm)	护套标称厚度(mm)	电缆外径(mm)	电缆重量(kg)	40℃载流量(A)
标称面积(mm^2)	形状和结构(No/mm)	直径(mm)					
10	7/1.35	3.7	1.0	1.4	9.0	150	70
16	圆形紧压绞线	4.7	1.0	1.4	10.0	215	97
25		5.9	1.2	1.4	11.3	310	120
35		7.0	1.2	1.4	12.3	410	150
50		8.5	1.4	1.4	14.0	570	180
70		10.1	1.4	1.4	15.7	770	230
95		11.7	1.6	1.7	18.4	1030	280
120		13.2	1.6	1.7	19.8	1280	325
150		14.7	1.8	1.8	22.8	1590	375
185		16.4	2.0	1.8	25.1	1950	430
240		18.6	2.2	1.8	28.5	2490	515
300		20.8	2.4	2.1	32.0	3140	595
400		24.1	2.6	2.2	35.4	4140	700
500		26.9	2.8	2.3	40.0	5140	810
630		30.2	2.8	2.4	46.0	6440	950

注：也适用于阻燃型、耐火型预制分支电缆。

(2) 0.6/1kV 单芯交联聚乙烯绝缘预制分支电缆结构参数和电气性能（表11.3-5）

0.6/1kV 单芯交联聚乙烯绝缘预制分支电缆结构参数和电气性能 表11.3-5

导体			绝缘标称厚度(mm)	护套标称厚度(mm)	电缆外径(mm)	电缆重量(kg)	40℃载流量(A)
标称面积(mm^2)	形状和结构(No/mm)	直径(mm)					
10	7/1.35	3.7	1.0	1.4	9.0	150	93
16	圆形紧压绞线	4.7	1.0	1.4	9.5	210	120
25		5.9	1.2	1.4	11.0	310	155
35		7.0	1.2	1.4	12.0	410	195
50		8.5	1.4	1.4	14.0	555	235
70		10.1	1.4	1.4	15.0	760	295
95		11.7	1.6	1.4	17.0	1020	370
120		13.2	1.6	1.6	19.0	1260	430
150		14.7	1.8	1.6	21.0	1570	495
185		16.4	2.0	1.6	23.0	1920	570
240		18.6	2.2	1.7	26.0	2470	680
300		20.8	2.4	1.8	29.0	3090	790
400		24.1	2.6	1.9	32.0	4080	920
500		26.9	2.8	2.0	36.0	5080	1080
630		30.2	2.8	2.2	40.0	6390	1260

注：也适用于阻燃型、耐火型、低烟低卤阻燃型、低烟无卤阻燃型预制分支电缆。

（3）0.6/1kV4 芯拧绞型交联聚乙烯绝缘预制分支电缆结构参数和电气性能（表 11.3-6）

0.6/1kV4 芯拧绞型交联聚乙烯绝缘预制分支电缆结构参数和电气性能　　表 11.3-6

导体			绝缘标称厚度（mm）	护套标称厚度（mm）	电缆外径（mm）	电缆重量（kg）	40℃载流量（A）
标称面积（mm^2）	形状和结构（No/mm）	直径（mm）					
10	7/1.35	3.7	0.7	1.4	20.5	620	65
16	圆形紧压绞线	4.7	0.7	1.4	23.0	860	84
25		5.9	0.9	1.4	26.5	1270	110
35		7.0	0.9	1.4	29.0	1680	135
50		8.5	1.0	1.4	33.0	2270	170
70		10.1	1.1	1.4	36.5	3110	215
95		11.7	1.1	1.4	41.0	4170	265
120		13.2	1.2	1.6	46.0	5150	310
150		14.7	1.4	1.6	51.0	6410	350
185		16.4	1.6	1.6	55.5	7840	405
240		18.6	1.7	1.7	63.0	10080	480
300		20.8	1.8	1.8	70.0	12610	555

注：也适用于阻燃型、耐火型、低烟低卤阻燃型、低烟无卤阻燃型预制分支电缆。

11.3.3 预制分支电缆敷设方法

1. 预支分支电缆敷设对土建的要求

（1）电气竖井内楼板开孔尺寸（图 11.3-4）

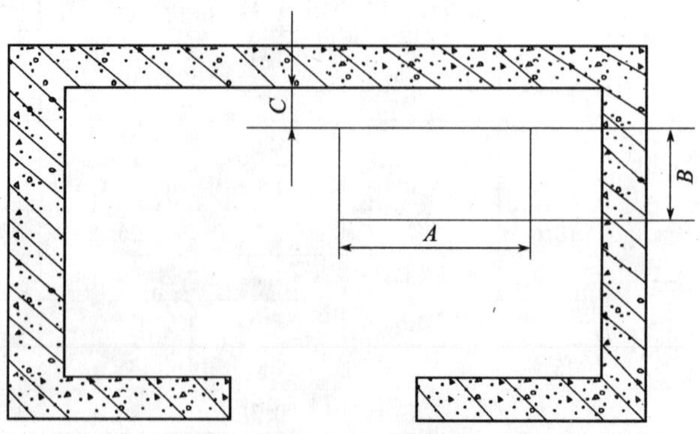

图 11.3-4　电气竖井内楼板开孔尺寸

图 11.3-4 中，A—楼板预留孔长度；

B—楼板预留孔宽度；

C—楼板预留孔离墙距离。

A = 主干电缆根数 × 主干电缆外径 ×3；

B = 主干电缆截面 240mm² 以下，单回路取 200mm，双回路取 300mm；

主干电缆截面 300mm² 以上，单回路取 300mm，双回路取 500mm；

C = 50mm。

(2) 电气竖井内楼板开孔尺寸实例（表 11.3-7）

电气竖井内楼板开孔尺寸实例 **表 11.3-7**

线制	回路		主干线截面（mm²）	A（mm）	B（mm）	示意图
三相四线制（4 芯）	单回路		16 ~ 300	200	300	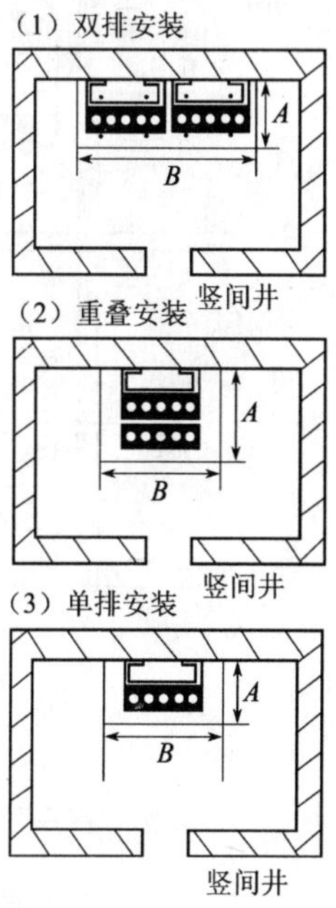 (1) 双排安装 A B 竖间井 (2) 重叠安装 A B 竖间井 (3) 单排安装 A B 竖间井
			400 ~ 630	250	400	
	双回路	平行安装	16 ~ 300	200	550	
			400 ~ 630	250	800	
		重叠安装	16 ~ 300	300	300	
三相五线制（5 芯）	单回路		16 ~ 150	200	250	
			185 ~ 300	250	350	
			400 ~ 630	300	450	
	双回路	平行安装	16 ~ 150	200	500	
			185 ~ 300	250	700	
			400 ~ 630	300	900	
		重叠安装	16 ~ 300	300	300	

2. 预制分支电缆敷设方法

(1) 预制分支电缆安装示意图（图 11.3-5）

(2) 预制分支电缆垂直安装方法

预制分支电缆在垂直安装时，一般应按以下步骤进行：

1) 将电缆盘放在放线架上（通常电缆盘放在楼下，将电缆提拉上去）；

2) 套上吊具（图 11.3-6）；

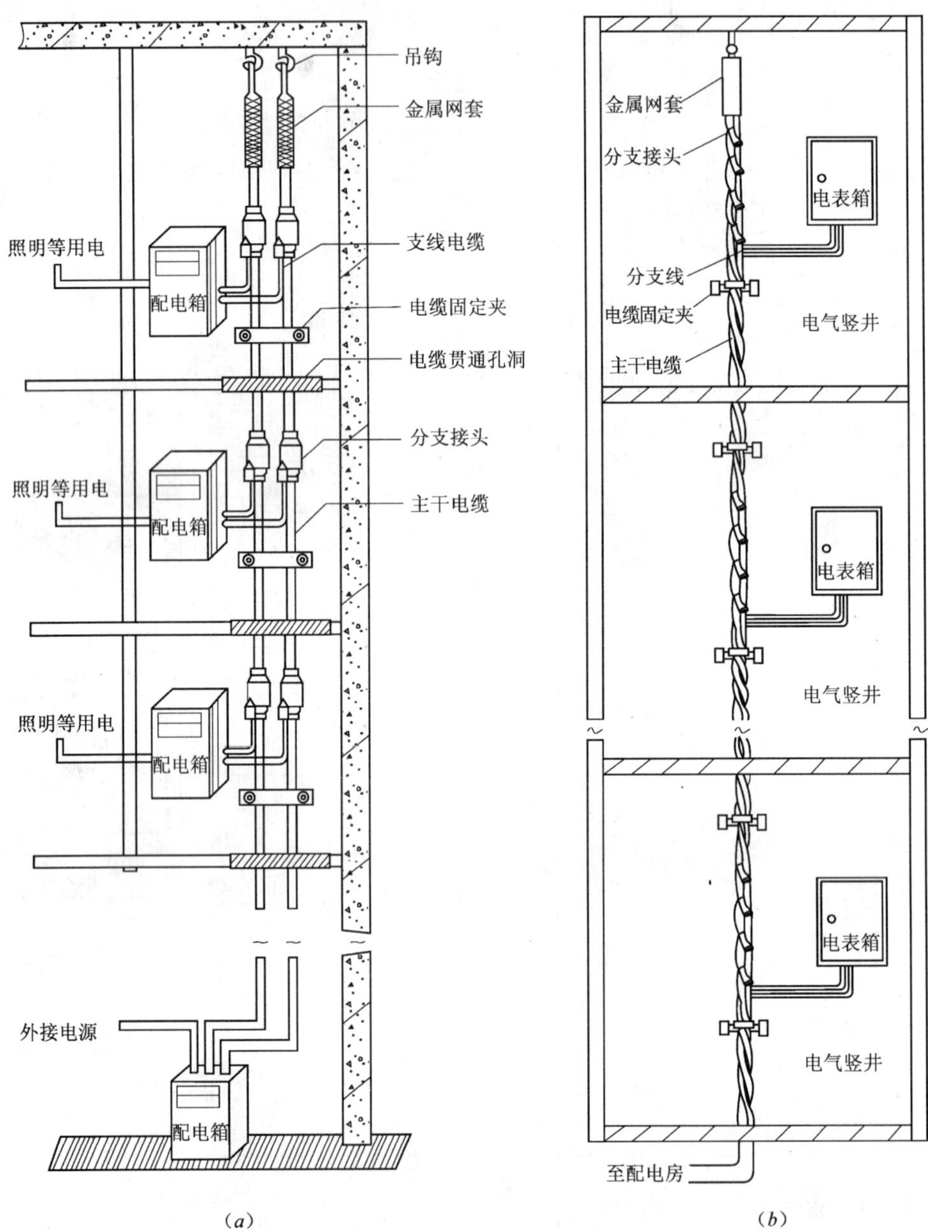

图 11.3-5 预制分支电缆安装示意图

(a) 单芯电缆；(b) 多芯拧绞型电缆

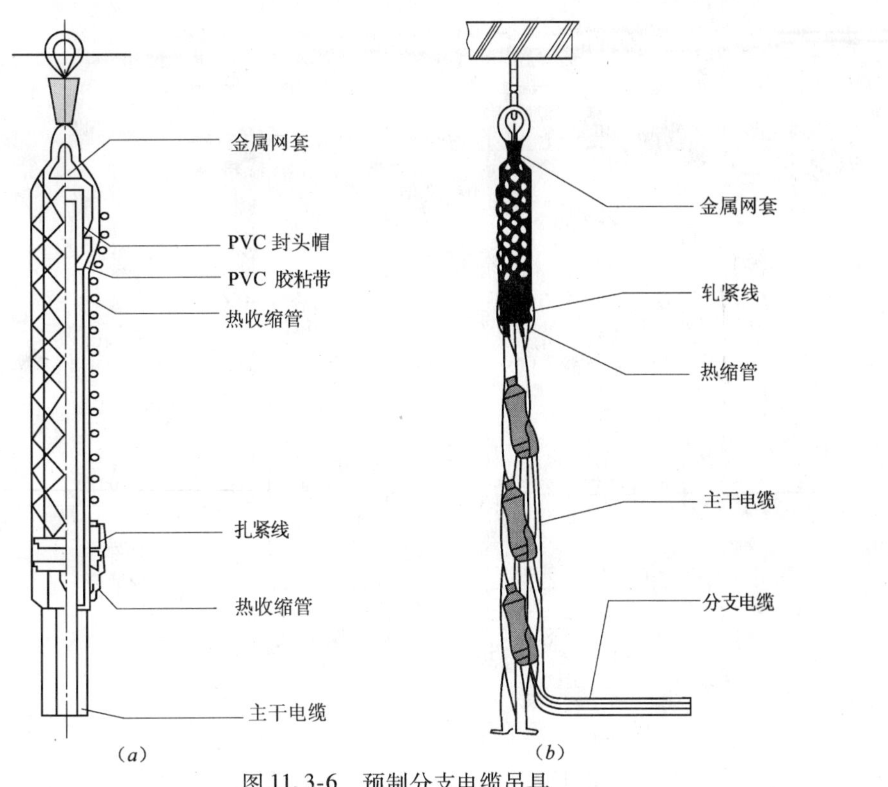

图 11.3-6 预制分支电缆吊具

(a) 单芯电缆网套；(b) 拧绞型电缆网套

3）提升用的绳索通过卷扬机与电缆相连接；

4）启动卷扬机将电缆提升上去（图 11.3-7）；

5）提升用的电缆网套到达房顶时，每一根主干电缆顶端用一专用 PVC 材料制成的封头帽做防水处理，再用热缩管加强，可永久使用，将网套挂在事先准备好的吊钩上（图 11.3-8）；

6）对中间部位进行固定（图 11.3-9）；

7）支线电缆端头与断路器相接；

8）进行主干电缆端头与配电柜的连接。

3. 预制分支电缆敷设时注意事项

（1）电缆的最小弯曲半径

单芯 $R=20D$；多芯 $R=15D$。其中 R 为弯曲半径，D 为电缆外径。

（2）确认预制分支电缆是否安全通过贯通孔洞。

（3）采用预防措施防止提升过程中，分支电缆在贯通孔洞受损伤。

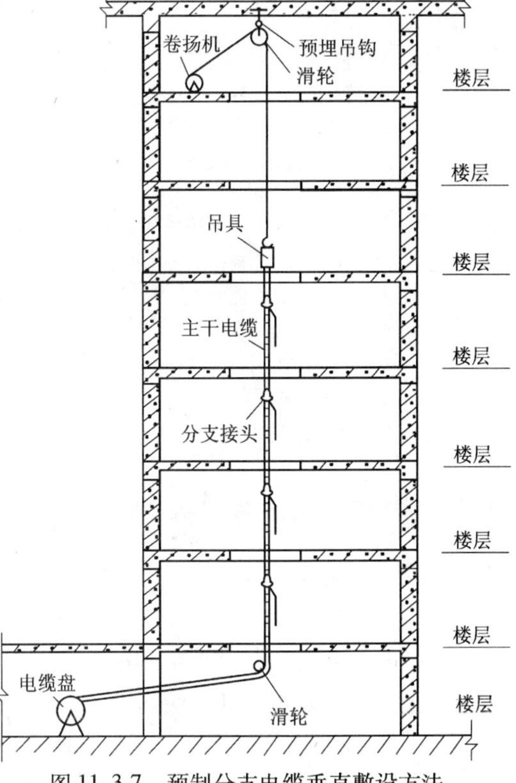

图 11.3-7 预制分支电缆垂直敷设方法

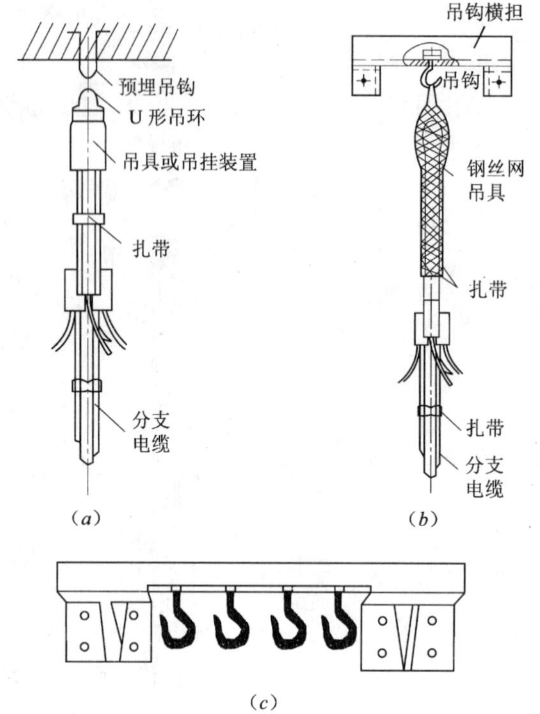

图 11.3-8 预制分支电缆顶端固定方法

(a) 预埋吊钩；(b) 安装吊钩横担；(c) 吊钩横担大样

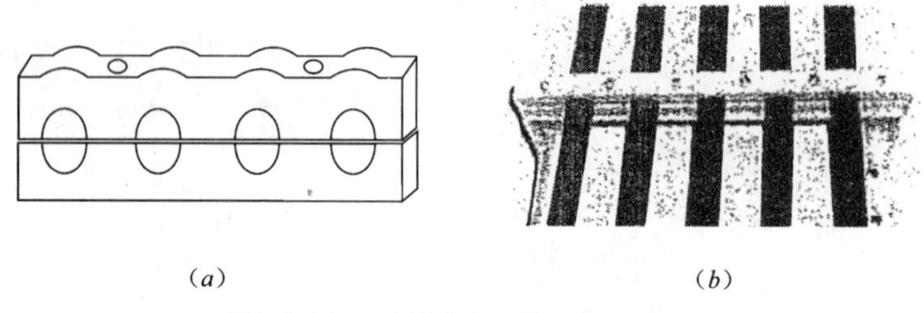

图 11.3-9 预制分支电缆中部固定方法

(a) 电缆夹具；(b) 固定方法

(4) 提升过程中不要对分支线施加张力。

(5) 使用电缆重量 4 倍以上强度的提升用绳索。

(6) 电缆提升完毕，应立即用适当的方法加以固定，以免电缆坠落受损。

11.3.4 预制分支电缆订货须知

预制分支电缆订货时，需要提供以下资料（图 11.3-10）：

(1) 配电系统图、配电系统的功率及配电方式、楼层标高剖面图；

(2) 主干电缆和各支线电缆的类型、规格、长度、分支接头距楼面高度、支线电缆进楼层配电箱的方法（上进线或下进线）；

(3) 分支电缆的选型，如单芯型、绞合型、多芯型；

(4) 配件的型号、规格、数量、是否需要电缆固定装置;
(5) 安装方法:敷设时,电缆是从地面向上拉;还是由楼顶向下放;
(6) 是否需要对电缆进行末端处理;
(7) 其他需要说明项目。

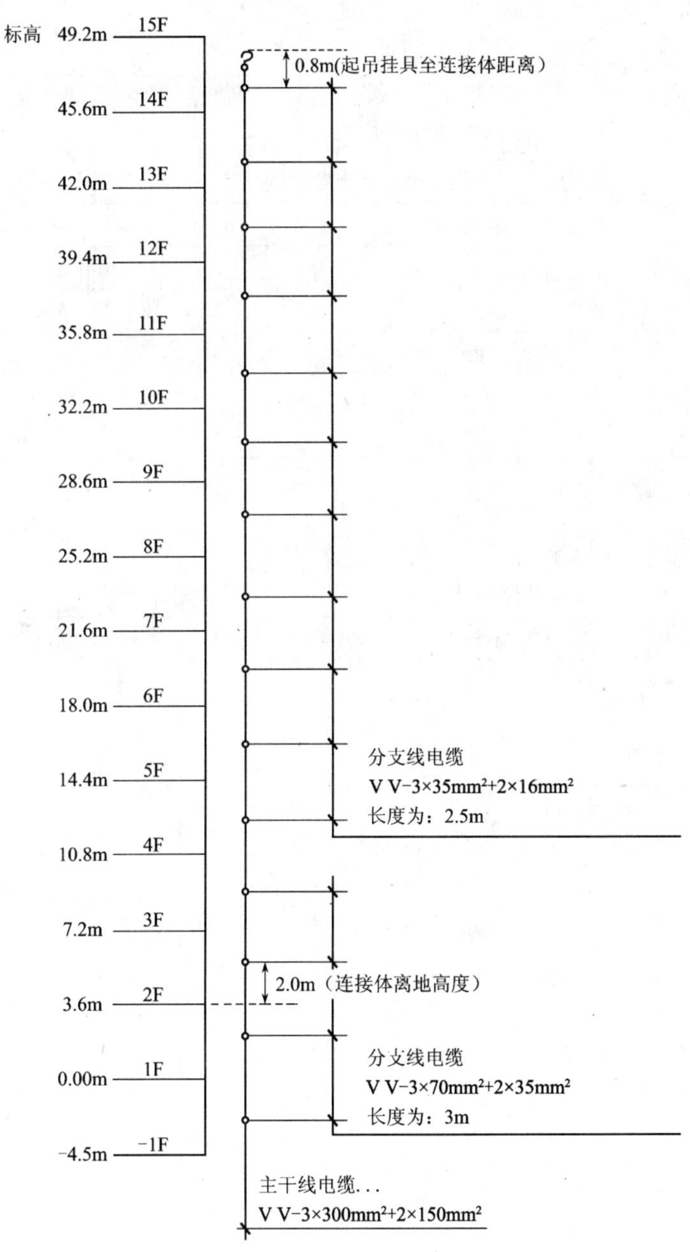

图 11.3-10 预制分支电缆订货要求示例

11.4 室内配线工程

室内导线敷设方式可分为：（1）明敷：导线直接敷设于墙壁、顶棚的表面及桁架、支架等处；（2）暗敷：导线在管子、线槽等保护体内敷设于墙壁、顶棚、地坪及楼板内等。

11.4.1 导线的选择

1. 导线绝缘层颜色选择

当采用多相供电时，同一建筑物、构筑物的导线绝缘层颜色选择应一致，如表 11.4-1 所示：

导线颜色标志电路的规定 **表 11.4-1**

序　　号	导 线 颜 色	所 标 志 电 路
1	黄色	交流三相电路的 L_1（A）相
2	绿色	交流三相电路的 L_2（B）相
3	红色	交流三相电路的 L_3（C）相
4	淡蓝色	交流三相电路的中性（N）线
5	绿/黄双色	保护地线（PE 线）

2. 铜芯绝缘导线长期连续允许最大载流量

（1）铜芯塑料绝缘导线长期连续允许最大载流量（表 11.4-2）

铜芯塑料绝缘导线长期连续允许最大载流量 **表 11.4-2**

导线截面积（mm^2）	线芯结构			单根导线明敷设		塑料绝缘导线多根同穿在一根管内时允许负荷电流（A）											
	股数	单芯直径（mm）	成品外径（mm）	25℃	30℃	25℃						30℃					
				塑料	塑料	穿金属管			穿塑料管			穿金属管			穿塑料管		
						2 根	3 根	4 根	2 根	3 根	4 根	2 根	3 根	4 根	2 根	3 根	4 根
1.0	1	1.13	4.4	19	18	14	13	11	12	11	10	13	12	10	11	10	9
1.5	1	1.37	4.6	24	20	19	17	16	16	15	13	18	16	15	15	14	12
2.5	1	1.76	5.0	32	30	26	24	22	24	21	19	24	22	21	22	20	18
4	1	2.24	5.5	42	39	35	31	28	31	28	25	33	29	26	29	26	23
6	1	2.73	6.2	55	51	47	41	37	41	36	32	44	38	35	38	34	30
10	7	1.33	7.8	75	70	65	57	50	56	49	44	61	53	47	52	46	41
16	7	1.68	8.8	105	98	82	73	65	72	65	57	77	68	61	67	61	53
25	19	1.28	10.6	138	128	107	95	85	95	85	75	100	89	80	89	80	70
35	19	1.51	11.8	170	159	133	115	105	120	105	93	124	107	98	112	98	87
50	19	1.81	13.8	215	201	165	146	130	150	132	117	154	136	121	140	123	109
70	49	1.33	17.3	265	248	205	183	165	185	167	148	192	171	154	173	156	138
95	84	1.20	20.8	320	304	250	225	200	230	205	185	234	210	187	215	192	173
120	133	1.08	21.7	375	350	285	266	230	265	240	215	266	248	215	248	224	201
150	37	2.24	22.0	430	402	320	295	270	305	280	250	299	276	252	285	262	234
185				490	458	380	340	300	355	375	280	355	317	280	331	289	261

注：导电线芯最高允许工作温度为 +70℃。

(2) 铝芯塑料绝缘导线长期连续允许最大载流量（表 11.4-3）

铝芯塑料绝缘导线长期连续允许最大载流量 **表 11.4-3**

导线截面积（mm^2）	线芯结构			单根导线明敷设		塑料绝缘导线多根同穿在一根管内时允许负荷电流（A）											
	股数	单芯直径（mm）	成品外径（mm）	25℃	30℃	25℃						30℃					
				塑料	塑料	穿金属管			穿塑料管			穿金属管			穿塑料管		
						2 根	3 根	4 根	2 根	3 根	4 根	2 根	3 根	4 根	2 根	3 根	4 根
2.5	1	1.76	5.0	25	23	20	18	15	18	16	14	19	17	14	17	15	13
4	1	2.24	5.5	32	30	27	24	22	24	22	19	25	22	21	22	21	18
6	1	2.73	6.2	42	39	35	32	28	31	27	25	33	30	26	29	25	23
10	7	1.33	7.8	59	55	49	44	38	42	38	33	46	41	36	39	36	31
16	7	1.68	8.8	80	75	63	56	50	55	49	44	59	52	47	51	46	41
25	7	2.11	10.6	105	98	80	70	65	73	65	57	75	66	61	68	61	53
35	7	2.49	11.8	130	121	100	90	80	90	80	70	94	84	75	84	75	65
50	19	1.81	13.8	165	154	125	110	100	114	102	90	117	103	94	106	95	84
70	19	2.14	16.0	205	192	155	143	127	145	130	115	145	133	119	135	121	107
95	19	2.49	18.3	250	234	190	170	152	175	158	140	177	159	142	163	148	131
120	37	2.01	20.0	285	266	220	200	180	200	185	160	206	187	168	187	173	154
150	37	2.24	22.0	325	303	250	230	210	240	215	185	234	215	196	224	201	182
185				380	355	285	255	230	265	235	212	266	238	215	247	219	198

注：导电线芯最高允许工作温度为 +70℃。

(3) 铜芯橡皮绝缘导线长期连续允许最大载流量（表 11.4-4）

铜芯橡皮绝缘导线长期连续允许最大载流量 **表 11.4-4**

导线截面积（mm^2）	线芯结构			单根导线明敷设		橡皮绝缘导线多根同穿在一根管内时允许负荷电流（A）											
	股数	单芯直径（mm）	成品外径（mm）	25℃	30℃	25℃						30℃					
				橡皮	橡皮	穿金属管			穿塑料管			穿金属管			穿塑料管		
						2 根	3 根	4 根	2 根	3 根	4 根	2 根	3 根	4 根	2 根	3 根	4 根
1.0	1	1.13	4.4	21	20	15	14	12	13	12	11	14	13	11	12	11	10
1.5	1	1.37	4.6	27	25	20	18	17	17	16	14	19	17	16	16	15	13
2.5	1	1.76	5.0	35	33	28	25	23	25	22	20	26	23	22	23	21	19
4	1	2.24	5.5	45	42	37	33	30	33	30	25	35	31	28	31	28	24
6	1	2.73	6.2	58	54	49	43	39	43	38	34	46	40	36	40	36	32
10	7	1.33	7.8	85	79	68	60	53	59	52	46	64	56	50	55	49	43
16	7	1.68	8.8	110	103	86	77	69	76	68	60	80	72	65	71	64	56
25	19	1.28	10.6	145	135	113	100	90	100	90	80	106	94	84	94	84	75
35	19	1.51	11.8	180	168	140	122	110	125	110	98	131	114	103	117	103	92
50	19	1.81	13.8	230	215	175	154	137	160	140	123	163	144	128	150	131	115
70	49	1.33	17.3	285	266	215	193	173	195	175	155	201	180	162	182	163	145
95	84	1.20	20.8	345	322	260	235	210	240	215	195	241	220	197	224	201	182
120	133	1.08	21.7	400	374	200	270	245	278	250	227	280	252	229	260	234	212
150	37	2.24	22.0	470	440	340	310	280	320	290	265	318	290	262	299	271	248
185				540	504	385	355	320	360	330	300	359	331	299	336	308	280

注：导电线芯最高允许工作温度为 +65℃。

（4）铝芯橡皮绝缘导线长期连续允许最大载流量（表11.4-5）

铝芯橡皮绝缘导线长期连续允许最大载流量　　表11.4-5

导线截面积（mm^2）	线芯结构			单根导线明敷设		橡皮绝缘导线多根同穿在一根管内时允许负荷电流（A）											
	股数	单芯直径（mm）	成品外径（mm）	25℃	30℃	25℃						30℃					
				橡皮	橡皮	穿金属管			穿塑料管			穿金属管			穿塑料管		
						2根	3根	4根	2根	3根	4根	2根	3根	4根	2根	3根	4根
2.5	1	1.76	5.0	27	25	21	19	16	19	17	15	20	18	15	18	16	14
4	1	2.24	5.5	35	33	28	25	23	25	23	20	26	23	22	23	22	19
6	1	2.73	6.2	45	42	37	34	30	33	29	26	35	32	28	31	27	24
10	7	1.33	7.8	65	61	52	46	40	44	40	35	49	43	37	41	37	33
16	7	1.68	8.8	85	79	66	59	52	58	52	46	62	55	49	54	49	43
25	7	2.11	10.6	110	103	86	76	68	77	68	60	80	71	64	72	64	56
35	7	2.49	11.8	138	129	106	94	83	95	84	74	90	88	78	89	79	69
50	19	1.81	13.8	175	163	133	118	105	120	108	95	124	110	98	112	101	89
70	19	2.14	16.0	220	206	165	150	133	153	135	120	154	140	124	143	126	112
95	19	2.49	18.3	265	248	200	180	160	184	165	150	187	168	150	172	154	140
120	37	2.01	20.0	310	290	230	210	190	210	190	170	215	196	177	196	177	159
150	37	2.24	22.0	360	336	260	240	220	250	227	205	241	224	206	234	212	192
185				420	392	295	270	250	282	255	232	275	252	233	263	238	216

注：导电线芯最高允许工作温度为+65℃。

3. 导线在正常和短路时的最高允许温度及热稳定系数（表11.4-6）

导线在正常和短路时的最高允许温度及热稳定系数表　　表11.4-6

导体种类和材料			最高允许温度（℃）		热稳定系数 C（$A\cdot S^{\frac{1}{2}}\cdot mm^{-2}$）
			正常负荷时	短路时	
母线	铜		70	300	171
	铜（接触面有锡层时）		85	200	164
	铝		70	200	87
油浸纸绝缘电缆	铜芯	1～3kV	80	250	148
		6kV	65（80）	250	150
		10kV	60（65）	250	153
		35kV	50（65）	175	—
	铝芯	1～3kV	80	200	84
		6kV	65（80）	200	87
		10kV	60（65）	200	88
		35kV	50（65）	175	
橡皮绝缘导线和电缆		铜芯	65	150	131
		铝芯	65	150	87
聚氯乙烯绝缘导线和电缆		铜芯	70	160	115
		铝芯	70	160	760
交联聚乙烯绝缘电缆		铜芯	90（80）	250	137
		铝芯	90（80）	200	77
有中间接头的电缆（不包括聚氯乙烯绝缘电缆）		铜芯		160	
		铝芯		160	

注：加括号的数，对油浸纸绝缘电缆，适用于“不滴流纸绝缘电缆”；对交联聚乙烯绝缘电缆，适用于10kV以上电压。

4. 低压配电导体截面的选择应符合下列要求：

（1）按敷设方式、环境条件确定的导体截面，其导体截流量不应小于预期负荷的最大计算电流和按保护条件所确定的电流；

（2）线路电压损失不应超过允许值；

（3）导体应满足动稳定与热稳定的要求；

（4）导体最小截面应满足机械强度的要求，配电线路每一相导体截面不应小于表11.4-7的规定。

导体最小允许截面 **表11.4-7**

布线系统形式	线路用途	导体最小截面（mm^2）	
		铜	铝
固定敷设的电缆和绝缘电线	电力和照明线路	1.5	2.5
	信号和控制线路	0.5	—
固定敷设的裸导体	电力（供电）线路	10	16
	信号和控制线路	4	—
用绝缘电线和电缆的柔性连接	任何用途	0.75	—
	特殊用途的特低压电路	0.75	—

5. 铜导线截面的确定

（1）除建设单位有预留要求外，铜导体的截面宜按下列原则确定：

1）配电柜（盘）的进线截面不大于进线总开关端子的接线容量。

2）专用回路供电的配电柜（盘）的进户线载流量宜为计算容量的1.5~5倍。

3）照明干线、封闭式母线宜为计算电流的1.3~1.5倍。

4）变压器二次侧母线、低压开关柜水平母线，除应满足短路电流冲击外，其载流量不宜大于变压器二次侧额定电流的1.5倍。

（2）除满足载流量的要求外，铜芯导线截面最小值如下：

1）进户线不小于$10mm^2$；

2）动力、照明配电箱的进线不小于$6mm^2$。

3）控制箱进线不小于$6mm^2$。

4）照明分支线不小于$1.5mm^2$，动力分支线不小于$2.5mm^2$。

（3）中性线N及保护线PE及中性保护地线PEN宜按下述原则选择：

1）变压器、低压母线、低压开关柜中性母线N及保护母线PE的截面积不小于其相线截面的一半。

2）电力、照明干线电缆或导线其N、PE及PEN的截面的选用可参照表11.4-8选用。

中性线、保护线选择（mm^2） **表11.4-8**

相线截面 S	N、PE、PEN
$S<16$	S
$16\leqslant S\leqslant 35$	16
$S<35$	$S/2$

3）照明箱、动力箱进线的N、PE、PEN线的最小截面不小于$6mm^2$。

6. 最终回路导线选择参考（表11.4-9）

最终回路导线选择参考表　　表11.4-9

相　数	MCB额定电流（A）	配线表（铜线）	电线管敷设	线槽敷设
单相	10	$2\times1.5mm^2$（供照明用）		
	10	$2\times2.5mm^2$（除照明外之其他用电）；	√	√
	15	$2\times2.5mm^2$	√	√
	20	$2\times4mm^2$	√	√
	30	$2\times6mm^2$	√	√
	40	$2\times10mm^2$	√	√
	50	$2\times16mm^2$	√	√
	60	$2\times25mm^2$	√	√
三相	15	$4\times2.5mm^2$	√	√
	20	$4\times4mm^2$	√	√
	30	$4\times10mm^2$	√	√
	40	$4\times16mm^2$	√	√
	50	$4\times16mm^2$	√	√
	60	$4\times25mm^2$		√
	80	$4\times25mm^2$		√
	100	$4\times50mm^2$		√
	160	$4\times95mm^2$		√

注：MCB为微型断路器的英文简称。

11.4.2 室内（外）配线的一般规定

室内（外）配线应按图纸施工，并严格执行《建筑电气工程施工质量验收规范》GB 50303—2002及有关规定。施工过程中，首先应符合电器装置安装的基本要求，即安全、可靠、经济、方便和美观。

1. 室内（外）配线适用范围

室内（外）配线指敷设在建筑物、构筑物内的明线、暗线、电缆和电气器具的连接线。固定导线用的支持物、专用配件和敷设导线、电缆等统称为室内（外）配线工程。各种室内（外）配线方式适用范围见表11.4-10所示。

室内（外）配线适用范围表　　表11.4-10

配线方式	适用范围
瓷（塑料）夹板配线	适用于负荷较小的正常环境的室内场所和房屋挑檐下的室外场所
瓷柱（鼓形绝缘子）配线	适用于负荷较大的干燥或潮湿环境的场所
针式、蝶式绝缘子配线	适用于负荷较大、线路较长而且受机械拉力较大的干燥或潮湿场所

续表

配线方式	适用范围
木（塑料）槽板配线、护套线配线	适用于负荷较小照明工程的干燥环境，要求整洁美观的场所，塑料槽板适用于防化学腐蚀和要求绝缘性能好的场所
金属管配线	适用于导线易受机械损伤、易发生火灾及易爆炸的环境，有明管和暗管配线两种
塑料管配线	适用于潮湿或有腐蚀性环境的室内场所做明管配线或暗管配线，但易受机械损伤的场所不宜采用明敷
线槽配线	适用于干燥和不易受机械损伤的环境内明敷或暗敷，但对有严重腐蚀场所不宜采用金属线槽配线；对高温、易受机械损伤的场所内不宜采用塑料线槽明敷
封闭式母线配线	适用于干燥、无腐蚀性气体的室内场所
电缆配线	适用于干燥、潮湿的户内及户外配线（应根据不同的使用环境选用不同型号的电缆）
竖井配线	适用于多层和高层建筑物内垂直配电干线的场所
钢索配线	适用于层架较高、跨度较大的大型厂房、多数应用在照明配线上，用于固定导线和灯具
裸导体配线	适用于工业企业厂房，不得用于低压配电室
架空线配线	适用户外配线

2. 室内（外）配线的一般规定

室内配线工程应符合以下一般规定：

(1) 配线的布置及其导线型号、规格应符合设计要求。

(2) 所用导线的额定电压应大于线路的工作电压，导线的绝缘应符合线路的安装方式和敷设环境条件。低压电线和电缆，线间和线对地间的绝缘电阻值必须大于0.5MΩ。

(3) 配线工程施工中，室内（外）绝缘导线之间最小距离应符合表11.4-11的规定。

室内（外）绝缘导线之间最小距离（mm） **表11.4-11**

固定点间距（m）	室内配线	室外配线
1.5及以下	35	100
1.5~3.0	50	100
3.0~6.0	70	100
6.0以上	100	150

(4) 为了减少由于导线接头质量不好引起各种电气事故，导线敷设时，应尽量避免接头。线槽内、管线内不应有接头，接头应安装在配电屏（箱）或接线盒内。

(5) 各种明配线应垂直和水平敷设，且要求横平竖直。室内（外）绝缘导线距离地面之间最小距离应符合表11.4-12的要求，一般室内导线水平高度不应小于2.5m，垂直敷设不应低于1.8m，否则应加管槽保护，以防机械损伤，但敷设在电气专用房间（如配电室、电气竖井、技术层等）内时除外。

室内（外）绝缘导线距离地面之间最小距离（mm） 表 11.4-12

敷设方式		导线对地最小距离（m）
水平敷设	室内	2.5
	室外	2.7
垂直敷设	室内	1.8
	室外	2.7

（6）配线工程采用的管卡、支架、吊钩、拉环和盒（箱）等黑色金属附件，均应镀锌或防护处理。

（7）为了防止火灾和触电等事故发生，在顶棚内由接线盒引向器具的绝缘导线，应采用金属软管或可挠金属电线保护管等保护，导线不应有裸露部分。

（8）照明和动力线路、不同电压的线路应分开敷设，以方便维修和检查。每条线路标记应清晰，编号准确。

（9）管、槽配线，应采用绝缘导线和电缆。在同一根管、槽内的导线都应具有与最高标称电压回路绝缘相同的绝缘等级。

（10）三相照明线路各相负荷宜均匀分配，在每个分配电箱中，一般照明每一支路的最大负荷电流、光源数、插座数应符合有关规定。

（11）室内电气线路与其他管道间的最小距离应符合规范的规定。如不能满足规范规定的距离要求时，则应采取以下措施：

1）电气线管与蒸汽管线不能保持规定距离时，可在蒸汽管外包以隔热层。对有保温措施的蒸汽管，上下净距可减至200mm；交叉距离应考虑施工维护方便。

2）电气线管与暖气管、热水管不能保持规定的距离时，可在管外包隔热层。

3）裸导线与其他管道交叉不能保持规定的距离时，可在交叉处的裸导线外加装保护网和罩。

（12）在油污环境，应采用耐油的绝缘导线，在日光直射环境，橡皮和塑料绝缘导线应采取防护措施。

（13）电气线路穿过建筑物、构筑物的沉降缝或伸缩缝时，当建筑物和构筑物产生不均匀沉降或伸缩变形时，线路会受到剪切和扭拉，故应装设补偿装置，导线应留有余量。

（14）为了有良好的散热效果，管内配线其导线的总截面积（包括外绝缘层）不应超过管内总截面积的40%。线槽配线其导线的总截面积（包括外绝缘层）不应超过线槽内总截面积的70%（图 11.4-1）。

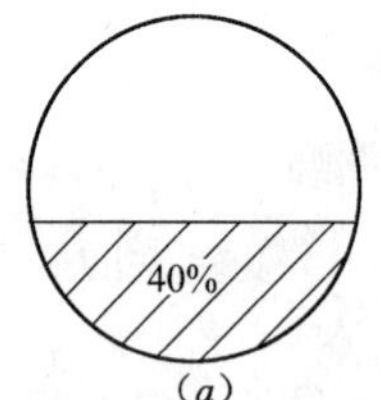

(*a*)

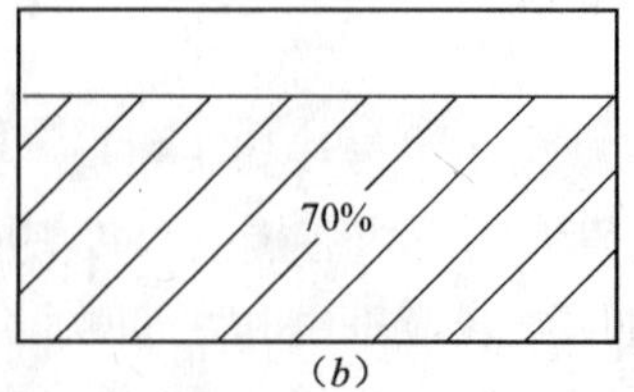

(*b*)

图 11.4-1 管、线槽内允许导线容量

(*a*) 管内配线最大容量；(*b*) 线槽配线最大容量

（15）塑料护套线配线注意事项：

1）塑料护套线不得直接埋入抹灰层内暗配敷设。

2）塑料护套线不能在线路上直接剖开连接，应通过接线盒或瓷接头，或借用插座、开关的接线柱来连接线头。

（16）配线工程施工后，为保证安全，其保护地线（PE 线）连接应可靠。对带有漏电保护装置的线路应作模拟动作试验，并应做好记录。

（17）配线工程施工结束后，应将施工中造成的建筑物、构筑物的孔、洞、沟、槽的修补完整。

（18）配线工程施工后，应进行各回路的绝缘检查，绝缘电阻值应符合现行国家标准《电气装置安装工程电气设备交接试验标准》的有关规定。并应做好记录。

3. 线路及导线敷设的标注（表 11.4-13）

线路及导线敷设的标注 **表 11.4-13**

	名称	标注文字符号		名称	标注文字符号
1. 线路敷设方式的标注			2. 导线敷设部位的标注		
	穿低压流体输送用焊接钢管敷设	SC		沿或跨梁（屋架）敷设	AB
	穿电线管敷设	MT		暗敷在梁内	BC
	穿硬塑料导管敷设	PC		沿或跨柱敷设	AC
	穿阻燃半硬塑料导管敷设	FPC		暗敷设在柱内	CLC
	电缆桥架敷设	CT		沿墙面敷设	WS
	金属线槽敷设	MR		暗敷设在墙内	WC
	塑料线槽敷设	PR		沿顶棚或顶板面敷设	CE
	钢索敷设	M		暗敷设在屋面或顶板内	CC
	穿塑料波纹电线管敷设	KPC		顶棚内敷设	SCE
	穿可挠金属电线保护套管敷设	CP		地板或地面下敷设	FC
	直埋敷设	DB			
	电缆沟敷设	TC			
	混凝土排管敷设	CE			

11.4.3 导线连接方法

1. 导线连接的基本要求

（1）导线连接应采用哪种方法应根据线芯的材质而定。铜、铝线间的连接应用铜、铝过渡接头，以防电化学腐蚀。

（2）导线连接应紧密、牢固。接头的电阻值不应大于相同长度导线的电阻值。

（3）导线接头的机械强度不应小于原导线机械强度的 80%。

（4）导线接头的绝缘强度应与非连接处的绝缘强度相同。

（5）在配线的分支线接头连接处，干线不应受到支线的横向拉力；接头处也不应受到大的拉力。

(6) 导线采用压接时，压接器材、压接工具和压模等应与导线线芯规格相匹配；压接时，其压接深度、压口数量和压接长度应符合有关规定。

(7) 导线与设备、器具的连接应符合下列规定：

1) 截面积在 $6mm^2$ 及以下的单股铜芯线和单股铝芯线直接与设备、器具的端子连接；

2) 截面积在 $2.5mm^2$ 及以下的多股铜芯线拧紧搪锡或接续端子后与设备、器具的端子连接；

3) 截面积大于 $2.5mm^2$ 的多股铜芯线，除设备自带插接式端子外，接续端子后与设备或器具的端子连接；多股铜芯线与插接式端子连接前，端部拧紧搪锡；

4) 多股铝芯线接续端子后与设备、器具的端子连接；

5) 每个设备和器具的端子接线不多于 2 根电线。

2. 导线的端接方法

(1) 单股绝缘导线在接线盒内的连接

1) 两根铜导线连接，如图 11.4-2 (*a*) 所示。对不同直径铜导线接头，如软导线与单股相线连接，应进行挂锡处理。接线方法如图 11.4-2 (*b*) 所示。

2) 三根及以上单芯铜导线，可采用单芯线并接方法进行连接，如图 11.4-2 (*c*) 所示。

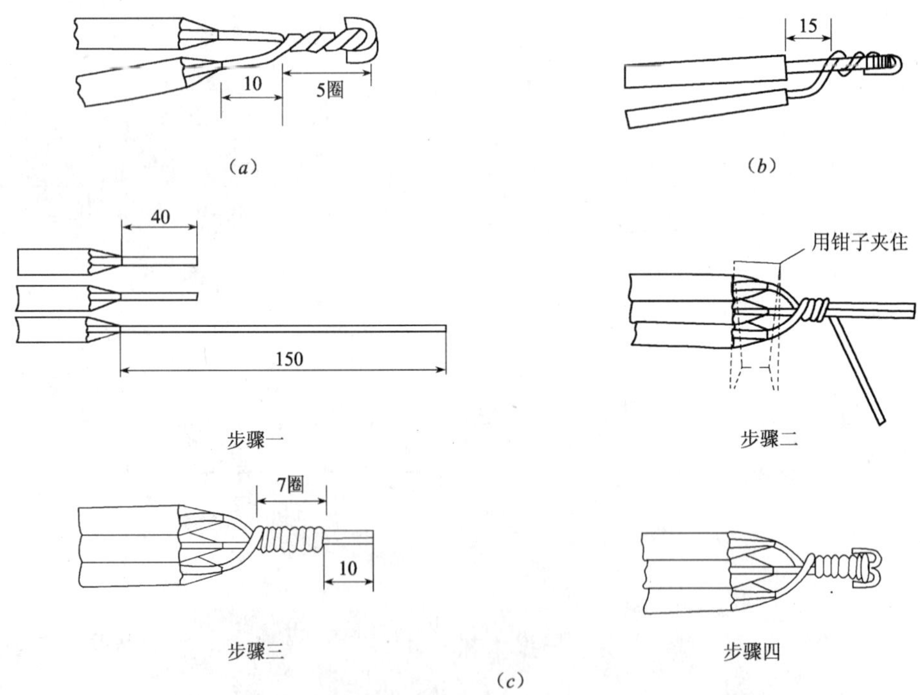

图 11.4-2 单芯线并接头

(*a*) 单芯两根铜导线并接头；(*b*) 单芯不同线径铜导线并接头；(*c*) 单芯三根及以上铜导线并接头

(2) 多股绝缘绞线在接线盒内的连接

铜绞线并接时，应采用缠卷法连接，其缠卷长度应为双根导线直径的 5 倍，如图 11.4-3

所示。

(3) 盒内分支电线的连接

在接线过程中，导线需要分支时，应在器具中、盒内连接，其方法是可利用盒内导线分支或开关和吊线盒及其他电气器具中的接线柱分支连接。导线利用接线柱分支连接，其导线分支不宜过多，导线直径也不宜太大，且分支（路）电流应与总电流相匹配。

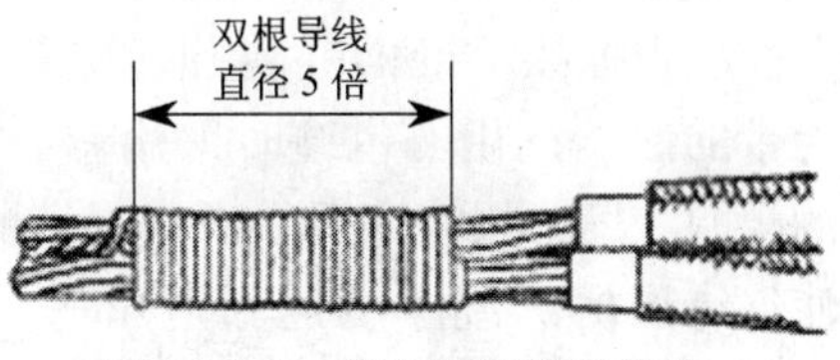

图 11.4-3 多股铜绞线并接头

(4) 导线接头包缠绝缘

所有导线线芯连接好后，均应用绝缘带包缠均匀紧密，以恢复绝缘。其绝缘强度不应低于导线原绝缘层的绝缘强度。经常使用的绝缘带有黑胶布、聚氯乙烯带和自粘性胶带等。

1）布绝缘胶带规格（表 11.4-14）

布绝缘胶带规格表 **表 11.4-14**

宽　　度（mm）	长　　度（m）	厚　　度（mm）
10 ±1	5 ±0.1 10 ±0.15 20 ±0.15	0.23 ~0.35
15 ±1	5 ±0.1 10 ±0.15 20 ±0.15	
20 ±1	5 ±0.1 10 ±0.15 20 ±0.15	
25 ±1	5 ±0.1 10 ±0.15 20 ±0.15	
50 ±1	5 ±0.1 10 ±0.15 20 ±0.15	

2）聚氯乙烯绝缘胶带规格（表 11.4-15）

聚氯乙烯绝缘胶带规格表 **表 11.4-15**

宽　　度（mm）	长　　度（m）	厚　　度（mm）	
		薄　膜	胶　浆
15 ±1.0	10 ±0.15 5 ±0.10	0.12 ±0.02 0.10 ±0.02	0.04 ±0.01
20 ±1.2	10 ±0.15 5 ±0.10		
25 ±1.5	10 ±0.15 5 ±0.10		

3）导线接头包扎方法（图 11.4-4）

应根据接头处的环境和对绝缘的要求，结合各种绝缘带的性能选用。包缠时采用斜叠法，使每圈压叠带宽的半幅。第一层绕完后，再用另一斜叠方向缠绕第二层，使绝缘层的缠绕厚度达到电压等级绝缘要求。包缠时，要用力拉紧，使之包缠紧密坚实，以免潮汽进入。

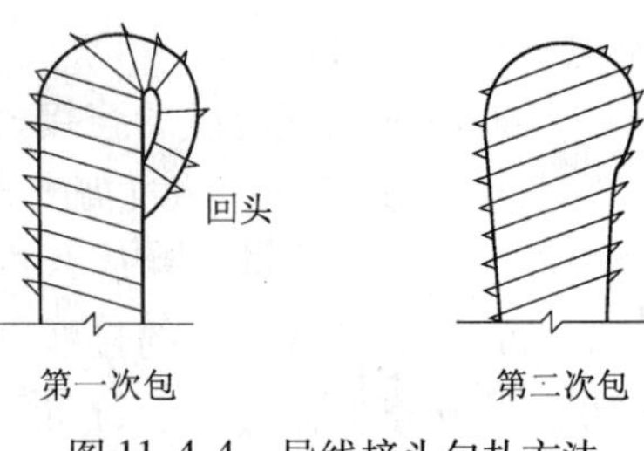

图 11.4-4　导线接头包扎方法

（5）导线用塑料绝缘压线帽压接（图 11.4-5）

塑料绝缘压线帽是一种新型导线连接器，施工中应选用难燃性产品，确保氧指数在 30 以上。1～4.0mm² 单芯铜导线的连接，可根据导线的截面和根数选用合适的镀银紫铜管型的塑料压线帽进行连接。2.5mm² 和 4.0mm² 单芯铝导线的连接，可根据导线的截面和根数选用铝合金管型的塑料压线帽进行连接。连接均使用专用阻尼式手握压力钳压实。

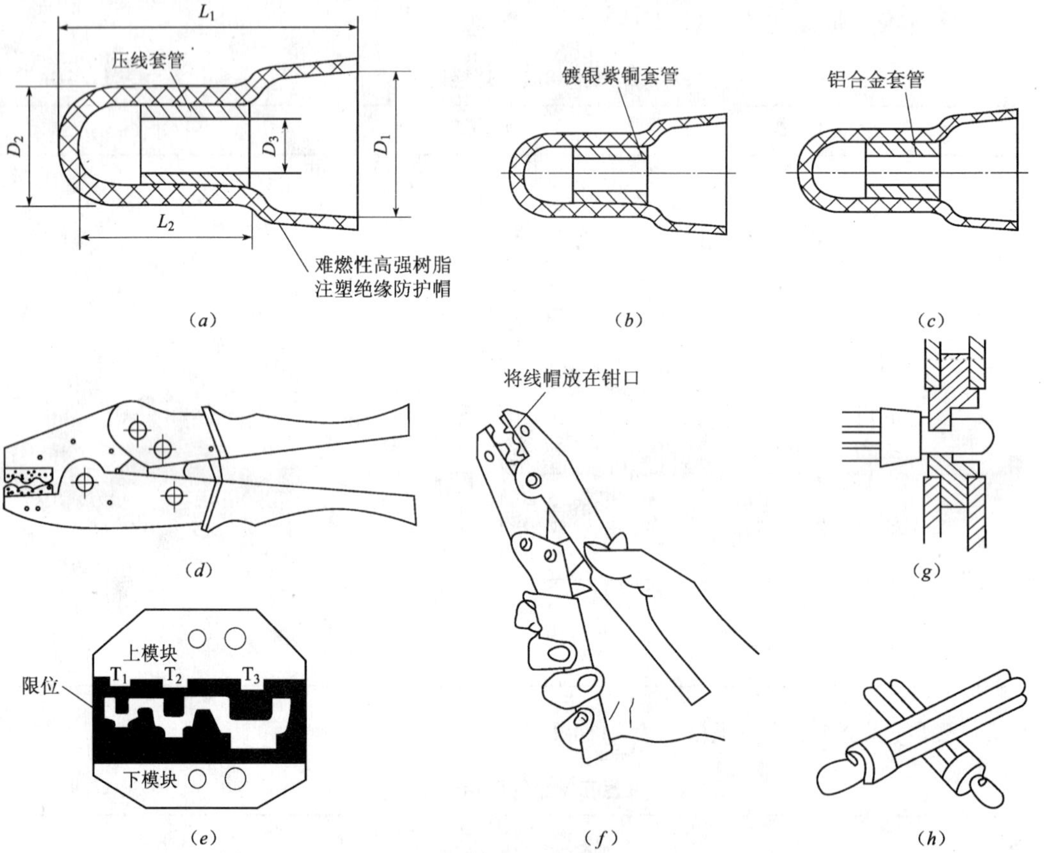

图 11.4-5　塑料压线帽压接示意图

（*a*）压线帽结构剖面图；（*b*）YMT 型压线帽；
（*c*）YML 型压线帽；（*d*）阻尼式手握压力钳；（*e*）钳口剖面图；
（*f*）压力钳使用方法；（*g*）压接完成；（*h*）压线帽接线示意图

1）电线、电缆的芯线连接金具（连接管和端子），规格应与芯线的规格适配。

2）导线连接牢固紧密，不伤线芯，压线帽连接时压紧无松动。

（6）塑料绝缘螺旋接线钮连接

6mm² 及以下的单芯导线，采用塑料螺旋接线钮连接较为方便。剥去导线绝缘后，将连接线芯并齐捻绞，保留线芯约15mm左右剪去前端，然后根据导线截面选用相应型号（1、2、3号）的接线钮，顺时针方向拧紧，要把导线绝缘部分拧入接线钮的导线空腔内，如图11.4-6所示。

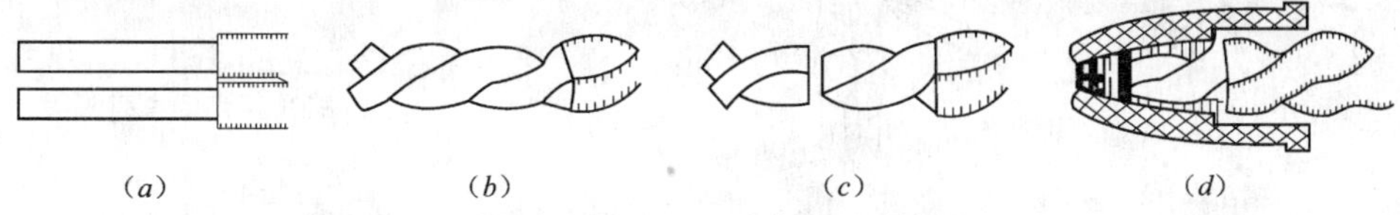

图11.4-6 塑料绝缘螺旋接线钮安装示意图

（a）剥线；（b）捻绞；（c）剪断；（d）拧紧

（7）加强型绝缘钢壳螺旋接线钮

$6mm^2$及以下的单芯导线在用接线钮连接时，把外露的线芯对齐，按顺时针方向捻绞，在线芯的12mm处剪去前端，然后选择相应的接线钮按顺时针方向拧紧。要把导线的绝缘部分拧入接线钮的上端护套内，见图11.4-7。

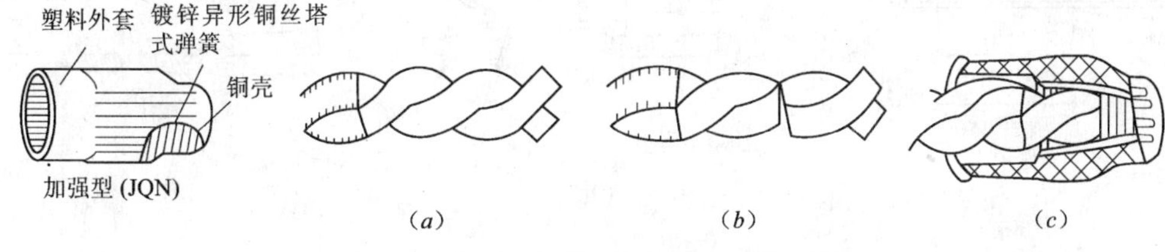

图11.4-7 钢壳螺旋接线钮安装示意图

（a）捻绞；（b）剪断；（c）拧紧

3. 导线中间连接方法

铜导线的连接可采用绞接、焊接或压接等方式。单芯铜芯线常用绞接、缠卷法进行连接；多芯铜芯线常用单卷、缠卷及复卷方法进行连接。铜芯线也有采用压接方法进行连接，但铜导线的压接时应在铜连接管内壁搪锡，以加大导线接触面积。此外铜线的连接还可采用绑接。

（1）导线绞接法

绞接法一般适用于$4mm^2$及以下的小截面导线。单线芯直线绞接如图11.4-8（a）、（b）所示。三线芯直接连接如图11.4-8（c）所示。两线芯直接连接如图11.4-8（d）所示。单芯丁字分线绞连方法如图11.4-8（e）、（f）所示。单芯线十字分线绞接方法如图11.4-8（g）、（h）所示。

（2）导线缠绕绑接

对于较大截面（$6mm^2$及以上）的单芯直线连接和分支连接，通常使用缠绕绑接。单芯直线缠绕是将两线相互并合，加辅助线后，用绑线在并合部位中间向两端缠卷（即公卷），长度为导线直径的10倍，然后将两线芯端头折回，如图11.4-9（a）所示；在此向外再单卷5圈回与辅助线捻绞二圈，如图11.4-9（b）所示。

单线丁字分线缠绕是将分支导线折成90°紧靠干线，其公卷长度为导线直径10倍，再单卷5圈，如图11.4-9（c）所示。

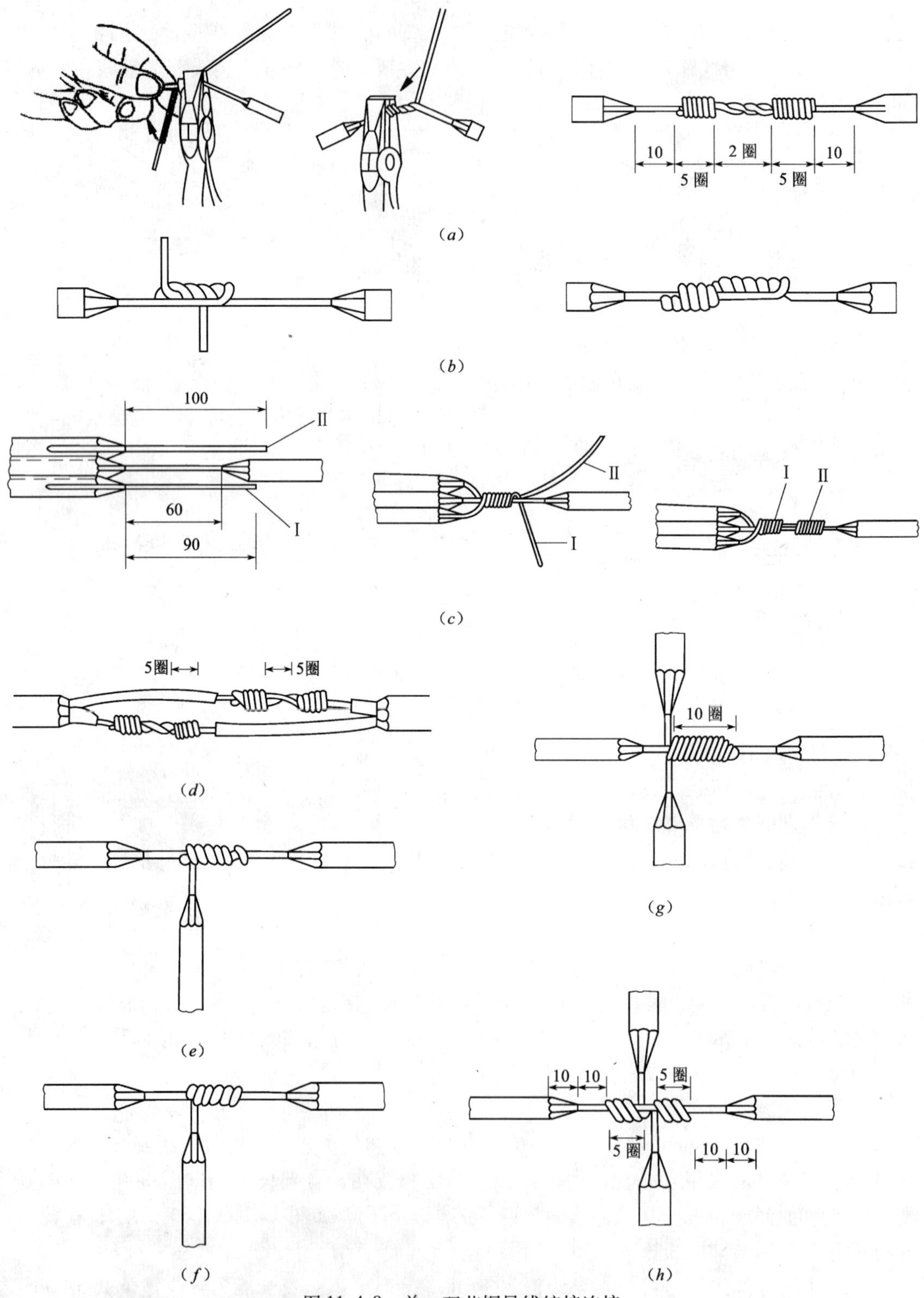

图 11.4-8 单、双芯铜导线绞接连接

(*a*) 导线直线中间连接方式一；(*b*) 导线直线中间连接方式二；(*c*) 导线直线中间连接方式三；(*d*) 导线双线芯直线连接；(*e*) 导线丁字打结分线连接；(*f*) 导线丁字不打结分线连接；(*g*) 导线十字分线连接方式一；(*h*) 导线十字分线连接方式二

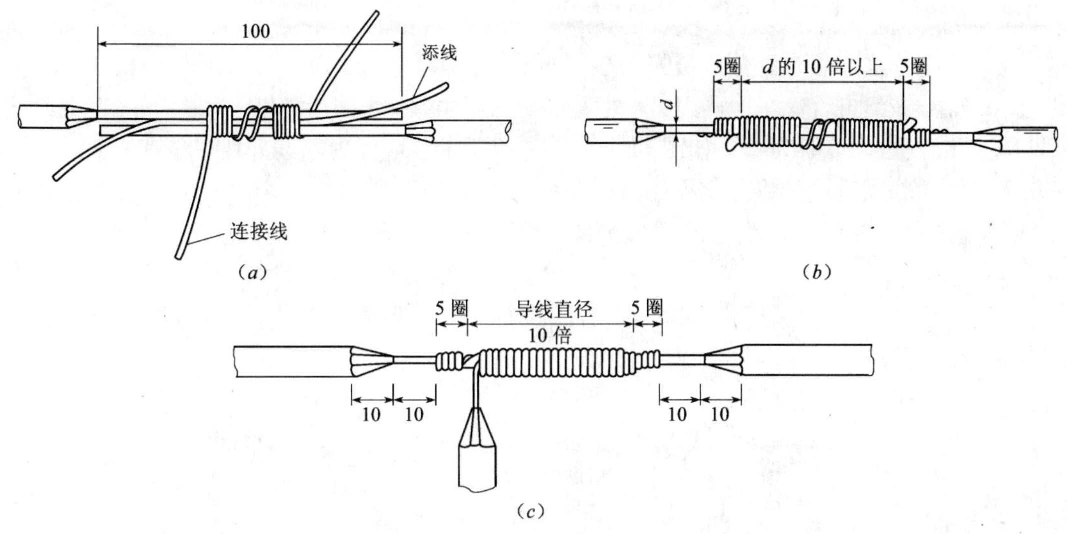

图 11.4-9 单芯导线缠绕绑接

(a) 加辅助线示意图；(b) 大截面直线连接；(c) 大截面分线连接

(3) 导线单卷或复卷连接

多芯铜导线的直线连接方法是首先把多芯线拧开，将中心线切断，把两头线芯插成一体，利用导线本身直线连接。取任意两相邻线芯，在接合处中央交叉用一侧芯线端做绑扎线，在另一侧导线上缠卷 5 ~ 6 圈后，再用另一根芯线与绑扎线相绞后把原有绑扎线压在下面继续按上述方法缠卷，线芯相绞处排列一条直线上，缠绕长度为导线直径 5 倍，最后缠卷的线端与一余线捻绞 2 圈后剪断。另一侧导线依此进行，缠绕长度也同样为导线直径的 5 倍，如图 11.4-10 所示。

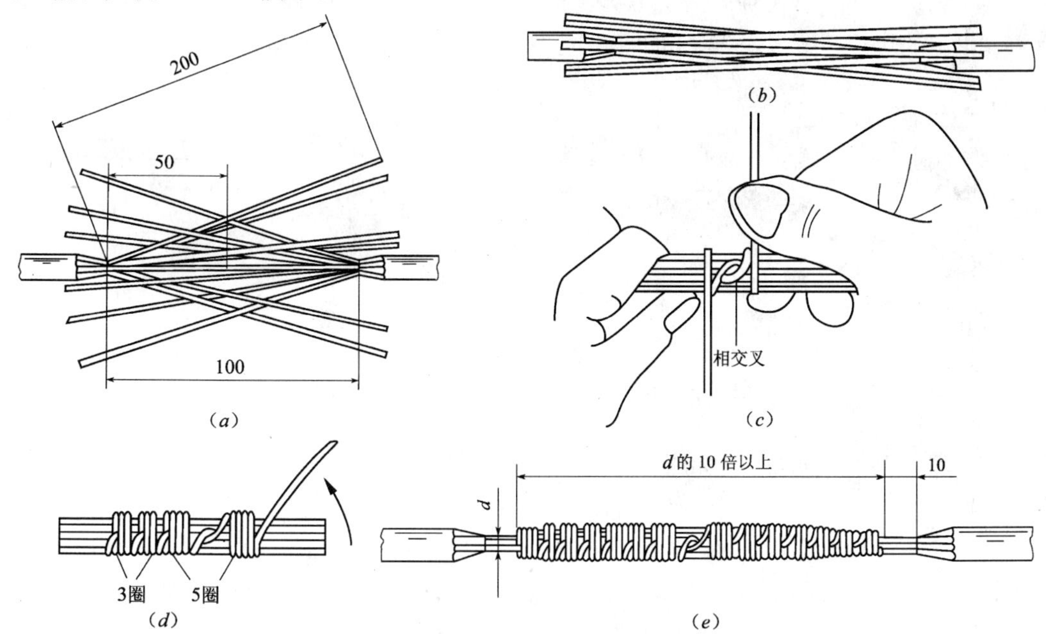

图 11.4-10 直线连接多芯铜导线缠绑接法

(a) 步骤一；(b) 步骤二；(c) 步骤三；(d) 步骤四；(e) 步骤五

（4）多芯铜导线分线连接

1）单卷分线连接是将分线破开，根部折成90°紧靠干线，用分支线其中一根在干线上缠卷，缠卷3～5圈后剪断，再用另一根线，继续缠卷3～5圈后剪断，依此方法直至连接到双根导线直径5倍时为止，如图11.4-11（*a*）所示，应使剪断线处在一条直线上。

2）复卷分线连接是将分支线端破劈开成两半后与干线连接处中央相交叉，把分线向干线两侧分别紧卷后，余线依阶梯形剪断，连接长度为导线直径的10倍，如图11.4-11（*b*）所示。

多芯铜导线还可以采用机械冷压接方法进行连接，但要在铜连接管内进行搪锡处理，以保证接触良好。

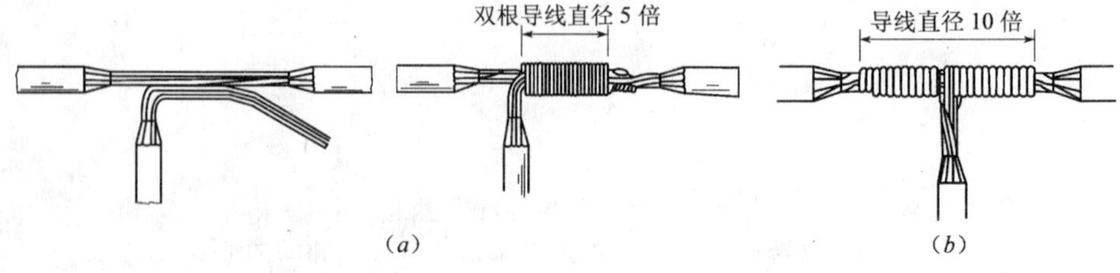

图11.4-11　多芯导线单卷和复卷连接

（*a*）单卷分线连接；（*b*）复卷分线连接

（5）导线直线连接绝缘带包扎方法

所有导线线芯连接好后，均应用绝缘带包缠均匀紧密，以恢复绝缘。其绝缘强度不应低于导线原绝缘层的绝缘强度。经常使用的绝缘带有黑胶布、聚氯乙烯带和自粘性胶带等。应根据接头处的环境和对绝缘的要求，结合各种绝缘带的性能选用。包缠时采用斜叠法，使每圈压叠带宽的半幅。第一层绕完后，再用另一斜叠方向缠绕第二层，使绝缘层的缠绕厚度达到电压等级绝缘要求为止（图11.4-12）。包缠时，要用力拉紧，使之包扎紧密坚实，以免潮汽进入。

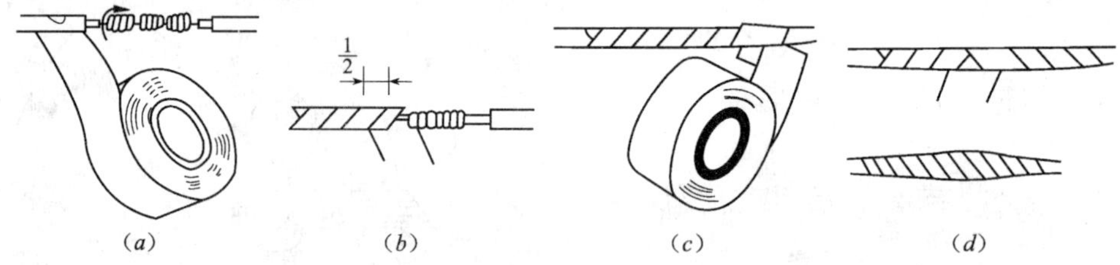

图11.4-12　直线连接绝缘带包扎方法

（*a*）第一步；（*b*）第二步；（*c*）第三步；（*d*）第四步

（6）导线分支连接绝缘带包扎方法

导线包扎从主线距绝缘切口两根带宽处开始起头，先用黄蜡带（或塑料带）绕包，便于密封，防止进水，如图11.4-13（*a*）所示。包扎到分支线处时，用左手拇指顶住左侧接头的直角处，使胶带贴紧弯角处的导线，并使处于干线顶部的带面尽量向右侧斜压，如图11.4-13（*b*）所示。当缠绕到右侧转角处时，下边的带面成×状交叉，然后把绝缘带再回绕到右侧转角处，如图11.4-13（*c*）所示。使带沿紧贴住支线连接处根端，开始在支线上缠包，如图11.4-13（*d*）所示。包至完好绝缘层上约两根带宽时，原带折回再包至支线连接处根部，并把带向干线左侧斜压。当带围过干线顶部后，紧贴于线右侧的支线连接处开始在干线右侧芯线上进行包缠，如图 11.4-13（*e*）所示。包至干线另一端的完好绝缘层后，接上用黑胶布再按上述的方法包缠即可，如图 11.4-13（*f*）所示。

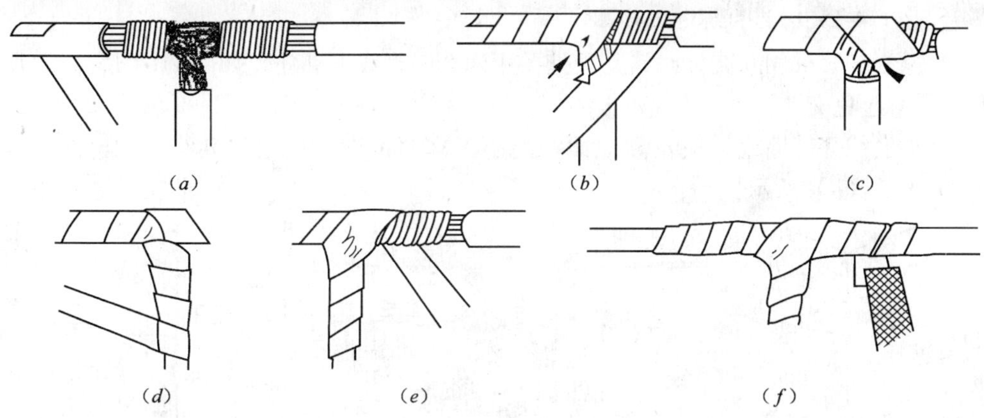

图 11.4-13　导线分支连接绝缘带包扎方法

（*a*）步骤一；（*b*）步骤二；（*c*）步骤三；（*d*）步骤四；（*e*）步骤五；（*f*）步骤六

11.4.4　简易配线方法

1. 用铝片线卡配线方法

塑料护套线是具有塑料保护层的双芯或多芯绝缘导线。这种导线具有防潮性能良好，安全可靠，安装方便等优点。可以直接敷设在墙体表面，用铝片线卡（俗称钢精扎头）作为导线的支持物，在小容量电路中被广泛采用。

（1）配线方法（图 11.4-14）

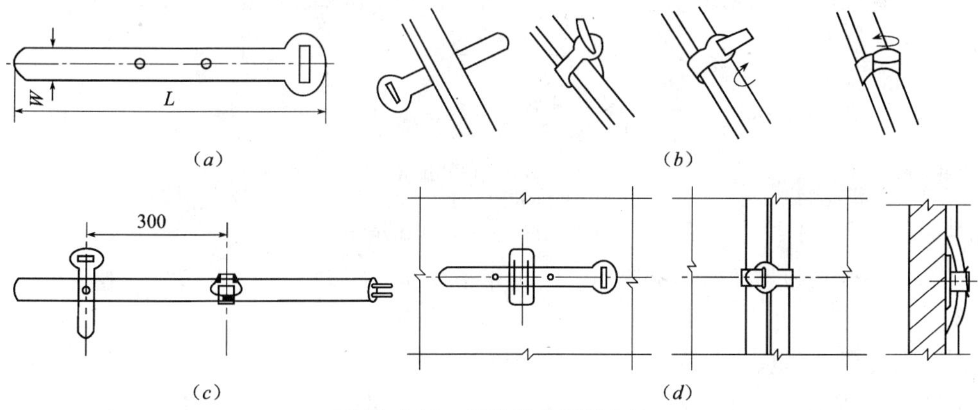

图 11.4-14　铝片线卡安装方法

（*a*）铝片线卡；（*b*）操作方法；（*c*）直线部分；（*d*）固定方法

1）划线定位：先确定电器安装位置和线路走向，用弹线袋划线，每隔 150～300mm 划出铝片线卡的位置，距开关、插座、灯具、木台 50mm 处要设置线卡的固定点；

2）固定铝片线卡：在木结构和抹灰浆墙上划有线卡位置处用小铁钉直接将铝片线卡钉牢；

3）敷设导线：护套线应敷设得横平竖直，不松弛，不扭曲，不可损坏护套层。将护套线依次夹入铝片线卡；

4）护套线固定方法：将铝片线卡收紧夹持护套线。

（2）注意事项

1）护套线转弯时，转弯前后各用一个铝片线卡夹住，转弯角度要大。如图 11.4-15（*a*）及图 11.4-15（*b*）所示；

2）两根护套线相互交叉时，交叉处要用四个铝片线卡夹住，如图 11.4-15（*c*）所示。护套线尽量避免交叉；

3）护套线穿越墙或楼板及离地面距离小于 0.15m 时，一般护套线应加电线管保护，如图 11.4-15（*d*）所示。

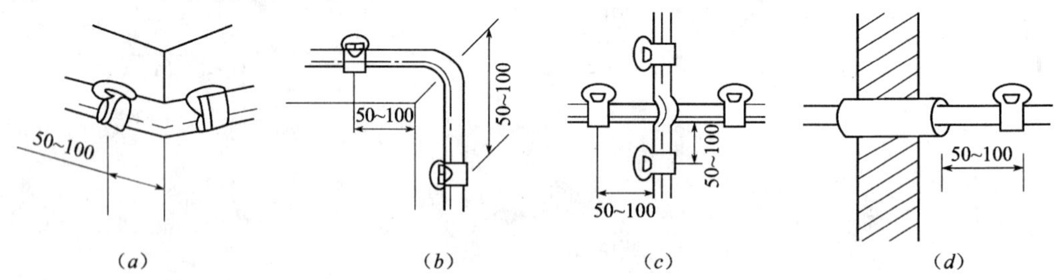

图 11.4-15 铝片线卡安装方法

（*a*）转角部分；（*b*）转角部分；（*c*）十字交叉；（*d*）进入管子

2. 线夹配线方法（图 11.4-16）

（*a*） （*b*） （*a*） （*b*）

（*A*） （*B*）

图 11.4-16 线夹配线方法

（*A*）单钉线夹

（*a*）单钉线夹；（*b*）配线方法

（*B*）双钉线夹

（*a*）双钉线夹；（*b*）配线方法

当导线直接敷设在墙体的表面时，线夹用于导线的固定，固定点间距一般为 300mm。

3. 槽板配线方法

槽板外形及配线要求如下（图 11.4-17）：

（1）槽板敷设应紧贴建筑物表面，且横平竖直、固定可靠，严禁用木楔固定，木槽板应经阻燃处理，塑料槽板表面应有阻燃标识。

（2）木槽板无劈裂，塑料槽板无扭曲变形。木槽板底板固定点间距应小于 500mm；槽板盖板固定点间距应小于 300mm；底板距终端 5mm 和盖板距终端 30mm 处应固定。

（3）木槽板的底板接口与盖板接口应错开 20mm，盖板在直线段和 90°转角处应成 45°斜口对接，T 形分支处应成三角叉接，盖板应无翘角，接口应严密整齐。

（4）木槽板穿过梁、墙和楼板处应有保护套管，跨越建筑物伸缩、沉降缝处槽板应设补偿装置，且与槽板结合严密。

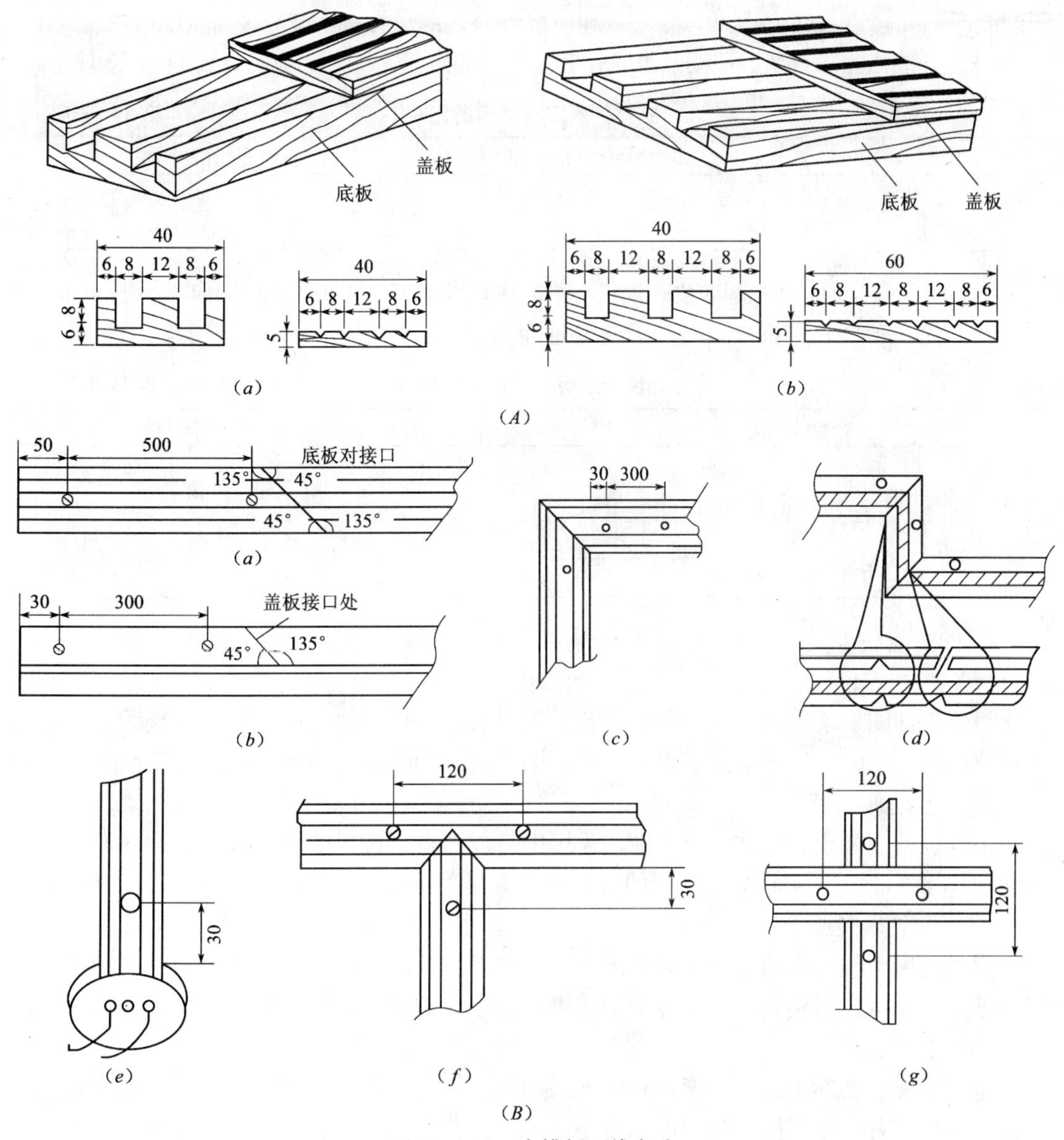

图 11.4-17 木槽板配线方法

(A) 木槽板外形

(a) 双槽木槽板；(b) 三槽木槽板

(B) 木槽板配线方法

(a) 底板安装方法；(b) 盖板安装方法；(c) 转角安装方法；(d) 连续转角安装方法；
(e) 进入开关电器安装方法；(f) T形分支安装方法；(g) 十字交叉安装方法

(5) 木槽板内电线无接头，电线连接设在器具处。木槽板与种器具连接时，电线应留有余量，器具底座应压住木槽板端部。

11.4.5 瓷夹配线方法

1. 瓷夹配线一般要求

(1) 线路与其他管路应避免相遇。

(2) 导线在转弯、分支和进入电气器具处，应装设支持件固定。采用瓷夹板或塑料夹板配线时，支持点与转弯中点、分支点和电气器具边缘的距离为40~60mm。

（3）导线沿室内墙壁、顶棚敷设时，其支持件固定点间的距离应符合表11.4-16规定。

支持件固定点之间的距离 **表11.4-16**

配线方式	导线截面（mm^2）	固定点间最大允许距离（mm）
夹板配线	1~2.5	600
	4~10	800

（4）室内敷设的导线与建筑物表面最小距离在瓷（塑料）夹板配线时，应不小于5mm。

（5）瓷（塑料）夹板配线时，导线至地面的最小距离见表11.4-17规定。

导线至地面的最小允许距离 **表11.4-17**

敷设方式		最小允许距离（m）
水平敷设	室内	2.5
	室外	2.7
垂直敷设	室内	1.8
	室外	2.7

2. 瓷夹配线步骤

（1）弹线定位

根据设计图要求，从线路的电源设备和用电器具的位置，找好水平和垂直线，用粉线袋沿建筑物表面，由始端至终端弹出线路的中心线，均匀分出档距，标出固定点位置。

（2）预埋保护管

根据设计图要求，在结构施工中，采用钢管或塑料管做保护管预埋，管的两端应突出墙面5~10mm。应仔细核对保护管的数量及位置是否正确，不得有遗漏或搞错位置现象。

（3）安装塑料胀管

同样按照弹线定位的方法来确定固定点的位置，然后，根据所选用的塑料胀管的外径和长度选择钻头进行钻孔，孔深应大于胀管的长度，埋入胀管后应与墙面平齐。

（4）夹板固定

瓷双线夹、塑料单线夹、塑料双线夹采用一点固定；瓷三线夹、塑料三线夹采用两点固定。木螺钉拧入塑料胀管的深度不得小于12mm。

（5）放线

将导线放开后，双根平行地摆放在放线架上，然后按线路的始终端顺序穿入每个过墙管。在应加保护管处需同时穿好保护管。

（6）导线敷设

从每个支路的一端开始，顺线路、顺房间进行。先在一端用木螺钉将瓷（塑料）夹固定在塑料胀管上，再将导线放在夹板凹槽内，拧紧瓷（塑料）夹上的螺钉。然后将导线勒直，用同样的方法在另一端将导线和瓷（塑料）夹固定牢，最后把中间的导线和瓷（塑料）夹固定牢固（图11.4-18）。

3. 瓷夹配线细部做法

（1）导线敷设应横平竖直，在同一平面上有曲折时，折角应为90°角，线路接头做法见图11.4-19所示。

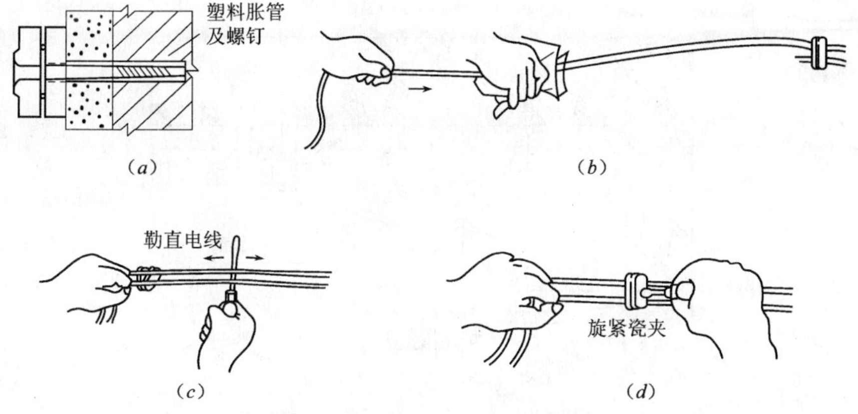

图 11.4-18 瓷夹板内导线的敷设

(a) 瓷夹板固定；(b) 勒直单根导线；(c) 勒直双根导线；(d) 旋紧瓷夹

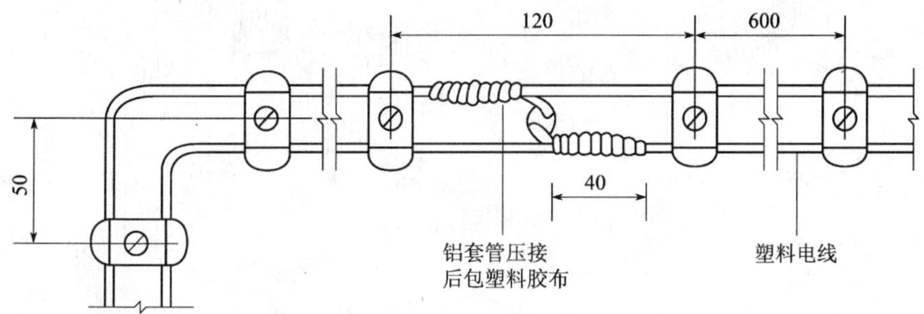

图 11.4-19 线路接头做法

(2) 当两条线路相互交叉时，应在靠近建筑物的导线上套以绝缘套管，管两端用瓷（塑料）夹固定，做法见图 11.4-20。

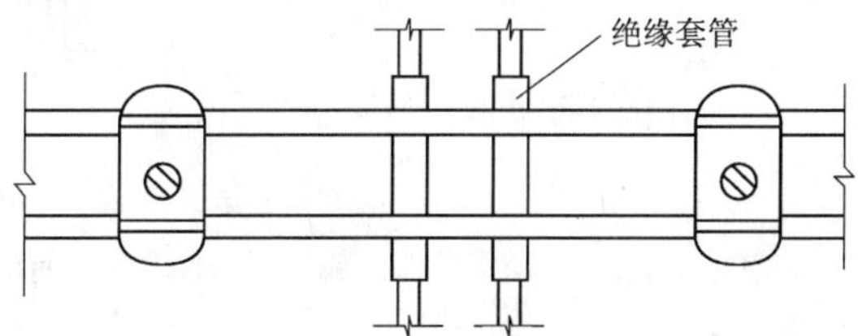

图 11.4-20 线路交叉做法

(3) 导线在分支时，分支处用瓷（塑料）夹固定，线路分支接头做法见图 11.4-21 所示。

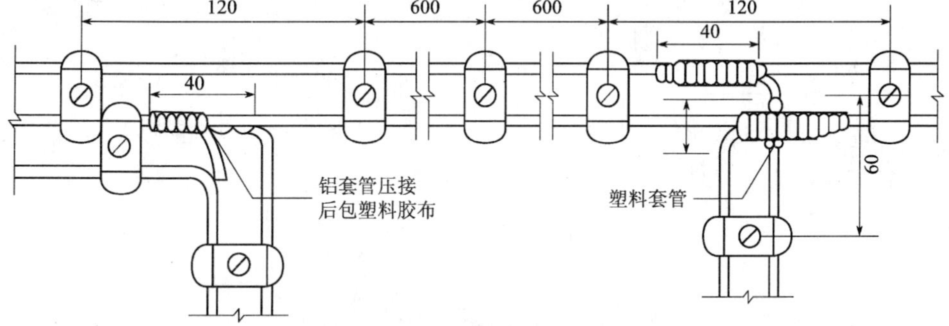

图 11.4-21 线路分支接头做法

(4) 导线在阴角处做法见图 11.4-22，线路与管道交叉做法见图 11.4-23 所示。

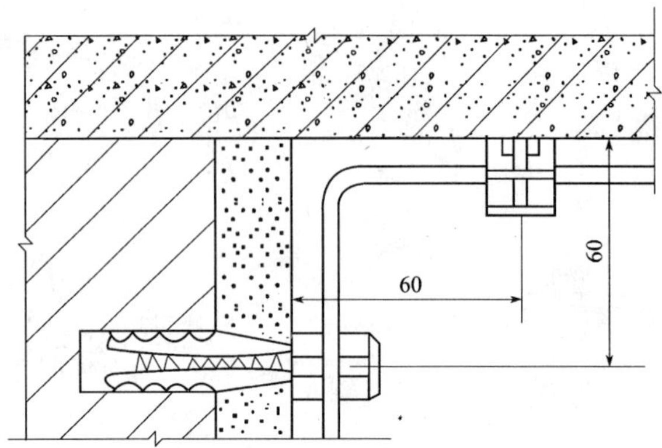

图 11.4-22 导线在阴角处做法

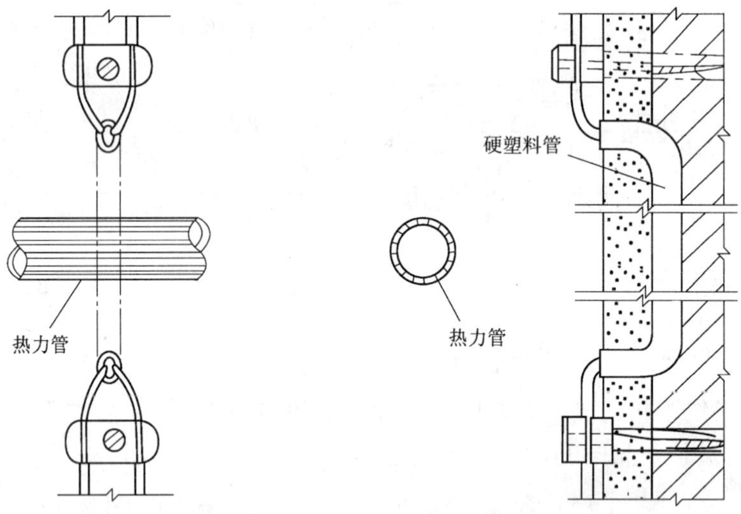

图 11.4-23 线路与管道交叉做法

（5）导线在绕梁处应加抱角，见图 11.4-24。明线穿墙管做法见图 11.4-25 所示。

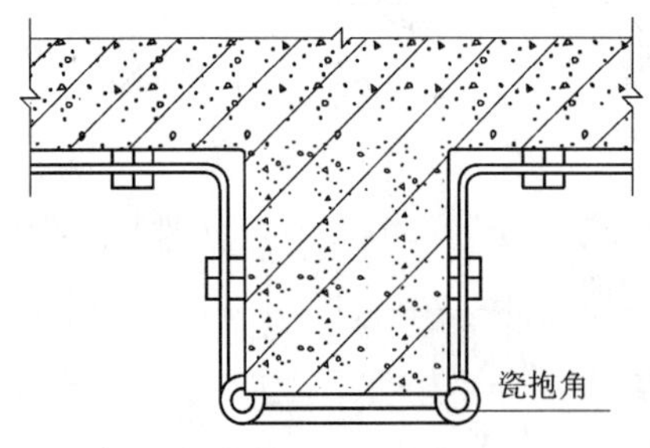

图 11.4-24 绕梁做法

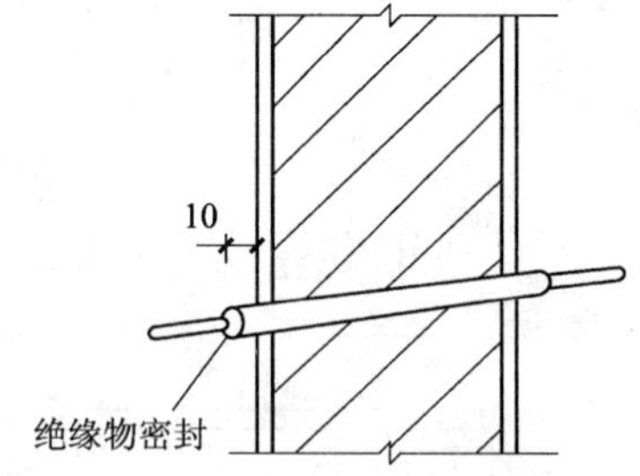

图 11.4-25 明线穿墙管做法

（6）导线在进入电器具处，均应装设瓷（塑料）夹固定，见图 11.4-26 所示。

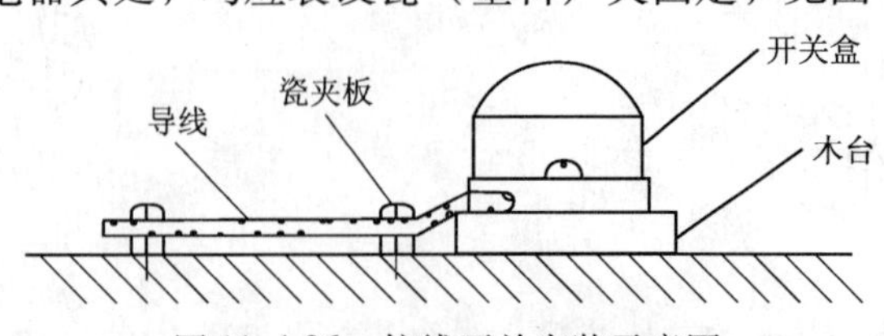

图 11.4-26 拉线开关安装示意图

（7）导线的弛度不可过大，以免绝缘不良，造成短路，在容易刮碰导线的地方应加保护装置。

（8）导线连接

导线连接可用绞接法、螺旋接线钮或压线帽连接。在配线接头处，均应预留出接线端头。连接后顺直导线。

11.4.6 低压绝缘子配线方法

1. 鼓形绝缘子（瓷柱）(图 11.4-27)

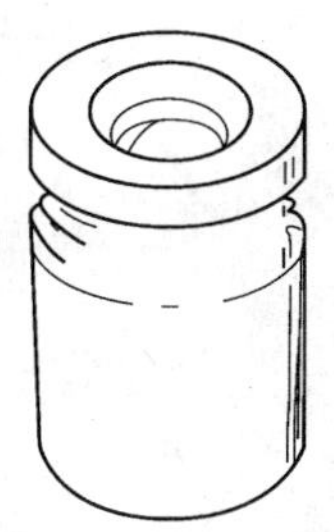

图 11.4-27 鼓形绝缘子

2. 支架敷设绝缘线最小截面（表 11.4-18）

支架敷设绝缘线最小截面（mm^2） 表 11.4-18

绝缘子支持物间距 L		铜芯电线	铝芯电线
室内	$L \leq 2m$	1.0	2.5
室外	$L \leq 2m$	1.5	2.5
	$2m < L \leq 6m$	2.5	4
	$6m < L \leq 15m$	4	6
	$15m < L \leq 25m$	6	10

3. 明配线水平和垂直允许偏差（表 11.4-19）

明配线水平和垂直允许偏差 表 11.4-19

配线种类	允许偏差（mm）	
	水平	垂直
瓷夹配线	5	5
鼓形绝缘子配线	10	5
塑料护套线配线	5	5
线夹配线	5	5

4. 鼓形绝缘子安装细部做法

（1）“单花”绑法（加挡鼓形绝缘子）方法见图 11.4-28 所示。

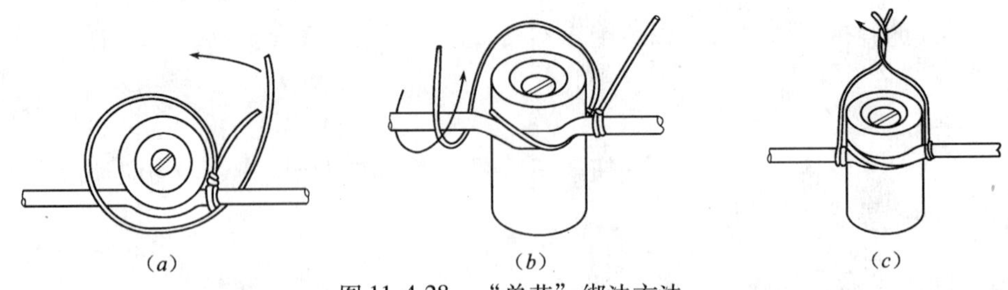

图 11.4-28 “单花”绑法方法

(a) 步骤一;(b) 步骤二;(c) 步骤三

(2)“双龙”绑法(受力鼓形绝缘子)安装方法见图 11.4-29 所示。

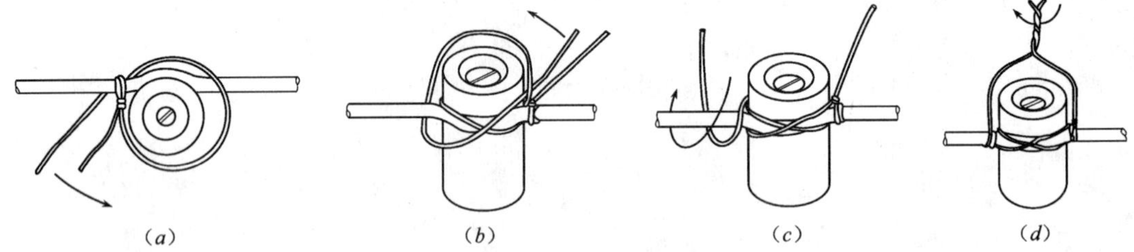

图 11.4-29 “双龙”绑法方法

(a) 步骤一;(b) 步骤二;(c) 步骤三;(d) 步骤四

(3) 终端鼓形绝缘子绑回头方法见图 11.4-30 所示。

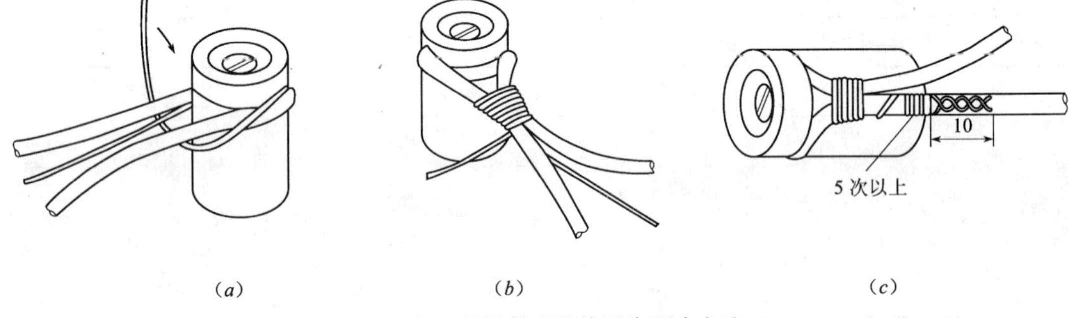

图 11.4-30 终端鼓形绝缘子绑回头方法

(a) 步骤一;(b) 步骤二;(c) 步骤三

5. 鼓形绝缘子安装方法见图 11.4-31 所示。

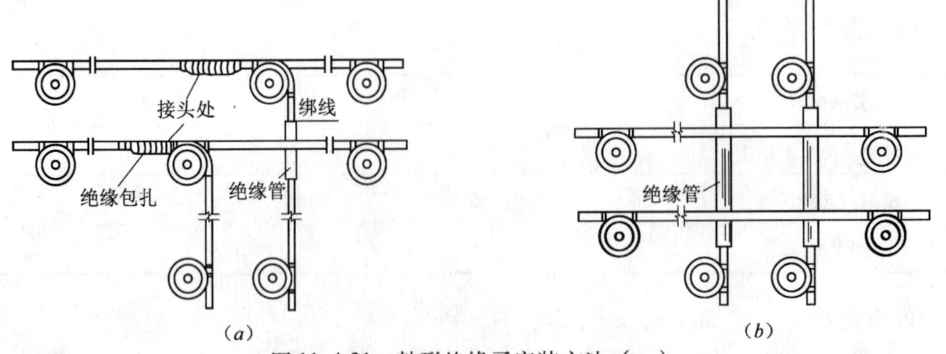

图 11.4-31 鼓形绝缘子安装方法(一)

(a) 丁字安装方法;(b) 交叉安装方法

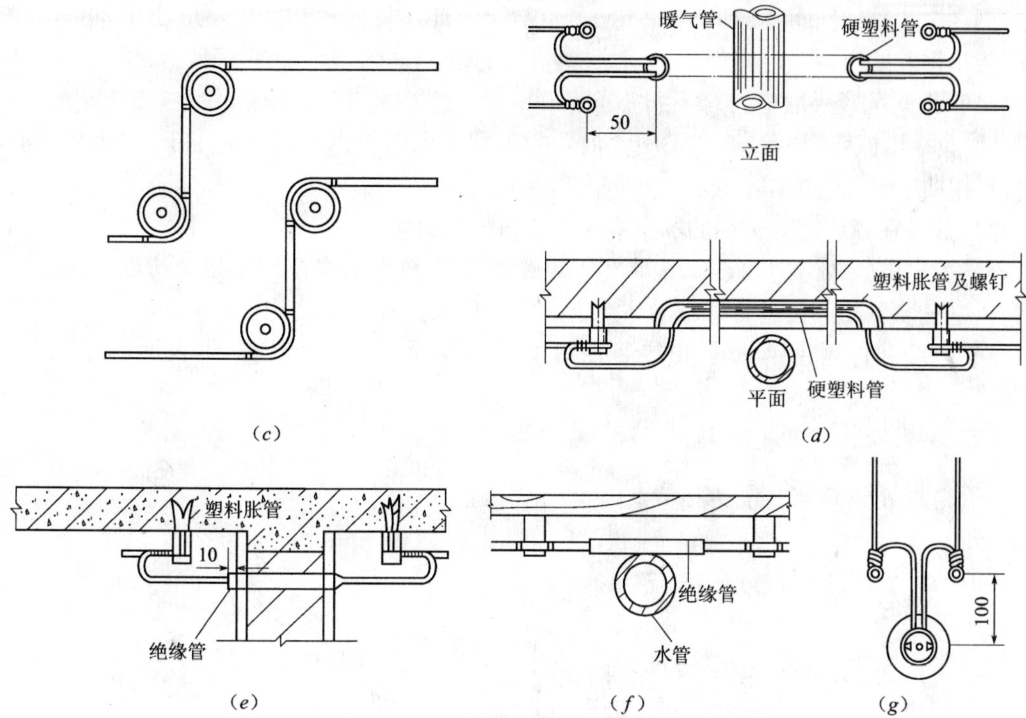

图 11.4-31 鼓形绝缘子安装方法（二）

（c）拐角安装方法；（d）导线与热力管交叉安装方法；
（e）导线穿墙安装方法；（f）导线与水管交叉安装方法；（g）插座安装方法

11.4.7 钢索配线方法

钢索配线一般适用于屋架较高，跨距较大，灯具安装高度要求较低的工业厂房内。特别是纺织工业用得较多，因为厂房内没有起重设备，生产所要求的亮度大，标高又限制在一定的高度。钢索配线就是在钢索上吊瓷柱配线、吊钢管（或塑料管）配线或吊塑料护套线配线，同时灯具也吊装在钢索上。

1. 钢索安装一般规定

钢索安装如图 11.4-32 所示。其终端拉环应固定牢固，并能承受在全部负载下的拉力。当钢索长度在 50m 及以下时，应在钢索一端装设花篮螺栓紧固；当钢索长度大于 50m 时，应在钢索两端装设花篮螺栓紧固；每超过 50m 应加装一个中间花篮螺栓。钢索在终端固定处，钢索卡子不应少于 2 个，钢索的终端头应用金属线扎紧。

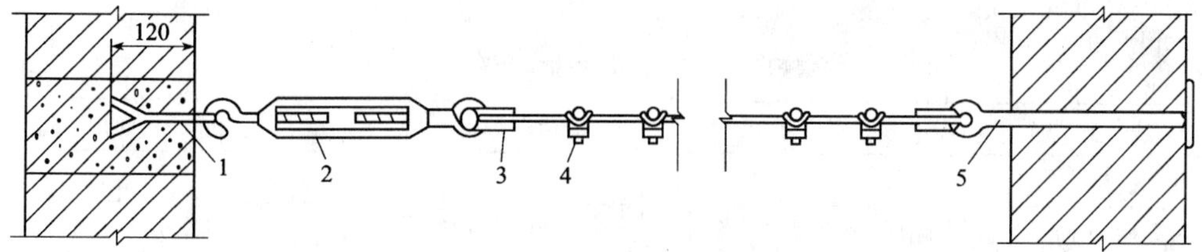

图 11.4-32 钢索安装示意图

1—起点端耳环；2—花篮螺栓；3—鸡心环；4—钢索卡子；5—终点端耳环

钢索中间吊钩间距不应大于12m，吊架与钢索连接处的吊钩深度不应小于20mm，并应用防止钢索跳出的锁定零件，中间吊钩宜使用直径不小于8mm的圆钢。

（1）钢索配线一般应符合下列要求：

1）应采用镀锌钢索，不应采用含油芯的钢索。钢索的钢丝直径应小于0.5mm，钢索不应有扭曲和断股等缺陷；

2）敷设在潮湿或有腐蚀的场所应使用塑料护套钢索；

3）固定电气线路的钢索，其端部固定是否可靠是影响安全的关键，所以必须注意。钢索是电气装置的可接近的裸露导体，为防触电危险，故必须接地；

4）电线和灯具在钢索上安装后，钢索应承受全部负载，且钢索表面应整洁、无锈蚀。

（2）钢索安装方法（图11.4-33）

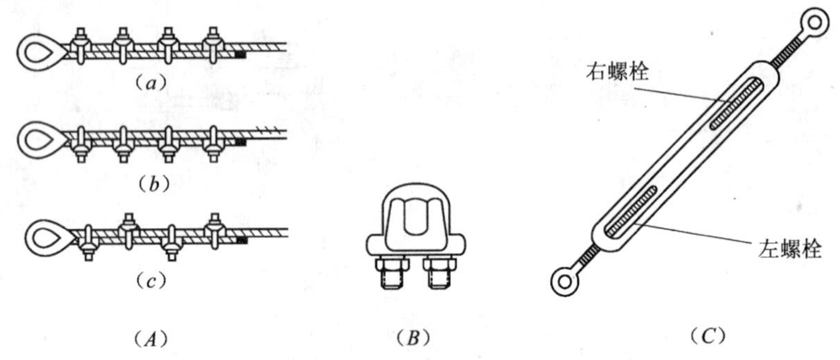

图11.4-33 钢索安装方法

(A) 钢索卡子安装

(a) 正确方法；(b) 错误方法；(c) 错误方法

(B) 钢线卡子；(C) 花篮螺栓

钢索安装前，可先将钢索两端固定点和钢索中间的吊钩装好，然后将钢索的一端穿入鸡心环的三角圈内，并用4只钢索卡子夹牢。钢索一端装好后，再装另一端，先用紧线钳把钢索收紧，端部穿过花篮螺栓处的鸡心环，用上述同样的方法把钢索折回固定。花篮螺栓的两端螺杆均应旋出螺母，并使其保持最大距离，以备作钢索弛度调整，将中间钢索固定在吊钩上后即可进行配线。

钢索配线后的弛度不应大于100mm，当用花篮螺栓调节后，弛度仍不能达到时要求，应增加中间吊钩。这样既可保证对弛度的要求，又可减少钢索的拉力。

（3）钢索配线线间间距及支持件间距

钢索上各种配线用支持件之间，支持件与灯头盒间，以及配线的线间距离应符合表11.4-20的规定。

钢索配线线间间距及支持件间距（mm） **表11.4-20**

配线类别	支持件最大间距	支持件与灯头盒间最大间距	线间最小间距
钢管	1500	200	—
硬塑料管	1000	150	—
塑料护套线	200	100	—
瓷柱配线	1500	100	35

2. 钢索吊管配线

这种配线就是在钢索上并行管配线。在钢索上每隔 1.5m 设一个扁钢吊卡，再用管卡将管子固定在吊卡上。在灯具位处的钢索上，安装吊盒钢板，用来安装灯头盒。灯头盒两端的钢管，应跨接接地线，以保证管路连成一体，接地可靠，钢索亦应可靠接地。安装做法如图 11.4-34 所示。

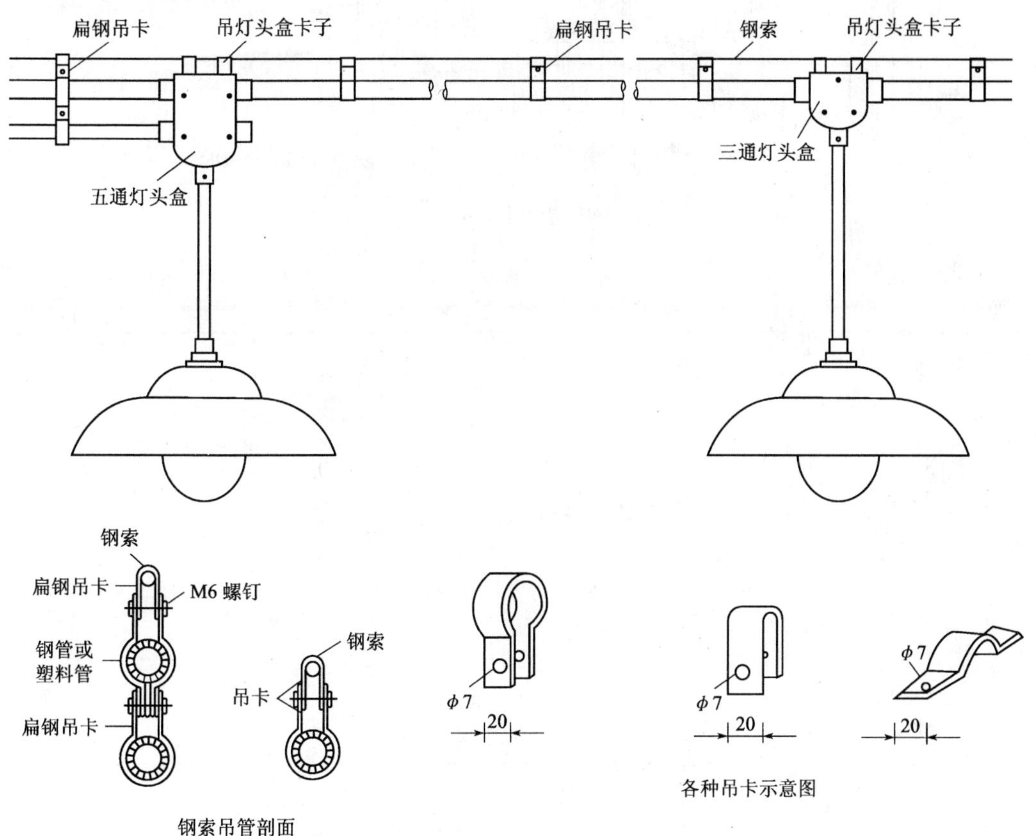

图 11.4-34 钢索吊管灯具安装方法

当在钢索上吊硬塑料管配线时，灯头盒可改为塑料灯头盒，管卡也可改为塑料管卡。吊卡也可用硬塑料板弯制。

3. 钢索吊鼓形绝缘子配线

在钢索上进行鼓形绝缘子配线和吊管配线的不同处就是把吊管用的吊卡改成安装鼓形绝缘子的吊卡。根据敷设导线的不同，有 6 线、4 线和 2 线等几种形式。鼓形绝缘子在吊卡上的安装方法如图 11.4-35 所示。吊卡安装间距最大为 1.5m。钢索吊鼓形绝缘子配线安装如图 11.4-36 所示。

4. 钢索吊塑料护套线配线

钢索吊塑料护套线配线，可以用铝片卡将导线直接扎紧在钢索上，铝片卡间距为 200mm，灯头盒的固定和上面所讲的相同，导线进入接线盒时，要在距接线盒不大于 100mm 处进行固定，塑料护套线在钢索上的安装方法如图 11.4-37 所示。

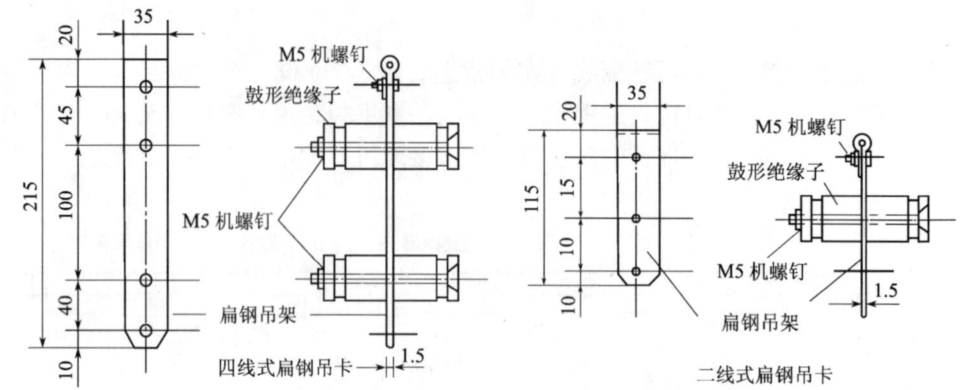

图 11.4-35 鼓形绝缘子在扁钢吊卡上安装

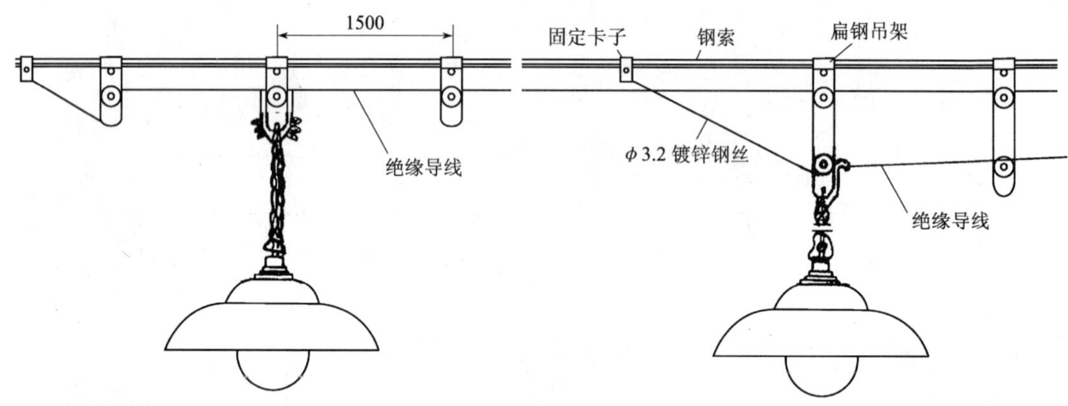

图 11.4-36 钢索吊鼓形绝缘子配线安装示意图

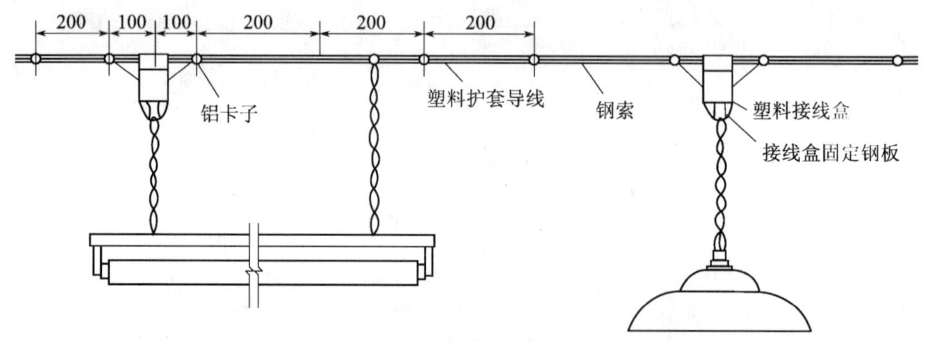

图 11.4-37 塑料护套线在钢索上安装示意图

11.5 电缆敷设

11.5.1 电缆敷设基本要求

1. 电缆敷设一般要求

（1）电缆严禁有绞拧、护层断裂和表面严重划伤等缺损。

（2）电缆敷设前应按设计和实际路径计算出每根电缆的长度，尽量减少电缆接头，合理使用每盘电缆。在放电缆一根电缆不够长，需有中间接头时，接头应避开道路交叉处，建筑物大门口，各种管道交叉处，在有多条电缆并列敷设时，电缆接头位置必须错开，并不得少于2m，以保安全或以后检修。

2. 电缆允许敷设最低温度（表11.5-1）

电缆允许敷设最低温度 **表11.5-1**

电缆类型	电缆结构	允许敷设最低温度（℃）
聚氯乙烯绝缘电力电缆	—	0
橡皮绝缘电力电缆	橡皮或聚氯乙烯护套	-15
	铅护套钢带铠装	-7
油浸纸绝缘电力电缆	充油电缆	-10
	其他油纸电缆	0
控制电缆	耐寒护套	-20
	橡皮绝缘聚氯乙烯护套	-15
	聚氯乙烯绝缘聚氯乙烯护套	-10

3. 电缆最小弯曲半径

电缆桥架转弯处的弯曲半径，不小于桥架内电缆最小允许弯曲半径，电缆最小允许弯曲半径见表11.5-2，并考虑好电缆的排列位置要求。

电缆最小弯曲半径表 **表11.5-2**

序号	电缆种类	最小允许弯曲半径
1	聚氯乙烯绝缘电力电缆	10*D*
2	交联聚氯乙烯绝缘电力电缆	15*D*
3	无铅包钢铠护套的橡皮绝缘电力电缆	10*D*
4	有钢铠护套的橡皮绝缘电力电缆	20*D*
5	多芯控制电缆	10*D*

注：*D*为电缆外径。

4. 电缆支架层间允许最小距离（表11.5-3）

电缆支架层间允许最小距离（mm） **表11.5-3**

电缆类型和敷设特征		支（吊）架	桥架
控制电缆明敷		120	200
电力电缆明敷设	10kV及以下（除6～10kV交联聚乙烯绝缘外）	150～200	250
	6～10kV交联聚乙烯绝缘	200～250	300
	35kV单芯、66kV及以上，每层1根	250	300
	35kV单芯、66kV及以上，每层多于1根	300	350
电缆敷设于线槽内		$h+80$	$h+100$

注：h表示线槽外壳高度。

5. 电缆支架最上层及最下层至沟顶、楼板或沟底、地面的距离（表11.5-4）

电缆支架最上层及最下层至沟顶、楼板或沟底、地面的距离（mm）　　表11.5-4

敷设方式	桥架	吊架	电缆沟	电缆隧道及夹层
最上层至沟顶或楼板	350～450	150～200	150～200	300～350
最下层至沟底或地面	100～150	—	50～100	100～150

6. 电缆各支持点的距离（表11.5-5）

电缆各支持点的距离（m）　　表11.5-5

电缆种类		敷设方式	
		水平	垂直
电力电缆	聚氯乙烯绝缘电力电缆	0.4	1
	除聚氯乙烯绝缘电力电缆外的中低压电缆	0.8	1.5
	35kV及以上高压电缆	1.5	2
控制电缆		0.8	1

注：聚氯乙烯绝缘电力电缆水平敷设沿支架固定时，支持点间的距离允许为0.8m。

7. 电缆敷设预留裕度（表11.5-6）

敷设电缆时，一般应留有足够的备用长度，以补偿温度变化而引起的变形和供事故检修时备用。例如，在电缆从垂直面过渡到水平面的转弯处、电缆管出入口、电缆井内、伸缩缝附近、电缆头安装地点和电缆接头处、引入隧道和建筑物等处，均应留有适当的备用长度。直接埋在电缆沟内的电缆，一般应按电缆沟全长的0.5～1%留出电缆的备用长度，并作波形敷设。

电缆敷设预留裕度表　　表11.5-6

序号	名称	内容	预留裕度	备注
1	沟内敷设松弛度	松弛占全长	1%～1.5%	包括弯曲敷设时的裕度
2	电缆进入建筑物处	预留长度	2m	
3	电缆中间接头处	两端各预留长度	2m	
4	变电所进线	高压电缆头终端	1.5m	
5	高压开关柜和低压配电盘	下面出线	1.5m	
6	电缆交叉，低压在上，高压在下	敷设在下面的	1m	

8. 电缆附加长度（表11.5-7）

电缆附加长度（m）　　表 11.5-7

序号	项目名称		附加长度
1	电缆头制作		0.5
2	电缆接头盒的制作		0.5
3	检修电缆头用的预留量		1
4	电缆接头盒检修备用量		1
5	由地坪引至设备余量	电动机	实际高度
		配电屏	1
		车间动力箱	1.5
		控制屏	2
		厂用变压器	3
		主变压器	5
		交流接触器或事故按钮	1.5

11.5.2　电缆敷设前准备

1. 电缆敷设前建筑工程应具备的条件

（1）电缆沟、隧道、竖井、人孔等处的地坪及抹面工作结束。

（2）电缆层、桥架、电缆沟内的施工临时设施模板、建筑废料已清理干净，施工用道路畅通，盖板齐全，电缆沟排水畅通，电缆层门窗安装完毕。

2. 电缆敷设前电气专业应具备的条件

（1）电缆的起点及终点设备已安装完毕，位号标识准确、清楚。

（2）电缆敷设表编制完毕，表册中应标明每根电缆使用的电缆盘号、敷设的先后次序。敷设次序应是先远距离，后近距离。根据设计和电缆的实际情况，合理安排，避免浪费和接头。

（3）技术交底和安全技术交底已做完，并存记录卡。

（4）当电缆沿桥架敷设时，若没有人行通道，应予先沿全长搭设脚手架，绑扎牢固。

（5）辅助材料已供货到位，如电缆扎带、电缆标牌、电缆标志桩等。

3. 编写施工方案

为确保电缆线路敷设进度、施工质量、技术措施，需编写施工方案。

4. 电缆出库

（1）电缆存放见图 11.5-1。电缆出库应根据施工图认真核对需出库电缆的规格、型号、数量是否符合设计要求，且应标示清楚。电缆盘外观完整无损，合格证等产品文件齐全。对由多根电缆缠绕在同一个盘上的电缆盘，应记录其内外层电缆的长度和缠绕次序，以利于合理安排敷设。

（2）电缆出库运输过程中，用机械吊装和运输，电缆搬运方法如图 11.5-2，严禁将电缆盘直接由车上推下，同时电缆盘不应平放运输和储存。短距离的运输可采用滚动电缆盘的方法，但必须顺着电缆盘上的箭头指示方向滚动，如无箭头时，可按电缆缠绕方向滚动，切不可反缠绕方向滚动，以免电缆松弛。

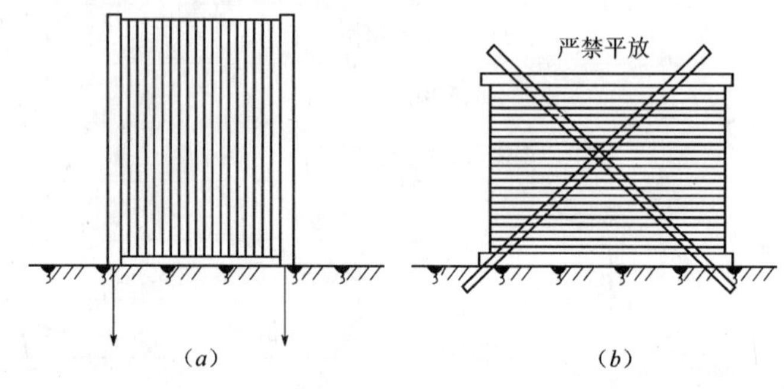

图 11.5-1　电缆存放方法

(a) 正确；(b) 不正确

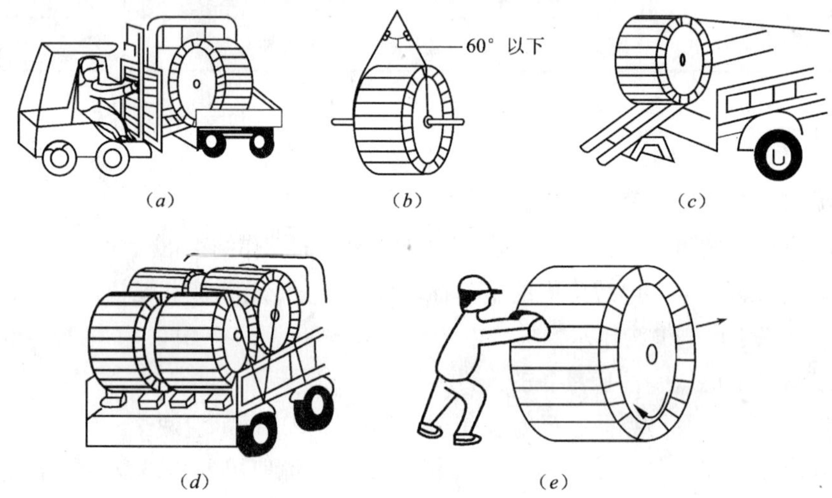

图 11.5-2　电缆的搬运方法

(a) 使用叉式升降机来装卸；(b) 使用起重机来装卸；(c) 使用钢缆和跳板来卸；(d) 装车之后，一定要用钢缆来绑住四角；(e) 箭头方向滚动

(3) 电缆出库后应集中分类存放，尽可能存放在开始敷设电缆处的附近。盘间留有通道，存放处不得有积水。

5. 电缆敷设机具及人员的配备

采用机械敷设电缆时，应将机械安装在适当位置，并将钢丝绳和滑轮安装好。人力敷设电缆时将滚轮提前安装好。

(1) 电缆敷设机具

敷设电缆使用的电缆滑车（滚轮）、牵引设备已安装到位，电缆滑车每 3m 一个，以电缆不拖地为原则。大规模敷设电缆时，事先应准备好广播器材、对讲机、手持扩声喇叭等。电缆敷设所用主要机具见表 11.5-8。

电缆敷设主要机具一览表 表 11.5-8

序号	机具名称	单位	数量	用处
1	电缆牵引端	个	1	牵引电缆时连接卷扬机和电缆首端的机具，用于牵引重量较大的电缆
2	牵引网套	个	1	牵引电缆时连接卷扬机和电缆首端的机具，用于牵引重量较小的电缆
3	防捻器	个	1	牵引电缆时消除钢丝绳及电缆的扭转应力
4	电缆滚轮	个	若干	敷设电缆时的电缆支架，用于减小摩擦和保护电缆，滚轮间距1.5~3m
5	电动滚轮	个	现场定	敷设电缆时利用其摩擦力推动电缆的外护层，减小牵引力和侧压力
6	电缆盘千斤顶支架	个	2	敷设电缆时支撑电缆盘，以便电缆盘转动
7	电缆盘制动装置	个	1	用于制动电缆盘
8	管口保护喇叭	个	现场定	钢管内敷设电缆时，在管口处保护电缆
9	卷扬机	台	1	敷设电缆时用于牵引电缆
10	吊链	个	2	敷设电缆时用于提升电缆
11	滑轮、钢丝绳、大麻绳	套	现场定	敷设电缆时用于牵引电缆
12	绝缘摇表	个	1	摇测电缆绝缘
13	皮尺	个	5	测量电缆长度
14	钢锯	个	3	手工锯割电缆
15	手锤	个	3	现场用
16	扳手	个	5	现场用
17	电气焊工具	套	1	制作支架等切割金属等
18	电工工具	套	1	现场用
19	无线电对讲机	套	4	敷设电缆时的通讯工具
20	手持扩声喇叭	个	2	组织敷设电缆用

（2）电缆盘支架

电缆盘支架架设地点的选择以敷设方便为原则，一般应在电缆起始点附近为宜。架设时，应注意电缆盘的转动方向，电缆应从电缆盘上部引出（图11.5-3）。

（3）人工牵引敷设

采用人力敷设电缆时，应根据路径的长短组织劳力，沿电缆敷设处走动，并以人力和滚轮相结合的方法拉引，见图11.5-4。人工拉引应注意人力分布要均匀合理，负荷适当，统一指挥，电缆敷设时，电缆盘两侧应有专业人员负责转盘与刹车滚动的电缆盘，为避免电缆受拖拉损伤，电缆一定要放在滚轮上，拉引的速度应均匀适当。

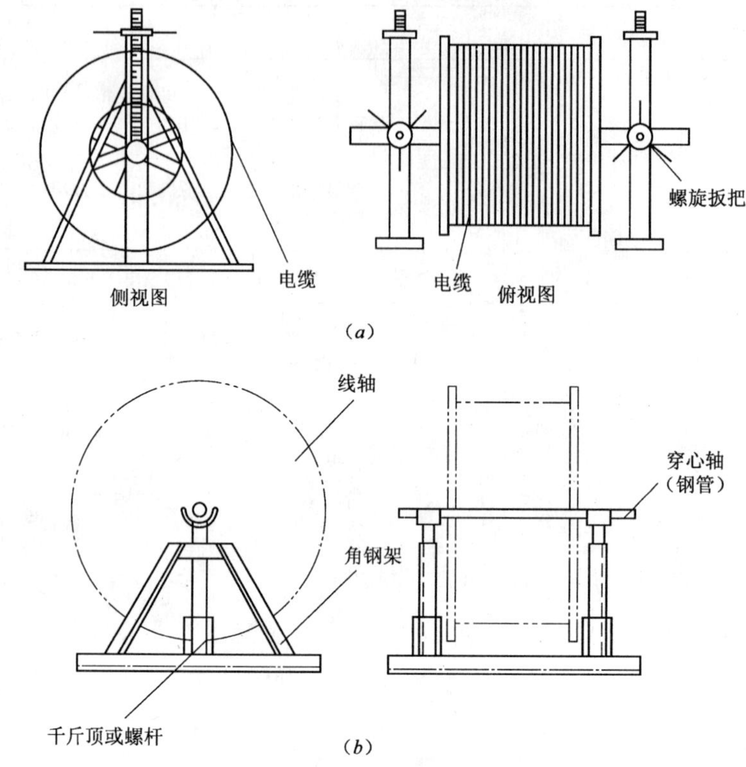

图 11.5-3　电缆盘支架

(a) 样式一；(b) 样式二

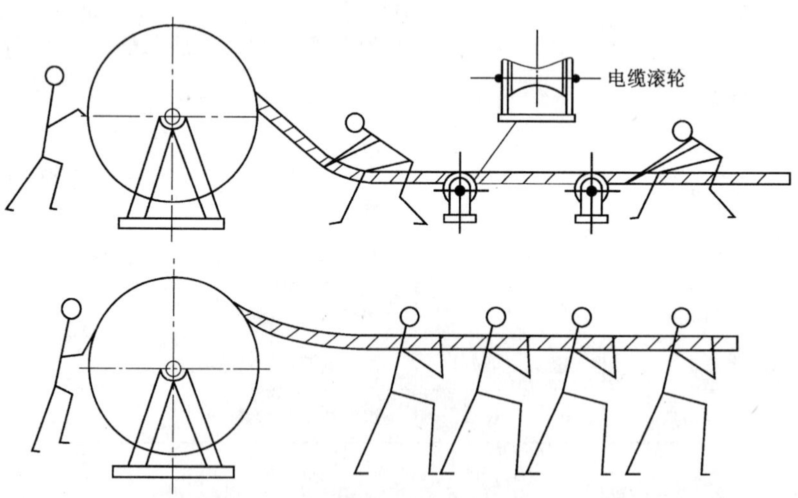

图 11.5-4　人力牵引电缆示意图

(4) 机械牵引

1) 牵引机：牵引机是敷设电缆的主要设备，由上下排滚机构、电动变速箱、压紧机构、伞齿轮箱、支架外罩等组成（图 11.5-5）。

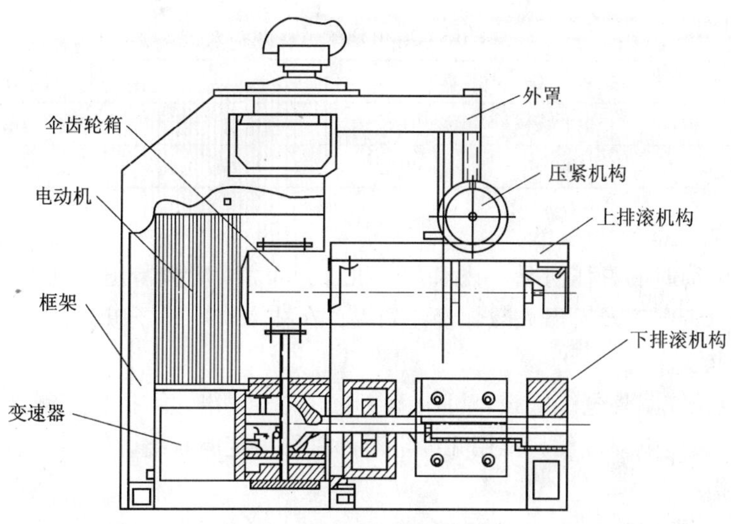

图 11.5-5　电缆牵引机

2）也有使用卷扬机牵引（图 11.5-6），也可采用人工绞磨牵引；为保护电缆，应装有测量拉力的装置，防止电缆承受拉力过大而受损伤，电缆最大允许牵引强度见表 11.5-9；当牵引机械拉到设置的电缆抗拉能力，可自行脱落，有条件的应装有测量敷设长度的测量装置；机械牵引，应配合各种形式的滚轮。机械牵引时注意防止电缆与沟底弯曲转角处摩擦挤压损伤电缆。

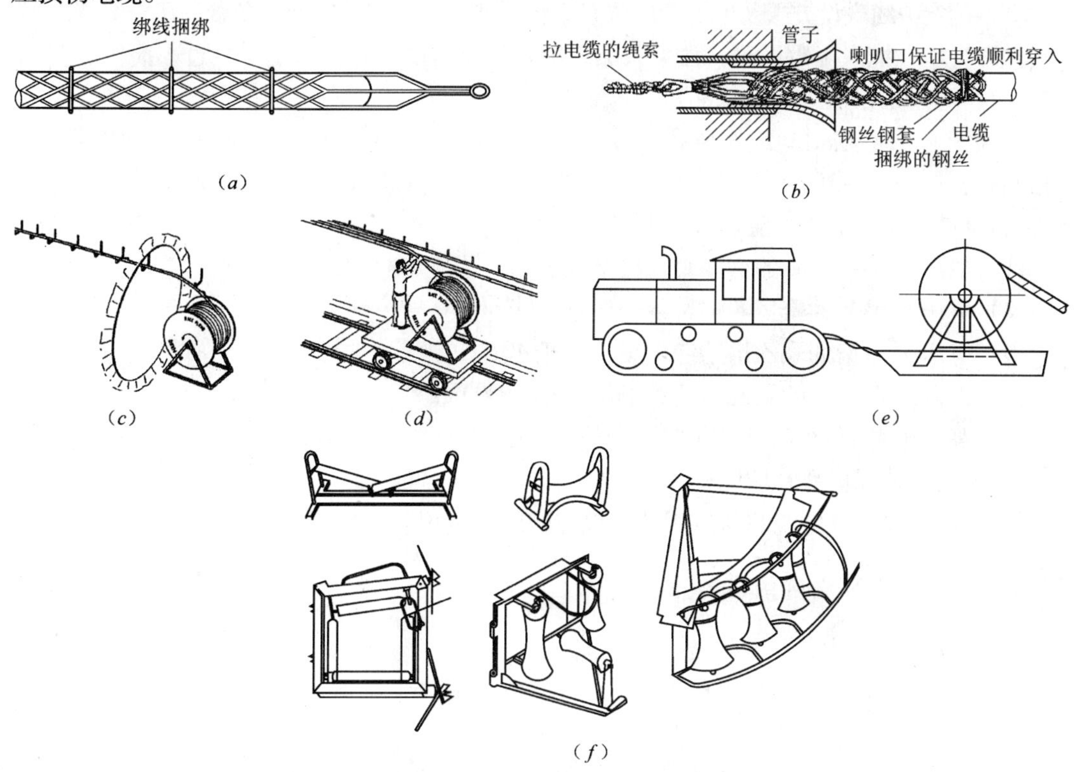

图 11.5-6　牵引电缆示意图

(a) 电缆牵引钢丝网套；(b) 电缆牵引钢丝网套绑扎方法；(c) 固定电缆盘牵引；(d) 电缆盘放在小车上牵引；(e) 机械牵引电缆示意图；(f) 电缆敷设用的各种滚轮

电缆最大牵引强度（N/mm^2）　　表 11.5-9

牵引方式	牵引头		钢丝网套		
受力部位	铜芯	铝芯	铅套	铝套	塑料护套
允许牵引强度	70	40	10	40	7

（5）人员的配备

针对敷设电缆时的具体情况，技术人员和施工负责人应编制出劳动力分布图，指明每个关键部位的负责电工及所需人数，责任到人，在技术交底时予以公布。

（6）联络指挥

1）线路较长或室外电缆敷设，可用无线电对讲机联络，手持扩声喇叭指挥。

2）高层建筑内电缆敷设，可用无线电对讲机作为定向联络，简易电话作为全线联络，手持扩音喇叭指挥。

6. 施工前电缆检查

（1）电缆敷设前检查

1）敷设前应对电缆进行详细检查规格、型号、截面、电压等级均须符合设计要求，外观无扭曲、损坏等现象；检查电缆盘及其保护层是否完好，电缆两端有无受潮。

2）检查电缆沟的深浅、与各种管道交叉、平行的距离是否满足有关规程的要求，障碍物是否消除等。

3）确定电缆敷设方式及电缆盘的位置。将写好的电缆编号交专人负责贴压电缆首末端。

4）直埋电缆人工敷设时，注意人员组织，敷设速度，防止弯曲半径过小损伤电缆。

（2）电缆敷设前进行绝缘测定

测量各电缆线芯对地或对金属屏蔽和线芯间的绝缘电阻。500V 以下采用 500V 兆欧表（指回路电压）；3～10kV 之间采用 2500V 兆欧表。应测量 60s 的绝缘电阻值，摇测完毕，应将芯线对地放电。电阻值要求如下：

1）电压为 6～10kV 的交联聚乙烯绝缘电缆不小于 1000MΩ。

2）电压为 6kV 的聚氯乙烯绝缘电缆不小于 60MΩ。

3）电压为 1kV 的聚乙烯绝缘电缆不小于 40MΩ。

4）电压为 0.5kV 的聚乙烯绝缘电缆不小于 30MΩ。

5）高压电缆须做直流耐压试验及泄漏电流测量，其试验要求见《电气装置安装工程电气设备交接试验标准》GB 50150—2006。

电缆测试完毕，电缆端部应用橡皮包布密封后再用胶布包好。

11.5.3 电缆在桥架内敷设方法

1. 电缆在桥架内敷设基本要求

（1）桥架敷设电缆，宜在管道及空调工程基本施工完毕后进行，防止其他专业施工时损伤电缆。

（2）电缆两端头处的门窗装好，并加锁、防止电缆丢失或损毁。

（3）多根电缆敷设时，应根据现场实际情况，事先将电缆的排列用表或图的方式画出来（图 11.5-7），以防电缆交叉和混乱。

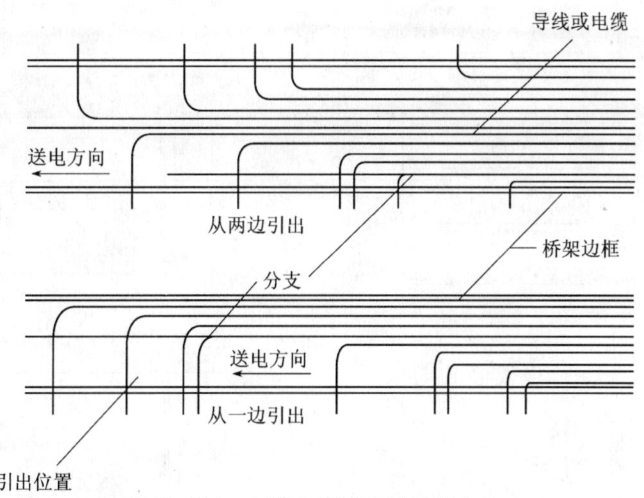

图 11.5-7 电缆在线槽内的排列方法

（4）桥架上交流 3 芯电力电缆不宜超过 2 层，控制电缆不宜超过 3 层。

（5）电缆的排列：高低压电力电缆，强电、弱电、控制电缆应按顺序分层配置。不同等级电压的电缆应分层敷设，截面积大的电缆放在下层。

（6）电缆在桥架内敷设应有适量的蛇型弯，电缆的两端、过管处、伸缩缝、垂直位差处均应留有适当的余度。

（7）在装置内桥架上敷设电缆，因转角较多，以及厂房设备较多、视线障碍多，所以当电缆开始敷设时，指挥者应用广播、对讲机通知每段桥架的负责电工及全体人员注意开始敷设了，并报出电缆位号、放置的层次位置，用口哨和小旗指挥出一个有节奏的电缆行进状态。

（8）桥架上敷设电缆，每段的负责电工随时要检查电缆是否有划伤的情况，若出现问题，立即停止敷设，找出原因，排除障碍后方可继续敷设。

（9）桥架上敷设电缆，由于首尾不能相见，故指挥者与每处的负责电工要加强信息通报，出现裕度太大的地方，指挥者要通知后边暂停，待正常后再全线同时拉电缆。

（10）待桥架上电缆全部整理完毕后，电缆盘处的负责人方可根据配电柜一侧需要的长度，截断电缆，电缆两端应包扎密封，以防止潮汽、水进入。

2. 电缆在桥架内水平敷设方法

（1）电缆沿桥架或线槽水平敷设方法见图 11.5-8，敷设时应单层敷设，排列整齐，不得有交叉。拐弯处应以最大截面电缆允许弯曲半径为准。电缆转弯和分支应有序叠放，排列整齐。电缆严禁绞拧、护层断裂和表面严重划伤。

（2）电缆到位后，指挥者及时通知沿线人员开始从现场一侧逐段整理电缆，电缆敷设时，应敷设一根整理一根，卡固一根。电缆水平敷设时，在电缆首、尾两端、转弯及每隔 5～10m 处用绑扎带等绑扎整齐固定。

（3）桥架上所有电缆全部敷设及固定完毕后，及时安装盖板，达到防护的目的。

3. 电缆在桥架内垂直敷设方法

（1）垂直敷设，有条件时最好自上而下敷设，见图 11.5-9（a）。当土建拆除吊车前，将电缆吊至楼层顶部。敷设时，同截面电缆应先敷设底层，后敷设上层，应特别注意，在电缆盘附近和部分楼层应采取防滑措施。

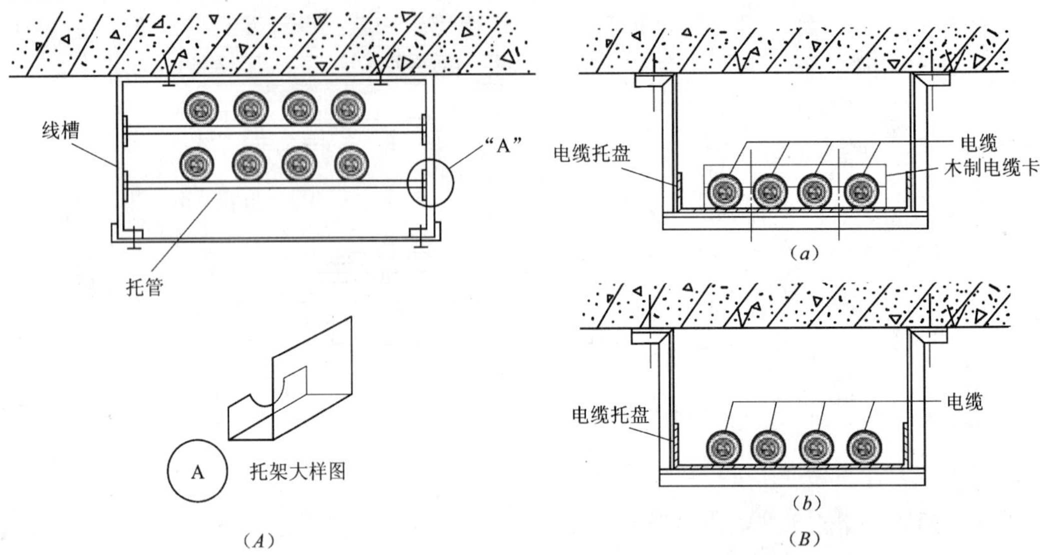

图 11.5-8 电缆沿桥架水平敷设方法

(A) 电缆在线槽内敷设安装方法；(B) 电缆在托盘内敷设安装方法

(a) 方式一；(b) 方式二

(2) 自下而上敷设时，见图 11.5-9 (b)，低层小截面电缆可用滑轮大绳人力牵引敷设。高层大截面电缆宜用机械牵引敷设。

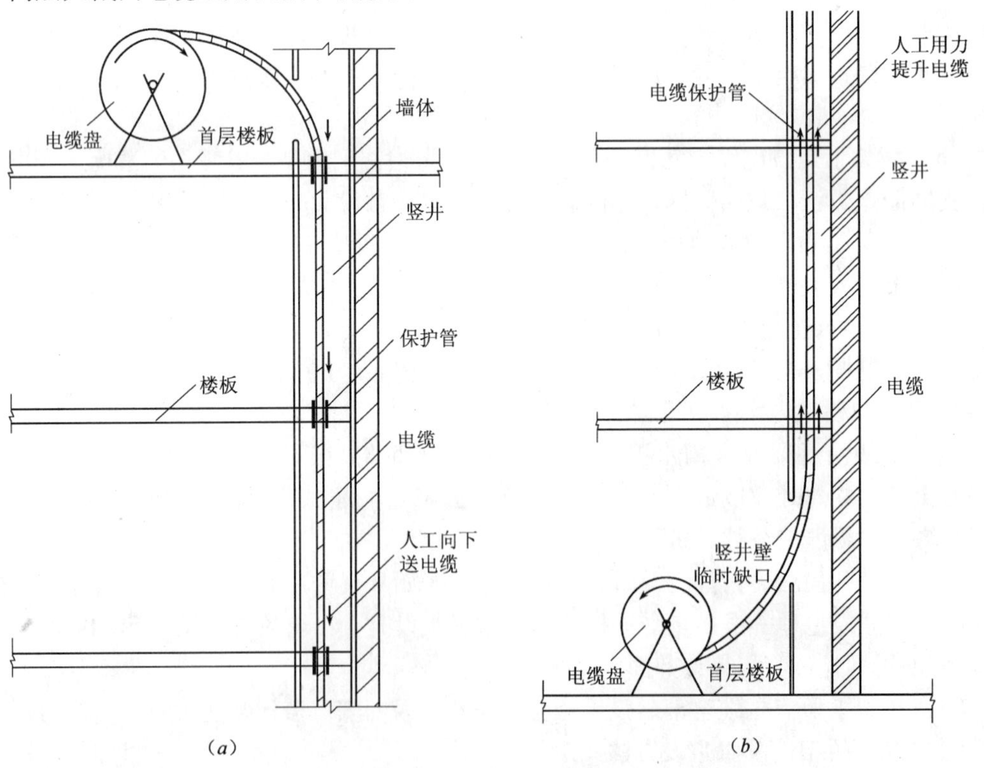

图 11.5-9 电缆垂直敷设方法

(a) 电缆自上而下敷设；(b) 电缆自下而上敷设

(3) 电缆沿桥架或线槽垂直敷设时，电缆固定两点间距为 1 ~1.5m。每层至少加装两道固定支架。交流系统的单芯电缆应使固定夹具不构成闭合磁路，且按正三角形排列，每隔 1m 用绑带扎牢。敷设时，应放一根立即固定一根。使用木质电缆卡时，要经过防火处理。

4. 电缆在桥架内固定方法

电缆用扎带固定（图 11.5-10）：

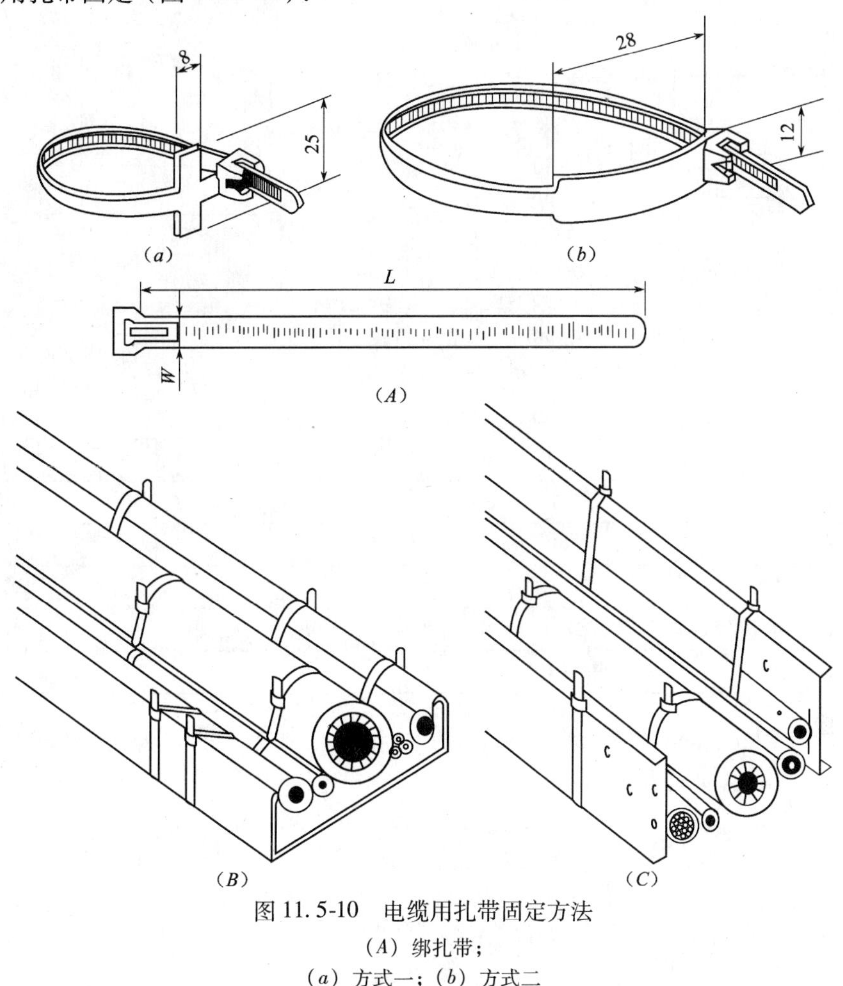

图 11.5-10　电缆用扎带固定方法

(A) 绑扎带；

(a) 方式一；(b) 方式二

(B) 方式一；(C) 方式二

(1) 单根电缆并排敷设且每根电缆单独固定在桥架上时须用非金属扎带，不能用铁磁材料扎带，以防涡流发热。

(2) 一个独立电路（单相电路包括一根相线和一根中性线，三相电路包括三根相线和一根中性线）一起固定在桥架上时可以用非金属材料或铁磁材料扎带。

5. 挂电缆标志牌

电缆敷设完成后，应在适当位置安装电缆标志牌，电缆标志牌样式如图 11.5-11，规格见表 11.5-10。

(1) 标志牌规格应一致，标志牌的字迹应清晰不易脱落。并有防腐功能，挂装应牢固。

(2) 电缆转弯和分支处不紊乱，走向整齐清楚、电缆标志牌清晰齐全。

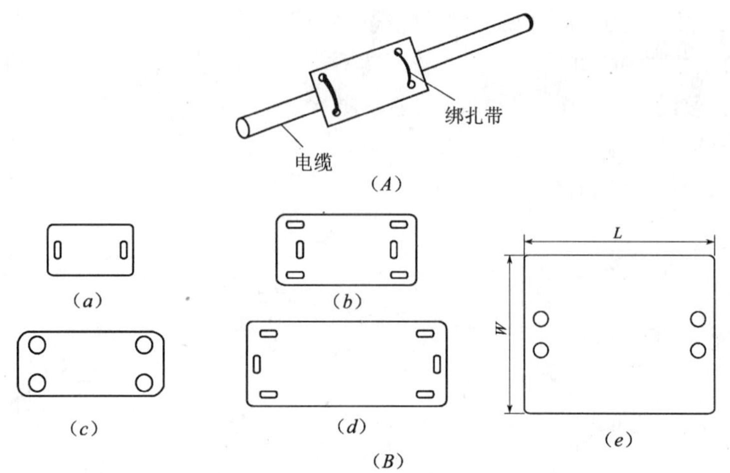

图 11.5-11 电缆标志牌
(A) 安装方法;(B) 样式
(a) MT-1 型;(b) MT-2 型;(c) MT-3 型;(d) MT-4 型;(e) MT-5 型

电缆标志牌规格尺寸 (mm) **表 11.5-10**

型　号	长 L	宽 W	厚 T
MT-1	26	16	0.8
MT-2	40	20	1
MT-3	60	25	1
MT-4	38.5	19.1	0.4
MT-5	45.0	19.1	0.4

(3) 标志牌上应注明回路编号、电缆编号、规格、型号、起止地点、电压等级和敷设日期。并联使用的电缆应有顺序号。

(4) 通常在电缆线路的下列地点应设标志牌，可用绑扎带绑扎:

1) 电缆线路的首尾端两端、拐弯处、交叉处、夹层内、竖井的两端;

2) 电缆线路改变方向的地点;

3) 电缆从一平面跨越到另一平面的地点;

4) 电缆隧道、电缆沟、混凝土隧道管、地下室和建筑物等处的电缆出入口处;

5) 电缆敷设在室内隧道和沟道内时，每隔 30m 的地点;

6) 电缆头装设地点和电缆接头处;

7) 电缆穿过楼板、墙和间壁的两侧。

(5) 制作标志牌时，规格应统一，其上应注明线路编号。

11.5.4 电缆在墙上及楼板上敷设方法

1. 电缆用木制电缆卡固定 (图 11.5-12)

(1) 木制电缆卡选用优质木材制成，并经过防火处理;

(2) 木制电缆卡可用于竖井内电缆垂直敷设，固定电缆，电缆固定点间距为 1～1.5m;

(3) 使用时，根据电缆直径的不同，选用不同规格的电缆卡。

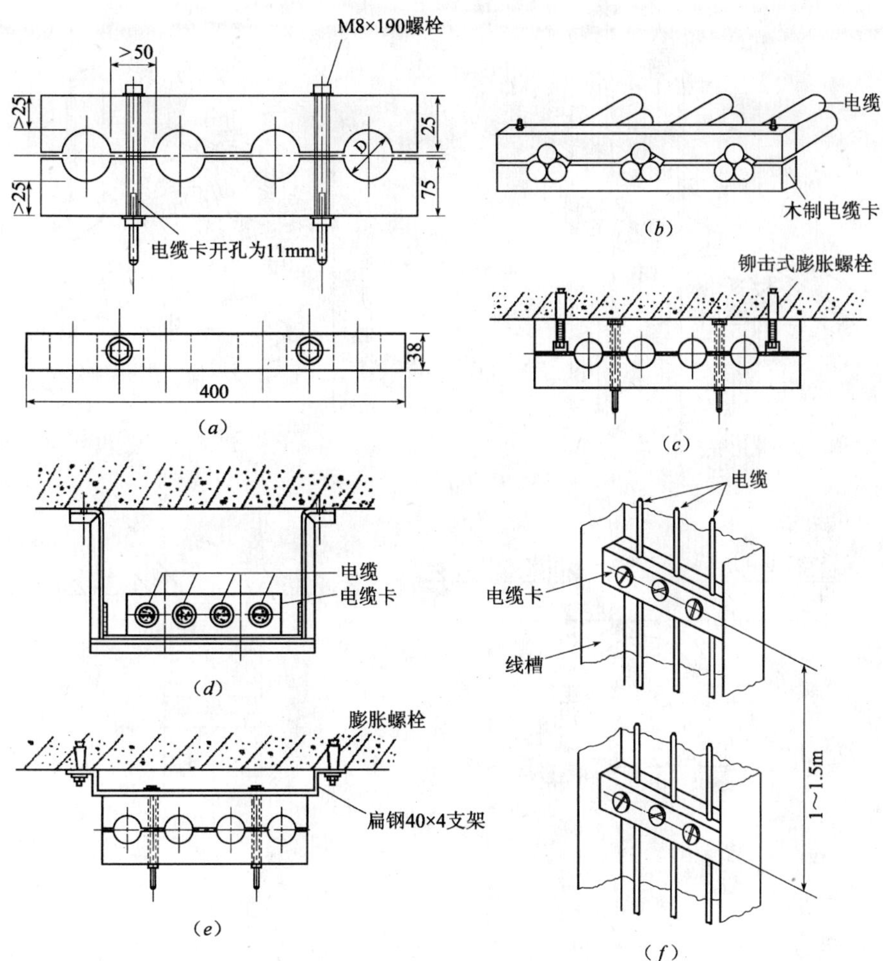

图 11.5-12 电缆用木制电缆卡固定

(a) 木制电缆卡规格尺寸；(b) 木制电缆卡安装示意图；(c) 安装方式一；(d) 安装方式二；(e) 安装方式三；(f) 木制电缆卡固定间距

2. 电缆用胶木电缆卡固定

胶木电缆卡规格见表 11.5-11，电缆固定方法如下（图 11.5-13）：

胶木电缆卡规格表（mm） **表 11.5-11**

型 号	适用电缆尺寸		尺 寸				
	最小	最大	*A*	*B*	*D*	*C*	*L*
MT9	51	57	98	79	38	49	140
MT10	57	64	98	86	38	49	146
MT11	64	70	137	103	64	64	165
MT12	70	76	137	103	64	64	165
MT13	76	83	140	114	64	64	175
MT14	83	89	140	114	64	64	175

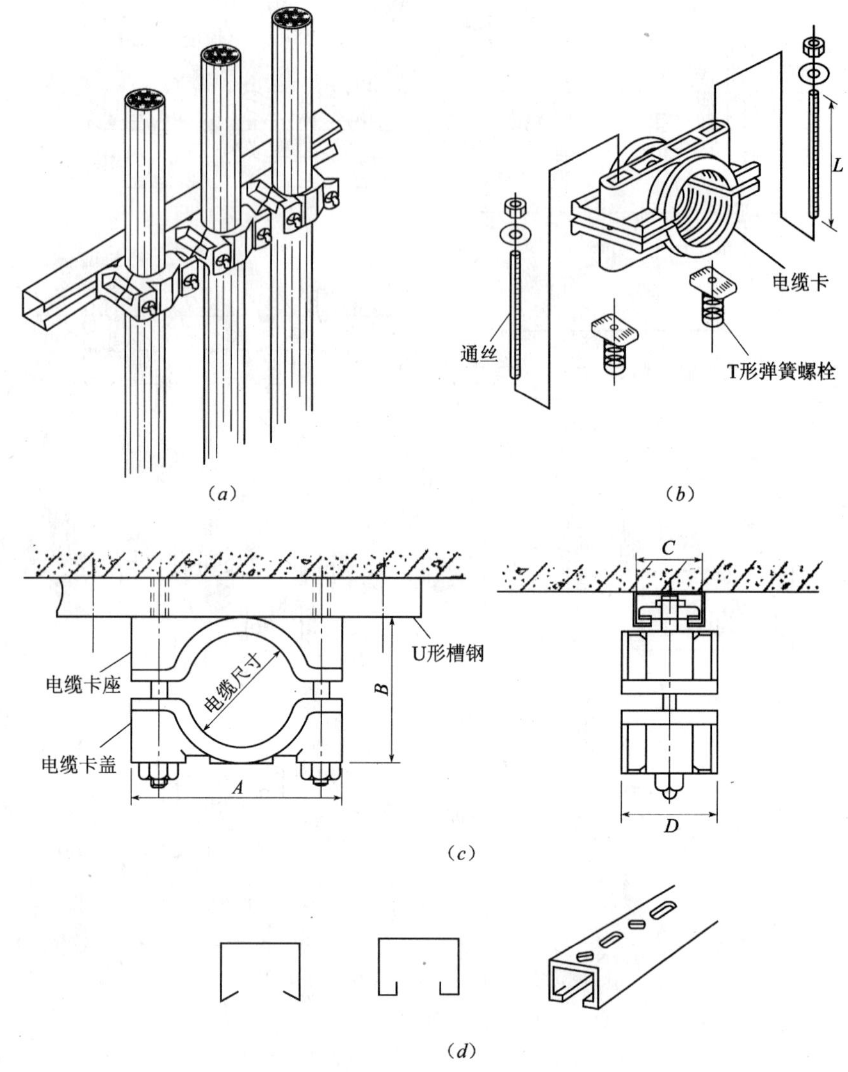

图 11.5-13　电缆用胶木电缆卡固定

(*a*) 胶木电缆卡安装示意图；(*b*) 胶木电缆卡组成；(*c*) 胶木电缆卡安装方法；(*d*) U 形槽钢大样图

(1) 先将 U 形槽钢用膨胀螺栓固定在墙上，再使用电缆卡固定电缆；

(2) 电缆垂直敷设时固定点间距为 1～1.5m。

3. 电缆用金属电缆卡固定（图 11.5-14）

(1) 先将 U 形槽钢固定在墙上，再用电缆卡将电缆固定，固定点间距见图 11.5-14 (*a*)。

(2) 交流单芯电缆或分相后的每相电缆固定的夹具和支架，不应形成闭合铁磁回路。

4. 复合材料电缆包箍

复合材料电缆抱箍主要用于电缆隧道和电缆沟内对电缆的固定。抱箍的材料是不饱和树脂玻璃纤维增强材料，它强度高、刚性好，是传统铝合金电缆抱箍的理想替代品。

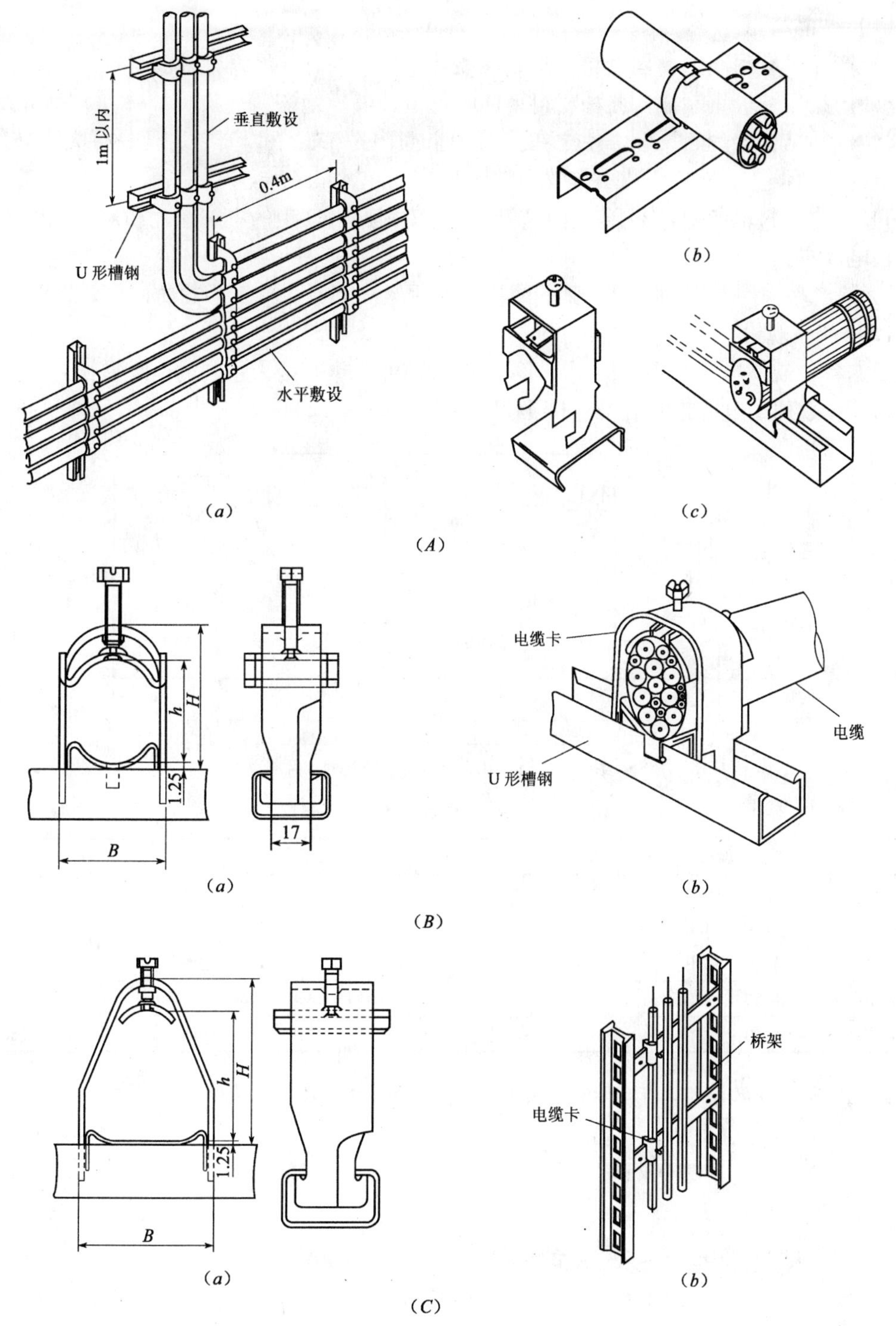

图 11.5-14 电缆用金属电缆卡固定方法

(A) 单芯电缆用铝合金电缆卡固定方式一;
(a) 固定间距示意图; (b) 安装方式一 (金属带固定); (c) 安装方式二 (单芯电缆用铝合金电缆卡)
(B) 单芯电缆用铝合金电缆卡固定方式二; (a) 电缆卡; (b) 安装方式;
(C) 三芯电缆用铝合金电缆卡固定方式; (a) 电缆卡; (b) 安装方式;

（1）产品特点

1）产品具有耐腐蚀、抗老化、阻燃性能好、强度高，使用寿命长的特点。

2）产品用玻璃钢制作，此种材料无回收价值，可杜绝盗窃现象。

3）产品结构合理、质轻，使之在狭小的空间内携带轻松，安装方便，可大大减轻安装人员的劳动强度，提高安装工作效率。

4）复合材料电缆抱箍不会产生涡流，可避免因此而产生的电能消耗和对电缆的损害，降低输电成本。

5）该产品采用专用的三角头紧固螺栓和专用紧固工具，使产品的防盗窃效果更佳。

（2）产品规格

根据各种规格电缆的不同使用要求，设计了 BG、BGS 两大系列的电缆抱箍。

1）BG 系列的电缆抱箍规格（图 11.5-15 及表 11.5-12）

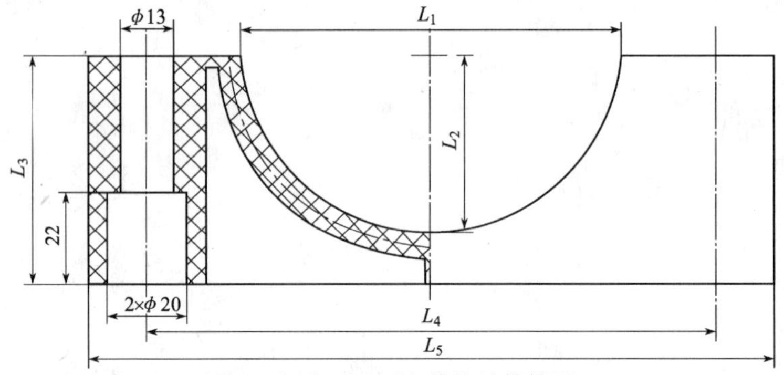

图 11.5-15 BG 型电缆抱箍结构图

BG 系列的电缆抱箍规格表（mm） **表 11.5-12**

型 号	适用电缆外径	L_1	L_2	L_3	L_4	L_5	螺 栓
BG-80	φ80 ~ φ90	94	43	55	144	174	2 × M12 × 120
BG-90	φ90 ~ φ100	104	48	60	144	174	2 × M12 × 120
BG-100	φ100 ~ φ110	114	52	65	144	174	2 × M12 × 120
BG-110	φ110 ~ φ120	118	52	65	154	190	2 × M12 × 140
BG-120	φ120 ~ φ140	138	58	74	174	214	2 × M12 × 160

2）BGS 系列的电缆抱箍规格（图 11.5-16 及表 11.5-13）

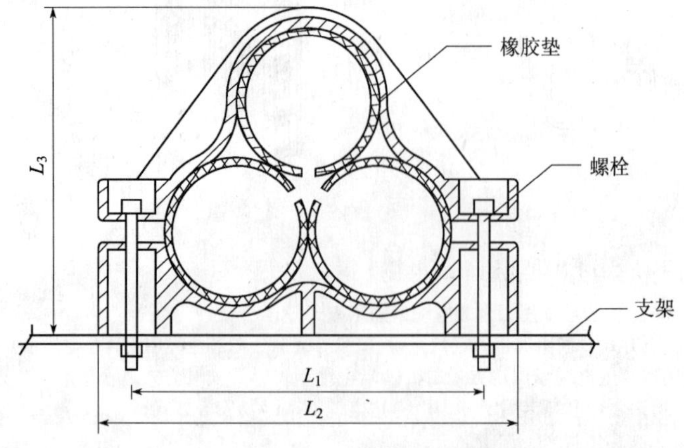

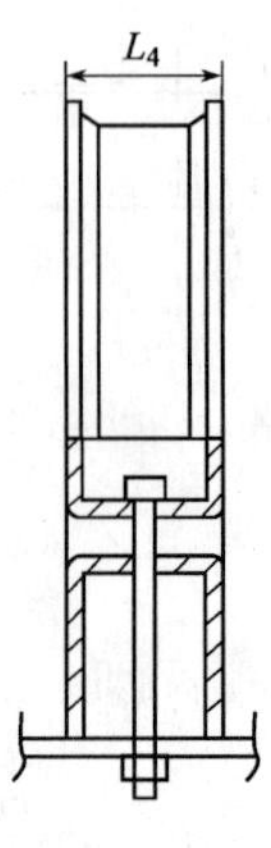

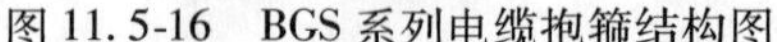

图 11.5-16 BGS 系列电缆抱箍结构图

BGS 系列的电缆抱箍规格表（mm） **表 11.5-13**

型　号	适用电缆外径	L_1	L_2	L_3	L_4	螺　栓
BGS-55	$\phi55 \sim \phi70$	140	176	130	80	4×M10×75
BGS-70	$\phi70 \sim \phi85$	180	220	168	80	4×M10×90
BGS-85	$\phi85 \sim \phi100$	210	250	196	80	4×M10×100
BGS-100	$\phi100 \sim \phi115$	240	280	225	80	4×M12×115
BGS-115	$\phi115 \sim \phi130$	270	310	255	80	4×M12×125
BGS-130	$\phi130 \sim \phi145$	350	416	318	80	4×M12×160

（3）安装示意图

1）BG 型电缆抱箍安装示意图（图 11.5-17）

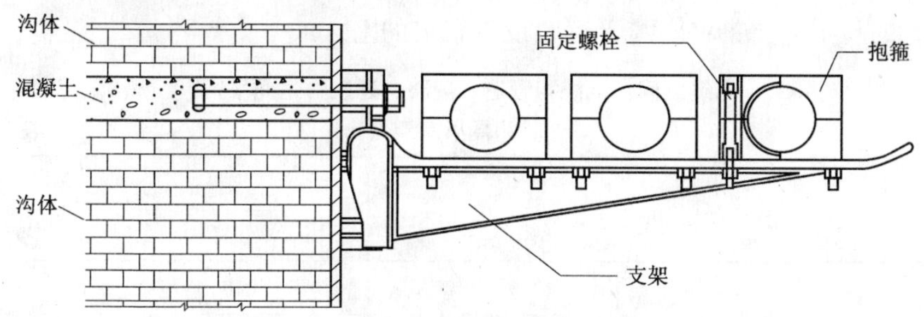

图 11.5-17　BG 型电缆抱箍安装示意图

2）BGS 型电缆抱箍安装示意图（图 11.5-18）

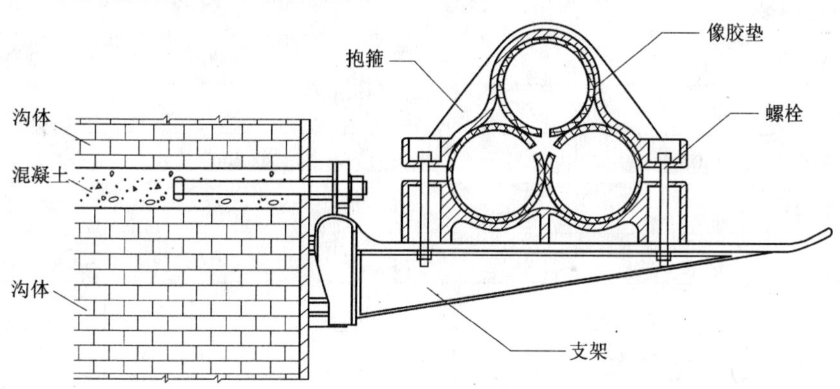

图 11.5-18　BGS 型电缆抱箍安装示意图

11.5.5 直埋电缆敷设方法

1. 电缆沟尺寸和土方开挖量

开挖电缆沟时，如遇垃圾等有腐蚀性杂物，须清除并换土，电缆上表面距地平面不小于 0.7m。电缆沟尺寸和土方开挖量见表 11.5-14。

电缆沟尺寸和土方开挖量表　　表 11.5-14

电缆根数	电缆沟宽（mm）		电缆沟深（mm）	每米电缆沟土方量（m^3/m）
	上　口	下　口		
1～2	600	400	900	0.45
3	770	570	900	0.603
4	940	740	900	0.756
5	1110	910	900	0.909

注：若设计或当地无具体规定时，此表可供参考；若设计或当地有规定，则按设计或当地规定执行。

2. 电缆最小净距

过路保护管伸出道路路基两边各 2m，伸出排水沟 0.5m。直埋电缆进出建筑物处，进入室内的电缆管口低于室外地面，对其电缆管口按设计要求或相应标准做防水处理。

电缆之间、电缆与其他管道、道路、建筑物等之间平行和交叉时的最小净距应符合表 11.5-15 的规定。严禁将电缆平行敷设于管道的上方或下方。

电缆之间、电缆与管道、道路、建筑物之间平行、交叉时的最小净距（m）　　表 11.5-15

项　目		最小净距	
		平　行	交　叉
电力电缆间及其与控制电缆间	10kV 及以下	0.10	0.50
	10kV 以上	0.25	0.50
控制电缆间		—	0.50
不同使用部门的电缆间		0.50	0.50
热管道（管沟）及热力设备		2.00	0.50
油管道（管沟）		1.00	0.50
可燃气体及易燃液体管道（沟）		1.00	0.50
其他管道（管沟）		0.50	0.50
铁路路轨		3.00	1.00
电气化铁路路轨	交流	3.00	1.00
	直流	10.0	1.00
公路		1.50	1.00
城市街道路面		1.00	0.70
杆基础（边线）		1.00	—
建筑物基础（边线）		0.60	—
排水沟		1.00	0.50

注：1. 电缆与公路平行的净距，当情况特殊时可酌减；
2. 当电缆穿管或者其他管道有保温层等防护设施时，表中净距应从管壁或防护设施的外壁算起。

3. 直埋电缆敷设

电缆沟底须铲平夯实，电缆周围土层应均匀密实，电缆上边及下边应覆以100mm的软土或沙层，盖板采用C15预制钢筋混凝土板连续覆盖（图11.5-19），如电缆数量较少、无条件做混凝土板时，可用砖代替。

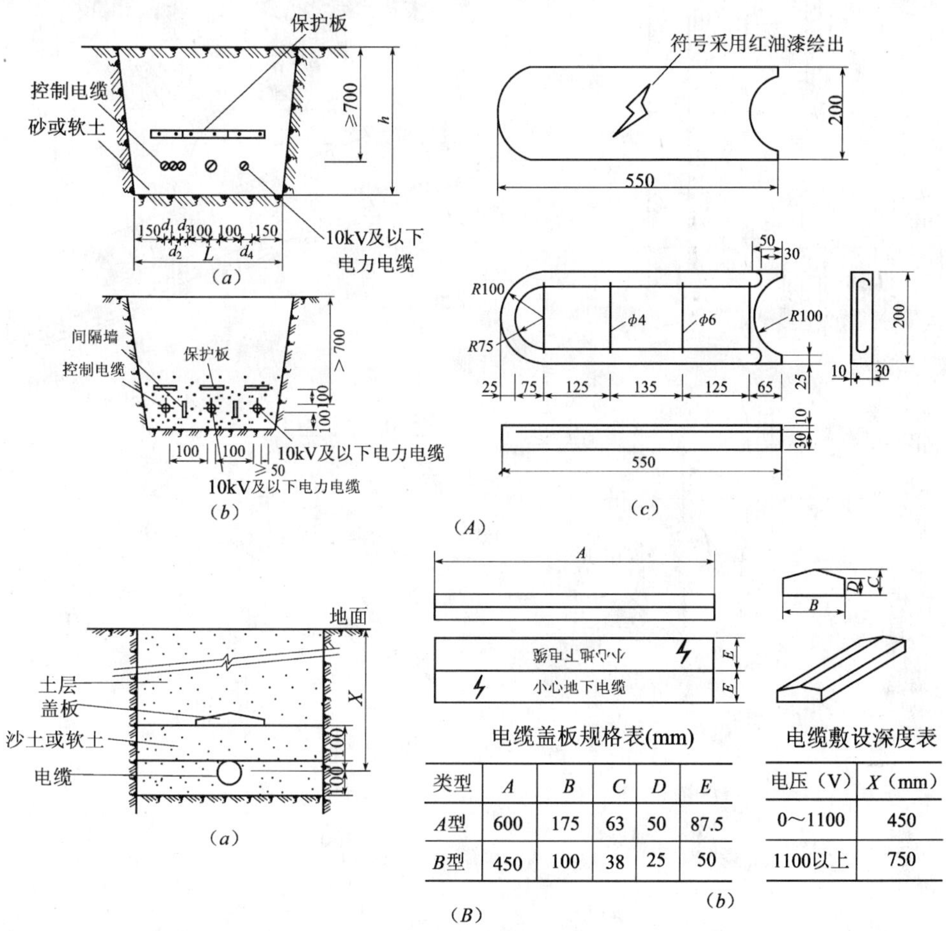

电缆盖板规格表(mm)

类型	A	B	C	D	E
A型	600	175	63	50	87.5
B型	450	100	38	25	50

电缆敷设深度表

电压（V）	X（mm）
0~1100	450
1100以上	750

图11.5-19 混凝土盖板

（A）样式一

（a）10kV及以下电缆并列安装方式一；（b）10kV及以下电缆并列安装方式二；（c）电缆盖板

（B）样式二

（a）10kV及以下电缆安装；（b）电缆盖板

4. 直埋电缆标志桩

电缆回填土后，做好电缆记录，直埋电缆在直线段每隔50~100m处或电缆接头处、转弯处、交叉、进出建筑物处应设置明显的方位标志或标桩。标志桩可以采用C15钢筋混凝土制作，并且标有“危险下有电缆”字样。标志桩露出地面以150mm为宜。坐标和标高正确，排列整齐，标志桩和标志牌设置准确（图11.5-20）。

5. 直埋电缆进出建筑物做法

直埋电缆进出建筑物处，室内的电缆管口应高于室外管口，对其电缆管口按设计要求或相应标准做防水处理，一般可按图11.5-21作法处理，电缆穿入管子后，管口应密封。

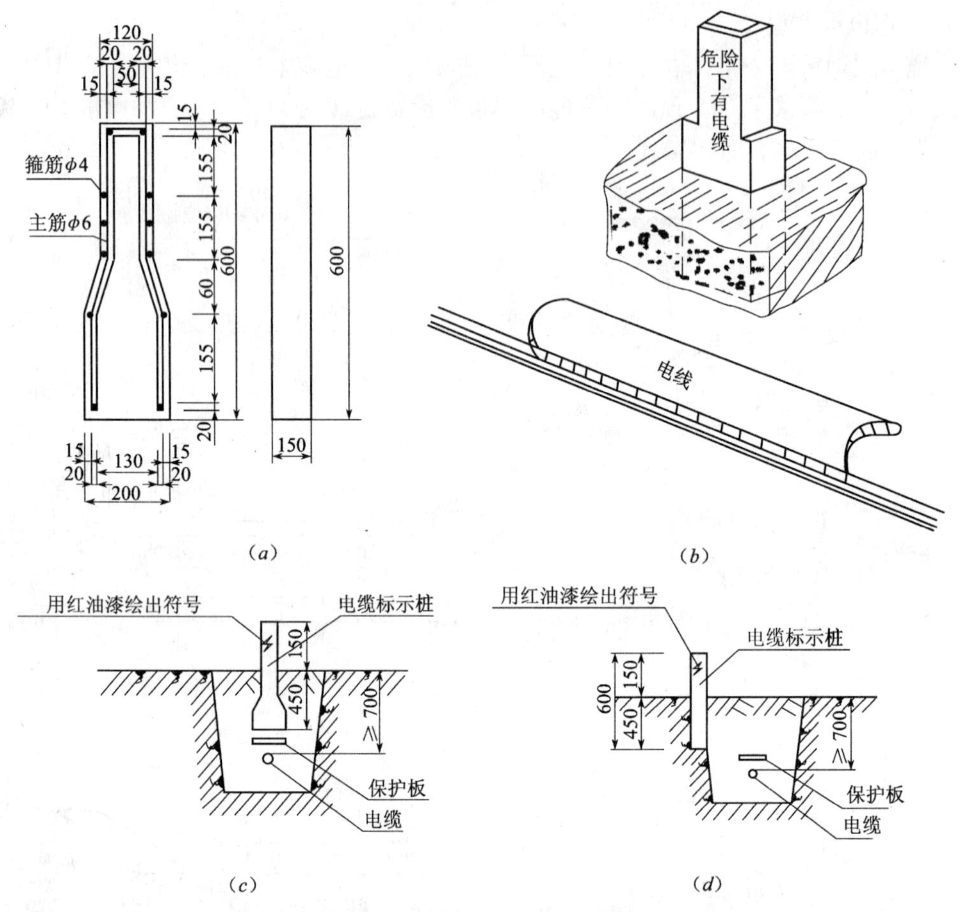

图 11. 5-20　直埋电缆标志桩

(a) 规格尺寸；(b) 安装方式；(c) 样式一；(d) 样式二

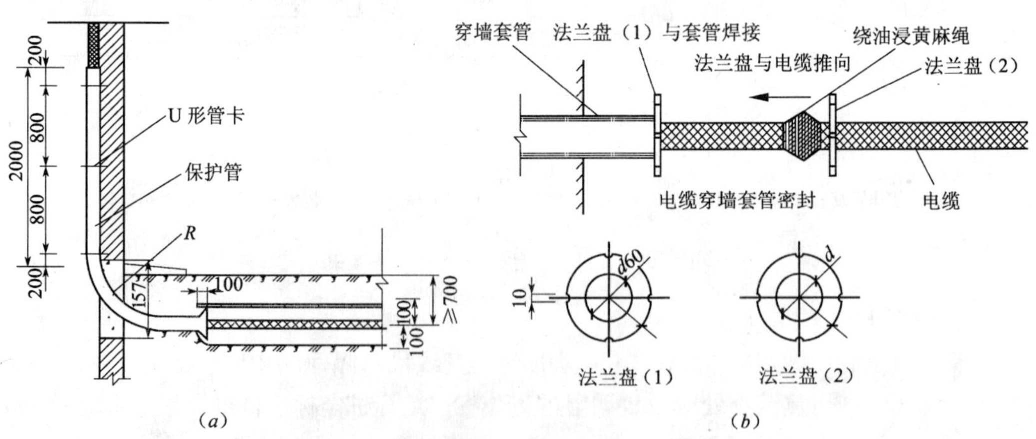

图 11. 5-21　电缆进入建筑物保护管敷设

(a) 方式一；(b) 方式二

6. 每米直埋电缆材料的消耗量

每米直埋电缆材料的消耗量见表 11. 5-16。

每米直埋电缆材料的消耗量 表 11.5-16

电缆根数	砂（m^3）	砖（块）	保护板（块）		混凝土标桩（个/100m）
			300×250×30	300×150×30	
1~2	0.097	8.32	3.74	—	3.02
3	0.134	12.48	3.74	3.24	3.02
4	0.170	16.64	3.74	6.48	3.02
5	0.206	20.80	3.74	9.72	3.02
6	0.243	24.96	3.74	12.96	3.02
7	0.279	29.12	3.74	16.20	3.02
8	0.316	33.28	3.74	19.44	3.02

11.5.6 电缆沟内电缆敷设方法

当电缆与地下管网交叉不多，地下水位较低，且无高温介质和熔化金属液体可能流入的地区。同一路径的电缆根数为18根及以下时，宜采用电缆沟敷设。

1. 电缆在沟内支架上敷设按以下程序进行

（1）电缆沟内的设施，模板及建筑废料等清除，测量后定位，才能安装支架。

（2）电缆沟内支架安装及电缆导管敷设结束，接地（PE）或接零（PEN）连接完成，经检查确认，才能敷设电缆。

（3）电缆敷设前绝缘测试合格，才能敷设。

（4）电缆交接试验合格，对电缆走向、相位和防火封堵措施等检查确认，才能通电。

2. 电缆沟支架制作及安装方法

（1）电缆沟支架制作

电缆沟支架制作见图11.5-22。支架可选用∟40×40×4角钢制作，当设计有规定时，按照设计要求制作，层架间距300mm适用于安装35kV电缆，200mm适用于安装6~10kV电缆，150mm适用于安装6kV及以下电缆，120mm适用于安装控制电缆，控制电缆敷设在电力电缆下层。主架与层架连接采用焊接，当主架与预埋件焊接时，安装孔取消。

（2）室内电缆沟制作

室内电缆沟从建筑构件结构上分为混凝土盖板电缆沟、钢盖板电缆沟两种。按电缆沟内电缆支架布置型式可分为无支架电缆沟、单侧支架电缆沟、双侧支架电缆沟。

当电缆沟采用钢筋混凝土盖板时，每块盖板的重量不宜超过50kg；当电缆沟采用钢板盖板时，盖板厚度为6mm。电缆沟应采取防水措施，其底部应做坡度不小于0.5%的排水沟。积水可起直接接入排水管道或经集水坑用水泵排出。

1）无支架电缆沟

无支架电缆沟规格见图11.5-23及表11.5-17。

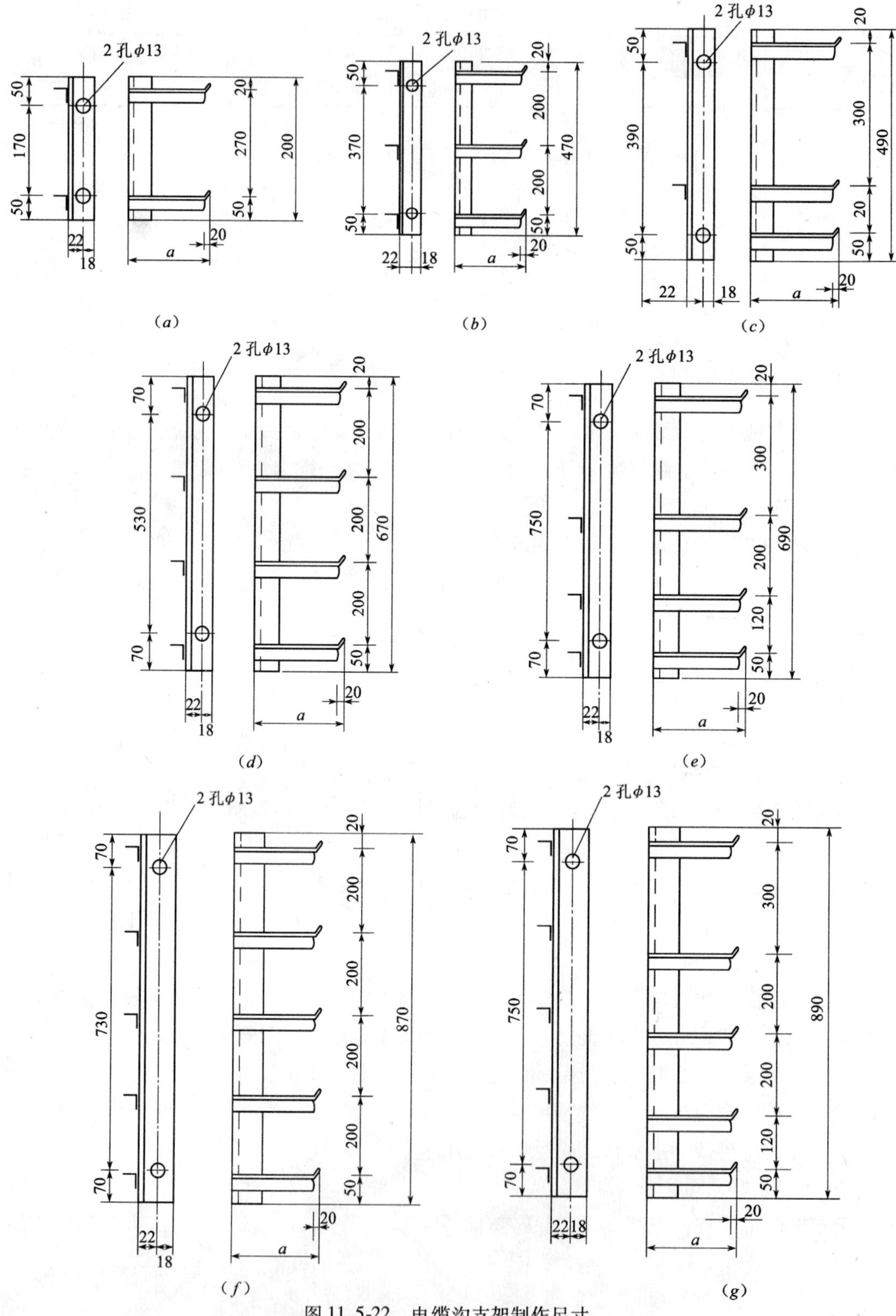

图 11.5-22 电缆沟支架制作尺寸

(*a*) 双层式样；(*b*) 三层式样一；(*c*) 三层式样二；(*d*) 四层式样一；
(*e*) 四层式样二；(*f*) 五层式样一；(*g*) 五层式样二

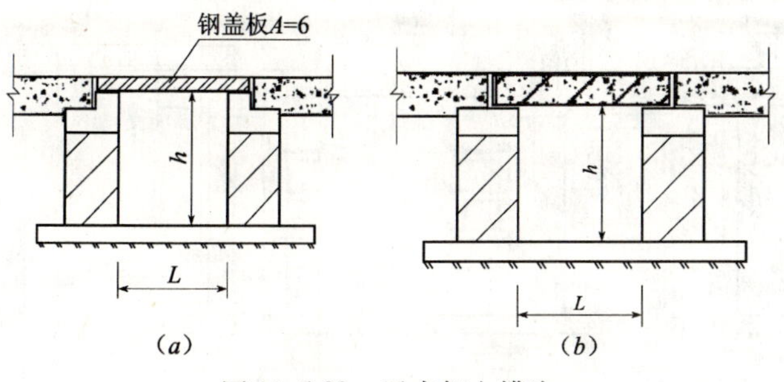

图 11.5-23 无支架电缆沟

（a）钢板盖板；（b）混凝土盖板

无支架电缆沟规格表（mm） 表 11.5-17

沟宽 L	沟深 h
400	200
600	400
800	400

2）单边支架电缆沟

单边支架电缆沟规格见图 11.5-24 及表 11.5-18，C 值为 150～200mm。

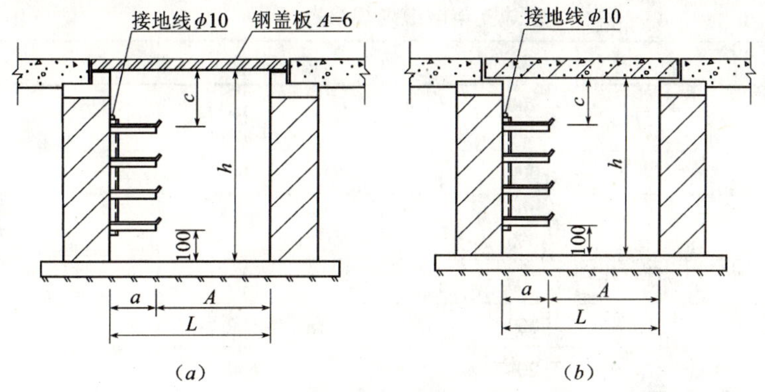

图 11.5-24 单边支架电缆沟

（a）钢板盖板；（b）混凝土盖板

单边支架电缆沟规格表（mm） 表 11.5-18

沟宽 L	层架 a	通道 A	沟深 h
600	200	400	500
	300	300	
800	200	600	700
	300	500	
800	200	600	900
	300	500	

3）双边支架电缆沟

双边支架电缆沟规格见图 11.5-25 及表 11.5-19，C 值为 150～200mm。

3. 电缆沟内电缆敷设一般要求

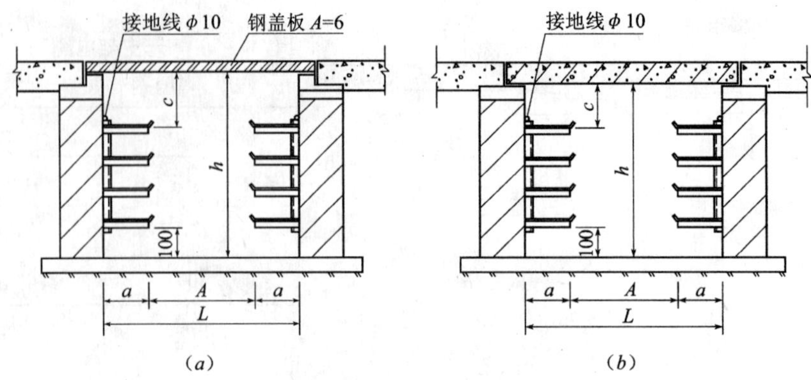

图 11.5-25 双边支架电缆沟
(a) 钢板盖板；(b) 混凝土盖板

双边支架电缆沟规格表（mm） 表 11.5-19

沟宽 L	层架 a	通道 A	沟深 h
1000	$\frac{200}{300}$	500	500
1200	300	600	
1000	$\frac{200}{300}$	500	900
1000	200	600	
1200	300	600	
1000	200	600	1100
1000	$\frac{200}{300}$	500	
1200	300	600	

（1）电缆支持点的间距，应不大于表 11.5-20 的要求。

电缆支持点间距表 表 11.5-20

电　缆　种　类		敷　设　方　式	
		水平（mm）	垂直（mm）
电力电缆	全塑性	400	1000
	除全塑性外的电缆	800	1500
控制电缆		800	1000

（2）电缆与管道的最小净距，设计无要求时应符合表 11.5-21 的规定，电缆应敷设在易燃易爆气体管道下方。管道应根据设计要求进行接地（PE）或接零（PEN）。

电缆与管道的最小净距表 表 11.5-21

管　道　类　别		平行净距（mm）	交叉净距（mm）
一般工艺管道		400	300
易燃易爆气体管道		500	500
热力管道	有保温层	500	300
	无保温层	1000	500

（3）电缆支架的长度，在电缆沟内不宜大于0.35m。电缆支架应涂防腐漆或采用铸铁支架。

（4）在支架上敷设电缆时，电力电缆应放在控制电缆的上层。1kV 以下的电力电缆可并列敷设。当两侧均有支架时，1kV 以下的电力电缆和控制电缆宜与 1kV 以上的电力电缆分别敷设于不同侧支架上。

（5）电缆沟在进入建筑物处应设防火墙。

4. 电缆沟内电缆敷设方法

（1）在电缆沟内敷设电缆的方法与直埋电缆的敷设方法相仿，一般可将滑轮放在沟内，敷设完毕，将电缆放于支架上，并在电缆上绑扎电缆标牌。

（2）电缆敷设在电缆沟时，应提前安排好电缆在支架上的位置和各种电缆敷设的先后次序，避免电缆交叉穿越。并注意电缆有伸缩余地。

5. 电缆挂标志牌

电缆标志牌规格应一致，并有防腐性能，挂装应牢固；标志牌应标明电缆编号、规格、型号、电压等级、电缆起始终点位置；电缆的两端、拐弯处，交叉处应挂标志牌，直线段每隔 30m 应挂一次电缆标志牌。标志牌样式参见图 11.5-26。

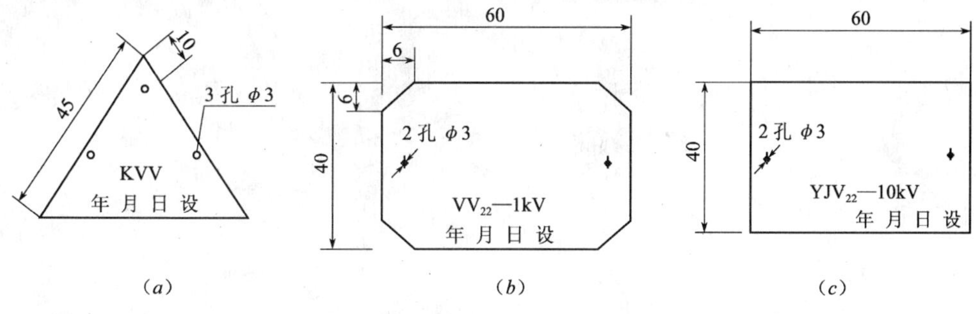

图 11.5-26 电缆标志牌

（*a*）控制电缆；（*b*）1000V 以下电力电缆；（*c*）1000V 以上电力电缆

11.5.7 电缆排管敷设方法

1. 电缆排管敷设一般要求

（1）电缆排管敷设适应于道路交叉较多，又不适宜直埋和电缆沟敷设的地段，排管一般采用石棉水泥管、混凝土管、陶土管。

（2）电缆排管应一次留足备用管孔，且不小于 2 孔，电缆排管的内径不应小于电缆外径的 1.5 倍，但电力电缆的管内径还不应小于 90mm，控制电缆的管内径不小于 75mm，电缆排管埋设深度顶部距地面不小于 0.7m。

2. 定位放线开槽

按施工图找出坐标位置定位放线，放线可拉线绳或用白灰在地面上划线，划出沟槽宽度，工程量较小的可采用人工开挖，工程量大的可采用小型挖掘机，开挖的深度、宽度应满足设计要求。

沟槽开挖后应进行处理，应平整，且应有 1‰排水坡度，沟底应夯实，并铺设 80mm 的混凝土垫层找平。

3. 铺设排管

（1）铺设排管前，应先清除孔内积灰和孔边毛刺，保持端头平整，孔内光滑。

（2）排管敷设时先用1∶3水泥砂浆座浆铺平，并确保1‰的排水坡度坡向电缆排管井，管间连接时，管孔应对正，接口封实，可用牛皮纸或塑料胶带将接口封严，再用1∶3水泥抹一成型带；作法见图11.5-27。

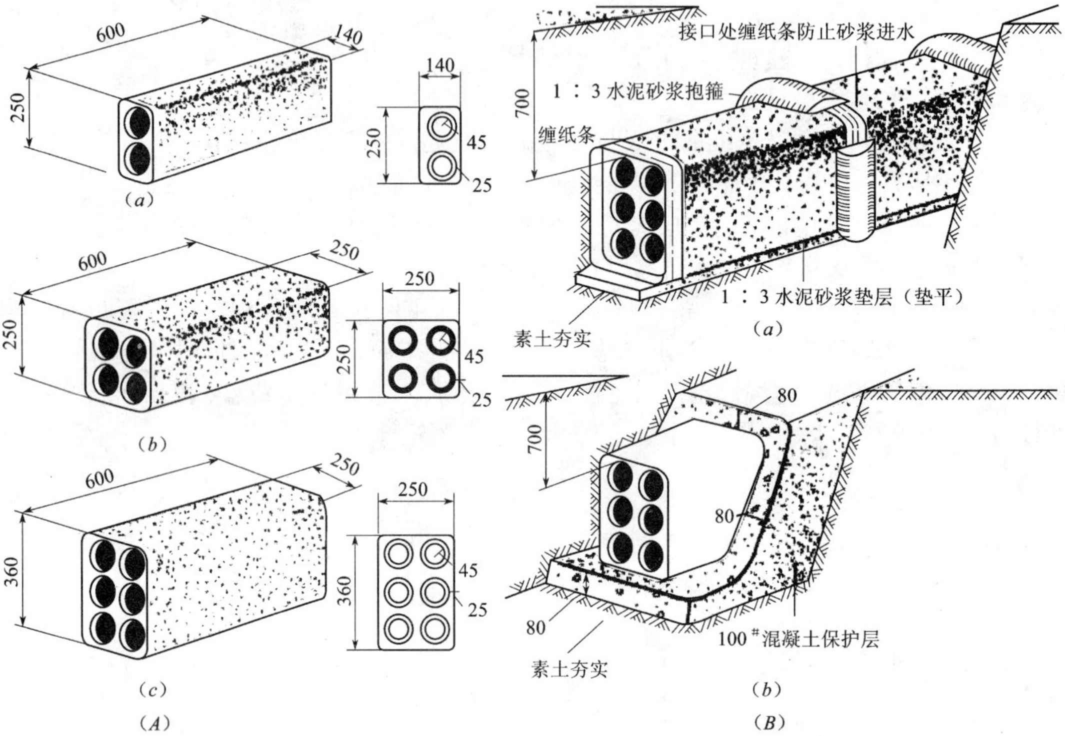

图11.5-27　排管敷设方法

（A）规格尺寸

（*a*）双管；（*b*）四管；（*c*）规格尺寸；

（B）敷设方法

（*a*）方式一；（*b*）方式二

（3）当地面上均匀荷载超过100kN/m^{2}或排管通过公路、铁路及类似情况时，排管应采取加固措施，防止排管受到机械损伤，如图11.5-28。

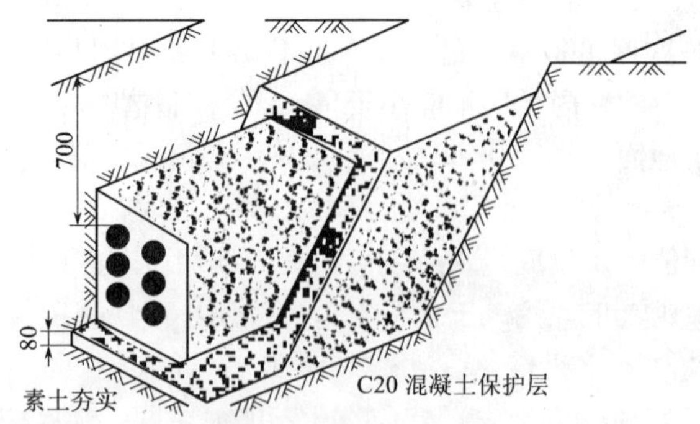

图11.5-28　排管铺设加固措施

4. 砌筑电缆井

电缆排管在线路转角、分支处应设电缆入孔井，在直线段上，为便于牵引电缆也应设一定数量的电缆入孔井，一般不大于150m；电缆入孔井的净高不宜小于1.8m，其上部入孔直径不小于0.7m，电缆入孔井做法由设计确定，可参照图11.5-29处理。

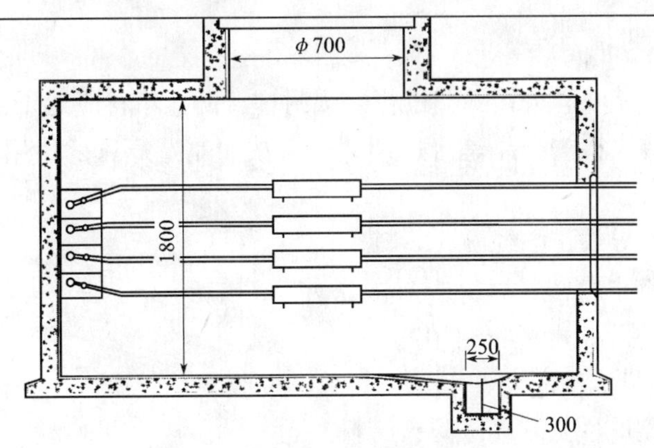

图11.5-29 排管铺入孔井断面图

5. 电缆排管疏通

电缆入孔井与排管敷设完毕，按要求进行回填土，然后从电缆井或电缆进口处进行疏通，清除杂物。清扫排管应用排管扫除器，如图11.5-30所示，清除时应来回拖拉，清除积污并刮平不平处，以防损伤电缆。

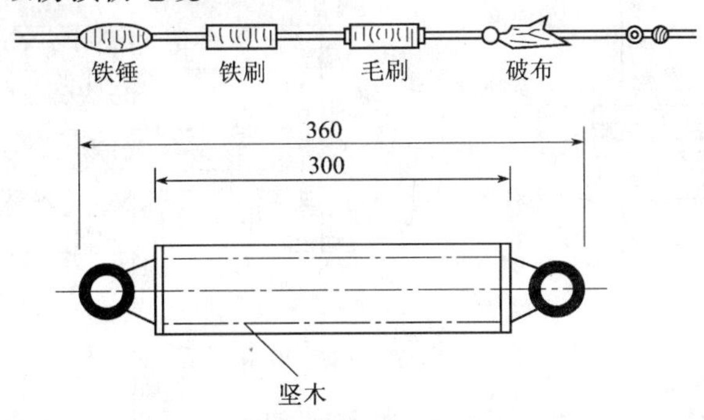

图11.5-30 电缆排管扫除器

6. 电缆在排管内敷设方法（图11.5-31）

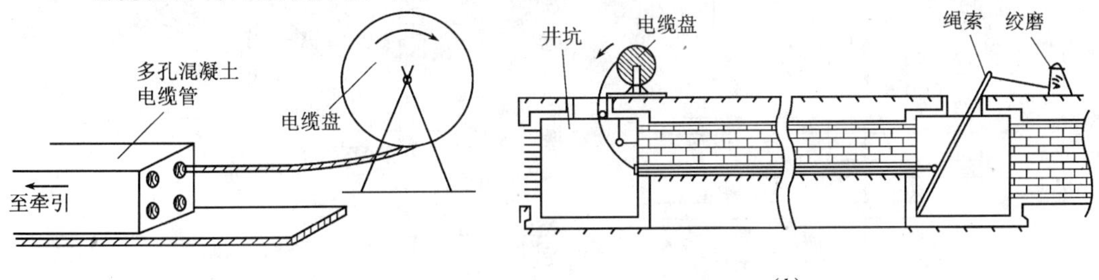

图11.5-31 电缆在排管内敷设方法

(*a*) 入口电缆穿入；(*b*) 敷设方法

(1) 在排管中拉引电缆时，把电缆放在入孔井口，架设在放线架上。

(2) 为防止电缆受损伤，排管口处应套以光滑的喇叭口。

(3) 入孔进口处，应找好角度装设滑轮，确保电缆弯曲，不受损伤。

(4) 将电缆头套入钢丝网套，然后将穿入排管孔眼中的钢丝绳与电缆钢丝网套绑扎牢固，进行牵引。

（5）为使电缆牵引力减小，使电缆和排管壁的摩擦力减小，电缆表面涂上滑石粉等润滑物。

11.5.8 电缆防火封堵方法

电缆在穿过防火墙及防火接板应进行防火封埋。防火堵料应选用已经过国家鉴定的定型产品，使用中应首先检查产品是否过期，然后按照制造厂家的使用方法进行配制使用。常用几种防火堵料有：

（1）DFD－Ⅱ型导线、电缆防火堵料；

（2）DMT－J_2 型电缆密封填料；

（3）DMT－W 型无机电缆密封填料；

（4）SDF 型速固封堵料；

（5）AGO－Ⅰ型改性氨基膨胀防火涂料。

1. 电缆穿墙防火封堵（图 11.5-32）

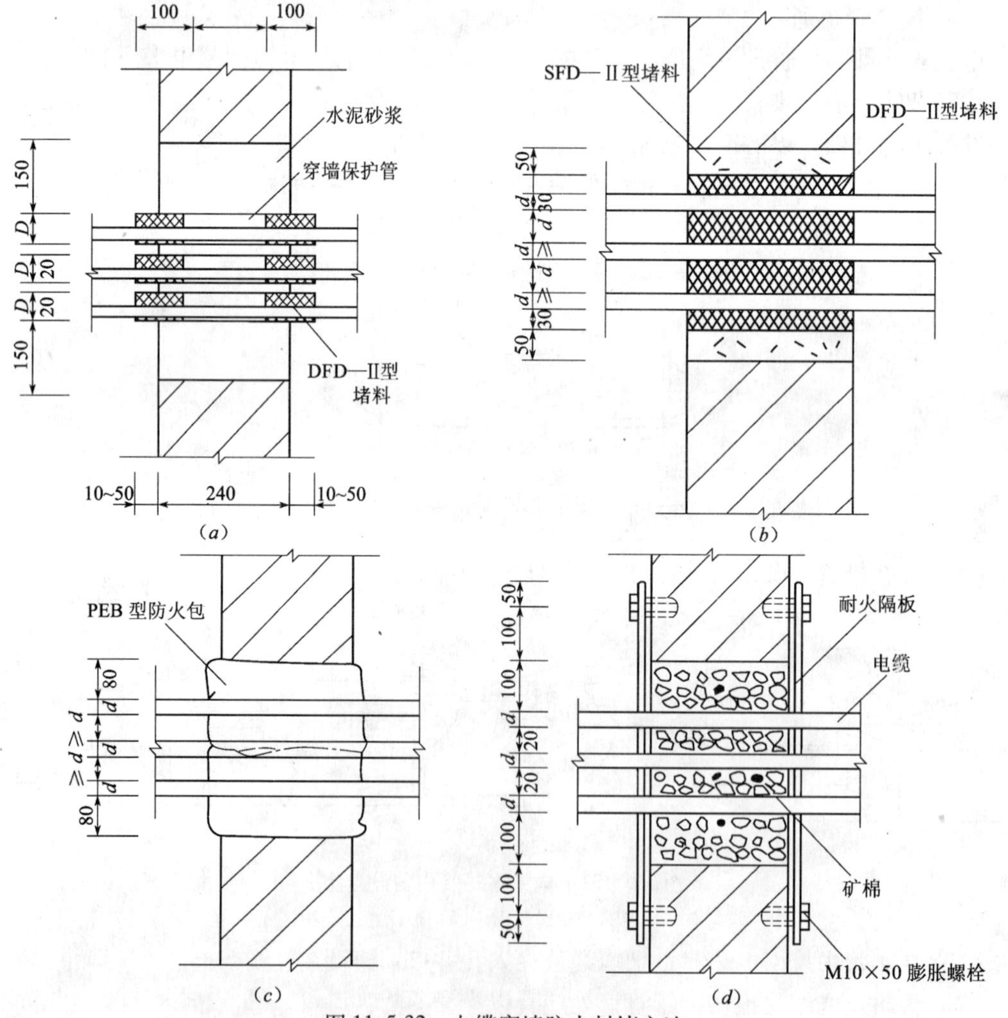

图 11.5-32 电缆穿墙防火封堵方法

（a）保护管穿墙封堵；（b）速固型堵料穿墙封堵；（c）防火包穿墙封堵；（d）耐火隔板及矿棉穿墙封堵

2. 电缆穿楼板防火封堵

电缆穿过楼板敷设完后，应用防火材料进行防火封堵（图 11.5-33）。d 为电缆直径，D 为保护管直径。

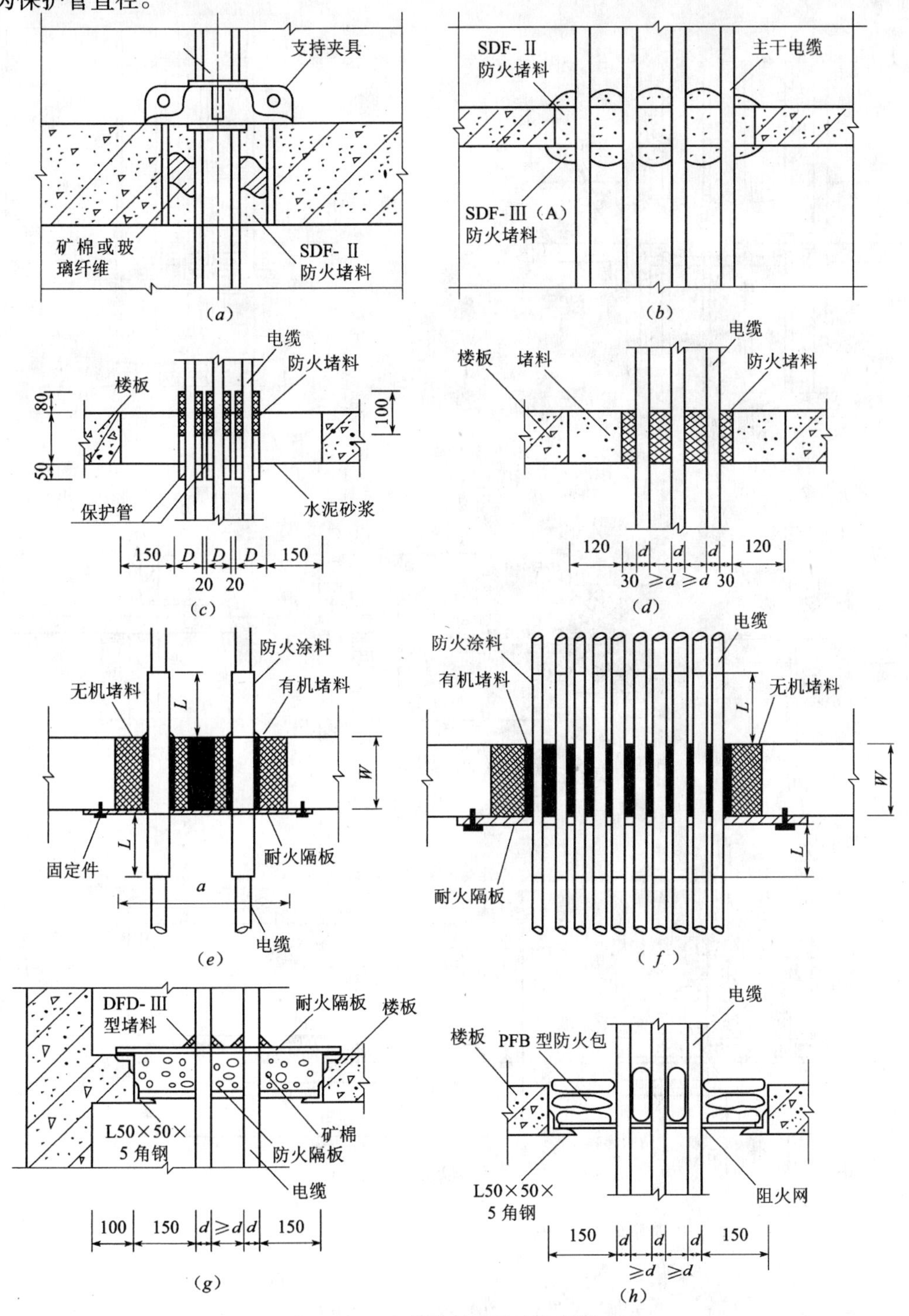

图 11.5-33 电缆穿楼板的防火封堵方法

(a) 单根电缆；(b) 多根电缆；(c) 穿楼板保护管封堵；(d) 速固型堵料封堵；(e) 较少电缆防火封堵；(f) 较多电缆防火封堵；(g) 耐火隔板及矿棉封堵；(h) 防火包封堵

3. 电缆桥架防火封堵

在电缆穿过墙壁、竖井、楼板孔洞处及电缆沟，应按设计要求位置，用防火堵料封堵（图 11.5-34）。

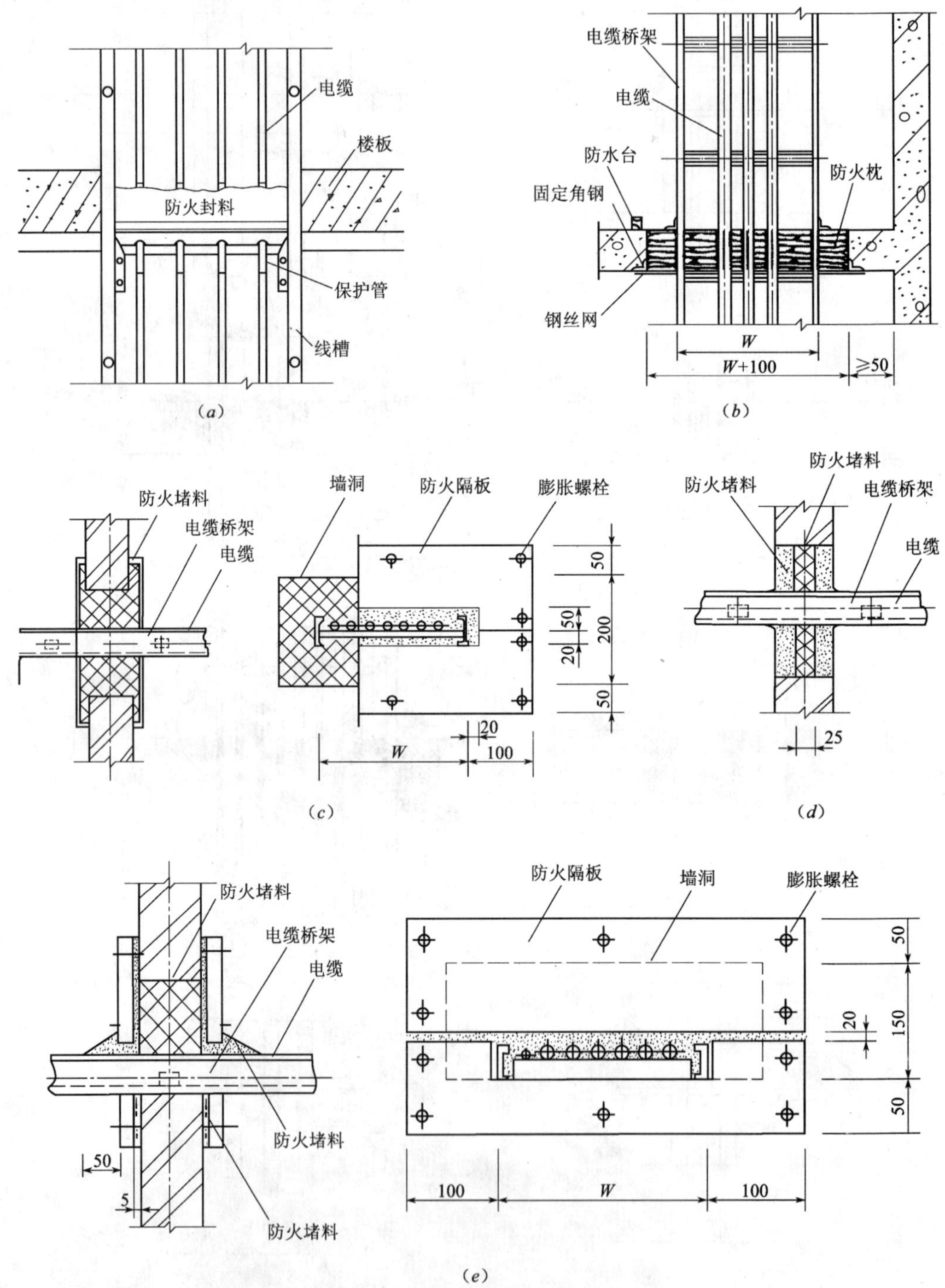

图 11.5-34 电缆桥架防火封堵方法

(*a*) 电缆线槽封堵；(*b*) 电缆桥架封堵；(*c*) 用钢板及防火堵料封堵；(*d*) 用防火堵料封堵；(*e*) 用 Ef-85 型隔板及防火堵料封堵

11.5.9 电缆敷设质量记录

电缆敷设完毕，应由建设单位、监理单位及施工单位的质量检查部门共同进行隐蔽工程验收。

1. 质量保证资料包括以下文件

（1）电缆产品合格证。

（2）电缆绝缘摇测记录或耐压试验记录。

（3）隐蔽工程验收记录。

（4）各种金属型钢材质证明、合格证。

2. 施工记录包括以下文件

（1）自互检记录。

（2）电缆工程分项质量检验评定记录。

（3）分项工程验收记录。

11.5.10 电力电缆直流耐压试验及泄漏电流测量

电力电缆直流耐压试验及泄漏电流测量应符合下列规定：

（1）塑料绝缘电缆直流耐压试验电压，应符下表 11.5-22 的规定。

塑料绝缘电缆直流耐压试验电压标准 **表 11.5-22**

电缆额定电压 U_n（kV）	0.6	1.8	3.6	6	8.7	12	18	21	26
直流试验电压（kV）	2.4	7.2	15	24	35	48	72	84	104
试验时间（min）	15	15	15	15	15	15	15	15	15

（2）橡皮绝缘电力电缆直流耐压试验电压，应符合表 11.5-23 的规定。

橡皮绝缘电力电缆直流耐压试验电压标准 **表 11.5-23**

电缆额定电压 U_n（kV）	6
直流试验电压（kV）	15
试验时间（min）	5

（3）黏性油浸纸绝缘电缆直流耐压试验电压，应符合表 11.5-24 的规定。

黏性油浸纸绝缘电缆直流耐压试验电压标准 **表 11.5-24**

电缆额定电压 U_{cn}/U_n（kV）	0.6/1	6/6	8.7/10	21/35
直流试验电压（kV）	$6U_n$	$6U_n$	$6U_n$	$5U_n$
试验时间（min）	10	10	10	10

（4）不滴流油浸纸绝缘电缆直流耐压试验电压，应符合表 11.5-25 的规定。

不滴流油浸纸绝缘电缆直流耐压试验电压标准 **表 11.5-25**

电缆额定电压 U_{cn}/U_n（kV）	0.6/1	6/6	8.7/10	21/35
直流试验电压（kV）	6.7	20	37	80
试验时间（min）	5	5	5	5

注：1. 上列各表中的 U_n 为电缆额定线电压；U_{cn} 为电缆线芯对地或对金属屏蔽层间的额定电压；

2. 交流单芯电缆的护层绝缘试验标准，可按产品技术条件的规定进行。

（5）试验时，试验电压可分4~6阶段均匀升压，每阶段停留1min，并读取泄漏电流值。测量时应消除杂散电流的影响。

（6）黏性油浸纸绝缘及不滴流油浸纸绝缘电缆泄漏电流的三相不平衡系数不应大于2；当10kV及以上电缆的泄漏电流小于20μA和6kV及以下电缆泄漏电流小于10μA时，其不平衡系数不作规定。

（7）电缆的泄漏电流具有下列情况之一者，电缆绝缘可能有缺陷，应找出缺陷部位，并予以处理：

1）泄漏电流很不稳定；

2）泄漏电流随试验电压升高而急剧上升；

3）泄漏电流随试验时间延长有上升现象。

11.6 控制电缆

控制电缆按照绝缘材料可分为聚氯乙烯（PVC）绝缘控制电缆及交联聚乙烯（XLPE）绝缘控制电缆。经常使用的为聚氯乙烯绝缘控制电缆，聚氯乙烯绝缘和护套控制电缆适用于交流额定电压450/750kV及以下控制、监测及自动控制系统，作用各种电器，仪表和自动装置之间的连接线。控制电缆工作电压低（≤1kV）、线芯多（2~61芯）、截面小（≤10mm²）。聚氯乙烯绝缘和护套控制电缆执行《聚氯乙烯绝缘和护套控制电缆》GB 9330.2—88标准。

11.6.1 控制电缆介绍

1. 控制电缆结构

控制电缆由导体、绝缘体及护套层等组成，电缆结构见图11.6-1。

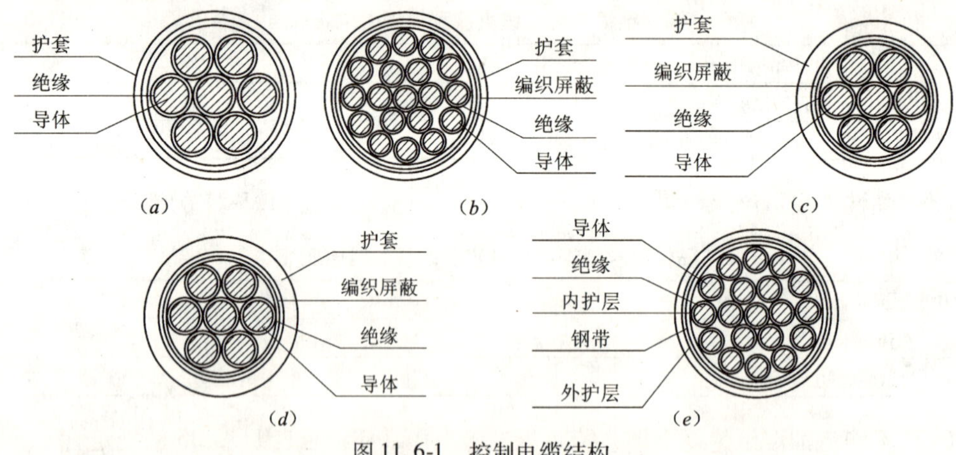

图11.6-1 控制电缆结构
(a) KVVR；(b) KVVRP；(c) KVVP；(d) $KVVP_2$；(e) KVV_{22}

2. 控制电缆使用特性

（1）交流额定电压 U_0/U 为450/750V。

（2）电缆导体的长期允许工作温度为70℃。

（3）电缆的敷设温度应不低于0℃。

（4）电缆的弯曲半径：

无铠装层的电缆，应不小于电缆外径的6倍；有铠装层和铜带屏蔽的电缆，应不小于电缆外径的12倍；有屏蔽层的软电缆，应不小于电缆外径的6倍。

3. 控制电缆用途（表11.6-1）

控制电缆用途表 **表11.6-1**

型 号	名 称	主要使用范围
KVV	铜芯聚氯乙烯绝缘聚氯乙烯护套控制电缆	敷设在室内、电缆沟、管道等固定场合
KVVP	铜芯聚氯乙烯绝缘聚氯乙烯护套编织屏蔽控制电缆	敷设在室内、电缆沟、管道等固定场合
$KVVP_2$	铜芯聚氯乙烯绝缘聚氯乙烯护套铜带屏蔽控制电缆	敷设在室内、电缆沟、管道等固定场合
KVV_{22}	铜芯聚氯乙烯绝缘聚氯乙烯护套钢带铠装控制电缆	敷设在室内、电缆沟、管道直埋等固定场合，可承受较大的机械外力
KVV_{32}	铜芯聚氯乙烯绝缘聚氯乙烯护套细钢丝铠装控制电缆	敷设在室内、电缆沟、管道、竖井等固定场合，可承受较大的机械压力
KVVR	铜芯聚氯乙烯绝缘聚氯乙烯护套控制软电缆	敷设在室内移动场合
KVVRP	铜芯聚氯乙烯绝缘聚氯乙烯护套编织屏蔽控制软电缆	敷设在室内等要求屏蔽的移动场合

11.6.2 控制电缆规格

1. PVC绝缘控制电缆规格（表11.6-2）

PVC绝缘控制电缆规格表 **表11.6-2**

<table>
<tr><th rowspan="3">型 号</th><th rowspan="3">额定电压（V）</th><th colspan="8">导体标称截面（mm²）</th></tr>
<tr><th>0.5</th><th>0.75</th><th>1.0</th><th>1.5</th><th>2.5</th><th>4</th><th>6</th><th>10</th></tr>
<tr><th colspan="8">芯 数</th></tr>
<tr><td>KVV、KVVP</td><td rowspan="5">450/750</td><td>—</td><td colspan="4">2～61</td><td colspan="2">2～14</td><td>2～10</td></tr>
<tr><td>KVVP$_2$</td><td>—</td><td colspan="4">4～61</td><td colspan="2">4～14</td><td>4～10</td></tr>
<tr><td>KVV$_{22}$</td><td>—</td><td colspan="3">7～61</td><td>4～61</td><td colspan="2">4～14</td><td>4～10</td></tr>
<tr><td>KVVR</td><td colspan="5">4～61</td><td colspan="2">—</td><td>—</td></tr>
<tr><td>KVVRP</td><td colspan="3">4～61</td><td colspan="2">4～48</td><td colspan="2">—</td><td>—</td></tr>
</table>

2. XLPE绝缘控制电缆规格（表11.6-3）

XLPE 绝缘控制电缆规格表　　表 11.6-3

<table>
<tr><td rowspan="3">型　号</td><td rowspan="3">额定电压（V）</td><td colspan="5">导体标称截面（mm²）</td></tr>
<tr><td>1.5</td><td>2.5</td><td>4</td><td>6</td><td>10</td></tr>
<tr><td colspan="5">芯　数</td></tr>
<tr><td>KYJV</td><td rowspan="5">600/1000</td><td colspan="3">2～61</td><td colspan="1">2～14</td><td>2～10</td></tr>
<tr><td>KYJV$_{22}$</td><td colspan="3">4～61</td><td>4～14</td><td>2～10</td></tr>
<tr><td>KYJVP</td><td colspan="3">4～61</td><td>4～14</td><td>2～10</td></tr>
<tr><td rowspan="2">KYJVP$_2$</td><td colspan="3">2～61</td><td>2～14</td><td>2～7</td></tr>
<tr><td colspan="3">2～61</td><td>2～14</td><td>2～10</td></tr>
</table>

注：芯数系列为2、3、4、5、7、8、10、12、14、16、19、24、27、30、37、44、48、52和61芯。

11.6.3 控制电缆主要性能

控制电缆通过交流3000V、5min电压试验。绝缘线芯以颜色或数字作为识别标志。电缆护套表面印有电缆型号、额定电压、制造厂及制造年份的标志。

1. 控制电缆的绝缘电阻

控制电缆的绝缘电阻符合表11.6-4的规定。

控制电缆的绝缘电阻　　表 11.6-4

标称截面（mm²）	导体结构根数/单线标称直径（根/mm）	20℃导体电阻不大于（Ω/km）	绝缘标称厚度（mm）	70℃时最小绝缘电阻（MΩ·km）	型　号
0.75	1/0.97	24.5	0.6	0.012	KVV、KVVP$_2$、KVV$_{22}$、KVV$_{32}$
0.75	7/0.37	24.5	0.6	0.014	KVV、KVVP
0.75	24/0.20	26.0	0.6	0.011	KVVR、KVVRP
1.0	1/1.13	18.1	0.6	0.011	KVV、KVVP$_2$、KVV$_{22}$、KVV$_{32}$
1.0	7/0.43	18.1	0.6	0.013	KVV、KVVP
1.0	32/0.20	19.5	0.6	0.010	KVVR、KVVRP
1.5	1/1.38	12.1	0.7	0.011	KVV、KVVP$_2$、KVV$_{22}$、KVV$_{32}$
1.5	7/0.52	12.1	0.7	0.010	KVV、KVVP
1.5	30/0.25	13.3	0.7	0.010	KVVR、KVVRP
2.5	1/1.78	7.41	0.8	0.010	KVV、KVVP$_2$、KVV$_{22}$、KVV$_{32}$
2.5	7/0.68	7.41	0.8	0.009	KVV、KVVP
2.5	50/0.25	7.98	0.8	0.0085	KVVR、KVVRP
4	1/2.25	4.61	0.8	0.0077	KVV、KVVP$_2$、KVV$_{22}$、KVV$_{32}$
4	7/0.85	4.61	0.8	0.0077	KVV、KVVP
6	1/2.76	3.08	0.8	0.0070	KVV、KVVP$_2$、KVV$_{22}$、KVV$_{32}$
6	7/1.04	3.08	0.8	0.0065	KVV、KVVP
10	7/1.35	1.83	1.0	0.0065	KVV、KVVP$_2$、KVV$_{22}$、KVV$_{32}$

2. KVV 控制电缆主要性能（表 11.6-5）

KVV 控制电缆主要性能表 **表 11.6-5**

标称截面（mm^2）	护套标称厚度（mm）	近似外径（mm）	近似重量（kg/km）
2×0.75	1.2	7.7	65
3×0.75	1.2	8.1	77
4×0.75	1.2	8.7	93
5×0.75	1.2	9.3	110
7×0.75	1.2	10.0	134
8×0.75	1.2	11.5	172
10×0.75	1.2	12.2	184
12×0.75	1.5	13.2	224
14×0.75	1.5	13.8	252
16×0.75	1.5	14.4	281
19×0.75	1.5	15.1	318
24×0.75	1.5	17.3	393
27×0.75	1.5	17.7	427
30×0.75	1.5	18.3	466
37×0.75	1.7	20.0	572
44×0.75	1.7	22.2	645
48×0.75	1.7	22.6	718
52×0.75	1.7	23.2	769
61×0.75	1.7	24.5	881
2×1.0	1.2	8.1	73
3×1.0	1.2	8.5	88
4×1.0	1.2	9.1	107
5×1.0	1.2	9.8	128
7×1.0	1.2	10.5	157
8×1.0	1.2	12.1	199
10×1.0	1.5	13.5	234
12×1.0	1.5	14.1	265
14×1.0	1.5	14.7	297
16×1.0	1.5	15.2	334
19×1.0	1.5	15.9	378
24×1.0	1.5	18.3	469
27×1.0	1.5	18.7	512
30×1.0	1.7	19.7	580
37×1.0	1.7	21.1	687
44×1.0	1.7	23.5	808
48×1.0	1.7	23.9	866
52×1.0	1.7	24.5	928
61×1.0	1.7	25.9	1066

续表

标称截面（mm^2）	护套标称厚度（mm）	近似外径（mm）	近似重量（kg/km）
2×1.5	1.2	9.0	92
3×1.5	1.2	9.5	114
4×1.5	1.2	10.2	141
5×1.5	1.2	11.0	170
7×1.5	1.5	12.5	227
8×1.5	1.5	14.4	287
10×1.5	1.5	15.4	315
12×1.5	1.5	15.8	357
14×1.5	1.5	16.6	405
16×1.5	1.5	17.4	457
19×1.5	1.5	18.3	520
24×1.5	1.7	21.5	666
27×1.5	1.7	22.0	729
30×1.5	1.7	22.7	798
37×1.5	1.7	24.4	956
44×1.5	1.7	27.3	1127
48×1.5	1.7	27.7	1211
52×1.5	1.7	28.5	1301
61×1.5	2.0	30.8	1538
2×2.5	1.2	10.3	127
3×2.5	1.2	10.8	159
4×2.5	1.2	11.7	200
5×2.5	1.5	13.3	260
7×2.5	1.5	14.4	327
8×2.5	1.5	16.7	414
10×2.5	1.5	17.3	453
12×2.5	1.5	18.4	523
14×2.5	1.5	19.3	597
16×2.5	1.7	20.7	692
19×2.5	1.7	21.8	793
24×2.5	1.7	25.3	991
27×2.5	1.7	25.8	1090
30×2.5	1.7	26.7	1198
37×2.5	1.7	28.8	1443
44×2.5	2.0	32.3	1743
48×2.5	2.0	33.4	1880
52×2.5	2.0	34.3	2022
61×2.5	2.2	36.8	2366
2×4	1.2	11.2	173
3×4	1.2	11.8	212

续表

标称截面（mm^2）	护套标称厚度（mm）	近似外径（mm）	近似重量（kg/km）
4×4	1.5	13.5	286
5×4	1.5	14.6	348
7×4	1.5	15.8	445
8×4	1.5	18.4	560
10×4	1.7	20.1	651
12×4	1.7	20.5	736
14×4	1.7	21.8	846
2×6	1.2	12.2	224
3×6	1.5	13.5	297
4×6	1.5	14.7	379
5×6	1.5	16.0	464
7×6	1.5	17.3	601
8×6	1.7	20.7	770
10×6	1.7	22.2	877
12×6	1.7	22.9	1004
14×6	1.7	24.0	1155
2×10	1.5	16.3	385
3×10	1.5	17.3	478
4×10	1.5	18.9	616
5×10	1.7	20.6	780
7×10	1.7	22.9	1013
8×10	1.7	27.0	1282
10×10	1.7	29.1	1388

3. $KVVP_2$ 控制电缆主要性能（表 11.6-6）

$KVVP_2$ 控制电缆主要性能表 **表 11.6-6**

标称截面（mm^2）	护套标称厚度（mm）	近似外径（mm）	近似重量（kg/km）
4×0.75	1.2	9.6	128
5×0.75	1.2	10.2	148
7×0.75	1.2	10.9	176
8×0.75	1.5	13.0	236
10×0.75	1.5	13.8	253
12×0.75	1.5	14.1	278
14×0.75	1.5	15.1	302
16×0.75	1.5	15.3	341
19×0.75	1.5	16.0	381
24×0.75	1.5	18.3	466
27×0.75	1.7	19.0	518

续表

标称截面（mm^2）	护套标称厚度（mm）	近似外径（mm）	近似重量（kg/km）
30×0.75	1.7	19.6	561
37×0.75	1.7	20.9	656
44×0.75	1.7	23.2	766
48×0.75	1.7	23.5	814
52×0.75	1.7	24.1	866
61×0.75	1.7	25.3	984
4×1.0	1.2	10.0	144
5×1.0	1.2	10.7	168
7×1.0	1.2	11.4	201
8×1.0	1.5	13.6	266
10×1.0	1.5	14.4	289
12×1.0	1.5	14.8	321
14×1.0	1.5	15.4	3556
16×1.0	1.5	16.1	397
19×1.0	1.5	16.8	444
24×1.0	1.7	19.6	563
27×1.0	1.7	20	608
30×1.0	1.7	20.6	660
37×1.0	1.7	22.0	776
44×1.0	1.7	24.4	908
48×1.0	1.7	24.8	970
52×1.0	1.7	25.4	1033
61×1.0	1.7	26.8	1178
4×1.5	1.2	11.1	183
5×1.5	1.5	12.5	232
7×1.5	1.5	13.4	278
8×1.5	1.5	15.3	347
10×1.5	1.5	16.3	379
12×1.5	1.5	16.7	423
14×1.5	1.5	17.5	474
16×1.5	1.5	18.3	530
19×1.5	1.7	19.6	622
24×1.5	1.7	22.4	757
27×1.5	1.7	22.9	822
30×1.5	1.7	23.6	894
37×1.5	1.7	25.3	1060
44×1.5	1.7	28.2	1245
48×1.5	1.7	28.6	1330
52×1.5	2.0	30.0	1461
61×1.5	2.0	31.7	1670

续表

标称截面（mm^2）	护套标称厚度（mm）	近似外径（mm）	近似重量（kg/km）
4×2.5	1.5	13.2	265
5×2.5	1.5	14.2	315
7×2.5	1.5	15.3	387
8×2.5	1.5	17.6	483
10×2.5	1.5	18.8	513
12×2.5	1.7	19.7	617
14×2.5	1.7	20.6	696
16×2.5	1.7	21.6	780
19×2.5	1.7	22.7	885
24×2.5	1.7	26.2	1099
27×2.5	1.7	26.7	1200
30×2.5	1.7	27.6	1312
37×2.5	2.0	30.3	1605
44×2.5	2.0	33.8	1889
48×2.5	2.0	34.3	2024
52×2.5	2.0	35.2	2170
61×2.5	2.0	37.2	2492
4×4	1.5	14.4	341
5×4	1.5	15.5	409
7×4	1.5	16.7	511
8×4	1.7	19.7	654
10×4	1.7	21.0	736
12×4	1.7	21.4	823
14×4	1.7	22.7	938
4×6	1.5	15.6	440
5×6	1.5	16.9	530
7×6	1.5	18.2	674
8×6	1.7	21.6	858
10×6	1.7	23.1	971
12×6	1.7	23.8	1101
14×6	1.7	24.9	1257
4×10	1.7	20.2	713
5×10	1.7	21.9	869
7×10	1.7	23.8	1102
8×10	1.7	27.9	1399
10×10	1.7	30.0	1584

4. KVV_{22}控制电缆主要性能（表 11.6-7）

KVV_{22}控制电缆主要性能表 **表 11.6-7**

标称截面（mm^2）	护套标称厚度（mm）	近似外径（mm）	近似重量（kg/km）
7×0.75	1.5	14.7	385
8×0.75	1.5	16.2	456
10×0.75	1.5	17.0	485
12×0.75	1.5	17.3	516
14×0.75	1.5	17.9	557
16×0.75	1.5	18.5	600
19×0.75	1.5	19.8	650
24×0.75	1.7	21.9	792
27×0.75	1.7	22.2	834
30×0.75	1.7	22.8	885
37×0.75	1.7	24.1	1003
44×0.75	1.7	26.4	1151
48×0.75	1.7	26.7	1205
52×0.75	1.7	27.3	1267
61×0.75	1.7	28.6	1408
7×1.0	1.5	15.2	419
8×1.0	1.5	16.8	496
10×1.0	1.5	17.6	533
12×1.0	1.5	18.0	570
14×1.0	1.5	18.6	616
16×1.0	1.5	19.3	668
19×1.0	1.7	20.4	757
24×1.0	1.7	22.8	889
27×1.0	1.7	23.2	940
30×1.0	1.7	23.8	1002
37×1.0	1.7	25.2	1142
44×1.0	1.7	27.6	1314
48×1.0	1.7	28.0	1379
52×1.0	1.7	28.6	1456
61×1.0	1.7	30.0	1630
7×1.5	1.5	16.6	505
8×1.5	1.5	18.5	605
10×1.5	1.5	19.5	653
12×1.5	1.5	19.9	705
14×1.5	1.5	20.7	768
16×1.5	1.7	21.9	856
19×1.5	1.7	22.8	938

续表

标称截面（mm^2）	护套标称厚度（mm）	近似外径（mm）	近似重量（kg/km）
24×1.5	1.7	25.6	1130
27×1.5	1.7	26.1	1201
30×1.5	1.7	26.8	1287
37×1.5	1.7	28.5	1480
44×1.5	2.0	31.4	1753
48×1.5	2.0	32.8	2136
52×1.5	2.0	34.2	2259
61×1.5	2.0	35.6	2513
4×2.5	1.5	16.4	489
5×2.5	1.5	17.4	555
7×2.5	1.7	18.5	644
8×2.5	1.7	21.2	797
10×2.5	1.7	22.4	867
12×2.5	1.7	22.9	945
14×2.5	1.7	23.8	1039
16×2.5	1.7	24.8	1139
19×2.5	1.7	25.9	1262
24×2.5	1.7	29.4	1534
27×2.5	1.7	29.9	1644
30×2.5	1.7	60.8	1771
37×2.5	2.0	34.5	2411
44×2.5	2.2	38.4	2821
48×2.5	2.2	38.9	2971
52×2.5	2.2	39.8	3142
61×2.5	2.2	41.9	3522
4×4	1.5	17.6	590
5×4	1.5	18.7	670
7×4	1.5	19.9	792
8×4	1.7	22.9	981
10×4	1.7	24.2	1085
12×4	1.7	24.6	1178
14×4	1.7	25.9	1315
4×6	1.5	18.8	703
5×6	1.7	20.5	831
7×6	1.7	21.8	998
8×6	1.7	24.8	1215
10×6	1.7	26.3	1354
12×6	1.7	27.0	1497
14×6	1.7	28.1	1671
4×10	1.7	23.4	1048
5×10	1.7	25.1	1233
7×10	1.7	27.0	1506
8×10	1.7	31.1	1862
10×10	2.0	33.8	2124

5. KVV_{32}控制电缆主要性能（表 11.6-8）

KVV_{32}控制电缆主要性能表 **表 11.6-8**

标称截面（mm^2）	护套标称厚度（mm）	近似外径（mm）	近似重量（kg/km）
19×0.75	1.5	20.9	935
24×0.75	1.7	24.4	1278
27×0.75	1.7	26.7	1328
30×0.75	1.7	25.3	1394
37×0.75	1.7	26.6	1524
44×0.75	1.7	28.9	1745
48×0.75	1.7	29.2	1806
52×0.75	1.7	29.8	1884
61×0.75	2.0	31.7	2045
19×1.0	1.7	22.1	1048
24×1.0	1.7	25.3	1398
27×1.0	1.7	25.7	1458
30×1.0	1.7	26.3	1535
37×1.0	1.7	27.7	1708
44×1.0	1.7	30.1	1819
48×1.0	2.0	31.1	2055
52×1.0	2.0	31.7	2147
61×1.0	2.0	33.1	2351
7×1.5	1.5	18.3	748
8×1.5	1.5	20.2	879
10×1.5	1.7	21.6	962
12×1.5	1.7	22.0	1022
14×1.5	1.7	22.8	1097
16×1.5	1.7	24.4	1343
19×1.5	1.7	25.3	1446
24×1.5	1.7	28.1	1705
27×1.5	1.7	28.6	1788
30×1.5	1.7	29.3	1891
37×1.5	2.0	31.6	2169
44×1.5	2.0	34.5	2475
48×1.5	2.0	35.9	2886
52×1.5	2.0	36.7	3019
61×1.5	2.2	38.8	3348
7×2.5	1.5	20.2	917
8×2.5	1.7	22.9	1111
10×2.5	1.7	24.9	1365
12×2.5	1.7	25.4	1456
14×2.5	1.7	26.3	1571
16×2.5	1.7	27.3	1695
19×2.5	1.7	28.4	1843
24×2.5	2.0	32.5	2244

续表

标称截面（mm^2）	护套标称厚度（mm）	近似外径（mm）	近似重量（kg/km）
27×2.5	2.0	33.0	2367
30×2.5	2.0	33.9	2517
37×2.5	2.2	37.4	3210
44×2.5	2.2	40.9	3674
48×2.5	2.2	41.4	3836
52×2.5	2.2	42.3	4029
61×2.5	2.5	45.0	4513
4×4	1.5	19.3	848
5×4	1.5	20.4	946
7×4	1.7	22.0	1108
8×4	1.7	25.8	1496
10×4	1.7	26.7	1628
12×4	1.7	27.1	1729
14×4	1.7	28.4	1897
4×6	1.5	20.5	981
5×6	1.7	22.1	1133
7×6	1.7	23.5	1322
8×6	1.7	27.3	1770
10×6	1.7	28.8	1946
12×6	1.7	29.5	2105
14×6	1.7	30.6	2307
4×10	1.7	25.9	1571
5×10	1.7	27.6	1797
7×10	1.7	29.5	2113
8×10	1.7	33.6	2568
10×10	2.0	36.3	2890

12 电缆头制作安装

电缆接头又称电缆头。电缆敷设好后，为了使其成为一个连续的线路，各段线必须连接为一个整体，这些连接点就称为电缆接头。

1. 电缆头分类

（1）按位置分类

1）中间接头：电缆线路中间部位的电缆接头称为中间接头；

2）而线路始末端的电缆接头称为终端头。

（2）按使用场所分类

按使用场所可分为户内式和户外式两种。

（3）按导线材料分类

按线芯材料可分为铜芯电力电缆头和铝芯电力电缆头。

（4）按制作材料分类

按电缆头制作安装材料分为干包式、环氧树脂浇注式、热缩式和冷缩式等四类。它的主要作用是使线路通畅，使电缆保持密封，并保证电缆接头处的绝缘等级，使其安全可靠地运行。若是密封不良，会使潮汽侵入电缆内部，使绝缘性能下降。

1）干包式电力电缆头制作安装

干包式电力电缆头使用塑料带包缠电缆头制作安装，而不采用填充剂，也不用任何壳体，因而具有体积小、重量轻、成本低和施工方便等优点，适用于户内低压（≤1kV）全塑或橡皮绝缘电力电缆。干包式电力电缆头分为户内终端头和户内中间接头。

2）浇注式电力电缆头制作安装

浇注式电力电缆头是由环氧树脂外壳和套管，配以出线金具，经组装后浇注环氧树脂复合物而成。环氧树脂是一种优良的绝缘材料，特别是具有初始电性能好，机械强度高，成型容易，阻油能力强和粘接性优良等特点，因而获得广泛的使用。电缆头分户内式、户外式两类；并区分浇注式电缆终端头和浇注式电缆中间接头；分高压（≤10kV）和低压（≤1kV）。

3）热缩式电力电缆头制作安装

热缩式电力电缆头是由聚烯烃、硅酸胶和多种添加剂共混得到多相聚合物，经过γ射线或电子束等高能射线辐照而成的多相聚合物辐射交联热收缩材料，即电缆头是由辐射交联热收缩电缆附件制成的。热收缩电缆附件适用于0.5～10kV交联聚乙烯电缆及各种类型的电缆头制作安装，应区分户内式、户外式和区分热缩式电缆终端头、热缩式电缆中间接头，以及区分高压（≤10kV）和低压（≤1kV）。

4）常温（冷）缩电缆附件是国家电力公司推广的一种新型电缆附件。所谓冷缩是相对热缩而言，冷缩电缆附件是指在常温下，将附件预扩张成型，并保持其形状。使用时，在常温下使其收缩包覆在电缆上的一种电缆附件。

2. 电缆头制作程序

电缆头制作和接线应按以下程序进行：

（1）电缆连接位置、连接长度和绝缘测试经检查确认，才能制作电缆头；

（2）电缆绝缘电阻测试和校线合格，才能接线；

（3）电线、电缆交接试验和相位校对合格，才能送电。

3. 本章相关标准规范

（1）《电气装置安装工程电缆线路施工及验收规范》GB 50168—2006。

（2）《建筑电气工程施工质量验收规范》GB 50303—2002。

（3）《民用建筑电气设计规范》JGJ 16—2008。

（4）《电力工程电缆设计规范》GB 50217—2007。

12.1 电缆头连接方法

12.1.1 电缆接线端子

1. OT 系列铜开口接线端子

OT 系列铜开口接线端子适用于配电装置中导线连接，其规格见图 12.1-1 及表 12.1-1。

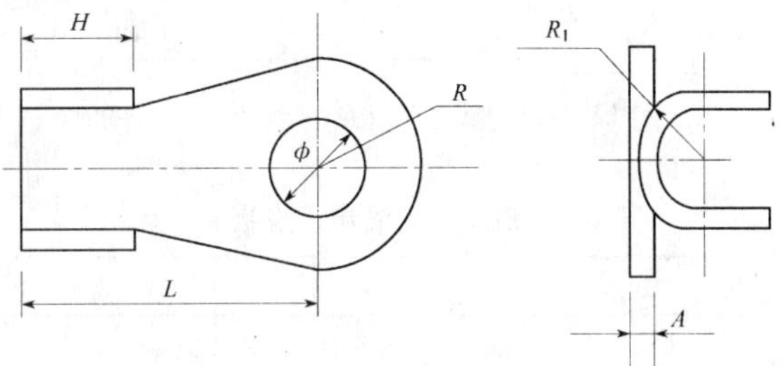

图 12.1-1 OT 系列铜开口接线端子图

OT 系列铜开口接线端子规格表（mm） **表 12.1-1**

型 号	ϕ	H	L	R	R_1	A
OT-10A	5.2	6	14.5	4.5	2	0.8
OT-20A	6.2	7	17	5.5	2.5	1
OT-30A	6.2	8.2	19	5.8	3.2	1.2
OT-40A	6.2	9	19.5	6.2	3.5	1.2
OT-50A	6.2	9	21.5	6.5	3.5	1.2
OT-60A	8.2	10	23	7	4	1.4
OT-80A	8.2	11	25	8	4.5	1.5
OT-100A	8.2	12	29	8.5	5	1.5
OT-150A	10.2	12	31	9	5.5	1.6
OT-200A	10.2	14	33	10	6	1.7
OT-250A	10.2	15.5	36	10.5	6.5	2
OT-300A	12.2	16	40	11.5	7	2
OT-400A	14.2	18	43	13	8	2.2
OT-500A	14.2	20	46	14.5	8.5	2.4

续表

型　号	ϕ	H	L	R	R_1	A
OT-600A	16.2	22	50.5	16	10.5	2.8
OT-800A	18.2	26	61	17.5	12.5	3.2
OT-1000A	18.2	33	66	20.5	15.5	3.8

2. DT（G）系列铜接线端子

DT（G）系列铜接线端子适用于配电装置中电线、电力电缆与电气设备的连接，采用（T2）铜管料压制表面镀锡，其规格见图 12.1-2 及表 12.1-2。

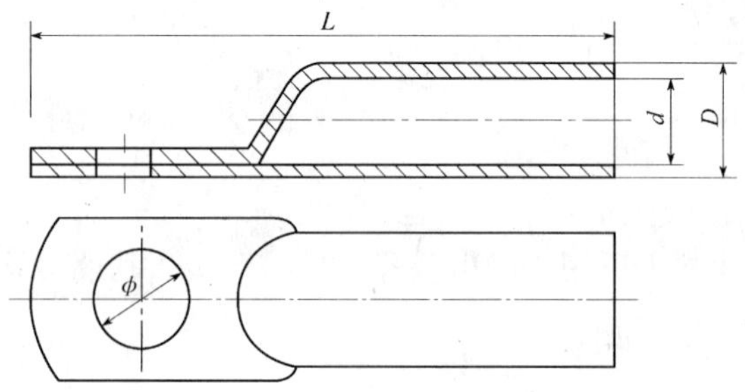

图 12.1-2　DT（G）系列铜接线端子图

DT（G）系列铜接线端子规格表（mm）　　**表 12.1-2**

型　号	ϕ	D	d	L
DT（G）-10	6.2	8	5	52
DT（G）-16	6.2	9	6	57
DT（G）-25	6.2	10	7	62
DT（G）-35	8.5	11	8	66
DT（G）-50	8.5	13	10	72
DT（G）-70	10.5	16	12	80
DT（G）-95	10.5	18	14	85
DT（G）-120	12.5	20	15	96
DT（G）-150	12.5	23	17	102
DT（G）-185	14.5	25	19	114
DT（G）-240	16.5	27	21	120
DT（G）-300	16.5	31	24	135
DT（G）-400	18.5	34	26	150
DT（G）-500	20.5	38	30	170
DT（G）-630	22.5	45	35	210
DT（G）-800	22.5	50	40	270

3. JG 系列铜接线端子

JG 系列铜接线端子适用于配电装置中电线、电力电缆与电气设备的连接，采用（T2）铜管料压制，表面镀锡，其规格见图 12.1-3 及表 12.1-3。

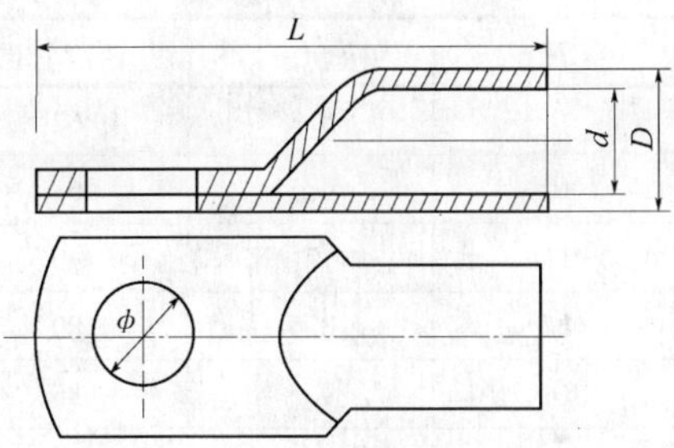

图 12.1-3 JG 系列铜接线端子图

JG 系列铜接线端子规格表（mm） **表 12.1-3**

型　号	ϕ	D	d	L
JG-10	6.2	8	5	38
JG-16	8.4	9	6	41
JG-25	8.4	10	7	46
JG-35	8.5	11	8	52
JG-50	8.5	13	10	54
JG-70	10.5	16	12	61
JG-95	10.5	18	14	66
JG-120	12.5	20	15	73
JG-150	12.5	23	17	77
JG-185	14.5	25	19	86
JG-240	16.5	27	21	93
JG-300	16.5	31	24	103
JG-400	18.5	34	26	113
JG-500	20.5	38	30	124
JG-630	22.5	45	35	140
JG-800	22.5	50	40	170

4. DT、DL 系列铜、铝接线端子

接线端子适用于配电装置中电线、电力电缆与电器设备的连接。

(1) DT 系列铜接线端子采用（T2）铜棒压制而成，其规格见图 12.1-4 及表 12.1-4。

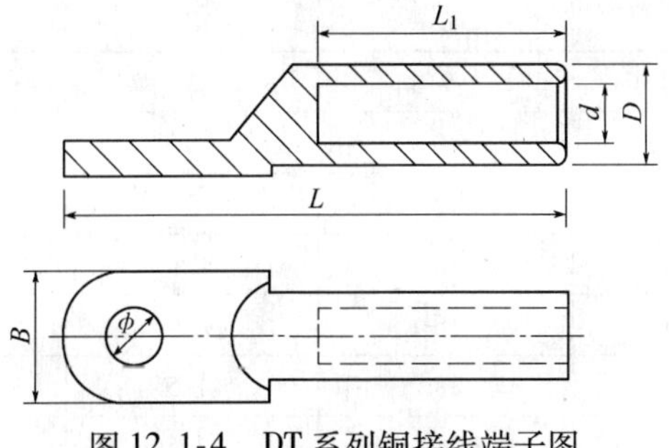

图 12.1-4 DT 系列铜接线端子图

DT 铜接线端子规格表（mm） 表 12.1-4

型　号	ϕ	D	d	L	L_1	B
DT-10	8.5	9	5.3	62	28	16
DT-16	8.5	10	6.5	68	30	16
DT-25	8.5	11	7	70	33	18
DT-35	10.5	12	8.5	80	36	20.5
DT-50	10.5	14	9.5	85	38	23
DT-70	12.5	16	11.5	95	43	26
DT-95	12.5	18	13.5	104	46	28
DT-120	14.5	20	15	112	49	30
DT-150	14.5	22	16.5	120	51	34
DT-185	16.5	25	18.5	125	55	37
DT-240	16.5	27	21	136	60	40
DT-300	21	31	23.5	155	66	50
DT-400	21	34	26.5	170	75	50
DT-500	21	38	29	190	75	60
DT-630	21	45	35	220	85	80
DT-800	21	50	38	260	85	100

（2）DL 系列铝接线端子采用（L3）铝棒料压制而成，其规格见图 12.1-5 及表 12.1-5。

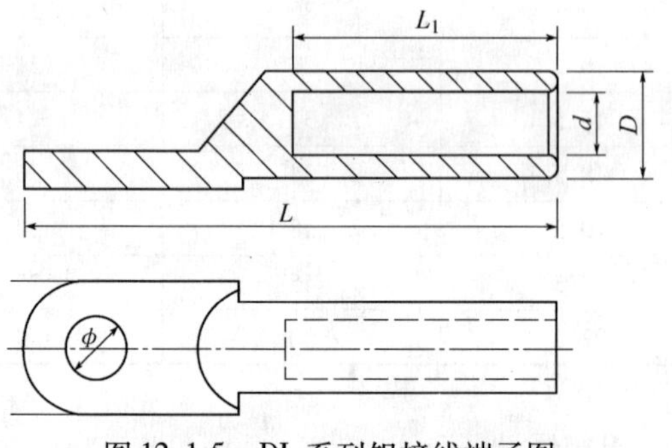

图 12.1-5　DL 系列铝接线端子图

DL 铝接线端子规格表（mm） 表 12.1-5

型　号	ϕ	D	d	L	L_1
DL-10	8.5	9	6	68	28
DL-16	8.5	10	6	70	30
DL-25	8.5	12	7	75	34
DL-35	10.5	14	8.5	85	38
DL-50	10.5	16	9.8	90	40
DL-70	12.5	18	11.5	102	48
DL-95	12.5	21	13.5	112	51

续表

型　号	ϕ	D	d	L	L_1
DL-120	14.5	23	15	120	53
DL-150	14.5	25	16.5	126	56
DL-185	16.5	27	18.5	133	58
DL-240	16.5	30	21	140	60
DL-300	21	34	24	160	65
DL-400	21	38	26	170	70
DL-500	21	47	29	190	75
DL-630	21	54	35	220	85
DL-800	21	60	38	250	100

5. DTL系列铜铝接线端子

DTL系列铜铝接线端子适用于配电装置中各种圆形、半圆扇形铝线、铝制电力电缆与电气设备铜端的过渡连接。使用铝材为（L3）、铜材为（T2），产品采用摩擦焊工艺制造，具有焊缝强度高，通电性能好，抗电化腐蚀，使用寿命长等特点，其规格见图12.1-6及表12.1-6。

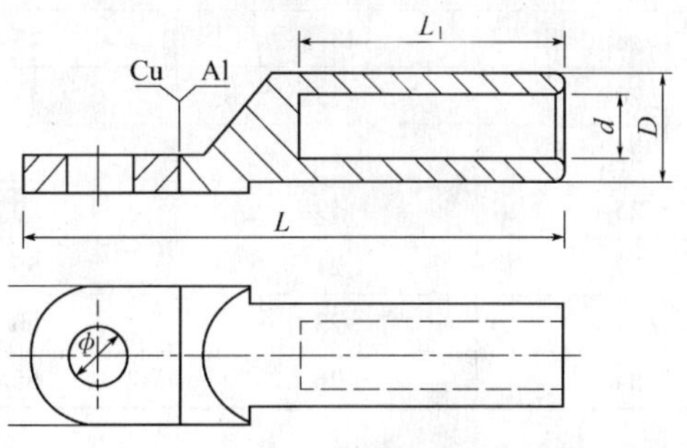

图12.1-6　DTL系列铜铝接线端子图

DTL系列铜铝接线端子规格表（mm）　　**表12.1-6**

型　号	ϕ	D	d	L
DLT-10	8.5	10	6	68
DLT-16	8.5	11	6	70
DLT-25	8.5	12	7	75
DLT-35	10.5	14	8.5	85
DLT-50	10.5	16	9.8	90
DLT-70	12.5	18	11.5	102
DLT-95	12.5	21	13.5	112
DLT-120	14.5	23	15	120
DLT-150	14.5	25	16.5	126
DLT-185	16.5	27	18.5	133
DLT-240	16.5	30	21	140
DLT-300	21	34	23.5	160

6. GT-2 系列堵油型铜连接管

连接管适用于配电装置中各种圆形、半圆扇形电线、电力电缆之间的连接。GT 系列堵油型连接管采用铜棒车制，其规格见图 12.1-7 及表 12.1-7。

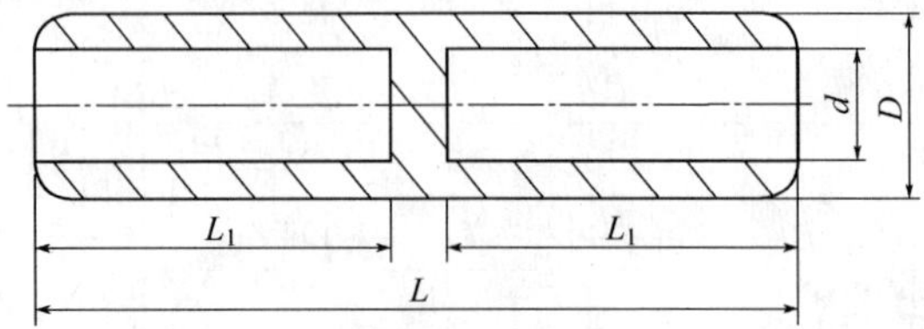

图 12.1-7 GT-2 系列堵油型铜连接管图

GT-2 系列堵油型铜连接管规格表（mm） **表 12.1-7**

型　号	D	d	L_1	L
GT-2-16	10	6.5	30	65
GT-2-16	11	7	32	70
GT-2-16	12	8.5	34	75
GT-2-16	14	9.8	35	80
GT-2-16	16	11.5	42	90
GT-2-16	18	13.5	43	95
GT-2-16	20	15	47	100
GT-2-16	22	17	49	105
GT-2-16	25	19	50	110
GT-2-16	27	21	55	120
GT-2-16	31	23	60	130
GT-2-16	34	26	65	140

7. GL-2 系列堵油型铝连接管

GL 系列堵油型连接管采用（L3）铝棒车制，其规格见图 12.1-8 及表 12.1-8。

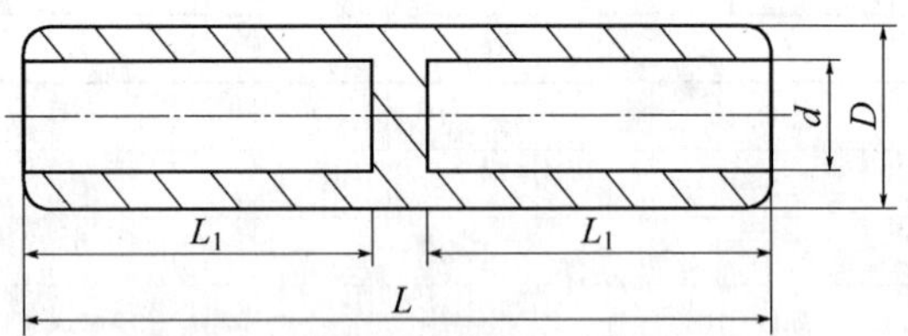

图 12.1-8 GL-2 系列堵油型铝连接管图

GL-2 系列堵油型铝连接管规格表（mm） **表 12.1-8**

型　号	D	d	L_1	L
GL-2-16	10	6	30	70
GL-2-16	12	7	32	75
GL-2-16	14	8.5	37	85
GL-2-16	16	9.8	42	95

续表

型　号	D	d	L_1	L
GL-2-16	18	11.5	47	105
GL-2-16	21	13.5	50	110
GL-2-16	23	15	52	115
GL-2-16	25	16.5	55	120
GL-2-16	27	18.6	57	125
GL-2-16	30	21	60	130
GL-2-16	34	23	64	140
GL-2-16	38	26	70	160

12.1.2 电缆接线端子压接方法

导线采用压接时，压接器材、压接工具和压模等应与导线线芯规格相匹配；压接时，其压接深度、压口数量和压接长度应符合有关规定。

1. 压线钳

压线钳的种类很多，常见的有手动压线钳、液压压线钳和机械压线钳。

(1) 手动压线钳（图12.1-9）

它只能压接截面积为50mm² 及以下的导线。

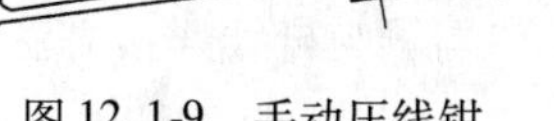

图12.1-9　手动压线钳

(2) 液压压线钳

液压压线钳（图12.1-10）是电线电缆冷压连接用的一种专用手动工具，适用于电缆终端和中间接头的安装，不受防爆要求限制，尤其适用于热收缩附件和预制冷缩附件的安装。

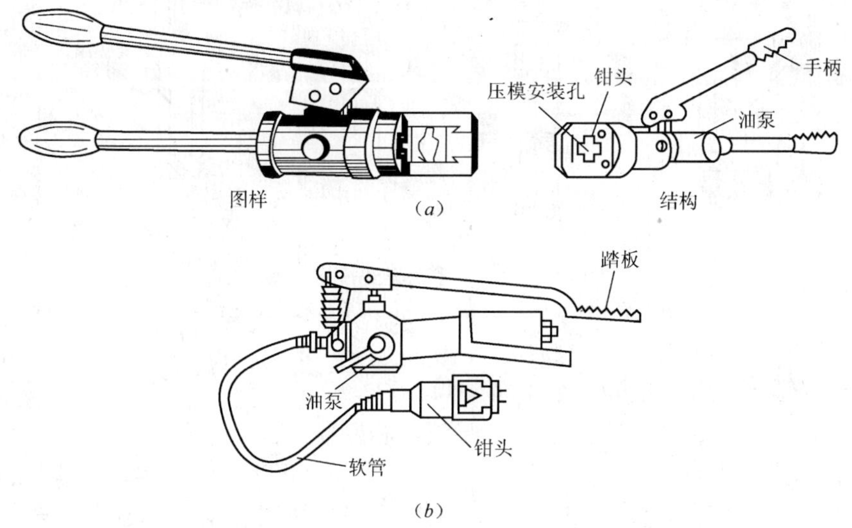

图12.1-10　液压压线钳
(a) 手动式液压压线钳；(b) 脚踏压接钳

（3）机械压线钳（图 12.1-11）

这种压线钳是利用机械传动来增大压接力的。最大压力为 12t。可用来压接截面积为 25～240mm² 的导线。它主要利用一个中间杆来带动两侧的传动臂，使之伸开或收拢，使压枪部分的隔膜上、下活动而进行压接的。

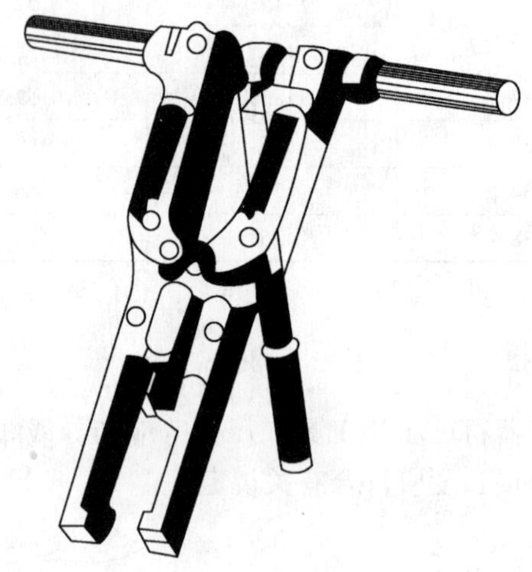

图 12.1-11 机械压线钳

2. 电缆压接方法

（1）端子与导线连接方法（图 12.1-12）

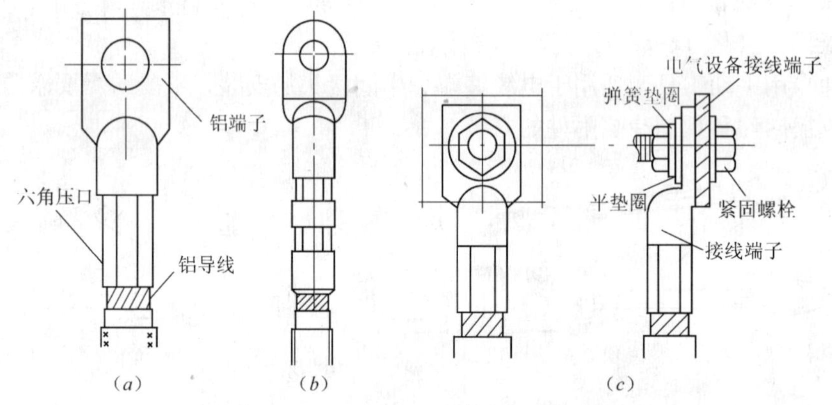

图 12.1-12 端子与导线连接方法
(*a*) 铝端子；(*b*) 铜端子；(*c*) 端子与电气设备连接

（2）连接管与导线连接方法（图 12.1-13）

导线可用压接方法进行连接，应根据导线线芯型号、选择合适的压接管，单芯铝导线可选用圆形［图 12.1-13（*b*）］或椭圆形［图 12.1-13（*c*）］的连接管；多股铝绞线可采用圆形套管进行连接［图 12.1-13（*d*）］。压接管相应的压模及压坑数应符合有关规定，压接采用专用的压接工具。

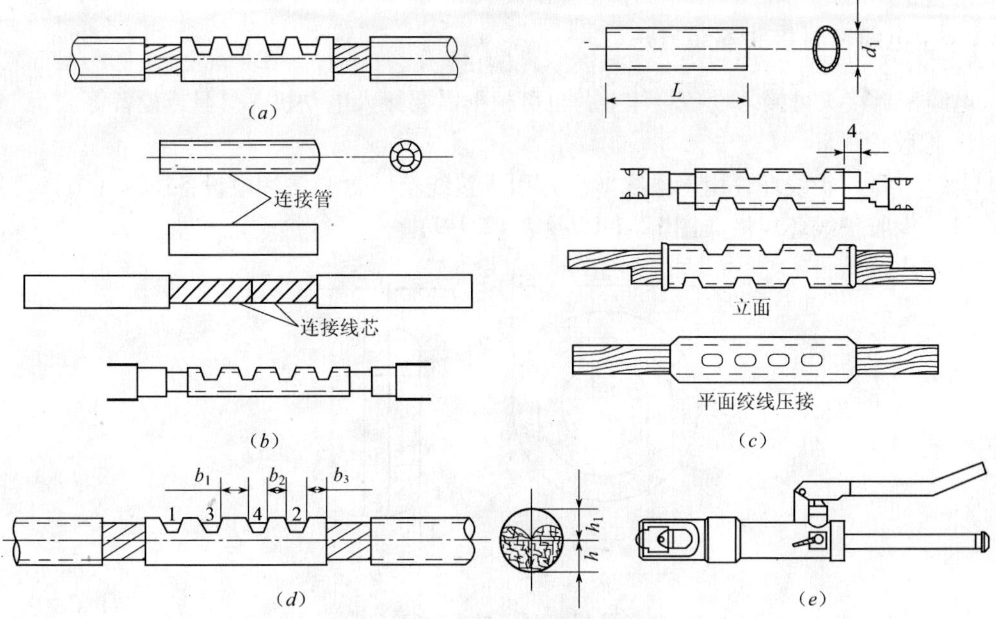

图 12.1-13 连接管与导线连接方法

（a）铜导线连接管冷压接；（b）单芯铝导线圆形连接管压接；（c）单芯铝导线椭圆形连接管压接；
（d）铝绞线圆形连接管压接；（e）手提式液压压线钳

1、2、3、4—压接顺序；b_1、b_2、b_3—压坑间距；h_1—压坑深度；h—剩余厚度

（3）导线与母线连接方法（图 12.1-14）

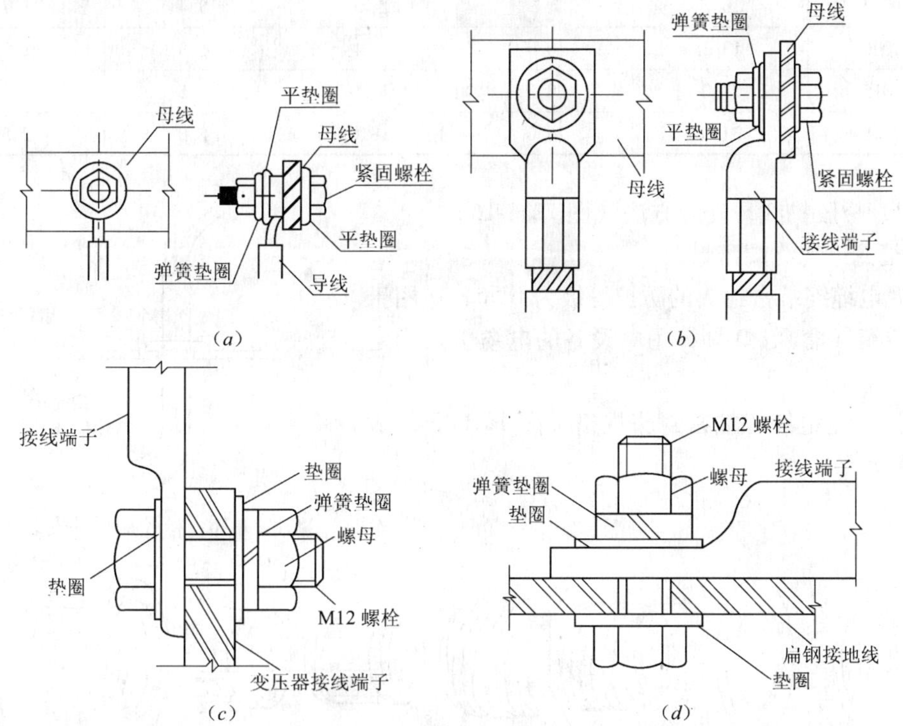

图 12.1-14 导线与母线连接方法

（a）单股导线与母线连接；（b）接线端子与母线连接；（c）接线端子与变压器连接；
（d）接线端子与扁钢连接

12.1.3 电缆密封接头安装方法

电缆密封接头可接入设备箱体上，也可根据需要接入电动机、灯具或设备等。

1. 橡胶护线环

电线（缆）护线环，用于电线（缆）引入接线箱（盒）等用电设备护线（缆）之用。

（1）橡胶护线环规格（图 12.1-15 及表 12.1-9）

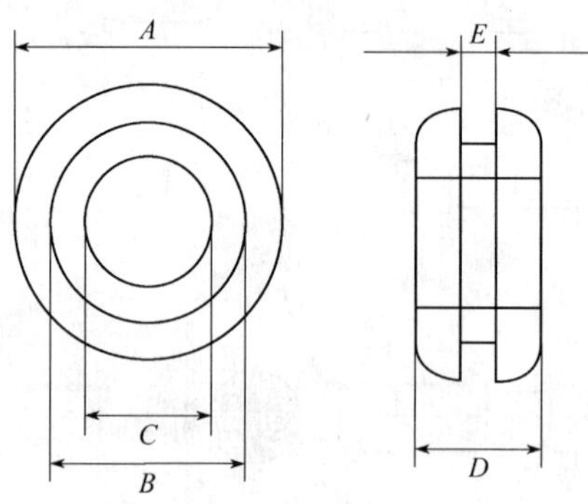

图 12.1-15 橡胶护线环

橡胶护线环规格规格表（mm） **表 12.1-9**

型　号	A	B	C	D	E
GM-0603	8.5	6.0	3.0	4.7	1.7
GM-0705	10.2	7.2	5.0	5.4	1.7
GM-1006	13.3	10.0	6.4	6.3	1.7
GM-2015	23.0	20.0	15.0	6.5	2.5
GM-2518	31.0	25.0	18.0	8.0	2.5

（2）橡胶护线环安装方法（图 12.1-16）

2. 尼龙电缆终端密封头

尼龙电缆终端密封头的防护等级为 IP56，适用于室外接线箱（盒）、灯具等用电设备的电缆引入固定之用。

（1）尼龙电缆终端密封头规格（图 12.1-17 及表 12.1-10）

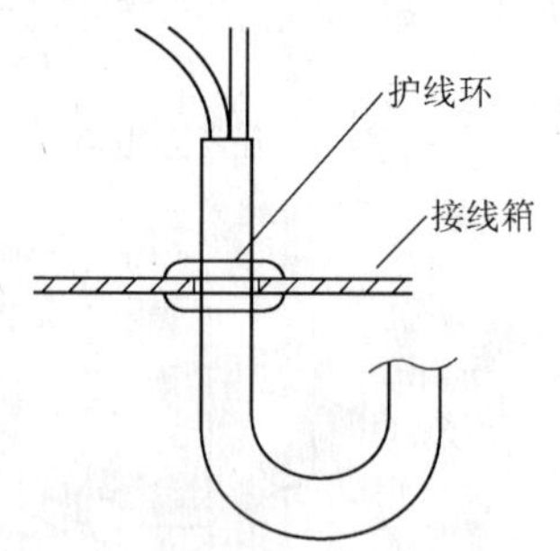

图 12.1-16 橡胶护线环安装方法

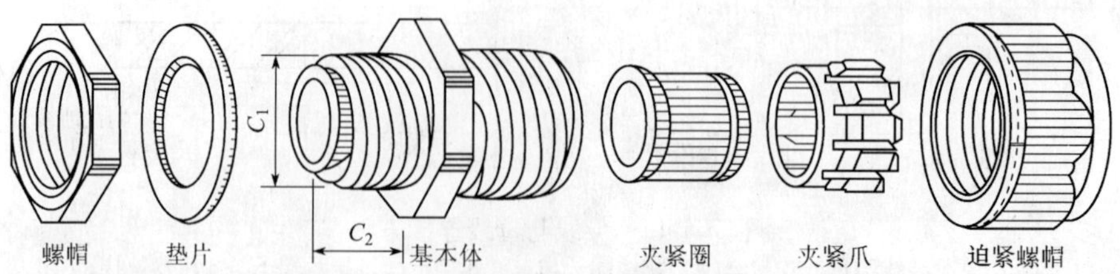

图 12.1-17 尼龙电缆终端密封头

尼龙电缆终端密封头规格表（mm） 表 12.1-10

型 号	适用电缆外径	机板开孔	C_1	C_2
PG7	4.6~7.6	13	12.5	8.5
PG9	4.6~7.6	16	15.2	9
PG11	6~10	19	18.6	10
PG13	7~11.5	21	20.4	10
PG16	9~14	23	22.5	11
PG21	13~18	29	28.3	12.5
PG29	18~25	38	37	15
PG36	24~30	48	47	15

（2）尼龙电缆终端密封头安装方法（图 12.1-18）

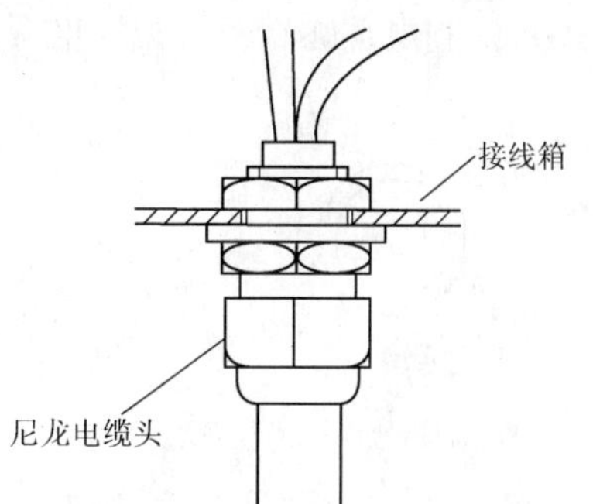

图 12.1-18 尼龙电缆终端密封头安装方法

3. 铜制电缆终端密封头

（1）铜制电缆终端密封头安装一般要求

1）铜制电缆终端密封头适用于 0.6/1kV 及以下钢带或钢丝铠装电缆。

2）铠装电缆在进入盘、柜后，应将钢带或钢丝切断，切断处的端部应用电缆终端密封头压紧，并应将其做接地连接。

（2）铜制电缆终端密封头样式一

1）铜制电缆终端密封头规格（图 12.1-19 及表 12.1-11）

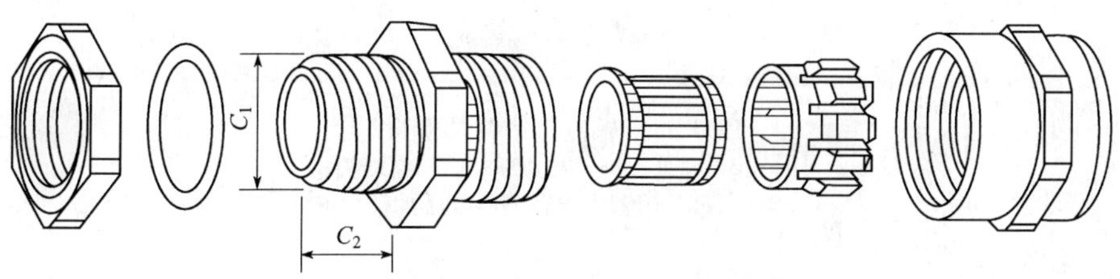

图 12.1-19 铜制电缆终端密封头

铜制电缆终端密封头规格表（mm） 表 12.1-11

型 号	适用电缆外径	机板开孔	C_1	C_2
FB13	4.6~7.5	13.5	13.1	8
FB17	6~9.5	17	16.6	9.5
FB21	8.5~13	21.5	20.9	9.5
FB26	12.5~17.6	27	26.4	12
FB33	18~24.5	33.5	33.2	12.5

2）铜制电缆终端密封头安装方法（图12.1-20）

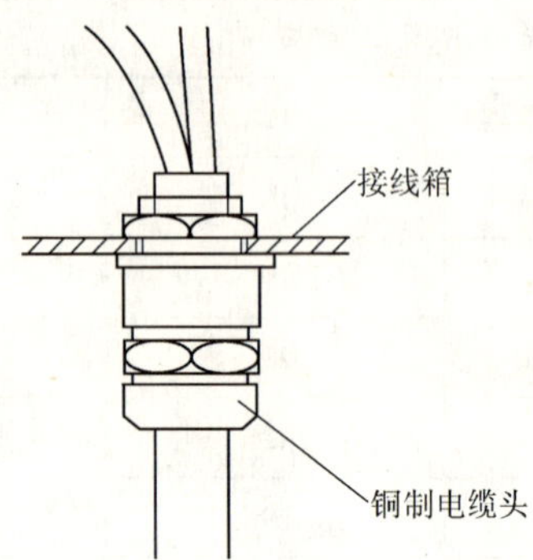

图12.1-20 铜制电缆终端密封头安装方法

（3）铜制电缆终端密封头样式二

1）铜制电缆终端密封头规格（图12.1-21及表12.1-12）

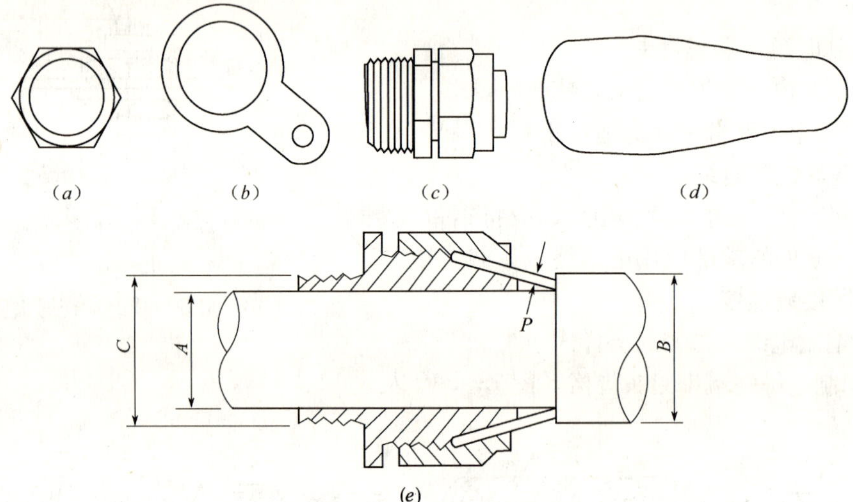

图12.1-21 铜制电缆终端密封头

(a) 六角螺母；(b) 接地环；(c) 终端头；(d) 绝缘护套管；(e) 结构

铜制电缆终端密封头规格表（mm） **表12.1-12**

规格	直径尺寸			
	A	*B*	*C*	*P*
20s	11.7	16	20	0.9/1.25
20	14	20.8	20	0.9/1.25
25	20	27.2	25	1.25/1.6
32	26.3	33.5	32	1.6/2.0
40	32.2	39.9	40	1.6/2.0
50	44.1	53	50	2.0/2.5

续表

规　格	直　径　尺　寸			
	A	*B*	*C*	*P*
63	56	65.3	63	2.5
75	68	78	75	2.5
90	80	91	90	2.5/3.15

注：*A* 为去掉外护套的电缆尺寸；*B* 为电缆尺寸；*C* 为终端头螺栓尺寸；*P* 为电缆铠装钢带/钢丝尺寸。

2）铜制电缆终端密封头安装方法（图 12.1-22）

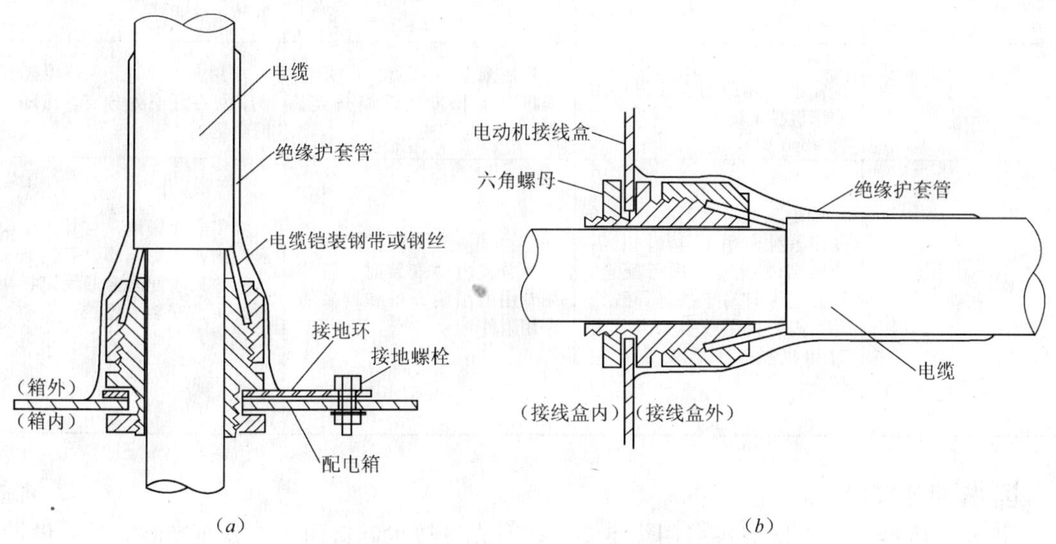

图 12.1-22　电缆终端密封头安装方法
(*a*) 配电箱安装；(*b*) 电动机接线盒安装

12.1.4　电缆的“T”形安装方法

在配线的分支线接头连接处，干线不应受到支线的横向拉力；接头处也不应受到大的拉力。

1. 常用电缆“T”形连接方法比较（表 12.1-13）

常用电缆“T”形连接方法比较　　表 12.1-13

方式内容	传 统 方 式	预 分 支 电 缆	绝缘穿刺线夹
操作方法	需切开剥去“T”接部分的绝缘外皮，将分支处的金属芯线以专用器具紧压接触导电，对大截面的线路分支时还需使用超声波搪锡工艺	采用工业化的生产，使用大型液压机加铜焊工艺制造专用的分支头，通常需提前数月订制	无需切开剥去“T”接部分的绝缘外皮，也无需使用任何专用机械工具，只需用与国标的电线电缆规格相匹配的绝缘穿刺线夹成品在需分支处用普通扳手操作即可
质量控制	通常由监理单位和建设单位技术人员监督质量，安装质量取决于现场安装人员的技术水平和技术把关的力度	预分支头均用精铜材料制造，质量可靠	产品经过国际和国内权威机构的严格测试和认证，只要按规程拧断力矩螺栓即可保证安装质量

续表

方式内容	传统方式	预分支电缆	绝缘穿刺线夹
安装附件	需液压钳、电工刀、连接器及电工工具等，如使用超声波搪锡工艺还需超声波搪锡设备	需配套的电缆吊头托挂器、电缆吊头、电缆固定架、端子、电缆盘等附件，现场安装时还需使用吊装设备和对讲机等	无需任何附件，安装时只需数只相匹配的普通固定扳手即可
电气性能	防水性能差，接头处易发生电化学反应	预分支均可保证质量，绝缘防水性能良好	导电接触处采用铜合金技术，无电化学反应，载流量大于同规格的电线电缆，绝缘防水性能好
供货要求	需准备相应的安装材料和专用机械工具	需提前数月订货，订货时需将分支长度及规格确定，到货后不可变更	常用规格产品可随用随购，可在任意处分支，可随时变更
其他	传统工艺分支时需在现场使用各种专用工具，同时需要多名专业电工进行配合，切开绝缘时易于损坏导线线芯，需要耗用较多的人工工时和机械工具，安装费用较高	预分支电缆安装时，需使用专用的吊装设备和较多的专用附件	无需安装场地，与其他工种间的相互影响小，只需数人及数只匹配的普通固定扳手即可，安装速度快，安装费用低，专业人员还可带电操作

2. 螺栓连接器

螺栓连接器（分支接头）采用优质铜材，及先进技术制造而成，表面光洁美观，设计新颖独特。产品广泛用于电力、冶金、石化等行业的电气系统中铜绞线的连接或分支连接。

（1）螺栓连接器规格（表 12.1-14）

螺栓连接器规格表 **表 12.1-14**

序　　号	型　　号	适用线芯截面（mm^2）	适用线芯外径（mm）
1	ZD96S-06	6	2.7～3.2
2	ZD96S-10	10	3.8～4.2
3	ZD96S-16	16	4.6～5.3
4	ZD96S-25	25	5.6～6.6
5	ZD96S-35	35	6.6～7.9
6	ZD96S-50	50	7.7～9.1
7	ZD96S-70	70	9.3～11
8	ZD96S-95	95	11～12.9

（2）螺栓连接器的安装方法（图 12.1-23）

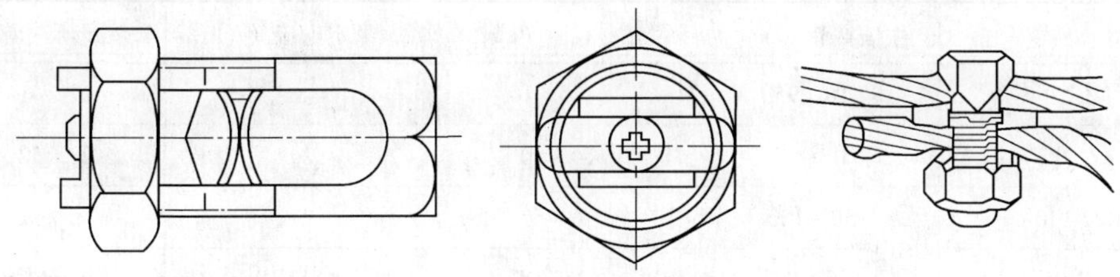

图 12.1-23 螺栓连接器的安装方法

1）连接器可进行分支连接或T型连接，连接器作连接使用时，先松开螺母至能插入两根导线，将此两根导线分别插入隔离件上下，并使连接器两端芯线裸露部分的长度为5～10mm，再拧紧螺母。

2）连接完毕后，应用塑料绝缘带将连接螺栓及芯线裸露部分全部包扎。

3. 单芯电缆“T”型接头安装方法（图 12.1-24）

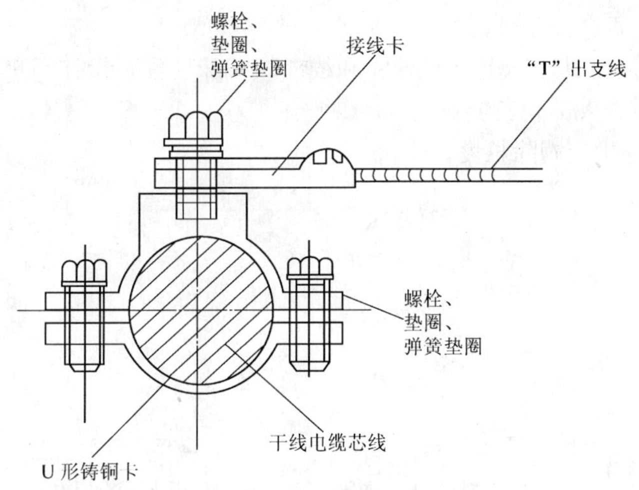

图 12.1-24 单芯电缆“T”型接头安装方法

电缆配线干线与分支干线的连接，常采用“T”接方法。为了接线方便树干式配电系统，电缆应尽量采用单芯电缆，单芯电缆“T”接是采用专门的“T”接头由两个近似圆的铸铜U形卡构成，两个U形卡卡住电缆芯线，两端用螺栓固定。其中一个U形卡带有固定引出导线接线卡的螺孔及螺栓。

4. 绝缘穿刺分支电缆安装方法

绝缘穿刺线夹可以在电缆任意位置做T型分支，不需要截断主电缆，不需要剥去电缆的绝缘外皮，接头是密封结构防护等级高。

（1）绝缘穿刺线夹规格（表 12.1-15）

绝缘穿刺线夹规格表 表 12.1-15

型　号	主线截面（mm^2）	分支截面（mm^2）	额定电流（A）	外形尺寸（mm）
KZ-EP	16~95	1.5~10	86	27×41×62
KZ2-95	16~95	4~50	242	23×52×87
KZ2-150	50~150	6~50	242	46×52×87
KZ3-95	25~95	25~95	377	46×61×100
KZ4-150	50~150	50~150	447	52×61×100
DZ6	120~240	25~120	437	52×68×100
DR240	95~240	95~240	670	83×130×130

（2）绝缘穿刺线夹安装方法（图 12.1-25）

1）绝缘穿刺线夹具有力矩螺母和穿刺结构，力矩螺母用于保证恒定的接触压力，确保良好的电气接触，并同穿刺结构一起使安装简便可靠，安装时只需要目测力矩螺母是否拧断，导线位置是否合适就可以保证可靠的质量。

2）不需要专用工具，不需要对导线和线夹做特殊处理，操作简单、快捷，可以大大提高安装效率，节省人工和安装费用。

3）L 为电缆外护套剥除长度，建议 $L<500$，D 为电缆外径。

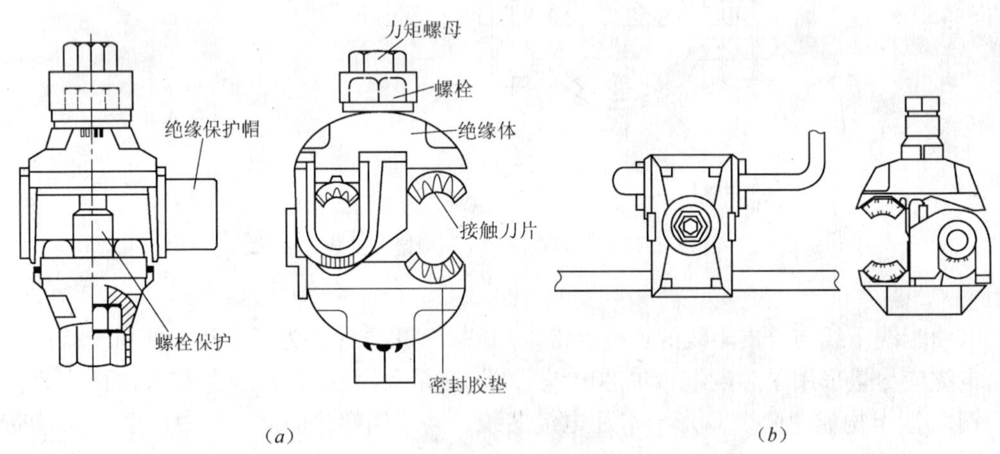

图 12.1-25 绝缘穿刺线夹安装方法（一）
（a）绝缘穿刺线夹结构；（b）绝缘穿刺线夹安装方法

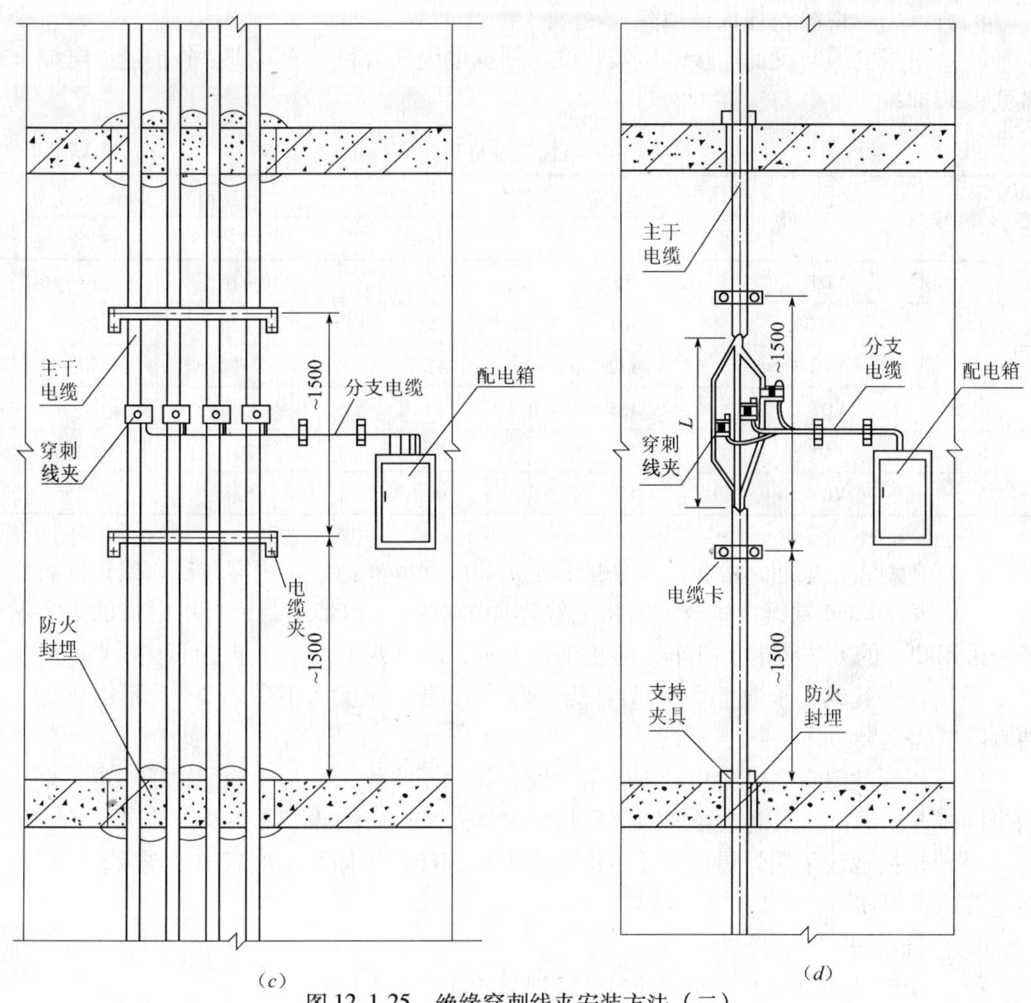

图 12.1-25 绝缘穿刺线夹安装方法（二）

(*c*) 主干电缆为单芯电缆；(*d*) 主干电缆为多芯电缆

12.2 干包型电缆头制作安装

干包型电力电缆头使用塑料带包缠电缆头，制作安装不采用填充剂，也不用任何壳体，因而具有体积小、重量轻、成本低和施工方便等优点，主要适用于户内外低压（≤1kV）全塑或橡皮绝缘电力电缆。干包型电力电缆头分为终端头和中间接头。

12.2.1 干包型0.6/1kV 塑料绝缘电缆终端头制作安装

1. 电缆头附件清点检查

开箱检查实物是否配套且符合装箱单数量，外观检查有无异常现象，并按操作顺序摆放在瓷盘中。

2. 测试电缆绝缘电阻

可选用1000V 兆欧表，对电缆进行测试，首先打开电缆封头，测试相间对地绝缘电阻均应在10MΩ 以上；测试完毕后应对地放电，防止触电伤人。

3. 剥去电缆铠装，焊接接地线

（1）根据电缆与设备连接的所需长度，根据电缆头规格要求，剥除外护套。电缆头规格见表12.2-1。

电缆头规格表 **表12.2-1**

序　号	型　号	规格尺寸（mm）		适用范围（mm^2）	
		L	*D*	4芯	铠装4芯
1	VDT-1	86	20	10～16	10～16
2	VDT-2	101	25	25～35	25～35
3	VDT-3	122	32	50～70	50～70
4	VDT-4	138	40	95～120	95～120
5	VDT-5	150	44	150	150
6	VDT-6	158	48	185	185

（2）在剥去铠装前，应在塑料外护套上留20～50mm铠装，用零号砂布或钢锉将铠装打光，用直径2mm裸铜线将规定的接地线牢固的绑扎在钢带上，也可用钢带的1/2做卡子，采用咬口的方法将卡子打牢，防止钢带松脱，应打两道卡子，卡子间距为15mm。

（3）在绑扎或卡子向上5mm处，锯一环形深痕，深度为钢带的2/3，不得锯透，以便剥除电缆铠装。

（4）用螺丝刀在锯痕尖角处将钢带挑起，用钳子将钢带撕掉，或用钳子从电缆端部将钢带撕掉，在锯口处用钢锉处理钢带毛刺，使其光滑；应注意不要伤及内护层。

（5）将接地线采用焊锡焊接于电缆钢带上，焊接应牢固，不应有虚焊现象，焊时不应将电缆绝缘焊伤。

4. 包绕电缆

（1）从钢带切口向上10mm处向电缆端头方向剥去电缆绝缘层。

（2）用PVC粘胶带采用半搭盖法包绕电缆；包绕时应紧密，松紧一致，无折皱，形成枣核状，以手套套入紧密为宜。

5. 套上塑料手套

选择与电缆截面配套相适应的塑料手套，套在三叉根部，在手套袖筒下部及指套上部分别用PVC粘胶带包绕防潮锥，防潮锥外径为线芯绝缘外径加8mm。

6. 包绕线芯绝缘层

用PVC粘胶带在电缆分支手套指端起至电缆端头，自上而下，再自下而上以半搭盖方式包绕两层；然后在应力锥上端的线芯绝缘保护层外，用黄、绿、红三色PVC粘胶带包绕2～3层，作为相色标志。

7. 安装防雨裙（户外）

（1）固定三孔防雨裙：将三孔防雨裙套入，然后加热颈部固定。

（2）固定单孔防雨裙：套入单孔防雨裙，加热颈部固定。

8. 压接电缆芯线接线端子

（1）量接线端子孔深加5mm，剥除线芯绝缘，并在线芯上涂导电脂。

（2）将线芯插入端子管内，用压线钳压紧接线端子，压接应在两道以上。

（3）压接完后用PVC粘胶带在端子接管上端至导体绝缘端一段内，包缠成防潮锥体。防潮锥外径为线芯绝缘外径加8mm。

9. 电缆头制作完成（图12.2-1）

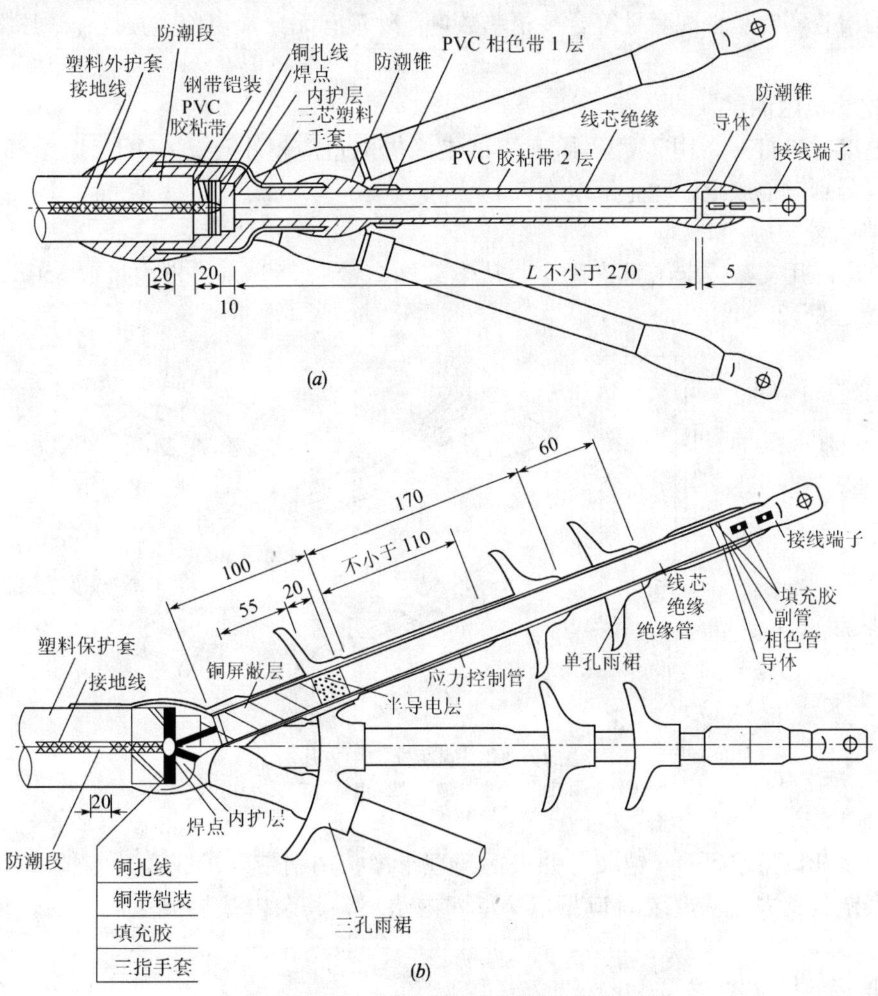

图12.2-1　干包型塑料绝缘电缆室内终端头

10. 试验

（1）用1000V兆欧表测试电缆绝缘电阻。

（2）达到10MΩ可采用2500V绝缘电阻测试仪，测试1min无击穿现象为合格。

（3）如达不到10MΩ，应作1kV交流工频耐压试验，时间1min，应无闪络击穿现象，为符合要求。

11. 电缆头与设备连接

（1）将做好的终端头电缆，固定在预先作好的电缆头支架上，线芯分开。

（2）根据接线端子的型号，选用螺栓将电缆接线端子压接在设备上，注意应使螺栓自上而下或从内向外穿，平垫圈和弹簧垫圈应安装齐全。

12. 试验合格可送电空载试验24h，无异常且记录齐全，可办交验；试验时监理应在现场。

12.2.2 干包型10（6）kV交联聚乙烯绝缘电缆户内外终端头制作安装

1. 电缆头附件清点检查

开箱检查实物是否配套且符合装箱单数量，外观有无异常现象，按操作顺序摆放在大瓷盘中。

2. 绝缘电阻测试

将电缆封口打开，用2500V摇表测试绝缘电阻值应不小于200MΩ，电缆摇测完毕，应将芯线分别对地放电，防止触电伤人。

3. 剥去外护层

先将电缆用支架或卡子垂直固定，从电缆端口量取750mm（户内量取550mm）剥去外护层，见图12.2-2。

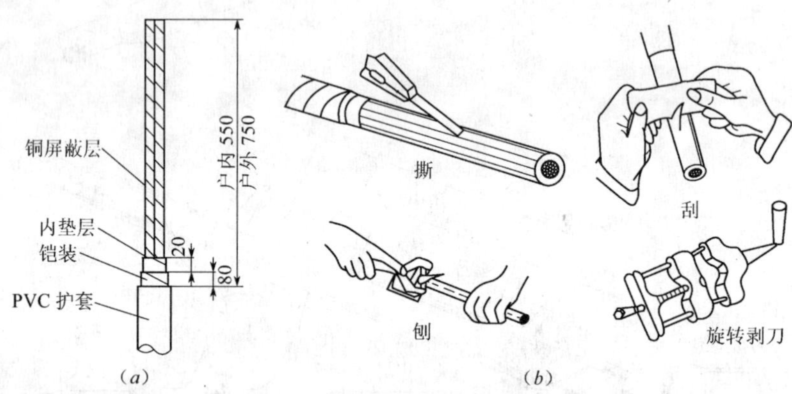

图12.2-2 剥切外护层方法
(a) 剥除电缆尺寸；(b) 剥除电缆外护层方法

4. 剥去铠装

从铠装断口量取30mm铠装，并去污清理干净，用钢带卡子或2mm铜丝将地线扎紧后，其余铠装剥去，从铠装断口量取20mm内垫层，其余内垫层剥去。然后，摘去填充物，分开芯线。

5. 焊接地线（图12.2-3）

用编织铜线作电缆钢带及屏蔽引出接地线，先将编织线拆开分成3份，重新编织分别缠绕各相，用电烙铁焊锡焊在铜屏蔽带上。用砂布打光钢带焊接区，用铜丝绑扎后，然后和钢带焊接牢固。在密封处的地线用焊锡填满纺织线，形成防潮段。

6. 包绕自粘带，套塑料手套

首先包绕绝缘自粘带，应使自粘带尽量平整，绝缘自粘带在相应于手套袖筒部位的护套外面及相应于手套手指部位的屏蔽层外面包绕绝缘自粘带作填充，包绕层数以手套套入时松紧合适为宜。手套应与电缆截面配套，套在三叉根部，在手套袖筒下部及指套上部分别用绝缘胶粘包绕防潮锥，以密封手套。再在防潮锥外面先自上而下，再自下而上以半搭盖方式包绕塑料带两层。

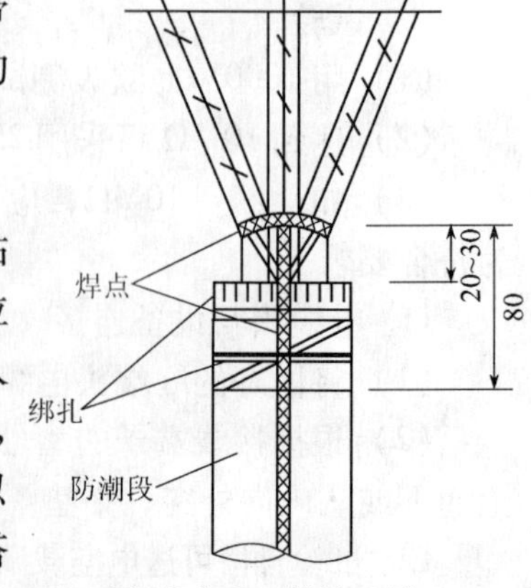

图12.2-3 焊接地线

7. 剥铜屏蔽带和半导电层

由手指套指端量取55mm铜屏蔽层其余剥去，从屏蔽层端量取20mm半导电层，其余剥去。

8. 包绕应力锥

清除电缆绝缘表面半导电层残迹，用酒精将电缆表面擦拭干净。从各芯线半导电层后5mm处开始，将自粘带拉伸，以半搭盖方式向芯线方向缠绕，包带要拉紧，延伸松紧程度适宜，且平整一致，不应有打折，皱纹等现象，反复往返，缠绕成橄榄型的增强绝缘。然后，用半导电橡胶自粘带从电缆半导电屏蔽层上开始绕包到最大直径处，不能超过，再返回到电缆半导电层上。再用屏蔽铜丝网覆盖在绕包的半导电屏蔽层上，下端与电缆屏蔽铜带搭接，搭接长度不小于10mm，并绑扎牢固，用直径为5mm的粗熔丝做一屏蔽环套在应力最大直径处，并与铜网焊接起来。制作应力锥示意见图12.2-4。

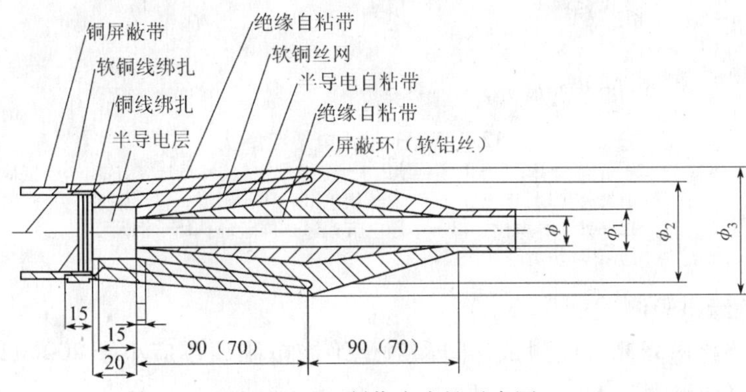

图12.2-4 制作应力锥示意图

ϕ—电缆线芯绝缘外径；ϕ_1—增绕绝缘外径；ϕ_2—应力锥屏蔽外径（mm），$\phi_2=\phi+16$mm（ϕ_1+12mm）；ϕ_3—应力锥总外径，$\phi_3=\phi_2+4$mm

当采用绕包应力带作为电场处理结构式时，如图12.2-5，绕包应力带应从电缆半导电层（也可搭接在铜带上）开始，半搭盖绕包，如用非复合应力带的，须拉伸200%，绕包时银灰色朝外；包绕到规定尺寸后，再回到原来位置；在绕包层下端覆盖在电缆半导电层的一段应力带外边包一层半导电自粘带，与屏蔽钢带搭接。

9. 安装塑料雨罩（室外）

按尺寸和设备的位置，确定线芯的长度，锯去多余芯线，然后在芯线末端（靠近接线端子接管处）的芯线绝缘上，用塑料胶粘带包缠一凸起的雨罩座，套上雨罩。

10. 压接接线端子

长度应为端子接管孔深加5mm，选择与线芯截面相适应的接线端子，将接线端子内壁和线芯表面擦拭干净，并清除氧化层和油迹，然后进行压接。压接完后用绝缘自粘带在端子接管上端至雨罩上端一段内，包缠成防潮锥体，再在防潮锥外用PVC粘胶带自上而下，再自下而上半搭盖方式包绕两层。

11. 包绕线芯绝缘层及相色标志

户外用绝缘自粘带在端子接管下端或雨罩下端起，至电缆分支手套指端（包括应力锥），自上而下，再自下而上，以半搭盖方式包缠两层。最后在应力锥上端的线芯绝缘保护层外，不用相线分别用黄绿红三色PVC粘胶带包缠2~3层，作为相色标志。

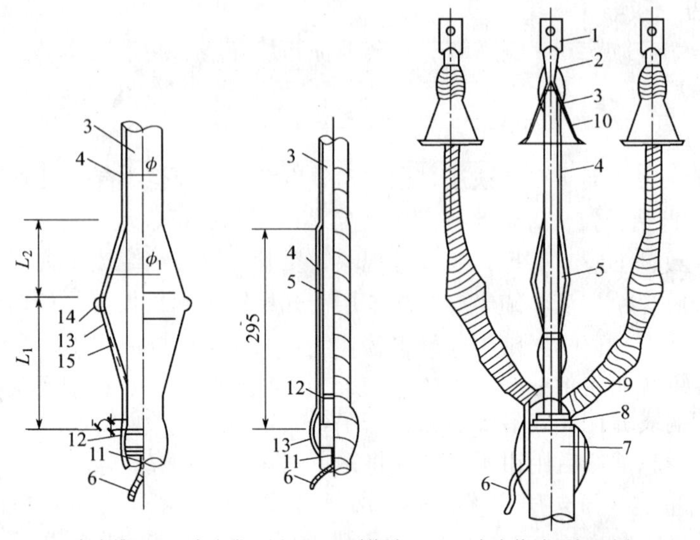

图12.2-5 干包式电缆终端头

1—接线端子；2—电缆导体；3—电缆绝缘；4—绝缘带绕包层；5—应力锥；6—接地线；7—电缆外护层；8—分支套；9—相色带；10—雨罩；11—铜带；12—外半导电层；13—半导电带；14—屏蔽环；15—铜网

12. 进行绝缘电阻测试

用2500V绝缘电阻测试仪测试相间和对地绝缘电阻值不应小于200MΩ；测试完成后应对地放电，以免触电伤人。

13. 电缆与设备连接

绝缘电阻测试合格后，应进行耐压试验和泄漏电流试验，试验结果应满足要求。合格后核对相位，将其与设备相连接，电缆接线端子压接到开关或设备上，并应加平垫圈和弹簧垫圈，压接应牢固紧密。同时应将引出的编织软接地线妥善牢固在接地端子上。

14. 送电试运行

电缆头及电缆线路完成后，应进行空载试验，试验时间为24h，并应每2h做记录1次，空载试验无异常，可办理验收。

12.2.3 干包型10（6）kV交联聚乙烯绝缘电缆户内外中间接头制作安装

1. 电缆头附件清点检查

开箱检查实物是否配套，并附合装箱单的数量。检查外观有无异常现象，并按操作顺序摆放在大瓷盘中。

2. 电缆绝缘电阻测试

将电缆封口打开，用2500V兆欧表测试，绝缘电阻值导线间对地不小于200MΩ，可进行下道工序。

3. 剥去电缆护层（图12.2-6）

（1）电缆调直：电缆应留有适当裕量，应在2m段放平调直，擦拭干净，相互重叠200mm，在中部作中心标线，作为接头中心。

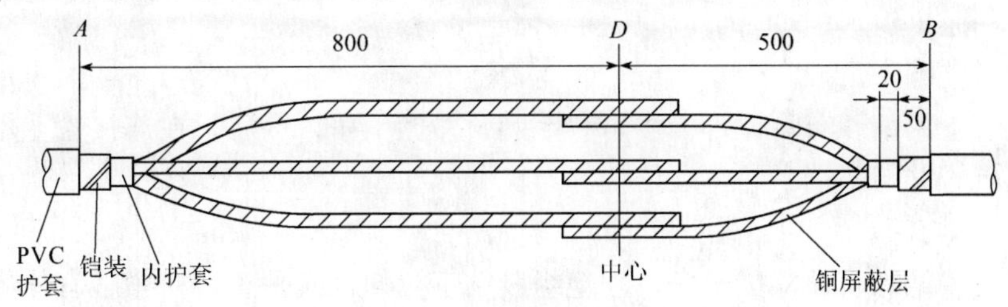

图 12.2-6 剥电缆护层

（2）剥除外层及铠装：从中心标线开始，在两根电缆上分别量取800mm，500mm，剥除外层护套；在距外护层断口50mm的铠装上先将接地线用铜丝绑扎3～5圈或用铠装带卡好，用钢锯沿铜线绑扎处或卡子边缘锯一环型痕，深度为钢带厚度的1/2～2/3，再用一字旋具将钢带尖撬起，然后用钳子夹紧并将钢带剥除。

（3）剥去内护层（统包层）：从铠装断口留有20mm内护层，可用粘结带保护，其余内护层剥去，并摘除填充物。

（4）锯芯线：对正线芯，在芯线中点处锯断，断面应平整一致。

4. 剥去屏蔽层及半导电层（图 12.2-7）

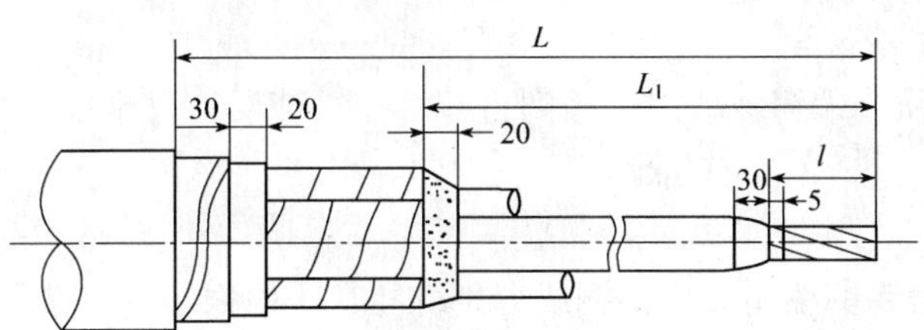

图 12.2-7 剥去屏蔽层及半导电层

自中心点向两端芯线各量300mm剥去屏蔽，从屏蔽层断口各量20mm半导电层，其余剥去，彻底清除绝缘体表面的半导电层残迹。

5. 套入管材（图 12.2-8）

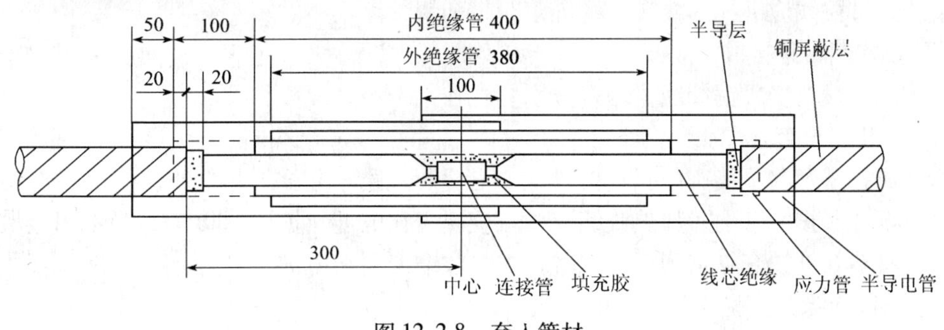

图 12.2-8 套入管材

将热缩护套管，金层护套管套在电缆上，每相线芯上套入铜丝网。

6. 压接导体连接管

在线芯端部量取1/2连接管的长度加5mm切除芯线绝缘体，由线芯绝缘断口量取绝缘体 35mm，削成 30mm 长的锥体，压接导体连接管。

7. 包绕半导体带

在连接管上用细砂布除掉管子棱角和毛刺，并擦干净，然后，在连接管上用半导体带包绕填平压坑，并与两端半导体层搭接。

8. 绕包增强绝缘

将电缆芯线绝缘表面擦拭干净，用绝缘胶粘带拉伸且应平整，松紧适宜均匀，以半搭盖方式在半导体层上缠绕，两端各留出 5mm 的半导体层，先填平低凹处，再逐渐缠绕到规定尺寸，缠绕应平整均匀，不应出现明显凹凸不平现象，包缠后的增强绝缘为电缆绝缘外径加 16mm。

9. 缠绕半导体带

在接头增强绝缘完成后，用半导电橡胶自粘带从一端电缆半导电屏蔽层开始，以半搭盖方式绕包到另一端电缆半导电屏蔽层，然后返回，缠绕应拉紧均匀。

10. 安装屏蔽铜丝网

将屏蔽铜丝网移到接头中间位置，向两边均匀拉伸，使之紧密覆盖在半导电层上，两端用 1mm 铜丝绑扎在 3 根线芯的屏蔽铜带上，并焊牢。也可采用缠绕方式将屏蔽铜丝网包覆在接头半导电层外面。

11. 包缠 PVC 绝缘带绕

用 PVC 绝缘带从一端铜屏蔽层开始到另一端铜屏蔽层，以半搭盖方式来回绕包两层，绕包应拉紧，松紧一致，不应有折皱，平整均匀。

12. 焊接过桥线

将规定截面的镀锡铜编制线用裸铜线分别绑扎在 3 根铜芯的屏蔽铜带上，两端用裸铜丝绑扎在电缆屏蔽铜带上；然后将三相线芯捏拢，在线芯之间施加填充物，用白布带或 PVC 绝缘带扎紧。

13. 安装护套管

在两头两端电缆内护套外包绕密封胶带，将内护套管移至接头处，两端搭接在电缆内护套上，并加热收缩（如果不要求电缆屏蔽铜带与钢带分开接地，则不需用内护套管和铜带跨接线，过桥线应绑扎焊接在电缆屏蔽铜带和钢带上）。

14. 焊接钢带跨接线

将铜编织线或多股铜绞线，两端分别绑扎在钢带上并焊牢。

15. 安装外护套管

将金属护套管移至接头位置，两端用直径 2mm 铜丝扎紧在电缆外护层上，再将热缩护套管移至金属护套管上，加热收缩，两端应覆盖在电缆外护层 100mm，当不用金属护套管时，则将热缩外护套管移到接头位置，加热收缩覆盖在内护套管上。

16. 测试绝缘并作耐压和泄漏电流试验

在终端头与中间接头施工完成后，应作绝缘电阻测试。用 2500V 绝缘电阻测试仪测试绝缘电阻值不应小于 200MΩ，耐压试验应符合要求。

17. 送电运行

绝缘电阻和耐压试验合格后应进行送电运行，送电 24h 无异常现象，记录齐全可办理交工验收。

12.3 热缩型电缆头制作安装

热缩型电力电缆头集防水、应力控制、屏蔽、绝缘于一体。具有良好的电气性能和机械性能，能在各种恶劣的环境条件下长期使用。具有重量轻、安装方便等优点。热缩型电力电缆头是由辐射交联热收缩电缆附件制成，热收缩电缆附件适用于0.5~10kV交联聚乙烯电缆及各种类型的电缆头制作安装，广泛地应用于电力、石油化工、冶金、铁路港口和建筑各个领域。

热缩型电缆头分为终端头、中间接头；按使用场所分为分户内式、户外式；按电压等级区分为高压和低压。

12.3.1 热缩型电缆头介绍

1. 性能特点

热缩电缆头的最大特点是用应力管代替传统的应力锥，它简化了施工工艺，缩小了接头的终端尺寸，安装方便，省时省工，性能优越，节约金属。热缩电缆头集灌注式和干包式为一体，集合了这两种附件的优点。

热缩电缆头体积小、重量轻、安装工艺简便、易于施工、耐腐蚀、抗老化、长期工作空气范围-40~+40℃、抗污秽性能优异；电学性能优良；过载温度、短路温度等同配套电缆；35kV及以下电力电缆附件配套齐全，便于用户选购。

2. 适用范围

热缩电力电缆附件产品适合聚乙烯电缆、交联聚乙烯电缆和乙丙橡胶电缆、油浸低绝缘电缆等不同种类绝缘形式的电缆，可应用于电缆接续、电缆修复、电缆架空，直埋等场合。易燃易爆场所建议使用常温（冷）缩电力电缆附件。

12.3.2 热缩型电缆头制作安装时应注意的事项

（1）从开始剥切到制作完毕，必须连续进行，一次完成，以免受潮。

（2）按厂家提供的安装程序剥切电缆，剥切电缆的每一道工序都必须保证不损伤内部需要保留的部分。如剥铜屏蔽层时不得伤及半导电层；剥切半导电层不得伤及电缆绝缘层。剥切端口要整齐平滑。

（3）使用喷灯加热收缩时，应注意火焰温度，适当远离材料。按说明书要求部位，沿圆周的方向均匀加热，火焰方向与热缩管轴线成45°为宜，缓慢向前推进，不断移动火焰位置，不可对准一个位置加热时间过长。

（4）安装电缆附件时，清洁工作是确保安装质量的关键。在套入热缩附件前，应清洁裸露的电缆绝缘层部分。如电缆的绝缘层为不可剥离层，允许在剥除时，削去部分绝缘，削去的厚度不大于0.5mm，此时的绝缘表面应处理得使其光滑、圆整。清洁时建议使用三氯乙炔、丙酮等清洁剂。

（5）压接端子或连接管后，必须除去扉边毛刺，清除金属粉末。

（6）收缩应力管时，必须使应力管和半导电层搭接。

（7）油纸绝缘电缆的热缩指套，必须是由半导电材料制成，半导电指套与铅套及应力管之间保持良好的接触。

（8）要做好端口处理、表面处理和密封处理。

（9）热缩管包覆密封金属部位（接线端子、金属护套）时，金属部位应预热60～70℃。

（10）塑料绝缘电缆地线应与每相线芯铜带分别焊接，对铠装电缆应确保地线与钢铠接触良好。10kV及以下纸绝缘电缆接地线焊接在铅护套及钢铠带上。

（11）热缩式电缆头制作过程中，应注意的质量问题见表12.3-1。

热缩型电缆头制作过程中应注意的质量问题　　表12.3-1

序　　号	常出现的质量问题	防　治　措　施
1	做试验时泄漏电流过大	清洁芯线绝缘表面
2	三叉手套、绝缘管加热收缩局部烧伤或无光泽	调整加热火焰为呈黄色。加热火焰不能停留在一个位置
3	热缩管加热收缩时出现气泡	按一定方向转圈，不停进行加热收缩
4	绝缘管端部加热收缩时，出现开裂	切割绝缘管时，端面要平整

12.3.3 热缩型10（6）kV交联聚乙烯绝缘电缆户内外终端头制作安装

1. 电缆头附件清点检查

开箱检查实物是否配套且符合装箱单数量，外观检查有无异常现象，并按操作顺序摆放在大瓷盘中。

2. 电缆绝缘电阻测试

将电缆封口打开，用2500V兆欧表测试，绝缘电阻值导线间对地不小于200MΩ，可进行下道工序。

3. 电缆剥切（图12.3-1）

（1）剥去外护层：用支架和卡子将电缆垂直固定，从电缆口量取750mm（户内量取550mm）剥去外户套。

（2）剥铠装：从外护层断口量取30mm铠装并清扫干净，用零号砂布打磨干净，将接地线敷上，然后用钢带卡子卡牢或用直径2mm的铜线，缠绕3～5圈绑牢，准备焊接，将其余铠装剥去。

（3）剥除内垫层：从铠装断口量取20mm内垫层，其余剥去；然后除去填充物，分开线芯。

4. 焊接地线（图12.3-2）

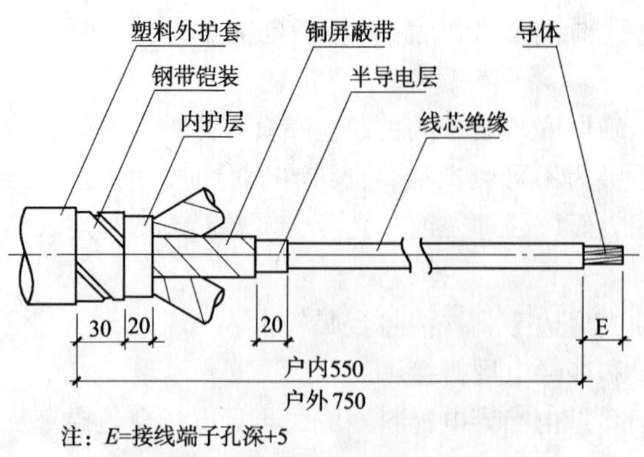

图12.3-1　电缆剥切尺寸

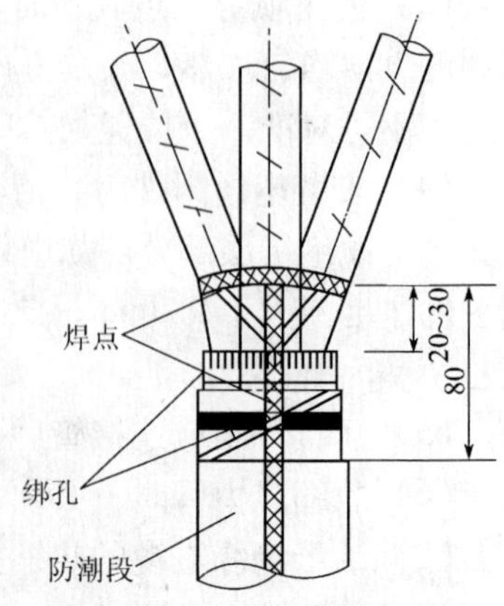

图12.3-2　焊接地线的方法

用编织铜线或多股铜线做电缆钢带及屏蔽引出线，先将编织线拆开分成3份，重新编织分别绕各相，用电烙铁、焊锡焊在屏蔽铜带上，再与钢带预敷在钢带地线焊在一起，如原在钢带敷设编织线可直接编织到各相铜屏蔽层上进行焊接，在密封处的地线用焊锡填满编织线，形成防潮段。

5. 包绕填充胶，固定三叉手套

（1）先清洁电缆护套表面和电缆芯线，再用电缆密封胶填充密实，并包绕三芯分支处，使其外观形成橄榄状；密封胶带的绕包最大直径应大于电缆外径约15mm，并将接地线包在其中（图12.3-3）。

（2）固定三叉手套（图12.3-4）：将手套套入三叉根部，然后用喷灯（宜采用丙烷喷灯）加热收缩，收缩温度控制在120℃左右，喷灯火焰调节到黄色柔和火焰，谨防高温蓝色火焰，以免烧伤热收缩材料；加热时火焰应慢慢接近热缩材料，在热缩材料周围均匀移动加热，不断晃动，从手套根部依次向两端收缩固定，火焰与轴线夹角约45°，缓慢向前，螺旋状推进，保证热缩手套充分均匀收缩；收缩完毕的手套应光滑，无褶皱，无气泡；最后清除表面残留的痕迹。

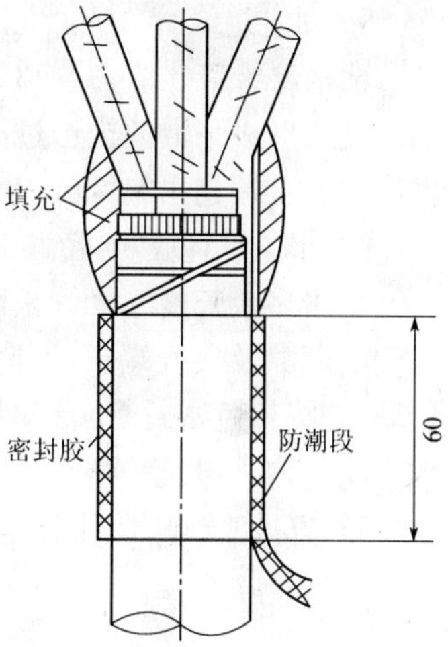

填充
密封胶
防潮段
60

图12.3-3 包绕填充胶，固定三叉手套

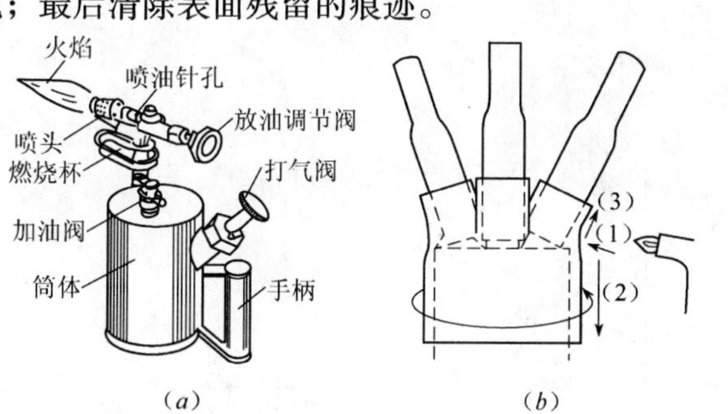

图12.3-4 三叉手套加热收缩
（*a*）喷灯结构图；（*b*）使用喷灯加热收缩

6. 剥去铜屏蔽层和半导电层

由手套端量55mm铜屏蔽层，其余剥去；从铜屏蔽层量取20mm半导电层，其余剥去。

7. 固定应力管（图12.3-5）

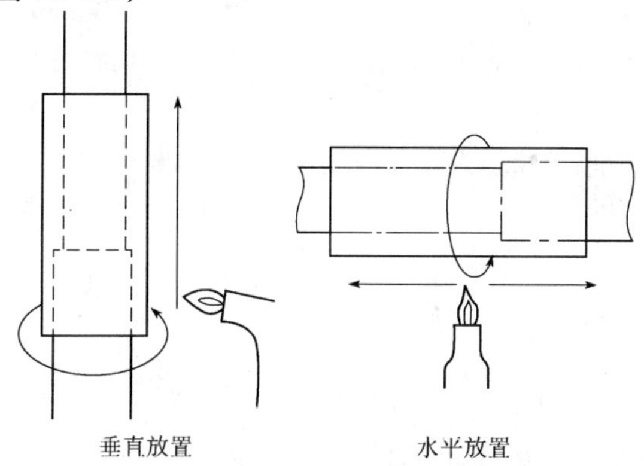

图12.3-5 固定应力管

用清洁剂清理铜屏蔽层，半导电层，绝缘表面，确保表面无碳迹洁净；然后三相分别套入应力管、搭接铜屏蔽层上20mm，开始从应力管下端自下而上加热收缩固定，避免应力管与线芯绝缘之间留有气体。

8. 压接接线端子

确定引线长度，按端子孔深加长50mm，剥除芯线绝缘，端部削成蘑菇状，插入端子管，压接端子，压接后除去毛刺和飞边，清洁表面。

9. 固定绝缘管

清洁绝缘管、应力管和指套表面后，用填充胶带绕包应力管端部于线芯绝缘之间的阶梯，使之形成平滑的锥形过渡面，再用密封胶带包绕分支套指端两层，套入绝缘管至三叉根部，管上端超出绝缘胶10mm，由根部由下至上加热收缩固定。

10. 固定相色密封管

切去多余长度绝缘管，10kV电缆切割与线芯绝缘末端齐，用填充胶填充端子与绝缘之间的间隙及接线端子的压坑，并搭接绝缘层与端子之间，使之平滑，搭接压至端子管10mm；将相色密封管套在端子接管部位，先预热端子，由上端加热固定，户内电缆头制作完毕，户外电缆头再进行固定绝缘套管，端子护套的热缩方法。

11. 安装防雨裙（图12.3-7）

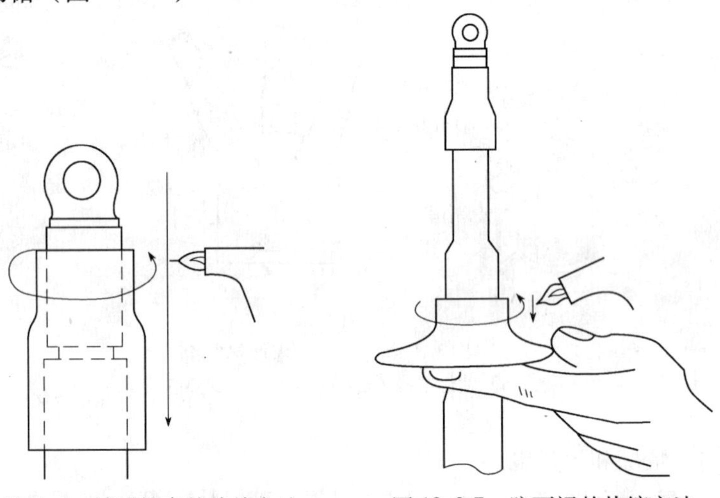

图12.3-6　端子护套的热缩方法　　　　图12.3-7　防雨裙的热缩方法

将三孔防雨裙按规定尺寸套入（一般在三叉手套上端100mm）；然后加热颈部固定；再套入单孔防雨裙，并按规定尺寸加热颈部固定。（一般在端子下50～70mm处，单孔防雨裙之间在60～70mm）。

12. 电缆头制作完成（图12.3-8）

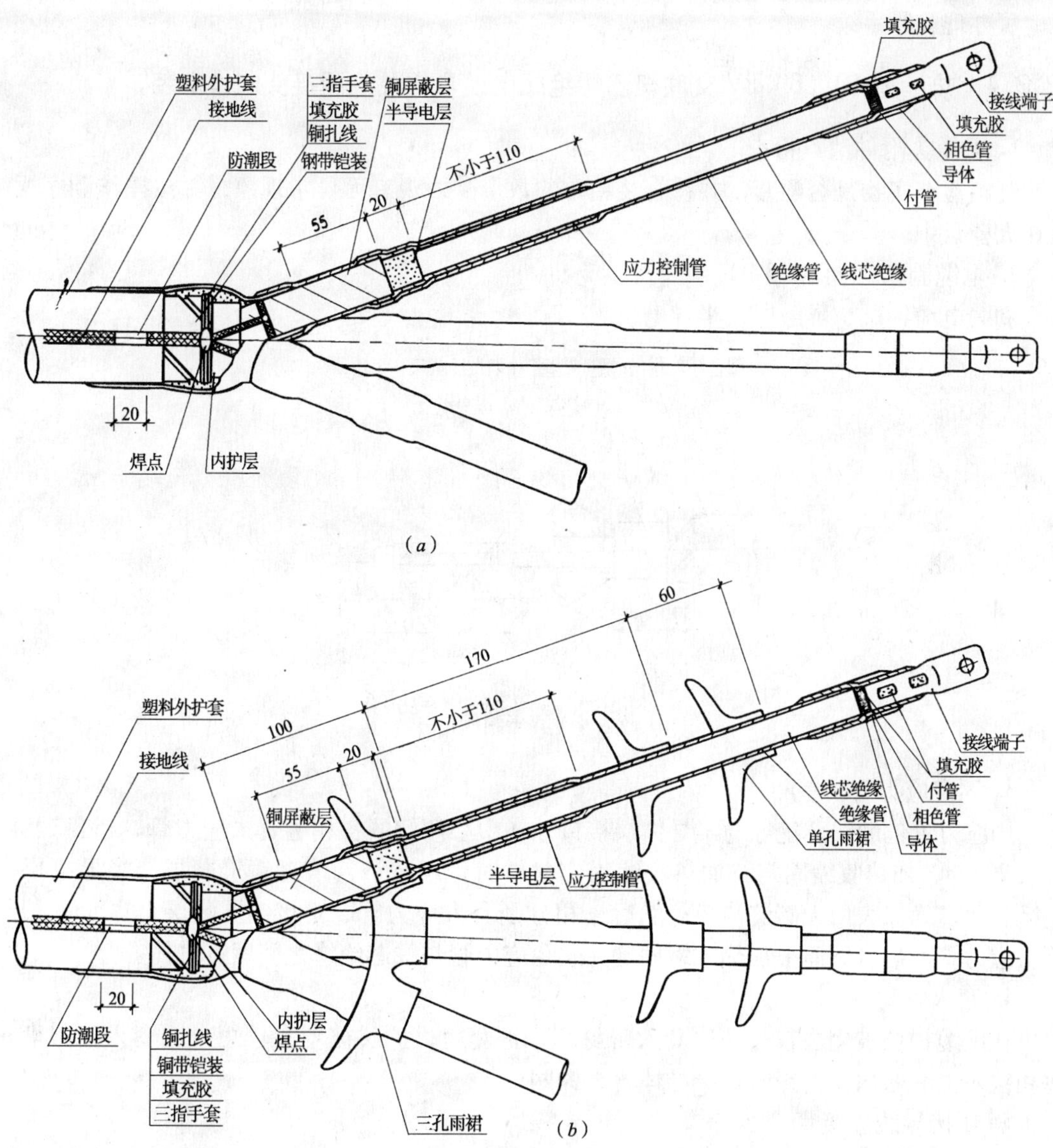

图 12.3-8 热缩型交联聚乙烯绝缘电缆终端头

(a) 热缩型交联聚乙烯绝缘电缆室内终端头；(b) 热缩型交联聚乙烯绝缘电缆室外终端头

13. 测试绝缘电阻耐压试验、试运行验收

户内、外电缆头制作完毕后应进行绝缘电阻测试，测试绝缘电阻应采用2500V兆欧表，测试导线间和对地绝缘电阻不得小于200MΩ；然后进行耐压和泄漏电流试验，应符合电力电缆，直流耐压试验及泄漏电流测量的要求。

14. 压接电缆与设备连接

试验合格后将电缆接线端子压接到开关或设备上，并应加平垫圈和弹簧垫圈，压接应牢固紧密。

15. 试运行验收

满足标准规定后可通电试运行，送电空载运行24h，每2h应进行记录1次，无异常现象，可办理验收手续。

12.3.4 热缩型10（6）kV交联聚乙烯绝缘电缆户内外中间接头制作安装

1. 电缆头附件清点检查

开箱检查实物是否配套，并符合装箱单的数量。外观有无异常现象，并按操作顺序摆放在大瓷盘中。

2. 电缆剥切（图12.3-9）

剥去电缆护层、屏蔽层及半导电层。

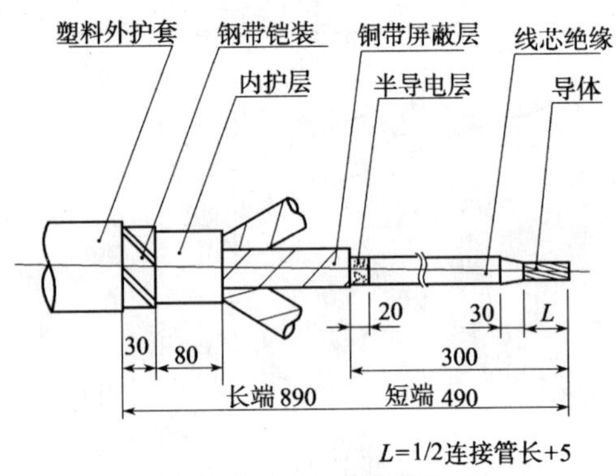

图12.3-9 电缆剥切尺寸

3. 固定应力管

用应力管包缠线芯绝缘与半导体层接口，在中心两侧的各相上套入应力管，搭盖铜屏蔽层20mm，加热收缩固定，加热收缩固定材料时，用清洁剂清理铜屏蔽层，半导电层，绝缘表面，确保表面无碳迹洁净；然后三相分别套入应力管、搭接铜屏蔽层上20mm，开始从应力管下端自下而上加热收缩固定，避免应力管与线芯绝缘之间留有气体。

4. 套入管材

在电缆护层被剥去较长一边套入密封套，护套筒；护层被剥去较短一边套入密封套；每相线芯上套入内外绝缘管、半导体管、铜网。

5. 压接导线连接管

在线芯端部量取1/2连接管长度加5mm切除线芯绝缘体，由线芯绝缘断口量取绝缘体35mm，削成30mm长的锥体，压接连接管。

6. 包绕半导体带及填充胶

在连接管上用零号细砂布除掉连接管棱角和毛刺，并擦干净，然后在连接管上用半导体带包绕填平压坑，并与两端半导体层搭接；在两端的锥体之间包绕填充胶带厚度不小于3mm，使之光滑圆整。

7. 安装绝缘管

用填充胶带或绝缘橡胶自粘带包绕填充应力管端头与线芯绝缘之间的台阶，缠绕应拉紧，松紧应一致，不应出现折皱现象，使之成为缓缓过度的锥面；抽出3根内绝缘管放置于接头中间位置（套在两端应力管之间）并加热收缩；然后抽出外绝缘管套在绝缘管的中心位置上，加热收缩；加热应从中间位置开始沿圆周方向向两端缓缓推进，避免有气体存入绝缘管内，加热火焰朝向收缩方向。

8. 安装半导体管

在绝缘管两端用填充胶带或绝缘橡胶自粘带包绕填充，以形成均匀过度的锥面，再将半导体管移到接头中间位置，从中间向两头均匀加热收缩，两端与半导体层搭接处用半导电带包绕填充，形成均匀过渡锥面；如果用两根半导体管相互搭接，则搭接处避免有气隙。

9. 安装屏蔽铜丝网

将屏蔽铜丝网移到接头中间位置，向两边均匀拉伸，使之紧密覆盖在半导电管上，两端用直径1mm铜丝绑扎在3根线芯的屏蔽铜带上，并焊牢；也可采用缠绕方式将屏蔽铜丝网包覆在接头半导电层外面。

10. 焊接过桥线

将规定截面的镀锡铜编织用裸铜丝分别绑扎并焊接在3根铜芯的屏蔽铜带上，两端用裸铜线绑扎在电缆屏蔽铜带上，然后将三芯线芯捏拢，在线芯之间施加绝缘填充物，用PVC带扎紧。

11. 安装内护套管

在接头两端电缆内护套外包绕密封胶带，将内护套管移至接头处，两端搭接在电缆内护套上，并加热收缩。如不要求将电缆屏蔽铜带与钢带分开接地，则不需用内护套管和钢带跨接线，过桥线应绑扎在电缆屏蔽铜带和钢带上焊接。

12. 焊接钢带跨接线

用规定的多股铜线和编织镀锡铜线，（原已预绑扎的）焊接焊牢在电缆钢带上。

13. 安装外护套管

将金属护套管移至接头位置，两端用直径2mm铜丝扎紧在电缆外护层上，再将热缩护套管移至金属护套管上，加热收缩，两端应覆盖在电缆外护层上100mm。当不用金属护套管时，则应将热缩外护套管移到接头位置，加热收缩覆盖在内护套管上。

14. 电缆头制作完成（图12.3-10）

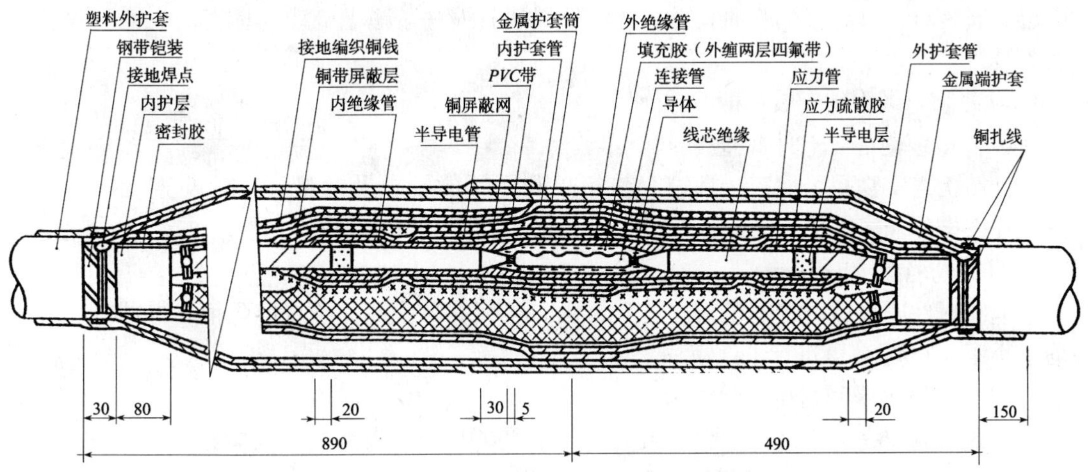

图12.3-10　热缩型交联聚乙烯绝缘电缆中间接头

15. 试验试运行验收

（1）测试绝缘并作耐压和泄漏电流试验

在终端头与中间接头施工完成后，应作绝缘电阻测试。用2500V绝缘电阻测试仪测试绝缘电阻值不应小于200MΩ，耐压试验应符合电气设备耐压试验的要求。将电缆与设备连接。

(2) 送电运行

绝缘电阻和耐压试验合格后应进行送电运行，送电24h无异常现象，记录齐全，可办理交工验收。

12.4 冷缩电缆头制作安装

冷缩电缆附件是国家电力公司推广的一种新型电缆附件。所谓冷缩是相对热缩而言，冷缩电缆附件是指在常温下，将附件预扩张成型，并保持其形状。使用时，在常温下使其收缩包覆在电缆上的一种电缆附件。

12.4.1 冷缩电缆附件介绍

1. 冷缩电缆附件特点

(1) 全冷缩技术

全套产品采取最先进的全冷缩技术，无需动火及特殊工具，安装时，只需将线芯抽去，弹性橡胶体便迅速收缩并紧箍于所需安装部位。

(2) 绝缘可靠

硅橡胶有优良的绝缘性和高恢复弹性，安装后始终保持对电缆本体合适的径向压力，使内界面结合紧密，不会因电缆运行时的呼吸作用而产生电击穿。

(3) 密封性好

中间接头采取独有的三重密封工艺，加上硅橡胶优良的密封性及憎水性，杜绝因大气环境造成的运行事故。

(4) 安装简便

冷缩技术又称预扩张技术，即将弹性橡胶在弹性范围内预先撑开，套入塑料线芯加入固定。安装时，只需将线芯抽去，弹性体便迅速收缩并紧箍于电缆本体上。无需动火及特殊工具。

2. 冷缩电缆附件安装一般要求

(1) 电缆附件、点件检查

开箱检查实物是否配套，且符合装箱单和图纸的要求及数量；外观检查无损伤和异常，并按操作顺序摆放在大瓷盘中。

(2) 电缆绝缘电阻测试

电缆附件安装前，将电缆封口打开，用2500V兆欧表测试绝缘电阻值，导线间，对地均不小于200MΩ，可进行下道工序。

(3) 测试绝缘和耐压试验

电缆头制作完毕应进行绝缘电阻测试，用2500V兆欧表测试，电缆导线间和对地绝缘电阻不小于200MΩ，然后进行耐压和泄漏电流试验。

(4) 安装固定电缆头

试验合格后应将电缆固定在支架或设备上并与设备连接，将接线端子压接到开关或设备上，并应加平垫圈和弹簧垫圈，压接应牢固紧密。

（5）试运行验收

进行全面检查后，可通电试运行，送电空载运行24h，每2h进行记录1次，试验无异常，可办理验收手续。

3. 冷缩电缆附件安装时注意事项

（1）按厂家提供的安装说明剥切电缆，套装附件和各种操作。

（2）剥切电缆时不得伤及内部需要保留的部分。如剥铜屏蔽层时不得伤及半导电层；剥切半导电层不得伤及电缆绝缘层。剥切端口要整齐平滑。

（3）安装电缆附件时，清洁工作是确保安装质量的关键，在套装前应清洁包覆部位的杂质、油污及其他残留物。用砂纸打磨时，建议使用120号以上的砂纸，清洁时建议使用三氯乙烯、丙酮等清洁剂，清洗时应由上而下，不要来回擦拭，避免溶剂溶解的半导电物质粘污电缆绝缘。

（4）压接端子或连接管后，必须除去扉边毛刺，清除金属粉末。

（5）要做好端口处理、表面处理和密封处理。

（6）为确保终端安装时指套能套到三芯电缆分叉根部，可将指套套入三相底部后，先把指套内的三个支撑管芯绳分别抽掉若干圈后，在往下移动指套，直至套到三叉根部再收缩。

（7）中间接头安装时定位要准确。收缩半导电管时，一定要使其和两端电缆绝缘搭接。收缩接头时，要使接头的中心标记和电缆连接管的中心一致。

12.4.2 15kV单芯户内冷缩电缆终端制作安装

1. 电缆附件点件检查

开箱检查实物是否配套，且符合装箱单和图纸要求及数量；外观检查无损伤和异常，并安操作顺序摆放在大瓷盘中。

2. 电缆绝缘电阻测试

将电缆封口打开，用2500V兆欧表测试绝缘电阻值，导线间、导线对地电阻均不小于200MΩ，可进行下道工序。

3. 剥去外护套

（1）电缆剥切尺寸见表12.4-1及图12.4-1。选按$A+B$长度，剥去电缆外护套，护套口往上保留32mm的铜屏蔽带，其余的全部切除，铜带口往上再留6mm的外半导体层，其余的剥去。注意：切勿划伤主绝缘，按尺寸B切除顶部主绝缘。

预处理电缆外径及截面 **表12.4-1**

产品型号	绝缘外径（mm）	导体截面积（mm^2）
5623K	14.2～22.1	25～50
5624K	19.8～33.0	70～240
5625K	27.7～45.7	300～630

注：以绝缘外径为选型决定因素，截面积为参考。

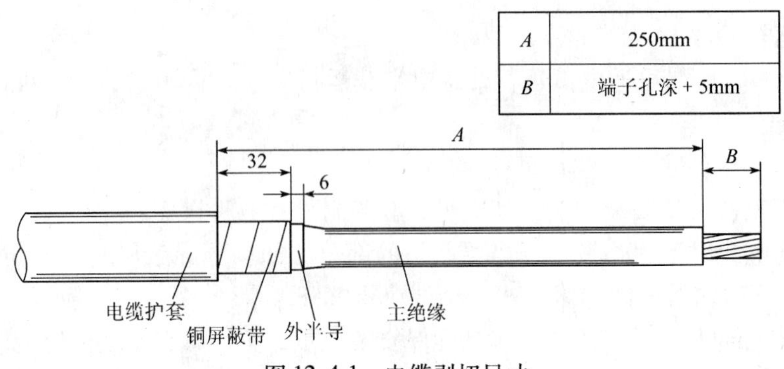

图 12.4-1　电缆剥切尺寸

（2）用清洁剂清洗电缆主绝缘，但切勿使之碰到外半导体层。如果主绝缘的表面有划伤、凹坑或残留半导体，在清洗前先用不导电的，最大粒度为 120 号的砂纸进行打磨处理。

（3）用 Scotch13 半导电带半重叠来回绕包，从铜屏蔽带上 6mm 处开始，绕包至 13mm 主绝缘上，绕包口应十分平整（图 12.4-2）。

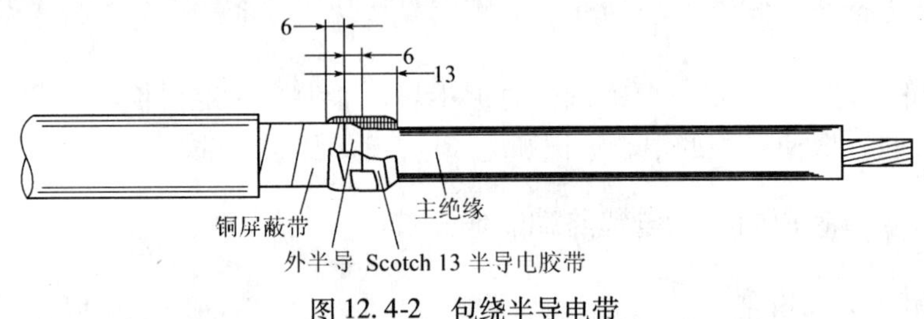

图 12.4-2　包绕半导电带

4. 接地线安装（图 12.4-3）

（1）将接地铜环绕箍在铜屏蔽带上，也可用恒力弹簧将接地编织线固定在铜屏蔽带上。

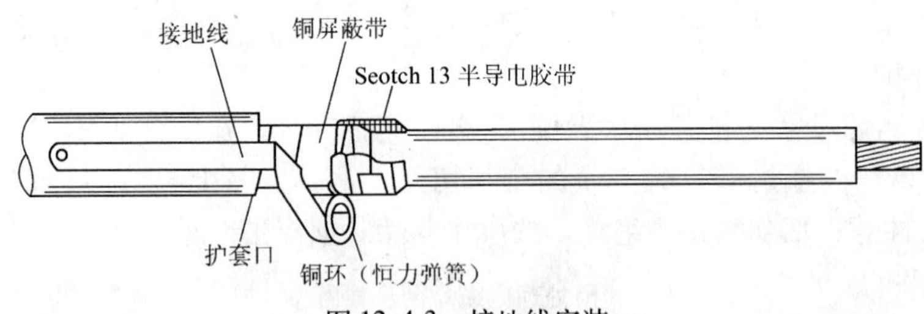

图 12.4-3　接地线安装

（2）如需做防水口，用自粘带绕包在护套口下方 5mm 处，一层在接地线下，一层在上，把接地线夹在中间。再用 PVC 带将防水带包覆住。

5. 做标识（图 12.4-4）

（1）从 Scotch13 半导电胶带口往下 76mm 处，用 PVC 带做一个标识，此处为冷缩终端的安装基准。

（2）在 Scotch13 半导电带与主绝缘搭接处，涂抹上硅脂。将剩余的硅脂涂于主绝缘表面。

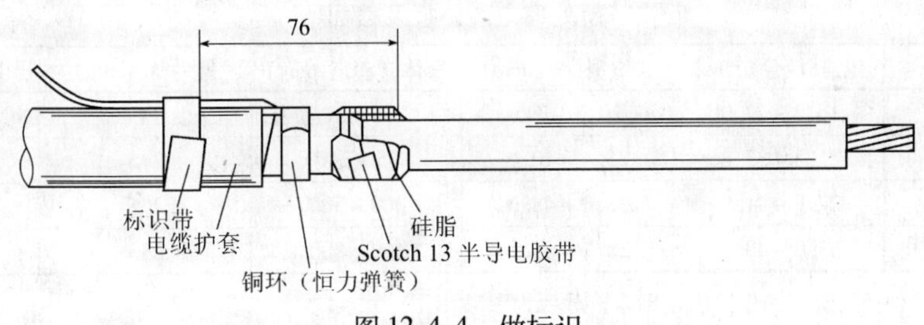

图 12.4-4 做标识

6. 安装冷缩终端

（1）套上预张式（冷缩式）快速终端，对准先前所做的定位基准，逆时针抽掉芯绳，使终端收缩（图 12.4-5）。注意：终端的收缩起始处应确实为标识带处。

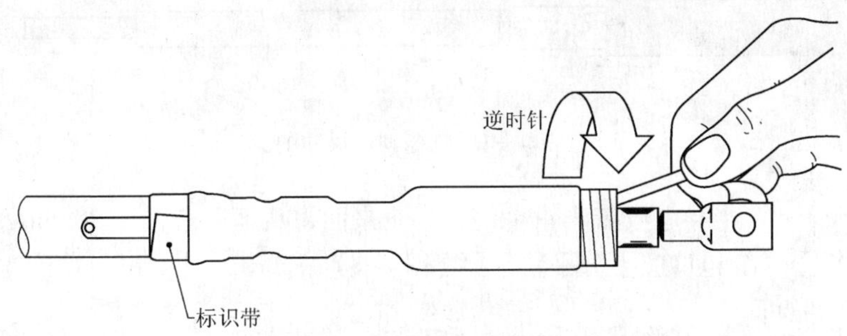

图 12.4-5 安装冷缩终端

（2）压接接线端子，进行对称压接，锉平打光，并且清洗干净。

（3）用 Scotch23 绝缘胶带填满接线端子与绝缘之间的空隙。

半重叠绕包 Scotch70 胶带一个来回，从终端上 25mm 处绕包至接线端子上至少 13mm 处（图 12.4-6）。

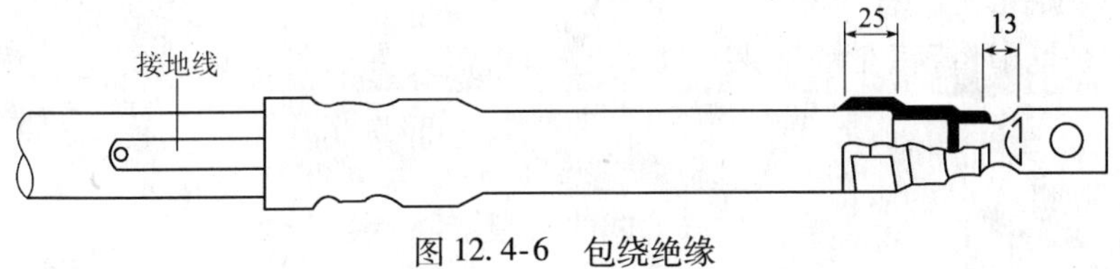

图 12.4-6 包绕绝缘

7. 测试、试验、压接电缆头、试运行验收

12.4.3 15kV 单芯户外冷缩电缆终端制作安装

1. 剥去外护套

（1）电缆剥切尺寸见表 12.4-2 及图 12.4-7。先按 $A+B$ 的长度，剥去电缆护套，护套口往上保留 45mm 的铜屏蔽带，其余的切除，铜带口往上再留 6mm 的外半导层，其余的剥去。注意：切勿划伤主绝缘。再按尺寸 B 切除顶部主绝缘。

预处理电缆外径及截面　　表 12.4-2

产品型号	绝缘外径（mm）	护套外径（mm）	导体截面（mm^2）	尺寸 A（mm）	尺寸 B（mm）
5633K	16.3～22.9	20.3～3.5	35～70	245	
5635K	21.3～33.8	25.4～40.6	95～240	245	端子孔深+5
5636K	27.9～41.9	33.0～48.3	300～500	255	
5637K	33.0～49.5	38.1～61.0	400～800	255	

注：电缆绝缘外径为选型的最终决定因素，截面为参考

（2）用清洁剂清洗电缆主绝缘，但切勿使之碰到外半导层。如果主绝缘的表面有划伤，凹坑或残留半导体，在清洗前先用不导电的，最大粒度为 120 号的砂纸进行打磨处理。

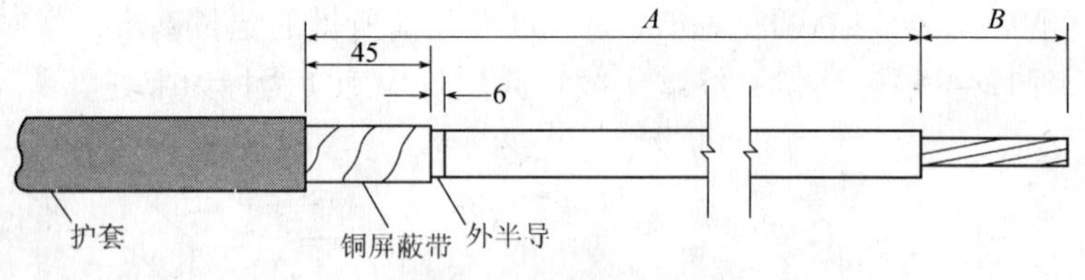

图 12.4-7　电缆剥切尺寸图

（3）用 Scotch13 半导电胶带半重叠绕包一个来回，从铜屏蔽带上 20mm 处开始，绕至 15mm 的主绝缘上，绕包口应十分平整。（图 12.4-8）

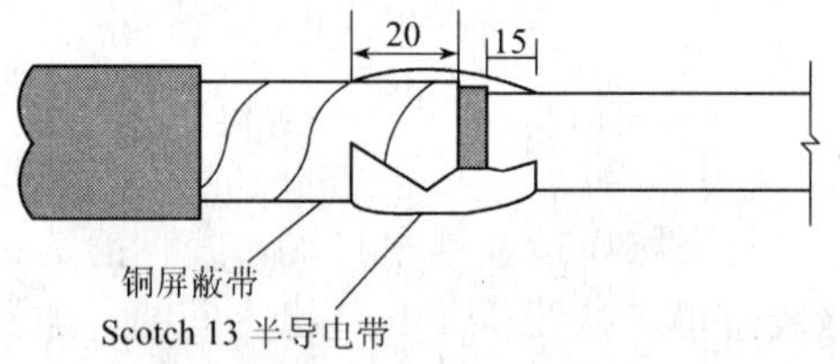

图 12.4-8　包绕半导电带

2. 接地线安装

（1）将接地铜环绕箍在铜屏蔽带上，也可用恒力弹簧将接地线固定在铜屏蔽带上。（图 12.4-9）

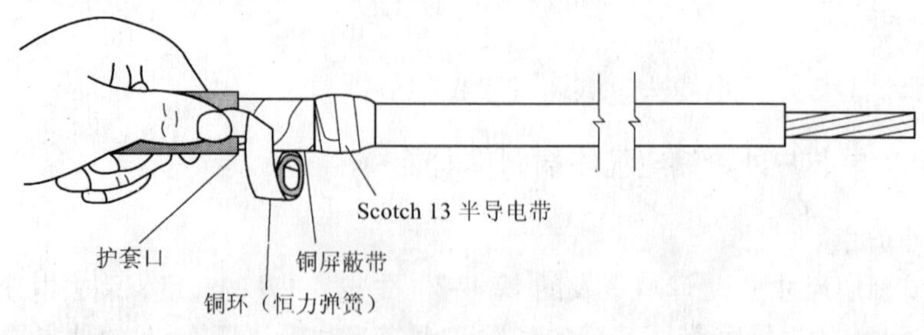

图 12.4-9　接地线安装

（2）护套口往下 5mm 处，用防水带做防水口。先在接地线下绕包一层，再绕一层在上，将接地线夹在中间（图 12.4-10）。

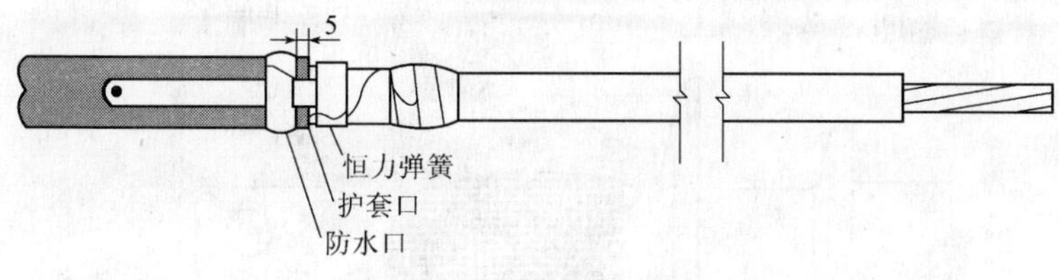

图 12.4-10 包绕防水层

3. 绕包绝缘自粘带

（1）用 PVC 带将恒力弹簧及防水带包覆住（图 12.4-11）。

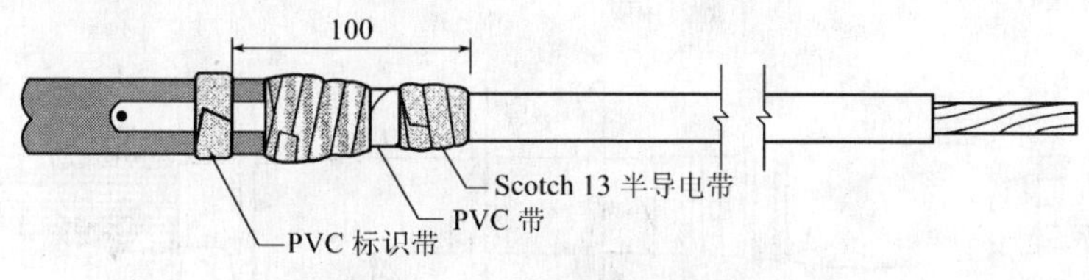

图 12.4-11 绕包绝缘自粘带

（2）在半导电胶带口往下 100mm 处，用 PVC 带在电缆护套上做一标识，此处为冷缩终端安装定位基准。

（3）在 Scotch13 半导电带与主绝缘搭接处，涂抹上硅脂。将剩余的硅脂涂于主绝缘表面（图 12.4-12）。

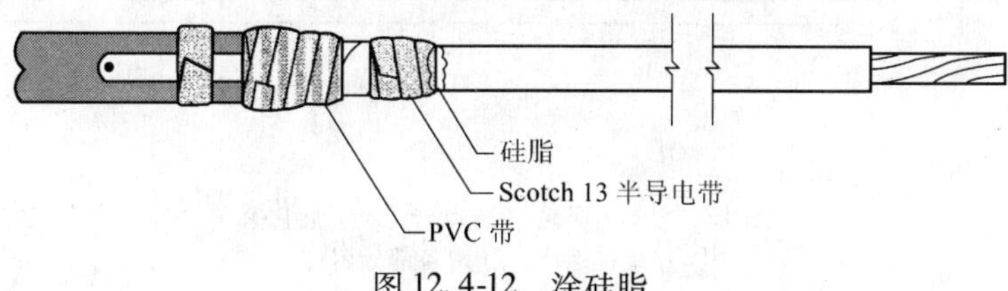

图 12.4-12 涂硅脂

4. 安装冷缩终端

（1）套上冷缩式（预扩张式）快速终端，定位于标识带处，逆时针抽掉芯绳，使终端收缩（图 12.4-13）。注意：终端的起始处应确实为标识带处。

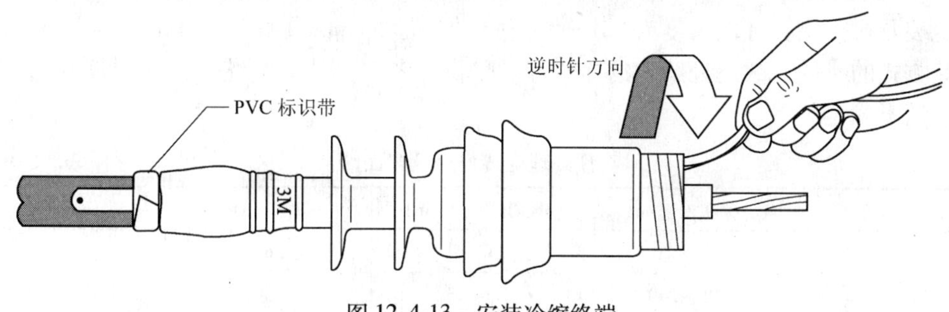

图 12.4-13 安装冷缩终端

（2）装上接线端子，对称压接，锉去尖角毛刺，并清洗干净（图 12.4-14）。

（3）先用 Scotch23 绝缘带填满接线端子与绝缘之间的空隙。然后，半重叠绕包

Scotch70 绝缘带一个来回，从终端上 25mm 处开始，绕至接线端子。

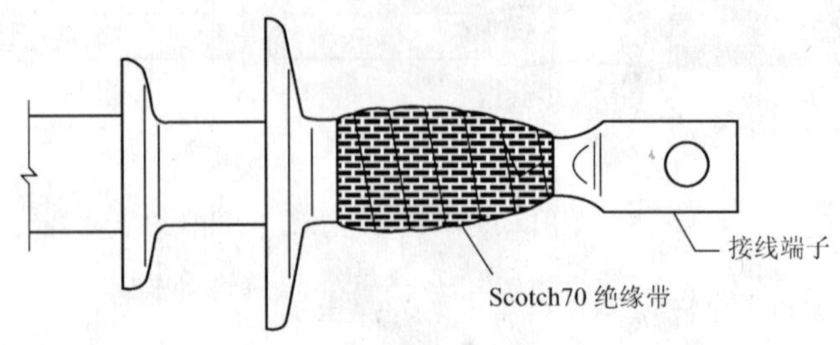

(a)

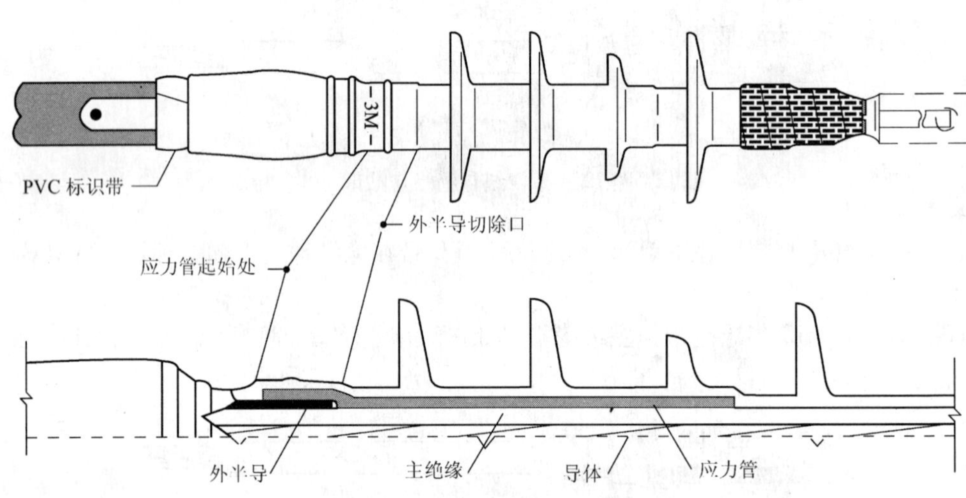

(b)

图 12.4-14 安装接线端子、包绕绝缘
(a) 绕包绝缘；(b) 各部分名称

12.4.4 15kV 三芯户内冷缩电缆终端制作安装

1. 剥去外护套

(1) 电缆剥切尺寸见表 12.4-3 及图 12.4-15 所示。把电缆置于预定位置，剥去外护套，铠装及衬垫层，开剥长度为：$A+B$，衬垫层留 10mm。注意：由于开关柜尺寸的差异及安装方式的不同，故此处给出的 A 尺寸，仅供参考，具体的电缆外护开剥长度应根据现场实际情况确定。

预处理电缆外径及截面 **表 12.4-3**

产品型号	导体截面（mm^2）	绝缘外径（mm）	A（mm）	B（mm）
5623PST—G	25～70	14～22	560	接线端子孔深 +5mm
5624PST—G	95～240	20～33	680	
5625PST—G	300～500	28～46	680	

注：以电缆绝缘外径为选型最终决定因素，截面为参考。

(2) 再往下剥 25mm 的护套，露出铠装，并擦洗开剥处往下 50mm 长护套表面的污垢。

（3）护套口往下 15mm 处绕包两层 Scotch23 自粘带。

（4）在顶部绕包 PVC 胶带，将铜屏蔽带固定。

2. 接地线安装（图 12.4-16）。

用恒力弹簧将第一条接地线固定在钢铠上。

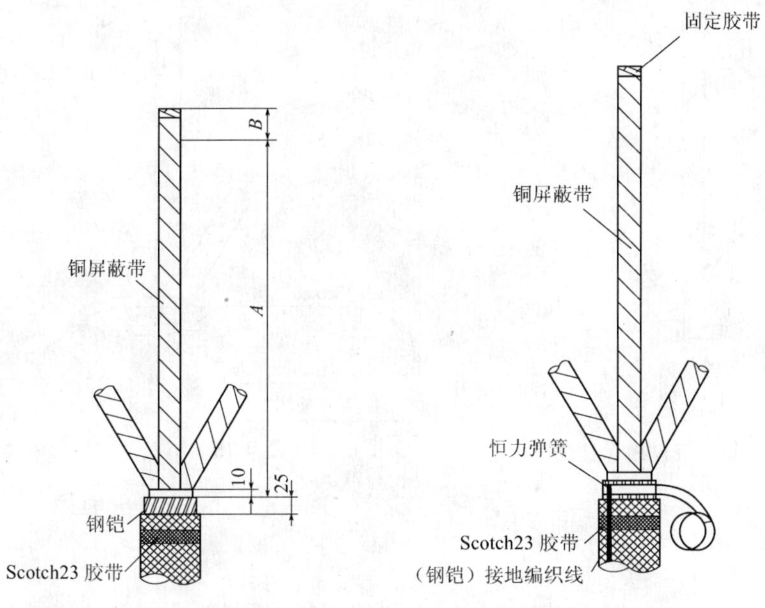

图 12.4-15 电缆剥切尺寸　　图 12.4-16 接地线安装

3. 绕包绝缘自粘带（图 12.4-17）

（1）绕包 Scotch23 胶带两个来回将恒力弹簧及衬垫层包覆住。

（2）先在三芯铜屏蔽带根部缠绕第二条接地线，并将其向下引出（注意：第二条接地线位置与第一条相背）。

4. 固定第二条接地线（图 12.4-18）

用恒力弹簧将第二条接地线固定住。

5. 绕包绝缘自粘带封住接地线（图 12.4-19）

（1）半重叠绕包 Scotch23 胶带将恒力弹簧全部包覆住。

（2）在第一层 Scotch23 胶带的外部再绕包第二层 Scotch23 胶带，把接地线夹在当中，以防水汽沿接地线空隙渗入。

6. 绕包胶带（图 12.4-20）

在整个接地区域及 Scotch23 胶带外面绕包几层 PVC 胶带，将它们全部覆盖住。

7. 安装分支手套（图 12.4-21）

（1）安装冷缩式电缆密封分支手套。把手套放到电缆根部，逆时针抽掉芯绳，先收缩颈部，然后，按同样方法，分别收缩三芯。

（2）用 PVC 带将接地编织线固定在电缆护套上。

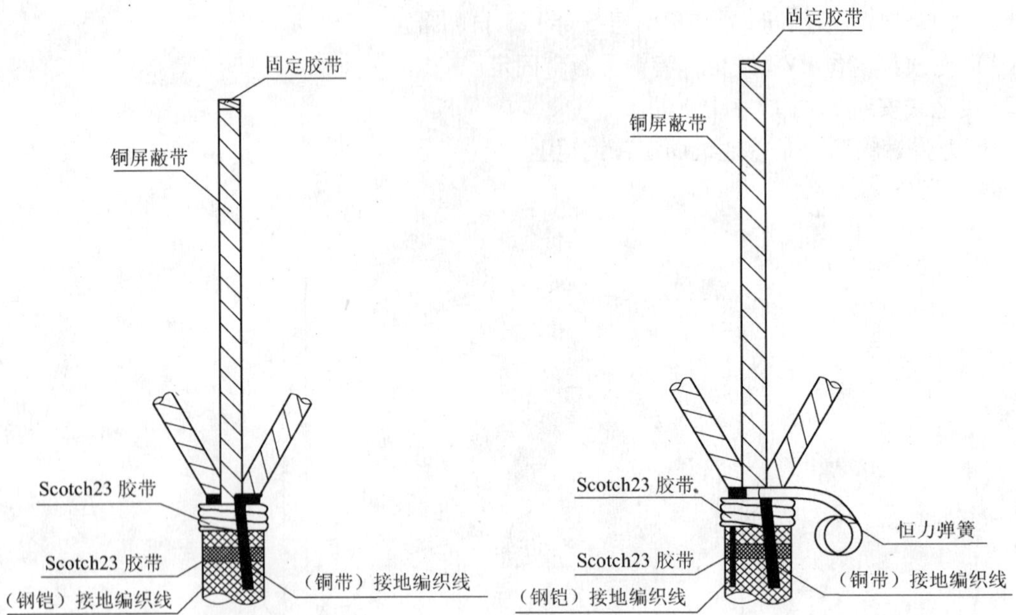

图 12.4-17　绕包绝缘自粘带

图 12.4-18　第二条接地线安装

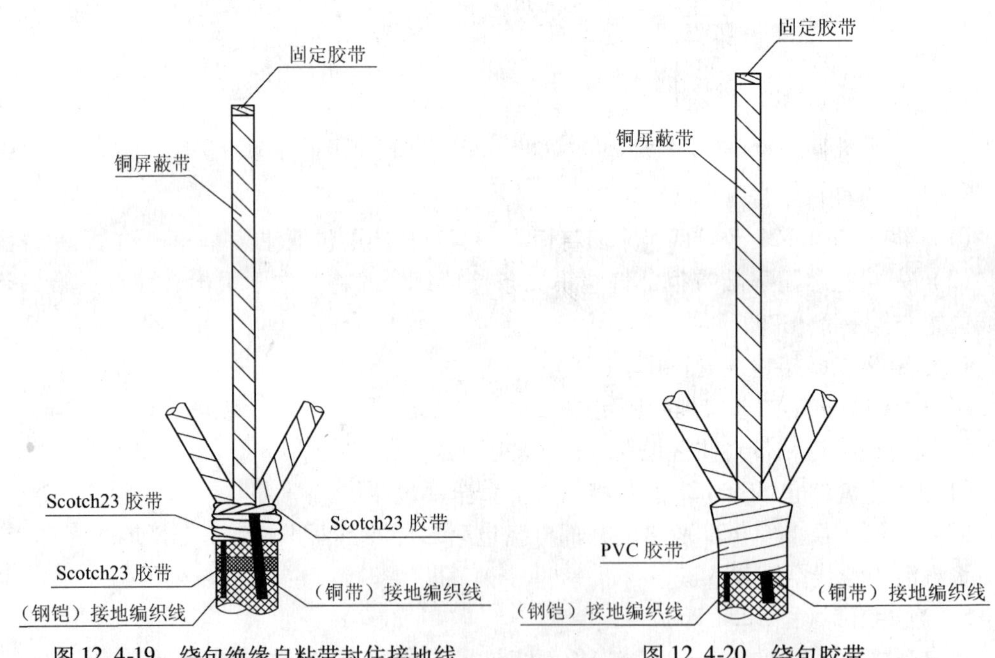

图 12.4-19　绕包绝缘自粘带封住接地线

图 12.4-20　绕包胶带

8. 套入冷缩式直管

套入冷缩式直管，与三叉手指搭接 15mm，逆时针抽掉芯绳，使其收缩（图 12.4-22）。

9. 处理铜屏蔽带和半导电层（图 12.4-23）

（1）冷缩式套管口往上留 30mm 的铜屏蔽带，其余的剥去。

（2）铜屏蔽带口往上再留 10mm 的半导体层，其余的全部剥去，剥离时切勿划伤主绝缘。

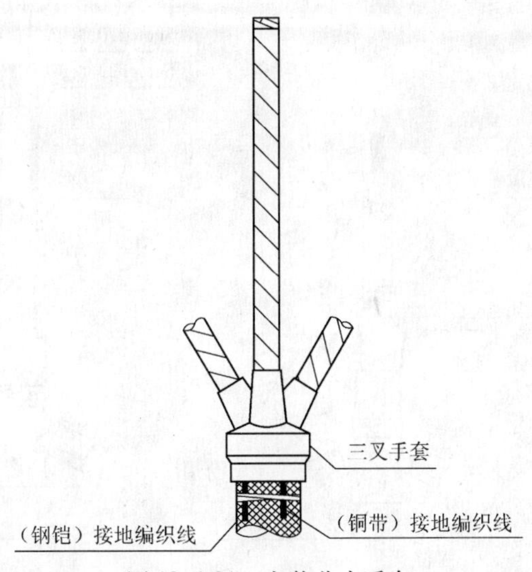

图 12.4-21 安装分支手套

(3) 按尺寸 B 切除顶部绝缘。

(4) 外半导电口往下 65mm 处，绕包 PVC 带做一标识，此处为冷缩终端安装基准。

10. 绕包半导电带（图 12.4-24）

半重叠绕包 Scotch13 半导电带，从铜屏蔽带上 10mm 处开始，绕至 10mm 主绝缘上，然后返回到起始处。

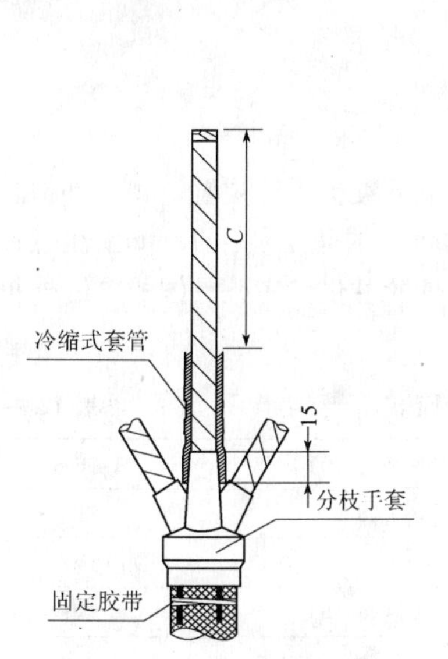

图 12.4-22 套入冷缩式直管

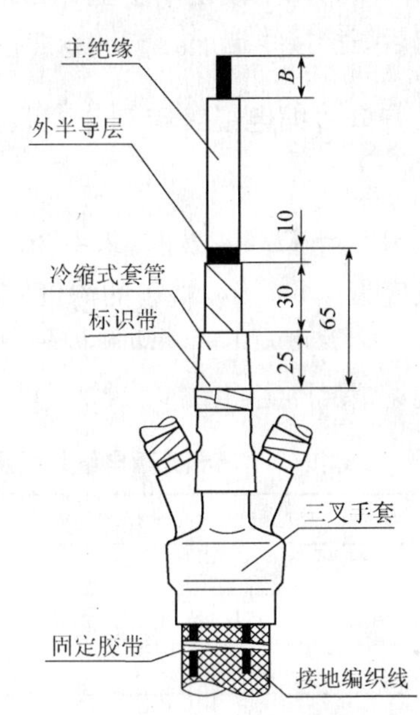

图 12.4-23 处理铜屏蔽带和半导电层

11. 安装接线端子（图 12.4-25）

(1) 压接接线端子，锉平打光，并且清洗干净。

(2) 用清洗剂将主绝缘擦拭干净。

(3) 在半导电带与主绝缘搭接处涂上硅脂，将剩余的涂抹在主绝缘表面。

(4) 套入冷缩式终端（QTⅡ），定位于 PVC 标识带处，逆时针抽掉芯绳，使终端收缩。

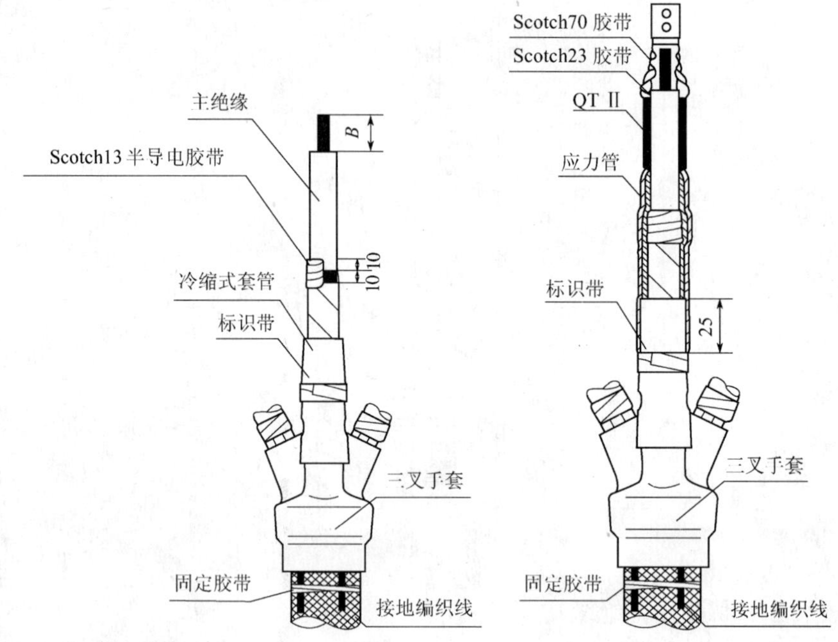

图 12.4-24 包绕半导电带　　图 12.4-25 安装接线端子

（5）用 Scotch23 绝缘带填平接线端子与绝缘之间的空隙，然后从绝缘管开始，半重叠绕包 Scotch70 绝缘带一个来回至接线端子上，如果接线端子的宽度大于冷缩终端的内径，那么先安装终端，然后压接接线端子。

12.4.5 15kV 三芯户外冷缩电缆终端制作安装

1. 剥去外护套

（1）电缆剥切尺寸见表 12.4-4 及图 12.4-26。把电缆置于预定位置，剥去外护套，铠装及衬垫层，开剥长度为：A + 接线端子的深度 + 10mm，衬垫层留出 10mm。注意：由于开关柜尺寸的差异及安装方式的不同，故此处给出的 A 尺寸供参考，具体的电缆外护套开剥长度应根据实际现场情况确定。

预处理电缆外径及截面　　**表 12.4-4**

产品型号	导体截面（mm^2）	绝缘外径（mm）	A（mm）
5601PST-G	35～70	16～28	530
5602PST-G	95～240	21～35	530
5603PST-G	300～500	27～46	580

注：以电缆绝缘外径为选型最终决定因素，截面为参考。

（2）再往下剥 25mm 的护套，留出铠装，并擦洗开剥处往下 50mm 长护套表面的污垢。

（3）护套口往下 15mm 处绕包两层 Scotch23 胶带。

（4）在顶部绕包 PVC 胶带，将铜屏蔽带固定。

2. 接地线安装（图 12.4-27）

用恒力弹簧将第一条接地线固定在钢铠上，并用 Scotch23 带将接地线绕包两层。

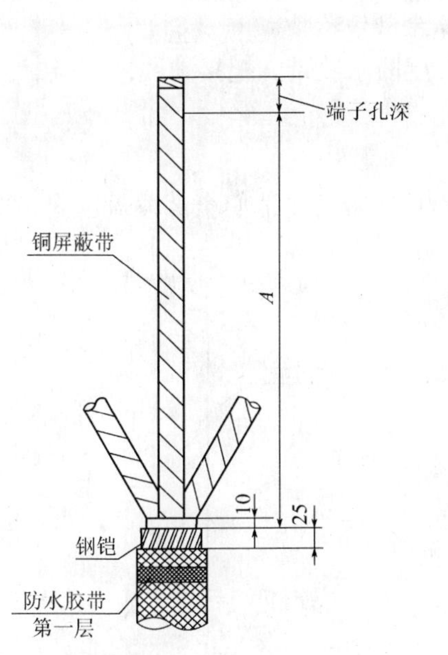

图 12.4-26 电缆剥切尺寸

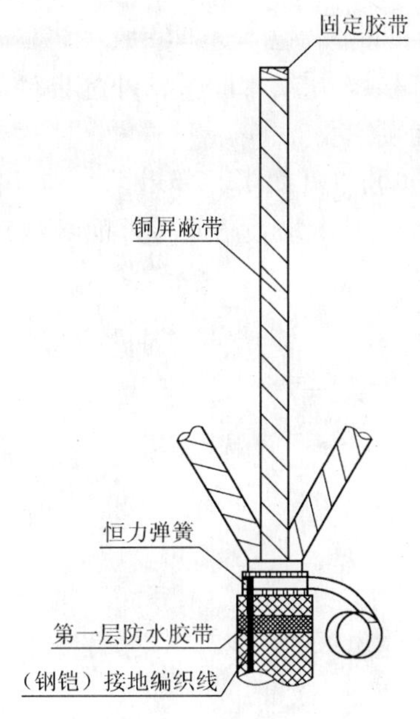

图 12.4-27 接地线安装

3. 绕包绝缘自粘带（图 12.4-28）

（1）绕包 Scotch23 胶带两个来回，将恒力弹簧及衬垫层包覆住。

（2）先在 3 芯铜屏蔽带在根部缠绕第二条接地线，并将其向下引出（注意：第二条接地线位置与第一条相背）。

4. 固定第二条接地线（图 12.4-29）

用恒力弹簧将第二条接地线固定住。

5. 绕包绝缘自粘带封住接地线（图 12.4-30）

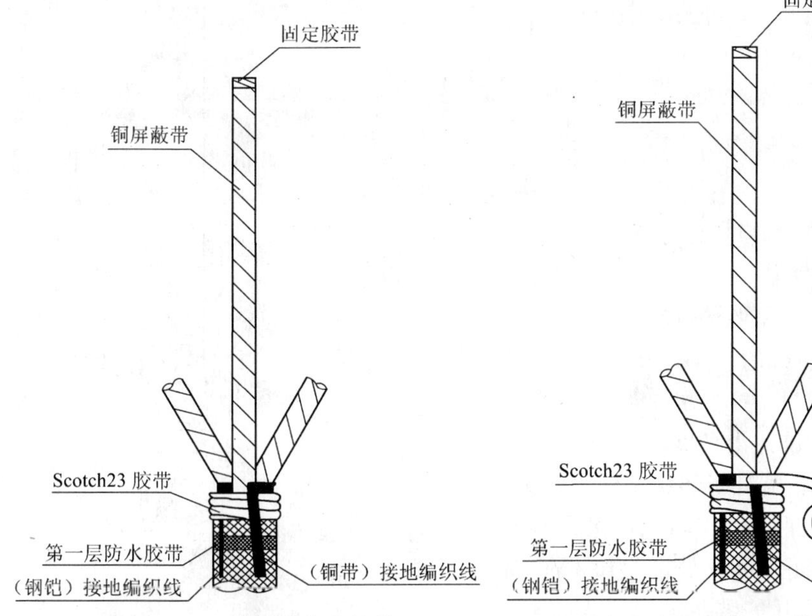

图 12.4-28 绕包绝缘自粘带

图 12.4-29 第二条接地线安装

（1）半重叠绕包 Scotch23 胶带将恒力弹簧全部包覆住。

（2）在第一层防水胶带的外部再绕包第二层防水胶带，把接地线夹在当中，以防水汽沿接地线空隙渗入。

6. 绕包胶带（图 12.4-31）

在整个接地区域及防水带外面缘包几套 PVC 腔带，将他们全部覆盖住。

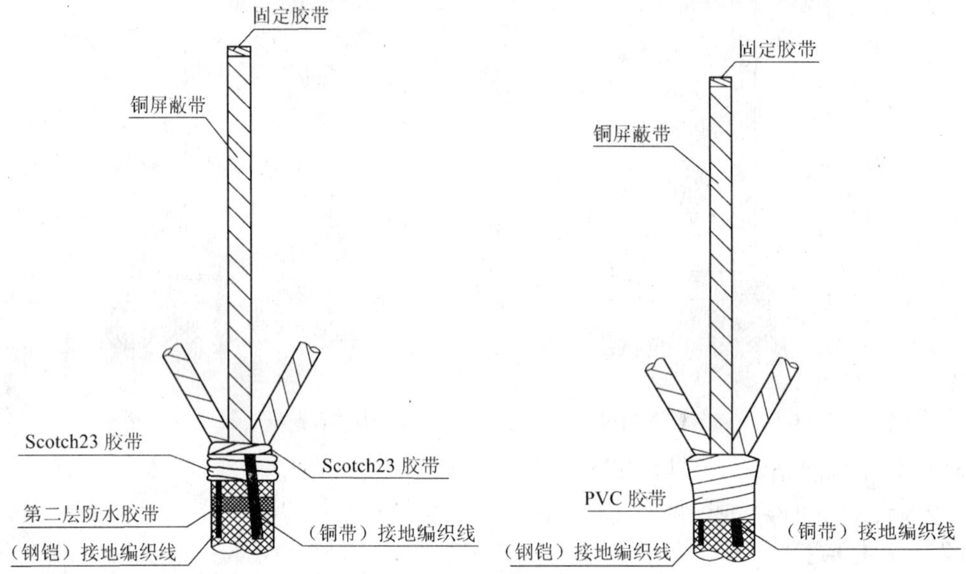

图 12.4-30　绕包绝缘自粘带封住接地线

图 12.4-31　绕包胶带

7. 安装分支手套

（1）安装冷缩式电缆密封分支手套。把手套放到电缆根部，逆时针抽掉芯绳，先收缩颈部，然后，按同样方法，分别收缩 3 芯（图 12.4-32）。

（2）用 PVC 带将接地编织线固定在电缆护套上。

8. 套入冷缩直管

（1）将冷缩式套管分别套入三芯（图 12.4-33）。

（2）使套管重叠在手套分支上 15mm 处，逆时针抽掉芯绳，使其收缩。

9. 处理铜屏蔽带和半导电层

（1）冷缩式套管口上留 15mm 的铜屏蔽带，其余的切除（图 12.4-34）

（2）铜屏蔽带口往上留 5mm 的半导体层，其余的全部剥去，剥离时切勿划伤到绝缘。

（3）按接管孔深加上 10mm 切除顶部绝缘。

（4）套管口往下 45mm 处，绕包 PVC 带作一标识，此处为 QT II 安装基准。

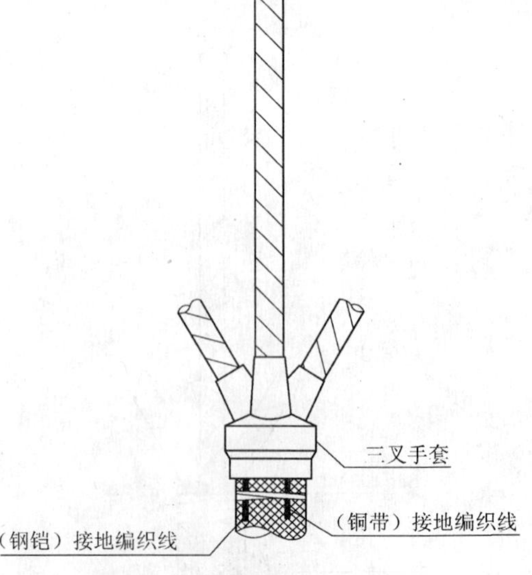

图 12.4-32　安装分支手套

10. 绕包半导电带（图 12.4-35）

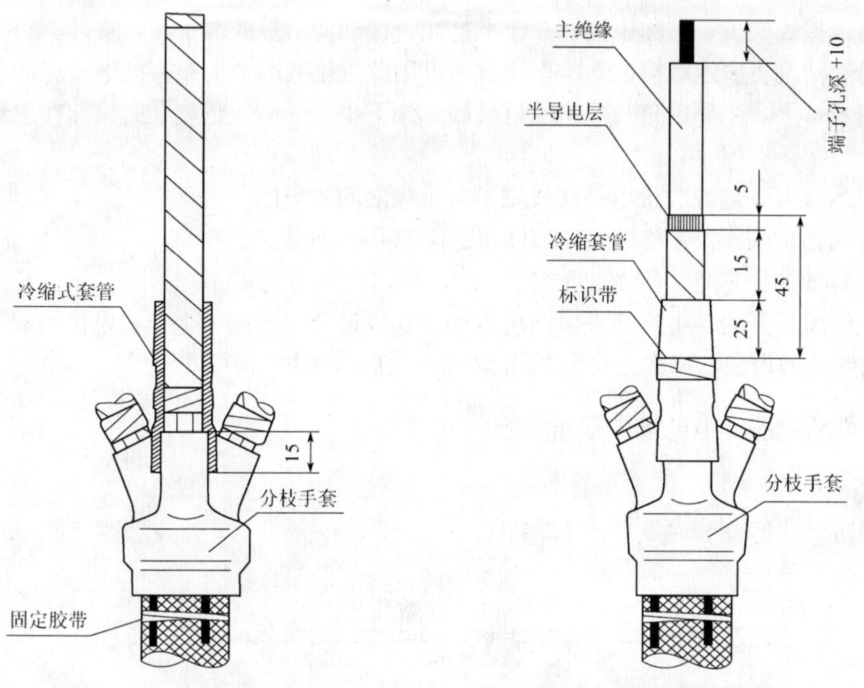

图 12.4-33 套入冷缩直管

图 12.4-34 处理铜屏蔽带和半导体电层

半重叠绕包 Scotch13 半导电带，从铜屏蔽带上 5mm 处开始，绕包至 5mm 主绝缘上然后到开始处。

11. 压接接线端子

如果接线端子的宽度小于预张式绝缘套管的直径，那么步骤如下（图 12.4-36）：

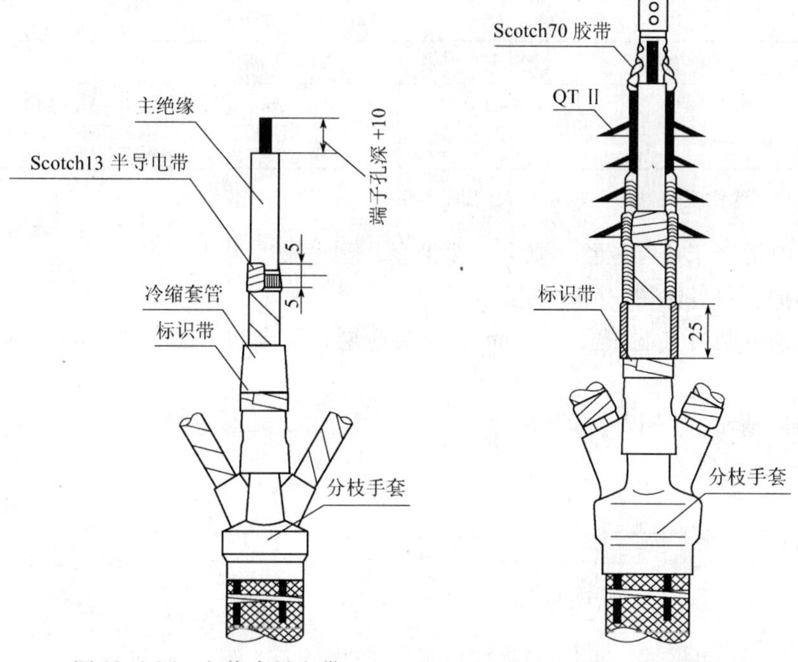

图 12.4-35 包绕半导电带

图 12.4-36 压接接线端子

(1) 套入接线端子，对称压接，并锉平打光，仔细清洁接线端子。

(2) 用清洁剂将主绝缘擦拭干净，注意不可用擦过接线端子的布擦拭绝缘。

(3) 在Scotch13半导电带与主绝缘搭接处，涂上少许硅脂，将剩余的涂抹在主绝缘表面上。

(4) 用Scotch23绝缘胶带填平接线端子与绝缘之间的空隙。

(5) 套入预扩张式快速终端（QT II），定位于PVC标识处。

(6) 逆时针抽掉芯绳，使终端收缩。

(7) 从绝缘管开始，半重叠来回绕包Scotch70胶带至接线端子上。如果接线端子的宽度大于冷缩终端的内径，那么先安装PTⅡ终端，最后压接线端子。

12.4.6 15kV单芯冷缩电缆中间接头制作安装

1. 电缆预处理

电缆剥切尺寸见表12.4-5及图12.4-37。

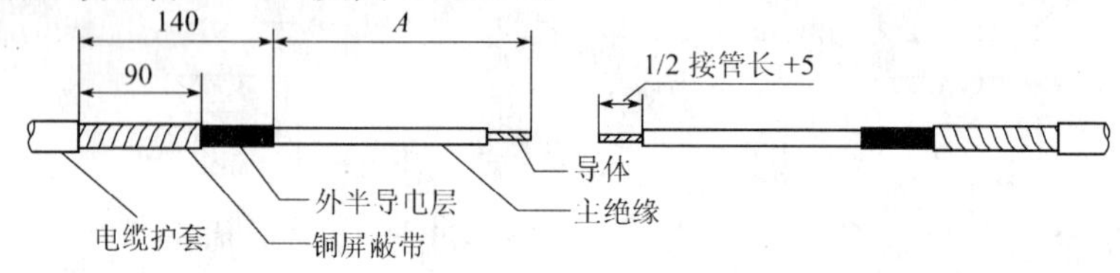

图12.4-37 电缆剥切尺寸

单芯电缆冷缩式中间接头尺寸 表12.4-5

产品型号	电缆尺寸			连接管尺寸	
	绝缘外径（mm）	导体截面（mm^2）		外径（mm）	最大长度（mm）
		6/10kV（6/6kV）	8.7/15kV（8.7/10kV）		
QS1000-K1	17.7～26.0	70～150	50～150	14.2～25.0	135
QS1000-K2	22.3～33.2	150～240	150～240	18.0～33.0	145
QS1000-K3	28.4～42.0	300～400	300～400	23.3～42.0	220

注：以电缆的绝缘外径为选型决定因素，导体截面为参考。

(1) 把电缆置于最终位置，剥去电缆护套，剥离长度为$A+140$mm

(2) 端护套口各保留90mm铜屏蔽带，其余全部剥去。

(3) 在铜屏蔽带末端往上留50mm的半导电层，其余的全部剥掉，剥离时，切勿划伤主绝缘。

2. 主绝缘清洗（图12.4-38）

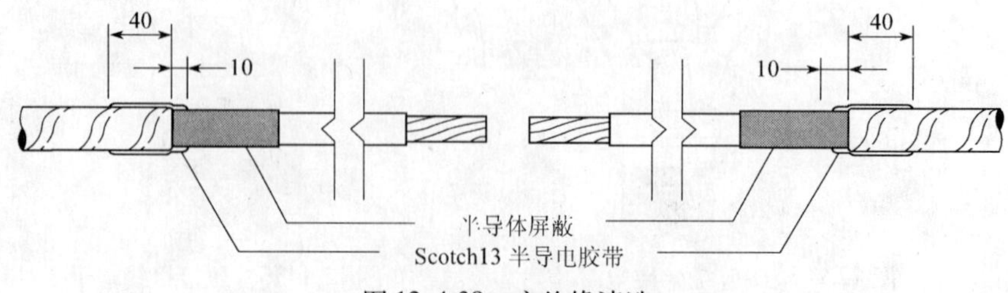

图12.4-38 主绝缘清洗

（1）半重叠来回绕包 Scotch13 半导电胶带，从铜屏蔽带上 40mm 处开始绕包至 10mm 的外半导体层上，绕包端口应十分平整。

（2）按常规方法清洗电缆主绝缘

1）切勿使溶剂碰到半导体屏蔽层。

2）如果必须要用砂纸磨掉主绝缘上残留半导体，只能用不导电的氧化铝砂纸（最大粒度 120 号），不能使打磨后的主绝缘外径小于接头选用范围。

（3）在进行下一步骤前，主绝缘表面必须保持干燥，如有必要，用干净的不起毛布进行擦拭。

3. 套入冷缩式中间接头及铜屏蔽网套

分别套入冷缩式（预张式）中间接头，铜屏蔽网套（图 12.4-39）。

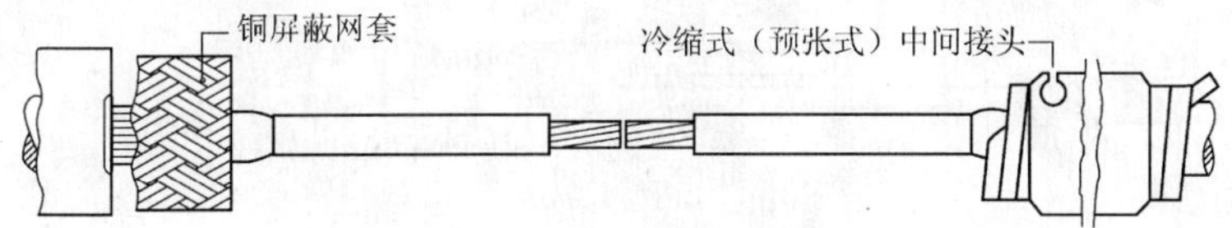

图 12.4-39　套冷缩式中接头及铜屏蔽网套

4. 导线连接管压接（图 12.4-40）

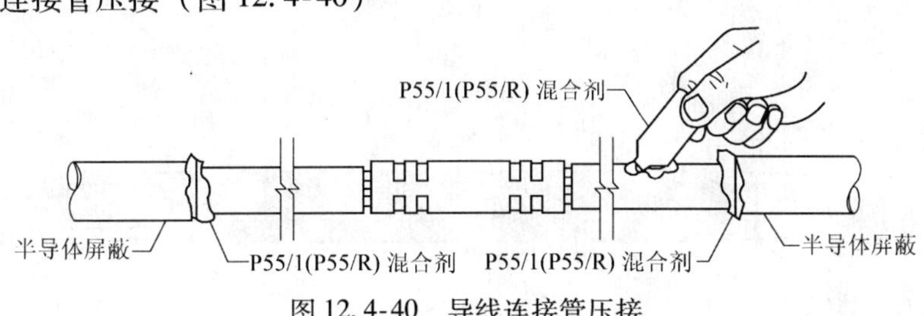

图 12.4-40　导线连接管压接

（1）按供货商的指示装上连接管。注：1）不要压连接管的中心；2）压接后应对连接管表面锉平打光，并且清洗。

（2）将 P55/R（P55/I）混合剂涂抹在半导体层与主绝缘交界处，然后把其余涂料均匀地涂抹在主绝缘表面上。注意：只能用 P55/R（P55/I）混合剂，不能用硅脂。

5. 量出中心点和尺寸校验点（图 12.4-41）

测量绝缘端口之间尺寸 C，然后按尺寸 1/2C，在接管上确定实际中心点 D，然后按 300mm 在一边的铜屏蔽带上找出一个尺寸校验点 E。

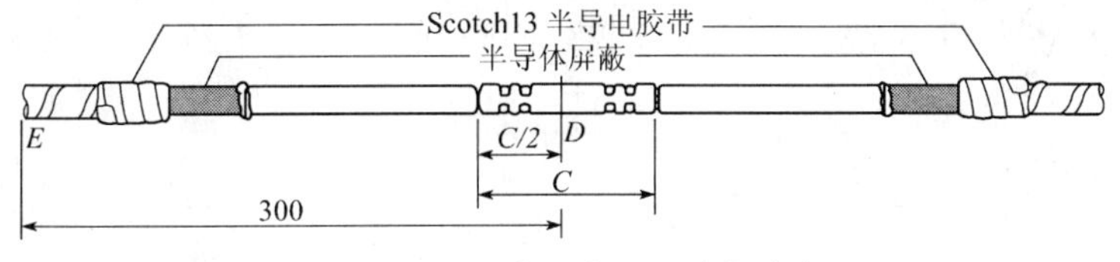

图 12.4-41　中心点和尺寸校验点

6. 安装冷缩管（图 12.4-42）

（1）在半导电屏蔽层上距离屏蔽层端口 X 处做一记号，此处为接头收缩定位点，见表 12.4-6。

接头收缩定位点 表 12.4-6

导体截面（mm^2）	50	70	95	120	150	150	185	240	300	400
X（mm）	35	35	30	25	25	35	30	25	30	25

（2）将冷缩接头对准定位标记，逆时针抽掉芯绳使接头收缩。在接头完全收缩后5min内校验冷缩接头主体上的中心标记到校验点 E 的距离是否确实为300mm，如有偏差，尽快左右抽动接头以进行调整。注：由于冷缩接头为整体预制式结构，中心定位应做到准确无误（图 12.4-42）。

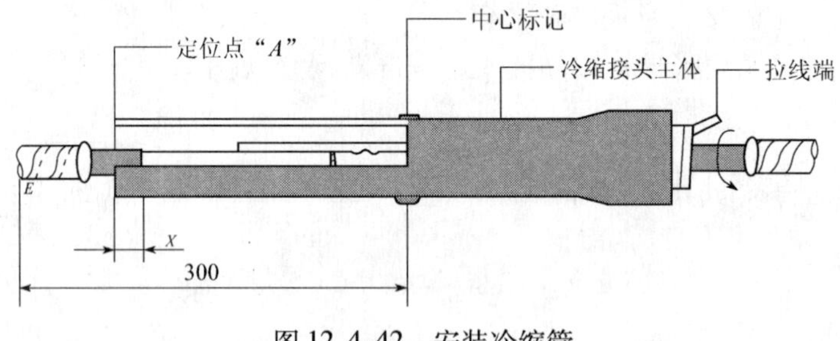

图 12.4-42 安装冷缩管

7. 固定铜编织网套（图 12.4-43）

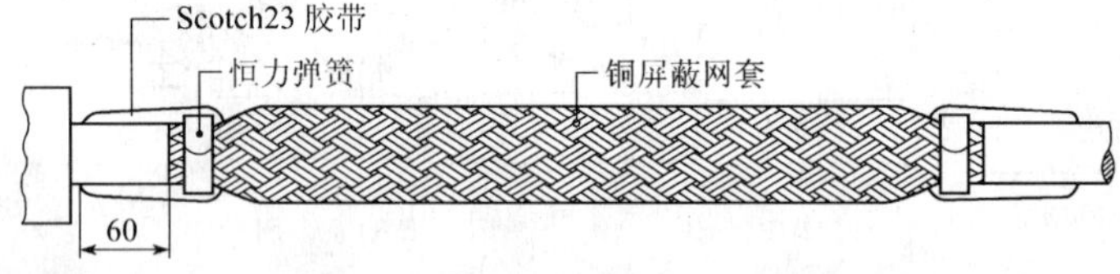

图 12.4-43 固定铜屏蔽网

（1）装上铜屏蔽网套，用恒力弹簧将它固定在铜屏蔽带上。切除网套上多余的铜线。

（2）在恒力弹簧和电缆护套的端部绕包叠 Scotch23 胶带。

8. 绕包防水胶带（图 12.4-44）

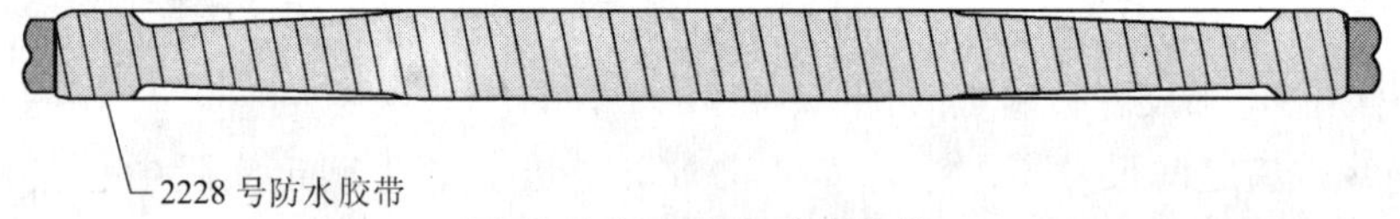

图 12.4-44 绕包防水胶带

在整个接头处半重叠绕包 Scotch 2228 号防水带做防水保护，并与每端护套搭接60mm。

9. 包绕装甲带（图 12.4-45）

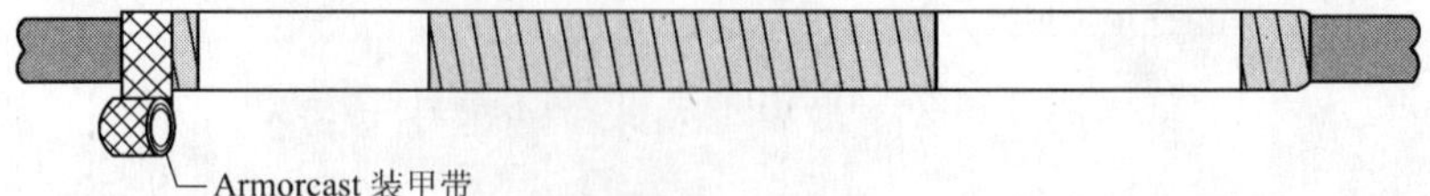

图 12.4-45 包绕装甲带

最后，在外部半重叠缠绕 Armorcast 装甲做机械保护。

12.4.7 15kV 三芯冷缩电缆中间接头制作安装

1. 剥开电缆

（1）如图 12.4-46 所示尺寸将电缆开剥处理。切除钢带时，用扎线将钢带绑扎住，切除后用 PVC 胶带将端口锐边包覆住。

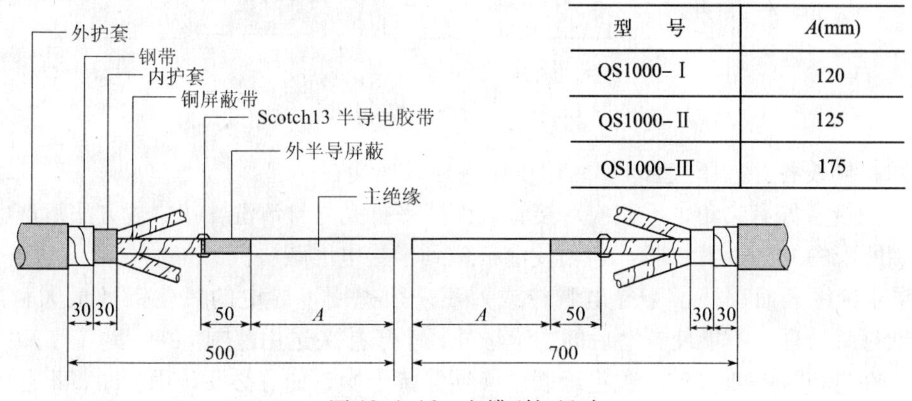

型　号	A(mm)
QS1000-Ⅰ	120
QS1000-Ⅱ	125
QS1000-Ⅲ	175

图 12.4-46　电缆剥切尺寸

（2）尺寸 A 应严格按照表 12.4-7 的规定切除。

（3）绕包两层 Scotch13 半导电胶带，将电缆铜屏蔽带端口包覆住加以固定。

三芯电缆冷缩式中间接头尺寸　　**表 12.4-7**

产品型号	电缆尺寸			连接管尺寸	
	绝缘外径（mm）	导体截面（mm^2）		外径（mm）	最大长度（mm）
		6/10kV（6/6kV）	8.7/15kV（8.7/10kV）		
QS1000-Ⅰ	17.7～26.0	70～150	50～150	14.2～25.0	135
QS1000-Ⅱ	22.3～33.2	150～240	150～240	18.0～33.0	145
QS1000-Ⅲ	28.4～42.0	300～400	300～400	23.3～42.0	220

注：以电缆的绝缘外径为选型决定因素，导体截面为参考。

2. 切除电缆主绝缘

（1）按 1/2 接管长 +5mm 的尺寸切除电缆主绝缘。

（2）从开剥长度较长的一端电缆套入冷缩接头主体，较短的一端套入铜屏蔽编织网套。

（3）冷缩接头必须安置于开剥较长的一端电缆，拉线端方向见图 12.4-47。

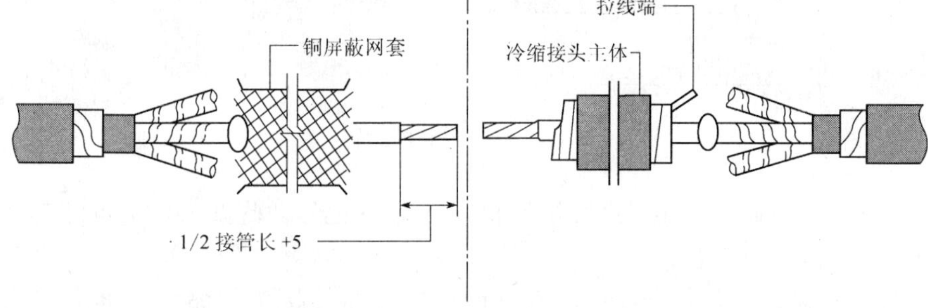

图 12.4-47　冷缩接头安置位置

3. 导线连接管压接（图 12.4-48）

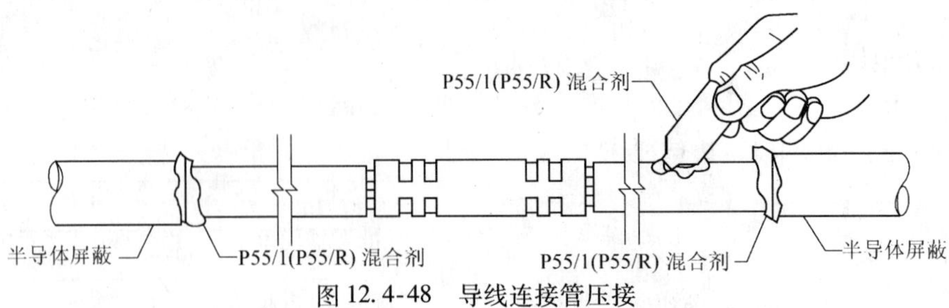

图 12.4-48　导线连接管压接

（1）将导线各穿入压接管 1/2，用压钳将导线连接在一起。

（2）压接后如有尖角，毛刺应对接管表面挫平打光并且清洗。按常规方法清洗电缆主绝缘（用所配的 CC-3 清洁剂）。切勿使溶剂碰到半导电屏蔽层。

如果主绝缘表面有残留半导电颗粒或刀痕，须先用不导电的氧化铝（最大粒度 120 号）砂纸打磨处理，不能使打磨后的主绝缘外径小于接头选用范围。

（3）在进行下一步骤前，主绝缘表面必须保持干燥，如有必要，用干净、不起毛的布进行擦拭。

（4）将 P55/I 混合剂涂抹在半导体屏蔽层与主绝缘交界处，然后把其余混合剂均匀涂抹在主绝缘表面及接管上。注意：只能用 P55/R 混合剂，不能用硅脂。

4. 量出中心点和尺寸校验点（图 12.4-49）

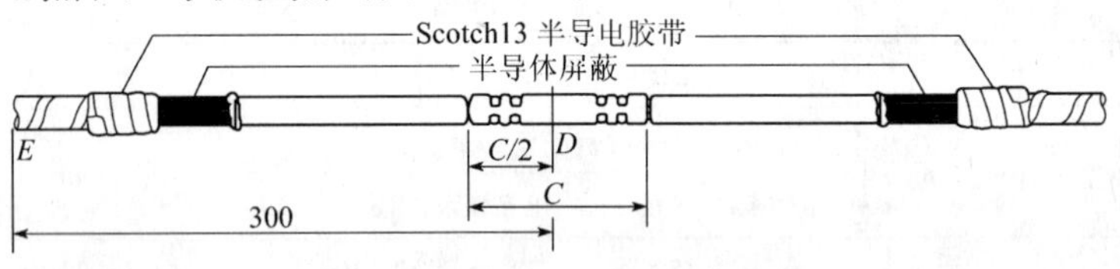

图 12.4-49　量出中心点和尺寸校验点

测量绝缘端口之间之尺寸 C，然后按尺寸 $C/2$，在接管上确定实际中心点 D，然后按 300mm 在一边的铜屏蔽带找出一个尺寸校验点 E。

5. 安装冷缩管（图 12.4-50）

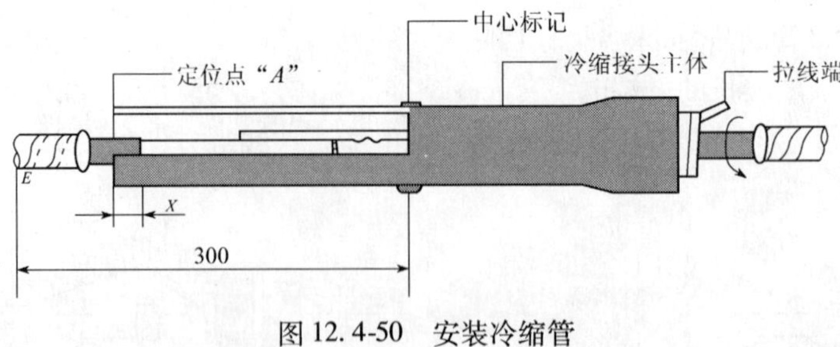

图 12.4-50　安装冷缩管

（1）在半导电屏蔽层上距离屏蔽层端口 X 处做一记号，此处为接头收缩起始点，见表 12.4-8。

（2）将冷缩接头对准定位标记，逆时针抽掉芯绳使接头收缩，在接头完全收缩后 5min 内校验冷缩头主体上的中心标记到校验点 E 的距离是否确实为 300mm，如有偏差，应尽快左右移动接头，进行调整。

注意：由于冷缩接头为整体预制式结构，必须进行中心点校验，并且做到准确无误。

(3) 照此步骤完成第二、第三个接头的安装。

接头收缩定位点 表 12.4-8

型　号	QS1000-Ⅰ					QS1000-Ⅱ			QS1000-Ⅲ	
导体截面（mm^2）	50	70	95	120	150	150	185	240	300	400
X（mm）	35	35	30	25	25	35	30	25	30	25

6. 套上铜编织网套

在装好的接头主体外部套上铜编织网套（图 12.4-51）。

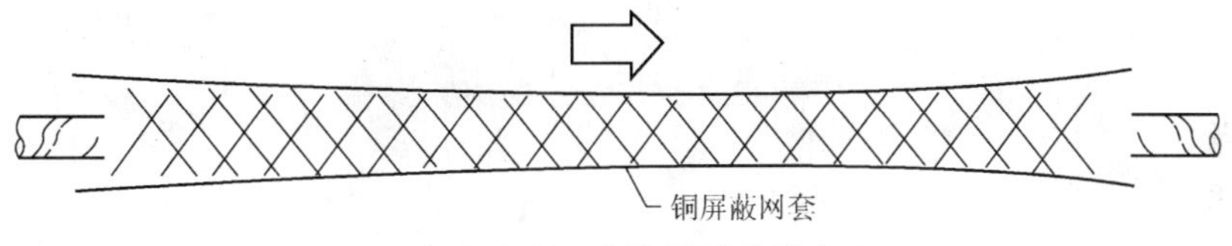

图 12.4-51　安装铜屏蔽网套

7. 固定铜网套（图 12.4-52）

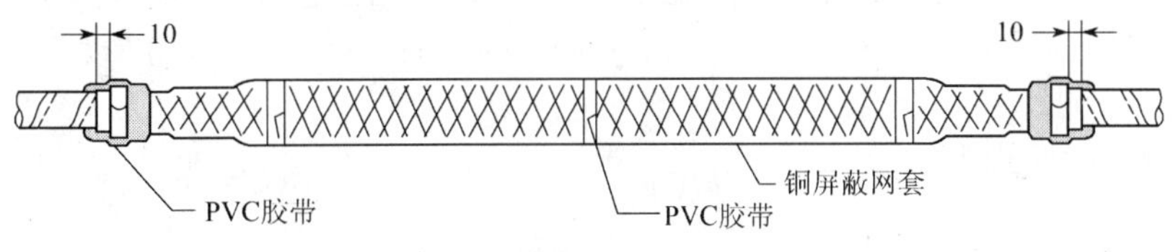

图 12.4-52　固定铜网套

(1) 用 PVC 胶带把铜网套绑扎在接头主体上。

(2) 用两只恒力弹簧将铜网套固定在电缆铜屏蔽带上。

(3) 将铜网套的两端修齐整，在恒力弹簧前各保留 10mm。

(4) 半重叠绕包两层 PVC 胶带，将弹簧包覆住。

(5) 按同样方法完成另两相的安装。

8. 绑扎三芯电缆（图 12.4-53）

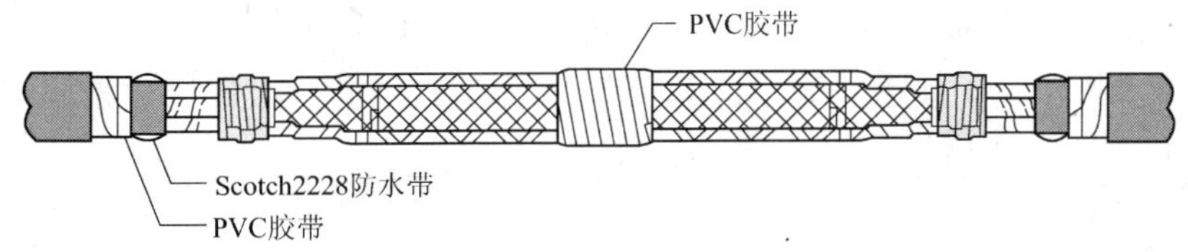

图 12.4-53　绑扎三芯电缆

(1) 用 PVC 胶带将三芯电缆绑扎在一起。

(2) 绕包一层 Scotch 2228 防水带，涂胶粘剂的一面朝外，将电缆衬垫层包覆住。

9. 安装铠装接地接续编织线（图 12.4-54）

(1) 在编织线两端各 80mm 的范围将编织线展开。

（2）将编织线展开的部分贴附在 Scotch 2228 胶带和钢铠上，并与电缆外护套搭接 20mm。

（3）用恒力弹簧将编织线的一端固定在钢铠上，搭接在外护套上的部分反折回来一起固定在钢铠上。

（4）同样，编织线的另一端也照此步骤安装。

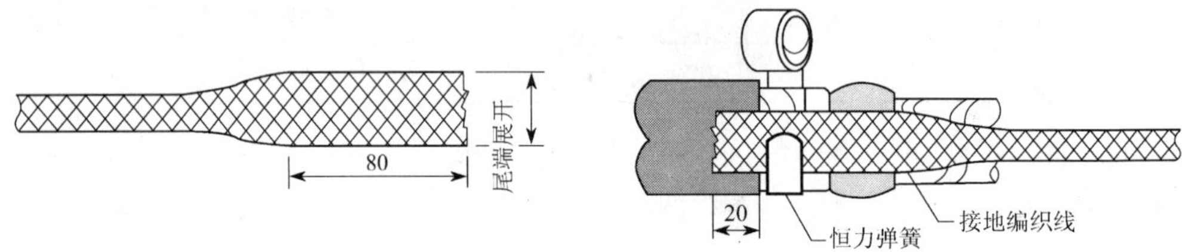

图 12.4-54　安装编织线

10. 包绕 PVC 胶带（图 12.4-55）

半重叠绕包两层 PVC 胶带将弹簧连同铠装一起覆盖住，不要包在 Scotch 2228 防水带上。

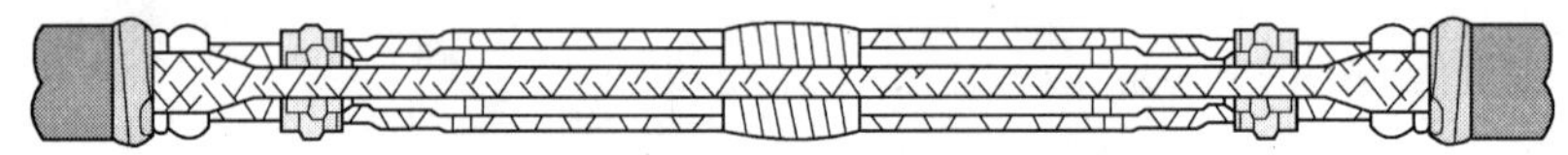

图 12.4-55　包绕 PVC 胶带

11. 防潮密封（图 12.4-56）

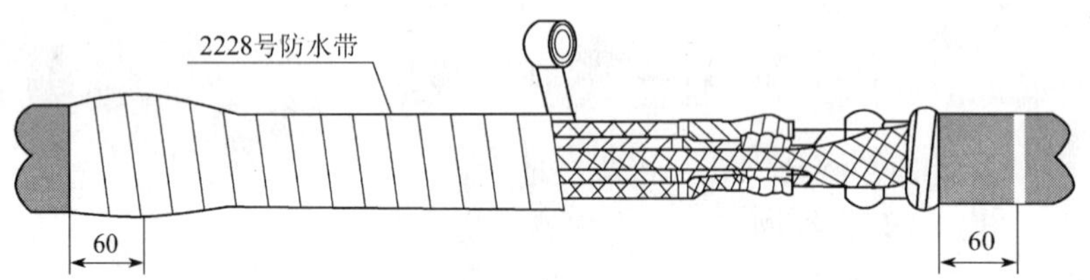

图 12.4-56　防潮密封

用 Scotch 2228 防水带做接头的防潮密封，从一端护套上距离为 60mm（*A*）开始半重叠绕包（涂胶合剂一面朝里），绕至另一端护套上 60mm（*B*）处。

注意：如需将钢带接地与铜屏蔽接地分离，可以先用 Scotch 2228 号防水带将整个接头包一层，从一端内护套上开始到另一端内护套上结束，然后用接地线将两边钢带连接上，最后，再用 Scotch 2228 号防水带进行统包。

12. 安装装甲带

（1）为使电缆外形整齐，可先用防水胶带填平两边的凹陷处（图 12.4-57）。

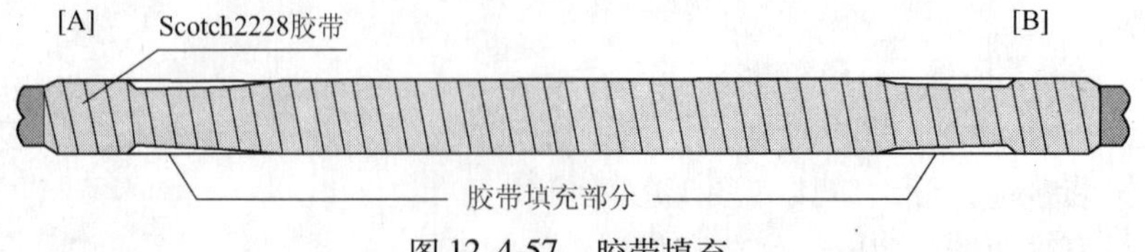

图 12.4-57　胶带填充

（2）在整个接头外绕包装甲带 Armoreast，以完成整个安装工作，从一端电缆护套上60mm 防水带上开始，半重叠绕包装甲带至对面另一端 60mm 防水带上（图 12.4-58）。

（3）为保证电缆的质量，做好后 30min 内不得移动电缆。

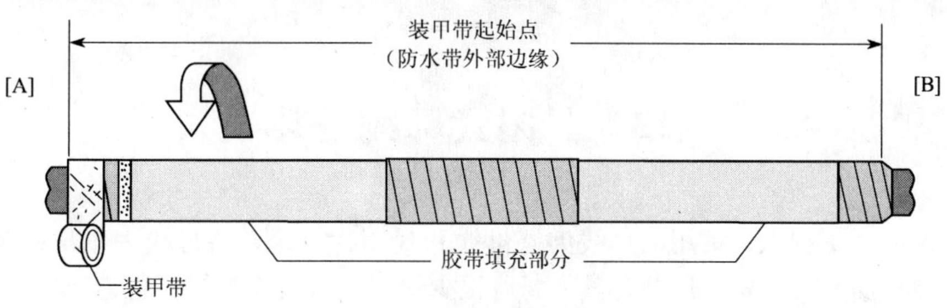

图 12.4-58　安装装甲带

13　封闭式母线安装

在建筑电气工程中，常用的母线为裸母线和封闭式母线。裸母线一般是指矩形母线，除了在工业厂房和变电所使用外，其他场所很少使用。封闭式母线（也称插接式母线或密集型母线槽）是工矿、企业、事业和高层建筑中新型的供配电联络设备，它可以通过特殊的连接端与变压器和高、低压配电柜直接连接，也可以由电缆通过进线箱与封闭式母线始端连接。

本章相关标准规范：

(1)《电气装置安装工程母线装置施工及验收规范》GBJ149—90。

(2)《建筑电气工程施工质量验收规范》GB50303—2002。

(3)《民用建筑电气设计规范》JGJ16—2008。

13.1　封闭式母线介绍

20 世纪 80 年代以前，高层建筑中的供电主干线主要采用可靠性较好的电力电缆，电缆在电气竖井内沿墙壁用支架或电缆桥架敷设。电缆作为供电主干线比裸导线、裸母线要安全可靠得多，但载流量受到限制，电缆截面不可能造得很大，而且电缆太粗，现场施工难度大。20 世纪 80 年代中后期，城市发展迅速，高层、超高层建筑大批建造，建筑物的用电负荷急剧增加，电缆作为供电主干线的局限性越来越突出，特别是现场制作电缆分支接头技术难度很大，急需一种容量大、分支方便的供电主干线取而代之。这时，容量大、分支方便的封闭式母线从国外引进来，并且在工程中迅速得到推广应用。封闭式母线属树干式系统，产品具有体积小、结构紧凑、运行可靠、传输电流大、便于分接馈电、维护方便、能耗小、动热稳定性好等优点，在高层建筑中得到广泛应用。

13.1.1　封闭式母线供电方法

1. 封闭式母线供电方法

封闭式母线又称母线槽，主要用于电力变压器到主配电柜或从主配电柜到分配电盘的输电。母线适合交流三相三线、三相四线、三相五线，频率为 50Hz，额定工作电压 660V，额定工作电流为 100～5000A 的供配电系统。是现代大、中型高层建筑工程等场所最理想的供配电设备，封闭式母线供电示意见图 13.1-1。

2. 封闭式母线供电优点

在高层建筑供电系统中，传统的电缆供电方法见图 13.1-2（*a*），每层楼面都需要单独放电缆，需要用很多电缆或制作电缆分支接头。图 13.1-2（*b*）为封闭式母线供电方法，只要使用单一的封闭式母线系统，通过插接式分线箱即可为每层楼面供电。从而减少了电缆的敷设，更提供了供电的可靠性。

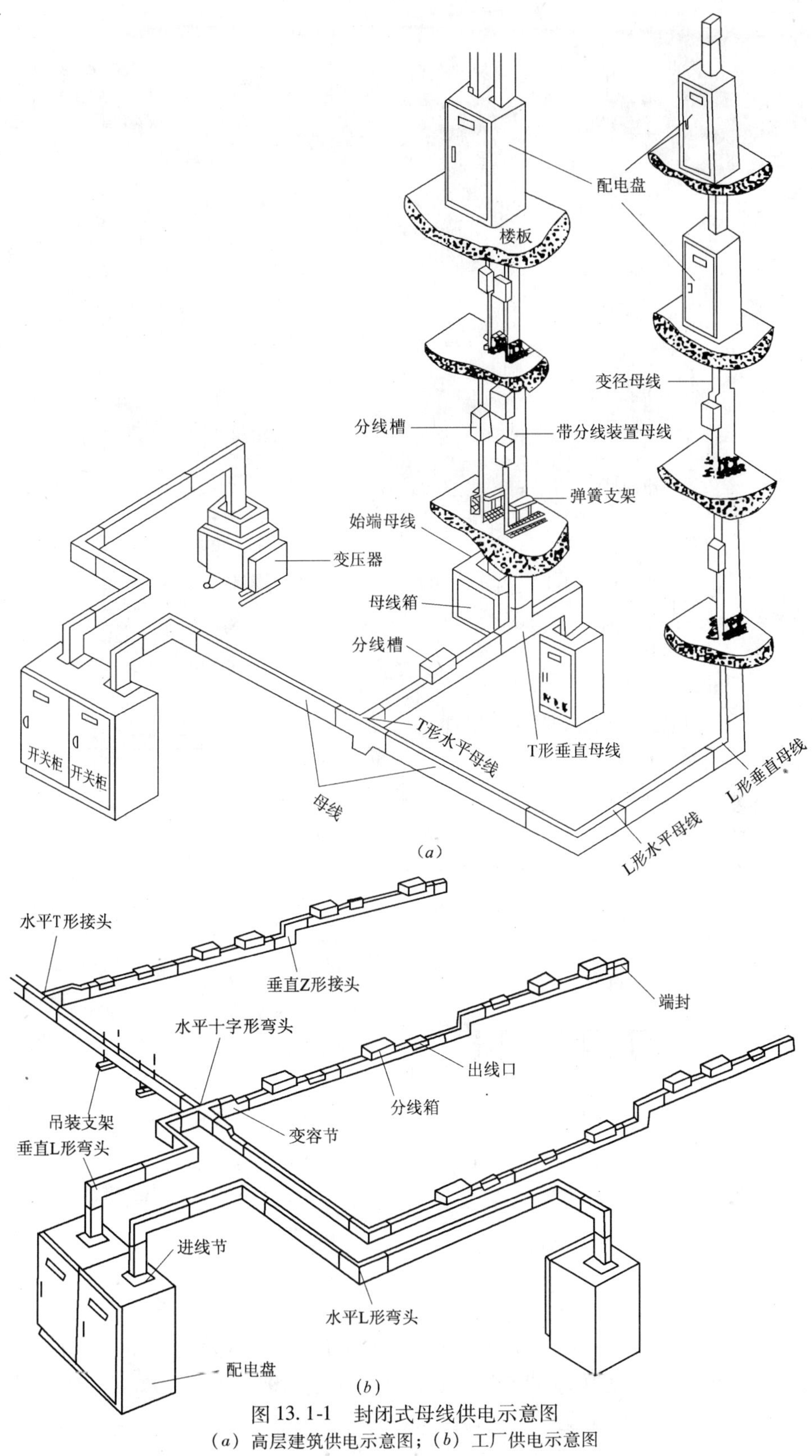

图 13.1-1　封闭式母线供电示意图

(*a*) 高层建筑供电示意图；(*b*) 工厂供电示意图

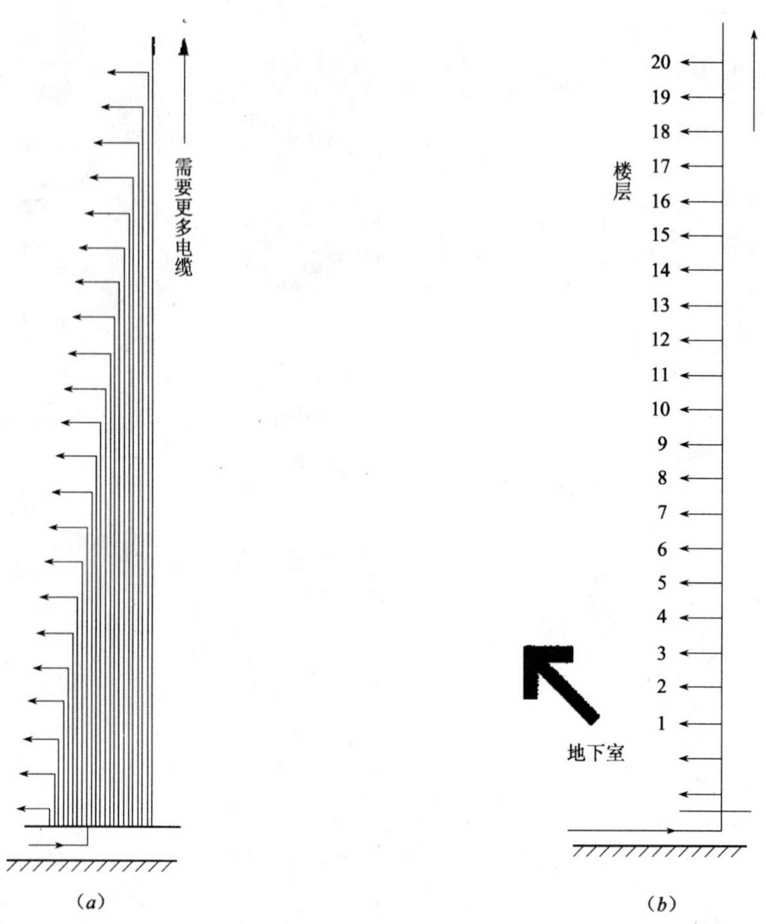

图 13.1-2 高层建筑供电方法
(a) 电缆供电方法;(b) 封闭式母线供电方法

13.1.2 封闭式母线性能

1. 封闭式母线产品型号

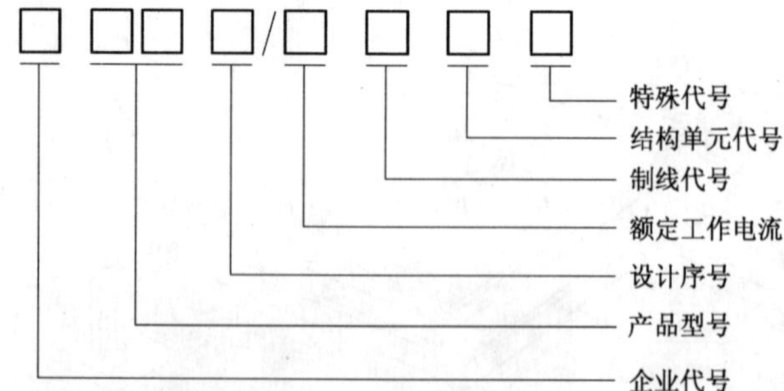

2. 封闭式母线正常工作条件

(1) 周围空气温度在 -5 ~ +40℃,并且在24h以内其平均温度不得超过+35℃。

(2) 当周围空气温度为+20℃时,相对湿度不超过90%。

(3) 安装地点的海拔高度不超过2000m。

3. 封闭式母线主要技能参数

(1) 额定绝缘电压：380V、660V。

(2) 额定频率：50～60Hz。

(3) 绝缘电阻值：每段母线单元的绝缘电阻应大于或等于20MΩ。用户安装时应先检验绝缘电阻值后再进行安装。

4. 封闭式母线规格（图13.1-3及表13.1-1）

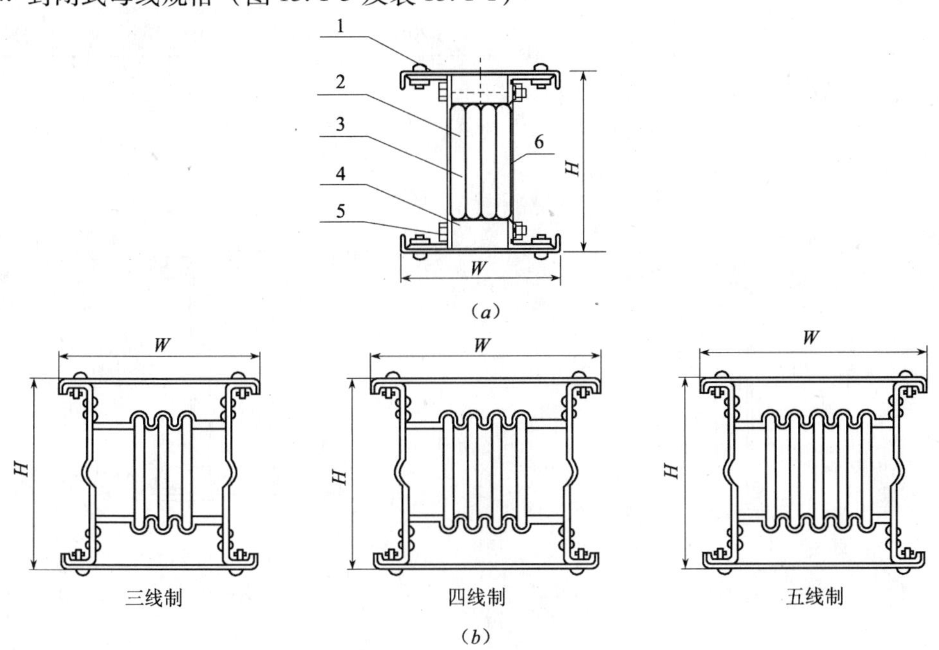

图13.1-3 封闭式母线
(a) 封闭式母线断面图；(b) 封闭式母线外形图
1—母线槽本体盖板；2—导体铜排；3—绝缘层；4—绝缘垫板；
5—紧固螺栓；6—母线槽本体侧板

封闭式母线规格表 **表13.1-1**

电流等级 (A)	三线制			四线制			五线制		
	W (mm)	H (mm)	重量 (kg/m)	W (mm)	H (mm)	重量 (kg/m)	W (mm)	H (mm)	重量 (kg/m)
100	169	96	14.1	169	96	15.2	169	96	16.2
200	169	96	15.2	169	96	17.2	169	96	18.1
250	169	100	16.2	169	100	18.3	169	100	19.5
400	169	110	18.3	169	110	20.4	169	110	21.5
630	169	120	20.2	169	120	23.2	169	120	25.4
800	169	136	23.2	169	136	26.3	169	136	28.6
1000	169	150	28.2	169	150	32.3	169	150	34.5
1250	169	186	35.1	169	186	41.4	169	186	44.5
1600	169	216	43.2	169	216	52.2	169	216	57.2
2000	169	226	52.3	169	226	60.3	169	226	62.3
2500	169	260	61.2	169	260	76.2	169	260	83.5

续表

电流等级(A)	三线制			四线制			五线制		
	W (mm)	H (mm)	重量 (kg/m)	W (mm)	H (mm)	重量 (kg/m)	W (mm)	H (mm)	重量 (kg/m)
3150	169	416	84.3	169	416	102.3	169	416	111.5
3500	169	436	96.4	169	436	116.6	169	436	126.7
4000	169	436	104.5	169	436	128.4	169	436	140.7
5000	169	506	125.4	169	506	154.6	169	506	169.6

5. 封闭式母线接地方法（图 13.1-4）

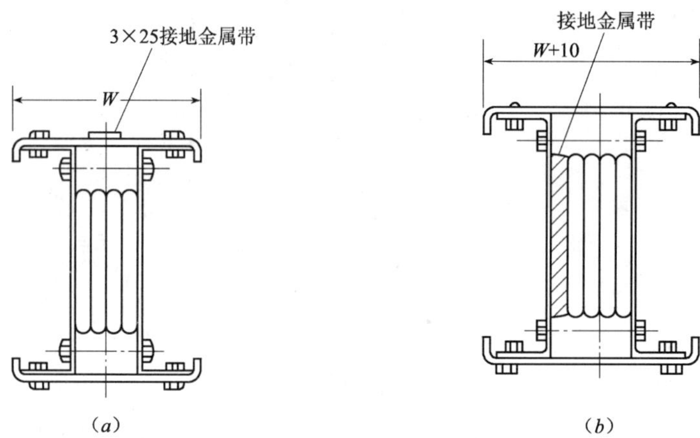

图 13.1-4 封闭式母线接地方法
(a) 方式一；(b) 方式二

13.1.3 封闭式母线运输及存储

1. 封闭式母线运输

(1) 母线及附件箱从设备库到现场的运输必须谨慎细心，运输时，母线箱底部和分段间应垫枕木，防止互相碰撞损伤外壳。

(2) 吊运母线箱的过程中严禁使用裸钢绳，严禁在地面随意拖拉母线。

(3) 长期搁置不用的封闭式母线应放在室内干燥通风的地方，防止受潮。

2. 封闭式母线储存

(1) 储存过程中的温度在 -25 ~ +55℃之间，短时（不超过 24h）温度可达 +70℃。

(2) 封闭式母线及附件应放在清洁及通风的地方，以防止被弄污、入水或损坏。

(3) 不可把封闭式母线储放在室外，如不能避免，则必须适当地遮盖以防止水分及污物在封闭式母线上积聚。

(4) 防风雨式封闭式母线的处理方法亦必须与普通封闭式母线一样处理，直至安装妥当为止。

(5) 若封闭式母线在安装前的一段时间内不使用，不应打开原有包装，直至安装和使用时才可拆除包装。

(6) 封闭式母线应平放，每层中间用垫木隔开，不可倾斜放置（图 13.1-5）。

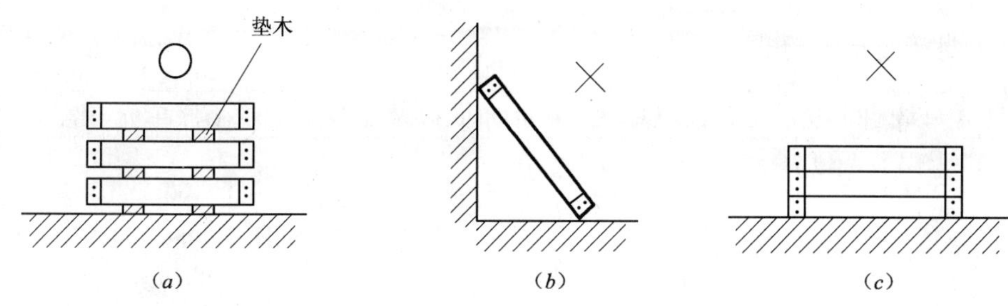

图 13.1-5 封闭式母线储存方法
(a) 正确；(b) 不正确；(c) 不正确

13.1.4 封闭式母线订货须知

由于封闭式母线是定尺寸按施工图订货和供应，制造商提供的安装技术要求文件，指明连接程序、伸缩节设置以及其他说明，订货时应说明以下参数：

(1) 母线型号、额定电流、电压、相线数；
(2) 母线标准长度及数量、各弯曲单元及配套件数量；
(3) 每段母线出线口数量；
(4) 插接分线箱的型号、名称、开关的额定电流及数量；
(5) 分线数量、开关组件型号及其额定参数；
(6) 弹簧支架的规格及数量；压板规格及数量；
(7) 外壳喷塑颜色；
(8) 垂直走向母线的尺寸应提供建筑物剖面尺寸图；
(9) 特殊要求请书面说明。

13.2 封闭式母线组成

13.2.1 封闭式母线结构

封闭式母线由载流导体、壳体和绝缘材料组成（图 13.2-1）。载流导体采用优质电工用铜材料，导体接触面进行了特殊处理，使连接部位安全可靠。导体外使用绝缘材料包裹。封闭式母线壳体采用优质冷轧钢板或不锈钢成型制成，具有足够的机械强度。表面喷塑，防腐蚀性能好，表面平整，色泽美观，防腐性强。

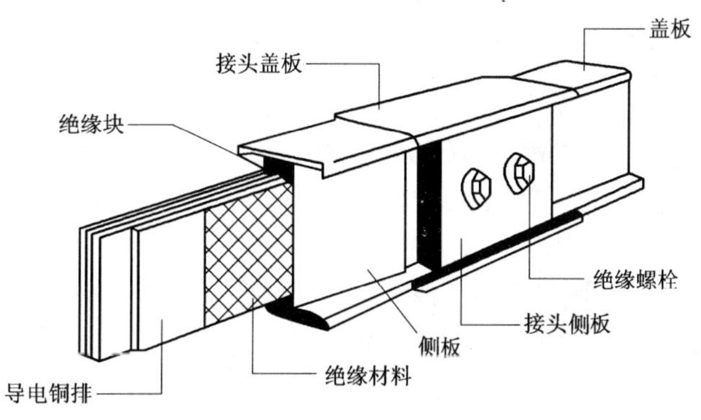

图 13.2-1 封闭式母线结构

13.2.2 封闭式母线组成

封闭式母线由干线单元、馈电单元、分接单元以及变径单元、膨胀单元、各类弯曲单元等组成（图13.2-2）。

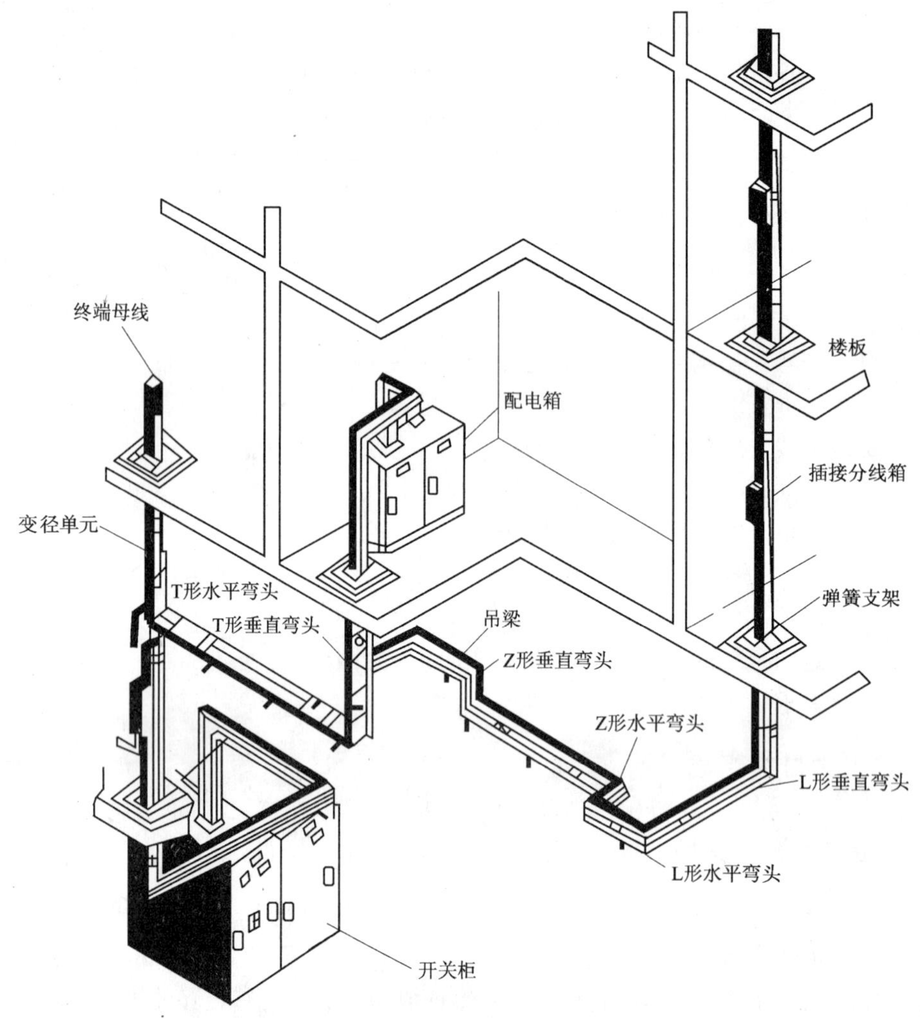

图13.2-2 封闭式母线组成示意图

1. 干线单元

干线单元分为不带分接装置的干线单元、带分接装置的干线单元、变径单元、膨胀单元。普通及带分接装置的封闭式母线应交替使用，以方便日后的修理和保养。两种干线单元均具有相同的基本结构及外形尺寸，因此互相连接安装十分方便。

（1）普通封闭式母线（不带分接装置的干线单元）

普通封闭式母线图形见图13.2-3，标准长度2m或3m，最小长度0.6m，最大长度6m。

（2）带分接装置的干线单元

带分接装置的干线单元每段设有分线口（分线箱插入孔），用以分配电力负荷，分线口数量的设置由用户（设计）选定。带分接装置的干线单元见图 13. 2-4。

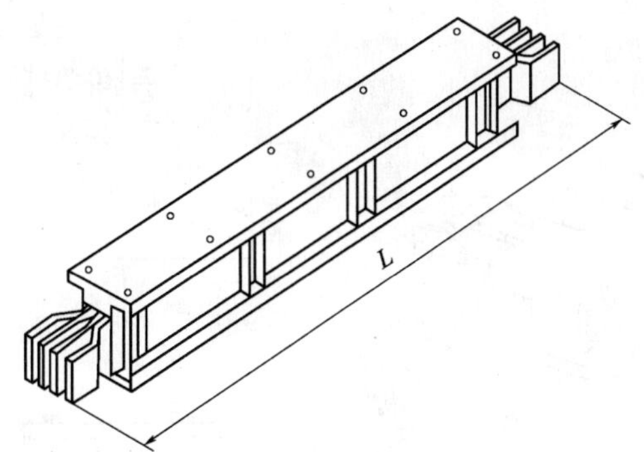

图 13. 2-3 普通封闭式母线

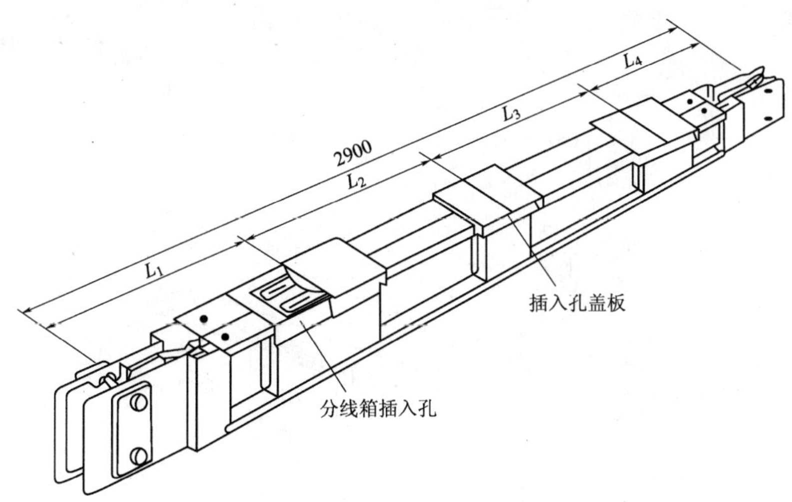

图 13. 2-4 带分接装置封闭式母线

（3）变径单元

变径单元（图 13. 2-5）用于连接两种不同额定电流母线干线单元，变径单元的标准长度为 1m。额定电流可从 100 ~ 5000A。

（4）伸缩膨胀单元（图 13. 2-6）

伸缩膨胀单元用来吸收由于热膨胀所产生的封闭式母线轴向变化量的母线干线单元，封闭式母线直线敷设长度超过 80m 时，每 50 ~ 60m 宜设置伸缩膨胀单元；跨越建筑物的伸缩缝或沉降缝处，宜采取适当的措施。设备订货时，应提出此项要求。

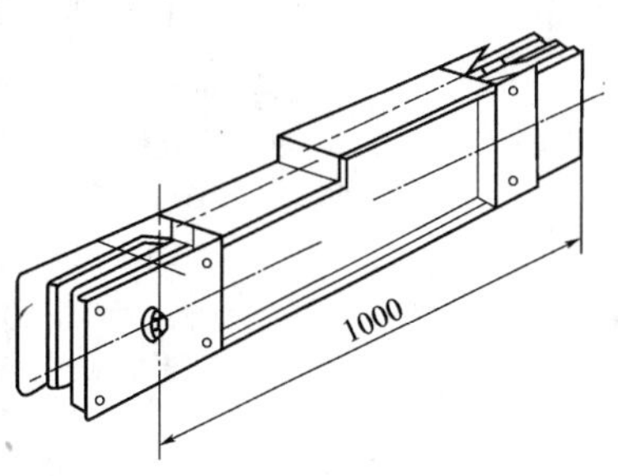

图 13. 2-5 变径单元

2. 弯曲单元

弯曲单元有供水平及垂直连接的 L 形、T 形、Z 形和十字形 4 类共 8 种，图 13. 2-7 为母线（100 ~ 5000A）的弯曲单元，用于水平、垂直母线的连接及改变母线方向。母线额定电流为 100 ~ 2500A 之间时长度为 500mm；额定电流大于 2500A 时母线长度为 600mm。

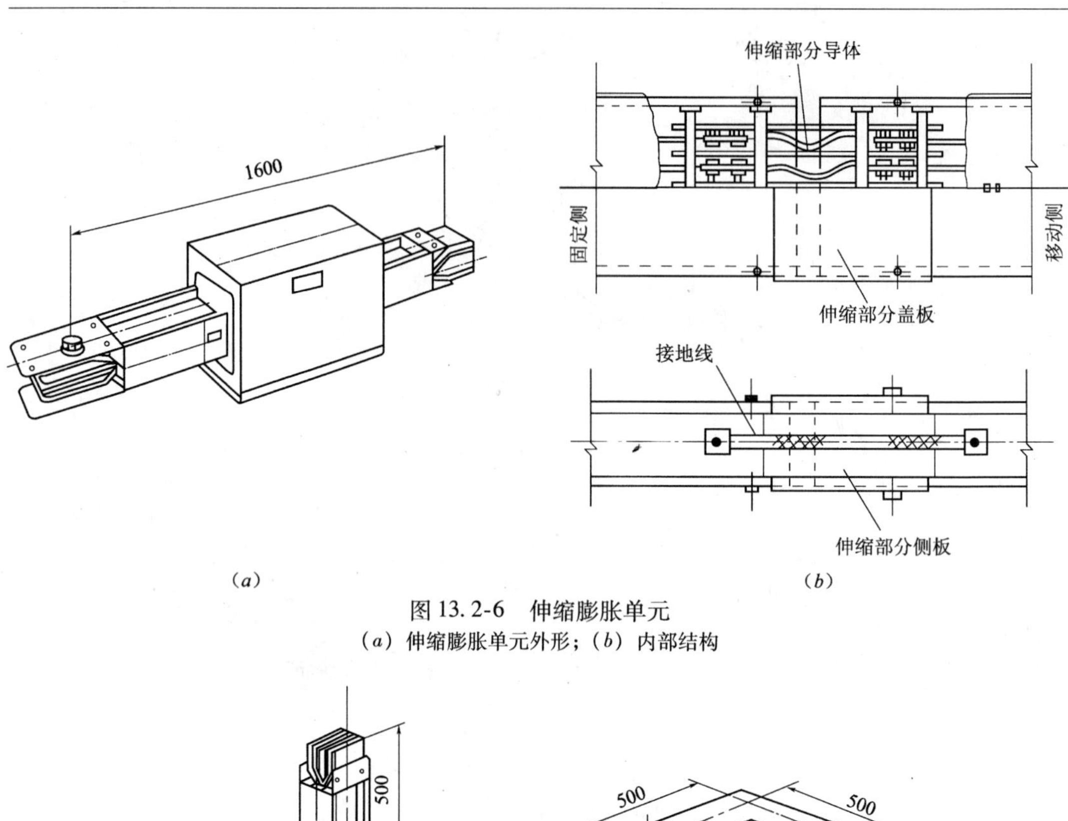

图 13.2-6 伸缩膨胀单元

(*a*) 伸缩膨胀单元外形；(*b*) 内部结构

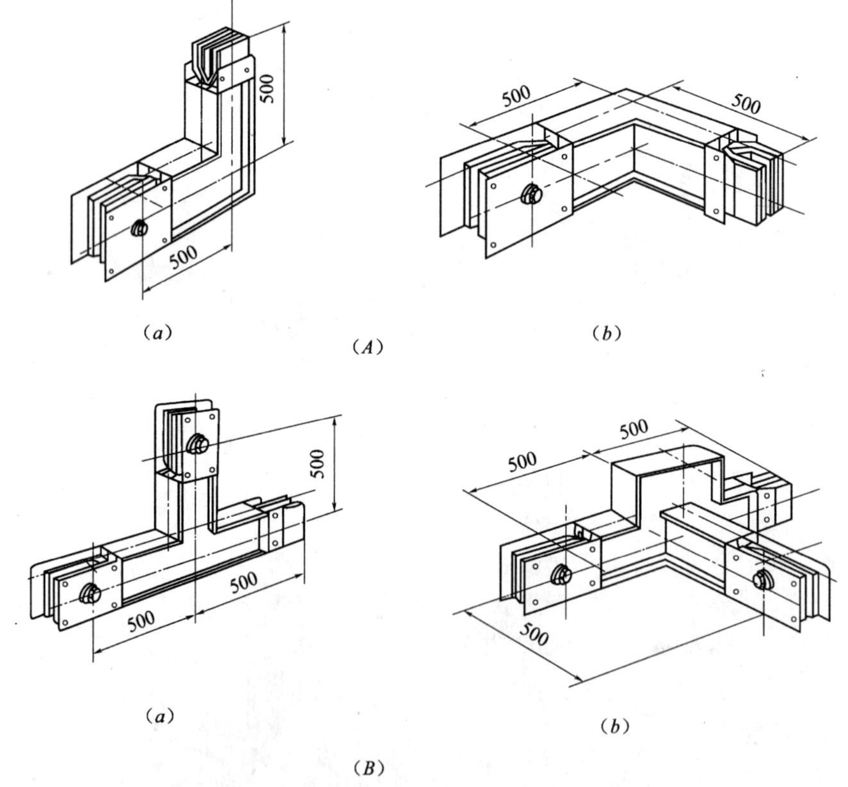

图 13.2-7 弯曲单元（一）

(*A*) L 形母线

(*a*) 垂直；(*b*) 水平

(*B*) T 形母线

(*a*) 垂直；(*b*) 水平

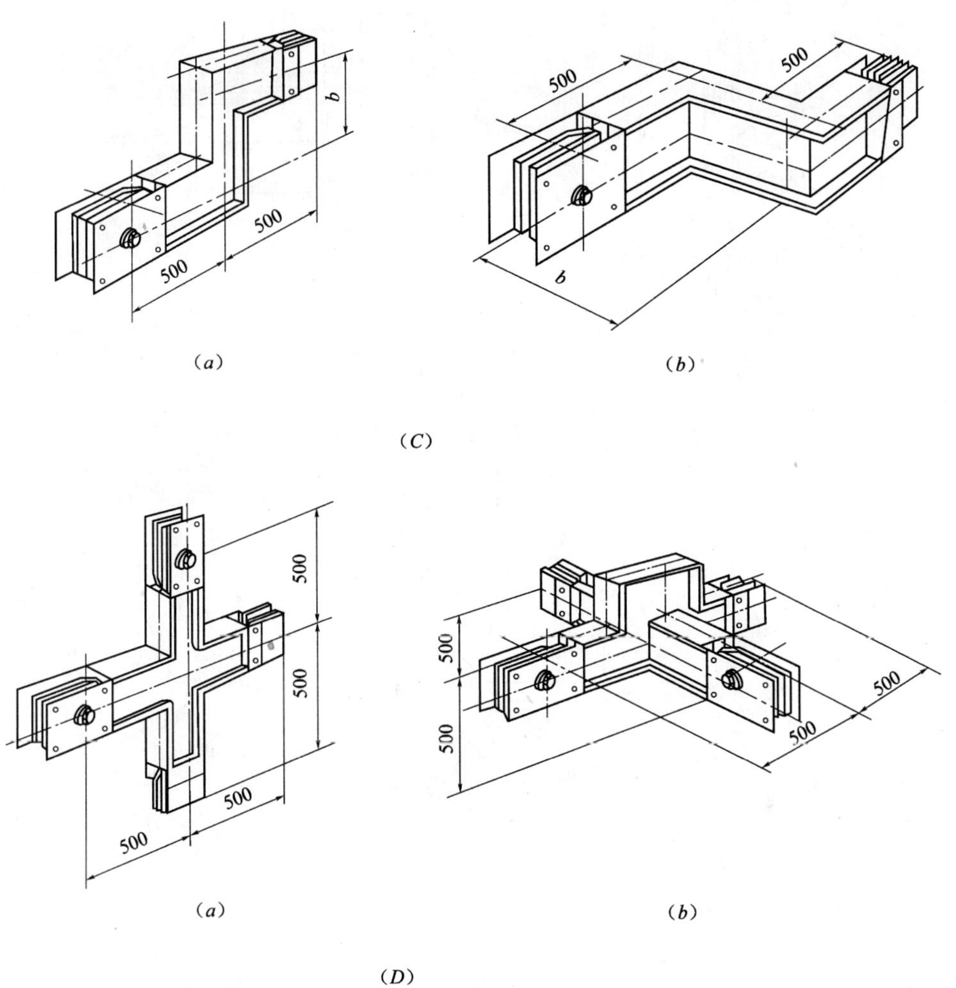

图 13.2-7 弯曲单元（二）
(C) Z 型母线
(a) 垂直；(b) 水平
(D) 十字形母线
(a) 垂直；(b) 水平

3. 始终端单元

始终端单元（图 13.2-8）与终始端进线箱配套组成封闭式母线与配电柜或变压器连接部件，始终端单元也可直接与电缆连接，作为封闭式母线的电源输入或输出端。

4. 分接单元（分线箱）

分接单元采用插接式分线箱（图 13.2-9），从干线上引出电源分路，箱内装有塑壳式断路器确保分路过载及短路保护，规格为 100 ~ 630A 等电流供用户选择。分线箱的质量直接影响封闭式母线的电气性能。分线箱规格尺寸见表 13.2-1，分线箱内所配的断路器组件、型号等由用户（设计）单位按需要选用。

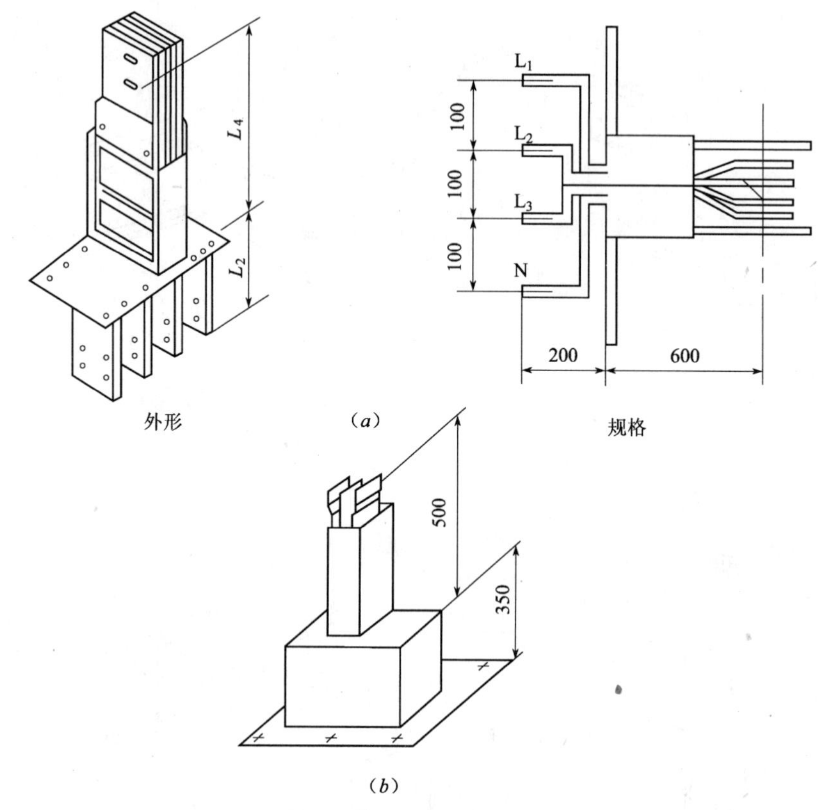

图 13.2-8 始终端单元
(a) 样式一；(b) 样式二

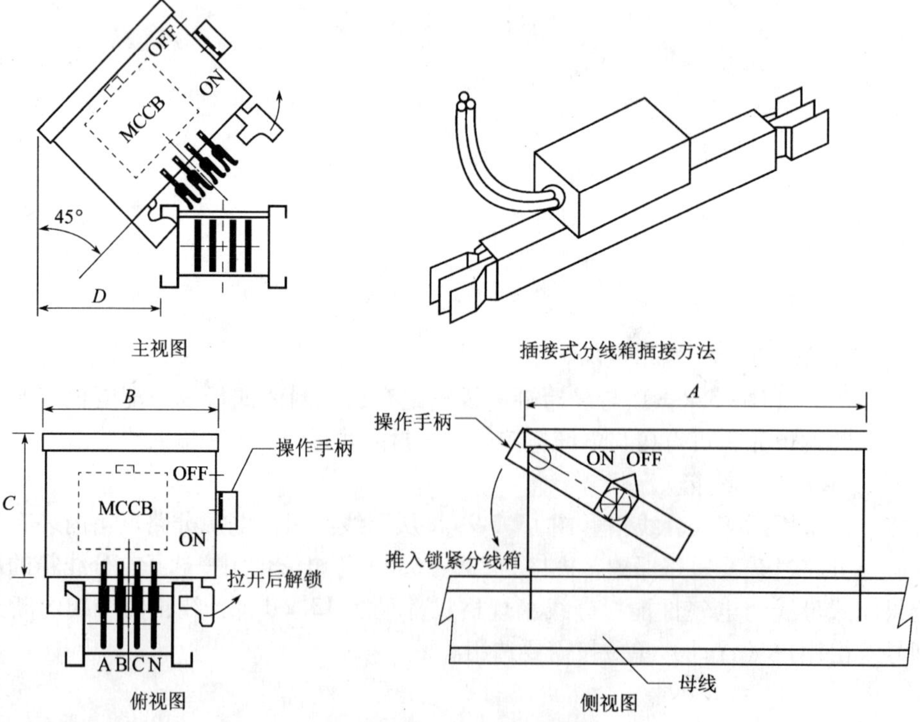

图 13.2-9 插接式分线箱

分线箱规格表 **表 13.2-1**

序号	分线箱内装元件	分线箱额定电流（A）	$A \times B \times C$（mm）
1	无元件	100～200	400×200×140
		250～630	400×250×140
2	DZ20；TG；TO；HFB；HKB；HLA；C45；NC-100	100	500×220×140
		250	600×220×140
		400	650×250×160
		630	700×300×160
3	RT0；NT100；HR5；QSA；FIN	100	700×330×190
		250	700×380×190
		400	775×380×190
		630	760×430×190

5. 封闭式母线支架

封闭式母线垂直固定支架分固定支架及弹簧支架两种。

（1）固定支架（图 13.2-10）

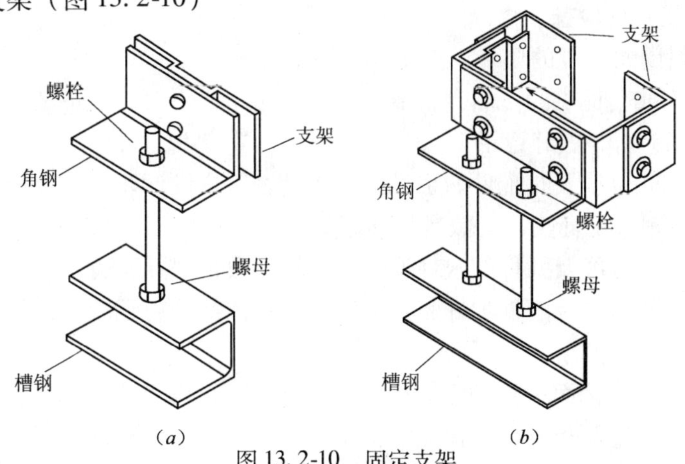

图 13.2-10 固定支架

（a）单支杆支架；（b）双支杆支架

用于封闭式母线垂直固定安装。

（2）弹簧支架（图 13.2-11）

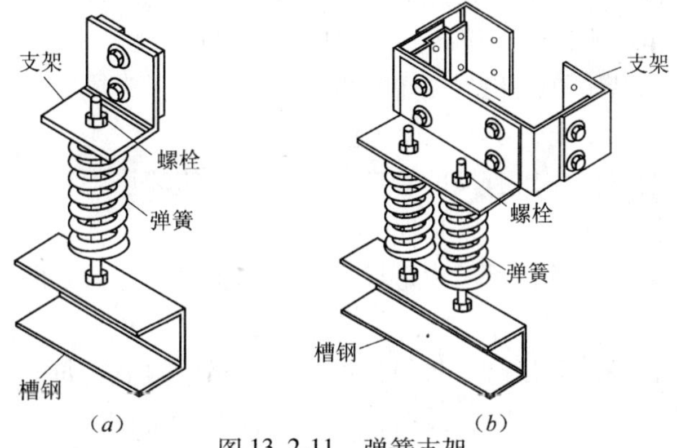

图 13.2-11 弹簧支架

（a）单弹簧支架；（b）双弹簧支架

弹簧支架可防止封闭式母线运行过程中因电磁振动造成连接螺栓松动，解决封闭式母线运行过程中热膨胀问题。

13.3 封闭式母线安装

本节介绍如何安全、正确地安装、操作、保养封闭式母线及其附件。由于在建筑期间的环境一般都比较复杂，因此，不同行业间的协调和适当的工序筹划，对封闭式母线安装工程是非常重要。此外，正确的设计、处理、装嵌、操作、保养对封闭式母线长远的可靠性、安全性是非常重要。忽略了其中某些基本的要求都可能导致封闭式母线故障及其他财物损毁。

13.3.1 封闭式母线安装基本要求

封闭式母线安装时，供货厂方可派技术人员进行现场指导。

1. 施工顺序

施工顺序为封闭式母线检查→测量定位→支吊架制作安装→绝缘测试→封闭式母线拼接→相位校验→送电。

2. 封闭式母线到货检查

应严格检查封闭式母线的质量，重点检查以下内容：

（1）检查厂家成套提供的产品合格证书，产品使用说明书，设备试验数据，图纸以及备品备件、专用工具，并做好记录。

（2）检查封闭式母线及其配件的型号、规格是否符合设计要求；分线箱型号、规格是否符合设计要求。附件配套正确、数量足够。

（3）检查封闭式母线及配件的缺件型号、规格、数量，并及时反馈给厂家。

（4）检查封闭式母线及配件的外表是否完整，箱体结构有无变形，外观几何尺寸是否符合设计要求。

（5）母线接头的连接面平整，连接孔对称，离边缘距离一致。

（6）母线之间的绝缘板不能缺损破裂。

（7）检查封闭式母线及配件的缺陷情况和原因，做好记录，并填写设备缺陷单。

3. 封闭式母线安装说明图（图 13.3-1）

4. 封闭式母线安装基本要求

（1）用作安装封闭式母线的房间须有清洁和干爽的环境，具备可上锁的房门和门槛。安装封闭式母线的工作，应在有关建筑工程完成后才可进行。

（2）封闭式母线安装，在结构封顶、室内底层地面施工完成或已确定地面标高、场地清理、层间距离复核后，才能确定支架设施位置。

（3）与封闭式母线安装位置有关的管道、空调及建筑装修工程施工基本结束，确认收尾施工不会影响已安装的母线，才能安装母线。

（4）施工现场应清洁，并尽量减少母线在现场搁置时间。做好防水、防潮工作。运输不可把封闭式母线在地上拖行。

（5）在安装前后，必须测试每节封闭式母线的绝缘电阻值；每天测试当天安装好的封闭式母线的绝缘电阻值。应用 500V 兆欧表全数测量每节封闭式母线的相间、相与中性排、PE 排、相与外壳之间的绝缘，阻值不低于 20MΩ。

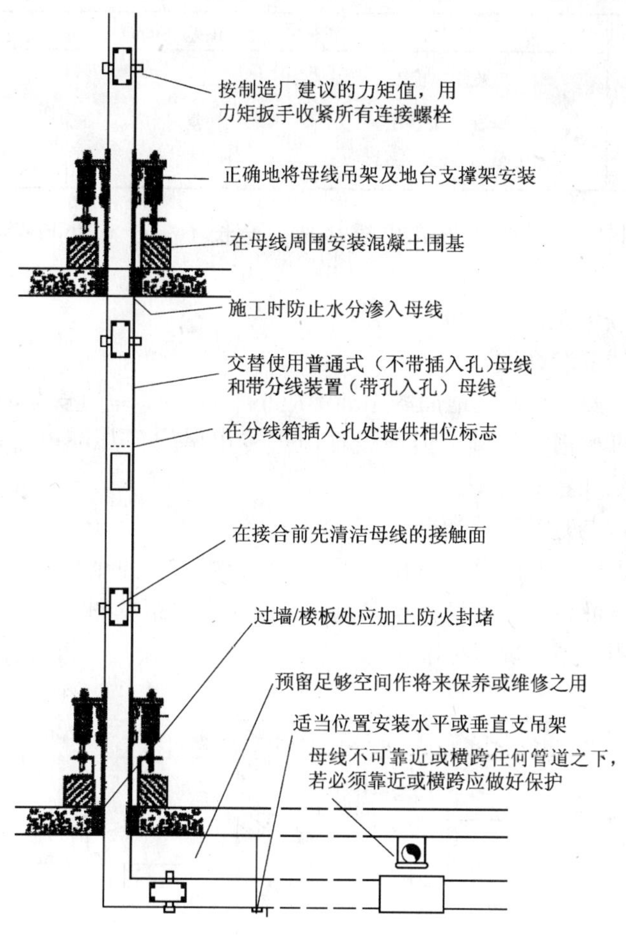

图 13.3-1 封闭式母线安装说明图

（6）应小心处理母线，以免损毁封闭式母线的内部配件、外壳或表面。封闭式母线应避免受到不必要的扭力、撞击或粗暴处理。

（7）封闭式母线不可接近或横过任何管道的下方，如无法避免，必须使用防风雨式封闭式母线或做防护措施。

（8）应按照制造商的指引使用支吊架，将封闭式母线稳固地安装。支架安装应位置正确，横平竖直，固定牢固，成排安装，应排列整齐，间距均匀，刷油漆均匀，无漏刷。

（9）封闭式母线外壳地线连接紧密、无遗漏、母线绝缘电阻值符合设计要求。

（10）封闭式母线直线敷设长度超过 80m 时，每 50 ~60m 宜设置伸缩膨胀单元，在母线跨越建筑物的伸缩缝或沉降缝处，也应设置伸缩膨胀单元。

（11）封闭式母线组装和卡固位置正确，固定牢固，横平竖直，成排安装应排列整齐，间距均匀，便于检修。

（12）封闭式母线安装允许偏差项目见表 13.3-1。

封闭式母线安装允许偏差表 **表 13.3-1**

项　次	项　目	允许偏差（mm）	检 验 方 法
1	两米段垂直	4	实测，查看记录
2	全长垂直（按楼层）	5	
3	成排间距（每段内）	6	

（13）支架和封闭式母线的外壳可靠接地，全长不少于 2 处与接地保护导体（PE）相连。

5. 封闭式母线安装距离

（1）封闭式母线安装高度

封闭式母线水平安装时，至地面的距离不应小于 2.2m。垂直安装时，距地面 1.8m 以下部分应采取防止机械损伤措施。但敷设在电气专用房间（如配电室、电机室、电气竖井、技术层等）时除外。

（2）封闭式母线与建筑物距离

封闭式母线的走向，要按设计图和工程实际综合确定，原则是不与大口径管道、桥架有矛盾，尽量按直线最短路径敷设，与建筑物表面最小净距见图 13.3-2，其他电气线路和各种管道的最小净距按国家现行标准执行。

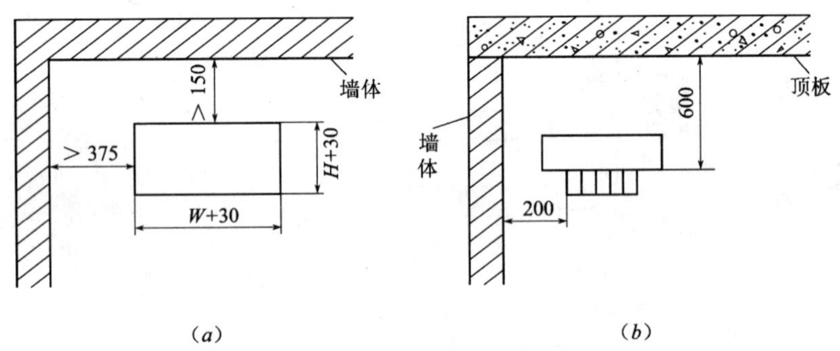

图 13.3-2　封闭式母线距墙、楼板安装距离要求
（*a*）垂直安装；（*b*）水平安装

（3）封闭式母线之间安装距离

应预留足够距离空间，以方便安装及供日后维修保养之用（图 13.3-3）。

13.3.2　封闭式母线安装类型

1. 封闭式母线与变压器及配电设备安装

封闭式母线从变压器连接至配电开关柜，将电源引进建筑物（图 13.3-4）。

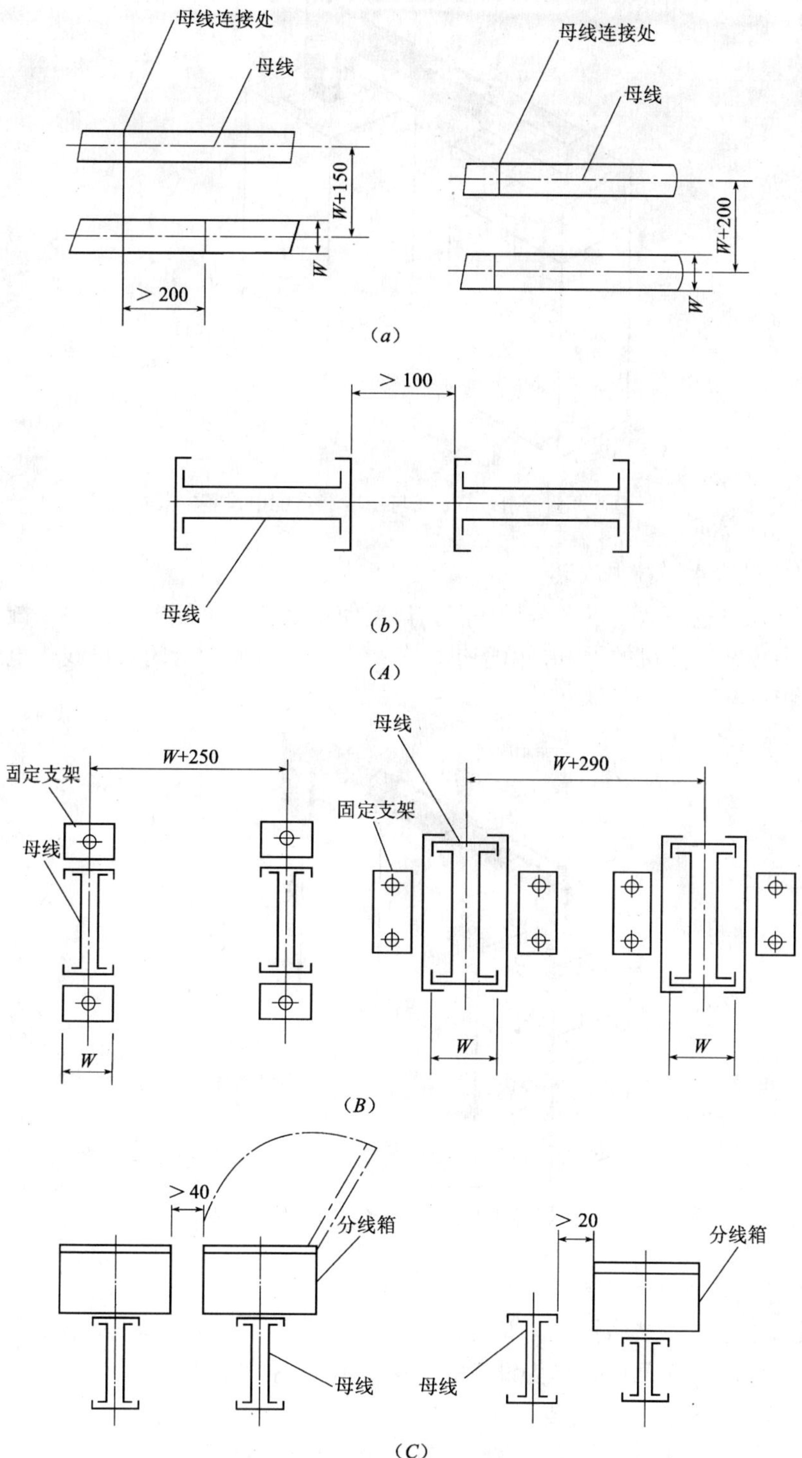

图 13.3-3 封闭式母线安装距离

(A) 母线水平安装距离要求

(a) 母线水平（竖装）安装距离要求；(b) 母线水平（平装）安装距离要求

(B) 母线垂直安装距离要求；(C) 母线、分线箱安装距离

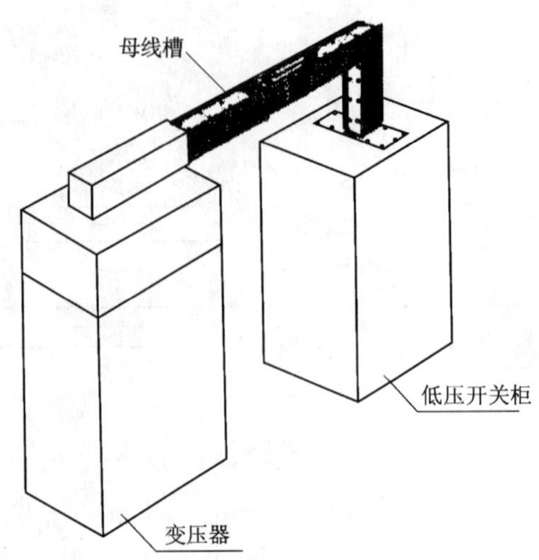

13.3-4 封闭式母线与变压器及配电设备安装

2. 封闭式母线水平馈电安装

封闭式母线将电力从一点送至另一点，典型使用是从一个配电柜到另一配电柜。如从总配电柜到中央空调主机的供电，由于供电负荷大，经常使用封闭式母线供电给中央空调主机的配电柜（图13.3-5）。

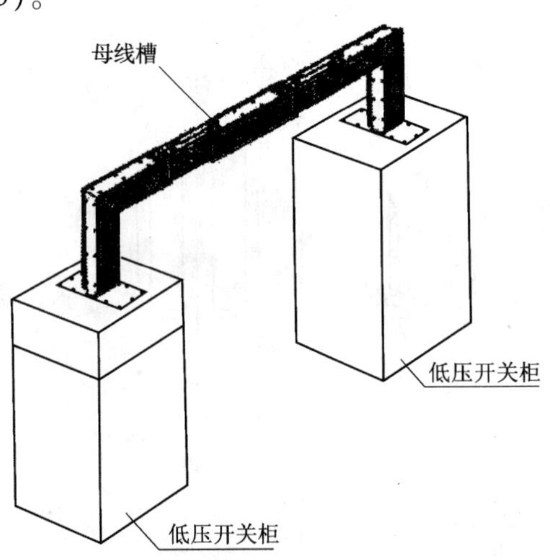

图13.3-5 封闭式母线水平馈电安装

3. 封闭式母线水平走向安装

封闭式母线水平安装多用于工业设备。由于封闭式母线分接馈电方便，通常也将封闭式母线安装在工厂的车间内，作为设备的简单馈电（图13.3-6）。

4. 封闭式母线垂直上行安装

封闭式母线垂直上行安装用于高层建筑物中，当每层都需要分配大负荷电源时使用十分方便，如中央空调的各层空气调节机组通常使用封闭式母线供电，也可将大容量电力送到建筑的某一高度时使用（图13.3-7）。

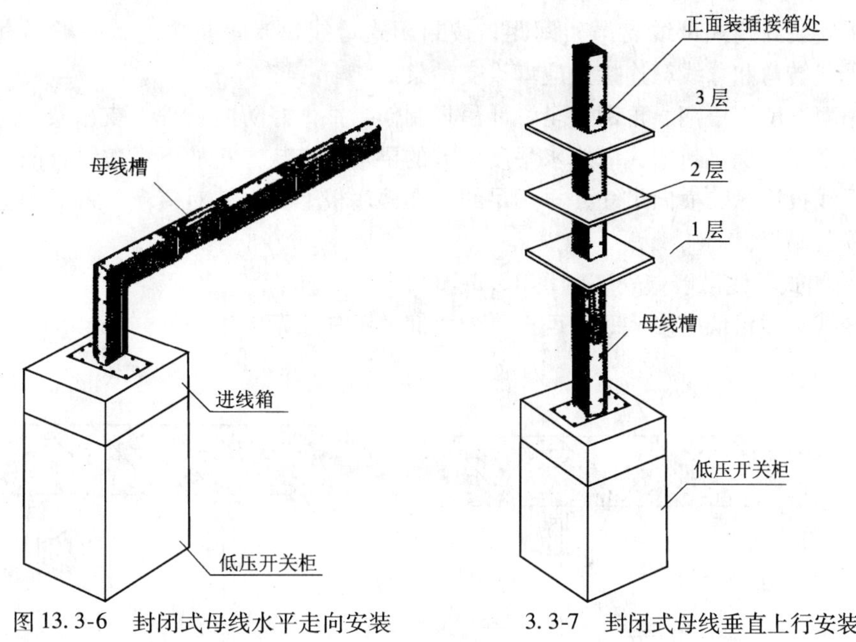

图 13.3-6 封闭式母线水平走向安装　　3.3-7 封闭式母线垂直上行安装

13.3.3 封闭式母线水平安装方法

1. 封闭式母线水平安装一般要求

（1）母线水平敷设时，距地面高度不应低于2.2m，但敷设在电气专用间内（配电室、电机室、电气竖井、技术层等）除外。

（2）母线水平敷设时支吊点间距不宜大于2m。母线水平安装于支、吊架上时，应用水平固定压板固定。

（3）母线连接点不应在穿墙部位，母线安装穿墙孔时不应有污水、杂物进入母线内部。

（4）封闭式母线水平安装方式见图13.3-8。

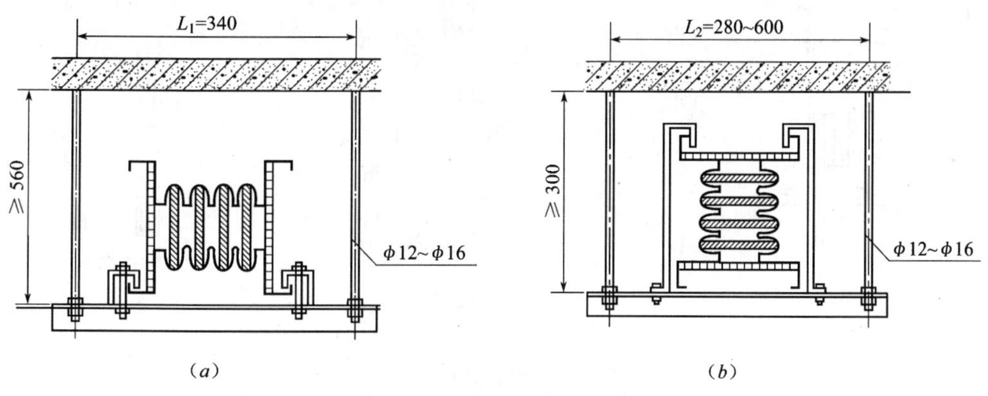

图 13.3-8 封闭式母线水平安装方式
（*a*）立式安装；（*b*）卧式安装

2. 封闭式母线吊装方法（图 13.3-9）

水平安装封闭式母线支吊架间距，按封闭式母线每米重量决定，一般不宜大于 2m。封闭式母线转弯和分线箱连接处应增设支吊架。

支吊架一般用槽钢、角钢、全螺牙吊杆制作，并做好防腐处理。支吊架间距均匀，支吊架的水平度应满足封闭式母线水平度偏差的要求。安装方式如下：按设计图纸尺寸在地面找出母线投影纵、横向尺寸，再用吊线坠在楼底板上找出其对应点，最后用墨斗弹线定位，再安装吊架。

3. 封闭式母线沿墙壁安装（图 13.3-10）

封闭式母线沿墙壁安装时，两个支架之间的距离应不大于 2m。

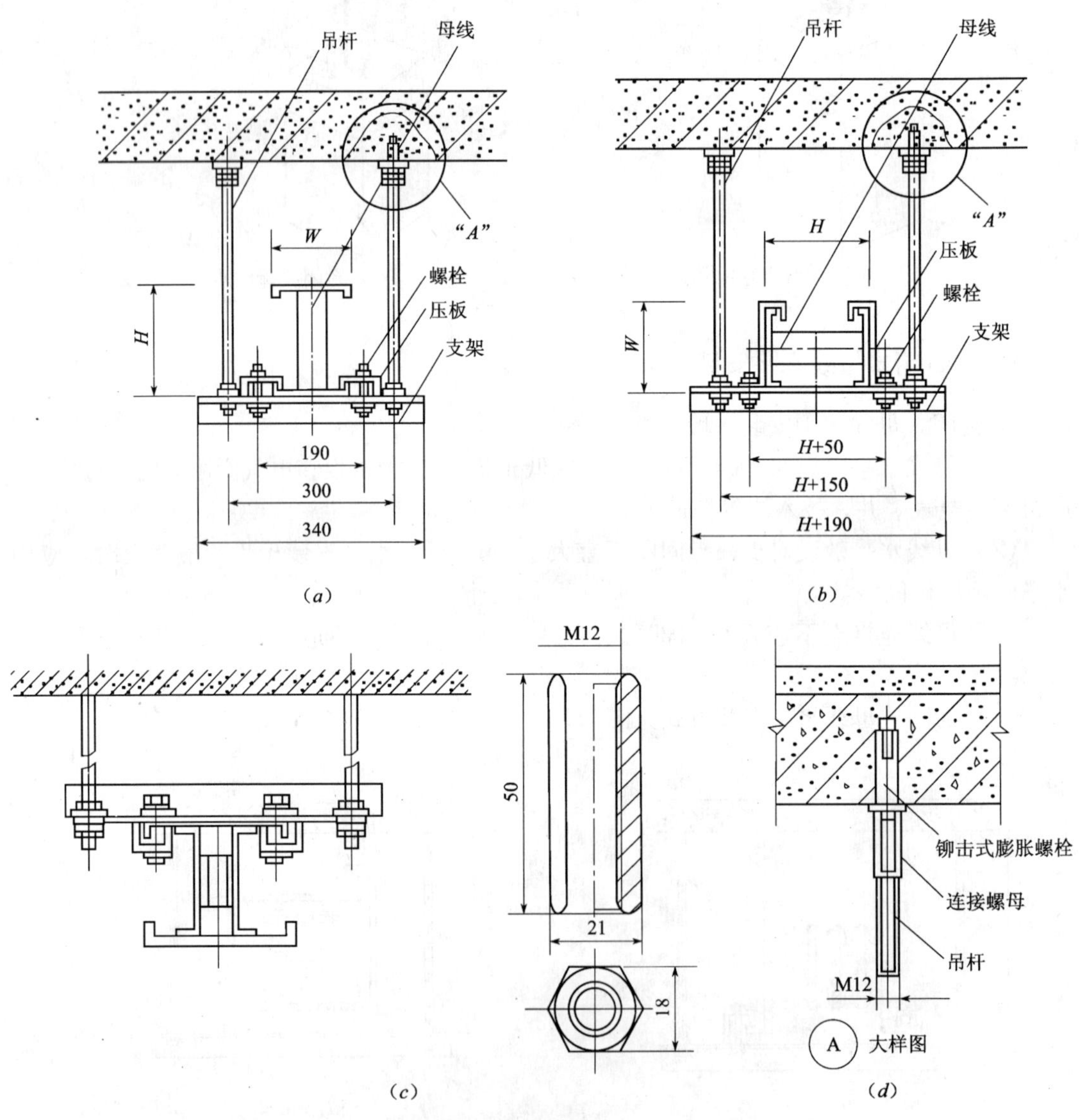

图 13.3-9 封闭式母线吊装方法（一）
(*a*) 母线立式安装；(*b*) 母线卧式安装；(*c*) 下方吊装；(*d*) 连接母线

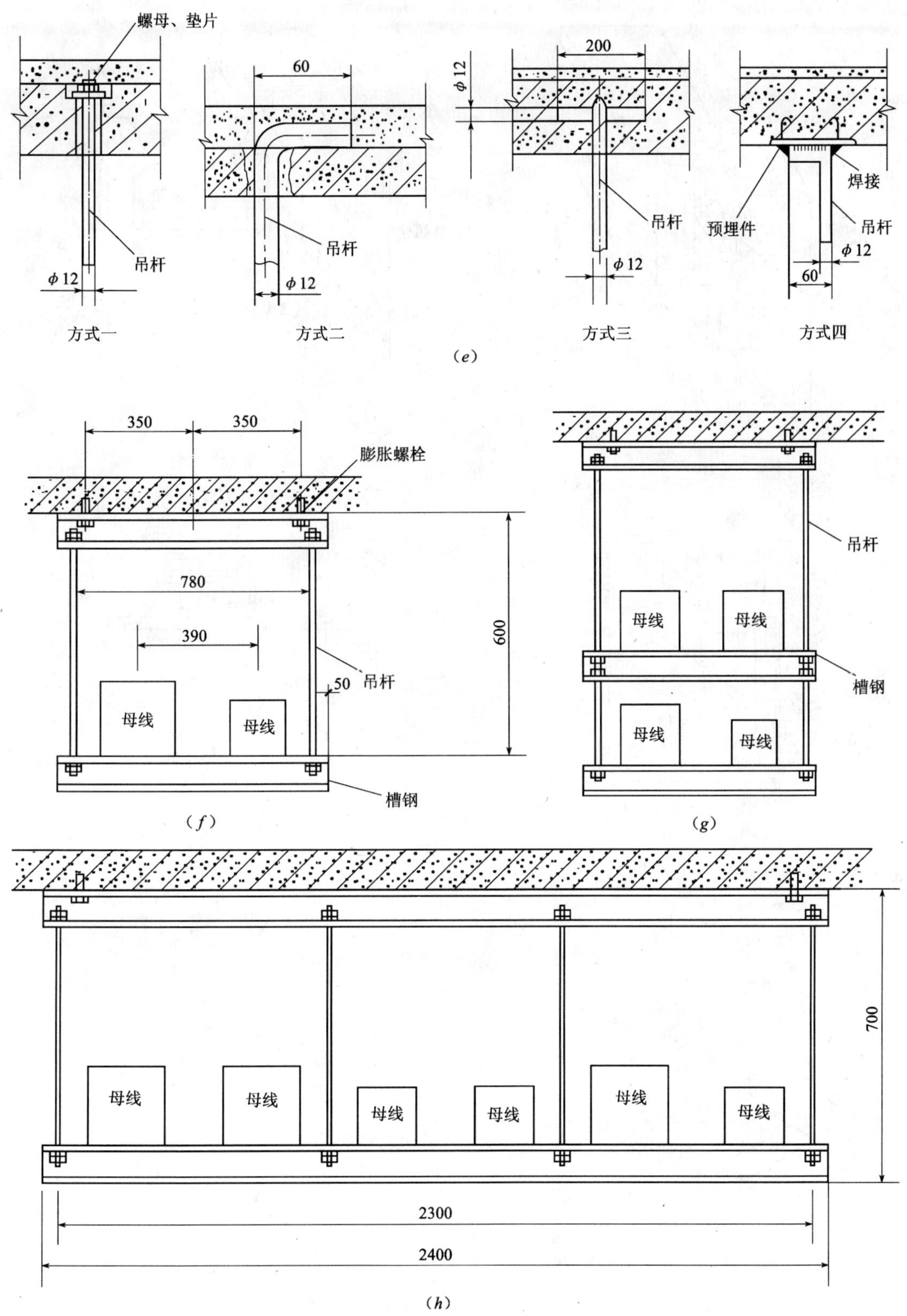

图 13.3-9 封闭式母线吊装方法（二）

(*e*) 吊杆固定方式；(*f*) 多条母线吊装方法一；(*g*) 多条母线吊装方法二；(*h*) 多条母线吊装方法三

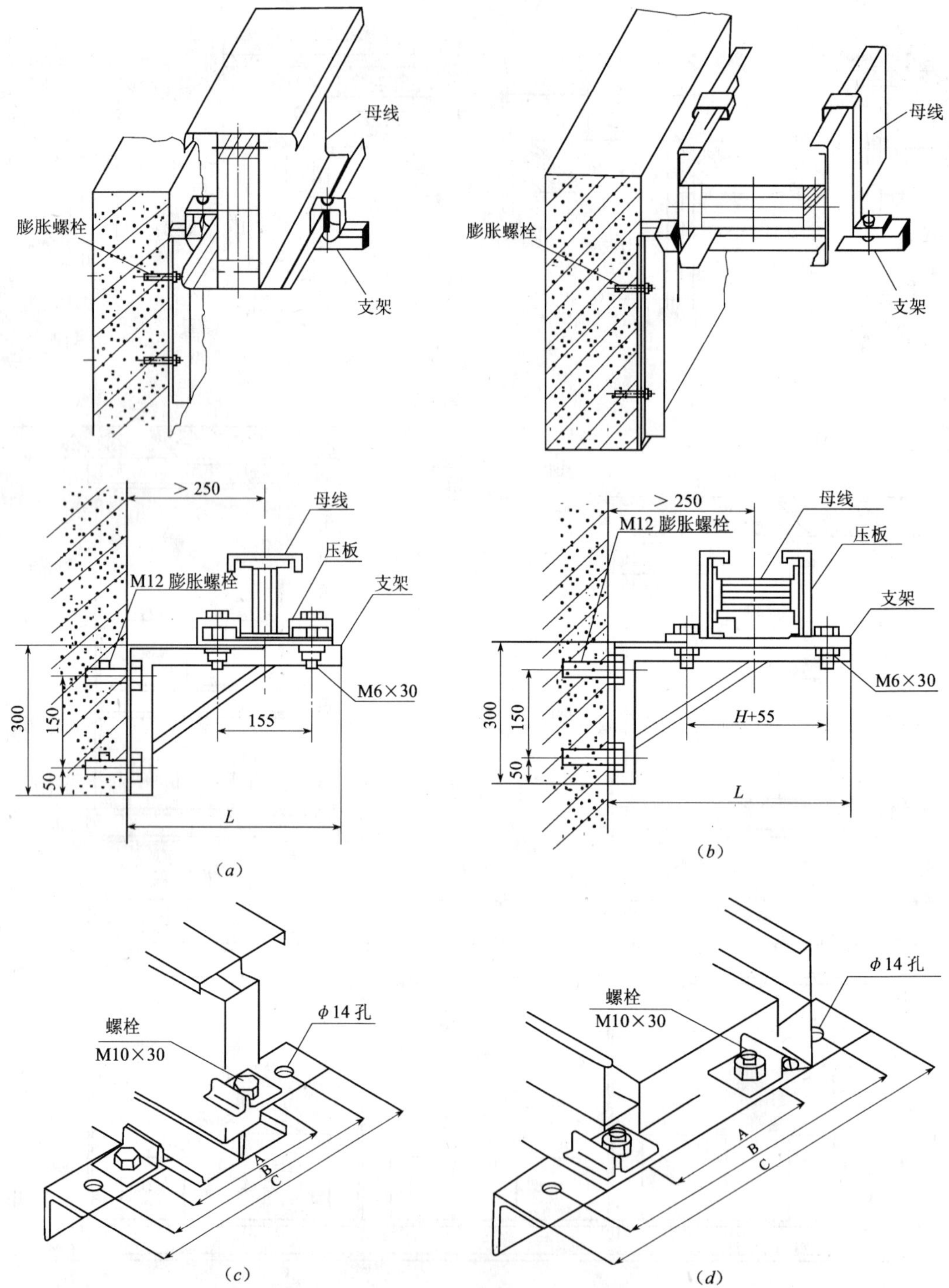

图 13.3-10 封闭式母线墙壁安装

(*a*) 平卧安装；(*b*) 侧卧安装；(*c*) 母线平卧固定；(*d*) 母线侧卧固定

13.3.4 封闭式母线垂直安装方法

1. 封闭式母线垂直安装一般要求

(1) 母线垂直安装时，接头距地面垂直距离不应小于0.6m；

(2) 封闭式母线垂直敷设时，应在通过楼板处采用附件支撑并以支架沿墙支持，支持点间距不宜大于2m。当进线盒及末端悬空时，垂直敷设的封闭式母线应采用支架固定。

(3) 母线连接点不应在穿楼板部位，母线安装穿楼板孔时不应有污水、杂物进入母线内部。

(4) 母线分线箱插入孔应设在安全可靠及安装维修方便位置。

(5) 两条垂直相邻安装的母线，间距不应小于0.1m。

2. 封闭式母线垂直安装方式

封闭式母线垂直安装时，一般采用封闭式母线制造厂制作的定型（弹簧）支架，并按照设计要求，在楼面上进行安装，封闭式母线穿楼板面安装方式见图13.3-11。

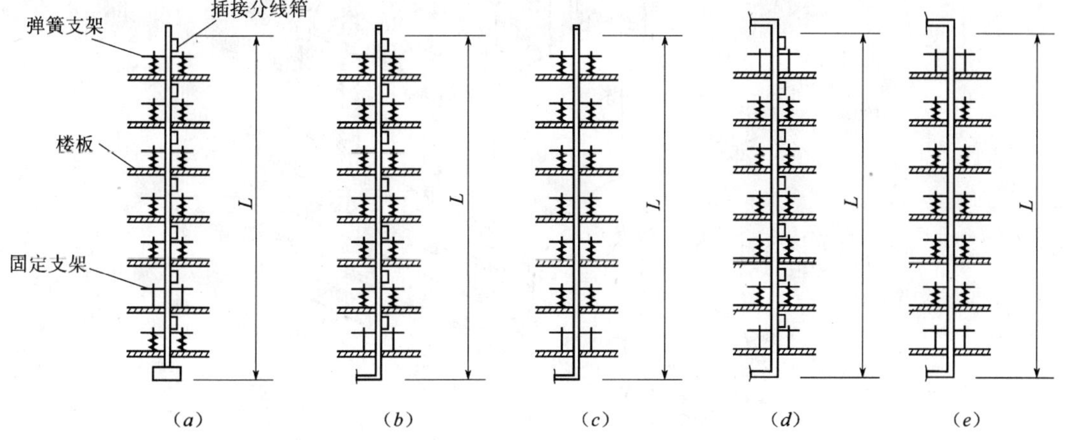

图13.3-11 封闭式母线穿楼板面安装方式

(a) 方法一；(b) 方法二；(c) 方法三；(d) 方法四；(e) 方法五

3. 封闭式母线支撑方法

(1) 固定支架安装（图13.3-12）

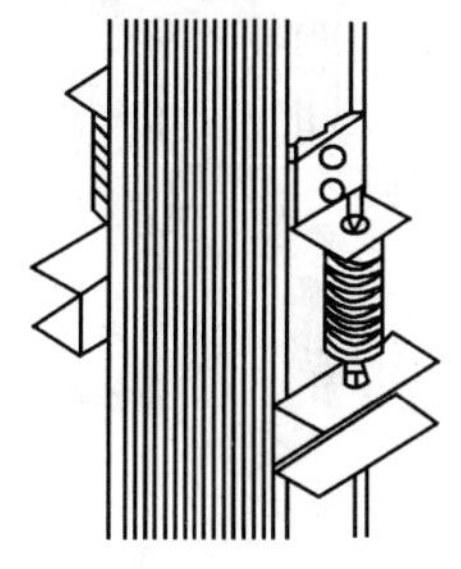

(a)

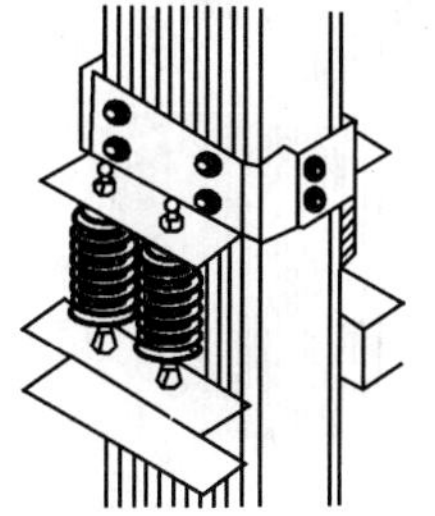

(b)

图13.3-12 封闭式母线固定支架安装方法

(a) 单支杆支架安装；(b) 双支杆支架安装

(2) 弹簧支撑安装(图 13.3-13)

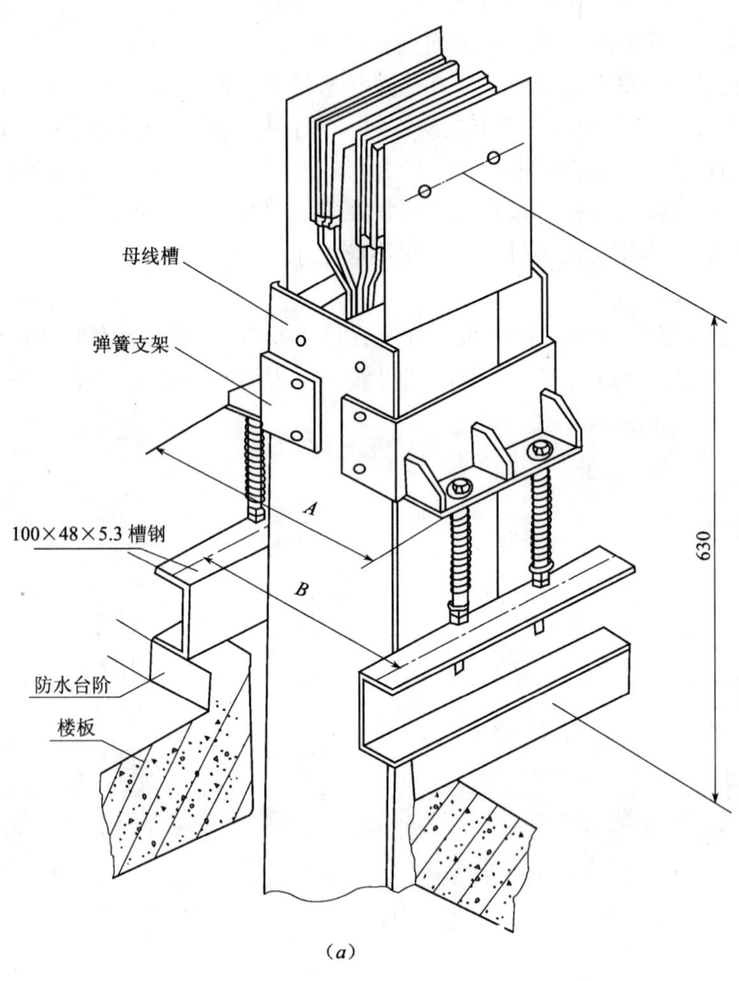

(*a*)

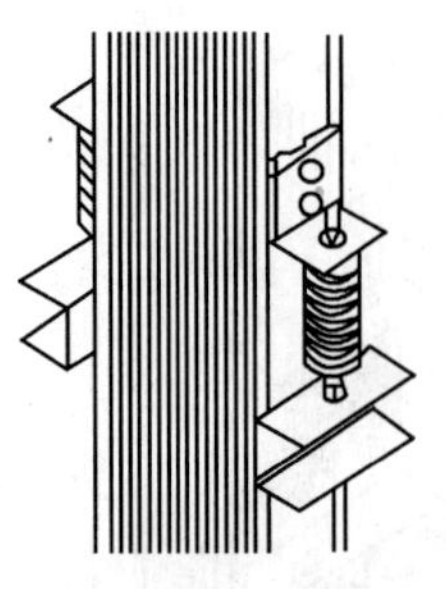

(*b*)

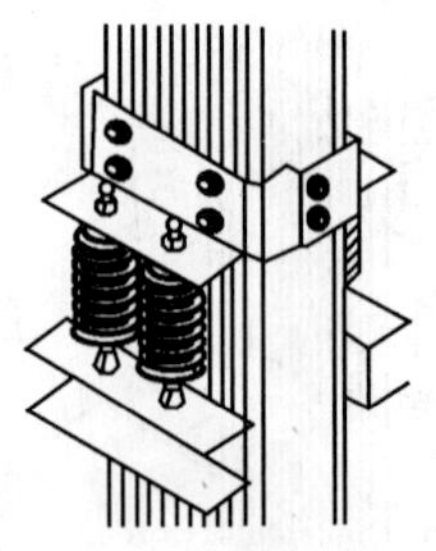

(*c*)

图 13.3-13 封闭式母线弹簧支撑安装方法(一)
(*a*) 弹簧支撑安装示意图;(*b*) 单弹簧支撑;(*c*) 双弹簧支撑

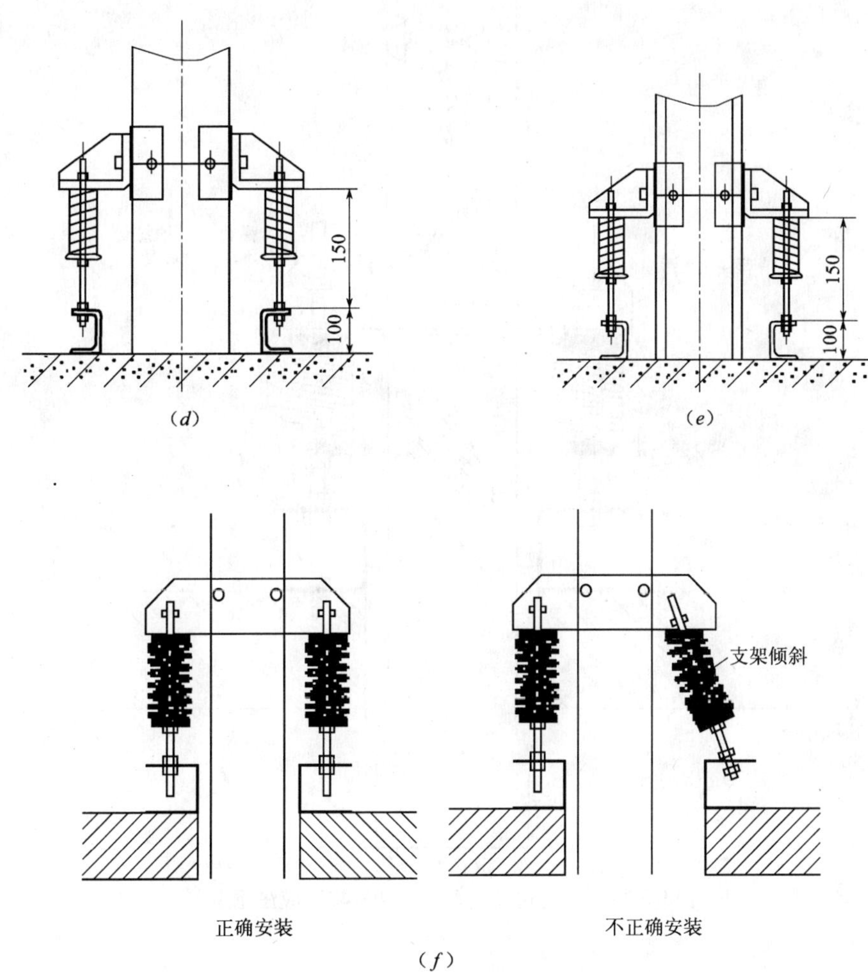

图 13.3-13 封闭式母线弹簧支撑安装方法（二）
（d）安装方式一；（e）安装方式二；（f）安装方式三

母线垂直安装时，应先将弹簧支架安装于母线上，再将母线及弹簧支架固定于槽钢固定架上，锁紧支架的弹簧螺母；待安装 4～5 层后，再由上向下逐层松开螺母，使母线重量自然承载于支架弹簧上。为使弹簧支架上的弹簧能处于上下自由伸缩状态；所以弹簧支架上端的螺母不可完全收紧。

4. 封闭式母线垂直穿楼板安装时应注意事项

（1）封闭式母线垂直穿楼板安装应注意的事项，见图 13.3-14。

（2）封闭式母线垂直穿楼板防水台砌筑

检查任何可能流入到室内封闭式母线的水源，并采取适当措施防护，如电气竖井门口或在母线的竖井内应砌筑防水台（图 13.3-15）。

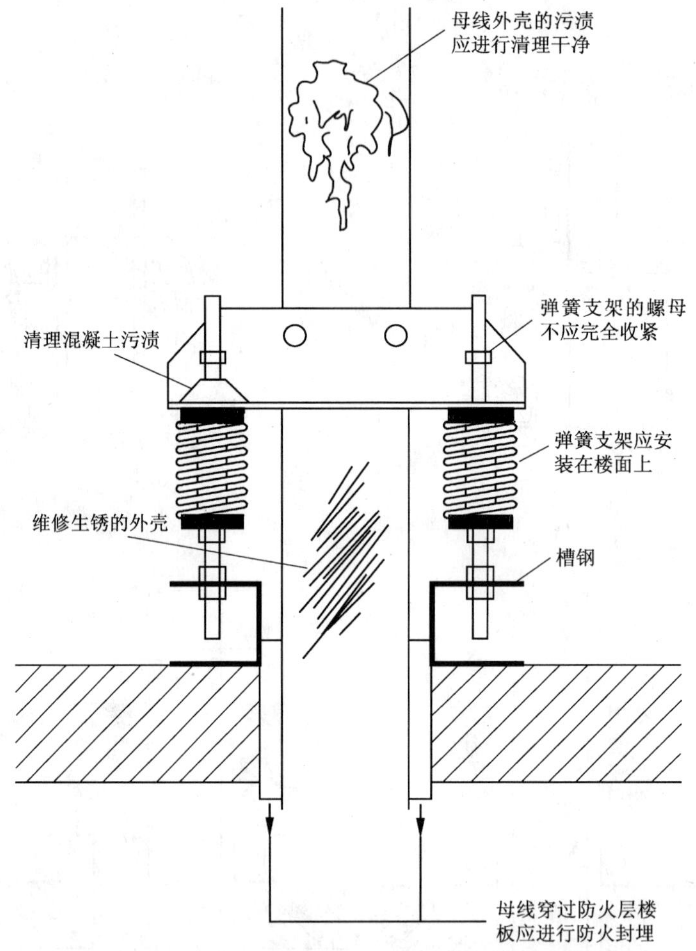

图 13. 3-14 封闭式母线垂直穿楼板安装应注意事项

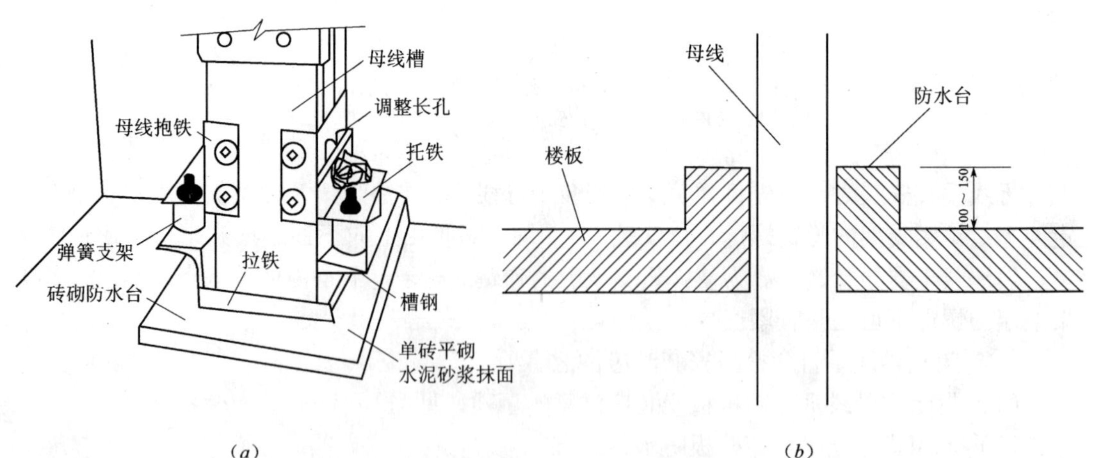

图 13. 3-15 母线在竖井内安装应砌筑防水台

(a) 示意图; (b) 大样图

13.3.5　封闭式母线连接方法

1. 封闭式母线之间连接方法

（1）封闭式母线每段母线连接前，应进行绝缘电阻测试，绝缘电阻值应大于20 MΩ，才能连接安装。为防止偶然因素，使之绝缘能力降低，每拼装连接一节母线，要再次测量绝缘电阻，及时发现问题及时处理。

（2）封闭式母线的连接必须符合规范要求和产品技术文件规定。

（3）吊装拼接时必须注意不损坏封闭式母线，吊装时应用尼龙绳，用钢丝绳必须套橡皮或塑料套管。接头部位要包扎好，防止杂物、垃圾落入。

（4）接口应设置在便于安装的地方，不可设置在楼板及墙体的位置。安装连接前，须清洁接触面，清除所有污染物，母线接触面保持清洁，螺栓孔周边无毛刺，涂电力复合脂。

（5）如接口会暴露于湿气、泥浆或其他污染物的地方，有关接口在安装期间应适当地覆盖。

（6）拼装顺序可按封闭式母线的排列图和封闭式母线编号进行。拼装连接时，垫上配套的绝缘板，穿入绝缘套管及连接螺栓，连接螺栓两侧有平垫圈，螺母侧装有弹簧垫圈，用手拧上螺母，在紧固前调整水平度和垂直度，使水平度和垂直度不超误差，全长误差不超过10mm。用力矩扳手扭紧接头螺栓，达到规定值（表13.3-2），螺栓应受力均匀，不使电器的接线端子受额外应力。紧固后的检验要求用0.1mm塞尺检查。并及时装上盖板和接地带（板）。封闭式母线连接方法见图13.3-16。

封闭式母线扭紧接头螺栓力矩扳手所用力矩值　　　**表13.3-2**

序　号	螺栓规格（mm）	力矩值（N·m）
1	M8	8.8～10.8
2	M10	17.7～22.6
3	M12	31.4～39.2
4	M14	51.0～60.8
5	M16	78.5～98.1
6	M18	98.0～127.4
7	M20	156.9～196.2
8	M24	274.6～343.2

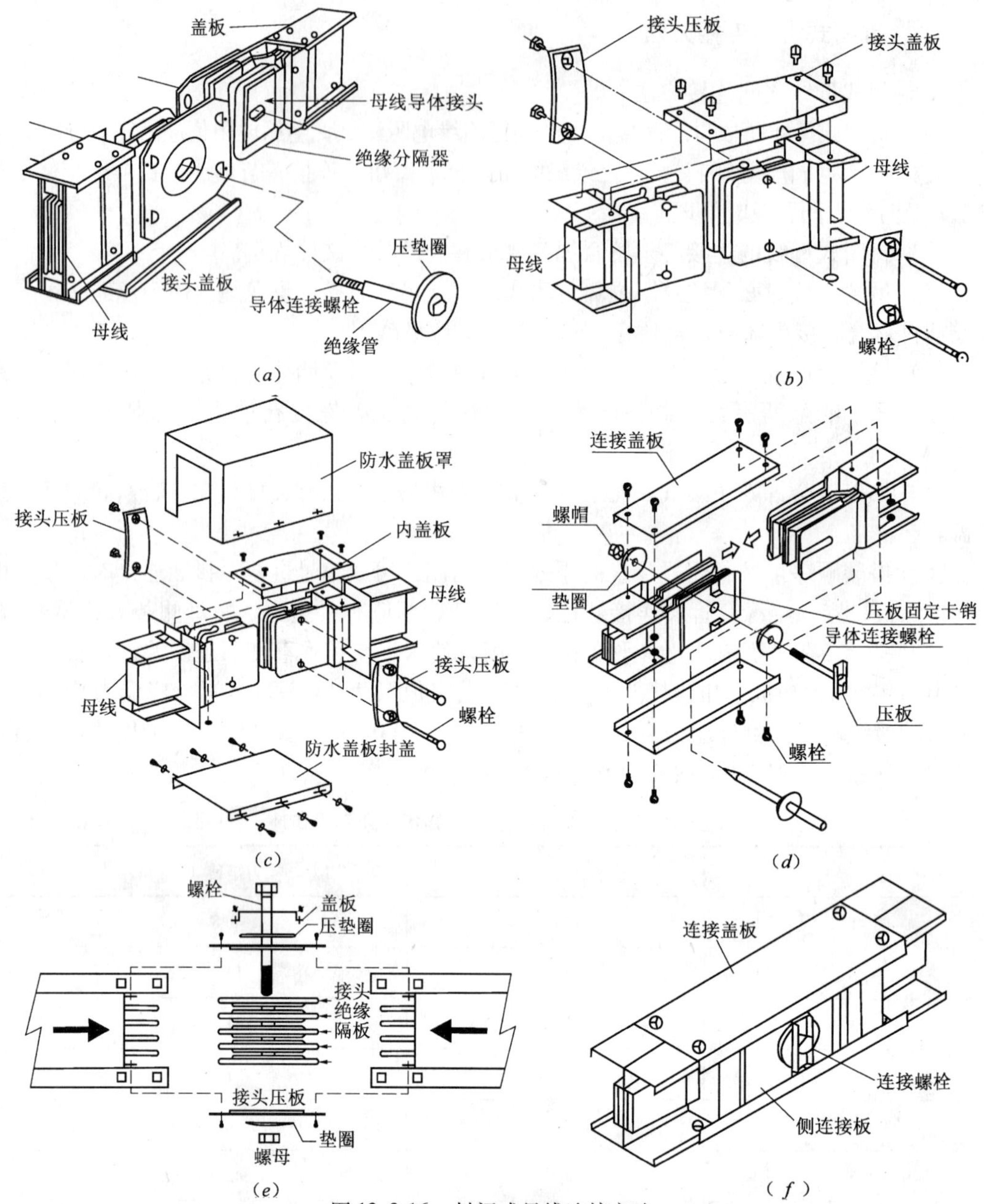

图 13.3-16 封闭式母线连接方法

(*a*) 封闭式母线连接处名称介绍；(*b*) 室内封闭式母线连接；(*c*) 室外封闭式母线连接；
(*d*) 封闭式母线连接方法（立体图）；(*e*) 封闭式母线连接方法（主视图）；
(*f*) 封闭式母线连接完成图

（7）封闭式母线连接时应注意的问题（图 13.3-17）

（8）相位校验

封闭式母线拼接完成后必须要进行相位校核，与电源系统相位一致。

2. 封闭式母线与设备连接方法

封闭式母线始端与变压器、发电机组等振动较大设备连接时，应采用铜过渡软线连接（图 13.3-18）。

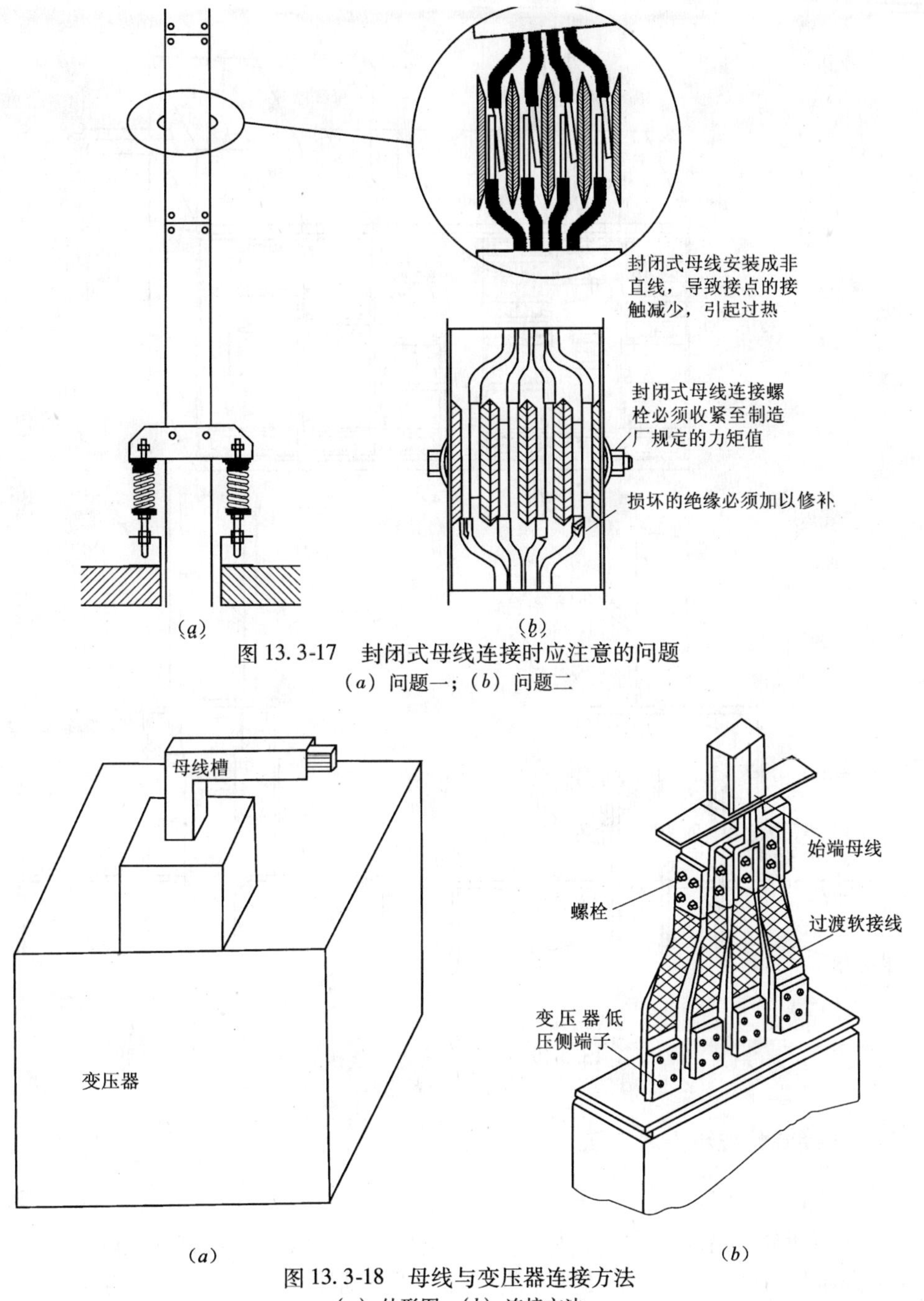

图 13.3-17 封闭式母线连接时应注意的问题

(*a*) 问题一；(*b*) 问题二

图 13.3-18 母线与变压器连接方法

(*a*) 外形图；(*b*) 连接方法

3. 封闭式母线与配电柜连接方法

封闭式母线始端与配电柜接线端连接，应采用镀锡硬铜排过渡连接（图 13.3-19）。铜母排与铝导体连接时，应采用铜铝过渡排或夹装铜铝过渡片。

4. 封闭式母线与电缆连接方法

封闭式母线与电缆连接应设置接线箱，连接前应先分别对母线及电缆进行绝缘测试，满足要求后，再进行连接，连接方法见图 13.3-20。

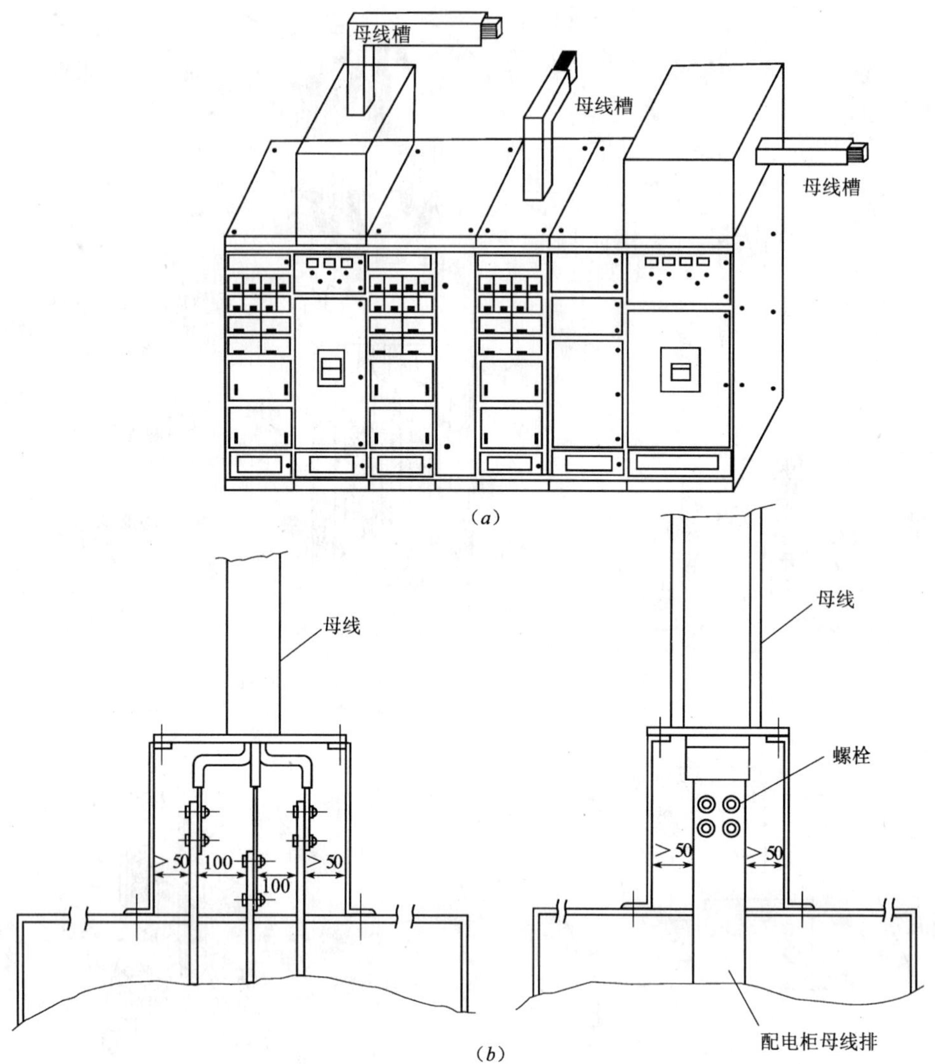

图 13.3-19 母线与配电柜连接方法
(a) 进线示意图；(b) 连接方法

13.3.6 插接式分线箱安装方法

带分接装置的干线母线，可通过插接式分线箱方便地引出电源分路。安装或拆除分线箱时，必须切断分线箱内电源。分线箱安装位置应方便分线箱插入及拆离母线，并应设在安全可靠及维修方便处。另外，安装分线箱时，要特别注意相序正确，不得误插。

1. 插接式分线箱介绍（图 13.3-21）

插接式分线箱从干线母线（带分线装置单元）引出电源分路，它的最大分接电流根据断路器确定。插接式分线箱特性如下：

(1) 安全锁

插接式分线箱中配有安全锁，其类型大约分成两类：

1）箱门锁：当开关置于“ON”时，分线箱门不能打开；

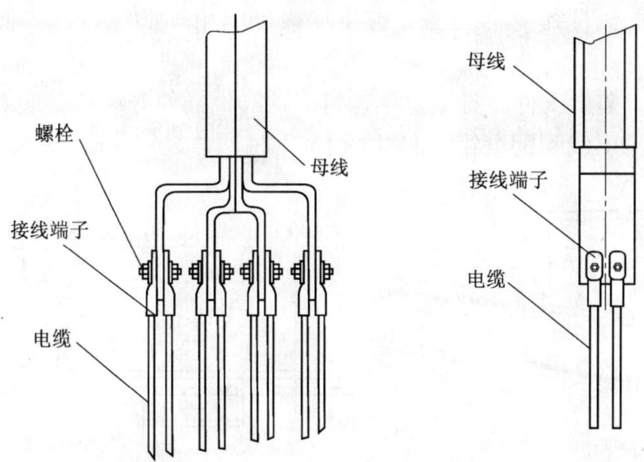

图 13.3-20 母线与电缆连接方法

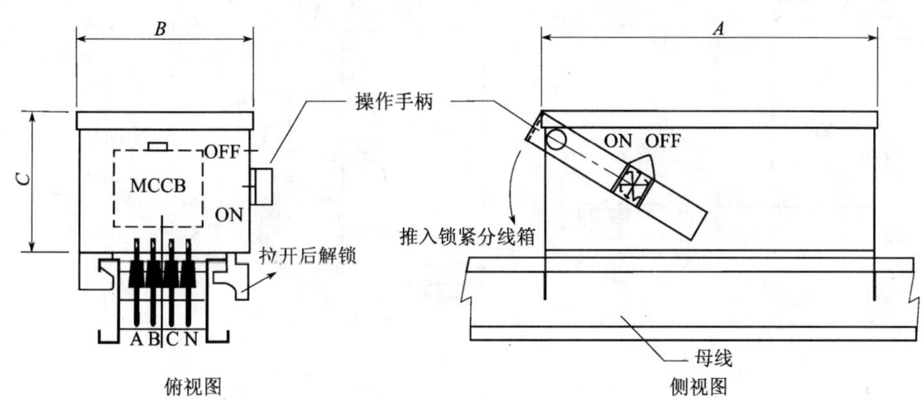

图 13.3-21 插接式分线箱

2）母线锁：当开关置于“ON”时，插接式分线箱不允许插入或拆离母线。

（2）插入孔

在分线箱的适当位置开孔。以用于引出电缆分流。

（3）分线箱中零线位置

在标准插接分线箱中，从正面看零线布置在右边。

（4）接地

分线箱的外壳与母线外壳在断路器与母线导体接触之前做接地连接。

2. 插接式分线箱安装方法

母线分线箱安装前，应先打开母线插入孔处的插口盖板，将箱内断路器推至 OFF 断开档位置，将插接分线箱插脚按相序从母线插口处插入母线内，并保证插入到位，禁止带电插拔。

分线箱安装后，应将其前后两处爪型卡板固定于母线两侧，并拧紧螺钉。内装大型断路器的分线箱，其垂直安装时，底部应加装承重托臂；水平安装时，应加装承重包箍。分线箱安装示意如图 13.3-22。

插接式分线箱的安装顺序（图 13.3-23）：

（1）取下母线插孔处的插口盖板及其上方的两只螺钉；

（2）将断路器手柄打到OFF位置，拧下插接分线箱蝶形螺钉，取下支件，然后将插接分线箱插入母线；

（3）拧紧螺钉，盖上支件，拧紧碟形螺钉。这样，插件分线箱就装好了。

3. 插接式分线箱引线到配电箱方法（图13.3-24）

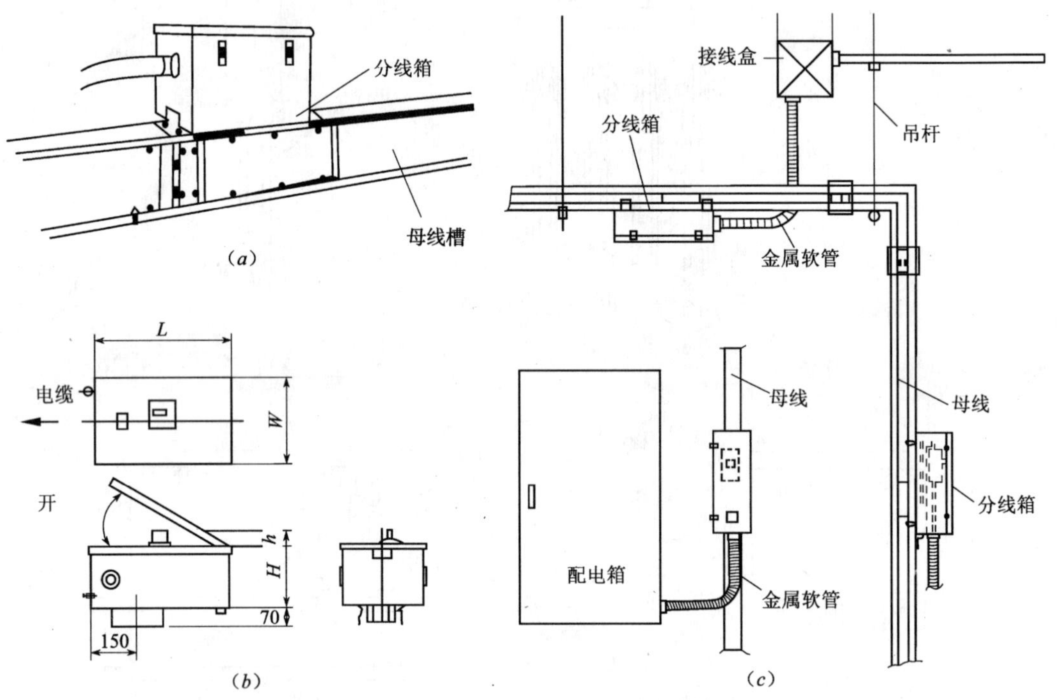

图13.3-22 插接式分线箱安装方法
(a) 分线箱；(b) 分线箱规格；(c) 安装示意图

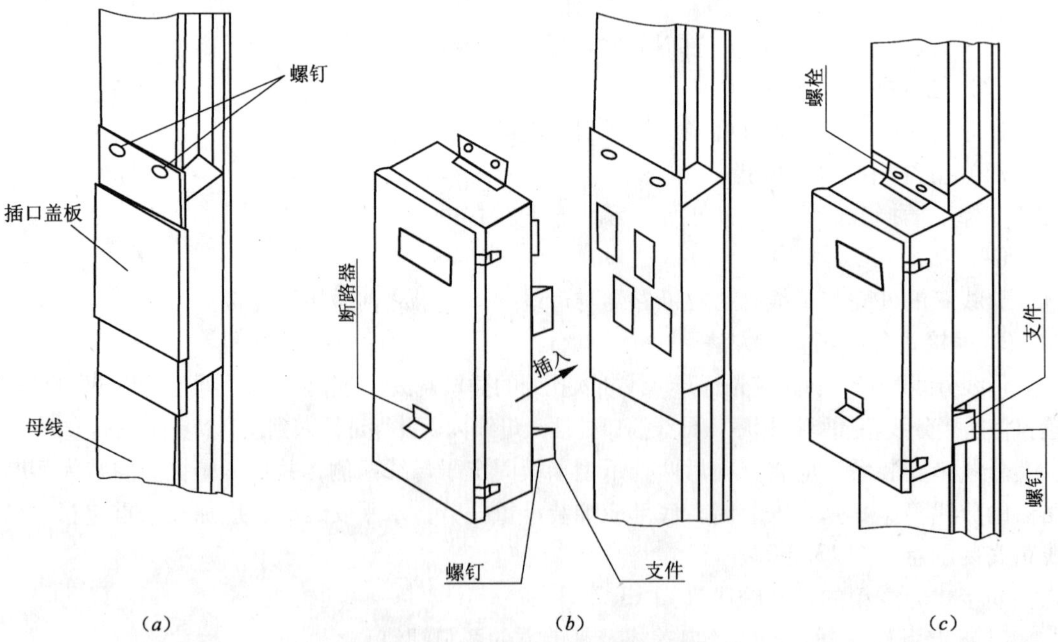

图13.3-23 插接式分线箱安装顺序

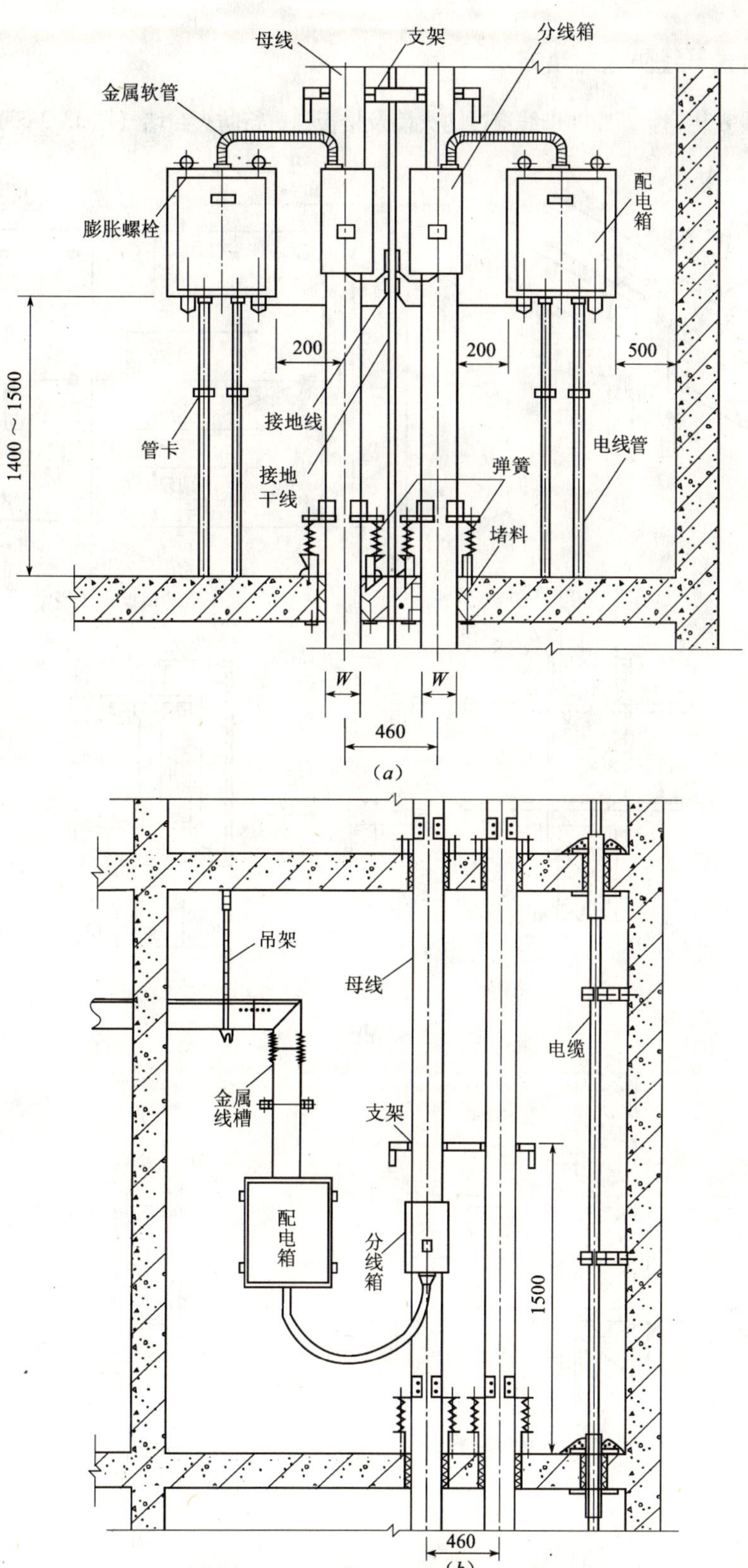

图 13.3-24　插接式分线箱引线到配电箱方法

(a) 方式一；(b) 方式二

13.3.7 封闭式母线防火封堵方法

封闭式母线安装完后，应在母线穿过防火墙及楼板处进行防火封堵（图 13.3-25）。

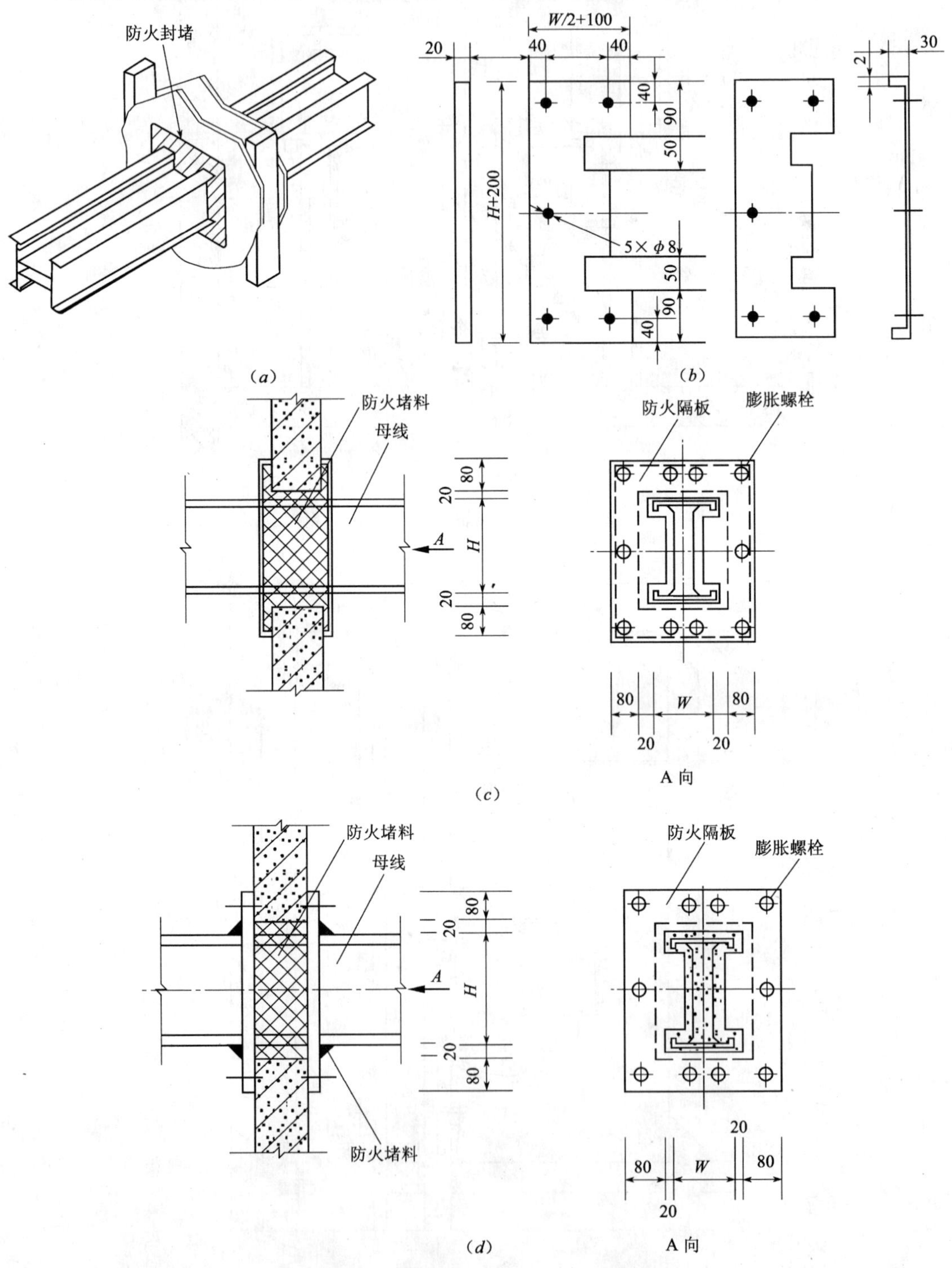

图 13.3-25 封闭式母线穿墙防火封堵方法

(*a*) 水平封堵；(*b*) 防火隔板；(*c*) 方式一；(*d*) 方式二

13.3.8 封闭式母线的送电

（1）封闭式母线安装完毕后，要对每道安装工序进行认真检查，确认安装无误。

（2）通电前必须对母线系统进行相位和连接性试验。测试接地电阻和绝缘电阻，检查与母线系统相连接的设备相位关系是否正确。待确认无误后可通电。

（3）操作人员必须是合格的专业电气安装人员，非专业人员需离开现场。

（4）送电时，母线系统不能带任何电气负载，所有分线装置处于断开状态。

13.3.9 封闭式母线保养方法

1. 封闭式母线长期运行时至少每年定期检修一次。

2. 检查总的负载电流不得超过设计电流和主干封闭式母线的额定电流。

3. 封闭式母线长期运行时每年定期检测一次接头温升，接头温升应不超过70℃为合格（环境温度为40℃）。

4. 封闭式母线运行中，应不间断查看整个系统的四周是否存在渗漏、喷水、潜在的潮气源，是否存在对系统构成威胁的重物，以及对封闭式母线系统温升构成影响的热源，检查有无异物进入封闭式母线内部。检查封闭式母线系统零部件有无缺损、锈蚀现象、支架弹簧是否有合适的弹力，发现问题后立即维修更换。

5. 定期清除封闭式母线系统表面积尘，确保散热良好。

6. 封闭式母线检修前需对封闭式母线系统进行停电检查，完全切断封闭式母线所有电源，并用万用电表测量导电体有无电压，确认封闭式母线系统未带电方可例行检修。防止高电压对操作人员构成身体伤害，甚至死亡的严重事故。

7. 检查所有封闭式母线接头连接螺栓及导电体接触部分是否有松动现象。防止因松动产生的阻值增高而使接头产生发热现象。检查绝缘材料是否有老化现象，导电部分是否有熔化变形现象。

8. 检查封闭式母线系统的分线箱插脚与母排接触是否良好。

9. 如发现有相间接地、绝缘击穿现象，应分段拆除，并用耐压测试仪分段检查，找出故障，或重新更换封闭式母线，或重新进行绝缘包覆处理。

10. 封闭式母线系统检修完毕，重新送电前，应检查绝缘电阻，并有完整的检修记录。

14　用电设备安装

额定交流电压 1kV 及以下的应为低压电器设备、器具和材料；额定交流电压大于 1kV、直流 1.5kV 的应为高压电器设备、器具和材料。本章主要介绍了低压用电设备的安装方法，包括民用用电设备、动力用电设备、家用电器等。

本章相关标准规范：

(1)《建筑电气工程施工质量验收规范》GB 50303—2002 。

(2)《民用建筑电气设计规范》JGJ 16—2008。

14.1　民用用电设备安装

14.1.1　排气扇安装

排气扇供电可以通过插座进行供电，也可以通过带熔丝器接线座供电。插座供电拆卸方便，带熔丝器接线座供电安全可靠。排气扇安装方式及高度见具体工程设计。

1. 排气扇技术数据（表 14.1-1）

排气扇技术数据表（mm）　　**表 14.1-1**

换气扇型号	风叶直径(mm)	电压(V)	输入功率(W)	风量(m^3/min)	*B*	*E*	*G*	*H*
LFBJ108C	300	220	48	18	400	340	170	85
LFBJ072C	250	220	36	12.6	350	290.4	172	58
LFBJ049C	200	220	28	8.1	303	240.9	163	83
LFBJ029C	150	220	24	4.8	250	190.5	176	53

2. 排气扇安装方法（图 14.1-1）

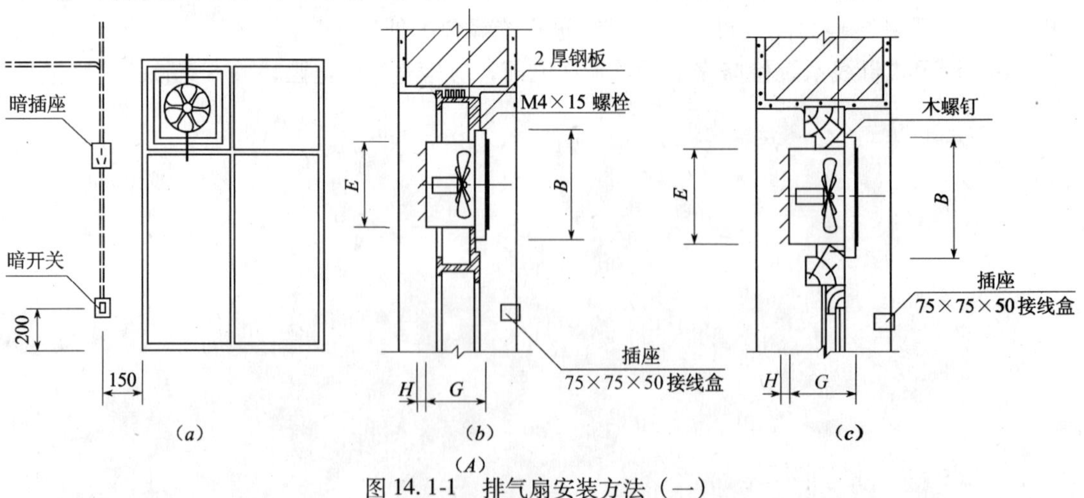

(A)

图 14.1-1　排气扇安装方法（一）

(A) 窗上安装方法

(a) 示意图；(b) 大样图一；(c) 大样图二

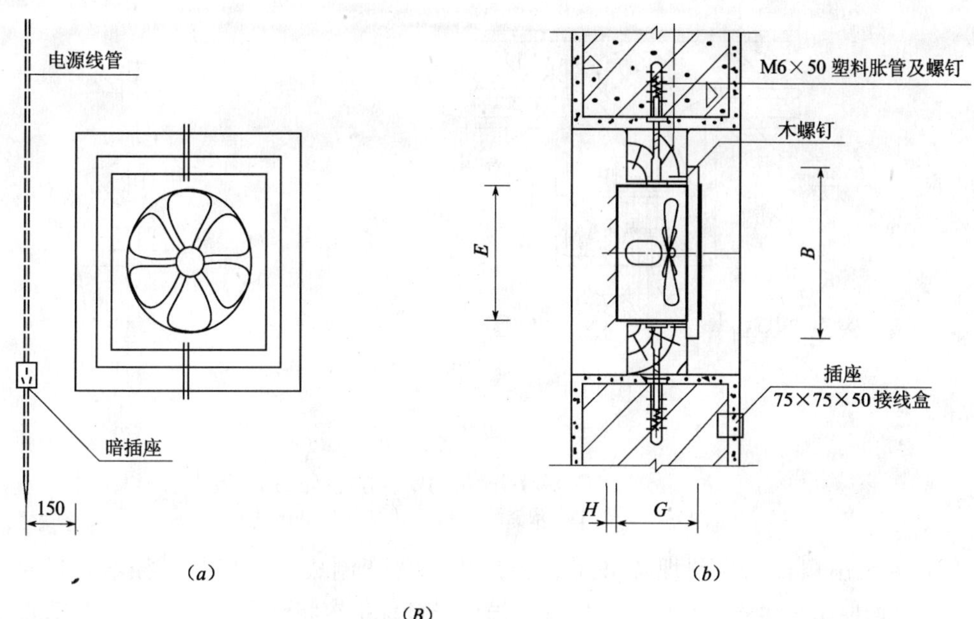

(B)

图 14.1-1 排气扇安装方法（二）
(B) 墙上安装方法
(a) 示意图；(b) 大样图

14.1.2 电扇安装

1. 吊扇安装

(1) 挂钩安装方法（图 14.1-2）

吊扇挂钩的直径不小于吊扇挂销直径，且不小于 8mm。挂（吊）钩应弯成 T 字形或 F 形，且焊接处长度不小于 100mm。挂（吊）钩应由盒中心穿下。现浇混凝土楼板内预埋挂（吊）钩，应将 F 形挂（吊）钩与混凝土中的短钢筋焊接，或者使用 T 形挂（吊）钩，挂（吊）钩在板面上与楼板垂直布置，使用 T 形挂（吊）钩还可以与板内钢筋绑扎或焊接。

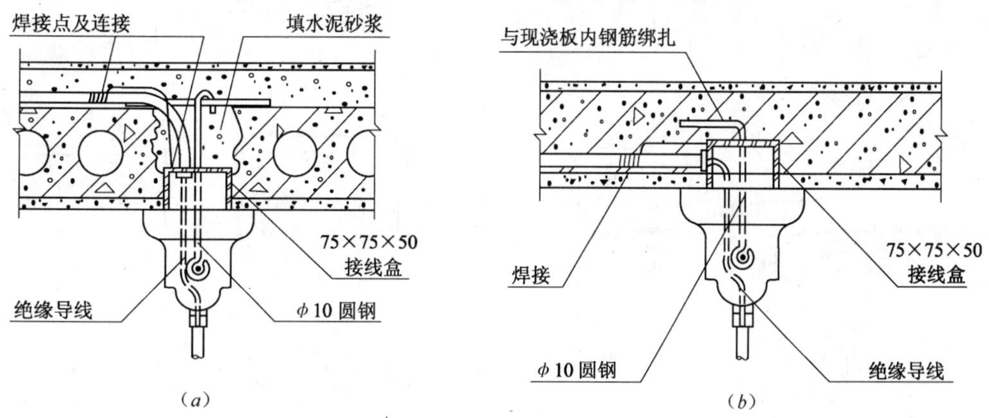

图 14.1-2 吊钩安装方法（一）
(a) 预制楼板上安装；(b) 现浇楼板上安装

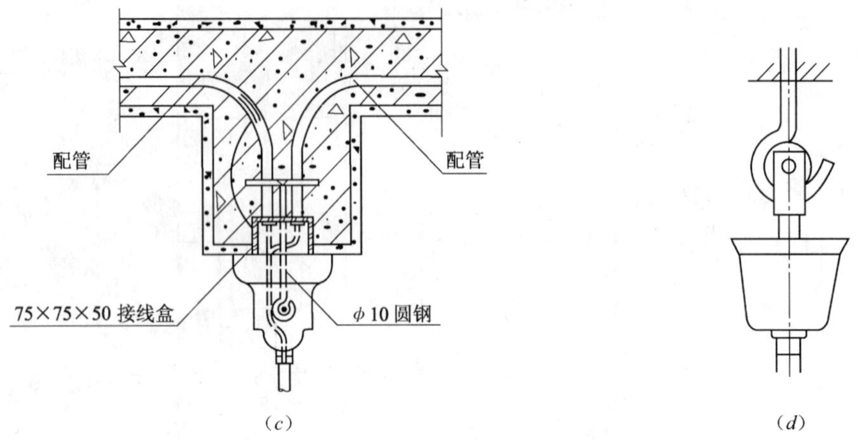

图 14.1-2 吊钩安装方法（二）
(c) 现浇梁上安装；(d) 吊钩形状

安装吊扇前，将预埋挂（吊）钩露出部位弯制成型，弯曲半径不宜过小。吊扇挂（吊）钩伸出建筑物的长度，应以安上吊扇吊杆保护罩将整个挂（吊）钩全部遮住为好。

在挂上吊扇时，应使吊扇的重心和挂（吊）钩的直线部分处在同一条直线上。将吊扇托起，吊扇的耳环挂在预埋的挂（吊）钩上，按接线图接好电源，并包扎紧密。向上托起吊杆上的护罩，将接头扣于其中，护罩应紧贴建筑物或绝缘台表面，拧紧固定螺钉。

(2) 吊扇安装方法（图 14.1-3）

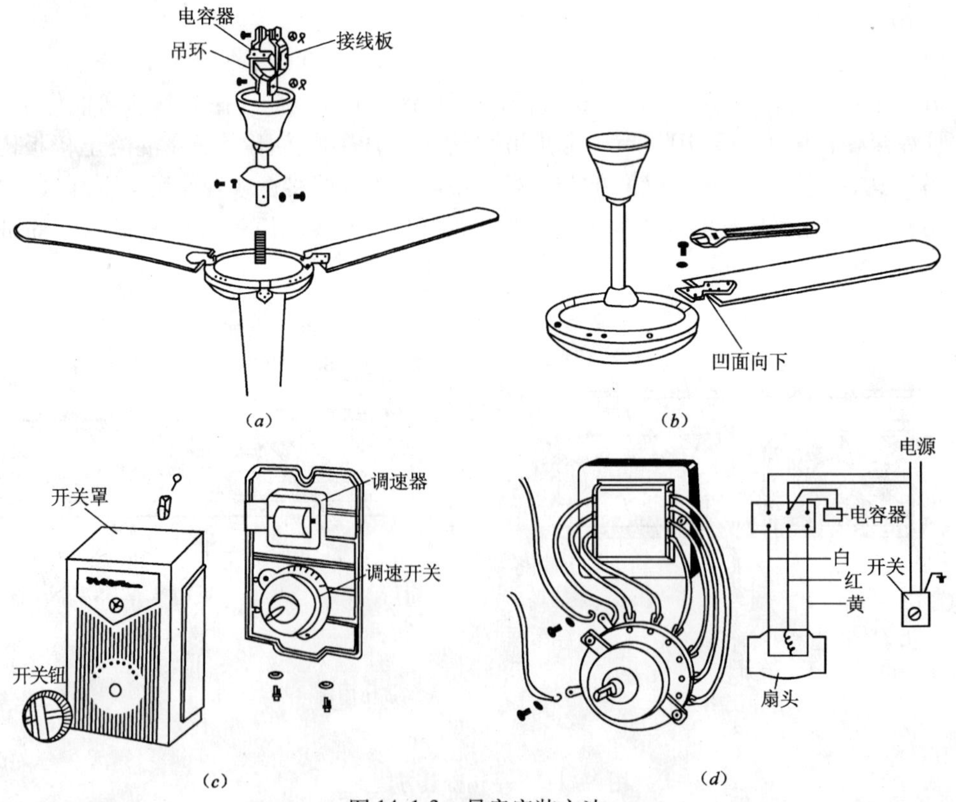

图 14.1-3 吊扇安装方法
(a) 吊扇吊杆安装方法；(b) 吊扇扇叶安装方法；(c) 吊扇控制器安装方法；(d) 吊扇电机安装方法

1）吊扇挂钩安装牢固，有防振橡胶垫；挂销的防松零件齐全、可靠。

2）吊扇扇叶距地面高度不宜小于2.5m。

3）吊扇组装时，应符合下列要求：

（a）严禁改变扇叶角度；

（b）扇叶的固定螺钉应装设防松装置；

（c）吊杆之间、吊杆与电机之间的螺纹连接，其咬合长度每端不得小于20mm，且应装设防松装置。

4）吊扇接线正确，风扇的转向及调速开关应正常，当运转时扇叶无明显颤动和异常声响。

5）吊扇调速开关安装高度应为1.3m，同一室内并列安装的吊扇开关高度应一致，且控制有序不错位。

2. 壁扇安装

（1）壁扇安装应符合下列规定

1）壁扇底座在墙上采用膨胀螺栓固定，数量不应少于2个，且直径不应小于8mm，壁扇底座位应固定牢固。

2）壁扇防护罩扣紧，固定可靠，当运转时扇叶和防护罩无明显颤动和异常声响。

3）壁扇的下侧边线距地面高度不宜小于1.8m，且底座平面的垂直偏差不宜大于2mm。

（2）壁扇安装步骤

在安装的墙壁上找好挂板安装孔和底板钥匙孔的位置，先拧好底板钥匙孔上的螺钉，把风扇底板的钥匙孔套在墙壁螺钉上，然后用膨胀螺栓把挂板固定在墙壁上。壁扇的防护罩应扣紧，固定可靠。壁扇宜使用带开关的插座。

14.1.3 豪华吊扇灯安装

豪华吊扇灯是传统吊扇与灯具的完美结合，美观而实用。

吊扇和立扇、台扇等比较起来，吊扇对室内空气流动的效果比立扇、台扇好，温度均匀，吹在人身上比较自然，有的放在最小档时睡觉也不会伤人。

在温和的天气里单独使用吊扇是一种节省成本的选择。在炎热的天气里与空调一起使用，吊扇结合了新旧技术，使室内的冷房效果发挥最高。而仅是从吊扇带来的空气流动，就能感觉屋内温度下降了4℃或是更多。因此空调跟吊扇一起使用时，将空调温度调节器设定在25.5℃，使你的家更舒适。而且空调压缩机不需要长期运转，使得空调的寿命延长又能节省电费，达到节能的目标。

14.1.3.1 豪华吊扇灯安装程序

1. 固定吊装

混凝土顶棚用冲击钻钻孔，将膨胀螺栓固定在顶棚上，再将固定座及吊球架安装上去（图14.1-4）。

2. 安装吊管

（1）选用吊管

1）依顶棚高度选用适当长度的吊管。

2）适当的吊管长度使吊扇本体至地面高度不能低过2.5m。

（2）吊管固定方法（图14.1-5）

1）将吊管穿入吊杆，再将电源线穿入吊管。

2）将吊管套入连接头，并插入联结栓及安全销，再将螺钉锁牢。

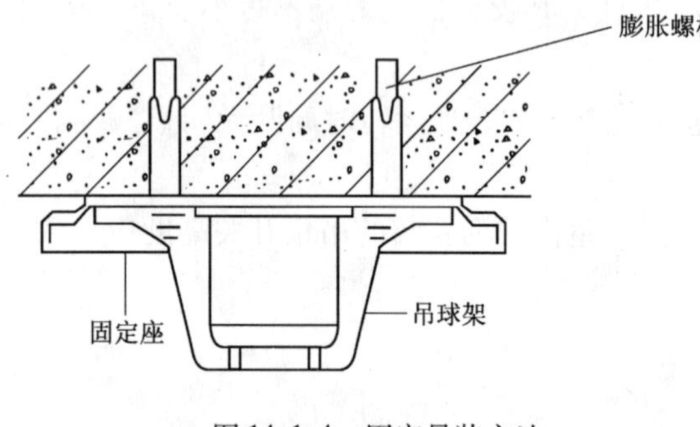

图14.1-4 固定吊装方法

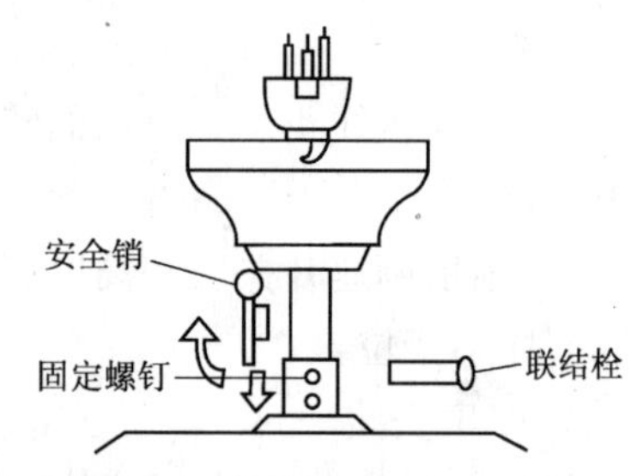

图14.1-5 吊管固定方法

3. 安装叶片、叶架（图14.1-6）

（1）将叶片固定螺钉先穿入叶片固定垫片。

（2）再将叶片固定于叶架上。

（3）固定叶架于电机面。

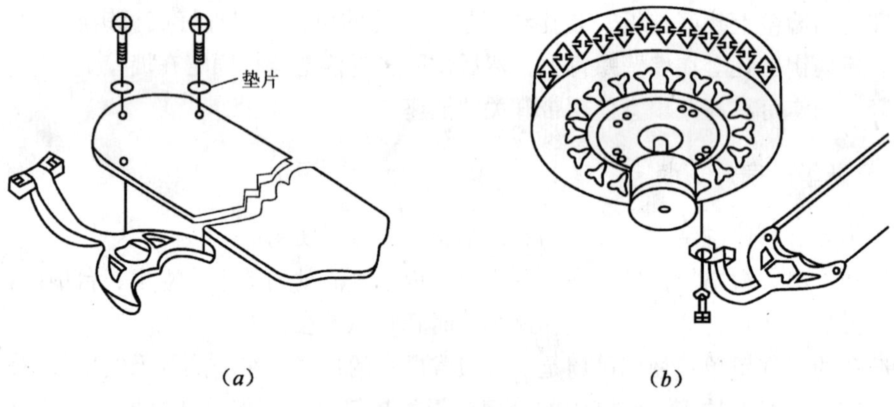

图14.1-6 安装叶片、叶架
（*a*）安装叶片；（*b*）安装叶架

4. 安装吊球于吊架（图14.1-7）

（1）将吊球置入吊架。

（2）转动吊杆，使吊球凹沟和吊架凸耳啮合。

5. 接电源线（图14.1-8）

（1）用接线端子将吊扇线和电源线连接。

（2）电源零线接吊扇白色线，电源火线接吊扇黑色线。

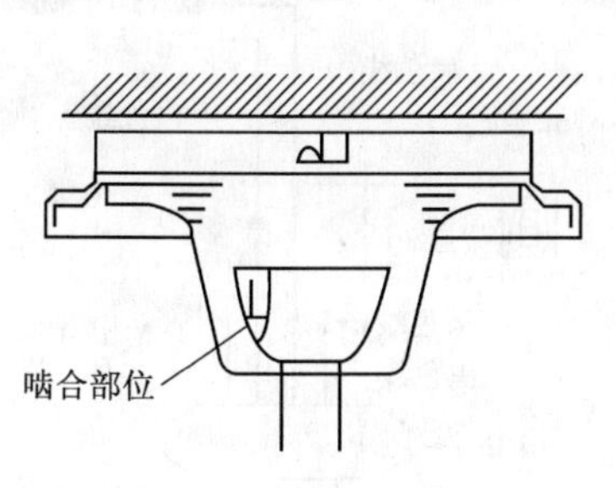

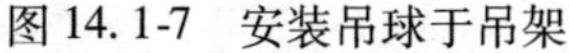

图 14.1-7 安装吊球于吊架

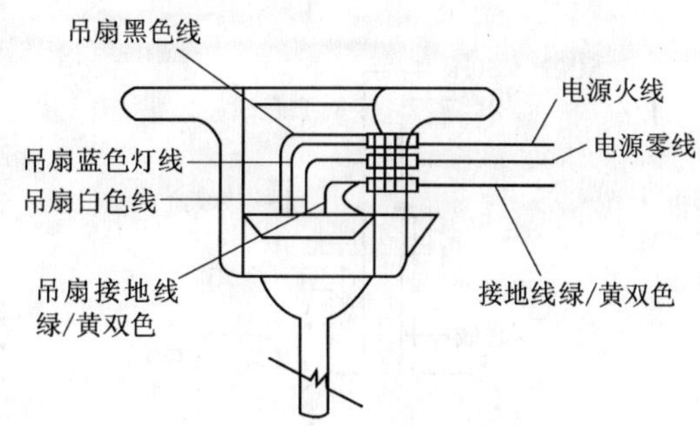

图 14.1-8 接电源线

（3）吊扇蓝色线为灯线，应和吊扇黑色线共同接于电源火线：或接墙壁开关以单独控制灯。

6. 安装吊钟

（1）先将吊架两侧的吊钟固定螺钉退出 2 ~ 3 扣，不需完全退出。

（2）如图 14.1-9 按箭头方向将吊钟缺口对准螺钉往上及向右旋转至定点（最左端），再用十字旋具锁紧螺钉即可完成吊钟之固定。

7. 开关切换（图 14.1-10）

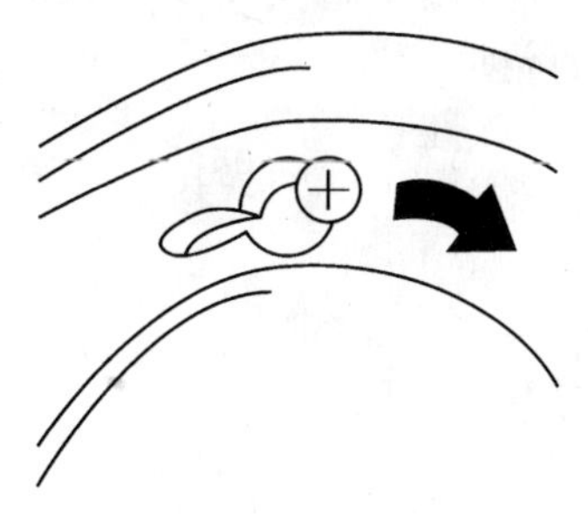

图 14.1-9 安装吊钟

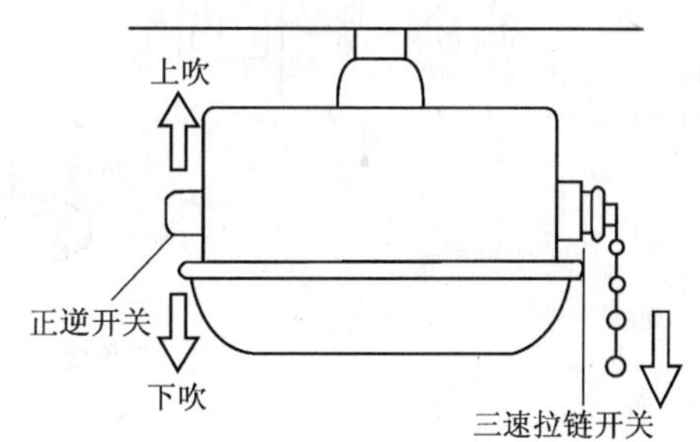

图 14.1-10 开关切换

（1）拉式开关控制吊扇的高、中、低三段转速。

（2）正反转开关控制叶片的旋转方向。

（3）叶片逆时针方向旋转时风往下吹，适用于热天或配合空调使用；叶片顺时针方向旋转时风往上吹，适用于冷天或配合暖气时使用，并可作为室内空调对流之作用。

（4）通电后若吊扇不转，请拉动拉式开关，或正反转开关。

（5）正反转开关不可切在中间，应切至最上端或下端。切在中间时吊扇将无法旋转。

14.1.3.2 **豪华吊扇灯路线安装**

1. 豪华吊扇灯路线安装（图 14.1-11）。

2. 墙壁和顶棚预留一路线（一火线、一零线）。

此种布线方案有两种控制方法可供选择：

（1）墙壁上安装普通单开开关，用于控制吊扇及灯具的总电源，风扇的 3 挡风速的调节及灯具的开关需通过吊扇灯自带拉线开关来实现：

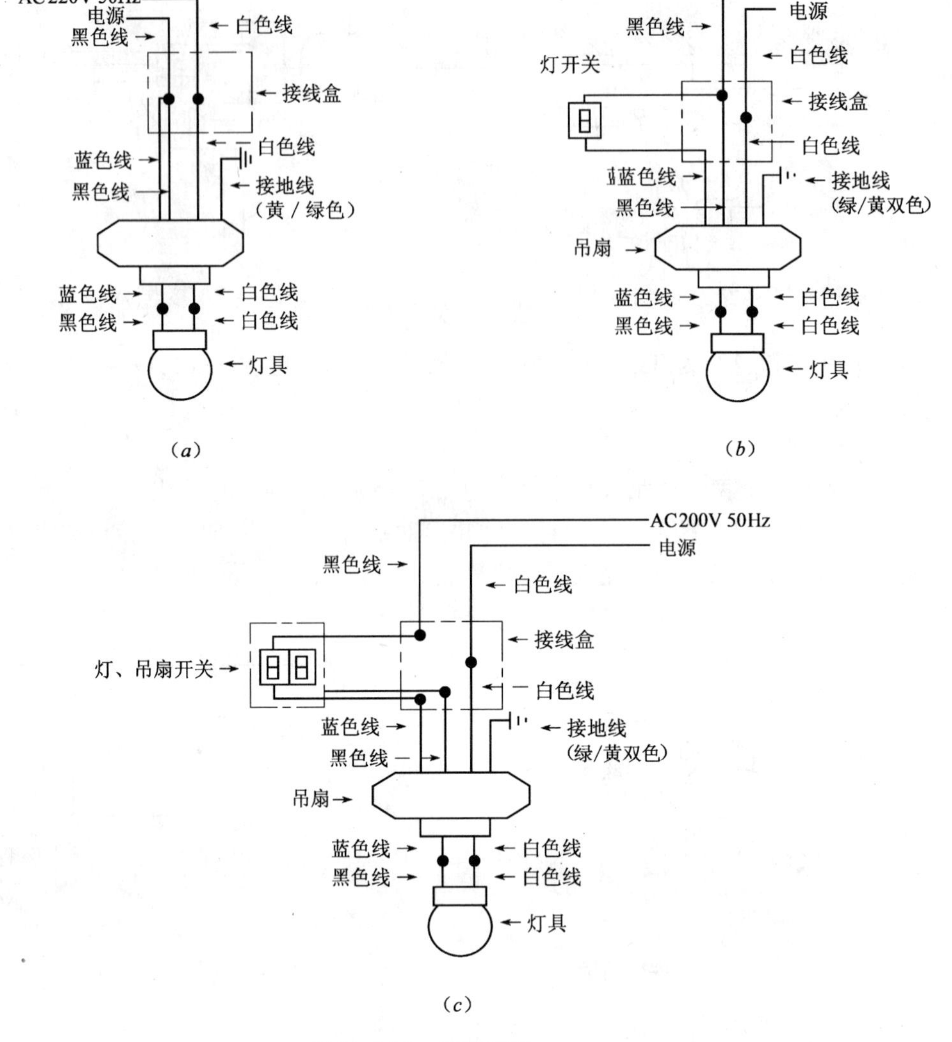

图 14.1-11　路线安装

(a) 一般接线；(b) 加装灯开关；(c) 加装灯与吊扇开关

1）风扇

拉 1 下最高档风速（高温天气适用），拉 2 下中档风速（最常使用的档位，多数情况下可满足要求），拉 3 下低挡风速（睡眠中及空调刚开时作为空调的最佳辅助），拉 4 下关闭。

2）灯具

(a) 3 头灯拉 1 下全开，拉 2 下关闭；

(b) 4 头灯拉 1 下亮两盏灯，拉 2 下亮 4 盏灯，拉 3 下关闭；

(c) 5 头灯拉 1 下亮 2 盏灯，拉 2 下亮 3 盏灯，拉 3 下亮 5 盏灯，拉 4 下关闭。

3）布线参考图（图 14.1-12）：

(2) 墙壁上安装普通单开开关，用于控制吊扇及灯具的总电源，风扇的 3 档风速的调节及灯具的开关需通过遥控器来实现：

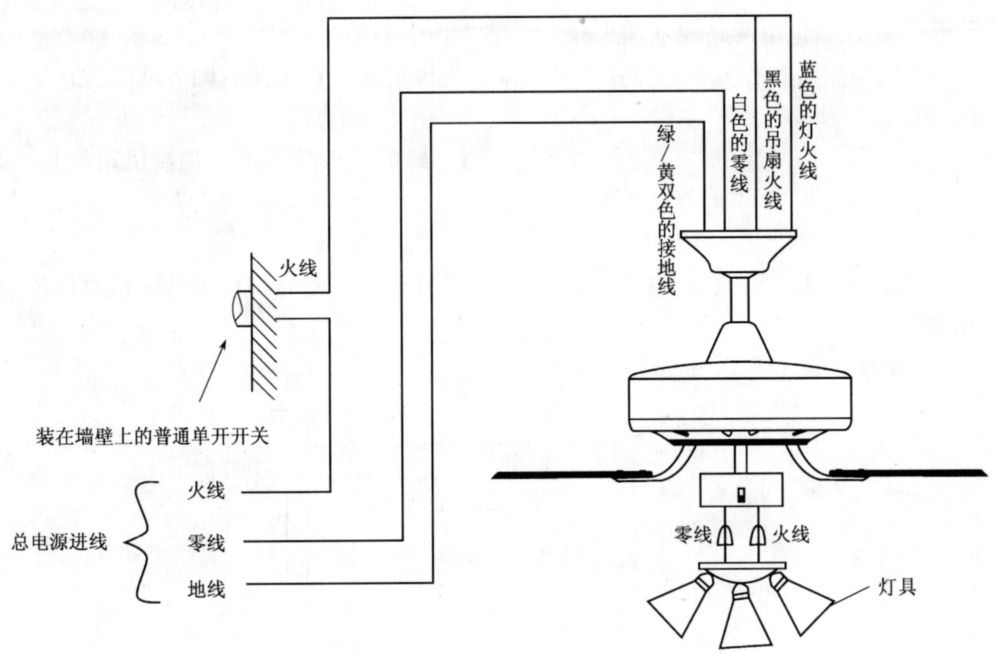

图 14.1-12 布线参考图（一）

1）风扇

接线完成后，将风扇的拉线开关调至最高档，即可用遥控器来控制风扇的高、中、低三档风速，不再需要调节拉线开关。

2）灯具

遥控器上的灯具控制按钮可控制灯具的开或关，具体亮灯盏数需通过灯具拉线开关来实现。

3）布线参考图（图 14.1-13）：

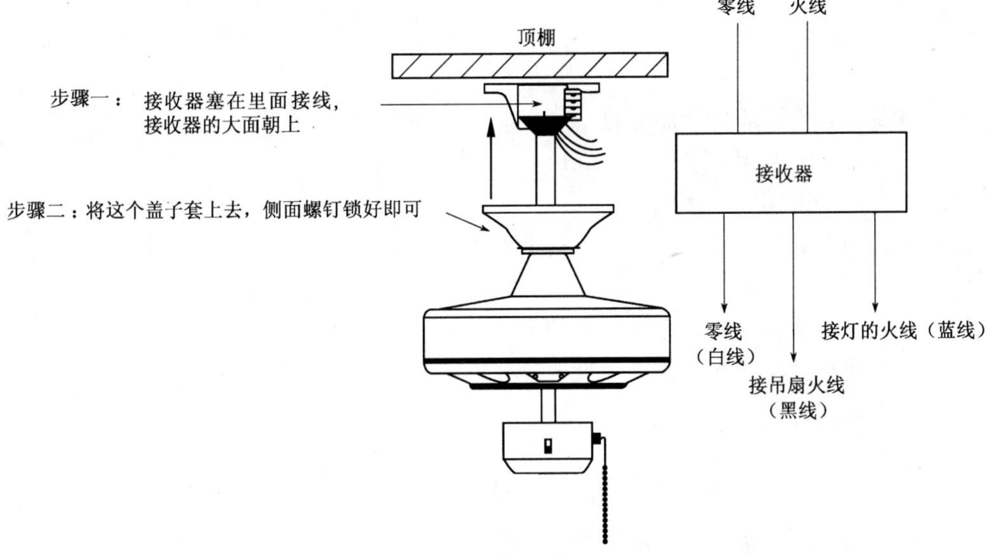

图 14.1-13 布线参考图（二）

注：一套遥控分两部分，一个手控的发射器，另一个就是接收器，安装遥控就是装接收器。

3. 墙壁和顶棚预留两路线（两火线、一零线）

此种布线方案可选择安装墙壁控制开关来实现风扇的3挡风速的调节及灯具的开关：

1）风扇

接线完成后，将风扇的拉线开关调至最高档，即可用壁控开关来控制风扇的高、中、低三档风速，不再需要调节拉线开关。

2）灯具

墙壁控制开关上的灯具控制按钮可控制灯具的开或关，具体亮灯盏数需通过灯具拉线开关来实现。

3）布线参考图（图14.1-14）：

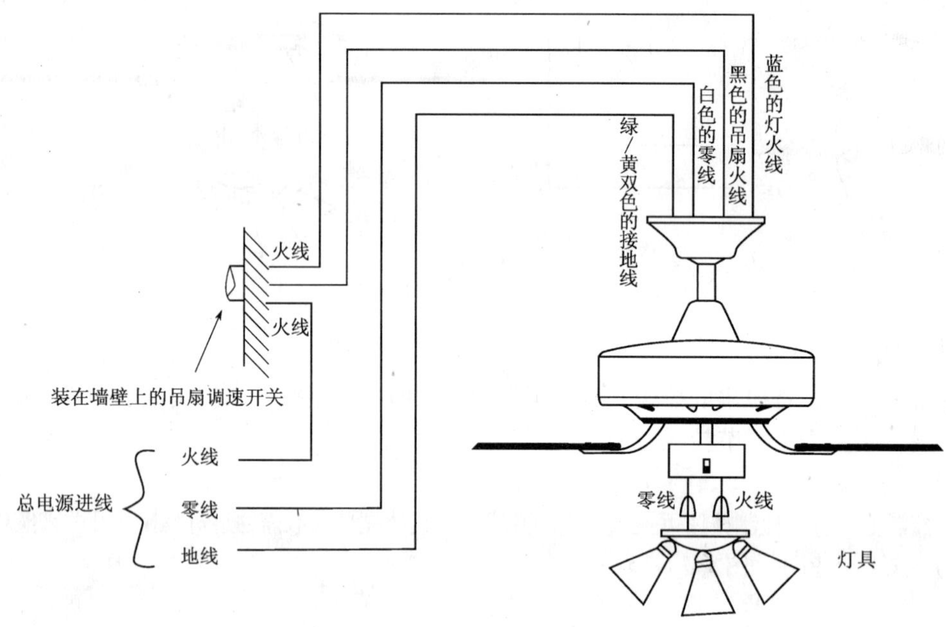

图14.1-14 布线参考图（三）

14.1.3.3 豪华吊扇灯叶片安装

1. 用刻度尺调整叶片（图14.1-15）

摇动轻微者，不用本方法调整。

(1) 用有刻度的长尺检查，将尺子向上对准顶棚垂直放置，且置于叶片尾端，记下从叶片尾端边缘到顶棚的距离。

(2) 用手小心地转动叶片，检查其他的叶片。

(3) 如果叶片没有在同一刻度上就要轻轻地将叶架向上或向下弯曲到使每片叶片距顶棚高度都在相同刻度。

2. 调换叶片（图14.1-16）

调整完成后吊扇尚有摇动现象，可依下列两种方法法调整：

(1) 请将吊扇叶片架①、②取下相互对调，再固定即可。

(2) 若摇动未见改善，请将叶片架②、④取下，相互对调固定，使吊扇摇动减至最低。

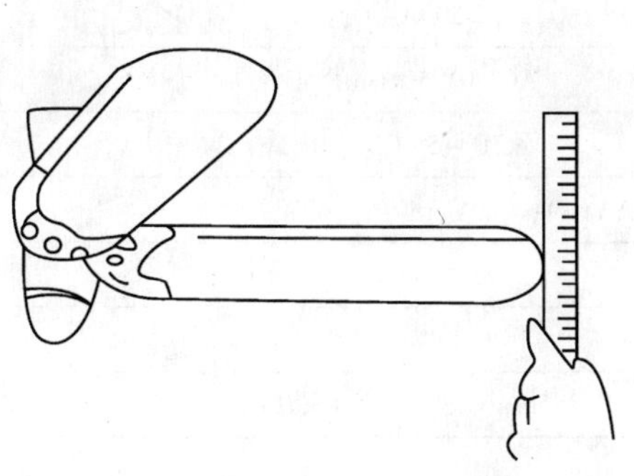

图 14.1-15 用刻度尺调整叶片

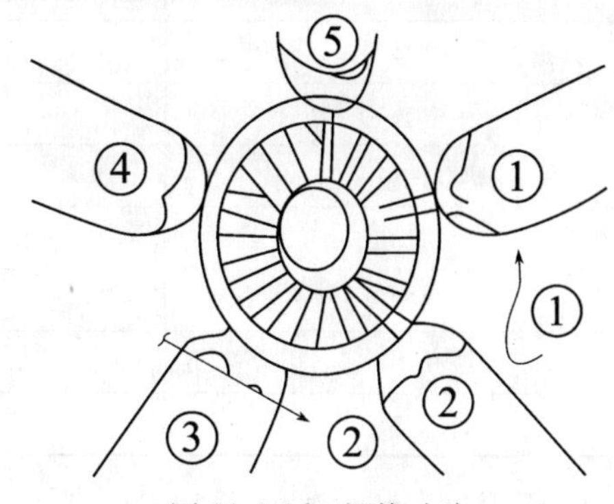

图 14.1-16 调换叶片

14.1.4 干手机安装

1. 干手机介绍

（1）当手伸入离出风口 150mm 以内时，干手机自动开启。

（2）为了避免未知物体通过而引起误动作，只有感应时间在 0.5s 以上才会开启干手机；当干手机连续工作超过 1min 以上时，会自动关机。

（3）红色指示灯亮时，表示干手机处于待机状态，绿色指示灯亮时，表示干手机处于工作状态。

（4）当机器内部达到 105℃以上时，干手机认为是误操作，而由内部安全保护装置断开发热装置的电源。

（5）在热风的作用下能使手在 40～50s 内干燥。

（6）干手机绝缘电阻值不小于 10MΩ。

2. 干手机规格尺寸（图 14.1-17）

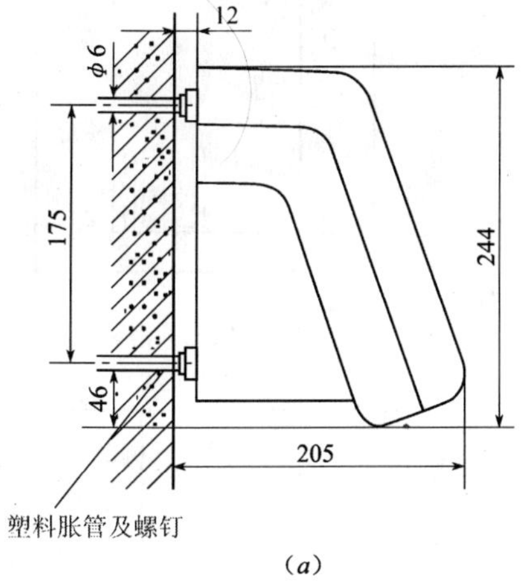

(*a*)

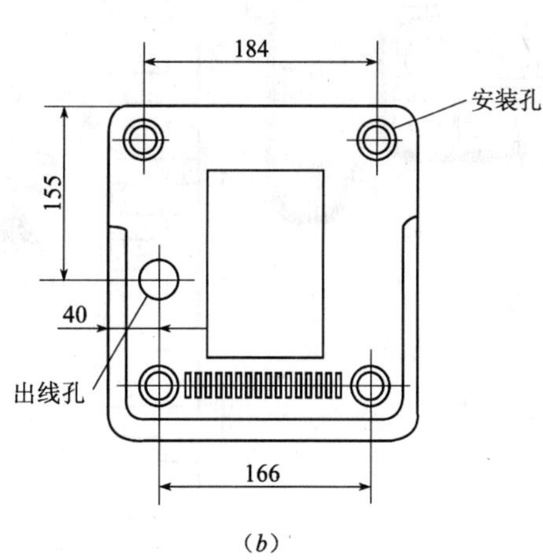

(*b*)

图 14.1-17 干手机规格尺寸

(*a*) 侧视图；(*b*) 后视图

3. 干手机主要技术参数（表 14.1-2）

干手机主要技术参数 表 14.1-2

型号	VC-200A
电源	AC220V 50Hz
热空气温度	45℃ ~55℃
电机类型	YYG-A，220V，50Hz，40W
电机转速	2800 转/min
功率	1500W
外形尺寸	237mm×255mm×137mm（$W \times H \times D$）

4. 干手机安装方法（图 14.1-18）

干手机安装高度为底边距地 1.2 ~1.3m，干手机安装可以用插座与电源连接，也可通过带熔丝器接线座与电源连接。

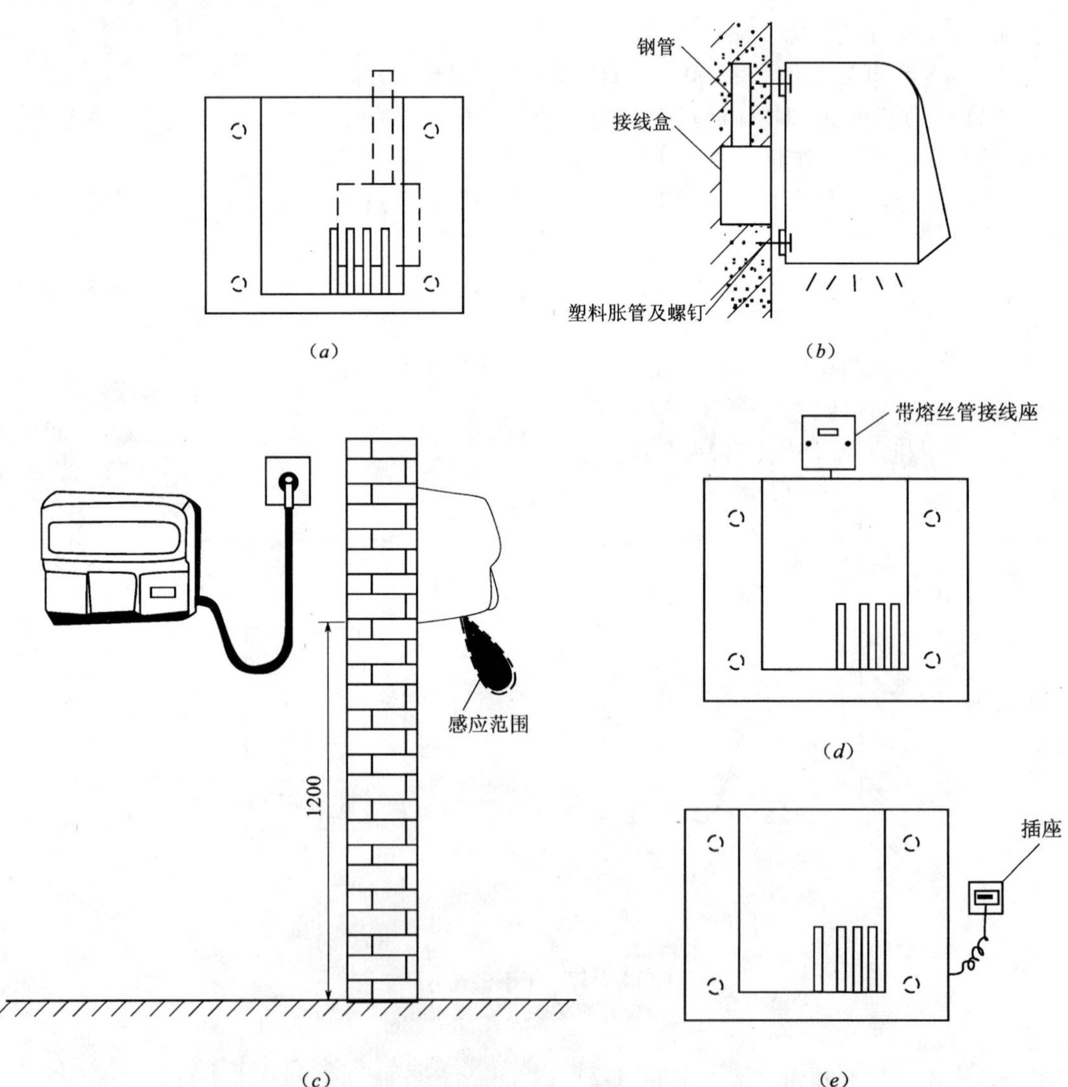

图 14.1-18 干手机安装方法

（*a*）主视图；（*b*）侧视图；（*c*）安装高度示意图；（*d*）接线方法一；（*e*）接线方法二

14.1.5 干发器安装

XH-2000 系列干发器，设计新颖、外观豪华、内装防干扰电路，防止干扰其他电器。可提供高、中、低档功率选择。防滴水结构，安全可靠；XH-2000（带插型）内置 110V 剃须刀插座，特别适合于宾馆配套使用。

1. 干发器功能特点

（1）环保：采用特殊技术处理，运行时不会污染电网，对其他电器没有干扰。

（2）安全：采用光电隔离技术，对强、弱电进行隔离，以确保使用的安全；出风口远离发热组件，不会烧伤头发、灼伤皮肤。

（3）超时保护：在不换挡位的情况下连续加热 15min，会有自动停机的超时保护功能。

（4）过热保护：机器具有双重温度保护功能，当加热部件周围温度过热时，将自动停止工作。

（5）功率可调：采用先进的微电脑控制，出风口的风量及温度由面板旋钮轻松调节。

（6）风大、低噪：采用轴流式风机，出风量大，噪声低。

（7）使用方便：采用磁控开关，取下把手即开机，放回原位即关机，使用弹簧伸缩软管，干肤、干发随心所欲，壁挂式设计，无需专业人员即可轻松安装使用。

2. 干发器技术参数（表 14.1-3）

挂壁式干发器技术参数 **表 14.1-3**

序号	项目	规格
1	额定电压	AC，220V，50Hz
2	额定功率	900W
3	额定电流	4.1A
4	包装尺寸	770mm×465mm×395mm

3. 干发器安装说明

干发器安装高度为底边距地 1.4m，用冲击钻在画好线的位置上钻孔，然后放入塑料胀管，安装干发器，干发器应使用带熔丝器接线座与电源连接（图 14.1-19）。

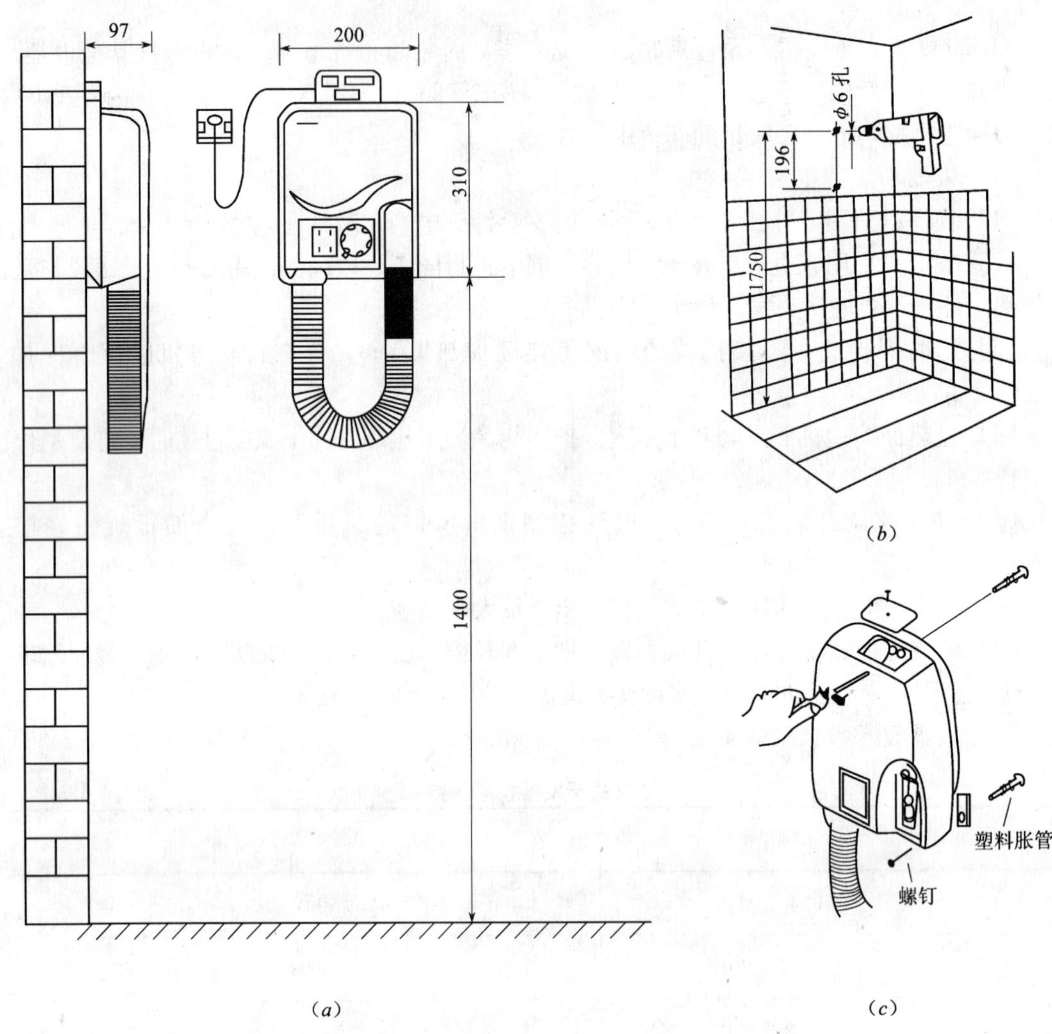

图 14.1-19 干发器安装方法
(a) 安装高度示意图；(b) 转孔；(c) 安装方法

14.1.6 电热水器安装

储水式电热水器结构如图 14.1-20 所示，主要部件有储水箱、发热组件、控温器、外壳、保温材料、淋浴组件。在储水箱和外壳之间充填保温材料，以减少热量的逸散。电热组件都采用管状加热组件，有一组、两组或多组构成。正常使用时，电热组件完全浸泡在水中，其传热效率在98%以上。储水式电热水器所采用的温度控制装置有压力式温控器和双金属恒温器两种。

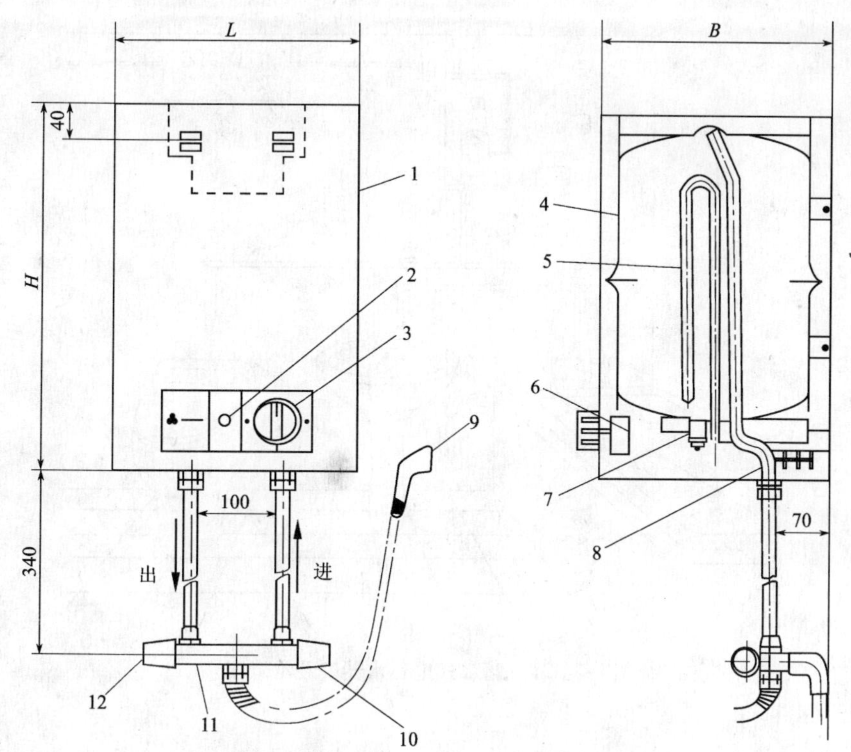

图 14.1-20 储水式电热水器结构示意图

1—外壳；2—指示灯；3—温度控制旋钮；4—水槽；5—加热组件；6—恒温器；7—过热保护器；8—电源接地端子；9—淋浴喷头；10—热水龙头；11—淋浴组件；12—冷水龙头

1. 储水式电热水器选用

电热水器的种类繁多，选用时主要根据用途来考虑。如果短时使用，人数较多可选用快热式电热水器。如果随时取用热水，经常有 2～4 人使用，可选用储水式电热水器。热水器规格大小的选用，主要考虑储水量，一般家庭选用 40L 即可。功率大小应由电度表容量来考虑。对于 5（10）A 的电表，可选用 2kW 以下的电热水器，对于 3（5）A 的电表，只能选用 1kW 以下的电热水器。

2. 储水式电热水器安装

储水式电热水器买回后，必须按说明书规定进行安装，电热水器固定好之后，不要随意搬动或拆卸机件。

储水式电热水器可用管道供水，给洗面盆、浴缸、淋浴间、洗衣机、洗菜盆等供水（图 14.1-21）。

储水式电热水器接线方法见图 14.1-22 供电电路前应带一个全相隔离装置（例如保险丝或断路器），接地须把机内的接地端子认真接上地线，应符合国家的标准要求。确保使用安全。

3. 储水式电热水器使用

使用时，接通电源，指示灯亮，开始加热，当水温达到预定温度后，指示灯熄灭，加热终止。若指示灯时亮时灭，表明热水器处于自动保温。

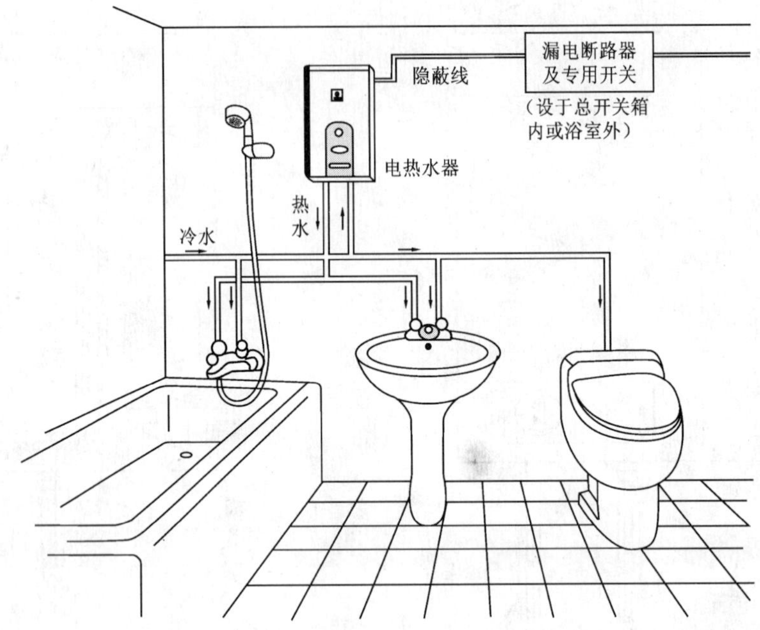

图 14. 1-21　储水式电热水器安装示意图

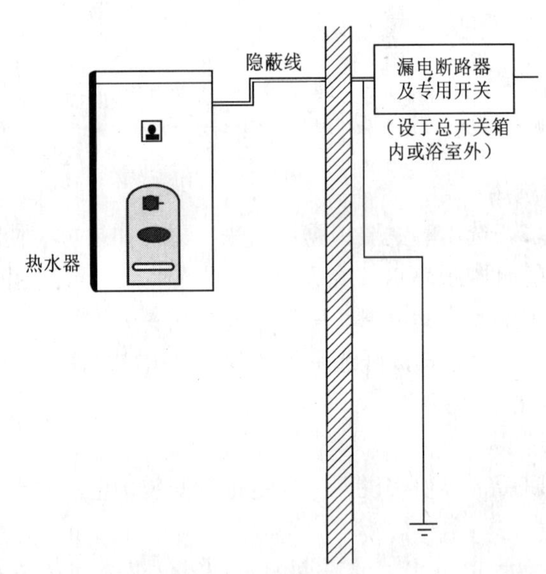

图 14. 1-22　储水式电热水器接线方法示意图

热水器配备的水龙头组件，通常有止回流装置，并用颜色区分，蓝色为冷水，红色为热水。根据个人使用热水温度情况，调节两种水龙头，可得到最理想的热水温度。

热水器的温度调节器标有“Ⅰ”、“Ⅱ”或箭头指示方向，表示热水温度由低向高的调节位置，若把旋钮调节到某一位置上，热水温度便保持在该温度上。淋浴时，应先试探一下实际水温，以免因水温过高而烫伤。

第一次使用热水器时，必须先注满冷水，直至出水管有水流出后，才接通电源。切忌在未注水时接通电源，因热水器的电热组件表面负荷设计都取较大值（通常都在 8～12W/cm^2），在没有水浸泡时，电热组件很容易损坏。

4. 储水式电热水器保养

储水式电热水器的保养主要是注意电热组件不能在缺水时通电。其次是注意控温器的正常运行。当控温器不能断开电源时，应找出原因，修复或更换同型号的控温器。

使用日久的热水器，在储水箱内壁和电热组件表面会结上一层白色的水垢，这对发热组件是有害的，故定期清除水垢是必要的。清除水垢的办法是打开盖板排除水箱内的积水，取出发热组件，用毛刷洗刷水箱内壁的水垢，但电热组件却不能用刷、刮的办法，可将电热组件浸在浓度为5%的稀盐酸溶液中，看到水垢被熔解后，再用清水浸洗干净，最后按原样装上。

14.1.7 电煮食炉安装

电煮食炉电源出线口的高度应不低于0.3m，开关的安装高度应为1.3m以上（图14.1-23），电动机、电加热器及电动执行机构的可接近裸露体必须接地（PE）或接零（PEN）可靠，电动机、电加热器及电动执行机构绝缘电阻值应大于0.3MΩ。

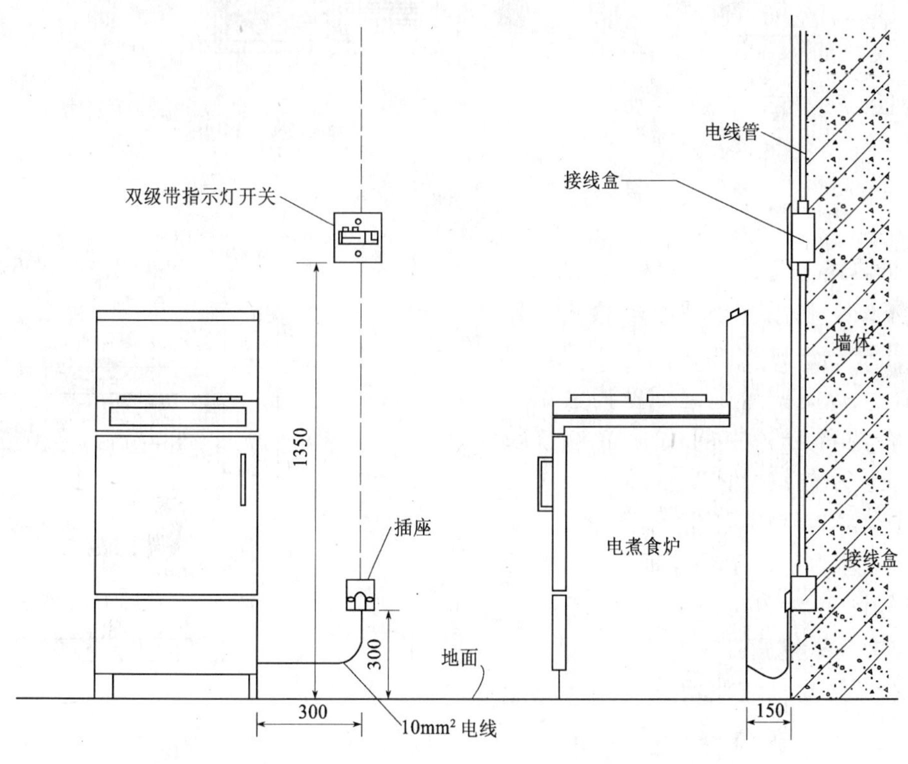

图14.1-23 电煮食炉

14.1.8 空调机安装

空调机按结构分有窗式空调机和分体式空调机两类。

1. 窗式空调机

窗式空调机又有卧式和立式空调机两种。这种空调机的压缩机、通风电机、热交换器是连成一体的，所以又称整体式空调机。由于窗式空调机整体安装在窗上，所以安装简单，但它的噪声比较大，窗式空调机的结构见图 14.1-24。

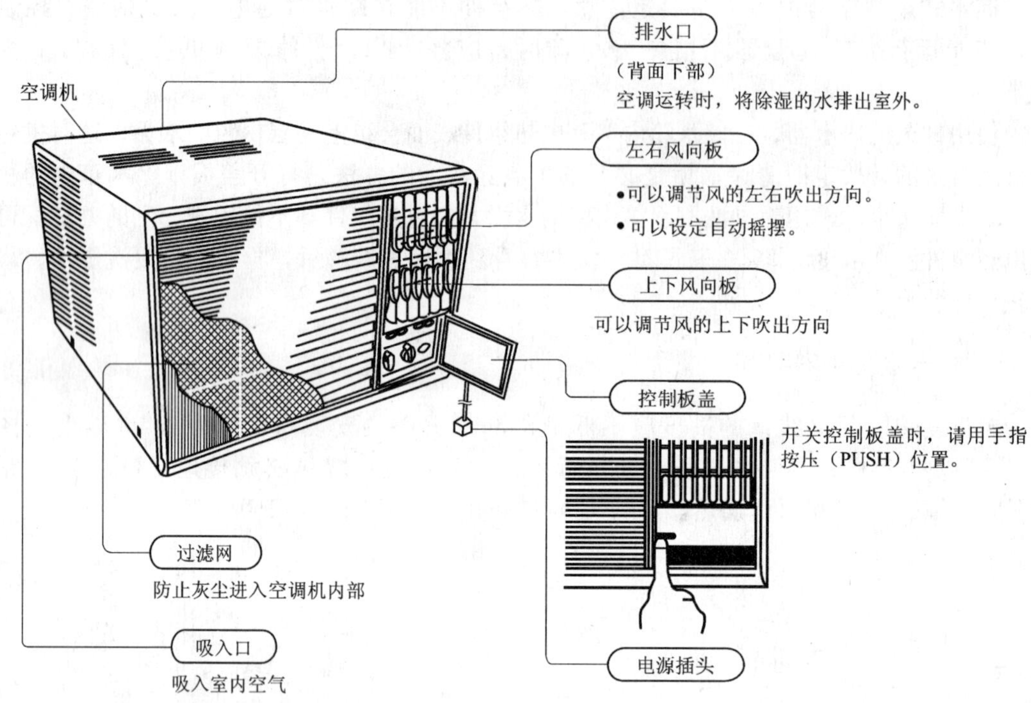

图 14.1-24 窗式空调机结构图

2. 分体式空调机

分体式空调机有柜式、吊顶式和壁挂式等几种。这种空调机的压缩机、热交换器、通风电机分别组成室内机组和室外机组两部分，中间用管道连接起来。现在应用的以分体式空调为多。

(1) 分体式空调机的工作原理

分体式空调机的工作原理及组成见图 14.1-25 及图 14.1-26 所示。

(2) 分体式空调机的安装方法

分体式空调机应使用三孔插座或使用带熔丝器接线座与电源连接（图 14.1-27）。

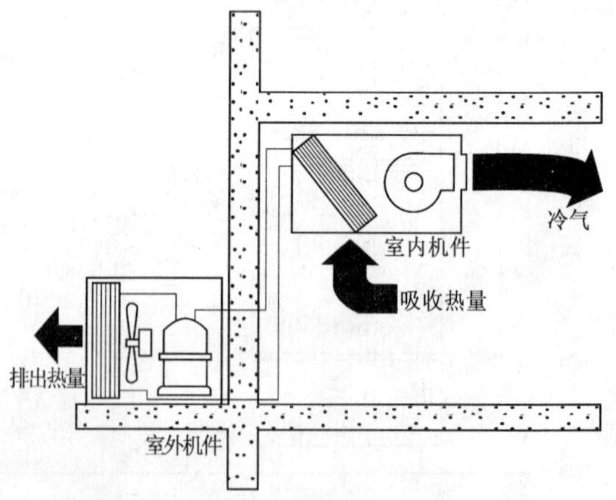

图 14.1-25 分体式空调机的工作原理图

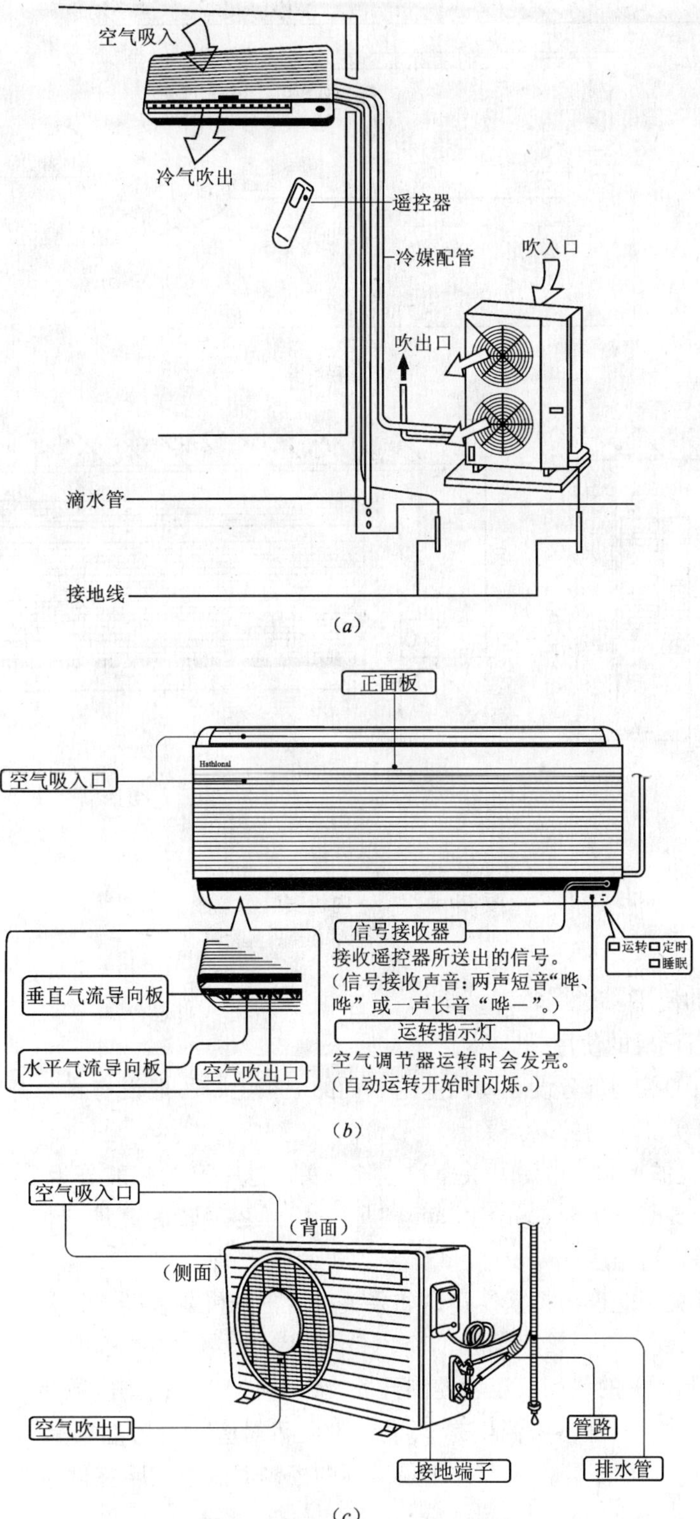

图 14.1-26 分体式空调机组成
(*a*) 分体式空调机组成；(*b*) 室内机结构；(*c*) 室外机结构

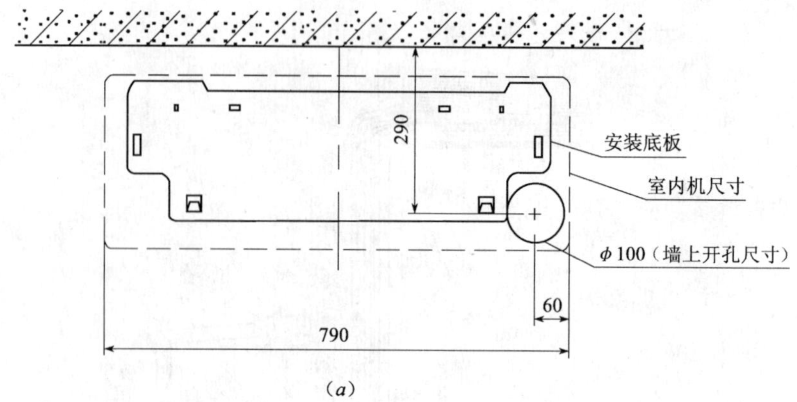

（*a*）

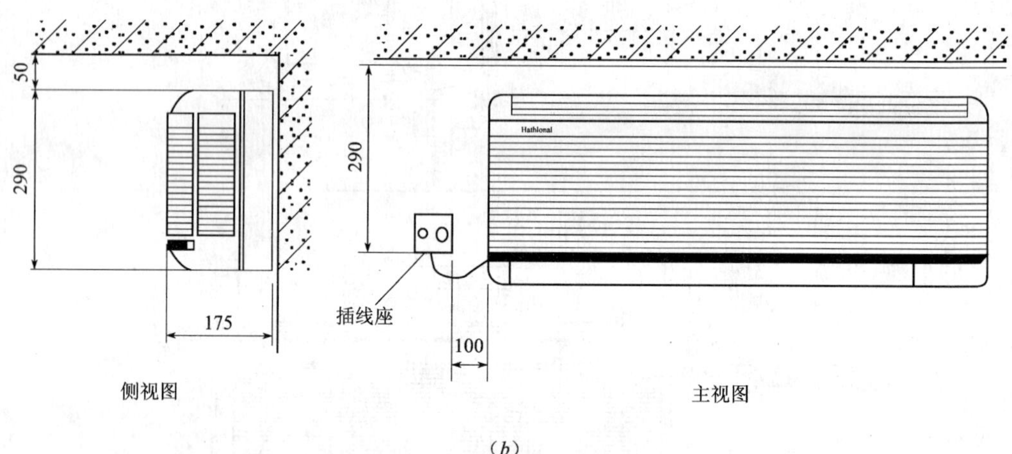

（*b*）

图 14.1-27　室内机安装示意图

（*a*）底板安装；（*b*）室内机安装

3. 空调机的使用

（1）窗式空调机的使用

窗式空调机的控制部分设在朝向室内一面的面板上，一般设有 3 个开关：电源控制开关、温度控制开关、风门控制开关。

1）电源开关的控制。电源开关也称主控开关。这一开关一般分为 5 挡：关、风、低、冷、中冷、高冷。刚开机时，先用 2min“风”挡；之后转为高冷，使室内温度降下来，再转为低冷维持合适温度。

使用电源开关不能连续频繁换挡，如果关机后再开机或者换挡，要间隔 3min，以防损坏压缩机。

2）温度控制开关的使用。温度控制开关旋钮上有 1 ~ 7 的刻度数字，对应的参考温度为 27 ~ 15℃。刻度 1 对应参考温度是 27℃，刻度 7 对应的参考温度是 15℃。但这些参考温度会随环境的不同而不同，所以并不是实际的控制温度。实际室内维持温度要根据情况调整。

3）风门控制开关的使用。控制面板上有两个风门开关，一个控制排气门，用以控制室内空气的排出；另一个是新风门，用来控制室外空气的进入。两个风门全关，则室内的空气就不能交换，制冷效果较好；两个风门全开，则室内温度会排出室外，室外的热气也会进入室内，影响制冷效果。所以，开始时两个风门要全关闭，达到预定制冷效果后，再交替打开排气门和新风门，使室内空气更新。

4）风向的控制。调整面板上的导向页片可以调整风向，一般不能让冷气直接吹到人身上。此外，有热泵功能的还有一个冷热开关，控制制冷或制热。但窗式空调以单冷的居多。

（2）分体式空调机的使用

分体式空调机一般都有摇控装置，摇控器的功能与室内机面板上基本相同，应按以下步骤操作：

1）用摇控器对准室内机按下运转键（开机），空调机就进入工作状态。

2）按功能键，选择功能，然后调到所需温度。

3）根据需要调整风量和风向。

4）如果需要抽湿，则按功能键选择抽湿。

5）根据需要选择定时，可以实现定时关机和开机。

分体式空调机的种类繁多，各种型号的空调机使用有所不同。因此，使用之前应先认真阅读随机的使用手册。

4. 空调机的保养

无论进行哪种保养，务必断开电源。

（1）每隔一个月要清洁过滤网。过滤网用来过滤空气中的尘埃，所以使用一段时间，过滤网上会积聚很多灰尘，阻碍空气流通，降低制冷效果。清洗时用软毛刷先刷去灰尘，再用清洁剂去除网上的污物，最后用软布擦干。

（2）机箱和面板可用中性洗涤剂擦拭，不能使用有机溶剂。

（3）空调机内部冷凝器，蒸发器等处的灰尘，用软毛刷或吸尘器清扫，清扫时注意不要碰坏内部零件。

（4）每年要检查一次电气线路，注意保护装置及控制开关是否正常。

（5）每年使用前在加油孔注油润滑，检查压缩机、风机运转是否正常。

（6）不能开门开窗使空调机长时间运转，否则会缩短空调机寿命。

（7）室外机可以设置遮阳挡雨棚，但要注意不能阻挡空气流通。

（8）空调机如长期不用，应将电源断开，清扫干净，套上布罩。

此外，如不具备专业知识，不能自行移动和修理，应请专业人员处理。

14.2 动力用电设备安装

动力用电设备的金属外壳接地（PE）或接零（PEN）必须可靠。

14.2.1 电铃及电笛安装

由于电铃使用时有振动，所以电铃固定螺栓应加防松装置，如弹簧垫片，以防止振动使电铃松动。

1. 室内电铃安装方法（图 14. 2-1）

室内电铃安装高度为底边距地不应低于 1. 8m。

2. 室外电铃安装方法（图 14. 2-2）

室外电铃安装高度为底边距地不应低于 3m。室外电铃箱尺寸由工程设计确定。

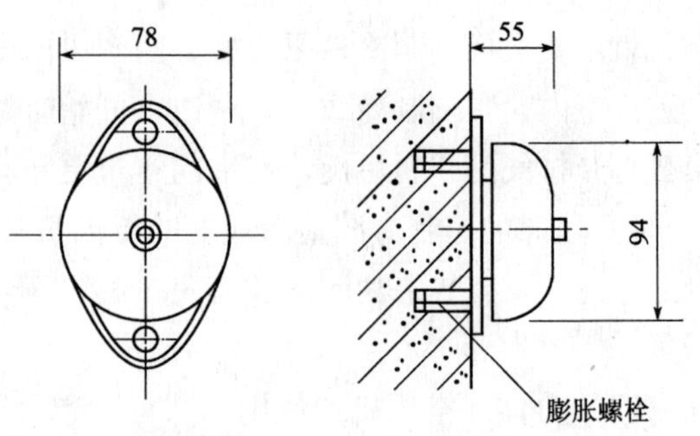

图 14. 2-1　室内电铃安装方法

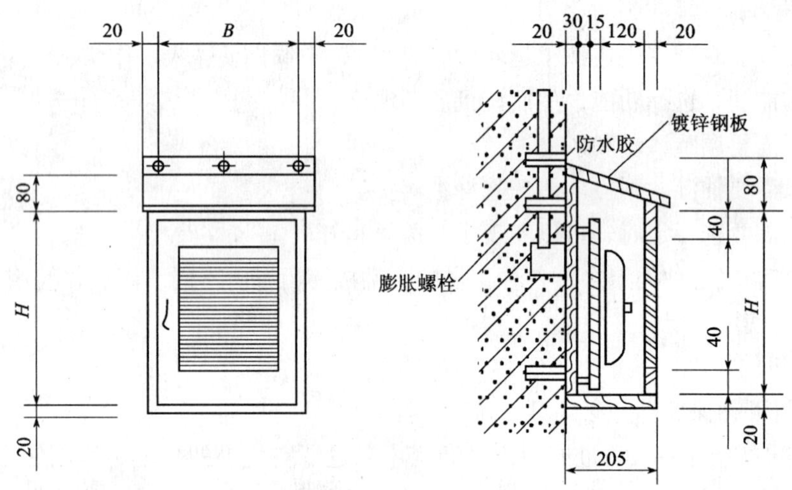

图 14. 2-2　室外电铃安装方法

3. 电笛安装方法（图 14. 2-3）

室外电笛安装高度为底边距地不应低于 3m。

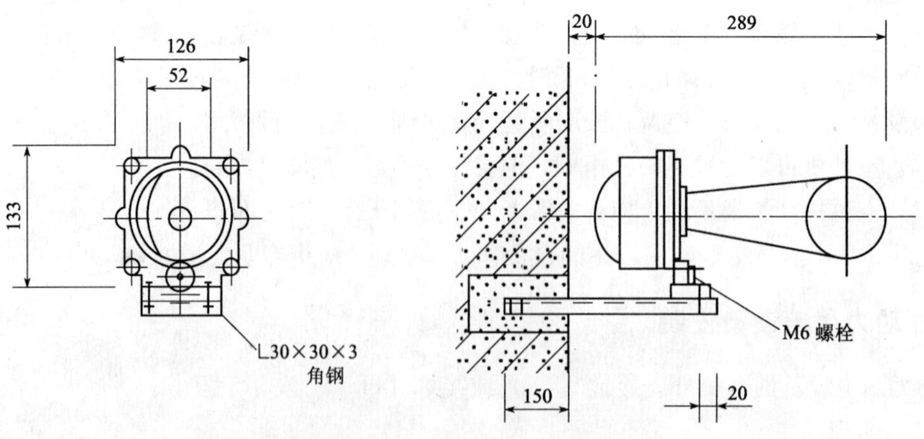

图 14. 2-3　电笛安装方法

14.2.2 子钟安装

子钟的安装高度，室内不低于2m，室外不低于3.5m，安装方法如图14.2-4。

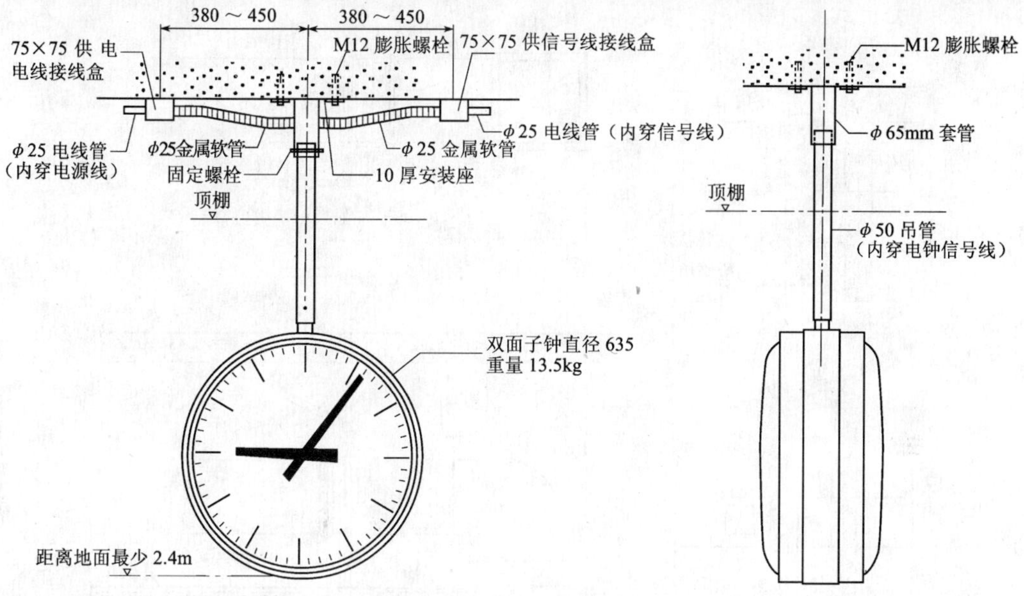

图 14.2-4 子钟安装方法

14.2.3 电热水炉安装

电热水炉安装方法如图14.2-5。电热水炉电源出线口的高度应不低于0.3m；开关的安装高度应为1.3m以上；电动机、电加热器及电动执行机构的可接近裸露体必须接地（PE）或接零（PEN）；电动机、电加热器及电动执行机构绝缘电阻值应大于0.5MΩ。

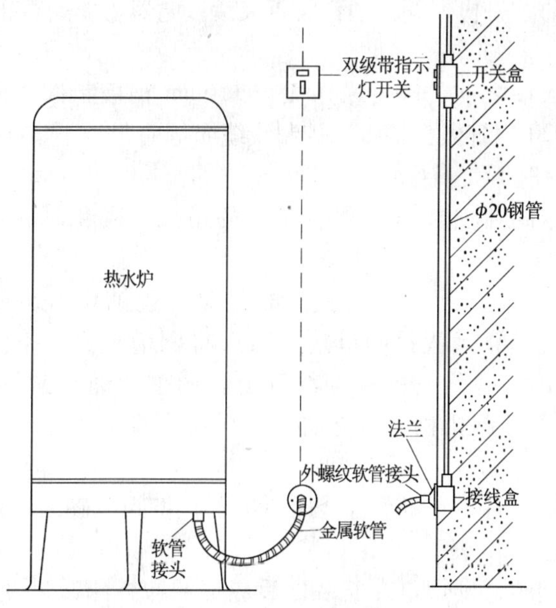

图 14.2-5 电热水炉安装方法

14.2.4 防火及排烟阀安装

防火阀、排烟口安装方法如图 14.2-6。安装注意事项如下：

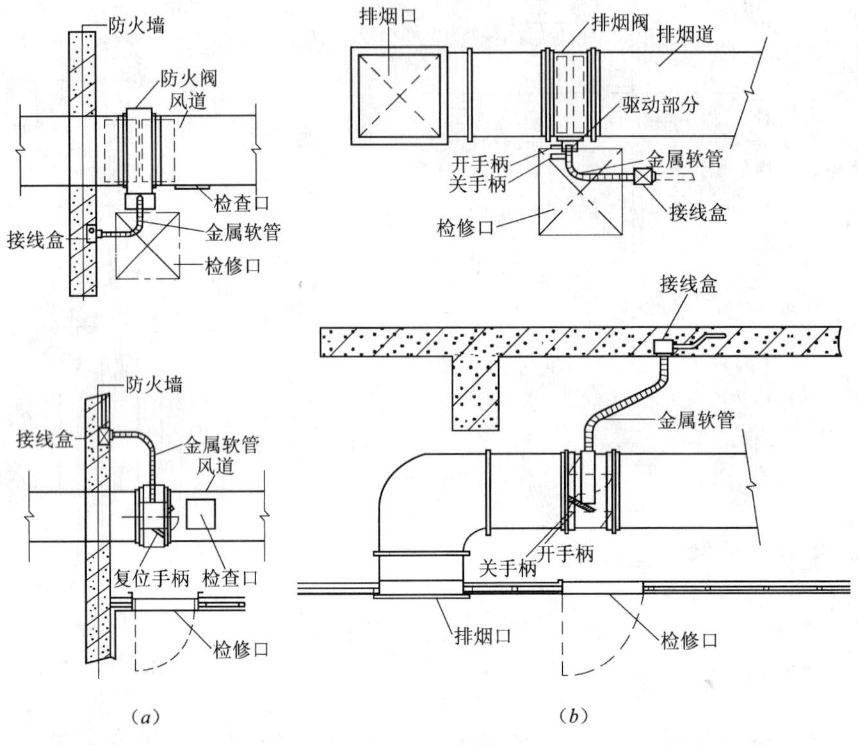

图 14.2-6 防火及排烟阀安装方法
(*a*) 安装方法一；(*b*) 安装方法二

(1) 在安装阀门前，先检查阀体动作是否灵活，电器动作是否正常，检验完毕，确认产品合格后再安装。

(2) 防火阀与防火墙之前的风管采用大于 1.6mm 钢板制作，风管用耐火材料保温，防火电气线路采用 *DN*20 钢管做保护管，控制线缆绳弯曲半径不宜小于 250mm，变曲处不多于 2 处，缆绳长度一般不大于 6m。

(3) 防火阀、排烟阀在安装时必须有单独的吊架，避免阀在高温下变形影响阀的功能。

(4) 在排烟阀（口）至远程控制机构的相对位置铺设好套管，套管的一端紧靠排烟阀（口），另一端紧靠远程控制机构，然后将钢缆绳穿入套管，将缆绳的一端穿进阀体上的弹簧机构内，并将它拴在穿线轴上，用钢丝绳夹紧固，剪去多余的钢索，缆绳的另一端穿进远程控制机构，并穿过导线轴绕在卷筒上，至少绕 3 圈，将多余部分剪去。

(5) 多叶排烟口安装时，先将铝合金风口拆下，将阀体砌入墙内，四周用水泥抹平，或者用螺栓固定在槽上，再将铝合金风口装上。

(6) 防火阀、排烟阀、排烟口在安装之后应定期检查测试，发现拉簧和电器零件失灵，要及时更换，并记录。

14.2.5 电动防火卷帘门安装

钢质防火卷帘门分为普通型钢质防火卷帘门和复合型钢质防火卷帘门。钢质普通型防火卷帘门采用优质冷轧热镀锌板材制作，具有钢性强，耐火性能稳定的特点，耐火时间为120min。钢质复合型防火卷帘门，其帘板部分为两层冷轧热镀锌钢板结构，中间填有隔热耐火的硅酸铝纤维毡作填芯。产品耐火时间长、防辐射能力强，具有较好的保温性能，可实现单门单动，多门联动，耐火时间为180min，电气安装部分主要包括控制箱及控制按钮，控制按钮安装高度为底边距地1.2m。安装说明如下（图14.2-7）：

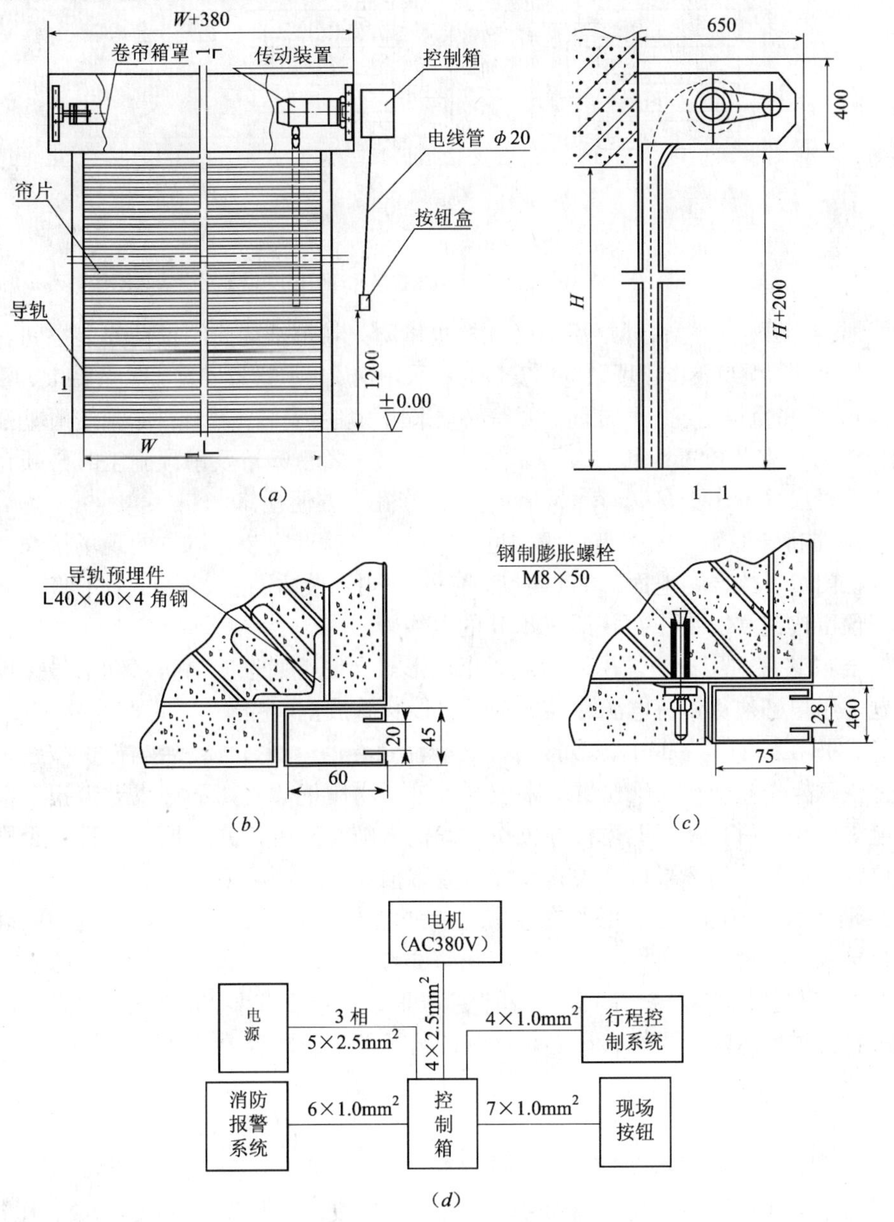

图14.2-7 电动防火卷帘门（一）

（a）主视图；（b）采用预埋的导轨安装形式；（c）采用膨胀螺栓的导轨安装形式；（d）防火卷帘现场电气布线图

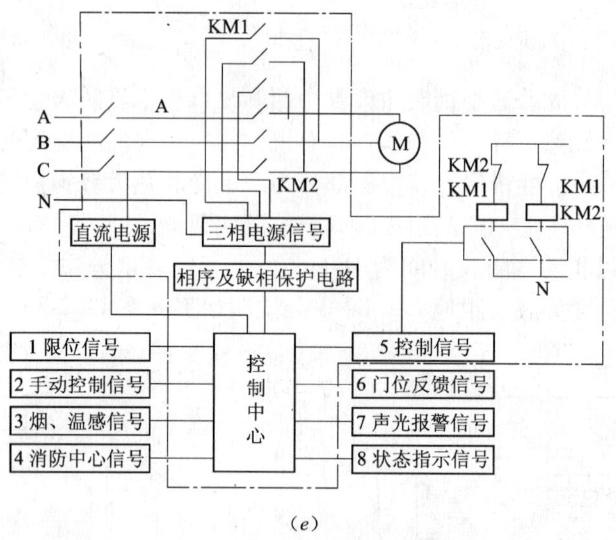

(e)

图 14.2-7　电动防火卷帘门（二）

(e) 防火卷帘电气控制原理图

（1）选定钢质防火卷帘规格后，必须按提供防火卷帘结构简图预留安装空间。

（2）如果预留洞口不作预埋结构，安装时将采用钢质膨胀螺栓安装方式。特大、重型（门幅超过 10m，卷帘重量超过 1t）之防火卷帘必须采用预埋件安装，预埋件必须按预埋图施工。

（3）卷帘门安装位置上部应有可靠之防火设施，卷帘箱罩及吊顶施工时必须在卷门机一侧下方设置尺寸不小于 500mm×500mm 的检修孔以方便检修。

（4）除非特殊说明，电控箱一般靠近卷帘门电机就近安装，以方便现场接线。按钮盒安装位置在门帘一侧，距地面 1.2m 高度，一般采用明装方式，若需要采用暗装方式，请按预埋图预留按钮盒安装孔，并预埋 ϕ20 的电线管。

（5）合同签订前用户必须用图纸或以书面形式向制造商选明消防联动信号接口及电源接口问题，用户必须负责将电源线及联动信号线穿管放至电控箱。

（6）用户在接入电源或电源改接时，必须注意卷帘运行方向是否与操作按钮指示方向相符，并注意操作卷帘至极限位置时限位开关是否动作正常。如不符或卷帘拒动，必须调整接入电源之相位后，重复上述检查工作，确信准确无误后，方可投入运行。否则，将因电源相位错误而导致损坏限位开关，并导致卷帘损坏的严重后果。

（7）消防联动控制信号，必须在卷帘完成强电调试后再按图纸及电控箱内明确之接线标记进行接线，经检查无误后，方可进行联动试验。

（8）凡交付使用之卷帘，制造商备有更详细之《卷帘安装及维护保养手册》提供用户。卷帘在交付投运前，操作人员必须仔细阅读了解手册内容。

14.2.6　车库翻板门安装

1. 车库翻板门产品结构

（1）门体为上下金属板表层，金属板具采用彩涂钢板，其表面滚有自然木纹，压制成立体门结构，颜色一般为乳白色。门体中间填充聚氨酯泡沫塑料。门体厚度为 40mm，宽与高由用户选定。门体的底部装有管形橡胶，密闭性好，能适应轻微不平整地面，隔绝风雨和阳光。

（2）储电式全智能开门机具有储电功能，彻底解决了停电不能开、关门的问题，特别是锁门的问题。

全智能模糊控制。所有调整均自动根据门体及运行条件自行决定，省去开门机调节器带来的许多不便。

大功率超静音直流驱动系统。克服了交流电机的噪声与抖动现象，确保开门机平稳可靠，超静声，免维护运行。

（3）拉簧：拉簧采用优质弹簧钢丝绕制，经热处理后，拉力大，弹性好，经久耐用。

（4）导轨：导轨由国产优质热镀锌钢板制成，线条流畅，滑动自如。

（5）滑轮：滑轮采用优质工程塑料聚脂压制，耐磨好，滑动灵活。

（6）零配件：所有零配件用热镀锌钢板制成，强度高，耐腐蚀。

2. 车库翻板门性能特点

（1）只要轻触遥控器或手动开关，即可轻松实现门体上升，下行，停止等控制。

（2）门体下行时遇有阻碍物可自动回升（反弹阻力大小可调节）。安装红外线安全电眼后，若门体下方有物体，门板会自动停止运动。

（3）停电时，拉脱开启器可以手动方式开闭门体。门体可以在任何位置上保持平衡。并可配外部应急开启锁。

（4）电机具有永久性自润滑功能，自动内部切断开关热保护，上行安全挡锁，下行安全倒逆性能。

（5）车库门运行时自动灯亮，5min 后自动熄灭。

3. 车库翻板门安装方法（图 14.2-8）

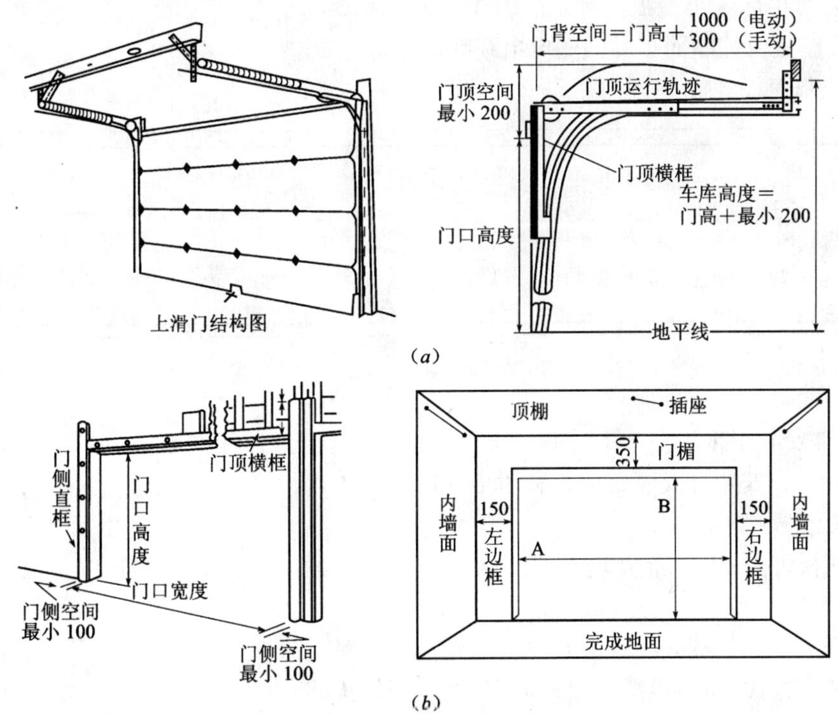

图 14.2-8 车库翻板门安装方法（一）
（a）车库翻板门结构图；（b）车库门各部位尺寸

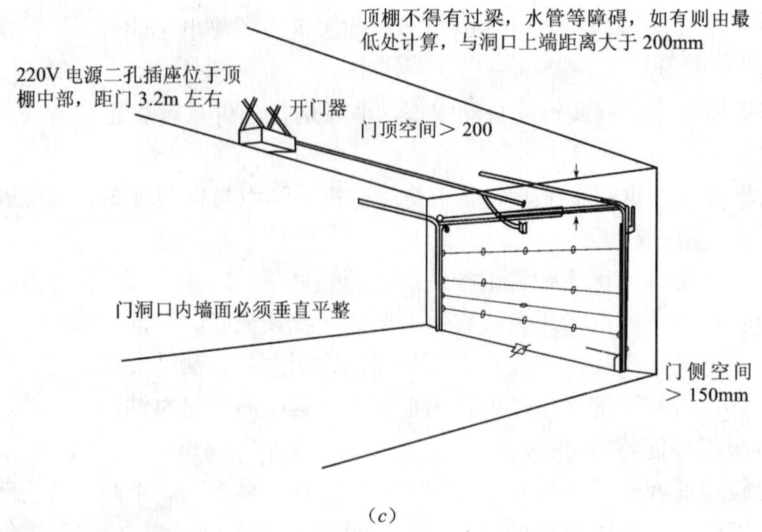

(c)

图 14.2-8 车库翻板门安装方法（二）
(c) 安装示意图

14.2.7 酒店客房床头集控板控制系统安装

床头集控板是将宾馆酒店客房内的视听广播、电力控制等进行集中设计的控制设备。它具有美观、经济、便捷、可靠、耐用等诸多优点，在众多酒店、度假村、别墅中得到广泛使用。

1. 酒店客房床头集控板控制系统组成

床头集控板由控制面板和强弱电电缆线两部分组成。

（1）控制面板（图 14.2-9）

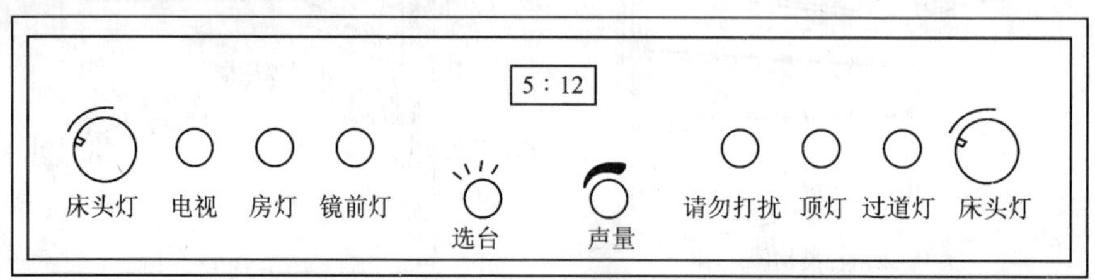

图 14.2-9 控制面板示例

1）通常安装于床头柜上（特殊情况可装于移动盒上），标准尺寸为 470mm × 110mm，通常板厚 3mm，安装方式可有槽装和四角螺栓等方式。

2）面板分类

(a) 面板种类：a）新型 PVC 膜反面丝网彩色印刷，光亮防滑；b）铜板拉丝；c）不锈钢拉丝。

(b) 开关种类：圆开关、方开关带荧光指示灯等。

(c) 接线方式：a）电缆连接；b）接线端子排连接。

（2）电缆线

控制面板与接线端子箱之间的连接线，有强弱电之分。

2. 酒店客房床头集控板控制系统功能

酒店客房床头集控板控制系统如图14.2-10。客房内装配床头集控板后，客人进入房间将房卡插入节电开关，系统获得电源，进入正常运行。此后房间内相应的强电系统、空调系统、广播电视系统、服务系统均通过控制面板进行控制。拔出房卡，系统电源关闭。

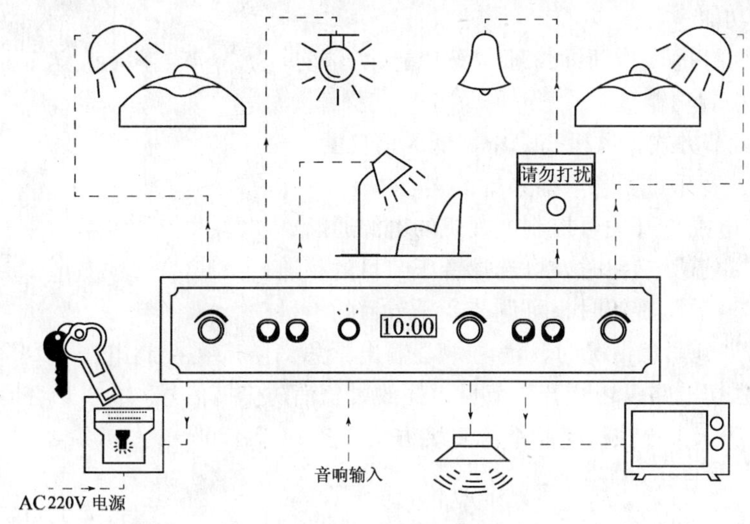

图14.2-10 酒店客房床头集控板控制系统图

3. 酒店客房床头集控板控制系统控制方式（图14.2-11）

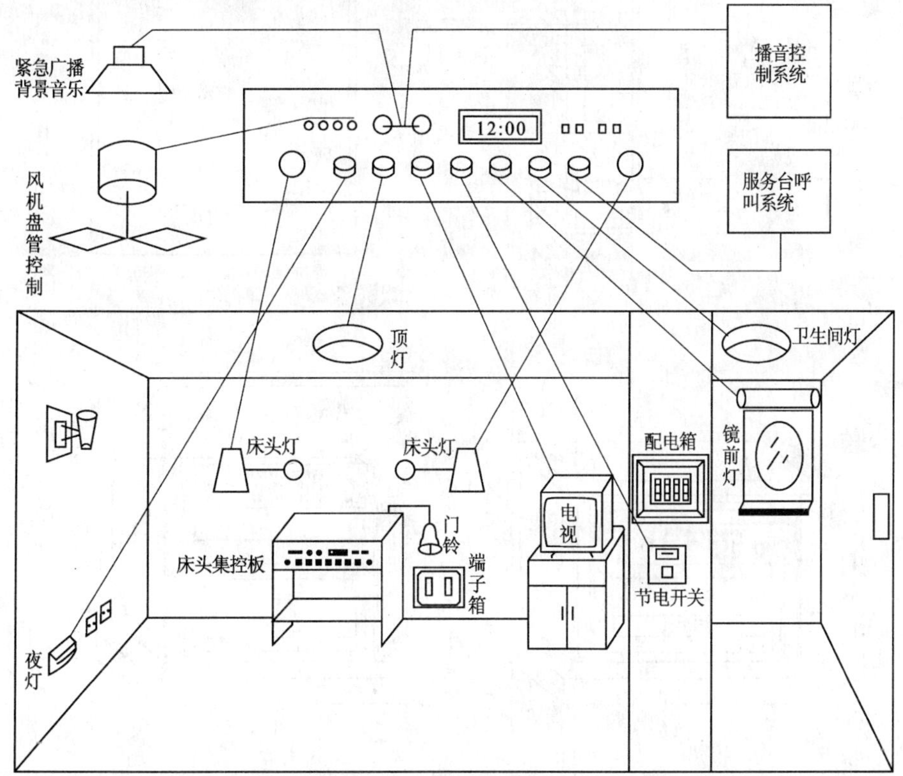

图14.2-11 酒店客房床头集控板控制系统控制方式

（1）灯光控制功能

系统具有多路 AC220V/3A 强电控制开关，其中为两路无级（10%～100%）调光开关并备有专用保险（可作左右床头灯），其余几路单控、双控均可。走廊灯自动双控（将房卡插入节电开关自动开启）。

（2）服务功能

具有“请勿打扰”、“请即清理”等功能，“请勿打扰”与“门铃”互锁。

（3）空调控制功能

采用风量调节方式，风机高、中、低 3 挡自由切换。

（4）电视、音乐、紧急广播系统

1）按下“电视”开关可控制电视机的电源通断；

2）切换“频道”旋钮时，可选择音乐节目的频道；

3）旋转“声量”旋钮时，可调节音乐节目的声量；

4）当酒店遇到紧急情况时，消防中心输出紧急消防广播控制电压（DC24V）到床头集控板，驱动强切电路以切断音乐节目，播放紧急消防广播信号。

4. 酒店客房床头集控板控制系统安装方法（图 14.2-12）

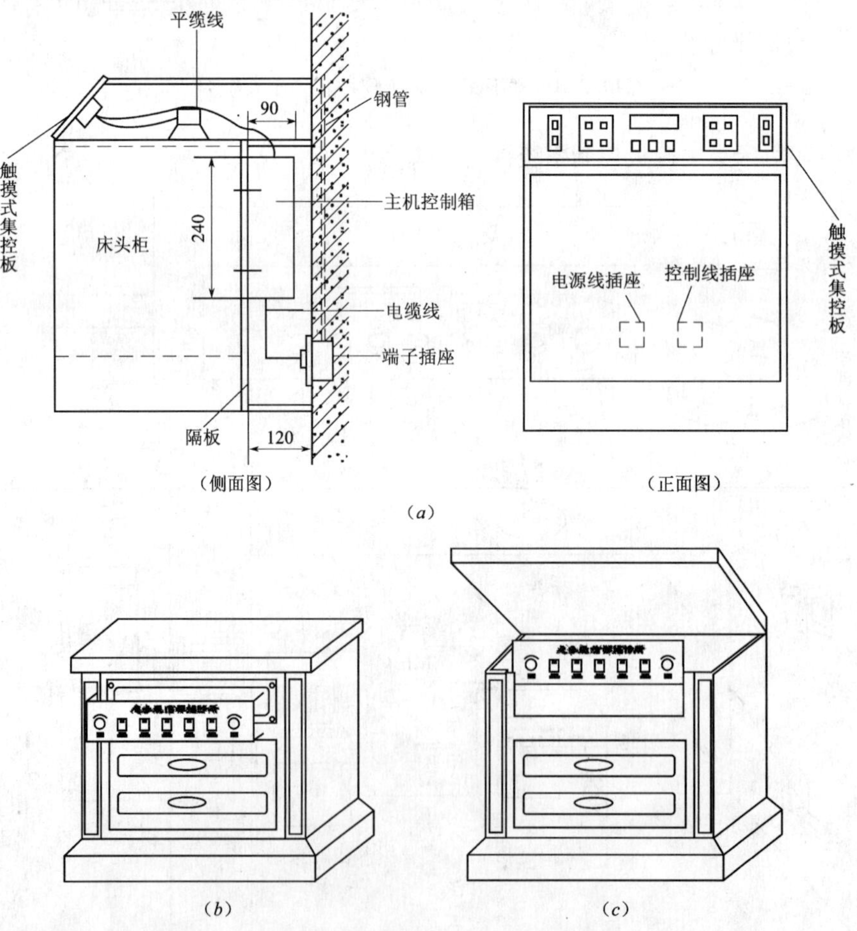

图 14.2-12 酒店客房床头集控板安装方法
(a) 带插头插座集控板安装；(b) 面板用四角螺钉安装方法；(c) 面板槽装方法

14. 2. 8 发热电缆采暖系统安装

低温辐射发热电缆地板采暖，这项技术20世纪90年代传入我国，为人们提供即不污染环境，又理想的采暖方式。

温控器自动控制室内温度。当室温达到温控器设定值后，温控器触头断开，发热电缆断电，停止加温；当室温低于温控器设定值以下时，温控器触头闭合，发热电缆供电工作，给室内加热升温，这样周而复始的动作，完成冬期室内恒温采暖。

1. 发热电缆工作原理

发热电缆通电后，导体工作温度控制在40～60℃，通过地面（24～28℃）作为散热面主要以辐射方式向地面以上传递，使其表面温度升高，从而达到提高及保持室温的目的。低温辐射发热电缆地板采暖安装示意如图14. 2-13所示。

2. 发热电缆应用领域

（1）卧室、客厅、餐厅、浴室、别墅、办公楼、购物中心、医院、温室、学校、体育馆、游泳池畔、住宅小区。

（2）管道保温、罐体保温和箱体保温。

（3）冬期室外台阶、体育场、易滑路面等。

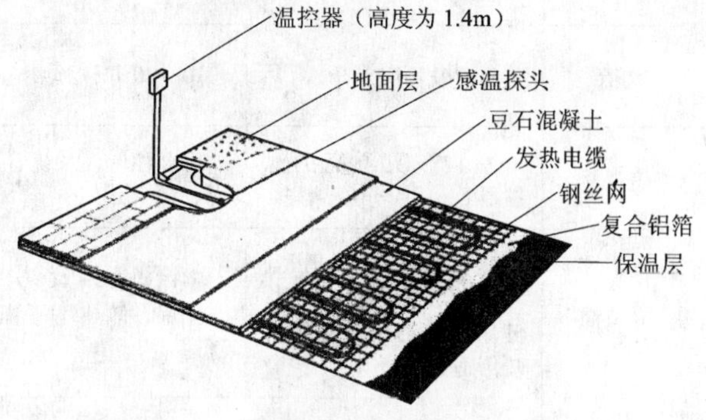

图14. 2-13 发热电缆地板采暖安装示意图

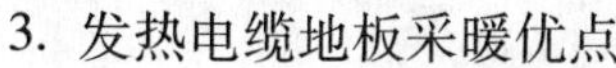

3. 发热电缆地板采暖优点

地板采暖是以低温热辐射的形式给房间加热的，它也是目前为止最为理想、符合人体采暖需要的供暖方式。

（1）阳光般的温暖、舒适

室内温度一般设计在18～22℃左右，而地面温度在24～28℃之间，在此温度下，暖流从脚底升至全身，这种加热的方式使您的感觉最为舒适，有利身心健康。

（2）安全可靠、使用寿命长、免维护、免维修、节省空间

发热电缆被安装在厚度30～40mm左右的水泥混凝土层中，相当于固定在真空中一样，没有空气氧化，所以它的寿命与建筑物是相等的。一次安装，终身使用，基本免维护、免维修，没有裸露散热管网和散热器，节省空间，相对增大使用面积3%～5%。

（3）无污染、无噪声、无异味、节能

地板采暖是以电为能源，由电能直接转达换成热能，热效率基本为100%，以辐射方式传递热量，既无噪声，也无异味和任何污染。

（4）智能控制、使用方便、可分室、分时调节温度、安全可靠

地板采暖系统主要由电子智能温控器与发热电缆构成，既可分户分室控制，也可分区域集中控制，温度便于调控，不仅安全可靠、方便使用，更便于物业管理。

（5）排峰填谷、运行经济

地板采暖系统有蓄热功能，根据政府低谷用电优惠政策的出台，完全可以利用低谷时段来储备热量，满足全天的恒温供暖，将电能消耗转移到夜间低谷时段使用，运

行更经济。

（6）安装成本低

传统采暖不仅需要设备费、增容费、建设费，而且还需要占地使用费、设备折旧更新费、维护维修费、室内外管网费等必要的费用，而地板采暖只需要一次性投入，比传统供暖综合造价费用低。

4. 发热电缆供暖系统与现行的两种采暖方式的综合比较（表 14.2-1）

发热电缆供暖系统与现行的两种采暖方式的综合比较　　表 14.2-1

发热电缆供暖系统		集中供热采暖	燃气壁挂炉采暖
环境污染	无	燃烧时耗氧量大、有废气排放、有异味；堆煤、灰渣、烟尘造成污染；锅炉循环泵噪声极大，系统有水流噪声	燃烧时有废气排放，有噪声，污染环境
寿命	与建筑物同寿命	10～20 年需换一台新炉	10 年左右需要换新炉，1 年左右更换加热芯
美观性	室内仅见漂亮的温控器	可靠性低，系统管路多，易跑、冒、滴、漏	可靠性低，易跑、冒、滴、漏
舒适性	地面辐射供暖平衡、均匀，没有冷热差别；健康、清洁、阳光般温暖舒适	室内热空气对流引起灰尘漂浮，空气干燥，散热不平衡，下冷上热，不舒适	室内热空气对流引起灰尘漂浮，空气干燥，散热不平衡，下冷上热，不舒适
初投资	小区用电增容 20～40 元/m^2 左右，室内安装费 120 元/m^2 左右	外管网和集中热源 215～240 元/^{2}，室内部分 60～100 元/m^2	热源 100 元/m^2，室内部分 40～80 元/m^2
维修费用	无	更换新炉费用高、散热器及管路的日常维修亦耗费大量人力、财力，且破坏环境路和小区绿化	更换新炉费用较高，主要部件需定期维护或更换，损坏家装
运行费用	鼓励用电，有低谷电价，运行费用低，20 元/m^2 年左右	燃气、燃煤成本及运输费用高，运行费用较高。燃煤、热电联供：24 元/（m^2·年）；燃气或燃气或燃油 30 元/（m^2·年），	高，30 元以上/（m^2·年）
热效率	99% 以上	60%～85%	80%～90%
调温性	可对任意房间在任意时段进行温度调控	不易调温，室温不一致	可调控，但不直接、不方便
节能	可经济运行，节约能源。人走时可调低温度或关闭系统	不节能，有人、无人系统都一样运行，不利分户热计量	天然气、水资源紧张、预期价格上涨
耗水	无	需用热水作循环，且大量流失，造成水资源的浪费	需要水做热循环
占地	无（一般可节约室内有用面积和空间 3～5%）	炉体、管路、散热器占用一定空间，燃煤锅炉房堆煤，灰渣也占用宝贵地皮（约占小区 3% 的面积）	占用室内一定有用空间和面积

5. 发热电缆供暖系统安装辅料

（1）聚苯乙烯板（表 14.2-2）

聚苯乙烯板规格 **表 14.2-2**

项目	单位	标准数	偏差	备注
密度	kg/m^3	≥20	≤10%	阻燃型（ZR）
厚度	mm	≥20	≤ ±5	
导热系数	W/（m·K）	≤0.045		
压缩强度	kPa	100	10	10%变形

（2）铝箔 60～80g/m。

（3）钢丝网 ϕ2×100mm×100mm 或其他固定网。

（4）豆石混凝土保护面层：强度等级 C20，使用水泥的强度等级不低于 42.5。

14.3 家用电器

1. 家用电器分类

家用电器（简称家电）是以电为核心的机电一体化（甚至机电光一体化）的高档家用设备。由于近代电子技术已渗透到各个方面，家用电器的范畴如何划定，并没有明确的界限。宏观来讲，家用电器可分为大家电、小家电和家电配件三大类。

（1）大家电一般指体积较大或价格较高的产品，例如：电视机、录像机、摄像机、照相机、大型收录机、组合音响、电冰箱、空调机、洗衣机、电动缝纫机、电子琴等。

（2）小家电不断发展，品种层出不穷，价格也有高有低，大致可分为以下 5 类。包括厨房电器、盥洗室电器、环境清洁用电器、保健电器、文化及娱乐电器等。

（3）家电配件是指家用电器的辅助物品，如：直流电源、交流稳压器、电池、充电器、电器插头插座、漏电保安器、断电保护器、电源遥控开关、录音录像磁带等。

2. 一般家用电器用电负荷、功率因数（表 14.3-1）

一般家用电器用电负荷、功率因数参考表 **表 14.3-1**

设备名称	规格	功率（kW）	相数	功率因数	设备名称	规格	功率（kW）	相数	功率因数
收录机	—	0.01～0.06	1	0.7	电饮水器	冷、热水	0.5	1	1
电唱机	—	0.02	1	0.7	烘手器	—	2	1	1
洗衣机	—	0.12～0.4	1	0.6	热风器	$9m^3/min$	3	1	1
电视机	黑白	0.03～0.05	1	0.7			3	3	1
	彩色	0.07～0.2	1	0.7	电暖器	—	1	1	1
家用电冰箱	50～200L	0.04～0.15	1	0.6			2	1	1
台扇	ϕ200～ϕ400	0.03～0.07	1	0.6			3	1	1
落地扇	ϕ400	0.07	1	0.6	电热水器	20kg	2	1	1
箱式电扇	ϕ300	0.06	1	0.6		30kg	6	3	1
吊扇	ϕ900～ϕ1200	0.08	1	0.6		40kg	8	3	1
排气扇	ϕ140	0.01	1	0.5		110kg	9	3	1

续表

设备名称	规　格	功率（kW）	相数	功率因数	设备名称	规　格	功率（kW）	相数	功率因数
冷风器	—	0.07	1	0.6	暖水冲洗器	3kg/min	2（夏）	1	1
电空调器	—	0.75～2	1	0.7～0.8			4（冬）	1	1
电熨斗	—	0.3～1.5	1	1	储存式水加热器	30L	5	1	1
电烙铁	—	0.04～0.1	1	1		46L	3	1	1
电热梳	—	0.02～0.12	1	1		46L	6	1	1
电吹风	—	0.25～1.2	1	1	电灶	煮锅20L×3	18.1	3	1
电热烫发钳	—	0.02～0.03	1	1		炒锅10L×1			
电卷发器	—	0.02	1	1		烘炉			
电褥子	—	0.04～0.08	1	1	电炒锅	14L	4	1	1
热得快	—	0.3	1	1			4	3	1
电水杯	—	0.4	1	1	电炸锅	—	6.5	3	1
电茶壶（瓷）	—	0.5	1	1	三明治炉	—	0.3	1	1
电茶壶（铝）	2.5～5L	0.7～1.5	1	1			0.5	1	1
电热锅	1.5L	0.5～0.75	1	1			0.75	1	1
电炒勺	—	0.8～0.9	1	1	远红外面包炉	50kg/h	10	3	1
电饭锅	—	0.3～1.5	1	1					
电炉	ϕ100～ϕ170	0.3～1	1	1	远红外食品烘箱	50kg/h	7.2	3	1
照明电炉	立式	0.3～1	1	1			11.2	3	1
电吸尘器	—	0.25	1	0.6	食品烤箱	—	14	3	1
多用机（绞肉、切菜）	—	0.5	1	0.6	远红外立式烘烤炉	50kg/h	3.8	3	1
台式计算机	含显示器	0.3～0.5	1	0.8		50kg/h	13	3	1

14.3.1 洗衣机

1. 洗衣机洗涤原理

无论是手工洗涤，还是机械洗涤，去污的基本原理都是一样的，即：洗涤物（如衣物等）浸泡在洗涤液（即洗涤剂的水溶液）中，洗涤物上的污垢被洗涤液湿润、增容、乳化、分散，然后在机械力的作用下，使污垢脱离洗涤物，进入洗涤液。手工洗涤和洗衣机洗涤的不同仅仅在于提供机械力的来源，前者是人，后者是机器。

由于污垢往往还渗透到只有几微米的衣物纤维孔隙中，所以，还必须借助于机械力的作用，使衣物变形，把污垢从纤维孔中挤出来。这就是洗涤过程除了要用洗涤剂之外，还要搓揉、搅拌、摩擦、冲击等机械作用的原因。

2. 洗衣机的类型

(1) 按自动化程度分类

洗衣机按自动化程度分类可以分为普通洗衣机、半自动洗衣机和全自动洗衣机三种。

1) 普通洗衣机。这种洗衣机的洗涤、漂洗和脱水各项功能都需由人工转换。有的还没有脱水功能，只有一个桶具备洗衣和漂洗功能。为了解决这种洗衣机的配套问题，也有单独出售的只具有脱水功能的脱水机。

2）半自动洗衣机（图 14.3-1）。这类洗衣机由洗涤和脱水两部分组成，多为双桶结构。它具有洗涤和脱水功能，洗涤和脱水由于是两个独立的桶，所以可以同时进行。

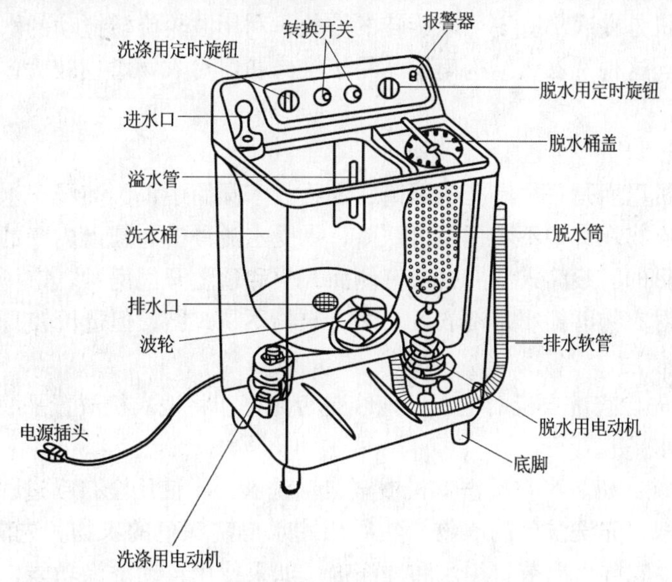

图 14.3-1　双桶半自动波轮式洗衣机结构图

3）全自动洗衣机（图 14.3-2）。这类洗衣机可以设定程序，使注水、排水、加入洗涤剂、洗涤、漂洗、脱水自动完成。完成所有工作过程后，会发出蜂鸣声提示洗涤完成。有的全自动洗衣机还有烘干功能。

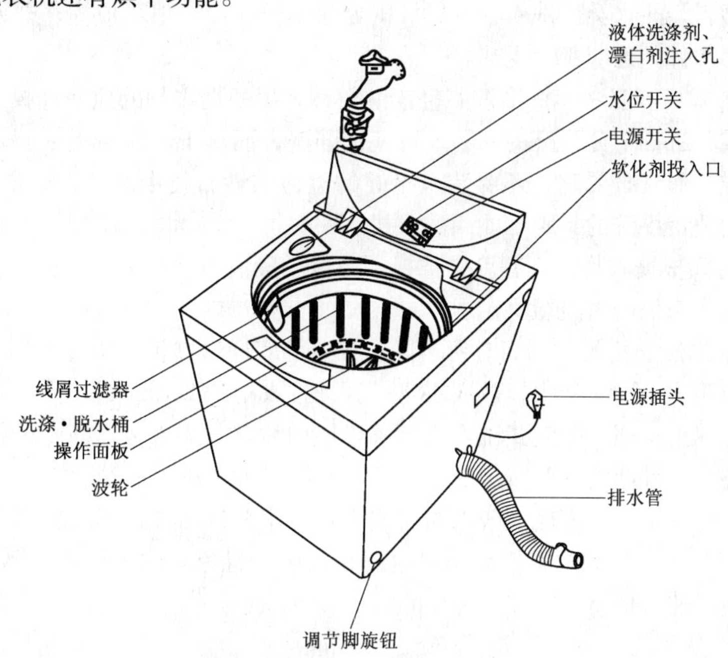

图 14.3-2　全自动洗衣机结构图

（2）按洗涤方式分类

洗衣机洗涤方式可分为波轮式洗衣、滚筒式洗衣、搅拌式洗衣、振动式洗衣、喷流式洗衣和超声波洗衣。家庭常用的多为波轮式和滚筒式洗衣机。

1）波轮式洗衣机

波轮式洗衣机是在底部有一可以旋转的波轮，利用波轮旋转搅动的水流冲击和波轮的搓动来洗涤衣物。这种洗衣机结构简单，易于维修，但对衣物磨损较大，洗净率低，衣物也易绞在一起。

2）滚筒式洗衣机

滚筒式洗衣机里面是一个有孔的圆筒，衣物放于圆筒中，圆筒浸于水桶中，它通过圆筒的转动，使得衣物在其中不断提高再跌落，承受水流冲击、圆筒内壁的搓动和衣物自身挤压达到洗涤的目的。滚筒式洗衣机又有侧面开门和顶上开门两种，市场上侧面开门的居多。这种洗衣机对衣物磨损小，洗衣量较多，衣物不易绞结，但造价较高。

3. 洗衣机的使用

（1）使用前先检查洗衣机的电源、地线是否完好，将洗衣机放置平稳，必要时调整脚轮或垫脚，使之水平。

（2）对普通洗衣机、半自动洗衣机或全自动洗衣机不使用全自动过程时，洗涤用水可以重复使用，一般是先洗浅色的衣物，然后用剩水再洗深色的衣物，先洗较干净的衣物，后洗较脏的衣物。这样可以节省用水和洗涤剂。如果使用自动洗涤功能，则深色和浅色衣物不能混洗，免得染色。

（3）洗涤之前，要清理衣物，将硬物如硬币、钥匙等取出，避免硬物掉入洗衣机的缝隙中，卡坏洗衣机。同时这也是一个洗衣习惯，可以避免误洗钱币、票据等。

（4）注水的水温要适当，应先注入冷水，再注入温水调温。决不可先注入热水，因为洗衣机桶多为塑料，热水会使洗衣桶变形。即使是不锈钢筒，也不应先注热水，因为机内还有其他塑料零部件，也应避免受热。

（5）洗涤方式可有强洗、标准洗、轻柔洗数种，要根据衣物的质地选择适宜的洗涤方式。一般厚、重、脏，十分耐磨的衣物才可使用强洗，而对于丝绸一类的轻薄衣料，不仅要用轻柔洗方式，而且必要时，还要装入缝好的宽松的纱布袋中洗涤，以避免磨坏布料。至于衣物上标明适用手洗的，则不能用洗衣机。

（6）洗涤时间根据衣物污染程度来选择。虽然一般说明书给出了各种衣物的洗涤参考时间，但实际使用中仍需由经验决定。

（7）漂洗根据洗衣机的不同而有所不同。普通的双桶洗衣机常用蓄水漂洗法，即先将衣物取出，放出脏水，注入清水，放入衣物，开动洗衣机约1min，停下，取出衣物，一次未漂净，再重复以上步骤。喷淋式洗衣机就可以使用喷淋方式漂洗，即先预脱水2min，把脏水甩净，再进行喷淋漂洗，至流出的水变清，再脱水就可以了。全自动洗衣机设定好洗涤程序以后，待它发出蜂鸣声就说明洗衣完成了。使用全自动方式用水较多。

（8）脱水时，要注意衣物要松散均匀地放在筒中，避免堆向一侧而导致脱水不平衡，严重不平衡会损坏洗衣机。

4. 洗衣机的保养

正确地保养洗衣机，可以保证洗衣机正常使用和延长使用寿命。

(1) 每次使用完毕，要关掉电源。取下过滤网（如果有的话），清掉杂物，用水冲净，晾干后装回原处。洗涤桶要用清水冲净，然后擦干内外的水滴和积水。各种控制旋钮、开关都恢复原位，但定时器不可强行逆转，须待它自行走到零位。

(2) 如果清水不能冲净，可以用软布沾上洗涤剂擦拭，但不能使用酒精、汽油、酸碱类（如洁厕灵）等擦拭，也不可将水滴入电源及控制旋钮开关中。

(3) 正常使用情况下，按要求注油润滑。

(4) 洗衣机不用时要放在通风干燥的地方，不能放在卫生间或厨房里，以免潮汽浸入，降低电气绝缘程度而导致漏电或烧坏电机。也不要放在阳光直射到的地方，否则会使洗衣机褪色而显得难看，加速塑料的老化。

14.3.2 电冰箱

电冰箱是用来冷冻和冷藏食物，使食物保持新鲜的。电冰箱按门数分为单门、双门及多门；如果按冷却方式分为直冷式、间冷式等。直冷式电冰箱属于冷气自然对流方式制冷，箱内温度均匀性差，冷藏室上部，靠近蒸发器处，温度较低，适宜冷藏生鱼、肉类食品。而冷藏室下部、中部，温度较高，适宜于冷藏水果，蔬菜类食品。间冷式电冰箱内温度比较均匀，冷冻迅速，有温度差，箱内深部一侧的温度较低，而门的一侧温度较高。一般冰箱冷藏室温度在 8～10℃左右，冷冻室温度可达零下 24℃左右。

1. 家用电冰箱的构造

家用电冰箱的构造如图 14.3-3 所示。

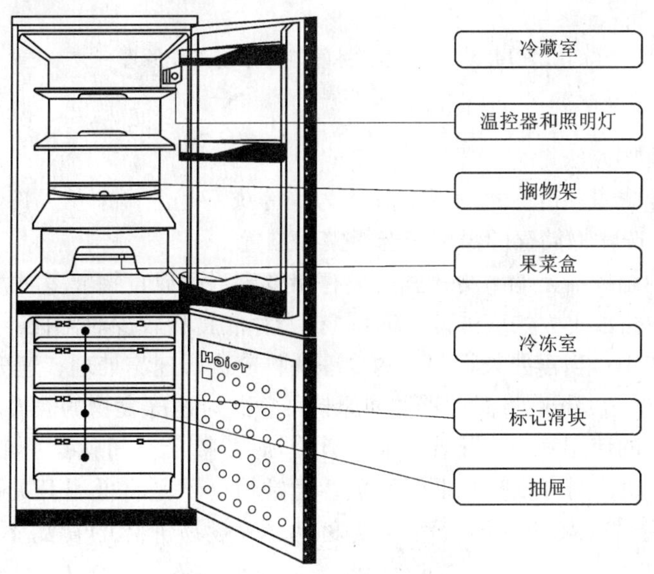

图 14.3-3 家用电冰箱的构造

2. 电冰箱工作原理

以单门电冰箱为例，电冰箱由箱体、制冷系统、控制系统和附件构成。在制冷系统中，主要由压缩机、冷凝器、蒸发器和毛细管节流器 4 部分组成，自成一个封闭的循环系统。其中蒸发器安装在电冰箱内部的上方，其他部件安装在电冰箱的背面。系统里充灌了一种物质作为制冷剂。制冷剂在蒸发器里由低压液体汽化为气体，吸收冰箱内的热量，使箱内温度降低。变成气态的制冷剂被压缩机吸入，靠压缩机做功把它压缩成高温高压的气体，再排入冷凝器。在冷凝器中制冷剂不断向周围空间放热，逐步凝结成液体。这些高压液体必须流经毛细管，节流降压才能缓慢流入蒸发器，维持在蒸发器里继续不断地汽化，吸热降温。就这样，冰箱利用电能做功，借助制冷剂的物态变化，把箱内蒸发器周围的热量搬送到箱后冷凝器里去放出，如此周而复始不断地循环，以达到制冷的目的，见图 14.3-4。

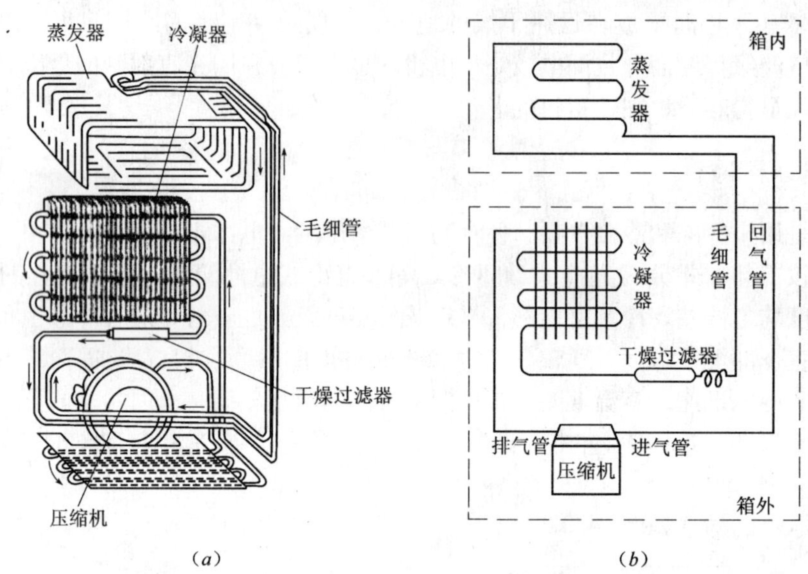

图 14.3-4 压缩式冰箱制冷系统工作原理
(*a*) 工作原理图；(*b*) 系统图

3. 电冰箱的使用方法

(1) 电冰箱冷藏室和冷冻室的温度分布为：冷藏室是上高下低，冷冻室是上低下高。为此存放食物时，按食物储存的温度来选择储存位置。

(2) 电冰箱的温控器是调节冷藏室的储存温度。当存放食物较多时，温控器的档位应调高或开大（通常往数码大的或强冷方向调）；当存放食物较少时温控器调节方向相反。

(3) 速冻的使用：当需要长期存放的冷冻食物应进行速冻处理，速冻的方法是将温控器调到 5 挡或强冷，待 3h 后将温控器调回原档位。此时速冻食物的表面温度在零度以下。

(4) 低温开关的使用：在环境温度低于 10℃时，整个空间就是一个大冷藏室，如果电冰箱不能正常启动，则可以打开低温开关，通常情况下是将低温开关拨向或打到冬期。当使用低温开关后，冷藏室的温度将发生变化，一般易冻坏的食品不要再存放到冷藏室内。

(5) 要达到省电的目的，最好选择电冰箱工作的时候存取食品。食品在存放时，应进行分割、分类装入保鲜袋或保鲜容器内；带有高温的熟食，应在熟食冷却至室温后存放。

(6) 购买的冷冻食品，要在食品仍处于冻结的状态，尽快存放到冰箱的冷冻室内，进行冷冻保鲜。对冷冻的食品尽量不要使用速冻功能。

(7) 电冰箱内存放的食品或容器之间，应留有一定的间隙。主要使冰箱内的冷气处在循环的状态，使食品得到充分的冷却保鲜。

（8）味重的食品（如海鲜、咸货等），应放入冷冻室分层、分箱储存，以免窜味影响其他食品的保鲜品质。含水量较高的食品（如瓜果、蔬菜等），应装入保鲜袋内存放在冰箱的果菜盒内，以免水分过分的蒸发，影响食品的保鲜。玻璃容器包装的液态食品，不要存放在冷冻室内，以免食品冻结后体积膨胀炸裂玻璃容器。

（9）食物在储存时，应记下食品的保质日期、存放温度后放入冰箱内，并在保质日期规定的时间内使用食品，以免食品保质过期，影响食品的保鲜程度。

4. 电冰箱的保养方法

（1）电冰箱冷藏室后背内装有蒸发器，当冷藏室后背和冷冻室蒸发器上的冰和霜的厚度超过6mm时，应进行断电化霜。否则会产生电冰箱冷藏室和冷冻室的冷量下降，能耗增加。断电的方式可以采用切断电源或关闭温控器来实现。

（2）冰箱化霜、除霜时，对在蒸发器表面结霜较厚的部位可以用冰铲轻轻铲除。严禁用锋利的利器来铲除结霜，以免在除霜时将蒸发器的表面铲出划痕。

（3）化霜结束后，电冰箱内的冷藏室和冷冻室用干燥的抹布进行擦洗，去除冷藏室和冷冻室内的水珠。以免在冰箱重新工作后，重新结霜和结冰。

（4）冷藏室搁架、果菜盒、门上的瓶框、冷冻室抽屉等附件，应定期拆卸下来清洗。主要是清除粘附在这些储存食品部件上的细菌和污物，使食品保持常鲜。

（5）电冰箱处在潮湿的季节或潮湿的环境，箱体和门体的表面可能会出现露水现象，此现象属于正常的自然现象，可及时用干布擦去。若不及时将出现的露水擦去，会影响冰箱的保温性能。

（6）内藏冷凝器的冰箱（平背式冰箱）在放置时，两侧应留空隙，因为此类冰箱的冷凝器放置在冰箱的两侧，冰箱正常工作后放置在冰箱两侧的冷凝器会有不同程度的发热，留空间的目的是使冰箱两侧进行充分散热，冰箱的散热越充分，冷凝效果越好，这样才能使电冰箱的制冷效果提高。

（7）一旦电冰箱在工作时发生断电现象，不要马上接通电源，需等待3～5min后才可以重新接通，以免损坏电冰箱的压缩机。

（8）不要在电冰箱的顶部放置其他家用电器，以免相互干扰损坏电冰箱的电器部件或放在冰箱上的家用电器的电器部件。

（9）不要用去污粉、肥皂粉、碱性洗涤剂等带有腐蚀性的材料清洗冰箱的箱体表面、门封条、塑料装饰件等，以免造成这些部件的变色、老化和开裂等。

（10）当使用了低温开关后，由于环境温度回升需要关闭低温开关时，应对电冰箱进行断电化霜，用干燥的抹布擦去冰箱内的水珠，才可通电继续工作，以免造成冰箱冷藏室后背结霜和结冰严重的现象。

14.3.3 电饭锅（图14.3-5）

电饭锅的种类很多，一般按加热方式、功能及规格来分类。

按加热方式可分为直接加热式与间接加热式两种。直接加热式电饭锅是指内锅底与加热板直接接触并吻合，加热板的热量直接传给内锅。间接加热式电饭锅是指内锅底不直接与加热板接触，而是将内锅里的水加热产生蒸汽，蒸汽向盛饭盆扩散把饭蒸熟。间接加热式电饭锅比直接加热式电饭锅多一个外锅。

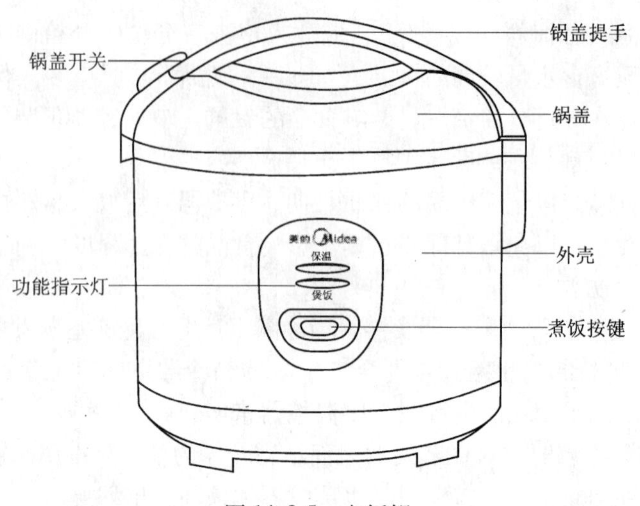

图 14.3-5　电饭锅

按功能可分为自动保温式电饭锅和自动保温压力式电饭锅等几种。自动保温式电饭锅又分保温式和定时启动保温式两种。定时启动保温式电饭锅中装有一个定时器，可在 12h 内任选某一时间开始工作，以缩短保温时间，并节省电能。这种电饭锅十分适合双职工家庭使用，上班前定好启动时间，下班回家后可口适温的米饭就可食用了。自动保温压力式电饭锅，是在外壳边缘上加有一定弹簧压力的铰耳，工作时锅内产生一定的压力，大大缩短了煮饭时间，不仅能将米饭煮得香软，而且又节电省时。

电饭锅的规格一般是指电饭锅的输入功率，但也有用电饭锅中的盛饭锅容积表示。按输入功率分，电饭锅功率有 400W、450W、500W、550W、600W、650W、700W、750W、800W、850W、900W、950W 等。按容积分，有 0.7L、1L、1.5L、2L、2.5L、3L、3.6L、4L 等。一般来说，容积小的电饭锅输入功率也小，容积大的输入功率也相应大些。3~4 口之家选用 600W~800W 的较为适宜。

1. 电饭锅安全须知

（1）必须使用带接地的插座，插头要注意插紧。切勿用万用插座与其他电器同时使用。

（2）不使用时，不要将电源线插入插座内。

（3）电源线插到插座时，必须插到底，否则会接触不良而导致组件过热烧坏。

（4）电饭锅不要放在不平稳、潮湿或靠近其他火源、热源的地方，否则会受到损坏或发生故障。

（5）电饭锅在使用过程中，蒸汽口非常灼热，切忌将脸或手靠近蒸汽口，以防烫伤。

（6）锅体和锅盖严禁用水冲洗，或浸在水里，以免破坏其电器绝缘性能，发生危险。

（7）如果器具的电源线损坏，必须用指定维修部提供的电源线来更换。

2. 电饭锅使用注意事项

（1）使用时不要碰撞内锅，内锅不能放在其他炉子上加热，否则容易变形。

（2）饭开始保温，不宜立即食用，让饭再焖 15min，然后用饭勺把饭翻松，使饭更松软可口。

（3）保温不要超过 12h，以免变味。

（4）无煮粥功能的电饭锅，请不要用于煮粥和煮汤，以免大量汤水外溢而损坏电器组件。

3. 电饭锅保养方法

（1）不能用硬物磨刷内锅，也不宜用来煮酸、碱性较强的食物。

（2）电饭锅每次使用完毕后要认真清洗内锅，特别是内锅底有锅巴时，必须清洗干净。

（3）电饭锅外壳、电热板等部件禁忌用水冲洗，应用湿软布擦净。

（4）在接通电源后不要取出内锅，以免电热板空烧损坏电热组件。

（5）注意电饭锅的使用环境，不要在具有腐蚀性气体或潮湿的地方使用。

14.3.4 电磁炉

1. 什么是电磁炉

电磁炉（又名电磁灶），是现代厨房革命的产物，是无需明火或传导式加热的无火煮食厨具，完全区别于传统所有的有火或无火传导加热厨具（炉具）。

2. 电磁炉工作原理（图 14.3-6）

电磁炉作为厨具市场的一种新型灶具。它打破了传统的明火烹调方式，采用磁场感应电流（又称为涡流）的加热原理，电磁炉是通过电子线路板组成部分产生交变磁场，当用含铁质锅具底部放置炉面时，锅具即切割交变磁力线而在锅具底部金属部分产生交变的电流（即涡流），涡流使锅具铁分子高速无规则运动，分子互相碰撞、摩擦而产生热能（故：电磁炉煮食的热源来自于锅具底部而不是电磁炉本身发热传导给锅具，所以热效率要比所有炊具的效率均高出近 1 倍）使器具本身自行高速发热，用来加热和烹饪食物，从而达到煮食的目的。具有升温快、热效率高、无明火、无烟尘、无有害气体、对周围环境不产生热辐射、体积小巧、安全性好和外观美观等优点，能完成家庭的绝大多数烹饪任务。

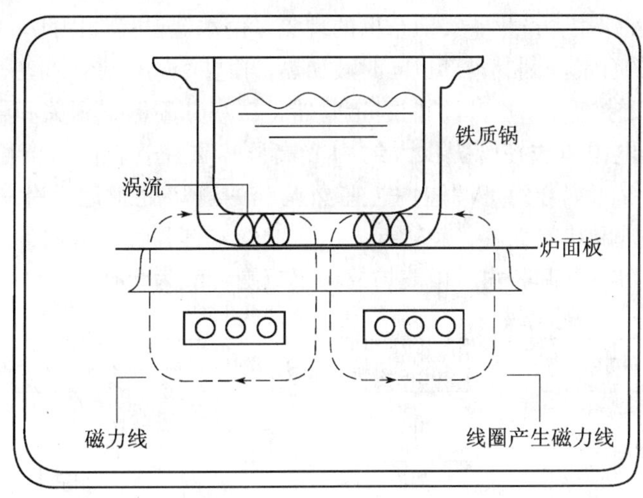

图 14.3-6 电磁炉工作原理图

3. 电磁炉的主要构成（图 14.3-7）

电磁炉主要由电子线路及结构性包装两大部分构成。

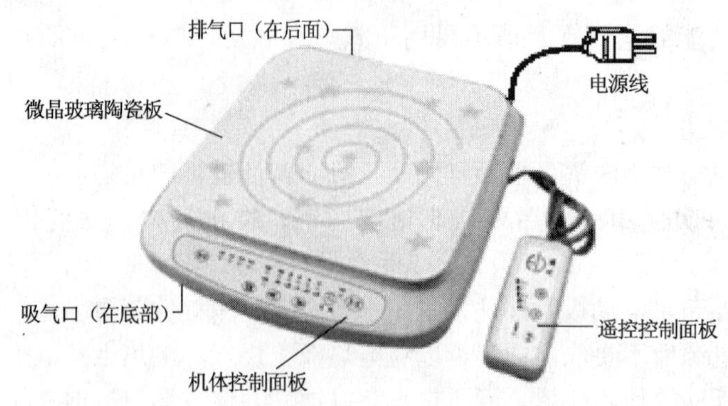

图 14.3-7 电磁炉结构图

（1）电子线路部分包括：功率板、主机板、灯板、线圈盘及热敏支架、风扇电机等。

（2）结构性包装部分包括：瓷板、塑胶上下盖、风扇叶、风扇支架、电源线、说明书、功率贴纸、操作胶片、合格证、塑胶袋、防振泡沫、彩盒、条码、卡通箱。

14.3.5 微波炉

微波炉作为现代化厨房的标志物品，已广泛进入我国城镇居民的家庭。选购微波炉时，一定要选择标有生产厂家和有产品合格证的产品（包括说明书）。因微波炉的微波不允许泄漏，所以挑选时应注意炉门密封是否严密，炉门玻璃是否完好，不应有划痕的破损，一般家庭中使用，选购功率 800W 以下的微波炉，可以满足使用要求。

1. 微波炉工作原理

微波加热的原理简单说来是：当微波辐射到食品上时，食品中总是含有一定量的水分，而水是由极性分子（分子的正负电荷中心，即使在外电场不存在时也是不重合的）组成的，这种极性分子的取向将随微波场而变动。由于食品中水的极性分子的这种运动。以及相邻分子间的相互作用，产生了类似摩擦的现象，使水温升高，因此，食品的温度也就上升了。用微波加热的食品，因其内部也同时被加热，使整个物体受热均匀，升温速度也快。

微波炉主要由磁控管、炉腔、炉门、定时器、功率分配器、开关和电气控制部分等组成，如图 14.3-8。电源向磁控管提供大约 4kV 高压，磁控管在电源激励下，连续产生微波，再经过波导系统，耦合到烹调腔内。在烹调腔的进口处附近，有一个可旋转的搅拌器，因为搅拌器是风扇状的金属，旋转起来以后对微波具有各个方向的反射，所以能够把微波能量均匀地分布在烹调腔内。微波炉的功率范围一般为 500～1000W。

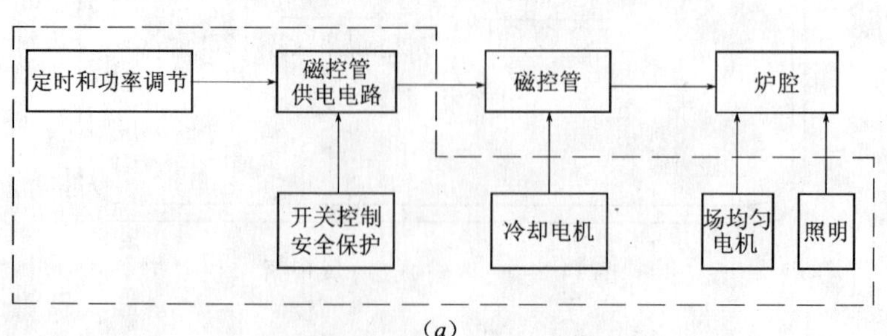

图 14.3-8 微波炉组成及结构（一）

（a）微波炉结构原理图

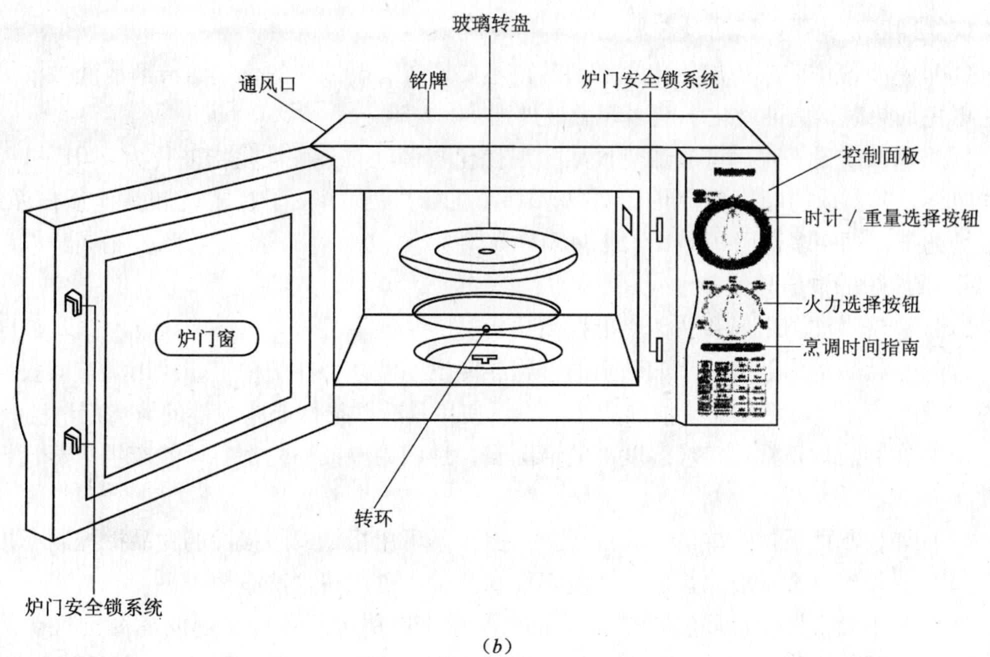

(*b*)

图 14.3-8 微波炉组成及结构（二）
（*b*）微波炉基本外形和构造

2. 微波炉的安装及放置

（1）正常使用时，炉的周围必须保持空气流通。炉的顶端及左右两壁须留 150mm，后壁须留 100mm 空隙。不可堵塞炉顶的通气口。

（2）微波炉必须平放，不可取掉炉脚。

（3）不可将微波炉放置子高温潮湿的地方，例如：煤气炉、带电区或水槽边等。

（4）不要接近收音机和天线等，否则会产生噪声。

（5）微波炉必须接地，插头必须接插在确实接地的插座上。

3. 微波炉的使用

微波炉是一种高档家用电器产品，使用不当时不但不能对食物进行良好的加热，而且还可能损坏微波炉。使用时注意以下事项：

（1）微波炉在没有放入食品时，严禁通电开机，以免在空载状态下，微波回轰磁控管，造成损坏。

（2）不能用金属容器盛装食品而放入微波炉内。由于微波不能穿透金属器皿，所以不但不能加热食品，而且大量反射的微波还会损坏磁控管。对于一些金属箔纸包装的食品，应先拆去包装，再放入微波炉中加热。

（3）由于微波炉加热时间短、热效率高，所以不要将密闭的盛放食品的容器、瓶装食品以及鸡蛋放入微波炉中，以免加热膨胀引起爆裂事故。如必须放入加热时，应将容器盖、瓶盖打开。

（4）微波炉不要放在磁性物品的周围，以免影响加热效果。也不要放在电视机附近（应远离 2～3m 之外），以免微波炉工作时，对电视信号造成干扰。

（5）在使用微波炉前，应注意检查炉门边封条，观察玻璃窗是否完好，如有异常或破损，应立即停止使用，以防微波泄漏。

（6）不要使用微波炉加热化学剂制品，不要用含有腐蚀剂的化学清洁剂清洗微波炉内腔，以免加热时，腐蚀性化学剂引起微波外泄。

（7）微波炉是一种用微波加热食品的现代化烹调灶具。微波是指波长为 0.01～1m 的无线电波，其对应的频率为 300～30000MHz（兆赫）。为了不干扰雷达和其他通信系统，微波炉的工作频率多选用 915MHz 或 2450MHz。

4. 微波炉的清洁与保养

（1）清洗微波炉之前须从插座上拔下插头。

（2）保持炉的内部清洁。如溅出的食物或漏出的液体积在炉壁上，请用湿布擦去。如炉内相当肮脏，则可用软性清洁剂清洗，不可使用具有磨损性或腐蚀性的清洁剂清洗。

（3）在微波炉正常运转或湿度高的情况下，炉门周围或炉内都有可能产生水蒸气、可用软布擦净。

（4）如控制面板被弄湿请用软性干布抹擦，不可用粗糙、磨损性的物品擦控制面板。

（5）必须经常清洗玻璃盘，可用温肥皂水清洗，再用清水洗净擦干。

（6）必须经常擦洗转环和炉壁以避免产生噪声。请用软性洗洁剂或擦窗剂洗炉的里面。转环可用热肥皂水清洗，从炉底取下转环清洗后必须放回原位。

（7）请用软性湿布清洗微波炉表面，为防止损坏炉内部件，不要让水渗入通风口。

（8）如需要更换炉灯，请查询维修部门，切勿自行拆装。

14.3.6 台扇

台扇（图 14.3-9）轻巧美观，安全耐用，风量大，调速范围宽；导风轮用小型同步电机直接带动，运转平稳宁静，设置低速微风挡，让风力更柔和舒适，特别适合睡眠时连续吹风使用。

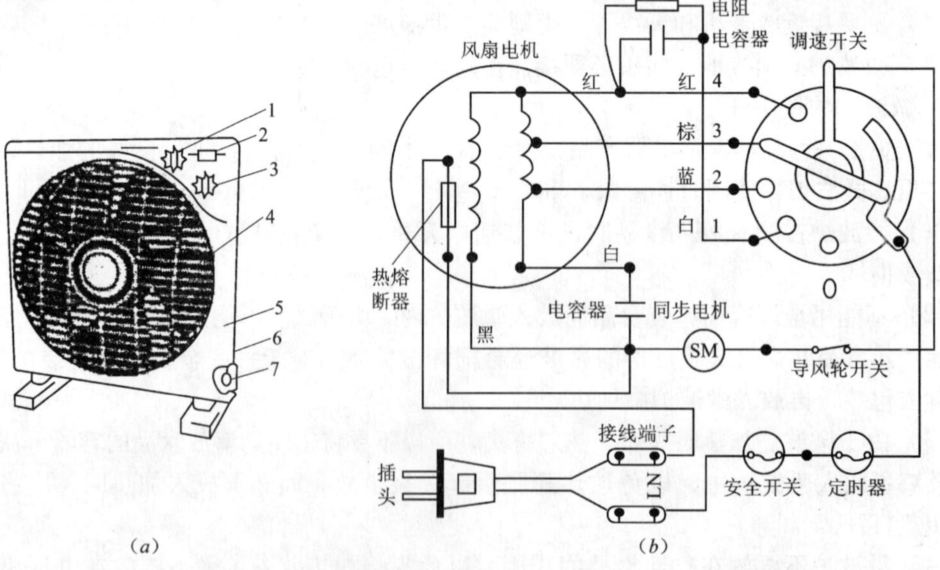

图 14.3-9 台扇

(a) 结构图；(b) 电路图

1—调速开关；2—导风轮开关；3—定时器；4—导风轮；5—前外壳；6—后外壳；7—跌倒安全开关（开关在风扇内）

1. 台扇安全保护

扇内安装了跌倒安全开关，当风扇意外跌倒时，该开关自动断电，风扇停止转动。风扇恢复正常位置时，安全开关自动接通，风扇继续运转。

风扇安装了过热安全保护装置，在风扇电机内安装了一只热熔断器，当电机因各种意外引起过热，电机温度升高达到热熔断器动作温度时，热熔断器熔断，从而切断风扇电源，电机温度不再继续上升，风扇不会发生塑料件变形和燃烧的危险。

2. 台扇保养方法

风扇清洁或未装配前不要将插头插在插座上。保持电机的通风口远离灰尘或绒毛等物，用真空清洁机清洁风扇时要拔下风扇插头，不要试图拆开风扇清洁绒毛，清洁外壳时请用沾有清洁剂的抹布擦净抹干，不要使用任何会损坏表面的研磨工具或溶剂清洁表面。不允许水或其他液体进入电机内。

14.3.7 吸尘器

吸尘器是一种能够对地毯、沙发、床铺、家具、甚至电气设备内部缝隙较小处的灰尘进行清扫的电动清洁机。它的优点在于省时省力，不会造成灰尘的飞扬、扩散，从而保持室内空气的清洁，真正达到净化空间的目的。由于具有这些优点，因此，吸尘器被广泛应用家庭清洁工作中。对于铺设地毯的家庭，吸尘器是必备的工具。

1. 吸尘器的种类

（1）按形状分类可以分为立式吸尘器（图 14.3-10）、卧式吸尘器和便携式吸尘器。

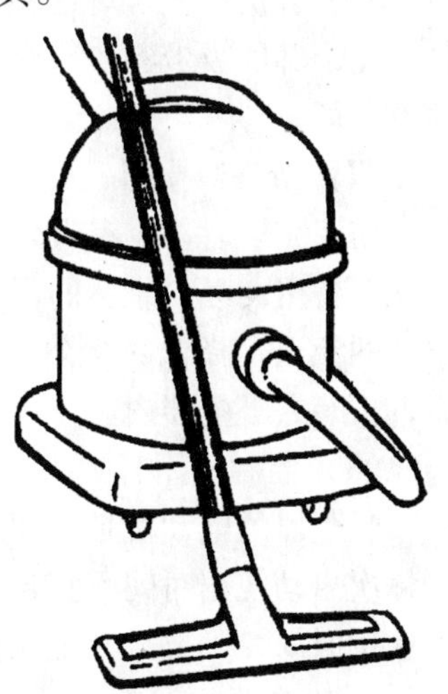

图 14.3-10 立式吸尘机

立式和卧式吸尘器只是外形不同，其他功能没有区别。便携式吸尘器有家庭用和汽车用两种，外形大同小异，区别在于使用电压不同，家庭用的吸尘器使用照明用电，而汽车用吸尘器可以使用汽车上的直流电。

（2）按使用功能分类可分为干式吸尘器、干湿两用吸尘器、地毯吸尘器、打蜡吸尘器等。

干式吸尘器只能吸取干燥的灰尘，不能吸取潮湿的东西及水。干湿两用吸尘器实际上是在干式吸尘器上附加上特殊的附件而成，可以吸少量的水。地毯吸尘器是专门清洗地毯设计的，打蜡吸尘器可以边吸尘边进行打蜡抛光，这两种吸尘器是宾馆里用的较大的吸尘器，一般家庭多不用。

2. 吸尘器的使用

在使用吸尘器之前，要详细了解它的使用功能和限制，避免发生使用错误，如用干式吸尘器吸积水等。一般使用按如下步骤进行。

（1）检查吸尘器

在使用前，要检查吸尘器工作电压与电源是否一致，避免因使用不当造成吸尘器的损坏和危及人身安全。使用环境温度不超过 40℃，通风良好，空气中无易燃、易爆和腐蚀性气体。检查吸尘器有无损坏，电源线及插座是否正常，附件是否可用。

（2）选择附件

根据吸尘要求来选择合适的附件，并严密连接起来。

（3）检查使用环境

如果被清洁的地方有大的纸片、纸团、塑料布、未灭的烟蒂、玻璃等尖锐物体或大于吸管口径的东西，也应事先清除，否则容易损坏滤尘器或堵塞管道，影响内部元件正常工作。如果不是干湿两用机型，切勿用来清扫积水或潮湿地面，不能在卫生间等潮湿环境使用。

（4）调整吸力

吸力控制随吸尘器的不同有手动和自动两种。自动控制的不需要人工调整。手动调整的要先调至较小，吸尘器开动起来后，再根据需要调大。

（5）插上电源

没有自动卷线装置的吸尘器和其他电器相同，把插头插入插座即可。对于有自动卷线装置的吸尘器应拿住插头向外牵拉插入插座，但应注意牵拉长度的标志，已经到头不可再拉，使用完毕，按下按钮，电线可以自动收回。

（6）打开开关

有的吸尘器只有一个开关，打开即可。有的吸尘器有两个开关，一个在吸尘器上，另一个在软管扶手上，对这种吸尘器应先打开吸尘器上的开关，然后用扶手上的开关来控制。无论哪种吸尘器，都应先拿稳吸尘管，再启动吸尘器，用吸尘管头对着要清除灰尘的地方即可。

（7）清理吸尘器

使用完毕后，应将吸尘袋、过滤器上的尘土清洗干净，再将滤网装回，放在干燥的地方保存备用。吸尘袋里的污物堆积至容积的2/3时，应停机清理后再继续使用，以免影响空气的流通，降低吸尘效果。清洗吸尘袋时，可用洗洁剂洗涤，然后用清水洗净，晾干后，再装入吸尘器内。

（8）控制使用时间

吸尘器的电动机是按间断工作设计的，所以使用过程中，不能连续使用时间过长，一般每次启动使用时间不宜超过半小时，停下来间隔一段时间再行启动。如果说明书上规定了使用时间，则要遵照说明使用。

3. 吸尘器的保养

吸尘器的日常保养要点如下：

（1）吸尘器用完后要放在干燥的地方，避开热源和阳光，防止塑料受热变形和老化。

（2）吸尘器使用一段时间要清理滤网。如果滤网积尘过厚，会使吸力下降，也会使电机负荷过重。如果滤网损坏就应更换，否则会使灰尘吸入机内。

（3）检查及更换电刷。一般使用500h，就应检查电刷，如电刷已明显磨损，就应更换。

（4）保证轴承的润滑性。使用频繁的应半年更换一次润滑油，使用不频繁的也应一年更换一次。

（5）检查风道和各个接管，不能堵塞。注意使用过程中不能用来吸铁钉，铁屑等铁制物品及带火的烟头等，防止损坏滤网和软管。

（6）存放好各种管件，防止弄坏。

（7）使用过程中，不能利用吸尘管或电源线拖拉吸尘器，防止损坏软管和电线。

（8）不能用酒精、汽油等有机溶剂擦拭吸尘器的塑料部分。吸尘器的外壳、电线和塑料管等处的污垢，可以用布沾上清洁剂或肥皂水擦拭，最后用清水擦一遍，并用干布擦干。

14.3.8 电熨斗

电熨斗是利用电流的热效应制成的，用来熨烫衣服。由于衣服的质料不同，有棉的、麻的、丝的、毛的、化纤的等，因此，熨烫时所需的温度也各不相同。一般来说，棉织品比较能耐高温，毛的次之，化纤衣物则不耐高温。怎样才能适应各种不同的要求呢？现在市场上有一种可调温的电熨斗，不仅能调出各种不同温度，而且在某一温度下，可保持温度恒定不变。这样在熨烫某种衣物时，只要把调温旋钮调在与织物相对应的温度上，即可放心大胆地熨烫了。

电熨斗调温采用双金属片制成的自动开关实现。双金属片是把长和宽都相同的铜片和铁片紧紧地铆在一起做成的。受热时，由于铜片膨胀得比铁片大，双金属片便向铁片那边弯曲。温度愈高，弯曲得愈显著。

普通型电熨斗主要由金属底板、电热组件、压板、外壳、手柄、插头等零部件组成。图14.3-11是电熨斗的结构示意图。当与电源相接时，电流通过接触的上下青铜片，流过电热组件，电热组件发热并将热量传给电熨斗底部的钢制底板，人们就可用发热的底板熨烫衣物了。随着通电时间增加，底板的温度升高，与底板固定在一起的双金属片受热后向上弯曲，双金属片顶端的瓷块便将上青铜片向上顶，使它与下青铜片脱离，于是电路断开。这时底板的温度不但不再升高，反而降低；双金属片的形变也逐渐恢复，上下青铜片又重新靠在一块，电路再次接通，底板的温度又开始升高。这样，当温度高于所需温度时电路断开，当温度低于所需温度时电路接通，便可保持温度在一定的范围内。

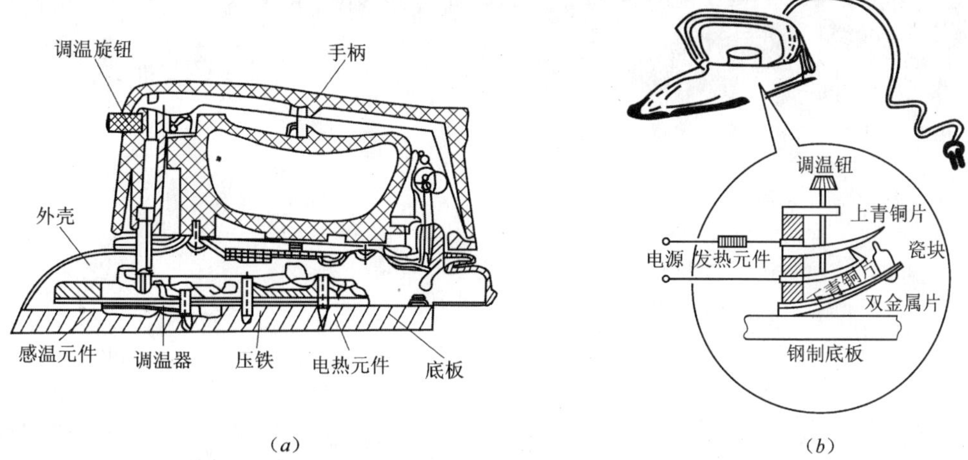

图14.3-11 电熨斗结构示意图
（a）电熨斗结构；（b）调温器结构

那么，怎样使电熨斗有不同温度呢？当你把调温钮下调时，上下青铜片随之下移。双金属片只需稍微上弯即可把上青铜片顶开。显然，这时底板温度较低，双金属片可控制底板在较低温度下的恒温。当你把调温钮上调时，上下青铜片随之上移，双金属片必需上弯程度较大时，才能把上青铜片顶开。显然这时底板的温度较高，双金属片可控制底板在较高温度下的恒温。这样便可适应织物对不同温度的要求了。

电熨斗应带接地线，使用时，应插入单相带接地插座上应接上地线。以防电熨斗漏电时产生触电危险。

14.3.9 家庭节约用电方法

1. 节约用电守则

(1) 关闭无人使用的电灯、电视机和空调机等电器。

(2) 不要开启冰箱门来乘凉。

(3) 洗衣机应于储足一机最大容量才使用，而且不使用热水。

(4) 在办公时间后关掉电灯、空调及公共设备（复印机等)。

2. 发挥电器效率

(1) 经常洁净窗户、灯泡、灯罩；清理空调机、干衣机的隔尘网以及冰箱的散热网。

(2) 冰箱内的食物应排列有序，让冷空气可流通无阻。

(3) 冰箱应避免被日光直射，也不要紧靠墙壁或接近煮食炉，要注意通风良好。热的东西要放凉后才放进去，开启的次数尽可能减少，开启时间越短越好。

(4) 空调机的隔尘网要定期清洁（可节省电量30%)，温度应调到25.5℃（每降低一度会多耗电量10%)，并配合低风速，放下窗帘或百叶窗以及紧关门窗。若以风扇代替或辅助空调则更好。

3. 使用最新的省电电器

(1) 采用节能电灯泡或使用电子镇流器。

(2) 采用有时间开关的家庭电器。

(3) 采用有能源效益标签的电器。

15 电动机

电动机是应用电能来做功的机器。通过电动机，能将从供电线路取得的电能转换为机械能，用以拖动各种生产机械。

由于电动机具备使用简便的特点，在动力机械领域得到广泛的应用，成为不能缺少的驱动源。生产机械与工作机械所需的动力源几乎都是使用电动机，例如造纸机、纺织机、印刷机、化工机械、压缩机、起重机、水泵、电动工具及家庭用电器等，不胜枚举。

15.1 电动机介绍

电动机俗称马达（MOTOR），被广泛运用于各种电器用品，能将电能转换为机械能，以驱动机械作旋转运动、振动或直线运动，作直线运动的电动机称为线型电动机，适用于半导体工业、自动化工业、工具机、产业机器及仪器工业等，而作旋转运动的电动机，其应用则遍及各种行业、办公室、家庭等。

15.1.1 电动机的分类

电动机的种类很多，按使用的电源种类分为直流电动机和交流电动机两大类。

1. 直流电动机

直流电动机主要用于需要均匀调速和要求启动转矩大的机械（如电车）。

2. 交流电动机

交流电动机又分为同步电动机和异步电动机（也叫感应电动机）两大类。

（1）同步电动机

同步电动机一般用于功率较大或者转速必须恒定的机械，如空气压缩机、鼓风机、水泵、球磨机和连续式轧钢机等。

（2）异步电动机

异步电动机分为三相异步电动机和单相异步电动机两种。

1）三相异步电动机

三相异步电动机按其转子形式又分为鼠笼式电动机和绕线式电动机。其中鼠笼式电动机按转子的槽形和转子的不同导体材料又分为以下3种：普通鼠笼式电动机（基本上是小型电动机），适用于转速变化率较小、不必调速的通用机械；深槽型转子电动机，转子槽较深，大多用于功率较大的机械设备；双鼠笼电动机，其转子槽内的导体用电阻较小的铜或铝制成，其特点是启动转矩较大，但最大转矩随着启动转矩的增大而减小，这类电动机适用于输送机、粉碎机、搅拌机和往复泵等要求启动转矩大、转速不变的负载。此外，还有另一种双鼠笼电动机，其转子槽内的导体用高电阻材料制成，启动转矩相当大，最大转矩较小，但电动机的转差率很大，因此转速可以调节，适用于剪板机械或冲床等负载。绕线式电动机可以在一定范围内调速，能产生最大的启动力矩，而启动电流则明显减小，所以，对启动、调速特性有严格要求的机械（如卷扬机、桥式起重机等）常采用这种电动机。

2）单相异步电动机

单相异步电动机的用途很多，如工业上可用于电动工具、鼓风机、控制和传动装置，生活上可用于电风扇、电冰箱、洗衣机、吸尘器和空调器等。

此外，电动机还可按防护形式、使用环境、安装方式和结构尺寸等来分类，这里不一一详细介绍。

15.1.2 直流电动机

一般的电动机或发电机都包含转子和定子，转子为可旋转的部分，定子为固定不动的部分，提供周围的磁场，电动机的原理和发电机的原理非常相似，概略地说发电机以水力、火力或其他力量来转动在磁场中的导线（转子），因而在导线产生电动势（电压），而电动机则由外界提供一电源，通过转子或定子产生磁力相互作用而旋转，直流发电机和直流电动机构造相同动作原理不同。

1. 直流发电机

转子转动与定子磁场相互作用，以产生电动势，图 15.1-1 中 M 表示定子磁场方向，V 表示转子导体运动方向，E 表示所产生的感应电动势的方向。

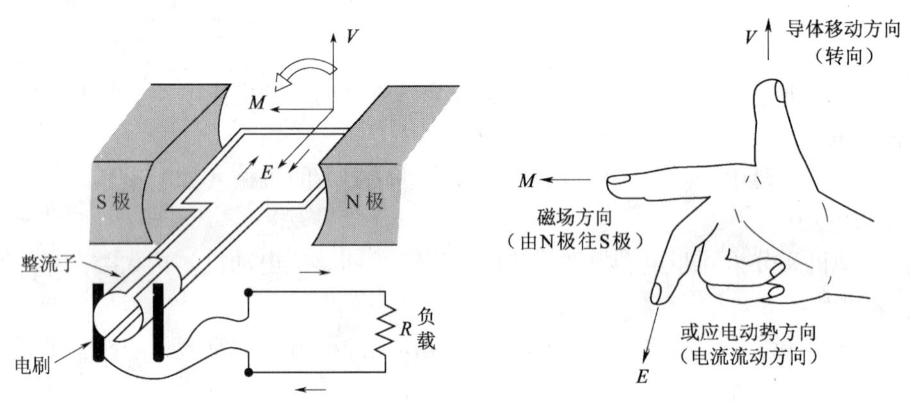

图 15.1-1 直流发电机原理

2. 直流电动机

直流电动机广泛应用在消费电子产品及玩具中，如电动刮胡刀、录音机、录像机、CD 唱盘、模型汽车、火车等，而大输出功率的直流电动机则使用在电车、快速电梯等。

一般的直流电动机包含周围磁场（永久磁铁或电磁铁）、电刷、整流子等组件（图 15.1-2），电刷和整流子将外部所供应的直流电源，持续地供应给转子的线圈，并适时地改变电流的方向，使转子能依同一方向持续旋转。

由外部电源提供电流使通过转子导线，以产生磁场与定子磁场相互作用而转动，图 15.1-3 中 M 表示定子磁场方向，I 表示流过转子导体的电流方向，F 表示转子与定子磁场相互作用所产生作用力的方向（此力使转子转动）。

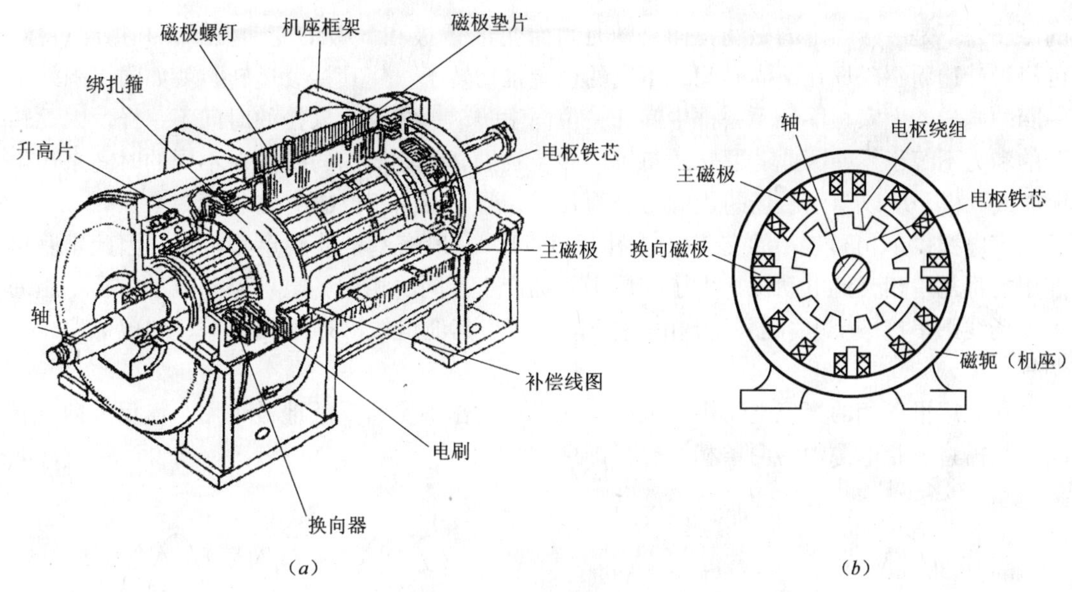

图 15.1-2 直流电动机
（a）结构；（b）剖面图

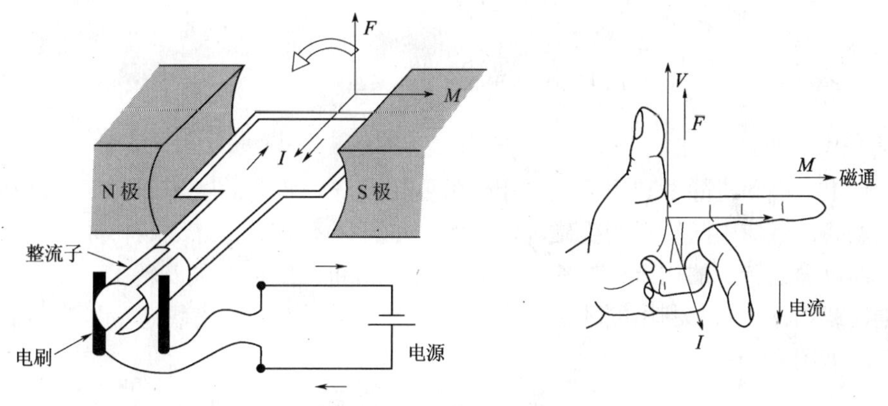

图 15.1-3 直流电动机原理

15.1.3 线型电动机

线型电动机虽称为电动机，但外形却不同于传统的圆形电磁场，只是和传统电动机一样都使用同性相斥的磁场原理来开发，我们可以想象线性电动机就如同将转动电动机从圆心沿半径切开，再展开来摊平成一直线，如图 15.1-4，如磁悬浮火车、办公室自动化机器、工厂自动化机器、医疗及试验装置等。

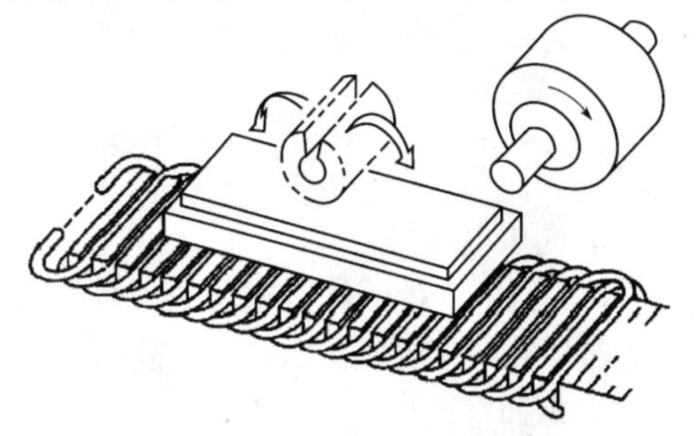

图 15.1-4 线性电动机就如同将电动机转子和定子切开摊平

15.1.4 交流电动机

由于交流电的电压和电流随时间而变动，因此将交流电通过电动机的定子线圈，所产生的磁场并不是一个固定的磁场，而是随时间而变化 N 极和 S 极的变动磁场，利用此特性，可经设计让周围磁场在不同时间、不同的位置推动转子，使其持续运转，就如同周围站了一圈的同学，大家顺序伸手去推中间那一位同学转动一样，大家推的时间不一样，因此转子的和力不等于零，因此若要转子持续旋转，我们必须让周围的磁场在不同的时间来产生 N 极或 S 极，所以周围磁场的线圈常分为几组，通以不同相位的交流电。

市电提供单相和三相的交流电（图 15. 1-5），一般家庭都使用单相电源，因此家庭里使用的都是单相交流电动机，为了在周围磁场产生不同的相位，电容启动电动机在一组周围磁场线圈串接一个电容器（分相电容），以使与其他组线圈产生相位差，如电风扇、空调等。

在工厂里三相的交流电动机，因结构简单、动作确实而广泛地被采用，需反方向旋转时，只需将三相电源中的两条相线交换即可。

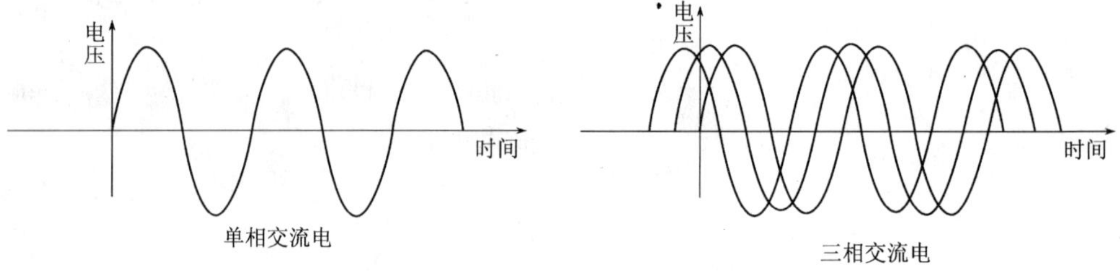

图 15. 1-5　单相和三相交流电曲线

1. 感应电动机

在设计上，电动机除了利用交流电相位的变化以产生变动的磁场外，更可以利用变动的周围磁场，以感应中间转子产生磁场，如此转子可以不必再缠绕线圈，亦不需要有炭刷等构造，而可简化转子的构造，如感应电动机（单相和三相）的鼠笼转子，在叠加的铁芯中穿插铜棒或铝棒，两端利用端环短路变成鼠笼型，经周围变动磁场感应，产生涡流及磁力而旋转，如图 15. 1-6。

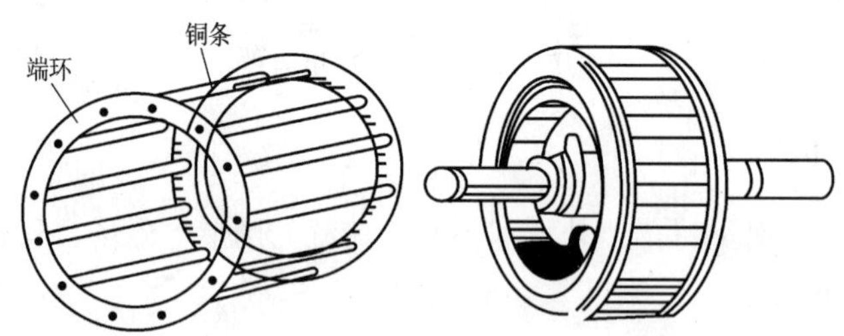

图 15. 1-6　鼠笼转子构造

2. 同步电动机

在交流电产生的旋转磁场中，装入永久磁铁转子，转子的速度就完全依照旋转磁场的速度而旋转，被应用在定时器、复印机等。

3. 脉冲电动机

步进电动机是脉冲电动机的一种，在数字电路非常进步的今天，直流电源可以经过数字 IC 的处理，变成脉冲电流，以控制电动机，这种电动机若以所规定的顺序，将脉波加在周围磁场，则转子将以固定的角度做步级运转，例如一个步进电动机可能将一圆周（360°）分成200步，一步即为1.8°，如果控制此电动机前进10步，即控制它转18°，如此可做精密的角度或距离的控制（距离的控制可配合螺杆而实现），因此广泛地应用在位置及角度的控制上，如机器人、复印机等。

4. 各种电动机的优缺点与用途（表15.1-1）

各种电动机的优缺点与用途　　表15.1-1

名　称	电动机的种类	优　点	缺　点	主要用途
直流电动机	分激机（它激）	速度控制容易，定速度电动机	因有整流子的关系，构造复杂，维护麻烦	卷扬机等。最适合精密控制
	串激机	启动转矩大，负载如增加，速度下降，变速度电动机	因有整流子的关系，构造复杂，维护麻烦，且无载变成飞崩速度而有危险	电车、起重机
	复激机	有分激与串激的中间特性，约定速度的电动机	与分激机相同	船用水泵
交流电动机	三相感应电动机，普通鼠笼型	构造、操作简单，维护容易，价格最便宜	启动电流为额定值的6~8倍，启动转矩不足	风扇、小型压缩机、一般工作机械
	三相感应电动机，特殊鼠笼型	构造、操作简单，维护容易，价格最便宜	启动电流5~6倍，启动转矩比普通型大	鼓风机、压缩机、运送机
	三相感应电动机，绕线型	利用二次启动电阻抑制启动电流，改变启动转矩	启动电流5~6倍，启动转矩比普通型大，二次电阻大的状态，速度变动大	起重机、卷扬机、鼓风机、烘干炉
	三相同步电动机	速度一定，能做功率因素改善	启动特性不良，构造稍复杂	压缩机等
特殊电动机		特定目的的设计，功能强	通常构造复杂，价格昂贵，维护不易	特定目的用途

15.1.5 三相异步电动机

三相异步电动机是工业、农业生产中应用最广泛的一种动力机械。三相异步电动机分为鼠笼式异步电动机及绕线式异步电动机，两者的差别在于转子的结构不同。鼠笼式电动机（图15.1-7）以其结构简单、运行可靠、维护方便、价格便宜，在工程实际中应用广泛。下面重点介绍鼠笼式异步电动机。

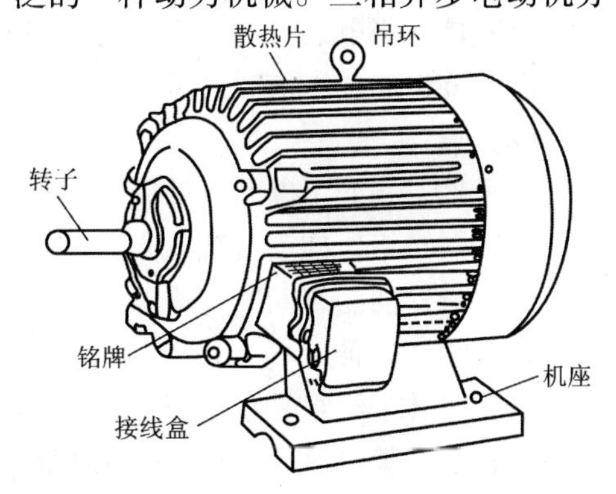

图15.1-7　三相鼠笼式电动机的外形

1. 三相异步电动机结构

三相异步电动机结构如图15.1-8所示，三相异步电动机由定子和转子两个基本部分组成，定子和转子之间有很小的空气隙（一般为0.2~2mm），以保证转子在定子内自由转动。

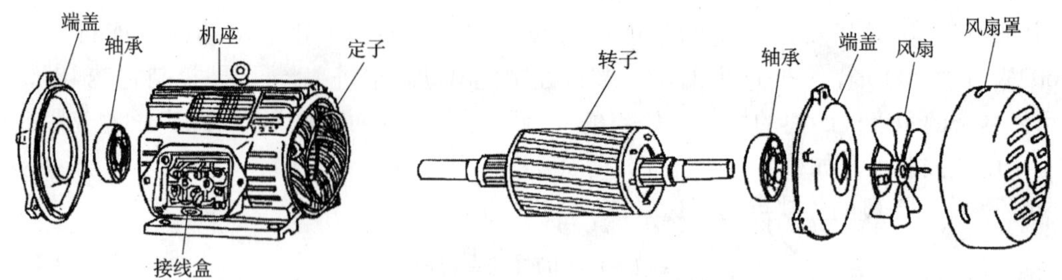

图 15.1-8 三相异步电动机的结构

(1) 定子

定子由定子铁芯、定子绕组和机座三部分组成。定子铁芯是电动机的磁路部分，为减少铁芯中的涡流损耗，一般用 0.35～0.5mm 厚、表面涂有绝缘漆或氧化膜的硅钢片叠压而成。在定子硅钢片的内圆上冲制有均匀分布的槽口，用以嵌放对称的三相绕组。定子绕组是三相异步电动机的电路部分，与三相电源相连。主要作用是通过定子电流，产生旋转磁场，实现能量转换。定子绕组由三相对称绕组组成，三相对称绕组按照一定的空间角度依次嵌放在定子槽内，并与铁芯间绝缘。一般异步电动机多将定子三相绕组的六根引线按首端 A、B、C，尾端 X、Y、Z，分别对应接在机座外壳的接线盒 U_1、V_1、W_1，U_2、V_2、W_2 内，可根据需要接成三角形和星形，如图 15.1-9 所示。

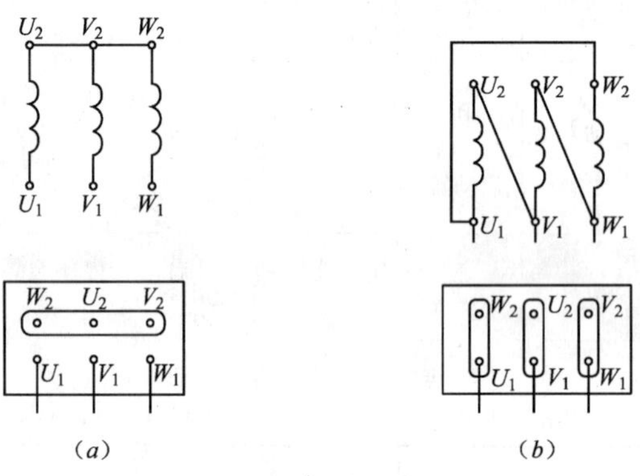

图 15.1-9 三相异步电动机的定子接线
(a) 星形联结；(b) 三角形联结

机座是三相电动机的外壳和固定部分，通常用铸铁或铸钢制成。其作用是固定定子铁芯和定子绕组，并以前后两端支承转子轴，它的外表面还有散热作用。

(2) 转子

转子是三相异步电动机的旋转部分，由转轴、铁芯和转子绕组 3 部分组成，它的作用是输出机械转矩，拖动负载运行。转子铁芯也是由硅钢片叠成，转子铁芯固定在转轴上，呈圆柱形，外圆侧表面冲有均匀分布的槽，槽内嵌放转子绕组。转子绕组在结构上分为鼠笼式和绕线式两种。

鼠笼式转子绕组是在转子导线槽内嵌放铜条或铝条，并在两端用金属体（也叫短路环）焊接成鼠笼形式，如图 15.1-10 所示。在中小型异步电动机中鼠笼转子多采用溶化的铝浇铸在转子导线槽内，有的还连同短路环、风扇叶等用铝铸成整体。

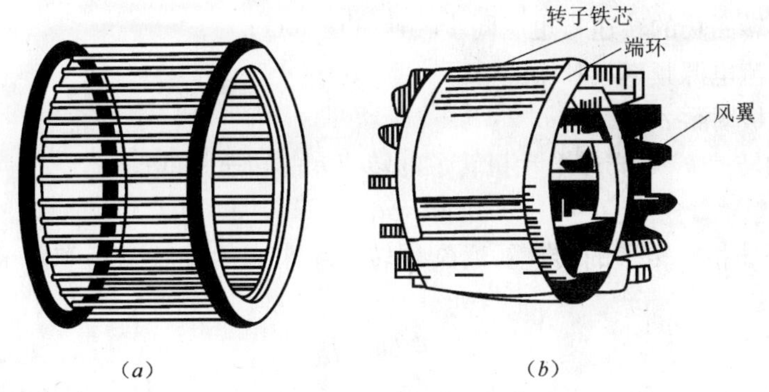

图 15.1-10 鼠笼式转子
(a) 嵌铜条；(b) 铸铝

绕线式转子绕组和定子绕组一样，也是三相对称绕组，但通常接成星形，每相的始端联接在3个铜制的滑环上，滑环固定在转轴上，环与环、环与转轴都互相绝缘，在环上用弹簧压着碳质电刷。绕线式电动机结构较为复杂，成本比鼠笼式电动机高，但它具有较好的启动性能，在一定范围内它的调速性能也比鼠笼式电动机好。

2. 三相异步电动机工作原理

三相异步电动机的转子所以能够旋转是由于旋转磁场对转子导体作相对运动的结果。旋转磁场是以一定速度按一定的方向不断旋转的磁场。将三相对称电源接入电动机的定子对称三相绕组中，就形成对称三相电流，在三相绕组中所形成的合成磁场就是一个随时间变化的旋转磁场。转向如图 15.1-11 中 n_1 箭头所示，其转速为 n_1。当磁场掠过转子的闭合导体时，导体就切割磁力线产生感应电势和电流。感应电流的方向根据右手定则来确定，这个电流与旋转磁场相互作用，产生电磁力 F，其方向由左手定则来确定。显然上述电磁力对转子形成了与 n_1 同方向的电磁力矩，在此转矩的作用下，转子就以 n 转速顺着 n_1 的转向旋转。但 n 总是小于 n_1，只有这样，转子的闭合导体才能切割磁力线，在其中感应电势，流过电流，产生电磁力矩，带动负载。这就是三相异步电动机简单工作原理。

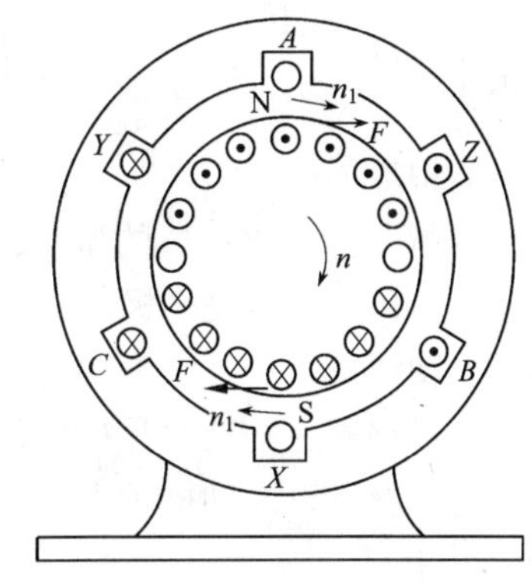

图 15.1-11 三相异步电动机工作原理图

3. 三相异步电动机转速

三相绕组中每相分别由一组线圈组成，通入三相交流电，建立起来的是一对磁极的旋转磁场；如果每相绕组由两组线圈组成，只要将这两组线圈适当地安放与联接，就可以建立起两对磁极的旋转磁场来，其转速为一对磁极时旋转磁场转速的一半。在一对磁极的电动机中，电流变化一周，旋转磁场在空间也旋转一周；在两对磁极的电动机中，电流变化一周，旋转磁场在空间旋转半周。设电源频率 f 为 50Hz，旋转磁场的转速 n_1 为：磁极对数 $p=1$ 时，$n_1=60f=60\times50=3000$r/min；磁极对数 $p=2$ 时，$n_1=60f/2=60\times50/2=1500$r/min。由此可以推广到具有 p 对磁极的异步电动机，其旋转磁场的转速为：

$$n_1=60f/p$$

式中 n_1——旋转磁场的转速，也叫同步转速（r/min）；

f——交流电源频率（Hz）；

p——磁极对数。

旋转磁场的转速 n_1 和异步电动机转子的转速 n 的转速差 Δn 为：

$$\Delta n = n_1 - n$$

它是旋转磁场相对转子的转速。通常用转差率来表示旋转磁场和转子转速相差的程度，以 s 来表示：

$$s = \Delta n / n_1$$

4. 三相异步电动机铭牌

要正确使用电动机，必须先看懂铭牌，因为铭牌上标有电动机额定运行时的主要技术数据。三相异步电动机的铭牌如图 15.1-12 所示，说明如下。

三相异步电动机		
型号 Y160M-4	功率 11kW	频率 50Hz
电压 380V	电流 22.6A	接法 Δ
转速 1460r/min	温升 75℃	绝缘等级 B
防护等级 IP44	重量 120kg	工作方式 S1
××电机厂		年 月

图 15.1-12 三相异步电动机铭牌

（1）型号

Y160M-4 为该电动机的型号，含义为异步电动机，机座中心高 160mm，机座长度为中机座，电动机磁极数是 4 极。

（2）功率

电动机铭牌上的功率是指电动机的额定功率，也称容量，通常用 P_N 表示。它表示在额定运行情况下，电动机轴上输出的机械功率，单位为千瓦（kW）。

（3）电压

电动机铭牌上的电压是指电动机的额定电压，即电动机额定运行时定子绕组应加的线电压。上述铭牌实例上所标的“380V、接法 Δ”表示该电动机定子绕组接成三角形，应加的电源线电压为 380V。目前，我国生产的异步电动机如不特殊订货，额定电压均为 380V，3kW 以下为 Y 形接法，其余均为 Δ 形接法。

（4）电流

电动机铭牌上的电流是指电动机的额定电流，即电动机在额定频率、额定电压和额定输出功率时，定子绕组的线电流。

（5）转速

电动机铭牌上的转速是指在额定频率、额定电压和额定负载下电动机每分钟的转速即额定转速。由于额定转速接近于同步转速，故从 n_N 可判断出电动机的磁极对数。例如，转速为 1400r/min，则磁极对数 $P=2$。

(6) 频率

电动机铭牌上的频率是指加在电动机定子绕组上的电源频率。在我国是50Hz。

(7) 工作方式

电动机铭牌上的工作方式主要分为连续、短时、断续三种。连续可按铭牌上给出的额定功率长期连续运行，拖动风机、水泵等生产机械的电动机常为连续工作方式；短时运行时间短，停歇时间长，每次只允许在规定的时间内按额定功率运行，如果连续使用则会使电动机过热，拖动水闸闸门电动机常为短时工作方式；断续工作电动机的运行与停歇交替进行。起重机械、电梯、机床等均属断续工作方式。

(8) 温升

电动机在运行过程中产生的各种损耗转化成热量，致使电动机绕组温度升高。铭牌中的温升是指电动机运行时，其温度高出环境温度的允许值。环境温度规定为40℃，允许温升取决于电动机绝缘材料的耐热性能，即绝缘等级。常用绝缘材料的等级及其最高允许温度如表15.1-2所示。

常用绝缘材料的等级及其最高允许温度 **表15.1-2**

绝缘等级	A级	E级	B级	F级	H级
最高允许温度（℃）	105	120	130	155	180

(9) 绝缘等级

电动机铭牌上的防护等级是指电动机外壳形式的分级，IP是“国际防护”等级标准的英文缩写。上述铭牌中的第一位“4”是指防止直径大于1mm的固体异物进入，第二位“4”是防止水滴溅入。

(10) 效率

效率是指电动机额定运行时，电动机轴上的输出功率与输入功率的比值，即

$$\eta = \frac{P_N}{P_1} \times 100\% = \frac{P_N}{\sqrt{3}U_N I_N \cos\phi} \times 100\%$$

式中 U_N 与 I_N 为电动机的额定电压与额定电流，$\cos\phi$ 为电动机的功率因数，ϕ 为定子相电压与相电流之间的相位差。一般鼠笼式电动机在额定运行时效率为72%～93%，异步电动机的功率因数较低，在额定负载时约为0.7～0.9，而在轻载和空载时更低，空载时只有0.2～0.3。因此，必须正确选择电动机容量，防止“大马拉小车”和“小马拉大车”现象发生，并尽量缩短空载时间。

15.2 电动机安装

15.2.1 电动机安装前的准备

1. 电动机的检查与保管

(1) 包装及密封良好，规格及技术参数符合设计要求，附件、备件齐全，技术文件齐全。

(2) 电机应完好无损伤、无锈现象，有铭牌。

(3) 详细核对铭牌上所载的各项数据，如额定功率、电压、频率、转速等是否与实际需要相符。

（4）仔细检查各零部件的装配是否良好，紧固件是否松动并用手转动转子察觉有无碰擦。

（5）电机及其附件储存场所应保持清洁、干燥、通风，无腐蚀性气体，避免环境温度的急剧变化等。同时应有防火、防潮、防尘及防小动物进入措施，尤其注意防水浸。

（6）在运输过程中电动机应不受潮，轴身不磕碰，零件不损坏等。

2. 电动机安装条件

（1）所有与安装有关的建筑工程应符合设计及规范要求。

（2）屋顶、楼板施工工作结束后施工部位不得有渗漏现象。

（3）混凝土的基础应达到允许安装强度。

（4）现场杂物清理完毕，预留孔洞符合设计，预埋件牢固。

（5）在试运行前，二次灌浆和抹面工作完毕并达到强度要求，所有建筑装饰工程应结束。

15.2.2 电动机安装

电动机的安装质量直接影响它的安全运行，如果安装质量不好，不仅会缩短电动机的寿命，严重时还会损坏电动机和被拖动的机器，造成损失。电动机安装的工作内容主要包括设备的起重、运输、定子、转子、轴承座和机轴的安装调整等钳工装配工艺，以及电动机绕组接线，电动机干燥等工序。根据电动机的容量大小，其安装工作内容也有所区别。对于使用最广泛的三相鼠笼型异步电动机，凡中心高度为80～315mm，定子铁芯外径为120～500mm的称为小型电动机；凡中心高度为355～630mm，定子铁芯外径为500～1000mm的称为中型电动机；凡中心高度大于630mm，定子铁芯外径大于1000mm的称为大型电动机。本节主要介绍中小型电动机的安装方法。

1. 电动机施工流程

主体结构施工时电气配管预埋、预埋件安装（隐蔽验收）→管内穿线→电缆敷设电动机安装及接线→送电调试→运行→检查验收。

2. 电动机安装一般要求

（1）立式电动机在使用中不允许有任何轴向负荷。

（2）安装时，应保证电动机有良好的通风条件，风罩进风端留的空间不得小于25mm。

（3）接线盒的出线口方向，可在轴伸端方向外的其他3个方向进行调换。

（4）将导线穿入接线盒的橡皮圈后进行接线，并压紧接线盒盖的螺母，以达到防水防振的要求。

（5）电动机安装完成，应检查各紧固件、连接件是否可靠，用手转动转子应轻松无碰擦。

（6）电动机的干燥

1）受潮的电动机，使用前应进行干燥。

2）干燥时，电动机的温度不要超过100℃，干燥时间一般为4h左右。

3. 电动机基础安装（图15.2-1）

（1）按基础尺寸做好混凝土基础

电动机通常安装在机座上，机座固定在基础上，电动机的基础一般用混凝土或砖砌成。采用水泥基础时，如无设计要求，基础重量一般不小于电动机重量的3倍。基础各边应超出电动机底座边缘100～150mm。

由于混凝土基础的养护期为15天，所以，混凝土基础要在安装前15天做好；砖砌基础要在安装前7天做好。基础面应平整，基础尺寸应符合设计要求。

（2）预埋地脚螺栓或预留孔洞

安装10kW以下的电动机前，一般是在基础上预埋地脚螺栓。根据电动机安装尺寸，将地脚螺栓固定在定型板上，并和钢筋绑在一起，然后浇筑混凝土，待混凝土达到标准强度后，再拆去定型板。地脚螺栓和垫片的表面不做任何涂层，应涂上油脂，保证螺纹清晰且保持垂直，螺母能自由旋紧。

安装10kW以上的电动机前，一般是根据安装孔尺寸在现浇混凝土上或砖砌基础上预留孔洞（100mm×100mm），以便电动机底座安装完毕后进行二次灌浆，而地脚螺栓的根部做成弯钩形或做成燕尾形。电动机安装前应检查基础上地脚螺栓预留孔相互位置，铲平基础，用水平尺测量其水平度。

固定在基础上的电动机，一般应有不小于1.2m维护通道。

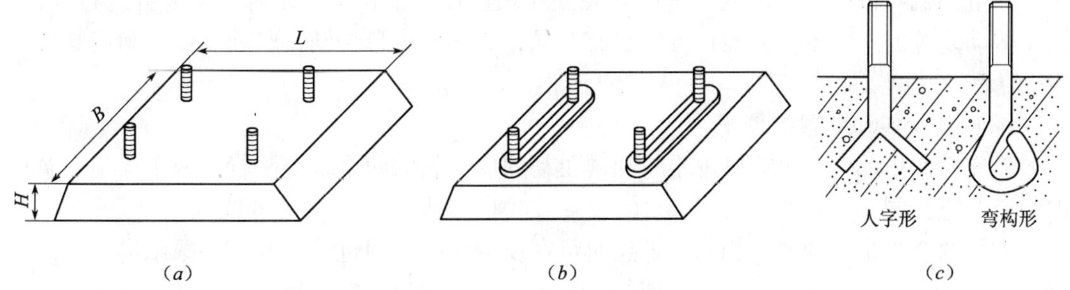

图15.2-1 电动机基础安装

（a）直接安装；（b）槽轨安装；（c）地脚螺栓

4. 电动机就位之前应进行检查的内容

（1）检查电动机的功率、型号、电压等应与设计相符。

（2）检查电动机的外壳应无损伤，风罩风叶完好，转子转动灵活，无碰卡声，轴向窜动不应超过规定的范围。

（3）拆开接线盒，用万用表测量三相绕组是否断路。引出线鼻子的焊接或压接应良好，编号应齐全。

（4）使用兆欧表测量电动机的各相绕组之间以及各相绕组与机壳之间的绝缘电阻，其绝缘电阻值不得低于0.5MΩ，如不能满足要求，应对电动机进行干燥。

5. 电动机安装

（1）电动机就位

电动机就位时，重量在100kg以上的电动机，可用滑轮组或捯链将电动机吊装就位。较轻的电动机，可人工抬到基础上就位。

安装电动机时，若地脚螺栓已固定在基础上，则将地脚螺栓穿过机座用螺母紧固；若基础上有预留孔洞，则在地脚螺栓孔旁，放置楔形垫铁，然后把电动机放在垫铁上，穿入地脚螺栓，地脚螺栓埋设不可倾斜，用1∶1的水泥砂浆浇灌。经5～7天养护后，抽去楔形垫铁，再用水平尺在电动机的上部进行纵向、横向找平，当其水平度符合要求时，拧紧地脚螺栓。待电动机紧固后，地脚螺栓应高出螺母3~5扣。整个基础要求不应有裂纹。

(2) 检查电动机的润滑脂应无变质，性能符合电动机的工作条件。

(3) 盘动转子应灵活无卡阻。

(4) 空气间隙符合要求。

(5) 引出线端子压接良好，编号齐全，极性正确。

(6) 机械部分安装应符合有关机械安装规范的规定。

(7) 电动机外壳必须可靠接地。

6. 电动机的校正

(1) 电动机安装的校正

电动机的校正有纵向及横向水平校正和传动装置校正。

电动机吊上基础以后，可用普通的水准器（水平仪）进行水平校正，如图15.2-2所示。如果不平，可用0.5~5mm厚的钢片垫在电动机机座或安装底板下面，来调整电动机的水平，直至符合要求为止，垫片与基础面接触应严密，垫片一般不超过3片。

在电动机与被驱动的机械通过传动装置互相连接之前，还必须对传动装置进行校正。由于传动装置的种类不同，校正方法也有差异，通常有皮带传动、联轴器传动和齿轮传动3种传动装置。

(2) 皮带传动装置的校正

以皮带作传动时，电动机皮带轮和被驱动的皮带轮的两个轴应平行。两个皮带轮宽度的中心线应在同一条直线上。

如果两个皮带轮的宽度相同，校正时可在皮带轮的侧面进行。利用一根细绳，一人拿细绳的一端，另一人将细绳拉直，使细绳靠近轮缘，如果两轮已平行，则细绳必然同时碰触到，两轮的A、B、C、D四点上，如果两轴不平行，则会成为图中实线所示位置，应进一步进行调整（图15.2-3）。

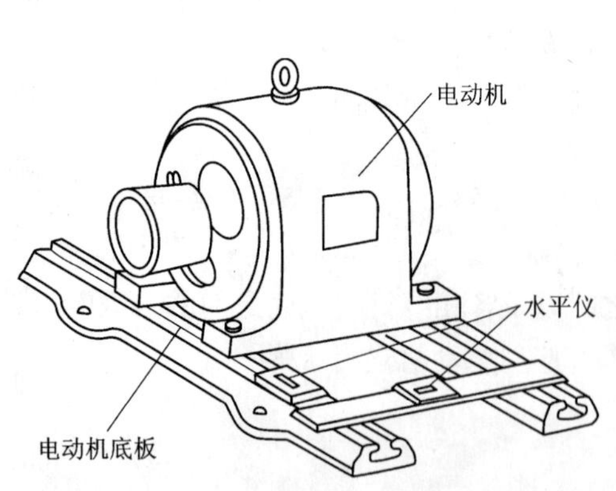

图15.2-2 用水平仪校正电动机水平

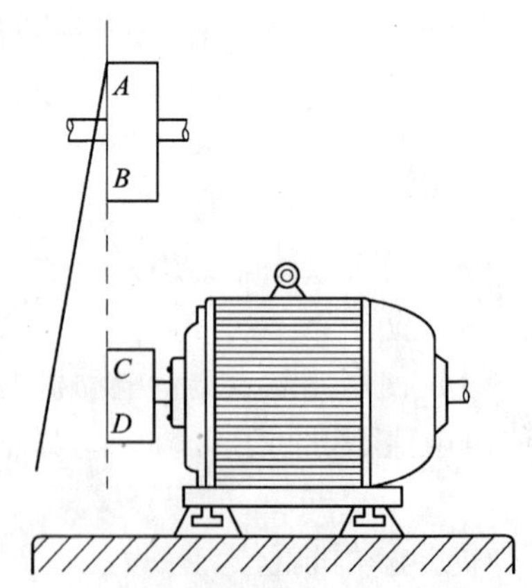

图15.2-3 宽度相同的皮带轮校正法

假如皮带轮的宽度不同，可先准确地量出两个皮带轮宽度的中心线，并在轮上用笔做出记号，1、2和3、4的两根线，然后再用细绳对准1、2这根线，并将细绳向3、4处拉直，如果两轴已平行，则细绳与皮带轮上3、4那根线应重合（图15.2-4）。

采用皮带传动的电动机轴及传动装置的轴除了中心线应平行外，电动机及传动装置的皮带轮，自身垂直度全高不宜超过0.5mm，并且两皮带轮的相对应槽应在同一直线上。

(3) 联轴器传动装置的校正

联轴器俗称靠背轮，当电动机与被驱动的机械采用联轴器联接时，用联轴器传动的机组其转轴在转子和轴的自身重量作用下，在垂直平面有一挠度使轴弯曲。如果两相连机器的转轴安装得比较水平，那么联轴器的两接触平面将不会平行，处于图 15.2-5（*a*）所示的位置上。如此时连接好联轴器，当联轴器的两接触面相接触后，电机和机器的两轴承将会产生很大的应力，机组在运转时会产生振动。严重时，能损坏联轴器，甚至会扭弯、扭断电动机或该驱动机械的主轴。为了避免此种现象的发生，在安装时必须使两外端轴承要比中间轴承略高一些，使联轴器两平面平行，同时还要使这时转轴的轴线在联轴器处重合，如图 15.2-5（*b*）所示。

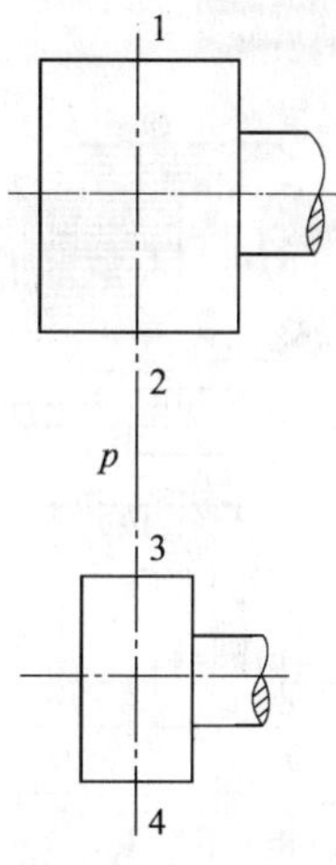

图 15.2-4 宽度不同的皮带轮校正法

检验联轴器的安装是否符合要求，通常是利用两个百分表，分别检测它的径向位移和轴向位移。

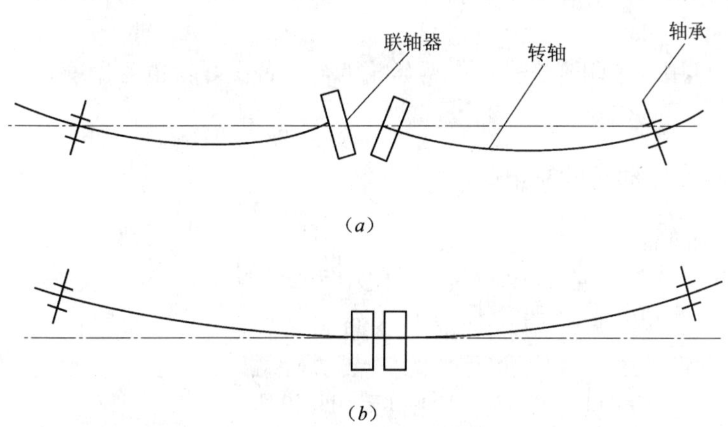

图 15.2-5 轴的弯曲
(*a*) 联轴器接触面不平行；(*b*) 联轴器接触面平行

如果精度要求不高，也可用钢板尺校准联轴器，校正时先取下联轴器的联接螺栓，用钢板尺测量转轴器的径向间隙 a 和轴向间隙 b，如图 15.2-6 所示，再把转轴的联轴器转 180°，再测量 a 与 b 的数值。这样反复测量几次，若每个位置上测得的以 a、b 值的偏差不超过规定的数值，可以认为联轴器两端面平行，且轴的中心对准，否则，要进一步校正。

采用联轴器（靠背轮）传动装置，轴向与径向允许偏差，采用弹性联接时，均不应小于0.05mm，钢性联接的均不应大于0.02mm。互相连接的联轴器螺栓孔应一致，螺母应有防松装置。

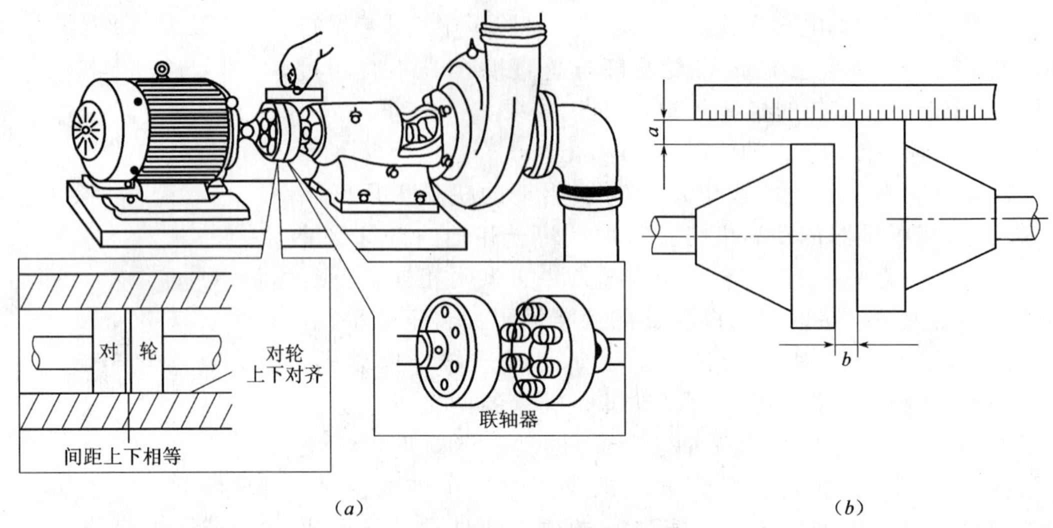

图 15.2-6 联轴器的安装及校正
(a) 安装方法；(b) 用钢板尺校正联轴器

(4) 齿轮传动的校正

当电动机通过齿轮与被驱动的机械联接时，圆齿轮必须使两轴中心线保持平行，两齿轮应啮合良好，接触部分不应小于齿宽的2/3。伞形齿轴中心线应按规定角度交叉，咬合程度应一致。

在校正时，可用颜色印迹法来检查两齿轮啮合是否良好。也可用塞尺测量两齿轮间的间隙，间隙应适当、均匀。

15.2.3 三相异步电动机控制电路

1. 手动正转控制电路

利用熔断器式负荷开关的控制线路如图 15.2-7 所示。在一般工厂中使用的三相电风扇及砂轮机等设备常采用这种控制线路。这种线路最简单且非常实用，合上负荷开关，电动机就能转动，从而带动生产机械旋转。拉闸后，熔断器就脱离电源，以保证安全。

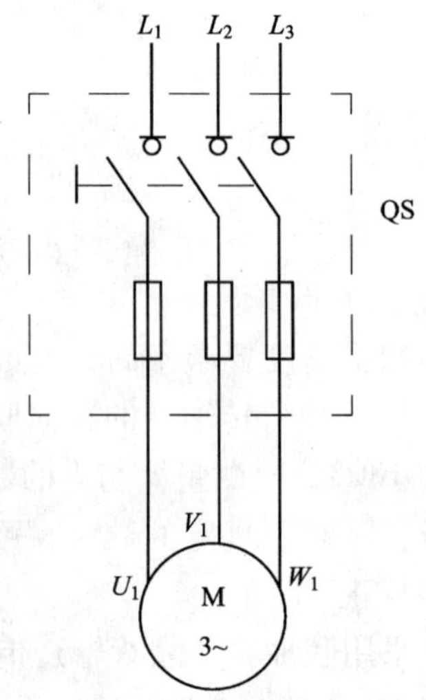

图 15.2-7 手动正转控制电路

2. 按钮点动控制电路

在工业生产过程中，常会见到用按钮点动控制电动机启停。它多适用在快速行程以及地面操作行车等场合，控制线路如图 15.2-8 所示。当需要电动机工作时，按下按钮 SB，交流接触器 KM 线圈获电吸合，使三相交流电源通过接触器主触头与电动机接通，电动机便启动运行。当放松按钮 SB 时，由于接触器线圈断电，吸力消失，接触器线圈便释放，电动机断电停止运行。

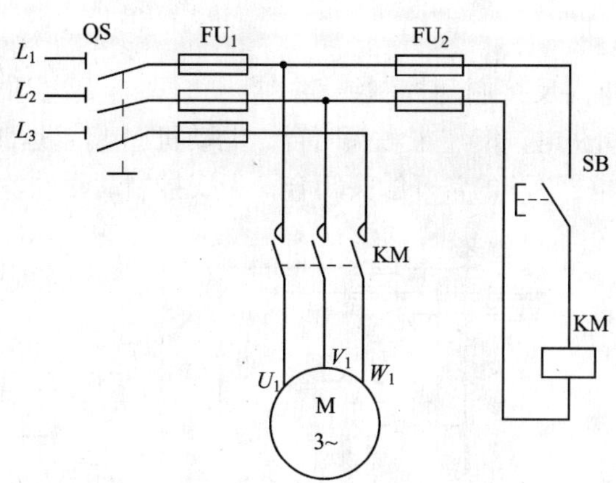

图 15.2-8 按钮点动控制电路

3. 具有自锁正转控制电路

对需要较长时间运行的电动机，用点动控制是不方便的。这就需要具有自锁功能的正转控制，线路如图 15.2-9 所示。当启动电动机时合上电源开关 QS，按下启动按钮 SB_1，接触器 KM 线圈获电，KM 主触头闭合使电动机 M 运转；松开 SB_1，由于接触器 KM 常开辅助触头闭合自锁，控制电路仍保持接通，电动机 M 继续运转。停止时按 SB_2，接触器 KM 线圈断电，KM 主触头断开，电动机 M 停转。

具有自锁功能的正转控制线路的另一个重要特点是它具有欠压与失压（或零压）保护作用。

4. 具有过载保护的控制电路

有很多生产机械因负载过大、操作频繁等原因，使电动机定子绕组中长时间流过较大的电流，有时熔断器在这种情况下未及时熔断，以致引起定子绕组过热，影响电动机的使用寿命，严重的甚至烧坏电动机。因此，对电动机还必须实行过载保护。

具有过载保护的正转控制线路如图 15.2-10 所示。当电动机过载时，主回路热继电器 FR 所通过的电流超过额定电流值，使 FR 内部发热其内部双金属片弯曲，推动 FR 常闭触点断开，接触器 KM 的线圈断电释放，电动机便脱离电源停转，起到了过载保护作用。

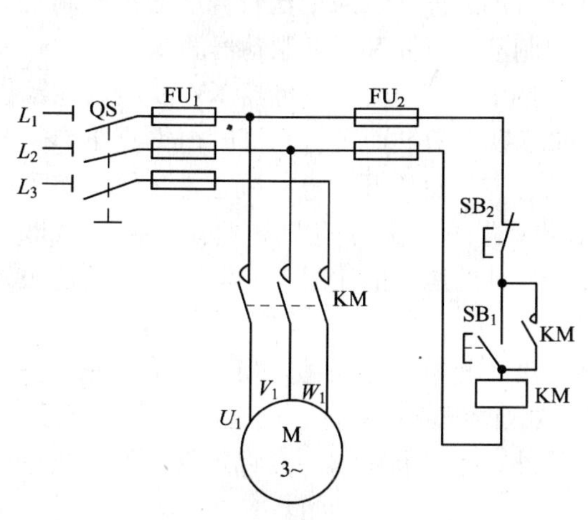

图 15.2-9 具有自锁正转控制电路

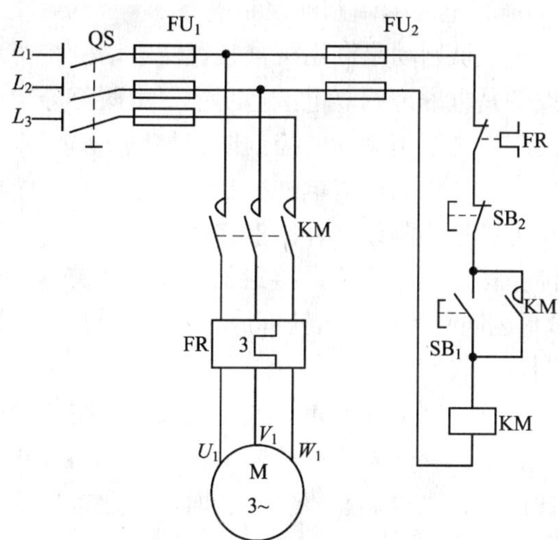

图 15.2-10 具有过载保护的控制电路

5. 反接制动控制电路

图15.2-11所示是单向反接制动控制线路。启动时，合上电源开关QS，按启动按钮SB1，接触器KM_1，线圈获电，KM_1主触头闭合，电动机M启动运转。当电动机转速升高到一定数值时，速度继电器KS的常开触头闭合，为反接制动作准备。

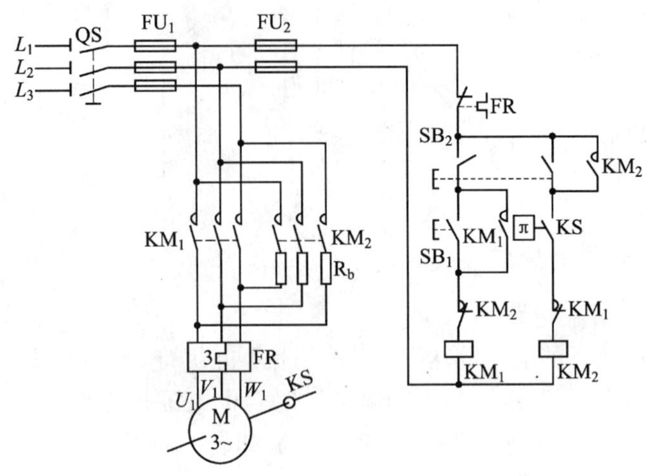

图15.2-11 反接制动控制电路

停车时，按停止按钮SB_2，接触器KM线圈断电释放，而接触器KM_2线圈获电，KM_2主触头闭合，串入电阻器R_b进行反接制动，电动机产生一个反向电磁转矩，即制动转矩，迫使电动机转速迅速下降；当转速降至100r/min以下时，速度继电器KS的常开触头断开，接触器KM_2线圈断电释放，电动机断电，防止了反向启动。

由于反接制动时转子与定子旋转磁场的相对速度，接近于两倍的同步转速，所以定子绕组中流过的反接制动电流相当于全压直接启动时电流的两倍。为此，一般功率在4.5kW以上的电动机采用反接制动时，应在主电流中串接一定的电阻器，以限制反接制动电流。这个电阻器称为反接制动电阻器，用R_b表示。

6. 电磁抱闸制动控制电路

机械制动是利用机械装置使电动机在切断电源后迅速停转。采用比较普遍的机械制动设备是电磁抱闸。电磁抱闸主要由两部分组成，即制动电磁铁和闸瓦制动器。

电磁抱闸制动的控制线路如图15.2-12所示。按下按钮SB_1，接触器KM线圈获电动作，电动机通电。电磁抱闸的线圈YB也通电，铁芯吸引衔铁而闭合，同时衔铁克服弹簧拉力，迫使制动杠杆向上移动，从而使制动器的闸瓦与闸轮松开，电动机正常运转。按下停止按钮SB_2之后，接触器KM线圈断电释放，电动机的电源被切断，电磁抱闸的线圈YB也同时断电，衔铁释放，在弹簧拉力的作用下使闸瓦紧紧抱住闸轮，电动机就迅速被制动停转。

这种制动在起重机械上以及要求制动较严格的设备上被广泛采用。当重物吊到一定高处，线路突然发生故障断电时，电动机断电，电磁抱闸线圈也断电，闸瓦立即抱住闸轮，使电动机迅速制动停转，从而可防止重物掉下。另外，也可利用这一点将重物停留在空中某个位置上。

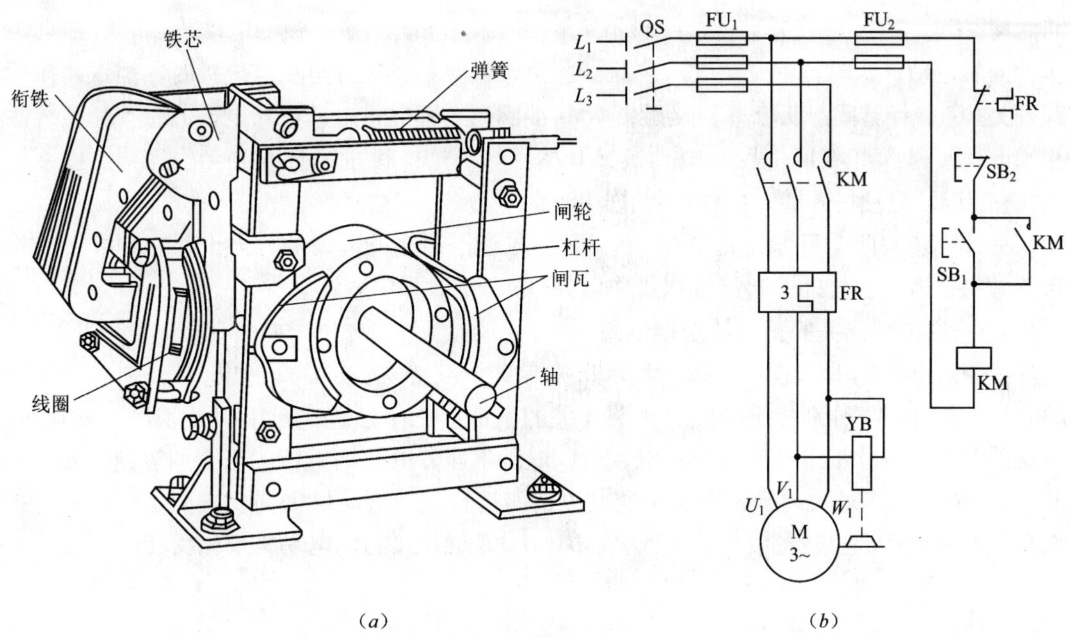

（a）　　（b）

图 15.2-12　电磁抱闸制动控制电路

（a）电磁抱闸装置结构示意图；（b）电磁抱闸制动控制电路图

7. 复合联锁的正反转控制电路

图 15.2-13 所示是复合联锁正反转控制线路，该控制线路利用两个接触器的常闭触头进行相互控制，当一个接触器通电时，其辅助触头断开另一个接触器的电路，使其不能通电。同时还利用按钮 SB_1 和 SB_2 进行互锁，以保证可靠工作。

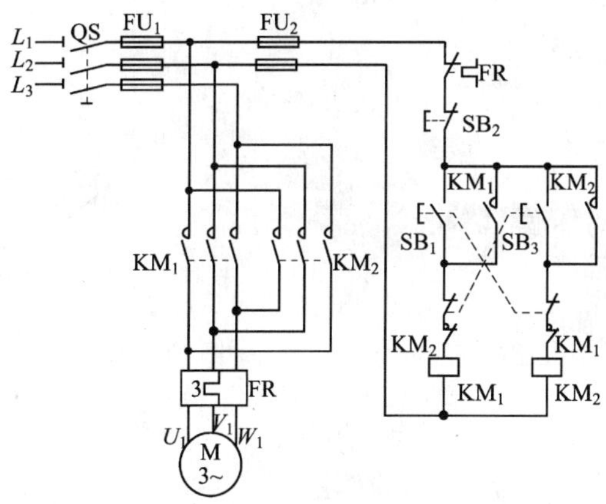

图 15.2-13　复合联锁的正反转控制电路

8. 自动往返控制电路

有些生产机械中，要求工作台在一定距离内能自动循环运动，以便对工件进行连续加工。

图 15.2-14 所示是工作台自动往返控制电路。按下 SB_1，接触器 KM_1 线圈获电动作，电动机启动正转，通过机械传动装置拖动工作台向左运动；当工作台上的挡铁碰撞行程开关 SQ_1（固定在床身上）时，其常闭触头断开，接触器 KM_1 线圈断电释放，电动机断电；

与此同时 SQ_1 的常开触头闭合，接触器 KM_2 线圈获电动作并自锁，电动机反转，拖动工作台向右运动；这时行程开关 SQ_1 复原。当工作台向右运动行至一定位置时，挡铁碰撞行程开关 SQ_2，使常闭触头断开，接触器 KM_2 线圈断电释放，电动机断电，同时 SQ_2 常开触头闭合，接通 KM_1 线圈电路，电动机又开始正转。这样往复循环直到工作完毕。按下停止按钮 SB_2，电动机停转，工作台停止运动。

另外，还有两个行程开关 SQ_3、SQ_4 安装在工作台往返运动的方向上，它们处于工作台正常的往返行程之外，起终端保护作用，以防 SQ_1、SQ_2 失效造成事故。

9. 采用倒顺开关的正反转控制电路

控制线路如图 15.2-15 所示。倒顺开关有 6 个按线桩：L_1、L_2 和 L_3，分别接三相电源，U_1、V_1 和 W_1 分别接电动机。倒顺开关的手柄有三个位置；当手柄处于停止位置时，开关的两组动触片都不与静触片接触，所以电路不通，电动机不转。当手柄拨到正转位置时，A、B、C、F 触头闭合，电机接通电源正向运转，当电动机需向反方向运转时，可把倒顺开关手柄拨到反转位置上，这时 A、B、D、E 触片接通，电动机换相反转。

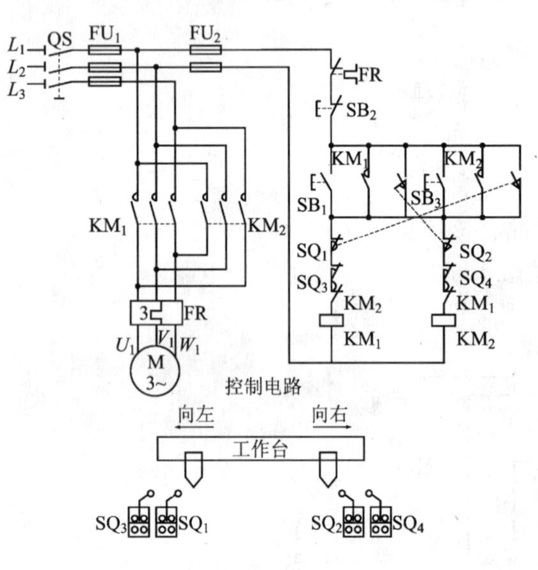

图 15.2-14 自动往返控制电路

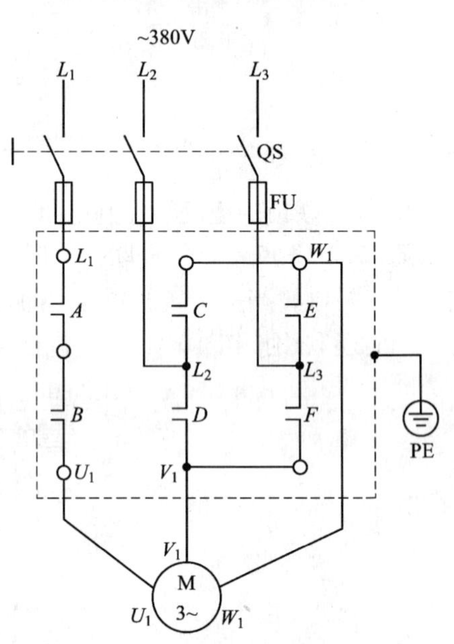

图 15.2-15 采用倒顺开关的正反转控制电路

在使用过程中，电动机从正转变为反转时，必须先把手柄拨至停位置，使它停转，然后再把手柄拨至反转位置，使它反转。倒顺开关一般适用于 4.5kW 以下的电动机控制线路。

15.2.4 电动机运行

1. 电动机试运行

（1）应按铭牌上或接线盒上所标明的接法接线。

（2）接好线后，应进行空载试转，试转中，如发现电动机的旋转方向与被拖动机械的要求不相符，可停车将任意两根电源线换接即可。

电动机第一次试转的转速达到额定值时，应停车进行检查，观察各机械连接部分有无松动及碰擦等情况，在予以必需的调整及修复后，再空载运转2~3h，运转中如发现任何不正常现象或声响时，应立即停车进行检查，空载运转后，还应注意轴承有无发热及漏油等现象，凡空载运转正常的即可进行实际负载运转。

(3) 电动机在实际负载运转中，应继续观察其启动情况，运转时的声音是否正常，以及实际负载电流是否超出铭牌的规定值，在运转0.5~1h后，应停车再检查电动机各机械连接部分有无松动，轴承有无过热及漏油，定转子有无相擦等。如无异常情况发现，即作正式使用。

(4) 电动机空载连续启动一般不超过4次，运行至热态停机后连续启动不得超过2次，否则容易烧坏电动机。

2. 电动机运行

(1) 电源电压与额定电压的偏差不超过±5%，三相电压不平衡不超过1.5%。

(2) 电动机运行电流不得超过铭牌上的额定电流，三相电流不平衡量不超过80%，否则会造成电动机发热甚至烧毁。

(3) 用温度计测量电动机机壳表面温度应不超过80℃，轴承的温度应不超过95℃。

(4) 电动机应经常保持清洁、干燥、通风良好，进风口与出风口必须保持畅通。

(5) 合闸后电动机应立即启动起来，达到正常转速并平稳运行，否则应立即切断电源，检查并排除故障。

(6) 启动后注意观察电动机传动装置、负载机械、电压表和电流表，若有异常现象应立即停机。

(7) 运行中电动机出现冒烟、剧烈振动、异常声音、特殊气味、转速明显下降；负载设备出现故障；发生人身触电时应立即断电停机。

15.2.5 电动机验收检查

(1) 电动机宜在空载情况下第一次启动，空载运行时间为2h，并记录电动机的空载电流。

(2) 电机运行方向正确无异常。

(3) 电机的各部温度，不应超过产品技术规定。

(4) 滚动轴承的温度不应超过95℃。

(5) 振动不应超过规范规定。

(6) 竣工文件

1) 竣工图。

2) 设计变更。

3) 制造厂技术文件。

4) 安装记录、干燥记录、抽芯记录。

5) 试验报告。

15.2.6 电动机保养

1. 电动机的养护应符合下列规定

(1) 电动机的检查与养护每季不少于一次；

(2) 电动机的外壳应清洁，保持无灰尘、无污垢、无锈蚀；

(3) 电动机接线盒应防雨水溅入、防潮汽侵入，接线螺栓应保持紧固；

(4) 电动机外壳接地牢固可靠，接地电阻应符合规范技术要求；

(5) 电动机运行中应无异常噪声与振动；

(6) 电动机在运行中电流应在额定电流范围内，温升与轴承温度应符合要求；

(7) 检测电动机定子绕组绝缘电阻，应符合产品规定。在潮湿天气应加强检测。

2. 电动机的维修应符合下列规定

(1) 经常运行的电动机每年维修一次，不经常运行的电动机3年应维修一次；

(2) 清除电动机内部灰尘，检查绕组绑线应牢固，定子铁芯应无松动，风扇紧固良好；

(3) 检查轴承并清洗换油，如有较大松动、磨损、破碎等现象应及时更换。轴承内的润滑脂应保持在填满空腔内1/2~2/3范围。润滑脂规格、质量应符合要求；

(4) 经常测量绕组的绝缘电阻，如低于规定时，应进行烘燥处理。如处理后仍达不到要求，则应维修或更换；

(5) 电动机解体维修后，装配中必须保证定、转子间隙均匀，转子转动灵活轻松；

(6) 电动机解体维修后，应做电气试验及试运转，合格后方可投入运行。

3. 用万用表判断电动机的转速

在调试现场经常会遇到电机没有铭牌，可又非常想知道这台电机的转速，又没有转速表，又不想费力气拆开电机。

这时你可以用你手中的万用表解决这个问题。我们知道只要知道电动机的极数，就可以知道电动机的大约转速。判断方法如下：

(1) 首先将电动机的6个头的连接线和短接片都拆开，利用万用表的欧姆挡任意找出一组绕组。

(2) 再将万用表拨到毫安档的最小的一档，分别接在这个绕组的两端上。

(3) 然后，将电动机的转子慢慢地均匀转动一圈，看看万用表的指标左右摆动几次，如果摆动一次，就说明电流正负变化一个周期，就是二极电动机。同样的理由，摆动两次就是四极电动机，三次就是六极电动机。以此类推，就可以利用万用表的毫安档位，将电动机转动一圈，指标摆动几次这个现象，判断电动机是几极电动机，从而知道电动机的大约转速（即略低于同步转速）。

我们知道电动机的同步转速与磁极数的关系，电源频率是50Hz时，二极是3000转/min，四极是1500转/min，六极是1000转/min等等。公式是：$N=6000/P$（在工频50Hz条件，N是同步转速，P是电机的极数）。

16 开关插座安装

16.1 开关插座介绍

16.1.1 常用开关插座介绍

1. 插头插座定义

（1）插头：指具有设计用于插座的插套插合的插销，并且装有用于与软线进行电气连接和机械定位部件的电器附件。

（2）插座：指具有设计用于插头的插销插合的插套，并且装有连接导线的端子的电器附件。

2. 插头插座分类

（1）按使用和安装方法分：明装式、暗装式、地板暗装式、移动式等；

（2）按使用场合分：家用、工业用；

（3）按有无保护门分；有保护门、无保护门；

（4）按形式分；两极、两极带接地、三极带接地等。

3. 扁型插头插座

由美国国家标准委员会提出，主要使用国在亚洲、北美地区，如美、加、日、韩等，中国属于该组（图 16.1-1）。

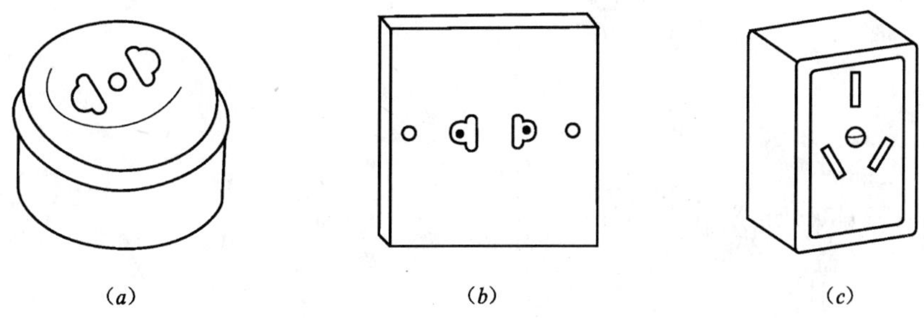

图 16.1-1 单相扁型插座
（a）明装两极插座；（b）暗装两极插座；（c）明装两极带接地插座

（1）单相两脚插头（图 16.1-2）

安装说明：

1）将两根塑料软导线端部的绝缘层剖去；

2）在导线端部附近打一个“电工扣”；

3）拆开插头盖，注意螺钉、螺母不要丢失；

4）将剖好的多股线芯拧成一股，固定在接线柱上；

5）盖好插头盖，拧紧螺钉。

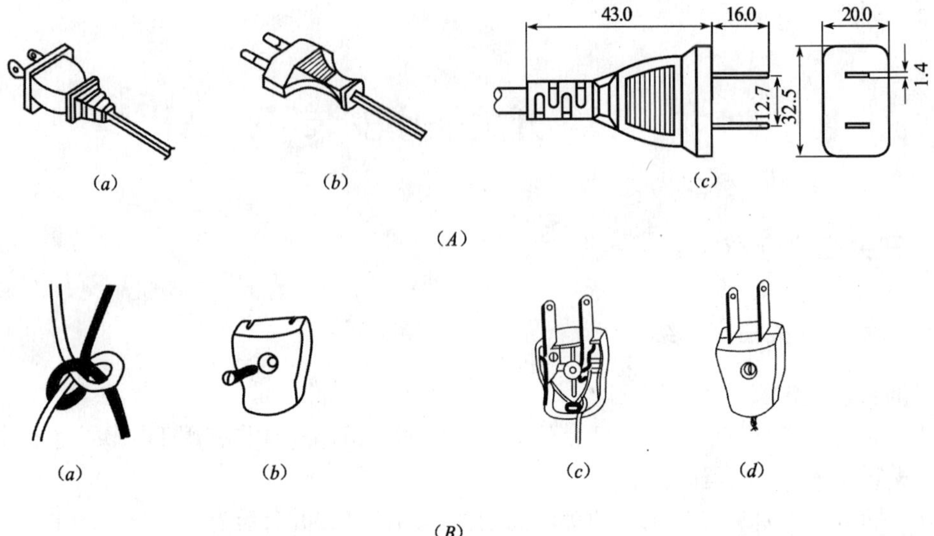

图 16.1-2 单相两脚插头
(*A*) 单相两脚固定插头
(*a*) 扁脚插头 (*b*) 圆脚插头；(*c*) 两极扁脚插头规格
(*B*) 单相两脚插头安装方法
(*a*) 导线扎电工扣；(*b*) 拆开插头盖；(*c*) 插头接线 (*d*) 安装插头盖

(2) 单相三脚扁插头（图 16.1-3）

安装说明：

1) 三脚插头的安装方法与两脚插头的安装方法类似，不同的是导线一般选用三芯护套软线。

2) 其中一根带有绿/黄双色绝缘层的芯线接地。其余两根左边一根接零线，右边一根接相（火）线。

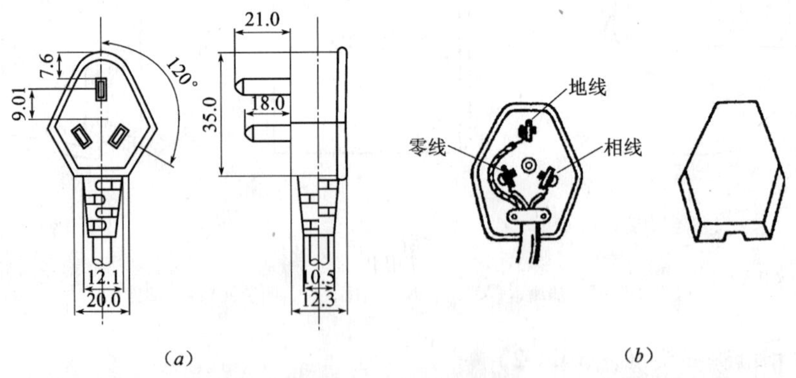

图 16.1-3 单相三脚扁插头
(*a*) 单相三脚固定扁插头；(*b*) 单相三脚扁插头安装方法

4. 单相三脚方型插头插座（图 16.1-4）

由英国国家标准委员会提出，主要使用国在大洋洲、南非地区，如英国、新西兰、澳大利亚、印度、巴基斯坦、中国香港等。

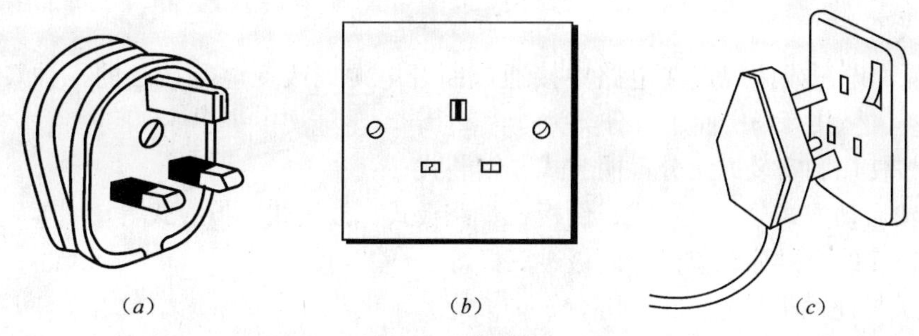

图 16.1-4 方型插头插座
（a）插头外形图；（b）插座；（c）插接方法

安装说明（图 16.1-5）：

（1）注意绿/黄双色线要接到地线端点，蓝色线接到左边零线，右边一根接相（火）线，切不可将相（火）线与零线互掉接错。

（2）插头内根据用电负荷，通常安装有 0.1～13A 的熔丝管，切勿用普通电线铜芯或锡纸代替熔丝管。

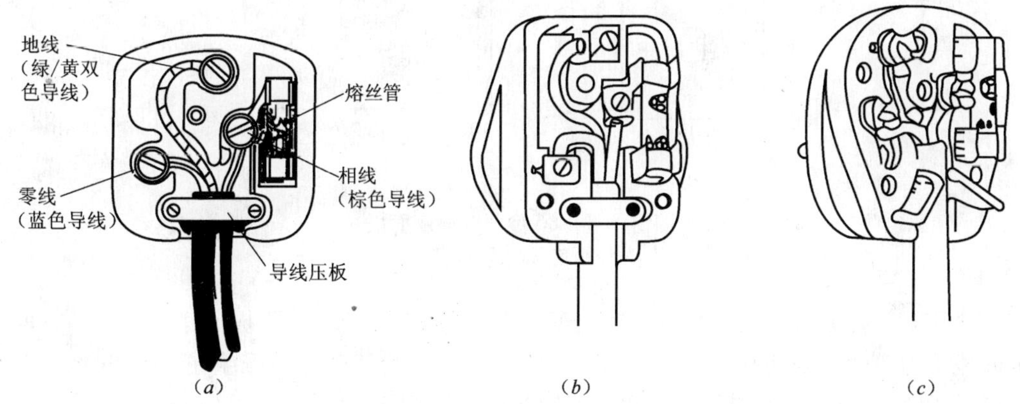

图 16.1-5 单相三脚方型插头
（a）插头结构图；（b）插头结构方式一；（c）插头结构方式二

5. 单相三脚圆型插头插座（图 16.1-6）

由国际电气设备认证委员会提出，主要使用国在欧洲，如法国、意大利、西班牙、瑞典、瑞士等。

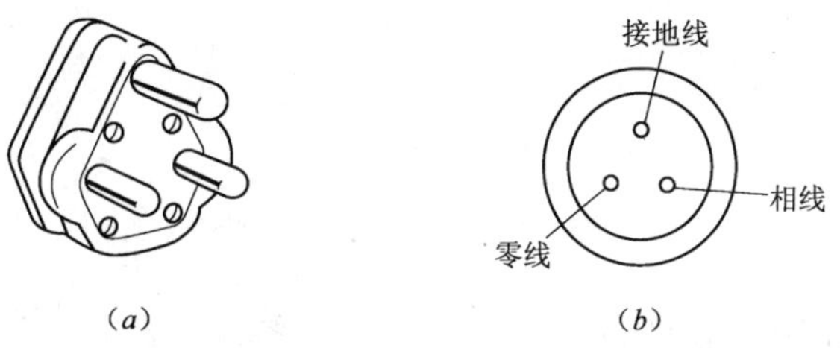

图 16.1-6 单相三脚圆型插头插座
（a）插头；（b）插座

6. 开关介绍

用来隔离电源或按规定在电路中接通或断开电源或改变电路接法的一种装置，为家庭、办公室、公共等场所使用。分类为：

（1）按使用和安装方法分：明装式、暗装式；

（2）按启动方式分：放置式、倒板式、跷板式、按钮式、拉线式等；

（3）按接线方式分；单极、两极、三极等。

7. 开关插座面板尺寸

国内采用86型居多，但自20世纪90年代以后，随着世界流行趋势的发展，120型面世，市场上还有137型、146型。

（1）86型开关插座（图16.1-7）正面一般为86mm×86mm正方形，安装孔中心距为60.3mm（个别产品因外观设计，大小稍有变化）。在86型开关基础上，又派生了146型（146mm×86mm），或类似尺寸，安装孔中心距为120.6mm，中国、英国及绝大多数国家均采用该形式。

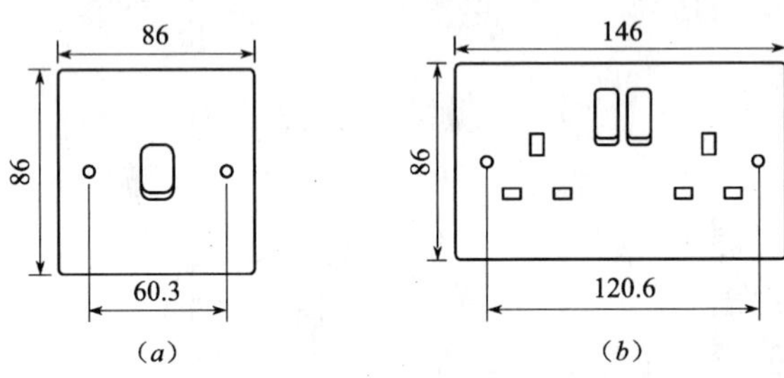

图16.1-7 86型开关插座面板

（a）86型单联；（b）86型双联

（2）120型开关插座（图16.1-8）其正面为呈竖状的长方形，面板尺寸一般为120mm×74mm或类似尺寸，安装孔中心距为83.5mm，在120型基础上，派生了120mm×120mm大面板，以组合更多的功能件。日本、韩国等国家采用该形式。

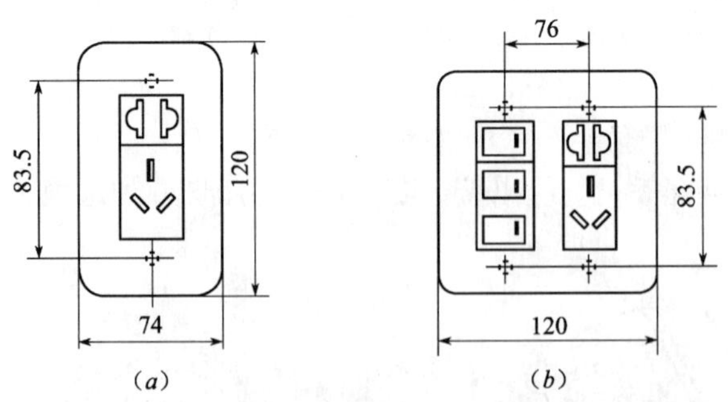

图16.1-8 120型开关插座面板

（a）120型单联；（b）120型双联插座

8. 开关插座配套使用的接线盒

与面板配套，有86型、120型、146型明装和暗装接线盒，装孔中心距分别为60.3mm、83.5mm、和120.6mm，盒体深度有40mm、50mm、60mm3种规格，常用深度为 50mm。

16.1.2 常用插座规格

插座系列产品有各种形式，如单联插座、双联插座、插座附带开关和指示灯等。

1. 带开关插座（图 16.1-9）

带开关插座设计为“左”零（N 中性线）、“右”火（L 相线）。

2. 两极带接地插座（图 16.1-10）

两极带接地插座设计为“左”零（N 中性线）、“右”火（L 相线）。“上”接地线“⏚”（PE 地线）。

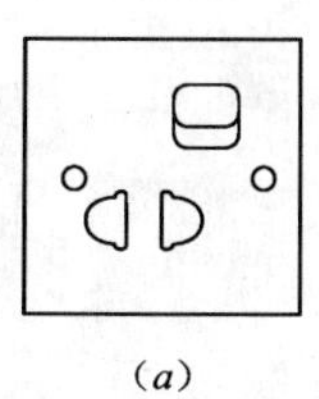
(a)

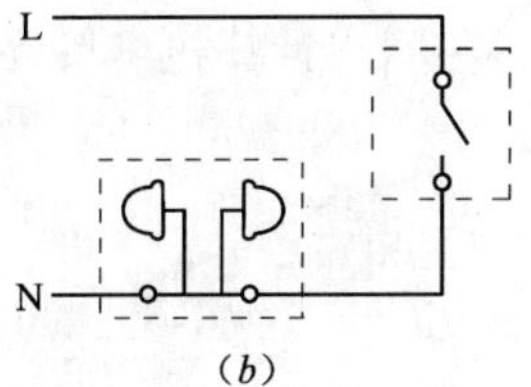

(b)

图 16.1-9 带开关插座
(a) 图形；(b) 接线示意图

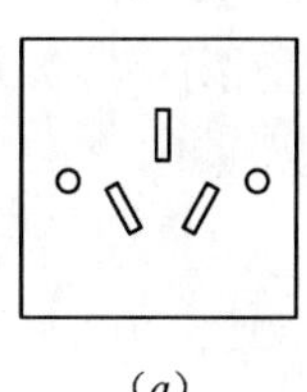
(a)

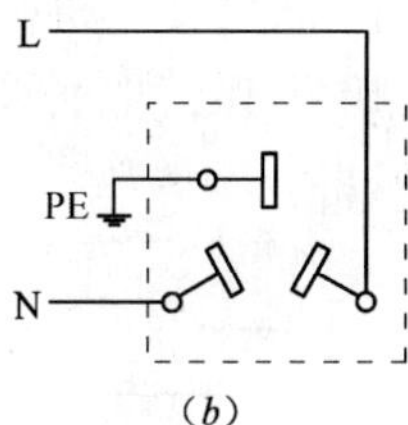

(b)

图 16.1-10 两极带接地插座
(a) 图形；(b) 接线示意图

3. 带指示灯带开关插座（图 16.1-11）
4. 双联插座外形尺寸（图 16.1-12）

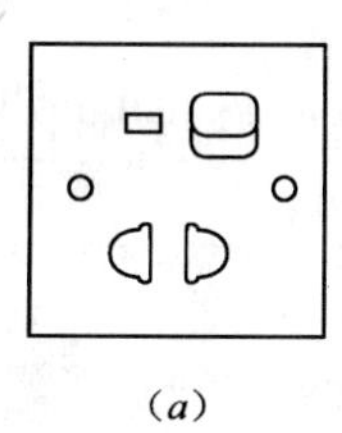
(a)

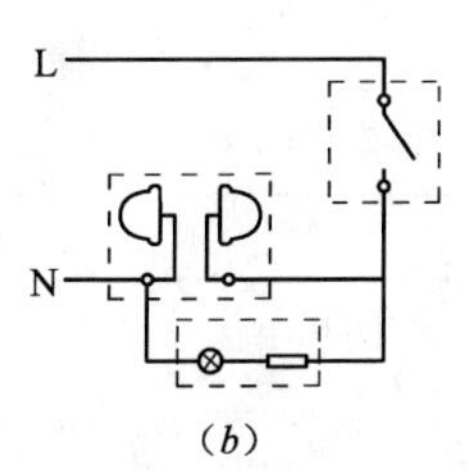

(b)

图 16.1-11 带指示灯带开关插座
(a) 图形；(b) 接线示意图

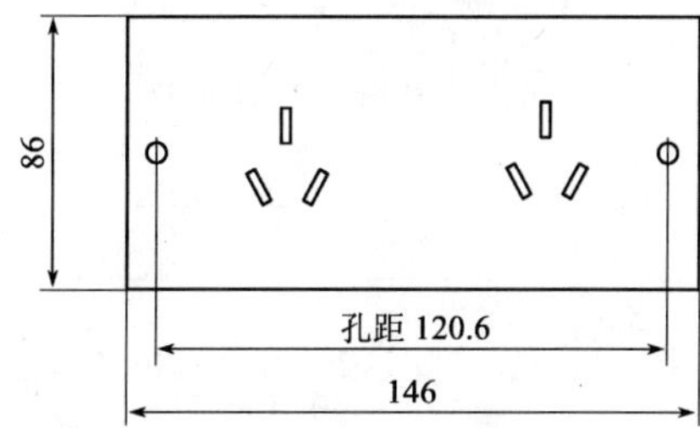

图 16.1-12 双联插座

5. 带熔丝管双联插座（图 16.1-13）

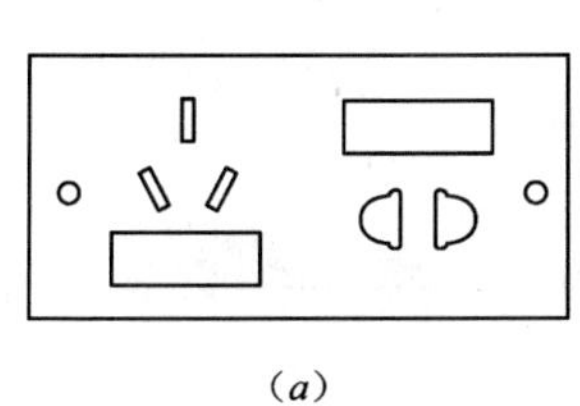
(a)

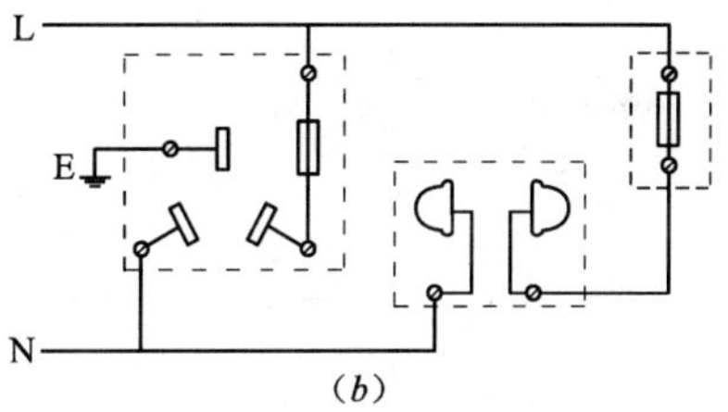

(b)

图 16.1-13 带熔丝管双联插座
(a) 图形；(b) 接线示意图

6. 防溅水型插座（图 16. 1-14）

在潮湿多尘或可能溅水的地方使用电器产品尤其要注意安全。选用防溅型系列产品，进一步保证您的安全。防溅型插座是在普通插座上安装一个防溅盖板来实现，安装方法如下：

（1）在凹凸不平的墙面上安装时，为保证溅水不渗入的密封性能，需要加装一个随产品一起提供的橡胶垫，用以弥补墙面不平整的缺陷。

（2）防溅型插座安装时盒盖应向上翻开。

7. 地面插座

地面插座（图 16. 1-15）是一种系列产品，其特点在于插座装在弹出机构上，使用时，拉动拉板解锁，机构弹出地面，露出电源插座。不用时，将盖板压下，锁闭，使插座隐蔽在盒内，保持地面平整。适用于宾馆，办公室，写字间，计算机房等处使用。

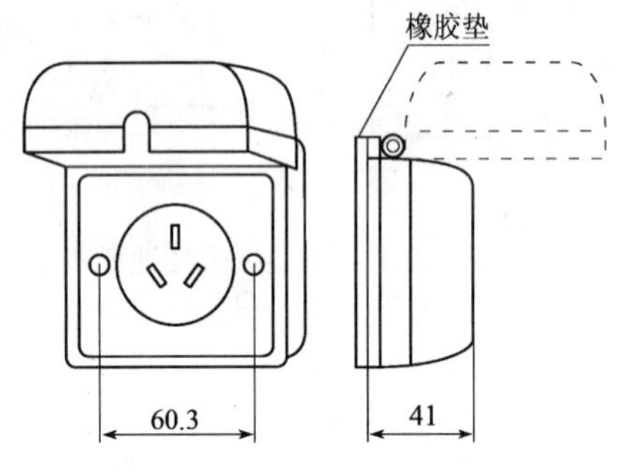

图 16. 1-14　防溅水型插座

图 16. 1-15　地面插座

（1）地面插座规格（表 16. 1-1）

地面插座规格表　　**表 16. 1-1**

序号	图　例	产 品 型 号	产品名称及规格
1		铸铝 106DZ22T10 铸铜 120DZ22T10	10A 双联两极地面插座
2		铸铝 106DZ223-10 铸铜 120DZ223-10	10A 双联两极、三极带接地地面插座
3		铸铝 106DZDH 铸铜 120DZDH	电话地面插座

（2）安装方法

预埋接线盒和管线连接后均埋入地面内，由于接线盒上端面和插座的大面板底面之间有一个 2mm 厚的密封橡胶圈，所以，用户在考虑接线盒埋入深度和地面表层装修高度时，应注意二者相对高度，以确保密封作用。安装方法如下（图 16. 1-16）：

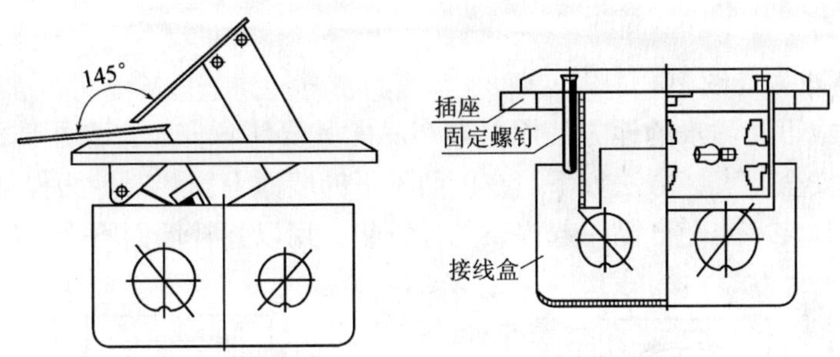

图 16.1-16 地面插座安装示意图

1）地面插座背面刻有接线标志：L、N、⏚分别表示相线、中性线和地线。

2）产品出厂时各部分结构已可靠接地，用户接线时也必须使地线可靠的接地。

3）地面插座和接线盒之间，用 M3 沉头螺钉连接。

4）地面插座有两种外形：圆形和方形

（a）方形尺寸：106mm × 106mm、120mm × 120mm；

（b）圆形尺寸：ϕ150mm。

16.1.3 常用开关规格

1. 单联开关（图 16.1-17）

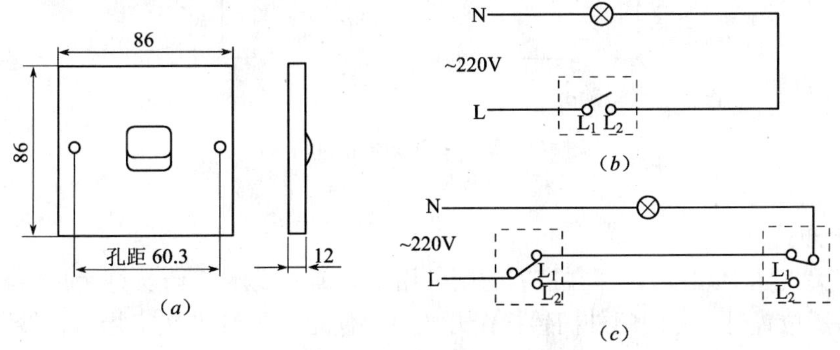

图 16.1-17 单联开关

（*a*）图形；（*b*）单联单控开关接线示意图；（*c*）单联双控开关接线示意图

2. 带指示灯开关

带指示灯开关的接线有两种类型，指示电流［图 16.1-18（*a*）］及指示方位［图 16.1-18（*b*）］。

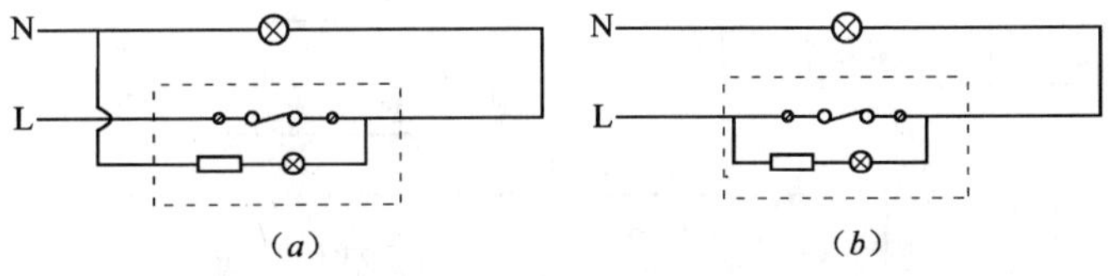

图 16.1-18 带指示灯开关接线示意图

（*a*）指示电流（即负载接通，指示灯亮）；（*b*）指示方位（即负载未接通，指示灯亮）

3. 防溅水型开关（图 16. 1-19）

在潮湿多尘或可能溅水的地方使用电器产品尤其要注意安全。选用防溅型系列产品，进一步保证您的安全。安装方法如下：在凹凸不平的墙面上安装时，为保证溅水不渗入的密封性能，需要加装一个随产品一起提供的橡胶垫，用以弥补墙面不平整的缺陷。

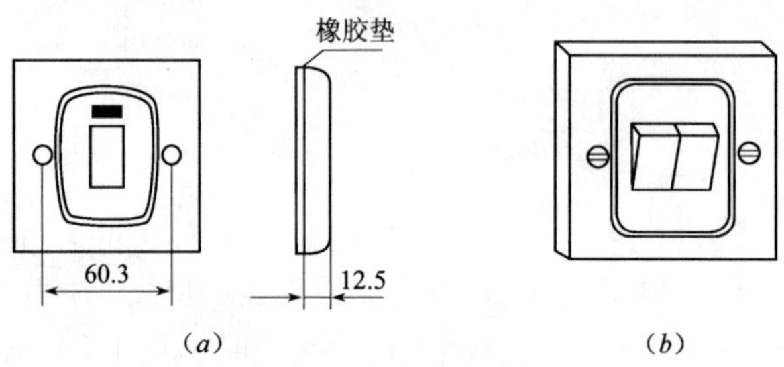

图 16. 1-19 防溅水型开关
(a) 单联图形；(b) 双联图形

4. 节能插拔钥匙开关（图 16. 1-20）

将钥匙牌插入开关钥匙槽内即可接通室内电源，拔出钥匙牌，断电，以达到节能的目的。常用于宾馆房等处。

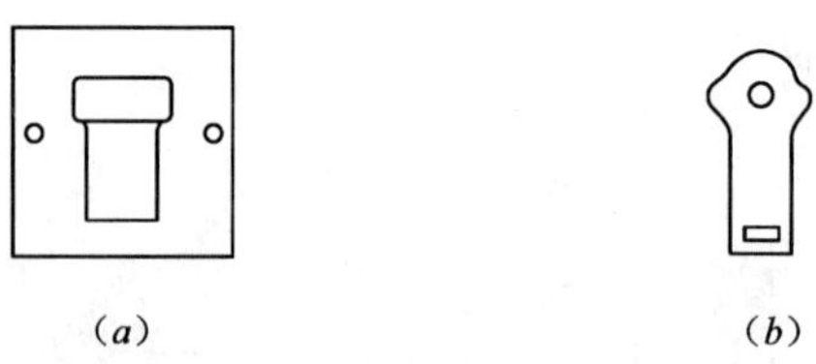

图 16. 1-20 节能插拔钥匙开关
(a) 开关图形；(b) 钥匙图形

5. 门铃开关

门铃开关（图 16. 1-21）可在房间的门外用中、英文显示“请勿打扰”字样。当双控开关置于图示位置时，房间门外门铃按钮开关可供使用，无灯光文字指示，铃可响。当双控开关置于相反方向时，房间门外灯光显示“请勿打扰”，门铃按钮开关不起作用，铃不响。常用于宾馆客房等处。

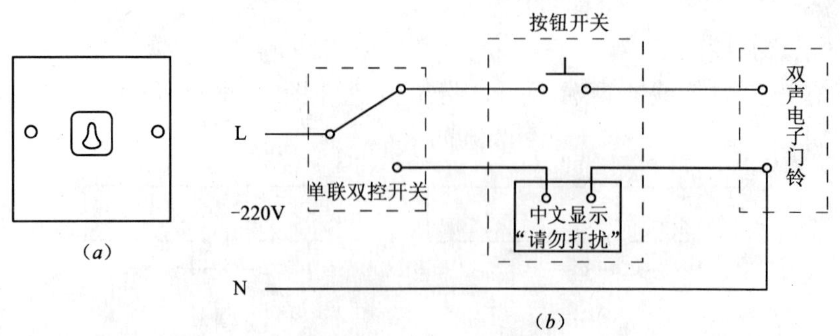

图 16. 1-21 门铃开关
(a) 图形；(b) 请勿打扰门铃开关接线示意图

6. 红外线感应开关

红外线感应开关（图 16.1-22）通过探测热辐射的红外线来工作，当有人进入房间时感应器会自动开启相应的电灯（一般的荧光灯或白炽灯），为您提供更多的方便，如人走灯灭（人走后延时 5～20min 灯灭）及室内阳光亮足时光敏控制灯灭可有效节能，宜安装在家庭、办公室、教室、图书馆、走廊等地方，使用 250V，50Hz 交流电，功率 500W，适合墙装及顶装，顶装的最佳高度是 2.4m，外形尺寸：直径 ϕ100mm，高 57mm，安装孔距 50.3mm、84mm。接线端子：一个进线端、一个负载端，每孔可容纳 3 根 2.5mm^2 的导线。

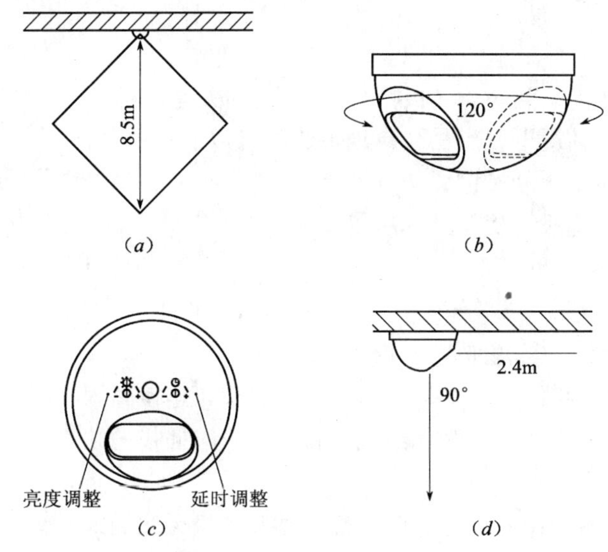

图 16.1-22 红外线感应开关

(*a*) 探查区 6m×6m；(*b*) 感应头旋转 120°选择连续空间；(*c*) 墙装或顶装；(*d*) 90°视觉范围

7. E2000 系统电子开关

（1）电子延时开关（图 16.1-23）

1）电子开关设有 1～60min 和 1～12h 两种型号；

2）当预设时间到达后，负载会被自动关闭；

3）延时开关在预设时间内的操作情况会完全相同于普通开关；

4）按钮上设有双色 LED 指示灯，除可分辨操作状态外更方便于夜间找寻灯开关。

图 16.1-23 电子延时开关

（2）红外线遥控调光开关（图 16.1-24）

1）调光开关附设两个亮度记忆功能，可预设所需的灯光亮度并提供一按即开的效果；

2）无论透过附设的红外线遥控器或主控板上的按钮，均可调校光度或改变已预设的灯光记忆；

3）附设延迟渐光及熄灭时间的功能，在家中也可享受电影院的灯光效果；

4）可选配各款边框以配合家居设计。

（3）人体感应自动开关（图 16.1-25）

1）感应器可探测人体释放的红外线而自动调节开关；

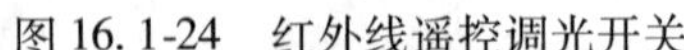

图 16.1-24 红外线遥控调光开关

图 16.1-25 人体感应自动开关

2）开启灯光后于 13s 至 3min 内（可调校）自动关掉；

3）在光度充足的情况下，产品会自动抑制亮灯以节省用电；

4）需要时，可按下手动按键，使灯长亮；

5）此产品适用于走廊、楼梯及车房等。

16.1.4 选用开关插座的原则

（1）明确的型号、厂家名称或商标标志。

（2）电线连接时与接线柱接触均匀，无明显缝隙，连接紧固，无松动现象。

（3）插座插口位置平齐，边缘无凸起、膨胀等影响插拔的缺陷。

（4）家用插座应有保护门。

（5）插口应与面板边缘有一定宽度，确保插头单极无法插入。

（6）面板颜色均匀，表面光亮，无凹陷、杂色等缺陷。

（7）开关手感轻巧，声音清脆，开闭时无紧涩感。

（8）开关在开闭时应一次到位，不可滞留中间位置。

（9）各接线柱及接线螺钉应表面光亮，无锈痕、变形及裂纹。

（10）开关、插座额定电流应大于或等于线路额定电流。

（11）面板与底板结合牢固，无松动现象。

（12）面板与底板借助于工具应可轻松拆卸，无紧涩及拆装困难现象。

16.1.5 住宅插座数量的设置

1. 每户住宅（公寓）电源插座数量

每户住宅（公寓）电源插座的数量不应少于表 16.1-2 的规定。

每户电源插座的设置数量 **表 16.1-2**

部位 插座类型	起居室（厅）	卧室	厨房	卫生间	洗衣机、冰箱、排风机、空调器等安装位置
二、三孔双联插座（组）	3	2	2	—	—
防溅水型二、三孔双联插座（组）	—	—	—	1	—
三孔插座（个）	—	—	—	—	各1

2. 康居住宅设置插座数量（表 16. 1-3）

康居住宅设置插座数量表 **表 16. 1-3**

序号	住宅类型	房间名称 插座类型、用途	插座设置（个）					
			起居室（厅）	主卧室	次卧室	厨房	卫生间	书房
1	基本型	二、三孔双联插座（组）	4	3	2	1		2
		三孔插座（空调）	1	1				
		三孔插座（电炊具）				1		
		三孔插座（电热水器）					1	
		三孔插座（排气扇、排烟风机）				1	1	
		三孔插座（燃气热水器）				1		
		三孔插座（洗衣机）	1					
2	提高型	二、三孔双联插座（组）	4	3	2	1		2
		三孔插座（空调）	1	1	1			1
		三孔插座（电炊具）				1 ~ 2		
		三孔插座（电热水器）					1	
		三孔插座（排气扇、排烟风机）				1	1	
		三孔插座（燃气热水器）				1		
		三孔插座（洗衣机）	1 ~ 2					
3	先进型	二、三孔双联插座（组）	4 ~ 6	3	3	1 ~ 2		3
		三孔插座（空调）	1 ~ 2	1	1	1		1
		三孔插座（电炊具）				2 ~ 3		
		三孔插座（电热水器）					1	
		三孔插座（排气扇、排烟风机）				1	1	
		三孔插座（燃气热水器）					1	
		三孔插座（洗衣机）	1 ~ 2					

注：住户内电热水器、柜式空调宜选用三孔 15A 插座，空调、排烟风机选用三孔 10A 插座，其他插座选用二、三孔 10A 插座，洗衣机插座、空调插座及电热水器插座宜选用带开关控制的插座，厨房、卫生间应选用防溅水型插座。

16. 1. 6 照明控制开关接线方法

除了可以一个开关控制一盏灯外，还可以采用两个或几个开关控制一盏灯的方法，称为多地控制。如公用建筑的楼梯间、走廊、门灯、人行通道灯等，都可采用两地或多地控制。两地以上的照明灯控制实际是采用开关组连接方法，比较简单，随着控制点的增多，线路安装并没有复杂化，便于施工，具有实用价值。

1. 单联控制开关接线（图 16. 1-26）
2. 两地控制开关接线（图 16. 1-27）
3. 三地控制开关接线（图 16. 1-28）

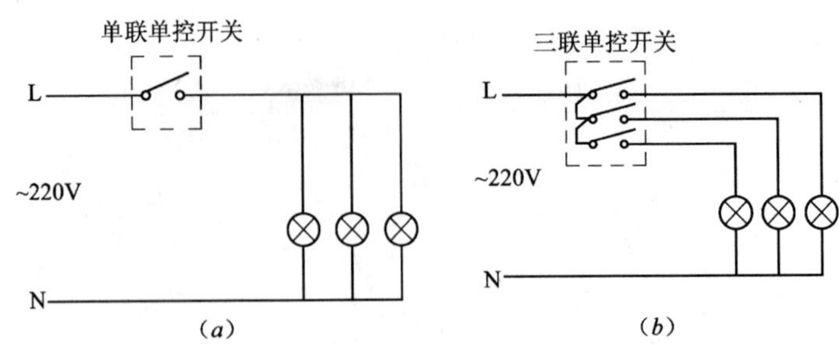

图 16.1-26 单联控制开关接线图
(a) 单联单控开关接线；(b) 单联三控开关接线

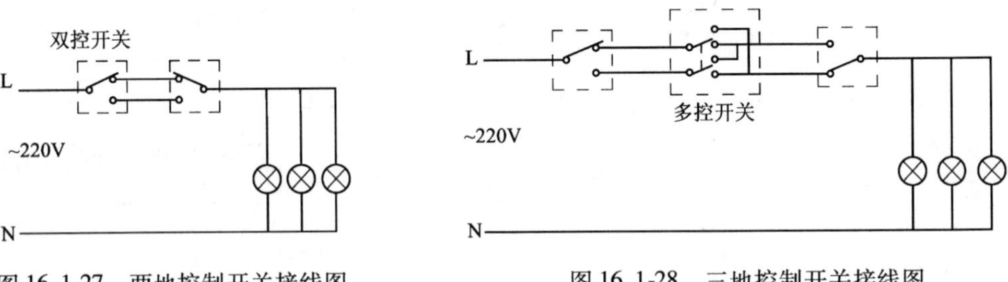

图 16.1-27 两地控制开关接线图

图 16.1-28 三地控制开关接线图

4. 暗室照明控制接线（图 16.1-29）

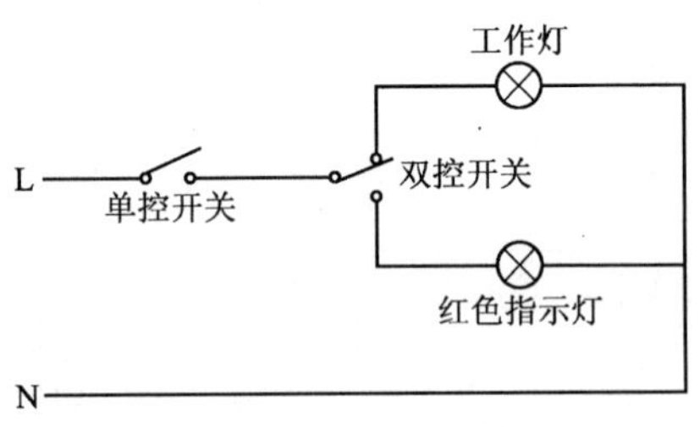

图 16.1-29 暗室照明控制接线图

16.1.7 锌合金防水插座

锌合金防水插座的防护等级为 IP64，由于可靠、安全，可应用于设备房、工厂等场所。用明配电线管连接插座，然后再用塑料胀管和螺钉进行插座的安装，在距离插座 0.3m 处安装铸铁管卡用来固定电线管。使用时将插头插入插座后，拧紧密封圈。

1. 圆形锌合金防水插座（图 16.1-30 及表 16.1-4）

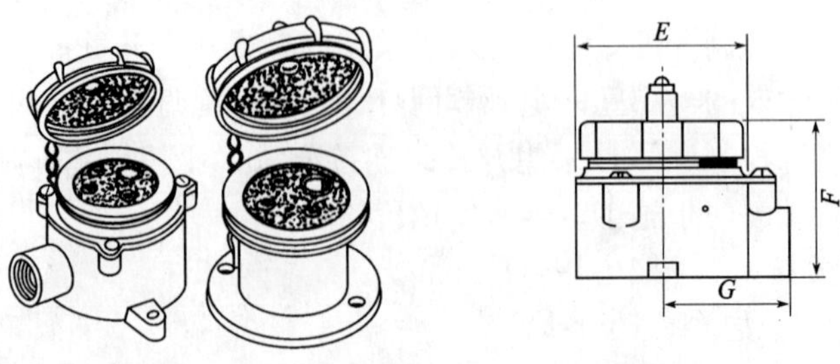

图 16.1-30 圆形锌合金防水插座

规格表（mm） 表 16.1-4

电　　流	配管尺寸	*E*	*F*	*G*
5A	20	62	48	44
13A、15A	20	78	57	54
30A	25	78	78	54

2. 方形锌合金防水插座（图 16.1-31）

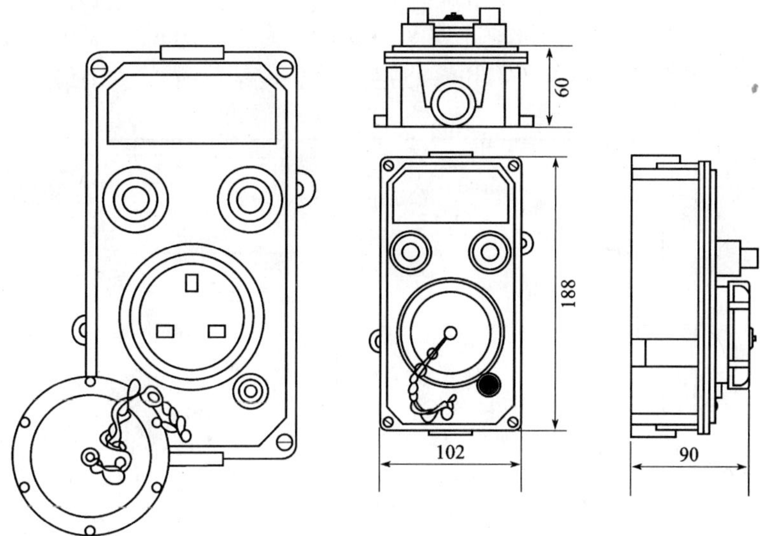

图 16.1-31　方形锌合金防水插座规格

3. 锌合金防水插头（图 16.1-32 及表 16.1-5）

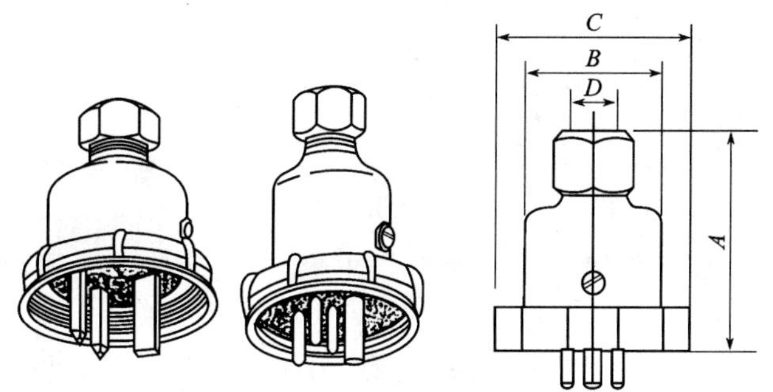

图 16.1-32　锌合金防水插头

规格表（mm） 表 16.1-5

电　　流	级　　数	*A*	*B*	*C*	*D*
5A	2	57	36	57	8
5A	3	58	42	68	8
13A、15A	3	64	55	75	9
30A	3	68	63	79	14

16.2 开关插座安装

各型开关、插座规格型号必须符合设计要求，并有产品合格证。施工安装符合设计图纸要求，工程质量符合施工验收规范要求。

开关开关插座安装位置示意见图16.2-1。开关安装的位置应便于操作，边缘与门框间距宜为0.15~0.20m，距地面高度宜为1.3m。开关的通断位置应一致，且操作灵活，接触可靠。

落地安装插座宜选用安全型插座，安装高度距地面为0.3m。在托儿所、幼儿园等小孩易触的场所，插座高度应不低于1.8m。卫生间插座应选用防溅水型插座。

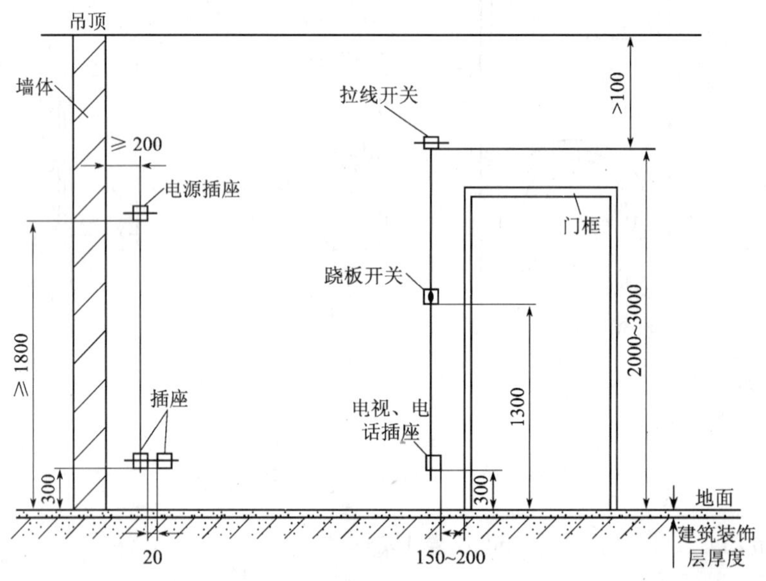

图16.2-1 开关插座安装位置示意图

16.2.1 开关插座安装一般要求

1. 开关插座安装一般要求

（1）开关、插座的安装位置正确。接线盒内清洁，无杂物，表面清洁、不变形，面板紧贴建筑物的表面，并安装端正、严密，与墙面平齐，面板开关灵活。

（2）开关位置应与灯位相对应，同一房间内开关方向应一致；同一室内安装的开关、插座高度差小于5mm，并列安装的开关、插座距地面高度应一致，高度差不应大于1mm，开关插座并列安装应水平，面板垂直度偏差不超过1mm。

（3）暗装开关、插座应采用专用盒，专用盒的四周不应有空隙。

（4）凡要求接地场所，均应采用带有保护插座，即单相设备用三孔插座，三相设备用四孔插座。

（5）厨房、卫生间内开关、插座应选用防溅水型产品。

2. 开关插座安装步骤（图16.2-2）

（1）明装接线盒选用：配用塑料接线盒，盒体深33mm。

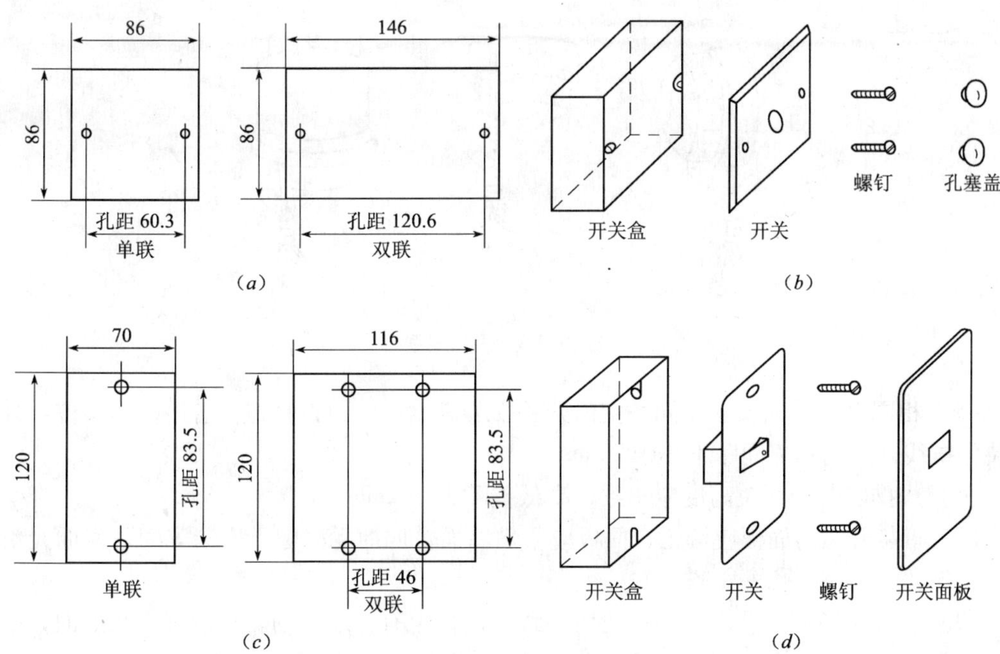

16.2-2 开关插座安装

(a) 86 系列开关、插座规格尺寸；(b) 86 系列开关安装示意图；
(c) 120 系列开关、插座规格尺寸；(d) 120 系列开关安装示意图

(2) 暗装接线盒选用：配用金属接线盒，盒体深 50mm 或盒体深 60mm；配用塑料接线盒，盒体深 50mm 或盒体深 60mm。

(3) 清理：安装前应清理接线盒内污物，盒体无变形、破裂、水渍等易引起安装困难及事故的遗留物，再用湿布将盒内灰尘擦净。

(4) 开关接线：灯具（或风机盘管等电器）的相线必须经开关控制。

(5) 开关、插座的固定：线头应留足 50mm 长度。按接线要求，将盒内甩出的导线与开关、插座的面板连接好，将开关或插座推入盒内（如果盒子较深，大于 25mm 时，应加装无底盒），安装时配用的接线盒体内应有足够的空间容纳连接导线。先把导线按极性连接在开关或插座的相应位置上，再用两支固定螺钉均匀适当用力，将开关或插座固定在接线盒上。固定时要使面板端正，并与墙面平齐。

(6) 各种开关插座均带有 M4×30 固定螺钉和螺钉孔塞盖。

16.2.2 开关安装方法

1. 开关安装一般要求

(1) 电器、灯具的相线经开关控制，开关位置应与灯位相对应，同一室内开关方向应一致；成排安装的开关高度应一致，高低差不得大于 1mm。

(2) 开关安装位置应便于操作，开关不得置于单扇门后。

(3) 扳把开关距地面的高度为 1.3m，距门口为 150~200mm。

(4) 拉线开关（图 16.2-3）距地面高度 2~3m，距门口为 150~200mm，层高小于 3m 时，拉线开关距顶板不小于 100mm，拉线出口垂直向下。

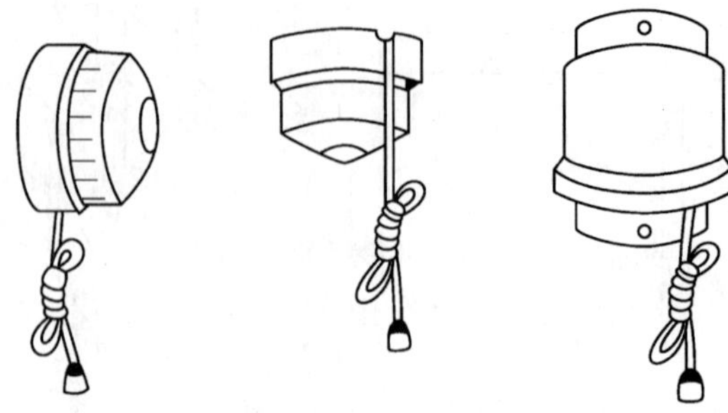

图 16.2-3 拉线开关

(5) 相同型号并列安装及同一室内开关安装高度应一致，且控制有序，不错位。并列安装的拉线开关的相邻间距不小于 20mm。

(6) 成排安装的开关高度应一致，高低差不大于 1mm。

(7) 暗装开关的面板应端正、面板应紧贴墙面，四周无缝隙，安装牢固，表面光滑整洁、无碎裂、划伤，孔塞盖齐全。

(8) 开关接通和断开电源的位置应一致，面板上有指示灯的，指示灯应在上面，指甲形开关应装成，往下扳是电路接通，往上扳是电路切断。

(9) 同一建筑、构筑物的开关采用同一系列的产品，开关的通断位置一致，操作灵活、接触可靠；

(10) 民用住宅严禁装设床头开关。

(11) 多尘潮湿场所和户外应选用防水瓷制拉线开关或加装保护箱。

(12) 在易燃、易爆和特别潮湿的场所，开关应分别采用防爆型、密闭型，或安装在其他处所控制。

2. 开关安装方法

(1) 开关在一般场所安装方法（图 16.2-4）

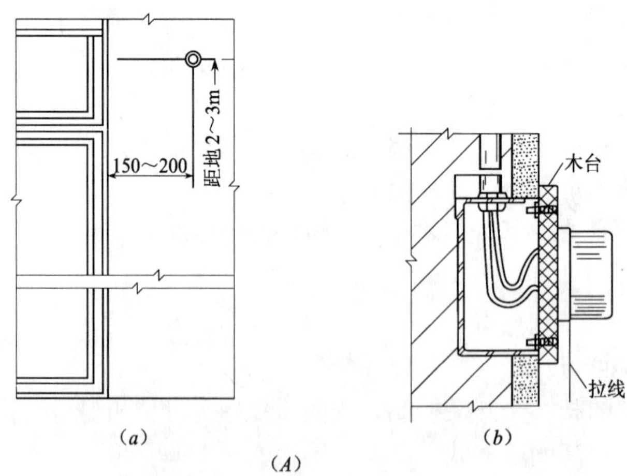

图 16.2-4 开关安装方法（一）

(A) 拉线开关

(a) 安装位置；(b) 安装方法

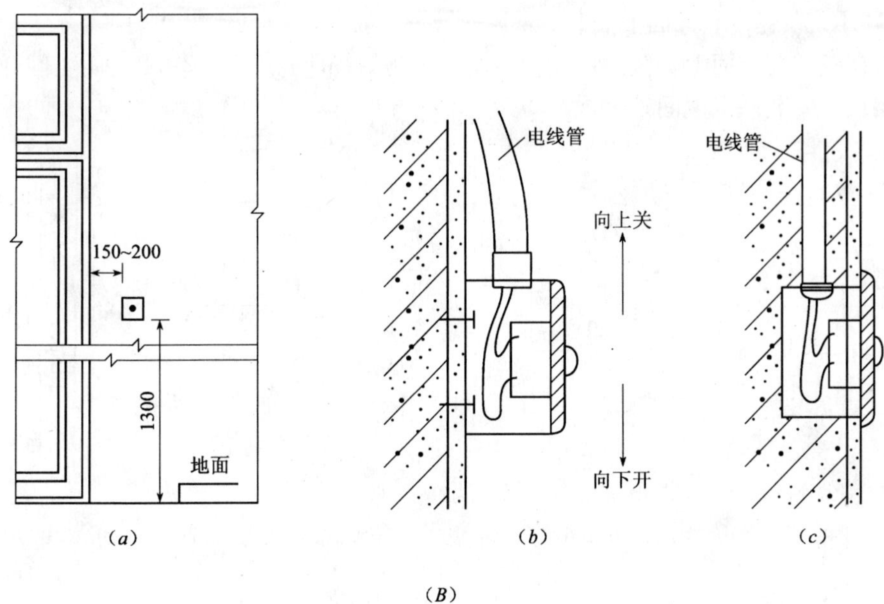

图 16.2-4 开关安装方法（二）
（B）跷板开关
（a）安装位置；（b）明装开关；（c）暗装开关

（2）开关在木装饰表面安装方法

在木装饰表面安装开关、插座时，若自带螺钉长度不够，可按图示尺寸开孔，然后用自攻螺钉将开关、插座固定在装饰面上。在三合板上开孔安装时，板后螺钉位置要加衬板（图 16.2-5、表 16.2-1）。

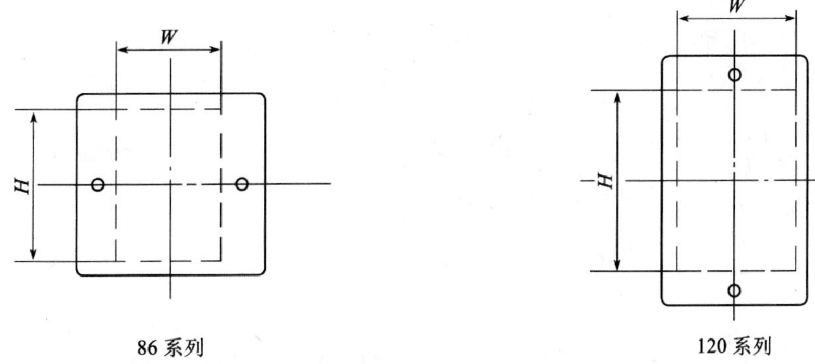

图 16.2-5 开关在木装饰表面安装方法

木板开孔尺寸表（mm） **表 16.2-1**

系 列	*H*	*W*
86 系列	75	50
120 系列（单联）	65	55
120 系列（双联）	65	102

（3）开关在瓷砖装饰面上安装方法

开关在瓷砖装饰面上安装适应于卫生间、厨房等场所（图 16.2-6），卫生间开关应加装防溅盖板或安装在卫生间外。

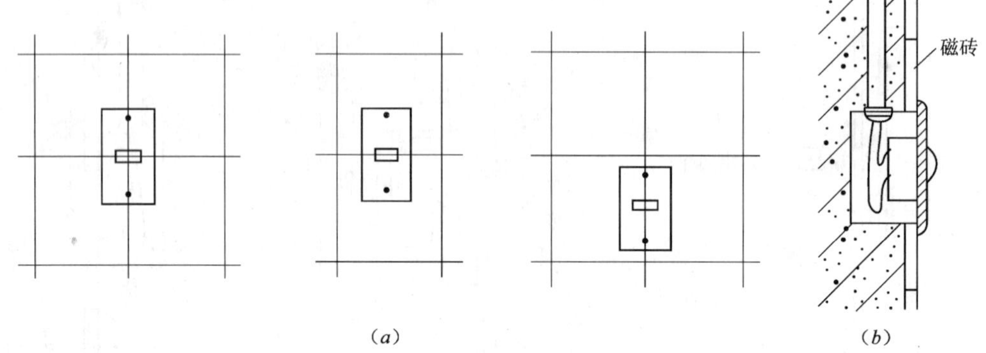

图 16.2-6 开关在瓷砖装饰面上安装方法
（a）布置示意图；（b）安装方法

16.2.3 插座安装方法

根据设计要求，在有间隔墙、混凝土柱的办公室、通道及其他功能用房内，插座暗装于 0.3m 高或踢脚线上；在无间隔墙、混凝土柱的办公室、通道及大面积场所，采用地面插座，安装时应密切配合土建地面装修工程，确保插座顶部与地面装修完成面平齐；卫生间插座应选用防溅水型插座。在公共场所的插座须采用安全型插座。

1. 插座安装一般要求

（1）插座等用电设备须经过电流式漏电保护器连接到用电设备进行保护。

（2）插座盒一般应在距室内地坪 0.3m 处（图 16.2-7），特殊场所暗装的高度应不小于 0.15m，潮湿场所采用密封型并带保护地线的保护型插座，安装高度不低于 1.5m。

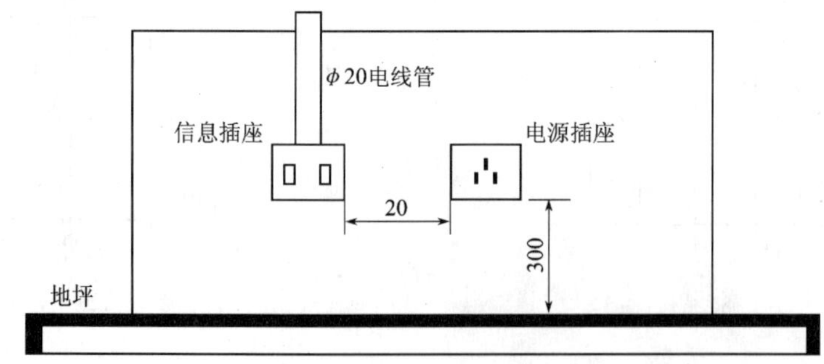

图 16.2-7 一般插座安装高度

（3）车间及试（实）验室的插座安装高度距地面不小于 0.3m；特殊场所暗装的插不小于 0.15m；同一室内插座安装高度一致。

（4）在托儿所、幼儿园等小孩易触的场所，插座高度应不低于 1.8m；

（5）同一室内安装的插座高低差不应大于 5mm；成排安装的插座高低差不应大于 1mm；

（6）暗装的插座应有专用盒，盖板应端正严密并与墙面平；

（7）暗装的插座紧贴墙面，四周无缝隙，安装牢固，表面光滑整洁、无碎裂、划伤，孔塞盖齐全。

（8）地面插座应有保护盖板，插座面板与地面平齐或紧贴地面，盖板固定牢固，密封良好。

（9）带保护门插座可防止异物插入，当拔出插头时保护门自动关闭，保证安全。距地面高度 1.8m 以下安装插座时应当采用。

（10）当交流、直流或不同电压等级的插座安装在同一场所时，应有明显的区别，且必须选择不同结构、不同规格和不能互换的插座；配套的插头应按交流、直流或不同电压等级区别使用，均不能互相代用。

2. 插座接线

插座的相线、零线及地线压接应正确。多灯房间开关与控制灯具顺序应仔细分清各路灯具的导线，依次压接，并保证开关方向一致。

（1）单相两孔插座，面对插座的右孔或上孔与火（L 相）线连接，左孔或下孔与零（N 中性）线连接（图 16.2-8）。对于带保护门两极插座，只有在插头的插销同时插入，才能打开保护门。

（2）单相三孔插座，面对插座的右孔与火（L 相）线接连，左孔与零（N 中性）线连接；接地线应接在上孔，插座的接地端子不应与零线端子直接连接。在插座接线位置上“⏚”（PE 地线）、“N”、“L”均有相应标志（图 16.2-9）。

带保护门插座可防止异物插入，对于两极带保护门插座，只有当接地插销“PE”先驱动保护门时，“N”、“L”插销才能顺利插入插座。

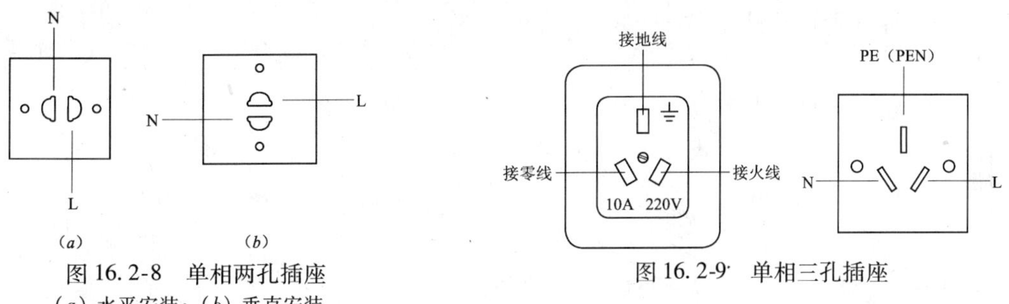

图 16.2-8 单相两孔插座
（a）水平安装；（b）垂直安装

图 16.2-9 单相三孔插座

（3）单相方孔插座安装（图 16.2-10）

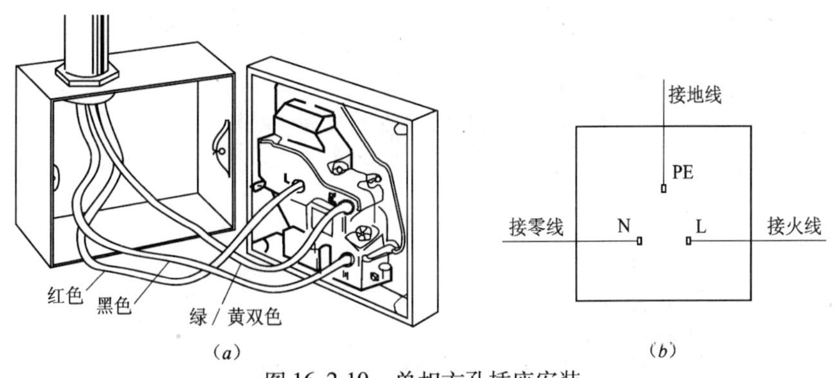

图 16.2-10 单相方孔插座安装
（a）安装方法；（b）接线图

（4）单相三孔、三相四孔及三相五孔插座接地（PE）或接零（PEN）线接在上孔。插座的接地（PE）端子或零线（PEN）端子不串联连接（图 16.2-11）。同一场所的三相插座，接线的相序一致。

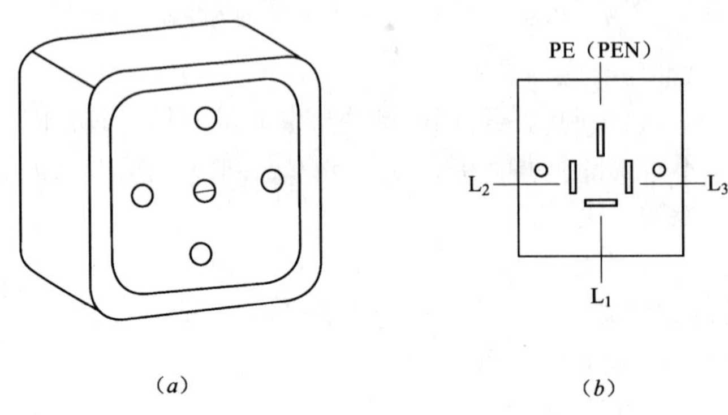

图 16.2-11　三相四孔插座

（a）样式；（b）接线方法

3. 特殊情况下插座安装

（1）当插座有触电危险家用电器的电源时，采用能断开电源的带开关插座，开关断开相线。

（2）潮湿场所采用密封型，并带保护地线触头的保护型插座，安装高度不低于 1.5m。

（3）在厨房内设置供排油烟机使用的插座应安装在煤气台板的侧上方（图 16.2-12），可以防止与煤气管道及排油烟机碰撞。

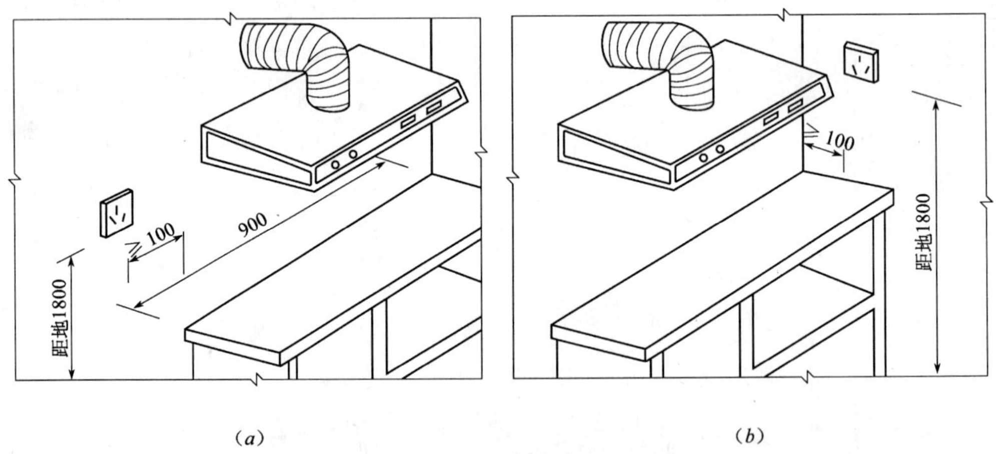

图 16.2-12　排油烟机插座安装位置图

（a）位置一；（b）位置二

17 照明灯具安装

照明是人们生活和工作中不可缺少的条件，良好的照明有利于人们的身心健康，保护视力。照明又能对建筑进行装饰，发挥和表现建筑环境的美感，因此，照明已成为现代建筑中重要的组成部分之一。本章主要介绍了照明基础知识、灯具的安装方法等。

本章相关标准规范：

(1)《建筑电气工程施工质量验收规范》GB 50303—2002。

(2)《住宅设计规范》(2003 年版) GB 50096—1999。

(3)《民用建筑电气设计规范》JGJ 16—2008。

(4)《建筑照明设计标准》GB 50034—2004。

(5)《建筑采光设计标准》GB 50033—2001。

(6)《霓虹灯安装规范》GB 19653—2005。

(7)《灯具一般安全要求与试验》GB 7000.1—2002。

17.1 照明基础知识

为更好地理解电气照明，必须掌握照明技术的一些基本概念，本节介绍了照明的一些基础知识。

17.1.1 常用光学物理量

光是能引起视觉的辐射能，它以电磁波的形式在空间传播。光的波长一般在 380～780nm 范围内，不同波长的光给人的颜色感觉不同。描述光的量有两类：一类是以电磁波或光的能量作为评价基准来计量，通常称为辐射量；另一类是以人眼的视觉效果作为基准来计量，通常称为光度量。在照明技术中，常常采用后者，因为采用以视觉强度为基础的光度量较为方便。

1. 光通量（Φ）

是指光源在单位时间内，向空间辐射出的使人产生光感觉的能量称为光通量，以字母“Φ”表示，单位为流明（lm），是表征光源特性的光度量。

2. 光强度（I_a）

简称光强，是指单位立体角内的光通量，以符号 I_a 表示，是表征光源发光能力大小的物理量。光强度的单位为坎德拉（cd），他是国际单位制中的基本单位。

3. 照度（E）

被照表面单位面积上接收到的光通量称为照度，用 E 表示，单位为勒克斯（lx），是表征表面照明条件特征的光度量。

1 勒克斯相当于每平方米面积上，均匀分布 1 流明的光通量的表面照度，所以，可以用 1m/m^2 为单位，是被照面的光通密度。

1 勒克斯照度量是比较小的，在这样的照度下，人们仅能勉强地辨识周围的物体的轮廓，要区分细小的物体是困难的。为对照度有一些感性认识，现举例如下：

（1）晴天的阳光直射下照度为 10000 勒克斯（lx），晴天室内照度为 100～500 勒克斯

(lx)，多云白天的室外照度为1000～10000勒克斯（lx）；

（2）满月晴空的月光下照度约为0.2勒克斯（lx）；

（3）在40W白炽灯下1m远处的照度为30勒克斯（lx），加搪瓷罩后增加照度为73勒克斯（lx）；

（4）照度为5～10勒克斯（lx），看一般书籍比较困难，阅览室和办公室的照度一般要求不低于150勒克斯（lx）。

（5）视觉工作对应的照度范围值（表17.1-1）

视觉工作对应的照度范围值 **表17.1-1**

视觉工作性质	照度范围（lx）	区域或活动类型	适用场所示例
简单视觉工作	≤20	室外交通区，判别方向和巡视	室外道路
	30～75	室外工作区、室内交通区，简单识别物体表征	客房、卧室、走廊、库房
一般视觉工作	100～200	非连续工作的场所（大对比大尺寸的视觉作业）	病房、起居室、候机厅
	200～500	连续视觉工作的场所（大对比小尺寸和小对比大尺寸的视觉作业）	办公室、教室、商场
	300～750	需集中注意力的视觉工作（小对比小尺寸的视觉作业）	营业厅、阅览室、绘图室
特殊视觉工作	750～1500	较困难的远距离视觉工作	一般体育场馆
	1000～2000	精细的视觉工作、快速移动的视觉对象	乒乓球、羽毛球
	≥2000	精密的视觉工作、快速移动的小尺寸视觉对象	手术台、拳击台、赛道终点区

4. 光源效率

光源效率是以其所发出的光通量除以其耗电量所得的比值来表示。

光源效率(lm/W)=流明(lm)/耗电量(W)

也就是每一瓦电力所发出光的量，其数值越高表示光源的效率越高。所以对于使用时间较长之场所，如办公室、走廊、隧道等，光源效率通常是一个重要的考虑因素。

17.1.2 照明质量指标

1. 色温度（K）

色温度是以绝对温度K（kelvin）来表示，乃是将一标准黑体（例如铁）加热，温度升高至某一程度时颜色开始由红→浅红→橙黄→白→浅蓝→蓝，逐渐改变，利用这种光色变化的特性，某光源的光色与黑体在某一温度下呈现的光色相同时，我们将黑体当时的绝对温度称为该光源的色温度。

色温度在3000K以下，光色就开始有偏红的现象，给人一种温暖的感觉。色温度超过5000K，颜色则偏向蓝色，给人一种清冷的感觉。通常亚热带的人较喜欢4000K以上，而寒带的人较喜欢4000K以下的色温度。不同光源的色温度见表17.1-2。

不同光源的色温度 表 17.1-2

色表分组	色表特征	相关色温（K）	适 用 场 所 举 例
Ⅰ	暖	<3300	客房、卧室、病房、酒吧、餐厅
Ⅱ	中间	3300～5300	办公室、教室、阅览室、诊室、检验室、机加工车间、仪表装配
Ⅲ	冷	>5300	热加工车间、高照度场所

（1）暖色光

暖色光的色温在3300K以下，暖色光与白炽灯相近，红光成分较多，能给人以温暖、健康、舒适的感觉。适用于家庭、住宅、宿舍、宾馆等场所或温度比较低的地方。

（2）冷白色光

又叫中性色，它的色温在3300～5300K之间，中性色由于光线柔和，使人有愉快、舒适、安详的感觉．适用于商店、医院、办公室、饭店、餐厅，候车室等场所。

（3）冷色光

又叫日光色，它的色温在5300K以上，光源接近自然光，有明亮的感觉，使人精力集中，适用于办公室、会议室、教室、绘图室、设计室、图书馆的阅览室、展览橱窗等场所。

2. 显色性（Ra）

光源对物体颜色呈现的程度称为显色性，也就是颜色逼真的程度，显色性高光源的颜色的再现较好，我们所看到的颜色也就较接近自然原色，显色性低的光源对颜色的再现较差，我们所看到的颜色偏差也较大。为何会有显色性高低的情形发生哪？其关键在于该光线的分光特性，可见光的波长在380～780nm范围内，也就是我们在光谱中见到的红、橙、黄、绿、蓝、青、紫的范围，如果所放射的光之中所含的各色光的比例和自然光相近，则我们眼睛所看到的颜色也就较为逼真。再好的装潢、摆设、艺术品、衣服等也会因选择不对的光源而失色。

3. 眩光

眩光是由于视野中的亮度分布或亮度范围不合适，或存在极端的对比，以致引起不舒适感觉或降低观察细部或目标能力的视觉现象。眩光对视力的损害极大，会使人产生晕眩，甚至造成事故。眩光可分成直接眩光和反射眩光两种。直接眩光是指在观察方向上或附近存在亮的发光体所引起的眩光。反射眩光是指在观察方向上或附近由亮的发光体的镜面反射所引起的眩光。在建筑照明设计中，应注意限制各种眩光，通常采取下列措施：

（1）限制光源的亮度，降低灯具的表面亮度。如采用磨砂玻璃、漫射玻璃或格栅。

（2）局部照明的灯具应采用不透明的反射罩，且灯具的保护角（或遮光角）大于等于30°；若灯具的安装高度低于工作者的水平视线时，保护角应限制在10°～30°之间。

（3）选择合适的灯具悬挂高度。

（4）采用各种玻璃水晶灯，可以大大减小眩光，而且使整个环境显得富丽豪华。

（5）1000W金属卤化物灯有紫外线防护措施时，悬挂高度可适当降低。

（6）灯具安装选用合理的距高比。

4. 照度的稳定性

为提高照明的稳定性，从照明供电方面考虑，可采取以下措施：

（1）照明供电线路与负荷经常变化大的电力线路分开，必要时可采用稳压措施。

（2）灯具安装注意避开工业气流或自然气流引起的摆动。吊挂长度超过1.5m的灯具宜采用管吊式。

（3）被照物体处于转动状态的场合，需避免频闪效应。

17.1.3 其他名词解释

1. 平均寿命

指一批灯至50%的数量损坏时的小时数，单位为小时（h）。

2. 经济寿命

在同时考虑灯泡的损坏以及光束输出衰减的状况下，其综合光束输出减至特定的小时数。室外的光源为70%，室内的光源为80%，单位为小时（h）。

3. 绿色照明

通过科学的照明设计，采用效率高、寿命长、安全和性能稳定的照明电器产品，最终达到高效、舒适、安全、经济、有益于环境和改善人们身心健康，并体现现代化文明的照明系统。

17.2 常见光源及灯具介绍

17.2.1 常见光源介绍

1. 常见光源分类

在照明工程中使用的各种各样电光源，按其工作原理可分为两大类：一类是热辐射光源，如白炽灯、卤钨灯等；另一类是气体放电光源，如荧光灯、高压汞灯、高压钠灯等，常见光源分类见图17.2-1。

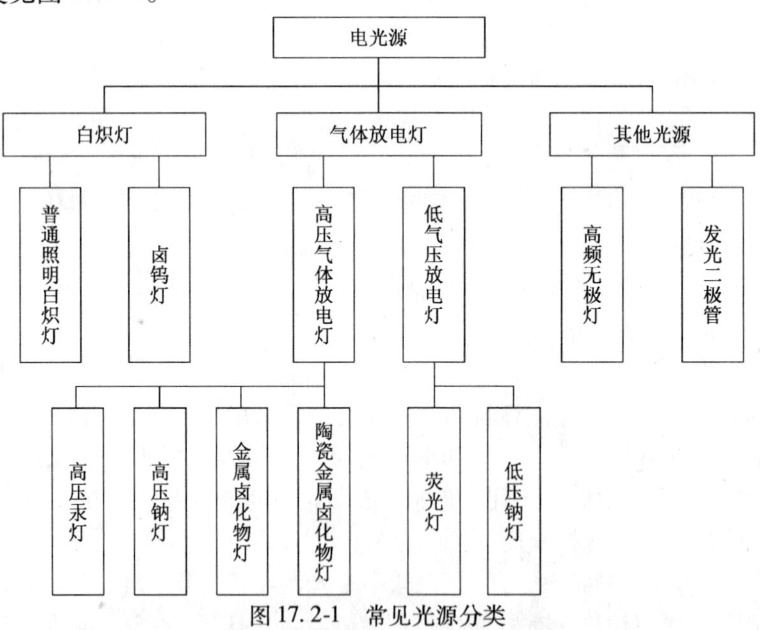

图17.2-1 常见光源分类

一般白炽灯是黄色光，在家庭有一种温暖的气氛；荧光灯是青白色，有一种冷的清洁气氛；卤钨灯光线有透明感，有一种立体感的气氛。

2. 常见光源主要性能

常见光源主要技术指标及应用见表17.2-1。

常见光源主要技术指标及应用 **表 17.2-1**

光源种类			功率（W）	光效（lm/W）	显色指数	色温（K）	额定寿命（h）	色温一致性	耐震性能	应用
钨丝灯	普通白炽灯[①]		15～200	7～14	>90	<3300	≥1000	较好	差	矮柱灯、装饰灯、信号灯
钨丝灯	彩色装饰灯泡[②]		—	—	—	—	≥1000	—	较差	装饰照明
钨丝灯	管型卤钨灯[①]		100～2000	12～20	>90	<3300	1000～1500	较好	差	重点照明
钨丝灯	低压卤钨灯[②]		5～100	12～18	>90	<3300	≥2000	较好	较差	普通照明、定向照明
荧光灯	双端	工频	15～125	40～80	>82	2700～6500	7000～8000	好	较好	标志、安装在墙上及建筑物顶棚的灯具内、内透光照明
荧光灯	双端	高频	14～80	75～100	>82	2700～6500	8000～10000	好	较好	
荧光灯	单端		5～40	44～72	>80	2700～6500	≥6000	好	较好	标志、安装在墙上和杆顶的灯具内、轮廓照明
荧光灯	自镇流		5～60	40～60	>80	2700～6500	≥6000	好	较好	
荧光灯	无极灯		23～200	70～82	80	2700～6400	60000～100000	较好	较好	场地照明、道路照明隧道照明
荧光灯	紫外灯[②]		4～36	—	—	—	≥4000	较好	较好	装饰照明、激发荧光涂料
荧光灯	冷阴极灯		12～30	40～60	>80	2700～10000	≥20000	较好	较好	桥梁、建筑物轮廓装饰照明、广告灯箱、标牌照明
白光 LED			<5（单频）	<30	70～80	>6000	≥60000	一般	好	装饰、轮廓照明、紧急出口标志
彩色 LED			<5（单频）	—	—	—	≥60000	好	好	装饰照明
霓虹灯			—	—	—	—	≥8000	较好	较好	装饰、轮廓照明
镁钠灯[②]			10～34W/m	—	—	—	≥2000	较好	较好	装饰、轮廓照明
EL			—	—	—	—	2000 左右	较好	好	导向、标志

续表

光源种类		功率（W）	光效（lm/W）	显色指数	色温（K）	额定寿命（h）	色温一致性	耐震性能	应用
高压钠灯	高显色	150~400	44~55	85	2500	≥8000	好	好	场地及建筑物泛光照明
	中显色	150~400	70~80	≤60	2170	10000~12000	好	好	场地及建筑物泛光照明
	普通	50~1000	64~120	<40	1950	12000~18000	好	好	场地及建筑物泛光照明、矮柱灯、道路照明、杆顶照明
低压钠灯		18~180	68~155	—	—	≥7000	好	较差	道路照明、隧道照明
金属卤化物灯	钠铊铟涂粉玻璃	250~400	65~75	68	4300	≥10000	一般	好	场地及建筑物泛光照明
	钪—钠透明玻壳	175~1000	80~110	65	4000	≥10000	一般	好	场地及建筑物泛光照明
	直管透明玻壳	250~2000	65~90	65	4500	≥10000	一般	好	场地及建筑物泛光照明、小功率重点照明
	陶瓷金卤灯	20~400	90~95	80~85	3000,4200	9000~15000	好	好	场地及建筑物泛光照明、小功率重点照明
	镝灯② 彩色②	125~3500 150~400	55~75	75	5000~7000	1500~5000 <5000	一般 一般	好 好	场地及建筑物泛光照明、泛光、装饰照明
高压汞灯	透明玻壳	80~400	39~42	<40	>5500	≥7000	好	好	树木和蓝/绿特征的泛光照明、建筑物泛光照明
	涂粉玻壳	50~1000	30~55	40~60	3300~5500	4000~12000	较好	好	场地及建筑物泛光照明、小功率重点照明
	反射照②	50~400	28~46	40~60	3300~5500	≥7000	较好	好	场地照明、矮灯柱、杆顶灯具、墙面托架灯具

① 的光源在夜景照明工程中不应采用；
② 的光源在夜景照明工程中慎重采用。

3. 光源种类的代号（表 17.2-2）

光源种类的代号 **表 17.2-2**

序　号	光源种类	代　号	序　号	光源种类	代　号
1	氖灯	Ne	7	电发光灯	EL
2	氙灯	Xe	8	弧光灯	ARC
3	钠灯	Na	9	荧光灯	FL
4	汞灯	Hg	10	红外线灯	IR
5	碘钨灯	I	11	紫外线灯	UV
6	白炽灯	IN	12	发光二极管	LED

4. 灯具型号的标注方式（表 17.2-3）

灯具型号的标注方式 **表 17.2-3**

序　号	名　　称			型号的组成		
				1	2	3
1	热辐射光源	普通	一般照明灯 反射型照明灯 重点照明灯 装饰照明灯	PZ PZF JZ ZS	额定电压（V）	额定功率（W）
		交通	铁路信号灯 船用照明灯 船用指示灯 飞机灯 跑道灯	TX CY CZ FJ PD		
		影视	聚光灯 摄影灯 幻灯	JG SY HD		
		其他	红外线灯 无影灯 小型指示灯 水下灯 管形照明卤钨灯	HW WY XZ SX LZG		
2	气体放电光源	低压汞灯	直管形荧光灯 U 形荧光灯 环形荧光灯 自镇流荧光灯	YZ YU YH YZZ	额定功率（W）	颜色特征 RR 日光色 RL 冷白色 RN 暖白色
			黑光荧光灯 紫外线灯 直管形石英紫外线低压汞灯 U 形石英紫外线低压汞灯 白炽荧光灯	YHG ZW ZSZ ZSU ZY		结构形式的顺序号
		高压汞灯	高压汞灯 荧光高压汞灯 自镇流荧光高压汞灯 反射型高压汞灯 反射型荧光高压汞灯	GG GGY GYZ GGF GYF	额定功率（W）	—

续表

序号	名称			型号的组成		
				1	2	3
2	气体放电光源	氙灯	管形氙灯 管形水冷氙灯	XG XSG	额定功率（W）	结构形式的顺序号
		钠灯	低压钠灯 高压钠灯	ND NG		—
		金属卤化物灯	管形镝灯	DDG		—

5. 灯具防护等级说明

IP防护等级系统是由IEC所起草。IP防护等级是由两个数字所组成，第一个数字表示灯具防尘、防止外物侵入的等级，第二个数字表示灯具防湿汽、防水浸入的密闭程度，数字越大表示防护等级越高。具体说明见17.2-4。

灯具防护等级说明 **表17.2-4**

第一位特征数字	防护等级		适用灯具
	说明	含义	
0	无防护	没有特殊防护	普通灯具
1	防大于50mm的固体异物	防大于50mm的固体异物进入，能防止人手无意识进入	防固体异物灯具
2	防大于12mm的固体异物	防大于12mm的固体异物进入，能防止手指进入	防固体异物灯具
3	防大于2.5mm的固体异物	能防止直径大于2.5mm的固体异物进入，如防止直径大于2.5mm的工具电线进入	防固体异物灯具
4	防大于1mm的固体异物	能防止直径大于1mm的固体异物进入，如防止直径大于1mm的工具电线进入	防固体异物灯具
5	防尘	不能完全防止尘埃进入，但进入量不能达到妨碍设备正常运转的程度	室外投光灯、防尘灯
6	尘密	无尘埃进入	室外投光灯、尘密型灯具
第二位特征数字	**防护等级**		**适用灯具**
	说明	含义	
0	无防护	没有特殊防护	普通灯具
1	防滴水	防垂直滴水	防滴水灯具
2	15°防滴水	垂线成15°范围内的滴水无有害影响	防滴水灯具
3	防淋水	垂线成60°范围内的滴水无有害影响	防淋水灯具

续表

第二位特征数字	防护等级		适用灯具
	说明	含义	
4	防溅水	任何方向的溅水无有害影响	防溅水灯具
5	防喷水	任何方向的喷水无有害影响	防喷水灯具
6	防海浪或强力喷水	猛烈海浪或强力喷水无有害影响	防强喷灯具、海岸边防水灯具
7	防浸水	在规定的压力和时间下浸在水中，进水量无有害影响	水密型灯具
8	防潜水	在规定的压力下长时间浸在水中而不受影响	压力水密型灯具、水下灯具

17.2.2 白炽灯

白炽灯是最早出现的光源，它是利用电流流过钨丝形成白炽体的高温热辐射发光。白炽灯有构造简单、使用方便，能瞬间点燃、无频闪现象、显色性能好、价格便宜、应用方便等特点，拥有各种功率和外形，但因热辐射中只有百分之几到十几为可见光，故发光效率低，一般为7～19lm/W。由于钨丝存在有蒸发现象，故寿命较短，平均寿命为1000h，抗振性能低。

1. 白炽灯结构

普通白炽灯结构如图17.2-2所示。白炽灯的灯头有螺口式和卡口式两种。它由螺旋灯丝（钨丝）、支架、引线、泡壳和灯头等部分组成。钨丝两端由导线引出，焊在灯头上，为了减少钨丝的蒸发，在灯泡内充入了一些惰性气体，如充氮或氩、氖、氙气等。充气后，由于惰性气体分子与蒸发出来的钨原子碰撞，使一部分钨原子回到灯丝上，有效地减少了钨丝的蒸发。但充入惰性气体后，由于气体的热传导而要损失一部分灯丝的热量，为了减少由于气体热传导的损失，就要减少灯丝和气体接触的面积，所以采用螺旋状或双螺旋状的灯丝。

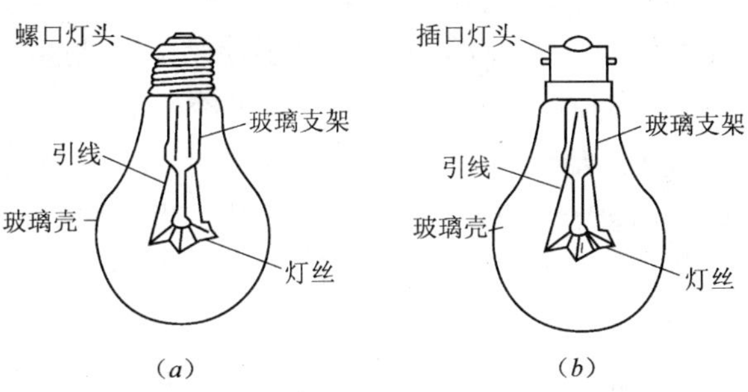

图17.2-2 白炽灯的结构

(a) 螺口灯泡；(b) 卡口灯泡

白炽灯用途很广，除普通白炽灯外，还有磨砂灯、漫射灯、反射灯、装饰灯、水下灯、局部照明灯等，其形状也有多种，如图 17.2-3。

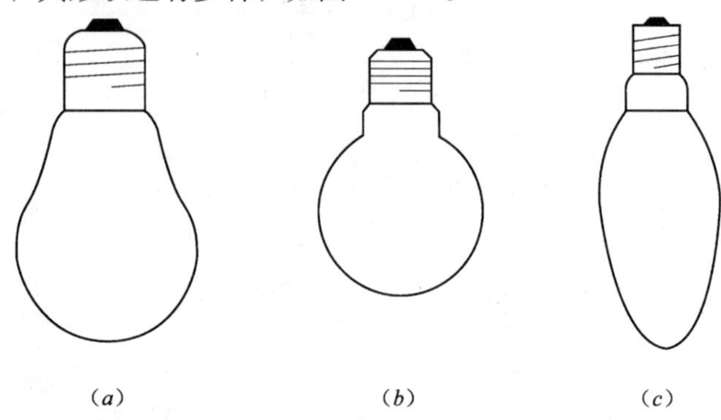

(a)　(b)　(c)

图 17.2-3　白炽灯外形
(a) 一般型；(b) 球型；(c) 椒型

2. 白炽灯使用时注意事项

(1) 应按额定电压使用白炽灯，因为电压的变化对白炽灯的寿命和光效影响较大。如电压高出其额定电压值 5% 时，白炽灯的寿命将缩短 50%，故电源电压偏移不宜大于 ±2.5%。

(2) 白炽灯的钨丝冷态电阻比热态电阻小得多，所以白炽灯点燃时电流约为额定值的 6 倍以上。

(3) 白炽灯发热的玻璃壳表面温度较高，其温度近似值见表 17.2-5 所示，故应注意安全。装有白炽灯泡的吸顶灯具，灯泡不应紧贴灯罩；当灯泡与绝缘台间距离小于 5mm 时，灯泡与绝缘台间应采取隔热措施。

白炽灯玻璃壳表面温度近似值表　　**表 17.2-5**

额定功率 (W)	15	25	40	60	100	150	200	300	500
玻璃壳表面温度 (℃)	42	64	94	111	120	151	147.5	131	178

(4) 一般台灯宜用 25W 灯泡，最大也不宜超过 40W，因为局部过亮会刺伤人眼。

(5) 如果要用较大的灯泡，如 100W 以上，则要使用陶瓷灯座的灯具，不能使用一般电木制灯座，以防止温度过高损坏灯座。

(6) 吊灯、吸顶灯的灯具要有可靠的通风，不宜使用密闭的灯具。因密闭的灯具里空间狭小，灯泡产生的热量不能及时散发，会使灯具过热，也会缩短灯泡的使用寿命。

(7) 旋入灯泡时，先断电，再旋入，不可用力旋得太紧。如果长期旋到底，会使灯座内的弹簧触点失去弹性。

(8) 旋下灯泡时，也应先断电待冷却后再旋下。不可用潮湿的手去旋灯泡。

(9) 灯泡上要防止溅水。正点燃的灯泡溅上水会炸裂，未点燃的灯泡溅水也有可能造成漏电。

(10) 白炽灯具不能接近可燃物，如纸张、棉布等，防止受热起火。

17.2.3 荧光灯

荧光灯是一种低压汞蒸气弧光放电灯。它是利用汞蒸气在外加电压的作用下产生弧光放电时发出大量的紫外线和少许的可见光，再靠紫外线激励涂覆在灯管内壁的荧光粉，从而再发出可见光来。由于荧光粉的配料不同，发出可见光的光色也不同。荧光灯与白炽灯同样具有结构简单、使用方便等特点，而且荧光灯还有发光效率高的优点，因此，荧光灯也是应用及普遍的一种照明灯具。

1. 荧光灯组成

荧光灯灯具主要由灯管、起辉器、镇流器、灯座、灯架等组成（图 17.2-4）。

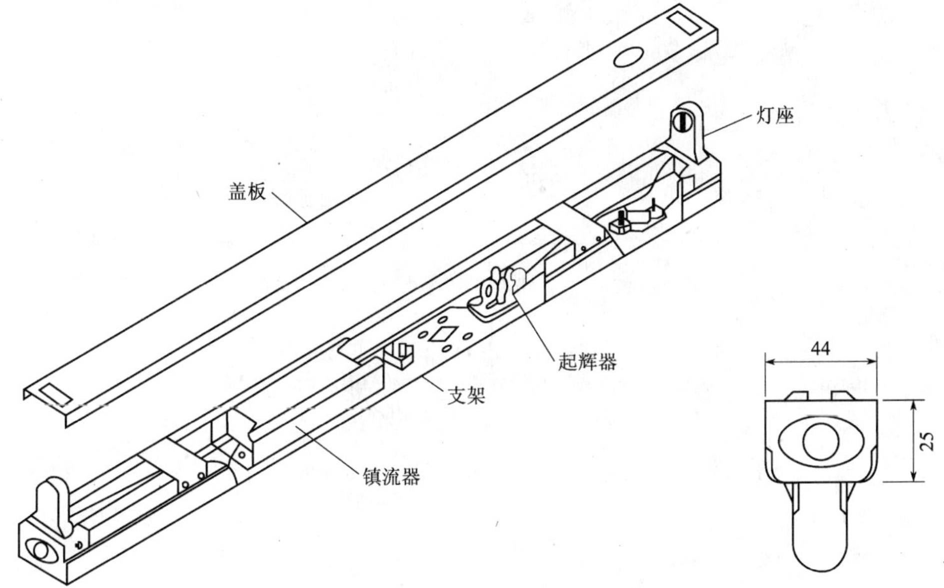

图 17.2-4 荧光灯灯具组成图

（1）灯管

常见荧光灯管由玻璃管、灯丝、灯头、灯脚等组成，如图 17.2-5 所示。玻璃管内抽成真空后充入少量汞（水银）和氩等惰性气体，管壁涂有荧光粉，管的两端分别装有可供短时间点燃的钨丝，在灯丝上涂有电子粉，在荧光灯正常工作时又作为电极用。

荧光灯灯管常用规格有 6W、8W、12W、15W、（18W）20W、30W 及（36W）40W 等。灯管外形除直线形外，也有制成环形或 U 形等。

（2）起辉器

起辉器由氖泡、纸介质电容器、出线脚、外壳及起辉器座等组成（图 17.2-6）。氖泡内有∩形动触片和静触片，常用起辉器规格有 4～8W、15～20W、30～40W，还有通用型 4～40W 等。起辉器座由塑料或胶木制成。

（3）镇流器

电感镇流器主要由铁芯和线圈等组成，如图 17.2-7 所示。使用时镇流器的功率必须与灯管的功率及起辉器的规格相符。目前电子镇流器也开始广泛应用，他由电子元器件组成，节电效果显著。

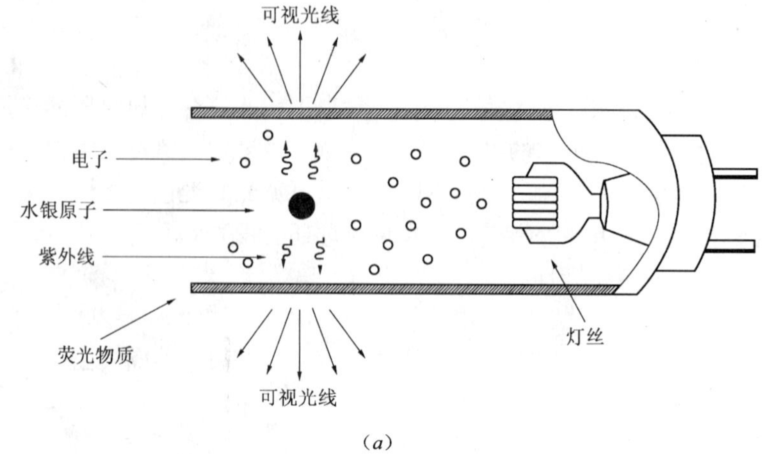

(a)

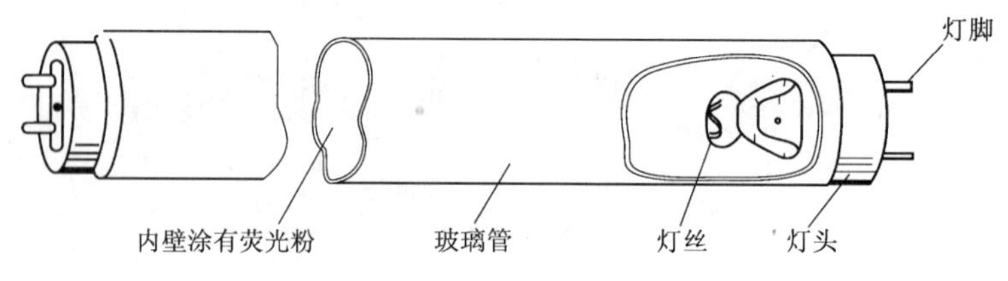

(b)

图 17.2-5 荧光灯管的结构

(a) 内部结构；(b) 荧光灯管

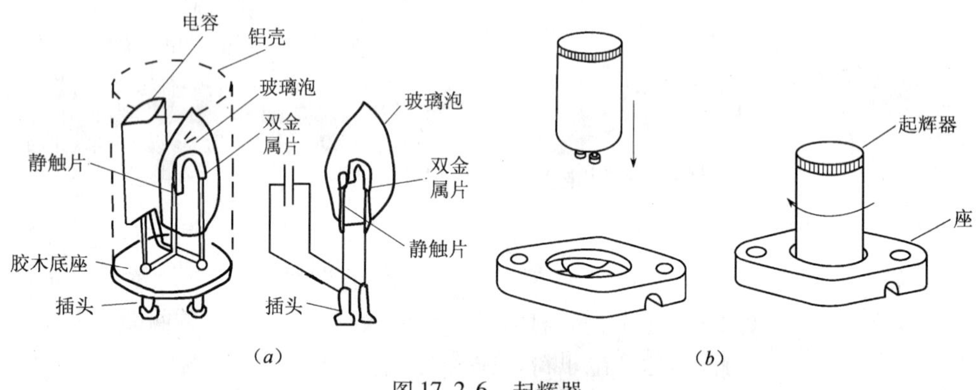

(a) (b)

图 17.2-6 起辉器

(a) 结构；(b) 安装方法

(4) 灯座

灯座有开启式（图 17.2-8）和弹簧式两种。灯座规格有小型的适用 6 ~ 12W 灯管使用。大型的适用 15W 及以上的灯管使用。

(5) 灯架

有木制和铁制两种，规格应与灯管相配合。

2. 荧光灯的工作原理

荧光灯接线如图 17.2-9 所示。其工作原理是闭合开关接通电源后，电源电压经镇流器、灯管两端的灯丝加在起辉器的∩形动触片和静触片之间，引起辉光放电。放电时产生的热量使得用双金属片制成的∩形动触片膨胀并向外伸展，与静触片接触，使灯丝预热并发射电子。在∩形动触片与静触片接触时，两者间电压为零而停止辉光放电，∩形动触片冷却收缩并复原而与静触片分离，在动、静触片断开瞬间在镇流器两端产生一个比电源电压高得多的感应电动势，这感应电动势与电源电压串联后加在灯管两端，使灯管内惰性气体被电离而引起弧光放电。随着灯管内温度升高，液态汞汽化游离，引起汞蒸气弧光放电而发生肉眼看不见的紫外线，紫外线激发灯管内壁的荧光粉后，发出近似日光的可见光。

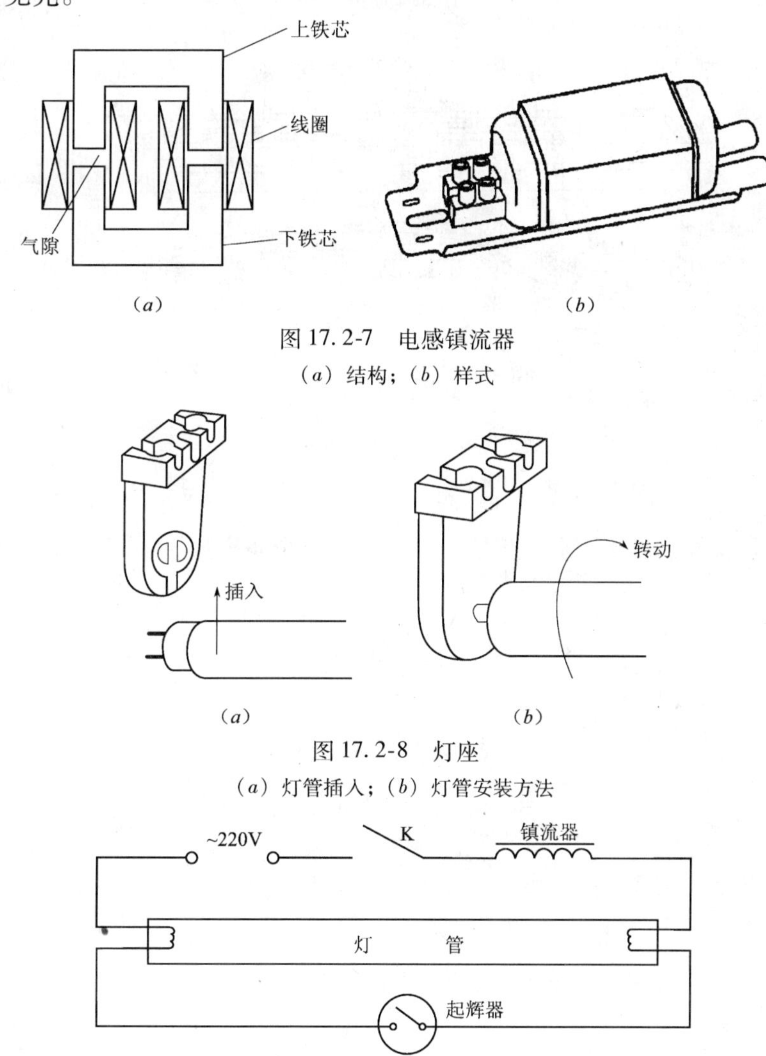

图 17.2-7 电感镇流器

(a) 结构；(b) 样式

图 17.2-8 灯座

(a) 灯管插入；(b) 灯管安装方法

图 17.2-9 荧光灯接线图

3. 荧光灯装配方法

荧光灯装配步骤如下（图 17.2-10）：

（1）用导线把起辉器座上的两个接线柱分别与两个灯座中的一个接线柱连接。

（2）把一个灯座中余下的一个接线柱与电源中性线连接，另一个灯座中余下的一个接线柱与镇流器的一个线头相连。

（3）镇流器的另一个线头与开关的一个接线柱连接。

（4）开关的另一个接线柱接电源相线。

（5）接线完毕后，把灯架安装好，旋上起辉器，插入灯管。

（6）安装荧光灯管时，要检查灯座是否正常，将灯脚准确对准插好，防止错位。安装错位不仅灯不能点燃，也会损坏灯座。

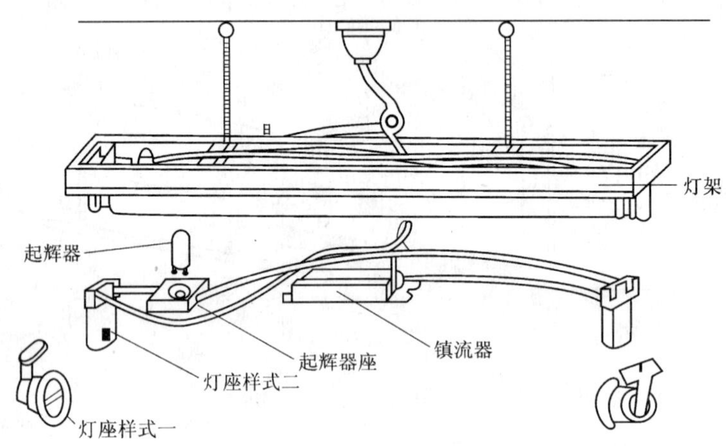

图 17.2-10 荧光灯装配方法

4. 常用荧光灯类型

常用荧光灯按保护类型可分为无罩、上防护罩、全防护罩等（图 17.2-11）。

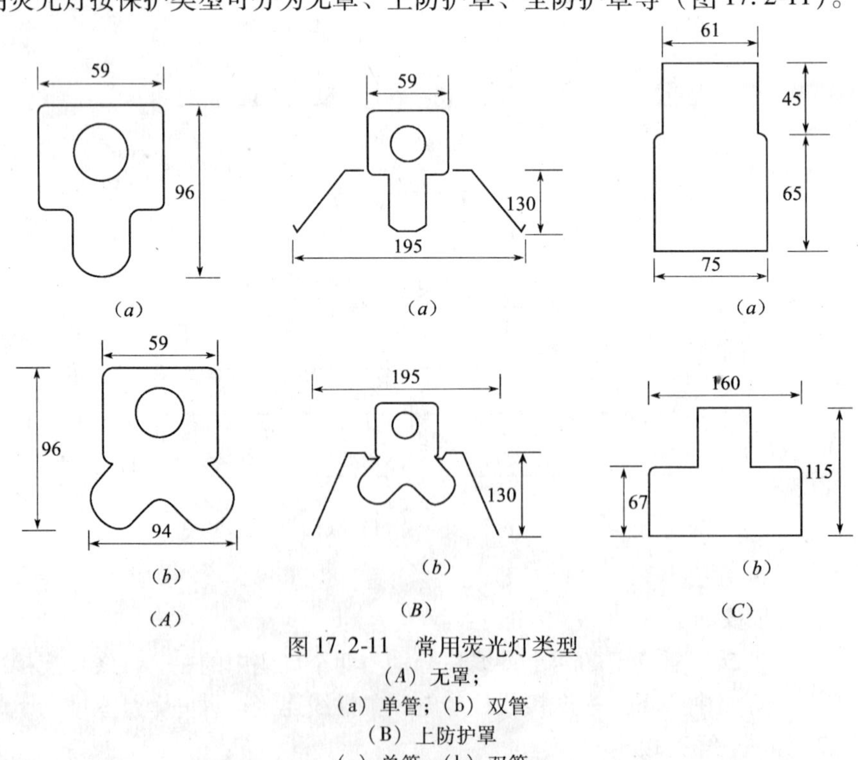

图 17.2-11 常用荧光灯类型

（A）无罩；

（a）单管；（b）双管

（B）上防护罩

（a）单管；（b）双管

（C）全防护罩

（a）单管；（b）双管

5. 常用荧光灯规格

（1）单管无罩荧光灯（图 17. 2. 12），其规格见表 17. 2-6。

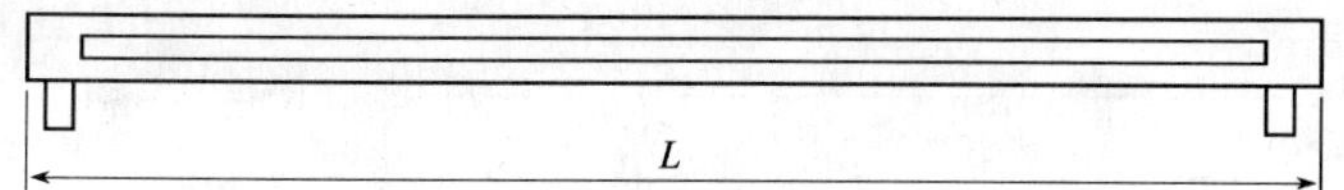

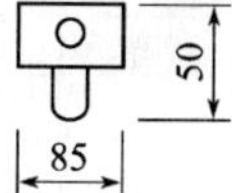

图 17. 2-12 单管无罩荧光灯

单管无罩荧光灯规格表 **表 17. 2-6**

灯 具 名 称	规 格 型 号	长度 *L*（mm）
1×20W 单管荧光灯	M7/1120	620
1×30W 单管荧光灯	M7/1130	925
1×40W 单管荧光灯	M7/1140	1230

（2）双管无罩荧光灯（图 17. 2-13），其规格见表 17. 2-7。

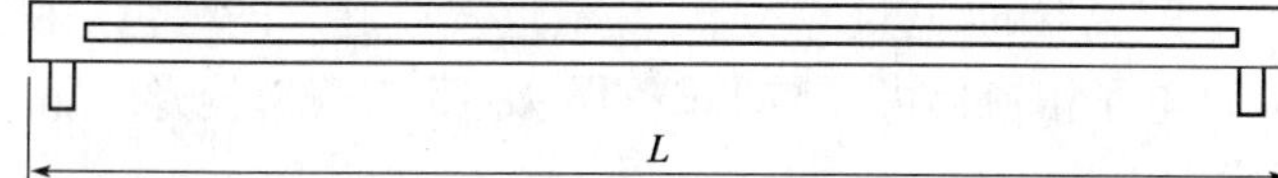

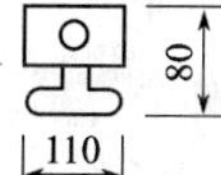

图 17. 2-13 双管无罩荧光灯

双管无罩荧光灯规格表 **表 17. 2-7**

灯 具 名 称	规 格 型 号	长度 *L*（mm）
2×20W 双管荧光灯	M7/1220	620
2×30W 双管荧光灯	M7/1230	925
2×40W 双管荧光灯	M7/1240	1230

（3）单管带上防护罩荧光灯（图 17. 2-14），其规格见表 17. 2-8。

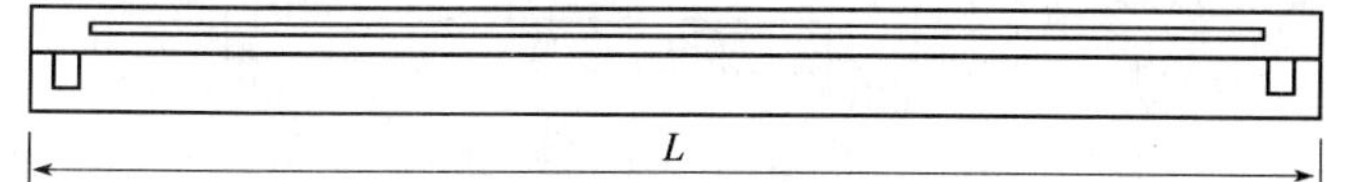

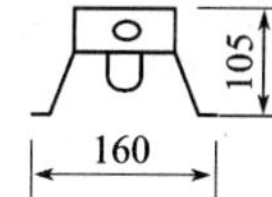

图 17. 2-14 单管带上防护罩荧光灯

单管带上防护罩荧光灯规格表 **表 17. 2-8**

灯 具 名 称	规 格 型 号	长度 *L*（mm）
1×20W 单管带罩荧光灯	M7/1120M	620
1×30W 单管带罩荧光灯	M7/1130M	925
1×40W 单管带罩荧光灯	M7/1140M	1230

（4）双管带上防护罩荧光灯（图 17.2-15），其规格见表 17.2-9。

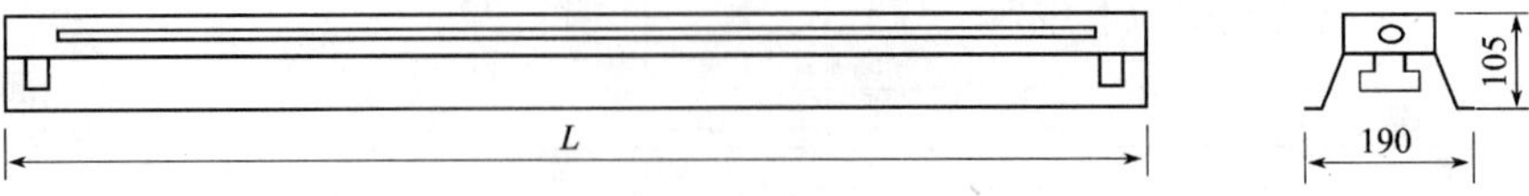

图 17.2-15 双管带上防护罩荧光灯

双管带上防护罩荧光灯规格表 **表 17.2-9**

灯具名称	规格型号	长度 L（mm）
1×20W 双管带罩荧光灯	M7/1220M	620
1×30W 双管带罩荧光灯	M7/1230M	925
1×40W 双管带罩荧光灯	M7/1240M	1230

6. 电子镇流器荧光灯

在照明领域，直管形荧光灯使用十分普遍，用电子镇流器取代电感镇流器整体效率不但可以节电 20% ~33% 左右，而且大大改善了低电压启动性能和频闪效应，改善了视觉环境，有利于保护视力。配有专用电子镇流器的细管径荧光灯是最近发展起来的绿色照明光源，也得到飞速发展。超高性能荧光灯电子镇流器可以与 T12、T8 及 T5 直管形荧光灯配套使用。

（1）电子镇流器的主要优点

1）快速点亮灯管而不会出现闪烁情况；

2）一个镇流器能驱动多支灯管；

3）由于灯管的操作电流低，灯管的使用寿命可延长；

4）无噪声；

5）热量产生少，夏天减轻对空调系统的负荷；

6）减少了因电压变动而令光束出现变化的现象；

7）重量轻。

（2）电子镇流器荧光灯电路图（图 17.2-16）

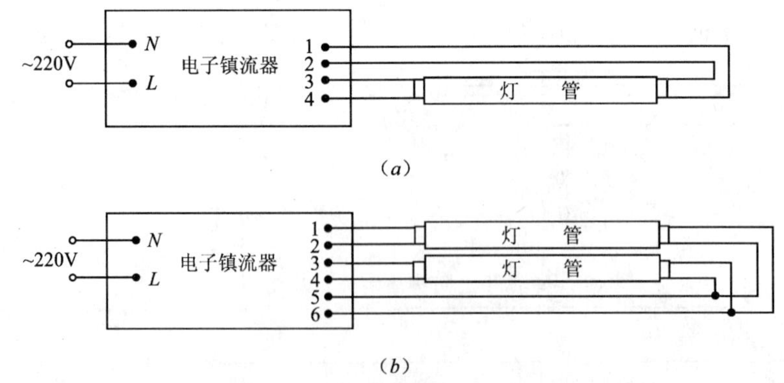

图 17.2-16 电子镇流器荧光灯电路图

（a）单管荧光灯；（b）双管荧光灯

（3）电子镇流器荧光灯节电情况参考（表 17.2-10）

电子镇流器荧光灯节电情况参考　　表 17.2-10

项　　目	单　位	灯管功率		
		18W	36W	58W
使用电感式镇流器连灯管的典型耗用功率	W	30	48	70
使用电子式镇流器连灯管的典型耗用功率	W	20	36	56
照明电路可省功率	W	10	12	14
照明系统节能百分比	%	33	25	20
假设每天使用 10h 计算，每月可省用电量	kWh	3	3.6	4.2
假设电费 0.9 元/kWh，则每月可省费用	元	2.7	3.2	3.8

7. 使用荧光灯应注意问题

（1）使用荧光灯要注意避免频繁启动。荧光灯寿命一般不少于 3000h，其条件是每启动一次连续点燃 3h。随着每启动一次连续点燃时间的长短，灯管的寿命也相对延长或缩短。因为每启动一次，灯管的灯丝受高压冲击，启动时的电流是正常点燃时电流的 2～3 倍。启动加速了灯丝上电子发射物质的消耗，当灯丝上的电子发射物质消耗尽了，灯管的寿命也就完了。若启动一次，只让灯点燃 1h，灯管的寿命缩短到 70% 以下。所以使用荧光灯时要尽量避免不合理的频繁启动。

（2）电源电压高与低也会缩短荧光灯的使用寿命。电压高于荧光灯正常工作电压时，无疑使流过灯管的电流加大，灯丝的损耗加速，缩短了灯管的寿命。另外，这种情况还会使镇流器过热，造成绝缘物外溢或绝缘损坏而发生短路事故。但电压低于荧光灯正常工作电压，也会使灯管的寿命缩短，因这时灯丝的预热温度低，启动困难，频繁的闪亮，使灯丝的损耗太大。

（3）在正常电压下，灯管与镇流器要配套使用。否则会使流过灯管的电流不正常，造成不必要的损失，或造成启动困难，起辉器反复跳动方可点燃灯管，这使灯丝受离子轰击的机会增多，加速了灯管的老化。

8. 荧光灯常见故障及处理方法（表 17.2-11）

荧光灯常见故障及处理方法　　表 17.2-11

故障现象	可能原因	处理方法
不能发光或发光困难	1. 电源电压太低或电路压降大； 2. 起辉器陈旧或损坏，内部电容击穿或断开； 3. 接线错误或灯脚接触不良； 4. 灯丝已断或灯管漏气； 5. 镇流器配用规格不合或镇流器内部电路断开； 6. 气温较低	1. 如有条件改用粗导线或升高电压； 2. 检查后调换新的起辉器或调换内部电容器； 3. 改正电路或使灯脚接触点加固； 4. 用万用表检查，如灯丝已断又看到荧光粉变色，表明漏气； 5. 调换适当镇流器； 6. 加热、加罩
灯管抖动及灯管两头发光	1. 接线错误或灯脚等松动； 2. 起辉器接触点合并或内部电容器击穿； 3. 镇流器配用不合格或接线松动； 4. 电源电压太低或线路压降较大； 5. 灯丝陈旧，发射电子将完，放电作用降低； 6. 气温低	1. 改正电路或加固； 2. 调换起辉器； 3. 调换适当镇流器或使接线加固； 4. 如有条件改用粗导线或升高电压； 5. 调换灯管； 6. 加热、加罩

续表

故障现象	可能原因	处理方法
灯光闪烁或有光滚动	1. 新灯管的暂时现象； 2. 单根管常有现象； 3. 起辉器接触不良或损坏； 4. 镇流器配用规格不合或接线不牢	1. 使用几次或灯管两端对调； 2. 有条件或需要时，改装双灯管； 3. 使起辉器接触点加固或设换启动器； 4. 调换适当的镇流器或将接线加固
灯管两头发黑或生黑斑	1. 灯管陈旧； 2. 若系新灯管可能因起辉器损坏而使两端发射物加速蒸发； 3. 灯管内水银凝结是细灯管常有的现象； 4. 电源电压太高； 5. 起辉器不好或接线不牢引起长时间闪烁； 6. 镇流器配用规格不合	1. 调换灯管； 2. 调换起辉器； 3. 启动后即能蒸发； 4. 如有条件调低电压； 5. 调换起辉器或将接线加固； 6. 调换合适的镇流器
灯光减低或色彩较差	1. 灯管陈旧； 2. 气温低或冷风直吹灯管； 3. 电路电压太低或电路压降较大； 4. 灯管上积垢太多	1. 调换新灯管； 2. 加罩或回避冷风； 3. 如有条件调整电压或调换粗导线； 4. 清除灯管积垢
杂声与电磁声	1. 镇流器质量较差或其铁芯钢片未夹紧； 2. 电路电压过高引起镇流器发出声音； 3. 镇流器过载或其内部短路； 4. 起辉器不好引起开启时辉光杂声	1. 调换镇流器； 2. 如有条件设法降低电压； 3. 调换镇流器； 4. 调换起辉器
镇流器受热	1. 灯架内温度过高； 2. 电路电压过高或过载； 3. 灯管闪烁时间长或使用时间长	1. 改善装置方法，保持通风； 2. 如有条件调低电压或调换镇流器； 3. 消除闪烁原因或减少连续使用时间
灯管使用时间短	1. 镇流器配用规格不合或质量差，或会镇流器内部短路致使灯管电压过高； 2. 开关次数太多，或起辉器不好引起长时间闪烁； 3. 振动引起灯丝断掉； 4. 新灯管因接线错误而烧坏	1. 调换镇流器； 2. 减少开关次数或调换起辉器； 3. 改善装置位置，减少受振； 4. 改正接线

17.2.4 高压汞灯

高压汞灯的结构如图 17.2-17 所示。外壳用石英玻璃制成，内充一定数量的汞和少量氩气。高压汞灯从启动到正常工作需要一段时间，通常为 4 ~ 10min。高压汞灯熄灭以后，不能立即启动。因为灯熄灭后，内部还保持着较高的汞蒸气压，要等灯管冷却，汞蒸气凝结后才能再次点燃。冷却过程需要 5 ~ 10min。

高压汞灯发光效率比较高，在 30 ~ 55lm/W 以上，高压汞灯除了有高的发光效率外，还能发出强的紫外线，因而不仅可以照明，还可用于晒图、保健日光浴、化学合成、塑料及橡胶的老化试验、荧光分析、探伤等方面。由于高压汞灯有较高的光效，而且其发光体小，亮度高，适合于室外照明。但是它的光色偏蓝、绿，缺少红色成分，所以被照物不能完全显示原来的颜色。如果高压汞灯中汞蒸气压大于 10 大气压时，就成为超高压汞灯，这时其发光效率将随之增加。

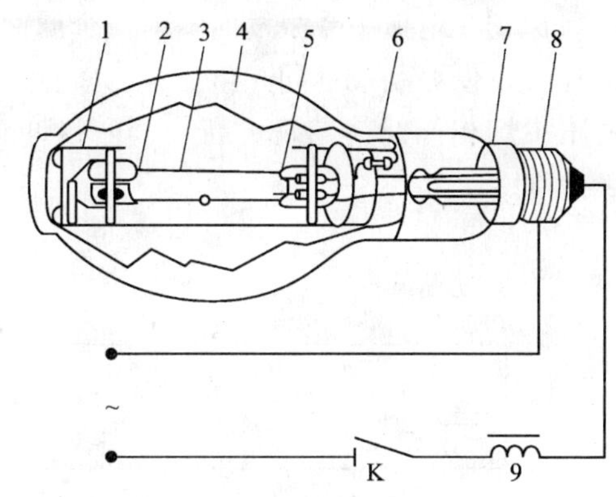

图 17.2-17 荧光高压汞灯结构

1—金属支架；2—主电极；3—石英玻璃放电管；4—硬玻璃外壳（内涂荧光粉）；5—辅助电极（触发极）；6—电阻；7—焊锡；8—灯头；9—镇流器

17.2.5 高压钠灯

高压钠灯的结构如图 17.2-18 所示。高压钠灯是在放电发光管内充入适量的氩或氙惰性气体，并加入足够的钠，主要以高压钠蒸气放电，其辐射光波集中在人眼较灵敏的区域内，故光效高，约为荧光高压汞灯的两倍，可达 120lm/W，且寿命长，但显色性欠佳，平均显色指数 21。电源电压的变化对高压钠灯的光电参数影响较为显著，当电压突降 5% 以下时，可造成灯自行熄灭，而再次启动又需约 10 ~ 15s。环境温度的变化对高压钠灯的影响不显着，它能在 -40 ~ 100℃ 范围内工作。高压钠灯除光效高、寿命长以外，还具有紫外线辐射小、透雾性能好、耐振、宜用于照度要求较高的大空间照明。

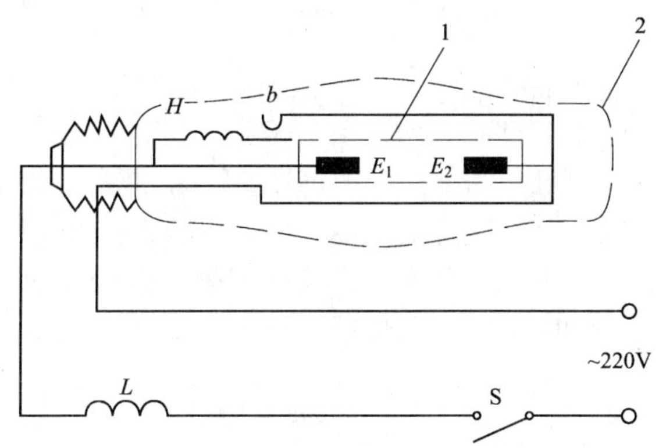

图 17.2-18 高压钠灯结构图

S—开关；L—镇流器；H—加热线圈；b—双金属片；E_1、E_2—电极；1—陶瓷放电管；2—玻璃外壳

17.2.6 金属卤化物灯

金属卤化物灯是在荧光高压汞灯的基础上为改善光色而发展起来的新一代光源，与荧光高压汞灯类似，但在放电管中，除充有汞和氩气外，另加入能发光的以碘化物为主的金属卤化物。当放电管工作时，使金属卤化物汽化，靠金属卤化物的循环作用，不断向电弧

提供相应的金属蒸气，使金属原子在电弧中受激发而辐射该金属卤化物的特征光谱线。选择不同的金属卤化物品种和比例，便可制成不同光色的金属卤化物灯。金属卤化物灯的结构如图 17.2-19 所示。与高压汞灯相比，其光效更高（55 ~ 110lm/W），显色性良好，平均显色指数 65 ~ 85，紫外线辐射弱。

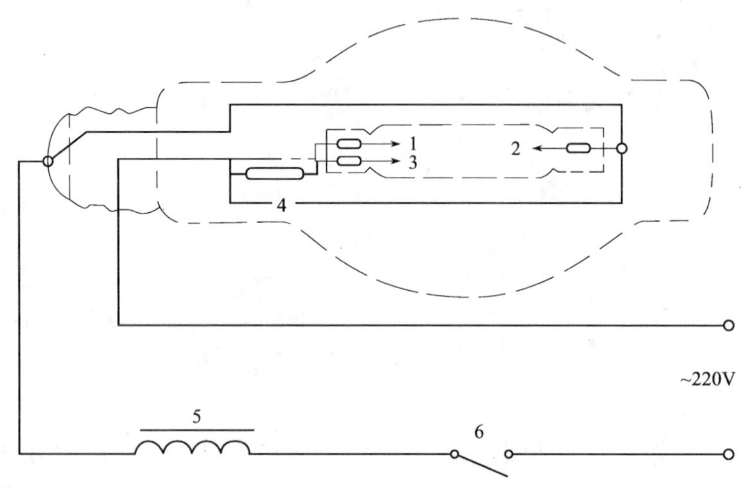

图 17.2-19　金属卤化物灯结构图

1、2—主电极；3、4—辅助电极；5—镇流器；6—开关

金属卤化物灯在使用时需配用镇流器，1000W 钠、铊、铟灯尚须加触发器启动。电源电压变化不但影响光效、管压、光色，而且电压变化过大时，灯会有熄灭现象，为此，电源电压不宜超过 ±5%。

17.2.7　管形碘钨灯

在灯泡中充入纯碘即能使蒸发出去的钨重返灯丝。因为碘和钨在 250 ~ 1200℃的温度范围内化合成碘化钨，碘化钨是不稳定的，在 1400℃以上又会分解为钨和碘。

碘钨灯有直立式圆形和管形两种。管形碘钨灯的结构如图 17.2-20 所示。它的外壳用耐高温石英玻璃做成，里面钨丝绕成单螺旋状，中间有若干钨丝圈支撑，以免灯丝下垂。灯管内抽成真空，充入氩气和适量的纯碘。管状的碘钨灯使用时，倾斜度不得超过 4°，否则会由于对流造成碘钨循环的不均匀，而烧断灯丝。

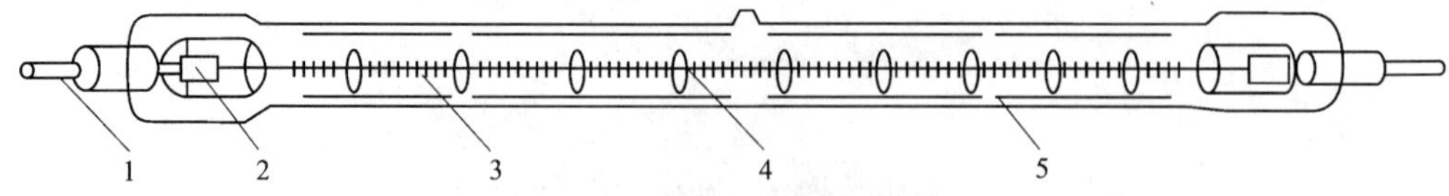

图 17.2-20　管形碘钨灯结构

1—引入电极；2—钼箔；3—钨丝；4—支架；5—石英玻管

碘钨灯由于应用了碘钨循环的原理，大大减少了钨的蒸发量，所以它的工作温度可提高到 3000℃，发光效率也提高很多。与普通白炽灯相比，照明用碘钨灯还具有体积小、光色好、寿命长等优点。例如，普通 220V、100W 白炽灯的发光效率约为 14lm/W，平均寿命是 1000h；而照明用的 220V、1000W 碘钨灯的发光效率约为 20lm/W，平均寿命是 1500h。

17.2.8 氙灯

氙灯为惰性气体放电弧光灯，其光色很好。氙灯按电弧的长短又可分为长弧氙灯和短弧氙灯，其功率较大，光色接近日光，因此有“人造小太阳”之称。高压氙灯有耐低温、耐高温、耐振、工作稳定、功率较大等特点。长弧氙灯特别适合于广场、车站、港口、机场等大面积场所照明。短弧氙灯是超高压氙气放电灯，其光谱要比长弧氙灯更加连续，与太阳光谱很接近，称为标准白色高亮度光源，显色性好。

氙灯紫外线辐射强，在使用时不要用眼睛直接注视灯管，用作一般照明时，要装设滤光玻璃，安装高度不宜低于20m。氙灯一般不用镇流器，但为了提高电弧的稳定性和改善启动性能，目前小功率管形氙灯仍使用镇流器。氙灯需采用触发器启动，每次触发时间不宜超过10s，灯的工作温度高，因此，灯座及灯头引入线应耐高温。

长弧氙灯都做成管状，灯管采用耐高温，热膨胀系数小的全透明石英管，两端封接有两个钍钨（或钡钨）电极，电极间距离一般大于100mm，管内充有高纯度的氙气。氙灯功率可以从1万瓦到几十万瓦。氙灯的工作温度很高，仅靠自然冷却不行，需要强迫冷却，或者用风冷，或者用水冷。水冷长弧氙灯结构如图17.2-21所示。

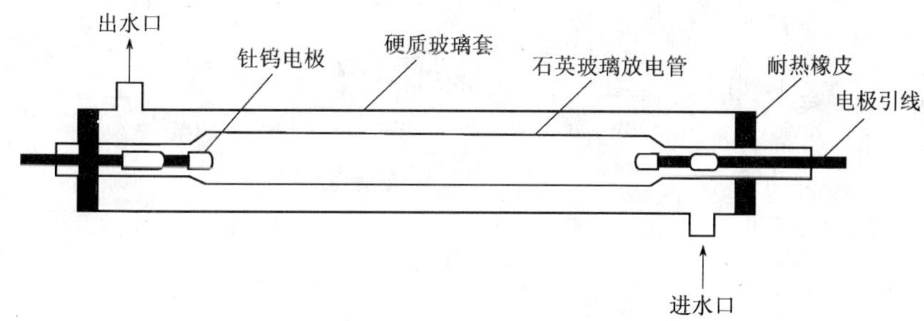

图17.2-21 水冷长弧氙灯结构

氖灯的发光效率较高，约24～37lm/W，水冷式的氙灯发光效率可达60lm/W，一般寿命可达3000小时。一盏50kW的氙灯所发出的光相当于1000盏100W的荧光灯或90盏400W的高压汞灯。它用于广场、公园、体育场、大型建筑工地、露天煤矿、机场等地方的大面积照明，还可以用作电影摄影、彩色照相制版、复印等方面的光源。因为它发光接近日光，所以可用于布匹织物的颜色检验、药物、塑料的老化试验、植物栽培、光化学等方面充当人工老化的光源和模拟日光。

17.2.9 电子节能灯

节能灯因节能而受欢迎，一个9W的节能灯相当于40W的白炽灯。节能灯的寿命也比较长，一般是8000～10000h。比普通白炽灯节能约80%。

节能灯的照度范围在2700～6500K之间，因此节能灯有黄光和白光两种灯光颜色供选择。一般人心理上觉得黄光较温暖，白光较冷，现在很多五星级酒店喜欢用黄色暖光的节能灯，效果也很好。

品质高的节能灯会使用真正的三基色稀土荧光粉，在确保长寿命的同时，还能保持较高的亮度。正常使用节能灯一段时间后，灯就会变暗，主要因为荧光粉的损耗，技术上称为光衰。有些品质较高的节能灯发明了恒亮技术，可以让灯管长久保持最佳工作状态，使用2000h后，光衰不到10%。

1. 紧凑型电子节能灯（图17.2-22）

紧凑型自镇流电子节能灯俗称节能灯，常见的有单U（或H）型，双U（H）型及3U（H）型等，功率有3W、5W、W8、11W、13W等，大功率的有45W、65W等。一般紧凑型电子节能灯因受灯管高度和塑料底座直径的制约，放电电弧较短，管电压低，使其发光效率受到限制。螺旋灯管放电电弧可做得较长，光效相应提高，同时，螺旋灯只有两个端点安装在底座上，端点上的光损失仅3%，双U管有4个端点，3U管有6个端点，它们的光损失分别增加到6%及9%。

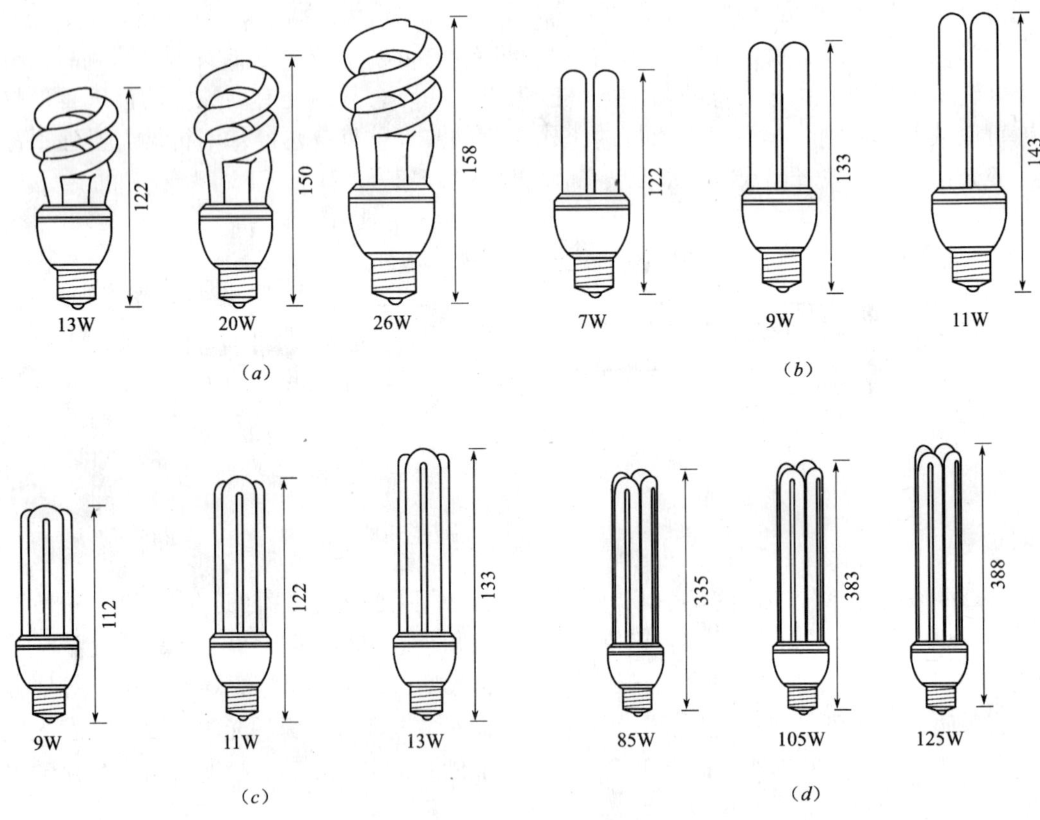

图17.2-22 电子节能灯类型

（a）螺旋形电子节能灯；（b）2U电子节能灯；

（c）3U电子节能灯；（d）4U分体式大功率电子节能灯

2. 无极电子节能灯

无极电子节能灯的放电方式为高频电磁耦合感应，故而灯管内不再需要电极，因此可大大延长灯管的寿命，寿命3~6万小时。无极电子节能灯见图17.2-23。

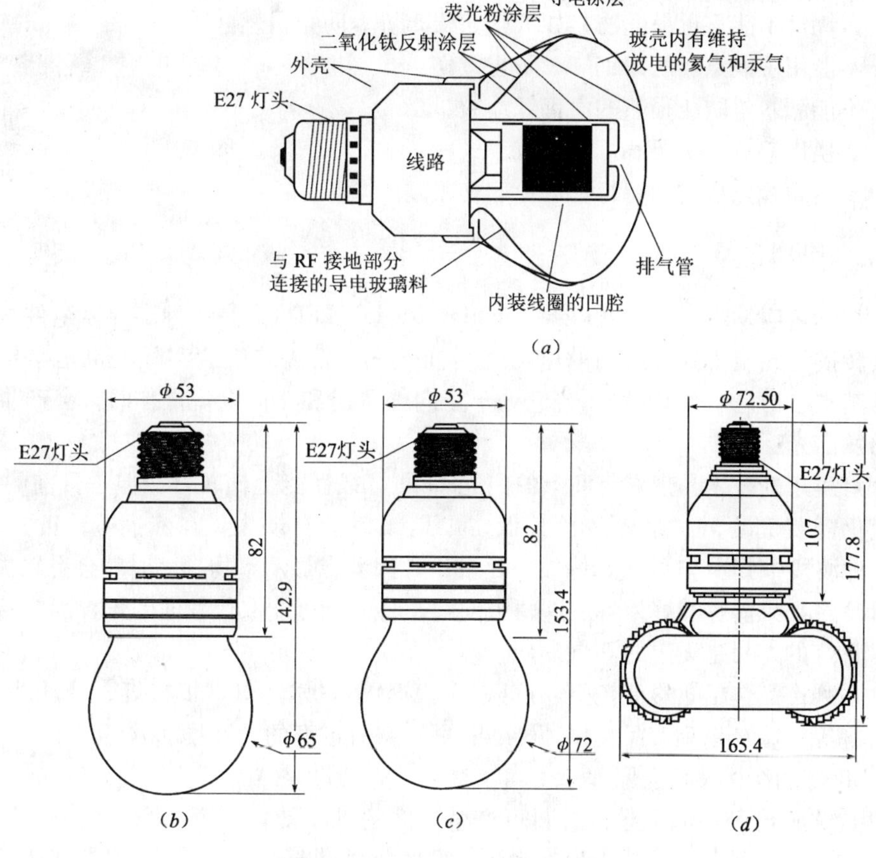

图 17.2-23 无极电子节能灯

(a) 无极电子节能灯结构；(b) 12W 球形自镇流无极电子节能灯；

(c) 25W 球形自镇流无极电子节能灯；(d) 40W 环形自镇流无极电子节能灯

17.2.10 卤钨灯

卤钨灯也称石英灯，在灯泡壳内部有一定量的反射型涂层，使灯泡能将光线推向前方，这样我们就能比普通型白炽灯更方便地控制光束，比常规的白炽灯的光效更高，有各种光束角度，有高压型（220V）和低压（12V）两种电压，类型见图 17.2-24。

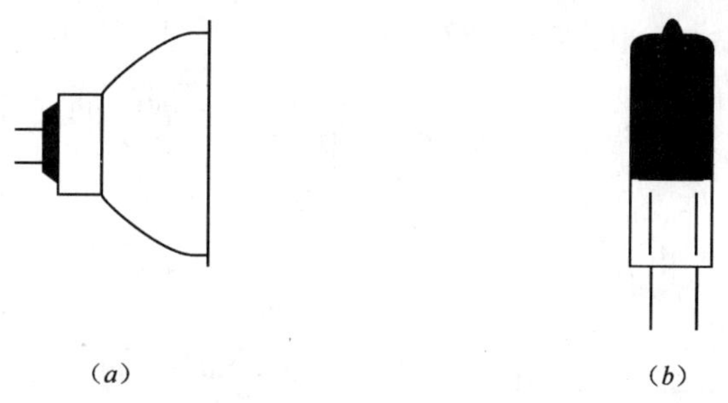

图 17.2-24 卤钨灯类型

(a) 杯形灯；(b) 花生米形灯

卤钨灯一般作为射灯使用，使用时要注意以下事项：

（1）卤钨灯不能靠近易燃物，如纸张、棉布等，防止引燃。

（2）不能用手摸点燃的卤钨灯，防止烫伤。

（3）不能溅水，防止很热的卤钨灯炸裂。

（4）更换卤钨灯灯头要和灯具一致。

（5）不要直视点燃的卤钨灯，以免刺伤眼睛。

17.2.11　LED 灯

LED 灯学名叫发光二极管（Light Emitting Diode，LED），是一种半导体组件，它能将电能直接转换为光能，具有很高的电与光转换效率。发光二极管实际上也是半导体二极管，它的基本结构是一个 PN 结。当它处于正向偏置时和正向电流操作时，会产生光的辐射，从而发出光。

LED 灯属于新技术。现在市面上的白光 LED 灯在性能上比较好，但是目前的 LED 灯在技术上仍需要完善。一是光效比较低；二是颜色会有缺失，在赤、橙、黄、绿、青、蓝、紫 7 种波段中 LED 灯的蓝、绿波段比较少，因此在显示事物颜色时就会有缺失，专家预测，LED 灯如果能够很好地解决这两个问题，将来有可能取代其他的灯，因为从理论上来说，LED 灯的寿命是无限的。

LED 系列产品包括七彩变色灯、庭院灯、草坪灯、水底灯、护栏灯、LED 墙装字牌、LED 广告牌等，LED 系列产品提供独特、新颖、富有创意的设计技术方案。

1. LED 灯的结构及发光原理

50 年前人们已经了解半导体材料可产生光线的基本知识，第一个商用二极管产生于 1960 年。它的基本结构是一块电致发光的半导体材料，置于一个有引线的架子上，然后四周用环氧树脂密封，起到保护内部芯线的作用，所以 LED 的抗振性能好。

LED 结构图如下图 17.2-25 所示。发光二极管的核心部分是由 P 型半导体和 N 型半导体组成的芯片，在 P 型半导体和 N 型半导体之间有一个过渡层，称为 P-N 结。在某些半导体材料的 PN 结中，注入的少数载流子与多数载流子复合时会把多余的能量以光的形式释放出来，从而把电能直接转换为光能。PN 结加反向电压，少数载流子难以注入，故不发光。这种利用注入式电致发光原理制作的二极管叫发光二极管，通称 LED。当它处于正向工作状态时（即两端加上正向电压），电流从 LED 阳极流向阴极时，半导体晶体就发出从紫外到红外不同颜色的光线，光的强弱与电流有关。

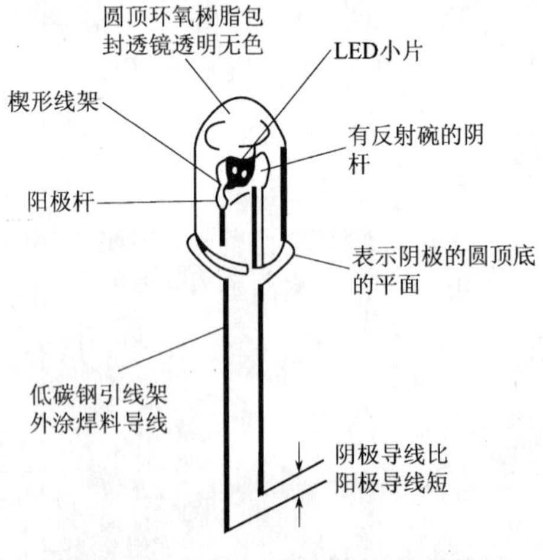

图 17.2-25　发光二极管（LED）结构图

2. LED 光源的特点

（1）电压：LED 使用低压电源，供电电压在 6～24V 之间，根据产品不同而异，所以它是一个比使用高压电源更安全的电源，特别适用于公共场所。

（2）效能：消耗能量较同光效的白炽灯减少 80% 以上。

（3）适用性：每个单元LED小片是3～5mm的正方形，所以可以制备成各种形状的器件，并且适合于易变的环境。

（4）稳定性：10万h，光衰为初始的50%；低维护费用，比传统产品寿命长10倍。

（5）响应时间：其白炽灯的响应时间为毫秒级，LED灯的响应时间为纳秒级。

（6）对环境污染：无有害金属汞。

（7）颜色：改变电流可以变色，发光二极管方便地通过化学修饰方法，调整材料的能带结构和带隙，实现红、橙、黄、绿、蓝多色发光。如小电流时为红色的LED，随着电流的增加，可以依次变为橙色，黄色，最后为绿色。

3. LED光源与普通白炽灯泡光电参数对比（表17.2-12）

LED光源与普通白炽灯泡光电参数对比 **表17.2-12**

光源类别	功率（W）	工作寿命（小时）	抗振	工作电压（V）	工　作　成　本
普通白炽灯泡	15	1000	弱	AC110/220	1000只×0.015kW×365天×8小时×0.8元＝35040元
红、黄、绿、蓝、橙、紫、白色LED	<1	80000	强	AC110/220	1000只×0.001kW×365天×8小时×0.8元＝2336元

4. LED光源参数（表17.2-13）

LED光源参数 **表17.2-13**

颜色	波长（nm）	功率（W）	工作寿命（万h）	抗振	工作电压（V）	环境温度（℃）	LED形状
红	620～660	<0.1	8	强	DC1.8	－40～＋80	椭圆、平头、草帽形、光条、光板
橙	605	<0.1	8	强	DC1.9	－40～＋80	椭圆、平头、草帽形、光条、光板
黄	590	<0.1	8	强	DC1.9	－40～＋80	椭圆、平头、草帽形、光条、光板
绿	525	<0.1	8	强	DC3.5	－40～＋80	椭圆、平头、草帽形、光条、光板
蓝	470	<0.1	8	强	DC3.5	－40～＋80	椭圆、平头、草帽形、光条、光板

17.2.12 光纤照明

线性光纤（Side-Emitting Fiber Tubing）又称线状光纤（Fiber Linear），线性光纤及其系列产品是20世纪90年代发展起来的一种新型导光发光介质，已经成为21世纪装饰照明产业的新兴高科技产品。其特点是有效通光口径大，光线传输率高，且不受使用场合的条件限制，光纤及尾光灯头不产生热量，可以作为冷光源使用，使用安全，可以应用在潮湿环境甚至水下，以及其他危险场合及不便于灯光维护的场合的照明和装饰要求。光源以及光纤使用寿命长，产品结构设计人性化，操作安全方便。光纤照明安装方法见图17.2-26。

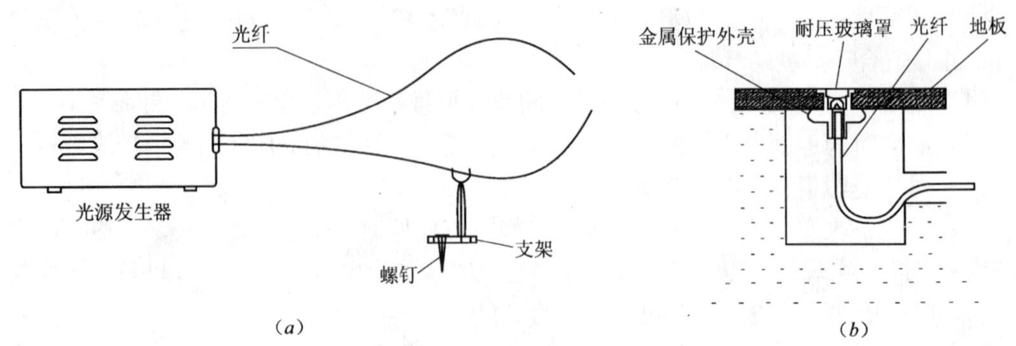

图 17.2-26 光纤照明安装方法

(a) 光纤照明组成；(b) 地埋光纤照明安装示意图

17.2.13 灯具的分类

灯具的分类通常按灯具的光通量在空间上、下两半球分配的比例、灯具的结构特点、灯具的用途和灯具的固定方式进行分类，这里只介绍前两种分类方法。

1. 灯具按光通量在空间上、下两半球的分配比例分类

按照国际照明学会以灯具上半球和下半球反射的光通量百分比来分配光特征，见表 17.2-14 所示。

光通量在上、下空间半球分配比例 **表 17.2-14**

灯具类型		直射型	半直射型	漫射型	半间接型	间接型
光通量分配比例（%）	上半球	0～10	10～40	40～60	60～90	90～100
	下半球	100～90	90～60	60～40	40～10	10～0
配光示意图						

（1）直射型灯具

由反光性能良好的不透明材料制成，如搪瓷、铝和镀银镜面等。这种灯具效率高，但灯的上部几乎没有光线，顶棚很暗，与明亮灯光容易形成对比眩光。又由于它的光线集中，方向性强，产生的阴影也较重。

（2）半直射型灯具

它能将较多的光线照射到工作面上，又可使空间环境得到适当的亮度，改善房间内的亮度比。这种灯具常用半透明材料制成下面开口的式样，如玻璃菱形罩，玻璃半球形罩等。

（3）漫射型灯具

典型的乳白玻璃球形灯属于这种灯具，它是采用漫射透光材料制成封闭式的灯罩，选

型美观，光线均匀柔和，但是光的损失较多，光效较低。

(4) 半间接型灯具

这类灯具上半部用透明材料、下半部用漫射透光材料制成。由于上半球光通量的增加，增强了室内反射光的照明效果，使光线更加均匀柔和。在使用过程中，上部很容易积尘，会影响灯具的效率。

(5) 间接型灯具

这类灯具全部光线都由上半球发射出去，经顶棚反射到室内。因此能最大限度地减弱阴影和眩光，光线均匀柔和，但光损失较大，不经济。这种灯具适用于剧场、美术馆和医院的一般照明。

(6) 室内照明灯具的五种形态性能

室内照明灯具的种类及安装方法不同，可分为下列5种形态，性能比较见表17.2-15。

室内照明灯具的5种形态性能比较 **表17.2-15**

序号	灯具型态	光质与效果	适合空间	灯具举例
1	直接型灯具	光量大，有强烈眩光及阴影	客厅、餐厅、饰品投射、厨房	灯罩只有下端开口，如吸顶灯、吊灯、台灯
2	半直接型灯具	光量仍大，有强烈眩光及阴影	楼梯或楼梯间、厨房	灯罩开口较大，上端开口较小，如吊灯、台灯
3	漫射型灯具	光量略低，眩光、阴影较不强烈	餐厅、卧房、浴室	有乳白散光球罩，如顶灯、吊灯、台灯。
4	半间接型灯具	光量较低，眩光、阴影较弱	卧室、玄关	灯罩上端开口大，下端开口小，如壁灯、吊灯
5	间接型灯具	光量弱，光线柔和，无眩光	卧室或客厅的墙壁、盆栽	灯罩只有上端开口，如壁灯、落地灯、吊灯

2. 按灯具结构分类（表17.2-16）

按灯具结构分类 **表17.2-16**

序号	灯具	说明
1	开启型	光源与外界空间直接相通，没有包合物
2	保护型	具有闭合的透光罩，但灯罩内外可以自然通气，如半圆罩顶棚灯和乳白玻璃球形灯等
3	防尘型	透光罩接合处加以一般封闭，但灯罩内外可以有限通气，灯具外壳与玻璃罩以螺钉连接
4	密闭型	透光罩接合处严密封闭，但灯罩内外空气严密隔绝，如防水防尘灯具
5	防爆型	透光罩及接合处加高强度支撑物，可承受要求的压力
6	隔爆型	在灯具内部发生爆炸时，经过一定间隙的防爆面后，不会引起灯具外部爆炸，保证在有爆炸危险的建筑物环境使用

续表

序号	灯具	说明
7	安全型	在正常工作时不产生火花、电弧，或在危险温度的部件上采用安全措施，提高安全系数
8	防振型	可装在振动的设施上

17.2.14 灯具选择应考虑的因素

灯具包括光源和控照器（也称灯罩或灯具），控照器的功能主要有固定光源，并对光源光通量作重新分配，使工作面得到符合要求的照度和光通量的分布，以及避免刺目的强光和美化建筑空间的作用，改善人们的视觉效果。灯具的光学特性主要有：配光曲线、灯具效率、保护角。

1. 灯具的配光曲线

光源配上一定的灯具后，就在各个方向上，有了确定的发光强度值。若将这些发光强度值用一定的比例尺绘制，并连成曲线，则这些曲线称配光曲线，配光曲线是衡量灯具光学特性的重要指标，是进行照度计算和决定灯具布置方案的重要依据。配光曲线可用极坐标法、直角坐标法、等光强曲线法来表示。白炽灯的极坐标式配光曲线如图 17.2-27 所示。

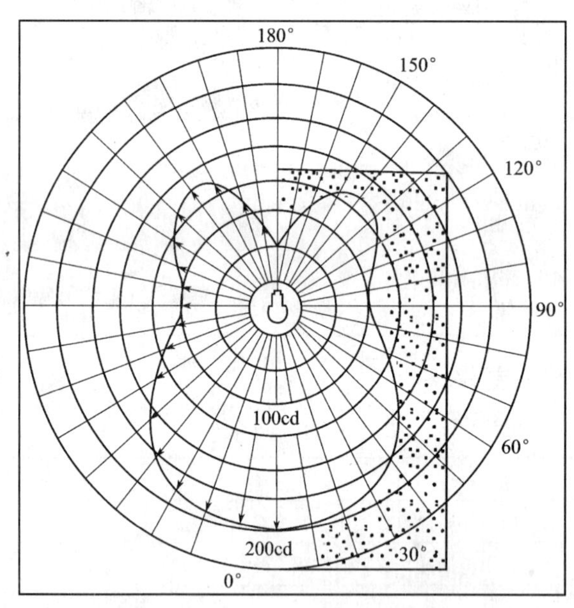

图 17.2-27 白炽灯的配光曲线

2. 灯具效率

在相同的使用条件下，灯具发出的总光通量与灯具内所有光源发出的总光通量之比叫灯具效率，也称灯具光输出比。灯具中光源所发出的光通量，总会由于材料的吸收透射而损失一些光通量，所以灯具的光效率总是小于 1。

3. 保护角

其作用是限制光源对人眼产生直接眩光，角度越大作用越大。一般灯具的保护角要求在 15°～30°之间。

4. 照明节能措施

照明节能设计就是在保证不降低作业面视觉要求、不降低照明质量的前提下，力求减少照明系统中光能的损失，从而最大限度地利用光能，节能措施包括：

（1）正确选择照度标准值，执行现行国家标准《建筑照明设计标准》GB 50034—2004；

（2）充分利用自然光，这是照明节能的重要途径之一。在设计中电气设计人员多与建筑专业配合，做到充分合理地利用自然光使之与室内人工照明有机的结合，从而大大节约人工照明电能；

（3）照明设计规范规定了各种场所的照度标准、视觉要求，照明功率密度值等。照度标准不可随意降低也不宜随意提高，要有效地控制单位面积灯具安装功率，在满足照明质量的前提下，选用光效高、显色性好的光源及配光合理、安全高效的灯具。一般房间（场所）应优先采用高效荧光灯（如 T5、T8 管）及紧凑型荧光灯，高大车间、厂房及体育馆场的室内照明宜采用高压钠灯、金属卤化物灯等高效气体放电光源；

（4）推广使用低能耗、性能优的光源用电附件，如电子镇流器、节能型电感镇流器、电子触发器以及电子变压器，公共场所内的荧光灯宜选用带有无功补偿的灯具，紧凑型荧光灯优先选用电子镇流器，气体放电灯宜采用电子触发器；

（5）改进灯具控制方式，采用各种节能型开关或装置也是一种行之有效的节电方法。根据照明使用特点可采取分区控制灯光或适当增加照明开关点。高级客房采用节电钥匙开关，公共场所、室外照明可采用过程控制或光电、定时开关，走道、楼梯等人员短暂停留的公共场所可采用节能自熄开关；

（6）合理选择照明控制方式，调节人工照明照度及加强照明设备的运行管理；

（7）气体放电光源就地装设补偿电容器；

（8）照明用电配置相应的测量和计量仪表，并定期测量电压、照度和考核用电量。

17.2.15 常见民用建筑的照度标准

照度是决定物体明亮程度的直接指标。在一定的范围内，照度增加可使视觉能力得以提高。合适的照度有利于保护人的视力，提高劳动生产率。

照度标准是关于照明数量和质量的规定，在照明标准中主要是规定工作面上的照度。国家根据有关规定和实际情况制订了各种工作场所的最低照度值或平均照度值，称为该工作场所的照度标准。这些标准是进行照度设计的依据，《建筑照明设计标准》GB 50034—2004 规定的常见民用建筑的照度标准值。

除了合理的照度外，为了减轻因频繁适应照度变化较大的环境而对人眼所产生的视觉疲劳，室内照度的分布应该具有一定的均匀度，照度均匀度是指工作面上的最低照度与平均照度之比值。建筑照明设计标准规定：室内一般照明照度均匀度不应小于 0.7，而作业面邻近周围的照度均匀度不应小于 0.5。房间或场所内的通道和其他非作业区域的一般照明的照度值不宜低于作业区域一般照明照度值的 1/3。

1. 居住建筑

居住建筑照明标准值（表 17.2-17）

居住建筑照明标准值 **表 17.2-17**

<table>
<tr><th colspan="2">房间或场所</th><th>参考平面
及其高度</th><th>照度标准值（lx）</th><th>Ra</th></tr>
<tr><td rowspan="2">起居室</td><td>一般活动</td><td rowspan="2">0.75m 水平面</td><td>100</td><td rowspan="2">80</td></tr>
<tr><td>书写、阅读</td><td>300 *</td></tr>
<tr><td rowspan="2">卧室</td><td>一般活动</td><td rowspan="2">0.75m 水平面</td><td>75</td><td rowspan="2">80</td></tr>
<tr><td>床头、阅读</td><td>150 *</td></tr>
<tr><td colspan="2">餐厅</td><td>0.75m 餐桌面</td><td>150</td><td>80</td></tr>
<tr><td rowspan="2">厨房</td><td>一般活动</td><td>0.75m 水平面</td><td>100</td><td rowspan="2">80</td></tr>
<tr><td>操作台</td><td>台面</td><td>150 *</td></tr>
<tr><td colspan="2">卫生间</td><td>0.75m 水平面</td><td>100</td><td>80</td></tr>
</table>

* 宜用混合照明。

2. 公共建筑

(1) 办公建筑照明标准值（表 17.2-18）

办公建筑照明标准值 **表 17.2-18**

房间或场所	参考平面及其高度	照度标准值（lx）	UGR	Ra
普通办公室	0.75m 水平面	300	19	80
高档办公室	0.75m 水平面	500	19	80
会议室	0.75m 水平面	300	19	80
接待室、前台	0.75m 水平面	300	—	80
营业厅	0.75m 水平面	300	22	80
设计室	实际工作面	500	19	80
文件整理、复印、发行室	0.75m 水平面	300	—	80
资料、档案室	0.75m 水平面	200	—	80

(2) 商业建筑照明标准值（表 17.2-19）

商业建筑照明标准值 **表 17.2-19**

房间或场所	参考平面及其高度	照度标准值（lx）	UGR	Ra
一般商店营业厅	0.75m 水平面	300	22	80
高档商店营业厅	0.75m 水平面	500	22	80
一般超市营业厅	0.75m 水平面	300	22	80
高档超市营业厅	0.75m 水平面	500	22	80
收款台	台面	500	—	80

(3) 旅馆建筑照明标准值（表 17.2-20）

旅馆建筑照明标准值 表 17.2-20

房间或场所		参考平面及其高度	照度标准值（lx）	UGR	Ra
客房	一般活动区	0.75m 水平面	75	—	80
	床头	0.75m 水平面	150	—	80
	写字台	台面	300	—	80
	卫生间	0.75m 水平面	150	—	80
中餐厅		0.75m 水平面	200	22	80
西餐厅、酒吧间、咖啡厅		0.75m 水平面	100	—	80
多功能厅		0.75m 水平面	300	22	80
门厅、总服务台		地面	300	—	80
休息厅		地面	200	22	80
客房层走廊		地面	50	—	80
厨房		台面	200	—	80
洗衣房		0.75m 水平面	200	—	80

（4）医院建筑照明标准值（表 17.2-21）

医院建筑照明标准值 表 17.2-21

房间或场所	参考平面及其高度	照度标准值（lx）	UGR	Ra
治疗室	0.75m 水平面	300	19	80
化验室	0.75m 水平面	500	19	80
手术室	0.75m 水平面	750	19	90
诊室	0.75m 水平面	300	19	80
候诊室、挂号厅	0.75m 水平面	200	22	80
病房	地面	100	19	80
护士站	0.75m 水平面	300	—	80
药房	0.75m 水平面	500	19	80
重症监护室	0.75m 水平面	300	19	80

（5）学校建筑照明标准值（表 17.2-22）

学校建筑照明标准值 表 17.2-22

房间或场所	参考平面及其高度	照度标准值（lx）	UGR	Ra
教室	课桌面	300	19	80
实验室	实验桌面	300	19	80
美术教室	桌面	500	19	90
多媒体教室	0.75m 水平面	300	19	80
教室黑板	黑板面	500	—	80

（6）图书馆建筑照明标准值（表 17.2-23）

图书馆建筑照明标准值　表 17.2-23

房间或场所	参考平面及其高度	照度标准值（lx）	UGR	Ra
一般阅览室	0.75m 水平面	300	19	80
国家、省市及其他重要图书馆的阅览室	0.75m 水平面	500	19	80
老年阅览室	0.75m 水平面	500	19	80
珍善本、舆图阅览室	0.75m	500	19	80
陈列室、目录厅（室）、出纳厅	0.75m 水平面	300	19	80
书库	0.25m 垂直面	50	—	80
工作间	0.75m 水平面	300	19	80

（7）影剧院建筑照明标准值（表 17.2-24）

影剧院建筑照明标准值　表 17.2-24

房间或场所		参考平面及其高度	照度标准值（lx）	UGR	Ra
门厅		地面	200	—	80
观众厅	影院	0.75m 水平面	100	22	80
	剧场	0.75m 水平面	200	22	80
观众休息厅	影院	地面	150	22	80
	剧场	地面	200	22	80
排演厅		地面	300	22	80
化妆室	一般活动区	0.75m 水平面	150	22	80
	化妆台	1.1m 高处垂直面	500	—	80

（8）交通建筑照明标准值（表 17.2-25）

交通建筑照明标准值　表 17.2-25

房间或场所		参考平面及其高度	照度标准值（lx）	UGR	Ra
售票台		台面	500	—	80
问讯处		0.75m 水平面	200	—	80
候车（机、船）室	普通	地面	150	22	80
	高档	地面	200	22	80
中央大厅、售票大厅		地面	200	22	80
海关、护照检查		工作面	500	—	80
安全检查		地面	300	—	80
换票、行李托运		0.75m 水平面	300	19	80
行李认领、到达大厅、出发大厅		地面	200	22	80
通道、连接区、扶梯		地面	150	—	80
有棚站台		地面	75	—	20
无棚站台		地面	50	—	20

3. 公用场所

公用场所照明标准值（表 17.2-26）

公用场所照明标准值 **表 17.2-26**

房间或场所		参考平面及其高度	照度标准值（lx）	UGR	Ra
门厅	普通	地面	100	—	60
	高档	地面	200	—	80
走廊、流动区域	普通	地面	50	—	60
	高档	地面	100	—	80
楼梯、平台	普通	地面	30	—	60
	高档	地面	75	—	80
自动扶梯		地面	150	—	60
厕所、盥洗室、浴室	普通	地面	75	—	60
	高档	地面	150	—	80
电梯前厅	普通	地面	75	—	60
	高档	地面	150	—	60
休息室		地面	100	22	80
储藏室、仓库		地面	100	—	60
车库	停车间	地面	75	28	60
	检修间	地面	200	25	60

4. 建筑设备房间或场所

建筑设备房间或场所一般照明标准值（表 17.2-27）

建筑设备房间或场所一般照明标准值 **表 17.2-27**

房间或场所		参考平面及其高度	照度标准值（lx）	UGR	Ra	备　注
试验室	一般	0.75m 水平面	300	22	80	可另加局部照明
	精细	0.75m 水平面	500	19	80	可另加局部照明
检验	一般	0.75m 水平面	300	22	80	可另加局部照明
	精细，有颜色要求	0.75m 水平面	750	19	80	可另加局部照明
计量室，测量室		0.75m 水平面	500	19	80	可另加局部照明
变、配电站	配电装置室	0.75m 水平面	200	—	60	
	变压器室	地面	100	—	20	
电源设备室，发电机室		地面	200	25	60	
控制室	一般控制室	0.75m 水平面	300	22	80	
	主控制室	0.75m 水平面	500	19	80	
电话站、网络中心		0.75m 水平面	500	19	80	

续表

<table>
<tr><th colspan="2">房间或场所</th><th>参考平面
及其高度</th><th>照度标准值（lx）</th><th>UGR</th><th>Ra</th><th>备　注</th></tr>
<tr><td colspan="2">计算机站</td><td>0.75m 水平面</td><td>500</td><td>19</td><td>80</td><td>防光幕反射</td></tr>
<tr><td rowspan="5">动力站</td><td>风机房、
空调机房</td><td>地面</td><td>100</td><td>—</td><td>60</td><td></td></tr>
<tr><td>泵房</td><td>地面</td><td>100</td><td>—</td><td>60</td><td></td></tr>
<tr><td>冷冻站</td><td>地面</td><td>150</td><td>—</td><td>60</td><td></td></tr>
<tr><td>压缩空气站</td><td>地面</td><td>150</td><td>—</td><td>60</td><td></td></tr>
<tr><td>锅炉房、煤气站
的操作层</td><td>地面</td><td>100</td><td>—</td><td>60</td><td>锅粮水位表照
度不小于 50lx</td></tr>
<tr><td rowspan="3">仓库</td><td>大件库
（如钢坯、钢材、
大成品、气瓶）</td><td>1.0m 水平面</td><td>50</td><td>—</td><td>20</td><td></td></tr>
<tr><td>一般件库</td><td>1.0m 水平面</td><td>100</td><td>—</td><td>60</td><td></td></tr>
<tr><td>精细件库
（如工具、
小零件）</td><td>1.0m 水平面</td><td>200</td><td>—</td><td>60</td><td>货架垂直照
度不小于 50lx</td></tr>
<tr><td colspan="2">车辆加油站</td><td>地面</td><td>100</td><td>—</td><td>60</td><td>油表照度不小于 50lx</td></tr>
</table>

17.2.16　照明功率密度值

当房间或场所的照度值高于或低于下表规定的对应照度值时，其照明功率密度值应按比例提高或折减。

1. 居住建筑

居住建筑每户照明功率密度值不宜大于表 17.2-28 的规定。

居住建筑每户照明功率密度值　　表 17.2-28

<table>
<tr><th rowspan="2">房间或场所</th><th colspan="2">照明功率密度（W/m²）</th><th rowspan="2">对应照度值（lx）</th></tr>
<tr><th>现行值</th><th>目标值</th></tr>
<tr><td>起居室</td><td rowspan="5">7</td><td rowspan="5">6</td><td>100</td></tr>
<tr><td>卧室</td><td>75</td></tr>
<tr><td>餐厅</td><td>150</td></tr>
<tr><td>厨房</td><td>100</td></tr>
<tr><td>卫生间</td><td>100</td></tr>
</table>

2. 公共建筑

（1）办公建筑照明功率密度值不应大于表 17.2-29 的规定。

办公建筑照明功率密度值 表 17.2-29

房间或场所	照明功率密度（W/m^2）		对应照度值（lx）
	现行值	目标值	
普通办公室	11	9	300
高档办公室、设计室	18	15	500
会议室	11	9	300
营业厅	13	11	300
文件整理、复印、发行室	11	9	300
档案室	8	7	200

（2）商业建筑照明功率密度值不应大于表 17.2-30 的规定。

商业建筑照明功率密度值 表 17.2-30

房间或场所	照明功率密度（W/m^2）		对应照度值（lx）
	现行值	目标值	
一般商店营业厅	12	10	300
高档商店营业厅	19	16	500
一般超市营业厅	13	11	300
高档超市营业厅	20	17	500

（3）旅馆建筑照明功率密度值不应大于表 17.2-31 的规定。

旅馆建筑照明功率密度值 表 17.2-31

房间或场所	照明功率密度（W/m^2）		对应照度值（lx）
	现行值	目标值	
客房	15	13	—
中餐厅	13	11	200
多功能厅	18	15	300
客房层走廊	5	4	50
门厅	15	13	300

（4）医院建筑照明功率密度值不应大于表 17.2-32 的规定。

医院建筑照明功率密度值 表 17.2-32

房间或场所	照明功率密度（W/m^2）		对应照度值（lx）
	现行值	目标值	
治疗室、诊室	11	9	300
化验室	18	15	500
手术室	30	25	750
候诊室、挂号厅	8	7	200
病房	6	5	100

续表

房间或场所	照明功率密度（W/m²）		对应照度值（lx）
	现行值	目标值	
护士站	11	9	300
药房	20	17	500
重症监护室	11	9	300

（5）学校建筑照明功率密度值不应大于表17.2-33的规定。

学校建筑照明功率密度值 **表17.2-33**

房间或场所	照明功率密度（W/m²）		对应照度值（lx）
	现行值	目标值	
教室、阅览室	11	9	300
实验室	11	9	300
美术教室	18	15	500
多媒体教室	11	9	300

3. 建筑设备房间或场所

建筑设备房间或场所照明功率密度值不应大于表17.2-34的规定。

建筑设备房间或场所照明功率密度值 **表17.2-34**

房间或场所		照明功率密度（W/m²）		对应照度值（lx）
		现行值	目标值	
试验室	一般	11	9	300
	精细	18	15	500
检验	一般	11	9	300
	精细，有颜色要求	27	23	750
计量室，测量室		18	15	500
变、配电站	配电装置室	8	7	200
	变压器室	5	4	100
电源设备室、发电机室		8	7	200
控制室	一般控制室	11	9	300
	主控制室	18	15	500
电话站、网络中心、计算机站		18	15	500
动力站	风机房、空调机房	5	4	100
	泵房	5	4	100
	冷冻站	8	7	150
	压缩空气站	8	7	150
	锅炉房、煤气站的操作层	6	5	100

续表

房间或场所		照明功率密度（W/m²）		对应照度值（lx）
		现行值	目标值	
仓库	大件库（如钢坯、钢材、大成品、气瓶）	3	3	50
	一般件库	5	4	100
	精细件库（如工具、小零件）	8	7	200
车辆加油站		6	5	100

17.2.17 灯具的保养

现在的家庭往往同时使用几种不同型号的灯具，而每种灯具都有不同的保养方法，下面介绍常用灯具的保养方法如下：

（1）清洁灯具要断电进行。白炽灯泡、荧光灯管、卤钨灯及灯具可用湿的软布擦净，然后擦干。如有油污，可用洗洁精清洗，然后擦净。注意不可使水流入灯具内部。

（2）灯具内的灰尘可用吸尘器吸净或用干净毛刷扫净。

（3）听到灯具内有“吆吆”声，或灯忽亮忽暗要及时断电修理。

（4）荧光灯具的“嗡嗡”声大，可以用夹紧镇流器的硅钢片来消除。

（5）荧光灯点燃时，忽亮忽灭或两头红不能点燃，应及时检查修理，如果是起辉器坏了，会很快烧坏荧光灯管。

（6）长期使用，灯具的接触点会氧化，如果不严重可用干燥的纸擦除，如果严重，要用细砂布擦净。如果松动应及时夹紧，以保证正常接触。

（7）灯具清洁及维护系数见表17.2-35。

灯具清洁及维护系数表　　表17.2-35

环境维护特征	工作房间或场所	灯具最少擦洗次数（次/年）	维护系数	
			白炽灯、荧光灯、金属卤化物灯	卤钨灯
清洁	住宅卧室、办公室、餐厅、阅览室、绘图室	2	0.80	0.80
一般	商店营业厅、候车室、影剧院观众厅	2	0.70	0.75
污染严重	厨房	3	0.60	0.65

17.3 灯具安装基本要求

建筑工程中使用的灯具规格型号较多，包括荧光灯、疏散指示灯、出口指示灯、标志牌、灯箱等。根据灯具的形式及安装部位的不同，室内灯具的安装方式主要分为以下几种：嵌入式安装、吸顶式安装、嵌墙安装、悬挂式安装等。

17.3.1 灯具进场验收

照明灯具及附件应符合下列规定：

（1）查验合格证，新型气体放电灯具有随带技术文件；

（2）外观检查：灯具涂层完整，无损伤，附件齐全。防爆灯具铭牌上有防爆标志和防爆合格证号，普通灯具有安全认证标志；

（3）对成套灯具的绝缘电阻、内部接线等性能进行现场抽样检测。灯具的绝缘电阻值不小于2MΩ，内部接线为铜芯绝缘电线，芯线截面积不小于0.5mm^2，橡胶或聚氯乙烯绝缘电线的绝缘层厚度不小于0.6mm。对游泳池和类似场所灯具（水下灯及防水灯具）的密闭和绝缘性能有异议时，按批抽样送有资质的试验室检测。

17.3.2 灯具安装基本要求

（1）检查灯具的型号、规格符合设计要求；各种标志灯的指示方向正确无误；应急灯必须灵敏可靠。

（2）灯具重量大于3kg，时，必须有专门的支吊架，且支吊架安装牢固可靠。

（3）导线进入照明器具的绝缘保护良好，不伤线芯，连接牢固紧密且留有适当余量。

（4）当灯具距地面高度小于2.4m时，灯具的裸露导体必须接地（PE）或接零（PEN）可靠，并应有专用接地螺栓，且有标识。

（5）在有计算机显示器的工作区宜选用无眩光无屏幕反射的照明方式。

（6）开水间应选用防潮型灯具，公共浴室应选用防潮防水型灯具。

（7）安装在重要场所的大型灯具的玻璃罩，应采取防止玻璃罩碎裂后向下溅落的措施。

（8）变电所内，高低压配电设备及裸母线的正上方不应安装灯具。

（9）引向每个灯具的导线线芯最小截面积应符合表17.3-1的规定。

导线线芯最小截面积（mm^2） **表17.3-1**

灯具安装的场所及用途		线芯最小截面积		
		铜芯软线	铜线	铝线
灯头线	民用建筑室内	0.5	0.5	2.5
	工业建筑室内	0.5	1.0	2.5
	室外	1.0	1.0	2.5

17.3.3 常用灯具安装方式（表17.3-2）

常用灯具安装方式 **表17.3-2**

序号	名称	安装方式
1	软线吊灯、圆球吸顶灯、半圆球吸顶灯、座灯头、吊链灯、荧光灯	在空心楼板上打洞，用螺栓固定
2	一般弯脖灯、墙壁灯	在墙上打眼，埋塑料胀管，用木螺钉固定

续表

序 号	名 称	安 装 方 式
3	直杆、吊链、吸顶、弯杆式工厂灯、防水、防尘、防潮灯	在现浇混凝土楼板、混凝土柱上用圆头机螺钉固定
4	悬挂式吊灯	在钢结构上焊接吊钩固定
5	投光灯、高压水银灯镇流器	墙上埋支架固定
6	管型氙灯、碘钨灯	在塔架上固定
7	烟囱和水塔指示灯	在围栏上卡接固定
8	安全防爆灯、防爆高压水银灯、防爆荧光灯	在现浇混凝土楼板上用膨胀螺栓固定
9	病房指示灯、暗脚灯	在墙上嵌入安装
10	无影灯	在现浇混凝土楼板上用膨胀螺栓固定
11	艺术花灯	在现浇混凝土楼板上预埋吊钩或膨胀螺栓固定
12	庭院路灯	用开脚螺栓固定底座
13	明装开关、插座、按钮	在墙上打眼，塑料胀管及木螺钉固定
14	暗装开关、插座、按钮	在接线盒上固定
15	防爆开关、插座	在钢结构上安装
16	安全变压器	墙上埋支架，1000W 以上支架加支撑固定
17	电铃及号牌铃箱	在墙上用膨胀螺栓安装固定
18	吊风扇	现浇混凝土楼板上预埋吊钩固定
19	壁扇	墙上用膨胀螺栓固定

17.3.4 灯具安装高度

当设计无要求时，灯具的安装高度应符合下列规定：

(1) 一般敞开式灯具，灯头对地面距离不小于表 17.3-3 所列数值（采用安全电压时除外）。

不同场所灯具的安装高度（m） **表 17.3-3**

序号	安装场所	安装高度	备注
1	室外	2.5	室外墙上安装
2	厂房	2.5	
3	室内	2	
4	软吊线带升降器的灯具在吊线展开后	0.8	

(2) 灯具安装距地面最低悬挂高度

根据限制眩光的要求，室内一般照明灯具对地面的悬挂高度，按《建筑照明设计标准》GB 50034—2004 规定，应不低于表 17.3-4 所列数值，表中所列的遮光角（保护角）含义如图 17.3-1 所示，表示了灯具的光线被灯罩遮盖的程度，也表示了限制灯具直射眩光的范围。

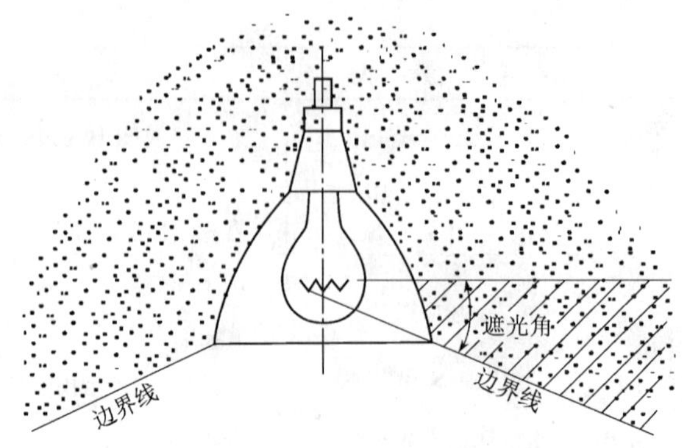

图 17. 3-1 灯具的遮光角

室内一般灯具的最低悬挂高度表 **表 17. 3-4**

光源种类	灯具形式	灯具遮光角	光源功率（W）	最低悬挂高度（m）
白炽灯	有反射罩	10°~30°	≤100	2. 5
	乳白玻璃漫射罩	—	≤100	2. 0
荧光灯	无反射罩	—	≤36	2. 0
			>36	3. 0
	有反射罩	10°~30°	—	2. 0
金属卤化物灯、高压钠灯	有反射罩	10°~30°	<150	4. 5
			150~250	6. 0
			250~400	7. 5
			>400	9. 0
	有反射罩带格栅	>30°	<150	4. 0
			150~250	5. 0
			250~400	6. 5
			>400	8. 0

（3）危险性较大及特殊危险场所，当灯具距地面高度小于 2. 4m 时，应使用额定电压为 36V 及以下的照明灯具，或有专用保护措施。

17. 3. 5 照明灯具安装方式的标注

1. 灯具安装方式标注（表 17. 3-5）

灯具安装方式标注 **表 17. 3-5**

序 号	名 称	标注文字符号	序 号	名 称	标注文字符号
1	线吊式	SW	7	顶棚内安装	CR
2	链吊式	CS	8	墙壁内安装	WR
3	管吊式	DS	9	支架上安装	S
4	壁装式	W	10	柱上安装	CL
5	吸顶式	C	11	座装	HM
6	嵌入式	R	12	台上安装	T

2. 灯具设备的标注方法（表 17.3-6）

灯具设备的标注方法 **表 17.3-6**

标注方式	说明	示例
$a-b/c-d$	照明、安全、控制变压器标注： a—设备种类代号； b/c—一次电压/二次电压； d—额定容量	TLI 220/36V 500VA 照明变压器 TLI 变比 220/36V 容量 500VA
$a-b\frac{c\times d\times L}{e}f$	照明床具标注： a—灯数； b—型号或编号（无则省略）； c—每盏照明灯具的灯泡数， d—灯泡安装容量； e—灯泡安装高度（m），"－"表示吸顶安装； f—安装方式； L—光源种类	$5-\text{BYSB0}\frac{2\times 40\times \text{FL}}{3.5}\text{CS}$ 5 盏 BYS－80 型灯具，灯管为两根 40W 荧光灯管，灯具链吊安装，安装高度距地 3.5m

17.3.6 灯具安装程序

灯具安装应按以下程序进行：

（1）安装灯具的预埋螺栓、吊杆和顶棚上嵌入式灯具安装专用骨架等安装完成，按设计要求做承载试验合格，才能安装灯具；

（2）影响灯具安装的模板、脚手架拆除；顶棚和墙面喷浆、油漆或壁纸等及地面清理工作基本完成后，才能安装灯具；

（3）导线绝缘测试合格，才能灯具接线；

（4）高空安装的灯具，地面通断电试验合格，才能安装。

17.3.7 建筑物照明通电试运行

（1）灯具安装完毕，对每条支路进行绝缘摇测，阻值应大于 0.5Ω，并做好记录后，方可进行通电试运行。通电后应仔细检查和巡视，检查灯具的控制是否灵活、准确。

（2）照明系统通电，灯具回路控制应与照明配电箱及回路的标识一致；开关与灯具控制顺序相对应。如发现问题必须先断电，然后查找原因进行修复。

（3）公用建筑照明系统通电连续试运行时间为 24h，民用住宅照明系统通电连续试运行时间应为 8h。所有照明灯具均应开启，且每 2h 记录运行状态 1 次，连续试运行时间内无故障。通电运行 24h 无异常现象，即可进行竣工验收。

17.4 室内灯具安装

室内照明优先采用高效、节能的荧光灯及节能型光源，应选用无眩光的灯具，气体放电灯应设置电容补偿，功率因子不应低于 0.9。

人工照明设备应与窗口射入的天然光合理结合，宜将直管型荧光灯与窗口平行布置，灯列控制宜与窗口平行，有条件时可设照明自动控制开关或调光开关。

17.4.1 室内灯具安装基本要求

（1）室内安装壁灯、床头灯、台灯、落地灯、镜前灯等灯具时，高度低于2.4m时，灯具的金属外壳均应接地可靠（在配线时灯盒处应加一根接地导线），以保证使用安全。

（2）台灯等带开关的灯头，为了安全，灯及开关手柄不应有裸露的金属部分。

（3）灯具重量大于3kg时，应采用预埋吊钩或从屋顶用膨胀螺栓直接固定支吊架安装，（不能用吊顶龙骨的支架安装灯具）。

（4）为了防止火灾和触电等事故发生，在顶棚内由接线盒引向器具的绝缘导线，应采用金属软管或可挠金属电线保护管等保护，导线不应有裸露部分。

（5）室内灯具安装应注意美观，成排在走廊安装时，应保持在一条直线上。

17.4.2 悬吊式灯具安装

1. 悬吊式灯具安装一般要求

（1）悬吊式灯具的自重包括塑料灯伞、灯头、灯泡，为确保安全，将灯具的重量规定为0.5kg，超过时要用吊链。

（2）灯具固定牢固可靠，不使用木楔。每个灯具固定用螺钉或螺栓不少于2个；当绝缘台直径在75mm及以下时，可采用1个螺钉或螺栓固定。

（3）当灯具采用螺口灯头时，相（火）线应接在螺口灯头中心弹簧片的端子上，中性（零）线应接在螺口的端子上（图17.4-1）。

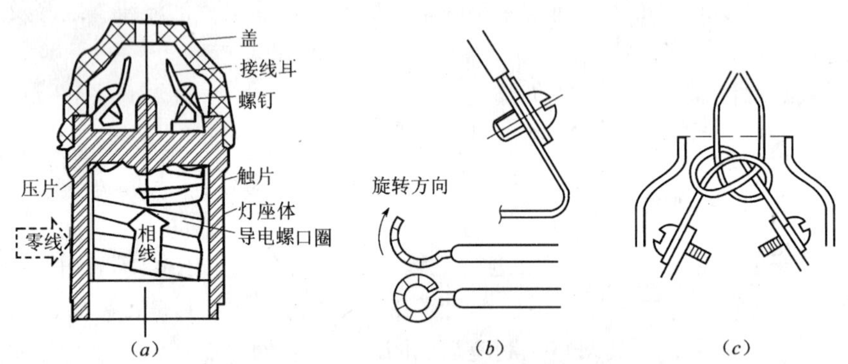

图17.4-1 螺口悬吊式灯头接线方法

（*a*）螺口悬吊式；（*b*）导线压接方法；（*c*）灯头盒接线方法

（4）插口灯头上的两个接线端子可任意连接两个线头（图17.4-2）。

2. 悬吊式灯具安装方法

悬吊式灯具安装方法如图17.4-3所示。灯头的安装所用软线（灯头线）截面不应小于0.4mm^2。挂线盒的安装方法是把挂线盒底座安装在已固定好的木台上，再将软线的一端穿入挂线盒罩盖的孔内，做一个保护扣，把两个线头的绝缘层剥去，芯线搪锡，再分别接到两个接线柱上，旋上挂线盒盖即可；接着将软线的另一端穿入吊灯头盖孔内，也做一个保护扣，把两个剥去绝缘层的线头接到吊灯座的两个接线柱上，罩上吊灯头盖。

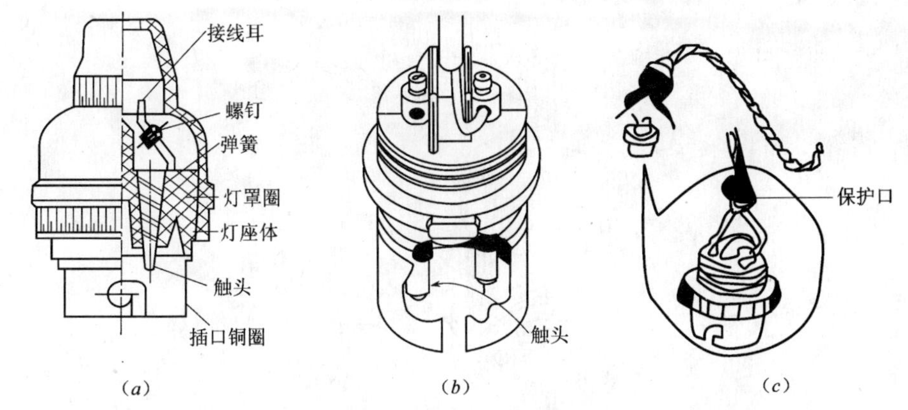

图 17.4-2 卡口悬吊式灯头接线方法
(*a*) 卡口悬吊式；(*b*) 灯头接线方法一；(*c*) 灯头接线方法二

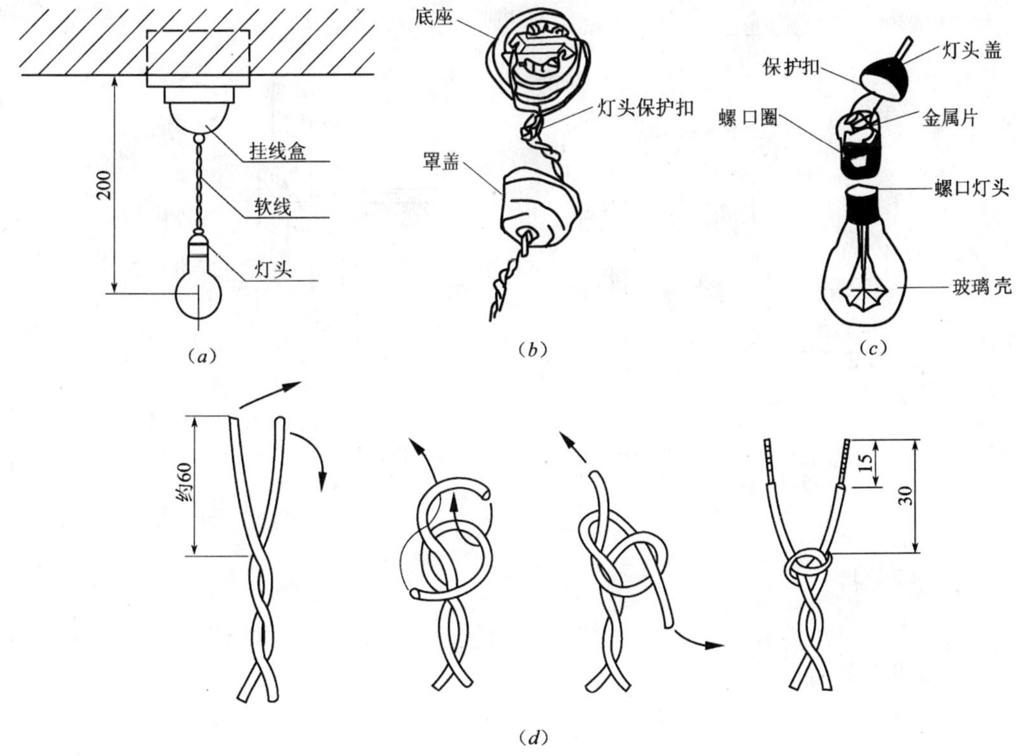

图 17.4-3 悬吊式灯具安装方法
(*a*) 悬吊式灯具；(*b*) 挂线盒接线方法；(*c*) 挂线灯结构；(*d*) 保护扣的绑扎方法

17.4.3 平装式灯座安装

平灯座应安装在已固定好的木台上（图 17.4-4）。平灯座上有两个接线柱，一个与相线连接，另一个与中性线连接。对螺口平灯座有严格的规定：必须把来自开关的相（火）线头连接在连通中心弹簧片的接线柱上，中性（零）线的线头连接在连通螺口圈的接线柱上；而卡口平灯座上的两个接线端子可任意连接上述的两个线头。

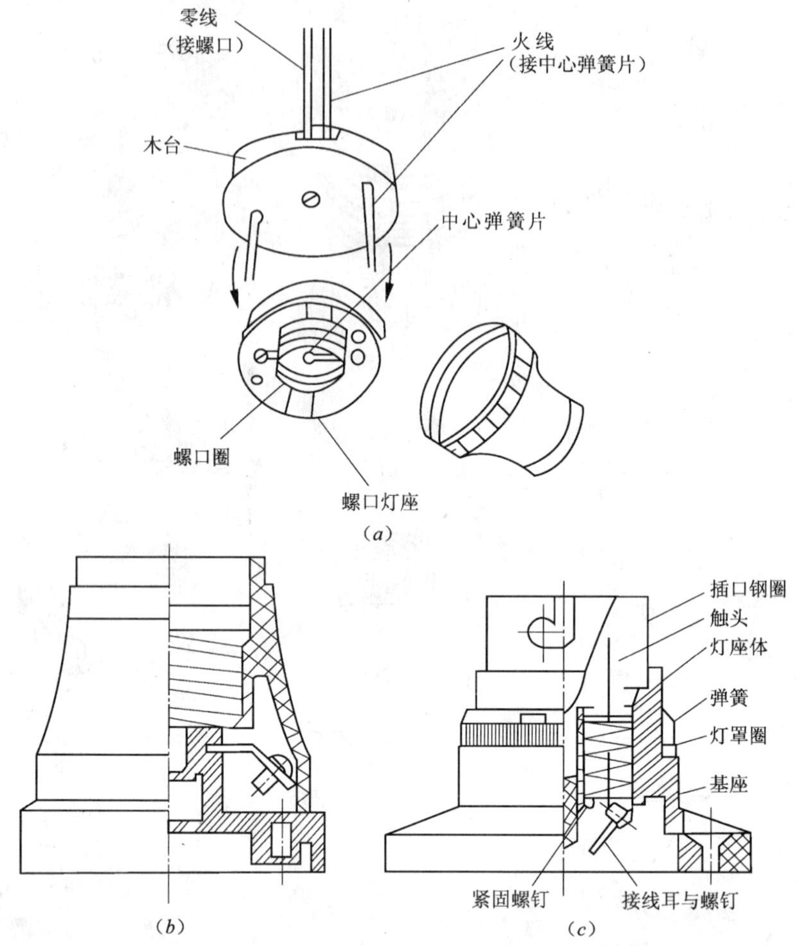

图 17.4-4 平装式灯座的安装方法

(a) 螺口平装式灯座安装方法；(b) 螺口平装式灯座；(c) 卡口平装式灯座

17.4.4 荧光灯安装

荧光灯安装时，照明线路中导线的敷设，接线盒、开关等照明附件的安装方法与要求与白炽灯照明线路基本相同。

1. 荧光灯安装注意事项

(1) 安装荧光灯时必须注意各个零件的规格一定要配合好，灯管的功率和镇流器的功率相同，否则，灯管不能发光或使灯管和镇流器损坏。

(2) 如果所用灯架是金属材料的，灯具的裸露导体必须接地（PE）或接零（PEN）可靠，以免短路或漏电，发生危险。

(3) 为避免光幕和反射眩光，不宜将直管型荧光灯布置在工作台平行的正上方。

(4) 荧光灯管内的水银蒸气有毒，灯管破裂时，应注意通风。

2. 荧光灯吸顶安装（图 17.4-5）

根据设计图确定出荧光灯的位置，将荧光灯贴紧建筑物表面，荧光灯的灯箱应完全遮盖住灯头盒，对着灯头盒的位置打好进线孔，将电源线甩入灯箱，在进线孔处应套上塑料管以保护导线。在灯箱的两端应使用塑料胀管及螺钉加以固定。灯箱固定好后，将电源线压入灯箱内的端子板上。并将灯箱调整顺直，最后把荧光灯管装好。

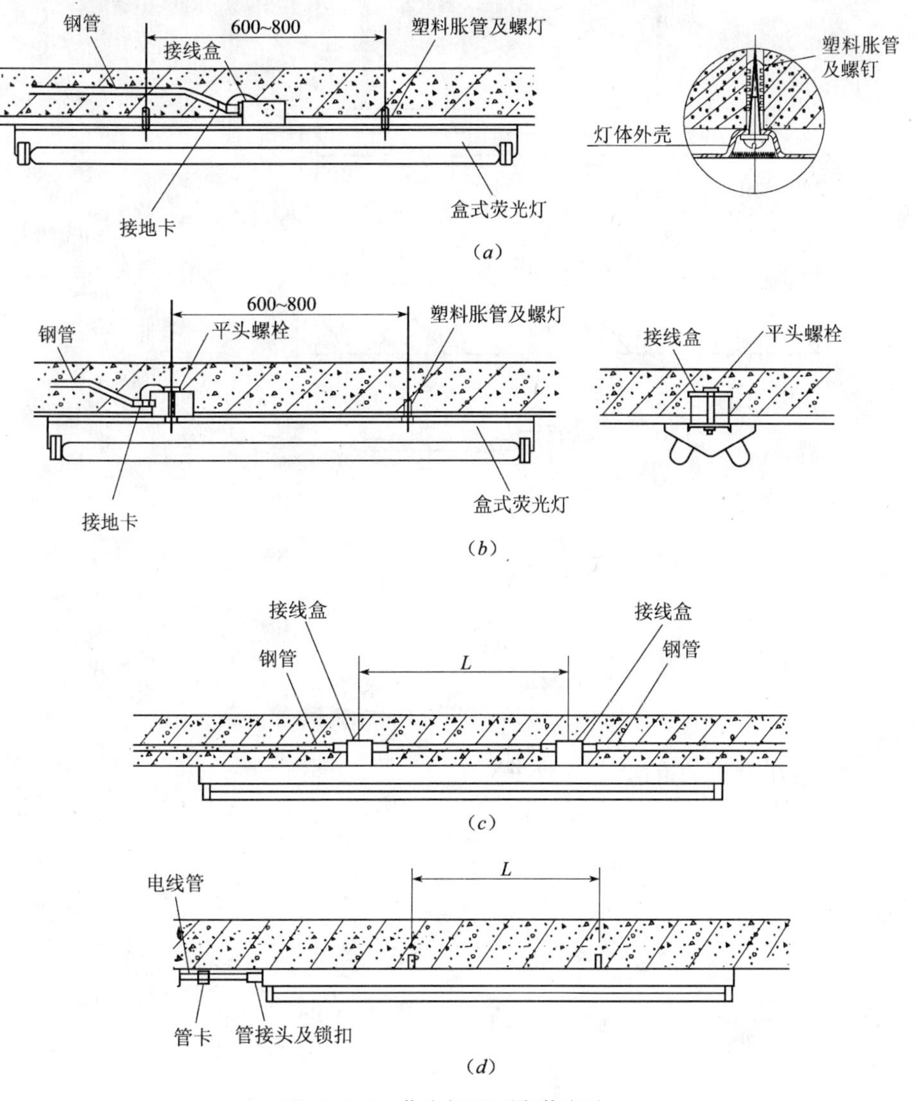

图 17.4-5　荧光灯吸顶安装方法
(*a*) 接线盒在中间（暗配管）；(*b*) 接线盒在一边（暗配管）；
(*c*) 两个接线盒（暗配管）；(*d*) 接线在端头（明配管）

3. 荧光灯吊装方法

(1) 荧光灯吊链安装方法（图 17.4-6）

大于 0.5kg 的灯具采用吊链安装，且软电线编叉在吊链内，使电线不受力。把吊链挂在灯箱挂钩上，并且在建筑物顶棚上安装好塑料（木）台，将导线依顺序编叉在吊链内，并引入灯箱，在灯箱的进线孔处应套上软塑料管以保护导线，导线压入灯箱内的端子上。将灯具导线和灯头盒中甩出的电源线连接，并用粘塑料带、黑胶布分层包扎紧密。理顺接头扣于法兰盘内，法兰盘（吊盒）中心应与塑料（木）台的中心对正，用螺钉将其拧牢固。将灯具的反光板用螺钉固定在灯箱上，调整好灯脚，最后将灯管装好。

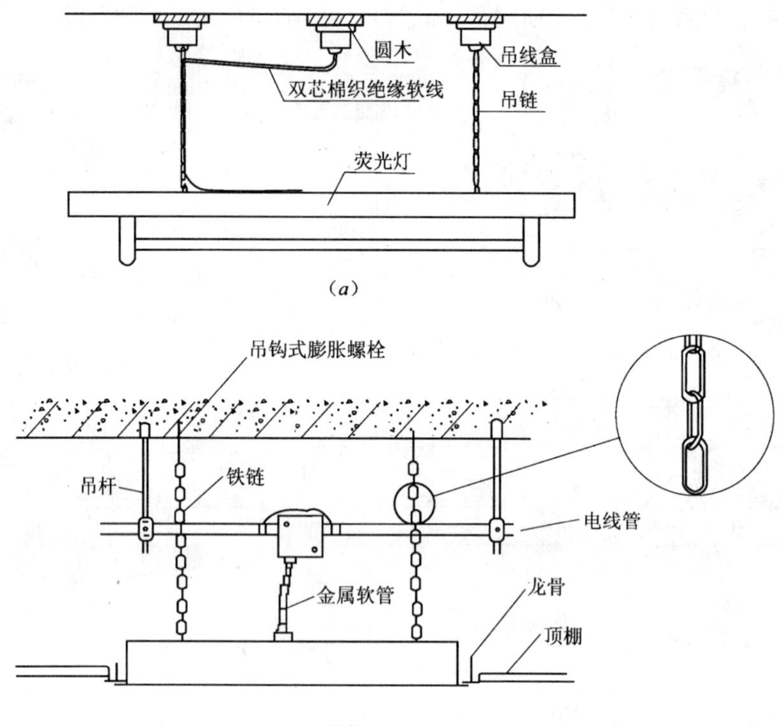

图 17.4-6　荧光灯吊链安装方法

(a) 吊链明装；(b) 吊链在顶棚内安装

(2) 荧光灯吊杆安装方法（图 17.4-7）

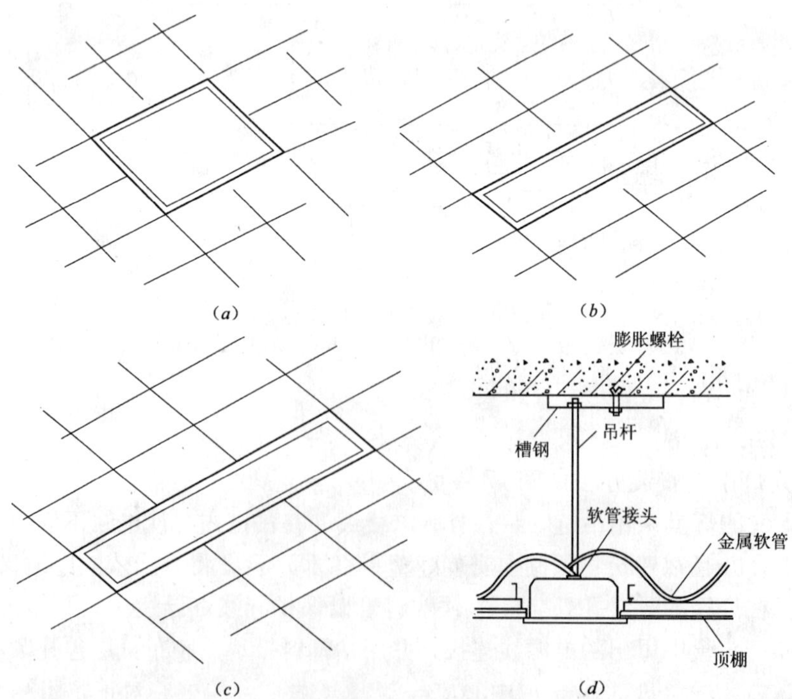

图 17.4-7　荧光灯吊杆安装方法（一）

(a) 灯具布置示意（一）；(b) 灯具布置示意（二）；(c) 灯具布置示意（三）；(d) 吊杆安装方式一；

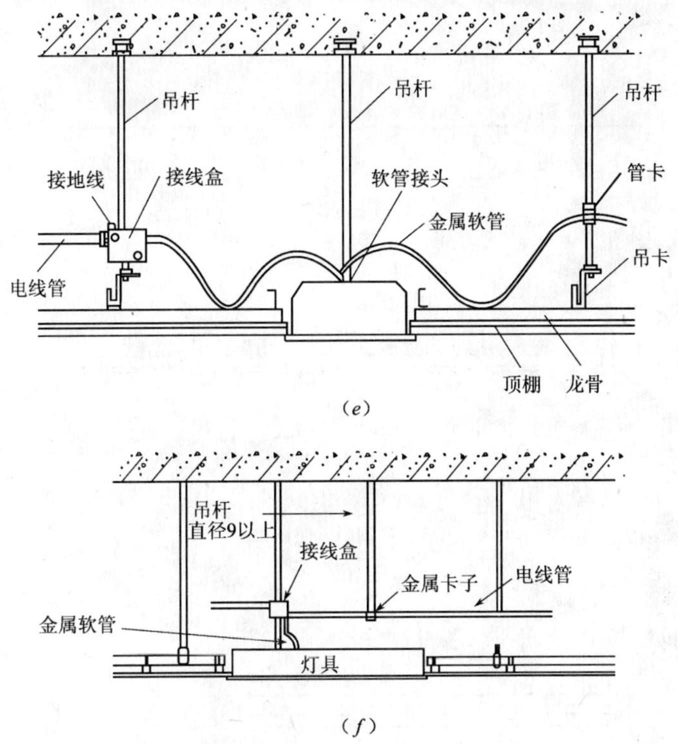

图 17.4-7 荧光灯吊杆安装方法（二）
(e) 吊杆安装方式二；(f) 吊杆安装方式三

调整灯具的边框应与顶棚面的装修直线平行，荧光灯应与顶棚板接触紧密。如果灯具对称安装，其纵向中心轴线应在同一直线上，偏斜不应大于5mm。为了防止火灾和触电等事故发生，在顶棚内由接线盒引向器具的绝缘导线，应采用金属软管或可挠金属电线保护管等保护，导线不应有裸露部分。

(3) 荧光灯吊管安装方法

当采用钢管做灯具吊杆时，其钢管内径一般不小于10mm，钢管壁厚度不应小于1.5mm（图 17.4-8）。

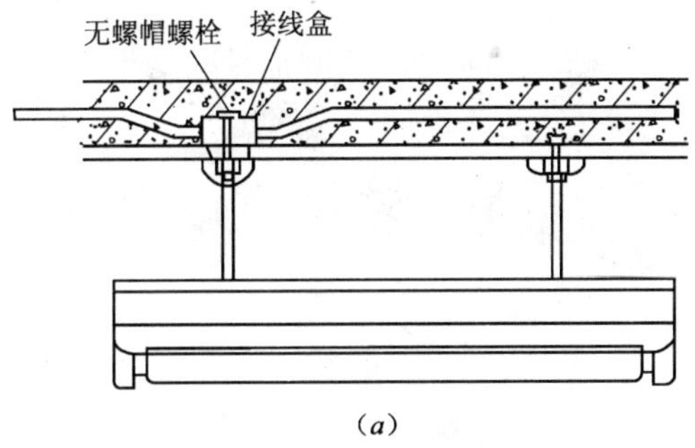

图 17.4-8 荧光灯采用吊管安装方法（一）
(a) 使用吊管暗装方法

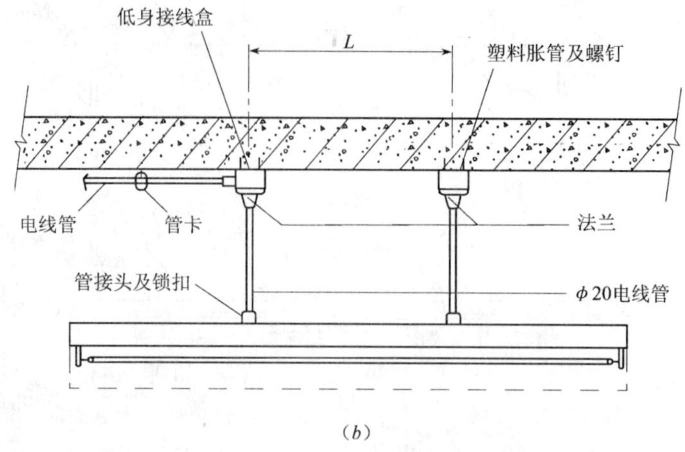

图 17.4-8 荧光灯采用吊管安装方法（二）
（b）使用吊管明装方法

4. 荧光灯壁装方法

荧光灯壁装时，安装应水平（图 17.4-9）。

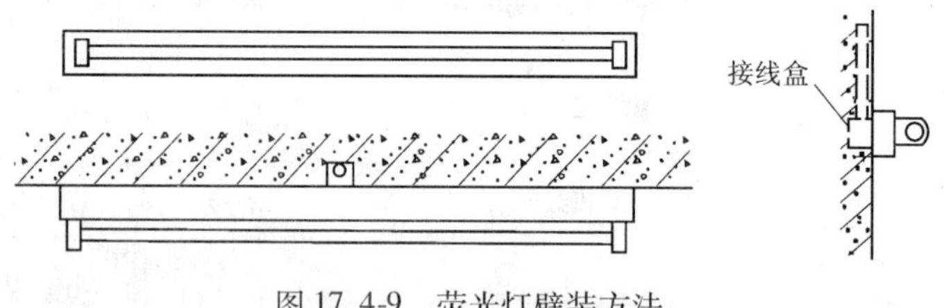

图 17.4-9 荧光灯壁装方法

5. 使用线槽安装荧光灯（图 17.4-10）

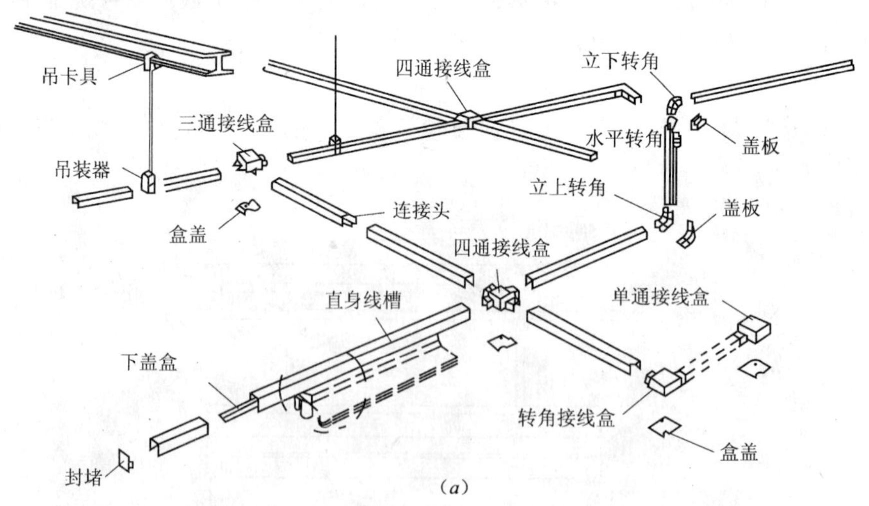

图 17.4-10 使用线槽安装荧光灯（一）
（a）安装示意图

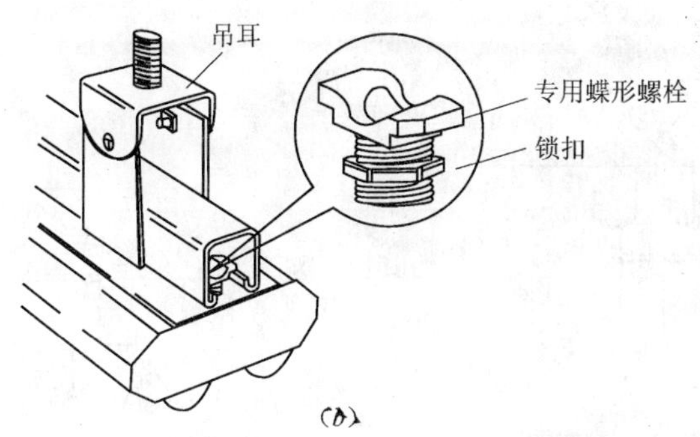

图 17.4-10 使用线槽安装荧光灯（二）
(b) 灯具固定大样图

（1）根据灯具的外形尺寸及具体重量经过认真核算确定其线槽的尺寸。

（2）根据灯具的安装位置，用膨胀螺栓把线槽固定牢固。轻型光带的线槽可以直接固定在主龙骨上；大型光带必须先做好预埋件，将光带的线槽用螺钉固定在预埋件上或使用膨胀螺栓固定。

（3）将光带的灯具用螺栓固定在线槽上，再将电源线引入灯具连接，并包扎紧密。调整各个灯口和灯脚，装上灯管，上好灯罩。

6. 广照型铝合金线槽荧光灯安装方法

线槽与灯具组成一体，上面线槽有空间可设置照明电线，下面为脱卸式灯具，灯具与线槽内的导线用接插件连接，安装维修方便。线槽供应长度6m左右，确保整条灯带的直线型，螺钉及连接件大量减少，节省安装人工和时间。产品避免了原桥架配双管荧光灯所存在的体积大、份量重、安装费时费工等弊病。是目前国内大型超市商场照明理想的更新换代产品。

照明器具安装应符合设计要求，吊杆顺直，成排灯具中心线偏差不超过5mm，平整度偏差不超过2mm，灯具灯罩干净整洁。

（1）单管线槽荧光灯安装

单管线槽荧光灯线槽与灯具组成一体，铝合金材料重量轻、耐腐蚀、寿命长，回光板表面喷塑处理、反射效率高。产品为连续型，用于照度要求不高的场合，适合于超市商场、办公区走道、仓库走道、室内车库灯具安装。

1）单管线槽荧光灯型号（表 17.4-1）

单管线槽荧光灯型号 **表 17.4-1**

型　号	光　源	镇流器	B（mm）	H（mm）
FAL-D1-136	36W/54	电子或电感	200	160
FAL-D1-158	光源	电子或电感	200	160

2）单管线槽荧光灯安装方法（图 17.4-11）

灯具牢固端正，位置美观正确。所有灯具排列有规律，与喷淋头、风口等保持间距，整齐划一，保证有良好的视觉效果，成排安装的灯具中心线允许偏差5mm。

（2）双管线槽荧光灯安装

双管线槽荧光灯适用于连续性的大卖场安装，灯具最佳安装位置：货架距离 $L=3$m；灯具距离 $L=2$m。在两货架之间将两条灯带与货架平行安装，货架与灯具错位，光利用率高、垂直照度好。产品为连续型、间一隔、间二隔型。间一隔、间二隔型适用于室内车库和仓库走道、收货区等。

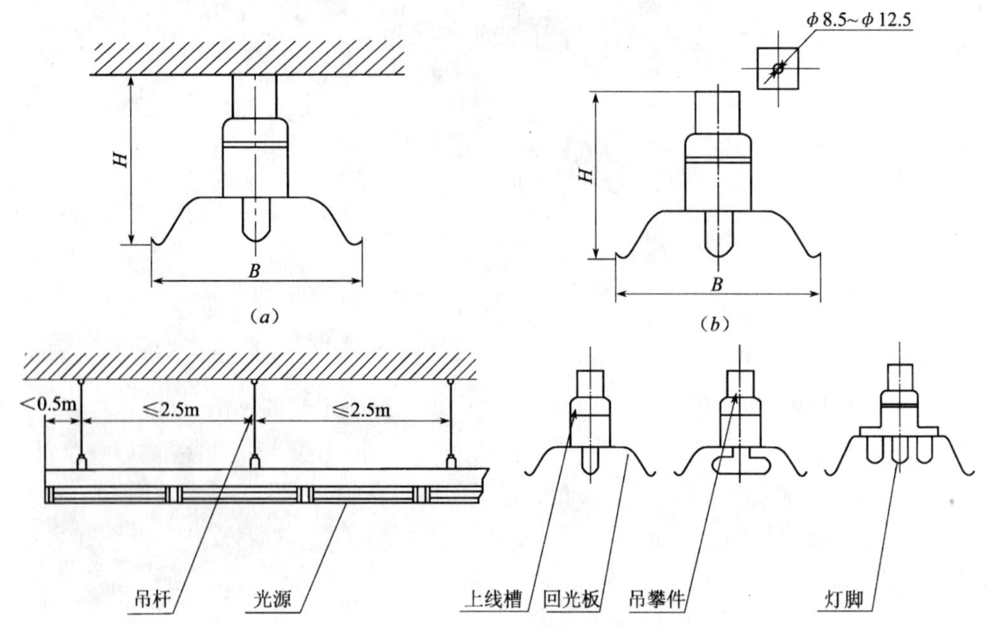

图 17.4-11 单管线槽荧光灯安装方法

(a) 吸顶安装；(b) 顶棚安装；(c) 安装示意图

1) 双管线槽荧光灯型号（表 17.4-2）

双管线槽荧光灯型号 **表 17.4-2**

型号	光源	镇流器	B（mm）	H（mm）
FAL-D1-236	36W/33、54、36W/840、865	电子或电感	200	160
FAL-D1-258	36W/33、54、36W/840、865	电子或电感	200	160

2) 双管线槽荧光灯安装方法（图 17.4-12）

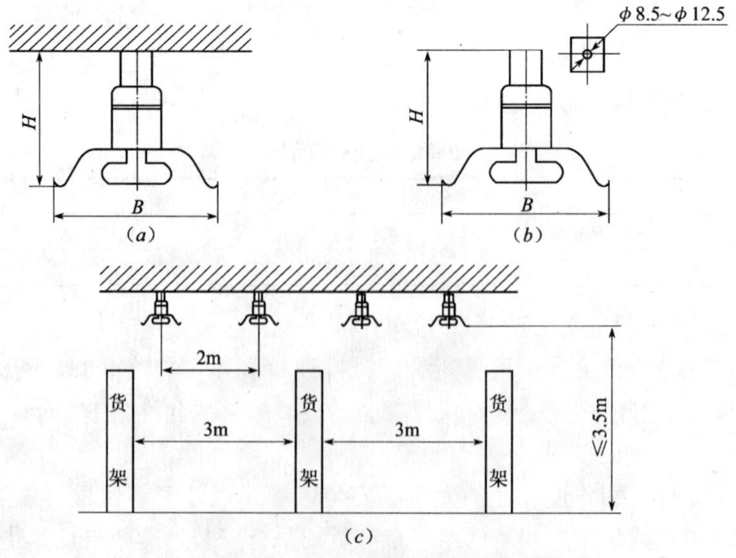

图 17.4-12 双管线槽荧光灯安装方法

(a) 吸顶安装；(b) 顶棚安装；(c) 安装示意图

3）光带距离与照度的关系（表 17.4-3）

光带距离与照度的关系表 **表 17.4-3**

灯具距离（m）	光　源	平均参考照度（lx）
2	36W/54、36W/865	950～1150、1350～1500
2.5	36W/54、36W/865	850～950、1100～1200
3	36W/54、36W/865	600～700、800～900

（3）三管线槽荧光灯安装

三管线槽荧光灯适用于连续性的大卖场安装，灯具最佳安装位置：货架距离 L = 2.3m；灯具距离 L = 3m。在两货架之间将一条灯带与货架平行安装，货架与灯具错位，光利用率高，垂直照度好。产品为连续型，用高显色荧光灯照度提高 20%。

1）三管线槽荧光灯型号（表 17.4-4）

三管线槽荧光灯型号 **表 17.4-4**

型　号	光　源	镇流器	B（mm）	H（mm）
FAL-D1-336	36W/33、54、36W/840、865	电子或电感	225	175
FAL-D1-358	36W/33、54、36W/840、865	电子或电感	225	175

2）三管线槽荧光灯安装方法（图 17.4-13）

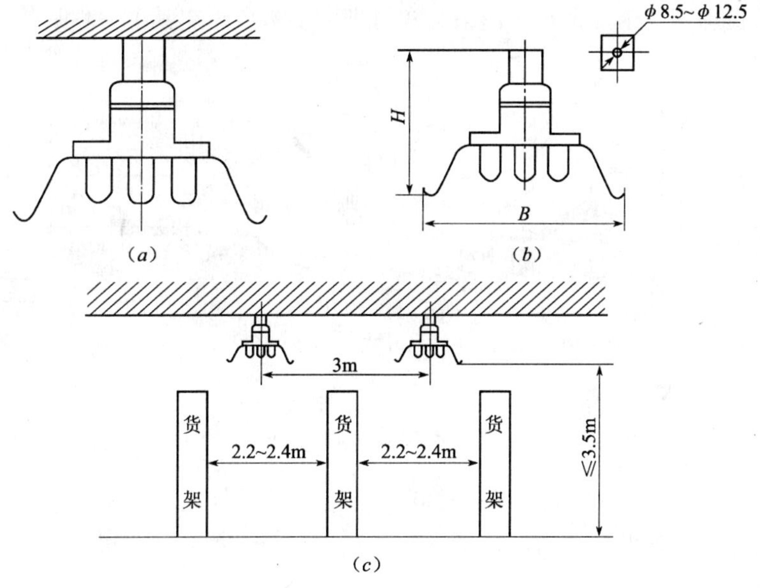

图 17.4-13　三管线槽荧光灯安装方法

（a）吸顶安装；（b）顶棚安装；（c）安装示意图

3）光带距离与照度的关系（表 17.4-5）

光带距离与照度的关系 **表 17.4-5**

灯具距离（m）	光源	平均参考照度（lx）
3	36W/54、36W/865	950～1150、1350～1500

17.4.5 吸顶灯安装

1. 吸顶灯安装一般要求

（1）根据设计图确定出灯具的位置，将灯具紧贴建筑物顶板表面，使灯体完全遮盖住灯头盒，并用塑料胀管及螺钉将灯具固定。在电源线进入灯具进线孔处应套上塑料胶管，以保护导线。

（2）若在建筑装饰吊顶上安装吸顶灯时，轻型灯具应用自攻螺钉将灯具固定在龙骨上，当灯具重量超过 3kg 时，应使用吊杆螺栓与建筑物结构相连接。

（3）若采用嵌入式吸顶灯时，小型嵌入式灯具一般安装在顶棚的顶板上，大型嵌入式灯具安装时，则应采用在混凝土上梁、板中伸出支撑铁架的连接方法。

（4）装有白灯灯泡的吸顶灯具，灯泡不应紧贴灯罩，当灯泡与绝缘台间距离小于 5mm 时，灯泡与绝缘台间应采取隔热措施。

2. 吸顶灯安装方法

（1）吸顶灯固定方法

1）方法一（图 17.4-14）：对预制的混凝土空心板，可对准空心处打一个小孔洞，放进一块扁钢。在扁钢上钻两个孔，用平头螺钉把圆形木台固定其上，然后再将吸顶灯固定在圆形木台上。

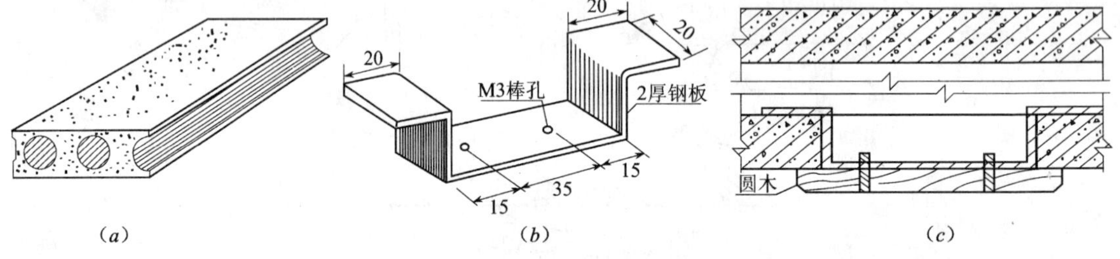

图 17.4-14 吸顶灯固定方法
（a）楼板；（b）扁钢固定件；（c）安装方法

2）方法二：对现浇的混凝土实心楼板，直接钻孔，打入塑料胀管或膨胀螺栓，将木台固定，注意钻孔时避开导线管的位置。

（2）圆形吸顶灯安装步骤（图 17.4-15）

1）用两个木螺钉将本体安装于顶棚坚固处；

2）将电源线引入端子处，并用螺钉拧紧固定；

3）安装环形灯管；

4）将灯罩嵌入本体，顺时针方向旋转，直至拧紧。

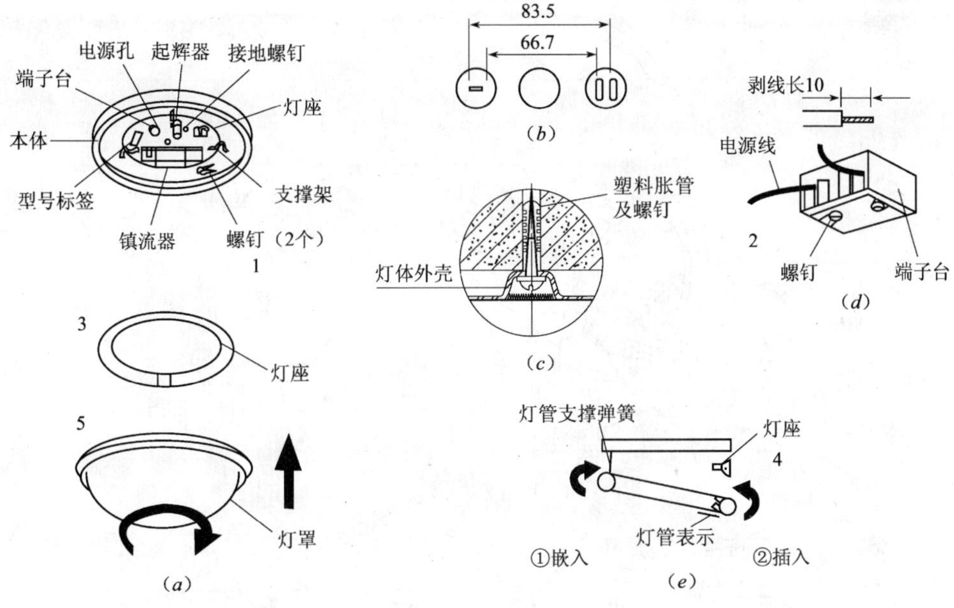

图 17.4-15 圆形吸顶灯安装方法

(a) 吸顶灯结构；(b) 安装孔距；(c) 灯具固定；(d) 安装电源线；(e) 安装灯管

17.4.6 筒灯安装

筒灯是一种相对于普通明装的灯具更具有聚光性的灯具，一般是用于普通照明或辅助照明。筒灯光源可以装白炽灯泡，也可以装节能灯。装白炽灯时光线是黄光。装节能灯时视灯泡类型可以是白光或黄光。顶棚筒灯的光源方向是不能调节的。筒灯的光源有横插和竖插两种。普通筒灯可直接看到筒灯的白炽灯泡或节能灯管，而防水筒灯就是在外面加了一个防水玻璃罩，通常用于卫生间或厨房等的照明。

从应用位置看筒灯一般都被安装在顶棚内，一般顶棚内高度需要在150mm以上才可以安装。当然筒灯也有外置型的。在无顶灯或吊灯的区域安装筒灯是很好的选择，光线相对于射灯要柔和。

1. 筒灯结构

嵌入式筒灯结构（图17.4-16）是两个支架的下端与前环相连接，支架上端与支架固定片相连。两个弹簧片与支架固定片连接并能卡住反光罩。灯座架固定在支架固定片上。锁紧组合件嵌入支架的轨槽内，通过锁紧组合件的锁舌的上调和下压，锁紧组合件在支架的轨槽内分别与支架相滑配和锁紧。安装时灯体置入顶棚预留洞内，由前环的折边附着在顶棚的外表面，而锁紧组合件锁紧在顶棚的内表面，与顶棚紧密结合而不返松。并且简化了安装操作方式。

2. 筒灯安装方法

嵌入式筒灯安装应按照设计图纸，配合装饰工程的顶棚施工确定灯位。如为成排灯具，应先拉好灯位中心线、十字线定位。成排安装的灯具，中心线允许偏差为5mm。在顶棚板上开灯位孔洞时，应先在灯具中心点位置钻一小洞，再根据灯具边框尺寸，扩大顶棚板孔，使灯具边框能盖好顶棚孔洞。

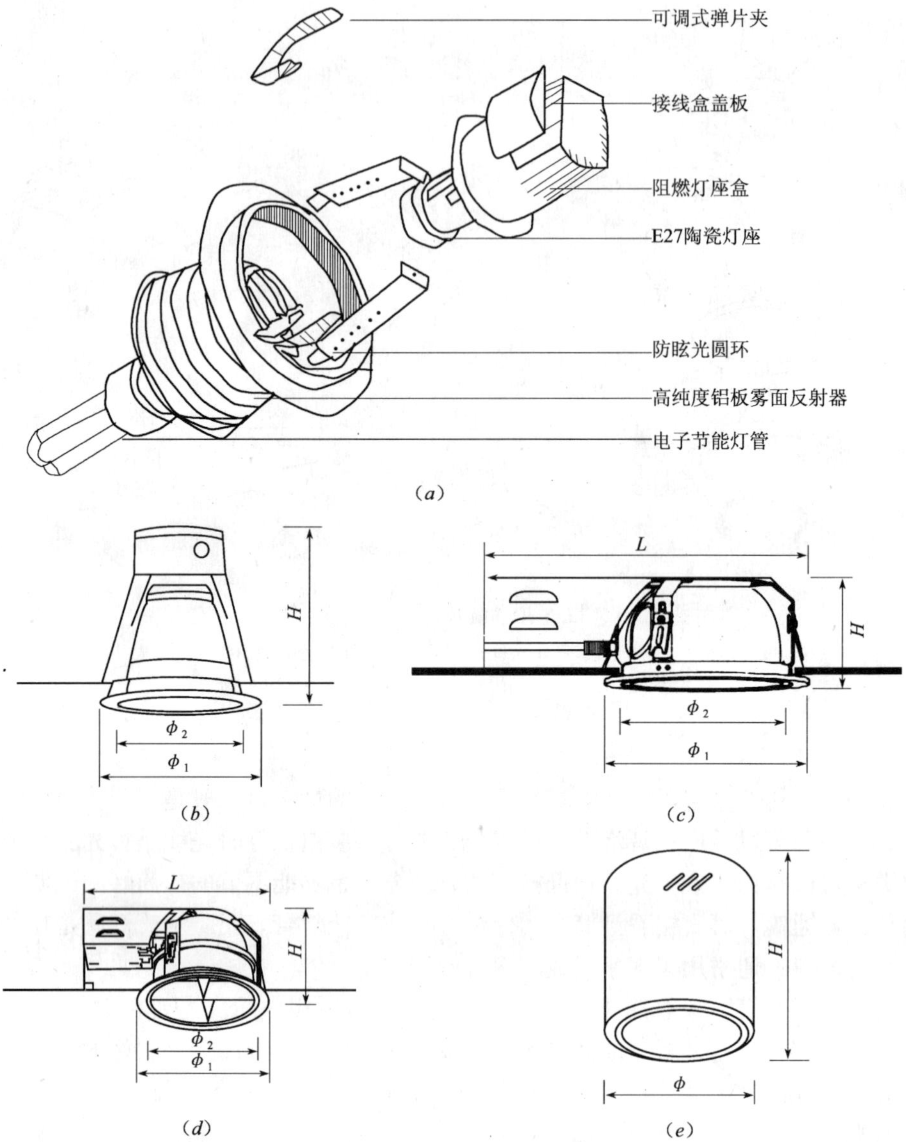

可调式弹片夹

接线盒盖板

阻燃灯座盒

E27陶瓷灯座

防眩光圆环

高纯度铝板雾面反射器

电子节能灯管

(*a*)

H

ϕ_2

ϕ_1

(*b*)

L

H

ϕ_2

ϕ_1

(*c*)

L

H

ϕ_2

ϕ_1

(*d*)

H

ϕ

(*e*)

图 17.4-16　筒灯结构

(*a*) 嵌入型筒灯结构；(*b*) 直装筒灯；(*c*) 横装筒灯；(*d*) 十字格筒灯；(*e*) 外露筒灯

（1）筒灯布置示例（图 17.4-17）

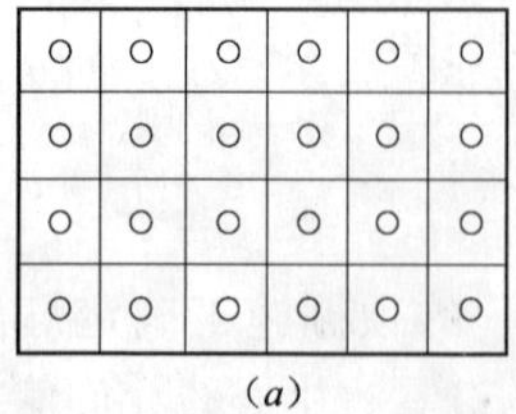

(*a*)

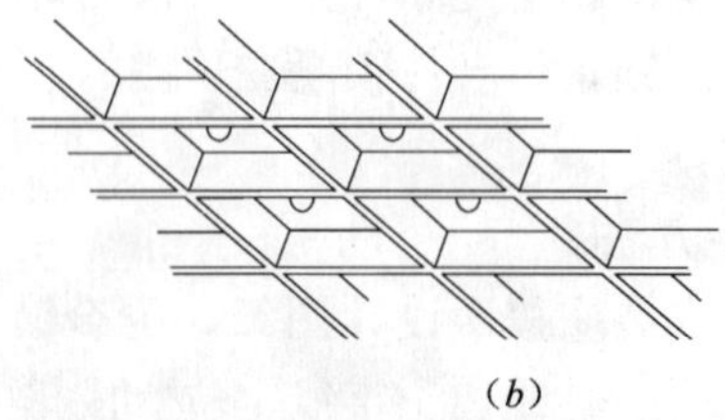

(*b*)

图 17.4-17　筒灯布置示例

(*a*) 在顶棚布置示意图；(*b*) 在卵格顶棚布置示意图

（2）筒灯安装形式如图 17.4-18 所示。

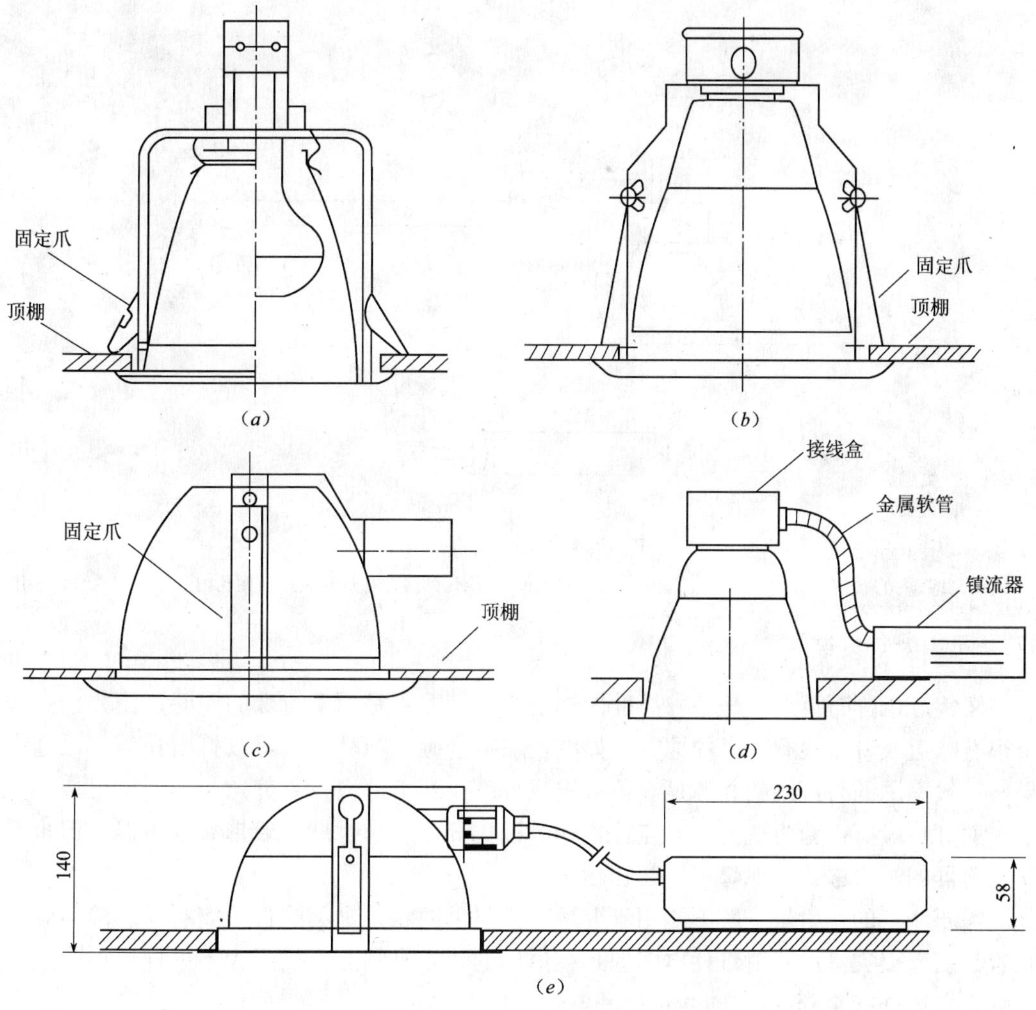

图 17.4-18 筒灯安装形式

（a）方式一（不带镇流器）；（b）方式二（顶装镇流器）；（c）方式三（侧装镇流器）；（d）方式四（吊装镇流器）；（e）方式五（吊装镇流器）

（3）筒灯安装步骤（图 17.4-19）

1）先在安装顶棚处开一个孔，孔径为 130mm；

2）打开接线盒，连接电源线，顶棚内接线盒至灯具的导线应用软管保护，软管有塑料软管、金属软管、包塑金属软管和可挠金属电线保护套管等。若采用不包塑金属软管，则软管要接地；

3）把灯具装入顶棚：挤压两侧弹簧夹并将灯具推入顶棚内，两侧固定弹簧夹可以随着顶棚的厚度加以调整，从 1～32mm；

4）装好灯管；

5）将反射罩推进灯具。

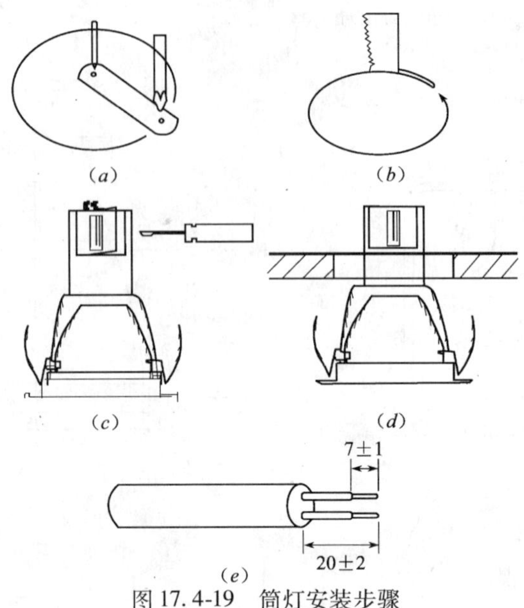

图 17.4-19 筒灯安装步骤

(a) 划线；(b) 开孔；(c) 打开接线盒，连接导线；(d) 压住弹簧片将灯具装入顶棚孔内；(e) 导线切削长度

17.4.7 射灯安装

卤钨灯也称石英灯，是一种高度聚光的灯具，主要是用于特殊的照明，比如，强调某个很有味道或者是很有新意的地方，如电视墙、挂画、饰品等，可以打出光韵，以增强效果。一般家用的射灯用的光源是石英灯泡或灯珠。石英灯泡只有黄光。

射灯一般可以分为轨道式、点挂式和内嵌式等多种。射灯一般带有变压器，但也有不带变压器的。内嵌式的射灯可以装在顶棚内。

需要注意的是射灯一般不能用于近距离照射毛织物，也不能近距离有易燃障碍物，否则容易引起火灾。虽然射灯耗电多但是在适当的位置有它点缀效果大不一样。射灯还有五彩灯杯，装饰起来别有风味。

1. 低压卤钨射灯结构

射灯由杯型射灯、射灯座、变压器组成（图 17.4-20）。12V 低压杯型卤钨灯必须与 220V 转 12V 变压器同时使用。低压卤钨射灯分为固定式和可作 90°角调节式两种，投射光源后藏于杯环内，有效防眩光。适应于家居、珠宝首饰店、眼镜连锁店、酒店服务业、商场服装店等商业场所、展览展示场所。

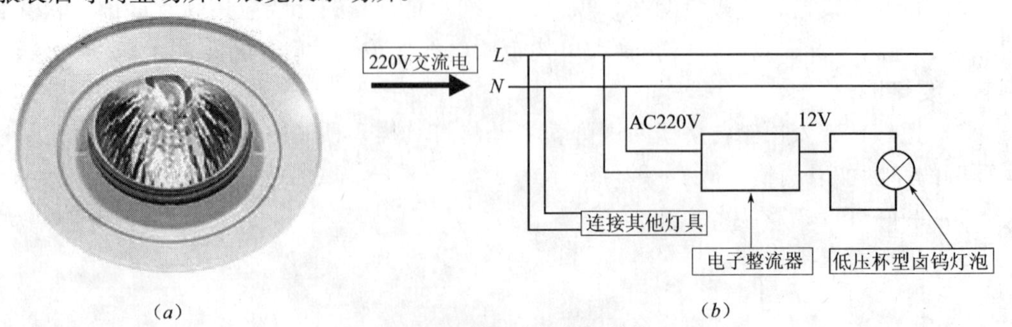

图 17.4-20 低压卤钨射灯结构

(a) 外形图；(b) 接线图

2. 低压卤钨射灯技术参数

（1）光源：12V 低压杯型卤钨灯；

（2）变压器：分离式 220V 转 12V 高频电子变压器；

（3）照射方向：垂直向下；

（4）嵌入式石英卤钨灯规格（表 17.4-6）。

嵌入式卤钨灯规格 **表 17.4-6**

型号	503 型简易式	504 型简易可倾斜式	582-3 型可倾斜式	582-5 型可倾斜可旋转式
图形				
开孔直径（mm）	68 ~ 71	68 ~ 71	92 ~ 95	92 ~ 95

3. 低压卤钨射灯安装方法

嵌入式射灯安装方法（图 17.4-21）：

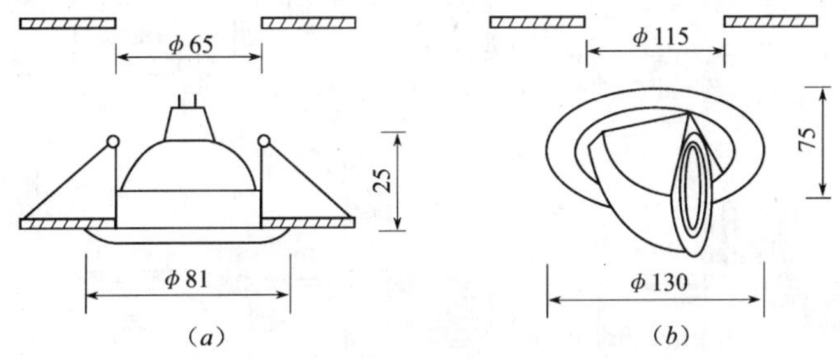

图 17.4-21 嵌入式射灯安装方法

（*a*）方式一；（*b*）方式二

（1）先在安装顶棚处开一个孔；

（2）打开接线端，连接电源线到电子变压器；

（3）把灯具装入顶棚，方法是根据顶棚的厚度来调节安装弹簧的位置；

（4）调整照射角度及方向；

（5）装好光源；

（6）安装注意事项：

1）灯具安全距离 0.5m；

2）变压器输出端与灯的距离必须大于 0.2m，变压器与变压器之间的距离必须人于 25mm；

3）不可将此变压器与调光器配用。

4. 路轨射灯安装方法

路轨内制作有导电体，灯具与路轨内的导线用插接件连接，灯具可以任意布置在路轨的任何位置，安装维修方便。

路轨射灯安装方法是先将路轨射灯的路轨安装在顶棚上，再使用轨道配件将路轨之间连接，将射灯按照要求的位置用插接件卡在路轨上，最后将路轨接上电源即可（图 17.4-22）。

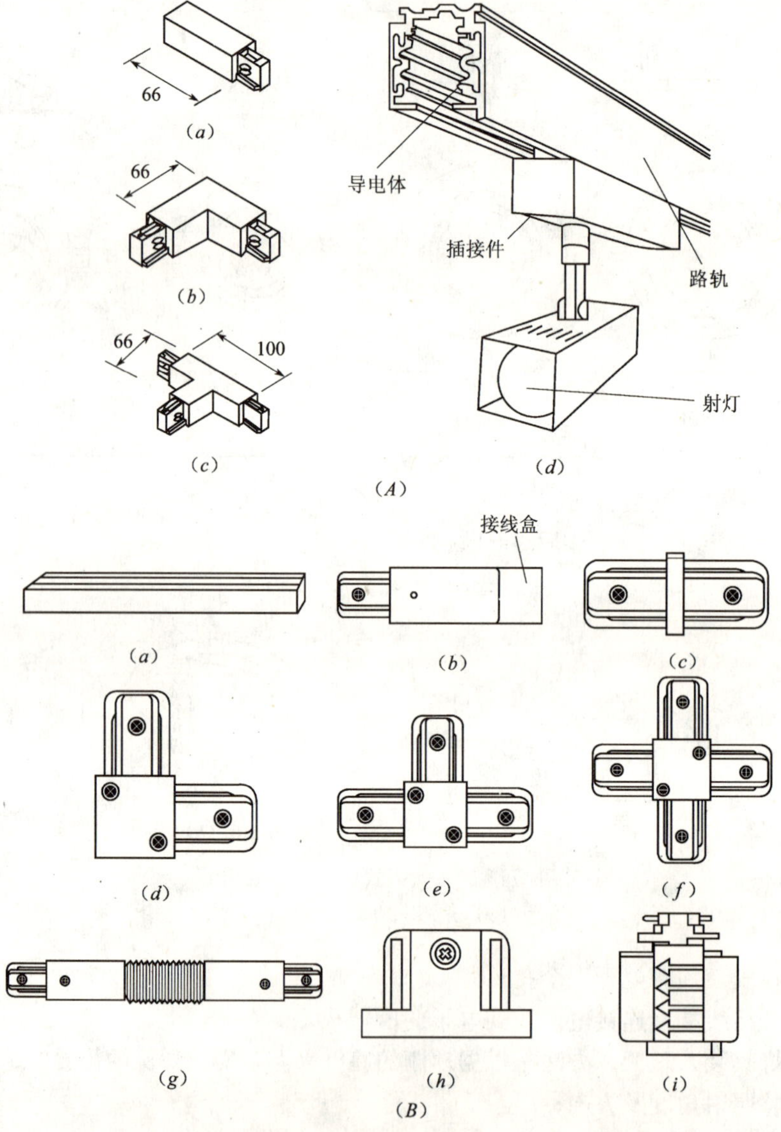

图 17.4-22 路轨射灯安装方法（一）
(A) 安装示意图；
(a) 电源接头；(b) 直角接头；(c) 三叉接头；(d) 安装方法
(B) 两线路轨及配件
(a) 直线路轨；(b) 电源接头；(c) 中间接头；(d) 直角接头；
(e) 三叉接头；(f) 十字接头；(g) 变形路轨；(h) 路轨端头；(i) 插接件

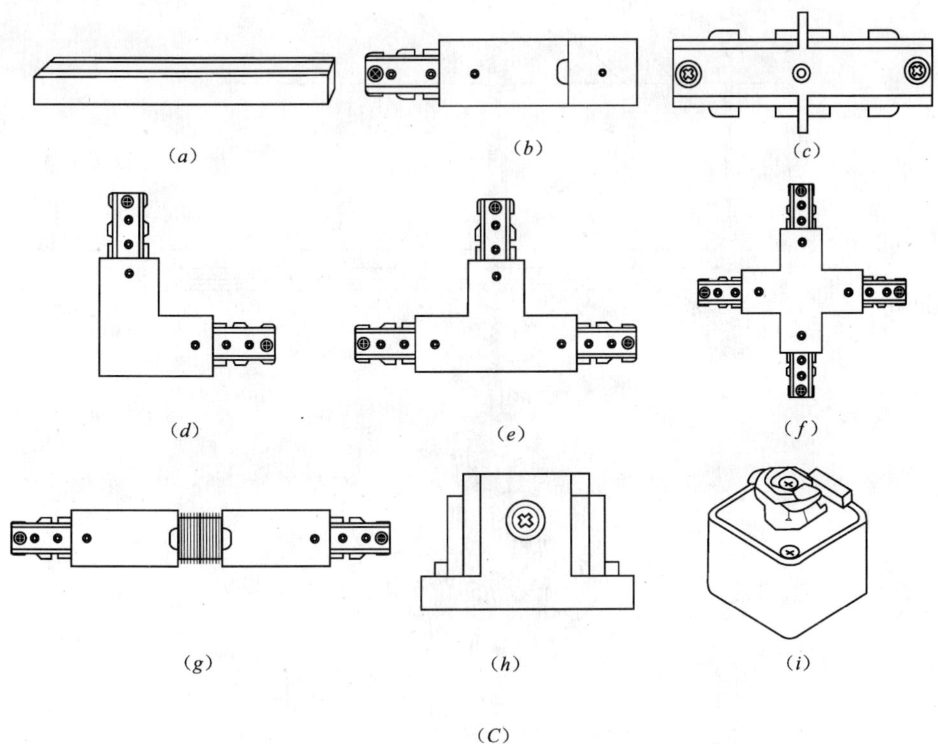

图 17.4-22 路轨射灯安装方法（二）
（C）三线路轨及配件
（a）直线路轨；（b）电源接头；（c）中间接头；（d）直角接头；（e）三叉接头；
（f）十字接头；（g）变形路轨；（h）路轨端头；（i）插接件

17.4.8 花灯安装

1. 花灯安装基本要求

（1）超过3kg的灯具需要设置灯具吊杆，吊杆圆钢直径不应小于灯具挂销直径，且不应小于6mm。大型花灯的固定及悬吊装置，应按灯具重量的2倍做过载试验。

（2）电源与灯具连接导线应用金属软管或可挠性金属管保护，长度不宜超过1.2m。

2. 花灯安装方法

吊式花灯安装方法（图 17.4-23）：

将灯具托起，并把预埋好的吊杆插入灯具内，把吊挂销钉插入后要将其尾部掰开成燕尾状，并且将其压平。导线接好头，包扎严实，理顺后放入接线盒内，调整好各个灯口，上好灯泡。

安装在重要场所的大型灯具的玻璃罩，应采取防止玻璃罩碎裂后向下溅落的措施。

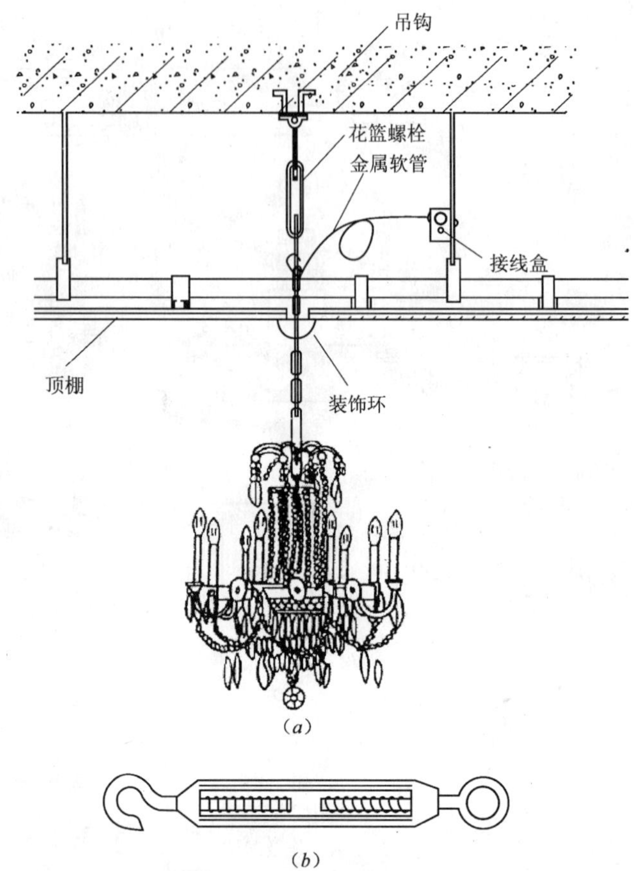

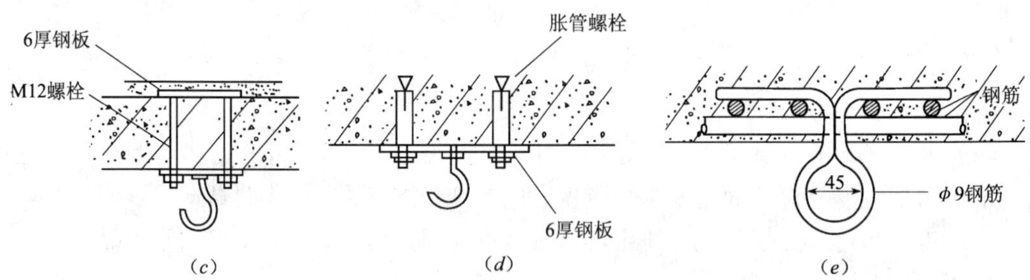

图 17.4-23 吊式花灯安装方法

(a) 安装方法；(b) 花篮螺栓；(c) 吊钩安装方式一；(d) 吊钩安装方式二；(e) 吊钩安装方式三

17.4.9 灯池安装

灯池（图 17.4-24）内的光源可选用荧光灯管或 LED 柔性扁光带，光源的照射应在 1.8m 以上。

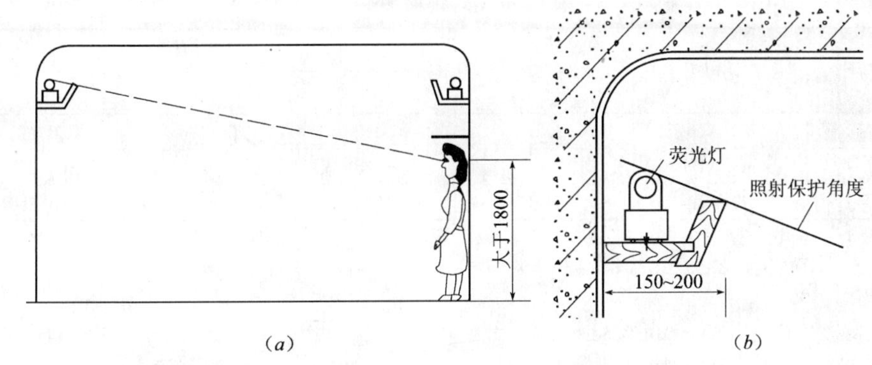

图 17.4-24 灯池安装方法

(a) 灯池照射角度要求示意图；(b) 安装方法

17.4.10 洗面台镜顶灯安装

洗面台镜顶灯（图 17.4-25）安装在洗面台的上方，灯具下面可配装透明装饰板或格栅，安装时应与装修工作配合进行。

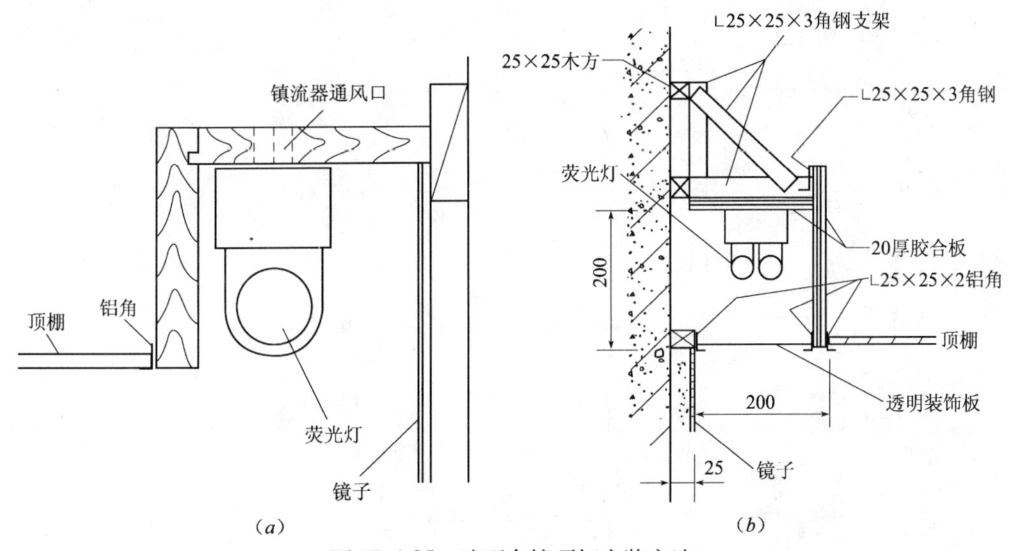

图 17.4-25 洗面台镜顶灯安装方法

(a) 方式一；(b) 方式二

17.4.11 投光灯安装

投光灯吊装采用高压铸铝合金电器箱外壳，美观耐用。高纯阳极氧化铝反射器，反光率高。防眩光设计；功率因素 >0.85；安装高度 8~15m。投光灯适用于车站、码头、大型停车场、工厂厂房、体育馆、商业场所及其他高大厅房照明等。

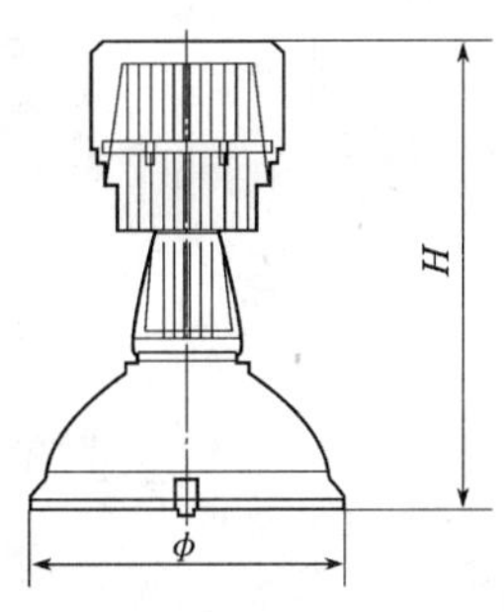

图 17.4-26 投光灯结构

1. 投光灯规格

投光灯结构见图 17.4-26，规格见表 17.4-7。

投光灯规格表 表 17.4-7

产品名称	规格型号	灯座	外形尺寸（mm）		适用光源
			ϕ	H	
16" 悬挂吊灯	M3/A16	E40	410	290	HQI 175～250W
19" 悬挂吊灯	M3/A19	E40	470	270	HQI 250～400W
22" 悬挂吊灯	M3/A22	E40	570	350	HQI 250～400W

2. 投光灯悬吊安装方法（图 17.4-27）

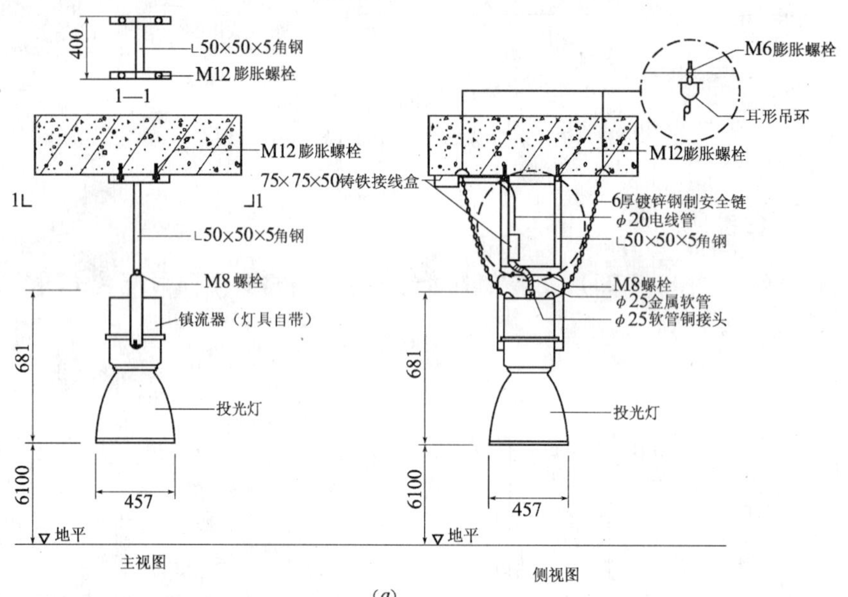

(*a*)

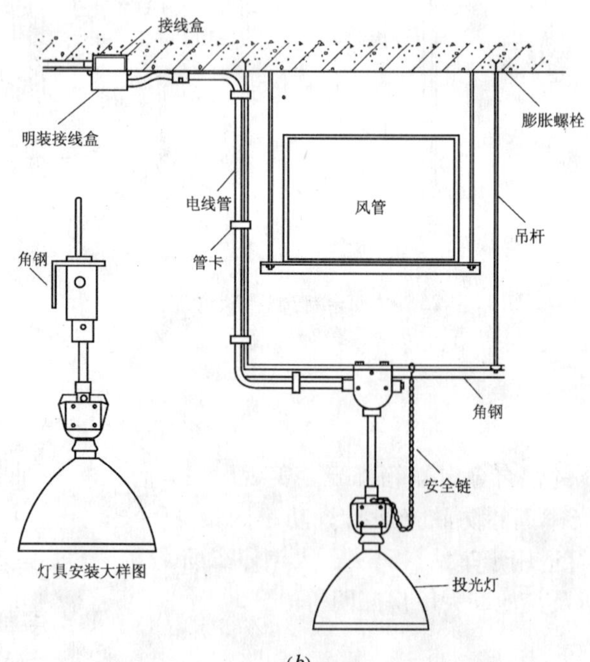

(*b*)

图 17.4-27 投光灯悬吊安装方法

(*a*) 方式一；(*b*) 方式二

投光灯应使用角钢安装，角钢用膨胀螺栓固定在结构混凝土顶板上，并需安装防止坠落吊链。

17.5 室外灯具安装

在都市中的重要公共建筑物、古迹、商业大楼、广场雕塑，或是一些造型独特的标志性建筑，或交通设施，都可以在夜间利用灯光进行照明或加以美化，使都市的夜景具有一番不同的景观。

17.5.1 室外灯具介绍

1. 室外照明的几种形式

（1）低杆照明（高度1m以下）

不是连续的照明方式，只是在树木或角落部分做突出点缀性照明。注重光产生的突出效果。主要光源使用节能灯或白炽灯。

（2）庭院照明（高度3~6m）

广泛用于非主行车道的街道，步行街、商业街、景观道路、公园、广场、学校、医院、住宅小区等。要求保证路面明亮的同时，力求使“光与影”的组合配置富有旋律，因为它的高度较低，最能让人感觉到它的存在，所以必须根据环境的气氛精心设计外观造型，并具有良好的安全性和防范性。主要光源使用高压钠灯，金属卤化物灯或荧光灯。

（3）中杆照明（高度6~8m）

着重于路面宽阔的城市干道，行车道两侧，主要为行车所用，要求确保路面明亮度。要求不能有强烈的眩光干扰行车视线。要求照度较为均匀，长距离连续配置，刻画出空间光的延续之美感。使用光源高压钠灯为主。

（4）广场照明（高度15~30m）

位于广场的突出位置。设置时应创造中心感，并成为区域中心的象征。成本高、安装和维护难度大。要求具有很高的安全性。光源为高功率的高压钠灯或金属卤化物灯。

2. 室外灯具安装一般要求

（1）室外灯具应选用防水型，同时接线盒及电缆接驳处也应做好防水处理。

（2）每套灯具的导电部分对地绝缘电阻值大于2MΩ。

（3）在人行道等人员来往密集场所安装的落地式灯具，无围栏防护，安装高度距地面应2.5m以上。

（4）所有金属构件均应做防腐处理，金属构架和灯具的可接近裸露导体及金属软管的接地（PE）或接零（PEN）可靠，且有标识。

（5）灯具的自动通、断电源控制装置动作准确，每套灯具熔断器盒内熔丝齐全，规格与灯具适配。

（6）灯具与基础固定可靠，地脚螺栓备帽齐全，混凝土底座下素土夯实。灯具的接线盒或熔断器盒、盒盖的防水密封垫完整。

（7）多个灯具在同一回路连接时，预制混凝土基础采用双塑料软管预埋，方便各灯具之间的连接。

（8）电缆通常选用铠装电力电缆埋地敷设。

（9）根据设计要求，电杆也应做好防雷接地装置。

17.5.2 壁灯安装

1. 壁灯安装一般要求

（1）壁灯安装高度一般不应低于2.4m，住宅壁灯灯具安装高度不宜低于2.2m，床头灯不宜低于1.5m。

（2）安装在室外的壁灯，其台板或灯具底托与墙面之间应加防水胶垫或用防水胶进行密封，并应打好泄水孔。

2. 壁灯安装方法（图17.5-1）

壁灯可以装在墙上或柱子上，应在砌墙时应预埋电线管及接线盒，安装壁灯如需要设置绝缘台时，应根据壁灯底座的外形选择或制作合适的绝缘台。绝缘台应紧贴建筑物表面，且不准歪斜。

壁灯安装方法是先根据灯具的外形选择合适灯具底托把灯具摆放在上面，四周留出的余量要对称，然后用电钻在底托上开好出线孔和安装孔，在灯具的底板上也开好安装孔，将灯具的灯头线从底托的出线孔中甩出，在墙壁上的接线盒内接头，并包扎严密，将接头塞入盒内。把底托对正灯头盒，贴紧墙面，可用螺栓将底托直接固定在接线盒耳朵上，调整灯具底托使其平正不歪斜，再用螺栓将灯具拧在灯具底托上，灯具底托与墙面之间应加防水胶进行密封，最后配好灯泡、灯伞或灯罩。

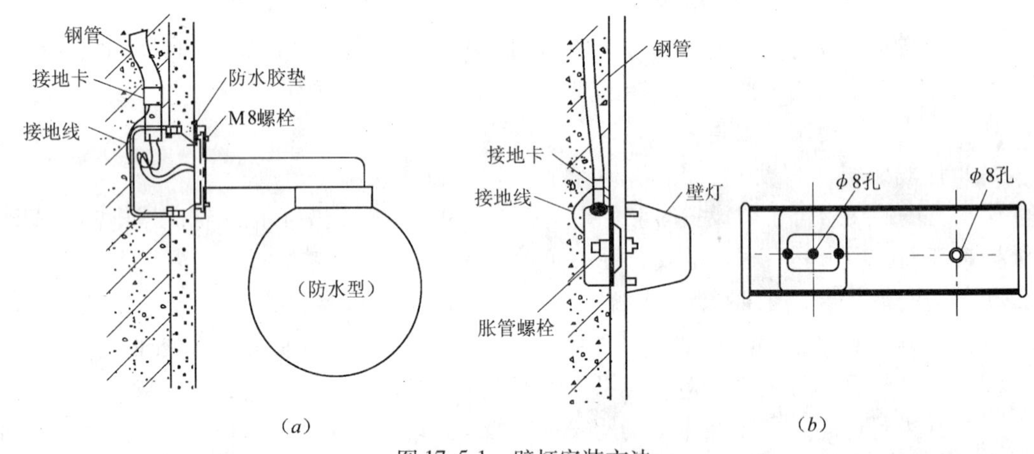

图17.5-1 壁灯安装方法

(a) 方式一；(b) 方式二

17.5.3 草坪灯安装

草坪灯不是连续的照明方式，只是在树木或角落部分做突出点缀性照明。注重光产生的突出效果。光源主要使用节能灯或白炽灯等。灯杆安装分为法兰式安装及埋设式安装两种。安装方法如图17.5-2所示，安装说明如下：

（1）混凝土底座下素土夯实。

（2）多个灯具在同一回路连接时，预制混凝土基础采用双塑料软管预埋。

（3）电缆通常选用铠装电力电缆埋地敷设。

（4）灯具的金属外壳应可靠接地。

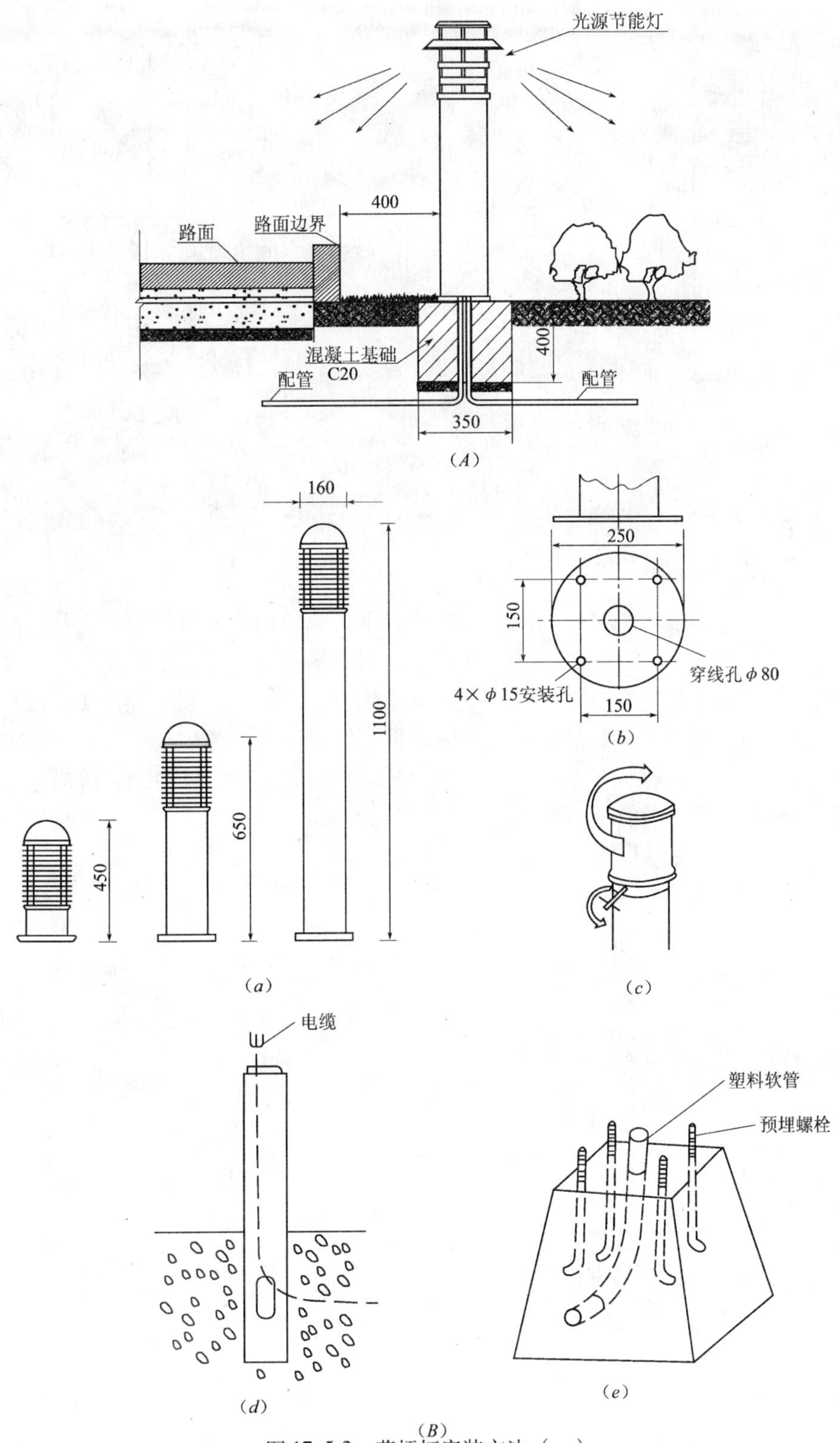

图 17.5-2 草坪灯安装方法（一）

(A) 安装示意图；

(B) 安装方式一；

(a) 外形图；(b) 安装尺寸；(c) 灯具安装方法；(d) 埋设式安装导线引入方法；(e) 法兰式安装基础大样

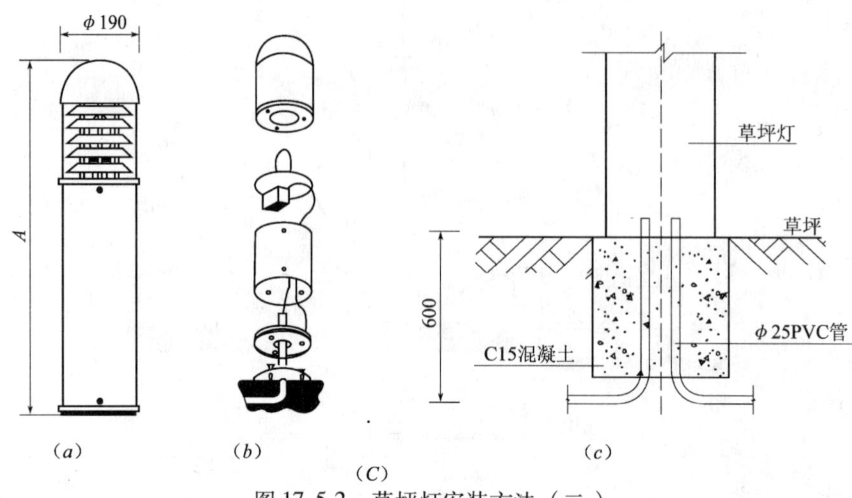

(C)

图 17.5-2　草坪灯安装方法（二）

(C) 安装方式二

(a) 外形图；(b) 内部结构图；(c) 基础大样图

17.5.4　庭院灯安装

庭院照明广泛用于非主行车道的街道，步行街、商业街、景观道路、公园、广场、学校、医院、住宅小区等。庭院照明要求保证路面明亮的同时，力求使“光与影”的组合配置富有旋律，因为它的高度较低，最能让人感觉到它的存在，所以必须根据环境的气氛精心设计外观造型，并具有良好的安全性和防范性。庭院照明光源主要使用高压钠灯，金属卤化物灯或荧光灯等。灯杆安装分为法兰式安装及埋设式安装两种。庭院灯安装方法如图 17.5-3所示，安装应符合下列规定：

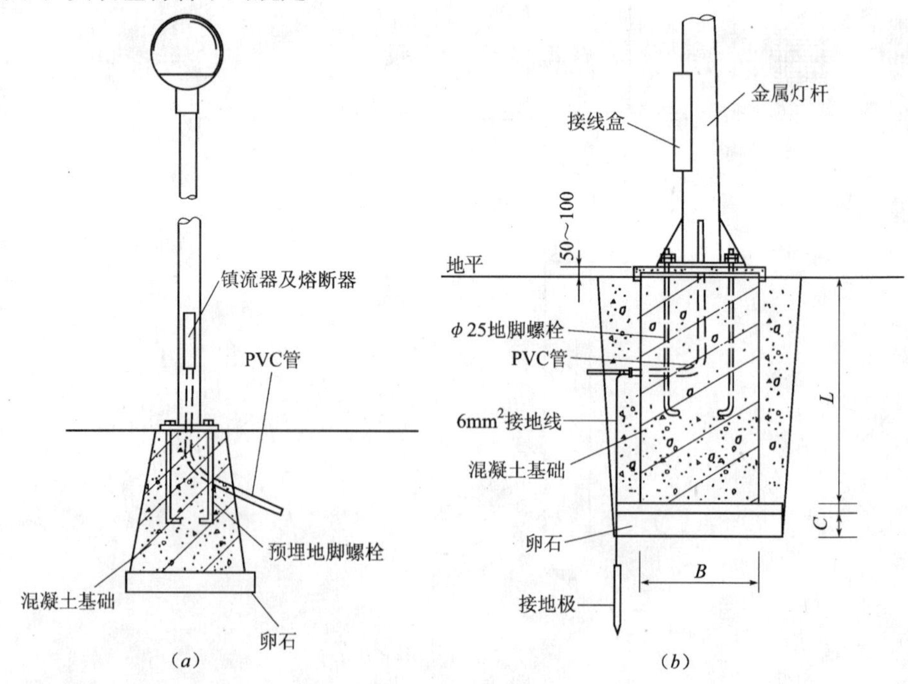

图 17.5-3　庭院灯安装方法（一）

(a) 方式一；(b) 基础大样方式一

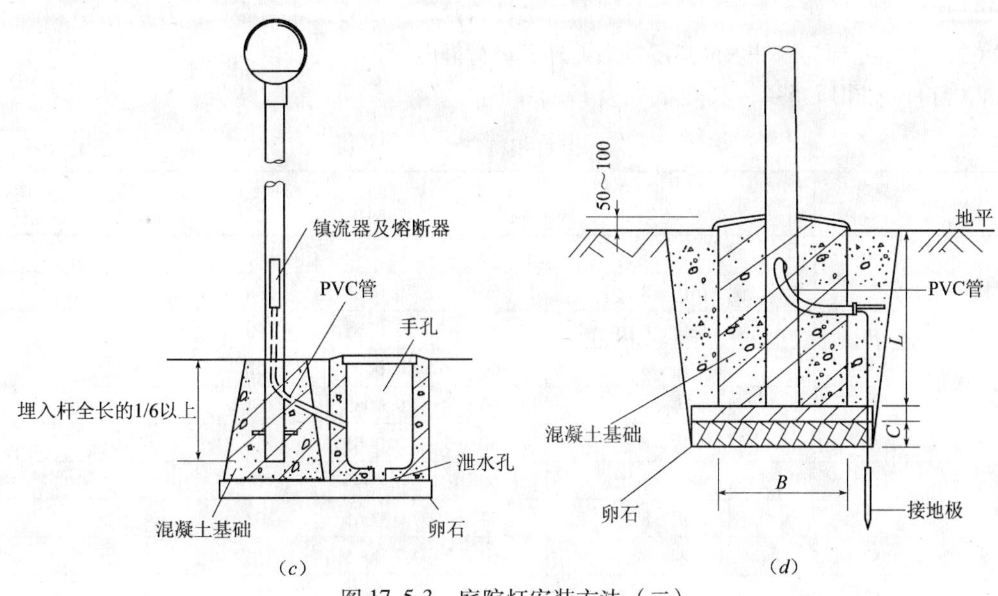

图 17.5-3 庭院灯安装方法（二）

（c）方式二；（d）基础大样方式二

（1）混凝土底座下素土夯实。

（2）多个灯具在同一回路连接时，预制混凝土基础采用双塑料软管预埋，方便各灯具之间的连接。

（3）电缆通常选用铠装电力电缆埋地敷设。

（4）每套灯具的导电部分对地绝缘电阻值大于2MΩ。

（5）灯具与基础固定可靠，地脚螺栓备帽齐全。

（6）金属立柱及灯具可接近裸露导体接地（PE）或接零（PEN）可靠。接地线单设干线，干线沿庭院灯布置位置形成环网状，且不少于2处与接地装置引出线连接。引出支线与金属灯柱及灯具的接地端子连接，且有标识。

（7）灯具的接线盒或熔断器盒、盒盖的防水密封垫完整。灯具的自动通、断电源控制装置动作准确，每套灯具熔断器盒内熔丝齐全，规格与灯具适配。

17.5.5 路灯安装

路灯照明着重于路面宽阔的城市干道，行车道两侧，主要为行车所用，要求确保路面明亮度，减少事故的发生，要求不能有强烈的眩光干扰行车视线。要求照度较为均匀，长距离连续配置，刻画出空间光的延续之美感。光源使用高压钠灯为主。灯杆安装分为法兰式安装及埋设式安装两种。

1. 灯杆技术说明

（1）材质采用板厚6~12mm的优质钢板。

（2）制作经大型数控折弯机一次折弯成型，无横向焊缝。

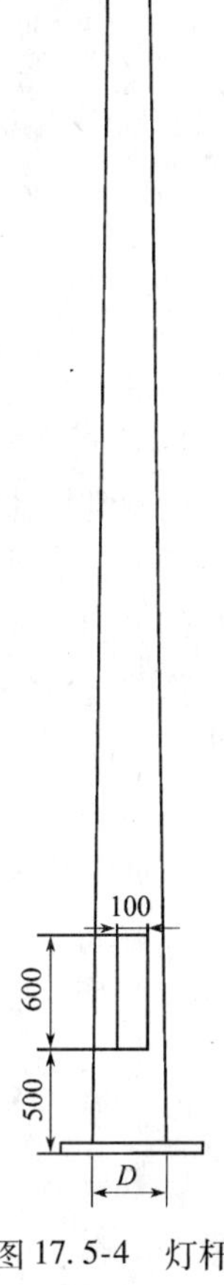

图 17.5-4 灯杆

（3）杆型为插接式多菱形锥度杆或圆锥形杆，施工安装方便，重心低，力学稳定性好。

（4）表面处理为内外表面热浸锌后，外表进行静电喷塑，美观耐久。

2. 灯杆见图 17.5-4，其规格见表 17.5-1。

灯杆规格尺寸　　表 17.5-1

类别	高度 H（m）	截面形状	顶径 d（mm）	锥度（tan）	底径 D（mm）	杆壁厚度（mm）	灯盘面积（m^2）
路灯杆	4	圆、6边、8边	60	0.0065	115	3.5	
	5	圆、6边、8边	60	0.0065	128	3.5	
	6	圆、6边、8边	60	0.0065	140	3.5	
	7	圆、6边、8边	60	0.0065	152	3.5	
	8	圆、6边、8边	60	0.0065	164	3.5	
	9	圆、6边、8边	60	0.0065	188	4	
	10	圆、6边、8边	60	0.0065	177	4	
	11	圆、6边、8边	60	0.0065	202	4	
旗杆	12	圆	60	0.0065	216	4	
	14	圆	60	0.0065	242	4	
	15	圆	60	0.0065	255	4	
	16	圆	60	0.0065	268	4	
	18	圆	60	0.0065	294	4	
高杆	25	12边	300	0.007	650	6×8	6
	30	12边	300	0.007	700	6×8	6
	35	12边	300/400	0.007	800/900	6×10	14.25
	35	16边	300/400	0.007	800/900	6×10	14.25
	40	12边	300/400	0.007	900/1000	8×12	14.25
	40	16边	300/400	0.007	900/1000	8×12	14.25
	45	16边	400	0.007	1050	8×12	14.25
	50	16边	400	0.007	1100	8×12	14.25

3. 钢制灯杆进场验收

钢制灯杆应符合下列规定：

（1）按批查验合格证；

（2）外观检查：涂层完整，根部接线盒盒盖紧固件和内置镇流器熔断器等器件齐全，盒盖密封垫片完整。钢杆内设有专用接地螺栓，地脚螺孔位置按提供的附图尺寸，允许偏差为 ±2mm。

4. 灯杆安装方法

灯杆安装方法如图 17.5-5 所示，安装说明如下：

（1）每套灯具的导电部分对地绝缘电阻值大于 2MΩ。

（2）所有金属构件均应做防腐处理，灯杆及所有金属构件均应可靠接地。

（3）架空线路电杆上的路灯，固定可靠，紧固件齐全、拧紧，灯位正确；每套灯具配有熔断器保护。

（4）灯具的自动通、断电源控制装置动作准确，每套灯具熔断器盒内熔丝齐全，规格与灯具适配。灯具的接线盒或熔断器盒、盒盖的防水密封垫完整。

（5）灯具与基础固定可靠，地脚螺栓备母齐全，混凝土底座下素土夯实。

（6）多个灯具在同一回路连接时，预制混凝土基础采用双塑料软管预埋，方便各灯具之间的连接。

（7）电缆通常选用铠装电力电缆埋地敷设。

（8）根据设计要求，电杆也应做好防雷接地装置。

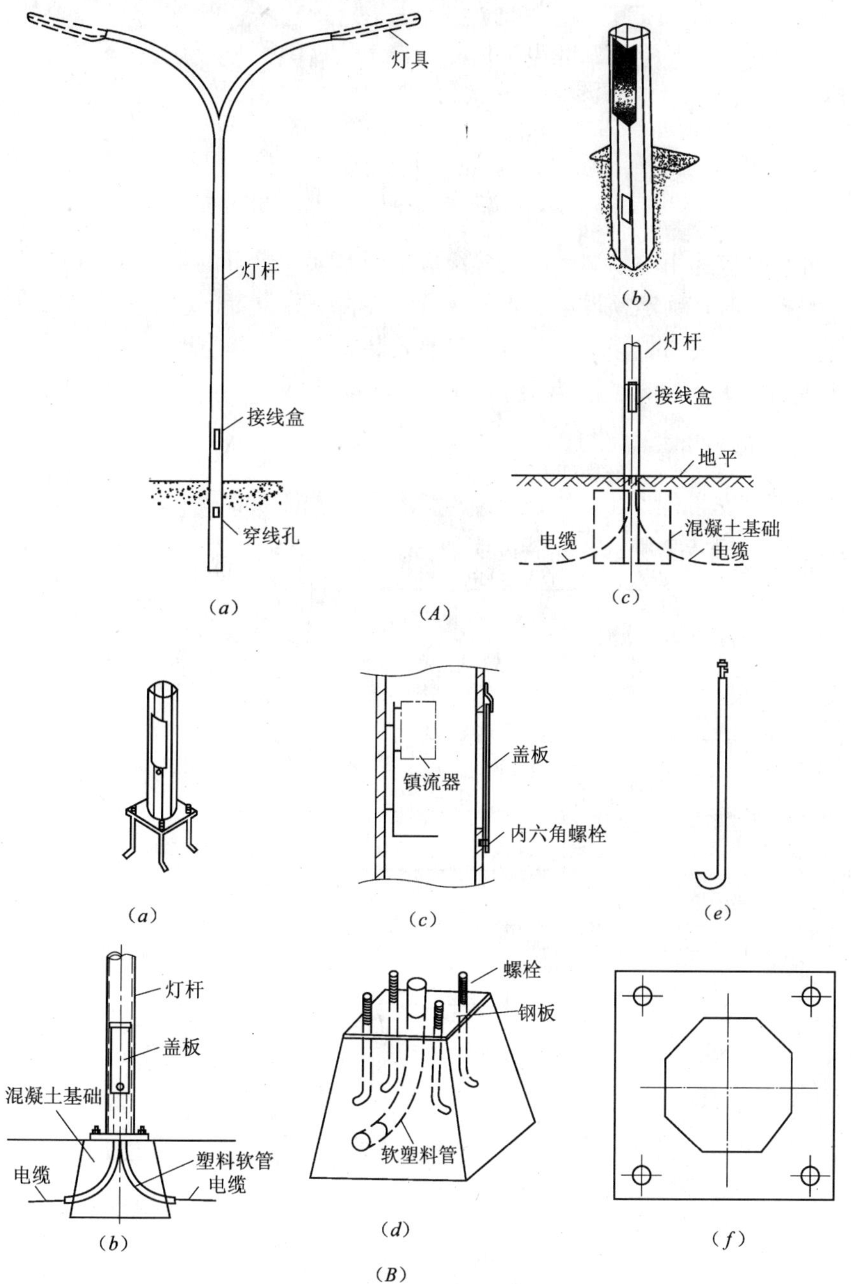

图 17.5-5　灯杆式安装方法

（A）路灯埋设式安装方法；

（a）路灯埋设式安装示意图；（b）路灯埋设底座外形图；（c）路灯埋设式安装方法

（B）路灯法兰式安装方法

（a）路灯法兰底座外形图；（b）路灯法兰式安装方法；（c）接线盒大样图；

（d）路灯预制混凝土基础；（e）基础螺栓大样图；（f）法兰大样图

17.5.6 步道灯安装

安装方法如图 17.5-6 所示，安装说明如下：

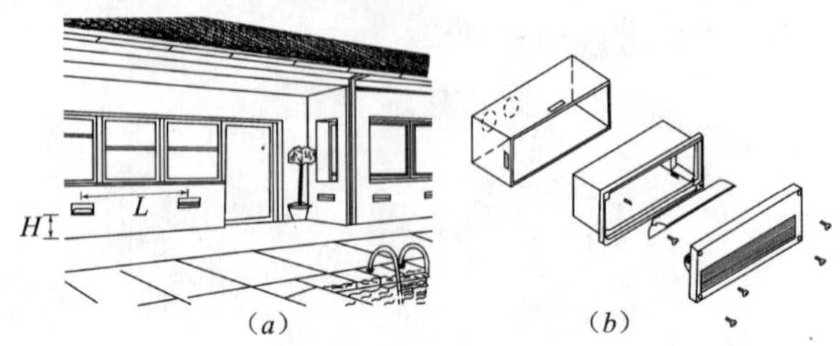

图 17.5-6 嵌入步道灯安装方法

(a) 灯具布置示意图；(b) 步道灯组成

（1）室外灯具应选用防水型，防护等级应达到 IP56，灯具的金属外壳应可靠接地。

（2）建筑施工时，确定预埋电线管的布置，并在灯具位置预埋木盒。

（3）灯具安装时要与装修工作配合，灯具安装完应在灯具与墙面封防水胶防水。

（4）H 高度为 0.3m，L 长度为 2～3m。

17.5.7 楼梯照明灯安装

1. 楼梯地面灯安装

安装方法如图 17.5-7 所示，安装说明如下：

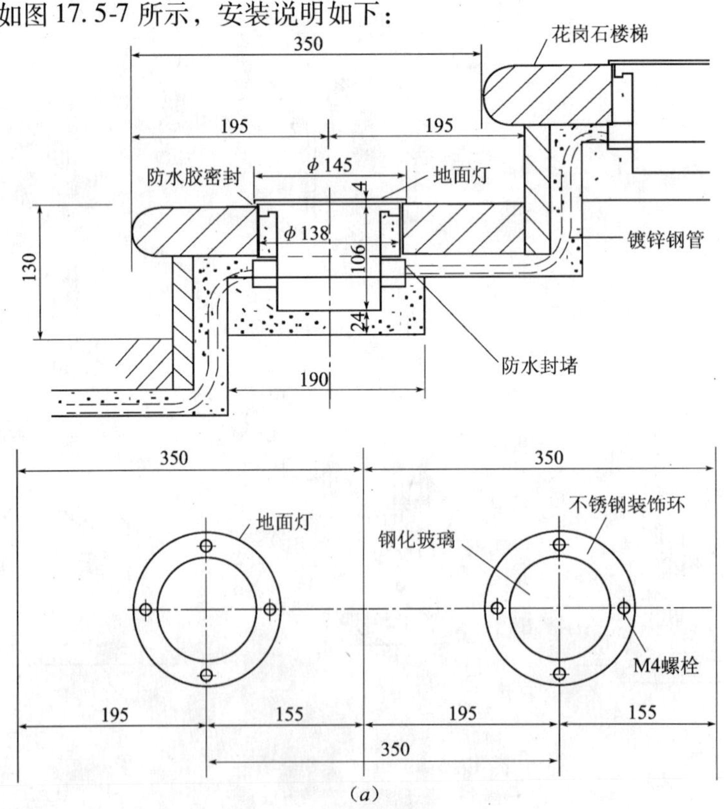

图 17.5-7 楼梯地面灯安装方法（一）

(a) 楼梯地面灯安装方法

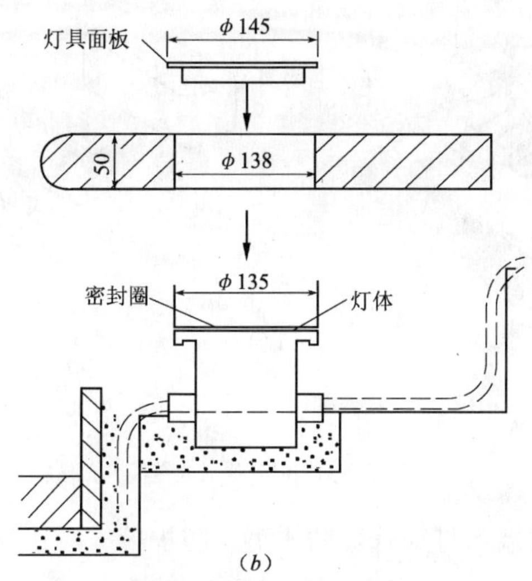

(*b*)

图 17.5-7　楼梯地面灯安装方法（二）

（*b*）楼梯地面灯安装示意图

（1）室外安装的楼梯照明灯具应选用防水型，防护等级应达到 IP56 以上，灯具的金属外壳应可靠接地。

（2）建筑施工时，确定预埋电线管的布置，并在灯具位置预埋木盒。

（3）灯具安装时要与装修工作配合，灯具安装完应在灯具与地面封防水胶防水。

2. 楼梯墙壁灯安装

安装方法如图 17.5-8 所示，安装说明如下：

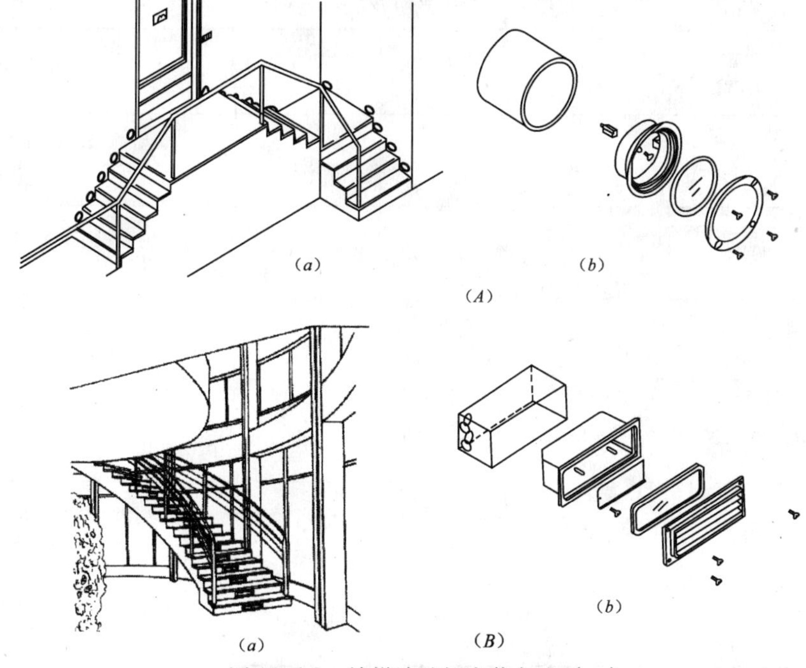

图 17.5-8　楼梯墙壁灯安装方法（一）

（*A*）方式一

（*a*）布置示意图；（*b*）嵌入式壁灯组成图

（*B*）方式二

（*a*）布置示意图；（*b*）嵌入式壁灯组成图；

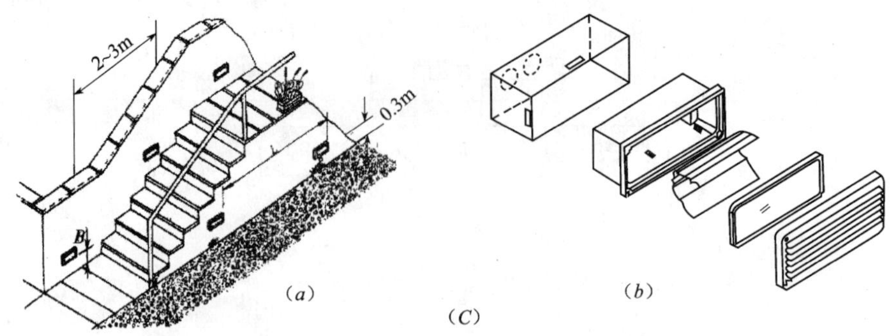

图 17.5-8 楼梯墙壁灯安装方法（二）
（C）方式三
（a）布置示意图；（b）嵌入式壁灯组成图

（1）室外安装的楼梯墙壁灯应选用防水型，防护等级应达到 IP56，灯具的金属外壳应可靠接地。

（2）建筑施工时，确定预埋电线管的布置，并在灯具位置预埋木盒。

（3）灯具安装时要与装修工作配合，灯具安装完应在灯具与墙面封防水胶防水。

17.5.8 建筑物景观照明灯安装

建筑物景观照明为表现建筑物造型特色、艺术特点、功能特征和周围环境布置的照明工程，这种工程通常在夜间使用。

1. 夜景照明常用光源及应用范围（表 17.5-2）

夜景照明常用光源及应用范围 **表 17.5-2**

光源类型	光效 (lm/W)	显色指数 Ra	色温 K	平均寿命 (h)	应用场合
三基色荧光灯	96	80~98	全系列	10000	内透照明、路桥、广告灯箱、广场等
紧凑型荧光灯	50~85	85	2700~5300	8000~12000	建筑轮廓照明、彩灯、园林、路桥、广场等
金属卤化物灯	75~95	65~92	3000~5600	6000~12000	泛光照明、彩灯、路桥、园林、广告、广场等
钠灯	120~200	23~85	1700~2500	25000	泛光照明、路桥、园林、广告、广场等
冷阴极灯	—	—	2700~6500 或彩色	20000~30000	内透照明、装饰照明、彩灯、路桥、园林、广告、广场
LED	10~18	—	—	100000	内透照明、装饰照明、彩灯、路桥、园林、广告、广场等

2. 夜景照明常用灯具及应用范围（表 17.5-3）

夜景照明常用灯具及应用范围 **表 17.5-3**

灯具类型	应用场合
荧光灯	内透照明、装饰照明、路桥、园林、广告、广场等
投光灯	泛光照明、路桥、树林、广告、广场、草坪、水景、山石等
地埋灯	泛光照明、步道、树木、广场、草坪、山石等
LED 灯	内透照明、装饰照明、彩灯、路桥、园林、广告、广场等
光纤灯	装饰照明、彩灯、园林、水景、广场等
草坪灯	小路、园林、广场等
庭院灯	路桥、园林、广场、庭院等
太阳能灯	彩灯、路桥、园林、庭院、广场等

3. 被照景物亮度水平

采用投射光照明的被照景物的平均亮度水平宜符合表 17.5-4 的规定。

被照景物亮度水平 **表 17.5-4**

被照景物所处区域	亮度范围（cd/m^2）
城市中心商业区、娱乐区、大型广场	<15
一般城市街区、边缘商业区、城镇中心区	<10
居住区、城市郊区、较大面积的园林景区	<5

4. 地面灯安装方法

地面灯安装方法见图 17.5-9 所示，灯具安装应符合下列规定：

（1）地面射灯防护等级应达到 IP56，灯具的金属外壳应可靠接地。

（2）在地面施工时，配合电线管或电缆的埋设，在灯具位置处可预埋木盒，灯具安装时注意与地面面层施工的配合，灯具安装时要做好防水处理。

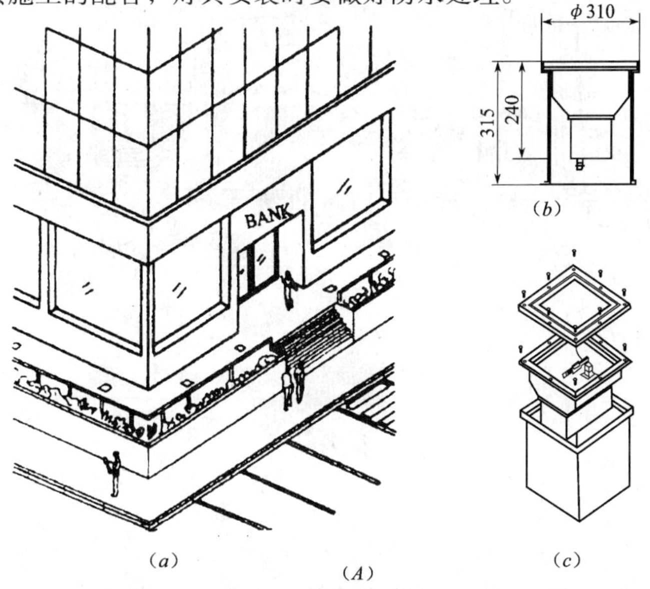

图 17.5-9 地面灯安装方法（一）

（A）方形地面灯安装方法

（a）布置示意图；（b）方形灯规格尺寸；（c）方形灯安装

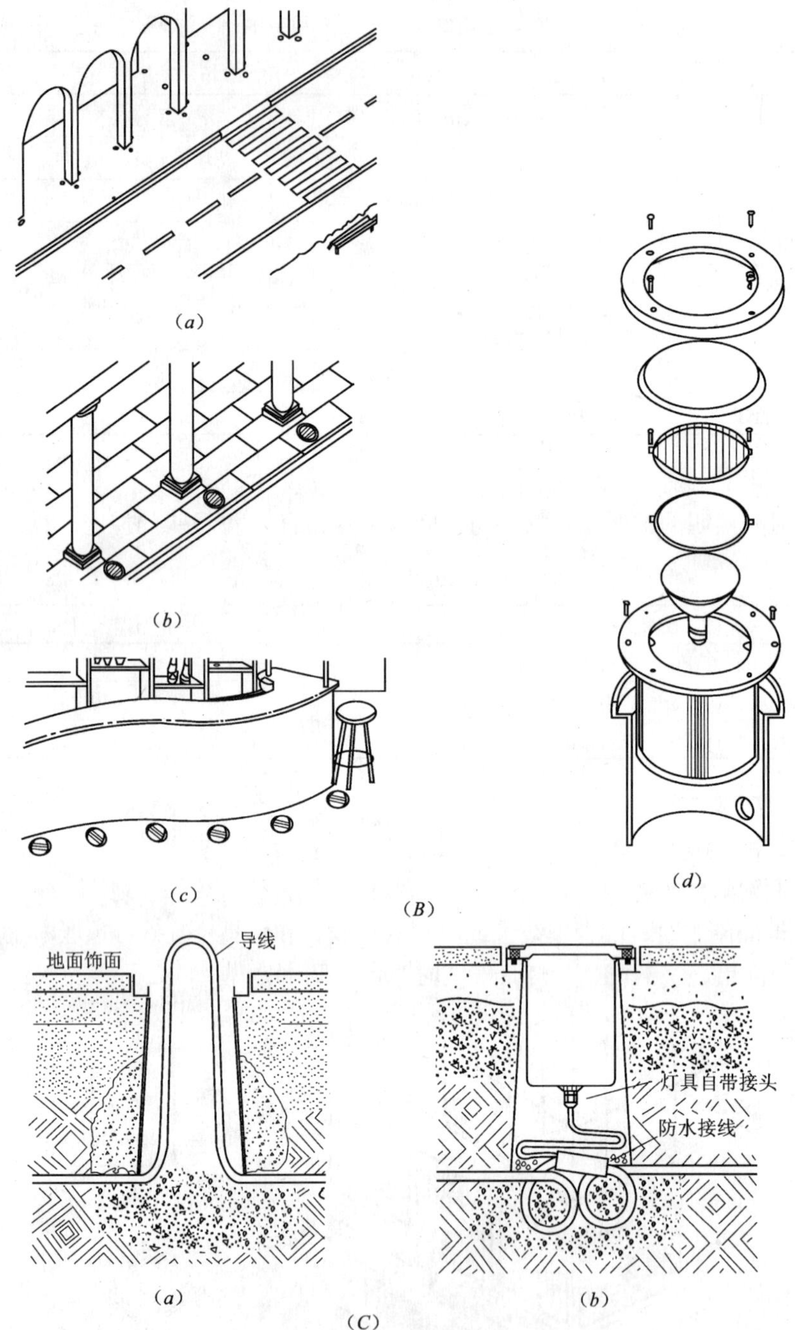

图 17.5-9 地面灯安装方法（二）
(B) 圆形地面灯安装方法；
(a) 布置示意图（一）；(b) 布置示意图（二）；(c) 布置示意图（三）；(d) 圆形灯安装
(C) 地面灯布线方法
(a) 导线引入方法；(b) 导线连接方法

5. 建筑物立面照明灯安装

建筑物立面照明能够为人们提供一个良好的夜视环境，丰富人们夜晚的文化生活，增强人们的舒适安全感，同时也可推动旅游事业的发展，带来非常可观的社会效益和经济效益。

（1）建筑物立面照明灯安装方式及使用场所（表17.5-5）

建筑物立面照明灯安装方式及使用场所　　表17.5-5

照明方式	方　法	使用光源	特　点	适用场所
泛光照明	用泛光灯直接照射被照物表面，使被照面亮度大于周围亮度	气体放电灯	显示被照物体形，突出被照物全貌，层次清楚、立体感强，灯具的安装位置及投射角度很重要，否则光干扰较严重	道路、高大建筑物、桥梁、雕塑小品、广场
轮廓照明	将光源沿被照物特定的轮廓安置，显示被照物的外形	白炽灯 荧光灯 霓虹灯	突出被照物外形轮廓，不反映被照物的特点	桥梁、广告、树木、人造景观
内透光照明	将光源安置在被照物内，利用玻璃窗或玻璃幕墙向外透射出光线	荧光灯 白炽灯	节约投资、维护方便	灯箱、广告、橱窗、标志

（2）建筑物立面照明设计程序

1）调研阶段：主要对投资方与景观设计师构思与意图的了解，包括实地考察。

2）分析阶段：确定主要和次要观察视点；确定整体思想和重点表现的内容。

3）设计阶段：确定亮（照）度水平、照明方式、光源及灯具、照明设备及材料的数量；选择合适的供电与控制系统。

（3）投光灯安装

投光灯安装方法如图17.5-10所示，安装说明如下：

1）选用灯具、镇流器自成一体灯具。镇流器根据实际安装方式现场固定。

2）建筑物景观照明灯具构架应固定可靠，地脚螺栓拧紧，备母齐全；灯具的螺栓紧固、无遗漏。

3）灯具出线端的电线或电缆应有包塑金属软管保护，灯具出线端使用电缆时，也可使用电缆终端密封头安装。

4）室外安装的灯具应选用防水型，接线盒盖要加橡胶防水垫圈保护。

5）投光灯的底座及支架应固定牢固，枢轴应沿需要的光轴方向拧紧固定。底座及支架要做防腐处理。

6）灯具及支架接地可靠。

（4）玻璃幕墙射灯安装

玻璃幕墙射灯安装方法如图17.5-11所示，安装说明如下：

1）玻璃幕墙射灯防护等级应达到IP56，灯具的金属外壳应可靠接地。

2）灯具安装时要与装修工作配合，灯具安装完应在灯具与墙面封防水胶。

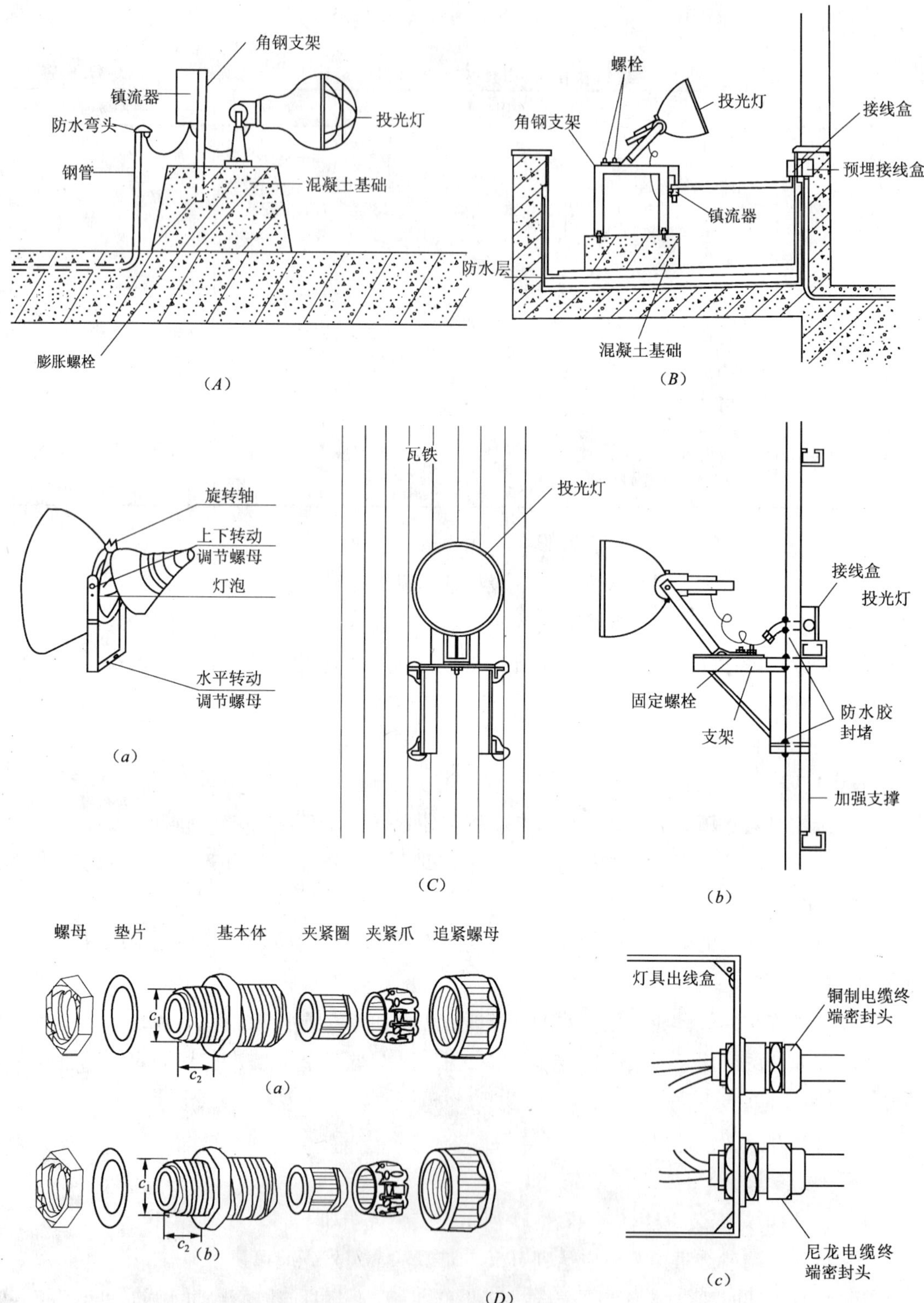

图 17.5-10　投光灯安装方法

(A) 投光灯安装方法一；(B) 投光灯安装方法二；(C) 投光灯壁装方法；
(a) 灯具结构；(b) 安装方法
(D) 电缆终端密封头安装方法
(a) 铜制电缆终端密封头；(b) 尼龙电缆终端密封头；(c) 安装方法

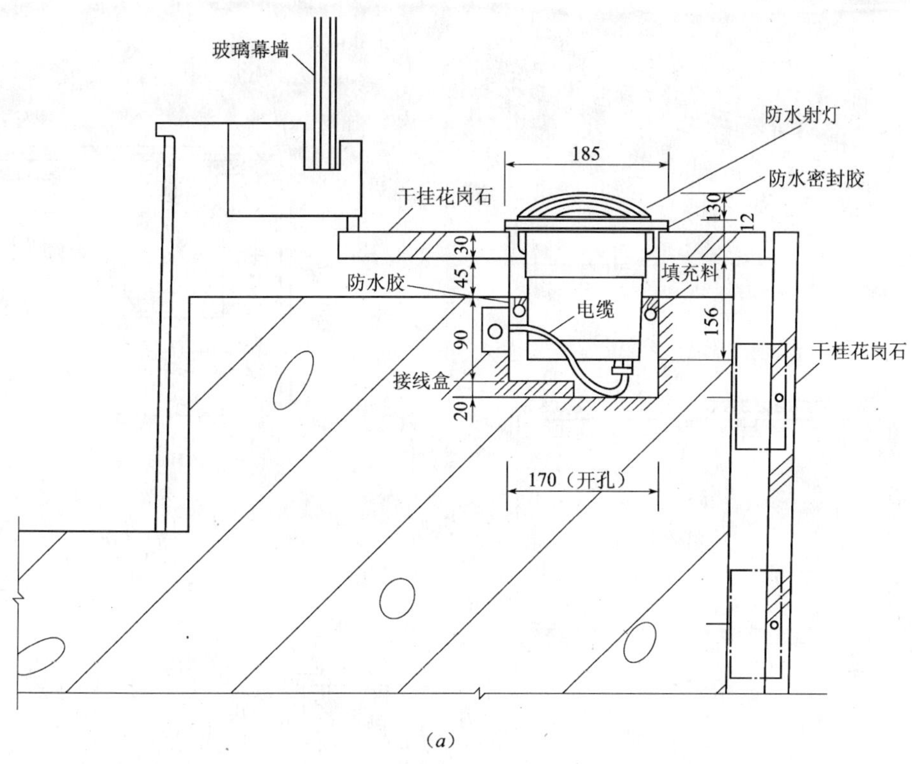

（*a*）

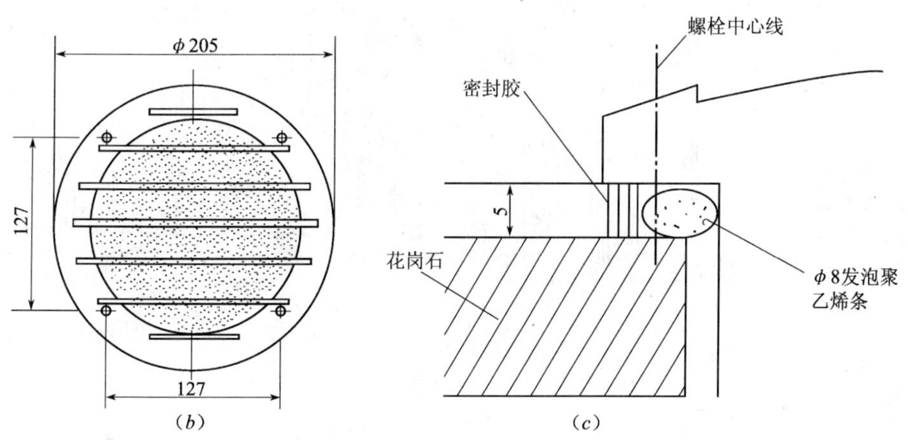

（*b*） （*c*）

图 17.5-11 玻璃幕墙射灯安装

（*a*）安装方法；（*b*）射灯尺寸；（*c*）防水封堵大样图

6. 建筑物彩灯安装

建筑物彩灯安装方法如图 17.5-12 所示，安装应符合下列规定：

（1）建筑物顶部彩灯采用有防雨性能的专用灯具，灯罩要拧紧。

（2）彩灯配线管路按明配管敷设，且有防雨功能。管路间、管路与灯头盒间螺纹连接，金属导管及彩灯的构架、钢索等可接近裸露导体接地（PE）或接零（PEN）可靠。

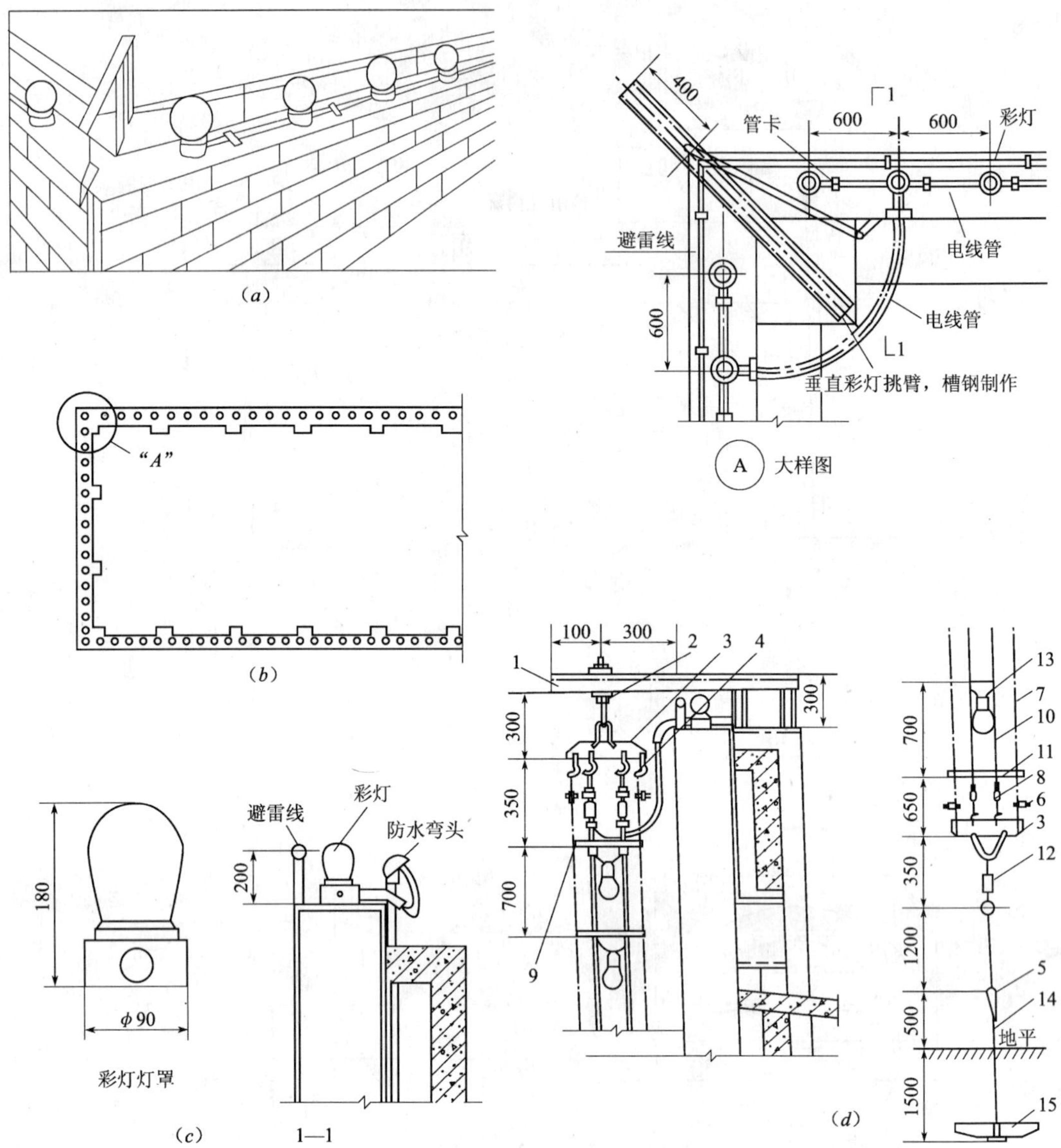

图 17.5-12 建筑物彩灯安装方法

（a）彩灯安装示意图；（b）屋顶彩灯排列示意图；

（c）彩灯安装大样图；（d）垂直顶部彩灯安装示意图

1—垂直彩灯悬挂；2—开口吊钩螺栓，ϕ10 圆钢制作，上、下均附垫圈、弹簧垫圈及螺母；3—梯形拉板，300mm×150mm×5mm 镀锌钢板；4—开口吊钩，ϕ6 圆钢制作，与拉板焊接；5—心形环；6—钢丝绳卡子；7—钢丝绳，直径 4.5mm；8—瓷拉线绝缘子；9—绑扎线；10—RV6mm^2 铜芯聚氯乙烯绝缘线；11—硬塑料管；12—花篮螺栓；13—防水吊线灯；14—底把，ϕ16 圆钢；15—底盘

（3）垂直彩灯悬挂挑臂采用不小于 10 号的槽钢。端部吊挂钢索用的吊钩，螺栓直径不小于 10mm，螺栓在槽钢上固定，两侧有螺母，且加平垫及弹簧垫圈紧固。

（4）悬挂钢丝绳直径不小于4.5mm，底把圆钢直径不小于16mm，地锚采用架空外线用拉线盘，埋设深度大于1.5m。

（5）垂直彩灯采用防水吊线灯头，下端灯头距离地面高于3m。

17.5.9 LED柔性扁光带安装

如果您欣赏过流光溢彩的都市夜景，一定遇见过用LED柔性扁光带勾勒出的宏伟楼宇轮廓，流线的路桥立交，气派的广告招牌等，如果您从事与城市建设、园林装饰、照明工程相关的工作，也许已经了解一些LED柔性扁光带的神奇妙用。的确，使用LED柔性扁光带，可为您提供灵活多变的设计方案。

LED柔性扁光带由扁光带及控制器组成（图17.5-13）。LED柔性扁光带具有易弯曲，色彩艳丽变化多样等特点，适合用于各种建筑物轮廓，公园的整体勾画。

(a)

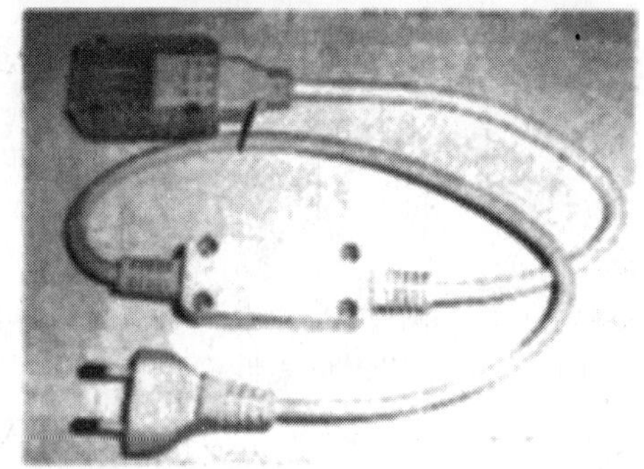

(b)

图17.5-13 LED柔性扁光带组成
(a) 扁光带；(b) 控制器

1. LED柔性扁光带特征

（1）管体：采用PVC软塑料；具有耐老化、抗紫外线、抗开裂等特点。

（2）光源：采用超高亮LED。具有性能稳定，亮度高，寿命长等特点。

（3）控制：内置控制芯片，具有驱动功率大，自身功耗小等特点。

（4）色彩鲜艳，色饱和度高。

（5）防水防振，节能环保。

2. LED柔性扁光带应用

（1）建筑物及桥梁轮廓装饰照明。

（2）广告标识的设计。

（3）家居气氛装饰照明。

（4）城市亮化工程。

3. LED柔性扁光带物理特性

（1）防尘防水等级：IP65（在各接头密封良好状态下）。

（2）接头种类：固定防水接头+尾塞。

（3）平均寿命：80000h 以上。

（4）工作环境：温度 -40～85℃；湿度≤80%。

4. LED 柔性扁光带包装规格

小于20m 使用彩盒包装，大于20m 使用卷轴与纸箱包装。

5. LED 柔性扁光带控制器功能

（1）常亮及曲线追逐型（图 17.5-14）

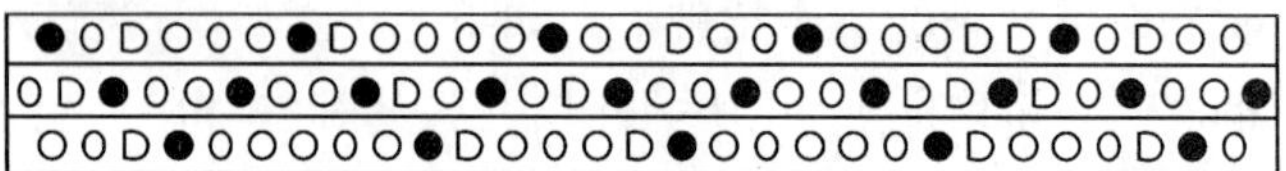

图 17.5-14 常亮及曲线追逐型

（2）流水追逐型（图 17.5-15）

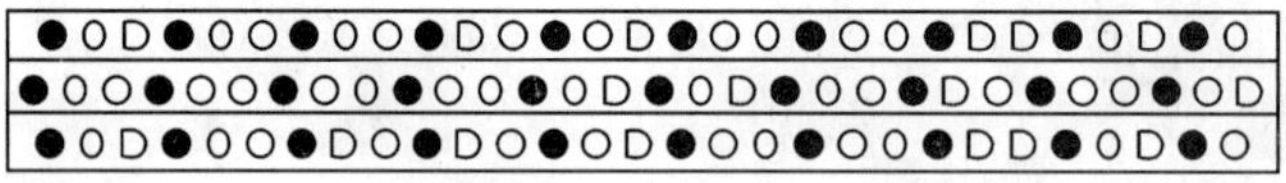

图 17.5-15 流水追逐型

6. LED 柔性扁光带安装方法

（1）拆开包装，将柔性扁光带展开后接通电源，检验柔性扁光带工作是否正常。

（2）切割 LED 柔性扁光带时必须按单元（印有剪刀标志）剪切，通常 2m 为一个单元。

（3）一头接专用接头通过控制器与电源相连接，另一头使用专用封头进行封堵，并用玻璃胶密封做好有效的防水措施（图 17.5-16）。

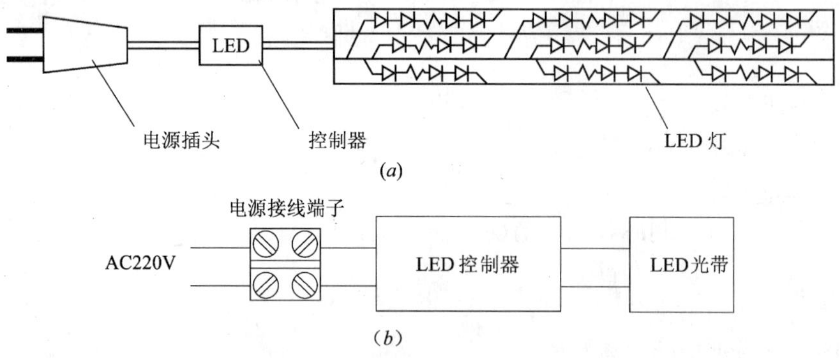

图 17.5-16 LED 柔性扁光带接线方法

（a）电路示意图；（b）接线方法

（4）固定时，建议使用固定夹或轨道安装。用固定夹安装时，将柔性扁光带固定在安装面上，锁紧两端螺钉（图 17.5-17）。以上仅为推荐安装方法，客户可根据实际应用场所使用其他安装方式，如扎带等。

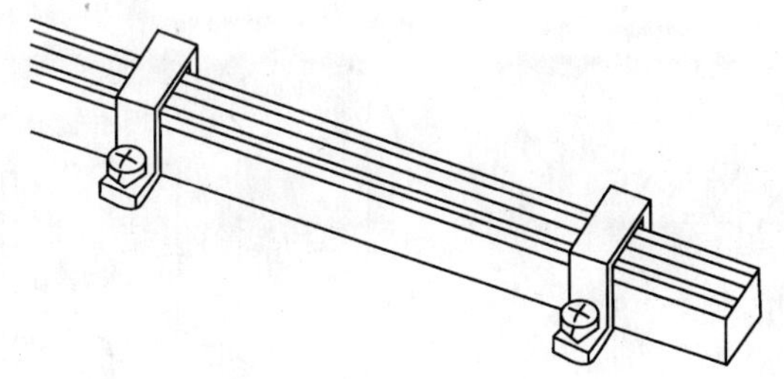

图 17.5-17 柔性扁光带固定方法

（5）重复上述方法安装下一个固定夹。

（6）接通电源检测。

7. LED 柔性扁光带使用注意事项

（1）当 LED 柔性扁光带卷在一起，未拆离散开时，请勿点亮。

（2）必须将柔性扁光带使用在规定的电压范围内。

（3）不能猛摔、猛振或硬物敲击柔性扁光带，同一地方弯折不可超过 10 次以上。

（4）工程安装时，只能在印有剪刀标记处剪断柔性扁光带，否则会引起一个单元不亮。

（5）只有规格相同，电压相同的柔性扁光带才能串接，且串接后长度不可大于最大许可长度。

（6）在柔性扁光带的组合装配过程中，必须保证连接处安全、牢固。

（7）当柔性扁光带的灯体被损坏时，请勿使用，以免危害人身安全及引起火灾。

（8）不得在高温环境中使用，以免造成胶体融化。

（9）电压范围是 AC100～120V 或 AC220～240V 型的 LED 柔性扁光带严禁在水中使用，以防造成漏电危害。

（10）不能将柔性扁光带安装在易燃、易爆、腐蚀性的环境中。

17.5.10 树木射灯安装

树木射灯通常用于照射树木等景观，使用时通常安装在泥土中。安装方法如图 17.5-17 所示，安装应符合下列规定：

（1）树木射灯可安装在草坪及树下，用于草坪及树木的投射照明。插入式射灯安装可直接插入泥土中，图 17.5-18（*a*）；坐地安装的射灯应安装在混凝土基础上，图 17.5-18（*b*）。

（2）埋地树木射灯防护等级应达到 IP56 以上，灯具的金属外壳应可靠接地。

（3）图 17.5-18（*c*）为树木射灯埋地安装图，底座下充填 300mm 砂砾，周围素土夯实。

（4）当埋地树木射灯光源采用金属卤化物灯、钠灯等气体放电灯光源时，应采用双层玻璃或网状防护罩作隔热防护。

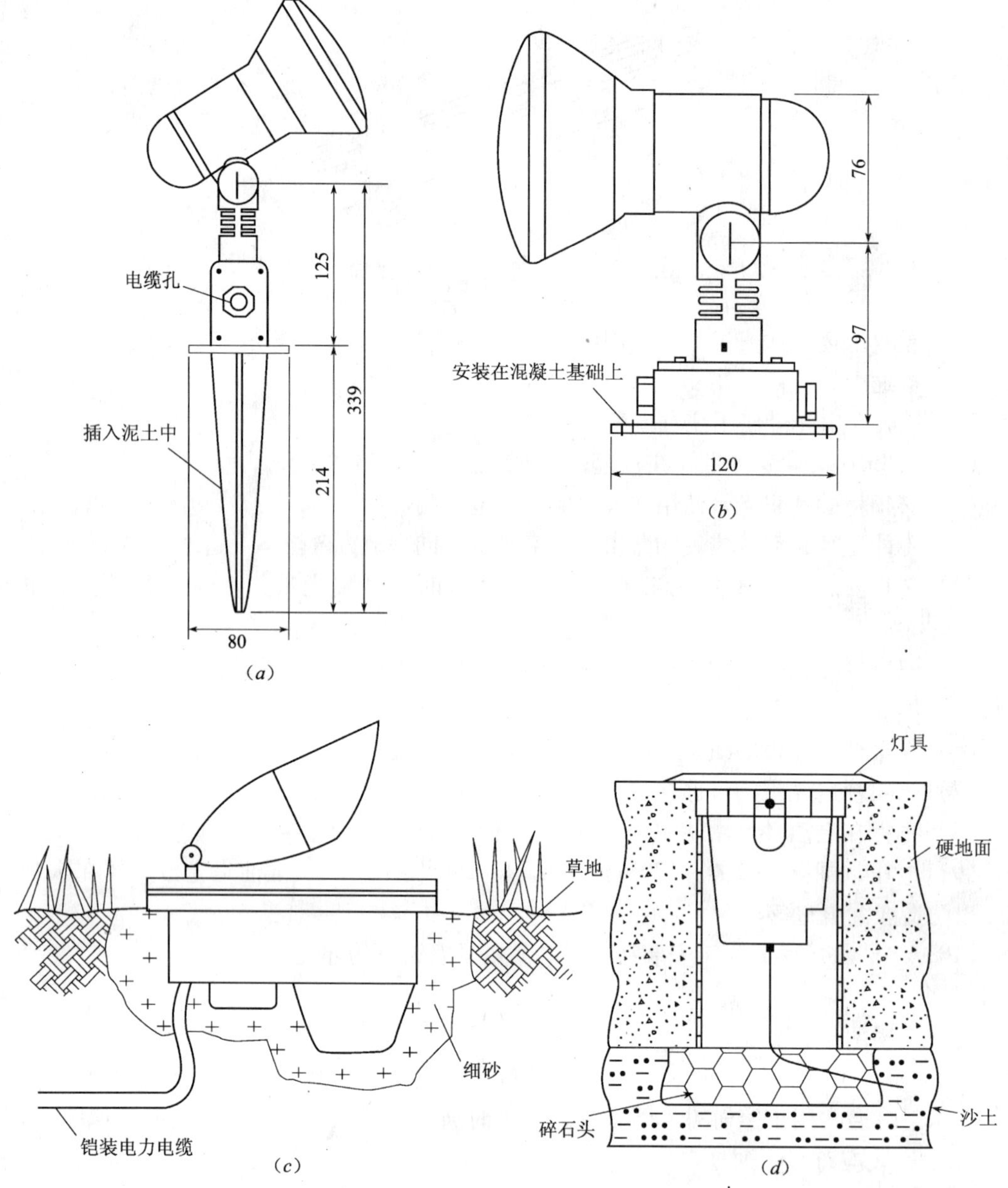

图 17.5-18 树木射灯安装方法

(*a*) 插入式射灯安装方法；(*b*) 射灯坐地安装方法；(*c*) 射灯埋地安装方法一；(*d*) 射灯埋地安装方法二

17.5.11 垂帘灯安装

垂帘灯具有防水、安全、可延长等优点，可广泛用于舞台、大树、庆祝会、照相背景等处。窗帘灯规格表见表 17.5-6，安装方法如图 17.5-19 所示。

垂帘灯规格表 **表 17.5-6**

型号	长度（m）	距离（mm）	灯泡数（个）	功率（W）	电压（V）	灯泡寿命（h）
HF-19-3	3	158	19	8.64	120	28000
HF-37-3	3	80	37	15.7/17.3	120/240	28000
HF-60-5	3	83	60	25.4/27.3	120/240	28000

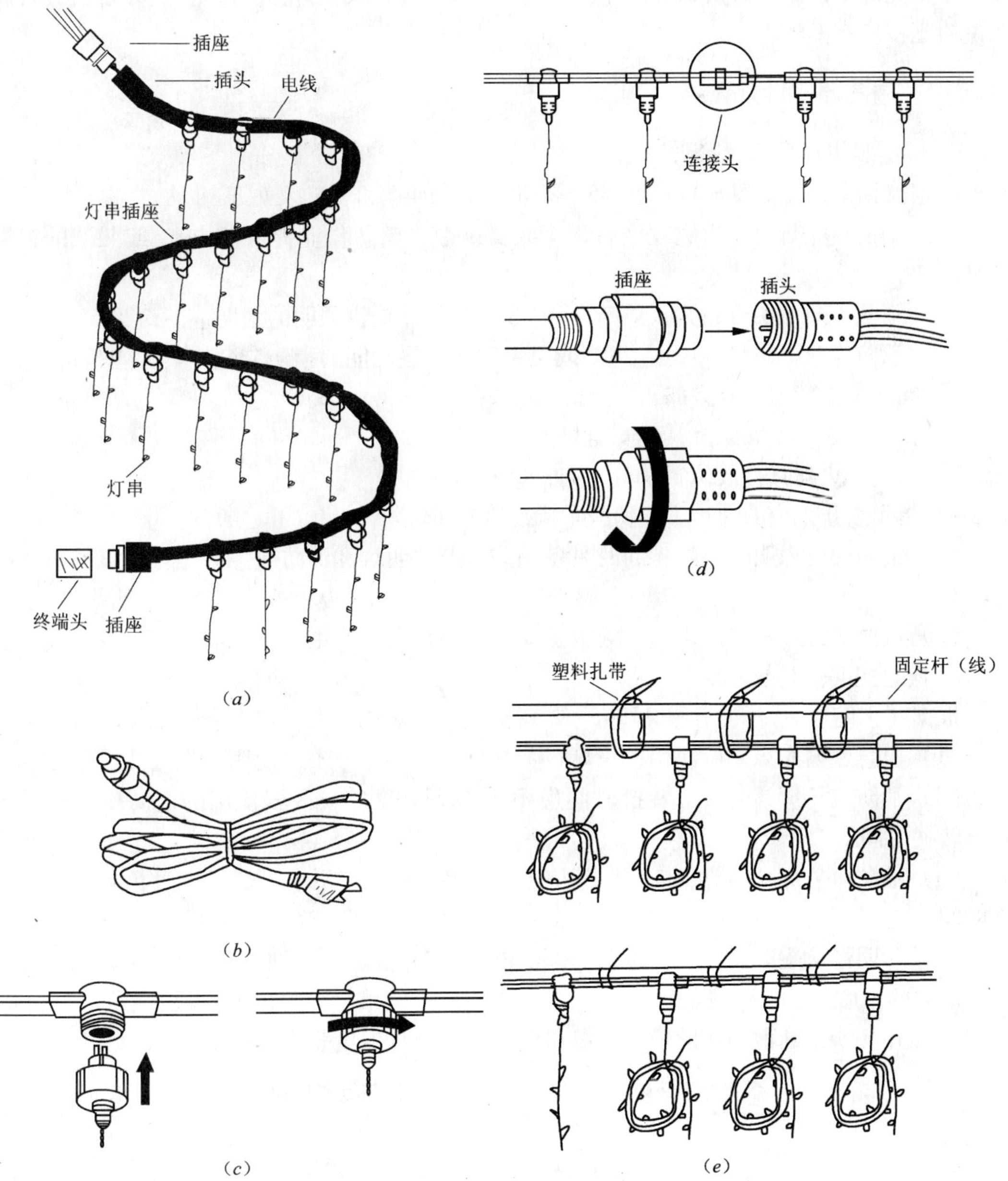

图 17.5-19 窗帘灯安装方法

（*a*）窗帘灯布置示意图；（*b*）电源线；（*c*）灯串插头安装方法；
（*d*）连接头连接方法；（*e*）窗帘灯安装方法

17.6 应急照明灯具安装

应急疏散照明是当建筑物处于特殊情况下，如火灾、空袭、市电供电中断等，使建筑物的某些关键位置的照明器具仍能持续工作，并有效指导人群安全撤离，所以，是至关重要的。

应急照明是在特殊情况起关键作用的照明，有争分夺秒的含义，要求通电时瞬时发光，故其光源不能用延时点燃的高压汞灯等。疏散标志灯要明亮醒目，且在人群通过时偶尔碰撞也不应有损坏。

17.6.1 应急照明灯具介绍

1. 应急照明灯具基本术语

根据《消防应急灯具》GB 17945—2000，应急照明灯具定义如下：

（1）消防应急灯具：火灾发生时，为人员疏散、消防作业提供标志和/或照明的各类灯具。

（2）消防应急照明灯：为人员疏散和/或消防作业提供照明的消防应急灯具。

（3）消防应急标志灯：用图形和/或文字完成下述功能的消防应急灯具，包括：

1）指示安全出口及其方向；

2）指示楼层、避难层及其他安全场所；

3）指示灭火器具存放位置及其方向；

4）指示禁止入内的通道、场所及危险品存放处。

（4）消防应急照明标志灯：同时具备消防应急照明灯和消防应急标志灯功能的消防应急灯具。

（5）应急电源：火灾发生时，为消防应急灯具供电的非主电电源。

2. 应急照明灯具技术要求

根据《消防应急灯具》GB 17945—2000，应急照明灯具技术要求如下：

（1）应急照明光源一般使用白炽灯、荧光灯、卤钨灯，不应使用高强气体放电灯。

（2）消防应急灯具的应急转换时间应不大于5s。高危险区域使用的消防应急灯具的应急转换时间不大于0.25s。

（3）消防应急灯具的应急工作时间应不小于45min，且不小于灯具本身标称的应急工作时间。

（4）照明灯从主电源转换到应急电源供电时，其光通量应不低于光源在额定电压时光通量的70%。

3. 备用照明及疏散照明的最少持续供电时间及最低照度表17.6-1。

备用照明及疏散照明的最少持续供电时间及最低照度 **表17.6-1**

区域类别	场所举例	最少持续供电时间（min）		照度（lx）	
		备用照明	疏散照明	备用照明	疏散照明
一般平面疏散区域	公共建筑的疏散楼梯间、防烟楼梯间前室、疏散通道、消防电梯间及其前室、合用前室	—	≥30	—	≥0.5

续表

区域类别	场所举例	最少持续供电时间（min）		照度（lx）	
		备用照明	疏散照明	备用照明	疏散照明
竖向疏散区域	疏散楼梯	—	≥30	—	≥5
人员密集流动疏散区域及地下疏散区域	高层公共建筑中的观众厅、展览厅、多功能厅、餐厅、宴会厅、会议厅、候车（机）厅、营业厅、办公大厅和避难层（间）等场所	—	≥30	—	≥5
航空疏散区域	屋顶消防救护用直升机停机坪	≥60	—	不低于正常照明照度	—
避难疏散区域	避难层	≥60	—	不低于正常照明照度	—
消防工作区域	消防控制室、电话总机房	≥180	—	不低于正常照明照度	—
	配电室、发电站	≥180	—	不低于正常照明照度	—
	水泵房、风机房	≥180	—	不低于正常照明照度	—

4. 疏散标志灯图形

疏散标志灯标志的颜色应为绿色、红色、白色与绿色相结合、白色与红色组合四种之一。其表面亮度应满足下述要求：

（1）仅用绿色或红色图形、文字构成标志的标志灯表面最小亮度应不小于 $15cd/m^2$，最大亮度应不大于 $300cd/m^2$，且最大亮度与最小亮度比值应不大于 10；

（2）用白色与绿色组合或白色与红色组合构成的图形、文字作为标志。灯表面最小亮度应不小于 $3cd/m^2$，最大亮度应不大于 $300cd/m^2$，白色、绿色或红色本身最大亮度与最小亮度比值应不大于 10。白色与相邻绿色或红色交界两边对应点的亮度比应不小于 5，且不大于 15。

疏散标志灯尺寸有特大、大、中、小型 4 种。为清楚可见，按视距选择，见图 17.6-1 及表 17.6-2。

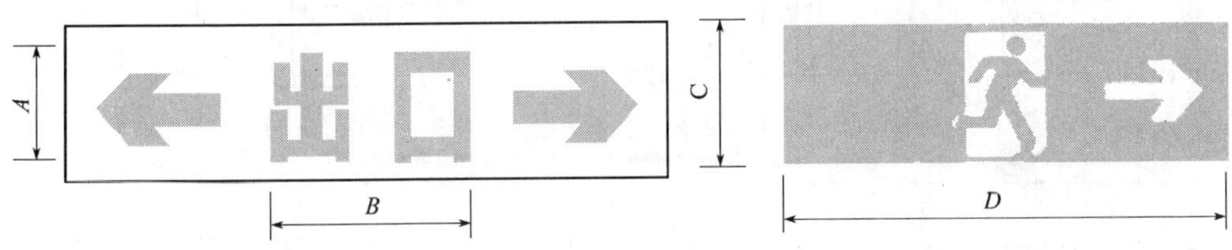

图 17.6-1　疏散标志灯图形

疏散标志灯图形推荐尺寸 表 17.6-2

灯 型	文字标志尺寸（mm）		面板尺寸（mm）		文字笔画宽（mm）	视距（m）
	A	*B*	*C*	*D*	*E*	
特大型	270	按设计要求	380	>1000	32	≥36
大型	185		270	100～500	22	27
中型	125		185	500～350	15	18
小型	85		125	<350	10	12

注：表中尺寸 *D* 为推荐范围，可根据灯管长度及具体需要定。

（3）疏散标志灯图形示例（图 17.6-2）

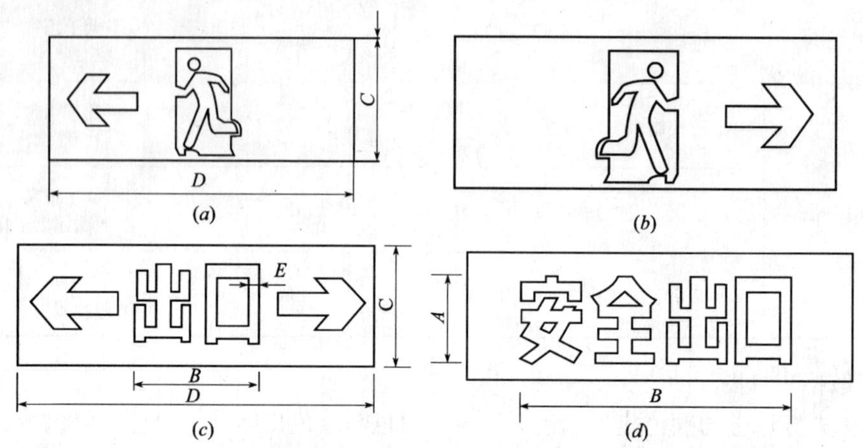

图 17.6-2 疏散标志灯图形示例

（*a*）左向；（*b*）向右；（*c*）双向有出口的指向标志；（*d*）安全出口文字标志

5. 应急疏散标志灯常见类型（图 17.6-3）

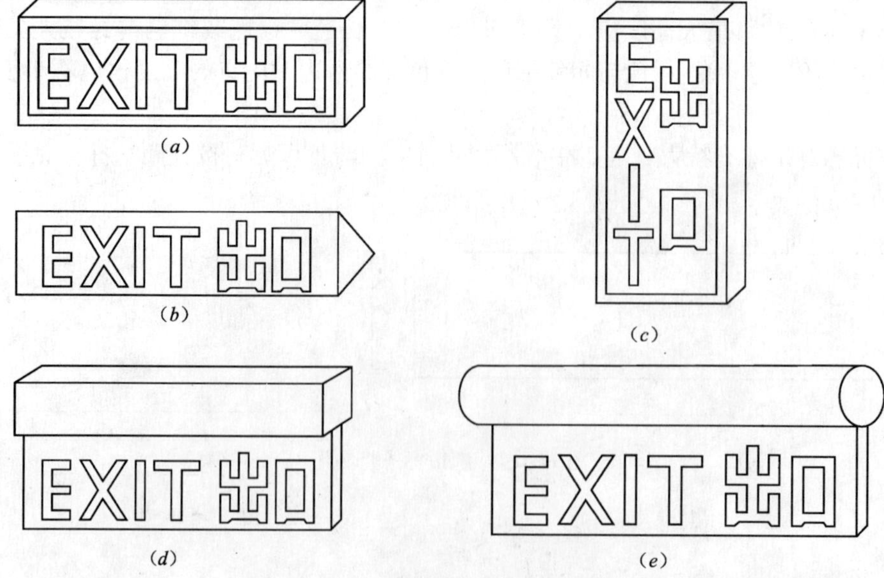

图 17.6-3 应急疏散标志灯常见类型

（*a*）矩形横装；（*b*）三角形；（*c*）矩形竖装；（*d*）矩形玻璃透光；（*e*）圆形玻璃透光

17.6.2 应急疏散标志灯安装

应急照明线路在每个防火分区有独立的应急照明回路，穿越不同防火分区的线路有防火隔堵措施，疏散照明线路采用额定电压不低于750V的铜芯绝缘耐火电线、电缆，穿管明敷或在非燃烧体内采用刚性导管暗敷，暗敷保护层厚度不小于30mm。

1. 应急照明灯具安装要求

应急照明灯具安装应符合下列规定：

（1）应急照明灯的电源除正常电源外，另有一路电源供电；或者是独立于正常电源的柴油发电机组供电；或由蓄电池供电或选用自带电源型应急灯具。

（2）应急照明在正常电源断电后，电源转换时间为：疏散照明≤1.5s（金融商店交易所≤1.5s）；安全照明≤0.5s。

（3）疏散照明由安全出口标志灯和疏散标志灯组成。安全出口标志灯距地高度不低于2m，且安装在疏散出口和楼梯口里侧的上方。

（4）疏散标志灯安装在楼梯间、疏散走道及其转角处，应安装在1m以下的墙面上。疏散通道上的标志灯间距不大于20m（人防工程不大于10m）。

（5）疏散标志灯的设置，不影响正常通行，且不在其周围设置容易混同疏散标志灯的其他标志牌等。

（6）应急照明灯具运行温度大于60℃，并靠近可燃物时，应采取隔热、散热等防火措施。当采用白炽灯，卤钨灯等光源时，不应直接安装在可燃装修材料或可燃物件上。

2. 疏散标志灯位置设置

首层疏散楼梯的安全出口标志灯，应安装楼梯口的内侧上方。疏散标志灯的位置设置见图17.6-4。当有无障碍设计要求时，宜同时设有音响指示信号。

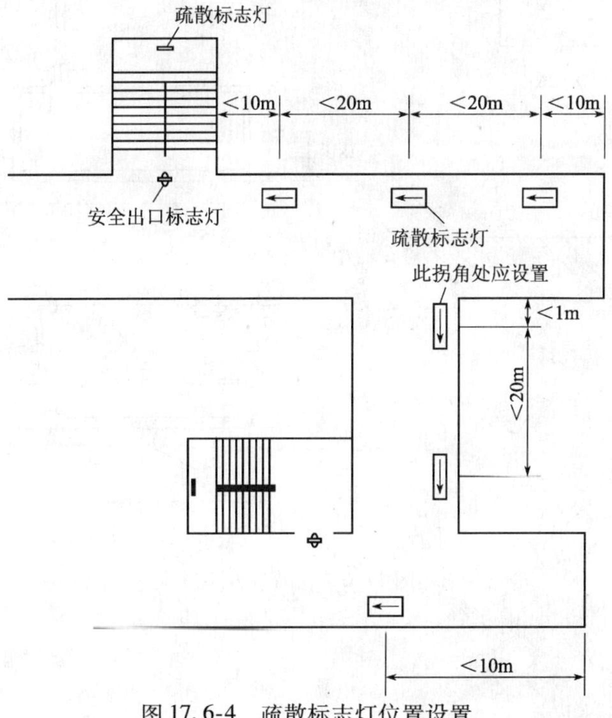

图17.6-4 疏散标志灯位置设置

3. 安全出口标志灯安装方法

(1) 明装方法

安全出口标志灯距地高度不低于 2m，且安装在疏散出口和楼梯口里侧的上方（图 17.6-5)。

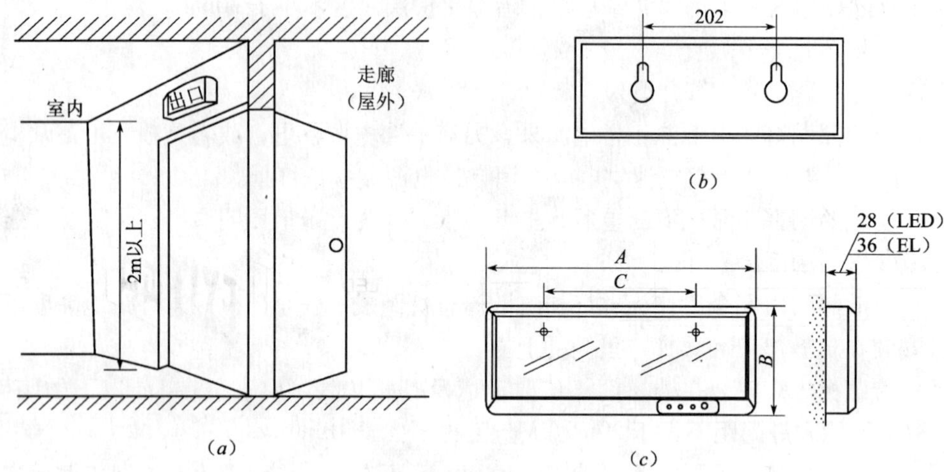

图 17.6-5　明装方法

(a) 安装位置示意图；(b) 安装尺寸；(c) 安装方法

(2) 吊装方法（图 17.6-6)

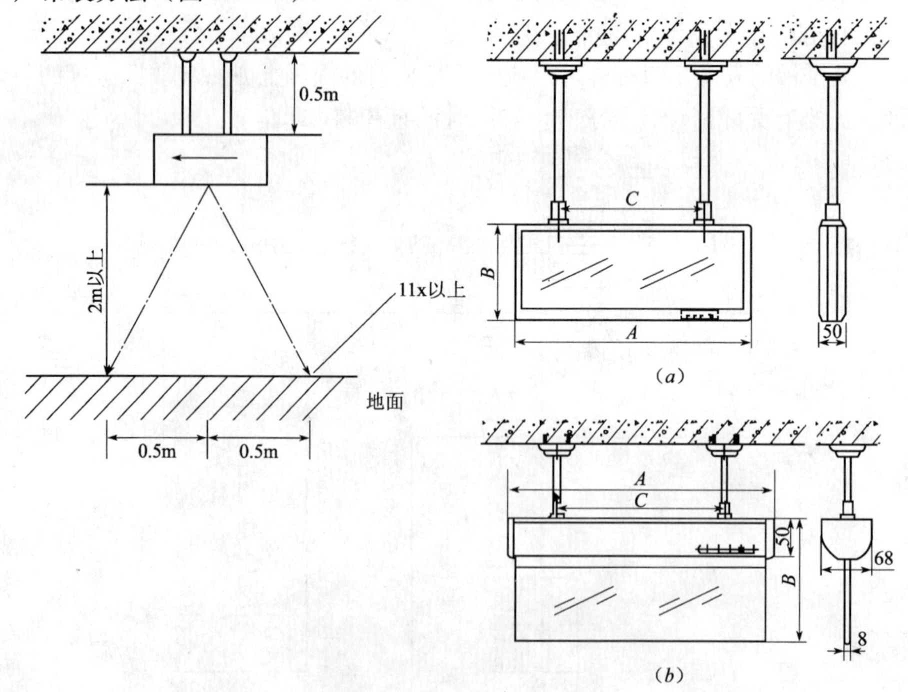

图 17.6-6　吊装方法

(a) 安装方法一；(b) 安装方法二

（3）悬挂安装方法（图 17.6-7）

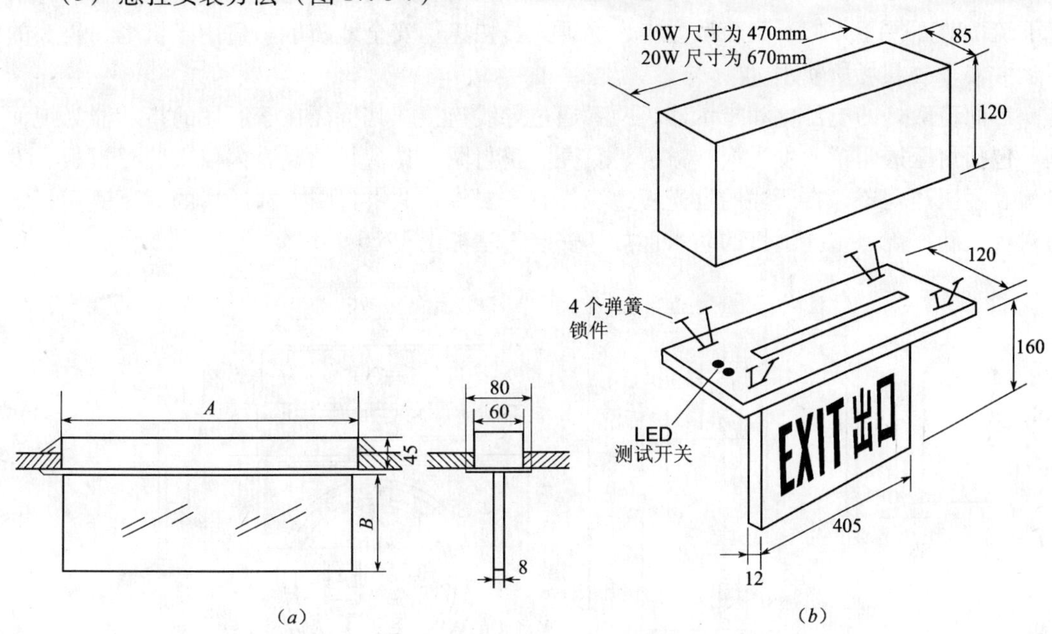

图 17.6-7 悬挂安装方法

（a）规格尺寸；（b）安装方法

4. 疏散标志灯安装方法

疏散标志灯的设置，不应影响正常通行，且不在其周围设置容易混同疏散标志灯的其他标志牌，疏散通道上的标志灯间距不大于 20m（人防工程不大于 10m）。

（1）嵌墙暗装方法

疏散标志灯安装在疏散走道及其转角处时，安装高度在 1m 以下的墙面上（图 17.6-8）。

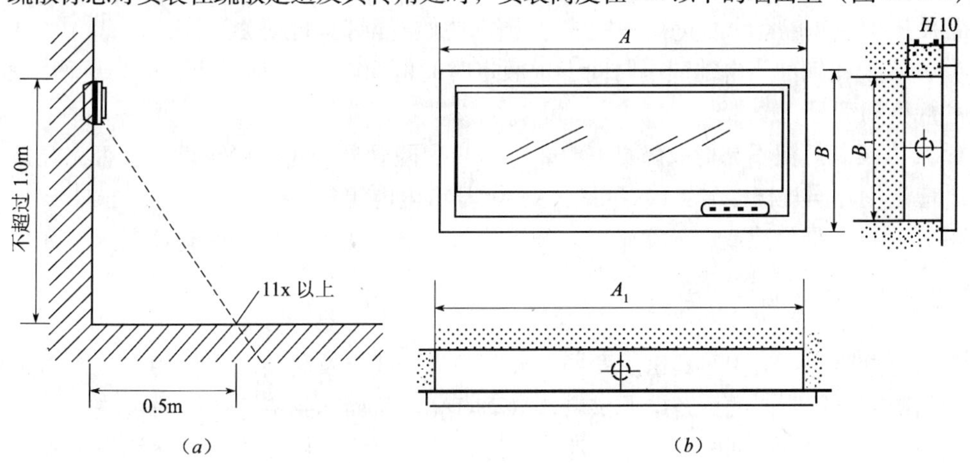

图 17.6-8 疏散标志灯墙上安装方法

（a）安装位置示意图；（b）规格尺寸

（2）地面疏散标志灯安装

地面疏散标志灯包括指示灯外壳、疏散方向指示器、电源盒等。该指示灯外壳和疏散方向指示器设置在公共场所通道的地面上，电源盒设置在墙上。优点是：人们在火灾等情况下疏散时，便于人们看到疏散方向，保证人员快速、安全地疏散。适用于机场、码头的客运大楼等公共场所使用。

地面疏散灯的电源盒和指示器，两者通过导线连接，其特征在于所述的指示器为地面型，包括耐压透明罩、发光板、衬板、底壳、密封圈，在盒状的底壳内依次装置衬板、发光板、耐压透明罩，在所述的发光板边缘外有密封圈，该密封圈夹在所述的耐压透明板罩与衬板之间，确保了指示灯的防水性能，安装方法见图 17. 6-9。

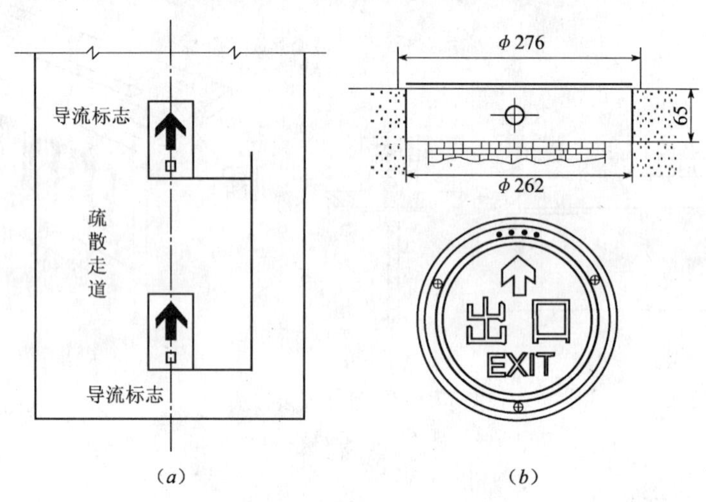

图 17. 6-9　地面疏散标志灯安装方法

(a) 布置示意图；(b) 安装方法

5. 应急疏散标志灯维护

(1) 应急疏散标志灯长时间搁置不用会影响电池的寿命，建议每隔 3 个月放电一次，在正常使用中应每隔 6 个月进行一次放电操作，放电至灯具自动关闭。

(2) 在使用期间当电池放电时间少于额定时间的 50% 时，须更换电池。更换电池时，应注意规格和型号。

(3) 当发现灯泡不亮而故障灯亮时，除检查保险管外，还应检查灯泡是否完好，如已损坏，应选用相同规格型号更换，更换时要断开市电电源。

(4) 当标志屏发黑或明显变暗时，须更换标志屏，更换标志屏时请注意规格和型号。

17. 6. 3　消防应急照明灯安装

消防应急照明灯适用于宾馆、商场、大厦等高层建筑及公共场所使用，当市电突然停电时，消防应急照明内的后备电源供电，自动点亮，从而达到应急照明的目的。

消防应急照明灯内部配有充电电池，平时是接通市电。用交流电给备用电源充电，充电时主电指示灯亮及充电指示灯亮，24h 内保证电池快速而准确的充满电，而后转入涓流充电等待，充电指示灯熄。

1. 消防应急照明灯规格（表 17. 6-3）

消防应急照明灯规格表 表 17.6-3

产品型号	功耗（W）	规格尺寸（mm）	安装孔位（mm）	备 注
KL-A11-M6A	9	270×75×250	218	方形双头灯
KL-A11-M6C	9	270×60×260	218	椭圆形双头灯

2. 消防应急照明灯主要技术参数

（1）输入电源：220VAC、50Hz；

（2）功耗：9W；

（3）备用电源：6V/4AH；

（4）应急时间：>90min；

（5）使用环境：-10～55℃；

（6）负载灯泡：6V/0.75A。

3. 消防应急照明灯安装方法

消防应急照明灯通常使用塑料和螺钉安装将应急疏散灯挂在1.8m以上的墙上（图17.6-10）。

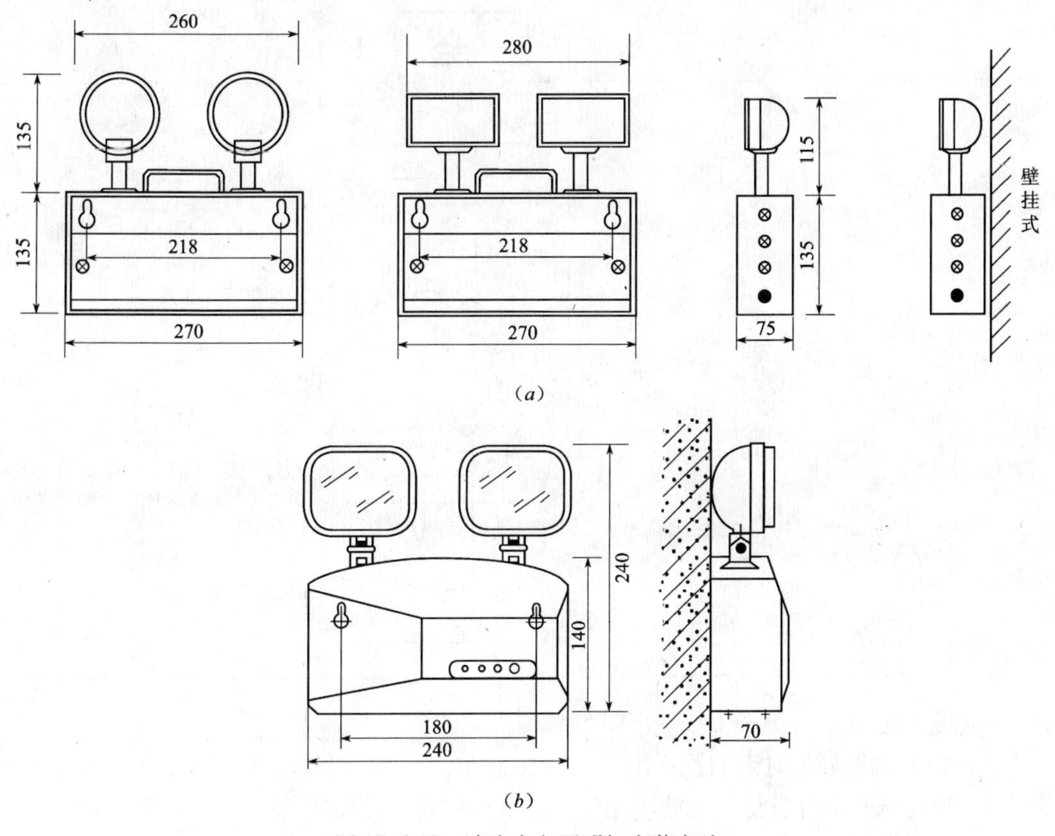

图 17.6-10 消防应急照明灯安装方法

（a）安装方式一；（b）安装方式二

4. 消防应急照明灯接线图（表 17.6-4）

消防应急照明灯接线图 表 17.6-4

序号	名称	接线图示	点燃方式
1	两线专用型	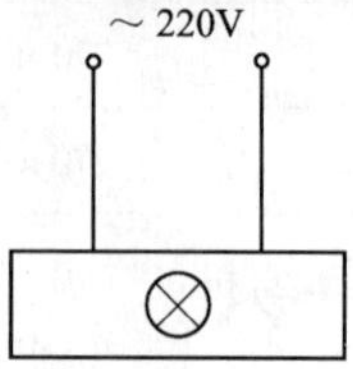 ~220V	平时不点燃，停电时应急点燃
2	三线专用型	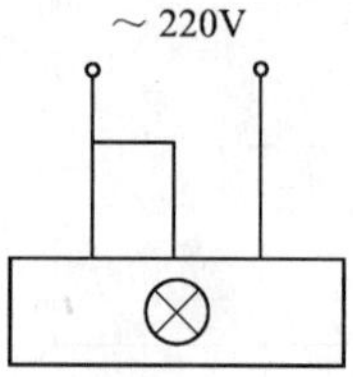 ~220V	平时点燃不可控，停电时应急点燃
3	三线专用型	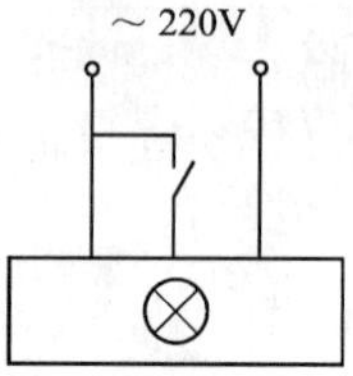 ~220V	平时点燃，亮灭可控，停电时应急点燃
4	三线组合插入型	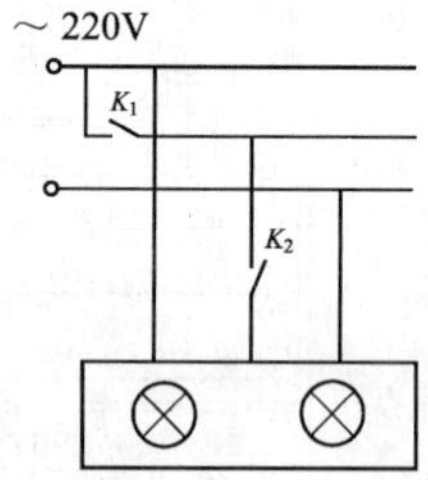 ~220V K_1 K_2	灯内装有正常和应急两个光源。平时正常点燃，应急灭（集中控制时用 K_1、将 K_2 短路；单灯控制时用 K_2，将 K_1 短路），停电时应急点燃
5	三线组合插入型	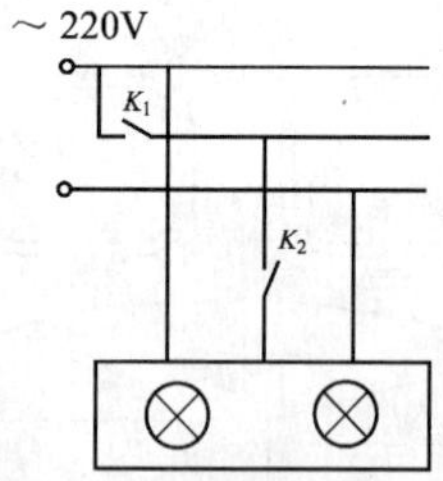 ~220V K_1 K_2	灯内装有正常和应急两个光源。平时两光源同时点燃（集中控制时用 K_1，将 K_2 短路；单灯控制时用 K_2，将 K_1 短路）停电时仅应急点燃

5. 消防应急照明灯维护

（1）应急疏散灯长时间搁置不用会影响电池的寿命，建议每隔 3 个月放电一次，在正常使用中应每隔 6 个月进行一次放电操作，放电至灯具自动关闭。

（2）在使用其间当电池放电时间少于额定时间的 50% 时，须更换电池。更换电池时，应注意规格和型号。

（3）当发现灯泡不亮而故障灯亮时，除检查保险管外，还应检查灯泡是否完好，如已损坏，应选用相同规格型号更换，更换时要断开市电电源。

17.6.4 应急照明荧光灯安装

应急照明荧光灯应用于宾馆、商场、银行、医院、大厦、地下室等高层建筑、公共场所，作为突发性停电而自动应急照明使用。

应急照明荧光灯内部配有充电电池，平时由市电给电池充电，24h内保证电池快速而准确的充满电，而后转入涓流充电等待。当市电停电时，后备电源供电自动点亮应急荧光灯，从而达到应急照明作用。

应急照明荧光灯应急时间大于90min，订货时应注意所配灯具的镇流器类型，电子镇流器或电感镇流器。亦可由客户提供普通荧光灯具来厂家安装电池，制作应急照明荧光灯。

1. 应急照明荧光灯规格（图17.6-11、表17.6-5）

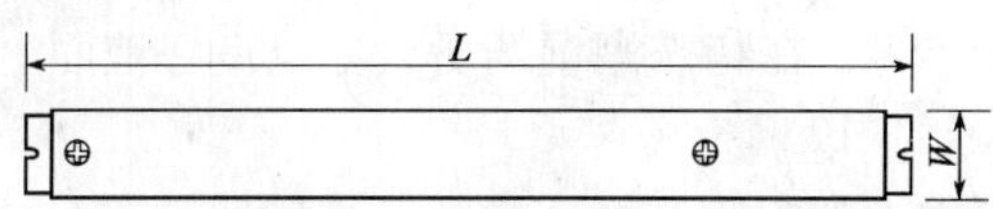

图17.6-11 应急照明荧光灯

应急照明荧光灯规格表（mm） **表17.6-5**

型 号	额定功率	应急功率	备用电池	尺寸（$L \times W \times H$）
KL-A11-201A1	1×20W	1×20W	4.8V/2500mA	750×50×70
KL-A11-201A2	2×20W	1×20W/2×20W	4.8V/2500mA	750×100×70
KL-A11-201B1	1×30W	1×30W	4.8V/4000mA	1000×50×70
KL-A11-201B2	2×30W	1×30W/2×30W	4.8V/4000mA	1000×100×70
KL-A11-201C1	1×40W	1×40W	6V/4000mA	1250×50×70
KL-A11-201C2	2×40W	1×40W/2×40W	6V/4000mA	1250×100×70

注：双管荧光灯，可根据需要选择单管应急或双管应急。

2. 应急照明荧光灯主要技术参数

（1）输入电源：220VAC、50Hz；

（2）光源：荧光灯管；

（3）应急时间：>90min；

（4）使用环境：-10℃～55℃；

（5）光通量：不低于平时的70%。

3. 应急照明荧光灯安装方法（图17.6-12）

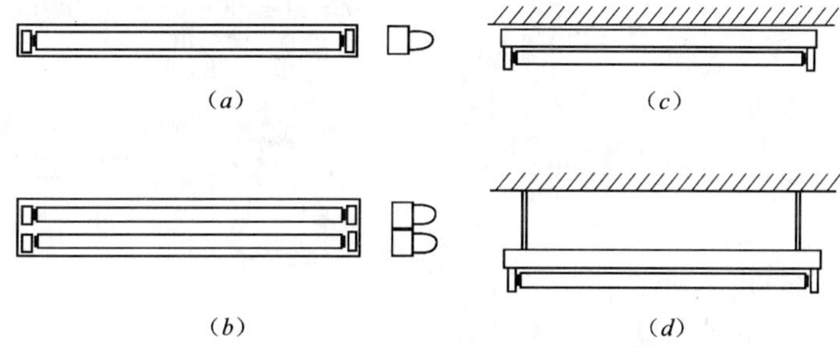

图17.6-12 安装方法

（a）单管壁装；（b）双管壁装；（c）吸顶安装；（d）吊杆安装

4. 应急照明荧光灯维护

(1) 长时间搁置不用会影响电池的寿命，建议每隔3个月放电以次，在正常使用中应每隔6个月进行一次放电操作，放电至灯具自动关闭。

(2) 在使用其间当电池放电时少于额定时间的50%时，须更换电池，更换电池时请注意规格和型号。

17.7 特种灯具安装

17.7.1 行灯安装

36V及以下行灯变压器和行灯安装必须符合下列规定：

(1) 行灯电压不大于36V，在特殊潮湿场所或导电良好地面上以及工作地点狭窄、行动不便的场所行灯电压不大于12V。

(2) 行灯变压器的固定支架牢固，油漆完整；变压器外壳、铁芯和低压侧的任意一端或中性点，接地（PE）或接零（PEN）可靠。

(3) 行灯变压器为双圈变压器，其电源侧和负荷侧有熔断器保护，熔丝额定电流分别不应大于变压器一次、二次的额定电流。

(4) 行灯灯体及手柄绝缘良好，坚固耐热防湿；灯头与灯体结合紧固，灯头无开关，灯泡外部有金属保护网、反光罩及悬吊挂钩，挂钩固定在灯具的绝缘手柄上。

(5) 携带式局部照明灯电线采用橡套软线。

17.7.2 喷水池及游泳池灯安装

为了确保安全，根据《游泳池和类似场所用灯具安全要求》GB 7000.8—1997 规定，喷水池的水下灯必须用12V安全电压，变压器不能泡在水中。保持水位浸过灯体。灯具采用不锈钢或全铜制作，8~10mm厚强化玻璃，防潜水影响、防尘、防漏水、耐腐蚀。水底灯广泛应用于喷水池、水池等场所的照明。

1. 喷水池灯结构（图17.7-1）

灯具及接线盒应选用IP56产品，灯具及接线盒安装时，接线口等部位应做好防水处理。

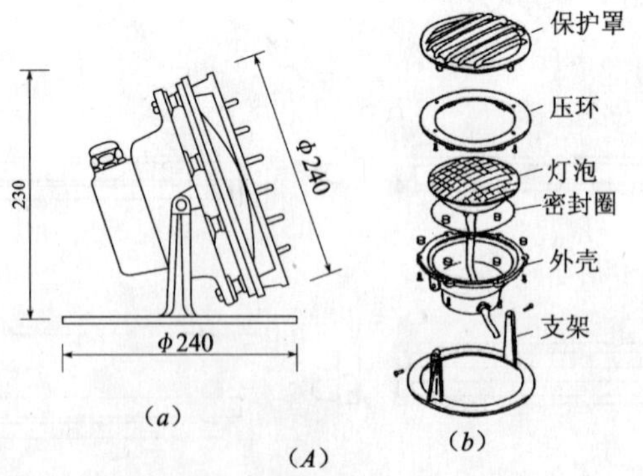

图17.7-1 喷水池照明灯具（一）

(A) 样式一

(a) 外形图；(b) 灯结构

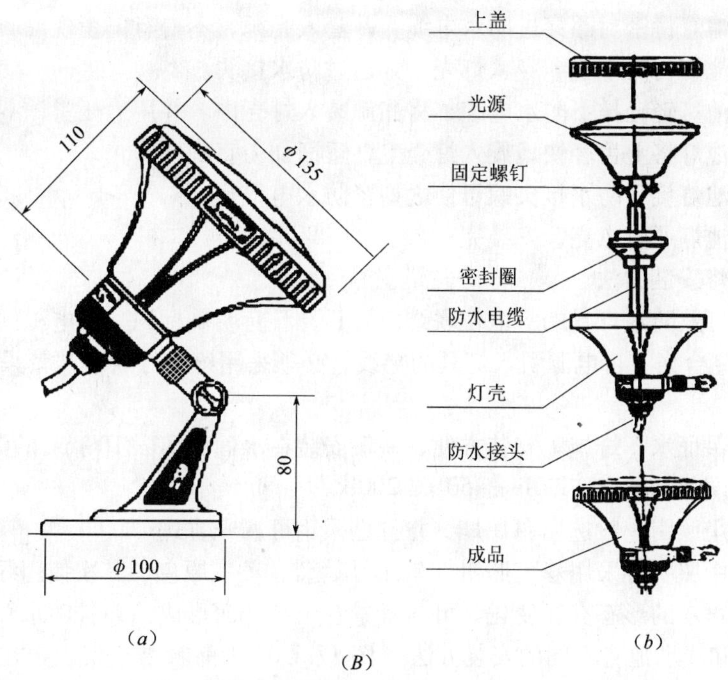

图 17.7-1 喷水池照明灯具（二）

(B) 样式二

(a) 外形图；(b) 灯结构

2. 喷水池灯光布置图（图 17.7-2）

所以喷水池产品应选用不生锈产品或经过防锈处理，避免影响喷水池水质。

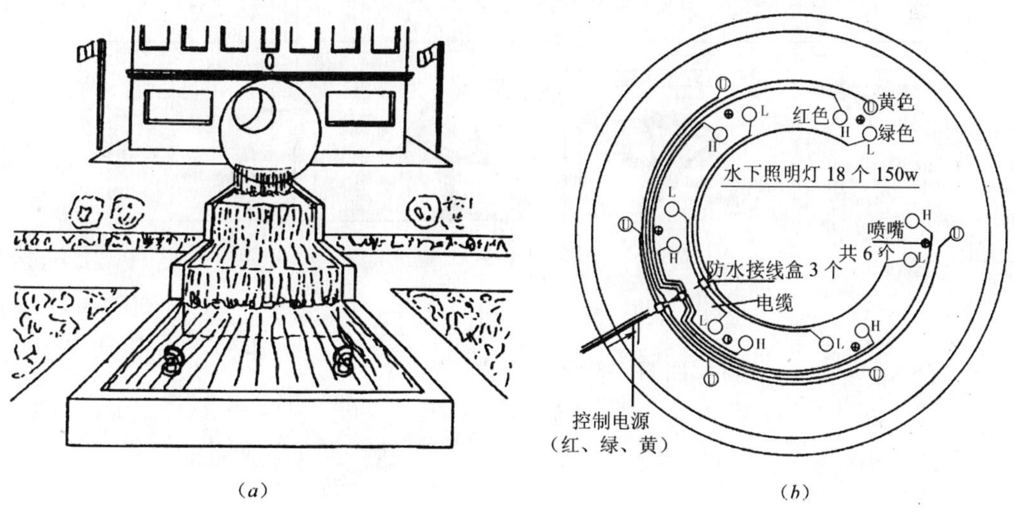

图 17.7-2 喷水池灯光布置示例

(a) 示例一；(b) 示例二

3. 喷水池灯装配步骤

(1) 喷水池灯防水电缆接在光源的两个端子上，并用固定螺钉给以紧固。

（2）喷水池灯将密封圈穿进防水电缆，并套入光源，不得有偏歪现象。

（3）喷水池灯将防水电缆穿入灯壳，并通过防水接头。

（4）喷水池灯轻轻拉下防水电缆，将光源装入灯壳内。并用力压紧，不得偏歪。

（5）喷水池灯将上盖轻快地旋入灯壳上，逐渐加力直到压紧。

（6）喷水池灯旋紧防水接头螺母使之抱紧防水电缆。

（7）喷水池灯通电点亮，安装完毕。

4. 喷水池灯安装方法

（1）水下灯及防水灯具的等电位联结应可靠，且有明确标识，其电源的专用漏电保护装置应全部检测合格。自电源引入灯具的穿线管必须采用绝缘导管，严禁采用金属或有金属护层的导管。

（2）为了保证水下灯施工安装方便，一般安装在水面下 30 ~ 100mm 的深度。

（3）喷泉端部的照度：100lx、150lx、200lx。

（4）喷水用照明一般选用白炽灯，并且宜采用可调光方式。

（5）喷水用照明可采用彩色照明（常用红、蓝、黄三原色，其次使用绿色）。

（6）为使喷水的形态有新变化，可与背景音乐结合而形成“声控喷水”方式。

对深水池和浅水池有不同的安装方法（图 17.7-3）。前者用支架固定在喷头上，后者用水下灯底座直接固定在池底，但要注意水池防水层的保护。

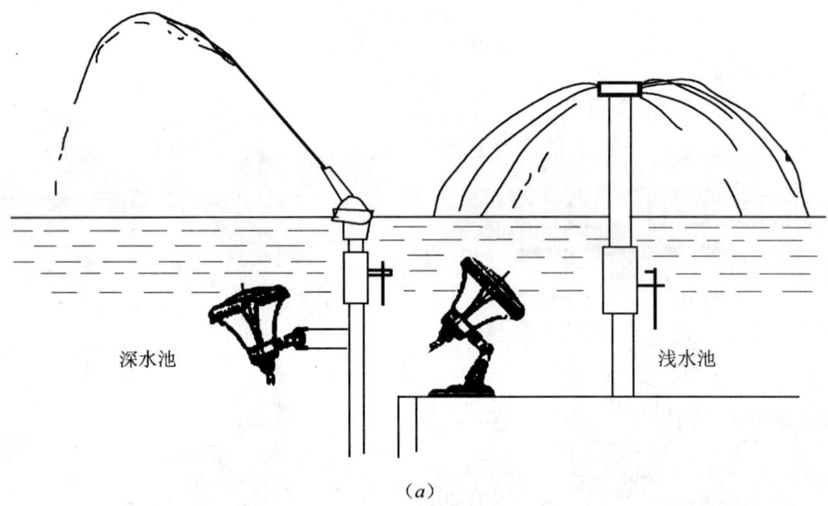

（*a*）

图 17.7-3　灯具安装示意图（一）

（*a*）示意图一

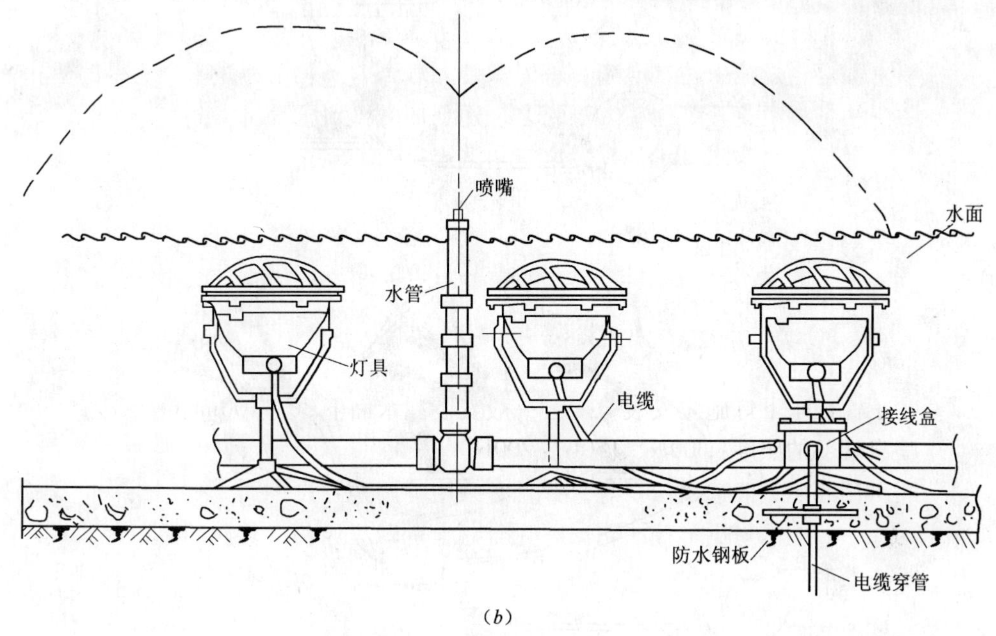

图 17.7-3 灯具安装示意图（二）
（b）示意图二

5. 喷水池灯导线敷设方法

（1）由于安全水下灯的工作电压为 12V，故使用水下灯专用的高品质变压器来实现，与其配套的变压器的外形如图 17.7-4，其规格见表 17.7-1。

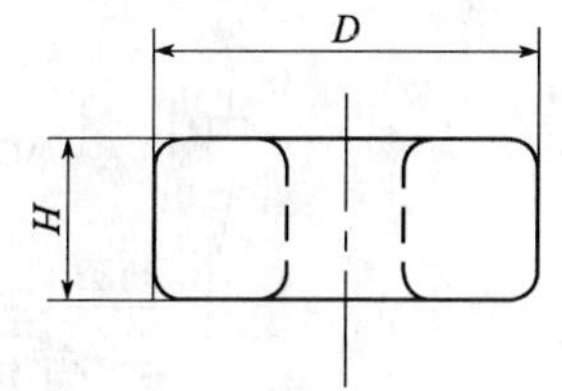

图 17.7-4 变压器图形

变压器规格（mm） **表 17.7-1**

功　率	300W	500W	1000W	2000W
D	φ120	φ125	φ130	φ140
H	70	100	120	140

（2）安全水下灯与变压器连接常有直接连接和间接连接两种方法（图 17.7-5）。

灯具配电方式分为两种

1）方式一为单进线口型灯具，通过接线盒给每盏灯具供电（图 17.7-6）；

2）方式二为双接线口灯具，每盏灯具均一进一出接线方式，互为接线，进出相连，最后一盏灯具出线与电源相连接。

（3）除全塑灯具外的所有金属体灯具一律随电源线敷设 PE 线并与灯体接地端子可靠连接，此外，灯体及其固定附件与喷水管道三者应电气连通，管道在适当位置用不锈钢扁钢与池内结构筋连成一体，但要注意保护池壁防水层。

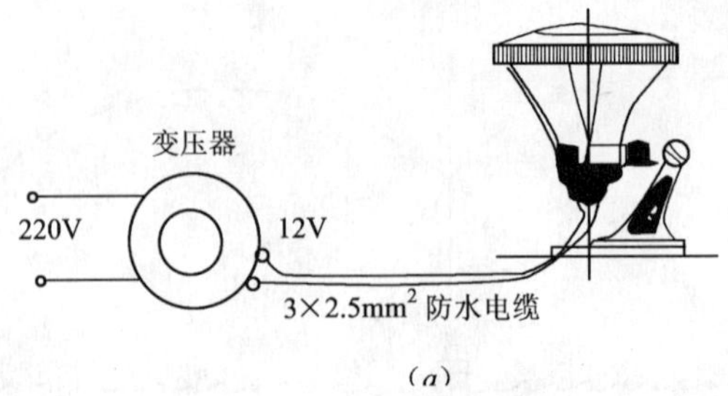

(a)

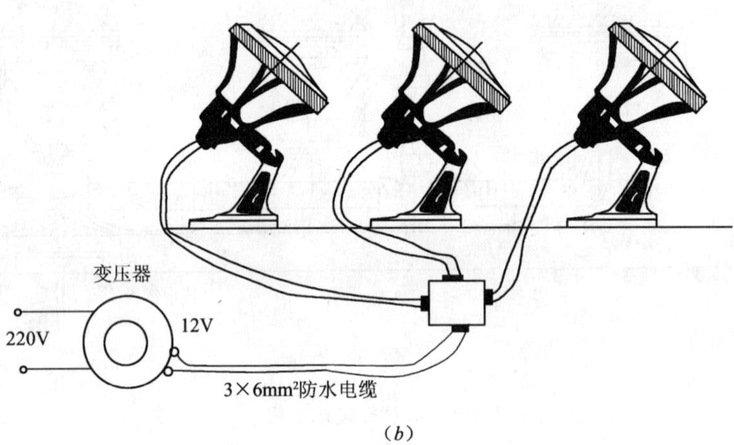

(b)

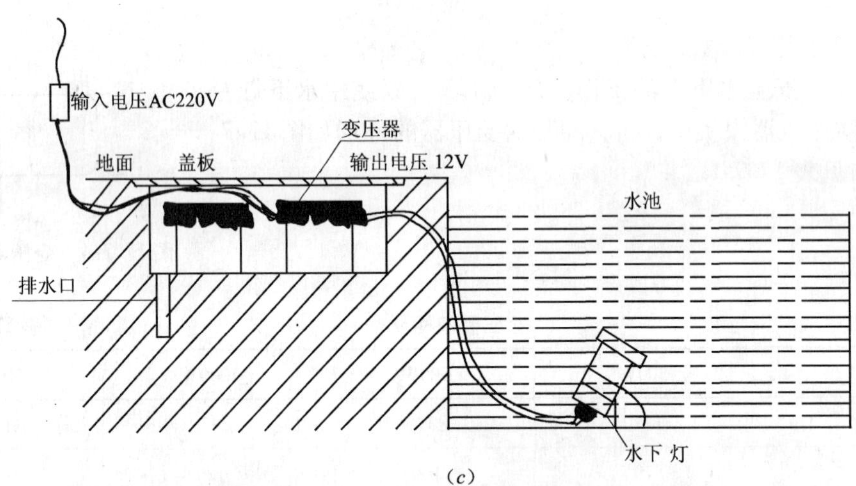

(c)

图 17.7-5 安全水下灯与变压器连接

(a) 连接方式一；(b) 连接方式二；(c) 变压器安装方法

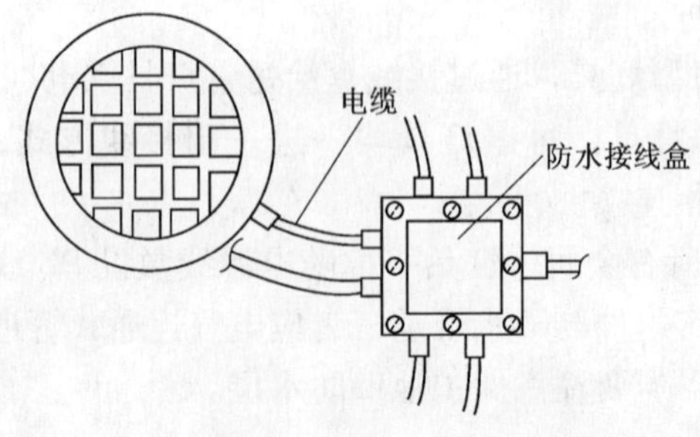

图 17.7-6 灯具及接线盒安装示意图

6. 游泳池灯安装方法

游泳池灯（水下灯及防水灯具）的等电位联结应可靠，且有明确标识，其电源的专用漏电保护装置应全部检测合格。自电源引入灯具的导管必须采用绝缘导管，严禁采用金属或有金属护层的导管。

17.7.3 防爆灯安装

1. 防爆灯具介绍

在民用建筑中，防爆灯具通常在煤气房、锅炉房使用。防爆设备应具有国家防爆电气产品质量监督检验中心签发的防爆合格证书，其产品铭牌内容应有防爆标志、防爆合格证编号、EX标志、产品名称、型号等内容。产品附件、配件、备件应完整，技术文件齐全；电缆和绝缘导线必须具备合格证书。

防爆灯具是属于爆炸性环境用电气产品的一种，按其防爆形式的不同主要分为隔爆型“d”、增安型“e”、无火花型（也称“n”型）、粉尘防爆型“DIP”，以及由两种或两种以上防爆型式组成的复合型等。它的生产、安装、使用及检修和其他防爆电气产品一样，必须遵守《爆炸性气体环境用电器设备》GB 3836—2000系列防爆标准的相关规定。制造厂家的产品图纸、技术文件和试制的样灯经国家指定的防爆检验机构审查和检验合格，并取得产品防爆合格证之后才能正式投入生产、销售。

2. 防爆灯具安装方法（图17.7-7）

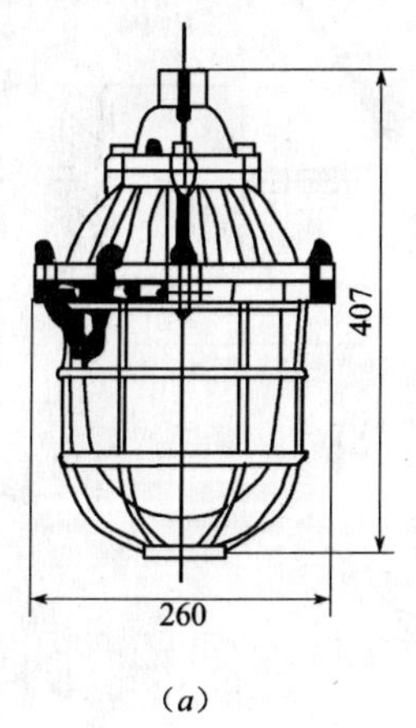

(*a*)

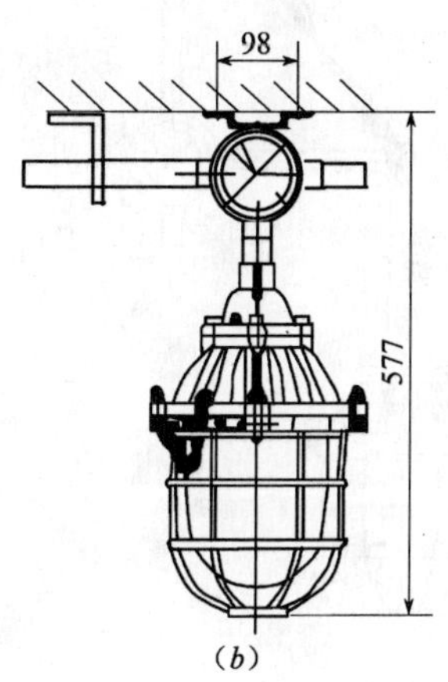

(*b*)

图17.7-7 防爆灯安装方法（一）

(*a*) 规格尺寸；(*b*) 安装方式一

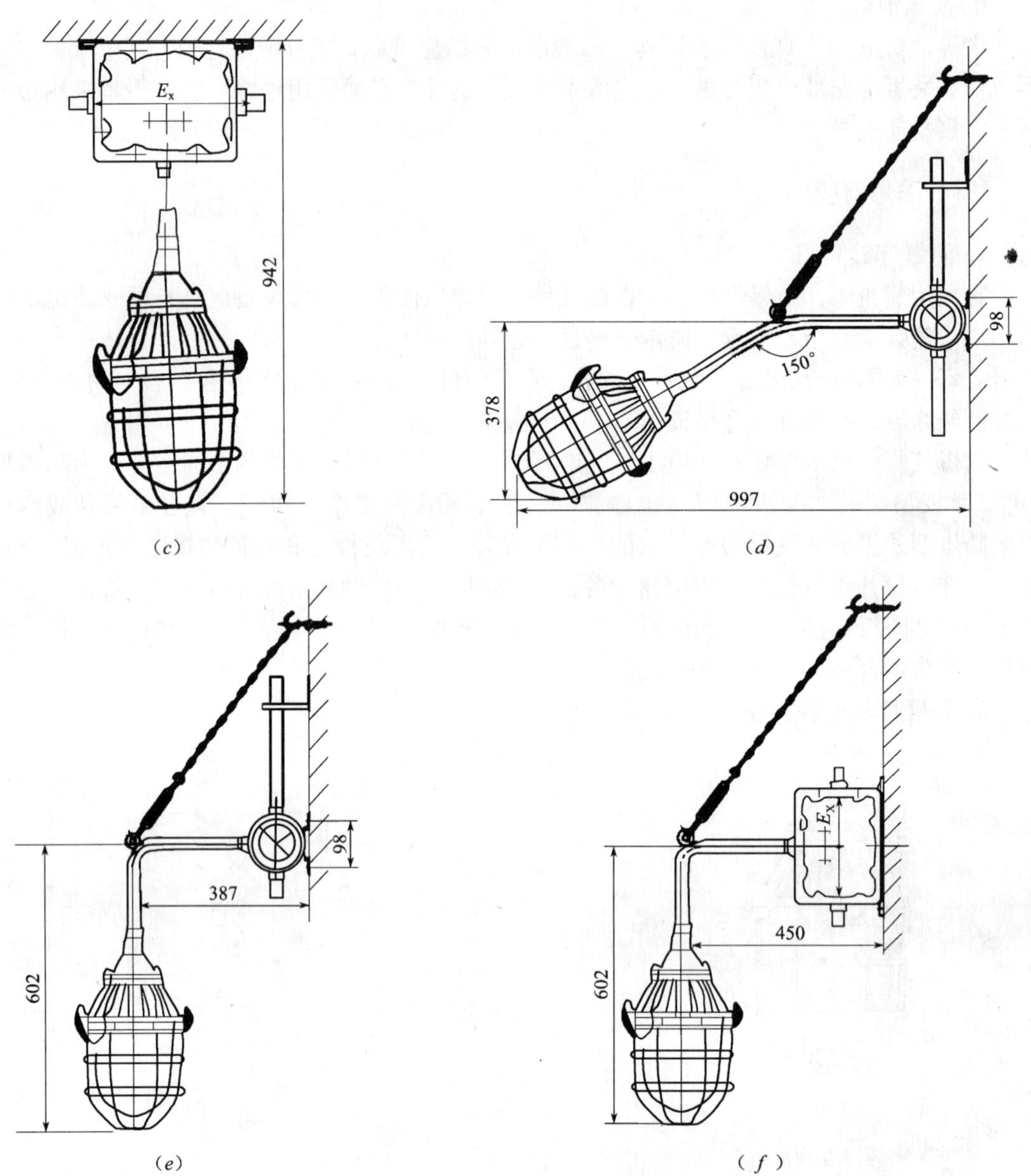

图 17.7-7　防爆灯安装方法（二）

(c) 安装方式二；(d) 安装方式三；(e) 安装方式四；(f) 安装方式五

防爆灯具安装应符合下列规定：

(1) 灯具的防爆标志、外壳防护等级和温度组别与爆炸危险环境相适配。当设计无要求时，灯具种类和防爆结构的选型应符合表 17.7-2 的规定。

(2) 灯具配套齐全，不用非防爆零件替代灯具配件（金属护网、灯罩、接线盒等）。

(3) 灯具的安装位置离开释放源，且不在各种管道的泄压口及排放口上下方安装灯具。

(4) 灯具及开关安装牢固可靠，灯具吊管及开关与线盒螺纹啮合扣数不少于 5 扣，螺纹加工光滑、完整、无锈蚀，并在螺纹上涂以电力复合酯或导电性防锈酯。

灯具种类和防爆结构的选型　　表 17.7-2

爆炸危险区域防爆结构 / 照明设备种类	Ⅰ区		Ⅱ区	
	隔爆型（d）	增安型（e）	隔爆型（d）	增安型（e）
固定式灯	○	×	○	○
移动式灯	△	—	○	—
携带式电池灯	○	—	○	—
镇流器	○	△	○	○

注：○为适用；△为慎用；×为不适用。

（5）开关安装位置便于操作，安装高度1.3m。

（6）灯具及开关的外壳完整，无损伤、无凹陷或沟槽，灯罩无裂纹，金属护网无扭曲变形，防爆标志清晰。

（7）开关的紧固螺栓无松动、锈蚀，密封垫圈完好。

（8）爆炸危险环境照明线路的电线和电缆额定电压不得低于750V，且电线必须穿于钢导管内。

17.7.4 航空障碍标志灯安装

1. 航空障碍标志灯设置的场所及范围

《中华人民共和国民用航空法》及国家有关文件对设置障碍标志灯有明确规定：

（1）机场净空保护区（图17.7-8）的限高或超高建筑物或构筑物应设置飞行障碍标志灯和标志。

（2）航路上及飞行区周围影响飞行安全的人工及自然障碍物体应当设置航空障碍标志灯及标志。

（3）有可能影响飞行安全的地面高耸、高大建筑物和设施，应当设置航空障碍标志灯和标志，并保持正常状态。

（4）公安、消防、交通等部门在城市中建有停机坪，城市上空视为净空，城市中的高大建筑物和构筑物也应设置障碍标志灯及标志。

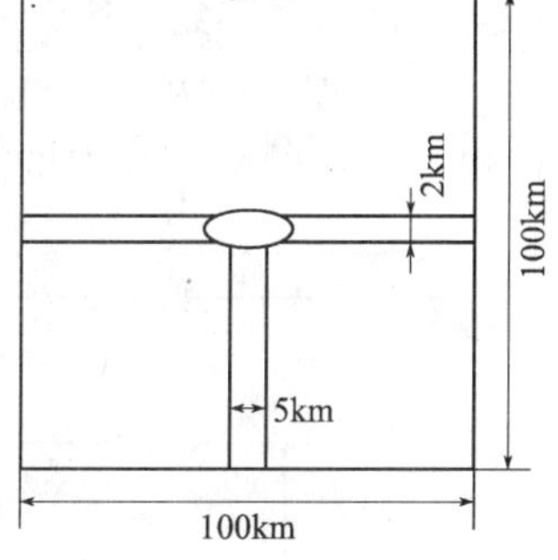

图17.7-8 机场净空平面图

2. 航空障碍标志灯的有关标准规定

根据法律及技术标准航空障碍标志灯规定：障碍物设置的航空障碍标志灯必须为闪光，以便在空中俯视与地面恒定光源有明显区分和能达到规定远的可视距离。

航空障碍标志灯分为低光强、中光强和高光强三大类：

（1）低光强障碍标志灯为闪光红色，峰值光强大于1600cd，一般与中光强、高光强障碍标志灯配合使用。如45m以上的建筑及其设施有多层中光强或高光强障碍标志灯，在中光强或高光强障碍标志灯之间可设置低光强障碍标志灯。

（2）中光强障碍标志灯为红色闪光灯，有效光强2000cd±25%，用于90m以上、150m下建筑物或设施，或与高光强障碍标志灯配合使用。

（3）高光强障碍标志灯为白色闪光灯，有效光强 100000cd ±25%，主要用于超过 150m 以上的建筑物及其设施使用，或与中光强障碍标志灯为配合使用。

（4）航空障碍标志灯技术标准（表 17.7-3）

航空障碍标志灯技术标准 表 17.7-3

航空障碍标志灯类型	低 光 强	中 光 强	高 光 强
灯光颜色	航空红色	航空白色/红色	航空白色
控光方式及数据（次/min）	恒定光或闪光 40 ~ 60	闪光 20 ~ 60	闪光 20 ~ 60
有效光强	2000cd 用于夜间	2000cd 用于夜间 7500cd 用于黄昏与黎明	2000cd 用于夜间 20000cd 用于黄昏与黎明 270000cd 用于白昼
可视范围	光源中心垂线 15°以上全方位	光源中心垂线 15°以上全方位	光源中心垂线 15°以上全方位
适用高度	高出地面 45m 时	高出地面 90m 时	高出地面 150m 时

注：表中时间段对应的背景亮度；夜间—— <50cd/m²；黄昏与黎明—50 ~ 500cd/m²；白昼— <500cd/m²

3. 航空障碍标志灯的设置方法

一般可考虑在下列地方设置障碍标志灯：

（1）障碍物就其障碍标志灯的设置，应标志出障碍物的最高点和最边缘（即视高和视宽）。

（2）如果物体的顶部高出其周围地面 45m 以上，必须在其中间加设障碍标志灯，中间层的间距必须不大于 45m，并尽可能相等（城市中百米以上超高建筑物尤其要考虑中间层加设障碍标志灯）。地处城市和居民附近的建筑物在考虑装中间层障碍标志灯时，应考虑避免使居民感到不快，一般要求从地面只能看到散佚的光线。

（3）外形广大的建筑群所设置的障碍标志灯应能从各个方位看出物体的轮廓，水平方向也可参考以 45m 左右的间距设置障碍标志灯（图 17.7-9）。

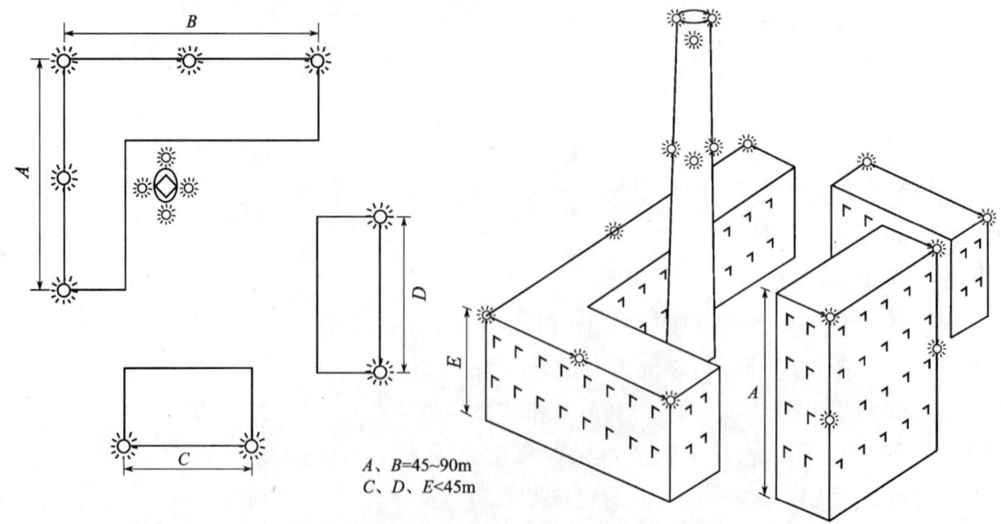

图 17.7-9 建筑群航空障碍标志灯安装方法

（4）对于 90m 以上而不足 150m 高的建筑物、设施或拉线塔、楼顶等，应在其顶端设置中光强障碍标志灯，并为红色闪光。

（5）高于150m的超高物体（如广播电视塔、大跨越斜拉桥等），应在其顶端设置高光强障碍标志灯，并且应以中、高光强障碍标志灯配合使用（图17.7-10）。

（6）超高压输电线铁塔应设置高光强障碍标志灯，并为三层顺序闪光。位置为塔顶、电缆下垂最低点及两者中间位置，且需沿电缆走线方向设于铁塔外侧（图17.7-11）。

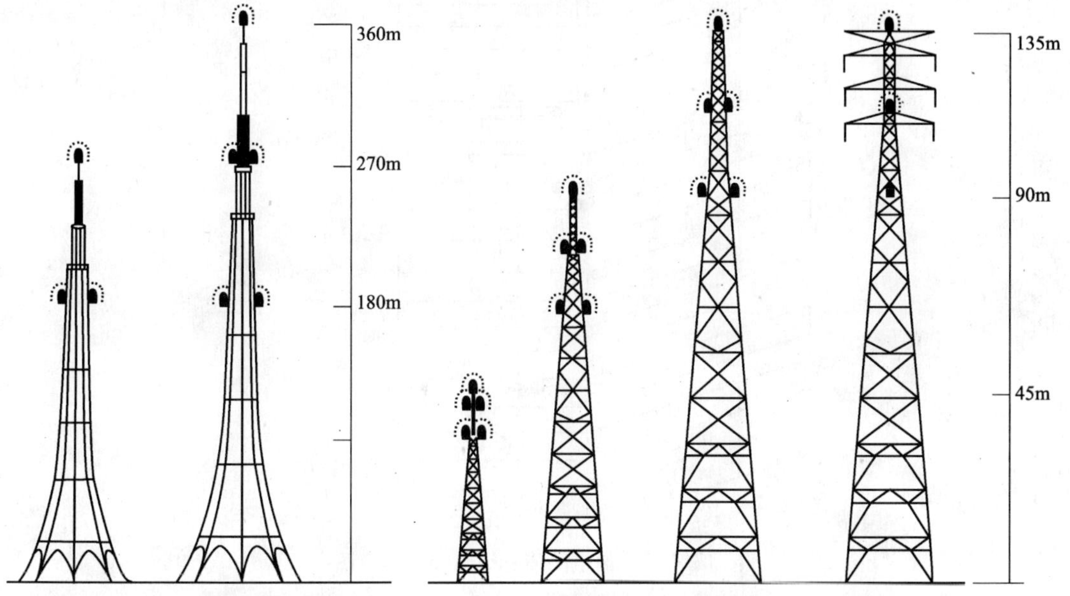

图17.7-10 高于150m超高物体航空障碍标志灯安装方法

图17.7-11 超高压输电线铁塔航空障碍标志灯安装方法

（7）对于烟囱或其他类似性质的建筑物，顶部障碍标志灯必须位于顶端1.5～3m之间，考虑到烟囱对灯具污染，障碍标志灯可装设在低于烟囱口7.5m范围内。

（8）不论哪种障碍标志灯，其在不同高度的障碍标志灯数目及排列，应能从各个方位都能看到该物体或物体群轮廓，并且考虑障碍标志灯的同时闪烁，以达到明显的警示作用。

4. 航空障碍标志灯系统图

（1）航空障碍标志灯布置示意图（图17.7-12）

（2）多盏航空障碍标志灯系统示意图（图17.7-13）

（3）航空障碍标志灯控制系统图（图17.7-14）

5. 航空障碍标志灯安装方法

航空障碍标志灯柱装方法见图17.7-15，壁方法见图17.7-16，航空障碍标志灯安装应符合下列规定：

（1）灯具装设在建筑物或构筑物的最高部位。当最高部位平面面积较大或为建筑群时，除在最高端装设外，还在其外侧转角的顶端分别装设灯具。

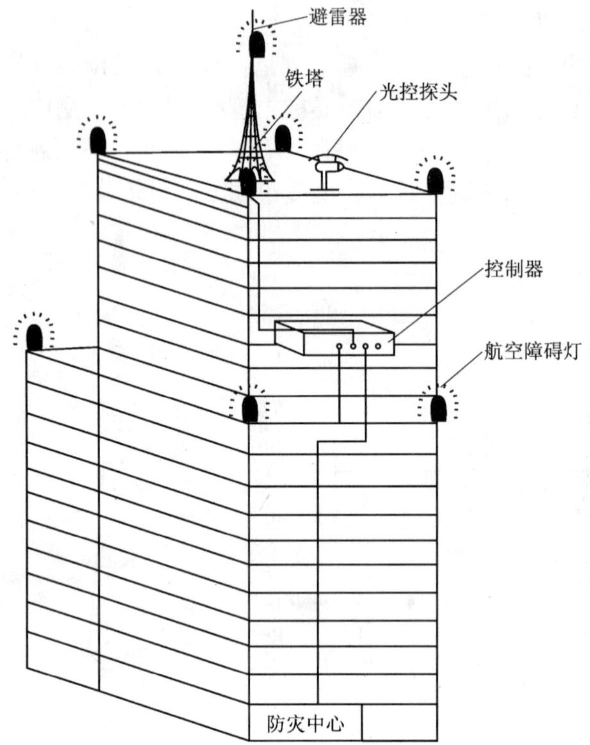

图 17.7-12 航空障碍标志灯布置示意图

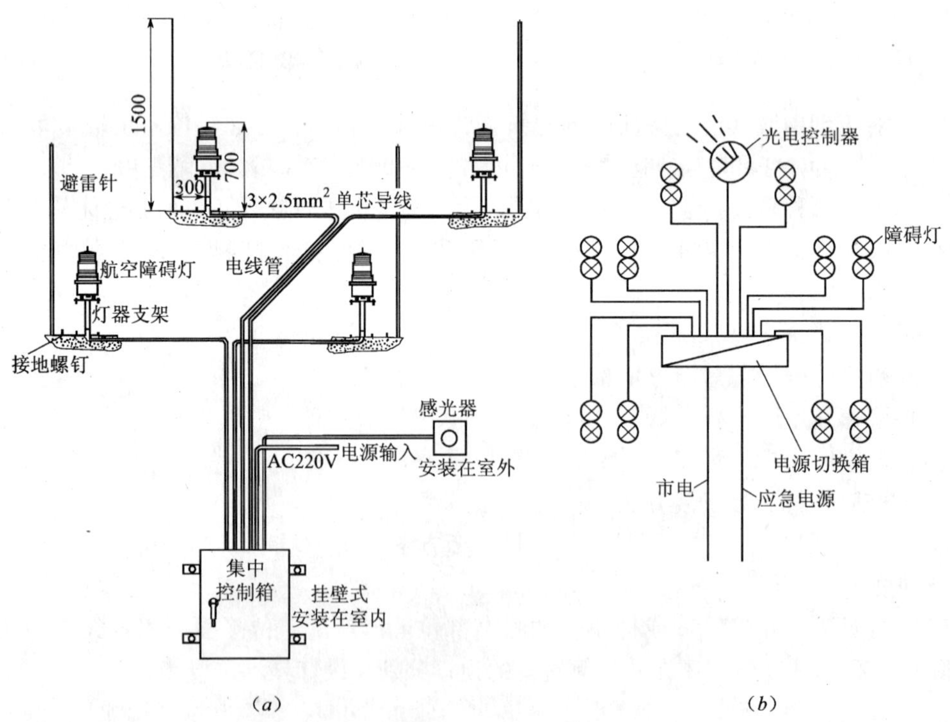

图 17.7-13 多盏航空障碍标志灯系统示意图

(a) 方式一；(b) 方式二

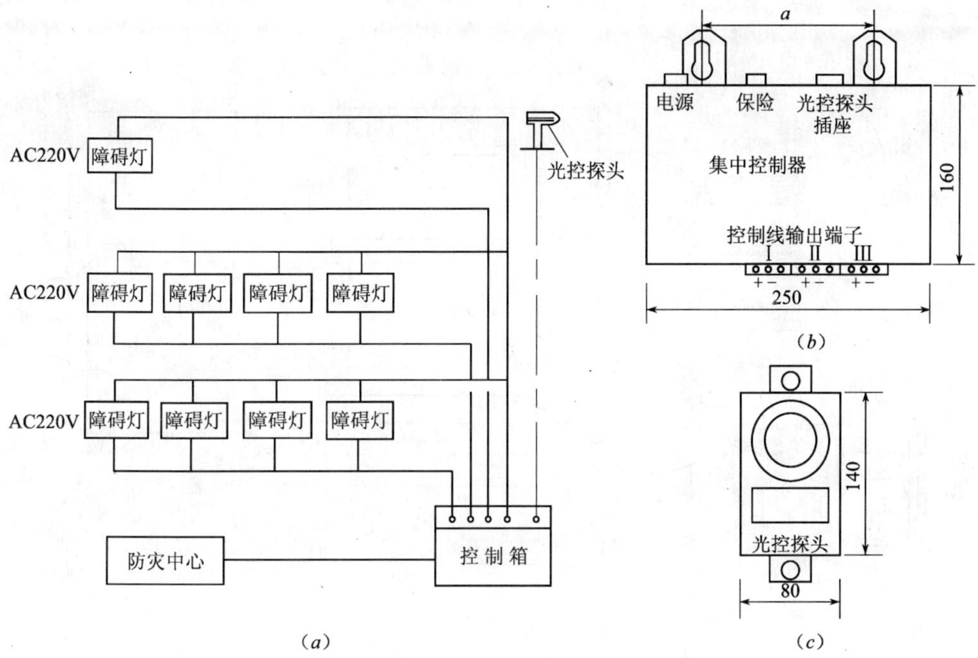

图 17.7-14 航空障碍标志灯控制系统图

（a）控制系统图；（b）控制器；（c）光控探头

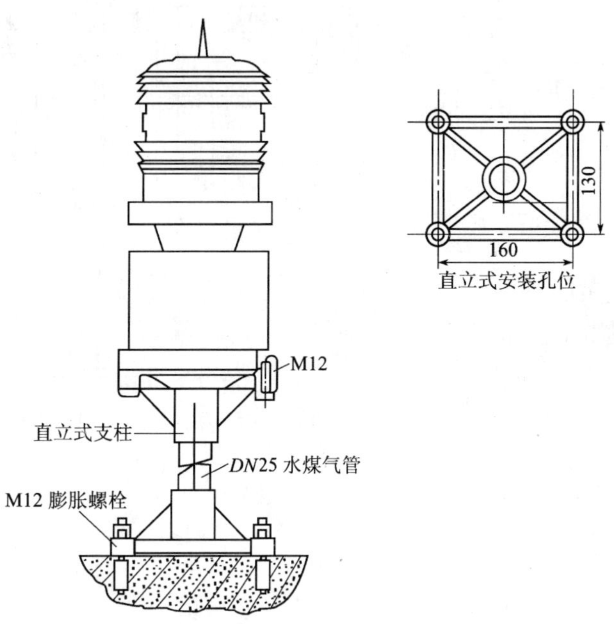

图 17.7-15 航空障碍标志灯柱装方法

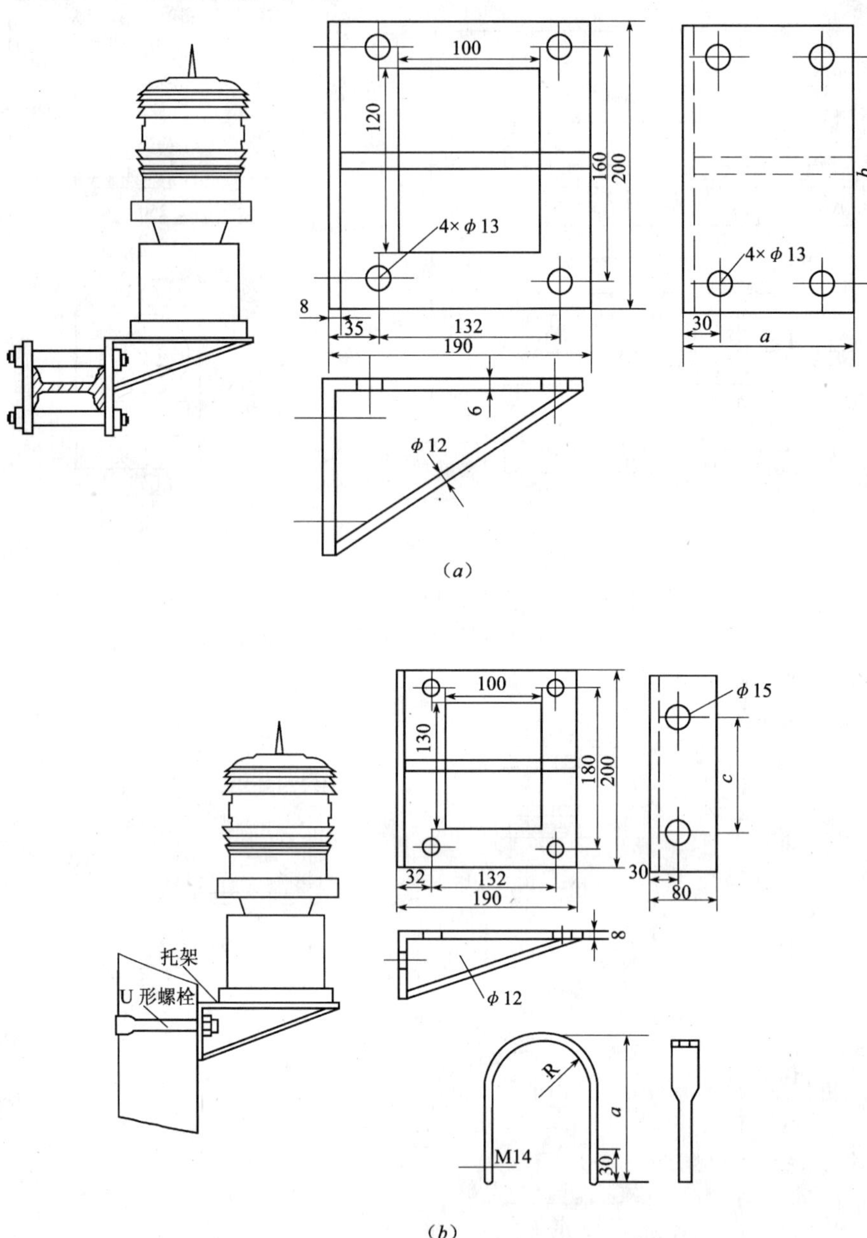

图 17.7-16 航空障碍标志灯壁装方法（一）

（a）夹板式安装方法；（b）抱箍式安装方法

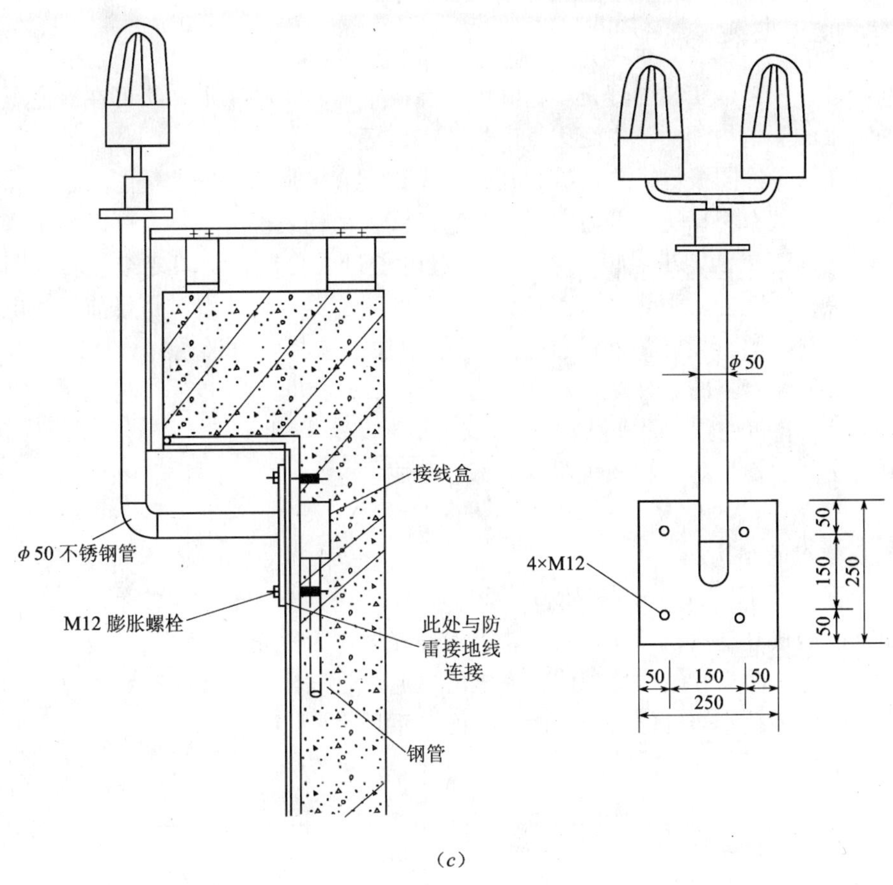

（c）

图 17.7-16 航空障碍标志灯壁装方法（二）

（c）航空障碍标志灯墙上安装方法

（2）当灯具在烟囱顶上装设时，安装在低于烟囱口 1.5～3m 的部位且呈正三角形水平排列。

（3）灯具的选型根据安装高度决定；低光强的（距地面 45m 以下装设时采用）为红色光，其有效光强大于 2000cd。高光强的（距地面 150m 以上装设时采用）为白色光，有效光强随背景亮度而定。

（4）灯具的电源按主体建筑中最高负荷等级要求供电。

（5）灯具安装牢固可靠，且设置维修和更换光源的措施。

（6）同一建筑物或建筑群灯具间的水平、垂直距离不大于 45m。

（7）灯具的自动通、断电源控制装置动作准确。

（8）高大建筑物和构筑物上的障碍标志灯，应安装在避雷针 45°保护区内。

（9）如电网电压波动较大，应串接稳压电源。

（10）防雷保护：

1）顶端设置的障碍灯应安装避雷器，避雷器部分应于避雷带等设施紧密相连。

2）建筑物中间部位的灯具，需采用金属网罩加以保护，并与灯具的金属部分均作良好接地处理。

17.7.5 霓虹灯安装

霓虹灯是一种艺术和装饰灯光。它既可以在夜空显示多种字形，又可在橱窗里显示各种各样的图案或彩色的画面，广泛用于广告、宣传等。

霓虹灯是一种冷阴极辉光放电管，其辐射光谱具有极强的穿透大气能力，色彩鲜艳绚丽、多姿，发光效率明显优于普通白炽灯，它的线条结构表现力丰富，可以加工弯制成任何几何形状，加工灵活，满足设计要求，通过电子过程控制，跳动变幻色彩的图案、文字，显示出独特的魅力，深受人们喜爱。霓虹灯的亮、美、动特点，是目前任何电光源所不能替代的，在各类新型光源不断涌现和竞争中独领风骚。由于霓虹灯是冷阴极辉光放电，因此一支质量合格的霓虹灯其寿命可达20000~30000h。

17.7.5.1 霓虹灯组成及工作原理

霓虹灯主要由霓虹灯管和变压器两大部分组成。

1. 霓虹灯管

(1) 霓虹灯管结构

霓虹灯管（图17.7-17）由直径16~20mm的玻璃管弯制作成。灯管两端各装一个电极，玻璃管内抽成真空后，再充入氖、氦等惰性气体作为发光介质，在电极的两端加上高压，电极发射电子激光管内惰性气体，使电流导通灯管发出红、绿、蓝、白等不同颜色的光束，霓虹灯管的色彩与气体、玻璃管颜色的关系见表17.7-4。

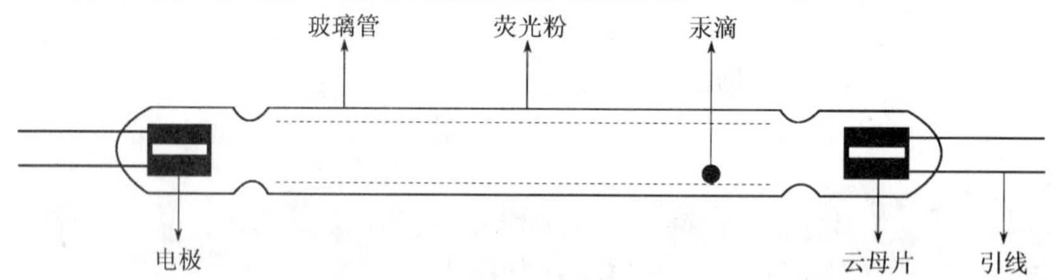

图17.7-17 霓虹灯管结构

霓虹灯管的色彩与气体、玻璃管颜色的关系表 **表17.7-4**

灯光色彩	气体种类	玻璃管颜色	灯光色彩	气体种类	玻璃管颜色
红	氖	透明	纯蓝	氙	透明
橘黄	氖	黄色	紫	氖	蓝色
绿	少量汞	黄色	淡黄	氦	透明
淡蓝	少量汞和氖	透明	天蓝	氙	透明
黄	氦	黄色	日光、白光	氦或氩或汞	白色
粉红	氦和氖	透明			

(2) 霓虹灯管的分类

1) 以规格分：有直径6mm、7mm、8mm、9mm、10mm、12mm、15mm、18mm、20mm等粗细。

2) 以玻璃材质分：

(a) 钠玻璃管（或称石灰料玻璃管），这种玻璃管稳定性差，受潮后极易变质、泛碱（风化），牢度差易爆裂。目前在我国使用此种材料的约占80%左右。

（b）铅玻璃管（又称红丹料玻璃管），其热性能、机械性能、电性能、化学稳定性能、真空性能和光学性能优于钠玻璃，其耐候性、使用寿命大大超过钠玻璃，目前国际上通用大都是这种铅玻璃管，我国目前使用量已达20%～30%左右，凡是追求质量好的制作厂家，用户都选用铅玻璃管制作霓虹灯。铅玻璃又以含铅量多少分为：重铅玻璃、中铅玻璃和轻铅玻璃。

（c）彩色玻璃管，这种玻璃管，在拉制玻璃管时已充入染料，生产出的玻璃管已呈彩色玻璃管。

3）以霓虹灯管内涂荧光粉材料分：

（a）目前使用的多数霓虹灯管喷涂的是“普通荧光粉”，这种粉价格比较便宜，一般也能满足各种色彩的要求。

（b）“三基色”荧光粉，（也称稀土荧光粉）与普通荧光粉比较，其亮度、色度、鲜度更佳。

4）喷涂荧光粉的工艺又分水涂和胶涂两种。

（a）水涂即用醇，酮溶剂混合荧光粉喷涂在灯管内壁，让其自然干燥。

（b）胶涂即用胶液混合荧光粉喷涂，再用烘箱烘干，其黏度、牢固度大大优于水涂粉管。目前先进国家大都有采用三基色胶涂含铅玻璃管制作霓虹灯，我国目前已有部分厂商使用这种工艺制造霓虹灯管。

2. 霓虹灯变压器

霓虹灯专用变压器采用双圈式，露天安装时应有防雨水措施或采用IP66级防护型产品。

（1）漏磁变压器（又称电感变压器、铁芯变压器），其特点是：可靠性好，负载灯管亮度高，光色一致，寿命长，缺点是比较笨重，目前国外及上海的户外霓虹灯大多数采用这种变压器。电感变压器的规格有：3kV、6kV、9kV、12kV、15kV、18kV。霓虹灯变压器必须放在金属箱子内，箱子两侧应开百叶窗孔通风散热。常用的霓虹灯变压器外形如图17.7-18所示。

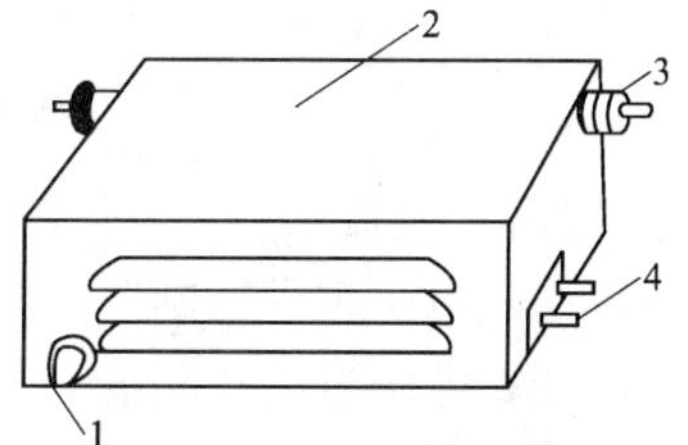

图17.7-18 霓虹灯变压器外形
1—接地接线柱；2—金属箱；
3—高压接线柱；4—低压接线柱

（2）电子变压器（也称高频冷启动管形放电灯（霓虹灯）电子转换器或霓虹灯电源），其优点是：重量轻、制造方便、节约金属材料。电子变压器又分直流和交流两种，直流电子变压器由于单向导通往往会产生灯管一头亮一头暗的情况。又因电子变压器输出频率会受到负载灯管长度的影响，在同幅霓虹灯中，由于每笔灯管长短不一也会产生灯色不匀等现象。电子变压器的规格有：40W、60W、80W、100W等规格，也有称4m机、6m机、8m机、10m机等。

3. 霓虹灯高压线

（1）普通高压线，即塑料高压线，这种高压线价格便宜，但塑料容易老化，室外使用不久塑料就要老化引起失火等，安全性较差。

（2）硅橡胶绝缘高压线，是目前较理想的霓虹灯连接线，安全性强，可靠性好。

以上介绍的是组成霓虹灯的主要零部件，从上可以知道，霓虹灯与其他商品一样，品种、规格、质量优劣区别很大。用户在选择霓虹灯制作单位时，也要了解他们的制作实力，加工工艺和售后服务是否到位，凡是较大的霓虹灯工程，都应要制作单位详细报价，进行核实，如有条件，应按行业标准进行验收，不要只看总价便宜，更要看他们提供给用户的是什么样的质量和服务。

4. 霓虹灯工作原理

（1）霓虹灯工作原理见图 17.7-19 所示，霓虹灯用电感式变压器点亮，每 12m 灯管的视在功率为 450VA，功率因数为 0.4～0.6；采用电子式变压器点亮时每 10～12m 灯管功率为 160W，功率因数大于 0.92，节能约 65%。所供灯管长度不大于允许负荷长度，以免变压器超载运行。

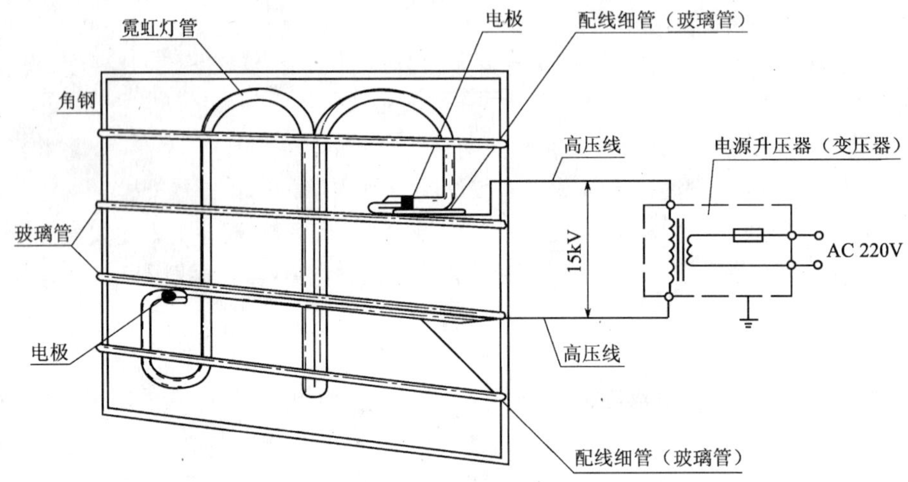

图 17.7-19　霓虹灯工作原理图

（2）过程控制器

1）普通式电子过程控制器；

2）渐变式电子过程控制器。

17.7.5.2　霓虹灯安装

1. 霓虹灯安装应符合下列规定

（1）霓虹灯管完好，无破裂；

（2）灯管采用专用的绝缘支架固定，且牢固可靠。灯管固定后，与建筑物、构筑物表面的距离不小于 25mm（图 17.7-20）。

（3）霓虹灯专用变压器用双圈式，所供灯管长度不大于允许负载长度，露天安装的有防雨措施。

（4）霓虹灯专用变压器二次电线和灯管间的连接线采用额定电压大于 15kV 的高压绝缘电线，霓虹灯变压器二次侧的电线采用玻璃制品绝缘支持物固定，支持点距离不大于下列数值：水平线段：0.5m；垂直线段：0.75m。二次电线与建筑物、构筑物表面的距离不小于 20mm。

（5）当霓虹灯变压器明装时，高度不小于 3m；低于 3m 采取防护措施。

（6）霓虹灯变压器的安装位置应方便检修，且隐蔽在不易被非检修人触及的场所，不装在顶棚内。

（7）当橱窗内装有霓虹灯时，橱窗门与霓虹灯变压器一次侧开关有联锁装置，确保开门不接通霓虹灯变压器的电源。

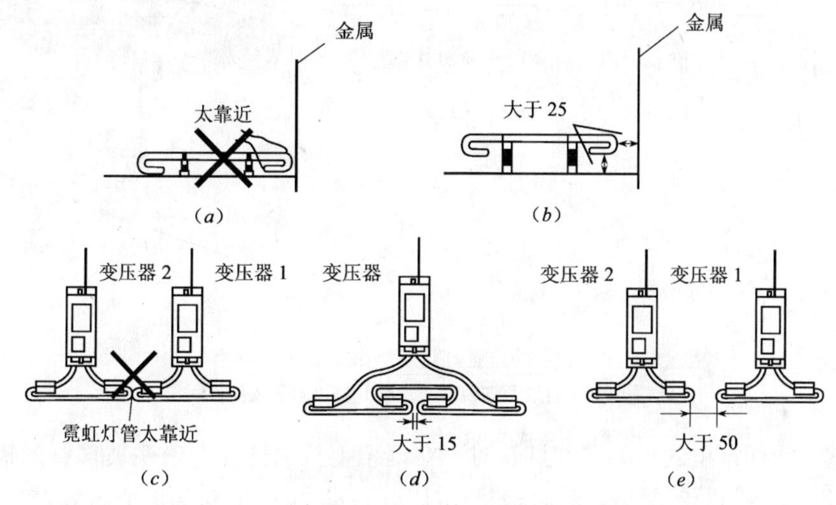

图 17.7-20 灯管间距要求

（a）不正确（灯管与金属太靠近）；（b）正确（灯管与金属大于 25mm）；（c）不正确（灯管与灯管太靠近）；（d）正确（灯管与灯管大于 15mm）；（e）正确（灯管与灯管大于 50mm）

2. 霓虹灯管安装

霓虹灯管本身容易破碎，管端部还有高电压，因此应安装在人不易触及的地方，并不应和建筑物直接接触。安装霓虹灯灯管时，一般用角钢做成框架。框架既要美观，又要牢固，在室外安装时还要经得起风吹雨淋。安装灯管时应用玻璃或瓷制、塑料制的绝缘支持件固定。支持件可以将灯管直接固定，也可用 ϕ0.5mm 的裸细铜线扎紧，如图 17.7-21 所示。安装灯管时不可用力过猛，并要用螺钉将灯管支持件固定在木板或塑料板上。

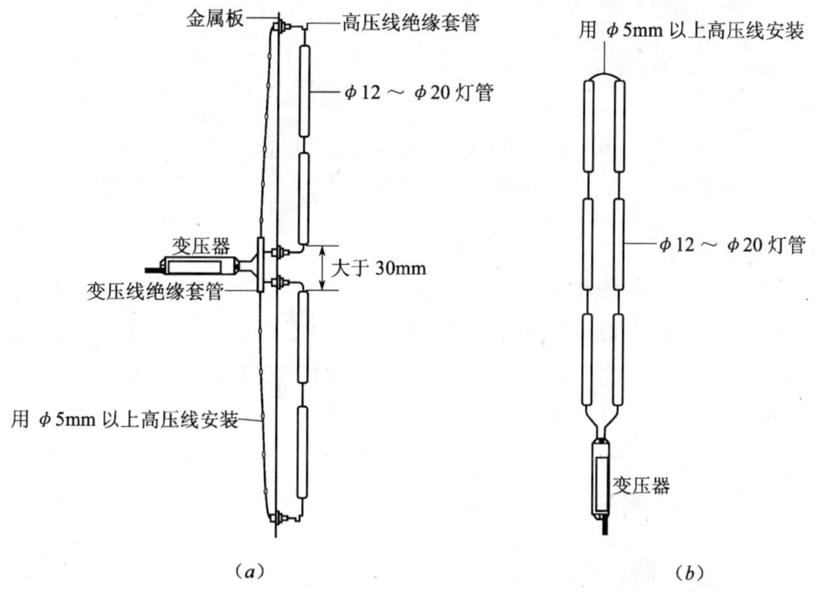

图 17.7-21 霓虹灯管安装方法（一）

（a）霓虹灯单管挂墙安装方法；（b）霓虹灯双管挂墙安装方法

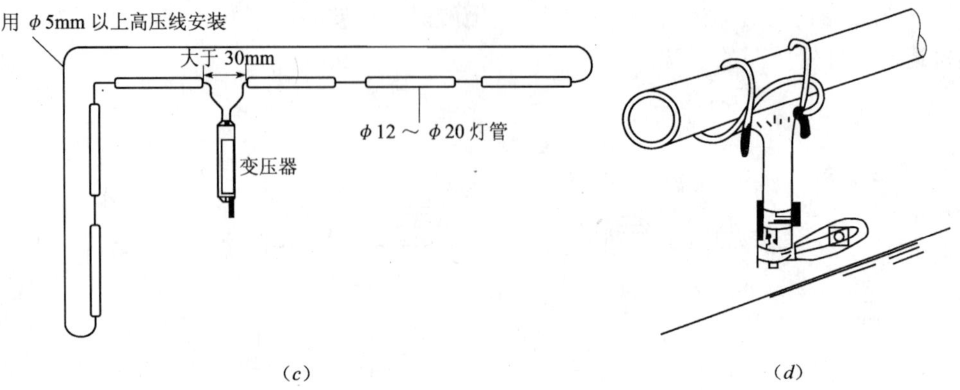

图 17.7-21 霓虹灯管安装方法（二）
（c）霓虹灯单管墙角安装方法；（d）霓虹灯管支持件固定

安装室内或橱窗里的小型霓虹灯管时，在框架上拉紧已套上透明玻璃管的镀锌钢丝，组成 200～300mm 间距的网格，然后将霓虹灯管用 ϕ0.5mm 的裸铜丝或弦线等与玻璃管绞紧即可，如图 17.7-22 所示。

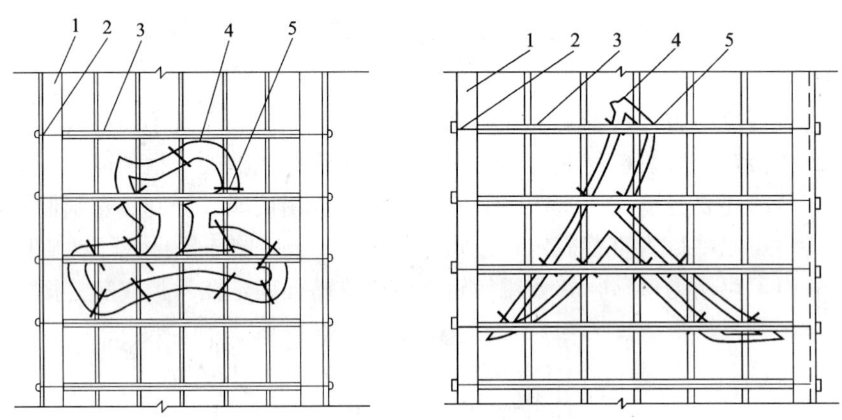

图 17.7-22 霓虹灯管绑扎固定
1—型钢框架；2—ϕ1.0 镀锌钢丝；3—玻璃套管；4—霓虹灯管；5—ϕ0.5 铜丝扎紧

3. 霓虹灯变压器的安装

霓虹灯变压器是一种漏磁很大的单相干式变压器。可以悬挂或平放于支撑物体上。不允许多层堆叠放置，不允许侧面贴近金属件放置，不允许放置于密封的盒子内。霓虹灯变压器应紧靠灯管安装，一般隐蔽在霓虹灯板之后，可以减短高压接线，但要注意切不可安装在易燃品周围。

霓虹灯变压器安装说明：

（1）安装在室外的霓虹灯变压器，离地高度不宜低于 3m，离阳台、架空线路等距离不应小于 1m。

（2）应避免变压器散热不良（图 17.7-23）。

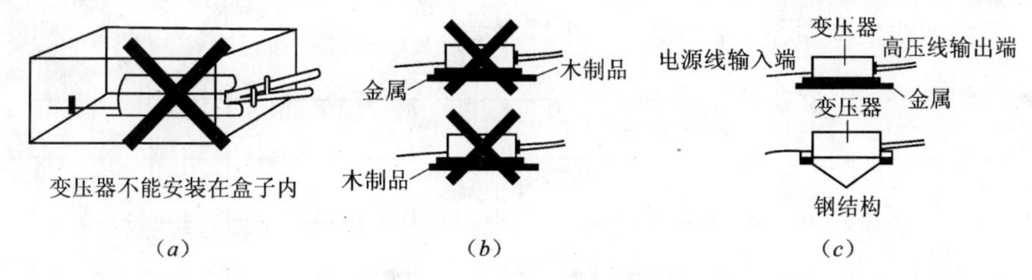

图 17.7-23 霓虹灯变压器安装

(a) 不正确；(b) 不正确；(c) 正确

(3) 霓虹灯变压器的输出属于高频电压，输出线不允许交叉，且必须有较好的绝缘(图 17.7-24)。

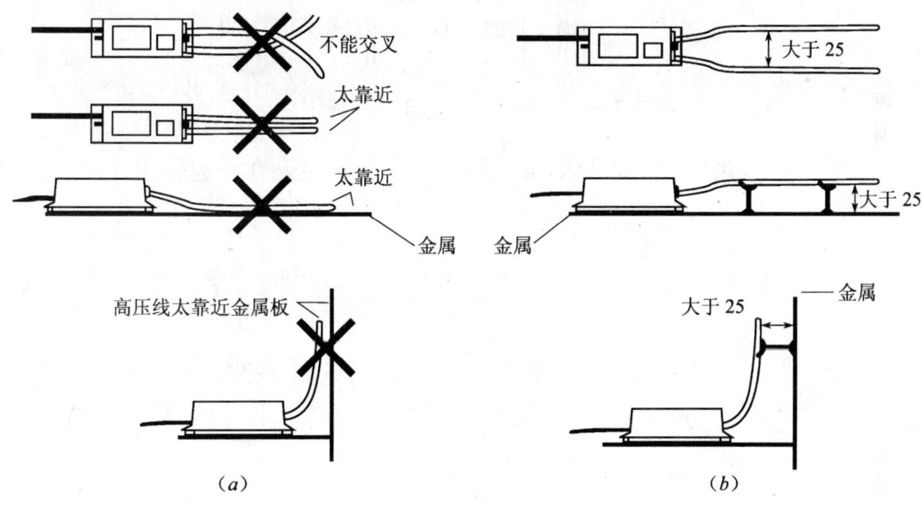

图 17.7-24 正确的高压配线方法

(a) 不正确；(b) 正确

(4) 霓虹灯变压器除底部外，任何一面应与金属面保持 50mm 以上距离，当使用多个变压器时，各变压器之间应保持 75mm 以上的距离（图 17.7-25）。

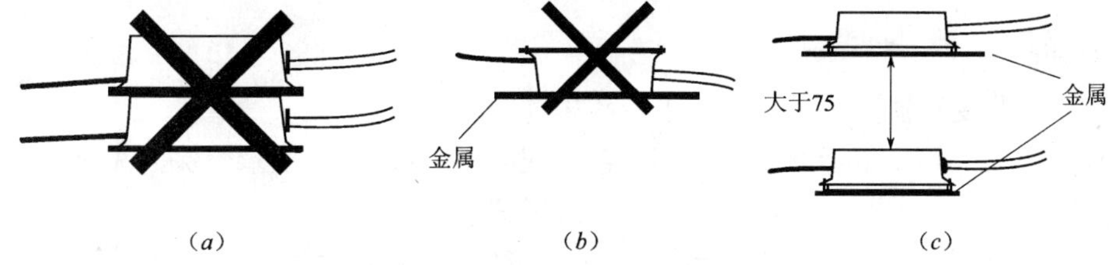

图 17.7-25 变压器安装的间距要求

(a) 不能叠放；(b) 除底部外，其他面不能接近金属；(c) 任何一面应与金属面保持 50mm 以上距离

(5) 霓虹灯变压器应安装于通风良好的位置，以便提供足够的散热条件。

(6) 霓虹灯变压器的铁芯、金属外壳、输出端的一端以及保护箱等均应进行可靠的接地。

4. 霓虹灯变压器接线

变压器产品上的标识“INPUT 或 220VAC”为电源输入端，连接 220V 交流电网；“HT

OUTPUT”为高压输出端连接霓虹灯管。

（1）三相四线供电系统接线方法（图 17.7-26）。

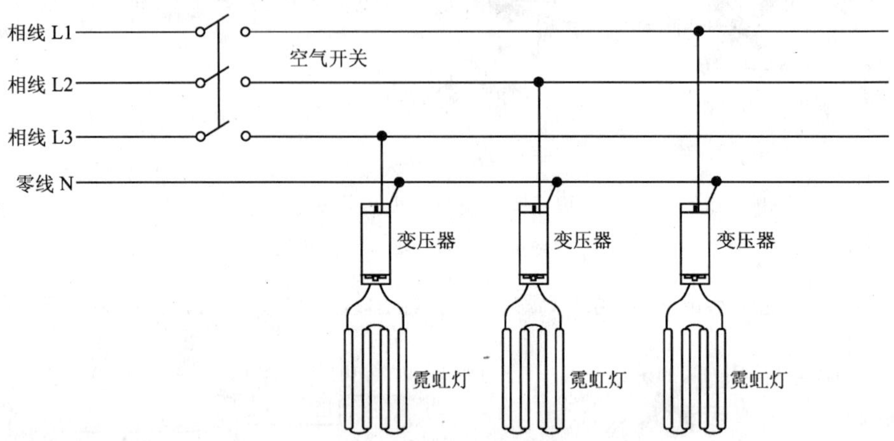

图 17.7-26 三相四线供电系统接线方法

（2）电子变压器不允许与铁芯变压器（漏磁变压器）混合在一起使用（图 17.7-27）。

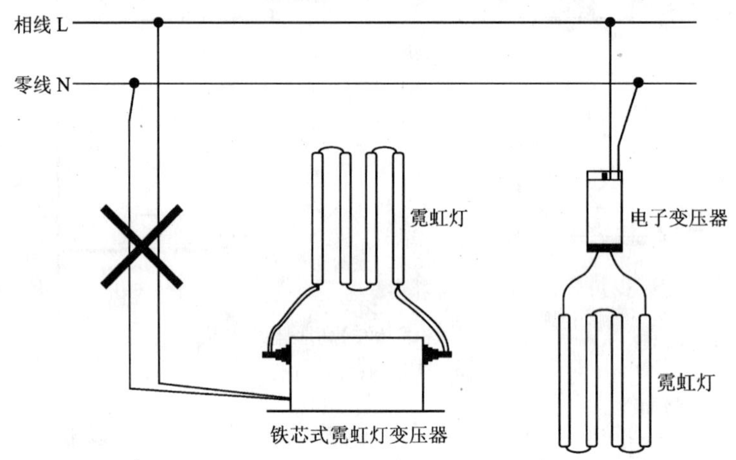

图 17.7-27 电子变压器不允许与铁芯变压器混合在一起使用

5. 高压线的联接

霓虹灯管和变压器安装后，即可进行高压线的联接。

（1）霓虹灯高压回路的导线应采用高压绝缘线或用裸铜线外套玻璃管保护（图 17.7-28）。

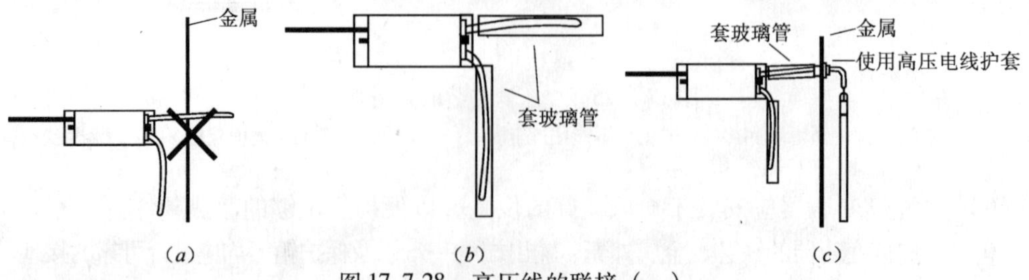

图 17.7-28 高压线的联接（一）

(*a*) 不正确，没有外套玻璃管保护；(*b*) 高压绝缘线必须外套玻璃管保护；

(*c*) 高压线穿过金属应使用高压电线护套；

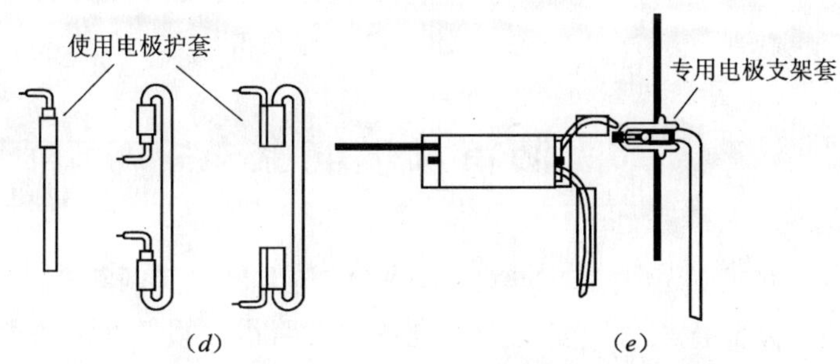

图 17.7-28 高压线的联接（二）
（d）正确；（e）正确

（2）高压导线相互之间、高压导线与敷设面之间的距离均不应小于50mm。高压导线支持点间的距离，在水平敷设时为0.5m，垂直敷设时为0.75m。高压导线在穿越建筑物时，应穿双层玻璃管加强绝缘。玻璃管两端需露出建筑物两侧，长度各为50～80mm。

6. 霓虹灯使用注意事项

（1）高压电路：霓虹灯电源的输出电压很高，最高超出10kV，使用时须特别注意安全。输出端的联机必须使用超过30kV的高压阻燃绝缘导线；连接要牢靠；每根接线要套上玻璃管，导线之间、导线与金属物之间必须远离；整个霓虹灯电路不允许靠近易燃易爆物品，安装需由专业人员进行，并定期检查，以确保安全。高压输出电路绝缘不良或接线不牢靠，容易产生电弧打火，除烧毁变压器外，还可能导致发生火灾等严重后果，因此必须小心防范。

（2）低压电路：三相四线供电的霓虹灯广告牌，供电线路的中性线应选用截面积为相线2倍或以上的导线，以保证各相电压的稳定，并防止导线过热。中性线必须连接牢靠，切勿在中性线上安装开关及保险丝，避免出现中性线断路而造成灾害性事故。电源开关必须使用空气开关，不应使用闸刀开关。要特别注意不要将380V的线电压错接入变压器的输入端，这样会立即烧毁电源，造成严重损失。通电前必须首先检查线路是否正确，输入电压是否正确（220V），特殊电源按产品说明书，准确无误后，方可开启开关。

（3）灯管质量：灯管质量差，将造成变压器负载能力降低或损坏变压器，宜选用质量好的灯管安装。

18 防雷及接地工程

接地是将电气设备或装置的某一点（接地端）与大地之间做符合技术要求的电气连接。接地的作用主要是防止人身遭受电击、设备和线路遭受损坏、预防火灾和防止雷击、防止静电损害和保障电力系统正常运行。

1. 接地介绍

将电力系统或电气装置的某一部分经接地线连接到接地极称为“接地”。“电气装置”是一定空间中若干相互连接的电气设备的组合。“电气设备”是发电、变电、输电、配电或用电的任何设备，例如电动机、变压器、用电器具、测量仪表、保护装置、布线材料等。电力系统中接地的一点一般是中性点。电气装置的接地部分则为外露导电部分。

2. 本章相关标准规范

(1)《建筑物防雷设计规范》GB 50057—94（2000 年版）。

(2)《电气装置安装工程接地装置施工及验收规范》GB 50169—2006。

(3)《建筑电气工程施工质量验收规范》GB 50303—2002。

(4)《民用建筑电气设计规范》JGJ 16—2008。

18.1 接地基本概念

18.1.1 名词术语

1. 接地：将电力系统或建筑物中电气装置、设施的某些导电部分，经接地线连接至接地极。

2. 接地极：埋入地中并直接与大地接触的金属导体，称为接地极。兼作接地极用的直接与大地接触的各种金属构件、钢筋混凝土建（构）筑物的基础等称为自然接地极。

3. 接地线：电气装置、设施的接地端子与接地极连接用的金属导电部分。

4. 接地装置：接地线和接地极的总称。

5. 接地网：由垂直和水平接地极组成的供发电厂、变电所使用的兼有泄流和均压作用的较大型的水平网状接地装置。

6. 接地电阻：接地极或自然接地极的对地电阻和接地线电阻的总和，称为接地装置的接地电阻。接地电阻的数值等于接地装置对地电压与通过接地极流入地中电流的比值。

7. 跨步电位差：接地短路（故障）电流流过接地装置时，地面上水平距离为 0.8m 的两点间的电位差，称为跨步电位差。接地网外的地面上水平距离 0.8m 处对接地网边缘接地极的电位差，称为最大跨步电位差。

8. 外露导电部分：平时不带电压，但在故障情况下可能带电，一般指金属外壳。为了安全保护的需要，将装置外导电部分与接地线相连进行接地。

9. 装置外导电部分：不属电气装置组成部分的导电部分。不属于电气装置，一般是水、暖、煤气、空调的金属管道以及建筑物的金属结构，此部分也需要进行接地。

10. 中性线：与低压系统电源中性点连接用来传输电能的导线。

11. 保护线：低压系统中为防触电用来与下列任一部分作电气连接的导线：
(1) 线路或设备金属外壳；
(2) 线路或设备以外的金属部件；
(3) 总接地线或总等电位联结端子板；
(4) 接地极；
(5) 电源接地点或人工中性点。
12. 保护中性线（PEN）：具有中性线和保护线两种功能的接地线。
13. 等电位联结：各外露导电部分和装置外导电部分的电位实质上相等的电气连接。
14. 等电位连接线：为确保等电位连接而使用的保护线。

18.1.2 接地的分类

1. 接地的分类
接地可分为以下四类：
(1) 工作接地
电气设备因正常工作或排除故障的需要，将电路中某一点接地，例如电力系统中变压器的中性点接地。
(2) 保护接地
又称安全接地。当电气设备的绝缘发生破损时，其金属外壳或构架可能带电，引起触电事故，所以必须将电气设备的金属外壳或构架接地。
(3) 防雷接地
将雷电流泄入大地，将防雷设备接地，如避雷器、避雷带等的接地。
(4) 防静电接地
是指为消除静电对电气装置和人身安全危害而进行的接地，如输送某些液体或气体的金属管道的接地。
2. 接地按作用分类
一般分为保护性接地和功能性接地两种：
(1) 保护性接地
1) 防电击接地
为了防止电气设备绝缘损坏或产生漏电时，使平时不带电的外露导电部分带电而导致电击，将设备的外露导电部分接地，称为防电击接地。这种接地还可以限制线路涌流或低压线路及设备由于高压窜入而引起的高电压；当产生电器故障时，有利于过电流保护装置动作而切断电源。
2) 防雷接地
将雷电导入大地，防止雷电流使人身受到电击或财产受到破坏。
3) 防静电接地
将静电荷引入大地，防止由于静电积聚对人体和设备造成危害。特别是目前电子设备中集成电路用得很多，而集成电路容易受到静电作用产生故障，接地后可防止集成电路的损坏。
(2) 功能性接地
1) 工作接地

为了保证电力系统运行，防止系统振荡。保证继电保护的可靠性，在交直流电力系统的适当地方进行接地，交流一般为中性点，直流一般为中点，在电子设备系统中，则称除电子设备系统以外的交直流接地为工作接地。

2）逻辑接地

为了确保稳定的参考电位，将电子设备中的适当金属件作为“逻辑地”，一般采用金属底板作逻辑地。常将逻辑接地及其他模拟信号系统的接地统称为直流地。

3）屏蔽接地

将电气干扰源引入大地，抑制外来电磁干扰对电子设备的影响，也可减少电子设备产生的干扰影响其他电子设备。

4）信号接地

为保证信号具有稳定的基准电位而设置的接地，例如检测漏电流的接地，阻抗测量电桥和电晕放电损耗测量等电气参数测量的接地。

3. 电气设备接地种类

（1）工作接地

为了保证电气设备的正常工作，将电路中的某一点通过接地装置与大地可靠地连接，称为工作接地。如变压器低压侧的中性点、电压互感器和电流互感器的二次侧某一点接地等，其作用是为了降低人体的接触电阻。

供电系统中电源变压器中性点的接地称中性点直接接地系统；中性点不接地的称中性点不接地系统。中性点接地系统中，一相短路，其他两相的对地电压为相电压。中性点不接地系统中，一相短路，其他两相的对地电压接近线电压。

（2）保护接地

保护接地是将电气设备正常情况下不带电的金属外壳通过接地装置与大地可靠连接。其原理如图 18.1-1 所示。当电气设备不接地时，如图 18.1-1（*a*）所示，若绝缘损坏，一相电源碰壳，电流经人体电阻 R_r、大地和线路对地绝缘电阻 R_j 构成的回路，若线路绝缘电阻损坏，电阻 R_j 变小，流过人体的电流增大，便会触电；当电气设备接地时，如图 18.1-1（*b*）所示，虽有一相电源碰壳，但由于人体电阻 R_r 远大于接地电阻 R_d（一般为几欧），所以通过人体的电流 I_r 极小，流过接地装置的电流 I_d 则很大，从而保证了人体安全。

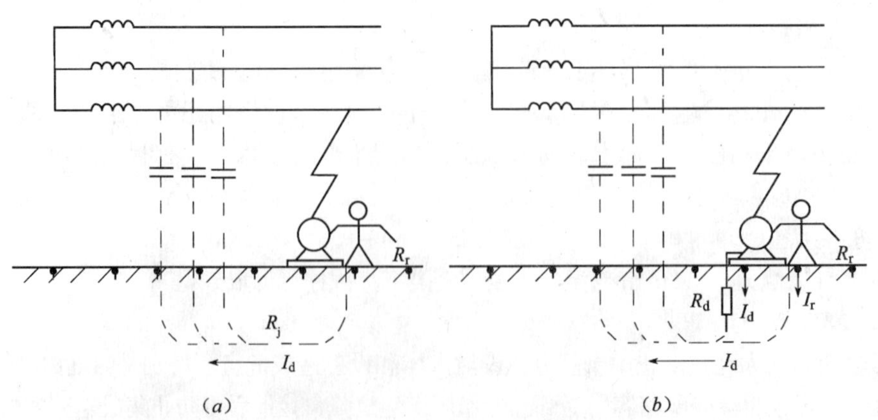

图 18.1-1 保护接地原理图

（*a*）未加保护接地；（*b*）有保护接地

保护接地适用于中性点不接地或不直接接地的电网系统。

(3) 保护接零

在中性点直接接地系统中，把电气设备金属外壳等与电网中的零线作可靠的电气连接，称保护接零。保护接零可以起到保护人身和设备安全的作用，其原理如图 18.1-2(*a*)。当一相绝缘损坏碰壳时，由于外壳与零线连通，形成该相对零线的单相短路，短路电流使线路上的保护装置（如熔断器、低压断路器等）迅速动作，切断电源，消除触电危险。对未接零设备，对地短路电流不一定能使线路保护装置迅速可靠动作，如图 18.1-2(*b*) 所示。

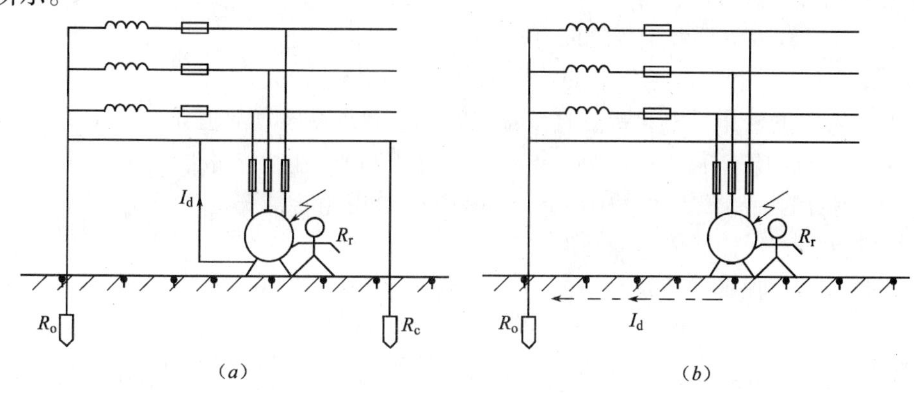

图 18.1-2 保护接零原理图
(*a*) 接零；(*b*) 未接零

(4) 防静电接地

任何两种不同物质的物体发生摩擦时，都能够产生不同的静电荷。这种摩擦生电的现象，在日常生活中也是常常会遇到的。例如，在很干燥的天气里，用塑料制的梳子梳干净头发的时候，往往头发会飘起来，梳不服贴，这就是因为梳子与头发发生摩擦而带了电荷的缘故。

在生产中，这种摩擦生电的现象就更为普遍了。例如在工业企业中，当利用皮带传动或由不导电橡胶制成的橡皮输送装置工作时；当在各种混合器中搅拌物质时；当物质用轧辊或辗光机进行加工时；当摇荡液体或把液体从一容器转注到另一容器时；当液体在管道中流动速度较大时，都经常会由于摩擦原因而产生静电。这些电荷不仅聚集在管道、容器和贮罐上，而且还会聚集在加工设备上，形成了很高的电位，对人身安全以及对设备和建筑物都存在着危险。

为了防止由于静电聚集而形成火花放电的危险．可以采取的防护措施很多。但最简单和最可靠的措施，是把可能产生或积聚静电荷的设备、管道和容器等进行接地，使静电一经产生就导入地中，以消除其积聚的可能性。

(5) 屏蔽接地

屏蔽是抑制无线电工业干扰的有效措施之一。

在无线电工业生产中，无线电设备的调试在屏蔽房内进行，目的是用来防止外来的干扰。这是因为任何外来干扰源所产生的电场，其电力线将垂直终止于金属屏蔽层上，而不能穿进屏蔽房内。这种屏蔽的作用，是使屏蔽房内的无线电设备或导体不受外界干扰源的影响。

另一方面，也可以使无线电干扰源不去影响屏蔽房外的任何无线电接收设备或带电体。这时，屏蔽房需要与大地或干扰源的机壳之间有良好的电气连接。

18.1.3 低压系统的接地形式

1. 低压系统的接地形式

低压系统接地形式以拉丁字母作代号，其意义如下：

(1) 第一个字母表示电源端与地的关系

T—电源端有一点直接接地；

I—电源端所有带电部分不接地或有一点通过高阻抗接地。

(2) 第二个字母表示电气装置的外露可电导部分与地的关系

T—电气装置的外露可电导部分直接接地，此接地点在电气上独立于电源端的接地点；

N—电气装置的外露可电导部分与电源端接地点有直接电气连接。

(3) 横线后的字母用来表示中性导体与保护导体的组合情况

S—中性导体和保护导体是分开的；

C—中性导体和保护导体是合一的。

2. TN 系统

电源端有一点直接接地，电气装置的外露可电导部分通过中性导体或保护导体连接到此接地点。根据中性导体和保护导体的组合情况，TN 系统的有以下 3 种形式：

(1) TN—S 系统

整个系统的中性导体和保护导体是分开的（图 18.1-3）。

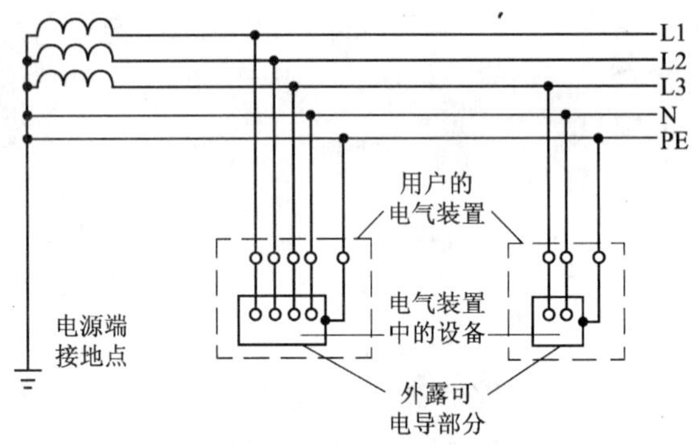

图 18.1-3 TN—S 系统

1) TN—S 系统特点：

(a) PE 线与 N 线分开，PE 线非故障时不流过电流，外露可电导部分不带电压，比较安全，但多一根导线；

(b) PE 线在系统内传导故障电压。

2) 使用场所：防电击要求高，爆炸和有火灾危险场所，建筑物内装有大量信息技术设备。

(2) TN—C 系统

整个系统的中性导体和保护导体是合一的（图 18.1-4）。

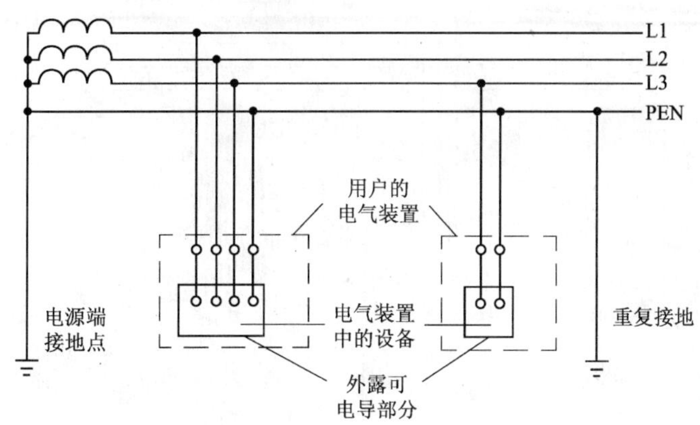

图 18.1-4 TN—C 系统

1）TN—C 系统特点：

（a）PEN 线兼有 N 线和 PE 线的作用，节省一根导线；

（b）重复接地，减小系统总的接地电阻；

（c）PEN 线产生电压降，外露导电部分对地有电压；

（d）PEN 线在系统内传导故障电压；

（e）过电流保护兼作接地故障保护。

2）使用场所：三相负载均衡，并有熟练的维修技术人员。

（3）TN—C—S 系统

系统中一部分线路的中性导体和保护导体是合一的（图 18.1-5）。

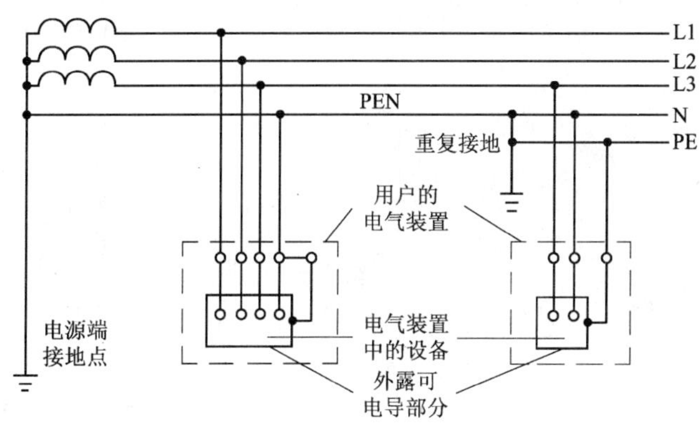

图 18.1-5 TN—C—S 系统

3. TT 系统

电源端有一点直接接地，电气装置的外露可电导部分直接接地，此接地点在电气上独立于电源端的接地点（图 18.1-6）。

（1）TT 系统特点：

1）外露可电导部分具有独立的接地保护，不传导故障电压；

2）由于电源系统有两个独立接地体，发生接地故障时接地故障电流较小，不能采用过电流保护兼作接地故障保护，而采用剩余电流保护器；

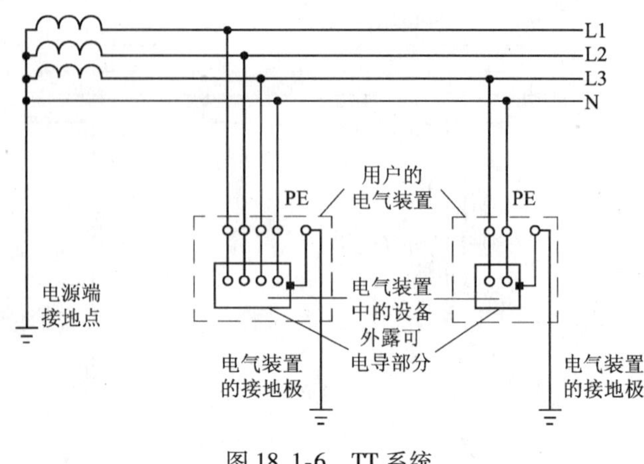

图 18.1-6　TT 系统

3）因采用剩余电流保护器保护线路，双电源（双变压器、变压器与柴油发电机组）转换时采用四极开关；

4）易产生工频过电压。

（2）使用场所：等电位联结有效范围外的户外用电场所，城市公共用电，高压中性点经低电阻接地的变电所。

4. IT 系统

电源端的带电部分不接地或有一点通过高阻抗接地，电气装置的外露可电导部分直接接地（图 18.1-7）。

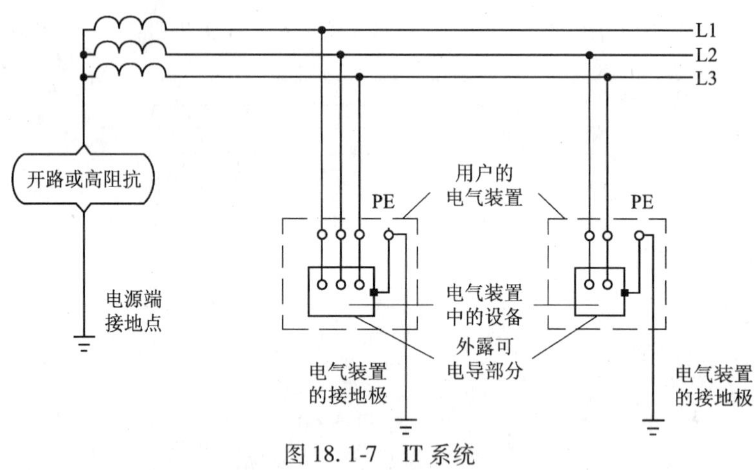

图 18.1-7　IT 系统

IT 系统特点（不引出中性线）：

（1）发生第一次接地故障时，接地故障电流仅为非故障相对地的电容电流，其值很小，外露导电部分对地电压不超过 50V，不需要立即切断故障回路，保证供电的连续性；

（2）发生接地故障时，对地电压升高 1.73 倍；

（3）220V 负载需配降压变压器，或由系统外电源专供；

（4）安装绝缘监察器。

使用场所：供电连续性要求较高，如应急电源、医院手术室等。

18.2 接地装置安装

接地施工是接地技术工作的关键，直接影响到电力系统的运行正常，影响到对人身以及对电气设备和用电设备本身的安全，因此，必须予以足够的重视。接地施工分为地下部分、户外部分和室内部分3种，有不同的施工要求。

18.2.1 接地系统介绍

1. 接地系统

接地系统由接地体和接地线构成。

(1) 接地体

接地体是人为埋入地下与土壤，直接接触土壤的金属导体，也称接地极，接地极按其布置方式可分为外引式接地极和环路式接地极。若按其形状，则有管形、带形和环形几种基本形式。若按其结构，则有自然接地极和人工接地极之分。接地装置的示意如图18.2-1所示。

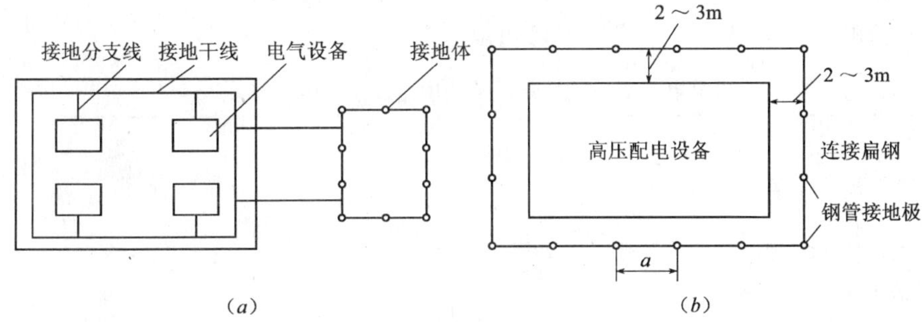

图18.2-1 接地装置的示意图
(a) 外引式接地极示意图；(b) 环路式接地极示意图

1) 人工接地体专门作为接地用的接地体，如人为埋入大地的钢管、角钢、扁钢、圆钢等。

2) 自然接地体是指兼作接地用的直接与大地接触的各种金属体，例如利用建筑物基础内的钢筋构成的接地系统。有时自然接地体安装完毕并经测量后，接地电阻不能满足要求时，需要增加敷设人工接地体来减小接地电阻值。

(2) 接地线

接地线是连接接地体或接地体与引下线的金属导体，常用的有电线、电缆、扁钢、钢筋、铜带等。

2. 接地施工的基本要求

为了使接地施工满足系统正常运行和对人身及财产的安全，必须符合以下基本要求。

(1) 坚固可靠

接地系统必须有足够的机械强度。一旦接地系统发生断裂现象，当电气设备又发生接地故障时，就会轻则损坏设备，重则造成人员伤亡和火灾，后果不堪设想。因此PE

线、PEN线不但在正常运行时要有足够的机械强度，而且还要考虑短路时的动、热稳定。

(2) 电气连续

接地系统应是一个电气连续的系统，这样才能发挥作用。一旦由于某种原因造成电气上不连续，或虽连续，但阻抗太大，也将造成事故。因此接地系统的阻抗值应根据不同接地制式限制在某一范围内，同时应特别重视接地线接头的制作，不能造成过高的接触阻抗。

(3) 经久耐用

接地系统有一大部分是隐蔽的，施工后难以检查。例如地下的接地极和接地线的连接，必须破坏地坪才能检查及修复，因此施工时必须非常仔细，按规范操作，做到经久耐用。

(4) 便于测试

因为接地系统不易检查，但接地系统经过一段时间运行后是否正常，应在一定周期内测试，所以接地系统施工时还必须设置测试点，便于定期测试，一般在接地系统的适当地方设置断接点。

3. 建筑电气工程设计常用接地项目和接地电阻值（表18.2-1）

建筑电气工程设计常用接地项目和接地电阻（R）值　　表18.2-1

接地类别	接地项目名称	接地电阻（Ω）	接地类别	接地项目名称	接地电阻（Ω）
电气设备接地	100kVA及以上变压器（发电机）	$R\leq4$	防雷接地	一类防雷建筑物防雷接地装置	$R\leq10$
	100kVA及以上变压器供电线路的重复接地	$R\leq10$		二类防雷建筑物防雷接地装置	$R\leq10$
	100kVA以下变压器（发电机）	$R\leq10$		三类防雷建筑物防雷接地装置	$R\leq30$
	100kVA以下变压器供电线路的重要接地	$R\leq30$		一类工业建筑物防雷接地装置	$R\leq10$
	高、低压电气设备的联合接地	$R\leq4$		二类工业建筑物防雷接地装置	$R\leq10$
	电流、电压互感器二次绕组接地	$R\leq10$		三类工业建筑物防雷接地装置	$R\leq30$
	架空引入线绝缘子脚接地	$R\leq20$		露天可燃气体贮气柜的防雷接地	$R\leq30$
	装在变电所与母线连接的避雷器接地	$R\leq10$		露天油罐的防雷接地	$R\leq10$
	配电线路零线每一重复接地位置	$R\leq10$		户外架空管道的防雷接地	$R\leq20$
	3~10kV配、变电所高低压共用接地装置	$R\leq4$		水塔的防雷接地	$R\leq30$
	3~10kV线路在居民区的水泥电杆接地装置	$R\leq30$		烟囱的防雷接地	$R\leq30$
	低压电力设备接地装置	$R\leq4$		微波站、电视台的天线塔防雷接地	$R\leq5$
	电子设备接地	$R\leq4$		微波站、电视台的机房防雷接地	$R\leq1$
	电子设备与防雷接地系统共用接地体	$R\leq1$		卫星地面站的防雷接地	$R\leq1$
	电子计算机安全接地	$R\leq4$		广播发射台天线塔防雷接地装置	$R\leq0.5$
	医疗用电气设备接地	$R\leq4$		广播发射台发射机房防雷接地装置	$R\leq10$
	静电屏蔽体的接地	$R\leq4$		雷达站天线与雷达主机工作接地共用接地体	$R\leq1$
	电气试验设备接地	$R\leq4$		雷达试验测试场防雷接地	$R\leq1$

18.2.2 人工接地体制作安装

人工接地体按其敷设方式分为垂直接地体和水平接地体两种。垂直接地体一般为垂直埋入地下的角钢、圆钢、钢管等。水平接地体一般为水平敷设的扁钢、圆钢等。

地下接地体的导体界面应符合热稳定和机械强度的要求，一般采用钢材做接地极。工程中常用的人工接地极有：角钢接地极、钢管接地极、圆钢接地极、带形接地极、铜板接地极等。施工时，按设计要求位置开挖沟槽，经检查确认，才能打入接地极和敷设地下接地干线。

1. 人工接地体制作安装一般要求

（1）人工接地网的敷设应符合以下规定：

1）人工接地网的外缘应闭合，外缘各角应做成圆弧形，圆弧的半径不宜小于均压带间距的一半；

2）接地网内应敷设水平均压带，按等间距或不等间距布置；

3）35kV 及以上变电站接地网边缘经常有人出入的走道处，应铺设碎石、沥青路面或在地下装设 2 条与接地网相连的均压带。

（2）除临时接地装置外，接地装置应采用热镀锌钢材，水平敷设的可采用圆钢和扁钢，垂直敷设的可采用角钢和钢管。腐蚀比较严重地区的接地装置，应适当加大截面，或采用阴极保护等措施。

不得采用铝导体作为接地体或接地线。当采用扁铜带、铜绞线、铜棒、铜包钢、铜包钢绞线、钢镀铜、铅包铜等材料作接地装置时，其连接应符合本规范的规定。

（3）接地装置的人工接地体，导体截面应符合热稳定、均压和机械强度的要求，还应考虑腐蚀的影响，一般不小于表 18. 2-2 和表 18. 2-3 所列规格。

钢接地体的最小规格 **表 18. 2-2**

种类、规格及单位		地上		地下	
		室内	室外	交流电流回路	直流电流回路
圆钢直径（mm）		6	8	10	12
扁钢	截面（mm^2） 厚度（mm）	60 3	100 4	100 4	100 6
角钢厚度（mm） 钢管管壁厚度（mm）		2 2. 5	2. 5 2. 5	4 3. 5	6 4. 5

注：电力线路杆塔的接地体引出线的截面不应小于 $50mm^2$，引出线应热镀锌。

铜接地体的最小规格 **表 18. 2-3**

种类、规格及单位	地上	地下
铜棒直径（mm）	4	6
铜排截面（mm^2）	10	30
铜管管壁厚度（mm）	2	3

注：裸铜绞线一般不作为小型接地装置的接地体用，当作为接地网的接地体时，截面应满足设计要求。

（4）接地体顶面埋设深度应符合设计规定。当无规定时，不应小于0. 6m。角钢、钢管、铜棒、铜管等接地体应垂直配置。除接地体外，接地体引出线的垂直部分和接地装置连接（焊接）部位外侧 100mm 范围内应做防腐处理；在做防腐处理前，表面必须除锈并去掉焊接处残留的焊药。

2. 角钢接地体（图 18.2-2）

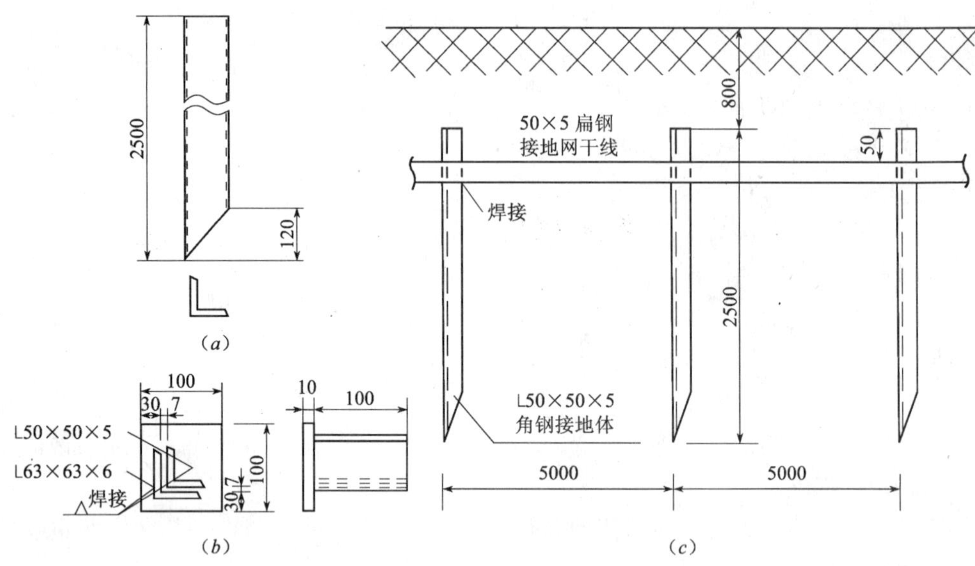

图 18.2-2 角钢接地体

（*a*）角钢接地体的制作；（*b*）保护帽；（*c*）多接地体的接地网

根据设计要求的材料、规格进行加工，角钢尺寸采用不小于L 40mm×40mm×4mm，长度不应小于2.5m；为打入土中顺利，角钢可切割成尖头形状。打接地极时，为了避免将接地极顶部打裂，可制作保护帽套在接地极顶部施工，施工完毕后将帽去掉。

角钢接地极和接地线的连接有 3 种方式，接地极和接地线之间采用焊接，为了保证连接强度，应四周焊。接地线在离接地极尾部大于 50mm 处和接地极连接。此距离不能过大，过大不利于接地板打入地中；也不能过短，过短会使打接地极时焊缝裂开损坏。焊后应除去焊渣并在焊接处涂上水柏油。接地线埋在地下部分，应呈“S”形，防止接地线受到地面上重物压力时断裂损伤。

3. 钢管接地体（图 18.2-3）

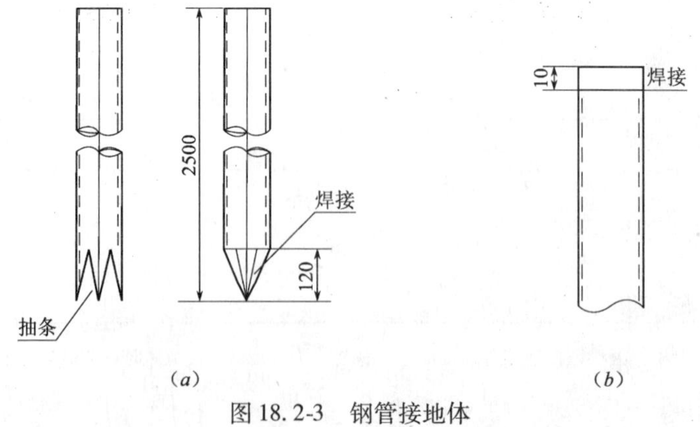

图 18.2-3 钢管接地体

（*a*）钢管接地体；（*b*）钢管接地体保护帽

钢管接地体一般用壁厚 3.5mm、直径为 40mm 的镀锌钢管制作，钢管长 2.5m，头部 120mm 长的一段，锯成四块锯齿形，尖端热锻向内打合焊接成尖形。钢管接地极机械强度高，顶部焊接保护帽，直接用铁锤打入地下。

4. 接地体的布置

当系统单独设置接地体时，也可用接地网干线把多个接地体连接成网，以降低接地电阻值，接地体的布置形式见图 18.2-4。

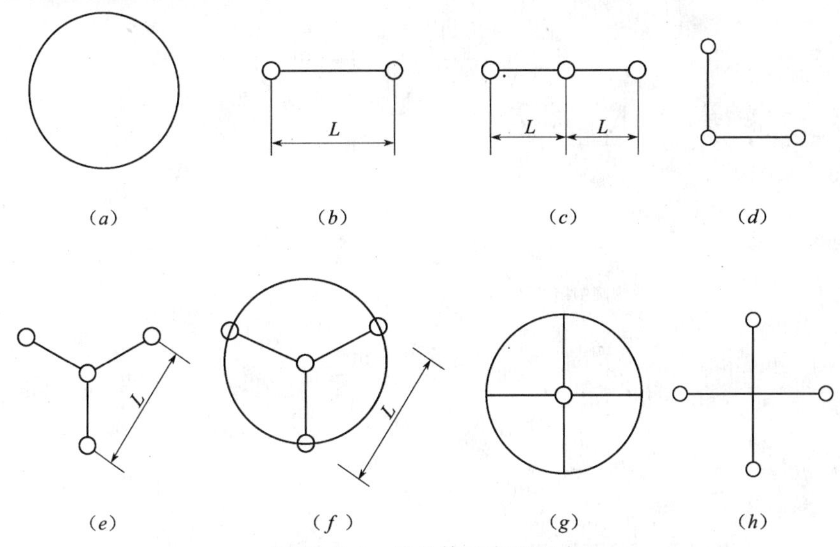

图 18.2-4 接地体的布置形式

(a) 方式一；(b) 方式二；(c) 方式三；(d) 方式四；
(e) 方式五；(f) 方式六；(g) 方式七；(h) 方式八

一组接地极中，若有数根接地极时，接地极之间的距离应相距 5m。其目的是为了减少相邻接地极间的屏蔽效应而导致降低流散的作用。一般规定接地极之间的距离为接地极长度的两倍，即不少于 5m，当地位受限制时，可适当减少，但至少等于接地极的长度。

5. 圆钢接地体

一般在圆钢外面套上铜管，使接地极的流散电阻降低。与这种接地极配套的接地线是铜绞线。这种铜绞线表面经过处理，抗氧化、抗腐蚀能力强。铜绞线和外套铜管的圆钢接地体之间的连接，应采取热熔焊接法。

圆钢接地极亦可用镀锌扁钢或圆钢连接后引出地面。圆钢接地体安装方法如图 18.2-5 所示。

6. 铜板接地体

这种接地一般用 900mm × 900mm × 1.5mm 的铜板制作，埋于地下。有以下几种方法：

(1) 在铜接地板上打孔，用单股 $\phi1.3 \sim \phi2.5$ 铜线将铜接地线（绞线）绑扎在铜板上，铜绞线两侧用气焊焊接。如图 18.2-6 (a)。

(2) 在铜接地板上打孔，将铜接地绞线分开拉直，搪锡后分四处用单股 $\phi1.3 \sim \phi2.5$ 铜线绑扎在铜板上，用锡逐根与铜板焊好。如图 18.2-6 (b)。

(3) 用铜接地线端子连接，接线端部与铜接线端子以及铜接地板的接触面处搪锡，用 $\phi5 \times 6$mm 的铜铆钉将端子与铜板铆紧，在接线端子周围进行锡焊。铜接线端子规格为 -30mm × 1.5mm，长度为 750mm。如图 18.2-6 (c)。

(4) 使用 -25mm × 1.5mm 的扁铜板进行铜焊固定连接，如图 18.2-6 (d)。

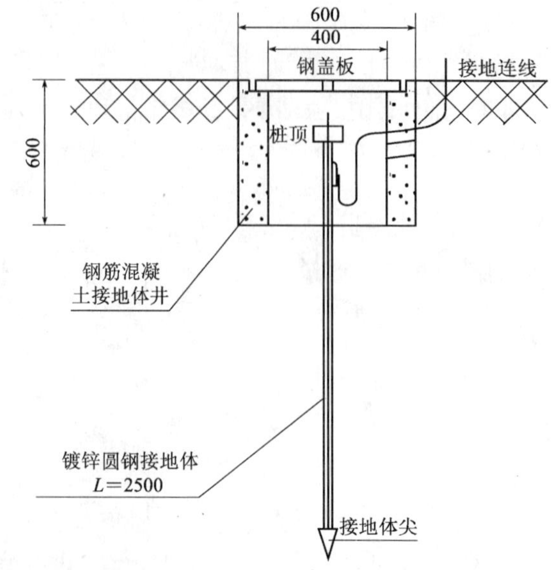

图 18.2-5 圆钢接地体安装

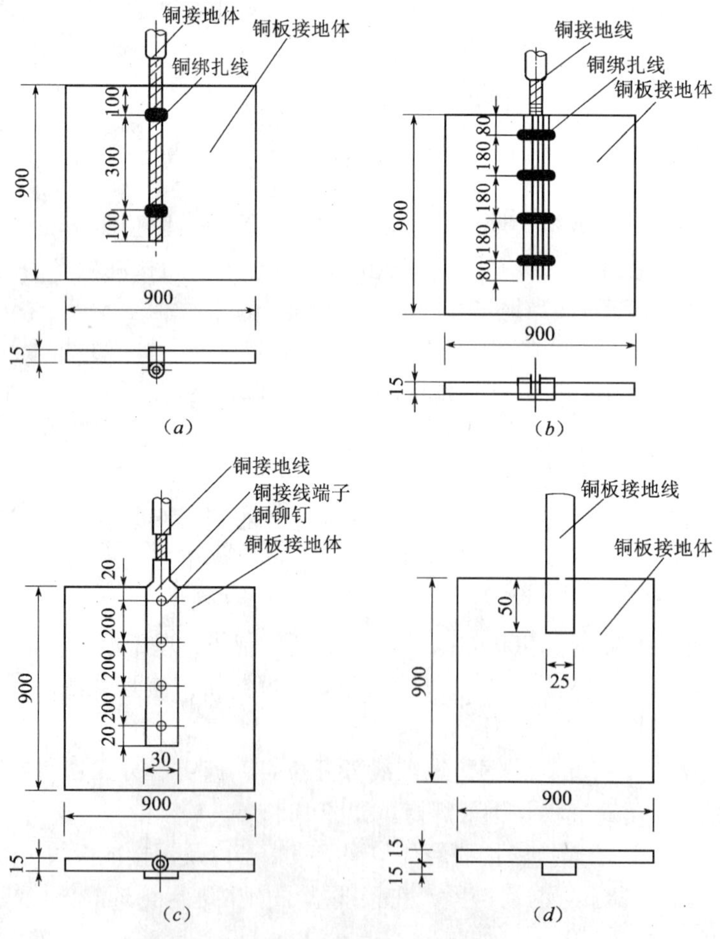

图 18.2-6 铜接地线与铜板接地体连接方法

(*a*) 气焊焊接；(*b*) 绑扎固定；(*c*) 铆接；(*d*) 铜焊固定

7. 带形接地极

在工程中也常采用带形接地极。接地极用 ϕ10mm 圆钢或 25mm×4mm 扁钢，沿建筑物一周埋设成环状。搭接倍数：圆钢为6倍直径，扁钢为2倍宽度。

带形接地极的使用场合有两种：一是表层土壤电阻率很低，不用打垂直接地极，只要将镀锌扁钢埋设在土壤中即可；另一种是土质很差，土壤电阻率很高，如杂质土、卵石及岩石地带，垂直接地极很难打入，只能在这地带开槽、挖坑和换土，铺上水平接地极，这时接地极的电阻值由带型接地极的长短和换土情况而定。

带形接地极的覆土，必须采取好土，分层夯实，严禁回填杂土，如碎石块、钢渣、有腐蚀性的土壤等。

8. 降阻剂施工方法

（1）在现场将降电阻剂、水以2.3∶1的比例混合，两者可在一个大口容器中（该容器应易于搬动）快速搅拌约1～2min，要求搅拌均匀，容器底部不能见干粉，但亦不可太稀，整体成糨糊状后，立即倒入已放好接地体的坑中（不可固化后再放入），之后先用细土盖好，暂不要夯实，过5天左右，细土下沉后，再填满细土并夯实（但不必过分用力）。

对土质极坏（如全是石头的土壤）或无法打足接地体的极端狭窄的工地，必要时亦可考虑在接地极处亦打深孔并灌入降电阻剂。

（2）施工说明（图18.2-7）

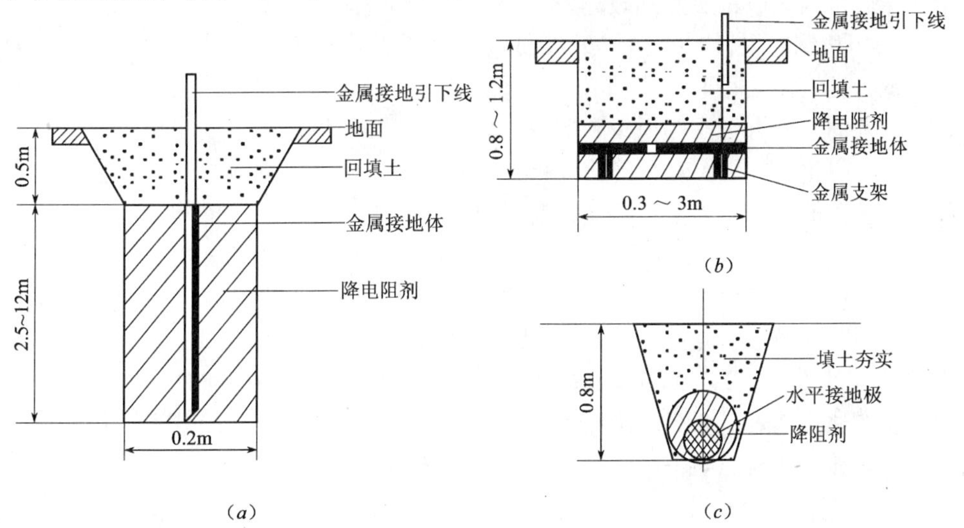

图18.2-7 降电阻剂施工方法

（*a*）垂直接地体的埋设；（*b*）水平接地体的埋设；（*c*）水平接地极敷设降阻剂时的剖面图

1）按设计要求挖水平沟槽上宽下窄，沟底平整。沟槽长度按设计要求施工。

2）将校正平直的圆钢或扁钢放入沟槽中部，将其垫高。

3）将降阻剂倒入搅拌机或容器内，按比例搅拌成稍稠的糨糊状。

4）将糊状降阻剂均匀地完全包住接地圆钢或扁钢，这是取得优良降阻效果的关键。（如果在高山缺水地区，可直接用干粉包在接地体周围）。

5）降阻剂尚未完全凝固发硬时，就必须在它上覆盖优质细土。

6）垂直接地体按设计要求，先钻出圆柱形孔，再将接地体钢筋或角钢放入孔中央，然后将降阻剂灌入圆孔中。

7）降阻剂用量

降阻剂的经济用量应视不同的土质而定，在接地体上敷设厚度应在 80～250mm 之间，为方便计算，推荐用量如表 18.2-4。

降阻剂用量表 **表 18.2-4**

土壤电阻率真（Ω·m） 用量（kg/m） 接地形式	$\rho\leqslant500$	$500<\rho\leqslant1000$	$1000<\rho\leqslant2000$	$\rho>2000$
水平	8～12	10～20	18～25	25～30
垂直	10～15	15～20	25～30	30～35

由于接地电阻在施工中受到诸多因素的影响，以上用量仅提供计算参考：

新的接地电阻值 $R_x=R_g$（常规）×0.15～0.60（降阻系数 ρ）。降阻剂虽对接地降阻有特效，但应辅以有力措施和正确的安装方法，施工质量是降阻效果的关键。

9. 人工接地体施工应注意的问题

（1）接地极和接地线的连接若用电焊方式，则电焊后应把焊渣敲掉。

（2）在腐蚀性较强的场所，接地极和接地线若采用钢材，则钢材应进行热镀锌处理，施工中焊接后，因为镀锌层遭到破坏，故应在焊接部位涂水柏油。

（3）采用角钢、钢管和圆钢接地极，施工时必须采取用铁锤（一般用 5.5kg 重铁榔头）打入的方法，不要采取挖坑埋入的方法，因为土壤与接地极接触得越紧，流散电阻就越小，用打入的方法，可使接地极附近的土壤压实，并使接地极与土壤紧密接触，从而达到减少土壤电阻率的效果。对带形接地极和铜板接地极，无法采取打入的办法，只能采取挖沟和挖坑埋入的方式。当接地极埋入后，应回填黏土等软土，不能覆盖砂土及石块，因为黏土等软土，受压后颗粒易于紧密，电阻率小；砂土及石块，颗粒不易紧密，电阻率大。采用埋入法施工接地极，覆盖土后必须夯实接地极附近的土壤，以减少土壤电阻率。

（4）接地极的埋设深度应符合设计规定，当无规定时，接地极顶面埋设深度不宜小于 0.6m，因为在地表下 0.15～0.5m 处是处于土壤干湿交界的地方，接地导体易腐蚀。接地极的引出线在通过地表下 0.6m 引至地面外的一段需作防腐处理，以延长使用寿命，防腐方法是采用热镀锌钢材。

（5）当接地极埋设在可能有化学腐蚀性的土壤中时，应加大接地极与连接扁钢连接面，各焊接接头必须用玻璃布加涂沥青油二度缠包，以加强防腐能力。

18.2.3 自然接地体制作安装

可以作为自然接地体的包括建筑物内的钢筋和钢结构等，各自的接地施工要求如下。

1. 利用柱形桩基基础作接地装置（图 18.2-8）

利用柱形桩基基础做接地装置，应按设计图纸尺寸要求，把要求接地的每组桩基四角用钢筋搭接焊接，再将桩基础的抛头钢筋与承台梁主筋焊接，再与上面作为接地引下线的柱子钢筋连接，并做好接地测试点或引至接地箱。在桩基结构完成后，必须先测试其接地电阻，若达不到设计要求，应在预留辅助接地连接板处加入人工接地极。

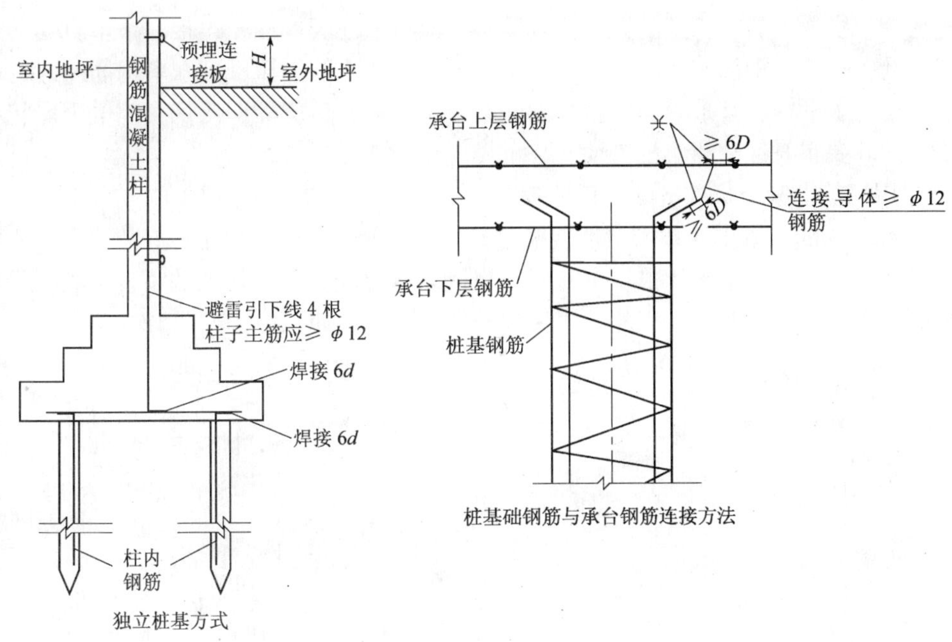

图 18.2-8 桩基内钢筋接地装置做法

2. 利用钢柱钢筋混凝土基础作为接地装置（图 18.2-9）

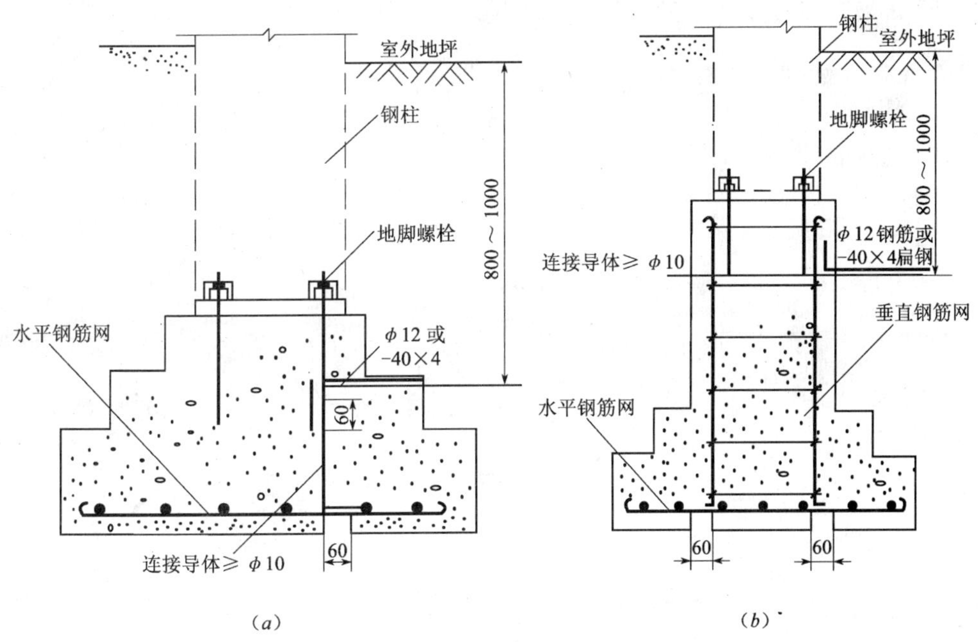

图 18.2-9 钢柱钢筋混凝土基础接地装置做法

(*a*) 仅有水平钢筋网的基础接地体；(*b*) 有垂直和水平钢筋网的基础接地体

仅有水平钢筋网基础做接地装置时，每个钢筋混凝土基础中有一个地脚螺栓通过连接导体与水平钢筋网进行焊接连接，焊接搭接长度不应小于钢筋直径的6倍，需双面焊，并应在钢桩就位后将地脚螺栓及螺母和钢柱焊为一体。

有垂直和水平钢筋网，基础做接地装置时，应将与地脚螺栓相连接一根垂直钢筋焊到水平钢筋网上，连接钢筋应≥ϕ12 圆钢。如果 4 根垂直主筋能接触到水平钢筋网时，垂直的 4 根钢筋与水平钢筋宜采用焊接。基础混凝土工程完成后应立即测试接地电阻。接地电阻达不到设计要求时，应加人工接地。

3. 利用钢筋混凝土板式基础做接地装置

（1）利用钢筋混凝土底板做接地装置时，应按设计尺寸位置要求标好位置，将底板钢筋搭接焊好，然后将不小于 2 根柱主筋与底板钢筋搭接焊好，待基础做完后，进行接地电阻测试，如达不到设计要求，应从预埋连接板处加人工接地。做法见图 18.2-10。

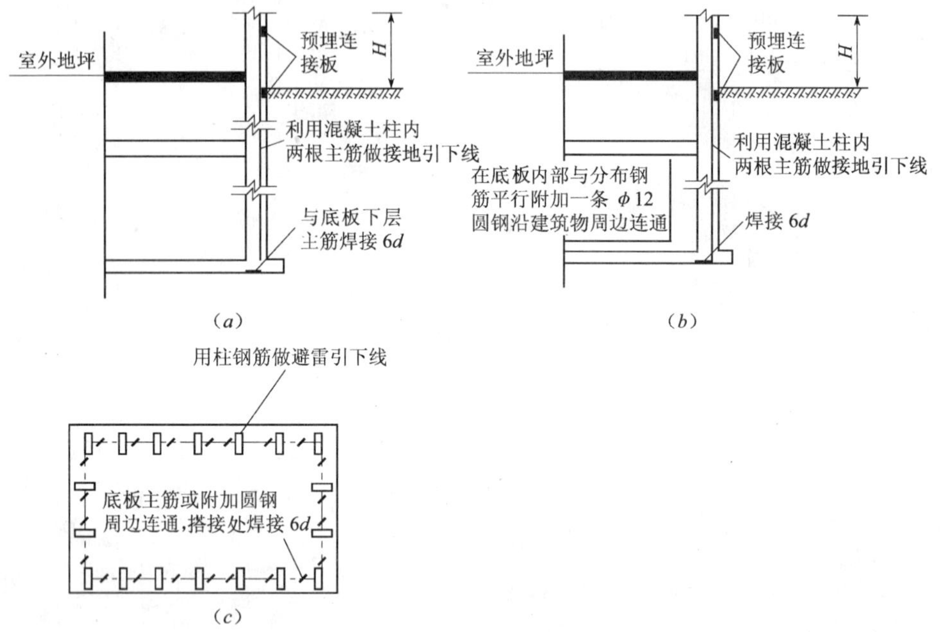

图 18.2-10 钢筋混凝土底板接地装置做法
（a）利用无防水层箱形基础钢筋做接地极；
（b）无防水层底板防雷接地极平面图；（c）无防水层接地做法

（2）有防水层钢筋混凝土底板基础做接地装置时，不得破坏防水层，在基础钢筋满足接地要求时，可不做外引人工接地。做法见图 18.2-11，说明如下：

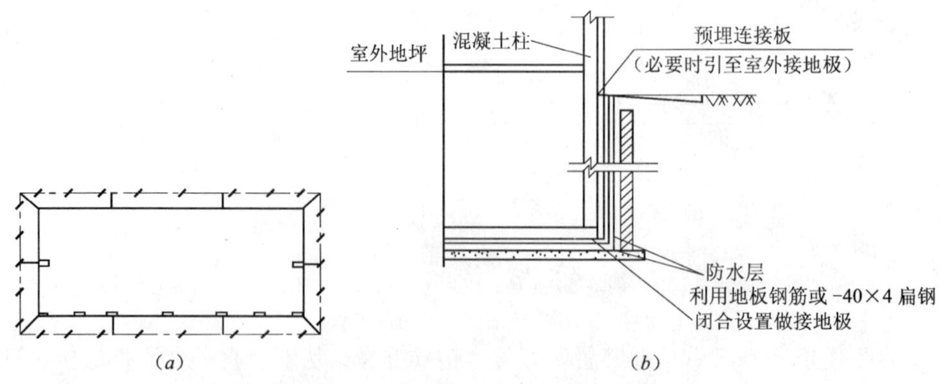

图 18.2-11 有防水层接地装置做法
（a）有防水层的避雷接地极平面布置图；（b）接地装置做法

1）若防水混凝土防水板式基础有桩基时，可先测试全部桩基础的接地电阻，若能达到要求，可以省去外接接地网；

2）作为引下线用的主筋应大于 $\phi12$；

3）测试板及连接板的高度 H 由设计根据建筑的外装修情况决定。

4. 建筑物人行通道均压带做法（图 18. 2-12）

防直击雷的人工接地装置，距人行道或建筑物出口处的距离不应小于 3m，小于 3m 时，为降低跨步电压，应采取措施如下：

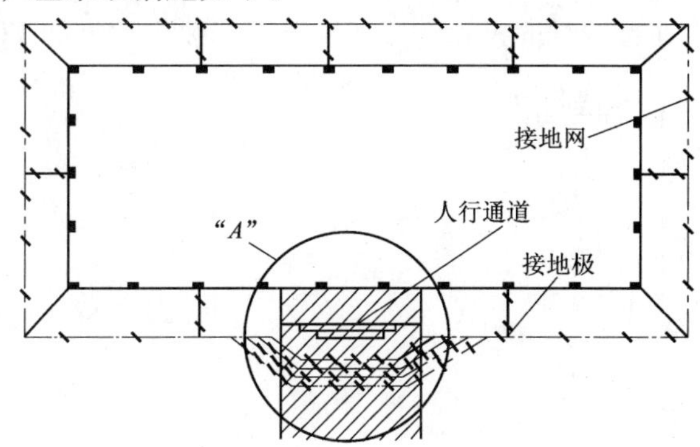

建筑物人行通道均压带做法平面图

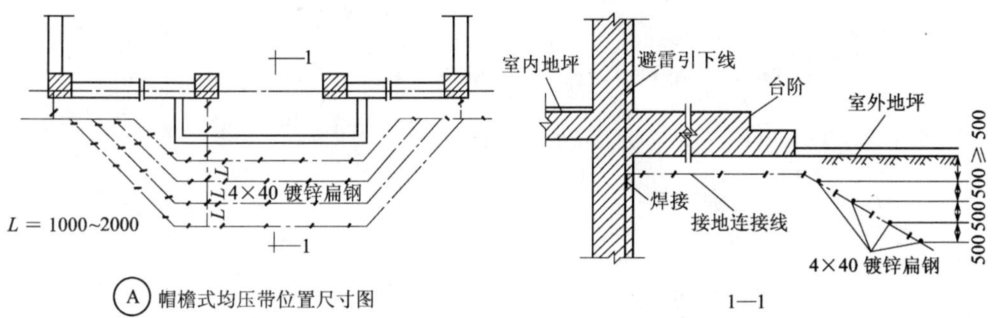

Ⓐ 帽檐式均压带位置尺寸图　　1—1

图 18. 2-12　帽檐式均压带做法

（1）接地装置的水平接地体埋深不小于 1m。

（2）在接地装置的上面敷设 50 ~ 80mm 的沥青或沥青碎石层，宽度应超过接地装置 2m。

（3）在接地体上面用不小于 $\phi12$ 圆钢或不小于 30mm × 4mm 扁钢焊接作成 500mm × 500mm 网格的均压网，其边缘距接地体不小于 2. 5m。

（4）采用"帽檐式"均压的做法，连接应采用焊接。

18. 2. 4　接地检测点制作安装

为方便对接地装置的接地电阻进行测试，接地装置应设检测用的断接卡子或检测点，人工接地装置应设断接卡子，自然接地装置应设检测点。

当接地装置只有一组接地极时，接地线检测孔可不设断接卡，但需有检测点。如有多根接地引下线时，每根引下线距地面 1. 5 ~ 1. 8m 处宜设断接卡。接地装置有多组接地极，且要求分别检测各组接地极的接地电阻时，接地检测点应有断接卡，测量时松开断接卡，然后测量该组的接地电阻。

1. 接地检测点安装方法（图 18.2-13）

接地装置断接卡子设置有两种，一种为明设；一种为暗设。明设是将接地装置连接线引出地面上，在 1.5～1.8m 处设断接卡子，一个单位工程检测点高度应一致，断接卡子以下一般采用塑料套管保护，防止受机械损伤和人身接触。断接卡子应用 -40mm×4mm 镀锌扁钢制作，长度不应小于 180mm，应用两个 M10 螺栓两侧加平垫圈，有螺母侧还应加弹簧垫圈，用扳手拧紧。暗装应在墙内暗埋一个测试点专用盒，规格宽 200mm，高 300mm，深 160mm，可用 1.5mm 以上钢板制作，测试点的高度距地面 0.5m，接地电阻测点的位置应便于测量，并有明显的标志。接地检测点安装方法见图 18.2-13。

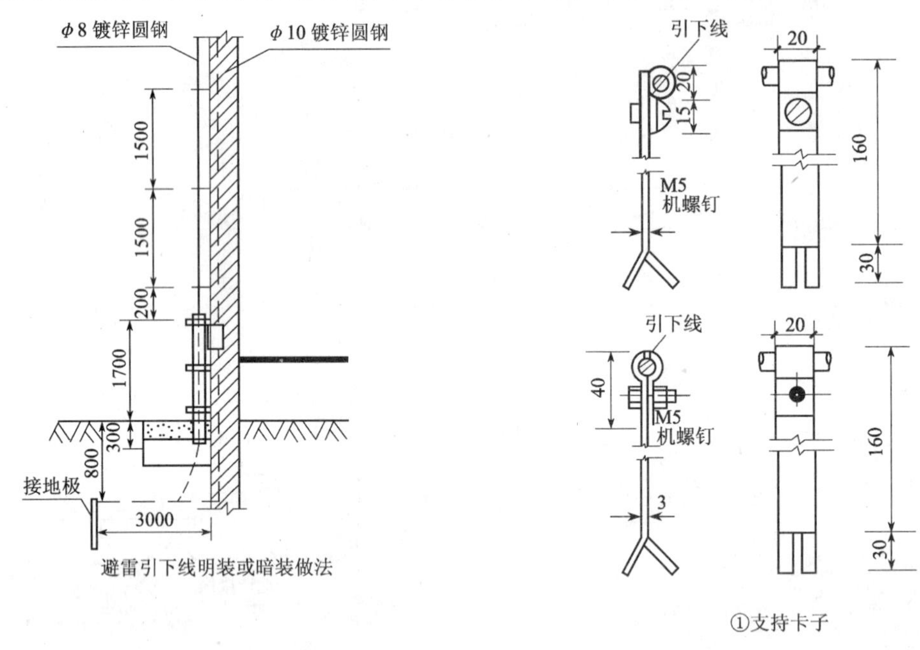

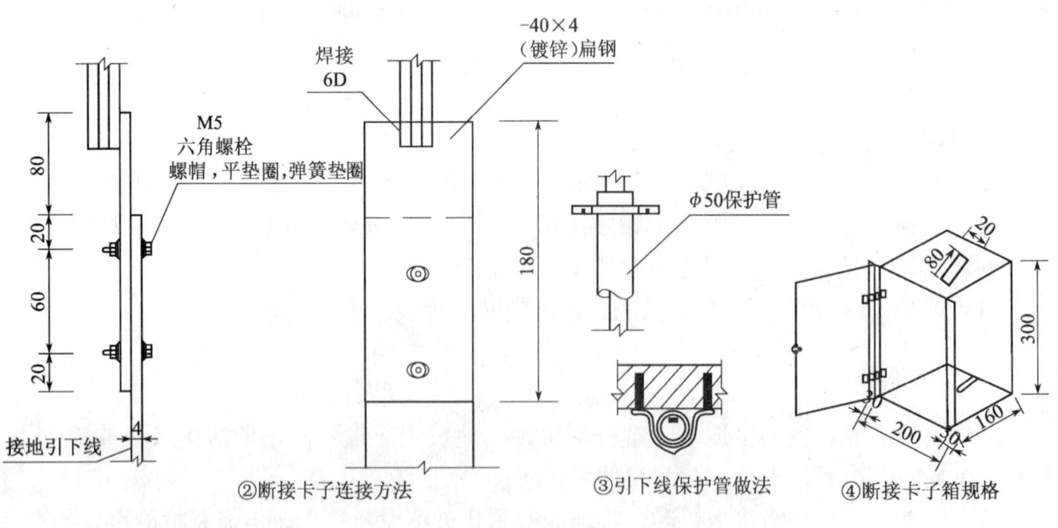

(*a*)

图 18.2-13 接地检测点安装方法（一）

(*a*) 方式一

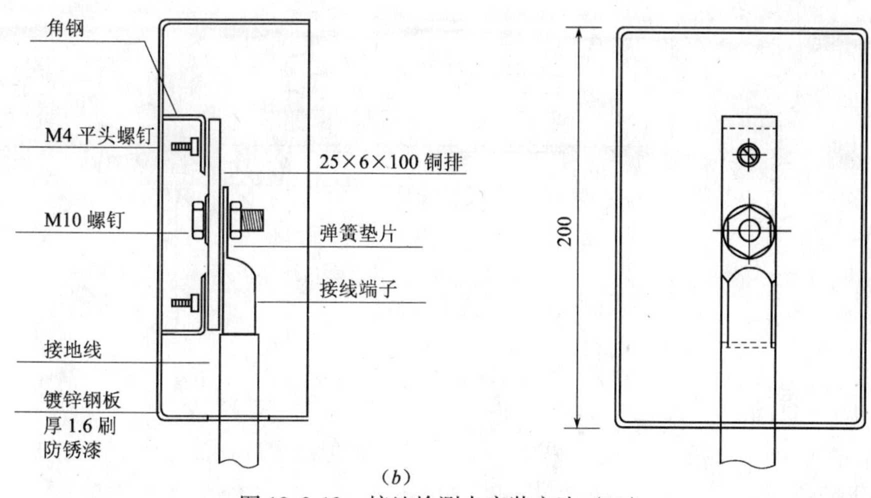

(*b*)

图 18.2-13 接地检测点安装方法（二）

(*b*) 方式二

2. 自然接地体预留检测点做法（图 18.2-14）

自然接地体应预留检测点（连接板）以供测试，做法可用不小于 -30mm ×4m 镀锌扁钢，连接柱内或墙内做引下线的钢筋，应采用电焊焊接将扁钢引至接线盒，盒盖应紧贴墙面。另一种做法将镀锌扁钢连接好后，摵制一个平面与墙饰面一平，并应在摵制扁钢平面后制作 M10 螺钉孔，以备检查时拧入螺栓进行检查。

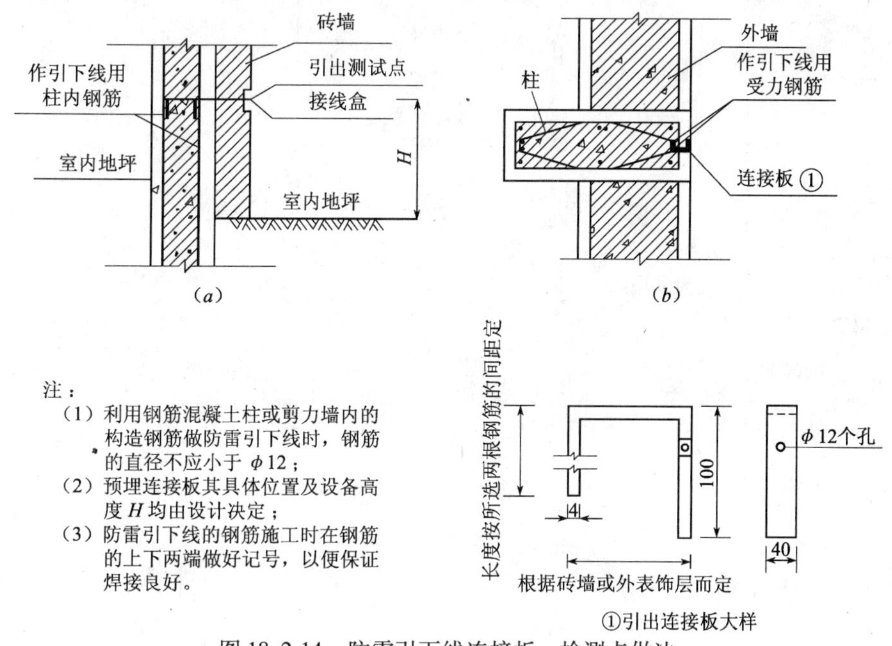

图 18.2-14 防雷引下线连接板、检测点做法

(*a*) 引出连接点的做法（一）；(*b*) 引出连接点的做法（二）

3. 地下接地电阻检测井做法

因为外墙装饰材料高档等原因，无法在墙面留置检测点，可做地下接地电阻检测井，设检测点，检测井位置由设计确定，做法见图 18.2-15。

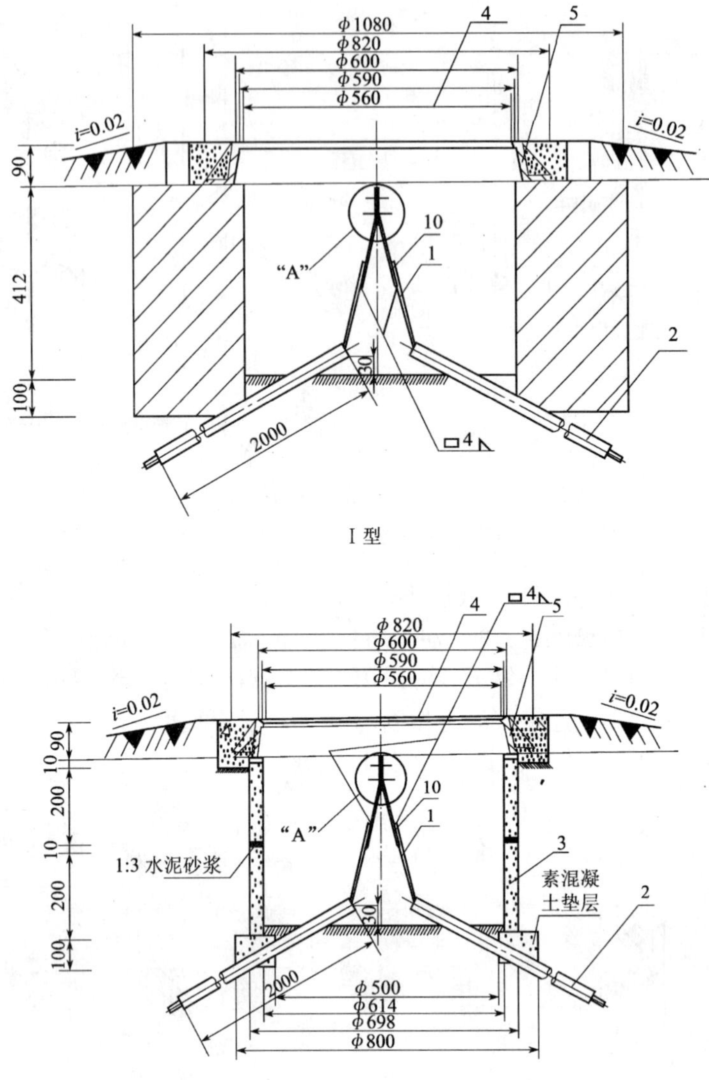

注：（1）钢筋混凝土套环是采用给水排水内径为 φ500 的钢筋混凝土管的套环；

（2）铸件井盖及井盖座，按给水排水国家标准图加工并做接地井标记；

（3）当断接卡子用螺栓固定后，涂黄油用塑料薄膜包好扎紧，以防腐蚀。

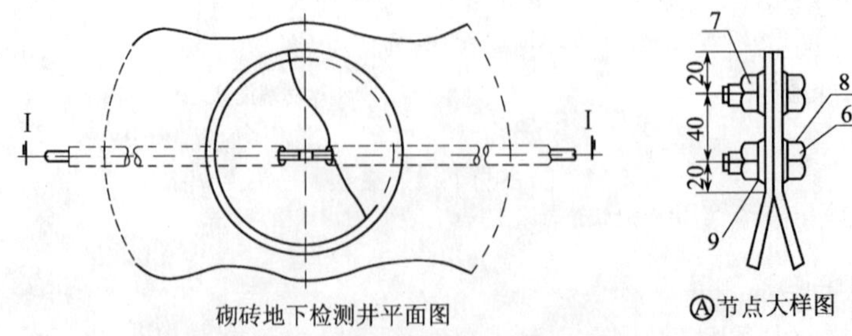

图 18.2-15　地下接地电阻检测井安装图（一）

材料表

编号	名　称	型号及规格	单位	数量	
				Ⅰ型	Ⅱ型
1	接地线	见工程设计	m		
2	硬塑料管	ϕ50，L=2000	块	2	2
3	钢筋混凝土套环	内径 ϕ614，H=200，δ=42	个		2
4	轻型铸件井盖	ϕ600	个	1	1
5	轻型铸件井盖座	ϕ600	个	1	1
6	螺　栓	M10×30　镀锌	个	2	2
7	螺　母	M10　镀锌	个	2	2
8	垫　圈	10　镀锌	个	4	4
9	弹簧垫圈	10　镀锌	个	2	2
10	断接卡子	－40×，L=160　镀锌	块	2	2

图 18.2-15　地下接地电阻检测井安装图（二）

18.2.5　接地线

接地线是连接接地体和引下线或电气设备接地部分的金属导体，它可分为自然接地线和人工接地线两种类型。自然接地线可利用建筑物的金属结构，如梁、柱、桩等混凝土结构内的钢筋等；人工接地线材料一般采用扁钢和圆钢，采用扁钢其截面积不应小于25mm×4mm，采用圆钢作接地线时，其直径不应小于10mm。人工接地线不仅要有一定机械强度，而且接地线截面应满足热稳定的要求。

1. 接地线安装一般要求

（1）不得利用蛇皮管、管道保温层的金属外皮或金属网、低压照明网络的导线铅皮以及电缆金属护层作接地线。蛇皮管两端应采用自固接头或软管接头，且两端应采用软铜线连接。

（2）接地体（线）的连接应采用焊接，焊接必须牢固无虚焊。接至电气设备上的接地线，应用镀锌螺栓连接；有色金属接地线不能采用焊接时，可用螺栓连接、压接、热剂焊（放热焊接）方式连接。用螺栓连接时应设防松螺母或防松垫片，螺栓连接处的接触面应按现行国家标准《电气装置安装工程母线装置施工及验收规范》GBJ 149 的规定处理。不同材料接地体间的连接应进行处理。

（3）接地体（线）的焊接应采用搭接焊，其搭接长度必须符合下列规定：

1）扁钢为其宽度的 2 倍（且至少 3 个棱边焊接）；

2）圆钢为其直径的 6 倍；

3）圆钢与扁钢连接时，其长度为圆钢直径的 6 倍；

4）扁钢与钢管、扁钢与角钢焊接时，为了连接可靠，除应在其接触部位两侧进行焊接外，并应焊以由钢带弯成的弧形（或直角形）卡子或直接由钢带本身弯成弧形（或直角形）与钢管（或角钢）焊接。

（4）接地线应采取防止发生机械损伤和化学腐蚀的措施。在公路、铁路和管道等交叉及其他可能使接地线遭受损伤处，均应用钢管或角钢等加以保护。接地线在穿过墙壁、楼板和地坪处应加装钢管或其他坚固的保护套，有化学腐蚀的部位还应采取防腐措施。热镀锌钢材焊接时将破坏热镀锌防腐，应在焊痕外 100mm 内做防腐处理。

（5）接地干线应在不同的两点及以上与接地网相连接。自然接地体应在不同的两点及以上与接地干线或接地网相连接。

（6）每个电气装置的接地应以单独的接地线与接地汇流排或接地干线相连接，严禁在一个接地线中串接几个需要接地的电气装置。重要设备和设备构架应有两根与主地网不同地点连接的接地引下线，且每根接地引下线均应符合热稳定及机械强度的要求，在接引线应便于定期进行检查测试。

2. 扁钢及圆钢接地线

（1）扁钢与扁钢之间连接（图 18.2-16）

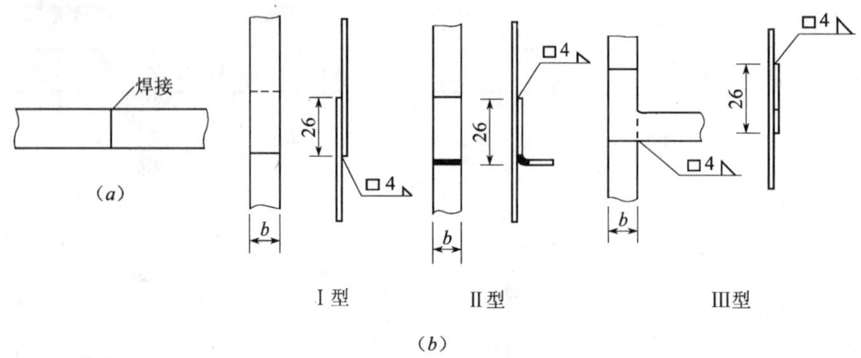

图 18.2-16　扁钢与扁钢之间的连接

（a）扁钢与扁钢之间不准采用对接焊；（b）应采取搭接焊

扁钢与扁钢之间的连接不准采用对接焊；应采取搭接焊，搭接倍数为扁钢宽度的两倍，至少 3 个边焊接，焊后去除焊渣，并在焊接处涂上水柏油。

当两根接地干线交叉相遇时，或“T”型相遇时，如果这两根接地干线都已和一组接地极有了可靠的连接，那么，这两根接地干线之间的搭接长度允许和扁钢宽度相等，如图 18.2-17 所示。

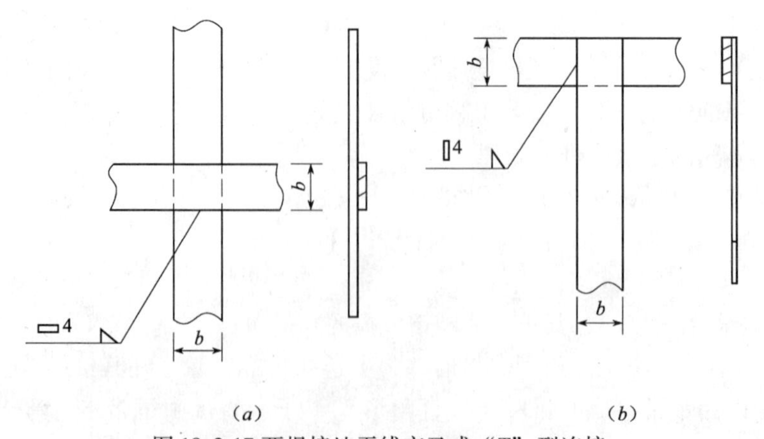

图 18.2-17 两根接地干线交叉或“T”型连接

（a）两根接地干线交叉连接；（b）两根接地干线“T”型连接

（2）圆钢与圆钢之间连接

埋地钢管的跨接线，若用圆钢，对于交流电流回路，跨接圆钢的直径应不小于10mm，直流电流回路的直径应不小于12mm。

圆钢与圆钢搭接时，其搭接长度应不小于圆钢直径的6倍，圆钢与扁钢连接时，搭接长度亦为圆钢直径的6倍，双面焊且焊缝饱满。

（3）室外接地线

室外接地线通常敷设在电缆沟内，一般采用25mm×4mm镀锌扁钢做接地线。镀锌扁钢的连接，亦采取焊接方法，搭接长度为扁钢宽度的两倍，焊接面不少于3个棱边（一般取两个长边、一个短边）。

工作接地极、保护接地极、重复接地极上引出地面的接地线，为防止发生机械损伤，应加保护管，在穿越建筑物的外墙时亦应加保护管，并要注意防水，穿越建筑物的内墙时不考虑防水问题。穿越外墙的保护管做法如图18.2-18所示，保护管应向室外倾斜，保护管管口须用沥青麻丝或建筑密封膏堵死。保护管可用ϕ50塑料管制作。

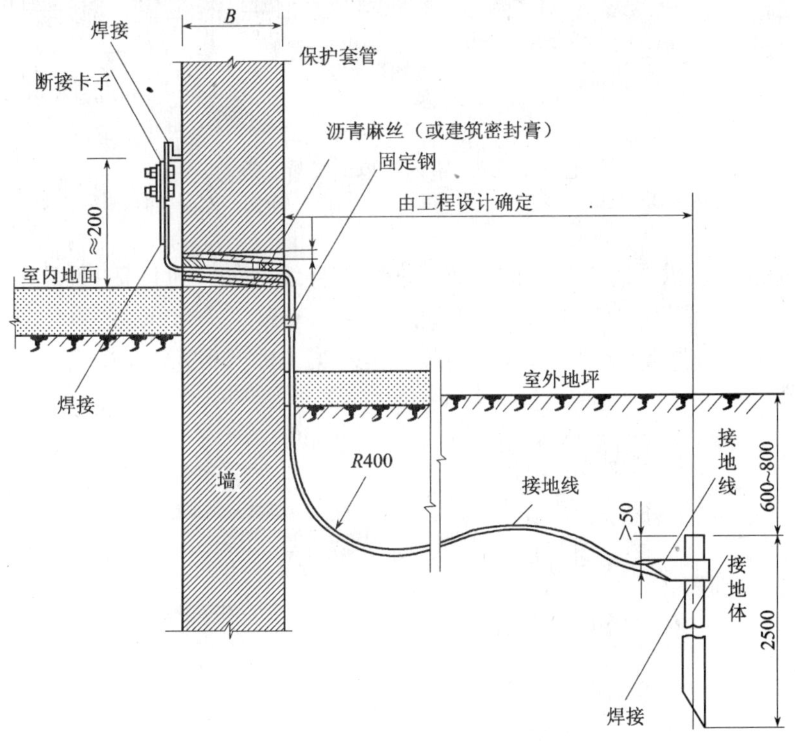

图18.2-18 穿越外墙的保护管做法

（4）室内接地线

室内明装接地线连接时应该使连接部分两边的接地线处在同一平面上，接地线在室内沿墙敷设时，一般离地面距离为0.3m，室内接地线施工时，除了要保证连接可靠外，还要注意美观，安装方法如图18.2-19。室内接地线沿墙敷设时，接地线和墙保持10~15mm距离。这是因为当设备需接地时，接地夹子可方便地夹住接地线。当接地线上需要装设临时接地线柱时，可安装一只M8蝶形螺母。

明敷接地线的表面应涂以用15～100mm宽度相等的绿色和黄色相间的条纹。涂刷范围为全部接地线或在每个需使用部位上做出标志。当使用胶带做标志时，应使用绿/黄双色胶带。

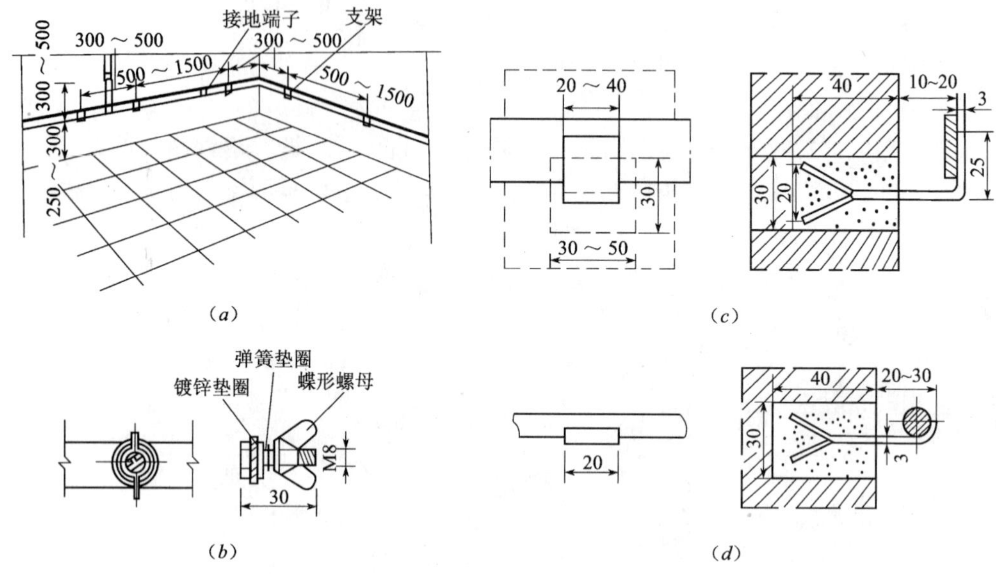

图18.2-19 室内接地干线沿墙敷设

(a) 室内接地干线做法示意图；(b) 接地端子；(c) 扁钢接地线；(d) 圆钢接地线

明敷接地线直线敷设时支架间的距离，在水平直线部分宜为0.5～1.5m；垂直部分宜为1.5～2m；转弯部分宜为0.3～0.5m。间距应均匀一致。

接地线沿混凝土墙敷设时，也可用射钉固定支架，如图18.2-20所示。

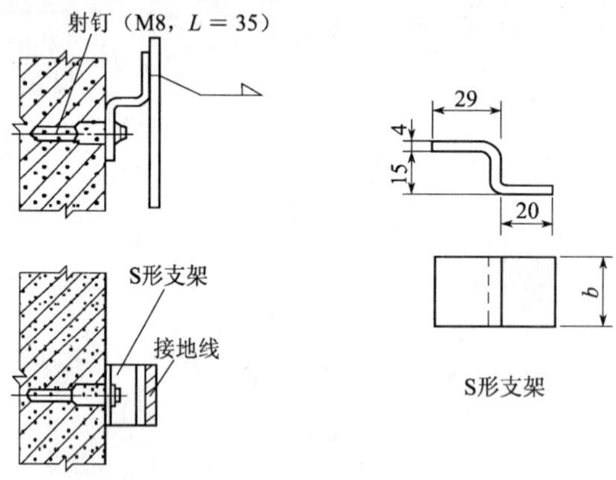

图18.2-20 接地线沿混凝土墙敷设

(5) 接地卡板制作

支持卡板应先固定埋设两端支架，将两端支架固定好，挂上接地线，再埋设其他支架，不但应保证水平度，还应保证距墙距离应一致。如采用卡板安装，应划线打眼将塑料或尼龙胀管放在里面，用木螺钉或自攻螺钉将卡板固定牢固，支架内侧距墙间距8～12mm。见图18.2-21。

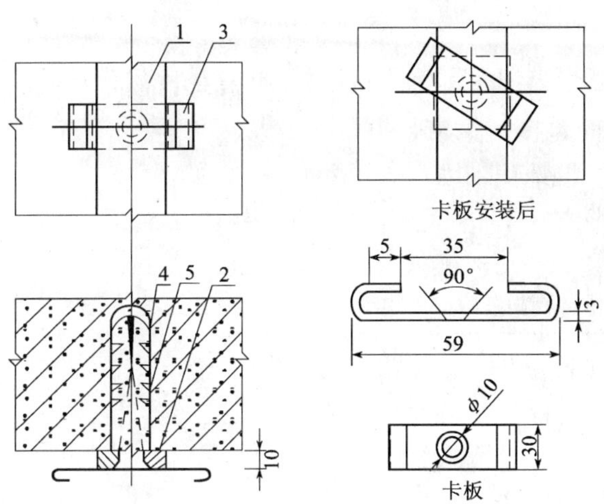

材料表

编　　号	名　　称	型号及规格
1	接地线	见工程设计
2	垫片	-30×10，$L=30$
3	卡板	-30×10，$L=88$
4	塑料胀管	$\phi9\times60$
5	沉头木螺钉	8×50

图 18.2-21　接地卡板制作安装图

（6）接地干线做法

接地干线应按设计要求与接地装置进行可靠连接。接地线敷设时，先将接地干线调直，需要外引接地的部位钻好眼，准备安装接地端子，然后将接地干线敷设在支架上，或采用支架敷设调整接地干线平直后焊接在支架上，或采用卡板将接地干线敷设好后扭动卡板将母线固定，干线接头应采用焊接。转弯不应摵急弯，弯曲半径应为圆钢直径的 6 倍，扁钢应为厚度的 6 倍；穿墙穿楼板套管应与接地干线连成电气通路，可用 Φ8 圆钢将其连成一体。套管应用矿棉或建筑密封胶封堵。

（7）接地线跨越建筑伸缩沉降缝做法

在接地线跨越建筑伸缩缝、沉降缝处时，应设置补偿器，可用接地线弯成弧状作补偿器（图 18.2-22）。

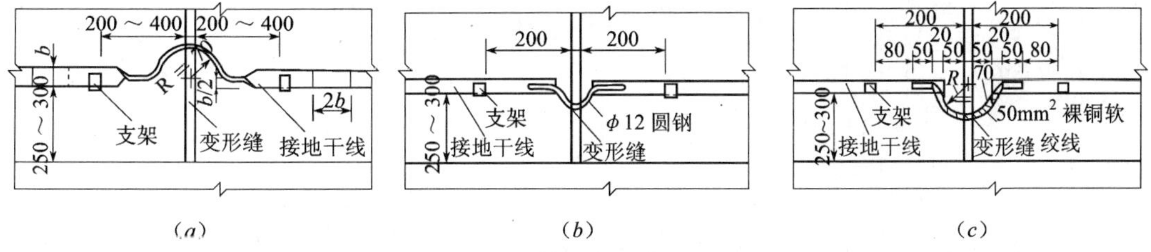

图 18.2-22　接地干线在伸缩缝做法

（*a*）扁钢跨接线；（*b*）圆钢跨接线；（*c*）铜绞线跨接线

3. 接地铜带

接地铜带卡安装时，先将卡底座用塑料胀管及螺钉固定在墙上，再用卡面盖固定接地铜带，铜带接长及转角连接应用十字形铜带卡安装，接地铜带固定点间距为 lm。

(1) 接地铜带及铜带卡规格（图 18.2-23 及表 18.2-5）

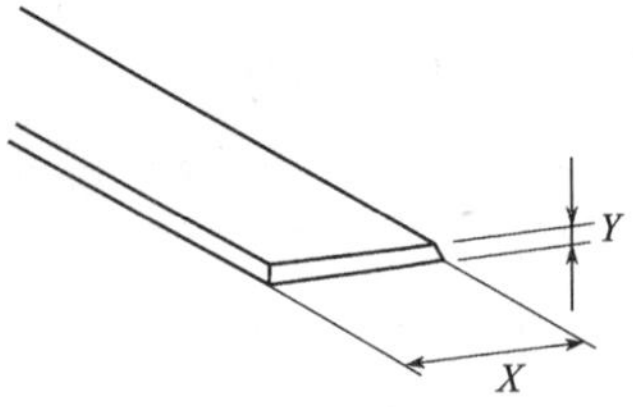

图 18.2-23 接地铜带

接地铜带及铜带卡规格 **表 18.2-5**

名　　称	型　　号	宽 X (mm)	厚度 Y (mm)
接地铜带	TC030	25	3
	TC040	25	6
	TC080	50	6
一字形铜带卡	CP210	25	3
	CP220	25	6
	CP260	50	6
十字形钢带卡	CT105	25	3
	CT110	25	6
	CT115	50	6

(2) 一字形铜带卡安装（图 18.2-24）

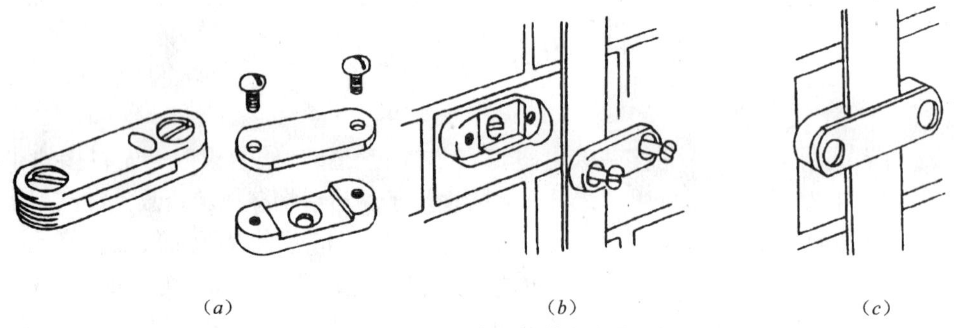

(a)　(b)　(c)

图 18.2-24 一字形铜带卡安装

(a) 一字形铜带卡；(b) 先将铜带卡底座固定在墙上；(c) 安装铜带卡面盖

(3) 十字形铜带卡安装（图 18.2-25）

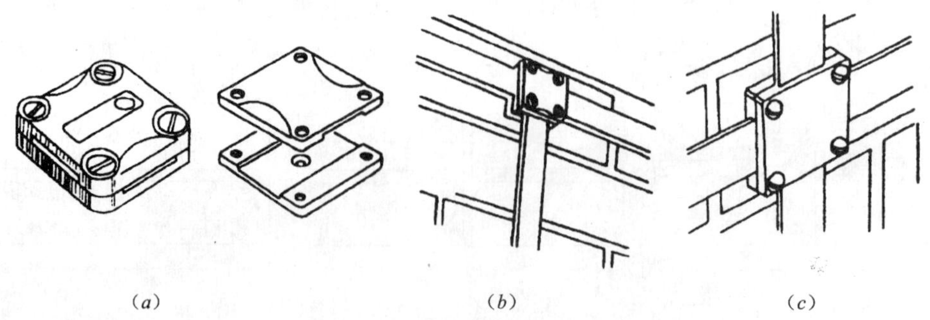

(a)　(b)　(c)

图 18.2-25 十字形铜带卡安装方法

(a) 十字形铜带卡；(b) T 字形安装；(c) 十字形安装

（4）接地检测点安装方法

接地检测点安装方法见图 18.2-26，螺钉及垫片应采用不锈钢件。

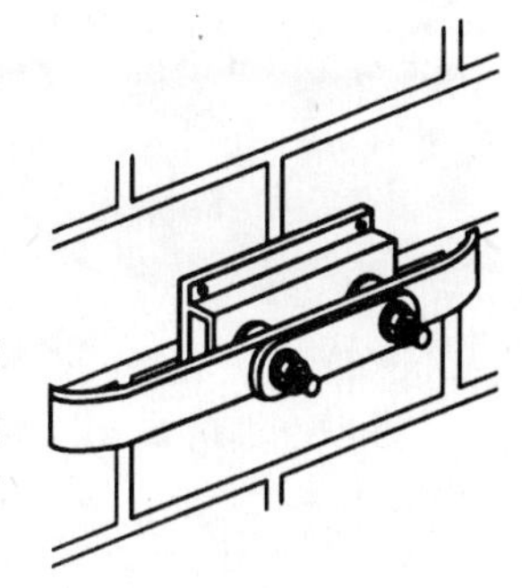

图 18.2-26 接地检测点安装方法

18.2.6 放热焊接

连接方式是接地系统中至关重要的部分，而放热焊接工艺是最佳的选择。放热焊接是一种简单而有效的连接金属的方法，无论铜和铜或铜和钢进行电气连接，在使用放热焊接方法时，均不需要外部热源或动力，通过铝跟氧化铜的化学反应（放热反应）产生了液体铜和氧化铝渣。渣浮到表面和钢片熔化，使得液体铜流进焊接腔并完成一次焊接，焊接随之固化，拿掉模具并准备进行下一次焊接，这一过程数秒钟就能完成，放热焊接构造见图 18.2-27。

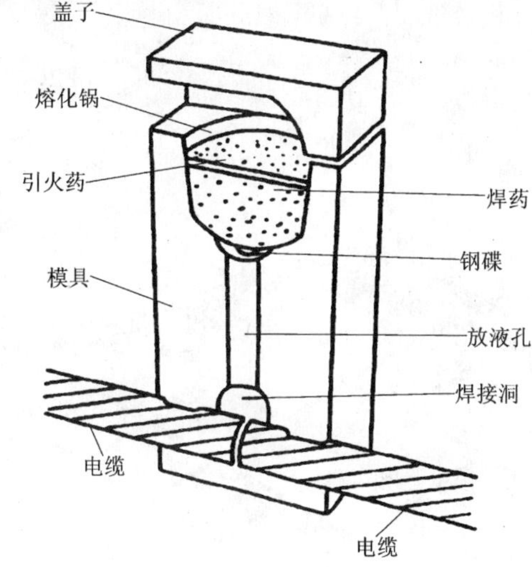

图 18.2-27 放热焊接构造图

1. 放热焊接优点

（1）焊接点的载流能力（熔点）与导线的载流能力相等；

（2）因为焊接点是焊接而成的，所以是永久性的，不会老化；

（3）焊接是一种永久性的分子结合，不会松脱；

（4）焊接点像铜一样不受腐蚀性物体的影响；

（5）焊接点能经受反复多次的大浪涌（故障）电流而不退化；

（6）焊接方法简单，培训容易；

（7）供焊接用的材料很轻，携带方便；

（8）进行焊接时，无须外接电源或热源；

（9）从外观便能核查焊接的质量；

（10）可用于焊接铜、铜合金、镀铜钢、各种合金钢，包括不锈钢及高阻加热热源材料。

2. 放热焊接应用范围

（1）铁路（图 18.2-28）、高速公路、发电厂、变电站、配电室、高压输电线路、电气化铁路、电信、移动通信基站、微波中继站、地面卫星接受站、雷达站等。

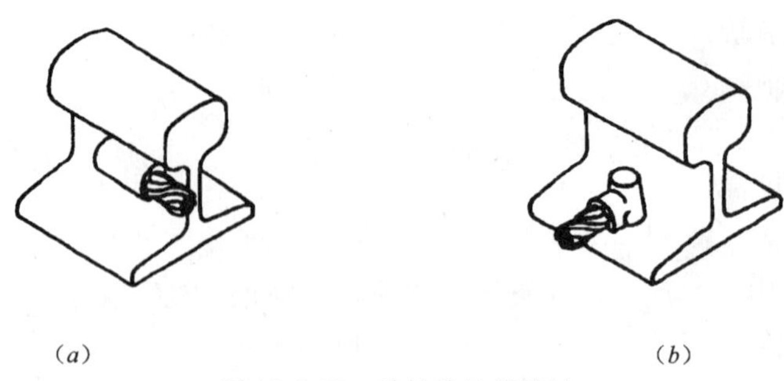

图 18.2-28 铁轨接地线焊接
(a) 方式一；(b) 方式二

(2) 贵重精密仪器、计算机机房设备、邮电程控设备、广播电视设备、电子医疗设备等工作接地和保护接地（图 18.2-29）。

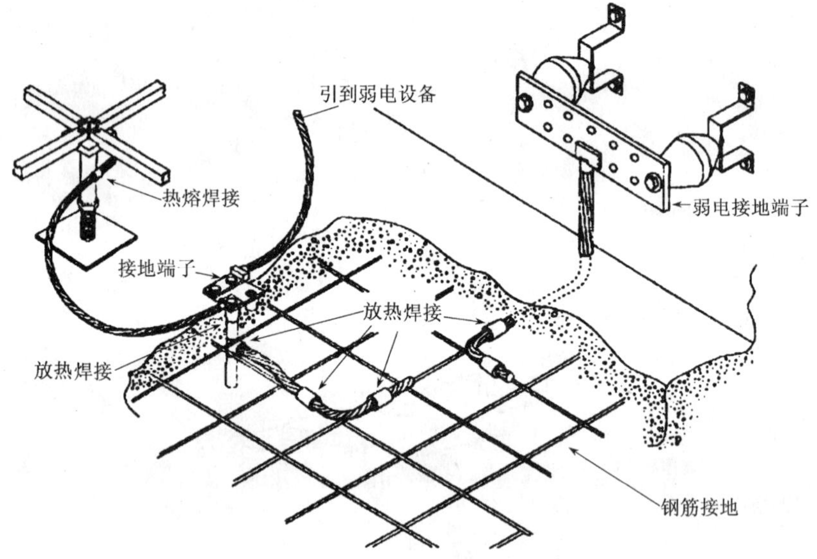

图 18.2-29 建筑物接地端子焊接

(3) 各种高层建筑及高大构筑物、名胜古建筑、高大纪念塔等防雷接地（图 18.2-30）。

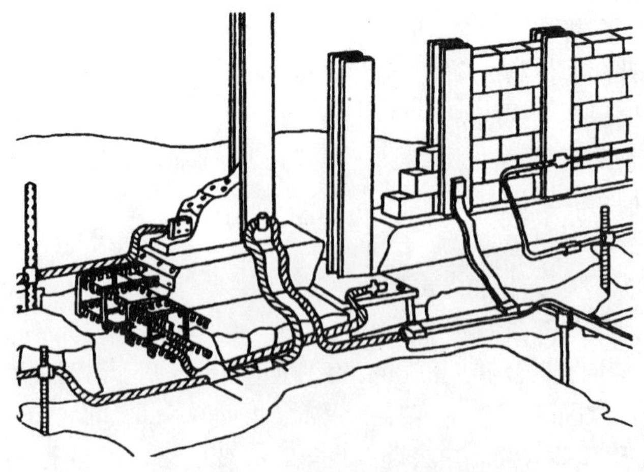

图 18.2-30 建筑物防雷接地焊接

（4）石油输送管道及油气罐，易燃易爆物资仓库防雷接地。

3. 放热焊接操作流程

（1）第一步：将导线和熔模模腔、流道、型腔清洁干净，如果导线或模具潮湿需先将其烘干，以免放热过程中产生水汽，影响熔焊质量。用去氧化层钢刷去除氧化层，并将导线放入打开的模具内（图 18.2-31）。

（2）第二步：用夹具将模具夹紧，放入钢垫片，盖住导流孔，确保密封良好（图 18.2-32）。

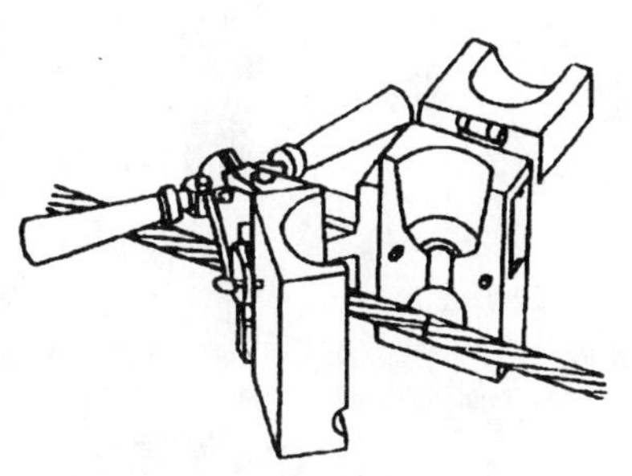

图 18.2-31　清洁熔模放入导线

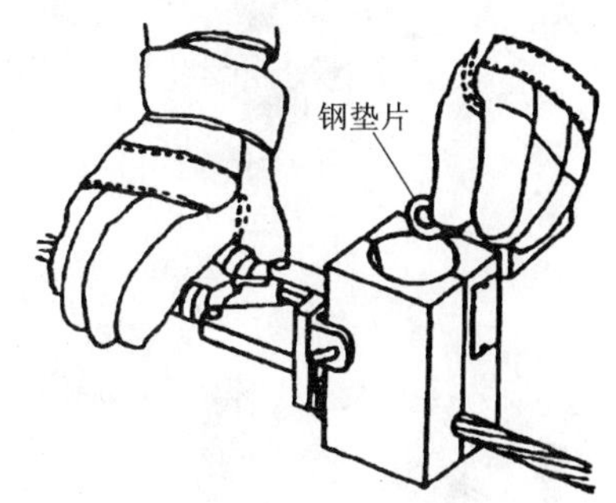

图 18.2-32　放入钢垫片

（3）第三步：倒入熔焊剂并在上面洒上起燃药，并在模具顶部洒上另一部分起燃药，盖好模具顶盖（图 18.2-33）。

（4）第四步：合上顶盖，用点火枪点燃。注意人要站在点火口侧面。焊剂即在模具腔中作放热反应（图 18.2-34）。

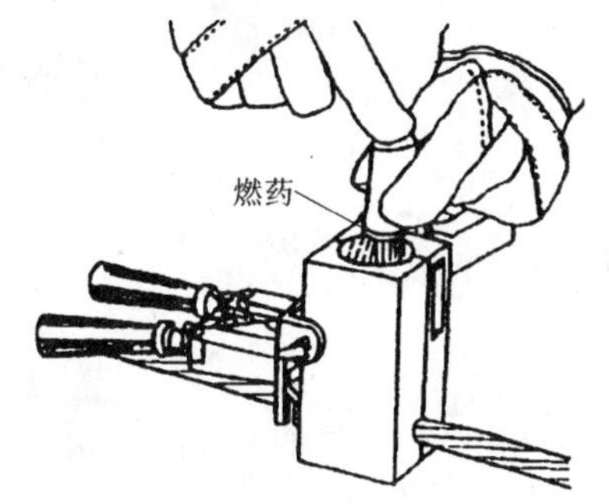

图 18.2-33　倒入熔焊剂

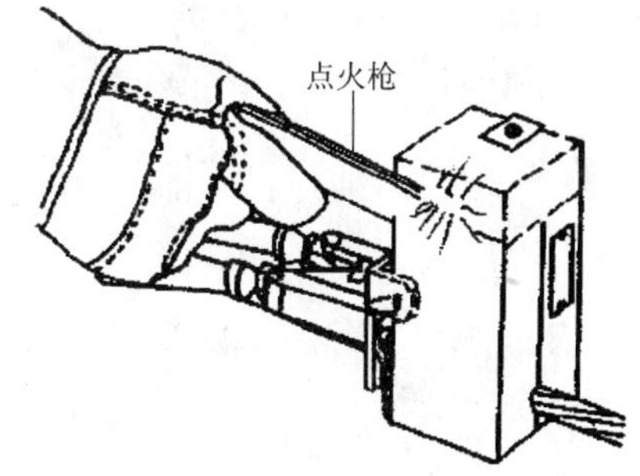

图 18.2-34　点火枪点燃

（5）待熔焊剂反应完毕后约 10 秒，热熔反应完成后，即可开启模具，将导线取出，用专用工具清除焊渣（图 18.2-35）。

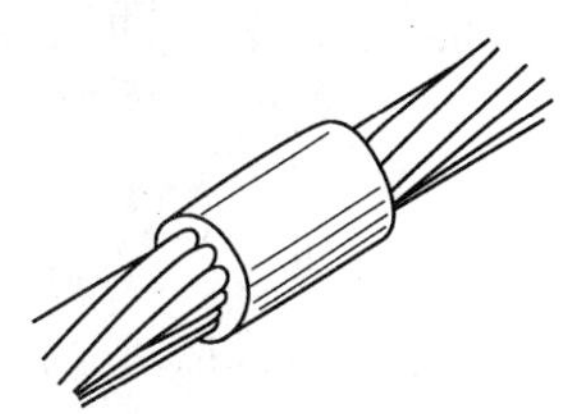

图 18.2-35　热熔反应完成

4. 熔接外观要求

（1）熔接接头外观应无尖角、缺口、卷边等缺陷。

（2）熔接口无蜂窝状气孔。

（3）接头无裂痕。

（4）熔接接头应牢固、无松动，无空隙。

（5）熔接接头熔接件无裸露。

5. 焊接样式

（1）圆钢之间焊接（图 18.2-36）

（2）圆钢与钢板之间焊接（图 18.2-37）

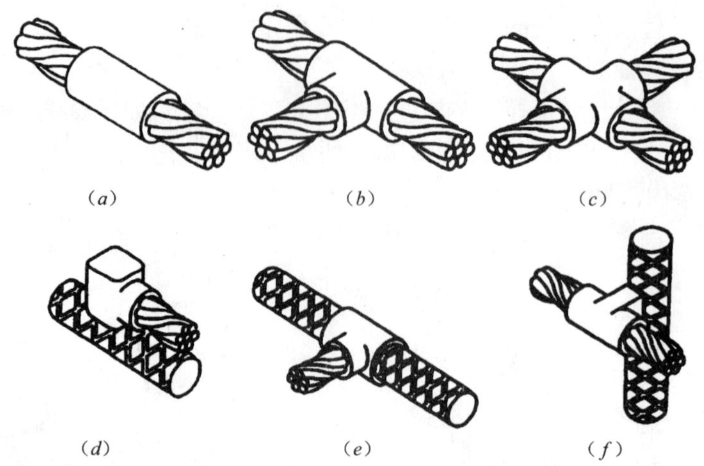

图 18.2-36 圆钢之间焊接
(*a*) 方式一；(*b*) 方式二；(*c*) 方式三；(*d*) 方式四；(*e*) 方式五；(*f*) 方式六

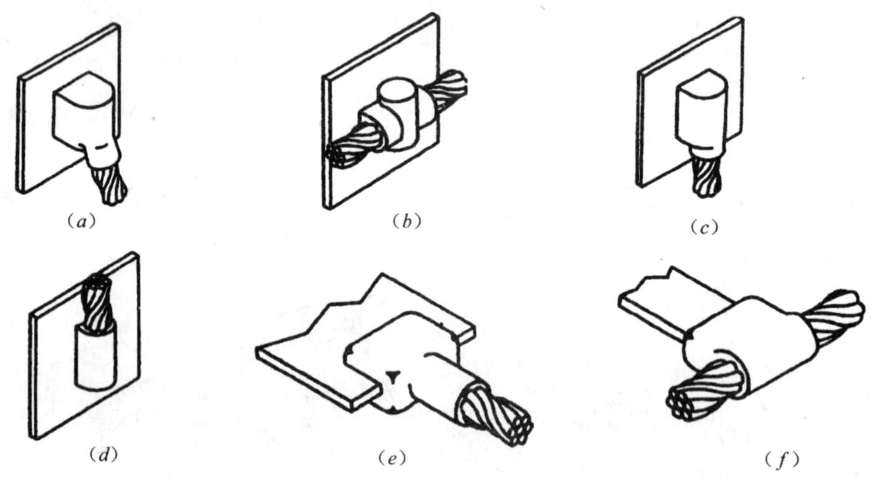

图 18.2-37 圆钢与钢板之间焊接
(*a*) 方式一；(*b*) 方式二；(*c*) 方式三；(*d*) 方式四；(*e*) 方式五；(*f*) 方式六

6. 焊接注意事项

(1) 施工操作时，现场 1.5m 范围之内，不得有无关人员停留。不得有易燃物品摆放。

(2) 操作人员必须戴上隔热工作手套。

(3) 操作人员不得面对于熔模开口处操作施工。

(4) 点火时，一旦引燃粉被引燃，操作人员必须立即离开熔模至少 1.5m。

(5) 当熔焊结束后，任何人不得立即直接接触熔模。

(6) 当熔焊结束后，须待熔模和焊接后的导线冷却 30s 后，方可使用铁钳取出。

(7) 对焊接后的导线进行绝缘处理，必须待导线完全冷却之后方可进行。

7. 接地体（线）为铜与铜或铜与钢的连接工艺采用热剂焊（放热焊接）时，其熔接接头必须符合下列规定；

(1) 被连接的导体必须完全包在接头里；

(2) 要保证连接部位的金属完全熔化；连接牢固；

（3）热剂焊（放热焊接）接头的表面应平滑；

（4）热剂焊（放热焊接）的接头应无贯穿性的气孔；

18.2.7 接地端子安装

接地端子又称接地汇流排、等电位连接器等，是强电、弱电接地及等电位连接的必备设备。

1. 强电接地端子

（1）接地端子

接地端子规格及尺寸见图 18.2-38 及表 18.2-6。

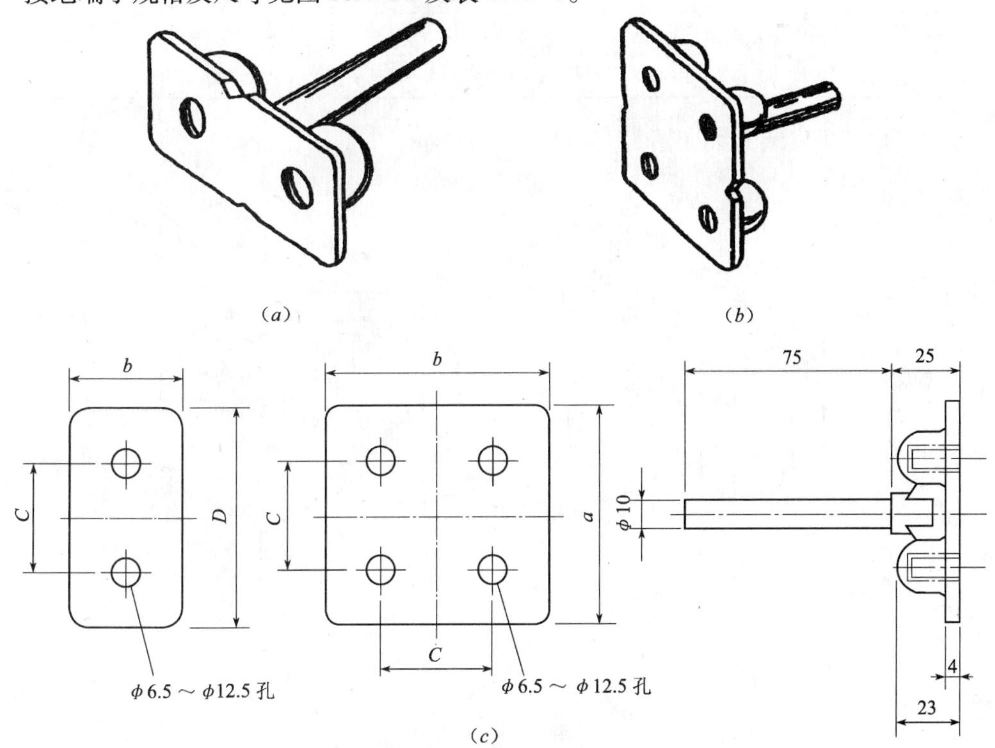

图 18.2-38 接地端子

（a）样式一；（b）样式二；（c）接地端子规格尺寸

接地端子规格表 **表 18.2-6**

型号	尺寸（mm）			螺栓		备注
	a	b	c	规格	数量	
JG206	80	40	40	M6	2	适用于铜接线端子（线鼻子）或铜带
JG208	80	40	40	M8	2	
JG210	80	40	40	M10	2	
JG212	80	40	40	M12	2	
JG406	80	80	40	M6	4	
JG408	80	80	40	M8	4	
JG410	80	80	40	M10	4	
JG412	80	80	40	M12	4	

续表

型　　号	尺寸（mm）			螺　栓		备　　注
	a	b	c	规格	数量	
JFG206	80	40	40	M6	2	适用于扁钢接地线
JFG208	80	40	40	M8	2	
JFG210	80	40	40	M10	2	
JFG212	80	40	40	M12	2	
JFG406	80	80	40	M6	4	
JFG408	80	80	40	M8	4	
JFG410	80	80	40	M10	4	
JFG412	80	80	40	M12	4	

（2）接地端子安装方法（图 18.2-39）

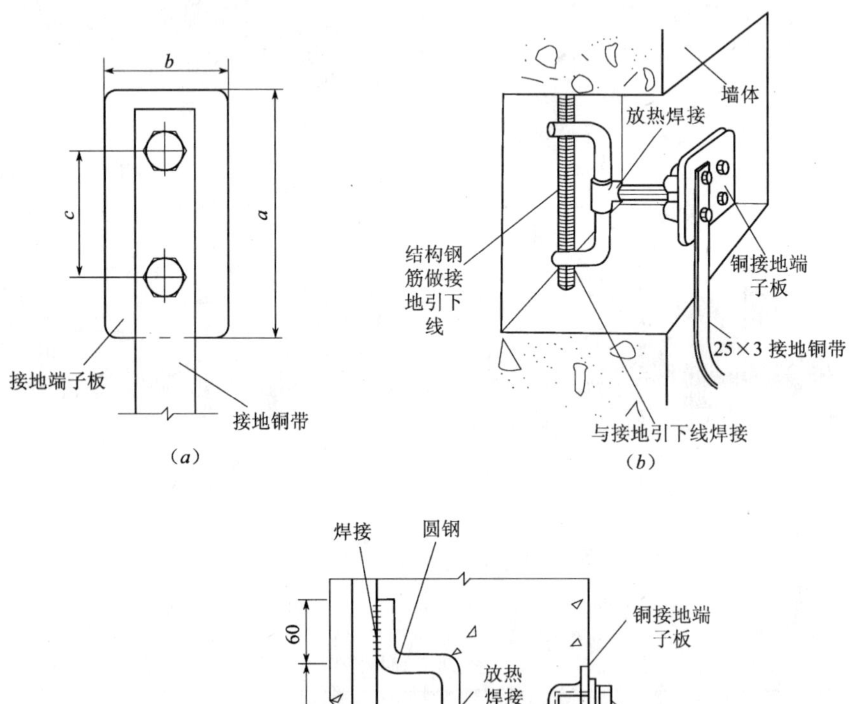

图 18.2-39　接地端子安装方法（一）
（a）方法一；（b）方法二；（c）方法三

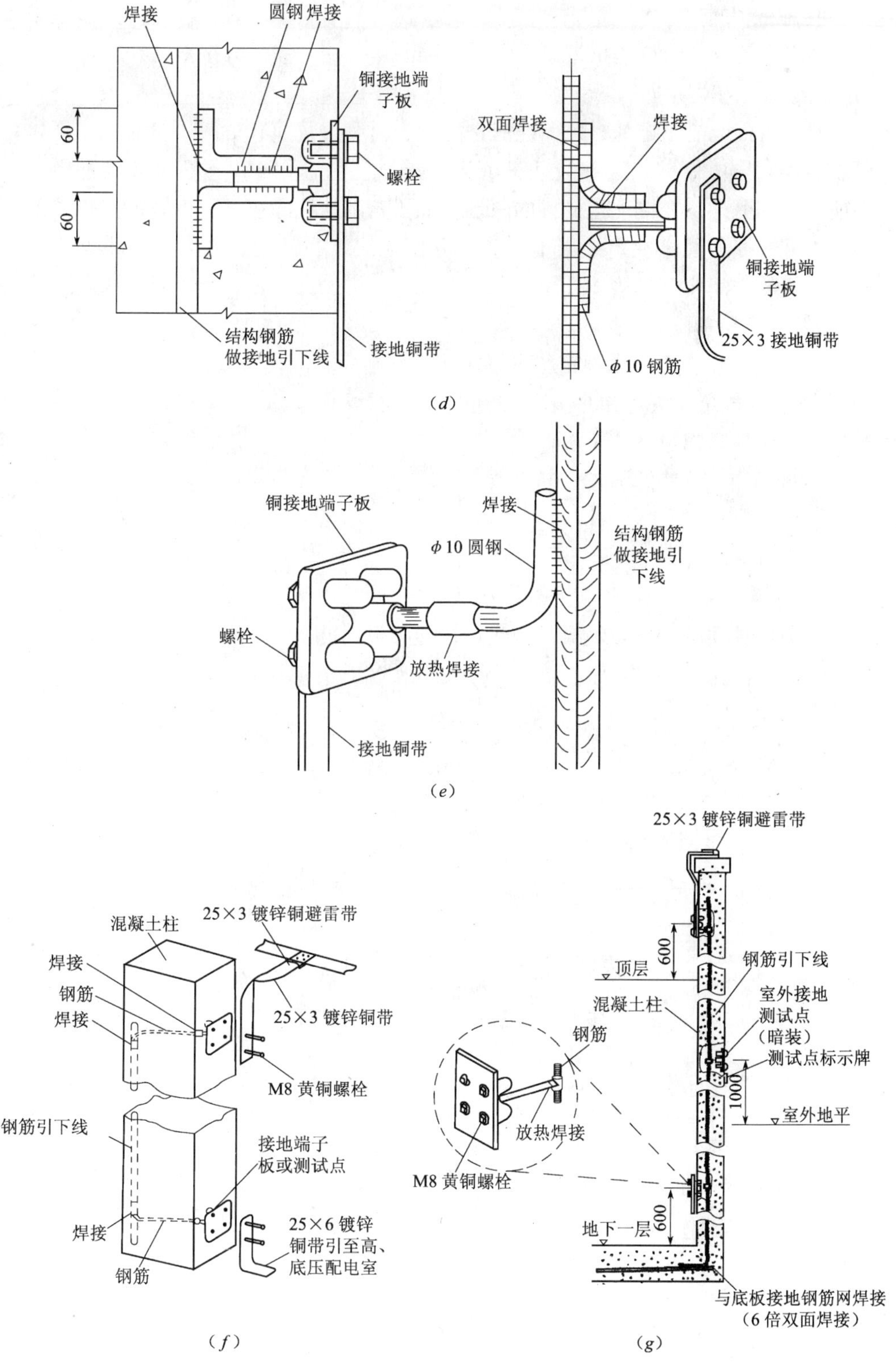

图 18.2-39 接地端子安装方法（二）
(d) 方法四；(e) 方法五；(f) 方法六；(g) 方法七

(3) 接地汇流排

JDN 型室内接地汇流排是根据 IEC 有关标准制作，用于馈线等接地的集成端子。

1) 材质和工艺说明

JDN 型室内接地汇流排基材采用纯铜材料，表面经过抗氧化处理，接触面不氧化，保证了可靠的接入导电性能。接地线插进汇流排插线孔后，用 M8 不锈钢螺栓紧固，不松动，保证可靠。另外，在接地汇流排的两端装配了定制的绝缘垫子，经螺栓定位于汇流排的两端。既能快捷地固定在走线架上，又能方便地安装在墙上，并与线架或墙体可靠隔离，达到理想的中间集电，接地作用。

2) 安装注意事项

(a) 安装前根据布置图中规定位置将接地汇流排初定位。

(b) 将接地分线线头依次序插入接地汇流排插线孔中，用螺栓分别拧紧固定。

(c) 紧定所有固定螺母。

3) 安装示意图（图 18.2-40）

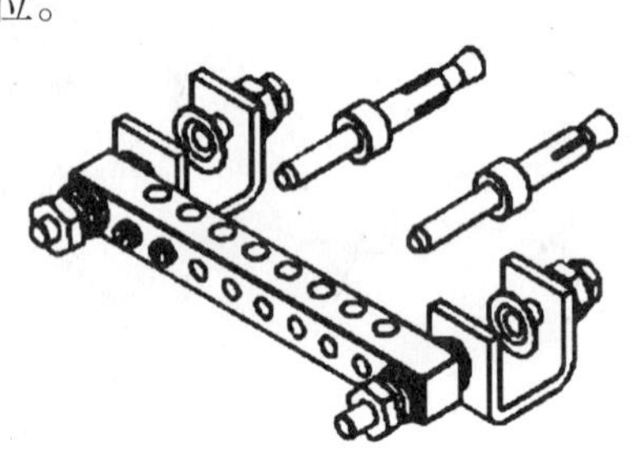

图 18.2-40 安装示意图

2. 弱电接地端子

(1) 弱电接地端子介绍

弱电接地由独立的弱电接地极或从建筑物的底板钢筋焊接的 $35mm^2$ 电缆引到弱电接地端子，弱电接地端子及接地示意图见图 18.2-41。

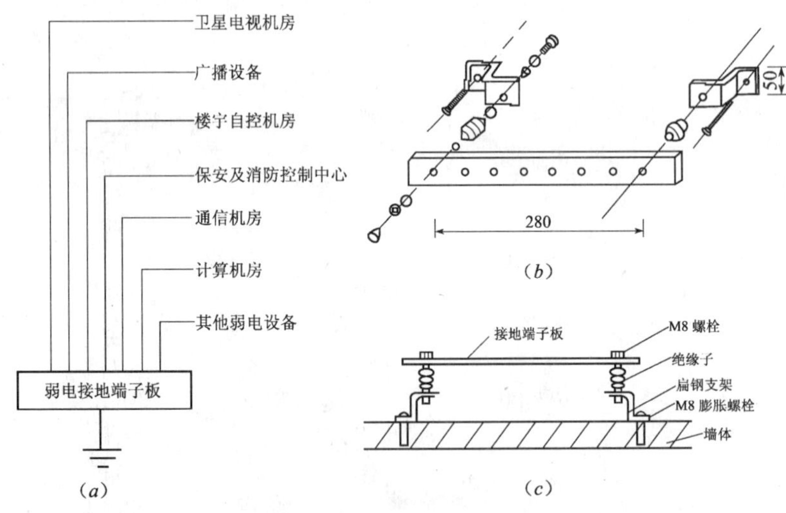

图 18.2-41 弱电接地端子
(a) 弱电接地端子系统图；(b) 组装示意图；(c) 安装图

(2) 弱电接地端子规格

1) 产品简介

JDW 系列接地端子，是严格按照 IEC 有关标准制作的产品，适用于各种类型接线端子的接地集线端子，经过表面处理后，导电性好，接触面不产生氧化，保证了可靠的导电性。该产品整体设计合理，用标准绝缘子配套，并装有不锈钢固定架，最后用膨胀螺栓固定于所需位置处。

2）材质和工艺说明

JDW 系列接地端子采用 T2 电解铜排制造，表面经过镀银（或镀镍）处理后，材质电阻小，导电好。加工中用冲床冲孔，使得孔位准确，孔径尺寸一致。绝缘子采用聚脂树脂原料，绝缘性好，强度高。

3）绝缘子

绝缘子规格及尺寸见图 18.2-42 及表 18.2-7，说明如下：

（a）有完整系列尺寸，用于低压隔离部分，从 25 ~ 100mm 高度皆有；

（b）高阻抗特性可隔离漏电电流；

（c）使用强化的聚脂树脂所制成；

（d）最大的工作温度 150℃。

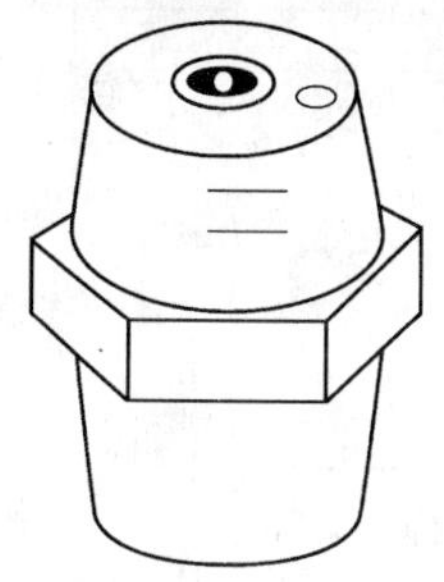

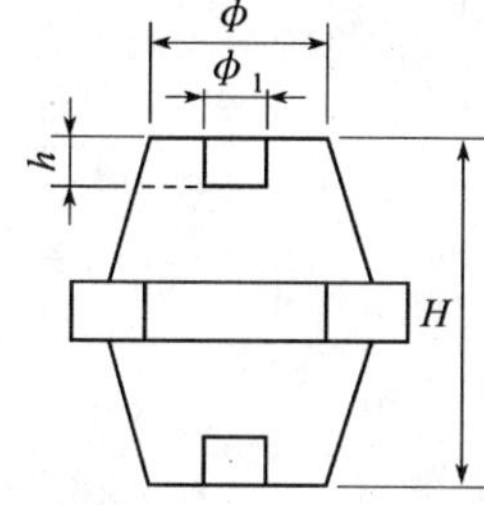

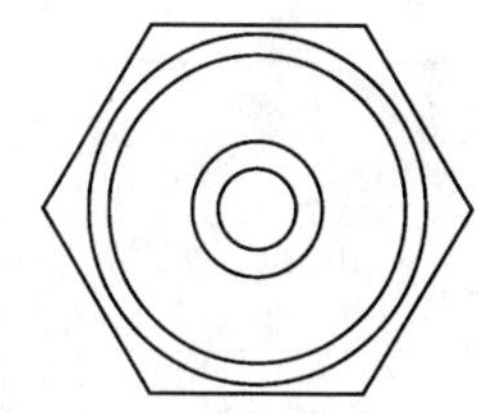

图 18.2-42 绝缘子

绝缘子规格表 **表 18.2-7**

型号	H	h	ϕ	ϕ_1	螺栓
SM250	25	6	30	26	M6 × 7
SM350	35	8	32	27	M8 × 10
SM351	35	10	36	28	M8 × 10
SM400	40	12	40	29	M8 × 11
SM510	51	14	42	32	M8 × 12
SM760	76	16	50	36	M10 × 20

4）接地端子样式（图 18.2-43）

（3）弱电接地端子安装方法

弱电接地端子安装示意见图 18.2-44，安装说明如下：

1）安装前根据配电室布置图中图示位置，将其用膨胀螺栓固定；

2）注意膨胀螺栓底孔尺寸，不出现虚位现象；

3）接线端子按次序分别定位于接地端子孔各位上。螺栓紧固可靠。

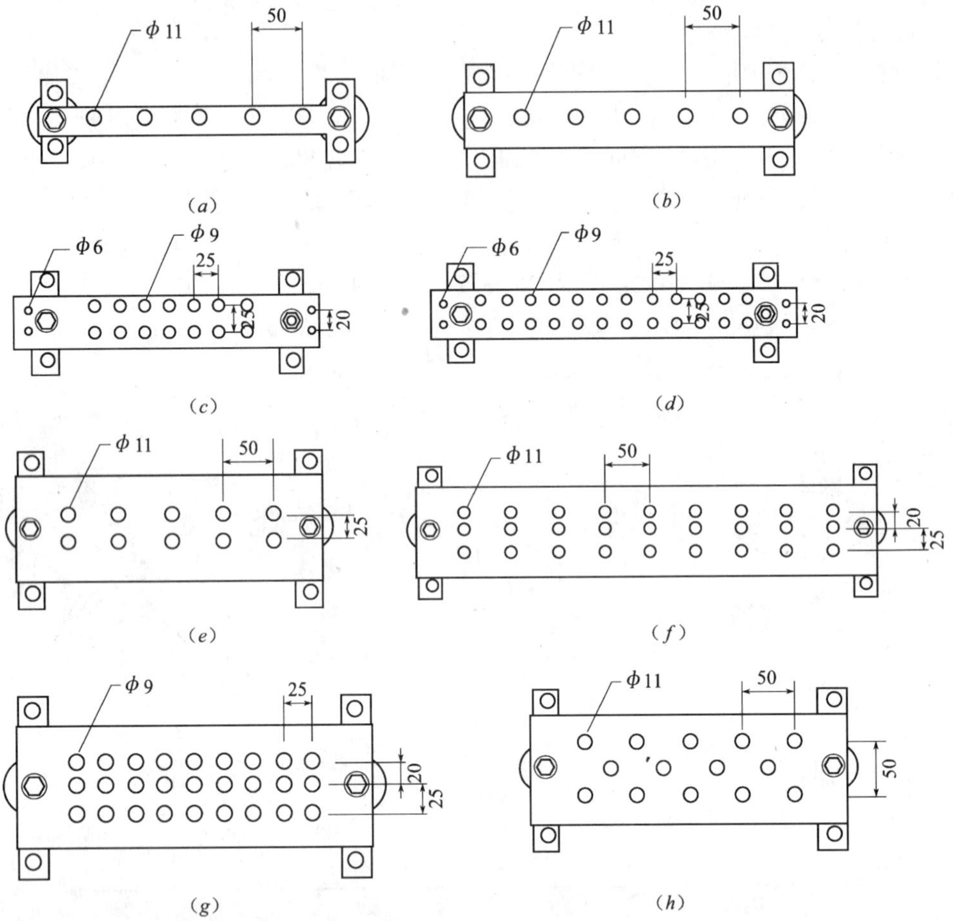

图 18.2-43 接地端子样式
(*a*) 样式一；(*b*) 样式二；(*c*) 样式三；(*d*) 样式四；(*e*) 样式五；(*f*) 样式六；(*g*) 样式七；(*h*) 样式八

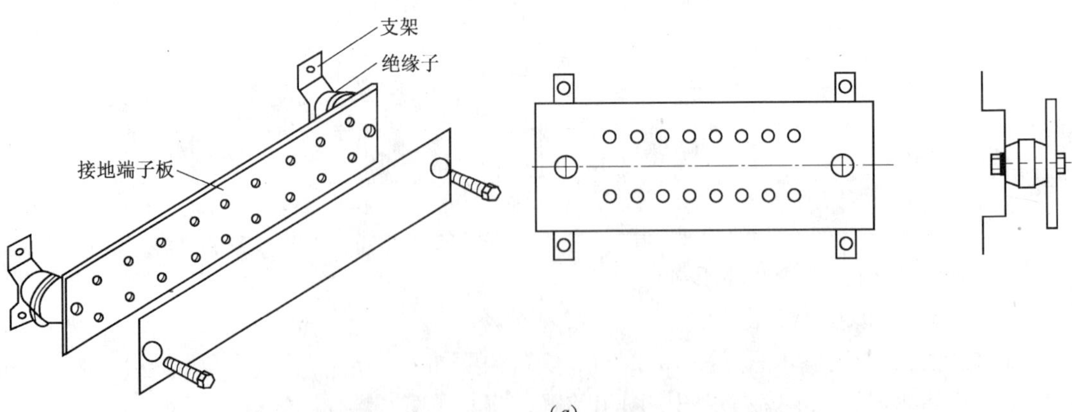

(*a*)

图 18.2-44 弱电接地端子安装方法（一）
(*a*) 弱电接地端子结构

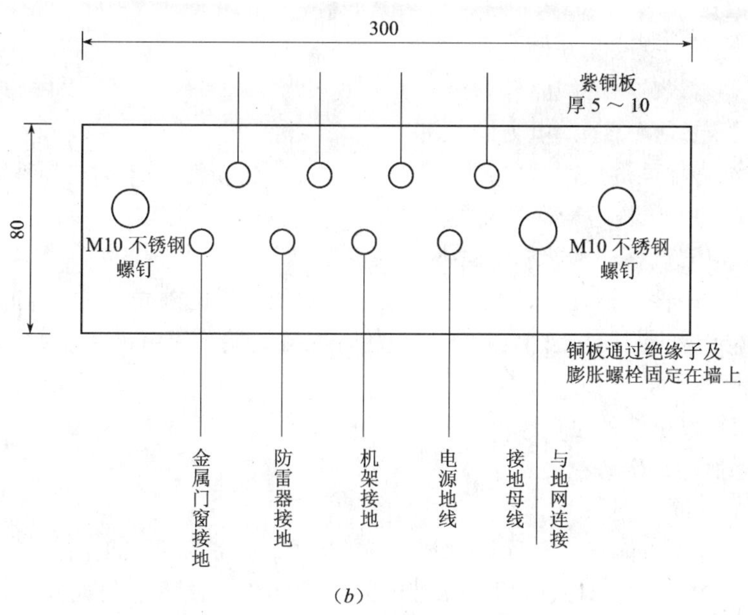

图 18.2-44 弱电接地端子安装方法（二）
（b）弱电接地端子安装实例

3. 接地告示牌

接地告示牌样式如图 18.2-45 所示，接地告示牌用塑料扎带固定在接地端子处。

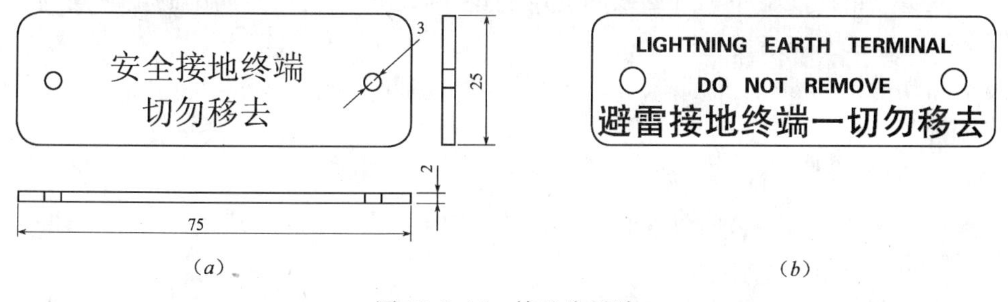

图 18.2-45 接地告示牌
（a）样式一；（b）样式二

18.3 设备及线路接地

18.3.1 电气设备接地一般要求

1. 电气装置的下列金属部分，均应接地或接零；

（1）电机、变压器、电器、携带式或移动式用电器具等的金属底座和外壳；

（2）电气设备的传动装置；

（3）屋内外配电装置的金属或钢筋混凝土构架以及靠近带电部分的金属遮栏和金属门；

（4）配电、控制、保护用的屏（柜、箱）及操作台等的金属框架和底座；

（5）交、直流电力电缆的接头盒、终端头和膨胀器的金属外壳和可触及的电缆金属护层和穿线的钢管。穿线的钢管之间或钢管和电器设备之间有金属软管过渡的，应保证金属软管段接地畅通；

（6）电缆桥架、支架和井架；

（7）装有避雷线的电力线路杆塔；

（8）装在配电线路杆上的电力设备；

（9）在非沥青地面的居民区内，不接地、消弧线圈接地和高电阻接地系统中无避雷线的架空电力线路的金属杆塔和钢筋混凝土杆塔；

（10）承载电气设备的构架和金属外壳；

（11）发电机中性点柜外壳、发电机出线柜、封闭母线的外壳及其他裸露的金属部分；

（12）气体绝缘全封闭组合电器（CIS）的外壳接地端子和箱式变电站的金属箱体；

（13）电热设备的金属外壳；

（14）铠装控制电缆的金属护层；

（15）互感器的二次绕组。

2. 外部导电部分接地

外部导电部分中可能有电击危险的地方应予接地，通常需要接地的部分如下：

（1）建筑物内或其上的大面积可能带电的金属构架，并可能与人发生接触，应予接地，以提高其安全性；

（2）电气操作起重机的轨道和桁架；

（3）装有线缆的升降机框架；

（4）电梯的金属提升绳或缆绳，如已与电梯本体连接成导电通路的则可不接地；

（5）变电站或变压器室以外的线间电压超过380V的电气设备周围的金属间隔、金属遮栏等类似的金属围护结构；

（6）活动房屋的裸露的金属部分，包括活动房屋的金属结构应接地。

18.3.2 电气设备接地方法

在接地施工中，电气设备的接地是最重要的一个环节，要达到安全运行的目的，就必须注意这一部分的安装工作。

常用的电气设备有：变压器、发电机、配电柜、电动机等。这些电气设备接地的要求和方法各不相同，现分别叙述如下：

1. 电气机房接地（图18.3-1）

配电室内在适当的位置预留40mm×4mm镀锌扁钢作为主接地线，该主接地线应和基础接地网、柱内主钢筋可靠焊接，此柱内主筋与基础底板内钢筋可靠焊接，此外电气竖井、电梯井道、弱电中心、设备用房、水泵房等预留40mm×4mm热镀锌扁钢与作为综合接地体连接的基础底板内主筋可靠焊接，并设置等电位联结箱，作局部等电位连接。

2. 电力变压器接地

变压器的外壳以及滚轮下的轨道都需要进行接地。高压或低压绕组的中性点根据接地制式的要求进行接地，如绕组的中性点接地的话，应符合电力系统对接地电阻的要求。油浸式电力变压器接地如图18.3-2所示。干式电力变压器的接地点一般都在低压侧底座上，即在变压器底座的两对角多装一个带接地标志的接地螺栓，其中一个螺栓必须与变压器室内的接地干线相连（图18.3-3）。

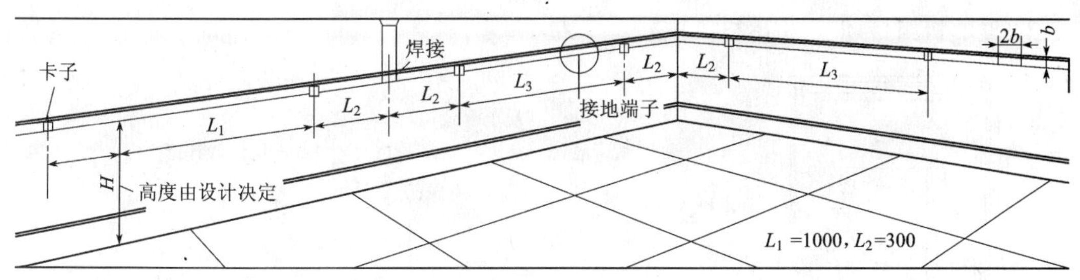

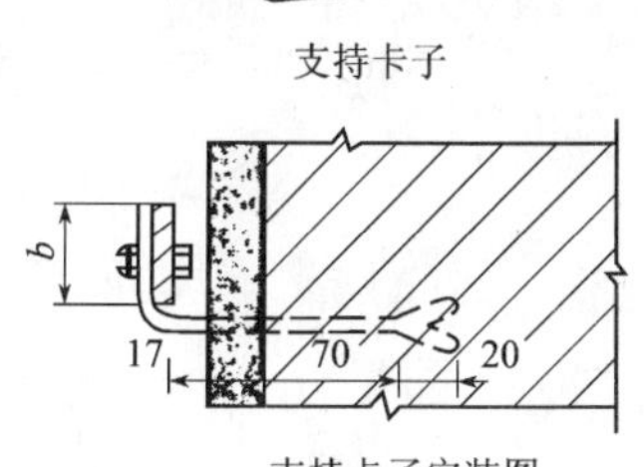

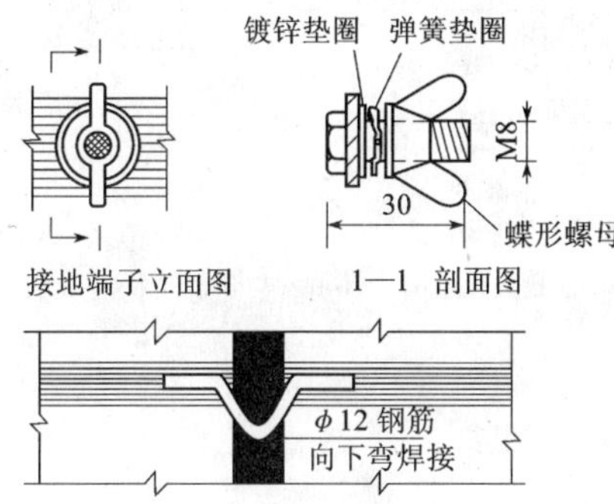

支持卡子规格

接地干线 镀锌扁钢	b(mm)
15×4 25×4 40×4	20 30 45

注：1. 接地干线及接地端子位置，均由设计图决定。
2. 全部接地线、支持卡子和接地端子一律镀锌。

图 18.3-1 电气机房接地

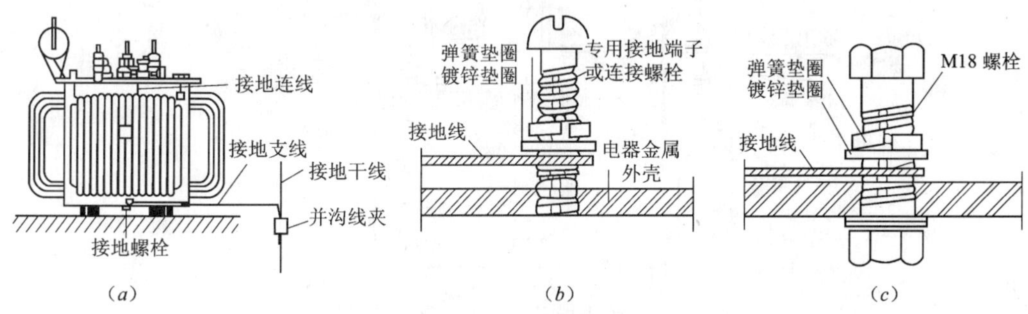

图 18.3-2 油浸式电力变压器接地连接

(a) 变压器中性点和外壳接地连接；(b) 金属外壳接地方法一；(c) 金属外壳接地方法二

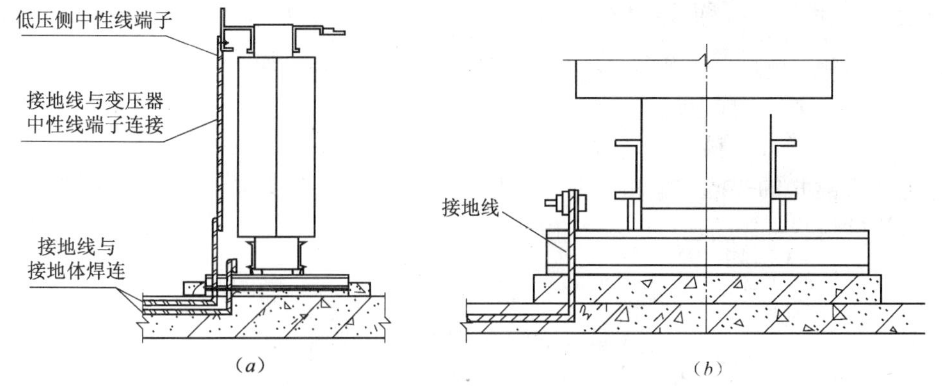

图 18.3-3 干式电力变压器接地方法

(a) 变压器中性点接地和外壳接地（侧面）；(b) 变压器外壳接地

3. 发电机组接地（图 18.3-4）

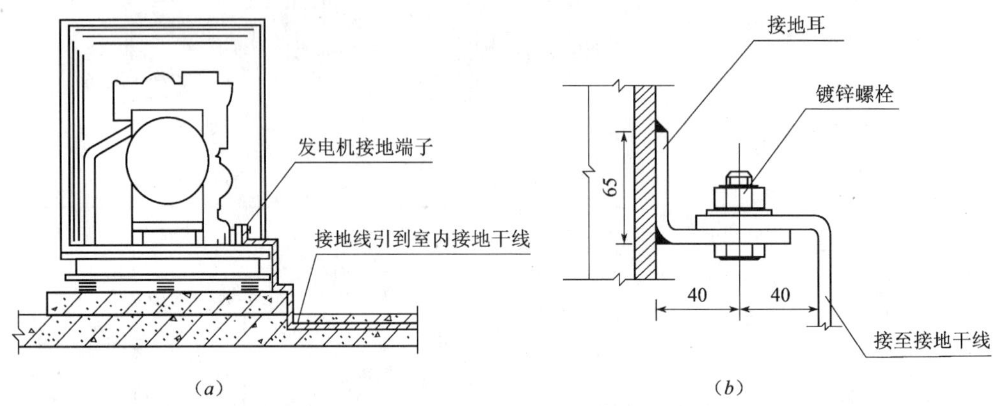

图 18.3-4 发电机外壳保护接地
(a) 接地方法；(b) 大样图

4. 配电设备接地

(1) 配电设备的钢架接地（图 18.3-5）

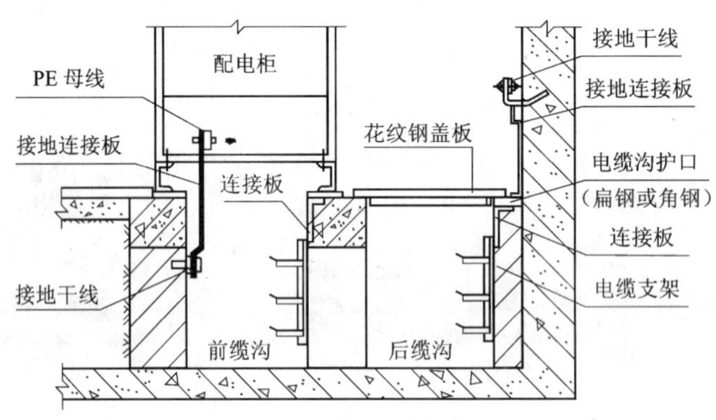

图 18.3-5 配电柜及电缆沟内接地构件连接

开关屏、控制屏、继电器屏、配电箱及保护母线的钢架都必须接地。每一个屏或箱的钢架底座至少有一处与接地线相连。保护母线的钢架每一节至少有一点与接地线相连。配电设备的接地端子必须与配电室的接地干线相连，而且还应该满足机械强度及动热稳定要求。

(2) 配电柜（盘）门接地

配电柜（盘）的接地应牢固可靠，金属制品可开启的每扇柜（盘）门应与接地的金属构架采用软铜线可靠的连接，如图 18.3-6。

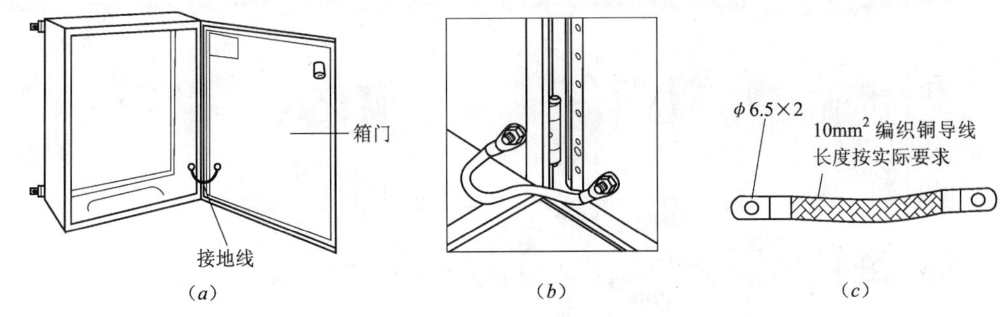

图 18.3-6 配电设备门接地方法

(a) 接地方法；(b) 软铜线连接；(c) 软铜编织线连接

18.3.3 用电设备接地方法

用电设备可分固定式用电设备、移动及手携式用电设备、机械传动的流水线用电设备和竖向移动的电梯设备等。现将其接地施工的方法分别予以说明。

1. 电动机接地

电动机接线盒内有接地端子需要做接地连接（图 18.3-7）。

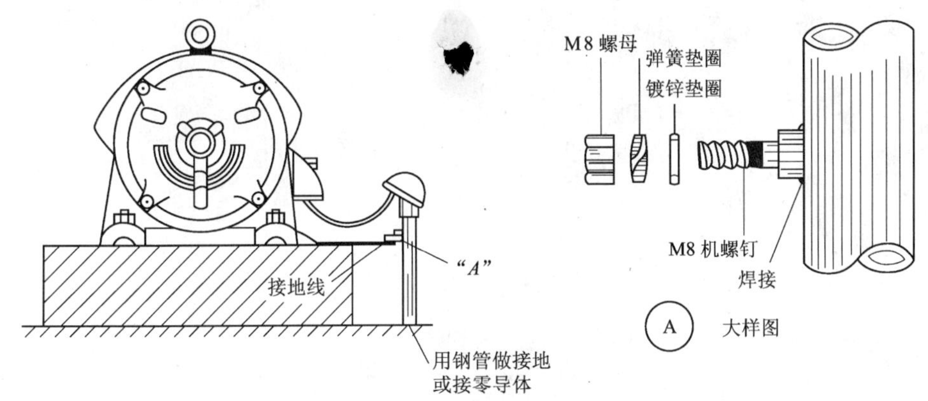

图 18.3-7 电动机接地方法

2. 固定式用电设备接地（图 18.3-8）

用电设备与接地线的连接可采用焊接或螺栓连接。如用电设备有接地螺栓时，应采用螺栓连接。采用焊接时，事先必须检查用电设备的金属外壳是否适宜于焊接，如认为适宜，方可焊接；如认为不适宜，则仍以螺栓连接为宜。对于小型用电设备可直接用接地线与用电设备的地脚螺栓相连接，如用电设备较大，则通过连接片连接。连接处的接触面上应清刷干净，并涂上导电膏再连接，如能进行搪锡处理，则接触效果更好。

3. 电梯接地

电梯接地分为机房内电气设备接地和井道内轿厢及轨道接地两部分，对计算机控制的电梯，还要进行逻辑接地。

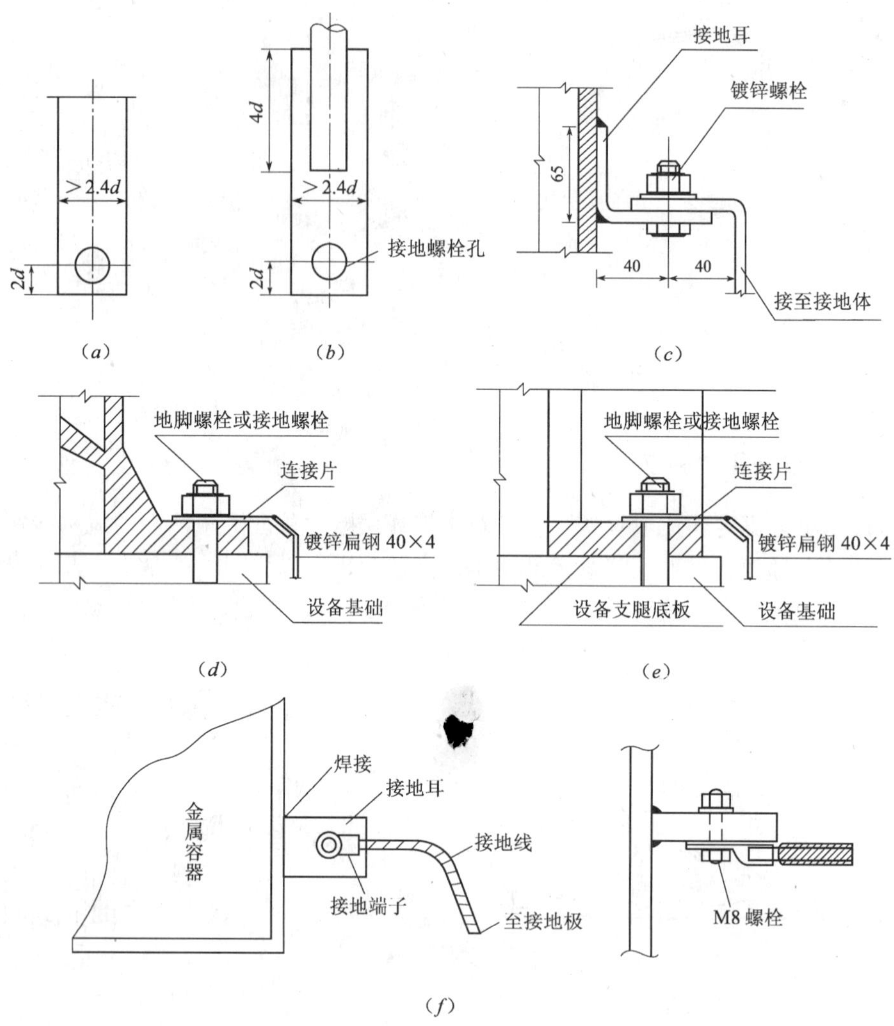

图 18.3-8 固定式用电设备接地安装

(a) 与扁钢接地线连接；(b) 与圆钢接地线连接；(c) 金属外壳接地；
(d) 设备接地方法一；(e) 设备接地方法二；(f) 金属容器接地安装方法

电梯机房通常设置在建筑物的顶层，电梯电源由建筑物配电间直接送至机房，而且应该单独专用。

电梯的 PE 线，通常随电源线由配电竖井送至机房。

机房内的曳引机、控制柜和其他设备的金属外壳都必须与 PE 线相连。轿厢接地可利用随行电缆的芯线作 PE 线，为保证接地可靠，作为 PE 线的芯线不得少于两根。电梯轨道接地，可用 25mm×4mm 镀锌扁钢焊接连接后引到机房，与电源部分的 PE 线相连。

采用计算机控制的电梯，由于计算机电源采用隔离变压器供电，接口部分有隔离措施和相应的抗噪声处理，计算机控制部分与外部设备没有直接的电气连接，把计算机部分的地称为逻辑地，逻辑地和电气设备部分的地不能连在一起，要分开接地。若连在一起，电气部分的地就会对计算机系统产生干扰。此接地装置的接地电阻不得大于 4Ω。必须注意的是逻辑地的接地装置不能作为电气设备的接地装置。

电梯接地需要注意如下问题：

（1）电梯的层楼显示器和召唤按钮的金属外壳必须接地，PE 线可由机房引入到井道，随后接至层楼显示器和召唤按钮的金属外壳的接地螺钉上，PE 线不准串接，PE 线的分支线和干线的连接可采取压接或焊接连接。

（2）机房及井道内的电线保护管或桥架必须跨接可靠，并与 PE 线有可靠的连接，底坑内爬梯等设施也应与 PE 线可靠连接。

18.3.4 电力布线工程接地方法

电力布线工程常用的是母线、电缆、电缆桥架、金属管，接地（PE）或接零（PEN）支线必须单独与接地（PE）或接零（PEN）干线相连接，不得串联连接。测试接地装置的接地电阻值必须符合设计要求。

1. 母线接地

母线是将母线用绝缘材料支承和隔开，且装于一个管道或类似外壳中的电气装置。

按母线的绝缘方式分，有空气型、密集型和混合型 3 种；按母线外壳分，通常有铝合金、薄钢板、塑料 3 种。

金属外壳的母线，外壳必须与 PE 线相连，母线连接后的始、终端必须有接地端子，接地端子应用钢材制成，且安装在易于接近的地方，接地端子处应有接地标志，接地端子所用的接地螺钉最小尺寸如表 18.3-1。外壳和 PE 线的接触面建议做镀锌处理，使母线外壳接地更可靠。

接地端子所用的接地螺钉最小尺寸 **表 18.3-1**

额定电流 I_N（A）	接地螺钉最小尺寸（mm）
$I_N \leqslant 630$	M8
$630 < I_N \leqslant 1000$	M10
$1000 < I_N$	M12

内设 5 根线的母线，必须用与母线相同的材料做成 PE 线。PE 不应该包绝缘层，但建议做整体镀锡，PE 线和母线同样放置在外壳内，亦可放在母线外壳表面或单独设置在母线旁边。

空气型母线虽然母线和外壳之间有空气和绝缘板隔离，在正常工作情况下不会带电，但外壳亦必须可靠接地。

铝合金母线，外壳的每段母线间不必跨接；对外壳搭接面已做镀锌处理的母线，亦不必跨接；对喷塑外壳的母线，若外壳搭接面未作镀锌处理，则每段母线间应作跨接，跨接线用不小于 $16mm^2$ 的编织铜线，为此每段母线外壳的两端都必须有铜材做成的接地端子。

母线馈电箱的外壳必须接地。对有 5 根线的母线，利用插脚达到接地的目的。对有 4 根线的母线，通过其馈电箱的接地端子与母线外壳的接地端子用 $16mm^2$ 编织铜线跨接。

母线的固定支架亦应接地，对平时不易碰到的支架可不接地，但必须保证母线外壳接地可靠。

2. 电力电缆接地（图 18. 3-9）

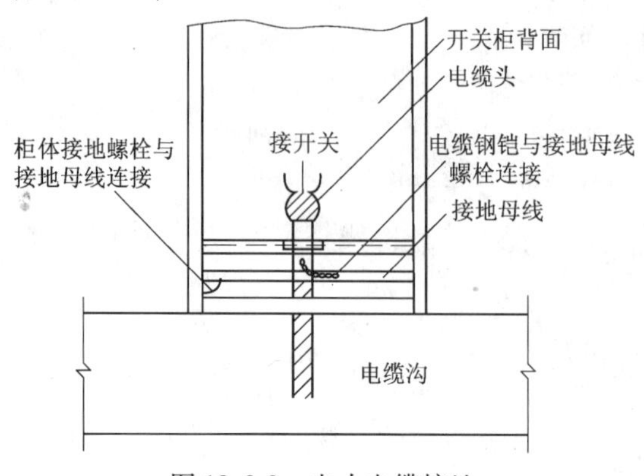

图 18. 3-9　电力电缆接地

电缆的金属护套及钢铠都必须接地。在电缆分开处用钢带或铜带焊到电缆的金属包皮及钢铠上，然后将钢带用紧固螺栓连接到接地干线上。电力电缆的接头盒或中间接线盒的外壳也都必须接地。连接方法是用可挠性多股铜导线与接头盒或中间接线盒的接地螺栓相连，然后再接到接地干线上。在中间接线盒中要采用等效于金属外皮截面的铜导线从中间接线盒的两边焊到金属包皮和钢铠装上，该铜导线并须与中间接线盒的外壳相连，一般接到接线盒外壳的螺栓上。

当电缆保护管可触及时必须接地。接地方法：可与接地干线焊成一体，亦可在保护管上焊一只接地螺钉后用导线与接地干线相连。当电缆保护管用在一般情况下触及不到的地方，例如电缆穿越道路时埋在地中的保护管可不接地。

3. 电缆桥架接地

（1）电缆桥架全长均应有良好的接地。金属电缆桥架和引入或引出的金属电缆导管必须接地（PE）或接零（PEN）可靠，且必须符合下列规定：

1）金属电缆桥架及其支架全长应不少于两处与接地（PE）或接零（PEN）干线相连接；

2）镀锌电缆桥架间连接板的两端不跨接接地线，但连接板两端不少于两个有防松螺母或防松垫圈的连接固定螺栓；

3）非镀锌电缆桥架间连接板的两端跨接铜芯地线，接地线最小允许截面积不小于 $4mm^2$（图 18. 3-10）。

（2）桥架当利用桥架的接地保护干线时，应将桥架的端部用 $16mm^2$ 的软铜线连接起来，并与总接地干线相通。长距离的电缆桥架每隔 30～50m 接地一次。安装在具有爆炸危险场所的电缆桥架，如无法与已有的接地干线连接时，必须单独敷设接地干线进行接地。沿桥架全长敷设接地保护干线时，每段（包括非直线段）托盘、梯架应至少有一点与接地保护干线可靠连接。对于振动场所，在接地部位的连接处应装置弹簧垫圈，防止因振动引起连接螺栓松动，而造成接地电气通路中断。

（3）金属线槽接地方法

金属线槽和引入或引出的金属电缆导管必须接地（PE）或接零（PEN）可靠，且必须符合下列规定：

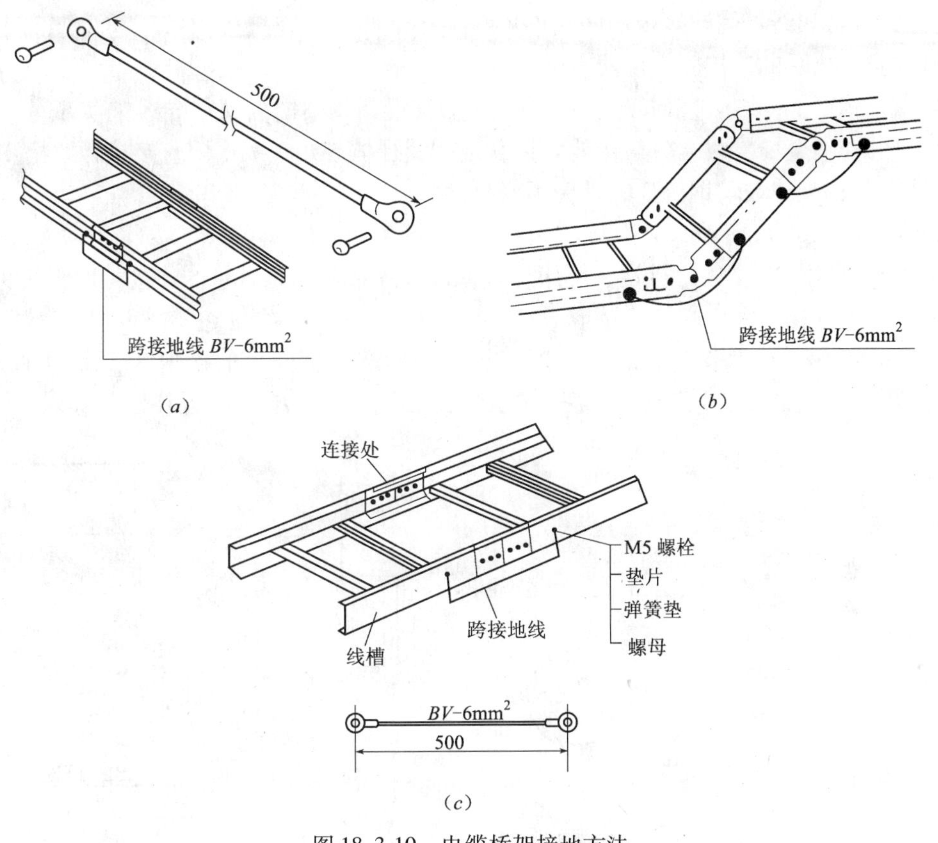

图 18.3-10　电缆桥架接地方法
(a) 方式一；(b) 方式二；(c) 方式三

1) 金属线槽及其支架全长应不少于两处与接地（PE）或接零（PEN）干线相连接；

2) 非镀锌金属线槽间可采用接地连接片连接（图 18.3-11），或使用接地铜芯线跨接地线，导线最小允许截面积不小于 $4mm^2$；

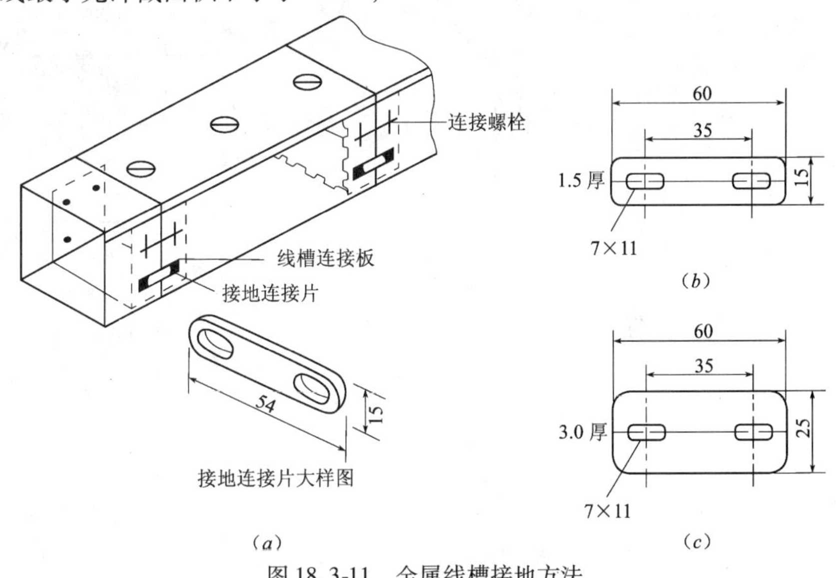

图 18.3-11　金属线槽接地方法
(a) 连接方法；(b) 大样一；(c) 大样二

3）镀锌金属线槽间连接板的两端不需跨接接地线，但连接板两端不需少于两个有防松螺母或防松垫圈的连接固定螺栓。

4）金属线槽布线的电气接地，可通过直接放置在线槽内的裸体导线来实现（即贯通线槽整体的裸体金属导线端头与接地体相联结，其裸体导线在线槽内直接接触线槽壁）。

5）塑料桥架或玻璃钢桥架的外壳不必接地。

4. 钢导管接地（图 18.3-12）

（1）配线钢导管必须跨接地，可用焊接或螺栓连接等。钢导管的连接可用管接头或套管，为保证电气连续性，必须跨接地。

（2）镀锌钢管管路应作整体接地连接，接头两端应用配套的接地卡，采用 $4mm^2$ 的绿/黄双色铜芯绝缘线作跨接线。穿过建筑物变形缝时，接地线应有补偿装置。

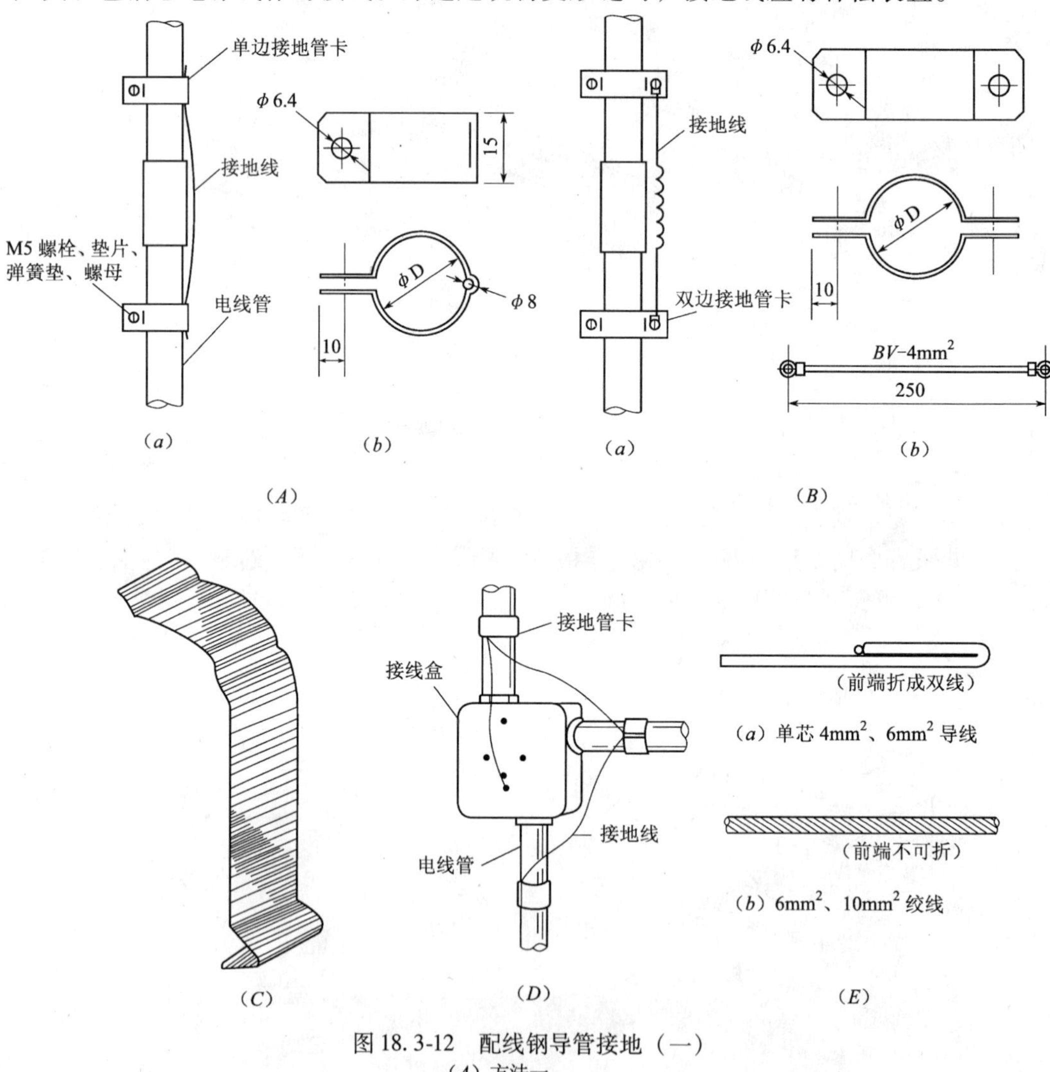

图 18.3-12　配线钢导管接地（一）

(A) 方法一

(a) 安装方法；(b) 接地管卡

(B) 方法二

(a) 安装方法；(b) 接地管卡

(C) 接地管卡外形图；(D) 安装示意图；(E) 跨接地线

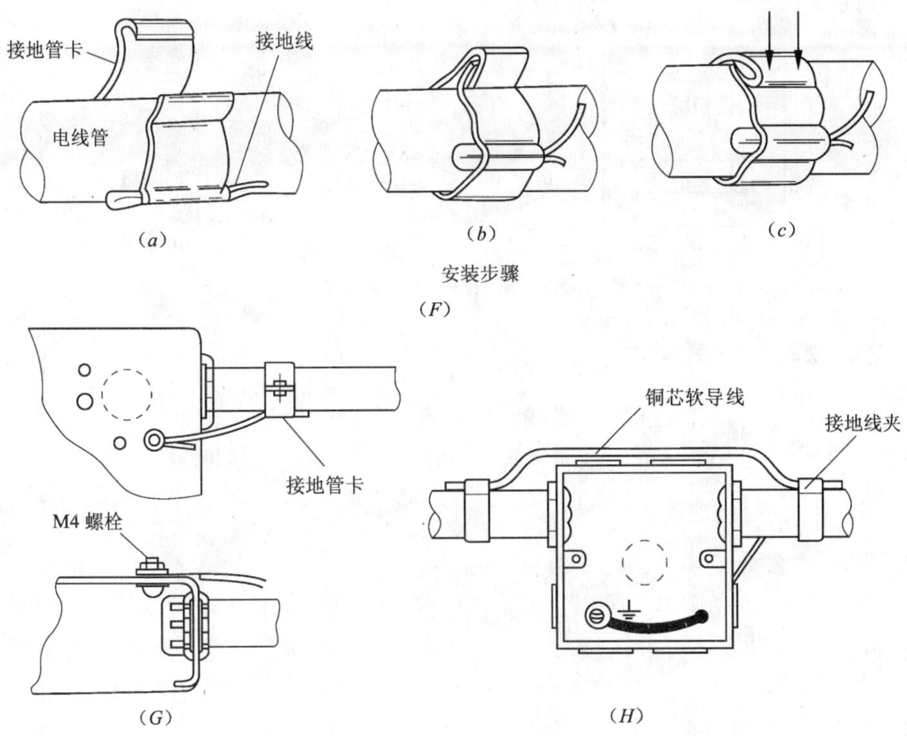

图 18.3-12 配线钢导管接地（二）

(F) 方式三

(a) 在卡线槽内嵌入跨接线，然后将卡两前端相互咬合；

(b) 用钢丝钳夹住咬合处用力压紧；

(c) 将咬合部左右两前端敲倒，卡子牢牢收紧

(G) 方式四；(H) 方式五

(3) 镀锌钢导管、可挠性导管和金属线槽不得熔焊跨接接地线，应以专用接地卡跨接接地的两卡间连线为铜芯软导线，截面积不小于 $4mm^2$。

5. 地面线槽接地

地面线槽采用截面积≥$4mm^2$ 的铜导线进行跨接地连接，见图 18.3-13。

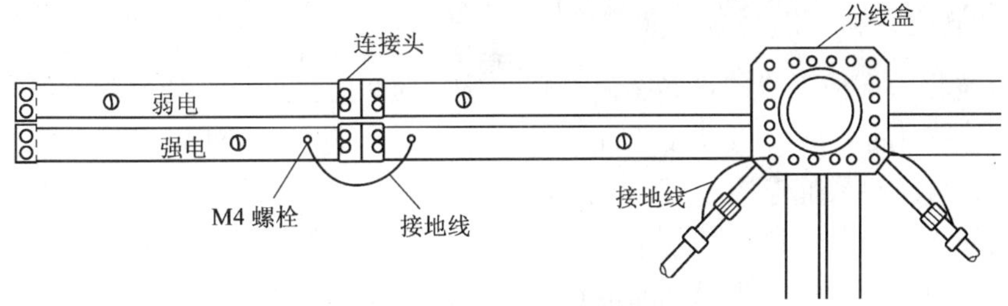

图 18.3-13 地面线槽接地

6. 静电地板接地（图 18.3-14）

接地网的设置：在活动地板安装前，在计算机房的地面上安装截面≥$10mm^2$ 铜排接地网，其网格规格为 600mm×600mm，连接点可用气焊焊接。铜排网的接地点至少为两点，房间较大时应增加接地点为 4 点、8 点等。

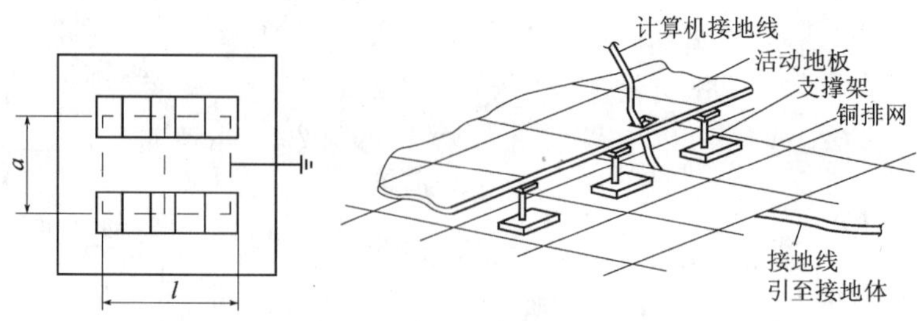

图 18.3-14 铜排接地网安装示意图

18.4 建筑物等电位联结

近几年，等电位联结要求日益严格，主要有总等电位联结、辅助等电位联结、局部等电位联结。机房、卫生间设备、金属管线等一般都要作等电位接地。

18.4.1 等电位联结介绍

1. 总等电位联结

总等电位联结简称 MEB。民用建筑物内电气装置应采用总等电位联结。下列导电部分应采用总等电位联结导体可靠连接，并应在进入建筑物处接至总等电位联结端子板。

（1）PE（PEN）线。

（2）电气装置中的接地母线。

（3）建筑物内的水管、煤气管、采暖和空调管道等金属管道。

（4）可以利用的建筑物金属构件。

2. 辅助等电位联结

将非带电的金属部分用导线或导体连通作等电位联结，使故障接触电压降至接触电压限值以下，称作辅助等电位联结，简称 SEB。

3. 局部等电位联结

在局部场所范围内将非带电的金属部分连通，称局部等电位联结，简称为 LEB。可通过等电位箱的联结端子板将 PE 母线、PE 干线，公共设施的金属管道、金属门窗、建筑物的金属结构及金属器具可靠的互相连接成一个电气通路。

18.4.2 等电位联结一般规定

（1）建筑物内保护干线、设备金属总管、建筑物金属构件包括建筑物金属结构等部位进行连接。凡正常不带电，绝缘破坏时可能带电的金属外壳、穿线钢导管、电缆外皮、支架等均应可靠与接地系统连接。

（2）建筑物等电位联结干线应与接地装置有不小于两处直接的接地干线或总等电位箱引出，等电位联结干线或局部等电位箱间的连接线形成环形网路，环形网路宜就近与等电位联结干线或局部等电位箱连接，支线间不应串联连接。

（3）建筑物每一电源进线均应做总等电位联结，各个总等电位联结端子板应连成一个电气通路，等电位联结的可接近裸露导体或其他部件、构件与支线连接应可靠、熔焊、钎焊或机械紧固，应导通正常。

（4）需等电位联结的装修金属部件或零件，应有专用接线螺栓与等电位联结支线连接，且有标识，连接处螺母紧固，防松零件齐全，等电位联结用螺栓、垫圈、螺母均应热浸镀锌处理。

(5) 金属管道连接处一般不需加跨接线，给水系统的水表和膨胀率节加跨接地线以保证水管的等电位联结和接地的有效性。

(6) 等电位联结线及端子板宜采用铜质材料，在土壤中应避免使用裸铜线或带铜皮的钢线做接地板引入线，宜用钢材或基础钢筋做联结，以防止电化学腐蚀。

(7) 等电位联结在地下和混凝土及墙内应采用焊接，严禁螺栓连接，明配可采用螺栓联结；等电位联结端子板应采取螺栓连接，以便拆卸，方便检测。

(8) 等电位联结的线路最小允许截面应符合表 18.4-1 的规定。

线路最小允许截面（mm^2） **表 18.4-1**

<table>
<tr><th rowspan="2">材　　料</th><th colspan="2">截　　面</th></tr>
<tr><th>干线</th><th>支线</th></tr>
<tr><td>铜</td><td>16</td><td>6</td></tr>
<tr><td>钢</td><td>50</td><td>16</td></tr>
</table>

(9) 对总等电位、局部等电位、辅助等电位联结线截面要求见表 18.4-2 的规定。

等电位联结线截面要求 **表 18.4-2**

<table>
<tr><th>类别取值</th><th>总等电位联结线（MEB）</th><th>局部等电位联结线（LEB）</th><th colspan="2">辅助等电位联结线（SEB）</th></tr>
<tr><td rowspan="2">一般值</td><td rowspan="2">不小于 0.5 × 进线 PE（PEN）线截面</td><td rowspan="2">不小于 0.5 × 进线 PE 线截面①</td><td>两电气设备外露导电部分间</td><td>较小 PE 线截面</td></tr>
<tr><td>电气设备与装置外可导电部分间</td><td>0.5XPE 线截面</td></tr>
<tr><td rowspan="3">最小值</td><td rowspan="2">$6mm^2$ 铜线</td><td colspan="2">有机械保护时</td><td>$2.5mm^2$ 铜线</td></tr>
<tr><td colspan="2">无机械保护时</td><td>$4mm^2$ 铜线</td></tr>
<tr><td>$50mm^2$</td><td colspan="3">$16mm^2$ 铁</td></tr>
<tr><td>最大值</td><td colspan="2">$25mm^2$ 铜线或相同电导值的导线②</td><td colspan="2"></td></tr>
</table>

① 局部场所取最大 PE 线截面；
② 等电位联结端子板的截面应满足机械强度要求，并不得小于所接联结线截面。

(10) 等电位联结线应有黄绿相间的色标，在等电位联结端子板上应刷黄色底漆并标以黑色记号，其符号为“⏚”。

(11) 不允许用金属水管、传送爆炸气体或液体的金属管件、正常情况下承受机械压力的结构部分、宜弯曲的金属部分、钢索配线的钢索等，作等电位导体。

18.4.3 等电位联结方法

当 MEB、LEB、SEB 利用建筑物结构钢筋作导体时应连接可靠，经测试导通电阻值应满足设计要求。如设计无规定应遵循以下规定：

(1) 等电位联结安装完毕后应进行导通测试，测试用电源可采用空载电压为 4～24V 的直流或交流电源，测试电流不应小于 0.2A，当测得等电位联结端子板与等电位联结范围内的金属管道等金属体末端之间的电阻不超过 3Ω 时，可认为等电位联结是有效的。

(2) 可使用等电位联结测试仪进行检测。距离较远，可进行分段测量，然后电阻值相加，如发现导通不良的连接处应作跨接线。在投入使用后每年应做导通测试不小于一次。

18.4.3.1 总等电位联结系统

1. 总等电位联结系统

当利用建筑物基础钢筋、金属物体和建筑物梁、板、柱钢筋做防雷接地时，总等电位联结端子板应直接与建筑物用作防雷及接地的金属体连通。所有引入建筑物的各种金属管道外墙处预留 ϕ12 镀锌圆钢与综合接地装置可靠焊接，管道施工完毕后，再用卡箍连接或焊接，总等电位联结系统见图 18.4-1。

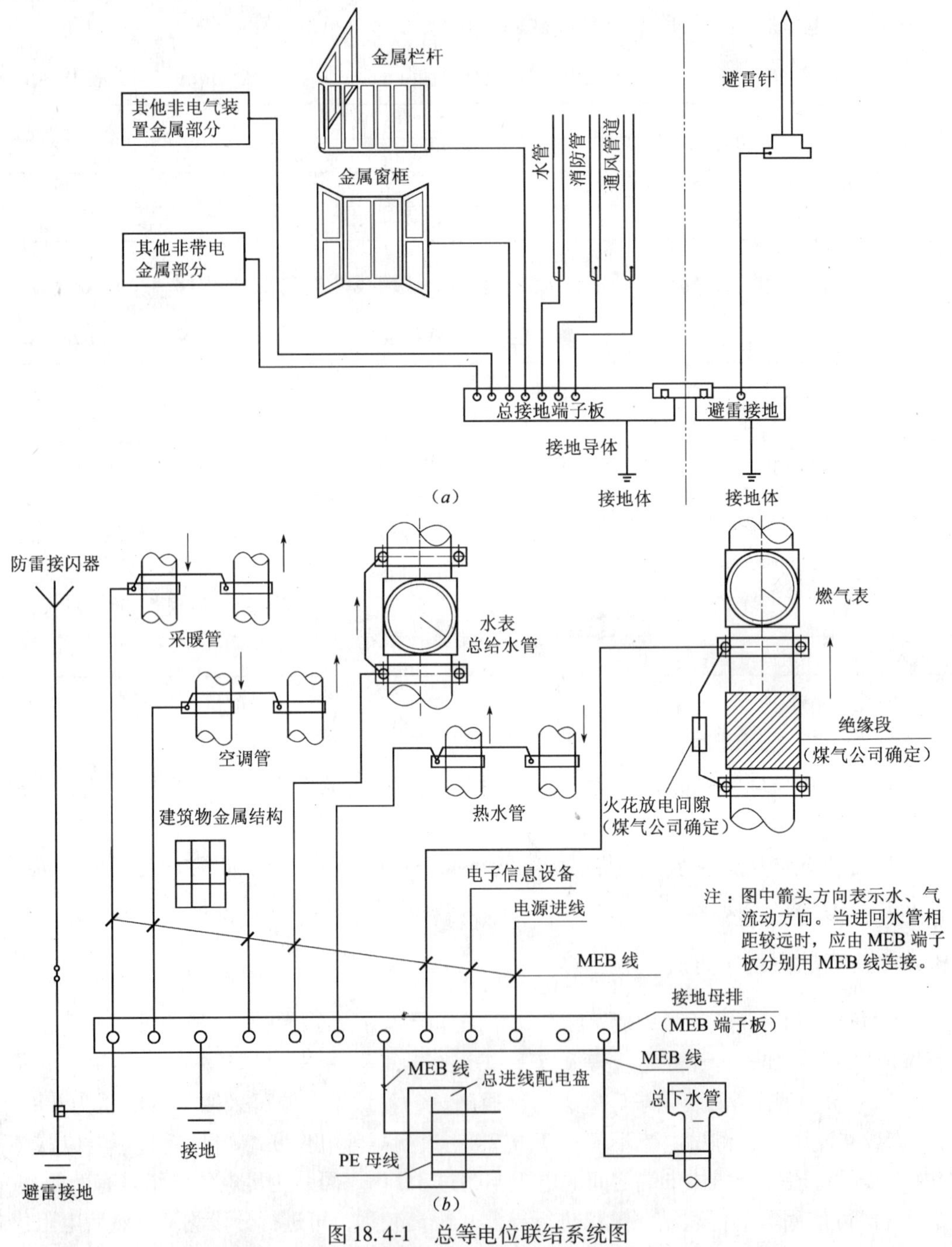

图 18.4-1 总等电位联结系统图

(*a*) 方式一；(*b*) 方式二

2. 等电位端子箱（图 18.4-2）

等电位端子箱和箱内的端子板（母线）由设计决定，一般采用热浸镀锌扁钢或铜排制成。总等电位箱宜设置在电源进线或进线配电箱处，总等电位箱应有标志“⏚”字样。

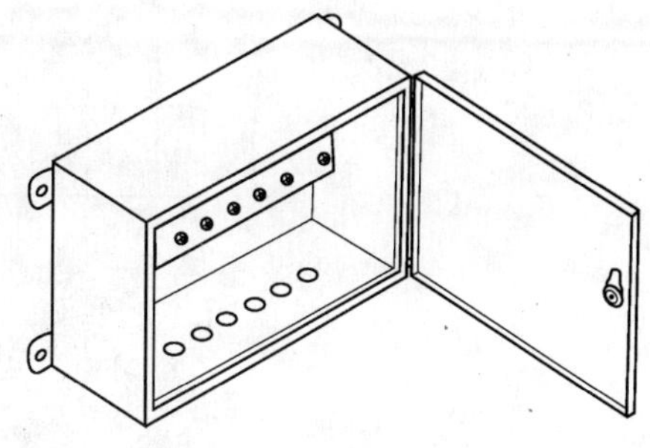

图 18.4-2 等电位端子箱

18.4.3.2 **局部等电位联结方法**

MEB、LEB、SEB 引至设备、器具、管道、门窗等的导体可直接暗敷于地板、墙内或结构中，也可预埋导线管穿导线与其连接，终端支线可安装 86 接线盒，将导线或扁钢引至盒内，如采用扁钢端头可钻 M6 圆孔，以便与设备、器具、管道、门窗用导线和螺栓连接。

1. 总管道等电位连接

对固定式法兰盘连接管道，在法兰盘两边用 $4mm^2$ 软铜线连接；对黑铁焊接钢管，管道已成连续的导电体不必跨接，当几根管道平行敷设时，管道间可用 25mm × 4mm 扁钢连成一体；当平行敷设的管道为镀锌管道时，接地不能用焊接连接，因为焊接时会破坏镀锌层，这时应采用抱箍连接；对法兰盘连接的管道，若为黑铁焊接钢管，则可以用扁钢焊接。

等电位各种管道的连接可采用图 18.4-3 的做法，用抱箍卡接，抱箍与管道卡接处应刮拭干净，安装完毕，应刷防护油漆和面漆，镀锌管可擦拭干净即可，抱箍的大小应根据管道的大小制作，材料可采用镀锌扁钢或铜带。

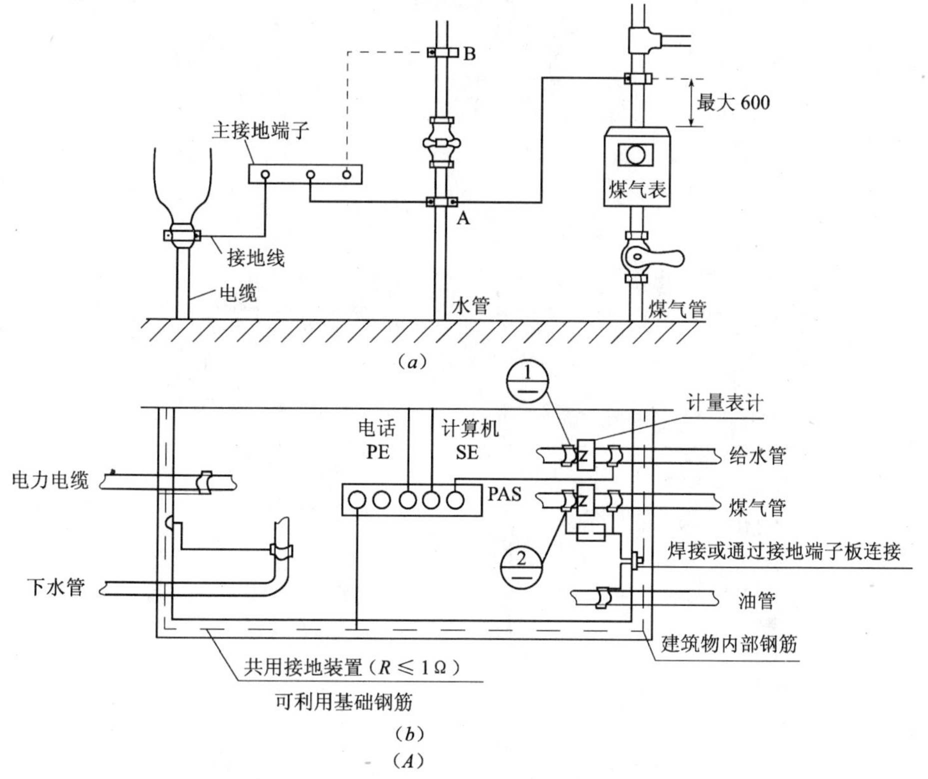

图 18.4-3 总管道等电位连接做法图（一）

(A) 总管道等电位连接图

(a) 方法一；(b) 方法二

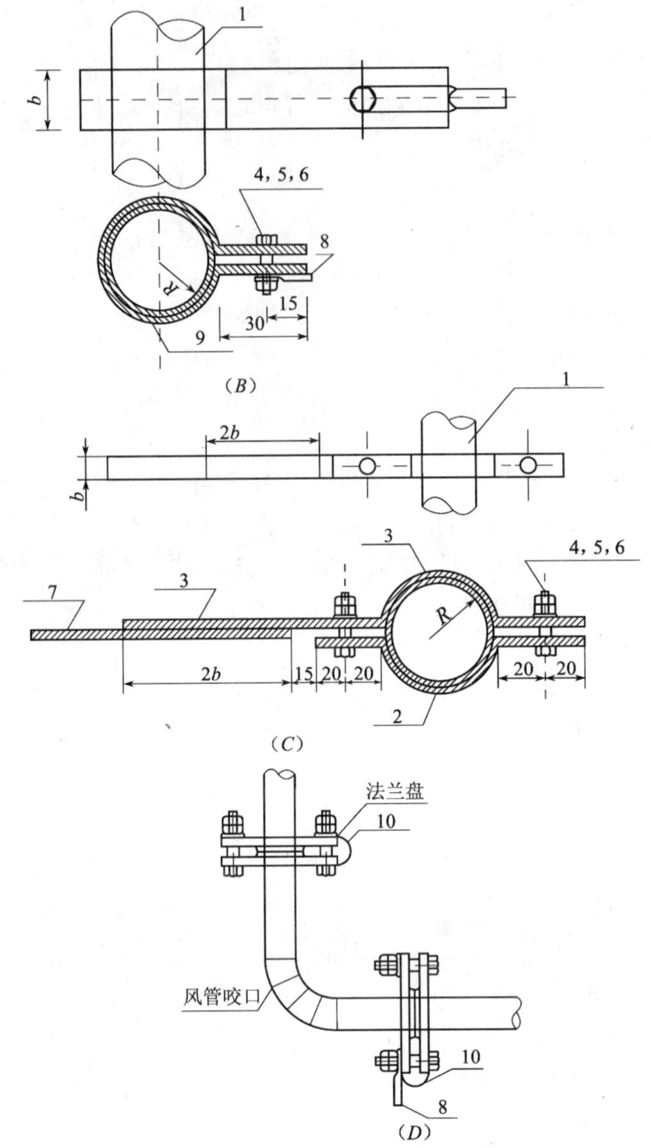

材料表

编　号	名　　称	型号及规格	单　位	数　量	备　　注
1	金属管道	见工程设计			
2	短抱箍	$b\times4$，$L=\pi R+88$	个	1	镀锌扁钢或铜带
3	长抱箍	$b\times4$，$L=\pi R+2b+103$	个	1	镀锌扁钢或铜带
4	螺栓	M10×30	个		
5	螺母	M10	个		
6	垫圈	10	个		
7	联结线	见工程设计			
8	接线鼻子	见工程设计			
9	圆抱箍	$b\times4$，$L=2\pi R+68$	个	1	镀锌扁钢或铜带
10	跨接地线	BVR-6mm^2	m		

图 18.4-3　总管道等电位连接做法图（二）

（B）小管径管道的连接；（C）大管径管道的连接；（D）管道跨接方法

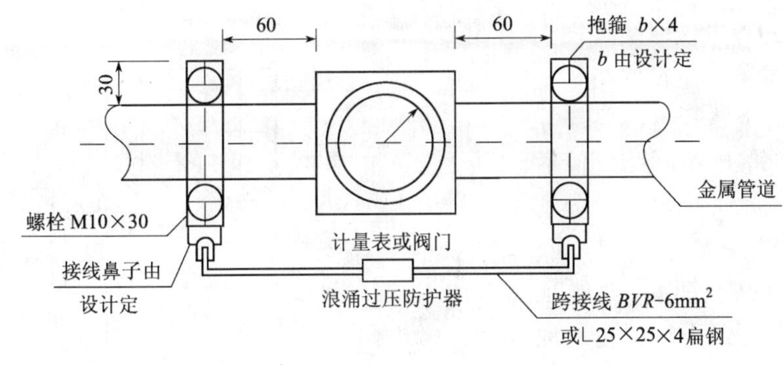

(*E*)

图 18.4-3 总管道等电位连接做法图（三）

(*E*) 计量仪表跨接地方法

2. 小管道等电位联结（图 18.4-4）

金属管道连接处，用 BVR 多股铜芯软导线（≥4mm²）作接地跨接线，卡箍连接，应去除连接处的油污或油漆，确保接地跨接处的导电可靠性。接地告示牌用两个塑料绑扎带固定在接地线上。

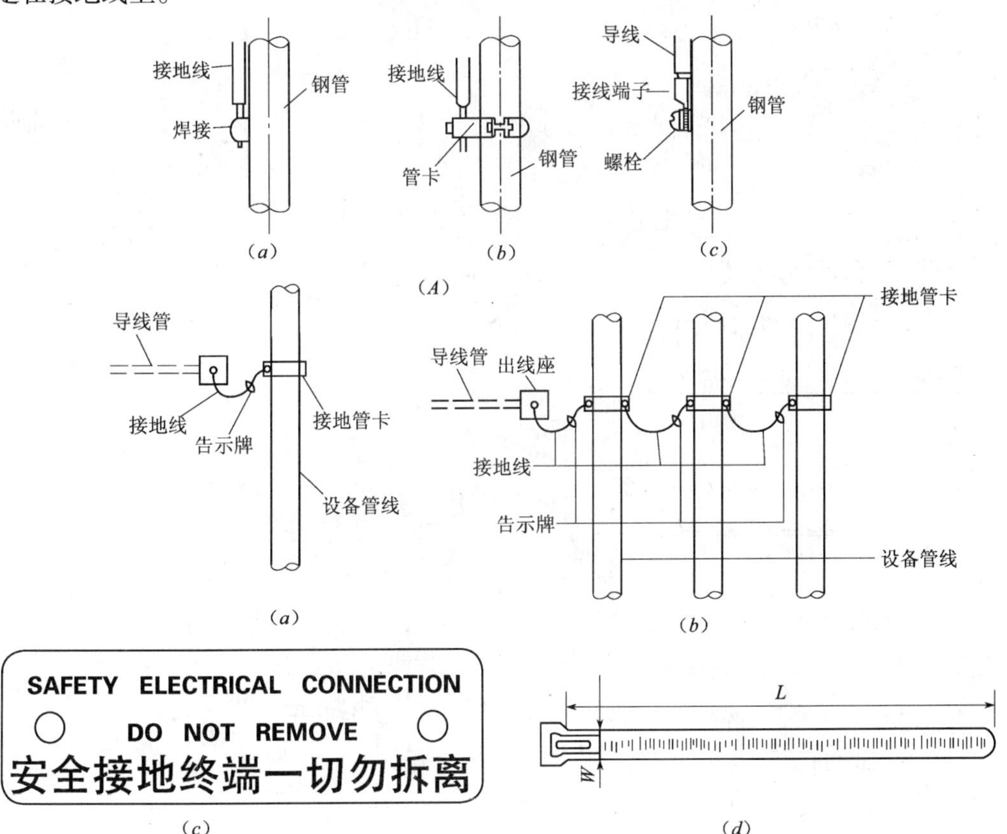

(*B*)

图 18.4-4 小管道等电位联结

(*A*) 钢管接地的三种方法

(*a*) 焊接连接；(*b*) 管卡连接；(*c*) 螺栓连接

(*B*) 钢管等电位接地做法

(*a*) 单管跨接地；(*b*) 多管跨接地；(*c*) 接地标示牌；(*d*) 塑料绑扎带

3. 电缆进户等电位联结（图 18.4-5）

4. 卫生间局部等电位联结

卫生间所有金属管道做局部等电位联接。局部等电位联结应包括卫生间内金属给水、排水管、金属浴盆、金属采暖以及墙面、地面、柱子等建筑物的钢筋网，金属顶棚、金属门窗等；可不包括金属地漏、扶手、浴巾架、肥皂盒等孤立之物。卫生间局部等电位联结做法可参照图 18.4-6。

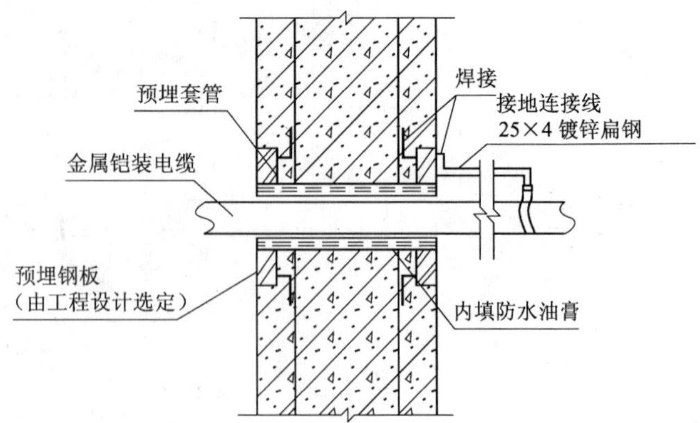

图 18.4-5　电缆进户等电位联结方法

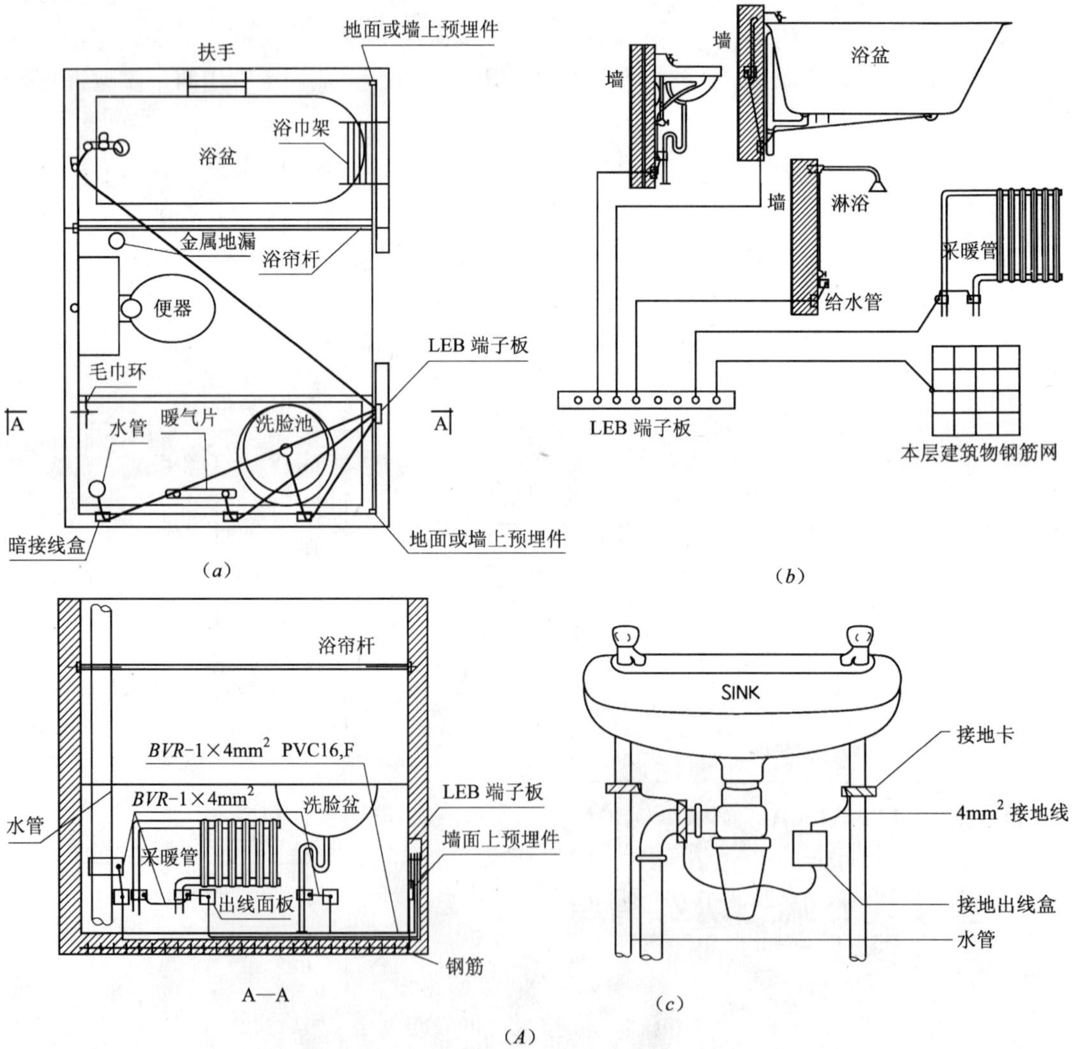

(*A*)

图 18.4-6　卫生间局部等电位联结（一）

(*A*) 方式一

(*a*) 主视图；(*b*) 系统图；(*c*) 洗手盆等电位连接

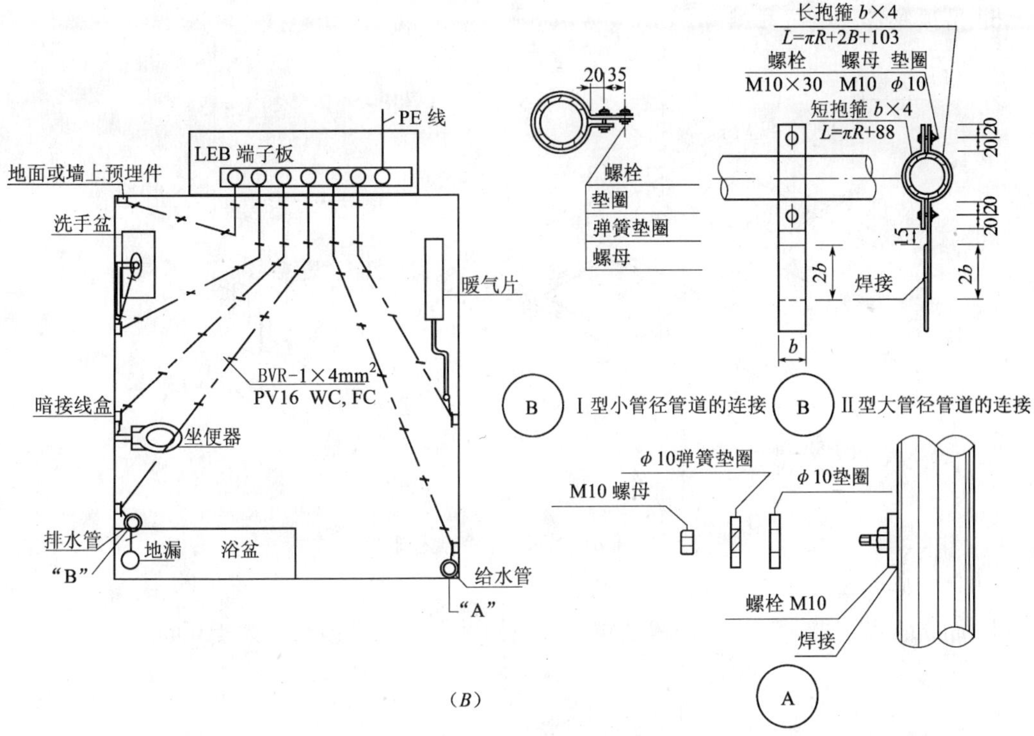

图 18.4-6 卫生间局部等电位联结（二）
（B）方式二

5. 金属窗等电位联结（图 18.4-7）

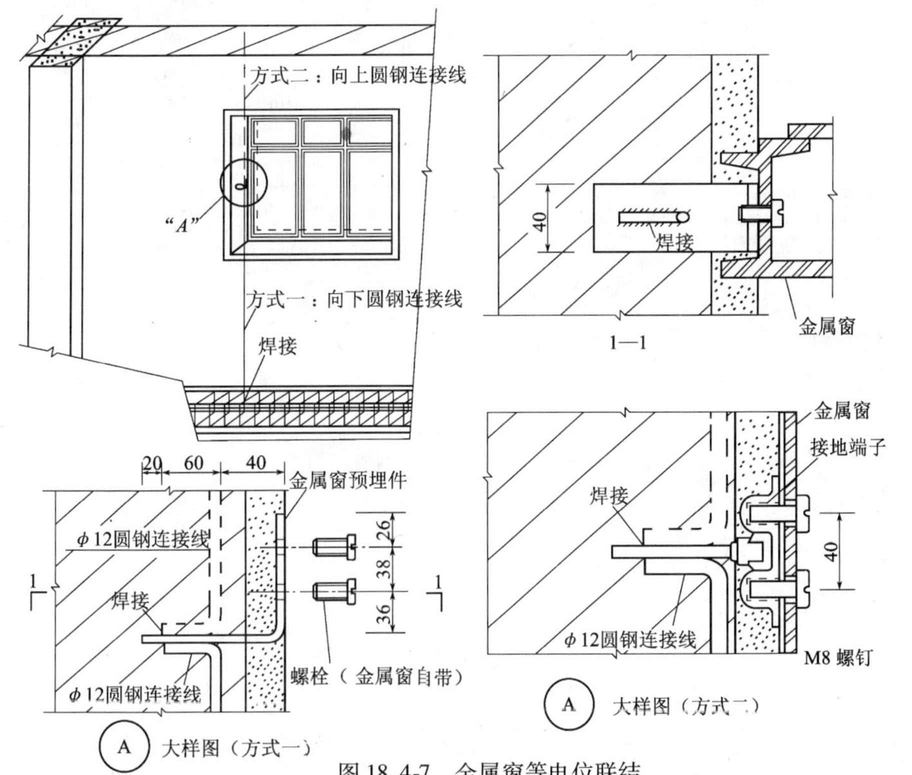

图 18.4-7 金属窗等电位联结

6. 吊顶龙骨等电位联结（图 18.4-8）。

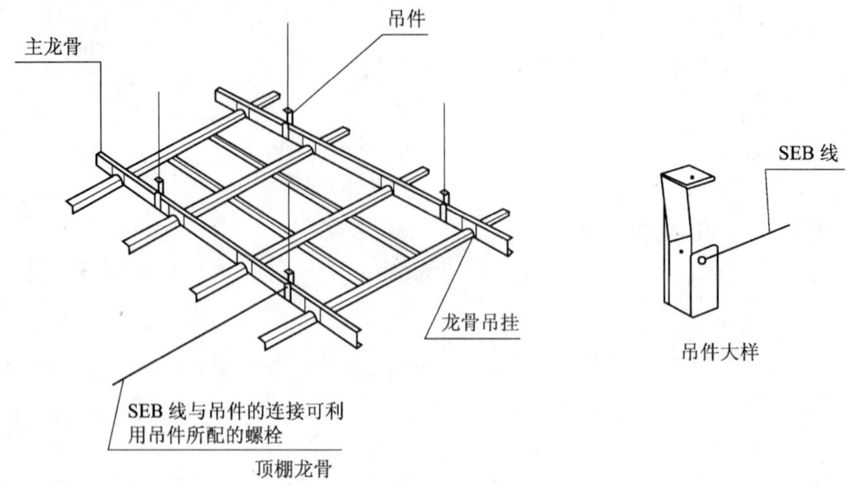

图 18.4-8　吊顶龙骨等电位联结

7. 扶手栏杆等电位连接（图 18.4-9）

用 ϕ10 的圆钢与钢筋或栏杆等建筑物金属构件焊接，焊接长度大于 60mm。

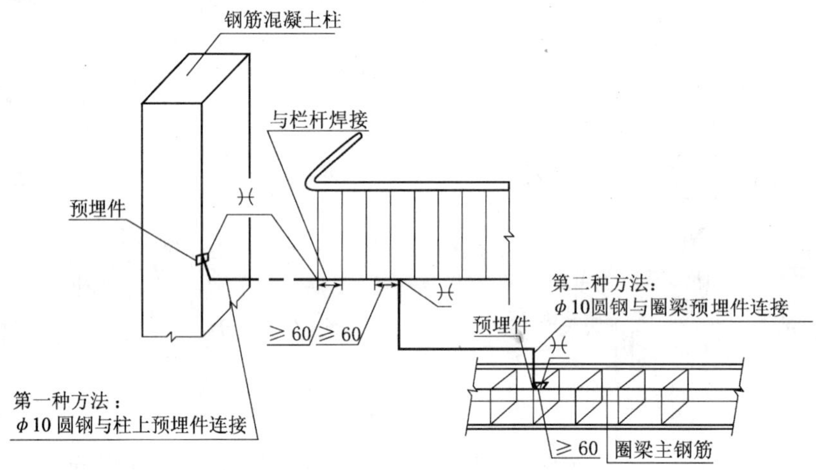

图 18.4-9　扶手栏杆等电位联结

8. 活动金属门等电位联结（图 18.4-10）

高压配电间隔和静止补偿装置的栅栏门铰链处应用软铜线连接，以保持良好接地。

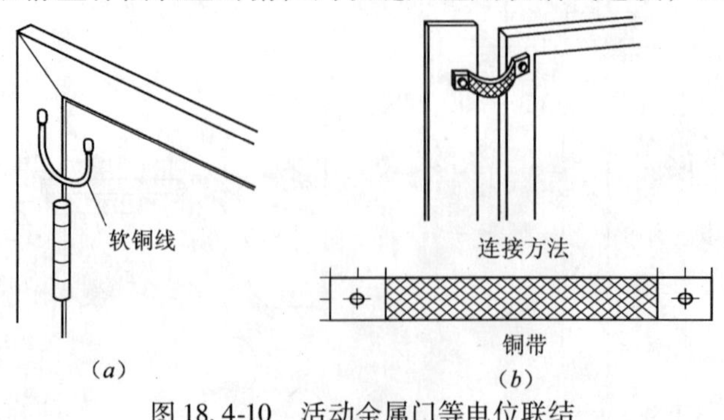

图 18.4-10　活动金属门等电位联结

(a) 方式一；(b) 方式二

18.5 雷电基本概念

雷电是一种雷云对带不同电荷的物体进行放电的一种自然现象。雷电对电气线路、电气设备和建筑物进行放电，其电压、电流的幅值都很高，因此具有极大的破坏性，必须采取相应的防雷措施。

18.5.1 雷电的形成

人们通常把发生闪电的云称为雷雨云，其实有几种云都与闪电有关，如层积云、雨层云、积雨云，最重要的则是积雨云。

云的形成过程是空气中的水汽经由各种原因达到饱和或过饱和状态而发生凝结的过程。使空气中水汽达到饱和是形成云的一个必要条件，其主要方式有：

(1) 水汽含量不变，空气降温冷却；

(2) 温度不变，增加水汽含量；

(3) 既增加水汽含量，又降低温度。

但对云的形成来说，降温过程是最主要的过程。而降温冷却过程中又以上升运动而引起的降温冷却作用最为普遍。

根据科学工作者大量直接观测的结果，典型的雷云中的电荷分布大体如图 18.5-1 所示。左图是按理论归纳的理想模式，右图是雷云常见的电荷实际分布。

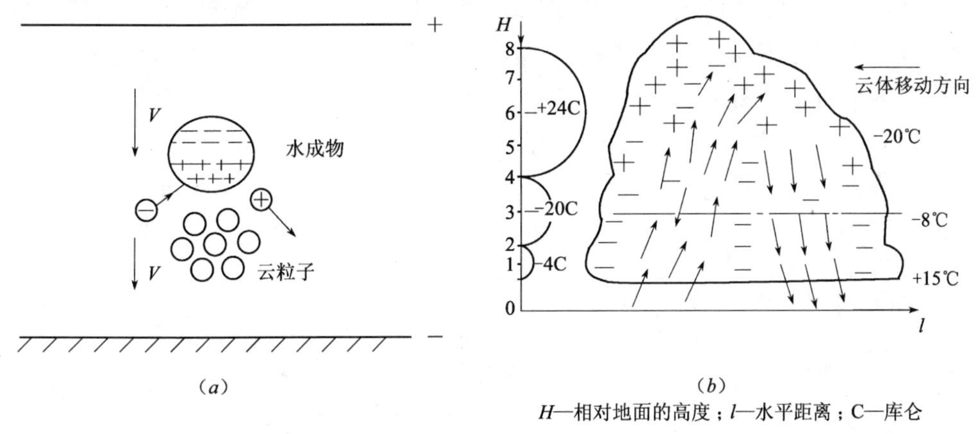

图 18.5-1 典型雷云中的电荷分布
(a) 理想模式；(b) 电荷实际分布

积雨云形成过程中，在大气电场以及温差起电效应，正负电荷分别在云的不同部位积聚。当电荷积聚到一定程度，就会在云与云之间或云与地之间发生放电，也就是人们平常所说的“闪电”(图 18.5-2)。

雷电以其巨大的破坏性给人类社会带来了惨重的灾难，我们应当加强防雷意识，与气象部门积极合作，做好预防工作，将雷害损失降到最低限度。

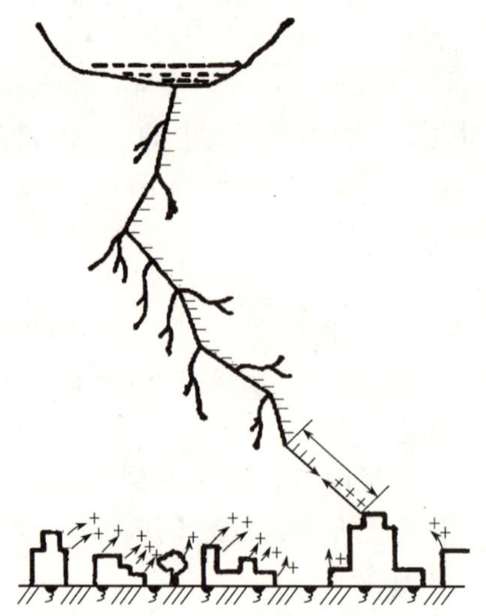

图 18.5-2　雷云对地放电示意图

18.5.2　雷电作用形式

1. 雷击的选择性

建筑物遭受雷击的部分是有一定规律的，建筑物雷击部位如下：

（1）平屋面或坡度不大于 1/10 的屋面——檐角、女儿墙、屋檐（图 18.5-3）。

（2）坡度大于 1/10 且小于 1/2 的屋面——屋角、屋脊、檐角、屋檐（图 18.5-4）。

（3）坡度不小于 1/2 的屋面——屋角、屋脊、檐角（图 18.5-5）。

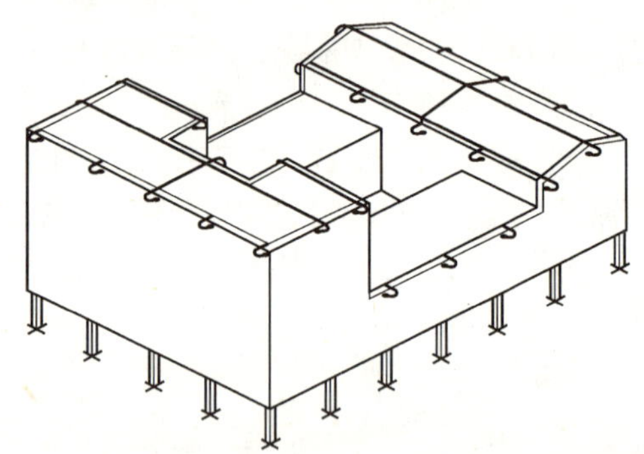

图 18.5-3　平屋面或坡度不大于 1/10 的屋面

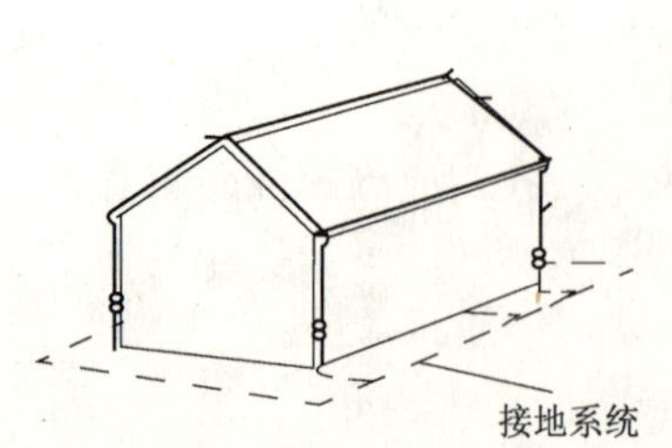

图 18.5-4　坡度大于 1/10 且小于 1/2 的屋面

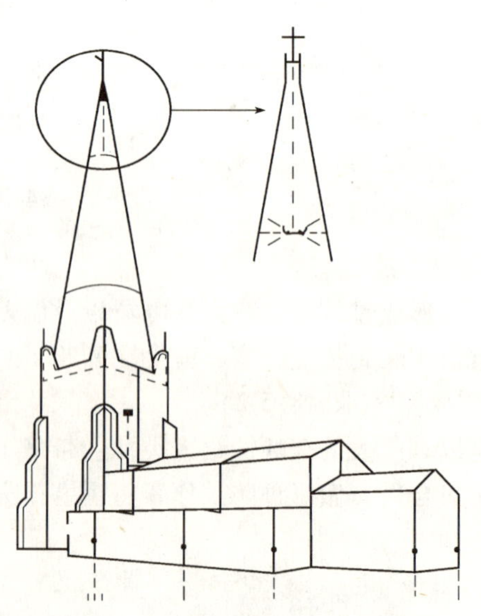

图 18.5-5　坡度不小于 1/2 的屋面

2. 雷击的基本形式

雷云对地放电时，其破坏作用表现有以下 4 种基本形式：

（1）直击雷。当天气炎热时，天空中往往存在大量雷云。当雷云较低，飘近地面时，就在附近地面特别突出的树木或建筑物上感应出异性电荷。电场强度达到一定值时，雷云就会通过这些物体与大地之间放电，这就是通常所说的雷击。这种直接击在建筑物或其他物体上的雷电叫直击雷。直接雷击使被击物体产生很高的电位，从而引起过电压和过电流，不仅击毙人畜、烧毁或劈倒树木，破坏建筑物，甚至因而引起火灾和爆炸。

（2）感应雷。当建筑上空有雷云时，在建筑物上便会感应出相反电荷。在雷云放电后，云与大地电场消失了，但聚集在屋顶上的电荷不能立即释放，因而屋顶对地面便有相当高的感应电压，造成屋内电线、金属管道和大型金属设备放电，引起建筑物内的易爆危险品爆炸或易燃物品燃烧。这里的感应电荷主要是由于雷电流的强大电场和磁场变化产生的静电感应和电磁感应造成的，所以称为感应雷或感应过电压。

（3）雷电波侵入。当输电线路或金属管路遭受直接雷击或发生感应雷，雷电波便沿着这些线路侵入室内，造成人员、电气设备和建筑物的伤害和破坏。雷电波侵入造成的事故在雷害事故中占相当大的比重，应引起足够重视。

（4）球形雷。球形雷的形成研究，还没有完整的理论。通常认为它是一个温度极高的特别明亮的眩目发光球体，直径约在 10 ~ 20cm 以上。球形雷通常在电闪后发生，以每秒几米的速度在空气中漂行，它能从烟囱、门、窗或孔洞进入建筑物内部造成破坏。

3. 雷暴日

雷电的大小与多少和气象条件有关，评价某地区雷电的活动频繁程度，一般以雷暴日为单位。在一天内只要听到雷声或者看到雷闪就算一个雷暴日。由当地气象台站统计的多年雷暴日的年平均值，称为年平均雷暴日数。年平均雷暴日不超过 15 天的地区称为少雷区，超过 40 天的地区称为多雷区。

18.5.3 雷电的危害

雷电有多方面的破坏作用，雷电的危害一般分成两种类型：一是直接破坏作用，主要表现为雷电的热效应和机械效应；二是间接破坏作用，主要表现为雷电产生的静电感应和电磁感应。

1. 热效应

雷电流通过导体时，在极短时间内转换成大量热能，可造成物体燃烧，金属熔化，极易引起火灾爆炸等事故。

2. 机械效应

雷电的机械效应所产生的破坏作用主要表现为两种形式：一是雷电流流入树木或建筑构件时在他们内部产生的内压力；二是雷电流流过金属物体时产生的电动力。

雷电流的温度很高，当它通过树木或建筑物墙壁时，被击物体内部水分受热急剧汽化，或从缝隙中分解出的气体剧烈膨胀，因而在被击物体内部出现了强大的机械力，使树木或建筑物遭受破坏，甚至爆裂成碎片。

另外，我们知道载流导体之间存在着电磁力的相互作用，这种作用力称电动力。当强大的雷电流通过电气线路、电气设备时也会产生巨大的电动力使他们遭受破坏。

3. 电气效应

雷电引起的过电压会击毁电气设备和线路的绝缘，产生闪络放电，以致开关跳闸，造成线路停电；干扰电子设备，使系统数据丢失，造成通信、计算机、控制调节等等电子系统瘫痪。绝缘损坏还可能引起短路，导致火灾或爆炸事故；防雷装置泄放巨大的雷电流时，使得其本身的电位升高，发生雷电反击；同时雷电流流入地下，可能产生跨步电压，导致电击。

4. 电磁效应

由于雷电流量值大且变化迅速，在它的周围空间会产生强大且变化剧烈的磁场，处于这个变化磁场中的金属物体会感应出很高的电动势，使构成闭合回路的金属物体产生感应电流，产生发热现象。此热效应可能会使设备损坏，甚至引起火灾。特别存放易燃易爆物品的建筑物将更危险。

18.5.4 建筑物防雷措施

对建筑物的防雷，需要针对各种建筑物的实际情况因地制宜地采取防雷保护措施，才能达到既经济又能有效地防止或减小雷击的目的。

1. 建筑物的防雷分类

根据建筑物的重要性、使用性质、受雷击可能性的大小和一旦发生雷击事故可能造成的后果进行分类，按防雷要求分为三类，各类防雷建筑的具体划分方法，在《建筑物防雷设计规范》(GB 50057—94)(2000 年版) 中有明确规定。

(1) 第一类防雷建筑物

一类防雷建筑物对防雷装置的要求最高。

凡制造、使用或贮有炸药、火药、起爆药、火工业品等大量爆炸物质的建筑物，因火花而引起爆炸，会造成巨大破坏和人身伤亡的。

(2) 第二类防雷建筑物

国家级重点文物保护建筑物、会堂、办公建筑物、大型展览和博览建筑物、大型火车站、国宾馆、国家级档案馆、大型城市的重要给水泵房等特别重要的建筑物。

制造、使用或储存爆炸物质的建筑物，且电火花不易引起爆炸或不致造成巨大破坏和人身伤亡的。

(3) 第三类防雷建筑物

省级重点文物保护的建筑物及省级档案馆。

预计雷击次数大于或等于 0.012 次/a，且小于或等于 0.06 次/a 的省级办公建筑物及其他重要或人员密集的公共建筑物。

预计雷击次数大于或等于 0.06 次/a，且小于或等于 0.3 次/a 的住宅、办公楼等一般性的民用建筑物。

平均雷暴日大于 15d/a 的地区，高度在 20m 及以上的烟囱、水塔等孤立的高耸建筑物。

2. 建筑物防雷保护措施

接闪器、引下线与接地装置是各类防雷建筑都应装设的防雷装置，但由于对防雷的要求不同，各类防雷建筑物在使用这些防雷装置时的技术要求就有所差异。

在可靠性方面，对第一类防雷建筑物所提的要求相对来说是最为苛刻的。通常第一类防雷建筑物的防雷保护措施应包括防直击雷、防雷电感应和防雷电波侵入等保护内容，同时这些基本措施还应当被高标准地设置；第二类防雷建筑物的防雷保护措施与第一类相比，既有相同处，又有不同之处，综合来看，第二类防雷建筑物仍采取与第一类防雷建筑物相类似的措施，但其规定的指标不如第一类防雷建筑物严格；第三类防雷建筑物主要采取防直击雷和防雷电波侵入的措施。

18.6 防雷装置及接地安装

防雷装置一般由接闪器、引下线和接地装置3个部分组成。

18.6.1 接闪器

接闪器就是专门用来接受雷云放电的金属物体。接闪器的类型有避雷针、避雷带、避雷网、避雷环等，都是经常用来防止直接雷击的防雷设备。

一般防雷用的接闪器是安装在建筑物或构筑物上的避雷针、避雷带。有些特殊要求的则有独立避雷针、避雷网等。

所有接闪器都必须经过引下线与接地装置相连。接闪器利用其金属特性，当雷云先导接近时，它与雷云之间的电场强度最大，因而可将雷云“诱导”到接闪器本身，并经引下线和接地装置将雷电流安全地泄放到大地中去，从而起到了保护物体免受雷击。

避雷针保护范围可按滚雷法或折线法计算，也可采用45°~60°的保护角。独立避雷针和避雷网离开被保护建筑物及其有联系的金属物（如管道、电缆等）之间应有一定距离，最少不能小于3m，以防止雷击时产生反击现象，伤害人或设备。避雷网的网孔一般不大于2m。

避雷针安装一般要求：

（1）建筑物顶部的避雷针、避雷带等必须与顶部外露的其他金属物体连成一个整体的电气通路，且与避雷引下线连接可靠。

（2）避雷针、避雷带应位置正确，焊接固定的焊缝饱满，无遗漏，螺栓固定的应备母等防松零件齐全，焊接部分补刷的防腐油漆完整。

（3）避雷针、避雷带安装时注意保护建筑物屋面，并注意保护屋面其他设施。

18.6.1.1 避雷针

1. 避雷针分类

避雷针分为传统避雷针与提前放电避雷针两种，他们的性能比较见表18.6-1。

传统避雷针与提前放电避雷针比较表 **表18.6-1**

比较项目	传统避雷针	提前放电避雷针
工作原理	锥型保护（向下保护），被动式保护方式，当雷电打到它时，避雷针才会将雷电引到地下	CVM三维结构（向上保护），主动式保护方式，当云层电荷饱和准备向下导通时（打雷），避雷针会主动引导到预设目标将雷电导引到大地
保护范围	小（例如10m高建筑物保护半径约15m）	大（例10m高建筑物保护半径约53m）
施工方式和整体费用	同一栋建筑物完全保护需要安装数量多	同一栋建筑物约用一支提前放电避雷针即可

2. 避雷针及保护范围

避雷针主要用来保护露天发电、配电装置、建筑物和构筑物。避雷针通常采用圆钢或焊接钢管制成，将其顶端磨尖，以利于尖端放电。为保证足够的雷电流流通量，其直径应不小于表18.6-2的数值。

避雷针最小直径（mm） 表18.6-2

材料规格 针长、部位	圆钢直径（mm）	钢管直径（mm）
1mm 以下	≥12	≥20
1～2m	≥16	≥25
烟囱顶上	≥20	≥40

避雷针对周围物体保护的有效性，常用保护范围来表示。在安装有一定高度的接闪器下面，有一个一定范围的安全区域，处在这个安全区域内的被保护的物体遭受直接雷击的概率非常小，这个安全区域叫做避雷针的保护范围。

3. 平顶建筑物独立避雷针安装方法（图18.6-1）

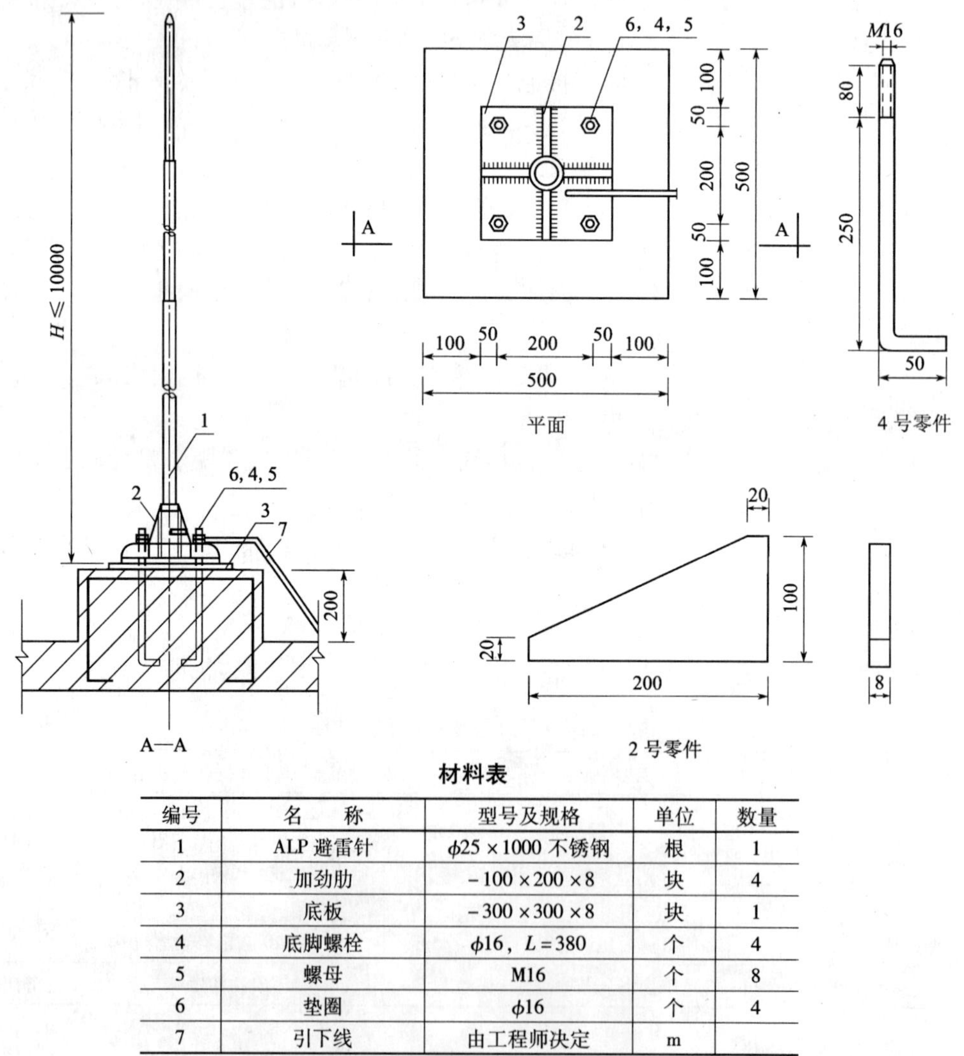

材料表

编号	名　称	型号及规格	单位	数量
1	ALP 避雷针	ϕ25×1000 不锈钢	根	1
2	加劲肋	-100×200×8	块	4
3	底板	-300×300×8	块	1
4	底脚螺栓	ϕ16，L=380	个	4
5	螺母	M16	个	8
6	垫圈	ϕ16	个	4
7	引下线	由工程师决定	m	

图18.6-1 平顶建筑物避雷针安装方法

（1）避雷针体及螺栓要求镀锌。钢管壁厚不小于3mm。

（2）底脚螺栓预埋在支座内，最少应有两个与支座钢筋焊接。

（3）支座应在墙或梁上，否则应对支撑强度进行校验。

（4）本图适用于基本风压为0.7kN/m^2 以下的地区，针总高不超过10m。

（5）4号零件与支座向土建提供资料，由土建施工。

4. 避雷针在侧墙上安装

（1）方法一（图18.6-2）

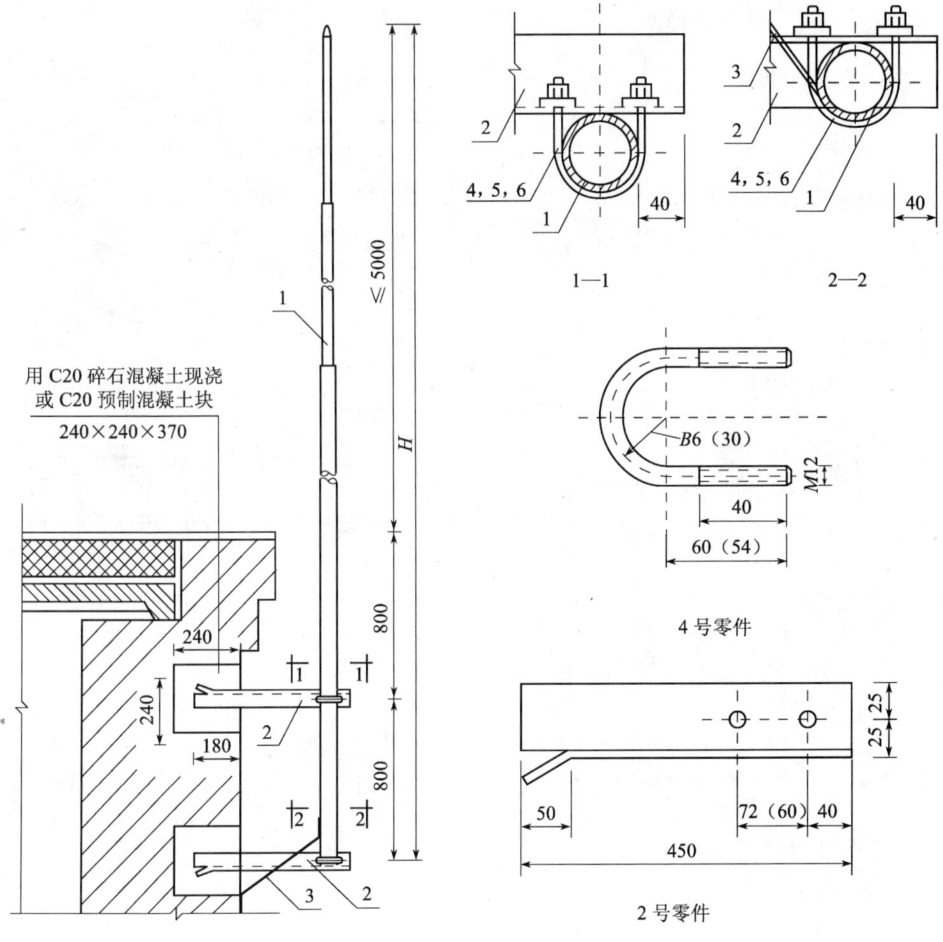

材料表

编号	名　　称	型号及规格	单位	数量
1	ALP 避雷针	ϕ25×1000 不锈钢	根	1
2	支架	L50×50×5，L=450mm	根	2
3	引下线	由工程师决定	m	
4	U 形螺栓	ϕ12，L=232（201）	个	2
5	螺母	M12	个	4
6	垫圈	ϕ12	个	4

图18.6-2　避雷针在侧墙上安装方法（一）

一般应安装在混凝土结构上，如梁、柱、墙上；在混凝土结构上预埋铁件，将支架焊在铁件上，将避雷针用U形螺栓卡固在支架上；如砖墙安装应为MU10机制砖，可预留洞口或打眼安装支架，支架应用细石混凝土捣牢；不得将避雷针安装在轻质砖墙上，否则应预留混凝土块将支架浇注在混凝土块里。其他说明如下：

1）本图适用于基本风压为0.7kN/m² 以下的地区，针总高不超过7m。

2）针管为SC50时用括号外的数字，针管为SC40时用括号内的数字。

3）2号零件和预制混凝土向土建提供资料，由土建施工。

（2）方法二（图18.6-3）

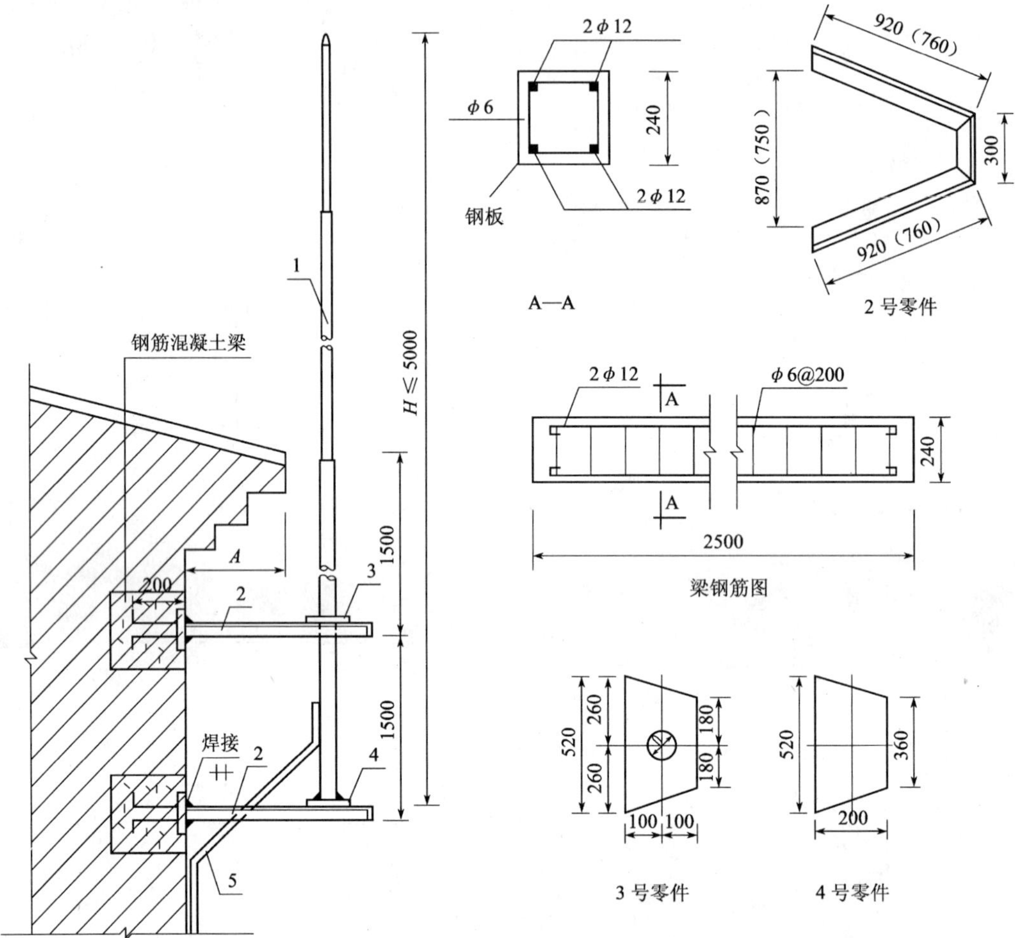

针管规格（mm）	D（mm）
SC40	50
SC50	62
SC70	77

材料表

编号	名称	型号及规格	单位	数量	备注
1	ALP避雷针	ϕ25×2m 不锈钢	根	1	
2	支架	L63×63×6，L=2140mm（1820mm）	根	2	
3	上支持板	6mm厚钢板	块	1	
4	下支持板	6mm厚钢板	块	1	
5	引下线	由工程师决定	m		

图18.6-3 避雷针在侧墙上安装（二）

1）本图适用于基本风压为0.7kN/m^2 以下的地区，针总高不超过7m。

2）图中括号内的数字用于 $A \leqslant 400$mm，括号外的数字用于 400mm $< A \leqslant 600$mm。

5. 铜制避雷针

（1）避雷针规格

1）单针头避雷针规格（表18.6-3）

单针头避雷针规格（mm） **表18.6-3**

型　号	直　径	长　度	材　质
RIP 15/500	15	500	不锈钢、紫铜或铜包钢
RIP 20/800	20	800	不锈钢、紫铜或铜包钢
RIP 20/1000	20	1000	不锈钢、紫铜或铜包钢
RIP 20/1500	20	1500	不锈钢、紫铜或铜包钢
RIP 20/2000	20	2000	不锈钢、紫铜或铜包钢

2）多针头避雷针规格（表18.6-4）

多针头避雷针规格（mm） **表18.6-4**

型　号	直　径	长　度	材　质
RMP 15/500	15	500	不锈钢、紫铜或铜包钢
RMP 20/800	20	800	不锈钢、紫铜或铜包钢
RMP 20/1000	20	1000	不锈钢、紫铜或铜包钢
RMP 20/1500	20	1500	不锈钢、紫铜或铜包钢
RMP 20/2000	20	2000	不锈钢、紫铜或铜包钢

（2）针头避雷针安装方法

针头避雷针安装方法见图18.6-4。

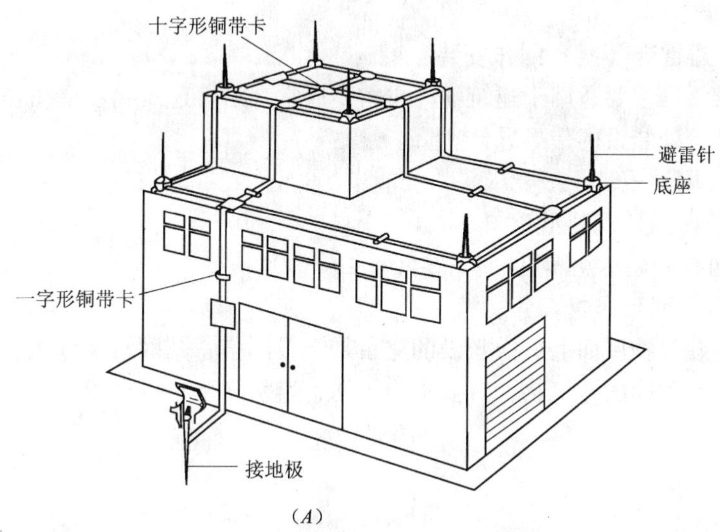

(*A*)

图18.6-4　针头避雷针安装方法（一）

（*A*）针头避雷针安装示意图

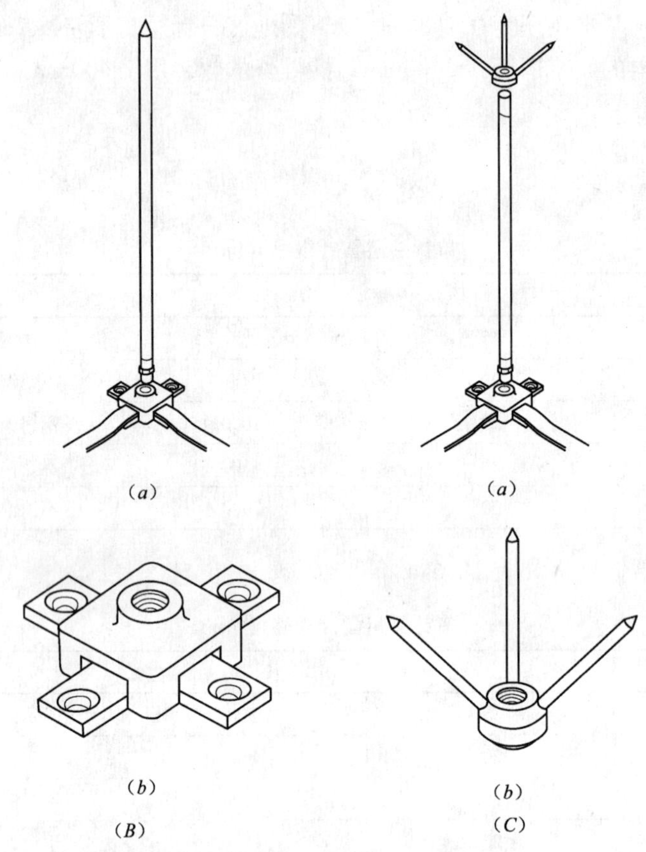

图 18.6-4 针头避雷针安装方法（二）
（B）单只避雷针
（a）安装方法；（b）安装底座
（C）三叉避雷针
（a）安装方法；（b）三叉避雷针

18.6.1.2 避雷带（网）制作安装

避雷带和避雷网主要适用于建筑物。避雷带通常是沿着建筑物易受雷击的部位，如屋脊、屋檐、屋角等处装设的带形导体。

1. 避雷带（网）安装一般要求

（1）避雷带（网）安装示意图

避雷带（网）安装示意图见图 18.6-5。

（2）避雷带（网）布置

避雷网是将建筑物屋面上纵横敷设的避雷带组成网格，其网格尺寸大小按有关规范确定，对于防雷等级不同的建筑物，其要求也不同，避雷网格布置见表 18.6-5。

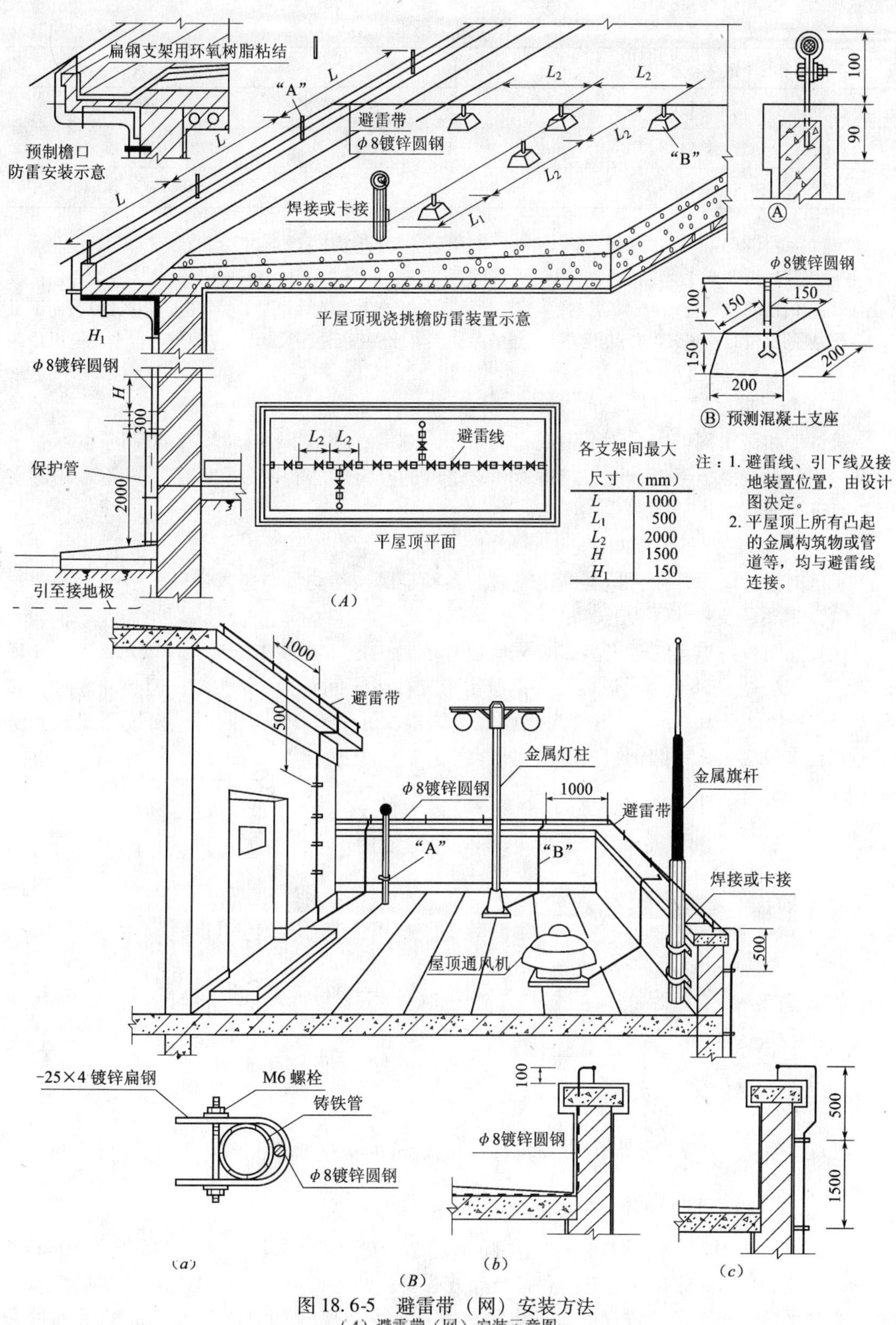

图 18.6-5　避雷带（网）安装方法

(A) 避雷带（网）安装示意图

(B) 避雷带（网）安装示意图二

(a) "A" 大样；(b) "B" 大样；(c) "C" 大样

避雷网格布置 表 18.6-5

建筑物防雷类别	滚球半径 h_r（m）	避雷网网格尺寸（m）
第一类防雷建筑物	30	≤5×5 或≤6×4
第二类防雷建筑物	45	≤10×10 或≤12×8
第三类防雷建筑物	60	≤20×20 或≤24×16

布置接闪器时，可单独或任意组合采用滚球法、避雷网。

注：滚球法是以 h_r 为半径的一个球体，沿需要防直击雷的部位滚动，当球体只触及接闪器（包括被利用作为接闪器的金属物），或只触及接闪器和地面（包括与大地接触并能承受雷击的金属物），而不触及需要保护的部位时，则该部分就得到接闪器的保护。滚球法确定接闪器保护范围应符合本规范附录四的规定。

（3）避雷带（网）制作

避雷带和避雷网可以采用圆钢或扁钢制作，圆钢直径不得小于 8mm，扁钢厚度不小于 4mm，截面积不得小于 $48mm^2$。避雷带和避雷网的安装方法有明装和暗装。避雷带和避雷网一般无须计算保护范围。

2. 明装避雷带（网）制作安装

避雷网格沿屋面敷设，所有高出屋面的各种金属构件均需与避雷带可靠相连。

（1）避雷网支持卡子制作

在女儿墙或挑檐上支架安装，首先应制作支持卡子，支持卡子应用 -25mm×4mm 扁钢制作。做法见图 18.6-6。热镀锌圆钢避雷带支持卡子间距为 1m 左右，但必须一致，转角处悬空段不大于 0.3m，避雷带高出屋面装饰或女儿墙 0.15m，同时屋面按照建筑物防雷类别要求采用热镀锌圆钢组成避雷网格。

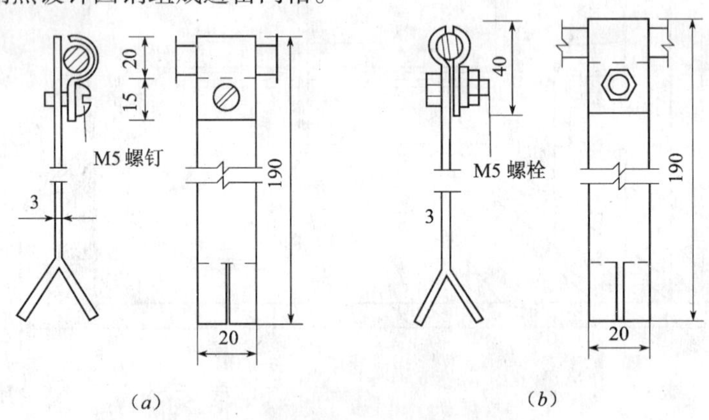

图 18.6-6 避雷带支持卡子制作
（a）样式一；（b）样式二

（2）避雷带沿女儿墙或挑檐安装（图 18.6-7）

应使用支架固定。先放线定位，可随土建结构施工时预埋支架，也可预留 50mm×50mm、深度 100mm 的孔洞或电锤后打洞等方法安装，各种方式安装均应定位放线并保证支架高度平整，纵横向一致，确保直线段转角处的支架离转角中点距离为 0.3m，直线段其他支架，布置间距均匀一致，间距水平段一般在 1m，最大不超过 1.5m，垂直段间距在

1.5~2m。女儿墙挑檐上设置的支架应水平一致。预留孔洞埋设支架时，先将孔洞清理干净，用素水泥浆湿润，放置好支架，再浇注水泥砂浆，支架净高度不应小于100mm，水泥砂浆要进行养护，待强度达到要求后，再行安装避雷带。

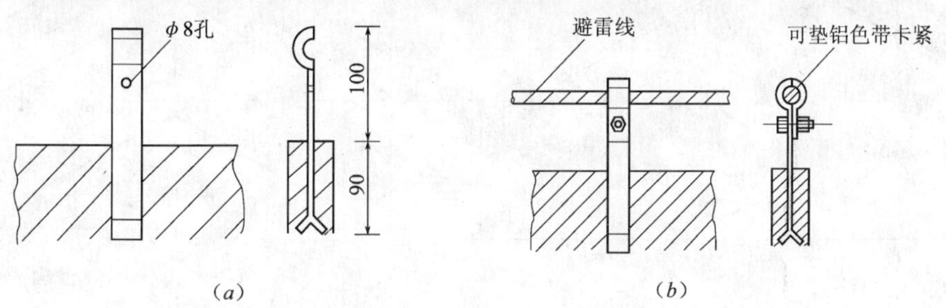

图 18.6-7 挑檐支座做法
（a）预埋镀锌支架卡子；（b）安装方法

用电锤打孔安装支架时，先放线定位，确定支架位置，钻头直径略大于扁钢宽度，在女儿墙上打孔，孔深大于100mm，清理好洞内杂物，洒水湿润，浇筑水泥砂浆固定，养护到强度达到要求后，安装避雷带。支架亦可用水泥固定，方法如下：将水泥加入水搅拌后，用手将水泥握成团不出水，松开手后不散为宜。将水泥置于孔洞中，用钎子分层打实到比墙面略低，然后用素水泥浆抹平，洒水养护到规定强度。

（3）避雷带沿平屋面支架制作安装

避雷带沿平屋面安装时，应沿混凝土支座固定，应先行预制混凝土支座，尺寸如图 18.6-8，支持件用热镀锌扁铁-25mm×4mm 或-40mm×4mm 制作。当屋面防水工程结束后，将混凝土支座摆好，每段直线段拉通线，在转弯处距起弯点 0.3~0.5m 处先设置一个支座，中间支座按间距 1~1.5m 等间距分布。支座位置确定后，卷材屋面可用沥青固定，刚性屋面基层涂界面剂用砂浆固定。

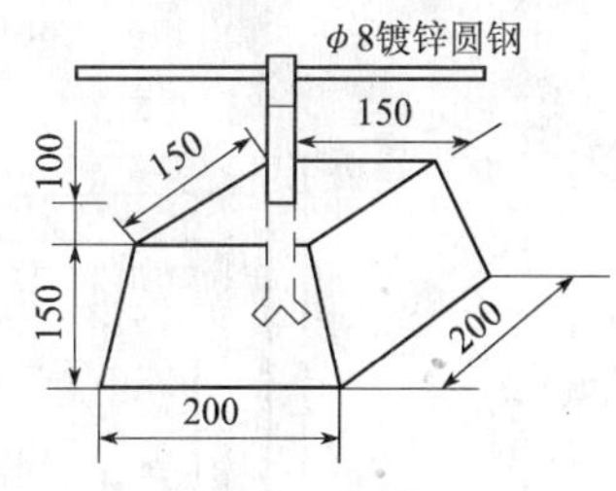

图 18.6-8 预制混凝土支座

（4）明装避雷带安装

避雷带沿女儿墙四周敷设，避雷带应采用热镀锌圆钢或扁钢制成，镀锌圆钢直径不少于8mm，镀锌扁钢一般为-25mm×4mm 或-40mm×4mm。圆钢或扁钢避雷带在使用前要进行调直加工。避雷线安装时应平直、牢固，不得有高低起伏和弯曲现象，距离建筑物应一致，加工方法可采用预拉调直或调直机调直，小量的可在平台上用手锤进行调直。

将调直后的圆钢或扁钢运到安装地点，提升到建筑物屋面，顺支座或支架进行卡固，避雷带搭接长度圆钢≥直径6倍、扁钢≥宽度2倍，并将其中一根摵制来回弯，以保证避雷带在统一直线上，避雷带在转角处不应弯成直角，更不能出现锐角弯。弯曲半径一般不小于圆钢直径的10倍或扁钢厚度的10倍。避雷带布置完后，对避雷带进行施焊、调直，焊接处防腐处理，一般采用先刷两遍樟丹防锈漆，再刷两遍银粉。避雷带在转弯处做法见图 18.6-9。

避雷带敷设的同时，应与引下线连接，引下线上端应先弯曲成弧形，与避雷带并齐后，进行搭接焊接。建筑物屋顶上的突出金属物体，如：透气管、爬梯、冷却水塔、水箱、电视天线杆、旗杆等，均须与避雷带焊成（卡接）一体。避雷带在转角处应随建筑造型弯曲。

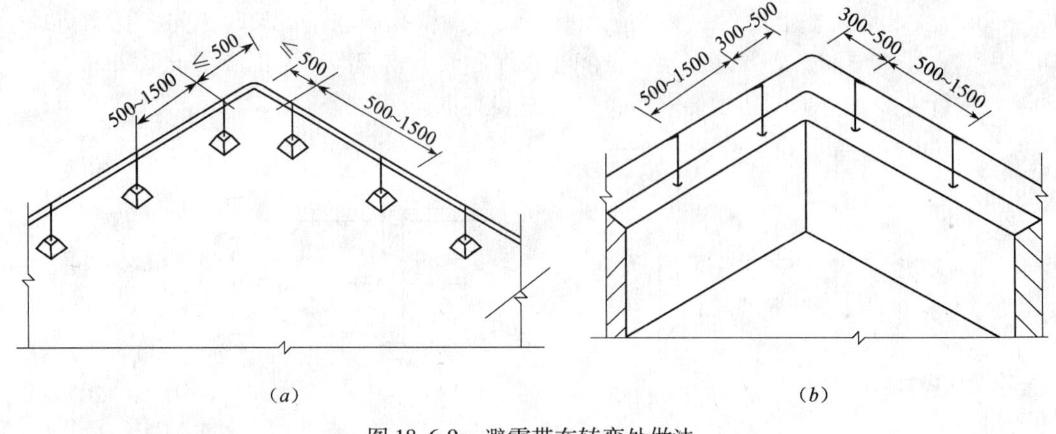

图 18.6-9 避雷带在转弯处做法
(a) 平屋顶上；(b) 女儿墙上

(5) 有节日彩灯的屋面避雷网安装（图 18.6-10）

避雷带应高出彩灯 30mm，节日彩灯配管应使用电线管，电线管在灯座两端用专用的接线卡子可靠的连接在一起，并在靠近避雷网引下线附近采用 $\phi 8$ 镀锌圆钢与避雷网相连；节日彩灯的供电回路应在进入建筑物的入口端装设低压阀型避雷器。

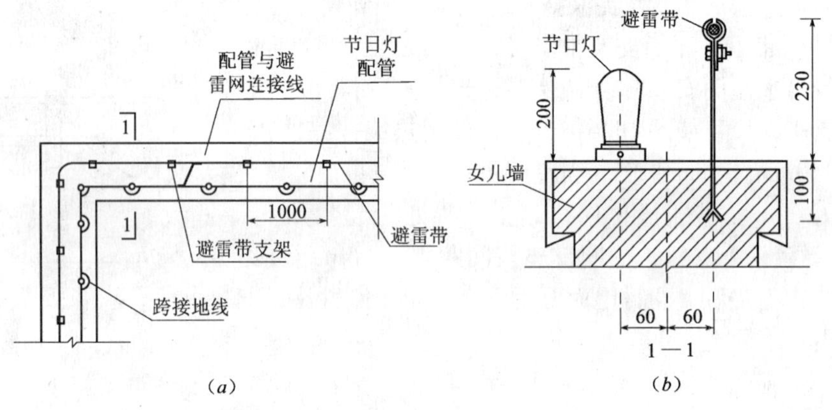

图 18.6-10 屋面节日彩灯避雷网安装
(a) 平面布置图；(b) 大样图

3. 暗装避雷带安装（图 18.6-11）

设计要求为圆钢或扁钢沿屋面或女儿墙、挑檐等暗敷避雷带时，应在土建做女儿墙压顶，防水屋面保温层施工或刚性防水屋面浇筑混凝土前敷设，要求避雷带位置正确，焊接长度合格，与引下线和凸出物面的金属体焊接或卡接可靠。施工完毕后，应会同监理单位进行隐蔽验收，合格后，土建单位可进行施工。

4. 避雷带通过伸缩沉降缝做法

避雷带通过建筑物伸缩沉降缝时，将避雷带向侧面或下面弯成半径为 100mm 的弧形，且支持卡的中心距建筑物边缘距离减少至 400mm，两端应采用焊接，做法见图 18.6-12。

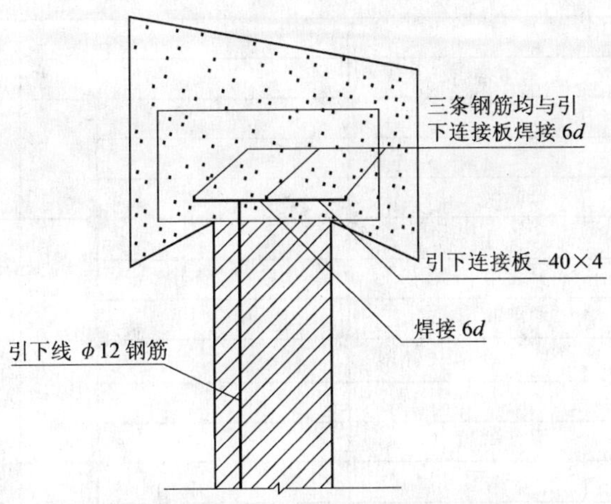

图 18.6-11 利用女儿墙内部钢筋作避雷带安装

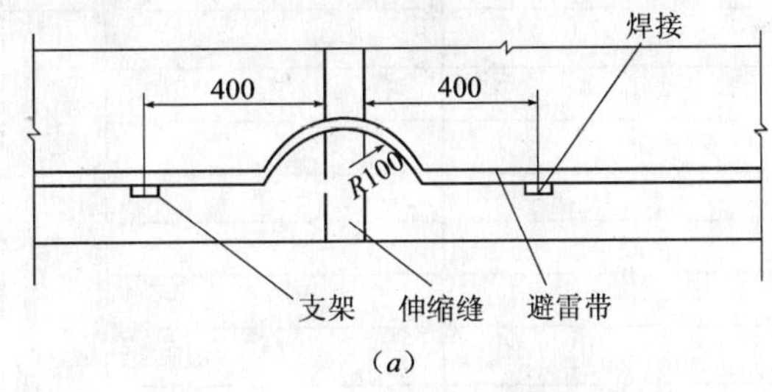

(a)

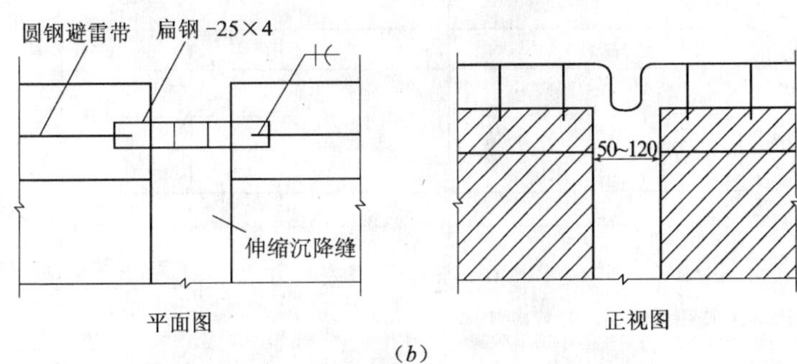

(b)

图 18.6-12 避雷带通过伸缩沉降缝的做法

(a) 做法一；(b) 做法二

18.6.1.3 均压环安装方法

1. 均压环安装方法（图 18.6-13）

均压环用圆钢或扁钢制作。防雷设计规范规定高度超过一定范围的钢筋混凝土结构、钢结构建筑物，应设均压环防侧击雷。当建筑物全部为钢筋混凝土结构，可利用结构圈梁钢筋与柱内引下线钢筋焊接作为均压环。建筑物四周利用结构圈梁里的主筋与引下线用预先准备好的约 200mm 长 ϕ10 跨接圆钢焊接成一体，同时用 -25mm×4mm 镀锌扁钢把建筑物外檐金属门、窗、栏杆、扶手等金属部件与结构圈梁、柱筋中引下线焊成一个整体。

没有结合柱和圈梁的建筑物，应每 3 层在建筑物外墙内敷一圈 ϕ12mm 镀锌圆钢作为均压环，并与防雷装置所有的引下线连接。

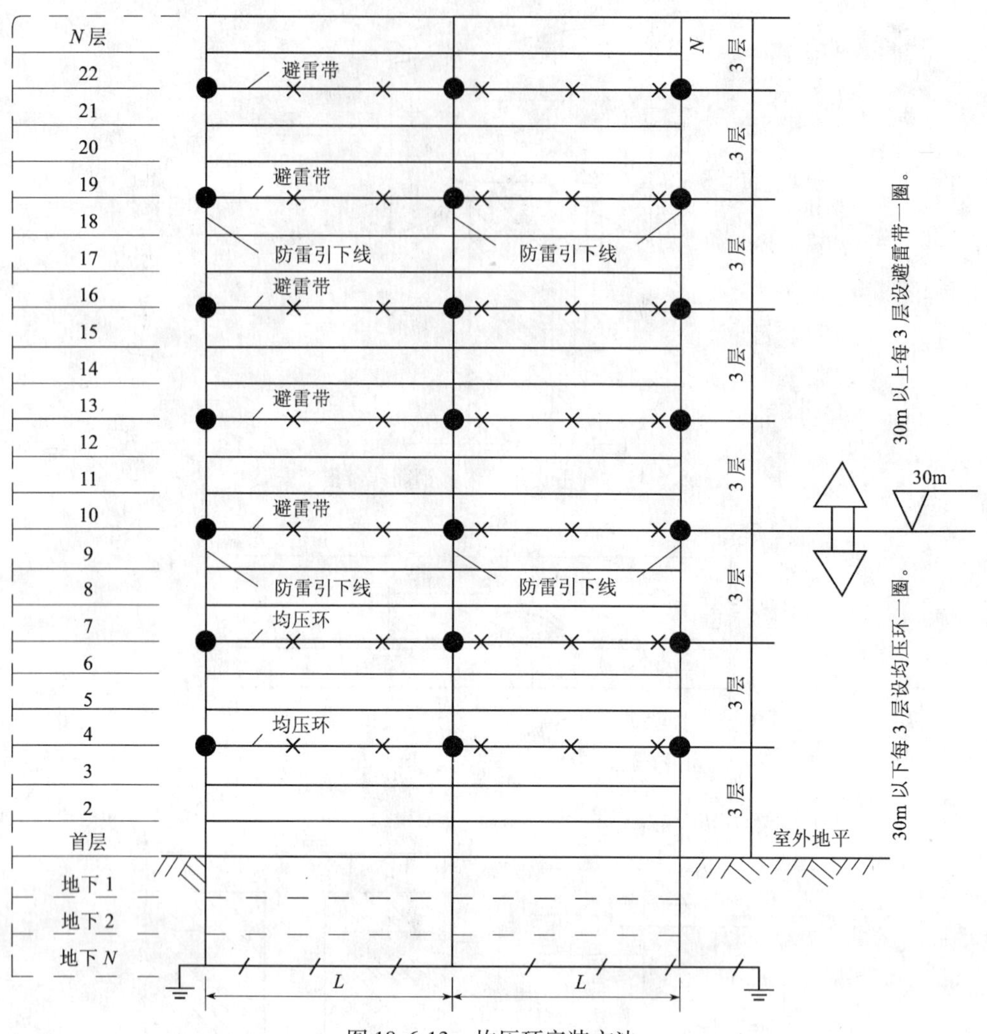

图 18.6-13 均压环安装方法

—×—×— 避雷带式均压环

—●— 避雷带式均压环与引下线连接

2. 各类防雷建筑物防侧击雷和等电位保护措施（表 18.6-6）

各类防雷建筑物防侧击雷和等电位保护措施 **表 18.6-6**

建筑物防雷类别（防雷规范）	防侧击雷和等电位保护措施
第一类防雷建筑	自30m起，每隔不大于6m沿建筑物四周设水平避雷带并与引下线相连； 30m及以上外墙上的栏杆、门窗等较大的金属物与防雷装置连接
第二类防雷建筑	45m以上的建筑物应将钢构架和混凝土的钢筋互相连接，利用钢柱或柱子钢筋作为防雷引下线； 45m及以上外墙上的栏杆、门窗等较大的金属物与防雷装置连接； 竖直敷设的金属管道及金属物的顶部和底部与防雷装置相连
第三类防雷建筑	60m以上的建筑物应将钢构架和混凝土的钢筋互相连接，利用钢柱或柱子钢筋作为防雷引下线； 60m及以上外墙上的栏杆、门窗等较大的金属物与防雷装置连接； 竖直敷设的金属管道及金属物的顶部和底部与防雷装置相连

18.6.2 避雷针引下线

引下线是连接接闪器与接地装置的金属导体。其作用是构成雷电能量向大地泄放的通道。引下线是防雷装置极重要的组成部分，必须可靠敷设，以保证防雷效果。引下线一般采用圆钢或扁钢，要求镀锌处理。引下线应满足机械强度、耐腐蚀和热稳定性的要求。

1. 一般要求

（1）引下线可以专门敷设，也可利用建筑物内的金属构件。

（2）引下线应沿建筑物外墙敷设，并经最短路径接地。采用圆钢时，直径应不小于8mm；采用扁钢敷设时，其截面不应小于48mm^2，厚度不小于4mm，地面引出线通常用－40mm×4mm镀锌扁钢，引下线用－25mm×4mm镀锌扁钢。为使避雷带安装平直，在施工前用木榔头敲打，对扁钢进行整形。暗装时截面积应放大一级。

（3）引下线施工不得直角转弯，如果引下线必须弯曲，弯曲半径不得小于镀锌扁钢直径的2.5倍。

（4）防雷引下线的数量多少影响到反击电压大小及雷电流引下的可靠性，所以引下线及其布置应按不同防雷等级确定，一般不得少于两根。

（5）为了便于测量接地电阻和检查引下线与接地装置的连接情况，人工敷设的引下线宜在引下线距地面0.3～1.8m之间位置设置断接卡子。当利用混凝土内钢筋、钢柱作为自然引下线并同时采用基础接地时，不设断接卡。但利用钢筋作引下线时应在室外的适当地点设置连接板，该连接板可供测量、接人工接地体和作等电位联结用。

（6）高层建筑的引下线，当采用两根主筋时，其焊接长度应不小于直径的6倍。

（7）明装引下线的固定支点间距不应大于2m，引下线离墙距离保持10～15mm左右。

2. 保护管（图18.6-14）

明敷的引下线应镀锌，焊接处应涂防腐漆。地面上0.3～1.8m一段引下线，应有保护措施，防止受机械损伤和人身接触。保护管一般采用塑料管。这是避免在雷雨时，人体直接触及防雷引下线而受到电击伤害。防雷引下线如设在容易受碰撞的地方，则保护管起机械保护作用。但有条件时，防雷引下线一般尽量安装在受不到机械损伤的地方，此时可不加机械保护，其他说明如下。

（1）引下线，接地体及需要装设断接卡子部位和数量，具体由工程设计。

（2）仅有一条引下线时，可不做断接卡子。

（3）所有避雷带、引下线的焊接及支持卡子，均刷防锈漆两遍，铅油一遍。

（4）支持卡子应在砌砖墙时埋入。

（5）所有引下线明装时用不小于$\phi8$镀锌圆钢，暗装时用不小于$\phi12$圆钢。

3. 钢筋混凝土建筑内钢筋引下线

根据设计图位置，利用建筑物结构内主钢筋作为引下线。当钢筋直径为不小于16mm时，应用两根主钢筋焊接作为一组引下线。当钢筋直径为10mm及以上时，应用4根钢筋焊接作为一组引下线。建筑物在屋顶敷设的避雷网和防侧击的均压环应和引下线连成一体，以利于雷电流的分流。

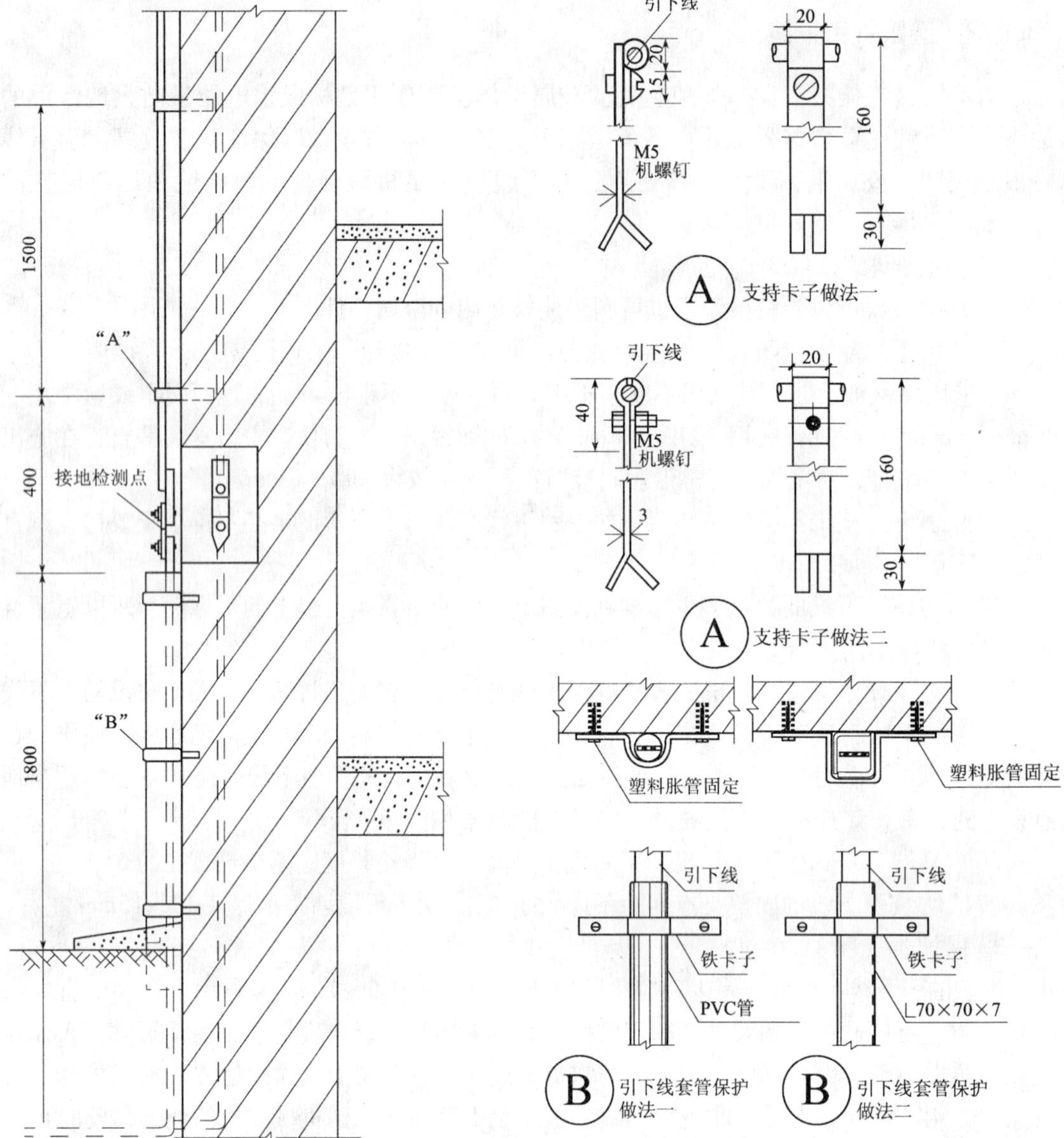

图 18.6-14　保护管制作安装

18.6.3　避雷针接地

1. 避雷针（线、带、网）的接地应遵守下列规定：

（1）避雷针（带）与引下线之间的连接应采用焊接或热剂焊（放热焊接）；

（2）避雷针（带）的引下线及接地装置使用的紧固件均应使用镀锌制品。当采用没有镀锌的地脚螺栓时应采取防腐措施；

（3）建筑物上的防雷设施采用多根引下线时，应在各引下线距地面 1.5～1.8m 处设备断接卡，断接卡应加保护措施；

（4）装有避雷针的金属筒体，当其厚度不小于 4mm 时，可作避雷针的引下线。筒体底部应至少有 2 处与接地体对称连接；

（5）独立避雷针及其接地装置与道路或建筑物的出入口等的距离不大于 3m。当小于

3m 时，应采取均压措施或铺设卵石或沥青地面；

（6）独立避雷针（线）应设置独立的集中接地装置。当有困难时，该接地装置可与接地网连接，但避雷针与主接地网的地下连接点至 35kV 及以下设备与主接地网的地下连接点，沿接地体的长度不得小于 15m；

（7）独立避雷针的接地装置与接地网的地中距离不应小于 3m；

（8）发电厂、变电站配电装置的架构或屋顶上的避雷针（含悬挂避雷线的构架）应在其附件装设集中接地装置，并与主接地网连接。

2. 建筑物上的避雷针或防雷金属网应和建筑物顶部的其他金属物体连接成一个整体。

3. 装有避雷针和避雷线的构架上的照明灯电源线。必须采用直埋于土壤中的带金属护层的电缆或穿入金属管的导线。电缆的金属护层或金属管必须接地，埋入土壤中的长度应在 10m 以上，方可与配电装置的接地网相连或与电源线、低压配电装置相连接。

4. 避雷针（网、带）及其接地装置，应采取自下而上的施工程序。首先安装集中接地装置，后安装引下线，最后安装接闪器。

18.6.4　其他物体避雷方法

建筑物上的避雷针或避雷带应和建筑物顶部的其他金属物体连接成一个整体。屋面的所有金属物体都应和避雷针（线、带、网）连成一体。连接方法可采取焊接、抱箍连接、螺栓连接等。

1. 屋顶金属物体避雷方法（图 18.6-15）

建筑物屋顶的金属物体及设备应作防雷接地。常见的物体及设备有：屋顶围栏、金属爬梯、烟筒、水箱盖、金属门窗、天线、金属灯柱、航空障碍灯、旗杆、铝扣板、冷却水塔、排烟风机、吊船等。

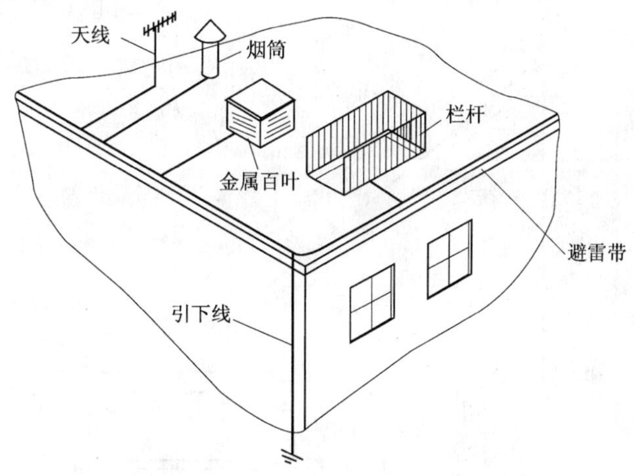

图 18.6-15　屋顶金属物体避雷方法

2. 水箱及冷却水塔避雷方法

水塔上装有避雷针的接地施工见图 18.6-16（a）。冷却水塔装有避雷针的接地施工图见图 18.6-16（b）。

3. 卫星电视天线避雷方法

电视天线防雷有 3 种措施，接地施工不完全相同，现说明如下：

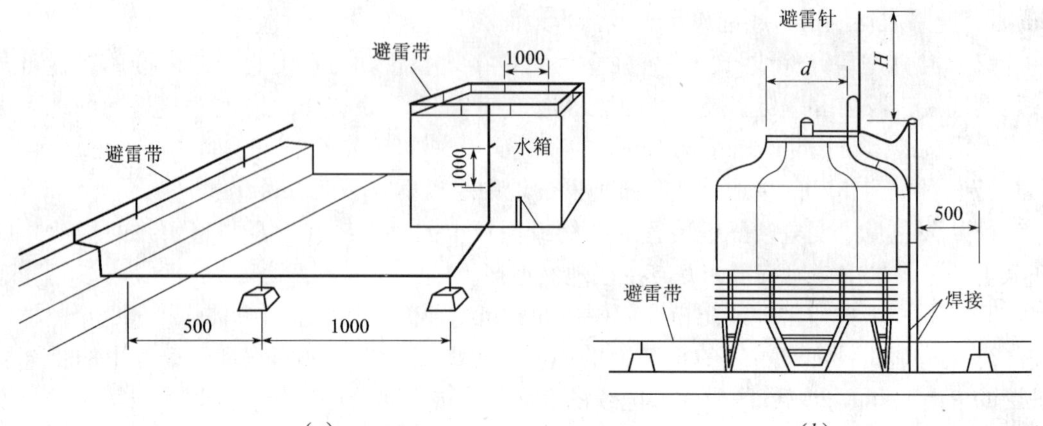

图 18.6-16 水箱及冷却水塔避雷方法
(a) 水箱避雷；(b) 冷却水塔避雷

(1) 安装独立避雷针，在离天线 3m 以上的地方安装独立避雷针。该避雷针的高度要使天线在其保护范围内。这种措施的接地与一般避雷针相同。

(2) 在天线杆顶加装避雷针（图 18.6-17），采用 45°保护角，避雷针的高度要保证各频道电视天线都在其保护范围内。

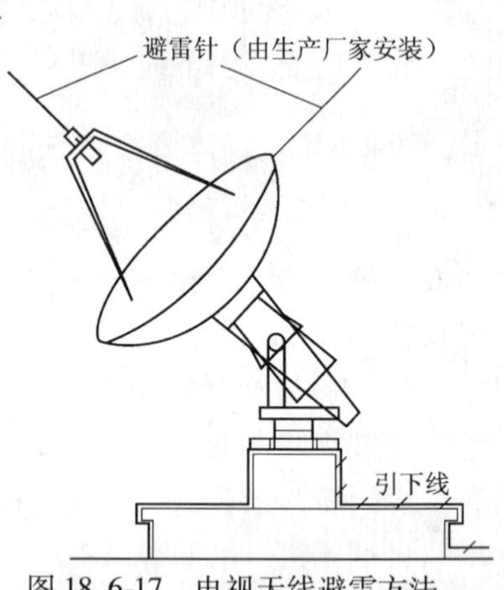

图 18.6-17 电视天线避雷方法

4. 吊船避雷方法（图 18.6-18）

吊船导轨间距由工程选定每隔 18 ~ 24m 左右将 2 根导轨接一次。每组吊船导轨防雷接地连接点不少于 4 个。

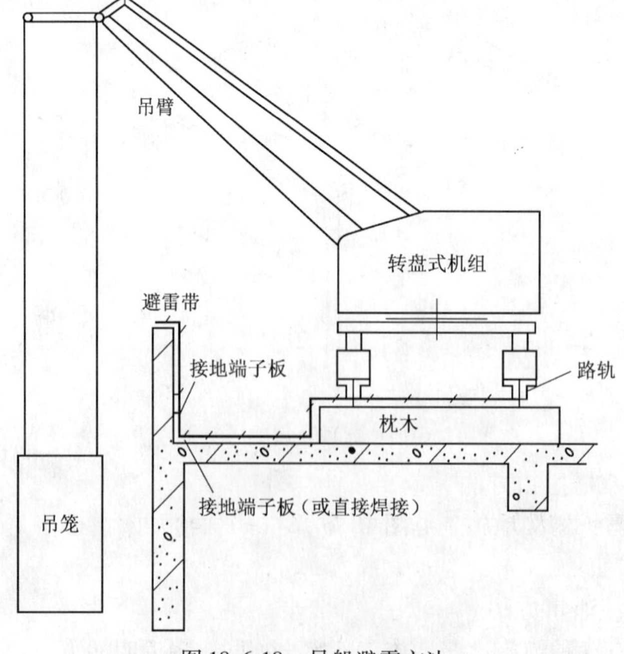

图 18.6-18 吊船避雷方法

18.7 提前放电避雷针安装

普通避雷针通常即为一根铁棒，将端部磨尖，通过接地引下线将地电位（通常认为零电位）引至针尖，利用针尖的高度（比被保护物高出许多），比被保护物优先产生上行先导，与雷云的下行先导相遇，从而达到引雷入地的效果，保护其他建筑物免受雷击的侵害。

提前放电避雷针是利用雷云在空中感应电场强度，使针头的感应电极（空中场强）与针尖（地电位）之间产生强烈的火花放电，使针头周围空气电离，在电场的作用下形成一条向上的雷电先导，从而使迎面先导提前与雷云的下行先导相遇，形成主放电通道，从而大大提高了避雷针的效率，使保护半径大大提高。提前放电避雷针已经广泛应用在新建成的高层建筑中。本节主要介绍了几种提前放电避雷针的工作原理及安装方法。

18.7.1 GUARD T系列提前放电避雷针

1. 提前放电避雷针工作原理（图18.7-1）

图18.7-1 提前放电避雷针工作原理

GUARD T系列提前放电避雷针主要由激发器从自然界的电场中吸收并储存能量。反射器及避雷器针尖与大地有良好的电气连接，处于等电位状态。所以通常情况下，激发器与反射器之间有电场强度，每当雷闪发生前，电场强度会迅猛增大，激发器与反应器之间的电位差大致相当于雷云与大地之间的电位差，它们之间的电压降迅速增加会造成尖端打火，并使尖端周围的空气离子化，形成尖端放电现象。

2. 提前放电避雷针特点

（1）免维护，长寿命；

（2）无电子系统，不会因浪涌冲击将其损坏，雷击后防护质量不会改变；

（3）有不同保护半径可供用户选择；

（4）当有闪电时，才会自我激活，完全主动式截击雷电系统。

3. 提前放电避雷针型号及保护半径（表18.7-1）

GUARD T提前放电避雷针型号及保护半径（m） **表18.7-1**

保护类型	Ⅰ类	Ⅱ类	Ⅲ类	Ⅰ类	Ⅱ类	Ⅲ类	Ⅰ类	Ⅱ类	Ⅲ类	Ⅰ类	Ⅱ类	Ⅲ类	Ⅰ类	Ⅱ类	Ⅲ类	Ⅰ类	Ⅱ类	Ⅲ类
针高 / 保护半径 / 型号	5			6			7			8			10			15		
GUARD T-D3	40	50	62	40	56	65	41	57	66	41	58	70	41	61	73	42	63	81
GUARD T-C3	49	66	74	49	67	76	50	67	77	50	68	80	51	71	83	51	72	90
GUARD T-B3	59	76	85	59	77	86	59	77	88	59	78	90	60	80	92	60	82	99
GUARD T-A3	68	86	95	68	87	97	68	87	98	68	88	100	69	90	102	69	91	108

4. 提前放热避雷针安装

提前放电避雷针包括中央收集杆、反射器、触发装置、激发器等。安装方法如图18.7-2。

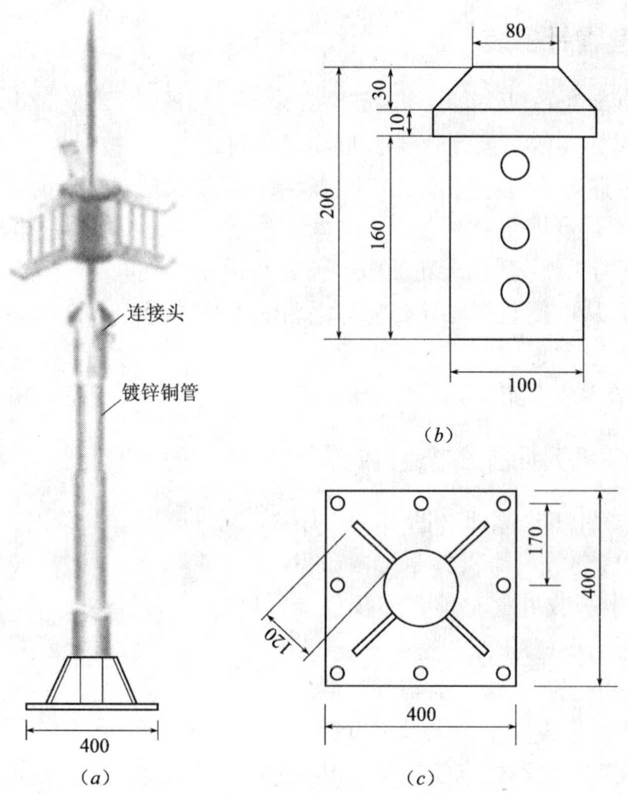

图 18.7-2 避雷针安装方法
(a) 安装方法; (b) 连接头尺寸; (c) 基础底板尺寸

18.7.2 Nimbus 系列提前放电避雷针

西班牙 CIRPROTEC 公司生产的 Nimbus 系列提前放电避雷针，采用了 CIRPROTEC 公司专有的当今世界最为先进的电子放电技术，外形设计美观，结构紧凑、简洁，特有电子放电系统稳定性极高，安全可靠。产品通过第三方实验室的检测，符合 UNE21186-96、NFC17-102 标准。适用于建筑、电子计算机、通信、广播电视、供电行业直接雷击的防护。

1. 提前放电避雷针特点

完全电子式放电系统，启动时间快，保护范围大，结构紧凑、安装方便、耐腐蚀，体积小，重量轻。

2. 提前放电避雷针工作原理

当雷云开始下行先导放电时，电场中的电离子数量迅速增加，内部的电子系统捕获空气中的电离子与先前储存的能量提高电压以解除缓冲流程。使避雷针的中央收集周围空气迅速离子化并延伸，产生一个上行先导放电现象，形成放电路径。

被产生的上行先导放电和下行先导放电形成连续的放电通道与带电云层会合，开始主动放电，把雷电泄放到大地。避雷针的内置电子触发系统电离子迅速增加，使上行先导放电得到离避雷针上百米的来自带电云层的下行先导接闪，从而达到了比较大的避雷保护半径范围。Nimbus 电子放电系统组成见图 18.7-3。

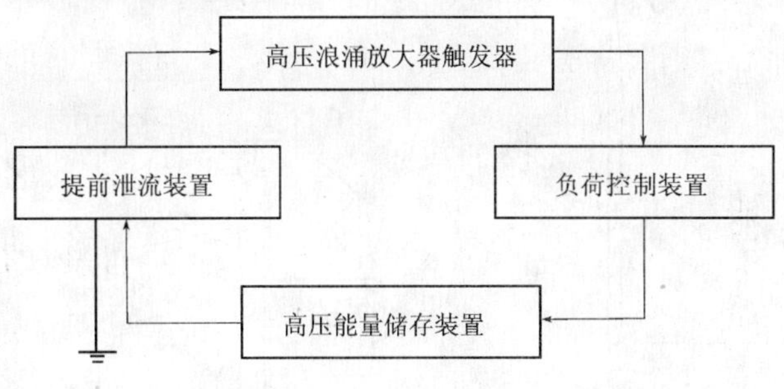

图 18.7-3 Nimbus 电子放电系统组成图

3. 提前放电避雷针型号及抢先启动时间（表 18.7-2）

提前放电避雷针型号及抢先启动时间表 **表 18.7-2**

产品类型	抢先启动时间 ΔT
Nimbus CPT-1	25μs
Nimbus CPT-2	52μs
Nimbus CPT-3	60μs

4. 提前放电避雷针保护半径（表 18.7-3）

提前放电避雷针保护半径表（m） **表 18.7-3**

类别	Ⅰ类建筑物			Ⅱ类建筑物			Ⅲ类建筑物		
型号 / 安装高度（m）	CPT-1	CPT-2	CPT-3	CPT-1	CPT-2	CPT-3	CPT-1	CPT-2	CPT-3
2	17	24	32	23	30	40	26	33	44
3	25	35	48	34	45	59	39	50	65
4	34	46	64	46	60	78	52	67	87
5	42	58	79	57	75	97	65	84	107
6	43	58	79	58	76	97	66	84	107
8	43	59	79	59	77	98	67	85	108
10	44	59	79	61	77	99	69	87	109
15	45	59	80	63	79	101	72	89	111
20	45	60	80	65	81	102	75	92	113
45	45	60	80	70	85	105	84	98	119
60	45	60	80	70	85	105	85	100	120

5. 提前放电避雷针安装

Nimbus 系列提前放电避雷针安装说明（图 18.7-4）：

（1）安装 Nimbus 系列提前放电避雷针应严格按照标准规范和相关现场条件操作。

（2）应根据被保护建筑物的类别、保护面积、雷暴日次数以及安装高度，在保证安全的前提下，经济合理地选用一或多根 Nimbus 系列避雷针。

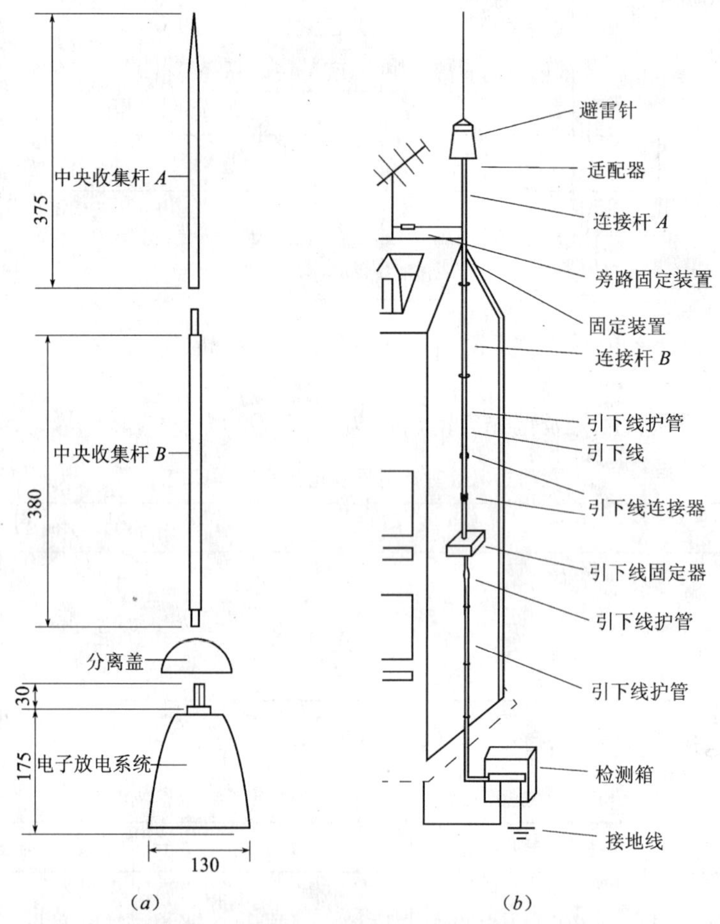

图 18.7-4 提前放电避雷针安装方法
(a) 结构；(b) 安装图

18.7.3 易敌雷（INDELEC）主动式避雷针

当雷暴来临时，所产生的能量是相当巨大的（每米达到几千伏），PREVECTRON 2 型早期预放电避雷针的空气终端从自然界的电场中吸收能量，下端能量收集电极把电能量储存在触发装置内。每当闪电发生前，场强度会迅速增强，当储存的能量达到某一水平，空气终端便会把信息输送往电触发装置，在空气终端的尖端便会产生火花，并使尖端周围的空气离子化，形成尖端放电现象。

1. 主动式避雷针组成

PREVECRON 2 型避雷针共有 5 种型号，结构如图 18.7-5，它由不锈钢中央收集杆、电极和盒组成，适用于腐蚀性环境，对应于不同的保护半径，每种型号分别具有不同性能的特征。

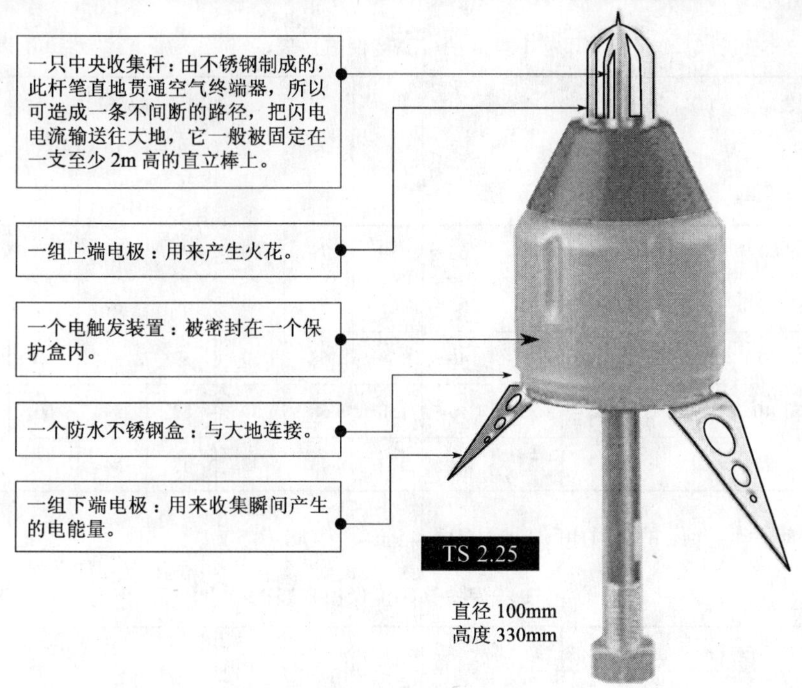

图 18.7-5 防雷针结构

2. 主动式避雷针工作原理

在空气终端的尖端离子化可被表征为：控制离子的释放，PREVECTRON 2 型避雷针的触发装置容许离子在极短的时间内放电，触发系统极度准确性意味着离子可在极准确的时间被释放。PREVETRON 2 型避雷针被设计成从其尖端产生一预期上引放电通道，并早于那些邻近高点产生，这就表示着 PREVECTRON 2 型避雷针成为在其保护范围内最有影响力的一点。

3. 主动式避雷针优点

（1）具有种类繁多的保护半径，供不同型号选择；

（2）更有效性；

（3）完全主动式系统；

（4）仅当有闪电预兆时，才自我激活；

（5）永久与大地连接，能提高安全性；

（6）完全可靠，经过由 C. N. R. S（法国国家科学研究中心）进行的高压实验室测试和由 C. E. A（法国原子能委员会）进行的在真正闪电条件下测试。

4. 主动式避雷针保护半径

（1）保护范围示意如图 18.7-6 所示。

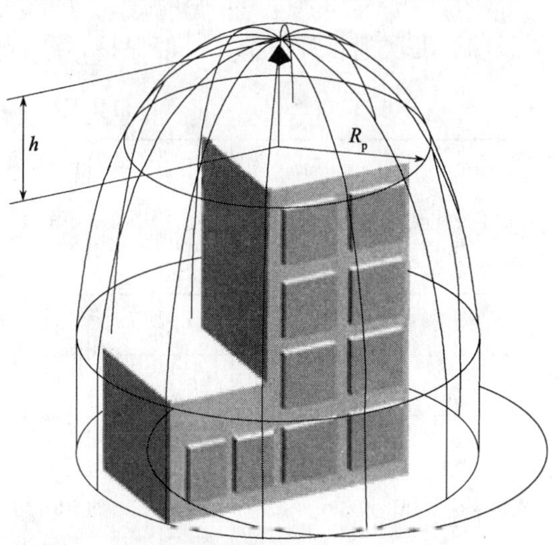

图 18.7-6 保护范围示意图

（2）Ⅰ类避雷针保护（高度保护）$D=20m$（表 18.7-4）

Ⅰ类保护（高度保护）表　　　　表 18.7-4

安装高度（m） 保护半径（m） 产品型号	2	3	4	5	6	7	8	10	15	最高（mm）
S6.60	31	47	63	79	79	79	79	79	80	80
S4.50	27	41	55	68	69	69	69	69	70	70
S3.40	23	35	46	58	58	59	59	59	60	60
TS3.40	23	35	46	58	58	59	59	59	60	60
TS2.25	17	25	34	42	43	43	43	44	45	45

（3）Ⅱ类避雷针保护（中度保护）$D=45m$（表 18.7-5）

Ⅱ类保护（中度保护）表　　　　表 18.7-5

安装高度（m） 保护半径（m） 产品型号	2	3	4	5	6	7	8	10	15	最高（mm）
S6.60	39	58	78	97	97	98	99	101	102	105
S4.50	34	52	69	86	87	87	88	90	92	95
S3.40	30	45	60	75	76	77	77	80	81	85
TS3.40	30	45	60	75	76	77	77	80	81	85
TS2.25	23	34	46	57	58	59	61	63	65	70

（4）Ⅲ类避雷针保护（一般保护）$D=60m$（表 18.7-6）

Ⅲ类保护（一般保护）表　　　　表 18.7-6

安装高度（m） 保护半径（m） 产品型号	2	3	4	5	6	7	8	10	15	最高（mm）
S6.60	43	64	85	107	107	108	109	113	119	120
S4.50	38	57	76	95	96	97	98	102	109	110
S3.40	33	50	67	84	84	85	87	92	99	100
TS3.40	33	50	67	84	84	85	87	92	99	100
TS2.25	26	39	52	65	66	67	69	75	84	85

5. 主动式避雷针提前先导时间 T 及产品重量（表 18.7-7）

提前先导时间 T 及产品重量表 **表 18.7-7**

产品型号	不锈钢型号	T（μs）	重量（kg）
S6.60	1242	60	4.2
S4.50	1232	50	4.0
S3.40	1222	40	3.8
TS3.40	1212	40	2.5
TS2.25	1202	25	2.3

18.7.4 IF3 型预放电避雷针

法兰西 IF3 型电离型预放电避雷针（图 18.7-7）是在传统避雷针放电原理的基础上，引入了“促进电离”这一预放电型避雷针的基本特征，从而达到了比普通型避雷针更早的先导放电，从而扩大了保护半径，提高了安全系数。

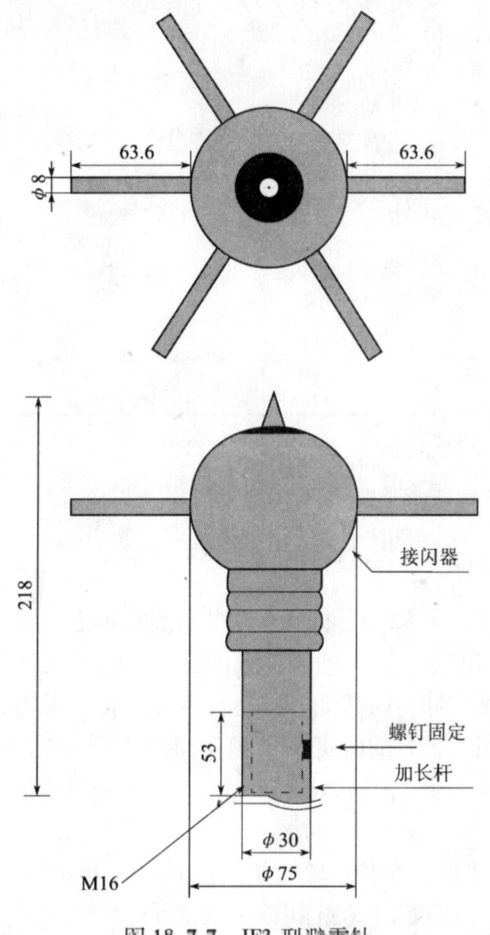

图 18.7-7 IF3 型避雷针

1. 预放电避雷针工作原理

雷云电荷分布90%的情况下是下层聚集负电荷，当电荷聚集到一定程度，雷云对大地相当于一个大电容（图18.7-8）。在大气中存在极大的场强，有时可达几百每厘米伏特，电离型避雷针正是利用这一现象，地电位通过连接杆到达 A 点，6根感应电极则感应到大气中 B 点的电位，如果避雷针是安装于100m的建筑物顶部，则在 A、B 两点就有几十万伏的电位差，造成强烈火花放电，从而使得避雷针顶部的空气电离，产生大量离子，这些自由离子因电场力作用迅速向上运动，使得雷云和避雷针之间的绝缘距离缩短，使得场强更大，空气进一步电离。指导发生先导放电和主放电，由于其特殊设计的电离过程使之能较其他邻近高点提前产生上行先导，从而达到最先放电的目的。这个触发时间的提前值，被称为预放电时间 ΔT。这是考核预放电避雷针性能的主要指标。

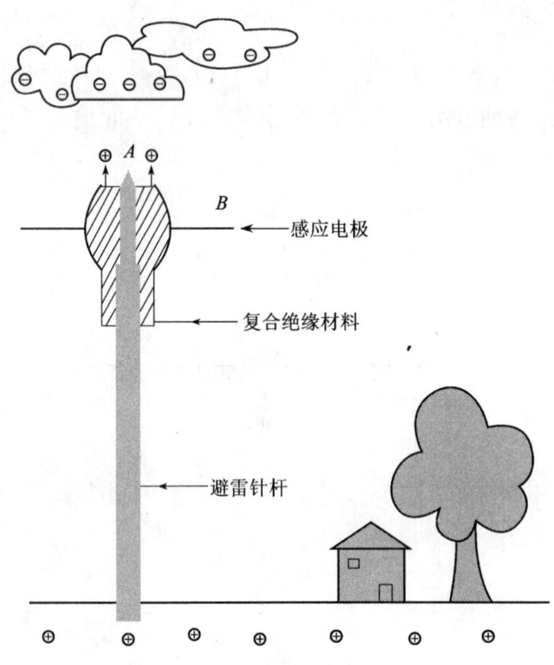

图18.7-8 IF3预放电型避雷针工作原理

2. 预放电避雷针特点

（1）最快的抢先放电时间86μs，即优先引雷入地，保护半径大大增加。

（2）在相同的安装高度下，比普通避雷针的保护半径大几倍。

（3）纯物理结构型避雷针，内部无电子器件，无老化，无需维护。

（4）外形美观，选用了最好的防腐316L不锈钢材料。

（5）重量轻，共重3.9kg（包括2m长的针杆），荷载要求低。

3. 预放电避雷针的保护半径计算方法

IF3型预放电避雷针的保护半径按照法国NFC17-102标准规定，避雷针有效高度h为避雷针高出被保护物体表面的距离（图18.7-9及表18.7-8）：

（1）当 $h>5$m时，须通过图形的方法得出保护半径；

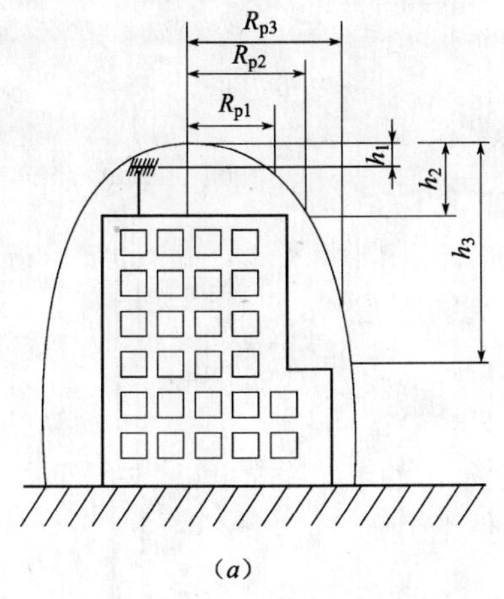

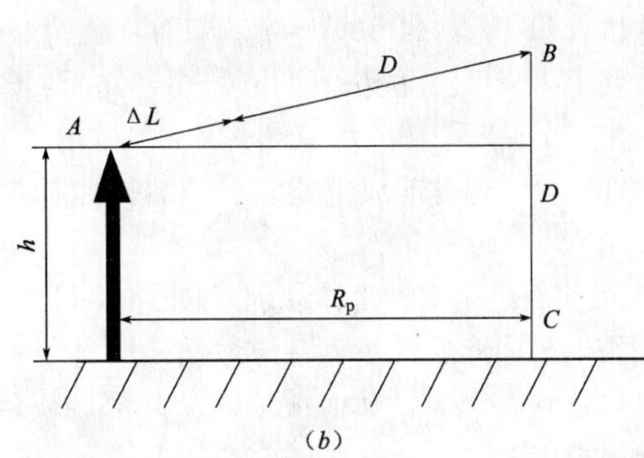

注：B 为电击中心；$D=10\times I^{2/3}$；I 为首次先导放电电流

图 18.7-9 保护半径示意图

(a) 保护半径示意图；(b) 保护半径计算关系图

保护半径 R_p 表（m） 表 18.7-8

h（m）	I类	II类	III类
2	32	40	44
3	48	59	65
4	64	78	87
5	79	97	107
10	80	99	109
15	80	101	111
20	80	104	113
45	80	105	119
60	80	105	190

注：h 为避雷针的有效安装高度，即避雷针高出被保护物的距离。根据法国标准 NFC17-102，相应于 I 类、II 类、III 类建筑物的滚球半径分别为 20m、45m、60m。

（2）当 h > 5m，须使用公式：

$$R_P=\sqrt{h(2D-h)+\Delta L(2D+\Delta L)}$$

（该公式通过传统滚球法得出）

式中 D——电击距离（滚球半径），根据不同保护级别其数值不同。

$D=20$m（保护级别 I）；

$D=45$m（保护级别 II）；

$D=60$m（保护级别 III）；

$\Delta L=V\times\Delta T$；V 为平均先导传播速度，实验数据表明为 1m/μs；ΔT 为预放电时间。

R_P——保护半径；

h——避雷针有效高度，为避雷针高出被保护物体表面的距离。

Level 建筑物防雷类别，按《建筑物防雷设计规范》GB 50057—94 2000 年版中的有关规定确定。

18.7.5　卫星牌提前放电避雷针

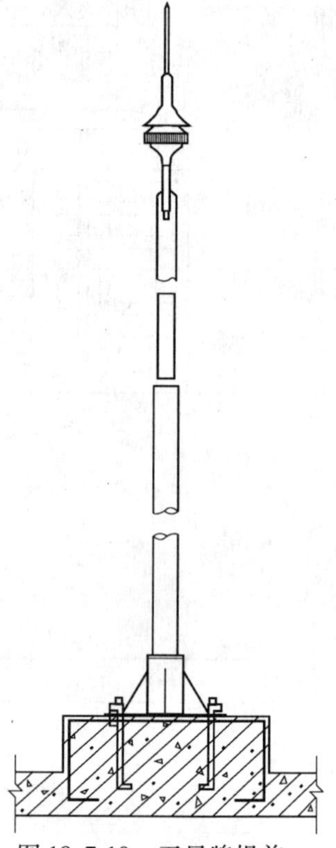
图 18.7-10　卫星牌提前放电避雷针安装方法

法国杜尔-梅森（DUYAL-MESSIEN）公司是由 1835 年建立的杜尔和 1927 年建立的梅森两家公司合并而成，为专业的防雷公司，主要产品是卫星牌（Satelit +）提前放电避雷针（图 18.7-10）。卫星牌提前放电避雷针符合国家标准《建筑物防雷设计规范》。

1. 提前放电避雷针工作原理（图 18.7-11）

当雷电云层形成时，云层与地面之间产生一个电场，此电场强度可达到 5kV/m。从而使地面凸起部分或金属部件上开始出现电晕放电。

当雷电云层内部形成一个下行先导时，闪电电击便开始了。下行先导电荷以阶梯形式向地面移动。下行先导携带着的电荷使地面建立起来了电场。

从地面上的建筑物或物体产生了一个上行的先导。此上行先导向上传播一直到与下行先导会合。此时，闪电电流便流过所形成的通道。地面上的其他建筑物可能会生成好几个上行先导。与下行先导会合的第一个上行先导决定了闪电电击的地点。

卫星牌提前放电避雷针的工作原理就是产生一个比普通避雷针更快的上行先导。

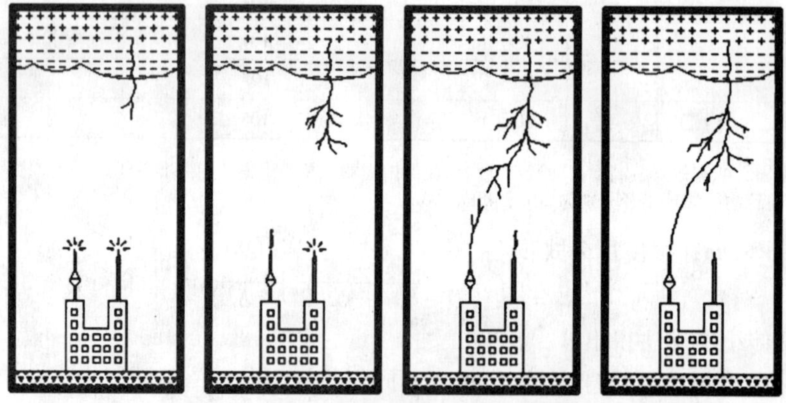
图 18.7-11　提前放电避雷针工作原理图

2. 提前放电避雷针特性

（1）在同等条件（高度）下，卫星牌提前放电避雷针比普通避雷针保护范围大。

（2）落雷更准确，减小了雷击点落于非避雷针体的概率。

（3）安全可靠：无放射性元素，不锈钢材料，耐腐蚀，抗风能力强。

（4）免维护：无源，无需供电，无耗能组件。

（5）安装简单：重量轻，不需加装同轴屏蔽电缆。

（6）造型美观。

3. 提前放电避雷针内部构造（图 18.7-12）

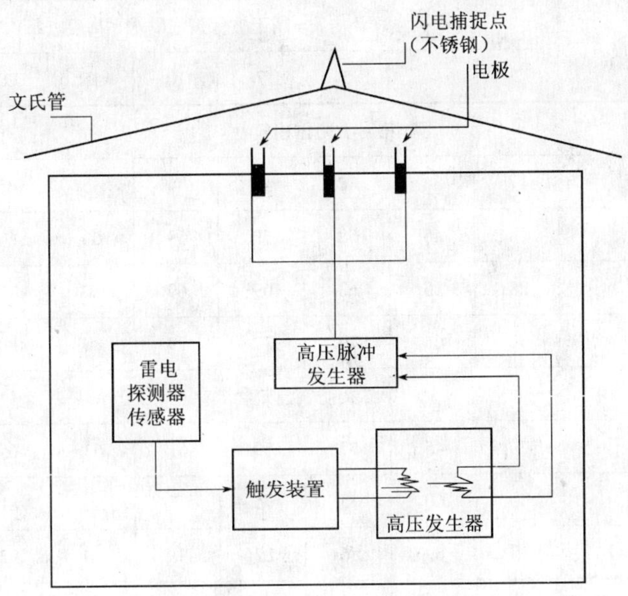

图 18.7-12 内部构造示意图

4. 提前放电避雷针设计说明

卫星牌提前放电避雷针符合国家标准《建筑物防雷设计规范》的强制性规定：

（1）按被保护建筑物的面积、高度、所在地雷电日数及地理环境校正系数，按建筑物使用性质等确定建筑物防雷类别。

（2）用防雷类别和建筑物的面积，确定选用一支或数支卫星牌避雷针。

（3）引下线应与建筑物主钢筋电气联结，或按规定做二根或二根以上引下线。

（4）引下线应作断接卡和在接近地面作绝缘防护。

（5）接地体，接地电阻应按《建筑物防雷设计规范》要求执行。

（6）产品保用期 20 年。

5. 提前放电避雷针提前放电时间（表 18.7-9）

提前放电避雷针提前放电时间表 **表 18.7-9**

序　　号	型　　号	提前放电时间 ΔT
1	ESE2500	25μs
2	ESE4000	40μs
3	ESE5000	50μs
4	ESE6000	60μs

注：ΔT 根据法国国际 NFC17-102 规定的启动抢先时间，实际测试值大于规定值。

6. 提前放电避雷针保护半径

（1）提前放电避雷针对各类防雷建筑物的保护半径（R_p）（表 18.7-10）

提前放电避雷针对各类防雷建筑物的保护半径表（R_p） 表 18.7-10

"Satelit +" 针尖高度	h = 高于被保护物的水平高度（m）								
	2	4	5	7	10	15	20	45	60
第一类防雷建筑物									
ESE2500	17	34	42	43	44	45	45	—	—
ESE4000	24	46	58	59	59	60	60	—	—
ESE5000	28	55	68	69	69	70	70	—	—
ESE6000	32	64	79	79	79	80	80	—	—
第二类防雷建筑物									
ESE2500	23	45	57	59	61	63	65	70	—
ESE4000	30	60	75	76	77	80	81	85	—
ESE5000	35	69	86	87	88	90	92	95	—
ESE6000	40	78	97	98	99	101	102	105	—
第三类防雷建筑物									
ESE2500	26	52	65	66	69	72	75	84	85
ESE4000	33	66	84	85	87	89	92	99	100
ESE5000	38	76	95	96	98	100	102	110	110
ESE6000	44	87	107	108	109	111	113	120	120

（2）保护半径计算

按 NFC17-102 规定，针尖应高于被保护物水平面 2m 以上。当避雷针高度不同时（h_2，h_3，$\cdots h_n$），其保护范围（半径）分别为 R_{p2}，$R_{p3}\cdots R_{pn}$，计算公式应考虑被保护物的防雷等级、当地的雷暴活动情况和地质地貌。

卫星牌提前放电避雷针的保护半径与高度（h）有关，与它的启动抢先时间有关，以及与所选的保护级别有关：当 $h \geqslant 5$ 时，用 $R_p = \sqrt{h(2D-h) + \Delta L(2D-\Delta L)}$，当 $h<5$ 时，见防雷保护半径表。

注：R_p 为所考虑的水平面上的保护半径 h 为针尖相对于被保护物顶部的水平高度差 D 为滚球半径（闪击距离）。

第一类建筑物为 20m；

第二类建筑物为 45m；

第三类建筑物为 60m。

ΔL 为"Satelit +"的上行抢先距离；

$\Delta L = V$（m/μs）·ΔT（μs）

V 为先导传播速度，实验数据表明：$V = 1$m/μs

7. 提前放电避雷针安装方法（图 18.7-13）

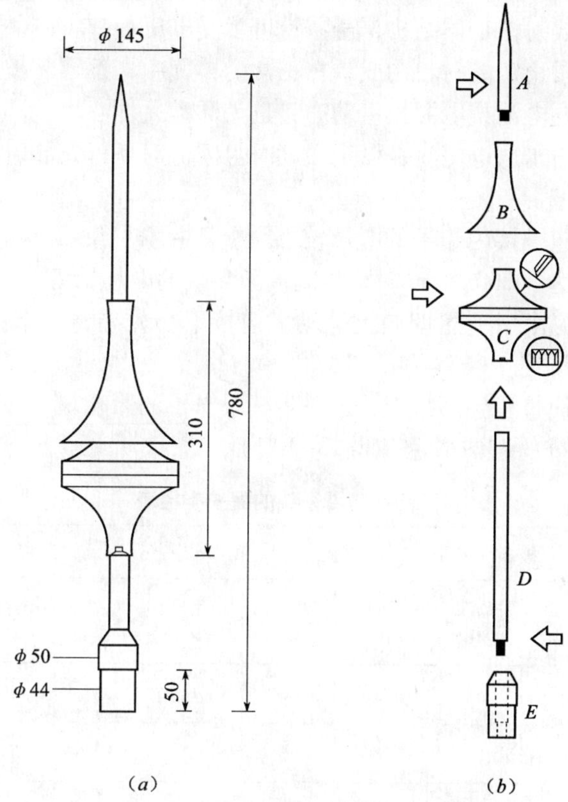

图 18.7-13 卫星牌提前放电避雷针安装方法
(a) 避雷针尺寸；(b) 避雷针装配方法

(1) 卫星牌提前放电避雷针由 A、B、C、D 四部分组成。

(2) 从包装箱内取出各部件后按下列顺序安装：

1) 用配件中内六角螺钉扳手拧松脉冲发生器 C 底部的两个螺钉。

2) 摘下脉冲发生器上部的放电尖端 X 的 3 个套，特别要调整 X 上两针尖的间距，两针不能相接，间距 1 ~ 2mm。

3) 将避雷针杆 D 依图示方向穿过 C，头部顶在 B 的端口。

4) 将避雷针尖 A 与 D 套紧，并用两扳手用力拧紧。

5) 用内六角螺钉扳手拧紧 C 底部的两个螺钉，此时 B 与 C 之间应由三支柱顶住，整体牢固。

6) 将针的底部旋入加工好的避雷针支架上。

18.7.6 卫士-5 防雷系统

"卫士-5" 系统产品作为新一代避雷针，在原有基础上作出如下改进：用凸形顶端代替了尖形顶端。进一步减小电晕的影响（图 18.7-14）。

图 18.7-14 "卫士-5" 接闪端子

1. 卫士-5 防雷系统产品特点

(1) 由于上述的改进及工艺的改良，卫士-5 防雷系统具有更强的性能（$\Delta T=50\sim62\mu s$），符合UL-96，NFC17-102等一系列标准。

（2）避雷针为非放射性物质结构，避雷针可承受电压：1/50μs内250kV。

（3）避雷针由性质稳定的材料制成，在正常的大气中，不容易被侵蚀。

（4）避雷针不需要电池或电源提供动力，且无活动元件。

（5）避雷针根据雷击放电电流在设定强度时上闪流对下行先导电流的截收容积计算出对建筑物的保护范围。

（6）在静态时，包围接闪端子的电晕较小。

（7）当空间电强达到200kV/m时，接闪端子尖端的电场恰好达到3MV/m，产生向上闪流，并在空间电场的作用下立即向上运动，迎接下行先导，以取得提前发射闪流的效果。具有很大的保护范围。

（8）用凸形顶端代替了尖形顶端。进一步减小电晕的影响。

2. 卫士-5防雷系统的保护半径（表18.7-11）

卫士-5防雷系统的保护半径表 **表18.7-11**

避雷针距离大地的高度（m）	极高水平保护			高水平保护			标准水平保护		
	CAT I	CAT II	CAT III	CAT I	CAT II	CAT III	CAT I	CAT II	CAT III
10	45	58	75	60	70	80	70	80	90
20	49	63	78	66	82	92	74	101	108
30	50	65	80	72	90	104	77	108	120
50	—	77	89	—	105	118	—	121	128
80	—	77	89	—	115	123	—	128	134
100	—	77	89	—	115	123	—	128	134
120	—	—	89	—	—	123	—	—	134
150	—	—	89	—	—	123	—	—	134

3. 卫士-5防雷系统安装方法（图18.7-15）

卫士-5防雷系统安装示意见图18.7-15。

（1）引下导体安装

卫士-5防雷系统可以使用铜带，扁钢作为下导体。但是，为了避免出现与一般防雷系统一样的情况（在泄放雷电流时，“侧闪”对附近的人员和设备造成危害），LPI建议在高密度人员聚居区，及装有灵敏设备的地方，采用高压防护电缆作为下导体。

（2）直接雷击计数器安装（图18.7-16）

LC-1500型直接雷击计数器具有灵敏度高，不需要电池及任何其他电源的特点。由于密封性良好（IP65），适用于户内和户外的环境使用。

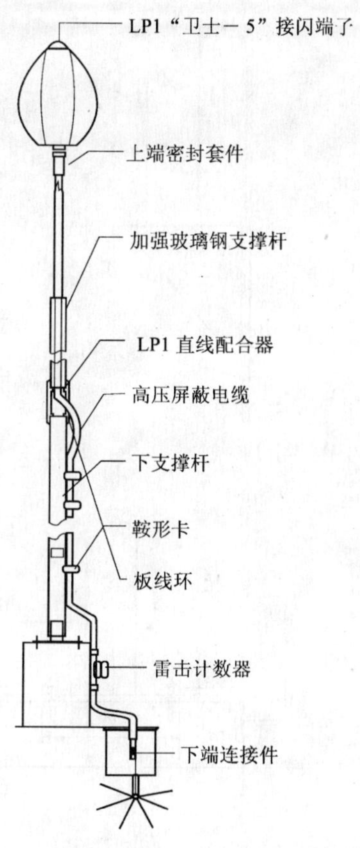

图 18.7-15 安装示意图

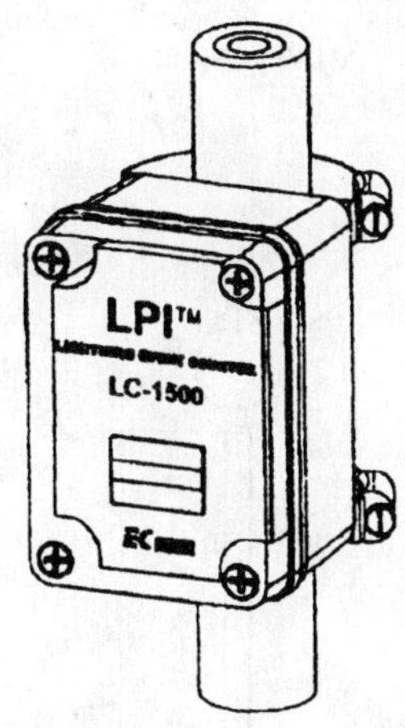

图 18.7-16 雷击计数器

（3）避雷针安装方法（图 18.7-17）

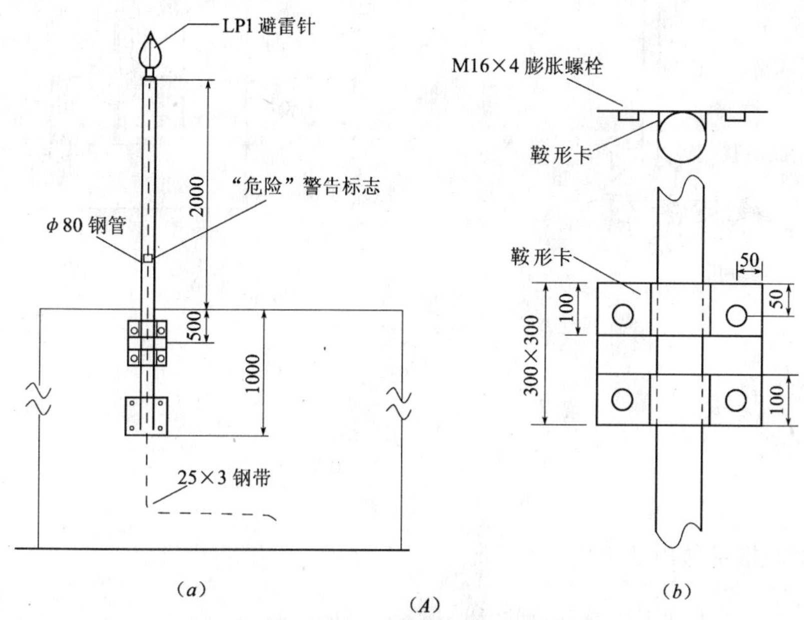

图 18.7-17 安装方法（一）

（A）壁装方法

（a）安装方法；（b）壁装卡大样

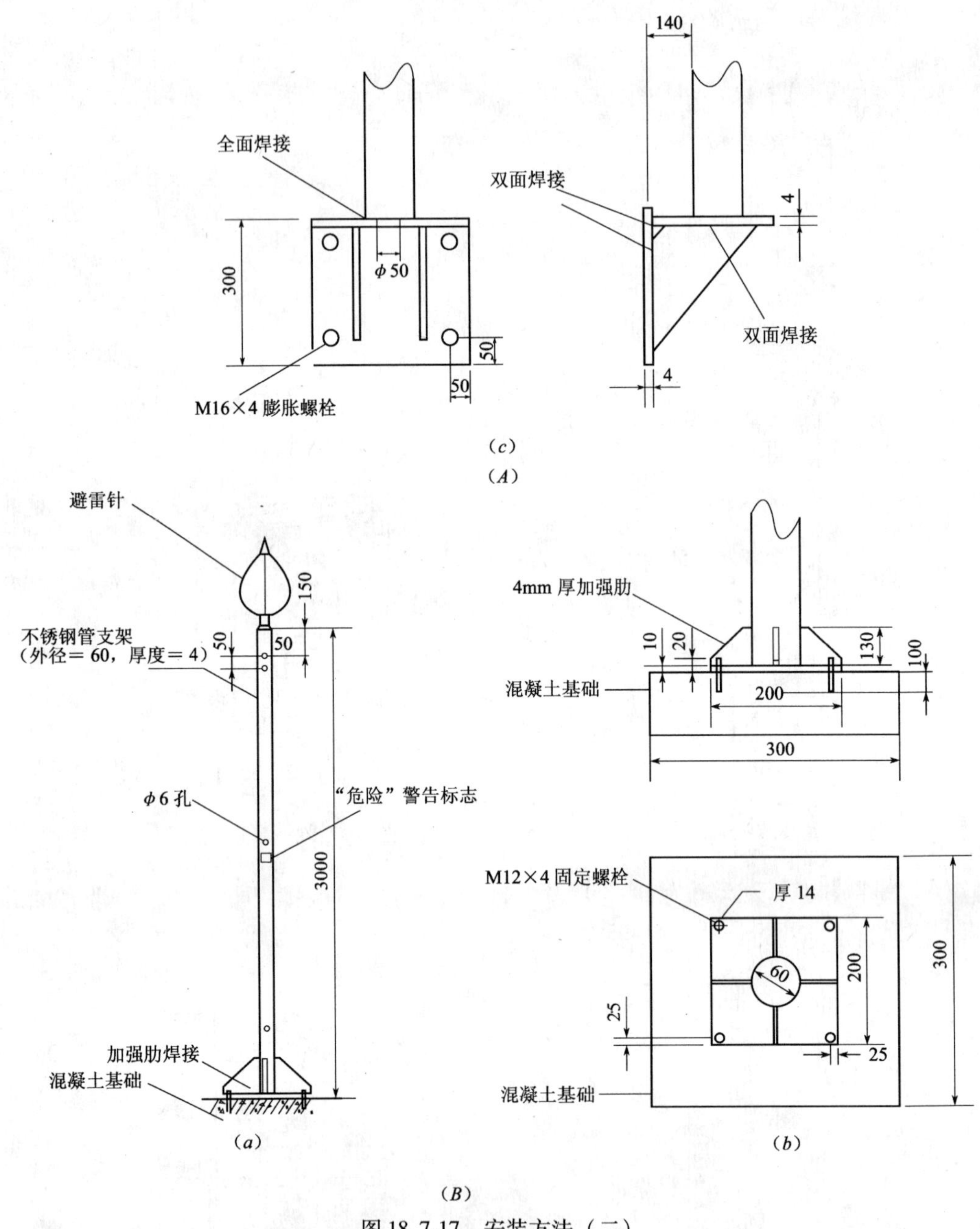

图 18.7-17 安装方法（二）

(A) 壁装方法

(c) 基座大样

(B) 座装方法

(a) 安装方法；(b) 基座大样

18.7.7 雷威提前放电避雷针

1. 提前放电避雷针工作原理（图 18.7-18）

当雷电云层形成时，云层与地面之间产生一个电场，此电场强度可达到 10kV/m 甚至更高。从而使地面凸起部分或金属部件上开始出现电晕放电。

当雷电云层内部形成一个下行先导时，闪电电击便开始了。下行先导电荷以阶梯形式向地面移动。当下行先导接近地面时，会从地面较突出的部分发出向上的迎面先导。当迎面先导与下行先导相遇时，就产生了强烈的“中和”过程，出现极大的电流（数十到数百千安），这就是雷电的主放电阶段，伴随着出现雷鸣和闪光。地面上的其他建筑物可能会生成好几个迎面先导。与下行先导会合的第一个迎面先导决定了闪电雷击的地点。

雷威牌提前放电避雷针（图 18.7-18）的工作原理就是产生一个比普通避雷针更快的迎面先导。在自然的迎面先导形成前，避雷针会率先产生一个先导，迅速地向雷电方向传播直至捕获雷电，并将其导入大地。实验室中证实比普通避雷针更早地产生迎面先导的这个启动抢先时间称为$\triangle T$，赋予了“雷威”更有效的防雷保护功能。

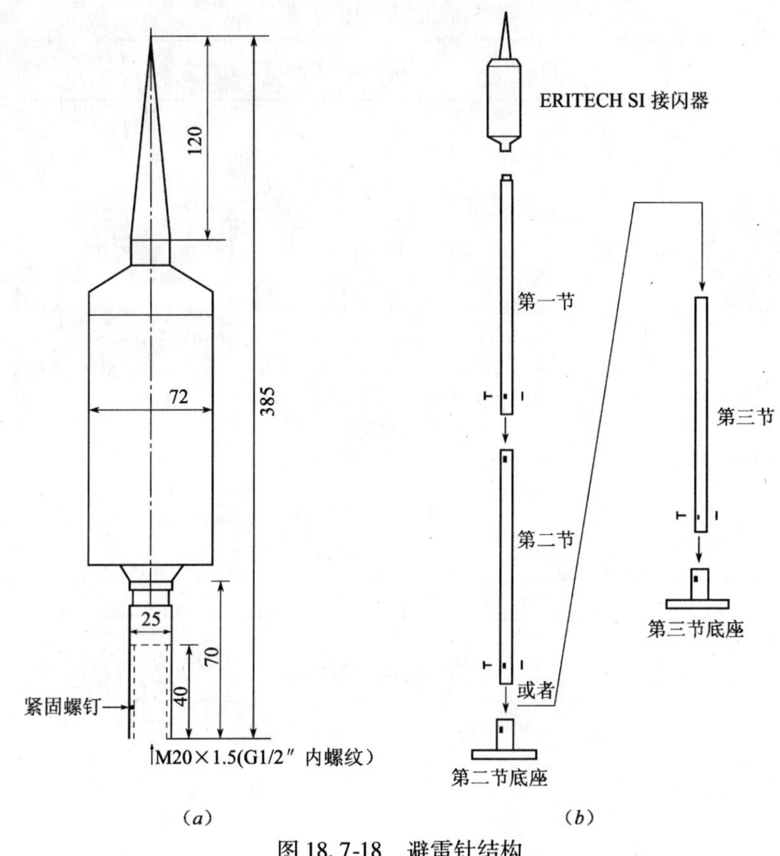

图 18.7-18 避雷针结构
（a）避雷针尺寸图；（b）避雷针组成

2. 提前放电避雷针特点

（1）符合 NFC17-102 和 UNE-21186 标准；

（2）不锈钢材料、耐腐蚀；

（3）免维护、无源；

（4）重量轻、安装简单；

（5）可选择金属带、线及 ERICORE 防雷电缆引下。

3. 提前放电避雷针产品型号及保护半径

（1）产品型号（表 18.7-12）

产品型号表 **表 18.7-12**

型　　号	提前放电时间 ΔT	编号	长度（m）	重量（kg）
SI25	25μs	701535	0.385	3
SI40	40μs	701536	0.385	3
SI60	60μs	701537	0.385	3

（2）提前放电避雷针保护半径（表 18.7-13）

对各类防雷建筑物的保护半径表 **表 18.7-13**

避雷针对高度	h = 高于被保护物平面的高度（m）											
	2	3	4	5	6	7	8	10	15	20	45	60
第一类防雷建筑物												
SI25	17	25	34	42	43	43	43	44	45	45	—	—
SI40	24	35	46	58	58	59	59	59	60	60	—	—
SI60	32	48	64	79	79	79	79	79	80	80	—	—
第二类防雷建筑物												
SI25	23	34	45	57	58	59	59	61	63	65	70	—
SI40	30	45	60	75	76	76	77	77	80	81	85	—
SI60	40	59	78	97	98	98	99	99	101	102	105	—
第三类防雷建筑物												
SI25	26	39	52	65	66	66	67	69	72	75	84	85
SI40	33	50	66	84	84	85	85	87	89	95	99	100
SI60	44	65	87	107	107	108	108	109	111	113	120	120

（3）保护范围（图 18.7-19）的计算

避雷针的保护半径是根据 1995 年法国颁布的国家防雷标准 NFC17-102 和 1998 年西班牙颁布的国家防雷标准 UNE-21186 来确定，它取决于高压实验室中测试出的避雷针启动抢先时间 ΔT，根据雷电的威胁程度确定建筑物防雷类别 I、II 和 III 及避雷针尖到被保护物的垂直距离 h（最小 $h=2\text{m}$）。保护半径的计算公式如下：当 $h \geqslant 5\text{m}$ 时：$R_p = \sqrt{h(2D-H)+\Delta L(2D+\Delta L)}$

当 $h<5\text{m}$ 时：从保护半径表中确定 R_p。

R_p：至针尖垂直距离 h 的水平面上的保护半径。

h：针尖至被保护物体水平面的垂直距离。

D：滚球半径；

建筑物防雷类别 I：$D=20\text{m}$；

建筑物防雷类别 II：$D=45\text{m}$；

建筑物防雷类别 III：$D=60\text{m}$。

ΔL：避雷针上行抢先距离。

$\Delta L=V(\text{m}/\mu\text{s})\times\Delta T(\mu\text{s})$

V 为先导传播速度，实验数据表明：$V=1\text{m}/\mu\text{s}$。

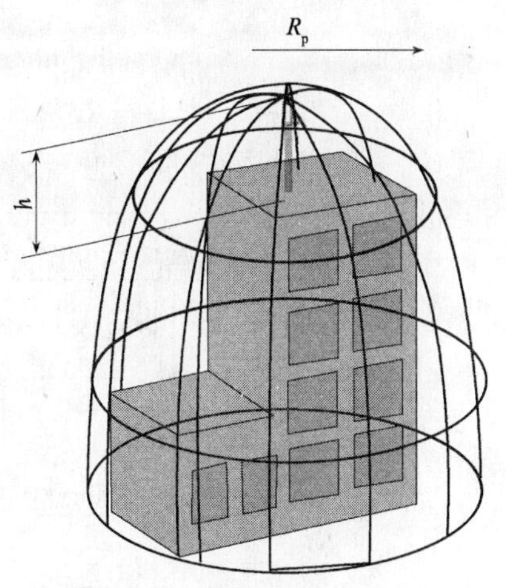

图 18.7-19　保护半径示意图

4. 提前放电避雷针设计说明

（1）按被保护建筑物的面积、高度、所在地平均雷暴日数及地理环境校正系数、建筑物使用性质等确定建筑物防雷类别。

（2）由防雷类别和建筑物的面积确定保护半径，确定选用一支或数支避雷针。

（3）引下线应与建筑物主钢筋电气连接或按规定做两根或两根以上引下线，并可选装雷击计数器。

（4）引下线应做断接卡和在接近地面做绝缘保护。

（5）接地体，接地电阻按《建筑物防雷设计规范》要求执行。

5. 提前放电避雷针安装说明

安装避雷针必须严格遵循国家标准《建筑物防雷设计规范》的强制性规定。

（1）悬臂式安装

安装说明（图 18.7-20）：

1）2 号和 8 号零件应向土建提供资料，由土建施工。

2）高杆采用组合式结构形式，由多段镀锌钢管焊接拼接而成，所有钢结构构件均应作热浸（镀）锌处理，不应现场临时自行加工。

3）括号内的数字用于杆高大于 5m 侧悬臂式避雷针安装。

（2）桅杆式安装

安装说明如下（图 18.7-21）：

1）地脚螺栓预埋在支座内，并应与支座内钢筋焊接。支座与屋面板，应同时施筑。

2）支座应搁置在墙或梁上，否则应进行计算校验。

3）4 号零件与支座应向土建提供资料，由土建施工。

4）高杆采用组合式结构形式，由多段镀锌钢管焊接拼接而成，所有钢结构构件均应做热浸（镀）锌处理，不应现场临时自行加工。

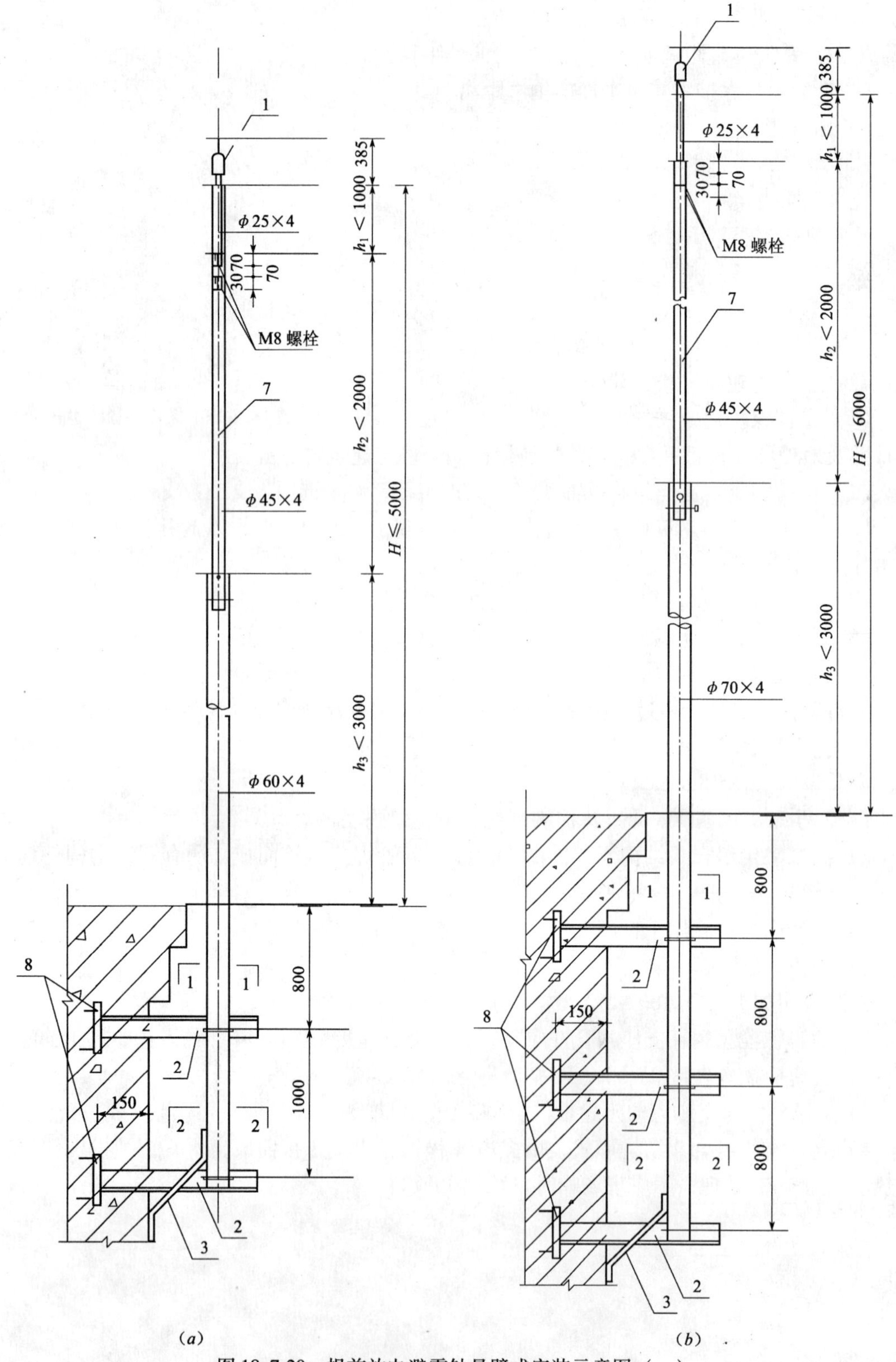

图 18.7-20 提前放电避雷针悬臂式安装示意图（一）

(*a*) 杆高小于等于 5*m* 安装方法；(*b*) 杆高大于 5*m* 安装方法

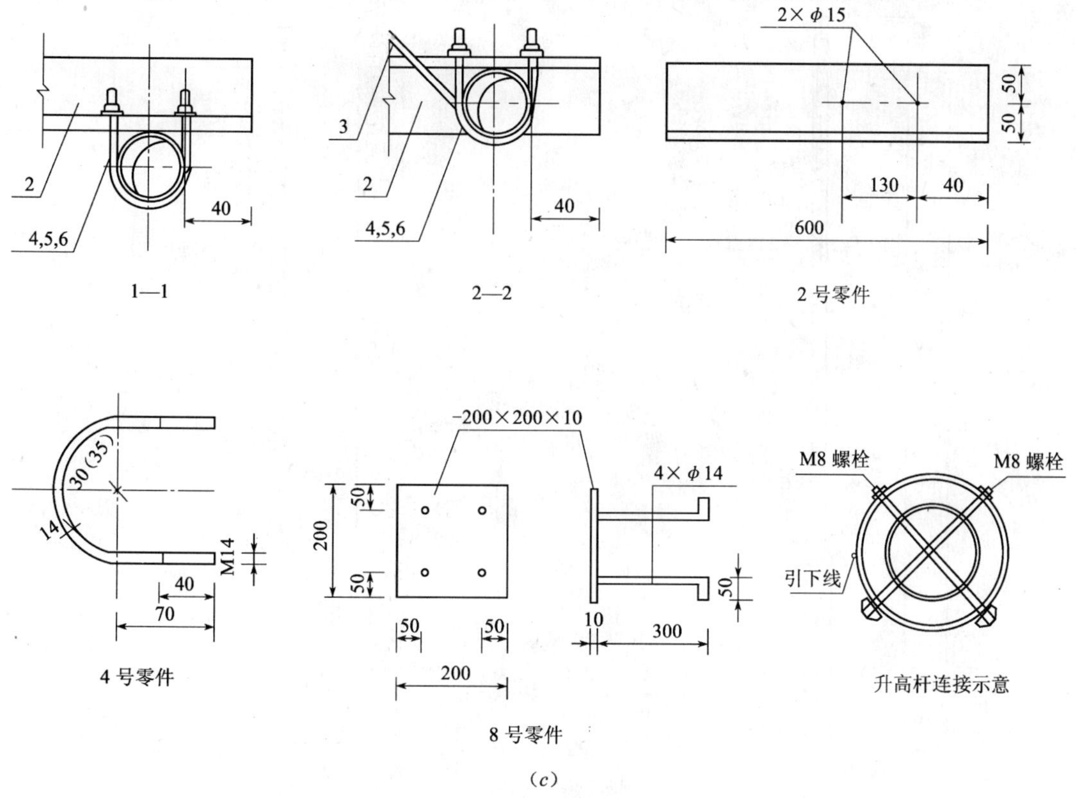

(c)

设备材料表

编号	名称	型号及规格	单位	数量	备注
1	避雷针	SI，25、40、60	根	1	
2	支架	∟100×100×10，L=500mm	块	2（3）	
3	引下线	由工程设计决定	m		
4	U形螺栓	ϕ14，L=235mm（250mm）	个	2（3）	
5	螺母	M14	个	4	
6	垫圈	ϕ14	个	4	
7	升高杆	ϕ25，ϕ45，ϕ60（ϕ70）、镀锌钢管			
8	预埋件	-200×200×10	块	3（3）	

图18.7-20 提前放电避雷针悬臂式安装示意图（二）
（c）配件大样图

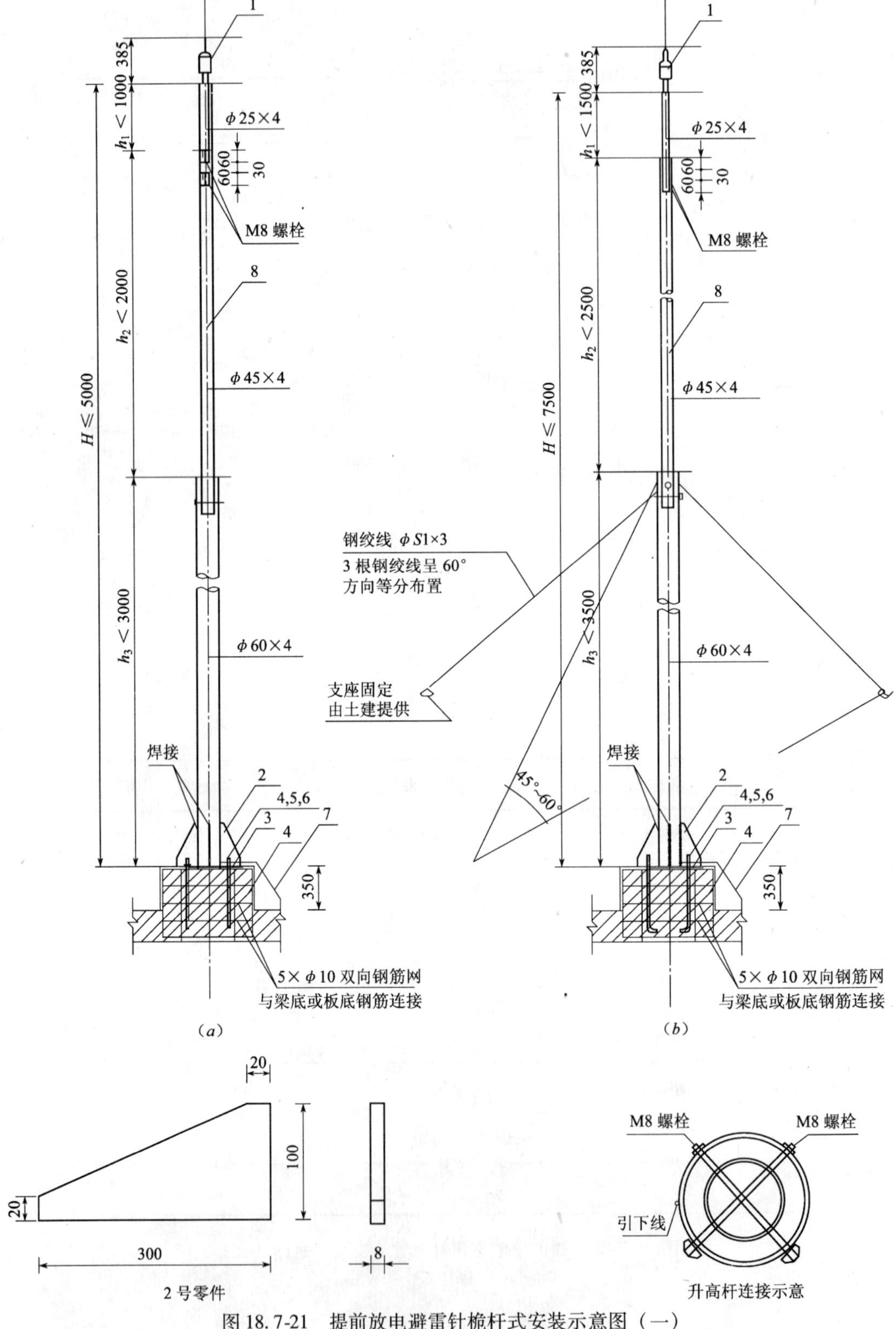

图 18.7-21　提前放电避雷针桅杆式安装示意图（一）
（a）杆高小于等于5m；（b）杆高大于5m

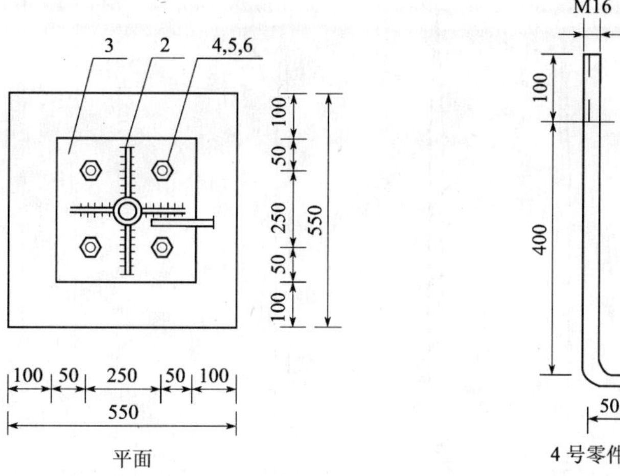

设备材料表

编号	名称	型号及规格	单位	数量	备注
1	避雷针	SI，25、40、60	根	1	
2	加强肋	－100mm×300mm×8mm	块	4	
3	底板	－350mm×350mm×8mm	块	1	
4	地脚螺栓	ϕ16，L=550mm	个	4	
5	螺母	M16	个	8	
6	垫圈	ϕ16	个	4	
7	引下线	由工程设计决定	m		
8	升高杆	ϕ25，ϕ45，ϕ60 镀锌钢管			

图 18.7-21 提前放电避雷针桅杆式安装示意图（二）
(c) 配件大样图

18.7.8 依丽达提前放电式避雷针

提前放电式避雷针（图 18.7-22）是具有更大启动抢先优势的新生一代防雷系列产品，在防雷效果，能量自给运行和维护和简易性方面又向前迈进了一步。

提前放电避雷针的独特效果来源于一种可控制的启动性能；在自然的上升先导形成之前，它会率先产生一个先导，迅速地向雷电方向传播直至捕获雷电，并将其导入大地。实验室中证实，启动抢先时间称为ΔT，赋予了它更加有效的防雷保护功能。

雷雨天气中，环境电场可能会升到 10～20kV/m，一旦这个电场超过临界值时它即开始工作。提前放电避雷针还可以从周围的电场中吸收能量，转化产生高压脉冲，从而建立并传播一个上升先导。既不需要电源支持，也不含放射物质。

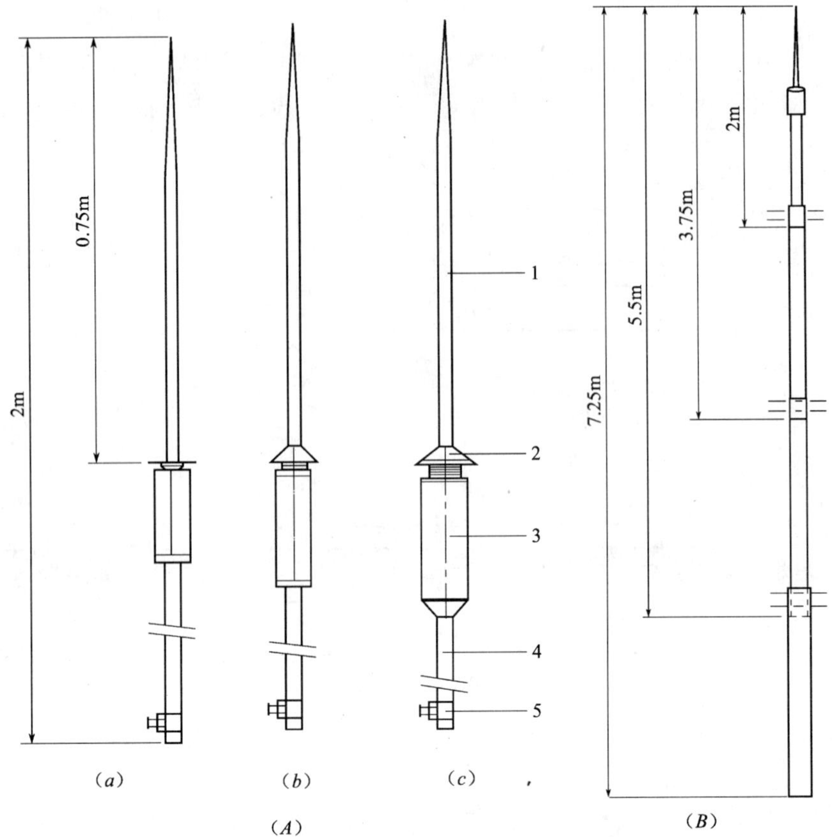

图 18.7-22 依丽达（HELITA）提前放电避雷针

（A）避雷针装置；

（a）25 型；（b）40 型；（c）60 型

1—针尖：所有型号的 PULSAR 针尖长 750mm，底部直径 18mm；

2—均流器：不同型号的 PULSAR 均流器的直径及厚度不同；

3—脉冲发生器：金属圆柱体内有使 PULSAR 发挥作用的电子元件；

4—支撑杆：PULSAR 升高杆外径为 30mm；5—连接卡：作固定引下线用

（B）支架规格

1. 提前放电避雷针的保护半径（表 18.7-14）

提前放电避雷针的保护半径（R_p） **表 18.7-14**

PULSAR、针尖高度	h＝高于被保护物的水平高度（m）										
	2	3	4	5	6	8	10	15	20	45	60
第一类防雷建筑物											
PULSAR18	14	21	28	35	35	36	37	38	38	38	38
PULSAR30	19	28	38	48	48	49	49	50	50	50	50
PULSAR45	25	38	51	63	63	64	64	65	65	65	65
PULSAR60	32	48	64	79	79	79	79	80	80	80	80
第二类防雷建筑物											
PULSAR18	19	29	38	49	49	51	52	55	58	63	63
PULSAR30	25	38	50	63	64	65	66	69	71	75	75
PULSAR45	32	48	65	81	81	82	83	85	86	90	90
PULSAR60	40	59	78	97	97	98	99	101	102	105	105

续表

PULSAR、针尖高度	h＝高于被保护物的水平高度（m）										
	2	3	4	5	6	8	10	15	20	45	60
第三类防雷建筑物											
PULSAR18	22	33	44	55	56	58	60	64	67	77	78
PULSAR30	28	42	57	71	72	73	75	78	81	89	90
PULSAR45	36	57	72	89	90	91	92	95	97	104	105
PULSAR60	44	65	87	107	107	108	109	111	113	119	120

2. 提前放电避雷针安装方法（图 18.7-23）

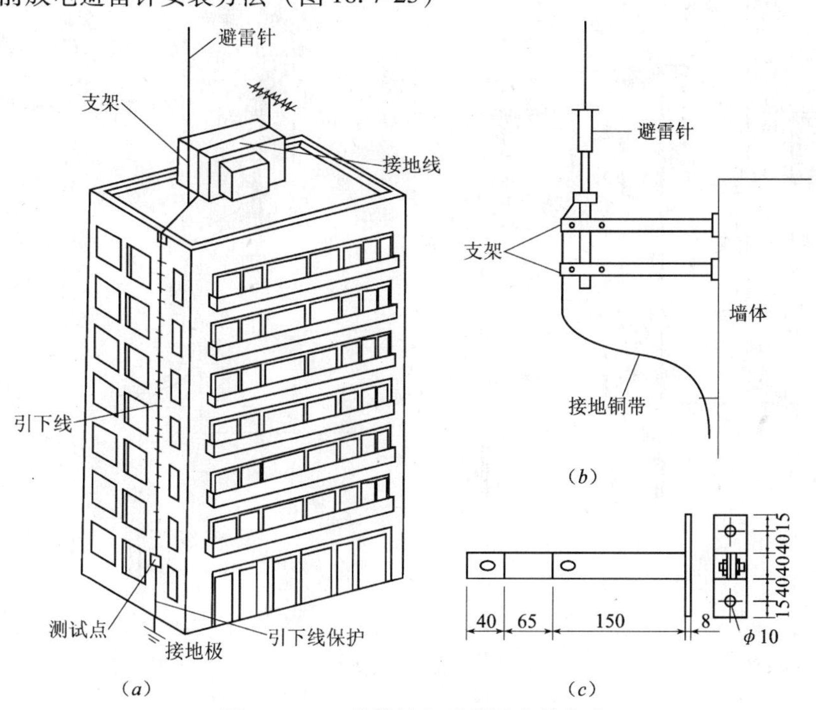

图 18.7-23　提前放电避雷针安装方法
（a）安装示意图；（b）壁装方法；（c）支架大样图

18.7.9　艾力高系统避雷针

艾力高（ERICO）系统 S3000 型避雷针重约 5kg。要求安装高度高出被保护物 5m，接地电阻小于 10Ω，可使用雷击计数器。

1. 避雷针主要优点

（1）控制雷击点。

（2）安全引导雷电流入地网。

（3）完善的低阻地网。

（4）消除地面回路。

（5）电源的浪涌冲击防护。

（6）信号及数据线的瞬变保护。

2. 避雷针安装方法（图 18.7-24）

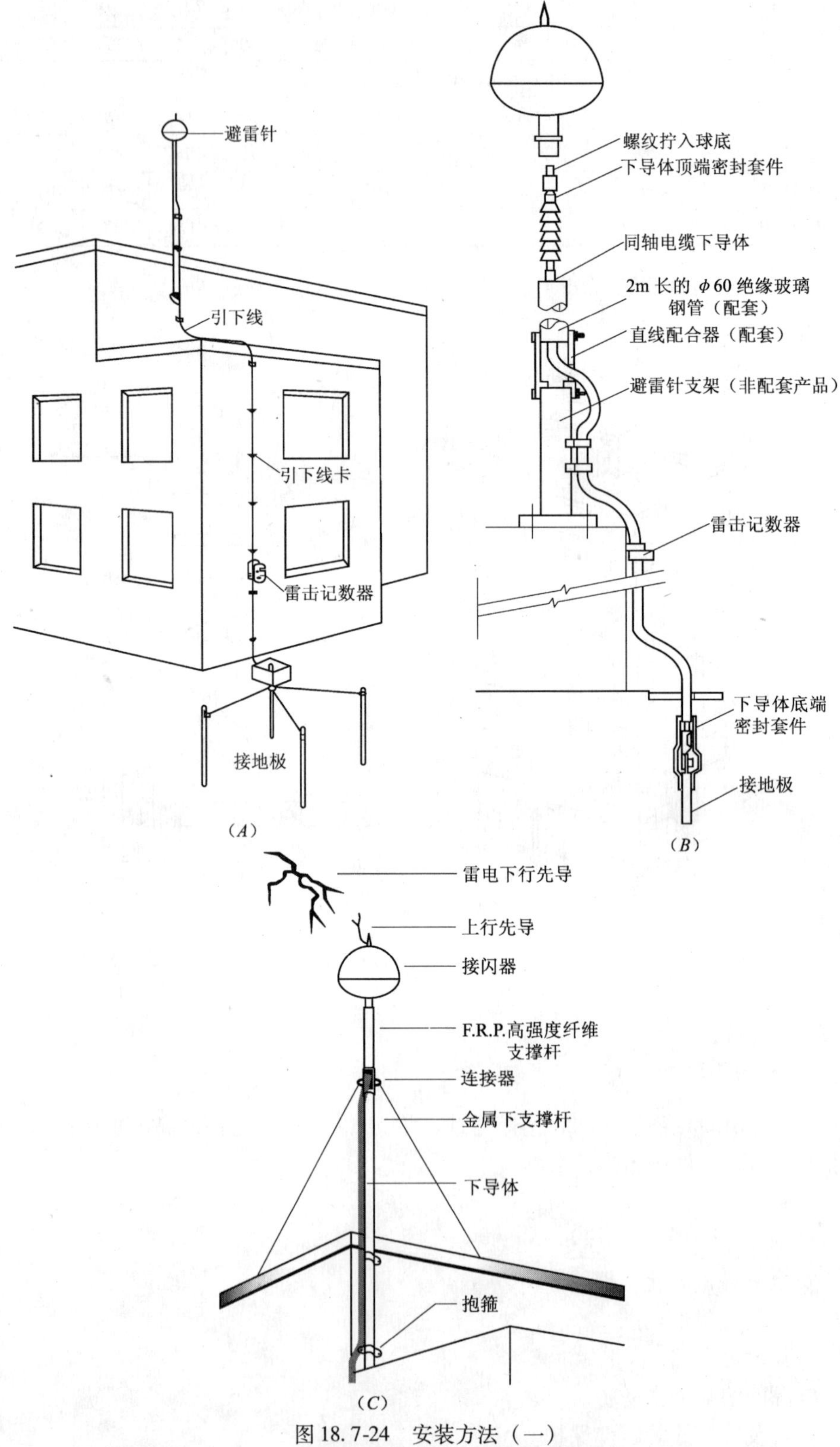

图 18.7-24 安装方法（一）
（A）系统组成；（B）结构；（C）壁装安装方法

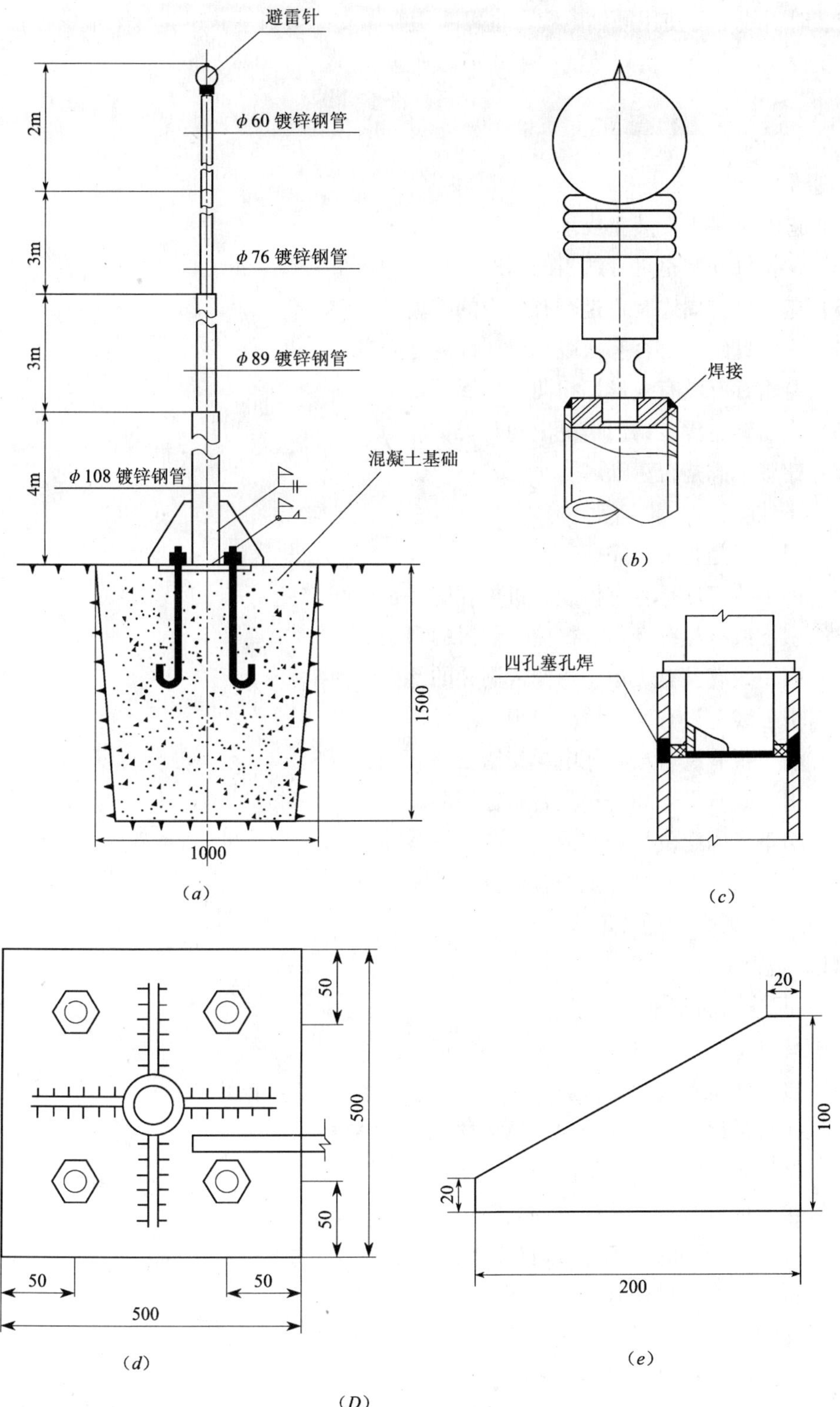

(D)

图 18.7-24 安装方法（二）

(D) 座装方法

(a) 结构示意图；(b) 安装方法；(c) 钢管连接；(d) 基础尺寸；(e) 加强肋

安装时引线下可使用同轴电缆，也可采用金属支撑架引下，避雷针下端螺栓拧在支撑架上，支撑架与符合防雷规范的引下线可靠连接。

18.7.10 避雷装置检查

1. 避雷针

（1）避雷针是否安装完成。

（2）避雷针安装是否有适当的高度。

（3）避雷针与周边装置是否有适当的距离。

（4）避雷针组件是否有松脱，机械性能是否良好。

（5）避雷针有没有变形、扭曲、焦黑的现象。

（6）避雷针有没有锈蚀情况出现。

（7）铭牌标志是否清晰。

2. 引下线

（1）引下线是否安装完成。

（2）引下线组件是否有松脱，机械性能是否良好。

（3）引下线有没有变形、扭曲、焦黑的现象。

（4）引下线有没有尖角、弯曲或洞孔的地方。

（5）引下线有没有锈蚀情况出现。

（6）引下线有没有与其他电缆交错。

（7）引下线与引下线之间是否有适当距离。

（8）引下线固定位是否有适当距离。

（9）引下线与物料尺寸是否合格。

（10）引下线数量是否足够。

（11）是否提供测试接头。

（12）标志是否清晰。

3. 接地体

（1）接地体是否安装完成。

（2）接地体组件是否有松脱，机械性能是否良好。

（3）接地体有没有锈蚀情况出现。

（4）接地体有没有与其他电缆交错。

（5）接地体埋下的深度是否适当。

（6）接地体之间是否有适当距离。

（7）接地体物料及尺寸是否合格。

（8）是否提供总接地终端的连接装置。

（9）接地方法是否正确。

4. 雷击计数器

（1）雷击计数器安装是否适当。

（2）雷击计数器组件是否有松脱，机械性能是否良好。
（3）雷击计数器有没有破损的现象
（4）雷击计数器能否显示前次的读数。

19　安全用电

随着电能应用的不断拓展，以电能为介质的各种电气设备广泛进入企业、社会和家庭生活中，与此同时，使用电气所带来的不安全事故也不断发生。为了实现电气安全，对电网本身的安全进行保护的同时，更要重视用电的安全问题。

本章相关标准规范：

(1)《建筑电气工程施工质量验收规范》GB 50303—2002。

(2)《民用建筑电气设计规范》JGJ 16—2008。

(3)《建设工程施工现场供用电安全规范》GB 50194—93。

(4)《施工现场临时用电安全技术规范》JGJ 46—2005。

19.1　大厦安全用电指引

电力是一种方便且安全的能源，安全用电主要是防止漏电、保障人身安全及防止因漏电而引起火警，保障家居安全。

19.1.1　常见不正确用电

1. 大厦内电线凌乱残旧，缺乏维修保养。
2. 电线带电部分外露。
3. 接地线路因老化或缺乏维修保养，使电力装置未能有效接地。
4. 擅自加装线路导致总负荷超过允许负载量。
5. 电力装置没有做识别及警告用的告示。
6. 废弃的电线未被拆除。
7. 大厦配电房用作杂物房，有杂物阻挡开关或配电箱。

19.1.2　正确用电方法

1. 室内正确用电

(1) 不要用潮湿的手去触摸电源开关及电器用品，以免造成触电。

(2) 家庭电器和电线应该避免在潮湿的地方使用，启动电器时不要站在潮湿的地方。

(3) 插头必须完全的插入插座中后再使用，接触不良将会造成过热的情形。

(4) 家中如果有儿童，不要让儿童将插座当成玩具或将手指头插入插座中，以免造成触电。

(5) 插头拔起时应该把手握住插头后再把插头拔下。

(6) 同一个插座不要连接太多插头使用，因为当电线插座的负荷过量时，容易造成电线发热着火。

(7) 在洗澡时不要触摸电器开关，因为水容易导电，万一漏电很容易造成意外事故。

(8) 电线请勿任意放置，也不要任意剪电线。

(9) 购买电器应该选择省电而且符合标准的电器用品；使用新电器前必须要先阅读说

明书，了解正确的使用方法，新电器的电压、电流要与电源互相符。

(10) 洗衣机等大型电器用品的外壳应该做好接地措施，以避免触电。

(11) 当电热器、电熨斗不使用时，应该将插头拔起，切断电源，以免因为过热着火造成火灾。

(12) 当你要检查或修护电器时，请先将电源切断。

2. 室外正确用电

(1) 当电线漏电触及人体时，应使用干燥的木棒或竹竿把电线拨开，并且迅速通知电力公司前来处理。

(2) 儿童在放风筝时，请远离电力线。

(3) 临近电力线起吊作业，应接洽电力公司加装防护措施。起吊机具的金属部分应进行接地。

(4) 请勿用金属勾取电力线上的衣物。天线请勿靠近电力线架设。

(5) 如果轿车碰触电力线，请留在车内，不要匆忙离开。

(6) 手持长条金属物，请勿碰触电力线。

(7) 窃电不仅违法，且容易因负荷过量造成电线着火，引起火灾，害人害己。

(8) 在任何地方发现有电线掉落，不要自行处理，要迅速通知警察或电力公司前来处理。

19.1.3 安全用电指引

(1) 电器若非经插座供电，应由持证电工安装。

(2) 遵守用电说明书所述的操作程序及安全措施。

(3) 所有插座必须连接到配电箱内的电流式漏电断路器，以防止漏电危险。电线或插座损坏应立即更换。

(4) 每个插座只可使用一个万能插座或拖板，以防电力负荷过重。使用前必须先检查电器（包括插头和软电线）有否损坏。

(5) 若对电器的安全及操作有疑问，切勿使用，应交由有关人员检查。

(6) 不要将操作于110V的电器连接在220V的插座上（该电器应贴有警告标示）。

(7) 连接电源后才能开动电器，以免插头处出现火花，造成危险。

(8) 确保电器四周有足够空间让空气流通，以免电器过热。

(9) 避免让小孩接触开动中的电器。

(10) 避免让电器软电线接触高温物体（例如：煮食炉）。

(11) 不要在操作中的电器附近使用易燃化学品。

(12) 不要让水渗入电器内部，以免发生危险。

(13) 避免在浴室内使用可移动的电器（例如：电暖炉等），除非该电器的设计是从浴室内的电须刀供电装置取电，如电须刀或电牙刷。

(14) 身体沾了水，应避免触碰任何电器、插座或开关。

(15) 无人在家时，应先将电器关掉，须连续供电的设备除外。

(16) 在任何停电的情况下，都应该将所有电器关掉，避免在电力供应恢复时，全部电器同时启动，造成启动电流负荷过大。

(17) 若怀疑电力装置有可能有危险，如漏电或经常跳闸，须立即安排持证电工检查。

(18) 为安全起见，切勿令电力负荷过量。

(19) 任何电器、电线安装工程必须由合格的电气承包商进行。

19.2 家庭用电安全

根据统计数据，绝大多数火警是由不正确使用电力、不正确使用家用电器所引起的，要保障生命、财物免受损失，正确、安全使用家用电器是很必要的。

19.2.1 电器安装时应注意事项

(1) 灯泡或其他电热装置，切勿靠近易燃物品，尤其不可在衣柜内装设电灯，以免自动开关失灵引起火灾。

(2) 用电不可超过电线许可负荷能力。

(3) 增设大型电器时，应先申请重新装设屋内配线或电表后再使用。

(4) 切勿自接临时线路或任意增设灯泡及插座。

(5) 切勿利用分叉或多口插座，同时使用多项电器(图 19.2-1)。

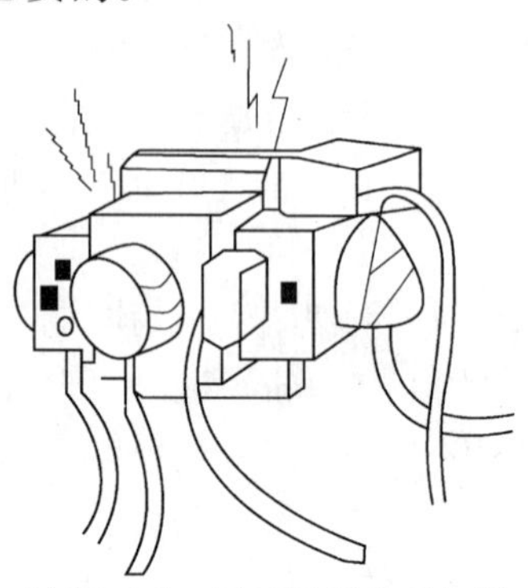

图 19.2-1 同时使用多项电器

(6) 电线延长线，不可经由地毯或高挂有易燃物墙上。

19.2.2 使用电器时应注意事项

(1) 使用电器时，千万不可因事分心突然离开忘了关闭，这样很容易造成火灾。

(2) 使用电暖炉时，切勿靠近衣物或易燃物品，尤其在烘烤衣服时，更不可随意离开，以免烤燃衣物时引起火灾(图 19.2-2)。

(3) 使用长久的电视机等电器，如内部尘埃厚积，则很容易使绝缘能力降低，发生漏电，或因虫鼠咬伤，将配线咬破，发生火花或爆炸，应注意维护及检查。

图 19.2-2 电暖炉放置易燃物品

(4) 电器插头必须插牢，不可松动，以免发生火花引燃旁边物品。

(5) 电热水器应随时检查其自动调节装置是否损坏，以免发生高热引起爆炸。

(6) 电器在使用时，切勿让儿童接近玩弄，以免触电或引起火灾。

(7) 配电房应配备二氧化碳灭火器或干粉灭火器，以便发生火警时进行灭火。

19.2.3 电器故障排除应注意事项

(1) 电器发生故障、有异常，首先应切断电源开关，实时处理，以免发生短路，引起电线着火。

(2) 屋内配线陈旧、外部绝缘体破坏或插座损坏，必须立即更换修理。

(3) 保险丝熔断，通常是用电过量或短路，切勿误以为保险丝太细而换用较粗或以铜丝、铁丝替代。

（4）电线着火时，应立即切断电源，电源未切断前，切勿用水泼洒其上，以防导电。

19.2.4 家用电器的保养

（1）所有供电装置都必须聘请专业人员定期检查、维修。按照说明书要求做定期保养，确保其安全。

（2）若认为供电装置有可能引起危险，例如经常跳闸，须立即安排持证电工修理妥当。

（3）未得到电力公司同意前，用户不应因用电量增加而自行安排加装或改装供电装置。

（4）所有供电工程，如加装、改装、检查、测试及维修，都必须由合格的电气承包商进行。

（5）根据说明书的指示，定期清洁电器。清洁电器时，应先拔掉插头。

19.2.5 家庭安全用电须知

（1）带金属外壳的可移动的电器，应使用三芯塑料护套线或三眼插座、三脚插头（不经插座供电的电器除外）。

（2）在使用电器时，应先插电源插头，后开电器开关。用完后，应先关掉电器开关，后拔电源插头，在插、拔插头时，要用手握住插头绝缘体，不要拉住导线使劲拔。

（3）湿手不要接触带电设备，不要用湿布擦带电设备，不要将湿手帕挂在电扇外罩上吹干。

（4）使用电熨斗时，不得与其他家用电器，特别是功率较大的电器，如电饭锅、微波炉、电烤箱、电取暖器等同时使用一个插座板，以防线路过载引起火灾。

（5）在使用电吹风、电热梳等家电产品时，用后即拔掉电源插头，以免因忘记导致长时间工作，温度过高而发生事故。

（6）用电设备应进行可靠的接地，但不要把接地线接到下列地方：

1）自来水管，接地不可靠。

2）煤气管，有引火或爆炸的危险。

（7）家用电器运行一段时间后，想了解设备外壳是否发热时，不能用手掌去摸设备的外壳，应用手背轻轻接触外壳，即使外壳漏电也便于迅速脱离电源。

（8）不得用铜、铁、铝线代替铅锡熔丝作熔断器的保险丝，保险丝规格应符合规定要求。

（9）遇到电器设备冒火，一时无法判明原因，应先切断电源再灭火。

19.2.6 家庭电力中断处理指引

1. 全屋电力中断处理指引

保持镇定，大多数只是跳了闸，只要按步骤找出问题的所在，再找电工修理即可。家中应常备手电筒，以便万一电力故障时可作临时照明。停电时应将家中所有电器关闭，最多保留一盏瓦数较小的灯作为恢复电力的指示。

电力中断处理指引：

第一步：查看大厦内其他单位的供电是否正常。

第二步：倘若整幢大厦电力中断，请致电电力公司客户紧急服务中心。

第三步：倘若与你同一层的其他单位或大厦只有部分电力中断，那便可能是由于大厦的公共电力装置出现故障，可联络大厦管理处进行调查。

第四步：倘若只有你的住所出现电力中断，应采取以下措施：

检查配电箱之总断路器及漏电断路器，如发现“跳闸”，可能是由于你的住所有电器损坏、电线或负荷过重所引致，必须要确定引起“跳闸”的损坏电器或电路，并将之隔离。

然后将总断路器或漏电断路器推至“开”的位置以恢复电力。跳了闸的空气断路器或漏电保护器，再接通时一般都要先向 OFF 方向推，之后才推向 ON。如总断路器或漏电断路器不能推至“开”的位置，请找电工检查有关电力装置。切勿尝试自行修理损坏的电力设备或电线。

2. 跳了漏电保护器处理指引

这是最常见的情况，灯依然亮着，但全屋插座无电，通常发生在天气潮湿的日子，一般都只是屋里其中一件电器漏电，或是因太过潮湿，部分电路轻微漏电所致，有时只要等一段时间后再接通漏电保护器就会一切恢复正常运作。

（1）将配电箱内所有插座的微型断路器关闭（推向 OFF），再将所有插在插座上的插头（包括万能插座及拖板）拔出，拆走所有接线座的保险管，不要遗漏。然后再接通漏电断路器，这时漏电保护器应该不会再跳，全屋插座有电。若漏电保护器马上又跳，须请电工检查，通常为漏电保护器坏或线路有问题。

（2）将刚才关闭插座的微型断路器分别一一再接通，漏电保护器应该会保持接通，所有插座恢复电力；若当接通微型断路器时漏电保护器马上又跳，可能是：

1）屋内插座未全部拔出，请由步骤一开始再检查一次；

2）可能插座或供电线路本身漏电，若是这样，应该找电工检查。

（3）逐一将刚才拔出的插头插回并试着开该电器，直至有一件电器一插或是一开着就跳漏电保护器，则该电器必有毛病。找到有毛病的电器后不要再用，找电工修理。

上列步骤只是就最常遇到跳闸的小问题试找出原因，若你的问题非如上述所列，或有任何疑惑，安全至上，找电工师傅检查。

注意：以上内容仅为一般简介。若有任何疑问，用户应向合格的电气承包商或电工查询。

19.3 电工安全守则

19.3.1 常用安全材料及用具

所有绝缘、检测工具应妥善保管，严禁他用，并应定期检查、校验。电气安全用具使用前应进行外观检查，表面应无裂纹、划痕、毛刺、孔洞、断裂等外伤，且应清洁无脏污。保证正确可靠接地或接零。

1. 绝缘手套

绝缘手套（图 19.3-1）是用特种橡胶制成的，具有较高的绝缘强度。它是辅助安全用具，不能直接接触高压电。使用绝缘手套的安全注意事项如下：

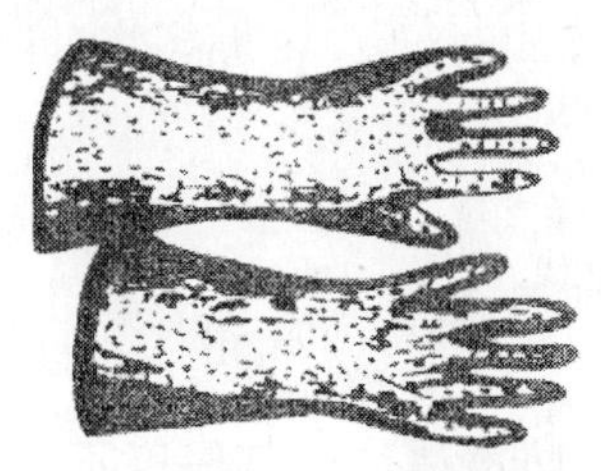

(*a*)

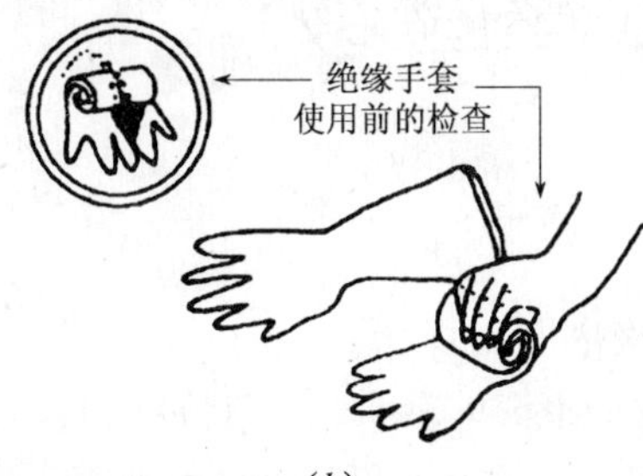

(*b*)

图 19.3-1 绝缘手套

(*a*) 绝缘手套；(*b*) 绝缘手套保管

（1）使用前应检查有无漏气或裂口等缺陷；

（2）戴绝缘手套时，应将外衣袖口放入手套的伸长部分；

（3）绝缘手套不得挪作他用；普通的医疗、化验用的手套不能代替绝缘手套；

（4）绝缘手套用后应擦净晾干，撒上一些滑石粉，以免粘连，并应放在通风、阴凉的柜子里。

2. 绝缘鞋（靴）

绝缘鞋（靴）(图 19.3-2）是在任何电压等级的电气设备上工作时，用来与地保持绝缘的辅助安全用具，也是防护跨步电压的基本安全用具。它用特种橡胶制成。使用绝缘鞋（靴）的安全注意事项如下：

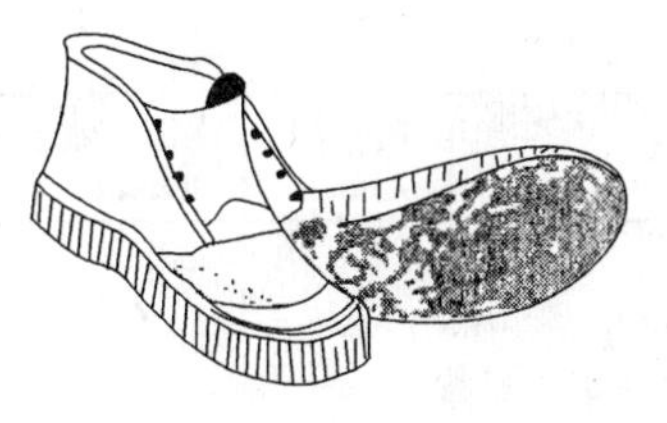

(*a*)

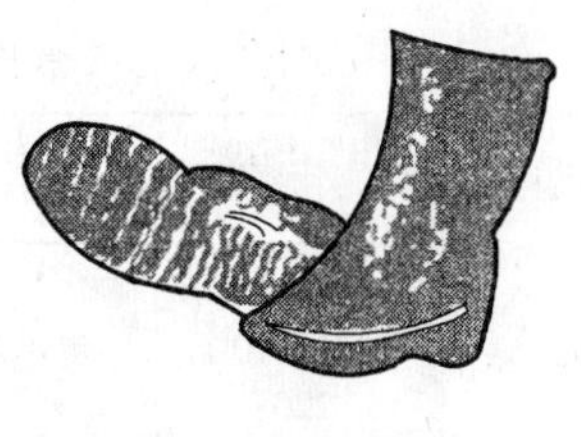

(*b*)

图 19.3-2 绝缘鞋（靴）

(*a*) 绝缘鞋；(*b*) 绝缘靴

（1）绝缘鞋（靴）要放在柜子内，并应与其他工具分开放置；

（2）绝缘鞋（靴）每半年定期试验一次，保证其安全可靠。

3. 绝缘站台

绝缘站台（图 19.3-3）用干燥的木板或木条制成，站台四角用绝缘瓷瓶做台脚。绝缘站台定期试验周期为 3 年，试验标准不分使用电压等级，一律加交流电压 40kV，持续时间为 2min。在试验过程中若发现有跳火情况或试验结束除去电压后用手摸试瓷瓶有发热情况，则为不合格。

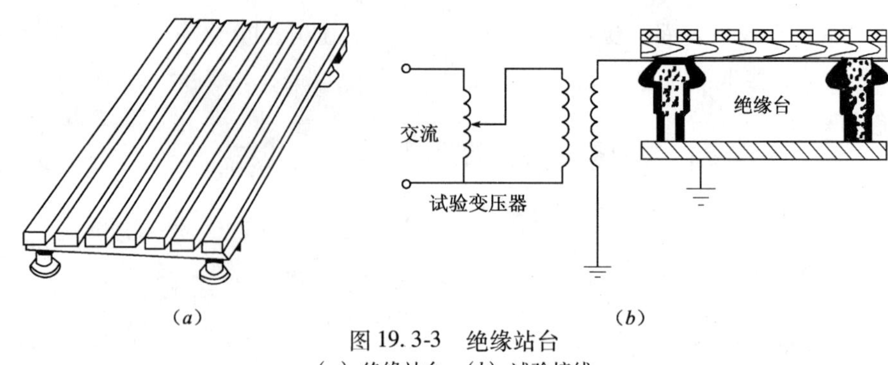

图 19.3-3 绝缘站台
(a) 绝缘站台；(b) 试验接线

4. 绝缘垫

绝缘垫（图 19.3-4）是用特种橡胶制成，表面有防滑槽纹，其厚度不应小于 5mm。绝缘垫一般铺设在高、低压开关柜前后，作为固定的辅助安全用具。

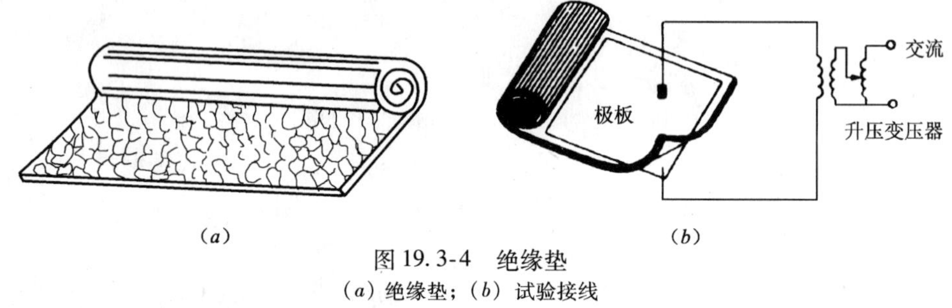

图 19.3-4 绝缘垫
(a) 绝缘垫；(b) 试验接线

5. 几种常用绝缘安全用具试验标准

电气绝缘安全用具应按照要求进行定期的检查试验，表 19.3-1 列出了几种常用绝缘安全具的试验周期及标准。

常用绝缘安全用具试验标准 **表 19.3-1**

序号	名称	电压等级 (kV)	周 期	交流耐压（kV）	时 间 (min)	漏泄电流 (mA)	附 注
1	绝缘棒	6～10 35～110 220	每年一次	44 四倍相电压 三倍相电压	5		
2	绝缘挡板	6～10 35	每年一次	30 80	5		
3	绝缘罩	35	每年一次	80	5		
4	绝缘夹钳	35 及以下 110 220	每年一次	三倍线电压 260 400	5		
5	验电器	6～10 35	六个月一次	40 105	5		发光电压不高于额定电压的 25%
6	绝缘手套	高压 低压	六个月一次	8 2.5	1	≤9 ≤2.5	

续表

序号	名称	电压等级（kV）	周期	交流耐压（kV）	时间（min）	漏泄电流（mA）	附注
7	绝缘靴	高压	六个月一次	15	1	≤7.5	
8	绝缘绳	高压	六个月一次	105/0.5m	5		

19.3.2 安全标示牌式样

安全标示牌式样见表19.3-2。

安全标示牌式样　　表19.3-2

序号	名称	悬挂处所	式样		
			尺寸（mm）	颜色	字颜色
1	禁止合闸 有人工作！	一经合闸即可送电到施工设备的断路器（开关）和隔离开关（刀闸）操作把手上	200×100和 800×50	白底	红字
2	禁止合闸 线路有人工作！	线路断路器（开关）和隔离开关（刀闸）把手上	200×100 和80×50	红底	白字
3	在此工作！	室外和室内工作地点或施工设备上	250×250	绿底，中有直径210mm白圆圈	黑字，写于白圆圈中
4	止　步 高压危险！	施工地点临近带电设备的遮栏上；室外工作地点的围栏上；禁止通行的过道上，高压试验地点；室外构架上；工作地点临近带电设备的横梁上	250×200	白底红边	黑字， 有红色箭头
5	从此上下！	工作人员上下用的铁架、梯子上	250×250	绿底，中有直径210mm白圆圈	黑字，写于白圆圈中
6	禁止攀登 高压危险！	工作人员上下的铁架，临近可能上下的另外铁架上，运行中变压器的梯子上	250×200	白底红边	黑字

19.3.3 电工安全守则

以下是一些重要的安全守则：

1. 必须由持证电工进行电气工程施工。
2. 不可湿手接触电气设备。
3. 外皮破损的电线十分危险，发现时必须立即更换。
4. 不可使用已损坏的电气设备，如发现此类设备，应立即修好。
5. 电源，特别是工厂的电源，必须装有漏电保护器。
6. 应保持电动工具的绝缘层良好，操作电动工具前，先要检查工具的额定电压是否合适。
7. 电动工具必须有良好的接地，如果地线未有连接，外壳可能带电引起使用者触电伤亡，如有任何疑问，须由持证电工进行检查。
8. 切勿将电源软线放在潮湿的地板上，亦不可散设在环境温度高的地方。

9. 要穿着有足够厚度的胶底安全鞋进行工作。

19.4 施工现场临时用电安全措施

施工现场临时用电设备的安装、防护、使用、维修必须符合《施工现场临时用电安全技术规范》GJ 46—2005 的要求。其中规范中的强制性条文，必须严格执行。

19.4.1 一般规定

(1) 电工作业必须经专业安全技术培训，考试合格，非电工严禁进行电气作业。

(2) 电工作业时，必须穿绝缘鞋、戴绝缘手套，酒后不准操作。

(3) 所有绝缘、检测工具应妥善保管，严禁他用，并应定期检查、校验。所有接地或接零处，必须保证可靠电气连接。

(4) 定期和不定期对临时用电设备的接地、绝缘和漏电保护开关进行检测、维修、发现隐患及时消除，并建立检测维修记录。

(5) 建筑工程竣工后，临时用电工程拆除，应按顺序切断电源后拆除。不得留有隐患。

19.4.2 施工现场临时用电安全技术规范摘要

《施工现场临时用电安全技术规范》GJ 46—2005 强制性条文，必须严格执行，现将强制性条文摘要整理如下：

建筑施工现场临时用电工程专用的电源中性点直接接地的 220/380V 三相四线制低压电力系统，必须符合下列规定：

(1) 采用三级配电系统；

(2) 采用 TN-S 接零保护系统；

(3) 采用二级漏电保护系统。

临时用电组织设计及变更时，必须履行“编制、审核、批准”程序，由电气工程技术人员组织编制，经相关部门审核及具有法人资格企业的技术负责人批准后实施。变更用电组织设计时应补充有关图纸资料。

临时用电工程必须经编制、审核、批准部门和使用单位共同验收，合格后方可投入使用。

临时用电工程定期检查应按分部、分项工程进行，对安全隐患必须及时处理，并应履行复查验收手续。

1. 配电室及自备电源

(1) 配电柜应装设电源隔离开关及短路、过载、漏电保护电器。电源隔离开关分断时应有明显可见分断点。

(2) 配电柜或配电线路停电维修时，应挂接地线，并应悬挂“禁止合闸、有人工作”停电标志牌。停送电必须由专人负责。

(3) 发电机组电源必须与外电线路电源连锁，严禁并列运行。

(4) 发电机组并列运行时，必须装设同期装置，并在机组同步运行后再向负载供电。

2. 配电线路

（1）电缆中必须包含全部工作芯线和用作保护零线或保护线的芯线。需要三相四线制配电的电缆线路必须采用五芯电缆。

五芯电缆必须包含淡蓝、绿/黄二种颜色绝缘芯线。淡蓝色芯线必须用作N线；绿/黄双色芯线必须用作PE线，严禁混用。

（2）电缆线路应采用埋地或架空敷设，严禁沿地面明设，并应避免机械损伤和介质腐蚀。埋地电缆路径应设方位标志。

3. 配电箱及开关箱

（1）每台用电设备必须有各自专用的开关箱，严禁用同一个开关箱直接控制2台及2台以上用电设备（含插座）。

（2）配电箱的电器安装板上必须分设N线端子板和PE线端子板。N线端子板必须与金属电器安装板绝缘；PE线端子板必须与金属电器安装板做电气连接。

进出线中的N线必须通过N线端子板连接；PE线必须通过PE线端子板连接。

（3）开关箱中漏电保护器的额定漏电动作电流不应大于30mA，额定漏电动作时间不应大于0.1s。

使用于潮湿或有腐蚀介质场所的漏电保护器应采用防溅型产品，其额定漏电动作电流不应大于15mA，额定漏电动作时间不应大于0.1s。

（4）总配电箱中漏电保护器的额定漏电动作电流应大于30 mA，额定漏电动作时间应大于0.1s，但其额定漏电动作电流与额定漏电动作时间的乘积不应大于30mA·s。

（5）配电箱、开关箱的电源进线端严禁采用插头和插座做活动连接。

（6）对配电箱、开关箱进行定期维修、检查时，必须将期前一级相应的电源隔离开关分闸断电，并悬挂“禁止合闸、有人工作”停电标志牌，严禁带电作业。

4. 电动建筑机械及工具

对混凝土搅拌机、钢筋加工机械、木工机械、盾构机械等设备进行清理、检查、维修时，必须首先将其开关箱分闸断电，呈现可见电源分断点，并关门上锁。

5. 照明

（1）下列特殊场所应使用安全特低电压照明器：

1）隧道、人防工程、高温、有导电灰尘、比较潮湿或灯具离地面高度低于2.5m等场所的照明，电源电压不应大于36V；

2）潮湿和易触及带电体场所的照明，电源电压不得大于24V；

3）特别潮湿场所、导电良好的地面、锅炉或金属容器内的照明，电源电压不得大于12V。

（2）照明变压器必须使用双绕组型安全隔离变压器，严禁使用自耦变压器。

（3）对夜间影响飞机或车辆通行的在建工程及机械设备，必须设置醒目的红色信号灯，其电源应设在施工现场总电源开关的前侧，并应设置外电线路停止供电时的应急自备电源。

6. 接地及防雷

（1）在施工现场专用变压器的供电的TN-S接零保护系统中，电气设备的金属外壳必须与保护零线连接。保护零线应由工作接地线、配电室（总配电箱）电源侧零线或总漏电保护器电源侧零线处引出（图 19.4-1）

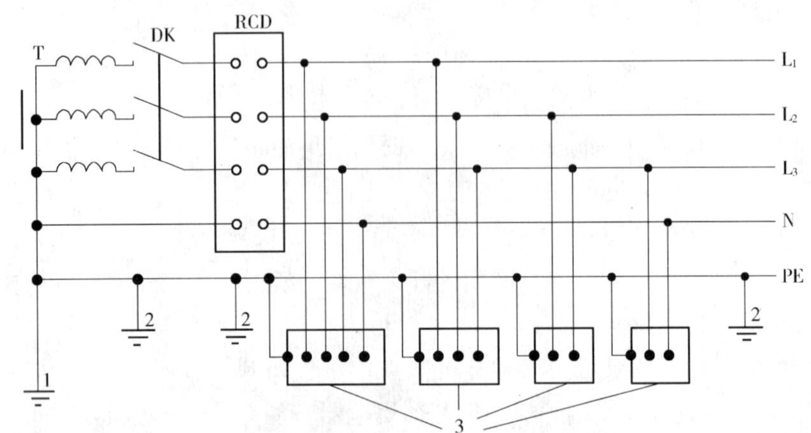

图 19.4-1　专用变压器供电时 TN-S 接零保护系统示意
1—工作接地；2—PE 线重复接地；3—电气设备金属外壳（正常不带电的外露可导电部分）；
L_1、L_2、L_3—相线；N—工作零线；PE—保护零线；DK—总电源隔离开关；
RCD—总漏电保护器（兼有短路、过载、漏电保护功能的漏电断路器）；T—变压器

（2）当施工现场与外电线路共用同一供电系统时，电气设备的接地、接零保护应与原系统保持一致。不得一部分设备做保护接零，另一部分设备做保护接地。

采用 TN 系统做保护接零时，工作零线（N 线）必须通过总漏电保护器，保护零线（PE 线）必须由电源进线零线重复接地处或总漏电保护器电源侧零线处，引出形成局部 TN-S 接零保护系统（图 19.4-2）。

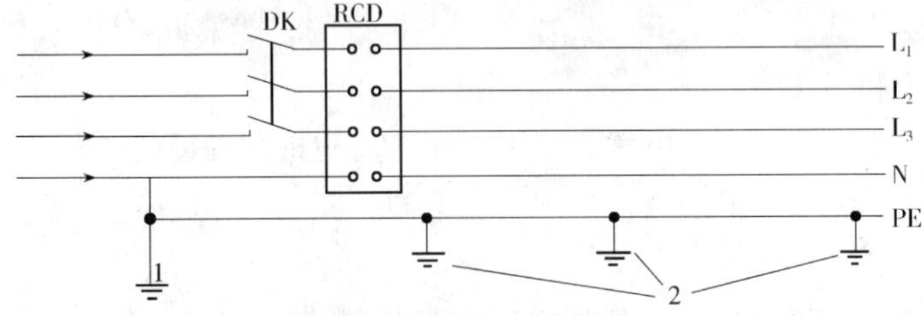

图 19.4-2　三相四线供电时局部 TN-S 接零保护系统保护零线引出示意
1—NPE 线重复接地；2—PE 线重复接地；L_1、L_2、L_3—相线；
N—工作零线；PE—保护零线；DK—总电源隔离开关；
RCD—总漏电保护器（兼有短路、过载、漏电保护功能的漏电断路器）

（3）PE 线上严禁装设开关或熔断器，严禁通过工作电流，且严禁断线。

（4）TN 系统中的保护零线除必须在配电室或总配电箱处做重复接地外，还必须在配电系统的中间处和末端处做重复接地。

在 TN 系统中，保护零线每一处重复接地装置的接地电阻值不应大于 10Ω。在工作接地电阻值允许达到 10Ω 的电力系统中，所有重复接地的等效电阻值不应大于 10Ω。

（5）做防雷接地机械上的电气设备，所连接的 PE 线必须同时做重复接地，同一台机械电气设备的重复接地和机械的防雷接地可共用同一接地体，但接地电阻应符合重复接地

电阻值的要求。

19.5 触电事故的急救措施

19.5.1 触电事故

根据电学原理及实际经验，市电，即平常应用的交流220V、频率为50Hz的电力通过人体是最危险的，电流可通过血液流入人体的心脏，引致窒息死亡。

因此触电的途径是：电源→人体任何部分→大地，根据电流通过的方式，上述三部分只要有一环离开就不会造成触电。即是说身体不接触电源就不会触电；身体不与大地接触（使用绝缘工具，如绝缘手套或鞋）也不会触电。

1. 直接伤害及间接伤害

人身事故主要指电对人体产生的直接或间接的伤害。直接伤害可分为电击和电伤；间接伤害，如电击引起的二次人身事故，电气着火或爆炸等带来的人身伤亡等。此外，人身事故还包括电气工作中非电气性质的人身伤亡事故，如高空作业摔伤等。

2. 电击

电击是指电流流过人体时对人体内部造成的生理机能的伤害，也就是通常所说的人身触电事故。触电事故最容易造成死亡。触电时电流对人体伤害的严重程度与下列因素有关。

（1）通过人体电流的大小；

（2）电流通过人体的时间；

（3）电流通过人体的部位；

（4）通过人体电流的频率；

（5）触电者身体健康状况。

一般来说，工频电流危害最大，而且电压越高，电流越大，时间越长，危险就更大。我国规定安全电流为30mA；一般场所，安全电压为36V。但应注意在一些潮湿的环境中，由于人体电阻的下降，即使是36V电压也不一定是安全的，也常常发生触电死亡事故。表19.5-1列出不同电流对人体的影响。

不同电流对人体的影响　　表19.5-1

电流（mA）	工频电流		直流电流
	通电时间	人体反应	人体反应
0～0.5	连续通电	无感觉	无感觉
0.5～5	连续通电	有麻刺感，疼痛，无痉挛	无感觉
5～10	数分钟以内	痉挛、剧痛，但可摆脱电源	有针刺感，压迫感及灼热感
10～30	数分钟以内	迅速麻痹、呼吸困难、血压升高，不能摆脱电源	压痛、刺痛、灼热强烈、有抽筋
30～50	数秒到数分	心跳不规则、昏迷、强烈痉挛，心脏开始颤动	感觉强烈，有剧痛、痉挛
50～数百	低于心脏搏动周期	受强烈冲击，但未发生心室颤动	剧痛、强烈痉挛、呼吸困难或麻痹
	超过心脏搏动周期	昏迷、心室颤动、呼吸麻痹、心脏麻痹或停跳	

从对触电事故的统计分析来看，触电事故多发生在炎热、潮湿的夏秋季节；多发生在工厂、企业等用电部门和低压电力系统；多发生在非专职电工人员身上。夏秋季节电气事故多是因为气候潮湿多雨，设备绝缘能力降低，人体因天热多汗，皮肤湿润而电阻降低，同时衣着短小单薄，增加了触电的可能和危险性。低压系统和工厂、企业等用电部门，同高压设备、运行系统相比，安全措施与组织管理较为疏松，多数人员缺乏安全用电知识，加之人们对低压的警惕较高压差，所以触电事故发生的几率要高。

3. 触电方式

(1) 单线触电

触电方式多种多样，在低压电力系统中，若人站在地上接触到一根火线，即为单线触电或称单相触电，如图 19.5-1。如果系统中性点接地，则加于人体的电压为 220V，人体电阻按 1000Ω 计算，则流过人体的电流高达 220mA，足以危及生命。中性点不接地时，虽然线路对地绝缘电阻可起到限制人体电流的作用，但线路同时还存在对地电容，而且线路对地绝缘电阻也因环境条件而异，触电电流仍可达到危害生命的程度。人体同时触及一根火线和一根零线，或人体接触漏电的设备外壳，都属于单线触电。

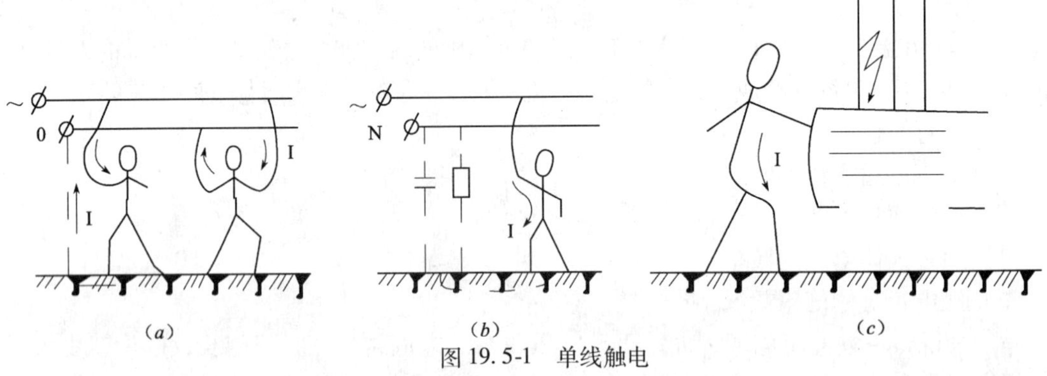

图 19.5-1 单线触电

(2) 两线触电

两线或两相触电，如图 19.5-2 所示。此时人体同时接触两根火线，有 380V 电压加于人体，触电电流高达 380mA（人体电阻按 1000Ω 计算），是危险性更大的触电方式。

4. 接触电压和跨步电压

外壳接地的电气设备，当绝缘损坏而使外壳带电或导线断落发生单相接地故障时，电流由设备外壳经接地线、接地体（或由断落导线经接地点）流入大地而向四周扩散，此时设备外壳和大地的各个部位都会产生不同的电位。一般距接地体 20m 远处电位为零（此处即为电工上常说的“地”）。这时人站在地上触及设备外壳或与设备相连的金属构架及墙壁时，会承受一定的电压，这个电压称为接触电压。如果此时人站立在设备附近地面上，两脚之间也会承受一定的电压，这个电压称为跨步电压。如图 19.5-3。

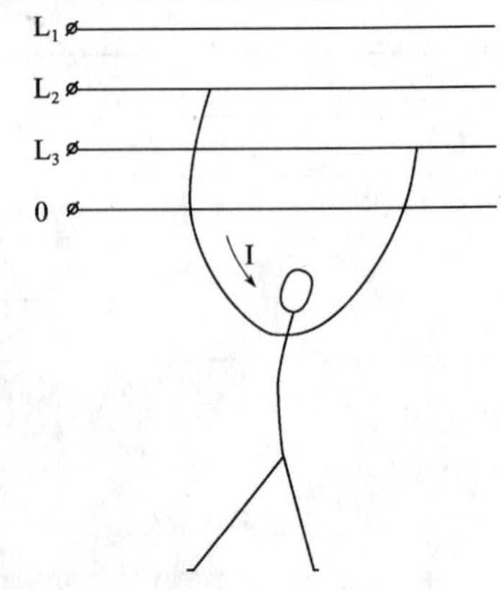

图 19.5-2 两线触电

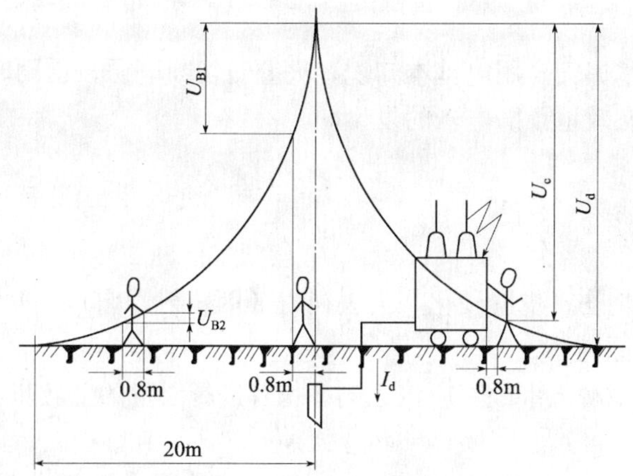

图 19.5-3 接触电压和跨步电压

I_d—接地电流；U_d—对地电压；U_c—接触电压；U_{B1}、U_{B2}—跨步电压

接触电压和跨步电压的大小与接地电流、土壤电阻率、设备接地电阻及人体位置有关。当接地电流较大时，接触电压和跨步电压会超过允许值，发生人身触电事故。特别是在发生高压接地故障或雷击时，会产生很高的接触电压和跨步电压。接触电压和跨步电压触电也是危险性较大的一种触电方式。

5. 电伤

电伤是另外一种形式的人身事故，常常与电击同时发生。一般是指由于电流的热效应、化学效应和机械效应对人体外部造成的局部伤害，如电弧烧伤、电灼伤等。电弧烧伤是最危险也是最常见的电伤，烧伤部位多发生在手部、胳膊、脸及眼睛。烧伤时夹杂着熔化的金属颗粒的侵蚀以及电化学作用，对人体产生强烈的伤害，伤痕一般很难治愈。特别是对眼睛的刺伤，后果较为严重。

电弧多由短路引起，也有的是接触不良所致。最危险的是弧光短路事故。当带负荷拉合刀闸时，由于负载通常为感性，开关触点分断瞬间，很高的自感电势将使空气迅速电离而产生电弧，随着开关触点的分离，电弧被拉长和分散，两相的电弧碰触到一起，便会发生弧光短路，以致引起更大的电弧火球。其产生之快，对人体烧伤之猛烈，犹如迅雷，使人猝不及防。高压电击时强烈电弧对人体的烧伤作用，足以将人致死。

此外，人身事故还有高空作业以及其他电气工作所引起的摔跌、砸碰伤亡和发生火灾及爆炸所引起的人身伤亡等。人在高处，即使遇到感知电流的刺激，也可能使人发生意外的摔伤，以致死亡，这属于电击二次事故。

19.5.2 触电或电击伤的急救

电击伤是电流通过人体引起的损伤。通常是由于不慎触电或雷击造成的。触电在人们生活中偶有发生，掌握触电后的急救原则，对及时救治有很重要的意义。

电击伤后严重者可出现强烈的肌肉痉挛、呼吸和心跳停止、迅速死亡。常伴有脑外伤、腹部外伤、骨折。轻症病人仅觉头晕、心悸、恶心、面色苍白、冷汗、振颤，心电图可见有心肌受损表现。电击局部可出现点状或大片状严重烧伤，受伤肢体可出现暂时瘫痪，极少数人可出现精神障碍、失明、耳聋。高压电击伤及雷击伤，其后果严重，常可导致迅速死亡。

严格用电制度，掌握安全用电基本知识，火警时切断电源，雷雨时避免在野外行走或在大树下避雨等，可有效地预防电击的发生。

1. 触电后果

以下是两项触电后果：

（1）死亡；

（2）电伤：包括烧伤、皮肤硬化、失去视力（因辐射影响）。

2. 电击伤的急救原则

（1）如万一发生了触电事故，应该立刻替伤者进行以下的急救步骤（图 19.5-4）：

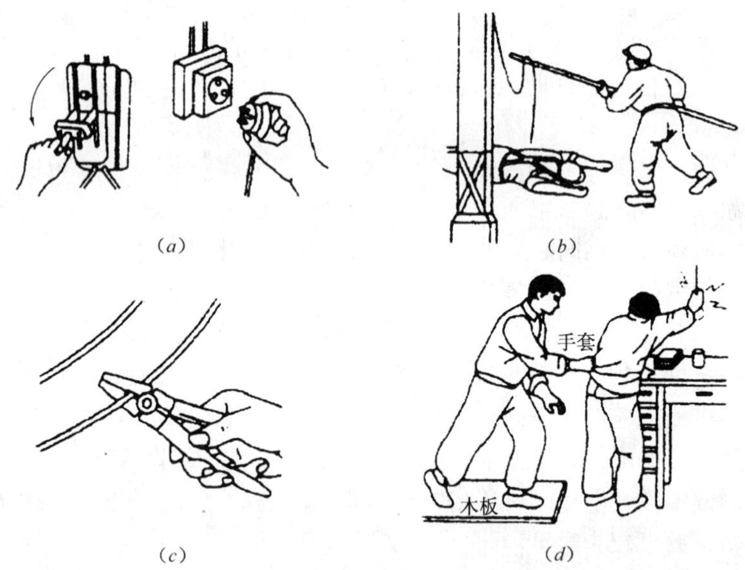

图 19.5-4 使触电者脱离电源的方法

（*a*）拉闸断电；（*b*）挑线断电；（*c*）断线断电；（*d*）拉离断电

1）必须确保自己身处安全的情况下，方可与伤者接触。如果伤者身体的任何一部分仍然紧接着电源，必须先将电源关闭，或将插头移去，或将电线移开，使伤者不再与电源接触。

2）如果无法办到，则要站在干的绝缘体上（如木块、折厚的报纸、书本等）再用能够绝缘的物体，如竹、木棍将导电体与触电者分开电源。在未切断电源或触电者未脱离电源时，切不可触摸触电者。

（2）如果伤者有呼吸，应该尽快把伤者放在安全地方，及时召唤医务人员。

（3）如果伤者已停止呼吸，应立刻召唤医务人员，同时替伤者进行人工呼吸。

3. 电击的急救方法-心肺复苏法

如发现有人受电击所伤，必须先将电源切断，将伤者带到安全地方才能进行急救。检查伤者的呼吸及脉搏，如伤者是不省人事，但呼吸正常，则把伤者置于复原卧式。对呼吸和心跳停止者，应立即进行口对口的人工呼吸和心脏胸外按压，直至呼吸和心跳恢复。如呼吸不恢复，人工呼吸至少应坚持 4h 或出现尸僵和尸斑时方可放弃抢救。有条件时直接给予氧气吸入更佳；应在就地抢救的同时，尽快呼叫医务人员或向有关医疗单位求援。急救步骤见图 19. 5-5。注意：施行心肺复苏必须由合格急救员进行。

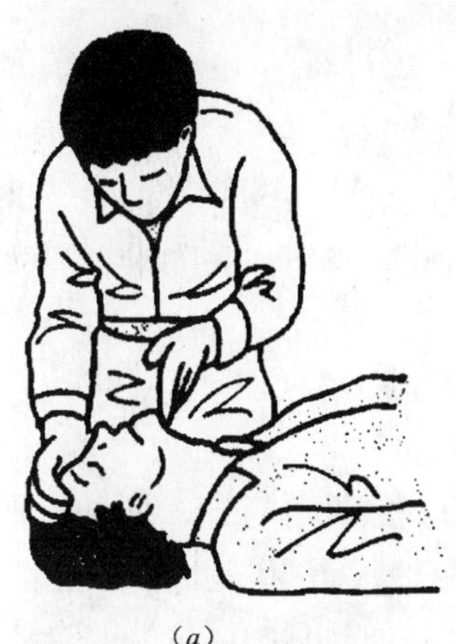

(*a*)

按额提颏及清除阻塞物。

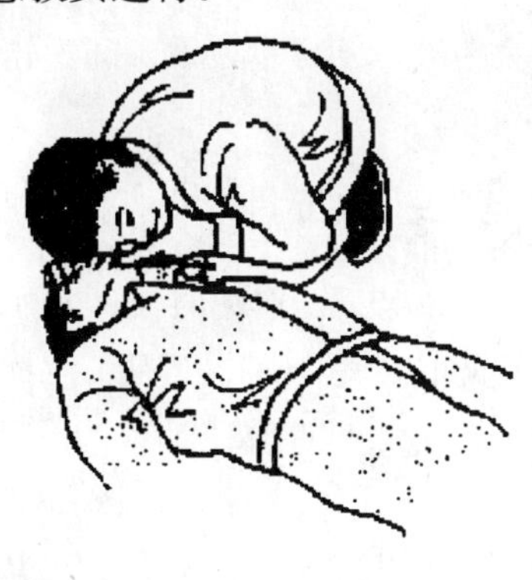

(*b*)

视：注视胸部是否有起伏。
听：聆听是否有呼吸声。
感：用脸颊感觉是否有呼气。

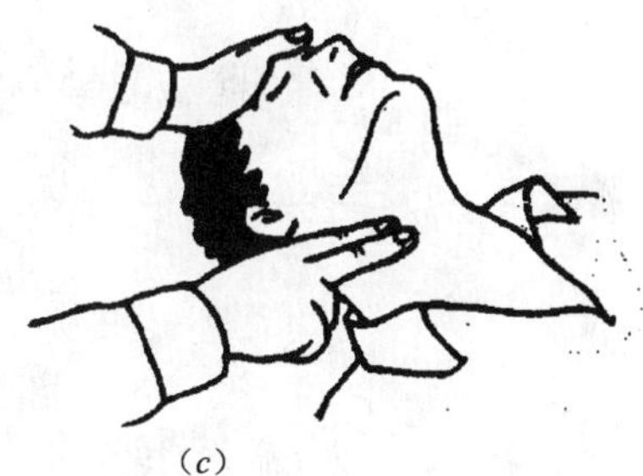

(*c*)

可用手指感觉是否有脉搏跳动。

(*d*)

如伤者是不省人事，但呼吸正常，则把伤者置于复原卧式。

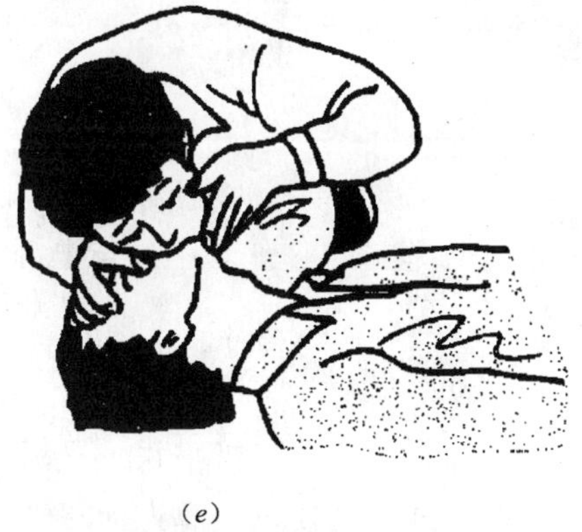

(*e*)

如伤者没有呼吸，可进行口对口人工呼吸，帮助伤者呼吸。

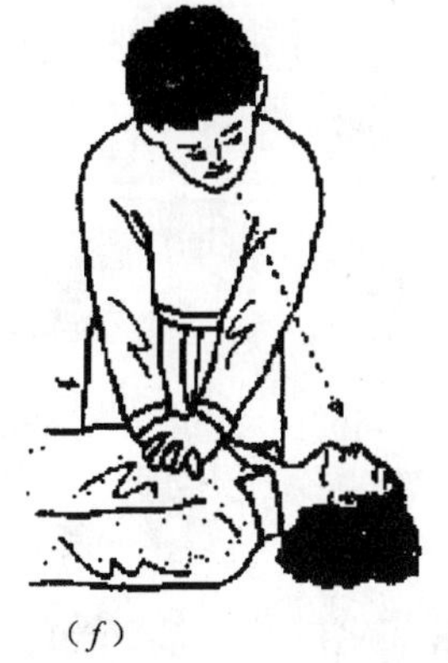

(*f*)

如伤者没有心跳，必须施行心肺复苏法（人工呼吸加体外压心法）。

图 19. 5-5　急救步骤

(*a*) 畅通气道；(*b*) 检查呼吸；(*c*) 检查脉搏；(*d*) 复原卧式；(*e*) 口对口人工呼吸；(*f*) 体外压心法

20　电工工具及仪表

20.1　电工基本工具

在我们做电工工作的时候，常用的电工工具主要有下面几种：钢丝钳、尖嘴钳、圆嘴钳、一字及十字旋具、电工刀、活扳手、测电笔以及剥线钳等。

20.1.1　试电笔

试电笔又叫测电笔、电笔。试电笔结构由笔尖金属体、电阻、氖管、笔身、小窗、弹簧和笔尾的金属体组成。常见的测电笔有钢笔式和一字旋具式两种（图 20.1-1）。凡是要测试电线、用电器具或电气设备是否带电，都可以使用试电笔。假如被测物体带电就会使试电笔内的氖管发光，用试电笔测试带电物体时，如氖泡内电极一端发生辉光，则所测的电是直流电，如氖泡内电极两端都发辉光，则所测电为交流电。

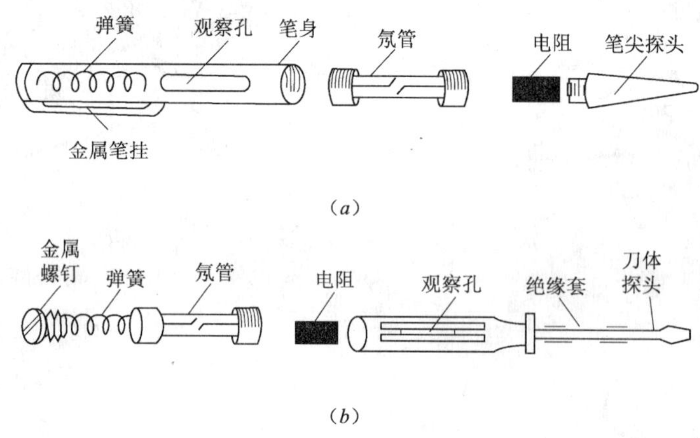

图 20.1-1　试电笔结构
（*a*）钢笔式试电笔；（*b*）一字旋具式试电笔

1. 试电笔发光原理

试电笔内部有一只两个电极的灯泡，泡内充有氖气。一极接到笔尖，一极串联一只高电阻后接到笔的另一端。当灯泡的两极间的电压达到一定值时，两极间便发生辉光，辉光的强弱与两极间的电压成正比。当带电体对地电压大于灯泡起始的辉光电压，而将笔的一端碰到它时，则另一端经过人体接地，所以能发光。电阻的作用，是限制流经人体的电流，以免发生危险。

2. 试电笔使用方法

试电笔测试电压的范围通常在 60 ~ 500V 之间，当试电笔测试带电体时，只要带电体、电笔和人体及大地构成通路，并且带电体与大地之间的电位差超过一定数值（例如 60V），试电笔中的氖管就会发光（其电位不论是交流还是直流），这就告诉人们，被测物体带电，并且超过了一定的电压强度。

使用试电笔时，人手接触电笔的部位一定在试电笔笔尾端的金属（图 20.1-2），而绝对不是试电笔前端的金属探头。如果试电笔氖管发光微弱，切不可就断定带电体电压不够高，也许是试电笔或带电体测试点有污垢，也可能测试的是带电体的地线，这时必须擦干净试电笔或者重新选测试点。反复测试后，氖管仍然不亮或者微亮，才能最后确定测试体确实不带电。

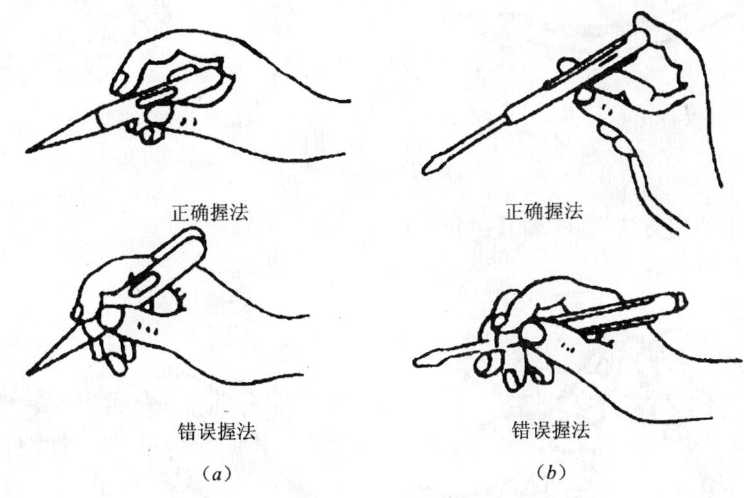

图 20.1-2　试电笔的握法
(a) 钢笔式试电笔握法；(b) 一字旋具式试电笔握法

3. 使用试电笔时应注意问题

(1) 试电笔只能在对地电压 250V 以下使用，不可用它触碰高压带电设备。

(2) 使用试电笔之前，一定要先检查试电笔是否正常。在有电的地方试一下，最可靠的方法是在带电插座或开关上预先测试一下，看试电笔的氖管是否能正常发光，确认试电笔完好，避免发生触电事故。

(3) 应尽量使氖管背光，并且使小窗朝向自己，这样的观察较准确。

(4) 有些用电器外壳可以感应带电，并且感应电压的数值较大。这时测试的电笔氖管也会发亮。遇有这种情况必须换另外的检测方法，以便确认是否会有触电危险。

(5) 必须有充分理由和用准确方法弄清电器或设备外壳带电性质，否则切不能贸然操作，以免造成严重后果。

20.1.2　钳子

1. 钢丝钳

钢丝钳为内外线电工、电机修理、仪器仪表电工常用的工具之一。电工常用的钢丝钳有 150mm、175mm、200mm 及 250mm 等多种规格。可根据内线或外线工种需要选购。钳子的齿口也可用来紧固或拧松螺母。钳子的刀口可用来剖切软电线的橡皮或塑料绝缘层。

（1）钢丝钳握法（图 20.1-3）

使用钳子是用右手操作，将钳口朝内侧，便于控制钳切部位，用小指伸在两钳柄中间来抵住钳柄，张开钳头，这样分开钳柄灵活。

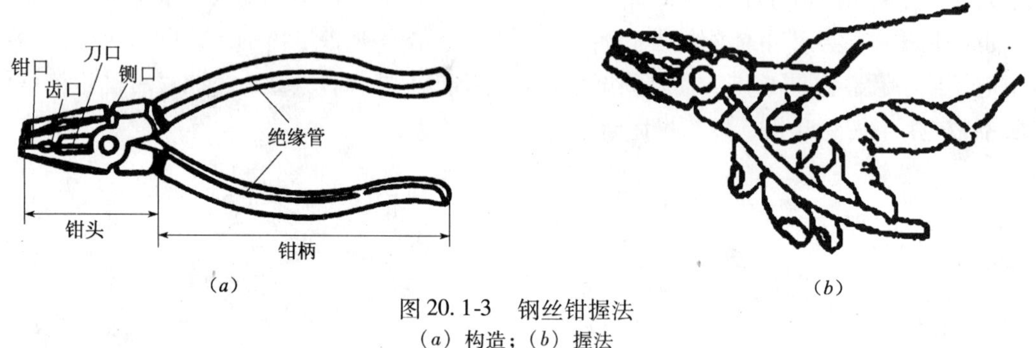

图 20.1-3 钢丝钳握法

（a）构造；（b）握法

（2）钢丝钳使用方法（图 20.1-4）

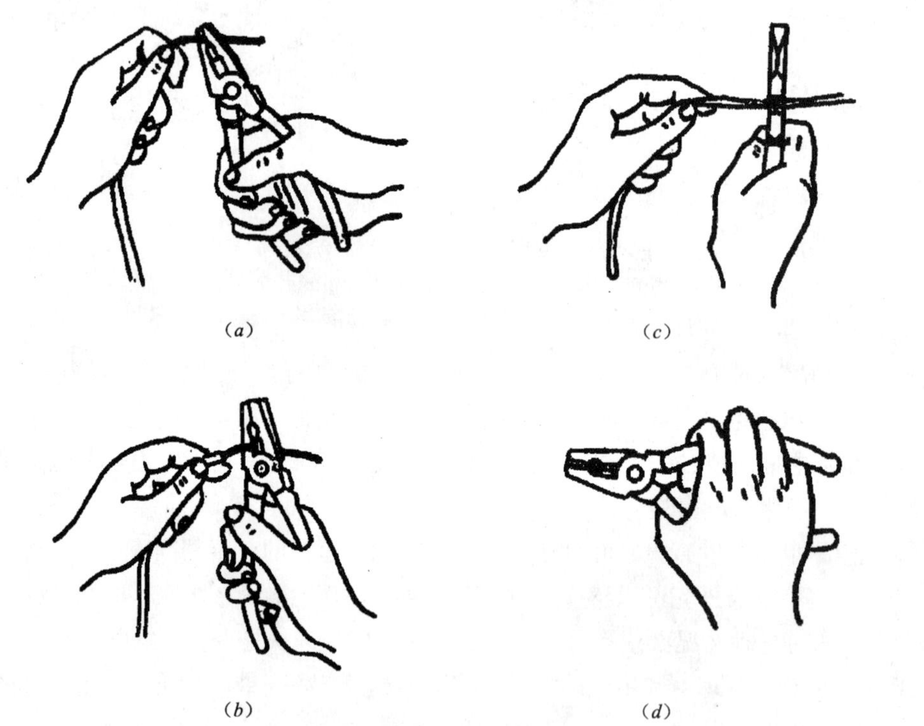

图 20.1-4 钢丝钳使用方法

（a）弯绞导线；（b）剪切导线；（c）铡切钢丝；（d）紧固螺母

1）钳子的刀口可用来剖切软电线的橡皮或塑料绝缘层。使用方法是将待剥皮的线头置于钳头的刃口中，用手将两钳柄一捏，然后一拉，绝缘皮便与芯线脱开；

2）钳子的刀口也可用来切剪电线、钢丝。剪 8 号镀锌钢丝时，应用刀刃绕表面来回割几下，然后只需轻轻一扳，钢丝即断；

3）钳柄的绝缘塑料管耐压 500V 以上，有了它可以带电剪切电线，但不可以同时剪断双股带电电线，以免发生短路，造成危险；

4）用钳子缠绕抱箍固定拉线时，钳子齿口夹住钢丝，以顺时针方向缠绕。

（3）钢丝钳使用时注意事项

1）切勿把钳子当锤子使用；

2）使用前，必须检查绝缘是否良好；

3）不可用钳子剪切双股带电电线，因为会引起短路；

4）使用中切忌乱扔，以免损坏钳柄的绝缘塑料管。

2. 剥线钳

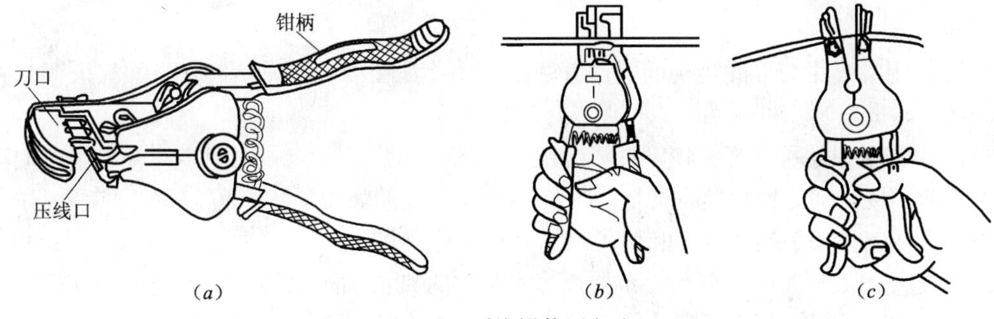

图 20.1-5 剥线钳使用方法
（a）结构；（b）电线放入钳口；（c）握紧钳柄剥线

剥线钳为内线电工、电机修理、仪器仪表电工常用的工具之一，用于剥削小直径导线绝缘层，它的手柄是绝缘的，耐压为500V。

剥线钳可以把导线上的绝缘皮剥开，市面上常见的剥线钳有两种，一种是用旋钮来选择线径，另外一种则是在上面开了许多小孔，每一个小孔旁边都会标示适用的线径。

旋钮式的剥线钳不但线径不易调整，常常会剪到导体，而且剥线所需的空间也很大，装机时很难预留这么大的空间来使用这种剥线钳。

至于另外一种剥线钳就好多了，它上面已经开好了一个一个的小孔，使用时，将要剥削的绝缘长度用标尺定好以后，即可把导线放在相应的刃口中（比导线直径稍大），用手将钳柄一握，然后一松，绝缘皮便与芯线脱开。使用时要注意选好孔径，切勿使刀口剪伤内部的金属芯线。如果事先不知道导线的线径，可多试几次（图 20.1-5）。

3. 尖嘴钳

尖嘴钳也是电工（尤其是内线电工）常用的工具之一。尖嘴钳主要用来夹小螺丝母，绞合硬钢线，剪切线径较细的单股与多股导线，给单股导线接头弯圈以及剥塑料绝缘层等。尖嘴钳靠着中间的一支弹簧来把尖嘴钳张开。其钳口作剪断导线之用，用途相当广泛。购买尖嘴钳时，要注意尖嘴钳的大小。尖嘴钳使用方法：

（1）尖嘴钳的握法如图 20.1-6 所示。

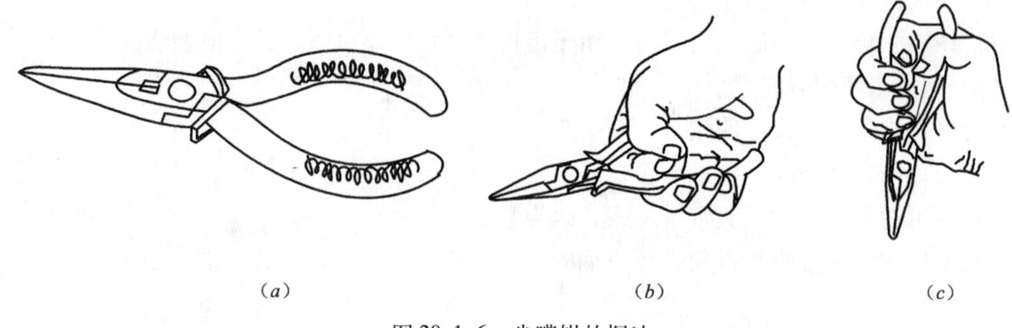

图 20.1-6 尖嘴钳的握法
(a) 结构；(b) 平握法；(c) 立握法

(2) 用尖嘴钳弯导线接头的操作方法是：先将线头向左折，然后紧靠螺杆依顺时针方向向右弯即成。

(3) 尖嘴钳还可用来夹住零件或导线，用途相当广泛。例如要把零件从焊接点上拆下来时，由于接点被烙铁加热时会把热量传导给零件而使烧毁零件，可以用一只手握住尖嘴钳来夹零件，另一手握烙铁，利用尖嘴钳来取下零件。

(4) 使用尖嘴钳时，要当心不要用力过猛，否则尖嘴钳上的牙印可能会把零件接脚或是导线的外表咬伤，影响美观及使用。

4. 斜口钳（图 20.1-7）

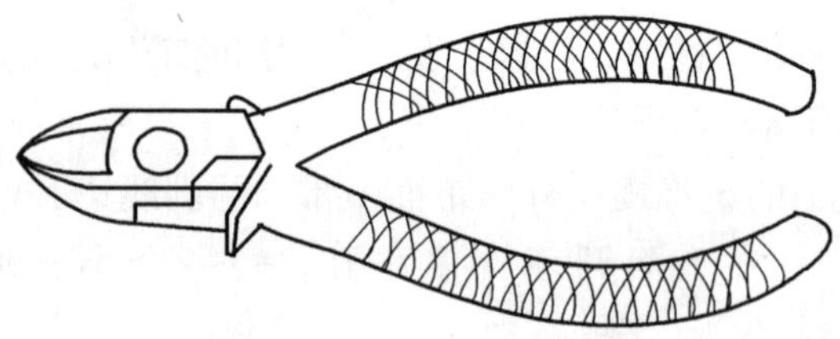

图 20.1-7 斜口钳结构

斜口钳的任务是用于剪细导线或修剪焊接多余的线头。与尖嘴钳一样，购买斜口钳时也要注意大小与是否使用弹簧。由于斜口钳整天与金属硬碰硬，因此斜口钳的材料十分重要，如果硬度不够的话，三两下就软掉了，如果太硬则容易崩坏。购买时应注意选择质量可靠的产品。

除了剪断导线以外，斜口钳加上尖嘴钳也可以用来将导线的绝缘皮剥除。先用尖嘴钳夹住电线，预留下要剥除的绝缘皮长度，然后另一手用斜口钳夹住导线外围轻轻用力转一圈，将绝缘皮剪开剥除。注意用力太大的话可能会伤及导线，用力太小则无法剪开绝缘皮。

20.1.3 旋具

旋具也称为螺丝刀、改锥、起子等，用来紧固或拆卸螺钉。它的种类很多，常见的有：按照头部的形状的不同可分为一字形和十字形两种；按照手柄的材料和结构的不同可分为木柄、塑料柄、夹柄和金属柄四种；按照操作形式可分为手动、电动等形式。

1. 一字旋具（图 20.1-8）

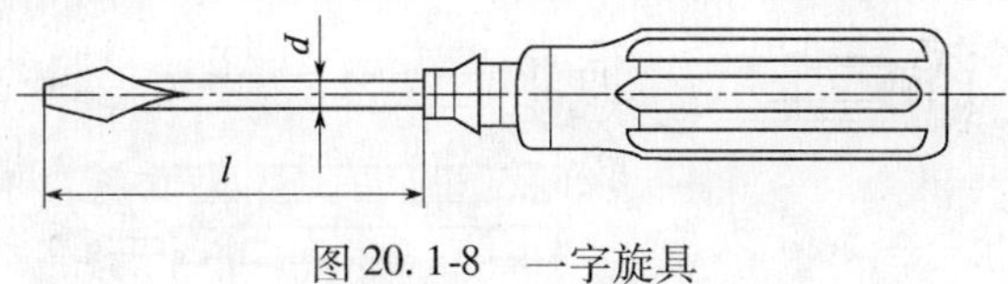

图 20.1-8 一字旋具

一字旋具主要用来旋转一字槽形的螺钉、木螺钉和自攻螺钉等。它有多种规格，通常说的大、小一字旋具是用手柄以外的刀体长度来表示的，常用的规格见表 20.1-1。要根据螺钉的大小选择不同规格的一字旋具。若用型号较小的一字旋具来旋拧大号的螺钉很容易损坏一字旋具。使用时应注意。

一字旋具规格表（mm） **表 20.1-1**

序 号	一字头尺寸（宽×长）	旋杆长度 l	圆形旋杆直径 d
1	0.4×2.5	50	3
2	0.6×4	75	4
3	0.6×4	100	5
4	0.8×5.5	125	6
5	1×6.5	150	7
6	1.2×8	200	8
7	1.6×10	250	9
8	2×13	300	9
9	2.5×16	350	11

2. 十字旋具（图 20.1-9）

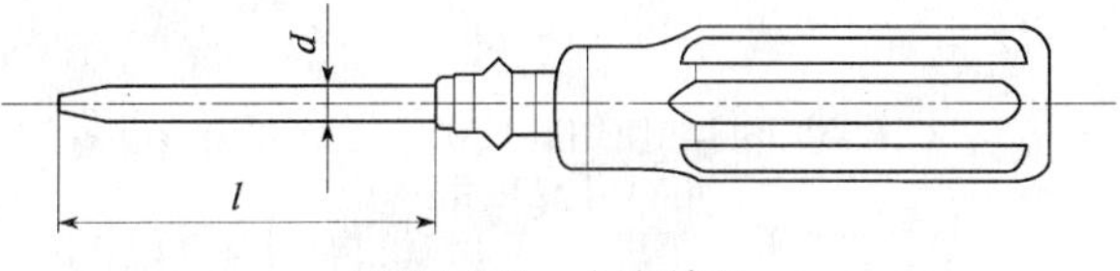

图 20.1-9 十字旋具

这种旋具主要用来旋转十字槽形螺钉、木螺钉和自攻螺钉等。使用十字旋具时，应注意使旋杆端部与螺钉槽相吻合，否则容易损坏螺钉的十字槽。十字旋具的规格见表 20.1-2 。

十字旋具规格表（mm） **表 20.1-2**

序号	槽号	旋杆长度 l	圆形旋杆直径 d
1	0	75	3
2	1	100	4
3	2	150	6
4	3	200	8
5	4	250	9

3. 组合式旋具（图 20.1-10）

它是一种多用途的组合工具，手柄和头部是可以随意拆卸。它采用塑料手柄，一般都带有试电笔的功能。

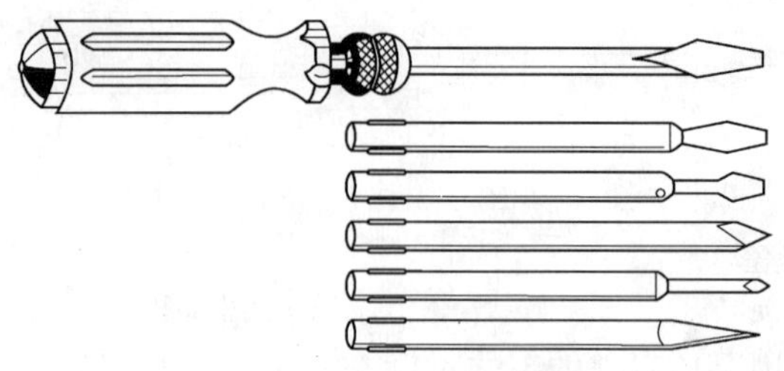

图 20. 1-10 组合式旋具

4. 旋具的使用方法

(1) 使用旋具松紧螺钉方法（图 20. 1-11）。

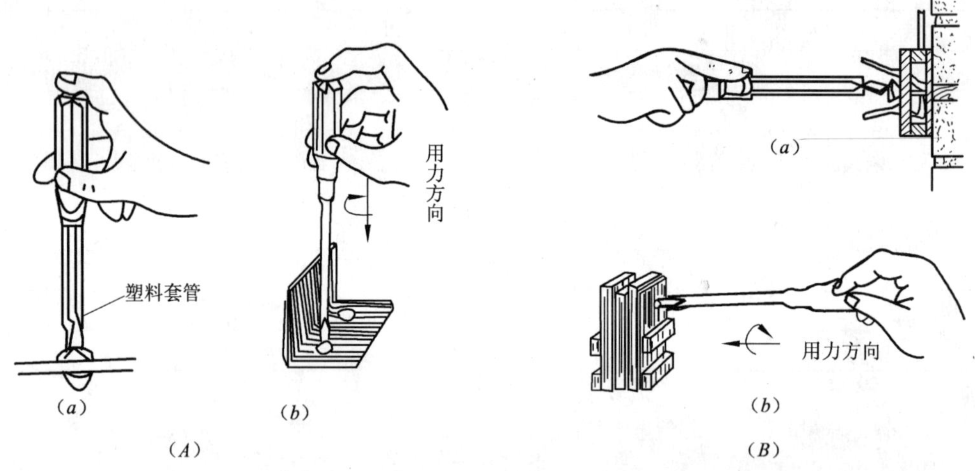

图 20. 1-11 使用旋具松紧螺钉方法
(A) 小旋具用法
(a) 握法；(b) 用力方向
(B) 大旋具的用法
(a) 握法；(b) 用力方向

(2) 使用旋具勒直电线方法（图 20. 1-12）。

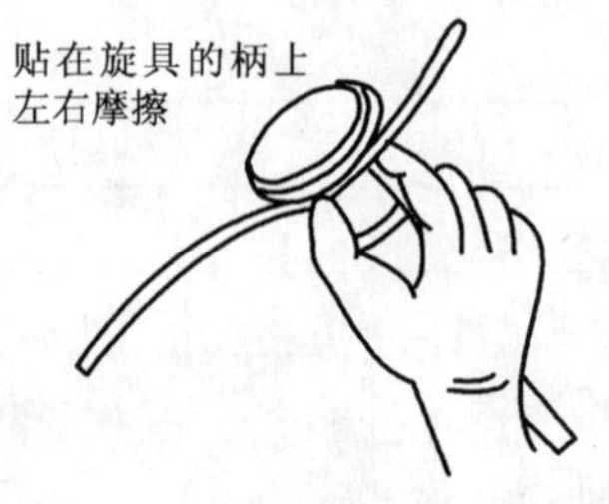

图 20. 1-12 使用旋具勒直电线方法

20. 1. 4 电工刀

电工刀是电工常用的一种切削工具。普通的电工刀由刀片、刀刃、刀柄、刀挂等构成（图 20. 1-13）。不用时，应把刀片收缩到刀柄内。

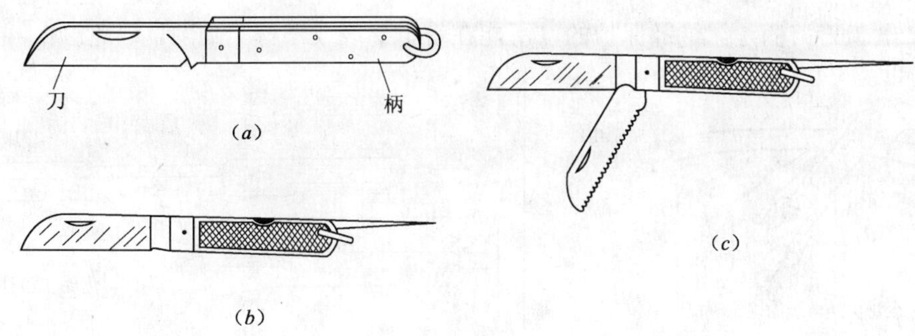

图 20.1-13　电工刀类型
(a) 普通电工刀；(b) 两用电工刀；(c) 多用电工刀

1. 电工刀的使用方法

(1) 导线接头之前应把导线上的绝缘剥除。用电工刀剖削电线绝缘层时，刀口千万别伤着线芯。可把刀略微翘起一些，用刀刃的圆角抵住线芯。切忌将刀刃垂直对着导线切割绝缘层，因为这样容易割伤电线线芯（图 20.1-14）。

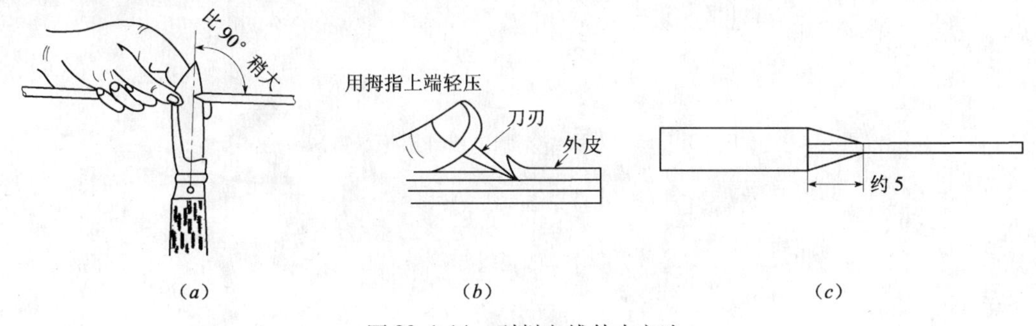

图 20.1-14　剥削电线外皮方法
(a) 步骤一；(b) 步骤二；(c) 步骤三

(2) 对双芯护套线的外层绝缘的剥削，可以用刀刃对准两芯线的中间部位，把导线一剖为二（图 20.1-15）。

(3) 木与木槽板或塑料槽板的吻接凹槽，就可采用电工刀在施工现场切削。通常用左手托住木槽板，右手持刀切削。

(4) 在硬杂木上拧螺钉很费劲时，可先用多功能电工刀上的锥子锥个洞，这时拧螺钉便省力多了。

(5) 多功能电工刀除了刀片外，还有锯片、锥子、扩孔锥等。多功能电工刀的锯片，可用来锯割木条、竹条，制作木榫、竹榫；圆木台上需要钻穿线孔，可先用锥子钻出小孔，然后用扩孔锥将小孔扩大，以利较粗的电线穿过。

电工刀的刀刃部分要磨得锋利才好剥削电线，但不可太锋利，太锋利容易削伤线芯。磨得太钝，则无法剥削绝缘层，磨刀刃一般采用磨刀石或油磨石，磨好后再把底部磨点倒角，即刃口略微圆一些。

2. 使用电工刀安全知识

(1) 使用电工刀时应注意避免伤手；

(2) 电工刀用毕，随即将刀身折进刀柄；

(3) 电工刀刀柄是无绝缘保护的，不能在带电导线或器材上剖削，以免触电。

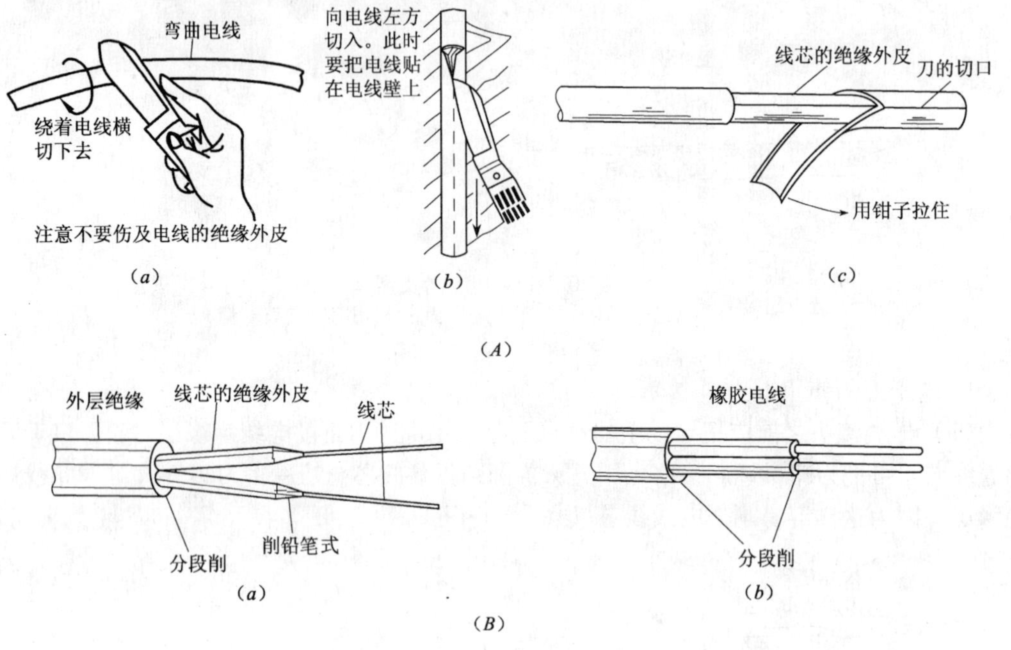

图 20.1-15　双股线剥削电线外层绝缘方法
(a) 步骤一；(b) 步骤二；(c) 步骤三
(A) 剥削电线步骤
(a) 方法一；(b) 方法二
(B) 剥削电线方法

20.1.5　活动扳手

活动扳手又叫活扳手（图 20.1-16），是一种旋紧或拧松有角螺栓或螺母的工具。电工常用的有 200mm、250mm、300mm 等多种，使用时应根据螺母的大小选配。

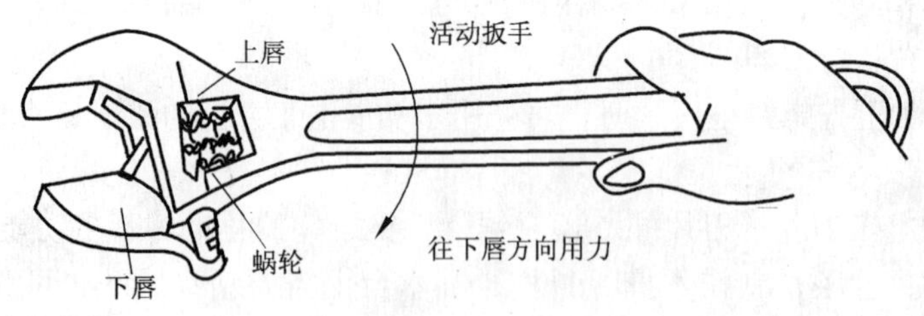

图 20.1-16　活动扳手构造

活动扳手使用方法（图 20.1-17）：

(1) 使用时，右手握手柄。手越靠后，扳动起来越省力。

(2) 活动扳手的扳口夹持螺母时，固定扳唇在上，活扳唇在下。活扳手切不可反过来使用。

(3) 扳动小螺母时，因需要不断地转动涡轮，调节扳口的大小，所以手应握在靠近固定扳唇，并用大拇指调制涡轮，以适应螺母的大小。

（4）在扳动生锈的螺母时，可在螺母上滴几滴煤油或机油，这样就好拧动了。

（5）在拧不动时，切不可采用钢管套在活动扳手的手柄上来增加扭力，因为这样极易损伤活动扳唇。

（6）不得把活动扳手当锤子用。

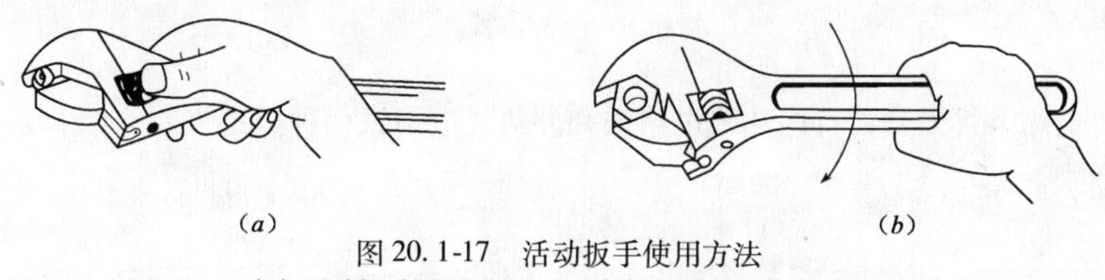

图 20.1-17　活动扳手使用方法
（*a*）活动扳手调整开口方法；（*b*）活动扳手使用方法

20.1.6　电工工具套

电工工具套及皮带（图 20.1-18）是用来携带常用工具的，是电工出外工作必备的工具。携带的常用工具包括钳子、旋具、电工刀、活动板子等。

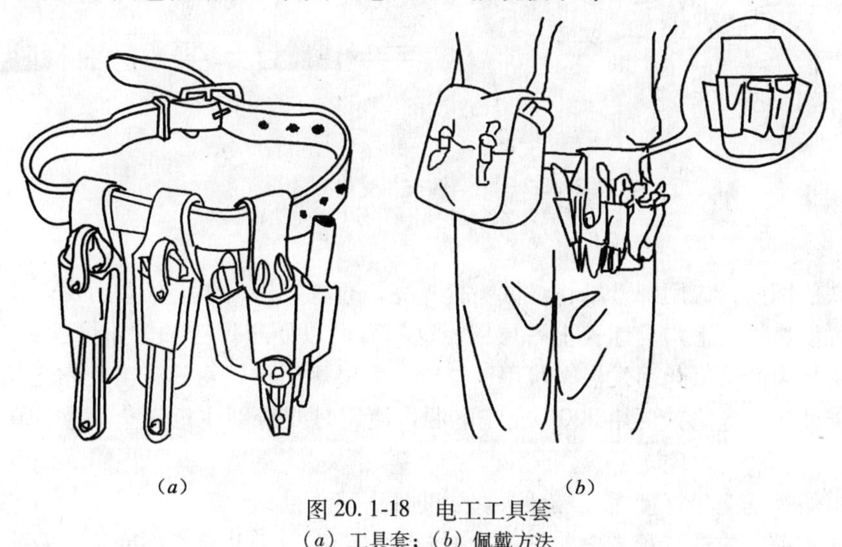

图 20.1-18　电工工具套
（*a*）工具套；（*b*）佩戴方法

20.2　电工其他工具

使用电气设备、电动工具要有可靠的保护接地（接零）措施。打眼时，要戴防护眼镜，工作地点下方不得站人。

20.2.1　焊接工具

1. 电烙铁

电烙铁是最常用的焊接工具。我们通常使用内热式电烙铁。他一般由手柄、外管、电热组件和铜头组成（图 20.2-1）。电烙铁的规格是以其消耗的电功率来表示，通常在 15～500W 之间。

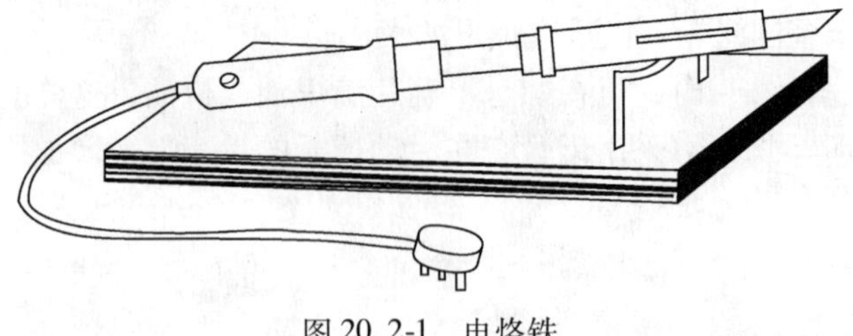

图 20. 2-1 电烙铁

按铜头的受热方式来分，有内热式电烙铁和外热式电烙铁两种类型（图 20. 2-2）。

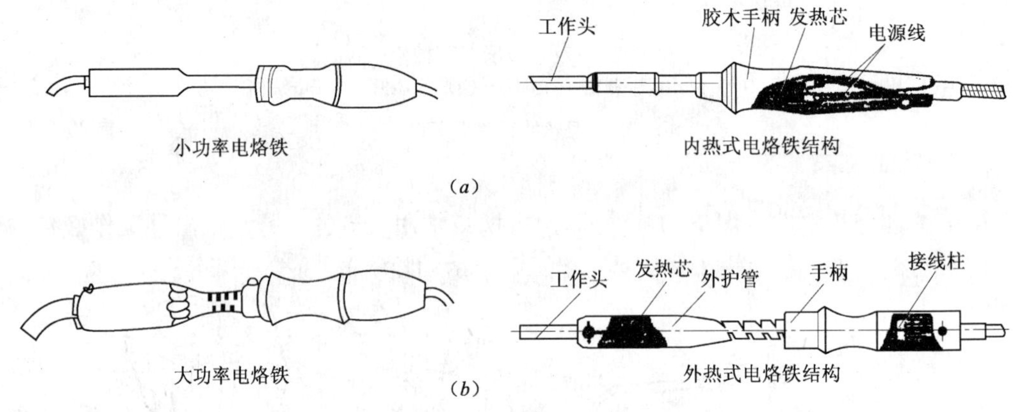

图 20. 2-2 电烙铁按照受热方式分类
（*a*）内热式电烙铁结构；（*b*）外热式电烙铁结构

新烙铁使用前，应用细砂纸将烙铁头打光亮，通电烧热，蘸上松香后用烙铁头刃面接触焊锡丝，使烙铁头上均匀地镀上一层锡。这样做可以便于焊接和防止烙铁头表面氧化。旧的烙铁头如果严重氧化而发黑，可用钢锉锉去表层氧化物，使其露出金属光泽后，重新镀锡，才能使用。电烙铁要用 220V 交流电源，使用时要特别注意安全。应认真做到以下几点：

（1）电烙铁插头最好使用三极插头；要使外壳妥善接地。

（2）使用前，应认真检查电源插头、电源线有无损坏，并检查烙铁头是否松动。

（3）电烙铁使用中，不能用力敲击；要防止跌落；烙铁头上焊锡过多时，可用布擦掉；不可乱甩，以防烫伤他人。

（4）焊接过程中，烙铁不能到处乱放。不焊时，应放在烙铁架上。注意电源线不可搭在烙铁头上，以防烫坏绝缘层而发生事故。

（5）使用结束后，应及时切断电源，拔下电源插头。冷却后再将电烙铁收回工具箱。

2. 焊锡和助焊剂

焊接时，还需要焊锡和助焊剂（图 20. 2-3）。

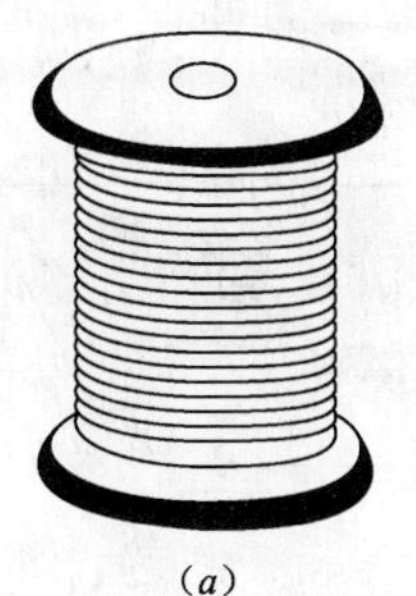

(a)

(b)

图 20.2-3 焊锡和助焊剂

(a) 焊锡丝；(b) 焊锡膏

(1) 焊锡：焊接电子组件，一般采用有松香芯的焊锡丝。这种焊锡丝，熔点较低，而且内含松香助焊剂，使用极为方便。铅锡焊丝的种类及规格见表 20.2-1 。

铅锡焊丝的种类及规格表 **表 20.2-1**

牌 号	名 称	主要成分（%）	熔化温度（℃）	用 途
料 600	60%锡铅焊料	锡 59～61 锑≤0.8 铅余量	183～185	用于无线电零件、电器开关零件、计算分析机零件、易熔金属制品以及热处理（淬火）件的钎焊
料 602	30%锡铅焊料	锡 29～31 锑 1.5～2.0 铅余量	183～256	用于钎焊铜、黄铜、镀锌薄钢板，如散热器、仪表、无线电零件、电缆护套及电动机的扎线等，应用较广
料 603	40%锡铅焊料	锡 39～41 锑 1.5～2.0 铅余量	183～235	用于钎焊铜、铜合金、钢、锌制零件，如散热器、无线电零件、电器开关设备、仪表、镀锌薄钢板等，应用最广
料 604	90%锡铅焊料	锡 89～91 锑≤0.15 铅余量	183～222	用于钎焊大多数钢材，钢材及其他金属，特别是食品、医疗器材的内部钎缝

注：焊料规格直径 3mm，4mm，5mm，丝状。

(2) 助焊剂：常用的助焊剂是松香或松香水（将松香溶于酒精中）。使用助焊剂，可以帮助清除金属表面的氧化物，利于焊接，又可保护烙铁头。焊接较大组件或导线时，也可采用焊锡膏。但他有一定腐蚀性，焊接后应及时清除残留物。

3. 辅助工具

为了方便焊接操作，常采用尖嘴钳、斜口钳、镊子和小刀等做为辅助工具（图 20.2-4）。应学会正确使用这些工具。

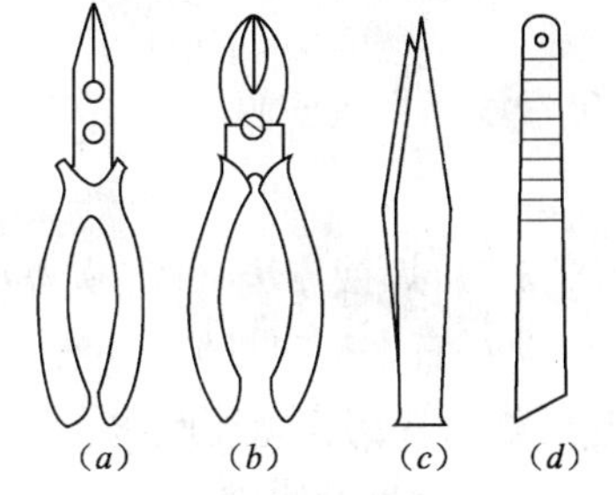

(a) (b) (c) (d)

图 20.2-4 辅助工具

(a) 尖嘴钳；(b) 斜口钳；(c) 镊子；(d) 小刀

4. 焊前处理

焊接前，应对组件引脚或电路板的焊接部位进行焊前处理（图 20.2-5）。

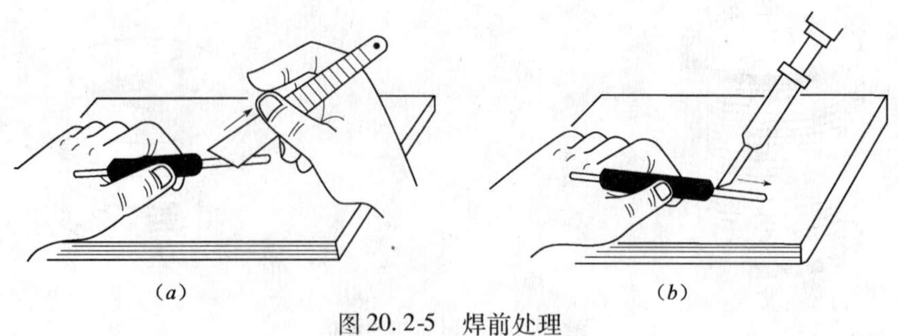
（a） （b）

图 20. 2-5 焊前处理
（a）刮去氧化层；（b）均匀镀上一层锡

（1）清除焊接部位的氧化层

1）可用断锯条制成小刀。刮去金属引线表面的氧化层，使引脚露出金属光泽。

2）线可用细纱纸将铜箔打光后，涂上一层松香酒精溶液。

（2）组件镀锡

在刮净的引线上镀锡。可将引线蘸一下松香酒精溶液后，将带锡的热烙铁头压在引线上，并转动引线。即可使引线均匀地镀上一层很薄的锡层。导线焊接前，应将绝缘外皮剥去，再经过上面两项处理，才能正式焊接。若是多股铜导线，打光后应先拧在一起，然后再镀锡。

5. 焊接技术

做好焊前处理之后，就可正式进行焊接。

（1）电烙铁握法

烙铁握法有3种，如图20. 2-6所示。反握法动作稳定，长时间操作不易疲劳，适于大功率烙铁的操作。正握法适于中等功率烙铁或带弯头电烙铁的操作。一般在操作台上焊印制板等，焊件时多采用握笔法。

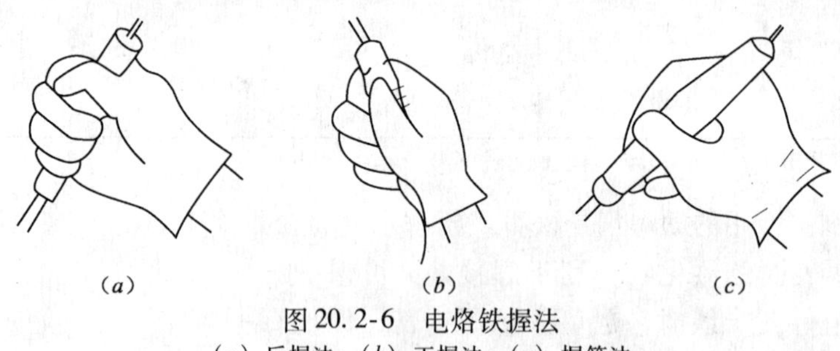
（a） （b） （c）

图 20. 2-6 电烙铁握法
（a）反握法；（b）正握法；（c）握笔法

（2）焊接方法（图20. 2-7）

1）右手持电烙铁。左手用尖嘴钳或镊子夹持组件或导线。焊接前，电烙铁要充分预热。烙铁头刃面上要吃锡，即带上一定量焊锡。

2）将烙铁头刃面紧贴在焊点处。电烙铁与水平面大约成45°。以便于熔化的锡从烙铁头上流到焊点上。烙铁头在焊点处停留的时间控制在2～3s。焊接电路板时，一定要控制好时间。太长，电路板将被烧焦，或造成铜箔脱落。

3）抬开烙铁头。左手仍持组件不动。待焊点处的锡冷却凝固后，才可松开左手。

4）用镊子转动引线，确认不松动，然后可用斜口钳剪去多余的引线。

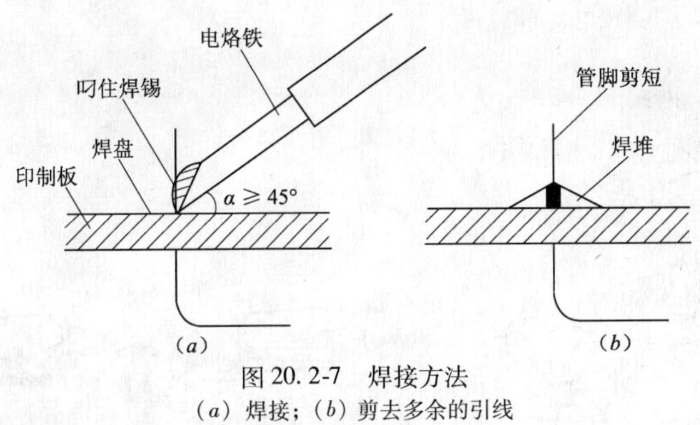

图 20.2-7 焊接方法
（a）焊接；（b）剪去多余的引线

（3）焊接质量（图 20.2-8）

焊接时要保证焊接质量，要保证每个焊点焊接牢固、接触良好。合格焊点所示应是锡点光亮，圆滑而无毛刺，锡量适中。锡和被焊物融合牢固。不应有虚焊和假焊。

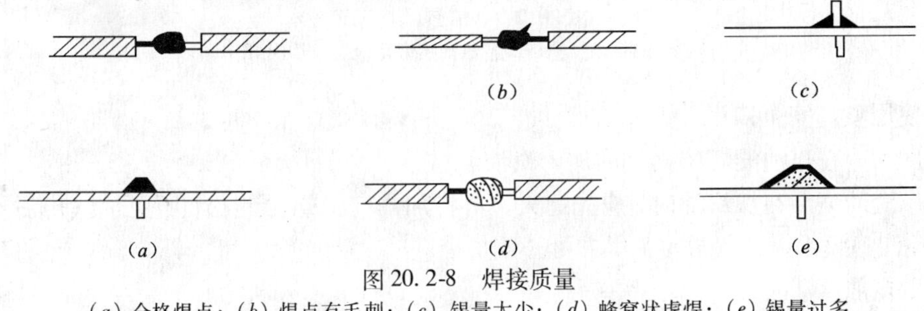

图 20.2-8 焊接质量
（a）合格焊点；（b）焊点有毛刺；（c）锡量太少；（d）蜂窝状虚焊；（e）锡量过多

虚焊是焊点处只有少量锡焊住，造成接触不良，时通时断。假焊是指表面上好像焊住了，但实际上并没有焊上，有时用手一拔，引线就可以从焊点中拔出。这两种情况将给电子制作的调试和检修带来极大的困难。

20.2.2 喷灯

喷灯是一种喷射火焰对工件进行加热的工具，喷灯的结构如图 20.2-9 所示。按使用燃料不同，喷灯可分为煤油喷灯和汽油喷灯两种。常用来焊接铅包电缆的铅包层，大截面铜导线连接处的搪锡，以及其他导体连接表面的防氧化镀锡等。

1. 喷灯使用方法

喷灯的使用方法如下：

（1）加油：旋下加油阀上面的螺栓，倒入适量的油，一般以不超过筒体的 3/4 为宜，保留一部分空间，储存压缩空气以维持必要的压力。加完油后，旋紧加油口的螺栓，关闭放油阀的阀杆，擦净在外部的汽油，并检查喷灯各处是否有渗漏现象。

（2）预热：在预热燃烧盘中倒入汽油，用火柴点燃，预热火焰喷头。

（3）喷火：待火焰喷头烧热后，燃烧盘中汽油烧完之前，打气 3～5 次，将放油阀旋松，使阀杆开启，喷出油雾，喷灯即点燃喷火，而后继续打气，到火力正常时为止。

（4）熄火：如需熄灭喷灯，应先关闭放油调节阀，直到火焰熄灭，再慢慢旋松加油口螺栓，放出筒体内的压缩空气。

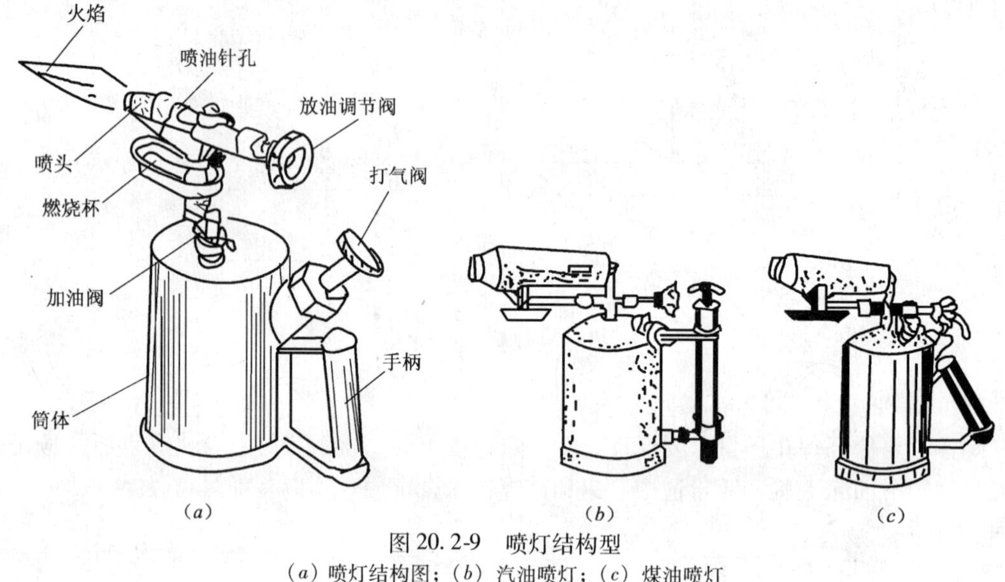

图 20.2-9 喷灯结构型
（a）喷灯结构图；（b）汽油喷灯；（c）煤油喷灯

2. 使用喷灯安全知识

（1）不得在煤油喷灯的筒体内加入汽油。

（2）汽油喷灯在加汽油时，应先熄火，再将加油口上螺栓旋松，听见放气声后不再旋出，以免汽油喷出，待气放尽后，方可开盖加油。

（3）在加汽油时，周围不得有火。

（4）打气压力不可过高，打气完后，应将打气柄卡牢在泵盖上。

（5）在使用过程中应经常检查油桶内的油量是否少于筒体容积的1/4，以防筒体过热发生危险。

（6）经常检查油路、密封圈、零件配合处是否有渗漏跑气现象。

（7）使用完毕应将剩气放掉。

20.2.3 皮老虎

皮老虎用来吹除各种电气设备内部的积灰或金属切屑等垃圾，结构如图 20.2-10 所示。

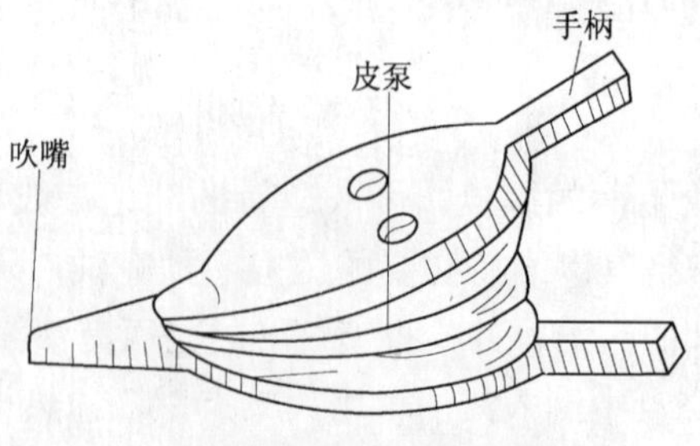

图 20.2-10 皮老虎的结构

20.2.4　脚扣

脚扣又叫铁脚，是登杆用具。分木杆用和水泥杆用两种（图20.2-11），主要部分是用钢材焊制呈半圆形。木杆用的脚扣前部和根部向内有凸出的小齿，以刺入木杆起防滑作用；水泥杆用的脚扣在金属骨架上镶有橡胶管或橡胶垫起防滑作用。脚扣有大小号之分，水泥杆多用可变内径脚扣，以适应电杆粗细不同使用。

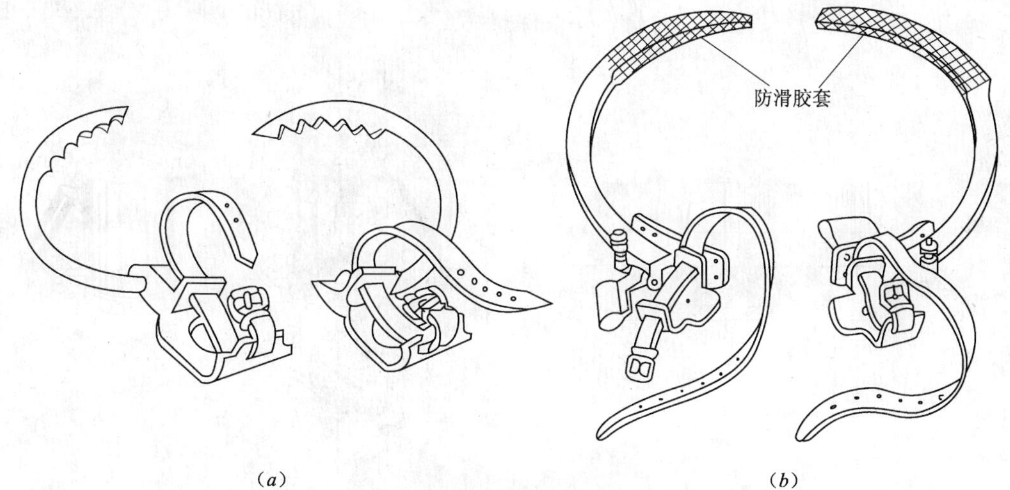

图20.2-11　脚扣的结构
(a)登木杆用脚扣；(b)登混凝土杆用脚扣

脚扣使用前要检查金属结构有无开焊处、防滑胶皮是否牢固、绑脚皮带强度和纤子是否完好。使用时先选好上杆位置，上杆跨度不要太大，要稳，身体重心要落在后脚上，双手抱住电杆维持身体平衡（图20.2-12）。

脚扣存放要轻拿轻放，不准摔砸，橡胶部分不准沾油。

图20.2-12　杆上操作时两脚扣的定位方法

20.2.5 登高板

1. 登高板的组成

登高板由踏脚板和吊绳组成，踏脚板采用质地坚韧的木板制成，上面刻有防滑纹路，规格有630mm×75mm×25mm或640mm×80mm×25mm，如图20.2-13（*a*）所示。吊绳采用3/4英寸白棕绳或1/2英寸锦纶绳，呈三角形状，底端两头固定在踏脚板上，顶端上固定有金属挂钩，绳长应适应使用者的身材，一般保持一人一手长，如图20.2-13（*c*）所示。

图20.2-13 登高板的使用方法
（*a*）登高板规格；（*b*）登高板的挂装方法；
（*c*）登高板长度；（*d*）在登高板上作业的站立姿势

2. 登高板使用方法

登高板虽在登高作业时较灵活又舒适，但必须熟练掌握操作技术，尤其对新工人更应如此，否则也会出现伤人事故。在使用登高板时应注意以下几点：

（1）在登杆使用前应做外观检查，看各部分是否有裂纹、腐蚀、断裂现象。若有，应禁止使用；

（2）登杆前应对登高板作人体冲击试登，以检验其强度。检验方法是将升降板系于钢筋混凝土杆上离地0.5m左右处，人站在踏脚板上，双手抱杆，双脚腾空猛力向下蹬踩冲击，绳索应不发生断股，踏脚板不应折裂，方可使用；

（3）使用登高板时，要保持人体平稳不摇晃，其站立姿势如图 20. 2-13（*d*）所示；

（4）登高板使用后不能随意从杆上往下抛，用后应妥善保管，存放在工具柜内，并放置整齐。

20. 2. 6 安全带

安全带是防止坠落的安全用具。用皮革、帆布带或化纤材料制成。安全带由大小两根带子组成，小的系在腰部偏下，大的系在电杆或其他牢固闭合的构件上，起防止坠落作用。腰带宽度应不小于 60mm，大带子拉力不小于 205kg。有的安全带为防止大带断脱，还另附一根带扣环的保险带。

腰带是用来系挂保险绳、腰绳和吊物绳的，使用时应系结在臀部上部，而不是系结在腰间，否则操作时既不灵活又容易扭伤腰部。保险绳是用来防止万一失足人体下落时不致坠地摔伤，一端要可靠地系结在腰带上，另一端用保险钩挂在牢固的横担或抱箍上。腰绳是用来固定人体下部，以扩大上身活动幅度的，使用时，应系结在电杆的横担或抱箍下方，防止腰绳窜出电杆顶端，造成工伤事故。

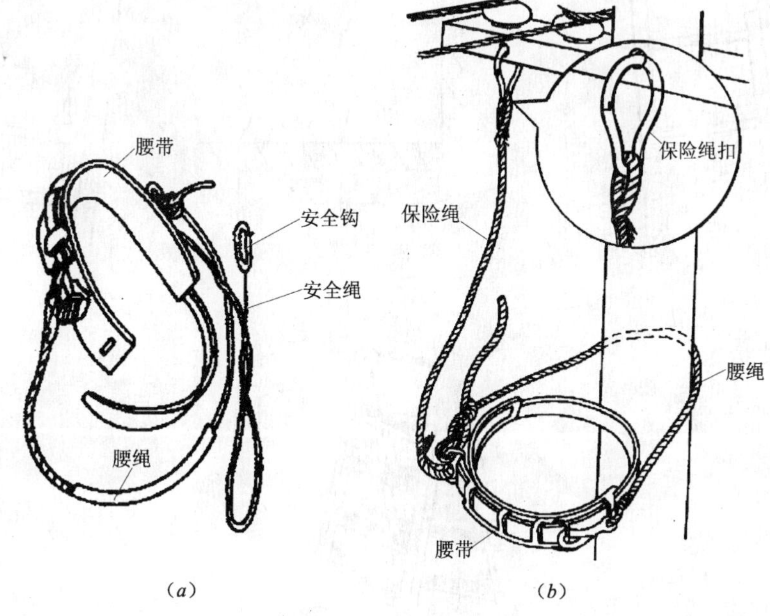

图 20. 2-14 安全带使用方法
（*a*）安全带结构；（*b*）安装带使用方法

20. 2. 7 梯子

梯子使用时注意以下事项（图 20. 2-15）：

（1）切勿手持重物上下梯子，工具或物料可用吊索吊运到工作地点或由他人传递；

（2）切勿使用暂代品，如椅子、圆筒等代替梯子；

（3）切勿把短梯连接成长梯之用；

（4）切勿过分伸展身体于梯子两旁，应移梯就位，把梯子架设在要进行工作的位置上；

（5）切勿尝试拉直或使用已扭曲或变弯的梯子；

（6）切勿在木梯上涂上有颜色的漆油，以免遮盖梯子的裂痕；

（7）切勿令梯子负荷过重，在一般情况下，应只容许一人在梯子上进行工作；

（8）使用人字梯必须坚固，距梯脚400mm～600mm处要设防滑拉绳保护，防止劈开。使用单梯上端要靠牢，下端应有人扶持。

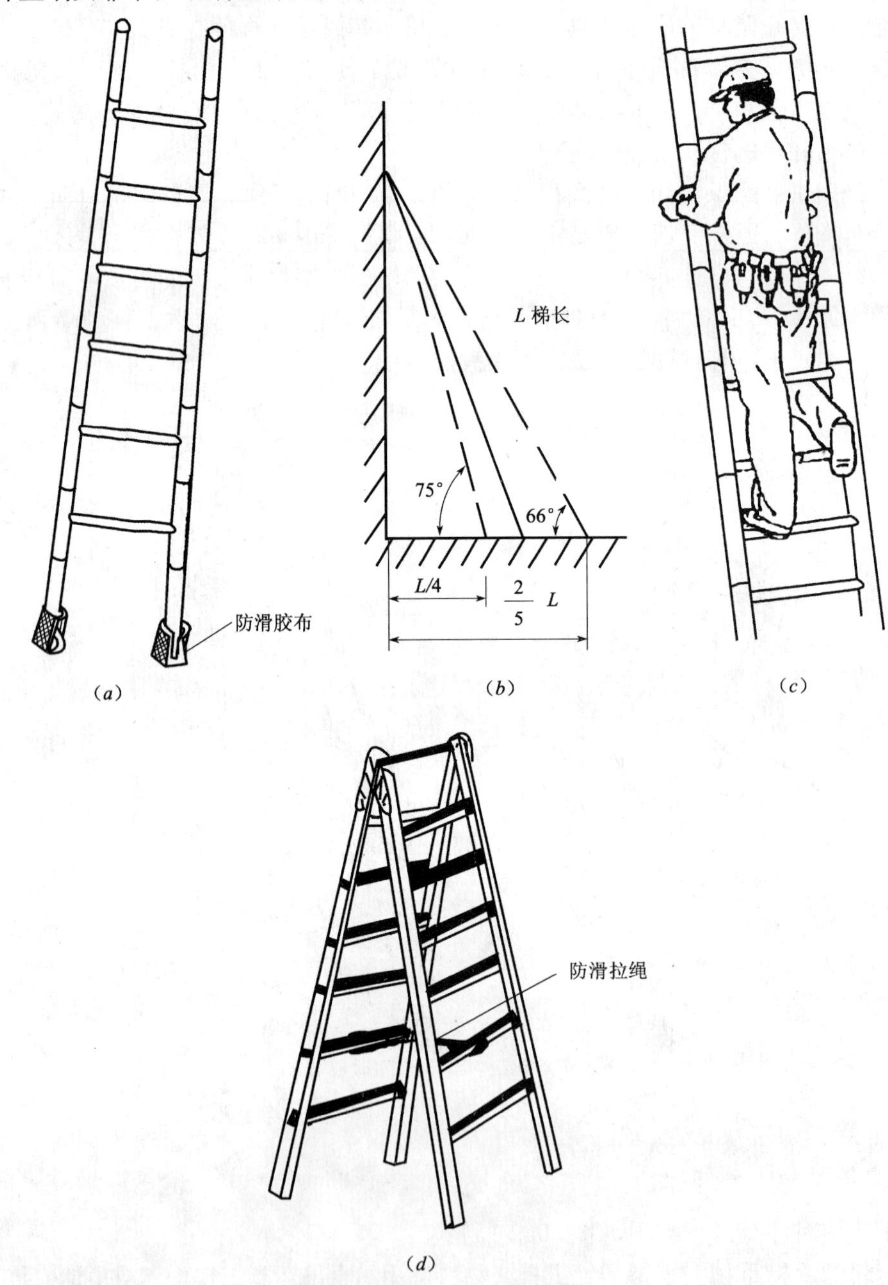

图20.2-15 梯子的使用方法

（*a*）直梯；（*b*）直梯放置角度；（*c*）在梯子上作业的站立姿势；（*d*）人字梯

20.2.8 登高安全工具试验标准表（表20.2-2）

登高安全工具试验标准表 表20.2-2

名 称	试验静拉力		试验周期	外表检查周期	试荷时间(min)
	(N)	(kg)			
安全带 大带	2205	225	半年一次	每月一次	5
安全带 小带	1470	150			
安全绳	2205	225	半年一次	每月一次	5
登高板	2205	225	半年一次	每月一次	5
脚扣	980	100	半年一次	每月一次	5
竹（木）梯	试验荷重1765N（180kg）		半年一次	每月一次	5

20.2.9 捯链

捯链（图20.2-16），是一种可将重物在空间中提升的一种小型起重工具，携带方便，不仅可以用于吊装，也可用作收紧缆绳及庞大设备运输时的固定，还可以用于设备的对口、找正等。

使用捯链前须对吊钩，起重链条，制动装置等机件及润滑情况进行检查，检查传动部分是否灵活，起重链是否错扭，自锁是否有效，各部件是否有裂纹、变形，严重磨损等。完好无损后再使用。使用时必须注意以下安全事项：

（1）起吊重物不得超过捯链的规定起重量，严禁超负荷使用。

（2）使用时如发生卡链，应将重物垫好后，方可检修。

（3）捯链的两股链条不能翻转，不要扭曲。链条弯曲或扭结时不可使用。

（4）捯链不要拉得太高或放得太低。

（5）发现捯链的手拉链条拉不动时，不可猛拉。更不能增加人员，应立即停止使用，进行检查。

（6）捯链在任何方向作用时，手拉链的方向应与链轮的方向一致，手拉链条时用力要均匀，不得突然猛拉。

（7）使用捯链起吊重物时，严禁人员在重物上或在重物下做站立或行走。

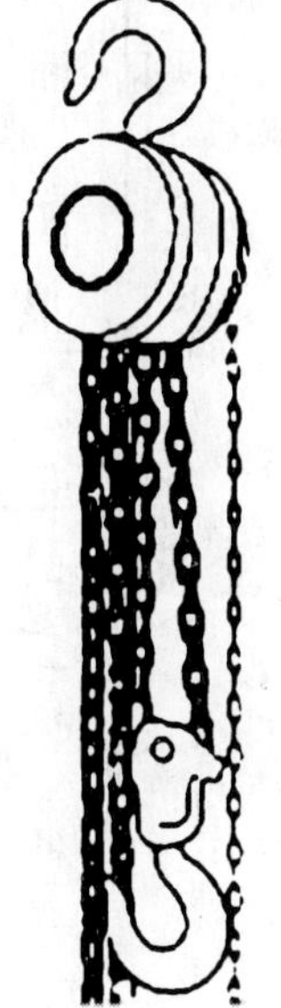

图20.2-16 捯链

（8）操作中应根据捯链起重能力的大小决定拉链的人数，一般起重能力在5t以下的允许一人拉链，5t以上的允许两人拉链，拉不动时要查明原因，以防物体卡阻或机件失灵发生事故。

（9）吊物如需要高处停留一段时间，应将手拉链牢固的拴在起重链上进行保险，并要有安全绳，以防自锁失灵。

（10）捯链不得用于高处寄存重物或设备。

（11）链条磨损达15%以上严禁继续使用。

（12）切勿将润滑油渗入摩擦片内，以防自锁失效。

20.2.10 液压千斤顶

液压千斤顶利用液压系统可以提升重物，液压千斤顶适用于起重高度不大的各种起重作业。由油室、油泵、储油腔、活塞、摇把、油阀等主要部分组成，如图20.2-17所示。

由于液压千斤顶具有顶升重物而不需要辅助设备，且顶升缓慢、均匀、稳定，又适用于调整设备安装偏差和对象变型等，因而被安装施工中广泛应用。

工作时，只要往复扳动摇把，使手动油泵不断向油缸内压油，由于油缸内油压的不断增高，就迫使活塞及活塞上面的重物一起向上运动。打开回油阀，油缸内的高压油便流回储油腔，于是重物与活塞也就一起下落。

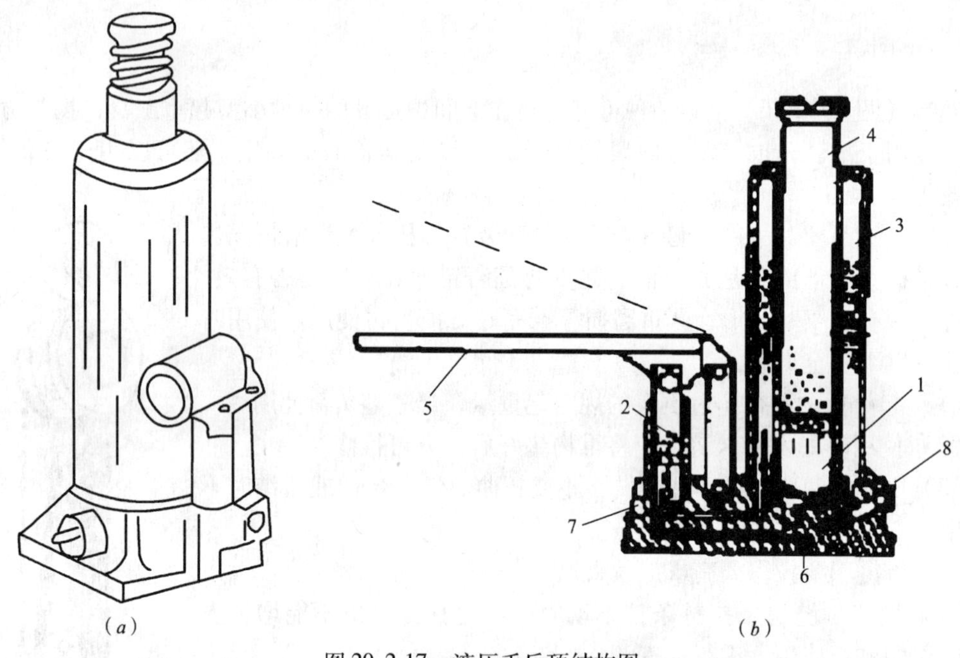

图20.2-17 液压千斤顶结构图
(*a*) 外形；(*b*) 结构
1—油室；2—油泵；3—储油腔；4—活塞；5—摇把；
6—回油室；7—油泵进油阀；8—油室进油阀

由于液压千斤顶与顶升重物接触点较小，又依赖底座的平整、坚实，而且又要求与重物接触良好，所以使用时要注意以下几个问题：

（1）因液压千斤顶种类较多，型号繁杂，使用前必须熟知其液压千斤顶的性能、特点及使用方法。

（2）保持液压千斤顶的清洁。应放在干燥、无尘处，切不可在潮湿、污垢、露天处存放，使用前应将液压千斤顶清洗干净，并检查活塞升降以及各部件是否灵活可靠，注入油是否干净。

（3）使用液压千斤顶时，禁止工作人员站在液压千斤顶安全栓的前面，安全栓有损坏者不得使用。

(4) 液压千斤顶应与顶物垂直，且接触面要好。

(5) 液压千斤顶顶升重物不能长时间放置不管，更不能做寄存物品用。

(6) 液压千斤顶使用时的放置处应平整、坚实，如在凹凸不平或土质松软地面，应铺设具有一定强度的垫板。为保持液压千斤顶与重物接触面稳固，其接触面间应垫以木板。

(7) 不得在液压千斤顶的摇把上套接管子，或用其他任何方法加长摇把的长度。

(8) 液压千斤顶顶升高度不得超过限位标志线，如无标志线者，不得超过螺丝杆扣或活塞高度的3/4。螺旋螺纹或齿条磨损达20%严禁使用。

(9) 要注意液压千斤顶顶升过程的安全操作。顶升重物时，应先将重物稍微顶升一些，然后检查其液压千斤顶底部是否稳固平整，稍有倾斜必须重新调整，直至液压千斤顶与重物垂直、平稳、牢固时，方可继续顶升。顶升到一定高度应在重物下面加垫，到位后将重物垫好。

(10) 液压千斤顶下降时应缓慢，不得猛开油门使其突然下降，齿条液压千斤顶也应如此，以防止突然下降造成摇把跳动而打伤人。

(11) 数台液压千斤顶同时顶升一个重物时，应有专人指挥，以保持升降的同步进行，防止受力不均，物体倾斜而发生事故。

20.2.11 顶拔器

顶拔器欲称拉具、掳子、拉模、拉扒或拉盘，分有双爪和三爪的两种，用来拆卸皮带轮和轴承等配件。顶拔器使用方法如图20.2-18所示，使用时各爪与中心丝杆应保持等距。

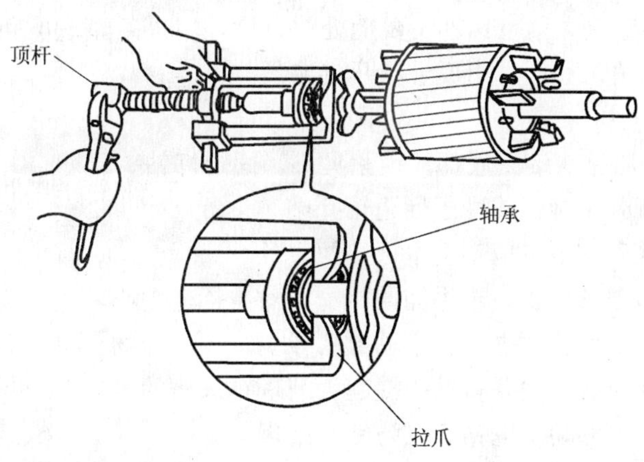

图20.2-18 顶拔器的使用方法

20.2.12 手电钻

手电钻是手持式电动工具，其种类、规格很多，常用的有手枪式和手提式两大类。手枪式电钻大多是交流220V电压供电，按其装夹钻头直径来分，有6mm、10mm和13mm三种规格（图20.2-19）。手提式电钻的电压有单相220V及三相380V两种，常用的有13mm、19mm和23mm三种规格。

手电钻由工人直接手持操作，应特别注意用电安全。使用前要检查外壳接地是否可靠；通电后要检查外壳，不可带电。

最基本的电钻类型就是定速的单速电钻，使用简单，适合初学者使用。在变速电钻当中，也有一种可以正转与逆转的类型，如果电钻在钻孔中被卡在材料里面或拆卸螺钉时，就可以利用逆转的功能将电钻抽出或卸下螺钉。目前市面上常见到的手电钻用坚固塑料制成的外壳较多，以防潮湿，有漏电的危险，此外亦有可充电蓄电池式的手提电钻，没有电缆线在使用上更加方便。

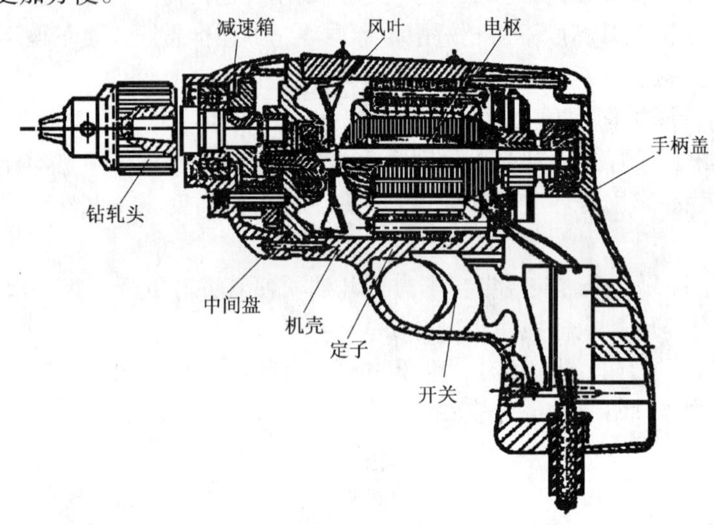

图 20.2-19　手电钻结构图

钻头的安装夹头有两种：一种常见的为齿轮式夹头，需有固定的钥匙打开或夹紧，使用时切记要用钥匙将钻头上紧，钥匙不要随处放，最好用一条绳把他和电钻绑在一起，以免遗失。另一种为六角钥匙，需用扳子打开或夹紧。

1. 手电钻使用方法

（1）开启夹头，将钻头装到底部，锁紧夹头，固定好钻头。

（2）在钻孔位置处用画针或冲子标记钻孔中心位置。

（3）薄木材钻孔时，下层应垫上木板垫块。

（4）用右手握紧电钻把手，左手辅助机身，对准标记中心。

（5）确定钻头与工作物面垂直，启动电机导引进入工作物。

（6）钻较深的孔时，中途要将钻头提起，清理钻头槽的木屑。

（7）钻孔时，不可移动手电钻，以防钻头断裂。

2. 使用手电钻安全知识

手电钻可引起触电及割伤两种危险。为了避免触电，使用时应检查电钻的接线是否正常，遵守供货商所提供的安全守则。为了避免割伤，千万别让儿童使用手电钻。同时在使用时亦要非常小心。使用护眼罩防止粉粒进入眼内。

20.2.13　冲击钻

冲击钻（图 20.2-20）使用前必须保证软电线的完好；不可任意接长和拆换不同类型

的软电线。为了保证冲击电钻正常工作，应保持换向器的清洁。

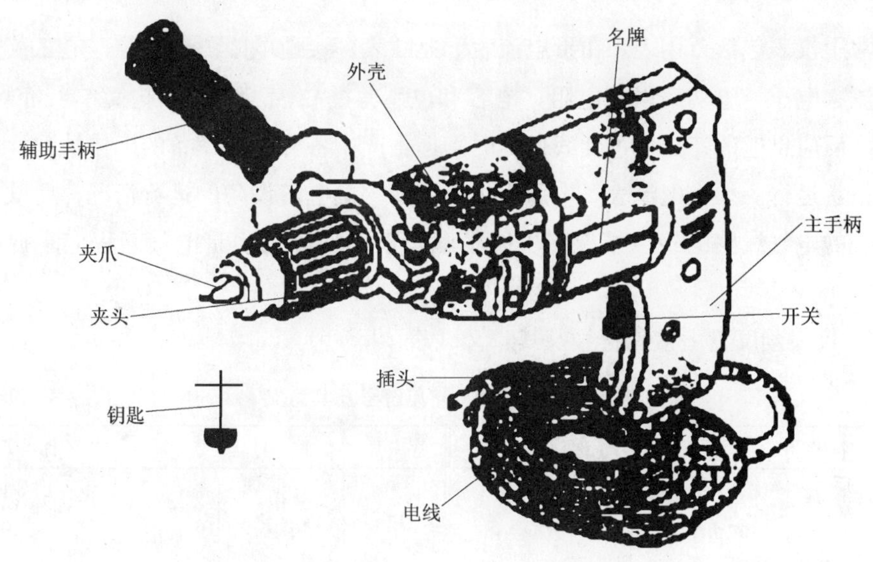

图 20.2-20 冲击钻结构

（1）长期搁置不用的冲击钻，使用前必须用 500V 兆欧表测定对地绝缘电阻，其值应不小于 0.5MΩ。

（2）使用金属外壳冲击钻时，必须戴绝缘手套，穿绝缘鞋或站在绝缘板上，以确保操作人员的人身安全。

（3）在钻孔时遇到坚硬物体不能加过大压力，以防钻头退火或冲击钻因过载而损坏。冲击钻因故突然堵转时，应立即切断电源。

（4）在钻孔过程中应经常把钻头从钻孔中抽出以便排除钻屑。

20.2.14 电锤

电锤适用于混凝土、砖石等硬质建筑材料的钻孔，广泛地代替手工凿眼操作，大大地减轻劳动强度。电锤主要由电动机，传动装置、离合装置、锤头等部件组成。其结构见图 20.2-21 。

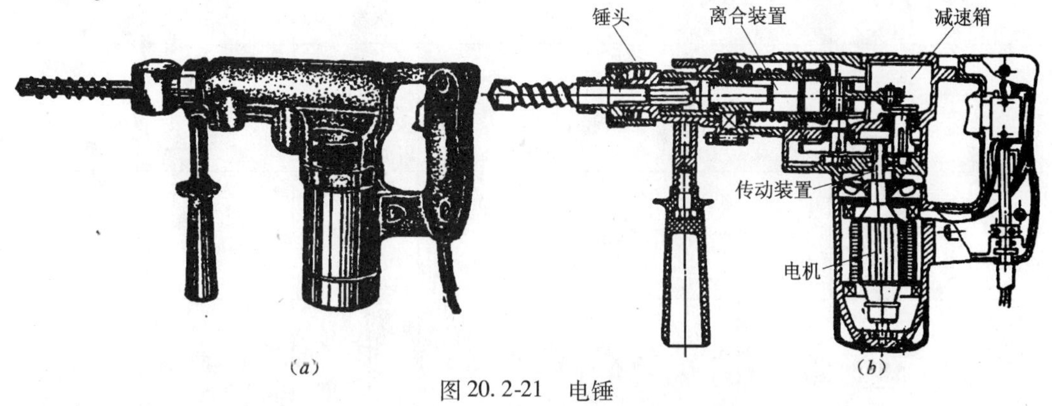

图 20.2-21 电锤
（a）电锤外形图；（b）电锤结构图

20.3 电工仪表的使用方法

电工常用仪表包括万用表、钳形电流表、兆欧表、接地电阻测试仪等，电工仪表是用来测量电流、电压、电功率以及电阻、电容和电感等的仪表。具有结构简单、价格低廉、稳定可靠、反应迅速的特点。可使我们随时掌握生产中各种电气设备的工作情况，从而保证他们的正常运行。如：电流表、电压表可以用来测量电气设备的运行情况；兆欧表可以检查已安装的电气线路的绝缘情况。所以了解及正确使用仪表是电气工程应掌握的基本知识。

1. 电工仪表刻度盘上常见符号及其意义（表 20.3-1）

电工仪表刻度盘上常见符号及其意义 **表 20.3-1**

序号	符号	名称	序号	符号	名称
1	A	安培	12	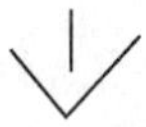	等级指数（例如 1），准值为标度尺长
2	dB	分贝	13	①	等级指数（例如 1），基准值为指示值
3	Hz	赫兹	14	var	乏
4	Ω	欧姆	15	W	瓦特
5	s	秒	16	COSφ	功率因数
6	V	伏特	17	~	交流线路或交流响应的测量机构
7	VA	伏安	18		直流和（或）交流线路和（或）直流和交流响应的测量机构
8	 0	不经受电压试验的装置	19	3 ~	三相交流线路（通用符号）
9		标度盘垂直使用的仪表	20		试验电压 500V
10		标度盘水平使用的仪表	21	 2	试验电压高于 500V（例如 2kV）
11	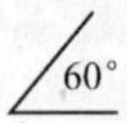 60°	标度盘相对水平面倾斜（例 60°）的仪表	22	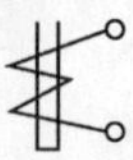	电磁系仪表

续表

序号	符号	名称	序号	符号	名称
23		电动系仪表	30		磁电系比率表
24		铁磁电动系仪表	31		动磁系仪表
25		电动系比率表	32		静电系仪表
26		铁磁电动系比率表	33		振簧系仪表
27		感应系仪表	34		分流器
28	0.5	等级指数（例如0.5）基准值为量程	35		参阅单独文件
29		磁电系仪表			

2. 部分有关量对仪表准确度的影响（表20.3-2）

测量仪表的准确度等级是指仪表在标准条件下的基本误差的大小。当标准条件或标准范围发生变化时，就会给仪表带来附加误差。如环境温度的影响，当标准使用温度为23℃，如果每改变±10℃来使用，即在13℃或33℃的温度下使用，就会使仪表降低一个准确度等级，原来是0.5级的表就会变成1.0级的仪表了。部分有关量对仪表准确度的影响情况见表20.3-2。

部分有关量对仪表准确度的影响 表 20.3-2

影响量		标称使用范围极限	等级指数允许改变量
环境温度		标准温度 ±10℃ 标准范围下限 -10℃和标准范围上限 +10℃	100%
湿度		相对湿度 25% 和 80%	100%
位置		未标志标准位置为水平和垂直	100%
		在任意方向偏离 5℃	50%
辅助电源	电压	标准值 ±10% 或标准范围下限 -10% 和标准范围上限 +10%	50%
	频率	标准值 ±50% 或标准范围下限 -5% 和标准范围上限 +5%	50%

3. 电工仪表的校验期限（表 20.3-3）

电工仪表的校验期限 表 20.3-3

仪表种类	安装场所或使用条件	定期检验次数
配电盘指示及记录仪表	主要设备和主要线路的配电盘仪表①	每年 1 次
	其他配电盘仪表②	每 2 年 1 次
试验用指示及记录仪表	标准仪表	每年 1 次
	常用的携带型仪表	每年 2 次
	其余的携带型仪表③	每年 1 次
计量电能表	标准电能表（回转表）	每年 2 次
	电网关口表计及月用电量超过 100 万 kW · h 表计	每 3 个月 1 次
	月平均用电量 10 万 kW · h 以上的表计	每 6 个月 1 次
	月平均用电量 10 万 kW · h 以下的表计	每年 1 次
	非计费用表、动力电能表、照明电能表	每 2～5 年 1 次

① 应与仪表所连接主要设备的大修时间一致，不应延迟；
② 有的配电盘仪表可每 4 年至少检验 1 次；
③ 万用表与钳形电流表可每 4 年至少检验 1 次，绝缘电阻表与接地电阻表每 2 年至少检验 1 次，用于高压电路使用的钳形表和用作吸收比试验用的绝缘电阻表则每年至少检验 1 次。

20.3.1 万用表

万用表是万用电表的简称，他是电气人员工作中一个必不可少的工具。万用表能测量电流、电压、电阻，有的还可以测量三极管的放大倍数、频率、电容值、逻辑电位、分贝值等。万用表有很多种，现在最流行的有机械指针式和数字式两种万用表（图 20.3-1）。他们各有优点。对于电工初学者，建议使用指针式万用表，因为他对我们熟悉一些电气知识原理很有帮助。下面介绍一些机械指针式万用表的原理和使用方法。

1. 万用表的基本原理

机械指针式万用表的基本结构如图 20.3-2，由磁电式直流电流表、刻度盘（图 20.3-3）、转换开关组成。

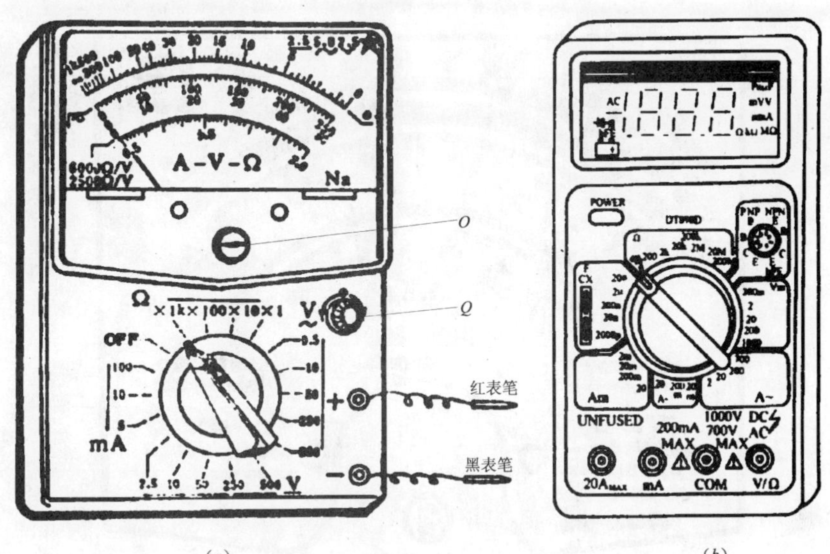

图 20.3-1 万用表
(a) 机械指针式万用表；(b) 数字式万用表

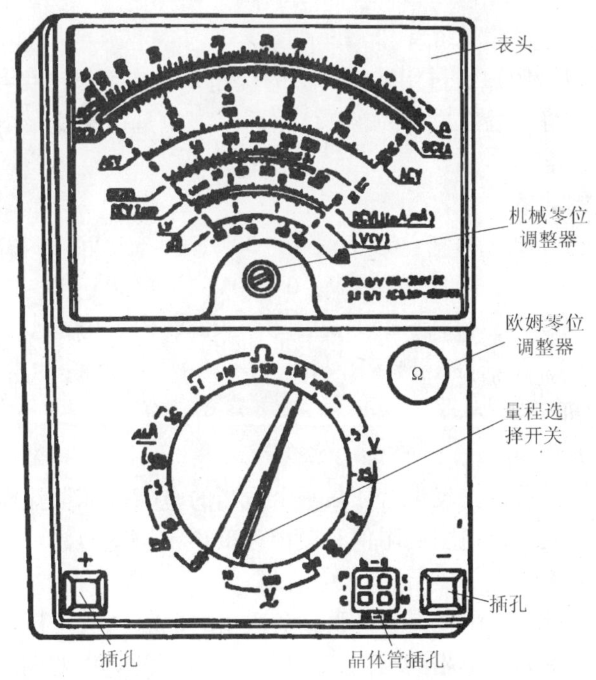

图 20.3-2 机械指针式万用表结构图

万用表的基本原理是利用一只灵敏的磁电式直流电流表（微安表）做表头。当微小电流通过表头，就会有电流指示。但表头不能通过大电流，所以，必须在表头上并联与串联一些电阻进行分流或降压，从而测出电路中的电流、电压和电阻。

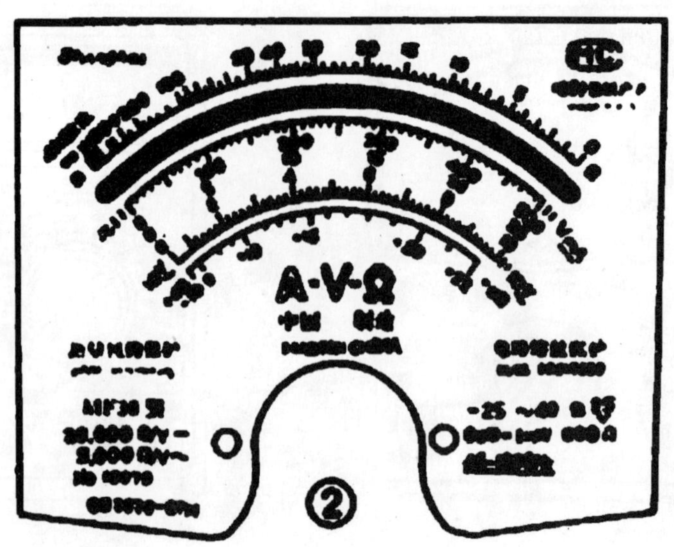

图 20. 3-3 万用表刻度盘

2. 万用表的量程

万用表（以 105 型为例）通过用转换开关的旋钮来改变测量项目和测量量程。机械调零旋钮用来保持指针在静止处在左零位。“Ω”调零旋钮是用来测量电阻时使指针对准右零位，以保证测量数值准确。

万用表的测量范围如下：

（1）直流电压：分 5 档，包括：0 ~ 6V；0 ~ 30V；0 ~ 150V；0 ~ 300V；0 ~ 600V。

（2）交流电压：分 5 档，包括：0 ~ 6V；0 ~ 30V；0 ~ 150V；0 ~ 300V；0 ~ 600V

（3）直流电流：分 3 档，包括：0 ~ 3mA；0 ~ 30mA；0 ~ 300mA。

（4）电阻：分 5 档，包括：R × 1；R × 10；R × 100；R × 1K；R × 10K。

3. 万用表测试原理

（1）测直流电流原理

如图 20. 3-4（*a*）所示，在表头上并联一个适当的电阻（叫分流电阻）进行分流，就可以扩展电流量程。改变分流电阻的阻值，就能改变电流测量范围。

（2）测直流电压原理

如图 20. 3-4（*b*）所示，在表头上串联一个适当的电阻（叫降压电阻）进行降压，就可以扩展电压量程。改变降压电阻的阻值，就能改变电压的测量范围。

（3）测交流电压原理

如图 20. 3-4（*c*）所示，因为表头是直流表，所以测量交流时，需加装一个并、串式半波整流电路，将交流进行整流变成直流后再通过表头，这样就可以根据直流电的大小来测量交流电压。扩展交流电压量程的方法与直流电压量程相似。

（4）测电阻原理

如图 20. 3-4（*d*）所示，在表头上并联和串联适当的电阻，同时串接一节电池，使电流通过被测电阻，根据电流的大小，就可测量出电阻值。改变分流电阻的阻值，就能改变电阻的量程。

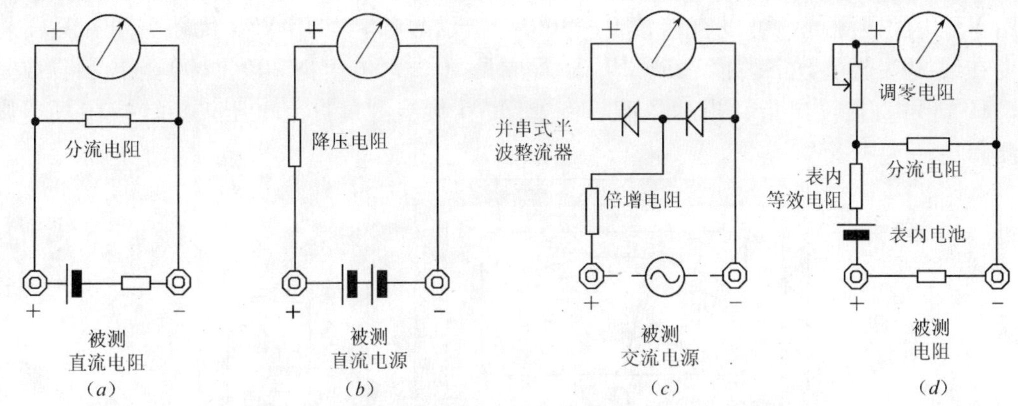

图 20.3-4 万用表测试原理

(*a*) 测直流电流；(*b*) 测直流电压；(*c*) 测交流电压；(*d*) 测电阻

4. 万用表使用方法

(1) 测量电阻 (图 20.3-5)

先将表棒搭在一起短路，使指针向右偏转，随即调整"Ω"调零旋钮，使指针恰好指到零。然后将两根表棒分别接触被测电阻（或电路）两端，读出指针在欧姆刻度线（第一条线）上的读数，再乘以该档标的数字，就是所测电阻的阻值。例如用 R×100 档测量电阻，指针指在 80，则所测得的电阻值为 80×100＝8kΩ。由于"Ω"刻度线左部读数较密，难于看准，所以测量时应选择适当的欧姆挡。使指针在刻度线的中部或右部，这样读数比较清楚准确。每次换挡，都应重新将两根表棒短接，重新调整指标到零位，才能测准。

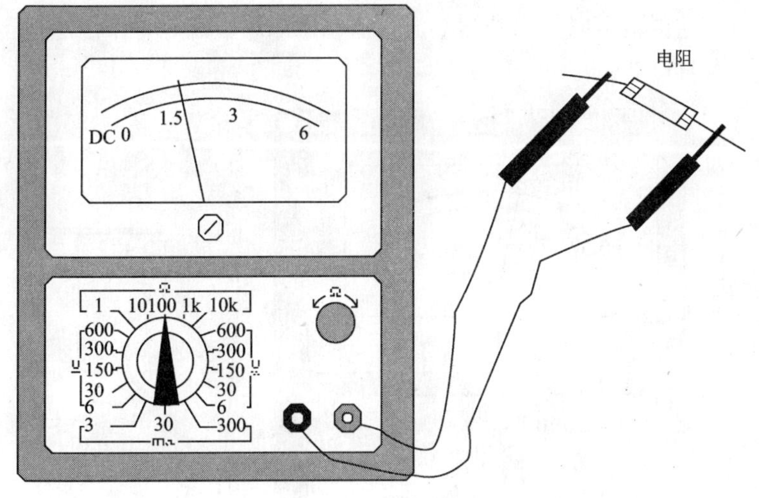

图 20.3-5 测量电阻

(2) 测量直流电压 (图 20.3-6)

首先估计一下被测电压的大小，然后将转换开关拨至适当的 V 量程，将正表棒接被测电压"+"端，负表棒接被测量电压"－"端。然后根据该挡量程数字与标直流符号“DC－”刻度线（第二条线）上的指针所指数字，来读出被测电压的大小。如用V300伏档测量，可以直接读0～300的指示数值；如用V30伏档测量，只需将刻度在线300这个数字去掉一个“0”，看成是30，再依次把200、100等数字看成是20、10既可直接读出指针指示数值。例如用V6伏档测量直流电压，指针指在15，则所测得电压为1.5V。

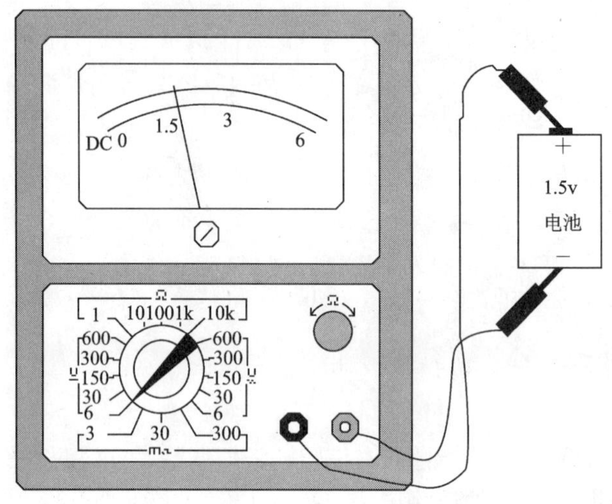

图20.3-6 测量直流电压

（3）测量直流电流

先估计一下被测电流的大小，然后将转换开关拨至合适的mA量程，再把万用表串接在电路中，如图20.3-7所示。同时观察标有直流符号“DC”的刻度线，如电流量程选在3mA档，这时，应把表面刻度在线300的数字，去掉两个“0”，看成3，又依次把200、100看成是2、1，这样就可以读出被测电流数值。例如用直流3mA档测量直流电流，指针在100，则电流为1mA。

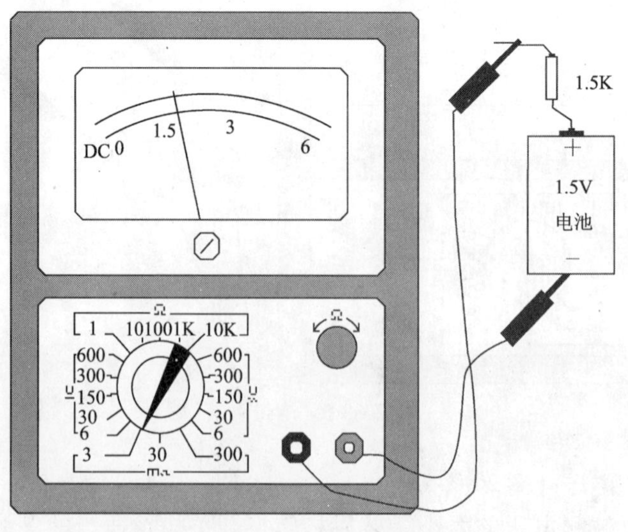

图20.3-7 测量直流电流

(4) 测量交流电压

测交流电压的方法与测量直流电压相似，所不同的是因交流电没有正、负极之分，所以测量交流电压时，表棒也就不需分正、负。读数方法与上述的测量直流电压的读法一样，只是数字应看标有交流符号“AC”的刻度在线的指针位置。

5. 使用万用表的注意事项

万用表是比较精密的仪器，如果使用不当，不仅造成测量不准确且极易损坏。但是，只要掌握万用表的使用方法和注意事项，万用表就能经久耐用。使用万用表应注意如下事项：

(1) 测量电流与电压不能旋错挡位。如果误将电阻挡或电流挡去测电压，就极易烧坏电表。万用表不用时，最好将档位旋至交流电压最高档，避免因使用不当而损坏。

(2) 测量直流电压和直流电流时，注意“+”、“-”极性，不要接错。如发现指针反转，既应立即调换表棒，以免损坏指针及表头。

(3) 如果不知道被测电压或电流的大小，应先用最高档，而后再选用合适的档位来测试，以免表针偏转过度而损坏表头。所选用的档位愈靠近被测值，测量的数值就愈准确。

(4) 测量电阻时，不要用手触及组件的裸体的两端（或两支表棒的金属部分），以免人体电阻与被测电阻并联，使测量结果不准确（图 20.3-8）。

(*a*) (*b*)

图 20.3-8 万用表表笔的握法

(*a*) 正确；(*b*) 错误

(5) 测量电阻时，如将两支表棒短接，调“零欧姆”旋钮至最大，指针仍然达不到 0 点，这种现象通常是由于表内电池电压不足造成的，应换上新电池方能准确测量。

(6) 万用表不用时，不要旋在电阻挡，因为内有电池，如不小心易使两根表棒相碰短路，不仅耗费电池，严重时甚至会损坏表头。

20.3.2 钳形电流表

钳形电流表简称钳形表。其工作主要是由一只电磁式电流表和穿心式电流互感器组成，穿心式电流互感器铁芯制成活动开口，成钳形，故名钳形电流表，如图 20.3-9 所示。穿心式电流互感器的副边绕组缠绕在铁芯上，并与整流电流表相连，他的原边绕组即为穿过互感器中心的被测导线。旋钮是一个量程选择开关，扳手的作用是开合穿心式互感器中心的被测导线。

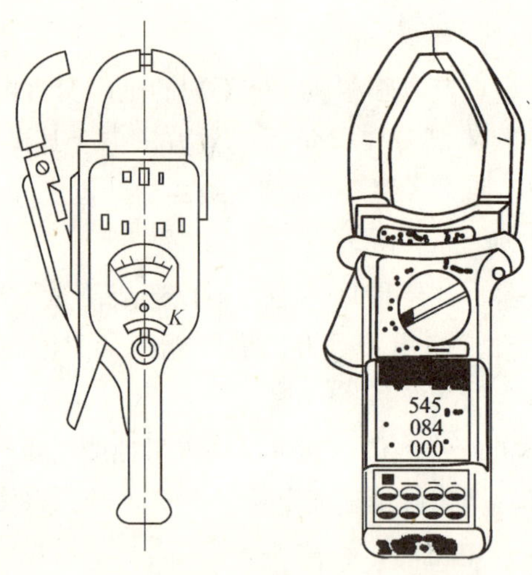

（a） （b）

图 20.3-9 钳形电流表结构图

（a）指针式电流表；（b）数字式电流表

测量电流时，按动扳手，打开钳口，将被测载流导线置于穿心式电流互感器的中间，当被测导线中有交变电流通过时，交流电流的磁通在互感器副绕组中感应出电流，该电流通过电磁式电流表的线圈，使指针发生偏转，在表盘标度尺上指出被测电流值。钳形表的使用方法如下（图 20.3-10）：

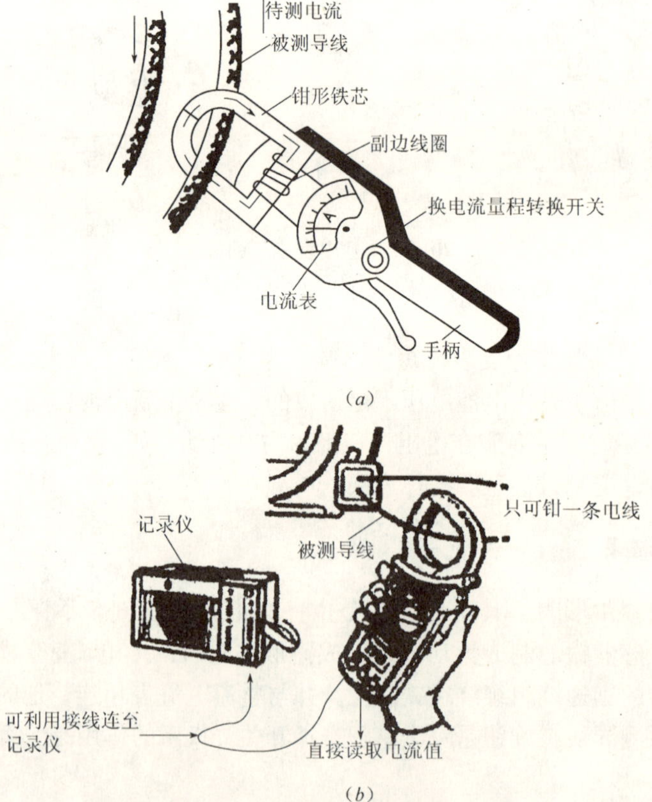

（a）

（b）

图 20.3-10 钳形电流表使用方法

（a）指针式钳形电流表使用方法；（b）数字式钳形电流表使用方法

（1）测量前应检查电流表指针是否指向零位。否则，应进行机械调零。

（2）测量前还应检查钳口的开合情况，要求钳口可动部分开合自如，两边钳口结合面接触紧密。如钳口上有油污和杂物，应用溶剂洗净；如有锈斑，应轻轻擦去。测量时务必使钳口接合紧密，以减少漏磁通，提高测量精确度。

（3）测量时量程选择旋钮应置适当位置，以便在测量时使指针超过中间刻度，减少测量误差，如事先不知道被测电路电流的大小，可先将量程选择旋钮置于高档，然后再根据指针偏转情况将量程旋钮调整到合适位置。

（4）当被测电路电流太小，即使在最低量程档指针偏转角都不大时，为提高测量精确度，可将被测载流导线在钳口部分的铁芯柱上缠几圈后进行测量，将指针读数除以穿入钳口内导线根数即得实测电流值。

（5）测量时，应使被测导线置于钳口内中心位置，以利于减小测量误差。

（6）钳形表不用时，应将量程选择旋钮至最高量程档，以免下次使用时，不慎损坏仪表。

20.3.3 兆欧表

兆欧表又叫摇表、迈格表、高阻计、绝缘电阻测定仪等，是一种测量电器设备及电路绝缘电阻的仪表。兆欧表主要由 3 部分组成：手摇直流发电机（有的用交流发电机加整流器）、磁电式流比计及接线柱（L、E、G）。兆欧表结构及工作原理见图 20.3-11。

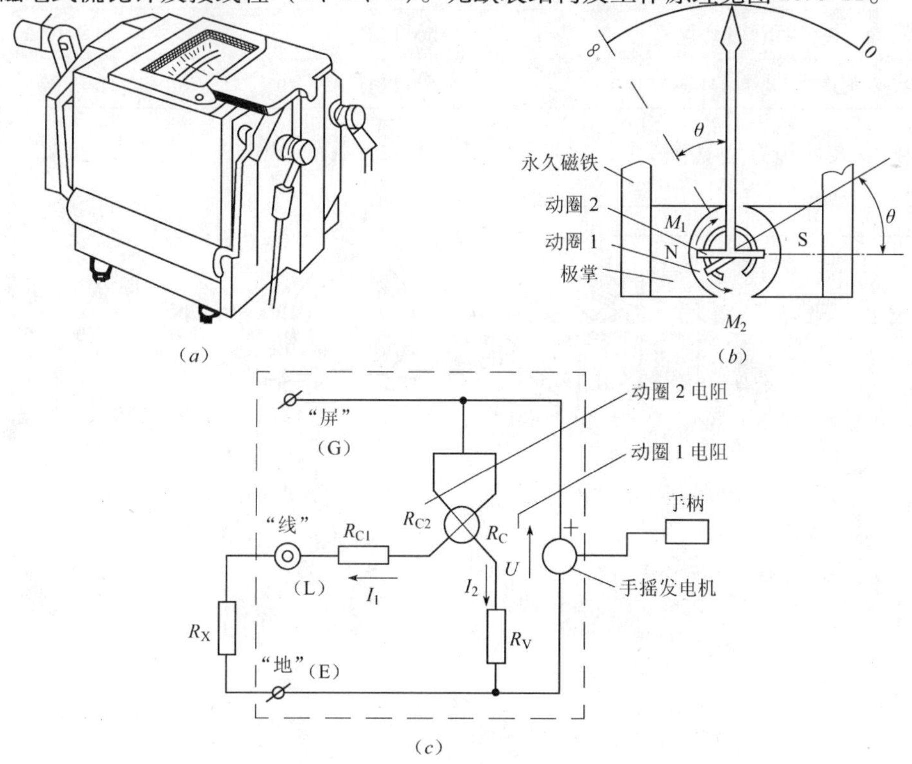

图 20.3-11 兆欧表结构及工作原理图
（a）兆欧表；（b）兆欧表结构示意图；（c）兆欧表原理图

1. 兆欧表的选用

兆欧表的常用规格有250V、500V、1000V、2500V和5000V等档级。选用兆欧表主要应考虑他的输出电压及其测量范围。一般高压电气设备和电路的检测需要使用电压高的兆欧表，而低压电器设备和电路的检测使用电压低一些的就足够了。通常500V以下的电气设备和线路选用500～1000V的兆欧表，而测量瓷瓶、母线、刀闸等应选2500V以上的兆欧表。

兆欧表测量范围的选择原则是要使测量范围适应被测绝缘电阻的数值，否则将发生较大的测量误差。例如有些兆欧表的读数不是从0开始，而是从1MΩ或2MΩ开始，就不适合用于测量潮湿环境中电器设备和电路的绝缘电阻，因为这时被测电器设备和线路的绝缘电阻有可能小于1MΩ或2MΩ，容易误将他的绝缘电阻判读为零，下面介绍一些选择兆欧表的数据，供读者在选用时参考（表20.3-4）。

兆欧表选择表 **表20.3-4**

被测对象	被测设备或线路额定电压（V）	选用的兆欧表（V）
线圈的绝缘电阻	500以下	500
线圈的绝缘电阻	500以上	1000
电机绕组绝缘电阻	500以下	1000
变压器、电机绕组绝缘电阻	500以上	1000～2500
电器设备和电路绝缘	500以下	500～1000
电器设备和电路绝缘瓷瓶、母线、刀闸	600以上	2500～9000

2. 兆欧表使用方法（图20.3-12）

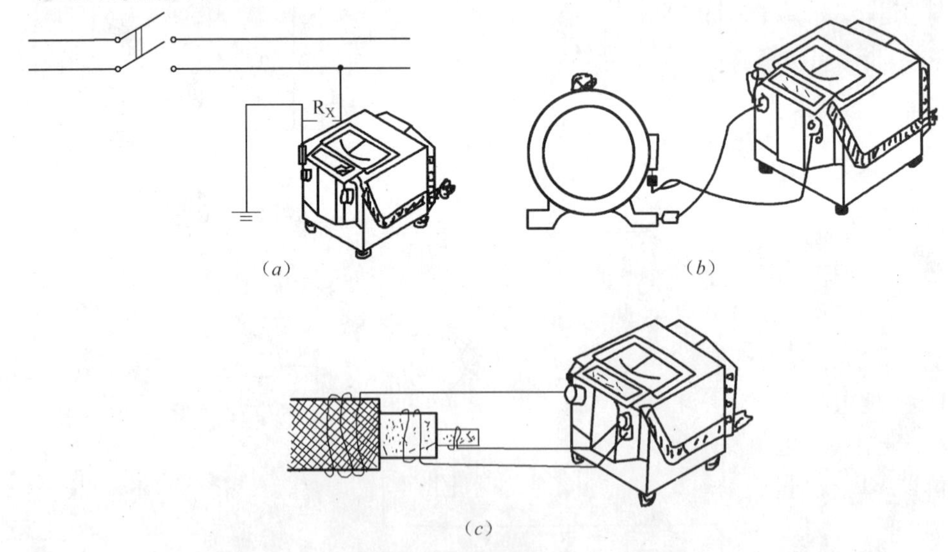

图20.3-12 兆欧表使用方法
（a）测量电路绝缘电阻；（b）测量电机绝缘电阻；（c）测量电缆的缆芯对缆壳的绝缘电阻

（1）检查兆欧表是否正常工作。将兆欧表水平放置，空摇兆欧表，指针应该指到∞

处；再慢慢摇手柄，使 L 和 E 两接线柱输出线瞬时短接，指针应迅速指零。注意在摇动手柄时不得让 L 和 E 短接时间过长，否则将损坏兆欧表。

（2）检查被测电气设备和电路，看是否已全部切断电源。绝对不允许设备和线路带电时用兆欧表去测量。

（3）测量前应对设备和线路先行放电，以免设备或线路的电容放电危及人身安全和损坏兆欧表，这样还可以减少测量误差，同时注意将被测试点擦拭干净。

（4）兆欧表必须水平放置于平稳牢固的地方，以免在摇动因抖动和倾斜产生测量误差。

（5）接线必须正确无误，兆欧表有 3 个接线柱，"E"（接地）、"L"（线路）和"G"（保护环或叫屏蔽端子）。保护环的作用是消除表壳表面"L"与"E"接线柱间的漏电和被测绝缘物表面漏电的影响。在测量电气设备的对地绝缘电阻时，"L"用单根导线接设备的待测部位，"E"用单根导线接设备外壳；如测电气设备内两绕组之间的绝缘电阻时，将"L"和"E"分别接两绕组的接线端；当测量电缆的绝缘电阻时，为消除因表面漏电产生的误差，"L"接线芯，"E"接外壳，"G"接线芯与外壳之间的绝缘层，上述测量方法见图 20.3-12（c）。"L"、"E"、"G"与被测物的连接线必须用单根线，绝缘良好，不得绞合，表面不得与被测物体接触。

（6）摇动手柄的转速要均匀，一般规定为 120r/min，允许有 ±20% 的变化，最多不应超过 25%。通常都要摇动 1min 后，待指针稳定下来再读数。如被测电路中有电容时，先持续摇动一段时间，让兆欧表对电容充电，指针稳定后再读数，测完后先拆去接线，再停止摇动。若测量中发现指针指零，应立即停止摇动手柄。

（7）测量完毕，应对设备充分放电，否则容易引起触电事故。

（8）禁止在雷电时或附近高压导体的设备上测量绝缘。只有在设备不带电又不可能受其他电源感应而带电的情况下才可测量。

（9）兆欧表未停止转动以前，切勿用手去触及设备的测量部分或摇表接线柱。拆线时也不可直接去触及引线的裸露部分。

20.3.4 接地电阻测试仪

接地电阻测试仪又名接地摇表，主要用于测量电气系统、避雷系统等接地装置的接地电阻和土壤电阻率。也是一种携带式指示仪表，形式有多种，用法也不尽相同，但工作原理却基本一样。现以 ZC-8 型接地电阻测定仪为例介绍基本结构及使用方法。ZC-8 型接地电阻测定仪外形及附件如图 20.3-13（a）所示。

1. 接地电阻测试仪基本结构

ZC-8 型接地电阻测定仪由高灵敏度的检流计 G，交流发电机 M、电流互感器 LH 及调节电位器 RP、测量用接地极 E、电压辅助电极 P 和电流辅助电极 C 等组成，被测接地电阻 Rx 接于 E 和 P 之间。

图 20.3-13（b）是 ZC-8 型接地电阻测定仪的实际电路原理。其中 P_1、C_2 与接地极 E 相接，在有的仪表中 P_2、C_2 已在内部接通，则其表壳接线柱直接标为 E。接线柱 P_1 接电压辅助探针、C_1 接电流辅助探针。

为了便于测量不同阻值的接地电阻，该仪表设置了 0～1Ω、0～10Ω、和 0～100Ω3 个量程，通过转换开关 S 的不同位置，可同时转换互感器 LH 副绕组的并联电阻 R_1、R_2、R_3，以适应对不同接地电阻的测量。当 S 接通 R_1 时，$I_2=I_1$，$K=1$；接通 R_2 时，$I=0.1$，$K=0.1$；接通 R_3 时，$I=0.01I_1$，$K=0.01$。S 下端的一组转换开关也通过 3 挡切换检流计 G 的不同分流电阻，以保证检流计不同量程时灵敏度不变。

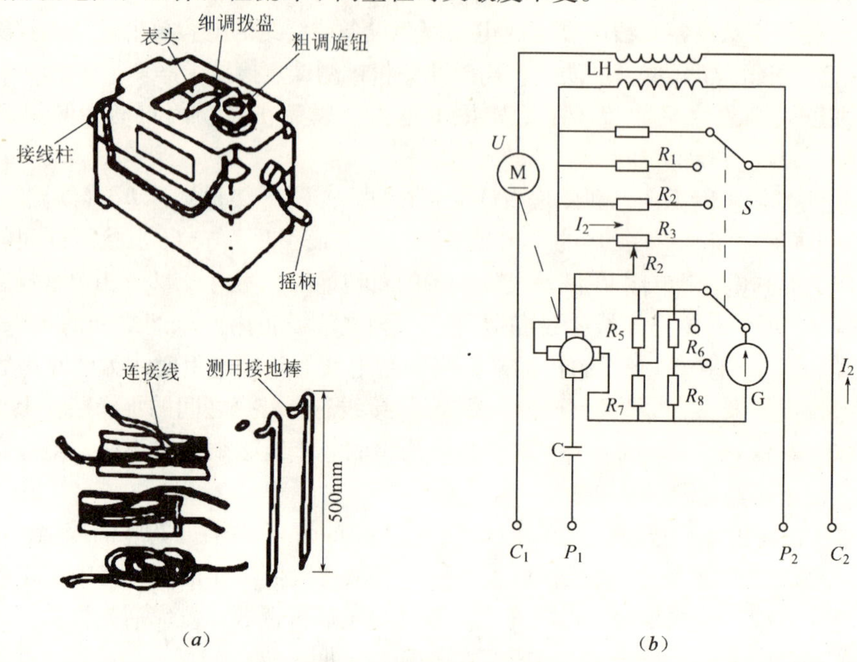

图 20.3-13 接地电阻测试仪

(a) 接地电阻测试仪外形图；(b) 接地电阻测试仪电路图

2. 接地电阻测试仪使用方法（图 20.3-14）

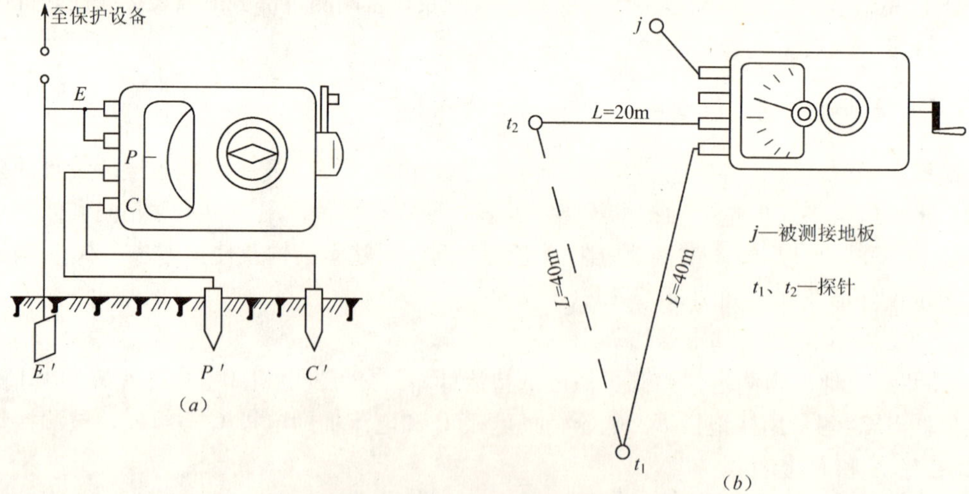

图 20.3-14 接地电阻测试仪使用方法

(a) 接地电阻测量接线；(b) 接地电阻测试仪工作时布线方法

E'—被测接地体；P'—电位探测针；C'—电流探测针

（1）将被测接地装置的接地体接仪表的P_2、C_2（或E）接线柱，电压探针接P_1接线柱，电流探针接C_l接线柱。两个探针之间及与接地极之间均应保持20m以上距离。如图20.3-14（*b*）所示。

（2）将仪表置于水平位置，对指针机械调零，使其指在标度尺红线。

（3）将量程（倍率）选择开关S置于最大量程位置，缓慢摇动摇柄，同时调整“测量标度盘”，即可调节电位器B_y的阻值，使指针始终指在红线，这表明仪表内部电路工作处于平衡状态。当指针接近红线时，加快摇柄转速，使其达额定转速（120r/min），再次调节“测量标度盘”，使指针稳定在红线，这时用“测量标度盘”的读数（R_P）乘以倍率标度，即得所测接地电阻值。测量中若发现“测量标度盘”读数小于1，应将量程选择开关S置于较小一档，重新测量。

（4）用ZC-8型接地电阻测定仪测量导体电阻：将P_1、C_1接线柱用导线短接，再将被测电阻接于E（或P_2、C_2短接的公共点）与P_l之间，其余测量方法和步骤与测量接地电阻相同。

（5）测接地装置的接地电阻，必须先将接地线路与被保护的设备断开，方能测得较准确的接地电阻值。

（6）若仪表中检流计灵敏度不够时，可沿电压探针P_l和电流探针C_1的接地处注水，以减小两探针接地电阻。如果检流计灵敏度过高，则可减小电压探针插入土中的深度。

20.3.5 数字接地电阻测量仪

数字接地电阻测量仪（图20.3-15）适用于电力、邮电、铁路、通信、矿山等部门测量各种装置的接地电阻以及测量低电阻的导体电阻值，该表还可测量土壤电阻率及地电压。

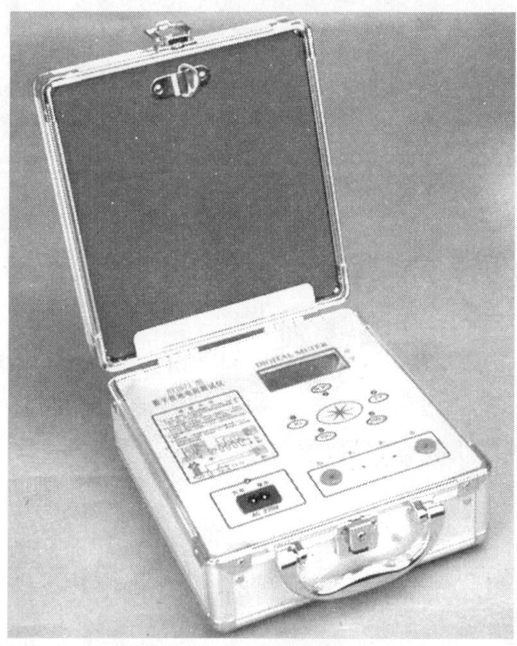

图20.3-15 数字接地电阻测量仪

1. 数字接地电阻测试仪介绍

（1）仪表工作原理

BY2571 型数字接地电阻测量仪摒弃了传统的人工手摇发电工作方式，采用先进的中大规模集成电路，应用 DC/AC 变换技术将三端钮、四端钮测量方式合并为一种机型的新型接地电阻测量仪。工作原理为由机内 DC/AC 变换器将直流变为交流的低频恒流，经过辅助接地极 C 和被测物 E 组成回路，被测物上产生交流压降，经辅助接地极 P 送入交流放大器放大，再经过检波送入表头显示。借助倍率开关，可得到3 个不同的量限：0 ~ 2Ω，0 ~ 20Ω，0 ~ 200Ω。

（2）仪表特点

1）结构上采用高强度铝合金作为机壳，电路上为防止工频、射频干扰，采用锁相环同步跟踪检波方式，并配以开关电容滤波器使仪表有较好的抗干扰能力。

2）采用 DC/AC 变换技术将直流变为交流的低频恒定电流以便于测量。

3）允许辅助接地电阻在 0 ~ 2kΩ（R_C），0 ~ 40kΩ（R_P）之间变化，不至于影响测量结果。

4）仪表不需人工调节平衡，3（1/2）位 LCD 显示，除测地电阻外，还可测低电阻导体电阻、土壤电阻率以及交流地电压。

5）如若测试回路不通，表头显示“1”代表溢出，符合常规测量习惯。

2. 数字接地电阻测试仪技术指标

（1）使用条件

环境温度：0 ~ +45℃；

相对湿度：≤85% RH。

（2）测量范围及恒流值（有效值）

电阻：0 ~ 2Ω（10mA）；2 ~ 20Ω（10mA）；20 ~ 200Ω（1mA）；

电压：AC，0 ~ 20V。

（3）测量精度及分辨率

精度：0 ~ 0. 2Ω，≤ ±3% ±1d；

0. 2Ω ~ 200Ω，≤ ±1. 5% ±1d；

1 ~ 20V，≤ ±3% ±1d；

分辨率：0. 001Ω、0. 01Ω、0. 1Ω、0. 01V。

（4）辅助接地电阻及地电压引起的测量误差

1）允许辅助接地电阻 R_C（C_1与 C_2之间）< 1. 8kΩ；R_P（P_1与 P_2之间）< 40kΩ 误差≤ ±5%；

2）允许地电压≤5V（工频有效值）误差≤ ±5%。

（5）电源及功耗

最大功率损耗≤2W；

电源：6. 8 ~ 9V（6 节 5 号镉镍可充电电池），外接 220V 交流电源进行充电；

体积：220mm × 200mm × 105mm；

重量：≤1. 4kg。

3. 数字接地电阻测试仪操作方法

(1) 接地电阻测量（图 20.3-16）

1）沿被测接地极 E（C_2、P_2）和电位探针 P_1 及电流探针 C_1，依直线彼此相距 20m，使电位探针处于 E、C 中间位置，按要求将探针插入大地。

2）用专用导线将地阻仪端子 E（C_2、P_2）、P_1、C_1 与探针所在位置对应联接。

3）开启地阻仪电源开关“ON”，选择合适档位轻按一下键该档指标灯亮，表头 LCD 显示的数值即为被测得的地电阻。

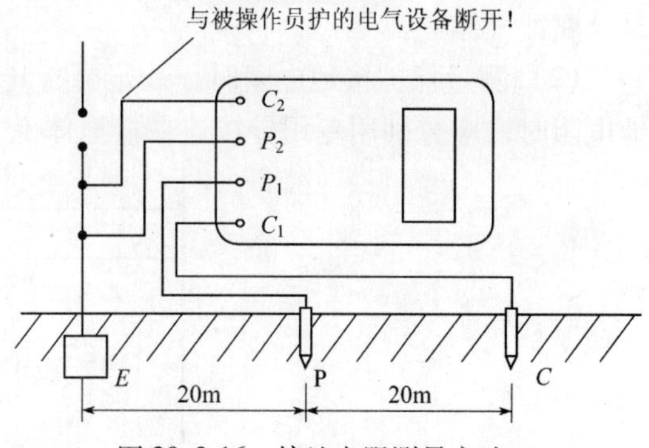

图 20.3-16 接地电阻测量方法

(2) 土壤电阻率测量（图 20.3-17）

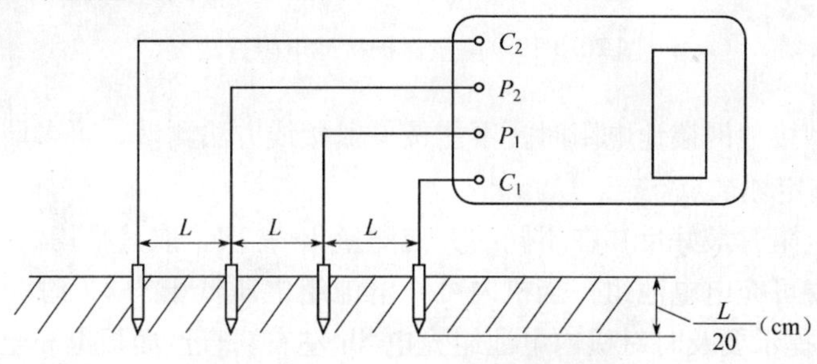

图 20.3-17 土壤电阻率测量方法

1）测量时在被测量的土壤中沿直线插入 4 根探针，并使各探针间距相等，各间距的距离为 L，要求探针入地深度为 $L/20$cm，用导线分别从 C_1、P_1、P_2、C_2 各端子与 4 根探针相连接。若地阻仪测出电阻值为 R，则土壤电阻率按下式计算：

$$\Phi = 2\pi RL$$

式中 Φ——土壤电阻率（Ω·cm）；

L——探针与探针之间的距离（cm）；

R——地阻仪的读数（Ω）。

用此法测得的土壤电阻率可近似认为是被埋入探针之间区域内的平均土壤电阻率。

2）测地电阻、土壤电阻率所用的探针一般用直径为 25mm，长 0.5～1m 的铝合金管或圆钢。

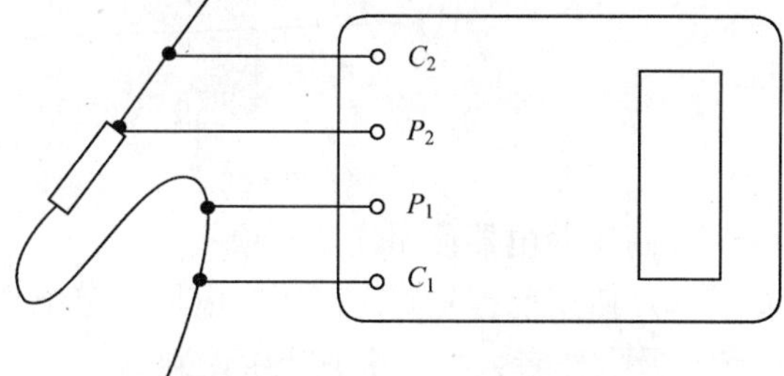

图 20.3-18 导体电阻测量方法

(3) 导体电阻测量（图 20.3-18）

(4) 地电压测量

拔掉 C_1 插头，E、P_1 间的插头保留，启动地电压（EV）档，指示灯亮，读取表头数值即为 E、P_1 间的交流地电压值。

(5) 测量完毕按一下电源“OFF”键，仪表关机。

4. 数字接地电阻测试仪维护保养及注意事项

（1）存放保管该表时，注意环境温度湿度，放在干燥通风的地方，避免受潮，防止酸碱及腐蚀气体。

（2）测量保护接地电阻时，一定要断开电气设备与电源连接点。在测量小于1Ω的接地电阻时，应分别用专用导线连在接地体上，C_2在外侧，P_2在内侧，如图20.3-19所示。

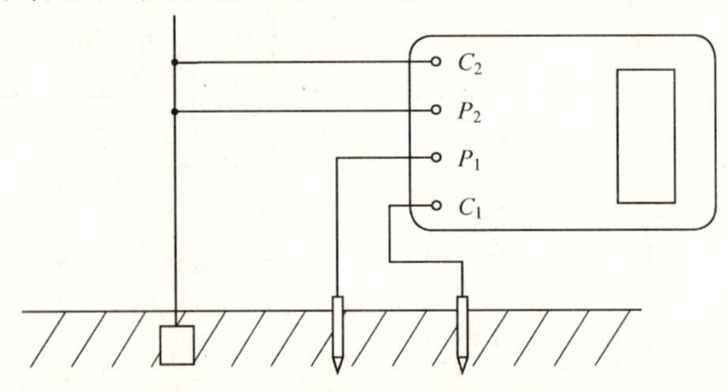

图20.3-19 测量保护接地电阻方法

（3）测量大型接地网接地电阻时，不能按一般接线方法测量，可参照电流表、电压表测量法中的规定选定埋插点。

（4）测量地电阻时最好反复在不同的方向测量3～4次，取其平均值。

（5）本仪表配可充电电池组。当机内可充电池组电压低于7.2V时，表头左上角显示欠压符号“←”。提示要及时对机内电池组充电8h左右，直至面板上充电指示灯变暗以至熄灭。

（6）仪表长期不用时，应定期对电池进行充电维护。

20.3.6 高压验电器

高压验电器又称为高压测电器。主要类型有发光型高压验电器、声光型高压验电器。发光型高压验电器由握柄、护环、紧固螺钉、氖管窗、氖管和金属探针（钩）等部分组成（图20.3-20）。

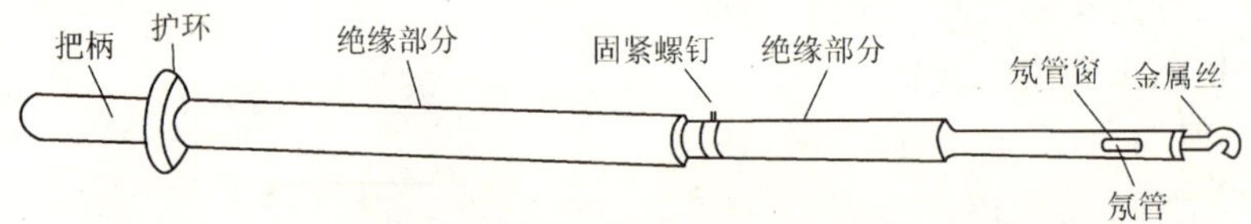

图20.3-20 高压验电器组成

1. 高压验电器使用注意事项

（1）使用前首先确定高压验电器额定电压，必须与被测电气设备的电压等级相适应，以免危及操作者人身安全或产生误判。

（2）使用高压验电器时，必须在气候良好的情况下进行，以确保操作人员的安全。

（3）验电时人体与带电体应保持足够的安全距离，10kV以下的电压安全距离应为0.7m以上。

（4）验电器应每半年进行一次预防性试验。

2. 高压验电器使用方法（图20.3-21）

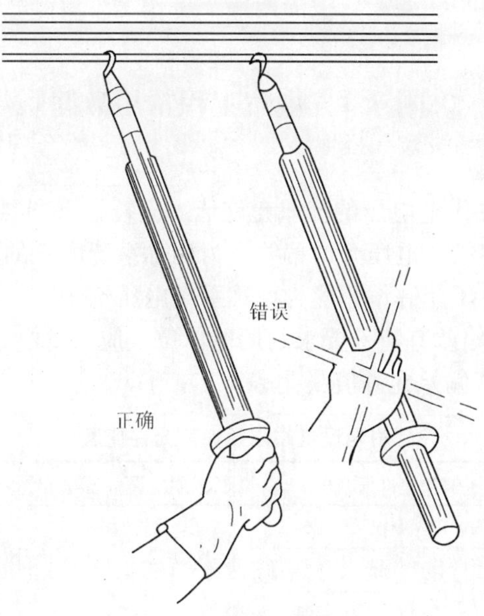

图 20.3-21 10kV 高压验电器使用方法

高压验电器用来检测高压架空线路电缆线路、高压用电设备是否带电。使用 10kV 高压验电器时应注意：

（1）注意高压验电器与被检测线路的电压是否一致。

（2）检查高压验电器是否完好。

（3）验电时戴绝缘手套，手握在罩护环以下部分，在户外还应穿绝缘靴。在有人监护的情况下，先在已知有电的高压线路或设备上进行测试，有声光显示为正常。

（4）然后在被检测线路或设备上进行检测。检测时应慢慢移近设备，直到接触触头导电部分。在此过程中如一直无声、光指示，可判断为无电；否则，有声光指示，即可知带电。

3. 高压验电器保管和运输

在保管和运输过程中，不要使高压验电器强烈振动或受冲击，不准擅自调整拆装，凡有雨雪等影响绝缘性能的环境，一定不能使用。不要把高压验电器放在露天烈日下暴晒，应存放在空气流通、环境干燥的场所，不要用带腐蚀性的化学溶剂和洗涤剂进行擦拭高压验电器。

附　录

附录1　电气工程常用数据

1. 供电电压容许偏差

（1）用电单位受电端供电电压的偏差允许值，应符合下列要求：

1）10kV 及以下三相供电电压允许偏差应为标称系统电压的 ±7%；

2）220V 单相供电电压允许偏差应为标称系统电压的 +7%、-10%；

3）对供电电压允许偏差有特殊要求的用电单位，应与供电企业协议确定。

（2）用电设备端电压偏差允许值（附表 1-1）

用电设备端电压偏差允许值表　　附表 1-1

<table>
<tr><th>用电设备名称</th><th colspan="2">电压偏差允许值（%）</th><th>用电设备名称</th><th colspan="2">电压偏差允许值（%）</th></tr>
<tr><td rowspan="6">电动机</td><td>正常情况下</td><td>±5</td><td rowspan="5">照明灯</td><td>一般工作场所</td><td>±5</td></tr>
<tr><td rowspan="2">特殊情况下</td><td>+5</td><td rowspan="2">远离变电所的小面积一般场所</td><td>±5</td></tr>
<tr><td>-10</td><td>-10</td></tr>
<tr><td>频繁启动时</td><td>-10</td><td rowspan="2">应急照明、安全特低电压</td><td>±5</td></tr>
<tr><td>不频繁启动时</td><td>±5</td><td>-10</td></tr>
<tr><td>配电母线上未接照明等对电压波动较敏感的负荷，且不频繁启动时</td><td>-20</td><td colspan="2">其他用电设备无特殊要求时</td><td>±5</td></tr>
</table>

2. 常用电气设备及线路的绝缘电阻标准

（1）长期搁置不用的冲击钻，使用前必须用 500V 兆欧表测定对地绝缘电阻，其值应不小于 0. 5MΩ。

（2）每段母线槽单元的绝缘电阻应大于或等于 20MΩ。

（3）常用电气设备及线路的绝缘电阻标准（附表 1-2）

常用电气设备及线路的绝缘电阻标准　　附表 1-2

<table>
<tr><th colspan="2">电气设备及电缆线路</th><th rowspan="2">绝缘电阻最小值（MΩ）</th><th rowspan="2">备　注</th></tr>
<tr><th>名　称</th><th>额定电压（kV）</th></tr>
<tr><td rowspan="3">电力变压器、互感器、消弧线圈、油浸电抗器</td><td>3～10</td><td>20℃时，300</td><td></td></tr>
<tr><td>20～35</td><td>20℃时，400</td><td></td></tr>
<tr><td>60～220</td><td>20℃时，800</td><td></td></tr>
<tr><td rowspan="2">油断路器</td><td>3～15</td><td>20～30℃时，1000</td><td>拉杆绝缘电阻</td></tr>
<tr><td>20～220</td><td>20～30℃时，2500</td><td>拉杆绝缘电阻</td></tr>
<tr><td>空气断路器</td><td>>35</td><td>20～30℃时，5000</td><td>支持套管绝缘电阻</td></tr>
<tr><td rowspan="2">隔离开关</td><td>3～15</td><td>20～30℃时，1000</td><td rowspan="2">有机材料传动杆绝缘电阻</td></tr>
<tr><td>20～44</td><td>20～30℃时，2500</td></tr>
</table>

续表

电气设备及电缆线路		绝缘电阻最小值（MΩ）	备注
名称	额定电压（kV）		
避雷器		20℃~30℃时，2500应与前一次测量比较	FS避雷器
配电装置低压线路①和设备	<1	20~30℃时 0.5	每一段
	<1	0.5	
电缆线路	3	300~750	
	6~10	400~1000	
	20~35	600~1500	
配电盘母线	<1	10	
配电盘二次线路	<0.5	1	

① 运行中的低压设备和线路，可降低为每伏工作电压不小于1000Ω。即使在安全电压下工作的设备和线路也应按220V考虑，即绝缘电阻不得低于0.22MΩ。在潮湿环境中，可降低为每伏工作电压的绝缘电阻为500Ω。

3. 导线在正常和短路时的最高允许温度及热稳定系数（附表1-3）

导线在正常和短路时的最高允许温度及热稳定系数表 **附表1-3**

导体种类和材料			最高允许温度（℃）		热稳定系数 C $(A \cdot S^{\frac{1}{2}} \cdot mm^{-2})$
			正常负荷时	短路时	
母线	铜 铜（接触面有锡层时） 铝		70 85 70	300 200 200	171 164 87
油浸纸绝缘电缆	铜芯	1~3kV 6kV 10kV 35kV	80 65（80） 60（65） 50（65）	250 250 250 175	148 150 153 —
	铝芯	1~3kV 6kV 10kV 35kV	80 65（80） 60（65） 50（65）	200 200 200 175	84 87 88
橡皮绝缘导线和电缆		铜芯 铝芯	65 65	150 150	131 87
聚氯乙烯绝缘导线和电缆		铜芯 铝芯	70 70	160 160	115 760
交联聚乙烯绝缘电缆		铜芯 铝芯	90（80） 90（80）	250 200	137 77
有中间接头的电缆（不包括聚氯乙烯绝缘电缆）		铜芯 铝芯		160 160	

注：加括号的数，对油浸纸绝缘电缆，适用于“不滴流纸绝缘电缆”；对交联聚乙烯绝缘电缆，适用于10kV以上电压。

4. 高低压电气设备选择校验项目（附表 1-4）

高低压电气设备选择校验项目表 **附表 1-4**

选择校验项目 / 电气设备名称	正常工作条件选择			短路电流校验		其他选择或校验项目
	电压（kV）	电流（A）	断流能力（kA、MVA）	动稳定度	热稳定度	
高低压熔断器	✓	✓	✓	×	×	选择性
高压隔离开关	✓	✓	×	✓	✓	操作机构
低压刀开关	✓	✓	✓	—	—	
高压负荷开关	✓	✓	✓	✓	✓	操作机构
低压负荷开关	✓	✓	✓	×	×	
高压断路器	✓	✓	✓	✓	✓	操作机构
低压断路器	✓	✓	✓	—	—	保护性能、操作机构
电流互感器	✓	✓	×	✓	✓	准确度及二次负荷
电压互感器	✓	×	×	×	×	准确度及二次负荷
电力电容器	✓	×	×	×	×	无功容量选择
硬母线	×	✓	×	✓	✓	截面形状
电缆、绝缘导线	✓	✓	×	×	✓	电压损耗
支持绝缘子	✓	×	×	✓	×	
套管绝缘子	✓	✓	×	✓	✓	

注：表中“✓”表示必须校验；“×”表示不必校验；“—”表示可不校验

5. 一般家用电器用电量（附表 1-5）

一般家用电器用电量 **附表 1-5**

设备名称	规格	功率（kW）	相数	功率因数	设备名称	规格	功率（kW）	相数	功率因数
收录机	—	0.01～0.05	1	0.7	电吹风	—	0.25～1.2	1	1
电唱机	—	0.02	1	0.7	电热烫发钳	—	0.02～0.03	1	1
洗衣机	—	0.12～0.4	1	0.6	电卷发器	—	0.02	1	1
电视机	黑白	0.03～0.05	1	0.7	电褥子	—	0.04～0.08	1	1
	彩色	0.07～0.2	1	0.7	热得快	—	0.3	1	1
家用电冰箱	50～200L	0.04～0.15	1	0.6	电水杯	—	0.4	1	1
台扇	ϕ200～ϕ400	0.03～0.07	1	0.6	电茶壶（瓷）	—	0.5	1	1
落地扇	ϕ400	0.07	1	0.6	电茶壶（铝）	2.5～5L	0.7～1.5	1	1
箱式电扇	ϕ300	0.06	1	0.6	电热锅	1.5L	0.5～0.75	1	1
吊扇	ϕ900～ϕ1200	0.08	1	0.6	电灼勺	—	0.8～0.9	1	1
排气扇	ϕ140	0.01	1	0.5	电饭锅	—	0.3～1.5	1	1
冷风器	—	0.07	1	0.6	电炉	ϕ100～ϕ170	0.3～1	1	1
电空调器	—	0.75～2	1	0.7～0.8	暖式电炉	立式	0.3～1	1	1
电熨斗	—	0.3～1.5	1	1	电吸尘器	—	0.25	1	0.6
电烙铁	—	0.04～0.1	1	1	多用机（绞肉、切菜）	—	0.5	1	0.6
电热梳	—	0.02～0.12	1	1					

续表

设备名称	规　格	功率（kW）	相　数	功率因数
台式计算机	含显示器	0.3~0.5	1	0.8
电饮水器	冷、热水	0.5	1	1
烘水器	—	2	1	1
热风器	$9m^3/min$	3	1	1
		3	3	1
电暖气	—	1	1	1
		2	1	1
		3	1	1
电热水器	20kg	2	1	1
	30kg	6	3	1
	40kg	8	3	1
	110kg	9	3	1
暖水冲洗器	3kg/min	2（夏）	1	1
		4（冬）	1	1
储存式水加热器	30L	5	1	1
	46L	3	1	1
	46L	6	1	1

设备名称	规　格	功率（kW）	相　数	功率因数
电灶	煮锅 20L×3	18.1	3	1
	炒锅 10L×1			
	烘炉			
电炒锅	14L	4	1	1
		4	3	1
电炸锅	—	6.5	3	1
三明治炉	—	0.3	1	1
		0.5	1	1
		0.75	1	1
远红外面包炉	50kg/h	10	3	1
远红外食品烘箱	50kg/h	7.2	3	1
		11.2	3	1
食品烤箱	—	14	3	1
远红外立式烘烤炉	50kg/h	3.8	3	1
	50kg/h	13	3	1

注：表中数据仅供参考。

6. 办公设备用电量（附表1-6）

办公设备用电量　　**附表1-6**

名　称	电源			名　称	电源			名　称	电源		
	电压（V）	功率（kW）	功率因数		电压（V）	功率（kW）	功率因数		电压（V）	功率（kW）	功率因数
台式传真机	220	0.01~1.0	0.8	静电复印机（桌式）	220	1.4	0.8	台式PC机（液晶显示屏）	220	0.4	0.7
绘图仪	220	0.055	0.8	静电复印机(桌式管分页)	220	2.1	0.8	饮水机	220	1.0	—
投影仪	220	0.1~0.4	0.8	静电复印机（大型单张式）	220	3.5	0.8	考勤机	220	0.003~0.015	—
喷墨打印机	220	0.16	0.6	静电复印机（大型格筒式）	220	6.4	0.8	点钞机	220	0.004~0.08	0.8
彩色激光打印机(台式)	220	0.79	0.6	静电复印机（大型微缩胶片放大）	220	5.8	0.8	碎纸机	220	0.12	0.8
激光图形打印机	220	2.6	0.8	电子计算机（主机）	220	2	0.7	电子白板	220	0.08	—
晒图机(小型)	220	1.4	0.8	电子计算机（主机）	220	3	0.7	自动咖啡机	220	0.8	0.8
静电复印机（台式）	220	1.2	0.8	电子计算机（主机）	380	10	0.7	幻灯机	220	0.2	0.8

续表

名称	电源			名称	电源			名称	电源		
	电压(V)	功率(kW)	功率因数		电压(V)	功率(kW)	功率因数		电压(V)	功率(kW)	功率因数
电子计算机(主机)	380	15	0.7	电动油印机	220	0.02	0.7	电铃(φ50)	220	0.005	0.5
电子计算机(主机)	380	20	0.7	光电誊印机	220	0.02	0.7	电铃(φ75)	220	0.001	0.5
电子计算机(主机)	380	30	0.7	胶印机	220	0.02	0.7	电铃(φ100)	220	0.015	0.5
电子计算机(主机)	380	50	0.7	对讲电话机	220	0.1	0.7	电铃(φ150)	220	0.02	0.5
电子计算机(主机)	380	100	0.7	会议电话汇接机	220	0.3	0.7	电铃(φ25)	220	0.025	0.5
数据终端机(主机)	220	0.05	0.7	会议电话终端机	220	0.02	0.7	—	—	—	—

7. 常用建筑机械设备用电功率(附表1-7)

常用建筑机械设备用电功率表 **附表1-7**

序号	名称	型号	规格	功率(kW)	序号	名称	型号	规格	功率(kW)
1	轨道塔式起重机	QTZ-200	200tm	135	14	滚筒式混凝土搅拌机	JZC-350	350L	5.5
2	轨道塔式起重机	TQ60/80	60~80tm	48	15	滚筒式混凝土搅拌机	JZ-200	200L	4
3	固定塔式起重机	FO23B	110tm	75	16	电动卷扬机	JM-8T	8t	22
4	固定塔式起重机	H3/36B	290tm	145	17	电动卷扬机	JK-3	3t	15
5	施工升降机	SCD200/200L	2t	30	18	电动卷扬机	JK-2	2t	15
6	施工升降机	SXC100/100A2	1t	30	19	电动卷扬机	T1-10	1t	7.5
7	拖式混凝土输送泵	BAS1406E	$60m^3/h$	75	20	小型空气压缩机	W-1.2/10	$1.2m^3/min$	11
8	拖式混凝土输送泵	HBT60	$60m^3/h$	55	21	小型空气压缩机	W-1.0/7	$1.0m^3/min$	7.56
9	拖式混凝土输送泵	HBT-90	$90m^3/h$	81.6	22	小型空气压缩机	ZV-0.6/7	$0.6m^3/min$	5
10	拖式混凝土输送泵	HBT-70	$70m^3/h$	55	23	钢筋调直机	GTJ6-14	14mm	11
11	固定式皮带运输机	TD75	800mm	22	24	钢筋切断机	GQ60-1	60mm	7.5
12	固定式混凝土搅拌机	HZS-50	$50m^3/h$	88.6	25	钢筋切断机	GQ40-2	40mm	4
13	固定式混凝土搅拌机	HZS-25	$25m^3/h$	41.7	26	钢筋弯曲机	GW40-1	40mm	3

续表

序号	名　称	型　号	规　格	功率(kW)	序号	名　称	型　号	规　格	功率(kW)
27	深井泵	8JD80	$80m^3/h$	30	32	手动对焊机	UN1-100	100A	13.5
28	深井泵	6JD56*7	$56m^3/h$	15	33	氩弧焊机	ZX5-400	40～400A	24
29	木工圆锯机	MJ104A	400mm	3	34	电焊机	BX1-500	500A	39.5
30	木工平刨床	MB504B	400mm	3	35	电焊机	BX1-300	300A	25
31	自动对焊机	DN17-150-1	150A	122	36	电焊机	BX1-200	200A	17

附录2　《建筑工程施工质量验收统一标准》电气部分摘要

《建筑工程施工质量验收统一标准》（建设部文件　建标［2001］157号）有关建筑工程分部（子分部）工程、分项工程划分其中的电气部分内容见附表2-1。

建筑电气部分摘要　　**附表2-1**

序号	子分部工程	分　项　工　程
1	室外电气	架空线路及杆上电气设备安装，变压器、箱式变电所安装，成套配电柜、控制柜（屏、台）和动力、照明配电箱（盘）及控制柜安装，电线，电缆导管和线槽敷设，电线、电缆穿管和线槽敷设，电缆头制作、导线连接和线路电气试验，建筑物外部装饰灯具，航空障碍标志灯和庭院路灯安装，建筑照明通电试运行，接地装置安装
2	变配电室	变压器、箱式变电所安装，成套配电柜、控制柜（屏、台）和动力、照明配电箱（盘）及控制柜安装，裸母线、封闭母线、插接式母线安装，电缆沟内和电缆竖井内电缆敷设，电缆头制作，导线连接和线路电气试验，接地装置安装，避雷引下线和变配电室接地干线敷设
3	供电干线	裸母线、封闭母线、插接式母线安装，桥架安装和桥架内电缆敷设，电缆沟内和电缆竖井电缆敷设，电线、电缆导管和线槽敷设，电线、电缆穿管和线槽敷线，电缆头制作、导线连接和线路电气试验
4	电气动力	成套配电柜、控制柜（屏、台）和动力、照明配电箱（盘）及控制柜安装，低压电动机、电加热器及电动执行机构检查，接线，低压气动力设备检测，试验和空载试运行，桥架安装和桥架内电缆敷设，电线、电缆导管和线槽敷设，电线、电缆穿管和线槽敷线，电缆头制作、导线连接和线路电气试验，插座、开关、风扇安装
5	电气照明安装	成套配电柜、控制柜（屏、台）和动力、照明配电箱（盘）安装，电线、电缆导管和线槽敷设，电线、电缆导管和线槽敷设，电线、电缆导管和线槽敷线，槽板配线，钢索配线，电缆头制作，导线连接和线路气试验，普通灯具安装，专用灯具安装，插座、开关、风扇安装，建筑照明通电试运行
6	备用和不间断电源安装	成套配电柜、控制柜（屏、台）和动力、照明配电箱（盘）安装，柴油发电机安装，不间断电源的其他功能单元安装，裸母线、封闭母线、插接式母线安装，电线、电缆导管和线槽敷设，电线、电缆导管和线槽敷线，电缆头制作，导线连接和线路气试验，接地装置安装
7	防雷及接地安装	接地装置安装，避雷引下线和变配电室接地干线敷设，建筑物等电位连接，接闪器安装

附录3 《建筑工程设计文件编制深度规定》电气部分摘要

摘自住房和城乡建设部文件，建质［2008］216号，关于印发《建筑工程设计文件编制深度规定》(2008年版）的通知有关建筑电气部分内容摘要如下：

2. 方案设计

2.2.5 建筑电气设计说明。

1 工程概况。

2 本工程拟设置的建筑电气系统。

3 变、配、发电系统：

1）负荷级别以及总负荷估算容量；

2）电源，城市电网提供电源的电压等级、回路数、容量；

3）拟设置的变、配、发电站数量和位置；

4）确定自备应急电源的形式、电压等级、容量。

4 其他建筑电气系统对城市公用事业的需求。

5 建筑电气节能措施。

3. 初步设计

3.6 建筑电气

3.6.1 在初步设计阶段，建筑电气专业设计文件应包括设计说明书、设计图纸、主要电气设备表、计算书。

3.6.2 设计说明书。

1 设计依据。

1）工程概况：应说明建筑类别、性质、结构类型、面积、层数、高度等；

2）相关专业提供给本专业的工程设计资料；

3）建设单位提供的有关部门（如供电部门、消防部门、通信部门、公安部门等）认定的工程设计资料，建设单位设计任务书及设计要求；

4）设计所执行的主要法规和所采用的主要标准（包括标准的名称、编号、年号和版本号)；

5）上一阶段设计文件的批复意见。

2 设计范围。

1）根据设计任务书和有关设计资料说明本专业 的设计内容，以及与相关专业的设计分工与分工界面；

2）拟设置的建筑电气系统。

3 变、配、发电系统。

1）确定负荷等级和各级别负荷容量；

2）确定供电电源及电压等级，要求电源容量及回路数、专用线或非专用线、线路路由及敷设方式、近远期发展情况；

3）备用电源和应急电源容量确定原则及性能要求：有自备发电机时，说明启动方式及与市电网关系；

4）高、低压供电系统接线形式及运行方式：正常工作电源与备用电源之间的关系；母线联络开关运行和切换方式；变压器之间低压侧联络方式；重要负荷的供电方式；

5）变、配、发电站的位置、数量、容量（包括设备安装容量，计算有功、无功、视在容量，变压器、发电机的台数、容量）及形式（户内、户外或混合），设备技术条件和选型要求，电气设备的环境特点；

6）继电保护装置的设置；

7）电能计量装置：采用高压或低压；专用柜或非专用柜（满足供电部门要求和建设单位内部核算要求）；监测仪表的配置情况；

8）功率因数补偿方式：说明功率因数是否达到供用电规则的要求，应补偿容量和采取的补偿方式和补偿前后的结果；

9）谐波：说明谐波治理措施；

10）操作电源和信号：说明高、低压设备的操作电源、控制电源以及运行信号装置配置情况；

11）工程供电：高、低压进出线路的型号、敷设方式；

12）选用导线、电缆、母干线的材质和型号、敷设方式；

13）开关、插座、配电箱、控制箱等配电设备选型、安装方式；

14）电动机启动及控制方式的选择。

4　照明系统。

1）照明种类及照度标准、主要场所照明功率密度值；

2）光源、灯具及附件的选择，照明灯具的安装及控制方式；

3）室外照明的种类（如路灯、庭园灯、草坪灯、地灯、泛光照明、水下照明等）、电压等级、光源选择及控制方法等；

4）照明线路的选择及敷设方式（包括室外照明线路的选择和接地方式）；若设置应急照明，应说明应急照明的照度值、电源形式、灯具配置、线路选择及敷设方式、控制方式、持续时间等。

5　电气节能和环保。

1）拟采用的节能和环保措施；

2）表述节能产品的应用情况。

6　防雷。

1）确定建筑物防雷类别、建筑物电子信息系统雷电防护等级；

2）防直接雷击、防侧击雷、防雷击电磁脉冲、防高电位侵入的措施；

3）当利用建筑物、构筑物混凝土内钢筋做接闪器、引下线、接地装置时，应说明采取的措施和要求。

7　接地及安全措施。

1）和系统要求接地的种类及接地电阻要求；

2）总等电位、局部等电位的设置要求；

3）接地装置要求，当接地装置需做特殊处理时应说明采取的措施、方法等；

4）安全接地及特殊接地的措施。

8 火灾自动报警系统。

1）按建筑性质确定保护等级及系统组成；

2）确定消防控制室的位置；

3）火灾探测器、报警控制器、手动报警按钮、控制台（柜）等设备的选择；

4）火灾报警与消防联动控制要求，控制逻辑关系及控制显示要求；

5）概述火灾应急广播、火灾警报装置及消防通信；

6）概述电气火灾报警；

7）消防主电源、备用电源供给方式，接地及接地电阻要求；

8）传输、控制线缆选择及敷设要求；

9）当有智能化系统集成要求时，应说明火灾自动报警系统与其他子系统的接口方式及联动关系；

10）应急照明的联动控制方式等。

9 安全技术防范系统。

1）根据建设工程的性质、规模，确定风险等级、系统组成和功能；

2）确定安全防范区域及防护区域的划分；

3）确定视频监控、入侵报警、出入口管理设置地点、数量及监视范围；

4）访客对讲、车库管理、电子巡查等系统的设置要求；

5）确定机房位置、系统组成；

6）传输线缆选择及敷设要求。

10 有线电视和卫星电视接收系统。

1）确定系统规模、网络组成、用户输出口电平值；

2）节目源选择；

3）确定机房位置、前端设备配置；

4）用户分配网络、传输线缆选择及敷设方式，确定用户终端数量；

5）若设置闭路应用电视，应说明电视制作系统组成及主要设备选择。

11 广播、扩声与会议系统。

1）系统组成及功能要求；

2）会议扩声、投影、同声传译及视频会议系统传输方式；

3）同声传译模式；

4）确定机房位置、设备规格；

5）传输线缆选择及敷设要求。

12 呼应信号及信息显示系统。

1）系统组成及功能要求（包括有线或无线）；

2）显示装置、时钟等安装部位、种类；

3）设备规格；

4）传输线缆选择及敷设方式。

13 建筑设备监控系统。

1）系统组成及控制功能；

2）确定机房位置、设备规格；

3）传输线缆选择及敷设要求。

14　计算机网络系统

1）系统组成及网络结构；

2）确定机房位置、设备规格；

3）网络操作系统，网络应用及安全；

4）传输线缆选择及敷设要求。

15　通信网络系统。

1）根据工程性质、功能和近远期用户需求，确定电话系统的组成、电话配线形式、配线设备的规格；

2）当设置电话交换总机时，确定电话机房的位置、电话中断线数量及各专业技术要求；

3）传输线缆选择及敷设要求；

4）确定市话中断线路的设计分工、中断线路敷设和引入位置；

5）防雷接地、工作接地方式及接地电阻要求。

16　综合布线系统。

1）根据建设工程项目的性质、功能和近期需求、远期发展，确定综合布线的组成以及设置标准；

2）确定综合布线系统交换、配线设置规格；

3）传输电缆的选择和敷设要求。

17　智能化系统集成。

1）集成形式及要求；

2）设备选择。

18　其他建筑电气系统。

1）系统组成及功能要求；

2）确定机房位置、设备规格；

3）传输线缆选择及敷设要求。

19　需提请在设计审批时解决或确定的主要问题。

3.6.3　设计图纸。

1　电气总平面图（仅有单体设计时，可无此项内容）。

1）标示建筑物、构筑物名称、容量，高低压线路及其他系统线路走向、回路编号，导线及电缆型号规格，架空线、路灯、庭园灯的杆位（路灯、庭园灯可不绘线路），重复接地点等；

2）变、配、发电站位置、编号；

3）比例、指北针。

2　变、配电系统。

1）高、低压供电系统图：注明开关柜编号、型号及回路编号、一次回路设备型号、设备容量、计算电流、补偿容量、导体型号规格、用户名称、二次回路方案编号；

2）平面布置图：应包括高低压开关柜、变压器、母干线、发电机、控制屏、直流电源及信号屏等设备平面布置和主要尺寸，图纸应有比例；

3）标示房间层高、地沟位置、标高（相对标高）。

3 配电系统（一般只绘制内部作业草图，不对外出图）。包括主要干线平面布置图、竖向干线系统图（包括配电及照明干线、变配电站的配出回路及回路编号）。

4 照明系统。对于特殊建筑，如大型体育场馆、大型影剧院等，应绘制照明平面图。该平面图应包括灯位（含应急照明灯）、灯具规格，配电箱（或控制箱）位置，不需连线。

5 火灾自动报警系统。

1）火灾自动报警系统图；

2）消防控制室设备布置平面图。

6 通信网络系统。

1）电话系统图；

2）电话机房设备布置图。

7 防雷系统、接地系统。一般不出图纸，特殊工程只出顶视平面图、接地平面图。

8 其他系统。

1）各系统所属系统图；

2）各控制室设备平面布置图（若在相应系统图中说明清楚时，可不出此图）。

3.6.4 主要电气设备表。注明设备名称、型号、规格、单位、数量。

3.6.5 计算书。

1 用电设备负荷计算；

2 变压器选型计算；

3 电缆选型计算；

4 系统短路电流计算；

5 防雷类别的选取或计算，避雷针保护范围计算；

6 照度值和照明功率密度值计算；

7 各系统计算结果尚应标示在设计说明或相应图纸中；

8 因条件不具备不能进行计算的内容，应在初步设计中说明，并应在施工图设计时补算。

4. 施工图设计

4.5 建筑电气

4.5.1 在施工图设计阶段，建筑电气专业设计文件应包括图纸目录、施工设计说明、设计图、主要设备表、计算书。

4.5.2 图纸目录。应按图纸序号排列，先列新绘制图纸，后列选用的重复利用和标准图。

4.5.3 建筑电气设计说明。

1 工程概况。应将经初步（或方案）设计审批定案的主要指标录入；

2 设计依据（内容见第3.6.2条第1款）、设计范围、设计内容，建筑电气系统的主要指标；

3 各系统的施工要求和注意事项（包括布线、设备安装等）；

4 设备主要技术要求（亦可附在相应图纸上）；

5 防雷及接地保护等其他系统有关内容（亦可附在相应图纸上）；

6 电气节能及环保措施；

7 与相关专业的技术接口要求；

8　对承包商深化设计图纸的审核要求。

4.5.4　图例符号。

4.5.5　电气总平面图（仅有单体设计时，可无此项内容）。

1　标注建筑物、构筑物名称或编号、层数或标高、道路、地形等高线和用户的安装容量。

2　标注变、配电站位置、编号；变压器台数、容量；发电机台数、容量；室外配电箱的编号、型号；室外照明灯具的规格、型号、容量。

3　架空线路应标注：线路规格及走向、回路编号、杆位编号，挡数、挡距、杆高、拉线、重复接地、避雷器等（附标准图集选择表）。

4　电缆线路应标注：线路走向、回路编号、敷设方式、人（手）孔型号、位置。

5　比例、指北针。

6　图中未表达清楚的内容可附图做统一说明。

4.5.6　变、配电站设计图。

1　高、低压配电系统图（一次线路图）。图中应标明母线的型号、规格；变压器、发电机的型号、规格；开关、断路器、互感器、继电器、电工仪表（包括计量仪表）等的型号、规格、整定值。

图下方表格标注：开关柜编号、开关柜型号、回路编号、设备容量、计算电流、导体型号及规格、敷设方法、用户名称、二次原理图方案号（当选用分格式开关柜时，可增加小室高度或模数等相应栏目）。

2　平、剖面图。按比例绘制变压器、发电机、开关柜、控制柜、直流及信号柜、补偿柜、支架、地沟、接地装置等平面布置、安装尺寸等，以及变、配电站的典型剖面。当选用标准图时，应标注标准图编号、页次，进出线回路编号、敷设安装方法。图纸应有比例。

3　继电保护及信号原理图。继电保护及信号二次原理方案号，宜选用标准图、通用图。当需要对所选用标准图或通用图进行修改时，只需绘制修改部分并说明修改要求。

控制柜、直流电源及信号柜、操作电源均应选用企业标准产品，图中标示相关产品型号、规格和要求。

4　竖向配电系统图。以建筑物、构筑物为单位，自电源点开始至终端配电箱止，按设备所处相应楼层绘制，应包括变、配电站变压器台数、容量、发电机台数、容量、各处终端配电箱编号，自电源点引出回路编号（与系统图一致）。

5　相应图纸说明。图中表达不清楚的内容，可随图作相应说明。

4.5.7　配电、照明设计图。

1　配电箱（或控制箱）系统图，应标注配电箱编号、型号，进线回路编号；标注各元器件型号、规格、整定值；配出回路编号、导线型号规格、负荷名称等（对于单相负荷应标明相别）；对有控制要求的回路应提供控制原理图或控制要求；对重要负荷供电回路宜标明用户名称。上述配电箱（或控制箱）系统内容在平面图上标注完整的，可不单独出配电箱（或控制箱）系统图。

2　配电平面图应包括建筑门窗、墙体、轴线、主要尺寸、工艺设备编号及容量；布置配电箱、控制箱，并注明编号；绘制线路始、终位置（包括控制线路），标注回路规格、编号、敷设方式；凡需专项设计场所，其配电和控制设计图随专项设计，但配电平面图上应相应标注预留的配电箱，并标注预留容量；图纸应有比例。

3 照明平面图应包括建筑门窗、墙体、墙线、主要尺寸、标注房间名称、绘制配电箱、灯具、开关、插座、线路等平面布置，标明配电箱编号，干线、分支线回路编号；凡需二次装修部位，其照明平面图由二次装修设计，但配电或照明平面图上应相应标注预留的照明配电箱，并标注预留容量；有代表性的场所的设计照度值和设计功率密度值；图纸应有比例。

4 图中表达不清楚的，可随图作相应说明。

4.5.8 火灾自动报警系统设计图。

1 火灾自动报警及消防联动控制系统图、施工说明、报警及联动控制要求。

2 各层平面图，应包括设备及器件布点、连线，线路型号、规格及敷设要求。

3 电气火灾报警系统，应绘制系统图，以及各监测点名称、位置等。

4.5.9 建筑设备监控系统及系统集成设计图。

1 监控系统方框图，绘至 DDC 站址。

2 随图说明相关建筑设备监控（测）要求、点数，DDC 站位置。

3 配合承包方了解建筑设备情况及要求，对承包方提供的深化设计图纸审查其内容。

4 热工检测及自动调节系统。

1）普通工程宜选定型产品，仅列出工艺要求；

2）需专项设计的自控系统需绘制：热工检测及自动调节原理系统图、自动调节方框图、仪表盘及台面布置图、端子排接线图、仪表盘配电系统图、仪表管路系统图、锅炉房仪表平面图、主要设备材料表、设计说明。

4.5.10 防雷、接地及安全设计图。

1 绘制建筑物顶层平面，应有主要轴线号、尺寸、标高、标注避雷针、避雷带、引下线位置。注明材料型号规格、所涉及的标准图编号、页次，图纸应标注比例。

2 绘制接地平面图（可与防雷顶层平面重合）；绘制接地线、接地极、测试点、断接卡等的平面位置，标明材料型号、规格、相对尺寸及涉及的标准图编号、页次（当利用自然接地装置时，可不出此图），图纸应标注比例。

3 当利用建筑物（或构筑物）钢筋混凝土内的钢筋作为防雷接闪器、引下线、接地装置时，应标注连接点、接地电阻测试点、预埋件位置及敷设方式，注明所涉及的标准图编号、页次。

4 随图说明可包括：防雷类别和采取的防雷措施（包括防侧击雷、防雷击电磁脉冲、防高电位引入）；接地装置形式、接地极材料要求、敷设要求、接地电阻值要求；当利用桩基、基础内钢筋做接地极时，应采取的措施。

5 除防雷接地外的其他电气系统的工作或安全接地的要求（如电源接地形式，直流接地，局部等电位、总等电位接地等）；如果采用共用接地装置，应在接地平面图中叙述清楚，交代不清楚的应绘制相应图纸（如局部等电位平面图等）。

4.5.11 其他系统设计图。

1 各系统的系统框图。

2 说明各设备定位安装、线路型号规格及敷设要求。

3 配合系统承包方了解相应系统的情况及要求，对承包方提供的深化设计图纸审查其内容。

4.5.12　主要设备表。注明主要设备名称、型号、规格、单位、数量。

4.5.13　计算书。施工图设计阶段的计算书，只补充初步设计阶段时应进行计算而未进行计算的部分，修改因初步设计文件审查变更后，需重新进行计算的部分。

附录4　IP防护等级说明

IP防护等级IP（INTERNATIONL PROTECTION）防护等级系统是由IEC（INTERNATIONAL ELECTROTECHNICAL COMMISSION）所起草。将灯具等依其防尘、防湿气之特性加以分级。这里所指的外物含工具，人的手指等均不可接触到灯具内之带电部分、以免触电。

IP防护等级是由两个数字所组成，第一个数字表示灯具防尘、防止外物侵入的等级，第二个数字表示灯具防湿气、防水侵入的密闭程度，数字越大表示的防范其防护等级越高（附表4-1）。

IP防护等级说明　　附表4-1

序号	号码	图形	防护程度	定义
防尘等级	0		无防护	无特殊的防护
	1	≥50	防止大于50mm的物体侵入	防止人体因不慎碰到灯具内部零件；防止直径大于50mm的物体侵入
	2	≥12.5	防止大于12mm的物体侵入	防止手指碰到灯具内部零件
	3	≥2.5	防止大于2.5mm的物体侵入	防止直径大于2.5mm的工具、电线或物体侵入
	4	≥1.0	防止大于1.0mm的物体侵入	防止直径大于1.0mm的蚊蝇、昆虫或物体侵入
	5		防尘	无法完全防止灰尘侵入，但侵入灰尘不会影响灯具正常运作
	6		防尘	安全防止灰尘侵入
防水等级	0		无防护	无特殊的防护
	1		防止滴水浸入	可防止垂直滴下的水滴

续表

序号	号码	图形	防护程度	定义
防水等级	2	15°	倾斜15°时仍防止滴水侵入	当灯具倾斜15°时，仍可防止滴水
	3		防止喷洒的水侵入	防止雨水垂直入夹角小于50°的方向所喷洒的水
	4		防止飞溅的水侵入	防止各方向飞溅而来的水侵入
	5		防止喷射的水侵入	防止各方向喷嘴喷射的水
	6		防止大浪的水侵入	防止大浪或喷水孔急速喷出的水侵入
	7		防止侵水的水侵入	灯具侵入水中在一定时间或水压的条件下，仍可确保灯具正常运行
	8		防止沉没的影响	灯具无期限的沉没水中，在一定水压的条件下，仍可确保灯具正常运行

附录5　香港电力测试介绍

香港物业公用部分的电力装置，须按照香港《电力条例》规定由香港机电工程署署长所颁布或批核的实务守则加以维修保养。范围包括系统内的各项设施及应急发电机组，以保证各方面运行正常。检查各处连接是否稳妥，发电机是否能在需要时立刻启动。为确保电力装置的安全，用户必须安排注册电气承包商定期为其物业电力装置做检查、测试及维修。测试完成后，在物业总配电房内张贴告示说明测试日期，样式如下：

This installation must be tested
And certified by a grade ____ electrical
Worker before ____________
本装置须于(　年　月　日) 前由____级
电气工程人员测试及发出证明书

电力装置的定期检查、测试项目有：各处连接位的螺钉是否稳固；电气设备有没有绝缘的问题；开关是否需要清理尘污；过载保护装置是否作出调整；导线有否断路、短路的现象等。负责的承包商人员应做到上述各点，但管理公司也应注意各人员是否按要求进行工作。

1. 5 年电力装置检查及测试

法规规定某些类别的电力装置必须每 5 年最少进行一次检查、测试，领取定期测试证明书（表格 WR2)，以确保安全。如不履行此项规定，即属触犯《电力（线路）规例》的有关条例，有可能会被检控。而且，不做定期检查电力装置，极有可能造成火灾、触电、停电或被截断电力供应等后果。这肯定会为用户带来不便，严重的会造成经济上或人员伤亡的损失。5 年电力装置检查、测试的项目见附表 5-1 所示。

五年电力装置检查、测试的项目表　　**附表 5-1**

序号	项　目	工作内容	周　期	承包商要求	备注
1	（1）酒店、医院、学校或幼儿中心； （2）允许负载量若超过 100A，住宅、商铺、办公室； （3）所有物业内允许负载量超过 100A 的公用电力装置； （4）电力装置允许负载量超过 200A 的工厂	检查、测试及领取定期测试证明书（表格 WR2）	每 5 年最少进行一次	注册电气承包商	法规规定
2	（1）公众娱乐场所（如电影院）； （2）制造或储存危险品的地方（如危险品仓库）； （3）设有固定高压电力装置（超过 1kV）的地点	检查、测试及领取定期测试证明书（表格 WR2）	每年进行一次	注册电气承包商	法规规定
3	其他电力装置	维修保养，确保操作安全	定期	注册电气承包商	法规规定

2. 电气装置检查、测试工作流程

电力装置检查、测试工作流程如下：

（1）聘请注册电气承包商对其电力装置进行检查、测试；

（2）若测试时发现有不妥之处，应及时请注册电气承包商及工程人员检查、维修。在完成检查、测试、维修后，用户须要求注册电气承包商及工程人员于测试后一个月签发定期测试证明书（表格 WR2)，以确认该装置符合电力条例所定的安全标准；

（3）用户须于定期测试证明书签发的日期起计两星期内，将该证明书呈交机电工程署署长加签。机电工程署会在加签前抽样检查已经检定为合格的电力装置。用户可采用邮寄、亲自递交或派代表递交方式向机电工程署呈交证明书，并同时缴纳加签费用；

（4）机电工程署在证明书上加签后，会寄还给用户。用户须妥为保存该证明书，以备将来可作参考之用及日后机电工程署人员查核；

（5）为确保电力装置符合有关法规的安全标准，机电工程署会做例行巡查全港各物业的固定电力装置，核查用户最近期的定期测试证明书，以确保其装置依照法例规定做定期检查、测试及加签。

3. 递交电力装置定期测试证明书须提供资料

注册电气承包商、工程人员在递交电力装置定期测试证明书（表格 WR2）时，需要提供的资料及文件包括：

（1）详细的电路图（包括由主电路至最终电路）；

（2）所有经测试装置的测试结果及记录；

（3）电力装置的核对表（详情可参考《电力（线路）规例工作守则》附录 10 中适当年份的核对表）；

（4）若部分装置的定期测试由其他注册电气承包商、工程人员进行，主要的注册电气承包商、工程人员必须已经收到由其他注册电气承包商、工程人员所发出的定期测试（部分装置）证明书（表格 WR2（A）），并确定有关检测已经完成及对其检测结果感到满意。有关的表格 WR2（A）也必须连同表格 WR2 一并递交；

（5）表格 WR2 的加签费支票。

若注册电气承包商、工程人员认为有其他资料可协助机电工程署复核有关装置，也应连同表格 WR2 一起递交。

主要参考文献

1. 柳涌主编．建筑安装工程施工图集 3 电气工程（第三版）．北京：中国建筑工业出版社，2006.
2. 柳涌主编．建筑安装工程施工图集 6 弱电工程（第三版）．北京：中国建筑工业出版社，2007.
3. 柳涌主编．智能建筑设计与施工图集 6 安全防护系统．北京：中国建筑工业出版社，2004.
4. 柳涌主编．大厦维修保养使用手册．北京：中国建筑工业出版社，2006.
5. 中国建筑标准设计研究院．民用建筑电气设计与施工电气部分图集．北京：中国计划出版社，2008.
6. 白玉岷主编．电气工程安装及调试技术手册．北京：机械工业出版社，2008.
7. 戴瑜兴、黄铁兵、梁志超主编．民用建筑电气设计手册（第二版）．北京：中国建筑工业出版社，2007.
8. 上海电器科学研究所（集团）有限公司编．低压电器产品手册．北京：机械工业出版社，2007.
9. 北京市建筑设计研究院编．建筑电气专业技术措施．北京：中国建筑工业出版社，2005.
10. 王镇辉编著．低压电气装置指南（第二版）．香港：港九电器工程电业器材职工会，2004.
11. 香港机电工程署．电力（线路）规例工作守则．香港：香港特别行政区政府，2009.
12. 孙名林编著．电工基础知识．香港：港九电器工程电业器材职工会，2001.
13. 陈树辉．电力装置实用手册．香港：万里机构，2007.
14. 田有松译．图解 Q&A 建筑电气设备（修订版）．台湾：詹氏书局，2002.
15. 许国宾编译．屋内配线图说．台湾：大坤书局有限公司，1997.
16. 香港电灯有限公司．接驳电力供应指南（第三版）．香港：1999.
17. 王镇辉、邓胜森翻译．电力装置规例（IEE 布线规例）．香港：港九电器工程电业器材职工会，1992.
18. 黄赐福．水电安装与维修．香港：利达出版社．
19. 黄松明编著．水电和冷气设备的维修．香港：万里机构，1994.
20. 陈君雄编著．电工（第 1 册）、（第 2 册）、（第 3 册）．香港：现代教育研究社，1998.
21. 许国宾编译．屋内配线图说．台湾：大坤书局有限公司，1997.
22. 黄赐福．水电安装与维修．香港：利达出版社．
23. 建设部工程质量安全监督与行业发展司、中国建筑标准设计研究所编．全国民用建筑工程设计技术措施电气．北京：中国建筑工业出版社，2009.

24. 戴瑜兴、黄铁兵编．民用建筑电气设计数据手册．北京：中国建材工业出版社，2003.
25. 刘宝珊主编．建筑电气安装分项工程施工工艺标准（第二版）．北京：中国建筑工业出版社，2004.
26. 刘劲辉、刘劲松主编．建筑电气分项工程施工工艺标准手册．北京：中国建筑工业出版社，2003.
27. 王连生主编．企业供电．北京：电子工业出版社，2000.
28. 阎士琦编．电工工具手册．北京：中国电力出版社，2004.
29. 中国建筑标准设计研究院．民用建筑电气设计与施工．北京：中国计划出版社，2008.
30. 中国建筑标准设计研究院．建筑电气工程设计常用图形和文字符号．北京：中国计划出版社，2010.

尊敬的读者：

感谢您选购我社图书！建工版图书按图书销售分类在卖场上架，共设22个一级分类及43个二级分类，根据图书销售分类选购建筑类图书会节省您的大量时间。现将建工版图书销售分类及与我社联系方式介绍给您，欢迎随时与我们联系。

★建工版图书销售分类表（详见下表）。

★欢迎登陆中国建筑工业出版社网站www.cabp.com.cn，本网站为您提供建工版图书信息查询，网上留言、购书服务，并邀请您加入网上读者俱乐部。

★中国建筑工业出版社总编室　电　话：010—58337016

传　真：010—68321361

★中国建筑工业出版社发行部　电　话：010—58337346

传　真：010—68325420

E-mail：hbw@cabp.com.cn

建工版图书销售分类表

<table>
<tr><th>一级分类名称（代码）</th><th>二级分类名称（代码）</th><th>一级分类名称（代码）</th><th>二级分类名称（代码）</th></tr>
<tr><td rowspan="5">建筑学
（A）</td><td>建筑历史与理论（A10）</td><td rowspan="5">园林景观
（G）</td><td>园林史与园林景观理论（G10）</td></tr>
<tr><td>建筑设计（A20）</td><td>园林景观规划与设计（G20）</td></tr>
<tr><td>建筑技术（A30）</td><td>环境艺术设计（G30）</td></tr>
<tr><td>建筑表现・建筑制图（A40）</td><td>园林景观施工（G40）</td></tr>
<tr><td>建筑艺术（A50）</td><td>园林植物与应用（G50）</td></tr>
<tr><td rowspan="5">建筑设备・建筑材料
（F）</td><td>暖通空调（F10）</td><td rowspan="5">城乡建设・市政工程・
环境工程
（B）</td><td>城镇与乡（村）建设（B10）</td></tr>
<tr><td>建筑给水排水（F20）</td><td>道路桥梁工程（B20）</td></tr>
<tr><td>建筑电气与建筑智能化技术（F30）</td><td>市政给水排水工程（B30）</td></tr>
<tr><td>建筑节能・建筑防火（F40）</td><td>市政供热、供燃气工程（B40）</td></tr>
<tr><td>建筑材料（F50）</td><td>环境工程（B50）</td></tr>
<tr><td rowspan="2">城市规划・城市设计
（P）</td><td>城市史与城市规划理论（P10）</td><td rowspan="2">建筑结构与岩土工程
（S）</td><td>建筑结构（S10）</td></tr>
<tr><td>城市规划与城市设计（P20）</td><td>岩土工程（S20）</td></tr>
<tr><td rowspan="3">室内设计・装饰装修
（D）</td><td>室内设计与表现（D10）</td><td rowspan="3">建筑施工・设备安装技
术（C）</td><td>施工技术（C10）</td></tr>
<tr><td>家具与装饰（D20）</td><td>设备安装技术（C20）</td></tr>
<tr><td>装修材料与施工（D30）</td><td>工程质量与安全（C30）</td></tr>
<tr><td rowspan="4">建筑工程经济与管理
（M）</td><td>施工管理（M10）</td><td rowspan="2">房地产开发管理（E）</td><td>房地产开发与经营（E10）</td></tr>
<tr><td>工程管理（M20）</td><td>物业管理（E20）</td></tr>
<tr><td>工程监理（M30）</td><td rowspan="2">辞典・连续出版物
（Z）</td><td>辞典（Z10）</td></tr>
<tr><td>工程经济与造价（M40）</td><td>连续出版物（Z20）</td></tr>
<tr><td rowspan="3">艺术・设计
（K）</td><td>艺术（K10）</td><td rowspan="2">旅游・其他
（Q）</td><td>旅游（Q10）</td></tr>
<tr><td>工业设计（K20）</td><td>其他（Q20）</td></tr>
<tr><td>平面设计（K30）</td><td colspan="2">土木建筑计算机应用系列（J）</td></tr>
<tr><td colspan="2">执业资格考试用书（R）</td><td colspan="2">法律法规与标准规范单行本（T）</td></tr>
<tr><td colspan="2">高校教材（V）</td><td colspan="2">法律法规与标准规范汇编/大全（U）</td></tr>
<tr><td colspan="2">高职高专教材（X）</td><td colspan="2">培训教材（Y）</td></tr>
<tr><td colspan="2">中职中专教材（W）</td><td colspan="2">电子出版物（H）</td></tr>
</table>

注：建工版图书销售分类已标注于图书封底。